goust, absterſifs, aſtringeans, aduſtifs, aperitifs, attractifs, cicatriſans, confortatifs, corroſifs, deſiccatifs, diuretiques, dormitifs, emplaſtiques, repulſifs, glutinatifs, incarnatifs, mondificatifs, prouocatifs, remollitifs, repercuſſifs, reſolutifs, reſtrinctifs, ſpermatiques, veneriens, & veneneux. Auſſi pour te rendre ces Remedes plus aſſeurez, tu trouueras l'authorité des Autheurs citée à la marge, ou exprimée dans le corps du Liure; la conformité de leurs opinions, ou les contraires en meſmes Medicamens; & en ce faict tu te ſeruiras des plus aſſeurez. Reçoy donc, Amy Lecteur, le Labeur que ie t'offre & dedie pour t'en ſeruir au beſoin, & en vſer ſans en abuſer, t'aſſeurant que i'ay taſché de tout mon pouuoir à te le rendre en ſa perfection. ADIEV.

L'ORDRE DE TOVTES LES PARTIES DV CORPS HVMAIN *tenu en l'Indice ſuiuant, auquel on peut voir les Remedes & Medicamens pour leur donner gueriſon.*

INDICE

INDICE DE L'HISTOIRE GENERALE DES PLANTES:

OV SONT DESCRITES LES VERTVS DES SIMPLES Medicamens, appropriées à toutes les parties du Corps humain, ſelon Theophraſte, Dioſcoride, Galien, Pline, Matthiol, Dalechamp, Dodon, Fuchſe, Pena, & autres doctes Medecins & Simpliciſtes tant anciens que modernes.

Le premier nombre monſtre la page; la lettre a, *du commencement d'icelle iuſques au milieu; la lettre* b, *du milieu iuſques à la fin; & le nombre* 2. *diſtingue le ſecond Tome d'auec le premier.*

A LA TESTE.

Contre la douleur de teſte procedée de froid.

Pour preſeruer le cerueau de froid & de chaud.

Contre les douleurs de teſte inueterées, & autres maladies malaiſées à guerir en toutes les parties du corps.

Contre les douleurs de teſte inueterées.

Contre la douleur de teſte cauſée de chaleur.

Suc du grand Liseron. 306.a.2
Herbe freche de Lentilles d'eau appliquée sur le front. 884. b
Eau de fleurs de Sureau appliquée sur le front. 216.a.

Contre la maigraine inueterée.

Coloquinte prinse par la bouche, ou clysterisée. 540.b.2

Contre la migraine causée de cause froide, ou de vētositez.

Fueilles de Nicotiane chauffées, & appliquées sur la teste; & faut continuer iusques à l'entiere guerison. 753. b.2

Contre la migraine.

Suc des racines du Cocombre sauuage auec vn peu de laict tiré par les narines. 537. b.2
Absinthe cuite auec racine de Cocombre sauuage, dans vin, eau, ou huile; & ayant trempé vne esponge dans cette decoction, la faut espreindre, & l'appliquer sur les ioües. 825. b
Eau distillée de la racine de Chine fresche, beue. 678 b.2
Poudres du Bois des Moluques. 672.b.2
Huile de noyau de Pesche. 250. b

Pour guerir la migraine malaisée à guerir.

Racine du Cocombre sauuage cuites en eau, & huile, auec de l'Absinthe, & frotter les ioues du malade de ladite decoction, puis appliquer dessus lesdites racines broyées auec l'herbe, reduites en cataplasme. 537.b.2

Contre la douleur de teste.

Racine sentāt les Roses broyée fresche, & arrousée d'eau Rose quand le mal est chaud, ou bien auec d'eau de Marjolaine, appliquée sur le front, & sur le ioües. 857.a
Graine d'Herbe aux puces appliquée sur le front, & sur les ioües auec vinaigre & huile Rosat, ou eau & vinaigre. 72.a.2
Suc de l'Herbe au charpentier meslé auec vinaigre & huile Rosat appaise la douleur de teste si on en frotte les ioües. 200. a 2
Fueilles de Baccharis appliquées sur la teste. 798.b
Capilli Veneris appliqué en chapeau sur la teste 108.a.2
Fomentation seche de Millet & de sel rostis, mis dans vn sac de laine, appliquez. 342.b
Nielle appliquée en liniment sur le front. 703.a
Nielle appliquée auec vinaigre, ou distillée dans le nez. 703.a
Serpollet sauuage cuit en huile, & trempé en vinaigre, appliqué. 786 b
Decoction de la semence d'Agnus castus, en fomenter. 238. b
Fleur de Troesne appliquée sur le front auec vinaigre. 213.b
Farine d'Yuroye auec graisse d'oye appliquée sur le front. 149 a
Suc d'Endiue appliqué auec vinaigre & huile Rosat. 469 b
Suc de la grande Ioubarbe appliqué auec griotte seche, & huile Rosat. 32.a. 2
Coronne de fueille d'Hippoglosson mises sur la teste. 175. a
Trois grains de Laurier pilez auec huile & chauffez, appliquez en liniment. 297.a
Fueilles & fruict de Brusc beus en vin. 205. a
Fueilles d'Agnus castus, de Laurier, & de l'Aubeau auec huile & vinaigre appliquées. 239.a
Amandes ameres emplastrées sur le front auec vinaigre ou huile Rosat. 268. a
Vne coronne de fueilles d'espine blanche mise sur la teste. 342. b. 2
Cardon benit tant prins en breuuage que mangé. 332.a.2
Rue auec huile Rosat, & vinaigre, appliquée. 848.b
Fueilles & tendrons de vigne broyez, & appliquez auec griotte seche. 288.a.2
Graine d'Agnus castus appliquée comme onguēt. 238.a
Fueilles de Laurier tendres, broyées auec huile Rosat, ou d'Ireos, appliquez. 297.a
Chāpignons creus au pied d'vn Sureau, appliquez. 226.a
Escorce de la racine de Carlo sancto maschée au matin par quelque espace de temps. 743.a. 2
Noyaux de Pesche pilez auec huile & vinaigre, enduits. 250. a
Ius d'Anis cuit en huile, distillé de haut dessus. 593 a
Amomon appliqué sur le front. 683. b. 2
Serpollet cuit en vinaigre, reduit en liniment auec huile Rosat, & en frotter le front & les ioües. 786. b
Elaterium auec du laict mis dans le nez. 537. a.2
Grame qui a sept nœuds lié autour de la teste. 355. a
Fueilles de Mente aquatique enduites sur le front, & sur les ioües. 579. b
Aloe enduit auec vinaigre & huile Rosat sur le front, & sur les ioues. 555.b.2
Camphre naturelle appliquée en liniment sur la teste. 669. a 2
Racine de Flambe reduite en liniment auec Pomme, ou Poire Coing, appliquée. 483.b.2
Racine sentant les Roses trēpée, & appliquée sur le frōt, & sur les ioües auec vn peu d'huile Rosat. 856 b
Racines de Flambe enduites en miel, & vinaigre Rosat. 483. a.2
Suc de Plantain incorporé en huile Rosat appliqué sur le front. 151. a. 2
Toute la plante de la grande Valeriane broyée auec ses racines, appliquée sur la teste. 806.b
Rue prinse en vin, ou enduite auec huile & vinaigre Rosat. 849. a
Coronne de fueilles de Similax faite en nombre impair, mise sur la teste 306. a. 2
Les plus tendres fueilles du Lierre cuites en vinaigre, & huile Rosat, broyée y adioustant encor d'autre huile Rosat pour les reduire en onguent; il faut oindre la teste de cest onguent, & fomenter la bouche de la decoction. 303. b. 2
Violettes de Mars appliquées sur le front. 689.b
Suc espraint des Roses seches cuites en vin, appliqué. 107 a
Suc, ou fueilles de Ioubarbe appliquées sur le front, & sur les ioües. 32.a.2
Opion auec huile Rosat, & en arrouser la teste. 569.a.2
Fleurs de Lambrusques incorporées en vinaigre, & huile Rosat, appliquées sur la teste. 292 a.2
Suc de Porreau tiré par le nez, ou en distiller dans les oreilles auec du miel quand on se va coucher. 415.b.2
Chapeau de Pouliot porté sur la teste. 775.b
Grains de Myrte beus en vin 203.a
Suc du grand Tourne-sol incorporé en huile Rosat, appliqué en liniment. 238. b.2
Mente appliquée aux ioües, & les en frotter. 577.a
Suc de Laictues auec huile Rosat, appliqué sur le front, & sur les temples. 462. b
Basilic appliqué en liniment auec huile Rosat, ou huile de Meurte, ou auec du vinaigre. 583.a
Iugioline, auec huile Rosat, appliquée sur le front. 406.a
Laict de noyaux de Pesche pilez, meslé en eau de Verueine, & en frotter le front, & les temples. 250.b
Graine de Cresson Alenois broyée, & appliquée auec Moustarde. 560 a
Herbe aux puces appliquée auec huile Rosat, vinaigre, ou eau. 72.a.2
Melilot trempé en vinaigre, ou huile Rosat, appliqué 432. a
Raclures des racines du Panax Asclepien, en liniment auec huile. 638.b
Graine de Spondillon meslée auec huile, appliquée sur la teste. 631.a
Mente appliquée sur le front. 576.b
Parfum d'Anis tiré par le nez. 592. b
Fueilles de Morelle pilées, & appliquées. 507.a

A la Teste.

A la Teste.

A la Teste.

Graine

A la Teste.

A la Teste.

A la Teste.

Stramonia

A la Teste.

Stramonia, ou Noix Methel prinse au poids de demie scrupule.534.a
Dattes fraisches mangées en abondance.309.a

Pour guerir les playes de la teste.

Myrrhe appliquée en liniment.646.b.2

Pour consolider les playes de la teste.

Myrrhe enduite.646.a.2
Resine de sapin liquide appliquée.46.a

Pour amollir les duretez de la nuque du col, & des pellicules du cerueau.

Farine de Lin incorporée auec Nitre, ou Sel, ou cendre, appliquée.418.a

Pour oster la demangeaison de la teste.

Hyssope appliqué en liniment auec d'huile.813.b

Pour guerir les eschaques de la teste.

Suc de mente, auec vinaigre, & s'en lauer la teste au Soleil.578.a

Pour l'inflammation du cerueau des petits enfans.

Raclures de Pompons appliquées sur le deuant de la teste.529.a
Fueilles de Tournesol appliquées.238.b.2
Suc de Morelle appliqué auec huile Rosat.507.

Pour guerir les vlceres de la teste qui iettent vne fange iaune.

Racine de Melons appliquée en liniment auec miel.529.b
Bulbes appliquez auec vn œuf, ou vin brusé.381.b.2

Pour guerir les tignons & vlceres de la teste.

Encens enduit en graisse de Porceau, & Nitre.631.a.2
Fueilles de Capilli Veneris appliquées.108.a.2

Contre les boutons rouges qui viennent à la teste.

Suc de Pourpier auec du vin, appliqué.465.a

Contre les tignons & vlceres de la teste qui pleurent tousiours.

Huile du Ricinus de l'Amerique appliqué.740.b.2

Pour guerir la rache & la male-tigne.

Lexiue de Capilli Veneris pour en frotter.108.a.2
Mauues pourries en vrine, appliquées.498.a
Fueilles de Nicotiane appliquées.754.b.2
Bulbes incorporez en Nitre rosti, appliquez.381.a.2
Absinthe appliqué.824.b
Alaterium auec vinaigre, & miel.536.b.2
Farine de Pois ciches sauuages, appliquée.390.b
Raisins secs broyez apres en auoir osté les pepins, & appliquez auec de la Ruë.290.b.2
Pois ciches incorporez auec miel & Orge, appliquez.390.b
Mauues meslées auec vrine, appliqués.b.497
Sauinier meslé parmy du beurre, appliqué.154.b
Fueilles de violier incorporées en miel, appliquées.694.a
Ladane auec sel, appliquez.195.b
Suc de Centaurée appliquée en liniment.181.b.2
Fomentation de la Decoction de la racine de pain de Porceau.473.b.2
Fueilles de Capilli Veneris appliquées.108.a.2
Decoction de Lupins, en frotter.392.b
Mente appliquée.577.a
Poirée blanche cruë, appliquée.449.b
Laict de Figues meslé auec griotte seche, appliqué.284.b
Melilot cuit en eau, appliqué auec croye de Chio, vin, ou Noix de Galles.432.a
Moustarde incorporée auec terre rouge, appliquée.552.a
Figues n'estans pas meures enduites auec sel & vinaigre, appliquées.285.a
Fueilles fresches de Troësne maschées appliquées.285.b
Graine de Cresson Alenois incorporée auec graisse d'oye appliquée.560.a
Graine de Lin cuite en vin, appliquée.417.b
Suc de Rue, auec vinaigre, ceruse, & huile Rosat, appliqué en liniment.848.b

Aux Nerfs.

AVX NERFS.

Aux spasmes & conuulsions.

Decoction de la racine & graine de la Saxifrage prinse en breuuage.679.b
Racine de Fenouil sauuage prinse en breuuage cuite en vin.591.a
Racine de Smyrnion prinse en breuuage.607.a
Peucedanon auec vinaigre, & huile Rosat appliqué en liniment.643.a
Tiges de Laictues reduites en emplastre auec griotte seche, & eau froide, appliquées.461.b
Decoction de la racine d'Acorus prinse en breuuage.486.a.2
Vne dragme de racine d'Afrodille beue en vin.459.a.2
Huile de fleurs de Flambe.484.a.2
Racines de Flambe prinses en breuuage.483.a.2
Deux dragmes de racine de Centaurée prinses en vin, ou en eau si on est en fieure.179.b.2
Bdellion.614.a.2
Racine du Ionc odorant prinse au poids d'vne dragme auec autant de Poiure pendant quelques iours.693.b.2
Costus prins au poids de deux onces.676.b.2
Eau tirée par l'alembic des racines vertes de Canelle, coupées en petites pieces, beuë.623.b.2
Ail prins auec sel & huile.420.a.2
Bois de Baume prins en eau.609.b.2
Suc de Mauues cuites enduit tiede.498.a
Ius de Mente prins seul.567.a
Racines & fueilles d'Acanthion prinses en breuuage.327.b.2
Racine du Glayeul puant broyée & prinse en vin cuit.489.b.2
Liniment d'huile de fleurs de Lys.374.b.2
Imperiale puluerisée beuë en vin.626.a
Trois cyathes de la decoction de la racine de Leucacantha prinses en vin.344.a.2
Pouliot prins en breuuage.775.a
Graine d'Elaphoboscon confite, mangée.620.b
Serpollet sauuage prins en breuuage, & appliqué en liniment.786.b
Suc de la Clinopodion cuite, prins en breuuage.810.a
Fueilles de Betoine prinses en eau miellée au poids d'vne dragme.175.a.2
Scordion prins en breuuage.792.b
Racine de Branche Vrsine mangée parmy la viande, & principalement auec Orge mondé.326.a.2
Germandrée prinse en breuuage, ou appliquée en liniment.64.a.2
Pensées prinses en breuuage.691.b
Oignons de Lys prins en vin miellé.373.a.2
Racine de la grande Centaurée.180.a.2
Vne dragme du suc de Gentiane.151.b.2
Racine de Guimauues sauuages prinses en eau miellée.503.a
Agripaume.143.a.2
Decoction de Calamenthe prinse en breuuage.789.b
Graine de l'Espine blanche prinse en breuuage.343.a.2
Fleurs d'Oeillets incarnats prinses en breuuage auec decoction de Betoine, ou Marjolaine.697.a
Sarrasine ronde prinse en eau.885.a
Premiere Germandrée fresche & verte, cuite en eau, & prinse en breuuage.64.a.2
Racine de Gentiane broyée, ou cuite prinse en breuuage.152.a.2
Scordion sec reduit & pris en looch, auec du Nasitort, du miel, & de la resine.792.b
Clinopodion prinse en breuuage.810.a
Graine de la Garderobe & de l'Auronne bouillie, ou cruë prinse en eau.816.a

Poudre

A la Teste.

Au Nerfs.

Huile

Aux Nerfs.

Huile de Pommes de Merueilles en liniment. Comme il se compose. 537.a

Oignons de Lys cuits en vin, & appliquez auec miel. 373.a.2

Racine de Lys incorporee en miel, & appliquee. 373.a.2

Pour la resolution des nerfs.

Pommes seches de Coloquinte puluerisees, & clysterisees. 539 b.2

Pour allonger doucement les nerfs retirez.

Liniment du Ricinus de l'Amerique. 740.b. 2

Camomille propre à delasser, & appaiser les douleurs: en outre, elle relasche ce qui est trop tirant, amollit ce qui est mediocrement dur, & esclaircit ce qui estoit reserré & trop espais 846.a

Graine de Panaces enduite. 638.b

Bulbes pilez, & appliquez. 381.b.2

Graine de Pouliot, & en frotter auec sel, vinaigre, & miel. 775.b

Liniment du Baume d'Indie 611.b.2

Liniment du Baume d'Occident. 612.a. 2

Huile de Lin appliqué en liniment. 418.a

Farine de Froment cuite en vinaigre, & appliquee en cataplasme. 319.b

Marrube appliqué en liniment 837.a

Soulphre de Quito prins au poids d'vne dragme auec vn iaune d'œuf. 729.a.2

Decoction de l'escorce des racines d'Ortie, en fomentation. 68.b

Lexiue des cendres des branches du ieune Figuier, meslee auec huile pour oindre. 285.a

Guy de Poirier sauuage pilé auec ses branches & ses fueilles, & graisse de Chapon fraische, appliqué. 15.b

Cendre de Sarment incorporee en vieil oingt, appliquee. 188.b.2

Pour amollir les nerfs endurcis.

Huile d'Amandes ameres en liniment. 269.a

Onguent Lirinum fait de la fleur des Lys, appliqué en emplastre. 373.a.2

Pourpier appliqué. 465.b

Huile de Marjolaine, ou Amaracinum, en liniment. 768.a

Huile de Noix auec chaux viue en liniment. 174.a

Farine de graine de Lin incorporee auec Nitre, ou sel, ou cendre appliquee. 418.a

Pour appaiser la douleur des nerfs.

Fleurs de Cortusa mises tremper dans huile d'Amandes fresches, & huile Rosat par esgales portions, & qu'on les tienne dans vne phiole long-temps au Soleil, appliquees sur la douleur demi tiedes. 162.b.2

Anime Copal appliquee. 718.a.2

Racine de Flambe appliquee auec huile. 483.b.2

Huile de Violier iaune fait comme celuy de Camomille, appliqué en liniment 694.a

Pignons mangez souuent guerissent les douleurs des nerfs & du dos, & sont profitables à la sciatique, & paralysie. 44.a

Huile d'Amandes ameres en liniment.

Stœchas appliqué. 800.b

Pour fortifier les nerfs.

Mirobolans Embliques. 548.b.2

Decoction de Stœcados prinse en breuuage. 800.a

Pour les parties nerueuses du diaphragme qui ceignent le corps.

Anis prins breuuage. 593.a

Pour les defluxions qui tombent sur les nerfs.

Farine de Froment auec suc de Iusquiame, appliquee. 310.a

Pour les douleurs inueterees des nerfs.

Cendres de Fauas, & de gousses de Feues bruslees, incorporees en vieil sein de porceau, en liniment. 382. b

Contre l'opilation des nerfs.

Basilicon petit prins en breuuage. 440.b.2

Aux Yeux.

AVX YEVX.

Pour faire reuenir le poil qui tombe des paupieres.

Decoction de Nard appliquee. 696.b.2.

Pour redresser le poil des paupieres.

Suc de la secõde espece de Chondrilles appliqué. 479.b

Cendres de noyaux de Dattes appliquees auec du Nard. 309.a

Pour guerir l'aspreté des paupieres.

Suc de Moustarde appliqué en liniment auec du miel. 552. b

Pour oster la demangeaison des paupieres.

Trangacantha detrempee en laict, & appliquee en liniment. 357.a.2

Pour guerir la galle des paupieres.

Tragacantha detrempee en laict, & appliquee en liniment. 357.a.2

Pour guerir la rongne des paupieres.

Aloë appliqué en liniment. 555.b.2

Pour guerir les vessies des paupieres.

Tragacantha detrempee en laict, & appliquee en liniment. 357.a.2

Pour les creuasses des paupieres.

Suc des fueilles du Gratteron appliqué. 120.a.2

Aux vlceres des paupieres.

Liniment d'Elaterium. 536 b.2

Pour descoler les paupieres attachees.

Suc de Ioubarbe, appliqué. 32.a.2

Contre l'inflammation des paupieres.

Eau distillee de Lentilles d'eau, appliquee en liniment 884. b

Pour les cicatrices des yeux.

Escorce d'Encens appliquee. 631.a.2

Chamesyce cuite en vin, & appliquee en linim. 525.a.2

Suc de la petite Centauree appliqué. 180.b.2

Racine d'Anemone cuite en vin, appliquee. 735.b

Suc de Chelidoine appliqué auec laict de fẽme. 144.a. 2

Pour resoudre les crasses qui viennent sur les yeux.

Suc de la racine du Pied de Veau incorporé auec bon miel, appliqué. 466.a 2

Suc tiré du Gith, comme du Iusquiame, instillé. 703.b

Suc de la petite Centauree incorporé en miel, & appliqué. 181.a.2

Suc de Baume. 609.b.2

Suc de la racine d'Acorus instillé. 486.a.2

Chamæsyce cuite en vin, & appliquee en liniment. 525.a.2

Racine de Zinzembre. 704.b.2

Suc du fruict de Serpentaire instillé. 471.a.2

Eleaterium appliqué en liniment. 536.b.2

Suc de la petite Centauree appliqué auec miel. 180.b.2.

Poudre d'Eufraise sechee, & en prendre tous les matins vne cuilleree, y meslant le tiers de Macis, ou bien auec du sucre, ou en vin. 66.b.2

Suc de la racine du Solane dormitif auec du miel, appliqué en liniment. 577.b.2

Suc de la racine de Pain de Porceau auec miel instillé. 473 b.2

Eufraise broyee & appliquee sur les yeux, ou bien son suc distillé dedans auec du vin 66.b.2

Absinthe auec miel, appliquez en liniment. 823 b

Suc de Fraises instillé. 511.a

Suc de Rue enduit sur les yeux auec suc de Fenouyl. 848. b

Decoction de l'Eufraise prinse en breuuage. 67.a. 2

Suc de la racine d'Acorus instillé. 486.a.2

Pour subtilier la membrane cornee de l'œil.

Acorus 486.b.2

Poudre de Riguelisse. 211.a

b Pour

Aux Yeux.

Pour le mal des yeux nommé Vua.

Pour les meurtrisseurs des yeux.

Pour les enfleures des yeux.

Pour le sang amassé aux yeux pour quelque coup.

Pour oster la rougeur des yeux quand on y a receu quelque coup.

Pour les rougeurs des yeux.

Pour les Pustules des yeux.

Pour les yeux larmoyans.

Pour faire sortir les larmes des yeux.

Pour guerir les demangeaisons du coin de l'œil.

Contre les enfleures des yeux.

Pour guerir les fistules du coing de l'œil.

Pour les fistules du coing des yeux commençans.

Pour les fistules lacrymales.

Pour mondifier les vlceres des yeux.

Pour consolider les vlceres des yeux.

Pour faire chair aux vlceres des yeux.

Pour guerir les yeux chassieux.

Aux Yeux.

Pour rendre les yeux des petits enfans noirs, bien que pers.

Pour appliquer sur les charbons des yeux au commencemẽt.

Pour appaiser la douleur des yeux.

Pour la douleur des yeux prouenante de chaleur.

Singulier medicament pour le mal des yeux.

Pour reprimer la prunelle des yeux qui veut sortir.

Aux accidens des yeux.

Contre les chaudes defluxions des yeux.

Anis

Aux Yeux.

Aux Yeux.

Pour fortifier les yeux.

Pour guerir la courte veuë prouenant de grosses humeurs.

Pour euacuer par le bas le sang qui esbloüit la veuë.

Pour esclaicir la veuë.

Pour ceux qui ont la veuë courte.

Remede souuerain pour esclaircir la veuë, & pour la recouurer estant perdue.

AVX OREILLES.

Contre les douleurs d'oreilles.

Encens,

Aux Oreilles.

Aux Oreilles.

Pour les douleurs inueterées des oreilles.

Pour guerir les defluxions inueterées des oreilles.

Pour la douleur d'oreilles, & defluxions.

Contre les inflammations des oreilles.

Aux inflammations d'oreilles.

Pour les inflammations de derriere l'oreille.

Pour guerir les apostumes de derriere les oreilles, ou oreilles.

Pour empescher la pourriture des oreilles.

Contre les apostumes froides des oreilles.

Pour les vlceres des oreilles.

Pour guerir les vieux vlceres des oreilles.

Aux oreilles puantes.

Contre les oreilles fangeuses.

AV NEZ.

Fueilles

Fueilles de Sureau bruflées, & reduites en poudre. 226.a
Lysimachie mise dans le nez. 927.b.

Pour consumer le polypus du nez.

Poudre de la racine du Polypodion mise dans le nez. 126.a.2.
Laser detrempé en vinaigre, appliqué auec verd de gris, ayant premierement coupé auec vn ciseau ce qui auance. 618.b
Eau distillée des fueilles de Bistorte. 177.b.2
Racine du Polypode pendue au col, ou attachée sur la personne. 116.a.2

Contre le Noli me tangere qui vient au nez.

Suc de la racine de Pied de veau, appliqué 466.a.2
Fruict de Serpentaire appliqué. 471.a.2

Pour les chancres des narines.

Anis auec eau appliqué en liniment 593.a

Pour guerir les vlceres du nez.

Suc de Nicotiane distillé dans le nez guerit les vlceres, & fait sortir les vers s'il y en a. 754.b.2.
Decoction d'Aspalathus mise dans le nez 671.a.2

Contre la puanteur des vlceres du nez.

Herbe d'Auoine cuite en eau auec sa racine iusques à la consomption de la tierce partie, & ayant coulé ceste decoction, on y adiouste autant de miel, puis on la fait recuire iusques à ce qu'elle s'espoississe comme miel. Faut tremper vn linge dans cette confection, & l'appliquer. 338.b
Suc des racines du Cocombre sauuage auec vn peu de laict tiré par le nez. 547 b.2
Suc du Lierre blanc distillé dans le nez. 303.b.2.

Pour euacuer la morue.

Suc d'Origan tiré par le nez auec huile Irin. 772.a

Pour desopiler le nez.

Parfum de Stœchas. 800.b

Pour les accidens du nez.

Suc des noyaux aigres de Grenade cuit auec miel, appliqué. 257.a

Pour guerir le rheume qui coule par le nez.

Chapeau de Violettes porté sur la teste. 689.b

Pour guerir les defectuositez du nez.

Ius de Menthe tiré par le nez. 577.a

Pour faire esternuer.

Poudre du suc d'Euforbe. 552.b

Aux inflammations du nez.

Aloë dissout en eau. 556.b.1

A LA BOVCHE, ET A LA LANGVE.

Pour faire bonne haleine, & oster toute puanteur de la bouche.

Anis mangé auec graine de Liuesche, & vn peu de miel; & apres se lauer la bouche de vin. 592.b
Cardamome masché auec Betele. 709.b.2
Zedoaria mangée apres auoir mangé des Aulx, & des Oignons, ou apres auoir beu du vin. 679.b.2
Noix Muscade mangée 652.b.2
Myrrhe maschée. 646.a.2
Decoction de Consolide Sarrazine faite en vin, & en lauer souuent la bouche. 163.b.2
Racine de Flambe maschée. 483.b.2

Pour la puanteur de la bouche prouenant des dents, ou des gencives.

Vin ou vinaigre où aura cuit de l'Absinthe, auec l'escorce de Citron gargarisée. 816.a
Racine de Coleuurée mangée continuellement. 673.b.2

Contre la puanteur de la bouche prouenant des humeurs corrumpues de l'estomach.

Vin, ou vinaigre où aura cuit de l'Absinthe auec de l'escorce de Citron prins en breuuage. 826.a

Pour oster la senteur des Aulx & des Oignons.

Rue maschée. 848.b

Pour faire auoir bonne haleine.

Cinq ou six gouttes du Baume d'Occident prinses en vin, ou eau Rose dés l'aube du iour. 612.a.2
Eau tirée par l'alembic des escorces vertes de la Canelle, & principalement des racines, apres les auoir coupées par petites pieces, prinse en breuuage. 623.b.2
Malabathron tenu sous la langue 664.a.2
Bette mangée. 665.b 2
Se lauer la bouche auec la decoction du bois d'Aloës, ou bien le mascher. 603.b.2
Escorce de la racine de Carlo sancto maschée, & apres se lauer la bouche de vin. 743.a.2
Rosmarin masché. 842.b
Suc de Citron beu auec bouillon, ou autre liqueur. 253.a
Auoine herbe cuite en vin auec Roses seches. 338.b
Cloux de Giroffle maschez. 616.a.2
Grains de Myrte mangez. 203.a
Racine d'Angelique maschée. 624.b
Poudre d'Imperiale beuë. 626.a
Graine de Citron cuite parmy les viandes. 253.a

Aux vlceres corrosifs de la bouche.

Fueilles du Tithymale Myrsenites maschées auec du miel. 515.a.2
Fueilles ou suc de Bugle, appliquez 941.a
Cendre du Papyrus appliquée. 70[illegible].a.2
Serapias appliqué en liniment. 436 a.2
Decoction d'Aspalathus pour en lauer la bouche. 671.a

Contre les vlceres pourris de la bouche.

Decoction de la racine de Quintefueille cuite iusques à la consomption du tiers, pour en lauer la bouche. 159.b.2
Suc de Britanica appliqué. 947.a
Herbe & racine de Tormentille maschées, & tenues en la bouche. 161.a.

Pour mondifier les vlceres de la bouche.

Suc de fueilles de Plantain, & en lauer souuent la bouche 149 b.2

Contre les vlceres inueterez de la bouche, ou d'ailleurs.

Fueilles de Troëne appliquées auec vn grain de sel. 213.b

Cõtre les vlceres de la bouche, & l'excroissance de la chair.

Poudre de Galles. 13.b

Pour le mal de la bouche appellé stomac.

Herbe aux Cueilliers, & en lauer souuent la bouche. 209.b.2
Racine d'Herbe aux Cueilliers appliquée en lauement. 210.a.2

Pour les vlceres chauds de la bouche.

Fleurs de Violier iaune, prinses incorporées en miel. 694.a

Pour consumer les apostumes qui commencent à la bouche.

Decoction de Iacea, pour s'en lauer la bouche. 933.a

Pour faire apostumer les vlceres de la bouche, & rompre.

Decoction de Iacea gargarisée souuent. 933.a

Pour le palais escorché.

Eau distillée des fueilles de Langue de cerf, pour lauer la bouche 116.b 2

Contre les vlceres de la bouche des petits enfans.

Decoction de fueilles de Tillet cuites en eau, & en lauer la bouche des petits enfans. 76.a
Fueilles de Prunier broyées, & mesler du laict parmi ceste decoction. 266.a
Decoction de fleurs de Violier incorporée en miel. 694.a
Decoction de Catanance, pour lauer la bouche. 88.b.2
Suc de l'Herbe au Charpentier appliqué 210.a.2

Pour consumer les excroissances de chair qui viennent dans le palais.

Eau distillée des fueilles de Bistorte gargarisée. 177.b.2

Pour les accidens de la bouche.

AVX DENTS, ET GENCIVES.

Aux Dents, & Gencives.

Pour oster la douleur des dents, & empescher qu'elles ne se pourrissent d'auantage.

A LA GORGE, ET AV GOSIER.

Poix

A la Gorge, & au Gosier.

Poix liquide chauffée auec Encens & Masti c appliquée sur la nuque du col.65.b
Trois onces de grains de Laurier, & des fueilles cuites en trois sextiers d'eau, iusques à la consomption de la tierce partie, & se gargariser de ceste decoction chaude.297.a
Grains de Laurier incorporez en miel auec autant de Cumin, d'Hyssope, d'Origan, & d'Euforbe, appliquez chaudement dessus la teste.297.a
Cendres d'Anet appliquées.592.a
Suc d'Orties gargarizé.140.a.2
Racine du Laurier Taxa, attachée au col des petits enfans.173.b
Suc de fueilles d'Ortie gargarisé.139.b.2.
Decoction de toute la plante de l'Hepatique cuite en vin, gargarisée.167.a.2
Decoction de Catanance, gargarisée.88.b.2
Suc tiré de l'Herbe verte de l'Origan pris par la bouche. 772.a
Fueilles de Viorne cuites en eau & vinaigre auec fueilles d'Oliuier, gargarisées.216.a
Racine de Pourpier penduë au col.465.b
Suc de Laictues auec Grenades, gargarisé.462.b
Fueilles de Prunier cuites en vin, gargarisées.266.a
Tendre de la tendre escorce de Palmier beuës en vin blanc.309.b
Decoction de Verge d'or gargarisée.165.b.2
Frotter la luette de Laser auec du miel.629.a
Ius de Menthe gargarizé auec Laict, Coriandre, & Rue. 577.a
Suc de Morelle auec vinaigre, gargarisé.507.b
Composition de Meures prinse. Voy comme elle se fait. 275.b
Espine-vinette prinse en gargarisme.115.a
Moustarde auec miel & vinaigre, gargarisée.552.b

Contre les defluxions qui tombent sur le gosier.

Tragacantha prinse auec miel en looch.337.a.2
Decoction de Nesfle, pour lauer la bouche.280.b
Statice broyée, appliquée, ou qu'on en boiue le suc. 89.a.2

Contre l'aspreté du gosier, & du tuyau qui va aux poulmons.

Racine de la Cacalia trempée en vin comme la Dragante, ou bien maschée, ou succée simplement.198.b.2
Encens meslé parmi les medicamens de l'artere aspre, & des parties nobles.631.a.2
Dattes nommées Caryotes mangées.309.a
Erysimon prins en breuuage.558.a
Huile d'Amandes douces.269.a
Gomme, ou larme de Pescher cuite en vinaigre. 250.a
Myrrhe mise sous la langue iusques à ce qu'elle se fonde. 646.a.2
Suc de Moustarde incorporé en eau, & miel, gargarisé. 552.b
Decoction de la racine de Quintefueille cuite iusques à la consomption du tiers, gargarisée.159.b.2
Decoction des racines & fueilles de Mauues gargarisée. 498.b
L'huile Sesamin engraisse, augmente le sperme, adoucit l'artere aspre, & rend la voix claire.406.b
Farine de Froment tramis cuite auec de la Menthe & de beurre.320.a
Tragacantha prinse auec miel en looch.357.a.2
Porreau mangé de deux iours l'vn cru, & sans pain. 416.a.2

Contre les accidens du gosier.

Poudre de la racine de l'Aunée sechée à l'Ombre, prinse en breuuage.754.b
Farine de Froment cuite auec Roses, Figues, & Sebestes, gargarisée.319.b
Ortie mangée cuite, ou confite.140.a.2
Decoction de Verge d'or gargarisée.165.b.2
Suc de l'Herbe au Charpentier gargarisé.200.a.2
Lentilles cuites en eau, & vinaigre.401.a

Pour guerir l'aspreté du gosier qui a duré long-temps.

Laser detrempé en vinaigre, appliqué.629.a

Pour guerir l'ardeur du gosier.

Decoction de Pauot sauuage prins en lauement.370.a

Pour dessecher les humeurs superflues du gosier.

Petit Cardamome, son escorce, & ses gousses prinses auec Mastic, bois d'Aloes, suc de Menthe, & vin de Grenade.709.b.2

Pour guerir les inflammations & apostumes du gosier.

Suc de Senesson gargarisée.486.a

Pour subtilier les distillations inueterées qui tombent sur le gosier.

Thym enduit par dehors auec du Seneué.784.a

Pour faire tomber les sangsuës qui seroient attachées au gosier.

Laser gargarisé auec vinaigre.629

Contre les vlceres, & accidens du gosier.

Fueilles de Lierre terrestre en gargarisme.201.b.2
Decoction de Consolide Sarrasine faite en eau, gargarisée.163.b.2
Fueilles & racines de Sanicle cuites en eau, & miel, gargarisées.162.a.2

Contre les glandes du gosier.

Suc de Meures cuit & seché au Soleil, prins auec miel. 275.a

Pour arrester les fluxions qui tombent sur l'artere.

Testes de Pauot cuites en eau iusques à la consomption de la moitié, faisant cuire derechef ladite decoction auec du miel, iusques à ce qu'elle soit espaissie, puis y adiouster de l'Hypocistis & de l'Acacia, & la prendre en looch.568.b.2

Pour purger l'artere.

Suc de graine de Porreaux.415.b.2

Pour rendre la voix gaillarde, & claire.

Decoction d'Erysimon prinse en breuuage.558.a
Graine de Panace prinse en breuuage.638.b
Ius de Menthe prins auant que de vouloir haranguer. 577.a
Fleur de Saffran sauuage prinse en looch.331.b.2
Pourpier masché.465.a
Suc de Reguelisse mis sous la langue.211.a
Ail mangée.419.b.2
Fueilles de Choux maschées, & aualler le suc.444.a

Contre la voix enroüée.

Erysimon prins en breuuage.558.a
Fueilles de Mauues bouillies, & mangées.498.b
Racine d'Ethiopis auec miel, prinse en looch.169.b

Pour guerir la voix entroüée en vn instant.

Laser detrempé en eau prins en breuuage.629.a

Pour renforcer la gorge.

Graine & racine de Moustarde trempé en moust, & pilée apres, puis humer plein le creux de la main de ce ius.553.a

Pour resoudre les gros goëtres.

Bdellion detrempé auec de la saliue à ieun 614.a.2

Pour appaiser la douleur du chignon du col.

Pourpier incorporé auec Noix de galles, & graine de Lin par esgales portions, appliquez.465.a

Pour les inflammations du col.

Decoction de Dentelée appliquée.717.b

Pour l'inflammation des glandes du col.

Suc de Parietaire gargarisé, & appliqué en linimét.136.b.2

Contre les Rhumes qui tombent sur le gosier.

Fueilles & racines de Sanicle cuites en eau & miel, prinses en breuuage.162.a.2
Racines de Chamæleon blanc coupées par roüelles, & enfilées pour les garder, & les faire cuire pour les manger.337.a.2

Contre

A la Poitrine, & au Poulmon.

A LA POITRINE, ET AV POVLMON.

Gomme

A la Poitrine, & au Poulmon.

Gomme de Peschier prinse auec eau de Plantain, ou de Pourpier. 250.b
Deux dragmes de Centaurée prinses en vin, ou en eau si l'on est en fieure. 180.a. 2
Escorce de Tamarisc pilée & beuë. 152. a
Lentisque prins en breuuage. 54 b
Benoiste prinse en breuuage. 588. a
Racine d'Ethiopis auec miel prinse en looch. 169.b. 2
Farine de Froment tramis cuite auec vin, ou vinaigre, espoissie comme colle, & appliquée. 310.a
Colle de fleur de Froment, de laquelle on colle le papier, humée tiede & liquide au poids de trois scrupules. 320.a
Gomme, ou larme de Peschier, prinse en breuuage. 250.a
Raiffors mangez cuits. 543. b
Trois obols de la racine de la Tapsie prinses auec vne obole du laict. 651.a
Suc de Iusquiame guerit le crachement de sang. 575. a. 2
Graine de Ferule prinse en breuuage. 650. a
Basilic prins en vin 583. b
Cendre de Lierre prinse en breuuage auec vin chaud. 19. b
Peucedanon beu auec graine de Cyprés. 643. b
Cortusa prinse en breuuage. 162. b. 2
Fueilles & racines de Sanicle cuites en eau, ou en vin, prinses en breuuage. 16[illegible]. a. 2
Gommes d'Amandes ameres prinse en breuuage. 268. a
Espine-vinette beu auec eau de Grame, & Pourpier, ou d'Auronne, en y adioustant vn peu de sucre. 115.a
Semence de Saule prinse en breuuage. 236. b
Moëlle de la Ferule verte prinse en breuuage. 647. b
Fleur de Ionc odorant prinse en breuuage. 69[illegible].b.2
Eau de Troesne beüe. 214. a

Pour guerir le crachement de sang inueteré.

Deux dragmes de graine de pourreaux prinses auec autant de grains de Myrte. 415. b. 2

Pour restreindre le crachement de sang excessif.

Aloé prins en vinaigre au poids d'vne dragme. 556. a. 2

Pour restreindre le crachemẽt de sang qui n'est pas excessif.

Aloé prins en eau au poids d'vne dragme. 556. a. 2

Pour ceux qui crachent le sang ayans quelque veine rompuë.

Fleur de Passeuelours prinse en breuuage. 758. a

Pour ceux qui vomissent le sang.

Suc de graine de Plantain prins en breuuage. 150. a. 2
Graine de Pin prinse auec miel. 41. b

Pour les ethiques ou phthisiques à cause des vlceres des poulmons.

De Spica Nardi, & de Zinzembre, de chacun deux dragmes, de graine de Sauge rostie, pilée & criblée huict dragmes, de Poiure long douze dragmes, faut reduire tout cela en pillules auec du ius de Sauge, & en donner vne pillule au matin à ieun, & semblablement le soir, & boire vn peu d'eau pure quant & quant apres. 566. b
Vne dragme d'Agaric prinse en vin cuit. 563. b.2
Baume d'Occident. 612 a 2
Grains de Laurier pilez, & prins en looch auec miel, ou vin cuit. 296.b
Eau distillée des fueilles & des fleurs de la rosée du Soleil, prinse en breuuage. 110 a. 2
Bouïllon de Cicutaire beu. 656. a
Laict faict de graine de Melons & Pompons, cuit auec Orge mondé, beu 530.a
Fueilles de Betoine prinses incorporées en miel. 776. a 2
Ails prins en bouïllon de Feues. 420.a. 2
Suc de Plantain prins en breuuage. 150.a. 2
Aucuns phthisiques mettans sur leurs mains quelques gouttes de Baume d'Indie, puis le lechant peu à peu au matin, s'en sont fort bien trouuez, d'autant qu'il purge merueilleusement bien la poitrine. 611 a. 2
Ers rostis, incorporez auec le gros d'vne Noix de miel, mangez. 395. a
Racine du Geranion prinse au poids d'vne dragme en cinq onces de vin deux fois le iour 173. a. 2
Suc de graine de Porreaux mise parmi la viande des phthisiques. 415. b. 2
Racine de Branque Vrsine cultiuée prinse en breuuage. 314. a. 2
Suc de Plantain beu. 149. b. 2
Betoine prinse incorporée en miel. 175. a. 2
Graine de Lin prinse en looch 417. b
Poudre de la Veronique masle prinse en l'eau distillée de la mesme herbe. 209. a. 2

Pour ceux qui craignent de deuenir phthisiques.

Racine de Branche Vrsine mangée parmi la viande, & principalement auec Orge mondé. 326. a. 2

Pour prolonger pour quelques iours la vie aux phthisiques.

Demy scrupule, ou au plus vn scrupule de Saffran prins en vin cuit, ou vin doux. 409. b. 2
Choux bien cuits, mangez souuent. 446. b

Contre les vlceres des poulmons.

Fueilles de Numularia prinses en breuuage. 929. a
Herbe aux Poulmons cuite iusques à la consomption de la moitié, & boire ceste decoction auec du sucre. 216 b. 2
Suc d'Herbe aux Poulmons tiré, & cuit auec du sucre à mode de syrop. ibid.
Cardon benit prins en breuuage. 332. a. 2
Tragacantha reduite en looch prinse auec miel. 357. b. 2
Laict faict de graine de Melons & de Pompons, cuit auec Orge mondé, beu. 530. a

Contre les inflammations des poulmons.

Pensées prinse, en breuuage. 691. b
Basilic appliqué auec farine de griotte seche, vinaigre, & huile Rosat. 582. b
Rue prinse en vin au poids de quinze dragmes. 848.b
Amandes ameres auec Resine de Terebentine, prinse en looch. 268. a
Racine de la Stœchas Citrine prinse en breuuage. 673. b
Fruict de Musa mangé. 648. a. 2
Tragotiganon prins auec miel en looch. 772. a
Racine de la grande Centaurée prinse en breuuage. 180. a. 2
Graine de Baume prinse en breuuage. 609.b. 2
Syrop de Capilli Veneris est singulier en la pleuresie, & inflammation des poulmons. 108. b. 2
Decoction d'Orge mondé cuite auec Riguelisse & Raisins de passe, beue. 335. a
Graine d'Ortie auec miel prinse en looch. 139. a. 2
Trochisques de Pancration prins en looch. Voy comment ils se font 446. b. 2
Racine de Pied de Veau cuite sous la cendre prinse en huile. 466.a 2

Contre tous les accidens des poulmons.

Decoction de Rue faite en vin prinse en breuuage. 849. a
Eau distillée des fueilles & des fleurs de la rose du Soleil, prinse en breuuage. 110. a. 2
Racine de Pied de Veau reduite en looch auec du miel. 466. a. 2
Poudre de la Veronique masle prinse en l'eau distillée de la mesme herbe. 209. a. 2
Poudre de Sariette prinse en vin. 782. a
Suc de Porrette. 415. b. 2
Suc de la racine tendre de Quintefueille prins en breuuage. 159. b 2
Fueilles d'Herbe aux Poulmons mises dans le potage, ou hachées, & en faire des homelettes, & les manger. 216. b. 2.

A la Poitrine, & au Poulmon.

Amandes

A la Poitrine, & au Poulmon.

A la Poitrine, & au Poulmon.

Racine de la grande Centaurée prinse en breuuage.180. a.2
Tragoriganon auec miel prins en looch.772.a
Graine de Sarrasine prinse en breuuage.855.b
Violettes fresches appliquées.689.b
Graine de Pastenade sauuage prinse en breuuage.618.b
Racine d'Ethiopis prinse en looch auec miel.196.b.2
Graine d'Ortie auec miel prinse en looch.139.a.2
Pommes douces cuites sous les cendres chaudes, mangées auec force suc de Riguelisse. 244.b
Syrop de Capilli Veneris est singulier en la pleuresie, & inflammation des poulmons.108.b.2
Deux dragmes de racine de Centaurée prinses en vin, ou en eau si on est en fieure.179.b.2
Racine de Pastenade sauuage prinse en eau.618.b
Trois cyathes de la decoction de la racine de Leucacantha prinses en vin.344.a.2

Pour les douleurs de costez.

Farine d'Orge auec Melilot & testes de Pauot, appliquée.334.a
Decoction de Phu prinse en breuuage.806.b
Fueilles du Marrube enduites auec miel.836.b
Chamæpeuce.776.a
Huile de Lin frais, beu 418.a
Racine d'Afrodille au poids d'vne dragme beuë en vin, 459.a.2
Fueilles de Ruë appliquées auec Figues, & sa decoction faite en vin, prinse en breuuage.849.a
Semence de Fresne, ou *lingua auis* prinse en breuuage. 71. b
Petroselinon prins en breuuage.604.b
Racine d'Hipposelinon cuite en vin, appliquée.605.a
Racine de Pastenade sauuage prinse en eau miellée.618.b
Vinaigre Squillitic, & en prendre vn peu deux iours durant. Voy comment il se fait. 447 b.2
Graine d'Asperges prinse en breuuage au poids de trois oboles, auec autant de Cumin.519.a
La cime de Lelychryson prinse en breuuage.669.a
Terebinthe appliquée sur le costé 52. b
Chamæluce broyée en eau, prinse en breuuage 917. a
Graine d'Echium prinse en vin, ou bouillon.9 b.2
Graine de Cocombre sauuage sechée, & pilée, prinse au poids de trente deniers en vne hemine d'eau.537.a.2
Liniment du suc de Coloquinte.540.a.2
Bouillon pris en eau auec de la Rue.193.a.2
Thym enduit pas dehors auec du Seneué.784.a
Bdellion prins en breuuage.614.a.2
Racine de Coleuurée auec du miel, prinse en looch.295. b 2
Decoction de Baccharis prinse en breuuage.798.b
Trochisques de Pancration prins en looch. Voy comment ils se font.449.b.2
Tiges vertes de Choux bruslez auec la racine, & incorporées auec vieil oingt de porceau, appliquées. 444.b
Rue prinse en breuuage.848.b
Germandrée prinse en breuuage, ou appliquée en liniment.64 a.2
Sarrasine ronde prinse en eau.855 a
Graine d'Orties prinse auec graine de Lin. Aucuns y adioustent de l'Hyssope auec vn peu de Poiure.139.b.2
Betoine prinse au poids de quatre dragmes dans du vin vieil auec vingtsept grains de Poiure 176.a.2
Arthetique prinse en vin au poids d'vn victoriat.61.b.2
Puree ou bouillon espez de la racine de Trasi humé. Voy comment elle se fait.454.a.2
Huile de Flammula, appliqué chaud en liniment. 71.a.1
Trois dragmes de Thym meslées auec du vinaigre miellé, & en prendre vn plein cueillier à ieun.784.b
Myrrhe prinse à la grosseur d'vne Feue.646.a.2
Decoction de la racine d'Acorus prinse en breuuage. 486.a.2
Moëlle de Pommes de Coloquinte clysterisée.540.a.2
Vne dragme du suc de Gentiane prinse en breuuage. 151.b.2
Racine d'Aloës beüe en eau.603 b.2
Eau distillée du Chardon Nostre Dame.353 b.2

Pour le mal de costé procedant d'opilation.

Treffle prins en breuuage.425 b

Pour les douleurs de costez appellées Lagonoponon.

Graine de Raifforts fricassée, ou maschée.543.b

Pour les douleurs de costé qui ont duré long-temps.

Trois oboles de la racine de la Thapsie, prinses auec vne obole du laict.651 a
Suc de la Thapsie en liniment.651.b

Pour lascher le ventre aux pleuretiques.

Syrop de Violettes prins au poids de quatre, ou cinq onces.690.a

Pour ceux qui crachent pourry.

Poudre de Betoine prinse au poids de trois oboles en eau.175.b.2
Ail cuit sous la cendre, & prins auec miel par esgales portions.420.a.2
Fueilles de Rue puluerisées au poids de deux dragmes auec vne dragme & demie de soulphre.849.b
Bouillon à la fleur iaune prins en breuuage au poids de trois oboles.19?.a.2
Fueilles de Betoine prinses en miel.176.a.2
Porreau cru, mangé à ieun sans pain, de deux iours l'vn. 416.a.2

Pour les asthmatiques, ou ceux qui ont difficulté d'haleine.

Suc des racines de l'Aunée, auec autãt de suc d'Hyssope, & trois fois autant d'eau de Pas-d'asne, & de sucre, à suffisance, cuits ensemble iusqu'à tant que le tout soit espais comme miel, est singulier pour les asthmatiques s'ils en vsent souuent.754.b
Erysimon prins en breuuage 558.a
Plantain mangé cuit au milieu du repas.149.b.2
Decoction du Sassafras prinse en breuuage, auec du sucre. Voy comment elle se fait.721.b.2
Baume d'Occident prins au matin à ieun 611.b.2
Oignon bouilli, ou cuit sous la braise, & prins auec du sucre 413.b.2
Betoine prinse en eau tiede.176.a.2
La longueur de quatre doigts de la racine du Charamei, qui est pleine de laict, pilée auec vne dragme de Moustarde, & la donner aux asthmatiques: elle euacue fort par dessus & par dessous.626.b.2
Decoction de Guaiac beüe, estant ordonnée à propos par vn bon Medecin.718.b.2
Fumée des fueilles de Nicotiane tirée par la bouche: toutefois il faut auoir esté purgé auparauant, pourueu que la maladie donne tant de relache.753.b.2
Piment prins en breuuage auec la decoction de Riguelisse.8?9.b
Poudre du Bois des Moluques prinse au poids d'vn scrupule.672.b.2.
Deux Pignons des Moluques prins en bouillon de Poule 662.b.2
Eau des fueilles de Nicotiane tirée par l'alembic, beüe. 755.a.2
Agaric prins au poids d'vne dragme.563.b.2
Coloquinte prinse par la bouche, ou clysterisée. 540.b.2
Eau distillée des fueilles & des fleurs de la Rosée du Soleil, prinse en breuuage.110 a.2
Decoction de la Nicotiane prinse en breuuage: comme aussi en looch fait de la dite decoction.753.b.2
Syrop d'Hyssope, ou sa decoction prinse auec de l'Oximel Scyllitic, & de l'Origan.813.a
Sarrasine ronde prinse en eau.855.a
Calamenthe prinse en breuuage.790 b
Decoction de Thym faite auec miel, beue.783.b
Laict qui sort du Laitteron beu.484.b

Trois

A la Poitrine, & au Poulmon.

A la Poitrine, & au Poulmon.

Aux

AV COEVR.

Au Cœur.

Aux Mammelles.

AVX MAMMELLES.

Contre l'inflammation des mammelles des nouuelles accouchées.

Encens auec huile Rosat, & terre à lauer, appliquez. 63 .a.2

Graine de Iusquiame broyée, & appliquée en liniment. 574 b.2

Fueilles d'Hemerocallis broyées,& appliquées.376.b.2

Fueilles de Baccharis appliquées.798.b

Contre l'inflammation & dureté des mammelles.

Marc des Raisins appliqué auec sel 289.a.2

Racine d'Afrodille cuite en lie de vin, & appliquée. 459.a.2

Decoction de Pityusa auec decoction de Rue, appliquées.420.b.2

Racines de Guimauues cuites en vin blanc, appliquées. 500 a

Liniment de Noix, Rue, & Miel.172.a

Eau distillée de Lentilles d'eau, appliquée en liniment. 884.b

Pour empescher les inflammations qui commencent aux mammelles.

Farine de Ris meslée en cataplasmes repercussifs.341.a

Pour les inflammations des mãmelles, à cause du laict caillé.

Farine de Feues incorporée en vinaigre miellé,& griotte seche,appliqué en cataplasme.383.a

Pour resoudre le laict caillé des mammelles.

Persil mangé cuit,ou cru.604 a

Lentilles cuites en eau de mer,appliquées.401.b

Farine de Feues seule, ou auec griotte seche, appliquée. 382.a

Pour empescher de cailler le laict.

Fueilles de Mente mises dans le laict.576 b

Pour ceux qui auroient du laict caillé dans l'estomac.

Laser prins en vinaigre miellé.629.a

Pour resoudre l'inflammation des mammelles.

Fueilles fresches du Marrube appliquées.838.a

Rue appliquée cuite 849.b

Pour appaiser la douleur des mãmelles trop pleines de laict.

Mente appliquée sur les mammelles.579.b

Pour resoudre la dureté des mammelles.

Fueilles d'Arthetique appliquées en liniment auec miel. 61.b.2

Farine d'Ers,appliquée.395.a

Erysimon appliqué en liniment auec eau,ou miel.557 b

Chastagnes meslées auec de la griotte & vinaigre appliquées.27.a

Pour les vlceres malins des mammelles.

Fueilles d'Asclepias appliquées.45.b.2

Pour guerir les vlceres des mammelles.

Herbe Robert appliquée.173.a.2

Pour les playes des mammelles.

Bugle prinse en breuuage.941 a

Pour faire perdre le laict aux nouuelles accouchées.

Cigue appliquée sur les mammelles.681.a

Basilic appliqué sur les mammelles.583.b

Farine de Feues appliquée.382.a

Pour faire venir le laict aux nouuelles accouchées.

Raiffort mangez cuits.543.b

Pour faire auoir beaucoup de laict aux nourrisses.

Tige de Laitteron blanc cuite,mangée.484.b

Graine de Libanotis prinse en vin.660.a

Racine d'Halime.123 b

Pour faire venir le laict aux femmes.

Herbe ou graine de Fenouil prinse en Orge mondé. 590.a

Semence d'Agnus castus au poids d'vne dragme,beuë en vin.238.a

Decoction des fueilles de Fenouil sauuage, prinse en breuuage. 590 b

Pour faire reuenir le laict aux femmes quand elles l'ont perdu.

Graine & racine de Fenouil sauuage, prinse en Orge mondé.591.a

Decoction des fueilles seches, & de la graine de l'Aner, prinse en breuuage.591.b

Fueilles & tiges d'Anemone cuites, & mangées en Orge mondé.735.b

Suc du fruict de Coleuurée prins auec du Froment cuit. 295 b.2

Graine de Circæa prinse en vin,ou eau miellée.226.b 2

Suc de Laitterons blancs,beu.484.a

Pois Ciches Arietins mangez.390.a

Decoction de Mauues auec la racine beue.497 b

Nielle broyée prinse en breuuage par plusieurs iours. 703.a

Graine d'Echium prinse en vin.9.b.2

Glaux cuit auec farine d'Orge,sel,& huile,mangé.410.b

Anis prins en breuuage, ou mangé.594.a

Choux mangez en potage auec Poiure long.446.b

Pour empescher que les mammelles d'vne vierge ne croissent plus.

Suc de Cigue enduit sur les mammelles 680.b

Fueilles de Palma Christi broyées auec griotte seche, & appliquées.497.a 2

Eau de Pommes de pin verdes appliquée auec linges sur les mammelles.44.a

Fueilles d'Epimediõ broyées en vin,& appliquées. 959.b

Fueilles d'Epimedion broyées en huile, & appliquées en cataplasme.959.a

Son de Froment cuit auec vinaigre bien fort, appliqué. 320.

Cigue pilée auec ses cimes,appliquée sur les mammelles. 680.b

Son de froment bouilli en l'eau où l'on auroit auparauant fait cuire de la Rue,appliqué.320.a

Pour maintenir les mammelles des filles fermes.

Fueilles d'Epimedion appliquées en cataplasme.959.b

Pour endurcir les mammelles flacques.

Decoction de Stellaria, auec Hypocistis, Prelle, Alum, & Roses seches, appliquée auec des linges trempez dedans.174.a.2

Pour les accidens des mammelles.

Pourpier auec miel,& terre à lauer, appliquez.465.a

Racine de Mauues appliquée auec laine noire.498.a

A L'ESTOMAC.

Contre le desuoyement d'estomac.

Cardamome prins auec Mastic, & ius de Grenades 709.a.2

Racine du Ionc odorant prinse au poids d'vne dragme, auec autant de Poiure par l'espace de quelques iours. 693.b.2

Vn plein cueillier d'Aloe prins en deux cyathes d'eau tiede, ou froide deux ou trois fois le iour, par certains interualles, selon qu'il semblera expedient. 555.a.2

Nardus prins en breuuage auec eau froide.696.b.2

Graine de Mauues beue en vin noir.498.a

Oenanthe prinse en breuuage au poids d'vne obole auec vinaigre.292.a.2

Mirobolans citrins, ou Belleriques mangez à l'entrée de table.548.a.2

Deux ciathes de suc de Renouée prins en breuuage. 26.a.2

Oenante prinse en vin.292.b.2

Decoction du Grame de Parnasse prinse en breuuage. 877.a

Pouliot prins en vinaigre & eau.775.a

Serpollet prins au poids de quatre dragmes.786.b

Decoction

A l'Estomac.

Pour le desuoyement d'estomac.

Pour le desuoyement d'estomac & chaleur qu'endurent ceux qui sont en fiure.

Pour appaiser les vomissemens.

A l'Estomac.

Pour empescher la trop grande enuie de vomir.

Pour ceux qui vomissent la viande.

Pour appaiser le vomissement de sang.

Quand on vomit le fiel en la cholerique passion.

Singulier remede contre les vomissemens bilieux, & contre la dysenterie.

Pour arrester le vomissement bilieux.

Pour prouoquer à vomir.

Racine

A l'Estomac.

A l'Estomac.

Grenades

A l'Estomac.

Decoction

A l'Estomac.

A l'Estomac.

Squille

Au Foye.

AV FOYE.

Contre les opilations du foye.

Au Foye.

Nardus

Au Foye.

Au Foye.

Au Foye.

Syrop

Au Foye.

Au Foye.

Racine

Au Foye.

Pour ceux qui commencent d'estre hydropiques.

Pour euacuer l'eau entre cuir & chair.

Pour euacuer l'eau des hydropiques.

Pour appliquer sur les enfleures des hydropiques.

Pour euacuer le phlegme & la bile des hydropiques.

Pour purger les hydropiques.

Pour purger l'eau qui est par le corps, la faisant vuider par le bas.

Pour euacuer l'eau par le bas.

A la Ratte.

Pour desalterer les hydropiques.

Pour guerir l'hydropisie procedée de ventositez.

Pour ceux qui ont le corps enflé.

Pour les hydropiques par tout le corps.

Contre l'hydropisie appellée Tympanites.

A LA RATTE.

Pour les duretez de la ratte.

Contre l'opilation de la ratte.

A la Ratte.

A la Ratte.

Pour

AVX INTESTINS.

Mirobolans citrins, ou Bellériques mangez à l'entrée de table.548.a.2

Fueilles de Langue de Cerf prinſes en breuuage. 114.b.2

Gomme ou larme de Peſchier beue.250.a

Leucoma mangé.737.b.2

Trochiſques compoſez de Fauſel, du Lycion, de la Camphre, du bois d'Aloes, & vn peu d'Ambre, maſchez.632.b.2

Suc d'Oignons.413.a.2

Demy once de l'eſcorce du Macer ſechée, & pulueriſée, miſe tremper dans quatre onces de petit laict par l'eſpace d'vne nuict entiere, & en boire deux fois le iour; puis manger du Ris cuit ſans ſel ny beurre.640.a.2

Fruict du Guaiaua mangé.724.a.2

Graine de Guimauues prinſe en breuuage.500.a

L'herbe de la Pimpinelle & ſa graine reduites en poudre, & prinſes en eau ferrée.952.a

Decoction de l'eſcorce des fleurs de Dattes, beüe. 309.b

Eſcorce du Macer broyée verte, meſlée auec du laict aigre,& prinſe en breuuage.640.a.2

Verge d'or prinſe en breuuage, ou clyſteriſé.165.a.2

Racine de bouillon blanc, & noir, beuë en vin à la groſſeur d'vn dez à iouër.192.a.2

Suc de l'eſcorce du Curo.641.b.2

Racine de Piuoine cuite en gros vin rude, prinſe en breuuage.746 b

Roſmarin continué à manger.842.b

Vlmaria prinſe en breuuage.946.a

Farine d'Orge auec Myrte, ou vin, ou eſcorce de Grenades, ou Poires ſauuages, ou des Ronces.334.a

Decoction des fueilles du petit Geneſt cuites en vin, beuë.144.b

Infuſion de Coins, mangée.246.a

Cornouilles mangées ſeules, ou auec vin cuit. 278.a

Boutons de Roſes prins en breuuage.107.a

La petite peau rouge qui enueloppe la chair blanche de la chaſtagne prinſe au poids de trois dragmes en gros vin.27.a

Argentine freſche miſe dans les ſouliers, en ſorte qu'elle touche la plante des pieds nue.930.a

Yuroye ſauuage prinſe en vin rude.348.a

Cantre le flux de ſang.

Graine de Sophie prinſe en vin,ou en eau ferrée. 47.b.2

Stratiotes d'eau prins en breuuage.918.b

Graine & racine de Piuoine beue.746.a

Suc de Prunes ſauuages beu.109.a

Vlmaria prinſe en breuuage.946.a

Catanance prinſe en breuuage.28.b.2

Graine de Plantain prinſe en breuuage.150.a.2

Hepatique appliquée en liniment 948.b

Germandrée de montagne prinſe en breuuage.64 a.2

Eſcorce de Liege pilée,& prinſe en eau chaude 19.b

Fleurs de Cyſte incorporées en trois doigts de vin vert, beues.188.b

Decoction de Pimpinelle beue.952.a

Dix grains de la graine de la Ferule, ou ſa moelle prinſe en vin.650.a

Suc de Quintefueille beu.160.a.2

Tormentille prinſe en breuuage.161.a

Quintefueille prinſe en breuuage, & appliquée en liniment 160.a.2

Renouée prinſe en breuuage 28.b.2

Bource de Bergier counerte de paſte claire, fricaſsée en huile,& mangée.2.a.2

Graine de Lin appliquée auec vinaigre.417.b

Fueilles de Myrte broyées,appliquées auec eau.202.b

Graine de Ferule prinſe en breuuage.650.a

Lentilles cuites deux fois, ayant ietté la premiere eau mangées.400.a

Lexiue des cendres des ieunes branches de Figuier, beue au poids d'vne once & demie 285 a

Ris vn peu roſti, & cuit dans du laict où l'on ait eſteint des cailloux ardents.341 a

Fleurs de Ciſte prinſes en breuuage.188.b

Huile de Lentiſque.55.b

Benoiſte prinſe en breuuage.588.a

Vin de la decoction de Lapathon beu.515 b

Meures vertes ſechées & pulueriſées miſes ſur la viande au lieu de la graine de Sumach & de Tamariſc. 275.a

Grenades miſes en pieces, & trempées en eau de pluye, beues.257.b

Conſerue des fueilles rouges & minces du Grenadier, prinſe au poids de demie once.258.b

Neſfles mangées.280.b

Poudre de Meures vertes ſechées & pulueriſées, miſes ſur les viandes.276.b

Fueilles d'Oliuer ſauuage broyées auec de farine d'Orge, appliquées.127.a

Eau de Troeſne beue.214.a

Laſer prins auec vn grain de Raiſin.619.a

Feues toutes entieres cuites en eau & vinaigre, mangées.381.b

Feues cuites auec leur eſcorce en eau & vinaigre, mangées.381.a

Fleur du Paſſeuelours prinſe en breuuage.758.a

Racine de Corne de Cerf mangée.571.b

Farine de Feues d'Egypte mangée en bouillie, ou appliquée en griotte ſeche.386.b

Graine du Lapais, de Parelle, & d'Ozeile prinſe en eau, ou en vin.515.a

Decoction d'eſcorce de Feues d'Egypte cuites en vin miellé, beue au poids de cinq onces. ibid.

Grappes & graine de Lagopus prinſes en vin aſpre & ſuc de Grenades.372.a

Eſcorce de Tamariſc pilée,& beue.152.a

Contre la dyſenterie.

Herbe de Prelle prinſe en eau,ou en vin doux 937.a

Graine de Limonion broyée, & prinſe en vin au poids d'vn acetabule.894.b

Sauge prinſe auec de l'Aluyne.766.a

Graine du Lis d'eſtang Heraclien prinſe en vin 883.a

Fueilles & brãches de la Peruenche prinſes en vin. 721.b

Feues cuites auec leur eſcorce en eau & vinaigre, mangées.381 a

Deux dragmes de poudre de Sucudus prinſes en Hydromel 97.b.2

Racines de Guimauues prinſes en vin.500.a

Statice guerit la dyſenterie, la trop grande abondance des fleurs des femmes, le flux de ſang par le nez, & le crachement de ſang.89.a.2

Suc de Plantain clyſteriſé.149.b.2

Elanthie auec ſes racines broyée,& beue.756.a

Fueilles du Gnaphalion broyées, & prinſes en vin aſpre. 272.b.2

Suc des fueilles & tendrons de vigne prins en breuuage. 288.a.2

Herbe de Plantain cuite en vinaigre & ſel, prinſe en viande.149 b.2

Racines de Guimauues ſauuages prinſes en breuuage en vin, ou en eau.502.b

Agaric prins au poids d'vne dragme.563.b.2

Suc de bourgeons de Vigne clyſteriſé.288.b.2

Graine de Guimauues beue 500.a

Noix Muſcade.652.b.1

Plantain cuit auec des Lentilles, prins en viande. 149. b.1

Herbe d'Elatine cuite,& prinſe en breuuage.135.b.2

Poudre des petites fleurs qui ſortent du Grenadier auant que la Grenade ſe forme,beue.258.a

Decoction de toute la plante du Cabalhau prinſe en breuuage.744.b.2

Huile du Mille-pertuis enduit tout ſeul par deſſus le ventre.54.b.2

Myrrhe prinſe à la groſſeur d'vne Feue.646.a.2

Decoction

Pour reserrer le ventre.

Aux Intestins.

Aux Intestins.

Pour lascher le ventre.

c Decoction

Aux Inteſtins.

Pour euacuer les groſſes humeurs, & les racleures du ventre.

Pour faire bon ventre, & euacuer le phlegme.

Pour ceux qui ont naturellement le ventre reſerré.

Pour purger le ventre bien fort.

Pour la douleur des hypochondres.

Pour la chaleur des hypochondres.

Aux Inteſtins.

Pour guerir les accidens des inteſtins.

Pour euacuer les racleures des boyaux.

Pour les eroſions des inteſtins.

Pour chaſſer toute la vermine du corps.

Linaire

Souuerain remede contre les vers du corps.

Pour faire ſortir les vers larges du ventre.

Pour faire ſortir les vers ronds du ventre.

Pour faire mourir les vers ronds, & ceux du fondement.

Pour faire ſortir les vers larges & ronds du corps.

Pour tuer les vers longs du ventre, & ceux du fondement.

Pour tuer & faire ſortir les vers du corps le meſme iour.

Contre les vers des petits enfans.

Pour engendrer des vers ronds au ventre.

Pour faire ſortir les vers de la terre.

Contre la diarrhœe.

Contre la dyſenterie qui a duré long-temps.

Pour le flux puant de la dyſenterie.

Pour guerir la trop grande enuie d'aller à ſelle principalement à la dyſenterie.

Pour la dyſenterie prouenant de la debilité du foye.

Pour ceux qui rendent le ſang par deſſous.

Pour la dyſenterie incurable.

Ce qui prouoque la dyſenterie.

Contre le trop grand deſir d'aller à ſelle ſans y rien faire.

Peur euiter le flux de ſang.

Pour les defluxions du ventre.

Aux accidens du boyau colon.

AV SIEGE, ET FONDEMENT.

Suc

Au Siege, & Fondement.

AVX REINS.

Aux Reins.

Aux Reins.

Pour les douleurs d'entre les deux espaules.

Pour les maladies des reins.

Aux accidens des reins.

Pour les accidens des reins.

Pour rompre & faire sortir la pierre des reins.

Pour les graueleux & pour faire sortir la pierre des reins.

distiller le tout par vn alembic de verre, & prendre quatre onces de l'eau qui en sortira auant le repas. 250.b

Pour faire sortir la pierre des reins.

Huile de Flammula, appliqué chaud en liniment sur la partie, ou clysterisé. Pour faire cest huile; Il faut de couper les fueilles de la Flammula bien menuë, puis apres les couurir d'huile Rosat dans vne phiole de verre, & la mettre bien bouchée au Soleil durant l'Esté. On en peut vser parmi les viandes au poids de trois dragmes.71.a.2

Graine du Mille-Pertuis prinse en vin.54.a.2

Fueilles d'Hieble pilées, beuës en vin.226.b

Graine du Cachos prinse en breuuage.733.b.2

Os de dedans les Nefles puluerisez, & de ceste poudre en boire vne cueillerée dans du vin, auquel on ait fait premierement cuire de racine de Persil 280.b

Decoction du Sassafras prinse en breuuage auec du Sucre. Voy comment elle se fait.721.b.2

Pois ciches arietins cuits auec eau & sel, & boire trois onces de leur decoction.390.b

Pour rompre la pierre.

Graine de Myacanthos, ou Chausse-trape broyée & prinse en vin 352.b.2

Gomme de Prunier prinse en breuuage.266.

Capilli Veneris prins en breuuage.108.a.2

Decoction de Politric prinse en breuuage.110.a 2

Decoction de Capilli Veneris prinse en breuuage. 108 a.2

Fueilles de Mourron d'eau mangées en salade.854.b

Decoction de Mauues beuë.498.b

Fueilles de Cheurefueille prinses en breuuage.311.a.2

Graine de Tanaise prinse en breuuage.831.a

Empetron cuit ou broyé prins en eau.534.a.2

Bdellion prins en breuuage.614.a.2

Decoction de la racine de Grame beuë.354.b

Betoine 176.a.2

Liqueur qui sort du sep de la vigne comme gomme prinse en vin 288 a.2

Moustarde prinse en breuuage auec vinaigre.553 a

Cardamome des Grecs prins en breuuage au poids d'vne dragme, auec escorce de racine de Laurier. 709.b.2

Fueilles de l'Vmbilicus Veneris auec la racine, mangées. 476.a.2

Decoction de la racine de l'Eryngion prise en vin miellé le matin à ieun, & le soir en se couchant par l'espace de quinze iours.341.a.2

Suc d'Orties prins en breuuage.140.a.2

Cardon benit prins en breuuage.332.a.2

Decoction de racines de Brusc cuites en vin beuë. 205.a

Camomille vulgaire.233 a.2

Decoction de la racine de Flambe prinse en breuuage. 484.a.2

Escorce de la racine d'Arreste-bœuf puluerisée prinse en vin.377.b

Decoction de la racine auec les grains de la Saxifrage blanche, faite en vin, prinse en breuuage. 16.b.2

Graine de la seconde espece de Guimauue, prinse en breuuage au poids d'vne dragme & demie auec du vin.501.b

Resine de Melese prinse par la bouche.48.a

Resine de Sapin liquide prinse au poids de demie once. 46.a

Nielle incorporée auec du miel, & prinse en eau chaude. 703.b

Pour rompre la pierre aux rognons.

Fruict du Tribulus terrestre prins en breuuage.434.a

Decoction de Choux cuite auec viel coq, beuë.446.b

Racine de l'Onanthe prinse en vin.678 a

Racines de Frassinelle prinses en breuuage au poids de deux dragmes.758.a

Pour l'opilation des roignons.

Racines du Meu cuites en eau, ou pilées sans cuire, prinses en breuuage.653.b

Pour subtilier le phlegme des roignons.

Suc de Caucalis prins en breuuage.614.a

Pour les douleurs des roignons.

Decoction du Peucedanon prinse en breuuage.643.b

Pour desopiler les reins.

Linaire prinse en breuuage.221.a.2

Laict fait de graine de Melons, & de Pompons, cuit auec Orge mondé, prins.530 a

Decoction des racines de Primeuere prinse en breuuage. 714.a

Pour decharger les reins de mauuaises humeurs.

Decoction de Bacilles prinse en breuuage.661.b

Poudre de la Veronique masle prinse en l'eau distillée de la mesme herbe 209.a.2

Decoction de l'herbe & racine des Fraises beue.521.a

Decoction de la Stœchas citrine prinse en breuuage. 674.a

Contre la chaleur des reins.

Suc des Racines & plantes de l'Ananas prins au poids de six, ou huict onces de grand matin.604.b.2

Pour eschauffer les reins.

Huile de Seneué appliqué.553.a

Racine de Galanga prinse en breuuage.687.a.2

Contre les douleurs de reins, & du ventre.

Decoction des fleurs de la bruyere commune, beuë 161.a

Pour estancher le sang qui coule des reins.

Fueilles de la Stratiotes d'eau prinse en breuuage auec Encens masle.928.b

Pour guerir l'opilation des reins.

Decoction de la graine & racine de Saxifrage prinse en Breuuage.679.b

Pour ceux qui ont les reins vlcerez.

Aloë pilé beu parmi du laict 556.b.2

Suc de Plantain auec les fueilles prins en vin cuit. 149.b.2

Suc des racines & plantes de l'Ananas prins au poids de six ou huict onces de grand matin.604.b.2

Tragacantha. 357.a.2

Saffran prins mediocrement.409.b.2

Pour les vlceres des reins & de la vessie.

Prisane, ou decoction d'Orge mondé cuite auec Riguellisse & Raisins de passe.533.a

Ce qui est contraire aux vlceres des reins & de la vessie.

Porreau est contraire aux vlceres des reins, & de la vessie. 414 b.2

Marrube est contraire à ceux qui ont quelque vlcere aux reins, ou à la vessie.837.a

Pour rendre insensible aux coups de fouets.

Graine de Roquette prinse en vin.554.b

A LA VESSIE.

Pour ceux qui ne peuuent vriner que goutte à goutte.

Graine de Libanotis prinse en breuuage.660.b

Capilli Veneris reduits en liniment auec Absinthe, ils sont bons pour en frotter les reins & quand on ne peut vriner que goutte à goutte.108 a.2

Trichomanes prins en breuuage.107.a.2

Graine du Coris prinse en vin, est singuliere.660.b

Renoüée prinse en breuuage.26.b.2

Suc de Renoüée prins en breuuage.25.a.2

Calamus aromatique cuit auec graine de Grame, ou de Persil prins en breuuage.685.b.2

Graine de Menthe aquatique prinse en breuuage auec du vin.579.b

Fueilles & fleurs de Conyza prinses en vin.915.a

A la Veſſie.

A la Veſſie.

Racine

A la Vessie.

Bois de Baume prins en eau.609.b.2
Racine du Scolymus cuite en vin, beuë.314.a.2
Fleurs de cloux de Giroffle mangées.626.b.2
Chardon benit prins en breuuage.332.a.2
Mille-pertuis prins en breuuage 54.a.2
Racine de la Lonchitis qui fait la graine à triangle comme vn fer de lance prinse en breuuage.110.a.2
Racine de Spica Nardi prinse en breuuage 696.b.2
Liniment de Saffran sauuage sur la penil.410.a.2
Racine d'Hyacinthe prinse en breuuage.391.b.2
Fueilles, fleurs, & racines de Camomille, cueillies au printemps, reduites en trochisques, & prinses en breuuage.846.a
Racines de Gentiane prinse en breuuage.152.a.2
Parietaire chauffée sur vne tuile, & arrousée auec de Maluoisie, puis appliquée sur le penil.137.a.2
Raiffort d'eau prins en breuuage.954.b
Goutte de Lin prinse auec vn peu d'Anis 545.a.2
Suc de Parietaire au poids de trois onces prins en breuuage.137.
Goutte de Lin creue sur les Orties prinse en breuuage. 545.a.2
Racine d'Eryngion prinse en breuuage 341.a.2
Fruict de Musa mangé.648.a.2
Agripaume prinse en breuuage.143.a.2
Baume d'Occident appliqué en liniment.612.a.2
Rue de muraille prinse en breuuage.110.b.2
Empetron cuit, ou broyé prins en eau.534.a.2
Suc de Baume prins en breuuage.609.b.2
Calamus aromaticus prins en breuuage.685.b.2
Malabathron mangé.664.a.2
Racine de Saffran prinse en vin cuit.409.b
Deux dragmes de poudre de Sucudus prinses en hydromel.97.b.2
Porreau mangé.414.b.2
Lierre terrestre prins en breuuage.200.b.2
Suc d'Orties prins en breuuage.140.a.2
Racines de Violier large-fueille mangées.695.b
Cabaret prins en breuuage.706.a
Lierre prins en breuuage.303.b.2
Decoction de la racine auec les grains de la Saxifrage blanche, faite en vin, prinse en breuuage.16.b.2
Graine du Houblon puluerisée, & prinse en breuuage au poids d'vne dragme.299.b.2
Graine de l'Herbe aux Perles prinse en vin blanc. 76.a.2
Tendrons de Coleuurée noire mangez.297.b.2
Suc de Prelle prins en vin.937.a
Souchet prins en breuuage.866.a
Decoction de l'Aunée prinse en breuuage 754.a
Racine d'Espine blanche prinse en breuuage.342.b.2
Graine du Myacanthos ou Chaussée trape broyée, & prinse en vin.352.b.2
Decoction de Calamenthe prinse en breuuage 789.b
Pois Cic hes Arietins mangez.390.a
Nielle incorporée auec du miel, prinse en eau chaude. 703.b
Decoction du Grame de Parnasse, & specialement sa graine faite en vin, ou en eau, prinse en breuuage. 877.a
Racine du Tripolion prinse en breuuage au poids de deux dragmes 274.b.2
Suc des fueilles du Glouteron prins en breuuage auec du miel.922.b
Germandrée prinse en breuuage.64.a.2
Graine du Coris prinse en breuuage.58.b.2
Graine de la seconde espece de Guimauues, prinse au poids d'vne dragme & demie auec vin.501.b
Phu prins en breuuage.806.b
Graine du Glayeul puant prinse au poids de trois oboles. 489.a.2
Fueille de Mourron d'eau mangée en salade 954.b

A la Vessie.

Arthetique prinse en breuuage.61.b.2
Bdellion prins en breuuage.614.a.2
Lauande cuite en vin, prinse en breuuage 802.a
Decoction de l'Phu prinse en breuuage.806.b
Racine du premier Lonchitis prinse en breuuage auec du vin.118.a.2
Racine de la grande Valeriane prinse en breuuage. 806.b
Decoction des fueilles & branches de Sauge prinse en breuuage.766.a
Racine d'Astralagus prinse en vin.234.a.2
Scordion prins en breuuage.792.b
Decoction des fueilles d'Eupatoire prinse en breuuage. 929.b
Hyssope prins en breuuage.812.a
Graine de Renoüée prinse en grande quantité.25.b.2
Graine de Solane.577.b.2
Squille prinse au poids de trois oboles en vinaigre & miel.447.b.2
Marrube prins auec racine de Flambe, & miel.837.a
Racine de Serpentaire prinse en breuuage auec du vin. 470.b.2
Ails & Oliues noires broyées ensemble, mangées 419.b.2
Racine de Trasi prinse en breuuage.454.a.2
Ionc odorant prins en breuuage.693.b.2
Racine d'Afrodille prinse en breuuage.459.a.2
Decoction de la racine d'Acorus prinse en breuuage. 486.a.2
Decoction des fueilles de Cheure-fueille prinse en breuuage 311.a.2
Pied de Veau sec pour en saupoudrer les breuuages, ou prins en looch.485.b.2
La graine tant de l'Holoschœnus, que de l'Oxischœnus rostie, & prinse en breuuage auec du vin trempé.863.b
Racine de Coleuurée beüe.295.b.2
Ail mangée.419.a.2
Aiguille musquée prinse en breuuage.173.a.2
Decoction de la racine de Flambe prinse en breuuage. 484.a
Fueilles de l'Vmbilicus Veneris mangées auec la racine. 476.a.2
Betoine prinse en eau.175.a.2
Verge d'or prinse en breuuage.165.a.2
Suc de Cotula fœtida prins en bouillon, ou en syrop. 830.b
Tendrons de Coleuurée cuits & mangez.295.b.2
Suc de Bettes rouges beu.449.b
Escorce de la racine d'Arreste-bœuf beüe en vin. 377.a
Pouliot prins en breuuage auec du vin.775.b
Cime de Choux mangée.444.a
Cabaret prins en breuuage dans du petit laict auec du Spica, en eau miellée.776.a
Graine du Grame de Parnasse, beüe.354.b
Nielle broyée, prinse en breuuage par plusieurs iours. 703.a
Racine de Baccharis cuite en eau, prinse en breuuage. 798.b
Racine de Bupleuron beüe en vin.366.b
Polion prins en breuuage.809.a
Decoction de Pois ciches cuits auec Rosmarin, beüe. 390.b
Thym prins en breuuage.783.b
Asarine prinse en breuuage.797.a
Cabaret mis dans du moust, beu.705.b
Decoction de Tragoriganon prinse en breuuage.774.a
Fueilles de Laurier Alexandrin prinses en breuuage. 176.b
Poudre de Sariette prinse en breuuage.782.a
Tant l'Herbe que la decoction de la Stœchas citrine prinse en breuuage.674.a

Suc

Pour

A la Vessie.

A la Vessie.

Pour faire vriner vne vrine grosse, & quelquefois iusques au sang.

Racine de Garance prinse en eau miellée. 218.b.2

Pour faire vriner beaucoup, & vne vrine puante.

Drypis de Lonicer mangé cuit parmi la viande. 357.a.2

Pour faire sortir l'vrine & les excremens.

Fruict de la seconde espece de Pain de porceau prins au poids d'vne dragme auec deux cyathes de vin blanc par l'espace de quarante iours. 474.a.2

A ceux qui pissent de l'apostume.

Suc des racines & plantes de l'Ananas prins au poids de six ou huict onces de grand matin. 604.b.2

Pour faire euacuer par l'vrine toute l'eau d'entre cuir & chair.

Vingt grains du Lierre qui porte les grains iaune-dorez pilez en vn sestier de vin, & prins à la mesure de trois cyathes. 305.b.2

Pour faire vriner soudainement.

Peigne de Venus prins en breuuage. 612.a

Pour prouoquer mediocrement l'vrine.

Graine de Cocombre prinse auec laict, ou vin cuit. 525.b

Pour euacuer la bile des veines par les vrines.

Absinthe prins en breuuage. 824.a

Herbe de Fumeterre prinse en viande 185.b.2

Pour faire sortir la grauelle.

Racine d'Asperges broyée, prinse en vin blanc 519.a

Racine d'Arreste-bœuf prinse auec miel. 377.b

Anis prins en breuuage 593 a

Cendres de noyaux de Fau appliquées en liniment auec miel. 29.b

Soucher prins en breuuage 866.a

Semence de Fresne cueillie au mois de Nouembre, beüe auec vin vieil 71.b

Gomme d'Amandiers amers beuë en vin cuit. 268.a

Graine de Berle prinse en breuuage 957.b

Amandes ameres beüe en vin cuit. 268.a

Graine de Tribulus prinse en breuuage. 434.a

Decoction de Raifforts prinse en breuuage au poids de trois ciathes. 543 a

Decoction de la racine de Chine beüe, ayant auparauant esté bien purgé. Voy comment elle se fait, & le regime qu'il faut tenir. 677.b.2. & 678.a.2

Pilouelle prinse en breuuage. 3.a.2

Armoise prinse en vin doux. 828.b

Fueilles, fleurs, & racine de Camomille reduites en trochisques au printemps, prinses en breuuage. 846.a

Mille-pertuis prins en vin. 54.a.2

Suc de Guimauues cuites, prins en breuuage auec du vin. 499.a

Gomme de Cerisier beüe en vin. 264.b

Eau distillée de la Roquette marine, prinse tiede le matin au poids de quatre onces. 280.a.2

Huile de noyaux de Pesches beu au poids de quatre dragmes. 250 b

Graine de la seconde espece de Cumin sauuage prinse, puis boire de la graine de Persil bouillie. 599.a

Pouliot beu en vin Amineen. 775.b

Gomme qui sort du Cep des vignes prinse en vin. 288.b.2

Camomille à la fleur purpurée, prinse en breuuage. 846.a

Suc de Caucalis prins en breuuage. 614.a

Gomme de Peschier auec suc de Limons, ou de Raiforts, ou en vin prinse au poids de deux dragmes. 250.b

Capilli Veneris prins en vin, autant qu'on en peut empoigner auec trois doigts. 108 a.2

Herbe de Matricaire sans sa fleur, prinse en breuuage. 830.b

Parietaire chauffée sur vne tuile, & arrousée auec de Maluoisie, puis appliquée sur le penil. 137.a.2

Graine du Glouteron prinse en breuuage. 922.b

Graine de Mente aquatique beüe en vin 779.b

Decoction d'Armoise prinse en breuuage. 828.b

Sargaço mangée crue, ou cuite. 703 a.2

Suc de Mauue cuite, enduit tiede 498.a

Figues mangées. 86.a

Pour faire sortir la grauelle des reins.

Decoction du Grame de Parnasse, & specialement la graine, faite en vin, ou eau, prinses en breuuage. 877 a

Eau distillée du suc de Limons beüe en maluoisie. 255.b

Fruict d'Alchachenge, auec des Raisins meurs, & les laisser bouillir ensemble l'espace de quelques iours, beu au poids de quatre onces. 508.a

Rue de muraille prinse en breuuage 110.b.2

Camomille prinse en breuuage. 846.a

Decoction de Baccharis prinse en breuuage. 798.b

Decoction du Costus bastard prinse en breuuage. 652.b

Graine du Cachos prinse en breuuage. 733.b.2

Vin où aura cuit de la Mousse terrestre prins en breuuage: remede tres certain, & experimenté. 205.b.2

Racine du Glouteron confite en sucre, mangée. 922.b

Racines de Flambes fresches confites en sucre, ou en miel, prinses au poids d'vne once. 434 a.2

Aiguille musquée prinse en breuuage. 173.a.2

Demy scrupule de poudre du bois des Moluques prins le matin en eau rose. 672.a 2

Coral calciné prins en eau 261.a.2

Eau de Mousse terrestre tirée par l'alembic, beue. 205. b.2.

Pour rompre la pierre de la vessie, & la ietter hors.

Decoction de Bruyere commune cuite en eau, beüe soir & matin auant le repas au poids de trois, ou cinq onces par l'espace de trente iours, & apres se baigner souuent dans la mesme decoction 160.b

Pour rompre la pierre en la vessie.

Ceterach prins en breuuage. 113.a.2

Racines de Lapais, de Parelle, & d'ozeille beues. 515.a

Eau distillée de l'Oreille d'Ours de Myconius prinse en breuuage. 725.b

Saxifrage prinse en breuuage 14.a.2

Verge d'or prinse en breuuage 165.a.2

Decoction de la graine & racine de la Saxifrage prinse en breuuage. 679.b

Fruict & fueilles du Brusc beües en vin 265.a

Nielle incorporée auec du miel, prinse en eau chaude. 703.b

Cresson mangé cru, ou sa decoction beue. 564.a

Pour faire briser la pierre de la vessie si elle est encores tendre.

Graine du Cachos prinse en breuuage 733.b.2

Pour faire pisser la pierre.

Suc de Caucalis prins en breuuage 614.a

Pour n'estre iamais graueleux.

Trois dragmes de Casse prinse tous les iours auant le repas. 96.b

Pour nettoyer la grauelle des reins, faire vriner, & nettoyer le col de la vessie plein d'excremens.

Quatre liures de l'escorce de la racine d'Arreste-bœuf fresches, taillées en menues pieces, & trempées en huict liures de Maluoisie, le tout distillé dans vn alembic de verre, ou au bain Marie; faut boire de ceste eau au poids de demy liure. 377 b

Pour faire sortir la grauelle de la vessie.

Fueilles de Fenouil appliquées auec vinaigre & beues. 591.a

Pour ceux qui font l'vrine crasseuse & sablonneuse

Racine du Pauot cornu cuite en eau iusques à la consomption de la moitié, & prinse en breuuage. 570.b.2

Tont.

A la Vessie.

Pour oster le commencement de la grauelle des petits enfans.

Grains rouges de Piuoine beus ou mangez.745.b

Aux maladies de la vessie.

Bulbe vomitoire mangé seul, ou la decoction beuë. 379.a.2

Contre la douleur de la vessie.

Thym prins en breuuage auec miel & vinaigre.784.a

Betoine prinse en eau.175.a.2

Graine de Mauues, auec graine de Lotus sauuage, beuë en vin.497.b

Suc de l'herbe Phalaris prins en breuuage 347.b

Fueilles de la Ronoüée appliquées.25.b.2

Baume d'Occident prins au matin à ieun.611.b.2

Petroselinon prins en breuuage.604 b

Racine de Piuoine prinse en vin.746.a

Lotus broyé tout seul, ou bien auec de graine de Mauues, prins en breuuage auec de vin cuit.941.b

Racine du Lis d'estang appliquée en liniment.882 b

Racine du Lis d'estang Heraclien prinse en vin.883.a

Deux doigts de la graine de Fenouil sauuage prinse en petit vin.591.b

Lotus sauuage broyé seul, ou auec graine de Mauues, beu en vin, ou vin cuit.428.a

Suc des fueilles du Glouttercon prins en breuuage auec du miel.922.b

Coral calciné prins en eau.261.a.2

Grains de Myrte beus en vin.203 a

Aux maladies de la vessie.

Decoction de Guaiac prinse en breuuage, ayant esté ordonnée à propos par vn bon Medecin.718.b.2

Raisins mangez les pepins en estans ostez.190.b.2

Decoction de Iuiubes beuë.301.a

Decoction de l'escorce des fleurs de Dattes beuë. 309. b

Escorce tendre de Palmiers prinse en breuuage.309.b

Decoction de Mercuriale prinse auec Myrrhe & Encens. 493.b.2

Pour guerir les vlceres de la vessie.

Decoction de la racine de Chine beuë, ayant auparauant esté bien purgé. Voy comment elle se fait, & le regime qu'il faut tenir.677.b.2 & 678.a.1

Vne dragme de Tragacantha dissoute dans du vin cuit, y adioustant vn peu de corne de cerf lauée & bruslée, ou vn peu d'Alum de plume, & prinse en breuuage. 357.a.2

Aloë pilé, beu parmi du laict.556.b.2

Suc de Plantain auec les fueilles prins en vin cuit. 149.b.2

Decoction de Mauues clysterisée 497.b

Racine du Grame de Parnasse cuite en vin, beuë.355.a

Graine de Cocombres prinse auec laict, ou vin cuit. 525.b

Aux vlceres & inflammations de la vessie.

Saffran mediocrement prins.409.b.2

Pour consolider les playes de la vessie.

Fueilles de Prelle prinse en eau.937.a

Playes de la vessie gueries auec le suc de la Prelle. 937.a

Contre la rongne de la vessie.

Fueilles de Cepæa prinses en vin, ou beue en decoction d'Asperges.233.b.2

Suc de Riguelisse prins en vin cuit.210.b

Opoponax prins auec eau miellée, ou vin.638.a

Pour le vessie enflée.

Peucedanon prins en breuuage.643 a

Pour nettoyer la vessie.

Decoction de l'herbe & racine des Fraises, beue.521.a

Pour purger la vessie.

Poudre de la Veronique masle prinse en l'eau distillée de la mesme herbe.209.a 2

Contre les duretez du col de la vessie.

Eau distillée de la racine de Chine fresche, beue. 678.b.2

A la Vessie.

Contre l'ardeur d'vrine causée debile & phlegme salé.

Sebestes mangées au nombre de trente, ou quarante. 304.a

Pour desopiler la vesse.

Linaire prinse en breuuage.221.a 2

Decoction des racines de Primeuere prinse en breuuage. 724.a

Decoction de la graine & racine de la Saxifrage prinse en breuuage.679 b

Pour rompre les excremens de la vessie.

Decoction de la racine de Grame commun beue.353.b

Pour guerir vne hernie charnue.

Poudre de l'escorce de la racine d'Arreste-bœuf prinse en vin par plusieurs mois.377.b

Pour rompre le calcul.

Argentine prinse en breuuage.30.b

Contre le calcul & difficulté d'vrine.

Esponges d'Eglantier reduites en poudre, beues 108.b

Pour les imperfections de la vessie.

Racines de Meu cuites en eau, ou pilées sans cuire, prinses en breuuage.653.b

Pour les grandes douleurs de la vessie.

Decoction du Grame cuit en vin iusques à la consomption des deux tiers, beue en sortant du bain.355.a

Contre l'ardeur de la vessie.

Fruict de Musa mangé 648.a.2

Aux accidens de la vessie.

Cepæa prinse en vin auec racines d'Asperges.233.b.2

Ionc odorant prins en breuuage.693.b.2

Nardus Celtique prins en decoction en Aluine.803.a

Graine de Berle prinse en breuuage.957.b

Quatre dragmes de Thym sec broyé bien menu dans vn cyathe de vinaigre miellé prins en breuuage. 784.b

Antillis prinse en vin.267.b.2

Miriophyllon prins en vinaigre.664.b

La haute partie de la racine du Glayeul appliquée en liniment.487.b.2

Bunion sec prins en breuuage en eau miellée.668.a

Graine de l'herbe Phalaris beue en vin, vinaigre, miel, ou laict.347.b

Dattes, auec des Coins, & du Cerot Oenantain mises en Cataplasmes, & appliquées.309.a

Decoction de toute la plante de Lagopus cuite en vin doux, beue.372.a

Suc d'Endiue prins en breuuage auec du vin.469.b

Poudre de Sariette prinse en vin.782.a

Antichillis prinse en vin.267.b.2

Poudre de Sariette prinse en vin.782.a

Fueilles de Prelle prinses en breuuage 937.a

Suc de Pourpier prins en breuuage.465.b

Graine de Smyrnion prinse en breuuage.465.b

Decoction de Camomille, en fomentation.846.b

AVX MEMBRES GENITAVX & parties honteuses.

Pour eschauffer au ieu d'amour.

Ail pilé auec Coriandre vert prins en vin pur.420.a.2

Racine du Satyrion Erythonion tenue en la main, eschauffe la personne à l'amour, & encor plus si on la prend en vin.439.a.2

Racine molle de Couillon de Chien mangé en laict de Cheure.436.a.2

Racine de Serpentaire prinse en breuuage auec du vin. 470 b.2

Fleurs de Cloux de Giroffle prinses au poids de quatre dragmes auec du laict.626 b.2

Bulbes de Megare mangez.382.a.2

Aux Membres genitaux, &c.

A la Vessie.

AVX MEMBRES GENITAVX & parties honteuses.

Pour eschauffer au ieu d'amour.

Aux Membres genitaux, &c.

Pour paroistre vaillant champion à l'escrime d'amour auec les dames.

Pour ceux qui sont malades pour auoir trop embrassé les femmes.

Pour les breuuages amoureux.

Pour augmenter la semence genitale.

Pour engendrer vn masle.

Pour ceux qui ont enuie d'auoir des enfans.

Pour resoudre la vertu du membre viril.

Pour empescher le coït.

Pour rendre l'homme impotent à engendrer.

Pour consumer le sperme.

Pour faire passer l'enuie d'auoir affaire aux femmes.

Pour faire vn enfant de bon esprit.

Pour les accidens des genitoires.

Contre l'inflammation des genitoires.

Aux Membres genitaux, &c.

Contre

Contre les duretez du membre viril.

Eau distillée de la racine de Chine fresche, beuë. 678. b.2.

Pour faire descouurir le membre honteux, qui autrement ne se pourroit descouurir.

Suc de la racine, ou des fueilles de l'Vmbilicus veneris appliqué en liniment, ou syringué. 476.a.2

Pour faire croistre le prepuce à ceux qui n'en ont point, sans auoir esté circoncis.

Suc de la Thapsie appliqué. 651.b

Pour souder le prepuce des enfans quand il est rompu.

Aloë sec puluerisée, & saupoudrée. 555.b.2

Pour empescher que le poil ne vienne si tost au penil des enfans.

Frotter le penil de farine de Feues. 382.a

Pour empescher qu'on n'ait iamais du poil au penil.

Racine d'Hyacinthe appliquée auec vin blanc sur le penil des petits enfans. 391.b.2

Aux inflammations du membre viril.

Aloë dissout en eau, appliqué. 556.b.2

Pour dessecher les genitoires des petits enfans.

Fueilles de Ciguë pilées, appliquée sur les genitoires. 680.b

Pour esteindre la semence genitale aux garçons de quatorze ans.

Frotter le genitoires de Ciguë. 68.a

A LA MATRICE.

Pour appaiser les douleurs de la matrice.

Chamæsyce cuite en vin, appliquée en vn linge. 525. a.2

Fueilles & branches de Peruenche, appliquées en pessaire auec laict, huile Rosat, ou Cyprin 721.b

Fueilles de Veruëine incorporées auec huile Rosat, ou graisse de porceau fresche, appliquées. 224.a.2

Racine de Circæa detrempée en vin, & prinse en breuuage. 226.b.2

Herbe fresche de Pimente eschauffée sur vne tuile arrousée de Maluoisie, appliquée sur le ventre. 829.b

Branches de la Chamæsyce broyées en vin, & appliquées en pessaire. 525.a.2

Gasteaux de fueilles de Coq, mangez. 581.a

Parietaire. 137.a.2

Racine de Succisa mangée seule, ou sa decoction faite en vin prinse en breuuage 932.

Deux dragmes de la racine de la Centaurée puluerisées, prinses en vin. 179.b.2

Racine de la grande Centaurée tant prinse en breuuage, qu'appliquée en fomentation. 179.b.2

Graine d'Orties prinse en vin doux au poids d'vn acetabule, ou appliquée auec ius de Mauues. 139.b.2

Herbe de Chelidoine broyée auec sa racine, & cuitte auec huile de Camomille, puis appliquée sur le nombril. 144.a.2

Quinze grains noirs de Piuoine beus en vin, ou eau miellée. 745.b

Racine d'Asperges beüe en vin doux. 519.a

Racine de Stœchas citrine prinse en eau miellée. 673.b

Decoction de Chardon benit prinse en vin.

Eau des racines de Canelle verte decoupées, & tirée par l'alembic, beue. 623.b.2

Noix Muscade. 652.b.2

Decoction de Conyza, en faisant asseoir la femme dedans 915.a

Mercuriale auec miel Rosat, ou huile de racines de Flambe, appplliquée. 493.b.2

Fueilles d'Armoise appliquées auec farine d'Orge au bas du ventre. 828.b

A la Matrice.

Armoise broyée en huile Irin, ou auec des Figues, ou appliquée auec Myrrhe. 828.b

Saffran meslé aux onguents & pessaires qu'on fait pour la matrice. 409.b.2

Racines de Meu cuites en eau, ou pilées sans cuire, prinses en breuuage. 654.a

Decoction de Mousse, & faire asseoir la femme dedans. 215.a.2

Toute la Plante du Coq est chaude & seche, elle ouure, attenue, & fortifie: elle est detersiue & prouocatiue, & propre aux accidens de la matrice. 580.b

Graine & fueilles de Lauande appliquées en fomentation, ou receuant la fumée de leur decoction par dessous. 802.a

Costus tant appliqué en pessaire, que receu en fomentation, & parfum. 676.b.2

Fueilles de Betoine prinses en eau miellée au poids d'vne dragme. 175.a.2

Pain fait de Farine de Galanga, pestrie en laict de Noix d'Indie, & quelquefois de Sara ou Iagrea, mangé. 688.a.2

Amomon appliqué en pessaire, ou estuues. 683.b.2

L'Acorus est bon aux maladies interieures des femmes. 486.b.2

Liniment d'huile de Palma Christi. 497.a.2

Racines d'Ethiopis prinses en vin blanc. 169.b.2

Decoction d'Arroches, en syringuer. 452.b

Premiere espece d'Anthillis appliquée auec huile Rosat & laict. 267.b.2

Melilot cuit, ou broyé cru, appliqué. 431.a

Graine de Treffle au poids de trois dragmes, auec quatre de ses fueilles beues en eau. 425.b

Cumin prins en vin, & appliquer les fueilles sur la partie auec de la laine. 599.b

Pour prouoquer les mois.

Racine d'Afrodille prinse en breuuage. 459.a.2

Racine d'Angelique prinse en breuuage. 625.b

Fleurs de Myrrha confites en sucre prinses à ieun de la grosseur d'vne Noix. 656.b

Sarrasine prinse en breuuage auec Myrrhe, & Poiure, ou bien appliquée pessaire. 855.b

Laser prins en breuuage auec Poiure & Myrrhe. 629.a

Baume d'Occident appliqué en pessaire. 611.b.2

Racine de Poiure prinse en breuuage à la grosseur d'vne Amande. 745.b

Graine de Violiers iaunes prinse en vin au poids de deux dragmes, ou appliquée auec miel. 694.a

Decoction des fueilles d'Eupatoire prinse en breuuage. 919.b

Fueilles de Melisse, en estuues. 834.a

Graine du Coris prinse en breuuage. 58.b.2

Pois Ciches mangez. 390.a

Mercuriale prinse en breuuage, ou appliquée en fomentation. 493.b.2

Betoine prinse en vin. 176.b.2

Amandes ameres mises au lieu secret des femmes. 268.a

Decoction de la racine de Saxifrage beue. 16.b.2

Decoction de Lupins sauuages, auec laine, Myrrhe, & miel, appliquée en pessaire. 393.a

Racines de Cabaret prinses au poids de six dragmes en eau miellée. 705.b

Decoction de toute la plante du Cabalhau prinse en breuuage. 744.b.2

Decoction du Polion prinse en breuuage. 808.b

Fleurs de Violiers iaunes prinses au poids de demy cyathe en trois cyathes d'eau. 694.a

Fueilles d'Armoise appliquées auec farine d'Orge au bas du ventre. 828.b

Matricaire prinse en breuuage, & appliquée. 830.b

Dictam cuit en vin au poids d'vn denier, prins en breuuage. 778.a

Armoise bouillie, en estuues. 828.b

Contre

Contre les duretez du membre viril.

Eau distillée de la racine de Chine fresche, beuë. 678. b.2.

Pour faire descouurir le membre honteux, qui autrement ne se pourroit descouurir.

Suc de la racine, ou des fueilles de l'Vmbilicus veneris appliqué en liniment, ou syringué. 476.a.2

Pour faire croistre le prepuce à ceux qui n'en ont point, sans auoir esté circoncis.

Suc de la Thapsie appliqué. 651.b

Pour souder le prepuce des enfans quand il est rompu.

Aloë sec puluerisée, & saupoudrée. 555.b.2.

Pour empescher que le poil ne vienne si tost au penil des enfans.

Frotter le penil de farine de Feues. 382.a

Pour empescher qu'on n'ait iamais du poil au penil.

Racine d'Hyacinthe appliquée auec vin blanc sur le penil des petits enfans. 391.b.2

Aux inflammations du membre viril.

Aloë dissout en eau, appliqué. 556.b.2

Pour dessecher les genitoires des petits enfans.

Fueilles de Ciguë pilées, appliquée sur les genitoires. 680.b

Pour esteindre la semence genitale aux garçons de quatorze ans.

Frotter le genitoires de Ciguë. 68.a

A LA MATRICE.

Pour appaiser les douleurs de la matrice.

Chamæsyce cuite en vin, appliquée en vn linge. 525. a.2

Fueilles & branches de Peruenche, appliquées en pessaire auec laict, huile Rosat, ou Cyprin 721.b

Fueilles de Veruaine incorporées auec huile Rosat, ou graisse de porceau fresche, appliquées. 224.a.2

Racine de Circæa detrempée en vin, & prinse en breuuage. 226.b.2

Herbe fresche de Pimente eschauffée sur vne tuile arrousée de Maluoisie, appliquée sur le ventre. 829.b

Branches de la Chamæsyce broyées en vin, & appliquées en pessaire. 525.a.2

Gasteaux de fueilles de Coq, mangez. 581.a

Parietaire. 137.a.2

Racine de Succisa mangée seule, ou sa decoction faite en vin prinse en breuuage 932.

Deux dragmes de la racine de la Centaurée puluerisées, prinses en vin. 179.b.2

Racine de la grande Centaurée tant prinse en breuuage, qu'appliquée en fomentation. 179.b.2

Graine d'Orties prinse en vin doux au poids d'vn acetabule, ou appliquée auec ius de Mauues. 139.b.2

Herbe de Chelidoine broyée auec sa racine, & cuite auec huile de Camomille, puis appliquée sur le nombril. 144.a.2

Quinze grains noirs de Piuoine beus en vin, ou eau miellée. 745.b

Racine d'Asperges beüe en vin doux 519.a

Racine de Stœchas citrine prinse en eau miellée. 673.b

Decoction de Chardon benit prinse en vin.

Eau des racines de Canelle verte decoupées, & tirée par l'alembic, beue. 623.b.2

Noix Muscade. 652.b.2

Decoction de Conyza, en faisant asseoir la femme dedans 915.a

Mercuriale auec miel Rosat, ou huile de racines de Flambe, applliquée. 493 b.2

Fueilles d'Armoise appliquées auec farine d'Orge au bas du ventre. 828.b

A la Matrice.

Armoise broyée en huile Irin, ou auec des Figues, ou appliquée auec Myrrhe. 828.b

Saffran meslé aux onguents & pessaires qu'on fait pour la matrice. 409.b.2

Racines de Meu cuites en eau, ou pilées sans cuire, prinses en breuuage. 654.a

Decoction de Mousse, & faire asseoir la femme dedans. 215.a.2

Toute la Plante du Coq est chaude & seche, elle ouure, attenue, & fortifie: elle est detersiue & prouocatiue, & propre aux accidens de la matrice. 580.b

Graine & fueilles de Lauande appliquées en fomentation, ou receuant la fumée de leur decoction par dessous. 802.a

Costus tant appliqué en pessaire, que receu en fomentation, & parfum. 676.b.2

Fueilles de Betoine prinses en eau miellée au poids d'vne dragme. 175.a.2

Pain fait de Farine de Galanga, pestrie en laict de Noix d'Indie, & quelquefois de Sara ou Iagrea, mangé. 688.a.2

Amomon appliqué en pessaire, ou estuues. 683 b.2

L'Acorus est bon aux maladies interieures des femmes. 486.b.2

Liniment d'huile de Palma Christi. 497.a.2

Racines d'Ethiopis prinses en vin blanc 169.b.2

Decoction d'Arroches, en syringuer. 452.b

Premiere espece d'Anthillis appliquée auec huile Rosat & laict. 267 b.2

Melilot cuit, ou broyé cru, appliqué. 432.a

Graine de Treffle au poids de trois dragmes, auec quatre de ses fueilles beues en eau. 425.b

C[illegible]min prins en vin, & appliquer les fueilles sur la partie auec de la laine. 599.b

Pour prouoquer les mois.

Racine d'Afrodille prinse en breuuage. 459.a.2

Racine d'Angelique prinse en breuuage. 625.b

Fleurs de Myrrha confites en sucre prinses à ieun de la grosseur d'vne Noix. 656.b

Sarrasine prinse en breuuage auec Myrrhe, & Poiure, ou bien appliquée pessaire. 855.b

Laser prins en breuuage auec Poiure & Myrrhe. 629.a

Baume d'Occident appliqué en pessaire. 611 b.2

Racine de Poiure prinse en breuuage à la grosseur d'vne Amande. 745.b

Graine de Violiers iaunes prinse en vin au poids de deux dragmes, ou appliquée auec miel. 694.a

Decoction des fueilles d'Eupatoire prinse en breuuage. 929.b

Fueilles de Melisse, en estuues. 834.a

Graine du Coris prinse en breuuage. 58.b.2

Pois Ciches mangez. 390.a

Mercuriale prinse en breuuage, ou appliquée en fomentation. 493.b.2

Betoine prinse en vin. 176.b.2

Amandes ameres mises au lieu secret des femmes. 268.a

Decoction de la racine de Saxifrage beue. 16.b.2

Decoction de Lupins sauuages, auec laine, Myrrhe, & miel, appliquée en pessaire. 393.a

Racines de Cabaret prinses au poids de six dragmes en eau miellée. 705.b

Decoction de toute la plante du Cabalhau prinse en breuuage. 744.b.2

Decoction du Polion prinse en breuuage. 808.b

Fleurs de Violiers iaunes prinses au poids de demy cyathe en trois cyathes d'eau. 694.a

Fueilles d'Armoise appliquées auec farine d'Orge au bas du ventre. 828.b

Matricaire prinse en breuuage, & appliquée. 830.b

Dictam cuit en vin au poids d'vn denier, prins en breuuage. 778.a

Armoise bouillie, en estuues. 828.b

Graine

A la Matrice.

A la Matrice.

A la Matrice.

Pour resserrer le flux blanc des femmes.

Contre le flux des femmes.

Pour reserer la trop grãde abondance des fleurs des femmes.

A la Matrice.

Pour faire sortir l'arriefaix.

Pour faire sortir larrierefaix, & l'enfant du ventre de la mere.

Decoction

A la Matrice.

A la Matrice.

Fueilles

A la Matrice.

A la Matrice.

Mens-

A la Matrice.

A la Matrice.

Fruict

AVX BRAS, ET AVX IAMBES.

Contre la Sciatique.

Racine

Aux Bras, & aux Iambes.

Racine de Garance prinse en eau miellée,& se baigner tous les iours. 218.b.2.

Fueilles de Chamæcissus prinse au poids de trois oboles en cinq onces d'eau par quarante, ou cinquante iours 199.b.2

Graine de Baume prinse en breuuage. 609.b.2

Decoction de racines d'Asperges prinse en breuuage. 518.b

Graine de Thlaspi est bonne aux clysteres contre la sciatique 566.a

Resine de Sapin liquide, au poids de demie once beuë. 46.a

La cime de l'Elichryson prins en vin, ou en breuuage. 669.a

Suc de Sartiette incorporé auec farine de froment & huile Rosat, appliqué. 782.a

Fueilles de Calamenthe appliquées en liniment, 790.a

Cappes prinses en breuuage. 130.b.

Racine d'Ethiopis cuite & prinse en breuuage. 196.b.2

Pouliot appliqué exterieurement. 776.a

Oppopanax appliqué en liniment. 638.a

Graine de Nasitort appliquée auec griotte seche & vinaigre. 559.b.

Escorce de Peuplier blanc prinse en breuuage au poids d'vne once. 74.a

Graine de Smyrnion prinse en breuuage auec du vin. 607.a

Huile de Seneue, en liniment. 553 a

Suc de Coloquinte verte pour frotter la hanche. 540.a.2

Trois cyathes de la decoction de la racine de Leucacantha prins en vin. 544.a.2.

Pour les douleurs des hanches, ou sciatiques.

Graine d'Erysimon prinse auec miel en façon de looch. 557.b

Contre les gouttes des pieds.

Decoction de la racine de Betoine prinse en breuuage, & ses fueilles broyée & appliquées. 176.b.2

Racines d'Orties pilées, & appliquées auec vinaigre. 140. a.2.

Graines d'Orties broyées, & appliquées auec huile vieil. 140.a

Lentilles cuites auec griotte seche, appliquées. 401.a

Laict de Figues auec farine de Senegré & vinaigre, appliqué en cataplasme. 234.b

Suc de Choux auec farine de Senegré, & vinaigre, appliqué. 444.a

Hermodattes tant prinses en breuuage qu'appliquées par dehors en cataplasme auec des iaunes d'œufs, & de farine d'Orge, ou demie de pain. 445.a 2

Fomentation de decoction de Raues. 547.b.

Feues cuites en eau, & puis meslée auec graisse de porceau. 383.a

Escorce d'Orme pilée auec de la saumure, & reduite en forme d'emplastre, & s'en frotter. 69.b

Endiue appliquée. 469.b

Sarrasine ronde prinse en eau froide, & appliquée. 855.b

Raue broyée, & appliquée. 547.b

Fueilles de Tournesol appliquées. 238.b.2

Fueilles de Peuplier noir appliquées auec vinaigre. 74 a

Lie d'huile d'Oliues pour fomenter. 292.a

Aux douleurs inueterées des gouttes.

Racine du Narcisse broyée, incorporée en miel, & appliquée. 400 a.2

Aux gouttes inueterées tant des pieds que des mains.

Quatre oboles, ou au plus vne dragme d'Ellebore noir prinses en breuuage. 504.b.2

Decoction de toute la plante de la Citrine de Sthœchas prinse en breuuage, ou bien l'herbe puluerisée, prinse en miel Rosat, ou vinaigre miellé. 673.b

Pour l'inflammation des gouttes des pieds.

Racleures de Courges appliquées. 524.b

Farine d'Orge auec des Coins, ou du vinaigre, appliquée. 334.a

Pour les gouttes des pieds, & des mains.

Fueilles d'Orties incorporées auec graisse d'Ours, appliquées. 140.a.2

Contre la goutte des pieds, & des mains, & sciatique.

Terebenthe prinse au poids d'vne once, auec de la poudre d'Iue musquée. 52 b

Farine de Fenugrec cuite en eau miellée, auec gresse de porc appliquée. 405.b.

Pour euacuer l'humeur qui cause la goutte sans aucune facherie.

La grosseur d'vne Noisette de la gomme pour la goutte mise tremper dans de l'eau distillée par l'espace d'vne nuict, le lendemain coulée & pressée, & beue iusques au poids de deux onces, sans rien manger deuant midy 719.a.2

Pour faire resoudre les gouttes.

Racine de Cocombre sauuage cuite en vinaigre, & appliquée en liniment. 535.b.2.

Pour rafreschir l'inflammation des gouttes,

Mousse marine appliquée. 254.b.2

Pour rafreschir les gouttes qui commencent.

Pelures de Courges appliquées. 525.a

Pour les douleurs inueterées des pieds.

Suc de la Thapsie en liniment. 651.b

Pour les gouttes sans enfleure.

Racine d'Ibiscus cuite en vin, appliquée. 500.b

Pour le commencement de la goutte chaude.

Fueilles de Plantain appliquées. 150.a.2

A la goutte causée d'humeurs bilieuses.

Santal appliqué en liniment auec suc de Morelle, Ioubarbe, & Pourpier. 670.a.2

Pour les gouttes causées d'humeurs chaudes & seches.

Fueilles de Bellis broyées, auec du beurre frais, appliquées, en y adioustant des fueilles de Mauues. 743 b

Pour appaiser la chaleur des gouttes.

Fueilles de Plantain appliquées. 150.a.2

Racines de Branche Vrsine broyées, & appliquées chaudes 326.a.2

Moustarde terrestre concassée, & cuite en eau, appliquée. 205 b.2

Fueilles du Fucus verdes, appliquées en cataplasme. 258. b.2

Fueilles de Pourpier appliquées auec sel 465.b

Pour les douleurs des gouttes froides.

Fueilles, fleurs, & fruict de Negundo, broyez, ou cuits en eau, ou bien fricassez en huile, appliquez. 649. b.2

Coloquinte prinse par la bouche, ou clysterisée. 540. b.2

Contre les gouttes procedées d'humeurs froides ou pour le moins qui ne sont pas trop chaudes.

Fueilles de Nicotiane appliquées chaudes, ou vn linge trempé dans leur suc. 654.a.2

Pour exempter de la goutte.

Fueilles de Nicotiane maschées tous les matins à ieun attirent beaucoup de phlegmes de la bouche, & par ce moyen empeschent qu'ils ne coulent aux parties inferieures. 755.a.2

Pour, guerir toutes sortes de gouttes.

Decoction de Zarze-parille prinse en breuuage. Voy comment cette decoction se fait, & le regime qu'il faut tenir. 758.a.2.& 758.b.2

Fueilles tendres de Sureau commençans à sortir pilées auec autant de racines de Plantain, & vieil oingt, appliquées. 126.b

Poudre du Sucudus appliquée en vinaigre. 97.b.2

Fleurs de Geneste à plusieurs coins pilées auec oingt, appliquées. 144.a

Quatre dragmes de Thym sec broyées bien menu, prins dans vn cyathe de vinaigre miellé. 784.b

Graine

Aux Bras, & aux Iambes.

Contre les douleurs des iointures.

Aux Bras, & aux Iambes.

Contre

Aux Bras, & aux Iambes.

Fin du premier Indice de l'Histoire generale des Plantes.

SECOND INDICE DES VERTVS DES SIMPLES, SERVANS A GVERIR LES FIEVRES, APOSTVMES, Enfleures, Tumeurs, Playes, Vlceres, Rompures, & Dislocations, & aux Venins & Poisons:

EXTRAICT DV PREMIER ET SECOND TOME De l'Histoire generale des Plantes.

AVX FIEVRES.

Suc

Aux Fieures.

Aux Fieures.

Pour

AVX APOSTVMES, ENFLEVRES, & Tumeurs.

Contre les inflammations, & pour oster le feu d'vne partie offensée.

Aux Fieures.

Pour

Aux Apoſtumes, Enfleures, & Tumeurs.

Racine

Aux Apostumes, Enfleures, & Tumeurs.

Poudre

Aux Apostumes, Enfleures, & Tumeurs.

Poudre de la racine du Mechioachan prinse au poids d'vne dragme en vin blanc.751.a.2

Racine de Laserpition incorporée auec cerot, appliquée. 628.a

Baume d'Indie appliqué.611 b.2

Racines de Guimauues cuites en vin blanc, appliquées. 500.a

Fueilles d'Ortie seche incorporées en oingt, appliquées 141.a.2

Pour faire resoudre les escrouëlles.

Fueilles de Melisse appliquées auec sel.834.a

Marrube appliqué auec de la graisse.837.a

Suc de Pain de porceau meslé aux medicamens pour faire resoudre les foroncles, & autres duretez. 474.b 2

Racines de Quintefueille cuites en vinaigre, & appliquées en liniment.159.b.2

Herbe de Capilli Veneris appliquée seule.108.a.2

Racines & fueilles de Cappes pilées, & appliquées. 130.b

Troisiesme espece de Ioubarbe appliquée auec graisse de porceau.32.a 2

Fueilles de Mandragore fresches, appliquées auec griotte seche.582 b.2

Racine de Tribule cueillie par vne personne chaste, appliquée.434.a

Farine d'Yuroye cuite en vin auec fiente de pigeon, & semence de Lin, appliquée.349.a

Politric appliqué.110.a.2

Racines de Cappier appliquées 131 b

Racine & graine du petit glouttero appliquee souuent. 923.a

Poiure incorporé auec de la Poix, appliqué.660.b.2

Herbe de Gratteron broyée, & incorporée auec graisse de porceau, appliquée.226.a.2

Racines du Cocombre sauuage cuites en eau, & huile auec de l'Absinthie, y adioustant des crottes de cheure, appliquées en cataplasme.537.b.2

Styrax bon parmy les emplastres resolutifs.98.b

Fueilles de Melisse appliquées.834 a

Escorce de Feues appliquée auec griotte seche, alum de plume, & huile vieil.382.b

Fueilles & tiges d'Ortie puante broyées auec vinaigre, appliquées.142.b.2.

Ben appliqué auec miel.546 b.2

Fueilles de Squille emplastrées, & laissées quatre iours sans les bouger.447.b.2

Capilli Veneris appliquez auec huile de Camomille. 108.b.2

Capilli Veneris appliqué en liniment, & changé souuent. 108.a.2

Coriandre incorporé auec des fleurs de Freses, appliqué. 633.a

Racines du Lapais, de Parelle, & d'Ozeille, cuites en vin, appliquées.515.a

Racine de Mauue qui n'ait qu'vne tige, appliquée auec saliue d'homme.498.a

Capilli Veneris appliqué.108.a.2

Pour amollir les escrouëlles, & duretez inueterées.

Racines de Flambe cuites & appliquées en liniment. 483.a.2

Pour amollir les escrouëlles.

Figues n'estans pas meures, cuites, & mises en cataplasme.285.a

Pour meurir & mondifier les escrouëlles.

Ellebore appliqué, & laissé trois iours.504.b.2

Fueille du Libanotis appliquée.660.a

Farine d'Orge auec Poix liquide, cire, huile, & vrine de petit enfant, appliquée.334.a

Contre les duretez de nature d'escrouëlles.

Fueilles de Cappes broyées, & appliquées.131.a

Pour faire rompre les escrouëlles.

Poix liquide cuite auec farine, & vrine des petits enfans, appliquée.65.a

Farine de Lupins cuite en vinaigre, appliquée.193 a

Contre les apostumes plattes des aines nommées Pani.

Coriandre appliqué auec vinaigre.633.a

Racine de Glayeu. appliquée auec farine d'Orge, & eau miellée.487 b 2

Lin sauuage cuit auec ses fleurs, appliqué.418.a

Grenouillette appliquée.896.b

Bouillon broyé auec sa racine, & arrousé de vin, puis apres cuit sous la cendre chaude, appliqué tout chaud.193 a.2

Fueilles d Hormin appliquées seules, ou auec miel 841.a

Acynus appliqué.794.b

Parietaire appliquée en cataplasme.136.b.2

Quintefueille appliquée.160 a 2

Graine du petit Sesamoides broyée, & appliquée en liniment.532.a.2

Lentilles cuites en vinaigre, appliquées.401.b

Orties appliquées auec du sel.139.a.2

Arroches appliquées cuites, ou crues.451.a

Racine de Guimauue cuite en vin blanc, appliquée.800.a

Fueilles & tiges d'Orties puante broyées auec vinaigre, appliquées.142.b.2

Graine de Cresson Alenois appliquée auec Poix.559 b

Racine du Narcisse broyée auec farine d'Auoine, & miel, appliquée 400 b.2

Racine d'Orties incorporée en vieil oingt salé, appliquée.140.a.2

Fueilles de Parietaire appliquées.136.b.2

Pour resoudre les apostumes plattes des aines, sans faire ouuerture.

Racine de Mauue qui n'ait qu'vne tige, appliquée auec saliue d'homme 498.a

Contre les apostumes des aines appellées bubons.

Noix de Cypres pilées auec Figues & leuain, appliquées.49 a

Pour appaiser la douleur des enfleures & apostumes.

Courge pilée crue, appliquée.524.b

Pour resoudre & meurir les apostumes qui iettent vne fange comme miel.

Amomon appliqué.683.b.2

Lapathion appliqué auec huile Rosat, ou Saffran.515.a

Melilot cuit en eau, appliqué auec croye de Chio, vin, ou Noix de galles.432.a

Contre les apostumes qui rendent la fange comme suif.

Racine de Pain de porceau appliquée.474.a.2

Pour mondifier & resoudre.

Marrube appliquée en liniment.837.a

Pour faire resoudre les apostumes.

Herbe de Violettes blanches, appliquée.689.b

Racine & graine ds Garance.219.a.2

Fueilles de Mandragore fresches appliquées auec griotte seche.582.b.2

Graine de Nasitort appliquée auec griotte seche & vinaigre.559.b

Basilic appliqué.583.b

Pour faire meurir les apostumes difficiles.

Feuilles du Libanotis appliquées.660.a

Pour resoudre les apostumes phlegmatiques.

Racine de Smyrnion appliquée en liniment.607.a

Treffle odorant appliqué.417 a

Farine de Lin cuite en miel, appliquée.418.a

Aux apostumes qui commencent à venir,

Decoction de Pityusa & de Rue.520.b.2

Pour faire ouurir les apostumes.

Racine de Coleuurée appliquée auec du vin.295.b

Fleurs de Violettes blanches appliquées.689.b

Farine de Feues cuite en vinaigre appliquée.38 .b

Ius espais de farine d'Orge cuite en eau auec Poix & huile, appliqué.334.a

Far D4

Aux Apostumes, Enfleures, & Tumeurs.

Pour

Pour appaiser toutes douleurs.

Huile de Camomille vulgaire appliquée en liniment. 233. a. 2
Suc du Sucudus prins en breuuage. 97.b.2
Graine de Iusquiame meslée aux cataplasmes pour appaiser la douleur. 574 b.2
Fueilles de Iusquiame appliquées seules, ou auec griotte seche. 574.b.2
Pouliot auec griotte seche & vinaigre appliqué en liniment. 775. b

Pour meurir les defluxions.

Noisettes rosties, prinse auec Poiure. 86.a

Pour la dureté des parties interieures du corps.

Basilic prins en vin. 583.b

Pour appaiser les douleurs interieures.

Pouliot beu en vin Amineen. 775.b

Contre les inflammatins & carboncles.

Fueilles de Troesne appliquées en cataplasme. 213.b

Pour esteindre la trop grande chaleur.

Syrop de Nenuphar beu. 883.b.

Pour rafreschir, & resoudre.

Herbe aux puces broyée au poids d'vn acetabule, & la laisser en infusion dans deux hemines d'eau, appliquée en liniment. 71. a. 2

Pour refroidir & dessecher mediocrement.

Poires appliquées en liniment. 158.b
Suc d'Endiue auec creuse & vinaigre appliqué en liniment. 460. b
hair de Citrouille mangé. 530 b
Suc de Renoüée prins en breuuage. 25.b.2
ichorée mangée en salade, ou appliquée. 469.b
Mousse marine appliquée. 254. b. 2

Pour ne s'eschauffer encor qu'on soit au Soleil.

ranchettes de Pouliot portées sur l'oreille. 775.b

Pour eschauffer.

ueilles de Cheure-fueille auec huile, appliquées en liniment. 311. a. 2
arjolaine meslée aux emplastres pour eschauffer. 768.a
hu prins en breuuage. 806.b
ecoction de Tragoriganon prinse en breuuage. 774.a

Pour eschauffer tres-fort.

uile de Thym appliqué en liniment. 784.b

Pour eschauffer les parties froides.

leurs de la Stœchas citrine, en fomentation 674.a

Pour nettoyer & eschauffer.

arrasine ronde appliquée. 855.b

Pour eschauffer les morfondus de froid.

raine d'Hyposelinon prinse en breuuage, ou en frotter. 606. a
ue prinse crue. 849. b

Aux gelez, & morfondus.

acines de Flambe prinses en breuuage. 483.a 2
uc de Troesne appliqué. 213.b
iniment d'huile de fleurs de Narcisse. 400.a
acine de Flambe appliquée auec huile. 483.b.2

Aux maladies procedées de froid.

au tirée des tendrons des fueilles de Baume, continuée à boire quelques iours. 613 b.2
uile des fleurs de Iasmin. 314. a. 2
Stœchados prinse en breuuage, ou en fomentations & Bains. 800.a
Eau distilée de la Flammula est de merueilleuse efficace pour les maladies froides 70. b. 2

Pour eschauffer les parties qui ont besoin d'estre eschauffées

Graine de Libanotis enduite. 660.a

Pour les parties interessées par le froid.

Pouliot appliqué exterieurement. 776.a

Pour les parties bruslées du froid.

Grains de Froment rostis sur la palette chaude, appliquez. 319. b
Fueilles de Ruë cuites en huile, appliquées en liniment. 849. b

Aux Playes.

AVX PLAYES.

Pour consolider les playes.

Dattes vertes appliquées dessus. 309. a
Suc du Tripolion mis dedans, ou les fueilles appliquées dessus. 276.a.2
Ambrosia appliquée en liniment. 47. b. 2
Fueilles d'Arthetique appliquées en liniment auec miel. 61. b. 2
Racine de Centaurée cuite parmy des pieces de chair, elle les fait reioindre. 179. b. 2
Poudre de la fueille, ou de la racine de Tormentille saupoudrée. 160.b.2
Suc de Mourron appliqué. 132.a.2
Holostion fait reprendre les morceaux de chair coupez si on la met cuire parmy. 87.b.2
Holostion appliqué. ibid.
Agripaume appliquée. 143. a. 2
Fueilles du Geranion appliquées. 173.a.2
Asperula appliquée. 756.a.
Petite Centaurée broyée verte, & appliquée. 180.b.2
Demy cueillier de poudre de l'Hepatique tant prins en vin brusc qu'appliqué par dehors. 167.a.2
Poudre de Guacatane saupoudrée. 746.b.2
Fueilles de Choux appliquées. 444.b
Polion vert appliqué. 809. a
Fueilles, ou racines de la Consolide appliquées 940.a
Decoction de Perce-fueille faite en eau, ou en vin. 210. b.2
Fueilles de la Lonchitis vertes qui a les fueilles comme le Ceterach, appliquées. 118.a.2.
Poudre du Gratteron saupoudrée. 220.a.2
Primeuere Bachyphyllos, ou Oreille d'Ours, appliquée. 724. b
Verge d'Or appliquée. 164. b. 2
Argentine appliquée. 930.b
Herbe de Veruecine appliquée auec vinaigre. 224.a.2
Racine de Pain de porceau cuite en vieil huile, appliquée en liniment. 473. b. 2
Herbe au Charpentier appliquée. 200.a.2
Fueilles de la Stratiores d'eau appliquées. 928.b
Fleurs d'Androsæmum cuites en vin rude, appliquées. 57. b. 2
Polycnemon appliqué en liniment vert ou sec, pourueu qu'on l'oste le cinquiesme iour. 811.a
Fueilles de Britanica appliquées. 947.a
Polion appliqué sur les playes. 808. b
Scordion incorporé en miel, appliqué. 792.b
Fueilles de Double-fueille appliquées. 154.a.2
Centaurée broyée freche, appliquée, & si elle est seche, il la faut premierement tremper. 179. b. 2
Fueilles de l'Elanthie appliquées. 755.b
Racines de Poterion broyées, & appliquées en cataplasme. 366. a. 2
Papyrus detrempé en eau, vinaigre, ou vin, appliqué. 702 a.2
Aloe sec pulnerisé, pour en saupoudrer les playes. 555. b. 2

Pour cicatriser les playes.

Racine de Smyrnion appliquée. 607. a

Pour souder les playes.

Suc, ou Decoction du Grame de Parnasse, cuite en vin & miel, appliquée. 355. a
Bellis appliquée. 743. a
Racine de Grame commun broyée, & appliquée. 354. b
Fueilles de Rontes appliquée. 100.b
Suc de Sycomorre appliqué 289.a
Aloe appliqué. 556. a 2
Pensée appliquée. 691.b

h Ortie

Aux Playes.

Aux Playes.

Grande

Aux Playes.

Aux Playes.

Poudre

AVX VLCERES.

Pour guerir les vlceres corrosifs.

Aux Vlceres.

Pour les vlceres chancreux & corrosifs.

Pour appaiser les vlceres malins, & chancreux.

Porreau

Aux Vlceres.

h 4 Contre

Aux Vlceres.

Aux Vlceres.

Poudre

Racine de Lingulaca incorporée auec graisse de truye noire, & s'en engraisser au Soleil.905.b
Onguent de Sureau excellent, & comme il se fait. 226.a
Encens enduit auec graisse de porceau 631.a.2
Fueilles de Maunes cuites, & pilées auec d'huile, appliquées.497.b
Huile de Palma Christi en liniment.497.a.2
Fueilles de Bettes cuites, appliquées.449.a
Racine du Narcisse broyée en miel, appliquée. 400.a.2
Fleurs de Lierre appliquées en liniment auec du cerot. 303.a.2

Contre les brusleures tant du feu que de l'eau.

Fruict de Pommes de merueilles auec huile d Amandes douces, ou huile de Lin, adioustant à chasque liure d'huile vne once de vernis liquide, le tout mis au Soleil en infusion, & appliqué.537.a

Pour toutes sortes de brusleures.

Fueilles de Mille-pertuis appliquées en liniment.54.a.2

Pour les brusleures auant que les ampoulles soyent leuées.

Laictues auec du sel, appliquées en liniment.461.b

AVX ROMPVRES, & Dislocations.

Contre les dislocations.

Orties appliquées auec du sel.139.a.2
Cendres de sarmens de vigne, auec huile Rosat, Rue, & vinaigre, appliquées en liniment.288.a.2
Racine d'Asperges cuite en vinaigre, appliquée.519.a
Racines de Polypodion broyées, & appliquées. 126.a.2
Farine de Fenugrec cuite en eau miellée, auec graisse de porc, appliquée.405.b
Fueilles de Tournesol appliquées 238.b.2
Fomentation de la decoction de la racine de Pain de porceau.473.b.2
Huile Myrtin appliqué.205.b
Spatha, ou escorce de la fleur des Dattes appliquée.309.b
Racines de Guimauues incorporées auec miel, & resine, appliquées.500.a
Cannes, ou Roseaux pilez verts auec la racine, appliquées en liniment auec vinaigre.874.a
Racines de Feugiere aquatique broyées, & appliquées. 121.b.2
Liniment de Noix, Rue, & miel.272.a
Racine de Lis incorporée en miel, appliquée. 373.a.2
Thym broyé appliqué auec laine trempée en huile.784.a
Fueilles de la premiere Orcanette broyées, & incorporées en miel & farine, appliquées en cataplasme.6.b.2
Fueilles de Coleuurée noire appliquées auec vin.297.b.2
Fueilles de Pied de veau cuites auec miel, appliquées. 466.a.2
Bulbes appliquez en liniment.381.a.2
Herbe aux puces appliquée auec huile Rosat, vinaigre, ou eau.72.a.2
Racines de Branque Vrsine cultiuée, appliquées en liniment.314.a.2

Aux dislocations de la cheuille du pieds.

Racine du Narcisse broyée, incorporée, en miel, & appliquée.400.a.2

Aux dislocations des pieds.

Bulbes roux appliquez auec miel.382.a.2

Pour les membres disloquez de difficile consolidation.

Bains de fueilles de Myrte, & s'asseoir dedans.201.b

Pour les contusions, dislocations, & rompures.

Decoction des fueilles & racines de la Douce amere prinse en breuuage 298.a.2

Pour guerir les dislocations, & faire passer la douleur & l'enfleure.

Graine de Bouillon cuite en vin, & broyée.193.a.2

Fueilles de Plantain broyées, auec vn peu de sel, & appliquées.150.a.2

Contre les desnoüeures.

Suc de l'herbe de la Primeuere prins en breuuage, ou en liniment.724.a
Fueilles de Marjolaine appliquées auec miel & cire. 768.a
Fueilles du Gloutteron broyées, appliquées.912.b
Marjolaine incorporée en cerot, appliquée.768.a

Pour appaiser la douleur des desnoüeures.

Racine des grosses Cannes broyée auec vinaigre, appliquée.874.a

Pour estuuer les iointures desnoüées.

Decoction de racines de Houx, en estuues.123.a

Pour consolider les os rompus.

Fueilles de Figuier d'Indie broyées, apres en auoir osté les espines, appliquées en forme de cataplasme, & les faut laisser iusques à ce qu'elles tombent d'elles mesmes.635.a.2
Racine de Pied de veau appliquées. 466.a.2
Decoction des fueilles, de l'escorce, ou de la racine de l'Orme, en fomentation.68.b

Pour les playes où il y a des os rompus.

Baume d'Indie appliqué, pourueu que l'on ait premierement osté les pieces separées sans toucher aux autres. 611.a.2

Pour attirer les fragmens des os rompus.

Racine de Flambe appliquée auec miel.483.b.2
Suc d'Euforbe fait sortir les os effleurez en vn iour: mais il faut que ceux qui en veulent vser garnissent la chair d'alentour des os auec de la Charpie, ou cerot. 552.a.2
Racine de Coleuurée broyée, & appliquée en liniment. 295.b.2
Racine de Coleuurée noire incorporée auec miel & encens, appliquée.296.a.2
Farine de Lin auec la racine de Cocombre sauuage appliquée.418.a
Racine de Peucedanon seche, puluerisée, appliqué en liniment.643.a
Figues qui ne meurissent pas meslées auec fueilles de Pauot sauuage.185.a
Racine de Roquette cuite en eau, appliquée.554.b
Sarrasine ronde appliquée en liniment.855.a
Betoine broyée, & appliquée.175.a.2
Racine de Glayeul puant appliquée.489.a.2

Pour tirer les os rompus de la teste.

La partie de dessus de la racine de Glayeul, pilée auec mesme poids d'Encens, incorporée auec autant de vin, & appliquée.487.b.2

Pour empescher d'inflammation les os rompus.

Semence de Roux meslée auec eau, appliquée.90.b

Pour counrir de chair les os qui en sont denuez.

Racine du Panax appliquée en liniment auec miel. 638.a

Pour guerir vne personne tombée de bien haut, & toute brisée.

Faut enuelopper tout le corps de Trichomanes d'eau, & l'arrouser de l'eau qu'elle a rendue quand elle vient seche, sans l'oster & desbander, sinon pour y en mettre de fraische.891.b
Deux oboles de la racine d'Acorus auec trois ciathes de vin miellé prinses en breuuage.486.b.2
Poudre du grand Aubifoin prinse auec eau de Plantain, ou de Prelle, ont de la grande Consolide.367.b
Racine de la grande Centaurée.180.a.2
Racine de Gentiane broyée, ou cuite, prinse en breuuage. 152.a.2
Decoction des fueilles & racines de la Douce-amere prinse en breuuage.298.a.2
Fueilles de Betoine prinses auec autant de vin vieil. 176.b.2

Vne

Aux Rompures,& Dislocations.

Fueilles

Aux Poisons, & Venins.

AVX POISONS, ET VENINS

Contre les pointures, & morsures des bestes venimeuses

Contre la morsure des viperes.

Pour n'estre mordu des viperes.

Pour chasser les bestes venimeuses.

Pour

Aux Poisons, & Venins.

Fueilles

Aux Poisons, & Venins.

Suc

Aux Poisons, & Venins.

Aux Poisons, & Venins.

Rosage

Aux Poisons, & Venins.

Fin du second Indice de l'Histoire generale des Plantes.

TROISIESME INDICE DES SIMPLES,

Les vertus desquels seruent à embellir le corps humain.

EXTRAICT DV PREMIER ET SECOND TOME De l'Histoire generale des Plantes.

Huile

Pour embellir le Corps.

Pour embellir le Corps.

Pour embellir le Corps.

Suc

Pour embellir le Corps.

Pour

Pour embellir le Corps.

Pour faire suer.

Decoction, ou suc de la racine du Glayeul puant prins en breuuage. 489.a.2

Decoction de Zarze-parille prinse en breuuage. 758.a.2

Decoction de l'herbe du Chardon benit prinse en vin. 332.a.2

Ortie cuite en huile. 140.a.2

Graine de Libanotis enduite. 660.a

Graine de Smyrnion prinse en vin. 607.a

Suc de Laserpition, ou Laser de Corene, pour peu qu'on en taste. 628.b

Onobrychis auec huile en liniment. 410.b

Graine de Libanotis enduite auec huile. 660 a

Graine de la Ferule, en liniment auec huile. 647.b

Anis prins en vin. 593.b

Huile de Cabaret meslé auec Ladanon, & en frotter l'eschine. 706.a

Graine de Libanotis enduite. 660.a

Ius tiré des fleurs de Lys. 373.b.2

Semence d'Agnus castus en huile, & s'en frotter. 238.a

Lycopsis broyée auec huile, appliquée en linimét. 7.b.2

Eau tirée d'Espinars sauuages par vn alembic, beuë 458.b

Laser pour peu qu'on en taste fait suer. 629.a

Pour empescher de suer.

Vne poignée de Rue cuite en huile Rosat, auec once d'Aloe, empesche de suer ceux qui sont oingts de ceste composition. 850.a

Bulbes appaisent la sueur desmesurée. 381.a.2

Poudre de fueilles de Myre seches, saupoudrées. 203 a

Se saupoudrer le corps du bois d'Aloe. 603.b 2

Bulbes broyez, & appliquez en liniment. 381.b.2

Pour reprimer les excessiues sueurs.

Poiure de Spica Nardi pour saupoudrer ceux qui suent trop. 696.b.2

Le petit Ben à plus d'efficace en tout & par tout que le grand, il purge auec grand tourment, & debilite la personne, causant en outre des sueurs froides, parquoy il n'en faut vser qu'aux emplastres, onguents, & cataplasmes. 547.a.2

Pour effacer les cicatrices laides de la peau.

Racine de Cocombre sauuage puluerisée, & incorporée, en miel, appliquée. 537.b.2

iniment d'huile de Ben. 547.a.2

oix, de Ben cuite en vinaigre appliquée auec Nitre 546.b.2

acine de Cocombre sauuage seche, puluerisée, & appliquée. 535.b.2

acine de Rue appliquée en liniment. 849.b

adane meslé auec vin, appliqué. 195.a

iniment du Suc de Lierre. 303.b.2

arine de Feues seule, ou auec griotte, appliquée. 382.a

endres de Coral appliquées. 261.a.2

acine de la Grenouillette, broyée auec du vinaigre, appliquée. 903.a

Fueilles de Calamenthe cuites en vin, & appliquées dessus. 790.a

Graine de Roquette appliquée auec fiel de bœuf. 554.b

Calamenthe verte appliquée à mode d'emplastre. 790.a

Pour guerir les boutons rouges, ou Epinictides.

Raisins secs broyez, apres en auoir osté les pepins, & appliquez auec de la Rue. 290.b.2

Coriandre auec raisins de Passe, appliqué. 633.a

Fueilles de Chesne appliquées. 10.b

Fueilles de Choux appliquées. 444.a

Myrte. 202.b

Suc de Fraises appliqué. 521.a

Fueilles de Cocombres incorporées auec miel, en liniment. 525.b

Suc d'Oignons appliqué auec miel. 413.a 2

Eau tirée du bois vert du Fresne, auec la quarte partie d'eau de violettes rouges, appliquée. 71 b

Suc de Centaurée appliqué en liniment 181.b.2

Pour guerir les petites vessies rouges qui viennent la nuict.

Absinthe appliqué en liniment auec eau. 823.b

Racines & fueilles de la Bacille mangées. 661 b

Agaric prins au poids d'vne dragme. 563.b.2

Cinq ou six gouttes du Baume d'Occident prinses dés l'aube du iour en vin, ou eau Rose. 611.a.2

Decoction d'Ers beuë tous les iours à ieun. 395.a

Gomme de Cerisier beuë en vin. 264.b

Raisine de Carthage lauée, & preparée, & s'en frotter le visage. 731.b.2

Syrop d'Hyssope, ou sa decoction prinse auec de l'Oximel Styllitic, & de l'Origan. 813.a

Saffran prins mediocrement. 410.a.2

Ammi prins en breuuage, ou appliqué en liniment. 596.b

Cumin prins en breuuage, ou appliqué. 599.a

Saffran prins outre mesure rend la personne pasle. 410.a.2

Pour guerir l'inflammation du visage.

Soulphre de Quito reduit en poudre, & destempé en vin, appliqué: & continuer de s'en frotter au soir par quelques iours, ayant au preallable purgé le corps. 729.a.2

Eau distillée des fleurs du Bouillon, & y adiouster vn peu de Camphre, pour se lauer. 193.b.2

Suc du Coriandre, incorporé auec ceruse, vinaigre, tharge, & huile Rosat, appliqué en liniment. 633.a

Pour guerir les eschaques, ou peaux mortes.

Bulbes incorporez en Nitre rosti, appliquez. 381 a.2

Graine de Guimauues verte ou seche pilée, & enduite au soleil auec vinaigre & huile. 500.a

Bulbes pilez, & appliquez auec du vin. 381.b.2

Lexiue faite de Capilli Veneris, pour en frotter. 108.a.2

Ladane auec sel appliquez. 195.b

Farine de Froment cuite auec Roses, Figues seches, & Sebestes, appliquée. 319.b

Racines de Lys incorporées en miel appliquées. 373.a.2

Decoction des fueilles de Sauge. 236.b

Fueilles de Myrte appliquées. 205.b

Eau de suc de Limon distillé en vn alembic de terre, appliquée. 255.b

Fueilles de Pourpier, auec griotte seche, sel, & vinaigre, & cire, appliquées. 465.a

Pour faire perdre les boutons du visage qui semblement des verrues.

Fueilles de Porreaux incorporées auec du Rhus des sausses, appliquées. 415.b.2

Bulbes appliquez seuls, ou auec vn iaune d'œuf. 381.b.2

Pour faire perdre les boutons rouges qui viennent la nuict.

Fueilles de Porreaux incorporées auec du Rhus des sausses, appliquées. 415.b.2

Noix de Ben cuite en vinaigre, appliquée auec vrine. 546.b.2

Contre les boutons rouges, ou Epinictides.

Grains de Tournesol appliquée en liniment. 238.b.2

Pour faire tomber les verrues.

Graine de Basilic incorporée auec vitriol, appliquée. 583.b

Racine de Dipsacus, ou Chardon à Carder cuite en vin, & broyée iusques à ce qu'elle soit reduite en forme de cerot, appliquée. Il faut garder cest onguent en vne boëte d'airain. 329.a.2

Ellebore noir incorporé en paille de Bronze, & Arsenic rouge, appliqué. 508.b.2

Autant de grains de Pois ciches sauuages qu'on a de verrues, & de chaque grain toucher vne verrue au premier iour de la Lune, puis lier lesdits pois dans vn linge, & les ietter derriere soy. 390.b

Eau qui sort des sarmens verds de la vigne quand on les brusle 288.a.2

Anacardes appliqué. 706.a.2

Suc

Pour embellir le Corps.

Contre

Pourembe llir le Corps.

Pour embellir le Corps.

Contre les dertres inueterées

Huile des fleurs de bruyere. 161.a

Pour guerir les dertres qui commencent à venir.

Laser detrempé en vinaigre, appliqué. 628.b

Contre le mal S. main.

Suc de Scabieuse appliqué en liniment auec de poudre de soudure d'or, & vn brin de Camphre. 932.a

Liniment du fruict de Coleuurée. 295.b.2

Rue appliquée en liniment auec miel, alum, graisse de porceau, de taureau, & de bouc. 849.b

Laict de Figues incorporé auec griotte seche, appliqué. 284.b

Escorce tendre de Palmier incorporée auec resine & cire, appliquée durant vingt iour. 309.b

Gomme qui sort du Cep des vignes appliquée en liniment, ayant premierement frotté la partie auec du Nitre. 288.b.2

Fromentée d'Espeaute cuite en vinaigre appliquée. 315.b.

Suc de la racine de Scammonée cuit en vinaigre appliqué en liniment. 527.a.2

Decoction des fleurs & gousses du Houblon prinse en breuuage. 299.b.2

Oignons pilez, appliquez. 413.b.2.

Suc de Froment cuit auec fort vinaigre, & s'en frotter. 320.a

Moustarde auec terre rouge, appliquée. 553.a

Decoction de pepins de Raisins. 289.b.2

Terebinthe guerit le mal S main. 52.b.

Racines du Lis d'estang appliquées trempées premierement en eau. 883. a

Cendres d'Ails appliquées auec onguent Nardin en y adioustant du sel, & de l'huile 419.b.2.

Racine du Narcisse broyée auec graine d'Ortie, & vinaigre, appliquée 400.b.2

Racines d'Ibiscus cuites auec glus, & vinaigre bien fort, iusques à la consomption de la quarte partie, appliquées. 500.b

Racine de Lys incorporées en miel, appliquée. 373.a.2

Decoction des fleurs & gousses du Houblon prinse en breuuage. 299. b. 2

Ails appliquez auec Origan. 420.a.2

Scolymus appliqué auec vinaigre 314.a.2

Suc de Scabieuse appliqué en liniment auec de poudre de soudure d'or, & vn peu de Camphre. 932.a

Pain frais trempé en saumure appliqué. 320.a

Fueilles de Iasmin blanc tant vertes que seches, appliquées. 314. a. 2

Pauot sauuage appliqué. 369.b

Fueilles de Cheure-fueille appliquées. 311.a.2

Fueilles de Choux appliquées. 446.a

Suc tiré de vigne blanche pilée verde appliqué auec d'Encens 288.b.2

Racine de Garance enduite auec vinaigre 219.a.2.

Farine d'Yuroye cuite en vinaigre appliquée en cataplasme, & renouuellée souuent. 349.b

Eau distilée de fleurs de Bouillon, auec vn peu de Camphre appliquée. 193.b.2

Graine d'Agnus castus meslée auec salpestre & vinaigre. 238.b

Terebinthe en liniment. 52.b

Gomme d'Amandes ameres fondue en vinaigre, appliquée. 268.a

Gomme de Peschier broyée en vinaigre, appliquée. 250.a

Graine de Spondillon appliquée auec de la Rue 631.a

Graine de Datura mise en infusion dans du vinaigre l'espace d'vne nuict, puis pilée, & appliquée. 535.b

Contre le feu S. Antoine.

Fleurs de Framboisier incorporées en miel, appliquées 103.a

Tiges de Laictues appliquez en liniment. 461.b

Suc de Pain de Cocu appliqué. 242.b.2.

Racines, ou fueilles de Pastel appliquées. 422.a

Fueilles de Pourpier appliquées auec sel 465.b

Pelures & grains de Courges, appliquées. 525.a

Graine de Datura mise en infusion dans du vinaigre l'espace d'vne nuict, puis pilée, & appliquée. 535.b

Coriandre appliquée auec du pain, ou griotte seche. 633.a

Cendres de sarmens, & marc de vigne, appliquées auec du vin. 288.b.2

Fueilles de Palma Christi appliquées auec vinaigre. 497 a. 2

Racine de Quintefueille cuite en vinaigre, appliquée en liniment. 159.b.2

Suc de Morelle incorporé auec ceruse, huile Rosat, & litharge, appliqué 507.a

Herbe aux puces broyée, appliquée en liniment. 71. a.2

Ioubarbe appliquée. 32.b.2

Fleur de Saffran reduite en liniment auec terre à lauer. 409.b.2.

Saffran appliqué en liniment. ibid.

Bource de Bergier broyée, & appliquée en cataplasme. 2.a.2

Cendres d'Ails bruslez enduite auec huile, ou saumure de Poisson. 420.b.2

Fueilles de Parietaire appliquées dessus. 136.b.2

Suc de parietaire incorporé en ceruse, appliqué. 136. b.2

Fueilles du Mourron d'eau rosties auec vinaigre & beurre, appliquées chaudes. 954.b

Ioubarbe, auec fueilles de Ciguë broyées, & racine de Mandragore, appliquées. 583 b.2

Fueilles de la grande Ioubarbe appliquées seules, ou auec de griotte seche. 32.a.2

Fueilles de la Renoüée appliquées en liniment. 25.b.2

Fueilles de Mauues cuites & trempées en huile, appliquées. 498.a

Graine de Lis, auec les fueilles de sa plante broyée en vin, & appliquée 373.a.2

Fueilles de la Renoüée appliquées. 25.b.2.

Racine de la premiere Orcanette, appliquée auec griotte seche. 6.a.2.

Le blanc qui est entre les fueilles de l'Ortie morte, appliqué. 141.a.2

Morelle incorporée auec farine de griotte seche, appliquée 507 a

Suc de fueilles de Plantain incorporé auec terre à lauer, & ceruse, appliqué. 149.b 2

Fueilles de Cannes de Cypre broyées, appliquées. 874.a

Rue appliquée auec huile, & vinaigre, ou ceruse. 849.b

Fueilles de Pauot appliquées auec vinaigre. 569.a.2

Graine du petit Sesamoides broyée, & appliquée en liniment. 532.a.2

Herbe de Verueine appliquée auec vinaigre. 224.a.2

Fueilles de Pas-d'asne broyées en miel, appliquées. 918.b

Fueilles de la Stratiotes d'eau, appliquées. 928.b

Fueilles de Bettes cuites, appliqués. 449.a

Lycopsis appliquée auec griotte seche. 7.b.2

Eau distilée des fleurs du Bouillon, auec vn peu de Camphre. 193.b. 2

Suc de Ciguë appliqué en liniment. 680.b

Arroches cuites, ou crues, auec miel. vinaigre, & Nitre, appliquées. 451.b

Suc de Poirée blanche auec vn peu d'Alum, appliqué. 449.b

Pour

Pour embellir le Corps.

Fin du troisiesme Indice de l'Histoire Generale des Plantes.

QVATRIESME INDICE DES SIMPLES, LES VERTVS DESQVELS SERVENT A EVACVER LES HVMEVRS SVPERFLVES PAR dessus & par dessous.

EXTRAICT DV PREMIER ET SECOND TOME DE l'Histoire generale des simples.

Deux

Pour euacuer les humeurs superflues.

Pour euacuer les humeurs superflues.

iour

Pour euacuer les humeurs superflues.

Pour euacuer les humeurs superflues.

Pour

Pour euacuer les humeurs superflues.

Fin du quatriesme Indice de l'Histoire Generale des Plantes.

SIMPLES APPROPRIEZ A LA NOVRRITVRE DE l'Homme, tirez de l'Histoire Generale des Plantes.

Pour la nourriture du corps humain.

Trois sortes de Pain.
1. Pain blanc, & Pain de bouche; à Lyon, de la Miche.
2. Pain bourgeois & Pain de mesnage; à Lyon Pain ferain.
3. Gros pain, à Lyon Pain à tout en Latin *Panis cibarius*. 318.b

Le vin fortifie l'estomac, reueille l'appetit, chasse toute tristesse & soucy prouoque l'vrine, fait sortir le froid du corps, & fait dormir. 291.a.2

Vin prins moderemét se taux nerfs, à& la veue: mais si on en prend par trop il offense les nerfs, & la veue. 290.b.2

Truffes engendrent des humeurs grosses & melancholiques plus que quelque autre viandes que ce soit; tellement que si on continue d'en manger souuent, il est à craindre qu'elles n'engendrent vne apoplexie ou paralysie.

Racines de Carrottes mangées frittes, ou bouillies auec huile sel, & vinaigre, est vne viande assez plaisante. 621.b

Roquette eschaufe la personne à l'amour si on la mange crue en abondance: sa graine faict le mesme effect. & prouoque l'vrine : aide à la digestion, & faict bon ventre. 554 b

Cichorées refroidissent & reserrent, & sont fort profitables à l'estomach, principalement les sauuages, car elles appaisent l'ardeur d'iceluy & fortifient si on en mange. 469.a

Phasiols enflent, engendrent des ventositez & sont de dure digestion 397.b

Pois ciches n'engendrent pas moins des ventositez que les feues, mais ils nourrissent mieux, & prouoquent à luxure. 399.a

Moustarde attire le phlegme du cerueau, eschauffe, & subtilie. 552.a

Laictues de Iardain sont refrigeratiues, bõnes à l'estomac, font dormir, laschent le ventre, & font venir le laict, estans cuites elles nourrissent mieux. 461.b

Lentilles causent des songes fascheux, sont nuisibles à la teste & aux poulmons. 401.a

Carui eschauffe, faict vriner, est bon à l'estomac, plaisant à la bouche, & aide à la digestion; sa racine se mange cuite comme la Pastenade. 549.a

Mente a vertu d'eschauffer, restreindre & dessecher. 576.b

Les Ails ont cela de mauuais qu'ils affoiblissent la veuë engendrent des ventositez, & sont contraires à l'estomac si on en prend par trop, & alterent la personne. 420.a 2

Courges bonnes à l'estomac, & aux vlceres des intestins, & de la vessie 525.a

Espinars laschent le ventre, & donnẽt meilleure nourriture que les Arroches: mais il passent legerement par le ventre, engendrent des ventosités, & font vomir, si l'on ne iette la premiere eau qu'ils rendent. 458.b

Asperges incitent à l'amour, & prouoquent fort l'vrine toutefois elles vlcerent la vessie. 519.a

Basilic mangé en quantité obscurcit la veuë, lasche le ventre, engendre des ventositez, prouoque l'vrine, & faict auoir du laict aux nourrisses: toutefois il est de dure digestion 582.b

Hyssope donne bon goust au potage cuit auec chair de bœuf, & est plaisant à la bouche & à l'estomac. 812.a

Laictues mangées par Auguste, le guerirent d'vne maladie. 461 b

Le Cocombre cultiué lasche le vẽtre, est aggreable à l'estomac, & rafreschit, pourueu qu'il ne se corrõpe: venant à se corrompre il engendre vn sang qui approche la nature des poisons mortelles. 527.b

Le persil est fort en vsage, il est agreable à la bouche, & bon à l'estomac. 604.a

Le Raiffort engendre des ventositez, fait rotter, & vrines, mais il est contraire à l'estomac. 542.b

Herbe de Soucy eschauffe, attenuë, ouure, resout, & prouoque, combien que son goust monstre qu'elle a quelque astriction. 701 a

Sariette excite l'appetit de luxure, aide à la digestiõ, fait recouurer l'appetit, & aide à la veuë debile. 782.a

L'Anis eschauffe & desseche, & fait auoir l'haleine libre, il appaise les douleurs, resout & prouoque l'vrine, & prins en breuuage il desaltere les hydropiques. 552.b

Orge mondé excellente nourriture aux malades & aux sains. 334.b

Racine du Naueau cuite engendre des ventosités, & est de peu de nourriture. 550 a

Racine de Raue nourrit bien estant cuite: mais elle engendre des ventosités, fait vne chair humide & flacque, & prouoque à luxure. 447.b

POVR DONNER GVERISON A QVELQVES MALADIES DES cheuaux, bœufs, & brebis.

Remede pour les cheuaux, & cheualine.

Ostocolon cuite vertes dans du vin iusques à la consomption des deux tiers, & donner de ceste decoction à la cheualine pour l'empescher de tomber en maladie. 103.a.2

Pour faire mourir les vers du corps de la cheualine.

Racines de Feugiere de Chesne reduites en poudre, mesl ées auec du son, & vn brin de sel, & de Soulphre & leur faire manger ceste mixtion. 224.b.2

Pour faire vriner les cheualines.

Frottant d'vn ail broyé la nature des bestes cheualines, les fait vriner aisement, & sans trauail. 429.a.2

Pour les cheuaux poussifs.

La Gentiane est si singuliere qu'elle sert non seulement aux cheuaux qui ont la toux, mais aussi aux poussifs.

Bouillon à la fleur iaune donné à boire. 193.a.2

Pour guerir l'encloüeure d'vn cheual.

Feuilles du Bouillon femelle broyées entre deux pierres, & mises sur l'enclouëure d'vn cheual, l'ayant au preallable bien ouuerte & nettoyée, le guerit soudainement. 193.a.2.

Pour les escorcheurs du col de la cheualine.

Fueilles de Coleuuré noire appliqueés auec vin. 297.b.2

Rue est souueraine pour les maladies des bestes à quatre pieds. 850.a

Mille-fueille de Toscane, incorporée auec oingt fait resoudre les nerfs des bœufs que le soc de la charrue auroit coupez. 664.b

Pour les maladies des brebis.

Alyssum pilé dans vn drap rouge, & lié au col des brebis, guerit leurs maladies. 44.b.2

Eupatoire propre aux brebis qui toussissent & aux cheuaux poussifs. 929 b.

Pour guerir la rongne de toutes sortes de bestes à quatre pieds.

Lupins cuits auec lie d'huile, ou meslant de leur decoction parmy, appliquez. 393.b.

Pour guerir la galle des bestes.

Farine de Lupins cuite auec la racine de Cameleon noir appliquées à l'instant. 393.a

Ciguë endort les asnes de telle façon qu'ils semblent estre morts ; & s'en est trouué escorchez à moitié, se resueiller. 681.a

MESV

MESVRES, DIMENSIONS, ET POIDS des Anciens, rapportez à l'intention de Dioscoride & Galien.

Sextans,	onces	2.	doigts	2.	[illegible]
Quadrans,	onces	3.	doigts	4.	[illegible]
Triens,	onces	4.	doigts	5.	1/12
Quincunx,	onces	5.	doigts	5.	1
Semis,	onces	6.	doigts	8.	4
Septunx,	onces	7.	doigts	7.	1
Bes,	onces	8.	doigts	9.	4/1
Dodrans,	onces.	9.	doigts	12.	4
Dextans,	onces	10.	doigts	13.	1
Deunx,	onces	11.	doigts	14.	3/2
As, vel Pes.	onces	12.	doigts	16.	3

Dimensions selon la proportion du corps humain.

Hauteur d'vn homme monte six pieds.
Vn pied contient seize doigts.
Vne Palme contient douze doigts.
Vne coudée tient vn pied & demi.

Poids.

Siliqua, poise vn chalcus.
Feue Egyptienne, vn chalcus & demi.
Orobe, deux chalcus.
Obole, trois chalcus.
Scrupule, deux oboles.
Dragme, trois scrupules.
Once, huict dragmes,
Acetabule, quinze dragmes.
Noix, sept onces.
Auellane, vne once.
Vne liure, douze onces.
Mine des Medecins, seize onces.
Mine Italique, dix huict onces.
Mine d'Alexandrie, vingt onces.

Mesures des choses seches.

Artaba Egyptienne, tient cinq muys, ou modius.
Le muy Egyptien & Italique tient huict chenix.
Medymnus, tient douze hemiectes.
Vn hemiecte, c'est à dire demi sestier, tient deux conges.
Vn conge tient quatre chenix, c'est à dire 720 dragmes.
Vn sestier tient deux hemines : ce sont 120. dragmes.
Vne hemine tient six cyathes : ce sont 60. dragmes.
Vn cheme tient la quarte part d'vn cyathe.
Vn cheme tient la quarte part d'vn cyathe, à sçauoir deux dragmes & demie.
Vne cueillerée tient trois scrupules.

Poids & mesures des choses liquides.

Mesures de vinaigre, & eau.

Vn ceramium tient 80. liures.
Vne amphore tient 80. liures.
Vne vrne tient 40. liures.
Vn conge tient 10. liures.
Vn sestier tient 1. liure 8. onces.
Vne hemine tient dix onces.
Vn cotyle tient dix onces.
Vn oxybaphus tient 18. dragmes.
Vn acetabule tient 18. dragmes
Vn cyathe tient 12. dragmes, & 4. scrupules.
Vn cheme tient trois dragmes, & vn scrupule.

Mesures d'huile.

Vn ceramium tient 72. liures
Vne amphore tient 72. liures.
Vne vrne tient 36. liures.
Vn conge tient 9. liures.
Vn sestier tient vne liure.
Vne hemine tient 9. onces.
vn cotyle tient 9. onces.
Vn acetabule tient 18 dragmes.
Vn oxybaphus tient 18 dragmes
Vn cyathe tient 18. dragmes.
Vn cheme tient trois dragmes.

Mesures de miel.

Vn ceramium tient 120. liures.
Vne amphore tient 120. liures.
Vne vrne tient 60. liures.
Vn conge tient 15. liures.
Vn sestier tient 2. liures.
Vne hemine tient vne liure.
Vn cotyle tient vne liure.
Vn acetabule tient 27. dragmes.
Vn oxybaphus tient 27. dragmes.
Vn cyathe tient vingt dragmes.
Vn cheme tient 5. dragmes.

Fin des Dimensions, Poix & mesures des anciens.

Som

Sommaires des neuf Liures contenus au second Tome de l'Histoire generale des Plantes.

LIVRE

LIVRE DIXIESME DE L'HISTOIRE Generale des Plantes:

Contenant la description & pourtraict au naturel, de toutes les Herbes qui croissent és lieux aspres, pierreux, sablonneux, & à l'abril.

Du Tabouret, CHAP. I.

NOVS entrons maintenant en vn chemin du tout contraire à celuy dont nous venons de sortir: car nous auons recherché le plus diligemment qu'il nous a esté possible, les Plantes qui croissent dans les eaux, & lieux aquatiques: à present nous entrons dans la recherche de celles qui croissent és lieux secs & alterez, & parmy les rochers: car nature n'y desploye pas moins ses richesses & son pouuoir, qu'elle fait aux autres lieux. Nous commencerons donc par celles qui sont les plus cogneuës, & puis poursuiurons consequutiuement les plus incogneuës. Or il n'y en a guieres de plus cogneuë, tant de veuë, que par son nom, que celle que les modernes ont appellée *Bursa Pastoria*, ou *Pera & Bursa Pastoris*, En François *Tabouret*, & *Bourse à Bergier*. En Allemand *Deschelkraut*. Elle a prins ce nom à cause des gousettes dans lesquelles est sa graine, qui sont faites à mode d'vne gibeciere, ou bourse, ou bien en forme de cœur. Car les Herboristes n'ont encor peu trouuer aucun autre nom, qui luy ait esté imposé par les Grecs ou Latins anciens. *Les noms.*

Bourse à Berger.

Cette herbe fait les tiges rondes, soupples, de la hauteur d'vn pied, ou bien d'auantage: les fueilles longues, auec de grandes decoupeures, comme celles de l'Irio, ou de la Roquette. Ses fleurs sont blancheastres, assez semblables à celles du Thlaspi, dont elle est aussi comme vne espece; apres il y vient des petites gousses, ou gibecieres largettes, dans lesquelles il y a vne graine menuë & noire. Elle ne fait qu'vne racine longue & blanche. Elle est fort commune part tout, le long des chemins, aux places des villes, és lieux non cultiuez, aspres, & pierreux. Elle fleurit en Iuin & en Iuiller. Elle est chaude & seche au troisiesme degré. Et est fort souueraine pour estancher le sang, & toutesfois il ne faut pas dire pour cela qu'elle soit froide, comme quelques modernes l'ont mal escrit: car quand on taste de ses fleurs, on y sent vn peu d'acrimonie. Ainsi donc elle ne restanche pas le sang par sa froidure, mais en sechant & reserrant. La decoction de cette herbe prinse en breuuage, reserre le flux de ventre, & la dysenterie: guerit le crachement de sang, & le flux de sang de la matrice, & des reins, & en somme de quelque partie que ce soit du corps, & en quelque sorte qu'on la prenne. Mesmes aucuns ont laissé par *La forme.* *Le temps.* *Les vertus.*

par eſcrit, que la portant ſeulement en la main, ou en quelque autre endroit deſſus la perſonne elle eſtanche le ſang. Matthiol dit, qu'elle eſt bonne aux inflammations & au feu ſainct Anthoine, en la broyant, & l'appliquant deſſus à mode de cataplaſme. Eſtant cuite en eau de pluye, auec du plantain, & du Bol Armene, & prinſe en breuuage elle eſt ſinguliere à la dyſenterie, & au crachement du ſang. Le ſuc de cette herbe guerit les playes fraiſches, & guerit les oreilles fangeuſes. Elle reſerre la trop grande abondance de fleur és femmes, en les faiſant aſſeoir dans la decoction de cette herbe cuitte auec de la Perſicaire : on en mange auſſi pour ce meſme effect. En ſomme elle eſt fort ſinguliere contre toute ſorte de flux de ſang, en la couurant de paſte claire, & la fricaſſant auec de l'huile. On en met dans les emplaſtres que l'on fait pour les playes de la teſte, & auſſi en pluſieurs onguents.

Piloſelle. CHAP. II.

Les noms. LEs Herboriſtes tiennent auſſi que les anciens autheurs n'ont imposé aucun nom, ny moins fait aucune mention de cette plante, qui eſt fort cogneuë & appellée par les modernes *Piloſelle*, à cauſe que ſes fueilles & ſa tige ſont garnies de poil. Les François l'appellent *Piloſelle*. Il s'en treuue deux eſpeces : car il y en a vne plus grande, qui eſt proprement nommée en Allemand *Nigelkraut* : & vne petite qu'ils appellent, *Menſzorlin*, ou *Haſenpfatin*. La grande

La forme. fait ſes fueilles qui trainent par terre à mode de celles du grame, blancheaſtres, veluës, longuettes, vn peu creuſes par le deſſus & faites à mode d'vne oreille de ſouris, & des petites tiges veluës, grailes, de la hauteur d'vne paume, ou d'vne paume & demie : les fleurs

Grande Piloſelle de Matthiol.

Petite Piloſelle de Fuchſius.

iaunes ou bien vn peu blaffardes, auec double rang de fueilles. Sa racine eſt longue d'vn doigt, & fort cheueluë. Quant à l'autre, elle reſemble du tout à cette cy, horſmis, qu'elle eſt beaucoup plus petite, & fait des petites fueilles, veluës, & blanches d'vn coſté. Ses fleurs qui ſont entaſſées à la cime de la tige ſont quelquefois iaunes, quelquefois rouges, & par fois brunes, ou de diuerſes couleurs : ſa racine eſt petite & cheueluë. D'autres en mettent la deſcription & pourtrait pour le *Gnaphalium* de montagne. Or combien qu'aucuns ayent voulu dire que la Piloſelle eſtoit la *Myoſotis*. c'eſt à dire *Oreille de ſouris*, elle eſt toutesfois bien differente auec la *Myoſotis* de Dioſcoride. Car laiſſant à part toutes les autres marques differentes, ny la grande Piloſelle, ny la petite auſſi peu ne font pas la fleur bleuë comme le mourron. Lobel a mis le pourtrait d'vne autre Piloſelle fort grande, qu'il auoit eu de Syrie, laquelle fait les fueilles plus grandes, & plus poulpues, & touffues au bas de la plante, & couuertes d'vne bourre, ou ſoye blanche, douce au manier comme de velours.

Grande Pilofelle de Syrie de Lobel.

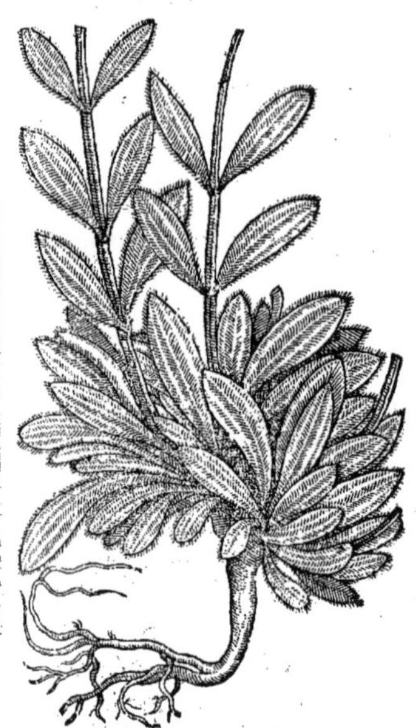

de velours. Elle produit trois ou quatre tiges quarrées, comparties par neuds, de la hauteur d'vn pied. Sa racine eſt dure & comme de bois, & cheuelue. Quant aux fleurs il ne les a pas veues, comme il dit. Voilà ce qu'en dit Lobel. La grande Piloſelle croiſt és lieux montueux, & aux collines fournies de terre, & ſur les bords des champs. La petite croiſt és montagnes ſeches, & és lieux aſpres & non cultiuez. Elles fleuriſſent principalement en May & en Iuin. Leur gouſt monſtre bien qu'elles ſont chaudes & ſeches: car elles ſont aſtringentes auec vn peu d'acrimonie; à raiſon dequoy elles ſont fort ſingulieres, pour mondifier & conſolider les vlceres. Et de fait, on dit que leur poudre eſt fort propre à cela. On tire le ſuc de l'herbe freſche, pour empeſcher le tremblement & friſſon de la fieure quarte. On en trempe auſſi les couſteaux pour faire qu'ils puiſſent coupper l'autre fer: car ſi on trempe du fer dans ce ſuc, vn couſteau d'acier ne ſçauroit mordre deſſus. Aucuns diſent que cueillant la racine de cette herbe au mois de May, & la faiſant ſecher, puis la mettant en poudre, que ceſt vn ſouuerain remede contre la rompure, & deſcente du boyau, ſoit qu'on prenne cette poudre en breuuage, ou bien qu'on en mange. La Piloſelle eſt fort ſinguliere contre la grauelle. Myconius nous a enuoyé d'Eſpagne deux autres plantes qui retirent à la Piloſelle, quant à la figure & aux facultez: dont la premiere qui eſt la plus petite, croiſt par tous les prés, & terres graſſes: elle a les fueilles ſemblables au Plantain, mais beaucoup plus petites, velues, & couchées par terre: les tiges de la hauteur d'vne paume, rondes, creuſes, & velues garnies de fueilles deux à deux par certains interualles, petites, qui enuironnent la tige, moindres que celles qui ſont prés de la racine. A la cime des tiges il vient des fleurs iaunes, au milieu deſquelles il y a ie ne ſçay quoy de purpurin, tirant ſur le noir, la fleur eſtant tombée, on voit incontinent la graine en vne petite gouſſe. Sa racine eſt fort petite, menue, & quelque peu cheuelue. Toute la plante eſt velue, & ſi eſt aſtringeante & deſſiccatiue. Ceux de Caſtille l'appellent *Yerua turmera*,

Le lieu. *Le temps.* *Les Vertus.* Fuch.c.230.

Grande Herbe aux Truffes de Myconius.

Petite Herbe aux Truffes de Myconius.

c'est à dire l'herbe aux Truffes ; pource que là où elle croist on y treuue ordinairement des Truffes, Or si les anciens l'ont cogneuë , Myconius estime que c'est celle que Pamphilus ainsi que recite Athenée, appelle *Hyduophyllum* ; pource que par icelle on cognoist là où il y a des Truffes: dont aussi les Castelans ont donné le nom à cette Plante. L'autre que Myconius appelle *Tuberaria maior, herbe aux Truffes grande*, pource qu'elle a les fueilles & les fleurs de mesme que l'autre veluës & aussi les mesmes proprietez, & ny a autre difference que pour raison de la grandeur ; croist és lieux secs, & & fait plusieurs fueilles semblables à celles du Plantain ; toutesfois elles sont moindres , veluës , & couchées par terre ; & beaucoup de tiges vn peu veluës , rondes , garnies de fueilles par certains interualles, qui enuironnent la tige , & sont moindres que celles qui trainent par terre. A la cime des tiges il vient des fleurs iaunes, puis la graine qui est enclose en vne petite gousse. Sa racine est pleine de bois, & se va espandant à fleur de terre. Toute l'herbe est vn peu veluë, & d'vn goust astringeant, & fait plus d'operation que la precedente.

Orcanette. CHAP. III.

Les noms. CESTE Plante est appellée des Grecs ἄγχουσα, & en Latin *Anchusa* : les Apothicaires l'appellent *Alcannæ radices* , les François *Orcanette*, les Espagnols *Soagem*, les Allemands *Koloschenzung*. Hippocrate l'appelle χειλάδα τὴν μικρὴν & χειλάδα τὴν μεγάλην Galien en ses gloses l'interprete τὴν ἄγχουσαν disant qu'elle est ainsi appellée. Paulus appelle l'Orcanette qui a la fueille espineuse, large & noire χοιροσπέλεθρον. Et en vn autre lieu dit que l'Anchusa *Chœrospelethron*, est *l'Onoclea*. Or ce mot veut autant à dire comme *Arpent de porceau*. Cette herbe a prins son nom du mot Grec ἀγχουσίζειν , qui signifie farder, & donner couleur ; pource que la racine de cette plante est teinte d'vne couleur de sang bien viue , qui est vne marque bien remarquable, & qui ne se trouue guieres en point d'autre plante, par le moyen de laquelle nous la cognoissons
Liu. 4. ch. 23. d'auec les autres plantes : car autrement il eust esté mal aisé de la recognoistre , tant pource
Les especes. qu'elle retire fort aux Buglosses , à la Lycopsis , à l'Echium ; comme aussi pource que Dioscoride
Liure 1. des simpl. n'a pas bien specifié la figure des fueilles. Or en met il trois especes , l'vne qui s'appelle autrement *Calix* , & *Onocleia* , l'autre appellée aussi *Alcibiadion* , & *Onochiles* , & la troisiesme qui est
Liu. 22. ch. 20. differente auec cette-cy. Galien en adiouste vne quatriesme espece , qu'il appelle *Lycopsis*: Pline
La forme. *Pseudanchusa*. *La premiere Orcanette* , dit Dioscoride,
Liu 4. ch. 23. *a les fueilles comme la Laittue*, *aiguës au bout* (suiuant la traduction de Ruel , combien que aux exemplaires Grecs , & en Oribaze il y ait : *Elle a les fueilles* , *comme celles de la laittue aux fueilles aiguës*: ce qu'aucuns entendent de la laittue sauuage, qui est plus veluë & plus aspre. Nicander aussi compare les fueilles de l'Orcanette à celles de la laittue en ces vers : *Prens de l'Orcanette qui a les*
En la Theria. *fueilles comme la laittue*) veluës , aspres , noires , & en grand nombre (aux vieux exemplaires il y a , *grandes*, comme aussi en Oribaze) esparses çà & là par terre dés la racine (Dioscoride dit : *espanduës par terre*. Aussi Theophraste met l'Orcanette au nombre des plantes qu'il ap-
Liure 7. de l'hist. ch. 9. pelle ἐπιγειόφυλλα , c'est à dire , *dont les fueilles trainent par terre* ; Gaza traduit ce mot , *fueilluës dés la racine*) & espineuses. Sa racine est grosse comme le doigt , laquelle croist en esté , & teint les mains de couleur de sang. Ruel a interpreté ainsi le texte Grec, comme il se treuue escrit aux communs exemplaires : *Elle est de couleur de sang, naissant en esté & teint les mains*. Il faut qu'il y ait, *Estant née en esté*. Il semble que Pline ait leu , ou en Crateuas, ou en Dioscoride ; *Sa racine est de la grosseur du doigt*, *de couleur de sang*, *se pouuant fendre comme le Papyrus* , *& teint les mains*, au lieu que Lacuna dit qu'il y a ainsi aux vieux exemplaires; *Quand on l'entame en esté, elle est rouge comme sang, & teint les mains*. Et de fait, dit-il, ceste leçon est meilleure que l'autre. Car de dire que la racine de l'Orcanette ne vient sinon en esté , c'est vne chose ridicule : veu que les racines de toutes les herbes viennent en tout temps. Marcellus suiuant vn fort vieil exemplaire met, *cogneuë* au lieu de *née*. Et ainsi Dioscoride entendroit que cette racine n'est pas tousiours ainsi rouge, ains seulement en esté , & qu'alors elle est aiseé à cognoistre. Mesme ce qui est au texte vulgaire peut estre ainsi traduit en François , *Elle deuient rouge comme sang en esté* , *& tache les mains*.

Premier Orcanette de Matthiol.

mains. Elle croift és lieux gras. Nous en auons mis icy le pourtraict prins de Matthiol. L'autre Or-canette qu'aucuns appellent *Alcibiadion*, ou bien *Onochiles*, eft differente auec la precedente, pource qu'elle a les fueilles moindres, toutefois elles font auffi bien afpres, & des branches menuës, auec vne fleur purpurée tirant fur le rouge : (Ruel a ainfi traduit ces mots, ἄνθος πορφυροειδὲς ὑποφοινίκιζον, c'eft à dire, *la fleur purpurée rougeaftre.* Oribaze a leu ἢ φοινικοῦν, *ou bien rouge.*) Ses racines font Le liu.

Seconde Orcanette de Matthiol.

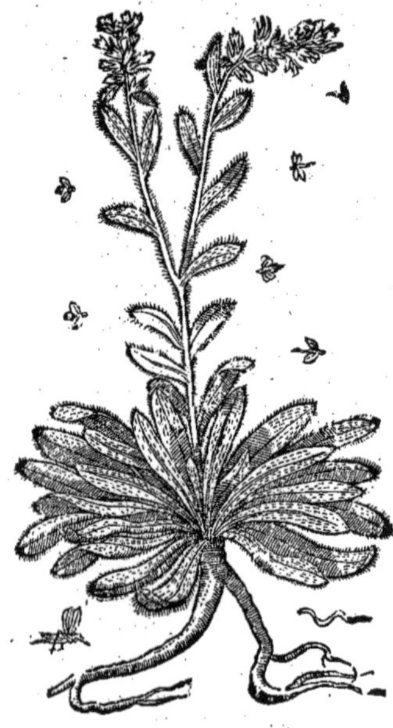

Troifiefme Orcanette de Matthiol.

rouges, fort longues, pleines d'vn fuc de couleur de fang, & en temps de moiffons. Elle croift és lieu fablonneux : nous en auons auffi mis le pourtraict fuiuant Matthiol. En outre il y en a vne troifiefme qui retire à la feconde, horfmis qu'elle ne faict pas la fleur fi rouge. Pline traitte de trois efpeces d'Orcanette en diuers lieux. Quant à la premiere, voicy qu'il en dict: *On fe fert auffi de la racine de l'Orcanette laquelle eft groffe comme le doigt. Elle fe fend comme le Papyrus, & teint les mains de couleur de fang.* Quant à la feconde, il dit ainfi. *Il y a auffi vne autre herbe appellée proprement Onochiles, d'autres la nomment Anchufa, d'autres Archibellion, d'autres Onoclea, aucuns l'appellent Rhexia, & plufieurs Anchufa, qui eft vne petite plante, ayant la fleur purpurée, les fueilles & les brāches afpres, la racine rouge comme fang en temps de moiffons, autrement elle eft noire, & croift aux lieux fablonneux.* Vn peu apres il parle de la troifiefme, difant: *Il y en a vne autre femblable à celle-cy, qui a la fleur rouge, & eft moindre, neantmoins elle fert à mefme vfage.* Quant à la *fauffe Orcanette*, ou *Pfeudoanchufa*, il en traitte apres la premiere Orcanette, difant: *Il y en a vn autre du tout femblable, à raifon dequoy on l'a appellée Pfeudoanchufa, d'autres la nomment Anchufa ou Doris, &c.* Or puis que les Herboriftes difēt, que la premiere Orcanette faict la fleur bleuë tirant fur le rouge, & la feconde, comme auffi la troifiefme qui luy retire, la faict purpurée, ou rougeaftre, & la *Lycopfis*, qu'on met auffi pour vne efpece d'Orcanette, la faict tirant fur la purpurée : il faut bien dire, que celle que nous mettons fuiuant l'opinion de Dalechamp, fera vne autre efpece differente auec les autres, d'autant qu'elle faict la fleur iaune. Elle croift és lieux fablonneux pres de Lyon,

Liu.22.c.20.

Au mef.c.21.

Liu.22.c.19.

Orcanette iaune de Dalechamp.

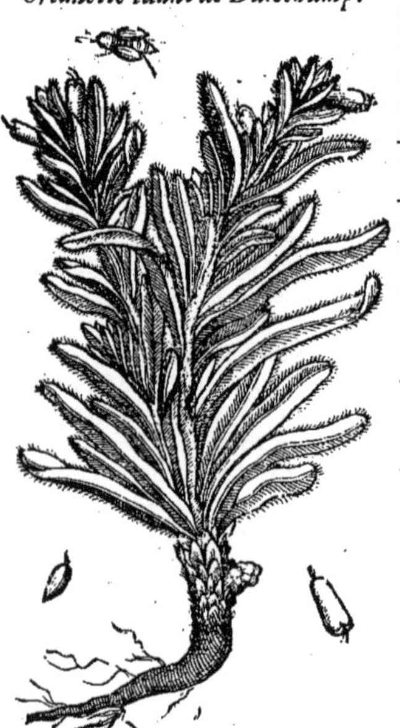

& en Dauphiné sur le chemin qui va de Lyon à Valence, és terres seches à l'entour du village de sainct Rambert. Elle a la racine longue, grosse, & pleine d'vn suc comme sang, qui teint les mains. Les fueilles semblables à celles de *l'Onochlea,* veluës, & en grand nombre pres de la racine ; la tige plus haute d'vn pied, & cottonnée ; la fleur longue, creuse, iaune semblable à celle du *Digitalis:* Pena en met aussi vne pleine de bois, qui a les fueilles estroites, & est la plus petite de toutes, *Et à peine,* dit-il, *doit elle estre tenue pour espece d'Orcanette* ; d'autant que sa racine est fort peu, ou rien du tout rouge, de laquelle il sort des petites tiges de la hauteur d'vne paume & demy pleines de bois, comme celles de la Sariette : les fueilles longuettes, moindres que celles de l'Orcanette appellée *Alcibiadion,* & moins veluës. Quant à ses fleurs, il n'y a pas grande difference : elles sont petites & bleuës. Cette racine est pleine de bois, rouge-brune, qui ne teint point les mains,
Le lieu. ou du tout peu. Elle croist le long des terres à l'entour de Frontignan, & de la forest de Valence. Au reste toutes les Orcanettes ne sont pas douées des mesmes facultez, &
Liu.4.ch.23. Les vertus. proprietez. Dioscoride dit, que la racine de la premiere est astringeante ; & sert aux bruleures & vieux vlceres, estant cuitte auec d'huile & de cire. Elle guerit le feu sainct-Antoine, estant appliquée auec griotte seche. Auec vinaigre elle guerit les rongnes & gratelles : estant appliquée elle faict sortir l'enfant du ventre de la mere. Sa decoction est bonne pour ceux qui ont la iaunisse, pour la douleur des reins, & pour ceux qui ont la ratelle offencée : mais s'ils sont en fieure, il la faut donner en eau miellée. Ses fueilles prinses en vin reserrent le ventre. Les parfumiers se seruent de la
Liu.22.c 20. racine pour espessir les onguents. Pline parlant de la mesme Orcanette, dit ; *Qu'elle guerit les vlceres estant incorporée en cerot, principalement ceux des vieilles gens, & aussi les bruleures.* Prinse en vin au pois d'vne dragme, elle est singuliere és douleurs des reins : mais si le malade est en fieure, il la faut prendre en decoction de gland. Elle ne se peut dissoudre en l'eau ; mais si faict bien en huile : & par ce moyen peut-on cognoistre la bonne. Elle est aussi bonne aux opilations du foye & de la ratelle, & à la iaunisse. Reduite en liniment auec vinaigre, elle est singuliere pour guerir les gratelles, & les lentilles de dessus la peau. Ses fueilles broyées, & incorporées en miel & farine, sont fort bonnes aux dislocations. Prinses en breuuage auec du vin miellé au poids de deux dragmes, elles reserrent le ventre. On dit que la decoction de sa racine faict mourir les puces. Sur quoy faut noter que Pline dit, *les vlceres des vieilles gens* ; pource
Corn. Embl. 21. du liu.4. que Dioscoride dit, *vieux vlceres : & la decoction de gland,* au lieu de l'eau miellée : puis il dit: *Lentigines,* au lieu de *Vitiligines.* Car Dioscoride dit ἀλφὺς ϗ λίπεας, c'est à dire, *le mal sainct-Main*
Liu.13.ch.1. *& la lepre.* Finalement il dit, *du vin miellé,* au lieu *du vin.* Au reste ce que Dioscoride dit, que les parfumeurs se seruent de la racine de l'Orcanette pour espessir les onguents. Pline traittant des onguents dit, que c'est pour leur donner couleur, disant : *Et pour le troisiesme il y a la couleur de laquelle plusieurs ne se soucient guieres : quant on la veut donner on se sert du cinabre & de l'Orcanette, &c.* Quant à la seconde Orcanette, ses fueilles seruent contre la morsure des serpens, & principalement des viperes, soit qu'on les mange, ou qu'on les prenne en breuuage, ou qu'on les porte liez dessus : mesmes si qeulqu'vn en ayant masché, crache en la gorge d'vn serpent, cela le faict mourir.
Liu.22.c.20. Pline adiouste encor quelque autre chose à ce que Dioscoride en dit : *Sa racine,* dit-il, *& ses fueilles sont souueraines contre les serpens, specialement contre les viperes, tant prises en viande comme en breuuage.* Elle est en sa force au temps des moissons : ses fueilles broyées sentent le cocombre. On en donne trois cyathes contre la descente de la matrice. Prinse auec de l'hyssope elle chasse les vers du ventre. Pour la douleur des reins ou du foye, il la faut prendre auec eau miellée, si le patient est en fieure, ou bien auec du vin s'il n'y a point de fieure. Sa racine est bonne contre la gratelle, & pour effacer les lentilles du visage, estant appliquée en liniment. On dit qu'vne personne portant cette racine sur soy, n'a garde d'estre mordu des serpens. Quant à la troisiesme Orcanette, *si quelqu'vn,* dit Dioscoride, *ayant masché sa graine crache en la gorge d'vn serpent, cela le fera mourir.* Sa racine prise en breuuage auec du nasitort & de l'hyssope, au pois de quatorze dragmes, tue les vers
Liu.22.c.20 larges du ventre. *Il y en a,* dit Pline, *vne autre,* (à sçauoir Orcanette) *toute semblable à cette-cy, ayant la fleur rouge, & est moindre que la precedente, & a les mesmes proprietez.* On dit que si apres l'auoir
Liure 6. des simpl. masché on crache sur vn serpent il mourra. Mais Galien suiuant sa coustume traitte bien plus exactement & par le menu des proprietez de toutes les Orcanettes : *l'Onochlea,* dit-il, *a la racine astringeante,*

Orcanette pleine de bois de Pena.

astringeãte, & vn peu amere, propre pour resserrer, & attenuer les corps, & pour euacuer aussi les humeurs bilieuses & salées. Car il a esté dit cy deuant, que la qualité aspre meslée auec l'amere fait ces effects là. Ainsi donc elle sera propre à la iaunisse, & au mal de la ratelle, & aux douleurs des reins : mesmes elle est refrigeratiue. Et de faict appliquée en liniment auec griotte seche, elle est propre au mal sainct-Anthoine, & est detersiue non seulement estant prise en breuuage, mais aussi appliquée par dehors : à raison dequoy elle guerit la gratelle & le mal sainct-Main estant enduite dessus auec vinaigre. Voilà quant aux effects & proprietez de la racine. Or les fueilles de cette herbe sont de moindre efficace, toutefois elles sont desiccatiues & astringeantes : aussi guerissent elles le flux estant prises en breuuage auec du vin. Mais l'Orcanette surnommé *Onochili*, & *Alcibiadion*, a vne vertu plus aromatique ; car mesmes au goust on y sent vne plus grande acrimonie. Elle sert aussi contre les morsures des viperes, tant appliquée, que prinse en viande, ou portée liée sur la personne. L'autre qui est petite ressemble mieux à *l'Alcibiadion* que toutes les autres, encor qu'elle n'ait comme point de nom : toutefois elle est plus amere & plus aromatique ; & par ainsi propre pour tuer les vers larges, prinse au pois de quatorze dragmes, auec de l'hyssope, & du nafitort.

Lycopsis, CHAP. IV.

GALIEN met la *Lycopsis*, pour vne quatriesme espece d'Orcanette : & de faict Dioscoride dit, qu'elle est aussi appellée *Anchusa*, ou *Orcanette*. Elle est appellée *Lycopsis*, pour raison de sa couleur de pourpre-brun, comme qui diroit, *vne obscurité*, comme celle qui est deuant iour, ou bien sur le tard, qu'on appelle en François, *Entre chien & loup*. Le mot Grec λυκόφως, vient du loup, la couleur duquel est grise-brune, non pas noire du tour : sinon qu'on aimast mieux dire, qu'elle est appellée *Lycopsis*, pource que sa tige, ses fueilles, & ses fleurs, sont veluës, & herissées, à mode d'vn pied de loup. Ruel dit, que plusieurs non sans cause prennent pour la *Lycopsis*, l'herbe que les Herboristes appellent communement *Lingua canis* : à l'opinion desquels Matthiol contredict ; pource que la *Lycopsis*, suiuant ce que Dioscoride en dit, a les fueilles semblables à la laittue, toutefois elles sont plus longues, plus aspres, grosses & plus larges, tombant contre la teste de la racine, la tige longue, droite, aspre, auec plusieurs branches, de la longueur d'vne coudée, aspres, & garnies de petites fleurs tirant sur le purpurée : & la racine rouge, au lieu que la racine de *Lingua canis* est blanche, les fueilles lisses & non aspres, droites, & non recourbées contre terre, la tige molle & non aspre : mais il n'a mis ny le pourtraict ny la description de la vraye *Lycopsis* de Dioscoride, ains s'est contenté de dire, qu'il croit que la *Lycopsis* soit vne herbe semblable à l'Orcanette, & que pour cette cause Galien & Aëce qui l'a suiuy, l'ont mise au nombre des Orcanettes, & qu'il a souuent veu la vraye *Lycopsis*, estant creuë és lieux champestres & arides, laquelle estoit si semblable à l'Orcanette, qu'à grand peine la pouuoit-on reconnoistre. Lonicerus a mis la description d'vne autre, de laquelle le pourtraict est icy mis, qui est vne espece de buglosse sauuage. *Elle croist*, dit-il, *és lieux champestres, & faict les tiges longues, veluës, les fleurs purpurées, les fueilles semblables à celles de la laittue, plus longues, & plus aspres, repliées contre la racine, auec plusieurs branches à la cime.* En somme elle retire à l'Echium, sinon qu'elle est en tout & par tout plus petite. Or les doctes Simplicistes prennent pour la Lycopsis vne herbe bien differente à cette-cy, à sçauoir celle que Matthiol prent pour le vray *Cynoglosson*, comme nous l'auons touché plus au long en vn autre endroit. Au reste Dioscoride dit, que la racine de la Lycopsis est astringeante : appliquée auec huile elle guerit les playes, & auec griotte seche, le mal sainct-Antoine. Mais estant broyée auec huile, & appliquée en liniment, elle faict suer. Pline dit, que la Lycopsis a les fueilles plus longues que la laittue ; & plus grosses, la tige longue, veluë, auec plusieurs branches, d'vne coudée de long : la fleur petite & purpurine : elle croist és lieux champestres. On l'applique auec farine d'orge sur le feu sainct-Anthoine. Elle faict suer ceux qui sont en fieure, en meslant son suc auec d'eau chaude. Voilà ce qu'en dit

Les noms. Liure 6. des simpl. Liu. 4. ch. 24.

Liu 3. ch. 89.

Liu. 4. ch. 24. Liu. 4. ch. 24. *La forme.*

Le lieu.

Liure des Plan. qui croiss. és lieux ombrag. ch. 27. Liu 27. c. 11. *Les vertus.*

Lycopsis de Lonicerus.

Pline, suiuant ce que Dioscoride en escrit. Galien dit, que la Lycopsis est refrigeratiue, & dessiccatiue, & plus astringeante, que l'Orcanette surnommée *Onoclea*.

Bourrache sauuage. *CHAP. V.*

Les noms. CESTE Plante est appellée en Grec ἔχιον, ἀλκιϐιάδιον, & ἀλκίϐιον; Apulée l'appelle θηλυόῤῥιζον, ἐχίδνιον. En Latin *Echium*, *Alcibiadium*, & *Alcibion*, *Serpentaria*, & *Viperina*. Les communs Herboristes l'appellent *Buglossum Syluestre*, comme aussi les Allemands qui l'appellent *Vuildochsenzungen*. En François *Bourrache sauuage*, *l'herbe aux Viperes*, *l'herbe aux serpens*. Dioscoride dit, qu'elle est appellée *Echium*, pource que sa graine est faite à mode de teste de vipere, nature voulant monstrer par là aux hommes, que cette herbe estoit singuliere contre la morsure des viperes & autres sortes de bestes venimeuses. Elle est aussi

En la Theque. nommée *Alcibiadion*, ou *Alcibion*, du nom de Alcibius, qui l'inuenta, comme dit Nicander: car comme en dormant il eust esté mordu en l'heine par vne vipere, estant reueillé, il huma du ius de cette herbe en la maschant, & puis appliqua le reste sur la playe pour appaiser la douleur, & par ce moyen il fut guery. Or veu que Dioscoride dit, que *l'Echium* est appellé *Alcibiadion*, & Nicander l'appelle *Alcibium*, c'est merueille de ce que Pline dit, qu'on ne peut

Liu.17.ch.5 cognoistre par les autheurs quelle herbe c'est que *Alcibiadion*; *Et toutesfois*, dit-il, *ils ordonnent de broyer la racine & les fueilles, & les appliquer sur la morsure des serpens, & d'en prendre en*

Liu.4.c.25. Liu.25.ch.9. Les especes. *breuuage*. Dioscoride ne fait mention que d'vne espece d'Echium. Pline en met deux especes, disant, *Il y a deux especes d'Echium, vn qui retire au Pouliot, estant comme couronné de ses fueilles. Prins au poids de deux dragmes, en quatre cyathes de vin il est singulier contre les serpens. L'autre Echium a vne bourre picquante sur les fueilles, & porte des petits boutons faicts à mode de teste de vipere: On en vse en vin ou en vinaigre*. Voilà ce qu'en dit Pline, ayant peut estre suyui Nican-

En la Theriaque. der, qui met vne sorte *d'Echium*, ayant la fueille picquante, semblable à celle de l'Orcanette, & vne petite racine qui entre peu auant en terre. L'autre a les fueilles & la graine verde: & vn autre garny de peu de petites fleurs purpurines, qui a la graine à forme de vipere, & vne teste dure à la cime. Et sur ce passage celuy qui a commenté Nicander allegue Numenius, lequel en la Theriaque met aussi deux especes *d'Echium*, à sçauoir vn petit appellé *Ocimoides*, pource qu'il a les fueilles comme le Basilic. Il y a aussi des Herboristes qui establissent plusieurs especes *d'Echium*, comme nous dirons tantost. Touchant *l'Echium* de Dioscoride, il a les fueilles longues, aspres & vn

Liu.4 ch 25 La forme. peu menuës, approchant de celles de l'Orcanette, sinon qu'elles sont moindres, rougeastres & grasses, & garnies de petites espines, qui rendent la fueille aspre, & plusieurs tiges menuës, garnies deçà & delà de petites fueilles estendues, noires, dont celles qui sont à la cime sont moindres à proportion des autres. Ses fleurs qui sortent aupres des fueilles sont purpurées, & portent vne graine faicte à mode de teste de vipere. Sa racine est plus petite que le doigt & noirastre. Il semble que cette herbe est celle que Pline appelle *Pseudanchusa*: car il en parle ainsi, *Il y en a*, dit il, *vne autre semblable à l'Orcanette, à raison de quoy on l'a appellée Pseudanchusa. Aucuns l'appellent Anchusa, ou Doris & en d'autres façons. Elle est plus bourrue & moins grasse, & a les fueilles plus menuës & plus palles, &c.*

Liu.22.c.10.

Bourrache sauuage de Matthiol.

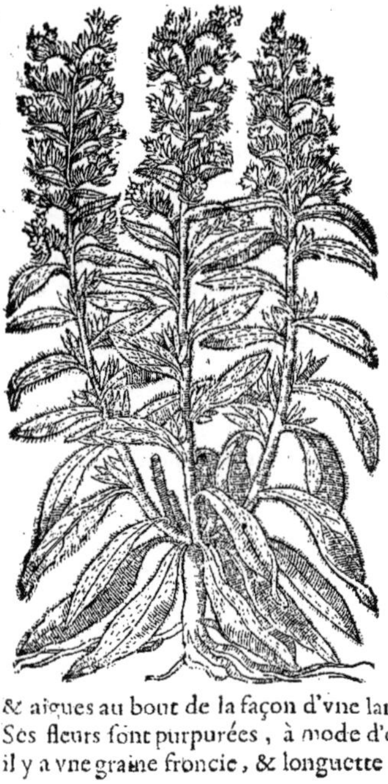

Le lieu. Quant à *l'Echium* duquel nous auons mis icy le pourtraict prins de Matthiol, il croist quasi par tout, mais principalement és lieux secs & aspres, & retire à la seconde Orcanette de Dioscoride. Il produit les fleurs purpurées tirant sur le rouge, parmy des fueilles menuës, dés le milieu iusques à la cime de la tige, desquelles il sort vne graine noire, enclose dans des couuertes veluës & piquantes, semblable à des testes de vipere. Lonicerus estime que la Buglose dont les Apothicaires

Tome 2. ch. 73. vsent cõmunement, est *l'Echium* de Dioscoride, & le descrit ainsi: *Il sort des fueilles aupres de terre, longues, menuës, & aspres, comme celles de l'Orcanette, toutesfois elles sont vn peu moindres & grosses*. Les tiges sont garnies d'vn costé & d'autre de fueilles menuës, estendues à mode d'aisles & aigues au bout de la façon d'vne langue, dont celles qui sont vers la cime sont les moindres. Ses fleurs sont purpurées, à mode d'estoile, & deuiennent en fin bleuës. La fleur estant tombée il y a vne graine froncie, & longuette, comme celle de la consolide, sinon qu'elle est plus grande, & est

Echium de Lonicer.

Echium de Fusche.

Echium de montagne de Dalechamp.

& est faite à mode d'vne teste de serpent, & douce au goust. Or il en adiouste deux autres especes, qui sont quasi semblables, & ont les fueilles semblables au precedent: toutefois celles de l'vne sont moins veluës, leur fleur est bleuë. Il les appelle *Echium sauuage*. Celle qui a les fueilles plus veluës est celle dont Fusche a mis le pourtraict & la description pour l'Echium. Chap.102. Les Herboristes appellent aussi *Echium de montagne*, la plante qui est icy peinte: d'autres la nomment *Alopecurus de montagne*. Le lieu. Elle croist en quelques endroits humides des montagnes, ayant la racine grosse, qui va en s'appetissant petit à petit, & est vn peu fourchuë: de laquelle il sort vne seule tige ronde, rouge, & tendre, de la hauteur d'vn pied, garnie deça & delà de fueilles semblables à celles de l'Echium, sinon qu'elles ne sont pas si aspres, & sont entassées bien espés à la cime, à mode d'vne queuë. Sa fleur est pasle, & longue à mode d'vn petit vase, sortant à la cime de la tige d'entre les fueilles, auec deux petits filets au dedans. Ceste plante est rare, mais il la fait bon voir. Liu.4.c.25. Les vertus. Au reste Dioscoride dit, que la racine de *l'Echium* prinse en vin sert contre la morsure des serpens, & en outre empesche que ceux qui en auront beu, ne soient mordus des serpens: les fueilles & la graine font le mesme effect. La graine guerit la douleur des flancs, & prinse auec du vin ou du bouïllon, elle faict venir le laict aux nourrices. Voilà ce qu'en dit Dioscoride; en quoy il est aisé à cognoistre, que *l'Echium* est chaud, sans que toutefois il desseche beaucoup, puis qu'il sert à faire venir le laict: car Galien Liure 5. des simpl. ch.20. dit, que les medicaments font venir le laict entant qu'ils conuertissent les humeurs phlegmatiques en sang, par le moyen de leur chaleur. Galien ne faict point mention de *l'Echium* au traitté des medicaments simples. Liure 7. Mais Paulus en parle suiuant Dioscoride, disant, *Echiũ est vne herbe espineuse, laquelle preserue ceux qui en auront pris d'estre mordus des serpẽs, & guerit ceux qui en aurõt esté mordus*. Pline attribue quasi les mesmes vertus à la *Pseudanchusa*, de laquelle nous auons dit qu'il sembloit que ce fut *l'Echium; Sa racine*, dit-il, *ne rend pas d'huile, mais vn suc rouge*. Embl.a 3. liu.4. (Cornarius dit qu'il y a ainsi en vn vieil exemplaire: *Sa racine ne rend pas*

son suc

son suc rouge dans l'huile, au lieu qu'auparauant il auoit dit le contraire de la vraye Orcanette, à sçauoir qu'elle rend vn suc rouge, & se dissout en huile, & non pas en l'eau. Aucuns lisent ainsi; *Sa racine ne rend pas vn suc rouge. &c.* En quoy on la recognoit auec l'Orcanette. Ses fueilles ou sa graine prinses en breuuage sont fort singulieres cõtre les serpens. On applique les fueilles sur la morsure. Elle chasse le venin des serpens. On en boit aussi pour la douleur de l'eschine. Cornarius suiuant vn vieil exemplaire lit ainsi, *virus serpentes fugat*: c'est à dire, *son odeur chasse les serpents*, ce qui s'entend de son parfum quand on la brule. Mais ce qu'il dit, *Bibitur & propter spinam*, il semble que ce soit ce que Dioscoride dit: *Elle appaise la douleur des flancs ou de l'eschine.*

Onosma, CHAP. VI.

Les noms. Liure 8. des simpl. Liu. 3. chap. 130.

CESTE plante s'appelle en Grec & en Latin *Onosma & Osmas*, ainsi que dit Galien, ou *Phlomitis*, ou *Ononis*. Dioscoride dit, qu'elle a les fueilles semblables à celles de l'Orcanette, de la longueur de quatre doigts, larges d'vn doigt, couchées par terre, tout de mesme comme en l'Orcantte. Elle ne faict ne tige, ne fleur, ne graine. Sa racine est longue, foible, menuë, & mediocrement rouge: elle croist és lieux aspres. Pline en dit de mesme: *l'Onosma a les fueilles quasi de la longueur de trois doigts, couchées par terre, decoupées à mode de celles de l'Orcanette, sans tige, fleur, ny graine.* Par ces descriptions il n'y a personne qui s'entendant en la matiere des simples, n'estime qu'il faut mettre *l'Onosma* au nombre des Orcanettes, & qu'elle approche de la *Lycopsis*, comme aussi le pourtraict le monstre. Dioscoride dit, que les fueilles de *l'Onosma* prinses en vin font sortir l'enfant du vẽtre de la mere: si vne femme enceinte passe par dessus ceste plante elle luy fera poser l'enfant. Pline en dit de mesme: *On dit que si vne femme enceinte en mange, ou qu'elle passe par dessus, elle en posera l'enfant.* Elle est composée, dit Galien d'vne substance acre & amere, à raison dequoy on tient qu'elle faict mourir l'enfant au ventre de la mere, & l'en faict sortir, en prenant de ses fueilles auec du vin.

Le Lieu. Liu. 26. ch. 12.

Les vertus.

Liure 8. des simpl.

Liu. 26. c. 12.

Onosma de Matthiol.

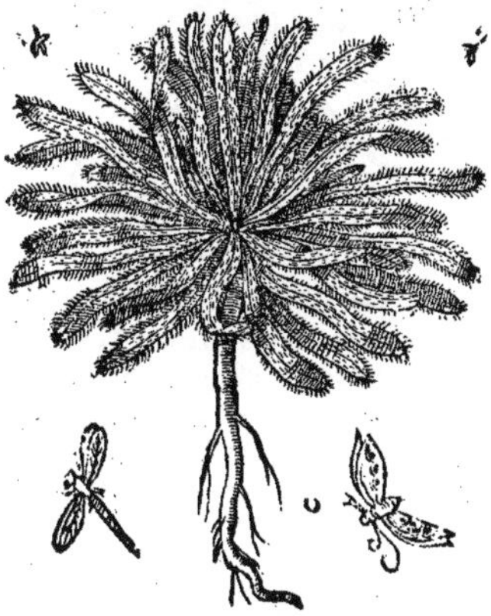

Scabieuse de montagne, CHAP VII.

Les noms.

LES Herboristes sçauent bien qu'il y a plusieurs plantes qu'on appelle *Scabieuses*, comme entre autres celles qui sont icy peintes, & celle qu'on surnomme *Scabiosa montana*, & *Capitata*. Elle croist és costaux fournis de terre parmy les Alpes, & a la racine grosse, noire, & fort cheueluë, dont les cheuelures enuironnent la grosse racine en telle façon, qu'elles se font aucunefois rondes comme vne pomme: elle a les fueilles comme la petite Centaurée, ou la roquette, grosses, aspres & decoupées, la tige d'vne coudée de haut, & quelquefois dauantage, auec des boutons au bout, comme ceux du blauet, ou du grand *Centaurium*, & composez d'escailles. Sa fleur est rouge, tirant sur le purpurée. Sa graine est longue & couuerte d'vn cotton mollet. Lobel a mis le pourtraict d'vne autre Scabieuse grande commune, laquelle Pena descrit ayant les fueilles comme la veruaine de Dioscoride, mais plus larges, brunes & veluës, couchées ou pendantes contre terre, auec des decoupeures plus grandes, retirant mieux à celles de la grande Valeriane, qu'à celles de la veruaine: elle n'a qu'vne racine longue, qui ne iette pour la plus part qu'vne tige de la hauteur d'vne coudée, ou d'vne coudée & demie, & vne fleur touffue, veluë & purpurine, comme celle du blauet. Elle s'aime parmy les bleds, en la plaine & aussi aux costaux: Lobel met encor le pourtraict d'vne autre Scabieuse de montagne, qui croist és païs chauds, de laquelle Pena dit, qu'elle a les fueilles qui sont au bas de la tige, estroites, blanches, & peu veluës, & auec de petites decoupeures, comme celles de la veruaine, ou de la Scabieuse commune: mais celles des branchettes qui sont en grand nombre, sont plus graisles & plus decoupées. Elle fleurit en Iuin & en Iuillet, & faict les fleurs blanches, comme celles de la petite Scabieuse, ou de la *Iacea*, qui sortent de petits bouttons composez comme par escailles, dans lesquels il y a beaucoup de graine semblable à celle du treffle asphaltites, brune, enuelopée dans des couuertes artificiellement bien iointes ensemble, auec des petites caneleures faites en façon de petite voute. Elle s'aime és costaux des regions temperées, comme en Piemont aupres de Riuoles, & à Narbonne, où les Herboristes l'appellent *Scabieuse de montagne*. Dauantage Lobel a mis le pourtraict d'vne Scabieuse moyenne, laquelle croist, ainsi que dit Pena, au bord des champs és païs Septentrionaux beaucoup mieux, & plus grande qu'aux païs chauds. Elle a vne seule racine

Le lieu.

La forme.

Le lieu.

Le lieu.

Scabieuſe de montagne de Dalechamp.

Scabieuſe eſtrangere de Lobel.

petite, de laquelle ſort la tige d'vne coudée de haut & branchue. Ses fueilles ſont ſemblables à celles de *l'Iberis*, ou de la creſte de coq, eſtroites & vn peu dentelées. Ses fleurs retirent à celles de la *Globularia*, ou de la Scabieuſe. Il ne faut pas auſſi oublier icy la Scabieuſe eſtrangere, laquelle eſt fort belle, & dont Pena a mis le pourtrait, & laquelle a eſté incogneuë iuſques à preſent, ſinon en quelques iardins de Flandres. Elle reſemble quant à la figure, & à ſes branchettes, à la Vale-

Scabieuſe de montagne des païs chauds de Lobel, & de Pena.

Scabieuſe moyenne de Lobel.

riane

Grande Scabieuse vulgaire de Pena & Lobel.

Scabieuse de montagne la plus petite de toutes de Pena.

riane rouge : mais ses fleurs & sa graine sont semblables à celle de la Scabieuse d'Espagne. Pena en adiouste encor vne autre, la plus petite de toutes les autres, laquelle croist aux montagnes pleines de plastre, & qui ne sont pas cultiuées, & fait peu de petites tiges, de la hauteur d'vne paume & demy, ou d'vn pied, garnies de plusieurs fueilles estroites au bas, & de fleurs de couleur de pourpre, blaffarde, qui sortent de certains boutons composez d'escailles. Nous adioustons encor icy d'autres Plantes, lesquelles suiuant l'opinion de l'Escluse sont espece de Scabieuse, ou de *Jacea*, dont la premiere & la seconde ont esté nommées *Stœbe* par ceux de l'Vniuersité de Salamanque. La premiere resemble à la Iacea noire, & a les fueilles estendues par dessus terre, vn peu plus larges que celles de la Scabieuse, ou de la Iacea, retirant à celles de la cichorée, molles, cottonées, & quelquefois blancheastres; & quelques tiges qui sortent d'vne mesme racine de la hauteur d'vne coudée ou d'auantage, auec plusieurs branches, garnies de fueilles qui sont moindres que celles d'embas & moins decoupées, & ont comme la pointe espineuse & picquante. Au bout des branches il y vient des fleurs velues, purpurées, sortant de certains boutons ou coupettes composées par escailles. Sa graine est roussastre, semblable à celle de la petite Centaurée, toutesfois elle est moindre. Sa racine est longue, blanche, quelquefois de la grosseur du doigt. Il dit aussi qu'il s'en treuue vne de cette mesme espece, qui a toutes les fueilles molles & cottonnées, decoupées à mode de celles de la roquette, & la tige foible, branchue, pendante contre terre. Ses fleurs sont plus grandes que celles de la precedente, & ont certaines petites barbes semblables à celles du blauet, sinon qu'elles sont purpurées, auec quelques filets iaunes entremeslez au milieu de la fleur: sa graine est comme celle de la precedente, ou comme celle du blauet. Sa racine est grosse comme le doigt & blanche. Quant à la seconde elle fait plusieurs fueilles pres de la racine, couchées par terre, blancheastres, longues, & decoupées à grandes decoupeures, comme

Liure 1. des Plantes d'Espag. ch. 38.

Scabieuse ou Stœbe de Salamanque, premiere de l'Ecluse.

comme celles de certaines especes de Scabieuses, ou de la Roquette. Ses tiges sont pour la plus part d'vne coudée de haut : mais aux lieux qui sont froids & humides, elles ont deux coudées, voire d'auantage de hauteur, auec plusieurs branches, garnies de fueilles, qui sont bien decoupées à grandes decoupeures, comme celles d'aupres de terre, toutefois elles sont beaucoup

Seconde Stœbe de Salamanque de Clusius.

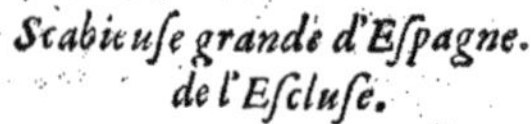

Scabieuse grande d'Espagne. de l'Escluse.

moindres, & plus courtes, auec des aiguillons tendres au bout. A la cime des branches, il y vient des petites coupettes, qui sont comme composées d'escailles d'argent, desquelles sort la fleur semblables à celle du blauet, toutesfois elle est de couleur de pourpre, plus blaffarde, & veluë au milieu. Sa graine est enserrée en certaine bourre, comme cellë de la Iacea, & est menuë, noirastre, & veluë au bout. Il en croist vne autre dans les iardins de Flandres, dont la graine a esté apportée de France, qui est si semblable à ceste cy, qu'il faut estre bien expert pour les pouuoir recognoistre l'vne d'auec l'autre : car il n'y a autre difference, sinon que ses coupettes n'ont pas vn tel lustre d'argent, comme celles de la precedente. Toutes les autres croissent aux enuirons de Salamanque, emmy les champs, & à l'entour des vignes. La derniere croist en France, & specialement à l'entour de Vienne en grande abondance. Toutes fleurissent en Iuin, Iuillet, & Aoust, puis après portent leur graine. Ceux de l'Vniuersité de Salamanque appellent, comme nous auons dit, la premiere & la seconde, *Stæbe*, pource que leurs fueilles sont vn peu aiguës : mais ils prennent la seconde de la premiere espece pour vne sorte de blauet ; & quant à l'autre ils s'en seruent pour la *Scabieuse*. L'Escluse adiouste vne autre Scabieuse d'Espagne, laquelle a les fueilles comme la Scabieuse commune, molles, & cottonnées, auec des grandes decouppeures, les tiges rondes, comparties par neuds, quelquefois de la hauteur d'vne coudée, des neuds desquels sortent les fueilles deux à deux, vis à vis l'vne de l'autre. A la cime des branches il y vient des boutons composez de plusieurs escailles membraneuses, & pailleuses, desquels sort la fleur blanche, laquelle estant tombée, on apperçoit au milieu, & comme au nombril de chacun de ces boutons, comme vne petite estoile noire, de quatre, cinq ou six rayons. Ces boutons viennent peu à peu à s'ouurir, iusqu'à tant que la graine qui les soustient, & est grosse & veluë, soit meure. Sa racine est blanche & grosse, semblable à celle de la Scabieuse commune. *Il s'en trouue*, dit l'Escluse, *vne autre du tout semblable à ceste-cy, sinon qu'elle est en tout & par tout plus petite, & a les fueilles decoupées plus menu.* Ses boutons & ses fleurs sont plus petites, & de couleur de bleu, tirant sur le pourpre. L'vne & l'autre croist aux enuirons de Salamanque, & par le demeurant de l'Espagne, à l'entour des vignes, par les sentiers & lieux non cultiuez. Elles fleurissent en Iuin. Elles sont ameres, & partant elles doiuent estre chaudes & seches.

Le lieu. (margin)

Le lieu. (margin)

Saxifrage. CHAP. VIII.

LEs Simpliciſtes ont appellé pluſieurs Plantes du nom de *Saxifraga*, ou comme les Apothicaires diſent *Saxifragia*, pour leur ſinguliere proprieté à rompre la pierre: entre leſquelles il y en a qui n'ont pas peut eſtre eſté cogneuës par les anciens autheurs, tant Grecs que Latins. Or nous traitterons premierement de la *Saxifraga* de Dioſcoride: *Les Grecs*, dit-il, *appellent Saxiphagon, ou Sarxiphagon, ou bien Sarxiphragon, comme il y a aux communs exemplaires: d'autres Sarxiphrangon ou Empetron.* Les Romains *Saxifraga*, vne plante branchuë, qui croiſt entre les rochers & lieux aſpres, ſemblable à *l'Epithim.* Eſtant cuitte en vin & priſe en breuuage tout à l'inſtant, elle eſt ſinguliere à ceux qui ſont en fieure. Elle ſert contre la difficulté d'vrine, elle appaiſe le hoquet, rompt la pierre de la veſſie, & prouoque l'vrine. Or la plante dont le pourtraict prins de Matthiol eſt icy mis, eſt ſi ſemblable à celle-là, tant en figure, comme en proprietez, que perſonne ne doute que ce ne ſoit celle là meſmes. Car elle croiſt és lieux ſecs, montueux, & és rochers, & lieux ſteriles & ſablonneux d'Italie, de Dauphiné, de France & d'Angleterre, parmy le Polium de montagne, & le Thym: Où elle fait pluſieurs branches eſparpillées à la cime, & entortillées par le bas menuës comme celle du Serpollet, & comparties par nœuds: deſquels ſortent les fueilles deux à deux, longuettes & eſtroites, comme celles des œillets. A chaſque bout de branche il y a vne petite fleur longuette, quaſi ſemblable aux œillets, decoupée par les bords, ou dentelée de menuës denteleures, auec vne graine rougeaſtre, ronde, & petite. Sa racine eſt petite, blanche, & n'eſt pas fort cheueluë: Ce qui eſt adiouſté en Dioſcoride, *Elle reſemble à l'Epithim*, Matthiol dit, qu'il ne faut pas lire τῷ ἐπιθύμῳ, mais τῷ θύμῳ, comme il y a en quelques exemplaires. *Et de faict*, dit-il, *elle reſemble ſi fort au Thyn, qu'on ne la ſçauroit diſcerner que par le gouſt.* Il ſe treuue des exemplaires, où ces mots ne ſont point adiouſtez en aucune façon. Meſmes aucuns eſtiment que tout ce chapitre n'eſt pas de Dioſcoride, le tenans au nombre de ceux qui y ont eſté

La forme.

Ses vertus.

Pierre Pena Aux Aduerſ.

Saxifrage vraye de Dioſcoride.

Saxifrage d'Angleterre de Pena.

Saxifrage ſeconde de Matthiol.

adiouſtez:

adiouſtez : neantmoins il y en a d'autres qui le reçoiuent comme eſtant de Dioſcoride, pource qu'il eſt adiouſté quaſi en tous les exemplaires Grecs. Or Pena dit, qu'il croiſt de ceſte *Saxifrage* en grande abondance, en Iuin, & en Iuillet, ſur vne montagne de plaſtre, ſeche & aride, qui eſt entre Chipne, & Malburg en Angleterre, ſur le chemin quand on va de Briſtoye à Londres, toutesfois qu'elle a les fleurs plus petites, & blancheaſtres, comme auſſi toute la plante. Matthiol met vne ſeconde eſpece de Saxifrage, de laquelle les fueilles ſortent des tiges, par certains interualles, petites, longuettes, deux à deux vis à vis l'vne de l'autre, auec d'autres beaucoup plus petites qui ſortent par vn meſme endroit, & ſont en plus grand nombre à la cime, & ſeparées par moindres interualles. A la cime des tiges il ſort des fleurs purpurées d'aſſez bonne odeur. Outre ces deux eſpeces Matthiol met encor le pourtraict de trois autres Saxifrages, qui ſont fort ſin-

Troiſieſme Saxifrage de Matthiol.

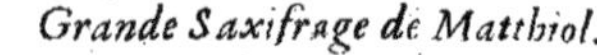

Grande Saxifrage de Matthiol.

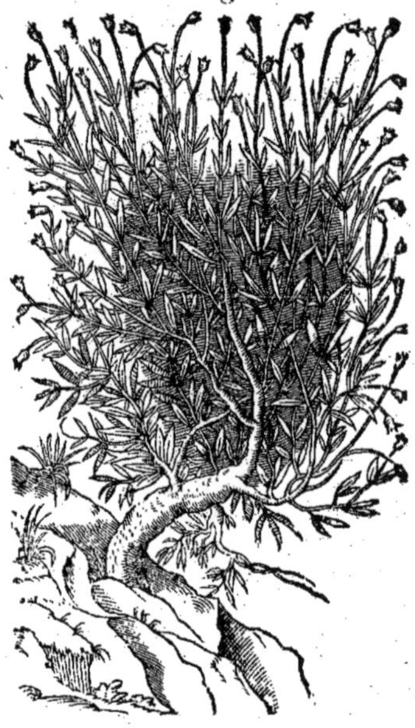

gulieres pour rompre la pierre : La premiere deſquelles il dit auoir prins autresfois pour la Saxifrage de Dioſcoride. Elle croiſt entre les rochers grands & durs, ou en terre fort ſeche & menuë, *Le lieu.* ayant les fueilles cheueluës à mode de celle du fenoüil, toutesfois elles ſont plus longues, plus menuës, & plus rares. Sa tige retire auſſi à celle du fenoüil, & eſt menuë, auec vne vmbelle à la cime : Sa graine retire à celle du Perſil, ſinon qu'elle eſt plus longuette & odorante. Sa racine eſt blancheaſtre, & a le gouſt de la paſtenade. Toute la plante eſt vn peu acre & douceaſtre. La ſeconde des trois eſt la Saxifrage blanche, ou grande, de laquelle nous parlerons tantoſt ſuiuant Dodon & Fuchſe. Quant à la troiſieſme qu'il nomme *Saxifrage*, tant pour ſa figure que pour ſes proprietez, il dit qu'elle luy a eſté enuoyée par François Calzolaire Apothicaire. Elle croiſt au *Le lieu.* mont Balde, ſortant du roc vif, & treſdur. Ceſte plante eſt branchuë, ayant la tige de bois, tortue, de la groſſeur du doigt, garnie de branchettes dures, fermes, & creuaſſées, auec vne eſcorce blancheaſtre par dehors. Ses fueilles ſont petites, longues, & aiguës au bout. Elle faict des petites fleurs blanches, & des coupettes palles, à mode de celles de l'Ocimoides, ou ſoit Baſilic ſauuage, dentelées par le bord en façon de couronne, fort petites, auec vne graine rouge, moindre que celle des pauots. Sa racine ſe fiche ſi bien dans le roc, qu'il eſt impoſſible de l'en arracher. Calzolarius faiſoit grand eſtat de ceſte plante, pour chaſſer la pierre des reins. Quant à la Saxifrage blanche ou grande, dont nous auons touché vn mot cy deſſus : elle eſt appellée blanche, pource qu'elle faict les fleurs blanches ; aucuns l'appellent *Chelidonioides* en François *Rompt-pierre*, *Les noms.* ou *Saxifrage blanche* : en Allemand *Habenſteinbrech*. Elle produit de petites queuës veluës, garnies de fueilles rondes en grand nombre, couchées par terre, decoupées à l'entour, & comme en façon de creſte, molles, ſemblables à celles de l'*Aſarina*, ou lierre terreſtre, toutesfois elles ſont moindres, & de couleur de vert-iaune. Ses tiges ſont rondes, veluës, de la hauteur d'vn pied, ou d'vn pied & demy, à la cime deſquelles, il y a des fleurs blancheaſtres, de meſme couleur & figure que celles du Naſitort, ou de la Roquette. Sa racine eſt noiraſtre, garnie de pluſieurs cheuelures, *Fuch. c. 285. Pena aux Aduerſ.*

Saxifrage blanche de Fuchse, ou Saxifrage quatriesme de Matthiol.

Saxifrage des Alpes.

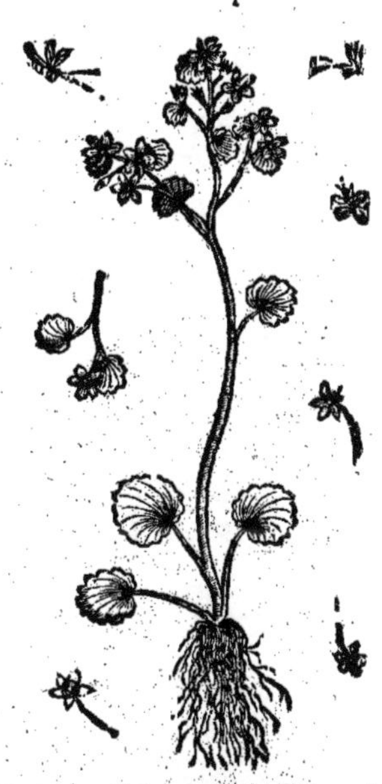

ausquelles il y a des petits grains attachez comme en la petite Esclaire, de la grosseur de la graine de Coriandre, ou vn peu plus gros, bruns, & de couleur de pourpre obscur, acres & amers, lesquels on estime communement estre la graine de ceste plante, combien que cela soit faux. On se sert de ces grains là en medecine. *Le lieu.* Elle croist aux montagnes seches, & aux lieux pierreux & sablonneux. Elle fleurit en May, puis se perd tout soudain. Il faut encor adiouster icy la **Saxifrage des Alpes**, qui est ainsi appellée, pource qu'elle a les fueilles comme la Saxifrage grande ou blanche, & croist *Le lieu.* à la cime des Alpes pleines de nege, aux montagnes ombrageuses, dessous les fouteaux, & sapins & pesses, en lieu pourri & humide, & non ailleurs. Elle peut auoir vne paume de hauteur, & fait la racine courte, auec des cheuelures fort menuës, & noirastres: à l'entour de la racine il y a trois ou quatre fueilles rondes, decoupées à l'entour, pleines de veines, attachées à vne longue queuë, ameres au goust. De sa tige qui est ronde, il sort quelques branchettes, auec quelque peu de fueilles. Sa fleur est petite, composée de cinq petites fueilles, de couleur de iaune blafard, quasi tirant sur couleur d'herbe. Sa graine est petite, ronde & dure. *Le temps.* C'est vne herbe qui ne dure pas long temps, & sort au premier temps qu'il fait doux au commencement du printemps, comme au mois d'Auril, puis meurt incontinent. *Sa temperature.* Au reste veu que les fleurs, les fueilles, & principalement la racine de la Saxifrage blanche, sont ameres au goust, il est vray semblable qu'elle est chaude & seche au troisiesme degré. *Les vertus.* La decoction de sa racine auec les grains, faite en vin, & prise en breuuage, prouoque l'vrine, rompt la pierre & la fait sortir. Ainsi donc elle est bonne à la difficulté d'vrine: car elle nettoye & mondifie, & incise les grosses humeurs qui sont dans les veines comme font toutes les choses qui sont ameres. Elle prouoque aussi les mois & fait sortir de la poitrine les humeurs grosses & visqueuses. *Dodon. liu. 2. chap. 89. Pena aux Aduers.* On pourroit bien aussi prendre pour vne espece de Saxifrage blanche, celle qui est appellée **Saxifrage aurea**, à cause que ses fleurs sont de couleur d'or. En François **Romptpierre dorée**: en Allemand *Golden Steinbrech*. C'est vne petite herbe de la hauteur d'vne paume, ou d'vne paume & demie, laquelle fait les fueilles fort semblables à la blanche, rondes, toutesfois elles sont vn peu plus grosses & plus noires.

Saxifrage dorée de Dodon.

Sa racine est fort tendre, rampant par terre, fort cheuelüe, & produit plusieurs petites tiges deçà & delà, à la cime desquelles il y a trois ou quatre fueilles iointes ensemble, entre lesquelles il sort de petites fleurs de couleur d'or, puis des petits boutons qui s'ouurent d'eux mesmes, quand la graine est meure, laquelle est petite, rougeastre, ronde, de goust d'herbe, insipide & froid. En somme elle retire quant à son naturel & figure, à l'hepatique d'eau, auec laquelle elle croist aussi & parmy l'autre hepatique, sur les pierres & murailles humides. Dont aucuns Herboristes ont pensé qu'elle eust les mesmes proprietez que l'hepatique. Lobel a mis le pourtrait de cette mesme plante sous le nom de *Saxifragia Lichenis facie.* Aldrouando la prend pour vne espece de *Erisimum* ou *Tortelle*. Il faudra

Saxifrage des Romains de Lobel.

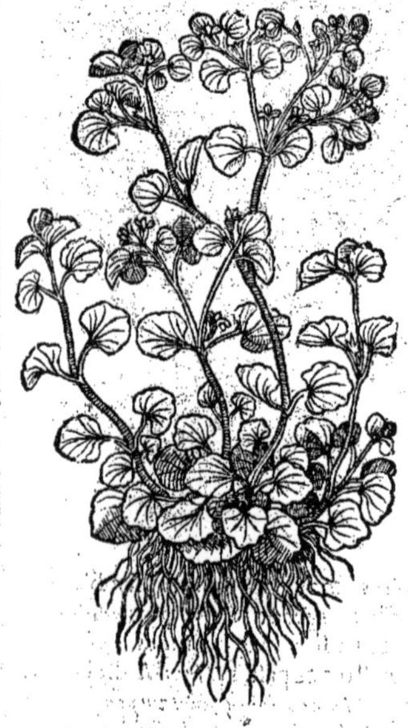

Saxifrage dorée de Lobel.

mettre consecutiuement apres ceste-cy, vne autre plante qui est appellée communement *Saxifragia Romanorum, & herba contra grauellam.* En François, *l'herbe contre la grauelle*, laquelle merite à bon droit le nom de *Lithontribos*, pource qu'elle est fort souueraine pour rompre la pierre. Elle croist à Rome, & à l'entour d'icelle, parmy les masures, & vieux bastiments, de la hauteur d'vne coudée, & a la racine longuette, grosse comme le doigt, & cheuelüe, & plusieurs fueilles aupres de la racine, couchées par terre, semblables à celles du Laitteron, d'vn goust acre, auec plusieurs tiges garnies de fueilles moindres que celles du bas de la plante, semblables à celles des arroches marines, de couleur de vert-brun. Ses fleurs sont petites & en grand nombre, sortans des queuës des branches, blanches tirant sur couleur d'herbe. Sa graine est rousse, fort menuë, & vient en des gousses grailes & longues. Elle a vn goust brulant. Icelle prinse au poids d'vne dragme, auec la decoction de grame, est fort singuliere pour briser & faire sortir la pierre.

Le lieu.

Les vertus.

Herbe à Cotton. *CHAP. IX.*

Les Herboristes ont donné le nom de *Gnaphalium* à plusieurs plantes, pource qu'elles sont couuertes d'vne bourre, laine, ou cotton mollet. Car γνάφειν en Grec signifie *carder la laine*, ou le drap, ou le polir en le pinçant & raclant, dont aussi ils nomment la bourre dont on remplit les mattelats γνάφαλον & γναφαλώδη les choses qui sont blanches, molles & comme de laine, comme les fueilles du Dictam, que Dioscoride appelle γναφαλώδη, c'est à dire, *cottonnées*, ou *molles comme de cotton.* Il y a donc vne herbe appellée *Gnaphalium*, pource que l'on se seruoit de ses fueilles, qui sont molles & blanches, au lieu de bourre, suiuant le tesmoignage de Dioscoride & Galien. Les Latins l'appellent *Centunculus*, & *Herba Centuncularis*, pource que les loudiers qu'on appelle en Latin *Centones*, approchent au naturel de la bourre. Elle est aussi appellée *Tomentaria* ou *Tomentitia*. Nous auons mis quelques especes d'herbe à cotton parmy les plantes maritimes; à present nous traitterons des autres. Et premierement de la

Les noms

Liu.3.ch.31.

Liu.3.c.115. Liure 6. des simpl.

La forme. Dodon l. 1. chap. 60. P. er. Pen. aux Aduers. commune qui est appellée en Latin *Filago*: en François *Herbe à cotton*: en Allemand *Rhurkraut*, à raison de sa proprieté contre la dysenterie. Elle iette plusieurs petites tiges dés la racine, rondes, grailes, de couleur de cendre, couuertes d'vne bourre ou laine molle, droites, & le plus souuent

Gnaphalium vulgaire de Fuchse.

Gnaphalium de Matthiol.

sans branches, garnies de plusieurs fueilles longuettes, estroites, molles & velues, semblables à celles de la *Stœchas Citrine*, sinon qu'elles sont plus longues, plus larges & vn peu plus verdes. Ses fleurs sortent par pelottes à la cime des tiges, & branchettes, & ne sont pas si iaunes que celles de la *Stœchas Citrine*, mais iaunastres & pasles. *Chap. 81.* *Les especes.* *Il semble*, dit Fuchse, *qu'il s'ẽ treuue de deux especes, dõt l'vne a les fueilles vn peu plus larges & plus blanches que l'autre: Et fait vne partie de ses fleurs au milieu & en l'entredeux des brãches, & aussi au bout: mais l'autre ne les porte qu'au bout.* Dodon en met trois especes: la premiere desquelles il prend pour *l'Herba Impia* de Pline, qui est ainsi appellée, pource que les enfans passent par dessus leur pere, c'est à dire que les dernieres fleurs passent par dessus les premieres. Matthiol aussi est de ceste opinion. Tragus la met pour vne espece *d'Amaranthus iaune*, ou de *Tinearia*, ou de *l'Eliochrysum* sauuage de Dioscoride. D'autres aiment mieux la prendre pour vne espece de *Stœchas Citrine*. (Dodon liu. 1. chap. 60. Liu. 24. c. 19. Liu. 3. chap. 115. Liu. 1. c. 109.)

Gnaphalium de montagne de Dalechamp.

Le lieu. Le temps. Elle croist principalement és lieux secs & steriles. Et fleurit en Iuin & en Iuillet. *Les vertus. Liure 6 des simpl.* Elle est astringeante & desiccatiue. Dioscoride dit que ses fueilles prinses en breuuage auec vin rude sont fort singulieres contre la dysenterie. Galien dit, que les fueilles du *Gnaphalium* sont mediocrement astringeantes: à raison de quoy aucuns ordonnent d'en prendre auec quelque vin rude contre la dysenterie. *Liu. 27. c. 10.* *On l'ordonne*, dit Pline, *auec du gros vin contre la dysenterie, le flux de ventre, & pour arrester les mois aux femmes.* On en fait des clysteres contre la trop grande enuie d'aller à selle, sans toutesfois y rien faire. Appliquée en liniment elle est propre aux vlceres pourris. Semblablement la *Filago* est bonne aux dysenteries & autres flux desordonnez. Il y a vne herbe semblable & de mesme espece, laquelle les doctes Herboristes appellent *Gnaphalium Montanum*, pource qu'elle croist à la cime des plus hautes & froides montagnes. Elle fait la racine noire, courte, auec plusieurs cheuelures menuës, & longues, & plusieurs fueilles touffues aupres de la racine: mais en la tige il y en a peu, qui sont longues, blanches, &

cotto

cottonnées. Sa tige est de la hauteur d'vne paume, ronde, auec vne fleur à la cime, qui est quelquefois iaune, & par fois blanche-rougeastre, & ronde, à mode d'ombelle. Aucuns la prennent pour vne espece de Piloselle. Elle est differente auec les autres especes d'herbe à cotton, quant à la couleur de la fleur, qui est iaune aux autres : & pource qu'elle a les fueilles larges, au lieu que celles des autres sont estroites; & qu'elle est petite, & ne fait qu'vne tige sans branches, au lieu que les autres sont grandes & branchues au bout de la tige. Tragus prend pour le *Gnaphalium* de Dioscoride vne autre herbe, à sçauoir le *Lin* des prez, que les Herboristes appellent *Lana pratensis*: en Allemand *Matthenfleichs*, qui est vne espece de graine de Ionc, de laquelle nous auons traitté entre les plantes marescageuses, d'autres l'appellent *Iuncum bombycinum*, Ionc cottonné.

Liu. 2. ch. 40. Chap. 22. Pierre Pena Aux aduers.

Laitteron Cottonné, *CHAP. X.*

IL faut mettre au nombre des plantes cottonnées, l'herbe appellée en Latin *Sonchus Lanatus*; *Laitteron cottonné*; à raison de la blancheur de ses fueilles, & qu'elle est molle au toucher par tout, & principalement ses boutons, desquels sort la fleur. Elle croist és lieux pierreux qui sont à l'abril, & fait la racine qui a plus de demy pied de longeur, blanche & cheuelue, les fueilles semblables au Laitteron, froncies, decoupees par grands interualles, & en grand nombre, auec vne coste par le milieu du costé de dessus. dont la tige est aussi toute garnie, & sont couuertes de bourre, au bas desquelles il sort des petites branches. Sa tige est de la hauteur d'vne coudée, faite à angles, & branchue à la cime, au bout de laquelle & de ses branches, il vient des boutons couuerts d'vne bourre molle, semblables à ceux du Laitteron, desquels il sort vne fleur de couleur d'or. Toute la plante est pleine de suc blanc comme laict, ainsi que les cichorées, & est amere, toutesfois moins que les cichorées, ausquelles elle retire en vertu, combien qu'elle est de moindre efficace. Aucuns l'appellent *Mollugo*, pour la raison cy deuant, dite combien qu'elle soit differente auec la *Mollugo* de Pline. Elle fleurit en Iuin.

Les noms. Le lieu.

Laitteron Cotonnée.

La Sideritis. *CHAP. XI.*

CESTE Plante est nommée en Grec σιδηρῖτις, & en Latin *Sideritis*, qui vient du mot σίδηρος, c'est à dire fer, pource qu'elle est propre pour consolider les playes faites par le fer, ou pour ce que pour cette occasion là elle est fort propre pour la guerre, que les Autheurs Gres nomment souuent de ce nom là. Mais pource qu'il y a plusieurs plantes & de diuerses especes, mesmes qui sont bien signalées, lesquelles seruent aux playes faites par le fer, ou receuës en la guerre, & pour cette cause meritent le nom de *Sideritis*, ou *Stratiotes*, c'est à dire, *militaires*, nous ne traicterons pas icy de toutes car il nous semble aduis que ce sera assez fait pour ceux qui s'estudient en la cognoissance des Simples, de leur donner la cognoissance de celles que Dioscoride, & quelques autres ont descrites. Or Dioscoride en met trois especes : La premiere est la *Sideritis Heraclea*, ou *Ferruminatrix Herculea*, qui est peut estre ainsi appellée, à cause qu'elle est de grande vertu & efficace. Elle a les fueilles semblables à celles du Marrube, toutesfois elles sont plus longues, & approchent de celles de la Sauge, ou du Chesne, combien qu'elles soient vn peu plus petites & aspres. Ses tiges sont quarrées de la hauteur d'vne paume ou dauantage, d'assez bon goust; & vn peu astringeantes, garnies de mouchets ronds, par certains interualles comme le Marrube, dans lesquels est la graine qui est noire. Elle croist és lieux pierreux. La seconde *Sideritis* fait des branches de deux coudées de haut, menuës, & des fueilles attachées à des longues queuës, semblables aux fueilles de la Feuchiere, en grand nombre, & fenduës au bout d'vn costé & d'autre; des cauitez qui sont comme aisselles : au haut de la tige, il sort des branches longues & menuës, auec des petits boutons à la cime, ronds & aspres, dans lesquels est la graine semblable à celle de la Poirée, sinon qu'elle est plus ronde & plus dure. La troisiesme *Sideritis*, que Crateuas appelle aussi *Heraclea*, croissant és vieilles masures, & parmy les vignes, produit plusieurs fueilles d'vne racine, semblables à celles de Coriandre, & des petites tiges de la

Les noms. Liu. 4. c. 29 La forme. Les especes. Le lieu. Liu. 25. ch 5.

Liu. 25. c. 5. hauteur d'vne paume, lisses, tendres, & blancheastres. Ses fleurs sont petites, rouges, ameres au goust, & visqueuses. Pline traittant de *l'Achillea*, qui est aussi appellée *Sideritis*, parle puis apres consequutiuement des autres especes de *Sideritis*. *Aucuns*, dit-il, *appellent l'Achillea Panaces Heraclea*, d'autres *Sideritis* : *nos Latins la nomment Millefolium*. Elle produit vne tige d'vne coudée de haut, branchue, & garnie dés le bas de fueilles plus menues que celles du fenouil. D'autres disent que cette plante est bien propre pour guerir les playes, toutesfois que la vraye *Achillea* fait vne tige tirant sur le bleu, de la hauteur d'vn pied, & sans branches, garnie de tous costez de fueilles

Premiere Sideritis de Matthiol.

Seconde Sideritis de Matthiol.

Troisiesme Sideritis de Matthiol.

rondes disposées en bel ordre. Les autres disent, qu'elle a la tige quarrée, & des petites houppes comme le Marrube, & que ses fueilles retirent à celles du Chesne; & dit-on, qu'elle est singuliere à souder les nerfs coupez. D'autres appellent *Sideritis* vne herbe qui croist par les masures, & sent mal quand on la broye. On en treuue encor vne autre semblable à ceste-cy, qui croist dans les vignes, toutesfois elle a les fueilles plus blanches, & plus grasses & les tiges plus tendres. Encor y en a il vne autre, qui iette vne tige de la hauteur de deux coudées, auec des petites branches faites à triangle, & la fueille semblable à la feuchiere, attachée à vne queuë longue, & la graine semblable à la poirée. En somme toutes sont singulieres pour guerir les playes. Nos Latins appellent la *Sideritis* aux fueilles larges, *Scoparegia* : elle est bonne à la squinancie des porceaux. Voilà ce qu'en dit Pline : en quoy il est assés confus, & toutesfois il est aisé à cognoistre que sa premiere *Achilleon* est *l'Achillea* de Dioscoride : & la seconde qu'il tient pour la vraye *Achillea*, qui a la tige bleuë, est le *Miriophyllon*, ou *Millefueille* de Dioscoride. La troisiesme, qui a la tige quarrée, est la premiere *Sideritis Heraclea* de Dioscoride : La quatriesme, qui croist par les masures, est celle que Crateuas appelle *Heracleo*, ainsi que dit Dioscoride : La cinquiesme qui est semblable à la precedente, sinon qu'elle a les fueilles plus blanches, est la troisiesme *Sideritis* de Dioscoride : La sixiesme, est la seconde *Sideritis* de Dio de Dioscoride. Galien ne parle que d'vne espece de *Sideritis*. Au reste Matthiol prend pour la premiere *Sideritis*, celle dont le pourtraict est mis icy en premier lieu, pource qu'elle en a toutes les marques, comme il dit, & n'y a autre difference à son aduis, sinon en ce qu'elle croist plus volontiers en lieu humide, que non pas au sec, combien qu'il en ait souuent treuué aussi és lieux secs. Puis apres comme ne tenant pas ceste opinion pour bien asseurée, il adiouste, *Qu'il n'y a que cela qui empesche qu'il ne tienne ceste plante pour la vraye Sideritis*, veu mesmes qu'il a treuué vne autre plante à l'entour de Vienne, & autres lieux du païs d'Austriche, laquelle retire fort bien à la premiere *Sideritis*: car elle fait la tige quarrée, de la hauteur d'vne paume, ou dauantage, & branchue, les fueilles plus longues que celles du Marrube, approchans de celles de la sauge, crespées, & blancheastres, decoupées à l'entour, & d'assés bon goust. Ses fleurs sortent par mouchet ronds, à mode de celles du Marrube, comme il se peut voir par le pourtraict. Apres il dit, que Ruel, & Fuchse tous deux bien experimentez en la mattiere des simples, ont failly, en ce qu'ils ont pris pour la premiere *Sideritis*, l'herbe que les Herboristes, & Apothicaires appellent auiourd'huy *Tetrahit*, & d'autres *Herba Iudaica*. Finalement, il met le pourtraict seulement de deux autres, sans dire autrement leur figure, ny leurs proprietez. Nous les auons aussi adioustez icy. Ce nonobstant les plus experts Simplicistes, tant ceux qui ont esté deuant Ruel & Fuchse, que ceux qui sont venus apres eux tiennent pour beaucoup de raison, que l'herbe appellée *Tetrahit*, ou *Herba Iudaica*, est la premiere *Sideritis*, ou *Sideritis Heraclea* de Dioscoride. Car en premiere lieu elle a toutes les marques que Dioscoride attribue à la *Sideritis Heraclea*, pource qu'elle a les fueilles semblables au Marrube de Candie, sinon qu'elles sont plus longues & plus estroites, chenuës, aspres & fron-

Liure 1. des simpl. Au chap. 39. du 4. liu.

Liu. 3. ch. 92. Chap. 294.

Quatriesme Sideritis de Matthiol.

Tetrahit, Herbe des Iuifs, Sideritis premiere de Fuchsius.

Tetrahit, Sideritis Heraclea de Dioscoride.

cies, & decoupées à l'entour, comme celles de la Germandrée, encor qu'il y ait des fueilles ausquelles on n'apperçoit comme point la decoupeure, qui a peut estre esté la cause, que Dioscoride compare les fueilles tantost à celles de Chesne, & puis à celles de la sauge, ou du Marrube: elle fait par fois des tiges petites & basses, & quelquefois hautes de plus d'vne paume, ou d'vn pied, quarrées & assez dures, en nombre de trois ou de quatre, aspres & picquantes, & d'assez bon goust, vn peu vn peu astringeantes, enuironnées de houppes, ou mouchets, par certains interualles, comme l'on peut voir au Marrube de Candie. Ses fleurs sont blancheastres tirant sur la couleur de pourpre, blaffardes, ou bien iaunes. Sa graine est noire. Sa racine est de bois, comme celle du Marrube. En outre elle croist ordinairement aux lieux secs, pierreux, sablonneux & non cultiuez, & fleurit en Iuin, & en Iuillet, & ne meurt point sinon à la fin de l'Automne. Dauantage elle est fort desiccatiue & astringeante, & semble auoir esté creée exprés pour guerir les playes: Et y a des Medecins Iuifs qui en font bien leur profit pour guerir les rompures & descentes du boyau, & les fleurs blanches dés femmes, dont aussi elle a esté appellée *Herba Iudaica*. Ce qui s'accorde fort bien auec ce que Dioscoride en dit, à sçauoir que les fueilles appliquées guerissent les playes, & empeschent les inflammations de venir en auant. Galien aussi dit, que la Sideritis appaise les inflammations & consolide. Et Pline dit, qu'elle est de si grande vertu, qu'estant appliquée sur vne playe des escrimeurs qui iouent à l'espée blanche, elle estanche le sang tout à l'instant. Ce sera donc icy la premiere Sideritis de Dioscoride, & non celle autre herbe Iudaique, de laquelle Auicenne fait mention, qui n'est autre chose que l'Ers. Et quant à la premiere Sideritis de Matthiol, il ne la faut pas appeller *Sideritis*, pource qu'il y a plusieurs marques qui y contredisent, mais ce sera plutost suiuant l'opinion de Pena, vne espece de Marrube, ou de Verueine, que les Herboristes appellent *Marrube de marais* ou aquatique, duquel nous auons traitté entre les plantes marescageuses. Et quant à l'autre qu'il met au lieu de celle-là, c'est le Chanure sauuage des Herboristes, & ny l'vne ny l'autre de ces plantes ne seruent pour guerir les playes. Dodon prend pour la Sideritis premiere, l'herbe que les Herboristes appellent *Cardiaca*. Quant à la Sideritis seconde de Dioscoride, c'est suiuant l'opinion de plusieurs personnages doctes, *la Pimpinelle*, car qui voudra conferer toutes ses parties, auec la description de Dioscoride, il treuuera qu'elle luy conuient fort bien en tout & par tout, suiuant la description de la Sideritis mise cy dessus, & celle de la Pimpinelle, qui est en vn autre liure. Mesmes on l'appelle encor auiourd'huy en l'Isle de Chio, *Sideritis*. Elle est aussi bonne pour guerir les playes, dont aussi on l'appelle *Sanguisorba*. Ainsi Dioscoride dit, que la graine & les fueilles de la seconde Sideritis, sont singulieres pour les playes. Mais ie ne sçay qui c'est que Matthiol reprend, de ce qu'il prend ladite plãte pour la troisiesme *Sideritis*, veu qu'elle n'a pas les fueilles comme la Coriandre, & ne sortent pas des tiges par vn mesme endroit, mais en façon d'ailes deça & delà d'vne grande queuë: mesmes qu'elle a les tiges fort dures, & non tendres, & que ses fleurs & boutons ne sont ny amers ny visqueux, mais astringeans & aspres. Car il n'y a personne si ignorant qui ne cognoisse clairement que la Pimpinelle s'accorde auec la seconde Sideritis, & non auec la troisiesme. Touchant la troisiesme Sideritis, que Crateuas appelle *Heraclea*, disant qu'elle croist sur les masures & parmy les vignes, c'est (suiuant aussi l'opinion des sçauans Simplicistes desia dits) l'herbe qu'on appelle communement, *Herba Roberti*, laquelle a les fueilles comme le Coriandre, & est descrite entre les especes de *Geranium*. Icelle est singuliere non seulement aux playes & flux de sang, mais aussi aux potions vulneraires. Ce que Dioscoride aussi dit de l'*Heraclea* de Crateuas, qu'elle est de telle vertu qu'elle, estanche le sang d'vne playe pour fresche qu'elle soit, suiuant la traduction de Ruel, au lieu qu'il y a au Grec, *Elle consolide aussi les playes sanglantes & freches*. Toutefois aux vieux exemplaires il y a, *les playes sanglantes & les nerfs blessez*: mais la premiere leçon est la meilleure. Au reste il y a d'autres plantes que ceux qui sont bien expers en la cognoissance des simples, ont pris pour especes de Sideritis. Premierement celle qui est recogneuë pour telle en l'Vniuersité de Montpelier, outre l'herbe Iudaique, laquelle est assez commune aux enuirons dudit Montpelier, aux terres grasses, là où le bled croist. Elle a la racine grosse, fort cheuelue, & plusieurs tiges de la hauteur d'vne coudée, faittes à angles, aspres, & branchues. Ses fueilles sont plus longues que celles de la Sauge, plus larges, decoupées au bord, aspres, & tousiours deux à deux embrassans la tige par certains interualles, au pied desquelles comme d'vn sein, sortent les fleurs par mouchets ronds, espesses & rouges. Sa graine est enserrée en des petits vases herissez, comme au Marrube. Les Apothicaires de Montpelier l'appellent *Herba Venti*, pource que ses fueilles sont toutes percées à iour, & que le vent y peut passer à trauers, comme nous dirons tantost, Les Italiens la prennent pour vne espece de *Bouillon sauuage*. Aucuns doctes personnage

Sideritis de Montpelier.

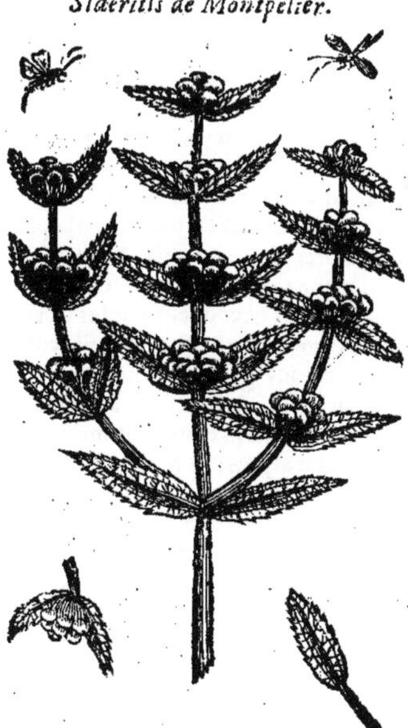

Le lieu. Le temps. Le temperament & les vertus. Liure 8. des simpl. Liu. 26 c. 13. Liu. 2. c. 329. Chap. 47. Liu. 1. c. 187. Pena aux aduers. Des Palustres, ch. 3. Liu. 4. ch. 30. Chap. 31. liu. Pena aux Aduers. Liu. de ceux qui croiss. aux ombrag. chap. 33. La forme.

Herbe du vent, Parietaire de Cordus, espece de Sideritis.

Sideritis des prés rouge.

nages estiment que c'est la *Othona* de Dioscoride, pource que quand la plante seche, les fueilles ne tombent pas pour cela, mais y demeurent attachées, & sont tellement rongées par les vers, ou par la froideur de l'air, qu'il n'y demeure que les veines, & cheuclures nerueuses; ainsi entrelassées comme elles le sont naturellement: & ainsi elles apparoissent percées comme vn crible, & comme mangées par les tignes, ce que Dioscoride escrit de son *Othona*. L'autre est appellée communement *Sideritis Pratensis*, à cause qu'elle retire aucunement aux fueilles du *Tetrahit* des Apothicaires, que nous auons dit estre la Sideritis. Elle croist és prés, & lieux humides. Elle a la racine de bois, courte & noire, my-partie en plusieurs autres petites. Et plusieurs tiges quarrées & branchuës, auec beaucoup de petites fueilles vn peu decoupées à l'entour, fort ameres au goust. Elle fait aussi beaucoup de fleurs, de couleur de pourpre-brun, au milieu desquelles il y a des petits filets iaunes: Sa graine est fort menuë, en des coupettes larges, à mode de celle du mourron. Il y a encor vne autre Sideritis des prés iaune, qui croist aux prés secs, semblable à la precedente quant à la fleur, aux branches, au fruict, & au goust, sinon que sa fleur est toute iaune, ses fueilles aussi sont moindres, & plus estroites, & ne sont pas decoupées par les bords. D'auantage les Herboristes mettent encor pour vne autre espece de Sideritis celle qui est icy peinte, pource qu'elle consolide les playes faites par le fer, & qu'elle a les fueilles semblables à celles du Chesne, sinon qu'elles sont moindres, decoupées à l'entour, & vn peu aspres; & que ses tiges sont garnies de mouchets par certains interualles, comme celles du Marrube, tout ainsi que Dioscoride escrit de sa Sideritis. On met encor pour vne espece de Sideritis cette autre plante qui est icy peinte, laquelle croist és lieux ombrageux, entre les rochers, & pierres mousfues, & a la racine courte, noire, cheueluë & plusieurs tiges, qui se tiennent quelquefois droites, & par fois trainent par terre. Ses fueilles retirent à celles du Marrube, sinon qu'elles sont plus longues, & fort decoupées à l'entour. Sa fleur est iaune, ou palle, enuironnant

Sideritis des prés iaune.

Sideritis ayant les fueilles comme le Cheſne, de Dalechamp.

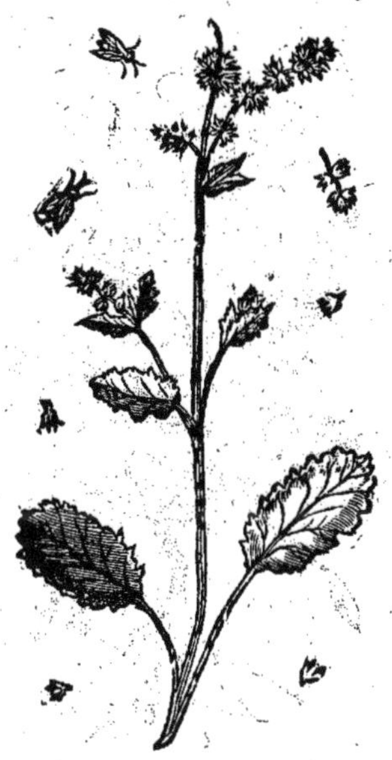

Autre Syderitis.

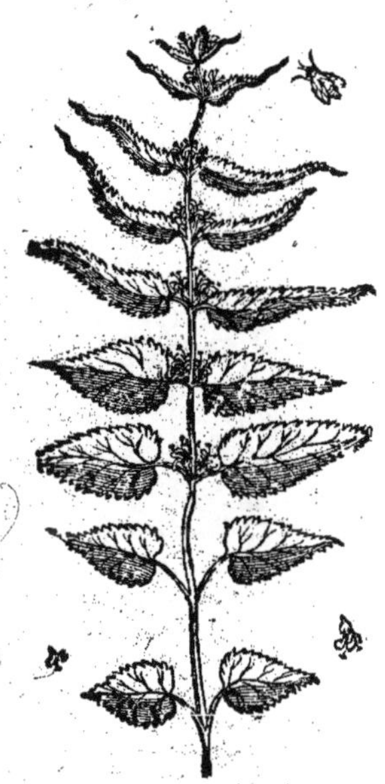

nant la tige par mouchets en rond à l'endroit par où ſortent les fueilles, comme celle du Marrube Pena a mis le pourtraict & la deſcription d'vne Sideritis de Montpelier, qui peut auoir vne paume ou vne paume & demy de hauteur, auec beaucoup de branchettes faites à angles, droites, feches, & pleines de bois, garnies de mouchets à la cime, à mode de l'hyſſope : quant aux fueilles, à la figure, & à la couleur, elle retire au Scordium de Dioſcoride. Ses fueilles ſont moindres, plus froncies, roides, creſpées, & plus veluës que celles du *Tetrahit*, ou herbe Iudaique, & ne ſont pas moins de-

Sideritis de Montpelier de Pena.

Sideritis de montagne de Pena.

coupées,

coupées, & si sont plus heriſſées: Ses fleurs sortent par le meſme endroit que les fueilles, & sont ſemblables à celles de la Sarriete, d'vn gouſt amer & deſiccatif, & d'vne odeur vn peu aromatique, & aſſez plaiſante, comme celle de la Germandrée ou de la Betoine. Il met auſſi le pourtraict d'vne autre plante qui croiſt aux montagnes de Sauoye, laquelle il tient pour eſpece de Sideritis, & dit qu'elle ſe conforme aſſez bien auec *l'Heraclea Sideritis*, ſinon qu'elle a les fueilles beaucoup plus eſtroites, & de moindre vertu: autrement elle a les mouchets ronds, vn peu aſpres, & palles, comme le *Tetrahit*, ou le Marrube, & pluſieurs branchettes, menuës, pleines de bois, qui ne ſont pas quarrées, de la hauteur de deux paumes. Sa racine eſt tortue, longue, de bois, & brune, amere au gouſt, & fort ſeche, toutefois elle n'eſt pas mal-plaiſante. On n'a point encor eſprouué à quoy elle ſert.

La Renouée, CHAP. XII.

CESTE plante eſt appellée en Grec πολύγονον ἄῤῥεν: En Latin *Polygonum mas, Seminalis, Sanguinalis, Sanguinaria, Proſerpinaca*: En Arabe, *Baſiatrahagi*. Les Apothicaires l'appellent *Corrigiola, & Centinodia*: En François, *Renouée maſle*, & *Corrigiole*; en Italien, *Poligono maſchio*, & *Corrigiola*: En Allemand *Vuegraſz*. On l'appelle *Polygonum*, à cauſe de la multitude des neuds qu'elle a, & *Seminalis*, pource qu'elle porte beaucoup de graine. *Sanguinalis*, pource qu'elle eſtanche le ſang; *Proſerpinaca*, pource qu'elle va rampant. Dioſcoride met deux eſpeces de *Renouée*, à ſçauoir le maſle & la femelle. Quant à la femelle nous en auons traitté entre les plantes mareſcageuſes. Il reſte maintenant à traitter du maſle, & des autres eſpeces, que les modernes Herboriſtes en ont treuué: Quant à la Renoüée de mer, nous en parlerons entre les plantes maritimes. Dioſcoride dit, que la *Renouée maſle* eſt vne herbe qui produit beaucoup de petites branches, tendres, & comparties par neuds, qui trainent par terre comme celles du Grame. Ses fueilles retirent à celles de la rue, ſinon qu'elles ſont plus longues, & plus molles (aux exemplaires imprimez il y a *Plus douces*, au lieu qu'il faut qu'il y ait, *plus longues*; il y faut auſſi adiouſter, *plus molles*: car Oribaze a leu ainſi, lequel les interpretes ont ſuiuy.) Elle porte ſa graine aupres de chacune fueille, dont elle eſt appellée *Maſle*. Sa fleur eſt blanche, ou rouge. Pline la deſcrit en moins de paroles; *Les Grecs*, dit-il, *appellent Polygonum la plante que nous appellons en Latin Sanguinaria. Elle traine touſiours par terre, & fait les fueilles ſemblables à la rue, & la graine comme celle du Grame.* Elle croiſt par tout, & eſt foulée aux pieds tous les iours, ſur les mottes de terre, & par les ſentiers, & à l'entour des forterelles, & par les quarrefours. Elle fleurit en eſté. Son ſuc prins en breuuage eſpeſſit & refroidit. Elle eſt bonne au crachement de ſang. Ruel a ainſi traduit les mots du texte Grec, qui ſont tels: *Elle eſt aſtringeante & refrigeratiue ayant pris ſon ſuc en breuuage. Or elle ſert, à ceux qui crachent le ſang.* Mais en d'autres exemplaires il y a ainſi: *Elle eſt aſtringeante, & refrigeratiue. Son ſuc prins en breuuage ſert à ceux qui crachent le ſang, au flux de ventre, à la cholerique paſſion, & à ceux qui ne piſſent que goutte à goutte: car il fait vriner.* Prins en breuuage auec du vin il ſert contre les morſures des beſtes venimeuſes. Il ſert auſſi aux fieures qui retournent par certains periodes, en le prenant vne heure deuant l'accez. Appliqué en peſſaire il reſerre le flux des femmes. Diſtilé dans les oreilles, il en oſte la douleur & guerit celles qui ſont fangeuſes. Cuit auec du vin, en y adiouſtant vn peu de miel, il eſt fort ſingulier pour les vlceres des genitoires: Ses fueilles appliquées en liniment ſont ſingulieres contre la douleur de l'eſtomach, crachement de ſang, contre les dertres, le feu ſainct-Anthoine, les inflammations, & autres tumeurs phlegmatiques, comme auſſi aux playes freches. Pline en dit quaſi de meſme. *Son ſuc*, dit-il, *mis dans le nez eſtanche le ſang, & prins auec du vin il ſert contre quelque flux que ce ſoit, & guerit le crachement du ſang.* Il eſpeſſit & refroidit. Sa graine prinſe en grande quantité laſche le ventre, prouoque l'vrine, & arreſte les defluxions: mais s'il n'y a point de defluxion, elle ne ſert à rien. Ses fueilles ſont ſingulieres pour appaiſer l'ardeur de l'eſtomach, en les appliquant deſſus, comme auſſi à la douleur de la veſſie, & au feu ſainct-Anthoine. Son ſuc appaiſe la douleur des yeux, & guerit les oreilles

Les noms. *Les eſpeces.* *Liu. 4 ch 4.* *Chap. 53.* *La forme.* *La mast.* *Liu. 27. c. 12.* *Le Lieu.* *Le temps.* *Les vertus.* *Liu. 27. c. 12.*

La Renouée maſle.

fangeuſes en le diſtilant dedans. On ordonnoit autrefois d'en prendre deuant l'accés des fieures enuiron deux cyathes pour la fieure tierce, & principalement pour la quarte. Item contre la cholerique paſſion, la dyſenterie, & le deſuoyement de l'eſtomach. Galien dit, que tout ainſi que la Renouée eſt aſtringeante, auſſi vne froideur aqueuſe ſurmonte en elle, tellement qu'elle eſt froide au ſecond degré, ou bien quaſi au commencement du troiſieſme. Elle eſt auſſi deſiccatiue, parquoy elle eſt propre aux ardeurs de l'eſtomach, en l'appliquant en liniment par dehors, comme auſſi au feu ſainct-Anthoine, & aux chaudes inflammations: eſtant donc telle, elle arreſte les defluxions, à raiſon dequoy il ſemble qu'elle ſoit deſiccatiue: parquoy c'eſt vn remede propre pour les dertres & autres vlceres, & fort ſouuerain pour les parties qui ſont trauaillées de quelque defluxion. Elle conſolide auſſi les playes ſanglantes, & ſert aux vlceres des oreilles, meſmes quand il y auroit beaucoup de fange, elle la deſſeche. Par meſme moyen elle guerit le flux des

Liure 8. des ſimpl.

Renouée de montagne blanche, de Pena.

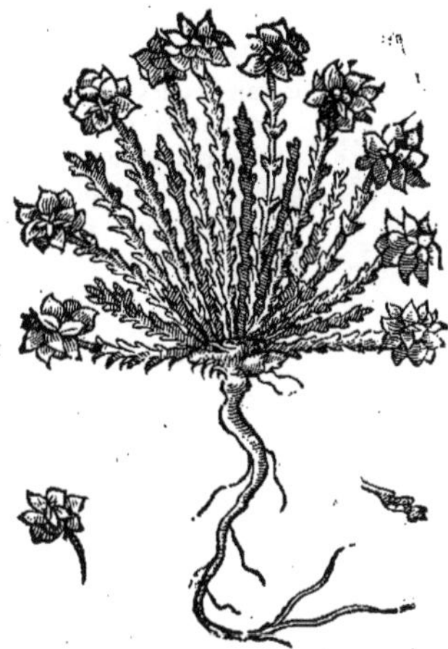

Seconde Renouée ayant les fueilles comme le Serpolet, de Pena.

Eſpece de Renouée d'Eſpagne de l'Eſcluſe.

Liure 2. des Plantes d'Eſpagn. ch. 92

femmes, la dyſenterie, le crachement de ſang, & quelque autre flux que ce ſoit, qui ſoit deſordonné. Dioſcoride dit, qu'elle prouoque l'vrine ſi on en donne à ceux qui ne piſſent que goutte à goutte, ſans toutefois bien ſpecifier la maladie en laquelle il en faut vſer; combien qu'il eſt vray ſemblable, que c'eſt en celle qui prouient de la pierre qui eſt dedans les reins, ou d'vne matiere groſſe ou ſablonneuſe, pource qu'elle a ceſte proprieté que de rompre la pierre comme l'*Herniaria*, qui en eſt vne eſpece. Pena a mis le pourtraict d'autres eſpeces de Renouée. La premiere eſt celle de montagne la plus petite, blanche, & comme de ſoye. C'eſt vne herbe qui n'eſt pas plus haute d'vne poulcée, & fait force branchettes à mode de ſarmens, aſſez dures, & comparties par vne infinité de neuds bien prés l'vn de l'autre auec des fueilles qui ſemblent de petites dents, & ſont plus petites que celles de l'*Herniaria*, ou du Thim aux fueilles menuës, ſi pres l'vne de l'autre, qu'on ne peut pas diſcerner l'entre-deux à la veuë ſinon à grand peine. Ses fleurs ſont compoſées de certains boutons faits comme de ſoye, blanches comme neige, & reluiſantes, & de petites membranes fort delicates & menuë, & couurent quaſi toute la plante, & la cachent. Sa racine eſt menuë, & de bois, & plus longue que les tiges. Sa graine eſt petite & pailleuſe, comme celle de la Garence marine, & à grand peine la peut on voir à l'œil, ſi menuë elle eſt. La ſeconde eſt rare, dont perſonne n'a encor eſcrit iuſques à preſent. Elle a les branchettes, & tiges fourchues, longues, graiſles comme celles du Serpolet,

... trainans par terre : de ſes neuds il ſort des petites fueilles rondes & pleines de ſuc, de meſ... grandeur, & ſemblables à celles du petit thym commun : Sa racine eſt fort longue, pleine de ..., d'vn gouſt amer, & vn peu chaud. Elle croiſt és coſtaux qui ſont le long de la marine de Prouence, comme auſſi *l'Herniaria*. La troiſieſme n'eſt pas moins rare que la precedente. C'eſt vne fort petite herbe, trainant par terre, & demy cachée dedans, ayant ſes petites branches comparties par beaucoup de neuds, auec les fueilles, & la graine fort petites, blancheaſtres, du tout ſemblables à celles de *l'Herniaria*. Toute la plante eſt chenuë, & fait vne fleur comme de mouſſe, du tout petite. Sa racine eſt fort grande à porportion de la plante, dure & fourchue, & entortillée, mal-aiſée à arracher, d'vn gouſt fort ſec & vn peu chaud. Elle croiſt en ceſte grande plaine de Prouence, qui eſt entre Arles, & Selon de Craux, aupres du logis de ſainct-Martin. L'Eſcluſe prend ceſte meſme plante pour vne eſpece de Renouée maſle, & la deſcrit fort exactement, diſant; Qu'elle fait beaucoup de petites branchettes qui trainent par terre, longues d'vne paume pour la plus part, & quelquefois d'vn pied, ou d'auantage, comparties par neuds, les fueilles ſemblables à celles de la Renouée maſle, ſinon qu'elles ſont moindres, & vertes tandis que la plante eſt ieune, mais puis apres elle ſe garnit d'vne infinité de fueilles, pailleuſes, & membraneuſes, du tout blanches, tellement qu'on diroit que toute la plante eſt composée d'eſcailles d'argent, ce qu'il fait bon voir. Sa fleur eſt blanche, ſemblable à la Renouée, mais elle eſt ſi petite & cachée deſſous ſes eſcailles, qu'on a peine à la voir. Sa graine eſt comme celle de la Renouée. Sa racine eſt blancheaſtre, longue, & menuë. Elle croiſt en fort grande abondance ſur les coſtaux pierreux & ſecs d'alentour de Salamanque, au delà de la riuiere de Thormes, comme auſſi à l'entour de Valence & de Murſia. Il dit meſmes, qu'il en a veu au meſme lieu que Pena, aſſauoir en ceſte grande campagne pierreuſe, au deſſus d'Arles, prés du logis de ſainct-Martin, ſur le chemin de Marſeille, là où elle eſt beaucoup plus petite qu'ailleurs, & à peine paſſe elle vne poulcée. Elle fleurit en May & en Iuin, puis porte ſa graine. Ceux de Murſia l'appellent communement *Aſprilla*, peut eſtre à cauſe que ſes fueilles ſont aſpres & ſeches. Ceux de Salamanque & de Valence l'appellent *Paronychia*, combien qu'ainſi que dit l'Eſcluſe, *ce n'eſt, à ſon iugement, qu'vne particuliere eſpece de Renouée maſle*. Car quand elle commence à ſortir, elle eſt du tout ſemblable à la Renouée commune, & a le meſme gouſt quand on la maſche.

Le lieu. *La forme.* *Liure 2. des Plantes d'Eſpagn. c. 91.* *Le temps.*

Eſpece de Renouée d'Eſpagne de l'Eſcluſe.

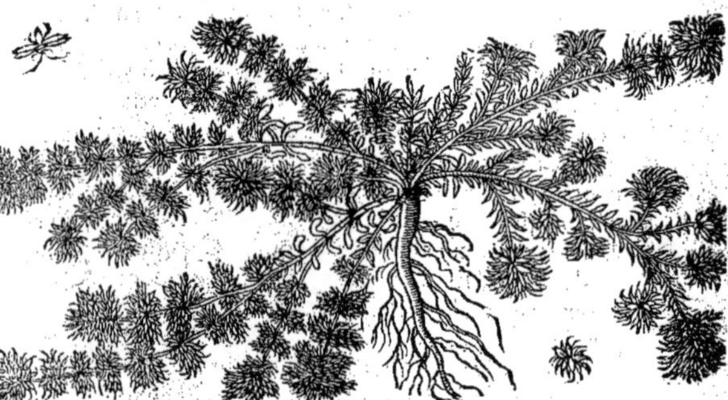

Chryſocome cotonnée de Dalechamp.

Chryſocome Cotonnée. CHAP. XIIII.

LEs Herboriſtes ont nommé ceſte plante *Chryſocome Lanuginoſa*, à cauſe de la couleur de ſes fleurs, & de ſes fueilles, qui ſont cotonnées. Elle croiſt ſur les collines ſeches, & aux pentes ſablonneuſes des Alpes, & fait la racine noire, aſſés groſſe, auec pluſieurs cheuelures menuës, à mode de l'Ellebore: de laquelle il ſort pluſieurs tiges de la hauteur d'vne paume. Ses fueilles retirent à celles de l'hyſſope commun, & ſont blanches, & veluës. Sa fleur eſt iaune, & ſort par les meſmes endroits par où ſortent les fueilles, qui ſont à la cime de la tige; & en fin s'enuole en papillottes. Aucuns eſtiment que c'eſt vne eſpece *d'Herba Impia* de Pline. Ce que nous laiſſons à iuger aux plus doctes Simpliciſtes.

Le nom. *Le lieu.* *La forme.*

Herniaria ou Herbe du Turc, CHAP. XIV.

Les noms. AVCVNS appellent ceste plante *Lithontribon*, à cause de ses effects, & aussi *Herniosa*, ou *Hermiaria* : d'autres la nomment *Herba Turca*. Cordus l'appelle *Millegrana* : les Italiens *Centograna*. Tragus l'appelle *Empetron*. Anguillara la nomme *Epipactis* : d'autres estiment que c'est l'*Elleborine* de Pline. *Liu. 1. chap. 181.* Aucuns aussi, & non sans raison, estiment que c'est vne espece de Renouée. Matthiol en a mis le pourtraict sous le nom de *Renouée petite*. *Le lieu.* Elle croist és lieux sablonneux, secs, & battus des vents, parmy les champs, & Oliuiers de Languedoc, comme à l'entour de Montpelier. *La forme.* Et a la racine longue de quatre ou cinq doigts, qui va peu à peu en appetissant, & vn peu cheuelue. Elle produit beaucoup de branches tẽdres, fourchues & petites, trainans par terre. Ses fueilles retirent à celles des lentilles, & sont fort petites, moindres que celles du mourron, & en grand nombre ; comme aussi sa graine qui croist sous chascune fueille, moindre que celle des arroches, & de la Renouée. Ses fleurs sont petites & en grand nombre, semblables à celles du *Tribulus Terrestre*, excepté qu'elles sont beaucoup plus petites. Toute la plante est de couleur de vert-iaune. *Les vertus.* On a treuué par experience tres-certaine, que le suc de ceste herbe pilée auec du vin blanc, & prins en breuuage, est fort souuerain pour rompre la pierre des reins. Et en outre qu'il est singulier contre l'hernie, & descente du boyau, mesmes en la broyant & l'appliquant par dehors, ou bien prenant son suc en breuuage, ou bien vne cueillerée de l'herbe seche reduite en poudre. On dit aussi, qu'elle est bonne à la dysenterie, & au flux de sang, & contre les viperes & autres bestes venimeuses, tant prise par dedans qu'appliquée par dehors. On dit, que son eau distilée prinse par l'espace de huit iours, guerit l'opilation du foye, & la iaunisse.

Herniaria ou Herbe du Turc.

Petit Bouillon des Alpes, CHAP. XV.

Le nom. *Le lieu.* *La forme.* LES Herboristes appellent *Verbasculus Alpinus*, ou *Caeruleus* ceste plante, qui croist aux endroits aspres & ombrageux des Alpes, ayant la racine courte, cheuelue & blancheastre, garnie au dessus de beaucoup de fueilles touffues, & couchées sur la terre, longues, & lisses, auec trois ou quatre petites tiges de la hauteur d'vn pied, & sans aucunes fueilles. Sa fleur est bleue, à la cime des tiges, composée quasi à mode d'ombelle, fort belle, & de bonne grace.

Petit Bouillon des Alpes.

Valeriane de montagne, CHAP. XVI.

Les noms. LES Herboristes appellent ceste plante *Phu montanum*, ou *Valeriana montana* : pource qu'elle a l'odeur, le goust, & la fleur qui retirent à la Valeriane commune. *Le lieu.* Elle croist és lieux ombrageux, & sur les rochers humides des montagnes. *La forme.* Elle fait la racine rousse-brune, dure, pleine de bois, vn peu cheuelue. Ses fueilles sortent en grand nombre pres de la racine, attachées à vne longue queue, semblables à celles du mourron, ou du *Perdicium* : mais il y en a peu à l'entour de sa tige, où elles sont tousiours deux à deux, embrassants la tige par embas. Sa fleur retire à celle de la Valeriane, & est purpurée, & de fort bonne odeur. Pena met le pourtraict d'vne autre Valeriane petite, qui fait la fleur sur vne ombelle, blanche-purpurine, comme celle du Thlaspi, & a les fueilles

Valeriane de montagne.

Valeriane petite.

Autre petite Valeriane de Lobel.

fueilles decoupées à mode de celle de la petite Valeriane sauuage : mais elles sont seulement de la grandeur de celles de l'Yue muscate. Sa racine est blanche, menuë, & cheueluë, quasi semblable à celle du Nard, & sent comme celle de la petite Valeriane sauuage. Elle sort quelquefois és fentes des rochers des montagnes, & quelquefois parmy les bleds, comme aupres de Montpelier. Lobel met vne autre Valeriane petite, que les Vualons appellent *Salade de Chanoine*, & les Flamends *Belttroppen*, comme qui diroit *Laittue des champs*, pource que quand ses fueilles commencent à sortir, elles retirent à celles des laittues, ou cichorées, & les mange-on en salade durant le Caresme, comme les laittues. Elle croist en grande quantité aux en- *Le lieu.*
uirons d'Anuers. Sa fleur & sa racine retirent à celle de Montpelier: mais ses fueilles sont moins decoupées.

De la Ioubarbe, CHAP. XVII

Es Grecs appellent ceste plante ἀεί- *Les noms.*
ζωον : Les Latins *Semperuiuum*, & *Sedum*. Apulée la nomme *Vitalis* : les Arabes *Beiahalalen*, ou *Haialhalez*: les Apothicaires l'appellent *Semperuiuum*, & vulgairement *Iouis barba*: en François *Ioubarbe*: en Italien *Semperuiuo*: En Allemand *Hanszuurtz*, & *Donderbar*, pource que le cõmun populaire s'est fait accroire dés long temps, que la maison sur le couuert de laquelle ceste plante croistra, ne sera point frappée de foudre. On l'appelle *Aizoon*, & *Semperuiuum*, pource qu'elle est tousiours verte, tant en hyuer qu'en esté, & ne meurt point pour quelque froid qu'il face. Dioscori- *Les especes. Liu. 4. c 48.*
de en met trois especes, dont il appelle la premiere ἀείζωον μέγα: *Aizoon Sedũ*, & *Semperuiuum maius* en Latin ; Apulée l'appelle στέργηθρον, & ζωόφθαλμον: en François *Grande Ioubarbe*; en Italien, *Semperuiuo maggiore*. L'autre est le ἀείζωον μικρὸν : en Latin *Aizoon*, *Sedum*, & *Semperuiuum minus*, ou *Semperuiuum medium* : aucuns la nomment τριθαλὲς, pource qu'elle fleurit trois fois l'an. Apulée l'appelle *Erithales*, Pline *Erisithales* : En François *Trique-madame*, & *petite Ioubarbe*. En Allemand,

Kleinhauszuurtz, & *Kleindonderbart*: en Italien *Semperuiuo minore*, & *Pignola*, pource que sa fueille
est ronde comme celle du Pin. La troisiesme espece est le ἀείζωον τρίτον, en Latin, *Aizoon*, *Sedum*, &
Semperuiuum tertium. Aucuns l'appellent ἀνδράχνη ἀγρία, c'est à dire, *Pourpier sauuage*, ou bien *Telephium*. Les Romins, ainsi qu'escrit Dioscoride, l'appellent *Illecebra*: les Arabes *Andrachahara*,
Alscebran, *Tilafon*. Les Herboristes en establissent bien plus d'especes, & les distinguent autrement.
Fuchse en met la description & le pourtraict de trois. Premierement le grand Aizoon, & puis le
petit, dont il met deux especes, assauoir le masle qui fait les fleurs iaunes, & la femelle qui fait les
fleurs blanches, ou palles, & finalement le plus petit *Aizoon*, dont nous parlerons tantost, qu'il
Liu. 1. c. 75. prend pour le troisiesme de Dioscoride. Dodon en met quatre especes, assauoir le *Semperuiuum
maius*, *Semperuiuum minus*, & *la Crassula minor*, ou *Vermicularis* des Apothicaires, qui est ainsi appellée pource que ses fueilles retirent à des petits vermisseaux, laquelle il prend pour la troisiesme espece, & en adiouste vne quatriesme qu'il prend pour la *Portulaca agrestis*, & *Illecebra* des Romains.
Liu. 4. c. 84. Matthiol dit, que des trois especes de *Ioubarbe* descrites par Dioscoride, il y en a deux qui sont assez
cogneuës, assauoir la grande, & la petite: & qu'on treuue de deux sortes de la petite: dont l'vne est
celle de laquelle parle Dioscoride, qui est appellée femelle par les modernes, & l'autre masle.
Quant à la troisiesme il a esté long temps sans la cognoistre; mais en fin il en a recouuert vne plante par le moyen de Lucas Ghini. Pour la plus petite il a mis le pourtraict de celle que les Apothicaires appellent *Crassula*, ou *Vermicularis*; Et Fuchse *Sedum minus femina*: Et pour la tierce espece,
il met le *Aizoon* plus petit & rampant, ou *Illecebra minor*: en François, *Pain d'oiseau*: en Allemand
Rotzentreuble, ou *Maurpfeffer*, c'est à dire *Poyure de souris*, pource que ceste plante est acre, & vlceratiue. Anguillara la prend pour le *Gramen tertium* de Pline. Les Italiens la nomment *Granellosa*, &
Grasella. Il adiouste encor celle qu'il nomme *Arborescens*, dont il en met plusieurs especes, comme
Liu. 25. ch. 13. il se verra mieux en la description d'icelles. Pline dit, qu'il y a deux especes de *Ioubarbe*, dont on
plante ordinairement la plus grande dans des pots de terre: aucuns l'appellent *Buphthalmum*, ou
Zoophthalmum, ou *Stergethrum*, pource qu'elle sert à faire l'amour. D'autres l'appellent aussi *Hipo-
geson*, pource qu'elle croist sur les auant-toicts. Aucuns aiment mieux l'appeller *Ambrosia*, ou *Ame-
rimnon*. Les Latins l'appellent *Sedum magnum*, *oculus* ou *Digitellus*. Quant à la petite les Grecs l'appellent *Aithale*, ou *Trithale*, pource qu'elle fleurit par trois diuerses fois. D'autres l'appellent *Chry-
sothalé*, ou *Isoethes*: en Latin *Sedum*. D'autres appellent l'vne & l'autre Ioubarbe *Aizoon*, pource
qu'elles demeurent verdes tout l'an: d'où est aussi venu le nom de *Semperuiuum*. Vn peu apres il
ne dit pas qu'il y ait vne troisiesme espece de *Ioubarbe*, mais seulement que la plante nommée par
Liure 6. des simpl. les Grecs *Andrachne agria*, est semblable à la petite Ioubarbe. Galien met aussi deux especes de *Ioubarbe*: & de fait, Dioscoride, & Oribaze qui l'a suiuy, ne disent pas que *l'Illecebra* soit vne espece de

Grande Ioubarbe, ou petit Semperuiuum de Dodon.

Petite Ioubarbe, ou Semperuiuum de Dodon.

Ioubarbe

Ioubarbe, mais qu'elle y retire, comme s'ils l'adiouſtoient ſeulement pource qu'elle reſemble à la *Ioubarbe*. Or Dioſcoride dit, que la grande Ioubarbe fait les tiges de la hauteur d'vne coudée, & d'auantage, groſſes comme le doigt, graſſes & bien vertes, decoupées comme celles du Tithymale nommé *Characias*; les fueilles graſſes, de la grandeur du poulce, faites à mode d'vne langue au bout: entre leſquelles celles qui ſont le plus pres de la racine, ſont renuersées contre terre, au lieu que les autres ſont entaſsées enſemble à mode d'vn œil. La petite *Ioubarbe* iette pluſieurs petites tiges d'vne racine, pleines, auec des petites fueilles rondes, graſſes, & aiguës au bout: Elle iette auſſi vne tige par le milieu, laquelle porte vne ombelle chargée de fleurs palles ou iaunes. car voilà que ſignifie le mot χλωεϱά, & non *de couleur d'herbe*, comme Ruel l'a traduit: car χλωεϱά ſe prend icy pour ὠχϱά, comme il appert par Serapion meſmes, lequel traduit ainſi ce paſſage de Dioſcoride, *Et a vne verge longue au milieu, enuiron d'vne paume de longueur*, ſur laquelle il y a vne ombelle chargée d'vne petite fleur jaune. *Il ſemble*, dit Dioſcoride, *que la plante qui a les fueilles groſſes, approchant de celles du pourpier & eſpeſſes, ſoit vne troiſiéme eſpece de Ioubarbe.* En cette deſcription de Dioſcoride il n'y a rien qui ſemble ambigu ou obſcur, ſi ce n'eſt le mot δασύ, lequel tant icy, comme en pluſieurs autres paſſages, ne ſe prend pas pour *velu*, mais *eſpais, ferme, & entaſſé*. Par les autres deſcriptions auſſi il appert que ce ſont bien icy les vrays pourtraicts de la Ioubarbe: car en premier lieu quant à celuy de la grande, cela eſt hors de tout doute. Quant à la ſeconde il appert que c'eſt celle que Dodon appelle *Semperuiuum minus*, & Fuchſe *Sedum minus maſle*, en ce qu'elle fait des petites branches, ſortans d'vne racine menuë, & garnies de fueilles eſtroites, rondes, petites, charnuës, & aiguës, de la couleur & figure de celles de la *Salicornia*, & des petites fleurs de couleur d'or, faites en eſtoile. En outre elle croiſt au meſme lieu, & a les meſmes vertus. Quant à

Le lieu. Liu. 4. c. 84.

Chap. 350.

Ioubarbe petite de Matthiol, la meſme que la prochaine.

Ioubarbe petite femelle de Fuchſe: Craſſula petite ou Vermicularis.

l'autre petite que le meſme Fuſchſe appelle *Aizoon*, ou *Ioubarbe petite femelle*: Matthiol en a mis le pourtraict pour la ſeconde ou petite *Ioubarbe*. Ceux qui l'amaſſent y ſont ſouuent trompez; d'autant qu'elle croiſt en meſme lieu, & reſemble ſi fort à la petite *Ioubarbe*, que c'eſt merueille comment c'eſt qu'elle eſt douée d'autres vertus. On la recognoiſt toutesfois en ce qu'elle fait des petites fueilles longuettes, & plus poulpues, rabattues au bout, & pointues à mode de vermiſſeaux, toutes pendantes contre-bas, & des fleurs palles ou blanches. L'autre *Ioubarbe* qui eſt icy peinte en eſt auſſi vne eſpece, qui eſt celle que Fuchſe appelle *Tertium Sedi genus*: *Illecebra* en Latin: en François *Pain d'oiſeau*: en Allemand *Rotzentreuble*, qui s'agraffe aux murailles & maſures, croiſſant auſſi ſur les collines ſeches, & fait des petites branches, graiſles & rampantes, garnies de fueilles fort petites, courtes, poulpues, & en grand nombre. Ses fleurs ſont iaunes, faites à mode d'eſtoile. Au ſurplus la grande Ioubarbe croiſt és lieux montueux & ſur les toicts, & couuerts des maiſons. La petite vient ſur les rochers, murailles & mazures, & meſmes dans les foſſez ombrageux.

Pena aux Aduerſ.

La forme.

Ioubarbe plus petite rampante, troisiesme espece de Discoride.

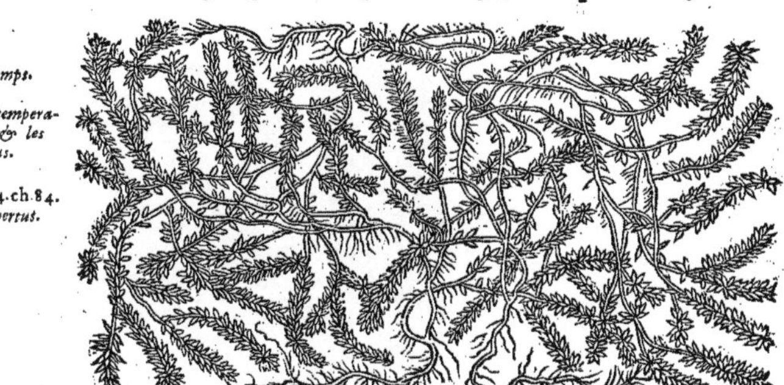

La troisiesme, comme aussi la plus petite rempante, croissent sur les rochers. Le temps. La grande fleurit en Iuillet & en Aoust : les autres en May & en Iuin. Dioscoride La temperature & les vertus. dit, que la grande Ioubarbe est froide & astringeante. Liu. 4. ch. 84. Les vertus. Ses fueilles appliquées seules ou auec de griotte seche, sont singulieres au feu sainct-Anthoine, aux dertres ou vlceres corrosifs, aux inflãmations des yeux, aux brusleures, & aux gouttes. Son suc appliqué auec griotte seche & huile rosat guerit la douleur de teste : estant pris en breuuage il sert contre les morsures des phalanges, aux fluxions de l'estomach, & à la dysenterie : prins auec du vin il fait sortir les vers ronds du corps : appliqué en pessaire il appaise le flux desordonné des femmes. Il est bon aussi aux chaudes defluxions des yeux, causées par le sang, estant appliqué dessus. Les fueilles de la petite font les mesmes effects que la grande. Quant à la troisiesme qui semble estre vne espece de *Ioubarbe*, elle est chaude, acre, & vlceratiue, & resoult les escrouëlles, en l'appliquant dessus auec graisse de porceau. L'autre petite rampante ou *Illecebra petite*, a aussi les mesmes vertus, Liu. 25. ch. 14. & le goust tel que l'*Arum*, ou la *Flammula*. Pline apres auoir dit des Ioubarbes tout ce que nous en auons allegué cy dessus, adiouste finalement : *que toutes ces especes de Semperuiuum, ou Ioubarbe, sont froides, & astringeantes.* Leurs fueilles ou leur ius appliqué est singulier aux chaudes defluxions des yeux. Elles mondifient aussi les vlceres des yeux, & leur font faire chair, & les consolident, & descollent les paupieres qui sont collées ensemble. Elles seruent aussi aux douleurs de teste, en appliquant leur suc ou leurs fueilles sur les iouës. Elles resistent au venin des phalanges. Mais la grande Ioubarbe a cela de particulier, qu'elle resiste à la poison de l'aconit. Mesmes on dit, que portant sur soy de ceste Ioubarbe on ne sera point picqué des scorpions. Elle est aussi bonne à la douleur des oreilles. Ce qui s'accorde pour la plus part auec ce que Dioscoride en dit, excepté ce qu'il dit ; qu'elles sont toutes froides & astringeantes, veu que par ce moyen il y comprend la troisiesme espece, à laquelle Dioscoride attribue des facultez toutes contraires. Liure 6. des simpl. Galien ne fait mention que de la grande & petite Ioubarbe, disant que l'vne & l'autre desseche legerement, & est mediocrement astringeante, sans auoir aucune autre qualité vehemente : parquoy la substance aqueuse surmonte en elles. Au reste elles refroidissent fort, comme estans froides au troisiesme degré ; à raison dequoy elles sont propres au feu sainct-Anthoine, aux dertres, & aux inflammations qui procedent de defluxion. Au surplus il y a des Herboristes qui appellent *Aizoon Telephium* ceste autre plante qui est icy peinte, laquelle croist sur les rochers & lieux pierreux, ayant la racine petite, blanche & mediocrement cheueluë : Ses fueilles qui sont à l'entour de la racine en rond, sont semblables à celles de la grande Ioubarbe, longuettes & vn peu decoupées, grosses, aspres, semblables à celles du Pourpier, dont il y en a fort peu à la tige. Elle ne fait quelquefois qu'vne tige, & quelquefois plusieurs, de la hauteur d'vne paume. Sa fleur est comme celle des violiers, blanche, & porte la graine en des petites gousses comme la moustarde. Du commencement on sent vn goust fade en ceste plante, puis apres vne acrimonie comme au Nasitort. Ils en mettent encor vn autre qu'ils appellent *Aizoon de montagne*, qui croist és plus hautes cimes des Alpes, & fait plusieurs petites fueilles, dont celles d'alentour de la racine sont couchées par terre ; celles de la tige sont disposées alternatiuement, & y en a peu. Sa tige est de la hauteur de trois doigts, & porte vne fleur odorante, iaune au milieu, auec des petites fueilles rouges disposées à mode d'estoile, au bas desquelles

Aizoon Telephium de Dalechamp.

& à

Aizoon de montagne.

Aizoon à mode d'arbre de Matthiol.

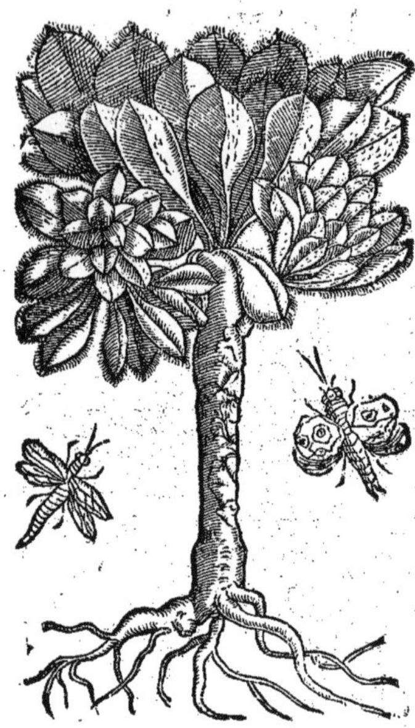

Autre semperuiuum à mode d'arbre de Matthiol.

& à l'endroit qui est pres du bouton il y a vne ligne blanche. Matthiol a mis deux especes de *Ioubarbe qui croist à mode d'arbre*, dont l'vne a esté apportée de Constantinople, & l'autre de Corfou. Pena dit qu'il en a veu plusieurs plantes à Verone, à Padoue, à Venize, & dans les jardins de Toscane : & depuis il a entendu par vn sien amy, qu'il en croissoit à force en Sclauonie à l'entour de Durazzo : & finalement qu'il en a tiré aux Isles du goulfe de Bristoye, en la mer Oceane, qui sont appellées *Homs*, & que c'estoit sur des rochers : où elles n'estoient pas si charnuës qu'ailleurs ny branchues, toutesfois que leurs tiges & branches estoient en grand nombre, pleines de bois, dures & soupples: leurs fueilles semblables à celles de la Ioubarbe commune, sinon qu'elles ne sont pas du tout si grosses, mais moyennes entre celles de la grande Ioubarbe, & de la Laureole & Tithymale ; mais que celle qui croist en Grece ou en Sclauonie estoit plus grande, & plus belle ; ayant les branches & les fueilles disposées en rond à la cime, qui retirent plus à celles de la Laureole, sinon qu'elles sont plus grosses, plus tendres, plus courtes & pleines de suc, de la longueur d'vne coudée, sur vne tige d'vn pied, ou d'vne coudée de haut, plus grosse que celle de la Laureole. I'adiousteray icy le *Aizoon Dasyphyllum* de Dalechamp, c'est à dire, *aux fueilles touffues*, lequel il dit auoir veu croistre sur les murailles de Vienne en Dauphiné, ayant la racine courte, cheueluë, pasle, graisle, attachée à vn petit morceau de terre, ou de mortier contre la muraille, auec plusieurs branches de la hauteur de quatre doigts, garnies d'vne infinité de fueilles entassées bien espés, grosses, rondes, blancheastres, d'vn goust fade & vn peu astringeant. Sa fleur vient sur des branchettes menuës, & est blanche, semblable à celle de la Ioubarbe moyenne, & en grande quantité. Il dit qu'il n'en a point veu ailleurs en toute la France qu'en cest endroit là. Lobel a mis le pourtraict d'vn autre *Sedum* troisiesme plus petit, lequel a, comme il dit, les feilles plus petites que la

petite

Aizoon Dasyphyllum de Dalechamp.

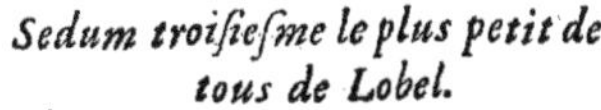

Sedum troisiesme le plus petit de tous de Lobel.

petite Ioubarbe, ses tiges ont vne poulcée & demy de longueur, & sont garnies de petites fleurs iaunes, grandes à comparaison de la plante, qui est si petite, semblables à celles de la Saxifrage blanche. Sa racine est entortillée & cheueluë. Il a mis aussi le pourtraict bien naïf du *Petit Semperuiuum*, qui est la *Crassula minor* de Dodon, *Sedum femina* de Fuchse. Item d'vn autre

Sedum petit croissant à mode d'arbre de Lobel.

Vermicularis ou Illecebra maior de Lobel. Seconde Ioubarbe petite de Dodon.

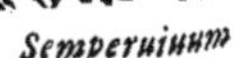

Semperuiuum

Vermiculatus frutex maior de Lobel.

Semperuiuum minus, qu'il appelle *æstiuum*, qui est le *Semperuiuum minus* de Dodon, le *Sedum minus masle* de Fuchse. Et d'auantage vn *Sedum arborescens* grand aux fleurs blanches, & vn *Sedum arborescens* petit, qu'il appelle *Vermiculatum*, qui est vne plante petite qui luy a esté apportée de Syrie, fort branchue, & compartie par beaucoup de neuds, auec beaucoup de fueilles & de branches. Ses fleurs sont iaunes, comme celles de la Ioubarbe acre, à laquelle elle retire aussi en toute sa figure. Et en outre vne *Vermicularis* ou *Illecebra maior*, de laquelle nous auons mis icy le pourtraict, & vn *Semperuiuum minimum*, ou *Illecebra*. Finalement il met vne plante qu'il appelle *Vermiculatus frutex maior*, qui est peut estre la *Chamæpytis seconde* de Dioscoride: dont il s'en treuue de deux sortes: toutesfois l'vne & l'autre a ses branches bien touffues; mais celle qui est la plus grande a les fueilles blanches, fort serrées, dentelées comme celles de la Vermicularis acre, toutesfois elles sont plus grandes: L'autre qui est en tout & par tout plus petite, a les fueilles moins serrées, rondes & longues, & de petites fleurs vertes comme celles de la Renouée.

Roquette de muraille de Dalechamp.

CHAP. XVIII.

L'Herbe appellée par les Herboristes *Eruca muralis*, *Roquette de muraille*, croist sur les masures & par les fentes des murailles: & a la racine petite, courte, & blanche, auec plusieurs fueilles à l'entour, longues & decoupées à l'entour: Sa tige est ronde, de la hauteur d'vn pied, garnie de peu de fueilles. Sa fleur sort par des petites branchettes, graisles, & courtes, & est blanche, semblable à celle des Violiers. Sa graine vient en des petites gousses longues & menuës, & est fort petite. Elle a vn goust fade du commencement, mais puis apres on y sent de l'acrimonie.

Le nom. *Le lieu.* *La forme.*

Cabaret de muraille, CHAP. XIX.

Le nom. LEs Herboristes appellent cette plante *Asarum muri*, *Cabaret de muraille*, pource qu'elle a les fueilles comme le Cabaret, & ne croist point ailleurs que Le lieu. sur les murailles. Elle sort des creuasses La forme. des parois, & fait la racine assez grosse, compartie par neuds, rousse-brune, quasi de la couleur de celle du Polipode, auec beaucoup de cheuelures fort menuës. Elle porte peu de fueilles, semblables à celles du Cabaret, pleines de veines, & attachées à vne longue queuë. Ie n'en ay point veu ny la fleur ny la graine.

Aster de montagne, CHAP. XX.

La forme. L'Aster de montagne iaune croist aux hautes montagnes, ayant plusieurs racines blanches tirants sur le iaune & odorantes, & plusieurs tiges veluës de la hauteur d'vne coudée, à l'entour de la racine il sort beaucoup de fueilles : mais il y en a peu le long de la tige : Icelles sont longues, pleines de veines & decoupées à l'entour, & veluës. A la cime de la tige il vient des fleurs iaunes, auec vn bouton tel que celuy de la Camomille, qui

Aster iaune de montagne.

Aster iaune, ou soit Oculus Christi petit.

s'enuole en papillottes. L'herbe aussi qui est icy peinte que les Herboristes appellent *Oculus Christi* Le lieu. *minor*, est vne espece d'*Aster* iaune : Elle croist sur les mottes sablonneuses & seches quand on va de Lyon à Vienne. Elle a la racine assez grosse, noire, & cheueluë, de la longueur de demy-pied, & beaucoup de fueilles pres de la racine, trainants par terre, chenuës, & cotonnées, fort semblables à la sauuage, & fort ameres au goust ; & trois ou quatre tiges veluës, qui n'ont pas à grand peine vn pied de hauteur, & sont garnies de fueilles moindres que les dessusdittes, auec vn bouton

Aster iaune, ou second Oculus Christi petit.

Aster de montagne velu De Pena.

bouton semblable à celuy de la *Camomile Chrisanthemis*, sinon qu'il est vn peu plus gros. Pena a mis aussi le pourtraict d'vn autre *Aster*, qui a la tige & les fueilles veluës, & assez longues, de la grandeur de celles de nostre petit *Cynoglossum*, & toutes semblables. Sa racine n'est pas fort cheueluë.

Du Myagrum, ou Cameline, CHAP. XXI.

Este plante est appellée en Grec μύαγρον, & μελάμπυρον & en Latin *Myagrum* & *Melampyrum*. Paulus fait mention de deux plantes qui se ressemblent quant au nom, & pource qu'elles rendent vn suc huileux, à sçauoir *Myaron* & *Myagron*. *Myaron* en Grec signifie *Ord & Sale*, comme est le *Melampyrum*: mais *Myagron* signifie plustost *vn instrument à prendre mouches*, d'autant que les mouches volants par dessus ceste plante y demeurent prinses, pource qu'elle est visqueuse. Mais Cornarius est d'auis, qu'en ce passage de Paulus il faut lire par tout *Myagron*, & non *Myaron*, pource que ce ne sont pas diuerses plantes: & qu'il y a de l'erreur en ce texte, auquel il est premierement parlé *de la graine de Myagron*, puis vn peu apres il est parlé de *Myaros*, qui est vne mesme chose que le *Myagros*, & que pourtant il faut le corriger ainsi, *Myagros qu'aucuns appellent Melampyrum, est vne herbe branchue, & grasse*. Sa graisse est bonne pour adoucir l'aspreté au corps. La graine du *Myagros* est grasse, son suc huileux, & propre pour reserrer les conduits. En outre il estime qu'il y a mal *Melampycnum* au texte Grec au lieu de *Melampyron*, comme il se voit en Dioscoride. Il est aussi à noter, que ce *Melampyrum* est different auec celuy dont nous auons parlé en vn autre endroit, qui est appellé communement *Triticum Vaccinum*, ou *Bouinum*, & auons dit que c'estoit peut estre le *Melampyrum* de Theophraste & de Galien. Or Dioscoride dit, que *Myagrum*, ou *Melampyrum* est vne herbe branchue, de deux coudées de haut, ayant les fueilles semblables à la Garence, palles, & la graine comme celle du Fenugrec, grasse, de laquelle on se sert en la broyant, & en frottant des verges pour seruir de lampe. Pline n'en parle pas du tout en la mesme façon: *Myagros est vne herbe ferulacée, ayant les fueilles comme la Garence: de la hauteur de trois pieds, & vne graine huileuse, de laquelle on tire de l'huile*. Dioscoride dit, que c'est vne plante θαμνώδη, c'est à dire, *branchue*. Pline dit ναρθηκώδη, c'est à dire, *Ferulacée*. Ruel, & Dodon qui l'a suiuy, comme aussi plusieurs autres doctes Simplicistes estiment que le *Myagrum* de Dioscoride est la plante appellée communement en François *Cameline*, & *Camemine*: en Allemand *Flachdotter*, & *Leindotter*: & de fait Matthiol l'a pris aussi pour la mesme, & non sans raison. Elle fait des petites tiges droites, rondes, de la hauteur d'vne coudée & demie, ou d'auantage, auec plusieurs branches.

Les noms: Liu.7.

Liu.4.c.112. La forme.

Liu.2.7.c.12.

Liu.3.c.117. Liu.4.ch.35.

Myagrum de Dodon.

Autre Myagrum petit de Dalechamp.

ches. Ses fueilles sont longues, & estroites, quasi comme celles de la Garance, auec des petites dentelles à l'entour. A la cime des branches il y a des petites fleurs iaunes, puis des petites coupettes comme celles de lin, toutefois elles sont plus plattes, auec vne graine fauue au dedans semblable à celle de la Iugioline, ou du Fenugrec, combien qu'elle est deux fois moindre & longuette. Aux communs exemplaires de Dioscoride il y a τραχήλῳ ἐοικός. c'est à dire, *semblable à vn col*, ce que Ruel a corrigé, & lit τήλει ἐοικός, c'est à dire, *semblable au Fenugrec*, ce qui peut aussi estre entendu de toute la coupette. Les païsans sement ceste plante en Angleterre, Bauieres, Zelande Lorraine, & païs de Liege, parmy les champs, combien qu'il s'en treuue qui croist de soy mesme parmy les bleds, à cause de quoy les Grecs l'appellent *Melampyrum*; c'est à dire *bled noir*. Puis apres ils la battent en l'aire pour en tirer la graine, qu'ils vannent à l'air pour l'emonder d'auec les gousses: puis apres ils la font passer sous la meule, pour en tirer l'huile, duquel on se sert pour brusler en la lampe; mesmes les pauures en vsent parmy leurs viandes, en tirans par ce moyen grand reuenu. A raison dequoy aucuns l'ont pris pour vne espece de petite *Iugioline*. Dioscoride dit, que cest huile nettoye les aspretez de la peau. Galien (Liu. 1 5. c. 12.) dit, que la graine du Myagrum est grasse: car en la broyant elle rend vne vnctuosité, qui est emplastique. Pline attribue vne autre faculté à cest huile, c'est qu'il guerit les vlceres de la bouche si on les en frotte. Aucuns estiment que l'autre plante qui est icy peinte suyuant Matthiol, est le vray *Myagrum*, toutefois veu qu'elle n'a pas les fueilles comme la Garence, mais plustost comme le Pastel, & que sa graine est comme celle du Nasitort, & non comme celle du Fenugrec, Matthiol n'est pas de ceste opinion, & appelle ceste plante *Pseudomyagrum*. (Le lieu.) Elle croist par tout, parmy les bleds & le lin, & fait vne graine dont les petits oiseaux sont fort friands; d'autant qu'elle est douce & de bon goust. Il y a d'autres Herboristes qui prennent pour vne autre espece de *Myagrum petit*, ceste autre plante qui est icy peinte, laquelle croist parmy les champs, & quelquefois dans les iardins, & fait plusieurs petites racines blanches,

Myagrum bastard de Matthiol.

Myagrum semblable au Thlaspi, de Lobel.

blanches, menuës, les fueilles semblables à celles de la Garence, combien qu'elles soient moindres, & palles. Elle produit plusieurs petites tiges, plus hautes d'vn pied, garnies de beaucoup de fleurs à la cime, petites, purpurées; & qui a vne graine menuë, grasse & huileuse. Nous auons mis icy le pourtraict d'vn autre *Myagrum* prins de Lobel, lequel croist aux mesmes lieux que la *Cameline*, & dans les iardins en Angleterre, & en Flandres, & fait la fueille petite, semblable à celle du Thlaspi de Narbonne, ou du petit violier marin. Ses fleurs sont petites & entassées à mode d'ombelle, & faites en façon d'estoile, iaunes, comme celles de l'Erisimum ou du Thlaspi.

De la Filipendula des Alpes, CHAP. XXII.

LEs Herboristes appellent cette plante *Filipendula Alpina*, laquelle croist aux plus hautes cimes des montagnes parmy les prés & pasquiers gras, où l'on meine paistre le bestail, & dont les païsans tirent grand profit. Elle a la racine grosse, noire, & fenduë en plusieurs autres. Ses fueilles sortent dés la racine attachées à des grandes queuës, & sont composées de plusieurs petites fueilles, decoupées fort menu tout à l'entour, & arrangées l'vne au droit de l'autre, comme la *Filipendula*, dont aussi elle a prins son nom. Sa tige a plus d'vn pied de haut, & porte à la cime *Le nom. Le lieu. La forme.*

Filipendula des Alpes.

Grande Pediculaire des Alpes, de Dalechamp.

des fleurs iaunes, quasi entassées à mode d'espic, apres lesquelles il y vient des petites coupettes longues, semblables à celles *l'Antirrhinum*, pleines d'vne graine menuë. Il y a vne autre plante qui approche fort de ceste-cy, laquelle est appellée par aucuns *Pedicularis maior*, & croist à la cime du mont Doré qui est aupres de Gergoye en Auuergne, & a la racine noire par dehors, qui va en eppetissant à mode d'vn naueau, & si est fourchuë & froncie. Elle ne produit qu'vne tige rayée, quasi

quasi de la hauteur d'vn pied: & fait les fueilles semblables à celles de la Feuchiere, dentelées à l'entour attachées par ordre à des longues queuës, lesquelles sortent alternatiuement de la tige. Sa fleur est pasle, entassée à mode d'espic à la cime de la tige. Elle fait beaucoup de graine, qui est enclose dans des vases larges, à mode de celle de l'Alysson.

La Galega de montagne de Dalech.

CHAP. XXIII.

Le nom. LES Herboristes ont nommé ceste plante *Galega*, pource qu'elle a les fueilles faites à mode de celles de la *Galega*, & l'ont surnommée *Montana*, pour la distinguer d'auec la commune, pource qu'elle croist aux montagnes. *Le lieu.* Ceste plante croist sur les montagnes aspres, non pas és pentes ny precipices, mais aux plus hautes cimes, pourueu qu'il y ait vn peu de plaine humide. *La forme.* Elle a vne racine grosse, noire, auec des cheuelures fort longues & menuës, qui vont s'espandant à fleur de terre d'vn costé & d'autre: & produit plusieurs tiges de la hauteur d'vn pied, rondes; les fueilles semblables à celles de la *Galega*, vn peu plus larges, auec vne coste releuée tout du long par le milieu, sans aucunes decoupeures à l'entour, & fort touffues. Sa fleur vient à la cime des tiges, semblable à celle des pois, ou des genestes, iaune: apres il y vient des gousses noires, pleines de graine semblable aux lentilles. *Les vertus.* On dit qu'elle est singuliere contre les venins, contre les vers, contre le haut mal & la peste, aussi bien comme l'autre Galega.

De la Dentellaria, CHAP. XXIV.

Dentellaria de Dalechamp.

Le nom. Le lieu. AVCVNS appellent ceste plante *Dentellaria*. Elle croist és lieux secs d'alentour de Montpelier, *La forme.* & fait la racine noire, grosse au dessus, qui va peu à peu en appetissant, & est cheueluë au bout: & plusieurs tiges de la hauteur d'vn pied, auec des fueilles longues, qui sont estroites vers la queuë, & larges au bout, auec vne coste par le milieu, quasi semblables à celles du Soucy, d'vn goust fort aspre & caustique, dont il y en a pour la plus part sept ou neuf par chaque tige. A raison dequoy aucuns estiment que c'est l'*Enneaphyllum* de Pline. Elle fait beaucoup de petites fleurs, purpurées à la cime des branches, quasi semblables à celles de la Valeriane. Ses fueilles broyées & appliquées sur le poignet des mains, guerissent la douleur des dents: car elles y font leuer des petites pustules & vessies, comme quand on s'est bruslé, & par ainsi il se faict reuulsion de l'humeur qui cause le mal; à raison dequoy on l'a appellée *Dentellaria*. On l'applique aussi en la mesme maniere au commencement de l'accés de la fieure quarte, pour faire plustost passer le frisson & tremblement, & que nature estant esmeuë par ceste douleur, euacuë l'humeur qui cause le mal, par vomissements ou par sueurs. Mesmes aucuns asseurent, que si on en applique sur quelques parties du corps, & qu'apres que les vessies sont leuées on les ouure pour en faire sortir l'humeur sereuse qui est dedans, que cela sert de preseruatif contre la peste: d'autant que par ce moyen les humeurs venimeuses qui causent la peste en nostre corps, sont attirées des parties nobles, & singulierement du cœur, aux parties exterieures qui ne sont pas si delicates. Or nous adiousterons vne autre *Dentaria de Dodon*, & des Herboristes, ou soit seconde *Alabastrites*

car

Seconde Dentellaria de Dodon.

(car nous auons traitté de la premiere au traitté *des belles fleurs*, au Chap. de *l'Anemone*, sous le nom de *Anemone Trifolia de Dodon*) laquelle Cordus appelle *Coralloides seconde.* Elle a les fueilles disposées à mode de celles du Fresne,(non pas comme la quintefueille, ainsi que la *Dentaria minor* de Matthiol, dont il est parlé entre les plantes qui viennent à l'ombre, attachées à vne coste par le milieu, larges & dentelées à l'entour, dont il y en a pour la plus part sept par chaque costé. Ses fleurs sont blanches, & produisent des gousses semblables à celles de la *Dentaria petite* de Matthiol. Ses racines sont aspres & escailleuses.

Polyrrhisos, CHAP. XXV.

CESTE herbe a prins son nom du grand nombre de racines qu'elle fait. Pline dit que le *Polyrrhisos* a les fueilles comme le Meurte, & plusieurs racines. Les Herboristes estiment que c'est la plāte qui est icy peinte, laquelle croist és lieux aspres. Elle a beaucoup de racines noires, & plusieurs tiges faites à angles, de la hauteur d'vne paume. Les fueilles vn peu plus obtuses que celles du Myrte, sortans deux à deux par certains interualles. Sa fleur est pasle. Sa graine vient en des petits vases longuets. Pline dit, que ses racines broyées, & prinses auec du vin sont bonnes contre les serpens ; Elles seruent aussi aux bestes à quatre pieds. Les Herboristes appellent vne au- *Les noms. Le lieu. La forme.*

Polyrrhisos de Pline, selon Dalechamp.

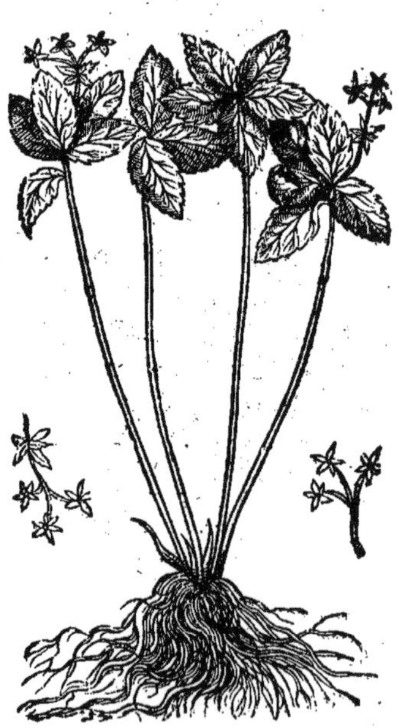

Polyrrhisos à large fueille de Dalechamp.

tre plante *Polyrrhisos Latifolia*, laquelle croist aux vallées des Alpes ombrageuses, & arrousées, & fait plusieurs petites racines, menuës & cheueluës, sortants d'vne mesme motte, blanches, semblables à celles de l'Ellebore, esparses de tous costez ; à raison dequoy les Herboristes l'ont appellée *Polyrrhison.* Elle produit beaucoup de tiges d'vne mesme racine, quasi de la hauteur d'vne coudée, les fueilles comme celles du *Smirnium*, ou de la plante que les Apothicaires appellent *Polyrrhisos à large-fueille.*

Petroselinum Macedonicum, decoupées à l'entour; dont il y en a pour la plus part cinq ensemble, pleines de veines, & aiguës au bout. Sa fleur est blanche, semblable à celle des Violiers, attachée à des queuës longuettes, & composée de cinq petites fueilles. On en treuue à force sur les montagnes qui sont au dessus de la Mure en Dauphiné, assez pres de Grenoble. *Les vertus.* On tient qu'elle est propre aux vlceres malins & corrosifs, & contre l'enfleure des pieds.

De l'Alyssum. *CHAP. XXVI.*

Les noms. LES Grecs nomment ceste plante ἄλυσσον: en Latin *Alyssum*, pource qu'elle est souueraine à ceux qui ont esté mordus par vn chien enragé, ainsi que disent Galien, Paulus, & Pline. Or les autheurs descriuent diuersement *l'Alyssum*. Il semble que Pline prenne la *Liure 24. chap. 11.* petite *Garence* pour *l'Alyssum*: Car apres auoir parlé de la grande *Garence*, il adiouste, *Quant à la plante qu'on appelle Alyssum, il n'y a autre difference, que pource qu'elle a les fueilles & les branches moindres.* Elle a esté ainsi nommée de ce qu'elle empesche d'enrager ceux qui ont esté mordus par vn chien enragé, en la leur donnant à boire auec vinaigre, & l'appliquant dessus. C'est merueille, que l'on dit, que la fange de la morsure se desseche seulement à regarder cette plante: Cornarius dit, qu'il faut lire autrement ces derniers mots suiuant vn vieil exemplaire: *C'est merueille que l'on dit, que ceste plante fait passer la rage seulement à la regarder.* Aëtius des- *Liure 1.* crit vn autre *Alyssum*, disant, *On dit, que la Sideritis appellée Heraclea, est l'Alyssum, laquelle croist par tout aupres des chemins, & fait vne fleur purpurée, & les fueilles assez grosses. Elle a* *Liure 2. des Antid.* *prins son nom de ce qu'elle est souueraine pour ceux qui ont esté mordus du chien enragé.* Galien parle d'vn *Alyssum* differant auec les precedents, en parlant des medicaments qu'Asclepiade ordonnoit contre la morsure du chien enragé: *Alyssum*, dit-il, *est vne herbe semblable au Marrube, toutefois elle est vn peu plus aspre, & plus picquante. Elle fait vne fleur bleuë à l'entour de certains petits boutons.* Il la faut cueillir durant les iours caniculaires, puis il la faut sécher, & la pul- *Liu. 3. ch. 89.* uerizer, & la garder apres l'auoir temisée, qu'elle ne s'esuente. Toutes ces especes *d'Alyssum* dessusdittes sont à mon aduis differentes d'auec *l'Alysson* de Dioscoride: lequel il descrit ainsi: *Alysson est vne petite plante, vn peu aspre, ayant les fueilles rondes, & vn fruict fait à mode d'vne targe double, auec vne graine large au dedans. Elle croist és montagnes & lieux aspres.* Or il n'y a point de plante

Alyssum de Dodon.

Alyssum selon Dalecham.

qui semble retirer mieux à l'Alyssum de Dioscoride, que fait celle de laquelle nous auons mis *Lin. 1. ch. 70.* icy le pourtraict, & la description prinse de Dodon, laquelle aucuns des Herboristes modernes *La forme.* appellent *Lunaria maior*. Car elle a la tige droite, ronde, de la hauteur d'vne coudée, qui se fourche en trois ou quatre branches à la cime. Et fait du commencement des fueilles rondes, puis apres

apres longues, chenues, & vn peu cottonnées, assez aspres, & vne petite racine. A la cime de ses branches il y a des petites fleurs iaunes, puis apres des petites gousses aspres, blancheastres, plattes, rondes & vn peu longues, à mode de petit bouclier, au milieu desquelles il y a vne petite peau qui separe la graine en deux rangs, laquelle est platte, semblable à celle des Violiers, sinon qu'elle est plus grande. Les Simplicistes l'entretiennent dans leurs iardins. Elle fleurit en Iuin. Sa graine est meure en Iuillet. Nous en auons mis vn autre pourtraict plus naturel que celuy de Dodon. Les Italiens mettent vne autre plante pour l'Alyssum, ou pour vne espece d'iceluy, l'opi- *Le temps.*

Abyssum de Matthiol.

Alyssum petit de Dalechamp.

Alyssum Trigonum de Dalechamp.

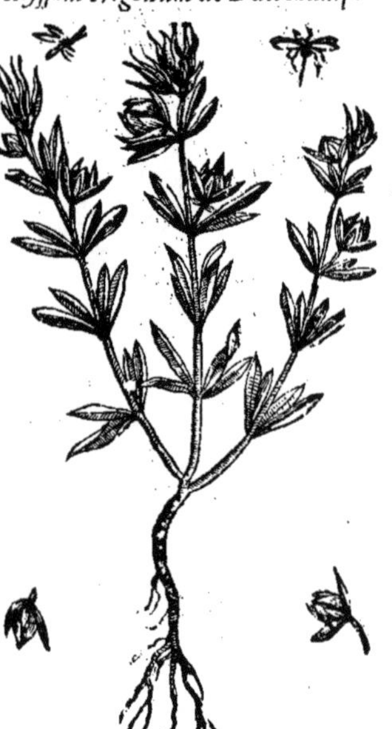

nion desquels Matthiol ayant suyuy en a mis le pourtraict en fin, combien qu'auparauant il ne l'eust pas mis. Mais suyuant l'aduis des plus doctes de Montpelier, où ceste plante vient en grande abondance, ce n'est pas vne espece d'*Alyssum*, ains plustost vne espece de *Thlaspi*. Car celle que Dodon a mis pour *l'Alyssum*, y retire beaucoup mieux. Les Herboristes en mettent encor d'autres especes, à sçauoir le petit qui croist és lieux sablonneux, & fait la racine blanche, vn peu cheueluë, assez longue, & plusieurs petites tiges, rondes, cottonnées, qui ne se haussent guieres de terre, garnies de beaucoup de fueilles blancheastres, & comme couuertes de cendres, semblables à celles de la petite Ioubarbe, si elles estoient rondes aussi bien comme elles sont larges, d'vn goust fade & vn peu astringeant. A la cime de ses tiges il vient beaucoup de fleurs iaunes, & puis apres vne petite graine semblable à celle de lin, rousse, enclose dans des petites gousses faites à mode d'vn escusson, qui sont doubles & diuisées par vne peau menuë & transparente. Il y a encor vn autre *Alyssum* que les Herboristes appellent *Trigonum*, à cause que ses gousses sont faites à triangle. Il croist és lieux aspres, & pierreux, & qui sont bien exposez au Soleil; ayant la racine de bois, courte & vn peu cheueluë, & trois ou quatre tiges de la hauteur d'vne paume, auec des fueilles, longues, estroites, & sans aucune decoupeure à l'entour, sortans par certains interualles. Il fleurit en Auril, & fait vne graine ronde, menuë, semblable à *Pierre Pena aux aduers.*

Alyssum Germanicum Echioides de Lobel.

Lin.3.ch.89.

celle du pauot, dans des gousses triangulaires faites à mode d'escusson comme celles de *l'Alyssum.* Lobel a mis vn autre *Alyssum*, qu'il surnomme *Germanicum Echioides*, ou qui retire à la Mollugo, lequel on prend pour *l'Apariné* de Pline. Ceste plante iette dés la racine des petites tiges de la longueur de deux coudées, comparties par neuds, & aspres, auec lesquelles elle s'agraffe à tout ce qui est aupres comme le gratteron. Ses fueilles sortent deux à deux, ou trois à trois, & sont vertes-brunes, aspres comme celles de la Buglosse sauuage, de la grandeur de celles de la Garance, & quelquefois plus grandes. Ses fleurs sont purpurées, semblables à celles de Violier, moindres que celles de la Buglosse sauuage, & disposées par houpes rondes, comme celles de la *Cruciata*, dés le milieu iusques à la cime de la tige. Sa graine vient en des couuertes fueillues, & repliées, & retire à celle de la Iugioline, ou du Thlaspi, brune & douce au goust. Toute la plante a le goust de *l'Echiũ.*

Les vertus.

Au reste Dioscoride dit merueilles touchant *l'Alyssum. Sa decoction*, dit-il, *prinse en breuuage guerit le hocquet qui est sans fieure, mesme en tenant seulement l'herbe en la main, ou en la sentant.* Broyée auec miel elle nettoye les lentilles & autre taches du visage causée par le Soleil. On tient mesmes qu'elle guerit la rage d'vn chien, si on la broye parmy de la viande, & qu'on la luy face manger: les mots Grecs dont Dioscoride vse sont tels: *On estime qu'il guerit la rage d'vn chien, le broyant bien deslié, & le donnant*: par lesquels il semble qu'il dit, que *l'Alyssum* guerit la rage du chien mesme, sinon qu'on entende par λύσσαν κυνὸς, *la rage d'vn homme qui est procedée d'vn chien.*

Andr. Lac.

Ou bien il fraudra lire comme il y a en vn viel exemplaire: *Estant broyé & donné parmy les viandes, il guerit ceux qui ont esté mordus par vn chien enragé.* Mesmes on dit, que le tenãt simplement pendu en vne maison, les charmes & enchantements ne pourront rien sur les hommes, n'y autres animaux, qui seront dans ladite maison. Mesmes estant plié dans du drap rouge, & lié au col de la moutonnaille, il guerit leurs maladies.

Liure 3. des Symposia.

Quant à ce qu'il dit du hocquet, Plutarque l'escrit ainsi: *Aucuns sont gueris du hocquet en tenant l'herbe nommée Alyssum entre leurs mains, & d'autres à la regarder seulement.*

Liure 6. des simpl.

Galien declare plus clairement les proprietez de *l'Alyssum.* Ceste herbe est appellée *Alyssum*, pource qu'elle est souueraine pour ceux qui on esté mordus du chien enragé, mesmes on a veu souuent ceux qui estoient desia tombez en rage, estre gueris du tout en vsant de ceste herbe; ce qu'elle fait par vne proprieté de toute sa substance, laquelle ne se peut cognoistre que par le moyen de la seule experience, sans que l'art y serue à rien. Que si on s'en veut seruir en plusieurs choses, on treuuera, qu'elle est mediocrement desiccatiue & resolutiue & aussi vn peu detersiue. A raison dequoy elle guerit les gratelles, & les taches du visage causées par le Soleil.

Asclepias. CHAP. XXVII.

Les noms.

ASKΛHΠIAΣ en Grec, s'appelle en Latin *Asclepias.* Aucuns la nomment κίσσιον, c'est à dire, *petite Lierre*, & κισσόφυλλον, c'est à dire, *ayant la fleur de Lierre.* Les Herboristes l'appellent *Hirundinaria*: les Apothicaires *Vincetoxicum*: en Allemand *Schuualbenuurtz.* Elle s'appelle *Asclepias* du nom d'Æsculape, qui estoit vn ancien Medecin: & *Hirundinaria*, à cause que ses gousses venant à s'ouurir descouurent vne graine comme de plumes, & retirent à vne Hirondelle. *Vincetoxicum*, ou plustost νικητοξικὸν, pource qu'elle est singuliere contre les venins.

La forme. Liu.3.ch.90. Liu.27.ch.5. Le lieu.

Dioscoride dit, *que l'Asclepias fait des petites branches, longues, garnies de fueilles longues, semblables à celles de Lierre, & plusieurs racines menuës, odorantes; & des fleurs qui sentent mal. Sa graine est semblable à celle de la Securidaca. Elle croist aux montagnes.* Pline la descrit entierement de mesme sorte: *l'Asclepias a les fueilles comme le Lierre, plusieurs racines, menuës, odorãtes: Ses fleurs sentent mal: Sa graine est semblable à celle de la Securidaca.*

Chap.45. Liu.3.ch.4. Au chap.90. du 3.liu.

Par laquelle description il est aisé à voir que Fuchse & Dodon ont eu raison de mettre le pourtraict du *Vincetoxicum* pour *l'Asclepias*: & que Matthiol a eu tort de reprendre Fuchse de cela Car de fait, le *Vincetoxicum* fait des tiges lisses, rondes, menuës, soupples, mal-aisées à rompre, plus hautes d'vne coudée, garnies de fueilles semblables à celles de Lierre, fermes, vertes-brunes, vn peu longuettes, & comme aiguës au bout. Ses fleurs sont petites, attachées à des petites queuës, & sont blanches; de mauuaise odeur, cependant que l'herbe est verte,

De l'Asclepias. Chap. XXVII.

Vincetoxicum ou Asclepias de Fusche.

Vincetoxicum de Matthiol.

apres lesquelles il y vient des gousses rondes, longuettes, pleines d'vne graine semblable à celle de
la *Securidaça*, à sçauoir rousse & large, & enuironnée de bourre. Ses racines sont longues, rondes,
odorantes, auec vne infinité de cheueleures. D'auantage il vient comme l'Asclepias sur les montagnes aspres, hautes, & sablonneuses, ou bien sur les collines seches, principalement à l'entour
de Narbonne & de Turin en Piemont. Ils s'accordent aussi quant à leurs vertus: car Dioscori- Liu.2.ch.90. *Les vertus.*
de dit, que les racines de l'Asclepias prinses en vin sont bonnes contre les tranchées du ventre,
& contre les morsures des bestes venimeuses. Ses fueilles sont singulieres pour appliquer aux vl- Liu.27.ch.5.
ceres malins des mammelles & de la matrice. Aussi Pline dit, que les racines seruent contre les
tranchées du ventre, & contre les morsures des serpens, non
seulement prises en breuuage; mais aussi appliquées en liniment. Galien dit, qu'il n'a pas esprouué ce que Dioscoride Liu.7.
escrit de l'Asclepias. Mais Paulus escrit qu'elle est chaude &
seche, & d'vne substance subtile, & qu'elle est bonne contre
les trenchées, estant prise en breuuage auec du vin; & qu'estant
appliquée elle est propre contre les morsures des bestes venimeuses, & aux vlceres malins des mammelles & de la matrice
Ainsi aussi le *Vincetoxicum* est amer, & sa racine est vn peu vis- Fuchs. au mes. lieu.
queuse. Ses fueilles semblent estre quelque peu astringeantes. Pena aux Aduers.
Les modernes ayant vsé de la racine, tant contre les venins,
que contre les vlceres, se sont acquis vn grand bruit, & à la
plante aussi; tellement qu'ils se sont fait acroire entierement,
que c'est l'Asclepias, & en vsent pour icelle. Ils se seruent aussi
de sa racine bien heureusement pour prouoquer les mois, &
contre la morsure du chien enragé. Ils disent aussi qu'elle est
singuliere pour les hydropiques, en la trempant & faisant cuire
auec du vin. On dit, que ses fleurs & fueilles sechées & puluerizées, sont bonnes pour en saupoudrer les playes, & qu'elles
mondifient les vlceres sales & les guerissent: & en outre qu'elles sont singulieres aux accidents des genitoires & aux rompures. Il y a vne autre plante que les Herboristes appellent
Asclepias noire, pource qu'elle retire à *l'Asclepias* precedente, &
qu'elle a la fleur noire: car de fait elle luy resemble en tout &
par tout, & a les mesmes proprietez. Il y a seulement de la difference à cause qu'elle a la fleur noire. C'est la mesme, comme
ie croy,

Asclepias noire de Dalechamp.

ie croy, que la seconde *Asclepias* de Lobel *à la fleur noire*, qui croist és collines à l'entour de Mont pelier pres de Frontignan, & dans les iardins de Flandres ; & est appellée noire, à cause que la fleur est brune tirant sur le pourpre, & non blanche, comme celle de l'autre. Elle fait des tiges tortues, de trois ou quatre coudées, par lesquelles elle s'aggraffe à tout ce qui est aupres d'elle, comme la *Periploca*, à laquelle elle retire aussi: à raison dequoy on l'a mis pour vne espece de *Periploca*. Au demeurant elle est semblable à la precedente, & est pleine d'vn suc blaffard.

La Cerinthe de Pline,

CHAP. XXVIII.

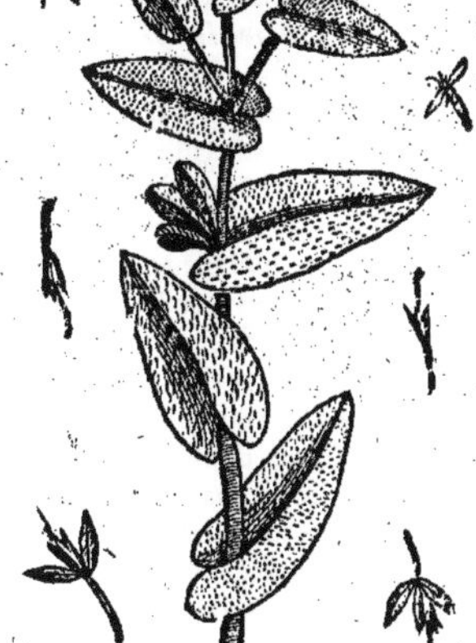

Lib.21.c.12. La forme.

PLINE dit, que la Cerinthe a la fueille blanche, recourbée : & est vne plante de la hauteur d'vne coudée, auec vn bouton creu, & qu'elle a vn suc comme miel, & que les mouches à miel sont bien friandes des fleurs de ceste plante. Or les Herboristes ont estimé, que ce fust la plante qui est icy peinte, laquelle croist és lieux secs & à l'apuril, ayant la racine longue & grosse, & plusieurs tiges rondes de la longueur d'vn pied ; les fueilles longues, aiguës au bout, blanches par dessus auec des poincts ou marques qui semblent y auoir esté faites exprés, & velues par le bas, lesquelles embrassent si bien la tige par le bout d'embas, qu'il semble qu'elles soient fendues, pour la laisser passer. Ses tiges iettent des branches, au bout desquelles il vient des fleurs longues, semblables à celles de la *Dactilis*, sinon qu'elles sont moindres, iaunes, apres lesquelles vient la graine, qui est menuë, en certains vases dentelez à l'entour, du milieu desquels il sort vn filet fort menu. La *Pulmonaria* & quelques autres plantes ont bien certaines marques sur leurs fueilles, toutefois ie n'en ay point encor veu qui en ait en si grand nombre, ne si bien distinguées. On l'entretient dans les iardins à Paris, où ils l'appellent *Telephium*.

Le lieu.

De l'Elleborine rouge,

CHAP. XXIX.

Elleborine rouge.

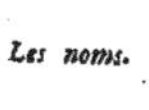

Les noms.

LES Herboristes ont nommé ceste plante *Elleborine Ferruginea*, ou *Punicea*, pource que ses fleurs sont de couleur enfumée ou rouge, & que ses fueilles retirent auec celles de l'Ellebore blanc, combien qu'ils sachent bien qu'elle est bien differente auec l'Elleborine de Dioscoride. Pena & Lobel disent, que les modernes l'ont appellée *Calceolus Mariæ, Soulier nostre-Dame*. Dodon au traitté des fleurs l'appelle *Damasonium nothum*. Elle croist sur les hautes cimes des montagnes aspres, seches & rabbotteuses : & fait la racine tortue, comme celle du Genouillet, poulpue, rousseastre & fort cheueluë. Elle a sept ou huict fueilles semblables à celles de l'Ellebore blanc, larges pleines de veines, qui embrassent les tiges par le bas, & sont iointes à icelles sans s'en separer. Sa tige est de la hauteur d'vn pied, auec vne seule fleur à la cime, mipartie par dehors en quatre petites fueilles, comme des rayons, dont il y en a deux larges & deux estroites, de couleur d'enfumé. Icelles enuironnent vn certain creux fait à mode d'vn chappeau, ou d'vn panier, rayé par dedans de lignes rouges. Du milieu de ces rayons comme d'vne gorge ouuerte il sort deux langues blancheastres, canelées, l'vne par dehors & l'autre par dedans, attachées à vne queuë petite & courte, qui est vne fort belle figure de fleur & de bonne

Le lieu. La forme.

bonne grace, & digne d'admiration. Elle fleurit au mois de May. Elle est amere au goust & sent vn peu mal. On dit que cette herbe est bonne pour les playes & qu'elle les guerit, quand elles sont freches. *Le temps. Les vertus.*

Thalietrum de Dodon.

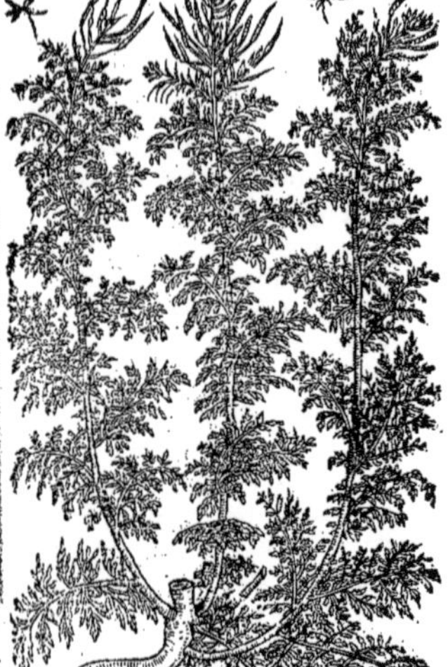

Athanasia Leucanthemos de Dalechamp.

CHAP. XXX.

Les Grecs appellent θαλίητρον & θαλίκτρον, & les Latins *Thalictrum*, ou *Thalietrum*, vne plante que Dioscoride dit auoir les fueilles comme le Coriandre, toutesfois qu'elles son plus grasses, & la tige grosse comme celle de la Rue, garnie de fueilles. Pline la descrit en ces mesmes termes : *Thalietrum a les fueilles comme le Coriandre, vn peu plus grasses, la tige comme celle du Pauot. Il croist par tout és lieux champestres.* Il semble qu'il ait leu μήκων@, c'est à dire, *Pauot*, au lieu de πηγάνε, c'est à dire, *Rue*, Galien a suiuy Dioscoride, disant; *Le Thalietrum a les fueilles comme le Coriandre, & la tige grosse comme celle de la Rue.* Ceste si brefue description a esté cause, que les vns prennent vne plante pour le *Thalietrum*, les autres vne autre : Toutesfois les plus doctes asseurent, que la plante que les Chirurgiens appellent *Sophia* : en Allemand *Vuelsomen*, est le *Thalietrum*, tant pource qu'elle en a la figure, que pource aussi qu'elle est singuliere pour guerir les vlceres malins. Car elle a les fueilles decoupées fort menu, comme celles de Coriandre ; toutesfois elles sont plus menuës, ou bien comme celles de l'Absynthe Romain, blancheastres, les tiges de la hauteur d'vne coudée & demie, rondes, droites, pleines de bois, comme celles de la Rue, auec des fleurs à la cime pasles ou iaunastres, semblables à celles de la Roquette ou Seneué sauuage & des gousses de mesme, sinon qu'elles sont plus menuës, pleines d'vne petite graine rougeastre. Elle croist le long des chemins, és lieux non cultiuez & parmy les masures. Elle fleurit en Iuin & continue iusques au mois de Septembre. Dioscoride dit que le *Thalictrum* guerit les vieux vlceres. Galien dit, qu'il est desiccatif sans acrimonie; à raison de quoy il guerit les vieux vlceres. Pline dit, que ses fueilles incorporées en miel guerissent les vlceres. Ainsi aussi les Chirurgiens qui ont vescu du temps de Guido, & de Pierre Argelate, ont laissé par escrit, que la *Sophie* guerit & consolide les vlceres inueterez & malins ; & que sa graine prinse en breuuage auec du vin, ou bien auec d'eau ferrée guerit la dysenterie, & le flux de ventre, & de sang. Fuchse, Tragus & Cordus se sont trompez prennants ceste plante pour le *Seriphium*, qu'ils ont surnommé *Germanicum*.

Les noms. Liu. 4 ch 93. Liu. 27. c. 13. La forme. Liure 6. des simpl. Dodon liu. 1. chap. 77. Pena aux Aduers. Le lieu. Au mesme. Les vertus. la & temperature. Liure 6 des simpl. Chap. 3 1.

De l'Athanasia Leucanthemos, CHAP. XXXI.

Athanasia *Leucanthemos* croist parmy les taillis & buissons en lieu sec : Et a la racine fort cheueluë, la tige de la hauteur d'vne coudée & quelquefois d'auantage, auec plusieurs brãches; Les fueilles semblables à celles de *l'Athanasia Chrysanthemos*, vn peu plus decoupées à mode de celles de Coriandre; d'vn goust douceastre au commencement, mais apres qu'on les a longuement maschées, elles eschauffent la bouche & le gosier à mode du Pirethre; mais non pas du tout si fort. Sa fleur vient à la cime des branches, & est faite à mode de rayons, blanche à l'entour, & iaune au milieu. Aucuns tiennent que ceste *Le lieu.*

Liu. 2. ch. 73. ceste plante est *l'Vchna blanche* d'Auicenne, ou bien (comme de Bellune lit) *Achna* ; & que *l'Athanasia Citrine* est le *Chrysanthemos*: combien que le traducteur ait prins la *Matricaire* pour *Vchne*, de laquelle il ne s'en treuue qu'vne espece : tellement que par ce moyen il ne se faut pas grandement arrester à ce traducteur. Au reste ce qu'Auicenne escrit que la *Vchna blanche* est de plus grande efficace que la iaune, conuient bien à ceste plante : car comme elle est plus amere, plus chaude, & plus acre au goust que la iaune, aussi ne sent elle pas si bon à beaucoup pres. Ainsi il semble que ce soit la *Tanaise* non odorante sauuage de Lobel & de Pena, laquelle croist de soy-mesme en Dauphiné à l'entour de Valence, & ne sent du tout rien.

De l'Ambrosie, CHAP. XXXII.

Les noms. COMME les anciens Grecs on appellé *Ambrosia* τὸ τῶν θεῶν βρῶμα, c'est à dire, *la viande des Dieux*, pource que hommes ne la mangent pas : ou pource que ceux qui en mangent deuiennent immortels : ainsi aussi on a nommé *Ambrosia* vne plante à raison de sa bonne odeur, qui la rend souhaitable non seulement és bouquets, mais encore aux Dieux. Ou bien pource qu'elle fait viure longuement ceux qui en mangent. Dioscoride dit, que c'est vne petite plante, de la hauteur de trois paumes, branchue, ayant les fueilles petites au commencement de la tige comme celles de la Rue : mais ses petites tiges sont fournies de graine entassée à mode de petite grappe de raisin, & ne fleurissent iamais. Ceste plante sent le vin, & a vne assez bonne odeur. Sa racine est menuë, de la longueur de deux paumes. On en mesle dans les chapeaux de fleurs en Cappadoce. Pline en dit de mesme. *Il y a*, dit-il, *plusieurs plantes qui sont nommées Ambrosia. Ceste-cy dont nous parlons, est vne plante branchue, espesse, & menuë, de la hauteur quasi de trois paumes, ayant la racine plus courte du tiers, & les fueilles semblables à la Rue.* Sa graine vient à l'entour du bas de la tige, en des petites branches à mode de grappe de raisin, sentant comme le vin ; à raison dequoy aucuns l'ont nommée *Botrys*, & d'autres *Artemisia*. Ceux de Cappadoce s'en seruent à faire des chapeaux. Matthiol estime que la plante qui est icy peinte, est la vraye Ambrosie,

(Margin: Liu. 3. c. 112. La forme. — Liu. 27. ch. 4. — Sur le c. 112.)

Ambrosie premiere de Mattiol.

Ambrosie seconde de Matthiol.

Le lieu. qui est la mesme que Lobel appelle *Ambrosia spontanea strigosior*. Toutesfois il met aussi pour vne seconde espece d'*Ambrosia*, vne autre plante qu'il auoit mise pour la vraye *Ambrosia* en la premiere edition de ses commentaires, dont l'vne peut estre appellée masle & l'autre femelle, ou pour le moins ce seront plantes de mesme espece. Toutesfois plusieurs estiment que la derniere n'est pas *Ambrosia* ; mais *Artemisia* aux fueilles menuës. L'Ambrosia croissoit de soy mesme és lieux pierreux:

Ambrosia grande de iardin de Lobel.

Ambrosia de montagne de Dalechamp.

ierreux ; à present il ne s'en voit sinon dans les iardins : Et si elle y vient plus grande qu'elle n'e-
oit quand elle croissoit de soy mesme, il ne faut pas pourtant dire que ce ne soit *l'Ambrosia*, veu
u'vne plante, qui est cruë en lieu sec, & pierreux, estant replantée dans les iardins, se peut bien
ai e plus grande, comme le pourtraict le monstre. Car ceste *Ambrosia* de iardin a les fueilles *La forme.*
eaucoup plus grandes, que celle qui croist de soy-mesme emmy les champs, combien qu'au
este elles ayent toutes deux vne mesme odeur, goust & figure. Au reste les proprietez que les *Les vertus.*
nciens ont attribuées à ceste plante, ne respondent pas à vn si braue nom. Dioscoride dit, qu'e-
ant appliquée en liniment elle arreste, reprime & reserre les humeurs qui coulent sur quelque
artie. Pline dit, qu'elle est propre pour resoudre ; en quoy il a changé la proprieté repercussiue *Au mesme lieu.*
ue Dioscoride appelle ἀποκρουστικὴν, en celle qui est appellée διαφορητικὴ, c'est à dire, *Resolutiue*. Car
alien dit aussi, comme Discoride, que ceste herbe estant appliquée en liniment est astringean- *Liure 6. des simp.*
e & repercussiue. Il faut icy adiouster vne autre plante, que les Herboristes appellent *Ambrosia*
e montagne, laquelle croist, ainsi que Dalechamp a remarqué, sur vne montagne du Dauphiné
res de Grenoble, qu'on appelle sainct-Ænard, en vne grande forest ; & fait vne petite racine, fort
ongue, pleine de bois, & noirastre : & quatre ou cinq petites tiges, de la hauteur d'vne paume,
roites : les fueilles semblables à celles des Airelles, ou du Prunier sauuage, pleines de veines, à
emy rondes, vn peu dentelées à l'entour, sortans quatre ou cinq ensemble de la tige par vn
mesme endroit : & plusieurs boutons sans fleur, entassez à la cime des branchettes de la tige à
mode de grappe de raisin, anguleuses, à demy-rondes, du milieu desquels il sort vn petit filet semblable au bec d'vne mouche, & d'vn goust aspre.

De l'Anthyllis, CHAP. XXXIII.

NOvs auons traitté de quelques especes *d'Anthyllis* entre les plantes maritimes; à present il vient bien à propos de traitter de quelques autres. En premier lieu de celle que les Herboristes nomment *Anthyllis seconde*, & ceux *Les noms.*
de Montpelier *Iua muscata*, laquelle croist par tout aux enuirons de Montpelier, & fait la racine assez grosse, vn peu cheuelüe, qui n'est pas fort longue, blancheastre, & trois ou quatre petites tiges, de la hauteur d'vne paume, sans aucunes branches, sortans d'vne mesme racine. Ses fueilles sont
semblables à celles de la Chamæpytis troisiesme, dont la tige est fort garnie, specialemét à la cime, longues & decoupées à l'entour, toutesfois elles
ne sont pas diuisées en trois, comme celles de la Chamæpytis. Sa fleur est purpurée, & sort par le
mesme endroit que les fueilles, & est odorante. Sa graine est petite & vient en des petits vases. Pena

Le Lieu.

Anthyllis seconde des Herboristes.

appelle ceste mesme plante *Anthyllis Chamæpytioides*, & dit qu'elle croist parmy les Oliuiers, & le long des terres seches de Languedoc & de Prouence, & qu'elle n'est pas si commune ailleurs. On l'appelle communement *Moschata*, pource qu'elle est odorante, toutesfois son odeur n'est pas plaisante, & ne sent pas le Pin. Elle retire à la vraye Chamæpytis odorante ; toutesfois elle fait les branches plus fermes, à mode de sarments, pleines de bois, & plus courtes, & les fueilles plus larges, plus longues, & vn peu dentelées, en grand nombre, & couuertes de coton, entre lesquelles sortent les fleurs, plus grandes que celles de la Chamæpytis, & purpurées, & vne graine veluë. Sa racine est de bois, d'vn goust amer, du tout mal-plaisant, & astringeante. L'Escluse en a mis le pourtraict sous le nom *d'Anthyllis seconde*. Il y a vne autre Anthyllis de montagne, laquelle croist sur les montagnes ombrageuses, & fait la racine courte, entorse, blanche, & quelque peu cheueluë, & plusieurs tiges de la hauteur d'vne paume, rondes, auec beaucoup de fueilles disposées alternatiuement par la tige, longues, à mode de celles de la Linaria, fendues en trois pres de la tige, d'vn goust salé, du milieu desquelles sort la fleur, puis la graine qui est fort menuë, enclose en des petits boutons comme ceux du lin, au dedans desquels il y a au bout vn filet de couleur d'herbe. Lobel a mis le pourtraict d'vne autre *Anthyllis* des Italiens, qui semble estre vne espece de *Camphorata*, de laquelle nous parlerons à la fin de ce liure. C'est vne plante qui fait les fueilles menuës, & resemble à vn petit Pin. Aucuns doctes Italiens la prennoient pour la seconde *Anthyllis* de Dioscori-

Anthyllis de montagne.

Anthyllis seconde des Italiens suyuant Lobel.

de, qu'il dit auoir les fueilles & les branches comme l'Aiuga: mais pource qu'elle n'est pas fort odorante, Lobel tient que l'*Iua muscata* de Montpelier retire mieux à la seconde *Anthyllis*, & en merite mieux le nom que celle-cy, laquelle retire quant aux fueilles & à la figure, à la *Camphorata*, toutefois elle est plus petite, & a ses branchettes cotonnées au bout, les fleurs de couleur de mousse, iaunes-palles, & fort seches au goust.

Dale

De la Linaire, *CHAP. XXXIV.*

LEs Herboriſtes ont remarqué pluſieurs eſpeces de *Linaire*, deſquelles nous mettons icy le pourtraict de quelques vnes. La premiere eſt ſurnommée *Linaria tenuifolia*, laquelle croiſt és lieux ſecs,maigres, & battus de vents. Elle a la racine fort cheueluë & noire,& pluſieurs tiges rondes de la hauteur d'vne paume ; la fueille ſemblable à celle du lin,& fort menuë & deliée, d'vn gouſt nv peu aſpre : & produit beaucoup de fleurs, qui ſont rouges deuant que d'eſpannir, mais puis apres elles ſont rouges-blancheaſtres. Sa graine eſt fort menuë, & enſerrée en des petits vaſes longuets, compoſez comme d'eſcorce. La Linaire *Le lieu.* *La forme.*

Linaire aux fueilles menuës de Dalechamp.

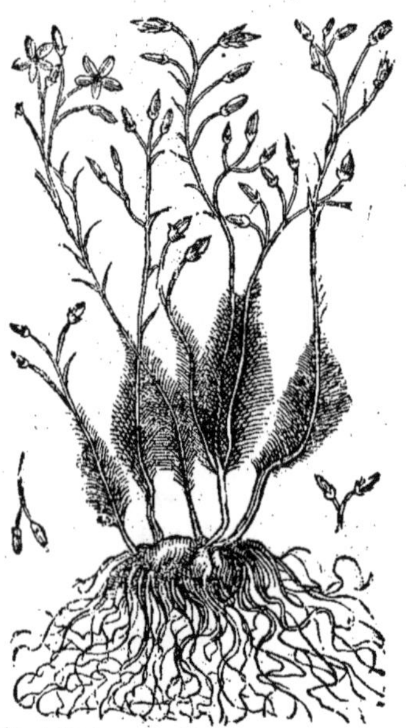

Linaire bleuë de Dalechamp.

bleuë fait la racine dure, pleine de bois, & blanche, & pluſieurs fueilles ſortans pres de la racine, ſemblables à celles de la Bourſe à berger, decoupées auec quelque peu de veines. Sa tige a plus d'vne coudée de haut, & eſt garnie de fueilles longues, ſemblables à celles de la *Linaire*, plus eſtroites & plus noires, qui ne ſont point decoupées à l'entour, ſortans cinq ou ſix enſemble, & attachées à vne queuë qui ſort de la tige, menuës comme de cheueux, auec pluſieurs petites branches, & graiſles. Elle fait beaucoup de fleurs bleuës tirant ſur le blanc, entaſſées à mode de maſſe, apres leſquelles il y vient des petits vaſes, forts applatis par le bas, & larges à la cime, & fendus en deux, comme ceux de l'Elatine. Elle croiſt és lieux ſecs, maigres, & à l'abril, & fleurit à la fin de May. Toute la plante eſt amere au gouſt. Elle mondifie les vlceres ſales, tue les vers, & ſert pour deſoppiler. Il croiſt vne *Linaire* aux enuirons de Lyon qui a les fueilles ſemblables à la commune ; mais ſa fleur eſt bleuë tirant ſur le blanc, au lieu que celle de la commune eſt jaunaſtre, & a vne queuë à mode d'vne corne, au lieu que l'autre n'en a point. D'auantage elle ſent fort bon, à raiſon de quoy on l'appelle *Odorante*, au lieu que la fleur de la *Linaire* commune ſent mal. Dodon & l'Eſcluſe ont auſſi mis vne *Linaire odorante*, laquelle ne fait qu'vne tige, qui a quelquefois vne coudée de haut, & fait beaucoup de petites branches à la cime, garnies de fueilles longues, ſemblables à celles du lin, toutesfois celles qui ſont couchées par terre ſont beaucoup plus larges & plus grandes, & retirent à celles des Marguerites, neantmoins elles ſont dentelées à l'entour, meſmes il y en a quelques vnes par la tige, qui ont de grandes decoupeures. Elle fait beaucoup de petites fleurs, arrangées à mode d'eſpic, bleuës, retirans quaſi à celle de la Lauande, auec vne pointe recourbée autour à mode d'vn hameçon, (ce qui ne ſe voit pas bien au pourtraict) & qui ſentent aſſez bon. Sa graine eſt rouſſe & petite,& vient en des petites gouſſes ſemblables à celles de la *Linaire*, combien qu'elles ſoient moindres. Elle ne *Le lieu.* *Les vertus.*

Linaire odorante de Dodon.

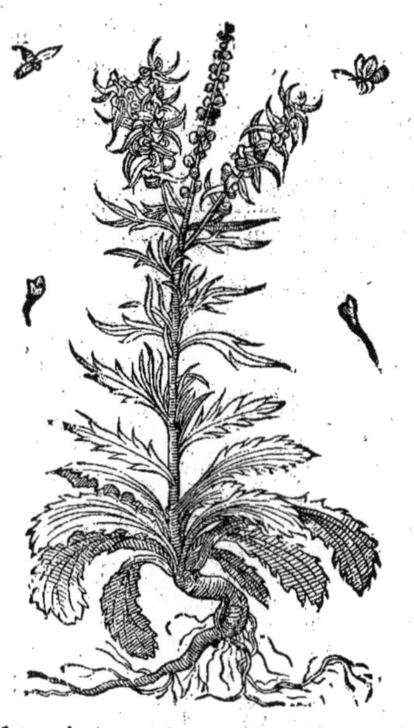

Linaire petite de Dalechamp.

Le Lieu. Le temps.

fait qu'vne racine blanche, de la grosseur du petit doigt. Elle croist de soy-mesme és lieux montueux de Castille, en terre seche & pierreuse, là où elle fleurit en Avril, & fait sa graine en May, & en Iuin, La petite Linaire croist és lieux pierreux & aspres, le long de la riuiere d'Arue, aupres de Geneue: & a la racine courte, noire, cheueluë & plusieurs petites tiges de hauteur d'vne paume,& aussi beaucoup de fleurs purpurées faites à mode d'vn petit cornet, qui couure la cime, qui est rouge. Sa graine est petite, & vient en des petits vases ronds, comme ceux du lin, qui ont vn petit poil menu au bout à mode de veillon. Il faut encor adiouster icy, suiuant Lobel, la

Linosyris des modernes, de Lobel.

Linaria Aurea de Tragus.

Passerina ayant les fueilles de la Linaire de Lobel.

Linosyris des modernes, qui a esté ainsi nommée, pource qu'elle retire à la *Linaire*, & à la *Scoparia*. Car elle fait des tiges fermes, garnies de fueilles semblables à celles de la *Scoparia*, ou de l'Osyris commune. Mais ses fleurs qui sont à la cime, sont de couleur de iaune - doré, disposées en façon de celles de l'Aster de Montagne aux fueilles estroites, ou du *Crithmum Chrysanthemum*, & semblables en figure & grandeur à celles de la *Conyza* grande ou petite. Ses tiges ont vn pied ou vne coudée de haut, Lobel dit, qu'il se souuient l'auoir cueillie és collines qui sont le long de la marine de Languedoc, quand on va és baings qui sont pres de Frontignan. Elle est acre au goust, visqueuse & vn peu amere, du goust du Sené, approchant de celuy de la *Thimelea*. Il y a aussi vne autre *Linaire* que Tragus appelle *Aurea*. Guillandin la prend pour *l'Hyssopus vmbellifera* de Dioscoride, & vne espece de *Helichrysum*. Elle semble estre d'vne mesme espece auec la *Linosyris*: Car elle a la mesme figure, comme aussi les fueilles, & les tiges, qui sont de la hauteur d'vne coudée, auec plusieurs branches à la cime: mais les boutons qui sont au bout de ses fleurs, sont garnis de petits filets iaunes comme l'or. Sa racine est de bois & cheuelue. Sa graine est fort petite, Plus il y a vne plante appellée *Passerina*, qui a les fueilles comme la *Linaire*, laquelle doit estre mise au nombre des *Linaires*, à cause de sa figure. Car elle a les fueilles semblables à la *Linaire*: mais ses fleurs sont palles, entassées sur des boutons gros comme des grains de Coriandre, semblables à ceux qui viennent à la cime de la Chrysocome, vn peu plus palles, sur des queuës branchuës, comme celles du lin. Elle croist aux enuirons de Montpelier. Voilà ce qu'en dit Lobel, — *La forme.* — *Le Lieu.*

Du Millepertuis, *CHAP. XXXV.*

La plante appellée par les Grecs ὑπερικὸν, ἀνδρόσαιμον, & χαμαιπίτυς; s'appelle aussi en Latin *Hypericum*, *Androsæmum*, & *Chamæpitys*. les Arabes l'appellent *Reiofricon*, & *Reiofaricon*: les Italiens *Hyperico*. & *Perforata*: les Allemans *S. Ioanskraut*; les Espagnols *Coraconcillo*: en François *Millepertuis*. On l'appelle *Androsæmum*, pource qu'en broyant sa fleur entre les doigts, elle rend vn ius comme de sang, Elle est nommée *Chamæpitys*, pource que sa graine sent comme la resine; & *Perforata*, & *Millepertuis*, pource qu'en regardant ses fueilles contre le Soleil, il semble qu'elles sont toutes pleines de petits pertuis, ce que Dioscoride ny Pline aussi peu n'ont pas remarqué. — *Les noms.*

Millepertuis de Matthiol.

Dioscoride dit, que *l'Hypericum* est vne plante branchue, de la hauteur d'vne paume, ayant les fueilles semblables à celles de la rue, la fleur iaune, (Oribaze adiouste, semblable à celle des violiers; & toutefois cela n'est pas adiousté aux communs exemplaires, neantmoins Matthiol appreuue ceste leçon; car la fleur de *Millepertuis* est de la couleur des fleurs des violiers iaunes, & veut qu'on y laisse le mot Grec *Leucoion*, pour oster l'ambiguité du mot *Albo*, qui est en la traduction. Ce qui a peut-estre trompé Marcel Florentin, lequel a escrit en sa traduction, que la fleur de *Millepertuis* est blanche) laquelle broyée entre les doigts rend vn suc comme sang; les branches vn peu veluës, rondes, longuettes, de la grosseur d'vn grain d'orge (il y a de la faute en cest endroit aux cõmuns exemplaires Grecs, ausquels il s'en faut vn mot, qui signifie ce en quoy est enclose la graine, A raison dequoy Ruel n'a pas suyuy la commune leçon, mais semble qu'il ait adiousté le mot περικάρπια, car il traduit, *les gousses vn peu veluës, & en ouale, de la grosseur d'vn grain d'orge, dans lesquelles est la graine noire, &c.* Cornarius lit ainsi; — *Liu. 3. c. 151.* *La forme.*

ainſi: *Des petites branchettes veluës, & vn fruict en ouale, gros comme vn grain d'orge, &c.*) auec vne graine noire au dedans, qui ſent la reſine. Elle croiſt és lieux cultiuez & aſpres. Par le moyen de la correction de ce paſſage au texte Grec, & par le denombrement des principales marques de ceſte plante, il n'y a perſonne qui puiſſe ignorer, que la plante que les Medecins & Chirurgiens d'auiourd'huy appellent *Hypericum*, eſt auſſi *l'Hypericum* de Dioſcoride. Ce qui appert principalement par deux marques: l'vne que les fleurs broyées rendent vn ius comme de ſang; ioint auſſi qu'elles ſont odorantes, graſſes, & viſqueuſes au toucher, & que ſa graine ſent la reſine, & eſt encloſe en grande quantité dans des gouſſes, amere & de mauuais gouſt. Pline ne s'accorde pas du tout auec Dioſcoride, combien qu'il parle de la meſme herbe, diſant: *Autant en fait l'Hypericum, qu'aucuns appellent Chamæpitys, & d'autres Conon, qui eſt vne plante herbuë, menuë, de la hauteur d'vne coudée, rougeaſtre, & a la fueille comme la Rue, d'vne odeur acre, & porte vne graine noire dans des gouſſes, laquelle meurit quant & l'orge.* Voila ce qu'en dit Pline. Le Millepertuis fleurit en eſté, ſpecialement en Iuillet, & en Aouſt. Dioſcoride dit, que le *Millepertuis* prouoque l'vrine, & les mois eſtant appliqué. Prins auec du vin il guerit la fieure tierce, & la quarte auſſi. Sa graine prinſe en breuuage par l'eſpace de quarante iours guerit la ſciatique. Ses fueilles appliquées en liniment auec la graine, gueriſſent les bruſleures. Pline dit, que le naturel du Millepertuis eſt de reſerrer: il reſerre le ventre & prouoque l'vrine. Prins auec du vin il ſert contre la grauelle de la veſſie. Galien dit, que le *Millepertuis* eſchauffe & deſſeche, & qu'il eſt d'vne eſſence ſubtile; ſi bien qu'il prouoque les mois & l'vrine: mais pour ceſt effect il faut prendre tout le fruict, & non la graine ſeule: Et que ſes fueilles appliquées vertes gueriſſent toutes ſortes de playes, & meſmes toute ſorte de bruſleure. Ses fueilles ſeches & puluериſées gueriſſent les vlceres humides & pourris, ſi on les en ſaupoudre. On l'ordonne auſſi contre la ſciatique. Matthiol dit, que le *Millepertuis* eſt aperitif, & reſolutif, qu'il conſolide & reſerre. Sa graine prinſe auec du vin fait ſortir la pierre, & reſiſte aux venins, & aux morſures des beſtes venimeuſe: ce que fait auſſi l'herbe mangée, ou beuë, ou appliquée en liniment ſur la morſure. L'eau diſtilée de la plante eſtant en fleur, eſt tenuë pour ſouueraine contre le haut mal, & la paralyſie, eſtant priſe en breuuage. Sa graine puluerizée prinſe auec du ius de Renouée eſt bonne à ceux qui crachent le ſang. Ses fleurs & ſa graine ſont merueilleuſement propres pour guerir toutes ſortes de playes, excepté celles de la teſte. Auſſi l'huile dans lequel on aura long temps laiſſé en infuſion les fleurs de l'Hypericum, & ſes gouſſes pleines de graine, apres l'auoir tenu longuement au Soleil, eſt ſingulier pour guerir les playes freſches: mais il fera plus d'operation ſi on le meſle auec huile de Terebenthine. Enduit tout ſeul par deſſus le ventre, il eſt bon contre la dyſenterie. Vne cueillerée d'iceluy prinſe tue les vers du ventre. L'Eſcluſe met vne eſpece d'Hypericum; qui fait pluſieurs branches couchées par terre, garnies d'vne infinité de fueilles, ſemblables à celles du *Millepertuis*: mais toutes cotonnées & chenuës. Ses fleurs viennent le long des branches, & ſont iaunes, toutesfois elles ſont vn peu plus palles & moindres que celles du *Millepertuis* commun, apres leſquelles il y vient de petits boutons ſemblables à ceux de l'autre *Millepertuis*. Sa racine eſt de bois, dure; les branches auſſi qui trainent par terre iettent

Le Lieu.

Liu. 26. c. 8.

Le temps.

Les vertus.

Liu. 26. c. 8.

Liure 8. des ſimpl.

Caſ. 153 li. 3.

[L]iure 2. des [Pl]antes d'Eſpagn.

Hypericum trainant par terre de l'Eſcluſe.

Hypericum cotonné de Lobel.

Hypericum de Syrie de Lobel.

iettent des racines & des cheuelures. Il croist en certaines vallées assez pres de Salamanque, où il fleurit en Iuillet, comme aussi le long de la marine du royaume de Valence, où il fleurit au mois de Mars. C'est sans doute vne espece de *Millepertuis*, veu qu'elle y retire fort, toutesfois elle est de moins d'efficace, & plus odorante que la commune. Lobel adiouste vn autre *Hypericum*, qu'il appelle *Tomentosum*, lequel croist aux enuirons de Montpelier, és lieux qui sont naturellement humides : mais qui sont bien eschauffez par le Soleil, & n'a pas plus d'vne paume de longueur, & traine par terre. Il a les fueilles moindres, & en est aussi moins garni par certains interualles. Sa fleur & sa graine sont iaunes, & palles. Toute la plante est chenuë & veluë, & n'a comme point d'odeur, du goust du *Millepertuis*, mais de moins d'efficace. En outre il met vn *Hypericum* de Syrie & d'Alexandrie, qui a les fueilles quatre fois plus petites que le nostre commun, lesquelles sortent en touffe & comme par mouchets au bout des branchettes, qui ont vne coudée de longueur. Ses fleurs sont iaunes, du tout semblables à celles du nostre.

De l'Ascyrum. CHAP. XXXVI.

ΑΣΚΥΡΟΝ & *ἀσκυροιδες*, & aussi *ἀνδρόσαιμον* en Grec: & en Latin *Ascyron*, & *Ascyroides*, est vne espece d'*Hypericum*, ainsi que dit Dioscoride, & n'y a autre difference que pour raison de la grandeur ; d'autant que ceste plante a les branches plus grandes, plus fourchues & rouges ; les fueilles menuës, les fleurs iaunes ; le fruict semblable à celuy du Millepertuis, sentant la resine, & qui teint les doigts comme de sang, quand on le broye: à raison dequoy on l'a appellé *Androsæmum*. Pline est vn peu discordant d'auec Dioscoride en ce qu'il dit, que *Ascyrum* & *Ascyroides* sont plantes semblables, qui retirent au Millepertuis, toutesfois *l'Ascyroides* a les branches plus grandes, & ferulacées, & du tout rouges, auec des petits boutons iaunes à la cime. Il produit en certains vases sa graine, petite, noire, & gommeuse. Ses branches pilées rendent vn ius rouge comme sang; dont aucuns l'ont appellé *Androsæmon*. Galien fait *l'Ascyron* estre vne espece *d'Androsæmon*. Matthiol a mis le vray pourtraict de cest *Ascyron* auec celuy du Millepertuis, lequel nous auons aussi mis icy. Il est desia assez cogneu: car il s'aime fort le long des petites riuieres & des ruisseaux qui passent par les prés, & aux autres lieux arrousez; & a la racine fort cheueluë, de laquelle il sort des petites tiges quarrées, auec des fueilles semblables à celles de Millepertuis, vn peu plus grandes, & semblablement percées à iour. Ses fleurs sont aussi iaunes, & rendent vn ius rouge en les broyant. Sa graine sent aussi la resine. Il est bon aux mesmes choses que le Millepertuis, toutesfois, on ne s'en sert pas communement. Dioscoride dit que son fruict prins auec deux hemines d'eau miellée est bon à la sciatique ; car il euacuë beaucoup d'excrements ; mais il faut continuer d'en prendre iusques à ce qu'on soit entierement guery. Il est aussi bon pour les brusleures en l'appliquant dessus. Pline dit, que sa graine prinse au pois de deux dragmes en vn sextier d'eau miellée est bonne contre la sciatique. Elle lasche le ventre, & euacuë les humeurs bilieuses. Elle est aussi souueraine pour les brusleures estant appliquée en liniment.

Les noms. Liu. 3. chap. 150. *La forme.* Liu. 27 ch. 5 Liure 6. des simpl. Pena aux Aduers. *Les vertus.* Liu. 3. ch. 54. Liu. 17. ch. 5

Ascyrum. de Matthiol.

De l'Androsæmum, CHAP. XXXVII.

Les noms. ΑΝΔΡΌΣΑΙΜΟΝ en Grec, qu'aucuns appellent aussi *Dionysias*, & *Ascyrum*, s'appelle aussi en Latin *Androsæmum*, qui veut autant à dire comme *sang d'homme*, pource que ceste plante rend vn ius comme sang. Elle est differente auec *l'Hypericum*, & *Ascyrum*, ainsi que dit Dioscoride, pource qu'elle fait plusieurs branches menuës, & rouges, & les fueilles trois ou quatre fois plus grandes que celles de la Rue, lesquelles estans broyées rendent vn ius comme de vin, & sont estendues à la cime à mode d'ailes, à l'entour desquelles sortent des petites fleurs iaunes. Sa graine vient en vn petit vase, semblable à la graine du Pauot noir, estant comme marquée de certaines lignes. Ses branches broyées sentent la resine. Pline dit, que *l'Androsæmum*, ou bien *Ascyrum* retire au Millepertuis, toutesfois il fait les tiges vn peu plus grandes, plus touffuës & plus rouges; les fueilles blanches, de la figure de celles de la Rue. Sa graine retire à celle du Pauot noir. Ses branches broyées rendent vn suc rouge comme sang, & sentent la resine. Il croist dans les vignes. On l'amasse enuiron le milieu de l'Automne, & le pend on pour le faire secher. Nous auons icy mis le pourtraict de *l'Androsæmum* prins de Mat-

Liu. 3. chap. 155. La forme. liu. 26. ch 4. Le lieu.

Androsæmum de Matthiol.

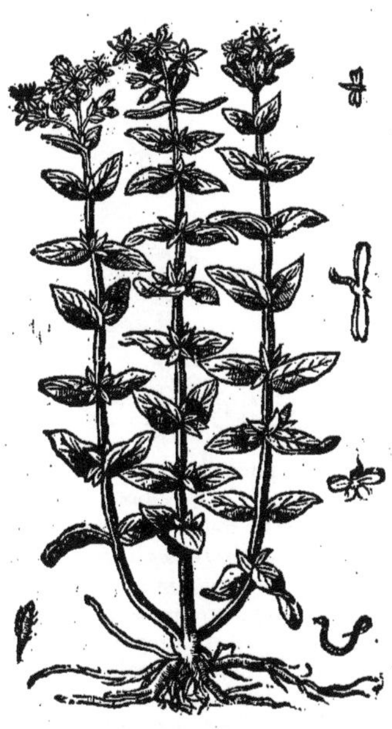

Androsæmum de Dodon, II. de Fuchse

Chap. 155. liu. 3. thiol, qui est approuué par Pena & Lobel. Il croist és forests & lieux ombrageux. Non seulement ses fleurs, mais aussi ses fueilles broyées rendent vn suc de couleur de pourpre, qui est vne marque bien signalée pour cognoistre ceste plante, laquelle est plus grandes & plus haute que le Millepertuis, & a les fueilles vne fois aussi grandes, toutefois elle en fait moins. Elle a aussi les fleurs & la graine semblables; mais ses branches sont plus hautes, d'vne coudée de haut, grailes, rondes, & rougeastres. Dodon & Fuchse prennent pour *Androsæmum* vne autre plante, que les Italiens prennent pour le *Clymenum*: plusieurs l'appellent *Siciliana*, croyant qu'il ne s'en treuue point ailleurs qu'en Sicile, ce qui est faux. Aucuns estiment que c'est le *Clymenum* de Pline. On l'appelle en François *Toute-saine*. Ceste plante estant verte produit des branches à mode d'osier, ainsi que dit Pena, rouges comme sang, droites, soupples, & vn peu anguleuses, ou cannelées en long, semblables à celles de la Cheurefueille, & de mesme couleur; & les fueilles deux à deux par certains interualles; de couleur perse par dessous, & vertes-brunes par dessus, semblables aussi à celles de la Cheurefueille, sinon qu'elles sortent par les neuds, & ne sont pas ainsi percées par leur branche, & si ne rendent pas vn suc si rouge, comme il a esté dit du vray *Androsæmum*. Ses flerus sont iaunes, apres lesquelles il y vient de petits grains, qui sont premierement rouges, puis apres noirs, pleins d'vn suc purpurée, & de graine menuë, & brune. Sa racine est noire par dehors, blanche par dedans, pleine de bois, & fraile, de la hauteur d'vn pied ou d'vn pied & demy, sentant la resine

resine, & n'est point visqueuse. Toute la plane n'a point de mauuaise odeur, & sent comme la gomme *Elemni*, ou le Treffle odorant. Elle est mediocrement astringeante, resolutiue, & desiccatiue, auec peu, ou point du tout de chaleur. On en fait grand estat pour les playes, & en met on ordinairement dans les compositions des baumes, huiles, & potions vulneraires. Pena dit, qu'elle est fort commune dans les forests, & bois taillis d'Angleterre, & qu'elle croist dans les iardins en Flandres. Au reste la graine de *l'Androsæmum*, ainsi que dit Dioscoride, broyée, & prise en breuuage au pois de deux dragmes euacuë les humeurs bilieuses du ventre. Elle guerit la sciatique, *Le temperament.* *Le lieu.* *Les vertus.*

Autre Androsæmum de Dodon.

Androsæmum blanc de Dalechamp.

toutesfois apres qu'on est purgé il faut boire de l'eau. L'herbe aussi guerit les brusleures estant appliquée dessus, & estanche le sang (aux communs exemplaires il y a *& estanche le sang*: au lieu qu'au vieil exemplaire il y a, *& guerit les vlceres corrosifs.*) Pline en traitte plus amplement, *On pile la graine ensemble auec l'herbe pour purger le ventre, prennant au matin ou apres souper deux dragmes d'icelle en eau miellée, ou en vin, ou bien dans de l'eau pure, que le tout puisse monter à la quantité d'vn sextier.* Elle est propre à euacuër les humeurs bilieuses, & est singuliere aux sciatiques: toutesfois le lendemain apres qu'on aura prins ceste medecine, il faudra pendre vne dragme de racine de Capprier incorporée en resine, & puis recommencer au bout de quatre iours. Apres la purgation si le patient est de forte complexion il pourra boire du vin; autrement il faudra qu'il boiue de l'eau. On l'applique aussi sur les gouttes, & brusleures, & mesmes aux playes; d'autant qu'elle estanche le sang. Galien dit, que *l'Androsæmum* est vne plante branchue, dont il s'en treuue de deux sortes: l'vne est appellée *Ascyrum*, & *Ascyroides*, qui est vne espece *d'Hypericum*, ou soit *Millepertuis*: l'autre est appellée par aucuns *Dionysias*. Leur graine est purgatiue: mais leur fleur est mediocrement detersiue, & desiccatiue: tellement qu'on tient qu'elle est propre pour guerir les brusleures. Estant cuite en vin rude, elle rend ce vin là propre pour consolider les grandes playes. *Liu. 26. ch. 8.* *Liure 6. des simpl.*

De la Coris, *CHAP. XXXVIII.*

DIOSCORIDE apres auoir traitté du Millepertuis, & autres plantes de mesme espece, parle quant & quant de la *Coris*, comme estant semblable & de mesme espece. Et de faict il dit, qu'aucuns la nomment *Hypericum*, & qu'elle a la fueille semblable à celle de la Bruyere, sinon qu'elle est moindre, plus grasse, & rouge. Or c'est vne plante de la hauteur d'vne paume, de bon goust, acre, & odorante. Pline met aussi la *Coris* pour vne espece de Millepertuis, & la descrit quasi tout de mesme, disant: *Il y a vne autre sorte de Millepertuis, qu'aucuns appellent Coris, qui a les fueilles comme le Tamarisc, & croist dessous iceluy, toutesfois elles sont plus grasses, moindres & rouges: & est odorante, ayant plus d'vne paume de hauteur. Elle a assez bonne odeur & est piquante.* Il dit icy, *les fueilles comme le Tamarisc,* *Les noms* *La forme.* *Liu. 26. c. 48.*

Coris de Matthiol.

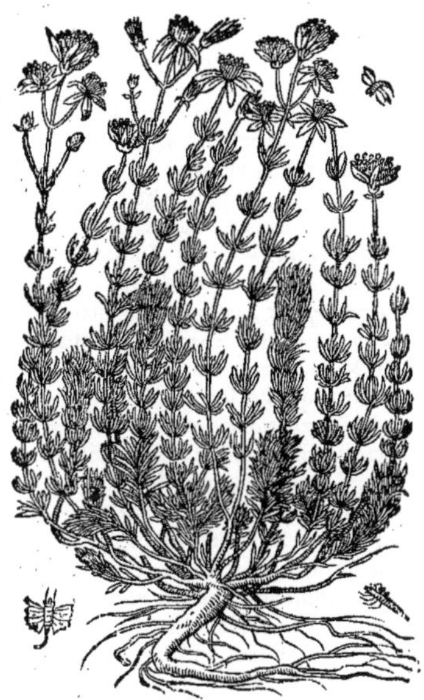

Coris de Montpelier de Dalechamp.

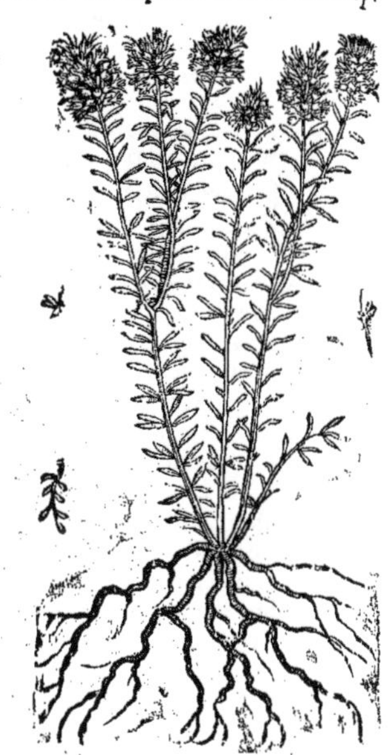

marisc, au lieu de dire, *comme la Bruyere*. Matthiol prend pour la *Coris* la plante qui est icy peinte, & dit que la *Coris* ne retire pas si bien au Millepertuis, comme *l'Ascyron* & *Androsæmum*, adioustant simplement la description de Dioscoride. Et dit en outre, que les Herboristes luy en ont souuent apporte, & qu'elle est assez commune en Italie, sans toutesfois en descrire ny la figure ny les vertus. Mais Lobel la descrit ainsi : *La Coris de Matthiol a les fleurs à mode d'estoile, semblables à celles de l'Ornithogalon, excepté qu'elles sont moindres, rouges-blancheastres, auec des petits filets iaunes. Sa racine est de bois, de laquelle il sort plusieurs petits tiges de la hauteur d'vne paume, garnies de fueilles qui sortent par les neuds à mode d'estoile, semblables à celles de* Kali, *ou de la* Spergula. Elle aime les prés battus de l'air de la marine. Pena a mis le pourtraict d'vne autre *Coris* belle, & de bonne grace, laquelle il nomme *Coris de Montpelier*, pource qu'il n'en a point veu ailleurs qu'à Montpelier, & à Frontignan au pied du mont Cetien, & aupres de Maguelonne. Elle fait plusieurs branchettes touffues, assez dures, droites, rondes, de la hauteur d'vn paume, ou d'vne paume & demy, pleines de bois, garnies bien espais de fueilles semblables à celles de la Bruyere, arrangées tout de mesme. A la cime des branches il vient des fleurs purpurées, ou qui tirent sur le bleu, & qui sont fort belles. Sa graine est ronde, & vient en des petits vases tendres, qui sont faits en pointe, de la grosseur de celle du Tamarisc, fauue ou brune, enuelopée dans de la balle menuë, comme si c'estoit vne prunelle d'œil qu'on eust voulu ainsi asseurer. Sa racine est fort grande, longue & grosse à proportion de la plante, de la grosseur de celle de l'Orcanette, & de mesme couleur. Car toute la plante est vn peu rouge, & a la racine pleine d'vn suc duquel on fait estat pour teindre les draps. Elle est vn peu amere, d'vn goust acre, & odorante. Dioscoride dit, que la graine de Coris prinse en breuuage prouoque les mois & l'vrine. Elle est propre pour ceux qui ont esté mordus par les Phalanges ; comme aussi à la sciatique, & aux spasmes qui font recourber le corps en derriere, estant prise auec du vin. Prinse auec du poyure elle fait passer les frissons & tremblements des fieures. Pour les spasmes dessusdits il la faut appliquer en liniment auec huile. Pline parle autrement touchant ses proprietez : *Sa graine*, dit-il, *est chaude : aussi fait elle enfler les hergnes* ; mais elle est assez propre à l'estomach, & est singuliere à ceux qui ne peuuent vriner que goutte à goutte ; pourueu que la vessie ne soit point vlcerée. Prinse auec du vin elle sert aussi aux pleuresies. Or pource qu'on ne sçauroit tirer vn bon sens de ces mots : *aussi fait elle enfler, &c.* Cornarius dit, qu'il faut ainsi corriger le texte Latin suyuant vn vieil exemplaire : *Aussi est elle bonne contre les ventositez, mais elle est contraire à l'estomach.* L'Escluse a mis le pourtraict & la description de la mesme Coris de Montpellier, disant, qu'elle fleurit au mois de May, & quelquefois au mois de Mars en certains liux secs à l'entour de Salamanque, & de Montpelier, & le long de la marine de Valence & de Languedoc. Dalechamp l'auoit desia long temps auparauant fait peindre, & l'auoit descrite, ayant beaucoup de racines, pleines de bois, rouges, & plusieurs tiges de la

Marginal notes: *Le lieu.* (beside "aime les prés battus…") — *Les vertus.* Liu. 1. c. 156. (beside "estat pour teindre…") — Liu 26. ch. 8. (beside "auec huile. Pline…") — Liure 2. des Plantes d'Espagn. ch. 94. (beside "elle bonne contre les ventositez…")

de la hauteur d'vne paume, rougeastres, & branchues, auec force petites fueilles semblables à celles de la Bruyere, ameres au goust. Ses fleurs sont entassées à la cime des tiges à mode d'espic, & sont fort belles, purpurines sortans de certaines petites coupettes.

De l'Iue muscate. *CHAP. XXXIX.*

LA χαμαιπίτυς des Grecs s'appelle aussi en Latin *Chamæpitys*, *Aiuga*, ou *Abiga*, ainsi que dit Pline. Hermolaus dit, qu'elle est aussi appellée *Ibiga*, lequel nom dure encor auiourd'huy : car en ayant osté deux lettres, assauoir i, & g, on l'appelle *Iba* : & du nom *Aiuga* en ostant deux lettres, a, & g, il reste *Iua*, qui est le nom dont on l'appelle communement. Les Apothicaires l'appellent *Iua muscata*, & *Iua arthetica* : les Arabes *Hamesiteos*, ou *Chamasithius* : les Italiens *Chamepitio*, & *Iua* : les Espagnols *Pinilho*, & *Iua arthetica* : les Allemans *Ye lenger*, *Ye lieber*: les François *Iue muscate*, & *Arthetique*. Elle est appellée *Chamæpitys*, comme qui diroit *Petite-pece*, pource que ses fueilles ont l'odeur de la *Pece*: & *Abiga*, pource qu'elle fait poser l'enfant aux femmes enceintes, suyuant le tesmoignage de Pline & Dioscoride, en euacuant tout ce qui est dās la matrice ; comme aussi *Arthetica*, ou plustost *Arthritica*, pource qu'elle sert à la sciatique, & aux autres douleurs des iointures. Dioscoride establit trois especes *d'Arthetique*: dont la premiere va rāpant par terre, & a les fueilles semblables à la Iourbabe ; l'autre est plus grande, & la troisiesme est le masle. Pline en met tout autant: toutefois il en change l'ordre, mettant la grande pour la premiere, & la petite pour la seconde, & le masle pour la troisiesme. Discoride, dit que *l'Arthetique* est vne herbe qui traine par terre, recourbée, ayant les fueilles semblables à la petite Ioubarbe : toutefois elles sont plus menuës & plus grosses (c'est à dire, ainsi que dit Serapion, qu'elles ont vne humidité visqueuse par dessus) veluës, & en grand nombre à l'entour des branches, sentans comme la Pece. Ses fleurs sont petites, iaunes, ou blanches. Sa racine retire à celle de la Cichorée. La seconde a les branches de la longueur d'vne coudée, recourbées à mode d'vn ancre, menuës, & les fueilles semblabes à la precedente. Sa fleur est blanche, & sa graine noire. Elle sent aussi la Pece. La troisiesme, qui est appellée masle, est vne petite herbe ayant les fueilles menuës, blanches, & veluës ; la tige aspre & blanche, & des petites fleurs iaunes, auec vne graine menuë qui vient à l'enfourcheure des branches. Elle sent aussi la Pece comme les autres. Pline n'est pas du tout concordant auec Dioscoride ; car il dit ainsi : *La Chamepitys des Grecs est appellée en Latin Abiga, pource qu'elle fait poser l'enfant deuant le temps aux femmes enceintes : les autres l'appellent Thus terræ. Elle a des branches d'vne coudée de long, & la fleur semblable à celle du Pin & de mesme odeur. L'autre est plus courte & comme recourbée ; la troisiesme à la mesme odeur, & par mesme moyen le mesme nom. Elle fait vne petite tige, grosse comme le doigt ; les fueilles aspres, petites, & blanches, & croist par dessus les pierres.* La premiere Arthetique de Dioscoride representée par Matthiol est celle que nous auons icy mis au premier lieu : & la troisiesme celle que nous mettons au second. Quant à la moyenne qui est la plus grande il confesse librement qu'il ne la cognoist pas. Au contraire, Lobel & Pena tiennent, que celle que Matthiol & Dodon mettent pour la premiere, n'est pas la premiere ; mais le masle, ou soit la troisiesme de Dioscoride, assauoir celle qui est cogneuë & en vsage par tout.

Les noms. Liu 24. ch. 6. Au Coroll. 1/6. liu. 3. Les especes. Liu. 3. c. 157. La forme. Chap. 179. des simpl. Liu. 24. ch. 6. Pena aux Aduers.

Arthetique premiere de Matthiol.

Elle croist és lieux sablonneux, secs, & aux vignobles pierreux, & aussi parmy les Oliuiers en Languedoc, là où elle est fort odorante. Elle fait des petites tiges grailes, veluës, recourbées, & en grand nombre : les fueilles comme celles du Pin, ou de l'herbe aux puces, sinon qu'elles sont moindres, cheuuës, & en grand nombre, pleines de resine, dont il y en a aussi de petites entrelassées parmy les fleurs qui sont iaunes, semblables à celles de la Veronique femelle. Sa graine est longuette, ronde, & brune. Elle croist de soy-mesme parmy les champs, en France, Allemagne & Angleterre : mais en peu de lieux : à raison dequoy on l'entretient dans les iardins ; toutefois le cultiuage fait qu'elle n'est pas de si grande efficace en medecine comme celle qui croist de soy-mesme, & n'est pas si odorante. Sa racine fait des petites cheuelures assez dures, pleines de bois, ameres au goust, aromatiques & vn peu acres sans aucune douceur ; mais plustost resineuses,

Le lieu.

resineuses, à raison de quoy le goust en demeure long temps à la bouche : dont il y a des Allemans qui l'appellent *Vergiszmynnicht*, c'est à dire, *ne m'oublie pas*. Sur quoy Matthiol reprend à tort vn certain Apothicaire Allemand, & Brasauola, de ce qu'ils attribuent cest epithete à ceste plante. Car luy mesmes se trompe, attribuant à ceste plante vne autre epithete qui dit, *ye lenger ye leber*, c'est à dire, *tant plus longuement tant plus plaisant*, qui conuient, cõme nous auons dit, à la

Arthetique troisiesme, ou seconde de Matthiol.

Arthetique premiere de Dioscoride, de Pena & Lobel.

Pseudochamæpitys de Dodon.

Circæa. L'autre *Chamæpitys* ou soit la troisiesme de Matthiol & de Dodon, suyuant mesme l'opinion de Lobel & de Pena, est la premiere de Dioscoride, qui sent le Pin, & est moins cogneuë, & s'en treuue en peu de lieux : toutefois elle est la plus odorante. Elle croist sur les collines seches, & terres esleuées à l'entour de Nice en Prouence, & à l'entour de Gennes. Mesmes on l'entretient soigneusement en quelques iardins en Flandres. Elle a la racine cheueluë comme celle du laitteron ou de la dent de Lyon, & produit des petites branches de la hauteur d'vne paume, couchées par terre, garnies de petites fueilles, comme celles de la petite Ioubarbe, ou plustost de la Vermicularis ; toutefois elles ne sont pas si poulpues, mais chenuës, & veluës, auec des petites fleurs blanches au milieu. Elle a vne odeur plaisante, & sent quelquefois le lent comme la mousse de Chesne ou de Cedre. Quant à la seconde Arthetique de Dioscoride c'est peut estre la plante que nous auons appellée *Vermiculatus frutex maior*, cy deuant au chapitre *de la Ioubarbe*. Il y en a aussi qui prennent pour l'Arthetique seconde celle qui est mise au chapitre suyuant pour la *Chamædrys seconde*, ou femelle. Dodon met au nombre de ces plantes vne qu'il appelle *Pseudochamæpitys*, pource qu'elle a seulement les fueilles comme *l'Arthetique*, & non pas l'odeur. Elle retire à la premiere de Dodon, & fait des petites tiges couchées par terre, & les fueilles toutes semblables : mais il y a difference quant aux fleurs : car elle les fait blanches, retirans assez bien à celles du *Lamium*, renuersées, toutefois elles sont plus longues, & plus

Le lieu.

plus ouuertes, apres lesquelles elle fait des grains attachez ensemble quatre à quatre. Sa racine est mediocrement grosse. Dodon dit, qu'elle luy a esté enuoyée d'Espagne, sans luy en dire le nom. L'Escluse escrit qu'il a treuué en Espagne vne certaine petite plante, fort semblable à *l'Artethique*, tant en ses petites tiges, qu'en la figure des fueilles, qui sont miparties en trois, laquelle est toute veluë, d'vn goust vn peu salé, & sans aucune odeur, sinon qu'elle sente ie ne sçay quoy comme l'herbe, & mauuais. Ses fleurs sortent par les enfourcheures du bout des branches, & resemblent à celles de *l'Arthetique*: toutefois elles sont blanches, & plus grandes. Ses grains sont enclos quatre à quatre en des petites coupettes cendrées, assez gros & ronds. Sa racine est grossette & blancheastre. Elle croist és lieux qui ne sont pas cultiuez, *Le lieu.* & fleurit en esté. *Le temps.* Il semble que ce soit la *Pseudo-Chamæpitys* de Dodon, pour le moins elle luy retire fort. *Au mes. lieu.* Au reste Dioscoride dit, que les fueilles de la premiere *Arthetique* prinses *Les vertus.* en breuuage sept iours durant guerissent la iaunisse. Prinses par l'espace de quarante iours auec eau miellée, elles sont singulieres pour guerir la sciatique. Elles sont propres specialement pour ceux qui ont le foye offencé, pour la difficulté d'vrine, & pour les accidéts des reins, & mesmes pour les trenchées du vétre. En Heraclée qui est au païs de Pót, on s'en sert comme de contrepoison contre l'Aconit, en beuuant leur decoction. Pour les effets que dessus il la faut incorporer auec griotte seche detrempée dans la decoction de la mesme herbe, puis l'appliquer en liniment. Broyée & reduite en pillules auec des figues, elle lasche le ventre. Incorporée en miel auec escume d'airain & de la resine, elle purge. Appliquée en pessaire auec du miel, elle euacuë ce qu'on a accoustumé de faire sortir de la matrice, (Car il y a ainsi au Grec ἄγει τὰ ἀπὸ ὑστέρας προστεθεῖσα σὺν μέλιτι. Or τὰ ἀπὸ ὑστέρας, comprend non seulement *les mois*, mais aussi *l'enfant & l'arrierefaix*: aussi est elle appellée *Abiga*, pource qu'elle fait auorter. Elle resoult la durté des mammelles, consolide

Arthetique bastarde de l'Escluse.

les playes, arreste les vlceres corrosifs, ou dertres, estant appliquée en liniment auec miel. La seconde & la troisiesme ont les mesmes vertus; mais auec moins d'efficace. Pline en dit de mesme pour le regard de leur vsage en la Medecine: *Elles sont* dit-il, *propres contre les piqueures des scorpions, comme aussi pour le foye, en les appliquant en liniment auec des dattes, ou des pommes de coing. Leur decoction incorporée auec farine d'orge est bonne pour les reins & pour l'vrine. On boit mesmes leur decoction pour guerir la iaunisse & la difficulté d'vrine.* *Liu. 24. ch. 6.* La derniere est bonne auec du miel contre les serpens. Appliquée en pessaire elle purge la matrice: prinse en breuuage elle fait sortir le sang caillé. Elle fait suer ceux qui s'en frottent, & est particulierement propre pour les reins. On en fait des pillules auec des figues, qui sont propres pour purger les hydropiques. Prinse en vin au pois d'vn victoriat, elle guerit la couleur des flancs, & la toux nouuelle. On dit qu'estant cuite en vinaigre & prise en breuuage, elle fait sortir le fruict hors du ventre tout à l'instant. Galien en traite bien plus distinctement: *L'Arthetique*, dit-il, *a plus d'amertume au goust que d'acrimonie: mais en effect elle purge, & nettoye les parties interieures plus qu'elle ne les eschauffe.* *Liure 8. des simpl.* Parquoy c'est vn remede propre pour ceux qui ont la iaunisse, & generalement pour tous ceux qui ont le foye suiet à opilation: mesmes elle prouoque les mois, tant prinses en breuuage qu'appliquée en pessaire auec miel. C'est aussi vn souuerain remede pour faire vriner. Aucuns l'ordonnent pour la sciatique, la faisans cuire en eau miellée. L'herbe verte consolide les grandes playes, & guerit les vlceres pourris, & d'auantage resoult les durtez des mammells: car elle est desiccatiue au troisiesme degré, & chaude au second.

De la Grmandée, ou Chesnette, CHAP. XL.

Les noms. LA *Germandrée* ou *Chesnette* est appellée en Grec χαμαίδρυς & χαμαίδρυα, en Latin *Trixago*, ou *Trissago*: les Apothicaires retiennent le nom Grec. On l'appelle communement *Quercula minor*, & *Serratula*: pource que ses fueilles sont dentelées: les Arabes l'appellent *Damedrios*, *Chamadrios*, ou *Kemadrius*: en Italien *Chamedrio*, *Querciuola*, & *Calamandrina*: en Allemand *Gamander*, *leyssen Batthengel*. Les Grecs l'ont appellée *Chamædrys*, comme qui diroit *Petit-chesne*; pource que ses fueilles retirent à celles du Chesne. Dioscoride & les autres autheurs anciens n'en mettent qu'vne espece; mais les modernes en

Germandrée de Matthiol.

Germandrée commune masle de Fuchse.

Chap. 333. nes en mettent bien d'auantage. Fuchse a mis le pourtraict de quatre, la premiere qui est *la vraye Germandrée*, dont il fait deux especes, le masle & la femelle. D'autres les distinguent autrement.

La forme. Or Dioscoride dit, que la Germandrée est vne petite plante de la hauteur d'vne paume, ayant les fueilles petites, decoupées, & de la figure de celles de Chesne, ameres, & la fleur tirant sur le purpurée, petite. (Au viel exemplaire il y a ἄνθος ὑπο πόρφυρον, μικρὸν καὶ πικρὸν, c'est à dire, *la fleur vn peu purpurée, petite & amere.* Oribaze lit ὑπόπυῤῥον, c'est à dire, *rousseastre.* Ruel suyuant

Germandree seconde de Matthiol.

Germandrée commune femelle de Fuchse.

Pline

Pline a traduit *flore paruo pené purpureo ; la fleur petite quasi purpurée.*)Elle croist és lieux aspres & pierreux. Il la faut amasser quand elle est chargée de graine. Pline en traitte breuement,disant : *La Chamædrys est appellée en Latin Trissago;d'autres l'appellent Chamædrope,& d'autres Teucrium.Elle a les fueilles grandes comme celles de la Mente,decoupées comme celles du Chesne;& de la mesme couleur.D'autres la nomment Serrata,disant que la façon de la scie a esté prise sur ses fueilles.Sa fleur est quasi purpurée.*Or celle qui est icy peinte luy retire fort bien;car elle a la racine petite, fourchue,& produit plusieurs branches,de la hauteur d'vn pied , auec les fueilles dentelées à l'entour, deux à deux,& en grande quantité,decoupées comme celles du Chesne:toutefois les decoupeures ne sont pas si profondes.Ses fleurs sont purpurées.Ceste-cy peut estre appellée *Germandrée petite*:car celle qui croist en Anuers & ailleurs dans les iardins peut estre appellée la plus grande, d'autant qu'elle a les fueilles plus grandes,plus blanches & la fleur perse - blafarde, & ne craint ny les neiges ny la pluye:au lieu que l'autre flestrit en peu de temps.Il faut encor adiouster la plus *petite Germandrée* qu'aucuns appellent femelle ; mesmes Dodon en a mis le pourtraict sous ce nom , disant, que c'est vne petite herbe , qui fait beaucoup de petites tiges cottonnées , les fueilles velues , auec de

Le lieu. *Liu.24.c.15.* *Pierre Pena aux Aduers.* *Liu.1.ch.16*

Germandrée femelle de Dodon.

Germandrée de montagne de Dalechamp.

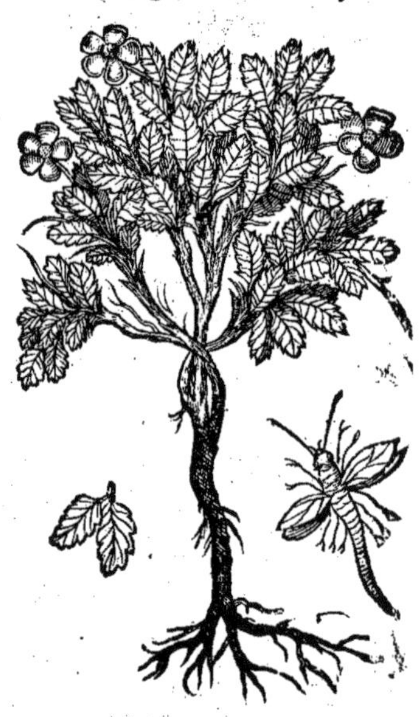

grandes decoupeures,quasi en croix de Bourgogne ; les fleurs purpurées qui sortent à l'entour de la tige. Sa graine vient en des gousettes rondes,& est noire & ronde. Sa racine est grosse auec beaucoup de cheuelures.C'est la mesme dont Matthiol met le pourtraict pour *La seconde Germandrée.* Aucuns la prennent pour la seconde Arthetique, à laquelle elle retire quant aux fleurs & à l'odeur.D'autres la prennent pour *l'Ocimastrum.*Dodon en son traitté *des medicaments purgatifs* la met pour *l'Arthetique troisiesme.*Lobel l'appelle *Germandrée seconde aux fueilles decoupées,*ou plustost *seconde Arthetique.*Tragus la nomme *Chamæcyparissus sauuage.*Les Herboristes appellent aussi ceste autre *Germandrée* qui est icy peinte *Germandrée de montagne,*pource que ses fueilles retirent à celles de la *Germandrée,*& qu'elle croist aux montagnes, D'autres la prennent pour la *Leucas* de Dioscoride,à cause de la blancheur de ses fueilles.C'estvne petite plante qui croist sur les rochers,& lieux aspres des plus hautes montagnes, de la hauteur d'vn pied, ou d'vn pied & demy. Sa racine est noire , longue , esparse çà là, & pleine de bois, de laquelle il sort plusieurs tiges noires , tirant sur le brun, rondes , couchées par terre , auec des fueilles semblables à celles du Chesne, ou de la *Germandrée* , fort decoupées par les bords, vertes-brunes par dessus , & blancheastres par dessous, & fort touffues. Sa fleur est attachée à vne longue queuë , & est blanche retirant aux Roses sauuages , ou à celle du Cistus, composée de cinq petites fueilles , auec des petits filets iaunes au milieu, & de fort bonne grace. Lobel a aussi mis le pourtraict d'vne *Germandrée de montagne* dure que Gesnerus appellé *Ceruicaria* ; Et en quelques lieux d'Italie on la nomme *Chioma di Ioue,*à cause qu'il sort de sa fleur comme vne touffe de soye, qui se va estendant en façon de cheueux entortillez.

Le lieu.

Les vertus. *Liu.3.ch.69* tortillez. Quant au reste elle est toute semblable à la precedente. Toute la plante est fort astringeante, comme son goust le monstre. Au surplus Dioscoride dit, que la *premiere Germandrée*, estant freche & verte cuite en eau & prinse en breuuage, est bonne contre les spasmes, à la toux, contre la durté de la ratelle, la difficulté d'vrine, & à ceux qui commencent à estre hydropiques. Elle prouoque les mois & fait sortir l'enfant du ventre de la mere : elle amoindrit la ratelle estant prinse en breuuage auec vinaigre. Prinse en vin elle est singuliere contre tous venins, comme aussi estant appliquée en liniment. Pour les effects susdits il la faut broyer, & en faire des pillules. Incorporée en miel elle mondifie les vieux vlceres ; broyée en huile & appliquée en liniment sur les yeux elle esclaircit la veuë. *Liu.24.c.15.* Pline dit aussi la plus part de ce que dessus. Prinse en breuuage, ou appliquée en liniment elle est singuliere contre le venin des serpens : comme aussi pour l'estomach, à la toux inueterée, au phlegme qui demeure attaché au gosier, à la rompure, aux spasmes, & aux douleurs de costé. Elle consume la ratte. Elle prouoque les mois & l'vrine : à raison dequoy elle est propre à ceux qui commencent à estre hydropiques, en faisant cuire vne poignée d'icelles en trois hemines d'eau iusque à la consumption du tiers. Elle guerit aussi les apostumes, & les vlceres sales estant incorporée auec du miel. On en fait aussi du vin qui est singulier pour les accidents de la poitrine. Le suc des fueilles appliqué auec huile esclaircit la veuë trouble. Pour la ratte il en faut vser auec vinaigre. *Liure.8.des simpl.* Galien declare bien par le menu ses qualitez & effects, disant : *La Germandrée a beaucoup d'amertume : elle est aussi aucunement acre : à raison dequoy elle doit estre propre pour faire fondre la ratte, & prouoquer l'vrine & les mois. Elle incise les humeurs grosses, & desopile les parties interieures.* *Le temperament.* On peut donc dire qu'elle est chaude & seche au troisiesme degré : toutefois elle eschauffe plus qu'elle ne resoult. *Liu.9.de l'hist.ch.10.* Theophraste attribue d'autres proprietez aux fueilles de la Germandrée qu'à sa graine, disant : *Les fueilles de la Germandrée sont propres pour les rompures & les playes estans incorporées en huile, & aux vlceres corrosifs. Sa graine euacuë la bile, & d'ailleurs est bonne pour les yeux. Sa fueille broyée en huile sert contre la taye des yeux.* Voilà ce qu'en dit Theophraste. Quant à la *Germandrée de montagne*, ceux qui habitent aux Alpes en font grand estat contre le flux de ventre, la trop grande abondance de mois, le flux de sang, & les vomissemens desordonnez : mais principalement pour la dysenterie. Et dit-on, que les Daims sont fort friands de la fueille de ceste herbe : tellement qu'ils ont accoustumé de se tenir aux endroits là où elle croist.

Veronique grande de Dalechamp. CHAP. XLI.

Le lieu. IL croist vne plante en Bourgone qui est appellée par aucuns *Veronica maxima*, *grande Veronique*, laquelle croist par les precipices & lieux aspres des montagnes, sortant parmy les rochers mesmes. Elle a la racine noire, auec beaucoup de cheueleures, & fait plusieurs tiges de la hauteur d'vne coudé. Les fueilles sëblables à celles des Chesnes, fort dentelées, & tousiours deux à deux à l'entour de la tige, comme celles de la Germandrée ; à raison dequoy aucuns la prennent pour vne espece *de Germandée.* Du creux de ses ailes il sort plusieurs surjeons qui ne sont point garnis de fueilles, mais de beaucoup de fleurs rouges, comme celles de la Veronique, petites & belles. Sa graine vient en des goussettes larges, dont il y en a deux jointes ensemble, assez semblables à celles de l'Elatine.

De la grosse Germandrée, CHAP. XLII.

Les noms. CEtte plante est appellée en Grec τεύκριον, & τεύκρις, du nom de Teucer qui en fut l'inuenteur : aucuns l'appellent *Chamædrys*, ou *Germandrée*, pource qu'elle retire à la Germandrée. Elle s'appelle aussi en Latin *Teucrium.* *Liu.3.c.95.* *La forme.* *C'est vne herbe*, dit Dioscoride, *branchuë semblab le à la Germandré, ayant les fueilles menuës, semblables à celles des pois ciches.* Or combien que ceste description soit si brieue, & peut estre manque, & qu'ainsi le *Teucrium* soit mal-aisé à cognoistre : toutefois par ce que ceste plante est comparée à la *Germandrée*, qui est vne herbe assez cogneuë, cela, di-ie, a fait qu'on est venu à la cognoissance du vray *Teucrium*, lequel est appellé en François *grosse Germandrée*, pource qu'il retire à la *Germandrée* ; & en Allemand aussi *Groszbatenger.* *Le lieu.* Ceste plante croist és lieux montueux & arides,

Grosse Germandrée, ou Teucrium premier de Matthiol.

Teucrium second de Matthiol.

ides, & faict plusieurs verges droites, pleines de bois, & les fueilles du tout semblables à celle de la Germandrée, excepté qu'elles sont plus grosses, vn peu moins chenuës, froncies, & aspres. es fleurs sont aussi semblables à celles de la Germandrée; toutefois elles sont de couleur de pourre, plus brunes. Pline en parle ainsi: *Au mesme temps*, dit-il, *Teucer inuenta le Teucrium, qu'aucuns ppellent Hemionitis, qui fait des branches menuës comme ionc, auec des fueilles recourbées, & croist s lieux aspres, & a vn goust aspres. Il ne fleurit iamais, ny ne porte graine. Ceste herbe est souueraine our la ratte. Et de fait voicy cõme on dit qu'elle vint à estre cogneuë. Cõme vn iour on eust ietté sur ceste herbe les entrailles des bestes, elle s'atacha à la ratte, & la cõsumas: dont aussi aucũs l'appellent Asplenõ. On dit que les porceaux qui mãgent de sa racine sont sãs ratte.* Vn peu apres il adiouste: *Aucuns prennent pour le Teucrium vne plante qui a les branches semblables à l'hyssope,* (Dioscoride dit, *à la Germandrée*) *& a les fueilles comme les feues:* (Dioscoride dit, *comme les poix eiches*) *& ordonnent de l'amasser quand elle est en fleur, tant s'en faut qu'ils croient qu'elle ne fleurisse pas, disans, que le meilleur Teucrium se treuue és montagnes de Pisidie & Cilicie.* Dioscoride dit, *aupres des villes nommées Gentias & Cissas.* En quoy Pline descrit en premier lieu, l'*Hemionitis* de Dioscoride sous le nom de *Teucrium*; & puis apres le *vray Teucrium.* Dioscoride dit, que ceste herbe estant verte, prinse auec eau & vinaigre, ou bien bouillie, si elle est seche, diminuë fort la ratte. On l'applique à ceux qui ont la ratte interessée, auec des figues & du vinaigre; & sur la morsure des serpens simplement auec du vinaigre sans figues. Pline en dit quasi de mesme: *L'herbe appellée Teucrium guerit la ratelle, estant prise seche en breuuage, à condition qu'on en fasse cuire vne poignée en trois hemines d'eau, tant que le tout reuienne à vne hemine.* On l'applique aussi en liniment auec du vinaigre, ou bien si cela est trop fascheux, auec des figues ou de l'eau. Galien dit, que le Teucrium est incisif & de parties subtiles; à raison dequoy il guerit les accidents de la ratte. Il faut donc dire qu'il est sec au troisiesme degré & chaud au second. L'Escluse met le pourtraict d'vn autre *Teucrium* qu'il appelle *Bæticum.* Il croist, dit-il, quelquefois à la hauteur d'vn homme,

La forme. — *Liu. 25 ch.* — *Liu. 3 ch. 9. Les vertus.* — *Liu. 26. ch. 8* — *Liure 6. des simpl.*

Teucrium Bæticum de l'Escluse.

me, & quelquefois moins, & ne fait qu'vne tige de la grosseur du petit doigt, couuerte d'vne escorce blancheastre, auec quelque peu de branches disposées tousiours deux à deux l'vne vis à vis de l'autre. Ses fueilles sont quasi semblables à celles du *Teucrium* commun ; toutesfois elles sont plus grandes auec quelques vuidanges à l'entour (ce qui ne se voit pas au pourtraict par la faute du peintre) du tout chenuës par dessous, & vertes-brunes par dessus: fort ameres au goust. Sa fleur est blanche, qui a comme deux leures qui pendent contre bas, sans qu'il y ait point de fueille releuée contremont, auec quelques petits filets longs qui sortent du milieu de la fleur. Elle fleurit en tout temps.
Le lieu. Elle croist, comme dit l'Esclusе, sur les montagnes qui sont pres du destroit de Gilbatar, & le long de la marine de l'Andalousie parmi les hayes & buissons: & en cest endroit de l'Isle de Calis duquel
Le temps. on passe en terre-ferme par dessus vn pont admirable. Elle fleurit en Feurier.

De l'Eufraise, *CHAP. XLIII.*

Les noms. 
VEu que le mot *Euphraise* monstre qu'il est venu du Grec, il semble qu'il ait esté prins du nom ancien de la *Buglosse*: Car tout ainsi que la *Buglosse* trempée dans le vin rend la personne ioyeuse, dont elle a esté appellée εὐφροσύνη: ainsi de mesme il semble que ceste herbe a esté appellée εὐφροσύνη, pource qu'elle reiouist la veuë: mais ceux qui n'entendoient pas la langue Grecque, ont corrompu le mot Grec l'appellans *Eufrasia*: ce que les Apothicaires ont suiuy, comme en plusieurs autres noms aussi. Or combien que ceste petite herbe ait vn nom Grec, & beau, si est-ce que les autheurs anciens tant Grec que Latins, comme Dioscoride, Galien, Pline, ni mesmes les plus recent, comme Aëce, Paulus, & Actuaire, n'en ont rien escrit que ie sçache: & n'y a que deux cents ans ou quelque peu d'auantage, qu'elle est cogneuë sous le nom d'*Eufraise*, & bien estimée pource qu'elle esclaircit la veuë, & est singuliere aux maladies des yeux causées par le phlegme : dont les Allemans l'appellent *Augentrost*: c'est à dire, *soulagement des yeux*. Aucuns l'ont aussi nommée *Ophthalmica*, pour ceste mesme
La forme. raison. On l'appelle en François *Eufraise*: en Italien *Eufrasia*. Or c'est vne petite herbe de la hauteur d'vne paume, qui fait des petites tiges purpurées, branchues, auec beaucoup de fueilles petites, crespées, & dentelées à l'entour: les fleurs petites, blanches tachetées par dedans de taches iaunes & purpurées : & vne petite racine menuë, & cheueluë.

Eufraise de Matthiol

Le lieu. Elle s'aime principalement sur les colines qui sont à l'abry, & aux prés maigres.
Le temperament Elle fleurit en Iuillet & en Aoust, & alors il la faut cueillir & secher. Son goust qui est amer monstre bien qu'elle est chaude & seche.
Les vertus. On se sert tant de l'herbe verte que de la seche pour tous les accidents des yeux qui troublent la veuë : parquoy estant broyée & appliquée sur les yeux, ou bien son suc distilé dans les yeux auec du vin, guerit l'esblouïssement de la veuë, & l'esclaircit. La poudre de l'herbe estant sechée fait le mesme effect, si on en prend tous les matins vne cueillerée y meslant le tiers de Macis simplement, ou bien auec du sucre, ou en vin : mesmes elle fortifie aussi & fait recouurer la memoire perdue. Arnaud de Villeneufue louë merueilleusement le vin d'Eufraise, disant: *Le vin d'Eufraise pour les yeux se fait en mettant ceste herbe dans du moust, & l'y laissant tant qu'il ne bouille plus.*
Au liure des vins. *L'vsage de ce vin fait raieunir les yeux de vieilles gens: car il oste l'empeschement, & guerit la defectuosité de la veuë en quelque âge que ce soit, principalement quand il a y trop de phlegme & de graisse. Il s'est veu mesme des personnages lesquels ayans esté longuement sans y voir goutte, ont recouuert la veuë en vsant de ce vin, car ceste herbe est chaude & seche, & a ceste proprieté de nature, que mangeant de sa poudre auec des iaunes d'œufs, ou bien la prenant auec du vin, elle est miraculeuse pour cest effect. Il y a encor des gens dignes de foy qui pourroient tesmoigner comme ils l'ont esprouué en eux mesmes, lesquels ne pouuoient lire auparauant sans lunettes, & toutefois depuis ils lisent bien sans cela, mesmes les plus menuës lettres. En somme il n'y a chose si souueraine que le vin d'Eufraise pour auoir bonne veuë. Que si le vin est trop grand, il y faut mesler d'eau*
Aux Aduers. *de fenouïl, & mesme du sucre, s'il est de besoin.* Voilà ce qu'en dit Arnoud. Toutefois Pena n'est pas du tout de son aduis, & conseille de ne s'y fier pas du tout, d'autant qu'il a veu vn sien compagnon

Seconde Enfraiſe de Dodon & de Lobel.

pagnon au païs des Suiſſes, lequel ayant vſé de ce vin ſeulement par l'eſpace de trois mois, perdit quaſi les deux yeux à force de defluxions qui luy tomboient deſſus, au lieu qu'auparauant il n'y ſentoit que quelque legere defluxion, qui luy faiſoit pleurer les yeux quelque peu. Parquoy il ſera plus ſeur d'vſer de la poudre, ou de ſa decoction ſans vin. Il y a vne autre plante, qu'aucuns appellent *Enfraiſe*, encor que ce ne ſoit pas la *vraye Enfraiſe*, qui a vn pied de hauteur ou dauantage, & fait des petites tiges rondes, branchues, auec des petites fueilles eſtroites, longuettes, qui pendent pour la plus part contre bas. Ses fleurs ſont rouges. Sa racine petite, ſemblable à la precedente. Il ſe faut bien garder d'en vſer au lieu de la *vraye Enfraiſe*. Dodon en a mis la deſcription, & Lobel le pourtraict, diſant qu'aucuns l'appellent *Crateogonum ſecond*.

De la Mouſtarde blanche de Dalechamp. *CHAP. XLIV.*

Este *Mouſtarde* croiſt és lieux aſpres & pierreux, ayant la racine dure & maſſiue, blanche, fourchue, & quelque peu cheuelue, & les fueilles qui ſont prés de la racine diſpoſées en rõd, & decoupées à mode de celles de Cichorée, leſquelles ſe perdent & ſe ſechent quant la tige eſt grande, à l'entour de laquelle il y en a beaucoup qui ſont liſſes, groſſes & charnuës, aiguës au bout, & faites à mode de croiſſant de Lune du coſté deuers la tige, laquelle eſt haute d'vne coudée, & quelquefois d'auantage, ronde, & rouge par le bas, auec pluſieurs branches à la cime, garnies de beaucoup de fleurs blanches, apres leſquelles il y vient des gouſſes grailes & longues, pleines d'vne petite graine, d'vn gouſt acre & bruſlant. Ses gouſſes ſe tiennent d'vne bonne grace, toutes releuées le long de la tige, & des branches, Elle fleurit en May. Aucuns eſtiment que c'eſt vne eſpece de *Thlaſpi*, dautres la prennent pour vne eſpece de *Draue*.

Le lieu. *La forme.* *Le temps.*

Mouſtarde blanche de Dalechamp.

La Ptarmica, ou herbe à eſternuer, *CHAP. XLV.*

Ombien qu'il y ait pluſieurs plantes, auſquelles le nom de *Ptarmica* pourroit appartenir, à cauſe qu'elles font eſternuer en les ſentant; ce neantmoins celle qui eſt icy peinte en premier lieu eſt appellée particulierement de ce nom là, ſuyuant l'opinion de Fuchſe, & pluſieurs autres Simpliciſtes; pource que par l'acrimonie de ſon odeur elle penetre dans le nez, & fait eſternuer. Dodon l'appelle *Pyrethre ſauuage*, pource qu'elle a vne faculté chaude & bruſlante, qui pique long temps la langue comme fait le *Pirethre*, vn peu moins toutefois. Les Allemans l'appellent *Vuilderbertram*. Il y a d'autres qui prennent d'autres plantes pour la *Ptarmica*. Il faut donc voir ce que Dioſcoride en dit : *La Ptarmica eſt vne petite plante*, dit-il, *qui iette des petites branches* (au vieil exemplaire il n'y a pas μικρὰς, qui ſignifie *petites*, mais λεπτὰς, c'eſt à dire *menues*) *en grand nombre, rondes, ſemblables à celles de l'Auronne, garnies de beaucoup de fueilles longues comme celles des Oliuiers, auec vn bouton au bout comme celuy de la Camomille, petit, rond, d'vne odeur acre, qui fait eſternuer; dont auſſi elle a prins ſon nom.* Ceſte deſcription conuient fort bien à la plante qui eſt icy peinte: car elle fait beaucoup de petites branches menuës, rondes, ſemblables à

Les noms. Chap. 245. de l'hiſt. Liu. 3. ch. 20. Liu. 2. c. 156. *La forme.*

Ptarmica de Fuchse.

Le lieu.
Le temps.

Liu. 3. c. 20.

celles de l'Auronne, vn peu rousseastres, garnies de grand nombre de fueilles longuettes, semblables à celles des Oliuiers, estroites, & dentelées tout à l'entour, à la cime desquelles il vient vne fleur semblable à celle de la Camomille, quasi à mode d'ombelle, laquelle penetrant dans le nez par l'acrimonie de son odeur fait esternuer. Elle croist le plus souuent sur les hautes montagnes, & és lieux pierreux, bien souuent aussi dans les prés. Elle fleurit en esté. On tire sa racine sur la fin d'Automne. C'est la mesme que celle dont Matthiol a mis le pourtraict sous le nom de *Ptarmica*, disant, qu'on la plante par tous les iardins en Boheme, l'ayans apporté des montagnes où elle croist: car il la descrit tout de mesme comme nous la venons de descrire:& dit qu'elle croist en semblables lieux. Aucuns l'appellent *Pyrethre*, pource qu'elle a vn goust acre, lesquelles Dodon ayant suyuy en a mis le pourtraict & la description sous le nom de *Pyrethre sauuage*. Il semble aussi que ce soit la mesme plante de laquelle nous auons traitté suyuant l'opinion de Myconius, entre les herbes de iardin, sous le nom d'vne espece de *Mente Sarrazine*. Or Matthiol a voulu appeller vne autre plante *Ptarmica*, laquelle fait des tiges menuës, les fueilles comme celles d'Oliuier, & les fleurs à mode d'ombelle à la cime de la tige auec des petits boutons, lesquels font esternuer, quand on les met dans le nez. Toutefois il dit que ce n'est pas la *Ptarmica* de Dioscoride. Les Herboristes aussi appellent *Ptarmica de*

Autre Ptarmica de Matthiol.

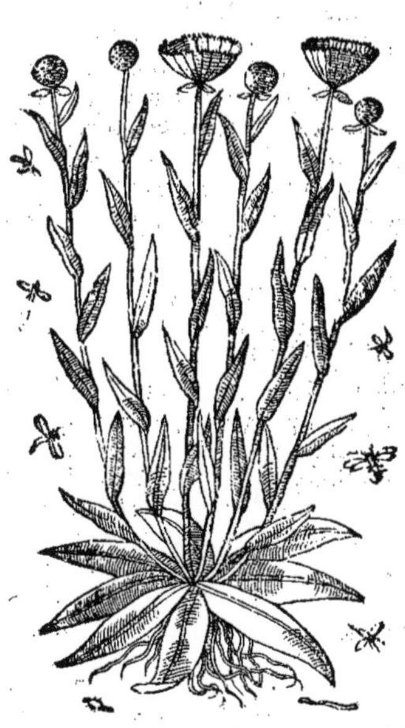

Ptarmica de montagne de Dalechamp.

montagne vne autre plante, qui croist sur les plus hautes & aspres montagnes de Dauphiné, pourueu qu'il y vienne d'autre herbe. Elle a la racine noire, mipartie en plusieurs autres, longue & fort cheueluë, odorante, en laquelle on apperçoit premierement vne amertume au goust, puis apres vne acrimonie. Elle produit plusieurs tiges pleines de bois, rondes, semblables à celles de l'Auronne, de la hauteur d'vne coudée, garnies de fueilles longues, semblables à celles d'Oliuier, combien que celles qui sont pres de la racine soient plus larges, quasi de la forme de celles du Plantain, couchées par terre, auec des boutons à la cime tels que ceux de la Camomile, qui rendent

dent vne odeur acre, & forte, laquelle fait esternuer, & sont garnies de fleurs iaunes à l'entour. Au reste Dioscoride dit, que les fueilles de la *Ptarmica* enduites auec les fleurs, guerissent les meutrisseures. Ses fleurs prouoquent fort à esternuer. Galien dit, que les fleurs de la *Ptarmica* font esternuer, dont l'herbe a prins son nom. Toute la plante estant broyée quand elle est verte, guerit les meurtrisseures & autres telles taches. Car elle est chaude & seche au second degré, tandis qu'elle est verte, & au troisiesme quand elle est seche. Touchant la *Ptarmica de montagne*, les femmes qui habitent ces montagnes là où elle croist, disent qu'elle est fort singuliere contre la suffocation de l'amarry, & quand les fleurs sont supprimées, aux palles couleurs des filles, & à ceux qui qui sont maigres & qui ont le corps mal-habitué. Liu. 2. c. 156. *Les vertus.* Liure 8. des simpl. *Le temperament.*

Du Pyrethre, CHAP. XLVI.

Este plante qui est appellée en François *Pyrethre*, ou *Pied d'Alexandre*, & en Allemand *Bertrã*, a esté nommée *Pyrethre* par les Apothicaires, à cause que sa racine est chaude comme feu, ioint aussi qu'elle s'accorde auec la description de Dioscoride, qui dit, que le *Pyrethre* fait les fueilles & la tige comme le *Daucus sauuage*, & comme le fenouïl, auec vne ombelle comme celle de l'Anet, ronde. Sa racine est lõgue, grosse cõme le poulce, d'vn goust bruslant. Ceste plante s'accorde fort bien auec ceste description, sinon quãt aux fleurs, lesquelles ne viennent pas par ombelles sẽblables à celles de l'Anet: mais sont iaunes au milieu, auec des petites fueilles blanches à l'entour comme celles de Camomile, ou les Marguerites, & grandes comme celles de *l'œil de beuf*. Elle fait plusieurs petites tiges, de la hauteur d'vne paume & demy, grossettes; & les fueilles fort decoupées *Les noms.* Liu. 3. ch 71.

Pyrethre second de Matthiol.

Pyrethre de Gesnerus.

comme celles de fenouïl, ou de la Camomile: toutefois elles sont plus grosses, & plus longues. Sa racine est longue, droite, grosse comme le doigt, qui brusle la langue : car elle est chaude & seche iusques au troisiesme degré. Aussi fait elle les mesmes effets que Dioscoride & Galiẽ attribuent au *Pyrethre*, & mesme fait plus d'operation que quelques autres plantes que quelques Herboristes prennent pour le *Pyrethre*. Sa racine prinse auec du miel est singuliere contre le haut mal, l'apoplexie, & toutes les maladies inueterées, & froides du cerueau. Estant maschée elle attire vne grande quantité de phlegme du cerueau, dont elle a esté appellée en Latin *Saliuaris*. Elle appaise les grandes douleurs des dents, si on la fait cuire en vinaigre, & qu'on s'en laue la bouche. L'huile tiré de la racine freche est merueilleusement singulier. Conradus Gesnerus personnage tres-docte & fort courtois, a enuoyé à Dalechamp l'autre plante qui est icy peinte, pour le vray *Pyrethre*, laquelle croist *Les vertus.*

Pyrethre vray de Matthiol.

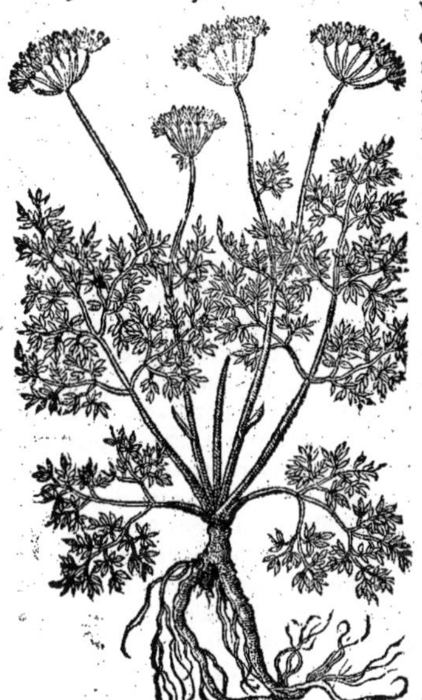

croist en son iardin. Elle fait vne seule racine longue & vn peu cheuelue, palle, de la grosseur du doigt, d'vn goust chaud & caustique. Ses fueilles retirent à celles de l'Anet. Sa tige est comme celle du fenouïl. Ses fleurs viennent par ombelles, rondes : tellement qu'il faut lire en Dioscoride σκιάδιον τροχοειδὲς, & non τριχοειδὲς ; c'est à dire, *l'Ombelle cheuelue.* Ainsi Gesnerus estimoit, que ceste plante auoit toutes les marques du vray *Pyrethre.* Toutefois Matthiol, Guillandin, & d'autres prennent pour le vray *Pyrethre* ceste autre plante qui est icy peinte, laquelle a les racines & les fueilles comme la *Cotula fœtida,* & fait des ombelles composées de plusieurs queuës qui sortent comme d'vn centre, à mode de celles du *Peigne de Venus,* ou de l'Anet, auec des petites fleurs blanches, d'vn goust chaud & vn peu amer. Elle n'est pas toutefois de si grande efficace que le *Pyrethre* dont les Apothicaires vsent communement.

De la Flammula. CHAP. XLVII.

Fammula de Dodon.

Les noms.

Es Herboristes appellent ceste plante *Flammula,* pource qu'estant appliquée sur la peau, elle vlcere & fait venir les vessies & la crouste, ne plus ne moins que la flamme du feu. Or ils en establissent deux especes : La premiere ne se peut pas tenir droite, sans estre appuyée ; au contraire l'autre n'a point besoin d'appuy. La premiere fait des petites tiges comme sarments, souples, & qui se manient, & plient aisément comme l'on veut, & sont couuertes d'vne escorce verte. Ses fueilles sont moindres que celles de la Coleuurée, dont il en sort plusieurs d'vne mesme queuë, auec laquelle ceste plante s'agraffe à ce qui est aupres d'elle, comme auec des veillons. Ses fleurs sont blanches ; sa graine est menuë, & s'entretient ensemble, & est aussi garnie comme de plumes blanches ; toutefois elles sont moindres & plus courtes que celles de la Coleuurée. Pour ses racines elle a baucoup de cheuelures menuës. Lobel & Pena appellent ceste **Flammula** commune, **Clematis seconde caustique.** Mesmes Pena dit, qu'il n'y a point d'autre plante qui approche plus en figure, & vertus à la *Clematis seconde* de Dioscoride, qu'il dit estre acre & caustique, que fait ceste-cy : car quand on s'en frotte la peau, elle la brusle ne plus ne moins que le feu. Mesmes sa chaleur est si subtile, que broyant seulement ses fueilles entre les doigts, elle mande de loin vne vapeur chaude, specialement dans le nez, qui estonne merueilleusement le cerueau tout en vn instant ; d'autant que sa chaleur ne consiste pas en ses parties terrestres, mais en la superficie. Aussi son suc & la premiere eau qu'on en tire, sont chauds comme feu, & comme celle qu'on tire du vin. Elle croist de soy mesme en Languedoc, & en Prouence és prés qui sont le long de la mer, où elle est tendre, & petite, & traine par terre ; sinon qu'elle ait aupres de soy quelque plante, haye, ou autre chose sur quoy s'appuyer : Es regions froides elle croist dans les iardins. L'autre Flammula a les fueilles plus grandes & plus larges, qui approchent mieux de celle de la Coleuurée, à laquelle elle retire aussi en ce qu'elle a les fleurs font blanches, & la graine chargée comme de plume à la cime des tiges, lesquelles ont plus d'vne coudée de haut, & se maintiennēt bien droites sans aucun appuy. Elle renouelle ses fueilles & ses tiges au commencement du printemps, & fleurit en esté. Matthiol dit, que l'eau distilée de la Flammula est de merueilleuse efficace aux maladies bien froides : *Aucuns, dit-il, ordonnent à ceux qui ont la fieure quarte de manger de la Flammula, & tiennent qu'elle y est fort souueraine: d'autres*

Les especes.

La forme.

La tempera-ture.

Au chap. 7. du 4 liu.

Les vertus.

d'autres font grand estat de son huile pour la sciatique, & pour la douleur des iointures, & des flancs, pour la difficulté d'vrine, & pour la pierre des reins; & pour ce fait ils le font chauffer pour en oindre les parties: ou bien ils en mettent dans les clysteres. Or ils le font en la maniere qui s'ensuit: ils decoupent les fueilles de la Flammula bien menu, puis apres ils les couurent d'huyle rosat dans vne phiole de verre, & la mettent bien bouchée au Soleil durant l'esté. On en peut mesmes vser parmi les viandes aux maladies que dessus, au pois de trois dragmes. Quant à la *Flammula aquatique* nous en auons traitté entre les plantes marescageuses.

Du Psyllium, ou herbe aux puces, *CHAP. XLVIII.*

L'Herbe appellée ψύλλιον en Grec s'appelle en Latin *Herba pulicaris*: les Apothicaires ont retenu le nom Grec: les Arabes l'appellent *Bazara Chatona*, ou *Bezercothume*: les Italiens *Psillio*: les Espagnols *Zargatona*: les Allemans *Psillienkraut*: en François *Herbe aux puces*. Le nom Grec & Latin de cette herbe est venu de ce que sa graine retire aux puces, ou bien comme quelques-vns veulent dire, pource que si on la porte verte dans la maison, elle empesche que les puces ne s'y engendrent. Matthiol a mis le pourtraict de deux sortes *d'Herbe aux puces*, dont l'vne est la commune; l'autre est plus longue & plus branchuë, qui est peut estre celle de Pline. Dioscoride dit, que *l'Herbe aux puces* a les fueilles comme la corne de cerf, velues, & plus longues, & les branches de la hauteur d'vne paume. Toute la plante retire au grame. Elle iette ses branches dés le milieu de la tige, & porte deux ou trois boutons à la cime, serrez & entortillez, pleins d'vne graine qui retire aux puces, & est noire & dure. Elle croist parmy les champs, és lieux qui ne sont pas cultiuez. Pline dit, que *l'Herbe aux puces* que les Grecs appellent *Psyllium, Cynoides, Crystallion, Sicelion*, & *Cynomia*, fait vne racine menuë, qui ne sert point en medecine. Ses tiges sont à mode de sarments, à la cime desquelles il y a des boutons faits à mode de feues. Ses fueilles retirent à vne teste de chien. Sa graine est faite à mode de puce, dont la plante a prins son nom, & vient dedans certains boutons.

Les noms.

Les especes. Au chap. 65. du 4. liu.

Li. 4. ch 65. *La forme.*

Le lieu. Liu. 25. c. 11.

Herbe aux puces I. de Matthiol.

Herbe aux puces II. de Matthiol.

Elle croist ordinairement dans les vignes. Toutes ces marques, comme aussi le nom, conuiennent fort bien à l'vne & l'autre de ces plantes. Car la premiere fait les fueilles chenuës, veluës, longues, estroites, semblables à celles de la *Scoparia*, ou de la *Corne de cerf*, sinon qu'elles ne sont pas cornuës. Ses branchettes sont rondes, & tendres, & portent plusieurs boutons à la cime, ronds, serrez & longuets, composez comme d'escailles. Sa fleur est verte-blancheastre. Sa graine est noire, & reluisante, faite à mode d'vne puce, & de la mesme grosseur & couleur. Sa racine à vne paume de longueur, & est blancheastre, auec beaucoup de cheuelures. L'autre est beaucoup plus branchuë, & garnie de plus de fueilles, plus longues, plus estroites, & plus touffues, qui sont aussi

bien

bien veluës,& chenuës, & entrelaſſees enſemble. Elle fait auſſi des boutons comme ceux de la precedente; toutesfois ils ſont moindres, & en plus grand nombre, dans leſquels eſt la graine ſemblable à la precedente. Elle fait pluſieurs racines auec vne infinité de cheuelures. Elle croiſt emmy les champs, mais principalement le long de la marine. Ses fleurs ſortent tout au long de l'eſté de ſes boutons, qui ſont faits à mode d'eſpic, & retirent à vne teſte de chien. Elle fait ſa graine en Autonne. Venons maintenant à leurs vertus. Dioſcoride dit, que *l'Herbe aux puces* eſt refrigeratiue: appliquee auec huile roſat, vinaigre, ou bien auec d'eau, elle ſert aux douleurs des iointures, aux oreillons, foroncles, enfleures phlegmatiques, aux diſlocations, & à la douleur de teſte. Appliquée en liniment auec vinaigre elle guerit les hergnes ou deſcentes du boyau, & du nombril des petits enfans. Or il la faut broyer au pois d'vn acetabule, & la laiſſer en infuſion dans deux hemines d'eau, laquelle eſtant prinſe il la faut appliquer en liniment: car ainſi elle eſt fort refrigeratiue: meſmes elle refroidit l'eau bouillante, ſi on la met dedans. Elle ſert au feu ſainct-Antoine. On dit, que ſi l'on porte de l'herbe verte dans vne maiſon, qu'elle empeſche que les puces ne s'y engendrent. Incorporée auec graiſſe elle mondifie les vlceres ſales & malins. Son ſuc incorporée en miel eſt bon aux defluxions des oreilles, & quand il y a des vers. Pline dit, *qu'elle eſt ſinguliere pour refrigerer & reſoudre. On ſe ſert principalement de ſa graine, laquelle on applique ſur le front & ſur les ioues contre la douleur de teſte, auec vinaigre ou huile roſat, ou auec eau & vinaigre. Aux autres accidents on l'applique en liniment, mettant vn acetabule de ladite graine auec vn ſextier d'eau: car elle reſerre & reſtraint: eſtãt broyée, & l'eau eſtant puis apres eſpeſſie eſt bõne pour appliquer en liniment ſur toutes douleurs, & à toutes apoſtumes & inflammations.* Sur ces mots de Pline, il faut noter premierement, qu'il dit, que *l'Herbe aux puces* eſt reſolutiue: or comme ainſi ſoit que pour reſoudre il faille vſer de choſes chaudes, il ſemble qu'il ait traduit le mot ἀποκρουστικὴν, qui ſignifie *repouſſer*, comme s'il y euſt eu διαφορητικὴν, c'eſt à dire *reſoudre*. En apres aux exemplaires communs il y a inſi au texte, *Ad cætera illinitur acetabuli menſura.* & ce qui s'enſuit: en quoy il n'y a point de ſens: tellement que Cornarius dit, qu'il faut ainſi corriger ce paſſage ſuyuant Dioſcoride; *Ad cætera illinitur. Acetabuli menſura in ſextario aquæ denſat ſe ac contrahit: tunc terere, &c.* Et de fait, c'eſt ainſi que les Apothicaires en vſent pour tirer la gomme de la graine de *l'Herbe aux puces*, & du fenugrec. D'autres eſtiment, peut eſtre auec plus de raiſon, qu'il faut lire ainſi, *Ad cætera cum illinitur acetabuli menſura ſextario aqua maceratum denſatur ac contrahitur, tunc terere, &c.* C'eſt à dire, *pour l'appliquer en linimẽt aux autres accidents il la faut mettre tremper à la meſure d'vn acetabule dans vn ſextier d'eau: car elle s'eſpeſſit & reſerre: alors il la faut broyer, &c.* En vne autre paſſage Pline dit, que *l'Herbe aux puces* cuite auec ſes racines guerit la trop grande enuie d'aller à ſelle ſans toutefois y rien faire. Ceſte graine eſt ſouueraine en toutes les maladies des iointures, la mettant tremper en eau, adiouſtant ſur vne hemine de graine deux cueillerées de Bijon, & vne cueillerée d'encens. Galien deſcrit les qualitez de *l'Herbe aux puces* comme s'enſuit: *Sa graine*, dit-il, *eſt de grand vſage, elle eſt froide au ſecond degré, & deſſeche & humecte mediocrement.* Quant à ce que Meſuë eſcrit que la moëlle, ou ce qui eſt au dedans eſt chaud & ſec au quatrieſme degré, il y a des hommes ſçauants qui eſtiment que cela eſt faux: mais quant à ce qu'il dit, qu'eſtant trempée en eau froide & bien demeſlée, elle purge la bile; & partant elle eſt propre aux fieures bilieuſes, & aux inflammations de la poitrine, cela procede de ce que ceſte graine eſt fort viſqueuſe & refrigeratiue, & rend les parties lubriques.

Le lieu. Le temps. Les vertus. Liu. 4. ch. 65. Liu. 25. c. 11. Liu. 4. embl. 60. Liu. 26. c. 10. Liure 8. des ſimpl.

Symphyton petræon de Matthiol.

Du Symphyton petræon de Matthiol. CHAP. XLIX.

Liu. 4. ch. 9. Les noms. Liu. 4 ch 9. La forme.

MATTHIOL a prins ceſte plante qui eſt icy peinte pour le σύμφυτον πετραῖον de Dioſcoride, qu'on appelle auſſi *Symphitum petræum* en Latin, pource qu'elle croiſt parmy les pierres: on l'appelle auſſi *Alum.* Dioſcoride dit, que ceſte herbe a les branches comme l'Origan, menuës, & des boutons à la cime comme ceux du Thym: (car il y a ainſi en quelques exemplaires: *Elle a les branches comme l'Origan, menues, & les teſtes comme le Thym*: en d'autres il y a: *Elle a les branches ſemblables à l'Origan, les fueilles menues, & la cime comme le Thym.* Et de faict Pline a ſuyui ceſte derniere leçon. Ceux qui ſuyuent la premiere conioignec gnent ces deux mots λεπlὰ κεφάλια, *les teſtes menuës* (ſans parler aucunement des fueilles.) Elle eſt toute pleine de bois & odorante, d'vn gouſt doux, qui fait venir la ſaliue en la bouche. Sa racine eſt longue, groſſe comme le doigt, & quaſi purpurée: *Nos Latins*, dit Pline, *appellent Alum la plante que les Grecs appellent Symphyton Petræon, laquelle retire à la Cunila Bubula: & a les fueilles petites & trois ou quatre branches qui ſortent des la racine, ayant la cime comme le Thym, branchue, odorante, & d'vn gouſt doux qui fait venir l'eau en la bouche.* Sa racine eſt longue & vermeille. Elle croiſt parmy les pierres: dont elle eſt ſurnommée *Petræon*. Liu. 27. c. 6. Matthiol dit, que la plante qui eſt icy peinte a toutes les marques deſſuſdites, ſans qu'il s'en faille point; & toutefois il n'en met pas vne, ny meſmes les vertus: ains dit ſeulement le lieu où elle croiſt, & la beauté d'icelle, principalement quand elle eſt en fleur, laquelle donne vn merueilleux contentement aux paſſants. Mais Pena, qui dit l'auoir veuë ſur les Alpes qu'on appelle auiourd'huy le mont ſainct Bernard, dit, qu'elle a les fleurs purpurées, en grand nombre, & belles, entaſſées en eſpic, comme celles de la grande Bruyere. Ses fueilles ſont petites comme celles de l'Arthetique, plus courtes, & vn peu veluës comme celles de la Piloſelle, à l'entour des branches qui ſont de la hauteur d'vn pied, pleines de bois: mais qu'elle ne ſent rien. Sa racine eſt de bois, n'eſt pas purpurée; & qu'auſſi elle n'eſt pas douce au gouſt, ny ne fait pas cracher: tellement qu'elle eſt bien differente auec le *Symphyton petræon* de Dioſcoride. A raiſon dequoy Aucuns prennent vne autre plante pour le *Symphyton petræon*, & d'autres vne autre, ayant pluſtoſt eſgard à la vertu qui eſt de conſolider, que non pas à la figure, ou à la ſemblance. Pena dit, que ceux de Aux Aduerſ. Montpelier appellent communement *Symphyton petræon* la *Prunelle*, de laquelle il eſt parlé entre les plantes qui viennent à l'ombre. Lobel met vne autre plante pour le Chap. 46. *Symphyton petræon*, qui eſt appellée communement par les Herboriſtes *Veronica recta*. Elle a les fueilles ſemblables au *Teucrium*, ou à la *Lyſimachie bleuë*, à laquelle elle retire tant en la fueille qu'en la fleur.

Simphyton Petræon de, Lobel.

La Chamæmyrſine, ſelon aucuns.

CHAP. L.

AVCVNS appellent ceſte plante *Chamæmyrſine*, & d'autres *Ocymum montanum*, c'eſt à dire, *Baſilic de montagne*; à cauſe de la reſemblance des fueilles. *Les noms.* Elle croiſt à la cime des plus hautes montagnes; & a la racine petite, blanche, qui ne ſert à rien: & des petites branches couchées par terre, tout en rond, de la longueur d'vne paume, rondes, & toutes garnies de fueilles, leſquelles retirent à celles du Myrte, toutefois elles ne ſont pas ſi aigues: ou bien à celles du Baſilic, & ſont petites. *Le lieu. La forme.* Ses fleurs ſortent par ordre inegal à la cime des tiges, en grand nombre, & ſont purpurées, compoſées de ſix petites fueilles, de fort belle & bien viue couleur. Sa graine eſt fort menue & vient en des petites gouſſettes. Ceſte plante en ſomme eſt ſi agreable à cauſe de la couleur purpurée de ſes fleurs, que les paſſans ne ſe ſçauroient garder d'en cueillir.

Tormentille blanche, CHAP. LI.

Le nom. LEs Herboristes ont nommé cette plante *Tormentille blanche*, pource que sa racine retire à celle de la *Tormentille*, & que ses fueilles sont blanches par dessus. Il est vray-semblable que c'est vne espece de Quintefueille, comme il apperra par sa description. Elle croist és prés des Montagnes hautes & froides, & autres endroits garnis d'herbe : & fait plusieurs racines comparties par neuds, entortillées, de couleur rousse brune, & cheueluës, desquelles il sort de tous costez plusieurs aisles, pour seruir à produire les tiges, & les fueilles nouuelles. Ses fueilles resemblent à celles du Lotus de prés, & ne sont point decoupées, dont il y en a par fois cinq, & d'autrefois sept ou neuf attachées ensemble à vne queuë menuë & longue, & sont vertes par dessus & blanches par dessous, comme celles du Peuplier blanc. Ses fleurs sont vertes, entassées en grand nombre à mode d'esmouchette, sur des petites tiges semblables à des Ioncs, comme on voit au pied de Lyon, ou Alchimille; ou soit en l'herbe appellée communement *Stellaria*. Sa graine est fort menuë, de couleur iaune tirant sur le verd, enclose dans des petites gousses. Ceux qui habitent és Alpes disent, que la racine de cette plante broyée & prise en breuuage est singuliere pour estancher le sang de quelque part qu'il coule. Qui plus est, ils disent que la portant seulement pendue au col elle estanche le sang qui coule par le nez. Icelle sechée & reduite en poudre guerit la dysenterie, si l'on en mesle parmy les potages.

Le lieu.

Les vertus.

De l'Herbe aux Perles, CHAP. LII.

Les noms. CEtte herbe est appellée en Grec λιθόσπερμον : en Latin *Lithospermum*; les Medecins & Apothicaires l'appellent auiourd'huy *Milium Solis* : les Arabes *Kulb*, *Cult*, *Colt*, ou *Calab* : les Italiens *Lithospermo*; les Allemans *Meerhirsz*, & *Steinsomen* : en François *Gremil* & *Herbe aux Perles.* Elle a prins son nom de ce que sa graine est dure comme pierre : car *Lithospermum* en Grec signifie *vne graine pierreuse*. Attendu donc qu'elle porte vne graine qui est comme des petites pierres, & aussi dure, blanche & ronde comme les perles, ce nom de *Lithospermum* luy sied bien, comme aussi le nom François *d'Herbe aux Perles.* Mais les modernes ne la deuoient pas nommer *Milium solis*, pource que sa graine est blanche & reluisante comme la clarté du Soleil; mais plûtot *Milium soler*, suyuant l'authorité de Serapion, qui dit, qu'elle croist aux Montagnes appellées *Soler*, & allegue sur ce l'authorité de Aben Iuliel. Dioscoride & Pline n'ont faict mention que d'vne espece d'*Herbe aux Perles* : les modernes en establissent deux, la grande, & la petite. Aucuns en adjoustent encor d'autres. Dodon dit, qu'il y en a vne de iardin, & l'autre sauuage. De celle des iardins, il y en a vne grande, & vne petite. Dioscoride dit, *que l'Herbe aux Perles a les fueilles sẽblables à celles d'Oliuier, vn peu plus longues, plus larges, & plus molles, dont celles qui sont au bas de la plante sõt couchées par terre. Elle fait plusieurs brãchettes droites, menuës, de la grosseur du Ionc aigu, massiues, & pleines de bois, qui sont forchues à la cime, garnies de fueilles longues, entre lesquelles vient vne petite graine ronde, &c.* (Ruel a ainsi traduit ce passage suyuant les communs exemplaires, au lieu qu'aux autres il y a ainsi: *Garnies de fueilles petites, entre lesquelles vient la graine dure cõme pierre, rõde, menuë, de la grosseur d'vn petit Ers.*) Elle croist és lieux aspres & releuez. Pline la descrit fort bien, disant: *Entre toutes les herbes il n'y en a point de plus admirable que l'Herbe aux Perles. Aucuns l'appellent*

Grande Herbe aux Perles de Matth.

Les especes
Liu. 2. ch. 90

La forme.
Liu. 3 c. 41.

Le lieu.
Li. 27. c. 11.

Petite Herbe aux Perles de Matthiol.

lent Aegonychon, ou Diospyron, ou Heraclea. Elle est de la hauteur enuiron de cinq doigts, & fait les fueilles deux fois plus grandes que celles de la Rue. Ses tiges sont de la grosseur d'vn Ionc, & bien garnies de branches. Tout ioignant ses fueilles elle produit certaines barbes, vne par vne, au bout desquelles il y a des petites pierres attachées, blanches & rondes cõme de perles de la grosseur d'vn pois ciche, & dures comme pierre. Du costé qu'elles tiennẽt à leurs queuës, il y a vn creux, dans lequel est la graine. Il s'en treuue en Italie, toutefois les meilleures viennent de Candie. Et certes ie n'ay point veu entre les herbes chose plus esmerueillable que c'este-cy: car elle est si bien ageancée qu'on diroit qu'vn Orfeure y a mis la main, ayant attaché alternatiuement ces perles blanches au pied de chasque fueille: ioint que c'est vne chose rare de voir sortir d'vne herbe vne pierre si dure. Ceux qui en ont escrit disent, que ceste herbe rampe & se traine par terre. Quant à moy ie ne l'ay iamais veuë en pied; mais seulement arrachée. Matthiol prend pour le vray *Lithospermum* de Dioscoride, la plante, qui est icy peinte sous le nom de *Herbe aux Perles grande*, & reprend Fuchse de ce qu'il a prins pour le vray *Lithospermũ* la plante que les Apothicaires appellent *Lithospermum minus*. Dodon dit, que la *grande Herbe aux Perles* fait des petites tiges, longues, grailes, & veluës, dont la plus part trainent par terre, & sont garnies de fueilles longuettes, noirastes, & veluës, entre lesquelles & les tiges il vient de petites coupertes veluës, qui portent premierement vne fleur bleuë, puis apres vne graine ronde, assez grosse, dure comme pierre. Quant à la petite elle fait des pe-

Chap. 141. liu. 3.

Liu. 2. c. 90.

Herbe aux Perles grande de Dodon.

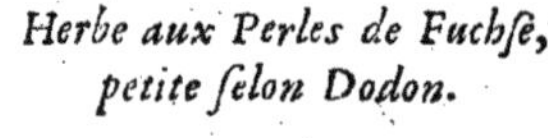

Herbe aux Perles de Fuchse, petite selon Dodon.

ites tiges droites, rõdes, pleines de bois, & branchuës: les fueilles longues, estroites, aiguës au bout, noirastes, moindres que celle de la precedente. Entre les fueilles & les tiges il y vient des petites fleurs blanches, & puis apres vne graine belle à voir, ronde, blãche, dure comme pierre, resẽblant à vne perle, & moindre que celle de la precedẽte. Les Apothicaires se seruẽt fort souuẽt de ceste-cy, comme au contraire ils se seruent peu souuent de la grande, pource qu'il ne s'en treuue pas en si grande abondance, ioint qu'elle ne porte pas tant de graine : ce neantmoins elle est bien plus singuliere pour rompre la pierre & pour faire vriner. Elle fleurit en Iuin & en Iuillet, & fait la graine au mesme temps. Ceste graine qui est de grand vsage, est chaude & seche, comme on peut coniecturer par ses effets. Car tout ce qui prouoque l'vrine, suyuant le tesmoignage de Galien, est chaud & sec. Dioscoride dit, que ceste graine est singuliere pour rompre la pierre, & prouoquer l'vrine en la prenant auec du vin blanc. *Ces pierres*, dit Pline, *prinses en vin blanc au pois de deux dragmes rompent notoirement la pierre, & la font sortir, & resoluent les matieres qui empeschent que l'on ne puisse vriner que goutte à goutte*. Matthiol dit, que la graine de l'vne & de l'autre prinse par plusieurs iours au pois d'vne dragme & demie, auec demie dragme de ceterach, & deux scrupules d'ambre, dans du suc de plantain, ou de pourpier, ou de laitue, est vn souuerain remede pour la chaude-pisse, & que la graine de la petite *Herbe aux Perles*, est singuliere pour les femmes qui endurent grand trauail à enfanter, si elles en prennent deux dragmes dans du laict de femme. Il y a des Simplicistes qui appellent *Lithospermum nigrum* la plante qui est icy peinte, laquelle fait les racines courtes qui ne seruent à rien : les tiges de deux coudées de haut, comparties par neuds, rondes, branchuës, & seches ; les fueilles comme celles de la Garence, aspres ; & la graine ronde,

Le temps. Le temperament. Liure 5. des simpl. Liu. 3. c. 141. Les vertus. Liu. 27. c. 11. Au ch. 141. liure 3.

Lithospermum noir de Dalechamp.

Lithospermum arundinaceum de Dalechamp.

noire, huileuse & grasse, laquelle on bat parmy le bled, & la fait on moudre ; mesmes on la mange sans que pour cela on ait aucunement mal à la teste. Aucuns estiment que c'est le *Myagrum* de Dioscoride : d'autres la prennent pour le *Melampyrum* de Theophraste. Il y a encor vn autre *Lithospermum*, qui est surnommé *Arundinaceum*. Ceste plante croist dans les iardins de Montpelier, & ne s'en sert on à autre chose, si non à faire des patenostres, & des coliers de sa graine qui est dure comme pierre, & belle, pource qu'elle est de diuerses couleurs. Ceux du païs l'appellent des *Larmes*. Les communs Herboristes l'appellent *Lachryma Iob*, pource qu'elle est ronde, polie & reluisante, ne plus ne moins que les larmes qui tombent de yeux. Ceste plante s'aime és lieux humides qui sont souuent arrousez : parquoy on la plante volontiers pres des puits des iardins, afin qu'elle se sente de l'eau que l'on verse en puisant, ou en lauant les herbes. Elle croist à la hauteur d'vne coudée & demie : & a la racine semblable à celle du Millet : les fueilles comme celles des Roseaux, larges, nerueuses, aspres, sortans par chaque neud de la tige ; qui couurent le fruict, & ses filets menus qui sont attachez au bout. Et ce qui est esmerueillable, & particulierement propre en ceste plante, c'est que son fruict estant formé & assez grand, & en sa perfection, produit la fleur comme si elle eust esté auparauant cachée dedans iceluy, laquelle est blanche & entassée en espic. Son fruict est verd du commencement, mais estant meur il est cendré tirant sur le pourpre, d'vn

Le lieu.

Lithospermum retirant à l'Orcanette, de Lobel.

d'vn meslange de couleur qui est de bonne grace, & qu'il fait bon voir. Il n'est pas du tout rond, mais vn peu large par le bas, & vn peu plat, & aigu au bout, dur comme vne pierre, & comme rayé de lignes, auec vne graine au dedans semblable au Millet d'Indie, rousse, d'vn goust de bled qui n'est pas mal plaisant, & couuert de beaucoup de couuertes blanches, duquel il est vray-semblable que l'on en pourroit bien faire du pain, aussi bien comme du Millet & du panic d'Indie. Les Herboristes n'ont point escrit les proprietez de ceste plante en medecine: car aussi est elle rare. Aucuns estiment que c'est la *Coice* de Theophraste, qui a les fueilles comme les Roseaux, de laquelle il parle au chapitre 16. du premier liure de son histoire des plantes. Lobel met encor vn autre *Lithospermum*, qui retire à l'Orcanette. Ceste plante croist aux pentes pierreuses de la val d'Oste. & fait des tiges branchues, & velues de la hauteur d'vn pied. Ses fueilles sont semblables à celles de *l'Herbe aux Perles*. Ses fueilles sont semblables à celles de l'Orcanette ou de l'Echium, ou de la Buglosse, de couleur purpurine. Sa racine est pleine de bois.

De la Chamæpeuce de Pline, selon Dalechamp. *CHAP. LIII.*

CESTE plante est appellée communement par les Herboristes *Camphorata minor*: aucuns estiment que c'est la *Chamæpeuce* de Pline. Elle croist aux lieux maigres & sablonneux, & fait vne racine noirastre, longue, grosse & fourchue, auec plusieurs branches, qui sont couchées par terre pres de la racine, garnies d'vne infinité de fueilles qui en sortent par certains interualles, semblables à celles de la Meleze, & ne fait ne fleur ne fruict. Pline dit, que la *Chamæpeuce* a les fueilles semblables à la Meleze, & qu'elle est propre pour la douleur des flancs & de l'eschine. Or c'est vne petite plante qui produit plu- *Les noms.* *Le lieu.* *La forme.*

Chamæpeuce de Pline, Camphorata petite de Dalechamp.

Chamæpeuce de Cordus

sieurs verges, garnies à la cime d'vne bourre rouge. Ses fueilles peuuent auoir vne poucée & demie de longueur, & sont estroites, grailes, ayans les deux bords repliez en dehors, & vn peu veluës par derriere, blondes: mais en hyuer elles sont verdes. Ses fleurs sortent sur la fin du printemps au bout des tiges, & sont blanches & fueillues, entassées à mode de grains, apres lesquelles il y vient vn fruict petit & sec, moindre que celuy de l'Orge, dans lequel il y a vne graine fort menuë. Ses racines sont longues, tortuës, & cheuelues, rouges, tirant sur le iaune par dehors. Ses fueilles, ses fleurs, & son fruict, sentent fort mauuais, & ont vn goust acre & fort subtil. Elle croist és lieux maigres, pourris, & humides, dessous les Tedes. Dioscoride dit, qu'elle fait les fleurs comme de Roses, toutefois il y a peut estre de la faute. Pline ne parle point des fleurs.

Du Thlaspi. CHAP. LIV.

NOVS auons mis cy dessus entre les plantes de iardin qui ont de l'acrimonie quelques especes de *Thlaspi*: il n'est pas maintenant hors de propos d'en mettre quelques autres, que les Herboristes modernes ont remarquées. La premiere sera celle que Dalechamp a remarquée aupres du chasteau du Pin en Bourgogne, assez pres de Lyon le Saunier. Ceste plante croist és lieux secs, & fait la racine petite, courte, & blanche, qui ne sert à rien: & garnie de beaucoup de cheuelures fort menuës, auec huict ou neuf, ou dix petites fueilles, quasi semblables à celles du Basilic, vn peu decoupées, couchées par terre, à l'entour de la tige, qui est ronde, rouge par le bas, verte à la cime, de la hauteur de demy pied, quelquefois sans branches, & par fois branchuë, & garnie de trois ou quatre fueilles pas certains interualles, desquelles elle est enuironnée, comme on voit en celles de la Persefueille. Icelles ne sont pas deux à deux, comme en beaucoup d'autres plantes. Au pied de ces fueilles il en sort d'autres petites ensemble auec les fleurs, lesquelles retirent à celles des Violiers, & sont petites & blãches, soustenues par des queues menues comme de cheueux. Sa graine vient en des petites gousses fourchues, de la figure d'vn cœur, releuées en bosse par dehors à mode d'vn bouclier, & creuses par dedans, desquelles il y en a grande quantité: icelle est large, platte, & acre. Les fueilles & la tige sont d'vn goust fade du commencement, puis apres on y sent vn peu d'amertume, finalement elles bruslent la langue: tellement qu'il faut conclurre que ceste plante a les mesmes vertus que les autres especes de *Thlaspi*. Nous n'en auons pas mis icy le pourtraict. Le mesme Dalechamp en a remarqué vne seconde espece qu'il appelle *Thlaspi de montagne blanc*, laquelle croist pres du village de Sainct-Guillaume le desert, & du couuent d'Agnanie, sur vn rocher inaccessible. C'est vne

Thlaspi de montagne blanc, de Dalechamp.

Thlaspi de montagne plus petit, de Dalechamp.

plante

plante branchuë, qui fait plusieurs racines esparses ça & là, & vne tige haute, auec beaucoup de branches, couuertes d'vne escorce aspre & noirastre, garnies de grand nombre de fueilles semblables à celles des Violiers, sinon qu'elles sont plus courtes, blancheastres, d'vn goust acre, & d'vne infinité de petites fleurs blanches à la cime d'icelles. Sa graine est fort menuë, & vient en des petites gousses semblables à celles du *Thlaspi commun*, & pique la langue par son acrimonie. La troisiesme espece est celle qu'iceluy mesme Dalechamp appelle *Thlaspi de montagne fort petit*, laquelle croist parmy les montagnes en des lieux ombrageux & à l'escart: & a la racine longue de quatre doigts ronde, & blanche, & beaucoup de petites branches couchées par terre en partie, & parties, droites, de la longueur d'vne paume, & bien fournies de fueilles petites & longues, disposées par ordre comme celles de la Vesse sauuage, & d'vn goust fort acre. A la cime de ses tiges il vient à force fleurs blanches, & menuës. Sa graine est merueilleusement petite, & vient en des petits vases larges, & est d'vn goust acre. Dodon met quatre especes de Thlaspi; de la premiere desquelles Lobel a mis le pourtraict, & Pena l'a descrite, ayant les fueilles longues, estroites, tendres, & vn peu decoupées comme celles de la Draba. Sa tige iette plusieurs branches grailes, soupples & aisées à plier, lesquelles produisent beaucoup de petites fleurs au mois de Iuin, & puis apres des gousses à mode de fueilles, qui sont plattes & entierement rondes, & fendues au bout, pleines d'vne graine menuë, ronde, longuette & noirastre, acre, & d'vn goust bruslant, quasi tel que celuy des aulx, ou des oignons, ou bien de la moustarde. Elle est fort commune parmy les vieilles masures, & parmy les champs en France, Allemagne, & Angleterre. La seconde est celle que Matthiol met pour la premiere. La troisiéme est celle que Fuchse met aussi, & l'appelle *Thlaspi minus*, & *Angustifolium*, c'est à dire, *Thlaspi petit aux fueilles estroites*: & en Allemand *isenkraut*. Elle a les fueilles & les tiges moindres que la premiere espece, & fait beaucoup de petites branches, grailes, garnies de fleurs, de fruict, & graine, comme la premiere espece, sinon qu'elle est moindre en toutes ses parties. La quatriesme est celle qu'il appelle *Thlaspi Creticum vmbellatum*: *Thlaspi de Candie qui Porte des ombelles*, ayant les fueilles comme l'Iberis, de laquelle Lobel met aussi le pourtraict. Elle a ainsi que dit Pena, les fueilles dentelées comme l'Iberis comme; toutefois elles sont plus grandes. Sa tige est de la hauteur d'vne coudée, & iette plusieurs petites branches, au bout desquelles il vient des ombelles & des fleurs à mode de celles du Sureau de marais, blanches, purpurines, lesquelles fleurissent en Iuillet & en Aoust. Apres il y vient graine en des petites cornes semblables à celles de *petit Thlaspi*, d'vn goust acre & bruslant. Dodon la prend aussi pour *la Draba*, de laquelle nous auons traitté entre les plantes de iardin. Or en faut adiouster encor quelques autres especes, desquelles Lobel à mis le pourtraict. La premiere est le *Thlaspi blanc de Malines*, laquelle croist au village qui est le plus pres de Malines, & a

Thlaspi aux fueilles estroites de Dodon, & de Fuchse.

Thlaspi blanc de Malines de Lobel.

Thlaspi ayant les fueilles comme le petit Violier marin.

les fueilles semblables à celles de l'Oliuier, & plusieurs petites branches fermes à la cime, de la longueur d'vn pied, ou d'vn pied & demy. Sa fleur est blanche. Sa graine est petite, ayant moins d'actimonie que celles des autres especes, & vient en des gousses aucunement rondes tout à l'entour de la cime de la tige. La seconde est celle qu'il appelle *Thlaspi fruticosum*, laquelle a les fueilles comme le petit Violier marin. Elle fait beaucoup de branches esparses çà & là, auec force fueilles plus petites que celles des Violiers ; & beaucoup de fleurs blanches. Sa graine est platte cõmme celle du petit Thlaspi. Sa racine est pleine de bois & cheueluë. Elle croist dans les iardins en Flandres. Il en met encor vne autre qu'il appelle *Fruticosum spinosum*, laquelle ne vient sinon és lieux steriles, sur les rochers entre Nismes & Montpelier, & fait des petites branches de la longueur d'vne paume ; desquelles il en sort beaucoup d'autres, qui sont vn peu espineuses, comme celles du *Poterium*. Ses fueilles retirent à celles d'Oliuier, & sont petites & blanches, comme aussi ses fleurs. Sa graine est acre, & vient en des petites gousses comme de la basse. Outreplus il en met encor vn autre qui a les fueilles comme la Sarriette, aspres & veluës ; & fait plusieurs petites tiges de la hauteur d'vn pied à mode d'vn petit arbrisseau, à la cime desquelles il sort des fleurs blanches, & puis apres la graine en des gousses plattes. Il ne sera pas impertinent d'en mettre encor d'autres especes lesquelles Pena a remarquées. Et en premier lieu celle qu'il dit n'en auoir point veu ailleurs qu'aux enuirons de Narbonne & de Montpe-

Thlaspi branchu & espineux de Languedoc, de Lobel.

Autre Thlaspi branchu de Lobel.

lier, laquelle croist és lieux maigres & sablonneux parmy les petites Orcanettes, ses fueilles, ses fleurs & sa graine, sont de couleur de iaune pasle, faites à mode de bouclier & reluisantes, & menuës, quasi comme du parchemin, du goust des Violiers ; dont aucuns l'on prinse pour le Violier marin. Ses branches sont petites, de la longueur d'vne paume, garnies de peu de fueilles blanches

Thlaſpi Narbonenſe, de Pena.

Thlaſpi petit, de Pena.

ches ſemblables à celles du Thim. La ſeconde eſt celle qu'il appelle *Thlaſpi puſillum clypeatum*, laquelle croiſt aupres de Montpelier, à l'entour de Chaſteau-neuf, au deçà de la riuiere de Lez, ſur les mottes ſeches le long des grands chemins ; & fait pluſieurs branchettes droites, à mode d'Oſiers, de la hauteur d'vne paume, ou d'vne paume & demy ; blanches, garnies de petites fueilles comme celles de la Renoüée, ou de l'herbe à cotton, ou de la lauande ; & de petites fleurs blanches comme celles de l'Iberis, ou du Thlaſpi de Candie ; & de petites gouſſes qui ſont auſſi faites à mode de bouclier, toutefois elles ſont deux fois plus petites. Toute la plante eſt blancheaſtre,

Autre Thlaſpi portant ombelles, de Pena.

Thlaſpi de Prouence, de Pena.

& a le gouſt du *Thlaſpi*, ou du *Naſitort*. Les Italiens la prennent pour *l'Alyſſon*; toutesfois au iugement des plus doctes c'eſt pluſtoſt vne eſpece de *Thlaſpi*: car ils ont treuué vne autre plante laquelle retire mieux à *l'Alyſſon*, & croiſt dans les iardins. Il met encor vne autre eſpece de Thlaſpi, laquelle croiſt parmy les bleds, qui viennent aux lieux montueux d'aupres de Narbonne au bas de la montagne de Sainct Loup; & fleurit en May & en Iuin, produiſant des fleurs mouſſuës, entaſſées par ombelles, aſſez ſemblables à celles de la precedente; toutefois elles ſont blancheaſtres. Sa graine eſt auſſi beaucoup plus petite, mais elle eſt fort acre. Ses fueilles ſont auſſi moindres de beaucoup, & decoupées comme celles du Naſitort, deſquelles toutes les tiges ſont garnies. Elle fait beaucoup de petites tiges, longues, ſortans de la racine, qui n'eſt pas fort groſſe ny cheueluë, d'vn gouſt merueilleuſement acre. Finalement il met vne eſpece de *Thlaſpi* qui eſt vne nouuelle plante, pource qu'elle retire en figure & vertus à la mouſtarde, à la Bunias, & au Thlaſpi. Elle croiſt aſſez pres du temple de la Magdeleine, & à la cime de ces hauts rochers de Prouence; & fait des fleurs iaunes au mois d'Aouſt, ſemblables à celles de l'Eryſimum, comme auſſi les gouſſes tout du long de ſes branches grailes, leſquelles ſortent d'vne racine groſſe comme le doigt, maſſiue, & longue d'vn pied. Ses fueilles retirent à celles de la Tortelle, du Thlaſpi, ou de la Draba, & ſont vn peu decoupées, blanches, & veluës, du gouſt de la Tortelle, ou de la Bunias de Barbarie.

De l'Ageraton. CHAP. LV.

Le lieu. *La forme.*

E *ſecond Ageratō* & *Ferulacée* de Pline croiſt parmy les Pins en terre ſeche & maigre, & a la racine noire, froncie, tortuë, pleine de bois, & de la longueur de demy pied. Ceſte plante fait beaucoup de fueilles tout aupres de la racine, ſemblables à celles de la Ferule, ou du Fenouïl, dont il en ſort auſſi de la tige par interualles inegaux. Elle fait pluſieurs tiges anguleuſes de la longueur d'vne coudée, ſemblables à celles de la Ferule, & les fleurs de couleur d'or, comme celles du Seneçon, ſans aucune odeur, ageancées à mode d'ōbelles: cōbien que les queuës qui les ſouſtiennent ſortent de diuers endroits de la tige. Ses fleurs maintiennent lōg tẽps leur couleur & leur luſtre; d'où eſt venu le nom d'Ageraton, c'eſt à dire, *qui n'enuieillit point*, & ont vn gouſt amer. Les fueilles eſtans broyées ont vne odeur comme l'Armoiſe aux fueilles menuës cōmune. *Le temps.* Elle fleurit en Iuin. Quāt à *l'Ageraton* que quelques Herboriſtes appellent *Purpurée*, il croiſt ſur les rochers qui ſont quaſi nuds, en quelque endroit où il ſe treuuera vn peu de la poudre du rocher qui ſera pourrie, ou qui ſera arrouſé de quelque ruiſſeau, ou de quelque goutte d'eau qui ſort de quelque ſource viue: & a la racine courte, cheueluë & iaunaſtre, & beaucoup de petites fueilles eſpar-

Ageraton ferulacée de Dalechamp.

Ageraton purpurée de Dalechamp.

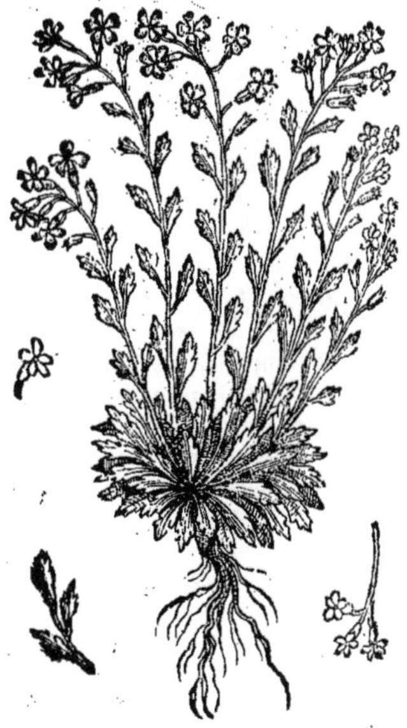

ſes

ses à l'entour de la racine, semblables à celles de *l'Ageraton*, vn peu ameres au goust, obtuses au bout, à raison de laquelle resemblance on l'a appellé *Ageraton*. Il produit plusieurs tiges, qui pendent le long du rocher, & le garnissent & couurent à mode de tapis. Ses fleurs retirent à celles des Violiers, & sont purpurées & en grand nombre, sentans fort bon; tellement qu'à raison d'icelle odeur elles sont fort plaisantes, d'autant qu'elles ont bien aussi bonne odeur que les Violiers. Sa graine est menuë, & vient en des petits vases longuets. Il y a des Allemans qui l'appellent *Moschatella cærulea*. Nous auons traitté plus à plein de *l'Ageraton* entre les plantes qui produisent des ombelles.

De la Synanchica. *CHAP. LVI.*

CESTE herbe croist és lieux sablonneux & maigres; & a la racine noire, pleine de bois, de la longueur de six doigts, auec des cheuelures fort menuës. Elle fait plusieurs branches de la longueur d'vn pied, quarrées, rouges par le bas, & comparties par neuds, & grand nombre de fueilles semblables à celles du Lin ou du Galion, sortans cinq ou six par chasque neud. Ses fleurs sont en grande quantité à la cime des tiges, & des branches d'icelles, & sont premierement rouges, puis apres blancheastres. On ne s'apperçoit point qu'elle ait aucun goust, quand on la taste. Elle desseche sans acrimonie, & est fort singuliere à la Squinancie, tant prise par dedans, qu'appliquée par dehors; à raison de quoy on l'a appellée *Synanchica*. Il semble aussi que la plante, qui est appellée *Iuncaria* par ceux de Salamanque, ainsi que dit l'Escluse, soit vne espece de *Synanchica*. Ils la nomment *Iuncaria*, pource que ses tiges sont grailes & faites *Le lieu.*

Synanchica.

Espece de Synanchica Iuncaria de Salamanque de l'Escluse.

à mode de Ionc. Car, dit l'Escluse, elle resemble du tout aux Ionces, toutefois elle est aspre comme la Prelle; & compartie par neuds, garnie de fueilles deçà & delà semblables à celles du Lin, auec beaucoup de petites branches, chargées d'vne infinité de fleurs blanches, & pailleuses, & puis d'vne graine menuë, & noirastre. Sa racine est menuë & blanche. Toute la plante est douceastre. Elle croist és lieux sablonneux parmy les vignobles, à deux lieuës pres de Salamanque. Elle fleurit en Iuillet, & fait sa graine au mois d'Aoust. *Le lieu.*

De la Lonchitis. *CHAP. LVII*

LA *Lonchitis* est aussi du nombre des plãtes qui croissent és lieux aspres & secs. *Elle a les fueilles*, dit Dioscoride, *fort semblables à celles des Porreaux, vn peu plus larges, rougeastres, & en grãd nombre,* *Liu.3.c.144.*

nombre, renuersées contre terre, & au contraire il y en a peu à l'entour de la tige, laquelle porte des fleurs ou petits bonets faits à mode d'vne masque ouuerte. Icelles sont noires, toutefois il en sort ie ne sçay quoy de blanc, qui est comme vne petite langue, par l'ouuerture contre la leure d'embas. Sa graine retire au fer d'vne lance, dont la plante a pris son nom, & est triangulaire, & enserrée en vne couuerte. Sa racine est semblable à celle du Daucus. Celle que nous auons nommée *Elleborine* cy deuant, plusieurs la prennent pour la premiere Lonchitis. *La Lonchitis*, dit Pline, *n'est pas comme aucuns ont pensé, vne mesme chose que le Xiphion, ou Phasganion; combien que sa graine retire à vn fer de lance: car elle a les fueilles comme le Porreau, rouges vers la racine, & en plus grand nombre que par la tige.* Ses boutons sont faits à mode de masques, qui tirent vne petite langue. Ses racines sont fort longues. Elle croist és lieux secs, Or ceste plante est incogneuë aux Herboristes d'auiourd'huy, combien qu'ils l'ayent cerchée bien soigneusement parmy les montagnes, & autres lieux secs. Aucuns prennent pour la *Lonchitis* la plante que Dodon appelle *Elleborine*, de laquelle nous auons traitté entre les plantes qui viennent à l'ombre. D'autres veulent que ce soit celle que nous auons appellée *Elleborine ferruginea*, en ce mesme liure. Et de fait la fleur de l'vne & de l'autre de ces plantes specialement de la derniere nommée, retire aucunement à vne masque. Quant à l'autre espece d'Elleborine nous en auons traitté cy deuant au mesme chapitre.

Liu. 25 c. 11. — *Le lieu.* — *Chap. 29.*

Du Polemonion, *CHAP. LVIII.*

Les noms. *Liu. 4 ch. 8.*

CESTE herbe est appellée en Grec πολεμόνιον: & φιλεταίρον, ou φιλωύταιρία, & χιλιοδύναμις; par ceux de Cappadoce, ainsi que dit Dioscoride: en Latin *Polemonium*, & *Polemonia*, & *Phillætaria*. Elle s'appelle *Polemonia*, comme qui diroit, *bonne en la guerre*: mesmes il y a eu des Rois qui ont cerché à l'enuy l'vn de l'autre de s'attribuer l'inuention de cette plante, pource que cette herbe est *Chiliodynamis*; c'est à dire, *qu'elle a mille proprietez*. *Elle fait*, dit Dioscoride, *des petites branches ailées: les fueilles vn peu plus grandes que celles de la Rue, & plus longues, approchans de celles de la Renouée ou de la Calamente. A la cime elle a comme des grains, dans lesquels il y a vne graine noire. Sa racine est de la longueur d'vne coudée*, (en Grec πηχυαία: d'autres lisent παχεῖα c'est à dire, *grosse*,) *blancheastre, semblable à celle du Struthion.* Elle croist és montagnes & lieux aspres. Pline dit, que la *Polemonia* est aussi appellée *Philætaria*. Elle a prins son nom de la querelle qui fut entre les Rois pour s'attribuer l'honneur de l'inuention d'icelle. Ceux de Cappadoce l'appellent *Chiliodinamis*. Ceste herbe iette vne racine grosse & massiue, & des petites branches, à la cime desquelles il y a certains boutons pendans, pleins d'vne graine noire: au reste elle est semblable à la Rue. Elle croist és montagnes. Or plusieurs sont en doute, quelle plante c'est qui doit estre

Au mesme lieu. — *La forme.* — *Le lieu.* — *Liu. 25. ch. 6.*

Polemonion, de Dodon.

Autre pourtrait du Polemonion.

prinse

prinſe pour la *Polemonia.* Dodon a mis le pourtrait de deux eſpeces de *Polemonia*; dont la premiere fait des petites tiges tendres, comparties par neuds: & des fueilles aſſez larges, qui ſortent touſiours deux à deux par les neuds l'vne contre l'autre. A la cime des tiges il y a beaucoup de fleurs blanches, qui pendent contre bas, puis apres vne graine noiraſtre encloſe dans des gouſſes rondes. Sa racine eſt blanche, liſſe, & longue. On la prend communement pour le *Papauer ſpumeum*, à cauſe d'vne certaine eſcume qui eſt ſouuent au pied des fueilles & des branches. *Peut eſtre*, dit Lobel, *que c'eſt le Melandryon, dont Pline fait mention au liure 26. chap. 7.* La *ſeconde Polemonia* fait auſſi des petites tiges comparties par neuds: toutefois elles ſont plus longues, & les fueilles auſſi, qui ſont larges par le bas, & eſtroites au bout. Ses fleurs ſont rougeaſtres, & viennent par ombelles quaſi à mode de celles de la Valeriane. L'vne & l'autre croiſt és lieux aſpres, ſur les montagnes & rochers, & fleuriſſent en Iuin & en Iuillet. Pena & Lobel l'appellent *Ocimaſtrum Valerianthes*: d'autres *Valeriana rubra.* Vlyſſe & Drouando l'appelle *Saponaria ſeconde*, & *Struthion.* Aucuns d'entre les modernes prennent la premiere pour le *Behen blanc*: d'autres pour *l'Ocimoïdes* de Dioſcorides: & la ſeconde pour le *Behen rouge*, combien qu'il ſemble qu'elles n'approchent pas du *Behẽ* de Serapion: car Aben Meſuai en eſcrit ainſi: *Il y a deux eſpeces de Behen, aſſauoir le rouge & le blãc: ce ſont deux veines de la groſſeur de la racine d'vne petite Paſtenade, dont il y en a de tortues. On les apporte d'Armenie. Elles ſentent bon, & ſi ont vn peu de viſcoſité. Toutes deux ſõt chaudes & humides, & augmentent la ſemence genitale.* Dalechamp a fait tailler le pourtraict naïf d'vn autre *Polemonium*, & l'a deſcrit il y a ja long temps, lequel croiſt par tout és enuirons de Montpelier: mais à Lyon il ne croiſt que dans les iardins, & ſert à couurir les treilles & les hayes des iardins. Les iardiniers l'appellent *Iaſemin iaune*, pource qu'il monte comme le *Iaſemin blanc.* Ceſte plante iette pluſieurs fleaux longs, ſouples, & ronds, qui s'aggraffent à tout ce qui eſt aupres d'elle. Ses fueilles retirent à celles de la Rue: toutefois elles ſont plus brunes. Sa fleur eſt iaune, belle, & ſemblable à celle du Iaſemin apres laquelle il y vient des grains noirs, pleins d'vn ſuc purpurée, qui tache ce qui en eſt touché. [P]ena prend ceſte meſme plante pour la Polemonia, diſant qu'il n'y a pas long temps que ceux de [l']Vniuerſité de Montpelier en ont la cognoiſſance, ayant eſprouué & cogneu ſes vertus par expe-

Liu. 3. ch. 21.

Chap. 223.

Eſpece de Polemonion, de Dodon.

Polemonia de Montpelier, ou Iaſemin iaune.

rience, *Ceſte plante*, dit-il, *s'accorde en tout & par tout à la deſcription de Dioſcoride: car elle fait pluſieurs verges droites, pleines de bois, rondes, grailes, conuertes d'vne eſcorce verte-brune, de la hauteur de trois ou quatre coudées, deſquelles il ſort tout du long iuſques à la cime, des petites branches à mode d'ailes, auec trois fueilles ſemblables à celles du Cityſus, ou de la Rue, plus grãdes, de couleur de ver-obſcur, aſſez groſſes & fermes.* Ses fleurs ſortent en May, & en Iuin & ſont iaunes & petites comme celles du Iaſemin, apres leſquelles il y vient des grains noirs, qui ſont liez enſemble en rond, pleins, & Le temps.

esgaux, de la grosseur de ceux du Throësne, ou du Cormier femelle, violets ou noirs, pleins d'vn suc qui teint en couleur de pourpre. Sa racine est de bois, longue, entortillée, & esparse çà & là, blanche par dedans, d'vn goust vn peu acre & amer, & mal-aisée à arracher. Il en croist à force aux enuirons de Montpelier, sur les collines seches de Chasteau-neuf, & le long des terres pleines d'Oliuiers, & aux endroits pierreux de la forest de Gramont.

Les vertus. Au surplus Dioscoride dit, que la racine du *Polemonion* prinse en vin est singuliere contre les serpens & la dysenterie. Prinse en eau elle est propre contre la difficulté d'vrine, & la douleur de la sciatique. Prinse en vinaigre au pois d'vne dragme elle est propre à ceux qui ont la ratelle interessée. Elle sert aussi pour appliquer sur la piqueure des scorpions. On dit que qui portera ceste racine sur soy ne sera point blessé par les scorpions, (c'est ainsi qu'il faut lire, & non pas, *qui l'aura goustée* : car au Grec il y a ἔχοντα) & mesmes que s'il vient à en estre piqué, il n'en sentira aucun mal. Estant maschée elle appaise la douleur des dents.

Liure 8. des simpl. Galien dit que le *Polemonium* est de parties subtiles & desiccatif: à raison dequoy aucuns ordonnent de prendre sa racine en breuuage contre la sciatique, la dysenterie, & la durté de la ratte.

Le Behen blanc des Arabes, selon Rauuolf.

Du Behen blanc des Arabes, selon Rauuolf. CHAP. LIX.

Le lieu. LE vray *Behen blanc* des Arabes croist au pied du mont Liban, en lieu ombrageux & aquatique, & est encor à present appellé par ceux du pais *Behmen abiad*, comme aussi ils appellent le *Behen rouge*, *Behmen Ackmar*. *Ceste plante*, dit Rauuolf, *lors que ie la vis estoit desia quasi morte : car il y auoit plusieurs de ses branches & fueilles seches, toutefois i'en treuuay en vn autre endroit, qui auoit les branches & surgeons, comme ils ont accoustumé de pousser au printemps.* Ses fueilles sont grandes, longues, & aiguës comme celles de la Parelle, au bas de chacune desquelles il y a comme quatre oreilles, deux de chasque costé, mais les feuilles qui sortent à la cime de la tige, l'enuironnent & y sont attachées sans queuë, comme celles de la Persefueille commune, ou du *Smyrnium de Candie*. A la cime de la tige il sort des branchettes, garnies de fueilles moindres que les autres, & chargées au bout de boutons longs, iaunes & escailleux, desquels sort la fleur qui est aussi iaune. Sa racine est longue, & compartie par neuds, sans aucune cheuelure, & va rompant comme celle de la Reglisse, à laquelle elle retire en figure & gro[illegible] non qu'elle est plus blanche par dedans, que iaune. Or quant à ce qu'Auicenne dit, que les racines de ceste plante se froncissent & se retirent, cela se peut bien voir aux grosses, qui sont vieilles ; mais non pas aux nouuelles qui sont encor petites.

D l'H[illegible]stion. CHAP. LX.

Le nom. CESTE herbe est appellée ὁλόστιον en Grec, c'est à dire, *Toute d'os* par vne antiphrase, pource qu'elle n'a rien de dur : car de fait elle est toute tendre comme le Grame,

Liu. 4. ch. 10. La forme. *C'est* dit Dioscoride, *vne petite herbe qui a trois ou quatre doigts de haut, ayant ses fueilles & branchettes semblables à la corne de Cerf, ou au Grame ; qui sont astringeantes. Sa racine est aussi menuë que de cheueux, & blanche*, (aux cōmuns exemplaires il y a λευκὴν, τῷ εἴδει c'est à dire

Liu. 27. c. 10. *blanche en espece*, ce qui est ridicule: mais au vieil exemplaire il y a λευκὴν ἰνώδη, c'est à dire, *blanche & cheuelue*) *de la longueur de quatre doigts. Elle croist és lieux releuez. Holostion*, dit Pline, *est vne herbe sans aucune durté, & a esté ainsi nommée des Grecs par moquerie, comme qui diroit le fiel doux. Elle est menuë comme de cheueux, de la longueur de quatre doigts, & les fueilles estroites comme le Grame: astringeantes au goust. Elle croist ordinairement sur les coutaux fournis de terre.* Or les Herboristes prennent pour ceste herbe les vns vne plante, les autres l'autre.

Au chap. 10. liure 4. Matthiol encor qu'il tienne que le vray *Holostion* n'est point encor cogneu en Italie, dit toutefois qu'il n'a point treuué de plante qui approche mieux du vray *Holostion*, que celle qui est appellée communement en Goritie, *Serpentine*, de

A[illegible] du 1. liu. laquelle nous auons traitté entre les herbes de iardin au chapitre *de la corne de Cerf, Car c'est*, dit-il *vne petite herbe couchée par terre, laquelle fait les fueilles & les tiges comme la Corne de Cerf, d'vn goust*

Holoſtion, de Matthiol.

gouſt aſtringeant, & la racine de bois, & menuë. Elle croiſt auſſi ſur les coutaux & lieux ſablonneux. Toutefois pluſierus ne reçoiuent pas ceſte plante pour le vray *Holoſtion*, pource que ſa racine n'eſt pas menuë comme cheueux, ſuyuant ce que Dioſcoride en a eſcrit : ains elle eſt pluſtoſt groſſe, pleine de bois, & brune, de la groſſeur du petit doigt, & fait des petits boutons, & la graine ſemblable à celle du Plantain, & n'eſt ny molle, ny tendre: mais pluſtoſt dure & ferme, plus que ne doit eſtre *l'Holoſtion*. Ses fueilles ſont à mode de Ioncs, eſtroites, & en grand nombre, couchées par terre. Le meſme Matthiol changeant d'aduis en la derniere edition de ſes commentaires, a mis le pourtraict d'vn autre *Holoſtion*, ſans declarer ny la figure, ny les proprietez. Or Pena prend pour *l'Holoſtion* vne plante bien differente de ceſte-cy, laquelle fait les fueilles beaucoup plus petites & en plus grand nombre que celles du Grame, comme auſſi les tiges, qui n'ont pas vne paume de hauteur, & ſont decoupées comme celles de la Corne de Cerf, vertes brunes au deſſus, & fort deliées, quaſi comme celles des Capillaires. Sa racine eſt compoſée de beaucoup de cheuelures fort menuës, comme celles du vray *Adiantum*, de la longueur de trois ou quatre doigts, brune, tirant ſur le blancheaſtre. Il en a veu, comme il dit, au mont du Vigan en Languedoc, comme auſſi à l'entour de Lyon, meſmes au païs d'Alſace en Allemagne, ſur des collines pierreuſes, ſteriles, & non cultiuées. Elle eſt deſiccatiue & aſtringeante au ouſt, aſſez plaiſante, auec vn peu de viſcoſité. Dioſcoride auſſi attribue les meſmes vertus à *l'Holoſtion. Il fait*, dit-il, *reprendre les morceaux de chair coupée, ſi on la met cuire parmy. On en boit con-e les rompures auec du vin.* Pline auſſi dit, qu'on la prend en breuuage contre les rompures ; elle nſolide les playes : car meſmes elle fait reioindre les morceaux de chair eſtant cuite auec. Aux ulgaires exemplaires il y a, *nam & carnes coguntur addita.* Ce que Cornarius corrige en ceſte for-, *vulnera conglutinat : nam & carnes cum coquuntur addita.* Galien dit que *l'Holoſtion* eſt deſic-tif & aſtringeant, à raiſon dequoy aucuns ordonnent de le prendre en breuuage contre les rom-ıres. Il ſemble toutefois que ceſt *Holoſtion* de Pena ſoit la *Filix ſaxatilis* de Tragus, de laquelle

Pena aux Aduerſ.

Aux Aduerſ.

Le temperament.

Les vertus. Liu. 27. c. 10.

Emb. 9. liu. 4 Liure 8. des ſimpl.

Holoſtion, ſelon aucuns.

Holoſtion, de Lonicerus.

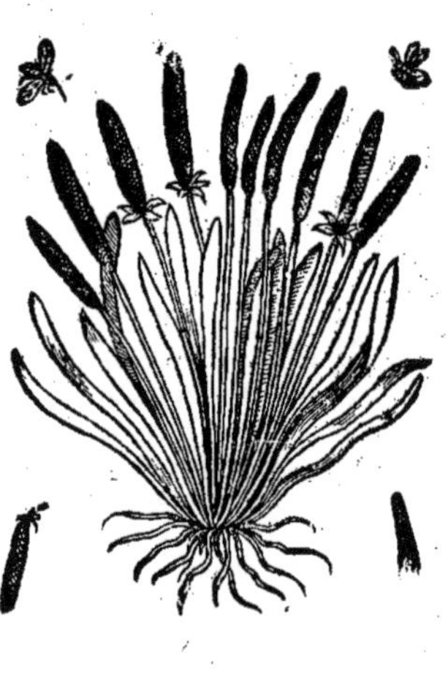

nous auons mis le pourtraict entre les plantes qui viennent à l'ombre. Nous auons mis icy le pourtraict d'vn autre *Holostion* suyuant l'opinion d'aucuns, lequel croist sur les coutaux chauds & battus des vents; & a la racine enuiron de quatre doigts de long, qui va peu à peu en appetissant tant qu'elle soit menuë comme vn cheueux. Ses fueilles retirent à celles de la Corne de cerf, ou de l'herbe Estoille; toutesfois elles sont vn peu plus larges, veluës & chenuës, & si ne sont pas decoupées à l'entour comme celles de la Corne de cerf. Elle produit des petites tiges de la hauteur d'vne paume, auec vn espic à la cime chargé de graine astringeante au goust. Lonicerus a mis vne autre plante pour *l'Holostion*, laquelle est tendre en toutes ses parties, qui est appellée en François comme dit Ruel, *Dent de chien*: & l'a descrite suyuant la description de Dioscoride. L'Escluse en met aussi vn autre qu'il appelle *Salmanticense*, lequel il descrit disant; *que c'est vne petite herbe, qui a les fueilles quasi comme le Plantain aux fueilles estroites; toutefois elles sont moindres, & plus estroites, en grand nombre, couchées par terre, couuertes d'vne bourre blanche, & d'vn goust astringeant, entre lesquelles il sort cinq ou six petites tiges nues de la hauteur d'vne paume, garnies quasi dés le milieu iusques à la cime de beaucoup de fleurs qui s'entre-touchent l'vne l'autre, vertes-blancheastres, comme celles de la Corne de cerf, apres lesquelles il y vient la graine, enclose en des petits estuis, semblable à celle du Plantain.* Sa racine est longue, menuë, & pleine de bois. Elle croist sur les collines seches à l'entour de Salamanque. Il en vient aussi pres de Valence en Espagne le long des grands chemins, là où elle est plus grande & plus blanche, & fleurit au mois de Mars, & au commencement d'Auril; mais à Salamanque elle fleurit en May. Ils l'appellent là *Holostion*.

Holostion de Salamanque, de l'Escluse.

Le lieu.

Le temps.

Catenance.

CHAP. LXI.

Le lieu.
La forme.

IL y a des Herboristes qui prennent la plante qui est icy mise pour la premiere *Catanance*, pource qu'elle a plusieurs marques de celles que Dioscoride attribue à la *Catanance*. Elle croist és lieux secs & sablonneux, & fait vne racine menuë comme de Ioncs, noire, & qui n'entre pas fort auant en terre, auec plusieurs fueilles blancheastres, semblables à celles de la Corne de cerf, & des petites tiges graiies, sur lesquelles il vient cinq ou six boutons quasi semblables à ceux du Blauet, vn peu plus larges, pailleux, & blancheastres. Sa fleur est rouge, & sa graine fort menuë. Toute la plante est astringeante au goust: aussi tient on qu'elle est propre pour reserrer le flux de sang, & des autres humeurs en quelque partie du corps que ce soit, pour l'inflammation de la luette, & pour les vlceres de la bouche des petits enfans, si on leur laue la bouche de sa decoction, & pour les vlceres malins des iambes. Or si nous receuons cette plante pour la *Catanance*, il ne sera pas vray qu'elle ne serue qu'aux breuuages amoureux, veu que l'experience a monstre qu'elle est propre en diuerses maladies. Nous auons descrit vn autre *Catanance*, au liure *des plantes maritimes*.

Les vertus.

Statice.

Statice.

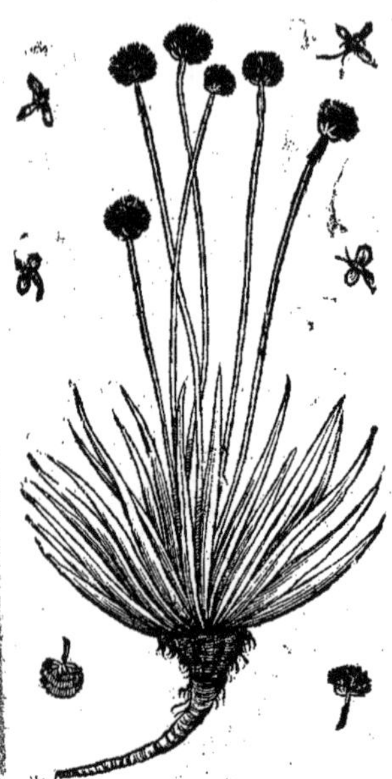

CHAP. LXII.

CESTE herbe a esté nommée *Statice* pource qu'elle est fort souueraine pour estancher le flux de sang, & quelque autre defluxion que ce soit. Elle est bien toutefois differente d'auec la *Statice* de Pline, & auec sa *Cantabrica* aussi. Aucuns l'ont appellée *Caryophyllus montanus alter.* Elle croist és lieux secs & pierreux, mesmes elle sort quelquefois des fêtes des rochers: tellemēt que pour l'arracher entiere il faudroit rompre la pierre. Les Herboristes de Paris tiennent que c'est vne seconde espéce de *Catanance*. Elle a ses racines massiues, grosses, souples, noires, qui sont en grand nombre aupres des feuilles, quand la plante est vieille, froncies & pleines de neuds, & se vont reioindre toutes ensēble en vne grosse & grande. Elle fait plusieurs fueilles couchées par terre, semblables à celles de la Lanceolata commune, & plus estroittes, pleines de veines, & grosses: & beaucoup de tiges sans aucune fueilles, lesquelles sont à mode de Ioncs, rondes, la plus part de la hauteur d'vne coudée, & nue, à la cime desquelles il vient vn bouton rond auec plusieurs troux comme ceux des rayons des mouches à miel, desquels il sort des petites fleurs rouges-blancheastres, apres lesquelles le bouton demeure comme couuert de bourre, & ces troux-là pleins d'vne graine menuë & petite. Toute la plante est astringeante, & merueilleusement desiccatiue, & souueraine pour reserrer la defluxion des humeurs, soit qu'on l'applique broyée, ou qu'on en boiue le suc. Elle guerit la dysenterie, la trop grande abondance des fleurs des femmes, le flux de sang par le nez, & le crachement de sang. En somme ceste plante est singuliere pour les playes, mesmes elle guerit les vlceres malins.

Le noms. *Le lieu.* *La forme.* *Les vertus.*

Scorpioides de montagne, de Dalechamp. CHAP. LXIII.

IL y a des Herboristes qui appellent ceste plante *Scorpioides de montagne*. Elle croist sur les hautes & aspres montagnes: & a la racine assez grosses au dessus & noire, puis elle se mipartit en plusieurs cheuelures courtes. Elle fait beaucoup de fueilles longues, estroites, cottonnées, semblables à celles des Violiers purpurins, sans aucunes decoupeures à l'entour. Sa tige est de la hauteur d'vne paume, garnie de peu de fueilles, & de trois ou quatre petites fleurs bleuës, entassées ensemble à mode d'vn bouton rond, & rayé. Ceste plante est rare, & ne croist sinon és lieux inaccessibles des montagnes.

Le lieu.

Tunica plus petite, de Dalechamp. *CHAP. LXIV.*

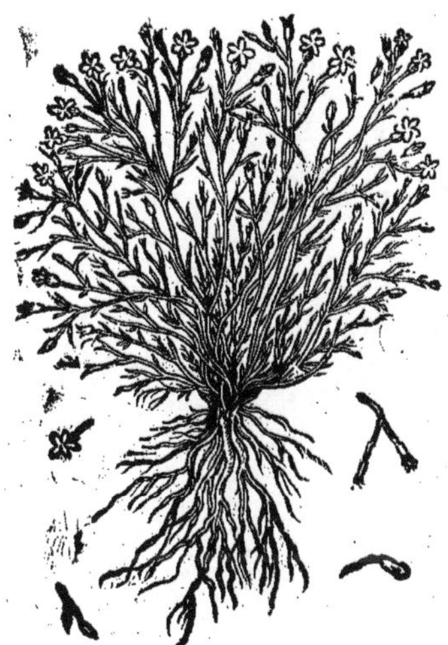

La *petite Tunica* croist aux lieux sablonneux & secs, & sur les bords des murailles ; & a la racine blanche, mipartie en plusieurs autres, & fort cheuelue, auec vne infinité de petites tiges, qui n'ont pas plus d'vne paume de hauteur, comparties par neuds, branchues, & souples. Sa fleur est petite, composée de cinq petites fueilles blanches tirans sur le rouge, sortans d'vn petit estuy comme les fleurs des œillets communs, d'vn goust aspre. Aucuns estiment que c'est *l'Holostion*.

De la Iacea. *CHAP. LXV.*

Le lieu.
La forme.

La *Iacea de montagne* croist sur les montagnes aux endroits pierreux & à l'abril. Sa racine est quasi ronde & comme composée de fueilles entassées ensemble auec grand nombre de cheuelures. Elle produit incontinent dés la racine beaucoup de fueilles decoupées comme celles de la Roquette, toutefois leurs decoupeures sont plus grandes, & plus larges, chenuës & cottonnées. Sa tige est de la hauteur d'vn pied, & porte vn bouton à la cime, semblable à l'Acanos, gros au prix du reste de la plante, composé cõme de lames & ongles d'escorce, à mode d'vne pomme d'artichaut : toutefois il n'est pas piquant. Sa fleur est blanche, & sa graine longue. Elle fleurit en Auril. Sa graine est meure en Iuin. Aucuns l'appellent *Iacea Acanophora*. Quant à la *Iacea blanche* elle croist entre les pierres & rochers, & a la racine quasi de la longueur d'vn pied, tortuë pleine

Iacea de montagne, de Dalechamp.

Iacea blanche, de Dalechamp.

de bois, quasi noire par dehors, & cheueluë. Ses fueilles sont petites, decoupées fort menu, assez semblables à celles de l'Absinthe marin ; toutefois elles sont moindres & plus decoupées Sa tige est haute d'vne coudée, anguleuse, cottonnée, auec plusieurs branches à la cime ; au bout desquelles il vient vn petit bouton composé de petites lames, comme celuy de la Iacea noire, duquel sort

Les vertus.

la fleur qui est rouge. Toute la plante est tres-amere. Elle fleurit en Iuin. On tient qu'elle est singuliere

Grande Iacea, de Lobel.

Iacea de montagne de Languedoc, de Lobel.

gulicre pour les maladies froides de l'estomach, à l'opilation du foye, & de la ratelle, & pour faire venir les mois aux femmes. Lobel & Pena mettent encor d'autres especes de *Iacea*. Et premierement la grande, qui a les fueilles fort decoupées, & croist plustost parmy les bleds en France & ngleterre, que nos pas és prés. Elle produit des tiges qui ont plus d'vne coudée, ou vne couée & demie de hauteur, garnies de beaucoup de fueilles & fort decoupées à mode de celles de l'herbe à l'Esperuier : & des boutons deux fois plus gros, qui sont faits en pointe, & composez de petites escailles, & couuerts de filets de fleurs purpurées comme au grand Blauet. Sa racine est de bois, grosse comme le doigt. Sa graine est comme celle du Saffran bastard, toutefois elle est plus petite. C'est vne espece de Blauet. Lobel dit, qu'il s'en voit par fois és iardins de Malines, qui a les fleurs blanches, & les boutons piquans, Il met en outre encor vne autre plante qui est nouuelle, laquelle il appelle *Iacea montana Narbonensis*, pource qu'il y a de la resemblance entre ces plantes. Il dit qu'il l'a treuuée sur les rochers & coutaux d'alentour de Chasteau-neuf, au territoire de Montpelier : & qu'elle a la tige de la hauteur d'vne paume, ou d'vn pied, ronde : les fueilles comme celles de la *Iacea*, iaunes, ou du *Chamæleon* lisse de Theophraste, chenuës d'vn costé, perses, & vn peu aspres. Ses fleurs retirent à celles de la *Iacea*, ou du *Cirsium*, toutefois elles sont moindres. Sa racine a vne paume & demie de longueur, & est graile & peu cheueluë, d'vn goust amer comme le Blauet. Le mesme Lobel en met encor vne autre petite, chenuë, qui a les fueilles semblables à celles d'Oliuier, & comme la Ptarmica. C'est vne petite plante rare, & venuë de Syrie, laquelle retire fort bien à la seconde Stœbe de Salamanque de l'Escluse, tant aux boutons comme aux fleurs : toutefois sa tige n'est pas tant branchue, & est de la hauteur d'vne paume, ou d'vne paume & demie. Ses fueilles sont plus grandes que celles de l'Oliuier, & plus blanches, & ne sont point dentelées. Ses boutons aussi sont plus beaux, &

Iacea chenuë à fueille d'Oliuier, de Lobel.

Grande Iacea iaune, de Pena.

Petite Iacea aux fueilles de l'herbe à l'Esperuier, de Pena.

composez comme d'escailles d'argent, reluisantes, d'vn goust fade, & sans aucune amertume. Pena a mis encor d'autres especes de *Iacea*: assauoir la *Iacea iaune grande*, qui croist parmy les bleds à l'entour de Montpelier: & a les fleurs iaunes, belles, & les boutons du tout semblables à ceux du Saffran bastard sauuage, comme aussi les fueilles & les tiges, sinon qu'elle est vn peu aspre. L'autre est petite, & traine par terre, & est plus rare: car il ne s'en treuue guieres qu'en Languedoc le long des bleds pres du pont qui est à vne lieuë de Montpelier, sur le chemin de Frontignan. Elle a les fueilles petites, decoupées à mode de celles *de l'herbe à l'Esperuier*; toutefois elles sont moindres, & moins aiguës. Ses tiges ont vne paume de longueur, & trainent par terre, sur lesquelles il vient des boutons du tout semblables à ceux du Blauet, pers, & de couleur plus viue. Ses fleurs sont purpurines ou blanches. Sa racine est grosse. Sa graine retire à celle des autres. La troisiesme approche plus du *Blauet*, que de la *Iacea*; toutefois elle retire assez bien à l'vn, & à l'autre. Lobel l'appelle *Ptarmica vulgaris des Herboristes*, à cause qu'elle a vn goust acre & amer, & vne mauuaise odeur, qui fait souuent esternuer. Elle produit plusieurs tiges dés la racine, qui est dure, & grand nombre de fueilles semblables à celles de *l'herbe à Cotton*, trois fois plus grandes, vn peu dentelées: mais celles de la cime sont plus longues, plus aiguës, & plus grailes. Ses boutons sont composez de petites escailles blanches comme ceux du *Blauet* ou de la *Iacea*, auec des filets longes, de couleur de pourpre blaffard. Toute la plante est veluë & couuerte de bourre chenuë. Elle croist parmy les vignes de Languedoc, assez pres de Montpelier. On la plante mesmes dans les iardins.

Iacea chenuë, de Dalechamp.

Du Phyllon, *CHAP. LXVI.*

POVRCE que le mot φύλλον, ne signifie autre chose qu'vne fueille, on ne sçauroit bonnement comprendre que ce fut le nom d'vne herbe: mais ἐλαιόφυλλον denote vne herbe ayant les fueilles cõme l'Oliuier, laquelle est aussi appellée, *Bryonia*, ainsi que dit Dioscoride, pour la façon de ses fueilles quand elles commencent à sortir, ou bien à cause qu'elle retire à la *Mousse.* Or Dioscoride en establit deux especes, dont il appelle l'vne *Thelygonon,* c'est à dire *qui fait engendrer des femelles:* & l'autre *Arrhenogonon,* c'est à dire, *qui fait engendrer des masles.* Et les descrit tous deux comme s'ensuit: *Le Phyllon qu'on appelle aussi Elæophyllon, & d'autres Bryonia* (aucuns lisent βρύον, pource qu'elle sort du commencement comme la Mousse, que les Grecs appellent *Bryon.*) *croist dessus les rochers. Or il y en a vne sorte qui est appellée Theligonon, qui est comme Mousse, & a la fueille comme celle d'Oliuier, vn peu plus verde, la tige menue, & courte: la fleur blanche: la graine semblable à celle du Pauot, vn peu plus grande* (aux communs exemplaires il y a, *le fruict gros comme celuy du Pauot,* au lieu qu'au vieil exemplaire il y a, *le fruict petit & menu.*) *L'autre qui est l'Arrhenogonon, resemble en tout à la precedente, excepté quant au fruict: car son fruict est fait en grappe de raisin, & semblable à vne grappe d'Oliuier, apres qu'elle est desfleurie. On dit, que si on mange de l'Arrhenogonon il fait engendrer des enfans masles, & le Theligonon des femelles.* Voilà ce qu'en dit Crateuas: mais il me suffit d'en auoir mis la description; suyuant quoy, dit Pena, Dioscoride ne fait point de doute que ces plantes ne soient vrayement en estre, ny moins de leur figure; mais seulement si elles ont ceste vertu, que par le moyen de l'vne & de l'autre, on puisse auoir des enfans à son choix, ou masles ou femelles; comme Crateuas l'escrit. Ce que Theophraste dit, que c'est vne fable. La description donc est de Dioscoride, & non de Crateuas, ou pour le moins Dioscoride ne l'a pas prinse de Crateuas seul: mais aussi en d'autres autheurs. Desquels Pline a aussi emprunté ce qui s'ensuit: *Les Grecs appellent Phyllon vne herbe qui croist sur les rochers & montagnes; la femelle est plus verte, & a la tige menuë, la racine petite, la graine ronde, semblable à celle du Pauot. Elle fait engendrer des filles. Le masle n'est en rien different qu'à raison de la graine, qui est comme vne oliue, qui commence à venir. On prend l'vne & l'autre auec du vin.* En vn autre endroit il dit: *l'Arsenogonon & Theligonon sont deux plantes qui font des grappes, à mode des fleurs d'Oliuier, vn peu plus pasles, & la graine blanche comme celle du Pauot. On dit, que prennant en breuuage le Theligonon on engendrera des filles. L'Arsenogonon luy retire en tout & par tout, excepté quant au fruict qui semble à vne Oliue. On dit qui fait engendrer des enfans masles, si on le prend en breuuage. D'autres disent que l'vne & l'autre de ces plantes retire au Basilic, & que la graine de l'Arsenogonon est double, à mode de deux couillons.* En quoy il semble que Pline ait voulu comprendre ce que Dioscoride & Theophraste en ont escrit. Car Theophraste en parle ainsi; *A raison dequoy on appelle vne des especes de Phyllon, faiseur de masles, & l'autre, faiseur de femelles: ces deux plantes sont semblables, & retirent au Basilic: le fruict du Theligonon est comme celuy de l'Oliuier qui est en fleur: toutefois il est plus pasle. L'Arrhenogonon retire à l'Oliue apres qu'elle est desfleurie, & est double à mode des couillons d'vn homme.* Ainsi aucuns estiment, que ce n'est qu'vne mesme herbe qui est descrite deux fois en Dioscoride, & que le Chapitre du Phyllon y est superflu. D'autres tiennent au contraire, & que par l'vn & l'autre *Phyllon,* il faut entendre la *Mercuriale* masle & femelle. Mais il y en a d'autres lesquels ayans bien consideré, & conferé ensemble ces descriptions, ont treuué que le *Phyllon Theligonon* de Dioscoride est vne plante qui croist sur les pierres & rochers qui sont à l'abril en Dauphiné & en Bourgongne: tout de mesme comme fait la Mousse, sur la crouste de la terre seche, & a des racines menuës, courtes & noires, par le moyen desquelles elle s'espand çà & là, & en fin tient & occupe vne grande place. Ses fueilles sont entassées bien espez, & retirent aucunement à celles de la Ioubarbe, quand on les regarde de loin: car elles sont ainsi grosses, toutefois elles ne sont pas ainsi aiguës, mais comme obtuses au bout, semblables à celles de l'Oliuier, sinon qu'elles sont plus vertes, dentelées à l'entour, auec des taches blanches à l'endroit de chacune decoupeure, & rampent par terre, occupans grande place. Sa tige est menuë, & le plus souuent courte, quelquefois

Les noms.

Liu. 1. c. 123.

Les especes.

Le lieu.

La forme.

Aux Aduers.

Liu. 27. c. 12.

Li. 9. de l'histoire. ch. 19.

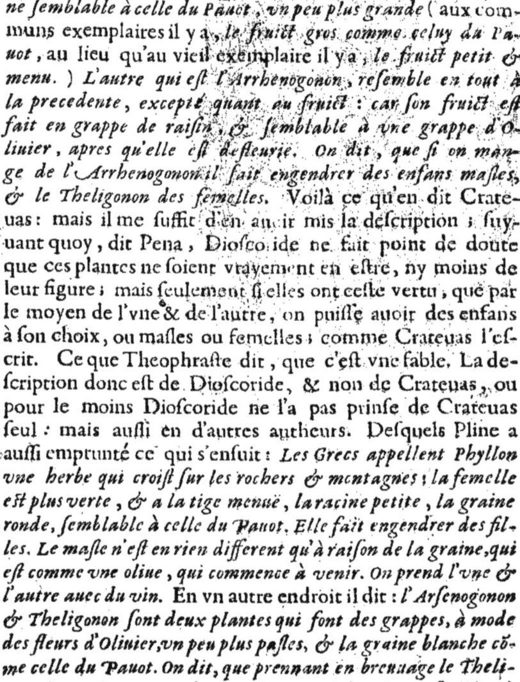

Phyllon Theligonon, de Dalechamp.

quefois haute, selon qu'elle treuue la terre plus seche ou plus humide. Sa fleur sort par ses branches menuës en grande abondance, semblable à celle des Violiers, & sent bon. Toute la plante a vn goust aqueux & doux. Aucuns l'appellent *Iourbabe de montagne.* D'autres estiment que c'est Liu.4.ch.26. *l'Hepatique premiere* de Pline, laquelle il descrit ainsi: *Elle a les fueilles larges vers la racine, & vne petite tige, de laquelle il pend des longues fueilles: estant appliquée auec miel, elle guerit les meurtrisseures.* Matthiol met le pourtraict d'vn autre *Phyllon Theligonon*, qu'il dit luy auoit esté enuoyé par Cortusus, lequel il tient estre le vray, & qu'il en a toutes les marques. Aux mesmes endroits où l'on treuue le *Theligonon*, on y treuue aussi *l'Arrhenogonon* attaché aux rochers à mode de Mousse. Ceste plante a la racine grosse au prix de tout le reste, & fait vne infinité de petites fueilles, lesquelles en leur petitesse retirent à celles d'Oliuier. Sa fleur est iaune. Son fruict resemble à vne oliue qui ne fait encor que passer, & defleurir, qui est pour la plus part double à la cime, comme les couillons d'vn homme. Nous auons mis le pourtraict d'vn autre *Arrhenognon*, qu'aucuns appellent *Grand*, pour le distinguer d'auec le prececedent. Il croist en Bourgongne à la source de la riuiere de Segle, assez pres du Conuent de la Baume, sur vne petite crouste de terre dont le rocher est couuert: & a la racine longuette, blanche, qui va peu à peu en appetissant, & est cheuelue: de laquelle il sort des petites verges deça & delà tout en rond, desquelles sortent les fueilles à mode d'estoile, tout ainsi qu'en la Iourbarbe, comme si elles sortoient de certains boutons ronds, & retirent à vne estoile, ou à vn œil. Elles sont longuettes, poulpues, & grossettes, garnies par les bords de certain poil aspre qui pique & se fait sentir à ceux qui les manient. Ses tiges sont de la hauteur d'vne paume, nues & rondes. Ses fleurs sont blanches: son fruict retire à vne oliue qui commence à se former, & est quasi tousiours à double comme les couillons d'vn homme. Sa graine est fort menue. Ceste plante a le goust tel que la Iourbabe, fade & vn peu aspre. Quant au Phyllon de Theophraste, il croist parmy les

Phyllon Theligonon, de Matthiol.

Phyllon Arrhenogonon petit, de Dalechamp.

Phyllon Arrhenogonon, grand, de Dalechamp.

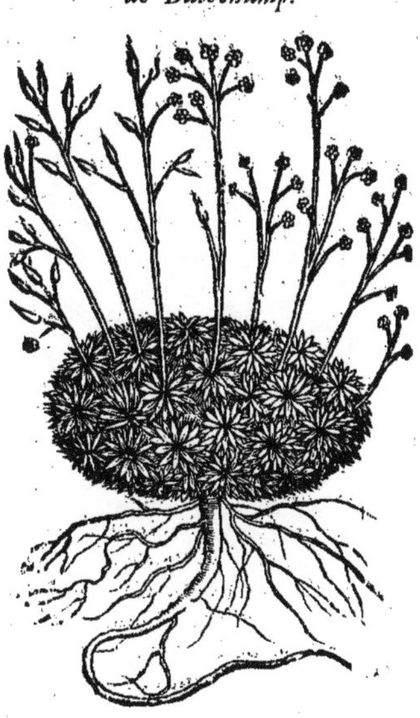

Phyllon Arrenogonon, Theligo-uon de Theophraste.

parmy les terres seches d'alentour de Montpelier en grande abondance. Il a toutes les marques que Theophraste luy attribue : car c'est vne plante qui fait plusieurs racines cheuelues ; les tiges de la longueur d'vne coudée, velues : les fueilles comme celle du Basilic, cottonées, & molles au toucher. Sa graine est entassée à mode de grappe de raisin, ou bien elle est double à mode de deux couillons, comme l'on voit en l'vne & en l'autre Mercuriale. Toute la plante a vne odeur mauuaise, & mal plaisante.

Du Phyteuma, *CHAP. LXVII.*

TOVT ainsi que ceste plante est nommée en Grec φύτευμα ainsi aussi les Latins l'appellent *Phyteuma*, peut estre pource qu'elle est propre à l'amour, & pour faire auoir d'enfans : car aucuns ont escrit qu'elle estoit propre pour les breuuages amoureux, suyuant le tesmoignage de Dioscoride, lequel la descrit ainsi : *Ceste plante a les fueilles comme le Struthion, sinon qu'elles sont plus petite, & porte beaucoup de graine percée. Sa racine est petite, menue, & va rampant à fleur de terre.* Ceste description est si courte qu'il est malaisé de donner vne opinion asseurée touchant le vray *Phyteuma*, Matthiol dit, qu'il y a des Herboristes qui prennent la plante qui est icy peinte pour le *Phyteuma*, laquelle suyuant l'opinion d'aucuns, n'est autre chose, que la *Campanula* ou *Ceruicaria* de Fuchse, & *Trachelion maius*, ou *Vuularia* de Dodon, dont nous auons parlé, comme aussi du petit *Trachelion* entre les plantes qui ont belle fleur. Dodon en son traitté des fleurs dit, que Matthiol a mis le pourtraict de la *Campanula* des iardins pour le *Phyteuma*. Aucũs tiennẽt, que le *Phyteuma* est vne plãte qui a la racine menuë, auec des cheuelures menuës, d'vn gout & odeur acre & forte, quãd on la broye, & fait plusieurs tiges de la hauteur d'vne paume, & les fueilles qui sõt pres de la racine couchés par terre tout en rõd, sẽblables à celles des poirées quãd elles cõmencẽt à venir: mais celles qui viennẽt le lõg des tiges sõt plus longues, & disposées par nombre impair vne à vne, cõme aux especes de Reseda. Sa fleur est de

Le noms. La forme.

Liu. 4. c. 115

Chap. 163. de l'hist. Liu. 2. ch. 20.

Phyteuma, de Matthiol.

Phyteuma d'aucuns, de Dalechamp.

couleur

Phyteuma de Languedoc, de Pena.

couleur d'herbe, & a des filets iaunes, entassez en espic; non toutesfois fort esprez, mais elle sort à la cime des tiges & est attachée à des longues queuës. Sa graine est enserrée en des gousses membraneuses, larges, auec six fueilles vertes au dessous, disposées, à mode d'estoile. Elle fleurit en May. On treuue, dit Pena, vne autre sorte de Phyteuma en Prouence, & en Languedoc, & parmy les Oliuiers aupres de Montpelier, qui retire à la petite Valeriane: toutefois ses fueilles d'embas retirent à celles de la *Luteola*, qui sert à teindre; mais celles d'enhaut sont decoupées & de la mesme grandeur que celles de la petite Valeriane. Elle fait beaucoup de fleurs moussues, blanches, semblables à celles des Oliuiers. Sa graine est petite, & ronde comme vne perle; toutefois elle est aucunement platte, & a comma la monstre d'vn pertuis, enclose en vne gousse de telle façon que celle de la Reseda de Pline, & vient sur des tiges de la longueur d'vne paume, ou d'vne paume & demie, qui trainent par terre. Sa racine est petite comme celle de la Valeriane plus petite.

Le temps.

De la Reseda, CHAP. LXVIII.

Liu. 27. c. 12.

PLINE fait mention d'vne herbe qu'il appelle *Reseda*, disant: *Il y a vne herbe assez cogneuë à l'entour de Rimini, laquelle est appellée Reseda. Elle est propre à resoudre toutes sortes d'enfleures & inflammations.* Or il y a des Herboristes qui ont pris la plante qui est icy peinte pour la *Reseda*, l'appellans *Reseda lutea*. Elle a la racine cheueluë, grosse comme le petit doigt, pleine de bois, & couuerte d'vne grosse escorce, laquelle a vn goust & vne odeur acre & forte, quand on la broye, comme le Nasitort, ou le Reiffort. Elle fait plusieurs tiges de la hauteur d'vn pied, anguleuses, & les fueilles decoupées à mode de celles de la Roquette, Sa fleur est ageancée à mode d'espic, & est iaune, fort petite. Sa graine est fort menuë, & enclose en grande quantité en des gousses membraneuses, faites à angles, rousses au bout, & vn peu entr'ouuertes, & non estendues en estoile, comme celles du Phy-

La forme.

Reseda iaune.

Reseda blanche.

teum.

euma. Aucuns ont prins ceste plante pour la *Reseda Pycnocomos*:& de faict, elle approche fort de figure & de ses proprietez, si sa racine qui est faite à mode d'vn Refort, estoit ronde à mode d'vne petite pomme ronde, comme celle du Pain de porceau. Or les Herboristes appellent vne autre plante *Reseda candida*, qui est encor auiourd'huy appellée *Reseda* par les paisans d'alentour Rimini. Elle a la racine, l'odeur & le goust de mesme que la precedente, & vn grand nombre tiges. Ses fueilles sont plus simples & plus simplement decoupées; dont il y en a plusieurs en asque queuë. Ses fleurs sont entassées en espic, & bien serrées, petites, de couleur de gris blanc. graine est fort menuë, en des vases longuets, faits à angles comme ceux de la precedente, & sont pas plats au bout, mais comme fendus & entr'ouuerts. Elle croist de soy-mesme parmy s champs à l'entour de Rimini. En nos quartiers on la seme dans les iardins. Pline en parle en cemaniere: *Ceux qui s'en seruent en medecine, prononcent ces mots: Reseda morbos Reseda, scisne scisne, is hic pullos, egerit, radices nec pedes, nec caput habeant*: c'est à dire, *Appaise la maladie, ô Reseda, ais-tu, sçais-tu, qui a icy amené ces poulets, & ne faut point que les racines ayent ny pieds ny teste. Il ut dire trois fois ces mots, & cracher autant de fois.* Voilà ce que Pline en escrit, qui sont vrayes fueries de vieilles. *Le lieu.*

De Sucudus d'Auicenne. *CHAP. LXIX.*

MYCONVS Medecin tres-docte nous a enuoyé ceste plante d'Espagne, laquelle il nomme *Sucudus d'Auicenne*, tant pource que les Mores de Valence, qui habitent dans la ville de Gande, appellent encor auiourd'huy ceste herbe *Sugudus*: comme aussi pource que Gentilis traduit le mot de *Sucudus* en *Feugiere*: ce qui s'accorde fort bien auec ceste plante, laquelle a les fueilles comme la Feugiere masle. C'est vne plante de la hauteur d'vne coudée, qui iette plusieurs ges droites dés la racine, quarrées, pleines de bois, & comparties par neuds, desquelles il sort s branches qui sont semblablement quarrées, comparties par neuds, & vn peu veluës. Ses fueils sortent par les neuds, dont celles qui sont pres de la racine sont plus grandes; mais celles qui nt pres de la eime sont moindres & dentelées, semblables à celles de la Feugiere masle. Au plus haut des tiges il y a des boutons purpurins tirans sur le bleu, odorans, & approchans des boutons de la Stœchas Arabique. Elle a beaucoup de racines blanches & pleines de bois. Sa graine est menuë, blanche, vnie, pailleuse, & d'vn goust fade. Elle croist és montagnes & lieux secs & non cultiuez. On l'entretient aussi dans les iardins. Elle demeure long temps en fleur; mesmes elle fleurit tout le long de l'année dans les iardins. Ceste herbe est odorante, amere au goust auec vne acrimonie. Il peut estre que les Grecs n'en ont pas eu cognoissance, ou s'ils l'ont cogneuë, ce sera vne seconde espece de *Stœchas*, d'autant qu'elle a le mesme goust, odeur, & proprietez. Et de fait, l'Escluse a esté de ceste opinion, & en a mis le pourtraict sous le nom de *Stœchas seconde*. Au reste Auicenne dit, que le *Sucudus* eschauffe. Son suc prins en breuuage appaise les douleurs. Il est bon pour en frotter les vlceres de la bouche, & pour guerir les vieux vlceres. Sa poudre mange & consume les excroissances de la chair. On l'applique auec vinaigre contre la douleur des gouttes. Il est bon pour la toux le reduisant en looch auec des choses douces: prins au poids de deux dragmes auec hydromel il est bon contre le mal de cœur, comme aussi à la dysenterie, & difficulté d'vrine: appliqué en pessaire il prouoque les mois. Voilà ce qu'en dit Auicenne. Or les qualitez euidentes de la plante, qui est icy peinte, monstrent qu'elle peut bien faire les mesmes effects.

La forme. *Liure 1. des plant. d'Esp. chap. 60.* *Les vertus.*

ucudus d'Auicenne, de Miconus.

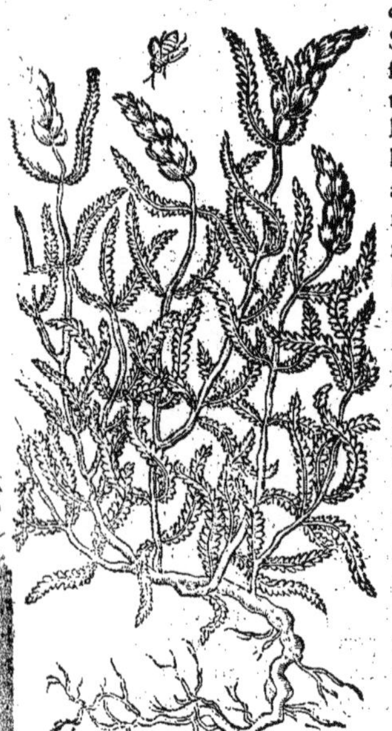

Du Tragium second de Dioscoride, & sucudus d'Auicenne, de Rauuolf.
CHAP. LXX.

LE second Tragium de Dioscoride est assez frequent en Syrie, à l'entour des ruisseaux & lieux aquatiques, & quelquefois aussi aux montagnes, suyuant le tesmoignage de Rauuolf.

Tragium second de Dioscoride, & Sucudus d'Auicenne, de Rauuolf.

La forme. Il a la racine longue, menuë, & blanche, de laquelle il sort comme des branches pleines de bois, grailes, & qui n'ont pas plus d'vn doigt de long, lesquelles produisent beaucoup de fueilles longues qui sont garnies de plusieurs autres petites fueilles disposées d'vn costé & d'autre à mode de la Saxifrage rouge, ou du Polytric, sinon qu'elles sont vn peu plus longues, comme on voit au Ceterach, & sont cottonnées, principalement les petites qui sortent parmy les autres. Ses fleurs ne faisoient que sortir quand ie veis ceste plante ; tellement que ie n'eus pas le moyen de bien remarquer leur figure. Au reste elles sont violettes & brunes, entassées à mode d'vn œuf, au bout d'vne queuë à part. Ceux du païs appellent ceste plante *Secudes*, comme aussi les Arabes, & principalement Auicenne, qui dit qu'elle est astringeante, & propre contre la dysenterie. Toutefois il y en qui aiment mieux prendre vne autre plante qui a esté descrite cy deuant pour le *Secudes des Arabes*, que non pas ceste-cy.

Chap. 679.

De la Selago de Pline, ou Camphorata.
CHAP. LXXI.

Liu. 24. c. 11. PLINE dit, que l'herbe appellée *Selago* resemble au *Sauinier*. Les Druides Gaulois auoient opinion que ceste herbe faisoit euiter tout malencontre, & que son parfum estoit bon à tous les accidents des yeux. Aucuns tiennent, que ceste *Selago* de Pline est la premiere espece de *Bruyere*, d'autres la prennent pour l'*Hyssopus nemorensis*, d'autres tiennent que c'est la *Chamæpeuce*, ou vne espece de *Mousse terrestre* descrite par Tragus sous le nom de *Sauinier sauuage*, de laquelle nous auons traitté entre les plantes qui viennent à l'ombre. La plus part des Herboristes appellent *Selago*, la plante qui est icy peinte, laquelle ceux de Montpelier appellent *Camphorata*, à cause qu'en la broyant elle sent comme le *Canfre*.

Selago, ou Camphorata.

Liu. 1. c. 189.

Le lieu. Elle aime les lieux sablonneux & maigres ; toutefois elle se fait plus grande quand elle rencontre vn terroir gras & humide. La forme. Elle a la racine grosse, noiraстre, la tige de la hauteur d'vne coudée, & quelquefois dauantage, & ronde, auec plusieurs branches, dont celles qui sont pres de la racine sont garnies de fueilles longues : mais tant plus elles approchent de la cime, les fueilles sont aussi plus courtes, longues & estroites, semblables à celles du *Sauinier*, ou du *Tamarisc*, sentans comme le Canfre quand on les broye ; à raison dequoy on l'a appellée *Camphorata*. Les Apothicaires s'en seruent, d'autant que Nicolaus Myrepsus l'a mise en la recepte qu'il a composée pour faire l'onguent *Martiatum*, combien qu'il n'y a personne, que ie sache, entre les autheurs Grecs, ny les Latins aussi, qui ait escrit ses proprietez. Aucuns la prennent pour le *Cneorum noir*.

Conyza de montagne,

CHAP. LXXII.

MYCONIVS medecin tres docte, & bien versé en la cognoissance des Simples, estime que la plante qui est icy peinte, est vne espece de *Conyza*, pource qu'elle a les fueilles & les fleurs comme la *Conyza*, comme aussi l'odeur & le goust: à raison dequoy il l'appelle *Conyza de montagne*, d'autant qu'elle croist sur les rochers, par les precipices des montagnes, principalement és fentes des rochers. Sa racine est de bois, massiue, blanche par dedans, & noire par dehors, de la grosseur du petit doigt, d'vn goust vn peu astringeant, & aussi seche que l'escorce du liege: de laquelle il sort plusieurs tiges, rondes, veluës, massiues, de la hauteur d'vne paume, garnies de fueilles menuës, semblables à celles de l'Hyssope commun: toutesfois elles sont visqueuses, à mode de celles du Lede, de mauuaise odeur & forte, sentans comme le bouquin. A la cime des tiges il vient des petites fleurs iaunes, semblables à celles du Laitteron, qui s'enuolent en papillottes. Elle est amere au goust auec vn peu d'acrimonie, & offence le cerueau. Elle fleurit principalement au mois d'Aoust.

Les noms.

Le lieu.

Trachelion de montagne, de Dalechamp.

CHAP. LXXIII.

NOVS auons traitté cy deuant des autres especes de *Trachelion*, entre les plantes qui ont la fleur belle: à present il faut dire vn mot de celuy des montagnes, qui croist sur les plus aspres montagnes, & fait la racine noire, grosse à la cime, & fourchue par le bas, auec peu de cheuelures. Elle produit grand nõbre de fueilles pres de la racine, & tout à l'entour d'icelle, longues à mode de celles de l'Organette, veluës, & vne seule tige, garnie de peu de fueilles, disposées alternatiuement. Sa fleur & sa graine sont semblables à celles des autres especes de *Trachelion*, & en figure & en couleur.

Le lieu.

Du Doronicon, CHAP. LXXIV.

LES Arabes appellent le Doronicon *Haronigi*, *Doronigi*, ou *Durungi*. Nous entendons de parler icy de celuy dont les Apothicaires vsent communement. Or il s'en treuue de trois sortes, desquelles Lobel a mis le pourtrait: la premiere qui est petite, fait les tiges tendres, & les fueilles molles, longues comme celles du Plantain, de couleur de verd tirant sur le iaune, & velues à mode de celles de la Pilofelle, ou du Cocombre sauuage; toutefois elles sont molles au toucher, vn peu vuidées à l'entour, & estroites à la cime, approchantes plus de celles du Cocombre sauuage, que du Pain de pourceau: & sont trois à trois, ou quatre à quatre attachées à des queuës qui sortent de la racine, laquelle est petite, ronde, qui va petit à petit en appetissant, auec des escailles en trauers par dessous, resemblant au corps & à la queuë d'vn Scorpion, & fort cheueluë. Elle est blanche, d'vn goust doux, auec vn peu d'amertume, & a beaucoup

Les noms.

Doronicon petit, des Apothicaires, de Pena, & de Lobel.

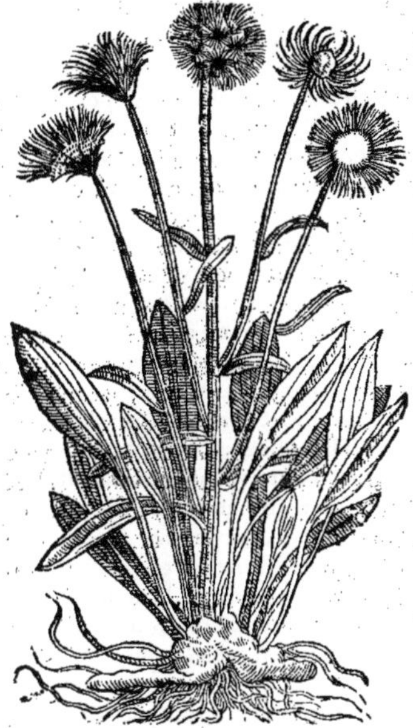

Doronicon ayant la racine branchue, Aconitum Pardalianches de Pline, & de Matthiol.

de viscosité conioincte auec vn bien peu d'astriction. Sa tige est de la hauteur d'vne paume & demie, & porte à la cime des fleurs iaunes, ou palles, en façon d'estoille, semblables à celles de l'Oeil de beuf, ou de la Consolide moyenne. Elle est assez frequente auiourd'huy aux iardins en Flandres; & est celle que les Apothicaires appellent communement *Doronicon petit*, laquelle croist aux montagnes & collines de Piedmont, & aussi en quelques endroits de la France. Quant à la seconde, elle a la racine beaucoup plus grande, & plus grosse, couuerte d'vne escorce faite à mode de plusieurs escailles blanches comme de marbre, auec vne aile de chasque costé, comme les pincettes de la sauterelle de mer, ou d'vne petite escreuice, douce au goust. Ses fueilles, ses fleurs, & sa tige sont vn peu plus grandes & plus rondes, que celles de la precedente. Elle aime les montagnes ombrageuses, non seulement celles qui sont tournées contre le midy; mais aussi celles qui sont froides & tournées au Septentrion. La troisiesme est semblable à la seconde, & n'y a autre difference, que pour raison de la grandeur. Lobel & Dodon en ont mis le pourtrait, comme aussi nous l'auons descrite & fait peindre il y a desia long temps. Elle croist és lieux ombrageux sur les montagnes, entre les pierres & rochers, & a la racine petite, blanche, & comme compartie par neuds, auec beaucoup de cheuelures d'vn costé & d'autre, retirant fort bien à vn Scorpion; au bas de laquelle il en croist vne autre, laquelle en produit encor vne autre, & ainsi consecutiuement, si bien qu'il y en aura quelquefois plus de douze attachées ensemble. Elle fait trois ou quatre fueilles semblables à celles du Melanion, velues, molles au toucher; & vne tige de la hauteur d'vn pied, garnie de quelques fueilles. Sa fleur retire à celle du *Chrysanthemon*, tant en ce qu'elle a vne couronne ronde comme vne assiette au milieu, comme aussi qu'elle est bordée de iaune. Sa racine broyée & incorpo

Le lieu.

Doronicon ayant la racine à mode de Scropion, de Dalechamp

Le lieu.

incorporée auec graisse de porceau, guerit la rongne; & de fait les païsans s'en sçauent bien seruir à cest effect. Dodon estime que c'est *l'Aconiton Pardalianches*. Pena & Lobel la prennent pour le *Doronicon*, comme il a esté dit, & aussi plusieurs autres Herboristes; mesmes les Apothicaires vsent ordinairement au lieu du *Doronicon*, de ses racines en leurs compositions. Mais la plante que les Arabes appellent *Doronicon*, est differente de ceste-cy; car Auicenne escrit, que le *Doronigi* est chaud & sec au troisiesme degré, comme aussi Serapion, & toutefois il s'en faut beaucoup, que les racines du *Doronicon*, ou *Aconiton Pardalianches* ne soient de ceste temperature là: car elles n'ont point d'acrimonie, amertume, ou autre qualité si grande; que l'on puisse iuger par icelle qu'elles soient si chaudes & seches: ains au contraire elles sont douces au goust & emplastiques; qui monstre qu'elles sont d'vne mediocre temperature, ou pres de là: à raison dequoy on les mesle és compositions qui seruent pour oster la douleur des yeux. Le mesme Auicenne parlant de *l'Aconiton Pardalianches*, qu'il appelle *Estrangle-Leopard*, luy attribue particulierement les mesmes proprietez qui luy sont attribuées par Theophraste, & Dioscoride. Matthiol prend le *Doronicon*, qui est icy peint en second lieu pour *l'Aconiton Pardalianches* de Pline: & le troisiesme qui est *Doronicon commun*, pour *l'Aconiton Pardalianches petit*: & dit, qu'il est faussement appellé *Doronicon*, aprés en auoir esté aduerty par Cortusus, & qu'il le faut mettre pour vne espece *d'Aconiton*, ayant treuué par experience souuentefois, qu'il fait mourir les chiens si on leur en fait manger les racines. Ce que Matthiol asseure aussi d'auoir essayé. A raison de quoy il dit, qu'il le faut bannir entierement des boutiques des Apothicaires, comme estant vn poison mortel. Mais Pena estime que Theophraste, Dioscoride & Pline, par le *Theliphonon Pardalianches*, & *Cammoron*, ont entendu vne mesme plante, qui est ceste-cy, & non des plantes de diuerse espece: & qu'il y a seulement difference pour raison de la grandeur, comme aux Souchets, & en la multitude des racines, comme nous l'auons dit cy dessus. Car de fait, elles ont la mesme figure, goust & odeur, & croissent quasi en mesme lieu. Il ne nie pas aussi, que le Doronicon ne face mourir les chiens; mais il respond a cela, que suyuant mesmes le tesmoignage de Plutarche, l'Aloë qui est vn medicament bien salubre, & les Amandres ameres, font bien mourir les Renards. Ioinct, qu'on n'a veu personne qui se soit mal treuué d'vser des electuaires, ausquels on met du Doronicon, comme en l'electuaire de *Gemmis*, *de Aromatibus*, *Diamosci dulcis*, lesquels les Medecins ordonnent à tous propos. Mais nous traitterons plus amplement de cecy, & de l'Aconit aussi au liure *des Plantes venimeuses*.

Les vertus.

Li. 2 c. 3 r 9. Chap. 325. des simpl.

Liu. 2. c. 685

Liu. 4 c. 73.

Pastel de montagne.

CHAP. LXXV.

LE *Pastel de montagne* croist à la cime des montagnes chargées de nege: & a la racine grosse, noire, auec beaucoup de cheuelures. Il produit plusieurs fueilles à l'entour de la racine attachées à vne queuë longue, & grosse, pleines de veines semblables à celles du Pastel; toutefois elles sont plus obtuses au bout. Il fait aussi force tiges, qui ont plus d'vn pied de hauteur, & sont garnies de fueilles plus estroites que celles du bas de la plante, & plus aiguës, & d'vn grand nõbre de fleurs iaunes à la cime, faites en façon d'vn vase long, dentelées à la cime, auec vn poil delié qui sort du milieu d'icelle.

Le lieu.

La forme.

Melanion de montagne. CHAP. LXXVI.

Le lieu. *La forme.*

Le *Melanion de montagne* croist aux cimes gelées des montagnes, & fait plusieurs tiges menuës; & beaucoup de petites fueilles couchées par terre. Sa fleur est bleuë, deux fois plus grande que celle *du Melanion commun*, & fort belle, à proportion de la petitesse des fueilles de la plante.

Du Iasme de montagne, CHAP. LXXVII.

Le lieu. *La forme.*

On a appellé cette plante *Iasme de montagne*, à cause qu'elle a vne excellemment bonne odeur, qui approche de celle des fleurs du *Iasemin*. Elle croist aux plus hautes cimes des montagnes des Grisons, & fait des petites racines courtes, iaunastres, & vne seule tige de trois doigts de haut, veluë, & nuë, auec plusieurs fueilles pres de la racine, quasi semblables à celles de la Ioubarbe, couchées par terre, & veluës. La tige est chargée à la cime de quatre ou cinq petites fueilles, d'entre lesquelles sortent les fleurs en partie blanches, & en partie rouges, qui sentent fort bon. Il est certain que la fleur est blanche du commencement: mais qu'elle rougit quand ce vient en esté.

Persicaire goussée, CHAP. LXXVIII.

Le lieu. *La forme.*

Sur les montagnes & coutaux aspres de Sauoye, & d'Alemagne, il croist vne herbe, que les Flamans entretiennent en leurs iardins, laquelle est appellée en Allemand *Sprinckkraut*, comme qui diroit, *herbe qui saute*, pource que ses gousses qui sont longues, grailes, rondes, & pendantes, semblables à celles de la Chelidoine, sont pleines d'vne graine menuë, ronde, semblable à celle de la *Balsamina femelle*, laquelle pour peu que l'on touche la gousse, resaute au visage de ceux qui sont aupres, comme si elle se faschoit d'estre touchée. A raison dequoy les communs Herboristes l'appellent *Noli me tangere*. Et de fait elle est assez cogneuë par ce nom là, & par la marque susdite. Ses branches, ses fueilles & sa figure retirent à la Balsamine, à la Mercuriale, ou au Passeuelours. Parquoy il se faut bien garder de la prendre pour la Mercuriale, ny de s'en seruir à faute d'icelle. Quelques vns ont pensé que ce fut vn *Delphinium*: d'autant que sa fleur represente la figure d'vn Dauphin auec ses aislerons recourbez, ouurant la gorge, de mesme sorte qu'on a coustume de le peindre aux enseignes des logis & tauernes. Mais cette figure est feinte, & non veritable: ioinct que les autres choses que l'histoire dit du Delphinium ne luy conuiennent pas.

Osteocollon de Hierocles, & d'Absyrthe, CHAP. LXXIX.

L'OSTEOCOLLON est vne plante qui croist sur les murailles, & sur les rochers à l'entour de Sion ville capitale du païs de Valey, & fait la racine blanche, compartie par neuds comme celle du Grame, auec des cheuelures fort menuës. De ses neuds il sort beaucoup de petites branches pendantes, & lisses bomme des ioncs, & rondes; toutefois elles sont comparties par neuds semblables au *Spartum* menu & long, tousiours verdoyantes, & sans aucune fueille. Ses fleurs sont entassées en vn monceau en forme d'espic, de couleur brune, sortans des neuds des tiges, attachées à vne petite queuë. Aucuns l'appellent *Poligonion*, d'autres *Talcuition*, d'autres *Symphyton*. On l'appelle *Osteocollon*, pource qu'elle consolide les os rompus. *Symphyton*, pource qu'on croist communement qu'elle fait reprendre la chair coupée par morceaux, si on la met cuire parmy. Et de faict, elle est singuliere pour consolider & reioindre les parties separées. On la prend verte, & la fait-ont cuire dans du vin iusques à la consomption des deux tiers: de ceste decoction les Espagnols en donnent à leur cheualine, & par ce moyen les gardent de tomber en maladie. Mesme quand ils se doutent qu'il n'y ait quelque chose rompue dans le corps, ils ont recours à ceste herbe. Voilà ce qu'Absyrte, & Hierocles en ont escrit.

Le lieu. *Les noms.* *Les vertus.*

Cucullata, CHAP. LXXX.

LA *Cucullata*, ou selon aucuns *la Crias* d'Apulée, s'aime és hautes montagnes pleines de nege. Elle croist sur les rochers arrousez par quelque petit ruisseau, & fait beaucoup de petites racines fort menuës, noires & courtes; & vn grand nombre de fueilles pres de la racine, lisses, grosses, & qui ne sont point dentelées, ny pleines de veines, semblables à celles des poirées nouuelles, d'vn goust amer: deuant qu'elles soient espannies elles sont blanches comme albastre: mais puis apres elles prennent vne couleur verte bien viue. Elle produit cinq ou six petites tiges rondes, nues & rougeastres, principalement à la cime. Sa fleur est par fois blanche, & par fois purpurée, & comme plantée au bout de la tige; & n'y en a qu'vne par tige, d'vne forme rare & singuliere, & de fort belle couleur. Sa graine est fort menuë, en des petits boutons, faits en pointe & à angles. Elle fleurit en Iuin, mesmes deuant que la nege soit toute passée sur les montagnes. Apulée dit, que la Crias croist en la Basilicate, & est de la couleur du marbre blanc, & fait quatre petites tiges rougeastres. Sa racine broyée & appliquée en cataplasme guerit la sciatique en trois iours. Mesmes elle guerit toutes autres sortes de douleurs, en l'appliquant broyée sur la partie dolente.

Les noms. Le lieu. *Le temps.*

De la Scorzonera, CHAP. LXXXI.

IL y a vne herbe de mesme espece que la Barbe de bouc, laquelle est appellée en Espagne *Scorzonera*, ou *Scurzonera*, comme qui diroit *Viperine*, ou *Serpentine*, pource qu'elle est estimée singuliere contre le venin des Viperes & des serpens: car *Scurzo* en Espagnol signifie *vne Vipere*. Ceste plante est nouuelle, ainsi que dit Matthiol, & fut premierement treuuée en Catalogne en Espagne par vn Esclaue More, de Ceruero Leridan. Car

Les noms. *Liu. 2. c. 137*

comme quelques moissonneurs eussent esté mordus en la campagne par les Viperes, cest esclau[e] qui auoit cogneu ceste herbe en Barbarie, en donnant à boire de son suc guerissoit tous ceux qu[i] auoient esté mordus : mais il ne vouloit monstrer l'herbe à personne, de peur de perdre son gain. Finalement comme quelques vns de bon esprit eurent espié le lieu où il la prenoit, ils se transpor-terent là, & recogneurent l'herbe par le moyen de ce qu'on cognoissoit qu'il en auoit esté coupé de l'autre. Et de faict, l'ayant arrachée & fait l'essay, la chose fut diuulguée, & ainsi on l'appella *Scorzonera*. Matthiol dit, que la premiere plante qu'il en a veuë estoit seche, & luy auoit esté en-uoyée par Iean Odoric Medecin ; mais peu apres il la vit verte & en vie, ayant esté apportée d'Es-pagne à l'Empereur Ferdinand. Quelque temps apres il en trouua grande quantité en Boheme, par le moyen & diligence du Docteur Ribera Medecin, en vne certaine montagne pleine de bois, & marescageuse, assez pres de Poggebrot. Elle fait les fueilles de la longeur d'vne paume, semblables à celles du Mors du diable ; toutefois elles sont plus longues ; blancheastres, poulpues & aiguës. Dont celles qui sont pres de terre sortent de la racine, attachées à vne queuë longue &

La forme.

Scorzonera d'Espagne, de Matthiol,

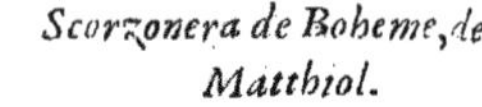

Scorzonera de Boheme, de Matthiol.

platte, & sont couchées par terre : dont il y en a qui sont vn peu vuidées. Elle fait vne tige de la hauteur d'vne paume & demie, & bien souuent dauantage, ronde & compartie par neuds, gar-nie de fueilles courtes & estroites au pris des autres. Ses fleurs sont iaunes approchans de celles de la Barbe de bouc, tellement qu'elles sont malaisées à recognoistre entre elles. Icelles venans à flestrir font comme vne assiette, chargée de papillottes & de la graine, qui est blanche, longue, semblable à celle de la Barbe de bouc. Sa racine peut auoir vne paume & demie de longueur, & est grosse comme le pouce, auec fort peu de cheuelures, couuerte d'vne escorce noirastre, bien nourrie, tendre, & fraile, pleine de suc, auec vne moëlle blanche au dedans qui rend vn suc blanc comme laict, douce & de bon goust. Elle croist és forests, & lieux ombrageux & humides en Espagne. Elle croist aussi en Allemagne, en Thuringe, & en Boheme, parmy les bois & monta-gnes humides. En Espagne elle fleurit au mois de May : mais en Allemagne elle fleurit plus tard, à sçauoir en Iuin, & en Iuillet. Le suc de ses fueilles ou de sa racine prins en breuuage est vn sou-uerain remede contre la morsure des Viperes, & autres animaux venimeux, & mesmes contre toutes maladies pestilentielles. Sa racine sert de preseruatif contre la peste, & tous autres venins, si on en mange tous les iours. Son suc est aussi propre contre le haut mal, au mal de cœur, au tour-noyement de teste, aux pasmoisons, & battement de cœur. La racine maschée chasse toute tri-stesse, & rend la personne allegée. Son suc qui est blanc comme laict sert à esclarcir la veuë. En somme toute la plante est de grand vsage. Plusieurs croyent que ceste plante soit la Cantabrica de Pline, incitez par des coniectures qui ne sont pas foibles, ny qui doiuent estre reiettées ; d'au-tant

Le lieu.

Le temps.

tant qu'elle croist en Cantabrie, & qu'elle est fort souueraine contre les venins. L'Herbier Romain depeint la *Scorzonera d'Italie*, vulgairement appellé *Castracane*, fort semblable à l'Hedypnois, ou au Dent de chien, en sa racine, en ses fleurs, en ses tiges. Elle croist aux lieux sablonneux, & en grande abondance autour de Viterbe. Toute la plante cuite dans le vinaigre a telle vertu, que si l'on en prend vne once le matin, elle garde de l'infection de la peste, voire ceux-mesme qui conuersent auec les pestiferez. Sa decoction en prennant vne once ou deux vingt quatre heures apres qu'on aura esté frappé du mal, guerit en peu de temps par vne sueur qu'elle prouoque. La decoction preparée auec le bouillon d'vn poulet, guerit les fieures pestilentes, & est bonne contre les exhantemes qu'elle produit. Toute la plante pilée, & appliqué est bonne contre la morsure du chien enragé: d'où peut estre on l'a nommée *Castracane*.

Son eau distilée au printemps est bonne pour tout ce que dessus.

L'eau où elle aura cuite guerit entierement les fieures automnales, & quotidiennes. C'est ce que feu M^r. Pons Medecin Lyonnois en dit.

Fin du X. liure de l'Histoire Generale des Plantes.

LIVRE

LIVRE ONZIESME DE L'HISTOIRE Generale des Plantes:

Contenant la description & pourtraits de toutes les Plantes qui croissent és lieux ombrageux, humides, marescageux, & gras,

De l'Adianton, ou Cheueul de Venus. CHAP. I.

OVR nous acquiter de nostre promesse il nous faut traitter icy des Plantes qui croissent pres des marais & estangs; à sçauoir és lieus humides, bourbeux & gras; comme aussi de celles qui croissent és lieux ombrageux. Or il y en a beaucoup, tellement qu'il nous faudra seiourner quelque temps en ces lieux là. Que s'il s'en treuue quelques vnes au liure precedent, qui pourroient estre plus à propos mises en ce rang, ou au contraire ; cela ne doit point sembler estrange à personne, ny mesme hors de propos ; d'autant que l'on ne considere pas tousiours seulement le lieu auquel les plantes croissent pour les ioindre ensemble, ains aussi l'affinité ou quelque resemblance qu'elles ont ensemble, en leurs fueilles ou autres parties, comme aussi en leurs vertus & proprietez. Au reste nous poursuyurons comme nous auons fait iusques à present, commençans par les plus cognuës. Et premierement par celle qui est si renommée & cogneuë par les Apothicaires, plustost de nom que d'effect : si ce n'est en Languedoc, à sçauoir du *Cheueul de Venus*, qui est appellée en Latin *Capillus Veneris*, suyuant le tesmoignage d'Apulée, & en Grec ἀδίαντον pource que οὐ ταιαίνε̃), c'est à dire, *il ne se trempe point en l'eau* : ou comme Theophraste dit, οὐ γ̃ ὑγραίνεται τὸ φύλλον βρεχόμενον, οὐδ' ἐσ-τίας ἐπίδηλον ἐστὶν τί [illegible] ὅθεν ἡ προσηγορία. Ce que Pline a traduit ainsi : *Il y a vne autre chose remarquable en l'Adianton ; c'est qu'il est vert en esté, & ne flestrit point en hyuer. Il ne prend point l'eau : car encor qu'on l'arrouse, ou qu'on le trempe dans l'eau, il demeure tousiours sec, si contraire il est à l'eau : de là aussi est venu son nom Grec.* Nicander ne dit pas, qu'il soit appellé Adianton, pour dire qu'il demeure tousiours sec, encor qu'on le trempe dans l'eau : car s'il y demeure longuement, il s'y trempera aussi bien que les autres herbes : mais pource que l'eau de la pluye ne s'arreste point sur ses fueilles. Car il dit ainsi:

Les noms.

Liu.7.ch.13.
Liu.22.c.21.

En la Theriaque.

> Ἀχραὲς τ' ἀδίαντον ὁ οὐκ ὄμβροιο ῥαγῆντος
> Λεπταλέη πίπτουσα νοτὶς πετάλοισιν ἐφίζει.

C'est à dire,

> *Ceste herbe se maintient nette, ne retenant*
> *Aucune eau, ny la pluye mesme du ciel venant.*

Chap.2. de 8 l'hist.

Ou plustost, ainsi que dit fuchse, il est ainsi appellé, à cause des murailles de dedans les puits, & des bords des fontaines, ausquelles il sert de courōne, & sēble qu'il cherche leurs eaux cōme ayāt soif encor qu'il les haïsse, & n'en tienne conte. On l'appelle aussi *Polytrichon*, c'est à dire *cheuelu* pource qu'il sert à faire venir les cheueux bien espez, & pour empescher qu'ils ne tombēt Et *Callitrichon*, pource qu'il rēd les cheueux beaux. Il est aussi appellé pour cette mesme raison *Capillus Veneris*, pource que l'on peint Venus auec des beaux cheueux. *Aucūs*, dit Pline, *appellēt l'Adiantō Callitrichō, d'autres Polytrichon: l'vn & l'autre de ces nōs viēt des effects de cette herbe: car elle sert à teindre les cheueux. Pour ce faict il la faut faire cuire en vin, auec de la graine de Persil, & y adiouster beaucoup d'huile pour rendre les cheueux frisez & espez. Or elle les empeschhe aussi de tōber.* Voilà ce qu'en dit Pline. Cette herbe est nommée en Latin *Cincinnalis, Terræ capillus, Supercilium terræ, Crinita* & en Arabe *Bersceghnascen*, ou *Bersausan, Culbare albir*: en François *Cheueul de Venus*: en Espagnol *Cullantrillo de pozo*: en Allemand *Frauuenhar*. Theophraste dit : *Il y a deux especes d'Adianton; à sçauoir le blanc & le noir. L'vne & l'autre est propre pour les cheueux qui tombent, en les broyant auec de l'huile. Elles croissent és lieux humides.* Gaza l'a ainsi traduit : ce qu'il semble que Pline ait aussi voulu traduire, toutefois il n'a pas rencontré le sens de Theophraste : *Il y en a* dit-il, *deux especes, à sçauoir le blanc & le noir, qui est aussi le plus court. Le plus grand est appellé Polytrichon, & l'autre Trichomanes. Tous deux ont*

Liu.22. c.21.

Liu.7. de l'hist.ch.13.

Liu.22.c.21.

les branches noires, les fueilles comme la Feuchiere, dont celles d'embas sont brunes & aspres, & sont toutes attachées par ordre vis à vis l'vne de l'autre. Ils ne iettent point de racines, & croissent és rochers ombrageux, & aux murailles moittes, & és baumes & rochers d'où sortent les fontaines, chose admirable, veu qu'ils ne se ressentent point de l'eau. En quoy Pline dóne bien à entẽdre, qu'il prend le *Trichomanes* pour la secõde espece d'*Adianton*, assauoir pour le Blanc. Et neantmoins Theophraste apres auoir parlé des deux especes d'Adiãton au passage cy dessus allegué, parle puis apres du *Trichomanes*, cõme d'vne plante differente, disant: *Le Trichomanes est propre à ceux qui ne peuuent vriner que goutte à goutte. Il a la tige comme l'Adianton noir, les fueilles fort petites, & en grand nombre, disposées l'vne vis à vis de l'autre. Il n'a point de racines, & s'aime és lieux ombrageux.* Theophraste ne met pas icy le *Trichomanes* pour vne espece d'*Adianton*; mais pour vne plante à part. Dauantage quand il dit, qu'il a les tiges semblables à l'Adianton noir, il donne bien à entendre que le *Trichomanes* n'est pas *l'Adianton blanc*. Matthiol prennoit vn temps pour *l'Adianton blanc* cette plante qui est communement appellée *Saluia vita*, & *Ruta muraria*, laquelle vient auec le *Trichomanes* sur les rochers, murailles, & bords des fontaines. Depuis ayant changé d'opinion il prend cette herbe-là pour la *Paronychia* de Dioscoride, dont nous parlerons cy apres. Il y en a d'autres, (l'opinion desquels est la meilleure) qui prennent pour *l'Adianton noir & blanc* de Theophraste, ou de Pline, les deux especes *d'Adiantõ*, dont tous les Apothicaires de France, Bourgongne Sauoye, Allemagne, & Flandres vsent pour le present, comme ils ont fait desia par le passé de tout tẽps, sous le nõ *d'Adianton blanc & noir.* Ces plantes ont la racine petite auec force cheuelures noires, & droites, & des petites tiges comme de Iõcs, vn peu plus grosses, & plus longues que celles du Trichomanes, vertes-palles, ou blancheastres: de la hauteur d'vne paume & demie, ou vn peu plus; auec des petites fueilles disposées deçà & delà à mode d'ailes tout ainsi qu'ẽ la Feugiere; toutefois elles sont beaucoup plus petites, vertes d'vn costé, de couleur perse de l'autre, & marquées de certains points rouges: & n'y a aucune difference entre elles, sinon que le Noir a les tiges plus noires, & & les fueilles plus brunes que le Blanc. Elles sõt aussi du tout sẽblables en vertus, cõme plusieurs doctes persõnages ont espreuué dés lõg tẽps, l'ordõnãs à tous propos en breuuage auec heureux succés, sãs que personne s'en soit iamais treuué mal. Dõtil appert que ceux-la se trõpent, qui les prẽnẽt pour especes de *Feugiere masle*, ou de *Dryopteris*, veu mesmes que tant s'en faut qu'elles causent corruption, qu'elles n'ont pas mesmes aucune chaleur, acrimonie; ains sont temperées, & ne font aucun mal. Mais pour retourner au *vray Adianton* de Dioscoride, il dit, *qu'il fait des petites fueilles semblables à celles du Coriandre, decoupées à la cime, attachées à des petites tiges noires, fort menuës, de la hauteur d'vne paume. Sa racine ne sert à rien, & ne porte ny tige ny fleur, ny fruict. Il s'aime és lieux ombrageux, & humides, le long des murailles arrousées, & aux baumes d'où sortent les fontaines.* Par cette description il appert, que la *Saluia vita*, ny *l'Adianton blan* ou *noir*, dont les Apothicaires vsent cõmunemẽt, ne sont pas le vray *Adianton* de Dioscoride; mais cette plante qui est icy peinte, laquelle a pour ses racines beaucoup de cheuelures menuës, noires, & bien entassées, desquelles il sort vne infinité de petites tiges en façõ de Iõc, fort menuës comme des cheueux frisez; de la hauteur d'vne paume ou d'vne paume & demie, noires: auec des fueilles sẽblables à celles de l'Anis, ou du Coriandre, & decoupées à la cime, assez larges, disposées alternatiuemẽt & attachées à des queuës fort menuës, tendrettes, ayans vn angle droit de chasque costé, & formans comme vn triangle; toutefois elles sont decoupées, & frisées au bout. C'est là le *vray Adiãton* de Dioscoride, qui est fort commun en Languedoc sur les rochers arrousez & à l'õbre, & és lieux pierreux aupres des mõtagnes des Ceuẽnes, & sur les bords des rochers, des puits, & des fontaines de Montpelier, & de Nismes. Mais au contraire il est bien rare és autres regions, cõme en Frãce, Allemagne, Flãdres, & Angleterre: & peut estre n'y en croist il point du tout: ny mesmes en plusieurs endroits de l'Italie. A raisõ de quoy on l'amasse aux lieux dessusdits pour le porter vendre à Lyon, Paris, Anuers, & autres villes marchãdes, où les Apothicaires l'achettent bien cheremẽt pour en faire le Syrop du *Capilli Veneris.* Mesmes les plus riches de la Frãce, & les Courtisans font faire ledit Syrop à Montpelier pour l'auoir meilleur & plus frais. Car on ne sçauroit croire cõme il est souuerain aux accidens de la poitrine, du foye, & des reins. Ce que Dioscoride aussi luy attribue entre plusieurs autres vertus, disant: *La decoction de ceste herbe sert à* ceux

Au ch. 131. liure 4.

Pier. Pen. aux Aduers.

La forme de l'Adiantõ blanc & noir.

Le vray Adianton. Sa forme.

Le lieu.

Adianton, ou Cheueul de Venus, de Matthiol.

Liu. 4. c. 131. *Les vertus.* *ceux qui ont courte haleine, & à la difficulté d'icelle, à la ratte, à la iaunisse, à la difficulté d'vrine. Elle rompt la pierre, reserre le ventre, & sert contre la morsure des serpens. Prinse en vin elle sert aux desfluxions de l'estomach. Elle prouoque les mois, & fait sortir l'arriefaix, & guerit le crachement de sang. L'herbe appliquée crue est bonne contre la morsure des serpẽs, guerit la pelade, & resoult les escrouelles. La lexiue qui en est faite guerit les eschaques, & peaux mortes, la rache, & la male-tigne. Auec du Ladane & d'huile myrtin, & de Lys, ou auec de l'Hyssope,* (Ruel a ainsi traduit suyuant les exemplaires communs; mais au vieil exemplaire qui est plus correct il y a *auec d'huile de Lys & de laine sourge) & auec du vin, il empesche les cheueux de tomber. Sa decoction auec de lexiue & du vin, fait le mesme effect. Il rend les Cailles & les Coqs plus hardis au cõbat, si on le mesle parmy leurs viandes. On le plãte à l'entour des bergeries pour faire mieux proffiter les brebis*. Pline escrit quasi les mesmes choses de

Liu. 22. c. 21. son Adianton: *Il est singulier*, dit-il, *pour faire pisser la grauelle, specialement le noir: à raison dequoy on l'a appellé Saxifragum, & non pource qu'il croist sur les pierres. On en prend auec du vin autant qu'on en peut empoigner auec trois doigts. Les Capilli Veneris prouoquent l'vrine, amortissent le venin des serpens & des araignes: cuits en vin ils reserrent le ventre: appliquez en chapeau sur la teste ils appaisent la douleur d'icelle. On les applique en linimẽt sur les morsures des Scolopendres: mais il les faut changer souuẽt, de peur qu'ils ne perdent leur vertu. Il en faut vser de mesme en la pelade. Ils seruent à resoudre les escrouëlles, & à nettoyer les eschaques du visage, & guerir les tignes, & vlceres fangeux de la teste. Leur decoction est singuliere à ceux qui ont courte haleine, & aux opilatiõs du foye & de la ratelle, à la iaunisse, & hydropisie. Reduits en liniment auec de l'Absinthe ils sont bons pour en frotter les reins, & quand on ne peut vriner que goutte à goutte. Ils prouoquẽt les mois, & font sortir l'arrierefaix. Prins en vinaigre, ou auec du suc de ronce, ils reserrent le ventre. Mesmes on les incorpore auec huile rosat pour guerir les vlceres des petits enfãs, toutefois il les faut premieremẽt lauer auec du vin. Leurs fueilles broyées en l'vrine d'vn enfãt qui n'ait encor point de poil au penil, auec vn peu de salpetre gardẽt de rider le vẽtre aux fẽmes, en les appliquant dessus en linimẽt. On dit que si on met du Capilli Veneris parmy les viãdes des Perdris, & des Coqs, ils sont plus hardis au cõbat. On tient aussi qu'il est fort bon à la montonnaille.* Galien en traite bien plus breuemẽt, & plus distinctement: *Le Capilli Veneris est mediocre-*

Liure. 6. des simpl. *ment chaud: mais il est desiccatif, attenuatif, & resolutif: car il fait reuenir le poil tõbé par la pelade, & resoult les escrouëlles, & apostumes: mesmes estant pris en breuuage il rompt la pierre, & est merueilleusement propre pour faire sortir les humeurs grosses & visqueuses de la poitrine, & des poulmõs. Il reserre le vẽtre, & toutefois il n'a point de chaleur euidente, aussi peu que de froidure: mais on peut dire*

Liu. des simples purg. *qu'il est d'vne temperature mediocre quant à ces qualitez là.* Mesuë escrit aussi du tẽperament & singulieres vertus du *Capilli veneris*, entre lesquelles il dit qu'il est purgatif, combien que les Grecs, ny Pline aussi n'en ayent fait aucune mention. Voicy ce qu'il en dit: *Le Capilli Veneris est tẽperé ou bien pres de là. Il est composé d'vne substãce aqueuse, & terrestre: mediocrement subtile, & astringeante, & d'vne autre superficiaire, chaude & fort subtile: à raison dequoy sa vertu s'esuanouit aisément: d'autant qu'vne vertu debile procedant d'vn foible subiect se dissipe promptement. Par le moyen de ceste vertu ils desopilent, resoluent, & laschent le ventre, principalement estans frais: car estans secs ils sont astringeants: & partant ils reserrent le ventre: mais il euacuent la bile & le phlegme du foye & du ventre, & font cracher les grosses humeurs, encor qu'elles soient biẽ enracinées en la poitrine: guerissent la difficulté d'haleine, esclarcissent le sang, & par mesme moyen font auoir bonne couleur, & appaisent la douleur desdites parties, & desopilent le foye & la ratelle : à raison dequoy ils sont propres à la iaunisse, & à toutes maladies , qui procedent d'opilation, principalement estans mis en infusion en eau de Persil, & de Cichorée, ou en bouillon de pois ciches noirs, ou des quatre semẽces froides, ou du petit laict. Auec huile de Camomille, ils resoluent les escrouëlles. Le Syrop de Capilli Veneris est singulier en la pleuresie, & inflãmation des poulmons. Il fait vriner. Leur decoction rõpt la pierre, & fait purger les fẽmes apres l'enfantement. Mais par le moyen de leur astriction ils reserrent les defluxions, estanchent le sang, fortifient l'estomach & le vẽtre, empeschãs qu'ils ne reçoiuẽt facilemẽt les excremẽts: & mesmes ils renforcent la racine des cheueux: & par ainsi empeschent qu'ils ne tõbẽt. Ils font aussi reuenir ceux qui sont tõbez, principalement estans meslez auec huile myrtin, du Ladanũ, & du vin astringeant. Leur cendre fait le mesme effect. La mesme cẽdre ou leur decoctiõ guerit les eschaques, si on s'en laue auec du vin, & guerit les fistules du grand coing de l'œil. Or d'autant que leur vertu purgatiue est fort debile, il faut y adiouster des violettes, de la Casse, de la Manne, du petit laict. Il ne les faut pas aussi laisser cuire que biẽ peu. Ils sont meilleurs quãd ils sont biẽ nourris & ont les fueilles vertes: mais ceux qui sont froncis, & ont les fueilles iaunes, ne valent rien. Pour lascher le ventre il faut prendre vne liure de leur decoction.*

Du Polytric, *CHAP. II.*

Les noms. LE *Polytric* est appellé en Grec τριχόμανες : & en Latin aussi *Trichomanes*, & *Capillaris*. Gaza l'appelle *Filicula* ; les Apothicaires *Polytrichon* , qui est toutefois le nom de *l'Adianton* , ou *Capilli Veneris* , suyuant le tesmoignage de Dioscoride, & des autres autheurs anciens. En François *Polytric* : en Allemand *Vuilderrot*, & *Abthan*. Les Grecs l'ont nommé *Trichomanes* , à raison de sa vertu , pource qu'il sert à faire reuenir

Polytric.

nir le poil tombé: car μανὸν signifie *rare*, & τρίχα, *les cheueux*. A raison dequoy aussi on l'a nommé en Latin *Capillaris*, *il croist*, dit Dioscoride, *aux mesmes lieux que l'Adianton. Il* Liu. 4. c. 132. *retire à la Feugiere, sinon qu'il est plus petit. Il a les fueilles* *Le lieu.* *comme celles des Lentilles, menuës, aigres, & de couleur brune.* *La forme.* Par cette description il appert que l'herbe qui est aujourd'huy nommée *Polytric* par tous les Apothicaires, & en commun vsage sous ce nom là, est le vray *Trichomanes* de Dioscoride, & des anciens: car elle a la racine petite, auec des cheuelures noires, de laquelle il sort des tiges en façon de petits Ioncs, noires, polies & fermes, garnies de fueilles quasi dés la racine arrangées d'vn costé & d'autre de la tige: rondes, & à mode de celles des Lentilles, vertes-brunes par dessus, & tacherées par dessous de certaines marques de tanné à mode de la Sauuevie: & ne porte ny fleur ny graine. Il croist en abondance és lieux humides, *Le lieu.* & ombrageux, sur les murailles & rochers humides, & aux baumes des fontaines, ne plus ne moins que le *Capilli Veneris*: & est semblablement vert en tout temps, & approche aussi de son goust, & de ses vertus. A raison dequoy aussi Galien & Dioscoride tiennent qu'il fait les mesmes Polytric doré de Fuchse Chap 240. effects. Or les Herboristes appellent aussi *Polytric* vne autre petite herbe, laquelle toutefois n'approche aucunement Dod. liu. 3. chap 71. de la description que nous auons mise cy deuant du *Les noms.* *Polytric*: les Allemands l'appellent *Gulden Vuiderthon*: en François *Polytric doré*, pource que cette herbe est de la cou-ır de l'or. On l'appelle *Polytric*, à cause que ses branches sont menuës comme cheueux. On en *Les especes.* ablit deux especes, assauoir le grand & le petit: car il n'y a autre difference, que pour raison la grandeur. Fuchse dit, que c'est le *Polytric* d'Apulée. Toutefois il semble que celuy de Dio-*La forme.* ride & d'Apulée soit vne mesme chose. Le *grand Polytric doré* a les tiges fort menuës, qui n'ont s vne paume de hauteur: & sont de couleur d'or garnies de beaucoup de fueilles comme de eueux, auec des boutons à la cime comme les Lentilles d'eau, de mesme couleur que les tiges. *Petit* retire du tout au grand, si ce n'est qu'il est moindre en toutes ses parties. Le *Grand* croist *Le lieu.* prés humides & marescageux: & le *Petit* sur les pierres & murailles humides. On treuue l'vn & *Le temps.* utre au mois de Iuillet. Ils sont temperez en chaleur & froidure, toutefois ils dessechent, atte- *Le temperament & les vertus.* ent & resoluent. La decoction de l'vn & de l'autre faite en eau ou lexiue rafermit les racines

Polytric doré grand & petit, de Fuchse.

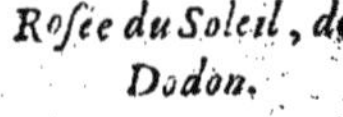
Rosée du Soleil, de Dodon.

des cheueux : à raison dequoy elle guerit la pelade, faisant recroistre le poil. Prinse en breuuage elle est singuliere pour faire cracher les humeurs grosses & visqueuses de la poitrine, & des poulmons. Elle rompt la pierre, & fait vriner. Elle est propre à la iaunisse, & à l'opilation de la ratelle. Elle resout les escrouelles. En somme elle fait les mesmes effects que le *Capilli Veneris*. Les modernes meus d'vne folle superstition en disent beaucoup de choses incroyables. Or il faut icy adiouster vne petite herbe qui a de merueilleuses vertus: à raison desquelles elle doit estre preferée à beaucoup de plantes, desquelles toutefois les anciens font fort grand cas; n'ayans pas eu peut estre cognoissance de ceste-cy. Les Herboristes l'appellent *Ros solis*, & *Rorella*: les Allemans *Sondau*: en François *Rosée du soleil*, à cause de sa nature admirable. Car combien qu'elle soit bien battue du soleil en esté, ses fueilles ne laissent pas pour cela d'estre couuertes de Rosée, & de petites gouttes d'eau: ains au contraire il semble que tant plus le soleil est chaud, ceste humidité s'augmente & s'entretient; tant s'en faut qu'elle diminue. Elle a la racine cheuelue; les fueilles rougeastres, rondes & longues, velues, & creuses à mode d'vn petit cueillier, ou d'vn cur'-oreille, entre lesquelles il sort des petites tiges de trois ou quatre doigts de long, rougeastres, & recourbées à la cime, chargées de petites fleurs blanches. Elle s'aime és lieux sablonneux & fosses humides, & quelquefois és forests ombrageuses. Toute la plante a vn goust acre, vn peu astringeant, auec vn peu d'aigreur & d'aspreté, & est desiccatiue merueilleusement. Cette herbe renforce le corps qui va sechant & diminuant, & est singuliere en la defluxion du phlegme salé sur les poulmons. Aussi guerit elle les vlceres d'iceux. L'eau distilée des fueilles & des fleurs de cette plante, qui est iaune comme l'or, est bonne pour donner aux phthisiques, asthmatiques, & à ceux qui ne font que toussir, & generalement à tous les accidents des poulmons.

Rosée du Soleil. Dodon liu. 3 chap. 71. Pier. Pen. aux Aduers. — *La forme.* — *Le lieu.* — *Les vertus.*

Rue de muraille, & Sauue vie. CHAP. III.

Les noms. Les Medecins & Apothicaires plus experts mettent à bon droit au nombre *des Capillaires*, la plante qui est appellée communement *Saluia vita*, & par les plus doctes *Ruta muralis*, ou *Muraria*, à cause que ses fueilles retirent aucunement à celles de la Rue, & sont quasi de mesme couleur. En François *Rue de muraille*, & *Sauue vie* en Allemand *Maurauten* & *Stemrrauten*: en Flamand *Stenrruyte*, c'est à dire *Rue de rocher*. Es païs là où il ne croist point de vray *Capilli Veneris*, ou des autres *Capillaires*, & où on n'en peut pas auoir d'ailleurs, qui il ne soit tout sec & sans vertu, ils vsent de la *Sauue vie* auec heureux succez. Aucuns l'appellent *Empetron*, à cause qu'elle croist sur les pierres, & la mettent au nombre des *Saxifrages*, à raison de ses effects. *La forme.* Elle a la racine noire, tendre & cheuelue, qui ne sert à rien, & des petites tiges menues comme de Ioncs, qui retirent assez bien à celles du *Capilli Veneris*, si ce n'est qu'elles ne sont pas noires, garnies de fueilles qui sont attachées à des queues menues, & courtes, & retirent aucunement à celles de la Rue des iardins; toutefois elles sont moindres, & vn peu dentelées, lisses par dessus & marquées de certains points par dessous. Elles retirent aussi assez bien aux fueilles du *Capilli Veneris*; toutefois elles sont moindres, & ont plus de decoupeures & plus grandes. Elle ne fait ny tige, ny fleur, ny graine, non plus que les autres Capillaires. *Le lieu.* Elle croist sur les vieilles murailles, parmy le Ceterach, Polytric, & autres semblables, és lieux pierreux, de soy mesme. On en treuue aussi bien en hyuer comme en esté. *Le temperament.* A son goust il semble qu'elle est du mesme temperament des autres Capillaires, à raison dequoy les hommes doctes à faute du vray *Capilli Veneris* vsent heureusement de cette plante aux accidents de la poitrine & des poulmons, contre l'hydropisie, & autres maladies ausquelles on se sert du *Capilli Veneris*. En outre elle prouoque l'vrine, fait sortir la grauele, & la pierre des reins: à raison dequoy on la met au nombre des *Saxifrages*. Mais on a treuué particulierement qu'elle est propre aux hernes, & descente du boyau des petits enfans: car Matthiol asseure qu'aucuns ont esté gueris en prenant seulement la poudre de cette herbe par l'espace de quarante iours, combien qu'ils eussent bien euidemment le boyau aualle dans la bourse. *Matth. au c. 49 du 4. liu.* Le mesme Matthiol croist aussi que cette plante est la *Paronichia* de Dioscoride, combien que plusieurs sont d'opinion contraire. *La Paronychia. Le lieu.* La *Paronychia*, dit Dioscoride, *est vne petite plante qui croist sur les pierres, & retire au Peplus, toutefois elle n'est pas si longue & a,*

Sauue vie.

Paronychia seconde, de Matthiol.

Paronychia de Lonicer, Medica sauuage, seconde Lunaria.

a les fueilles plus grandes. Ainsi aussi, dit Matthiol, *ceste plante croist sur les rochers, & mesmes sur es vieilles murailles, & a les fueilles si semblable à la Rue, qu'on la nomme Ruë de mur, à raison de ce-a.* Or le Peplus, aux fueilles duquel Dioscoride compare les fueilles de la *Paronychia*, par son tesmoignage mesmes a les fueilles semblables à celles de la Rue, sinon qu'elles sont vn peu plus grã-es. Il met encor vne autre plante qui est aussi peinte icy, laquelle aucuns prenent pour la *vraye Paronychia* de Dioscoride, l'opinion desquels il n'appreuue, ny ne la reiette pas aussi. Elle a les fueilles plus longues que le Peplus, & beaucoup de petites fleurs blanches entassées en grappe de raisin. Lonicerus met vne autre *Paronychia* qu'aucuns appellent *Lunaria Italica*, pource que ses fueilles reluisent de nuict, adioustant *Italica* pour la distinguer d'auec l'autre *Lunaria d'Allemagne*. Et dit que la description de Dioscoride luy conuiẽt assez bien: car elle croist és lieux pierreux, & a les fueilles comme celles du Peplus, plus grandes, & vn peu decoupées, qui reluisent de nuict. Sa fleur est petite, iaune, composée de quatre fueilles, & la racine veluë. Ceste plante est odorante. Lobel met en outre le pourtraict d'autres especes de *Paronychia*, dont la premiere est vne petite plante semblable au Mourron, & fait peu de fueilles semblables à celles du Mourron, ou des Lentilles; toutefois celles qui sont au pied de la plante, & couchées par terre sont plus grandes. Ses tiges sont de la hauteur d'vne paume, blancheastres & fort grailes: à la cime desquelles il y a de petites fleurs blanches, & des petites gousses semblables à celles du petit Thlaspi; toutefois elles sont plattes & cõme de fueilles, d'vn goust vn peu acre. Elle croist sur les couuerts des maisons, & sur les murailles. L'autre croist aussi sur les murailles & és lieux ombrageux & pierreux auec la precedente, & fait des petites tiges de la hauteur d'vne paume, assez grossettes, & des petites fueilles comme celles de la Rue, auec deux ou trois decoupeures, & quasi de mesme grandeur, pleines de suc, palles & rougeastres. Ses fleurs sont blanches, & sa graine petite

Paronychia de Lonicer To. 2. ch. 74.

Les noms.

Le lieu.

La forme.

Le lieu.

Paronychia ayant les fueilles de Mourron, de Lobel.

Paronychia ayant les fueilles comme la Rue, de Lobel.

petite, laquelle vient en des gousses semblables à celles de la Myosotis. L'vne & l'autre fleurit à l'entrée du printemps, puis à la moindre chaleur qui face elles se perdent, tant qu'on ne les voit plus de toute l'année. Voilà ce qu'en dit Pena. Au reste Dioscoride dit que la *Paronychia* sert aux apostumes qui viennent a la racine des ongles, & aux tignes & vlceres fangeux estant appliquée en liniment. Galien dit, que la *Paronychia* a esté ainsi appellée, pource qu'elle guerit les apostumes qui viennent à la racine des ongles, que les Grecs appellent *Paronychia*, comme dit Dioscoride, & aussi la tigne. Elle est de subtiles parties & desiccatiue sans acrimonie : car il faut qu'elle soit telle pour guerir les apostumes susdites. Or il est certain qu'estant telle est propre par tout où il est besoin de resoudre: car elle est de la nature des medicamens, lesquels estans chauds & secs au troisiesme degré, sont aussi d'vne essence subtile.

Les vertus. *Liure 8. des simpl.*

Du Ceterach, *CHAP. IV.*

Les noms.

Les Grecs appellent ceste plante ἀσπλήνιον, pource qu'elle est propre pour la Ratte : ils l'appellent aussi σκολοπένδριον, & ἄσπληνον, & ἡμιόνιον. Theophraste l'appelle ἡμιόνιον & πτέρυξ, & non πλέρυξ, cōme il y a aux communs exemplaires. On l'appelle semblablement en Latin *Asplenum*, & *Scolopendrium*. Gaza l'appelle *Mula*: les Arabes *Scolofendrium*, *Sculufendrium*: les Apothicaires *Cetrach*, & *Ceterach*: les Italiens *Aspleno*, *Scolopendria*, & *Herba inodorata*: les Espagnols *Doradilha*: les François *Ceterach*. Dioscoride dit, que le *Ceterach* fait beaucoup de fueilles qui retirent à ceste beste qu'on appelle *Scolopendre*, sortans d'vne mesme racine. Ceste herbe croist sur les murailles & rochers, & és lieux ombrageux, & ne fait ne tige, ne fleur, ne graine. Ses fueilles sont decoupées à mode de celles de la petite Feugiere, & sont iaunastres par dessus, & veluës, & vertes par dessous. *Aucuns*, dit Pline, *appellēt l'Asplenon Hemionium. Il produit plusieurs fueilles de la lōgueur de quatre pouces: Sa racine est pleine de limon & trouëe, comme celle de la Feugiere, blanche & veluë. Il ne fait ne tige, ne fleur, ne graine. Il croist sur les pierres & murailles ombrageuses & humides. Le meilleur s'apporte de Candie*, Theophraste dit: *L'Hemionon a les fueilles qui retirent à la Scolopēdre, & les racines menues. Il s'aime és lieux montueux, & sur les rochers.* Par ceste description & par les vertus de ceste plante, qui est souueraine pour la ratelle, & par la comparaison que Dioscoride fait bien proprement de ses fueilles, auec vne petite beste venimeuse qui est appellée *Scolopendre*, il appert que le *Ceterach des Arabes* est le vray *Asplenon*, ou *Scolopendrion* de Dioscoride, & autres autheurs anciens, au iugement mesmes des plus doctes Simplicistes de nostre temps contre l'opiniastre opinion des Medecins & Apothicaires qui ont esté deuant nous, lesquels prennoient pour le vray *Scolopendrion*, la *Phyllitis*, qui est appellée autrement *Lingua Ceruina*, & la mettoient en leurs compositions medecinales au lieu du *Ceterach*. Or il y en a qui disēt, que le *Ceterach* n'est pas l'*Asplenon*, pource que Dioscoride compare les fueilles de l'*Asplenon* à celles du *Polypode*, lesquelles ne retirent en rien à celles du *Ceterach*: mais Dioscoride ne dit pas qu'elles ressemblent à celles du Polipode; mais qu'elles sont decoupées comme celles du Polypode, ce qui se voit principalement au Polypode qui croist aux montagnes, lequel a les fueilles du tout semblables à celles du *Ceterach*, sinon qu'elles sont vn peu plus grādes. Ils disent en outre que l'*Asplenon* est differant auec le *Scolopendrion*, mesmes par l'authorité de Galien qui dit ainsi: *Car tāt plus grande est l'opilation de la ratte, il y faut aussi de plus puissans*

Liu. 3. chap. 134. *La forme.* *Le lieu.* *Liu. 27. ch. 5* *Liure 9 de l'hist. ch. 19.* *Liu. 5. des simpl. ch. 12.*

Le Ceterach.

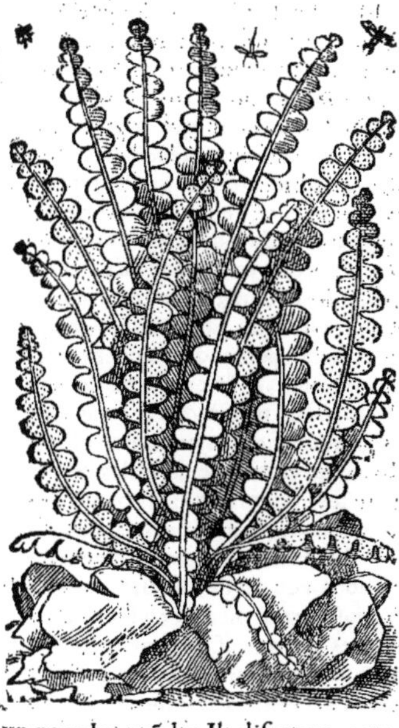

puissans remedes, comme l'escorce de Cappier, les racines de Tamarisc, le Scolopendrie, & la Squille, & celle herbe qui porte le nom de la ratte, laquelle on nomme Asplenon. A quoy Matthiol respond, que ce passage de Dioscoride est incorrect, & que quelqu'vn voulant faire l'entendu a adioinct le mot *Scolopendrion* contre l'intention de Galien : car aux liures suyuans ausquels il discourt des vertus des medicamens simples, qu'il cognoissoit, il ne parle point du *Scolopendrion* : mais simplement de *l'Asplenon.* Ou bien il faut dire (ce qui sera plus veritable) que par le mot de *Scolopendrion*, ou *Asplenon*, il entend *l'Hemionitis*, comme il le tesmoigne luy mesmes en recitant les medicamens dont Andromachus se seruoit pour la ratte, & dit, qu'aucuns d'entre les anciens ont appellé *l'Hemionitis Asplenon*, & d'autres *Scolopendrion.* Ce n'est donc pas de merueille si Galien en ce passage vse du nom *d'Asplenon*; ou *Scolopendrion*, au lieu de dire *l'Hemionitis*, attendu mesmes qu'elle est aussi propre pour faire fondre la ratte, comme il sera dit cy apres. Or nous auons desia dit où c'est que croist le *Ceterach.* Le meilleur croist en Candie, & fut treuué en ce païs là, ainsi que raconte Vitruue, à l'entour de la riuiere appellée Potereum, laquelle passe entre les deux villes de Gnosos, & de Cortyna, du costé de la ville de Cortyna, pource que l'on treuua les brebis qui auoient mangé de cette herbe sans ratte, & celles qui paissoient de l'autre costé auoient la ratte, pource que cette herbe n'y croist pas. Il est vert tout le long de l'hyuer. Dioscoride dit que ses fueilles bouillies en vinaigre, & prinses en breuuage par l'espace de quarante iours, font consumer & fondre la ratte: mais il en faut aussi broyer auec du vin, & les appliquer dessus. Il est bon en la suppression d'vrine, & à la iaunisse. Il appaise le hoquet & rompt la pierre de la vessie. On dit, qu'en le portant attaché au col tout seul, ou auec la ratelle d'vne mule, il empesche de conceuoir; & que pour ce fait il le faut arracher de nuict quand la Lune est sous terre. Pline en dit les mesmes choses. On dit ue la decoction du *Ceterach*, faite en vinaigre, & prinse en breuuage par quarante iours, consume & fait fondre la ratte. On l'applique aussi en liniment pour guerir le hoquet (il y a ainsi aux communs exemplaires; mais aux plus corrects il y a ainsi : *Il le faut aussi par mesme moyen appliquer en liment. Il appaise le hoquet.* Il se faut bien garder d'en donner aux femmes : car il le end steriles. heophraste en parle ainsi: *On dit que les fueilles de l'Hemionitis rendent les femmes steriles: mais qu'il aut adiouster vn peu de la Corne d'vne mule, & de sa peau, ou semence. Et que les mules aiment fort ette herbe. On s'en sert aux accidents de la ratte, tout ainsi que du Clymenon.* Or Theophraste ne pecifie pas s'il faut prendre en breuuage, ou porter pendue au col seulement la fueille de cette herbe uec de l'ongle, peau ou semence de mule. Quant à ce que Dioscoride dit qu'il la faut arracher la une estant sous terre, Serapion le dit autrement, à sçauoir qu'il le faut prendre au col vn iour que a Lune n'ait point esclairé la nuict deuant. Galien traitte en peu de mots des vertus du *Ceterach*, isant; *Le Ceterach est de parties subtiles, toutefois il n'est pas chaud : par ce moyen il rompt la pierre, consume la ratte.* Matthiol dit, que la poudre iaune qu'on treuue à l'enuers des fueilles du *Ceterach*, prinse au pois d'vne dragme auec demie dragme d'ambre blanc dans du suc de Pourpier, ou de Plantain soulage merueilleusement ceux qui on la chaude-pisse. La decoction de toute l'herbe est propre à toutes les maladies procedans de melancholie, principalement en celles qui procedent de la grosse verole : Tragus met vn autre *Asplenon*, ou *Scolopendrion*, qu'il appelle *sauuage*, lequel croist és forests ombrageuses & humides, & a la racine noire, veluë, & serrée, entrelassée à mode d'vn gazon de terre, de laquelle il sort quelquefois plus de soixante fueilles, qui sont recourbées du commencement comme celles de la Langue de cerf; mais apres qu'elles sont estendues elles ne sont pas si larges, mais plus estroites, auec de grandes decoupeures qui arriuent iusques à la coste du milieu, qui est rouge, & sert comme de tige, & trainent par terre resemblans du tout à vn ver long. Enuiron le mois de Iuin il vient d'autres fueilles beaucoup plus estroites que les premieres, decoupées à mode de celles du Polypode, & qui se tiennent droites, resemblans fort bien à des longues plumes de coq, tachées de petits points iaunes par dessous, comme celles du Polypode. Au commencement de l'automne ces fueilles que nous venons de dire meurẽt, & les autres qui se renouuellent tousiours demeurẽt en leur entier tout du lõg de l'hyuer couchées par terre. C'est vne fort belle plãte: mais elle ne se treuue pas par tout : toutefois quand il s'en treuue en vn lieu, il y en a volontiers grande abondance. Dodon l'appelle *Lonchytis aspre*, comme il sera dit cy apres.

Le Ceterach sauuage.

Marginal notes: Sur le chap. 134. du 3. liu. — Liure 9. des compos. phar. loc. chap. 2. — Liu. 3 c. 134. *Les vertus.* — Liu. 27. c. 5. — Liu. 9. de l'hist. c. 19. — Liure 6. des simpl. Sur le chap. 134. du 3. liu. — *Le Ceterach sauuage.* Liu. 1. c 188. *Le lieu. La forme.*

De l'Hemionitis, CHAP. V.

Les noms.

Liu. 3. c. 135.
La forme.
Le lieu.

Este plante est nommée en Grec ἡμιονῖτις, & σπλήνιον ; & en Latin *Hemionitis*, comme qui diroit *Herbe de mule* ; & aussi *Splenion*, pource que selon l'opinion d'aucuns, sa fueille comme aussi celle de la *Phyllitis*, est faite à mode des emplastres longs. Dioscoride dit, qu'elle fait les fueilles comme celles de la Sorpentine, faites en croissant de Lune, & beaucoup de racines menuës. Elle ne porte iamais ne tige, ne fleurs, ne graine. Elle croist parmy les pierres, & a vn goust aspre. Leonicenus, Manard, Ruel, & Fuchse qui les a suyui, prennent pour *l'Hemionitis* la plante qui est appellée communement *Lingua ceruina*, de laquelle nous traitterons cy apres : & aussi *Scolopendria* ; mais faussement : car nous auons montré cy deuant que le *Ceterach*, ou *Asplenon* est la vraye *Scolopendria*, ou *Scolopendrion* ; disans qu'elle a les fueilles comme l'Arum ou la Serpentine, recourbée à mode de croissant de Lune : car combien qu'elles sont quelquefois droites, si est-ce que tousiours du commencement elles sont recourbées en façon de croissant de Lune. Elle a aussi beaucoup de racines menuës, & ne porte iamais ne tige, ne fleur, ne graine. Mais aucuns des modernes, comme entre autres Matthiol, Dodon, & Anguillara font estat d'auoir treuué la vraye *Hemionitis*, laquelle n'est en rien differente de la description de Dioscoride. C'est vne plante qui croist à Rome parmy certaines masures & maisons demolies aupres du grand Collisée, où les Herboristes l'ont prinse pour la planter dans leurs iardins. Ce nonobstant Pena & quelques autres plus modernes sont en doute si *l'Hemionitis* qui est icy peinte suyuant Matthiol, est de differente espece auec la plante qui est appellée communement *Lingua ceruina* ; d'autant qu'il semble qu'elle luy retire merueilleusement bien ; mesmes qu'il a veu cette mesme plante en quelques iardins d'Italie, où pour estre cruë en bonne terre elle sembloit estre de diuerse espece : & qu'il l'a long temps cherchée auec plusieurs autres parmy les masures de Rome sans l'auoir peu treuuer. Il dit toutefois qu'il ne veut pas contester contre l'Anguillara diligent Herboriste, lequel asseure d'en auoir eu vne plante de ce lieu là mesmes, laquelle auoit si peu de marques differentes de la *Lingua ceruina* commune, qu'il sembloit qu'il n'y eust point du tout de difference entre icelles : car elle a bien la racine aussi cheueluë, noire & esparse à fleur de terre, & des lignes de biais par dessous les fueilles comme celles de la Langue ceruine ; toutefois qu'elle est plus large au bas, & faite à mode de faucille à l'entour de la queuë, comme, celle de la Campanette. Voilà ce qu'en dit l'Anguillara. Le mesme Pena dit, qu'il a treuué en Angletterre du costé d'Occident aupres des rochers & cauernes de Sainct-Vincent à vne ou deux lieuës pres de la ville de Bristoye, vne certaine plante, dont il y en auoit abondance, laquelle retiroit à la Langue ceruine, laquelle fait trois ou quatre fueilles beaucoup plus petites : car la plus grande n'a pas trois doigts de longueur. Elles ne sont pas aussi grosses ou fermes ; mais fort molles, & que cette plante croissant parmy la Langue ceruine & les autres herbes Capillaires, qui autrement sont bien nourries, demeure neantmoins ainsi petite, & sans aucunes marques au dos de ses fueilles, lesquelles sont vn peu vuidées par les costez au droict du milieu, & sont larges au bas, & vuidées ; de mesme goust que celles de la Langue ceruine. L'Escluse met le pourtraict d'vne autre *Hemionitis estrangere*, & belle, laquelle fait les fueilles redoublées naturellement, larges au bas, auec deux pointes qui auancent à mode d'vne faucille. Au reste elle est de la mesme figure & grandeur ; & croist aux mesmes lieux que celle qui est icy peinte. *L'Hemionitis* croist és lieux ombrageux, humides, pierreux, & glacez. Dioscoride dit, qu'*l'Hemionitis* estant prise en breuuage consume la ratte. Galien dit, que *l'Hemionitis* est astringeante & amere ; parquoy estant prinse en breuuage elle est bonne à ceux qui ont la ratelle opilée. Or ceux là se trompent qui estiment que *l'Hemionitis* est la plante que Pline appelle *Teucrion* du nom de *Teucer*, qui en fut l'inuenteur, laquelle il dit estre appellée par aucuns *Hemionion*, & qu'elle fait comme des Ioncs menus,

Fuch c. 111

An c. 135. du 3. liu.
Liu. 3. ch. 65.

Aux Aduer s

Hemionitis, de Matthiol.

Petite Hemionitis, de Pena.

Le lieu.
Liu. 3. c. 135.
Les vertus.
Liure 6. des simpl.
Ruel liu. 3. chap 68.
Liu. 25. ch. 5.

Hemionitis seconde, de Dalechamp.

nus, les fueilles recourbées, & croist és lieux aspres, & a vn goust aspre. Elle ne fleurit iamais ny ne porte graine. Elle sert à la ratelle. Or disent-ils, Dioscoride dit quasi les mesmes choses de *l'Hemionitis*: car ce que Pline dit qu'elle iette comme des Ioncs menus, Dioscoride dit aussi qu'elle fait plusieurs racines menuës; & ce que Pline dit des fueilles recourbées; Dioscoride dit, qu'elles sont comme celles de la Serpentine, & recourbées à mode d'vn croissant de Lune. Mais, si ce n'est qu'il y eust de la faute au texte: Pline a mal à propos confondu le *Teucrion* auec *l'Hemionion*, ou *Hemionitis*, veu ce que sont diuerses plantes, comme il se verra en parlant du *Teucrion*. Equelques vieux exemplaires il y a ainsi: *Au mesme temps Teucer treuua le Teucrion, qu'aucuns appellent Hemionion.* Ainsi il n'y auroit point d'absurdité ny de confusion. D'autres disent, qu'il ne faut pas lire en ce passage là *Hemionion*, mais *Hermion*, suyuant les plus vieux & les plus corrects exemplaires. Nous auons mis icy le pourtraict d'vne autre *Hemionitis* suyuant l'opinion de quelques Herboristes, laquelle croist en l'Isle *d'Elbe*, & fait plusieurs racines menuës comme des cheueux, courtes, & noirastres; & des petites tiges qui n'ont pas à grand peine vn pied de haut, chargée pour la plus part de sept ou neuf fueilles; dont il y en a quatre ou six disposées esgalement à costé de la tige, & trois à la cime; qui font comme la closture. Icelles sont toutes longues, estroites, vn peu dentelées à l'entour, & decoupées de biais de chasque costé, auec vne coste releuée par le milieu de chasque fueille tout du long. Elle a les mesmes vertus que l'autre *Hemionitis*. Elle ne porne fleur ne graine, & mesmes ses fueilles n'ont point au dessous de cette poudre iaunastre, come on voit quasi en toutes les plantes de cette sorte.

Langue de Cerf,

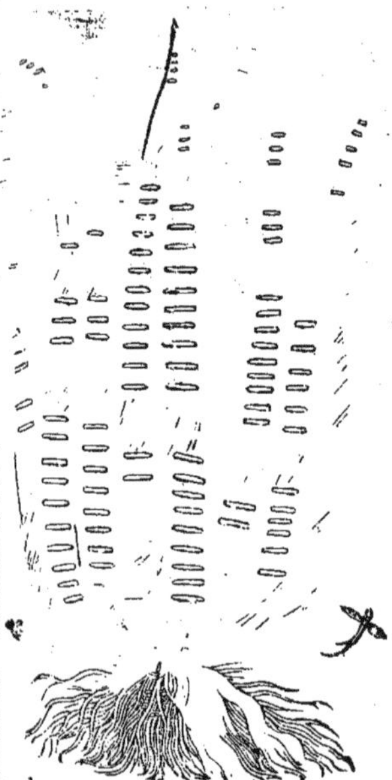

CHAP. VI.

LA plante appellée en Grec φυλλῖτις, cõme qui diroit *fueilluë*, d'autant qu'elle ne produit ne tige, ne fleur, ne graine: mais seulement vne touffe de fueilles; est aussi appellée en Latin *Phyllitis*. Les Apothicaires l'appellent *Lingua ceruina*, & *Scolopendrion*: mais à tort, comme il a esté dit cy-deuant. On la nomme en François *Langue de cerf*: en Allemand *Hirszung*. Dioscoride dit, que la *Langue de cerf* a les fueilles comme le Lapais, plus longues & plus vertes, en nombre de six ou sept, droites, qui sont lisses à l'endroit, & ont comme des petits vers attachez à l'enuers. Elle croist és endroits des iardins qui sont à l'ombre: & a vn goust aspre, & si ne produit ne tige, ne fleur, ne graine. Or qui voudra considerer de pres ces marques, s'apperceura que sans doute la *Phyllitis* est celle plante qui est appellée communement *Lingua ceruina*, & *Scolopendria*: car en premier lieu elle croist és lieux ombrageux, couuerts & humides, aux murailles des fontaines & des puits, & aux autres murailles, & aussi és forests humides. Apres elle a les fueilles semblables à celles du Lapais commun, plus grandes, plus longues, & plus verdes, droites, en nombre de six ou sept, & quelquefois dauantage, sortans d'vne racine fort cheueluë, noirastre, semblable à celle du *Hapilli Veneris*, lisses & vertes par deuant, & auec beaucoup de petites lignes releuées ar derriere, rougeastres, arrangées dés le bas le long d'vn nerf qui est par le milieu de chasque fueille iusques à la cime d'icelle, laquelle est pointue, semblable à celle des Lapais, ou à vne langue; à raison dequoy les Apothicaires l'ont appellée *Lingua ceruina*. Ces petites lignes dessusdites retirent

Les noms.

La forme. Liu. 3. c. 104.

Le lieu. Matt. sur le chap. 104. du 3. liu.

rent à des petits vers, comme dit Dioscoride. En outre elle a vn goust aspre, vn peu astringeant & desiccatif, qui n'est pas mal-plaisant. Finalement elle ne fait ne tige, ne fleur, ne graine. Que s'il se treuue de ces plantes qui ayent plus de six ou sept fueilles, cela ne contreuient pas pourtant à Dioscoride : car il n'en sort guieres dauantage d'vne racine que ce que Dioscoride a dit : mais bien de plusieurs & diuerses racines, lesquelles estans separées il ne s'en treuuera pas plus de six ou sept par chascune. Parquoy la plus part des plus doctes Herboristes sont d'autre aduis que Leonicenus, Manard, Ruel, & Fuchse, lesquels disent, que la *Phyllitis* n'est pas la *Langue de cerf*; mais l'*Hemionitis* : car combien que l'*Hemionitis* ne fait ne tige, ne fleur, ne graine : elle n'a pas toutefois les fueilles comme le Lapais, mais comme la Serpentine, courbées & vuidées à mode d'vn croissant de Lune. En outre on a treuué vne autre *Hemionitis*, qui a toutes les marques de la vraye, comme il a esté dit au chapitre precedent. Or il ne faut pas oublier de mettre icy la *Phyllitis*, ou *Langue de cerf* de l'Escluse, laquelle n'est en rien differente d'auec la commune, sinon quant aux fueilles, lesquelles sont de la longueur d'vne paume, en nombre de six ou sept, sortans de la racine, qui a plusieurs cheuelures noires, & sont vertes & lisses semblablement par l'endroit; mais par derriere elles n'ont comme point ou fort peu de ces petites lignes trauersieres qui sont en l'autre; & ont beaucoup de decoupeures au bout. Il dit qu'il a treuué cette plante en Biscaye, assez pres de la montagne appellée Sainct-Adrian par la grotte de ladite montagne, par laquelle on passe pour aller en Espagne, és lieux ombrageux & sur des rochers : & toutefois qu'elle est rare, & croist parmy plusieurs autres plantes communes.

Langue de Cerf decoupée, de l'Escluse.

Liu. 3. c. 104. *Les vertus.* Au reste Dioscoride dit que les fueilles de la *Langue de cerf* prinses en breuuage auec du vin seruent contre la morsure des serpens. Elles sont bonnes aux bestes à quatre pieds, si on leur en met par la bouche. Prinses en breuuage elles sont propres à la dysenterie & flux de ventre. Galien en dit de mesme en

Liure 8. des simpl. peu de paroles. La *Langue de cerf*, comme estant d'vne qualité aspre, peut seruir aux defluxions de l'estomach & à la dysenterie.

Matth. sur le 104. chap. du 3 liu. On s'en sert communement aux accidents de la ratelle, pource qu'on a treuué par experience qu'elle y est souueraine. Mesmes aucuns vsent de l'eau distilée d'icelle aux accidents du cœur & contre le hoquet. On en fait aussi des gargarismes contre la luette rabbaissée. Elle refroidit l'ardeur du foye, & de l'estomach, si on reduit ses fueilles seches en poudre, & qu'on les applique en liniment auec l'eau de ladite herbe. Aucuns ordonnent aussi de lauer la bouche de ladite eau, quand on a le palais escorché, & gencives sanglantes.

Lonchitis aspre grande, de Matthiol.

De la Lonchitis, *CHAP. VII.*

Les noms. CETTE plante est appellée en Latin *Lonchitis*, comme en Grec λογχῖτις, à cause que sa graine est faite comme vne pointe de lance à trois quarres. Dioscoride en establit deux especes. Quant à la premiere nous en auons traitté entre les plantes qui viennent és lieux aspres.

La forme. L'autre qui est appellée τραχεῖα, c'est à dire *aspre*, Dioscoride dit, qu'elle a les fueilles comme le *Ceterach*; mais plus aspres, plus grandes,

Sur le chap. 145. du 3. li. & beaucoup plus decoupées. Nous en auons mis icy le pourtrait suyuant Matthiol. Elle a la fueille qui retire à celle du Ceterach, vn peu plus longue & plus decoupée, approchant plus à celle du Polipode, auec des decoupeures inegales

Lonchitis aspre petite, de Matthiol.

Pseudolonchitis aspre de Matthiol, Lonchytis aspre de Marantha.

gales deçà & delà, & des denteleures menuës, aiguës, & aspres par tout, dont aussi elle en a pris son sur-nom. Elle ne fait aucune tige, ne fleur, ne graine, non plus que le Polypode & le Ceterach, ausquels elle retire. Elle a plusieurs racines menuës, & rougeastres comme la Langue de cerf. Elle croist en quelques endroits d'Italie, humides & bourbeux. Matthiol a mis le pourtraict de deux especes l'vne est la Grande qu'il a euë de Lucas Ghin : l'autre est la plus Petite qu'il a eu

Le lieu.

Les especes.

Lonchitis aspre, de Dodon.

Lonchitis aspre de l'Isle d'Elbe, de Dalechamp.

de Iaco

Pseudolonchitis. de Iacobus Antonius Cortusus. Et en outre la *Pseudolonchitis aspre*, que Marantha prend pour la *Lonchitis*, laquelle fait des petites tiges de la hauteur d'vne paume, polies, brunes, & fermes. Les fueilles comme l'Adianton de Pline, disposées à double rang, comme celles de la Feugiere femelle; toutefois elle sont plus grosses de beaucoup, vertes d'vn costé, & tannées de l'autre comme celles du Ceterach. Sa racine est petite auec beaucoup de cheuelures. *Lonchitis aspre de Dodon. Liu. 3. ch. 66.* Dodon met vne autre *Lonchitis aspre*, & dit qu'elle est appellée par aucuns *Longina*, & *Calabrina*, & par d'autres entre les modernes, *Asplenum magnum*, & *Siluestre*: *Les noms.* en Allemand *Spicaut*, & *Miltzkraut*: laquelle retire aux Feugieres, de laquelle nous auons parlé cy deuant suyuant l'opinion de Tragus, & l'auons descrite au chapitre du Ceterach. *Lonchitis de l'Isle d'Elue.* Il croist encor vne autre *Lonchitis aspre* en l'Isle de l'Elue, laquelle a beaucoup de racines & plusieurs fueilles de plus de demy pied de long, rousses-brunes, desquelles il sort d'autres petites fueilles semblables à celles du Ceterach, vertes par dessus, & rousses par dessous, & couuertes d'vne bourre poudreuse, d'vn goust aspre comme celuy du Ceterach: à raison dequoy on dit qu'elle est bonne aux accidents de la ratte. Au reste la racine de la premiere *Lonchitis* suyuant Dioscoride prinse en breuuage auec du vin prouoque l'vrine. *Lieu 3. ch. 145. Les vertus.* La *Lonchitis aspre* est singuliere pour les playes: car elle empesche qu'il n'y vienne de l'inflammation. Prinse en vinaigre elle consume la ratelle. Galien escriuant de toutes deux dit, que la racine de la *Lonchitis* principalement de celle qui fait la graine à triangle comme vn fer de lance, est quasi semblable à la racine du Daucus: aussi elle prouoque l'vrine. *Liure 7. des simpl.* Au surplus les fueilles de celle qui a les fueilles comme le Ceterach, estans vertes sont propres pour consolider les playes: mais estans seches & prinses en breuuage auec vinaigre elles guerissent la dureté de la ratelle.

De la Feugiere, CHAP. VIII.

Les noms. Les Grecs appellent la *Feugiere* πτέρις, & πτέριον: les Latins *Filix*: les Arabes *Sarax*, & *Sarachs*: les Italiens *Felce*: les Espagnols *Helechoyerua*: les Allemans *Waldtfarn*: les François *Feugiere*, & *Feuchiere*: les Apothicaires ont retenu le nom Latin. Elle est appellée en Grec πτέρις, & πτέριον, pource que ses branches sont garnies de fueilles à mode d'ailes. *Liu 27. ch. 9.* Car de faict la *Feugiere* a les fueilles faites à mode de plumes. Elle est aussi appellée *Blechnon* suyuant le tesmoignage de Pline, combien qu'aucuns lisent *Blachnon*. Nicander l'appelle βλῆθρον en ce vers.

En la Theriaque. Ἐν ᾗ πολυσχιδέος βλήτρον πελάσαιο χάρτην.

Surquoy l'interprete expose le mot βλῆθρον, πτερίδα, & βλάχνον, c'est à dire *la Feugiere*. Les Latins ont deriué le mot *Filecta* de *Filix*, comme de *Carex Carecta*, pour *vn lieu plein de Feugiere*. Mesmes anciennement on appelloit *Filicones* les pendars & faineants. *Les especes.* Dioscoride establit deux especes de *Feugiere*, comme aussi Theophraste, Galien & Pline: l'vne est appellée simplement πτέρις, & en Latin *Filix mas*, *Feugiere masle*: & l'autre est appellée en Latin *Filix femina*, en Grec θηλυπτέρις & νυμφαία πτέρις *Feugiere femelle*. L'vne & l'autre est assez cogneuë, combien qu'elles soient steriles. *La forme. Diosc. liu. 4. ch. 178.* La *Feugiere* fait ses fueilles sans aucune tige, fruict, ny fleur, lesquelles sortent sur vne queuë d'vne coudée de long, bien decoupées, & estendues à mode d'ailes d'oiseaux, de mauuaise odeur. Sa racine va rampant à fleur de terre, & est noire, & longue, de laquelle il en sort beaucoup d'autres, d'vn goust astringeant. *Le lieu.* Elle croist és montagnes ombrageuses & pierreuses. La femelle a les fueilles comme le masle, qui ne sont pas attachées à vne simple queuë, mais sortent par des branches, en plus grand nombre & plus hautes que le masle. Elle a beaucoup de racines longues, tortues, noires, tirans sur le iaune: mesmes il s'en treuue de rouges. *Liu. 27. ch. 9* Pline la descrit en ceste maniere: *Touchant la Feugiere il y a deux especes, qui ne iettent ne fleur, ne graine. Le masle, que les Grecs appellent Pteris, & Blechnos produit plusieurs blanches d'vne mesme racine.* (Dioscoride dit, *que d'vne racine il en sort plusieurs*) *qui passent quelquefois la hauteur de deux coudées, & ne sentent pas mauuais.* (Dioscoride dit, *que la fueille* ὑπόδυσώδης, c'est à dire, *qu'elle sent vn peu mauuais*: aussi en quelques vieux exemplaires de Pline il y a *odore subgraui*, suyuant ce que Dioscoride en dit.) *La seconde espece est appellée des Grecs Thelypteris, & Nymphæa Pteris. Elle iette plusieurs tiges & branches*, (les commũs exemplaires sont incorrects en cest endroit, où il y a, *elle ne iette qu'vne tige, & n'est point branchue*,) *& est plus petite, plus molle, & plus entassée que le masle, & a les fueilles cannelées vers la racine. Les racines tant du masle que de la femelle engraissent les porceaux.* Toutes deux ont leurs fueilles disposées deçà & delà en façon d'ailes. De là est venu le mot Grec πτέρις. L'vne & l'autre iettent leurs *Le lieu.* racines de biais, qui sont longues & noires. (Dioscoride dit, que la racine de la femelle est noire-iaunastre, & quelquefois rouge) principalement quãd elles sont seches: il les faut faire secher au Soleil. Elles croissent par tout, & signamment en terre maigre. Ces discriptions conuiennent fort bien à nostre *Feugiere*, & en monstrent clairement les especes: car le masle a la racine fort cheueluë, de laquelle elle produit plusieurs tiges de la longueur d'vne coudée ou dauantage, qui ne sont pas tiges à proprement parler, mais queuës garnies de fueilles à mode d'ailes. Mais la femelle produit le plus souuent vne tige, & quelquefois dauantage, de laquelle il sort enuiron le milieu plusieurs branches

Feugiere masle, de Matt' iol.

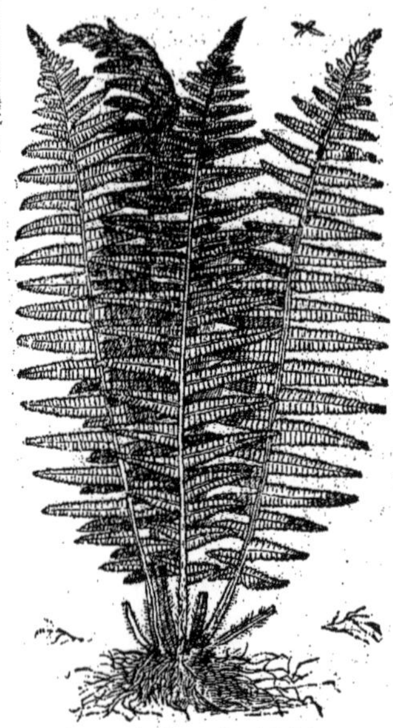

Feugiere femelle, de Matthiol.

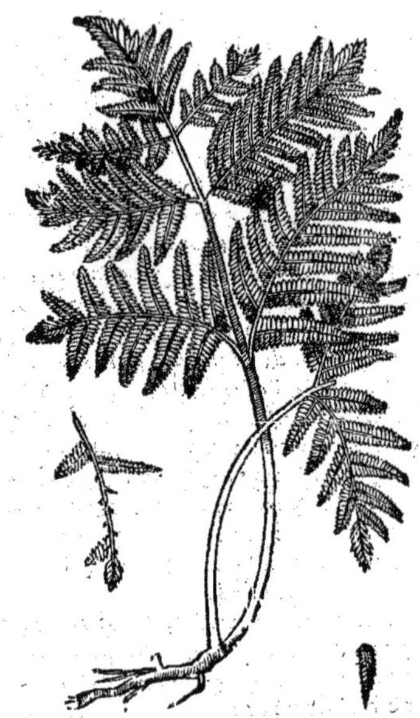

ranches, qui sont semblablement fueillues; & a la racine moindre. Ce que Theophraste a remarqué, disant: *La femelle est differente d'auec le masle, pource que le masle a les fueilles attachées à ne simple queuë, & la racine grosse, longue & noire.* Quant à la graine de la *Feugiere* on en est en oute: car combien que Theophraste, Dioscoride, Galien, & Pline ayent escrit qu'elle est sterile & e porte point de graine, & mesmes que les Medecins tant Arabes que Perses, qui estoient fort ddonnez à la Magie, n'en ayent point fait de mention: ce nonobstant non seulement les charlatans, ui se seruent de l'ignorance de la populace pour en tirer proffit: mais aussi quelques autheurs modernes, faisans profession de rechercher les secrets de nature, asseurent que la *Feugiere* porte graie, laquelle est attachée au dessous des fueilles: mais qu'elle est si menuë, qu'à peine la peut on oir, & que pour l'amasser il faut couper les fueilles aupres de la racine, & les pendre en quelue endroit de la maison auec vn linge ou papier dessous; & ce à la fin du mois de Iuin, eniron lequel temps elle meurit. Les autres disent qu'elle fleurit la nuict du plus grand iour de an, & qu'à l'heure mesme qu'elle est defleurie sa graine est meure, & tombe en terre; & que si n ne s'y treuue tout à l'instant on n'en peut voir la fleur ny moins amasser la graine. Les chartans disent que tout cela aduient la veille de la sainct-Iean. Ce qui est toutefois faux, & plein vne folle superstition. Combien qu'à dire vray il sort des decoupeures des fueilles de la *Feuere* vne certaine poudre qui est comme vn commencement de graine, qui pend à des petits filets mme les toiles d'araignées du sommet des branches, laquelle ils asseurent estre la graine de la *Feuiere femelle*, & le veulēt faire accroire au monde. La Feugiere est assez commune és lieux aspres & mides, & le long des possessions. La femelle croist és forests & aux montagnes. Ses fueilles sortent Auril, & flestrissent en Septembre. Dioscoride dit, que la racine de la *Feugiere* fait sortir les vers lars du ventre prinse au poids de quatre dragmes auec d'eau miellée, & encor mieux si on y adiouste tant d'oboles de Scammonée, ou d'Ellebore noir: à la charge toutefois que ceux qui voudront vser e ceste recepte mangent des aulx auparauant. Elle sert à ceux qui ont la ratelle grosse. La racine est ropre aux playes qui sont faites auec des roseaux, tant prinse en breuuage qu'appliquée dessus. Ce ui est vray-semblable, d'autant que si on plante beaucoup de roseaux à l'entour d'vn lieu plein de eugiere, cela la fera mourir: comme au contraire, les roseaux mouront si on les garnit de beaucoup e Feugiere à l'entour. Cette derniere clausule est imparfaite aux exemplaires Grecs; il la faut donc mettre en cette maniere: *Là où il y a beaucoup de roseaux autour de la Feugiere, la Feugiere meurt: ais là où il y a beaucoup de Feugiere autour des roseaux, les roseaux meurent.* Les racines de la Feuiere femelle prinses en looch auec du miel font sortir les vers larges du corps: prinses en breuuae auec du vin au poids de trois dragmes elles font sortir les vers ronds. Si l'on en fait prendre aux mmes, elles les rendent steriles, & font poser l'enfant à celles qui sont enceintes, si elles marchent r dessus, (car les mots Grecs κ' αἱ ἔγκυος διαβῇ ἐκτιτρώσκει, signifient cela: toutefois Lacuna suyuant

Liure 9. de l'hist. ch 20.

Pierre pena aux Aduers.

Le lieu.

Le temps.

Les vertus.

Liu. 4. c. 178.

vn

vn vieil exemplaire lit ainsi, κ' αι ε'γκυ... λαβῆ, ἐκτιτρώσκει, c'est à dire, *si vne femme enceinte en prend elle posera l'enfant.*) La poudre de la racine est bône pour mettre sur les vlceres humides qui sont malaisez à consolider. Elle guerit les escorcheures du col des cheuallines. Ses fueilles fraiches cuites parmy les herbes au potage, & mangées, laschent le ventre. Pline en dit quasi de mesme: *Leur racine*, dit-il, *ne sert à rien qu'elles n'ayent trois ans iustement: car estât plus ieunes ou plus vieilles, elle ne vaut riē. Elles sont bonnes à chasser les vers du ventre, principalement les plats les prennant auec du miel.* (Aux communs exemplaires il y a mal *tineas*, au lieu qu'il faut qu'il y ait *tænias.*) *Si on en vse trois iours durant auec du vin doux, elles chassent toutes les autres vermines du corps. Toutes deux sont fort contraires à l'estomach. Elles laschent le ventre, euacuans premierement la bile, & puis les aquositez. Prinses auec Scammonée autant de l'vn que de l'autre elles font bien mieux sortir les vers larges. Leurs racines prinses en eau au poids de deux oboles sont fort bonnes aux reumes & catharres: mais il ne faut comme rien manger vn iour auparauant: & deuant que prendre ce breuuage il faut aualler vn peu de miel. L'vne & l'autre sont cōtraires aux fēmes: car elles font auorter celles qui sont enceintes, & rendent steriles les autres. La poudre de ces racines est singuliere pour saupoudrer les vlceres malins, & aussi les escorcheures du col de la cheualine. Les fueilles seruēt à faire mourir la cheualine, & n'y a serpent qui s'en approche. Aussi quād on se veut coucher en vn lieu où l'on craint les serpens, il est bon d'estēdre des fueilles de Feugiere dessous soy. Leur parfum chasse les serpens.* Voilà ce qu'en dit Pline, en ayāt prins vne partie de Dioscoride, & vne autre de Theophraste qui en escrit ainsi: *La Feugiere femelle est propre pour faire sortir les vers larges du ventre, & les petits aussi; pour les larges il la faut prendre auec miel, pour les petits auec du vin doux, & griotte seche. Si on en donne aux femmes elle fait auorter celles qui sōt enceintes, & rend steriles les autres.* Or ny l'vn ny l'autre ne dit qu'elle face auorter en pasāt par dessus: tellemēt que par là il faut conclurre, que Lacuna a bien corrigé ce passage. En outre Theophraste adiouste: *La racine de la Feugiere a vn suc doux & aigre. Elle fait sortir du vētre les vers larges. Elle n'a point de graine, ny ne rēd point de suc* (à sçauoir du suc comme laict qui coule de la plāte entamée, & est purgatif, comme fait la Scammonée, de laquelle il auoit parlé vn peu auparauant, & à laquelle il compare en partie la Feugiere.) *On dit qu'il la faut amasser en l'Automne.* Quāt à l'inimitié que Dioscoride dit estre entre la Feugiere, & les Cannes; Pline l'escrit aussi disant: *La Feugiere mourra dans deux ans, si on ne luy laisse pas porter ses fueilles. Ce qui se peut faire bien à propos en les abbatāt auec vn bastō lors qu'elles cōmencēt à venir: car le suc qui en sort fait mourir les racines. On dit mesmes, que si on les arrache enuiron le plus grād iour de l'an, elles ne renaissent plus: ou bien si on les coupe auec des roseaux, ou bien si on les laboure auec vne charrue ayant au preallable garny le suc auec des roseaux ou cannes. Comme au cōtraire si l'on garnit la charrue auec de la Feugiere, & puis qu'on laboure le lieu où il y a des roseaux, ou cānes, elles en mourront.* Ce qu'il repete en vn autre lieu: *La racine des cannes broyée & appliquée fait sortir les eschardes de Feugiere, comme aussi la racine de la Feugiere en fait de mesme des eschardes des cannes.* Ce que Celsus auoit desia dit deuant luy, *Les plus dangereuses eschardes*, dit-il, *sont celles des cannes, pource qu'elles sont aspres, comme aussi celles de la Feugiere; toutefois on a treuué par experience, que l'vne de ces plantes sert de remede contre l'autre, en la pilant & l'appliquant dessus.* Or Theophraste enseigne vn autre moyen pour faire mourir la Feugiere, disant: *Le fumier est profitable non seulemēt aux bleds, mais aussi aux autres herbes, si ce n'est à la Feugiere: car on tient qu'estant fumée elle meurt: comme aussi si l'on fait coucher les brebis dessus.* Galien descrit brieuemēt les proprietez des Feugieres: *La racine de la Feugiere est biē profitable: car elle fait mourir le ver large, la prennāt au poids de quatre dragmes auec eau miellée.* Il n'est pas donc de merueille si estant prinse en la mesme façon elle fait mourir l'enfant au vētre, & fait sortir celuy qui est mort: car elle est amere auec vn peu d'astriction. A raison dequoy estāt appliquée sur les vlceres elle les desseche merueilleusemēt sans aucune acrimonie. La *Thelypteris* a les mesmes vertus. Au reste il est asseuré, que les Bretons, & les Normands, qui habitent parmy de fort grandes forests, à faute de bled, font du pain de la racine de Feugiere, & meslans les cendres de la Feugiere au lieu de Salpetre, font fondre les pierres & en font des verres de couleur verte-brune, dans lesquels ceux d'Anjou & du Mans prennent grand plaisir de boire le vin blanc, lors qu'il est encor doux & trouble. Or il y a encor d'autres herbes que les Simplicistes appellent *Feugieres.* Et en premier lieu celle qu'ils appellent *Filix aquatica*, & *Osmunda*, ou *Osmunda regalis*, à cause de ses rares vertus. Aucuns l'appellent *Filiquastrum.* Les Alchimistes l'appellent *Lunaria maior*; les François *Osmonde*, ou *Feugiere aquatique*: les Allemands *Vuatterrvarn.* Elle retire aux Feugieres dessusdites, sinon que ses fueilles ne sont pas dentelées. Elle iette vne tige quarrée, droite & menuë, de la hauteur d'vne coudée & quelquefois de deux, garnie de fueilles d'vn costé & d'autre par esgaux interualles à mode d'aisles, decoupées comme celles du Polypode. A la cime des tiges, & au bout des branches qui sortent à costé de la tige, il y vient de petits grains ronds & aspres comme si c'estoit la graine. Sa racine est grande & grosse, composée de plusieurs petites racines entassées ensemble; au milieu de laquelle il y a ie ne sçay quoy de blanc, qu'on appelle *Cœur de l'Osmonde.* Matthiol l'appelle *Pseudolonchitis aspre*, & en met le pourtrait sous ce nom là. Elle s'aime és lieux humides, & ombrageux, & dedans les bois. Ses fueilles sortent au mois d'Auril comme celles des autres *Feugieres*, & meurent au commencement de l'hyuer.

Marginal notes: Liu. 27. c. 9. — Liure 9. de l'hist. c. 10. — Au mesme liu. chap. 22. — Liu. 18. c. 6. — Liu. 24. c. 11. — Liu. 5. ch. 6. — Liure 8. de l'hist. ch. 8. — Liure 8. des simpl. — Lau'n ms. — Dodon liure 3. chap. 61. — *La forme.* — Sur le chap. 14. du 3. li. — *Le lieu.* — *Le temps.*

Osmonde, ou Feugiere aquatique. de Dodon.

Feugiere fleurissante. de Tragus.

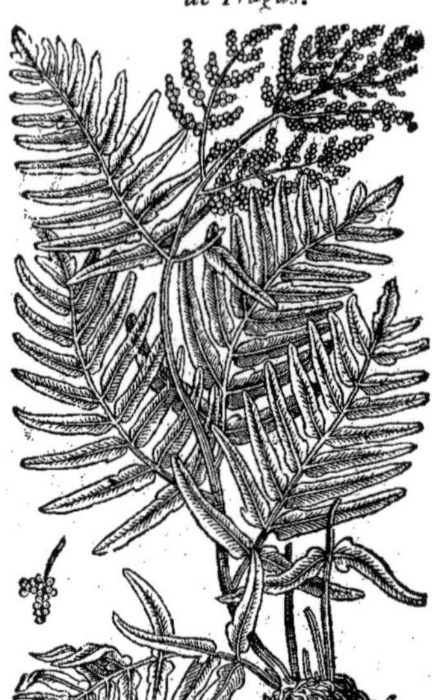

l'hyuer, sans que pourtant la racine meure. Elle est chaude au premier degré, & seche au second, n peu acre & d'assez bonne odeur. Il est bien certain & experimenté que ses racines sont propres aux meurtisseures, rompeures & dislocations, & aux hergnes & descentes du boyau. Mesmes elles sont singulieres en la colique, & aux accidents de la ratte. Tragus met vne autre espece e *Feugiere grande*, plus belle que toutes les autres en figure & en couleur. Lobel l'appelle *Osmonda*, combien qu'elle soit bien differente de la precedente: car elle produit des tiges longues, de la hauteur d'vn homme, du tout verdes; & vne racine grosse, noire, & veluë. La tige est garnie d'vn costé & d'autre de fueilles en façon d'ailes, decoupées comme celles du Polypode, & porte des fleurs blanches à la cime en grand nombre, lesquelles tombent enuiron la sainct Iean, sans produire aucune graine. Ceste sorte de Feugiere, dit Tragus, est rare, & cogneuë de peu de gens. Elle croist aux grandes forests de Vuasgau aupres du chasteau du Duc de Deux-ponts nommé le Cercle. C'est peut estre le *Dryophonon* de Pline: *Le Dryophonon*, dit-il, *est semblable à la Feugiere de Chesne, & fait des tiges menuës de la hauteur d'vne coudée, garnies d'vn costé & d'autre de fueilles de la grosseur du pouce, comme celles de l'Oxymyrsine: toutefois elles sont plus blanches & plus molles: sa fleur est blanche comme celle du Sureau.* Le mesme Tragus met encor deux autres especes de Feugiere, dont l'vne croist au tronc de la racine des vieux chesnes coupez, ayant la fueille semblable à celle de la Feugiere, toutefois elle a la decoupeure beaucoup moindre. Sa tige n'est pas plus haute que celle du Polypode: mais elle est plus menuë. Elle ne croist pas par tout, ains seulement és plus hautes montagnes. L'autre est celle qu'il appelle *Filix Saxatilis*, laquelle est sans fueille. Elle fait les tiges de la longueur du doigt en grand nombre, sortans d'vne seule racine cheueluë, comme la Ruë de mur, auec deux ou trois petites cornes à la cime, ou plustost des soyes recourbées, marquettées quelquefois de taches purpurines. Elle a le mesme goust & odeur que la Feugiere commune: & croist

Le temperament & les vertus.

Pierre Pena aux Aduers.

Le lieu.

Liu. 27. ch. 9.

Liu. 1. c. 183.

La forme.

Liu. 1. c. 184.

Feugiere à mode d'arbre, de Tragus

Filix saxatilis, de Tragus.

Chamæfilix, ou petite Feugiere marine d'Angleterre, de Lobel.

& croist par dessus les rochers, Tragus estime que c'est vne espece du *Capilli Veneris*, ou *Polytric* d'Apulée, qu'il dit auoir des petites branches comme soyes de porceau. Nous adiousterons encor icy la *Chamæfilix*, ou petite *Feugiere marine d'Angleterre* de Lobel, laquelle il dit n'auoir point veu ailleurs qu'aux fentes des rochers battus par les ondes de la mer aupres de Cornubie. Sa racine est petite, composée de beaucoup de filaments noirs, de laquelle il sort vne infinité de petites fueilles de deux ou trois poucées de long, fermes, poulpuës, de couleur de vert-brun, & reluisantes, decoupées comme celles de la Feugiere masle, & ageancées de mesme. Elles ont aussi le mesme goust, & des taches tannées par dessous tout de mesme sorte: leur queuë ou nerf qui va tout du long par le milieu d'icelles, est noir, & a vn lustre comme de la soye. Voilà ce qu'en dit Lobel.

Feugiere de Chesne, de Matthiol.

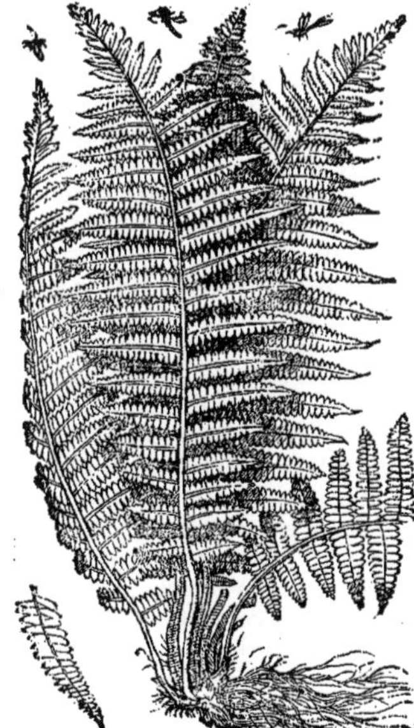

De la Dryopteris, ou Feugiere de Chesne.
CHAP. IX.

Les noms. CESTE sorte de *Feugiere* est appellé par les Grecs δρυοπτερὶς, à cause de la figure de ses fueilles, & du lieu où elle croist : comme aussi en Latin *Filix querna*, & *Filix quercus*: en François *Feugiere de Chesne*: en Allemand *Eickenfarn*. Dioscoride dit, *que la Feugiere de* (Liu. 4. c. 181) *Chesne est semblable à la Feugiere ; toutefois les decoupeures* (La forme.) *de ses fueilles sont plus menuës. Ses racines sont entrelassées ensẽble, veluës, d'vn goust aspre, auec vn peu de douceur. Elle croist* (Le lieu. Chap. 181. liu. 4.) *sur la mousse des vieux Chesnes.* Suyuant ceste description Matthiol a mis le pourtait de la plante qui est mise icy pour la *Dryopteris*, laquelle retire fort bien quant aux fueilles à la Feugiere: *Mesmes*, dit-il, *elle croist en lieu humide parmy les* (Le lieu.) *buissons aupres des pieds des Chesnes.* Toutefois il dit, qu'il en a bien treuué ailleurs que sur le tronc des Chesnes à l'entour de Goritie, laquelle auoit toutefois toutes les marques de celle de Dioscoride. Il y en a d'autres qui mettent vne autre *Dryopteris*, qui est la vraye, & disent qu'elle a les fueilles du tout semblables au Polypode, ou à la Feugiere femelle, combien

bien qu'elles soient beaucoup moindres, & sont les decoupeures bien aussi grandes. Elles sont plus menuës, & plus tendres, sortans le long de certaines queuës menuës, & à mode de Ionc, de la hauteur d'vn pied, d'vn costé & d'autre à mode de plumes, auec des marques par derriere qui ne sont pas releuées; mais simplement peintes & blanches, à double rang le long du nerf du milieu des fueilles. Sa racine est longue & bien entortillée, trainant par terre, brune & vn peu veluë, & cheueluë, si semble à celle du Polypode, si elle n'estoit beaucoup plus menuë, que les Apothicaires moins experts y ont esté quelquefois trompez, meslans ceste racine parmy leurs decoctions pour celle du Polypode non sans danger & dommage de iceux qui en vsent. Dodon met le pourtrait de deux *Feugieres de Chesne*, l'vne blanche & l'autre noire: & dit que la blanche retire

Feugiere de chesne de Dodon. Liu. 3. ch. 63.

Feugiere de Chesne blanche, de Dodon.

Feugiere de Chesne noire, de Dodon.

Feugiere de Chesne, de Dalechamp.

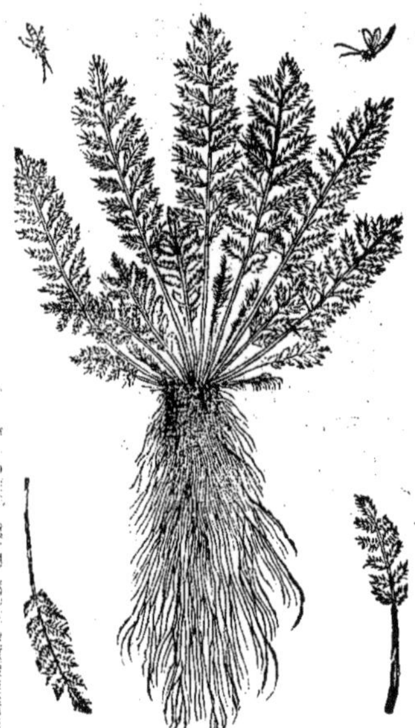

assez bien à la *Feugiere masle*, excepté qu'elle est beaucoup moindre, & n'a pas plus d'vne paume de hauteur, & ne fait ne tige, ne fleur, ne graine. Ses fueilles son blanches, tendres, & fort decoupées, auec des denteleures tout à l'entour en plus grande nombre, & plus menuës que celles de la *Feugiere masle*, & tachées de points par derriere. Sa racine est massiue, noirastre & composée de plusieurs racines entortillées. La *Feugiere de Chesne noire* a les queuës de ses fueilles noires. Ses fueilles sõ moindres & plus courtes que celles de la precedente, & n'ont pas tant de decoupeures. Au demeurant elles sont semblables, & ont des taches par derriere, & demeurent verdes tout le long de l'hyuer. L'vne & l'autre est *l'Adianton*, ou *Capilli Veneris* des Apothicaires, assauoir le blanc & le noir, desquelles ils vsent à faute du vray *Capilli Veneris*, sans que personne s'en treuue mal, pour le moins de la noire. Peut estre que c'est aussi *l'Adianton blanc*, & *noir* de Pline, cõme il a esté dit cy deuant. Elles croissent le long des chemins ombrageux, à l'entour des racines des Chesnes, non toutefois par tout. Dalechamp met icy le pourtrait de la vraye *Feugiere de Chesne*, laquelle croist sur les hautes montagnes sur les racines des Chesnes couuertes de mousse, qui paroissent hors de terre. Elle a la racine composée de beaucoup de cheuelures fort menuës entrelassées ensemble, noirastres, d'vn goust astringeant, auec vn peu de douceur, que l'on sent apres quon les a longuement maschées, & grand nombre de fueilles vertes, qui maintiennent longuement leur couleur, mesmes apres qu'elles ont esté cueilles, attachées à vne seule queuë, auec de grandes decoupeures, & estendues en façon de plumes, lisses & nues par dessus, & tachées par dessous de petits points iaunastres à mode de petits vermisseaux poudreux & aspres; sans tige, fleur, ny graine; sinon qu'on voulut dire, (comme on dit faussement de la Feugiere,) que ces petits vers qui sont attachez au derriere de la fueille, cependant qu'ils sont iaunes, que c'est la fleur, & lors qu'ils sont noirs, & qu'ils tombent, que c'est la

Liu. 4. c. 181. Les vertus. graine. Au reste Dioscoride descriuant les facultez de la Feugiere de Chesne. dit ainsi: *αὐτὴ ἐπιπλασθεῖσα λεία σὺν ταῖς ῥίζαις, τρίχας ψιλοῖ. δεῖ δὲ ἀποψᾶν*, (d'autres lisent, *ἀποσπᾶν*,) *τὸ πρῶτον μὲν ἰκμάσαι τὸ χρῶτα, καὶ νεαρὸν ἐπιπλάσσειν*. Ce que les traducteurs suyuans plustost Pline, que les mots & le sens de Dioscoride, ont mal traduit: car Ruel dit ainsi: *Broyé auec ses racines elle fait tomber le poil: car on l'applique premierement iusques à ce qu'elle face suer, puis on laue ceste sueur, & en met on de la fresche.* Cornarius traduit ainsi ce passage: *Icelle broyée auec ses racines fait tomber le poil: car on l'applique premierement iusques à ce qu'elle face suer, puis on laue ceste sueur, & en met on de la fresche.* Cornarius traduit ainsi ce passage; *Icelle broyée auec ses racines fait tomber le poil, estant appliquée dessus. Or comme le corps est en sueur, il faut racler la premiere, & y en mettre de la fresche.*

Liu. 17. ch. 9. Pline dit en ceste maniere: *La Dryopteris resemble à la Feugiere: elle croist sur les arbres, & a les fueilles douceastres, auec des petites decoupeures. Sa racine est aspre: ceste plante est caustique. Aussi sa racine broyée sert de depilatoire. Or il la faut appliquer en liniment & la laisser dessus iusques à tant qu'elle face suer, & puis il la faut renoueller deux ou trois fois, sãs toutefois oster la sueur.* En premier lieu, il dit que les fueilles sont douces: ce que Dioscoride ne dit pas des fueilles, mais des racines, lesquelles il dit estre *δασείας*, c'est à dire *touffues*, au lieu que Pline les dit estre velues, & que la racine broyée sert de depilatoire: & toutefois Dioscoride dit, *les fueilles broyées auec la racine.* Dauantage il semble qu'il n'a pas bien declaré la façon d'appliquer ce depilatoire; car il traduit le *ἰκμάζειν*, *esmouuoir la sueur*, quãd il dit, *qu'il l'y faut laisser iusques à tãt qu'elle esmeuue la sueur*, au lieu que *ἰκμάζειν* signifie *relentir, & amollir*. Tellement que Dioscoride entend qu'il faut premierement fomenter la partie qu'on veut peler auec de l'eau chaude, ce qui s'entend par le mot *ἰκμάζειν*; puis apres qu'il faut raser le poil, s'il y a *ἀποψᾶν*; ou bien l'arracher, s'il y a *ἀποσπᾶν*; ce qui conuient mieux en ce lieu: d'autant que la force du depilatoire penetre mieux quand le poil est arraché, pource que les conduits sont mieux ouuerts: & finalement qu'il faut appliquer non seulement la racine de ceste herbe, mais aussi ses fueilles, broyant le tout ensemble à mode de cataplasme. Ce passage donc de Dioscoride doit estre ainsi traduit: *La Feugiere de Chesne broyée auec ses racines, & appliquée sus vne partie, en fait perdre le poil. Or il faut premierement estuuer la partie auec d'eau tiede, puis apres raire le poil, ou l'arracher, & finalement appliquer l'herbe ainsi broyée en forme de cataplasme.* En quoy Dioscoride, comme il fait en plusieurs autres endroits, à voulu declarer non seulement la vertu de la *Feugiere de Chesne*; mais aussi la maniere comment il en falloit vser: car soit que le depilatoire face son operation par vne vertu caustique, comme fait la premiere sorte de depilatoire, ou bien par vne vertu extremement froide, soit qu'il la face par vne proprieté naturelle de toute sa substance, qui est la seconde sorte de depilatoire, empeschant le poil de reuenir, il faut tousiours fomenter la partie au preallable pour ouurir les conduits de la peau, puis apres arracher le poil, ou bien l'oster auec le rasoir, ou par le moyen de quelque medicament caustique, comme les Turcs font aujourd'huy auec leur *Rhusma*. Finalemẽt il faut appliquer l'autre depilatoire qui empesche le poil de renaistre, comme Dioscoride l'enseigne icy: car il ordonne premierement *χρῶτα ἰκμάζειν*, *d'estuuer la partie*, puis apres *ἀποσπᾶν*, *arracher les cheueux*, & finalemẽt *νεαρὸν δρυοπτερίδα ἐπιπλάσσειν*,

Liu. 6. des simpl. *appliquer en cataplasme, la Dryopteris fresche.* Galien aussi dit, que la *Feugiere de Chesne* monstre à son goust qu'elle a vne qualité meslée, estant douce, acre, & amere; & qu'en outre sa racine a vn peu d'aspreté, & qu'elle est d'vne qualité qui fait pourrir: à raison dequoy elle est bonne pour des-

Chap. 181. liu 4. nuer vne parties de poil. Matthiol dit, que les racines de la Feugiere de Chesne reduites en poudre & meslées auec du son, & auec vn brin de sel & de souffre, sont fort propres pour faire mourir les vers du corps de la cheualine, & les faire sortir, si on leur fait manger ceste mixtion.

Du Polypode, CHAP. X.

Les noms. Chap. 158. Πολυπόδιον en Grec s'appelle en Latin *Polypodium*, & *Filicula*: Caton l'appelle *Filiculla*, s'il n'y a de la faute aux exẽplaires. En François on la nomme *Polypode*: en Allemãd *Engelsuz*, & *Baunfarn*: en Italiẽ *Polypodio*: en Arabe *Bisberg*, *Aibeig*, *Beffaigi*: les Apothicaires l'appellent du nõ Grec. Il a esté appellé *Polypode*, à cause que sa racine a des boëttes cõme

Liu. 4. chap. 180. La forme. celles que les poulpes ont aux pieds. On l'appelle *Filicula*, pource que ses fueilles retirẽt à celles de la Feugiere. *Le Polypode*, ainsi qu'escrit Dioscoride, *est de la hauteur d'vne paume, semblable à la Feugiere, vn peu velu, & decoupé; toutefois ses decoupeures ne sont pas si menues cõme celles de la Feugiere.*

Le lieu. Liu. 26. ch. 8. *Sa racine est houssue, ayãt des durillons creux cõme les boëttes des Poulpes; de la grosseur du petit doigt, verte au dedans, d'vn goust aspre & douceastre: il croist sur les rochers pleins de mousse, & sur le tronc des vieux Chesnes.* Pline en dit quasi de mesme: *Touchant le Polypode que les Latins appellẽt Filicula, il retire à la Feugiere. On se sert de sa racine, laquelle est houssue, verte au dedãs, de la grosseur du petit doigt,*

doigt. *Elles a des petits durillons creux qui sont faits à mode des boëttes que les Poulpes ont aux pieds. Cette racine est douceastre : il croist ordinairement sur les rochers, ou és pieds des vieux Arbres.* Pline a oublié vne des qualitez du *Polypode*, à sçauoir l'Astringeante, & ce que les fueilles ont des taches iaunes par derriere, par le moyen desquelles marques il est assez cogneu, sans qu'il se faille amuser à verifier, que nostre *Polipode*, duquel on vse communement auiourd'huy és infusions & decoctions, est celuy duquel les anciens ont escrit. Marthiol en establit deux especes, dont le premier est celuy *Les especes* ont nous venons de parler, qui est cogneu de tous, & assez commun par tout: l'autre est cogneu de *Sur le c. 180. du 4. liu.*

Polypode premier, de Matthiol.

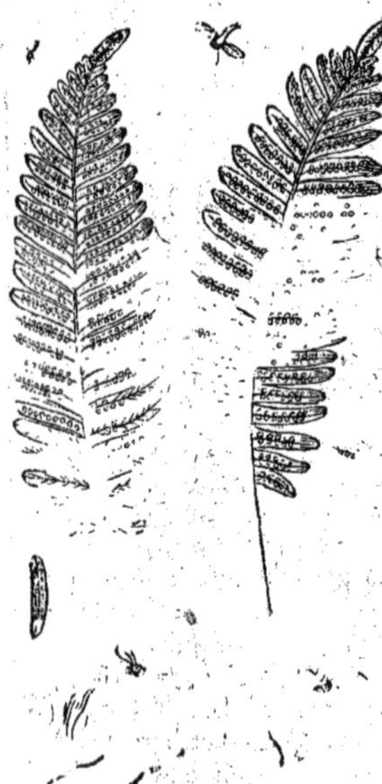

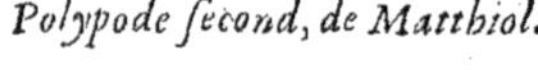

Polypode second, de Matthiol.

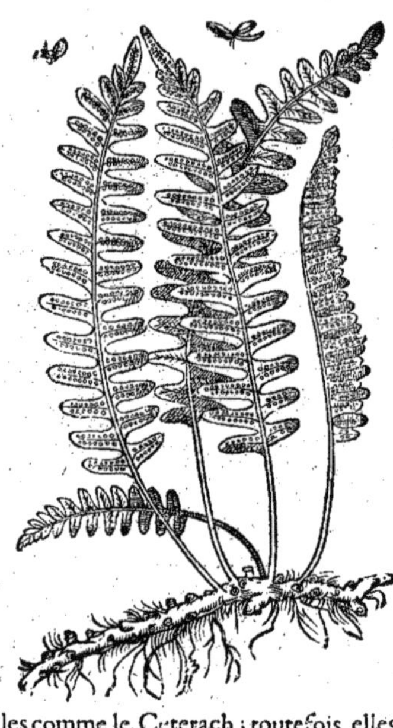

Polypode de l'Isle d'Elue.

peu de gens, & a les fueilles comme le Ceterach ; toutefois elles sont plus longues, plus vertes, & plus decoupées à l'entour. Sa racine est semblable au precedent ; toutefois elle est vn peu plus graile. Cestuy-cy croist en abondance par les forests des montagnes. Mais cette difference procede du changement du lieu, & nō que ce soient diuerses especes pour cela : car venant en lieu maigre, il est plus petit & plus mal nourry, comme au contraire il est bien nourry en terroir gras : mesmes en certain bois ombrageux il a les fueilles plus grandes: & toutefois ce n'en sont pas diuerses especes. Ainsi aussi il croist en l'Isle de l'Elue vne sorte de *Polypode* differant de celuy des autres lieux, comme il y vient aussi quelques autres plantes rares, comme la *Lonchitis aspre*, & *l'Hemionitis*, desquelles nous auons desja traitté. Ce *Polypode* de l'Isle d'Elue qui est vne Isle en la mer de Toscane, croist sur les rochers: & a la racine pleine de durillons à mode de celle des autres, & cheuelüe, & les tiges de la hauteur d'vn pied, rousses-brunes, lisses, & veluës par le bas: les fueilles longues, en façon de plumes, arrangées inegalement le long de la tige, vertes d'vn costé, & de l'autre, elles sont couuertes d'vne poussiere menuë, douces au goust, & vn peu aspres. Il ne fleurit point ny ne porte point de graine. On dit qu'il fait les mesmes effects que l'autre *Polypode*: *Les vertus.* toutefois qu'il est plus desiccatifce qui procede de ce qu'il croist en lieu sec, & du naturel du terroir, & de l'air de la marine. Or *Liu. 4. c. 180.* Dioscoride descrit ainsi les proprietez du *Polypode*: *Sa racine*, dit, il, *est purgatiue. Pour cét effect on le fait cuire auec vne poule, ou auec du poisson, ou de la poirée, ou des mauues. La poudre de cette racine prinse en eau miellée euacue la bile & le phlegme. Cette racine broyée est bonne pour appliquer sur les dislocations, & aux creuasses qui viennent entre les doigts.* Pline en dit les mesmes choses, il en adiouste plusieurs autres : *On la met*, dit-il, *tremper en eau, pour en tirer le ius. On la reduit aussi en poudre, de laquelle on saupoudre les herbes du potage, ou les poirées, ou les mauues, ou bien quelque sausse ou mesmes la boüillie : & la fait on cuire pour faire bon ventre, encor qu'on soit en ficure. Elle euacue la bile & le phlegme ; toutefois elle est contraire à l'estomach. La poudre de cette racine seche mise dans le nez consume le mal que les medecins appellent Polypus narium. Il ne porte ne fleur ne graine.* Or Pline adiouste en vn autre endroit ce qu'il auoit obmis en cestuy-cy. *La racine du Polypode sert aux dislocations.* Et en vn autre il dit, *qu'elle sert aux creuasses des doigts des pieds.* Car Cornarius a ainsi corrigé ce passage, au lieu qu'aux communs exemplaires il y a, *aux creuasses des coudées & des pieds.* Toutefois le mot ἐν μεσοδακτύλοις, duquel Dioscoride vse, peut estre entendu *des doigts des pieds & des mains.* Theophraste dit, suyuant la traduction de Gaza: *Le Polypode est velu, & a des boëttes creuses, comme celles des pieds des poulpes: il euacue par le bas. On dit qu'en le touchant il fait venir vn mal au nez que les Medecins nomment Polypus. Sa fueille retire à celle de la grande Feugiere.* En quoy il y a vne bien grande absurdité, pour vn si sçauant personnage comme Theophraste, qui fait penser que ce passage icy est incorrect : car sçauroit on dire vne chose plus absurde, qu'en touchant le *Polypode* cela face venir mal au nez ? Il faut donc qu'il y ait ainsi φασὶν οὐκ ἐμφύεσθαι, & παράπτειν ne se prendra pas icy pour *toucher*, mais pour *pendre au col*, tellement que le sens des mots de Theophraste sera tel: *La racine du Polypode est velue, & a des durillons creux comme les boettes des iambes des Poulpes: elle purge le bas, & tient on que la portant pendue au col ou attachée sur la personne, on n'a garde de prendre ce mal du nez qui est appellé Polypus.* Ses fueilles retirent à celles de la grande Feugiere. Il croist sur les rochers. Galien declare en peu de mots les facultez du *Polypode*, disant: *Le Polypode à deux principales qualitez, à sçauoir la douceur & l'aspreté, tellement qu'il est fort desiccatif, toutefois sans aucune acrimonie.* Mesue declare ces mesmes choses plus au long. Le Polypode qui croist sur les rochers, est rempli d'vne humidité excrementitie, cruë, venteuse, qui prouoque l'estomach à vomir. Celuy qui vient sur les arbres est le meilleur, & specialement sur les Chesnes: sur tout estant gros, & frais, massif & garni de neuds, rouge-brun par dehors, & verd par dedans comme les Pistaches ; d'vn goust doux, aspre & amer sur la fin, & vn peu aromatique. Dioscoride tient qu'il est chaud au troisiesme degré, & sec au second. Il nettoye les humeurs grosses & visqueuses. Il resout & desseche, & euacuë la melancholie, & le phlegme, mesmes le gros & visqueux, & mesmement celuy des iointures. A raison dequoy il sert aux maladies procedantes de melancholie, comme aux fieures quartes, principalement auec de l'eau miellée, de l'Epythim, & du sel inde : mesmes aux douleurs de la colique, & à la durté de la ratte, en quelque façon qu'on le prenne. Appliqué en liniment il guerit les creuasses qui viennent entre les doigts : car il attenuë & desseche. Or pour empescher qu'il ne desuoye l'estomach, & afin qu'il purge plus viste, il le faut cuire en eau miellée, ou de ptisanne, ou en decoction de raisins de passe, ou auec le bouillon d'vn poulet, ou d'vne poule, suyuant le conseil d'Hamech, ou bien auec du petit laict. Il est bon d'y adiouster les semences odorantes, ou autres choses aromatiques, comme la graine du Daucus, de l'Anis, du Fenouil, du Zinzembre, ou choses semblables, qui sont propres pour conforter l'estomach. Il endure bien d'estre cuit longuement. La dose du *Polypode* est de deux dragmes iusques à six. Or le *Polypode grand* que Mesue dit estre le meilleur, est celuy que Dioscoride & Pline disent estre gros comme le petit doigt. Mais ce qu'il dit, que suyuant Dioscoride *le Polypode est chaud au troisiesme degré, & sec au second*, cela est faux: car il dit simplement *qu'il euacue la bile & le phlegme*: sans parler aucunement des degrez, non plus que Galien. Auicenne dit, qu'il est chaud au second degré & sec au troisiesme. Paulus Ægineta dit, que la farine du Polypode puluerisée, & prinse auec eau miellée, ou bien broyée parmy, fait le mesme effect que la Coloquinte. En outre ce qu'il dit, *que le Polypode attenue le corps, & desuoye l'estomach*, comme aussi Pline dit qu'il est contraire à l'estomach, Auerroës dit, que cela est faux, & que le *Polypode* est vn medicament bien seur, plus singulier que l'Epythim : l'opinion duquel Manard appreuue, disant que le Polypode purge peu & doucement parquoy il ne sçauroit attenuer le corps: mesmes qu'estant prins tout seul il ne fait aucun mal à l'estomach. Actuaire aussi est de cette opinion disant : *Le Polypode euacue la bile, & specialement la melancholie & le phlegme. On ordonne sa racine mondée au pois de six scrupules, auec eau miellée. Il purge aussi mediocrement & sans fascherie, estant cuit auec le bouillon d'vne poule, ou de la ptisanne.* Voilà ce qu'en dit Actuaire. Quant à la dose, vne once de nostre *Polypode* purge legerement & sans fascherie.

Liu. 26. ch. 8. — Liu. 26. c. 11. — Chap. 11. — Embl. 164. — Liure 4. de Diosc. — Liure 9. de l'hist. ch. 14. — Cornar. emblem. 164. — Liure 8. des simpl. — Liure 2. des medic. purg. — *Le temperament.* — Liu. 2. c. 542.

Du Morgeline, CHAP. XI.

Les noms. CESTE plante est appellée en Grec ἀλσίνη, & μυοσωτὶς : & en Latin aussi *Alsine*, & *Auricula muris*, Aucuns des modernes l'appellent *Hippia*, & communement *Morsus gallinæ*, d'où est venu le nom François *Morgeline* ; pource que les poules & les oiseaux aussi en sont friands ; tellement

que

que l'on en baille aux oiseaux de cage pour les mettre en appetit, quand ils sont degouttez. Les Italiens l'appellent *Centone*, *Pizzagallina*, & *Panarina*, pource que les oiseaux en mangent volontiers. Elle est appellée en Grec *Alsine*, pource qu'elle croist volontiers és bois taillis, que les Grecs appellent ἄλση, comme aussi és lieux ombrageux: & *Auricula muris*, pource que ses fueilles retirent aux oreilles de souris, ou pource qu'elles approchent fort de celles de la vraye *Myosotis*. Or combien que Dioscoride, Galien, & Pline ne font mention que d'vne espece de *Morgeline*, ce nonobstant les modernes en ont bien remarqué dauantage. Dodon en met quatre, à sçauoir, *La plus grande*, *la moyenne*, *la petite*, & *la marine*. Fuchse en met trois, *La grande*, *la moyenne*, & *la petite*. Autres en adioustent encor vne plus grande de toutes: & en outre vne qui est appellée *Verna*, l'au- Liu. 1. c. 34. Chap. 7. de l'histoire.

Morgeline, ou Alsine de Matthiol.

Morgeline grande, de Dodon.

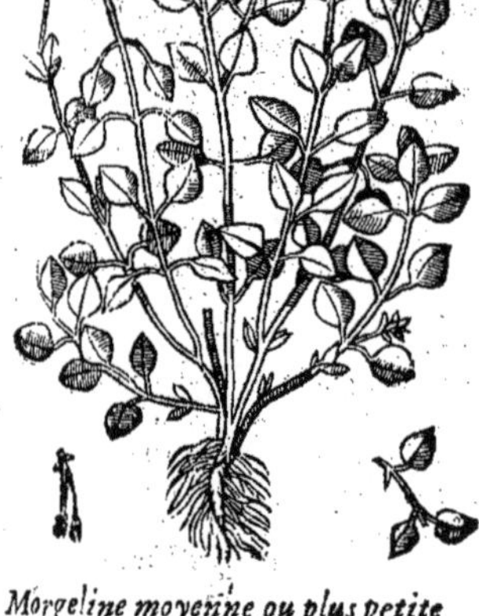

Morgeline moyenne ou plus petite de Dodon, & la plus grande de Fuchse.

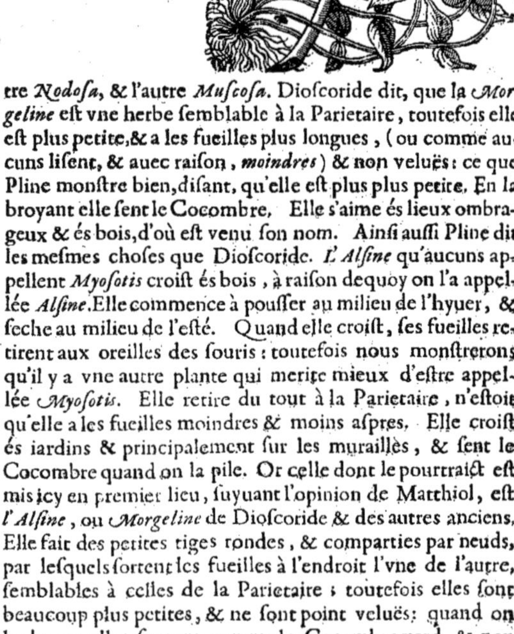

tre *Nodosa*, & l'autre *Muscosa*. Dioscoride dit, que la *Morgeline* est vne herbe semblable à la Parietaire, toutefois elle est plus petite, & a les fueilles plus longues, (ou comme aucuns lisent, & auec raison, *moindres*) & non velues: ce que Pline monstre bien, disant, qu'elle est plus plus petite. En la broyant elle sent le Cocombre. Elle s'aime és lieux ombrageux & és bois, d'où est venu son nom. Ainsi aussi Pline dit les mesmes choses que Dioscoride. *L'Alsine* qu'aucuns appellent *Myosotis* croist és bois, à raison dequoy on l'a appellée *Alsine*. Elle commence à pousser au milieu de l'hyuer, & seche au milieu de l'esté. Quand elle croist, ses fueilles retirent aux oreilles des souris: toutefois nous monstrerons qu'il y a vne autre plante qui merite mieux d'estre appellée *Myosotis*. Elle retire du tout à la Parietaire, n'estoit qu'elle a les fueilles moindres & moins aspres. Elle croist és iardins & principalement sur les murailles, & sent le Cocombre quand on la pile. Or celle dont le pourtraict est mis icy en premier lieu, suyuant l'opinion de Matthiol, est *l'Alsine*, ou *Morgeline* de Dioscoride & des autres anciens. Elle fait des petites tiges rondes, & comparties par neuds, par lesquels sortent les fueilles à l'endroit l'vne de l'autre, semblables à celles de la Parietaire; toutefois elles sont beaucoup plus petites, & ne sont point velues: quand on les broye elles sentent comme le Cocombre verd, & non pas si bon que le Melon quand il est meur: sa graine est

La forme. La lieu. Liu. 27. c. 7. Sur le ch. 81. liu. 4.

Liu.1 ch.34. Chap.7. de l'hiſt. menuë, & vient en des petites gouſſes rondes & longues. C'eſt celle que Dodon appelle *moyenne*, & la *Grande* de Fuchſe, lequel voyant qu'elle auoit les fueilles beaucoup plus petites que celles de la Parietaire, il eſtime que Dioſcoride les a comparées à celles du Liſet, en quoy il ſe trompe. Quant à la *Grande Morgeline* de Dodon, elle produit beaucoup de petites branches rondes, comparties par neuds, droites, & non couchées par terre, comme la precedente. A chaſque neud il ſort deux fueilles vis à vis l'vne de l'autre, aſſez grandes, quelquefois auſſi larges que deux doigts, ſemblables à celles de la Parietaire, toutefois elles ſont plus longues & moins veluës. A la cime des tiges il ſort entre les fueilles des petites queuës auec des petits boutons qui produiſent des petites fleurs decoupées, apres leſquelles il y vient des petites gouſſes, longuettes & rondes, dans leſquelles eſt la graine. Toute la plante retire aſſez bien à la Parietaire: car elle a ſes tiges auſſi reluiſantes, & rougeaſtres aupres des neuds, & les fueilles quaſi de meſme grandeur; à raiſon dequoy Dodon tient que c'eſt la *vraye Alſine* de Dioſcoride: d'autant qu'il eſcrit qu'elle retire du tout à la Parietaire, ſi elle n'eſtoit plus petite & n'auoit les fueilles plus longues, & non veluës. La *troiſieſme Alſine*, ou *Morgeline* de Dodon qui eſt appellée *la moindre*, comme auſſi elle l'eſt, eſt peu differente auec celle qui eſt peinte la premiere, que nous auons dit eſtre la moyenne de Dodon, toutefois elle eſt en tout & par tout plus petite, tellement que ſes tiges ſont menuës comme des cheueux. Ses fueilles ne ſont point plus grandes que celles du Thym: au reſte elle eſt ſemblable à la ſuſdite. Elles croiſſent és lieux ombrageux & humides, parmy les hayes & buiſſons auec les autres herbes. Quant à la *grande Alſine* des autres Simpliciſtes elle a la racine aſſez groſſe à la cime, qui va peu à peu en appetiſſant auec vne infinité de petites cheueleures, & fait beaucoup de tiges de la longueur d'vn pied. Les fueilles ſemblables à celles de la *premiere Morgeline*, diſpoſées par certains interualles, ſouuentefois quatre à quatre, quelquefois ſeules, quelquefois deux à deux, auec pluſieurs branches courtes, chargées de beaucoup de fleurs, encloſes deuant qu'eſpannir en vn bouton long & aigu, & eſtans eſpannies elles ſont blanches, petites, compoſées de ſix fueilles à mode d'eſtoile, auec autant de petits filets fort menus. Elle croiſt és

Petite Morgeline de Dodon.

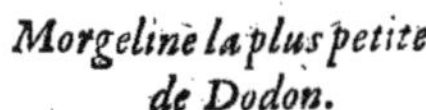

Morgeline la plus petite de Dodon.

Alſine maxima, ou la plus grande.

Alſine Verna,

eux ombrageux. Touchant *l'Alsine*, ou *Morgeline* qui est appellée *Verna*, elle croist és terres humides & dans les vignes, & fait vne petite racine courte, & blanche, les fueilles semblables à celles des autres *Morgelines*, lisses, vertes-palles, & en grand nombre, pres de la racine, & couchées par terre. Elle produit beaucoup de petites tiges de la hauteur de trois doigts, comparties par nœuds, à chascun desquels sortent les fueilles deux à deux, embrassans la tige : quelque fois il y en a quatre, & par fois six en chascune tige. Ses fleurs sont petites & blanches, composées de cinq petites fueilles, semblables à celles des autres especes de *Morgeline*, d'vn goust aqueux & fade. *Alsine Verna.*

Alsine noüeuse, de Dalechamp.

Elle fleurit deuant que l'hyuer soit passé au mois de Feurier, quand le printemps approche, au lieu que les autres fleurissent à la my-esté, à raison dequoy les Herboristes l'ont nommée *Alsine Verna*. *Le temps.* Quant à *l'Alsine*, ou *Morgeline noüeuse*, elle croist aux enuirons de Montpelier, & ne fait qu'vne seule racine longue, vn peu cheueluë, blanche-iaunastre, & beaucoup de fueilles pres de terre, longuettes & estroites, assez semblables à celles de la *Morgeline*. Elle produit plusieurs tiges de la hauteur d'vn pied, & des fleurs blanches composées de cinq petites fueilles. Sa graine vient en des petits boutons ronds, noüeux, & canelez, qui s'entresuyuent par ordre comme s'ils estoient embrochez, d'vne façon du tout rare. *l'Alsine* surnommée *Muscosa*, croist sur les troncs des arbres pourris & garnis de mousse, sur les murailles arrousées de quelque degoust d'eau, & autres lieux ombrageux & humides, & fait la racine menuë, courte, cheueluë, & beaucoup de branches, couchées par terre, & bien peu releuées ; les fueilles petites & menuës comme des cheueux, & en grand nombre ; la fleur blanche, & la graine en des gousses longues. *Alsine Muscosa.* L'Alsine surnommée *Villosa* croist és lieux pierreux ; & a la racine petite, courte, blanche, auec des cheuelures menuës, les fueilles semblables à la *Morgeline*, qui embrassent la tige par interualles esgaux à mode d'ailes, & veluës ; dont aussi elle a prins son nom. *Alsine Villosa.* Elle fait plusieurs tiges de la longueur d'vn pied, couuertes d'vne certaine bourre, la fleur blanche composée de dix petites fueilles, assez semblable à celles des Marguerites.

Alsine Muscosa.

Alsine purpurine.

rites.

rites. Elle fleurit au mois de May. Quant à *l'Alsine purpurine*, elle vient és terres grasses à l'entour de Montpelier, & a la racine menuë, & iaunastre, & fait beaucoup de tiges, & des fueilles semblables à la *Morgeline*, vn peu plus grandes, lisses, embrassans la tige par egales distances d'vn costé & d'autre. Sa fleur est purpurée, composée de cinq petites fueilles. Sa graine est enclose en des *Alsine iaune.* petites coupettes longues, estroites au commencement, & grosses au bout. Touchant *l'Alsine iaune* elle croist parmy les forests ombrageuses des Sapins, & aux cimes des montagnes couuertes de nege, ayant la racine fort cheueluë, & beaucoup de tiges couchées par terre, rondes, & rougeastres par le bas; les fueilles semblables à la *Morgeline* commune, plus grosses, & plus vertes, disposées par ordre, d'vn goust amer. Sa fleur est petite, iaune, composée de cinq petites fueilles. Sa graine est fort menuë & vient en des coupettes rondes. Elle fleurit en Iuin. L'Escluse met encor

Alsine iaune, de Dalechamp.

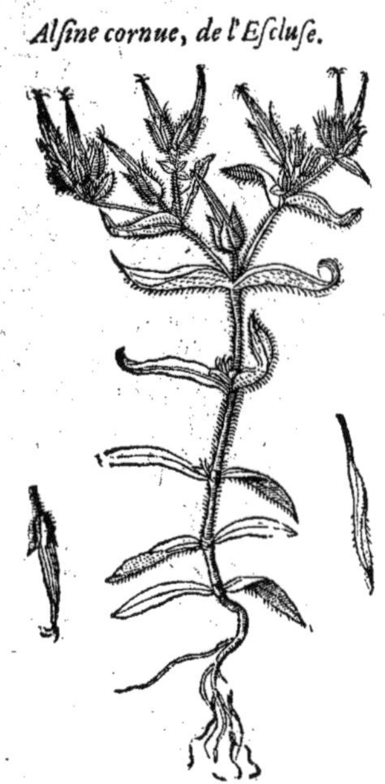

Alsine cornue, de l'Escluse.

Alsine cornue. vne autre *Alsine* qu'il appelle *Corniculata*. C'est vne petite herbe de la hauteur d'vne paume, qui ne fait qu'vne tige, de laquelle il sort quelque peu de branches comparties par neuds, tendres, veluës comme celles de la *Morgeline commune*. Ses fueilles sont vn peu plus longues que celles de la *Morgeline*, & sont aussi veluës, disposées vis à vis l'vne de l'autre, & deux à deux par certains interualles. Aux cauitez qui sont au pied des fueilles, il sort des petites fleurs blancheastres, apres lesquelles il y vient des petites cornes membraneuses, & transparentes, à mode des esperons des coqs, lesquelles sont couuertes d'vne certaine humeur visqueuse, comme on sent en les touchant, dans lesquelles il y a vne graine menuë, qui est noire quand elle est meure. Sa racine ne sert à rien & meurt tous les ans. Toute la plante a vn goust fade. Elle est assez frequente parmy les bleds és enuirons de Salamanque, où elle fleurit & fait sa graine en May. Peut estre que c'est vne espece de Ni-

Les vertus. Liu. 4. c. 82. gellastrum. Au reste Dioscoride dit que la *Morgeline* est froide & astringeante. Appliquée auec griotte seche elle est bonne aux inflammations des yeux. Son suc appaise la douleur des oreilles estant distilé dedans. En somme elle fait les mesmes effets que la Parietaire. On s'en sert, dit Pline,

Liu. 27. ch 4. aux apostumes & inflamations, & à tout ce à quoy on employe la Parietaire: toutefois elle fait moins d'operation. Elle est particulierement propre pour appliquer aux chaudes defluxions des yeux, & aussi aux parties honteuses, & aux vlceres auec farine d'orge. On distile son suc dans les oreilles.

Liure 6. des simpl. Galien en traitte plus distinctement: *La Morgeline a les mesmes facultez que la Parietaire: car elle est froide & humide, & d'vne essence aqueuse, froide; aussi refroidit elle sans aucune astriction. A raison dequoy elle est propre aux inflammations chaudes, & aux moyennes eresipeles.* En quoy Galien contredit ouuertement à Dioscoride, lequel dit que la *Morgeline* est froide & astringeante. Mais il est certain que le mot στυπτικὴν, c'est à dire *astringeante* a esté adiousté contre l'intention de Dio-

Liure 15. scoride, comme il appert en ce que ceux qui ont descrit les facultez des plantes suyuant Dioscoride & Galien, n'y adioustent pas ce mot. Car Oribaze en escrit ainsi: *La Morgeline est d'vne essence aqueuse*

aqueuse & froide; parquoy elle est froide sans aucune astriction. Paulus dit que, que la *Morgeline* a les mesmes vertus que la Parietaire, qui est froide & humide. Aëce luy attribuë les mesmes facultez. Les Herboristes aussi de nostre temps attribuent ces mesmes facultez là aux herbes qu'on appelle communement *Morsus gallinæ*, assauoir qu'elles sont propres aux chaudes inflammations, & aux resipeles: car, comme dit est, elles sont toutes froides & humides. De là vient, dit Fuchse, que les Allemans l'appellent la petite *fieberkraut*, pource qu'elle est propre aux fieures. La decoction de la Morgeline, specialement de la moyenne, & de la petite, cuite auec eau & sel, est vn souuerain remede pour guerir les galles des mains, si on les en laue souuent. Liure. 7. Chap. 7. de l'hist. Dodon liure 1. chap. 34.

Du Mourron, *CHAP. XII.*

ESTE plante est nommée en Grec ἀναγαλλὶς, & en Latin *Anagallis*. Les Apothicaires ne s'en seruent pas: car ce n'est pas le *Morsus Gallinæ*, comme veut Matthiol, qui est *l'Alsine*, comme il a esté dit. En François *Mourron aux fleurs rouges, & bleuës*. Les Allemans l'appellent *Gauch hegil*, c'est à dire, *la santé des ols*. Peut estre que les Allemans luy ont imposé ce nom pource qu'on tient que le *Mourron* stant pendu à l'huis d'vne maison, empesche que les enchantemens & sorceleries n'y puissent uire. Pline dit, qu'aucuns l'ont appellé *Corchorus*: mesmes ce nom de *Corchorus* est au catalogue des oms qu'on attribue faussement à Dioscoride: mais il y a à douter si ce *Corchorus* doit estre prins our celuy de Theophraste, & si c'est le Mourron. Car Theophraste met le *Corchorus* entre les erbes que l'on mange crues, ou cuites, disant: *Entre lesquelles est le Corchorus, qui est tombé en rouerbe à cause de son amertume, lequel a les fueilles comme le Basilic*: Il y a aussi vn prouerbe ommun entre les Grecs καὶ κόρχορος ἐν λαχάνοις, c'est à dire, *le Corchorus est aussi du nombre des erbes que l'on mange*. Ce qui se dit des hommes de rien, qui toutefois se veulent faire priser: llement que par ce moyen *Corchorus* est vne herbe de peu de prix. Pline la met entre les erbes qu'on mange communement, traduisant le passage de Theophraste cy deuant alle-ué. Dioscoride dit, qu'il y a deux especes de *Mourron*, entre lesquelles il n'y a autre difference ue pour raison des fleurs: car celuy qui a la fleur bleuë est appellé masle, & celuy qui l'a rouge,

Les noms. Liu. 25. c. 13. Liure 7. de l'ist. cap. 7. Liu. 21. c. 15. Liu. 2. c. 174. Les especes.

Le Mourron masle.

Le Mourron femelle.

est appellé femelle. Tous les Herboristes aussi recognoissent ces deux especes, suyuant la description de Dioscoride, qui dit, que le *Mourron* ce sont petites plantes couchées par terre, qui ont les tiges quarrées, garnies de petites fueilles à demy rondes, approchans de celles de la Parietaire, portent vne graine ronde. Pline en dit tout autant. Touchant *l'Anagallis*, ou *Mourron*, aucuns l'appellent *Corchorus*. Il y en a deus especes. Le masle a la fleur rouge, la femelle fait la fleur bleuë. La forme. Liu. 25 c. 13

Ils

Ils n'ont pas plus d'vne paume de longueur, & sont tendres, ayans les fueilles petites & rondes, & trainent par terre. Ils croissent és iardins & lieux aquatiques. Le bleu fleurit le premier. L'vn & l'autre de nos Mourrons croist par tout, & produit des petites tiges tendres, quarrées, comparties par neuds & couchées par terre, ayans les fueilles comme la Morgeline moyenne, plus rondes, vertes par dessus, auec des petites tache noires comme de points. Il porte beaucoup de fleurs, dont celles de l'vn sont rouge, & celles de l'autre bleuës, & vne petite graine ronde en des gousses. Il croist mieux & plus grand és lieux humides. On en treuue bien toutefois parmy les champs, & vignes, & le long des chemins. Il commence à fleurir en May, & continue iusques en automne, croissant en grande abondance tout le long de l'esté, principalement au mois d'Aoust. Pena dit qu'aux regions qui sont par de là la mer, il vient vn *Mourron iaune*, fort beau & rare, qui est assez cōmun parmy les bois & lieux ombrageux en Angleterre. Il fleurit en Iuin & en Iuillet, & fait des fleurs iaunes. Il s'aime és lieux ombrageux, ressemblant quant au reste au *Mourron* commun. Dioscoride dit, que l'vn & l'autre *Mourron* a ceste vertu de mitiguer, & empescher les inflammations de venir en auant. Il attire les eschardes hors du corps, & reprime les vlceres corrosifs. Leur suc euacuë le phlegme du cerueau, si on s'en gargarize, & qu'on le tire par le nez. Il appaise la douleur des dents, si l'on en met dans l'oreille du costé où la dent ne fait pas mal. Auec du miel Attique il guerit la *maille* des yeux, & ce qui trouble la veuë. Prins en breuuage auec du *vin* il est bon à ceux qui ont esté mordus des serpens; comme aussi au mal de reins, & à ceux qui ont le foye interessé, (au viel exemplaire, il est adiousté & aux *hydropiques.*) Finalement Dioscoride escrit suyuant l'opinion des autres, que le *Mourron* qui a la fleur bleuë, fait retourner le fondement aualé, & que le *Mourron* à la fleur rouge le fait tomber en s'en frottant. Suyuant quoy ces deux plantes seroient differentes non seulement quant à la fleur, mais mesmes quant aux effects. Pline escrit les mesmes choses touchant l'vsage en Medecine. Le ius de l'vn & de l'autre appliqué auec miel attique, est propre à resoudre ce qui trouble la veuë, & principalement le sang qui y seroit amassé pour quelque coup, & les mailles aussi, & specialement le suc du rouge. Il esclarcit la prunelle, & par ainsi il est bon d'en enduire au preallable les parties qu'on ne sçauroit reioindre sans y mettre des points d'aiguille. Il est aussi singulier à descharger les yeux des bestes cheualines. Son suc tiré par le nez purge le cerueau: mais il faut puis apres tirer aussi du vin par le nez. Vne dragme de ce suc prinse en vin est fort bonne contre le venin des serpens. C'est grand cas que la moutonnaille ne mange pas du *Mourron femelle*. Que si elle en mange par cas fortuit veu qu'il n'y a autre difference qu'en la fleur, elle a incontinent recours à l'herbe que les Grecs appellent *Asyla*, & nos Latins *Ferus oculus*. Item, l'vn & l'autre *Mourron* est fort propre au foye. Et le *Mourron* prins en eau miellée lasche le ventre. Item, le *Mourron bleu* fait retourner en son lieu le fondement auallé, & au contraire le rouge le fait tomber. Mais Galien en traitte bien plus clairement & plus distinctement: *L'vn & l'autre Mourron, dit-il, tant celuy qui a la fleur bleuë, que celuy qui l'a rouge, ont vne faculté fort detersiue. Ils ont aussi vne chaleur attrayante, par le moyen de laquelle ils attirent les eschardes hors du corps. Leur suc aussi purge le cerueau par le nez. En somme le Mourron est desiccatif sans acrimonie, parquoy il sert à consolider les playes, & specialement quāt il y a de la pourriture.* Voilà ce qu'en dit Galien, En quoy il appert que ceux là faillent grandement, qui disent que le *Mourron* est froid & humide, veu qu'il est chaud, sec, & detersif: tellement que les femmes qui ont naturellement la peau du visage aspre, se seruent du suc de ceste herbe, pour se polir, & auoir bon lustre. Paulus en la composition de Coral qu'il ordonne pour la goutte, met *du Mourron, qui a la fleur rouge qui est appellé Corallium*, onces 5. disant Ἀναγαλλίδος τὸ ῥούσσιον ἄνθος ἐχούσης, ἣν καλοῦσι κοράλλιον Γο. 5. En quoy il vse du mot *Russeum* qui est Latin, entendant *le rouge*, & appelle le *Mourron, Corallium*, à cause qu'il a la fleur rouge. Toutefois aucuns suyuant les vieux exemplaires lisent κολλάριον, &, que la composition qui est intitulée διὰ κολλαρίου, & non κοραλλίου, comme ayant prins ce nom de la faculté de consolider qui est au Mourron. Toutefois la commune leçon n'a point d'absurdité.

Le lieu.

Le temps. Liu. 2. c. 174.

Les vertus. Liu. 2. c. 174.

Mourron iaune, de Lobel.

Liu. 25. c. 15.

Liu. 26. ch. 7. Chap. 8.

Liure 6. des simpl.

Liu. 7. ch. 11. Tornar. emblem. 168. liu. 2.

De l'Elatine, CHAP. XIII.

Este plante s'appelle en Grec & en Latin *Elatine* ; en Arabe *Athin.* Dioscoride dit, *qu'elle à les fueilles comme la Parietaire, toutefois elles sont moindres & plus rondes, & veluës* (d'autres lisent *touffues*) *& des menuës branchettes de la longueur d'vne paume, auec cinq ou six petites fueilles pres de la racine, ou comme aucuns lisent, de la longueur d'vne paume, sortans de la racine, & garnies de fueilles, d'vn goust aspre. Elle croist és bleds & lieux cultiuez.* Pline en escrit les mesmes choses : *Elatine a les fuilles semblables à la Parietaire, petites, rondes, & cinq ou six branches de la longueur de demy pied, garnies de fueilles immediatement dés la racine. Elle croist parmy les bleds.* Oribaze a leu en Dioscoride φύλλα μακρότερα, au lieu de μικρότερα : car il dit ainsi ; *l'Elatine a les fueilles comme la Parietaire, plus longues, plus rondes & veluës, & des branches menuës, &c.* Or il y a grande controuerse entre les Herboristes, pour sçauoir quelle plante doit estre tenue pour la *vraye Elatine.* Matthiol reprend ceux qui prennent la plante appellée *Numularia* pour *l'Elatine*, comme aussi ceux qui pensent que c'est la *Pimpinelle* : d'autant que la *Numularia* n'a pas les fueilles veluës, & ne croist pas parmy les bleds, mais au bord des fossez, specialement quand ils son bourbeux. Quant à la Pimpinelle elle fait plus de six branchettes couchées par terre & les fueilles decoupées tout en rond. Ruel dit, que *l'Elatine* est ce qu'on appelle communement *Rapistrum Campestre*, ce que Matthiol n'appreuue pas. Le mesme Ruel refute l'opinion de ceux qui prennent la *Piloselle* pour *l'Eatine*, veu que le lieu où elle croist & sa figure aussi y contredisent. Matthiol en la penultime edition de ses commentaires confesse librement, qu'il n'a point veu de plante qui retire bien à la *vraye Elatine*, toutefois il met le pourtrait d'vne plante veluë, qui a des petites marques sur les fueilles, lesquelles approchent de celles du Liset. En la derniere edition il met le pourtrait de la mesme, qu'il dit luy auoir esté enuoyée de Padouë par Iaques Antoine Cortusus, & dit, quelle a toutes les marques qu'on y sçauroit demander : toutefois il n'en met point la description, ni les vertus.

Les noms. Liu.4. c.36. La forme. Le lieu. Liu.27.ch.9. Liure 11. Sur le chap. 36.du 4. liu. Liu.3.ch 94.

Elatine de Matthiol.

Elatine premiere, de Dodon.

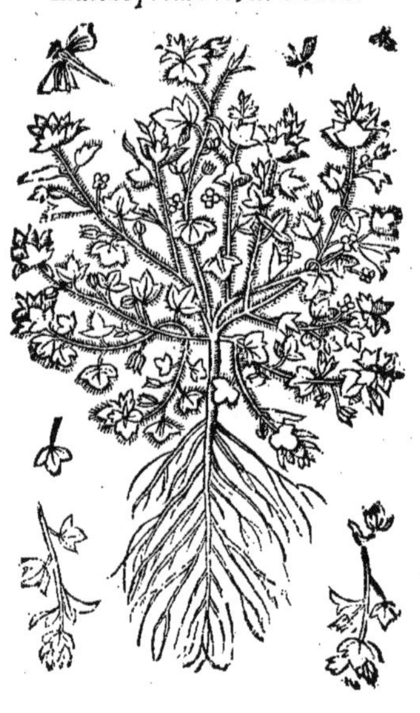

Il y a icy de la doute, si quand Dioscoride compare les fueilles de *l'Elatine* à celles de *l'Helxine*, il faut entendre de celles de *l'Helxine Cissampelos*, ou soit du Liset ; ou vrayement de celles de *l'Helxine Parietaire.* Il semble que Serapion ait entendu celles du *Liset*, quand il met *l'Elatine* pour vne espece de petit *Liset*, & dit *l'Elatine* a les fueilles semblables à celles du *Liset.* Le traducteur de Paulus a entendu de la Parietaire : *Elatine*, dit-il, *est vne herbe semblable à la Parietaire.* Toutefois il est vray-semblable que Dioscoride ait traitté & conioint les plantes qui ont quelque semblance ensemble, tellement que traittant de *l'Elatine* apres le Liset, il a comparé leurs fueilles ensemble. Dodon a mis le pourtrait & la description de deux especes *d'Elatine* : dont l'vne, dit-il,

Chap. 41. Liure 7. Liu 1.ch.37. Elatine de Dodon.

dit-il, est appellé par aucũs *Morsus Gallinæ*, & en Allemand *Hunerbisz*: en Flamãd *Hænderbeet*, c'est à dire, *mors de geline*. L'autre est appellée en Allemand *Hunerserb* : en Flamand *Hændererne*, c'est à dire *heritage de Geline*. La premiere fait beaucoup de petites tiges veluës, à mode de celles de l'oreille de souris. Ses fueilles sont à demy rõdes, aspres & veluës, & bien souuẽt sont peu decoupées; au reste elles retirent assez bien à la Morgeline. Ses fleurs sont bleuës ou purpurées, apres lesquelles il vient des petits boutons, dans lesquels est la graine. Fuchse en a mis le pourtrait sous le nom *de Morgeline moyenne*. Lobel l'appelle *Morgeline ayant la fleur comme le petit Lierre*. La *seconde*

La forme.

Elatine seconde, de Dodon.

Elatine Polyschides, de Dalechamp.

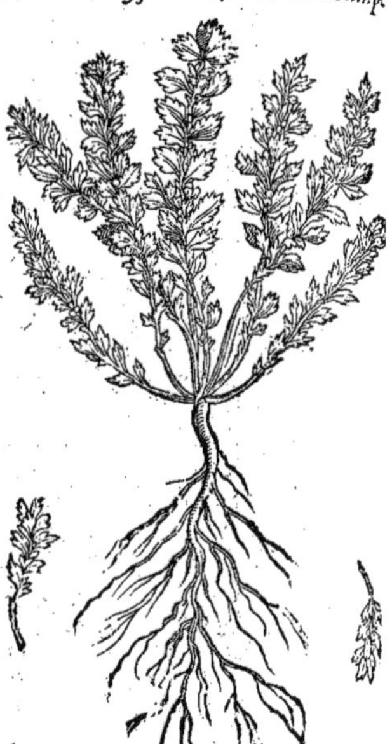

Veronica femelle, de Fuchse.

Elatine fait les tiges semblables à la precedente; mais ses fueilles sont plus longues, plus estroites, & dentelées tout à l'entour. Ses fleurs sont bleuës. Sa graine vient en des gousettes qui sõt deux à deux. Sa racine est cheuelue. L'vne & l'autre Elatine s'aime és lieux ombrageux & nõ cultiuez, & le long, des chemins & des possessions. Elles fleurissent en May & en Iuin. Aucuns d'entre les modernes bien exercez en la cognoissance des Simples, prennent pour la *vraye Elatine* des anciens, la plante que les Allemans, & Fuchse entre autres, appellent *Veronica femelle*, d'autant qu'elle a la mesme figure & vertu que *l'Elatine*, & est singuliere pour guerir les playes, tant sanglantes, que vieilles, & les vlceres, & mesmes la rongne, & toutes autres maladies de la peau, de laquelle nous auons traitté entre les plantes marescageuses au chap. 45. Et asseurent que pas vne de celles que Dodon propose n'est *l'Elatine*; d'autant que la premiere est bien differente en figure auec le Liset: la derniere n'a pas les fueilles veluës, ni semblables à celles du Liset: & que la plante de laquelle il a mis le pourtrait pour la *seconde oreille de souris*, (de laquelle nous traitterons en ce mesme liure) meriteroit encor mieux d'estre prinse pour *l'Elatine* que celles là. Au reste la plante qui est icy peinte semble estre de mesme espece que celles que Dodon met pour *Elatine*, toutefois elle a les fueilles plus grandes, auec plus de decoupeures & plus grandes, dont elle a prins son surnom; & en plus grand nombre à l'entour

Le lieu.
Le temps.

tour des tiges. Elle croist és lieux secs & sablonneux. Il y a aussi des Herboristes qui prennent pour *Elatine* vne autre herbe qu'ils surnomment *Triphyllos*, laquelle s'aime és lieux maigres & sablonneux. Et a la racine graile, de la longueur de quatre doigts, blancheastre & mediocrement cheuelüe : les fueilles petites, qui sont trois à trois ensemble, comme celles du Lotus, à raison dequoy ils l'ont surnommée *Tryphillon*. Sa fleur est petite & bleuë, semée le long des branches. Sa graine est menuë, & vient en des gouffettes, qui sont deux à deux, comme celles de l'Elatine. Tragus prend pour *Elatine* vne petite plante branchue qui retire assez bien au Senesson, & croist Liu. 1. ch. 64.

Elatine Triphyllos, de Dalechamp.

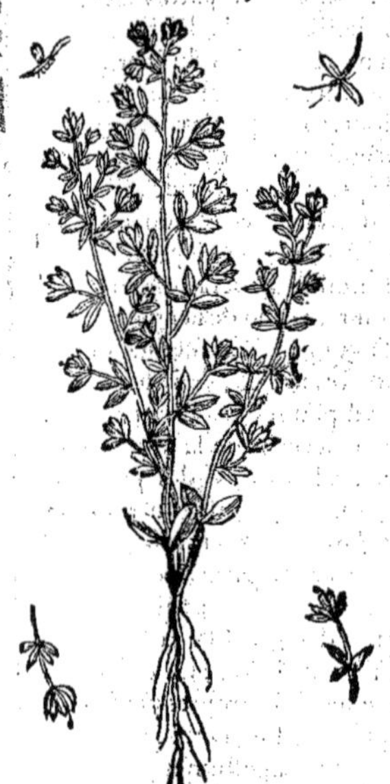

Elatine de Tragus, petit Glauteron des Paisans.

és terres à froment. Ses fueilles ne sont pas du tout rondes, mais elles sont moindres, que celles du cresson, semblables à celles de la petite Parietaire, aspres, tellement qu'elles s'attachent aisément aux vestemens, cottonées, bleuës, à mode de celles de l'herbe aux Perles. Ses fleurs sont petites, bleuës, apres lesquelles il y vient des petits boutons aspres comme ceux du Glouteron, qui s'agraffent aux vestemens, de la grosseur d'vn grain de Coriandre, qui luy seruent de graine. À raison dequoy les Allemans l'appellent *Klettenkraut*, c'est à dire *herbe à gloteron*. Au reste Dioscoride dit, que les fueilles de *l'Elatine* appliquées en liniment auec griotte seche sont singulieres à l'inflammation, & aux defluxions des yeux. L'herbe cuite & prinse en breuuage guerit la dysenterie. Pline dit tout de mesme. *L'Elatine* est aspre au goust, aussi est elle propre aux defluxions des yeux, en broyant ses fueilles auec griotte seche, & les appliquant dessus enuelopées entre deux linges. Cuite auec graine de Lin, & prinse en breuuage, elle guerit la dysenterie. Or Galien rend en peu de paroles la raison de ces effets, disant, *que l'Elatine est mediocrement froide & stringeante.*

Au mes. lieu. *Les vertus.* — Liu. 27. ch. 9. — Liu. 6. des simpl.

De la Parietaire, CHAP. XIV.

CESTE herbe est appellée en Grec ἑλξίνη, & περδίκιον : en Latin *Helxine, Perdicion, Vrceolaris, herba muralis*. Celse la nomme *Parthenion* : d'autres *Sideritis*, ou *Heraclea* : les Apothicaires *Parietaria* : en François, *Parietaire*, & *Paritoire* : en Italien *Parietaria*, & *Vitriola* : en Espagnol *Yerua del muro* : en Allemand *Tagvndnacht, Glaszkraut*. Elle est nommée *Helxine*, pource que ses fueilles sont aspres & veluës, comme aussi sa graine, & s'attachent aux vestemens des passans : *Perdicion*, pource que les Perdris la mangent volontiers : *Vrceolaris*, pource qu'elle est propre pour nettoyer les verres : *Muralis*, & *Parietaria*, pource qu'elle croist volontiers dessus les murailles. Or qu'elle soit appellée *Parthenion*, il appert par le tesmoignage mesmes de Pline, & de Galien, qui disent que Celse l'a ainsi nommée. Toutefois il faut noter, que Pline a esté trompé en ce nom, qui appartient à deux plantes, lesquelles il conioint

Les noms. Liu. 2. c. 33.

[Liu. :.c 138] enſemble, encor qu'elles ſoient bien differentes, à ſçauoir le *Parthenion* de Dioſcoride, & ceſte no- [Liu 21.c.30] ſtre Parietaire. Car alleguant le teſmoignage de Celſe, il dit ainſi: *Aucuns appellent le Parthenion, Leucanthemon, & d'autres Amaracon. Entre nos autheurs Latins, Celſus l'appelle Perdicion, & Muraliũ.* Ce qui doit eſtre entendu du *Parthenion* de Dioſcoride: car Celſe appelle bien *herba muralis, Perdicion, & Parthenion* vne meſme Plante; toutefois ce n'eſt pas celle de laquelle Pline traitte en ce paſſa- [Liu.4.c.81. Liu.22.c.17.] ge, & Dioſcoride au troiſieſme liure : mais celle de laquelle Dioſcoride parle puis apres, & Pline auſſi, diſant: *Aucuns appellent l'Helxine Perdicion, pource que les Perdris la mangent volontiers: d'autres l'appellent Sideritis, & d'autres Parthenion, &c.* Dioſcoride dit, que la Parietaire fait des tiges menuës [Le lieu.] rougeaſtres; les fueilles ſemblables à celles de la Mercuriale, veluës, & porte le long des tiges [Liu 22.c.17.] comme des petites graines aſpres, qui s'attachent aux veſtemens. Elle croiſt parmy les hayes, & ſur les murailles. Pline dit, que les fueilles de la Parietaire retirent en partie à celles du Plantain, & en partie à celles du Marrube. Elle fait beaucoup de tiges, vn peu rougeaſtres. Sa graine vient en des petits boutons comme ceux du Glouteron, qui s'attachent aux veſtemens, dont auſſi on dit qu'elle a eſté appellée *Helxine*. Tout cela s'accorde fort bien auec la deſcription de Dioſcoride, ſi ce n'eſt ce qu'il compare les fueilles à celles du Marrube, & non de la Mercuriale comme Dioſcoride : toutefois il a eſté aiſé de prendre vn mot pour l'autre. Ceſte *Helxine* donc eſt noſtre Parietaire, qui eſt fort en vſage, & cogneuë à tout le monde, tant à raiſon de ſa figure, & du lieu où elle croiſt, qu'auſſi pource que ſa graine & ſes fueilles s'attachent aux veſtemens. Car c'eſt vne plante branchue, de la hauteur d'vne coudée, qui fait des tiges menuës, vn peu rougeaſtres, tendres, pleines de ſuc, & a les fueilles ſemblables à celles de la Mercuriale, ou du Paſſeuelours, veluës, & ſans denteleures: & des petites fleurs menues, paſles, ou purpurées : la graine fort petite, noire, encloſe en vne couuerte aſpre, qui s'attache aux veſtemens des paſſans. Sa racine eſt rougeaſtre & cheuelue. Elle croiſt parmy les hayes, mu- [Le temps.] railles, mazures, & aux vignes. Meſmes eſtant vne fois plantée dans les iardins on ne s'en peut puis apres defaire. Elle fleurit en Iuillet. [Liu 4.c.81. Les vertus.] Au reſte Dioſcoride dit, que les fueilles de la Parietaire ſont froides & aſtringeantes; à raiſon dequoy elles ſont propres pour guerir le feu Sainct-Anthoine eſtant appliquées deſſus, comme auſſi les creuaſſes du fondement, les bruſleures, & les apoſtumes plattes des aines qui commencent à venir, & toute ſorte d'inflammation & d'enfleure. Son ſuc incorporé auec de la Ceruſe & appliqué en liniment guerit les ereſipeles & dertres, ou vlceres corroſifs. Auec du cerot Cyprin, ou graiſſe de bouc il guerit les gouttes. Son ſuc prins à la meſure d'vn cyathe, guerit la vieille toux. Il eſt ſingulier contre l'inflammation des glandes du col, ſi on s'en gargariſe, & qu'on l'applique en liniment. Il ſert à la douleur des oreilles, ſi on le diſtile dedans auec huile ro- [Liu.22.c.17.] ſat. *On fait*, dit Pline, *de la teinture pour teindre la laine de la Parietaire. On s'en ſert à guerir le feu Sainct-Anthoine, & toutes tumeurs, apoſtumes & bruſleures. Son ſuc incorporé en Ceruſe eſt ſingulier pour guerir le feu Sainct Anthoine: les vlceres corroſifs, & le gouëttre qui cõmence à venir:* aux cõmuns exemplaires ces mots *les tumeurs & apoſtumes y ſont mal repetez de la clauſule precedente.) Prins à la quãtité d'vn cyathe il guerit la vieille toux, & toutes les enfleures de la bouche, comme auſſi l'inflãmatiõ des glandes du col. Auec huile roſat il guerit la douleur des oreilles,* (aux communs exemplaires il y a, *varices cum roſaceo*, en quoy il n'y a point de ſens: car la *Parietaire* auec de l'huile roſat ne ſert de rien aux varices, & meſmes Dioſcoride & Galien n'ont point parlé d'vne telle proprieté. Au vieil exem- [Corn.embl. 74.liu.4.] plaire il y a, *arietes*, en quoy il y a auſſi de la faute. A raiſon dequoy Cornarius a corrigé ce paſſage cõme deſſus ſuyuant ce que Dioſcoride eſcrit, *que la Parietaire guerit la douleur des oreilles, ſi on diſtile ſon ſuc dedans auec de l'huile roſat. Incorporé en ſuif de cheure* (Dioſcoride dit *ſuif de bouc*) *il ſert grandement aux gouttes en y adiouſtant de cire de Cypre.* Pline dit à ſon accouſtumée *la cire*, au lieu de [Liure 6. des ſimpl.] *cerot Cyprin.* Galien dit, que la *Parietaire* qui eſt autrement nommée *Perdicion*, ou *Parthenion*, ou *Sideritis*, ou *Heraclea*, eſt deterſiue & vn peu aſtringeante, auec quelque peu d'humidité froide. A raiſon dequoy elle eſt propre pour guerir toutes inflammations, dés qu'elles commencent à venir iuſques à ce qu'elles ne croiſſent plus, principalement celles qui ſont chaudes. Meſme elle eſt propre pour appliquer à mode de cataplaſme ſur les apoſtumes plattes qui commencent à venir. Son ſuc par meſme moyen eſt aſſez propre pour les douleurs des oreilles procedans d'inflammation. Aucuns ordonnent de s'en gargariſer contre l'inflammation des glandes du col; meſmes il [Liure 1.] y a des Medecins qui l'ordonnent contre la vieille toux. On ſe peut bien apperceuoir comme elle eſt deterſiue, pource qu'on s'en ſert à nettoyer les verres. Aëce dit, que ſi l'on frotte ſouuent de

Paritaiere.

l'herbe de la *Parietaire* les places d'où le poil est tombé, cela le fera reuenir. Elle est bonne pour ouurir les hemorrhoides, & pour guerir les fistules broyée auec vn peu de sel, & appliquée à mode de cataplasme. En quoy il appert que plusieurs vsent mal à propos de la Parietaire, en vsans aux fomentations des maladies froides, veu qu'elle est froide & astringeante. Au surplus pource qu'elle est detersiue, (car de fait elle a vn goust nitreux, comme celuy des Blettes, & sa superficie aussi est detersiue:) elle pourra seruir à ceux qui sont sujets à la grauelle, & contre la difficulté d'vrine : car Matthiol dit, que son suc prins au poids de trois onces, prouoque merueilleusement bien l'vrine supprimée. L'herbe chauffée sur vne tuile & arrousée auec de la maluoisie, puis appliquée sur le penil, est singuliere à la grauelle, & à la difficulté d'vrine: *Sur tout*, dit Fuchse, *si on y adiouste quelque autre chose qui soit plus detersiue.* Ainsi aussi Aëce dit, qu'elle ouure les hemorroides, si on la broye auec du sel, qui est aussi detersif, & qu'on l'applique dessus. On s'en sert fort auiourd'huy és clysteres pour la douleur du ventre, & de la matrice, & pour les baings detersifs. Elle est aussi singuliere pour guerir les playes fresches: car si l'on prend de ceste herbe, & que l'ayant broyée à demy on l'applique sur la playe, puis qu'on l'oste au bout de trois iours, il ne faudra point vser d'autre medecine. Son suc guerit la douleur des dents, si on le tient longuement en la bouche; l'eau distilée d'icelle nettoye la peau du visage, & luy fait auoir bon lustre.

Le temperament.

Sur le chap. 81. liu. 4.

De l'Ortie, *CHAP. XV*

L'Ortie est appellée en Grec ἀκαλύφη, & κνίδη: en Latin *Vrtica*: en Arabe *Huniure*, *Vraithlatum*, *Angiara*: en Italien *Ortica*: en Espagnol *Ortiga*: en Allemand *Nessel*. Les Apothicaires vsent du nom Latin. Athenée dit: *Elle est appellée Acalyphe par vne antiphrase: car elle n'est ny douce ny molle au toucher: mais aspre & mal plaisante: ou bien pource qu'il ne la fait pas bon toucher; d'autãt qu'elle cause demangeaison.* Elle est aussi appellée *Cnide*, pource qu'elle pique: car ce mot vient du verbe κνίζειν, qui signifie *pinser*, & *piquer*. *Vrtica* du verbe *vro*, qui signifie *brusler*, pource qu'elle fait demanger, & venir des vessies comme celles qui viennent par brusleure du feu. Dioscoride establit deux especes *d'Ortie*; l'vne qui est la plus sauuage, & la plus aspre, qui a les fueilles plus aspres & plus noires, & la graine semblable à celle du Lin, excepté qu'elle est moindre: l'autre n'est pas si aspre, & la graine menuë. Pline en met bien dauantage: *Entre toutes ces herbes*, dit-il, *il n'y en a point de plus cogneuë que l'Ortie, laquelle fait les fleurs à mode de boëtes, dont il sort vne bourre purpurine. Elle passe quelquefois deux coudées de haut. Il s'en treuue de plusieurs sortes. La sauuage qu'on prend pour la femelle, est moins piquante que les autres: mais l'autre Ortie sauuage, dite Cania* (Cornarius lit *Canina*) *a la tige & les fueilles plus mordantes que les autres, & les fueilles comme remplissées: mais l'Ortie odorante est appellée Herculanea. Toutes portent à force graine noire.* Or c'est grand cas que sãs auoir pointes ny espines, le cotton de ceste herbe est si piquant, qu'à le toucher tant soit peu, il cause demangeaison à la chair, mesmes fait vessier la peau, comme feroit vne brusleure. A quoy l'huile sert de remede comme chascun sçait. Toutefois *l'Ortie* n'est pas piquante du commencement; mais seulement apres qu'elle a esté eschauffée par le Soleil. Au printemps quand elle commence à venir, elle n'est pas mauuaise à manger, mesmes plusieurs en mangent par superstition, estimans qu'elle fait cuiter plusieurs maladies qui pourroient venir toute ceste année là. La racine des *Orties sauuages* cuite auec la chair, la rend plus tendre. Or les modernes en adioustent encor d'autres especes, desquelles il faudra traitter l'vne apres l'autre. La premiere espece *d'Ortie* de Dioscoride, est celle qui est appellée *sauuage*, *masle*, *& Romaine*, non pas qu'elle croisse particulierement à Rome: car elle croist communement par tous les pais chauds, comme en Espagne, Languedoc, & Italie: mais à cause que sa graine est de plus grande efficace. Elle a les tiges rondes, creuses, tortuës, aspres & veluës; les fueilles longues, aspres, qui piquent & bruslent, & ont les decoupeures plus grandes que celles des autres especes, entre lesquelles & la tige il y a des petites pelottes veluës, attachées à des petites queuës, faites à mode d'vn herisson, pleines d'vne graine brune, & platte, glissante, semblable à celle du Lin, sinon qu'elle est plus ronde & moindre. Elle ne croist pas volontiers és païs Septentrionaux, sinon que les Herboristes la sement dans leurs iardins. La seconde *Ortie* est la

Les noms.

Liure 3. des deipnosop.

Les especes. *Liu. 4. c. 89.*

Liu. 21. c. 15.

Emblem. 79. liu. 4.

La forme.

Ortie seconde.

Ortie premiere, de Matthiol.

Ortie ſeconde de Matthiol.

Ortie troiſieſme de Matthiol.

commune, & *la femelle*, ou *Ortie grande* Elle eſt ſemblable à la precedente en grandeur, & aſpreté, meſmes elle eſt quelquefois plus grande, & a les fueilles veluës, qui font cuire quand elles piquent, comme ſi on s'eſtoit bruſlé, plus noires, & quelquefois rougeaſtres, & n'ont pas les decoupeures ſi grandes. Sa graine vient en des petits filets à mode de grappe de raiſin, qui pendent contre bas, & retire au Millet; toutesfois elle eſt moindre, & rouſſeaſtre. Sa racine eſt longue, graile, iaune, rampant çà & là de tous coſtez. Elle n'eſt que trop commune & facheuſe par toute l'Europe. Quand à la troiſieſme eſpece, c'eſt la plus petite. Et celle que Pline appelle *Canina*, elle eſt la

Ortie Herculea, de Tragus.

Ortie Oligophyllos.

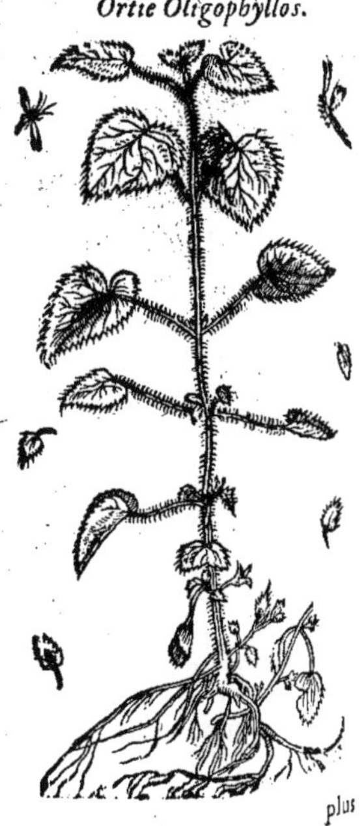

plus

lus piquante, quasi toute semblable à la grande commune ; toutefois elle a ses fueilles moindres, plus vertes, & la tige plus courte, ronde & veluë, & est plus piquante. Sa graine est assez grosse, racine est courte. Il y a vne autre espece *d'Ortie* fort belle, laquelle croist parmy les forests & buissons, & a les fueilles & la tige comme *l'Ortie* commune, qui ont vne odeur forte ; mais assez plaisante, comme la Melisse. Ses tiges sont garnies de fleurs purpurines iusques à la cime, comme celde l'Aspic, ou du Basilic. Sa graine vient aussi en des gousses, & est ronde, noire, plus menuë e celles des raues, retirant du tout à celle du Basilic. Tragus estime que c'est l'Ortie que Pline aplle *Herculea*. Le mesme Tragus met au nombre des grandes *Orties* qui piquent comme feu, celle i est à bon droit appellée *Oligophyllos*, pource qu'elle fait fort peu de fueilles. Elle a les racines lones, entortillées, & repliées, rampantes par dedans terre, & iaunes comme saffran. Elle produit tous ans au commencement du printemps des nouueaux bourgeons, desquels il sort quelquefois ne mesme racine cinq ou six tiges, & quelquefois plus ou moins, fort aspres, bourruës, & quars, dont les vnes sont garnies de fueilles tres-aspres & de couleur baye, & les autres ont les fueilles s noires, & dentelées tout à l'entour à mode de scie. Sa graine vient entre les fueilles attachée à rtains filaments droits. Icelle estant meure enuiron l'automne, & froyée, est blanche, & approe de la figure du Millet, combien qu'elle soit plus petite. Cette *Ortie* est extremement piquante, croist de soy-mesme par tout en grande abondance, donnant beaucoup d'ennuy aux laboureurs, mme aussi toutes les autres. Au reste pour vne incommodité que les Orties ont, elles ont en ompense beaucoup de proprietez. Dioscoride dit, que les fueilles des *Orties* appliquées auec du guerissent les morsures des chiens, les gangrenes, les chancres, & les vlceres sales & malins; aussi les dislocations, les foroncles, les oreillons, & les apostumes plattes des aines, & toutes tres apostumes. Appliquées auec du Cerot, elles sont propres à ceux qui ont la ratte interessée. s fueilles broyées & mises dans le nez sans espreindre le suc, estanchent le sang qui en coule. oyées auec myrrhe, & appliquées en pessaires, elles prouoquent les mois. Les fueilles vertes pliquées font retourner la matrice en sa place, qui seroit tombée. La graine prinse auec du vin it eschauffe la personne à luxure, & desopile la matrice. Reduite en looch auec du miel, elle est guliere pour ceux qui ne peuuent souffler sans tenir la teste droite, & à la pleuresie, & inflamman des poulmons. Elle fait cracher ce qui est de mauuais en la poitrine. On la mesle aussi parmy les edicamens corrosifs. Les fueilles cuites auec des huitres seruent à lasche les ventre, prouoquent rine, & resoluent les ventositez. Cuites auec de l'orge mondé, elles font cracher ce qui est en la itrine. La decoction de fueilles auec vn peu de Myrrhe prouoque les mois. *Son suc sert à reprimer nflammation de la luette, si on s'en gargarise*: car c'est ainsi qu'il faut traduire le texte de Dioscode, & non comme Ruel, *il presse la luette qui est enflammée.* Car *reprimer* signifie repousser les meurs qui tombent sur la luette, & les faire retourner d'où elles viennent ; ce qui est necessaire iand cette partie là est surprise d'inflammation ; mais au contraire *exprimer*, signifie presser pour ire sortir hors, ce qui est dangereux en toute sorte d'inflammation. Pline declare les proprietez *l'Ortie* du tout suyuant l'intention de Dioscoride ; mais il en traitte plus au long, tellement u'il esclaircit bien ce que Dioscoride ; en a escrit : *Il n'y a chose, dit-il, plus fascheuse que l'Ortie, & ntesfois elle a vne infinité de proprietez, sans parler de l'huile qu'on en fait en Egypte, comme il a esté t cy dessus.* Nicander dit que sa graine est bonne contre le poison de la Ciguë, ou des Champions, ou du Vif-argent. Apollodorus tient qu'estant bouïllie au bouïllon d'vne tortue, elle est nne contre le venin des Salamandres, comme aussi à ceux qui auroient prins du Iusquiae, & contre le venin des serpens, & de scorpions. Enoutre la mordacité & amertume qui est n *l'Ortie* fait releuer la luette baissée, & la matrice relaschée, & le fondement quand il tombe aux etits enfans en les en touchant seulement. Si on en touche les iambes, & principalement le front es lethargiques, cela les fait incontinent resueiller. Appliquée auec sel, elle est bonne aux morsus des chiens. Broyée & mise dans le nez, elle estanche le sang qui en coule, & principalement sa cine. Appliquée auec sel, elle mondifie les chancres & vlceres sales, & est fort bonne aux dislocaons, aux apostumes plattes & rouges ; aux oreillons, & quand la chair se separe des os. Sa graine rinse en breuuage en vin cuit sert à desopiler la matrice qui estouffe la femme. Mise dans le nez, elle estanche le sang qui en coule. Prinse apres souper en eau miellée au poids de deux oboles, elle ait vomir aisément. Prinse en vin au poids d'vn obole, elle remet en vigueur ceux qui sont las & recreus. Rostie & prinse au poids d'vn acetabule, elle est singuliere aux defectuositez de l'amarri. La beuuant auec vin cuit, elle chasse toutes ventositez de l'estomach. Reduite en looch auec du miel, elle est propre à ceux qui ne peuuent auoir leur souffle sans tenir la teste droite, & purge la poitrine. Auec graine de Lin, elle guerit les douleurs de costé : aucuns y adioustent de l'hyssope, & vn peu de poyure. Appliquée en liniment, elle sert à la ratte. Rostie & mangée, elle lasche le ventre à ceux qui l'ont trop dur. Hippocrate dit, qu'elle purge la matrice, si on la prend en breuuage. Rostie & prinse en vin doux au poids d'vn acetable, elle guerit les douleurs de l'amarry, comme aussi estant appliquée auec ius de Mauue. Prinse en eau miellée auec du sel, elle chasse la vermine du ventre. Appliquée en liniment elle fait reuenir le poil qui seroit tombé. Plusieurs s'en seruent

Ortie Herculea.
La forme.
Liu. 1. ch. 1.
Ortie Oligophyllos.
La forme.
Liu. 1. ch. 89.
Les vertus.
And. Lacun.
Liu. 22. c. 13.

aux gouttes tant des pieds que des mains, l'appliquant auec huile vieil, ou bien les fueilles broyées & incorporées auec graisse d'Ours. Autant en fait sa racine pilée & appliquée auec vinaigre : laquelle est aussi propre à la ratte. Cuite en vin & incorporée en vieil oingt salé elle est singuliere pour resoudre les apostumes plattes ; la racine seche sert de depilatoire. Phanias Physicien a fait vn traitté expres des louanges de *l'Ortie*, & dit qu'elle est fort bonne à manger estant cuite ou confite pour les maladies du gosier, à la toux, aux defluxions du ventre, aux douleurs de l'estomac, aux apostumes plattes & rouges, aux oreillons, & aux mules des talons. Cuite en huile elle fait suer. Auec des moules ou autres poissons à escailles elle lasche le ventre. Auec de l'orge mondé elle purge la poitrine, & prouoque les menstrues. Appliquée auec sel elle reprime les vlceres corrosifs. Son suc sert aussi en medecine : car s'en frottant le front il estanche le sang du nez ; prins en breuuage il prouoque l'vrine, & rompt la pierre. Gargarizé il garde la luette de tomber. Il faut amasser la graine au temps des moissons. Celle d'Alexandrie est estimée la meilleure. Au reste tant plus les *Orties* sont tendres, & moins piquantes, elles font tant plus d'operation en ce que dessus, & specialement *l'Ortie sauuage*, laquelle estant prinse en vin a cela de particulier qu'elle guerit la gratelle du visage. Si vne beste à quatre pieds ne veut endurer le masle il luy faut frotter sa nature auec *d'Orties*. Galien traitte plus clairement des effets & proprietez des *Orties* parlant d'icelles en general, & les comprennant sous vne espece. La graine & les fueilles de *l'Ortie*, dont on se sert le plus sont fort resolutiues : tellement qu'elles guerissent mesmes les apostumes larges & les oreillons. Mais elles ont aussi ie ne sçay quoy de flatueux, à raison dequoy elles eschauffent la personne à l'amour, principalement si on les prend en breuuage auec du vin cuit. Or il appert que *l'Ortie* n'est pas fort chaude ; mais bien de parties fort subtiles, en ce qu'elle fait cracher les humeurs grosses & visqueuses qui sont en la poitrine : & fait demanger les parties qu'elle touche. Or elle acquiert la ventosité que nous auons dit qu'elle a en cuisant : car elle n'est pas actuellement venteuse ; mais seulement de puissance. Elle lasche mediocrement le ventre, d'autant qu'elle est detersiue, & qu'elle chatouille : car autrement elle n'est pas purgatiue. Elle est propre à guerir les gangrenes & les chancres, & est en somme propre par tout là où il faut dessecher sans mordication, d'autant qu'elle est de parties subtiles & d'vne temperature seche, laquelle toutefois n'a pas tant de chaleur qu'elle la puisse rendre mordicatiue.

Liure 6. des simpl.

L'Ortie morte. CHAP. XVI.

Les noms: Liu. 21. c. 15. & liu. 22. ch. 14.

ON tient que *l'Ortie morte*, qui est cōmunement appellée *Archāgelica*, est le *Lamium* de Pline : car apres auoir traitté de *l'Ortie*, il adiouste que celle qui ne pique point est appellée *Lamium*. En François *Ortie morte* : en Allemād *Todinessel*, ou *Taubnessel*. On l'appelle *morte*, pource que ses fueilles ne sōt pas poignātes ; *Archāgelica*, pour ses rares vertus ; *Lamium*, peut estre à cause de la figure de ses fleurs qui sont faites comme vne masque. Les Italiēs l'appellēt *Milzatella*, & *herba della Milza*, pource qu'elle est fort souueraine cōtre l'opilation, & durté de la ratte, qu'ils appellent *Milza*. Il s'en treuue de deux sortes differentes pour raison de la fleur : car l'vne fait la fleur blanche, & l'autre la fait iaune. Il y a encor vn autre sorte *d'Ortie morte*, de laquelle nous traitterons cy apres. Or le *Lamium*, ou *Ortie morte à la fleur blanche* a les fueilles semblables à celles de *l'Ortie grieche*, frangées, & plus blanches, couuertes d'vn cotton qui n'est point piquant, & fait la tige quarrée. Ses fleurs sont plus longues & plus grandes, à mode de celles des feues, blācheastres ou blaffardes, enuironnans la tige entre deux des fueilles faites à mode de capuchons, ou morrions ouuerts, & qui ne sentent pas mauuais. Sa racine est cheuelue. Elle croist par tout parmy les hayes & le long des sentiers. Lobel la prend pour la *Galeopsis* de Matthiol, dont le pourtrait est mis au chapitre suyuant. Quant au *Lamium* ou *Ortie morte iaune*, il semble qu'elle soit en tout & par tout semblable à la precedente, excepté qu'elle a la tige plus grande auec plus grand nombre de fueilles, & plus velues. Sa fleur est iaune & belle, assez semblable à la precedente. Elle croist volontiers parmy les bois & lieux ombrageux.

Les especes.

La forme.

Le lieu.

eux. Dalechamp tient que c'est la *Galiopsis iaune*, dont le pourtrait est mis au chapitre suyuant. Elles fleurissent principalement au mois de May, & quasi tout du long de l'esté. Le *Lamium* est chaud & sec, comme les autres especes *d'Ortie* ; ce qui s'apperçoit au goust, & par ses facultez. Pline apres auoir declaré au long les vertus des *Orties*, adiouste puis apres : *Quant à celle que nous auons appellée cy dessus Lamium, elle est fort douce à manier : car ses fueilles ne piquent aucunement. Appliquée auec vn grain de sel elle est bonne aux meurtrisseures, aux contusions, brusleures & aux escrouelles, tumeurs & gouttes, & à souder les playes. Le blanc qu'elle a au milieu de sa fueille, est fort propre au feu sainct-Anthoine.* Il y a des auteurs Latins, qui ont distingué les especes des *Orties* selon les saisons de l'année, disans, que la racine des *Orties* qui viennent en automne, est fort propre aux fieures tierces : mais en la tirant il faut specifier le nom de celuy pour qui c'est, l'espece de la fieure, & le pere du malade ; & qu'elle sert aussi à la quarte en la mesme maniere. Il disent aussi que la racine *d'Ortie* appliquée auec sel attire les eschardes qui sont dans le corps, & que les fueilles incorporées en oingt resoluent les escrouëlles. Et si d'auanture elles ont apostumé, cela les ronge & incarne. Les modernes vsent de *l'Ortie morte* pour estancher le sang qui coule du nez, l'appliquans sur le bas du col, ou entre les deux espaules, & tiennent que cela diuertit la fluxion du sang, qui autrement s'en va au nez. On dit aussi qu'elle est fort singuliere aux vlceres, & pourritures, & aux fistules : & que l'vne & l'autre sont semblables en vertus, toutefois que la *iaune* est plus singuliere pour les playes, vlceres & tumeurs.

Le temperament.

Liu. 22. c. 14. Les vertus.

De l'Ortie puante, CHAP. XVII.

L'Ortie *puante* est appellée en Grec γαλίοψις, ou γαλήοψις, & γαλεόβδολον : en Latin *Galiopsis*, ou *Galeopsis*, *Vrtica labeo*, *Vrtica fœtida*. Elle est appellée *Galiopsis* en Grec s'il s'escrit par vn iota, à raison de la figure de ses fleurs qui sont faites à mode d'vn heaume. Mais pource que les Grecs principalement les anciens n'auoient pas de coustume de composer les noms Latins auec les Grecs, il vaudra mieux escrire *Galeopsis* par vn ita η ; comme aussi il se treuue escrit en plusieurs exemplaires, mesmes Pline le monstre clairement, quand il appelle cette plante *Galeopsis* ; & sera ainsi appellée, à cause que ses fleurs sont faites comme le museau d'vne Belette. Ce que le nom aussi de γαλεόβδολον semble monstrer, qui signifie autant comme *Belette puante* par le moyen duquel aussi l'on est venu à la cognoissance de la plante ; d'autant que c'est vne marque tres certaine de *l'Ortie puante*. Car Dioscoride dit, que la *Galeopsis*, qu'aucuns ont appellé *Galeobdolon*, ou *Ortie puante*, est vne plante qui retire quant à la tige & aux fueilles, à *l'Ortie commune* : toutefois ses fueilles sont plus lisses & sentent mal quand on les broye. Ses fleurs sont petites & purpurées. Elle croist parmy les hayes, le long des chemins, & par tout és basses cours des maisons. Pline en parle de telle façon qu'il semble qu'il ait tout prins de Dioscoride ce qu'il en dit : *Touchant la Galeopsis, qu'aucuns appellent Galeobdolon, ou Galion, elle a les tiges & les fueilles semblables à l'Ortie, plus molles, & qui sentent mal quand on les broye. Sa fleur est purpurine. Elle croist le long des hayes & des sentiers par tout.* Ainsi aussi *l'Ortie puante* resemble à *l'Ortie*, ou au Marrube noir, quant aux fueilles & aux tiges. Ses fleurs sont purpurines, petites, faites à mode d'vn petit chapeau long, quasi comme le groin d'vne Belette. Elle croist aussi le long des hayes, & des chemins, & sur les masures. Lobel en met le pourtrait, & l'appelle *Galeopsis*, & *Vrtica non mordax*, *Lamium* de l'Anguillara, *Galeopsis purpurée*, *Heraclea* de Pline, selon Tragus, combien qu'il semble qu'elle soit du tout differente auec *l'Heraclea* de Tragus. Quant à celle que les Herboristes, comme Matthiol, & Lacuna appellent faussement *Galeopsis*, c'est le *Lamium*, ou *Archangelica à la fleur blanche*, suyuant l'opinion de Lobel, de laquelle il a esté traitté au chapitre precedent. Quant à la *Scrophulaire grande*, que Fuchse & Dodon prennent pour la *Galiopsis*, elle ne retire pas bien à *l'Ortie*, & moins ne sent pas mal. Elle croist és lieux humides & bourbeux, parmy les bois, & bien loin des maisons. Elle a la racine grande, blanche, & pleine de glandes, qui est vne marque si remarquable, qu'il n'est pas vray semblable que Dioscoride l'eust obmise. Qui plus est les fueilles de la *Galiopsis*, comme aussi ses tiges, son suc & sa graine, sont singulieres pour resoudre les durtez, les chancres, les escrouëlles, les orillons, & les apostumes plattes. Or il la faut appliquer auec vinaigre, & la renouueller deux fois le iour, la reduisant

Les noms.

Liu. 4 ch. 90. La forme.

Le lieu.

Liu. 27. ch. 9

Galeopsis de Lobel.

Les vertus.

Ortie puante : Galiopsis de Matthiol.

Galeopsis purpurine, de Lobel.

Galeopsis iaune, de Dalechamp.

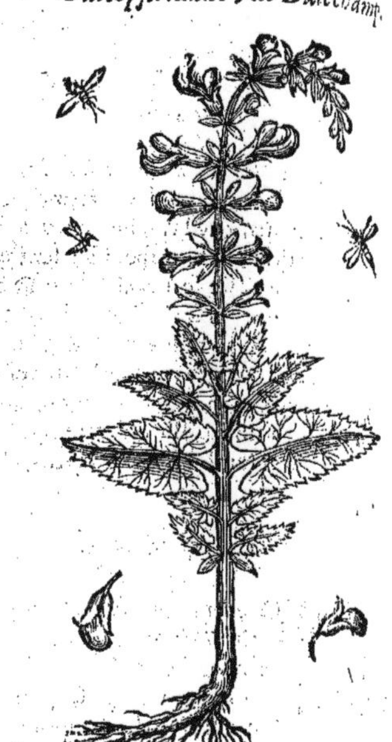

reduisant en forme de cataplasme qui soit tiede. Mesmes il est bon de fomenter lesdits lieux de sa decoction. Elle est aussi propre aux vlceres chancreux, & corrosifs, aux gangrenes, & autres telles putrefactions, estant appliquée auec sel : ce qui a esté espreuué non seulement par les anciens Medecins ; mais aussi par des modernes doctes & sçauans personnages, qui en ont escrit, l'appellans
Liu.17.ch.9. *Ortie morte*, & *puante*, pour la distinguer d'auec le *Lamium*, auquel elle retire fort. Pline en parle tellement qu'il semble auoir tout descrit de Dioscoride : *Les fueilles & les tiges broyées auec du vinaigre, & appliquées, guerissent les durtez & les chancres, & sont propres pour resoudre les escroüelles,*
Galeopsis iaune. *les apostumes plattes, & les orillons. On se sert aussi de sa decoction en fomentation. Elle guerit aussi les*
Le lieu. *pourritures & les gangrenes, estant appliquée auec du sel.* Or il ne faut pas oublier de mettre icy la *Galeopsis iaune*, de laquelle Dalechamp a mis le pourtrait & la description. Elle croist, dit il, sur les plus aspres montagnes, & a la racine cheuelüe, noirastre, qui ne sert à rien, & beaucoup de tiges faites à angles ; de la hauteur d'vne coudée. Ses fueilles retirent à celles des Orties, & sont grandes, toutefois celles qui sont au bas de la tige, sont moindres au prix de celles du milieu, qui sont plus larges, & ont vne mauuaise odeur, & ne sont point aspres au toucher, combien qu'elles soient velües. Ses fleurs sortent au haut de la tige par interualles esgaux, & sont iaunes, composées de deux fueilles, dont celle d'embas est recourbée, & fait vn grand ventre ; & celle d'enhaut luy sert comme de couuercle. Au dedans il y a des filets palles, & droits. Apres la fleur vient la graine en des coupettes vertes, ausquelles il semble qu'elle soit comme attachée. Cette plante croist en grande abondance au dessus de la montagne d'Aiguebelle, sur le chemin qui va de Lyon à Chambery. Il croist aussi parmy nos buissons ombrageux vne *Galeopsis* rouge, laquelle retire du tout à la precedente, sinon qu'elle a la fleur rouge. L'vne & l'autre de ces plantes est bien differente d'auec le *Lamium* de Pline, tant celuy qui ne sent rien, comme le puant. Pena & Lobel ont mis vn *Lamium* qui est de mesme espece que le *Lamium*, ou *Archangelica*, & fait la fleur blanche comme il a esté dit au precedent chapitre.

Agripaume, CHAP. XVIII.

Les noms.

Es Simplicistes modernes ont appellé cette herbe *Cardiaca* ne sçachans pas comme elle s'appelloit anciennement, & l'ont ainsi nommée pource qu'elle est singuliere en tous les accidens du cœur. Les François l'appellent *Agripaume*, & *Creneuse*, pource que ses fueilles sont crenées. Les Allemans la nomment *Hertszgspan*, ou *Hertszgsper*. Dodon tient que c'est vne premiere espece
Liu.1 ch.87. Pier.Pen aux Aduers. de *Sideritis*, d'autres la prennent pour vne espece de *Marrube*. Elle fait vne tige
La forme. quarrée, compartie par neuds, & noire ; les fueilles quasi semblables à celles des

Agripaume, Cardiaca de Matthiol.

des orties, plus larges, plus noires, & plus longues, auec plus de denteleures, & plus grandes : sortans des neuds de la tige par certains interualles. Ses fleurs sont purpurées, assez semblables à celles de l'Ortie puante : toutefois elles sont moindres, enuironnans la tige en rond, & sentent aucunement comme celles du Marrube. Sa racine est iaune, tortue, & cheuelüe. *Le lieu.* Elle croist par tout parmy les masures, & le long des hayes. *Le temperament* Or d'autant qu'elle est fort amere, il faut qu'elle soit chaude au second degré, & seche au troisiesme. *Fuchse cha. 148. de l'histoire. Matth. su le cha. 90. du 4. liure.* Les modernes disent & à bon droit, qu'elle est singuliere au battement du cœur, aux spasmes, & paralysies. Il est bon d'en mesler parmy les decoctions que l'on fait pour le cœur : car estant amere elle est propre pour inciser, attenuër, & resoudre par le moyen de sa chaleur & secheresse les grosses humeurs qui sont dans les veines, & autres parties, & principalement és parties nerueuses. Par ce mesme moyen elle est singuliere pour le haut mal. Elle prouoque l'vrine, & les mois, purge le phlegme de la poitrine, guerit les opilations procedans de quelque cause froide, & fait mourir les vers. Reduite en poudre elle est fort souueraine pour les femmes qui sont en trauail d'enfant, si on leur en fait prendre vne cueillerée. Appliquée sur les playes elle les consolide.

De la Chelidoine, *CHAP. XIX.*

Ceste plante s'appelle en Grec χελιδόνιον μέγα : en Latin *Chelidonion maius*, & *Hirundinaria maior* : les Apothicaires la nomment *Chelidonia* : les Arabes *Kauroch*, *Callidunion*, *Chelidomontoma*, & *Memiram* : en François *Chelidoine*, & *grande Esclaire* : en Italien *Chelidonia* : en Allemand *Scheluurtz*, & *Schlekraut* : en Espagnol *Celiduenha*, & *Yerua de las Golandrinas*. *Les noms.* On l'a appellée *Chelidoine*, du nom des Irondelles, que les Grecs nomment χελιδών, pource, comme dit Pline, *Liu 25. ch. 8.* que l'Irondelle a esté la premiere qui en a monstré l'vsage aux hommes, d'autant que par le moyen de ceste herbe elle rend la veuë à ses petits, encor qu'on leur ait creué les yeux, ou bien pource qu'elle fleurit quand les Irõdelles commencent à venir, & flestrit quand elles s'en vont Ce qui se peut bien dire vrayement de la petite, laquelle quelques ignorans n'entendans pas le mot Grec, principalement les Alchymistes appellent *Celi donum*, au lieu de *Chelidonium* : & se fians en ce beau nom, disent que l'on tire vne quinte essence de ceste herbe, laquelle sert non seulement à changer les metaux (qui est vne pure folie des Alchymistes) mais qu'elle est aussi propre pour maintenir les hommes en santé, & guerir beaucoup de maladies. *Les especes.* Or il s'en treuue de deux sortes la *Grande* & la *Petite*. *La forme.* Quant à la *Petite* il en a desia esté parlé. La *Grande* fait vne tige de la hauteur d'vne coudée & dauantage, graile, auec beaucoup de branches, garnies de fueilles, lesquelles retirent à celles de la Grenouïllette ; toutefois elles sont plus tendres, & de couleur tirant sur le pers : aupres de chasque fueille il sort des fleurs semblables à celles des Violiers. Elle est pleine d'vn suc iaune, acre, & mordicatif, auec vn peu d'amertume & de mauuaise odeur. Sa racine est simple au dessus, mais puis apres elle est mipartie en plusieurs autres. Son fruict est fait à mode de celuy du Pauot cornu, & long, dans lequel est la graine vn peu plus grosse que celle des Pauots. Ceste description de Dioscoride,

Esclaire, ou grande Chelidoine de Matthiol.

ride conuient fort bien à nostre *Chelidoine*. Car c'est vne herbe branchuë, de la hauteur d'vne coudée, & fait des petites tiges rondes, cottonnées, tendres, & branchuës. Ses fueilles retirent à celles de la Grenouillette, ou de l'Aquilegia, toutefois elles sont plus decoupées & ont plus d'angles; de couleur perse par dessus, & chenuës par dessous. Ses fleurs sortent à la cime des branches, & sont belles, iaunes semblables à celles des Violiers. Sa graine est petite, semblable à celle des Pauots, & palle, & vient en des petites gousses comme des cornes, longues. Quand on l'entame elle rend vn suc iaune, qui pique la langue. Elle n'a qu'vne racine au dessus, mais au bas elle produit beaucoup de cheuelures iaunes. Elle croist és lieux ombrageux, sur les murailles, & à l'entour des iardins & des fossez. Elle commence à fleurir au mois d'Auril, & continue quasi iusques à la fin de l'esté. Elle est chaude & seche au troisiesme degré. Dioscoride dit, que son suc incorporé en miel, & cuit en vn vaisseau d'airain sur les charbons sert à esclaircir la veuë. On tire le suc des racines, fueilles & fleurs au commencement de l'esté, & le fait on secher à l'ombre, puis on le met par trochisques. Sa racine prinse en vin blanc auec de l'anis, & mesmes appliquée auec du vin, guerit la iaunisse, & les vlceres qui vont croissant. Estant maschée elle guerit la douleur des dents. Pline en dit tout autant. On en tire le suc quand la plante est en fleur, & le fait on cuire doucement sur la cendre chaude auec de bõ miel dãs vn vaisseau d'airain, ainsi il est fort singulier pour esclaircir la veuë. On fait aussi des collyres du suc simplement, lesquels sont appellez *Chelidonia*. Galien traitte ces mesmes choses plus exactement; *La Chelidoine est fort chaude & detersiue. Son suc est singulier pour esclaircir la veuë, quand il y a de la crasse qui s'amasse sur la prunelle, laquelle a besoin de resoudre.* Aucuns se seruent de sa racine pour guerir la iaunisse procedante de l'opilation du foye, l'ordonnans en breuuage auec de l'anis dans du vin blanc. Estant maschée elle guerit la douleur des dents. On tient, dit Matthiol, que l'herbe portée dans les souliers pourueu qu'elle touche le pied nud, guerit la iaunisse. Icelle appliquée sur les mammelles des femmes, reserre les mois qui coulent en trop grande abondance. L'herbe broyée auec sa racine & cuite auec d'huile de Camomile, puis appliquée sur le nombril, guerit les trenchées du ventre, & les douleurs de la matrice. La poudre de toute la plante guerit les playes & vlceres. Son suc est singulier pour guerir les taches, mailles, & cicatrices des yeux. Toutefois pource qu'il est fort acre, il n'en faut pas vser sans y adiouster quelque chose qui adoucisse ceste acrimonie, comme du laict de femme. Mis dans les dents creuses, il les fait rompre & tomber. Comme aussi les verrues si on les en frotte souuent. Touchant ce que Dioscoride, & Pline adioustent sur la fin du chapitre, que les Irondelles rendent la veuë à leurs petits, encor qu'on leur ait creué les yeux, par le moyen de la Chelidoine, Celse dit, que c'est vne menterie, & que cela vient de leur naturel sans aucun remede. Car il dit ainsi, *que si l'œil vient à estre blessé par dehors, tellement qu'il y ait du sang amassé, il n'y a rien plus propre que d'y mettre du sang d'vn Pigeon, ou d'vn Ramier, ou bien d'vne Irondelle. Car de fait ces bestes ont ceste proprieté de nature, qu'estans blessées dans les yeux par quelque chose exterieure, elles ne laissent pas pour cela de recouurer la veuë comme deuant, sur tout les Irondelles; dont on a fait courir le bruit, qui toutefois est faux, que cela se faisoit par le moyen d'vne herbe, que le pere ou la mere de tels oiseaux employoit à cest effect: ce qui se fait sans aucun remede.* Or Celse a prins cela d'Aristote, lequel au liure de l'origine des animaux met les Irondelles au nombre des oiseaux qui font leurs petits aueugles, & dit, *que si on creue les yeux des Irondelles lors qu'elles sont encor ieunes, ils se guerissent d'eux mesmes, pource qu'alors ils ne sont pas encor acheuez de faire, tellement que si on vient à les creuer, nature les leur refait de nouueau.*

Le lieu. *Le temps.* *Liu 2.c.176.* *Les vertus.* *Liu. 25.ch.8.* *Liure 8 des simpl.* *Sur le chap. 176. liu. 2.* *Liu & ch. 6.* *Liu. 4. ch. 6.*

De l'Agrimoine, *CHAP. XX.*

Les noms. ΕΥΠΑΤΟΡΙΟΝ, ou ἡπατόριον en Grec, s'appelle en Latin *Eupatorium*, ou *Hepatorium*: en Arabe *Cafal*, *Cafil*, ou *Gafel*. Les Apothicaires l'appellent *Agrimonia*: en François *Eupatoire*, & *Agrimoine*: en Allemand *Odermenig*, & *Bruchuurtz*. Elle est appellée *Eupatoire* du nom du Roy Eupator, qui en fut le premier inuenteur; & *Hepatorium*, pource qu'elle est particulierement propre pour le foye. Or Dioscoride dit que c'est vne herbe branchuë, qui ne fait qu'vne tige menuë, pleine de bois, droite, noire, & veluë, de la hauteur d'vne coudée ou dauantage. Ses fueilles sont pour la plus part diuisées en cinq parties, ou dauantage, à mode de la Quintefueille, ou plustost de celles du Chanure, & sont semblablement brunes, & dentelées à l'entour à mode d'vne scie: (car il faut lire au Grec πεντανοειδῶς ἐντετμημένα, & non πεντανοειδῶς, qui seroit à dire, *à mode de celles de l'Yeuse*, combien qu'il n'y auroit point de mal encor qu'on liroit ainsi: car les fueilles de l'Yeuse sont bien decoupées à mode de scie.) Sa graine commence à croistre dés le milieu de la tige iusques au bout, & est pendante contre bas, & aucunement veluë, tellement qu'estant seche elle s'attache aux vestemens. *L'Eupatoire*, dit Pline, *a aussi esté treuué par vn Roy. Il fait vne tige pleine de bois, noirastre, veluë, de la hauteur d'vne coudée, & quelquefois dauantage. Ses fueilles sont decoupées par interualles à mode de celles de la Quintefueille, ou du Chanure, en cinq parties, & sõt semblablement noires & veluës. Sa racine ne sert à rien.* Par ces descriptions & marques il appert

Liu 4. ch. 17 *La forme.* *Liu. 25. ch. 6*

claire

lairement, que nostre *Agrimoine* est le vray *Eupatoire* de Dioscoride. Et mesmes le nom *d'Argemone* qui a esté changé en *Agrimoine*, le monstre, pource qu'aucuns se trompoient prenans *l'Eupatoire* pour *l'Argemone*, ainsi que Dioscoride l'escrit à la fin du chapitre, auquel passage il y a de la faute aux exemplaires Grecs, où il y a, *Aucuns l'appellent Artemisie se trompans* : car il ne faut pas qu'il y ait *Artemisia*, mais *Argemone*; veu qu'il auoit desia dit qu'elle estoit differente d'auec *l'Eupatoire*, disant: *Aucuns se sont trompez appellãs l'Eupatoire Argemone*. Outre ce nostre *Agrimoine* a les mesmes proprietez que *l'Eupatoire* de Dioscoride & bien dauantage. Ce neantmoins les plus subtils Simplicistes sont en doute, cõment c'est qu'il faut entendre ce que Dioscoride & Pline disent, *que l'Eupatoire a les fueilles comme le Chanure, ou la Quintefueille, & diuisées en cinq parties*, cõme sont celles là, veu que *l'Agrimoine* ne fait q'vne seule fueille longue; si ce n'est que l'on die que ceste plante croissant en Grece fait les fueilles de ceste façon là, comme on voit plusieurs plantes changer de figure selon la diuersité des lieux où elles croissent. Au reste ceste plante est assez cogneuë, & fort en vsage, & est branchue, de la hauteur d'vne coudée, ou d'vne coudée & demie, & fait pour la plus part vne seule tige dure, pleine de bois, menuë, droite, cannelée, anguleuse, & veluë, à demy purpurée. Ses fueilles sont attachées à ses branchettes comme à vne queuë, & retirent à celles de l'Vlmaria, ou de l'Argentine, ou des Roses, vn peu veluës & chenuës. Ses fleurs sortent dés le milieu de la tige iusques à la cime, & sõt petites, iaunes, faites à mode d'estoile, moindres que celles de la Quintefueille: apres lesquelles vient la graine semblable à celle du Glouteron, veluë & qui s'attache bien fort aux vestemens; & est pleine d'vne moëlle blanche, d'assez bon goust, comme aussi toute la plante. Sa racine est grosse, assez longue, rouge-brune, & dure. Or la plus part des Apothicaires vsent en leurs decoctions & compositions de medicaments au lieu de cest *Eupatoire* icy, du *faux Eupatoire*, dont il a esté parlé cy deuant: les vns pour ne sçauoir pas distinguer ces plantes; les autres pour auoir treuué par experience que ce *faux Eupatoire* là est de plus grande vertu. Et mesme iaçoit qu'ils sçachent bien que *l'Agrimoine* est le *vray Eupatoire* de Dioscoride, si ne veulent ils pour cela abandonner leur premiere erreur. Au reste *l'Agrimoine* croist le long des possessions & des chemins, permy les hayes, & dans les prez. Elle fleurit en esté Sa graine est meure en automne. Il la faut amasser au mois de May, & la faire secher pour s'en seruir en medecine. Dioscoride dit, que ses fueilles broyées auec graisse de Porceau vieille sont propres pur les vlceres qui sont de difficile guerison, estans appliquées dessus. L'herbe & la graine prinses en vin sont bonnes à la dysenterie, aux accidents du foye, & contre la morsure des serpens. Pline en dit de mesme touchant la graine: *Elle est souueraine*, dit-il, *contre la dysenterie estant prise en vin*. Galien en traitte plus methodiquement: *L'Agrimoine est de parties subtiles, & incisiue, & detersiue, sans manifeste chaleur, à raison dequoy elle guerit l'opilation du foye*. Elle est aussi vn peu astringeante, au moyen dequoy elle fortifie le foye. Sa racine desseche & reserre mediocremẽt, parquoy elle est fort propre aux maladies tant interieures qu'exterieures: car estant prinse en breuuage elle remet en vigueur les parties interieures, & specialement le foye, corrigeant quasi toute sorte d'intemperie, & les opilations. Mesmes sa decoction, ou son infusion est plaisante, pource qu'elle est de la couleur du vin clairet. Serapion dit, qu'elle est chaude & seche au premier degré.

Liu. 2. c. 172. — *Pena aux Aduers.* — *Le lieu.* — *Le temps.* — *Liu. 4. ch. 17.* — *Les vertus.* — *Liu. 25. ch 6* — *Liure 6. des simpl.* — *Pier. Pen. aux Aduers.* — *Chap. 77.*

Eupatoire, ou Agrimoine vraye de Matthiol.

Du Marrube noir, CHAP. XXI.

CEste plante est appellée en Grec βαλλώτη, & μέλαν πράσιον; en Latin *Ballote*. Les Apothicaires l'appellent *Marrubium nigrum*, *Marrubiastrum*, *Prasium fœtidum* : en françois *Marrube noir*, & *Marrube puant* : en Italien *Marrobiastro*, & *Marrobio bastardo* : en Allemand *Schuuartz andorn* : en Espagnol *Marroio negro*. Il est appellé *Marrube noir*, pource que ses fueilles sont noires, & retirent à celles du *Marrube*; & *Prasium fœtidum*, à cause de son odeur qui est puante. Le *Marrube noir* fait des tiges quarrées, noires, vn peu veluës, & en grand nombre, sortans d'vne mesme racine. Ses fueilles retirent à celles du *Marrube*, toutefois elles sont plus

Les noms.

Liure 11.
plus grandes, plus rondes, & veluës (d'autres lisent *espesses*. Oribaze adiouste μυέλανα, c'est à dire
Liu. 27 ch. 8
noires, & non sans cause, car de faict il retire fort bien à l'autre *Marrube*, comme aussi Pline l'a escrit, disant: *La Ballote a les fueilles comme le Marrube, plus grandes & plus noires*) disposées en la tige par certains interualles, semblables à celles de la Melisse, sentans mauuais, dont aussi on l'a
Au mes. lieu.
appellé *Apiastrum*. Ses fleurs sortent à l'entour de la tige à mode d'vne rouë. Pline le descrit tout de mesme. *Les Grecs appellent le Ballote* μέλαν πράσον. *C'est vne herbe qui iette plusieurs tiges faites à angles, noires, & veluës, garnies de fueilles plus grandes que celles du Porreau & plus noires, qui sentent mal*. Toutefois il a bien failly en ce qu'il a leu μέλαν πράσον, au lieu de μέλαν πράσιον, & a traduit ces mots Φύλλα πρασίῳ μείζονα, *les fueilles plus grandes que celles du Porreau*, changeant le mot πράσιον qui signifie le *Marrube*, en πράσον, qui signifie le *Porreau*: comme il a fait au en plusieurs autres lieux, se laissant tromper par l'affinité de ces mots. Par ce que dessus il appert que la plante qui est icy peinte est le *vray Ballote*. Car elle iette plusieurs tiges quarrées, noires, & aucunement veluës. Ses fueilles retirent à celles du *Marrube*, toutefois elles sont plus grandes, veluës, sortans de la tige par certains interualles, & de

Le lieu.
mauuaise odeur. Ses fleurs sont purpurées, & sortent à l'entour de la tige en rond. Elle croist és lieux ombrageux,

Le temps.
aupres des hayes, és cimetieres, & le long des chemins, & des maisons. Et fleurit à la fin de Iuin, & au commence-

Le temperament.
ment de Iuillet, auquel temps il est bon de la cueillir. Elle est amere & acre. Aussi elle eschauffe à la fin du second

Liu. 3. c 160.
degré, ou au commencement du troisiesme, & desseche

Les vertus.
au troisiesme. Dioscoride dit, que les fueilles du *Marrube noir* broyées auec du sel guerissent la morsure des serpens. Estans cuites sous la cendre chaude elles guerissent les

Liu. 27. ch. 8
enfleures & creuasses du fondement; incorporées en miel elles modifient les vlceres sales. Ce que Pline a escrit quasi en mesmes termes; *Ses fueilles broyées auec du sel sont singulieres cotre la morsure des chiés, & aux enfleures & creuas-*

Ballote, ou Marrube puant de Matthiol.

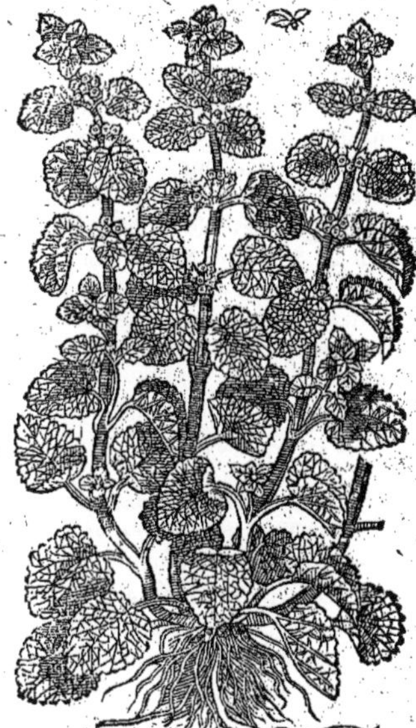

Ballote froncie petite.

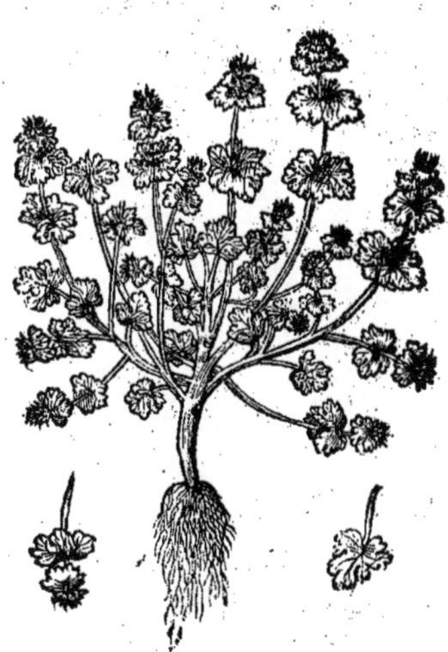

Ballote froncie grande.

ses

es du fondement, *estans cuites sous la cendre chaude dans vne fueille de chou ; & seruent à mondifier les vlceres sales, estans appliquées auec miel.* Galien n'a fait aucune mention du *Ballote*. Mais Paulus dit, qu'il est d'vne faculté acre, & detersiue, tellement qu'il est propre contre la morsure des chiens stant appliqué dessus auec du sel ; non pas toutesfois des chiens enragez, mais des autres, comme uy mesme le tesmoigne en vn autre endroit. Or il y a vne autre plante, que les doctes Herboristes appellent *Ballote crispa minor*, laquelle croist à l'entour des hayes, és basse-courts des maisons, e long des sentiers & sur les masures, en terre maigre & menuë: & fait la racine blanche, auec beauoup de cheuelures fort menuës, & plusieurs petites tiges quarrées de la hauteur d'vne paume; es fueilles à demy rondes, semblables à celles du *Marrube noir*, mais plus verdes, & moins espesses, oncies & sentans mal, sortans de la tige par certains interualles & l'enuironnans en rond. Ses eurs sont purpurées, & semblablement disposées en rond à l'entour de la tige. Sa graine est longue vient en des petites coupettes longues. Elle fleurit sur la fin de l'hyuer beaucoup plustost que e grand *Marrube noir*. Aucuns l'ont appellée *Coronopus*. Il y a en outre vne autre *Ballote crispa grãe*. Ceste plante retire du tout à la precedente, si ce n'est qu'elle est plus grande. Elle croist és lieux ultiuez, & par les allées des iardins, & a la racine blanche, fort cheueluë, & courte, & beaucoup de ges quarrées, de la hauteur d'vne paume, branchues, auec des fueilles rondes, decoupées de fort onne grace, sortans à l'entour de la tige par certains interualles, & beaucoup de fleurs, qui sortent n rond parmy les fueilles, & sont rouges & petites. Sa graine est fort menuë, & croist en des couettes longues. Elle fleurit en Feurier, aucuns l'appellent aussi *Coronopus*. Liure 7. Liure 5. ch 4 *Ballote froncie*.

Du Plantain, *CHAP. XXII.*

E *Plantain* est appellé en Grec ἀρνόγλωσσον : en Latin *Arnoglosson*, & *Plantago* : en Arabe *Lisen*, ou *Lesan alhamel* ; en Italien *Piantagine* ; & en Toscane *Centinerbia*, du mot *quinquenervia* corrompu : en Espagnol *Lhanten*: *Tamehagen* : en Allemand *Vuegerich*. Les Apothicaires l'appellent *Plantago*. Il est appellé *Arnoglosson* en Grec, pource que ses fueilles retirent à la langue d'vn aigneau : le mot Latin *Plantago* est deriué de *Plan*-. Aucuns l'appellent *Polyneuron*, à cause qu'il a comme des nerfs, ou des costes au dos de ses eilles en long. Dioscoride dit, qu'il y a deux especes de *Plantain*, *le grand* & *le petit*. Pline en et tout autant. Mais les modernes Herboristes en establissent bien dauantage ; assauoir celuy 'ils appellent *Plantago media*, *Plantago rosea*, & *le Plantain d'eau*, dont nous auons desia traité, le *Plantain de mer*. Matthiol dit, que le *grand Plantain* est celuy qui a sept filets cõme nerfs par *Les noms.* *Les especes.* Liu. 2. c 119. Liu. 25. ch 8. Liu. des Pal. chap. 40. Sur le chap. 119. liu. 2.

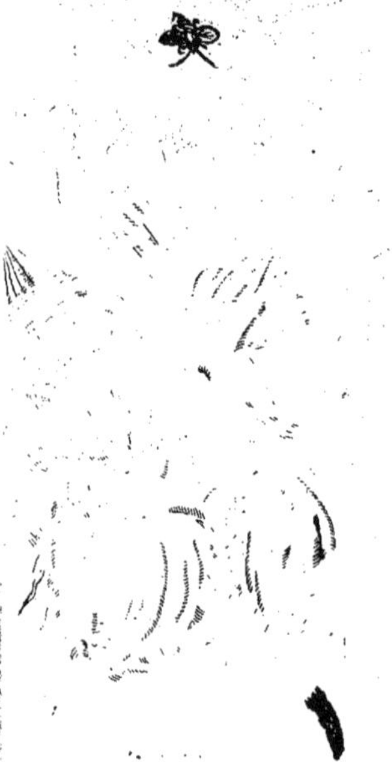

Plantain commun aux fueilles larges, de Matthiol.

Plantain grand, de Matthiol.

chascune fueille : à raison dequoy les Grecs l'ont appellé ἑπτάνευρον, c'est à dire, *Plantain à sept nerfs*: Et que le *moyen* est celuy qui n'a que cinq costes par fueille, qui a esté appellé πεντάνευρον pour ceste raison là. Les Apothicaires l'appellent *Lanceolata*, pource que sa fueille est estroite & aiguë au bout comme le fer d'vne lance, & communement *Lanceola*. Mais le *plus petit* est celuy qui a les fueilles vn peu veluës, & qui n'ont que trois nerfs, ou costes : à raison dequoy on le pourroit nommer τρίνευρον, c'est à dire *à trois nerfs*. Toutefois en la derniere edition de ses Commentaires il a donné d'autres noms aux pourtraits de *Plantain* qu'il a mis : car il a mis le pourtrait du *Plantain moyen à sept nerfs*, ayant les fueilles fort larges, les tiges longues, garnies dés le milieu de fleurs à mode d'espic, qui retire à la queuë d'vne souris. C'est le *Plantain commun aux fueilles larges*. Apres il met le *grand Plantain*, qui a aussi les fueilles larges & les tiges plus longues, ausquelles les fleurs sortent plus pres de la cime. Pour le *troisiesme* il met le *Plantain long*, que nous auons dit estre aussi
Liu.1.ch.61. appellé *Quinqueneruia*, & *Lanceolata*. Dodon met pour especes de *Plantain*, le *Grand*, & le *Moyē*
Le grand Plantain. desquels il est parlé au traitté du *Cynoglosse* : & en outre le *petit Plantain* & le *Marin*. Les autres les distinguent autrement selon la grandeur des fueilles. Or le *grand Plantain* & mieux nourry a les

Plantain petit long, de Matthiol.

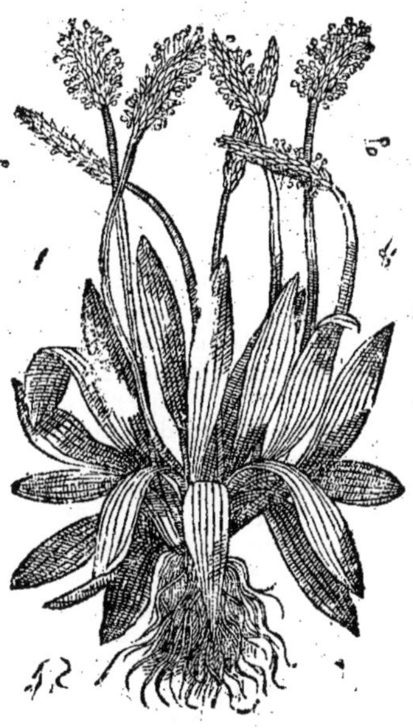

Plantain petit, de Dodon.

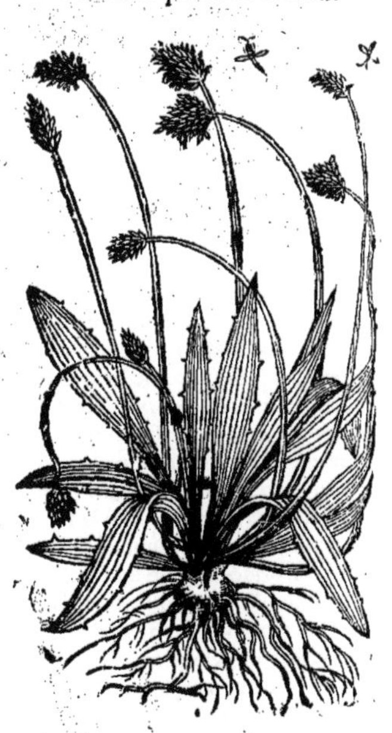

fueilles assez larges, comme vne herbe potagere. (Ruel a ainsi traduit le mot λαχανῶδες, au lieu qu'au iugement de quelques autres il seroit mieux de dire *semblables aux Poirées* : car le mot λάχανον en langage Attique se prend souuent pour *la Poirée* : ainsi donc Dioscoride a voulu dire, que le *grand Plantain* retire à la Poirée, comme de fait il est vray, veu que pour exprimer vne ressemblance il faut parler specialement, & non generalement.) les tiges faites à angles, rougeastres, de la hauteur d'vne coudée, garnies dés le milieu iusques à la cime d'vne graine menuë. Ses racines sont tendres, velues, blanches, grosses comme le doigt.
Le petit Plantain. Le *petit Plantain* à les fueilles plus estroites, & moindres, plus molles, plus lisses & plus menuës. Et des petites tiges recourbées contre terre, auec des fleurs palles, & la graine à la cime de ses tiges. Ceste description conuient fort bien à *nostre Plantain large-fueille*, & aussi au petit, pour lequel Matthiol a mis le pourtrait de celuy
Liu.1.ch.61. Plantain quinqueneruia de Dodon. qu'il appelle *Plantain long*. Et Dodon a mis le pourtrait du Plantain qu'il appelle *Quinqueneruia*, qui a les fueilles plus estroittes, plus roides, auec quelque peu de denteleures à l'entour. Sa racine est ronde, & courte auec beaucoup de cheueleures. Ses tiges sont anguleuses, & comme des Ioncs. Ses fleurs sont blanches, entassés par espics ronds & courts.
Plantain chenu. Pena & Lobel mettent encor vne sorte de *Plantain* qu'ils appellent *Chenu*, qui a les fueilles couuertes d'vn cotton blanc, fermes, grosses, & couchées par terre en rond, auec des nerfs fort releuez au dos. Sa racine est grosse, longue, & peu cheueluë. Ses petites tiges sont plus droites & plus grandes garnies de fleurs plus courtes : mais qui sont belles & blanches à mode d'vne queuë, lesquelles se perdent en Iuin & en Iuillet. On entretient aussi dans les iardins vne sorte de Plantain pour plaisir, qui est en tout & par tout semblabl-

Plantago Rosea, de Pena.

Plantago Rosea, de Lobel.

mblable au *grand Plantain*, excepté que ses tiges sont garnies à la cime de plusieurs fueilles peti-s couchées l'vne sur l'autre par rang, qui aboutissent petit à petit en pointe, où les fueilles se-uurans à mode d'escailles forment vne belle ombelle, comme vne fleur herbue: tout ainsi qu'on oit en quelque espece de Prime-vere. Sa graine vient par l'entredeux de ses fueilles, & est sem-blable à celle du *Plantain* precedent. Lobel met le pourtrait d'vn autre *Plantain*, qui n'est en rien ifferant du precedent, sinon qu'il fait vn espic esparpillé, chargé d'vne infinité de fleurs vertes, ancées à mode de grappe, lequel croist dans les iardins en Flandres. Quant au *Plantain Marin*, ous en traitterons ailleurs. Le *grand Plantain* croist és lieux bourbeux, parmy les hayes, & lieux umides: le *Petit* croist aussi le long des hayes, és prez, & lieux bourbeux. On amasse les fleurs & herbe au commencement de l'esté, en May & en Iuin. Sa graine est meure au mois d'Aoust. Au ste Dioscoride dit, que les fueilles du *Plantain* sont desiccatiues & astringeantes: aussi sont elles onnes aux vlceres malins, & qui tiennent de la ladrerie, & qui sont sales & pleins d'humidi-. Elles repriment le flux de sang, les vlceres corrosifs, les charbons, les dertres, & les pustu-s blanches qui viennent la nuict, que les Grecs appellent *Epinictides*. Elles seruent à guerir es vieux vlceres inegaux, & malins, & aussi les fistules ou vlceres cauerneux. Elles sont bonnes ux morsures des chiens, aux brusleures, aux inflammations, parotides ou orillons, & aux apostu-nes larges. Appliquées en liniment auec sel elles seruent aux escroüelles & fistules lachrymales. herbe cuite auec vinaigre & sel & prinse en viande sert à la dysenterie, & aux fluxions de l'e-stomach. On la fait aussi cuire auec des lentilles au lieu de poirée pour le mesme effect. Elle est onne aux hydropiques par tout le corps, s'ils la mangent cuite au milieu du repas, apres auoir sé de viandes seches. Elle est aussi profitable à ceux qui ont le haut mal, & aux Asthmatiques. e suc de ses fueilles mondifie les vlceres de la bouche, si on s'en laue souuent. Il guerit le feu Sainct-Anthoine, estant incorporé auec terre à lauer, & de Ceruse. Mis dedans les fistules il les uerit. Distilé dans les oreilles il en oste la douleur; il guerit aussi les chaudes defluxions des yeux, si on en mesle dans les collyres. Prins en breuuage il sert à ceux qui ont les gencives san-glantes, & à ceux qui crachent le sang. Mis en clystere il est bon contre la dysenterie. On or-donne aux phthisiques d'en boire. Appliqué en pessaire auec de la laine il sert aux suffocations de l'amarry. Il estanche aussi le flux de la matrice, & le crachement de sang. La decoction de la racine guerit la douleur des dents, si on s'en laue; aussi fait la racine estant maschée. On l'ordon-ne auec les fueilles en vin cuit contre les vlceres de la vessie, & des reins. On dit, que prennant trois de ses racines auec trois cyathes de vin, & autant d'eau, cela guerit de la fieure tierce: & en prennant quatre il guerit de la quarte. Aucuns attachent ses racines au col de ceux qui ont les es-croüelles, estimans que cela les fait guerir. Pline en traitte tellement qu'il esclaircit bien les mots de Dioscoride. *Themison*, dit-il, *Medecin bien renommé s'attibue l'inuention du Plãtain, qui toutefois est*

Le lieu.

Liu. 2. c 119. Les vertus.

Liu. 25. ch. 8

vne herbe fort commune, & en a composé vn liure. On en treuue de deux especes, dont la moindre a les fueilles estroites, tirans sur le ver-brun, & faites à mode de langue de mouton. Ses fueilles sont faites à angles, & penchent contre terre. Elle croist parmy les prés. L'autre Plantain qui est le plus grand a prins son nom du nombre des costes que ses fueilles ont ; car pource qu'il en a sept, les Grecs l'appellent Heptapleuron. (Pline traduit ainsi le mot *Pleuras*, en quoy il ne se declare pas bien : car il eust mieux fait de dire: *Ses fueilles ont comme des costes, lesquelles pour estre sept en nombre, les Grecs, &c.*) Ses tiges sont aussi d'vne coudée de haut, & faites à angles (Cornarius dit qu'il faut lire ainsi suyuant vn vieil exemplaire, & non *semblables à celles de la moustarde* ; comme il y a aux communs exemplaires.) Le meilleur *Plantain* croist és lieux humides. Ceste herbe est merueilleusement desiccatiue & astringeante, mesmes on s'en sert quelquefois au lieu de cautere. Il n'y a chose au monde plus propre pour arrester les rheumes & catharres. Le mesme Pline descrit les autres facultez du *Plantain* en diuers endroits. Le *Plantain* seul prins en viande auec des lentilles, ou de l'Espeaute mondée fortifie l'estomach. Il guerit les escrouëlles. Sa graine broyée en vin, ou l'herbe cuite en vinaigre, ou biẽ l'Espeaute cuite auec le suc de ceste herbe, est bonne contre la dysenterie. Broyée & appliquée sur les dertres, elle les guerit, comme aussi les accidents du fondement, & les repenties. Prinse au poids de deux dragmes deux heures deuant l'accés des fieures auec de l'eau miellée, elle allege la fieure tierce; ce que fait aussi le ius tiré de la racine apres l'auoir mise en infusion, ou broyée, ou mesmes la racine broyée en eau ferrée. Aucuns ordonnent d'en prendre trois racines en trois cyathes d'eau contre la fieure tierce, & quatre contre la fieure quarte. Prinse en viande elle guerit les hydropiques, à la charge qu'ils mangent premierement du pain sec, sans boire. Ses fueilles seruent à appaiser la chaleur des gouttes, & sont propres au commencement de la goutte chaude. Le suc de *Plantain* guerit les vlceres de la bouche, comme font aussi les fueilles & les racines maschées, combien qu'il y eust de la defluxion. Ce mesme suc guerit le crachement de sang, & les phthisiques, estant prins en breuuage. L'herbe cuite en vin, & prinse au matin au sortir du lict auec sel & huile sert à rafraichir la personne. Les fueilles broyées auec vn peu de sel, & appliquées sur les dislocations en ostent la douleur & empeschent qu'elles n'enflent. Leur suc mis dans les fistules y est fort profitable. Sa graine reserre le flux de sang, soit qu'on le crache, ou qu'il coule par dessous ; & mesmes le flux de la matrice. Son suc sert à ceux qui vomissent le sang. L'herbe sert à ceux qui sont brisez, & qui ne peuuent tenir la teste droite, estant prise en quelque façon que ce soit. Ramollie au feu elle sert contre toute sorte d'vlceres, particulierement à ceux des femmes, des enfans & des personnes aagées, principalement estant incorporée en cerot. Or ces vertus que Dioscoride & Pline attribuent au *Plantain* procedent de son temperament qui est meslé, comme Galien le declare, disant: *Le Plantain a vn temperament meslé : car il participe d'vne aquosité froide & d'vn peu d'aspreté qui est terrestre, seche & froide. Parquoy il refroidit & desseche au milieu du second degré.* Or les medicamens qui sont froids & astringeans, sont propres aux vlceres malins, & aux defluxions & putrefactions, & par mesme moyen à la dysenterie: car ils reserrent le flux de sang, & refroidissent les parties qui sont en feu, mesmes ils consolident les fistules & autres vlceres tant vieux que nouueaux. Or entre tous les medicaments qui sont tels, le *Plantain* tient quasi le premier rang, ou pour le moins il ne cede à point d'autre par le moyen de son temperament qui est mediocre. Car il est desiccatif sans acrimonie, & est froid sans enlourdir. Mesmes sa graine & sa racine ont aussi les mesmes facultez, si ce n'est qu'elles sont plus seches & moins froides. La graine aussi est de parties subtiles, & au contraire ses racines sont de parties plus grossieres. Les fueilles de l'herbe estans sechées sont aussi de parties subtiles, & moins froides d'autant que l'aquosité en est ostée. Pour ceste cause on se sert des racines contre la douleur des dents, tant à les mascher, que pour se lauer la bouche de leur decoction. Pour l'opilation du foye & des reins on se sert non seulement des racines, mais aussi des fueilles, & encor mieux de la graine. Car toutes ces choses sont vn peu astringeantes, comme il est vray-semblable que toute l'herbe estãt verte l'est aussi, combien que l'humidité y surmonte. Au surplus les modernes luy attribuent bien d'autres vertus rares, disans, que la graine du *grãd & du petit Plantain* broyée & incorporée en vn œuf, sert contre la dysenterie le faisant rostir sur vne tuile chaude, pourueu que l'on en mange souuent. Son suc incorporé

Embl. 112. liu. 2.
Le lieu.
Liure 6. des simpl.

Plante rare, retirant fort bien au Plantain.

orporé en huile rosat & appliqué sur le front, guerit la douleur de teste procedante de chaleur. n l'ordonne aussi à ceux qui crachent le sang auec du bol armene, ou de l'hematiste : meslé uec du suc de Millefueille & prins en breuuage, il est merueilleusement propre à ceux qui pissent le sang, principalement si l'on y adiouste vne dragme de la composition nommée *Philonium ersicum.* Auec vinaigre & suc de Morelle ou de Ioubarbe il est bon pour seruir de liniment sur es eresipeles. L'eau distilée du *Plantain* auec du vinaigre bien fort par esgales portions, estanche e sang qui coule par le nez; si l'on trempe des linges dedans, & qu'on les applique aux plantes es pieds, aux paumes de la main, & sur le foye. Au demeurant il y a vne *Plante rare*, laquelle retire fort au *Plantain*, dont ie n'ay pas voulu mettre la description, afin qu'elle ne soit cogneuë par les orciers, & qu'il n'en abusassent, d'autant que Dioscoride luy attribue des secrettes vertus, qu'il 'est pas besoin que tous sçachent. Elle a non seulement cela de propre, que les fueilles de la preiere espece d'icelle venans à secher, se retirent à mode des ongles d'vn Milan, qui est mort, mais ussi elle a toutes les autres marques que Dioscoride luy attribue. *Plante rare.*

De la Gentiane, *CHAP. XXIII.*

Les Grecs appellent ceste plante γεντιανή; les Latins, & les Apothicaires *Gentiana* : les Allemans *Entzian*, & *Bitteruurtz* : les François *Gentiane*. Dioscoride & Pline disent, qu'elle a prins le nom du Roy Gentius, qui en treuua l'vsage le premier allant à la guerre. D'autres l'appellent, suyuant le tesmoignage d'Apulée, *Aloë Gallica* : d'auces *Narce*, ou *Chironium*, ou *Cyminalis*. La *Gentiane* pousse ses fueilles aupres de la racine, semblables à celles des Noyers, ou du Plantain, rougeastres : mais celles qui sortent dés le milieu e la tige, & principalement à la cime, sont plus courtes, & plus estroites; & en somme els sont moindres. Car il faut lire ainsi au texte de Dioscoride : *Celles qui sont au milieu de la tige, & principalement celles qui sont au plus haut, sont plus petites.* Sa tige est grande, lisse, de la grosseur du doigt, & de la hauteur de deux coudées, quelquefois de la hauteur d'vn homme, compartie par neuds, produisant des fueilles par grands interualles. Ses fleurs sont iaunes, enserrées du commencement dans des coupettes, lesquelles venans à s'enfler s'espannissent. Sa graine est large, & vient en des coupettes, lisse & pailleuse, approchant de celle du *Spondylion*. Sa racine est longue, semblable à celle de la Sarrasine longue, grosse, amere, & iaune au dedans. Pline ne descrit pas la *Gentiane* du tout comme Dioscoride : *Gentius*, dit-il, *qui fut Roy de Sclauonie, fut le premier qui treuua la Gentiane, laquelle croist par tout : & toutefois celle qui croist en Sclauonie est la meilleure. Elle a les fueilles comme le Fresne, grandes comme celles des Laittues : la tige tendre, de la grosseur d'vn pouce, creuse & vuide, garnie de fueilles par interualles, quelquefois de la hauteur de trois coudées. Sa racine est souple, noirastre & sans odeur. Il en croist à force sur les montagnes aquatiques pres de Alpes.* On se sert de la racine & de son suc. Elle croist à la cime des plus hautes montagnes, és lieux ombrageux & aquatiques, & retire si fort à l'Ellebore blanc, quant aux fueilles, & au lieu de sa naissance, que l'on y est souuent trompé, sinon qu'on soit fait à cela. Elle fleurit en esté, principalement au mois de Iuin, puis fait la graine en Iuillet. Auicenne dit, que la *Gentiane* est chaude au troisiesme degré, & seche au second. Dioscoride dit, que la racine de la *Gentiane* est chaude, & astringeante. Prinse en breuuage au poids de deux dragmes auec du Poyure & de la Rue dans du vin, elle sert contre la morsure des bestes venimeuses. Vne dragme du suc sert à la douleur de costé, à ceux qui sont tombez d'enhaut, aux rompures, & aux spasmes. Prinse en eau elle est bonne aux accidents du foye, & de l'estomach. Sa racine mise en pessaire à mode de collyre fait sortir l'enfant. Elle est bonne pour appliquer sur les playes comme le Lycion. Son suc est singulier pour les vlceres cauerneux & corrosifs. On l'applique en liniment contre l'inflammation des yeux. On mesle son suc auec du ius de Pauot és collyres acres. Il appert qu'il faut lire en Dioscoride μετά, au lieu, ἀντί; car on ne la mesle pas au lieu d'vn medicament froid, veu qu'elle est fort chaude & seche. Sa racine guerit la grattelle. Pline en parle ainsi breuemẽt : *Sa racine est chaude, mais elle est dangereuse aux fẽmes enceintes.* Quant aux autres

Les noms. *La forme.* *Liu. 25. ch. 7.* *Le lieu.* *Le temps.* *Liu. 2. c. 288.* *Le temperament.* *Liu. 3. ch. 3.* *Les vertus.* *Liu. 25. ch. 7.*

Gentiane.

Au mes. ch. 8. choses que Dioscoride en a escrit, Pline les met en diuers lieux. La *Gentiane* sert particulierement contre les serpens, ou verte ou seche, prinse au poids de deux dragmes, auec du poyure & de la Rue
Au mes. c. 12 dans six cyathes de vin. Item on mesle du suc de la *Gentiane* és collyres qui sont vn peu vehe-
Liu. 16. c. 14. ments auec peu de suc de Pauot. Item. La *Gentiane* appliquée en liniment sert aux vlceres corrosifs, si l'on broye sa racine, ou qu'on la face cuire en eau iusques à tant qu'elle soit espesse comme miel. On se sert aussi de son suc pour cest effect. Le *Lycion* qui en est fait est bon aux playes (car il y a ainsi aux communs exemplaires.) Ce qui peut estre ainsi entendu ; c'est que comme le *Lycion* est bon pour appliquer sur les playes, ainsi aussi le suc tiré de la *Gentiane* qui resemble au *Lycion*, y est aussi bon. Ce que Dioscoride a mieux specifié, disant : *Elle est bonne pour les playes estant appliquée dessus comme le Lycion*, En vn autre endroit il dit : *Elle est si singuliere qu'elle sert non seulement aux cheuaux qui ont la toux estant prise en breuuage, mais aussi aux poussifs.* Prinse en eau elle fortifie l'estomach Sa poudre prinse à la grosseur d'vne feue dans de l'eau tiede sert aux maladies des intestins. La racine broyée ou cuite & prinse en breuuage, sert aux rompures, aux
Liu. 6. des simpl. spasmes, & à ceux qui sont tombez d'enhaut. Galien dit, que toute la vertu de la *Gentiane* procede de son amertume: *La racine*, dit-il, *de la Gentiane est fort propre quand il est besoin d'attenuer, de nettoyer, purger, & desopiler. Ce qui n'est pas de merueille, veu qu'elle est fort amere.* Voilà ce qu'en dit
Matth. sur le chap. 3. du 3. liu. Galien. La racine de la *Gentiane* prouoque l'vrine & les mois. Il n'y a point de medicament plus souuerain contre la piqueure des scorpions. L'eau distilée de la *Gentiane* guerit les fievres causées
Pier. Pen. aux Aduers. par l'opilation, tant des parties nobles, que des vases. Elle fait mourir les vers du ventre, efface toutes les taches du visage, si on s'en laue souuent. La racine trempée dans du vin est propre pour delasser, & pour faire auoir bon appetit. Elle est du tout contraire à toute sorte de putrefaction, & la mort du venin. C'est vn si souuerain remede contre la peste, qu'elle maintient en santé non seulement les hommes, mais aussi les bestes, & la leur fait recouurer quand elle est perdue.

De la Croisette. *CHAP. XXIV.*

Les noms. CESTE plante est si semblable en figure & en vertus à la Gentiane, que les doctes la prennent comme en estant vne sorte, dont aucuns l'ont nommée *Gentiane petite*, & communement *Cruciata*, d'autant qu'on ne sçait pas encor comme elle estoit nommée anciennement. Aucuns estiment qu'elle a prins ce nom de ce que sa racine est diuisée en trois ou quatre, toutefois il est plus vray-semblable, que ce nom luy ait esté donné à cause que ses fueilles sortent de la tige en forme de croix. On l'appelle en

Croisette, ou Gentiane petite. de Matthiol.

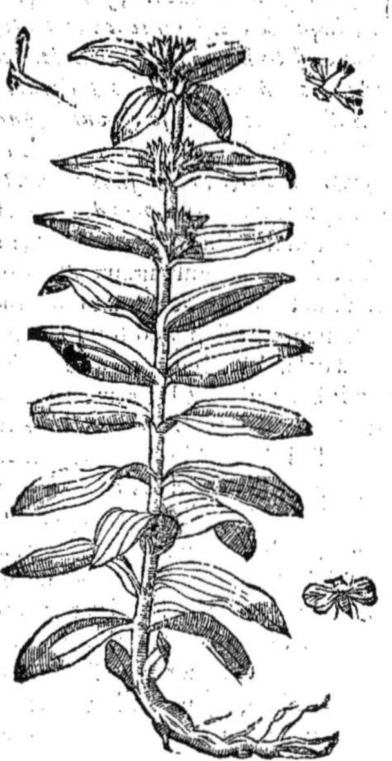

Croisette, ou Gentiane plus petite, de Matthiol.

François

rançois *Croisette* : en Allemand *Madelgeer*. Elle fait la tige ronde, de la hauteur d'vne paume, & auantage, rougeastre à la cime, compartie par neuds dés le bas iusques à la cime, quasi par interualles esgaux, par lesquelles il sort des fueilles deux à deux, grosses, estroites & longues, retirans à celles de l'herbe aux foulons, & à celles de la Gentiane, qui sortent à la cime de la tige. Ses eurs sont purpurées ou bleuës-blaffardes, & sortent à l'entour de la cime de la tige de certaines oupettes verdes. Sa racine est blanche, longue, & tres-amere, percée en quelques endroits d'vn osté & d'autre en forme de croix. Elle croist en assez grande abondance par tout és lieux qui ne nt pas cultiuez, toutefois non pas si haut que la Gentiane. Elle fleurit au mois de Iuillet. De sa rande amertume on peut coniecturer qu'elle est chaude & seche, & qu'elle a quasi les mesmes ertus que la Gentiane. Les modernes asseurent qu'elle est singuliere contre la contagion de la este, & pour euacuer les mauuaises humeurs qui sont en la poitrine, en beuuant la decoction de s fueilles, ou de sa racine, ou bien de la poudre d'icelle. Elle prouoque les mois, & sert contre le aut mal. Il est bon de lauer les playes & vlceres malins du vin dans lequel elle ait boüilly, ou ien de les saupoudrer de sa poudre : car elle mondifie & consolide. Il y a encor vne autre *Croisette*, surnommée *petite*, laquelle retire aucunement à la Garence, ou au Gratteron, toutefois c'est ne herbe molle & veluë, & fait des petites tiges tendres, & quarrées, comparties par neuds, à hascun desquels il sort quatre fueilles en croix, plus courtes que celles du Gratteron, mais aussi lles sont plus larges. Ses fleurs sont petites, & sortent à l'entour de la tige en rond, de couleur e iaune blaffard. Ses racines sont fort menuës. On la treuue le long des fossez, & des ruisseaux, & uelquefois le long des champs parmy les buissons dés le mois de May iusques à la fin de l'esté, usiours fleurie. Matthiol adiouste encor vne *Croisette* plus petite.

La forme. *Le lieu.* *Le temps.* *Les vertus.*

De l'Vnefueille, *CHAP. XXV.*

CESTE herbe a les fueilles comme le Plantain, & est appellée en Allemand *Einblat* : en François *Vnefueille* ; tellement que nous la pourrions bien nommer μονόφυλλον. Cordus & Lonicerus l'appellent *Grame de Parnasse*. Elle iette du commencement par le bas vne seule fueille, puis apres quand la graine est desia formée sur vne petite tige ronde & & tendre, il en sort deux fueilles semblables à la premiere, sinon qu'elles sont moindres, de la figure de celles de Plantain, & nerueuses, aiguës au bout, dont l'vne est plus haute que l'autre. Ses fleurs sont à la cime d'icelle, blanches, semblables à celles du Galion, & odorantes. Apres il y vient des petits grains ronds, palles du commencement, mais apres qu'ils sont meurs ils sont rouges, d'vn goust amer & malplaisant. Sa racine est graile & compartie par neuds, s'espandant çà & là entre deux terres. Il s'en treuue à force és bois & taillis ombrageux. Elle fleurit au mois de May. Elle est chaude & seche. Aucuns des modernes tiennent que sa racine est fort singuliere contre la peste, & toute autre sorte de venin, si l'on prend aussi tost dés les commencement du mal vne demie dragme de la poudre d'icelle auec quelque grand vin, ou auec du vinaigre, ou auec tous les deux ensemble, à la charge qu'il faudra faire suer le malade dans le lict apres qu'il aura beu ce breuuage. Ses fueilles & sa racine sont singulieres pour appliquer sur les playes freches, d'autant qu'elles empeschent qu'il n'y suruienne inflammation, & qu'il ne s'y engendre de l'apostume.

Les noms. *Le lieu.* *Le temps.* *Le temperament.* *Les vertus.*

Vnefueille.

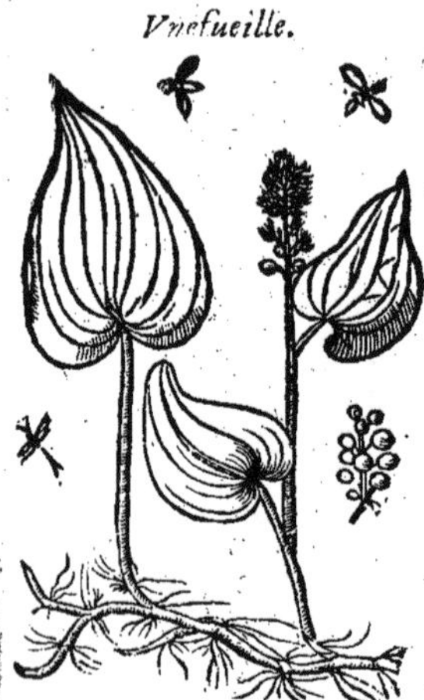

De la Doublefueille, *CHAP. XXVI.*

LA plante appellée par les Allemans *Zuyblat* ; & en François *Doublefueille*, a les fueilles comme le Plantain, & croist aux mesmes lieux, dont aucuns l'ont prise pour le *Damasonion* : d'autres l'ont appellée *Gramen Parnassi*. Dodon l'appelle *Pseudorchis bifolium* ; d'autres la prennent pour vne espece de *Percefueille* ; d'autres pour l'*Elleborine* ; d'autres auec plus de raison tiennent que c'est l'*Ophrys* de Pline, non pas que l'on ait espreuué qu'elle puisse seruir à noircir les sourcils ; mais à cause qu'elle ne fait que deux fueilles. Elle a vne tige ronde & lisse, qui ne produit que deux fueilles, l'vne vis à vis de l'autre, semblables à celles du grand Plantain, vertes, & garnies de nerfs en long. Du milieu de la tige iusques à la cime il y vient plusieurs coupettes deçà & delà, desquels il sort des fleurs qui pendent

Les noms. *Liu. 26. c. 15* *La forme.*

Doublefueille, ou Ophrys de Pline.

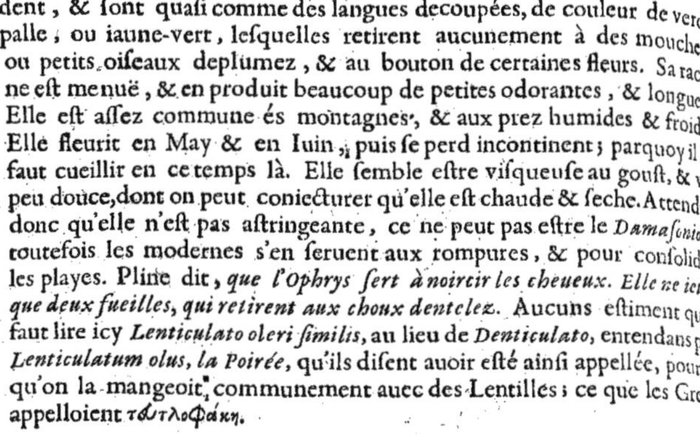

dent, & ſont quaſi comme des langues decoupées, de couleur de verd-palle, ou iaune-vert, leſquelles retirent aucunement à des mouches, ou petits oiſeaux deplumez, & au bouton de certaines fleurs. Sa racine eſt menuë, & en produit beaucoup de petites odorantes, & longues.

Le lieu. Elle eſt aſſez commune és montagnes, & aux prez humides & froids.

Le temps. Elle fleurit en May & en Iuin, puis ſe perd incontinent; parquoy il la faut cueillir en ce temps là.

Fuchſ.c.213. Le temperament. Elle ſemble eſtre viſqueuſe au gouſt, & vn peu douce, dont on peut coniecturer qu'elle eſt chaude & ſeche. Attendu donc qu'elle n'eſt pas aſtringeante, ce ne peut pas eſtre le *Damaſonion*, toutefois les modernes s'en ſeruent aux rompures, & pour conſolider

Pier.Pen.aux Aduerſ. Liu.26.c.15. les playes. Pline dit, *que l'Ophrys ſert à noircir les cheueux. Elle ne iette que deux fueilles, qui retirent aux choux dentelez.* Aucuns eſtiment qu'il faut lire icy *Lenticulato oleri ſimilis*, au lieu de *Denticulato*, entendans par *Lenticulatum olus, la Poirée*, qu'ils diſent auoir eſté ainſi appellée, pource qu'on la mangeoit communement auec des Lentilles; ce que les Grecs appelloient τευτλοφάκη.

De la Langue de Chien. CHAP. XXVII.

Les noms. TOVT ainſi que *l'Arnogloſſon* a eſté ainſi nommée par les anciens, à cauſe qu'elle retire à la langue d'vn agneau; ainſi auſſi le *Cynogloſſon* a eſté ainſi nommé, pource qu'il retire à la langue d'vn chien. Les Grecs l'appellent κυνόγλωσσον, & κυνόγλωσσος: les Latins *Cynogloſſon*, & *Lingua Canina*: les Apothicaires *Cynogloſſa*, & *Lingua Canis*: Les François *Langue de chien*: les Allemans *Hundzzung*. Or il y a grande diſpute entre les Herboriſtes, quelle plante deura eſtre tenuë pour le vray *Cynogloſſon* entre toutes celles qui retirent à vne *Langue de Chien*: d'autant que les anciens meſmes ne deſcriuent pas ceſte plante

Liu.4.c.124. d'vne meſme façon: car Dioſcoride dit qu'elle ne produit point de tige, & Pline au contraire dit, qu'elle fait des tiges. Or Dioſcoride la deſcrit ainſi: *La Langue de Chien a les fueilles ſemblables à celles du grand Plantain, toutefois elle ſont plus eſtroites, moindres, & cottonnées, couchées par terre.*

Liu.25.c.8. *Elle ne produit point de tige*. Pline en parle ainſi: *Le Cynogloſſon eſt auſſi de ce rãg, lequel eſt fait à mode*

Cynogloſſon d'aucuns.

Petit Cynogloſſon, de Languedoc.

de

*e Langue de Chien, & est propre à vigneter. On tient que la racine de celuy qui a trois branches char-
ées de graine, est propre aux fieures tierces le prennant en breuuage, & que la racine de celuy qui en a
uatre, sert aussi aux fieures quartes.* Il y a vne autre herbe qui luy retire fort, laquelle porte de pets glouterons. La racine de ceste herbe beuë en eau est fort bonne contre le venin des crapaux
serpens. Les modernes prennans seulement garde aux proprietez, & aux effets, que l'on attribue
x pillules qu'on appelle de *Cynoglossa*, prennent diuerses plantes pour le *Cynoglosson*. Aucuns pren-
nt pour le Cynoglosson la plante que Dodon appelle *Plantago media*; & d'autres *Plantago vil-
a*, ou *Sessilis*; laquelle retire au grand Plantain largefueille, sinon qu'elle a les fueilles plus estroi- Liu.1.ch.61.
, moindres, & vn peu veluës, & les tiges aussi vn peu veluës, qui portent à la cime des espics plus
urts que ceux du grãd Plantain. Ses fleurs sont blanches, purpurines, la racine blanche & longue. La forme.
le croist és lieux fournis d'herbe & humides, & le long des chemins. Elle est froide & seche ius- Le lieu.
es au troisiesme degré. Il y a vn autre *Cynoglosse commun* à Montpelier, lequel a les fueilles mol- Le tempera-ment.
& lisses auec vn peu de cotton qui n'est point aspre au toucher, faites à mode d'vne Langue de Cynoglosson de Montpelier.
ien, ou de celles du Pastel, auec quelque peu de veines blanchastres, plus estroites que celles du
ntain aux fueilles estroites. Sa tige est ronde, chenuë, & branchuë, chargée de fleurs rouges, sem- Piet.Pen aux Aduers.
bles à celles de la Buglosse aux fueilles estroites. Sa graine est petite, enclose en des petits glout-
ons veluz, qui s'agraffent bien fort aux vestemens comme ceux de l'Agrimonie, ou de la Cau-
s. Elle croist aux lieux gras comme aussi aux sablonneux : mais en ceux-cy elle demeure pe- Le lieu.
, & n'a pas plus d'vne paume & demie, ou d'vn pied de hauteur ; au lieu qu'au terroir humide
gras, elle vient bien plus grande. Quant à la tige & aux fleurs il y a des années qu'elle n'en
te point ; principalement quand elle croist à l'ombre des Saules ou des hayes : mais il y aussi
itres années, & d'autres endroits, qu'elle porte tige, fleur & graine. Si l'on considere les vertus, Les vertus.
'y en a point qui les ait plus grandes, ny qui approchent plus du vray *Cynoglosse*, que ceste-cy.
mesme les femmes sçauent qu'elle sert contre la brusleure ; d'autant qu'elle est manifeste-
nt froide & seche, & appaise la douleur, empeschant qu'il n'y tombe plus grande defluxion,
cipalement estant incorporée auec graisse de porceau fonduë, & distilée toute chaude dessus.
sert aussi à la pelade qui est causée par des humeurs acres. En outre elle lasche le ventre par
rtu emplastique & visqueuse estant cuite auec du vin pour rabatre sa froidure. Sa racine est
de comme celle de la Consolide, de mesme couleur, & ainsi visqueuse, auec vne odeur qui
rt quasi, & est en fort grand vsage auiourd'huy contre les defluxions acres & subtiles : toute-
elle reserre plus qu'elle ne refroidit : à raison dequoy Trallian la mesle parmy les pillules qui Liu.2. ch.4.
ent pour arrester les defluxions chaudes & subtiles, lesquelles sont composées *de Myrrhe sept
dragmes, de Iusquiame, & d'Opium de chascun quatre dragmes, d'escorce des racines de Cynoglosse quatre dragmes & demie*. Mesuë les ordonne tout de mesme pour le catharres pour la roupie, pour la toux, & autres maladies qui s'en ensuyuent, en y adioustant vne dragme & demie de Saffran. Matthiol fait estat d'auoir treuué le vray *Cynoglosse* de Dioscoride, qui ne porte ne tige, ne fleurs, ne graine, & dit l'auoir souuent veu & cueilly à l'entour de Rome derriere le chasteau Sainct-Ange en certains lieus sablonneux, lequel est bien different du *Cynoglosse commun*, duquel les Apothicaires vsent communement, d'autant qu'il a les fueilles disposées à mode des rayons du soleil, couuertes d'vn menu cotton blanc, couchées par terre & ne produit iamais tige. Toutefois Pena & Lobel prennent cette plante pour la *Lycopsis* ou bien pour *l'Orcanette bastarde* de Paulus Ægineta, & non pour le *Cynoglosse* : & disent qu'elle n'est pas tousiours sans tige, ains qu'elle en fait au bout d'vn an ou de deux en esté, laquelle a vne coudée & demie de hauteur, ronde & veluë, auec plusieurs branches, aupres desquelles sortent aussi les fueilles par certains interualles, & les fleurs aussi, semblables à celles de la Buglosse, & decoupées, de couleur de pourpre blaffarde, auec des petits filets dedans. Sa graine est semblable à celle de la Bourrache, toutefois elle n'est pas si noire. Sa racine est de bois roussastre, plus grosse que le doigt, & ne tache comme rien les mains de ceux qui la manient. Lobel en met encor vne autre qu'il appelle *Lycopsis Anglica*, laquelle croist sur le chemin quand on va de Bathon, & de Bristoye à Londres, en temps des moissons, belle, & grande, n'estant

Sur le Chap. 124.liu.4.

Lycopsis d'Angleterre.

*noglosse commun fleurissant de
latthiol, le second de Pline.*

Cynoglosse, de Matthiol.

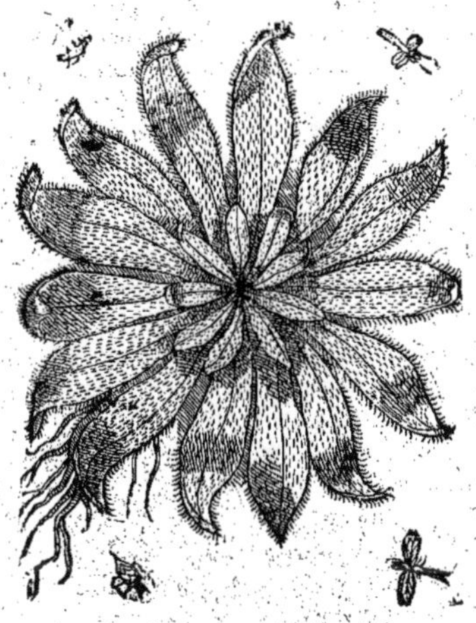

Cynoglosse commun de Matthiol. Lycopsis de Lacuna.

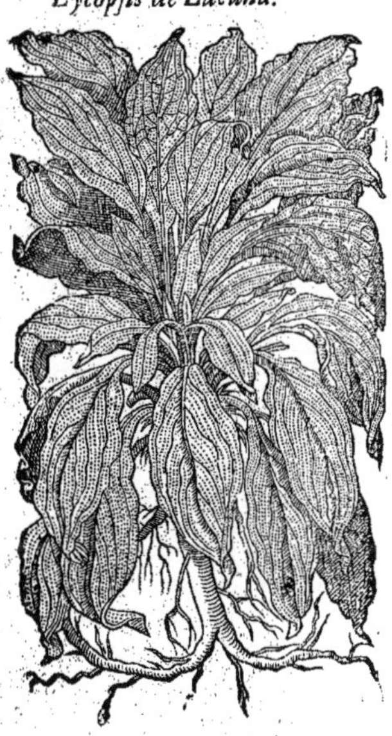

n'estant en rien differente de la precedente, sinon quant aux fleurs, lesquelles ne sortent pas par l'entredeux des fueilles & des branches, mais à la cime des tiges, & sont de couleur de pourpre plus obscure. En outre Rauuolf dit auoir veu vne *Plante rare*, qui est vne espece de *Cynoglosse*, & la vraye *Lycopsis* de Dioscoride, comme il croit, laquelle a la cime rouge, la tige droite, de la hauteur de deux coudées, garnie de beaucoup de fueilles aspres & dures à mode de celles des Ronces, ou du *Cynoglosse sauuage*, estendues & disposées en rond pres de la racine ; toutefois celles qui sont a

Lycopsis d'Angleterre, de Lobel.

Lycopsis, de Dioscoride.

dess

dessus de la tige sont autrement arrangées sortans deçà & delà de la tige, & aiguës au bout auec nuiron vne vingtaine de branchettes menuës, & sans aucunes fueilles, comme en la Buglosse auuage, au bout desquelles il y a des petites fleurs purpurines, qui ne sont point decoupées par ehors: mais par dedans elles sont composées de cinq petites fueilles, comme en la Betoine sauuage.

De la Quintefueille, CHAP. XXVIII.

LA *Quintefueille*, est appellée en Grec πεντάφυλλον: en Latin *Quinquefolium*: & par les Apothicaires *Pentaphyllon*: en Allemand *Funffingerkraut*. Elle a eu ce nom du nombre de ses fueilles, qui sont tousiours cinq à cinq attachées à vne queuë. Dioscoride n'a mis qu'vne espece de *Quintefueille*: mais les Herboristes en ont remarqué trois, quatre, ou cinq especes, differentes quat à la couleur des fleurs, & aussi quant aux fueilles. Dioscoride dit, *que la Quintefueille produit des petites branches grailes comme festus, de la hauteur d'vne paume, sur lesquelles vient la graine.* Ses fueilles retirent à celles de la Mente, & y en a cinq par chacune queuë, entelées à l'entour: quelquefois il y en a dauantage, mais c'est rarement. Ses fleurs sont blanchesalles, tirans sur la couleur d'or. Sa racine est rougeastre, longue, plus grosse que celle de l'Ellebore noir. Par cette description il appert clairement que Dioscoride a entendu parler de la *grande uintefueille iaune*: car elle a vne racine longue & rougeastre, de laquelle il sort des petites branhes menuës à mode de festu, qui se replantent, & ainsi se multiplient d'elles mesme. En chacune 'icelles il y a cinq fueilles dentelées à l'entour en façon d'vne scie, semblables à celles de la Mente. es fleurs sont iaunes, ou de couleur d'or, composées de cinq fueilles apres lesquelles il y vient come des petites meures, ou des fraises, dans lesquelles est la graine. Ioint aussi le lieu où elle croist, son astriction grande, dont nous parlerons cy-apres. En outre la racine est quarrée quand elle est che. Ce que Theophraste a fort bien remarqué, disant: *La racine de la Quintefueille ou du Quinuepetum, (car on la nomme en l'vne & l'autre maniere) est rouge quand on l'arrache, mais estant seche*

Les noms. *Liu. 4. ch. 18.* *Les especes.* *La forme.* *Liure 9. de l'hist. ch. 14.*

Grande Quintefueille iaune.

Quintefueille iaune petite.

lle deuient noire & quarrée. Elle a les fueilles comme celles de l'Arbouzier, petites, & de esme couleur. Elle croist quand la vigne commence à pousser, & se perd quand elle vient à deueiller. Ses fueilles sont toutes cinq à cinq, dõt elle a prins son nõ. Ses tiges sont petites, couhées par terre & cõparties par beaucoup de neuds. Pline en dit aussi de mesme. *La Quintefueille st conneuë d'vn chacun, d'autant qu'elle porte des fraises. Les Grecs la nomment Pentapetes, ou hamæzelon, ou suyuant d'autres Chamæmelon, ou Pentaphyllon. Quand on arrache sa acine elle est rouge, mais icelle venant à secher deuient noire & anguleuse. Elles a prins son nom du nombre de ses fueilles. Elle germe quant & la vigne, & seche quand la vigne commence à poser les*

Liu. 25. ch. 9.

fueilles. On s'en sert pour benir les maisons. Il est bien certain qu'il a prins tout cela de Theophraste, excepté ce qu'il dit, *que la Quintefueille est remarquée pource qu'elle porte des fraises.* En quoy il a de l'ambiguité, d'autant que l'herbe qui porte les fraises est differente de la *Quintefueille*, & n'a pas cinq fueilles par chacune queuë, mais seulement trois. Quant à la *Quintefueille iaune petite*, elle retire fort à la precedente quant aux fueilles, & en ce qu'elle va rampant par terre tout de mesme, & aussi quant aux tiges & aux fleurs : toutefois elle est en tout & par tout plus petite, & mesme ses tiges ne se replantent pas si aisément en terre comme celles de la grande, & sont chargées de plus petites fueilles blancheastres par dessous. Quant à la *Quintefueille blanche*, elle est quasi de mesme grandeur que la *grande iaune*. Ses tiges sont semblablement rampantes, tendres, grailes, auec cinq fueilles au bout: toutefois elles sont veluës, & les fueilles sont longues, dentelées seulement par le bout. Ses fleurs sont blanches. Sa racine n'est pas simple ; mais en iette beaucoup de petites qui vont courant çà & là. La *Quintefueille rouge* est assez semblable aux autres, principalement à la *Grande iaune*, & a les fueilles cinq à cinq, dentelées tout à l'entour, blanches par dessous, & brunes par dessus. Sa tige est de la hauteur d'vne paume, ou d'vn pied, de couleur brune, ou rougeastre, compartie par neuds & lisse, à la cime de laquelle il sort le plus souuent deux fleurs, de couleur rouge-obscure. Apres il y vient comme des petites meures rondes, & rouges comme des fraises ; toutefois elles sont plus dures, dans lesquelles est la graine. Sa racine est tendre, qui se va espandant çà & là. Pena & Lobel mettent deux autres especes de *Quintefueille* ; a sçauoir *vne grande*, qui fait quelquefois la fleur iaunastre, quelquefois blanche ou rouge. Ses tiges sont droites, fermes, de la hauteur d'vn pied ou d'vn coudée, auec des fueilles disposées cinq à cinq : mais elles ont de plus grandes decoupeures à mode de celles de l'herbe Robert, ou de la Guimauue sauuage. Ses fleurs sont blanches, quelquefois purpurées. Sa racine est brune par dehors, rougeastre par dedans, large comme le doigt, de la longueur d'vne paume, ou d'vne paume

Petite Quintefueille iaune.

Quintefueille blanche.

Quintefueille rouge.

Quintefueille blanche.

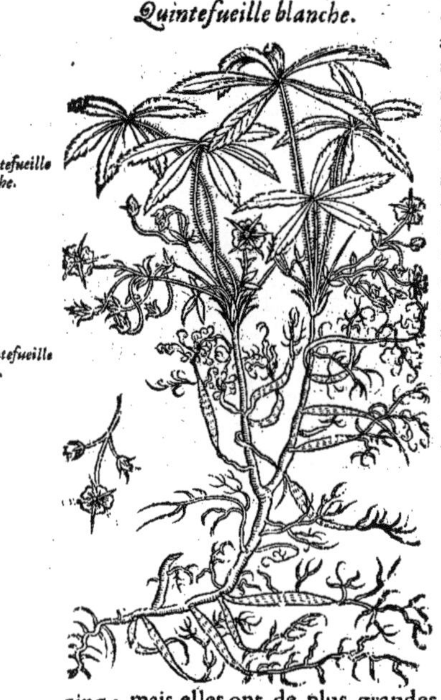

Quintefueille rouge.

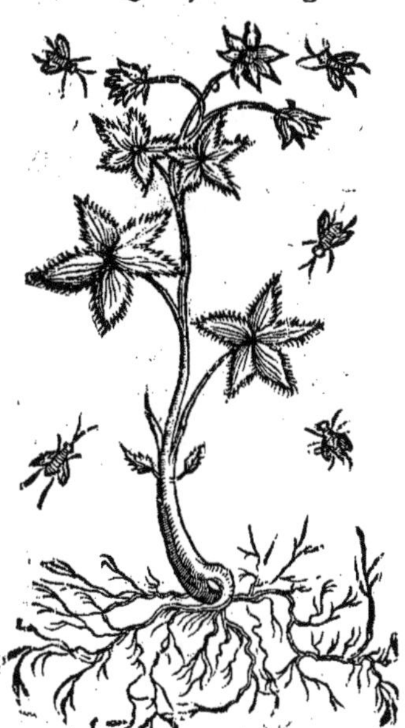

Quintefueille blanche, de Matthiol.

& demie.

Quintefueille rouge, de Dodon.

Quintefueille à la fleur blanche & rouge, de Lobel.

demie. Elle croist és Ceuennes de Languedoc, en terre grasse. Et fait des fleurs blanches en in & en Iuillet. Mais celle qui croist sur l'Apennin en Italie, fait les fleurs purpurées. Quant à autre, c'est aussi vne espece de Quintefueille, toutesfois elle participe de *l'Argentille*, de la *Quinfueille*, & de la *Potentille*. Elle a les fleurs iaunes, palles : les fueilles, & les petites tiges foibles, & enuës. La racine semblable à la *Quintefueille*. Toutefois les fueilles qui sont au bas de la plante sont vertes-brunes, attachées à vne longue queuë comme celles de l'Argentine, ou de la Potentille. Son fruict retire à celuy de l'herbe aux fraises sterile. Voilà ce qu'en dit Locel. Au reste la *Quintefueille*, ainsi que dit Dioscoride, croist és lieux arrousez, & le long des conduits d'eau. Nos Quintefueilles aussi croissent és lieux ombrageux, & pendants, & és lieux aquatiques, principalement la rouge, qui ne vient que sur le bord des fossez, & dedans les fossez mesme, & és eaux dormantes. Elles fleurissent principalement en May, & en Iuin. Dioscoride dit, que la *Quintefueille* a beaucoup de proprietez. La decoction de la racine cuite iusques à la consumption du tiers, appaise la douleur des dents, si on la tient en la bouche. Elle guerit aussi les pourritures de la bouche si on s'en laue. Gargarizée elle guerit l'aspreté du gosier. Elle sert au flux de ventre & à la dysenterie. Prinse en breuuage elle guerit les douleurs des iointures, & de la sciatique. Sa racine cuite en vinaigre & appliquée en liniment empesche les dertres de croistre dauantage. Elle resout les escroüelles & guerit les durtez, les apostumes phlematiques, la dilatation des arteres, les eresipeles ou feu Sainct-Anthoine, les apostumes qui viennent à la racine des ongles, les enfleures & durtez du fondement, & la rongne. Le suc de la racine tendre est bon contre les accidents du foye & du poulmon, & contre les venins. Les fueilles prinses auec eau miellée, ou vin trempé, ou auec vn peu de poyure, sont bonnes contre les accez des fieures, prennant pour la fieure quarte les fueilles de quatre branches, & pour la fieure tierce celles de trois branches, &

Le lieu. Le temps. Le lieu. Le temps. Liu. 4. ch. 18. Les vertus.

Quintefueille rampante retirant à l'Argentine, de Lobel.

pour la quotidienne celles d'vne seule branche. Prinses par l'espace de trente iours elles guerissent le haut mal. Le suc des fueilles prins par l'espace de quelques iours, au poix de cinq onces, guerit en peu de temps la iaunisse. Auec sel & miel elles guerissent les playes, & les fistules. Elles sont singulieres aux hergnes & descente du boyau. La *Quintefueille* prise en breuuage, & appliquée en liniment guerit toute sorte de flux de sang. Pline en dit les mesmes choses que Dioscoride en diuers endroits. La *Quintefueille*, dit-il, guerit les escroüelles, & les accidents de la poitrine. Prinse en breuuage elle sert à la sciatique, & aussi appliquée dessus. Elle guerit les apostumes plattes. Appliquée sur les douleurs des iointures elle y est fort profitable. Incorporée auec sel & miel elle est singuliere aux fistules qui s'aggrandissent de tous costez. Elle resiste au venin des phalanges, & guerit les dertres. Le suc de la *Quintefueille* prins au pois de cinq onces guerit la squinancie. Il est aussi singulier aux accidents du foye & des poulmons, & à ceux qui crachent le sang, & à tout flux de sang interieur. Plusieurs en font estat par dessus tout autre medicament pour la dysenterie que l'on tient pour incurable, faisans cuire ses racines dans du laict, & le donnans à boire au malade. Icelle cuitte en vin iusques à la consomption de la tierce partie, est singuliere pour ceux qui ont la iaunisse, la leur faisant boire & les en frottant. Ses fueilles prinses en eau guerissent le haut mal. Broyées en vin & prinses par l'espace de trente iours auec poudre de Betoine au pois de treize deniers, & vn cyathe de vinaigre squillitic elles guerissent du haut mal. Leur suc guerit fort promptement la iaunisse prins au pois de cinq onces auec sel & miel. Aucuns ordonnent de prendre trois fueilles de *Quintefueille* pour la fieure tierce, & quatre pour la quarte, & dauantage aux autres. Et pour toutes fieures d'en prendre au pois de trois oboles auec du poyvre dans de l'eau miellée. Galien dit, que la racine de la *Quintefueille* desseche fort, & qu'elle a peu d'acrimonie, à raison dequoy elle est de grand seruice, comme sont tous autres medicamens, lesquels estans de parties subtiles dessechent sans mordication. *Car*, dit-il, *cette racine desseche au troisiesme degré sans aucune chaleur euidente*. Luy mesme dit, *que la racine de la Quintefueille cuite en vin guerit la douleur des dents.*

Liure 8. des simpl.

Liure 5. des medic. loc. chap. 9.

De la Tormentille, CHAP. XXIX.

Les noms.

ΕΠΤΑΦΥΛΛΟΝ en Grec, s'appelle en Latin *Septifolium*, & communement *Tormentilla* : en François *Tormentille* : eu Allemand *Rotheilwurtz*, & *Tormentill*. Elle est appellée *Heptaphyllon*, à cause que ses fueilles sont tousiours sept à sept ensemble : & *Tormentilla*, peurce qu'elle guerit le tourment & la douleur excessiue des dents, comme aussi celle qui procede de certaine sorte de venin.

La forme.

Elle iette d'vne seule racine cinq, six, ou huict branchettes, grailes, rondes, qui trainent par terre, & rougeastres. Les fueilles sont petites, attachées cinq à cinq, & le plus souuent sept à sept, par chacune queuë, dentelées, semblables à celles de la petite Quintefueille iaune. Ses fleurs sont iaunes : sa racine est grosse semblable à celle de la Bistorta, vn peu tortuë, rouge au dedans & noire par dehors. Par cette description il appert que ceux-là se trompent, qui prennent la *Tormentille* pour le *Pentaphyllon* de Dioscoride, d'autant que le *Pentaphyllon*, ou soit *Quintefueille* n'a que cinq fueilles iointes ensemble, & la *Tormentille* en a le plus souuent sept. La *Quintefueille* a la racine longue, droite, plus grosse que celle de l'Ellebore noir : celle de la *Tormentille* est courte, massiue, tortuë, quasi comme celle de la Bistorta. Il semble donc qu'elle approche plus du *Chrysogonon* de Dioscoride, qui est vne plante touffue, ayant les fueilles comme le Chesne, & la fleur comme la Prime-vere ; la racine grosse comme vne Raue, fort rouge par dedans & noire par dehors.

Tormentille.

Liu. 4. ch. 51. Pena & Lobel.

Le lieu.

Or la *Tormentille* croist és bois ombrageux, & aussi aux montagnes, & s'aime és lieux secs & maigres.

Le temps.

Elle fleurit tard, assauoir en esté.

Le temperament & les vertus.

Ses vertus & effects monstrent qu'elle est seche au troisiesme degré sans aucune chaleur manifeste, d'autant qu'elle sert à consolider les playes. La poudre de cette herbe ou de sa racine prinse en breuuage auec suc de Plantain, guerit ceux qui ne peuuent retenir leur vrine. Mise sur les playes elle les consolide. Incorporée auec le blanc d'vn œuf, & cuite en vn pot de terre, elle est propre à la cholerique passion. Le suc

des

des fueilles est singulier pour les fistules incurables, & aussi pour oster les taches des yeux. L'herbe & sa racine maschée & tenuë en la bouche, sont bonnes aux vlceres pourris de la bouche. Elle guerit les dertres, les escroüelles, les durtez, les enfleures, & les ouuertures des arteres. En somme elle a les mémes proprietez que la Quintefueille. Aussi est elle propre cōtre les venins, & pour guerir la dy-sẽterie, & toute sorte de flux de sang. La poudre de la racine mise dās le creux des dents auec vn brin d'Alun & de Pyrethre, en oste la douleur, & en outre arreste les defluxions. Apulée dit, que la *Tormẽtille* broyée & incorporée en huile, guerit la douleur des pieds dans trois iours, si on les en oinct.

De la Sanicle, *CHAP. XXX.*

ON tient que personne des anciens autheurs n'a descrit ceste herbe mais qu'elle a esté treuuée par les modernes, cōme plusieurs autres, qui sont bonnes pour les playes, lesquels l'ont appellée *Sanicula*, qui vient du verbe Latin *Sanare*, qui signifie *guerir*, pource qu'elle guerit les playes. En Allemand on la nomme *Sanniker*; en François *Sanicle*. Aucuns l'appellent *Diapensia*. Matthiol la mét pour la quatriéme espece de *Quintefueille*, contre l'opinion des autres doctes Herboristes, Or d'autant qu'il y a plusieurs herbes nommées *Sanicula*, nous traitterons seulemēt icy de deux, dont l'vne est celle qui est proprement appellée *Sanicula*, & surnommée *masle*: l'autre pour estre fort semblable en figure & [v]ertus à la vraye *Sanicle*, a esté appellée *Sanicle femelle* par Fuchse, & autres Herboristes. La *Sanicle* [m]*asle* a les fueilles semblables à celles de la vigne, ou de l'Ache, rondes, mi-parties en cinq, auec des [p]rofondes decoupeures, frangées, vertes-brunes, lisses & en grand nombre, desquelles chacune est

Les noms.

Sur le ch. 38 liu. 4.

Chap. 260. de l'hist.

La forme.

Sanicle masle.

Sanicle femelle.

[a]tachée à vne queuë purpurée sortant de la racine, comme aussi les tiges qui passent par dessus les [fu]eilles, & sont lisses, tendres, grailes, à la cime desquelles il y a de petits boutons ronds, garnis de [fl]eurs blanches, puis apres d'vne graine veluë, & aspre. Sa racine est cheueluë comme celle de l'Ellebore noir, noire par dehors & blanche par dedans. La *Sanicle femelle* fait des petites tiges, tendres, [men]ues, & souples, garnies de fueilles mi-parties en cinq, vn peu dentelées, comme celles de l'herbe [R]obert, ou de la *Sanicle*, aspres, & brunes, auec des fleurs à la cime ageancées en ombelle, blanches, [o]u bleuës-blaffardes. Sa graine est cannelée, & longue. Sa racine a beaucoup de cheueleures lon[g]ues & noires, qui sortent d'vn mesme endroit, & retire du tout à celle de l'Ellebore noir: dont [a]ucuns, du nombre desquels est Dodon, tiennent que c'est l'Ellebore noir. Cordus l'appelle *Astrantia nigra*. *La Sanicle masle* croist és forests humides, & és lieux ombrageux, plustot aux païs septen-

Liu. 3 ch. 16.

Le lieu.

tri onaux, que non pas aux païs chauds : car elle croist en grande abondance, & est bien cogneuë en Angleterre, & Allemagne. Aucuns l'entretiennent aussi dans les iardins. La *Sanicle femelle* croist aussi aux lieux ombrageux, & montueux ; mais elle se plaist és lieux esleuez comme sur les Alpes. Elles fleurissent en Iuin & en Iuillet. La *Sanicle masle* est astringeante & amere, tellement qu'il n'y a personne qui doute qu'elle ne soit chaude & seche. On tient qu'elle l'est au second degré. Dodon tient qu'elle est seche au troisiesme degré, & astringeante. L'experience a monstré qu'elle est souueraine pour les playes, à raison dequoy, ainsi que dit Ruel, on dit communement en France, *que ceux là n'ont pas faute de Chirurgien, qui ont de la Sanicle.* Les Chirurgiens Allemans en vsent fort au playes interieures, à la descente du boyau, & aux fistules, faisans prendre sa poudre, ou sa decoction en breuuage. Elle est singuliere pour arrester l'esmotion des humeurs qui sont dans le corps, & pour empescher qu'elles ne decoulent sur quelque partie debile : car il est certain que l'herbe cuite, & appliquée, ou vrayement son suc en liniment guerit les enfleures tant des hommes que des bestes ; & n'y a pas le plus souuerain remede contre les rheumes qui tombent sur les poulmons ou sur le gosier, que de faire cuire les fueilles & les racines en eau auec du miel, puis les faire prendre en breuuage. Elle guerit aussi les vlceres malins & pourris de la bouche, des gencives & du gosier, si on s'en laue, ou qu'on s'en gargarize. En somme elle a les mesmes proprietez que la Consolide Royale, & specialement contre le crachement de sang, la dysenterie, & les accidens des reins, estant cuite en eau ou vin, & prise en breuuage.

Pier. Pen. aux Aduers. — *Le temps, Le temperament & les vertus.* — Au mesme lieu. — Liu. 2. c. 147.

De la Cortusa, CHAP. XXXI.

Chap. 17. liu. 4.

MATTHIOL fait grand cas d'vne certaine herbe, qui a de grandes & excellentes proprietez, laquelle il appelle *Cortusa*, du nom de Cortusus Gentil-homme Padouan, qui en a esté l'inuenteur. Lobel l'appelle *Caryophyllatum Veronensium flore Saniculæ vrsinæ*. Ceste herbe a les fueilles quasi semblables à celles des vignes, toutefois elles sont moindres, à demy rondes, & vn peu aspres, d'vn goust vn peu astringeant, attachées à des longues queuës. Elle fait des tiges menues, droites, qui sont sans fueilles, & produisent à la cime par vn singulier artifice de nature des fleurs qui sont purpurée par dehors, & par dedans iaunes, & reluisantes comme l'or, & pleines de petits filets de couleur d'or. Elle fait aussi quelquefois les fleurs violettes, ou bien blanches, toutefois les premieres sont les plus ordinaires. Elle a vne infinité de racines menues & longues. Elle croist és lieux ombrageux, qui ne sont iamais battus du soleil, en terre argilleuse, & blanche. Cortusus qui en a esté l'inuenteur, disoit qu'il n'en auoit point veu ailleurs qu'aux enuirons de Vicence, & seulement en cest endroit qu'ils appellent *Vallestagna*. Toute la plante estant verte sent fort bon, comme les rayons de miel, & encor meilleur ; mais ceste odeur se perd quand la plante seche. On a treuué par experience que ceste herbe est propre pour appaiser la douleur des nerfs & des iointures prouenant de quelque occasion que ce soit : car si on met tremper ses fleurs dans de l'huile d'amandes fresches, & huile rosat complet par egales portions, & qu'on les tiennent long temps au soleil, cest huile sera fort souuerain pour le fait que dessus, en l'appliquant sur la douleur à demy tiede. Et ne faut point douter que toute la plante ne soit astringeante, & ne puisse guerir les playes & les vlceres. Les modernes l'ordonnent en breuuage contre les playes interieures de la poitrine. Son suc meslé auec du ver de gris est bon pour mettre dans les vlceres cauerneux & de difficile guerison. Il resiouït les esprits en le sentant, & fortifie le cerueau froid. Prinse en breuuage elle sert aux defluxions de l'estomac, à la dysenterie, aux flux des femmes, & à ceux qui crachent le sang. Elle est propre à la rompure & descente du boyau tant prinse par dedans qu'appliquée par dehors. Ce qu'elle fait d'autant qu'elle est chaude & seche, comme il se voit bien aux racines qui sont odorantes & astringeantes. Par le moyen donc de ces qualitez elle est propre pour attenuër, resoudre, reserrer, & fortifier.

Le lieu.

Les vertus.

Le temperament.

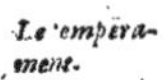

Cortusa, de Matthiol.

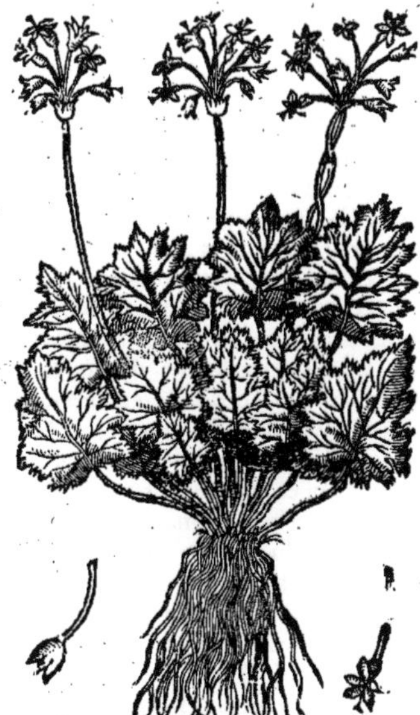

De la

De la Consolide Sarrazine. *CHAP. XXXII.*

NOus auons nommé en Latin cette plante *Consolida Sarracenica*, du nom commun que luy ont imposé les Herboristes de nostre temps, d'autant qu'il semble qu'elle n'ait point esté nommée par les anciens. Or elle a esté nommée *Consolide*, pource qu'elle est propre pour consolider les playes ; & *Sarrazine*, pource qu'il a esté vn temps que les Sarrazins, *Les noms.*

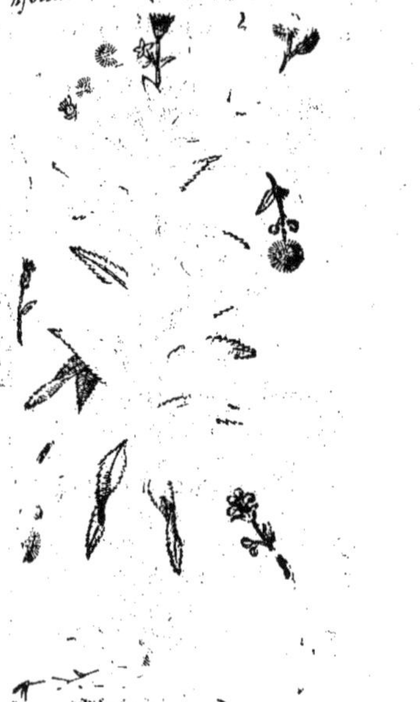

[Co]nsolide Sarrazine, de Fuchse.

Consolide Sarrazine, de Lobel.

[C]onsolide Sarrazine III. de Tragus.

& les Turcs encor qu'en effet ce ne soient que barbares, & gros lourdauts, auoient le nom d'estre braues Chirurgiens. On l'appelle aussi en Latin *Herba fortis* : en François *Consoulde*, & *Consolide Sarrazine* : en Allemand *Heidinschvundkraut*. Cette plante a la racine composée de beaucoup de grosses cheuelures, de laquelle il sort vne tige droite, ronde, rougeastre, & creuse, de la hauteur de trois ou quatre coudées, garnies de fueilles longues, semblables aux fueilles des Saules, ou des Amandiers, vn peu dentelées, auec des fleurs palles à la cime, qui s'enuolent en papillottes. Elle croist és lieux bas & humides, & dans les bois ombrageux & humides ; comme aussi aux montagnes humides. Elle est seche quasi au troisiesme degré, & est amere au goust & astringeante. On l'ordonne en breuuage comme les autres especes de Consolide. Elle guerit les playes & vlceres, tant interieurs comme exterieurs, estant incorporée dans les onguents, huiles, & emplastres. Sa decoction faite en eau remet en force le foye mal disposé, & le desopile, comme aussi la vessie du fiel. Ainsi donc elle est propre à la iaunisse, & aux fieures longues, & pour l'hydropisie qui commence. Cette mesme decoction est aussi singuliere pour guerir les vlceres des gencives, du gosier & de la bouche, & mesmes la puanteur d'icelle. Tragus met vne autre espece de *Consolide Sarrazine*, laquelle croist au bord des champs aspres & pierreux, & fait les racines, la tige, & les fueilles du tout semblables à celles de la Mente sauuage. Elle fleurit en Iuillet & en Aoust. Ses fleurs sont iaunes, & sortent de certains petits vases ronds. Elle est

La forme. *Le lieu.* *Le temperament.* *Les vertus.* *Lib. 1. c. 164.* *Le temps.*

fort ſoueraine pour guerir les playes, ſi on les laue de ſa decoction. Il y a en outre vne autre plante appellée par les Herboriſtes *Conſolide Sarrazine grande*, laquelle croiſt és lieux humides & ombrageux; & a la racine fort cheueluë, la tige de deux coudées de haut, ronde, garnie de fueilles qui ſortent de la tige vne à vne, par certains interualles; & ſont larges, groſſes, dentelées à l'entour, pleines de veines & aiguës au bout, Sa fleur retire quaſi à celle du Seneçon, & eſt iaune, & ſi s'enuole en papillottes, d'vn gouſt amer & aſtringeant. Pena a mis vne autre *Coſolide dorée des bois*, laquelle croiſt dans les foreſts eſpaiſſes d'aupres d'Orleans, & a les fueilles comme les Poirées noires,

Conſolide Sarrazine grande.

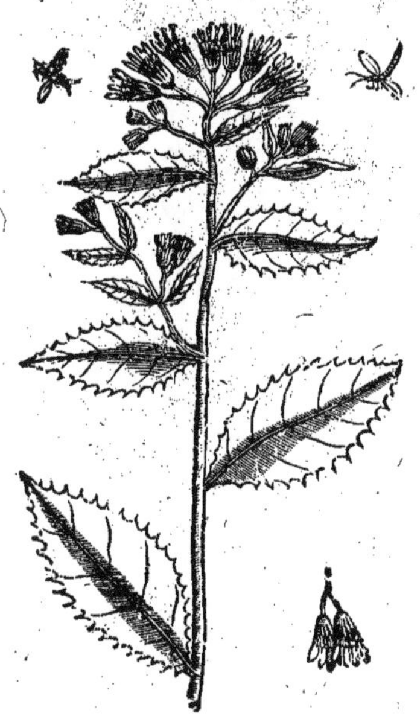

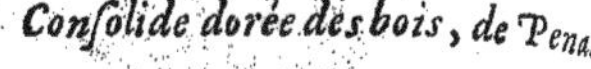

Conſolide dorée des bois, de Pena.

ou comme celles du Limonion, vertes-brunes, poulpues, & vn peu veluës, groſſes pleines de veines, comme celles de la Verge d'or de Languedoc, enuironnans deux ou trois tiges, à la cime deſquelles il y a des fleurs faites à mode d'eſtoile, de meſme couleur & figure que celles des Soucis, dont les fueilles ſont entrelaſſées & iointes enſemble d'vn merueilleux artifice, deuant que d'eſpannir. Sa racine a beaucoup de cheuelures qui vont s'eſpandant à fleur de terre, comme celles des Marguerites, du gouſt de la *Conſolide moyenne*, auec vn bien peu d'acrimonie, ou comme l'herbe dorée, à laquelle elle retire quant aux vertus, & ſi a ie ne ſçay quoy d'aromatique. Elle a quelque rapport, dit Lobel, auec l'Aliſma de Matthiol, & auec le Chryſanthemon large-fueille de Dodon. Elle eſt fort commune au païs de Friſe aupres de Zutphon, & Hackfort. Quant aux autres eſpeces de *Conſolide* nous en auons traité *entres les plantes mareſcageuſes*.

De la Verge d'or, *CHAP. XXXIII.*

Les noms. CESTE herbe tient auſſi ſon nom des modernes & eſt nommée *Verge d'or*, peut eſtre pource qu'elle eſt fort ſoueraine pour les playes: en Latin *Virga aurea*. Elle fait du commencement ſes fueilles couchées par terre, longues, & aſſez larges, plus que les fueilles du Peſcher, menuës, & vn peu dentelées à mode du Coſtus des iardins; toutefois elles ſont beaucoup plus eſtroites, entre leſquelles ſort vne tige menue, graile, vn peu rougeaſtre, de la hauteur d'vne coudée, ou d'vne coudée & demie, garnie de fueilles ſemblables aux autres, ſinon qu'elles ſont moindres; & iette pluſieurs branches à la cime, enrichies de beaucoup de fleurs iaunes ou de couleur d'or, qui s'enuolent au vent, comme celles de la Conſolide Sarrazine. Sa racine eſt brune & cheueluë. *Le lieu.* Elle croiſt en grande abondance és bois & foreſts eſpeſſes de France, Allemagne, & Angleterre, *Le temps.* & fleurit au mois d'Aouſt. *Les vertus.* Elle eſt fort aſtringeante: & encor plus deſiccatiue. Les Chirurgiens l'ordonnent en breuuage auec heureux ſuccez à ceux qui ſont bleſſez dans le corps, & pour les fiſtules: car de fait elle eſt fort ſoueraine pour conſolider les playes & vlceres, tant interieurs comme exterieurs, & pour eſtancher le ſang,

Arnauld

Verge dorée, de Matthiol.

Vurge dorée, de Dodon.

Arnauld dit, qu'elle est singuliere pour faire vriner, & pour rompre la pierre. Prinse en breuuage lle resserre le flux de ventre, comme aussi estant mise en clystere. Sa decoction guerit les vlceres e la bouche, & raffermit les dents. Elle guerit la squinancie, & empesche l'inflammation de la uette, si on s'en gargarize; & guerit en outre les maladies du gosier. Aucuns la prennent pour ne espece de *Boüillon*; d'autres estiment que c'est la *Leucophragis* de Pline, & l'*Herba scripta* de l'Anuillara, qu'il nomme ainsi pource que ses fueilles ont certaines petites taches. Il faut adiouster cy l'*Herbe dorée* de Languedoc, laquelle a les fueilles comme le Limonion, ou le Lappais, & la fleur

Verge dorée de Pena, & Lobel.

Verge dorée de Languedoc, de Pena.

iaune,

Verge dorée ſeconde, de Lobel.

iaune, comme celle du Tripolion. Sa racine eſt petite pour la grandeur de la plante, de la grandeur de celle de l'Ellebore blanc, & du tout ſemblable, meſmes quant aux cheuelures. Sa tige eſt droite, haute, garnie à l'entour comme auſſi au pied pres de la racine de beaucoup de fueilles longues, groſſes, fermes, eſtroites au bas, & larges par le milieu comme la paume de la main, bien vertes, auec des nerfs purpurées en trauers. Ses fleurs ſortent à la cime de la tige, qui eſt branchue, ſemblables à celles du Seneçon ou du Tripolion marin, & s'enuolent en papillottes. Sa racine & ſes fueilles ont vne odeur aromatique, comme l'Angelique ſauuage. Leur gouſt eſt vn peu nitreux, ſans aucune acrimonie. Les Chirurgiens vſent fort de cette herbe, meſmes il y a des Medecins qui en font grand eſtat. Ce qui fait penſer que c'eſt le *Chironion* de Theophraſte, qu'il dit eſtre ſemblable au Lappais, ou pour le moins vne des eſpeces de Chironion, deſquelles Pline traittant les attribue à Theophraſte comme le *Pharnacien*. Elle croiſt en Prouence & en Languedoc le long des riuieres qui ne coulent pas fort roide, aux meſmes endroits que le Limonion, d'où elle a eſté tranſportée dans les iardins de Flandres, & d'Angleterre. Voilà ce qu'en dit Pena. Lobel met vne ſeconde *Verge dorée*, ſemblable à la premiere, laquelle a la fueille dentelée, & luy retire ſi fort qu'il eſt mal-aiſé de les recognoiſtre l'vne d'auec l'autre, ſi ce n'eſt par le moyen de la grandeur des fueilles, & de leur decoupeure. Car elle a les tiges deux fois plus hautes, plus grandes, & les fueilles plus dentelées, Elle croiſt dans les iardins en Flandres, & tient on que la graine en a eſté apportée d'Italie.

Le lieu.

De l'Hepatique. *CHAP. XXXIV.*

IL ſemble que les Grec & Arabes n'ont pas eu cognoiſſance de cette herbe, que les Heroriſtes modernes appellent *Hepatica*, parce qu'elle ſert à ceux qui ont le foye intereſſé. On l'appelle

Hepatique, ou Herbe de la Trinité, de Matthiol.

Hepatique aux fleurs doubles, de Lobel.

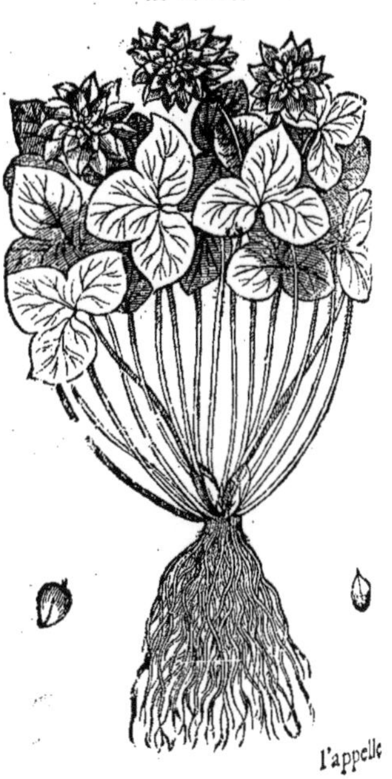

s'appelle aussi *Herba Trinitatis*, & *Hepaticum trifolium*, à raison de la figure de ses fueilles : en Fran-çois *Hepatique*. Elle a les fueilles grandes, mi-parties en trois assez semblables à celles du Pain de [por]ceau, si ce n'est qu'elles sont plus grandes, attachées à des longues queuës, vn peu purpurées par [d]essous comme celles du Pain de porceaux, & tachetées de taches blanches par dessus. Elle produit [de]s petites tiges, à la cime desquelles il sort vne fleur purpurée dés le commencement du printemps, [ap]res laquelle il y vient vn bouton herissé, plein d'vne graine longue de couleur tirant sur le bleu. [El]le a beaucoup de racines menuës, noires ou rougeastres; & croist és lieux humides parmy les bois [to]illis, pource qu'elle aime l'ombre. Les Medecins modernes en font grand estat pour consolider les [pl]ayes, tant à l'appliquer par dehors, qu'à la prendre par dedans, comme aussi pour la descente [du] boyau, ordonnans pour cest effet de prendre demy cueillerée de sa poudre en vin brusc. La de-[co]ction de toute la plante cuite en vin est propre contre l'inflammation de la luette & du gosier : car [el]le refroidit, desseche, & fortifie, à raison dequoy elle est propre contre l'intemperie chaude & [in]flammation du foye, & pour mitiguer la chaleur des fieures. Ses fleurs changent par fois de cou-[le]ur, car elles sont quelquefois bleuës purpurées & quelquefois blanches. Leurs grandes fueilles [so]nt aussi quelquefois tachetée. Lobel met vn autre *Hepatique* qu'il surnomme *Polyantes*, qui a les [fle]urs bluës, purpurines, fort doubles, & belles. Quant aux fueilles & à la racine, elle retire à la [pr]ecedente. *Les noms. La forme. Le temps. Le lieu.*

Du Geranion, ou Bec de Grue, *CHAP. XXXV.*

CESTE herbe est appellée bien à propos en Grec γεράνιον, en Latin *Geranium*, *Gruina*, & *Gruinalis*, pource qu'elle porte à la cime des petits boutons auec des pointes, qui reti-rent à vne petite teste de Grue auec le bec, dans lesquels est la graine. Or comme il y en a diuerses especes, aussi ont elles diuers noms. Dioscoride n'en met que deux especes, [tou]tefois pource qu'il en croist trois ou quatre autres sortes en plusieurs endroits de l'Europe, des-[qu]elles il peut estre que Dioscoride, ny les autres autheurs anciens n'ont pas eu la cognoissance, & [le]squelles ont à bon droit esté nommées par les Herboristes du nom de *Geranion*, ou de *bec de Grue*, [d']autant que leur graine retire à la teste d'vne Grue auec le bec, il sera bon d'en traitter icy de tou-[te]s. Et en premier lieu des deux dont Dioscoride a traitté, qui ne se treuuent pas par tout comme [le]s autres. *La premiere*, dit-il, *a les fueilles semblables à l'Anemone, fendues & vn peu plus longues: la [ra]cine à demy ronde*, (aux autres exemplaires, comme aussi en Oribase il y a στρογγύλην, c'est à dire, [ro]nde,) *douce & bonne à manger.* Ruel estime que ce *Geranion* icy soit la plante que les Apothicaires [&] Herboristes appellent *Acus pastoris*, *Acus muscata*, *Rostrum Ciconiæ*, & *Rostrum Gruis* : en Fran-çois *Bec de Cicogne*, & *Bec de Grue* : en Allemand *Storken-schnabele*. Et mesmes Fuchse & Dodon sont en la mesme opinion. Neantmoins pource que cette plante n'a pas la racine ronde comme vne pomme, ny les fueilles comme l'Anemone, il y en a d'autres qui prennent d'autres plan-tes au lieu de cette-cy. Matthiol reprend l'opinion de Ruel, & dit, que le premier *Geranion* de Dioscoride croist au val d'Ananie, & quasi par tout, ayant les fueilles decoupées à mode de celles de l'Anemone, & les fleurs de couleur de pourpre blaffarde, desquelles il sort comme des testes de Grue. Sa racine est blanche, quasi ronde, & douce. Ce nonobstant en la premiere edition Latine de ses Commen-taires il ne met pas le pourtrait d'autre plante que de *l'Acus pastoris*, ou *Muscata*, que Ruel, Fuchse & Dodon pren-nent pour le *premier Geranion* : mais en ses dernieres edi-tions apres auoir descrit le precedant *Geranion premier*, vn peu apres il en met la description & le pourtrait d'vn autre bien differant, disant, que le *premier Geranion* de Dio-scoride a les fueilles semblables à l'Anemone, toutefois el-les ont les decoupeures plus grandes, en nombre de six par chasque fueille. Sa tige sort dés la racine, droite, menuë, & compartie par neuds, par lesquels sortent ensemble auec les fueilles des fleurs rouges, quasi de la figure des Roses, toutefois elles sont beaucoup moindres, composées tant seulement de cinq fueilles, desquelles il sort des petits becs faits en croissant de Lune par le bas. Sa racine est ronde, plus grosse qu'vne noisette, noiraistre & douce au goust. Il croist és lieux non cultiuez. Il y en a abondance en Dalma-tie.

Les noms. Les especes. 1. espece de Dioscor. Liu 3. ch. 62. Chap. 76 de l'hist. Liu. 1. ch. 31. Sur le chap. 114. liu. 3.

Geranion premier de Matthiol.

Geranion premier selon aucuns, de Dalechamp.

Pier. Pen. aux Aduers.

tie. Suyuant cette description il met le pourtrait qui y est du tout conforme. D'autres prennent pour le *Geranion premier* de Dioscoride vne plante qui croist le long de la marine de Prouence aux enuirons de Tolon, & d'Antibes: & a la racine ronde, grosse comme vne prune, ou comme vne petite pomme, blanche par dedans, & couuerte d'vne grosse escorce, de couleur entre roux & brun, auec beaucoup de cheuelures fort menuës, qui sortent de la teste de la racine, & sont longuettes & rousses. Ses fueilles retirent à celles de l'Aquilegia; toutefois elles sont moindres, attachées à vne queuë longue & graile. Sa tige est de la hauteur d'vne paume, garnie de trois petites fueilles à l'endroit du milieu tant seulement. Sa fleur est rouge, fort belle, composée de beaucoup de petites fueilles à mode d'estoile, auec des filets noirs au dedans. Pena appelle vne plante *Geranion bulbosum paruum*, laquelle il prend pour le *premier Geranion* de Dioscoride, & dit qu'elle a la racine palle, & blaffarde, ronde, d'vn goust fade, douceastre, & bonne à manger. Ses fueilles sont attachées à des longues queuës, & sont miparties en cinq à l'entour de leur centre, ne plus ne moins que celles de l'herbe Robert. Ses fleurs ne sont pas du tout purpurées. Il dit l'auoir veu à Inspruck, & qu'il s'en treuue peu en France & en Italie. Dodon met vn autre pourtrait du *premier Geranion* de Dioscoride, ayant la racine à mode de Truffe, lequel approche mieux de celuy de Dioscoride à mon aduis que celuy de Matthiol. Il a les fueilles comme la Grenouillette, auec beaucoup de decoupeures, qui retirent à celles de l'Anemone; toutefois elles sont plus grandes, & si ont les decoupeures plus grandes. Ses tiges sont petites, branchues, chargées de fleurs, qui sont composées de cinq fueilles, & resemblent à des petites roses, de couleur rouge-claire: apres lesquelles il y vient vn fruict long, menu & aigu à mode d'vn bec de Grue, dont la plante a prins son nom. Sa racine est grosse, ronde à mode de Truffe, auec quelque peu de cheuelures.

Geranion à mode de Truffe, De Dodon.

Geranion II. de Dioscoride III. de Matthiol, Pied de Pigeon.

Quant

Quant au second *Geranion* de Dioscoride, il a des tiges menuës, cottonnées, de la hauteur de deux aumes, les fueilles semblables à celles des Mauues. Au bout des tiges il y a des pointes tendans ontremont, à mode de teste de Grue auec le bec, ou comme des dents de chien. Ce *Geranion second* de Dioscoride, suyuant l'opinion de Fuchse, Dodon, & autres, est la plante qu'on appelle cõmunement *Geranion columbinum*, & *Pes columbinus*: en François *Pied de Pigeon*: en Allemand *Tamerfusz*: car elle pousse immediatement dés la racine des tiges menuës, rougeastres, & cottonnées. es fueilles retirent à celles des petites Mauues, toutefois elles sont plus blanches, ou bien à celles e la Sanicle, rondes & molles auec sept ou huict decoupeures. Ses fleurs sont petites à demy purprées. Elle porte aussi des petits boutons auec vne pointe à mode d'vne teste de Grüe. Sa racine est enuë, & lõgue. Matthiol tiẽt pour tout asseuré, que le *Pied de Pigeon* est le *secõd Geranion* de Dioscoride, pource qu'il en a toutes les marques, mesmes il en a mis le pourtrait sous ce nom là en la remiere edition de ses Commentaires. En la deniere edition il asseure bien aussi cela du commenement, toutefois il adiouste: *Nous auons*, dit-il, *veu autre plante differente du Pied de Pigeon en plueurs iardins & vergers, où elle auoit esté semée, laquelle auoit les fueilles rondes, decoupées à l'entour mode de celles du Geranion second, de la grandeur de celles des Maues, auec vn fruict retirant à vne este de Grue. Il y a des Herboristes qui appellent ceste plante Momordica, comme aussi la Balsamina: autres la nomment Geranion, & en font plus de cas que des autres pour les potions que l'on ordonne our les playes interieures. Ceste plante*, dit-il, *retire mieux à mon aduis, au Geranion second de Dioscoide: d'autant que ses fueilles approchent plus de celles des Mauues. Aussi la prendrois-ie plustost pour ce eranion là. Ie ne veux pas nier pourtant, que le Pied de Pigeon ne soit le Geranion second: mais il seoit peut estre meilleur de l'appeller Geranion petit.* Vn peu apres il descrit cest autre *Geranion second*, ui est different d'auec le *Pied de Pigeon*, disant: *Le second a les fueilles cõme les Mauues, vn peu plus etites, attachées, à des queuës menuës, longues, & rougeastres; les fleurs rouges, desquelles il sort des*

Geranion 2. de Dioscor. Au mes. liu. Pier. Pen aux Aduers.

Liu. 3. c. 114.

Autre Geranion second de Matthiol.

Geranion troisiesme de Pline, Aiguille musquée.

pointes à mode des testes de Grue. Sa racine est menuë, de la longueur d'vne paume, & cheueluë. Il croist le lõg des chemins, és lieux qui ne sõt pas cultiuez, & mesmes dãs les iardins. Il en met le pourtrait sous le nõ de *Geraniõ secõd*, au lieu qu'en la premiere editiõ il l'auoit mis pour le *troisiéme*. Or il sẽble que Pline ait adiousté vne troisiéme espece de *Geraniõ*, outre les deux que les Grecs ont mises, quãd il dit: *Touchãt le Geraniõ, il est aussi appellé en Grec Myrrhis & Myrrhica. Il a les fueilles sẽblables à la Ciguë, sinõ qu'elles sõt plus menuës, & la tige plus petite, rõde, de goût & odeur assez bõne.* Voilà cõme nos Latins descriuẽt le *Geraniõ*. Et au contraire les Grecs disẽt qu'il a les fueilles vn peu plus blãches que les Mauues, les tiges menuës, & veluës, lesquelles produisent par certains internalles des branches de deux coudées de long, chargées de fueilles, entre lesquelles il sort certains boutons à mode de

Liu. 26. c. 11. 3. Geranion de Pline.

teſtes de Grue. L'autre eſpece de Geranion a les fueilles comme l'Anemone, ſinon que ſes chiqueteures ſont plus grandes. Sa racine eſt douce & ronde comme vne pomme. Or combien que ſuyuant l'authorité de Pline, le *Geranion* des Latins ſoit appellé *Myrrhis* par aucuns, ſi eſt il bien differant de la *Myrrhis* de Dioſcoride, de laquelle Pline met la deſcription en vn autre endroit. Matthiol & quelques autres tiennent, & à bon droit, que c'eſt la plante que nous auons dit auoir eſté prinſe par Fuchſe & Dodon pour le premier *Geranion* de Dioſcoride, & qui eſt appellée communement *Roſtrum ciconiæ, Acus paſtoris, & Acus muſcata*: en François *bec de Cicogne*. Car elle a les fueilles comme la *Myrrhis*, ou comme la Ciguë, ſinon qu'elles ont les decoupeures moindres, couchées par terre, leſquelles deuiennent rouges auec le temps. Elle produit beaucoup de petites tiges, courtes, rondes, grailes, tendres, à demy purpurées, & veluës ; ſpecialement quand elles ſont vieilles, auec des fleurs à la cime belles & purpurées, faites comme vne eſtoile, apres leſquelles il y vient comme des teſtes de Grue, ou de Cicogne, qui ſont trois à trois enſemble, ou quatre à quatre, auec des pointes comme vn Bec, de la longueur d'vne aiguille : à raiſon dequoy on l'a appellé *Acus paſtoris*, & *Muſcata* à cauſe de ſa bonne odeur, qui ſent, ainſi que dit Pline, comme la Cicutaire vraye, ou la Myrrhis. Sa racine eſt longue comme le doigt. Matthiol en la derniere edition de ſes Commentaires en a mis le pourtrait ſous le nom de *Geranion troiſieſme*. Il met auſſi pour vne eſpece de ce *Geranion*, vne herbe qui eſt miſe auſſi entre les eſpeces de Geranion, & a eſté premierement appellée *Ruberta*, à cauſe que ſes tiges, ſes fueilles, & ſes fleurs ſont rouges: puis apres on l'a appellée *Herba Roberti, Herba Robertiana, & Geranion Robertianum* par quelque folle ſuperſtition, comme le monde n'en eſtoit que trop plein par cy deuant : en François *l'Herbe Robert*: en Allemãd *Ruprechtskraut*. Ceſte herbe fait beaucoup de petites, tiges grailes, veluës, purpurées, ou rouges, comparties par neuds. Ses fueilles retirent à celles du Cerfueil, ou du Coriandre,

Liu. 24. c. 16.

Liu. 3. c. 114. *Geranion 4. Herbe Robert.*

Fuchſ ch. 76 de l'hiſt. Pier. Pen. aux Aduerſ.

Geranion IV. Herbe Robert.

Gruinalis de Dodon.

ou de la Quintefueille, & ſont decoupées de meſme, toutefois leurs dechiqueteures ſont plus grandes. Elles ſont auſſi vn peu veluës. A la cime il y vient beaucoup de fleurs compoſées de cinq fueilles purpurées, & rondes, apres leſquelles il ſort des pointes aiguës, ou des aiguilles droites, & larges par le bas, dans lequelles eſt la graine comme dans des petites gouſſes, veluës, & aſpres, laquelle eſt petite. Sa racine eſt iaune-verte. Matthiol aux dernieres editions de ſes Commentaires en a mis le pourtrait ſous le nõ de *Geranion cinquieſme*, Fuchſe & Dodon l'ont miſe pour le *troiſieſme*. Ceſte autre herbe auſſi que Dodon appelle *Gruinalis*, & *Geranion Gruinale*, eſt vne eſpece d'*Herbe Robert*. On l'appelle en Allemand *Kramchhalſz*. Elle a des petites tiges veluës, rougeaſtres, des fleurs purpurées, auec des petites teſtes à bec, à mode d'vne teſte de Grue, ſemblables à la precedente, & n'y a autre difference, ſinon que ſes fleurs ſont plus grãdes, & que ſe fueilles ont de plus grandes decoupeures. Sa racine eſt blanche au dedans, & iaune par dehors, Fuchſe & Dodon la mettent

Geranion 5. Gruinalis.

Geranion Hæmatodes.

tent pour *la quatriesme espece de Geranion.* Il y a encor vne *troisiesme espece d'Herbe Robert*, qui fait plusieurs tiges tendres, vn peu velues. Ses fueilles ont les decoupeures plus grandes. Ses fleurs sont purpurées. Elle porte aussi des petits boutons comme des testes de Grue, & retire du tout à la precedente, si ce n'est qu'elle a les tiges plus grandes & plus longues : les fueilles & les fleurs plus grandes, de la couleur & figure des Roses. Sa racine est de couleur de sang par dedans & par dehors, à raison dequoy aucuns l'ont appellé *Geranion Hæmatodes*: & les Allemans *Blutuurtz*: c'est à dire *Racine sanguine* : ou bien pource qu'elle est merueilleusement propre pour estancher le flux de sang. Aucuns doctes Simplicistes estiment que c'est la *troisiesme Achillea syderitis* de Dioscoride, tant pource qu'elle s'accorde fort bien auec sa description, comme aussi pource qu'elle fait les mesmes operations que Dioscoride en a escrit. Anguillara la prend pour le *Panax Heracleum*. Dodon l'a mise pour la *cinquiesme espece de Geranion*, & Fuchse pour la *sixiesme*. Il y a encor vne autre espece de *Geranion*, que Fuschse met pour la *cinquiesme*, Dodon pour la *sixiesme*, & Matthiol en la derniere edition de ses Commentaires pour la *quatriesme*, & est appellée *Geranion Batrachoides*, & *magnum*, à cause de la figure de ses fueilles, & de sa grandeur & *Cæruleum*, à cause de la couleur des ses fleurs. Les Allemans l'appellent *Gottes gnad*, c'est à dire *Grace de Dieu*: d'autant qu'elle est fort souueraine pour guerir les playes. Elle a les tiges longues, rougeastres, & velues, branchues, & piquantes, qui sortent en grand nombre dés la racine, & s'espandent de tous costez. Ses fueilles [...]nt plus grandes que celles des autres especes, rondes, auec beaucoup de grandes decoupeures, [...]nt il en sort plusieurs par vn mesme neud de la tige. Ses fleurs sont bleuës, ou violettes, apres [le]squelles il y vient des boutons comme testes de Grue tout ainsi qu'aux autres especes : toutesfois [le]urs pointes sont plus grosses que celles des autres, & sont fendues au bout en trois, à mode d'v[ne] couronne, vn peu recourbées lors que les fleurs commencent à flestrir & à tomber. Sa racine [est] plus grosse que celle des autres, plus longue, & plus forte, auec beaucoup de cheuelures de

Geranion 6. Hæmatodes.

Geranion 7. Batrachoides.

Geranion IV. de Matthiol.

Geranion Batrachoides.

Autre Geranion Batrachoides ayant grandes racines, de Lobel.

Geranion Fuscum, de Lobel

couleur rousseastre, & pleine au dedans d'vne matiere comme de bois. Lobel dit, qu'il y a vne autre espece de *Geranion*, qui retire au *Batrachoides*; & a la racine longue, qui va s'espandant ça & là à fleur de terre, rousseastre, & cheuelue par dessous, compartie par neuds & odorantes; de la grosseur du petit doigt. Ses fueilles sont plus rondes que celles de la Sanicle ou du *Geranion Batrachoides*, blancheastres & vn peu chenues. Ses queues & ses fleurs sont purpurées, tirant sur le violet, moindres que celles des autres. Elle croist dans les iardins en Angleterre & en Flandres.

Geranion VI. de Matthiol.

Le mesme Lobel met vn autre *Geranion* semblable à celuy que nous auons dit auoir la racine longue, & les fueilles comme la Sanicle, lequel il appelle *Geranion Fuscum*; & dit qu'il a les fueilles plus grandes que le precedent, tachettées de taches noires. Au commencement de l'esté il produit vne fort belle fleur blaffarde purpurine, blanche par le milieu, & recourbée, & beaucoup de tiges de la hauteur d'vn pied, petites & branchues, sortans de sa racine qui est longue. Elle croist aux iardins en Flandres. Matthiol en la derniere edition de ses Commentaires met vne *sixiesme espece de Geranion*, qu'il estime estre nouuelle, laquelle a les fueilles qui retirent à celles des Guimauues: toutefois il auoit desia dit au mesme liure, qu'il auoit veu ceste plante dans les iardins, & qu'elle est appellée *Momordica* par quelques Herboristes: mesmes il en auoit mis le pourtrait pour la *seconde espece de Geranion*. Et neantmoins comme estant incertain & mal asseuré en son opinion, ou bien ayant oublié ce qu'il en auoit dit, il met puis apres sur la fin ceste mesme plante, comme si c'en estoit vne autre, pour la *sixiesme espece de Geranion*, & dit l'auoir eu de Calzolarius: mesmes il en adiouste la description, disant, qu'elle a les fueilles quasi comme celles des Guimauues, & beaucoup de tiges, souples, velues, & comparties par neuds. Ses fleurs sont petites, rougeastres, de la figure de celles des Grenadiers, desquelles il sort comme des testes de Grue, auec les pointes comme aux autres. Sa racine peut auoir vne paume & demie de longueur, & est grosse comme le doigt

doigt, rougeastre aupres de terre. Voilà ce qu'en dit Matthiol. Pena & Lobel appellent ce-
espece de *Geranion μαλακοειδὲς*. Au reste le *Pied de Pigeon* croist par tout, tant és lieu cultiuez, que Le lieu.
non cultiuez, & ne sent rien. *L'Acus pastoris*, ou *Aiguille musquée* croist sur les masures, à l'entour
des hayes, le long des chemins, & en lieu pierreux & maigre : *l'Herbe Robert* croist és lieux ombrageux, & parmy les boccages, sur les vieilles murailles, & sur les auant-toicts, & mesme parmy
les bleds emmy les champs. La *secõde Herbe Robert* croist le long des possessions & aupres des hayes.
La *troisiesme* croist és lieux montueux, & pierreux. Le *Geranion Batrachoides* croist parmy les prés.
L'Aiguille à Berger fleurit au commencement du mois d'Auril: *Le Pied de Pigeon*, la *premiere Herbe* Le temps.
Robert, & *la seconde* fleurissent en May: *l'Hæmatodes* & *Batrachoides* en Iuin, & en Iuillet. Or Dios- Liu.3. chap.
coride dit, que la racine du *premier Geranion* prinse auec du vin sert à resoudre les ventositez de 114.
la matrice: mesme Pline dit, qu'elle est fort propre à ceux qui se remettent apres vne grande in- Les vertus. Liu.26.c.11.
firmité. Prinse au pois d'vne dragme en cinq onces de vin deux fois le iour, elle est singuliere aux
phthisiques, & mesme contre les ventositez. Estant crue elle fait les mesmes effects. Le suc de la
racine guerit les maladies des oreilles. Sa graine prinse au pois de quatre dragmes auec du
oyure & de la myrrhe en cinq onces de vin, sert aux spasmes qui font recourber la personne en
derriere. Item, la racine du *Geranion* est particulierement propre pour faire sortir l'arrierefaix, & Au mesf. lieu. chap. 15.
es ventositez de la matrice. Quant à la *seconde espece de Geranion*, Dioscoride dit, qu'elle ne sert à
ien. Galien n'a point parlé ny de l'vn ny de l'autre. Paulus a suiuy Dioscoride, & en dit tout auant que luy, tant de l'vn que de l'autre. Toutefois si le *second Geranion* de Dioscoride est *le Pied* Fuchs.c.76.
e Pigeon, ceux qui sont venus apres Dioscoride, ont treuué par experience, comme il se voit aussi
ous les iours, qu'il est merueilleusement souuerain, comme aussi toutes les autres especes, pour
uerir les playes & les fistules, mesme estant pris en breuuage. Aussi l'ancien Herbier dit, que
es fueilles desdites deux especes sont singulieres pour consolider les playes, & pour appaiser la
ouleur des iointures. Ceux qui ont escrit la pratique de la medecine, disent que le *Pied de Pigeon* Pena aux Aduers.
st particulierement propre pour les baings; mesme il est bien certain qu'il est fort souuerain
ontre les tranchées du ventre. Le mesme Herbier dessus dit asseure, que *l'Aiguille musquée* est
onne pour faire vriner; à raison dequoy elle sert aux grauelleux, & à ceux qui ne pissent que
outte à goutte, ou qui ont autrement quelque difficulté d'vrine. *L'Herbe Robert* est fort propre
our les playes, comme de fait son goust astringeant le monstre, & son odeur qui est assez bonne.
lle est singuliere pour guerir les vlceres des mammelles & des parties honteuses. Or il n'y a point
espece de *Geranion* plus propre à estancher le sang, que la *troisiesme espece d'Herbe Robert*, laquel-
est aussi appellée *Sanguinaria radix*, *Racine sanguinaire* pour cest effet là. Quant au *Geranion*
nommé *Batrachoides*, il est si souuerain pour les playes, que l'on l'a appellé pour ceste cause,
race de Dieu.

Stellaria, ou Pied de Lyon.

CHAP. XXXVI.

CESTE herbe est appellée communement par les Herboristes *Leontopodion* : en François *Pied de Lyon*, à cause que ses fueilles sont faites à mode d'vn Pied de Lyon, larges & rondes. Or ce n'est pas toutefois le Leontopodion de Dioscoride, comme il appert par sa description. Elle est aussi appellée *Alchymilla*, pource que les Alchymistes en disent merueilles. Cordus l'appelle *Drosium*. Les Chirurgiens Allemans la nomment *Sanicle grande*, pource qu'elle retire fort à la Sanicle, tant en figure qu'en vertus. On l'appelle aussi *Stellaria*, à cause que ses fuielles & ses fleurs sont estenduës à mode d'estoile. En Allemand *Synaun*, *Louentapen*, & *Grosz Sanikel*. Ses fueilles sont rondes, larges, auec six angles, ou dauantage, qui sont comme plis, dentelées, & entassées ensemble deuant que sortir à mode de celles de la Quintefueille : toutefois elles ne sont pas si dentelées, comme celles des Mauues, vertes, lisses, & vn peu plus dures, attachées à des queuës, veluës, entre lesquelles il sort des petites tiges veluës de la hauteur d'vn pied, ou d'vne paume & demie, blanches & rondes, à la cime desquelles il sort des petites fleurs en façon d'estoile, de couleur de verd-iaune, entassées en grappe. Sa graine est iaune, menuë comme celle du Pourpier, ou des Pauots, & vient en des gousses vertes. Sa racine est grosse, longue comme le doigt, noire par dehors, & che-

Les noms. — La forme.

Le lieu. Le temps. Le temperament & les vertus. ueluë. Elle s'aime és lieux ombrageux, & aux montagnes & lieux arrousez comme és prés. Elle sort en May, & commence à fleurir au commencement de Iuin. Ses fueilles & sa racine sont fort astringeantes, & desiccatiues, & si sont moins chaudes que la Sanicle, à raison dequoy ceste plante est fort singuliere pour les playes, pourueu qu'il n'y ait point d'inflammation, tant aux interieures comme aux exterieures, & mesmes aux vlceres cauerneux. Aussi les Chirurgiens Allemans en font grand estat, & en mettent dans leurs breuuages ou potions vulneraires. Ils se seruent aussi de sa decoction pour lauer les playes, & mesme ils appliquent dessus des linges trempez en ladite decoction: comme aussi sur les mammelles qui sont trop molles & flacques, pour les endurcir, & les rendre fermes; d'autant qu'elle y est fort propre, principalement si on y adiouste de l'Hypocistis, de la Prelle, de l'Alun, & des Roses seches. La poudre de ceste herbe sechée prinse auec la decoction, ou eau distilée de ladite herbe, gucrit la rompure, & descente du boyau des petits enfans, si propre elle est pour consolider. Vne cueillerée de ceste mesme poudre prinse en vin ou dans du bouillon par quinze ou vingt iours est fort propre pour les femmes qui ne peuuent conceuoir pour auoir la matrice trop humide, à raison dequoy elle ne peut pas retenir la semence de l'homme. L'eau distilée de ceste herbe prinse en breuuage, & mise par iniection dans la nature de la femme est merueilleusement propre pour reserrer le flux blanc; mesme si l'on continuë ce remede on rendra la femme comme pucelle, encor qu'elle ne le soit pas, si fort ces parties là viennent à se reserrer. Ce qui se fera encor mieux, & en moins de temps, si l'on fait receuoir à la femme par sa nature la fumée de la decoction de ladite herbe.

De la Betoine, CHAP. XXXVII.

Les noms. LA Betoine est appellée en Grec Κέστρον: en Latin *Betonica, Vetonica,* & *Serratula.* Les Apothicaires l'appellent *Betonica.* Elle est aussi appellée en Grec ψυχότροφον, pource qu'elle vient és lieux froids, Κέστρον pource que ses fleurs sont pointues à mode d'vne petite broche: car Pline traduit ainsi le mot *Cestron*, quand il dit: *Liu. 35. c. 11.* *Touchant la peinture qui se fait auec le feu, ie treuue qu'elle se faisoit anciennement en deux sortes, assauoir en cire, & en yuoire, auec la broche, ou burin chaud.* Et vn peu deuant il auoit dit: *il auoit peint auec le pinceau, & en yuoire auec le burin,* & vsé de ces mots, *penicillo pinxit & cestro in ebore.* Suidas dit aussi que *Cestron* est vne sorte de dard, ou iaueline qui fut treuuée & mise en vsage en *Liu 25. c. 8.* la guerre Persique. Sophocle appelle aussi *Cestron* vn burin. Elle est appellée *Betonica,* ainsi que dit Pline, du nom des Biernois, que les Latins appellent *Vettones*: en Arabe *Chastara*: en François *Betoine,* & Betoesne: en Allemand *Braunbetonik.* *Liure 7. des simpl.* Galien en vn certain passage dit, *que Cestron, & Psycotrophon est appellé par les Romains Betonica.* Toutefois en vn autre endroit il semble qu'il met difference entre *Cestron,* & *Betonica,* disant que le *Cestrō* qui croist *Liu. 5. de la santé.* en France est appellé *Sarxiphagon.* Car voicy comme il dit: *Pour guerir les douleurs des iointures il faut mettre du Persil dans du vin mais pour ceux qui ont la grauelle, il y faut mettre vn peu de Betoine, & du Cestron, que les Gaulois appellent Sarxiphagon.* *Liu. 4. ch. 10.* Mesmes Aëce a emprunté ce passage disant: *Liure 7.* *Pour les graueleux il y faut mettre de la Betoine, & du Cestron, qui est surnommé Sarxiphagon.* Dont il appert, que non seulement la *Betoine,* mais aussi le *Sarxiphagon* des Gaulois estoit surnommé *Cestron.* *Les especes.* Paulus met en termes bien exprés deux sortes de Betoine, dont l'vne fait de menuës branches comme celles du Pouliot, & encor plus menuës, qui n'ont comme point de qualité apparente au goust, laquelle croist principalement és lieux pierreux, de laquelle on se sert aux accidents des reins. L'autre est la Betoine des Romains, laquelle Dioscoride appelle *Cestron,* & d'autres *Psycotrophon,* pource qu'elle s'aime és lieux foids. Ceste cy ne resemble en rien à la precedente, sinon quant aux vertus & proprietez. *Liu. 4. ch. 1.* *La forme.* Or Dioscoride dit, que la Betoine porte vne tige menuë, de la hauteur d'vne coudée ou dauantage, quarrée, & des fueilles longues, molles, semblables aux fueilles de Chesne, decoupées à l'entour, odorantes, dont celles qui sont pres de la racine sont les plus grandes. Sa graine vient à la cime des tiges, qui sont faites à mode d'espic, comme celles de la Sarriette: (car il faut lire ἐσταχυωμένων καυλῶν en Dioscoride, & non ἐσταχυωμένον σπέρμα.) Ses racines sont menuës comme celles de l'Ellebore. *Li. 25. ch. 8.* Pline en traitte ainsi en peu

Betonica, Betoine.

peu de mots: *Quant à l'herbe que les Gaulois appellẽt Vetonica, les Biernois qui sont appellez en Latin Vettones, en furent les premiers inuenteurs. Les Italiens l'appellent Serratula, les Grecs Cestron & Psycotrophon. Ceste herbe est vne des premieres du monde. Elle iette vne tige faite à angles, de la hauteur de eux coudées & produit immediatement dés la racine plusieurs fueilles quasi semblables à celles du Lapais, dentelées tout à l'entour. Sa graine vient à la cime des tiges, qui sont faites à mode d'espic, & arnies de fleurs purpurines comme celles de la Sarriette.* Cette descriptiõ conuient fort bien à nostre etoine commune, de laquelle on se sert auiourd'huy en plusieurs choses en medecine. Car elle a es fueilles longuettes, & assez larges, vertes-brunes, dentelées, odorantes, entre lesquelles sort la tie quarrée, droite, & aspre, de la hauteur d'vn pied ou d'vne coudée, produisant vn espic à la cime, arny de belles fleurs purpurines odorantes, apres lesquelles il y vien vne graine longue, noire, & aite à angles. Sa racine est blancheastre, & iette plusieurs cheuelures comme celles de l'Ellebore oir. Elle croist és prez, forests & montagnes, és lieux froids & ombrageux: & fleurit en May & en Iuin. Elle est chaude & seche à la fin du premier degré, ou au milieu du second. Dioscoride dit, que es fueilles cueillies & sechées sont bonnes à plusieurs choses. Ses racines prinses en breuuage auec au miellée font vomir le phlegme. Ses fueilles prinses au pois d'vne dragme en eau miellée sont onnes aux rompures, aux spasmes, & aux accidents de la matrice, comme aussi à la suffocation d'icelle. Contre la morsure des serpens il en faut prendre trois dragmes en deux sextiers de vin. L'here est fort bonne contre les morsures des bestes venimeuses estant appliquée dessus, & mesmes ontre toutes sortes de venins estant beuë en vin au pois d'vne dragme. Celuy qui en aura prins le atin ne se treuuera point mal, combien qu'il boiue puis apres du poison. Elle prouoque l'vrine, lasche le ventre, guerit le haut mal, & la rage, estant prinse auec d'eau. Prinse au pois d'vne dragme n vinaigre miellé elle guerit les accidents du foye, & de la ratelle. Elle aide à la digestion, si on en rend apres souper au gros d'vne feue auec miel cuit. Elle sert aussi à ceux qui sont subiets à roter, & qui ont puis apres la bouche pleine d'vn goust aigre. Estant prise en la mesme maniere elle st bonne à ceux qui ont l'estomach debile, s'ils la maschent, & qu'ils en auallent le suc, à la chare qu'ils boiuent puis apres du vin trempé. Prinse au poids de trois oboles dans vn cyathe de vin rempé & tiede, elle est bonne à ceux qui crachent le sang. Prinse en eau elle sert à la sciatique, & ux douleurs des reins & de la vessie. Pour les hydropiques il leur en faut donner deux dragmes uec eau miellée, s'ils sont en fieure; ou autrement auec du vin miellé. Elle est propre contre la uinsse. Elle prouoque les mois prinse au pois d'vne dragme auec du vin. Quatre dragmes d'icelle rinses en seize onces d'eau miellée laschent le ventre. Incorporée en miel elle est bonne aux phthiques, & à ceux qui ont de l'apostume en la poitrine. On fait secher ses fueilles, puis apres les auoir uluerisées on les serre dans des pots de terre. Pline attribue les mesmes proprietez à la Betoine, & cor quelques autres: *Les fueilles*, dit-il, *sechées & puluerisées seruent à plusieurs choses en medecine n en fait aussi du vin & du vinaigre, qui est propre pour l'estomach & pour esclaircir la veuë. On dit e ceste herbe a ceste prerogatiue, que la maison où elle sera plantée n'aura point besoin qu'on face saifice aux dieux pour la tenir en leur protection.* Vn peu apres il dit: *que la Betoine est fort propre pour pliquer sur la morsure des serpens.* Et dit on qu'elle est si contraire aux serpens, que si on enclost n serpent dans vn cerne enuironné de Betoine, il se battra & se tourmentera tant qu'il en mourra. ussi on ordonne contre la morsure des serpẽs de prendre de sa graine au pois d'vn denier en cinq nces de vin: ou bien trois dragmes de sa poudre en vn cyathe d'eau: mesme ceste poudre est bonne our appliquer dessus. Prinse au pois de trois oboles auec eau elle est bonne à ceux qui crachent ourry, & à ceux qui crachent le sang. Sa racine fait vomir aisément, cõme celle de l'Ellebore, prinse u pois de quatre dragmes en vin cuit ou miellé. La poudre d'icelle prinse en eau miellée guerit la ouleur de la sciatique, & de l'eschine. Prinse au pois de quatre dragmes auec quinze onces d'eau iellée elle lasche le vẽtre. On tiẽt qu'elle guerit la paralysie. Elle est bõne cõtre la goutte, & cõtre la crãpe. Sa poudre est bonne à prẽdre en breuuage contre la douleur de costé & de la poitrine. Galien dit, que la Betoine est incisiue, comme son goust le monstre: car elle est vn peu amere & acre, comme il appert par ses effets, d'autant qu'elle rompt la pierre des reins, elle purge & mondifie le oulmon, la poitrine, & le foye: mesme elle prouoque les mois, & sert contre le haut mal. En outre lle guerit les rompures & cõuulsions, & toutes morsures de bestes estant appliquée sur la playe. Finalement estant prinse en breuuage, elle est bonne à ceux qui font des rots aigres, & à la sciatique. r les autres Herboristes luy attribuent bien d'autres vertus & plus singulieres, comme entre autres Apulée. Musa aussi excellent Medecin de l'Empereur Auguste en a fait vn traitté à part, auquel en parle ainsi: *La Betoine croist és prez, & aux montagnes nettes & ombrageuses, parmy les buissons. Elle preserue l'esprit & le corps des hommes, & ceux qui vont de nuict de tous charmes & dangers. Elle asseure les lieux sacrez & les cimetieres de toutes visions qui font peur. En somme c'est vne herbe sacré. On l'appelle Cestrõ & Psycotrophõ, pource qu'on la treuue és lieux froids. Elle a les racines menuës & la tige aussi, de la hauteur de plus d'vne coudé, quarrée. Ses fueilles retirẽt à celles des Chesnes, & õt odorantes. Sa graine croist à la cime de la tige à mode d'espic comme celle de la Sarriette.* Toute la plãte a vne infinité de proprietez. Car estant broyée, & appliquée sur les playes de la teste, elle les

Le lieu. *Le temps.* *Le temperament.* *Liu. 4. ch. 1.* *Les vertus.*

Liu. 25. ch. 8

Liure 7. des simpl.

 soude

ſoude en vn inſtant : ce qu'elle fera auec plus d'efficace ſi de trois en trois iours on y en remet de la freſche, vne ou deux fois. On dit auſſi qu'elle eſt de telle vertu qu'elle fait ſortir les os froiſſez. La decoction de ſes racines cuites en eau iuſques à la conſumption de la tierce partie, guerit la douleur des yeux ſi on les en fomente : ce que font auſſi les fueillles broyées & appliquées ſur le front. Le ſuc tiré des fueilles ſimplement, ou bien apres les auoir mis tremper dans de l'eau, appaiſe la douleur des oreilles, ſi on le diſtile dedans tiede apres l'auoir incorporé en huile roſat. Prins au pois d'vne dragme en quatre cyathés d'eau chaude, elle euacuë par le bas le ſang qui esblouït la veuë par ſa trop grande abondance ; meſmes les fueilles mangées aiguiſent la veuë. Broyée auec vn grain de ſel & miſe dans le nez elle eſtanche le ſang qui en coule. La decoction de la Betoine faite en vin vieux, ou en vinaigre guerit la douleur des dents, ſi on s'en laue ſouuent la bouche. L'herbe prinſe auec eau tiede eſt fort propre à ceux qui ont l'halaine courte, & aux aſthmatiques. Ses fueilles incorporées en miel ſont bonnes aux phthiſiques, principalement à ceux qui crachent pourry. Si on en mange trois iours durant au pois de quatres dragmes, ou qu'on la boiue auec ſix onces d'eau froide, elle appaiſe la douleur de l'eſtomach, & meſme celle du foye, ſi on la prend auec d'eau chaude. Cuitte en vin elle guerit les maladies de la ratte. Beuë en vin miellé au pois de quatre dragmes, elle guerit les accidents des reins. Elle eſt ſinguliere pour la douleur du coſté, & des flancs, ſi on en prend au pois de quatre dragmes dans du vin viel, auec vingtſept grains de poyure. Prinſes en deux cyathes d'eau chaude elle guerit les trenchées du ventre, pourueu qu'elles ne prouiennent de la crudité des humeurs. Quatre dragmes de ſes fueilles prinſes en huict cyathes d'eau miellée laſchent commodement le ventre. Beuës en vin elles guériſſent l'inflammation du colon. La Betoine reduite en looch auec du miel, guerit la toux, ſi on en vſe neuf iours durant. Prinſe en quatre cyathes d'eau chaude au pois de deux dragmes, & vne dragme de Plantain, elle guerit la fieure quotidienne, à la charge qu'il n'en faut pas vſer ſinon durant l'accez. Autant en fait elle de la fieure tierce eſtant priſe auec du Pouliot par egales portions. Comme auſſi de la fieure quarte, ſi on en prend au pois de quatre dragmes en quatre cyathes d'eau chaude, en y adiouſtant vne once de miel. Elle rompt la pierre. Prinſe en breuuage auec de l'eau tiede elle eſt bonne pour les hydropiques. Elle fait deliurer ſoudainement les femmes qui ſont en trauail d'enfant, & appaiſe les douleurs de la matrice cauſées par le froid, ſi on leur en fait prendre deux dragmes auec d'eau chaude, ou du vin miellé. Ses fueilles broyées & appliquées conſolident les nerfs couppez, & ſont bonnes aux paralytiques. Prinſes par l'eſpace de trois iours au pois de trois dragmes dans du laict de cheure, elles gueriſſent le crachement de ſang. Auec autant de vin vieil elles gueriſſent les rompures, & ceux qui ſont tombez d'enhaut. Prinſe deuant toute autre choſe elle garde d'enyurer. Elle guerit la iauniſſe ſi on en prend ſouuent auec du vin. Incorporée en graiſſe de pourceau elle guerit les charbons. Prinſe au pois d'vne dragme en vinaigre miellé, elle eſt merueilleuſement propre peut remettre en vigueur ceux qui ſont las & recreus apres vn long voyage. Elle guerit ceux qui ſont degouſtez, & ceux qui ſont ſubiets au mal d'eſtomac. Elle reſiſte aux poiſons, & ſort contre les morſures des ſerpens, & de toute beſtes venimeuſes, ou enragées, tant prinſe par dedans, comme appliquée par dehors en forme d'emplaſtre. Appliquée auec ſel elle guerit les vlceres cauerneux. Prinſe auec du vin elle prouoque les mois : beuë elle guerit la douleur de la goutte des pieds, ſpecialement la decoction de ſa racine prinſe en breuuage : ſes fueilles broyées & appliquées deſſus font le meſme effet. Voilà ce qu'en dit Muſa, Au reſte ceſte plante a cela de remarquable, que ſes racines font leurs effets du tout differens de ceux des fueilles & des fleurs. Car elles ſont mal plaiſantes tant à la bouche qu'à l'eſtomach, & cauſent vn deuoyement d'eſtomach & enuie de vomir, au lieu que les fueilles ſont odorantes, aromatiques, & de bon gouſt, & ſouueraines eſtans priſes tant pour viande, que pour medecine.

De la Biſtorte, CHAP. XXXVIII.

Les noms. — LES Herboriſtes & Apothicaires appellent cette plante *Biſtorta*, & *Serpentaria* : en François *Biſtorte* : en Allemand *Natteruurts*. Elle eſt appellée *Biſtorta*, pource que ſa racine eſt faite à mode d'vn ſerpent couché & entortillé. *Serpentaria*, pource que quand elle commence à ſortir hors de terre, elle eſt faite comme la langue d'vn ſerpent couuerte d'vne petite peau. Toutefois il ſe faut bien garder de meſler cette Serpentaria auec l'autre qui eſt apeellée en Grec *δρακοντίων* : & en Latin *Dracunculus*, & *Serpentaria* ; car il y a bien de la difference, tant en la figure comme aux proprietez. Au reſte il n'eſt pas encor reſolu entre les Herboriſtes comment c'eſt que cette plante eſtoit nommée anciennement. Aucuns tiennent que c'eſt la *Britannica* de Dioſcoride, à cauſe qu'elles ſont ſemblables en fueilles & en vertus. (Liu. 4. ch. 2.) Que ſi quelqu'vn reſpond, que Dioſcoride dit, que les fueilles de la *Britannica* ſont *μελαύτερα καὶ δασύτερα* ; ils reſpondent, que *μελαύτερα* ſe prend pour *vne couleur obſcure*, & comme de pourpre brune, tout ainſi qu'en la la violette de Mars, laquelle Dioscoride appell μέλαιναν ; & qu'il entend que les fueilles sont ainsi brunes par dessous. Quant au mot δασύτερα disent-ils, il ne se prend pas icy pour *velues*; mais plustost pour estre *plus fermes, espesses, & roides*. Quant à ce aussi qui est dit en Dioscoride, que la racine de la *Britannica* est λεπτὴ il y en a qui respondent, que Dioscoride parle là de la racine de la *petite Bistorta*, qui n'est pas fort grosse : ou bien que ce passage a esté corrompu par quelque ignorant, lequel ayant treuué le mot παχὺν c'est à dire *courte* ; l'a changé & a mis λεπτὴν c'est à dire *menuë*, pource que les racines qui sont courtes, le plus souuët sont aussi menuës. Or elle est biẽ courte, si on en fait comparaison auec celles des Lappais & autres qui sont moindres. Au surplus les Herboristes ont estably deux especes de *Bistorta*, entre lesquelles il n'y a pas grande difference. L'vne est appellée *Bistorta maior*, & *Serpentaria fœmina*; & par aucuns *Colubrina* : l'autre est appellée *Bistorta moindre*, ou *masle*. Aucuns en adioustent encor vne plus petite. La *Bistorta grande* a les fueilles longues, semblables à celles des Lappais, vn peu moindres, & qui ne sont pas si lisses : mais *Les especes. Fusch.c.196* *La forme.*

Bistorte grande.

Bistorte, de Dodon.

plus fermes, froncies, & vn peu decoupées à l'entour, de couleur perse par dessous, & vertes-brunes par dessus. Ses tiges sont petites, tendres, polies & menuës; de la hauteur d'vn pied ou d'vne coudée, rondes auec vn espic à la cime garny de fleurs purpurées. Sa graine est brune & faite à angles. Sa racine est longue, tortue, noire par dehors & cheueluë, & rousseastre par dedans, du goust des glands, à sçauoir fort aspre & astringeant. Quant à la moindre & à la plus petite, elles ont du tout semblables à la precedente, sinon qu'elles ont les fueilles plus estroites, & plus lisses: la racine plus courte & moindre, & plus entortillée & repliée, sans aucunes cheuelures, brune par dehors, & rouge-brune par dedans ; de mesme goust que celle de la grande. Elles croissent és lieux montueux, ombrageux, & humides. Et fleurissent en May & en Iuin. Les racines de toutes trois sont fort astringeantes; tellement qu'il n'y a point de doute qu'elles ne soient froides & seches. Il y a vn vieil Herbier escrit à la main, où il est dit qu'elles sont froides & seches au troisiesme degré. A raison dequoy elles soudent les playes, retiennent l'enfant au ventre de la mere, appaisent les vomissemens bilieux, & guerissent la dysenterie. L'eau distilée d'icelles est singuliere pour les vlceres corrosifs, & pour consumer l'excroissance de la chair qui vient quelquesfois dans le nez au dedans du palais. Mesme estant prise en breuuage elle est propre à ceux qui suent le sang. *Le lieu. Le temps. Le temperament & les vertus. Fuch.c.196. Pier.Pen.aux Aduert.*

De la grande & petite Centauré. CHAP. XXXIX.

CESTE plante est appellée en Grec κενταύριον, en Latin aussi *Centaurium*: en Arabe *Kanturion*. Les Apothicaires l'appellent *Centaurea*. Dioscoride, Galien, & tous les autres anciẽs Medecins ont mis deux especes de *Centaurée* bien differentes, tant en figure comme en vertus; à sçauoir la *Cẽtaurée grãde*, qui est aussi appellée suyuãt le tesmoignage d'Apulée *Les noms. Les especes.*

Maronion

Maronion, Nessìon, Pelethronia, Limnites, Hemeroten, αἷμα ἡρακλέους c'est à dire *sang d'Hercules, Polybidion,* & *Vnefira*: en Arabe *Kanturion Kibir*, ou *Sacurion habre*: & par quelques Apothicaires *Raponticum*, non sans erreur. L'autre est appellée en Grec κενταύρειον μικρὸν: en Latin *Centaurium paruum, Limnesion,* & *Limnaeum*: & par Pline *Libadion, Febrifuga, Fel terrae, Multiradix*: en Arabe *Kanturiõ sege & segir*, ou *Kanturion sages*: & par les Apothicaires *Centauria minor*: en François *petite Centaurée* & *Fiel de terre*: en Italien *Centaurea minore*, & en Toscane *Biondella*, pource qu'elle est propre à faire les cheueux blonds, & les tenir nets, si on en fait de la lexiue: en Allemand *klein Tausendt*. Ceste herbe est appellée *Centaurium* suyuant le tesmoignage de Pline, pource que Chiron le Centaure fut guery par le moyen d'icelle de la playe que luy auoit fait vne fleche qui luy estoit cheute sur le pied en maniant les armes d'Hercules, qui estoit logé en sa maison: dont aucuns l'appellent aussi *Chironion, Limnesion, Limnaum*, pource qu'il croist le long des fontainieres, & marais, que les Grecs appellent λίμνας. Car de faict Dioscoride en escrit ainsi: *La petite Centaurée* (aux vieux exemplaires il est adiousté, *& menuë*) *qu'aucuns appellent Limnaeon, pource qu'elle s'aime és lieux humides.* Ce qu'il semble que Pline ait voulu traduire, quand il dit: *Il y a vn autre Centaurium petit, qui a les fueilles menuës, & est surnommé Libadion, pource qu'il s'aime le long des fontaines.* Tellement qu'il semble qu'il falle corriger ces mots *Limnesion* & *Limnaeum* (encor que ce dernier mot soit plus à propos que l'autre) en Dioscoride, & y remettre *Libadion*, pource qu'il croist à l'entour des λιβάδαι, c'est à dire *des lieux arrousez*. On l'appelle *Fel terra*, à cause de sa grãde amertume: *Febrifuga*, pource qu'il chasse les fieures du corps des personnes: Pline dit, que les Gaulois l'appellent aussi *Exacon*, pource qu'estant prins en breuuage il fait euacuër par le bas tout le poison qu'on auroit prins. Surquoy il y peut auoir de la doute; assauoir-mon s'il y a point faute en ce mot, & s'il est Gaulois: ou plustost s'il est point tiré du nom Grec ἐξάγειν: car il semble qu'il a voulu dire ce que Dioscoride dit en ceste maniere: *Estant cuit & prins en breuuage, il euacuë par le bas les humeurs bilieuses, & les grosses aussi.* Pline adiouste encor vne troisiesme espece de *Centaurium*, suyuant Theophraste, qui est appellé *Centauris*, & *Triorchis*: car il dit ainsi: *Il y a encor vne tierce espece de Centaurium, que les Grecs appellent Triorchis: & dit-on, qu'il est bien mal-aisé de couper ceste herbe sans se blesser. Elle a vn ius rouge cõme sang.* Theophraste dit, que les Sacres, qui sont oiseaux de proye, combattent ordinairement contre ceux qui s'essayent de cueillir ceste herbe: d'où est venu son nom de *Triorchis*. Toutefois il y a des ignorans, qui confondans tout ce que dit est, rapportent ceste proprieté au *grand Centaurium*. Mais Pline a forgé en sa ceruelle ceste troisiesme espece cõtre l'opinion de tous les Grecs, qui ne mettẽt qu'vne *Centaurée grande*, & *vne petite*, comme il a desia esté dit. Mesme Theophraste parle de la *Centauris*, non cõme d'vne *troisiesme espece*, l'appellant simplement *Centauris*, & non *Triorchis*. Car il dit ainsi: *Celuy qui cueillit la Centauris prend garde au Sacre, afin qu'il s'en alle sans blesseure*: ce qu'il sẽble que Gaza ait mal traduit, quãd il dit, *que ceux qui coupẽt la Chassefieure se donnent garde qu'ils ne soient blessez par le Sacre.* Car il semble qu'il ait prins la *Centauris* pour la *Centaurée petite*, que nous auons dit estre aussi appellé *Chassefieure*; & toutefois Pline fait difference entre l'vne & l'autre. Finalement Pline blasmant les autres qui disent, que la *premiere Centaurée* a vn suc rouge comme sang, & les autres proprietez dessusdites, se trompe luy mesme: car c'est la *premiere Centaurée*, qui a vn suc rouge, dõt sa racine en est pleine, ainsi que dit Dioscoride. Or les modernes Herboristes mettent deux especes de *petite Cẽtaurée*, entre lesquelles il n'y a point d'autre difference, que pour raison de la decoupeure des fueilles. Dodõ a mis le pourtrait de celuy qui a les fueilles dentelées, dont il en croist à force és iardins de Flandres; & encor deux autres especes de *Centaurée iaune*. Dioscoride dit, que la *Centaurée grande* a les fueilles comme le Noyer, longues, vertes, de la couleur des chous, dentelées à l'entour: la tige comme celle des Lappais, de deux ou trois coudées de hauteur, de laquelle il sort plusieurs branches aupres de la racine, chargées de boutons semblables à ceux des Pauots, & longuets. Sa fleur est bleuë. Sa graine retire à celle du Saffran bastard, & est comme enueloppée dans des fleurs de laine. Sa racine est grosse, massiue, pecante, de la longueur de deux pieds, pleine de suc, acre auec vn peu d'astriction & de douceur, & rougeastre. Il y a en quelques vieux exemplaires: *Son suc est semblablement rouge.* Pline a suyui ceste description de Dioscoride disant: Que la grande Centaurée a les fueilles larges, longues, dentelées à l'entour, lesquelles sortent en grand nombre dés la racine. Ses tiges ont trois coudées

La grande Centaurée.

Liu. 25. ch. 6. — Au mesme lieu. — Liu. 3. ch. 7. — Liu. 25 ch. 6 — Au mesme lieu. — Corn. Embl. 7. liu. 3. — Au mesme lieu. Liu. 25. ch. 6. — Liu. 1. ch. 9. de l'hist. — Corn. Embl. 7. liu. 3. — Liure 9. de l'hist. ch. 9 — *La forme.* Liu. 3. ch. 6. — Liu 25. ch. 6

coudées de haut, & sont comparties par neuds, à la cime desquelles il y a des testes semblables à celles des Pauots. Sa racine est grosse, rougeastre, tendre & fraile, de deux coudées de long, pleine d'vn suc amer, qui participe d'vn peu de douceur (ceste amertume appartient plustost à la racine de la *petite Centaurée*: car la racine *de la grande* suyuant Dioscoride est *acre auec vn peu d'astrictiõ de douceur.*) Il croist sur les collines grasses: toutefois le plus estimé vient en Arcanie, Elis, Messenie, Pholoë & au mont Lycæus, & aussi parmy les Alpes, & en plusieurs autres lieux. Dioscoride dit, qu'il s'aime en terre grasse, & à l'abril, & aux forests & collines. Mais il y en a abondance en Lycie & en la Morée, en Arcadie, Elis, & Messenie, & en plusieurs autres lieux à l'entour de Phocée & de Smyrne. Auiourd'huy il y a beaucoup d'Herboristes qui le cultiuent soigneusement dans leurs iardins: car ce n'est autre chose que ceste grande plante que nos predecesseurs ont prise pour le *Rhaponthic*. Il fleurit en May & en Iuin, & porte la graine en Iuillet. L'Escluse met vne autre espece de *grande Centaurée*, qui a les fueilles longues, semblables à celles du Reiffort sauuage, qui approchent de la figure de celles du Pastel, & ne sont pas decoupées par pieces comme celles *de la grande Centaurée commune*, mais seulement dentelées à l'entour, bien vertes, & d'vn goust vn peu amer. Ses tiges sortẽt entre les fueilles, d'vne coudée de haut & sont rõdes, auec deux ou trois branches à la cime, au bout desquelles il vient des boutons aspres, semblables à ceux de l'autre *Centaurée*, desquels il sort vne fleur veluë, de couleur blancheastre, puis apres il y vient la graine quasi semblable à celle du Saffran bastard, ou plustost à celle de l'autre *grande Centaurée*. Sa racine est fort grosse, dure & longue, couuerte d'vne escorce espaisse, noire par dehors, & iaunastre par dedans, rendant vn suc de la couleur du Saffran, qui est aromatique auec vn peu d'amertume. L'Escluse dit qu'il a veu ceste plante au dessus de Lisbonne sur des costaux pierreux qui sont le long de la riuiere du Taio, où les Portugais habitans de ces quartiers là l'appellent *Rhapontis*. Dodon en son *Histoire des plantes* l'appelle *Rha*: & au traitté des medecines purgatiues il l'appelle *second Centaurium grand*. Il est chaud & sec iusques au troisieme degré, & aussi astringeant. Dioscoride dit, que sa racine est bonne aux rompures, aux conuulsions, aux pleuresies, à ceux qui ont difficulté d'haleine, à la vieille toux, à ceux qui crachent le sang, si l'on prend deux dragmes de sa racine pulucrizée auec du vin, quand il n'y a point de fieure; mais à ceux qui sont en fieure il la faut donner auec d'eau. Elle est aussi propre aux tranchées du ventre, & aux douleurs de la matrice estant prise en la mesme maniere. Ses racleures reduites en forme de pessaire, & mises dans la nature des femmes seruent à prouoquer les mois, & faire sortir le fruict du ventre. Son suc fait les mesmes effects. Elle est bonne pour les playes estant broyée fresche: mais si elle est seche, il la faut mettre premierement tremper, & puis la broyer; car elle les consolide & reioint. Mesme si on la met cuire parmy des pieces de chair, elle les reioint ensemble. On en tire le suc en Lycie, duquel on se sert en lieu du *Lycion*. Ce qui s'ensuit ne se treuue pas en quelques exẽplaires. *On l'appelle Panacea, pource qu'elle guerit toutes inflammations, & les meurtrisseures des playes.* Ruel traduisãt ce passage y adiouste quelque peu du sien. *Elle est appellée Panacea,* dit-il, *pource qu'elle guerit toutes les maladies ausquelles on craint qu'il ne suruiẽne de l'inflãmatiõ.* En sõme elle sert à beaucoup de maladies. Appliquée en linimẽt elle reunit les bords des playes. *Il la faut amasser sur le poinct que le Soleil veut leuer, lors que la clarté s'espanche par tout.* Lacuna le traduit ainsi: *On l'amasse au leuer du Soleil, lors que le clair printemps approche, auquel temps toutes choses se remplissent.* Au reste Pline traitte des proprietez de la *grande Centaurée* en diuers lieux. *Il est si singulier aux playes,* dit-il, *que l'õ dit qu'il fait rassembler la chair encor qu'elle soit decoupée en plusieurs pieces, si on le met cuire parmy.* On se sert de sa racine, de laquelle il n'en faut prendre que deux dragmes à ceux que nous dirons tantost; à la charge de la prendre en eau, si on est en fieure, & en vin quand il n'y a point de fieure. Le ius tiré de sa decoctiõ est fort bien à toutes maladies (aucuns lisent *ouiũ* au lieu de *omnium*,) c'est à dire qu'il est bon aux maladies de la moutonnaille. Vne dragme de la racine de la *grande Centaurée* prinse en cinq onces de vin blanc, guerit la morsure des serpens. Icelle guerit aussi les douleurs de la matrice tant prinse en breuuage, qu'appliquée en fomentation. Ses racleures mises dans la nature de la fẽme font sortir l'enfant mort. Elle guerit le crachement de sang. Reduite en looch elle est bonne à l'estomac, & à ceux qui ont courte haleine.

Autre Centaurée grande de l'Escluse.

Le lieu. *Le temps.* *Le temperament.* *Les vertus.* Liu. 3. ch. 6. Liu. 25. ch. 5 Liu. 25. ch. 8 Liu 26 ch. 15. 6. 7. 8. 13 14.

Prinse

Prinse en breuuage elle est bonne aux pleuresies & à l'inflammation des poulmons. Elle guerit aussi les tranchées du ventre. Elle est bonne aux rompures, aux spasmes, & à ceux qui sont tombez d'enhaut. Puluerizée sur les vlceres malins, ou bien appliquée en liniment elle les guerit. On tient que si on fomente les yeux auec de la *grande Centaurée* & auec de l'eau, cela esclaircit la veuë. Galien conclud qu'il faut que la *Centaurée* face des effects contraires, d'autant qu'elle est composée de qualitez contraires comme il appert au goust. *Car* dit-il, *sa racine est acre & astringeante, auec vn peu de douceur*, Or en ses effects elle demonstre son acrimonie, & sa chaleur, en ce qu'elle prouoque les mois, & fait sortir l'enfant mort au ventre de la mere : mesme elle le fait mourir s'il est en vie. Mais son astriction, qui prouient d'vne froideur grosse & terrestre, se demonstre en ce qu'elle guerit les vlceres, & sert à ceux qui crachent le sang. Il en faut donner deux dragmes auec de l'eau à ceux qui sont en fieure, & en vin quand il n'y a point de fieure. Or par le moyen de toutes ses qualitez ensemble elle guerit les rompures, les conuulsions, la difficulté d'haleine, & la vieille toux. Car en ces maladies là il ne suffit pas d'euacuër ce qui cause le mal : mais il faut aussi fortifier les parties malades. Ainsi donc par le moyen de son acrimonie elle euacuë, d'autant qu'elle n'est pas toute pure ; mais conioint auec vn peu de douceur : pour le moins elle n'a point d'amertume. Car vne substance temperée comme est la douce, n'auroit pas tant de force & de violence. Mais pour fortifier & restraindre les parties apres qu'elles sont nettoyées, il y faut de l'astriction. Son suc fait les mesmes effects que la racine. Les Arabes, comme Mesue, Auicenne, & Alcanzi, ont entremeslé les proprietez de la *Centaurée grande & petite*, encor qu'elles soient contraires, comme nous dirons cy apres. Matthiol dit, que la racine de la *Centaurée* est bonne pour les hydropiques, à la iaunisse, & opilation du foye, tant infuse dans le vin, que reduite en poudre. Le suc d'icelle tiré tout frais, & pris au pois d'vne once, & mesme appliqué sur la playe est bon contre la morsure des serpens. Quant à la *petite Centaurée*, elle retire au Millepertuis, ou à l'Origan ; & a la tige faite à angles, de la hauteur de plus d'vne paume. Ses fleurs sont rouges purpurines, approchans de la figure de celles de la Lichnis. Ses fueilles sont petites, longues, comme celles de la Rue. Sa graine retire au froment. Sa racine est petite, lisse, & amere, & ne sert à rien. Pline esclaircit bien ceste description, disant : *Il y a vne autre Centaurée surnommée par les Grecs Lepton*, c'est à dire, *Petite : aucuns l'appellent Libadion, pource qu'elle croist le long des fontaines*. Elle a les fueilles menuës, semblables à l'Origan sinon qu'elles sont plus estroites & plus longues. Sa tige est faite à angles de la hauteur d'vne paume, & branchue. Ses fleurs retirent à celles de la Lichnis. Sa racine est mince, & inutile, & toutefois le suc de ceste herbe est fort bon. Nos Latins appellent ceste *Centaurée, Fiel de la terre*, à raison de sa grande amertume. Or il est bien certain que la *Centaurée*, dont les Apothicaires vsent communement, est la *vraye Centaurée*, tellement qu'il n'est pas besoin de s'amuser dauantage pour en faire la preuue. Dioscoride & Pline disent, qu'il croist le long des lacs & lieux arrousez. Apulée dit, qu'il croist en grosse terre, & aussi en lieu gras. Il fleurit en esté & en automne, auquel temps on l'amasse ; pouce qu'alors il est chargé de graine. Dioscoride dit, que la *petite Centaurée* estant broyée verte & appliquée sur les playes, elle les consolide. Elle mondifie les vieux vlceres & les guerit. Sa decoction prise en breuuage euacuë par embas tant les grosses humeurs que les bilieuses. Elle est bonne en clysteres contre la sciatique, d'autant qu'elle purge le sang, & appaise la douleur. Son suc est bon pour les medecines des yeux, estant incorporé en miel, d'autant qu'il oste & mondifie ce qui obscurcit la prunelle. Appliqué en pessaire il prouoque les mois, & fait sortir l'enfant. Prins en breuuage il sert particulierement aux nerfs. Pline a aussi escrit vne partie de ce que dessus en diuers lieux. Le suc de la *petite Centaurée* prins au pois d'vne dragme dans vne hemine d'eau auec vn brin de sel, & de vinaigre, lasche le ventre, & euacuë les humeurs bilieuses. Il prouoque aussi les mois tant pris en breuuage, comme appliqué en fomentation. Il est fort profitable aux ioinctures & aux nerfs. Incorporé en miel il est souuerain à faire perdre les mouchons, nuées, berlues, & fumées, qui viennent deuant les yeux ; & pour esclaircir la veuë, & subtilier les cicatrices des yeux. Toutefois Pline n'a pas bien enseigné la vraye maniere de tirer ce suc. *Aucuns*, dit-il, *taillent en pieces les tiges de la Centaurée, & les mettēt en infusion dix huict iours durant, puis en tirent le ius*, Au contraire Dioscoride enseigne bien clairement la maniere de tirer

Petite Centaurée.

Marginal notes: Liure 7. des simpl. — Aux Com. chap. 6. liu. 3 — Liu. 25. ch. 6. — Le lieu. — Le temps. — Liu. 3 ch. 7. Les vertus. — Liu. 26. ch. 8 11. 11. — Liu. 25. c. 12

tirer non seulement ce suc, mais aussi tous les autres. Galien traite bien distinctement touchant le temperament & les proprietez de la *petite Centaurée*, disant : *La racine de la petite Centaurée ne sert à rien ; mais le bout de sa tige auec les fueilles qui y sont & les fleurs aussi sont plus en vsage.* Elles sont ameres, auec vn peu d'astriction, à raison duquel temperament c'est vn medicament fort desiccatif, sans mordication. Ainsi donc l'herbe appliquée freche, consolide les grands vlceres, & aussi les vieux, & qui sont de difficile guerison : mais apres qu'elle est sechée, on la mesle parmy les medicaments que l'on fait pour consolider & dessecher, qui sont propres pour guerir les fistules & vlceres cauerneux, & pour amollir les durtez inueterées, & guerir les vlceres malins & chancreux. On la mesle aussi aux medicaments que l'on fait pour les maladies prouenantes & causées par les catharres, ausquelles il se faut seruir de medicaments qui soient fort desiccatifs, & vn peu astringeants, sans aucune mordication. Sa decoction mise en clystere est bonne à la sciatique, d'autant qu'elle euacuë tant les grosses humeurs que les bilieuses : mesme si elle peut euacuer iusques au sang elle sera tant plus profitable. Au reste son suc, comme ayant les mesmes facultez, sçauoir estant desiccatif, & detersif, &c. fait aussi les effects dessusdits, & auec grande operation. Incorporé en miel il est bon pour nettoyer les yeux, & pour prouoquer les mois, & faire sortir l'enfant du ventre de la mere. Il y en a mesmes qui l'ordonnent aux maladies des nerfs, pour euacuer & dessecher sans nuisance les humeurs dont ils sont remplis : car il est aussi fort propre pour desopiler le foye, mesme c'est vn souuerain remede contre la durté de la ratelle, si on l'applique dessus par dehors : & encor mieux, si on le pouuoit boire. Il y a vn liure particulier qui ne traitte autre chose, que des proprietez de la *petite Centaurée*, lequel est faussement attribué à Galien, dans lequel on peut voir vne infinité de rares proprietez & facultez de cette herbe. Mesue comme il a desia esté touché cy deuant, a entremeslé le temperament & les facultez, de l'vne & l'autre *Centaurée*, disant, que toutes deux purgent les humeurs crues & phlegmatiques, & les bilieuses aussi : mais que la *Petite* est plus singuliere pour cest effet. Ce que Dioscoride, Galien & Paul attribuent à la *Petite* tant seulement. Mesme Galien dit, que la *Petite* euacuë le sang quand on la met en clystere pour la sciatique. La decoction de la *petite Centaurée* est bonne à ceux qui ont la fiéure tierce, pource qu'elle purge le sang par le bas, dont aussi elle a esté appellée *Febrifuga*, c'est à dire *Chassefieure*. La mesme decoction ou le suc de l'herbe guerit les opilations du foye & de la ratte, & les durtez d'icelle. Prinse auec miel au pois d'vne dragme, & appliquée sur le nombril, elle chasse les vers du corps. La decoction de ses fueilles & branches guerit les lentilles, & taches blanches, & autres telles imperfections de la peau, si on les en laue. Son suc est bon pour distiler dans les oreilles quand il y a des vers. Mesme il est bon pour appliquer en liniment contre les boutons rouges & les tignes de la teste. Touchant la *Centaurée iaune*, elle fait vne petite ra-

Liure 7. des simpl.

Liure 2. des simpl. ch. 10.

Matthiol sur le ch. 7. du 3. liure.

Premiere Centaurée iaune, de Dalechamp.

Autre Centaurée iaune, de Dalechamp.

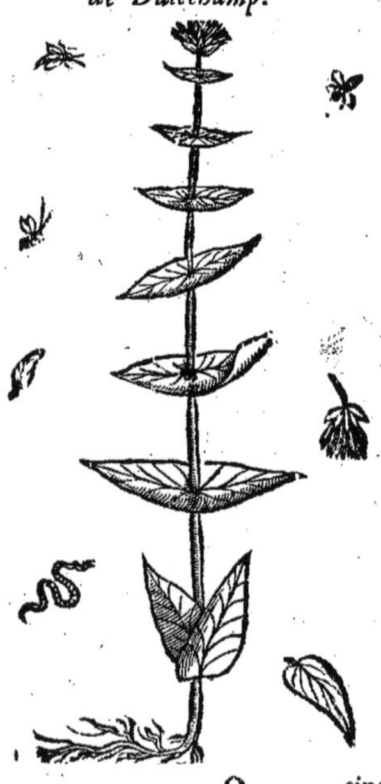

Centaurion bastard, de Dalechamp.

La forme. cine auec des petites cheuelures blanches & crespées. Sa tige est de la hauteur d'vne paume & demie, ronde, & verte: mais elle semble estre couuerte d'vne petite poussiere blanche, laquelle s'oste aisémēt quand on la frotte auec les doigts. Ses fueilles sortent deux à deux par certains interualles, ou plustost vne seule qui a deux extremitez, l'vne deçà & l'autre delà, grosses, & poulpues, & sont semblables aux fueilles de la *petite Centaurée*, excepté qu'elles sont plus larges, & n'ont pas tant de veines, & font comme vn bassin aupres de la tige, dans lequel il s'y peut amasser de l'eau, comme l'on voit au Chardon à Carder. Du fonds de ce creux il sort des petites branches, quelquefois en grand nombre, & quelquefois peu, qui sont chargées de fleurs iaunes composées de huit petites fueilles. *Le lieu.* Il croist és lieux aspres & parmy les rochers. Toute la plante est amere. Il y a encor vne *autre Centaurée iaune* du tout semblable à la precedente, si ce n'est qu'elle ne produit point de branches: mais seulement vne fleur à la cime de sa tige, laquelle retire à la fleur du Chrysanthemon. Elle croist aux mesmes lieux & si a le mesme goust. Outreplus il y a vn *Centaurion bastard*, qui croist és vallons humides des Alpes; & a la racine grosse, noire, pleine de bois, espandue de tous costez, blanche au dedans & amere au goust, auec plusieurs tiges plus hautes d'vne coudée, couuertes d'vne bourre espesse, faites à angles, garnie de fueilles semblables à celles du chanure, decoupées tout à l'entour, dont il y en a plusieurs attachées à vne queue velue & quasi de la hauteur d'vne coudée; disposées par ordre quasi tousiours en nombre imper: car il y en a pour la plus part treze ou quinze ensemble, desquelles la tige est enuironnée à l'endroit par lequel sortent les queuës sur lesquelles vient la fleur, laquelle est iaune, & fait vn bouton quasi semblable à celuy de la Scabieuse, & composé d'escailles droites & herissées.

Le Fumeterre.

CHAP. XL.

Les noms. LA *Fumeterre* est appellée en Grec καπνος, κάπνιον & καπνίτης: en Latin *Fumaria*. Elle pourroit bien aussi estre appellée, *Fumus*, & *Fumida*: en Arabe *Scheiteregi*: en Allemand *Erantrauch*. On l'appelle *Fumaria* suyuant le tesmoignage de Dioscoride, Galien & Pline, pource que si on met son suc dans les yeux il fait plorer comme la fumée du feu. *Les especes.* Dioscoride n'a mis qu'vne espece de *Fumeterre*. Pline en met deux, les Herboristes mettent encor trois autres plantes pour especes de *Fumeterre*. *Liu. 4. c. 105.* *La forme.* Dioscoride dit, que la *Fumeterre* est vne petite herbe semblable au Coriandre, fort tendre. Ses fueilles sont blancheastres, ou de couleur cendrée, & fort touffues. Sa fleur est purpurée. C'est ceste *Fumeterre* qui est fort en vsage auiourd'huy, & assez cogneue à tous: d'autant qu'elle est fort commune, qui fait les tiges quarrées, & en grand nombre, garnies de beaucoup de fueilles molles & tendres, de couleur verte tirant sur le gris, & fort decoupées. Ses fleurs sont purpurées, & quelquefois blancheastres, ou rougeastres. Sa graine est fort menue, verte-brune. Elle ne fait qu'vne racine auec peu de cheuelures, & croist parmy les bleds, iardins, vignes, hayes & masures, & autres lieux gras & non cultiuez. Pline met deux herbes qu'il appelle *Capnos*, ou *Fumeterre*. *La premiere*, dit-il, *est appellée par nos gens, pied* *Liu. 25. c. 13.* *de geline: elle croist le long des murailles, & parmy les hayes.* Cette herbe fait les branches fort menues & esparpillées, & la fleur purpurée. Le ius tiré de cette herbe verte est propre à resoudre les crasses

crasses qui troublent la veuë. Aussi le fait-on entrer és medicaments que l'on fait pour les yeux. Il y a vne autre espece de *Fumeterre* qui a les mesmes effets que la precedente. Cette herbe est fort branchue, & tendre, & a les fueilles semblables au Coriandre, de couleur cendrée, & la fleur purpurine. Elle croist volontiers és iardins, & parmy l'orge. Le ius de cette herbe esclaircit la veuë, & fait venir la larme à l'œil comme la fumée, dont aussi l'herbe a prins son nom. Cette derniere herbe est nostre *Fumeterre*, & celle de Dioscoride, Galien, & Paulus. Quant à la premiere ous en auons mis icy le pourtrait prins de Dodon. Elle iette plusieurs branches tendres, garies de beaucoup de fueilles decoupées, qui retirent aucunement à celles de l'autre *Fumeterre*, nt en la couleur, & au goust, comme aussi en la figure, & d'ailleurs sont fort tendres. Cette plante 'aggraffe bien ferme auec ses veillons aux buissons & branches qui sont aupres d'elle. Ses fleurs nt petites & blanches auec quelques taches bleuës. Sa graine vient en des petites gousses. Elle 'a qu'vne racine de la longueur d'vn doigt. Elle bourgeonne au printemps comme nostre *Fumeterre commun*. L'vne & l'autre fleurit & est preste à cueillir en May & en Iuin. Cette *Capnos* de line, dit Dodon, peut estre appellée en François *Pied de geline*. Hermolaus l'appelle κάπνον Φραγ-ίτην. De fait ledit Hermolaus en ses Additions dit, qu'Aece appelle cette *Capnos* de Pline *Chelidonion Phragmites*, laquelle est propre pour purger la partie creuse du foye, & est appellée à son ad- *Le temps.* *Au ch. 111. liu 4.*

Fumeterre Phragmites, de Dodon.

Fumeterre iaune de montagne. Corydalis, de Matthiol.

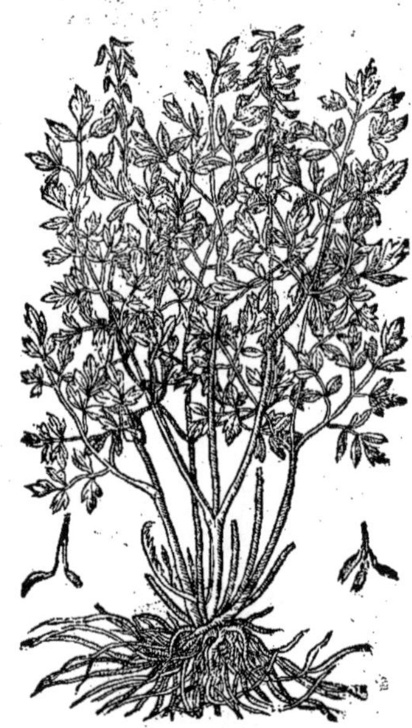

s *Chelidonion*, pource que son suc sert à esclaircir la veue, tout ainsi que celuy de la Chelidoine: aison dequoy on en mesle dans les medicaments que l'on ordonne pour les yeux, comme entre autres au Collyre de Marcianus, où elle est appellée *Chelidonia Capnitis*. D'autres prennent pour *Capnos*, ou *Chelidonia phragmites* d'Aece le *Fumeterre iaune*, ou soit *de montagne*, qui est appellé *lith* en Sclauonie. Ou bien la *Corydalis* de Galien. Cette plante fait les fueilles à mode de celles de *Grande Chelidoine*, ou de la *Fumeterre bulbeuse*, excepté qu'elles sont de beaucoup plus petites, couleur perse-cendrée, & beaucoup de petites tiges de la hauteur d'vne paume & demie, ou vn pied. Ses fleurs sont iaunes faites en estoile comme celles de la grande Chelidoine. Elle fait e infinité de racines menues, esparses çà & là, & blancheastres. Sa graine est ronde, platte, blanc, tirant sur le verd, & vient en des petites gousses semblables à celles de la *Fumeterre bulbeuse*, de la grande Chelidoine, à laquelle elle retire fort en figure & en couleur; toutefois elles sont aucoup moindres. Dont il semble que ceux là ont raison qui la prennent pour la *Chelidoine Captis* d'Aece. Elle croist sur les montagnes des regions chaudes, comme en Sclauonie, Dalmatie, Toscane, & en Languedoc. Et fleurit plus tard, que la *Fumeterre commune*, à sçauoir, en Iuillet & Aoust. Matthiol ayant leu entre les noms des plantes, que l'on attribue mal à Dioscoride, que *Fumeterre* est nommée par aucuns *Corydalion*, sçachant aussi que Galien parlant du *Cocheuis*, (que *Pena aux Aduers. Fumeterre iaune* *Matth. sur le ch. 105. li. 4* *Le lieu.* *Le temps.* *Sur le c. 105. liu. 4.*

les Grecs appellent *Corydos*) & disant qu'elle est propre pour la colique, fait mention d'vne herbe qu'il appelle *Corydalis*, laquelle est aussi fort propre contre la colique. Ce que toutefois il n'attribue pas au *Fumeterre* en point d'autre passage, & croit que Galien parle icy d'vne autre *Fumeterre*, a sçauoir de celle qui est appellée *Splith* en Sclauonie, laquelle il dit estre fort propre à la colique, comme il a experimenté. Toutefois cette raison est fort douteuse & debile: car nostre *Fumeterre commune* est bien souueraine aussi contre la colique; d'autant qu'elle resout le phlegme visqueux, & euacuë celuy qui est dans les reins, lequel y cause souuentefois vne douleur semblable à la co-
Piet.Pen.aux Aduers. liques à raison dequoy aucuns aiment mieux prendre pour la *Corydalis*, *la Fumeterre bulbeuse*, pour-
Fumeterre bulbeuse. ce que ses fleurs, & ses gousses ont vne creste comme l'on voit sur la teste des *Cocheuis*, ou Alloüettes huppées. Toute la plante est tendre, & commence à bourgeonner au commencement du prin-
Le temps. Matth. sur le 4. chap. du 3. liure. temps auec la Chelidoine, & fleurit en May, ou pour le moins en Iuin. Elle a les fueilles tendres, blancheastres, approchans de celles du Coriandre, ou de la premiere espece de Grenoüillette lisses & decoupées à mode de celles de la *Fumeterre*: toutefois elles sont plus grandes. Ses fleurs sont purpurées, & quelquefois blanches. Sa racine est à mode de truffe, platte par dessous, & releuée en bosse au dessus, creusse par dedans. Elle est couuerte d'vne escorce noire par dehors, mais par dedans elle est commune le Bouïs, & sent comme la Sarrazine, d'vn goust amer. Sa graine vient en des petites
Le lieu. gousses, & est reluisante. Elle croist és collines & parmy les bois ombrageux & froids, & fleurit en

Fumeterre bulbeuse, de Matthiol.

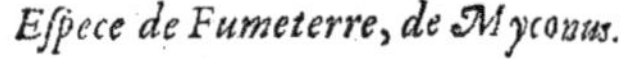

Espece de Fumeterre, de Myconus.

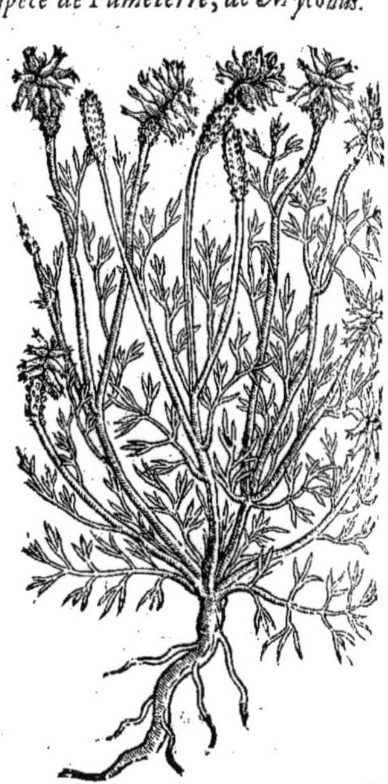

Le temps. Mars & en Auril. Il y a eu des Herboristes qui ont pris cette plante pour la *Sarrazine ronde*. Fuchse
Chap. 31. de l'hist. ne dit pas que ce soit la *Sarrazine ronde*; mais plustost la *Pistolochia* de Pline, combien que ce soit vne
Liu. 25. c. 13. plante bien differente, ainsi que Matthiol, d'autant que la *Pistolochie* de Pline n'est pas à mode de truffe ny creuse; mais plus menuë que celle de la Clematis, auec force cheuelures, de la grosseur d'vn ionc bien nourry; tellement que, dit Matthiol, il faut plustost croire que c'est la *seconde espece de Fumeterre* de Pline. Et toutefois il appert que Pline a entendu parler de la *Fumeterre* de Dioscoride qui est la nostre commune; d'autant qu'il a traduit en Latin les mots de Dioscoride quasi de mot à mot. En outre Matthiol dit, que c'est cette plante de laquelle parle Aëce en traittant de la cure de
Liu. 19. ch. 2. l'opilation du foye, où il l'appelle *Chelidonia Capnos*, & dit qu'elle bourgeonne au mesme temps que la Chelidoine, quand les Irondelles commencent à retourner. Toutefois nous auons desia dit cy deuant, qu'il y a des personnages doctes qui aiment mieux prendre la *Fumeterre de montagne*, ou iaune, qui est appellée *Splith* en Sclauonie, pour la *Capnos Chelidonia* d'Aëce. Au surplus Myconus Medecin tres-docte nous a enuoyé vne espece de *Fumeterre* du tout differente des precedentes. Et dit qu'elle a les fueilles pour la plusspart couchées contre terre, de couleur cendrée, qui approchent fort de celles de la *Fumeterre*, specialement celles d'embas: car celles qui croissent le long de la tige sont plus menuës & à mode de celles du Fenouïl. Elle produit beaucoup de tiges, quarrées, creuses,

creuses, comparties par neuds & branchues, de la hauteur d'vne paume, garnies de fueilles qui sont fort menues, comme il a desia esté dit. A la cime des tiges il y a beaucoup de fleurs entassées, semblables à celles du *Fumeterre*, dont chacune d'icelles est bigarrée de blanc, de iaune, & de purpurée. Sa racine est menuë & blanche, & si n'est pas fort longue. Elle fleurit au mois d'Auril. Toute la plante a vn goust amer auec vn peu d'acrimonie. Or d'autant qu'elle approche de la figure & des qualitez de la *Fumeterre*, Myconus estime que c'en est vne espece, combien qu'elle ait moins d'amertume, & plus d'acrimonie. Mesme on l'appelle communement *Fumeterre*. Elle croist par tout parmy les vignes & les bleds. L'escluse en a aussi mis le pourtrait sous le nom de *Capnos tenuifolia, Fumeterre aux fueilles menuës*, & dit qu'elle croist en diuers endroits d'Espagne, le long des possessions & des chemins, & en quelques lieux de Prouence, principalement au dessus d'Arles. Quelques Espagnols ont dit, sans aucune raison, que c'est la troisiesme espece de *Sideritis*. Aucuns l'appellent communement, *Palomilla*, & *Palomina*, comme la *Fumeterre commune*. Il faut encor adiouster icy la *Fumeterre blanche aux larges fueilles*, suyuant Lobel, qui est appellée par aucuns *Splith album*, qui fait les fleurs blanches, & les fueilles larges, & croist parmy les bleds de Cornouë & Livre 2. des Plant d'Esp. chap. 46.

Fumeterre blanche aux larges fueilles, de Lobel.

Fumeterre ayant la racine comme vne feue, de Pena & Lobel.

parmy les buissons qui sont à l'entour des terres labourées au païs de Brabant, & s'aggraffe aux hayes auec ses fleaux & veillons. Item vne autre *Fumeterre* qui a la racine comme vne feue, quasi de mesme que celle de la *Fumeterre bulbeuse*, si ce n'est qu'elle est moindre, & si n'est point creuse. Il y a des buissons & des terres aussi qui en sont toutes garnies à l'entour, en Allemagne, en Flandres & en Sauoye, comme à l'entour de Geneue. Il reste maintenant de declarer les proprietez de chacune d'icelles. Dioscoride dit, que le suc de la *Fumeterre* est acre, qu'il aiguise la veuë, & fait pleurer les yeux, d'où est venu son nom. Enduit auec de gomme il engarde le poil des paupieres qu'il ne recroisse apres qu'on l'a arraché. L'herbe prinse en viande euacuë les humeurs bilieuses par les vrines. Pline dit les mesmes choses de sa *seconde espece de Fumeterre*: Elle sert, dit-il, à esclaircir la veuë, si l'on en frotte les yeux, & si fait venir la larme à l'œil, comme la fumée, d'où est venu son nom. Elle garde aussi que le poil qu'on a arraché des paupieres ne reuienne plus. En vn autre passage il dit, que la *Fumetere* prinse en viande euacuë les humeurs bilieuses par l'vrine. Galien y attribue aussi les mesmes vertus & qualitez, disant: Elle est acre & amere tout ensemble, & si participe vn peu de quelque aspreté. A raison dequoy elle fait vriner, & rend les vrines bilieuses, & guerit l'opilation & debilité du foye. Son suc esclaircit la veuë, & fait venir la larme à l'œil, tout ainsi que la fumée, d'où aussi est venu son nom. Il y auoit vn certain personnage qui auoit accoustumé d'en prendre pour fortifier l'estomach, & lascher le ventre. Or il faisoit premierement secher l'herbe, puis quand il en vouloit vser pour lascher le ventre, il la prennoit auec de l'eau miellée

Liu. 4. c. 105. Les vertus. Liu. 25. c. 13. Liu. 26. ch. 7. Liure 7. des simpl.

mais pour fortifier l'estomach il la prennoit auec du vin & d'eau. Au surplus les Arabes luy ont bien attribué plus de vertus & de plus grandes. Mesue dit, que la *Fumeterre* a vne chaleur superficielle; mais qu'elle est froide au dedans, non toutefois simplement froide, comme aucuns veulent; mais aussi seche au second degré. A raison donc de sa chaleur qui est encor plus grande en sa graine, elle est amere & vn peu acre; & ainsi elle euacuë, attenue, & desopile. Mais à raison de sa froidure elle est astringeante; & par ainsi elle fortifie l'estomach & le foye, & les autres parties interieures, qui sont flacques & debiles. Ainsi donc elle n'a point besoin d'aucune aide pour faire son operation, veu que de soy-mesme elle purge & fortifie. Or elle euacue les humeurs bilieuses & adustes, mesme des veines, & par ce moyen rend le sang clair & net. Parquoy elle est merueilleusement propre en toutes les maladies qui sont causées par les humeurs dessusdites; comme à la rongne, à la galle, à la demangeaison, aux dertres, & semblables accidents de la peau. Et pource qu'elle desopile elle guerit toutes les maladies qui procedent d'opilation, comme les fieures bilieuses & pourries. En somme cette herbe ne peut aucunement nuire; mais d'autant qu'elle est commune par tout on n'en fait point de conte. Elle fait la fleur blancheastre, & quelquefois de couleur cendrée, ou violette palle. La meilleure *Fumeterre* est celle qui est verte, & a les fueilles tendres, vnies & non froncies, & la fleur tirant sur le violet. Tant l'herbe que son suc sont en vigueur au commencement du printemps, & sa graine sur la fin d'iceluy. Or pource que sa vertu purgatiue est debile, il la faut aider en y adioustant des Mirobolans, du Sené, du petit laict, des raisins de passe mondez, & le miel d'iceux. On peut prendre de son suc d'vne iusques à deux onces: & de sa poudre de trois iusques à cinq dragmes, de sa decoction de dix à quinze onces. Auicenne dit, qu'elle est froide au premier degré, & seche au second. Au reste il en dit de mesme que Mesue. Quant au *Splith* ou *Fumeterre iaune*, elle a quasi le mesme goust de la *Fumeterre commune*: toutefois il semble qu'elle soit plus propre pour attenuer & incifer les grosses humeurs, & les euacuer par l'vrine, dont elle est singuliere à l'hydropisie. Elle fortifie aussi les parties nobles, & fait les mesmes effets que Mesue escrit de la *Fumeterre commune*. Aëce dit, qu'elle est singuliere pour desopiler & fortifier le foye & l'estomach, si l'on en tire le suc & qu'on le face secher apres l'auoir reduit en trochisques pour le garder. Car en prennant vne fois de ce suc il appaise toute la douleur: mais si on en prend par trois fois il guerit du tout la maladie, & en outre il fortifie les parties nobles. Autant en fait la decoction de cette herbe prinse en breuuage, de laquelle on peut vser, combien que le patient fut en grande fieure. Quelquefois aussi on fait secher l'herbe, & l'ayant pulurizée & tamisée, on en prend vne cueillerée.

(Marginal notes: Liure 2. des simpl. ch. 14 — *Le temps.* — *Le temperament.* — Pier Pen. aux Aduers. — Liu. 10. ch. 1. — *Le nom.* — *La forme.*)

Denticulata de Dalechamp. *CHAP. XLI.*

LES doctes Simplicistes appellent cette plante *Denticulata*, d'autant que sa racine semble estre composée comme de petites dents, & va peu à peu en appetissant, auec des cheuelures blanches, de laquelle il sort beaucoup de petites tiges de la hauteur d'vne paume, garnies de fueilles semblables à celles du Persil, ou plustost de la Fumeterre iaune, ou bulbeuse, qui ne sont point dentelées à l'entour. Sa fleur ne fait pas des fueilles espannies, comme celles de la Grenouïllette; mais des boutons faits à angles comme ceux de la Pimpinelle, de couleur verte-iaunastre, A chasque bouton il y a pour la plus part cinq petites fleurs, ou bien sept; d'vn goust acre & amer. Elle croist au commencement du printemps aupres des sources des fontaines, & des ruisseaux qui arrousent les prez, & parmy les buissons ombrageux, auec la Grenouïllette des bois, puis se perd aussi-tost. Aucuns l'appellent *Alabastrites*, à cause que sa racine est reluisante, & blanche comme l'Albastre: d'autres la nomment *Moschatella pratensis*. Matthiol dit, qu'il y a vne autre plante appellée par aucuns *Dentaria maior*, & par d'autres ἄφυλλος, pource qu'elle ne porte point de fueilles. Elle croist parmy les bois & autres lieux ombrageux; & bourgeonne au commencement du printemps. Elle produit des tiges de la hauteur d'vne paume, tendres, frailes, & pleines de suc, à mode de celles de l'Orobanche, du milieu desquelles iusques à la cime il sort des fleurs de couleur de pourpre blancheastre, & veluës, accompagnées à costé de petites fueilles quasi de mesme couleur.

(Marginal notes: *Le temps.* — *Le lieu.* — Chap. 9. li. 4.)

Dentaria grande, de Matthiol.

Dentaria petite, de Matthiol,

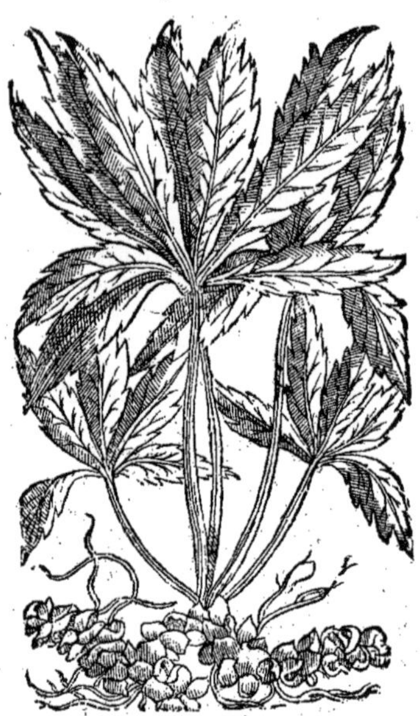

pres il y vient des petites coupettes, dans lesquelles est la graine semblable à celle des Pauots. racine est blancheastre, grande & pleine de suc, fraile, composée d'vne infinité d'escailles enssées d'vn merueilleux artifice, & d'vn goust aspre auec vn peu d'amertume. Il semble que ce it la mesme Plante que Cordus appelle *Amblatum*. Matthiol met encor vne autre *Dentaria petite*, Au mes. lieu. le les Allemans appellent *Sanicula*, & est tenue pour vne espece de Consolide. Elle a les fueilles mme la Quintefueille, excepté qu'elles sont plus grandes; la racine blanche, composée de cerns neuds & entailleures à mode de dents, par vn singulier artifice de nature. Dodon descrit autrement ces mesmes plantes: car il dit, que la premiere fait vne petite tige de la hauteur d'vne paume, & a les fueilles comme le Chanure ou la Quintefueille, attachées cinq à cinq à vne queuë, longues, larges, & dentelées à l'entour; & des petites fleurs semblables en couleur à celles des Violiers rouges, purpurées, & des gousses aussi de mesme, dans lesquelles est la graine, Sa racine est longue, & rabotteuse auec beaucoup d'escailles aspres & grosses. Quant à la seconde elle a les fueilles arrangées non comme celles de la Quintefueille; mais comme celles du Fresne, auec vne coste entredeux, à laquelle elles sont attachées. Icelles sont longues, larges, & dentelées à l'entour, attachées pour la plus part sept à sept à vne coste. Ses fleurs sont blanches. Elle porte aussi des gousses semblables à la precedente, mesme ses racines sont aussi aspres & escailleuses; toutefois moins que celles de la precedente. Dodon dit, que ces plantes sont estrangeres, & qu'elles peuuent bien estre mises au nombre des Violiers. Matthiol met l'vne & l'autre pour especes de Consolide. Nous auons mis icy le pourtrait d'vne autre plante qui est appellée par aucuns *Dentellaria*, laquelle Dalechamp a cueilly à la cime de la montagne qui est sur le chemin quand on va de Geneue en Bourgongne aupres d'vn village appellé *sainct-Sorgue*. Elle va rampant entre les pierres & rochers, & a la racine si bien composée de iointures releuées, qu'il semble aduis que ce soient des dents attachées ensemble d'vn merueilleux artifice de nature; dont elle a esté appellée *Dentellaria*. Sa tige est lisse, & a vn Dentellaria.

Dentellaria rouge, de Dalechamp.

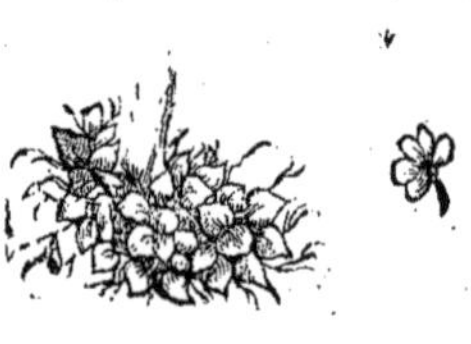

 peu

peu plus d'vn pied de hauteur. Ses fueilles retirent à celles de la plante que Fuchse appelle *Sanicle femelle*. Elle porte beaucoup de fleurs semblables à celles de Violiers, rouges & de bonne grace ; sa graine vient en des gousses longues. Pena met le pourtrait d'vne autre plante qu'il appelle *Dentaria* de Rondelet, & de Languedoc, laquelle, dit-il, est fort frequente aux enuirons de Rome, & de Montpelier ; & a la racine longuette & cheueluë, la tige de la hauteur de deux coudées, branchue. Ses fueilles d'embas sont grandes ; mais celles de la tige sont semblables à celles du Pa-

Dentaria de Rondelet.

Lepidion annuum de Lobel.

stel ou de la Draba. Ses fleurs sont de couleur de pourpre blaffarde, bien entassées à l'entour du bout de la tige, apres lesquelles il y vient des gousses veluës aspres & vn peu visqueuses, pleines d'vne graine noire. Toute la plante est d'vn goust aspre & caustique, de telle façon, que si on la tient quelque temps en la main, la marque y demeurera toute ternie. A raison de quoy il y a des personnages doctes qui ont pensé que cestoit la *Molibdæna* de Pline, ou bien le *Lepidion* d'Ægineta. Les escholiers disoient qu'elle estoit appellée *Dentaria* par Rondelet, lequel s'en seruoit cóme du Pyrethre, ou autres telles plantes caustiques, contre les grandes douleurs des dents. Toutefois nous auons bien cogneu vne autre plante qui est assez frequente és lieux secs d'alentour de Montpelier, & est aussi appellée communement *Dentellaria*, de laquelle nous auons traitté *entre les plantes qui croissent és lieux aspres*. En outre il y a vne autre plante qui est appellée *Lepidion* par les Herboristes, à cause que ses fueilles sont semblables à celles de la *Dentellaria*, ou *Lepidion* de Montpelier, & sont ainsi couchées contre la tige, laquelle est de la hauteur de deux coudées, & fort branchuë. Ses fleurs sont blanches. Sa graine est enclose en des gousses fueilluës comme celles du Thlaspi, d'vn goust acre. Sa racine est cheueluë. Elle croist dans les iardins en Flandres, & se maintient verde tout l'hyuer, & a les fueilles plus grandes que le Lepidion. Voilà ce qu'en dit Lobel.

Du Boüillon, CHAP. XLII.

Les noms.

CESTE plante est appellée en Grec φλόμος, & πλόμος, ainsi que dit Galien : en Latin *Verbascum*. Les Apothicaires l'appellent *Thapsus Barbatus*, Apulée la nomme *Lycnitis*, & *Pycnitis*. Aucuns l'appellent *Candela regis, Candelaria*, & *Lanaria* : en François *Boüillon* : en Italien *Verbasco*, & *Tasso Barbasso* : en Allemand *Vuilkraut*. Les Grecs l'ont appellée φλόμος, ἀπὸ τῆς φλογός, c'est à dire, *à cause de la flamme*, pource qu'on seruoit de ses fueilles, & de ses tiges pour faire des meches aux lampes. Elle est aussi appllée *Candelaria* par les Modernes, pource qu'il y en a qui se seruent de ses tiges au lieu de chandelles ou torches apres les auoir enduites

enduites de suif, ou de quelque autre graisse. Les Apothicaires l'appellent *Tapsus*, ou plustost *Taxus*, pource qu'elle est cõtraire aux poisons, & *Barbatus*, à cause qu'elle est toute couuerte de cotton. Dioscoride & Galien establissent quatre especes de *Boüillon*; à sçauoir *le Boüillon blanc masle*, appellé en Latin *Verbascum album mas*; & le *Bouillon blanc femelle*; en Latin *Verbascum album fœmina*: Item le *Bouillon noir*; *Verbascum nigrum*; & le *Bouillon sauuage*; appellé en Latin *Verbascum Syluestre*. Pline n'ensuit pas Dioscoride, car il n'en met que trois especes: à sçauoir le *Bouillon blanc masle*, & le *Bouillon noir femelle*; & le *Bouillon sauuage*, estimant cette si exacte distinction estre superflue. *Il semble*, dit-il, *que ce soit peine perdue que de s'amuser à la diuision des especes du Bouillon, veu que tous ont les mesmes proprietez.* Or les modernes Herboristes en ont remarqué d'autres especes desquelles le pourtrait est icy mis chascun en son ordre. Le *Bouillon blanc femelle* a les fueilles comme les Liu.4 ch.99. Liure 8. des simpl. *Les especes.* Liu.25.c.10. *La forme.* Diosc. liu.4. chap.99.

Boüillon I. de Matthiol.

Bouillon II. de Matthiol.

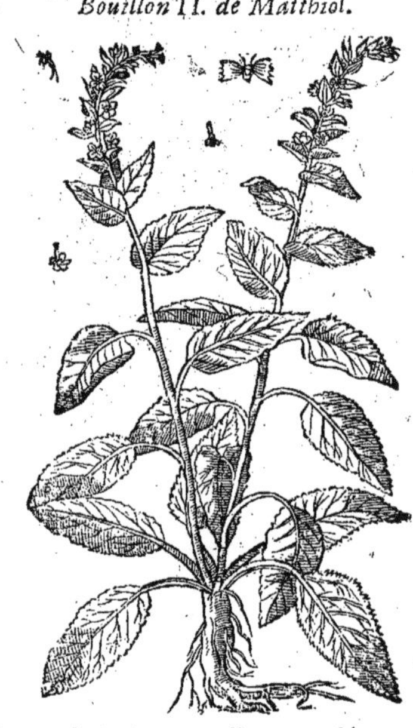

houx, plus velues, & beaucoup plus larges & blanches, la tige de la hauteur d'vne coudée, ou dauantage, blanche, & vn peu veluë, les fleurs blanches ἢ ὑπώχρα, c'est à dire, *iaunes palles*, ou comme Oribaze a leu ὑπόχλωρα, c'est à dire, *tirans sur le verd*. Sa graine est noire. Sa racine est aussi noire, grosse comme le doigt, d'vn goust aspre. Quant au *Bouillon masle*, qui est appellé par les Grecs λευκόφυλλον, à cause qu'il a les fueilles blanches, il est plus long que le precedant & les fueilles blanches, & plus estroites, & la tige aussi plus menuë. Le *Bouillon noir* est du tout semblable au blanc, toutefois il a les fueilles plus larges, & plus noires. Le *sauuage* fait des grandes verges pleines de bois, & à mode d'vn arbre. Ses fuielles retirent à celles de la Sauge: il produit des branchettes comme le Marrube. Sa fleur est iaune comme l'or. Car il y a ainsi aux communs exemplaires, au lieu que Lacuna dit qu'il y a autrement au vieil exemplaire: *Il y a aussi vn Bouillon sauuage, qui iette de grandes verges pleines de bois, garnies de fueilles semblables à celles de la Sauge, tout en rond, comme au Marrube.* Laquelle leçon est suyuie par beaucoup de personnages doctes. Pline en parle plus breuement, & Plus confusément, disant: *Quand au Bouillon, que les Grecs appellent Phlomos, il y en a deux principales especes assauoir le blanc que l'on prend pour le masle, & le noir pour la femelle. Il y en a encores vne troisiesme espece laquelle se treuue seulement parmy les forests.* Tous ont les fueilles faites à mode de celles des choux, si ce n'est qu'elles sont plus larges & veluës. Leurs tiges sont droites, de la hauteur d'vne coudée & dauantage. Leur graine est noire, & ne sert à rien. Ils ne iettent qu'vne racine grosse comme le doigt. Quant au *Bouillon sauuage* il a les fueilles grandes, semblables à celles de la Sauge, & les branches pleines de bois. Or entre toutes ces *especes de Bouillon* il y en a qui sont cogneuës d'vn chascun, & d'autres qui ne sont cogneuës que par les doctes Herboristes. *Le Bouillon masle* est celuy que Matthiol met pour le *Premier*. Quant au *Bouillon femelle*, Lobel met le pourtrait d'vn qui a les fleurs blanches, composées de six petites fueilles. Quant à ses fueilles elles sont semblables à l'autre. Touchant le *Bouillon troisiesme* de Matthiol. Lobel l'appelle *Verbascum nigrum Saluifolium, Bouillon noir ayant les fueilles comme la sauge*, & les fleurs Liu.25.c.10.

Bouillon femelle, de Lobel.

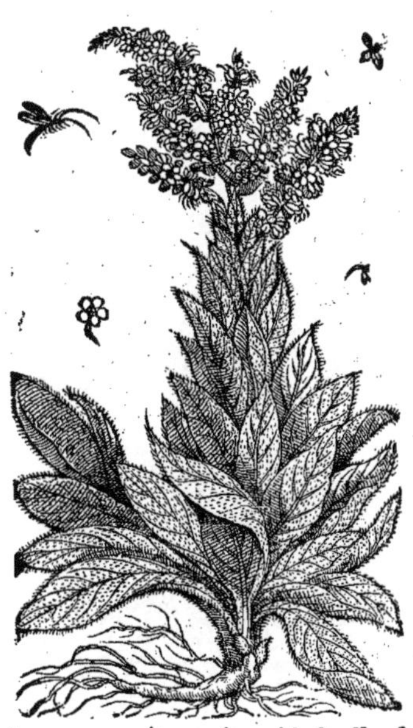

Bouillon III. Matthiol.

fleurs purpurées, & dit qu'il est assez frequent és prés des enuirons de Turin en Piedmont, comme aussi en Allemagne, France, & Angleterre, parmy les prés fournis de pierres, & sur les masures. Ses fueilles retirent fort à celles de la Sauge sauuage, ou de l'Orual. Ses tiges & ses branches sont quarrées, & chargées d'vne infinité de fleurs purpurées ou bleuës. Quant au *Bouillon quatriesme* de Matthiol, le mesme Lobel l'appelle *Saluifolium fruticosum luteo flore*, pource qu'il a les fueilles aspres comme la Sauge, blancheastres & vn peu veluës, & des petites fleurs iaunes, qui sortent par l'en-

Bouïllon noir, ayant les fueilles comme la Sauge, de Lobel.

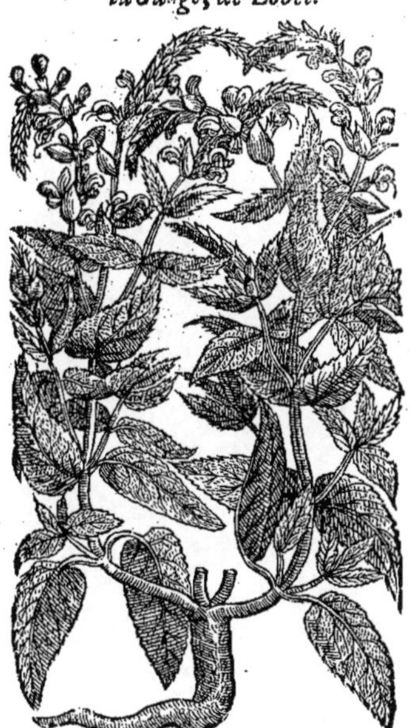

Bouillon IV. sauuage, de Matthiol.

tredeux

Bouillon blanc femelle aux fleurs blanches. de Dodon & de Fuchse.

Bouillon blanc masle aux fleurs iaunes, de Fuchse & Dodon.

edeux des fueilles. Outre le *Bouillon blanc femelle aux fleurs blanches*, Dodon en met vn autre *melle aux fleurs dorées*, qui a les tiges & les fueilles semblables à celles du *Bouillon* tant *masle* que *melle* dessusdits, sinon qu'il a les fueilles plus grandes, & les fleurs iaunes à mode d'vne petite se, auec des petits filets droits & rouges au milieu. Nous n'en auons pas mis icy le pourtrait, pour-qu'il retire aux dessusdits. Fuchse en a mis la description & le pourtrait pour le *Bouillon noir*, mme aussi il prend pour le *Bouillon sauuage*, celuy que Dodon appelle *Bouillon noir*, lequel a

Liu. 1 ch. 79. *Bouillõ blanc femelle doré de Dodon.* Chap. 326. de l'hist. *Bouillon noir de Dodon.*

Bouillon sauuage, de Dodon.

Bouillon aux fueilles decoupées, de Matth.

les

les fueilles grandes, aspres, noires, qui sentent mauuais ; la fleur iaune comme celle des autres, sinon qu'elle est moindre. Ses tiges & sa racine sont aussi semblables. Quant au *Boüillon sauuage*, Dodon dit qu'il retire à la Sauge, tant aux tiges comme aux fueilles, & qu'il fait plusieurs branches quarrées, pleines de bois, qui sortent tousiours deux à deux vis à vis l'vne de l'autre par vn mesme neud : les fueilles lisses & blancheastres, semblables à celles de la Sauge, excepté qu'elles sont plus grandes & plus lisses. Ses branches sont garnies à la cime de fleurs iaunes en rond comme au Marrube. Or Matthiol met vn *Boüillon* bien differant des precedens, lequel a les fueilles decoupées, qui retirent à celles du Pauot cornu, dont il ne se faut pas esbaïr si Dioscoride compare les fueilles de ces Pauots là à celles du *Boüillon*. Lobel met encor vn autre *Boüillon sauuage*, qui a les fueilles semblables à celles de la Sauge menuë. Et encor vn autre *Boüillon sauuage estranger*, qui a

Boüillon sau-uage de Dodon.

Cha. 99. li. 4. Boüillon decoupé.

Boüillon sauuage ayant les fueilles comme la Sauge menuë, de Lobel.

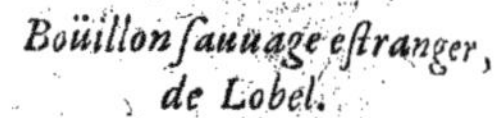

Boüillon sauuage estranger, de Lobel.

les fueilles comme la Sauge, si ce n'est qu'elles sont plus rondes, plus blanches, & plus espesses : toutefois elles ne sont pas si fort cottonées : mais approchent plus de celles de la Sauge. Quant au reste il retire aux autres tant en la tige, comme en la racine, qui est de bois & cheueluë. Il croist en Syrie au mesme lieu que le *Bouillon* de Syrie, dont nous parlerons tantost. Quant aux fleurs il dit qu'il ne les a pas veuës, pource qu'elles estoient sechées. Au surplus le *Bouillon blanc* & le *noir* aussi croissent és lieux champestres, le long des possessions, & des chemins. Le *sauuage* croist principalement és lieux secs & pierreux. Tous fleurissent en Iuillet & en Aoust. Le *sauuage* fleurit encor plus tard. Dioscoride dit, que la racine du *Boüillon blanc & noir* est astringeante ; tellement qu'estant beuë en vin à la grosseur d'vn dés à iouër, elle sert contre le flux de ventre. Sa decoction est bonne aux rompures, & conuulsions, comme aussi à ceux qui sont froissez & meurtris, & à la vieille toux. Elle appaise la douleur des dents, si on s'en laue la bouche. Le *Boüillon* qui a la fleur iaune comme l'or sert à teindre les cheueux, & quelque part qu'on le mette il attire les artisons & vers à soy. Ses fueilles cuites en eau sont bonnes pour appliquer sur les enfleures phlemagtiques, & sur les inflammations des yeux. Incorporées auec miel, ou vin, elles guerissent les vlceres gangreneux. Auec vinaigre elles guerissent les playes. Elles sont singulieres contre la piqueure des scorpions. Les fueilles du *Boüillon sauuage* sont bonnes aux brusleures estant appliquées dessus en cataplasme. On dit, que si on mesle des fueilles du *Boüillon femelle* parmy des figues, cela empesche qu'elles ne se gastent. Pline declare les vertus du *Boüillon blanc* bien au long disant ainsi : L'on dit, qu'enuelopant des figues en fueilles de *Boüillon femelle*, elles se maintiendront longuement sans se pourrir. La racine *du Boüillon* prinse en eau auec de la Rue, sert contre les piqueures des scorpions : il est vray qu'elle est bien amere. Galien au contraire dit qu'elle est aspre, combien qu'au demeurant il luy attribue les mesmes effects. En d'autres diuers endroits il dit, que le *Bouillon* prins en eau

Le lieu.

Le temps.

Les vertus.

Li. 25. c. 10.

u eſt particulierement bon contre l'inflammation de goſier. Le *Boüillon* qui a la fleur iaune, rins en breuuage au pois de trois oboles eſt ſingulier contre tous les accidents de la poitrine, à la ux, & à ceux qui crachent pourry. Meſme il eſt de telle vertu qu'il guerit non ſeulement la toux la cheualine : mais auſſi les cheuaux pouſſifs, ſi on leur en baille à boire. Le *Boüillon* prins en u auec de la Rue guerit les douleurs de la poitrine & du coſté. Broyé auec ſa racine, & arrouſé vin, puis apres cuit ſous la cendre chaude, il guerit les apoſtumes larges & plattes des haines, urueu qu'on l'applique tout chaud deſſus. Sa graine cuite en vin & broyée guerit les diſlocans, en faiſant paſſer la douleur & l'enfleure. La moëlle de ſa racine reduite en poudre bien meé à mode de collyre guerit les fiſtules, ſi on en met dedans. Le *Boüillon* qui a la fleur de couleur r, eſt ſingulier à ceux qui ſont meurtris, & tombez de quelque lieu haut, eſtant prins auec eau, cor qu'ils fuſſent en fiévre. Ses fueilles ſont bonnes pour appliquer ſur les eſcroüelles, eſtans inrporées auec vinaigre. Sa graine & ſes fueilles cuites & broyées attirent dehors tout ce qui eſt fié dans le corps. Quant à Galien il en traite breuement: diſant: *La racine des deux premieres eſpe de Boüillon eſt d'vn gouſt aſpre, & ſert contre les defluxions; meſme aucuns ſe lauent la bouche de decoction contre la douleur des dents. Ce nonobſtant leurs fueilles ſont reſolutiues, comme auſſi celles autres eſpeces, principalement de celuy qui a les fleurs de couleur d'or, leſquelles ſeruent d'ailleurs eindre les cheueux.* Les fueilles de tous en general ſont deſiccatiues & mediocrement deterſiues. ſt certain, dit Matthiol, que toutes les eſpeces de *Boüillon* ſont ſingulieres à tous les accidents du dement; d'autant qu'ils ſont aſtringeans & deſiccatifs. Tellement que la graine & les fleurs retes en poudre auec des fleurs de Camomile, & incorporées auec de la Therebentine, font remetle fondement aualé, ſi on l'en eſtuue, & gueriſſent la trop grande enuie d'aller à ſelle; ſpecialent en la dyſenterie. Les fueilles du *Boüillon femelle* broyées entre deux pierres, & miſes ſur l'eneure d'vn cheual, l'ayant au preallable bien ouuerte & nettoyée, y ſont ſi propres que c'eſt merlles comme il en eſt ſoudainement gueri. Le ſuc de ſa racine tiré deuant qu'elle porte ſa tige, & s au pois de deux dragmes auec de la Maluoiſie ſur le poinct que l'accez de la fiévre doit venir, rit la fiévre quarte, ainſi qu'eſcrit Arnaldus, pourueu qu'on en vſe ainſi par trois ou quatre dies fois. Le ſuc tant des fleurs que des fueilles appliqué ſur les verrues aſpres les fait perdre, & ntmoins il ne ſert de rien à celles qui ne ſont pas aſpres. La poudre de la racine ſechée en fait eſme. Les fleurs reduites en poudre ſont ſingulieres aux tranchées du ventre, & contre la leur de la colique. Les fueilles & la cime du *Boüillon* qui a les fueilles plus petites cuites en , ou appliquées en liniment ſont fort propres contre la goutte. L'eau diſtillée des fleurs guerit ammation des yeux, ſi on en met dedans. Elle ſert auſſi pour oſter la rougeur du viſage, que les Arabes appellent *gutta roſacea*, ſi on s'en laue, & ſingulierement en y adiouſtant vn peu de Camphre. Elle eſt auſſi bonne au feu Sainct-Antoine, aux bruſleures du feu, au feu volage, dertres, & autres tels accidents de la peau. Les fleurs du *Boüillon* incorporées auec vn iaune d'œuf, de la mie du pain, & des fueilles de *Boüillon*, ſont ſingulieres pour reſerrer les hemorroïdes. Autant en font les fueilles bruſlées ſur vne pierre de meule bien eſchauffée. Au ſurplus Dioſcoride apres auoir traitté des *grands Boüillons* traitte puis apres des petits, dont nous auons deſia traitté de deux en vn autre endroit: ſi bien qu'il ne reſte plus à traiter que du *troiſieſme*, qui appellé *Lychnitis*, & *Thryallis*, pource qu'il retire fort aux Boüillons. Cette herbe iette trois ou quatre fueilles, ou bien dauantage, veluës, groſſes, & graſſes. Elle eſt propre pour faire les meſches des lampes, à raiſon dequoy elle a eſté appellée *Lychnitis*. Nous en auons mis icy le pourtrait prins de Matthiol. Toutefois Pena en met le pourtrait d'vne autre, lequelle croiſt par tout ſur les coſtaux pleins de grauier en Languedoc, comme aux enuirons de Montpelier, combien qu'elle ſoit rare ailleurs, tant en Italie comme en France. Cette plante eſt fort belle à voir, d'autant qu'elle à les fleurs iaunes, de la figure de celles des Feues, leſquelles ſortent de la tige en rond par le meſme endroit que les fueilles, comme on voit au Marrube. Ses fueilles ſont aſpres, groſſes, couuertes d'vne bourre blanche fort eſpece, & aſpre au toucher, plus eſtroites que celles de la Sauge aux fueilles eſtroites; toutefois elles ſont plus longues & fort propres pour faire les meſches des lampes. L'Eſcluſe en met vne autre qui a les fueilles aſpres, groſſes,

Livre 8. des ſimpl.

Sur le ch. 99. du 4. liu.

La Lychnitis.

Cha. 99. li. 4.

Phlomis Lychnitis, de Matthiol.

Phlomis Lychnitis, de Pena.

Phlomis Lychnitis, de l'Eſcluſe.

groſſes, ſemblables à celles de la Sauge menuë, ſi ce n'eſt qu'elles ſont plus longues & plus eſtroites, blancheaſtres, & chenuës par deſſous, & couuertes d'vne bourre fort eſpeſſe. Ses tiges ſont petites, de la hauteur d'vne paume, quarrées, velues, & blancheaſtres, des neuds deſquelles ſortent les fueilles deux à deux, longues, ſemblables aux deſſuſdites, & vis à vis l'vne de l'autre dont celles de la cime de la tige ſont plus courtes, larges par le bas. Ses fleurs ſortent en rond à la cime des tiges, parmy vne bourre eſpeſſe, & comme vne cheuelure palle, ſemblables à celles de l'Ortie morte, & ſont iaunes, dont la cime pend contre bas pour la pluſpart. Sa racine eſt noiraſtre & pleine de bois. Elle croiſt ſur les coſtaux & lieux ſecs & pierreux, par toute l'Eſpagne & Portugal, comme auſſi en Languedoc. Elle fleurit en May & en Iuin, & porte vne graine rouſſeaſtre, ſemblable à celle du *Boüillon ſauuage*. Ceux de Montpelier l'appellent *Boüillon ſauuage*: en Caſtille *Candilera*: en Grenade *Menchera*. Lobel adiouſte vne autre *Lychnitis de Syrie*, qui eſt vne plante nouuelle & belle, qui ne differe en rien de la precedente, ſinon quant aux fleurs: car elles ſont ſemblables à celles de la *Lychnis ſauuage*, ou de la Chalcedoine, de couleur iaune. Ses fueilles ſont auſſi eſtroites, & ſes branchettes quarrées, couuertes d'vne groſſe bourre. Sa racine eſt pleine de bois. Aucuns mettent auſſi du nombre des *petits Boüillons* la plante de laquelle Fuchſe a mis le pourtrait & la deſcription ſous le nom de *Veronique femelle*, & Lonicerus auſſi, laquelle va rampant par terre, & fait vne tige cottonée, & les fueilles rondes à mode de celles de la Monoyere, qui ne ſont point decoupées à l'entour. Ses fleurs ſont iaunes-purpurées. Sa graine vient en de petits vaſes ronds. Sa racine eſt menue. Dodon en a mis le pourtrait ſous le nom de *Heliotropion petit*. Nous auons mis encor le pourtrait d'vn autre *Boüillon* qui eſt ſurnommé *Verbaſculum minimum*. Il croiſt parmy les hayes & les buiſſons, & a la racine noiraſtre, pleine de bois, courte, & comme partie par neuds, auec des cheuelures blanches aſſez groſſes, à mode de celles de la Caryophyllata, d'vn gouſt aſtringeant. Elle produit vne ſeule tige, de la hauteur d'vne pl

Autre Phlomis Lychnitis de Syrie, de Lobel.

En l'Epitome.

Verbasculum, ou petit Boüillon selon aucuns.

Verbasculum minimum, ou Boüillon le plus petit.

us d'vne coudée, ronde, rouge par dessous, spongieuse & vn peu veluë garnie de peu de fueilles: r il n'y en a pour la pluspart que sept ou neuf, qui sont disposées alternatiuement, quasi semblables à celles des violiers, excepté qu'elles sont plus longues, dentelées à l'entour, cottonées r dessous, d'vn goust astringeant, & vn peu amer. Ses fleurs sortent à la cime de la tige en grand mbre semblables à celles du Seneçon, qui s'enuolent puis apres en papillottes. Elle fleurit fort rd, a sçauoir au mois de Septembre, enuiron l'Equinoxe, & iusques au commencement d'Octobre.

L'Herbe aux Mittes,

CHAP. XLIII.

IL y a, dit Pline, *vne herbe qui retire si fort au Boüillõ, que l'on prend souuent l'vne pour l'autre; toutefois elle a les fueilles plus brunes que celles de Boüillon, & iette aussi plusieurs tiges, & produit des fleurs iaunes. Cette herbe mise en quelque lieu attire à soy toutes les Mittes & Caffars, à raison dequoy on l'a appellée Blattaria à Rome.* Voilà ce qu'en dit Pline. (*Liu. 25 ch. 9.*) Or Dioscoride attribue les mesmes effects au Boüillon qui fait les fleurs dorées; (*Liu. 4. ch. 99.*) ce qui a fait croire à plusieurs, que la *Blattaria* de Pline, & ce Boüillon dessusdit de Dioscoride est vne mesme plante. Fuchse & Dodon prennent pour la *Blattaria* l'herbe qui est icy peinte, (*Chap. 66. de l'hist. Liu. 1. ch. 18.*) qui est appellée en Allemand *Schabeukraut*: en François *Herbe aux Mittes*; *Herbe vermineuse*, & *Blattaire*, laquelle a les fueilles qui tirẽt sur le verd, (*Les noms. La forme.*) & ne sont ny veluës ny blanches, dentelées & couchées par terre, d'entre lesquelles il sort deux ou trois tiges chargées de belles fleurs, qui sont quelquefois iaunes, ou bien purpurées, fort semblables à celles du Boüillon. Sa graine est enclose en des goussettes, & est moindre que celle du Boüillon. Sa racine est courte & pleine de bois. Elle croist le long des eaux, (*Le lieu.*) & au bord des riuieres: & fleurit en Iuin & Iuillet. (*Le temps.*) Au reste sa grande amertume monstre assez qu'elle est chaude & seche, (*Le temperament & les vertus.*) tellement que qui en voudroit vser, elle fera les mesmes effects, que font les autres choses ameres. Mais veu qu'elle est chaude & seche, & fort amere au goust, comment est-ce qu'elle attire à soy les Mittes & Caffards, si ce n'est par vne secrette proprieté? car autrement elles les deuroit plustost chasser.

De l'Ethiopis. CHAP. XLIV.

Les noms. Pier. Pen. aux Aduerſ. Liu. 26. c. 4.

CETTE herbe eſt appellée en Grec αἰθιοπὶς; & en Latin *Aethiopis*, & a eſté ainſi nommée par la ſuperſtition des Magiciens, pource, dit Pline, qu'ils promettoient de faire ſecher & tarir les riuieres & les eſtangs, y iettant ſeulemét de *l'Ethiopis*; & qu'elle ouure toute ſorte ſerrures en les touchant ſeulement de cette herbe. Toutefois il eſt plus vray-ſemblable de dire, qu'elle ſoit ainſi appellée, pource que celle que l'on apporte d'Ethiopie eſt la meilleure; ou bien pource qu'elle eſt comme couuerte de cendre ou de ſuye, car αἰθοψ, ſignifie *la ſuye*. Or elle a les fueilles ſemblables au Boüillon ; toutefois elles ſont fort veluës & eſpeſſes, tout en rond au deſſus de la racine. Sa tige eſt quarrée, groſſe, & aſpre, ſemblable à celles de la Meliſſe, ou de l'Arction, auec pluſieurs cauitez comme aiſſelles. Sa graine eſt groſſe comme vn ers, & touſiours à double dans ſes gouſſes: & iette pluſieurs racines d'vne meſme ſouche, longues, groſſes, & d'vn gouſt viſqueux, leſquelles eſtans ſechées deuiennent noires & dures comme corne. Il en croiſt à force en Meſſenie & ſur le mont Ida. Pline en parle tout de meſme; ſi bien qu'il ſemble qu'il n'ait fait que traduire les mots de Dioſcoride. *On apporte*, dit-il, *l'Ethiopis d'vne plage entierement bruſlée du Soleil*; & vn peu apres ; *l'Ethiopis*, dit il, *a les fueilles ſemblables au Boüillon, grandes, & en bon nombre, veluës du coſté de la racine. Sa tige eſt quarrée & rude à manier, ſemblable à celle de l'Arction, & a pluſieurs ailerons: & produit ſa graine à double, laquelle eſt blanche, ſemblable à celle des Ers. Elle iette pluſieurs racines longues, & bien nourries, qui ſont molles, & ont vn gouſt viſqueux. Icelles eſtans ſeches deuiennent noires, & s'endurciſſent tellement qu'on diroit, que ce ſont cornes. Elle croiſt en Ethiopie, & ſur le mont Ida, & en la contrée dite Meſſenie.* En vn autre paſſage il dit, que *l'Ethiopis* croiſt auſſi en la region de Meroë, à raiſon dequoy on l'appelle *Meroida* ; & qu'elle a les fueilles ſemblables à celles des laittuës ; & d'ailleurs qu'eſtant prinſe en vin miellé elle eſt fort propre aux hydropiques. Cette herbe a demeuré longuement inconneuë, iuſques à tant que l'on en a apporté des montagnes maritimes de Grece & de Sclauonie, tellement qu'à preſent il s'en treuue aſſez dans les iardins d'Italie, France, & Allemagne. Elle eſt fort ſemblable au Boüillon ; toutefois elle a les fueilles plus chenues, plus molles, & couuertes d'vne bourre plus delicate & plus longue, comme celles du Dictam de Candie, decoupées à l'entour, enuironnans la tige, & couchées par terre tout à l'entour. La tige eſt quarrée, velue, de la hauteur de deux pieds, ou d'vne coudée & demie, auec beaucoup d'ailerons, garnie de fleurs en rond ſemblables à celles de l'Orual, ou de l'Horminon, ſi ce n'eſt qu'elles ſont blanches. Sa graine eſt auſſi ſemblable. Sa racine retire à celle du Boüillon. Cette racine, ainſi que dit Dioſcoride, cuite & prinſe en breuuage, eſt bonne à la Sciatique, aux pleureſies, au crachement de ſang, à l'enroüeure, comme auſſi eſtant reduite en looch auec du miel. Pline en dit quaſi de meſme. Ses racines prinſes en vin blanc ſeruent aux accidents de la matrice. Leur decoction eſt bonne aux ſciatiques, aux pleureſies, & à ceux qui ont le goſier aſpre. Toutefois on eſtime ſur toutes celles qui viennent d'Ethiopie, pource qu'elles operent promptement. Galien n'a point mis cette herbe en ſon denombrement des Simples. Mais Paulus a prins de Dioſcoride ce qui s'enſuit: *L'Ethiopis a les fueilles ſemblables à celles du Boüillon. La decoction de ſa racine prinſe en breuuage, eſt bonne à la ſciatique, aux pleureſies, à ceux qui crachent le ſang. Incorporée en miel elle adoucit l'aſpreté du goſier.*

Ethiopis.

La forme. Dioſc. liu 4. ch. 100.

Le lieu. Liu. 27. en la preface.

Liu. 24. c. 17.

Pena aux Aduerſ.

Les vertus. Liu. 4. c. 100.

Liu. 72. ch. 4.

Liu. 7.

De l'Arction. CHAP. XLV.

Les noms. Liu. 4. c. 101. La forme.

LES Grecs appellent cette plante ἄρκτιον, ou ἀρκτῦρον. Elle eſt auſſi nommée en Latin *Arctium*. Dioſcoride dit, qu'elle a les fueilles qui retirent à celles du Boüillon, ſinon qu'elles ſont plus veluës, & plus rondes. Sa racine eſt tendre, douce & blanche. Sa tige eſt longue & molle. Sa graine eſt ſemblable au petit Cumin. Pline a du tout ſuyui cette deſcription de Dioſcoride, diſant : *L'Arction eſt auſſi appellée Arcturus. Cette herbe a les fueilles ſemblables au Boüillon, ſinon qu'elles ſont plus veluës. Sa tige eſt longue & molle*

Liu. 27. c. 5

L'Arction selon aucuns, de Dalechamp.

Arction de Dodon pris de l'exemplaire de la Bibliotheque de l'Empereur.

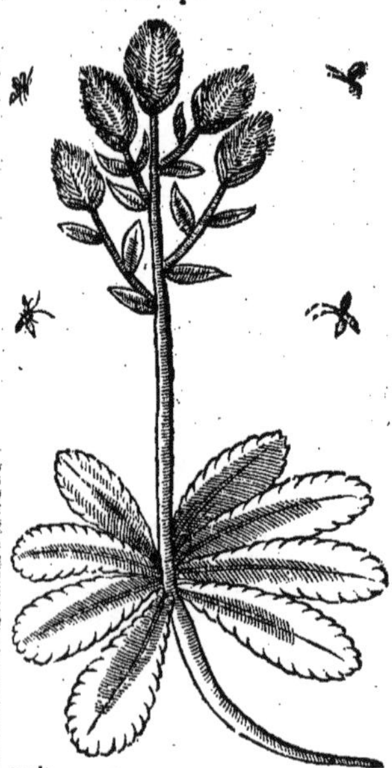

molle. Sa graine est semblable au Cumin, Elle croist és lieux pierreux, & a vne racine tendre, blanche & douce. Or les doctes Simplicistes estiment que la plante qui est icy peinte soit *l'Arction*, laquelle croist sur les montagnes aspres du Dauphiné ; & a la racine longue, grosse, blanche & tendre, & beaucoup de fueilles semblables à celles du Boüillon, blanches par dessous & fort cottonées, vertes par dessus, & moins veluës, & pleines de veines. Sa tige est molle & couuerte d'vne bourre fort espesse, à la cime de laquelle vient la fleur iaune sur vn gros bouton, comme celuy de l'Artichaut, si ce n'est qu'il n'est pas piquant, & est semblablement composé d'escailles, laquelle s'enuole puis apres en papillottes. Sa graine est longue, assez semblable au Cumin. Aucuns lisent en Dioscoride, *Petit auec la tige molle, & la semence longue, semblable au Cumin*; tellement qu'il semble que ces mots μακρὸν & μικρὸν ont esté transposez & prins l'vn pour l'autre. Et de faict Marcellus lit ainsi. En outre il n'est pas asseuré que c'est que Dioscoride entend par *le petit Cumin*, sinon qu'il entende le sauuage. Toutefois Galien, Pline & Oribaze ont leu comme il y a aux communs exemplaires. *l'Arction a les fueilles comme le Boüillon, cottonées & veluës: toutefois elles sont plus aspres, & plus rondes*, (Pline dit seulement, *qu'elles sont plus aspres.*) *Sa tige est longue & molle. Sa graine est semblable au petit Cumin. Sa racine est tendre, blanche, & douce*, suyuant ce que Dioscoride en a escrit. Il se treuue aussi vn autre pourtrait de *l'Arction* en vn vieil exemplaire qui est en la Bibliotheque de l'Empereur, dans lequel il est peint ayant les fueilles larges, crenées à l'entour, & la tige tendre & droite, auec quelque nombre de boutons à la cime, & tendres cottonez, comme ceux de la premiere espece de Cumin. Pline dit, qu'il croist és lieux pierreux. On l'appelle en Grec ἄρκτιον : en Latin *Arction*; & ἀρκτοῦρον, comme aussi en Latin *Arcturus*; ce nom est prins de ἄρκτος, qui signifie vn *Ours*. Or ceux là se trompent, qui prennent pour vne mesme plante *l'Arction* & *l'Arceion*, ou *Gloutteron* : & ceux-là encor plus qui prennent *l'Arction* pour le pas d'Asne : car il y a grande difference entre ces deux plantes. Au reste Galien dit, que l'Arction est de parties fort subtiles, & par ainsi qu'il est desiccatif & mediocrement deterſif. Sa racine, dit Pline, estant cuite en vin est bonne pour la douleur des dents, si l'on tient long-temps la decoction dans la bouche. Prinse en vin elle est aussi propre à la sciatique, & à la difficulté d'vrine. Elle est singuliere pour appliquer sur les brusleures, & sur les mules aux talons. Mesme sa racine & sa graine broyée en vin sont bonnes pour fomenter & estuuer lesdites mules & brusleures. La racine & la graine de *l'Arction* cuites en vin appaisent la douleur des dents, en tenant ladite decoction en la bouche. Cette mesme decoction est bonne pour fomenter les brusleures, & les mules aux talons. Elle est bonne contre la sciatique & la difficulté d'vrine, estant prinse en vin. Pline en dit de mesme. La racine de cette herbe cuite en vin est bonne au mal des dents, tenant sa decoction en la bouche. Prinse en vin elle sert aux sciatiques, & à ceux qui ne peuuent vriner que goutte à goutte. Elle est bonne pour appliquer sur les brusleures & sur les mules aux talons, à quoy aussi elle est bonne en broyant sa graine & sa racine en vin, pour fomenter les parties offensées de leur decoction. Item, le Plantain & *l'Arction* sont si propres à guerir les brusleures, qu'il n'y en demeure point de marque, en faisant cuire leurs fueilles en eau, & les appliquant dessus Ce que Galien asseure aussi, disant : *L'arction, qui est semblable au Boüillon, a la racine tendre, blanche & douce; la tige longue & molle semblable au Cumin. Il est de parties fort subtiles, & par mesme moyen il est desiccatif & deterſif; toutefois c'est medio-*

Le lieu. *Les vertus.* *Liu. 27. ch. 5.* *Liu. 26. c. 11.* *Liure 8. des simpl.*

crement. Ainsi donc sa racine & sa graine cuites en vin appaisent aucunement la douleur des dents. Mesme ladite decoction est propre pour guerir les brusleures, & les mules aux talons, si on les en laue, comme aussi leurs tiges tendres, appliquées dessus.

De la Cacalia, CHAP. XLVI.

Les noms. Com. Embl. 106.

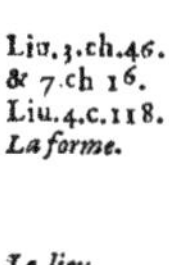

Κακαλία, & λεοντική en Grec s'appelle aussi en Latin *Cacalia*, & *Leontice*. Galien au denombrement des Simples ne fait aucune mention de la *Cacalia*: toutefois il semble qu'il l'appelle *Cacanon*, sans adiouster le nom de *Cacalia*; combien qu'il ait de coustume de mettre tousiours deux ou trois noms, quand il y en a plusieurs. Or qu'il faille lire *Cacanon* en Galien, & non *Cacanon*, comme il y a aux communs exemplaires, (Liure 7.) il appert par le tesmoignage de Paulus, qui a escrit κακάνον, & en dit les mesmes choses que Galien, comme aussi l'vn & l'autre en ont escrit suyuant Dioscoride; tellement que quand Paulus dit, que la *Cacalia* a les mesmes vertus que le *Cacanos*, il deuoit plustost dire que c'estoient mesmes plantes, comme a fait Galien; ainsi qu'il sera dit. De ce que dessus dit est, il appert aussi qu'il y a de l'erreur en quelques passages de Paulus, en la description d'vn medicament pour le foye, dans lequel il entre de *Cacalia*, quand il y a *Bacanon* au lieu de *Cacanon*. (Liu. 3. ch. 46. & 7. ch 16. Liu. 4. c. 118. La forme.) Or Dioscoride dit, que la *Cacalia* a les fueilles blanches, fort grandes, entre lesquelles il sort vne tige droite, blanche, chargée de fleurs semblables à celles des Chesnes, ou des Oliuiers. (Le lieu.) Elle croist aux montagnes. Suyuant cette description Dalechamp presume que la plante qui est icy peinte est la *Cacalia*: car elle croist aux plus hautes croupes des montagnes, & iette beaucoup de racines blanches entrelassées, disposées comme à l'entour d'vne grosse, qui est comme la souche, d'vn goust fade & visqueux, à mode de celles de la Dragante; & fait vne tige de la hauteur d'vne coudée, droite, couuerte d'vne bourre blanche, auec beaucoup de fueilles, larges, grandes & grosses, à demy rondes, dentelées à l'entour, attachées à vne queuë longue & grosse, pleines de veines, garnies par dessous d'vne bourre blanche; & beaucoup de fleurs rouges, qui s'enuolent en papillottes. (Liu 25. c. 11.) Au milieu desquelles il y a vn grain blanc, tout rond & releué, semblable à vne perle, comme Pline l'y compare bien à propos, lequel demeure à nud, & découuert apres que la fleur est cheute. (Liu. 4. c. 118. Les vertus.) Au surplus Dioscoride dit, que la racine de la *Cacalia* trempée en vin comme la Dregante, ou bien maschée, ou succée simplement, guerit la toux & l'aspreté du gosier. Mais ses grains qui croissent apres les fleurs, estans puluerisez & incorporez en cerot, tiennent la peau du visage ferme, & sans rides, si on s'en frotte. Or il faut voir maintenant si Galien attribue de semblables facultez au *Cacanon*, (Liure 7. des simpl.) afin de connoistre par là si c'est vne mesme plante que la *Cacalia*: *La racine du Cacanos*, dit-il, *est mediocrement desiccatiue sans mordication, & est d'vne essence grosse & emplastique; à raison dequoy estant trempée en vin comme la Dregante, & succée, elle guerit l'aspreté du gosier.* Mesme si on la masche & qu'on en succe le suc, il sert de mesme à l'artere, comme celuy de la Reglisse. (Liu. 7.) Ce que Paulus n'a fait que descrire de mot à mot. (Liu. 25. c. 11.) Pline en escrit de mesme, & si adiouste quelque chose dauantage. *Cacalia ou Leontice, porte vne graine semblable à des petites perles, laquelle pend entre les fueilles, qui sont grandes. Elle croist pour la plus part aux montagnes. On met* (Liu. 26. ch. 6.) *tremper quinze de ces grains là dans de l'huyle, duquel on frotte puis apres la teste à contrepoil.* Dauantage, *La racine de la Cacalia maschée & trempée en vin est propre nõ seulement pour la toux, mais aussi pour le gosier.* Et en vn autre passage, *Les grains*, dit-il, *de la Cacalia incorporez en cire fondue, font tenir la peau du visage tendue, & empeschent qu'il ne s'y face des rides.* (Au mesme ch. 15.) Or au passage cy deuant allegué, il ne faut pas entendre que la graine est pendante parmy les grandes fueilles: car cela seroit faux: mais que la tige, sur les branches de laquelle vient la graine, sort du milieu de la touffe des grandes fueilles.

Cacalia de Dalecamp.

Du Chama

Du Chamæcissus, *CHAP. XLVII.*

A μαίκισσ☉ en Grec, s'appelle aussi en Latin *Chamæcissus,* c'est à dire *petit Lierre*. Or il y a grande dispute entre les Herboristes touchant la plante qui doit estre prinse pour la *Chamæcissos* de Dioscoride. Aucuns tiennent que c'est la plante appellée par les Apothicaires ***Hedera terrestris***; d'autant que sa figure, & ses vertus, & mesme son nom le plus mmun le monstrent. D'autres reiettans cette opinion asseurent que la *Chamæcissos* est la plante e Matthiol & Fuchse ont mise pour la *Consoude moyenne*, par ce qu'elle s'accorde fort bien auec utes les marques que Dioscoride escrit de la *Chamæcissos*. Car il dit, qu'elle a les fueilles sembla- s au *Lierre*, excepté qu'elles sont plus longues, menues, & en grand nombre. Elle produit cinq six branchettes de la hauteur d'vne paume, garnies de fueilles tout aupres de terre. Ses fleurs retirent à celles des Violiers, excepté qu'elles sont plus petites, & fort ameres au goust. Sa racine est menue, blanche, & ne sert à rien. Elle croist és lieux cultiuez, comme fait aussi celle qui est icy peinte, à sçauoir le long des terres labourées: & a la racine menue, blanche & qui ne sert à rien, de laquelle il sort quatre petites tiges ou dauantage, de la hauteur d'vne paume, garnies de fueilles, dont celles qui sont à l'entour de la cime, resemblent du tout à celles du Lierre: mais celles qui sont pres de la racine sont plus longues, & tant les vnes que les autres sont plus menues, & vn peu velues, ce que Dioscoride n'a pas remarqué. Ses fleurs retirent à celles des Violiers, (car il faut ainsi traduire le mot λευκοΐα, & non *des Violiers blancs*; car iaçoit que le mot *Leucoion* s'entende proprement *des Violiers blancs*, ce neantmoins il se prend aussi bien pour les iaunes, bleus, ou purpurés) sinon qu'elles sont moindres, (& non plus blanches & plus menues, comme Ruel a traduit: car ces mots ἄνθη λευκοίοις ὅμοια μικρότερα καὶ λεπτά; ne doiuent pas estre inserez au texte) blanches tirans sur le bleu, ce que Dioscoride a obmis, & fort ameres. Que si elle a les proprietez que Dioscoride attribue au *Chamæcissos*, quand il dit que ses fueilles sont bonnes à la sciatique, estans prinses au pois de trois oboles en cinq onces d'eau par quarante ou cinquante iours; prinses en la mesme sorte par l'espace de six ou sept iours elles guerissent la iaunisse; si, dis-ie, la plante qui est icy peinte est propre pour guerir l'opilation du foye, & de la ratelle, & la sciatique, ce sera vn grand argument pour les maintenir en leur opinion. Or il semble e Pline traite autrement de la *Chamæcissos*, que Dioscoride, tellement qu'il l'a entremeslée auec elque autre plante ou bien il a descrit vne autre plante que Dioscoride. Car voicy comme il dit: *Il a aussi vne sorte de Lierre ferme: laquelle seule entre toutes les autres se maintient droite sãs aucũ ap- à raison dequoy on l'appelle en Grec Orthocissos; cõme au par cõtre il y en a vne autre appellée Chacissos, qui est tousiours couchée par terre.* Dauantage; *les mesmes Grecs appellent Chamæcissos vne espe- de Lierre, qui traine tousiours par terre. Icelle broyée en vin à la mesure de quatorze dragmes, guerit s accidens de la ratte. Ses fueilles incorporées auec de la graisse de porceau guerissent les brusleures*: ce e Dioscoride n'a pas escrit du *Chamæcissus*. Item en vn autre passage; *La Chamæcissos est espiée com- le bled, & iette ordinairement cinq branches, qui sont garnies de fueilles; lors qu'elle est en fleur on prendroit pour vn Violier blanc, & si elle a vne racine fort menuë. Ses fueilles prinses en breuuage sept rs durant au pois de trois oboles en deux cyathes de vin sont singulieres contre la sciatique. Il est vray e c'est vn breuuage bien amer.* En quoy Pline ne s'accorde pas par tout auec Dioscoride; mais ulement en partie. Le mesme Pline dit aussi en vn autre endroit, qu'il luy a esté monstré vne troi- esme espece de *Cyclaminus*, surnommée *Chamæcissos*, qui ne fait qu'vne seule fueille, &c. Toutefois Galien s'accorde auec Dioscoride, disant, *que la fleur de Chamæcissos comme estant fort amere desopi- le foye, & est propre contre la sciatique.*

Chamæcissus de quelques vns.

Les noms. Au chap 9. liu. 4. c. 146. de l'hist. *La forme.* *Les vertus.* Diosc. liu. 4. chap. 121. Liu. 16. c. 34. Liu. 24. c. 10. Au mesme chap. 15. Liu. 25. ch. 9. Liure 8. des simpl.

L'Herbe au Charpentier, CHAP. XLVIII.

Les noms. D'AVTANT qu'on ne sçait pas encor comme cette plante estoit nommée anciennement tant en Grec comme en Latin, nous retiendrons le nom duquel les Medecins & Simplicistes l'appellent communement, à sçauoir *Prunella*, ou *Brunella*, ou *Consolida minor*: en Allemand *Braunnellam*, & *Gottheyl*: en François *l'Herbe au Charpentier*. Aucuns estiment que c'est le *Symphiton petræon*, l'opinion desquels n'est pas suyuie des plus doctes.

Sur le ch. 9. liu 4. Matthiol dit, que la *petite consoude* que les Allemans appellent *Prunella*, fait des tiges quarrées, velues, de la longueur d'vne paume: les fueilles longues, aiguës au bout approchant de celles de la Mente, & vn peu aspres. Ses fleurs sortent à la cime des tiges & des branchettes, à mode d'espic, & sont purpurées & quelquefois blanches. Sa racine est petite, assez longuette & cheueluë.

Le lieu. Le temps. Chap. 237. de l'hist. Liu. 1. ch. 88. Le temperament & les vertus. Elle croist és prés & forests ombrageuses, & fleurit en May & en Iuin. Fuchse dit, qu'elle est chaude & seche, pource qu'elle est visqueuse, & vn peu amere au goust. Dodon dit qu'elle est bien seche: mais qu'elle est temperée en chaleur & froidure, ou mediocrement froide. Cette plante est fort propre pour les playes, quand il est question de consolider, restraindre & reprimer. Tous les autheurs modernes d'vn commun accord disent, que son suc meslé auec vinaigre & huile rosat appaise les grandes douleurs de teste, si on en frotte les ioues. Son suc guerit les vlceres de la bouche des petits enfans & les accidens du gosier. Elle a, dit Lobel, les mesmes proprietez que la Bugla, toutefois elle est plus desiccatiue & astringeante, & par ainsi elle est plus propre pour reprimer.

Du Lierre terrestre, CHAP. XLIX.

Les noms. DANS les Geoponiques il est fait mention d'vne herbe nommée μαλακόκισσον, qui est à dire en Latin, *Mollis hedera*; *Lierre tendre*. Or les Herboristes estiment que c'est la plante appellée communement en Latin & par les Apothicaires, *Hedera terrestris*, & *Terra Corona*, pource qu'elle espand ses branches par dessus terre, comme si c'estoit vne couronne fueilluë. En François *Lierre terrestre*: en Allemand *Gundelreb*, ou plustost *Grundreb*, c'est à dire *petite vigne trainant par terre*.

Pier. Pen. aux Aduers. Ceux qui prennent ceste plante pour la *Chamæcissos* de Dioscoride, outre le nom qu'elle a de *Lierre terrestre*, asseurent que les Medecins espreuuent tous les iours qu'elle a les mesmes vertus que Dioscoride attribue au *Chamæcissos*, d'autant que par son amertume & autres qualitez elle est propre pour desopiler, & appaiser les douleurs des iointures. Et au demeurant quant à la figure, ils respondent à ceux qui leur voudroient mettre en auant, que les fueilles du *Chamæcissos* selon Dioscoride sont μακρότερα, c'est à dire *longuettes*, qu'en changeant vne seule lettre il y aura μικρότερα, c'est à dire plus petites: & aussi que les fueilles du *Lierre terrestre* sont bien semblables à celles du *Lierre*, toutefois qu'elles sont plus rondes, moindres & plus menuës. Et que cette faute est assez commune en Dioscoride, comme il a desia esté remonstré par cy deuant.

Dodon liu. 3. ch. 5o. Or comment qu'il en soit, cette plante a la racine cheueluë, de laquelle il sort plusieurs tiges couchées par terre, quarrées, tendres, garnies de fueilles, qui sont quasi rondes, aspres dentelées à l'entour, de mauuaise odeur, & ameres au goust; moindres, plus rondes & plus tendres, que les fueilles de Lierre, entre lesquelles sortent les fleurs ameres au goust, bleuës, comme sont aussi celles des Violiers, ou bien purpurées.

Le lieu. Le temps. Elle croist quasi par tout; mais principalement és lieux ombrageux & humides. Elle commence à pousser à l'entrée du mois de Mars, & fleurit durant la plus grande partie de l'esté, & le plus souuent demeure verte tout le long de l'année.

Les vertus. Il appert principalement par la grande amertume de ses fleurs, qu'elle est chaude & seche, à raison dequoy elle est singuliere pour desopiler le foye & la ratte, & pour guerir la iaunisse, comme aussi les douleurs de la sciatique & des autres iointures, elle prouoque l'vrine, & les mois supprimez. Broyée entre les mains, & mise dans les oreilles, elle guerit le tintement d'icelles, & l'ouye dure. On dit aussi, qu'elle est singuliere contre la peste: ce que sçauent fort bien ceux qui vont

Lierre terrestre, Malacocissos, de Matthiol.

Malacocissos, suyuant le pourtrait de Dodon.

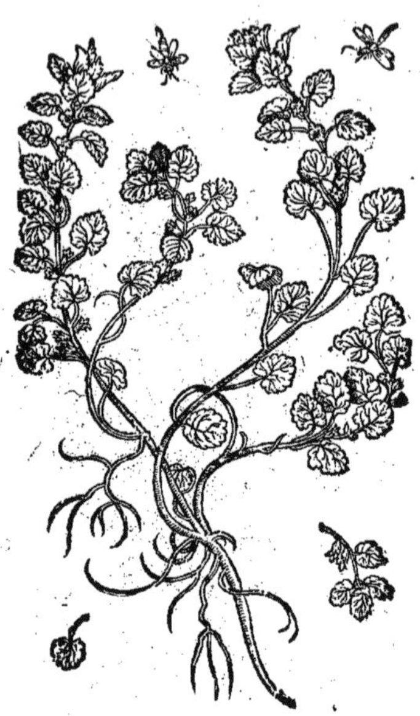

nt ordinairement à cheual, lesquels se seruent auec heureux succez de cette herbe, toutes les fois eleurs cheuaux prennent le fil, qui est vne peste entre les cheuaux. Tragus dit, que les fueilles Liu.2.ch.87
Lierre terrestre sont bonnes pour faire des gargarismes contre les vlceres & autres accidents du l& du gosier. Leur decoction guerit la rongne, & les accidents de la bouche, & des lieux naturels s femmes. Son suc est fort propre pour mondifier les fistules & autres telles maladies.

De l'Elleborine, *CHAP. L.*

Este plante est appellée en Grec ἐπιπακτὶς, & ἑλλεβορίνη: en Latin *Epipactis*, & *Elleborine*. Dioscoride traitte fort breuement de *l'Elleborine*, & dit seulement, que cette herbe n'est pas ainsi nommée pour dire qu'elle resemblast en figure ou en vertu à l'Ellebore blanc ou noir: mais seulement pource qu'õ la mesloit parmy l'Ellebore blanc, & qu'elle croissoit aux mesmes lieux: tellement qu'il est bien mal-aisé de sçauoir à present quelle herbe doit estre prinse pour la vraye *Elleborine*. Theophraste aussi en dit tout de mesme en traittant de l'Ellebore blanc en ces termes. *Afin que l'on vomisse plus aisément, on mesle parmy ce breuuage de la graine l'Elleborine, qui est vne petite rbe.* Et toutefois Dioscoride l'appelle θαμνίσκον μικρὸν, c'est à dire *petit arbrisseau qui a les fueilles tites*: mais il n'vse pas tousiours de ce mot en sa propre signification, aussi peu que Pline qui en a en peu faire de mesme, quand il l'appelle vne fois *fruticem*, c'est à dire *arbrisseau*, & d'autrefois *rbam paruam, vne petite herbe. Il croist*, dit il, *en Asie, & en Grece des petits arbrisseaux, comme pipactis, que d'autres appellent Elleborine, qui fait des petites fueilles lesquelles prinses en breuuafont aussi bonnes contre les venins, comme celles de la Bruyere contre les serpens.* Dauantage, *l'Epipais qu'aucuns appellent Elleborine, est vne petite herbe qui fait des petites fueilles, & est fort propre ux accidents du foye, & contre les venins estant prise en breuuage.* Sur cela les modernes Herboristes faisans à croire que *l'Elleborine* doit resembler à l'Ellebore, puis qu'elle en porte le nom, ont prins our *l'Elleborine* qui vne plante retirant à l'Ellebore noir, & qui vne autre retirant à l'Ellebore lanc. Ainsi donc, dit Matthiol, si *l'Epipactis* est appellée *Elleborine*, pour dire qu'elle resemble à *Ellebore noir*, il nous faudra prendre pour *l'Epipactis* ceste herbe qui croist en Goritie, laquelle ous auons nommée *Epipactis*, non pour asseurer que ce soit *l'Elleborine* de Dioscoride: mais d'autant que ses fueilles approchent aucunement de celles de l'Ellebore noir, comme aussi font ses eurs & ses racines. Pena & Lobel appellent ceste plante *Elleborine Alpinæ Saniculæ, & Ellebori nigri facie*. Elle s'aime aussi sur les montagnes ombrageuses, & à la cime des Alpes. Elle a la racine composée

Les noms. Liu.4.c.104. Liu.9.de l'hist.ch.11. Liu.13.c.20. Liu.27.ch.9. Sur le c.104. du 4.liu. *Lellen.*

Elleborine, de Matthiol.

Elleborine, de Dodon.

La forme. poſée de pluſieurs cheuelures, qui ſortent d'vn meſme endroit, de laquelle il ſort des queuës tendres, liſſes & ſouples, à la cime deſquelles ſont les fueilles miparties en cinq, vn peu dentelées à mode de celles du Pied de pigeon, ou de la Sanicle. Ses fleurs ſont diſpoſées en eſtoile, & compoſées de cinq petites fueilles, d'aſſez bon gouſt, ſi ce n'eſt qu'elles ſont vn peu acres. Or pource qu'elle a la racine fort ſemblable à celle de l'Ellebore noir, aucuns l'ont priſe pour *l'Ellebore noir*. Liu.3.ch.25. Quant à l'autre plante de laquelle nous auons prins le pourtrait de Dodon, elle retire à l'Ellebore blanc, ſinon qu'elle eſt plus petite en tout & par tout. Elle fait la tige droite, les fueilles rayées, ſemblables à celles de l'Ellebore blanc, ou du Plantain, excepté qu'elles ſont moindres. Ses fleurs ſont attachées à la tige, & ſont blanches, creuſes au milieu, & bigarrées d'vne eſtrange façon de taches iaunes & purpurées. Sa graine reſemble à du ſable, & vient en des gouſſes aſſez groſſes. Ses racines ſont eſparſes çà & là, & ſont pleines de ſuc, couuertes d'vne groſſe eſcorce, d'vn gouſt amer. *Le lieu.* Elle croiſt és prés mareſcageux, & és lieux ombrageux & froids. *Le temps.* Elle fleurit en Iuin & en Iuillet. *Le temperament & les vertus.* Elle eſt chaude & ſeche. Dioſcoride dit, que *l'Elleborine* eſt propre pour les accidents du foye, & contre les venins, eſtant prinſe en breuuage.

Raiſin de Renard.

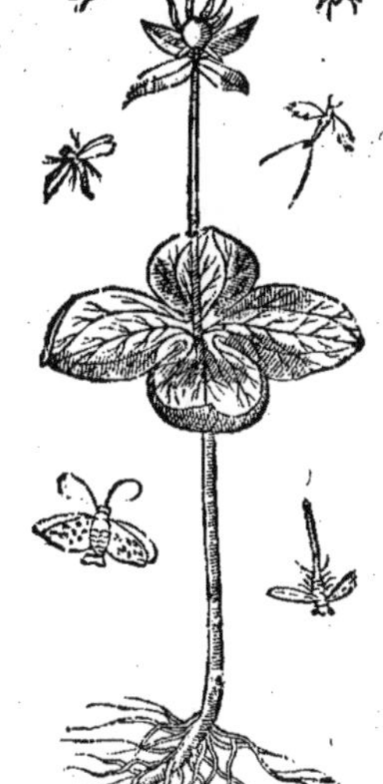

Du Raiſin de Renard, CHAP. LI.

Les noms. L'HERBE appellée par les Herboriſtes modernes *Herba Paris*, & *Vua lupina*, ou *Vua verſa*: en François *Raiſin de Renard*: en Allemand *Vuolffsbéer*, eſt nommée par Lobel & Pena, *Solanum Tetraphylum* pource qu'elle fait quatre fueilles ſemblables à celles du Pain de pourceau, ou du Cocombre. Fuchſe l'a prinſe pour *l'Aconiton Pardalianches* de Dioſcoride, combien qu'il s'en faille beaucoup que ce ne ſoit *l'Aconiton*; car outre ce que les eſpeces de *l'Aconit* ſont aſſez cogneuës auiourd'huy, tant s'en faut que ceſte herbe ſoit venimeuſe, que meſme on en tire de ſouuerains remedes contre les venins. Geſnerus l'appelle *Solanon Monococcon*. Cordus *Aconiton Monococcon*. Tragus la nomme *Aſter non atticus*. *La forme.* Elle ne fait qu'vne tige ronde, liſſe & graile, de la hauteur d'vne paume, ou d'vne paume & demie, par le milieu de laquelle ou vn peu plus haut il ſort quatre fueilles vis à vis l'vne de l'autre, en croix, noiraſtres, rondes, longuettes, menuës, fort ſemblables à celles de l'herbe ſanguine: & autant à la cime de la tige, qui ſont diſpoſées tout

tout de mesme, toutefois elles sont moindres, & vn peu plus longuettes à l'entour de la fleur, qui est de couleur de iaune vert, au milieu de laquelle il y a vn bouton releué, de couleur purpurée, semblable à vn grain de raisin, plein de graine blanche & menuë. Sa racine est longue & graile, & va s'espandant çà & là à fleur de terre. Cette herbe s'aime és forests ombrageuses & froides des païs Septentrionaux. Elle fleurit en Auril. Sa graine est meure au mois de May. Baptiste ...rde escrit qu'il a veu des personnes lesquels estans deuenus à demy fols, soit par longues maladies, empoisonnemens, ont esté entierement gueris, en vsant seulement de la graine de cette herbe puluerizée au pois d'vne dragme par l'espace de vingt iours, Elle est fort refrigeratiue, à raison de quoy elle rabbat la force de l'Arsenic. *Le lieu. Le temps. Les vertus.*

De la petite Lunaire, *CHAP. LII.*

LEs anciens autheurs n'ont pas eu cognoissance de cette plante, ou pour le moins ils ne luy ont point imposé de nom. Les modernes l'ont nommée *Lunaria minor*, & *Lunaria racemosa*, pource que ses fueilles sont faites à mode de croissant de Lune : en François *Lunaire petite* : en Allemand *Monkraut*. Cette herbe ne va pas rampant par terre : mais ...nleue & ne fait qu'vne seule fueille auec des grandes decoupeures d'vn costé & d'autre, assez ...osse. Ou pour mieux dire elle fait plusieurs fueilles rondes par dessus, & recourbées par dessous, fort semblables au vray Ceterach. Au milieu d'icelle il sort vne petite tige de la hauteur ...ne paume chargée à la cime d'vne fleur en façon de grappe, comme celle de l'Ambrosia ou de Migraine, aucunement semblable à la Langue de serpent. Sa racine est fort cheueluë. Elle croist plus souuent sur le bord des fossez, & sur les mottes humides, & le long des chemins. On la *Les noms. La forme. Le lieu.*

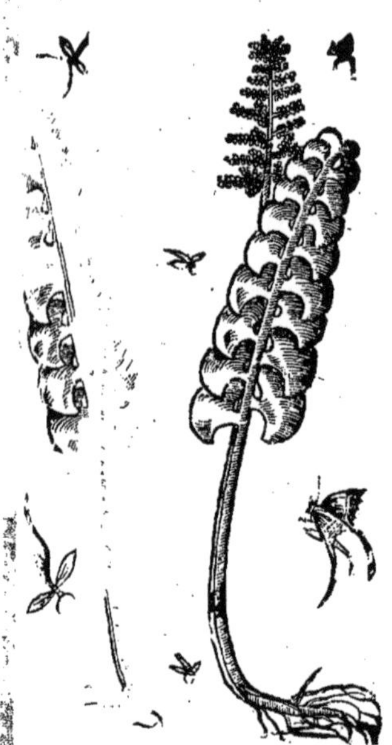

Lunaire petite, de Matthiol.

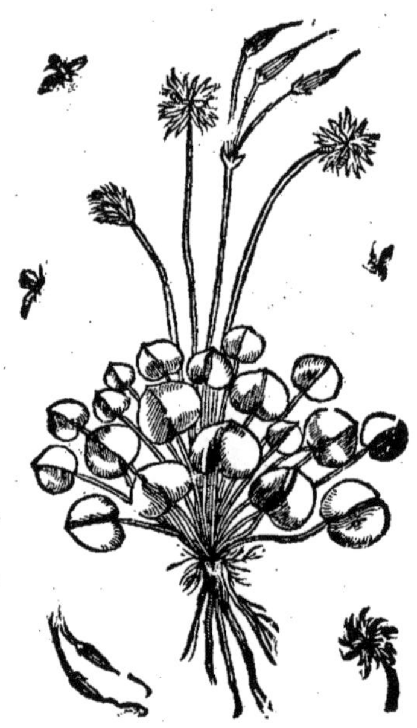

Autre Lunaire petite bleuë, de Dalech.

treuue en May & en Iuin, puis elle se perd. Elle est fort seche au goust & astringeante : ainsi il faut qu'elle soit froide & seche, & comme elle retire aucunement à la Langue de serpent quant à la figure, aussi fait elle quant aux vertus, mesme auec plus d'operation, estant singulierement propre pour consolider les playes, & les vlceres, & pour guerir les dislocations. C'est aussi vne chose bien esprouuée, qu'elle est fort souueraine pour arrester les mois & le flux blanc des femmes. Aucuns estiment que c'est le *Tragion second* de Dioscoride, lequel croist és precipices des montagnes : & a les fueilles semblables au Ceterach, la racine menuë, blanche semblable à celle du Reifort sauuage, laquelle est bonne à la dysenteriie, tant crue que cuite. Il est bien certain que ses fueilles sentent mal sur la fin de l'esté, dont Dioscoride estime qu'elle a prins son nom de là. Or les Herboristes appellent aussi vne autre herbe, *Lunaria minor*, ou *Cerulea* : *Lunaire petite ou bleue*, à raison de la cou *Le temps. Le temperament. Les vertus.*

Lunaire iaune, de Dalechamp.

la couleur de ses fleurs : & *Lunaire des Magiciens Arabes.* La forme. Elle a beaucoup de racines cheueluës, longuettes, iaunastres, ameres, & odorantes, & plusieurs petites fueilles rondes grosses, semblables à celles du Cabaret, attachées à vne queuë longuette. Elle produit aussi des petites tiges droites, nuës, garnies à la cime de fleurs semblables à celles des Violiers, bleuës & de bonne grace, composées de cinq petites fueilles, lesquelles sont decoupées au bout comme par petits filets à mode de rayons. Sa graine vient en des gousses longues, au bout desquelles il y a vn filet menu. Le lieu. Elle croist sur les montagnes pleines de nege, mesme dessous la nege, tellement qu'elle se monstre dés aussi tost que Le temps. la nege est fondue. Elle fleurit en Auril & en May. Aucuns estiment que c'est *l'Asclepias*, & qu'il faut lire en Dioscoride, φύλλα μικρὰ, *les fueilles petites*, non pas μακρὰ *grandes*, κισσῷ ὅμοια *semblables à celle du Lierre*, d'autant qu'elle en a toutes les autres marques. Outreplus il y a vne autre plante appellée par ceux de Montpelier *Lunaria minor*, ou *Lutea*, laquelle croit le long des prés & des terres humides, & ne fait le plus souuent qu'vne racine, mediocrement cheueluë, & blanche & trois ou quatre tiges de la hauteur d'vn pied & demi garnies de peu de fueilles, ou de point du tout. Elle iette beaucoup de fueilles à l'entour de la racine, grosses, longues dentelées à l'entour, veluës, auec des taches blanches fort astringeantes au goust. Sa fleur est iaune, & n'a seulement que trois fueilles. Sa graine est petite & vient en des gousses larges comme celles de la *Lunaire*, qui sont semées par la tige, & resemblent assez bien aux boucliers des Romains, qu'ils appelloient *Ancylia*, & sont comme composées de deux assiettes iointes ensemble, du milieu desquelles il sort vn poil droit. Pena l'appelle *Thlaspi paruum hieracifolium.*

L'Orpin, ou Feue grasse, de Matt. & de Fuchs. CHAP. LIII.

Les noms. PLVSIEVRS doctes personnages estiment, que l'herbe qui est appellée communement en Latin *Fabaria*, *Crassula*, & *Crassula maior*, & *Faba crassa* : en François *Orpin, Feue grasse, & Feue espesse* en Allemand *Vundkraut*, est le *Telephion* de Dioscoride, qui est aussi appellé en Latin *Telephion*. On l'appelle *Fabaria*, & *Faba crassa*, à cause que ses fueilles sont grosses, & semblables à celles des Feues ; & *Telephion*, pource qu'elle est propre pour guerir le vlceres malins & incurables ; comme ceux qui suruindrent à Telephus Roy de Mysie apres auoir esté blessé par Achille, desquels il ne sçeut iamais estre gueri ; dont aussi on a nommé tels vlceres *Telephia*. Cette herbe fait vne La forme. petite tige ronde, espesse, fraile, garnie de grosses fueilles poulpues, & pleines de suc, assez semblables à celles du Pourpier de iardin. A la cime de la tige il vient de belles fleurs blanches, ou iaunes, ou purpurées, sur des ombelles semblables à celles de la Draba. Sa racine est blanche poul-Liu.2.c.181. pue, à mode de Truffe, & massiue. Il semble que Dioscoride ait parlé de cette plante, quand il dit : *L'herbe nommée Telephion resemble quant à la tige & aux fueilles, au Pourpier, & a deux ailerons à chasque neud, & par où sortent les fueilles. Dés sa racine il sort six ou sept petites branches garnies de fueilles bleues, grosses, visqueuses & poulpues. Ses fleurs* Liu.27.c.13. *sont iaunes ou blanches.* Ce qu'il semble que Pline ait voulu traduire, disant : *Le Telephion est vne herbe semblable au Pourpier, quant à la tige, & aux fueilles* Le lieu. *Elle produit des la racine sept ou huict branches, garnies de fueilles, grosses & poulpues.* Voilà ce qu'en dit Pline. Elle croist, dit Dioscoride, au printemps parmy les vignes & lieux cultiuez. Semblablement

Telephion purpurin, de Fuchse.

blement aussi la *Feue grasse* croist parmy les vignes, & mesme és lieux qui ne sont pas cultiuez, & parmy les bois, & par tout ailleurs en grande abondance. Elle commence à sortir au commencement du printemps; & fleurit en Iuillet & en Aoust. Outre le *Telephion qui fait les fleurs blanches & iaunes*, nous auons mis icy le pourtrait d'vn autre prins de Fuchse, qui fait les fleurs purpurines à raison de quoy il l'a surnommé *Telephion purpurascens*, pour le distinguer des precedents. Or outre ce que l'vn fait les fleurs blanches, & l'autre purpurines, il y a aussi difference quant à la couleur des fueilles: car celles de celuy qui fait les fleurs blanches, sont vertes & de couleur d'herbe; mais celles de l'autre sont plus blaffardes. Quant au reste ces deux plantes sont du tout semblables, specialement quant aux fueilles qui retirent à celles des Feues, si ce n'est qu'elles sont plus grasses & plus grosses. Outre plus nous auons encor mis le pourtrait d'vn autre *Telephion, qui a les fleurs purpurées*, prins de Lobel. L'Escluse met en outre la description d'vn autre qui croist en Espagne, disant, qu'il fait deux ou trois tiges ou dauantage, sortans de la racine, de la hauteur d'vne coudée, pleines de suc & pendantes, garnies de fueilles qui sortent deux à deux par certains interualles, vis à vis l'vne de l'autre, comme celles du Meurte, grosses & pleines de suc, tout ainsi que celles de la *Feue grasse*, toutefois elles sont plus grandes & plus poulpuës. Ses fleurs sortent à la cime des branches quasi par ombelles comme celles de la *Feue grasse*, & sont blaffardes. Elle [f]it plusieurs racines à façon de glandes, semblables à celles de la *Feue grasse*. Ceste plante est si [a]isée à reprendre, qu'en plantant simplement vne de ses branches elle prend racine. Elle croist en [E]spagne en certains lieux ombrageux & froids. Les Espagnols l'appellent *Telephion*; toutefois [L'E]scluse estime que c'est plustost vne espece de *Crassula*, d'autant qu'elle n'a pas les fueilles bleuës; [m]ais plustost vertes-blaffardes, trois ou quatre fois plus grandes que celles du Pourpier des iar-

Le temps.

Liure 2. des plant. d'Esp. chap. 25.

Telephion aux fleurs purpurées, de Lobel.

Telephion d'Espagne, de l'Escluse.

Telephion petit tousiours vert, de Lobel.

dins. Lobel a mis le pourtrait d'vne autre plante qu'il appelle *Telephion minus repẽs*, laquelle est tousiours verdoyante, & traine par terre, ayant la fueille ronde, la fleur rouge, la racine cheuelue, & des petites tiges plus grosses que celles de la Cepæa. Au surplus Dodon dit que la *Feue grasse* est froide au troisiesme degré, & qu'elle a les mesmes vertus que la Ioubarbe. Dioscoride dit que ses fueilles appliquées par l'espace de six heures peuuent guerir les taches blanches de la peau, qu'on appelle en Latin *Vitiligines*, pourueu que l'on mette puis apres vn emplastre de farine d'orge sur la place tachée, & mesme sans cela en les en frottant auec du vinaigre au soleil, pourueu qu'on l'oste puis apres quand elle sera sechée. Galien dit que le *Telephion* est sec & detersif, & toutefois qu'il n'est pas fort chaud, ains seulement au premier degré; neantmoins qu'il est sec à la fin du second degré, ou au commencement du troisiesme; à raison de quoy il est propre pour les vlceres pourris, & pour guerir les taches blanches & noires de la peau, que les Grecs appellent *Leuce & Alphos*. Or donc puis que la *Feue grasse* n'est pas detersiue ny desiccatiue, & qu'elle a les fueilles plus grandes que le Pourpier, Matthiol conclud par là qu'il faut reietter l'opinion de ceux qui la prennent pour le *Telephion*, combien qu'elle en ait plusieurs marques. Toutefois ceux qui practiquent la medecine & font l'espreuue des medicaments, respondront à Matthiol, que la *Feue grasse* a beaucoup de vertus & plus que Dioscoride n'en baille à son *Telephion*: mesme elle est bien aussi chaude & seche, comme Galien & Paulus ont escrit, assauoir chaude au premier degré, laquelle chaleur ne se peut à grand peine apperceuoir au goust. Quant à la secheresse, elle en a autant que la Ioubarbe. Elle a aussi vne telle faculté detersiue que la farine des Feues ou le Pourpier, laquelle semble du premier coup quand on vient à la gouster, estre plustost lenitiue, par le moyen de son suc visqueux. Qui plus est, les vlceres malins ne se guerissent pas seulement par le moyen des medicamẽs chauds, secs, & detersifs: mais aussi par des breuuages, emplastres & fomentations, que l'on fait de la *Feue grasse*, pour corriger par ce moyen l'acrimonie de la fange qui va rongeant, & empeschant que nature ne face son deuoir, & aussi la corruption des humeurs tant par dedans que par dehors. Pline ne s'accorde pas auec Dioscoride quant à l'vsage du *Telephion* contre les vitiligines: car il dit ainsi: *On en frotte les lentilles du visage pour les effacer: pour ce faire il la faut faire secher & la reduire en poudre. On en frotte aussi les taches blanches empraintes dans le cuir, que les Latins appellent vitiligines: mais il les faut frotter six heures durant, ou de iour ou de nuict, & continuer cela trois mois durant, puis apres appliquer de la farine d'orge dessus. Elle guerit aussi les playes & les fistules.*

Liu. 1. c. 26. *Le temperament.* *Les vertus.* *Liure 8. des simpl.* *Pier. Pen. aux Aduers.* *Liu. 27. c. 13.*

De l'Oreille de Souris, CHAP. LIV.

Les noms. Les especes

CETTE herbe est appellée en Grec μυὸς ὦτα, ou μυὸς ὦτις, & μυόσωτιον: en Latin *Auricula Muris*: en François *Oreille de Souris*: en Italien *Orecchia di topo*; en Allemand *Menszorlin*. Dioscoride n'en met qu'vne espece; mais les modernes en mettent bien dauantage, qui ont toutes les fueilles faites à mode d'vne *Oreille de Souris*. Or Dioscoride dit, que l'Oreille de Souris produit beaucoup de tiges d'vne seule racine, rouges par le bas, & creuses, & les fueilles longues, estroittes, auec vn dos releué, brunes, qui sortent deux à deux par certains interualles, & sont aigues au bout. Du creux de leurs ailerons il sort des petites tiges, garnies de petites fleurs bleuës comme celles du Mourron. Sa racine est grosse comme le doigt, de laquelle il en sort beaucoup d'autres. Pline la descrit aussi de mesme, disant: *La Myosota, ou Myosotis est vne herbe lisse, qui produit d'vne seule racine plusieurs tiges, aucunement rougeastres par le bas & creuses.* Ses fueilles sont estroittes, longues, & noires, & ont le dos aigu, & sortent tousiours deux à deux par certains interualles. D'entre les ailerons des tiges il sort des petites branches chargées de fleurs bleuës. Sa racine est de la grosseur du doigt garnie de force filamens. Toutes ces marques conuiennent fort bien à la plante de laquelle nous auons mis icy le pourtrait prins de Matthiol, laquelle croist par tout, parmy les prés, champs, & iardins, & le long des chemins: & fleurit en May. Dodon met vn autre plante, que plusieurs prennent pour *l'Oreille de Souris*. C'est vne petite

Liu. 2. ch. 179. La forme. *Liu. 27. c. 12.* *Sur le chap 179. du liu. 2* *Le lieu. Le temps.* *Liu. 1. ch. 35 l'Oreille de Souris. 2.*

Oreille de Souris, de Matthiol.

Oreille de Souris, de Dodon.

tite herbe, qui est quasi tousiours couchée par terre, couuerte d'vne bourre tendre & molle *La forme.*
u reste elle retire assez bien à la Morgeline moyenne : car elle produit beaucoup de petits tiges
vne seule racine, rouges par le bas, auec des fueilles longues, aspres & veluës, retirans fort bien
x *Oreilles de Souris.* Ses fleurs sont petites & blanches. Elle porte des gousses longuettes comme
Morgeline. Sa racine est cheueluë. Les doctes Herboristes prennent ceste plante pour la *vraye*
atine de Dioscoride, d'autant que la descriptiõ qu'il en fait luy conuient fort bien: car elle croist és lieux cultiuez, & parmy les bleds; iette dés la racine cinq ou six branches de la hauteur d'vne paume, garnies de fueilles, d'vn goust astringeant, semblables à celles de la Parietaire, veluës & vn peu plus rondes. Le mesme Dodon *Au mes. lieu* adiouste encor la description d'vne autre, sans toutefois en mettre le pourtrait. Elle ne traine pas par terre; mais se tient droite parmy les autres herbes, & retire aux precedentes quant aux tiges, & aux fueilles, sinon qu'elle est plus grande & plus blanche, & couuerte de bourre, visqueuse au toucher: tellement qu'elle tient aux doigts en la maniant, comme si elle estoit enduite de miel. Ses fleurs sortent de certains boutons comme celles de la precedente. Sa graine vient en des petites gousses. C'est ceste herbe de laquelle nous auons mis le pourtrait & la description entre les plantes de iardin, sous le nom *d'Ocimoïde petit blanc.* Aucuns, comme nous auons desia dit, prennent ces deux plantes pour especes *d'Oreille de Souris.* D'autres tiennent que ce sont plustost especes de Morgeline. Dalechamp met encor vne autre *Oreille de Souris petite*, laquelle croist en *Petite Oreille de Souris de Dalech.* lieu gras, & le long des chemins; & a des racines petites, courtes, qui ne seruẽt à rien, les fueilles couchées par terre tout en rond à mode de celles de la Ioubarbe, longues & vn peu decoupées, & veluës. Sa tige est blanche, de la hauteur de trois doigts, menuë, chargée de fleurs blanches composées de quatre petites fueilles, lesquelles neantmoins sont decoupées en sorte qu'on diroit qu'il y en a huict. Sa graine est fort menuë, enclose en des petites gousses faites en façon de gibeciere, d'vn goust fade. Elle fleurit au commence

Petite Oreille de Souris, de Dalechamp.

Le temps. Le tempera-ment. mencement de Feurier quant & la Morgeline & le petit Grame. Elle est froide & humide. Dioscoride dit, que la racine de *l'Oreille de Souris* appliquée en liniment guerit les fistules du grand coing de l'œil. Galien dit, qu'elle desseche au second degré: & qu'au reste elle n'a point d'autre qualité euidente. Au contraire, Pline apres auoir descrit *l'Oreille de Souris* en mesmes termes que Dioscoride, adiouste puis apres, qu'elle est corrosiue & vlceratiue. Aussi s'en sert on pour guerir les fistules qui viennent entre le coing de l'œil & enez.

Liu 2. c 175. Liu 7. des simp. Liu. 27. c 12

Veronique masle, de Fuchse,

CHAP. LV.

Les noms. Les modernes Herboristes font grand estat d'vne herbe qu'ils appellent en Latin *Veronicamas*, laquelle peut estre n'a pas esté cogneuë par les anciens autheurs tant Grecs que Latins. On l'appelle en François *Veronique masle* : en Allemand *Ereubreisz*, & *Grundheyl*, à cause qu'elle est fort souueraine pour guerir les playes & vlceres. Dodon l'appelle *Betonica de Paulus*. C'est vne herbe qui va trainant par terre ses petites tiges de la longueur d'vne paume, grailes, purpurées, & veluës, auec des fueilles longuettes, noirastres, vn peu veluës & dentelées, à la cime des tiges il y vient des fleurs purpurines-blaffardes. Sa graine est menuë dans des petites gousses. Sa racine est menuë, & cheueluë & courte. Elle croist le long des possessions & des forests. Elle est chargée de fleurs & de graine en Iuin & en Iuillet. Fuchse, Dodon & Lobel l'appellent *Veronica maior Septentrionalium mas*. Elle a vne certaine amertume au goust, & vne grande astriction : tellement qu'il faut conclurre par là qu'elle est chaude & seche. Elle est fort souueraine pour guerir les playes sanglantes & les vieux vlceres, comme aussi la rongne & tous autres tels accidens de la peau. Elle est singuliere pour resoudre les enfleures en quelque partie du corps qu'elles soient. Les modernes en font grand estat aux fieures pestilentielles, ordonnans aux malades de prendre deux dragmes de la

Liu. 1. ch. 17. La forme. Le lieu. Le temps. Le tempera-ment. Les vertus.

Veronique masle, de Matthiol.

Veronique droite petite, de Lobel.

poudre

poudre de ceste herbe sechée auec vne dragme de theriaque dans du vin ; mais il les faut faire suër quant & quant. Icelle prinse auec l'eau distilée de la mesme herbe, est fort singuliere contre la toux & à toutes les maladies de la poitrine & des poulmons: mesme elle est fort propre aux phthisiques & à ceux qui ont quelque apostume en la poitrine. En outre elle sert à desopiler le foye & la ratte, & purger la matrice, les reins, & la vessie. Lobel appelle la *Veronique masle* de Matthiol, *Veronique droite*, d'autant que ses tiges sont droites, de la hauteur d'vn pied, chargées de fueilles & de fleurs semblables à celles des autres: toutefois elles sont plus grandes & plus belles. Il en adiouste encor vne autre qu'il appelle *Veronique droite plus petite*, laquelle n'a pas plus d'vne poucée, ou d'vne poucée & demie de hauteur, & a les fueilles comme nostre *Veronique*, vn peu moindres. Ses fleurs aussi sont semblables: toutefois elles sont plus espesses, entassées en façon d'espic, apres lesquelles il y vient comme des petites cornes ou goussettes, ainsi qu'il dit.

L'Herbe aux Cueilliers.

Cochlearia d'Angleterre de Lebel.

CHAP. LVI.

Ceste herbe est appellée en Latin *Cochlearia*, pource que les Allemans l'appellent *Lepelkraut* ; & les Flamans *Lepelkraut* : en François *l'Herbe aux Cueilliers*, à cause que ses fueilles sont rondes & creuses, faites à mode d'vne cueilliere. *Les noms. Dodon liu. 1. chap. 78.* Elle a les fueilles assez larges, grosses, en façon de nombril, & vn peu creuses, à mode d'vne petite cueilliere, qui ont par fois des angles à l'entour, & sont quasi semblables à celles de l'Ozeille ronde ; toutefois elles ne sont ny tendres ny blanches, mais plus-tost dures, & vertes-brunes. *La forme.* Ses tiges sont petites, quasi faites à angles, de la hauteur d'vne paume, ou d'vn pied. Ses fleurs sont petites & blanches. Sa graine petite & rougeastre, en des petites goussettes. Sa racine est menuë, cheueluë, & blancheastre, d'vn goust acre. Elle est fort commune au païs de Frize, & en Holande le long des hayes & parmy les prés. *Le lieu.* Elle fleurit en Auril & en May ; & porte la graine durant l'esté. *Le temps.* Elle est chaude & seche, d'vn goust acre comme le Nasitort, ou la Berle, à raison dequoy il y a auiourd'huy des doctes Simplicistes qui tiennent, que c'est l'herbe de Pline appellée *Britannica*, pource qu'elle croist aux mesmes lieux, & que l'on a treuué qu'elle a les mesmes proprietez que les soldats du camp de l'Empereur espreuuerent contre la maladie appellé *Stomacace*, lors que ledit Empereur eust planté son camp au delà du Rhin dans le païs de Frize, ayans appris à cognoistre ceste herbe par le moyen de ceux du païs, comme il a esté dit cy deuant plus à plein suyuant le mesme Pline. *Le temperament. Pier. Pen. aux Aduers.* Toutefois pource qu'elle ne s'accorde pas auec la description qu'il en fait, & que d'ailleurs il y a beaucoup d'autres plantes, comme le Nasitort, & le Sium Cardamine, qui ont le mesme goust, & ne sont pas fort differentes en figure, & si ont les mesmes proprietez, on ne sçauroit tirer de là aucun argument certain pour preuuer, que ce soit la *Britannica*. Aucuns, ainsi que dit Dodon, tiennent que c'est le *Telephion* des Grecs. *Liu. 1. c. 178* Au demeurant la decoctiõ de *l'Herbe aux Cueilliers* est fort souueraine contre les vlceres pourris & autres accidens de la bouche, si on s'en laue souuent : & mesme contre le mal de la bouche, que Pline appelle *Stomacace*, & Marcellus *Oscedo*: les Holandois & Frisons *Scicerbuych*. *Dod au mesme lieu. Les vertus.* Ce qui fait qu'ils l'estiment fort pour auoir experimenté ceste proprieté là. Au surplus il y a vne autre plante qui est de mesme espece, ou pour le moins fort semblable à *l'Herbe aux Cueilliers*, & est appellé par Lobel, & Pena *Cochlearia Anglica*. Elle a les fleurs & la graine du tout semblables, & aussi le mesme goust : toutefois ses fueilles ne sont pas si fort vuidées, ny faites à mode de Cueillier ; mais retirent plustost à celles des

des Arroches, ou de l'Ozeille ronde, larges comme le pouce, & longues d'vne poucée, ou d'vn poucée & demie, grosses, espesses, pleines de suc: de mesme goust & couleur que celles de l'*Herbe aux Cueilliers* dessusdite. Sa racine est plus grosse. On tient qu'elle est aussi bonne que la precedente contre la maladie appellée *Stomcace*. Elle croist en Angleterre le long de la Tamise aupres de Londres: & au goulfe de Bristoye, qui est en l'Ocean du costé d'Occident.

Le lieu.

De la Percefueille, *CHAP. LVII.*

A Grand peine y a il personne qui peut asseurer pour certain, si les anciés ont eu cognoissance, & s'ils ont descrit ceste plante, qu'on appelle auiourd'huy en Latin *Perfoliatum*, & *Perfoliata*; pource que sa tige perce & passe à trauers de toutes ses fueilles: en François *Percefueille*: en Allemand *Durchvvaschz*. Aucuns sont en doute si ce n'est point la *Cacalia* de Dioscoride: mesme aucuns la prendroient pour le *Cotyledon* de Dioscoride: si ce n'estoit que sa racine n'est pas ronde comme vne oliue. Or la *Percefueille* fait vne tige ronde, graile, de laquelle il sort plusieurs petites branches menuës, qui passent par le milieu des fueilles, lesquelles sont rondes, & vn peu aiguës au bout, creuses, tendres, lisses, & polies: de couleur perseuerde. Ses fleurs viennent à la cime des branches, & sont petites, de couleur iaune-blaffarde; ayant leurs fueilles arrangées en estoile. Sa graine est brune. Elle ne fait qu'vne racine blanche & cheueluë. Elle croist parmy les bleds, és prés, & le long des terres: Les Chirurgiens l'entretiennent aussi dans leurs iardins. Elle fleurit en Iuillet & en

Les noms.
Dod. liu. 11. chap. 93.
Fuchs c. 242
La forme.
Le lieu.
Le temps.

Percefueille, de Dodon.

Percefueille, ayant les fueilles longues, de Dalechamp.

Aoust: puis apres elle porte sa graine. Elle est mediocrement amere & astringeante: en quoy il est bien aisé à cognoistre qu'elle est chaude & seche. Sa decoction faite en eau, ou en vin est propre pour consolider les playes. Mesme ses fueilles verdes broyées & incorporées en cire, ou en quelque autre onguent propre pour guerir les playes, sont singulieres pour guerir la rompure des petits enfans. Icelle mesme broyée & incorporée auec de la farine & du vin, sert à retenir le nombril des enfans qui auance trop en dehors, en l'appliquant dessus. En somme les Chirurgiens en vsent fort. Or il y a vne autre *Percefueille* surnommée *Longifolia*, laquelle croist aux valons des plus hautes cimes du mont Iura parmy les bois ombrageux & touffus. Elle est de la hauteur d'vn homme: & a la racine noire, grosse, & dure, auec certaines bosses, desquelles il sort des cheuelures. Elle ne fait qu'vne tige sans aucunes branches, garnie de fueilles longues qui l'enuironnent: mais elle ne passe pas par le milieu d'icelles comme en l'autre *Percefueille*. Elles sont grosses, & ameres au goust. Ses fleurs sont rouges-brunes, attachées à des petites queuës au bout de la tige, & non pas à mode de couronne, comme celles de l'autre.

Le temperament.
Les vertus.

Du petit Nombril de Venus. CHAP. LVIII.

CESTE herbe est appellée en Grec κοτυληδὼν ἑτέρα, & κυμβάλιον : & en Latin *Cotyledon altera*, & *Cymbalium*, & *Vmbilicus Veneris alter*, & *Acetabulum alterum* : en François *petit Nombril de Venus*. Elle a les fueilles plus larges que celles du *premier Nombril*, grosses, & fort touffues pres de la racine, formans comme la moitié d'vn œil, tout ainsi que la grande Ioubarbe, d'vn goust astringeant. Sa tige est menuë, chargée fleurs, & de graine, semblables à celles du Millepertuis ; mais sa racine est plus grosse. Or doctes Herboristes tiennent que l'herbe qui est icy peinte, est le *Nombril de Venus second*, qui a fueilles larges, grosses, & quasi rondes ; espandues en rond à l'entour de la tige, comme celles de la Ioubarbe grande, entre lesquelles il sort vne petite tige tendre, chargée de fleurs. Elle croist aux montagnes, comme aussi dans les iardins des Simplicistes. Dioscoride dit, que ceste herbe a les mesmes proprietez que la Ioubarbe. Toutefois Pline ne s'accorde pas en cela auec Dioscoride, combien qu'ils soient bien d'accord quant à la description : car il dit ainsi : *Il y a encor vne autre espece d'Vmbilicus Veneris, qui a les fueilles crasseuses, larges & fort entassées vers la racine, qui font quasi la forme d'vn œil, & ont vn goust fort aspre. Sa tige est longuette, mais elle est fort graile. Ceste herbe a les mesmes proprietez que la Flambe.* Il y a ainsi en tous les exemplaires, lesquels toutefois il faudra corriger suyuant Dioscoride, & mettre la *Ioubarbe*, au lieu de la *Flambe* : car la Flambe est chaude & seche, & au contraire *le second Nombril de Venus* est froid & humide. En outre Pline a traduit ces mots τῇ γεύσει στύφοντα, *d'vn goust fort aspre*, au lieu de dire *astringeant* : mesme il dit, que les fueilles sont crasseuses comme s'il y auoit au Grec ῥυπαρὰ, au lieu de λυπαρὰ. Or il y a des Herboristes qui mettent vn autre *Nombril de Venus*, differant du precedent, ayant beaucoup de cheuelures noires en la racine, & plusieurs fueilles grosses & grasses, attachées à vne longue queuë, & disposées en rond à l'entour de la racine, formans quasi la figure d'vn œil rond, pleines de veines, & dentelées à l'entour. Sa tige

Les noms. *La forme.* *Matth. sur le chap. 88. l. 4. de Dioscor. Dodon l. 1. ch. 25.* *Le lieu.* *Liu. 4. ch. 88.* *Les vertus.* *Liu. 25. c. 13.* *Le temperament.* *Nombril de Venus III.*

Petit Nombril de Venus II. de Matthiol.

Nombril de Venus III. de Dalechamp.

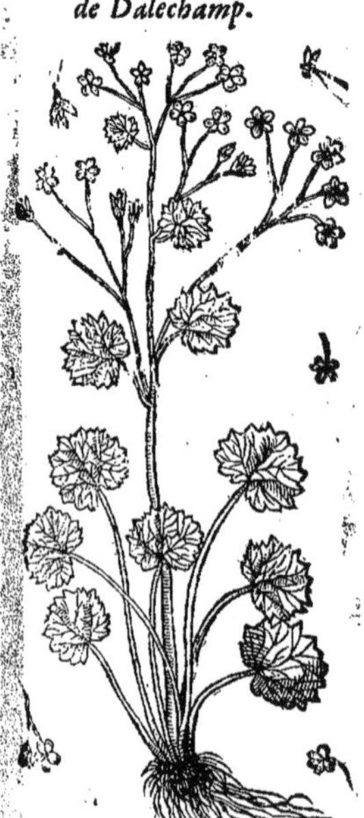

Cymbalaria, de Matthiol.

eſt de la hauteur d'vne paume, veluë, & mince. Ses fleurs retirent à celles du Millepertuis, & ſont
Le lieu. Le temperament. blanches. Elle croiſt parmy les foreſts és lieux ombrageux & à l'eſcart. Elle eſt froide & humide comme la Ioubarbe. Elle retire fort à la Saxifrage blanche ou grande ; & toutefois ce ne l'eſt pas car il y a de la difference, principalement quant aux racines & proprietez. Au ſurplus il y a vne herbe fort commune en Lombardie, laquelle eſt appellée *Cymbalaria*, comme venant du mot *Cymbalium*, tellement qu'il pourroit bien eſtre que ce fut *le vray Nombril de Venus ſecond.* On la voit à
Cymbalaria de Matthiol au ch. 88. lin. 4. Pena aux Aduerſ. Venize & à Padouë, & aux villages d'alentour, où elle croiſt par tout ſur les murailles & maſures, & eſt pendante à mode de cheuelure, faiſant vne infinité de petites tiges menuës, ſouples, & fort tendres, en façon de cheueux, de la longueur d'vn peid ou d'vn pied & demy, deſquelles il ſort des fueilles ſemblables à celles du Lierre, decoupées, molles, liſſes, attachées à des queuës longues & menuës. Ses fleurs ſont iaunes-vertes, attachées auſſi à des queuës fort menuës, & s'entrelaſſent enſemble à mode de veillons. Les Apothicaires de ce païs là en vſent à faute du *vray Nombril de Venus*, qu'ils ne cognoiſſent pas, eſtimans qu'elle a les meſmes proprietez. Matthiol aſſeure
Les vertus. qu'elle eſt propre pour guerir le flux blanc des femmes, ſi elles continuent d'en manger en ſalade à l'entrée de table, ſuyuant la couſtume d'Italie.

De la Mouſſe, CHAP. LIX.

Les noms.

Es Grecs appellent la Mouſſe βρύον, & σπλάγχνον ; Les Latins *Muſcus* : les Arabes
Liu. 12. c. 23. *Axnec*, & *Vſnec* : les Italiens *Moſco*, les Allemans *Mooſz*. Pline l'appelle auſſi
Liure 1. *Sphagnon* ; comme auſſi Aëce la nomme *Spagnum*, & *Hypnum*. Il y a diuerſes
Les eſpeces. ſortes de *Mouſſe* ; à ſçauoir *celle des arbres, celle de terre, celle des pierres, & celle de mer.* Nous traitterons icy de celle des arbres, & de la terre. Or la *Mouſſe*, ſpecialement celles des arbres, n'eſt autre choſe que des cheueux ou petites fueilles chenuës auec des grandes decoupeures fort menuës, qui ſortent des
Liu. 1. c. 20. arbres ſans faire racine, ny fleur, ny graine. *On la treuue,* dit Dioſcoride, *ſur les Cedres, ſur les Peupliers, & ſur les Cheſnes.* La meilleure eſt celle qui vient ſur les Cedres : la ſeconde en bonté eſt celle des Peupliers : & entre celles-cy celle qui eſt la plus blanche & la plus odorante, eſt la mieux
Liu. 12. c. 23. priſée, & au contraire on ne fait pas eſtat de la noire. Pline en traitte en ceſte maniere : *En la contrée dite Cyrenaique on treuue de la Mouſſe fort odorante. Les Grecs l'appellent Sphagnon, ou Bryon : la ſeconde en bonté eſt celle de Cypre, & puis apres celle qui croiſt en Phœnicie.* On dit auſſi qu'il s'en treuue en Egypte & en France, dequoy ie ne doute point : car on appelle auſſi *Mouſſe* ces barbes blanches que nous voyons attachées aux arbres qui ſentent fort bon. La meilleure eſt la plus blanche, & celle qui croiſt au plus haut des arbres. Celle qui eſt comme rouge vient apres : mais on ne tient
Liure 7. des ſimpl. Sur le 20. ch du 1. liu. point de côte de la noire, auſſi peu que de celle qui croiſt és Iſles, ou ſur les pierres, & de celle qui ne ſent point la *Mouſſe* : mais l'odeur des Palmiers. Galien adiouſte auec les precedentes la *Mouſſe* qui croiſt ſur les Peces. Il en croiſt auſſi ſur les Sapins & autres arbres : mais dit Matthiol, quant à

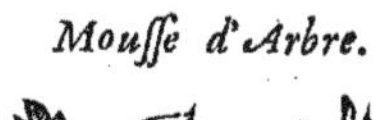

Mouſſe d'Arbre.

Mouſſe terreſtre I. de Tragus.

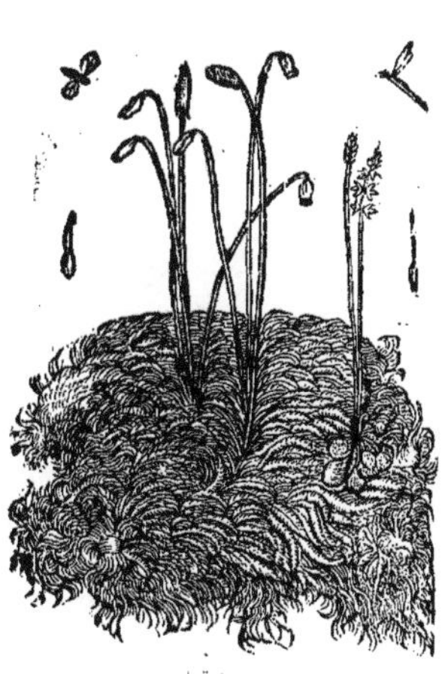

la *Mousse*, qui croist en Italie, la meilleure & la plus odorante est celle qui croist sur la Meleze: peut estre aussi qu'elle a des plus grādes proprietez. Tragus met vne autre espece de *Mousse*, qui est fort commune, & croist parmy les prés & iardins, & est veluë, beaucoup plus graile & menuë que toutes autres especes, de couleur de iaune-verd. Luy mesme & quelques autres autheurs modernes appellent *Mousse terrestre* vne plante, laquelle produit des longs veillons garnis d'vne infinité de fueilles, qui resemblent à des petites cordes, & ont bien souuent sept ou huict aunes de longueur, auec plusieurs branches d'vn costé & d'autre, garnies de petites fueilles toutes semblables, qui resemblent au bout des branches des Peces. Lobel l'appelle *Muscus clauatus, Pes leoninus*, Cordus la nōme mal à propos *Chamepeuce*. Toute la plante est seche & aspre au toucher, de couleur de verd-pale. Elle va rampant par terre parmy les pierres couuertes de *Mousse*, & iette plusieurs racines cheuelues par certains interualles, qui sortent de ses petits veillons souples comme au Lierre, par le moyen desquels elle se multiplie, & s'entortille d'vne estrange façon. Quand ce vient au mois de Iuin elle iette au bout de ses branchettes des chattons quasi de la façon de ceux du Coudrier,

Liu. 3. ch. 2. *Mousse terrestre I.* *Mousse terrestre II.* Trag. liu. 1. chap. 189.

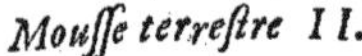
Mousse terrestre II.

Mousse terrestre III.

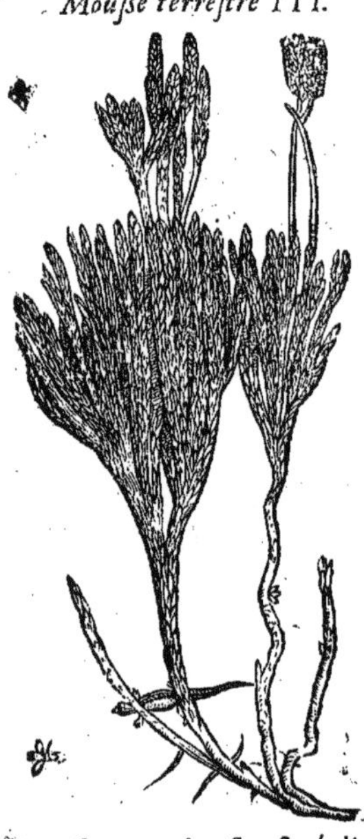

Autre Mousse terrestre, Lycopodion de Dodon.

de couleur iaunastre. Elle croist parmy les forests és lieux sablonneux qui ne sont point frequentez, specialement parmy les pierres couurtes de *Mousse*. Tragus met apres ceste *Mousse terrestre* vne petite herbe, laquelle est tousiours verte autant en hyuer qu'en esté, & retire fort bien au Sauinier, Elle ne sent du tout rien, & est amere au goust. Elle resemble à la *Mousse terrestre* dessusdite, portant des petits chattons iaunes à la cime, lesquels se perdent en vn instant sans porter aucun fruict. Aucuns estiment que c'est la *Selago* de Pline qui retire au Sauinier, de laquelle les Druides Gaulois faisoient grand estat, disant qu'elle est bonne contre tous les accidens des yeux, & toute sorte de maladies. Il ne sera peut estre pas mal à propos, apres auoir parlé de la *Mousse terrestre*, d'adiouster icy vne autre herbe, laquelle peut estre n'a pas esté cogneuë par les autheurs anciens, tāt Grecs que Latins. Quelques Apothicaires faillans bien lourdement la prennent pour la *Spica celtique*. Dodon suyuant le nom commun de ceste herbe l'appelle en Grec λυκοπόδιον: en Latin *Pes lupinus*: en Frāçois *Pied de loup*, ou *Patte de loup*: en Allemād *Beerlap*, *Gurtelkraut*: & la met pour *la cinquiéme espece de Mousse*. Elle produit beaucoup de veillons, par le moyen

Le lieu. *Mousse terrestre III.* Liu. 1. c. 189. *Patte de Loup, de Dodon.* Liu. 3 ch. 71.

moyen desquels elle va rampant par terre, garnis d'vn grand nombre de petites fueilles comme des cheueux, iettans par quelques endroits des petites racines fichées, en terre, desquelles il en sort d'autres mipartis en trois ou quatre, qui sont blanches au bout, retirans assez bien aux ongles des Loups, & portent des petites tiges droites, menuës, blancheastres, aucunement garnies de poil rare, qui produisent comme des espics menus pleins de petites fueilles qui retirent à des fleurs blanches. Elle croist és lieux humides & aux forests ombrageuses. Il y a vne autre sorte de

Mousse en façon de Fenouïl.

Mousse retirant au Fenouïl, de Dalechamp,

Mousse, que les Herboristes appellent *Muscus Fœniculaceus*, qui croist sur les arbres des quartiers les plus froids du Dauphiné, és lieux tres-aspres, & specialement parmy les rochers, & vient particulierement sur les Chesnes, & sur les Fouteaux. Ceste *Mousse* ne croist pas comme l'autre, qui croist sur les arbres : mais çà & là en diuers endroits d'vn mesme arbre, autant sur les branches comme sur le tronc, faisant comme chascune plante separée : car il sort d'vn mesme endroit comme d'vne racine noire, beaucoup de petites branches, de la longueur de deux doigts, menuës, desquelles il sort des filaments fort deliez, comme les fueilles du Fenouïl, blanches, qui ont vne assez bonne odeur, & portent au bout des petits vases creux & vuides, velus à l'entour, lequels semblent auoir esté produits par nature pour porter la graine, encor qu'ils soient tousiours vuides, comme l'on voit en l'Androsace. Or Lobel met encor quelques autres sortes de *Mousse* : car il s'en voit vne sorte qui iette beaucoup de petits veillons en façon de sarments, aigus, applatis, dentelez, & faits par vn singulier artifice de nature, par le moyen desquels elle va rampant, & fait vne infinité de remplis. Il y a encor vne autre sorte assez semblable à la precedente, quant à la maniere & façon de croistre ; mais toutes ses branches sont garnies d'vne infinité de denteleures comme des fueilles plattes, ou escailles, beaucoup plus petites que celles de la petite Ioubarbe ; qui sont douces à manier comme si c'estoit de la soye. L'Escluse appelle ceste sorte icy *Muscus terrestris repens Lusitanicus*, & dit, que c'est vne petite herbe qui va rampant par le moyen de certains petits veillons, de la longueur d'vne paume, ou d'vn pied, plus deliez qu'vn filet, desquels il sort des petites branches d'vn costé & d'autre, menuës à mode de cheueux, qui s'attachent à la terre par le moyen de certaines che-

Mousse terrestre dentelée, de Lobel.

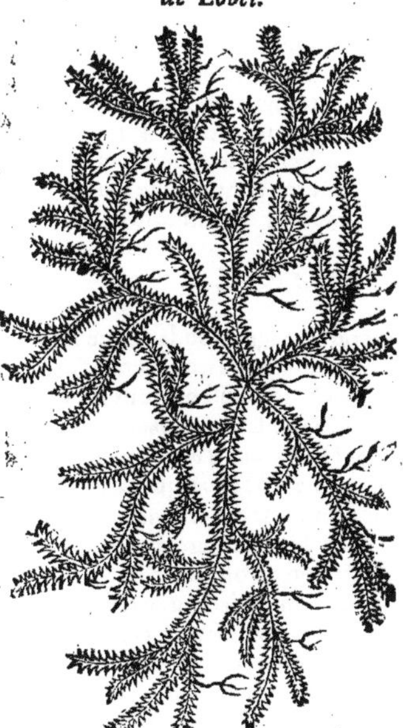

Autre Mousse terrestre dentelée, de l'Escluse.

uelures

pelures. Toute la plante est couuerte d'vne infinité de petites fueilles, ou plustost escailles fort menuës, disposées par vn fort bel ordre ; de couleur de verd-palle, qui sont bien molles quand on les manie, toutefois elles sont seches, d'vn goust astringeant, auec vne douceur assez plaisante. L'Esclu- dit qu'il n'a point veu de ceste sorte de Mousse que sur certaines mottes de terre, ombragées ar des Oliuiers aupres de la ville de Colibre en Portugal au delà de la riuiere de Mandego, que n appelle en Latin *Munda*. Lobel dit, qu'il en croist sur les montagnes steriles de Sommerset en ngleterre, qui sont appellées *Mendia* au langage du païs, là où il y des mines de plomb, & qu'il y a grande abondance sur certaines mottes & rochers. Lobel met encor vne autre sorte de *Mous-*, qu'il appelle *Muscus scoparius*, qui croist par les lieux moisis & humides en Flandres, & en la Fri- Orientale, & iette beaucoup de petites branches de la longueur d'vne paume, ou d'vn pied, ou bien dauantage ; de couleur de pourpre doré, garnies d'vne infinité de petits filaments, au bout desquels il vient à tous vn petit bouton à mode de ceux du Lin, de la Bruyere, ou de la Selago, sinon qu'ils sont moindres. Voilà ce qu'en dit Lobel. Il en croist force en Forests aupres du Bourg de sainct-Anthoine sur les mottes fangeuses & humides parmy des ioncs de neuf pouces de haut sortans tout ensemble comme à la foule d'vn mesme gazon, droits & ployables, de couleur rousseastre tirant sur le rouge, ayant des petites fueilles espesses, auec des petits mouchets ou testes comme Lin. Les faiseurs de Vergettes de Roüen les esfueillent, & les raclent fort curieusement, puis ils en font des Vergettes pour nettoyer les habits qu'ils vont vendant par toute la France. Au surplus Dioscoride dit, que la *Mousse* des arbres est astringeante. Sa decoction est bonne pour les accidents de la matrice, si on fait assoir les femmes dedans. Galien aussi dit, qu'elle est astringeante, mais auec peu d'efficace : aussi n'est elle pas grandement froide, mais comme temperée approchant de la mediocrité. Car de fait, elle est resolutiue, & remollitiue, principalement celle qui croist sur les Cedres. Serapion dit, que le vin dans lequel on aura mis de la *Mousse* d'arbre en infusion par quelques iours estant pris en breuuage cause vn sommeil profond, fortifie l'estomach, appaise les vomissemens, & reserre le ventre. Auicenne dit, qu'il est bon de mesler de la *Mousse* parmy les medicamens & confections cordiales, d'autant que par sa bonne odeur, elle est propre aux defaillances de cœur. Quant à la *Mousse terrestre* on tient qu'elle est fort singuliere contre la grauelle: le vin dans lequel elle aura esté cuite, estant pris en breuuage rompt la pierre des reins, & la sortir : ce qui est tres-certain & bien experimenté. Aucuns en tirent aussi l'eau par l'alembic r le mesme effet. Icelle concassée & cuite en eau, appaise les inflammations & les douleurs sont causées par la chaleur ; à raison de quoy plusieurs en vsent contre les gouttes chaudes. Si a pend sur du vin qui veut tourner, elle le remettra en son naturel dans peu de temps. Or il prendre autant de *Mousse*, qu'il en faut à proportion de la grandeur du vaisseau.

Muscus Scoparius, de Lobel.

Liu. 1. c. 20. *Les vertus.* Liure 6. des simpl. Trag. liu. 1. chap. 189.

De l'Herbe aux Poulmons, *CHAP. LX.*

Les noms. *Les especes.* *La forme.* Matthiol sur le ch. 4. liu. 4 Dod. liu. 3. chap. 71.

N oyant nommer *l'Herbe aux Poulmons* on s'imagine soudain, que c'est vne herbe qui a quelque resemblance auec les Poulmons, ou bien qu'elle doit estre souueraine pour les accidēs d'iceux. Or nous discourrons icy de trois plantes qui portent ce nom, & sont appellées en Latin *Pulmonaria*. La premiere est celle qu'on appelle en François *l'Herbe aux Poulmons*: en Allemād *Lingenkraut*. Ceste herbe resemble aucunement à l'Epatique, & croist sur le tronc des Chesnes & autres arbres sauuages, principalement és forests ombrageuses, & est cōme seche, occupant assez de place, verte par dessus, & palle par dessous, & si couuerte de taches, que l'on diroit que c'est vn poulmō, t aussi elle a prins son nō. Aucuns, sans sçauoir peut estre sa vertu, mais s'asseurans seulement au de ceste herbe, en ordonnent aux phthysiques, à ceux qui ont les poulmons vlcerez, & contre crachement de sang. Il y en a aussi qui asseurent qu'elle est propre pour guerir les playes, & les vls des parties honteuses, & pour les flux des fēmes, Mesme ils l'ordonnent contre la dysenterie, contre les vomissemēs bilieux. D'autres l'ordonnēt à ceux qui ont courte haleine, & aux asthmatiques,

Herbe au Poulmons ſpongieuſe.

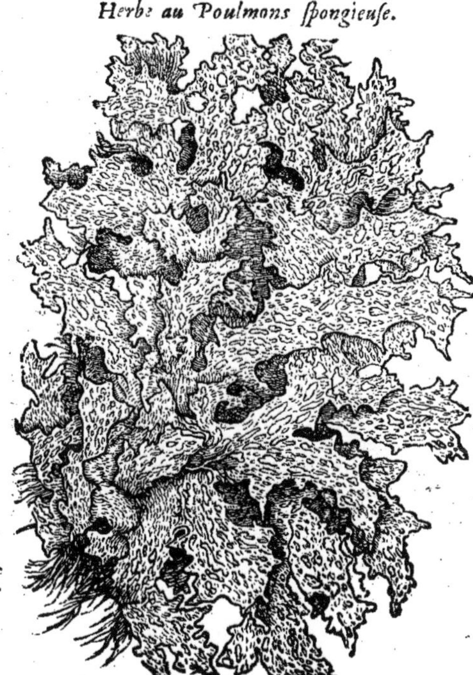

Le lieu. Matth. ſur le ch 4 du 48. liu.

tiques, auec du ſuc de Regliſſe, de l'Hyſſope, de la racine d'Aunée, & de l'Oxymel ſcillitique. Elle eſt bonne contre la toux de la moutõnaille, & autres beſtes à quatre pieds, qui ſont pouſſiues ; à raiſon dequoy les bergers la pilent, & en donnent à boire aux brebis malades auec du ſel au matin. Or il y a vne autre plante appellée par les Medecins & Herboriſtes modernes *Pulmonaria*, ou *Pulmonalis* : en François *l'Herbe aux Poulmons*, ou *Herbe de cœur*; qui eſt bien differente de la precedente. Elle a les fueilles ſemblables à celles de la Bugloſſe ; toutesfois elles ſont plus larges, veluës, & noiraſtres, auec certaines taches blanches, ou noires : neantmoins il y a des lieux où elle n'eſt point tachettée. Entre les fueilles il ſort des petites tiges tendres, de meſme gouſt que les choux, de la hauteur d'vne paume, ou d'vne paume & demie, chargées à la cime de fleurs purpurées, & de petits boutons, dans leſquels eſt la graine qui eſt noire. Sa racine eſt longue, groſſe, viſqueuſe, cheueluë & noiraſtre, de mauuais gouſt. Elle s'aime és lieux montueux, humides & ombrageux. Elle fleurit au commencement du printemps, bien toſt apres ſa graine eſt meure. Les Herboriſtes diſent, que ceſte herbe eſt fort ſinguliere pour guerir les vlceres des poulmons, & contre le crachement de ſang, ſi on la fait cuire iuſques à la conſomption de la moitié, & qu'on face boire ceſte decoction auec du ſucre ; ou bien ſi l'on en tire le ſuc, puis qu'on le face cuire auec du ſucre à mode de ſyrop. Les femmes mettent les fueilles de ceſte herbe dans le potage, ou bien les hachent & en font des homelettes auec des œufs, diſans que cela eſt bon pour les accidens des

Herbe aux Poulmons, ou Herbe de cœur.

Pulmonaria petite, de Dalechamp.

poulmons

Pulmonaria des François ; Oreille de Souris grande, de Tragus.

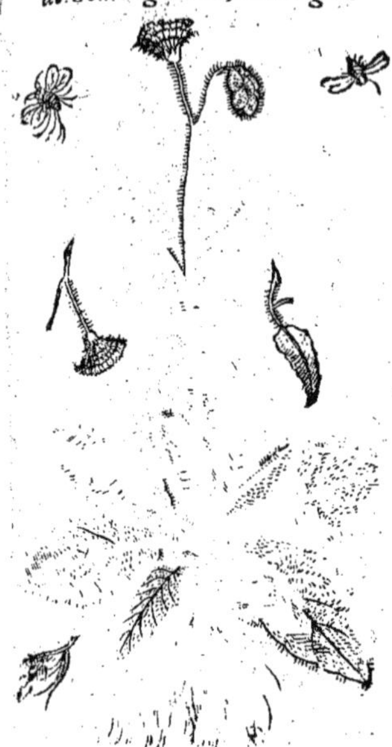

poulmons, & du cœur. Il y a vne autre plante appellée par les Herboristes *Pulmonaria minor*: d'autre la prennent pour la *premiere espece d'Echium* de Pline, laquelle croist parmy les hayes & buissons, sur les collines, quelquefois aussi parmy les bois, en terre grasse. Elle a la racine longue, noire, mediocrement cheueluë, de laquelle il sort beaucoup de tiges de la hauteur quasi d'vne coudée, rondes, veluës & vn peu aspres, garnies de fueilles par certains interualles, longues & aiguës, en nombre de six ou sept par chascune tige. A la cime des tiges il y vient des fleurs entassées, qui sont rouges-bleuës deuant que d'espannir, & puis apres purpurées, fort semblables à celles de *l'Herbe aux Polmons*. Il y a encor vne autre plante qui est appellée en Latin *Pulmonaria Gallorum* combien qu'au iugement de Pena, ce soit plustost vne espece de *Cichorée*: car elle a la fleur iaune, comme celle du Hieracion, & croist sur les parois & vieilles murailles couuertes de *Mousse* à Lyon & à Montpelier, produisant vne petite tige tendre en façon de celle de quelques especes de Cichorée, de la hauteur d'vne paume, ou d'vne paume & demie, & graile: sa racine est fort menuë, comme celle de la Betoine, vn peu cheueluë. Lobel dit que c'est *l'Oreille de Souris grande*, de Tragus. Toutefois son pourtrait ne monstre point qu'elle soit veluë, comme fait celuy de Tragus, qui dit, que ses fueilles sont couchées par terre, & retirent à vne Oreille de Souris de montagne, ou d'vn Lieure, veluës & vn peu decoupées à l'entour.

Liu. 25. ch. 9

La Queuë de Souris. CHAP. LXI.

CEtte herbe est à bon droit nommée par les modernes μυοσοῦρος: en Latin *Cauda Muris*: en Fraçois *Queüe de Souris*: en Allemand *Tausent korn*. C'est vne petite herbe, qui a les fueilles estroites en façon de celles du Grame, de la hauteur d'vne poucée ou d'vne poucée & demie, fermes, du goust de celles du Plantain, entre lesquelles il sort immediatement dés la racine des petites tiges menuës, chargées de petites fleurs blanches, qui flestrissent en vn instant, & aboutissent en vne pointe recourbée à mode d'vne faucille, ronde & longue retirant assez bien à la queuë d'vne Souris, dans laquelle est la graine menuë & noirastre. Elle croist és terres grasses & parmy les prés : & fleurit en Auril. Sa graine est meure au mois de May. Ceste herbe est froide, & approche fort des vertus du Plantain. Pena dit qu'elle a le goust du Plantain; toutefois Lobel dit qu'elle est du goust du Poyure aquatique.

Les noms. Dod. liu 1. chap 63. Pier. Pen. aux Aduers. La forme. Le lieu. Le temps. Les vertus.

De la Garance, CHAP. LXII.

LA Garance est nommée en Grec ἐρυθρόδανον: en Latin *Erithrodanum*, & *Rubia*: en Arabe *Paue, Feuealsabagin*: en Italien *Erythrodano*, & *Rubbia*: en Espagnol *Ruuia*: en Allemand *Ferberroet*; & par les Apothicaires *Rubia tinctorum*, à cause de la rougeur de ses racines qui seruent à teindre les draps & les cuirs, dont aussi elle a prins son nom tant en Grec que Latin. Dioscoride & les autres autheurs en establissent deux especes, dont l'vne est cultiuée, & l'autre sauuage. La cultiuée fait les tiges quarrées, longues, aspres, semblables à celles du Gratteron; toutefois elles sont plus grosses, & plus fermes, garnies de fueilles à l'entour, qui en portent en forme d'estoile par chasque neud, & chargées à la cime de fleurs iaunes palles. Son fruict est rond, & verd du commencement : apres il est rouge : mais estant meur il est noir. Sa racine est longue, menue, rouge. Quant à la sauuage elle retire du tout à la cultiuée; toutefois elle

Les noms. Les especes. La forme.

Garance cultiuée.

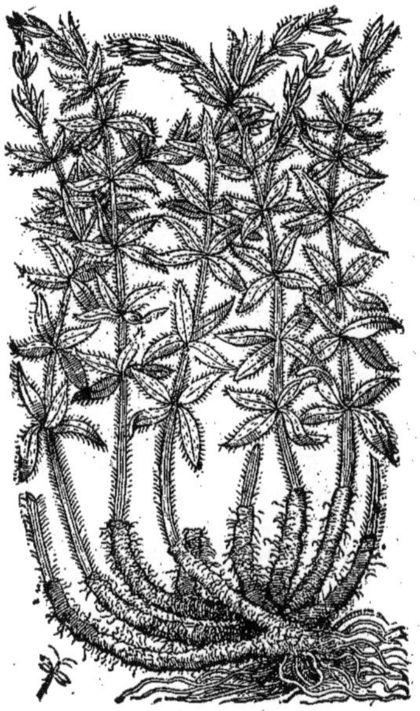

Garance sauuage.

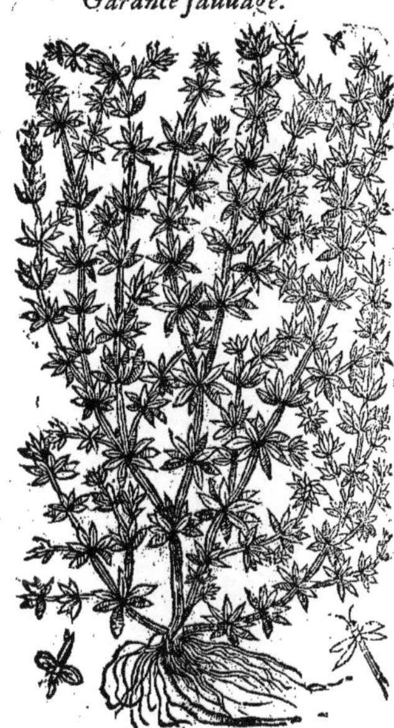

elle est moindre & moins aspre. Ses fueilles aussi sont moindres & en plus grand nombre, disposées à mode d'estoile par les neuds, qui sont aussi plus espez. Ses fleurs sont blanches. Pline la descrit
Liu.19.ch.3. aussi en ceste maniere: *Il y en a deux especes qui sont cognuës du simple populaire, d'autant qu'on en tire de bon argent. En premier lieu il y a la Garance qui sert à teindre les draps & les cuirs, dont la meilleure est celle qui croist en Italie, & principalement és fauxbourgs de Rome: cōbien qu'il s'en treuue par tous païs: car elle vient de soy-mesme, encor que quelquefois on la seme comme l'Eruilia. Elle a la tige aspre & nouëe, & cinq fueilles disposées en rond par chasque neud, & produit vne graine rouge.* On la
Le lieu. seme en terre grasse & fertile en plusieurs regions, où elle est de grand reuenu & profit. La *sauuage*
Le temps. croist quasi par tout parmy les champs & dans les hayes. L'vne & l'autre fleurit en esté, auquel temps il faut cueillir leur racine. Lobel adiouste vne *petite Garance*, laquelle il dit qu'il a cueillie sur les rochers de Sainct-Vincēt assez pres de Bristoye en Angleterre. Elle a les fueilles semblables à celles de l'Herniaria, aiguës, disposées comme celles de la *Garāce*, & des tiges qui trainent par terre, de la hauteur d'vne poucée & demie, garnies de fleurs iaunes. Sa racine est menuë, de la couleur de celle de la *Garance* ou du Coral. Il a mis aussi le pourtrait d'vne *Garance lisse*, qui croist à Thurin, laquelle produit à la cime de ses tiges des fleurs blanches en façon d'estoile, qui sortent tout en rond. Ses fueilles sortent quatre à quatre disposées en croix semblables à celles du Cucubalus de Pline, moindres que celles du Solanon Tetraphyllon. Ses tiges sont de la hauteur d'vn pied & demy, ou de deux coudées, comparties par neuds, par lesquels les fueilles sortent par certains interualles. Elle est fort commune par les collines d'alentour de Turin en Piedmont.
Liu. .c.143. *Les vertus.* Au reste Dioscoride traittant de l'vsage de la *Garance* en medecine dit, que sa racine prouoque l'vrine, à raison dequoy estant prinse auec eau miellée elle sert contre la iaunisse, comme aussi à la sciatique & contre la paralysie. Elle fait pisser vne vrine grosse & quelquefois iusques au sang. Or il faut que ceux qui en boiuent se lauent tous les iours, & qu'ils prennent garde à la difference qu'il y a entre les vrines qu'ils rendent. Son suc prins en breuuage auec ses fueilles

Petite Garance, de Lobel.

Garance lisse de Turin, selon Lobel.

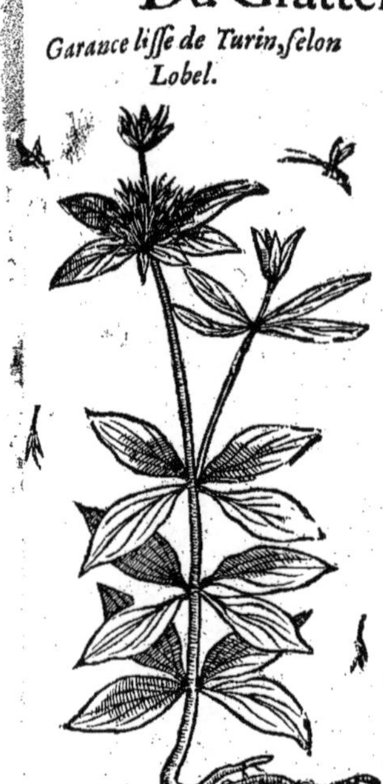

fueilles est bon contre la morsure des bestes venimeuses. Sa graine prinse auec de l'Oxymel sert à diminuer la ratelle. Sa racine appliquée en pessaire prouoque les mois, & fait sortir l'enfant & l'arrierefaix. Appliquée en liniment auec vinaigre elle guerit les taches blanches de la peau. Pline sert bien à esclaircir les mots de Dioscoride, quand il dit: *Quant à l'herbe appellée par les Grecs Erythrodanum, ou Ereuthodanon, nos Latins la nomment Rubia. Elle sert à teindre les draps & pour affaiter les peaux. En medecine elle prouoque l'vrine, & est propre à la iaunisse, estant beuë en eau miellée. Enduite auec vinaigre elle sert à guerir les dertres & aux feux volages. On l'ordonne aussi en breuuage contre la sciatique, & la paralysie, à la charge que ceux qui en vseront se baignent tous les iours.* Sa racine & sa graine font venir les fleurs aux femmes, resserrent le ventre, & resoluent toutes apostumes. Ses brãches & ses fueilles appliquées sont fort bonnes aux morsures des serpens. Ses fueilles seruẽt aussi à teindre les cheueux. Il y a des autheurs qui asseurent que ceste herbe guerit la iaunisse seulement à la regarder l'ayant pendue au col. Pline n'est en rien discordant de Dioscoride, sinon en ce qu'il ordonne d'appliquer les branches auec les fueilles cõtre la morsure des serpens, au lieu que Dioscoride ordonne d'en boire le suc auec les fueilles contre la morsure des bestes venimeuses: tellement qu'il semble que Pline ait leu en Dioscoride καυλὸς, c'est à dire, *les branches*, ou *la tige*, ou lieu de χόλος, c'est à dire, *suc*. Et ἐπιτιθεὶς, c'est à dire, *appliqué*, au lieu de ποθεὶς, qui signifie *prinse en breuuage*. Galien dit, que la racine de la Garance est aspre & amere, tellement que

Liu.24.c.11

Liure 6. des simpl.

utes les qualitez que nous auons dit estre actiues se treuuent en la racine de ceste herbe bien aparentes: car de fait elle purge la ratelle & le foye, & fait sortir beaucoup d'vrine grosse: mesme elle ouoque les mois, & sert là où il y a besoin d'vne detersion mediocre: à raison dequoy estant endui- auec vinaigre elle nettoye & efface les taches blanches de la peau. Aucuns l'ordonnent en breuage en eau miellée contra la sciatique, & la paralysie.

Le Gratteron,

CHAP. LXIII.

L'HERBE appellée par les Grecs ἀπαρίνη, & φιλάνθρωπος: en François *Gratteron*: en Italien *Speronella*: en Allemand *Klebkraut*: est fort semblable à la Garance. Elle est appellée *Philantropos*, c'est à dire, *amie de l'homme*, pource que ses fueilles & ses tiges estans aspres s'attachent aux vestemens des passans, comme si elle les vouloit retenir par courtoisie & honnesteté: *Omphalocarpos*, pource que sa graine à vn creux au milieu à mode d'vn nombril. Dont il appert qu'il y a de la faute aux exemplaires de Galien, Paulus, Aëce, & Pline, ausquels il y a ὀμφακόκαρπον au lieu qu'il faut qu'il y ait ὀμφαλόκαρπον comme il y a bien en Dioscoride: qui dit, que le *Gratteron* produit plusieurs petites branches quarrées & aspres, garnies de fueilles en rond par certains interualles, comme en la Garance. Ses fleurs sont blanches. Sa graine est dure, blanche & ronde, creuse au milieu à mode d'vn nombril. Ceste herbe s'attache aux vestemens des passans. Pline en dit de mesme. *L'Aparine, qu'aucuns appellent omphacocarpum*, (nous auons desia dit qu'il y faut lire *omphalocarpon*) *ou Philanthropon, est vne herbe branchue & aspre, qui iette cinq ou six fueilles en rond à l'entour de la tige par certains interualles. Sa graine est rõde, dure, vn peu creuse, & douceastre. Elle croist és terres à froment, ou dans les iardins, & dans les prés, &*

Les noms.

Liu.3.ch.88

La forme.

Liu.27.ch.5

Le lieu.

est si aspre qu'elle s'aggraffe aux vestemens des passans. Or il n'y a personne qui contredise que ce ne soit icy nostre *Gratteron*, lequel, ainsi que dit Theophraste, croist principalement parmy les Lentilles, & par tout à l'entour des hayes, buissons, & masures, & dans les iardins. Il fleurit & porte sa graine tout le long de l'esté. Ceste herbe est chaude & seche. Dioscoride dit, que le suc tiré de sa graine, des tiges, & des fueilles, sert contre la morsure des viperes & des phalanges, si on le boit auec du vin. Son suc mis dans les oreilles guerit la douleur d'icelles. L'herbe broyée & incorporée auec graisse de pourceau resout les escrouëlles. Pline en dit quasi de mesme. Ceste herbe est bonne contre les serpens & phalanges, en beuuant sa graine auec du vin. Ses fueilles appliquées estanchent le sang qui se perd par vne playe. Son suc est bon pour mettre dans les oreilles. Galien dit, qu'elle est mediocrement detersiue & desiccatiue auec quelque subtilité de parties. Aucuns, dit Matthiol font grand estat du suc de ceste herbe pour consolider les playes fresches, & pour les creuasses des paupieres des yeux. L'eau distilée d'icelle prinse en breuuage est singuliere contre la dysenterie. La poudre de este herbe seche consolide les playes & guerit les vlceres.

Le temps. *Le temperament & les vertus.* Liu. 25. ch. 5. Liure 6. des simpl. Sur le ch. 88 du 3. liu.

La Spergula, CHAP. LXIV.

Le nom. Liu. 1. ch. 37

Dodon & les autres Simplicistes appellent ceste plante *Spergula*, suiuans en cela les Anglois, & les Flamans, qui l'appellent *Spurry*. Il peut bien estre que les Apothicaires ny mesme les anciens autheurs n'en ont pas eu cognoissance. Elle produit des petites tiges rondes, grailes, cōparties par neuds, de la hauteur d'vne paume, garnies de fueilles qui sortent par les neuds en plus grand nōbre qu'au Gratteron, disposée à mode d'estoile, semblables à celles du Galion. A la cime de ses tiges il y a beaucoup de fleurs blanches, & des petites couppettes ou boutons semblables à ceux du Lin, dans lesquels il y a vne graine noire. Sa racine est graile, de la longueur d'vn doigt. Elle s'aime és lieux ombrageux: mesme on la seme parmy les champs. Elle fleurit en May & en Iuin. Elle est fort propre pour engraisser les beufs & les vaches: c'est pourquoy on la seme parmy les champs au printemps au païs de Brabant: car ceux du païs sçauent bien par longue experience que ceste herbe engraisse merueilleusement les vaches, & leur fait auoir beaucoup de laict. Plusieurs, dit Dodon, asseurent que sa graine euacuë les humeurs phlegmatiques en faisant vomir. Toutefois les poules & les pigeons la mangent, & tient on qu'elle les fait haster de faire les œufs & leur en fait faire beaucoup.

La forme. Pena aux Aduers. *Le lieu.* *Le temps.* *Les vertus.*

De la Linaire, CHAP. LXV.

Les noms. Fusch. cap. 206. de l'ist. Dod. liu. 1. ch. 33. Pier. Pen. aux Aduers.

Cette herbe est appellée *Linaria* par les Apothicaires; pource qu'elle resemble au Lin quant à la tige & aux fueilles. Aucuns l'appellent *Vrinalis*, & *Vrinaria*, à cause qu'elle est fort diuretique: à raison dequoy elle est aussi appellée ὄσυρις: car les Grecs appellent l'vrine ὀρὸς ὀῤῥὸς, & ὀῤός, & ὀῤον. Ainsi donc ce mot est composé de ὀῤός; & συρῶ, qui signifie *tirer*. Attendu donc que la *Linaire* est fort souueraine pour prouoquer l'vrine, tout ainsi que l'Osyris, il ne faut point douter que ce ne soit la *vraye Osyris* de Dioscoride. Il dit donc, que c'est vne plante noire qui produit des petites tiges mal-aisées à rompre, garnies de fueilles qui sont trois à trois, ou quatre, cinq, ou six ensemble, semblables à celles du Lin, noires du commencement, & puis apres rougeastres. Pline n'est pas concordant auec Dioscoride: car il dit, que *l'Osyris* porte beaucoup de petites branches noires, menuës, & souples garnies de fueilles noires semblables à celles du Lin: & vne graine qui est noire du commencement, puis apres changeant de couleur elle deuient rouge. Ainsi Pline dit, que la graine change de couleur, au lieu que Dioscoride dit que ce sont les fueilles, sans parler aucunement de la graine. Or quiconque voudra diligemment examiner ceste description, il treuuera que la *Linaire* a toutes les marques de *l'Osyris*: car elle fait des tiges menuës, souples, noirastres, garnies d'vne infinité de fueilles longuettes & estroites, semblables à celles du Lin, & retire si bien à la petite Esula, que pour les distinguer l'vne d'auec l'autre, & les pouuoir recognoistre, les Simplicistes ont composé ce vers.

La forme. Liu. 27. c. 12.

Esula

Osyris, ou Linaire.

Esula lactescit, sine lacte Linaria crescit.
L'Esula rend du laict; & non pas la Linaire.

A la cime des tiges il vient de fort belles fleurs iaunes, larges au bout & fermées, à mode de la gueule d'vne grenouille; mais leur queuë est estroitte & recourbée comme celle du Pied d'Alouëtte. Sa graine est aussi enclose en des goussettes rondes, noirastre deuant qu'elle soit meure, puis apres elle deuient rouge. Ses branches aussi du commencement sont noires: puis apres elles deuiennent rouges. Elle croist par tout és lieux qui ne sont pas cultiuez, à l'entour des hayes & des possessions. Elle fleurit principalement en Iuin, & en Aoust. Elle est amere, & par consequent chaude. Les simplicistes disent, qu'elle est souueraine pour prouoquer l'vrine, & que c'est vn singulier remede pour ceux qui ne peuuent vriner que goutte à goutte, & pour desopiler la vessie, & les reins, toutes lesquelles facultez les anciens attribuent à *l'Osyris*. Car Dioscoride dit, que la decoction d'icelle prinse en breuuage est propre contre la iaunisse. Pline dit, que l'on en fait des fards pour les femmes. La decoction de ses racines prinse en breuuage guerit la iaunisse. On prend aussi les racines de ceste herbe deuant que la graine soit meure, & les coupe-on par rouëlles, puis apres on les fait secher au soleil pour s'en seruir à reserrer le ventre. Mais si on les tire apres que la graine est meure, & qu'on prenne de leur decoction, elles seruent aux catharres & defluxions du ventre. On les peut bien aussi broyer & les boire auec d'eau de pluye. Dioscoride ne parle point des racines: & toutefois Pline leur attribue tout ce que Dioscoride a escrit de toute la plante. Mesme Dioscoride n'a dit, *qu'on faisoit des fards pour les femmes de ses branches. L'Osyris*, dit Galien, *de laquelle on fait vergettes*, (il vse du mot *Coremata*) *est amere, & empesche les opilations: mesme elle sert contre les* [o]*pilations du foye*. Or ce que Galien, auec Paul & Aëce qui l'ont suyui, appellent *Coremata*, les vns [p]rennent pour *des vergettes*, comme venant du verbe κορεῖν: mais pource qu'il ne signifie pas seule[ment] *vergetter*, & *ballier*: mais aussi κοσμεῖν, & καλλωπίζειν, c'est à dire, *parer* ou *embellir*, il y en a d'au[tre]s qui entendent par le mot κορήματα, ce que Suidas & Phauorinus appellent κόσμητρα, c'est à dire, *fards qui seruent à embellir la peau du visage*. Et de faict la *Linaire* est bien propre à cela: car estant amere, elle est aussi detersiue, & peut effacer les taches du visage. Ainsi donc ces autheurs ont appellé *Corimata*, ce que Pline appelle *Smegmata*. Or d'autant qu'aucuns interpretent ce mot *Corimata* pour des *vergettes*, ou *balais* & qu'il est dit que *l'Osyris* est propre à cela, aucuns concluët par là que ce n'est pas la Linaire: mais que la *vraye Osyris* est la plante que les Italiens appellent *Beluedere*, pource qu'elle est plus propre pour balier, & qu'elle a les fueilles semblables à celles du Lin, plus grandes, & en plus grand nombre, & vne seule tige faite à angles, de la hauteur de plus d'vne coudée, auec beaucoup de branches: la fleur petite rouge, & vne graine fort menuë, ronde, grisastre tirant sur le brun, auec vne infinité de racines cheueluës, & noirastres. Ceux qui prennent plaisir à voir des belles plantes, sement cestecy, & apres qu'elle est grande la tiennent à leurs fenestres pour auoir le plaisir de sa verdure & de son ombre: & pource qu'elle est de bonne grace les Italiens l'appellent *Beluedere*. Elle s'aime mieux en lieu sec, qu'en terre grasse, toutefois il y a desia long temps qu'on l'entretient dans les iardins pour plaisir: mesme plusieurs la sement pour en faire des balais, dont aucuns l'ont appellée *Scoparia*. Or si on la veut considerer de pres, on trouuera qu'elle à les fueilles plus longues que celles de la *Linaire*, en plus grand nõbre, & qui ne son point ameres: & toutefois Galien & Paulus disent, que *l'Osyris* est amere: mesme elle n'est pas bonne à la iaunisse & à l'hydropisie, comme la *Linaire*. Et combien que Galien auroit voulu dire qu'on fait des balais de

Linaire grande, ou Beluedere.

Marginalia: *Le lieu.* *Le temps.* *Le temperament, & les vertus.* — Liu. 4. c. 138. Liu. 27. c. 12. — Com. emb. 124. liu. 4. — Liu. 8. des simp. — Fuchs. c. 206 — *Le lieu.* — *La Scoparia*

Scoparia, ou Belueder.

Linaire de Valence, de l'Escluse.

l'Osyris, il ne s'ensuit pas pourtant que la *Beluedere* soit *l'Osyris*, pource qu'elle est bien propre à faire des balais, veu qu'il y a beaucoup d'autres plantes propres à cest effect, lesquelles on ne prend pas pourtant pour *l'Osyris*. Or l'Escluse met vne autre *Linaire*, qu'il appelle *Valentina*. Aux enuirons de Valēce, dit-il, il croist vne autre sorte de *Linaire* parmy les prés & aux lieux ombrageux, laquelle est beaucoup plus grāde & plus grosse que la *Linaire commune*, & iette trois au quatre tiges d'vne mesme racine, de la hauteur d'vn pied & quelquefois dauantage, garnies de fueilles semblables à celles du petit Centaurium, dont celles qui sont au bas pres de la racine sont disposées trois à trois pour la plus part: mais celles de la cime ne gardent point d'ordre. Elle porte comme vn espic au bout des branches, des fleurs iaunes semblables à celles de la *Linaire commune*; toutefois l'ouuerture d'icelles est cottonnée: mais leur queuë est purpurée. Apres il y vient des petits boutons comme des petites gousses. Elle n'a qu'vne seule racine blanche, & fleurit au mois de Mars. Il l'a appellée *Linaire*, non pas à cause des fueilles: car elles ne sont pas semblables: mais à cause que ses fleurs retirent à celles de la *Linaire commune*, & sont quasi de mesme qualité: car en les maschant on y apperçoit vne acrimonie conioincte auec vn peu d'amertume.

Liure 2. des Plant. d'Esp. chap. 32.

De la Verueine. CHAP. LXVII.

Les noms.

LA *Verueine* est appellée en Grec περιστερεὼν: en Latin *Verbena*, *Verbenaca*, *herba sagminalis*, *Columbaris*, *Columbaria*, ou *Columbina*, & *Ferraria*. Les Apothicaires l'appellent *Verbena*: les Italiens *Berbena*, *Verminacola*: en Allemand *Eirsenkraut*, & *Eiseinhart*, c'est à dire *ferriere*, à cause qu'elle est dure comme fer. Elle est appellée *Peristereon*, ainsi que dit Dioscoride, pource que les pigeons se tiennent volontiers parmy ceste herbe. *Verbena*, suyuant le tesmoignage de Donat, pource qu'on s'en seruoit à balier l'autel de Iupiter, & en d'autres cerimonies tant en temps de guerre, comme en temps de paix: dont aussi elle a esté appellée Sagminalis. *On se seruoit*, dit Pline, *aux affaires publiques, tant aux sacrifices, comme aux despeches des Ambassadeurs, de la Verueine, & du Grame arraché dans le Capitole auec sa terre: & appelloit on ces herbes ainsi arrachées Sagmina.* Et de faict, on ne depeschoit iamais aucūs Ambassadeurs pour sommer l'ennemy de rendre ce qu'il detenoit du peuple Romain, qu'il n'y eust tousiours vn en leur compagnie qui portast de la *Verueine*, lequel à raison de cela estoit appellé *Verbenarius*. Dioscoride descrit deux herbes diuerses sous le nom de *Peristereon* en diuers chaitres toutefois: dont l'vne est celle dont nous venons de parler, & l'autre est nommée ἱερὰ βοτάνη, pen Latin *Sacra herba*, & *Hierabotane*, & *Verbenaca*, ainsi que dit Pline. On l'appelle *Sacra herba*, pource qu'anciēnemēt les Romains s'en seruoiēt à benir les maisons, & pour en chasser les mauuais esprits. On en nettoyoit aussi les autels de Iupiter, & mēme les Ambassadeurs en estoiēt courōnez: ou biē cōme dit Diosco

Liu. 4. ch. 55.

sur l'Andria de Terent.

Liu. 22. ch. 2

Liu. 4. ch. 55 & 56.

Les especes.

Liu. 25. ch 9.

Dioscoride, pource qu'elle est fort propre pour defaire les charmes, & enchantemens la portant pendue au col, ou attachée sur la personne. Les Herboristes appellent cest-cy περιστερεῶνα ὕπτιον en Latin *Verbenaca supina*, pource qu'elle est tousiours couchée par terre ; & l'autre precedente περιστερεῶνα ὄρθιον, c'est à dire *Verueine droite*, pource que ses branches sont tousiours droites & releuées ; au lieu que tout au contraire il faudroit plustost appeller celle là *droite*, pource qu'elle iette plus grand nombre de branches & plus droites ; & ceste derniere *supina*, c'est à dire, *couchée*,

Verueine commune, de Matthiol.

Verueine droite, ou masle, de Fuchse.

petite. Pline les distingue par sexe, & appelle *masle* la droite, & *femelle* celle qui est couchée par re. Ses mots sont tels: *Il n'y a herbe qui ait esté plus honorée par les Romains que la Verueine, ou Hierobotane, que les Grecs appellent Peristereon, & nos Latins Verbenaca: car, comme nous auons dit, quand Ambassadeurs alloient demander quelque chose à l'ennemy, ils portoient de la Verueine. On en nete aussi les autels de Iupiter, & en benit-on les maisons pour en chasser les mauuais espris. Il y en a x especes, dont la femelle est plus fueillue que le masle: l'vne & l'autre iette plusieurs branches me-s, anguleuses, & d'vne coudée de haut. Elles ont les fueilles moindres & plus estroites que celles des esnes, auec des dechiqueteures plus profondes. Elles sont verdastres, & ont la racine longue & menuë. te herbe croist par tout és plaines subiettes à l'eau. Il y en a qui ne font aucune distinction entre les ueines, & n'en mettent qu'vne espece, pource que toutes deux ont les mesmes proprietez.* Voilà ce en dit Pline. Fuchse met deux especes de *Verueine*, dont il appelle l'vne *Verbena recta*, ou *mas*; l'autre *Verbenaca supina*, ou *fæmina*. Dodon met aussi les mesmes : mais il met deux sortes celle qu'il appelle *supina*, à sçauoir le *masle*, ou la *femelle*. Matthiol en met aussi deux especes, & eure que celle qui est appellée *supina*, qui est la commune, est la *vraye Hierabotane* de Dioscoe. Mais quant à la droite, qui est *le premier Peristereon* de Dioscoride, qui ne fait qu'vne tige & e seule racine, il confesse librement de ne l'auoir iamais veuë, au moins qui eust toutes les mares d'icelle, combien qu'aucuns veulent que ce soit la plante qu'il a mise pour la *premiere espece Sideritis.* Toutesfois veu qu'elle iette plusieurs tiges d'vne seule racine, de la hauteur d'vne coue & demie, & que ses fueilles ne sont pas blancheastres, & que ses fleurs sortent en rond comme les du Marrube, attendu finalement qu'elle n'a rien de semblable auec la *Vaerueine*, il ne peut se ssigner à leur opinion. Le mesme Matthiol dit, qu'il a prins garde là où il y a force *Verueine*, qu'il des plantes qui ont leurs tiges droites, & d'autres qui trainent quasi par terre : tellement que ut estre ceux qui ont distinguée les *Verueines*, mettant l'vne *droite*, & l'autre *couchée*, l'ont fait à ste occasion là: veu mesme ce que Pline escrit qu'il y en a qui n'en font aucune distinction, & que st vne mesme espece, attendu qu'elles font les mesmes effects. Ce qui est du tout contraire à ce ie Dioscoride en escrit : car il met difference de l'vne à l'autre, tant pour raison du lieu où elles oissent ; qu'en la figure, au nom, & aux facultez, comme on peut voir si l'on veut diligemment

Liu. 25. ch. 9.

Chap. 225. de l'hist. Liu. 1. ch. 14. Sur le ch. 55. & 56. du 4. l. 4.

examiner la description de l'vne & de l'autre. Car voicy qu'il en dit: *Peristereon, ou la Verueine croist és lieux aquatiques. Il semble qu'elle ait esté ainsi nommée pource que les pigeons s'aiment parmy cette herbe. Elle est de la hauteur d'vne paume, ou dauantage. Ses fueilles sortent par la tige, & sont decoupées, & blancheastres. Le plus souuent elle ne fait qu'vne branche, & vne seule racine. Quant à l'Herbe Sacrée, qu'on appelle, Peristereon, elle iette des tiges de la hauteur d'vne coudée, ou dauantage, anguleuses, garnies de fueilles par certains interualles, semblables à celles des Chesnes, sinon qu'elles sont plus estroites & moindres, decoupées à l'entour, verdastres. Sa racine est longue & menuë. Ses fleurs sont petites & purpurines.* Ainsi donc ceste-cy iette beaucoup de branchettes de la hauteur d'vne coudée ou dauantage; & fait les fueilles verdastres: mais celle là ne fait qu'vne seule tige de la hauteur d'vne paume, & vne seule racine: les fueilles blancheastres, & s'aime en lieu aquatique. Mesme qui voudra considerer les facultez qui leur sont attribuées par les autheurs, il treuuera qu'elles sont differentes: car Dioscoride dit, que les fueilles du *Peristereon* incorporées auec huile rosat, ou graisse de porceau fresche, & appliquées appaisent la douleur de la matrice. L'herbe appliquée auec vinaigre reprime le feu Sainct-Antoine; empesche la putrefaction, consolide les playes, estant incorporée en miel elle guerit les vieilles. Ce qu'elle fait, dit Galien, pource qu'elle est desiccatiue & astringeante: car il dit, qu'elle est si desiccatiue, qu'elle soude les playes. A quoy s'accorde aussi Paulus, disant: *Peristereon* est vne herbe si desiccatiue & astringeante, qu'elle consolide les playes & estanche le sang. Mais les fueilles de la *Verueine commune*, ou *Herbe Sacrée*, & aussi sa racine prinses en breuuage auec du vin seruent contre la morsure des serpens. Prinses au pois d'vne dragme auec trois oboles d'encens dans vne hemine de vin vieil par l'espace de quarante iours à ieun, elles sont propres à la iaunisse. Elles mitiguent les vieilles enfleures, & inflammations estans appliquées dessus, & mondifient les vlceres sales. Toute la plante cuite en vin guerit les apostumes des glandes du col, & les vlceres corrosifs de la bouche, si on s'en gargarize. On dit que si on arrouse vne sale où l'on mange, de l'eau où elle aura trempé, elle rendra ioyeux tous ceux qui y mangeront. Le troisiesme neud de ceste plante aupres de la terre prins en breuuage auec les fueilles qui l'enuironnent, est bon contre la fieure tierce; & le quatriesme contre la quarte. Ainsi donc tant s'en faut que ceste *Verueine* amoindrisse les vieilles enfleures, comme fait celle là, que mesme elle ouure les apostumes du gosier & les desseche par le moyen de sa chaleur, par laquelle aussi elle resout les vieilles douleurs de teste, causées par les humeurs grosses & froides, comme Galien le tesmoigne, disant: La *Verueine* droite est la plus resolutiue entre toutes les autres, & propre pour fortifier les parties; principalement estant verte. Toutefois elle fera aussi le mesme effet estant sechée auec ses racines & cuite dans de l'huile auec du Serpolet. Il y faut aussi adiouster la racine de la Crocodilias, specialement de celle qui croist aupres des eaux. Mesme l'huile dans lequel aura esté cuite la *Verueine* seule guerit les douleurs inueterées de la teste causées par les humeurs froides & grosses, si on en frotte la teste, ou qu'on l'en arrouse. Or il y a des Herboristes qui prennent pour *l'Herbe Sacrée* vne autre plante qui croist dans les bois & forests: & a la racine menuë, longue, & mipartie en plusieurs, & trois ou quatre tiges faites à angles, garnies de fueilles disposées esgalement d'vn costé & d'autre par certains interualles, semblables à celles de Chesne, excepté qu'elles sont moindres, & decoupées tout de mesme, des ailerons desquels il sort par fois des petites queuës qui portent trois fueilles moindres que les autres. Sa fleur est rouge blancheastre longuette & belle, à mode de celle de l'Ortie morte, & sort d'vne coupette verte, par les trois ou quatre ailerons de la cime de la tige. Sa graine vient en vne gousse longue comme celle de l'Orual. Lobel en a mis le pourtrait pour celuy de la *Melisse* de Fuchse: mais il se trompe à mon aduis: car Fuchse prend pour le *Melissophyllon* ou *Melisse*, la plante que le mesme Lobel appelle *Calamintha montana præstantior*, comme il a esté dit en traittant de la *Melisse, entre les plantes odorantes*. Touchant la *Verueine droite* de Dodon, elle fait la tige droite, de la hauteur d'vn pied & dauantage, de laquelle il sort plusieurs branches garnies de fleurs bleuës. Ses fueilles sont verdastres, dentelées, auec quelques decoupeures. Sa racine est courte & fort cheuelué. Il semble que ce soit la mesme plante que Fuchse appelle *Verbenaca supina*, ou *fœmina*. Quant à la *Verueine* que le mesme Dodon appelle *Verbenaca supina mas*, & *Hierabotane*, elle fait des petites tiges tendres, veluës, & anguleuses, couchées par terre, de la lõgueur d'vn

Herbe Sacrée, de Dalechamp.

Diosc. liu. 4. chap. 55. *Le lieu.* *La forme.* Dioscor. au mesme liu. c. 55. — Liu. 4 ch. 55. *Les vertus.* — Liure 8. des simpl. — Liure 7. — Liure 2. de compos. ph. loca. — *Autre Herbe Sacrée.* — Liu 1 ch. 84.

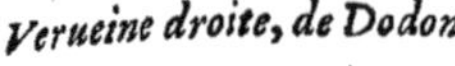
Verueine droite, de Dodon.

Hierabotane masle, de Dodon.

pied & dauantage. Ses fueilles sont à demy rondes, dentelées à l'entour; semblables aux
lles de Chesne, ou de la Germandrée; toutefois elles sont plus grandes que celles-cy, & moin-
que celles là. Ses branches sont garnies de belles fleurs bleuës. Fuchse en a mis le pourtrait Chap. 333. de l'hist.
le nõ de *Germandrée commune femelle*. L'autre *Verueine* que Dodon appelle *Verbenaca supina*,
ierabotane fœmina, est fort semblable à la precedente quant aux tiges, fueilles, & fleurs; toute-
fes tiges sont plus rondes, & ses fueilles vn peu moindres. Elle produit aussi dauantage de

Hierabotane femelle, de Dodon.

Verueine rampante aux fueilles menuës, de l'Escluse.

branches

Liure 2. de Plant. d'Esp. chap. 45.

branches d'vne seule racine. Ses fleurs aussi sont mieux entassées. Fusche en a mis le pourtrait sous le nom de *Germandrée commune masle*. Il y a vne autre herbe que l'Esclusе prend pour la *Hierabotane*, ou *Verueine couchée & rampante*, laquelle fait quatre ou cinq petites tiges anguleuses, ou quarrées comme celles de la *Verueine commune*; toutefois elles sont plus menuës, couchées par terre: ses fueilles sont de la couleur de celles de la commune, verdastres; mais elles sont plus dechiquetées. Ses fleurs viennent à la cime de ses branches, semblables à celles de la *Verueine*, sinon qu'elles sont moindres, bleuës-purpurines. Sa graine est toute semblable, & sa racine aussi, qui est menuë. Ceste plante est fort frequente à l'entour de Salamanque, & en quelques autres lieux de Castille, où elle est encor plus petite, & sans suc, & aussi le long des riuieres, comme entre autres le long de la riuiere de Thormes qui passe par les villes de Salamanque & d'Albe, où elle est plus grande & mieux nourrie. Elle fleurit en ce païs là en Iuillet & en Aoust; puis elle porte sa graine. Elle est de la mesme temperature que la commune, & par ainsi propre aux mesmes choses: mesme il pourroit bien estre qu'elle feroit plus d'operation.

De la Circæa. CHAP. LXVIII.

Les noms. *Picr. Pen. aux Aduers.* *Liu. 1. c. 117.* *La forme.*

KIPKAIA, & διρκαία en Grec, est semblablement appellée en Latin *Circæa* & *Dircæa*. On l'a peut estre nommée *Circæa*, pource qu'elle est semblable en vertus à la Mandragore: car la Mandragore a aussi esté nommée *Circea*, & peut estre que toutes deux sont bonnes pour les breuuages amoureux: ce que Dioscoride a escrit de la Mandragore. Or il dit que la *Circæa* a les fueilles semblables à celles de la Morelle, & iette beaucoup de tiges, & vn grand nombre de fleurs noires. Sa graine resemble au Millet, & vient en certaines gousses qui sont à mode de cornes. Elle a trois ou quatre racines de la hauteur d'vn paume, blanches, odorantes, & chaudes. Et croist en certains lieux pierreux, tant à l'abry comme exposez au vent.

Le lieu. *Liu. 27. ch. 8.*

Pline en dit quasi de mesme. La *Circæa* resemble au Strychnos cultiué; & à la fleur noire petite, & vne graine menuë comme le Millet, qui croist en certaines gousses comme cornes. Elle a trois ou quatre racines de demy pied de long, blanches, odorantes, d'vn goust chaud. Ainsi il dit, que les racines ont vn goust chaud, au lieu que Dioscoride dit qu'elle sont θερμαντικαὶ, c'est à dire *chaudes*. Or il y a bien de la dispute entre les Simplicistes, pour sçauoir quelle herbe on doit prendre pour la *Circæa*. Il y en a, & de bien doctes qui tiennent que c'est la plante qui est icy peinte, laquelle croist en lieux aspres & exposez aux vents: & a la racine longue d'vn paume, blanche, odorante, de laquelle il sort tous les ans par certains durillons des surjeons tendres & blancs. Sa tige est de la hauteur d'vne coudée. Ses fueilles resemblent à celles de la Morelle, si ce n'est qu'elles sont plus grandes, & plus aiguës auec beaucoup de branches. Elle fait beaucoup de petites fleurs, qui sont noires deuant que d'espannir; mais apres qu'elles sont espannies elles sont rouges-blaffardes, Sa graine est petite & vient en des petites cornes veluës & longues. D'autres prennent pour la *Circæa* la plante qui est appellée par quelques

La Circæa.

Pena aux Aduers.

Herboristes *Solanum lignosum*, & *Dulcamara*, & *Amara dulcis*, en Allemand *Gelenger ioleber*, de laquelle nous traitterons en vn autre endroit.

Liu. 3. c. 117. *Les vertus.*

Au reste Dioscoride dit, que la racine de la *Circæa* broyée au pois de quatre mines, & mise en infusion par vingtquatre heures dans six hemines de vin doux, puis apres prinse en breuuage par trois iours durant, purifie la matrice.

Liu. 27. ch. 8

On la detrempe, dit Pline, dans du vin, & l'ordonne on en breuuage contre les douleurs & autres accidens de la matrice. Or il faut mettre trois onces de ceste racine apres l'auoir broyée dans trois sextiers de vin l'espace d'vn iour & d'vne nuict en infusion. Ce mesme breuuage fait sortir l'arrierefaix. Sa graine prinse en vin ou en eau miellée fait perdre le laict. En quoy Pline est discordant auec Dioscoride, quand il dit, qu'il faut mettre en infusion trois onces de la racine; & Dioscoride dit quatre mines, qui est peut estre trop. Quant à ce qu'il dit, *que la graine fait perdre le laict*, cela est contre Dioscoride, qui dit γάλα καθαιρεῖ, *elle attire le laict*: & Paulus

Liure 7. *Liure 7. des simpl.*

dit γάλα φύει, *elle engendre le laict*. Galien aussi suyuant Dioscoride dit, que la graine de la Circæa prinse en breuuage fait venir du laict aux nourrisses. Aucuns lisent ainsi en Pline, *Semine lac mouet vino aut mulsa aqua pota*: *Sa graine fait auoir du laict prinse en vin, ou en eau millée.*

Herbe

Herba mora.

CHAP. LXIX.

ON appelle ceste plante en Italien *Herba mora*. Elle croist le long des chemins : & a la fueille semblable à celle de l'Absinthe ; sinon qu'elle est plus menuë, & plus noire. Ses fleurs viennent à la cime des branches & des tiges en grand nombre, petites, iaunes. On tient que ses fueilles broyées sont merueilleusement propres pour guerir les vieux vlceres. *Le lieu. La forme. Les vertus.*

Du Chamærops de Pline, CHAP. LXX.

IL semble que ceste plante soit la *Chamæropos* de Pline. Elle croist dans les forests, & a beaucoup de racines grosses & plusieurs tiges de la hauteur d'vne coudée, garnies de fueilles semblables à celles du Meurte, qui en sortent deux à deux. Elle fait beaucoup de fleurs qui sortent par les ailerons des fueilles. Sa graine vient en des petits vases longuets. La *Chamærops*, dit Pline, *est semblablement bonne pour les douleurs de costé estant prinse en vin.* Elle a les fueilles deux à deux à l'entour de la tige, semblables à celles du Meurte, & des boutons, comme ceux de la Rose Grecque. *Le lieu. La forme. Liu. 26. ch. 7.*

Chamærops de Pline.

Du Mourron violet, CHAP. LXXI.

CESTE herbe s'appelle en Grec *ἀντίῤῥινον*, & *ἀνάῤῥινον* Theophraste l'appelle *ἀντίῤῥιζον*, sinon qu'il y ait de la faute en son texte : comme aussi en Latin *Antirrhinum*. Apulée l'appelle *Cynocephalis* : les Allemans *Orant* : en François *Mourron violet*. Or d'autant que cette plante a vne marque bien signalée, c'est que sa graine est faite comme les narines d'vn veau, voilà qui l'a fait recognoistre : mais pource qu'il y a diuerses plantes, desquelles la graine, ou plustost les coupettes dans lesquelles est la graine, resemblent au museau d'vn veau : cela a fait que les Herboristes ont prins diuerses plantes pour *l'Antirrhynon*. Matthiol dit, qu'il en a remarqué quatre especes, toutes lesquelles sont certains boutons, dans lesquels est la graine, qui retirent fort bien à vne teste de veau, & qu'il n'y a autre difference entre ces plantes, que pour raison de la grandeur. Dodon en met deux especes, *vn grand*, & *vn petit*. De faict les anciens autheurs ne s'accordent pas en la descriptiõ de *l'Antirrhinon*. Theophraste le compare au Gratteron, Dioscoride au Mourron : mesme en quelques exemplaires il est comparé à la Lychnis, & est aussi nommé *Lychnis sauuage*, Pline le compare au Lin, s'il n'y a de la faute en ce passage là. *Antirrhinon*, dit Dioscoride, qu'aucuns appellent *Anarrhinon*, & d'autres *Lychnis sauuage*, est vne herbe qui a les tiges & les fueilles semblables à celles du Mourron. Ses fleurs sont purpurées, semblables à celles du Violier, sinon qu'elles sont moindres, à raison de quoy esté appellée *Lychnis sauuage*. Elle porte vne graine qui retire au museau d'vn veau, & est c : car aux communs exemplaires il y a *ῥούσιον ἰδεῖν*, ce que tous les traducteurs ont oublié. Or ce *ῥούσιον*, vient des mots Latins *Russeum*, & *Russum*. Ainsi aussi Paulus dit que le *Mourron ῥούσιον ἔχειν, a la fleur rouge. L'Antirrhinum*, dit Pline, *est aussi appellé Anarrhinum, ou Lychnis agria. vne herbe qui resemble au Lin, & n'a point de racine. Elle fait les fleurs semblables au Vaciet, & boutons qui retirent à vn musle de veau.* Les Magiciens tiennent que se frottãt de ceste herbe, on semble estre plus beau, & que si on la porte attachée au bras, il n'y a poison n'y mauuais breuuage

Les noms. Liure 9. de l'hist. ch. 21. Les especes. Sur le chap. 128. liu. 4. Liu 2. ch. 17. Liure 9. de l'hist. ch. 21. Liu 4. c. 128. Liu. 25. c. 10. Au mesf. lieu. La forme. Liu. 7. ch. 11. Liu. 25. c. 10.

Antirrhinon I. de Matthiol.

Antirrhinon II. de Matthiol.

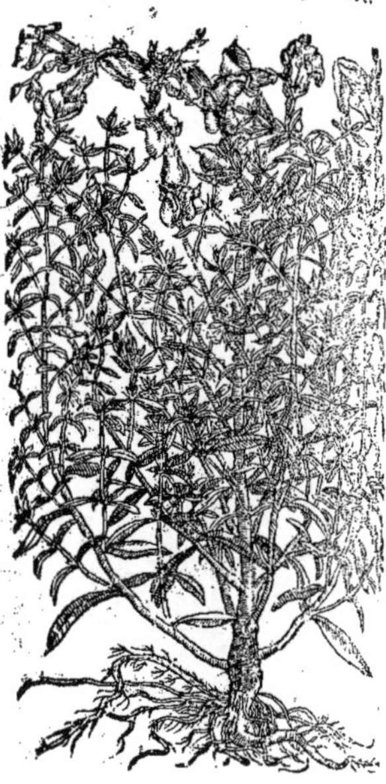

Liure 9 de l'hist. ch. 12.

uage qui puisse nuire à la personne. Ce qu'on dit aussi de l'herbe appellée *Euplea*, qu'elle acqui. reputation & renommée à ceux qui s'en frottent. Theophraste aussi en traitte ainsi: *On dit que l'Antirrhinon fait acquerir reputation. Il retire au Gratterō, & n'a point de racine. Sa graine retire au ...fie d'vn veau. On dit que ceux qui s'en frottent acquierent de l'honneur.* Pline a voulu traduire ce passage & l'a corrōpu: car il a leu *Euplea*, au lieu de *Euclea*. Et qui plus est, Theophraste ne dit pas que *l'Euclia* soit vne herbe; mais que *l'Antirrhinon* sert pour acquerir, εὔκλειαν, c'est à dire *reputation:* que ceux qui s'en frottent εὐδοξεῖν c'est à dire, *sont honnorez.* Et Dioscoride dit, περίχαρεν ποιεῖ, qu'il

Antirrhinon III. de Matthiol.

Antirrhinon IV. de Matthiol.

qu

Grand Antirrhinon, de Dodon,

que Pline dit qu'ils *semblent estre plus beaux*. Quant au grãd *Antirrhinon* de Dodon il fait des petites tiges droites, rondes, branchues: les fueilles brunes, longuettes, & assez larges, qui retirent aucunement à celles du *Mourron*, & sont tousiours deux à deux vis à vis l'vne de l'autre, comme celles du *Mourron*. Au bout de ses branchettes il vient des fleurs longuettes, ouuertes & larges au bout à mode d'vne teste de Grenouille, retirans assez bien aux fleurs de la Linaire: toutefois elles sont plus grandes & sans queuë, iaunes-blaffardes, apres lesquelles il y vient des coupettes longues & rondes, qui representent la teste, les yeux, le nez, & en somme l'ouuerture d'vn meufle de veau, dans lesquelles est la graine. Il y a encor vn autre *Antirrhinon grand*, qui a les fueilles longues & estroites, quasi semblables à celles de la Linaire, & les fleurs de la couleur des roses, qui sont aussi que'quefois blanches. Au reste il est semblable au precedent. Touchant le *petit Antirrhinon* de Dodon, aucuns l'appellent *Caput simiæ*. Il fait des petites tiges, menuës, tendres, qui ne sont pas fort branchues: les fueilles longues & estroites, entre lesquelles & la tige il sort des petites fleurs rouges, semblables à celles du *grand*, si ce n'est qu'elles sont beaucoup moindres. Apres il y vient des petits boutons ronds, membraneux, du tout semblables à vn test de veau, ou d'vn singe, dans lesquels est la graine. C'est *l'Antirrhinon quatriesme* de Matthiol. Plusieurs estiment que c'est *l'Orontion* d'Archigenes, duquel Galien fait mention au denombrement des receptes d'Archigenes contre la iaunisse. Il faut, dit-il, faire cuire *l'Orontion*, & lauer celuy qui a la iaunisse auec ladite decoction, laquelle deuiendra verde tout à l'instant. Or Cornarius a esté long temps qu'il tenoit ce passage pour suspect, iusques à tant qu'il s'est persuadé que l'herbe appellée *Orontion* n'est autre chose que *l'Origan*: & que peut estre il faudroit lire ὀρίγανον, au lieu de ὀρόντιον. Au reste l'vn & l'autre *Antirrhinon* croist tant aux lieux cultiuez, que non cultiuez. On le cultiue aussi dans les iardins. Le grand fleurit en Iuillet & en Aoust, & le petit en Iuillet. On tient, dit Dioscoride, que l'estant pendu au col il n'y a charme qui puisse nuire. Galien dit, que *l'Antirrhinon* a les mesmes fa-

Liu. 2. ch. 27. *Grand Antirrhinon.*

Antirrhinon petit.

Liure 9. des Phar. local. chap. 9.

Aux Comment.

Le lieu.

Le temps.

Liu. 4. c. 128.

Liure 6. des simpl.

Petit Antirrhinon, de Dodon.

Antirrhinon, de Tragus.

cultez

Sur le chap. 128. du 4. li. cultez que le Bubonion. Matthiol dit, qu'il est bon d'appliquer en liniment les fueilles, les fleurs, & la graine de *l'Antirrhinon* auec de l'huile rosat & du miel contre la suffocation de la matrice, & pour prouoquer les mois ; & que ceste herbe est si contraire aux scorpions, que seulement à la voir ils demeurent tous endormis. En la portant attachée contre le front elle efface les mailles des yeux. Antirrhinon de Tragus, liu.1.ch.118 Tragus a mis le pourtrait d'vne *espece de Reseda*, pour *l'Antirrhinon*, laquelle il descrit ainsi. Ceste herbe, dit-il, croist és lieux qui ne sont pas cultiuez, aux places publiques, & le long des possessions & des chemins. Au commencement du printemps elle ne produit point de tige : mais seulement des fueilles longues, estroites, noirastres & comme froncies, couchées par terre : mais l'année apres elle produit des grandes tiges, rondes & creuses, de la hauteur quelquefois de deux coudées, auec plusieurs branches & surjeons. Les tiges sont garnies au bas de fueilles fort estroites & fort longues, semblables à celles des Violiers blancs, ou iaunes : toutefois elles sont plus longues, & plus vertes, froncies, & plissées. Ses branches sont garnies tout à l'entour de beaucoup de fleurs iaunes, disposées par ordre comme celles du Bouillon : apres lesquelles il y vient des petites gousses dechiquetées en croix, qui s'ouurent en quatre parties, & retirent au muffle d'vn veau, dans lesquelles il y a vne graine noire fort petite, moindre que celle du Pourpier. Ceste herbe se seme de soy-mesme, & fait vne racine de moyenne grandeur, blanche, droite, semblable à celle du Fenoüil. L'herbe ne sert à autre chose qu'à teindre les franges des licts en couleur iaune. Le temperament. Tragus dit qu'à son aduis elle est chaude & humide. Aucuns Simplicistes tiennent que ceste plante est le *Phiteuma*.

Du Leontopodion, CHAP. LXXII.

Les noms.

LEs Grecs appellent ceste plante λεοντοπόδιον ; les Latins *Leontopodion*, & *Pes Leoninus*, à cause que ses fleurs & ses fueilles sont veluës & retirent aucunement à vne patte de Lyon. Elle est aussi appellée κῆμος, comme il appert au Catalogue des noms des Simples attribué à Dioscoride. Coroll. 132. liu.4. Hermolaus dit qu'elle est appellée *Cemos*, pour raison de la figure de ses fleurs & de ses coupettes : car on nommoit ainsi en Athenes vne petite boëtte, par laquelle on mettoit les ballottes dans vn bassin qui estoit dessous, lequel ils nommoient *Cadiscon*, lors qu'on vouloit donner sa voix en quelque assemblée publique. Liu.4.c.126. La forme. Dioscoride dit, que c'est vne petite herbe de la hauteur de deux doigts, qui fait les fueilles estroites, longues de trois ou quatre doigts, veluës, & couuertes de bourre pres de la racine, & blancheastres. A la cime des tiges il a des boutons qui sont comme percez, pleins d'vne graine, noire, laquelle est mal-aisée à voir pource qu'elle est toute enuironnée de cotton. Sa racine est petite. Or ce *Leontopodion* n'est pas ceste herbe qui est appellée communement par les Herboristes *Pes Leonis*, *Planta* & *Pata Leonis*, Tom.2.c 49 Liu.3.c 130. *Alchymilla* & *Stellaria* : mais selon l'opinion de Lonicerus, c'est la plante qui est icy peinte, & appellée *Cruciata*, ainsi que dit Ruel : & toutefois elle est differente de celle de laquelle il a esté parlé cy deuant. Il dit donc, qu'elle est couchée par terre & longue comme le doigt, & a les fueilles estroites quasi de trois doigts de long, veluës, & cottonnées pres de la racine, & chenuës. A la cime de ses tiges il y a des petits boutons qui semblent estre percez, desquels il sort des fleurs brunes. Sa graine est cachée dans vne bourre bien espesse, tellement qu'à grand peine la peut on voir. Sa racine est menue. Matthiol met vne autre plante pour le *Leontopodion*, à sçauoir vne petite herbe de deux ou trois doigts de haut, qui fait les fueilles estroittes, & veluës, chenuës par dessous, specialement celles qui sont pres de la racine, & porte des boutons au haut de la tige qui semblent estre percez. Ses fleurs sont brunes. Sa graine est cachée dans vne bourre espesse. Il l'a euë, comme il dit, de Calzolarius, qui l'auoit recouuerte au mont Balde. Lobel a mis le pourtrait de ceste mesme plante, à mon aduis, pour le *Leontopodion*, combien qu'il y ait quelque peu de difference. Il adiouste aussi vn petit *Leontopodion*, qui est du tout semblable au precedent, & ne fait qu'vne petite tige de la hauteur d'vne paume. Il a les fueilles semblables au Gnaphalion de montagne, couuertes d'vne bourre espece. A la cime de ses tiges il y a des petites fleurs iaunes-palles, semblables à celles du Gnaphalion de montagne. Sa racine est de bois, & fort menuë. Voilà ce qu'en dit Lobel. Les vertus. On tient, dit Dioscoride, que ceste herbe est singuliere pour les breuuages amoureux. A raison dequoy il y a des petits nœ-

Leontopodion, de Lonicerus.

Leontopodion, de Matthiol.

Leontopodion petit, de Lobel.

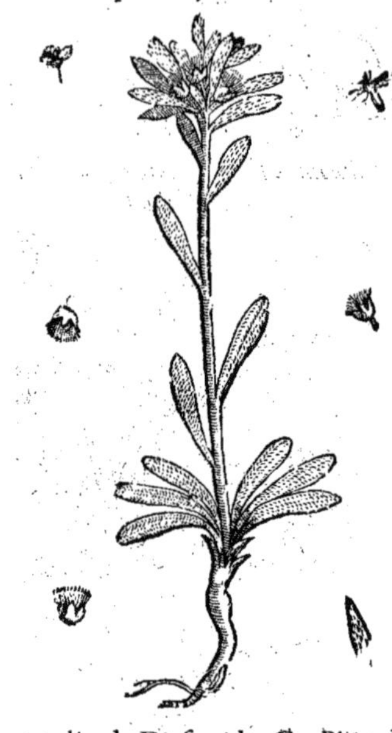

[...]ges doctes qui estiment, que le *Cemos* de Pline est le *Leontopodion* de Dioscoride. Car Pline dit Liu 27. ch. 8.
[...]nsi: *Pour mesme raison aussi nous ne dirons rien touchant le Cemos.* Or il auoit dit vn peu deuant, que [...]estoit temps perdu que de s'amuser à descrire la *Catanance*, veu qu'elle n'est employée que pour [...]s breuuages amoureux. Peut estre aussi qu'à raison de cela Galien, ny ceux qui sont venus apres [...]y, n'en ont rien escrit. Marcellus Virgilius asseure qu'il a veu des exemplaires Grecs fort an[...]ens & bien corrects, ausquels ce chapitre estoit inscrit du *Camos*, & non du *Leontopodion*: & qu'il [...] vn Dioscoride Latin fort ancien escrit en lettres Lombardes, dans lequel il y aussi *Camos*, & non *Leontopodion*, auec la description toute semblable; & qu'il n'y a autre difference auec les autres exemplaires Grecs & Latins, sinon quant à l'inscription. Ce qui donne grande occasion de soupçonner, qu'il n'y a point de difference entre le *Leontopodion* & le *Camos*, sinon quant au nom. Or posé le cas que le *Camos* de Pline, soit le *Leontopodion* de Dioscoride, il y a bien de la difference entre ce *Leontopodion*, & celuy de Pline: car il le descrit ainsi: *Le Leontopodion est aussi appellé Leuceoron, Doripetron, ou Thorybetron.* Liu. 26. ch. 8
Sa racine reserre le ventre, & euacuë la bile estant prise auec eau miellée au pois de deux deniers. Il croist és lieux champestres & maigres. On dit, que sa graine prinse en breuuage fait songer des songes estranges & fantastiques. Au mes. liu. chap. 14.
Dauantage, la graine du *Leontopodion* broyée en eau, & appliquée auec de la griotte seche, fait sortir hors le fer des flesches qui seroit demeuré dans le corps. Et en vn autre passage. Au mes. liu. chap. 12.
Les fueilles du pas d'Asne, le Daucus, la graine du Leontopodion broyée en eau auec de la griotte seche, seruent à faire sortir toutes les eschardes & aiguillons fichez dans le corps. Or Matthiol met vne autre plante differente des precedentes, de laquelle nous auons mis icy l[e] pourtrait, laquelle croist par tout en Boheme, & iaçoit qu'elle ait la tige plus longue, si est ce, dit Matthiol, qu'elle a toutes les marques du *Leontopodion*; à raison dequoy il l'a appellée *Pseudoleontopodiō*; Lobel l'appelle *Chrysocome Germanica*; Tragus la nommée, *Helyochrisos silue[s]tris*

Pseudoleontopodion, de Matthiol.

De la Camomile vulgaire, *CHAP. LXXIII.*

Les noms. CESTE plante est appellée par les Herboristes *ἀνθεμὶς vulgaris*, ou *siluestris*, & *χαμαίμηλον vulgare*, ou *siluestre*, pour la discerner d'auec la vraye *Anthemis*, que l'on seme dans les iardins. Les Apothicaires l'appellent communement *Camomilla* : en François *Camomile vulgaire* : en Allemand *Chamill*, & *Chamillen*. Les Herboristes en ont remarqué quelques

Camomile sauuage, ou Anthemis, de Matthiol.

Camomile vulgaire, ou sauuage, de Dodon.

Cotula fœtida, de Dodon.

Les especes. especes, dont nous en mettons icy trois prinses de Dodon: dont la premiere est la *Camomile vulgaire*, ou *sauuage blanche*, qui fait des petites tiges menuës, dures, & souples, & des fueilles tẽdres decoupées fort menu. A la cime de chascune tige il vient vne fleur iaune au milieu, & garnie en rond tout à l'entour de petites fueilles blanches, du tout semblables à celles de la *vraye Camomile* des iardins, qui fait les fleurs blanches, & de bonne odeur, combien qu'elles ne sentent pas si bon, ne si fort comme celles des iardins. La seconde est celle que les Herboristes appellent *Cotula fœtida*, & les Apothicaires aussi : en Toscane *Cauta*, d'où est venu le diminutif *Cautula* : & en fin on a corrompu ce nom, & changé en *Cotula*. On l'appelle *Fœtida*, c'est à dire *puante*, pource qu'elle sent mal. Aucuns l'appellent *Camomilla fœtida* : & en Grec *κυνάνθεμις*, & *κυνοβότανον*, c'est à dire *Camomile de Chien* : en Allemand *Krottendill*. Elle fait des tiges assez grosses, verdes, pleines de suc, & tendres les fueilles plus larges & plus verdes que celles de la *Camomile vulgaire*, à laquelle elle resemble aussi quant aux fleurs, si nõ qu'elles sont plus plattes au milieu & plus larges. Toute l'herbe a vne odeur fort mal plaisante & est amere au goust. Les plus versez en ceste science la prennent pour le *Parthenion leptophyllon*, duquel Hippocrate fait mention, disant qu'il guerit les vessies & les verrues du prepuce. La *troisiesme* est appellée *Cotula non fœtida*, & *Camomilla fatua*, *Camemilla*, ou *Cotula inodora*. Elle fait des petites tiges grailes, tẽdres, souples, qui sortent en grand nombre d'vne mesme racine,

Marginal notes: *Les especes.* Liu. 2. ch. 30. *La forme.* — *Cotula fœtida.* — Liu. des vlceres. — *Cotula non fœtida.*

Cotula non fœtida, Buphthalmon de Fuchse.

racine. Ses fueilles sont plus longues, plus grandes, & plus blanches que celles de la *Camomile vulgaire*, & ne sentent rien. Sa racine est grosse, fort cheueluë, & ne meurt pas en hyuer, mais reiette tous les ans. Fuchse en a mis le pourtrait & la description pour le *Buphthalmon*. Ces trois especes croissent par tout parmy les champs, le long des sentiers, & à l'entour des hayes des iardins. Et fleurissent en Iuin, & tout le lōg de l'esté. La *Camomile vulgaire* est chaude & humide, & approche fort du temperament de la *vraye Camomile* des iardins. Quāt à la *Cotula fœtida*, son odeur & son goust monstrent qu'elle est chaude & seche. La *Cotula qui ne sent rien* est mediocrement chaude & approche du temperament de la *Camomile vulgaire*. Or tout ainsi que la *Camomile vulgaire* approche du temperament de la vraye, aussi sont elles fort semblables en facultez, sinon que la vulgaire ne fait pas tant d'operation. On a toutefois treuué par experience, qu'elle est fort souueraine contre la colique, & contre la pierre des reins, & prouoque l'vrine, si on en vse en la mesme maniere que de celle des iardins. L'huile qu'on en fait est propre pour appaiser toutes douleurs, les escorcheures, & les durtez aussi bien que l'huile qui est fait de la *Camomile* des iardins: méme il est meilleur pour mettre dans les clysteres de ceux qui ont la fieure. La *Cotula puante* est singuliere contre la matrice qui est aualée, ou qui s'est retirée de costé, si on laue les pieds de la malade auec sa decoction. Elle est aussi souueraine contre la suffocation de la matrice, si on la fait sentir à la malade, ou qu'on luy en face manger. Et a quasi autant de vertu que le Castorion en ceste maladie là.

Chap 52. de l'hist. *Le lieu.* *Le temps.* *Le temperament.* *Les vertus.*

De la Cepæa,

CHAP. LXXIV.

Ceste plante est nommée en Grec *κηπαία*: en Latin *Cepæa*. Dioscoride dit, qu'elle resemble au Pourpier: toutefois qu'elle a les fueilles plus noires, & la racine menuë. Ses fueilles prinses en vin seruent à ceux qui ne peuuent vriner que goutte à goutte, & contre la galle ou rongne de la vessie, principalement si on les boit auec la decoction des asprges. Pline en dit quasi de mesme; toutefois son texte est corrompu en ce passage: car il y a ainsi; *Vel magis Cepæa similis Portulacæ*: ce que Cornarius a ainsi corrigé sur vn vieil exemplaire; *Vesicæ malis medetur Cepæa similis Portulacæ*; c'est à dire, *La Cepæa guerit les accidens de la vessie. Elle resemble au Pourpier*: toutefois elle a la racine plus noire, qui ne sert à rien. Elle croist aux riuages sablenneux & est amere au goust. Prinse en vin auec des racines d'asperges elle est fort propre aux accidens de la vessie. Matthiol asseure que la plante qui est icy peinte, est la vraye *Cepæa*, & dit qu'il l'a eu de Venize: toutefois il n'en met point la description ny les proprietez; & ne dit point aussi le lieu où elle croist pour monstrer que ce soit la *Cepæa* de Dioscoride. Dodon a mis le pourtrait du *Mourron aquatique*, ou *Becabnugam* des Allemans pour la *Cepæa*. D'autres estiment que la *Cepæa* est vne espece de Pourpier des iardins; ce que le mot de *κηπαία* monstre, ioint aussi qu'il est dit qu'elle a la mesme figure, sans adiouster point d'autre marque, sinon touchant la racine & la couleur des fueilles. Mesme elle a les mesmes proprietez que le Pourpier. Lobel a mis le pourtrait & la description de la *Cepæa* bien exactement. Elle fait, dit-il, beaucoup de petites tiges rondes, de la hauteur d'vn pied, ou d'vn pied & demy, qui trainent par terre; & beaucoup de petites fleurs à mode d'estoile, semblables à celles de la petite Ioubarbe. Ses fueilles sont semblables

Les noms. Liu. 3. c. 150 *La forme.* *Les vertus.* *Liu. 26 ch. 8* *Embl. 151. liu. 3.* *Le lieu.* *Liu. 5 ch. 22.*

à celles du Pourpier sauuage, toutefois elles sont moindres, plus estroites & plus longues, tendres, poulpues, & pleines de suc. Sa racine est fort petite. Elle croist dans les iardins en Flandres de la graine qui a esté apportée de Padouë. Voilà ce qu'en dit Lobel.

De l'Astragalus, CHAP. LXXV.

Les noms. Liu.4. ch.57 ΑΣΤΡΑ'ΓΑΛΟΣ en Grec, s'appelle en Latin *Astragalus.* *C'est*, dit Dioscoride, *une petite plante, qui a les fueilles & les branches semblables aux*
La forme. *pois ciches. Ses fleurs sont petites, purpurées. Sa racine est ronde, de la grosseur de celle des Raiforts, de laquelle il en sort d'autres massiues & noires, dures*
Le lieu. *comme de corne, entrelassées ensemble, d'vn goust astringeant. Elle croist és lieux battus des vents, ombrageux & pleins de nege. Il y en a grande quantité sur le mont Phænée en Arcadie.* (C'est ainsi que Galien, Paulus, Oribaze & Pline ont leu, tellement qu'il faut qu'il y ait de la faute aux exemplai-
Les vertus. res de Dioscoride, là où au lieu de ἐν Φαινεῷ, il y a ἐν μεμφίδι τῆς ἀρκαδίας.) *Sa racine prinse en vin reserre le ventre, & prouoque l'vrine: sechée & reduite en poudre elle est propre pour les vieux vlceres. Elle estanche le sang. Or elle est bien mal-aisée à puluериser, à cause de sa dureté.*
Liure 6. des simpl. Voilà ce qu'en dit Dioscoride. Galien dit, *que c'est vne petite plante, les racines de laquelle sont astringeantes, aussi est elle fort desiccatiue. Elle consolide les vieux vlceres, reserre le ventre, si on boit la de-*
Liu.26.ch.8. *coction de sa racine cuite en vin. Il y en a grande abondance sur le mont Phænée en Arcadie.* Paulus & Oribaze en escriuēt tout de méme. Pline la descrit biē diuersement: toutefois il luy attribue les mémes vertus, disāt: qu'elle a les fueilles longues auec beaucoup de dechiqueteures, dōt celles qui sont pres de la racine sōt dechiquetées de biais. Elle fait trois ou quatre tiges toutes garnies de fueilles, & les fleurs sēblables à celles du Vaciet. Ses racines sōt veluës, entortillées, rouges, & fort dures. Elle croist és lieux pierreux qui sōt à l'abry, & couuerts le plus souuēt de nege, cōme est le mōt Phæneus d'Artcadie. Ceste herbe est fort astringeāte. Sa racine prise en breuuage auec du vin reserre le vētre, de façō que par méme moyē elle prouoque l'vrine, en repoussant l'aquosité, cōme aussi fōt beaucoup d'autres Simples qui sont astringeans. Broyée en vin rouge elle sert aussi contre la dysenterie, toutefois elle est fort mal-aisée à piler. Sa fomentation est bonne aux genciues qui iettent de la fange. Le vraye temps de l'amasser est à la fin de l'Automne, quand ses fueilles sont tombées. Apres il la faut
Sur Diosc. liu.4. ch 57. faire secher à l'ombre. Matthiol auoit autrefois mis le pourtait de la plante qui est icy mis, pour celuy de *l'Astragalus*, laquelle est fort frequente aux enuirōs de Trente, aux montagnes du Val d'Ananie, & a les fueilles vn peu plus grandes que celles des pois ciches, les fleurs purpurines, la racine semblable à vn Raifort, auec beaucoup de cheuelures, fermes, noires & fort dures, entrelassées

Astragalus, de Matthiol.

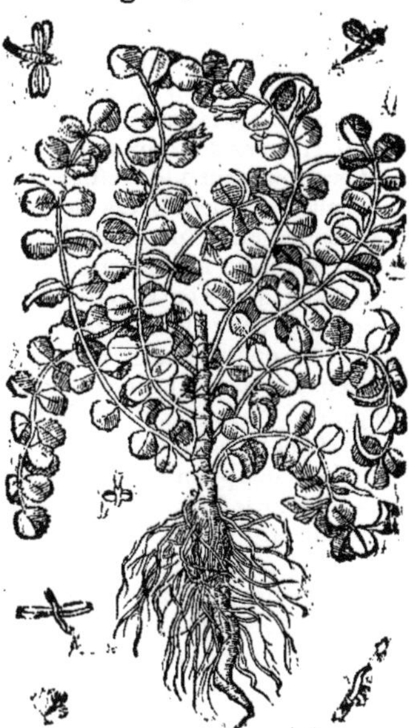

Astragalus purpurin.

ensem

enſemble, d'vn gouſt aſtringeant. Mais finalement aux dernieres editions de ſes Cõmentaires, ayant remarqué cette plante plus diligemment, & treuuant qu'elle n'a pas certaines marques qui ſont propres à l'*Aſtragalus*, il a changé d'opinion. Aucuns Simpliciſtes prennent pour l'*Aſtragalus purpurin* la plante qui eſt icy peinte, laquelle croiſt ſur les coſtaux pierreux du mont Iura : & a la racine grande, groſſe, noire, pleine de bois, longue, & fourchue, & beaucoup de tiges cottonnées, couchées [par] terre: les fueilles ſẽblables à celles des Pois ciches ſauuages, arrangées par ordre & en grãd nõ[br]e en vne meſme queuë, veluës, & d'vn gouſt aſtringeant. Ses fleurs ſont blancheaſtres tirans ſur [le] pourpre, entaſſées comme per petits boutons. Sa graine vient en certaines gouſſes. Pena dit, qu'il [luy] ſemble aduis que ſi la deſcription de l'*Aſtragalus* n'eſtoit corrompue en Dioſcoride, qu'elle conuiendroit fort bien à la plãte que les Allemans appellent *Aker, Rychel, & Grund rychel*: en Frãçois [gl]and de terre: les Bourguignons la nomment *des Tarnotes*. Elle iette trois ou quatre petites bran[ch]es couchées par terre, rougeaſtres pres de la racine, garnies de fueilles ſemblables à celles des [Po]is, ou des Pois ciches, auec des veillons, par le moyen deſquels elle s'aggraffe aux plantes voiſi[ne]s s'il y en a. Ses fleurs ſont ſemblablement purpurines comme celles des Pois. Sa graine eſt me[nu]ë, & vient en des petites gouſſes. Ses racines ſont longues en façon d'olives, ou de glands, noires [par] dehors, & blancheaſtres par dedans, attachées enſemble, & comme enfilées à trauers, auec des [pet]ites cordes, bien entrelaſſées enſemble, & eſpandues au long & au large. Elle croiſt aupres des [hay]es, & des bois ombrageux en Allemagne, Angleterre & en Normandie: mais en Languedoc, Ita[lie] & autres païs chauds, elle ne croiſt ſinon ſur les hautes montagnes pleines de nege. Ses racines [son]t douces au gouſt, cõme les glands ou les chaſtagnes, & deuiẽnent merueilleuſement dures eſtans [sec]hées. Nous en auons mis le pourtrait prins de Dodon, *entre les plantes bulbeuſes*, ſous le nom de [Ter]*mabalanus*. Or comme il a eſté dit cy deſſus, il y a de l'erreur en la deſcription de Dioſcoride, en [ce] qu'il ya, *en Memphis d'Arcadie*, au lieu de dire *en Phanée d'Arcadie*. En outre la deſcription de [Pl]ine eſt vn peu differente de celle-là, & qui plus eſt, Galien & Paulus ont eſcrit, que l'*Aſtragalus* [eſt] vn petit arbriſſeau, qui a les racines aſtringeantes, entendans par cela qu'il en a beaucoup, & ne [ſe] parient point de Raifort. Tellement que là où il y a en Dioſcoride ϛρογγύλη ὥσπερ ῥάφανος, il faudroit peut eſtre lire ὥσπερ βάλανος, c'eſt à dire, *comme vn gland*. L'Eſcluſe met le pourtrait d'vne autre belle plante, qui n'a peut eſtre eſté cogneuë par aucun des modernes Simpliciſtes, laquelle il prendroit, ainſi qu'il dit, pour l'*Aſtragalus*, d'autant qu'elle en a beaucoup de marques, ſi ce n'eſtoit qu'elle eſt du tout differente en facultez. Ceſte plante produit des tiges de la hauteur d'vne coudée, ou dauantage, & quaſi de la groſſeur du petit doigt, faites à angles, ou pentagones, dures, rougeaſtres & cottonnées; les fueilles auſſi cottonnées & blancheaſtres, arrangées en vne longue coſte, touſiours vis à vis l'vne de l'autre, comme celles des veſſes ou des Pois ciches, d'vn gouſt aſtringeant du commencement, puis apres bruſlant. Elle produit beaucoup de fleurs ſemblables à celles des Lupins ou des feues, attachées par ordre à des longues queuës, qui ſortent du creux de ſes ailerons, du tout blanches. Toutefois auant que d'eſtre eſpannies, elles ſont iaunes, noiraſtres par dehors. On dit qu'elle porte vne graine en des gouſſes ſemblable à celle du petit Faſelus de Dodon, laquelle cauſe inflammation en la bouche, en la langue, & au goſier quand on la taſte. Sa racine eſt fort grande à proportion de la plante, & eſt quelquefois groſſe comme le bras, de la longueur d'vne paume, mipartie au bout en deux ou trois parts, noire par dehors & froncie, blanche par dedans, dure & pleine de bois, de mauuais gouſt, laquelle eſtant ſechée eſt plus dure que corne. L'Eſcluſe dit qu'il la treuua premierement en certaines collines aupres de Lisbonne le long de la riuiere du [T]ayo, parmy des buiſſons; mais depuis il en treuua plus grande quantité parmy certains boca[ges] aupres de Seuille: & que les Portugais la nomment *Alfabeca*, & ceux de Seuille *Garanancillos* [c']eſt à dire *petits Pois ciches*. Il ſemble que ce ſoit la plante qu'Amatus Portugais appelle *Apocynon* diſant que ceux de Portugal la nomment *Atramoços de ca*, c'eſt à dire *Lupins de chien*. Lobel a mis vne autre fort belle plante, laquelle eſt vrayement eſpece d'*Aſtragalus*; car elle a les fueilles & les tiges ſemblables, & les racines entortillées tout de meſme; & eſt garnie d'vne infinité de belles fleurs entaſſées, qui ſont aſſez grandes & rouges. Il dit qu'il recouura premierement ceſte plante

Aſtragalus purpurin.

Le lieu.

[Pla]nte reſemblant à l'Aſtragalus, de l'Eſcluſe.

Lib. 2. des Plant. d'Eſp. chap. 86.

V 4 d'Alep

Astragalus de Syrie, de Lobel.

Astragalus de Dioscoride; vulgairement Christiana radix, de Rauuolf.

d'Alep de Syrie: mais que depuis il l'a veu croistre en des pots de terre chez Brancion, dont la graine auoit esté apportée d'Italie. Au susdit païs de Syrie on treuue deux especes *d'Astragalus* dont l'vn a les fueilles petites cóme *l'Hedysarũ*, ou *Securidaca*: l'autre s'accorde du tout auec la descriptio de Dioscoride: tellement que i'estime, dit Rauuolf, que c'est le vray *Astragalus* de Dioscoride. C'est

La forme. vne petite plante, qui a la racine brune, longue, de la grosseur d'vn gros Raifort, de laquelle il sort des petites tiges noires, plus-dures que la racine, dont les vnes sont couchées par terre, les autres toutes droites, & sont separées à la cime comme par cornes d'vn goust doux, mediocrement sec & astringeant. Quant aux tiges qui trainent par terre, elles sont de mesme couleur, & de la longueur d'vn doigt, desquels il en sort comme plusieurs branches touffues, garnies de fueilles, semblables à celles des Lentilles, ou des Ers, arrangées tousiours deux à deux vis à vis l'vne de l'autre, pour la plus part en nombre de neuf ou d'onze. Sa fleur est bigarré de purpurin, de bleu & de brun. Sa graine vient en des gousses espesses, poulpeuses & pleines de vent, comme de celles du Baguenaudier. Or ce pourtrait n'est pas naturel quant à la racine: car combien que la plante soit vrayement petite, elle se monstre encor plus petite à comparaison de la racine, si on la considere estant en vie, qu'elle ne fait pas en ce pourtrait.

Oculus Christi, ou Aster iaune

De l'Aster iaune, CHAP. LXXVI.

Les noms. Le lieu. La forme. LEs Herboristes appellent *Oculus Christi* vne plante qui est aussi appellée par aucuns *Aster iaune*, laquelle croist és terres grasses des enuirons de Montpelier; & a la racine grosse, & cheueluë, la tige de la hauteur d'vn pied & demy, anguleuse, branchuë, & noirastre: les fueilles longues & estroites, approchans aucunement de celles de l'Ozeille des iardins. Sa fleur est de couleur d'or, & sort par certains boutons composez par escailles, qui viennent à la cime des branchettes, enuironnez en rond à l'entour de ...

Bellis, ou Marguerite iaune. de Dalechamp.

neuf ou dix fueilles semblables à celles de l'Aster à raison dequoy aussi on l'a appellée *Aster iaune*. Or il y a vne autre espece d'*Aster iaune*, laquelle s'aime és prés & lieux humides. Aucuns la prennent pour la *Bellis iaune*: d'autres pour *l'Oculus Christi*. Elle a la racine fort cheueluë & noire, & iette plusieurs tiges de la hauteur d'vne coudée, garnies de peu de fueilles, longues, aiguës, pleines de veines, qui ne sont point decoupées, ny dentelées à l'entour: à la cime de ses tiges il y vient vne fleur de couleur d'or, semblable à celle du Chrysanthemon. *Bellis iaune.*

Du Tornesol, CHAP. LXXVII.

COMBIEN qu'il y a diuerses plantes qui meritent d'estre appellées *Heliotropion*, ou *Helioscopion*, pource qu'elles sont tousiours tournées deuers le soleil, si est-ce que nous entendons de traitter icy particulierement de *l'Heliotropion* de Dioscoride, lequel est appellé en Grec ἡλιοτρόπιον, & σκορπίουρον: & en Latin *Heliotropiũ*, & *Verrucaria*. Gaza l'appelle *Solaris*: les modernes *Herba Cancri*: en François *Tournesol*, & *l'Herbe au Chancre*: en Allemand *Creesteruyt*. Ceste plante est appellée *Heliotropion*, pource que comme dit Dioscoride, ses fueilles se tournent auec le soleil: ou bien, comme dit Theophraste, pource qu'elle fleurit seulement au solstice: car il en escrit ainsi, suyuant la traduction de Gaza, qui a corrigé les fautes qui estoient aux communs exemplaires, & a remis le texte en ceste sorte: *Quant aux plantes qui fleurissent, ou bourgeonnent, suyuans les autres, comme l'Heliotropion, & l'Artichaut (car cestuy-cy fleurit aussi durant le solstice.)* Et peu deuant il met *l'Heliotropion* au nombre des plantes qui fleurissent peu à peu & longuement, [...]nt: *Aucunes fleurissent peu à peu, comme il a esté dit du Basilic, à raison dequoy elles sont long[...]ps en fleur, comme aussi plusieurs autres, ainsi que l'Heliotropion & la Cichorée.* Aucuns l'ont ap[...]lée *Scorpiouros*, pource que sa fleur est faite à mode d'vne queuë de Scorpion recourbée & *Verraria*, pource qu'elle fait passer les verrues. Dioscoride en establit deux especes, a sçauoir la [...]nde & la *Petite*. Pline en met tout autant, appellant l'vne *Tricoccon*, & l'autre *Heliotropion*. Toutefois il semble qu'il prend le *Tricoccon*, pour le *grand Heliotropion* de Dioscoride: comme au contraire il semble que Dioscoride ait comprins le *Tricoccon* sous le petit *petit Heliotropion*. Or il dit, que le *Grand* a les fueilles semblables à celles du Basilic, toutefois elles sont plus velues, plus blanches (au texte Grec il y a μελάντερα, c'est à dire *plus noires*, & de faict Oribaze a aussi leu de mesme) & plus grandes. Il produit trois, quatre, ou cinq petites branches dés la racine, auec plusieurs ailerons, & des fleurs à la cime, qui sont blanches, tirant sur le blond, (car aux communs exemplaires il y a ὑπόπυῤῥον, au lieu qu'au vieil exemplaire il y a ὑποπόρφυρον, c'est à dire, *tirant sur le purpurée*,) recourbées à mode de la queuë d'vn scorpion. Sa racine est menuë & ne sert à rien. Il croist és lieux aspres. Quant au *petit Heliotropion*, il a les fueilles comme le precedent, sinon qu'elles sont plus rondes. Sa graine est ronde, & pendante comme des petites verrues. Il croist és lieux marescageux & aupres des estangs. *Nous auons*, dit Pline, *souuentefois, parlé du naturel admirable de l'Heliotropium, en ce qu'il se contourne auec le soleil, encor que le tẽps soit couuert, si fort il l'aime: mesme sa fleur qui est bleuë, se reserre durant la nuict comme regrettant l'absence du soleil. Il y en a deux especes, dõt l'vne est appellé Tricoccon & l'autre Heliotropion, qui est la plus grande, combien que ny l'vn ny l'autre n'ont pas plus de demy pied de haut, & cõmencent à ietter leurs bãches dés le bas de la racine. On amasse leur graine au temps des moissons, laquelle vient en des gousses. L'Heliotropion ne croist qu'en lieux gras,*

Les noms. — *Liu. 4. c. 183.* — Liure 7. de l'hist. ch. 14. — *Les especes.* *Au mes. lieu.* Liu. 22. c. 21. — Liu. c. 185. — *La forme.* — *Petit Tournesol.* — *Le lieu.* Liu. 22. c. 21.

Tournesol grand, de Matthiol.

Autre Tournesol, de Matthiol.

Petit Tournesol, de Matthiol.

gras, & principalement és lieux cultiuez; mais le Tricoccon croist par tout. Vn peu apres il dit: *Quant à l'autre Heliotropion que nous auons appellé Tricoccon, ou Scorpiurus il a les fueilles moindres que l'autre & qui pendent contre terre. Sa graine est faite comme la queuë d'vn scorpion, d'où est venu le nom de Scorpiurus.* Au surplus Dioscoride dit, que la decoction d'vne poignée *d'Heliotropion* prinse en breuuage euacue le phlegme & la bile par le bas. Prins en breuuage auec du vin il est bon contre la piqueure des scorpions, & mesme estant appliqué dessus. Il empesche de conceuoir, si on le porte lié sur soy. On dit que quatre grains de sa semence prins auec du vin vne heure deuant l'accés, guerissent la fieure quarte; & contre la fieure tierce il n'en faut prendre que trois. Ceste graine appliquée en liniment fait guerir toutes sortes de verrues; & les boutons rouges que les Grecs appellent *Epinictides*. Ses fueilles sont propres pour appliquer sur les pieds des goutteux, & sur les dislocations, & sur la teste des enfans qui ont le cerueau enflambé. Broyées & appliquées en pessaire elles prouoquent les mois, & font sortir l'enfant du ventre. Quant au *petit Heliotropion*, le mesme autheur dit, que son herbe prinse en eau auec du Nitre, de l'Hyssope & du Nasitort, fait sortir les vers du corps, tant les larges que les ronds. Appliquée auec sel elle fait tomber les verrues longues. Pline a confondu ces especes, attribuant à l'vne ce que Dioscoride attribue à l'autre: car voicy ce qu'il en dit: *Ie treuue que ceste herbe estant cuite est bonnne à manger. Prinse en laict elle lasche doucement le ventre: mais sa decoction prinse en breuuage purge le ventre bien fort. Il faut tirer le suc du grand Heliotropion en esté au cœur du iour, & le mesler parmy du vin pour le rendre plus ferme. Incorporé en huile rosat il appaise la douleur de la teste. Le ius des fueilles meslé auec du sel fait tomber les verrues, dont nos Latins ont appellée ceste herbe Verrucaria, combien qu'on luy eust bien peu imposer d'autres noms correspondans aux autres proprietez qu'elle a, qui sont beaucoup plus remarquables que ceste-cy.* Vn peu apres parlant du *Tricoccon*, il dit, qu'il est singulier contre toutes bestes venimeuses, & contre les phalanges & les scorpions estant appliqué en liniment, mesme on tient que portant de ceste herbe sur soy, on ne sera point piqué

Au mes. lieu.
Les vertus.

Autre Verrucaria petite.

Là mes. ch 186.

Liu. 22. c. 21.

iqué par les scorpions. On dit aussi, que faisant vn cerne en terre auec cette herbe à l'entour d'vn corpion, il ne sortira point de là : que si on luy met cette herbe dessus, ou qu'on l'arrouse auec ette herbe, cela le fait mourir tout à l'instant. On tient que quatre grains de sa graine prins en reuuage seruent contre la fieure quarte : mais contre la fieure tierce il n'en faut prendre que rois. Galien ne fait point de mention de l'*Heliotropion* parmy les Simples. Paulus dit, que le *grand eliotropion*, qu'on appelle aussi *Scorpiurus*, a vne faculté chaude, seche, & detersiue : apres il adiouste tout ce que Dioscoride en a escrit de mot à mot. Au demeurant aucuns prenent la plane qui est icy peinte pour vne autre espece de *petit Heliotropion*. Elle croist en certains lieux gras & umides és enuirons de Montpelier : & a les branchettes, les fueilles, les fleurs, & le fruict semlables au grand : toutefois elles sont moindres : & aussi ses branches sont fort menues au bout, usquelles le fruict est arrangé & attaché par ordre. Elle a les mesmes proprietez que la grande yrmecias. L'Escluse a aussi mis le pourtrait d'vn *grand Heliotropion*, qui pourroit à bon droit estre appellée χαμαίκαλον, ou χαμαιπετὲς en Grec : il l'appelle *Heliotropion supinum*. Iceluy est fort semblable au *grand Heliotropion*; toutefois il n'est pas du tout si grand : Car il produit des branches plus grailes, auec beaucoup de cauitez comme ailerons. Ses branches aussi sont vn peu cottonnées & couchées par terre. Ses fueilles retirent à celles du grand, tant en la couleur comme au goust, & en la figure, excepté u'elles sont moindres, approchans de celles du Basilic. Ses branches sont aussi recourbées au bout mode d'vne queuë de scorpion, & sont garnies tout ainsi que celles du grand, de fleurs blanches isposées par ordre, apres lesquelles vient la graine, laquelle n'est pas mipartie en quatre comme lle de l'autre ; ou pour mieux dire, ses grains ne sont pas attachez quatre à quatre ensemble ; mais our la plus part vn à vn, ou bien quelquefois deux à deux, & si sont plus grands & plus longs ue ceux de l'autre, & de couleur brune, couuerts d'vne certaine escorce à mode de gousse. On y voit aussi par fois des petites queuës cachées, qui ne portent autre chose que trois ou quatre grains. Sa racine est petite, & noire par dehors, laquelle meurt en hyuer : toutefois la plante ne laisse pas de se renouueller par le moyen de la graine qui en est tombée. Il s'en treuue sur le bord de certaines terres, aux enuirons de Salamanque, & particulierement là où l'on a accoustumé de planter les Melons. Il fleurit sur la fin de Iuillet & au mois d'Aoust, auquel temps aussi sa graine se meurit, & mesme en Septembre quelquefois. Or comme il a le mesme temperament que le grand, aussi est-il vray-semblable qu'il a les mesmes proprietez. Le mesme autheur a mis aussi le pourtrait du *petit Heliotropion*, ou *Tricoccon*, lequel ne fait qu'vne seule tige de la hauteur d'vn pied, auec beaucoup de branches. Ses fueilles ne retirent pas à celles du precedant : mais plustost à celles du Xanthion, ou du Solanum dormitif, & sont molles & blancheastres. Ses fleurs sont petites, entassées en grappe de raisin, iaunes, & ne seruent à rien, d'autant qu'elles ne rapportent point de graine, comme il se voit aussi en quelques autres plantes, lesquelles ne produisent pas la graine apres la fleur. Toutefois il y sort des gousses par le creux de ses ailerons, lesquelles viennent sans fleur, & sont comme cachées entre les fueilles, attachées à des queuës semblables à celles des Tithymales ; toutefois elles sont vn peu aspres, mal vnies, & brunes, dans lesquelles est enclose vne graine de couleur cendrée. Ces gousses en les frottant contre vn linge, le teignent d'vne couleur verde bien

Liure 7. de simpl. Liure 7.

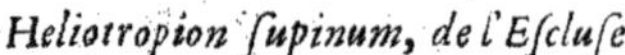
Heliotropion supinum, de l'Escluse

Heliotropion Tricoccon, de l'Escluse.

bien viue, laquelle neantmoins se change peu apres en vn beau bleu. Sa racine ne sert à rien, meurt tous les ans. L'Escluse dit, que cette plante est fort frequente aux enuirons de Salaman & en d'autres quartiers d'Espagne. Il s'en treuue mesme assez en Languedoc. Elle fleurit en Iu & en Aoust, puis meurit sa graine. Pena dit, que c'est *Heliotropion Tricoccon* de Pline est ap lé en François *Tournesol*, & doit estre mis sans doute pour vne espece d'*Heliotropion*, combien q semble que Dioscoride l'ait oublié, ou qu'il l'ait comprins en la description du *petit Heliotr* comme il a esté dit cy deuant. Sa graine est enclose en des gousses à trois angles, semblab celles des Tithymales ou de la Chamælea; toutefois elles sont aspres, vertes-brunes & en les f tant contre du linge ou du papier, elles le teignent en verd fort beau, lequel peu apres change en beau bleu, ou purpurin, dont les païsans de Lunel, Massiliargues & autres quart de Languedoc en font bien leur profit, les cueillans parmy les Oliuiers, où il s'en treuue à force mois de Septembre, pour les vendre puis apres aux teinturiers. Il en croist aussi dans les vign l'entour de Rome: mais en France, Allemagne, Flandres, & Angleterre, on entretient cette p te dans les iardins. On tient que les pieces que les Apothicaires appellent *Tournesol*, qui ser pour donner couleur de pourpre aux gelées & autres medicamens, sont teintes du suc de ce herbe.

Le temps.

Du Scorpioides, CHAP. LXXVIII.

Les noms. Liu.22.c 15. Liu.4. ch.18. Au mes. lieu.

ESTE plante est appellée en Grec & en Latin *Scorpioides*. Pline l'appelle *Scorpius*. Ce dit Dioscoride, *vne herbe qui fait peu de fueilles, & la graine semblable à vne qu de scorpion*. Pline aussi dit, *que l'herbe appellée Scorpius a prins ce nom de ce que sa grai est faite à mode d'vne queuë de scorpion, elle porte peu de fueilles*. Cette description breue a fait que les Herboristes ont pris diuerses plantes pour les *Scorpioides*. Car Dodon dit, que c' vne petite herbe qui n'a pas plus d'vne paume de hauteur, & fait des petites tiges menues, garnies cinq ou six fueilles estroites. Ses fleurs sont iaunes; sa graine est aspre & veluë, dont il y en a to siours trois ou quatre grains attachez ensemble auec des neuds entre-deux, & recourbez à mo d'vne queuë de Scorpion. Lobel appelle cette plante *Scorpioides rampant*, ayant les fueilles com

Liu.1 ch.42.

Scorpioides, de Dodon.

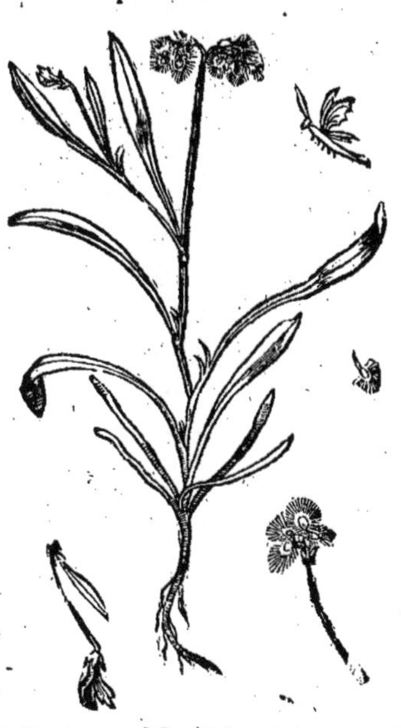

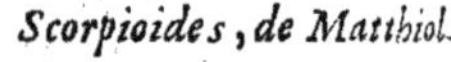

Scorpioides, de Matthiol.

Sur le c. 187. du 4. liu.

le Bupleuron, Matthiol a mis le pourtrait d'vn autre *Scorpioides*, qui porte des gousses à mode d petites cornes, recourbées comme la queuë d'vn Scorpion, & comparties par iointures. Il y a d doctes personnages qui tiennent que c'est vne espece de *Telephion*, & auec grande raison. Car ce te plante a les fueilles semblables à celles du Pourpier: les fleurs iaunes, & a quasi le mesme gou & proprietez. Elle est assez frequente dans les vergers, & parmy les bleds d'alentour Monts ntpelier du costé de la porte de Latte. Or ce n'est pas toutefois la *Colutea Scorpioides*, de laquel- us auons parlé cy deuant. Dioscoride dit, que l'herbe appellée *Scorpioides* appliquée sur la pi- re d'vn Scorpion y est fort singuliere. Pline dit, que l'herbe appellée *Scorpius* est bonne contre ste qui porte le mesme nom. Galien dit qu'elle eschauffe au troisiesme degré, & desseche au se- d.

Au mes. lieu. *Les vertus.* Liu. 22. c 15. Liure 8. des simpl.

Du Treffle des prés, CHAP. LXXIX.

Les noms.

Nous auons discouru cy deuant de quelques *especes de Treffle* au traitté *des plantes qui croissent emmy les champs*. Il reste maintenant à parler de quelques autres qui croissent és lieux humides : & premierement de celle qui est appellée en Grec τρίφυλλον ἐν χορτηγεσιοις γινομένον : en Latin *Trifolium pratense* : en François *Treffle des prés*, & *Triolet* : en mand *Vuyssenkler*. Cette herbe fait vne tige ronde & tendre, & des branches menues : les fueil- demy rondes, attachées trois à trois par chascune queuë. A la cime il y vient des fleurs pur- nes, entassées comme en espic court, apres lesquelles il y vient vne graine ronde dans des

La forme.

Treffle des Prés, I. de Matthiol. *Autre Treffle des Prés, de Matthiol.*

ites gousses. Sa racine est longue & cheueluë. Il y a vne autre sorte de *Treffle des prés*, qui ap- che du precedant, sinon qu'il a les tiges vn peu plus aspres, & plus veluës : les fueilles plus gues & plus estroites, au milieu desquelles il y a quelquefois vne tache blanche à mode d'vn issant de Lune. Ses fleurs sont blanches. Quant au reste il est semblable au precedant. Quasi s les prés en sont garnis, où on les voit fleurir en May, & en Iuin. Le goust de ces deux *especes Treffle*, monstre qu'ils sont astringeans, combien que ce n'est pas beaucoup : car elles ne lais- t pas pour cela d'estre de parties subtiles, & desiccatiues ; d'autant qu'on y apperçoit aussi vn peu crimonie. Ainsi donc il ne faut point douter qu'elles ne soient propres pour resoudre & des- her ; tellement que ce n'est pas à tort que quelques Herboristes modernes ont escrit, que leurs illes sont merueilleusement propres contre le flux blanc des femmes. Icelles appliquées sur inflammations sont propres pour les digerer & faire venir à maturité. Il y a vn autre *Treffle* me le plus petit de tous, lequel, ainsi que dit Pena, ne se treuue pas par tout. Il fait des peti- s tiges rampantes & grailes à mode de Ioncs ; les fueilles attachées trois à trois ensemble, vn u dentelées, & des petites fleurs iaunes arrangées en rond. Il s'en treuue parmy les prés & ux cultiuez. Lobel dit qu'il est fort commun aux enuirons d'Anuers. Il faudra aussi metre au mbre des *Treffles* la plante que les Herboristes appellent communement *Panis Cuculi*, soit pource

Le lieu. *Le temps.* Fuchs. chap. 315. de l'hist. *Les vertus.* *Pain de Cocu.*

Treffle iaune plus petit, de Pena & Lobel.

Treffle des prés iaune, de Fuchse.

que le Cocu en mange, ou bien pource qu'il commence à chanter lors que ceste herbe commence à sortir de terre. On l'appelle aussi *Alleluya*. Les Apothicaires l'appellent *Trifolium acetosum*, à raison de son goust aigre. Car Pline l'appelle aussi *Oxys*, pour le mesme respect : en François *Pain de Cocu* : en Allemand *Saurerkler*. Il iette vne infinité de petites tiges, ou plustost queues dés la racine, à chascune desquelles il y a à la cime trois fueilles tout ainsi comme au *Treffle*, faites à mode d'vn cœur, & recourbées pour la plus part deuers la queuë comme vn champignon, tendres & d'vn goust aigrelet. Ses fleurs sont blanches, miparties en cinq à mode d'estoile, & ont chascune vne queuë à part, laquelle sort immediatement dés la racine, & est roussastre & comme couuerte d'escailles, à mode d'vn chatton. Il croist principalement és lieux ombrageux, & és forests. Et fleurit en Auril & en May. Fuchse dit qu'il a prins garde, comme aussi plusieurs autres ont veu par experience, que lors que cette herbe est bien fleurie, c'est signe qu'il pleuura souuent toute l'année suyuante, & que les eaux se desborderont : & au contraire quand elle est peu fleurie c'est signe de secheresse. Matthiol dit, que toute la plante raifraichit ainsi que fait l'Ozeille ; tellement que si on en mange elle estanche la soif, & l'ardeur de l'estomach, refroidit le foye, & fortifie le cœur. L'eau distilée d'icelle est bonne pour donner à boire à ceux qui sont malades de fieures chaudes : mais son suc incorporé auec du sucre y est encor plus souuerain. Il est aussi singulier pour appliquer tout seul sur le feu S. Anthoine, & sur les inflammations : & mesme pour lauer la bouche, quand il y a quelque defluxion chaude qui tombe sur la langue, sur le palais, ou sur le gosier. Voicy ce que Pline dit : *L'Oxys a les fueilles trois à trois. Elle est bonne contre le desuoyement d'estomach, & mesme contre la rompure & descente du boyau, la prenant en viande.* Or l'Esclose met vn autre *Treffle des prés* differant des precedents, combien qu'il retire assez bien à nostre *Treffle commun*. Il croist par tout emmy les prés des enuirons de Salamanque, & produit cinq ou six petites tiges, de la

La forme

Pain de Cocu.

Le lieu. *Le temps.*

Sur Diosc. c. 106. liu. 3. *Le temperament & les vertus.*

Liu. 27. c. 12.

Liure. 2 des plant. d'Esp. Chap. 89

Treffle des prés de Salamanque, de l'Escluse.

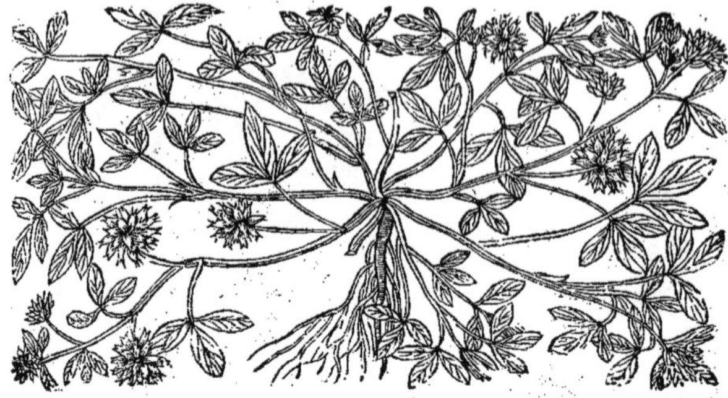

Oxys iaune rempante, de l'Escluse.

de la longueur d'vn pied, couchées par terre, auec trois fueilles, au bout comme en nostre *Treffle commun*, toutefois elles sont moindres, dentelées à l'entour: combien que le pourtrait ne le monstre pas. Du creux des ailerons il sort des petites queues, chargées de boutons garnis de fleurs de belle couleur de pourpre rouge, apres lesquelles il y vient des petites gousses membraneuses, auec vne petite graine roussastre au dedans. Sa racine resemble à celle du *Treffle commun*. Il fleurit tout le lõg de l'esté. Les Espagnols l'appellent *Trebol de prados* & simplement *Trebol*, comme les autres especes de *Treffle* L'Escluse met vne autre sorte d'*Oxys*, ou *Pain de Cocu* differente de la precedente, qui en est comme vne seconde espece. Elle fait des petites branches de la longueur d'vne paume, & quelquefois d'auantage, grailes, rondes, rougeastres, couchées par terre, comparties par neuds, à chascun desquels il sort des racines & d'autres surjeons, & branchettes. Ses fueilles sont semblables à celles du *Pain de cocu vulgaire*, & sont trois à trois sur chascune queuë; toutefois elles sont moindres, & plus blaffardes, d'vn goust aigre. Icelles se replient & se serrent sur le soir, ou quand il veut pleuuoir, & forment comme vn bouclier. Ses fleurs sortent trois à trois, ou quatre à quatre par chascune queue, & sont composées de cinq petites fueilles arrangées à mode d'estoile: moindres que celles du *Pain de cocu commun*, & iaunes. Apres il y vient des boutons longs & aigus, pleins d'vne graine menue & rousse. Sa racine est menue & cheuelue. Il croist en certains lieux ombrageux à l'entour de Seuille, comme aussi à l'entour de Montpelier. Voilà ce qu'en dit l'Escluse.

Betoine Aquatique.

De la Betoine Aquatique. CHAP. LXXX.

Aucuns prennent la **Betoine aquatique** des païs Septentrionaux pour le *Clymenon* de Dioscoride. Dodon en met la description sans en adiouster le pourtrait. & la prend pour vne seconde espece de *Scrofulaire*. Dilsius la nomme *Therebintharia*, pource qu'elle a vne faculté semblable aux vertus de la Therebentine. Tragus l'appelle *Ocimastrum alterum*. Les Flamans la nomment *Breckscuym cruyt*, & *S. Antuenis cruyt*, c'est à dire *Herbe S. Antoine:* les Anglois *Vuatter Betony*. Elle fait la tige quarrée & brune, de la hauteur de deux coudées, compartie par neuds, creuse, droite & grosse. Ses fueilles sont vertes-brunes semblables à celles de la *Betoine*, ou de la *Scrofulaire*, auec des denteleures tout de mesme: toutefois elles sont plus grandes. Ses fleurs viennent à la cime, & sont de couleur de pourpre-brun, resemblans à vn petit heaume. Sa graine vient en des petites bouteilles comme celle de l'herbe aux Mittes, ou du Doigtier purpurin, & est fort petite. Sa racine

Les noms. *Liure 1. de l'hist. des Plant.* *La forme.*

La Serratula.

Clymenon petit, de Dalechamp.

Le Lieu. est brune & fort cheuelue. Elle s'aime, comme *l'autre Betoine*, és lieux ombrageux & froids, & sur tout és lieux humides, comme sur le bord des fossez qui en sont tous garnis en Normandie & Angleterre. *Les vertus.* Vigonus Chirurgien dit merueilles touchant cette herbe : car elle est singuliere pour mesler dans les potions vulneraires, & pour mondifier les vlceres sales, mesme à raison de ses rares proprietez aucuns l'ont prinse pour le *Clymenon*.

De la Serratula, CHAP. LXXXI.

L y a encor vne autre plante outre la Betoine, qui est appellée *Serratula*, à cause que ses fueilles ont des denteleures fort menues. Elle a la tige tirant sur la couleur de poupre, & menue, de laquelle il sort beaucoup de petites branches. *La forme.* Ses fueilles deuant qu'elle produise la tige sont semblables à celles de la Betoine, dentelées fort menu tout à l'entour ; mais elles changent de figures apres que la tige est grande: car alors elles ont de plus grandes decoupeures, & retirent à celles de la grande Valeriane : mais celles qui sont le long de la tige, sont beaucoup moindres & plus courtes. A la cime de ses branchettes il vient des fleurs purpurines sur certains boutons composez d'escailles. Matthiol dit, qu'elle croist parmy les bois & les prés de Boheme. Pena dit, qu'il en vient aussi parmy les bois des collines de Piedmont, comme aussi en Normandie & Angleterre. On dit qu'elle est fort bonne pour les playes, & pour la rompure & descente du boyau.

Du Clymenon petit, CHAP. LXXXII.

Le lieu. Es Herboristes appellent cette plante *Clymenon petit*, laquelle croist és lieux humides, arrousez & ombrageux : *Les vertus.* & a la racine compartie par neuds, de moyenne grosseur, auec beaucoup de cheuelures, & trois ou quatre tiges quarrées, de plus d'vn pied de hauteur, les fueilles semblables à celles du *grand Clymenon*, & plus estroites, pleines de veines ; de mauuaise odeur & d'vn goust aspre. Ses fleurs sont de couleur de pourpre blaffard, entassées à la cime à mode d'espic, comme celles de la Betoine, au dessous desquelles il sort deux fueilles l'vne d'vn costé & l'autre de l'autre à mode d'ailes.

L'Alopecurus de montagne, CHAP. LXXXIII.

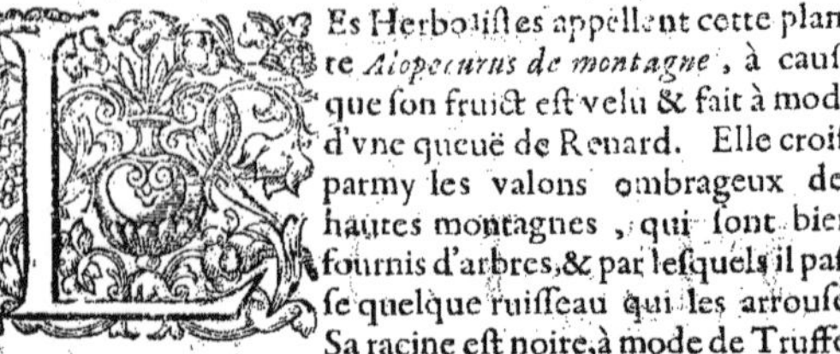

LEs Herboliſtes appellent cette plante *Alopecurus de montagne*, à cauſe que ſon fruict eſt velu & fait à mode d'vne queuë de Renard. Elle croiſt parmy les valons ombrageux des hautes montagnes, qui ſont bien fournis d'arbres,& par leſquels il paſſe quelque ruiſſeau qui les arrouſe. Sa racine eſt noire,à mode de Truffe, & cheueluë. Elle produit beaucoup de tiges rondes garnies par le bas & reueſtues de certaines eſcorces, qui ſont en partie vertes, & en partie rouſſes, noiraſtres, pointues au bout, & entaſſées bien eſpais. Ses fueilles reſemblent à celles de la Betoine, ſinon qu'elles ſont plus rondes, plus courtes, & plus larges, pleines de veines, & noires à l'endroit du nerf qui paſſe par le milieu d'icelles; fort dentelées à l'entour: & ſortent de la tige par longs interualles diſpoſées deux à deux vis à vis l'vne de l'autre. A la cime des tiges il ſort entre deux fueilles vn bouton long, fait en pyramide, bien garni de poil, eſpais, blancheaſtre,& par vn ſingulier artifice,& de telle façon qu'il reſemble aucunement à vne queuë de Renard, d'où eſt venu ſon nom. Or ne ſçait on pas encor ſes facultez, ny à quoy elle eſt bonne.

Fin du X I. Liure de l'Hiſtoire Generale des Plantes,

LIVRE DOVZIESME DE L'HISTOIRE Generale des Plantes:

Contenant les descriptions, & vrais pourtraits des Plantes qui croissent dans la mer & le long d'icelle.

Plantain de mer, de Dalechamp.

CHAP. I.

CE sera peut estre assez parlé & discouru des Plantes qui croissent dans l'eau, ou és lieux aquatiques, ou qui autrement s'aiment de leur nature és lieux humides, & marescageux: pourueu qu'au preallable nous discourions de celles qui croissent dans la mer, ou pres d'icelle, commençans à nostre accoustumée par celles qui sont les plus frequentes, & par consequent cogneuës de plusieurs. Or n'est il pas question de mettre icy toutes les plantes maritimes, ny de les comprendre en vn traitté si bref comme est cestui-cy: car il y en a de ce nombre desquelles il a fallu traitter ensemble auec des autres qui ne sont pas maritimes, pour l'affinité qu'elles ont ensemble, & pour ne rompre pas le fil de l'histoire: comme par exemple il faut bien traitter de *l'Empetron*, de *l'Alypon*, de la *Scammonnée*, & du *Peplion*, entre les *plantes purgatiues*: comme aussi entre les *plantes à Ombelle* il a falu traiter des *Bassiles*; & du *Moly bastard* entre les *Bulbeuses*: & du *Tragus* de Matthiol, de *l'Hippophaes*, de *l'Hippophaeston* & de *l'Eringion*; entre les *Espineuses*. Nous commencerons donc par le *Plantain de mer*, qui est appellé en Latin *Plantago marina*: en Grec Ἀρνόγλωσσον θαλάσσιον. Cette plante a la racine assez

Les noms. Dodob liu. 1. ch. 61. Pier. Pen. aux Aduers.

grosse & cheueluë, de laquelle il sort beaucoup de fueilles longues, estroites, & espesses, semblables à celles des porreaux, tant en couleur comme en la figure.

La forme.

Ses tiges sont de la hauteur d'vne paume, garnies dés le milieu de fleurs & de la graine entassées en espic comme celles du Plantain commun.

Le lieu.

Elle est assez frequente le long de la marine de Languedoc, d'Angleterre, & de Zelande.

Violier

Violier de mer, de Dalechamp,

CHAP. II.

LE *grand Violier de mer*, qui est assez commun le long de la marine en Languedoc, a les fueilles longues & estroites, couchées par terre, decoupées comme celles de la Cichorée, ou de la Roquette, grosses, & blancheastres, & de la grandeur de celles des *Violiers de iardin*; toutefois elles sont plus cottonées, & d'vn goust plus acre. Sa fleur est rouge, semblable à celle des Violiers. Sa graine vient dans des gousses, & est menuë. Aux mesmes lieux il croist vn autre *Violier* beaucoup plus petit, lequel a la racine courte, blanche, & petite, auec beaucoup de fueilles couchées par terre, semblables à celles des *Violiers purpurins*, combien qu'elles sont moindres & plus estroites. Sa tige est basse. Sa fleur est rouge, & sa graine petite, laquelle vient dans des gousses. Toute la plante est couuerte d'vn cotton blanc, & pique la langue par sa grande acrimonie. Aucuns la prennent pour l'*Hesperis* de Theophraste. Lobel met vn autre *Violier marin*, qui resemble assez bien aux autres, sinon qu'il a les fueilles plus larges, plus fermes, & plus veluës. Ses fleurs sont bleuës tirants sur le pourpre, & viennent au bout des tiges qui ont enuiron vne paume & demie de hauteur. Sa graine vient en des gousses beaucoup moindres que celles des *Violiers iaunes*.

La forme.

Petit violier marin.

Violier de mer petit, de Dalechamp.

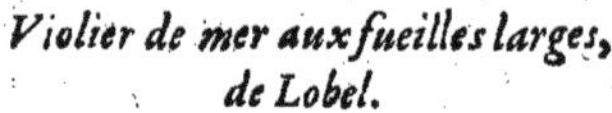

Violier de mer aux fueilles larges, de Lobel.

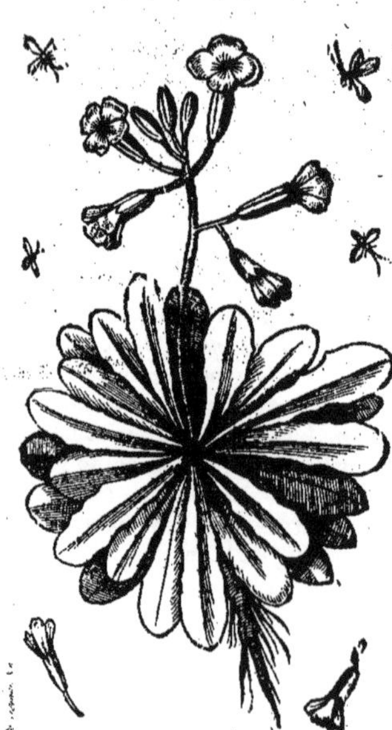

Ciste de mer, de Dalechamp.

CHAP. III.

CETTE plante est appellée *Ciste*, a raison de sa fleur. Elle croist le long de la marine & peut auoir vne coudée de hauteur ou dauantage, auec vne infinité de racines touffuës, & beaucoup de tiges branchues, couuertes d'vne escorce rousse tirant sur le rouge. Ses fueilles sont longues, decoupées à l'entour, aiguës, vertes-brunes par dessus, & blancheastres par dessous, & vn peu cottonnées. Ses fleurs resemblent à celles du *Ciste*, ou des Rosiers sauuages, & sont blanches, ou tirant sur le purpurin.

De la Lychnis de mer, CHAP. IV.

La forme. PENA a mis le pourtrait d'vne *Lychnis de mer*, laquelle est fort commune dessus les diques le long de la marine de l'Isle de Vuicht en Angleterre, & par tous ces quartiers là. C'est vne petite herbe, garnie dés la racine de grand nombre de fueilles, grosses, plus petites & plus estroites que celles du Pourpier de mer; & qui iette vne infinité de tiges souples, couchées par terre, de la hauteur d'vne coudée, ou d'vne coudée & demie, à la cime desquelles il vient vne coupette semblable à celle du Basilic sauuage, ou de la *Lychnis*, de laquelle il sort vne fleur blanche fort belle, assez semblable à celle du Basilic sauuage, auec des petits filets noirs au dedans. Sa graine est brune, semblable à celle de la *Lychnis*, ou de Basilic sauuage, & vient en des gousses. Cette herbe a vn goust salé, qui n'est pas toutefois mal-plaisant; & est tendre & bonne à manger. *Le lieu.* Elle ne croist sinon entre les rochers parmy les Chous de mer, és endroits qui sont battus par les ondes. *Le temps.* Elle fleurit en Iuin, Iuillet, Aoust, & Septembre.

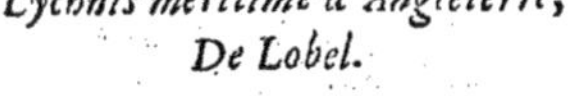

Lychnis meritime d'Angleterre, De Lobel.

De L'Androsaces, CHAP. V.

Les noms. CETTE plante est appellée en Latin *Androsaces*, comme aussi en Grec ἀνδρόσακες, & peut estre ὑδρόσακες, pource qu'elle prouoque l'vrine & euacuë l'eau des hydropiques. *Liu. 3. c. 133.* *La forme.* *C'est*, dit Dioscoride, *vne herbe blanche* (car il faut lire en Dioscoride λευκὴ, au lieu de λεπτὴ suyuant Oribase & Pline.) *Liure 11. Liu. 24. ch. 4.* *auec des branches menuës, amere & sans aucunes fueilles, ayant à la cime vne gousse dans laquelle est la graine.* *Le lieu.* Elle croist en Syrie le long de la marine. *Liu 27. ch. 4.* Il semble que Pline ait descrit plus diligemment cette plante que point d'autre, soit qu'il en ait prins la description de Dioscoride, ou bien de quelque autre autheur: car il dit, *que l'Androsace est vne plante blanche, amere, & qui ne iette point de fueilles; mais porte certaines gousses qui tiennent à des petites boëttes pleines de graine. Elle croist principalement le long de la marine de Syrie.* *Sur le c. 133. Pena aux Aduers.* Matthiol a mis en ses Commentaires le vray pourtrait de *l'Androsaces*, qu'il dit auoir eu de Pise par le moyen de Lucas Ghini, l'opinion duquel est suyuie par les plus doctes Herboristes. *La forme.* Toutefois le pourtrait qui en est mis en ces Commentaires là, monstre d'estre quatre fois plus grand que la plante estant en vie: car de fait elle est fort petite, & belle, faite en façon de nombril, qui croist au fonds de l'eau & s'y entretient, à cause dequoy Dioscoride la descrit apres le Nenufar: mesme bien souuent elle croist sur les coquilles rayées des huitres qui sont enduites de terre, & fait beaucoup de queues ou

Androsaces.

boëtes lisses, nettes, menues, & droites, de la hauteur de deux poucées, chacune desquelles soustient comme vn petit bouclier par le milieu fait en façon d'vn nombril, rond, attaché à ses conduits, à cause dequoy ceux de Montpelier l'ont appellé *Nombril marin.* Estant dans l'eau elle est de couleur verte - blaffarde tirant sur le gris ; mais estant hors de l'eau, & au bord de la mer elle deuient blanche & a vn goust vn peu salé & amer. Or en ces nombrils, que Dioscoride appelle θυλάκια, & Pline *Folliculos* c'est à dire *gousses*, on n'y treuue quasi iamais de la grai- ; & veu qu'ils sont à la cime des queuës sans qu'il y ait aucun bouton entre deux, il semble que e a leu en Dioscoride, ou bien en l'auteur duquel Pline & Dioscoride ont pris ce qu'ils en nt: θυλάκιον, non ἐπὶ τῆς κεφαλῆς, mais ἀντὶ τῆς κεφαλῆς, c'est à dire, *vne gousse au lieu d'vn bouton* reste Dioscoride dit, que cette herbe prinse en breuuage dans du vin au pois de deux dragmes, uoque fort l'vrine & euacuë l'eau des hydropiques. Sa decoction & sa graine beuës font le me effect (toutefois il y a ainsi au vieil exemplaire, *La decoction aussi de l'herbe, & sa graine prinse reuuage auec du vin en bonne quantité font le mesme effect.*) Elle est aussi propre pour appliquer sur les gouttes. Pline en escrit tout de mesme: estant pilée, ou cuite en eau, ou en vinaigre, ou en vin, au pois de deux dragmes elle est propre aux hydropiques, d'autant qu'elle prouoque fort l'vrine. Elle sert aussi aux goutes tant prinse par la bouche, qu'appliquée dessus. Sa graine fait aussi le mesme effect. Galien dit, que *l'Androsaces* est vne herbe acre & humide : or estant sechée & prinse en breuuage, comme aussi sa graine, elle prouoque fort l'vrine, & resout & desseche. Mais en Paulus & Oribaze au lieu de ὑγρά c'est à dire *humide*, il y a πικρά c'est à dire *amere*, comme aussi en Dioscoride & en Pline. Et de fait, cette plante est amere, & plus seche actuellement & au toucher, qu'elle n'est chaude, & si est fort diuretique : tellement qu'il semble qu'il faut aussi bien lire en Galien πικρά au lieu de ὑγρά sinon que par ὑγρά il vueille entendre *l'herbe freche*, pour la distinguer par ce moyen d'auec la seche. Matthiol a mis aux mesmes Commentaires dessusdits le pourtrait d'vne autre plante bien differente de la precedente, pour vne *seconde espece d'Androsaces*, laquelle il dit auoir euë de Cortusus: toutefois ce n'est pas vne espece *d'Androsaces*, mais plustost de *Morgeline*, ou de *Mourron* : & n'est pas creuë en Syrie; mais sur quelque vieille masure.

Liu. 3. c. 133. *Les vertus.*

Liu. 27. c. 4.

Liure 6. des simpl.

Autre Androsaces, de Matthiol.

Du Cneoron, *CHAP. VI.*

Ly a plusieurs plantes qui sont appellées *Cneoron* suyuant le tesmoignage de Pline: car il dit que la *Thimelea* est appellée *Cneoron* par aucũs. Et en vn autre passage, que la *Casia* est appellée *Cneorion* par Hyginus. Vn peu apres il dit, qu'il y a deux especes de *Cneoron*, assauoir le *Noir*, & le *Blanc*, lequel est odorant. Au demeurant tous deux sont fort brãchus, & rissent apres l'Equinoxe d'autõne. Ce qu'il a prins de Theophraste, lequel traitte du *Cneoron*, cõ d'vne plante bien differente de la *Thimelea*, disant selon la traduction de Gaza, qui prẽd le *Cneo-* pour la *Casia* : *Il y a deux especes de Casia, dont l'vne est blanche & l'autre noire. La blanche a la ille comme vne peau, longue, qui retire aucunement à celle de l'Olinier quant à la figure. Mais noire a la fueille semblable à celle du Tamarisc, & poulpue. La blanche traine mieux par terre, est odorante ; mais la noire ne sent rien. Toutes deux ont la racine grande, qui entre fort auant en re; & beaucoup de brãches grosses, & fourchues tout aupres de terre, ou vn peu au dessus, & fort souples llement que l'on s'en sert à faire des liens au lieu de ioncs. Elles bourgeonnent & fleurissent apres l'Equinoxe*

Les noms. Liu. 13. c. 21. Liu. 21. ch. 9. Liur. 6. de l'hist. ch. 2.

quinoxe d'automne, & puis demeurent longuement en fleur. Mais il sera mieux de le traduire ainsi: *Il y a deux especes de Cneoron, l'vn blanc & l'autre noir. Le blanc a la fueille comme vne peau, longue, quasi de la figure de celle des Oliuiers: mais celle du noir est semblable à celle du Tamarisc & poulpue. Le blanc ne s'esleue guieres par dessus terre, & a quelque peu d'odeur: mais le noir est fort odorant* (tellement que par ce moyen il faudra lire au Grec ὁ δὲ μέλας εὔοσμος, *le noir est fort odorant*, & non ἄοσμος, *sans odeur*, comme a leu Gaza) *La racine de l'vn & de l'autre entre fort auant en terre. Ils iettent beaucoup de branches courtes, & pleines de bois, lesquelles se fourchent tout aupres de terre, ou vn peu au dessus, & sont fort souples:* (car il faut ainsi lire au texte Grec, βραχεῖς καὶ ξυλώδεις ἀπ' αὐτῆς τῆς γῆς, ἢ μικρὸν ἄνω σχιζομένους, γλισχροὺς σφόδρα, & casser ce mot ξυλωδεστάτην, lequel Gaza a aussi obmis) *à cause de quoy on s'en sert à faire des liens.* (& faudra lire περιλαμβάνειν, & non περιλαμβάνων, comme il y a aux communs exemplaires,) *à mode d'osiers,* ὥσπερ τῷ οἰσύῳ, & non τῷ σχοίνῳ.) *Ils bourgeonnent & fleurissent apres l'Equinoxe d'automne, & demeurent longuement en fleur.* Cette description du *Cneoron blanc* de Theophraste, suyuant l'opinion de quelques Simplicistes, conuient fort bien à la plante qui est icy peinte, laquelle croist en lieux pierreux. & sur les rochers pres de la marine, & a la racine grande, fichée bien profond en terre, les fueilles argentines, grosses comme vne peau, longues, estroites, semblables à celles des Oliuiers, & quelquefois plus longues. Elle produit tout aupres de terre beaucoup de branches courtes pleines de bois, & fort souples: tellement qu'on s'en pourroit seruir

Le lieu.
La forme

Cneoron blanc, de Dalechamp.

Cneoron blanc, de Matthiol.

Le temps. pour lier cõme l'on fait des Osiers. Elle bourgeonne & fleurit apres l'Equinoxe d'autõne: & demeure longuement en fleur. Sa fleur est entassée par boutons au sommet des branches. Sa graine est noire, grosse, cachée en vne gousse comme dans vne balle. Matthiol dit, qu'il a remarqué & veu vne autre plante és forests de Boheme, le pourtrait de laquelle nous auons mis icy, laquelle a toutes les marques du *Cneoron blanc*. Car elle a les fueilles comme vne peau, longues; & les branches souples & fourchues, tout au pres de terre, ou vn peu au dessus, lesquelles vont trainant par dessus terre. Ses fleurs sont purpurées & viennent à la cime de ses branches, & sont odorantes comme le Couillon odorant. Sa racine est grosse & entre fort auant en Terre. Toutefois cette plante fleurit au printemps. Myconius medecin de Barcelonne fort curieux des Simples, dit, que ce *Cneoron blanc* de Matthiol est vne plante, dont il en a veu à force sur les monts Pyrenées, où ceux du lieu l'appellent *Gauechs*, laquelle a toutes les marques dont Matthiol fait mention, si ce n'est que son fruict est rouge. Toutefois il ne croit pas que ce soit le *Cneoron*; mais plustost la *seconde espece de l'Oleandre* d'Auicenne, laquelle il appelle *sauuage*; *l'Oleandre sauuage*, dit-il, *a les fueilles comme le Pourpier*, (ou *comme l'Alcanna* suyuant la traduction de Bellune) *toutefois elles sont plus estroites. Ses branches sont longues, esparses par dessus la terre, & y a des espines aupres des fueilles. Il croist sur les maisons desertes.* Voilà ce qu'en dit Auicenne. Or si l'on veut, dit Myconus, conferer cette description d'Auicenne auec celle du *Cneoron* de Matthiol, on treuuera que c'est vrayement *l'Oleandre sauuage* d'Auicenne:

Li. 1. 2. c. 530.

car

l croist és lieux deserts & à la cime des montagnes : & a les fueilles comme celles du Meurte, vn peu plus grandes, aiguës qui retirent assez bien à celles du Pourpier, ou de l'Alcanna : mesme e plus souuent il traine par terre, pour le moins il ne se leue guieres haut. Ioint qu'il retire fort quant à la fleur, la figure, la couleur & l'odeur, à *l'Oleandre commun*. Or il y a vne chose bien remarquable, c'est (comme Myconus a prins garde) qu'il n'y a aucune beste qui mange de cette plante : car combien qu'il ait veu vn millier de ces plantes là chargées de fueilles & de fleurs, il n'en a toutefois iamais peu voir vne qui fut tant soit peu coupée ou rongée.

Cneoron noir, de Myconus.

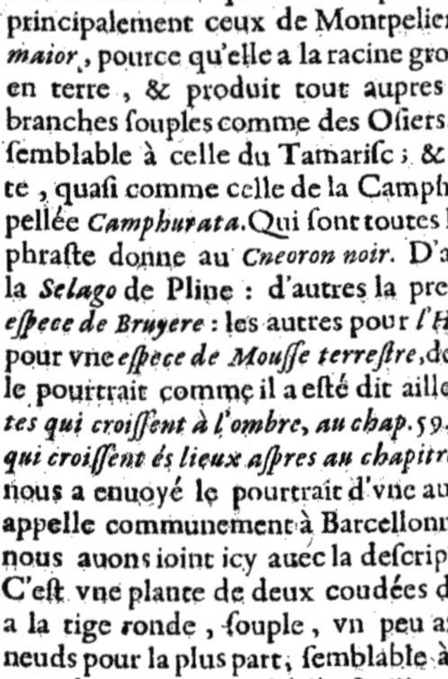

Autre Cneoron de Theophraste, suyuant Matthiol.

Quant au *Cneoron noir*, il est encor plus inconneu. *Cneoron noir.* Aucuns meuz par vne coniecture assez vray-semblable estiment que c'est la plante que les Simplicistes, principalement ceux de Montpelier appellent *Camphurata maior*, *Les noms.* pource qu'elle a la racine grosse, qui entre fort auant en terre, & produit tout aupres de terre beaucoup de branches souples comme des Osiers. Sa fueille est poulpue, semblable à celle du Tamarisc ; & a vne odeur vehemente, quasi comme celle de la Camphre, dont elle a esté appellée *Camphurata*. Qui sont toutes les marques que Theophraste donne au *Cneoron noir*. D'autres tiennent que c'est la *Selago* de Pline : *Liu. 24. c. 11.* d'autres la prennent pour la *premiere espece de Bruyere* : les autres pour *l'Hyssope des bois* : les autres pour vne *espece de Mousse terrestre*, *Liu. 1. c. 189.* de laquelle Tragus a mis le pourtrait comme il a esté dit ailleurs, au liure *des plantes qui croissent à l'ombre, au chap.* 59. Et au liure *des Plantes qui croissent és lieux aspres au chapitre* 71. François Myconus nous a enuoyé le pourtrait d'vne autre plante, laquelle on appelle communement à Barcellonne *Pala marina*, lequel nous auons ioint icy auec la description telle qui s'ensuit. C'est vne plante de deux coudées de hauteur au plus ; qui a la tige ronde, souple, vn peu aspre, & compartie par neuds pour la plus part ; semblable à celle de la Ioubarbe, quand on en auroit osté les fueilles. Et fait plusieurs branches, aussi comparties par neuds, garnies de fueilles menuës, qui sont tousiours vertes : & sont d'autant plus petites qu'elles approchent plus de la cime ; tellement que celles de la cime resemblent aux fueilles de Cyprés, sinon qu'elles sont vn peu plus larges. Toutes sont aucunement grosses, poulpues, & chenuës, & enuironnent la tige. Ses fleurs sont de couleur du verd-iaune. Ses racines sont grosses comme le doigt, pleines de bois, reuestues d'vne escorce blanche, & entrent assez auant en terre. Toute la plante & sur tout son escorce broyée entre les mains rend vne odeur forte : mais durant les iours caniculaires ses fueilles sentent comme la Ciuette, si on les broye. Elle croist aux enuirons de Barcellonne en lieu sablonneux & maritimes, ou qui ne sont guieres esloignez de la mer. *Liu. 24. c. 11.* Elle fleurit en automne, & demeure en fleur iusques au mois de May. Quant à ses fueilles, à mesure que les vnes tombent il y en reuient d'autres. Elles ont vn goust visqueux & vn peu astringeant. On dit que la fomentation faite auec cette herbe appaise l'inflammation des hemorroïdes, ce que fait aussi son parfum. Myconus estime que cette plante s'accorde fort bien auec la description du *Cneoron* de Theophraste. Il semble que ce soit la mesme dont nous auons mis le pourtrait au liure *des plantes purgatiues*, sous le nom de *Sesamoides petit*. L'Escluse la prend pour vne *seconde espece de Sanamunda*. Anguillara estime que la *Lauande* est le *Cneoron blanc*, & que le *Rosmarin* est le *Cneoron noir* ; d'autant que Theophraste n'a fait aucune mention de ces plantes, combien que l'vne & l'autre est assez commune par toute la Morée & la Grece. Mais Matthiol *En ses Com. liu. 1. ch. 11.* allegue plusieurs raisons pour preuuer que cette opinion

est

est fausse ; premierement que l'vn & l'autre *Cneoron* fleurit apres l'Equinoxe d'automne, au lieu que le *Rosmarin* fleurit deux fois à sçauoir apres l'Equinoxe du printemps, & deuant l'Equinoxe d'automne : & la *Lauande* ne fleurit sinon en esté. En outre l'vn & l'autre *Cneoron* de Theophraste a la racine grande, qui entre fort auant en terre. Et au contraire tant le *Rosmarin* que la *Lauande*, ont les racines mediocres, qui vont pour la plus part s'estendans à fleur de terre, à raison de quoy mesme ces plantes craignent fort le froid. Qui plus est, l'vn & l'autre *Cneoron* a les branches souples & aisées à plier, & propres pour faire des liens : mais celles du *Rosmarin*, & de la *Lauande* ne sont pas telles. Le mesme Matthiol en la derniere edition de ses Commentaires Latins dit, qu'il a receu le *vray Cneoron* de Theophraste, duquel nous auons mis icy le pourtrait, qui luy a esté enuoyé de Rome : & dit, qu'il a toutes les marques de celuy de Theophraste, sans en excepter pas vne : toutesfois il n'en met point la description ; & si ne declare pas, si c'est le *Noir* ou le *Blanc*.

Sur le chap. 167. du 4. liu.

Coniza marine, de Dalechamp.

De la Coniza marine, CHAP. VII.

Le lieu.

CETTE espece de *Coniza* croist és lieux maritimes, & est surnommée *Macrophyllos*, à cause qu'elle a les fueilles longues. Elle fait vne racine dure & seche ; la tige de la hauteur d'vne paume, branchuë, garnie de beaucoup de fueilles longues à mode de celles du Plantain aux fueilles estroites, & encor plus estroites, d'vn goust fade & vn peu amer. Sa fleur est iaune & vient en des boutons iaunes, qui sont à la cime des branches, laquelle s'enuole finalement en papillottes.

De la Catanance de Dodon, CHAP. VIII.

Les noms. Liu. 4. ch. 49.

Catanance, de Dodon.

La forme.

CETTE plante qui est icy peinte, approche fort, suyuant l'opinion de Dodon, de celle que les Grecs appellent κατανάγκη, & les Latins *Catanance* ; d'autant qu'elle contraint à aimer. Elle a les fueilles estroites, longues, à mode de celles du Grame ; toutesfois elles sont moindres, & venant à secher elles se recourbent contre terre. Elle produit des petites tiges tendres, grailes & courtes, garnies de petites fleurs & de gousses rondes, menuës, & longuettes, pleines d'vne graine rousseastre. Il y en a vne autre de mesme espece, laquelle ne fait pas les gousses rondes ; mais plattes & vn peu larges. Au reste elle est semblables à la precedente. Celle-cy ne croist sinon au riuage de la mer : mais celle là croist aussi quelquefois emmy les champs.

Le lieu. Liu. 5. 129.

Il semble, dit Dodon, que la premiere soit vne espece de la *Catanance* de Dioscoride, qui a les fueilles longues comme celles de la Corne de Cerf, la racine menuë en façon de Ionc, & six ou sept boutons, dans lesquels est la graine semblable à vn Ers. Venant à secher elle se recourbe contre terre, & se fait comme les ongles d'vn Milan apres qu'il est mort. Dodon en son histoire des bleds la prend pour l'*Ers sauuage*, comme fait aussi Lobel & les autres Herboristes. Comment qu'il en soit, la connoissance de cette plante n'est pas necessaire : car veu qu'elle ne sert que pour les breuuages amoureux, il vaut mieux s'en taire, que d'en traitter trop curieusement, suyuant le conseil de Pline. Mesme Dioscoride ne traitte pas de ses proprietez : mais allegue seulement ce que d'autres en ont escrit. Galien & les autres Medecins qui sont venus apres luy, n'en ont rien du tout ont laiſſé par eſcrit. Peut eſtre s'en ſont ils teus pour la meſme occaſion que Pline, lequel en traitte ſi : *ce ſeroit*, dit-il, *peine perdue à nous, de deſcrire la Catanance, qui eſt vne herbe laquelle croiſt Theſſalie: veu qu'elle ne ſert à autre vſage que pour les breuuages amoureux.* Cependant toutefois ne lairray pas de dire, pour decouurir la folie des Magiciens, qu'ils ont fait coniecture que cette rbe ſeroit propre pour ceſt effect que deſſus, pource que quand elle ſe ſeche, elle ſe retire à mode s ongles d'vn Milan apres qu'il eſt mort. Liu. 27. c. 8.

Tribulus de mer, de Dalechamp. *CHAP. IX.*

Vcvns appellent cette plante *Tribulus de mer* : d'autres l'appellent *Paſtinaca marina* : d'autres aſſeurent que c'eſt *l'Hippophaës* de Dioſcoride. Elle croiſt és lieux maritimes & ſablonneux : & a la racine groſſe, & molle, couuerte d'vne eſcorce froncie & noiraſtre, d'vn gouſt amer : & fait beaucoup de tiges faites à angles, eſparſes au long & au large. Ses fueilles ſont longues, ſemblables à celles de l'Oliuier : toutefois elles ſont plus eſtroites & plus longues, comme celles qui ſont ſous les fleurs, garnies d'aiguillons blancs & eſpineux, & faits à angles, comme auſſi la tige. Ses fleurs approchent de celles des boutons de Lierre, & ſont comme entaſſées en grappe, petites, blanches, auec vn bien peu de rougeur. Ce qui s'accorde quaſi entierement à la deſcription de *l'Hippophaës*. Car Dioſcoride dit que *l'Hippophaës* croiſt és lieux maritimes, & ſablonneux, & que c'eſt vne plante branchue, eſpeſſe, & eſpandue au large de tous coſtez. Ses fueilles ſont longues, & retirent à celles des Oliuiers: toutefois elles ſont plus eſtroites, plus menuës, entre leſquelles il ſort des eſpines ſeches, blanches, & anguleuſes, aſſez eſloignées l'vne de l'autre. Ses fleurs ſont faites comme les boutons de Lierre, ſont entaſſées enſemble en grappe de raiſin : toutefois elles ſont moindres & molles, blanches auec quelque peu de rougeur. Sa racine eſt groſſe, molle, pleine de ſuc, & amere. Or Dioſcoride ne dit as, que ſes fueilles ſont eſpineuſes: mais qu'outre les fueilles il y a des eſpines ſeches, blanches, & nguleuſes. Qui plus eſt, il dit que ſon ſuc eſt propre pour euacuer par le bas les humeurs bilieuſes, eau & le phlegme. Mais perſonne n'a encor eſſayé, comme ie croy, ſi le ſuc de cette herbe a cette ertu là. Parquoy nous lairrons à eſplucher aux lecteurs & à ceux qui habitent pres de la marine, ſi ette plante eſt *l'Hippophaës* de Dioſcoride, ou nom.

Les noms. Liu. 4 c. 156. Le lieu. La forme. Liu. 4 c. 156

De la Mouſſe de mer, *CHAP. X.*

LA *Mouſſe de mer* eſt appellée en Grec βρύον θαλάσσιον : en Latin *Muſcus marinus* : en Arabe *Thahabel*, ou *Thaleb* : en Allemand *Mermieſz*. Dioſcoride dit, qu'elle croiſt ſur les pierres & eſcailles pres de la marine ; & qu'elle eſt cheueluë, graile & ſans tige. Pline eſt vn peu diſcordant auec Dioſcoride en la deſcription de cette plante, quand il dit, qu'il n'y a point de doute que la *Mouſſe de mer* ne ſoit vne herbe qui a les fueilles ſemblables à la Laittue, froncies & comme retirées; & ne fait aucune tige : car ſes fueilles ſortent immediatement d'vne meſme racine. Elle croiſt principalement ſur les rochers, & ſur les coquilles couuertes, de terre. En vn autre paſſage il dit ainſi : Il y a vn autre arbriſſeau appellé *Bryon* en Grec, c'eſt à dire *Mouſſe*, qui a les fueilles comme la Laittuë, ſi ce n'eſt qu'elles ſont plus retirées. Ceſt arbriſſeau croiſt aſſez auant en la mer. Ainſi Pline fait la *Mouſſe* herbe, & arbriſſeau ; & dit, qu'elle a les fueilles comme la Laittue; au lieu que Dioſcoride dit, qu'elle a des cheueux au lieu de fueilles : car il dit, qu'elle eſt τριχώδης, au lieu de quoy peut eſtre que Pline a leu θριδακώδης ; ce qu'il a traduit *ayant les fueilles comme la Laittue*; car quant aux autres marques, & ſpecialement quant aux proprietez, ils ſont bien d'accord enſemble ; ſinon que dauenture il ait confondu la *Mouſſe marine* auec le *Phucus marin*, ou *Alga* de Theophraſte, de laquelle nous parlerons tantoſt. André Lacuna dit, qu'il y a vn vieil exemplaire de Dioſcoride, auquel il y a θριδακώδης, comme en Pline ; combien que, dit Lacuna, la *Mouſſe marine* retire plus aux cheueux, qu'aux Laittues. Matthiol appreuue l'opinion de ceux qui eſtiment

Les noms. Liu. 4. ch. 94. Le lieu. La forme. Liu. 27. ch. 8. Liu. 13. c. 25. Corn. Embl. 84. liu. 4. Sur le c. 94. du 4. liu.

estiment, que le *Muscus marinus des* anciens est la plante qu'on appelle auiourd'huy *Coralline*, laquelle on treuue souuent en peschant le Corail : car elle croist sur les rochers, & coquilles des poissons, tout de mesme comme la *Mousse* croist sur les arbres : & fait on plus d'estat de celle qui croist sur le Corail, dont elle est aussi appellée *Corralline*. Apres celle-là on tient pour la seconde celle qui croist sur les rocs ou escueils, & qui est rouge : car si elle est grise, on n'en tient point de conte.
Lin. 3. ch. 71. Dodon aussi a suyui la mesme opinion, mettant le pourtrait & la description de la *Coralline* pour celuy du *Muscus marinus*. Mais Constantin, ayant recherché ces choses plus diligemment monstre bien clairement, que la *Coralline*, de laquelle Matthiol met le pourtrait, n'est pas le *Muscus marinus*:

Mousse marine de Pline, selon Matthiol.

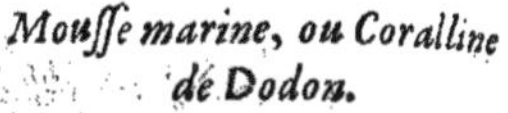

Mousse marine, ou Coralline de Dodon.

Mousse marine la plus commune. Mousse marine blanche à mode de Corail.

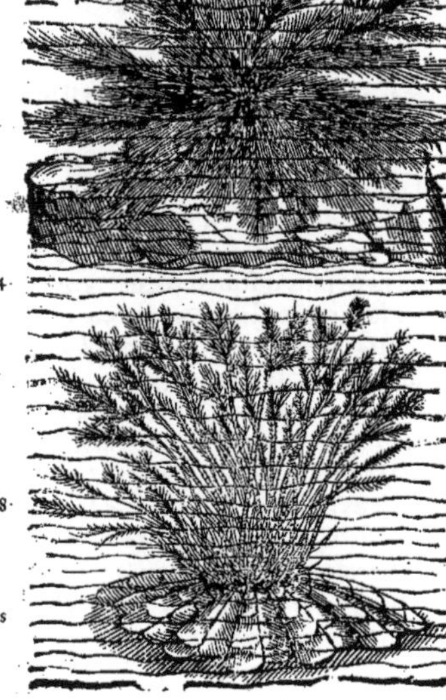

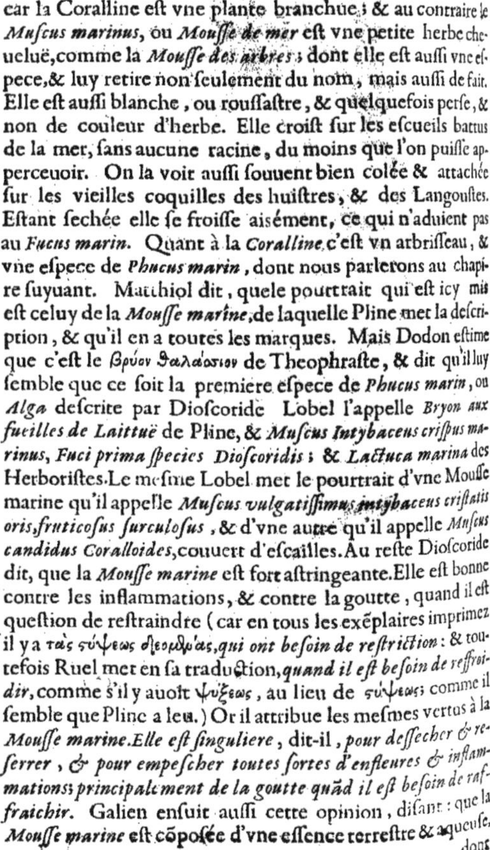

car la Coralline est vne plante branchue ; & au contraire le *Muscus marinus*, ou *Mousse de mer* est vne petite herbe cheuelué, comme la *Mousse des arbres* ; dont elle est aussi vne espece, & luy retire non seulement du nom, mais aussi de fait. Elle est aussi blanche, ou roussastre, & quelquefois perse, & non de couleur d'herbe. Elle croist sur les escueils battus de la mer, sans aucune racine, du moins que l'on puisse apperceuoir. On la voit aussi souuent bien colée & attachée sur les vieilles coquilles des huistres, & des Langoustes. Estant sechée elle se froisse aisément, ce qui n'aduient pas au *Fucus marin*. Quant à la *Coralline*, c'est vn arbrisseau, & vne espece de *Phucus marin*, dont nous parlerons au chapitre suyuant. Matthiol dit, que le pourtrait qui est icy mis est celuy de la *Mousse marine*, de laquelle Pline met la description, & qu'il en a toutes les marques. Mais Dodon estime que c'est le βρύον θαλάσσιον de Theophraste, & dit qu'il luy semble que ce soit la premiere espece de *Phucus marin*, ou *Alga* descrite par Dioscoride Lobel l'appelle *Bryon aux fueilles de Laittuë* de Pline, & *Muscus Intybaceus crispus marinus, Fuci prima species Dioscoridis* ; & *Lactuca marina* des Herboristes. Le mesme Lobel met le pourtrait d'vne Mousse marine qu'il appelle *Muscus vulgatissimus intybaceus cristatis oris, fruticosus surculosus*, & d'vne autre qu'il appelle *Muscus candidus Coralloides*, couuert d'escailles. Au reste Dioscoride
Liu 4 c 94. *Les vertus.* dit, que la *Mousse marine* est fort astringeante. Elle est bonne contre les inflammations, & contre la goutte, quand il est question de restraindre (car en tous les exẽplaires imprimez il y a τὰς σύψεως δεομένας, *qui ont besoin de restriction* : & toutefois Ruel met en sa traduction, *quand il est besoin de refroi-*
Liu 27 ch. 8. *dir*, comme s'il y auoit ψύξεως, au lieu de σύψεως ; comme il semble que Pline a leu.) Or il attribue les mesmes vertus à la *Mousse marine*. *Elle est singuliere*, dit-il, *pour dessecher & resserrer, & pour empescher toutes sortes d'enfleures & inflammations ; principalement de la goutte quãd il est besoin de ra-*
Liure 6. des ...l. *fraichir*. Galien ensuit aussi cette opinion, disant : que la *Mousse marine* est cõposée d'vne essence terrestre & aqueuse, dont

ont l'vne & l'autre est froide : car elle est astringeante au goust, & estant appliquée sur quelque artie chaude, elle y sert de beaucoup & la raffraichit.

Du Fucus marin, *CHAP. XI.*

'Herbe appellée en Grec φῦκος θαλάσσιον, s'appelle en Latin *Fucus*, ou *Phucus marinus*, & *Alga*, comme Gaza l'a fort bien traduit en Theophraste, quoy que Pline dit que *Fucus* n'a point changé de nom en quelque autre langue que ce soit; & que le nom d'*Alga* se rapporte aux herbes : mais *Phucus* est vn arbrisseau : car Pline mesme en vne autre assage vse du mot *Alga*, *& Fucus marinus*, au lieu de *Phycos*, comme il sera dit cy apres. En la coste e Normandie on l'appelle *Bray*, ou *Brac*, qui vient du mot Grec βρύον. Dioscoride establit trois speces de *Fucus marin* : *Il y a*, dit-il, *vn Fucus marin, qui est large; l'autre est long & rouge; & l'aue qui est blanc, lequel croist en Candie sur la terre; & est fort fleury, & si ne se pourrit point.* Pline aittant de cette mesme plante en met trois especes : *Il n'y a*, dit-il, *rien de plus excellent pour la utte que le Fucus marinus, qui est fait à mode d'vne Laittue, & se treuue ordinairement sous ces eces de pourpres qu'on appelle en Latin Conchylia : car il ne sert pas seulement à la goutte des pieds; ais aussi à toutes douleurs des iointures, en l'appliquant dessus auant qu'il soit seché. Or il s'en euue de trois especes; à sçauoir du large; & d'autre qui est long & aucunement rouge; & vn tiers i a les fueilles recoquillées, dont on se sert en Candie à teindre les draps. Neantmoins ils ont tous s mesmes proprietez.* Nicander dit, que cette herbe est bonne contre les morsures des sers estant prise en vin. Dioscoride en dit quasi de mesme; finon en ce que Pline dit, que tte herbe a les fueilles comme la Laittue, comme aussi il a dit de la *Mousse marine*, qu'on la treuue aussi sur les escailles des huistres, ou pourpres. Le mesme Pline dit, que ce ie les Grecs appellent *Phucus*, n'a point d'autre nom en quelque langue que ce soit : car le m d'*Alga* s'entend plustost des herbes; mais *Fucus* est vn arbrisseau lequel produit des fueils larges & vertes, qu'aucuns appellent *Prason*, ou *Zoster*. Il y en a vne autre espece qui croist r les rochers : & a les fueilles à mode de cheueux, semblables à celles du Fenouil. La premie croist ordinairement sur les escueils assez pres du riuage de la mer. On les treuue toutes deux printemps : mais elles meurent en automne. Quant au *Fucus*, qui croist parmy les rochers des stes de Candie, on s'en sert à teindre les draps en couleur de pourpre, principalement de celuy i croist du costé de Septentrion, & parmy les esponges. La troisiesme espece de *Fucus* retire Gramen; & a la racine compartie par neuds comm aussi la tige, tout ainsi que les roseaux. Il a vne autre sorte d'arbrisseau que les Grecs appellent *Bryon*, qui a les fueilles comme la Laittue; on qu'elles sont plus froncies. Cest arbrisseau croist assez auant en la mer. En vn autre passage dit ainsi : *Quant à l'Alga, Nicander dit, que c'est la Theriaque de mer.* Il y en a de plusieurs sors, comme nous auons dit cy-dessus, dont l'vne a la fueille longue, & l'autre l'a large & rouge; l'autre crespée, & refroncie. La meilleure est celle qui vient en l'Isle de Candie sur les rochers i sont pres le riuage de la mer, laquelle donne vne couleur si viue aux draps, qu'elle ne se perd ais. Nicander ordonne de la prendre en vin. Or Nicander qui est allegué par Dioscoride & Pli, entre autres remedes qu'il met en ses Theriaques contre le venin de Trygonus met l'*Alga* ma*e rouge* en ce vers.

Les noms. Liu. 13. c. 25. Liu. 4. c. 95. La forme. Liu. 26. c. 10. Liu. 13. c. 25. Liu. 32. c. 6.

Qu'il y adiouste aussi le Fucus rouge.

ais pour retourner à Pline, il varie en la distinction des especes du *Fucus marin*, comme il est sé à voir à qui voudra diligemment considerer les passages cy dessus alleguez; & l'autre que us auons allegué au chapitre precedent. Dauantage il est tout euident qu'il a prins le mot d'*Alga* ur le *Phycos thalassion*, combien qu'il dit en vn autre passage, qu'il n'a point d'autre nom point d'autre langue : & l'appelle tantost herbe, & tantost arbrisseau. Ioint qu'il ne met point difference entre *Bryon*, qui est la *Mousse*, & le *Fucus marin*. Or il a tout prins de Theophraste ce 'il en dit. Et toutefois Theophraste en parle bien plus clairement & plus distinctement; & n'en et pas seulement trois especes; mais cinq, disant ainsi selon la traduction de Gaza: *Car il y a vne espece d'Alga qui a la fueille large*, (il faut adiouster comme au Grec τεταινιώδες, c'est à dire *estendue*; au cu dequoy il seroit peut estre meilleur d'y lire ταινιώδες, c'est à dire *à mode de bandes, & de rubans*) *e couleur d'herbe, laquelle aucuns appellent Prason*, (c'est à dire, *porreau*; *les autres* ζωστῆρα c'est à dire ceinture.) *Sa racine est herissée par dehors, & escailleuse par dedãs, fort lõgue & grosse, assez semblable aux Cives*: (il seroit mieux de lire *mediocrement longue, & assez grosse comme celle des Oignons*,) *L'autre les fueilles à mode de cheueux, & est attachée contre terre, estãt seulemẽt battue des ondes de la mer; u lieu que l'autre croist bien auant dans la mer.* Gaza a obmis icy plusieurs choses qu'il y faut adiouer suyuant le Grec, cõme il s'ensuit: *Lautre a les fueilles cheueluës comme celles du Fenouil, de couleur qui n'est pas fort verde, ny moins fort palle. Elle n'a point de tige; mais se soustient comme de soy-mesme. Elle croist sur les coquilles des huistres, & sur les rochers; & n'est pas plantée en terre comme l'autre qui est appellée Zoster. L'vne & l'autre croist bien pres du bord de la mer: mais celle qui est cheueluë est*

Liu. 27. c. 10.

tellement prochaine du riuage qu'elle est seulement battue par les ondes: au lieu que l'autre est plus esloignée du riuage. Or Gaza poursuit puis apres : *Il en croist en la mer Oceane aupres du destroit de Gilbatar, qui est merueilleusement grande & large: & dit-on, qu'elle est si large, qu'on ne la sçauroit empoigner auec la main, d'où le reflux de l'Ocean l'ameine dans la mer Mediterranée, & l'appelle on Porreau, &c.* Il eust bien mieux fait de le traduire ainsi: *Le Fucus qui a les fueilles comme le Fenoüil, croist aupres du destroit de Gilbatar au grand Ocean, de merueilleuse grandeur, & a plus d'vne paume de largeur : mais le flux de l'Ocean le pousse dans la mer Mediterranée. On l'appelle Porreau. Au mesme endroit & en quelques autres il croist si haut, qu'il passe le nombril d'vn homme en hauteur. On dit que cette herbe se renouuelle tous les ans, & qu'elle croist sur la fin du printẽps, & est en vigueur en esté: mais qu'elle decroist ou flestrit en automne, & puis meurt en hyuer. Mesme toutes autres plantes empirent & ou flestrissent en hyuer. Ces plantes donc croissent pres le bord de la mer. Mais quant à l'Alga, qui croist en haute mer, laquelle ceux qui peschent les esponges, emportent de la haute mer, il en croist beaucoup & de fort bonne en l'Isle de Candie sur les escueils qui sont pres de terre, de laquelle on se sert non seulemẽt pour teindre les rubans, mais aussi les draps de laine, & les vestemens. Et cependant que cette teinture est fraiche elle est plus belle que de pourpre. Il en croist plus grande abondanse & de meilleure du costé de Septentrion, comme aussi des esponges & autres choses semblables. Or il y a vn autre Fucus qui retire au Grame: car il a la fueille comme le Grame, & la racine compartie par neuds, longue & tortue ; la tige comme les roseaux, ou comme le Grame, beaucoup plus petite que l'Alga. Il y en a encor vn autre qui est appellé Bryon, qui a la fueille de couleur d'herbe, grande, assez semblable aux laittuës ; toutesfois elle est plus froncie, & comme retirée. Il n'a point de tige; mais il sort plusieurs fueilles telles comme nous auons dit par vn bout, & puis d'autres par vn autre. Il croist sur les pierres & sur les tests aupres de terre. Voilà quant aux petites plantes.* Ainsi donc Theophraste a traitté bien clairement au passage sus allegué de cinq especes de *Fucus marins* à sçauoir celuy qui est appellé *Zoster*, ou *Proson* ; le cheuelu ou qui *resemble au Fenoüil* ; celuy qui sert à teindre, que les espongeurs peschent, qui est aussi appellé *Pelagicum* ; celuy qui retire au Grame ; & finalement celuy qui retire aux Laittues. En outre il est bien aisé à voir par ce que dessus, que Pline s'est trompé quand il a dit, que le *Fucus Zoster & le cheulu* croissent au printemps, & meurent en automne, veu que Theophraste ne dit sinon que le cheuelu commence à croistre à la fin du printemps, & meurt non pas en automne, mais en hyuer. Quant au *Fucus* appellé *Zoster*, c'est à dire *ceinture*, il s'en voit tout le long du riuage de la mer en Normandie, de la longueur d'vne aune ou dauantage, combien qu'il soit desrompu, de la grosseur du doigt, & de trois doigts de large, à mode des ceintures de cuir des muletiers, & si froncy tout à l'entour qu'il semble estre descouppé. Quasi tout le riuage de la mer Oceane deuers la Normandie est garny de cette *espece d'Alga*, qui rend vne odeur mauuaise & fascheuse, que l'on sent encor que l'on en soit bien esloigné. Quant au *Fucus cheuelu*, ou qui retire au *Fenoüil*, lequel

Liu. 13. c. 25 *Le Fucus Zoster. Le lieu. La forme. Le Fucus cheuelu. Le lieu. La forme.*

Fucus cheuelu, ou Coralline.

Coralline d'Angleterre, de Pena.

Espece de Conferua marine, de Lobel

croist sur les rochers, & escailles des huistres, les plus doctes Simplicistes tiennent que c'est la plante que nous appellons *Coralline*: car l'vn & l'autre est vn arbrisseau ayant les fueilles cheuelües, semblables à celles du Fenoüil. Elle croist aussi sur les rochers & escailles des histres. Or Pena met vne autre *Coralline d'Angleterre*; disant qu'il a treuué sur le riuage d'Angleterre en l'isle de Portlande, qui est vis à vis de la Normandie, parmy *l'Alga*, ou *Feuleu*, qui flottoit sur l'eau, vn certain commencement de plante, de laquelle, à la voir, & en maniant ses surjeons, qui ont vne paume, ou vne paume & demie de longueur, & qui sont bouttonnées, molles & souples, on diroit que c'est vne esponge: car aussi est elle de la mesme couleur & semble qu'elle ait vie: mais à sa figure qui est branchuë, elle retire mieux aux *Corallines*, dont aucuns ont pensé que ce fut le *Plocamon Isidos*, duquel Pline escrit ainsi: *A l'entour des isles des Troglodytes il y a vne plante qui croist en la haute mer, laquelle est appellée Isidos Plocamon, & resemble au Corail, n'ayant point de fueilles. Estant coupée elle change de couleur, deuenant noire, & dure, tellement qu'en tombant elle se rompt.* Voilà ce qu'en dit Pline. Toutefois Lobel estime que c'est *l'Antipathes* de Dioscoride, dont nous traitterons au chapitre suyuant. Liu. 13. c. 24

Fucus, ou Alga des Teinturiers.

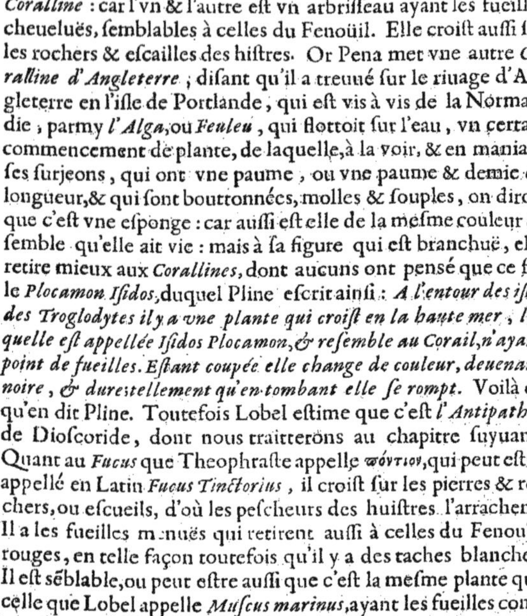

Quant au *Fucus* que Theophraste appelle πόντιον, qui peut estre appellé en Latin *Fucus Tinctorius*, il croist sur les pierres & rochers, ou escueils, d'où les pescheurs des huistres l'arrachent. Il a les fueilles menuës qui retirent aussi à celles du Fenoüil, rouges, en telle façon toutefois qu'il y a des taches blanches. Il est sẽblable, ou peut estre aussi que c'est la mesme plante que celle que Lobel appelle *Muscus marinus*, ayant les fueilles comme l'Auronne, & les gousses quasi de mesme; qui toutefois sont par fois trois fois plus grandes, de la grandeur des racines des Affrodilles, & aucunement rouges ou tannées. Il y a vne autre *sorte de Fucus*, qui peut estre appellé *Gramineus*, pource qu'il a les fueilles comme le Grame, ou les petits Roseaux: toutefois elles sont aussi larges en vn bout qu'à l'autre, & molles, & ne sont pas aiguës comme celle du Grame, de la largeur du pouce, & de la longueur d'vne aune, qui nagent sur l'eau, à mode d'vne aiguillette, ou d'vn ruban ou cheueliere. Il croist en l'eau basse, comme aussi le *Zoster*. C'est cette *Algue*, que les *Fucus des Teinturiers.*

Fucus, ou Alga marine à la fueille de Grame.

Fucus, ou Alga marine, de Lobel.

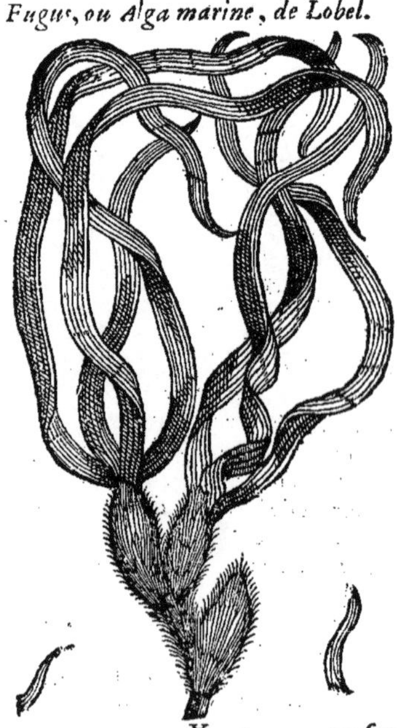

paysans amassent au long du riuage de la mer auec des rasteaux comme du foin (car de fait c'est du foin de mer; mesme on l'appelle communement à Montpelier *Paille marine*) & l'entassent par monceaux, puis la tournent au soleil auec des fourches pour la faire secher : & apres qu'elle est sechée ils en font des grands tas comme on fait du foin; ou bien la serrent dans les fenieres ou palliers pour s'en seruir en hyuer à faire la litiere aux brebis & aux bœufs. Le fumier qui s'en fait est singulier pour remettre en point & bien engraisser vne terre qui seroit lassée pour auoir trop porté; car il y fait venir le bled fort beau. C'est de cette herbe aussi que l'on enueloppe les verres que l'on veut porter en pays lointains, de peur qu'ils ne s'entrehurtent & ne se cassent. Mesme les paysans l'ayant bien fait secher, en remplissent leurs matelats : car aussi les soldats en garnissoient leurs lodiers anciennement, comme on peut coniecturer par les mots de Vitruue, lequel traittant comm il faut

Liu. 10. ch 2. dresser vn belier de guerre : dit ainsi : *Il faut disposer à l'entour du plancher des clayes composées de verges bien deliées, & bien pressées, & principalement de peaux fraisches cousues ensemble deux à deux, & remplies d'Alga; ou bien faudra couurir toute la machine de paille trempée en vinaigre.* C'est aussi

Liu. 5. c. 97. cette *Algula* à laquelle Dioscoride compare le Corail pour raison de l'odeur, comme nous dirons tantost, quand il escrit ainsi : *Ayant l'odeur de l'Alga ou du Fucus marin.* Nicander aussi parle de cette herbe, quand il dit : *La Mousse menuë & deliée de la mer bruyante*; dont aussi il appelle les bords de la mer fort plaisamment *chemins garnis de Fucus.* Il faut adiouster à ce *Fucus* vn autre que Lobel appelle *Fucus ferulaceus*, pource qu'il a les fueilles comme la Ferule. Il fait vne tige de la hauteur d'vn pied, sur laquelle bien souuent croist la Coralline. Voilà ce qu'en dit Lobel.

Fucus Ferulaceus, de Lobel.

Fucus Lactucaceus La cinquiesme espece d'*Alga*, ou *Fucus marin*, est celuy *qui a les fueilles cõme la Laittue.* Il croist au riuage, ou en eau basse, comme les precedens : mais il est attaché aux rochers & escueils, & a les fueilles comme celles des Laittues, larges, crespées ou froncies, vertes, qui sortent en grand nombre par vn mesme endroit, & n'a point de tige. C'est cette-cy que nous auons dit cy deuant, que Matthiol en auoit mis le pourtrait pour la *seconde espece de Mousse* en la derniere edition de ses Commentaires. Et que Dodon prend pour le βρύον θαλάσσιον de Theophraste, & pour la *premiere espece de Fucus marin*, ou *Alga* de Dioscoride. Aëce traittant des remedes contre les goutes qui sont causées par vne subtile defluxion, l'appelle *Laittue marine*, disant: les plantes aussi qui croissent dans la mer sont pour la plus part de cette qualité, comme celles qu'on appelle *Laittues de mer.* Or ce sont pour la plus part des reiettons larges & longs, menus, verds & froncis, & comme repliez, que le flot de la mer pousse au riuage: mais elles font plus d'operation estant cuites en eau & vinaigre. Ou bien celles qui sont vertes que l'on treuue au dessous du *Fucus*, ou *Alga* des Teinturiers. Voilà quant aux especes de *Fucus marin.* Il

Fucus, ou Alga Intybacea.

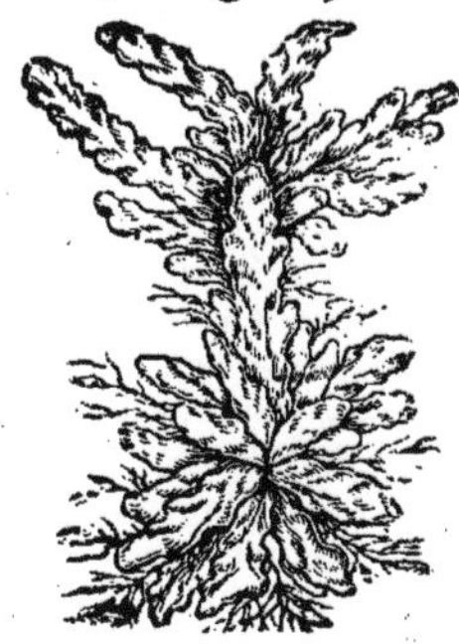

Sur le chap. 94. du 4. liu.

Liu. 3. ch. 71.

Liu. 12. c. 35.

Liu. 4. c. 95. *Le temperament & les vertus.* reste maintenant à declarer leurs vertus. Dioscoride dit, que toutes les especes de *Fucus* sont refrigeratiues, & propres pour mettre en cataplasmes, non seulement pour la goutte; mais aussi contre les inflammations : toutefois il faut qu'elles soient encor vertes & humides, non pas seches. Nicander dit, que le *Fucus rouge* est bon contre la morsure ou piqueure des bestes venimeuses, au vers

Liure 8. des simpl. que nous auons allegué cy-dessus. Galien dit, que prennant le *Fucus* encor tout verd, & humide, & sortant de la mer, il desseche & refroidit au second degré : car il a ie ne sçay quoy mediocrement aspre. André Lacuna dit qu'en vn vieil exemplaire de Dioscoride il y a στυπτικὴν, c'est à dire, *astringeante*, au lieu de ψυκτικὴν, c'est à dire, *refrigeratiue.* Et de fait, que cela est bien vray-semblable: car toutes les herbes marines à cause du sel dont elles participent, semblent deuoir estre plustost astringeantes, que refrigeratiues. Quant au *Fucus cheuelu*, ou soit *Coralline* des Apothicaires, les autheurs en font grand estat pour faire mourir les vers, & la prisent plus pour cest effect, que quelque autre medicament que ce soit, d'autant que non seulement elle les fait mourir, mais les fait aussi sortir du corps le mesme iour, souuentefois au grand estonnement des assistans. Toutefois il n'y a pas

pas vn ancien autheur, que ie sache, qui ait attribué cette vertu & proprieté au *Fucus*, ou à la *Mousse marine*.

Du Corail, *CHAP. XII.*

ΚΟΡΑ'ΛΛΙΟΝ en Grec; en Latin *Corallium*, est le nom d'vn arbrisseau de mer, le naturel duquel n'est pas si cogneu d'vn chascun comme est la plante mesme, qui est fort commune. *Aucun*, dit Dioscoride, *l'appellent Lithodendron*, c'est à dire *Arbre de pierre*. Les Arabes l'appellent *Bassad*, *Mergen*, *Besd*, ou *Morgian*; les François *Corail*: les Italiens & Espagnols *Corallo*: les Allemans *Coraln*. Il s'en treuue plusieurs especes; a sçauoir de *rouge*, de *blanc*, & de *noir*. Toutefois Dioscoride ny Pline ne parlent point du *blanc*, sinon que Dioscoride eust entendu le *blanc*, suyuant l'opinion d'aucuns, quand il en met vne sorte qui a la couleur palle, lequel il blasme comme n'estant pas bon. Or le mesme Dioscoride dit, qu'il semble que le *Corail* soit vne plante marine, laquelle s'endurcit estant hors de l'eau, & se trempe, ou bien se congele en sentant l'air. Voilà l'interpretation des mots de Dioscoride qui sont tels: *Le Corail semble estre vne plante marine. Il s'endurcit lors qu'il a esté tiré hors de la mer, mis hors de l'eau il se teint estant endurcy cõme par l'air qui nous enuironne.* Or Cornarius estime qu'il y faut adiouster ces deux mots ὕδατι σίδηρος, & qu'il faut lire ainsi: *Estant hors de l'eau, d'autant que l'air qui nous enuironne le trempe & l'endurcit & reserre comme l'eau fait le fer.* Ie croy que Cornarius a prins occasion de corriger ainsi ce passage, à cause du mot βαπτόμενον car pource que βάπτειν signifie *tremper*, il s'est fait à croire que Dioscoride entend, que le *Corail* estant mol dedans l'eau est incontinent endurcy par l'air qui nous enuironne, quãd il est hors de l'eau; tout ainsi que le fer estant ramolly au feu, s'endurcit aussi tost qu'on le met en l'eau. Et de fait. Ruel a obmis ce mot βαπτόμενον car il a ainsi traduit ce passage. *Il est certain que le Corail est vn arbrisseau de mer, lequel en estant tiré hors s'endurcit tout soudain, comme si l'air le faisoit reserrer.* Or le mesme Dioscoride descrit le lieu où croist le *Corail*, le moyen de le choisir & cognoistre le bon, son odeur, & sa figure, disant: *Il s'en treuue grande quantité aupres de Sarragosse, à l'endroit du Cap appellé Capo Passaro. Le meilleur est celuy qui est rouge, de la couleur d'Anthericon, ou de la Sandix haute en couleur, qui se froisse aisément, & est vni par tout, qui sent comme le Fucus marin, ou Algula. Il faut aussi chosir celuy qui est fort branchu, retirant à l'arbre du Cinamome. Mais celuy qui est dur comme pierre, graueleux,* (Ruel ainsi traduit ces mots τῇ χρόᾳ ὠχρὸν, c'est à dire *rabotteux* ayant peut estre suyui Pline qui semble auoir traduit ces mots par le mot *abrosum*. Cornarius lit ὠχρὸν,, Pource, dit-il, qu'il n'y a point de couleur qui soit appellée ψαφαρὸς; & traduit ce mot *de couleur palle*) *cauerneux & vuide n'est rien estimé.* Pline parlant du *Corail*, dit, que les Indiens l'ont en aussi grande estime que nous auons les Perles: car le prix de telles choses ne git qu'en l'opinion du monde. Il s'en treuue bien aussi en la mer rouge; mais il est plus noir que le nostre. Item au goulfe Persique, où il est appellé *Iace*. Le meilleur vient en la mer de Marseille, à l'entour des Isles d'Hieres, & és costes de Sicile, vers Helia & Trapani, (Cornarius veut qu'il y ait *Aeolia*, au lieu *d'Helia*. On en treuue aussi au droit de Mont alto en Calabre, & en la plage de Naples, qui est fort rouge; mais il est tendre, & par tant il n'est pas estimé. (Le mot *Erythris* qui est adiousté icy au texte, n'y sert de rien; parquoy il le faut casser suyuant l'opinion de Cornarius.) Il a forme d'arbrisseau & est vert. Ses boutons sont blancs & tendres en l'eau: mais estans hors de l'eau ils rougissent & s'endurcissent incontinent, & sont faits comme les Cornouilles cultiuées, & de la mesme grosseur. On dit que le *Corail* estant en vie s'endurcit comme pierre, pour peu qu'on le touche: tellement que les pescheurs preoccupans ce naturel taschent de l'arracher auec des filets, ou bien auec des ferremens bien trenchans: & dit on qu'il a prins de là le nom de *Curallium*. Le plus rouge est tenu pour le meilleur, & celuy qui est fort branchu, qui n'est point rabotteux, ny dur comme pierre, ny mesme vuide, ou troüé. Les Indiens prisent autant les grains de *Corail* comme nos Dames prisent les grosses Perles des Indes. Et de fait, les Prestres & Prophetes des Indiens leur attribuent grande sainteté, & tiennent qu'ils gardent de mal-encontre ceux qui en portent. Ainsi ils s'en seruent tant pour parement que par deuotion. Auant qu'ont sceut l'estime

Arbrisseau du Corail.

Marginal notes: *Les noms.* — Liu. 5. c. 97. — *Les especes.* — Au mesme lieu. — *La forme.* — Au mesme lieu. — Embl. 193. liu. 5. — Au mesme lieu. — Liu. 32. ch. 2.

que les Indiens en font, les Gaulois garnissoient leurs espées de *Corail*, leurs pauois, & leurs morrions : mais depuis on n'en treuue comme plus en ce pais, d'autant que c'est vne marchandise, qui se debite bien és Indes. Voilà ce que Pline dit touchant le Corail. Solinus aussi dit, qu'il en vient en la mer de Marseille, à l'entour des isles d'Hieres : mesme il y en croist encor auiourd'huy, comme aussi és costes de Sicile & de Toscanne, en grande quantité ; encor que Pline se pleigne qu'il ne s'en treuuoit guieres de son temps. Mais quant à ce qu'il dit *des grains*, on dit que cela est faux, & que le *Corail* ne porte point de grains ; mais ceux qu'on en voit sont faits au tour, ou à la lime,

Corail blanc & rouge, de Lobel.

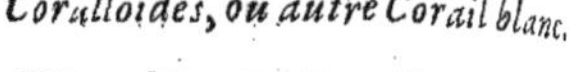

Coralloides, ou autre Corail blanc.

Antipathes, ou Corail noir.

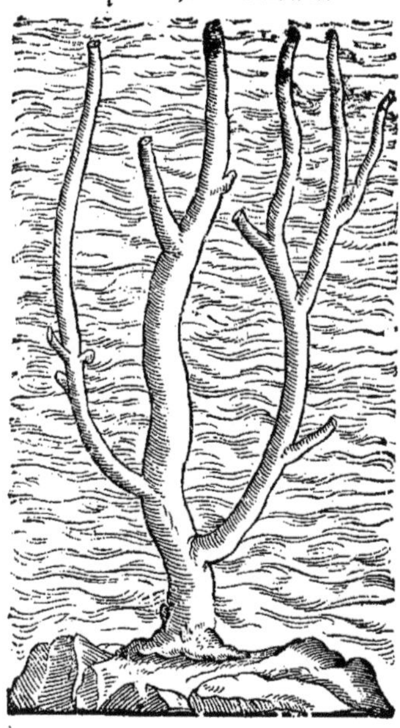

selon la fantaisie de ceux qui les mettent en œuure. En outre quand on a tiré le *Corail* de l'eau, il est tout moussu du commencement & n'est pas rouge : mais puis apres en le polissant il prend lustre & deuient rouge. Touchant aussi ce que Pline dit, qu'on arrache le *Corail* auec des filez, ou auec des ferremens bien tranchans, & qu'à cette cause il est appellé *Corallium*, il faut entendre qu'il est appellé *Corallium* comme qui diroit *Curallium* ἀπὸ τῆς κουρᾶς, ou comme τῇ κουρᾷ ἁλωτόν, c'est à dire *tondu & couppé* ; mesme Theophraste ne l'appelle point autrement que *Curallium*. Or il est bien certain, que le *Corail* est vn suc lequel se prend & s'endurcit comme pierre dans la mer, & est mol & verd tandis qu'il est sous l'eau : mais apres qu'il en est hors, il est rouge, ou blanc, ou noir : car en vn mesme endroit de la mer de Toscane il s'en treuuera qui est blanc, & n'est pas si massif ne si pesant que le rouge, mais plus leger, troüé & vuide comme des esponges. Lobel met aussi le pourtrait d'vn *autre Corail blanc*, ou *Coralloides*, qui a le tronc beaucoup plus gros, de la grosseur du bras, & est composé d'vne matiere plus spongieuse, garnie de beaucoup de gobelets. Toute la plante a enuiron vn pied de long, & à grand peine a elle plus d'vne coudée de hauteur. Quant à l'arbrisseau de *Corail*, qui est icy peint encor attaché au roc, il estoit blanc de l'vn des costez qui estoit le plus branchu, & estoit tout plein de petits trous ; mais de l'autre costé il y auoit moins de branches, lesquelles estoient rouges, & auoient certains durillons

s en boutons enflez, semblables à des Cornouïlles cultiuées. Tellement que Pline a eu raison de dire, que cest arbrisseau portoit des boutons, comme les autres arbres portent leur fruict. Quãt à ce, dit Dioscoride, que les Grecs appellent *Antipathes*, il faut croire que ce soit *Corail*, & qu'il n'y a difference que quant à l'espece. Il est noir, fait à mode d'vn arbre & plus branchu. Matthiol dit qu'il en a veu à Naples qui auoit la couleur de l'Ebene, & que depuis il luy en fut donné vne autre plante, laquelle estoit quasi aussi grosse que le bras aupres de la racine; & estoit branchuë dés le milieu du tronc, qui estoit vne chose rare, & belle à voir. Il s'en treuue à Marseille parmy le *Corail*, qui est merueilleusement bien poly & noir. Venons maintenant à l'vsage & proprietez du *Corail*. Dioscoride dit, que le *Corail* est mediocrement refrigeratif & astringeant. Il reprime les excroissances, & efface les cicatrices des yeux. Il remplit aussi les vlceres cauerneux. Cornarius dit, que ces deux mots καὶ ἕλκη, qui sont adioustez au texte en cest endroit, sont superflus, & y ont esté adioustez de la precedente ligne. Toutefois Ruel les y retient: car il traduit ainsi ce passage, *Il remplit les vlceres cauerneux & les cicatrices.* Il est singulier contre le crachement du sang & contre la difficulté d'vrine. Prins en eau il fait fondre la ratte. *L'antipathes* a les mesmes proprietez. Voilà ce qu'en dit Dioscoride. Or on tient que le *blanc* est beaucoup plus refrigeratif, que le rouge. Pline traitant de l'vsage du *Corail*, en dit ce que chacun sçait auiourd'huy, & en partie aussi de ce que Dioscoride en a escrit. On dit, que pendant au col d'vn petit enfant vne branche de *Corail*, elle le garde de malencontre, & de toute sorcelerie. Estant calciné il est fort bon aux tranchées du ventre, à la grauelle, & aux douleurs de la vessie, beuuant sa cendre auec d'eau. Prinse en vin, ou bien en eau, si on est en fieure elle prouoque à dormir. Le *Corail* endure longuement le feu deuant que d'estre calciné. Si l'on continue à vser de laditte cendre elle consume la ratte, à ce qu'on dit. Toute sorte de *Corail* sert à ceux qui crachent ou rendent le sang par la bouche. On met ordinairement la cendre de Corail és medicamens ordonnez pour les yeux; car elle est astringeante & refrigeratiue. Elle sert à incarner les vlceres cauerneux, & à effacer les cicatrices. Matthiol dit; que le Corail est bon contre le haut mal tant prins en breuuage que pendu au col. On dit, qu'il empesche que le foudre ne face mal en vne maison. Il reserre les mois qui coulent trop abondamment, raffermit les dents qui branlent, guerit les gecives desnuées de chair, & les vlceres de la bouche. Prins en breuuage il sert contre la dysenterie. Il restreint le flux de sperme aux hommes, & le flux blanc des femmes. Auicenne le met du nombre des medicamens qui resiouïssent le cœur. Galien en son traitté des Simples ne fait point mention du *Corail*; mais au liure septiesme de son traitté de la composition des medicamens selon les parties du corps, il met plusieurs compositions pour ceux qui commencent à estre phthisiques, pour ceux qui crachent le sang, & pour ceux qui ont quelque apostume en la poitrine, dans lesquelles il entre du *Corail*.

Au mesme lieu. Sur le c. 97. du 5. liu.

Au mesme lieu. *Le temperament & les vertus.* Embl. 103. liu. 5.

Liu. 32 ch. 2.

Sur le c. 97 du 5. liu.

Du Kali, *CHAP. XIII.*

IL y a certaines plantes que les Arabes nomment *Kali*, & *Alkali*, desquelles on fait du sel apres les auoir bruslées, lequel ils appellent *Salkali*. Pena met trois plantes de cette sorte, qui retirent aucunement aux Bacilles, & toutefois il semble que les anciens n'ont eu cognoissance de pas vne d'icelles, tant s'en faut qu'ils les ayent descrites, ny qu'ils ayẽt sçeu que de l'vne d'icelles. Estãt bruslée, ou fondue on en tire le sel, qui est appellé *Salkali*: car ils n'eussẽt iamais teu cela. Il faut dõc recognoistre & le nom & la plante mesme, & l'inuention d'en tirer le sel des derniers autheurs Grecs, ou des Arabes, ou bien des Alchymistes. Quãt à la premiere qui est icy peinte, elle est la plus cogneuë le long de la marine de Languedoc, où elle croist de soy-mesme, on la seme parmy les terres aupres de la marine. Elle fait vne tige de la hauteur d'vne coudée, ou d'vne coudée & demie, poulpue, de la couleur de celle du Pourpier, auec beaucoup de fueilles estroites, semblables à celles de la petite Ioubarbe aux fueilles rondes: toutefois elles sont deux fois plus longues, & plus aiguës, entre lesquelles vient la graine faite à mode d'vn petit limaçon, ou d'vne vis, de couleur brune, enclose en des gousses, comme la graine des Mauues. Il y a long-temps que nous en auions fait le pourtrait tel qu'il est icy. Il s'en treuue fort peu, ou peut estre point du tout aux païs Septentrionaux. On l'amasse par monceaux au commencement d'automne dessus vne fosse couuerte de bois en croix, lequel estant allumé brusle l'herbe, & la fait fondre, & ainsi elle coule au fonds de la fosse, où elle se prend, & s'en fait vne masse noire, ou grisastre, qui est appellée *Kali*, & *Alkali* du nom de l'herbe; en François *Soude*; & sert pour faire les verres. Et de fait, on la transporte pour cest effect du pais de Languedoc, & de la Gascongne en Italie aux pais Septentrionaux. Elle brusle comme vn cautere. Or les habitans de Narbonne & des enuirons amassent aussi pour le mesme vsage cette autre plante qui est icy peinte en troisiesme lieu, laquelle croist en mesme endroit ou terroir; toutefois elle a les fueilles & les tiges beaucoup moindres, & moins poulpues; plus estroites, & qui ne sont pas si rouges; mais de couleur verte blaffarde, à raison dequoy on l'appelle communement

La forme.

Grand Kali, de Pena.

Kali plus grand, de Pena

nement *Blanchette*, comme qui diroit *Kali blanc.* Sa graine est menuë, noire, comme celle des Orties, ou de l'Ozeille. Elle croist aussi bien au païs Septentrionnaux, comme en Angleterre, Normandie, & Flandres; qu'aux païs chauds. Mais il y a vne autre plante qui est bien plus commune par toutes les costes de la mer tant Oceane que Mediterranée, laquelle on appelle communement *Salicornia*, ou *Kali noüeux*: toutefois elle est bien differente en figure, pource qu'il semble que ses fueilles soient des reiettons tendres des branches. Car de sa racine qui est cheueluë il sort beaucoup de petites tiges de la hauteur d'vne coudée, droites, & garnies de beaucoup de neuds: le

Kali, de Dalechamp.

Kali noüeux, de Pena.

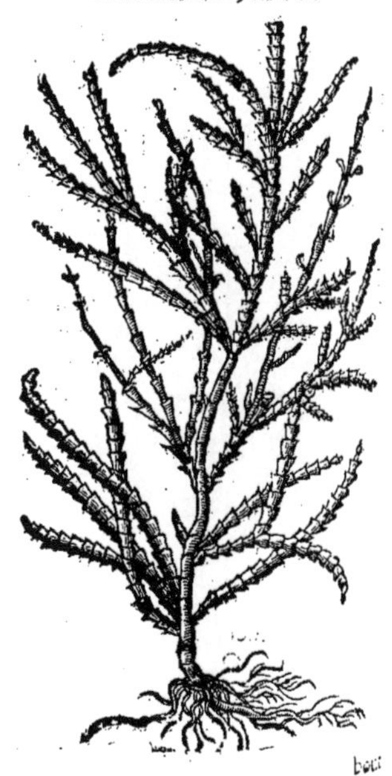

bout desquelles resemble à des fueilles grosses, grasses, & poulpues & rondes, rougeastres, enchassées l'vne dans l'autre auec force neuds en façonde bouëtte, quasi comme la Prelle, comme si c'estoient des cornes droites, obtuses au bout, d'vn goust salé, & du mesme temperament que les precedentes; & toutefois on n'en tient point de conte en aucun lieu. Elle ne porte point de graine. Dodon met trois especes de *Kali*, dont la *Premiere* est la *seconde Anthillis*; l'autre est le *Tragus* de Dioscoride: & la troisiesme est la *Salicornia*, de laquelle il met le pourtrait bien different de celuy que nous auons mis icy prins de Pena. Amatus Portugais dit, que toutes les cendres que l'on apporte de Syrie tant pour faire le Sauon que le verre, sont faites de l'herbe que l'on nomme *Anthyllis*, estant bruslée: & que plusieurs ignorent aujourd'huy, que ce sel là est *l'Alkali*, & que toutes ces herbes sont detersiues, & effacent les meurtrisseures & taches du visage. Dit dauantage, que ce qui coule de ces herbes quand on les brusle qui est comme plomb, se prend apres qu'il est froid, qui est comme vne masse de cendres prises ensemble, que l'on appelle *Alumen catinum*, desquelles on fait les verres. Or pour cognoistre si elles sont naturelles, il les faut mettre dans le feu: que si elles se fondent & bouillonnent, c'est du *vray Kali*: & au contraire, ce n'en est pas si elles ne se fondent. De la lexiue de ces cendres on fait le *sel Alkali*: & de la matiere dont on fait les verres il en coule vne graisse qui se prend, & est appellée en Latin *Axungia vitri*: en François *sein de Verre*. Matthiol confond ensemble deux *especes de Kali*, tant par sa description, que par le pourtrait qu'il en met: à sçauoir le *grand Kali*, qui a les fueilles comme la petite Ioubarbe, qui est appellé en François *Soude*; & celuy dont il est icy question, qui est appellé, *Salicornia*, ou *Kali noueux*. Nous en auons mis icy son pourtrait. Or voicy comment il le descrit. Aussi tost, dit-il, qu'il sort de terre, il a la fueille ronde, qui retire à celle de la petite Ioubarbe: puis apres venant à s'aggrandir, il fait vne tige droite, compartie par neuds. Peu apres il deuient long comme le doigt: mais estant plus grand, il

Liu. 1 ch. 76.

Enarr. 150. sur le 3. liu. de Diosc.

Sur Diosc. c. 112. du 2 liu.

Salicornia, ou Kali, de Matthiol.

Kali des Arabes premiere espece, de Rauuolf.

Kali des Arabes seconde espece, de Rauuolf.

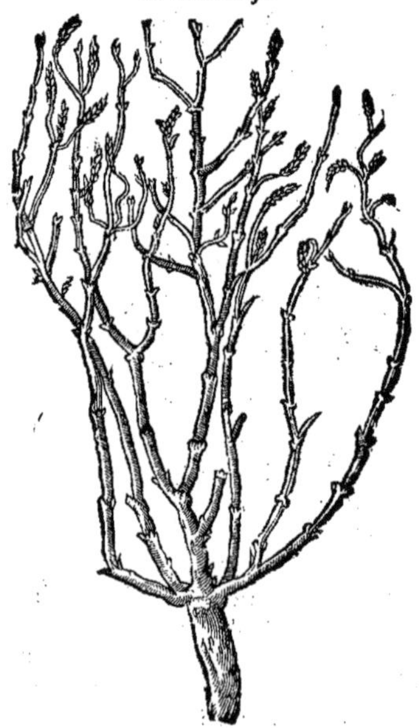

ietto

iette par les iointures des fueilles grosses & grasses, creuses par le milieu, larges au commencement, & aigues au bout. Finalement quand la plante commence à enuieillir, les fueilles de la cime se font beaucoup moindres, plus minces & plus rouges, auec lesquelles il sort par vn mesme endroit des petites pelottes rondes, dans lesquelles il y a vne graine menuë. Ses tiges sont grasses & rousses. Au surplus Leonard Rauuolf met deux especes de *Kali des Arabes*, lesquelles il descrit ainsi : La *premiere espece du Kali des Arabes*, qu'ils appellent *Vsnen*, & ceux du païs de Syrie, où elle croist *Schinan*, des cendres de laquelle on fait le Sauon, & la matiere pour faire les verres, qu'on appelle en François *Soude*, est vne plante branchue, garnie d'vne fort bonne grace de plusieurs branchettes menues, au bout desquels il sort d'vn costé & d'autre beaucoup de petits neuds, au dessous desquels il sort des fueilles estroites, menues, & aiguës, qui ont la mesme figure & vertu que celles du *petit Kali*, & sont blanches par dessous, & cendrées par dessus : ce qui se doit entendre non seulement des fueilles; mais aussi de toute la plante. Quant au *Kali de la seconde espece*, il produit aussi plusieurs branchettes auec beaucoup de neuds. Sa racine est grosse, pleine de bois, de couleur cendrée.

Espece de Crihmon, de Matthiol, CHAP. XIV.

Sur le chap. 122. du 2. liu.
Le lieu.
La forme.

Il faut mettre apres les plantes susdites la *troisiesme espece de Crithmon*, de laquelle Matthiol fait mention. Elle croist és lieux maritimes ; & produit d'vne mesme racine beaucoup de tiges droittes, garnies de fueilles tout à l'entour ; toutefois par certains interualles il en sort beaucoup ensemble par vn mesme endroit. Icelles sont longuettes & grosses, & ont vn goust salé. Au dessous de l'endroit par où celles-cy sortent, il en sort vne à part deux fois plus longue que les autres, de laquelle pres du creux de la tige il sort vne queuë laquelle produit six ou sept fueilles courtes comme on peut voir au pourtrait qui en est icy mis. A la cime elle porte des fleurs rondes & velues, de couleur palle. Elle a vne racine ronde & longue, de laquelle il en sort d'autres petites. Voila la description de cette herbe suyuant Matthiol, laquelle n'est en rien semblable à celle du *Crithmon* de Dioscoride, lequel fait les fueilles grasses plus longues & plus larges que celles du pourpier, salées & les fleurs blanches : tellement que les autres Simplicistes ne la recognoissent pas pour le *Crithmon*. Car Lobel l'appelle *Crisanthemum litoreum*, & *Aster Atticus marin*. Dodon met vne autre plante semblable à la precedente, si ce n'est la mesme, laquelle il appelle *Crithmon Crysanthemon*; toutefois à ce que le pourtrait monstre, il y a del

Troisiesme espece de Crithmon, de Matthiol.

Crithmon Chrysanthemon, de Dodon.

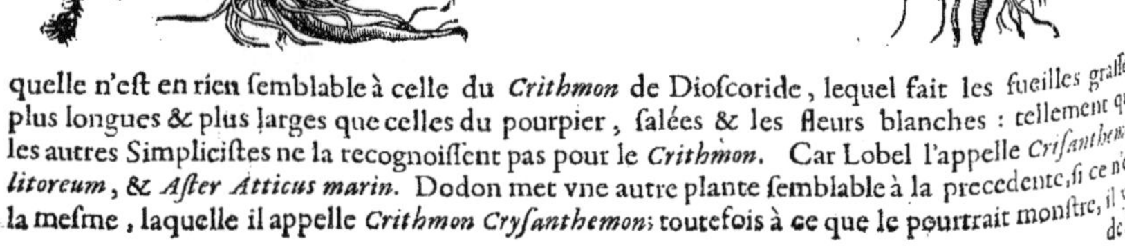

de la difference quant aux fleurs : car ceste-cy porte à la cime de ses branches vne fleur sembla-ble au *Chrysanthemon*, qui est iaune tant par le milieu que tout à l'entour : & Matthiol dit, que celle-là a la fleur ronde, veluë, & de coleur palle.

De l'Anthyllis, *CHAP. XV.*

CETTE plante est appellée en Grec ἀνθυλλίς : & en Latin *Anthyllis* ; Pline, dit qu'elle s'appelle *Anthyllion*, ou *Antycellion*. Il semble qu'elle ait esté appellée *Anthyllis* ἀπὸ τοῦ ἀνθεῖν c'est à dire *de fleurir*, comme qui diroit fleurissante, à cause qu'elle est couuerte d'vne bourre blanche : ou bien à cause de l'abondance de ses belles fleurs. Dioscoride, Pline, & Galien, en establissent deux especes ; dont l'vne fait les fueilles semblables à celles des Lentilles, & des branches, de la hauteur d'vne paume, droites : les fueilles molles : la racine petite & menuë. Elle croist és lieux salez & battus du Soleil : & a vn goust salé. L'autre a les fueilles & les branchettes semblables à celles de la Chamæpitys, sinon qu'elles, sont plus veluës, plus courtes, & plus aspres. Sa fleur est purpurine, d'vne odeur merueilleusemẽt forte. Sa racine est comme celle de la Cichorée. Pline est quelque peu discordant auec Dioscoride. Il a, dit il, deux especes de l'herbe qui est appellée *Anthyllion*, ou *Antycellion*, dont l'vne a les fueilles & les branches comme les Lentilles, de la hauteur d'vne paume, qui croist és lieux sablonneux, & chauds ; est vn peu salée au goust : l'autre resemble à la Chamæpitys, sinon qu'elle est plus petite & plus veluë, de couleur purpurine & de mauuaise odeur. Ainsi donc Pline dit, *és lieux sablonneux* ; au lieu que Dioscoride dit ὑφαλμύροις, c'est à dire *és terres salées*. Dodon estime, que la plante qui est icy peinte, soit la *premiere Anthyllis*, laquelle a les fueilles & la tige assez semblables aux Lentilles, sinon qu'elle est plus blanche, plus molle, & plus petite. Sa tige est de la hauteur d'vn pied, blanche & douce à manier. Ses fueilles sont estendues, molles & blanches, moindres & plus touffues

Les noms. Diosc. liu. 3. chap. 136. Les especes. La forme. Le lieu. Liu. 21. c. 29. Liu. 1. ch. 7.

Anthyllis premiere, de Dodon.

Anthyllis seconde, de Dodon.

que celles des Lentilles. Ses fleurs sont palles, ou iaunes, entassées à la cime des tiges. Sa graine vient en des petites gousses. Sa racine est menuë, & pleine de bois. *L'autre Anthyllis* de Dodon, qui est icy peinte, est fort semblable à la precedente, ou peut estre la mesme. Aucuns l'appellent *Medica marina* ; & d'autres *Borda*. Plusieurs la prennent pour vne espece de *Kali*. Elle produit cinq ou six branches, ou dauantage, grailes, couchées par terre ; garnies de petites fueilles estroites, touffues, entre lesquelles & les petites branches il sort de petites fleurs purpurées, apres lesquelles vient la graine. Sa racine est graile, longue comme le doigt. Elle est toute pleine d'vn suc salé. Elle s'aime és lieux salez, & sablonneux, & est fort frequente au riuage de la mer de Zelande.

Le lieu.

Le temps. Elle fleurit au mois de Iuin. Sa graine eſt meure en Iuillet. Elle eſt deſiccatiue, & propre pour conſolider les playes. Pena a mis d'autres plantes que les deſſuſdittes pour *l'Anthyllis*. La premiere croiſt aux Iſles Meridionales d'Angleterre, & ſpecialement en celle qui eſt appellée *Portland*, qui regarde vers la coſte de la Normandie, où elle vient en grande abondance, & eſt petite, croiſſant és lieux ſablonneux, & pleins de grauier, où l'eau eſt baſſe; & qui ſont bas & battus du Soleil.

Anthyllis de Portland aux fueilles de Lentilles, de Pena.

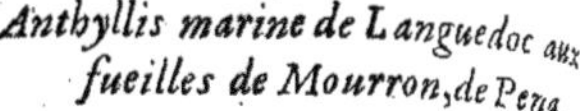

Anthyllis marine de Languedoc aux fueilles de Mourron, de Pena.

Autre Anthyllis marine de Languedoc, de Pena.

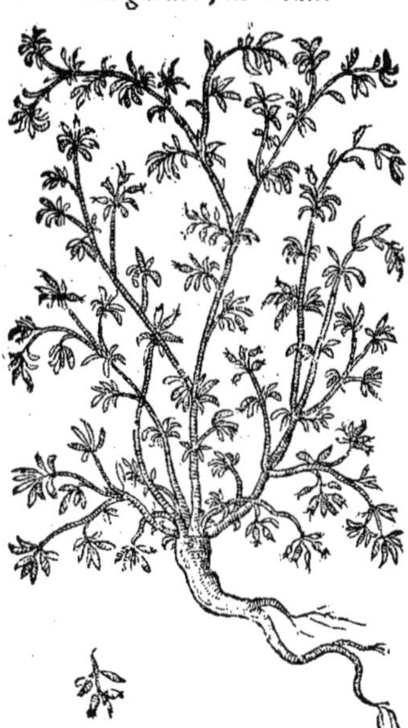

Elle a les branches de la longueur d'vne paume ou de trois poucées, anguleuſes & palles. Ses fueilles reſemblent à celles des Lentilles, ou du petit Mourron. A la cime de ſes tiges il vient des petites fleurs de couleur de bouïs tirant ſur le vert, dentelées à mode d'eſtoile, ſemblables à celles de la petite Ioubarbe, leſquelles fleuriſſent en Iuin & en Iuillet. Sa graine eſt ſemblable à celles du Tithymale, & vient en des gouſſettes fort petites faites à triangle. Sa racine eſt aſſez longue, compartie par neuds, & fichée bien auant dans le ſable comme celle du Chou marin. Toute la plante eſt ſalée, d'vn gouſt amer: & monſtre qu'elle participe de quelque chaleur. L'autre croiſt en la marine de Montpelier aupres d'vn village nommé *Peraus*, où elle rampe cōme fait la precedente, & fait beaucoup de petites branches de la longueur d'vne paume, ou d'vne paume & demie: les fueilles ſemblables à celles du Mourron, ou pluſtoſt à celles des Lentilles, qui ſortent par certains interualles comme par des neuds, & en grand nombre. Elle fait auſſi vne infinité de fleurs entaſſées à la cime, mouſſues, & blancheaſtres, qui teſmoignent le nom *d'Anthyllis*, que la plante a pour ceſte raiſon. Elles portent auſſi beaucoup de graine vn peu amere au gouſt, ſalée, nitreuſe & vn peu chaude. Il en met encor *vne troiſieſme*, qui croiſt aux meſmes lieux maritimes, & eſt beaucoup plus ſalée que les autres: & a les fueilles & la figure de l'Herniaria, ou de la Chamæsyce, auec des petites fleurs blanches-purpurines, qui ſortent par deſſous les fueilles. Sa graine vient és coupettes des fleurs

fleurs qui sont beaucoup plus petites que celles du Clinopodion. Toute la plante a vn goust salé, aigrelet, & ne iette point de suc comme laict : tellement qu'elle ne peut pas estre prise pour la Chamæsyce, comme aucuns ont voulu. L'Escluse en met vne autre fort semblable à ceste-cy, si ce n'est la mesme, laquelle il appelle *Anthyllis Valentina*. Elle produit beaucoup de petites tiges d'vne mesme racine, de la longueur d'vne paume, branchues, couchées par terre, rougeastres, & des petites fueilles semblables à celles des Lentilles, ou plustost de la Chamæsyce : d'vn goust salé, lesquelles sont le plus souuent, comme aussi les branches, couuertes d'vne certaine saumure. Ses fleurs sortent parmy les fueilles, & sont petites, composées de quatre petites fueilles, blanches-purpurines. Elle ne fait qu'vne seule racine noire. Elle est si fort semblable à la Chamæsyce en toutes ses parties, que l'Escluse dit qu'il l'a prins du premier coup pour la Chamæsyce : toutefois elle ne rend point de laict. Il dit qu'il ne se souuient pas d'en auoir veu ailleurs que dans les fossez de la ville de Valence en Espagne. Il y auoit là vn docteur appellé Placa, qui l'appelloit *Anthyllis*, & la prennoit pour la premiere espece *d'Anthyllis* de Dioscoride. Toutefois l'Escluse n'est pas de ceste opinion là ; car combien que ce soit vrayement vne *espece d'Anthyllis* : toutefois ce ne peut pas estre la premiere, laquelle a les branches droites, au lieu que ceste-cy est rampante & resemble quasi du tout à la Chamæsyce. Lobel dit qu'il en croist à force parmy les Vignes, & Oliuiers de Bouttonnet, & de Chasteau neuf ; & qu'elle retire à l'Herniaria, ou à la Chamæsyce : & fait des petites tiges de la longueur d'vne paume, & des petites fleurs blanches-purpurines composées de quatre fueilles. Et dit, qu'il a pensé autrefois auec plusieurs autres, que ce fut la Chamæsyce seconde ; toutefois elle ne rend point de laict, & a vn gout salé & fort sec. Au reste Dioscoride dit que l'vne & l'autre *Anthyllis* prinse en breuuage au poids de quatre dragmes sert grandement contre la difficulté d'vrine, & à la douleur des reins. Broyées & appliquées auec huile rosat & du laict elles amollissent le phlegme de la matrice, (Ruel l'a ainsi traduit suyuant vn exemplaire incorrect, au lieu qu'il faut qu'il y ait ainsi au texte : *Estans broyées elles amollissent les inflammations de la matrice*, ce qui a bien plus d'apparence, d'autant qu'il faut euacuer le phlegme, & amollir les inflammations) elles guerissent les playes. Celle qui resemble à la Chamæpitys outre les autres proprietez qu'elle a, elle guerit du haut mal estant prinse en vinaigre miellé. Pline descrit plus au long l'vsage de *l'Anthyllis* en Medecine, & est quelque peu discordant de Dioscoride : *La premiere espece d'Anthyllis*, dit-il, *est fort propre pour la matrice, estant appliquée auec huile-rosat & laict, & mesme pour les playes, Prinse en breuuage elle est bonne à ceux qui ne peuuent vriner que goutte à goutte, & aux tranchées, & pour le haut mal, estant incorporée en miel & vinaigre au poids de quatre dragmes.* Il redit le mesmes choses en vn autre passage : *l'Anthyllion est vne herbe fort semblable aux Lentilles, laquelle prinse en vin guerit les accidens de la vessie, & estanche le sang. Il y a vne autre Anthyllis semblable à la Chamæpitys, &c.* Luy mesme dit, qu'elles sont toutes deux fort bonnes à la matrice, & aux tranchées, & pour faire sortir l'arrierefaix. Galien s'accorde auec Dioscoride ; *Il y a*, dit-il, *deux especes d'Anthyllis : l'vne & l'autre desseche mediocrement, & consolide mesme les vlceres.* Au reste celle qui resemble à la Chamæpytis est de plus subtiles parties, à raison dequoy elle est propre contre le haut mal : mesme elle est plus detersiue que l'autre.

Anthyllis Valentine, de l'Escluse.

Liu. 3. c. 136. *Les vertus.*

Liu. 21. c. 19

Liu. 26. ch. 8.
Liu. 26. ch. dernier.
Liu. 6. des simpl.

La Roquette cendrée.

CHAP. XVI.

Les noms. CESTE plante a esté appellée par les Herboristes *Eruca*, ou *Artemisia Cinerea*; *Roquette*, ou *Armoise cendrée*, pour raison de la figure & odeur de ses fueilles. *Le lieu.* Elle croist le long de la marine de Corsegue aupres de la ville nommée Aiacea: & a la racine mediocrément cheueluë, & grosse, la tige de la hauteur d'vn pied & demy, auguleuse, couuerte d'vne bourre blanche & molle. Ses fueilles retirent à celles de la Roquette sauuage, ou de la petite *Armoise*, & ont de grandes decoupeures, blancheastres par dessous, & cendrées par dessus, cottonnées, & touffues. Ses fleurs viennent à la cime des tiges, & au mesme endroit par où sortent les plus hautes fueilles, & sont comme entassées en grappe, auec vne bourre fort espesse, & blanche, & des taches noires; de mesme goust & odeur que l'*Armoise*. On tient aussi qu'elle a les mesmes vertus & proprietez.

De la Cineraria, *CHAP. XVII.*

Les noms. D'AVTANT que toute ceste plante est de couleur cendrée, elle a esté nommée *Cineraria*. *Le lieu.* Elle croist és lieux maritimes; & est vne plante haute & fort branchue. *La forme.* Ses branches sont dures & pleines de bois. Ses fueilles retirent à celles de l'Armoise: toutefois elles sont plus grosses & plus grandes. Sa fleur est iaune, semblable à celle du Senesson, & en grand nombre, attachée au bout de certaines petites verges, qui sortent au bout des tiges. A voir de loin ceste plante qui est de couleur cendrée blancheastre, elle semble auoir esté couuerte de cendre tout exprés; ce qui est plaisant à voir; à raison dequoy les Herboristes l'ont appellée *Cineraria*. Nous n'auons mis que le pourtrait d'vne des branches: mais Pena a mis le pourtrait entier d'vne autre plante plus rare, & qui croist au riuage de la mer, & est plus grande & plus branchue que le Senesson, &

La Cineraria.

Iacobæa maritime, de Pena.

iette

Iacobæa marine, de Dodon.

iette dauantage de branches dures, & les fueilles plus grandes auec de plus grandes decoupeures, & vuidanges, comme en celles de l'Armoise; toutefois elles sont plus fermes & plus grosses, couuertes d'vne bourre cendrée, comme aussi le reste de la plante. Ses fleurs sont iaunes, & s'enuolent en papillottes comme celles du Senesson. Elle est fort desiccatiue, & resolutiue, & ne sent rien: mais la plus part des plantes qui viennent au riuage de la mer, ou assez pres de là, sont quasi toutes de ceste couleur là, soit que cela procede de l'air salé de la marine, ou bien de la nourriture salée qu'elles prennent: toutefois ceste couleur se perd & s'esuanouït quant on les replante dans les iardins, comme il est aisé à voir en l'Absinthe seriphien, & marin, lequel est blanc quand il croist au riuage de la mer; mais dans les iardins il change de couleur & est vert. Or il y a vn autre Senesson marin, selon l'opinion d'aucuns: Dodon l'appelle *Iacobæa marina*. Aucuns aussi l'appellent *Armoise marine*. Elle resemble aucunement à la *grande Iacobæa susdite*; toutefois ses tiges ne sont pas rouges. Elle a les fueilles moindres, plus blanches, auec plus de decoupeures, & plus grandes. Ses fleurs aussi sont semblables; toutefois elles sont plus palles. Sa racine est longue & cheueluë, & va rampant & produisant beaucoup de reiettons. Elle croist pres de la marine.

Asterias, ou Stellaria.

CHAP. XVIII.

Le nom d'*Asterias*, ou *Stellaria* est commun à plusieurs plantes: car on appelle ainsi le *Bubonion*; le *Coronopus*, l'*Alchymilla*, & vne espece de Chardon que Theophraste appelle *Myachantha*. Pline appelle aussi *Astericum*, qui veut autant à dire comme *Stellaria*, la *seconde espece de Perdicion*. Outre toutes celles là ceux de Montpelier appellent particulierement l'herbe qui est icy peinte *Asterias*, ou *Stellaria*, laquelle croist aupres de la mer sur quelque sable salé: & a la racine qui ne sert à rien, & n'est pas guieres plus grosse qu'vn cheueul. Sa tige est de la hauteur d'vne paume, auec trois ou quatre petites branches. Ses fueilles sont semblables à celles du *Galion*: toutefois elles sont plus courtes & plus estroites, enuironnans la tige par certains interualles en façon d'estoile, comme au Liseron. Sa fleur est rouge, fort petite, attachée à des petites estoiles veluës. Soit que l'on considere la disposition des fueilles, ou bien les fleurs, on voit que le tout est disposé en Estoile, à raison dequoy on a appellée ceste plante *Asterias*, ou *Stellaria*.

Les noms.

Liu. 22. c. 17.

Le lieux.

Spergula marine,

CHAP. XIX.

Les noms.

D'Avtant que ceste herbe ressemble à la *Spergula commune*, laquelle croist és lieux ombrageux, & non cultiuez, & aussi aux cultiuez. On l'a appellée *Spergula marine*, pource qu'elle croist és lieux maritimes; & n'y a autre difference entre ces deux plantes, sinon que ceste-cy iette moins de fueilles par les neuds de ses tiges; mesme elles sont plus courtes & plus blanches, ioint qu'elle a vn goust salé comme les autres plantes maritimes qui attirent l'eau marine.

Le lieu.

La forme.

Cassia lignea marine,

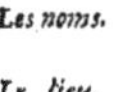

CHAP. XX.

Les noms.

Le lieu.

La forme.

Les Herboristes ont nommé ceste plante *Cassia lignea*, ie ne sçay à quelle occasion. Elle croist és lieux maritimes, & fait beaucoup de racines touffues, & plusieurs tiges, qui sortent d'vne mesme racine, branchuës, souples, & mal-aisées à rompre, garnies de fueilles en grand nombre semblables à celles des Lentilles, & disposées inesgalement par les branches; d'vn goust astringeant. A la cime des branches & surjeons il y vient vn petit fruict long, noir, & fait en façon de nombril, & si astringeant au goust qu'il en est aucunement aspre. Aucuns estiment que c'est vne *espece de Genest marin*, combien qu'elle ne produit point de gousses.

Garance marine, de Dalechamp,

CHAP. XXI,

CETTE plante est aussi appellée en Latin *Erythrodanum marinum* ; *Garance marine*, à cause qu'elle resemble à la *Garance*. Elle croist és riuages sablonneux, & a la racine fort longue, & rousse tirant sur le rouge, pleine de bois & fourchuë, & beaucoup de petites branches couchées par terre, garnies en rond tout à l'entour par certains interualles de fueilles semblables à celles de la petite *Garance*, roides & fermes. Sa fleur est fort petite, de couleur d'herbe, sortant d'emmy la touffe des fueilles & attachée à des filets fort menus. *Le nom. Le lieu.*

Dea Renouée marine, CHAP. XXII.

LEs Herboristes ont appellé ceste plante *Polygonum marinum* ; en François *Renouée de mer*, pource que ses branches trainent par terre comme celles de la *Renouée*, garnies de fueilles toutes semblables. Elle croist aux riuages, & lieux battus par les ondes de la mer ; & a la racine rouge-brune, grosse, pleine de bois, auec peu de cheuelures, laquelle va petit à petit en s'appetissant ; & beaucoup de tiges couchées par terre, esparses tout en rond, garnies d'vne infinité de fueilles par interualles inesgaux, semblables à celles de la Renouée : toutefois elles approcent plus de celles du Meurte. A chasque endroit par où sortent les fueilles il y a vne escorce mbraneuse & blanche comme vne escaille en façon de gousse, de la fueille qui est cheute, ou de utre qui veut sortir. Ie n'ay pas encor veu sa graine. Il y a vne autre *Renouée*, qui croist és lieux mames: & a la racine pleine de bois, noirastre, mediocrement cheueluë, & beaucoup de tiges de plus ne ou deux coudées de hauteur, couuertes d'vne escorce rougeastre & branchues, & garnies de nd nombre de fueilles qui couurent tant les branches que les surjeons, & resemblent à celles de *Le nom. Le lieu. La forme.*

Renouée marine premiere, de Dalechamp.

Autre Renouée marine, de Dalechamp.

la *Renouée masle*: toutefois elles sont vn peu plus estroites & plus longues, & d'vn goust salé, quand elle croist és lieux maritimes: mais ailleurs il est astringeant. Il y a des Herboristes qui estiment que
Liu. 27 c 12. c'est la *Renouée sauuage* descrite par Pline: *Quant à la quatriesme espece de Renouée*, dit-il, *elle est appellée sauuage. C'est vne plante quasi à mode d'arbre, qui a la cime pleine bois, & le tronc rougeastre comme celuy des Cedres. Ses branches sont comme celles du Genest: de deux paumes de long, auec trois ou quatre neuds noirs. Aucuns l'ont appellée Aizoon marinum, Ioubarbe marine.*

Du Gnaphalion de mer, CHAP. XXIII.

Le nom. L y a diuerses plantes qui sont appellées *Gnaphalion* par les Herboristes, pource que leurs fueilles sont garnies d'vne bourre bien espesse: entre lesquelles est celle qui est
Le lieu. La forme. icy peinte, laquelle croist és riuages sablonneux: & a la racine de bois, brune & assez grosse, & beaucoup de tiges de la hauteur d'vne paume, auec plusieurs fueilles assez touffues, grailes, longues, estroites, aiguës, quasi de la figure de celles du Rosmarin, & chenues. A la cime de chascune tige il y vient des boutons faits en toupie, & composez par escailles. Sa fleur est iaune & se resout en papillottes, longues & espesses en façon d'vn pinceau de peintre.
Liu. 24. c. 19. Parauenture seroit ce bien l'herbe que Pline appelle *Herba impia*: car il en escrit ainsi: *On appelle Herba impia, vne herbe chenue, de la figure du Rosmarin, qui porte des boutons en façon de masses, & produit des petites branches, chascune desquelles à son petit bouton.* On l'a appellée *Impia*, pource que ses branches croissent plus haut que la tige. Ou bien comme aucuns veulent, pource qu'il n'y a aucune beste qui en mange.

Gnaphalion marin, de Dalechamp.

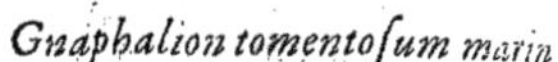
Gnaphalion tomentosum marin

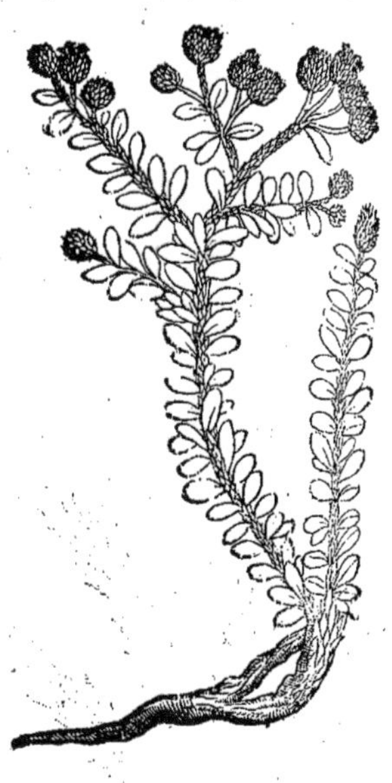

Il y a vne autre *espece de Gnaphalion*, qui croist aussi és lieux maritimes, & est surnommé *Tomentosum* par les Simplicistes, pource qu'il est tout couuert d'vn cotton espez: tellement que s'il y a plante qui merite le nom de *Gnaphalion*, c'est ceste-cy. Elle a la racine grosse, longue, pleine de bois, qui est le plus souuent rongée: & fait beaucoup de tiges d'vn pied & demy de long, garnies de tres-molles fueilles blanches semblables à celles de la Rue; toutefois elles sont vn peu plus grandes, couuertes d'vne bourre blanche, d'vn goust astringeant. Ses fleurs sont iaunes, en façon de bouttons, entassées à la cime des tiges.
Les vertus. Ses fueilles broyées & prinses en breuuage auec du vin aspre sont fort bonnes à la dysenterie.

Du Tragus, ou Scorpion marin, CHAP. XXIV.

L appert bien par le tesmoignage de Pline, qu'il y a plusieurs plantes qui sont appellées *Tragus*, ou *Scorpion marin*: quand il dit, que *l'Asperge*, qui est aussi appellée *Scorpion*, n'est qu'vne espine: d'autant qu'elle n'a point de fueilles. Ce qui doit estre entendu du *Scorpion* Theophraste, que Gaza appelle *Nepa* en sa traduction. Et en vn autre passage: *Il croist aussi*, dit-il *e espece de Tragus, ou Scorpion en Asie, qui est vne espine sans fueilles, laquelle porte des grappes ges qui seruent en medecine.* Outre plus, *il y a vne autre herbe appellée Tragos, & par d'autres rpius, de la hauteur de demy pied, branchue, sans fueilles, qui porte des petites grappes rouges auec grains de la grosseur d'vn grain de froment, & est aiguë à la cime. Elle croist és lieux marescageux.* squels passages il parle du *Tragus*, dont il est icy question. Item, *l'herbe appellée Scorpius a prins ce de ce que sa graine est faite à mode d'vne queuë de Scorpion. Elle produit peu de fueilles.* Il y en a or vne autre de mesme nom & figure, qui ne fait point de fueilles; & a la tige comme l'Asperge c vn aiguillon au bout, dont elle a prins son nom. Par ceste premiere là il entend le grand *Heliotion*: & toutefois Dioscoride ne l'appelle pas *Scorpius*; mais *Scorpiurus*; & dit qu'il a les fleurs faià mode de queuë de Scorpion, non pas la graine: ce qui est aussi veritable & se voit à l'œil. alement il appelle le *Teliphonon*, *Sorpius*. *Le Teliphonon*, dit-il, *est appellé Scorpius par aucuns, pour ue sa racine retire à la queuë d'vn Scorpion.* Ce que Pline a prins de Theophraste. Il y a aussi vne ce de Bled appellée *Trago*, de laquelle Dioscoride traitte au second liure. Mais nous traits icy du *Tragus de mer*, dont il est parlé en Dioscoride au liure quatriesme, où il est dit, qu'aus l'appellent *Scorpius*. Or est il appellé *Tragus*, comme aussi l'autre qui est vne espece de Bled, pas qu'il *sente le Bouc*, ou qu'il y retire en quelque façon; mais ἀπὸ τοῦ τρωγῶν, c'est à dire *de ger*: dont aussi Dioscoride dit, qu'il est appellé *Troganon*, c'est à dire *bon à manger*. Dont vient le mot Grec *τραγήματα*, qui se prend pour ce qu'on appellé en Latin *Bellaria*, & en François *gée*. Or il y a long temps que Dalechamp a eu cognoissance du *Tragus*, & l'a monstré à ses s, & descrit deuant qu'aucun de modernes en eust rien escrit. C'est vne herbe qui croist au ge de la mer, sur des mottes sablonneuses, qui sont souuent battues & couuertes par les es de la mer. Elle a la racine grosse, pleine de bois, longue, couuerte d'vne escorce brune. Elle produit beaucoup de petites branches, qui ont plus d'vne paume de hauteur, qui sont sans fueilles, lisses & grailes à mode de celles du Genest, comparties par neuds comme la Prelle, piquantes au bout, desquelles il en sort beaucoup d'autres, qui sont aussi piquantes au bout; & percent la main de ceux qui les manient, comme feroit vne alesne de Cordõnier. Ses fleurs sont fort menues & blanches, entassées ensemble comme en vn bouquet long. Sa graine est grosse cõme vn grain de Froment, anguleuse, & est rousse du cõmencement, puis apres noirastre, enclose dans certaines gousses verdes deux grains ensemble, attachées aux ailerons des branches auec vne queuë, & astringeante au goust. Ce qui s'accorde fort bien auec la description de Dioscoride. *Le Tragus, dit-il, croist principalement le long de la marine. C'est vne petite plante qui va s'espãdant par dessus terre de la hauteur d'vne paume & dauantage; qui ne fait point de fueilles: mais il y a comme des petits grains roux attachez à ses branches en grand nombre, aigus au bout, & d'vn goust fort astringeant.* Pline le descrit quasi de mesme és passages cy dessus alleguez, si ce n'est qu'il dit, que *c'est vne espine, & qu'elle fait des raisins rouges*: combien que les anciens autheurs ne l'ont pas mis au nombre des espines, ny des ronces, iaçoit qu'il soit piquant au bout. Mesme sont fruict n'est pas rouge mais πυῤῥὸν c'est à dire *roux*. Au reste Dioscoride dit, que dix grains de la graine de ceste plante prins en vin sont bons contre les defluxions de l'estomac, & au flux des femmes Aucuns les pilent & les reduisent en trochisques, qu'ils gardent pour l'vsage que dessus. Pline attribue à la cime des branches ce que Dioscoride escrit des grains, disant *e dix ou douze bouts de ses branches broyez & prins en vin, seruent aux defluxions de l'estomac, à la ssenterie, à ceux qui crachent le sang, & contre la trop grande abõdance des menstrues.* Matthiol estique ce *Tragus marin*, ou *Scorpius* de Dioscoride, est le méme que celuy duquel parle Theophraste, disant;

Tragus, ou Scorpion amrin, De Dalechamp.

Marginal notes: *Les noms.* Liu.21.c.17. — Liure 6 de l'hist.ch.1. — Liu.13.c.21. — Liu.27.c.13. — Liu.22.c.15. — Liu.25.c.10. — Liure 9. de l'hist.ch.19. — Chap.86. — Chap.46. — Liu.4.ch.46. — *Le lieu.* — *La forme.* — Liu.4.ch.46. — *Au mes. lieu.* — *Les vertus.* — Liu.27.c.13. — Sur le c. 46. du 4. liu.

Tragus de Matthiolus, de Lobel.

disant; *Entre les plantes piquantes il y en a qui ne sont au-tre chose qu'aiguillons, comme la Corruda, & le Scorpius* (G-za l'appelle *Nepa*) *car celles-cy n'ont point de fueilles, sinon d' aiguillons.* Il allegue semblablement les passages de Plin

Liu. 27. c. 13.

où il parle du mesme *Scorpius* en deux endroits; assauoir

Liu. 21. c. 15.

où il dit, *qu'il y a vne herbe appellée Scorpius, &c.* & là ou dit, *qu'il y a beaucoup d'especes de plantes espineuses, &c.* E

Liure 6 de l'hist. c. 1.

toutefois en ce dernier passage il est parlé du *Scorpius* d Theophraste: & en cest autre là de celuy de Dioscoride, o soit du *Tragus*, qui est vne plante bien differente de l'autr Quant au Tragus duquel Matthiol a mis le pourtrait, (don nous traitterons entre les plantes espineuses,) ce n'est pa le *Tragus* de Dioscoride: mais le *Kali espineux*, qui approch fort de celle espece que l'on prend pour la *secõde espece d Bacille.* Car c'est vne plante branchue, qui ne porte po de grains rouges, de la grosseur des grains de Froment, a gus au bout, & d'vn goust fort astringeant, comme fait l Tragus de Dioscoride, *qui n'a*, comme il dit, *ny fueilles n espines.* Mais le Tragon de Matthiol a les fueilles poulpu comme celles de la Ioubarbe, garnies d'espines, qui ne son aucunement astringeantes. Lobel en a mis le pourtrait asse different de celuy de Matthiol.

Du Tripolion de Dodon, CHAP. XXV.

LE τριπόλιον des Grecs, est aussi appellée *Tripolium* e Latin. Serapion l'appelle *Turbith.* Ce n'est pas toute-

Les noms. Chap. 130. des simpl.

fois celuy de Mesuë & d'Auicenne: mais vn autre bien different. Il n'a point de nom François, qu ie sache, bien qu'aucuns l'appellent *Camomille bleuë*, & *Marguerite bleuë*, mal à propos, veu que c n'est pas vne espece de *Camomille*, ny de *Marguerite.* On dit qu'il est appellée *Tripolion*, pource qu ses fleurs changent de couleur trois fois le iour. Nous en auons mis icy le pourtrait & la descripti

Liu. 3. ch. 13. *La forme.*

prinse de Dodon, lequel dit, qu'il a les fueilles longues, larges, vertes, lisses, & glissantes, de la figu de celles du Pastel, entre lesquelles il sort vne tige ronde, de la hauteur d'vn pied & demy, & d uantage; garnie de fueilles semblables aux autres, sinon qu'elles sont plus petites. Elle fait bea coup de branches à la cime, garnies de belles fleurs, qui son purpurines deuant qu'elles soient espannies: mais puis apre elles ont au dedans vn rond iaune garny tout à l'entour d petites fueilles bleuës, & sont de la mesme figure des fleu de la Camomille: apres lesquelles il y vient vne graine vel & blãche, qui est emportée par le vent. Sa racine est longu & grosse, couuerte d'vne escorce assez grosse. Il y en a gra

Le lieu.

de abondance au riuage de la mer Oceane, & Mediterr née en lieu qui est souuent battu par les ondes de la mer, sorte que quelquefois il soit couuert d'eau, & d'autrefois sec. Il s'en treuue à force en Zelande. Lobel & Pena l'appe lent *Tripolion vulgaire*, & *Tripolion litoreũ.* Il fleurit en Iui

Le temps.

let & en Aoust. Ce qui conuient bien au *Tripolion* de Di

Liu. 4. c. 130.

scoride, duquel il escrit ainsi: Le *Tripolion* croist és lieu maritimes, qui sont par fois couuerts des flots ou du reflu de la mer, & par ainsi ne sont pas du tout dans la mer n du tout au sec. Il a les fueilles comme celles du Pastel, tou tefois elles sont plus grosses. Sa tige est de la hauteur d'v ne paume, branchuë à la cime. On dit que sa fleur chang de couleur trois fois le iour, & qu'elle est blanche au ma tin, & purpurine à l'heure du midy, & que sur le soir ell est rouge. Sa racine est blanche, odorante, d'vn goust

Les vertus.

chaud. Icelle prinse en breuuage au pois de deux drag mes euacuë l'eau par le bas, & prouoque l'vrine. On s' sert aussi pour mettre dans les contrepoisons. Le *Tripoliu*

Liu. 26 ch. 7.

dit Pline croist sur les rochers pres de la mer qui sont bat tus par les ondes, & ne sont ny dans la mer, ny du tout sec.

Tripolion de Dodon.

ec. Il a les fueilles assez grosses, la tige de la hauteur d'vne paume fourchue, & branchue au bout, racine blanche, grosse, odorante, d'vn goust chaud, laquelle est bonne à ceux qui ont le foye inressé en la faisant cuire auec de l'Espeautre. Aucuns estiment que ce soit la mesme herbe que nous uons appellée *Polion* cy deuant. Voilà ce qu'en dit Pline, Or est il du nombre de ceux qui n'ont s distingué le *Polion* d'auec le *Tripolion*: car il escrit du *Polion* ce que Theophraste escrit du *Tripolion*, alleguant Musæus & Hesiode: Nos gens, dit-il, vsent de la Saliunca en leurs garderobbes cō- les Grecs vsoient du *Polion*, duquel Musæus & Hesiode disent merueilles, & qu'elle est bonne out ce à quoy on la voudra appliquer: & d'ailleurs qu'elle sert à acquerir renommée, & pour faire tenir des estats. Et de fait, c'est vne chose miraculeuse, si ce qu'on en dit est vray, c'est que ses eilles sont blanches au matin, rouges enuiron le midy, & bleuës sur le soir. On en treuue deux esces: car celuy qui croist parmy les champs est plus grand que l'autre: mais celuy qui vient parmy forests est plus petit Aucuns l'appellent *Theutrion*. Ses fueilles sont semblables à la cheuelure vn vieil homme, & sortent immediatement dés la racine: & ne passe iamais vne palme de haut. Liu. 21 ch. 7.

r voicy ce que Theophraste en escrit: *Et dit-on, suyuant ce que Musée & Hesiode en ont escrit, que Tripolion est bon pour faire venir à bout de tous affaires d'importance: mais pour cest effect il le faut racher de nuict, l'ayant au preallable couuert d'vn pauillon.* Voilà comment Pline traduit tout noitement le *Polion* au lieu du *Tripolion*. Et neantmoins Gaza en traduisant Theophraste a mis *Pon*, au lieu de *Tripolion*, ayant peut estre suiuy Pline. Quant à ce que Pline adiouste, *& principalent pour acquerir renommée, &c.* Et ce qu'il dit vn peu apres parlant du *Polion*: *Musée*, dit-il, *& Hede ordonnent de se frotter auec du Polion, pour acquerir honneur, & qu'il faut que ceux qui sont cuux d'acquerir de l'honneur manient souuent du Polion.* Il n'a pas bien entendu ce passage, qu'il a ns de Theophraste, auquel il n'est pas traitté du Polion, comme il appert par ce qui en a esté alleé cy dessus, & ce qui s'ensuit incontinent apres: *Et ce qui est de la gloire, & de la reputation de me, & aussi dauantage: car on dit que l'Antirrhinon apporte tousiours de la renommée.* Or afin que passage soit mieux entendu, il faut sçauoir que Theophraste apres auoir parlé de *l'Oenothera*, les ines de laquelle prinses en vin rendent l'homme plus courtois & plus allegre, il adiouste puis es: *Ce qui ne doit pas sembler estrange: d'autant que ceste racine resiouït ayant vne vertu semblau vin. Mais on doit bien tenir pour plus grande sottize, & chose incroyable* (car il faut qu'il y ait au ec ἀηθέστερα, καὶ ἀπιθανώτερα) *les breuets, & autres remedes que l'on porte sur les personnes pour les eruer contre les sorceleries & mesme les maisons. Comme aussi ce que l'on dit, ainsi que Musée & He e l'ont escrit, que le Tripolion fait venir à bout de tous les affaires d'importance que l'on entreprend: que pour cest effect il faut dresser vn pauillon & l'arracher de nuict. Et encor plus ce que l'on dit, il y a des choses qui font acquerir reputation, car on dit que l'Antirrhinon fait auoir bonne renommée,* Liure. 9. de l'hist. ch. 21. Liu. 23. c. 29. Com. Embl. 117. liu. 4.

Tripolion vulgaire, de Lobel.

Tripolion petit, de Lobel.

&c.

&c. En outre Pline dit, que les fueilles du *Polion* changẽt de couleur trois fois le iour. Ce que Dioscoride a escrit des fleurs du *Tripolion*. Galien fait mention du *Tripolion* en peu de mots : *Sa racine* dit-il, *est acre au goust, & chaude au troisiesme degré.* Il y a des autheurs modernes qui ont escrit, que les fueilles du *Tripolion* estoient tres-singulieres à toutes playes, & qu'elles seruoient pour les consolider en mettant le suc dedans, ou bien en les appliquant broyées dessus. Lobel a mis le pourtrait d'vn autre *Tripolion*, qui croist aupres de là où le Pau entre dans la mer ; & est beaucoup plus petit que celuy de Montpelier, n'estant pas à grand peine de la grandeur de la petite Conyza, tant pour le regard de ses fueilles que de sa racine & de ses fleurs.

Liure 8. des simpl.

Du Grame, & Oxiagrostis marine, CHAP. XXVI.

Le lieu. La forme.

CETTE *espece de Grame* croist és lieux maritimes: & a la racine longue, rousse, compartie par neuds, & pleine de bois, & beaucoup de fueilles à l'entour de la racine semblables à celles du Grame ; la tige de la hauteur d'vn pied, à mode de ionc, lisse, ronde, & sans neuds, & mesme sans fueilles auec vn bouton membraneux & escailleux, iaune, tirant sur le roux, sous lequel il y a deux fueilles longues l'vne deçà & l'autre delà, estendues comme deux cornes. Quant à l'autre plante qui est icy peinte en second lieu, c'est aussi vne *espece de Grame,*

Grame marin, de Dalechamp.

Oxiagrostis marine, de Dalechamp.

qui doit à bon droit estre appellée *Oxiagrostis marine*, c'est à dire, *Grame piquant.* Car elle croist és lieux maritimes, & a la racine qui n'est point compartie par neuds comme celle du *Grame* precedent : mais fort cheuelue, la hauteur d'vn pied, branchue, & compartie par neuds, à chascun desquels il sort deux fueilles longues, estroites, semblables à celles du *Grame*, qui piquent vilainement les passans.

Xyris maritime.

CHAP. XXVII.

CESTE plante, que les Herboristes appellent *Xyris marina*, se treuue souuent entre diuerses ordures que les ondes poussent au riuage de la mer. Elle a la racine longue, grosse, compartie par neuds, couuerte d'vne escorce rousse, & fort cheueluë. Sa tige est de la hauteur d'vn pied, garnie de fueilles entassées tout à l'entour, longues, rayées, & aiguës au bout; à la cime de laquelle il y a trois ou quatre gousses, qui sont aussi rousses, anguleuses, pleines de graine, qui semble auoir esté applatie, & couuerte d'vne peau rousse auec vne tache noire au milieu d'vn costé & d'autre. Cette graine est dure à mascher & comme de bois, d'vn goust astringeant. *La forme.*

De la Cichoorée bulbeuse.

CHAP. XXVIII.

CESTE plante est aussi maritime, & est appellée à bon droit *Cichorium bulbosum*, à cause de la figure de ses fueilles & de sa racine. Elle croist parmy le sable de la mer; & a la racine bulbeuse, & comme compartie par neuds, auec des petites cheuelures tant au dessus comme dessous; de laquelle il sort vne tige longue, compartie par neuds, & assez grosse, couchée par terre, auec vne infinité de cheuelures fort deliées, qui sortent par les neuds, & s'espandent de tous costez, & se fichent dans le sable. Ses fueilles sont semblables à celles des *Cichorées*, decoupées à l'entour, en petit nombre, & rendent vn suc comme laict, & si sont d'assez bon goust. Ses fleurs sont iaunes, semblables à celles de l'Herbe à l'esperuier, & se resoluent en papillottes. Aucuns estiment que c'est le *Perdicion*, duquel Theophraste fait mention, disant: *Et aussi le Perdicion, qui a beaucoup de grosses racines, ou fueilles, & est appellé Perdicion, pource que les Perdris se frottent volontiers contre cette plante & l'arrachent.* Pline apres auoir parlé de la *Cichorée* commune, traitte consecutiuement de ce *Perdicion*, de Theophraste (car il y a diuerses plãtes qui ont esté ainsi appellées par diuers autheurs) disant: *Quant à la Cichorée & autres semblables herbes, leurs fueilles trainent par terre, lesquelles commencent à germer incontinent apres le leuer de la poussiniere, & sortent immediatement dés la racine. Quant au Perdicion il y a d'autres nations que les Egyptiens, qui en mangent. Les Perdris en sont fort friandes, dont aussi elle en porte le nom. Cette herbe a beaucoup de grosses racines.* Ce que Pline a prins sans doute de Theophraste, si ce n'est ce qu'il dit, *que les Egyptiens & autres nations en mangent.* Ainsi aussi cette *Cichorée* a les racines grosses comme estans bulbeuses, & non seulement en grand nombre, comme dit Pline, mais aussi beaucoup de fueilles, comme dit Theophraste si l'on veut mettre pour racines vne infinité de petites qui sortent par les neuds de la tige qui couchée par terre,

Le lieu.
La forme.
Liure 1. de l'hist. ch. 11.
Liu. 21 c. 17.

[C]ichorée bulbeuse marine, de Dalechamp.

Du Nasitort marin, CHAP. XXIX.

Le lieu. *La forme.*

L E *Nasitort marin* croist és lieux maritimes qui sont sablonneux ; & a beaucoup de racin. blancheastres, la tige de la hauteur d'vn pied: les fueilles semblables à celles du *Nasitort* acres & beaucoup de fleurs purpurées. Sa graine vient en des gousses semblables à vn fer d lance, d'vne rare & emerueillable façon, qui se peut dire estre particuliere à cette seule plante.

Nasitort marin,

Thlaspi marin, de Dalechamp.

Camomile marine, de Dalechamp.

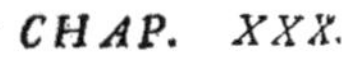

Du Thlaspi marin, CHAP. XXX.

Le lieu. *La forme.*

L E *Thlaspi marin*, qui est fort petit, cro és lieux maritimes ; & a la racine plein de bois, longuette, fourche, & blanch & plusieurs tiges de la hauteur d'vn paume, simples, & garnies de fueilles e grand nombre, qui sont petites, estroi & longues. Elle fait aussi beaucoup d fleurs, à la cime des tiges ; & vne graine iaune, large, sembla ble à celle du *Thlaspi*, acre, enclose en des gousses rondes.

De la Camomile marine, CHAP. XXXI.

Le lieu. *La forme.*

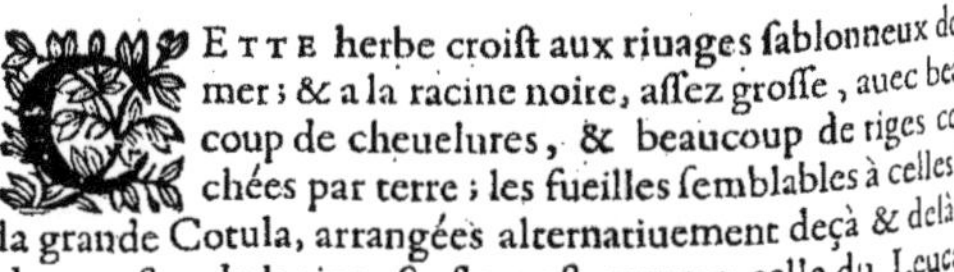

C ETTE herbe croist aux riuages sablonneux de l mer ; & a la racine noire, assez grosse, auec beau coup de cheuelures, & beaucoup de tiges cou chées par terre ; les fueilles semblables à celles d la grande Cotula, arrangées alternatiuement deçà & delà d deux costez de la tige. Sa fleur est comme celle du Leucan themon. Aucuns l'appellent *Cotula marine.*

Chamæpeuce marine, de Dalechamp.

CHAP. XXXII.

ETTE plante vient aussi és lieux maritimes, & a la racine grosse, qui va s'estendant de biais ; & en produit beaucoup d'autres petites par le bout, qui sont poulpues ; mais par dessus elle produit plusieurs tiges, lesquelles sont à mode de conduits enchassez l'vn dedans l'autre pres de la racine, & iettent plusieurs branches. Ses fueilles sont comme celles des Peces ou des Asperges, sortans alternatiuement par la tige, dont il y en a plusieurs iointes ensemble à mode du bout d'vn pinceau. Ses fleurs sont petites & purpurines, & sortent par les ailerons des branches. Auçuns tiennent que c'est *vne espece d'Asperge marine.* *Le lieu.* *La forme.*

De la Roquette de mer. CHAP. XXXIII.

YCONVS qui est vn Medecin fort sçauant, appelle ceste plante *Eruca marina*, *Roquette marine*, pource qu'elle a le goust de la *Roquette*, & ne croist sinon au long de la marine. Mesme les Cathalans l'appellent *Rucas de mar*, c'est à dire *Roquette marine*. Elle croist à la hauteur d'vne coudée; & a les fueilles grosses, lisses, descoupées, pprochans de celles du Senesson, grasses, & pleines de suc, couchées par terre, & quelquefois uges par le bas. Entre lesquelles il sort trois petites tiges ou bien dauantage, rouges par le bas, ndes, cannelées, branchues, lisses, & massiues, qui sont quelquefois droites, & quelquefois couhées par terre : à la cime desquelles il sort des fleurs purpurées, semblables à celles des Raiforts. a graine est menuë, enclose en des gousses triangulaires. Ses racines sont longues, menuës, blanhes, pleines de bois au dedans, & s'espandent par dessus le sable, d'vn goust vn peu acre. Elle roist és lieux maritimes, sablonneux : & fleurit en Auril & en May. Les fueilles, la tige, & *Les noms.* *Le lieu.* *La forme.* *Le temps.*

Roquette marine.

Cakile de Serapion, de Lobel.

generalement toute la plante a vn gouſt acre, auec vn peu d'amertume, & mediocre entre ce-luy de la *Roquette* & de la Mouſtarde. Voilà ce qu'en dit Myconus, lequel aſſeure d'auantage, c'eſt qu'il a ſouuent veu par experience, & qu'il ſçait fort bien, que l'eau diſtilée de cette plante eſtant prinſe tiede au matin au poids de quatre onces, eſt fort ſouueraine contre les douleurs de la colique, & des reins, & aux graueleux. Lobel & Pena mettent cette meſme plante, ou pour le moins vne qui luy reſemble fort & l'appellent *Cakile Serapionis Erucæ folio, Napi flore*, & communement *Roquette marine*, pource qu'elle ne croiſt ſinon au riuage de la mer, d'où on la transplante quelquefois dans les iardins. Or il s'en treuue à force aupres de Venize, & à l'entour de Maguelonne, où elle a les fueilles deſcoupées comme celles du Seneſſon, ou de la Roquette; toutefois elles ſont plus groſſes, & plus blanches. Ses branches ſont garnies de fleurs purpurées ſemblables à celles des Nauets en grandeur & en figure. Sa graine eſt longue, aiguë, & ſpongieuſe. Dont il en ſort deux grains à chaque fleur, qui tiennent enſemble par le moyen des filets qu'ils ont au bout. Elle a vn gouſt ſalé tel que celuy de la *Roquette* ou des Nauets. Sa racine eſt pleine de bois. L'Anguillara aſſeure qu'elle purge bien fort.

Les vertus.

Du Chou marin, *CHAP. XXXIV.*

Liu.2. c.125.

LE *Chou marin* eſt appellé en Grec κράμβη θαλάσσια : en Latin *Braſſica marina*. Dioſcoride dit qu'il eſt du tout differant des *Choux cultiuez*; d'autant qui a les fueilles comme la Sarraſine ronde, longues & menuës, leſquelles ſortent vne à vne par les branchettes, dont chaſcune eſt attachée à vne queuë rouge, comme celles du Lierre. Il rend vn ſuc blanc mais en petite quantité, qui eſt ſalé au gouſt auec vn peu d'amertume, & ſe prend & congele comme graiſſe. Les Herboriſtes prennent pour le *Chou marin* la plante que les Apothicaires appellent *Soldana*, & *Soldanella*, combien que Dioſcoride die, que le *Chou marin* a les fueilles comme la Sarrazine ronde, & longues, d'autant qu'elle croiſt és lieux maritimes, & fait des petites branches rougeaſtres, deſquelles il ſort des fueilles comme au Lierre, qui rendent vn ſuc blanc comme laict, & ont vn gouſt ſalé & amer, auec vn peu d'acrimonie. Matthiol donc a eu raiſon de dire, que ce paſſage de Dioſcoride eſt incorrect, & que ç'à eſté vne choſe bien aiſée à faire que l'eſcriuain ait mis μακρὰ, c'eſt à dire *longues*, au lieu de μικρὰ c'eſt à dire *petites*. Toutefois en nos exemplaires de Dioſcoride il n'y a ny μακρὰ, ny μικρὰ, mais ὑπομήκη, c'eſt à dire *fort longues*. Dalechamp eſtime qu'il y faut lire προμήκη, c'eſt à dire *eſtendues* : car de fait elles ſont telles. Ce paſſage eſtant ainſi corrigé il ſe treuuera que la *Soldanella* a toutes les marques du *Chou marin* de Dioſcoride; meſme Ruel eſt en cette opinion, que la plante qui eſt communement appellée *Soldana*, comme il dit, a toutes les marques entierement du *Chou marin* de Dioſcoride, & toutefois il a failly en ce qu'il a eſcrit, qu'elle a les fueilles comme la Sarraſine longue, & meſme fort longues. Au contraire Dodon en parle bien plus au vray, diſant qu'elle a les fueilles comme le Cabaret, ou comme la Sarrazine ronde, ſinon qu'elles ſont moindres. Matthieu Syluaticus autheur des Pandectes a auſſi failly, en ce qu'il a penſé que la *Soldanella* eſtoit le *Cakile* des Arabes, veu que Serapiõ dit, que le *Cakile* eſt ſemblable à l'Vſnea, & a les fueilles comme le Naſitort, & non comme la Sarrazine. Au reſte le *Chou marin* eſt du tout differant des autres *Choux*, comme Geſner l'a fort bien dit, & n'a rien de commun auec eux, que le nom. A raiſon dequoy, comme i'eſtime, Dodon n'en a pas traitté incontinent apres les *Choux*; mais apres le Liſeron. Car de fait, il a des petites tiges grailes & rougeaſtres comme des veillons, couchées par terre, deſquelles il ſort des petites fueilles rondes & verdes, plus rondes & plus verdes que celles de Lierre, ſemblables à celles du Cabaret ou de la Sarraſine ronde, ſinon qu'elles ſont moindres. Ses fleurs reſemblent à celles du petit Liſeron, & ſont rougeaſtres, ou purpurées. Sa graine eſt noire, & vient en des gouſſes ou boutons ronds, comme ceux du Liſeron. Sa racine eſt longue, & menuë. En ſomme il reſemble au petit Liſeron, ſinon que ſes fueilles ſont plus rondes, plus groſſes, & ont vn gouſt ſalé. Il en croiſt à force en Zelande, & le long de la marine de Flandres: & meſme dit Matthiol, le long de la marine de Venize, Aquilée & Trieſte. Pena a mis le pourtraict,

Sur Dioſcor. liu.2 c. 115.

Liu.2. ch.54.

Liu.3 ch 54

Chou marin, Soldanella des Apothicaires.

Aux iardin s d'Alemag.

Au meſl. lieu.

Le lieu.

Au meſl. lieu.

[tr]ait d'vn autre beau *Chou marin sauuage*, differant à celuy de Dioscoride, lequel croist és lieux ma[ri]times d'Angleterre, comme en l'Isle de Portland: mais pource qu'il n'est pas cultiué & qu'on n'en [t]ient conte, toute la plante est rude & fort dure, & ses bourgeons mal-plaisans; & neantmoins on en [po]urroit bien manger. Turnerus l'appelloit μονόκαυλον, & μονόσπερμον, à cause que les grains de sa [se]mence viennent vn à vn. Il fait beaucoup de fleur blanches-palles, entassées ensemble par ombel[le]s au bout des branches, apres lesquelles il y vient des gousses courtes & assez grosses, dans châ[c]une desquelles il n'y a qu'vn grain vn peu plus petit qu'vn pois, de la grosseur d'vn Ers, ou d'vn [gr]ain de *Soldanella*. Ses fueilles sont quasi semblables à celles des *Choux noirs*; toutefois elles sont [pl]us grosses, & de plus belle monstre; decoupées & plissées fort artificiellement. Au reste le *Chou [sa]uuage* est assez frequent en la marine de Siene, au Mont Argentaro, & autres riuages de la mer de [T]oscane & de l'Adriatique aussi. Matthiol dit, qu'il en a veu sur le chemin, quand on va de Rome [à] Naples aupres de Terracine, qui auoit les fueilles comme celles des *Choux cultiuez*; toutefois el[le]s estoient velues à mode de celles du Iusquiame, d'vn goust amer, & mal-plaisant. Dioscoride aussi Au mesme lieu.

[Ch]ou marin sauuage, Monospermos de Pena.

Espece de Chou marin, de Rauuolf.

[dit] qu'il vient és lieux maritimes, & és precipices pour la plus part, semblable au cultiué, mais plus [bla]nc, plus velu, & amer. Quant à leurs proprietez le *Chou marin* est acre, & du tout contraire à l'e[stom]ac. Estant cuit en viande il lasche fort le ventre. A cause de son acrimonie il le faut faire cuire [aue]c de la chair grasse. Galien dit, qu'outre ce que le *Chou marin* lasche le ventre, comme estant [d'v]n goust salé & vn peu amer, il sera aussi propre pour appliquer au dehors du corps à tout ce à quoy [on] se sert des medicamens qui sont de semblable qualité. Matthiol dit, que la decoction du *Chou [ma]rin* prinse auec de la Rhubarbe est singuliere pour euacuër l'eau des hydropiques. Autant en fait [sa p]oudre, si on en vse souuent auec de la *Rhubarbe*, & de Cubebes parmy du vin. Au surplus Rauuolf [escr]it, que dans les iardins de Syrie, & mesmes és lieux deserts, & non cultiuez, il croist vne espece [de] *Chou marin*, ou *Soldanelle*, que ceux du pais appellent *Meudheudi*. Rhases au liure qu'il dedie [au] Roy Almansol l'appelle *Corigiola*: les Allemans l'appellent du nom commun à tous *Choux marins*, [M]erkoil. Cette plante croist en terroir maigre & sec, & és lieux sablonneux; & a vne racine menuë, [es]parse çà & là par dessus la terre. Ses fueilles sont petites & longues, & non rondes, comme celles [de] la *Soldanella*, & comme rayées de veines, & si sont larges aupres de leur queuë, & quarrées, & [co]mme dentelées à la cime. Ses fleurs sortent par certains boutons pointus, & venans à s'espannir [se] mipartissent en cinq petites fueilles.

Liu. 2. c. 125.
Les vertus.
Liure 7. des simpl.
Sur Diosc. liu. 2. c. 113.
Les noms.
Le lieu.
La forme.

Arroche marine, CHAP. XXXV.

La forme.

L'ARROCHE *marine* va rampant par terre, & iette ses tiges çà & là garnies de fueilles blancheastres semblables à celles des *Arroches*, ou des Espinars sauuage, sinon qu'elles sont moindres. Sa graine vient à la cime des tiges, qui sont certains grains ou boutons inegaux, entassez à mode de grappe de raisin. Elle a beaucoup de racines & vn goust salé & nitreux. Dioscoride ny Galien n'en ont point fait mention que ie sache; toutefois elle sera bien aisée à cognoistre à qui voudra bien soigneusement rechercher les plantes maritimes. Matthiol dit, qu'il y en a force au riuage de la mer aupres des Salines de Trieste.

Sur Diosc. liu. 2. ch. 112.

Du Pourpier, ou Pourchaille marine,

CHAP. XXXVI.

La forme.

LA *Pourchaille marine* est vne *espece de Pourpier sauuage*. Elle fait beaucoup de tiges menuës, dures & pleines de bois: & les fueilles grosses, grasses & cendrées, du tout semblables à celles du *Pourpier*, & d'vn goust salé: toutefois elles sont plus blanches, lisses, & ne sont pas si glissantes. A la cime de ses tiges il vient des fleurs semblables à celles des Arroches, ou des Blettes, puis apres vne graine menuë entassée en grappe. Sa racine est longue & pleine de bois. Matthiol dit que les Arabes appellent *l'Halimus*, *Molochia*, & *Arroche marine*. Et de fait, Serapion en la description qu'il en fait; dit que les Iardiniers de Babylone en font des poignées qu'ils vont vendant parmy la ville crians, *Molochia*. Or cette *Molochia*, dit-il, est peut estre la *seconde espece de Halimus*, laquelle Pline descrit disant *Les autres ont dit que c'est vne herbe potagere venant le long de la mer; qui est salée; dont elle a esté appellée Halimus. Ses fueilles sont rondes & longuettes. Elle est de bon goust à manger.* Cette plante, dit Matthiol, est fort commune au riuage de la mer de Venize, ou ceux du païs l'appellent *Bidone*; & en mange-on comme d'vne herbe potagere. Ce neantmoins la plante dont il met le pourtrait, soit que ce soit la *Molochia des Arabes*, ou bien la *seconde espece de Halimus* de Pline, n'est autre chose que le *Pourpier marin*, dont il est icy question, & duquel nous auons mis icy le pourtrait, mesme suyuant l'opinion de Dodon. Cependant il ne sera pas hors de propos d'aduertir ceux qui estudient en la cognoissance des Simples, que les Arabes ont failly en prennant la *Molochia*, *l'Halimus de Dioscoride*, & *l'Arroche marine*, pour vne mesme plante, s'ils prennent pour la *Molochia* la plante dont nous auons mis le pourtrait prins de Matthiol: car le *Pourpier marin*, *l'Halimus de Dioscoride*, & *l'Arroche marine* sont plantes bien differentes, comme nous l'auons monstré en lieu plus à propos, Lobel & Pena tiennent que ce *Pourpier marin* est le *Crithmon* de Dioscoride, & que la description qu'il en fait conuient beaucoup mieux au *Pourpier marin* que non pas au *Fenouïl marin*. Mais nous auons discouru plus au long sur ce faict au traitté *des plantes à Ombelle* au chap. du *Crithmon de Matthiol*. Au reste le *Pourpier marin* croist à force au riuage de la mer. Matthiol dit, qu'il en croist à force autour des murailles de Trieste à l'entour des Salines, là où il y a aussi grande abondance d'*Arroche marine*.

Sur Diosc. liu. 1. c. 103.

Li. 8. ch. 21.

Liu. 5. ch. 20.

Le lieu.

Au mes. lieu.

Pourpier de mer, Halimus commun, de Matthiol.

Parthenion marin,

CHAP. XXXVII.

PENA a mis le pourtrait d'vn *petit Parthenion marin*, ou soit *Cotula*, qui croist au pied du mont Cestien en Languedoc assez pres des logettes & cabannes des pescheurs, & vient volontiers parmy la Cichorée bulbeuse. Il fait des petites tiges de la longueur d'vne paume, couchées par terre, garnies de fueilles de la grandeur de celles du Bupthalmon vulgaire, decoupées comme celles des grandes Marguerittes, poulpuës, & de mauuaise odeur comme la *Cotula commune*, à laquelle aussi ses fleurs retirent assez bien, comme aussi il a bien les mesmes vertus. Il y a beaucoup d'autres plantes qui croissent aupres de la mer comme il a esté dit; mais elles ont si grande affinité auec d'autres de mesme espece, qu'il ne vient pas à propos de les separer & en traitter à part. Ainsi donc il ne les faudra pas chercher en ce liure; mais auec les autres de mesme espece. Le lieu.

Du Ionc marin de Lobel.

CHAP. XXXVIII.

onc marin retirant au Grame, de Lobel.

CETTE plante est appellée en Latin *Iuncus marinus gramineus*, & *Pseudoschœnanthon*; pource qu'elle retire au Scœnanthon en sa figure, grandeur, & tige; tellement qu'aucuns ont estimé que c'en fut vne espece. Toutefois il y a grande difference quant aux vertus; & qui plus est le *Ionc marin* a les fueilles comme le Grame, & la fleur bien differente; car elle est belle, en papillottes, entassée à mode d'vne queuë de Renard, de la longueur de cinq ou six poucées, auec vn lustre comme si c'estoit soye ou argent, à mode de l'Alopecurus. Il y en a force au riuage de la mer Adriatique, comme aussi à l'entour de la mer Mediterranée, mesme le long des eaux Marianes de Montpelier. Voilà ce qu'en dit Lobel. Pena met vn autre *Ionc marin*, qui ne croist sinon aux riuages sablonneux de la mer de Languedoc, & de Prouence: & n'a pas à grand peine plus d'vne paume & demie, ou d'vn pied de hauteur, auec beaucoup de fueilles menuës, blancheastres & estroites deux fois plus longues que la tige, qui n'a qu'vne paume & demie de long, souples, esparpillées, & rempliées, sortans de la racine qui est noire, & simple à mode de celle du Souchet long, compartie par neuds, & assez longue auec beaucoup de cheuelures, d'vn bon goust. A la cime de la tige il y a le plus souuent trois petites fueilles de la longueur de trois poucées; & vne fleur en pelotte, garnie d'vne graine semblable à celle des *Ioncs*, couuerte de basse, & vn peu aspre, de leur palle entre pourpre & brun, de la grandeur & figure de l'Ampeloprason. Les noms. La forme.

De la Pastenade marine, CHAP. XXXIX.

MATTHIOL prend la plante qui est icy peinte pour la *seconde espece de Bacille*, laquelle luy a esté enuoyée par Cortusus: & est quasi semblable à la *Bacille*, ou *Fenoüil marin*, qu'il prend pour la *premiere espece de Crithmon*, si ce n'estoit qu'elle a les fueilles plus estroites,

 aiguës

Pastenade marine de Pena, & de Lobel; Crithmon II. de Matthiol.

Chap. 135. des simpl.
Le lieu.

aiguës & piquantes au bout, d'vn goust salé & aigu. Ses tiges sont aussi plus pleines de suc, & mieux nourries, à la cime desquelles sortent les branches deux à deux, trois à trois, ou quatre à quatre, chascune ayant vne ombelle au bout garnie de fleurs blanches; apres lesquelles il y vient vne graine, qui retire aucunement à celle du Fenouïl, garnie de petites espines. Sa racine aussi retire à celle du Fenoüil. Dodon qui prend aussi le *Fenoüil marin* pour la *seconde espece de Crithmon*, estime que cette plante en soit la *seconde espece*, & l'appelle *Crithmon spinosum*. Mais Pena & Lobel font mieux, à mon aduis, de l'appeller *Past inaca marina* pource qu'elle croist aux riuages sablonneux de Languedoc parmy l'Eryngion, & que les pauures gens amassent ses racines, pour les manger, & les appellent *Pastenade marine* d'autant qu'elles ont le mesme goust, & quasi la mesme figure. Quant à la troisiesme espece de *Crithmon* de Matthiol, nous en auons traité en ce mesme liure.

De la Lentille marine de Serapion,

CHAP. XL.

SERAPION fait mention d'vne *Lentille marine*, de laquelle nous auons mis icy le pourtrait prins de Lobel. Elle croist, dit-il, aux riuages de la mer de Toscane, & du goulfe de Venize, & a les fueilles estroites comme la Linaire surnommée Scoparia, sur des petites queuës souples, de la longueur d'vne paume & demie, chargées

Lentille marine de Serapion, Vua marina selon aucuns.

Lentille marine aux fueilles dentelées, de Lobel.

fournies de beaucoup de petits grains vuides, membraneux, ronds, semblables à des Lentilles & de mesme grosseur, dont aussi est venu son nom. Il y en a vne autre semblable à la precedente & que l'on prendroit pour la mesme, si elle n'auoit les fueilles plus larges, & plus courtes, vn peu dentelées à l'entour.

Bourjons d'Arbres changez en cocoquilles, & puis en Canards, CHAP. XLI.

LEs anciens historiens ont escrit beaucoup de choses que l'on tient pour fabuleuses; & mesme on s'en mocque : & toutefois nous sommes contrains en fin de confesser qu'elles sont vray-semblables, pource que nous voyons deuant nos yeux des miracles de nature beaucoup plus estranges, que ceux dont il est fait mention és histoires. Car ie vous prie, y a il chose plus digne d'admiration, que de dire que du bois pourry d'vn nauire, ou d'vn tronc, ou branche d'arbre qui sera iettée au riuage de la mer, & continuellement arrousée par les inondations de la mer, il en sorte des coquilles, & puis des oiseaux ? Et toutefois non seulement les Historiens qui ont escrit l'histoire des pays Septētrionaux; mais aussi d'autres curieux de voir telles choses asseurent d'auoir veu cela non seulement en Escosse, comme les historiens l'escriuent, ou bien aux Isles Orcades, qui furent iadis combattue par les Romains auec vne armée de mer; mais aussi en Angleterre & en Bretaigne. Car Pena & Lobel disent, qu'ils ont des coquilles, lesquelles ils ont prinses & arrachées du fonds d'vn vieil nauire sur la riuiere de la Tamise qui passe à Londres, où elles estoient attachées auec vne grosse queuë froncie. Ces coquilles sont petites, quasi rondes, blancheastres par dehors, reluisantes, lisses, menuës & frailes cōme vne coquille d'œuf, s'ouurans en deux parties, comme les Tellines, & de la grosseur d'vne Amande platte. Or elles estoient attachées au fonds du nauire par dehors, lequel estoit demy pourry & couuert de Limon & de Mousse, à mode de la queuë d'vn Champignon, laquelle retiroit au bout d'vn petit nombril, lequel entroit dans la coquille par l'endroit le plus large, comme la queuë des fruicts; & comme si les petits oiseaux tiroient leur nourriture par là, desquels on voyoit le commencemēt au bout de ces coquilles entr'ouuertes. Les Historiens disent, que ces queuës là s'engendrent premierement de certains vermisseaux; ce que toutefois Pena & Lobel n'ont pas peu sçauoir pour certain, ny le croire aussi. Ils asseurent en outre, que ces coquilles là s'engendrent aussi des branches des arbres, qui se treuuent là où le flux de la mer bat, & sont formées de fort belle façon; & que celles qui demeurent en terre à sec meurent; mais de celles qui sont emportées par le reflux de la mer, il s'en engendre des Canards ou oiseaux de telle espece, que les Anglois & Bretons appellent *Barnacles*; les Escossois *Clakis*, lesquels en ont grande abondance. On les prend en hyuer quand les riuieres sont gelées. Ils ont le goust des Canards, ou des Oyes sauuages, quand on les mange, ainsi que dit Lobel.

Coquilles formées des surgeons des arbres, produisans des Canards.

Bois changé en pierre.

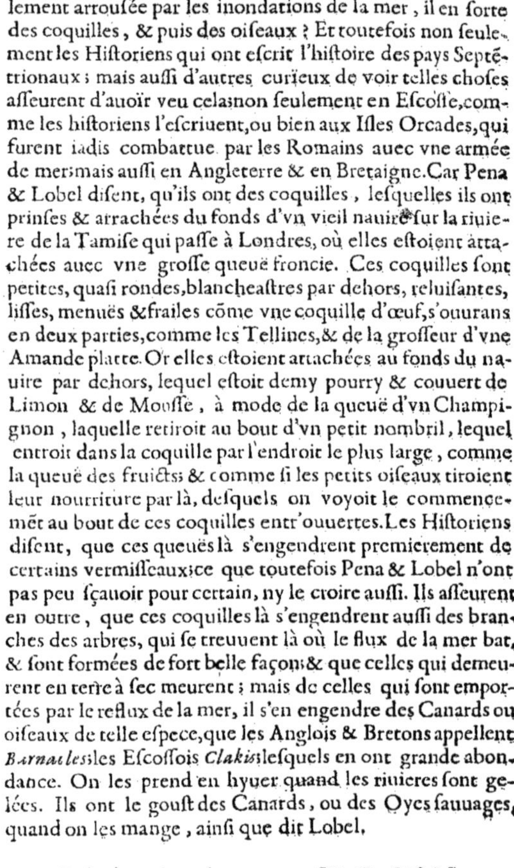

Bois changé en pierre, CHAP. XLII.

C'Est aussi vne chose estrange, & toutefois veritable, laquelle ie peux asseurer pour l'auoir veuë, mesme Pena & Lobel l'ont escrit; c'est qu'il y a des riuieres & ruisseaux dans lesquels si on plonge des paux de bois, des eschallats ou des perches, dans peu de mois ils se changent en pierre, & deuiennent quasi de la nature du fer sans changer leur superficie, leurs caneleures & veines qu'ils auoient auparauant; tellement qu'à les voir de loin on diroit que ce sont pieces de bois; mais à les manier & en les battant contre vne pierre, il semble que ce soit pierre, meslée parmy du fer, car ils sont massifs, pesans, & durs comme pierre, & d'autant de durée, & ne se gastent point au feu.

Du

Du Phallus d'Holande, CHAP. XLIII.

PHALLVS est vne chose qui croist aux riuages sablonneux de la mer d'Ho lande, & de Zelande, & resemble du tout au membre d'vn homme cou uert de son prepuce ; tellement qu'elle a prins son nõ de là. Car soit qu'on la considere toute entiere deuant que l'ouurir, ou bien ses parties chascun à part soy apres l'auoir ouuerte, elle resemble si fort aux parties honteuse d'vn homme, qu'il semble que nature ait prins plaisir à la forger tout exprés d'vn suc qui est dans l'arene seche pour en faire vn membre d'homme, s'ai dant peut estre de l'air de la marine, que tous les Philosophes asseurer estre fort propre pour engendrer, comme aussi les Poëtes l'ont voulu de clarer par leurs fables disans, que Venus est sortie des ondes de la mer. Au bout de derriere il y vn creux comme entre deux fesses releuées (car ie l'aime mieux comparer au fondement, qu'a nature d'vne femme.) En ce creux qui est comme le fonds des bourses de genitoires, il y a vn peti fil fendu en deux, qui sert de racine, & entre dans le sable. Ce qui est le plus pres de terre est fait mode de valise, & est plissé au bout auec des pointes releuées, embrassant le *Phallus* tout à l'entour, comme si c'estoient le bourses froncies. Ceste couuerte ostée il y reste vne autre peau, qui est comm la membrane appellée *Elytroides*, laquelle couure les testicules des hommes, qui est plus estroit & moindre que celle de dessus & enuironne le *Phallus* tout en rond comme vne ligne simple, la quelle est entr'ouuerte par vne fente comme pour monstrer l'entre-deux des testicules. Ceste pea

Phallus Batauicus entier.

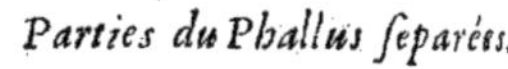

Parties du Phallus separées.

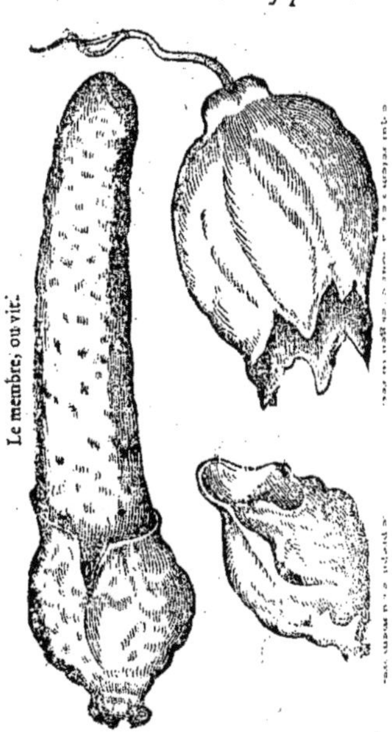

aboutit en vn bouton rond pres de la racine, dans lequel la racine entre. Apres vient le membr long à mode d'vn vit, marqueté de certains points, percé au bout au dessous du perpuce auec v petit trou rond, qui semble au conduit du membre par lequel l'vrine passe. Cest autre bout e couuert d'vn prepuce (ainsi se peut il bien appeller proprement,) qui l'enueloppe tout à l'entou comme vne peau plissée ; & au bout de ce prepuce, & de son trou & ouuerture, il y a comme vn pointe creuse, qui a la peau toute froncie à l'entour, comme le prepuce d'vn homme fronci au bout Or qui voudra vne plus ample description de ceste plante si rare & admirable, qu'il lise le trait d'vn certain Flamand, homme fort curieux de telles choses, lequel en a fait vn liure exprés, qui e imprimé.

Fin du XII. liure de l'Histoire Generale des Plantes.

LIVRE

LIVRE TREIZIESME
E L'HISTOIRE
Generale des Plantes.

Contenant la description de toutes les plantes qui ne se peuuent tenir droites sans estre appuyées & soustenues,

De la Vigne, *CHAP. I.*

Es plantes tendent quasi toutes de leur naturel contre-mont & vers le ciel, nous monstrans ce que nous deurions faire, qui au contraire ne pensons qu'à la terre; ainsi que Scaliger l'a fort bien escrit: Toutefois il y en a qui sont si foibles & debiles; que si elles n'estoient soustenues par des paux, ou perches, ou par des treilles; ou bien si elles n'auoient moyen de monter le long de quelque haye, arbre, ou autre plante estans plantées aupres d'icelle, qui leur serue d'appuy: sans cela, dy-ie, elles demeureroient couchées par terre, ou bien ne profiteroient pas & ne rẽdroient pas leur fruict en sa perfection, & mesme mourroient en peu de tẽps. En quoy elles sõt bien aisées à remar-er parmy les autres plantes, qui n'õt point besoin de telle aide, & ne laissent pas sans cela de bien oistre, & s'augmenter, fleurir, & rendre leur fruict. Or la *Vigne* est du nombre de celles qui montent ntre-mõt, & ont besoin de support, & laquelle est assez cõneuë de tous, tãt pour sa figure, que pour douce liqueur qu'elle rend. Et est appellée en Grec ἄμπελος οἰνοφόρος, & ἄμπελος ἥμερος : en Latin *tis vinifera*, & *satiua*, ou *culta* : en Arabe *Harin*, *Karin*, ou *Karni* : en Italien *Vite vinifera* : en Al-and *Vueinreb* : en François *Vigne*. Elle est appellée ἄμπελος, comme qui diroit ἔμπηλος, pource e les Grecs nommoient autrefois le vin πηλὸς : & *Vitis*, de *vinum* : ou bien, comme dit Ruel, *quo-m inuitetur ad vuas pariendas*, c'est à dire, *pource qu'on l'inuite & conuie à porter des raisins*. Il s'en uue vne infinité d'especes; tellement que ce seroit comme chose superflue, de les vouloir particu-izer & specifier toutes; d'autant qu'elles se diuersifient selon la nature du terroir, & selon que le leil en est pres ou esloigné. Que si quelqu'vn a enuie de les sçauoir, il faut qu'il lise ceux qui ont crit de l'Agriculture, & aussi Pline lequel iaçoit qu'il ne les ait pas toutes specifiées, en a pour le ins cotté les plus remarquables; car de parler de toutes il ne seroit pas possible, veu que comme y mesme dit, il y en a presque autant comme de champs & possessions. Ie diray seulement cela en ssant, qu'il y a des *Vignes* en certains pays, qui se soûtiennẽt d'elles méme, à cause qu'elles sõt cour-s & basses; & par ce moyẽ plus rẽforcées. Il y en a d'autres qui mõtent sur les arbres & sont nõmées Latin *Arbustinæ*: en Grec ἀναδενδράδες, & δενδρίτιδες. En la terre de Labeur à l'entour de Naples on plante aupres des Peupliers, sur lesquels elles rampent cõtre-mont par le moyen de leurs tendons i leur seruent d'agraffes; de sorte qu'elles montent iusques au plus haut d'iceux: tellement que en souuent les vendangeurs s'y rompent le col pour recompence de leur peine. Or la *Vigne* produit s la racine vn seul tronc tortu, lequel puis apres fait beaucoup de branches, & est couuert de plu-urs escorces membraneuses, & creuassées, estendant ses sarments au long & au large, garnies fueilles larges, qui ont beaucoup de decoupeures comme celles du Platane ou de l'Erable, & nt dentelées à l'entour, attachées à vne longue queuë. Son fruict est enuironné de fleurs cot-nnées. Ses raisins sont composez de beaucoup de grains entassez ensemble, dans lesquels est la aine couuerte d'vne peau. Ces grains sont pleins de vin, differans en grandeur, en couleur, & goust: car les vns sont violets; les autres de couleur de Roses, ou verds. Quant aux blancs aux noirs, ils sont communs. Les raisins appellez *Bumastes*, dit Pline, sont gros comme des tits tetins; mais les raisins de Dattes ont leurs grains longs. Il y en a d'autres esquels il semble que nature ait prins plaisir à les diuersifier en mettant des petits grains parmy les gros, lesquels nt fort doux & de bon goust: les Grecs les appellent *Leptorages*. Au surplus si nous voulions descrire toutes les proprietez & facultez du *Vin*, suyuant ce que Dioscoride, Pline, & Galien en ont escrit, ce seroit vne chose superflue, qui ne feroit qu'ennuier le lecteur. Il suffira donc de declarer

Les noms. *Les especes.* Liu.14 ch 2. & 3. Liu.14.ch.1. Pliu. au mesme lieu. *La forme.* Liu.14.ch.1.

La Vigne, ou le Cep de la Vigne.

Liu.5.ch.1. Les vertus. declarer les proprietez des autres parties de la *Vigne*. Dioscoride, dit, que les fueilles & tendons de la *Vigne* broyez & appliquez auec griotte seche appaisent la douleur de teste, l'inflammation de l'estomach, & l'ardeur d'iceluy. Ce que font aussi les fueilles appliquées seules, comme estans froides & astringeantes. Leur suc prins en breuuage sert à la dysenterie, au crachement du sang, aux debilitez de l'estomach, & aux femmes qui prennent enuie de manger des choses extraordinaires. Ses tendons mis en infusion dans l'eau & prins en breuuage font le mesme effect. Cette liqueur qui sort du Cep de la *Vigne*, & est comme gomme, prinse en vin rompt la pierre : appliquée en liniment elle guerit les dertres, la rongne & la gratelle, pourueu que l'on ait au preallable frotté le lieu auec du Nitre. Elle fait aussi tomber le poil, si on en frotte souuent la place, l'ayant incorporée auec huyle. Ce que l'eau qui sort des sarmens verds quand on les brusle, fait encor mieux. Elle fait aussi tomber les verrues. La cendre des sarmens & des pepins de raisin incorporée en vinaigre guerit les duretez & creuasses du fondement, estant appliquée dessus : mais il les faut couper auparauant. Incorporée en liniment auec huyle rosat, de la Rue, & du vinaigre elle sert aux dislocations, à la morsure des Viperes, & à l'inflammation de la ratte.

Liu.23.au proœm. Pline recitant ce que nous venons de dire apres Dioscoride, est toutefois discordant auec luy en quelque chose. Les fueilles de la *Vigne*, dit-il & les bourgeons appliquez auec farine d'orge, appaisent les douleurs de la teste, & les inflammations du corps. Les fueilles seules appliquées auec eau froide, appaisent l'ardeur de l'estomach : auec farine d'orge elles sont singulieres aux gouttes. Les bourjeons pilez & appliquez desseichent toutes enfleures. Leur suc mis en clystere est propre à la dysenterie. La gomme qui sort du cep des *Vignes* prinse auec vin fait sortir la grauelle. Appliquée en liniment elle est propre au mal Sainct-main, aux dertres, & aux gratelles, ayant au preallable frotté les parties offencées auec du Nitre. Cette gomme sert aussi de depilatoire, si on en frotte souuent le poil qu'on veut faire tomber, l'ayant incorporée en huyle ; comme fait aussi l'eau que rend le bois de la Vigne quand on le brusle vert, laquelle fait aussi tomber les verrues. Les bourgeons mis en infusion seruent au crachement de sang, & aux defaillances de cœur de celles qui sont nouuellement enceintes. L'escorce de *Vigne* & ses fueilles seches estanchent le sang des playes, & les consolident. Le ius tiré de la *Vigne* blanche pilée verde appliqué auec d'encens sert grandement aux feux volages ou impetiges. La cendre des ceps & des sarmens & du marc incorporée en vinaigre est bonne aux fentes & creuasses du fondement : comme aussi aux dislocations, aux brusleures, & à l'enfleure de la ratte, incorporée en huyle rosat, rue, & vinaige. On s'en sert aussi au feu Sainct-Antoine, l'incorporant auec du vin sans huyle. Elle est aussi propre aux escorcheures de l'entre-fesson, & pour faire perdre le poil. La cendre de sarment prinse en breuuage, apres auoir esté arrousée auec du vinaigre dans deux cyathes d'eau tiede, est singuliere au mal de la ratte, à la charge que le patient se tienne puis apres couché sur sa ratte. Les tendons de la *Vigne* par lesquels elle s'aggraffe, broyez & prins en eau, repriment les vomissemens de ceux qui ont l'estomach desuoyé. La cendre de *Vigne* incorporée en vieil oingt sert contre les enfleures, mondifie les fistules, & puis les guerit : comme aussi la douleur des nerfs procedant du froid, & le retirement d'iceux. Incorporée en huyle elle sert aux escacheures & contusions. Auec vinaigre & Nitre elle mange toutes les excroissances de la chair. Auec huyle elle sert aux piqueures des Scorpions & aux morsures des chiens. La cendre de l'escorce de *Vigne* bruslée seule fait reuenir le poil és parties qui ont esté bruslées. Or ce que Dioscoride dit des femmes qu'il appelle κισσώσας: Pline l'a traduit *des defaillances de cœur de celles qui sont nouuellement enceintes.* Ce qui se doit entendre d'vne maladie appelée en Grec κίτlα, qui a accoustumé de venir aux femmes, ainsi que dit Paulus, apres qu'elles sont enceintes de trois mois. C'est qu'il leur prend enuie de manger des choses contre nature, comme des charbons morts, de la croye à lauer, & plusieurs autres telles choses : ce qui aduient de ce qu'elles ont les membranes de l'estomach farcies de mauuaises humeurs & excremens. Pline appelle

Liu.24.ch.7. Liure 2. des Alim. ce mal *Malacia stomachi*. Dauantage il appelle *Cinerem Vinaceorum*, ce que les Grecs appellent τέφραν τῶν στεμφύλων. Car στέμφυλα, ainsi que dit Galié, *sont le marc qui demeure sur le pressoir apres que le Vin en est tout tiré: ce qu'aucuns font aussi dans des tonneaux, en pressant & serrant fort le raisin dedans & appellent cela τρύγα*, (c'est à dire *lie*) *au lieu que ie l'appelle* στέμφυλον, (c'est à dire *marc*.) *& eux par le mot* γέμφυλον entendant *la queuë ou grappe du Raisin*, Pline l'appelle en Latin *sarmēta uvarum, in quibus acini fuere*: c'est à dire, *le bois du Rasin desnué de ses grains*. Columelle l'appelle *pedem & scipionem acinorum*. Quant aux facultez du *Raisin*, Dioscoride dit, que le *Raisin*, que les Grecs appellent *Staphili*, du nom de Staphylus fils de Bacchus, estant frais lasche le ventre, & cause des ventositez en l'estomach. Toutefois ceux qui ont esté quelque temps pendus apres auoir esté cueillis ne font pas tant de mal, pource qu'vne partie de leur humidité est desseichée. Ils sont bons à l'estomach, & font auoir bon appetit: mesme ils sont propres aux malades: mais ceux qui sont gardez dans le marc, ou dans des tonneaux à vin, sont plaisans à la bouche, & à l'estomach. Ils resserrent le ventre: toutefois ils nuisent à la vessie, & font mal à la teste. Ils sont bons à ceux qui crachent le sang. Ceux qui sont gardez dans le moust sont de mesme qualité: mais ceux qui sont gardez dans du vin cuit, nuisent mieux à l'estomac. On en garde aussi dans l'eau de pluye apres les auoir sechez au soleil, & alors ils ont moins de vin, & sont bons pour estancher la soif de ceux qui sont en fiévre ardente & longue. Le *marc des Raisins* appliqué auec sel est bon contre l'inflammation & durté des mammelles. La decoction dudit marc mise en clystere sert à la dysenterie, aux defluxions de l'estomac, & aux flux des femmes. Elle sert aussi pour fomenter & parfumer leurs lieux. Les *Pepins des Raisins* sont astringeans & plaisans à l'estomac. Rostis & broyez, & appliquez en liniment au lieu de farine, ils sont bons à la dysenterie, aux defluxions de l'estomac, & aux desuoyemens d'iceluy. Pline en escrit quasi tout de mesme. Les *Raisins* frais cueillis enflent l'estomac, & troublent le ventre. Aussi defend on à ceux qui sont en fiévre d'en manger en quantité, d'autant qu'ils appesantissent la teste, & causent la lethargie & assopissement. Mais ceux qui ont demeuré quelque temps pendus au plancher ne sont pas si mauuais: car ce qu'ils sont battus de l'air & du vent, les rend plus propres à l'estomac & pour les malades: car ils raffraichissent moyennement & rendent l'appetit à ceux qui sont desgoustez. Les *Raisins* confits en vin leur font mal à la teste. Apres ceux qui ont esté pendus on tient pour les meilleurs ceux qui sont gardez sur la paille. Car quant à ceux que l'on garde dans le *marc de Raisin* ils sont contraires à l'estomac & à la vessie, & font mal à la teste. Toutefois ils reserrent le ventre, & sont fort bons à ceux qui crachent le sang. Ceux qui ont bouïlli dans le moust sont encor pires que ceux qui sont gardez dans le *marc*. Quant à ceux qu'on garde en vin cuit, ils sont aussi fort contraires à l'estomac. Les Medecins tiennent pour les meilleurs de tous, ceux qu'on garde en eau de pluye: et iaçoit qu'ils n'ayent pas bon goust, il ne laissent pas pour cela d'estre bons aux ardeurs de l'estomac, & quand on a le foye amer, & quand on vomit le fiel en la cholerique passion, aux hydropiques, & à ceux qui sont en fiévre chaude, & ardente. Mais ceux qui sont gardez dans des pots de terre, ils rendent l'appetit à ceux qui sont desgoustez, & sont fort propres à ouurir l'estomac. Toutefois on tient que de la vapeur que rendent les pepins, ils en sont plus pesans. Au reste on dit, que si les poules mangent de la *fleur de Raisin*, elles ne courront point aux *Raisins*. Le bois *des grappes des Raisins* est astringeant; toutefois celuy des *Raisins* qui ont esté gardez en pots de terre, est plus propre pour cest effect. Les *Pepins des Raisins* ont la mesme vertu, & ont cela de mauuais, qu'ils sont cause de ce que le vin fait mal à la teste. Rostis & puluerisez ils sont propres à l'estomac. On vse de leur farine comme de griotte seche és breuuages & potion qu'on ordonne contre la dysenterie, la defluxion d'estomac & desuoyement d'iceluy. Leur decoction est propre pour le mal Sainct-Main, & pour la demangeaison. Le *marc du Raisin* seul ne fait pas si tost mal à la teste ny à la vessie, comme auec les *Pepins*. Pilé & appliqué auec du sel, il est bon aux inflammations des mammelles. Sa decoction prinse en breuuage, & mesme appliquée en fomentation est singuliere à la dysenterie inueterée, & aux defluxions de l'estomac. Pline est discordant à Dioscoride en cecy, qu'il dit, que les *Raisins* gardez dans le marc sont contraires à l'estomac au lieu que Dioscoride dit, qu'ils sont εὐστόμαχοι, c'est à dire *bons à l'estomac*. Cependant l'vn & l'autre enseigne diuerses façons pour garder les *Raisins*, comme fait aussi Galien: disant ainsi: On remplit des pots de terre de *Raisins*, puis on les couure bien, de peur qu'ils ne prennent l'air: apres on les couure dans le marc, & pour mieux les garder de prendre l'air, il faut enduire la iointure du couuercle auec de la poix. Ces *Raisins* ainsi gardez sont propres pour fortifier l'estomac langoureux & desvoyé, & pour faire reuenir l'appetit à ceux qui l'ont perdu: toutefois ils ne laschent pas le ventre, & font d'ailleurs mal à la teste. Ceux que l'on garde dans du moust, nuisent encor mieux au cerueau que les precedens: mais ceux que l'on tient pendus au plancher, ne font point du tout point de mal à la teste, & ne reserrent point le ventre; comme aussi ils ne le laschent pas. Dioscoride les appelle κρεμασθείσας, & Pline *Pensiles*. Et ceux que Dioscoride appelle τὰς ἐκ τῶν στεμφύλων, καὶ ἐκ τοῦ βρύτου, Pline les appelle *in vinaceis seruatas*; & aussi *in ollis*, adioustant qu'on les tient pour estre plus pesans, à cause de la vapeur du marc, pour monstrer que ceux qu'il appelle *in ollis seruatas*, & *in vinaceis* est vne mesme chose. Or il appelle *Vinacea* τὰ στέμφυλα, c'est à dire, *le marc du Raisin* apres qu'il a esté pressé, comme nous l'auons monstré par Galien. Cælius Aurelianus appelle ceux qui sont gardez dans des pots de terre *Ollares*, & ceux qui sont gardez en la paille *Paleares*. Or Pline declare ceste maniere de garder les *Raisins*. Il s'ē treuue, dit-il, qui se gardēt tout

Liu. 23. c. 1.

Liu. 23 ch. 1.

Liure 2. des Alim.

Liu. 14. ch. 1.

tout l'hyuer estans attachez ensemble & pendus au plancher. D'autres les mettent dans des pots de terre au sortir de la Vigne, lors qu'ils sont encor pleins, les mettans puis apres dans des tonneaux auec du marc tout à l'entour pour les confire en leur chaleur. Hermolaus remarque, qu'en vn vieil exemplaire il y a *Foliis*, au lieu de *Doliis*, c'est à dire, *qu'on les enueloppe dans des fueilles de*
Liu. 15. c. 17 *Vigne*, au lieu de les mettre dans des tonneaux, suyuant l'authorité de Pline mesme, qui dit en vn autre passage: qu'en la riuiere de Genes, qui est pres des Alpes, ils enueloppent les *Raisins* secs auec des fueilles de ionc, & apres les auoir enserré dans des barils ils les enduisent de plastre. Au lieu dequoy les Grecs vsent de fueilles de Platane, ou de la *Vigne* mesme, ou de Figuier, apres les auoir fait secher vn iour durant à l'ombre: puis les enueloppent dans vn baril auec du marc. Outre ces trois façons de garder les *Raisins* cy dessusdites, Dioscoride & Pline en mettent encor d'autres: car on les faisoit confire en *vin cuit*, ou *Raisinée*. On en gardoit aussi en eau de pluye. En outre il faut noter, que Pline appelle *sarmenta vitium in quibus acini fuere*, ce que les Grecs appellent στέμφυλα; & les *Pepins des Raisins*, que Dioscoride appelle γίγαρτα, il les appelle *Vinacea*. Il appelle aussi *Vinaceos*, *le bois des Grappes*, qui est appellé en Grec στέμφυλα: & dit, que sa decoction est bonne à la dysenterie, & aux defluxions d'estomac, sans adiouster autre chose. Et toutesfois Dioscoride adiouste, καὶ ῥοϊκάς, où il faut suppléer le mot γυναῖκας: ce que Ruel traduit, *le flux des femmes*, & bien à propos; car de fait, ceste decoction y est fort propre. Toutesfois Cornarius veut
Liure 6. des simpl. qu'il y ait ῥοϊκά, & qu'il faut suppléer τὰ πάθη, entendant par cela tous flux de ventre. Ce qui semble estre confirmé par Galien, qui dit, que les *Pepins des Raisins* sont secs au second degré & froids au premier. Ils sont d'vne substance grosse & terrestre, comme leur goust le monstre: car ils sont bons à toutes maladies qui sont iointes auec flux de ventre. Outre plus il y a les *Raisins secs* que
Liu. 14. ch. 1. les Grecs appellent σταφὶς & ἀσταφίς; & en Latin *vua passa*. *On appelle*, dit Pline, *les Raisins secs, vua passa, à cause de la patience qu'ils ont eüe en se séchant*. D'autres appellent *Passum* ce qui est refronci, & que de là les *Raisins secs* ont esté appellez *vua passa*, pource qu'ils sont refroncis pour auoir esté pendus au soleil: comme on appelle *frons passa*, le *front qui est plein de rides*. Ainsi Caton ordonne de faire secher le Meurte noir à l'ombre, iusqu'à ce qu'il soit *Passa*, c'est à dire *refronci*. Or
Liu. 5. ch. 4. Dioscoride dit, que les *Raisins secs blancs* sont plus astringeans. Leur chair mangée est bonne pour l'artere, pour la toux, pour les reins & pour la vessie: comme aussi pour la dysenterie, pourueu que l'on mange les *Pepins* aussi, & aussi estant cuit en la poëlle à frire auec de farine de millet & d'orge meslée auec des œufs & du miel. Ils sont aussi bons tous seuls pour euacuër le phlegme du cerueau, & aussi estans maschez auec du Poyure. Appliquez auec farine de Feues, & du Cumin ils appaisent l'inflammation des genitoires. Broyez apres en auoir osté les Pepins & appliquez auec de la Rue, il sont propres pour guerir les boutons rouges que les Grecs appellent *Epinictides*, comme aussi les charbons, les rignes de la teste, & les pourritures d'aupres des ioinctures, & mesme les gangrenes. Incorporez auec du suc de Panax, ils sont bons pour appliquer en liniment sur la goutte. Enduits sur les ongles qui sont esbranlées, ils les hastent de tomber. Pline en dit tout de
Liu. 23. ch. 1 mesme, si ce n'est en quelque poinct. Quant aux *Raisins secs*, dit-il, que les Grecs appellent *Astaphis*, ils troubleroient & subuertiroient l'estomac, le ventre, & les intestins, sans les *Pepins* qu'ils ont dedans. Ces *Pepins* en estans ostez ils sont fort bons à la vessie & à la toux. Les blancs sont les meilleurs pour cest effect. Ils sont aussi bons à l'artere, & aux reins. Le vin cuit qu'on en fait sert contres les serpens, & particulierement aux morsures du serpent nommé *Hemorrois*. Appliquez auec farine de Cumin ou de Coriandre, ils sont fort souuerains aux inflammations des genitoires. Despouïllez de leurs *Pepins*, & pilez auec Ruë ils seruent grandement aux charbons, & aux gouttes, en les appliquant dessus. Mais il faut au preallable fomenter de vin les vlceres où on les applique. Auec leurs *Pepins* ils seruent à la dysenterie, & aux boutons rouges dits des Grecs *Epinictides*; & mesme aux vlceres tigneux de la teste. Cuits en huile & incorporez en miel auec pelure de Raifort ils sont singuliers aux gangrenes. Appliquez auec Panax ils sont bons aux gouttes, & aux ongles qui branlent. Maschez seuls auec du Poyure ils purgent le cerueau & la bouche. La *Vigne*
Liure 6. des simp. *cultiuée*, dit Galien, *a les mesmes proprietez que la sauuage; toutefois elle fait moins d'operation*. Simeon Sethi en traitte plus amplement suyuant le mesme Galien. Les *Raisins*, dit-il, nourrissent mieux que tous les autres fruicts, excepté les Figues, & ne sont pas de mauuaise nourriture, pourueu qu'ils soient bien meurs. Toutefois ils engendrent vne chair qui n'est pas ferme & solide, mais flasque & molle. Le meilleur bien qui en procede, dit Galien, c'est qu'ils passent viste par le corps: car autrement, s'ils y sejournoient longuement, ils feroient mal: car alors ils ne se digereroient pas bien; mais engendreroient des cruditez, qui ne se conuertissent pas aisément en sang. Quant à leurs *Pepins* ils sont secs & aucunement astringeans. Or ils passent par le corps sans estre en rien alterez. Quant aux *Raisins* qui ont esté pendus ils ne reserrent point le ventre, ny ne le laschent pas aussi: mais ils sont de meilleure digestion que les autres. Or il y a grande difference entre les *Raisins*; d'autant qu'il yen a de *doux*, *d'aspres*, *d'aigres* & *de verts*. Car les *doux* ont vn suc plus chaud; les *aspres* & *aigres* ont vn suc froid. Les *doux* laschent le ventre, principalement tandis qu'ils sont frais. Pour le plus seur donc il faudra vser de ceux qui sont

poulpus

poulpus, & bien meurs, & en manger mediocrement & non par trop. Les *Raisins blancs* laschent mieux le ventre que les *rouges*, ou *noirs*. Tous en general font auoir appetit & bon ventre. Or faut il en les mangeant reietter la peau & les Pepins, pource qu'ils sont de dure digestion. Ceux qui ne sont pas meurs reserrent le ventre; & ce neantmoins ils sont bons à l'estomac. Ils appaisent la chaleur causée par la bile; toutefois ils ne nourrissent pas tant que les autres. Au reste il y a vn precepte general, c'est qu'il faut manger non seulement les *Raisins*, mais aussi tous les autres fruicts qui ont l'escorce tendre, à l'entrée du repas, & deuant toute autre viande. Quant aux *Raisins secs*, Galien dit, que ceux qui sont de *Vigne cultiuée* sont maturatifs, astringeans, & aucunement resolutifs: mais les *sauuages* ont vne grande acrimonie: tellement qu'il purgent bien fort le cerueau. raison dequoy ils sont bons au mal Sainct-Main; mesme ils sont caustiques. Luy-mesmes touche en peu de mots l'vsage du vin au fait de la medecine. *Le Vin*, dit, *est chaud au second degré; mais quand il est bien vieil, il est chaud au troisiesme, & le moust est chaud au premier. Il est aussi sec à proportion de sa chaleur.* Dioscoride dit, que les *Vins vieux* nuisent au nerf, & autres instrumẽs des sens utefois ils sont plus plaisans à la bouche. Ainsi donc il faudra que ceux qui ont quelque partie terieure debile, se gardent d'en vser. Toutefois quand on est en santé il n'y aura point de mal en vser sobrement; pourueu que l'on y mette de l'eau. Quant au *Vin nouueau* il engendre des vẽsitez. Il est de dure digestion, il fait songer des songes fascheux, & prouoque l'vrine. Mais ce y qui n'est ny trop veil ny nouueau, est exempt des mauuaises qualitez de l'vn & de l'autre: tellement qu'il est bon tant pour les sains que pour les malades. Or voicy ce que Pline en a escrit: Le *in* fortifie la personne, engendre le sang, & fait auoir la couleur viue. Vn peu apres, Le *Vin* prins oderément sert aux nerfs & à la veuë: mais si on en prend par trop, il offence les nerfs & la veuë. *e Vin* fortifie l'estomac, resueille l'appetit, chasse toute tristesse & soucy, prouoque l'vrine, & fait rtir le froid du corps, & fait dormir. En outre il reprime les vomissemens desordonnez. Appliqué auec laine trempée en iceluy, il mitigue les apostumes. Asclepiades dit, que l'vtilité du *in* se pouuoit esgaler auec la puissance des Dieux. Et en vn autre passage. Le naturel du *Vin* est l, qu'estant prins par dedans il réchauffe les parties interieures, & appliqué par dehors il refroit. Or il ne sera pas hors de propos de mettre icy ce que le sage Androcydes en escriuit à Alexandre le Grand pour moderer son intemperance. Quand tu voudras boire du *Vin*, ô Roy, qu'il souuienne que tu bois le sang de la terre, & comme la Ciguë est poison à l'homme, ainsi le *Vin* t de contrepoison à la Ciguë. Or s'il eust obtemperé à ces remonstrances & preceptes, il n'eust s tué ses amis estant yure. Tellement qu'on peut dire à bon droit, qu'il n'y a rien plus propre ur maintenir les forces du corps, comme au contraire il n'y a rien de plus dommageable, quand n n'en vse pas par mesure. Au reste il y a au Royaume de Menin qui est vne ville de Syrie, des *aisins* de notable grandeur, tant pour raison de la grappe qu'aussi des grains, lesquels ceux du ais appellent particulierement *Alzibib*; car ils appellent generalement tous les *Raisins Haneb*: à imitation desquels les Prouençaux appellent leurs gros *Raisins Augibis*, du susdit nom corrompu. se treuue aussi des *Raisins* qui n'ont point de *Pepins*, & sont appellez en Grec ἀπύρηνοι; & communement *Raisins de Corinthe*; lesquels croissent és iardins d'Italie & de Piedmont. Il sont de la esme figure que les autres, si ce n'est qu'ils ont les grains plus petits comme vn grain de Poyure, u de Sureau, mais craignent merueilleusemend le froid. En Madere aussi il croist des *Raisins ns Pepin.* Theophraste a laissé par escrit qu'alentour d'Elephantine, & du grand Caire les *Vignes* nt tousiours verdes & chargées de fueilles; combien qu'elles ne portent qu'vne fois l'an. Pline escrit, qu'il y a des *Vignes* qui portent trois fois l'an, à raison de quoy on les appelle *enragées*, pource que l'on y treuue des *Raisins meurs*, & *des aigrets*, & d'autres qui sont en fleur tout en vn coup. Varro asseure aussi qu'il y auoit vne *Vigne* à Smyrna aupres de la mer, laquelle portoit deux fois l'an.

Liu 6. des simp.

Liure 8. des simpl.

Temperament du vin.

Liu. 5. ch. 7

Liu. 23. c. 1

Liu. 14. ch. 5.

Liu. 16. c. 27

De la Vigne sauuage CHAP. II.

LA *Vigne sauuage* est appellée en Grec ἄμπελος ἀγρία en Latin *Vitis syluestris*; & proprement *Labrusca*: en Allemand *Vuildnueinreb*. On tient qu'elle est appellée *Labrusca* en Latin, *quod in marginibus terræ seu labris nascatur; pource qu'elle croist sur certains bords de terre, qui sont comme leures.* Or afin que personne ne soit trompé en ce nom, il faut noter qu'il y a encor vne autre plante qui est appellée en Grec ἄμπελος ἀγρία; & en Latin *Vitis siluestris*; de laquelle nous traitterons au chapitre suyuant. Au reste la *Vigne sauuage*, retire à la *cultiuée* quant aux sarmens, aux fueilles & tendons. Dioscoride en establit deux especes; dont l'vne ne meurit pas ses *Raisins*, mais fleurit tant seulement, & porte ce qu'on appelle *Oenanthe*: l'autre nourrit son fruict iusqu'à ce quil soit meur: mais il a les grains petits, noirs, & astringeans. Luy-mesme dit vn peu apres, *qu'Oenante* est la fleur de la *Vigne sauuage* qui porte fruict: car il faut ainsi corriger ce passage, qui autrement est incorrect. Apres l'auoir cueillie il la faut secher à l'ombre sur vn linge, puis la serrer dans vn pot de terre qui ne soit pas

Les noms.

La forme.

Les especes.

Liu. 5. ch. 2.

Liu. 12. c. 18. vernissé. La meilleure est celle qui croist en Syrie, Cilicie, & Phœnice. Pline descrit bien à plein l'*Oenanthe*, disant: *L'Oenanthe sert aussi aux parfumeurs: c'est la fleur des Lambrusques. On l'amasse estant en fleur, c'est à dire, quand elle est en sa plus grande odeur. Or la faut il secher à l'ombre l'ayant estendue sur vn linge, puis la garder dans des barils. La meilleure s'apporte de Parapotamie; la seconde est celle d'Antioche, & de Laodicée de Syrie; la troisiesme est celle qui s'apporte des montagnes de Medie, laquelle est la meilleure en medecine. Aucuns font plus grand cas de celle de Cypre que de toutes les autres. Celle d'Afrique qui est appellée Massaris ne sert sinon en medecine.* Or la fleur des *Lambrusques* blãches est meilleure que celle *des noires*. Au surplus Dioscoride dit, que les fueilles de la *Vigne sauuage*, ses tiges & ses tendrons ont les mesmes vertus que celles de la *Vigne cultiuée*; comme au contraire Galien dit, que la *Vigne cultiuée* a les mesmes vertus que la *Sauuage*. Ce qui ne doit pas estre entendu de la *Viorne*, dont il auoit parlé vn peu auparauant, comme nous dirons tantost: mais de la *Lambrusque*, ou *Vigne sauuage*. Le mesme Dioscoride dit, que *l'Oenanthe* est astringeante: tellement qu'estant prinse en breuuage elle est bonne à l'estomac. Elle prouoque l'vrine, resserre le ventre, & le crachement de sang. Estant appliquée seche elle sert contre le desgoustement, & l'aigreur de l'estomach. Incorporée en vinaigre & huile rosat, & versée sur la teste elle en appaise la douleur. Reduite en cataplasme auec miel, saffran, huile rosat & myrrhe, elle est propre pour empescher qu'il ne suruienne de l'inflammation aux playes fresches, aux vlceres de la bouche, aux fistules du grand coing des yeux, qui commencent, & aux vlceres corrosifs des parties honteuses. Appliquée en pessaire elle estanche le sang. Incorporée auec poudre de griotte seche & du vin elle sert contre les defluxions des yeux, & pour l'ardeur de l'estomac. La cendre d'icelle bruslée sur vn test de tuile est bonne pour les yeux. Auec miel elle guerit les apostumes qui viennent à la racine des ongles, aux tayes des yeux, & aux gencives descharnées & sanglantes. Pline esclarcit bien le Discours de Dioscoride, traittant de ceste mesme matiere, quand il dit. *L'Oenanthe* est la fleur des *Lambrusques*; dont nous auons parlé cy dessus au traitté des parfums. La meilleure est celle qui vient de Syrie, & principalement aux enuirons des montagnes d'Antioche & de Laodicée, & qui est de *Vigne blanche*. Elle est refrigeratiue & astringeante. On en saupoudre les playes: elle est aussi bonne pour l'estomac estãt appliquée en liniment dessus. Elle prouoque l'vrine, & est fort propre pour le foye, pour les douleurs de la teste, aux dysenteries, aux defluxions de l'estomac, aux passions choleriques. Prinse en breuuage au poids d'vn obole auec vinaigre elle est bonne au desuoyement d'estomac. Elle desseche les vlceres fangeux de la teste, & est fort souueraine aux accidents qui suruiennent aux parties humides, comme aux vlceres de la bouche, des parties honteuses, & du fondement. Auec miel & saffran elle reserre le ventre. Elle guerit la rongne des ioues (ou bien l'aspreté d'icelles suyuant vn viel exéplaire escrit à la main) & les yeux larmoyans. Prinse en vin elle guerit le desuoyement d'estomac: prinse en eau froide elle guerit le crachement de sang. Sa cendre est bonne pour mettre aux collyres, & pour mondifier les vlceres, comme aussi pour les apostumes qui viennent à la racine des ongles, & pour oster les tayes des yeux. Pour ce fait il la faut brusler au four, & l'y laisser autant que le pain demeure à estre cuit. Quant à la *Massaris* elle ne sert que pour les parfumeurs.

Liu 5. ch. 2. — Les vertus. — Liu. 5. ch. 5. — Liu. 23. c. 1.

De la Viorne. *CHAP. III.*

Les noms. LA *Viorne* s'appelle en Grec ἄμπελος ἀγρία: en Latin *Vitis syluestris*, aussi bien que les *Lambrusques*, combien qu'il y ait grande difference de l'vne à l'autre: car la *Lambrusque* resemble si fort à la vigne *cultiuée*, qu'il n'y a autre difference qu'à raison du cultiuage. Mais quant à la Viorne elle produit bien des longs
La forme. Liu. 4. c. 175. sarments comme ceux de la Vigne; ainsi comme dit Dioscoride; mais ils sont aspres & ont l'escorce toute creuassée. Ses fueilles retirent à celles de la Morelle; toutefois elles sont plus larges & plus longues. Sa fleur resemble à vne cheueleure ou mousse. Son fruict est fait en façon de petits raisins & est rouge quand il est meur, &
Liu. 23. ch. 1 a les grains ronds. Pline en parle comme s'ensuit: *quant aux Lambrusques elles produisent la fleur que les Grecs appellent Oenanthe, dont nous auons assez parlé cy dessus. La Vigne sauuage, que les Grecs appellent* ἄμπελος ἀγρία, *a les fueilles espesses & blancheastres. Elle est compartie par neuds, & a son escorce toute creuassée. Elle produit des grains rouges comme la graine d'escarlate &c.* En quoy il semble que Pline ne met point de distinction entre la *Lambrusque* qui est est aussi nommée ἄμπελος ἀγρία & l'autre *Vigne sauuage*, si non que nous distinguions tellement le texte de Pline, que ces mots *celle que les Grecs appellent* ἄμπελος ἀγρία, & ce qui s'ensuit, ne soient pas rapportez à ce qu'il dit auparauant. Comme de fait ils n'y doiuent pas estre rapportez: car c'est vn commencement de clausule, & faut l'entendre ainsi, que Pline parle icy de deux plantes; assauoir de la *Lambrusque*, & de la *Vigne sauuage*, qui est aussi nommée ἄμπελος ἀγρία. Et de fait, luy-mesme en vn
Liu. 26. c. 40 autre passage; dit; que la *Vigne sauuage* est vne plante differente de la *Lambrusque*, disant; *Il y a aussi vne Vigne sauuage outre la Lambrusque, laquelle monte sur les arbres comme le Lierre.* Matthiol a mis le pourtrait de l'Herbe que les Herboristes appellent *Dulcamara*, & *Solanũ lignosum*, pour celuy

celuy de la *Vigne sauuage*. Mais Dalechamp & quelques autres personnages doctes estiment, que ceste plante est le μήλωθρον de Theophraste, lequel fait le fruict comme la Morelle. Or pource que sa fleur n'est ny moussue ny cheuelue, mais entassée en grappe de Raisin, il estime, suyuant Oribaze, qu'il ne faut pas qu'il y ait βρυώδεις, c'est à dire, *moussue*; mais βοτρυώδεις, c'est à dire, *en grappe*. En outre, pource que ceste plante n'a pas l'escorce creuassée, Matthiol dit, qu'il faut oster ce mot φλοιοῤῥαγοῦντα du texte de Dioscoride, d'autant qu'il n'est pas en Oribaze. Mais il est bien aisé à respondre à toutes ces obiections. Premierement, que si Matthiol n'a eu vn autre exemplaire d'Oribaze que le nostre, il y a treuué βρυώδεις & non pas βοτρυώδεις. Car Oribaze descrit ainsi la *Vigne sauuage* suyuant Dioscoride: La *Vigne sauuage* produit des longs sarmens comme ceux de la *Vigne à vin*, pleins de bois & aspres. Ses fueilles sont semblables à celles de la Morelle des iardins: toutesfois elles sont plus longues & plus larges. Sa fleur est comme vne cheuelure moussue; son fruict ressemble à des petits raisins, & est rouge, quand il est meur, & a des grains ronds. En outre tant s'en faut qu'il faille casser ce mot φλοιοῤῥαγοῦντα du texte de Dioscoride, qu'au contraire il le faudroit adiouster en Oribaze, d'autant que Pline à dit, que la *Vigne sauuage* auoit l'escorce creuassée. Mesme Serapion ayant transcrit les mots de Dioscoride dit, *que c'est vne plante qui fait des longues branches semblables aux sarmens de la Vigne à vin, le bois de laquelle est gros, & se separe aisément d'auec l'escorce, &c.* Cependant ne faut pas laisser de notter, que Serapion en ce passage, & aussi Auicenne ont vilainement failli confondans ceste *Vigne sauuage* auec la *Lambrusque*. Dodon a mis pour la *Vigne sauuage* le pourtrait & la description de la plante que Matthiol a mis pour la *Coleuurée noire* d'autres pour la *seconde espece de Cyclaminus*. Mais Dalechamp estime, que c'est vne plante bien differente de celles-là: assauoir celle qui est icy peinte, qui est appellée *Vitalba*: en François *Viorne*: en Allemád *Lynen*, ou *Lenen*, ou *Vualdreben*, laquelle Matthiol met pour la *troisiesme espece de Clematis*. Dodon la met pour la *troisiesme espece de la secõde Clematis*. Fuchse l'appelle *Vitis nigra*. Car ceste plante fait des longs sarmens comme la *Vigne*, aspres, pleins de bois auec vne escorce creuassée: les fueilles semblables à celles de la Morelle des Iardins, plus longues & plus larges: la fleur blãche, odorante & cheuelue: laquelle se resout en fin en certains cheueux moussus & recourbez, resemblans à des plumes d'oiseaux, qui couurent la graine qui est rouge, entassée en grappe, & la garnissent à mode des pennaches, que les soldats attachent à leurs mourions. En somme elle n'a point de partie qui ne s'accorde bien auec la description de Dioscoride. Pena est de ceste mesme opinion disant, que la plante appellée en François *Viorne*, qui est assez frequente & cogneuë par tout, peut estre pource qu'elle croist parmy les hayes le long des chemins, approche mieux de la *Vigne sauuage*, que pas vne autre plante qui soit: car elle a les sarmens plus longs, que les autres especes de *Clematis*, plus durs, plus gros, & plus aspres: de mesme couleur que ceux des *Lambrusques*, ou de la *Vigne*. Ses fueilles retirent aussi à celles de la Morelle, & sont plus grandes, attachées cinq à cinq par chasque queuë & tendons, par le moyen desquels elle rampe sur les arbres voisins, ou autres appuis à mode de Lierre. Quelquefois elles sont dentelées au bout, & ont trois ou quatre denteleures, comme il s'en voit de celles de la Morelle, lesquelles par leur dechiqueteure retirent si bien à celles du Pied d'Oye qui est vne espece d'Arroche, qu'on ne les peut discerner l'vne d'auec l'autre, sinon auec peine. Ses fleurs sont estoilées, petites, serrées, & en grand nombre; blancheastres, moussues, garnies de petits filets, & odorantes. Au mois de May & de Iuin elles se couurent d'vne bourre cheuelue, qui ressemble à la laine cardée, & est blancheastre, & legere, laquelle y dure iusque bien auant en hyuer, apres que les fueilles sont tombées. Elle fait aussi beaucoup de grains entassez en vne mesme queuë, ronds, & de couleur de rouge-brun; toutefois ils sont plats. Tellement qu'il y a des gens doctes qui sont d'aduis, qu'au lieu de περιφερὲς τὸ σχῆμα τῶν κόκκων, c'est à dire, *la forme ronde des grains*, Il faudroit lire πλατυφερὲς, c'est à dire, *rapplatis*, en quoy il n'y auroit pas beaucoup de changement, & le sens seroit plus entier. Pline aussi dit que la *Staphis agria* est appellée sans raison *Vua Taminia*. Et toutefois il dit ainsi en vn autre passage: *Il s'engendre des animaux dans le sang de l'homme qui pourroient ronger le corps: mais pour y remedier il faut prendre du suc de l'Vua Taminia, ou de l'Ellebore, & l'incorporer auec huile pour en oindre le corps. Car la Taminia cuite en vinaigre preserue* mesme

Viorne, ou Vigne sauuage de Dalech. Clematis III. de Matthiol

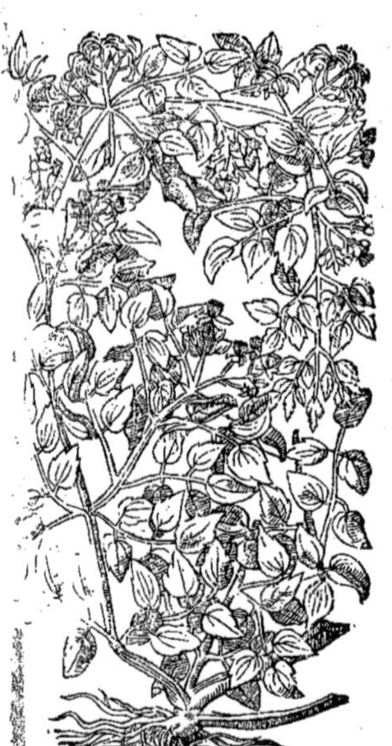

Liure 3. de l'hist. ch. 18.

Liure 11.

Chap. 15. des simpl.

Liu. 2. c. 734.

Liure 3. de l'hist. ch 47.

Liu. c. 4. 177

Liu. 2. ch. 7.

Liu 3. ch 48

Chap. 33. de l'hist.

Aux Aduers.

Liu. 23 ch. 1.

Liu. 26. c. 13

Liure 1. des med. loc. c. 7 *mesme les habits d'estre rongez.* Ce que Galien & Pline luy mesme escrit en vn autre passage de la
Liu. 23. ch. 1 *Staphis agria*, tellement qu'il semble que Pline n'ait pas esté bien resolu en ce poinct. Neantmoins Cornelius Celsus dit expressement, que *l'Vua Taminia* est appellée *Staphis agria* par les Grecs. Au reste les doctes Simplicistes estiment que la *Viorne* est *l'Atragena* de Theophraste, de laquelle il escrit ainsi: *Il y en a qui font de fort bonne meche de l'Atragena. C'est vn arbre semblable à la Vigne, & à la Lambrusque, qui grimpe aussi sur les arbres.* Le mesme Theophraste compare le fruict du *Smilax aspre* auec celuy de la *Vigne sauuage*, & du *Melothron*. Au demeurant la *racine de la Viorne* bouillie en eau, ainsi qu'escrit Dioscoride, & prinse en breuuage en deux cyathes de vin trempé auec eau marine, euacuë les aquositez: (car il faut ainsi corriger le texte Grec vulgaire qui est incorrect: *Sa racine boüillie en eau, & beuë en deux cyathes de vin trempé en eau de mer:* & ce qui s'ensuit.) Toutefois Cornarius lit autrement, assauoir, *Boüillie en vin meslé auec eau marine, & prinse en breuuage auec deux cyathes d'eau, &c.* Toutefois la premiere leçon est la meilleure, & est approuuée par Pline, comme nous dirons cy apres, & par Serapion mesme, lequel en escrit ainsi: *La racine de ceste vigne cuite en eau, & prinse en breuuage auec deux cyathes de vin detrempé auec eau marine, euacuë les aquositez par le ventre. Aussi*, dit Dioscoride, *on l'ordonne aux hydropiques.* Ses grains seruent pour effacer les taches de la peau du visage causées par le soleil, & toutes autres. On met ses branches tendres en composte pour les manger. Pline dit, que les *Raisins de la Viorne* effacent les taches du visage des femmes. Broyez auec leurs fueilles & leur suc ils sont souuerains à diuers accidens tant de la anche que des lombes. Sa racine cuite en eau & prinse en breuuage en deux cyathes de bon vin, euacuë l'aquosité du ventre, à raison dequoy on l'ordonne aux hydropiques. Pline redit les mesmes choses en vn autre passage: Il y a, dit-il, vne herbe appellée par les Grecs *Ampelos agria*, laquelle a les fueilles dures, de couleur cendrée, de laquelle nous auons desia discouru assez amplement. Elle a des veillons longs, durs, & rougeastres. Ses fleurs sont semblables à celles de la plante que nous auons appellé *Iouis flamma* entre les Violiers. Elle porte vne graine semblable à celle des Grenades. Sa racine cuite en trois cyathes d'eau en y adioustant deux cyathes de bon vin, lasche legerement le ventre: pour ceste cause on l'ordonne aux hydropiques. Elle guerit les accidents de la matrice, & les taches du visage des femmes. (Il y a de la faute en ce passage: car au lieu de *vulua vitia*, il faut qu'il y ait *varos & vitia cutis in facie, &c.* c'est à dire, *elle guerit les boutons & autres taches du visage des femmes*; au lieu dequoy Dioscoride dit, ἐφηλίδας καὶ πάντα σπίλον.) Ceste herbe broyée auec ses fueilles & appliquée auec tout son suc, sert aussi à la sciatique. Toutefois les plus clair-voyans tiennent, que Pline ne parle pas icy de la *Viorne*, mais d'vne autre plante que luy mesme appelle *Salicastrum*, disant, qu'elle est semblable à la *Vigne sauuage*, & qu'elle sert à mesme vsage Car sa fleur est bleuë, semblable à celle de l'Aquilegia, que la plus part des Herboristes prend pour la fleur de Iupiter de Theophraste; & au contraire la fleur de la *Vigne sauuage*, dont il est icy question, cõme aussi de tous les autres, est blanche. Or Theophraste attribue aussi les proprietez dessusdites à la *Viorne*, disant: *La racine de la Vigne sauuage est chaude & acre; a raison dequoy elle est propre pour seruir de depilatoire, & pour effacer les taches du visage. On s'en sert pour peler les cuirs. On l'amasse en tout temps, mais principalement en automne.* Les Raisins de la *Viorne*, comme dit Galien, sont propres pour nettoyer la peau, comme les Lentilles & les seins du visage, & autres semblables taches de la peau. Ses bourgeons & tendrons sont aussi quelque peau astringeans. On les met en composte

Marginal notes: Liure 5 de l'hist. ch. 10. — Liure 3 de l'hist. chap. dernier. — *Les vertus.* — Chap. 35 des simpl. — Liu. 23. ch. 1 — Liu. 27. ch. 7 — Liu. 23. c. 1. — Liure 9. de l'hist. ch. 22. — Liu 6 des simp.

De la Coleuurée. CHAP. IV.

Les noms. LA *Coleuure* est appellée par les Grecs ἄμπελος λευκὴ, βρυωνία, ψίλωθρον: en Latin *Vitis alba*, *Bryonia*, & *Bryonias* par Columelle, & *Psilothron*. Les Apotichaires & Herboristes l'appellent *Bryonia*; & communement *Viticella*. Les Arabes *Fesire*, *Alfesire*, *Fessera*, ou *Alfescera*, *Hezargiesan*, & *Hezarchasan*: les Italiens *Vite bianca*, & *Zucca saluatica*: en Allemane *Stickuurtz*: en Espagnol *Nuexa* & *Anorca*: en François *Coleuurée*. Elle est appellée *Vitis alba*, pource qu'elle retire à la Vigne, comme aussi *Viticella*. *Psilothron*, pource que son fruict peut seruir à peler les cuirs, & à les tanner. *Bryonia* du verbe βρύω, qui signifie *pousser* & *monter*, pource qu'elle monte sur les plantes voisines. Dioscoride la descrit ainsi: Elle a les branches, les fueilles & les tendons semblables à la Vigne, sinon qu'elle est plus veluë. Elle s'entortille auec les plantes voisines, ausquelles elle s'agraffe par le moyen de ses tendons. Son fruict est entassé en grappe, & rouge. On s'en sert pour peler les cuirs. Sa racine est blanche, grosse, & grande, de laquelle Dioscoride n'a rien escrit, ou pour le moins ceux qui ont transcrit Dioscoride l'ont oublié; car elle deuoit estre mise deuant ces mots ταύτης οἱ ἀσπάραγοι, comme s'il parloit des tendrons qui sortent de la racine, comme il y a en Pline: *Vitis alba*, dit-il, que les Grecs appellent *Ampeloleuce*, ou *Ophiostaphylon*, ou bien *Melothron*, ou *Psilothron*, d'autres la nomment *Archezostis*, ou *Cedrostis*, ou bien *Madon*. Ceste herbe iette des sarmens fort longs, qui sont compartis par certains petits neuds, & montent sur tout ce qui est aupres. Ses fueilles tiennent comme à des petits bourgeons, & sont de

Marginal notes: Liu. 4. c. 176. — *La forme.*

la grandeur de celles de Lierre, incisées comme celles des Vignes. Sa racine est grosse & blanche, semblable aux Raiforts du commencement, de laquelle il sort des tiges à mode des Asperges. Or il n'y a personne qui nie que ce ne soit icy la *Bryonia* des Apothicaires, ou la *Coleuurée*, laquelle iette immediatement dés la racine beaucoup de petits veillons tendres, grailes & velus; lesquels montent au long des hayes & buissons, ou autre chose qui se rencontre aupres. Ses fueilles resemblent à celles de la Vigne, ou des Pommes de Merueille; toutefois elles sont plus blancheastres, plus veluës, & plus aspres, auec quatre ou cinq grandes descoupeures. Ses fleurs sont palles, en forme d'estoile, entassées ensemble en grand nombre. Son fruict est de la grosseur des grains de Morelle, ou des Asperges, & est plein de suc, & acre, comme aussi toute la plante & est vert du commencement; puis apres estant meur il est rouge, & quelquefois noir, comme Matthiol l'a remarqué lequel dit en auoir veu de noir en Hongrie & en Boheme, & qu'il n'y en a point de rouge en ce païs là. Sa graine est cachée dans ce fruict là, & est ronde, & vn peu aiguë. Sa racine est merueilleusement grande, tendre, en façon d'vn Raifort, fourchue par le bas & pleine de suc. Elle croist par tout parmy les hayes & buissons, & s'aggraffe à toutes les plantes voisines pour monter dessus: comme Columelle l'a declaré par ces vers:

La Coléuurée, Bryonia, ou Vigne blanche, de Matthiol.

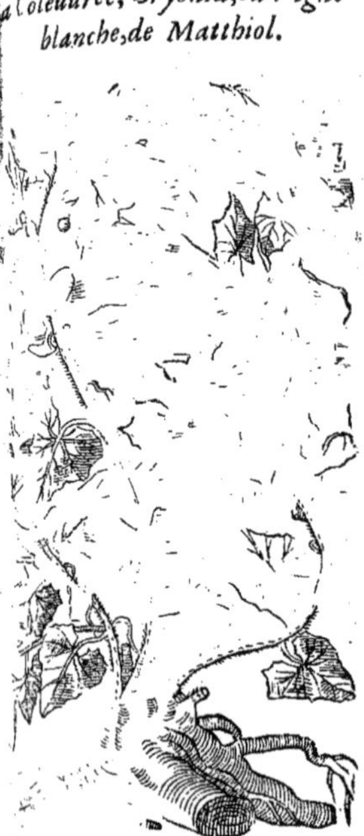

Sur Dioscor. liu. 4. ch. 176

Le lieu.

Et celle, ô bon Denys, qui ta Vigne imitant,
Hardie ne craint point les Ronces; mais montant
Parmy leurs aiguillons grimpe sur les grands Ormes.

Le temps. Liu 4 c. 176.

Elle fleurit en esté; & fait son fruict meur en automne. Au reste Dioscoride dit, que les premiers bourgeons ou tendrons de la *Coleuurée* sont bons à manger estans bouillis. Ils prouoquent l'vrine & laschent le ventre. *Ses fueilles*, *son fruict*, *& sa racine* ont vne grande acrimonie. A raison dequoy estans appliquées auec sel elles sont singulieres aux [vlce]res inueterez, & corrosifs, & aux gangrenes, mesme aux vlceres pourris des iambes. *Sa racine* [mon]difie le corps, & le nettoye: Incorporée auec des Ers, de la Croye à lauer, & du Fenugrec elle [oste] toutes les taches du visage, les boutons, les lentilles, & les cicatrices noires. Cuite en huile [iusqu']qu'elle se desface, elle est bonne à tout ce que dessus. Elle efface les meurtrisseures, & guerit [les a]postumes venant au bout des ongles. Appliquée en liniment auec du vin elle resout les in[fla]mations, & fait ouurir les apostumes. Broyée & appliquée en liniment elle tire hors les pie[ces] des os qui sont effleurez ou rompus. Il est bon d'en mettre parmy les medicaments corrosifs. [Prin]se au poids d'vne dragme tous les iours par l'espace d'vn an entier, elle guerit du haut mal. [Prin]se en la mesme maniere elle sert contre l'apoplexie, & à ceux qui sont subjets au tournoye[men]t de teste. Prinse au poids de deux dragmes elle sert contre la morsure des viperes. Elle trou[ble] quelquefois l'entendement. Estant beuë elle prouoque l'vrine. Reduite en looch auec du [mie]l, elle est bonne à ceux qui ont difficulté d'haleine, à la toux, aux douleurs de costé, & aux [rom]pures. Appliquée en pessaire elle fait sortir l'enfant du ventre de la mere, & aussi l'arrierefaix. [Prin]se au poids de trois oboles auec du vinaigre par l'espace de trente iours elle consume la ratte. [Il est] bon aussi d'en faire vn liniment auec des Figues pour le mesme effect. *Sa decoction est* bonne [pou]r estuuer les femmes, car elle euacuë la matrice: toutefois elle fait auorter les femmes encein[tes]. *Le suc tiré de sa racine* au printemps prins en eau miellée est bon à tout ce que dessus. Il euacuë [le p]hlegme. Son fruict appliqué en liniment est bon pour la gratelle & le mal S. Main. *Le suc de* [son] *fruict* prins auec du Froment cuit, fait auoir du laict aux nourrices. Pline en parle quasi tout [de] mesme. *Le tendrons de la Coleuurée* estant cuits & mangez laschent le ventre & prouoque l'v[rin]e. *Ses fueilles* & ses tiges sont vlceratiues. Aussi sont elles bonnes appliquées auec sel aux vl[cer]es corrosifs, aux gangrenes, & aux vlceres pourris des iambes. *Sa graine* est contenuë en certains [rais]ins clair-semez, lesquels rendent vn suc rouge du commencement, qui deuient puis apres [jau]ne comme Saffran. Les affaiteurs de cuir s'en seruent fort. Il est fort bon pour appliquer aux [gra]telles & mal S. Main. Cuit auec du Froment & prins en breuuage il fait venir du laict aux [no]urrices. *Sa racine* a vne infinité de proprietez. Broyée & prinse en breuuage au poids de deux [dr]agmes elle sert contre la morsure des serpens. Elle sert à oster les taches du visage, comme les [se]ins & lentilles, & les meurtrisseures & cicatrices. Autant en fait elle estant cuite en huile. *Sa deco*[*ct*]*ion* prinse en breuuage tous les iours vn an durant au poids d'vne dragme, sert contre le haut mal,

Le temperament & les vertus.

Liu. 31. ch. 1

mal, à ceux qui ont l'entendement troublé, & à ceux qui sont subiets au tournement de teste. Prinse en quantité elle purge le sens (il appert par Dioscoride qu'il faut lire icy *turbat*, au lieu de *purgat*, c'est à dire, *qu'elle trouble le sens*.) Mais elle a cela de propre, qu'estant broyée en eau & appliquée, elle attire les os rompus aussi bien que la *Bryonia*: (car il faut qu'il y ait ainsi suyuant Dioscoride.) Aussi plusieurs l'appellent *Bryonia blanche*. Toutefois la *noire* est plus propre pour cest effect estant incorporée auec miel & encens. En vn vieil exemplaire il y a ainsi: *On l'appelle Bryonia blanche; toutefois la noire est plus propre pour cest effect.*) Estant incorporée auec miel & encens elle resout les apostumes qui ne font que venir, & meurir & purge celles qui sont desia auancées. Elle prouoque les mois & l'vrine. Reduite en looch elle est propre à ceux qui ont courte haleine, aux douleurs de costé, aux conuulsions, & aux rompures. Prinse aux poids de trois oboles par l'espace de trente iours elle consume la ratte. Appliquée auec des Figues elle est bonne aux apostumes qui viennent aux racines des ongles. Appliquée auec du vin elle fait sortir l'arrierefaix des femmes. Prinse en eau miellée au poids d'vne dragme elle euacuë le phlegme. *Il faut tirer le ius* de sa racine auant que son fruict soit meur. Ce suc enduit seul ou auec des Ers, subtilie la peau du visage, & luy donne vne couleur viue, & naïue. Il chasse aussi les serpens (ces derniers mots ne sont pas aux vieux exemplaires, & sont superflus.) *La racine* broyée auec Figues grasses deride la peau du corps, si on s'en frotte; mais il se faut promener vn demy quart de lieu incontinent qu'on s'en sera frotté: car autrement elle brusleroit la peau, si on ne se lauoit auec de l'eau fresche. Toutefois

Liure 6. des simpl.

le *Tam*, ou *Coleuurée noire* est plus propre à ce fard: car la *blanche* fait démanger. Galien dit, que les *premiers iettons de la Coleuurée* seruent communement de viande, comme estans propres à l'estomac, à cause qu'ils sont astringeans. Or ils ont vn peu d'amertume & d'acrimonie conioincte auec leur astriction: à raison dequoy ils prouoquent mediocrement l'vrine. *Mais sa racine* est detersiue, & desiccatiue, & mediocrement chaude. Parquoy elle amollit les durtez de la ratte, tant prinse en breuuage, qu'appliquée par dehors auec des Figues, & guerit les gratelles & le mal S. Main. Quant *à son fruict* qui est à mode de raisin, il est propre pour les Tanneurs.

De la Coleuurée noire, CHAP. V.

Les noms.

LA *Coleuurée noire* est nommée en Grec ἄμπελος μέλαινα & βρυωνία μέλαινα, & χειρώνια ἄμπελος: en Latin *Vitis nigra*, & *Bryonia nigra*; & *Vitis Chironia*: en Arabe *Fesire sentanim*: en Italien *Vite nera*. Elle est appellée *Vitis nigra*, pource que ses grains sont noirs, & sa racine aussi, & pource qu'elle retire à la Vigne.

Liu. 4. c. 177.
La forme.

Dioscoride dit, qu'elle a les fueilles semblables à celles de Lierre: toutefois elles retirent mieux à celles du Lizeron, combien qu'elles soient plus grandes: mesme elle a les tiges semblables. Elle s'affrage aux arbres auec ses tendons, & porte vn fruict comme vn Raisin, qui est vert du commencement, & noir apres qu'il est meur. Sa racine est noire par dehors, & de couleur de Bouïs par dedans.

Coleuurée noire, de Matthiol.

Liu. 23. ch. 1.

Pline apres auoir traitté de la *Coleuurée blanche* adiouste puis apres, c'est donc la *Coleuurée noire*, qui est appellée proprement *Bryonia*, & *Chironia*, ou *Gynecanthe*, ou bien *Apronia*. Elle est semblable à la precedente, sinon quant à la couleur, car comme il a esté dit, elle est *noire*. Sa racine est noire par dehors, & de couleur de Bouïs par dedans.

Chap. 43 de l'hist.
Sur le chap. 177. du 4. liu.

Fuchse a pris la *Viorne*, que les Allemans appellent *Lynen* ou *Lenen*, pour la *Coleuurée noire*. Matthiol estime que la plante, que les Italiens appellent *Tamaro*, du mot *Tamus*, ou *Tanus*, que Pline dit estre vne plante, laquelle on mange en Italie, est la *Coleuurée noire* de Dioscoride, qui est la plante appellée par les Apotichaires & Herboristes *Sigillum Beatæ Mariæ*: en François *Signet de nostre-Dame* & *Coleuurée sauuage*. Dodon l'appelle *Vitis siluestris*, comme il a esté dit cy deuant. Toutefois il y a deux choses qui sont directement contre l'opinion de Matthiol, pource que la *Coleuurée noire* a la racine noire par dehors, & de couleur de Bouïs par dedans, & qu'elle porte des Raisins noirs, dont elle a esté nommée *Vitis nigra*; mais le *Signet nostre-Dame*, croissant és prés, & lieux humides & marescageux, a la racine grosse comme la *Coleuurée*, rouge par dehors & blanche par dedans, & visqueuse à manier. Mais si elle croist en lieux aspres, pierreux & ombrageux: elle est menuë, & cheuelüe, & tousiours blanche, & fait tousiours son fruict rouge, & iamais jamais noir. Nonobstant laquelle couleur du fruict Matthiol n'a pas laissé de persister en son opinion : d'autant que, comme il dit, en Hongrie & en Boheme toutes les *Coleuurées* font leur fruict noir : combien que Dioscoride n'ait fait mention que du rouge. Ce qui se voit aussi au Sureau: car celuy des montagnes fait son fruict rouge ; au lieu que celuy des autres lieux est de couleur de pourpre-brun. Mesme la Morelle des Iardins en certains lieux fait ses grains tantost noirs, & tantost rouges, ou de couleur de Saffran ; d'autant que nature prend son passetemps à diuersifier la couleur des fleurs & des fruicts. Or pour respondre à cela on peut dire, que quant à la Morelle, Dioscoride a bien remarqué la diuersité de son fruict; à sçauoir qu'il est noir ou rouge, quand il est meur. Ce qu'il n'eust pas oublié de dire de la *Coleuurée*, s'il eust esté ainsi. En outre, la couleur de la racine qui est noire par dehors & de couleur de Bouïs par dedans, est vne marque si signalée & remarquable, qu'il ne s'en peut couurir ny la celer. Qui plus est, la racine du *Signet nostre Dame*, quoy qu'on la masche longuement, est fade & pleine d'humidité auec vn bien peu d'acrimonie, qui ne se peut quasi apperceuoir: & au contraire, celle de la *Coleuurée blanche* est acre & fort amere, combien que tous les autheurs ayent escrit, que celle de la *noire* l'estoit beaucoup plus que la *blanche*; dont il faut conclurre, que ceste plante est bien differente de la *Coleuurée noire*. Il y a des doctes Simplicistes, qui estiment, que c'est *l'Vua Taminia* de Pline, laquelle il dit estre differente de la *Staphis agria*, iaçoit qu'aucuns l'appellassent ainsi, qui a des grains rouges, & croist és lieux chauds & à l'abry : veu méme que le mot Italiẽ *Tamaro* approche du nom *d'Vua Taminia*; ou du mot *Tamum*: le Raisin duquel estoit appellé *Vua Taminia*. Or Dalechamp dit, qu'il a esté asseuré par lettres de plusieurs Allemãs, qu'il y a force *Coleuurée noire* en Vuestphalie, en Saxe, & en Hesse, & en Misne, laquelle n'est en rien differente *de la blanche*, sinon quant à ces deux marques, que Dioscoride a specifiées. A raison dequoy Ruel & quelques autres doctes Simplicistes estiment auec iuste raison, que le *Signet nostre-Dame*, n'est pas la *Vitis nigra* ; mais plustost *Cyclaminon Cissanthemon* de Dioscorides; & que la *Vitis nigra* n'est pas encor bien cogneuë. Mesme Dodon est de ceste opinion là. Mais Pena dit, que c'est peu de cas de ces deux marques qui se faillent au *Signet nostre-Dame*; à sçauoir, *les grains rouges*, & *la couleur de Bouïs au dedans de la racine* ; pource qu'au reste il a les fueilles comme le Lierre, fort semblables à celles de la Smilax aspre, & qu'il iette ses branches tortues à l'entour des buissons & espines, ausquelles il s'aggraffe par le moyen d'vne infinité de tendons qu'il a : & qu'il porte des grains entassez en grappe, qui sont premierement verts, puis apres rougeastres, puis apres estans comme trop meurs, de rouges-bruns qu'ils estoient ils deuiennent comme noirs. Quant aux autres marques comme *d'auoir la Racine semblable à celle de la Coleuurée en grandeur & figure, & aussi tendre, noire par dehors, & blanche par dedans*; elles y sont aussi veritablement, comme elles sont cogneuës à tous le monde. Car on en voit par toute la France, & Allemagne parmy les boccages & buissons touffus, sur lesquels il grimpe, & fait de beaux Raisins longs, & porte des fleurs moussues cõme celles des Lãbrusques, ou des Oliuiers, qui sont palles. Voilà l'opiniõ de Pena, lequel adiouste d'aduantage, c'est qu'il s'accorde bien quant aux proprietez : car Dioscoride dit, que l'on mange des *premiers bourgeons* ou tendrons, comme on fait des autres herbes bonnes à manger; qu'ils prouoquent l'vrine & les mois, & font fondre la ratte; qu'ils sont bons contre le haut mal, aux vertiginositez & paralysies: & que *sa racine* a les mesmes proprietez que celle de la *Coleuurée blanche*; toutesfois qu'elle est de moindre efficace: que *ses fueilles* appliquées auec vin sont fort singulieres pour guerir les escorcheures du col de la cheualine, & aussi aux dislocatiõs. Diocles, dit Pline, dit, *que les tendrons de la Coleuurée noire* sont meilleurs que les vrayes Asperges pour prouoquer l'vrine, & diminuer la ratte. Elle croist parmy les boccages, & roseaux, & a la racine noire par dehors, de couleur de Bouïs par dedans. Elle est meilleure de beaucoup que la *blanche* à tirer les os rompus. Elle a aussi cela de singulier, qu'elle est fort souueraine pour guerir les vlceres qui viennent au col des cheualines. On dit, *que si on en fait vne haye* à l'entour d'vne Metairie, les Milãs ou autres oiseaux de proye ne s'en approcheront point, & par ce moyen la volataille qu'on y nourrira sera asseurée de l'oiseau. *Icelle attachée* tãt sur la personne que sur la cheualine guerit le phlegme ou le sang qui s'euacuë par les talõs. Aux autres exẽplaires il y a; Elle guerit le crachemẽt de sang estãt attachée aux talons: en quoy Hermolaus estime qu'il y a de la faute. Et de fait, il y a biẽ de l'absurdité: car y a il rien de plus sot, que de dire, qu'vne herbe attachée au talõ d'vn homme ou d'vn cheual puisse guerir le crachement de sang ou du phlegme? mesme il dit, qu'il n'y a pas ainsi aux vieux exẽplaires: combien qu'au demeurant ils sont assez gastez & corrompus. Or pource que Dioscoride dit; qu'elle guerit les dislocatiõs estãt liée dessus, il faudroit peut estre lire ainsi, *Talos circũligata sanat*: c'est à dire, *qu'elle guerit le talõ desnoué, si on la lie à l'entour*. Quãt aux mots precedẽs, estãs separez ils serõt aisez à entendre. Galiẽ dit, que la *Coleuurée noire*, qui est propremẽt appellée *Bryonia*, est du tout sẽblable à la precedẽte, excepté qu'elle est de moindre efficace. Ainsi aussi, dit Pena, les fẽmes méme sçauẽt, que le *Signet nostre-Dame* est fort souuerain pour prouoquer l'vrine & les mois, & pour purger les reins. Toutesfois il dit, que ce que Matthiol escrit, que ceste racine est fort souueraine pour eschauffer la personne à l'amour, si on la mãge apres l'auoir fait cuire sous les cẽdres chaudes, est faux, & qu'au contraire aucũs ont essayé à leur dã qu'elle affoiblit l'eschine, & cause inflãmation au sãg & aux reins.

Liu. 3 ch. 40

Les vertus. Liu. 4. c. 177.

Liu. 23. ch. 1

Le lieu.

Liure 6. des simp.

De la

De la Douceame, CHAP. VI.

Les noms.

Es doctes Herboristes de nostre temps appellent ceste plante, qui va grimpant & s'entortillant aux hayes comme les plantes precedentes, γλυκύπικρον, & γλυκυπικρὶς : en Latin *Dulciamara*, ou *Amara dulcis*. Les Escoliers de Paris & de Montpelier l'appellent *Solanon ligneum*, ou *lignosum*. Les Allemans *Ielenger Ieleber*, c'est à dire, *Douceamere*, & *Hinschkraut*, pource qu'elle est propre à vne maladie des brebis qu'ils appellent *Die Hinse*. Elle fait beaucoup de branches comme sarmens, longues, grailes, tendres, & pleines de bois.

La forme.

Ses fueilles sont longuettes, vertes brunes, quasi comme celles du Lierre ; toutefois elles sont moindres, semblables à celles de la Morelle ou du Lizeron, ou du Sinet Nostre-dame, qui vont peu à peu en aiguisant : dont les vnes ont au bas vne petite fueille de chasque costé comme vne petite aile, tout ainsi qu'on voit aux fueilles de l'Ozeille ronde, ou de la Sauge menuë. Elle fait beaucoup de fleurs de couleur plus obscure que celle des Violettes, chascune desquelles est cōposée de cinq petites fueilles, aiguës, recourbées & estroites, du milieu desquelles il sort vn petit filet iaune : apres il y vient beaucoup de grains longs & ronds, qui sont premierement verds : mais estans meurs ils sont rouges comme Corail, auec des petits grains au dedans semblables au Millet, palles & de mauuais goust. Sa racine est petite, & cheueluë. L'escorce de ceste plante du commencement qu'on la masche est amere, & mal-plaisante : mais tant plus on la masche, on la treuue de meilleur goust & plus douce.

Douceamere, ou Vigne sauuage de Matthiol.

Le lieu.

Elle croist le long des hayes & buissons, & des chemins bourbeux. A Montpelier elle croist aussi parmy les masures, & lieux secs.

Le temps.

Elle fleurit en Iuillet. Sa graine est meure au mois d'Aoust.

Le temperament & les vertus.

Les Simplicistes disent, qu'elle est chaude & seche ; & partant que la *decoctiō de ses fueilles ou branches, & de sa racine* guerit toute opilation du foye, & par consequent la iaunisse, si on en boit auec du vin. La mesme decoction est bōne à ceux qui sont tombez d'enhaut, aux contusions, dislocations, rompures, & playes : d'autant qu'elle euacuë le sang caillé par les vrines.

L'iure 3. de l'hist. ch. 28.

Il y a des doctes Simplicistes, qui tiennent que ceste herbe est le μυλωθρον de Theophraste. Pena & ceux de Montpelier estiment, que c'est la *Circæa*. Dodon l'appelle *Cyclaminus altera*. Matthiol la prend pour la *Vigne sauuage*. Pline, comme il a esté dit cy deuant, au traitté de la *Vigne sauuage* l'appelle *Ampelos agria* ; & dit, qu'elle croist parmy les Saussayes ; à raison dequoy on l'a appellée *Salicastrum*.

Du Houblon, CHAP. VII.

Les noms.

Il nous faut adiouster apres les *Vignes*, & *Coleuurées* ceste plante, de laquelle il n'est point fait de mention aux liures des anciens autheurs tant Grecs que Latins ; si ce n'est celle que Pline appelle *Lupus salictarius*, laquelle il met entre les plantes qui croissent d'elles mesmes, desquelles plusieurs nations vsent en viande. Les Apothicaires l'appellent *Lupulus* ; les autheurs modernes *Lupulus*, & *Lupus salictarius* ; pource qu'elle grimpe sur les Saulx, & autres sortes d'arbrisseaux. Les Grecs d'auiourd'huy l'appellent βρυωνια en leur commun langage : les Italiens *Lupuli* : & en Lombardie *Bruscandoli*, comme qui diroit *Bryon*, ou *Bryonia qui grimpe* : les François l'appellent *Houblon*, & *Houbelon* : les Allemans *Hoppfen*.

Les especes. La forme.

Or il s'en treuue de deux sortes, à sçauoir *du Cultiué*, & *du Sauuage*. *Le sauuage* fait des sarmens longs, velus, & aspres, auec beaucoup de tendons, par le moyen desquels il s'aggraffe aux branches des buissons qui se rencontrent là aupres. Ses fueilles retirent à celles de la Coleuurée, toutefois elles sont plus aspres & triangulaires. Ses fleurs sont palles & fueilluës, composées de beaucoup de fueilles menuës, entassées l'vne apres l'autre, lesquelles sentent comme les aulx & le vin. Sa graine est platte, brune, semblable à celle du Genest, sinon qu'elle est plus petite. Sa racine est noire, longue, & fourchue, qui va s'estendant çà & là. De cest *Houblon sauuage* les habitans des païs Sepentrionnaux en ont fait vn *Cultiué*, accommodans des perches & des treilles pour soustenir ses branches, qui sont foibles, & d'autant que ces perches sont pour la plus part de Saulx, peut estre que delà est venu le nom de *Lupulus salictarius*. Il a les sarmens, les fueilles & les fleurs du tout semblables à celles *du sauuage* ; toutefois toute la plante est plus belle, & mieux nourrie par le moyen du cultiuage : & à les fleurs

L'Houblon de Matthiol.

fleurs plus grandes, comme aussi la graine. *Le sauuage* croist parmy les hayes & buissons, & le long des Iardins & autres possessions. Quant au *cultiué* il croist dans les Iardins en Allemagne & en Flandres; mesme ils en plantent emmy les champs à mode de Vigne, en terroir gras & humide. Il fleurit au mois d'Aoust & en Septembre. *L'Houblon*, selon Mesuë, est temperé ou plustost froid au commencement du premier degré. Il purge mediocrement la bile qui est parmy le sang, lequel il esclaircit, & appaise sa chaleur, le rendant temperé, principalement estant mis en infusion dans du petit laict. *Le syrop de l'Houblon* guerit la iaunisse, & est propre pour les fieures bilieuses & sanguines. *L'Houblon aussi & son suc* incorporé en farine d'orge guerit la douleur de teste prouenant de chaleur, & l'intemperie chaude de l'estomac & du foye. Veu donc qu'il est de si grande efficace, c'est merueille que les Medecins de nostre temps n'en vsent plus qu'ils ne font. Voilà ce qu'en dit Mesuë; l'opinion duquel n'est pas suyuie par les modernes. Car Fuchse dit, que l'odeur des fleurs & leur amertume, qui n'est pas petite, monstre bien qu'elles sont chaudes & seches. Mesme le vieil Herbier dit, que le *Houblon* est chaud & sec au second degré. Il est bien certain aussi que ses racines sont chaudes. Dodon aussi dit, que *l'Houblon* & principalement ses fleurs sont chaudes & seches au second degré. Matthiol dit que les *fleurs, les gousses, & les racines du Houblon* sont chaudes, aperitiues, attenuatiues, detersiues, & purgatiues: & que *ses tendrons ou bourgeons*, [l]squels on mange bouïllis en salade, comme estans plus humides, eschauffent & dessechent peu. [...]t qu'ils seruent de viande & de medecine à ceux qui en vsent, pource qu'ils purifient le sang, [...]schent le ventre, guerissent les opilations, & sont plaisans à manger. *La decoction des fleurs & [...]gousses du Houblon* est fort bonne contre les poisons estant prise en breuuage, contre la rongne, [...]grosse verole, & autres semblables maladies, qui gastent la peau par dehors, comme aux der[...]es, au feu volage, au mal S. Main, & autres semblables. Elle est bonne aux fieures longues qui pro[...]dét de l'opilation du foye. Si on en fait des estuues elles sont bõnes pour les durtez de la matrice, [...]aux enfleures d'icelle, & contre la difficulté d'vrine. *La graine du Houblon* puluerizée & prinse [...]breuuage au poids de demy dragme fait mourir les vers du corps, prouoque les mois & l'vrine. [...]ichse suyuant les modernes, dit que le *Houblon* euacuë l'vne & l'autre bile, fait resoudre les apo[...]mes; euacuë le phlegme des hydropiques par le bas. *Son suc* prins en breuuage tout cru, lasche [...]ieux le ventre; mais il ne desopile pas si fort. Au contraire estant cuit il desopile mieux, & las[...]e moins le ventre. Distilé dans les oreilles il empesche qu'il ne s'y engendre de la pourriture, [...]qu'elles ne sentent mal. *Ses racines* sont fort propres pour desopiler, principalement le foye & [...]ratelle. Ainsi donc il appert que toutes les parties du *Houblon* n'ont pas vn mesme temperament: [...]r *ses tendrons* tant du sauuage que du cultiué, lesquels on mange en salade au commencement [...]printemps, & qui ont fort bon goust, quasi comme la Cichorée blanchie par les Iardiniers, com[...]aussi ses fueilles sont temperées en chaleur: mais *ses fleurs*, ses gousses, & sa graine sont chau[...]s & seches. Ceux qui habitent és païs Septentrionaux cueillent les fleurs du *Houblon* pour en [...]re leur biere, ou ceruoise.

Le lieu.

Le temps.

Liure 2. des simpl. Chap. 24.

Le temperament & les vertus.

Chap. 58. de l'hist.

Liu. 3. ch. 59 de l'hist.

Sur le c. 140 du 4. lieu.

Chap. 58. de l'hist.

Du Lierre. CHAP. VIII.

Les noms.

Les Grecs appellens le *Lierre* κισσὸς, & κιττὸς: les Latins *Hedera*: les Arabes *Cussus*: les Italiens *Hedera*: les Espagnols *Edera*: les Allemans *Epheuu*: les François *Lierre*. On dit qu'il est nommé κισσὸς, du nom de *Cissus* qui estoit, ainsi que recitent les histoires fabuleuses des Grecs, le nain de Bacchus, lequel dansant auec son maistre tomba contre terre, dont il mourut, à raison dequoy Bacchus le transmua en ceste plante, laquelle il nomma de son nom. Mais les Atheniens appellent *Citton* le dieu Bacchus, & disent que la premiere plante de [...]erre qui fut veuë, fut en leur païs en vn village nommé *Acharna*. Les anciens ont aussi [...]pellé le *Lierre*, *Dionysia*, du nom de Bacchus, qui s'appelloit Dionysius, luy faisans cest honneur, [...]ource qu'il fut le premier qui apporta le *Lierre* des Indes en Grece; tellement qu'on tenoit que [...]*Lierre* estoit en la protection du bon Pere Denys; d'autant que comme il n'enuieillit point, aussi le le *Lierre* est tousiours verdoyant. Mesme il s'aggraffe à tout ce qu'il rencontre comme le Dieu Bacchus attire à soy le cœur des hommes. Ou bien faudra dire, que le *Lierre* est appellé κισσὸς, ἀπὸ τοῦ κιός, c'est à dire *du nom du moucheron* nommée en François *Calandre*. Car *cis*, ainsi que dit (Liure 4. des caus. ch.16.) Theophraste, est vn animal qui croist dans le froment & l'orge, lequel perce plustost le grain auec vne pointe qu'il a, que de le ronger auec la bouche. De là vient que la pierre Ponce est appellée κισσηρὶς, à cause qu'elle est toute pleine de trous. Ainsi aussi le *Lierre* est appellé κισσὸς, pource que son bois est rare, & plein de pores, & d'vne infinité de petits conduits, par lesquels le vin penetre, (Chap. III.) suyuant ce que Caton en a laissé par escrit. Si tu veux, dit-il, sçauoir s'il y a, de l'eau dans le vin, il faut mettre dudit vin dans vn vase ou gobelet de bois de *Lierre*; car s'il y a de l'eau elle demeurera dedans, & le vin passera à trauers : car le *Lierre* ne sçauroit retenir le vin. Homere appelle aussi κισσύβιον vn *Gobelet de berger fait de Lierre*. Quant au nom Latin *Hedera*, Pompeius dit qu'il est ainsi appelllé, *quòd hæreat*, pource qu'il est attaché; ou plustost *quòd edita petat*; pource qu'il (Liu.2.c.175) tend contre-mont, ou bien pource que, *id cui adhæserit edat & enecet*, c'est à dire, *qu'il tue & con-* (*Les especes.* Liu. 3. de l'hist.ch.18.) *sume ce à quoy il s'est vne fois attaché*. Dioscoride dit qu'il y a plusieurs *especes de Lierre*; toutefois il n'y en a que trois principales, assauoir *le blanc*, *le noir*, qui est appellé communement *Dionysia*, & le troisiesme est *l'Helix*. Teophraste establit aussi plusieurs *especes de Lierre*, disant : *Il y a plusieurs especes de Lierre, l'vne rampe par terre; l'autre monte en haut. De ces Lierres qui montent contre-mont il y en a aussi plusieurs especes. Mais sur tout trois principales, le blanc, le noir, & celuy que les Grecs appellent Helix.* (Gaza a interpreté ce mot icy *clauicula*, mais Pline a mieux aimé retenir le mot Grec.) *Chascune de celles cy a encor d'autres especes : Car il y a du Lierre qui ne fait que son fruict blanc, & d'autre qui ne fait aussi que les fueilles blanches. Entre les Lierres qui ne font que le fruict blanc, il y en a qui le fait plus grand, espez & comme entassé en rond, qu'aucuns appellent Corymbia, les Atheniens Acharnica, lequel croist és lieux humides. L'autre le fait plus petit & plus esparpillé, comme le Lierre noir. Il y a aussi plusieurs especes de Lierre noir; mais elles ne sont pas si bien qualifiées. Quant à l'Helix on y met de grãdes differences; car il a les fueilles biẽ differentes, en ce qu'elles sont moindres, faites à angles & mieux ageancées.* Gaza & Pline ont ainsi traduits ces mots γωνιοειδῆ καὶ εὐρυθμότερα. Ainsi dõc Cornarius n'a pas bien corrigé le passage de Dioscoride, là où en la description de ceste *Helix* il y a ἔχει τὰ φύλλα λεπτὰ γωνιώδη καὶ ἐρυθρὰ c'est à dire, *Il a les fueilles menuës faites à angles & rouges*, car voyant que ce mot ἐρυθρὰ estoit mal à propos, pource qu'il n'y a point de rougeur aux fueilles de *Lierre*, il s'est imaginé aussi mal à propos qu'il falloit lire en Theophraste εὐχυμότερα, c'est à dire *pleines de suc*, au lieu du mot εὐθυμώτερα, que Pline a traduit *mieux ageancées*. Et semblablement il a mis en Dioscoride εὐτραφῆ en la mesme signification, c'est à dire *grosses*) *plus rondes que celles des autres Lierres & plus simples. Il y a aussi difference en ce qu'il a les branches plus longues que les autres ioinct qu'il ne porte point de fruict. Aucuns tiennent que l'Helix change de naturel auec l'aage, & se change en Lierre. Que si cela est vray, il ne faudra establir la difference, sinon pour raison de l'aage, & non pas les distinguer par especes. Toutefois les fueilles de l'Helix sont biẽ differentes des autres especes de Lierre. Or il aduient biẽ raremẽt qu'vne plante change d'espece cõme l'on voit au Peuplier blãc &* (Liu.16.c.22.) *au Palma Christi.* (Pline a ainsi traduit ces mots: *Toutes les fueilles se maintiennẽt biẽ chascune en sa couleur & estre, excepté celles du Peuplier, du Lierre, & du Palma Christi.*) *Ainsi dõc il y a diuerses especes d'Helix : mais il y en a trois principales & les plus cogneuës, desquelles la premiere est verte, ou de couleur d'herbe, de laquelle il s'en treuue à force: la seconde est blanche: la troisiéme est de diuerses couleurs, laquelle est appellée Lierre de Thrace par aucuns. Il y a encores vne autre subdiuision des ces especes: car quãt aux Lierres verts il y en a qui a les fueilles menuës, & d'autre qui les a lõgues, & plus touffues.* (Pline dit, *disposées par ordre*,) *& d'autre auquel on ne peut pas remarquer cela. Touchãt les Lierres qui sõt de diuerses couleur les vns ont les fueilles plus grãdes que les autres, méme il y a differẽce en leur bigarreure. Semblablemẽt aussi il y a de la diuersité aux fueilles du Lierre blanc, quãt à la grandeur & à la couleur. Le Lierre vert croist en peu de temps, & monte fort haut. Or peut on cognoistre quand l'Helix deura chãger d'espece; nõ en ce qu'il fait les fueilles plus grãdes & plus larges: mais aussi à ses bourgeons car il les fait droits, qui ne sont ny pendans ny recourbés, & méme en ce qu'ils sont minces & longs. Et au contraire, ceux des autres Lierres sont plus courts & plus gros,* (Gaza a leu, *ceux du Lierre vert sont, &c.*) *Au reste toutes les especes de Lierre ont vne infinité de racines, espesses, entortillées & de bois, & grosses, qui n'entrent pas fort auãt en terre. Mais le Lierre noir en a plus que les autres; & entres les Lierres blancs celuy qui est le plus aspre, & sur tout le sauuage, qui est la cause qu'il porte grand dommage aux arbres, ausquels il s'aggraffe, & les fait tous secher & mourir; d'autant qu'il mange leur nourriture. Ce Lierre deuiẽt fort gros au prix des autres, & cõme vn arbre, méme il a cela qu'il se soustiẽt en pied quelquefois tout seul. Toutefois le plus souuẽt il s'appuye à quelque chose, embrassant les arbres qui se rencontrent aupres, auec son tronc: car il a ce naturel qu'il sort des racines parmy ses fueilles, par le moyẽ desquelles il s'aggraffe biẽ ferme aux murailles, & aux arbres, desquels il cõsume toute leur nourriture, & ainsi les fait secher. Et iaçoit qu'on le coupe par dessous, si ne meurt il pas pourtant. Il y a aussi grande difference aux fruicts des Lierres: car il y en a qui font le fruict doux, & d'autres qui le font amer, tant des Lierres blãcs que des noirs. Ce qui est aisé à cognoistre, en ce que les oiseaux mãgent de l'vne & non de l'autre.* Voilà ce que Theophraste a escrit du *Lierre* selon que nous l'auons peu traduire. Or il ne

pas hors de propos de conferer auec ce discours celuy que Pline en fait traittant de la mesme
nction des *especes de Lierre*. Il dit donc, qu'il se treuue deux *especes de Lierre*, a sçauoir *masle* &
elle, comme aussi aux autres sortes d'arbres. Le masle est plus gros, & a les fueilles plus dures.
lus grasses, & les fleurs purpurines ; toutefois la fleur tant du *masle* que *femelle* resemble aux
s sauuages, si ce n'est qu'elle ne sent rien. (Pline ne pensoit pas à ce qu'il faisoit, quand il attri-
eccy au *Lierre*, qui est propre au Cystus.) Quant aux *especes de Lierre* tant *masle* que *femelle*,
en a trois. Car on treuue de *Lierre blanc, & de noir*, & vn autre que les Grecs appellent *Helix*.
or y a il vne autre subdiuision de ces especes : car les vns iettent seulement leurs grains blancs ;
utres ont la fueille, & la fleur blanche. Entre les *Lierres* qui portent le fruict blanc, les vns proent leurs grains en grappe, qui sont gros & serrez, & font leur grappe ronde. Les Latins aplent ces grains là *Corymbes*. L'autre *Lierre blanc*, qui est appellé par les Grecs *Selenition*, a le grain
s grand & plus esparpillé. (Il semble que Pline a leu autrement ce passage de Theophraste, qu'il
pas en nos exemplaires : car le mot *Selenition* n'y est pas ; & en outre il est dit, que le *Lierre* est
ellé *Corymbia*.) Autant en prend il du *Lierre noir* : car on en treuue qui fait la graine noir, &
utre qui la fait de couleur de Saffran, duquel les Poëtes vsent en leur coronnes, qui est appellé
aucuns *Mysien*, ou *Bacchique*. Il iette le fruict le plus gros entre tous les *Lierres noirs*, & a les fueil-
plus blaffardes. Il y a des Grecs qui establissent deux especes de ce *Lierre*, appellans l'vn *Eri-
anon*, (peut estre seroit il mieux de lire *Erythrocarpon*) c'est à dire au fruict rouge, & l'autre *Chryso-
pon*, c'est à dire, *fruict doré*, selon la diuersité des couleurs de leur fruict. Quant au *Lierre*, que
Grecs appellent *Helix*, il s'en treuue de plusieurs sortes, qui sont bien aisées à remarquer par les
illes : car les fueilles de ce *Lierre* sont petites, faites à angles, & mieux ageancées que celles des
tres, lesquelles n'ont point de façon. Mesme il y a difference quant au compartiment des neuds,
principalement en ce qu'il ne porte point de fruict. Toutefois il y en qui a attribuent cela à
ge, & non à la diuersité de genre, disans, que le *Lierre* appellé *Helix* par traict de temps se con-
rtit en fructueux, ou se soustient de soy-mesme. Mais ils faillent grandement. Car il se treuue
sieurs especes *d'Helix*, ou du *Lierre* qui s'aggraffe, & principalement trois, dont l'vn est verd
fort commun ; l'autre a la fueille blanche, & le tiers qui est appellé *Lierre de Thrace*, a les fueilles
plusieurs couleurs. Le verd a les fueilles plus menuës, & mieux ageancées par ordre, & plus
ffues que les autres. Quant à celuy qui a les fueilles de diueres couleurs, il s'en treuue de
s fueillu l'vn que l'autre, & qui a les fueilles plus minces & mieux arrangées, que les autres,
il n'y a rien de tel. Il y a aussi difference en la grandeur & petitesse des fueilles, & en leur mar-
eteure. Mesme entre les *Lierres blancs*, les vns sont plus blancs que les autres. Le *Lierre verd*
iette fort en long : mais le *Lierre blanc* fait mourir les arbres ausquels il s'aggraffe : car il se nour-
i bien en succant leur humeur, qu'en fin il deuient gros comme vn arbre. Il est de bon co-
oistre : car il a les fueilles grandes & larges, & a les branches droites ; au lieu que celles des au-
s sont recoubées. Ses grappes aussi sont releuées & droites. Et combien que toutes les bran-
es des autres *Lierres* soient garnies de racines, ce *Lierre* a les branches plus roides & plus fortes,
apres luy le *noir*. Mais le *Lierre blanc* à cela de propre, qu'il iette des branches deçà & delà du
ilieu de ses fueilles, par le moyen desquelles il s'aggraffe aux arbres ; & mesme aux murailles,
mbien qu'il ne les puisse pas embrasser. Delà vient qu'encores qu'on le coupe en plusieurs en-
oits il ne meurt pas pourtant, pource que ses branches luy seruent de racine, par le moyen
squelles il se tient en pied & se nourrit tousiours, & succe l'humeur des arbres, ausquels il
ggraffe, & ainsi les estouffe. Au surplus il y a aussi de la difference és fruicts du *Lierre*, tant
blanc que du *noir* : car les vns sont si amers que les oiseaux mesme n'y veulent pas toucher. Il
aussi vne autre *espece de Lierre* qui se tient en pied sans aucun appuy, à cause dequoy les Grecs
nt appellé particulierement *Cissos*, c'est à dire *Lierre*. Voilà ce qu'en dit Pline. Or Matthiol
ablit deux principales differences au *Lierre* ; c'est que l'vn est *grand*, & l'autre *petit*. Quant au
rand il l'appelle *Lierre arbre*. Ce *Lierre* ne croist pas seulement parmy les grandes forests le long
es grands arbres, qu'il estouffe à force de les serrer ; mais aussi il monte le long des vieux edifices,
des murailles des villes, & sur les sepulchres, ausquels il s'aggraffe si bien, qu'en fin il les fait
hoir & tombe quant & quant. Le moindre est sterile & est appellé *Helix*. Ce *Lierre* icy ne monte
uieres sur les arbres ; mais va rampant par terre, ou par dessus les rochers, & masures, & par-
y les hayes. Pena dit, que l'on peut remarquer auiourd'huy deux principales *especes de Lierre* :
n premier lieu le *Lierre arbre*, qui est assez cogneu de tous. Or d'autant qu'il s'en treuue de plu-
ieurs sortes, cela a peu faire accroire aux anciens qu'il y en auoit diuerses especes, combien que
ioscoride ne prend la difference sinon en la diuersité du fruict, comme aux Pommiers, Noyers,
autres arbres fruittiers. Il se treuue mesme du *Lierre* qui se tient en pied sans s'appuyer, comme il dit en auoir veu en quelques forests d'Angleterre. Cette sorte de Lierre s'appelloit par les
anciens *Orthocisson*, c'est à dire *Lierre droit*. On treuue aussi du Lierre en certains lieux qui a les
fueilles blondes, ou blanches. Il y en a aussi plusieurs plantes dans les iardins d'Italie & d'Allemagne, qui ont esté apportées de l'Apouille, qui font leurs boutons iaunes ; & d'autres qui les

Liu. 15. c. 34

Sur le c. 175 de Diosc. li. 2

Aux Aduers.

font noirastres, quand ils sont meurs. Quant à l'autre espece de Lierre, il est du tout petit ; n'est pas si frequent, & a esté à bon droit appellé *Helix*, à cause d'vne infinité de tendons, veillons par lesquels il s'aggraffe & va rampant. Nous auons mis icy le pourtrait de ces deux

Liu. 2. c. 175. especes; & *d'vn autre troisiesme*, suyuant l'opinion de Dalechamp. Or Dioscoride dit ; que le *Lierre blanc* fait son fruict *blanc*, & le *Lierre noir* fait son fruict *noir*, ou de couleur de Saffran. Le *Lierre* appellé *Helix* ne porte point de fruict ; mais fait ses sermens blancs (au vieil exemplaire il y a

La forme. λεπ]α ἔχει τὰ κλήματα, c'est à dire, *il a des branches menues*) & les fueilles menuës, faites à angles bien disposées. Quant au *Lierre noir*, qui est le *Lierre arbre commun*, c'est vne plante ou arbrisseau, qui iette des branches dures, & pleines de bois, couuertes d'vne grosse escorce grise, auec lesquelles il s'agraffe aux arbres, murailles, & à tout ce qu'il peut rencontrer. Ses fueilles du commencement, quand la plante est ieune, sont faites à angles, & pour la plus part en triangle ; mais auec le temps elles deuiennent rondes, grasses, dures, lisses, & sont tousiours verdoyantes quelque froid qu'il face. Ses fleurs viennent par esmouchettes rondes, & sont blaffardes, & odorantes : apres lesquelles il y vient des boutons ou grains comme grappes de Raisins, qui sont premierement verds, puis apres à l'entrée de l'hyuer apres qu'ils sont meurs, ils deuiennent noirs, & sont attachez à vne longue queuë, comme les grains des Raisins, & resemblent au fruict du Troësne. Les Latins les appellent *Corimbes*. Il iette vne infinité de racines touffues, entortillées & fourchues, qui n'entrent pas fort auant en terre. Quant au *Lierre* appellé *Helix*, ou *rampant*, il iette, ainsi que dit Pena, des tendons par ses sarmens ou veillons, lesquels se fischent en terre, & vont s'entortillant & s'entrelassant ensemble. Quelquefois aussi en rampant il s'agraffe au tronc des arbres moussus. Il fait ses sarmens grailes, desquels il sort des petites fueilles, qui ont des grandes descoupeures à triangle. Elles sont semblables à celles du precedent si ce n'est qu'elles sont moindres, & de moindre vsage : car on ne s'en sert point ; & mesme les Apothicaires n'en amassent point la gomme. On n'y voit aussi

Lierre arbre de Matthiol.

Lierre Helix, de Matthiol.

Lierre Dionysias, de Dalechamp.

iamais fruict dessus, dont on tient qu'il est sterile. Quant au *Lierre Chrysocarpos*, il est ainsi appellé pource que ses grains sont de couleur d'or. On l'appelle aussi *Dionysias*, ou *Bacchique*, pource que les Poëtes en faisoient leurs coronnes. Car les Grecs appelloient anciennement *Dionysiacos artifices*, ceux qui seruoient à chanter & jouër des instrumens és jeux publics. Ce *Lierre* a les fueilles moins noires que les autres *especes de Lierre noir*, qui ne sont point faites à angles, grosses, poulpues, & pleines de veines, aiguës au bout, & assez rares ; les boutons de ses grappes sont de couleur d'or, plus beaux que tous les autres de mesme espece. Ce *Lierre* a les branches garnies de racines comme les autres, auec lesquelles il s'aggraffe aux arbres, & les estouffe, consumant leur nourriture. Il s'en voit peu en France de cette sorte. *L'Helix* vient dans les forests & rampe par terre, Le *Lierre noir*, qui est le grand & le plus commun, croist aupres des lieux humides, tant aux regions froides comme aux temperées : car il ne peut venir aux pais chauds. Au reste Dioscoride dit, que toute *sorte de Lierre* est acre & astringeant, & contraire, aux nerfs. *Ses fleurs* sont bonnes contre la dysenterie, si on en prend tous les iours deux fois dans du vin autant qu'on en peut empoigner auec trois doigts. Appliquées en liniment auec du cerot elles sont bonnes aux brusleures. *Les fueilles tendres de Lierre* cuites en vinaigre, ou broyées crues auec du pain, guerissent les accidens de la ratte. *Le suc des fueilles* & des grains incorporé auec de l'onguent Irin, Miel, ou Nitre, & tiré par le nez sert contre les douleurs inueterées de la teste : mesme il est bon d'en verser sur la teste, l'ayant au preallable incorporé en vinaigre & huile rosat. Auec huile il guerit la douleur des oreilles, & la pourriture d'icelles. *Le suc du Lierre noir*, ou bien ses grains prins en breuuage en trop grande quantité debilitent la personne, & troublent le sens. *Cinq boutons de Lierre* broyez & eschauffez auec huile rosat dans de l'escorce de Grenade appaisent la douleur des dents ; si on distile de cest huile dans l'oreille de l'autre costé où les dents ne font pas mal. *Les grains de Lierre* appliquez en liniment noircissent les cheueux. *Ses fueilles* cuites en vin sont bonne pour appliquer sur tous vlceres quelques malins qu'ils soient. Estans cuites elles sont aussi bonnes pour oster les taches du visage, & pour les brusleures, comme nous auons dit. *Les grains de Lierre* broyez & appliquez en pessaire prouoquent les mois. Ils rendent les femmes steriles, si elles en vsent en breuuage apres leurs purgations. *La queuë des fueilles* enduite de miel, & mise dans la nature de la femme, prouoque les mois & fait sortir l'enfant dehors. Son suc distilé dans le nez guerit la pourriture & puanteur d'iceluy. *La gomme du Lierre* appliquée en liniment fait tomber le poil, & mourir les poulx *Le suc des racines* prins en vinaigre est bon contre la morsure des phalanges (en vn vieil exemplaire il y a *cuit en vinaigre & prins en breuuage.*) Pline discourt bien plus au long de l'vsage du *Lierre* en Medecine. Nous auons, dit-il, monstré cy deuant, qu'il y a vingt especes de Lierre. En toutes il y a du danger d'en vser : car le *Lierre* prins en breuuage en trop grande quantité purge le cerueau ; & toutefois il trouble le sens, & nuit aux nerfs, & neantmoins il est bon pour les nerfs, estan appliqué par dehors. Il est du naturel du vinaigre, & n'y en a point qui ne soit refrigeratif. Tous *Lierres* prins en breuuage esmeuuent l'vrine, appaisent la douleur de teste ; si on prend les plus tendres fueilles de *Lierre*, & qu'on les face cuire en vinaigre & huile rosat, en les broyant & adioustant encor d'autre huile rosat pour les reduire en onguent ; & seruent particulierement au cerueau, & à la petite peau qui l'enuironne. Pour cest effect il se faut frotter le front de cest onguent, se fomenter la bouche de la decoction que dessus, & oindre par apres la teste auec cest onguent. *Les fueilles de Lierre* prinses en breuuages, & appliquées en liniment sont bonnes à la ratte. *Leur decoction* est bonne aux frissons des fieures, & à la petite verole, à quoy aussi elles seruent estans broyées en vin. *Les grains de Lierre* prins en breuuage ou appliquez par dehors, guerissent les accidens de la ratte, & sont propres pour le foye estans appliquez en dehors. Appliquez aux parties naturelles des femmes il leur font venir leurs mois. *Le suc de Lierre*, specialement du blanc qui est cultiué guerit la puanteur du nez. Distilé dans les narines il purge le cerueau, principalement si on y adiouste du Nitre. Instilé auec huile il est bon aux oreilles fangeuses, & aux douleurs d'icelles. Il rend la couleur naïue aux cicatrices. *Le ius de Lierre blanc* est le meilleur pour la ratte esta nt eschauffé auec vn fer rouge, & suffit d'en prendre six grains en deux cyathes de vin. *Trois grains de Lierre blanc* prins en vinaigre miellé chassent les vers du ventre, à quoy aussi ils sont bons estans appliquez sur le ventre. Vingt *grains du Lierre* que nous auons appellé *Chrysocarpos*, qui porte les grains iaunes dorez, pilez en vn cestier de vin, & prins à la mesure de trois cyathes, font euacuër par l'vrine toute l'eau qui est entre cuir & chair, selon ce qu'Erasistratus en a escrit. Il dit aussi, que pilant cinq grains de *ce Lierre* auec huile rosat, & le faisant bouillir en vne escorce de Grenade, cela est fort bon au mal des dents, le distilant en l'oreille opposite à la dent malade *Les grains de Lierre* qui ont le ius iaune comme Saffran, prins deuant que boire gardent d'enyurer pour boire que l'on face. Ils sont aussi fort bons à ceux qui crachent le sang, & aux tranchées du ventre. *Les grains blancs du Lierre noir* prins en breuuage rendent les hommes mesme steriles. *Le Lierre noir* cuit en vin est fort bon à tous vlceres pour malins qu'ils soient. *La gomme de Lierre* sert de depilatoire, & fait mourir les poulx. *Toutes fleurs de Lierre* beuës deux fois le iour en vin brusc autant qu'on en peut prendre auec trois doigts, sont singulieres au flux de ventre, & à la dysenterie. Reduites en onguent

Le lieu.

Liu. 2. c. 172. *Le temperament & les vertus.*

Liu. 24 c. 10.

auec cire elles sont fort bonnes aux brusleures. *Les grains de Lierre* seruent à noircir les cheueux. *Le suc de la racine* prins en vinaigre sert contre la morsure des phalanges. On dit aussi, que si on s'accoustume de boire en vn gobelet de *Lierre*, cela guerit les accidens de la ratte. Il y en a qui apres auoir pilé les grains de Lierre, les bruslent, & de leurs cendres en frottent les brusleures apres les auoir lauées d'eau chaude. Aucuns incident le *Lierre* pour en tirer l'eau, de laquelle ils se seruent à rompre les dents creuses, couurās de cire les autres dents voisines, de peur qu'elles ne soient offencées. *La gomme aussi du Lierre* est fort bonne aux dents l'y appliquant auec vinaigre. Voilà ce qu'en dit Pline. Mais Galien traitte bien plus distinctement de la mesme matiere. Le *Lierre* dit il, est composé de qualitez contraires: car il a ie ne sçay quoy d'astringeant, qui est sa substance terrestre & froide. Il a aussi de l'acrimonie, qui monstre sa chaleur. Outreplus il a vne troisiesme qualité, cependant qu'il est vert, qui est vne substance aqueuse, tiede. Mais estant sec, il est force que cette qualité s'exhale, & alors il n'y reste que la terrestre, froide, & astringeante, & celle qui est chaude & acre. *Les fueilles vertes de Lierre* cuites en vin sont bonnes pour consolider les grands vlceres, & les malins & chancreux, & mesme les brusleures du feu. Icelles cuites en vinaigre sont bonnes à la ratte. Mais les fleurs sont de plus grande efficace: mesme estant bien broyées & incorporées en cerot elles seruent aux brusleures. *Le suc de Lierre* mis dans les narines purge le cerueau. Il guerit les defluxions inueterées des oreilles, comme aussi les vieux vlceres, tant des oreilles que du nez. Que s'il semble qu'il ait trop d'acrimonie, il le faut incorporer auec huile commun, ou huile rosat. *La gomme de Lierre* tue les poulx, & fait tomber le poil: car elle est si chaude qu'elle est aucunement caustique. Lobel met vne autre plante qu'il appelle *Thlaspi Hederaceum*. Elle croist au Cap de Portland aupres du port de Cornube, & de Plimmau, sur les rochiers dedans la mer, & est vne petite herbe, qui fait des petites branches de la longueur d'vne paume, grailes, cannelée & rouges, les fueilles vuidées à mode de celles de *Lierre*, & poulpues, & des petites fleurs blanches, & finalement vne petite graine dans des gousses, qui retirent du tout en figure & au goust, à celles du *Thlaspi*. Voilà ce qu'en dit Lobel.

Thlaspi en forme de Lierre, de Lobel.

Liu. 7. des simpl.

Le lieu.

Du Liset, CHAP. IX.

Les noms.

LE mot *Smilax* se prend en diuerses significations; d'autant qu'il y a diuerses plantes ainsi nommées, dont les vnes sont aucunement semblables entre elles; mais les autres sont du tout differentes, & ont les facultez du tout contraires. Car *l'If*, qui est vn arbre venimeux, est appellé *Smilax* par Dioscoride. Il y a aussi vne plante nommée *Smilax aspre*, qui est contraire aux venins: & vne autre nommée *Smilax læuis*, de laquelle on ne sçait pas encor bien les proprietez: car Dioscoride dit seulement, *qu'elle fait songer des songes fascheux*. Or nous traitterons icy de deux: dont la premiere est appellée en Grec σμίλαξ τραχεῖα. Galien l'appelle μίλαξ: en Latin *Smilax aspera*; & *Hedera Cilissa*, & par aucuns *Volubilis aculeata*, ou *Pungens*: en Italien *Edera spinosa*, & *Rouo ceruino*: en François *Liset piquant*, Fuchse dit qu'on la peut bien appeller en Allemand *Stechendbuindt*; à cause des aiguillons qu'elle a, L'autre s'appelle en Grec σμίλαξ λεία, ou μίλαξ λεία: en Latin *Smilax læuis*, ou *Leuis*. Pline l'appelle *Conuolulus*: les Apothicaires & Herboristes *Volubilis maior*; & par aucuns *Campanella*, & *Funis arborum*: en Italien *Villuchio magiore*: en François *grand Liset*, ou *Liseron*: en Allemand *Vuindenkraut*. Ce *Liset*, est appellé *Leuis*, pource qu'il n'a point d'aiguillons. Au reste Dioscoride dit, que le *Liset piquant* a les fueilles semblables à la Cheurefueille, & beaucoup de petites branches menuës, garnies d'aiguillons comme celles du Paliurus, ou des Ronces. Il s'entortille aux arbres; & porte vn petit fruict en grappe de raisin, qui est rouge quand il est meur, & vn peu acre au goust. Sa racine est grosse & dure. Quant au *Liseron*, il a les fueilles semblables à celles de *Lierre*, sinon qu'elles sont plus tendres, plus lisses. & plus menuës Ses branches retirent à celles du precedent, & n'ont point d'aiguillons. Il s'entortille aussi semblablement aux arbres, & porte vn fruict qui retire aux Lupins, & est noir & petit. Il iette beaucoup de fleurs de tous costez, blanches, & rondes. On s'en sert à couurir les pauillons

Liu. 4. c. 139.
La forme.

lons en esté. Ses fueilles tombent en automne. Le *Liset piquant*, ainsi que dit Dioscoride, vient és lieux marescageux & aspres. Pline dit, qu'il croist és vallées ombrageuses. Mais le *Liseron* s'aime és lieux cultiuez, où il croist principalement. Nos buissons & nos hayes en sont toutes garnies. Pline parlant de l'vn & de l'autre *Liset*, dit. *Le Liset que les Grecs appellent Smilax, vint premierement de Caramanie, toutesfois il s'en treuue assez en Grece.* Il resemble au Lierre, & a force tiges comparties par euds, & garnies d'espines. Ses fueilles retirent à celles du Lierre, & sont petites & sans angles, du ied desquelles il sort des tendons auec lesquels il s'aggraffe. Sa fleur est blanche, & sent comme le is. Il produit des raisins comme la Lambrusque, & non comme le Lierre, rouges, dont les plus gros grains ont trois pepins noirs au dedans, & les petits n'en ont qu'vn. Ces pepins sont noirs & durs. On vse point de cette plante és sacrifices, ny à faire des chapeaux, pource qu'on tient qu'elle est de auuais presage, à cause d'vne ieune Dame qui fut conuertie en cette plante pour l'amour qu'elle portoit au ieune Crocus. Vn peu apres il dit, qu'on fait des tablettes à escrire de ce *Smilax*, & dit on que son bois a cela de propre, qu'en l'approchant des oreilles, il fait vn peu de bruit. Ce que Pline a prins de Theophraste, lequel en escrit ainsi: *Le Liset s'entortille auec ses tiges aux autres plantes. C'est vne plante espineuse, & a comme des aiguillons droits. Ses fueilles retirent à celles de Lierre, & ont longues, larges & anguleuses aupres de la queuë. Elles ont cela de propre qu'il y a vn nerf tout du ng par le milieu d'icelles à mode d'vne petite eschine, & que leurs filets ne commencent pas à l'eschine mais au commencement vers la queue, & puis vont tournant à l'entour de ladite eschine en rond au bours des autres fueilles. De la tige, qui est foible, il sort par le mesme endroit par où sortent les fueilles ne petite queue graile & entortillée. Sa fleur est blanche, odorante, sentant comme le Lis.* (Pline en crit ainsi; tellement qu'il faut qu'il ait leu λευκὸν, au lieu que Gaza a leu ἠρινὸν, comme il y a aux mmuns exemplaires; car il a traduit *venant au printemps.*) *Son fruict retire à celuy de la Morelle, de la Viorne, ou plustost de la Vigne sauuage, & a des grappes pendantes comme celles de Lierre: tou-ois elles retirent mieux à celles des Raisins; d'autant que les queuës des grains sortent toutes par vn esme endroit. Son fruict est rouge, dans lequel il y a pour la plus part deux noyaux: és plus gros grains il n a trois, & aux petits vn. Ces noyaux sont noirs par dehors & fort durs. Ses grappes ont cela de propre, 'elles enuironnent la tige de biais, & que la plus grosse est à la cime de la tige, comme au Rhamnus, & x Ronces. Suyuant quoy il appert que le Smilax porte fruict tant à la cime que par les costez.* Voilà ce qu'en dit Theophraste. Or les Herboristes prennent pour le *Smilax*, ou *Liset piquant*, la plante qui est icy peinte, laquelle ne croist, ainsi que dit Pena, sinon aux montagnes & collines des pais chauds, comme en la Romanie, en Languedoc & en Espagne, où il s'en voit à force. Elle est garnie de beaucoup d'espines piquantes, & recourbées, comme les ronces, & s'entortille à tout ce qu'elle rencontre, montant par dessus les hayes, & mesme par dessus les murailles. Elle a les fueilles semblables à celles du Lierre: toutefois elles sont plus longues, de la figure de celles de la Coleuurée noire, qui ne sont point descoupées, mais lisses; & sont garnies par dessus le nerf qu'elles ont au milieu, de petites espines. Au demeurant elles sont vertes-brunes. Elle porte beaucoup de grains rouges entassez par grappes, de la grosseur & figure des Groiselles rouges. Ses fleurs resemblent aussi à celles des Groiseliers rouges ou du Berberis, & sõt entassées en grappe & blanches. Or combien que ses racines soient fort longues, & allent courant par dessous terre ayans quelquefois plus de trois ou quatre aunes de long, si ne resemblent elles pas si fort à celles de la Zarzeparille, comme se sont fait accroire quelques personnages doctes, qui ont escrit, que la Zarzeparille n'estoit autre chose, que les racines de la *Smilax piquante*: mais nous traitterons cette questiõ en vn autre lieu plus à propos. Quant au *Liseron* appellé en Latin *Smilax leuis*, & par les Herboristes *Volubilis maior*; & par les Italiens *Villucchio*: en Allemand *Vuidenkraut*, il est du tout differant du *Smilax* precedant quant aux fueilles & aux branches espineuses, aux fleurs, aux grappes, aux racines, & mesme ant aux proprietez, & lieux où il croist. Celuy qui est icy peint a toutes les marques de celuy de ioscoride, sinon en ce qu'il compare sa graine auec les Lupins, veu que ce *Liseron* a la graine noire, & anguleuse; au lieu que le Lupin est plat & rond. Tellement que Pena estime qu'il faudroit lire en Dioscoride au lieu de θέρμου, ἔρβου qui est vn mot Latin Grecanizé. Et ce dautant plus que ce qui s'ensuit ne s'accorde pas bien auec ce qui a esté dit auparauant; à sçauoir, *la graine semblable*

Liset piquant, de Matthiol.

Le lieu.

Liu. 16. c. 35.

Liure 1. de l'hist. ch. 18.

Tome second. Cc 3 *à vn*

Liseron, de Matthiol.

à vn Lupin, *petite & noire* : & toutesfois la graine du Liseron n'est ny petite ny noire. Il ne faudra donc pas dire pour cela, dit Pena, que le *Liseron* ne soit le *Smilax leuis* de Dioscoride. Car non seulement il a les branches à mode de vrillons, molles, & fort longues, propres pour couurir les treilles; mais aussi les fueilles lisses, semblables à celles du Lierre la fleur blanche, & ronde; la racine longue, esparse, & entortillée. Ioint que le vieil Herbier escrit à la main appelle *Volubilis* le *Smilax leuis*. Aucuns lisent bien plus à propos pour ce fait, pourueu que ce soit suyuant le sens de Dioscoride, καρπὸν δ' ἔχει ἐπὶ θυλάκῳ, μέλανα, μικρόν, & d'autres ἐπὶ τῷ ἔρνει, c'est à dire, *Son fruict est noir & petit, enclos en vne gousse*. Son pourtrait aussi retire du tout à celuy du *Liseron grand*. Au reste Dioscoride dit; que *les fueilles du Liset piquant* sont bõne contre les venins tant prinses deuant qu'apres. On dit, que si on les pulurize, & qu'on en face boire à vn enfant aussi tost qu'il est né, qu'il n'y aura aucune poison qui luy puisse nuire. On en mesle aussi aux antidotes & contrepoisons. Luy mesme escrit, que l'on dit; que la graine du *grand Liseron*, & celle du *Dorycnion* prinses en breuuage au poids de trois oboles de chascune, font songer beaucoup de songes estranges & fascheux. Pline parlant des vertus de ces plantes dit ainsi: La *Smilax*, qui est aussi appellée *Nicophoros*, resemble aussi au Lierre, sinon qu'elle a les fueilles plus menues. On dit qu'vne coronne de ses fueilles faite en nombre impair guerir la douleur de teste. Aucuns ont estably deux especes de *Smilax*, dont l'vne qui dure vne infinité d'ans, croist és vallées ombrageuses, & s'aggraffe aux arbres, estant reuestue de certains grains, qui sont souuerains contre toutes sortes de poison, de sorte qu'on dit, que distilant souuent du ius de ces grains en la bouche des petits enfans, il n'y aura poison qui leur puisse nuire par apres. L'autre *Smilax* s'aime és lieux cultiuez, & n'a aucune vertu. Mais cestuy-là est celuy dont nous auons dit, que le bois rendoit vn certain son quand on l'approche des oreilles. Galien dit, que les *fueilles du Liset piquant* ont vn goust vn peu acre, & qu'elles sont chaudes. Or le *Liseron grand* luy retire aucunement quant aux vertus. Les Empiriques d'auiourd'huy vsent du suc du *grand Liseron* contre les maladies chaudes, principalement contre celles de la teste & des yeux.

Liu.4.c.139. *Les vertus.*

Liu.24.c.10.

Le temperament.

Du Liseron de vigne, CHAP. X.

Les noms.

CETTE plante s'appelle en Grec ἑλξίνη κισσάμπελος: en Latin *Helxine Cissampelos* : en Arabe *Acsin*. Les Herboristes & Apothicaires l'appellent *Volubilis media*, & *Vitealis* : en François *Liseron de vigne*. Elle est appellée ἑλξίνη, ἀπὸ τοῦ ἕλκειν, qui signifie *tirer*, & *agraffer*: & *Cissampelos* tant pource qu'elle a les fueilles comme le Lierre, comme aussi pource qu'elle s'entortille auec ses branches à mode de sarmens à tout ce qu'elle rencontre, dont aussi est venu le nom de *Conuolulus*; & pource aussi qu'elle croist volontiers dans les Vignes, à raison dequoy on l'a appellée *Vitealis*. Dioscoride dit; *que ce Liseron a les fueilles semblables à celles de Lierre, sinon qu'elles sont moindres, & des branches petites, qui s'entortillent à tout ce qu'elles rencontrent. Il croist parmy les hayes & Vignes & parmy le Bled.* Par cette description, dit Matthiol, il appert assez, que l'*Helxine Cissampelos* est la plante qui croist emmy les champs parmy les Bleds, s'entortillant à iceux, comme aussi au Lin, & aux Legumes, s'agraffant aussi aux eschalats, & aux seps des Vignes: & est appellée en Toscane *Villuchio minore* : & à Trente *Minutola* : & par les modernes *Volubilis minor*, & *Conuolulus minor*; en François *petit Liseron*; en Allemand *Klein Vuindekraut*. Dodonée & Lobel disent, que c'est vne *espece de Smilax lisse*. Et de fait, Dodon l'appelle *Smilax leuis minor*: mais Lobel & aussi Pena en traittent apres le *grand Liseron*; & l'appellent *Conuolulus minor purpureus*. Or cette plante retire assez bien au *grand Liseron*; toutesfois elle est en tout & par tout plus petite, & plus tendre. Elle fait aussi des petites tiges menuës, dont les vnes trainent par terre, les autres s'aggraffent, & s'entortillent à l'entour des herbes. Ses fueilles sont longuettes, moindres que celles de Lierre, molles & lisses. Sa fleur est faite à mode d'vn panier; & est quelque peu odorante, & blanche pour la plus part, toutesfois il y a vn peu de marque de couleur de pourpre-blaffarde, à mode d'vne estoile. Sa graine est petite. Ses racines sont menues:

La forme. Liu.4.ch.35. *Le lieu.*

Chap 174. de l'hist.

Liseron de Vigne, Helxine Cissampelos de Matthiol.

Helxine Cissampelos, de Dodon.

nuës, blanches, esparses à mode de celles de *l'autre Liseron.* Quelques-vns estiment que le *Se-te sauuage* soit vne espece de *Conuolulus*, ou *Liseron de vigne*, qui est nuisible aux grains, & aux ds, d'autant que les enueloppant à la façon du Lierre il les estouffe & fait mourir ; D'autres la nnent pour l'Orobanche. Or Dodon prend pour *l'Helxine Cissampelos*, tant en son histoire des ntes, qu'en son traitté *des Simples purgatifs*, vne autre plante qui est aussi vne *espece de Smilax*, *Liset*, laquelle est appellée *Conuolulus niger*, & *Volubilis nigra* ; & par Democrite aux Geoponi-es μαλακόσσιϛ ; en Latin *Mollis Hedera*, & par les Apothicaires *Volubilis media* ; en Allemand *uuartz vuindt*, & *Mittel Vuindt*. Cette plante a beaucoup de petits tendons & filamens menus, c lesquels elle s'entortille aux arbrisseaux, & à tout ce qui se rencontre pres d'elle, faisant vne nité de tours à l'entour dés le bas iusques à la cime. Ses fueilles sont larges, longues, aiguës, s molles & plus minces que celles de Lierre. Ses fleurs sont petites, entassées en grappe, & blan-s. Sa graine est noire, faite à triangle, couuerte de certaines membranes menuës, & rougeastres luy seruent de basse. Sa racine est petite & courte. Elle croist parmy les hayes, & le plus sou-t dans les vignes. Sa graine est meure par vendanges. Pena & Lobel l'appellent *Helxine Cis-pelos altera Atriplicis effigie* ; *Helxine Cissampelos seconde resemblant aux Arroches*, Dioscoride , que le suc de cette herbe prins en breuuage lasche le ventre. Galien dit que *l'Helxine* surnom-e *Cissampelos* a vne vertu resolutiue.

Liu. 3. ch. 53. & des purg. liu. 3. chap. 6.

Le lieu. *Le temps.* *Les vertus.* *Liure 6. des simpl.*

Du Voluulus terrestre, *CHAP. XI.*

Les noms. Es Herboristes ont nommé cette plante, *Voluulus terrestris*, pource que sa fleur retire à celle du Liseron ; & *Terrestre*, pource que ses tiges trainent tousiours par terre, & ne s'aggraffent pas à ce qui est aupres, comme font les autres especes de Liseron. Elle a la racine assez grosse, noire, & mediocrement cheueluë, & beaucoup de tiges de la longueur d'vn pied & demy, couchées par terre, veluës, desquelles il ne point de laict quand on les rompt, comme il se voit en quelques especes de Liseron, vn peu res au goust. Ses fueilles sont longues, estroites, froncies, en assez petit nombre, & clair-semées. fleurs retirent à celles du petit Liset, dont il a esté parlé au precedent chapitre, de couleur de ge-blaffard sentans bon, & semblent estre composées de dix petites fueilles ; toutefois elles sont point autrement separées d'ensemble que par des petites lignes, nonobstant lesquelles el-s entretiennent ensemble. Elle croist és lieux secs, maigres, sablonneux & à l'abry. Il y a encor e autre plante appellée *Voluulus*, ou *Conuolulus hederaceus*, ou *cæruleus*, *Liset bleu*, ou *à mode de terre*, laquelle est la plus belle & la plus rare plante de toutes celles de cette espece, cõme dit Pena ;

La forme.

Le lieu.

Voluulus terrestre, de Dalechamp.

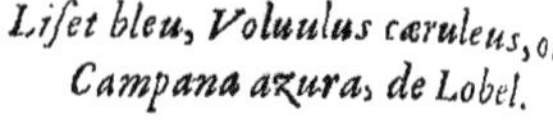

Liset bleu, Voluulus cæruleus, ou Campana azura, de Lobel.

car il ne s'en treuue sinon dans les iardins d'Italie, de Flandres, & de France, où elle estend ses scions, & longues branchettes, & grailes, qui sont de belle couleur de pourpre; & en tapisse & couure les murailles & treilles de fort bonne grace. Mesme ses fleurs sont remarquables, lesquelles sortent de la coupette de leurs queuës, de mesme couleur que celles de la Peruenche, auec cinq angles auancez à l'entour, faites au reste à mode d'vne cloche bleuë; dont les Italiens l'ont nommée *Campana azurra*. Ses fueilles sont faites à triangle, attachées à des queuës tendres, comme celles du Pain de porceau, ou du vieil Lierre, vn peu veluës. Sa racine est longue & graile. Les Me-
Chap. 273 decins ne s'en seruent point en medecine. Scrapion l'appelle *Granum nil*, duquel Auicenne fait aussi mention, & le descrit ainsi disant; que c'est vne plante semblable au Liset, qui s'aggraffe aux arbres auec deux ou trois fleaux; & a les branches & les fueilles verdes, la fleur purpurine, longue, de la forme d'vn panier, qui sort par le mesme endroit des fueilles, apres laquelle il demeure en son bouton trois grains noirs, lisses, & moindres que ceux de la Staphis agria. Ce qui s'accorde fort bien auec la plante de laquelle il est icy question. Dodon estime que c'est celle que Columelle appelle *Ligustrum nigrum*; d'autres auec quelque raison tiennent, que c'est le *Ligustrum album* de Virgile, qui est le mesme que celuy de Columelle; mais que Virgile l'appelle *blanc*, à raison de la couleur de sa fleur; & Columelle l'appelle *noir*, à cause du fruict. Aucuns estiment que c'est le *Pothos* de Theophraste, dont on faisoit grand estat anciennement pour garnir & ombrager les sepulchres. Mais les autres aiment mieux prendre pour le *Pothos* le *Liset purpurée double* de Cortusus gentilhomme digne de grand'louange, qui a les tiges fort longues, auec lesquelles il s'entortille aux perches qu'il rencontre, dont il y en a vne espece qui est espineux, & l'autre est lisse, lequel a les fueilles larges, lisses & sans angles, blancheastres par dessous, & vne belle fleur purpurine; & la graine lissée noire & reluisśãte. L'Escluse

Liset aux fleurs de Guimauue, de l'Escluse.

a mis

mis le pourtrait d'vn autre Liset rare, lequel croist auprès des buissons & des arbrisseaux, & s'entortille à iceux, ou autrement il traine par terre, pource que ses tiges sont grailes & foibles, de la longueur d'vn pied, ou d'vne coudée, & vn peu veluës. Ses fueilles retirent à celles de Lierre, ou des Guimauues ; toutesfois elles sont plus petites, chenuës, dentelées à l'entour, ou froncies, vn peu decoupées, du goust de la gomme, vn peu acres & ameres. Ses fleurs sortent de ses aillons, & sont attachées à des longues queuës, semblables à celles du Liset, & sont plissées de telle sorte qu'il semble qu'elles soient composées de plusieurs fueilles, de couleur de pourpre-blancheastre, quelquefois du tout purpurine. Sa racine est petite, mince, & brune, & va rampant à fleur de terre, & produit d'autres plantes. Il dit qu'il y en a force en certaines collines d'Andalousie pres de la riuiere du Taïo, & en plusieurs autres lieux d'Espagne, & qu'elle fleurit en Mars & en Auril. Il ne sçait à quelle plante des anciens il la doiue rapporter, si ce n'est peut estre à la *Iasione*, de laquelle Pline fait mention. Ceux de Valence l'appellent *Conuolulum folio Althææ*. Les Espagnols l'appellent communement en leur langue *Campanilla* c'est à dire, *Clochette*: les Portugais *Verdezilla*, & disent qu'elle est singuliere pour consolider les playes. Lobel l'appelle *Conuolulum peregrinum Clusij*, & *Conuolulum Scammonij facie*, & *Helxine Cissampelos* de Dioscoride. Le mesme l'Escluse a mis le pourtrait d'vne autre plante de mesme espece, laquelle semble approcher du *Volulus terrestris* de Dalechamp. Elle a beaucoup de petites branches menuës à mode de Ionc, sortans d'vne mesme racine, de la longueur d'vn pied, ou d'vne coudée, dures ; & ce nonobstant elles sont souples, & cottonées, & portent à la cime quelques fleurs purpurines, qui ne sentent rien, semblables à celles de la precedente plante : toutefois elles sont moindres, composées d'vne seule fueille, laquelle neantmoins est tellement plissée, qu'il semble qu'il y en ait cinq ; & it autant d'angles par dehors. Ses fueilles sont disposées par les branches, sans aucun ordre, & nt longues, estroites, couuertes d'vn cotton menu, assez semblables aux fueilles des Saulx, d'vn ust gommeux, & vn peu amer. Elle ne fait qu'vne racine blanche qui dure long temps, & est urchue par le bas. Elle croist aux mesmes lieux que la precedente, & aussi en Languedoc. Aucuns iment que c'est la *Cantabrica* de Pline. Pena & Lobel l'appellent *Conuolulum minimum spicælium*, le pourtrait de laquelle n'est pas bien fait en Pena. Aucuns la prennent pour le *Scammonium tenue* de Pline.

Liure 2 des Pl. rar. d'Esp. chap. 50.

Liu. 8. c. 22.

Liset le plus petit, de l'Escluse.

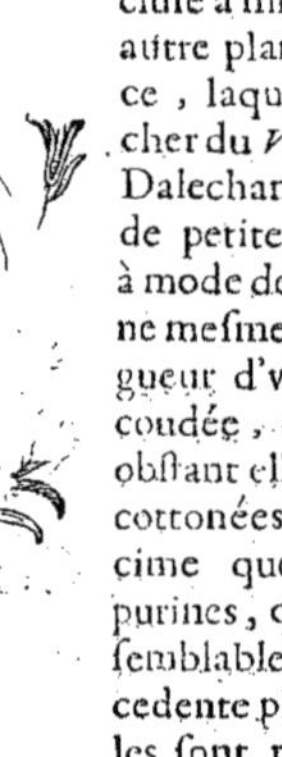

Du Cheurefueille, *CHAP. XII.*

Les noms.

E *Cheurefueille* est en Grec περικλύμενον en Latin *Periclymenum*. Scribonius l'appelle *Matersilua* ; les Grecs d'aujourd'huy περιπλοκάδα : les Apothicaires, & Herboristes, *Caprifolium*, *Matrissilua*, *Volucrum maius*, & *Lilium inter spinas* : les Italiens *Vincibosco* : les Allemans *Geyszblalt*, & *Sperk gilgen*. Il est appellé *Periclymenon*, pour ce qu'en s'entortillant il semble appeller à soy les plantes d'alentour. Dioscoride dit ; que c'est simplement vn petit arbrisseau, qui fait des fueilles qui l'enuironnent r certains interualles, & sont blancheastres, semblables à celles de Lierre. Aupres des eilles il sort des jettons, lesquels se chargent de graine semblable à celle de Lierre. Sa racine est blanche, semblable à celle des Feues, à demy ronde, quasi couchée ou pendante contre fueille. Sa graine est dure, mal-aisée à arracher. Sa racine est grosse, & ronde. Oribaze, qui a ins la description des Simples de Dioscoride, descrit ainsi le *Cheurefueille* C'est, dit-il, vn petit brisseau simple, qui a la tige quarrée, enuironnée de fueilles par certains interualles, blancheaes, de la figure de celles de Lierre. Entre les fueilles il sort des iettons, sur lesquels est le fruict mblable au Lierre, qui est pendant & quasi couché sur la fueille, dur, & mal-aisé d'arracher. racine est longue. Elle vient és champs parmy les hayes, s'entortillant aux plantes qui sont à entour. Pline la descrit quasi tout de mesme. Le *Cheurefueil* est aussi vn arbrisseau qui iette par rtains interualles des fueilles deux à deux, blancheastres & molles, & porte à la cime parmy les fueilles vne graine dure, qui est mal-aisée à arracher. Il croist parmy les champs & les hayes, s'entortillant

Liu. 4. ch. 13

Liu. 27. c. 12

Pena aux Aduers.

tortillant à tout ce qu'il rencontre. Les doctes Simplicistes estiment que cette plante est celle que les Apothicaires appellent *Caprifolium*, & les Herboristes *Matrissilua*, & ne reçoiuent pas l'opinion de ceux qui disent, que ce n'est pas le *Periclymenon*, pource qu'elle n'a pas la racine, comme dit Dioscoride, παχεῖαν, περιφερῆ, c'est à dire *grosse*, *ronde*; mais il n'a pas dit, qu'elle fut στρογγύλον, c'est à dire *Pommée*, ou à mode de Truffe; mais simplement *ronde*, pour monstrer qu'elle n'est pas angu-leuse. D'autres estiment, que ce passage est incorrect, & le corrigent suyuant Crateuas & Oribase, lisans ainsi παχεῖαν καὶ μακρὰν, c'est à dire *grosse & longue*, & par ce moyen il n'y reste plus aucun doute. Or les fueilles de cette plante sont de deux sortes, comme Pena l'a remarqué : car la fueille du *Cheurefueil* qui croist en Italie & en Languedoc; combien que ce n'en soit qu'vne, semble toutefois estre double, comme si elle estoit percée par vn nombril, comme on voit au Centaurion iaune, en la Percefueille, & au Tithymale dentelé : à raison dequoy on l'a appellé *Perfoliatum*, comme qui diroit Percé. Mais au plus haut de ses branches il y a vne fueille à mode de gobelet, ou d'vn nombril rond, auquel les fleurs sont attachées, blanches comme nege, & tirans sur couleur de pourpre, & marquettées de iaune en quelques lieux, lesquelles semblent à la trompe d'vn Elephant, ou à des petites bouteilles; & retirent assez bien quant à la figure aux fleurs des Feues. Sa graine est ronde, rouge, comme celle de la Coleuurée, & pleine de suc. Dalechamp appelle ce *Cheurefueil*, *Periclymenon grandius*. Mais aux pays Septentrionaux, comme en France, Allemagne, Angleterre, & en Flandres, le *Cheurefueil* pour la plus part n'est pas percé. Il a des petites tiges longues, minces, pleines de bois & branchues, à l'entour desquelles il sort par certains interualles

Cheurefueille à la fueille percée.

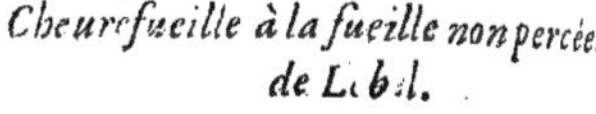

Cheurefueille à la fueille non percée, de Lobel.

deux fueilles vis à vis l'vne de l'autre, longues, molles, vertes-blaffardes; mais blancheastres par dessous, qui ne s'entretiennent pas, & ne sont pas percées par les tiges. Il fait semblablement beaucoup de fleurs longues à la cime de ses branchettes, qui sont blanches, de bonne odeur, longues creuses par dedans, auec quelques petits filets qui sortent du milieu d'icelles. Il fait des petits grains entassez à mode de petites grappes de raisin, qui sont rouges quand ils sont meurs, dans lesquels il y a vne graine assez dure. Sa racine est de bois, & bien fourchue. Il fleurit en Iuin & en Iuillet : sa graine est meure en Aoust & en Septembre. Icelle cueillie apres qu'elle est meure, ainsi que dit Dioscoride, sechée à l'ombre est bonne pour diminuer la ratte, & pour ceux qui sont las & recreuz; si on en prend au poids d'vne dragme dans du vin par l'espace de quarante iours. Elle sert à la difficulté d'haleine, & contre le hocquet. Dans six iours apres qu'on a commencé d'en vser elle fait pisser le sang. Elle haste l'enfantement aux femmes enceintes. *Ses fueilles* ont aussi les mesmes vertus : & dauantage on tient que si on en vse par l'espace de trente sept iours, elles rendent la personne sterile. Incorporées en huyle & appliquées en liniment elles font passer les fri-

Le temps.
Les vertus.
Liu. 4. ch. 13.

sson

sons des fiévres. Ce qui a esté dit, qu'elles rendent la personne sterile, il y a au texte Grec ϗ ἀγόνους γίγνεσθαι ποιεῖν, c'est à dire, suyuant l'interpretation de Lacuna : *On dit qu'elles rendent les hommes inhabiles à engendrer.* Car la sterilité, dit Lacuna, se dit proprement des femmes, lesquelles Dioscoride appelle tousiours ἀτόκους, voulant denoter les steriles : mesme il nomme ἀτόκια les medicaens qui causent la sterilité aux femmes, & qui les empeschent de conceuoir : comme au contraire l appelle ἀγόνους les hommes qui n'ont point de semence genitale, ou bien qui l'ont si froide & de-ile, qu'elle n'a pas le pouuoir d'engendrer vne creature. Pline a attribué cette faculté du *Cherefueille*, au Percefueille : car apres l'auoir descrit il adiouste ; Nous dirons puis apres à quelles aladies il sert: toutefois il ne sera que bon de notter icy comme en passant, que quand on s'en ert en medecine, il rend l'homme impotent à engendrer. En quoy Pline a suyui Theophraste, le-uel en a escrit ainsi : *On dit que celuy là ne pourra plus engendrer, qui boira du fruict du Percefueille n vin blanc par l'espace de trente iours tout de suite, à la mesure d'vn sextier tous les iours par esgales ortions : car ce terme paracheué l'homme est du tout impotent à engendrer.* Pline declare les autres ertus du *Cheurefueille* quasi suyuant Dioscoride : *Sa graine*, dit-il, *sechée à l'ombre* & pilée, puis re-uite en trochisques sert aux paralytiques, si on leur baille desdits trochisques en trois cyathes de in. Iceux prins par trente iours consument la ratelle : car ils font pisser le sang, & la font aussi vui-er par le bas. Ce qui se fait dans dix iours. *La decoction* de ses fueilles prouoque l'vrine. Elle sert ssi à ceux qui ne peuuent auoir leur haleine sans tenir la teste droite. Mesme elles hastent l'en-ntement aux femmes qui sont au trauail d'enfant, & font sortir l'arriefaix estans prises en mesme çon. Galien dit, que les *fueilles & le fruict* du *Cheurefueille* sont si chaudes & incisiues, que si on prend en assez bonne quantité elles font pisser l'vrine sanglante, ne faisans autre effect que pro-quer l'vrine du commencement. Appliquées en liniment par dehors auec huyle elles eschauffent. lles sont bonnes à ceux qui ont la ratte oppilée, & à ceux qui ont difficulté d'haleine. La vraye inse, ou dose est vne dragme auec du vin. Or la graine est aussi desiccatiue : mesme aucuns disent e si on en prend en quantité elle rend la personne sterile. Et sur cela il y en a qui prefinissent le me dans lequel cela se fait, comme Dioscoride, qui met trente sept iours suyuant la commu-opinion. Il dit aussi, qu'elle fait pisser l'vrine sanglante dans six iours. Fuchse dit, que la *Masilua* ou *Cheurefueille*, comme ayant de l'acrimonie au goust, fait tous les effects que les anciens t attribué au Periclymenon. Mesme les modernes Simplicistes luy attribuent les mesmes vertus: r ils disent qu'il desseche les vlceres humides & sales ; qu'il guerit le feu volage, & autres de-mitez de la peau ; qu'il consume la ratte, & sert à ceux qui ont difficulté d'haleine : qu'il aide eliurer les femmes qui sont en trauuail d'enfant, qu'il rompt la pierre, & efface les taches du age.

Liu. 25. ch. 7. Liu. 9. c. 19. Liu. 27. c. 12. Liure 8. des simpl. Chap. 249. de l'hist.

Du Cucubalus de Pline, ou Ocimoides rampant, CHAP. XIII.

AVCVNS estiment que cette plante est le *Cucubalus de Pline*, ou *Cacubulus*, comme qui diroit *dommageable*, lequel il dit estre nommé par aucuns *Strumum*, & par les Grecs *Strychnon*, à cause que ses fueilles retirent à celles de la Morelle. Lucas Ghini l'appelle *Cyclaminus altera*: l'Escluse *Alsine repens*; & d'autres *Ocimoïdes repens*. Elle croist parmy les hayes : & a la racine blanche, grosse & branchue; & iette beaucoup de fleaux par lesquels elle grimpe sur tout ce qui se treuue aupres. Elle fait les fueilles semblables à celles du Basilic, ou de la Morelle, qui sont tousiours deux à deux par certains interualles, & ne sont point découpées à l'entour. Sa fleur est blanche, compo-de cinq petites fueilles fendues par le milieu. Ses grains sont ronds & noirs, semblables à ceux de orelle, soustenus & enuironnez par cinq petites fueilles verdes, de fort mauuaise odeur. Aucuns ment que c'est le *Clymenum* de Pline, duquel il dit, que c'est vne herbe qui a les fueilles comme le rre, & beaucoup de branches; la tige creuse, & noüeuse, & de mauuaise odeur, & que sa graine re-à celle du Lierre; & qu'au reste elle croist dans les forests, & sur les montagnes. D'autres pren-t pour le *Cucubalus* de Pline le *Solanum hortense* des Grecs, qui a les grains noirs; d'autant qu'ils leu en certains exemplaires de Dioscoride, que la Morelle des iardins estoit appellée *Strumus* & *ubalus* par les Romains. Mais il y a long-temps qu'il a esté remarqué par des personnages doctes, ce passage là comme beaucoup d'autres, est faussement attribué à Dioscoride. Dauantage, veu Pline a traitté *de la Morelle* en d'autres lieux, il n'est pas vray semblable qu'il eust failly en la des-tion d'vne herbe si commune. Au reste Pline dit, que les *fueilles du Cucubalus* broyées en vi-gre guerissent la morsure des serpens, & la piqueure des scorpions. Aucuns l'appellent autrement *umus*, & en Grec *Strychnus*. Il porte des grains noirs, le suc desquels prins à la mesure d'vn cyathe c deux cyathes de vin miellé, sert aux lombes. Versé sur la teste auec huyle rosat il sert à la dou-r de teste. L'herbe appliquée sert aux escrouëlles. Lobel a mis le pourtrait d'vne autre plante qu'il elle *Ocymoides repens Polygoni folio*, laquelle, ainsi que dit Pena, fait des tiges gresles, comparties

Liu. 27. c. 8. Les noms. Le lieu. La forme. Liu. 25. ch. 7. Liu. 27. ch. 8. Les vertus.

par

Cucubalus de Pline.

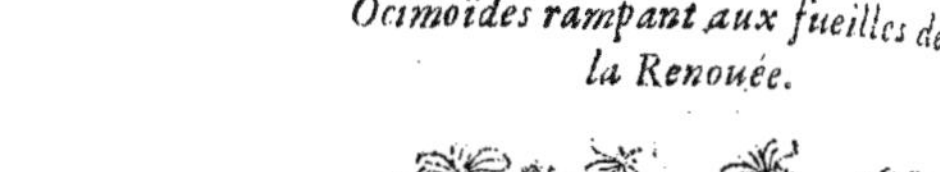

Ocimoïdes rampant aux fueilles de la Renouée.

par neuds, rampantes, tendres, & tortues, ſemblables à la Morgeline grande, garnies de fueilles qui ſortent deux à deux par les neuds, ſemblables à celles de l'Oliuier ſauuage, du Meurte, ou de la Renouée: toutefois elles ſont vn peu plus larges. Ses fleurs ſortent par des coupettes longues, & ſont de la couleur de celles de l'herbe aux Foulons : toutefois elles ſont beaucoup plus petites. Elle a la racine fort menuë. Elle eſt aſſez frequente és collines ombrageuſes & pleines de bois le long du Pau pres de Turin, comme auſſi és endroits ombrageux & fournis d'herbe du mont du Vigan le long des ruiſſeaux, & par les fentes des rochers.

Du Iaſmin, CHAP. XIV.

Les noms. Chap. 176. LEs Arabes appellent cette plante en leur langage ***Zambach***, & ***Sambach***, ainſi que dit Serapion. Ils l'appellent auſſi *Ieſemin* du mot Grec *Iaſme*, qui ſignifie Violier. Car pource qu'elle a les fleurs odorantes & blancheaſtres, comme celles des Violiers blancs, ils l'ont appellé *Ieſemin* du nom des Violiers. On l'appelle en Latin *Gelſeminum*, ou *Iaſminum* : en Italien *Gelſimino* : en François *Ioſemin*, ou *Iaſmin*. Aucuns d'entre les modernes l'appellent *Apiaria*, pource que les abeilles ſont fort friandes de ſes fleurs. *Les eſpeces.* Serapion dit; qu'il s'en treuue de trois eſpeces, dont l'vn a la fleur blanche; l'autre iaune; & l'autre bleuë. Dalechamp en adiouſte vn quatrieſme, qui a la fleur rouge. *La forme.* Or c'eſt vne plante fort propre pour couurir les treilles, les grottes; d'autant qu'il iette dés la racine des verges fort longues, de huit ou dix coudées de long, ſouples & verdes, deſquelles il ſort des fueilles qui ſont touſiours ſept à ſept enſemble, vertes-brunes, tendres, longues, qui vont en aiguiſant petit à petit, & ſont plus aiguës au bout qu' celles du Lentiſque, ſans aucunes denteleures à l'entour. Ses fleurs ſortent au bout des branchettes en façon de grappe, & ſont longues, blanches, & de bonne odeur, produiſant bien peu ſouuent de graine: *Sur le c. 66. du 1 liu.* toutefois Matthiol dit, que le *Iaſmin* fait de la graine en certains lieux, qui reſſemble à vn Lupin: & que Cortuſus luy en a enuoyé. *Le lieu.* Il s'aime és lieux chauds & plaiſans: aussi le tient on communement dans les iardins. *Le temps.* Il fleurit en Iuillet & en Aouſt. Quant au *Iaſmin* iaune, nous en auons traitté *au liure des Plantes qui viennent és lieux aſpres.* Touchant la troiſieſme eſpece de *Iaſmin*, aucuns tiennent que c'eſt le *Pothos* de Theophraſte, qui a la fleur purpurine. Pena, Lobel l'appellent *Clematis peregrina cærulea, & purpurea.* Matthiol, & Dodon *en ſon Hiſtoire des Plantes, & au Traitté des Plantes purgatiues*, l'appellent *Clematis altera.* Cette plante fait des ſarmens fort longs, minces, compartis par neuds, & rougeaſtres, auec leſquels elle monte ſur les arbres plãtes, & ſur les treilles. Elle a beaucoup de fueilles diuiſées à mode de celles de la premiere eſpece de

Flammul

Iasmin blanc, de Matthiol.

Pothos bleu, de Matthiol.

mmula : toutefois elles sont plus grandes & plus larges. Ses fleurs belles, attachées à des eues longues & menuës, composées de quatre petites fueilles disposées l'vne à l'opposite de itre, bleuës pour la plus part, & quelquesfois purpurines, auec quelques filets au milieu. Sa ine est vnie, ronde & large, & aiguë, entassée en pelotton. Ses racines sont longues & minces, arses çà & là. Elle croist dans les Iardins. Mesme Pena dit qu'il n'en a point veu ailleurs; telle- nt que ceux-là ont menty, qui ont fait accroire à Dodon, qu'elle croissoit de soy mesme en gleterre le long des hayes & possessions. Or attendu que la figure de ses fueilles, ny leur disposition, ny mesme les fleurs ne resemblent pas au *Iasmin*, il y a plusieurs qui tiennent, que c'est vne plante à part qui n'est pas espece de *Iasmin*. On peut aussi conter pour vne *quatriesme espece* la plante appellée en François *Iasmin rouge*, & *Iasmin large*, à cause de la couleur & grandeur de sa fleur. Cette plante fut premierement apportée de l'Isle de Chio à Genes, & de là on en a fait venir à Lyon. Elle fait vne tige droite & haute, assez semblable à celle du Sureau, spongieuse, & lisse, qui n'est pas fort grosse, & a l'escorce froncie par le bas : mais celle des branches est verte & mince. Elle iette beaucoup de fleaux, qui sont propres pour couurir les treilles des iardins. Ses fueilles sont disposées sept à sept, ou neuf à neuf par les petites branches à mode d'ailerons, arrangées l'vne vis à vis de l'autre, dont celle qui est au bout, & qui fait le nombre impair, est longue & aiguë : toutefois elle est tendre, & ne pique pas. Les autres sont plus courtes & plus rondes que celles du *Iasmin blanc*, grosses, noirastres, & sans decoupeures. Sa fleur deuant que d'espannir est purpurine : mais apres elle est blanche par dedans, & par dehors elle a deux petites fueilles purpurines, qui sont celles qui couuroient le blanc de la fleur deuant qu'elle fut espannie. Elle est aussi plus large, plus grande, & plus pleine de veines que celle du blanc. Ceux qui ont esté à Constantinople, & en la Morée, asseurent que les Turcs & les Grecs de ces quartiers là cultiuent soigneusement cette plante dans leurs iardins; & qu'il y en a quasi par tous les iardins. Il y a des doctes Simplicistes qui estiment

Aux Aduers. Liu. 3. c. 48.

Iasmin rouge, de Dalechamp.

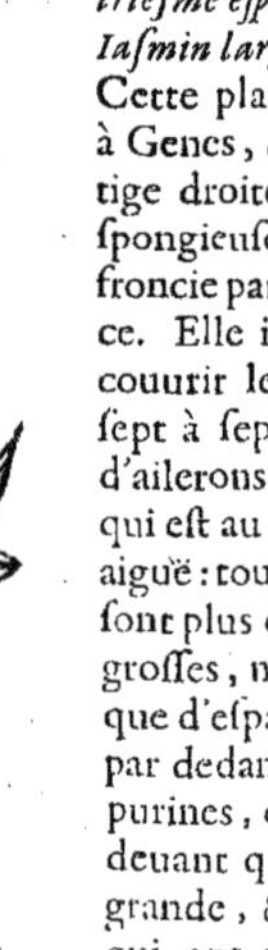

estiment que le *Iasmin* est le *Pothos blanc*, duquel Theophraste fait mention entre les fleurs d'esté dont on fait des bouquets : & que le *Pothos bleu* est la plante qui a esté descrite cy-dessus à la fin du *chapitre onziesme. Il y a*, dit-il, *encor celuy qui est nommé Pothos. Il est de deux especes: l'vn qui a la fleur* Liure 6. de l'hist. ch. 7. *semblable au Hyacinthe ; l'autre blanc, & duquel on vsoit autour des tombeaux ; & de plus longue durée.* Ce que Pline a ainsi traduit: *Mais le Pothos est bien remarquable. Il y en a deux especes; l'vne qui a la fleur comme le Vaciet: l'autre est plus blanche. Il croist volontiers sur les mottes.* (Il eust mieux fait de dire, *lequel on plantoit aupres des sepulchres*, à fin qu'ils fussent à l'ombre de ses fueilles, & que ses fleurs leurs tombassent dessus. Car les anciens auoient cela pour vne deuotion, de garnir de fleurs les sepulches des trepassez:) *pource qu'il dure long-temps.* Theophraste entend, qu'il est plus long-temps en fleur, & ne meurt pas tous les ans comme le *bleu*. Quant au premier *Pothos* plusieurs tiennent, comme i'ay dit, que c'est le *Iasmin blanc commun* : & quant au second que c'est la plante qui a esté descrite cy deuant ayant la fleur comme le Vaciet, bleuë & fort belle. Au reste comme le *Iasmin* *Le temperament & les vertus.* *blanc* est odorant, aussi a il plusieurs vertus. Serapion dit, qu'il est chaud au second degré ; qu'il resout les humeurs ; qu'il est propre contre le phelgme salé, & profitable aux vieilles gens ; qu'il sert contre les douleurs causées par le phlegme visqueux, & aux catharres. Ses fueilles tant vertes que seches effacent les lentilles & le feu volage. Elles causent douleur de teste à ceux qui sont de chaude complexion. L'huyle fait des fleurs de *Iasmin* est bon contre les maladies froides. Les perfumeurs en font vn huyle qui est appellé *Zambacinum*, ou *Sambacinum*, duquel on ne se sert que pour frotter la barbe pour faire sentir bon, le meslant auec huyle d'Amandes : & toutefois il eschauffe si fort la teste à ceux qui l'ont chaude de leur nature, qu'il fait saigner quelquesfois par le nez. Pour le faire il faut prendre bonne quantité de fleurs de *Iasmin*, & les mesler parmy des Amandes douces, tant & si longuement que les Amandes ayent succé l'humidité odorante des fleurs. Quoy fait il les faut piler en vn mortier de pierre, & puis les mettre dans vn petit sac & les presser. Ainsi il en sortira de l'huyle fort odorant. Aucuns s'abusans par l'affinité des mots, ont pensé que l'huyle appellé *Sambacinum*, & l'autre qu'on appelle *Sambucinum*, qui est fait des Liu. 1. ch. 66. fleurs de Sureau, estoit vne mesme chose. Ce qui est faux. Dioscoride fait mention d'vn huyle de *Iasmin* fait des fleurs de Violier blanc, duquel les Perses se parfumoient en leurs festins. Hermolaus entend que cest huyle estoit fait de la fleur de ce Violier, qu'on appelle *Iasmin*, duquel on couure les treilles & murailles des iardins : mesme Marcellus Virgilius dit, que l'onguent de *Iasmin* n'est fait que des fleurs de *Iasmin*, dont il y en a vne sorte qui fait la fleur bleuë, qui est la quatriesme espece de Violier, que Dioscoride dit auoir la fleur bleuë : l'opinion desquels est reprouuée auiourd'huy par tous les sçauans hommes : car le *Iasmin* n'a rien de semblable auec pas vne sorte de Violier, n'y aux branches, ny aux fueilles, ny aux fleurs, ny en la racine, ny en somme en aucune de ses parties. En outre l'onguent de *Iasmin* de Dioscoride ; n'est pas fait de la fleur du *Iasmin*, que Marcellus dit estre le *Violier bleu* de Dioscoride; mais ἐκ τῶν ἀνθῶν τῶν λευκῶν τοῦ ἴου, c'est à dire des *fleurs blanches du Violier*. Qui plus est, Dioscoride dit que le *Iasmin* a vne odeur si vehemente, qu'elle en est fascheuse à plusieurs. Ce qui monstre que ce n'est pas nostre *Iasmin*. Finalement Serapion, qui est comme interprete de Dioscoride ; a distingué ces plantes, & en a traitté en diuers chapitres, comme estans differentes. Mais l'opinion des plus habiles Simplicistes est plus vray semblable, c'est que ledit onguent est fait des fleurs du Violier blanc; qui sent le meilleur, & a l'odeur plus vehemente que tous les autres Violiers, mesme il surpasse en bonne odeur & vehemence les autres Violiers, ou rouges, ou incarnats, ou bleus.

Du Iasmin rouge, de Dalechamp,

CHAP. XV.

Les noms. Es Iardiniers entretiennent dans leurs iardins vne plante, qui est appellé par les Herboristes *Iasminum rubrum* ; *Iasmin rouge*, pource qu'elle fait vne *La forme.* fort belle fleur. Cette plante a la racine grosse, longue, poulpue, & cheueluë, qui n'est pas vnie ; mais comme pleine de verrues, ou bossettes, noire par dehors & blanche par dedans, d'vn goust acre quand on la masche. Sa tige croist quasi de la hauteur d'vn homme, & est couuerte aupres de la racine d'vne escorce aspre & rousse, mais au dessus elle est verte, comme celle des Mauues. Au demeurant elle est quarrée, & canelée, pleine de moëlle blanche au dedans, compartie par neuds dés le bas, lesquels sont disposez alternatiuement & releuez, & ne sont pas au droit l'vn de l'autre à mode d'ailerons. A chasque neud il sort des branches de la longueur de deux coudées, quarrées comme la tige, & pleines de moëlle, & canelées, garnies de neuds releuez par interualles iusques à la cime, par lesquels ils sort d'autres, plus petites branhes. Ses fueilles retirent à celles du Passeuelours purpurée, ou des blettes, si ce n'est qu'elles sont plus aiguës au bout, & arrangées en sorte qu'elles sont tousiours deux à deux vis à vis l'vne de l'autre, auec vn nerf

Iasmin rouge, de Dalechamp.

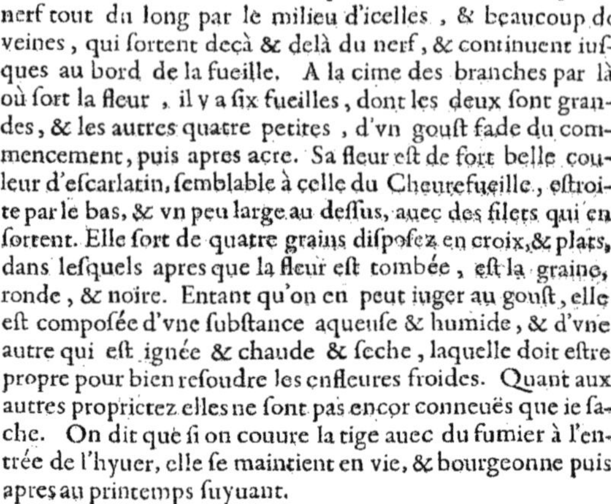

nerf tout du long par le milieu d'icelles, & beaucoup de veines, qui sortent deçà & delà du nerf, & continuent iusques au bord de la fueille. A la cime des branches par là où sort la fleur, il y a six fueilles, dont les deux sont grandes, & les autres quatre petites, d'vn goust fade du commencement, puis apres acre. Sa fleur est de fort belle couleur d'escarlatin, semblable à celle du Cheurefueille, estroite par le bas, & vn peu large au dessus, auec des filets qui en sortent. Elle sort de quatre grains disposez en croix, & plats, dans lesquels apres que la fleur est tombée, est la graine, ronde, & noire. Entant qu'on en peut iuger au goust, elle est composée d'vne substance aqueuse & humide, & d'vne autre qui est ignée & chaude & seche, laquelle doit estre propre pour bien resoudre les enfleures froides. Quant aux autres proprietez elles ne sont pas encor conneuës que ie sache. On dit que si on couure la tige auec du fumier à l'entrée de l'hyuer, elle se maintient en vie, & bourgeonne puis apres au printemps suyuant.

De la Clematis seconde d'Espagne,

CHAP. XVI.

LA posterité deura sçauoir gré à l'Escluse, de ce que par son industrie elle aura la connoissance de cette plante estrangere, laquelle fait des branches à mode de sarmens, longues, souples, & branchues, desquelles sort par certains interual- *La forme.*
deux tendons vis à vis l'vn de l'autre, par lesquels elle s'aggraffe aux arbres, & autres plantes i sont aupres. Ses fueilles resemblent à celles des Poiriers, sinon qu'elles sont moindres, dures & ttes, dentelées à l'entour, d'vn goust acre & bruslant, chacune desquelles est attachée à vne queuë: tefois il y en a plusieurs qui sortent ensemble par les ailerons des tendons: entre lesquelles d'vn é & d'autre des branches il sort des queuës chargées d'vne coupette, comme celles des Tithy-

Clematis d'Espagne, de l'Escluse.

Clematis seconde petite aux fueilles longues, de Lobel.

males, au milieu de laquelle il y a vn bouton releué plein de graine semblable au Millet couuerte de papillotes longues, qui retirent à des pennaches blancs. L'Escluse dit qu'il treuua premierement ce- ste plante entre la ville de Medina Sidonia & Gilbatar le long des certains ruisseaux, où elle couuroit les arbres voisins, & les faisoit plier à force de les charger : puis apres en d'autres lieux de l'Andalou- sie, où elle espandoit ses papillottes au mois de Ianuier. Il estime que c'est vne espece de la *Clematis* de Dioscoride, pource qu'elle luy retire fort tant en la figure qu'au temperament. Il faut adiouster icy la plante que Lobel appelle *Clematis altera minor longifolia*, laquelle a les fueilles comme la *Flam- mula* : où comme la *Clematis* blanche, beaucoup plus longues, disposées deux à deux à l'endroit l'vne de l'autre. Elle fait des tiges d'vne coudée ou deux de long, couchées par terre. Quant à sa graine, sa racine & autres parties, elle retire assez bien à la Peruenche commune. Aucuns estiment que c'est le *Clymenon*.

Le lieu.

Liure 4.

Fin du XIII. liure de l'Histoire Generale des Plantes.

LIVR

LIVRE QVATORZIESME DE L'HISTOIRE Generale des Plantes.

Contenant la description & pourtrait naturel des Chardons & autres plantes espineuses, & piquantes.

De la diuersité des Plantes Espineuses. CHAP. I.

NOvs entrons maintenant sur le discours des Plantes bien differentes des precedentes, lesquelles sont bien aisées à remarquer; d'autant que malgré que l'on en ait, elles se font connoistre & sentir à ceux qui les cueillent ou manient sans y prédre soigneusement garde. Or il y a beaucoup de plantes de cette sorte, qui sont differentes des autres Espines, Buissons, Chausse-trappes, & autres couuertes d'aiguillõs à mode d'herisson. Car nous y comprenons les *Chardons*, & autres plantes, qui ont la tige, les fueilles, les branches, la fleur, & le fruict piquant, & garny d'Espines. Or *Spina* en Latin signifie vne chose menuë, qui a la pointe dure & piquãte: comme aussi *Sentis* prend pour vne *Espine* qui se fait sentir incontinent à ceux qui la touchent. *Aculeus* signifie aussi [...]e chose assez dure, qui finit en pointe & est piquante comme vn aiguillon. *Echinus* se préd pour [...] ce qui est garny de beaucoup d'aiguillons, soit que ce soit la couuerte, ou bien le bouton, ou [...]cime de la plante, pourueu que ce soit vne chose ronde à mode d'vn poisson de mer, qui est ap[pe]llé en Latin *Echinus*, ou bien d'vn Herisson qui appellé *Erinaceus*. Mais quand il y a peu d'aiguil[lo]ns, les Latins appellent cela *Murex*. Or nature a esté si prodigue au fait de ces Plantes, qu'il a esté [...]si mal-aisé aux anciens d'en remarquer toutes les differences; comme de les descrire bien exacte[me]nt, & specifier les marques pour les pouuoir reconnoistre l'vne d'auec l'autre. Mais nous aurons [en]cor plus de peine de remarquer chacune Plante selon les noms que les anciens leur ont donné, [co]mme sont *Polyacanthos, Onopyxos, Myacanthos, Tetralix, Chalceios, Leimonia*, & autres semblables; [d']autant que la description qu'ils nous en ont laissé est fort obscure. Et en outre que la diligence [de]s Herboristes de nostre temps nous a fait connoistre beaucoup plus de *Plantes espineuses*, & [Ch]*ardons*, & bien plus remarquables, que les anciens n'en ont pas descrit, & desquelles mesme ils [n']ont fait aucune mention. Comme aussi il sera bien mal-aisé de donner vn nom propre à celles qui [n']en ont encor point. Qui plus est pource que les Herboristes ne sont pas tous d'accord, & qu'vne [m]esme Plante est diuersement nommée par diuers Autheurs, il sera bien mal-aisé de decider de [ce]tte controuerse. Or pour auoir la notice des Plantes de cette espece, il faudra que nous nous es[sa]yons premierement de les bien connoistre toutes en general; puis remarquer celles qui peuuent [es]tre rapportées à la description que les anciens en ont fait, & aux noms qu'ils leur ont imposé. Et [q]uant aux autres qu'ils ont laissé, ou qu'ils n'ont pas conneuës, il les faudra descrire bien exacte[me]nt, & leur imposer des noms qui leur soient propres. Pour à quoy paruenir nous en mettrons premierement vne distinction generale prinse de Theophraste: puis apres nous traitterons de chacu[n]e espece en particulier. Ainsi donc Theophraste comprend sous les plantes qu'il appelle ἀκαν[θ]ώδη, c'est à dire *Espineuses*, ou *garnies d'aiguillons*, celles qui sont ἀκανθώδη ὅλως, c'est à dire *du tout [es]pineuses*: & celles qui ne le sont pas du tout. Celles qui le sont du tout sont la *Corruda*, & le *Scor[pius]*. Celles qui ne le sont pas du tout, sont appellées φυλλάκανθα, c'est à dire, *qui ont les fueilles gar[nies] d'espines de tous costez*, comme *l'Acorna, Drypis, Acanacea*. Gaza les appelle *Spinosa foliata*. Il y en [a d']autres qui sont εἰς ὀξὺ προήκουσι καὶ παραγωνίζουσι, c'est à dire, *qui sont piquantes & ons les fueilles des[cou]pées à angles*, comme l'*If*, le *Phellodrys*, & l'*Teuse*. Gaza les appelle *In acutum producta, & in angulum [de]pressa*. Les autres εἰς ὀξὺ προήκουσι, καὶ μὴ παραγωνίζουσι, *sont piquantes*, & si ne sont pas *anguleuses*; comme le *Ruscus* & l'*Hippoglosson*. Les autres sont ἀκανθώδη ἐκ τῶν ἄκρων, καὶ πτερονώδη, καὶ εὐθύσχιστα, c'est à dire, *aiguës & descoupées à mode de pigne*, comme le *Sapin*, la *Pece*, le *Cedre*, & le *Geneure*. Les autres sont περιακανθίζοντα ἐκ τοῦ ἄκρου καὶ πλαγίων, c'est à dire, *Ont les fueilles piquantes au bout*, & *par*

Ruel. liure 1. chap. 1.

Spina. Sentis. Aculeus. Echinus.

Murex.

Liure 6. de l'hist. ch. 3.

par les costez, comme *l'Teuse, Phellodrys, l'If, & l'Agria*. Gaza les appelle *quæ cùm extremo, tum lateribus sinuata concidunt*. Les autres ἄνευ τὴν ἄκανθαν φύλλον ἔχοντα, c'est à dire, *sont garnies d'aiguillons sans que la fueille soit piquante*: comme le *Rhamnus, Tribulus, l'Arrestebeuf, & la Stæbe*. Gaza a mal traduit, *quæ iuxta aculeum folium gerunt*: au lieu qu'il deuoit dire *præter aculeum*. Les autres ἐκ τῶν καυλῶν ἄκανθαν ἔχοντα καὶ φύλλον ἐπακανθίζον, c'est à dire, *ont les tiges garnies d'aiguillons, & les fueilles piquantes*: car le mot ἐπὶ, signifie cela: comme les *Cappiers d'Egypte*. Gaza les appelle, *quæ non solum caulem aculeatum, sed etiam folium habent Hispidum*. Dont les vnes sont ὀρθοάκανθα, c'est à dire, *ont les espines droites*, comme le *Smilax*: les autres καμπυλάκανθα, *sont garnies d'espines recourbées à mode de crochet*. Pline a traduit ce passage de Theophraste comme s'ensuit: *Quant aux Plantes espineuses, il en a plusieurs especes: car l'Asperge & le Scorpio sont tout en espine: car ces plantes n'ont point de fueilles. Il y en a d'autres qui ont les fueilles piquantes, comme le Cardon, l'Eryngion, la Reglisse, & l'Ortie. Car toutes les fueilles de ces herbes sont mordãtes & piquantes. On en treuue aussi qui ont les espines auprés des fueilles, comme les Saligots, l'Arrestebœuf, & le Phleos, qu'aucuns ont appellé Stæbe. Quant à l'Hippophaes, elle fait ses espines à angles. Il y en a d'autres qui ont les tiges & les fueilles piquantes, comme les Cappiers. Le Saligot a cela de particulier, que son fruict est aussi espineux & piquant*. Voilà ce que Pline en a escrit suyuant Theophraste. Or nostre dessein n'est pas de traitter icy de toutes les plantes espineuses: car nous auons traitté de quelques vnes parcy parlà auec les autres de mesme espece, aux liures precedens. Ainsi donc nous poursuyurons le demeurant; & traitterons principalement des *Chardons*, & autres semblables, commenceans par les Plantes les plus conneuës.

Liure 6. de l'hist. ch. 3.

Liure 1. de l'hist. ch. 18.

Li. 21. c. 15.

Des Artichauts & Cardons, CHAP. II.

Les noms.

LE σκόλυμος des Grecs, est appellé generalement *Carduus* en Latin. Quant à κινάρα, ou κυνάρα, aucuns l'appellent d'vn mot corrompu *Articocum*, ou *Alcocalum*. Les Herboristes l'appellent communement *Articocalum*: les Arabes *Raxos*, & *Harxos*: les Allemans *Strobildorn*: les Italiens *Articiocco*, & *Carciosfolo*: les Espagnols *Cardo de comer*: Alexandre Trallian l'appelle ἀρτυτικήν: les François *Artichaut*. Il est nommé *Cinara* du nom d'vne fille que les Poëtes disent fabuleusement auoir esté transmuée en cette herbe. Aucuns estiment que ce nom vient de *Cinis*, c'est à dire *Cendre*; d'autant que comme Columelle & Palladius asseurent, *l'Artichaut* aime fort les Cendres. Or il appert que les Grecs ont prins cette Etymologie des Latins, combien qu'il se voye par les plus anciens Autheurs Grecs, tant Poëtes qu'Orateurs qui font mention d'vne espine nommée *Cynara*, ainsi que recite Athenée, comme Sophocle, Hecatée, Milesius, Callimachus & autres, que ce mot a esté Grec deuant que Latin. Aucuns aiment mieux dire, que ce nom vient de *Canis*, pource qu'il fut respondu par Apollon à vn certain Locrus, qu'il bastit la ville qu'il dessegnoit de bastir, là où il seroit mordu par vn Chien de bois; & qu'iceluy ayant esté piqué par vn *Artichaut* en la jambe, bastit là sa ville. Toutefois Dydimus, comme dit Athenée, dit qu'il failloit entendre plustost la Ronce de chien. Dioscoride ne parle point de *Cynara*; mais seulement de *Scolymus*. Or à fin que le lecteur ne soit abusé par l'ambiguité de ce nom, il faut noter que le *Scolymus* de Dioscoride est different de celuy de Theophraste; que Pline les a confondu ensemble. Quant aux *Cardons sauuages*, dit-il, il y en a deux especes: car les vns iettent immediatement dés la racine plusieurs tiges, (c'est le *Scolymus* de Theophraste) & les autres sont plus gros & ne font qu'vne tige (on tient que c'est celuy de Dioscoride. Tant les vns que les autres font peu de fueilles, qui sont piquantes, & portent des testes piquantes de tous costez. Toutefois l'vn d'eux, (à sçauoir celuy de Dioscoride,) iette au milieu de ses aiguillons vne fleur incarnate, laquelle se conuertit incontinent en bourre & en papillottes qui s'enuolent en l'air. Les Grecs l'appellent *Scolymos*. Et ce qu'il dit en vn autre passage, que ceux de Leuant sont fort friands du *Scolymos* qu'aucuns appellent *Cimonion*, qui est vne plante qui ne passe iamais vne coudée de haut, & a ses fueilles faites à mode de creste, & la racine noire, qui toutefois est douce & bonne à manger. Et de fait Eratostenes dit, que les pauures gens s'en seruent quelquefois à table, &c. Cela di-je doit estre entendu du *Scolymus* de Theophraste, combien qu'il ait prins de Dioscoride ce qu'il adiouste, qu'ostant la moëlle de la racine du *Scolymus*, & faisant boüillir vne once de ladite racine, elle fait perdre toute la mauuaise senteur des aisselles: car elle la fait sortir par l'vrine. Et ce qu'il dit là mesme & en vn autre passage, que le *Scolymus* est aussi appellé *Cimonion*, il semble qu'il ait leu en Theophraste, σκόλυμος ὃς καὶ λειμωνία; & toutefois Theophraste separe bien expressément le *Cimonion* qui est vne espece de *Chardon* d'auec le *Scolymus*. Cette distinction ainsi posée il nous faut maintenant descrire premierement le *Scolymus* de Dioscoride, & puis apres celuy de Theophraste. Dioscoride dit, que le *Scolymus* a les fueilles semblables au Chameleon, ou à celles de la plante qu'on appelle *Spina alba*: toutefois elles sont plus noires & plus grosses. Il fait vne longue tige toute garnie de fueilles auec vne teste espineuse. Sa racine est noire & grosse, & est singuliere pour guerir la puanteur des aisselles & de tout le reste du corps, estant appliquée en

Liure 2.

Liu. 3. ch. 14.

Li. 20. c. 23.

Les especes.

Liu. & c. 22.

Liu. 25. ch. 9.

Liure 6. de l'hist. ch. 3.

ardonnerette : Scolymus de Dioscoride : Artichaut sauuage de Pena.

en liniment. (Cornarius veut qu'au lieu de *reduite en liniment*, il y ait *saupoudrée apres lauoir reduite en poudre*) ou bien estant prinse en vin : car par ce moyen elle fait sortir beaucoup d'vrine puante. On mange cette herbe quand elle est encor tendre, comme les autres herbes bonnes à manger. Cette plante croist és terres grasses des enuirons de Montpelier, le long des chemins. Ceux du païs l'appellent *Chardonnerette*: & les Apothicaires *Chamæleon*. Elle a toutes les marques que Dioscoride escrit du *Scolymus* : car on la mange tandis qu'elle est tendre , comme aussi ses bourgeons & ses racines , principalement ce qui est pres des bourgeons : car le bout n'en vaut rien , pource qu'il est dur comme bois : & de fait c'est vn fort bon manger. Pena l'appelle *Scolymus siluestris*, ou *Cynara siluestris*: pource qu'elle resemble à *l'Artichaut piquant* : & n'y a autre difference , sinon qu'elle a les fueilles plus estroittes , plus seches, & beaucoup plus garnies d'espines. Elle a aussi beaucoup de fleurs incarnates pleines de bourre. Pena dit , que les païsans d'Italie en mangent les tiges , & les testes tendres, deuant qu'elles fleurissent. Sa fleur sert pour faire cailler le laict pour faire le fromage. On dit qu'elle est bonne pour les femmes qui sont steriles , & qu'elle fait porter l'enfant aux femmes enceintes iusqu'à bon terme. Quant au *Scolymus* de Theophraste , il a cela , que sa racine est bonne à manger non seulement estant cuite ; mais aussi crue ; & que c'est vn fort plaisant manger , quand la plante est en fleur. En outre elle se remplit de laict quand elle deuient dure : & singulierement ce qu'elle fleurit enuiron le solstice. Sa pomme aussi qui est grosse , poulpue & longue , est bonne à ger. Elle a cela de particulier entre toutes les plantes de mesme espece qui ont la fueille pinte, qu'elle n'est point piquante : & au contraire le *Chamæleon* a les fueilles piquantes : mais sa me ne l'est pas. La fleur du Scolymus venant à enuieillir s'enuole en papillottes , comme celle 'Acorna , de l'Ixine & autres semblables. Il ne cesse de porter des testes & des fleurs iusques à la fin de l'esté. Sa graine a fort peu d'humidité & de moëlle. Ses fueilles venant à secher se flétrissent, & ne sont plus piquantes. Voilà ce qu'en dit Theophraste. Les Grecs d'auiourd'huy appellent encor à present la plante qui est icy peinte *Scolymus*. Vegece *au traitté des medecines de la cheualine* l'appelle *Eryngion*. Ceux de Montpelier & de Bologne en Italie l'appellent *Eryngion luteum*. Il en croist és lieux maritimes aupres de Narbonne. Sa racine est grosse comme le pouce, à mode d'vn Raifort, de couleur iaunastre , pleine de suc blanc comme laict, tout ainsi que la Dent de Lion. Plusieurs en mangent tant crue que cuite. De cette racine il sort beaucoup de tiges, grosses cōme le doigt & de la hauteur d'vne coudée, & quelquefois dauantage, garnies de fueilles; dont celles qui sont aupres de la racine sont plus grandes, plus longues, & vertes brunes, descoupées comme celles des autres *Chardons*, auec des taches blanches ; mais celles d'enhaut sont plus petites. Sa fleur est iaune. Sa graine est platte, & vient en des boutons semblables à ceux du Saffran bastard, de la grosseur d'vne noix muscade. Toute la plante est si pleine d'aiguillons fort durs qu'il est bien difficile de la pouuoir manier sans se piquer. L'Escluse prend aussi cette mesme plante pour le *Scolymus* de Theophraste, & en a mis le pourtrait sous ce nom la, disant qu'elle fait des tiges de la hauteur d'vne coudée fort branchues, aux ailerons desquelles il y a par chascun vne fueille fort verte, descoupée & garnie d'espines blanches. Sa fleur est iaune, quasi comme celle du Saffran bastard. Sa graine vient en des testes piquantes, & est large & fueilluë, entassée comme

Le lieu.

Liure 6. c. 4. de l'hist.

Scolymus de Theophraste, de l'Escluse.

Liure 2. des Plant. d'Esp. chap. 76.

par escailles. Sa racine est longue, grosse comme le doigt, poulpue, douce, de laquelle les porceau sont fort friands, comme aussi de celle de l'Eryngion commun ; à raison dequoy ils la cherche auec le groin parmy les champs. Toute la plante estant tendre est pleine de suc comme de lai Il dit qu'il en croist force aux enuirons de Salamanque & par toute la Castille ; & qu'elle fleu tout le long de l'esté, & quelquefois en Automne, puis fait la graine : qu'il croist aussi vne se blable plante à l'entour de Montpelier ; toutefois qu'elle est mieux nourrie, & fait moins d branches, & si est plus haute : mais elle ne fait pas tant de fleurs, mesme elle a les fueilles comm tachées de laict. Ceux de Salamanque l'appellent *Silybum*, & en leur commun langage *Card lechal*, ou *leche*, c'est à dire *Chardon à laict*. En ce pais là ils prennent toute la plante auec la rac ne, lors qu'elle est encor ieune, & qu'elle ne fait que bourgeonner ; & la lauent, puis la mange crue, ou cuite auec la chair. Ils se seruent aussi de son laict au lieu de presure, & de ses fleurs po falsifier le Saffran. Pline parle de ce *Scolymus* disant, que la friandise, fait seruir en cuisine les mo. struositez des regions estranges, dont les bestes mesme ne veulent pas manger ; & qu'elle a est cause qu'on a planté le *Scolymus* dans les iardins pour l'appriuoiser ; iaçoit qu'aucuns entende cela des *Cardes*, lesquelles on a replantées dans les iardins, & par ce moyen on les a rendues si de licates comme elles sont auiourd'huy par l'industrie des iardiniers. Les paisans d'Italie, comm nous auons desia dit, mangent encor auiourd'huy les tiges tendres du *Scolymus*, & ses testes, d uant qu'elles commencent à fleurir. Outre ce *Scolymus* il y a aussi les *Cardes*, & *Artichauts*, q sont fort communs dans les iardins ; les fueilles desquels Dioscoride compare auec celles du *Ch maeleon blanc*. Or il y a ceste difference entre ces plantes, que l'on ne mange pas les testes des *C ctes*, ou *Cardes* ; mais seulement le dessus de la racine, & le bas des fueilles auec leurs bourgeon tendres, apres auoir tenu toute la plante enterrée par plusieurs iours, iusqu'à ce qu'elle deuienn

Lib. 19. ch. 8.

Cactus de Matthiol, ou Carde piquante.

Cactus vulgaire, de Matthiol.

tendre, blanche, & douce, & ce quasi tout du long de l'hyuer, depuis la fin de l'Automne. A contraire on ne mange point ces parties là de l'Artichaut ; mais seulement les testes ou Po mes. Dauantage les fueilles des *Cardes* sont tousiours piquantes : mais quant aux *Artichauts* y en a de deux sortes, dont l'vne a les fueilles piquantes ; comme celles des *Cardes* ; mais l'autr n'est point piquante. Sur quoy il y a diuers iugemens selon la diuersité qui est au goust des perso nes : car il y en a qui treuuent meilleurs les *Artichauts* piquants & les autres aiment mieux ceux qu ne piquent pas. Theophraste a comprins ces deux plantes sous le nom de *Cactos*, sans parler au cunement de *Cynara*. Galien, Paul, & Aece ont dit, que le *Scolymus* est bon à l'estomac : mais qu la *Cynara* ou *Artichaut* fait mauuais sang, principalement lors qu'il est dur, à sçauoir vn sang me lancholique ; au lieu qu'auparauant il fait vn sang bilieux & subtil, tellement qu'il est meilleur d le manger bouilly auec de Coriandre parmy de l'huyle, du Garum & du vin : ou bien sans cela d le fricasser

fricasser en la poëlle à frire, cõme il y en a auiourd'huy, qui apprestẽt les *Pommes des Artichauts*. Or icy ce que Theophraste escrit du *Cactos* : dont le texte Grec est fort corrompu, & l'auons remis en ce sorte: *Quant au Cactos c'est aussi vne herbe à part, qui ne croist qu'ẽ Sicile: car il ne s'en treuue point* Liure 6. de l'hist. ch. 4. *Grece. Cette plãte produit immediatemẽt dés la racine des tiges (nõ pas couchées par terre*, cõme Ga-a traduit,) mais *recourbées cõtre terre, & des fueilles larges & espineuses. On appelle ses tiges Cactos.* *us escorcées elles sont bonnes à manger: toutefois elles sont vn peu ameres. On les met aussi en composte.* *produit aussi vne autre tige droite, qu'ils appellent Pternix, laquelle est aussi bonne à manger; mais ne se peut pas garder. Son fruict est bourru, & piquant : mais ayant osté sa graine bourrue, le demeu-est bõ à manger, & resemble au cœur des Palmiers. On l'appelle Scalia.* Pline a leu *Ascalia*; & Athe-*Ascaleron*. Pline a traduit ce passage comme s'ensuit: *Touchant le Cactos, il ne croist sinon en Sicile;* Liu. 21. c. 16. *aussi vne herbe à part. Ses tiges rampent par terre sortans de la racine. Ses fueilles sont larges & pi-ntes. On appelle ses tiges Cactos, lesquelles on confit aussi pour manger. Il y a aussi vne tige droite qu'ils ellent Pternix, qui est aussi bonne à manger comme les autres: toutefois elle n'est pas de garde. Sa ine est bourrue, aussi l'appellent ils Pappus, c'est à dire, Papillotte: laquelle estant ostée auec sa bour-e la teste de cette plante, il y reste vne chair tendre, comme le cerueau des Dattiers, laquelle ils ellent Ascalia.* Or du temps que Theophraste escriuoit ces choses, il n'y auoit peut estre point de os ny en Grece ny en Italie: mais depuis ayãs apris à les cultiuer, comme ainsi soit que ce fût vne ce de Chardon, les Grecs les ont appellé *Cactos*, & *Cynara* & les Latins *Carduos*, comme il appert le tesmoignage d'Athenée, lequel en escrit ainsi: *Phanias au liure cinquiesme des Plantes appelle os vne plante de Sicile, qui est espineuse, comme aussi Theophraste au liure sixiesme des Plantes, &c.* Liure 2. *uyuant ces marques*, dit Athenée poursuyuant puis apres, *il n'y a personne, qui ne puisse dire hardi-t, que Cactos est la plante que les Romains, qui ne sont pas fort loin de Sicile, appellent Carduus, es autres Grecs Cynara; car il ne faut que changer deux lettres du mot Cactus au mot Carduus, pour e que ce soit tout vn.* Au reste il y a diuersité d'*Artichauts*, & principalement quant à leurs *Pommes*. elle procede de l'industrie des iardiniers: car tous les *Artichauts* ont leurs *Pommes* non pas heris-

ichaut sans espines de Matthiol. — Artichaut sans espines de Dodon.

, comme dit Matthiol, veu qu'elles ne sont pas piquantes; mais composées d'escailles ou petites Liu. 3. ch. 14 es arrangées l'vne sur l'autre. Mais les vnes ont leurs aiguillons droits & releuez au lieu que x des autres sont recourbez; mesme il y en a, comme nous auons desja dit, qui sont du tout sans illons qui sont estimez les meilleurs. De ceux-cy les vns ont les *Pommes* longues, qui vont abou-nt en toupie, les autres sont plus plattes & plus rondes, & dont les escailles s'ouurent d'elles mé-s; & d'autres qui les ont bien serrées & pressées. Palladius dit, que si on rompt la cime de la grai-des *Artichauts*, ou *Cardes*; ou bien, comme disent les iardiniers, si on plante ladite graine dans racine d'vne laictue, apres l'auoir pelée & fendue à trauers, que les *Cardes* croistront sans espi-. Columelle descrit l'*Artichaut* par ces vers: Liure 10.

L'Arti

Artichaut piquant sans pomme, de Dodon.

L'Artichaut y soit mis qui vienne doux-allaigre
A Iacche beuuant ; mais que Phœbus treuue aigre
Chantant dessus sa lyre. Iceluy maintenant
S'enleue entortillé du Corymbe, tenant
Sa purpurine fleur : maintenant il verdoye
D'vn iaune poil Myrtin, puis apres il se ploye
Baissant son col courbé. Or d'vn aiguillon fin
Il va piquant la main herissé comme vn Pin.
Or ouuert en cophin il monstre ses espines,
Menaçant de leur pointe. Or aux Branches-vrsines
Tout pasle il porte enuie imitant leur maintien.

En quoy il semble qu'il ait voulu descrire tant les *Cardes* que les *Artichauts* : car l'vne & l'autre de ces plantes a les fueilles comme l'espine Blanche, ou le Chardon sauuage ; les tiges hautes, à la cime desquelles il y vient vne Pomme ronde composée par escailles entassées l'vne sur l'autre ; le bout desquelles est vert : mais le dedans est blanc comme nege. En somme cette *Pomme* est faite à mode d'vne Pomme de Pin. Tellement que là où Galien dit, que les Grecs appellent les *Pommes d'Artichaut* σπονδύλους, il semble qu'il y faudroit plustost lire στροβύλους Leurs fleurs sont incarnates ; & finalement s'enuolent en papillottes : & alors la *Pomme* ouure ses lames ou escailles, qui sont comme d'escorce, & ainsi la graine demeure à decouuert ; & est semblable à celle du Saffran bastard. Voilà la vraye description du *Scolymus, Cactos & Cinara*, plus exacte à mon aduis, que celle que quelques autres en ont fait : Car Matthiol entre les autres a esté assez confus au traitté de ces Plantes. Au reste Galien dit, que la *racine du Scolymus* prouoque fort l'vrine, & la fait sortir puante, si on la boit apres l'auoir fait cuire dans du vin : & par ainsi elle guerit la puanteur des aisselles & de tout le corps. Ce qu'elle fait par vne proprieté de toute sa substance, pource que son suc est purgatif. Quant à ses qualitez, il appert par ses operations qui en procedent, qu'elle est chaude à la fin du second degré, ou au commencement du troisiesme ; & seche au second. Pline traitte bien plus amplement des proprietez du *Scolymus*, disant : on tient que le *Scolymus* est fort singulier pour prouoquer l'vrine ; qu'il guerit les dertres, gratelles, & feu volage estant appliqué auec vinaigre : prins en vin il eschauffe la personne à l'amour, suyuant le tesmoignage d'Hesiode, & Alceus qui disent que lors qu'il est en fleur les Cigales font rage de chanter, & qu'alors les femmes sont en rut ; & au contraire les hommes sont flacs & lasches au ieu d'amour, de sorte qu'il semble que nature voulant suruenir à la necessité des femmes ait fait venir le *Scolymus* en ce temps là comme vne viande fort propre à eschauffer l'homme. Item, on dit, qu'ostant la moëlle de la racine d'vn *Artichaut*, & faisant bouillir vne once de ladite racine en trois hemines de bon vin iusques à la consomption de la tierce partie, & prenant à ieun au sortir du bain, ou apres le repas vn cyathe de cette decoction, elle fera perdre toute la mauuaise senteur des aisselles. Et certes c'est grand cas que Xenocrates dit auoir experimenté, que cette decoction fait sortir la puanteur des aisselles par l'vrine. Volà ce qu'en dit Pline. Au reste il y a peu de iardins auiourd'huy où il n'y ait des *Cardes*, & *Artichauts* ; mesme il se fait peu de banquets somptueux, où l'on n'y serue de cette viande, pourueu que c'en soit la saison. On sert les *Pommes* des *Artichauts* cuites dans le bouillon de la chair ; & puis on en mange la poulpe auec sel & poyure. Les Italiens n'ont pas accoustumé de les faire cuire ; mais les mangent crus auec du sel. Or il ne faut pas oublier de mettre icy vne *sorte de Chardon estranger*, tant pour sa rareté que pour sa beauté : nous en auons mis icy le pourtrait & la description prinse de Pena. *Ce Chardon*, dit-il, croist de soy-mesme aux Isles Occidentales du nouueau monde ; sur tout en celle qu'on appelle S. Marguerite, d'où il y a

Liure 2. des Alim.

Sur le c. 14. du 3. liu. Liure 8. des simpl.

Les vertus.

Liu. &. c. 22.

Melocarduus echinatus, de Pena.

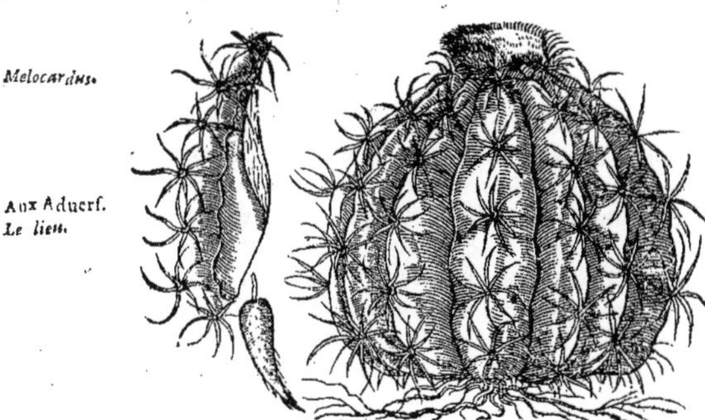

Melocarduus.

Aux Aduers.

Le lieu.

Il y a des mariniers Anglois qui l'ont apporté à Morgan Apothicaire de Londres. Il semble que ce soit comme vn meslange de nature composé d'vn Melon & d'vn *Cardon*: à raison dequoy il l'appelle *Echinomelocactos*, ou *Melocarduus Echinatus*. Il est rond, & fait à mode de toupie, & a quatorze caneleures & costes grosses, qui commencent par le bas qui est plat & large, & vont tout au long iusques à l'autre bout, où elles se ioignent ensemble, & forment comme vne creste platte, de laquelle il sort comme de *l'Artichaut* vne bourre comme de soye, fort deliée & pressée, quasi comme la Mente sans fin, dans laquelle il y a des petites graines aiguës, à mode de gousses, rouges comme sang, & de mesme couleur & figure que celles du Poyure de Guinée ; toutefois elles sont fort petites : pleines d'vne graine fort menuë, & ronde, semblable à celle du Passeuelours, auec beaucoup de soyes iaunes au bout, qui sont roides & piquantes. Or par les caneleures desdittes, & par l'endroit où elles sont plus larges, il sort des aiguillons piquants, comme ceux d'vn porc-espic, ou d'vn herisson, durs comme corne, en nombre de dix ou douze, & recourbez comme des hameçons, qui forment pour la plus part comme sept estoiles par chascune cannelure. Et de fait, toute la Pomme en est si bien couuerte, qu'il est mal-aisé de la tenir en la main sans se piquer. Or la peau ou escorce de dehors est dure & grosse, de la couleur de l'Aloë, d'vn Cocombre, & de mesme substance : mais la poulpe qui est dedans, est blanche, grasse, que & mollasse, retirant à la chair de Melon ou bien à de la graisse, d'vn goust fade, & vn aigrelet, & qui n'est pas mal-plaisant ; aqueux, refrigeratif, & qui n'est nullement dangereux. Et comme si c'estoit vn Melon, il y a au haut bout dessous la fleur qui retire à celle des Cars, vne membrane separant la poulpe qui est ferme, laquelle va tout le long, & fait vn creux si comme celuy des courges ; toutefois la graine est enclose dans vne poulpe plus spongieuse oins solide. Ceux qui l'ont veu sur le lieu tant matelots qu'autres, disent que ce *Chardon* croist ieux sablonneux pres de la mer. Quand il est meur, il est de la grosseur d'vn Pompon mediocre, d'vn gros Melon. Celuy qui est icy peint pesoit neuf liures & quatre onces : il est attaché de t contre terre sans aucune apparence de fueilles, ny en la plante ny en la racine, laquelle est pe, & en produit quelques autres à mode d'Oziers, brunes, longues, fermes & mal-aisées à rompre. Ouiedo descrit vn autre *Chardon* bien aussi admirable, lequel croist en l'Isle Espagnole. *Pitahaya*, dit-il, est vn fruict de la grosseur d'vn poing mediocre. Il croist d'vne espece de Chardon qui est bien piquant: toutefois il ne laisse pas pour cela d'estre beau & de bonne grace: car il n'a point de fueilles: mais au lieu d'icelles il a commedes bras de la longueur de six pieds, quarrez & canelez par le milieu, pas lequel, comme aussi par les costez ou angles, il sort des espines fort piquantes & venimeuses, assez distantes l'vne de l'autre, trois à trois, ou quatre à quatre par ensemble, & longues d'vn bon doigt. Au milieu de ces bras il sort vn fruict appellé *Pitahaya* en ce païs là. Il est couuert d'vne grosse escorce espesse, & comme escailleuse, laquelle toutefois se peut aisément coupper auec vn cousteau, combien qu'au reste il est plein par dedans de petits grains meslez parmy sa chair, comme nos figues, de fort belle couleur, à sçauoir de fin cramoisy. Tout ce dedans bon à manger, & tache les mains comme font les meures. Enuiron deux heures apres qu'on a mãon pisse vne vrine du tout crue: & toutefois il ne fait point de mal, & est beau à voir: mais au contre, le *Chardon* qui porte ce fruict est du tout hideux & d'vne figure fort sauuage & admirable, nt verd, cendré & blancheastre, comme il est icy peint suyuant le pourtrait d'Ouiedo.

Les noms. La forme. Liu. 8. ch. 14.

hardon Pitahaya portant fruict.

De la Branche Vrsine, CHAP. III.

ΆΚΑΝΘΟΣ & ἄκανθα en Grec, comme aussi μελάμφυλλος, & παιδέρως; s'appelle en Latin *Acanthus*, & *Acantha*. Les Apothicaires l'Appellent *Branca Vrsina*, pource que ses fueilles retirent aux pattes de deuant d'vn Ours : pour ceste occasion les Allemans l'appellent aussi *Bernkrau* en François *Branche Vrsine*, Fuchse a remarqué, que les Romains appelloient anciennement ceste herbe *Marmoraria*, à cause qu'on grauoit & entailloit és chapiteaux des colomnes les fueilles de ceste herbe, lesquels chapiteaux estoient pour la plus part de marbre, comme aussi le soubassement d'icelles : mais ce mot a esté corrompu au desnombrement des noms des Simples, qui est faussement attribué à Dioscoride, au lieu duquel il y a *Mamolaria*.

Les noms. Liure 15. de l'hist.

Les

Les anciens auoient aussi accoustumé de faire des fueillages à l'imitation de cette herbe sur leurs tasses & gobelets. Or Dioscoride dit, qu'il y a deux especes de *Branche Vrsine*, à sçauoir la cultiuée & la sauuage. Quant à la cultiuée, il dit, qu'elle a les fueilles beaucoup plus larges, & plus longues, que celles de le Laittue, descoupées comme celles de la Roquette, noirastres, grasses, lisses & la tige lisse, de la hauteur de deux coudées, grosse comme le doigt, garnie par interualles de petites fueilles en façon de chattons piquans, desquels il sort vne fleur blanche. Sa graine est longue, iaune, en vn chapiteau à mode de masse. Ses racines sont visqueuses & gluantes, rouges & longues. Au texte Grec il y a οἱονεὶ κιτλαρίοις ὑπομήκεσιν, ἀκανθώδεσιν, ce que Cornarius traduit, *comme des petits bonets longs*; au lieu de dire, *les chattons.* entendant par le mot κιτλάρια, *les fueilles plissées, & entortillées à mode d'vn petit bonet long.* Car κίτλαρις & κιτλάριον est vne espece de bonet. Il est aussi

Les especes. La forme. Embl. 17. liure 3.

Branche Vrsine cultiuée, de Matthiol.

Branque Vrsine sauuage: Chardon des prés de Tragus.

à noter, qu'il y a de la faute en certains exemplaires Grecs, où il y a ὑακινθώδεσι, au lieu de ἀκανθώδεσι: car les petites fueilles de la tige ne retirent aucunement ny en figure, ny en couleur à celles du Vaciet: car elles sont plustost menuës, & garnies de petites espines; mais celles d'aupres de terre sont grandes pour pouuoir couurir tout vn quarreau de iardin, & sans aucuns aiguillons. Quant à la *Branque Vrsine sauuage*, Dioscoride dit qu'elle retire au *Scolymus*, & est piquante, plus courte que la cultiuée, ou que celle qui croist és iardins. Cette-cy croist és iardins pierreux & lieux humides. Elle est garnie de fleurs, & de graine en Iuin & en Iuillet. Pline a remarqué deux especes d'*Acanthus*, ou *Branque Vrsine* en peu de mots: *La Branche Vrsine*, dit-il, *est vne herbe de iardin propre à historier en verdure, qui a les fueilles larges & longues, dont on garnit les bords des quarreaux. Il y en a deux especes, dont la moindre a les fueilles piquantes, & crespées: l'autre a les fueilles lisses, & est appellée Pæderos, ou Melamphyllon.* Voilà ce qu'en dit Pline. Au reste, combien qu'*Acanthus*, & *Acantha* signifie *vne espine*; & que la *Branque vrsine*, qui est tenuë de tous pour *l'Acanthus* de Dioscoride n'ait point d'espines, si est ce pour cela qu'il ne faut pas dire que ce ne soit la *vraye Acantha*: car elle a bien des aiguillons: mais c'est seulement en la tige, suyuant la description de Dioscoride, & celle des chapiteaux des colonnes en Vitruue: toutefois ces aiguillons ne sont pas piquans, à l'occasion dequoy Virgile l'appelle *mollis Acanthus*: & n'y a point d'autre plante qui s'accorde mieux auec la description de Dioscoride que fait cette-cy: car elle produit cinq ou six fueilles à mode de celles des Laittues, beaucoup plus longues, & plus larges: car elles ont quelquefois vne coudée de long, & sont grasses & poulpues, descoupées comme celles de la Roquette, noirastres: & la tige de la longueur de trois pieds, grosse comme le doigt, & lisse, la cime de laquelle est garnie de fueilles qui ont des petits aiguillons au bout; & est faite à mode d'vn chatton qui s'ouure. En somme elle est faite au dessus à mode d'vne masse, & fait des fleurs blanches, la graine longue & iaune. Ses racines

Branche Vrsine sauuage. Le temps. Les especes. Liu. &. c. 22. Ruel liu. 3. chap. 16.

racines sont longues, grasses, & visqueuses. Quant à *la Branche vrsine sauuage* de Dioscoride, Tra-s & Lonicerus tiennēt que c'est le *Chardō des prés*, appellé en Allemād *Vuinsenkoel*, & *Grazskoel*, c'est à dire *Chou des prés*, pource qu'au printemps on mange ses petites fueilles tendres, qui sont bon goust, & si ne piquent point le palais, ny la langue ; d'autant que leurs aiguillons sont ten-es. Ceste plante a les fueilles assez larges & longues, descoupées d'vn costé & d'autre, auec des tits aiguillons tendres, de couleur verde-blaffarde, retirant aucunement au Dipsacus. Au mois Iuillet elle fait vne tige de la hauteur d'vne coudée, & quelquefois dauantage, noüeuse, ronde, laquelle il sort par chasque neud deux fueilles qui retiennent l'eau de la pluye comme cel-du Dipsacus. A la cime de la tige & de ses branches il y vient des boutons ou testes longues, i portent des fleurs pasles auec certains filets purpurins, ou rouges. Apres vient la graine petite, nche, & enclose dans vne bourre blanche, & molle, comme celle des autres Chardons, laquel-en fin s'enuole en papillottes. Ceste plante ne craint point l'hyuer : mais endure bien le froid. le croist parmy les prés, où elle renouuelle tous les ans ses fueilles en Auril. Sa racine est blan-e, grosse, & cheuelue, & est le plus souuent rongée. Aucuns ont coniecturé par le lieu où elle ist, que c'est le *Chardon* que Theophraste appelle *Limonia*, à cause des prés; lequel il met au mbre des *Plantes espineuses*, sans en donner aucune marque, mettant la ἄκαρναν, λευκάκανθαν, λεῖον, κνῆκον, πολυάκανθον, ἀτρακτυλίδα, ὀνόπυξον, ἰξίνην, χαμαιλέοντα, σκόλυμον, & puis apres ἡ ωνία, que Gaza a traduit mal à propos *Bete*, ou *Poirée sauuage*, ayant esté deceu par l'affinité s mots; car le *Leimonion*, qui n'a pas les fueilles espineuses, est bien different de la *Limonia*. Pline ussi failly doublement en ce passage, quand il dit, que ceux de Leuant mangent du *Scolymus*, i est autrement appellé *Limonion*, en ce qu'il ne met point de distinction entre le *Limonion*, qui la *Poirée sauuage*, & la *Limonia*, qui est vne plante espineuse; sinon que le texte soit incorrect. En tre il confond la *Limonia*, qui est vne plante espineuse, laquelle Theophraste met au nombre des ardons, auec le *Scolymus*; & toutefois Theophraste les nomme separément. Il y a encor vne autre nte qui est icy peinte, laquelle est appellée par aucuns *alter Acanthus siluestris*, & par d'autres ωnia, pource qu'elle croist dans les prés, comme la precedente. Elle a la racine noire par de-rs auec plusieurs appendices comme celles des Afrodilles, ou de la Piuoine, desquelles il en sort nouuelles tous les ans, & la racine à laquelle elles tiennent se seche. Ses fueilles sont grosses, gues, & dechiquetées, vertes-blaffardes, garnies d'aiguillons, qui sont tellement composez, qu'il ble que ce soient trois pointes iointes ensemble. Sa tige est droite, haute, gresle, & vn peu nchue, auec vn ou deux boutons ou testes herissées. Sa fleur est rouge, & sa graine longue, pe-, couuerte de bourre, laquelle auec le temps s'enuole en l'air. Or à cause que ses aiguillons sont

Liu. 2. ch. 1

Liure 6. de l'hist. ch. 3.

Acanthus sauuage.

canthus, ou Branche Vrsine sauuage seconde, de Dalechamp.

Branche Vrsine piquante, de Lobel.

trois à trois, comme i'ay dit, il y a des Herboristes qui ont nommé ce *Chardon* τριγλώχινα. Aucuns estiment que c'est la *Leucacantha*, de laquelle nous parlerons cy apres. Lobel a mis le pourtraict d'vn autre *Acanthus sauuage piquant*, qui resemble au Scolymus, ou plustost vne nouuelle *Branche Vrsine piquante*, & dit que ceste plante à l'entour de Bolongne en Lombardie auoit les fleurs & les fueilles si semblables à *l'Acanthus espineux*, qu'il croit que ce soit *l'Acanthus sauuage*, que Dioscoride compare au Scolymus, disant qu'il est plus court que *l'Acanthus cultiué*, & en outre qu'il est piquant. Ce ne peut pas estre le *Chamæleonta* de Montpelier, pource qu'il a la teste herissée & piquante.

Liu. 3 ch. 17. *Les vertus.* Au reste Dioscoride dit, que *les racines de la Branque Vrsine cultiuée* appliquées en liniment sont bonnes aux brusleures, & aux dislocations. Prinses en breuuage elles prouoquent l'vrine, & laschent le ventre. Elles sont fort souueraines aux phthisiques, aux rompures & aux conuulsions. Pline en dit de mesme: Les *racines de la Branche Vrsine* sont singulieres aux brusleures & dislocations. Liu. & c. 22. Cuites parmy la viande, & principalement auec Orge mondé, elles seruent grandement à ceux qui sont rompus, & aux spasmes & conuulsions, & mesme à ceux qui craignent de deuenir phthisiques. Broyées & appliquées chaudes elles sont singulieres aux gouttes chaudes. Galien dit, que les *fueilles de la Branche Vrsine* sont mediocrement resolutiues. Liu. 6. des simpl. Sa racine est desiccatiue, & quelque peu incisiue, & de parties subtiles. Toutefois on sçait bien par longue experience, que les racines de la *Branche Vrsine* sont mollitiues, & que toute la plante est visqueuse, à raison dequoy on la tient dans les iardins pour en mettre dans les decoctions des clysteres remollitifs. Tellement que c'est merueille comme Dioscoride a escrit, qu'elle seruoit στρέμμασι, c'est à dire *aux dislocations*, veu qu'elle y nuit plustost en relaschant. Peut estre entend il par στρέμματα les entorseures, & extensions des ligamentes, ausquelles il est bon d'appliquer du commencement des remollitifs pour appaiser la Pena aux Aduers. douleur, & resoudre legerement ce qui pourroit estre descoulé sur la partie offencée. Par ce moyen elles seront bonnes aux rompures & conuulsions. Quant à la racine de *l'Acanthus sauuage* elle est bonne aux mesmes choses que la precedente, & n'y a autre difference que pour raison de la grandeur & des aiguillons.

Du Chardon Argentin, CHAP. IV

Les noms. LE *Chardon Argentin* est appellé en Grec ἀκάνθιον; & en Latin *Acanthion*: en Alemand *Vueisz vuege distel*. Dioscoride le descrit ainsi, suyuant les communs exemplaires, ἀκάνθιον ἐμφερῆ τὰ φύλλα ἔχει τῇ λευκῇ ἀκάνθῃ, ἐπ' ἄκρῳ δ' ἀκανθώδεις ἐξοχάς, οὐ συλλεγομένου. Ce qui a esté corrigé par des doctes personnages suyuant Pline, & principalement suyuant Oribaze, comme s'ensuit, Ἀκάνθιον ἐμφερῆ τὰ φύλλα ἔχει τῇ λευκῇ ἀκάνθῃ, ἐπ' ἄκρῳ δ' ἀκανθώδεις ἐξοχάς, καθ' ἃς ἀραχνιώδη ἐπι χνοῦς: ou bien καὶ ἐπ' αὐτῷ χνοῦν ἀραχνοειδῆ, ὃς συλλεγόμενος, καὶ ὑφαινόμενος βαμβακοειδὴς γίνεται. C'est à dire, *l'Acanthion a les fueilles semblables à l'Espine blanche, garnies d'aiguillons au bout* Liu. 24. c. 12 *couuertes d'vne bourre à mode de toile d'araignées*, *laquelle estant amassée & mise en ouurage semble de cotton*. Touchant *l'Espine*, dit Pline, que les Grecs appellent *Acanthion*, elle retire à *l'Espine blanche*, excepté qu'elle a les fueilles beaucoup moindres, lesquelles sont piquantes & espineuses par les bords, & couuertes d'vne bourre comme toile d'araignée, de laquelle les Orientaux font des toiles semblables aux toiles de cotton. Dioscoride compare bien les fueilles de *l'Acanthion* auec celles de *l'Espine blanche*, en la figure, & en la blancheur; mais non pas quant à la grandeur, tellement que Pline a adiousté cela du sien, comme il fait souuent, ou bien le mot, *plus petites*, a esté effacé aux exemplaires de Dioscoride. Il semble que l'Anguillara appelle ce *Chardon Rutrum*, & le descrit sous ce nom là. Les Apothicaires prennent pour *l'Acanthion*, *le Chardon* qui est icy peint, lequel est des plus grands que l'on treuue, & croist *Le lieu.* par tout le long des chemins & des hayes; és lieux sablonneux & non cultiuez. Il a la racine fort grande, & grosse, *La forme.* noire par dehors & amere: la tige haute, fort grosse & piquante, creuse & couuerte d'vne bourre blanche & menuë, semblable à la toile d'vne araignée. Ses fueilles sont fort longues & larges, descoupées par les bords, & garnies d'aiguillons recourbez, & rembourrées d'vn cotton mollet comme toile d'araignée. A la cime des tiges il y a des testes

Acanthion de Matthiol.

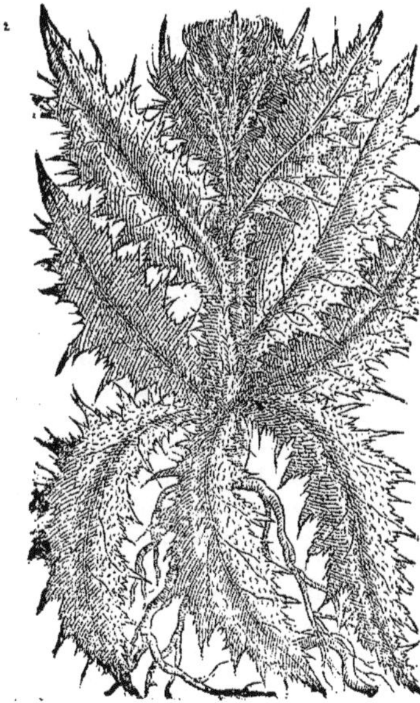

Acanthion, Espine blanche sauuage, de Fuchse.

Acanthion de montagne, de Dalechamp.

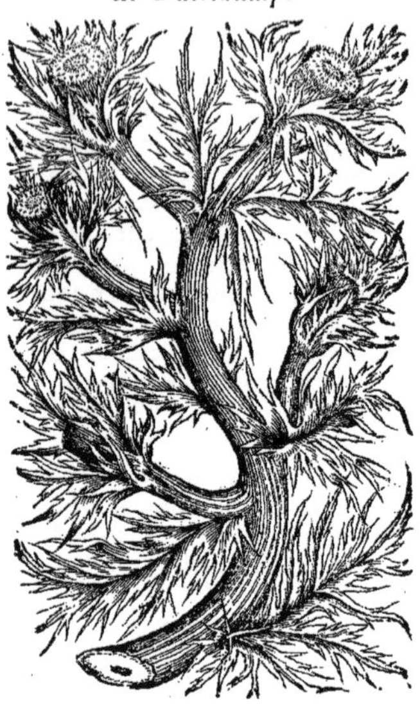

stes piquantes & herissées, semblables à celles de la Leucographis, auec des fleurs purpurines, ui sortent en Iuillet & en Aoust. Sa graine est noirastre, plus ronde que celle du Saffran bastard, ere, acre, enclose dans de la bourre blanche. Fuchse en a mis le pourtrait & la description sous nom de *Spina alba syluestris*. Nous auons adiousté icy le pourtrait d'vn autre *Acanthion*, suyuant pinion de Dalechamp, lequel il surnomme *Montanum*, pource qu'il croist sur les montagnes oides, comme sur la montagne du mont Iura, d'où cestuy-cy auoit esté aussi apporté. Il a beau-up de racines grosses, & beaucoup de tiges creuses, faites à angles, & couuertes d'vne bourre t espesse. Ses fueilles resemblent à celles de *l'Espine blanche*, & sont garnies d'aiguillons tout à ntour du bord, qui sont auancées, & couuertes d'vne bourre à mode de toile d'araignée, laquel-il est vray-semblable qu'on la pourroit filer, & en faire des toiles, veu qu'en la tirant du bout es doigts elle ne se rompt pas, & s'estend fort long. Sa fleur est incarnate, enueloppée du com-encement tout à l'entour d'vne laine blanche & si espesse, que deuant que la pouuoir descouurir il ut auoir autant de peine cõme s'il falloit rompre ou deuuider vn pelloton de laine. Au reste Dios-ride dit, que la racine & les fueilles de *l'Acanthion* prinses en breuuage sont bonnes pour les spas-es qui font renuerser le corps en derriere. Pline en dit tout autant. *Les fueilles & les racines seruent e remede aux spasmes qui font recourber le corps en derriere.* Galien dit, que *la racine & les fueil-s de l'Acanthion* sont chaudes & propres aux conuulsions.

Le temps. Chap 16. de l'hist.

Acanthion de montagne

Liu. 3. ch. 16.

Les vertus Liu. 24. c. 11. Liure 6. des simpl.

Du Chardon à carder, *CHAP. V.*

E *Chardon* est appellé en Grec δίψακος : en Latin *Labrum Veneris*, & *Carduus Veneris*: les Apothicaires l'appellent *Virga pastoris*, & *Carduus fullonum*: en Frãçois *Chardon à carder*, ou *Chardon à foulon* : en Toscane *Cardo da cardare* : en Friul *Garzo* : en Allemand *Kartendistel*, *Bubenstrel*, *Vueberkarten*. Il est appellé *Dipsacus*, c'est à dire, *ayant soif*, tout à rebours, pource qu'il semble qu'il retiẽne la rosée & la pluye dans le creux de ses fueilles, comme s'il auoit peur d'auoir soif. Et *Labrum Veneris*, pour ce que ses fueilles sont creuses en façon d'vn bassin, ou d'vne cuue, dans lesquelles il se garde de l'eau; *Virga pastoris*, à cause que les bergers se peuuent seruir de ses tiges qui sont longues, en lieu de verges pour conduire leurs troupeaux apres en auoir osté les espines. Il est appellé *Chardon à Foulon*, pource que les Foulons se seruent de ses testes pour poulir & adoucir les draps trop aspres. Or faut il noter icy, que les traducteurs d'Auicenne & de Serapion sous le nom de *Virga Pastoris* ne parlent pas du *Chardon à Foulon*; mais de l'vn & l'autre *Polygonon* de Dioscoride. Au reste les Herboristes establissẽt *deux especes de Char-*

Les noms.

Liu. 2. c. 736 Chap. 351. des simpl.

Les especes. *don à foulon* ; dont l'vn est cultiué ; & l'autre croist par tout de soy-mesme, dont il y en a de deux
Chap. 82. de l'hist. sortes, à sçauoir le *Grand*, que Fuchse appelle *Dipsacus purpureus*: & l'autre sauuage est le *Petit*. Dio-
l. 3. ch. 11. scoride dit, *que le Dipsacus est vne espece de Chardon*. Il a la tige blanche, garnie d'aiguillõs. Ses fueil-
La forme. les sont semblables à celles des Laittues, & embrassent la tige, sortans deux à deux par chasque neud. Elles sont longues & garnies aussi d'espines : mesme elles ont sur le dos tant par dessus que

Dipsacus, ou Chardon à Foulon, de Matthiol.

Autre Chardon à Foulon cultiué. de Matthiol.

Dipsacus sauuage Grand, de Fuchse.

par dessous certaines bossettes piquantes ; & estans iointes ensemble font vne cauité, où il y a ordinairement de l'eau de la rosée, & de la pluye, dont il a esté appellé *Dipsacus*, cõme ayant *soif*. A la cime de ses branches il y a des testes couuertes d'espines longues & piquantes, lesquelles estans seches sont blanches. Dans ces testes on treuue des vermisseaux, quand on vient à les
L. 1. 27. ch. 9. ouurir. Pline dit les mesmes choses en peu de mots, & bien clairement. *Le Dipsacus a les fueilles faites à mode de laittues, si ce n'est qu'elles ont au milieu du dos des bossettes piquantes. Sa tige est de la hauteur de deux coudées, & est aussi piquante. A chasque neud d'icelle il y a deux fueilles qui l'embrassent, & font vne cauité aux ailerons d'icelle, où il y a ordinairement de l'eau salée. A la cime il y a des testes piquantes. Il croist ordinairement és lieux*
Le lieu. *aquatiques.* Or qui voudra conferer le *Chardon à foulon* auec ceste description, il treuuera qu'il a toutes les marques qui y sõt declarées. Quãt au *Dipsacus sauuage*, il est semblable au cultiué, si ce n'est qu'il a les fueilles plus estroites, & les fleurs purpurines: mesme le cultiué a les piquons recourbez & plus roides que le sauuage. Ce qui ne procede pas simplement du cultiuage, ainsi que dit Pena : car au cõtraire la plus part des plantes deuiẽnent plus tendres, plus molles, & moins espineuses, estant cultiuées. Mais ce *Chardõ cultiué* a les testes plus courtes, & les espines longues & espesses, recoubées contre bas, si fortes que combiẽ qu'on s'en serue à lisser les draps, elles ne se rõpent pas pour cela. Au contraire celles du sauuage sont moindres & plus molles, droites, & beaucoup plus longues, & plus foibles. Ses fueilles aussi sont moindres & plus foibles; combien qu'au reste elles sont

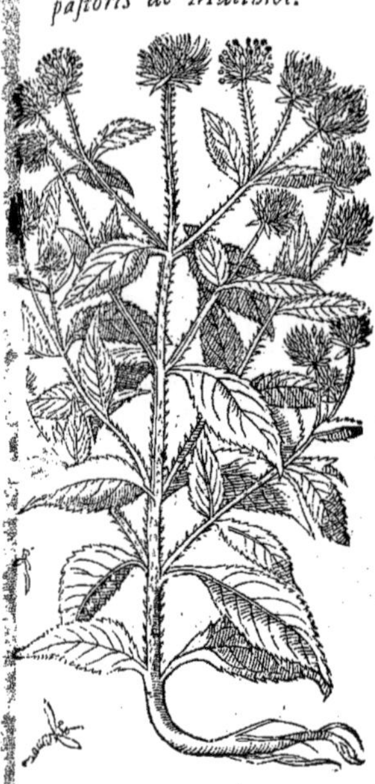

Dipsacus sauuage petit: ou Virga pastoris de Matthiol.

sont assez semblables, auec beaucoup de testes semblables à celles du Treffle bitumineux. Il croist au bord des champs & des fossez, & le long des hayes & des chemins. Il y a vne autre *troisiéme sorte de Dipsacus*, le plus petit de tous, qui n'est pas fort frequent. Il est assez semblable au precedent sauuage: toutesfois il n'a pas la tige ainsi canelée, ny si couuerte d'espines: mesme il a les fueilles plus foibles, & les testes beaucoup moindres, qui ne sont pas guiere plus grosses qu'vne Oliue. Or elles sont remplies de petits filets, tellement que l'on diroit que ce sont houppes de soye verte. Aucuns estiment que c'est la Plumbago de Pline, peut estre auec raison. Au surplus Dioscoride dit, que *la racine du Dipsacus* cuite en vin, & broyée iusques à tant qu'elle soit reduite en forme de cerot, guerit les creuasses & fistules du fondement en l'appliquant dessus. Or il faut garder cest onguent en vne boëtte d'airain. On dit, qu'il est aussi bon pour faire perdre toute sorte de verruës. On tient que les vermisseaux que l'on treuue dans ses testes guerissent la fieure quarte, si on les porte pendus au col, ou au bras. Pline en dit tout de mesmé. Il sert à guerir les creuasses du fondement, & aussi les fistules, faisant cuire ses racines en vin iusqu'à ce que la decoction soit espesse comme cire, pour la mettre dans les fistules. Il guerit aussi toutes sortes de verrues, à quoy sert aussi l'eau que l'on treuue aux cauitez de ses fueilles. Galien dit, que *la racine du Dipsacus*, qui est vne espece d'espine ou Chardon, est desiccatiue au second degré, & detersiue. Pena dit, que les deux premieres *especes de Dipsacus* sont refrigeratiues, & desiccatiues, & sont fort propres aux vlceres chancreux: quant au troisiesme on n'en scait pas encor l'vsage.

> Matth. sur le ch. 11. du 3. liu.
> Liu. 3. ch. 11. *Les vertus.*
> Liu. 27. ch. 9
> Liure 6. des Simpl. *Le temperament.*
> Aux Aduersi

Du Saffran bastard, *CHAP. VI.*

KNIKOΣ, & κνῆκος en Grec, s'appelle en Latin *Cnicus*, & *Cnecus*: en Arabe *Kartam*, ou *Charthom*: les Apothicaires suyuans Mesuë & Serapion l'appellent *Carthamus*: les Italiens *Zaffarano Sarrasinesco*: les Allemands *Vuildengarten Saffran*: en François *Saffran bastard*. Il est appellé *Cnicus*, ou *Cnecus* ἀπὸ τοῦ κνίζειν, qui signifie *mordre, & piquer*: car de fait, c'est vn Chardon espineux: ou biẽ ἀπὸ τοῦ κνησμοῦ, pource qu'en piquant il fait desmanger, *Carthamus* ἀπὸ τοῦ καθαίρειν, qui signifie *purger*. Dioscoride ne traitte que du cultiué: Theophraste & Pline en establissent deux especes, à sçauoir le cultiué ou celuy de iardin; & le sauuage, duquel il sõt aussi deux especes. *Le cultiué*, ainsi que dit Dioscoride, à les fueilles longues, descoupées, aspres & piquãtes: les tiges de la hauteur d'vne coudée, auec les testes de la grosseur d'vne Oliue: la fleur semblable au Saffran: la graine blanche & rousse, lõgue & anguleuse. Il croist és iardins & parmy les terres, quand il y est semé. Il fleurit en Iuillet & en Aoust, puis apres il produit sa graine. L'Escluse a mis le pourtrait d'vn autre *Saffran bastard*, qui ne fait qu'vne tige & par fois deux, trois, ou quatre, de la hauteur d'vne coudée, fermes & pleines de bois, cõme celles de l'autre: toutefois elles ne produisent point de branches, ou pour le moins fort peu. Ses fueilles retirent à celles du *Saffran bastard cõmun*; toutefois elles sont plus blanches & plus longues. Ses testes sont aussi semblables; mais sa fleur est differente: car elle n'est pas iaune, mais composée de beaucoup de filaments bleus. Sa graine est moindre que celle du *Saffran bastard*, & rousseastre. Sa racine est grosse comme le pouce, poulpue, pleine de suc, & noire par dehors. Il s'en treuue à l'entour de Cordua en Espagne, & à l'entour de Seuille. Il fleurit en May & en Iuin. Il ne scait pas comment on l'appelle communement, & pource qu'il est tout semblable au *Saffran bastard*, il l'a nommé *Cnicus alter*. Quãt aux autres especes voicy ce que Theophraste en escrit: *Il y a vn Cnicus sauuage & vn priué. Quant au sauuage il y en a deux especes, dont l'vne resemble fort au priué; toutefois elle a la tige plus droite: tellement que les femmes du temps passé en faisoient leurs fuseaux. Il fait vn gros fruit noir, & amer. L'autre espece est velue & fait les tiges cõme le laitterõ; & est quasi couchée en terre: car ses tiges sont si tẽdres qu'elles se plient contre terre. Il fait vn fruit amer* (Gaza a leu πυκνὸν, & a traduit *frequentẽ*, c'est à dire *en grand nõbre*.) *Sa graine est barbue: Tous ont beaucoup de racines: toutefois les sauuages en ont plus, & de plus grãdes. Les sauuages ont cela, qu'ils sõt plus durs & plus piquãts: & au cõtraire le Cnicus cultiué est plus tẽdre & plus lisse.* Ce que Pline a emprunté de Theophraste: car il en escrit ainsi. Il y a encor plusieurs herbes

> *Les noms.*
> Liu. 4. ch. 18. *Les especes.* *La forme.*
> *Le lieu.* *Le temps.*
> Liure 2. des Plant. d'Esp. chap. 81.
> Liure 6. de l'hist. ch. 4.
> Liu. 21. c. 15.

Saffran bastard cultiué, de Matthiol.

Autre Saffran bastard, de l'Escluse.

viles : mais ils font grand estat du *Cnicus*, qui est vne herbe incogneuë en Italie ; toutefois ils ne la mangent pas : mais font de l'huile de sa graine. Il y en a de deux especes, à sçauoir du sauuage, & du cultiué. Quant au sauuage, il y en a aussi deux especes, dont l'vne est plus douce que l'autre : & toutefois elle est assez ferme : tellement que les femmes anciennement en faisoient leurs quenouïlles. Aussi y en a il qui l'appellent *Attractylis*, pour raison de cela. Sa graine est blanche (Pline est discordant icy auec Theophraste, lequel dit, que la graine est noire) grosse, & amere. L'autre espece de *Cnicus sauuage* est plus veluë, & a la tige plus grosse. (Pline a leu σαρκωδεις, au lieu qu'il y a en Theophraste σογχώδεις) qui traine quasi par terre, & fait vne graine menuë. On met ceste plante au rang des herbes piquantes. Voilà ce qu'en dit Pline. Or suyuant l'opinion de Ruel, Fuchse, & Dodon, la premiere *espece de Cnicus sauuage* est *l'Atractylis*. Il est dur & droit, semblable au cultiué, & a les fueilles aspres & piquantes. Ses testes sont armées à l'entour de beaucoup de petites fueilles garnies d'aiguillons par les bords, desquelles il sort vne fleur veluë, de couleur de iaune plus blaffard que celle du *Saffran bastard cultiué*. Sa graine est de la méme grosseur de celle du *Saffran bastard*, lõgue, & anguleuse : toutefois elle est brune, & non pas blanche cõme celle là. La plãte est de la hauteur d'vn homme : tellement que les femmes du temps passé, ainsi qu'escrit Theophraste, (pourueu que le texte soit correct) se pouuoient bien seruir de ses tiges pour des quenouïlles : car elles sont assez fortes pour soustenir la laine qu'elles filoient : comme aussi celles du *Chardon benit* pouuoient seruir de fuseau, entant que c'est vne plante basse, & que ses testes pouuoient seruir de contrepois pour faire tordre le filet. Quant à la *seconde espece de Cnicus sauuage*, il y a long temps que les plus doctes tiennent que c'est la plante appellée *Chardon benit*, à cause de ses admirables proprietez contre diuerses maladies, apres l'auoir diligemment conferé auec la description de la *seconde espece de Cnitus sauuage* Theophraste. C'est vne herbe assez

Cnicus sauuage premier : Atractylis de Dalechamp.

Liu. 3. c. 55. Chap. 42. de l'hist. Liu. 4. c 70.

Chardon benit, seconde espéce de Cnicus.

be assez cogneuë, & en vsage à tout le monde, qui a la racine longue, tendre, & fort cheueluë: les fueilles longues grasses, tendres, molles, veluës, auec des grandes descoupeures. Ses tiges sont veluës σογχώδεις, c'est à dire lisses, creuses, & frailes comme celles du Laitteron, non pas σαρκώδεις, comme a leu Pline, c'est à dire *plus grosses*, couchées par terre, pource que ses branches & ses fueilles comme estant trop tendres, ne se peuuent tenir droites. Ses testes qui sont veluës, sont enuironnées de fueilles piquantes. Sa fleur est iaune blaffarde. Il fait beaucoup de graine, longue, cendrée, & barbue, amere, & toute enuironnée de papillotes. Il en croist sur les hautes Alpes de Prouence, ainsi que dit Pena, aupres de Marignols, là où l'on tire les Cristallines, les Iris, & autres pierres de diuerses couleurs, à la cime des montagnes, où il est vn peu plus aspre, & plus petit que celuy des iardins. Maintenant on le cultiue soigneusement par tout les iardins à raison de ses grandes proprietez. Au reste Dioscoride dit, que les anciens vsoient en leurs viandes de la fleur du *Saffran bastard cultiuée*. Ils piloient aussi la graine, & en tiroient le suc, duquel ils vsoient auec de l'eau miellée, ou du bouïllon de poule, pour lascher le ventre: toutefois il est contraire à l'estomac. On en faisoit aussi des gasteaux pour lascher le ventre, incorporant son suc auec des amandes, du nitre, de l'anis, & du miel cuit. Or il en faut prendre la grosseur de deux ou trois noix deuant soupper. Le moyen de les faire est tel: Il faut prendre vne liure trois onces de graine blanche du *Saffran bastard*; d'amandes rosties & pelées trois onces & six dragmes; d'anis vne liure trois onces; d'aphronitre vne dragme, & la poulpe de trente figues. Le ius de ceste graine fait cailler le laict & le rend plus laxatif. On ne se sert point, dit Galien, de la graine du *Saffran bastard*, sinon pour purger. Elle eschauffe au troisiesme degré estant appliquée par dehors. Mesuë traitte bien plus au long tant de son temperament que des proprietez disant, qu'il y a vne espece de *Saffran bastard, sauuage*, & l'autre qui est *cultiué*, & aussi le meilleur, principalement quand sa graine est grosse, blanche, pleine de moëlle, grasse, & qu'elle a escorce mince. Mesme sa fleur, qui resemble au poil de Saffran, est aussi en vsage. Elle est chaude au premier degré, & seche au second. La fleur du sauuage n'est pas si chaude ny si seche. Prinse par la bouche, ou bien en clystere elle euacuë le phlegme, & les aquositez par vomissement, & par le bas aussi: à raison dequoy elle est bonne aux maladies qui procedent de telles humeurs, comme à la colique, & autres semblables. Elle purge aussi la poitrine & les poulmons, principalement estant reduite en looch, comme il se dit icy apres: & par ainsi elle esclarcit la voix. Elle augmente aussi la semence genitale: toutefois c'est vne mauuaise nourriture, fort contraire à l'estomach; & dit on, quelle fait cailler le sang dans l'estomach, & mesme dans les mammelles. Elle desuoye l'estomach, & fait venir enuie de vomir. Elle a les mesmes proprietez que les plantes qui sont pleines, de laict: toutefois elle fait moins d'operation. Elle est detersiue, & aperitiue; mesme *sa fleur* prinse en eau miellée guerit la iaunisse. De peur qu'elle n'offence l'estomac il y faut mesler de l'anis, & de la galanga, du mastic, & autres semblables drogues, qui sont propres pour l'estomac: que si on y adiouste des choses acres, comme du Cardamomum, du Zinzembre, du sel gemme, cela aide son operation, & empesche qu'elle ne nuise aux intestins. Dix dragmes de moëlle de ceste graine auec quatre scrupules de Cordamomum reduites en pillules de la grosseur d'vn Pois ciche, & prinses au poids de cinq dragmes purgent suffisamment, ainsi que dit Paulus. La mesme moelle liée dans vn linge & cuite dans de l'Oxymel, principalement du Scillitic, le rend purgatif. Six onces de ladite moëlle auec cinq dragmes de Penides, Cardamome, Zinzembre, de chascun quatre scrupules, le tout reduit en bolus auec du miel de la grosseur d'vne noix, en faudra prendre vn ou deux pour se purger. Icelle moëlle cuite dans le bouillon d'vn poulet ou d'vne poule auec les drogues susdites, fait le mesme effect. Trois dragmes de ceste moëlle, vne dragme d'amandes, & demy dragme de pignons, le tout incorporé en miel cuit auec du suc de squille, & reduit en looch, est vn fort souuerain remede pour les accidents de la poitrine. Voilà ce qu'en dit Mesuë. Surquoy il faut noter, que le *Saffran bastard* de Leuant purge beaucoup plus aisément & mieux, encor que l'on en prenne petite, quantité, que le nostre, qui est plus debile: car il en faut prendre deux onces, ou vne once & demie pour le moins, pour purger: mesme il n'est pas si propre que celuy de Leuant pour desopiler les veines mesaraiques. Quant

Le lieu.
Aux Aduers.

Les vertus.

Liure 7. des simpl.
Le temperament
Liu. 2 ch. 11.

au *Chardon benit* il guerit toutes les opilations des parties interieures : il prouoque l'vrine, rompt la pierre, & guerit les vlceres, principalement des poulmons. Il sert contre les morsures des bestes venimeuses, tant prins par dedans qu'appliqué par dehors sur la morsure. On dit, que celuy qui en aura vsé au matin en viande ou en breuuage, ne sera point frappé de peste de tout ce iour là: mesme le commun peuple tient pour tout asseuré, qu'il est fort souuerain à ceux qui sont desia attaints de peste. On tient aussi qu'il est fort souuerain contre les grandes douleurs de teste, contre les tourmens d'icelle, & pour ceux qui ont perdu la memoire, tant prins en breuuage comme en viande. Il est aussi fort bon aux vlceres pourris pour les en saupoudrer, l'ayant reduit en poudre: car ceste herbe tant verte que seche, tant en viande comme en breuuage, guerit les vlceres malins, & les cicatrices. A raison dequoy on la mesle dans la decoction que l'on prepare auec le gayac pour ceux qui ont le mal d'Espagne. Elle est fort singuliere contre la fieure quarte, & autres fieures qui commencent leur accez par le froid, prennant sa decoction, ou de son eau, ou bien vne dragme de sa poudre en breuuage. Ces mesmes choses sont bonnes pour donner aux enfans qui ont le haut mal. La *decoction* de l'herbe prinse auec du vin appaise la douleur des reins, guerit les tranchées du ventre, fait suer, tue les vers dedans le corps, & sert aux accidens de la matrice.

De la Carline, *CHAP. VII.*

Les noms. CESTE herbe est appellée en Grec χαμαιλέων λευκός : en Latin *Chamæleon albus, Cardus varius, Cardus suarius* & *Cardopatiũ*: en Arabe *Chemeleon leuce*, ou *Chamalium* en Italien *Carlina* & *Cameleone bianco*: en Espagnol *Cardon pinto*: en Allemand *Eberuurtz*, cõme qui diroit *Chardon de porceau*. Le χαμαιλέων μέλας s'appelle en Latin *Chamæleon niger*. Elle est appellée *Chameleon*, ainsi que dit *Liu. 3 c. 8.* Dioscoride, pource que ses fueilles changent de couleur selon le terroir: car en vn lieu elles serõt vertes; & en vn autre elles serõt blanches, ou bleuës, & quelquefois rouges. Elle est appellée *Carduus suarius*, pource que si on en fait manger aux pourceaux auec de farine d'Orge, elle les fait mourir : & *Carlina*, comme qui diroit *Carolina*, pource que le commun peuple se fait accroire, que ceste herbe fut monstrée à *Charlemagne* pour chasser la peste de son camp, comme estant vn des plus souuerains remedes qu'on sçauroit dire. Et de fait il y en a qui font grand estat des racines de ceste herbe pour ce fait là. Le *Chamæleon blanc*, ainsi qu'escrit Dioscoride, est appellé par aucuns *Ixias* pource qu'en certains lieux on *Au mesme lieu* treuue de gluz, qui est appellé en Grec ἰξὸς, aupres de sa racine, duquel les femmes vsent en lieu *La forme.* de mastich. Il a les fueilles semblables au Silybon ou soit *Chardon*; toutefois elle sont plus aspres & plus piquantes, & plus fortes que celles du *Chamæleon noir*, il ne fait point de tige; mais produit par le milieu vne pomme espineuse semblable à vn Herisson marin, où a vne pomme d'Artichaut. Ses fleurs sont à mode de cheueux, de couleur purpurine, lesquelles s'enuolent en papillotes. Sa graine est comme celle du *Saffran bastard*. Quand il croist sur les collines grasses, il a la racine grosse; mais aux montagnes elle est plus graile, blanche par dedans, vn peu aromatique, douce, & d'vne odeur vehemente. Quant au *Chamæleon noir*, il a les fueilles semblables au Scolymus toutefois elles sont moindres, & plus menuës, & plus fortes. Il fait vne tige grosse comme le doigt, de la hauteur d'vne paume, rougeastre, laquelle porte vne ombelle, & des fleurs espineuses, menuës, semblables à celles du Vaciet, de diuerses couleurs. Sa racine est grosse, noire, massiue, & quelquefois rongée, laquelle estant descoupée est iaunastre, & a de l'acrimonie quand on la masche. Il croist és lieux champestres, secs & pendents, & maritimes. Voicy ce que Pline en a escrit: *Le lieu. Liu. 22. c. 18.* Quant au *Chamæleon*, aucuns l'appellẽt *Ixia*. Il y en a deux especes. *L'Ixia* a les fueilles plus blanches & plus aspres, couchées par terre, & produit vne pomme piquante à mode d'vn herissõ. Sa racine est douce, & de fort mauuaise odeur. En quelques lieux il rend de gluz blanc au dessous des ailerons de ses fueilles, principalement enuiron le commencement des iours Caniculaires, en la mesme façon que l'on dit que croist l'Encens : dont aussi il est appellé *Ixias*. Les femmes vsent de ce gluz au lieu de mastic. Or est il appellé *Chamæleon*, à cause de la varieté de ses fueilles: car elles changent de couleur selon le terroir où elles sont, estans noires en vn lieu, & en l'autre verdes, ou bleuës, ou iaunes, ou d'autre couleur. Vn peu apres: Quant au *Chamæleon noir*, on appelle masle celuy qui a la fleur purpurine; & femelle celuy qui l'a violette. Tous deux font vne tige de la hauteur *Liure 9. de l'hist. ch. 13.* d'vne coudée, grosse comme le doigt. Theophraste escriuant de l'vn & l'autre *Chamæleon* en parle tout de mesme comme Dioscoride disant. *Il y a vn Chamæleon qui est blanc, & l'autre est noir. Leurs racines sont differentes en proprietez, & mesme en figure. Car celle du blanc est blanche, douce, grasse, & d'vne odeur vehemente.* Puis vn peu plus bas. *Il croist en plusieurs lieux, & a les fueilles semblables au Scolymus; toutefois elles sont plus grãdes, couchées contre terre. Il produit vne teste grosse, semblable à vn Chardõ, qu'aucuns appellẽt Acanos. Le noir à la fueille tout de mesme, assauoir cõme le Scolymus toutefois elle est moindre & plus menuë. Toute la plãte porte cõme vne ombelle. Sa racine est grosse, noire & rõpue, & iaunastre. Il s'aime és lieux froids & non cultiuez.* Gaza n'a pas leu ἀργοῖς; mais ὑγρᾶ c'est à dire *Liu. 1. ch 9.* *humides*. Toutefois Dioscoride contredit à cela, disant, que ceste plante croist és lieux champestres &

& secs. Le mesme Theophraste appelle en vn autre passage le *Chamæleon blanc*, ἰξίνην; ce que Gaza traduit *Carduus pinea*, pensant peut estre que Theophraste parlast de quelque autre plante que du *Chamæleon*. Toutefois qui voudra considerer diligemment ces plantes, & conferer ensemble les passages de Theophraste, il treuuera le contraire: car apres auoir parlé du *Chamæleon*, il descrit la seconde espece d'iceluy, assauoir *l'Ixine*, fort diligemment en toutes ses parties, si ce n'est quant à la racine, laquelle il oublie: toutefois elle est bien clairement specifiée au passage cy dessus allegué. Or que *l'Ixine*, ou comme dit Dioscoride, *l'Ixia*, soit le *Chamæleon blanc*, il appert par sa description, tant par ce qui en a desia esté allegué cy dessus, que par ce qui s'ensuit: *Le Chamæleon blanc croist aussi en diuers lieux. Il produit ses fueilles immediatement dés la racine, du milieu de laquelle il sort comme vne pomme pleine de graine, laquelle est cachée parmy les fueilles.* (Il semble que Theophraste appelle icy *Acanos*, la teste herissée & piquante des Chardons, que Dioscoride appelle par fois *Echinus* ou ἀκανθώδη κεφαλὴν, sinon qu'au lieu de ἀκανὸν, il fallut lire ἔχινος.) *Ceste pomme iette par le dessus vne gomme plaisante à la bouche, qui est appellée Acanthice mastiche.* Qui voudra confronter ces deux passages de Theophraste auec la description du *Chamæleon blanc* en Dioscoride, il treuuera que tous deux descriuent vne mesme plante, laquelle les plus experts Herboristes d'auiourd'huy tiennent que c'est la plante qui est appellée *Carline*. Ceste plāte, dit Dalechamp, est fort frequente par toutes les montagnes du Dauphiné. Ceux de Die l'appellent *Chardousse*, comme qui diroit *Chardon sauuage*. Elle a la racine longue grosse, rousseastre, qui est fade quand on commence à la taster, puis apres elle est douceastre, & finalement acre. Elle a les fueilles larges, blanches & piquantes, couchées par terre, du milieu desquelles il sort sans aucune tige vn herisson comme vne pomme d'Artichaut, qui va en aiguisant au bout, composé de plusieurs escailles piquantes, lesquelles rendent du laict quād on les arrache, comme aussi toute la pomme, quand on l'entame. Ce laict est visqueux à mode de gluz, ou de colle, & s'attache si fort aux mains de ceux qui le manient, qu'il est mal-aisé de s'en nettoyer: tellement qu'il peut à bon droit estre appellé *Ixias*. Sa fleur est purpurée, laquelle venant à tomber, la pomme demeure ouuerte, & pleine par le milieu de bourre & de papillotes, qui s'enuolent finalement en l'air. Sa graine est semblable à celle du Saffran bastad. Ceux du païs où ceste plante croist, prennent ces pommes lors qu'elles sont encor serrées, deuant qu'elles fleurissent, & apres en auoir osté les escailles, ils coupent la poulpe par rouëlles, lesquelles ils font cuire parmy les viandes au lieu de raues: ou bien il les font cuire au beurre, & les mangent auec du sel & du Poyure, qui est vn beaucoup meilleur & plus plaisant manger que des Artichauts. Veu donc que c'est vne viande si commune en ce païs là, il faut croire que la viscosité qui sort de ceste pomme n'est pas venimeuse ny dangereuse, veu qu'on la mange sans aucun dommage auec les morceaux de la pomme mesme. Ou bien il faut dire, que le *Chamæleon* de Dauphiné n'est pas si dangereux que celuy des Grecs; ou vrayement, que le feu luy fait perdre sa qualité venimeuse. Au reste la plus part des Herboristes tiennent, qu'il y a deux sortes de *Carline*, dont l'vne n'a point de tige, & l'autre en a, laquelle Dodon appelle *Leucacantha*: Matthiol & Fuchse l'appellent *Chamæleon niger*. Mais, dit Pena, s'ils eussent essayé les racines de l'vn & de l'autre, comme nous auons fait, tant à la veuë qu'au goust, & aussi leur gomme qui est iaunastre, à mode de petis vers, vn peu transparante, & de mauuaise odeur: & s'ils en eussent veu comme nous en vn

Liure 3. de l'hist. ch. 5.

Liure 6. de l'hist. ch. 4.

Liu. 4. c. 68.

Sur le c. 9. du 3. liu. de Diosc.

Aux Aduers.

Chamæleon blanc, de Matthiol.

Chamæleon noir, de Matthiol & de Fuchse.

vn meſme lieu, de celles qui auoient la racine ; fleur & tige ; & d'autres qui n'en auoient point & ce en diuers lieux, là où il y auoit abondance de l'vne & de l'autre, il euſſent librement changé d'opinion. Ce qu'il dit auoir remarqué pres des montagnes ſeches & glacées du mont S. Bernard, & auſſi ſur le chemin quand on va d'Iſpruch à Trente. Ainſi il eſtime, que la *Carline* des Herboriſtes, encor qu'elle ſoit de diuerſes figures, n'eſt pas pourtant de diuerſes eſpeces & que ce n'eſt pas la *Leucacantha* ; mais le *Chamæleon blanc* de Dioſcoride. Matthiol a mis le pourtrait d'vn autre *Chamæleon noir*, qu'il dit luy auoir eſté enuoyé de Naples par Marantha, lequel combien qu'il porte des ombelles chargées des fleurs ſemblables à celles du Vaciet, pource toutefois que ſes fueilles ne ſont pas tachées de rouge, & que ſa tige n'eſt point rouge, meſme qu'on n'apperçoit point d'acrimonie en ſa racine en la maſchant, & qu'elle n'eſt

Autre Chamæleon noir, de Matthiol.

Chamæleon ſauuage de Matthiol.

point rongée, ny iaunaſtre, & que ſes tiges ne ſont pas groſſes comme le doigt, il eſtime que ceſte plante ne peut pas eſtre le *vray Chamæleon noir*. Mais ces marques ne ſont pas meſme en la plante qu'il met pour le *Chamæleon noir*. Tragus prend la *Carline* des Apothicaires pour le *Chamæleon vulgaire noir*. C'eſt vne eſpece de *petit Chardon*, qui ne fait point de tige. Cordus l'appelle *Chamæleon blanc*. Lobel le nomme *Carduum ἀκαυλον Septentrionalium*. Il croiſt quaſi par tout ainſi que dit Tragus, lequel en met le pourtrait pour le *Vray Chamæleon*, principalement és montagnes aſpres, en terre forte & blanche: & a la racine, les fueilles, & la graine ſemblables au *Chamæleon commun*, ſinon qu'il eſt moindre. Sa teſte qui eſt piquante, eſt ſans tige, & couchée par terre. Sa fleur eſt de couleur de pourpre blaffarde, ſemblable à celle des autres Chardons. Lobel dit, qu'és collines d'Angleterre, Picardie, & en Hainaut, ce *Chardon* eſt aſſez commun és bords des champs ; & qu'il reſemble en figure & aux fueilles à la *Carline* ; toutefois elles nont pas les bords ſi piquants, & ſont moindres. Ses teſtes reſemblent à celles de la *Carline commune*, n'ayants point de tige. Ses fleurs ſont purpurines, & s'enuolent en papillottes. Sa graine eſt comme celle du Saffran baſtard, longue & cheuelüe. Ses racines ſont vn peu rougeaſtres, de fort mauuaiſe odeur. Il fleurit au mois d'Aouſt. Au reſte Dalechamp dit, qu'il n'a point treuué de *Chamæleon noir* en toute la France ; mais il a prins le pourtrait de celuy qui en eſt icy mis, ſur vne plante qui luy a eſté apportée bien entiere de Calabre par Reinerius Solenandrus, homme plein de courtoiſie, & Medecin fort docte, lequel luy en fit vn preſent. Ceſte plante auoit la Racine d'vne paume de long, & eſtoit groſſe comme le doigt, noire par dehors, & iaune par dedans. Elle s'eſclatoit quand on l'entamoit en quelque endroit, & demeuroit ouuerte. Ses fueilles reſembloient à celles du *Chamæleon blanc* ; toutefois elles eſtoient plus eſtroittes, moindres & plus minces. Sa tige n'auoit pas plus d'vn demy pied de haut, à la cime de laquelle il y auoit vne ombelle chargée de fleurs purpurines,

Chamæleon petit de Tragus, selon Dalechamp.

Vray Chamæleon noir, de Dalechamp.

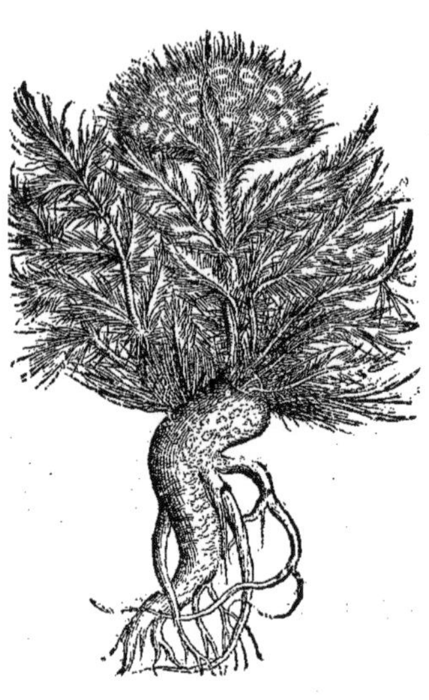

rines, de mesme couleur que celles des Vaciers, si ce n'est qu'il y auoit de blanc meslé parmy. Et combien qu'elles fussent seches, ce nonobstant elles retenoient leur lustre, & n'y auoit point de pomme herissée. Ce qui est propre au *Chamæleon* entre toutes les plantes qui ont les fueilles piquã-tes, c'est qu'il fait sa fleur sans porter la põme herissée, comme les autres, suyuant ce que Theophraste en escrit en deux endroits, ausquels toutefois le texte est si corrompu qu'il est mal-aisé d'en tirer le vray sens. Le premier passage est tel: *Mais celles sont telles à tous, comme l'Acorna, la Leucacantha, le Chalceios, le Cnicos, le Polyacanthos, l'Atractylis, l'Onypyxos, l'Ixine, le Chamæleon, excepté cestuy-cy qui n'a point les fueilles piquantes, le Scolymos, la Leimonia, la Phyllacantha, & les autres.* La où il est certain que Theophraste recite les plantes qui on les fueilles piquantes. Et puis qui appert par Dioscoride, que le *Chamæleon* est tel, il y a faute en ce mot ὀ φυλλάκανθος, parquoy il semble à Dalechamp qu'il faudroit lire par parenthese, πλὴν ἤτε φυλλάκανθος οὐκ ἀκανίζει; c'est à dire, *si ce n'est que cestuy-cy entre les plantes qui ont les fueilles piquantes, ne fait point de teste*, L'autre passage est tel: *Le Chardõ a cela, que le bouton de sa fleur est poulpu & bon à manger, & ne pique pas. Mais croist en long: ce qu'il a de particulier entre toutes les plantes qui ont les fueilles piquantes, contre ce qui est au Chamæleon: car ayant les fueilles sans espines, il fait vne teste.* Suyuant la correction de Dalechamp il faut lire ainsi: *Car le Chamæleon iaçoit qu'il ait les fueilles piquantes, ne fait toutefois point de teste herissée.* Et toutefois Pline a suiuy cest erreur là, disant que le Chamæleon n'a pas les fueilles piquantes, &c. Or il n'a pas seulement failly en cela: car au mesme passage il met *Cnidos*, au lieu de *Cnicos*; & dit deux fois *Helxine*, au lieu de *Vxine*. L'Escluse a mis le pourtrait d'vn autre *Chamæleon* differant du precedent, lequel il appelle *Chamæleon de Salamanque*. C'est, dit-il, vne plante du nombre de celles qui portent des testes piquantes. Elle a la tige de la hauteur d'vn pied; quelquefois d'vne coudée, auec plusieurs ailerons ou branches; tellement qu'elle semble estre comme vne fueille, iaçoit qu'au reste elle soit ferme & dure. Elle fait beaucoup de fueilles longues, estroites, & blancheastres, garnies d'espines bien piquantes. A la cime de ses branches il y a comme des ombelles composées de cinq ou six testes herissées, garnies de fleurs purpurines blaffardes, lesquelles s'enuolent en papillotes apres que la graine est meure, comme és autres testes de Chardon. Sa graine est semblable à celle du Saffran bastard; toutefois elle est moindre, douce, blanche au dedans, & noire ou cendrée par dehors. Sa racine est noire, dure & douce, quand on la masche. Toute la plante est armée de tous costez d'espines roides & piquantes. Il en croist à force aux enuirons de Salamanque. Elle fleurit en Iuillet: sa graine est meure au mois d'Aoust. Ceux de Salamanque appellent ceste plante *Chamæleon*. Il semble que ce soit la mesme que l'Anguillara met pour le *Chamæleon noir* de Dioscoride. Toutefois la description ne luy conuient pas. Il ne sera pas peut estre hors de propos de mettre icy vne espece de *Chamæleon noir*, qui est vn petit Chardon, & rare, lequel croist en ceste plaine

Liure 6. de l'hist. chap. 3.

Liu. 6. de l'hist. chap. 4

Liu. 21. c. 16

Chamæleon de l'Escluse. Liu 2. des Plant. d'Esp. chap. 79.

Le temps

Chamæleon de Salamanque, de l'Escluse.

Picnomos de la Crau de Selon, de Pena & Lobel.

plaine qui entre Arles & Selon, qu'on appelle *la Crau de Selon*, à raison dequoy Pena & Lobel l'ont nommé *Picnomos Cretæ Salonensis*. Il a la racine petite, qui a certaine viscosité, quand on la masche ; les fueilles longues, attachées tout du long de la tige, à mode du *Chamæleon* de Montpelier : toutefois elles sont plus estroites, dont celles des branches sont de la grandeur de celles des Chaussetrappes, & ainsi esparses tout à l'entour, espineuses, & si garnies d'aiguillons, qu'il n'y a point de moyen de les empoigner sans se piquer. Ses fleurs sont petites, semblables à celles du Senesson ; toutefois elles sont plus grandes, sortans de certaines testes longues, espineuses, & cotonnées. Sa graine est petite & pailleuse, semblable à celle du Saffran bastard. Pena n'asseure pas que ce soit le *Picnomon* ; mais pource que ceste plante est bien garnie d'espines, il l'a nommée de ce nom là. Au reste Dioscoride dit que la racine du *Chamæleon blanc* prinse au poids de quatorze dragmes fait sortir du corps les vers larges. Il la faut prendre en vin brusc auec la decoction de l'Origan. Prinse en vin au poids d'vne dragme elle est propre aux hydropiques : car elle les attenuë. Sa decoction est bonne à prendre en breuuage contre la difficulté d'vrine. Elle sert de Theriaque estant prinse en vin. Elle fait mourir les chiens & les pourceaux, & mesme les souris, estant incorporée auec griotte seche, ou bien destrempée en eau & huile. La racine du *Chamæleon noir* broyée auec vn peu de vitriol, d'huile cedrin, & de graisse de porceau guerit la rongne, & aussi les dertres, en y adioustant du souffre & du bitume, faisant le tout cuire en vinaigre, puis l'appliquant dessus. Sa decoction guerit la douleur des dents, si on s'en laue la bouche. Incorporée en cire auec du Poyure par esgales portions elle guerit la douleur des dents, si on les en oingt. Sa decoction aussi faite en vinaigre est bonne pour fomenter les dents. Appliquée chaude auec des pincettes sur la dent qui fait mal, elle la fait tomber. Elle efface les taches du visage causées par le soleil ; & la morfée en y adioustant du souffre. On la mesle aussi parmy les medicamens corrosifs: appliquée en cataplasme elle guerit les vlceres malins, courrosifs, & chancreux. Theophraste traittant de la proprieté de ces racines dit de celle du blanc: *La racine du Chamæleon blanc est bonne comme l'on dit, aux desfluxions, estãt taillée par rouëlles, & enfilée par vn ionc pour la faire cuire, & aussi contre les vers larges, auec des raisins secs, & prinse auec du vin brusc au poids de quatorze dragmes. Elle fait aussi mourir les chiens & les pourceaux. Pour les chiens il la faut pestrir auec griotte seche, huile & eau: pour les pourceaux il la faut mesler auec des choux de montagne.* Ce qui s'ensuit, *aux fẽmes il en faut donner auec de lie de vin cuit, ou en vin cuit*, a esté obmis par Gaza. Peut estre qu'il tenoit que cela y auoit esté faussement adiousté.) *Or pour sçauoir si vn malade doit mourir de la maladie où il est, il le faut lauer trois iours durant auec ceste racine: car s'il le peut souffrir il n'en mourra pas, cõme l'on dit.* Apres parlant de celle du noir, il dit: *Quant au Chamæleon noir sa racine broyée en vinaigre & appliquée en liniment guerit les gratelles & la morfée. Elle fait aussi mourir les chiens.* Pline a prins ce

Liu. 3. ch. 8. *Le temperament & les vertus.*

Liure 9. de l'hist. ch. 13.

Liu. 22. c. 18

qu'il en a escrit en partie de Dioscoride, & en partie de Theophraste. *Le Chamæleon blanc* est bon x hydropiques, si on leur fait prendre la decoction de sa racine. Il en faut prendre vne dragme en n cuit. Ceste *decoction* prinse au poids d'vn acetabule en vin brusc auec la decoction d'Origan chasse toutes les vermines du ventre. Elle est bonne contre la difficulté d'vrine. Ceste mesme *decoction* meslée en griotte seche fait mourir les chiens & les pourceaux, y adioustant de l'eau & de l'huile. lle attire les rats, & les fait mourir, s'ils ne treuuent à boire de l'eau tout à l'instant. Il y en a qui upent sa racine par rouëlles, & l'enfilent pour la garder, & la font cuire pour la manger contre les eumes & defluxions. Vn peu apres parlant du noir, il dit; que sa racine cuite en souffre & vinaie est fort bonne à nettoyer les dertres. Estant maschée elle raffermit les dents qui branslent: autant en fait elle estant cuite en vinaigre. Son ius est propre pour guerir la rongne, mesme des bestes uatre pieds, & pour faire mourir les tiques qui tourmentent les chiens. Il fait aussi mourir les gesses, comme si elles auoient la squinance. Il y a des Grecs qui l'appellent *Vlophonos*, & *Cynozolos*, cause de sa puanteur. Ces plantes produisent aussi vne gomme qui est fort singuliere pour les vlres. En somme les racines de tous les *Chamæleons tant blancs que noirs* sont fort bonnes contre les orpions. Il semble que Pline ait ainsi traduit ce que Dioscoride dit, *qu'elle sert de Theriaque*. Il t aussi qu'il en faut boire auec du suc d'Origan, pource que Dioscoride dit, μετ' ὀριγάνου ἀποζέματος. Liure 8. des simpl. est à dire, *auec la decoction d'Origan*, comme il a esté dit. Galien escriuant de ces mesmes racines t, que la racine du *Chamæleon noir* a ie ne sçay quoy de venimeux, à raison dequoy on s'en sert par hors contre les gratelles, les dertres, & le mal S. Main, & en somme là où il faut vser de medicamens detersifs. On en mesle aussi parmy les medicamens resolutifs & remollitifs. Appliquée sur s vlceres chancreux & corrosifs elle les guerit: car elle est seche au troisiesme degré. & chaude la fin du second. *La racine du Chamæleon blanc* prinse en breuuage auec vin brusc au poids de quarze dragmes fait mourir les vers larges. Elle est aussi bonne aux hydropiques. Elle est de mes- Liu. 7. etemperament, que la racine du noir, excepté qu'elle est plus amere. Aussi Paulus, Oribaze & Liu. 15. ëce disent, que la racine du *Chamæleon noir* prinse dans le corps est poison, & tout ce que Galien Liu. 1. dit. Toutefois Theophraste, Dioscoride, ny Pline aussi ne disent pas que la racine du *Chamæleon* it poison, ny de l'vn, ny de l'autre: car combien qu'elle fait mourir les chiens, les porceaux, & s souris, il ne faut pas dire pourtant qu'elle soit venimeuse: car il y a des choses contraires à ces imaux là, qui nous sont profitables. Car les autheurs susdits ordonnent ces mesmes racines pour ire mourir les vers larges, & aussi aux hydropiques, & contre la difficulté d'vrine. Dauantage Liure 9. de l'h st. c. 1. ioscoride traittant du *Chamæleon blanc* ne dit pas, qu'*Ixia* soit poison, ny mesme Theophraste, and il dit que le *Chamæleon blanc de Candie iette vne gomme*. Neantmoins Dioscoride traittant s poisons remarque les remedes suyuant Nicander contre le venin de *l'Ixia*, & declare en outre mal qui en procede & sa vertu. Or ne faut il pas suiure l'opinion du traducteur de Nicander qui t, *qu'Ixia* est vne espece de tige, qui est noire, laquelle sent comme le Basilic, quand on la boit; u que Dioscoride escrit expressement, que c'est vne gomme ou gluz que l'on treuue aupres de racine du *Chamæleon blanc*. Mais Paulus & Aece traittans des venins, apres auoir discouru du nin de l'vn & l'autre *Chamæleon*, & des remedes aussi, traittent à part du venin de *l'Ixia*, & en ent les mesmes choses que Dioscoride. Or veu que le *Chamæleon blanc* est nommé *Ixia*, à cause ceste gomme visqueuse qui sort de sa racine, ie demande si les racines du *Chamælon noir* ne iett point aussi de gomme; & si ce que les autheurs ont escrit du venin de *l'Ixia*, ne se doit point ssi entendre du suc qui sort des racines du *Chamæleon noir*? Matthiol dit, que le nom *d'Ixia* est Sur lec. 21. du 6. liu. mmun à l'vn & à l'autre *Chamæleon* d'autant qu'ils iettent tous deux de la gomme cōme de gluz: en outre, quand Dioscoride parle de *l'Ixia* parmy les venins, il n'entend parler que du *Chamæleon* Liu. 6. ir. Et d'autāt qu'il se fait accroire, que la *Carline* qui se iette en tige est le *Chamæleon noir*, il asseu, suyuant ce qu'il en a peu sçauoir par le rapport de certains Candiots, que l'vne & l'autre *Carline* oduit ceste gomme. Toutefois il n'est pas vray que *l'Ixia* de Dioscoride soit le *Chamæleon noir*: car n'y a que le blāc qui soit appellé *Ixia* par Dioscoride: & par Theophraste *Ixia*, & *Ixine*, l'authoridesquels doit estre de plus grād poids, que ces fausses appellatiōs de *l'Ixia*: & mesme que ce que Liu. 22. c. 18 ine en escrit, disant: *Ses racines iettent vne gōme qui est fort propre aux vlceres*. Ce qui sēble deuoir re entēdu de l'vn & de l'autre *Chamæleō*, pource qu'il en a traitté cōfusemēnt vn peu auparauāt. e qui a occasionné Ruel de lire autremēt en ce passage qu'il n'y a pas aux cōmuns exēplaires: car leguāt ce passage, il dit ainsi: Pline escrit aussi, que le *Chamæleon noir* porte vne gōme propre pour s vlceres: toutefois il est bien certain que Pline parle en cest endroit là du *Chamæleon blanc*. Fol. 367. ioint e Pena, homme bien experimenté au fait des Simples, dit, qu'il sçait fort bien, que la gomme qui est pellée *Ixia*, sort de la racine de la *Carline*, tant de celle qui est sans tige, cōme de celle qui produit e tige, laquelle gomme sent mal & est de mauuais goust: toutefois il n'a pas espreuué comme il Liu. 3. c. 9. t, si c'est poison ou non. Il dit aussi, que les *deux Carlines* ne sont pas plantes differentes: mais vne esme. Ioint aussi que Dioscoride ne dit pas, que le *Chamæleon noir* face de la gomme. Pline tradit en plusieurs endroits le mot Grec *Ixia*, l'appellant en Latin *Viscum*, c'est à dire *Gluz*: peut estre, Ruel, que c'est pource que *l'Ixia* est visqueuse comme le gluz: car comme le gluz s'attache à tout ce qu'il touche, ainsi aussi *l'Ixia*, si on en mange, colle tous les intestins & bouche toutes le issues des excrements, les liant ensemble. Ainsi peut estre que Pline n'ayant point de nom Lati qui fut propre à ce venin, a mieux aimé estendre & amplifier la signification de *Viscum*, que d'v ser du mot Grec, ou d'en inuenter vn nouueau: & par ce moyen Pline ne pourra point estre a cusé d'auoir failly. Toutefois Scribonius Largus, autheur plus ancien que Pline, auoit bien vs du mot Grec *Ixia* & l'auoit assez mis en vsage; tellement que Pline a eu tort d'vser de ce mot a bigu, qui se prend pour le *Gluz*, duquel on se sert à prendre les oiseaux, & pour le *Guy des arbre* veu que le *Gluz* & *l'Ixia* sont contraires en vertus; entant que le *Gluz* doit estre mis au nombre de medecines; & *l'Ixia* au nombre des poisons. Ce qui a esté dés long temps remarqué par Leoni cenus, personnages tres-doctes.

Du Chardon à cent testes, *CHAP. VIII.*

Les noms. CE *Chardon* est nommé en Grec ἐρύγγιον, & ἠρύγγη : en Latin *Eringium*. Les Ap thicaires l'appellent *Iringus*. Plusieurs l'appellent *Centum capita*, pource qu porte beaucoup de testes à la cime. Aussi les François nomment *l'Eryngi commun, Chardon à cent testes.* Les Philosophes Grecs dit Pena, disent qu est appellé *Eryngion*, comme qui diroit ἐρύγγειν, qui signifie *rotter*, pource qu' ne chevre ayant mordu ou engorgé sans y pẽser vn peu de ce *Chardon*, fa arrester toutes les autres qui la suiuent, comme si elles estoient à demy mo tes, iusques à tant qu'elle ait reuomy ce morceau. Dioscoride ne fait menti que d'vn *Eryngion*. Pline en met vn blanc, & vn autre noir, & dit en out

Liu.3.c.21. Liu.2 c.7. 8 & 9 *Les especes.* qu'il se treuue de *l'Eryngion cultiué*, & d'autre qui vient de soy mesme parmy les rochers, & és lieu aspres; & d'autre qui vient le long de la marine, qui est plus noir que l'autre, & a les fueilles fai comme le Persil. Les Romains appellent le *blanc, Centum capita*. Aucuns, dit-il, prennẽt *Acanus* po vne espece d'Eryngion, disans que c'est vne petite herbe piquãte & large, qui produit des espines la ges. Les modernes Herboristes ont aussi remarqué quelques especes *d'Eryngion*, lesquelles approch

Liu.3.c.21. *La forme.* de la description de *l'Eryngion* de Dioscoride. Qui est telle. *L'Eryngion* est du nombre des plantes p quantes; les fueilles duquel on met en composte pour les manger, comme on fait des autres herbe Or elles sont larges, & piquantes tout à l'entour, d'vn goust odorant: mais auec le temps leurs tig se garnissent d'espines en plusieurs endroits, & ont à la cime des testes rondes, armées des espines, d res & bien piquantes, disposées à mode d'estoile, vertes ou blanches, & quelquefois bleuës. Sa rac ne est longue, large, noire par dehors: blanche par dedans, de le grosseur du pouce, & est odorante

Le lieu. aromatique. Il croist és lieux aspres & champestres. Or co bien que ceste description de Dioscoride soit assez clai si est ce que les Herboristes sont encor en dispute, qu *Eryngion* c'est que Dioscoride a voulu descrire icy. Car

Fusch.c.111. de l'hist. Pierre Pena Aux Aduers. vns tiennent qu'il faut entendre cecy du *champestre*; les a tres disent que ces marques s'accordent mieux à *l'Ery*

Eryngion marin. *gion marin*, lequel Dalechamp descrit comme s'ensuit: croist, dit-il, le plus souuent és riuages sablonneux, q sont arrousez par les ondes de la mer. Il a la racine dou compartie par neuds par certains interualles, de la lo gueur de dix ou douze pieds, & quelquefois dauantag tellement qu'il est bien mal-aisé de l'arracher toute enti re. Ses fueilles sont grandes, larges à demy rondes, bla cheastres, grosses, descoupées par les bords, & espineuse qui sentent bon quand on les masche. Sa tige est de la lo gueur d'vn pied, ronde & rouge par le bas, à la cime de l quelle il y a des petites testes rondes en forme de pilule de la grosseur d'vne noix, armées d'aiguillons piquans, enuironnées de petites fleurs, qui sont bleuës en nos quar tiers, auec cinq ou six petites fueilles espineuses tout roud par dessous ces testes disposées à mode d'estoile, q sont aussi bleuës. Toutefois aucuns disent que tant la tig que les fleurs & les fueilles changent de couleur en diuer ses regions, à quoy il ne contredit pas; toutefois il descr *l'Eryngion* tel qu'il l'a veu le long de nostre marine, po ceux qui sont bien esloignez de la mer. C'est de cest *Ery*

Liu.22,c.7. *gion* que Pline dit, qu'il croist au riuage de la mer, & a le fueilles comme le Persil. Ce qui est faux, & peut estre qu Plin-

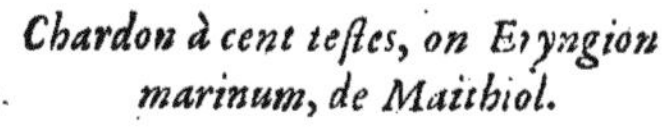

Chardon à cent testes, ou Eryngion marinum, de Matthiol.

ne a leu en quelque autheur σελίνε, au lieu de σκολύμε. Au passage de Theophraste là où il met la erence qui est entre les plantes espineuses, selon le nombre & disposition de leurs tiges & branches, il y a mal ῥύθρος, ou ῥύθρον suyuent Gaza, au lieu qu'il y deuroit auoir ἠρύγγιον, comme il est aisé à r en Pline, là où il traduit ce passage : combien que Pline n'ait pas bien exprimé le sens de Theoaste: & mesme la traduction de Pline ne monstre pas que ce passage fut correct & entier en Theoaste. Or apres auoir nombré plusieurs herbes espineuses, il adiouste : *Or elles different entre elles, ant ce qui a esté dit ; d'autant que celles-cy font beaucoup de tiges, & ont des reiettons, comme le cos: quelques vnes les ont en haut à la cime, comme le Rhythros.* Ce que Pline a ainsi traduit : *Il y ussi de la difference en ce que les vnes font beaucoup de tiges & de branches, comme les Chardons: is le Cnicos ne fait qu'vne tige sans branches. Les autres sont seulemẽt armées d'espines à la cime cõme ingion.* Dont il appert qu'il faut qu'il y ait au Grec καὶ ἀποφυσὰς ἔχειν, ὥσπερ ὁ κνῆκος, τὰ δὲ μονόκαυλα, ἀποφυσὰς οὐκ ἔχοντα, ὥσπερ ὁ κνῆκος, & au lieu de ῥύθρος, ἠρύγγιον. Toutefois Pline a failly disant, *qu'il a qui sont seulement garnies d'espines à la cime* : car il deuoit dire, *qui iettent seulement leurs nches par la cime, comme l'Eryngion.* Quant à *l'Eryngion de montagne*, il croist sur les monta- Liure 6. de l'hist. ch. 3. Liu. 21. c. 16. Eryngion de montagne.

bardon à cent testes, ou Eryngion marin de Matthiol.

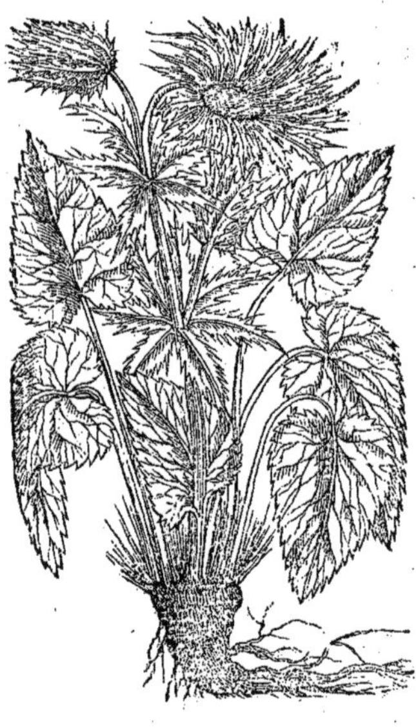

Autre Eryngion de montagne, de Dalechamp.

s aspres, & fait beaucoup de fueilles qui sortent de la racine, pleines de veines, larges, dentelées ntour, & vn peu piquantes ; semblables a celles des Orties, blancheastres, attachées à vne lonqueuë. Sa tige est d'vn pied & demy de haut, rayée, & garnie de fueilles longues & piquandisposées à mode d'estoile, à l'endroit par où sortent les branches, sur lesquelles viennent les es, lesquelles sont de la façon d'vn œuf, garnies de fueilles piquantes comme celles du Bede-, ce qui est particulierement propre à ce Chardon. Lors qu'elles commencent à meurir elles t bleuës. Sa racine resemble quasi à celle de l'Aunée, & est noire par dehors, blanche par de-, & odorante, du goust de *l'Eryngion.* Les modernes prennent vne autre plante pour *l'Eryngion montagne*, à sçauoir celle que Matthiol met pour la quatriesme espece de *Crithmon.* Elle croist en ieme parmy les bleds, au bord des champs & le long des chemins : & a les fueilles longues, tes, & roides, sortans trois à trois, par chascune queuë, dentelées tout à l'entour, dont celles sortent à la cime de la tige sont moindres & plus courtes. Sa tige est branchue auec plusieurs rons, & compartie par neuds, fourchue à la cime, sur laquelle il vient des ombelles fleuries & nches, dans lesquelles est la graine, longue, petite, acre, & odorante. Sa racine est assez sembla- à celle du sauuage, sinon qu'elle est moindre, douce au goust du commencement, puis apres e & odorante. Voilà ce qu'en dit Matthiol. Pena dit qu'elle a le goust & l'odeur de *l'Eryngion,* a racine semblable, qui ne resemble pas à celle du *Crithmon.* Lobel dit, qu'il croist en Flans. Aece a descrit vn autre *Eryngion de montagne*, qui a les fueilles estroites & petites ; les fleurs dorées, Liu. 6 ch. 16.

dorées, qui sont faites à mode d'vn œil, de la racine duquel il compose vne medecine, de laquelle quiconque vsera par l'espace d'vn an entier, ne sera plus subiet au haut mal. Les fueilles de cest *Eringion* par vne admirable vertu font mourir les Salamandres d'eau, non seulement si on les en touche; mais aussi en les leur mettant seulement aupres. Matthiol a mis le pourtrait d'vn autre *Eryngion*, qu'il appelle *Planum*, sans en adiouster aucune description. Il pourroit bien estre appellé *Eryngion leue*, c'est à dire *Eryngion lisse*. L'Escluse en met vn autre qu'il appelle *Pumilum*. Il peut aussi

Eryngion planum. Liure 2. des plantes d'Esp. ch. 81.

Eryngion planum, de Matthiol.

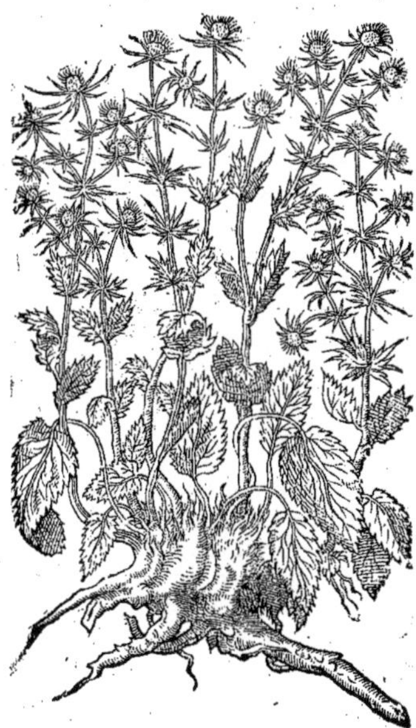

Eryngion pumilum, de l'Escluse.

Eryngion pumilum.

Eryngion pusillum planum de Musonus, de Lobel.

estre appellé *Tenuifolium*. Il croist quasi par tout sur les colines des enuirons de Salamanque, de la hauteur d'vne paume, ou d'vn pied, ayant la tige graile, auec beaucoup d'aislerons & de branches. Ses fueilles qui sont aupres de la racine sont assez grandes, larges & tendres, couchées par terre à l'entour de la racine tout en rond à mode d'vne rouë. Mais celles qui sortent par la tige au dessous de ses aislerons sont fort decoupées, menuës & piquantes. A la cime de ses branchettes il y a pour la plus part huict testes rondes, garnies tout à l'entour de petites fueilles piquantes, disposées à mode d'estoile, & descoupées tout de mesme. Ses fleurs & toute la teste, comme aussi les fueilles qui les enuironnent, sont bleuës. Ses fueilles se sechent incontinent, & tombent; tellement qu'il est bien mal aisé de treuuer la plante garnie de fueilles, principalement apres qu'elle est defleurie. Sa racine est pleine de bois & menue, & meurt tous les ans. Apres moissons on en treuue souuent au lieu dessusdit. Il faut adioindre à cestuy-cy vn autre *Eryngion pusillum planum de Mutonus*, selon Lobel, lequel est assez rare parmy les champs, ou dans les jardins de Flandres. Il a les fueilles beaucoup plus petites que celles du Chardon à foulon, & plus estroites; les tiges de la hauteur d'vne paume, ou d'vn pied, tortues & esparpillées, à la cime desquelles il y a tout du long des petites fleurs moindres que celles de l'*Eryngion champestre*. Sa racine est semblable à celle de la Corruda, ou des Asperges; toutefois elle est de beaucoup moindre, & dure long-temps. Lobel dit, qu'il n'en a point veu

veu ailleurs que dans le iardin de Mutonus. Au reste Dioscoride dit, *que la racine de l'Eryngion* est chaude. Prinse en breuuage elle prouoque les mois & l'vrine. Elle resout les tranchées du ventre les ventositez. Prinse en vin elle est bonne à ceux qui ont le foye opilé, & contre la morsure des bestes venimeuses, & à ceux qui ont esté empoisonnez. Elle est singuliere à plusieurs choses estant prinse auec graine de Pastenade au poids d'vne dragme. On dit qu'elle resout les foroncles estant pendue au col, ou appliquée en liniment. Prinse auec eau miellée elle sert aux spasmes qui font recourber l'eschine & le corps en derriere, & contre le haut mal. Entre toutes les herbes espineuses, dit Pline, *l'Eryngion* est fort singuliere : car il est souuerain contre les serpens & toute sorte de venin. Sa racine prinse en vin au poids d'vne dragme est bonne contre les morsures ou piqueures des bestes venimeuses. Ou si le patient est en fieure (comme il aduient le plus souuent) il la faudra prendre en eau. Appliquée sur les playes, elle y est fort propre, & principalement sur celle du serpent dit *Chersydrus*, & des Crapaux. Heraclides Medecin dit, que *cette racine* estant cuite au bouillon d'vne oye est meilleur contre les poisons de l'Aconit, & de l'If. Appollodorus ordonne contre l'If, de la faire bouillir auec des grenouilles. Les autres la font bouillir en eau pure. Galien dit ; que *l'Eryngion* est mediocrement chaud, & n'excede point la mediocrité quant à la chaleur; au reste il est assez sec, & cette secheresse consiste en vne essence subtile. Aëce dit, que la *decoction de la racine de l'Eryngion* prinse en breuuage sert à la colique. Auec du vin miellé elle rompt la pierre, & sert à ceux qui ne peuuent vriner que goutte à goutte, & mesme aux accidents des reins ; à la charge d'en boire tous les iours au matin à ieun, & le soir en s'allant coucher, & continuer ainsi par l'espace de quinze iours. Que si on fait cuire du Cresson auec la decoction cela fera plus d'operation. Vn quidam asseuroit, qu'ayant continué l'vsage de *l'Eryngion* fort long temps, il ne pissa iamais plus de la grauelle, au lieu qu'auparauant il y estoit subiet à tous coups.

Le temperament & les vertus. *Liu. 22. c. 7.* *Liure 6. des simpl.* *Liure 1.*

De l'Espine blanche, ou Bedeguar. *CHAP. IX.*

CESTE plante est appellée en Grec ἄκανθα λευκή : en Latin *Spina alba* : en Arabe *Bedeguar*. Elle a les fueilles, comme dit Dioscoride, semblables au Chamæleon blanc ; toutefois elles sont plus estroites, & plus blanches, vn peu aspres & piquantes. Sa tige a plus de deux coudées de haut, & est grosse comme le pouce & encor plus; blancheastre, creuse par dedans, auec des testes à la cime espineuses, à mode d'vn herisson de mer ; toutefois elles sont moindres & longuettes. Ses fleurs sont purpurines. Sa graine est semblable à celle du Saffran bastard ; toutefois elle est plus ronde. Elle croist és montagnes & parmy les bois. Or selon la diuersité des autheurs il y a aussi diuerses plantes qui sont prises pour *l'Espine blanche*. Fuchse dit que le Chardon appellé *de Nostre dame*, est vne espece *d'Espine blanche* ; & l'appelle *Espine blanche de iardin* : & que l'autre espece est la sauuage, que nous auons dit cy deuant estre l'*Acanthion*, suiuant l'opinion de Dodon & d'autres. Les autres prennent pour *l'Espine blanche*, le *Chardon benit* ; & d'autres la *Carline* : d'autres *l'Artichaut piquant*: d'autres le *Scolymus*: d'autres prennent diuerses *especes de Chardons sauuages piquants*. Dalechamp estime que la plante qui est icy peinte est *l'Espine blanche*, d'autant que toutes les marques que Dioscoride donne à son espine blanche sont en cette icy. Elle croist és montagnes pierreuses, aspres, & quasi tousiours couuertes de neges, en Dauphiné, aux pentes des montagnes qui sont tournées contre le soleil leuant ou contre le midy. Elle a plus d'vne coudé de haut, & la racine de la longueur d'vn pied, blanche par dedans, & iaune blaffarde par dehors, vn peu fourchue, d'vn goust astringeant. Sa tige est faite à angles, grosse comme le pouce. Ses fueilles retirent à celles du Chamæleon blanc ; toutefois elles sont plus blanches & plus estroites, auec de plus grandes dechiqueteures, espineuses & vn peu velues. Ses testes sont piquantes à mode d'vn herisson, longuettes, & faites en ouale, garnies d'vne infinité d'espines roides, du tout semblables aux testes du Chardon à foulon cultiué, enuironnées à l'entour & armées d'espines droites & bien piquantes. Ce qui est particulier en cette plante, & en *l'Eryngion bleu*, entre toutes les plantes espineuses qui sont venuës à sa notice ; & est vne chose belle à voir. Ses fleurs sont purpurines, sortans de la teste comme de dessous la racine des

Les noms. *Liu. 3. ch. 12.* *Chap. 14. de l'hist.* *Le lieu.* *La forme.*

Espine blanche, de Dalechamp.

des aiguillons. Sa graine retire à celle du Saffran bastard : toutefois elle est moindre. Cette description prinse sur la plante viue se rapporte si bien en toutes ses marques à *l'Espine blanche*, que l'on n'y sçauroit que demander dauantage ; tellement que la cognoissance de cette plante seruira pour decider la question qui estoit iusques à present entre les Herboristes touchant *l'Espine blanche*: & les Apothicaires deuront par cy apres apprendre à la cognoistre pour s'en seruir en la composition *du Syrop de Eupatorio.* Matthiol dit, que la *vraye Espine blanche* luy a esté enuoyée de Padoüe par Cortusus, qui est celle de laquelle nous auons ioint icy le pourtrait. Cette plante, dit-il, a

Espine blanche, de Matthiol.

Autre espine blanche, de Matthiol.

toutes les marques de *l'Espine blanche* de Dioscoride, lesquelles nous auons dit cy dessus. Il dit aussi qu'il y a vne autre plante épineuse, laquelle est icy peinte, qu'aucuns prennent pour *l'Espine blanche* : toutefois il y manque beaucoup des marques que Dioscoride y demande. Ce neantmoins Pena en a mis le pourtrait sous le nom de *l'Espine blanche*, laquelle il dit luy auoir esté monstrée dans le Iardin des Simples qui est à Padoüe per Melchior Guilandin surintendant dudit Iardin. C'est vn Chardon qui est tout blanc ; toutefois il l'est plus par le bas que par le haut. Il a les fueilles comme le Chamæleon : toutefois elles sont moindres és regions chaudes. Car il dit que celuy qu'il sema en Angleterre auoit les fueilles vn peu plus larges. Il auoit la tige de deux, voire de trois coudées de haut, grosse comme le doigt, & toute chenuë, auec des testes rondes, semblables aux herissons de mer, qui sont blanches-purpurines, quand elles sont en fleur. Entre les fleurs lors qu'elles viennent à flestrir, il s'esleue des papillottes pailleuses en nombre de trois ou quatre, auec des couuertes roides & piquantes, dans lesquelles est la graine longuette, de la grosseur & figure d'vn grain d'Auoine pelé & mondé. Ceste plante, dit-il, suyuant l'opinion des plus expers Simplicistes modernes, approche plus de *l'Espine blanche* de Dioscoride que pas vne autre si ce n'est que sa graine retire à vn grain de Segle ou d'Auoine, comme il dit ; au lieu qu'elle doit estre plus ronde que celle du Saffran bastard. Nous en auons mis le pourtrait au chapitre de

Liu. 1. ch. 12. Les vertus. *l'Espine Arabique*. Au demeurant Dioscoride dit, que la *racine de l'Espine blanche* prinse en breuuage est bonne à ceux qui crachent le sang, aux douleurs de l'estomac, & aux defluxions d'iceluy. Elle prouoque l'vrine. Appliquée en cataplasme elle est propre pour resoudre les enfleures. Sa decoction appaise la douleur des dens, si on s'en laue la bouche. Sa graine est bonne pour faire boire

Liu. 24. c. 12. contre les spasmes des petits enfans, & à ceux qui ont esté mordus par les serpens. On dit mesme que les serpens n'ont garde d'approcher celuy qui en portera de pendue à son col. Pline fait mention de *l'Espine blanche* parmy les autres especes d'espines, disant ; que la graine de *l'Espine blanche*

Liu. 15. c. 28. est bonne contre les serpens. Vne couronne de cette herbe mise sur la teste en appaise la douleur.

Liure 6. simp. Il n'en parle point en autre endroit, sinon en vn lieu, où il dit, que les tiges de Papyrus, des Ferules, & de *l'espine blanche* sont tenuës pour fruict. Galien dit, que la racine de *l'Espine blanche* est desiccatiue,

ccatiue, & mediocrement astringeante, à raison dequoy elle est bonne aux defluxions de l'estomach, & aux dysenteries. Elle guerit le crachement de sang. Appliqué en liniment elle fait passer les enfleures. Mesme sa *decoction* appaise la douleur des dents, si on les enlaue. Sa graine est chaude & d'vne essence subtile, à raison dequoy estant prinse en breuuage elle est fort singuliere aux spasmes & conuulsions.

De la Leucacantha, *CHAP. X.*

LA λευκάκανθα des Grecs, & *Alba spina* des Latins n'est pas seulement differente de l'ἄκανθα λευκή, ou *Spina alba*, quant à la transposition des mots; mais aussi de fait, & de beaucoup, comme il appert clairement par les anciens Autheurs, qui en ont traitté à part & diuersement. En premier lieu Dioscoride, apres auoir escrit ce que nous auons dit cy-deuant de *l'Espine blanche*, vn peu apres traitte plus breuement de la *Leucacantha*, qu'il n'eust esté de besoin pour faire que nous la peussions connoistre. La racine, dit-il, de la *Leucacantha* resemble à celle du Souchet, & est amere & forte; ou, comme d'autres lisent, πικρὰ ἰσχυρῶς, c'est à dire *fort amere*. Pline aussi n'en traitte pas plus au long: *La Leucacantha*, dit-il, *qu'aucuns appellent Phyllon; d'autres Ischiada; & d'autres Polygonaton, a la racine comme le Souchet, &c.* De cette si breuue description il est bien mal-aisé de iuger auiourd'huy quelle plante doit estre prinse pour la *Leucacantha*. Matthiol soupçonne que c'est ce *Chardon piquant*, qui a les fueilles marquettées de blanc; à raison dequoy les Italiens l'appellent *Carduus lacteus*, & d'autres *Carduus Mariæ*. Car, dit-il, outre ce qu'on pourroit dire qu'il a esté nommé *Leucacãtha*, à cause de ses taches blanches, il y a encor cela, qu'il a les racines dures & ameres, combien qu'elles ne retirent pas à celles du Souchet. Dodon a mis pour la *Leucacantha* cette *espece de Carline*, qui fait la tige, que nous auõs dit estre *le Chamæleon blanc*. D'autres prennent pour la

Les noms. *Liu. 3. c. 19.* *Liu. 22. c 16.* *Sur le c. 19. du 3. liu.* *Liu. 4. ch. 68. Chap. 7.*

Chardon à laict, de Matthiol.

Leucacantha, selon aucuns.

Leucacantha la plante qui est icy peinte, laquelle est fort fequente à l'entour de Valence en Dauphiné; & mesme és enuirons de Sisteron, & par toute la Prouence, où elle est ennuyeuse non seulement aux laboureurs & moissonneurs; mais aussi aux voyageurs & passants, pource qu'elle a des espines fortes qui piquent & blessent leurs iambes. Ceux de Sisteron l'appellent *Auriole*, à cause qu'elle a la fleur de couleur de iaune doré. Elle croist par tout parmy les champs & par les bleds; & a la racine noirastre, pleine de bois, fort amere, ronde, qui est compartie par certaines lignes comme neuds, semblable à celle du Souchet: (car, comme dit Dioscoride, les racines du Souchet sont quelquefois rondes, auec lesquelles on peut comparer celles de la *Leucacantha*; quelquefois elles sont

Le lieu. *Liure 1. c. 4.*

longues attachées ensemble.) Ses tiges sont de la hauteur d'vn pied & demy. Ses fueilles sont quasi semblables à celles du Blauet, longues, poulpues, vertes, cendrées, dont celles qui sont pres de la racine sont fort descoupées; mais celles du haut de la tige ne le sont point, & si sont lisses & sans espines. Sa fleur est iaune dorée, auec des espines fort blanches, (à raison dequoy les anciens l'ont appellée *Alba spina*) disposées à mode d'estoile, & comme celles du Myacanthus: roides & piquantes, qu'elles blessent les iambes des passants, nonobstant qu'ils soient chaussez. Il n'y a que cette plante, & le Myacanthus entre toutes les especes de Chardon, qui n'ayent les fueilles piquantes. Ceux de Montpelier l'appellent *Spina solstitialis*, pource qu'elle fleurit enuiron le solstice d'esté & encor plus tard. Aucuns estiment que c'est l'ἄκανθα βασιλικὴ c'est à dire *l'Espine royale* de Theophraste, laquelle ne bourgeonne pas deuant l'Esté: ce qui s'accorde auec le naturel de cette plante; ioint aussi que Theophraste fait bien mention en vn autre endroit de *l'Espine blanche*, toutefois il ne parle point de la *Leucacantha*; & toutefois c'estoit vne plante bien conneuë par les anciens, & differente de *l'Espine blanche*. En outre on lit és vieux exemplaires de Dioscoride, que la *Leucacantha* estoit aussi appellée *Espine Royale*. Or Dioscoride dit, que la *racine de la Leucacantha* estant maschée guerit la douleur des dents. Trois cyathes de sa decoction prinses en vin sont fort bonnes aux longues pleuresies, à la sciatique, aux rompures, & aux conuulsions. A quoy aussi est bon le *suc de la racine* prins en breuuage. *La racine de la Leucacantha*, dit Pline, estant maschée guerit la douleur des dents; & mesme celle des costez & des lombes, comme dit Hicesius, en prennant huict dragmes de sa graine ou de son suc. Elle est aussi propre aux rompures & aux conuulsions. Galien dit, que *la racine de la Leucacantha*, qu'aucuns appellent *Polygonaton*, ou *Ischiada*, est amere; à raison dequoy elle est incisiue & desiccatiue au troisiesme degré, & chaude au premier. On se sert auiourd'huy fort heureusement des racines de la *Leucacantha* qui est icy peinte, pour desopiler le foye & la ratte. *Son suc* aussi est singulier pour les hydropiques; d'autant qu'il euacuë merueilleusement bien les aquositez par les vrines, & quelquefois par le derriere. Il y a vne autre plante que ceux de Montpelier appellent communement *Leucacantha*, de laquelle nous auons aussi mis le pourtrait icy; toutefois les Simplicistes tiennẽt que ce n'est ny *l'Espine blanche*, ny la *vraye Leucacantha*. Elle croist sur les rochers & lieux aspres; & a la racine grosse, pleine de suc, mediocremẽt cheueluë, & beaucoup de tiges de la hauteur d'vn pied & demy, branchues: les fueilles descoupées, chenuës, cottonnées, & piquantes; & des testes herissées; la fleur purpurée, de couleur fort viue, laquelle s'enuole en papillottes. Sa graine est longue. Pena est d'aduis qu'il n'y a point de plante qui approche mieux de la *Leucacantha* de Dioscoride, que celle que ceux de Montpelier appellent *Carduum bulbosum*, laquelle croist és lieux humides, & parmy les prés à l'entour de Montpelier, où elle est assez frequente parmy les Narcisses & les Sarrazines. Elle a les fueilles de la longueur d'vne paume, grasses, ou soit grosses, descoupées à l'entour & dentelées à mode de l'Acanthion, garnies à l'entour de menuës espines. Sa tige est de la hauteur de deux coudées, gresle, ayant à la cime des testes pleines de fleurs purpurées & bourrues. Sa graine est semblable à celle du Saffran bastard, toutefois elle est moindre. Elle a beaucoup de racines touffues sortans comme d'vn neud, & faisans beaucoup de petits pelotons à mode de celles des Affrodilles, ou du Souchet; qui sont fort visqueuses, quand on les masche, vn peu chaudes, & de parties subtiles, iaçoit qu'elles n'ayent comme point d'amertume. Aucuns aiment mieux prendre pour la *Leucacantha* le *Chardon Triglochin*, duquel il a esté parlé cy-dessus *au chapitre troisiesme de ce liure*.

Liu 1. des caus. cha. 10. — Liu. 3. c. 19. — *Les vertus.* — Liu. 22. c. 16. — Liu 7. des simp. — Aux Aduers.

Leucacantha de Montpelier, selon Da'echamp.

Du Silybon. CHAP. XI.

Les noms. — Liu. 4 c. 153. Liu. 22 c. 22

DIOSCORIDE descrit si breuement la plante que les Grecs appellent σίλυβον; & les Latins *Silybum*, qu'il est mal-aisé de dire asseurément *quel Chardon* des nostres doit estre appellé de ce nom: car il dit seulement, que c'est vne Espine large, ayant les fueilles semblables au Chamæleon blanc. Pline dit aussi, que le *Silybon* est vne plante semblable au Chamæleon, & ainsi espineuse. Il en croist à force en Cilicie, Syrie ou Phenice; & neantmoins on n'y en mange point, tant il couste d'apprester. Il ne sert point en medecine

decine. Ainsi donc ceste description est si breue, qu'elle en est obscure, & faudra deuiner plustque d'en determiner quelque chose de certain. Aucuns estiment que c'est la plante piquãte que nicerus a peinte & descritte sous le nom de *Leucacantha*, qui est appellée en Allemand *Vueisz di-*, ou pour la distinguer d'auec l'Espine blanche *Vueiz garten distel, Iungkfrauuen distel*; c'est à dire ardon de filles, pource que les filles en font leurs bouquets: & *Zamgalten distel*, c'est à dire *Char-cultiué de iardin*. A Spire, & en quelques autres villes d'Allemagne les filles la cultiuent soigneuent dans les iardins parmy les autres plantes bouquetieres; car elles entremeslent les fleurs de cette plante parmy du Rosmarin & en font leur chapeaux.

e Silybon, ou Leucacantha de Lonicer.

Elle a la racine longue, blanche, amere, auec quelques cheuelures, la tige grande, branchue, & aspre, semblable aux Chardons piquants qui croissent parmy les bleds; laquelle vient vn an apres que la plante est semée. Ses fueilles sont grandes, larges, semblables à celles du Chamæleon blanc, fort descoupées, espineuses. Elle porte beaucoup de testes piquantes; la fleur blanche, de bõne odeur. Sa graine retire à celle du Chardon benit, sinon qu'elle est moindre, enuelopée dans vne bourre blanche. Apres que la fleur est fenée toute la plante meurt. On mange ses fueilles en salade, lors qu'elles sont tendres: & de fait, elles ne sõt pas mal saines, ny de mauuais goust. *La forme.*

Pena estime, que pour le *Silybon*, qui est *vne Espine large*, on pourroit prendre le *Chardon laicté*, ou *de Nostre-Dame*, ou *Argentin*, dont il sera parlé cy apres. Car il a les fueilles fort grandes, larges, espineuses, & verdes, auec des taches & rayes blanches comme laict. Sa tige est de la hauteur de deux coudées; grosse espineuse, & porte des testes herissées & piquantes, garnies de fleurs purpurées. Sa graine est platte comme celle du Saffran bastard, & est fort propre pour rompre la grauelle comme sçauent bien les femmes mesmes. Il dit, qu'il a mangé autrefois en Italie le bas de la tige en salade, apres l'auoir escorcée, & aussi les racines. Les femmes en mangent ordinairement pour auoir du laict. Dioscoride dit, que la racine du *Silybon* cuite est bonne à manger auec huile & sel. *Le suc de sa racine* prins en breuuage au poids d'vne dragme est propre pour faire vomir. Mais nous traitterons plus à plein cy apres *de ce Chardon*. *Aux Aduers.* *Liu. 4. c. 153.* *Les vertus.*

De l'Espine Arabique, *CHAP. XII.*

L'Espine *Arabique* est appellée en Grec ἄκανθα ἀραβικὴ, & αἰγυπτία; en Latin *Spina Arabica*, & *Ægyptia*: en Arabe *Suchaha*. Dioscoride la met apres l'Espine blanche, toutefois il ne la descrit pas; mais dit simplement, qu'il semble qu'elle soit du mesme naturel que *l'Espine blanche*: & que sa racine est astringeante, & propre au flux des femmes, au crachement du sang, & autres defluxions. *Les noms.* *Liu. 3. ch. 13.*

Nous auons, dit Pline, discouru des proprietez de *l'Espine Arabique, ou d'Egypte*, *au traité des parfums*. Elle est astringeante & propre pour arrester toutes defluns, crachement de sang, & la trop grande abondance de fleurs aux femmes, à quoy sa racine encor plus propre. Voylà comme il y a au vieil exemplaire: mais aux communs exemplaires mot *d'Egypte* n'y est pas. Or il s'accorde auec ce qne Dioscoride en a escrit, si ce n'est qu'il prend trop grande abondance des fleurs, à son accoustumée, pour ce que Dioscoride appelle ῥοῦν γυναικεῖον, c'est à dire, *Le flux des femmes*. Or le passage auquel il dit, qu'il a discouru de *l'Espine Arabique*, est tel: en la mesme region ils font grand estat d'vne Espine, principalement de celle qui est noire; d'autant qu'elle ne se pourrit point en l'eau; aussi est elle singuliere pour faire les ...es des nauires. Au contraire la blanche se pourrit aisément. L'vne & l'autre ont les fueilles espinées, & portent leur graine en certaines gousses, laquelle est bonne pour affaiter les cuirs au lieu de galle. Leur fleur est fort belle; aussi s'en sert on à faire des chapeaux, & aussi en medecine. Il sort vne gomme, &c. En quoy Pline n'a pas pris garde, qu'il y a vne *autre Espine d'Egypte*, de laquelle on fait *l'Acacia*, laquelle est aussi appellée *Acacia*, de laquelle il traitte aussi en ce passage, au chapitre suiuant, disant; que la bonne gomme de *l'Espine d'Egypte* doit estre à mode de petits vermisseaux, &c. Et en vn autre passage cy dessus allegué, où il l'appelle *Espine d'Acacia*; & que cette *Acacia* est differente de nostre *Espine Arabique, ou d'Egipte*, de laquelle il traitte au premier passage que nous auons allegué, & en dit les mesmes choses que Dioscoride. Et toutefois cette *Liu. 24. c. 12.* *Liu. 13. ch. 9.* *Chap. 11. liu. 13.* *Liu. 24. c. 12.*

Espine

Espine est vne herbe ; & l'autre est vn arbre. Galien aussi dit, que *l'Espine d'Egypte*, qu'on appel
Liure 6. des simpl. *Arabique*, est semblable à nostre *Espine blanche* ; toutesfois qu'elle est plus astringeante & desiccatiue ; à raison dequoy sa racine est bonne au flux des femmes, & autres maladies, ausquelles on se sert

L'Espine Arabique.

de nostre *Espine blanche* ; toutesfois que tant sa racine que son fruict sont de plus grande efficace à tout ce que dessus, & que le fruict est bon pour la luette, & pour les enfleures du fondement ; & mesme qu'il guerit les vlceres, & est mediocrement astringeant. Or veu que tous ces Autheurs n'ont pas mis vne seule marque de *l'Espine Arabique*, & qu'aucuns rapportent ce que Dioscoride dit, qu'elle est du naturel de *l'Espine blanche*, aux proprietez d'icelle, les autres à la figure : il est bien malaisé de iuger quelle plante entre toutes les piquantes, tant estrangeres que des nostres, doit estre prise pour *l'Espine Arabique*. Toutesfois aucuns veulent que ce soit ce *Chardon si fort piquant*, que Matthiol a prins pour *l'Espine blanche*, duquel nous auons mis icy le pourtrait : car il y a peu de difference quant à son naturel & facultez ; combien qu'il y en ait quelque peu quant à la figure. Ils croissent en mesmes lieux, à la croupe des plus hautes montagnes ; & sur les

Le lieu.

costaux qui sont à l'abry, & pierreux. Sa tige est de mesme grosseur & anguleuse ; mais ses fueilles sont plus larges, plus longues & plus grandes. Ses testes sont plus rondes, & ne sont pas ainsi armées d'espines piquantes. Sa fleur est semblablement purpurée. Ainsi donc veu que ces plantes sont semblables quant à leurs proprietez, & en partie aussi quant à la figure, il ne faut point s'esbaïr, si Dioscoride les a conioinctes ensemble : & si comme estans semblables, Mesue les a mis toutes deux en la composition de son Syrop de Eupatorio.

De l'Atractylis, CHAP. XIII.

Les noms.

TPAKTYAIΣ en Grec, s'appelle aussi en Latin *Atractylis*, pour ce qu'anciennement les femmes en faisoient leurs fuseaux : car ἄτρακτος signifie vn fuseau. Aussi Gaza l'appelle en Latin *Fusum agrestem*. Elle s'appelle aussi κνῖκος ἀγρία, c'est à dire *Saffran bastard sauuage*, pource qu'elle luy retire : car Dioscoride dit, que *l'Atractylis* est vne espine semblable au Saffran

Liu. 3. ch. 91.

bastard ; toutesfois qu'elle a les fueilles beaucoup plus longues, à la cime de ses branches, & la tige quasi toute nue & aspre, de laquelle les femmes font leurs fuseaux. Elle porte à la cime des testes piquantes, & vne fleur pasle. Sa racine est menuë, & ne sert à rien. Dalechamp dit, que *l'Atractylis* est vne plante fort frequente à l'entour de Paris & de Lyon aux lieux montueux, secs, & maigres, laquelle

La forme.

a la racine courte, fort cheueluë, & quelquesfois vne seule tige de la hauteur d'vn pied, ou dauantage ; droitte & gresle, & quelquesfois plusieurs, rondes, & cottonnées auec les fueilles longues, piquantes & fort decoupées & des testes aussi piquantes à la cime des tiges ; les fleurs iaunes ; la graine semblable à celle du Saffran bastard, si ce n'est qu'elle est moindre. Toute la plante a mauuaise

Liure 6. de l'hist. ch. 4.

odeur. Or Theophraste en parle ainsi : *La plante appellée Atractylis est plus blanche que le Saffran bastard, & que l'Acorna. Sa fueille a cela de particulier, qu'estant coupée, & mise sur de la chair elle rend vn suc comme sang, à raison dequoy aucuns appellent cette espine* φόνος,) c'est à dire, *sang.*) *Elle a en outre mauuaise odeur, qui sent comme le sang d'vne playe. Elle fait son fruict bien tard, à sçauoir en Automne.* C'est ainsi que Gaza a traduit ces mots, ἔχει δὲ τὴν ὀσμὴν ; toutesfois il semble qu'il n'a

Liu. 3. c. 55.

pas bien exprimé le sens de Theophraste, non plus que Ruel, qui l'a traduit, *sentant mal & presagit la peste* : car veu qu'elle se renouuelle tous les ans, il faudroit par consequent qu'elle menaceast de peste tous les ans. D'autres exposent ces mots, *sentant comme vne charogne morte & pourrie*, ce qui approche mieux du sens de l'autheur, combien que cela soit faux : car *l'Atractylis* a bien vne odeur resineuse, & mal-plaisante ; toutesfois elle ne sent pas si puant que cela. Il y a donc de l'erreur en ce passage, & partant il le faudra ainsi corriger ἔχει δὲ τὴν ὀσμὴν ἀηδῆ, ἢ [illegible] c'est à dire, *Elle a vne odeur mauuaise & mal plaisante* : d'autres lisent ἔχει δὲ τὴν ὀσμὴν [illegible] καὶ χυλὸν φονώδη ; c'est à dire, *Elle sent mal, & a vn suc comme sang*. Cette marque particuliere de *l'Atractylis*, à raison de laquelle Aëce l'appelle ἀνδροφόνον, monstre que la plante qui est icy peinte est *la vraye Atractylis* : car en arrachant les escailles de ses testes il en sort comme du sang, & si apres auoir

Atractylis. *Atractylis à la fleur purpurine.*

[t]rouuert & rompu vne de ses testes, on la frotte contre les mains, ou contre vn linge blanc, [il les] teint en couleur de sang. Ce qu'vn chascun pourra essayer pour s'en esclaircir. Il y a vne [Atrac]*tylis purpurée* fort frequente aux enuirons de Montpelier, laquelle a la tige, les fueilles, la ra[cine], les testes, l'odeur & le suc de mesme que la iaune. Il y a seulement cela à dire, qu'elle n'est [c]ottonnée comme la iaune, & fait sa fleur purpurée, ou plustost de couleur d'escarlate. Celle qu'Anguillara appelle *Atractylis Cypria*, semble approcher de ceste-icy: car il dit, qu'elle a les fueilles comme le Saffran bastard, sinon qu'elles sont moindres, & vn peu crespées. D'entre lesquelles sort la tige, au dessus de laquelle il y a vne teste, de laquelle il sort des petites branches graisles, de la longueur d'vne paume, sans aucunes fueilles, au bout desquelles il y a des petites testes piquantes, qui font vne fleur purpurée semblable à celle de l'Anemone. Toute la plante est de la hauteur d'vne coudée. Sa graine est blanche, semblable à celle du Saffran bastard. Ce Chardon croist aussi aux enuirons de Boulongne aupres de la montagne appellée *Mangiarigo*, & en l'Abrusse aupres de la ville de Chieti; & en Languedoc entre Masanc & l'Isle: mais il a la fleur tirant sur le iaune. Il y a encor vne *autre Atractylis* surnommée *marine* pource qu'elle croist és lieux maritimes. Pena l'appelle *Pycnocomos*, ayant la racine comme *l'Atractylis* commune. Elle a les fueilles vn peu plus larges & plus longues, sortans de la tige & des branches en partie estendues, & en partie attachées naturellement à la tige & aux branches à mode de plumes, en sorte qu'elles tiennent ensemble, & sont estendues tant sur la tige que sur les branches, comme si on les y auoit mises expres de cette façon là. Sa fleur est iaune, semblable à celle du Saffran bastard; & sort par les testes qui sont longues. Sa graine aussi retire à celle du Saffran bastard. Aucuns dit Matthiol, prennent pour *Attractylis* la plante qui est icy peinte, l'opinion desquels ie suyurois, n'estoit que ses fueilles ne rendent pas vn suc comme sang; & si ses tiges estoient

[Atrac]tylis marine, Picnocomos de Pena.

plus

Atractylis d'aucuns, selon Matthiol.

plus droites. Mais 'en laisse le iugement libre à vn chascun. Or Dioscoride dit, que les fueilles, la cime, & la graine de l'*Atractylis* prinses en vin auec du Poyure seruent contre la piqueure des scorpions. Il y en a qui asseurent, que tandis qu'vne persone qui aura esté piqué par vn scorpion tiendrâ de cette herbe, il ne sentira point de douleur ; mais l'ayant posée elle commence à se faire sentir. Pline en escrit ce qui s'ensuit : *Il n'est ia besoin de s'amuser beaucoup à discourir du Cnicus, ou Atractylis, qui est vne herbe d'Egypte: si ne faut il pas oublier de dire qu'elle est fort singuliere contre les bestes venimeuses, & contre le venin des Champignons. Il est bien certain aussi que ceux qui ont esté piquez par vn scorpion, ne sentiront point la douleur, cependant qu'ils manieront cette herbe.* Galien dit, que l'*Atractylis*, qui est vne plante espineuse, a vne faculté desiccatiue & mediocrement resolutiue.

Li.u.3.ch.91. *Le temperament & les vertus.*

Liu.21.c.32.

Liure 6. des simpl.

Carduncellus, ou petit Chardon de Pena,

Aux Aduers.

La forme.

CHAP. XIV.

PENA escrit, que parmy les montagnes d'aupres de Narbonne, & au pied de la montagne du Loup, le long d'vne petite riuiere ou torrent, il croist vne espece de Chardon, qui est le plus petit de tous, à raison dequoy il l'a appellé *Carduncellus*. Cette plante ainsi petite a la racine entrelassée, fichée fort auant dans la terre, de laquelle il sort beaucoup de petites fueilles auec des grandes descoupeures & denteleures. Sa tige n'a pas à grand peine vne paume de hauteur, & est lisse & gresle, couchée contre terre. Elle porte vne teste fort grand à proportion des fueilles, enuironnée d'espines fueillues & bien piquantes, de laquelle il sort vne fleur purpurée, semblable à celle de l'Atractylis, à laquelle ses fueilles, & toute la plante retire aussi ; toutefois elle approche bien plus de l'Atractylis d'Aëce surnommée *Purpurée*, à cause de sa fleur. Peut estre aussi que c'est la mesme. On ne scait point à quoy cette plante sert ; car aussi a elle esté incogneuë iusques à present. Voilà ce qu'en dit Pena.

Chardo

Chardon estoilé, de Dalechamp.

CHAP. XV.

OVTRE les especes de Chardon, qui ont esté declarées, ou qui restent encor à declarer, lesquelles sont rapportées aux noms des anciens, il y en a encor d'autres qui ont esté remarquées de nostre temps, desquelles il faut aussi bien discourir comme de celles-là. Entre lesquelles est en premier lieu le *Chardon estoilé*, differant du Myacanthus de Theophraste, que les Apothicaires appellent aussi *Chardon estoilé*; en Latin *Carduus stellatus*: car le nostre a les fueilles courtes & petites, qui ne sont pas beaucoup descoupées, ny garnies de grand nombre d'espines piquantes. Sa tige est de la hauteur d'vne coudée, auec peu de branches, & vne teste grosse, & massiue, blancheastre, garnie d'espines de tous costez, disposées à mode d'estoile, chacune desquelles est composée de sept aiguillons, dont celuy du milieu est le plus long, & autres sont plus courts, & y en a trois d'vn costé & trois de l'autre à l'entour de celuy du milieu. Ce qu'il fait bon bon voir. Sa fleur est rouge.

Le nom. *La forme.*

Chardon Chondrillodes, de Dalechamp.

CHAP. XVI.

CE *Chardon* est surnommé *Chondrillodes*, pource qu'il a les fueilles fort semblables à la seconde espece de Chondrilla. Il croist és lieux aspres & parmy les rochers: & a la racine de la longueur d'vne paume, pleine de bois, dure, blanche, & tortue, auec des cheuelures fort menuës. Il jette plusieurs fueilles dés la racine, descoupées & rongées à l'entour comme celles de la Chondrille, courtes & piquantes; mais il y en a peu à la cime de la tige, laquelle a vn pied de haut, & ne fait pour la plus part que deux branches. Elle est ronde, & faite à angles. A la cime d'icelle il n'y a point de teste; mais au lieu d'icelle il y a comme des escorces disposées comme par rayons, tout ainsi qu'en la Bourrache. Sa fleur est dorée, & s'enuole en papillottes. Ainsi ce Chardon a cela de commun auec le Scolymus, duquel Theophraste escrit, qu'il a cela de particulier entre toutes les especes de Chardon, c'est qu'il ne porte point de teste piquante.

Le nom. *Le lieu.* *La forme.*

Chardon Aræophyllos, de Dalechamp, CHAP. XVII.

L y a encor vn autre *Chardon* ſurnoumé *Aræophyllos*, pource que ſa tige q' eſt auſſi faite à angles, eſt reueſtuë d peu de fueilles, leſquelles ſortent vn à vne par interualles; & ſont longuetes, eſtroites, ſemblables à celles d'Oliuier, auec peu d'eſpines tendres. L tige eſt ronde, de la hauteur d'vn pie & porte trois ou quatre teſtes à la cime, blancheaſtres, & ſans aiguillon ains ſeulement vn peu aſpres par le moyen de leurs eſcailles qu ſont arrangées l'vne ſur l'autre, qui fair qu'elles ne ſont pas vnies Sa fleur eſt purpurine. Sa graine eſt petite, longue, cachée dans d la bourre plus molle & plus douce que celle de toutes les autre eſpeces de Chardon.

Les noms. Liure 6. de l'hiſt. ch. 3. Liu. 21. c. 16.

De l'Onopyxos, CHAP. XVIII.

HEOPHRASTE met l'ὀνόπυξος entre les plantes eſpineuſes; & Pline auſſi. Gaza l'appelle en Latin *Buxum Aſininum*, pource que les Aſnes aiment fort à manger ce *Chardon*. Il y en a toutefois qui eſcriuent le mot Grec par vn η, ὀνόπηξος, voulans donner à entendre par là, que l'Aſne eſt touſiours fort ententif apres ce *Chardon*, à raiſon dequoy on appelle auſſi le *Chardon à foulon* ὀνοκάρδιον, c'eſt à dire *le petit cœur de l'Aſne*, pource que l'Aſne ſe rue deſſus de grand courage quand il en peut treuuer. Or pource que l'on a prins garde qu'il y a des Chardons, ſur leſquels les Aſnes ſe ruent plus volontiers & les mangent plus goulüement que des autres; ont les a nommez à bon droit ὀνοπύξους: comme entre autres celuy qui croiſt par tout le long des chemins, le long des poſſeſſions, ſur le bord des foſſez, & à l'entour des foreſts, & quaſi par tout parmy les champs, lequel a la racine longue, & fort cheueluë; la tige de la hauteur de deux pieds, ronde & branchuë; les fueilles ſemblables à celles de l'Acanthion commun, ſinon qu'elles ſont

Onopyxus, de Dodon.

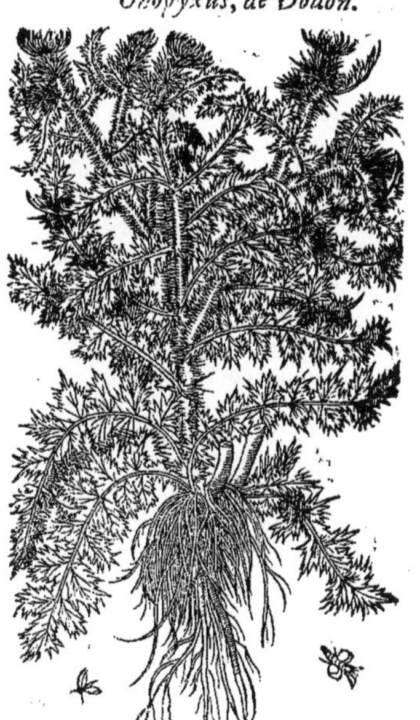

Onopyxus ſecond.

liſſes

Onopyxus troisiesme, de Dalechamp.

lisses, & ne sont point cottonnées,& si sont moindres & plus noires. Il porte à la cime des testes rondes, espineuses, & fort piquante, lesquelles venans à s'ouurir font vne fleur purpurine: au mois de Iuillet & en Aoust, de fort belle couleur. Sa graine est de la grosseur de celle des autres especes de Chardon. *Ce Chardon* est plus cogneu pour estre la viande des Asnes, que par ses proprietez. Dodon en a mis la description & le pourtrait sous le nom de *Chardon sauuage*. Il y a vn *second Onopixos*, qui ne croist pas seulement parmy les champs; mais aussi dans les prés: & a la racine noire, de la longueur d'vn pied,& vne tige haute de trois ou quatre pieds, qui est pour la plus part nue ou pour le moins elle a peu de branches, & est ronde. Ses fueilles sont comme celles du precedent; toutefois elles sont moindres, & plus estroites, auec des pointes crochues tout à l'entour. Ses testes sont premierement rondes, puis apres longues, auec peu d'aiguillons. Sa fleur est purpurine. Il y en a encor vn troisiesme qui pourra estre appellé *Onopyxus*, lequel croist és lieux maigres,& sablõneux; & a la racine grosse, & noirastre, & beaucoup de tiges de la hauteur d'vne coudée,rondes,garnies d'espines fort roides & piquantes auec des branches d'vn costé & d'autre. Ses fueilles sont longues, noirastres,auec des grandes descoupeures à l'entour, & fort piquantes. Ses testes aussi qui sont à la cime des tiges sont fort herissées, & portent vne fleur de fort belle couleur rouge, puis vne graine longue & petite, qui approche de celle du Saffran bastard.

Pet d'Asne, de Dalechamp,

CHAP. XIX.

PLINE fait mention de *l'Onopordon*, disant ainsi: *On dit, que quand les Asnes ont mãgé de l'Onopordon, ils ne font autre chose que petter.* Dalechamp estime que l'on peut prendre pour *l'Onopordon*, ceste espece de Chardon, que les Parisiens, retenans la signification du mot Grec, appellent communement *Pet d'Asne*; & dit on qu'aussi tost que les Asnes en ont mangé, ils se mettent à sauter & à peter. Ce Chardon estant en lieu gras & cultiué, pourueu qu'il ne soit point mangé par les bestes, croist à la hauteur d'vn homme, & fait pour la plus part deux ou trois tiges anguleuses, cottonnées, & pleines d'vne moëlle blanche. Sa racine est de la longueur d'vn pied, grosse, noire, auec peu de cheuelures, amere au goust. Ses fueilles qui luy seruent de branches sont de la longeur d'vn pied aupres de la racine: mais à la cime de la tige elles sont plus courtes,& produisent d'autres petites fueilles longues, à mode de celles d'Oliuier, & espineuses au commencement & au bout, d'vn goust amer & vn peu aspre. Ses testes sortent des ailerons des fueilles, attachées chascune à sa queuë, & sont rondes, & couuertes d'vn cotton blanc deuant qu'elles fleurissent, armées de beaucoup de petites espines, qui passent à trauers le cotton, & sont rouges. Sa fleur est rouge tirant sur le pourpre. Sa graine est longue comme celle des autres Chardons.

Liu.27.c.12.

La forme.

Polyacanthos de Theophraste, selon Dalechamp, CHAP. XX.

Les noms. Liure 6. de l'hist. ch. 3. Liu. 21. c. 16.

THEOPHRASTE & Pline ont aussi mis le *Polyacanthos* au nombre des plantes espineuses. Gaza l'appelle *Aculeosa*, en Latin. *Ce Chardon* est ainsi nommé, parce qu'il est garny d'vn nombre infini d'espines, & qu'il n'y a point d'espece de Chardon qui en soit tant couuert & armé que cestuy-cy. Il croist le plus souuent dãs les préz, & és lieux humides: & a la racine garnie de cheueleures fort menuës, qui sẽble plustost estre toute en cheuelures, que racine. Sa tige a trois ou quatre pieds de haut, & est droite auec peu de branches; toute couuerte d'espines. Ses fueilles retirent à celles du secõd Onopyxus: toutefois elles sont plus estroites & plus piquãtes. Ses testes aussi sont moindres. Sa fleur est purpurée. Sa graine est menuë, & blãche. Dodõ le met pour la *troisiesme espece de Chardõ sauuage.*

Le lieu. La forme. Liu. 4. c. 72.

Du Myacanthos, ou Chaussetrappe,
CHAP. XXI.

Liu. 19. c. 8. Liu. 2. c. 118. Liure 6. des simpl.

PLINE dit, que la *Corruda*, ou *Asperge sauuage*, est appellée par les Grecs μυάκανθος. Dioscoride appelle *l'Asparagus petreus*, μυάκανθα. Galien l'appelle *Asparagus Myacanthinus.* Or ceste plante est appellée *Myacantha*, pource qu'estant penduë dans les lardiers elle empesche que les rats n'y allent manger la chair, pource qu'ils craignent ses aiguillons: ou bien, pource que les souris font leurs nids dessous ses racines, & les rongent à faute d'autre viande: ou vrayement, pource qu'elle fait mourir les souris & les chiens aussi. Mais le *Myacanthus* de Theophraste, que Gaza appelle *Spina murilis*, est bien different de cestuy-là. Car la *Corruda* est toute en espines, lesquelles luy seruent de fueilles, comme aussi le Scorpius, ou Nepa, au lieu que Theophraste met le *Myacanthus* au nombre des plantes qui ont les fueilles qui ne sont point piquantes, comme l'Arrestebeuf, toutefois elles ne laissent pas pour cela d'auoir des espines qui sortent aupres des fueilles. Or d'autant que ceste plante est telle, laquelle est appellée par les Apothicaires *Calcitrapa*, & par d'autres *Stellaria*, ou *Carduus stellatus*; & par Cordus *Polyacantha*: en François *Chaussetrappe*: en Allemand *Vuallendistel*, comme il a esté dit en traittant de la *Leucacantha*: Dalechamp a jugé & à bon droit, que c'est le *Myacanthus* de Theophraste. Elle croist parmy les prés, & lieux non cultiuez, le long des cloisons des metairies, & parmy les masures. Et a la racine longue, noire par dehors, blanche par dedans, poulpue, douceastre, & les fueilles veluës, auec de grandes descoupeures. Sa tige est de deux pieds de haut, & branchue; & porte beaucoup de testes moindres que celles des autres especes de Chardon, diuisées en plusieurs aiguillons disposez à mode d'estoile: & sont premierement vertes-rougeastres; puis apres blancheastres. Icelles venant à s'ouurir portent vne fleur purpurine, puis apres vne graine petite, noire & ronde, de laquelle les Chardonnerets sont si friands. Dodon l'appelle *Carduus stellatus*; & dit, que sa graine broyée & prinse auec du vin prouoque l'vrine & rompt la pierre. Les autres adioustent encor de surplus, que sa racine prinse tous les matins à ieun est singuliere pour guerir les fistules en quelque partie du corps qu'elles soient, & seruent de preseruatif contre la peste. Il y a vne autre plante de ceste mesme espece, de laquelle l'Escluse a mis le pourtrait sous le nom de *Iacea*: car elle a les testes piquantes, & en estoile: les fueilles, les fleurs & la

Liure 6. de l'hist. c. 4.

Myacanthos de Theophrastes ou Chaussetrappe.

Les noms. Le lieu. La forme. Liu. 4. c. 60. Les vertus.

Iacea iaune, de l'Eſcluſe.

& la graine ſemblables à la precedente, ſi ce n'eſt qu'elle eſt plus grande en tout & par tout. Ses teſtes auſſi ſont plus grandes, que celles du Saffran baſtard ſauuage, auquel elle retire auſſi quant à la graine, & à la fleur, laquelle venant à fleſtrir il ſort du milieu d'icelle comme vne gomme entortillée à mode de vermiſſeaux, ou comme la Gomme Dregante des Apothicaires, de couleur rouſſe: à raiſon dequoy elle a eſté appellée *Tragacantha* par ceux de Salamanque, qui en ont grande abondance parmy leurs vignes & le long de leurs poſſeſſions. Ceſte plante approche auſſi bien fort de noſtre Leucacantha, ou Spina Solſtitialis, de laquelle il a eſté parlé cy deuant; tellement qu'il s'emble que ce ſoit celle-là meſme.

De la Leucographis de Pline, ou Chardon Noſtre Dame.

CHAP. XXII.

PLINE fait mention d'vne herbe qu'il appelle *Leucographis*, diſant; *Ie ne treuue point d'autheur qui ait deſcrit la Leucographis, dont ie m'eſtonne d'autant plus que l'on dit, qu'elle eſt bonne à ceux qui crachent le ſang eſtant prinſe au poids de trois oboles auec du Saffran: & aux defluxions de l'eſtomac eſtant broyée en eau, & appliquée deſſus. Item aux flux des femmes, & pour meſler parmy les medecines des yeux; pour remplir les vlceres cauerneux qui ſont en quelque partie du corps, qui ſont tendre.* Or combien que Pline n'a point deſcrit ceſte herbe, comme auſſi il dit qu'il n'en a point trouué de deſcription, Dalechamp neantmoins eu eſgard aux proprietez d'icelle, s'eſt imaginé qu'il falloit que ce fut la plante qui eſt appellée cõmunement *Carduus Mariæ*: en Allemand *Mariendiſtel*, & *Frauuendiſtel*: en François *Chardon Noſtre-Dame*. Elle eſt auſſi applée *Carduus lacteus*, à cauſe des taches blanches qu'elle a, & par aucuns *Galaxias*. Dodon toutefois la prend pour la *Spina alba*, *Eſpine blanche*, ou *Bedeguar* des Arabes. Fuchſe l'appelle *Eſpine blanche de iardins*. *Ce Cardon* croiſt de ſoy-meſme parmy les herbes des iardins, & és lieux non cultiuez, principalement en terre graſſe: & eſt alteré comme le Chardon à carder: car il s'amaſſe de l'eau dans le creux de ſes fueilles à l'entour de la tige. Il a la racine groſſe, longue, & blanche, qui eſt deſiccatiue & aſtringeante; la tige haute, ronde, branchue & eſpineuſe; groſſe comme le doigt; les fueilles larges, grandes & blancheaſtres, auec des taches blanches comme de laict, garnies de beaucoup de petites eſpines fort piquante tout à l'entour. A la cime de ſes tiges & de ſes branchettes il y vient des teſtes rondes, compoſées d'eſcailles piquantes, & fort aſpres, diſpoſées en rond à mode d'vne roue. Sa fleur eſt purpurée. Sa graine eſt ſemblable à celle du Saffran baſtard, toutefois elle eſt plus noire, longue, liſſe, & douce au gouſt, ayant quaſi le meſme gouſt que les Noix; enuelopée dans vne bourre tendre & blanche. Il fleurit en Iuin & en Iuillet, & meurt en hyuer. Il a les meſmes proprietez que nous auons alleguées cy deſſus de Pline. En outre l'eau diſtilée d'iceluy eſt ſouueraine contre la chaleur de foye, & aux defaillances de cœur, ſi on applique par dehors des linges trempez dans laditte eau. Elle ſert aux douleurs de coſté, contre le venin de la peſte, & à beaucoup d'autres maladies des parties interieures. Que ſi on y adiouſte demie dragme de ſa graine, elle fera encor plus d'operation.

Liu. 27. c. 11 — *Les noms.* — *Liu. 4. c. 63.* — *Le lieu.* — *La forme.* — *Le temps.* — *Les vertus.*

Leucographis de Pline: Chardon Noſtre Dame.

Du Crocodilion, CHAP. XXIII.

Les noms. CETTE plante est appellée en Grec κροκοδείλιον ; & en Latin *Crocodilium.* Or il n'y a eu personne, que ie sache, qui ait encor declaré la deriuation de ce nom, ny mesme qui ait descrit si clairement cette plante, qu'on puisse aisément reconnoistre entre tāt de plantes espineuses, quel est *le vray Crocodilion.* Liu. 3 c. 10. La forme. Car Dioscoride la escrit ainsi: *Le Crocodilion est semblable au Chamæleon noir. Il croist parmy les bois; & a la racine longue, lisse, aucunement large, & vne odeur acre comme le Nasitort. Sa racine bouillie en eau & prinse en breuuage fait sortir* Liu. 27. ch. 8. *beaucoup de sang par le nez. On l'ordonne à ceux qui ont la ratte oppilée : car elle leur sert bien euidemment. Sa graine prouoque l'vrine, & est ronde & double en façon de pauois.* Ce qu'il semble que Pline ait ainsi traduit : *Le Crocodilium resemble en figure au Chamæleon noir. Il a la racine longue, esgalement grosse, & de mauuaise odeur. Il croist és lieux sablonneux. Prins en breuuage il fait sortir le sang par le nez, gros, & en grande abondance : & dit on, que par ce moyen il consume la ratte.* En quoy il semble que Pline a leu ἐν τοῖς ἀμμώδεσι, c'est à dire, *és lieux sablonneux* : au lieu qu'il y a en Dioscoride ἐν τόποις δρυμώδεσι, c'est à dire *pramy les forests* : & puis au lieu de ὑποπλάτην ; c'est à dire *vn peu large*; ἰσοπλάτην, ou bien ὁμαλῶς παχεῖαν, c'est à dire *esgalement large*, ou *esgale ment grosse.* Oribaze a leu *vn peu grosse.* Et ce que Dioscoride dit ὀσμὴν δριμεῖαν, Pline a dit à son accoustumée *Odorem asperum.* Oribaze dit, *La racine acre sentant comme le nasitort.* Et quant à la graine ronde faite à mode de pauois double, Pline a obmis cela, & Oribaze aussi : & toutefois il a accoustumé de mettre tousiours la description toute entiere de Dioscoride. Dauantage il semble que cela soit adiousté contre le styl de Dioscoride, apres auoir acheué la description & declaré les proprietez; & que cela soit faussement attribué à cette plante ; veu que quasi toutes les plantes ἀκανθώδη c'est à dire *espineuses*, font la graine semblable à celle du Saffran bastard. Tellement que pour ces raisons les plus doctes tien- Liu. 3. c. 54. nent, que cette clausule a esté faussement adioustée au texte de Dioscoride par quelqu'vn qui a voulu faire l'entendu; l'ayant prinse de la description *du Tordylion,* à la graine duquel Pline attribue cette figure; l'affinité qui est entre *Tordylion,* & *Crocodilion* ayant esté cause de cest erreur. Ioint qu'aux fragments que l'on treuue des liures de Creteuas, ces mots n'y sont pas περιφερὲς ὄν, καὶ διπλοῦν ὡς ἀσπὶς, c'est à dire *ronde, & double comme vn pauois.* Or selon ce qu'on peut iuger par cette description ainsi obscure, veu que la principale marque du *Crocodilion* est prinse de ce qu'il retire au Chamæleon noir, & que la *seconde Carline,* qui fait vne tige, retire si fort au Chamæleon noir, que Matthiol & plusieurs autres ont asseuré que c'estoit le Chamæleon noir ; Dalechamp auec bonne raison coniecture & se fait accroire, que *cette Carline* là est le *Crocodilion* : car elle croist parmy les forests & és lieux sablonneux, & retire quant à la figure des ses fueilles, & en sa couleur rougeastre, au Chamæleon noir. Elle a la racine longue, & lisse, qui n'est pas massiue; mais rongée, aucunement large, d'vne odeur forte & acre, aprochant de celle du Nasitort. Sa graine retire à celle du Saffran bastard, & est cendrée : car quant à ce qui est dit de la graine du *Crocodilion,* nous auons desia dit que cela estoit faux. Toutefois il n'y a encor personne, qui ait treuué ny espreuué que *la Carline* face sortir le sang par le nez. Que si le *Crocodilion* a cette proprieté, ce n'est pas peu de chose : mais elle est plus à souhaitter qu'elle n'est veritable : car il y a en Dioscoride ἡ ῥίζα ζεσθεῖσα ἐν ὕδατι καὶ πινομένη, au lieu de πινομένη aucuns lisent σπιωομένη, c'est à dire, *tirée par le nez.* comme Dioscoride a escrit du Basilic; ποιεῖ δὲ καὶ πταρμοὺς πλείονας ἐπισπώμενον διὰ ὀσφρήσεως, c'est à dire, *Il fait esternuer souuentefois, si on le tire par le nez en le sentant.* Galien, Paul & Aëce qui l'ont suiuy, ont attribué d'autres vertus au *Crocodilion,* lesquelles Dioscoride attribue au Tordylion : tellement qu'il appert par là que la description de ces plantes est embroüillée. Pena dit qu'il luy semble que la plante que Maranta & Anguillara prennent pour le Chamæleon, est le *vray Crocodilion,* ou pour le moins qu'elle luy retire fort ; & est tenuë pour telle iusqu'à tant que l'on ait treuué vne plus particuliere description du *Crocodilion,* ou que les doctes ayent treuué vne autre plante plus propre. Car elle approche si fort de la description du *Crocodilion,* que ces Autheurs là l'ont prinse pour le *Chamæleon noir.* Nous en auons mis le pourtrait au *chapitre du Chamæleon.* Il y a vn *autre Chardon,* que ceux de Montpellier

Le Crocodilion.

Crocodilion : Carline ayant tige.

Liu. 2. c. 154.

Liu. 3. c. 54.

[Cr]ocodilion de ceux de Montpelier, de Dalechamp.

Montpelier appellent *Crocodilion*, lequel croist és lieux secs & à l'abry : & a la racine de la longueur d'vne paume, noirastre & amere au goust; & le plus souuent deux ou trois tiges de la hauteur d'vne coudée, anguleuses, cottonnées, & branchues les fueilles couuertes d'vn cotton blanc par dessous, & vertes-pasle par dessus, en grand nombre, & piquantes, semblables à celles de la Carline, auec beaucoup de testes rondes comme vne boule ou pelotte, piquantes, de couleur cendrée, & grand nombre de fleurs purpurées à mode de celles du Vaciet, vn peu ameres, la graine longue & noirastre. Aucuns tiennent que c'est le Silybon; & d'autres que c'est le Galedragon. Lobel a mis le pourtrait du *Crocodilion* de Fuchse & de Cordus, qui est la plante que Dodon appelle *Spina peregrina*; & Tragus l'appelle faussement, ainsi que dit Lobel, *Chameleon noir*, le pourtrait de laquelle nous auons mis cy dessus.

Du Tragus de Matthiol, CHAP. XXIV.

IL a desia esté dit cy deuant, qu'il y a plusieurs & diuerses plantes qui sõt appellées *Tragus*. Or Matthiol estime que la plãte espineuse qui est icy peinte, est le *vray Tragus*, ou *Scorpius*, ou *Traganon* de Dioscoride, & aussi celuy de Pline; comme aussi son *Scorpius*, & celuy de Theophraste. Toutefois nous auons monstré en vn [au]tre endroit vne autre plante que nous auons dit estre le *vray Tragus* de Dioscoride, qui est diffe[ren]t d'auec le *Scorpius* de Theophraste, que Gaza appelle *Nepa*: & auons aussi dit, que Matthiol aux [deu]x passages cy dessus alleguez de Pline là où il traitte du *Tragus*, & du *Scorpius*, a mal confondu [ens]emble le *Tragus* de Dioscoride auec celuy de Theophraste. Or que le *Tragus* de Matthiol soit diff[ere]nt de celuy de Dioscoride, il appert clairement par la description : car Dioscoride dit, que le [Tra]gus croist principalement le long de la marine. C'est vn petit arbrisseau couché par terre, long, Aux marim.ch.22. Liu 4.ch.46.

Tragus de Matthiol

qui n'est pas gros, de la hauteur d'vne paume, ou dauantage. Il n'a point de fueilles; mais il a comme des petits grains roux attachez aux branches, de la grosseur d'vn grain de froment, aigus au bout, en grand nombre, & fort astringeants au goust. Mais le *Tragus* de Matthiol est vne plente plaine de suc, & non vn arbrisseau, comme Pena l'a monstré bien clairement. Il ne fait point de grains roux comme grains de fromẽt, & aigus au bout, en grand nombre & fort astringeants. Il n'est pas aussi sans fueilles : car il en a qui sont poulpues & piquantes, qui ne sont aucunement astringeantes. C'est donc, ainsi que dit Pena, vne espece de *Chrithmun*, *Salicornia* ou *Kali* : car il approche plus de cette plante espineuse qui est appellée *Pastinaca marina* ou *Secacul*, ou *Chrithmon second*, laquelle est de la hauteur d'vn pied ou d'vne coudée, auec beaucoup de branches grosses & tortues, & garnies de fueilles piquantes, de la couleur & figure de celles de la Ioubarbe, poulpues, & plus grosses, dont il y en a beaucoup au bas de la tige; mais celles d'en haut sont disposées à mode de Chaussetrappes, comme celles du Tribulus tant terrestre qu'aquatique : tellement qu'on n'en sçauroit rompre vne branche sans se piquer. Au bas de celles cy par dedans il sort des petites fleurs vertes rondes, apres lesquelles il y vient vne graine platte. La racine va rampant à fleur de terre & est petite, pleine de bois, d'vn goust d'herbe comme celuy du Kali, & remplie de suc visqueux qui n'est point astringeant, mais salé; & n'a point d'autre excellente faculté. Voilà ce qu'en dit Pena Lobel descrit Aux Aduers.

vn peu autrement ce *Tragus* de Matthiol que Matthiol mesme. Nous en auons mis le pourtrait prins de Lobel, *au liure des Plantes maritimes.*

De l'Espine de bouc, CHAP. XXV.

Les noms. ΤΡΑΓΑ'ΚΑΝΘΑ en Grec s'appelle aussi en Latin *Tragacantha*, *& Hirci spina*: en Arabe *Chitira*, *Itica*, *Chatheth* en François *Espine de bouc*: en Prouence & principalement à l'entour de Marseille on la nomme *Barberenard*, & *Ramebouc*. La Gomme qui en sort est aussi appellée en Grec τραγάκανθα: en Latin *Tragacanthæ lachrymæ*; & par les Apothicaires *Gummi Dragacanthi*. Elle a esté appellée *Tragacantha*, à cause des barbes qui sont en ses espines.

La forme. Liu.3.ch.20. Sa racine, ainsi que dit Dioscoride, est large & pleine de bois, qui apparoit par dessus terre, de laquelle il sort des surjeons qui sont le plus souuent bas & forts, auec beaucoup de petites fueilles menues, entre lesquelles il a des espines blanches, fortes & roides. Matthiol en a mis le pourtrait.

Tragacantha, ou Espine de bouc, de Matthiol.

On appelle aussi *Tragacantha* la Gomme qui sort de la racine de cette plante, quād elle est entamée, dont la meilleure est celle qui est luisante, lisse, graisse & nette & douceastre. Liu.13.c.21. *Il croist aussi,* dit Pline, *de la Tragacanta en Candie, laquelle a la racine comme celle de l'Espine blanche. Elle est beaucoup plus estimée que celle qui croist au païs de Mede, ou en Achaye.* Liure 9. de l'hist. ch.15. Theophraste en parle aussi disant: *Il croist beaucoup de Tragacantha en Arcadie, laquelle n'est en rien inferieure, comme on estime à celle de Candie: tant s'en faut, que mesme elle est de plus belle monstre.* Or il n'en croist pas seulement en Mede, & en Candie; mais aussi en Prouence en grande quantité derriere les murailles de la ville de Marseille, ainsi que dit Pena, sur les collines qui sont le long de la Marine du costé du vent; & en beaucoup d'autres lieux pres de là. C'est vn petit arbrisseau touffu, qui est tout blanc, & fait vn gros buisson; & a la racine blanche, longue, pleine de bois, grosse comme le doigt qui iette des cheuelures lōgues & souples dans terre. Sa tige pour grande qu'elle soit, n'a pas plus d'vne coudée, de laquelle il sort deçà & delà à mode d'ailes des pointes fueillues, dont celles d'embas estant vieilles retirent du tout à de espines; mais celles d'enhaut sont tousiours blaffardes. D'vne racine il sort diuerses tiges, massiues, pleines de bois, & blanches, garnies d'espines fueillues & bien piquantes. A la cime parmy les fueilles espineuses & les espines il sort beaucoup de petites fleurs entassées ensemble, semblables à celles du petit Genest; toutefois elles sont blanches. Elle fait aussi beaucoup de gousses droites à mode de celles des Poiciches, ou du Genest piquant: toutefois elles sont beaucoup plus petites & blanches, pleines d'vne petite & graine blancheastre, grosse comme celle de moustarde, & anguleuse. Voilà ce qu'en dit Pena. Le Poterion. Il y a, dit l'Escluse, vne autre plante du tout semblable à cette-cy, qui est fort touffue, & fait beaucoup de petites branches souples, de la longueur d'vn pied bien esparpillées d'vn costé & d'autre, blancheastres, cottonnées tandis qu'elles sont encor tendres, garnies de beaucoup d'espines longues & blancheastres. Au commencement du printemps il sort beaucoup de fueilles attachées ensemble à mode d'ailes par certains interualles semblables à celles des Lentilles, ou de la *Tragacantha*, petites, blanches

Autre Espine de Bouc, ou Poterion, de l'Escluse.

es, & cottonnées, d'vn goust doux. Sur l'hyuer les fueilles venant à choir, les nerfs du milieu auscis elles estoient attachées, se changent en espines roides & piquantes; tellement qu'alors toute plante est sans fueilles, au contraire de la *Tragacantha*, qui est aussi bien garnie de fueilles en hyr qu'en esté. Sa racine est souple, longue, & bien fourchue, couuerte d'vne escorce noire, & pleiau dedans d'vne matiere blanche, spongieuse, & douce; mais le cœur d'icelle a ie ne sçay quoy doux & de gommeux. Il n'en a point veu la fleur, ny le fruict; toutefois il a bien veu dessous la nte beaucoup de gousses semblables à celles du Cotton, ou quasi comme celles de l'Hipecoum Matthiol, vuides, lesquelles ceux du païs disoient estre tombées de cette plante, laquelle port aussi des fleurs blanches qui ne sont pas fort grandes. Quant à la graine il n'en a rien peu sçauoir fleuré. Il en croist à force à l'entour de Guadix & la Venda el Peral sur des collines seches, où n ne seme rien. Or pource qu'elle est fort semblable à la *Tragacantha*, il se fait accroire que c'est *vray Poterion* de Dioscoride. Voilà ce qu'en dit l'Escluse. Au reste Dioscoride dit, que la *Tragatha* bouche les conduits comme la gomme. On s'en sert aux medecines des yeux, à la toux, con- Liu. 3. c. 20. *Les vertus.* l'aspreté du gosier, à la voix perdue, & contre les catharres, l'ayant reduite en looch auec du el. Mise sous la langue elle se fond: mesme on la fait dissoudre dans du vin cuit au pois d'vne gme pour la boire contre la douleur des reins, & pour les vlceres de la vessie, en y adioustant peu de corne de cerf bruslée & lauée, ou vn peu d'alum de plume. Galien traitte fort breuement Liure 8. des simpl. la *Tragacantha*. disant qu'elle a vne faculté emplastique comme la gomme, laquelle fait perdre rimonie, & qu'elle desseche aussi. La *Gomme Dragant*, dit Matthiol, meslée dans les collyres ra- Sur le c. 21. du 3. liu. de Diosc. bat l'acrimonie des humeurs qui tombent sur les yeux, & en outre fortifie les yeux, & est plus astringeante que la Sarcocolla. Dauantage estant destrempée en laict & appliquée en liniment elle guerit les tayes des yeux, & les vessies, comme aussi la galle, & demangeaison des paupieres. Elle est bonne aux maladies des poulmons de la poitrine, & de l'artere aspre; & guerit aussi les vlceres desdites parties. Elle est aussi propre à toutes les defluxions qui tombent sur le gosier, & sur la poitrine, qui esmeuuent la toux, & pour les vlceres des reins; comme aussi à la dysenterie estant rostie, & prinse auec de vin de Coings, & aussi mise en clystere. En somme c'est vn fort souuerain remede quand il est question d'adoucir, rabatre & reprimer. Au surplus Rauuolf dit, qu'estant party du mont Lyban, & en descendant d'iceluy il treuua trois especes de *Tragacantha* La *premiere* est celle de laquelle Charles l'Escluse personnage fort docte a fait mention, qui semble fort approcher de la vraye. La *seconde* est bien plus petite que celle-là, toutefois elle luy retire fort en la figure, & à la veuë, si ce n'est qu'elle fait les fleurs iaunastres, qui sortent comme de certains petits vases ronds & iaunastres, par des branches meuuës & sont disposées inesgalement par lesdites branches d'vn costé & d'autre. La *troisiesme* est semblable à la seconde quant à la grandeur; & a les branches fort touffues, longues & brunes, à la cime desquelles il y a beaucoup de boutons ou testes blancheastres, comme ceux du Poterion, auec des fleurs purpurines & belles.

Seconde espece de Tragacantha, de Rauuolf.

Du Drypis de Dalechamp. *CHAP. XXVI.*

Δρύπις en Grec est vne espece de Chardon qui estoit ainsi appellé anciennement ἀπὸ τῶν δρύπτειν, c'est àdire, *piquer & blesser*, pource que l'on ne le sçauroit manier sans se blesser. *Les noms.* Theophraste n'en a fait mention qu'en vn seul endroit, au moins que ie sache, disant, Liure 1. de l'hist. ch. 16. que *l'Acorna, Drypis, & Acanus ont les fueilles espineuses*, & rien plus. Ainsi donc pour ce n'il n'a esté descrit par aucun des anciēs, aucuns se sont fait accroire que *ce Chardō* fort piquant qui roist communement parmy les bleds, est le *Drypis*. Il croist parmy les bleds, & leur est comme vne *Le lieu.* este principalement parmy l'Auoine; & est quelquefois aussi haut qu'vn homme, & quelquefois *La forme.* oins. Il a la racine blanche & grosse; les fueilles qui sortent de la tige descoupées & piquantes. Et orte des boutons piquans & herissez comme le Scolymus. Sa fleur est purpurée ou bien blancheare ou rouge. Sa graine est longue, lisse, petite, & rougeastre. Il donne le plus souuent beaucoup d'empesche

Drypis.

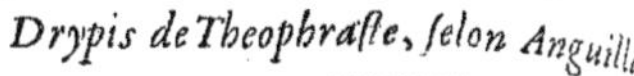

Drypis de Theophraste, selon Anguillar

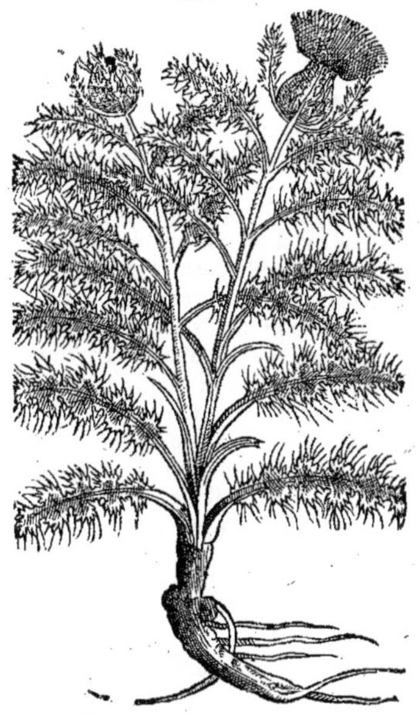

d'empeschement aux moissonneurs. Les Herboristes n'ont point remarqué qu'il fut propre à rien medecine ; toutefois on peut bien iuger à quoy il peut seruir ; par ce qu'il est chaud iusques au se-cond degré, & sec aussi de mesme. Les asnes en mangent fort volontiers tandis qu'il est tendre, com-me de l'Onopyxus. Les païsans l'arrachent quand il commence à venir, & le font manger aux che-uaux & aux porceaux. Anguillara met *vn autre Drypis* different du precedent, lequel croist en l'A-bruzze assez pres de la Marine, & fait des racines menuës, qui vont rampant çà & là par dessous te-re à mode de celles du Grame, & des petites branches comparties par neuds, de la hauteur d'vn coudée. Ses fueilles sont piquantes, semblables à celles du Geneure. A la cime de ses tiges il vient vn ombelle. Sa fleur est blanche. Sa graine deuant qu'estre pelée resemble à vn grain de Rys mais esta pelée, elle est fort iaune. Aucuns prennent *l'Eryngion marin* pour le *Drypis* de Theophraste. D'autr l'opinion desquels est plus receuable, disent que le *Drypis* est *l'Acanos* de Pline, dont il fait mention, sant que c'est vne petite herbe espineuse & large, qui a des espines larges. Guillandin veut que *Tragus* de Matthiol soit le *Drypis*. Il y a encor vn autre *Drypis*, ou espece de *Chardon sauuage*, lequ

Le tempera-ment.

Liu. 22. ch. 9.

Drypis de Lonicer.

Gaza appelle *Aculeosa*, Ruel *Agriacantha*; Lonicerus l'ap-pelle *Chardon sauuage*, ou *Scolymus*, & en escrit ainsi: En ou-tre il y a vne espece de *Chardon sauuage*, qui ne fait que na-re parmy les champs, duquel Virgile fait mention en ce ver

Carduus & spinis surgit Paliurus acutis.

Il pourra estre appellé en Latin *Scolymus*, ou *Carduus silue-stris*. Il croist emmy les champs, & specialement parmy l'a-uoine, & a deux coudés de hauteur, & souuent dauantage ou moins. Ses fueilles sont descoupées & piquantes, & se testes aussi. Sa fleur est par fois purpurine, & d'autres fo blanche, ou rouge. Tandis qu'il est tendre les asnes en so fort friands ; les beufs en mangent bien aussi. Il est chaud la fin du second degré, ou au commencement du troisiesme & sec au second. On le mange cuit tandis qu'il est tendr à mode d'Asperge. Ses racines sont bonnes à manger en hy uer auec du sel & du poyure pour le dessert. Estant cuit pa my la viande il fait vriner beaucoup, & vne vrine puant Sa racine appliquée en liniment par dehors guerit la puan teur & bouquin des aisselles.

Le lieu.

Le tempera-ment.

D

Du Chalceios, *CHAP. XXVII.*

HEOPHRASTE appelle vne plante χάλκει@ en Grec, laquelle Pline retenant le mot Grec appelle aussi *Chalceios*. Gaza l'appelle *Aeraria*. Ces autheurs la mettent au *nombre des plantes espineuses qui portent des testes piquantes*. Or combien que sa description ne se treuue point en Theophraste ny en Pline aussi, ny mesme l'occasion pourquoy elle est ainsi appellée; si est-ce qu'aucuns meus par coniecture estiment qu'elle fust ainsi appellée pource que ses fueilles seruoient pour escurer la vaisselle d'airain; ou bien pource qu'elle est de la couleur de l'airain, à sçauoir de vert-brun, auec vn peu de iaune meslé parmy. Cette derniere etymologie semble la meilleure, pource qu'elle rend vne cause particuliere; au lieu que la premiere peut appartenir à toutes les plantes espineuses, pour raison de l'as-té de leurs fueilles, sinon que l'on voulut dire, que cette plante a vne singuliere vertu detersiue, mme l'herbe aux Foulons. Aucuns estiment que cette belle plante rare qui est icy peinte, est le alceios; toutefois c'est plus pour donner occasion aux Simplicistes d'en rechercher la verité, que ur asseurer qu'ainsi soit. Elle croist és lieux maigres & secs, & a beaucoup de racines noires par iorsi la tige ronde & noirastre, de la hauteur de quatre ou cinq pieds; les fueilles grandes & larges, c des grandes descoupeures, vertes par dessus: mais d'vne couleur obscure, brune & morne, me celle de l'airin, d'où peut estre est venu son nom. Par dessous elles sont cendrées & veluës. *Les noms.* *Le lieu.* *La forme.*

Chalceios.

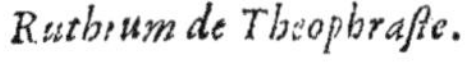

Ruthrum de Theophraste.

porte plusieurs testes rõdes & herissées, desquelles il sort tout à l'entour des fleurs bleuës blafs, en Iuin ou en Iuillet. Ses fueilles broyées entre les doigts rendent vne fort mauuaise odeur, & n goust acre. Ainsi dõc cette plante sera appellée *Chalceion*, iusques à ce que les Simplicistes luy treuué vn nom plus propre. Or est il à noter, que là où Pline recite les plantes espineuses, au e *Chalceion*: il y a *Chalceon* comme au lieu de *Ixine*, il dit *Helxine*. Il fait aussi mention en vn endroit d'vne herbe qu'il appelle *Chalcetum*, laquelle est bien differẽte du *Chalceios* de Theo-e, qui est vne plante espineuse. Fuchse a prins autrefois cette plante pour le *Chamæleon noir*: despuis ayant prins meilleur aduis il l'appelle *Spina peregrina*. Dodon *en son histoire des plantes*. mis le pourtrait & la description sous le nom de *Spina peregrina*. Mais *au Traitté des Plantes pur-es* il l'appelle *Sphærocephalus*, & la met pour *la premiere espece de Chardon*. Pena estime que la te que Dodon appelle *Spina peregrina* est le *Rithrum* ou *Ruthrum* de Theophraste. Gesnerus l'ap-*Echinopus*, ou *Carduus Echinatus*. Cordus la nomme *Sphærocephalus*: les Allemans *Vuelschedi-* & les Flamans *Roomschediste*. Theophraste ne parle du *Rithrum*, ou *Ruthrum* qu'en vn seul endroit

Liu. 21. c. 16. *Liu. 26 ch. 7.* *En l'hist. ch. 338.* *Liu. 4. ch. 64.* *Liure 6. de l'hist. ch. 3.*

droit, là où il remarque la difference qui est entre les Plantes espineuses, par la varieté de leurs tiges & branches, & par la diuersité qui est en leur disposition. Mais nous auons desia monstré cy deuant *au chapitre de l'Eryngion*, qu'en ce passage-là de Theophraste il faut qu'il y ait ἐρύγγιον, au lieu de ῥύθρος, ou ῥύθρον. Toutefois nous auons mis icy le pourtrait de la plante qui est appellée *Ruthrum*, suiuant Pena; & la description aussi, qui est telle : Il s'en treuue dit-il, de deux sortes : car elle change comme le Chamæleon. Elle a la racine petite, grosse comme le pouce; les fueilles comme le Chamæleon blanc : toutefois elles sont beaucoup plus petites. Quelquefois elle ne fait point de tiges quelquefois elle en fait vne petite de la hauteur d'vne paume ou d'vne coudée. Ses fueilles sont tousiours petites à proportion, auec des grandes descoupeures, à mode de celles de l'Espine blanche. Sa teste est bleuë, tirant fort sur le pourpre, ronde, & belle à voir de la grosseur d'vn esteuf. Sa graine & ses balles sont semblables à celles de l'Espine blanche : toutefois il ne sort point de petites graines piquantes & droites hors de sa teste, combien qu'au dedans sa graine est pailleuse, & rembourrée, comme celle de l'Espine blanche. Anguillara estime que c'est *le Ruthrum* de Theophraste & toutefois comme ne se souuenant pas de la susdite description, il la descrit par les mesmes marques de *l'Espine blanche*, & quasi en mesmes termes. L'autre que Fuchse a prins pour le *Crocodilion*, est de la mesme espece de cette-cy; toutefois elle est beaucoup plus grande. Neantmoins Pena dit, qu'il en a veu en la Forest de Valence sur le chemin, qui va à la ville de Gange, qui auoit la fleur bleuë, & n'auoit point de tige : & vne autre qui auoit vne tige de la hauteur d'vne paume. Mais en d'autres endroits elle a quelquefois deux ou trois, ou quatre coudées de haut. Sa teste est blanche, & non pas bleuë, & n'est iamais plus grosse qu'vne pomme d'Orange moyenne. Sa graine est semblable à celle de l'autre : toutefois elle est beaucoup plus grosse. Sa tige est cannellée tout du long, & est garnie au bas de fort grandes fueilles, semblables à celles de l'Acanthion & espineuses. On la plante pour plaisir dans les iardins en Angleterre & en Flandres, où elle croist fort grande, & est appellée *Spina peregrina*. Dodon a descrit d'autres Chardons qu'il appelle *Sphærocephalus*. *Le second*, qu'il appelle *Sphærocephalus acutus*, a les fueilles moindres que le precedent, & plus espineuses, le testes aussi rondes, desquelles toutefois il sort des espines longues & fermes. *Le troisiesme* retire au premier quant à la figure: toutefois il est beaucoup plus petit, & a les fleurs tirant mieux sur le bleu. *Le quatriesme* est le plus petit, & a les fueilles fort piquantes & espineuses, & vne petite teste qui porte des fleurs blanches comme le premier. On en peut bien mettre vn autre en ce mesme rang, combien qu'il n'ait pas la teste si ronde, mais platte, & large par dessus, de laquelle il sort des petites fleurs bleuës. Il a la tige menuë, couuerte d'vn petit cotton blanc : les fueilles longues, descoupées esgalement d'vn costé & d'autre, garnies d'espines par tous leurs angles. Plusieurs tiennent que c'est celuy que Matthiole a mis pour *l'Espine blãche*. Anguillara met vn autre *Chalceios* du tout different des dessusdits, duquel il parle ainsi : Il y a vne plante qui est encor auiourd'huy appellée *Chalcoma* en la Morée, & en l'isle de Zante, laquelle semble approcher de la nature du *Chalceios*. C'est vne plante petite, pleine de bois, rouge, & espineuse, ayant des espines menuës; les fueilles comme celles des Lentilles, & disposées tout de mesme par les branches : toutefois elles sont moindres. Ces branches quand on les rompt rendent vn suc blanc comme laict à mode des Tithymales. Aucuns estiment que c'est *l'Hippophæston* de Dioscoride.

Aux Aduers.

Chardons Sphærocephalus aigu, de Dodon.

De la Tetralix, CHAP. XXVIII.

Liure 6 de l'hist. ch. 3. Liu. 21 c 16. Liu. 11. c 16

THEOPHRASTE met la Τετραλιξ au nombre des Plantes espineuses, comme *l'Acarna Leucacantha, Cnicus, Chalceios, Polyacanthos, Atractylis, Onopixos, Ixine, & Chamæleon*. De mesme aussi Pline qui l'a suiuy, lequel toutefois dit, que les Atheniens appellent la *Bruyere, Tetralix*; & ceux d'Eubœe *Sisara*. Dont il est aisé à iuger, que la *Tetralix Espineuse* est differente de l'Ericea : car il n'y a personne qui ait escrit, que la *Bruyere* fut piquante & espineuse comme il se peut voir aussi en Dioscoride & en Pline, là où ils traittent de la *Bruyere*. Mesme Pline escrit, que la *Tetralix Ericea* commence à fleurir apres les premieres pluyes d'Automne enuiron la

Liure 1. de l'hist. c. 103 Liu. 14. ch. 9 Liu. 10. c. 16.

Tetralix espineuse, de Tragus.

la my-Septembre, & le commencement d'Octobre. Et en vn autre passage il dit, que la *Tetralix*, & *l'Ixine* fleurissent en esté ; combien que Theophraste, duquel Pline a emprunté ce qu'il en escrit, ne dit pas que ces plantes là fleurissent, mais qu'elles bourgeonnent en esté. Il se faut donc bien garder de confondre ces *deux Tetralix* ensemble. Au reste aucuns prennent pour la *Tetralix espineuse* la plante de laquelle Tragus a mis le pourtrait pour le *vray Chamæleon noir* apres celuy du Chardon commun, & du Chamæleon blanc. Elle a la racine grosse & longue, & cheueluë, la tige haute, & anguleuse: les fueilles grandes & larges, auec des grandes descoupeures; tellement qu'elles semblent estre vuidées. Sa fleur est pasle, & vient en des petites testes qui ne sont pas piquantes, comme celles des autres Chardons. Sa graine est longue & cheueluë.

Liu. 24. ch. 9. Liure 6 de l'hist. ch. 3. Liu. 2. c. 180.

De l'Acorna, CHAP. XXIX.

Les noms.

LEs mesmes autheurs, assauoir Pline & Theophraste, mettent aussi l'ἄκορνα ou ἄκαρνα : (car ce nom est escrit en toutes ces deux manieres en Theophraste) au nombre des Plantes espineuses qui portent des testes herissées. Or combien qu'ils n'en ayent point fait de description, si ce n'est que Theophraste en parle ainsi: *L'Acorna, pour en parler en deux mots, est semblable au [Sa]ran bastard cultiué, & a la couleur iaunastre, & vn suc gras.* & Pline ne dit sinon, *que l'Arcona est [iaun]astre, & a vn suc gras* ; si est-ce qu'aucuns estiment que *l'Acorna* est la plante espineuse que [Clu]sius appelle *Attractylis mitior*: & Dodon *Carline sauuage*: Lobel & Pena, *Cirsium luteum Sequanum*. Elle croist en lieux secs; & a la racine blanche, courte, qui n'est pas fort grosse, & cheueluë. El[le f]ait quelquefois beaucoup de tiges, & le plus souuent vne seule, rougeastre & couuerte de cotton [&] beaucoup de fueilles aupres de la racine, couchées par terre tout en rond, lesquelles se sechent

Liure 6. de l'hist. ch. 4. Liu. 21. c. 16.

Le lieu. La forme.

Acarna, de Theophraste.

Acarna, Carline sauuage petite, de l'Escluse.

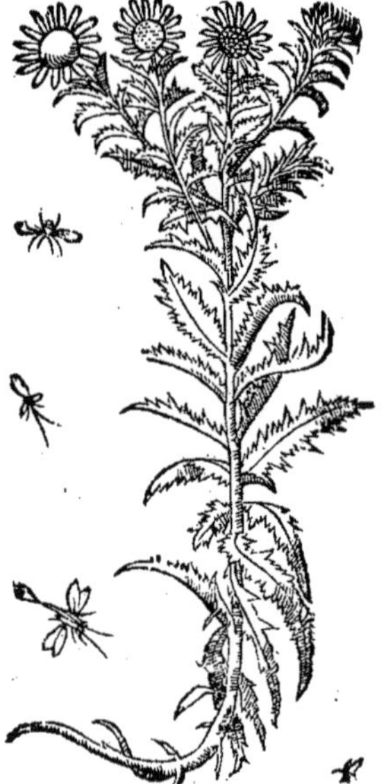

quand la tige commence à croistre : mais elle en est garnie par interualles inesgaux, qui sont es neuses, semblables à celles de l'Atractylis : toutefois elles sont plus estroites, blancheastres par bas. Sa fleur sort par ses testes & est fort pasle. Du commencement elle est platte, mais venan s'espannir elle fait des filamens secs, à mode de la Carline, ou du Chamæleon. Sa graine est se blable à celle du Saffran bastard, toutefois elle est froncie & menuë. En rompant ses testes il n' sort point de sang comme en l'Atractylis. L'Escluse a mis le pourtrait d'vne plante semblable ceste-cy sous le nom de *Carline sauuage*, & dit qu'il n'en a point veu ailleurs qu'en certains lieu secs, pierreux & deserts à l'entour de Salamanque, où elle fleurit au mois d'Aoust Et dit en ou tre, qu'elle peut estre mise pour *vne espece d'Acarna* de Theophraste, ou de *l'Eryngion*, qu'Aëce de crit apres Archigene, disant qu'il a les fueilles cõme l'Atractylis, sinon qu'elles sont plus dures, bl

Acarna de Theophraste, selon Anguillara, de Lobel.

Acarna seconde, de Valerand.

Erinacea, de l'Escluse.

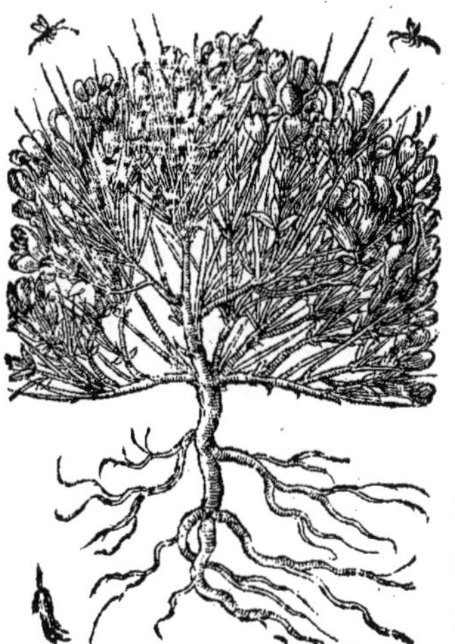

ches-blaffardes, & qu'il iette d'vne mesme racine plusieur branches de la longueur d'vne coudée; & fait des fleu semblables à l'Oeil de Beuf, mais il y vient des filets par l milieu qui empeschent qu'elles ne soient faites à mode d'v œil. Il faut rapporter icy deux autres plantes espineuses de quelles Lobel met le pourtrait. La premiere est *l'Acarna* d Theophraste, suyuant l'opinion de l'Anguillara, laquelle e garnie d'espines blondes, & de fueilles verdes, vuidées, cot tonnées par dessous, comme aussi toute la plante, laquell fait beaucoup de tiges d'vne coudée & demie, & des fleu iaunes. La graine comme celle du Saffran bastard, except qu'elle est plus petite, qui vient en vne teste piquante composée par escailles. Valerandus Doureus retourn de Capo d'Istria en Sclauonie à Venize en apporta cell plante, cõme aussi ceste autre qu'il appelle *Acarna*, laquell a les fueilles plus longues, & des espines piquantes, desque les la tige est garnie tout du long à mode des plumes q sont és fleches. Elle est toute couuerte d'vn cotton blan Sa tige est de la hauteur d'vne paume, ou d'vne coudée. S fleurs resemblent à celles du Chardon benit, si ce n'e qu'elles sont moindres, plus grandes que celles du Seneç Sa graine est moindre que celle du Saffran bastard. Il ta

ent

ncor adiouster icy vne nouuelle plante, & fort belle, laquelle est de la hauteur d'vne paume, es- rse par terre tout en rond, & a beaucoup d'espines vertes. Ses fleurs resemblent à celles des is, & sont bleuës-purpurines; toutefois elles sont moindres, encloses en des gousses piquantes, isont quasi chenuës, & sont deux ou trois par ensemble. Elle fait quelquefois estant en fleur s petites fueilles, mais fort peu, qui sont semblables à celles des Lentilles. Or pource qu'elles ibent incontinent; la plante est la plus part du temps sans fueilles, & estant garnie de beau- up d'espines, resemble à vn herisson. Sa racine est de bois & grande à proportion de la plante. é croist au royaume de valence en Espagne, & principalement à l'entour d'vn lieu appellé *Siete- las* à sept lieuës de Valence, quand on va à Madril, en lieux aspres, & le long des chemins. Elle rit en Auril. Ceux du païs l'appellent *Enzo*, pource qu'elle retire à vn herisson terrestre, ou ma- à cause de ses espines: à raison dequoy l'Escluse l'a appellée *Erinacea*.

De l'Hippophaës, & Hippophæston, CHAP. XXX.

ETTE plante est appellée en Grec ἱπποφαὲς, κνάφον, & σύβον, suyuant le tesmoignage de Galien: & en Latin *Hippophaës*. Il y a ἱππόφυον en Theophraste; mais mal, à mon aduis, au lieu *d'Hippophaës*, ou ἱπποφεως comme il y a vn peu apres au mesme passage. Gaza l'appelle *Lappago*. En vn autre endroit il y a, καὶ τὸ πιθυμαλλον ὑξ ὃ καὶ τὸ ἱπποφαὲς, ἄριστον ...τεγέαν, c'est à dire, *que l'on fait de bon Hippophaes du Tithymale aupres de Tegée*: ce qui ne t pas estre entendu de *l'Hippophaes*, qui est vne plante espineuse. Dont Cornarius estime qu'il faut pas lire en ce passage *Hippophaes*, encor que Gaza ait leu ainsi; mais *Hippomanes*, comme a aux exemplaires Grecs. Toutefois les plus clair-voyants lisent icy πιθυμαλλον καὶ τὸ ἱπποφαὲς; ar ainsi il n'y a plus de doute pour ce passage. Pline l'appelle en vn lieu *Hippophaes*; en vn autre *pophyes*. Quant à ἱππόφαιστον, les Latins l'appellent aussi *Hippophæston*: il semble que Pline l'ait llé *alterum Hippophaes*: car apres auoir parlé du *premier Hippophaes*, il adiouste incontinent es ce que Dioscoride escrit de *l'Hippophæston*, apres *l'Hippophaes*. Toutefois aux communs exem- ires il y a mal *Hippope*, au lieu de *Hippophyes*, ou *Hippophaes*. *Il y en a*, dit-il, *encor vne autre*, as- oir vne espine, *laquelle est appellée Hippophæston*, *&c*. En d'autres lieux il l'appelle *Hippophæston*, nt: *l'Hippophæston croist parmy les espines*, *&c*. Le mesme Pline declare l'etymologie de ce nom, nt que ces Plantes ont esté ainsi nommées, à cause qu'elles sont bonnes aux maladies de la che- ine: car le mot φάος ne signifie pas seulement *la lumiere*; mais aussi *secours & guerison*. Or scoride descrit ainsi ces Plantes: *Hippophaës, duquel on se sert à nettoyer les draps, croist és lieux itimes & sablonneux. C'est vn arbrisseau branchu, & touffu, qui s'estend fort de tous costez. Il a les fueilles longues, approchans de celles des Oliuiers; toutefois elles sont plus estroites & plus menuës, entre lesquelles il a des espines seches, blancheastres, anguleuses, esloignées l'vne de l'autre. Ses fleurs resemblent aux grains de Lierre, & sont entassées ensemble à mode de grappe de raisin, toutefois elles sont moindres & molles, & blanches, auec vn peu de rougeur. Sa racine est grosse, & molle, pleine de suc, d'vn goust amer, de laquelle on tire vn suc comme de la Thapsie. Quant à l'Hippophæston, qu'on appelle aussi Hippophaës, il croist aux mesmes lieux, où croist l'Hippophaës, & est vne espece d'Espine à Foulon. C'est vne petite herbe, qui ne fait que des petites fueilles espineuses, & des testes vuides. Elle ne porte ny tige ny fleur. Sa racine est grosse & tendre.* Pline en dit tout autant en peu de paroles; *l'Hippophaës* croist és lieux sablonneux & maritimes. Il a des espines blanches, & porte des grappes comme celles du Lierre, auec des grains blancs, qui ont aussi vn peu de rougeur. Sa racine est pleine de suc, lequel on garde tout pur, ou reduit en trochisques auec de la farine. Et vn peu apres: Il y a vn *autre Hippophæston*, qui ne fait ny tige ny fleur: mais seulement des tiges menuës. Le suc de ceste plante est aussi fort souuerain pour les hydropiques. Il faut que ces plantes soient propres pour les cheuaux, dont elles ont prins leur nom. Et de fait il y a des herbes qui seruent particulierement aux bestes, nature monstrant par là comme elle est riche en remedes. Tellement qu'on ne sçauroit assez admirer sa prouidence, d'auoir ainsi dispensé ses remedes par genres, par causes, & par certains temps: en sorte qu'il y a diuersité de remedes selon la diuersité des

Les noms. En la gloss. d'Hippoc. Liu. 6. de l'hist. ch. 4. Chap. 5. Liure 9. de l'hist. ch. 15. Embl. 141. Liu. 4. Liu. 21. c. 15. Liu. 22. c. 12. Liu. 16. c. 44. Liu. 4. c. 156 & 157. La forme. Liu. 21. c. 21.

Hippophaës prins en l'exemplaire de l'Empereur, de Dodon.

heures. Et n'y a quasi iour en l'an qui n'ait ses remedes particuliers. En vn autre passage il dit
Liu.13.c.10. que *l'Hippophæston* croist parmy les espines, dont les Foulons font leurs tines, & n'a ne tige ne fleur,
mais seulement des boutons ou testes vuides, & force petites fueilles verdastres. Ses racines sont
petites, blanches, & molles. En ce passage de Pline le mot *Hippophæston* est escrit par vn Υ, comme
aussi Paulus l'a escrit : mais ce que nous auons dit, *les tines des Foulons*, il y a au texte *Aenea Fulloniæ*, en quoy il y a de la faute: car cela n'a point de signification. Aucuns lisent au lieu de cela *vene
Fulloniæ*, & d'autres *pectines Fullonij, &c.* D'autres lisent ainsi: *Hippophæston spina in maritimis nasci-
tur: hac implentur Cortinæ Fulloniæ, &c.* c'est à dire, *L'Hippophæston est vne plante espineuse, qui croist
és lieux maritimes: on en remplit les chaudieres des Foulons.* Et ce suyuant l'authorité d'Hermolaus,
comme il y a aussi au liure 24. *Ceste espine est assez commune; d'autant que l'on en remplit les chau-*
Chap.13. *dieres des Foulons.* Cornarius veut qu'il y ait, *ex quibus fiunt pilæ Fulloniæ*, comme nous l'auons tra-
Embl.142. duit cy dessus. Theophraste met *l'Hippophaës* entre les Plantes qui ont les espines aupres des fueil-
liu 4. Liure 6. de l'hist ch.3. les. Vn peu apres il dit, *qu'il a les fueilles sans espines, & vne seule racine, & ses tiges couchées par terre.*
Or combien que ces descriptions soient assez claires & amples: si est-ce qu'il ne s'est treuué iusques
Chap. 4. à present aucun Simpliciste quelque diligent qu'il ait esté, qui ait peu recognoistre ceste plante, si
Pena aux ce n'est l'Anguillara, lequel dit l'auoir veuë. Elle croist au riuage sablonneux de la Morée, dit-il, &
Aduers. est appellée communement *Espine purgatiue.* Ses racines ont plus d'vne paume de longueur, &
Le lieu. rendent vn suc comme laict, quand on les rompt, lequel est fort amer, & sent mal. Il n'en a point
veu ny la fleur ny le fruict pour lors. Quant aux autres parties elles s'accordoient auec la description de *l'Hippophæston. Le Tribulus marin*, ou *Pastenade marine* a bien quelque chose de commun
auec *l'Hippophaës*; mais il y a si grande difference en quelques autres choses, que l'on ne la sçau-
Aux marit. roit prendre pour *l'Hippophaës.* Nous auons traitté de ceste question en vn autre endroit. Tou-
chap.11. chant *l'Hippophæston*, il n'est non plus cogneu que *l'Hippophaës.* Or *l'Espine* qui est icy peinte a esté

Hippophæston d'aucuns, de Dalechamp.

enuoyée à Dalechamp de l'Isle de Malte pour *l'Hippophæston*; toutefois il n'en asseure rien: mais en laisse le iugement libre aux lecteurs. C'est vne espine blanche, qui
iette des petites branches çà & là, ou plustost des espines,
& vne petite fleur blanche, entassée comme en grappe de
raisin. Il ne peu pas asseurer si elle est purgatiue, & s'il sort
de suc blanc de sa racine, ou de ses tiges ou fueilles, pource
qu'il la receut toute seche, sans que celuy qui l'enuoyoit y
eust adiousté aucune description. Au reste Dioscoride dit
Liu.4.c.156 que *l'Hippophaës* rend vn suc par la racine, lequel prins tout
Les vertus. pur au poids d'vn obole euacuë par le bas le phlegme, la
bile, & les aquositez. Estant incorporé en farine d'Ers il en
faut prendre au poids de quatre oboles auec eau miellée.
On pile aussi toute la plante auec ses racines, & la prend
on ainsi broyée auec vne hemine & demie d'eau miellée.
Mesme on tire du suc de la racine & de l'herbe comme l'on
fait de la Thapsie. La dose de ce suc quãd on veut qu'il serue à purger, est vne dragme. Il faut tirer le suc des fueilles
de la racine, & de la teste de *l'Hippophæston*, & le faire seche.
Ce suc prins au poids de trois oboles auec eau miellée
euacuë les aquositez & le phlegme. Il est particulierement
propre à ceux qui ne peuuent respirer sans tenir la teste
droite, contre le haut mal, & aux maladies des nerfs. Pline
Liu.16.c.44. en dit les mesmes choses en peu de mots: Le suc de la racine *d'Hippophæston* est fort propre, comme l'on dit, pour
Liu.27.c.10. purger ceux qui ont le haut mal. On en tire le suc en esté:
car il lasche le ventre estant prins au poid de trois oboles
& sert principalement contre le haut mal, à ceux qui sont
subjets au tremblement; aux hydropiques, contre les vertiginositez, à ceux qui ne peuuent respi-
Liu.7. rer sans tenir la teste droite, & aux paralysies qui ne font que commencer. Galien n'a point parlé
de *l'Hippophaës*, ny de *l'Hippophæston*, *en sa liste des Simples.* Paulus en a dit tout ce que Dioscoride
en escrit, & rien dauantage.

Du Poterion, *CHAP. XXXI.*

Les noms. ΠΟΤΗΡΙΟΝ, & νευρὰς en Grec, est aussi appellé en Latin *Poterion*, & *Neuras*, & *Phrynion*
suyuant le tesmoignage de Pline. Ceste herbe est appellée *Poterion, à potando*, pource
Liu.3.ch.15. qu'elle s'aime à boire, & és lieux aquatiques & marescageux, ainsi que dit Dioscoride.
Et *Neuras*, pource qu'elle est propre pour les nerfs. Dioscoride la descrit ainsi: *C'est vn
grand*

rand arbrisseau ayant des branches longues, molles, souples & aisées à ployer comme une aiguillette; enues, & semblables à celles de l'Espine de Bouc. Ses fueilles sont petites & rondes, Toute la plante est uuerte d'une bourre menuë, & est espineuse; (en d'autres exemplaires il y a; Toute la plante est couuer- d'une escorce deliée, & de beaucoup de bourre,) Ses fleurs sont petites & blanches. Son fruict a vn ust odorant, acre, & ne sert à rien,) car il faut lire ainsi ce passage, suyuant l'exemplaire d'Alde καρ- ὸ γεύσιμον εὐώδη, καὶ δριμὺν. &c.) Elle croist és lieux marescageux, & aussi sur les collines. Ses racines nt longues de deux ou trois coudées, & sont fortes & nerueuses. Si on les entame aupres de terre, elles ndent vn ius comme de gomme. Pline fait mention du *Poterion* en deux endroits. Premierement là il dit, que les Grenoüilles sont aussi venimeuses, & principalement les Reines vertes: car i'ay veu s Psylliens, pour esprouuer s'ils estoient de la vraye race contre les autres, qui ne se faignoient int d'en manger des rosties entre deux plats; & neantmoins i'en ay veu mourir pour ce fait plus udain qu'on ne feroit d'vne morsure d'Aspic. Toutefois l'herbe ditte *Phrynion* en Grec sert de re- ede contre ce venin là, la prenant en vin. Aucuns l'appellent *Neuras*, & d'autres *Poterion*. Elle iet- des petites fleurs, & beaucoup de racines à mode de nerf, qui sentent bon. En l'autre passage il t: Le *Poterion*, qu'aucuns appellent *Phrynion*, ou *Neuras*, est vne grande plante garnie d'espines, & uuerte de bourre bien espesse. Ses fueilles sont petites & rõdes. Ses branches sont longues, molles uples & menuës. Sa fleur est lõgue & verdastre. On ne se sert point de sa graine; toutefois elle a vn ust piquant, & est odorante. Elle croist és collines humides. Elle fait deux ou trois racines de deux udées de long, nerueuses, blanches & fermes. On fouït à l'entour en automne, puis on entame sa cine, laquelle rend vn suc comme de gomme. Au premier passage Pline dit; *Les fleurs petites*, cõ- e ayant leu ἄνθη μικρά; & au dernier il dit; *les fleurs longues & verdastres*, comme s'il auoit leu ἄνθη κρ., ἢ χλωρά; au lieu qu'il faut qu'il y ait ἄνθη μικρὰ, λευκά, c'est à dire, *Les fleurs petites & anches*, comme il y a en Dioscoride, Finalement Pline au lieu de dire *le fruict*, dit *la graine*, & dit 'elle a vn goust δριμὺν, c'est à dire *aigu*, *ou piquant*, au lieu de dire *acre*. Au reste Matthiol estime auoir mis le vray pourtrait du *Poterion*, lequel Dioscoride cõpare bien à propos à *l'Espine de bouc*, ant aux branches & aux fueilles. Mais, dit Matthiol, il a particulierement des branches qui

Poterion, de Matthiol

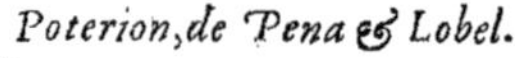

Poterion, de Pena & Lobel.

sortent à la cime couuertes d'vne bourre deliée; ce qui n'est pas en *l'Espine de bouc*. Pena dit que le *Poterion* de Matthiol est *l'Espine de bouc*, mesmes ou pour le moins, que le pourtrait a esté prins des- sus: car il n'a pas les espines, ny l'escorce comme *l'Espine de bouc*, ny aussi ses espines garnies de fueil- les. En somme il s'en faut plusieurs autres choses, qui mõstrent que ce n'est pas le *vray Poterion*: mais qu'il a veu le vray & naturel dans le Iardin de Padouë, & en d'autres lieux. Il fait beaucoup de tiges grailes, esparses çà & là, couuertes d'vne escorce noirastre & deliée, mesme estans seches, lesquelles ne sont pas droites comme celles de *l'Espine de bouc*: mais recourbées deça & delà, &

entortillées comme celles de la Nepa, & de la Corruda. Semblablement ses espines sont dif fées sans aucun ordre: toutefois elles sont beaucoup plus foibles que celles de *l'Espine de bouc*, moindres, entrelassées ensemble à mode d'vn treilliz ou d'vn rets, sans aucunes fueilles. Ses peti fueilles ne sont pas blanches, mais noirastres, & ne sortent pas des aiguillons; mais de la tige par d filets menus, trois fois plus petits que ceux de *l'Espine de bouc*, à mode de celles des Lentilles, ou l'Astragalus. Sa graine est petite, rougeastre, semblable à celle du Sumach, & encor plus petite.

Les vertus. Il croist du *Poterion* en Dauphiné aupres de la Mure, qui est vne petite ville pres de Grenoble par des vallons pleins de bois. *Les racines du Poterion* broyées & appliquées en cataplasme sont prop. pour consolider les nerfs coupez, & les playes. Leur decoction aussi est singuliere pour les accide des nerfs. Pline en dit de mesme: On dit que sa racine est merueilleusement propre pour guerir l playes, & principalement les nerfs, encor qu'ils soient du tout coupez. Sa decoction prinse en bre uage auec du miel guerit les paralysies, & les accidens d nerfs, mesme quand ils seroient coupez. A quoy s'accor Galien, disant; *Neuras est appellé Poterion par aucuns: Il deficcatif sans mordication, mesme on tient qu'il guerit l nerfs coupez, & les reioint. A quoy ses racines seruent prin palement. Mesme aucuns ordonnent de prendre la decocti d'icelles en breuuage contre les accidents des nerfs.*

Liu.27.c.12 *Liu 8. des simp.*

Chardon Eriocephalus.

Du Chardon Eriocephalus, CHAP. XXXII.

Les noms. *En l'hist. des pig.* A Cavse que ce *Chardon* a la teste bourru Dodon l'appelle *Carduus Eriocephalus*, sçachant point d'autre nom plus propre. L bel l'appelle *Carduus tomentosus Anglica & Corona fratrum herbariorum.*

La forme. Il a les tig hautes & grosses; & les fueilles decoupées, grandes espineuses, blancheastres par dessous. Ses testes so rondes, couuertes de beaucoup de bourre blanche & d liée & molle, auec des petites espines qui passent à trau de tous costez, & sont piquantes. Au bout des testes il so des fleurs purpurées & à mode de filace. Sa graine est lo gue & reluisante comme celle de beaucoup d'autres Cha dons. Dodon dit qu'il a esté apporté en Flandres de qu que autre païs.

Le lieu. Lobel dit, qu'il en croist par toutes les co lines du païs d'Arthois, & d'Hainaut, comme aussi en A gleterre au Duché de Sommerset.

Du Ceanothus, Acanus d'Anguillara. CHAP. XXXIII.

Theophraste ayant dit, que le Grame sortoit par des neuds, pource que ses rac nes sont compatties par neuds, par chascun desquels il sort des racines par de sous, & le bourgeon par dessus; il adiouste puis apres; *Semblablement aussi l'Espine q est appellée Ceanothus, bourgeonne ainsi: toutefois sa racine n'est pas comme celle des R seaux ny compartie par neuds.* Or Anguillara estime que ce *Ceanothus* est vne plante fort commun aux enuirons de Padouë, laquelle fait ses racines rampantes çà & là par dessous terre bien loing; & la fueille comme le Laitteron, sinon qu'elle est plus espineuse, la tige est can nelée auec beaucou de petites testes piquantes à la cime. Sa fleur est purpurée, qui s'enuole en papillotes. Sa graine e semblable à celle du Saffran bastard; toutefois elle est petite. Ceux du païs appellent ceste plant *Asione.* Or combien que *Acanus* ne se prend point particulierement pour *vne espece de Chardo* mais generalement pour *les testes piquantes des Chardons*; toutefois Anguillara dit, qu'il luy a est enuoyé de la graine d'vn Chardon de Candie, sur laquelle on auoit escrit le nom *d'Acanus.* Cest graine estant reprise & ayant produit sa plāte auoit les fueilles couchées par terre tout en rond, plu larges que longues, vertes-brunes, auec des nerfs blancs à trauers, d'entre lesquelles sortoit la tig auec trois petites branches, & quelquefois dauantage, ayans à la cime trois fueilles, du milieu des quelles il sortoit vne petite teste herissée semblable à celle d'vne Carde, portant la fleur rouge: & la graine semblable à celle du Saffran bastard, de Couleur cendrée. Nous n'auons pas voulu laiss d

Chardon fier, de Lobel.

de mettre la description de ces Plantes, encor que nous n'en eussions par le pourtrait, en attendant que nous le puissions recouurer de quelque lieu.

Du Chardon fier de Lobel.
CHAP. XXXIV.

LEs modernes Herboristes ont appellé ce *Chardon*, qui est le plus rare de tous les Chardons, *Leo*, & *Carduus ferox*: les Italiens *Cardo fiero*, *leone*, à cause des roides espines dont il est garni. Car on ne voit autre chose à l'entour de ses fueilles qui ont de grandes descoupeures, & au commencement des testes il ne sort qu'espines & aiguillons piquans, de la longueur d'vne poucée, ou d'vne poucée & demie. Sa tige est petite, & n'a pas à grand peine vne paume de hauteur. Sa fleur resemble à celle du Saffran bastard, & est enuironnée d'espines bien piquantes. Ceste plante ainsi rare & qui à grand'peine est cogneuë ne sert à rien. On dit qu'elle croist en grande abondance sur certaines collines d'Italie pres de l'Apennin. Voilà ce qu'en dit Lobel.

Les noms. *La forme.* *Le lieu.*

Fin du XIII. liure de l'Histoire Generale des Plantes.

LIVRE QVINZIESME DE L'HISTOIRE Generale des Plantes.

Contenant la Description & Pourtrait naturel des Plantes Bulbeuses, & qui ont la Racine poulpue, ou compartie par neuds.

Des Lys. *CHAP. I.*

ENTRE toutes les differences qui se prennent selon la diuersité des parties des Plantes, il n'y en a point en si grand nombre, ny desquelles la cognoissance soit plus necessaire à ceux qui s'estudient en la cognoissance des Simples que celles qui se prennēt sur la diuersité des Racines, desquelles Theophraste a traitté biē diligemment. Car laissant à part celles des Arbres, quād il traitte de celles des Herbes: *Il y en a*, dit-il, *qui sont de bois, comme celles du Basilic:* (car il faut lire ainsi texte Grec, εἰσὶ μὲν γὰρ αἱ ξυλώδεις, comme Gaza leu, au lieu de λαχανώδεις,) *Les autres sont charnuës, comme celles des Bettes, & encor plus celles de l'Aron, des Affrodilles, & du Saffran. Les autres sont composées de chair & d'escorce, comme celles des Raifforts & des Raues. Les autres sont comparties par neuds, comme celles des Roseaux, & du Grame. Les autres sont cōposées de plusieurs pelures & escorces, comme celles de la Squille, des Bulbes, & des Oignons.* Or il n'est pas icy question de discourir de toutes; ains seulement des *Bulbeuses*, sous lequel nō nous comprenons celles qui sont composées de plusieurs testes iointes ensemble, à raison dequoy elles sont appellées en Latin *Capitatæ*, & ces petites testes *Bulbi, Nuclei, Spicæ*, & en Grec *Gelgès, Aglithes*, & *Aglidia*, comme sont celles *des Aulx*: Et en outre celles qui sont rondes & couuertes de leurs pellicules ou membranes, lesquelles sont aussi appellées *Bulbi*, comme sont celles *des Lys*, & des *Vaciets*. Dauantage nous traitterons encor en ce Liure des Racines qui sont charnues, & aussi de celles qui sont comparties par neuds, c'est à dire, qui sont grosses, rondes, pommées, auec certaines separations qui semblent des neuds. Et pour entrer en matiere nous commencerons par les plus cogneuës à vn chacun, comme est la Plante que les Grecs appellent κρίνον & λείριον, καλλίλειριον, & κρινάνθεμον: les Latins *Lilium* & *Iunonis Rosa*; & les Apothicaires *Lilium album*: les Arabes *Susen*: les François *Lys*: les Italiens *Giglio*: les Allemans *Vueisz Gilgen*, & *Lilgen*. Toutesfois le mot λείριον, qui signifie *doux, plaisant*, & *souhaitable*, ne se prend pas simplement pour le *Lys*; mais comprend plusieurs autres belles fleurs & plantes Bulbeuses. Il est appellé *Iunonis Rosa* pource que les Poëtes anciens ont feint que le *Lys* estoient creu du laict de Iunon estant tombé en terre. Car Hercule, que Iupiter auoit engendré en Alcmena, estant encor enfant fut mis aupres des tetins de Iunon qui dormoit, & s'estant bien saoulé & remply de laict, il lascha le tetin, dont il coula par apres beaucoup de laict, lequel courant par le ciel y laissa ceste marque que les Latins appellent *Via lactea*; & de ce qui en coula iusques en terre, il en sortit le *Lys*, qui fait la fleur blanche comme laict, qui est appellé *Iunonis Rosa*, pour ceste raison là. Or Dioscoride dit, comme aussi Pline, qu'il y a des *Lys blancs*, & des *rouges*, qui croissent naturellement tels, & sans aucun artifice, combien que Pline asseure qu'on s'est essayé de donner d'autres couleurs aux *Lys blancs*, & qu'on les a fait passer en autre couleur. Quant au *Lys blanc* il fait des fueilles longues, larges, poulpues, vertes-blaffardes, cannelées en long, du milieu desquelles il sort vne tige droite & ronde, de la hauteur d'vne coudée, & dauantage, garnie de fueilles beaucoup plus petites que les autres, à la cime de laquelle il vient des fleurs semblables à celles du Saffran: toutefois elles sont plus grandes, excellemment blanches, odorantes, composées pour la plus part de six fueilles arrangées par ordre, longuettes, & estroites, formans comme vne hotte, ou vne cloche, & espannies, du milieu desquelles il sort des filets iaunes faits à mode de langues: Entre lesquels il y en a vn qui est le plus long de tous, & aucunement rond au bout, de couleur verdastre, qui represente comme le battail d'vne cloche. Sa racine est ronde, blanche, & de la grosseur d'vn oignon, composée de plusieurs petites lames qui tirent contremont, cheuelue par dessous, & pleine d'vn suc visqueux. Dioscoride n'a point mis la descriptiō de ceste Plante comme

Liu. 1. ch. 9. & 10.

Les noms.

Les especes.

La forme.

Lys blanc, de Matthiol.

comme estant assez cogneuë, & toutefois Pline l'a descrite fort brauement, disant : *Le Lys* approche de la beauté de la Rose, & mesme il y a comme de l'affinité, d'autant qu'on en fait aussi de l'onguent & de l'huile qui est appellé *Lirin*. Au reste ceste fleur a bonne grace estant meslée parmy les Roses. Aussi commence elle à venir quand les Roses sont à demy passées. Il n'y a fleur plus haute que ceste-cy: car on en voit quelquefois qui ont trois coudées de haut. Elles ont tousiours le col foible, qui ne peut pas supporter la pesanteur d'icelles. Ses fleurs ont vne merueilleuse blancheur, & leurs fueilles cannelées par dehors, lesquelles sont estroites au dessous & vont peu à peu en eslargissant contremont, à mode d'vne hotte, & ont les bords recourbez en dehors. Au milieu de ceste fleur on voit certains filaments iaunes qui se tiennent droits, lesquels ont vne graine iaune au bout. Ainsi comme ceste fleur est de deux couleurs, aussi a elle deux odeurs ; car l'odeur des fueilles est autre que celles des filaments qui sont dedans : toutefois la difference y est bien petite. Vn peu apres on treuue aussi des *Lys rouges*, que les Grecs appellent *Crinon*. Aucuns appellent leur fleur *Cynorrhodon*. Les meilleurs viennent en Antioche, & Laodicée de Syrie & à Phaselis. Ceux d'Italie tiennent le quatriesme rang. Il y a aussi vne sorte *de Lys purpurins*, qui sont quelquefois double tige, & n'y a autre difference, sinon que leurs racines sont plus poulpues, & ont leurs oignons plus gros que les Lys ; aussi n'en font elles qu'vn. Nos Latins l'appellent *Narcissus*, dont il y en a qui la fleur blanche, & le vase purpurin. La principale difference qui est entre les Narcisses & les ,est en ce que les Narcisses n'ont point de fueilles sinon tout touchant la racine, dont les meils viennent aux montagnes de Lycie. La troisiesme espece de Narcisse est du tout semblable precedents, sinon que sa fleur est fauue, ou verdastre. Tous *Lys* sont tardis à fleurir ; car ils rissent apres la retraitte d'Arcturus. & vers l'Equinoxe d'automne. Au reste certains esprits nstrueux ont treuué moyen de les enter. On amasse leurs tiges au mois de Iuillet : lors qu'elles t seches, & les pend on à la fumée. Au mois de Mars suyuant, que les *oignons des Lys* sont tous s, on les met tremper en lie de gros vin, ou en lie de vin Grec, pour leur faire prendre cou-:& finalement on les plante en des petites fosses, où l'on iette aussi quelque peu de lie. Voilà co-on fait les *Lys rouges*, qui est vne chose admirable, qu'vne chose se puisse tellement teindre, que eur qui en sortira soit teinte. Ce que Pline a prins en partie de Theophraste, qui en a ainsi escrit: *a difference entre les Lys, dont nous venons de parler, pour raison de la couleur. Ils ne font pour la part qu'vne tige, & peu souuent deux, selon la diuersité du climat & du terroir. De chasque tige il quelquefois vne fleur & quelquefois dauantage : car elles sortent à la cime. Mais cela est rare. Les ont beaucoup de racine, laquelle est poulpuë & ronde. La tige des Lys estant coupée ne laisse pas pour de porter la fleur: mais plus petite. Elle rend aussi certaine eau, laquelle on plante aussi.* Or ce que e a dit, que les Grecs appellent les *Lys rouges Crinon*, il y a des personnages doctes qui estiment il y faut lire ἐρυθρὸν κρίνον, ou bien tout en mot ἐρυθρόκρινον: car le *Lys blanc* est aussi appellé *Cri-*. Ce qu'il dit aussi, que la *fleur de Lys* est appellée *Cynorrhodon*, aucuns estiment qu'il n'y a point faute suyuant Hesichius ; mais d'autres tiennent qu'il faut qu'il y ait *Crinorrhodon* ; veu mesme il a dit vn peu deuant que le *Lys* est appellé *Crinon*: & que le mot de *Cynorrhodon* n'a rien de comn auec la *fleur de Lys* ; au lieu que *Cinorrhodon* signifiera proprement la rose, ou *fleur de Lys*, exmant par ce moyen la couleur vermeille de la fleur, comme en faisant comparaison auec celles roses, non pas des blanches, mais des vermeilles. Hippocrate a appellé ces fleurs là *Crinanthe-u*. Quant au *Lys purpurin*, que les Alchymistes d'Italie appellent *Martagon*, ainsi que dit Matthiol, don l'appelle *Lilium syluestre* : les Allemans *Goldttvurtz*, à cause que son oignon est iaune : les nçois *Lys sauuage* : les Italiens *Giglio rosso*. Il fait les tiges de deux coudées de haut, ou dauan-e, rondes, & les fueilles longues, larges, & aiguës, qui ne sont pas arrangées inesgalement par ige ; mais sont disposées à l'entour par certains interualles à mode d'estoille. Ses fleurs sont athées chacune à sa queuë, & pendent contre bas, de la figure de celles des *Lys blancs* ; toutefois es sont moindres, de couleur de pourpre blaffarde, auec quelques taches purpurines, & des ments de mesme couleur au milieu. Leurs fueilles sont recourbées en dehors quasi tout en nd. Ses racines sont bulbeuses, & comme composées de plusieurs noyaux ou costes, de couleur or, ou fauue, auec beaucoup de cheuelures. Il en croist en plusieurs lieux d'Allemagne parmy les

Liu. 21. ch. 5

Liure 6. de l'hist. ch. 6.

Lys sauuage, Martagon de Matth.

Lys purpurin grand, de Dodon.

les bois, & aux montagnes, suyuant le tesmoignage de Fusche, & de Gesner. En Flandres on l'entretient dans les Iardins auec les autres *Lys*. Il fleurit à la fin de May, ou au commencement d Iuin, deuant que les *Lys blancs*. Fuchse en a mis le pourtrait pour *l'Affrodille femelle*. Tragus l'appelle *Hyacinthus poetarum*: les Herboristes *Hemerocallis*. Il y a vne autre plante fort belle, laquell aucuns mettent au nombre des *Lys rouges*. Elle porte vne fleur qui est de fort belle couleur rouge, de la grandeur des *Lys sauuages*; & est appellée *Tulipam*, du nom dont les Turcs la nomme en leur langage. Nous en traitterons auec les autres de mesme espece. Dodon a mis d'autres *Lys purpurins*: dont l'vn qui est le plus grand, fait les tiges fort longues & hautes, quelquefois plus q celles du *Lys blanc*. Il a les fueilles plus brunes, & plus estroites, qui sont en grand nombre, à l'entour de la tige: car il ne fait point de fueilles deuant que la tige sorte. A la cime d'icelle il so. beaucoup de fleurs en nombre de dix ou douze, ou dauantage, quelquefois iusques à dixhuict vingt, disposées sans aucun ordre les vnes au dessus des autres; de la grandeur & figure de cell des autres *Lys*, & de couleur rouge tirant sur le iaune, auec beaucoup de petits points noirs, co me si c'estoient commencemens de lettres. Ses racines sont des gros Oignons ou Bulbes, composez de plusieurs costes, comme ceux des *Lys blancs*; toutefois ils sont plus gros. Il l'appelle aus *Hyacinthum scriptum*, *Hyacinthe escrit*, & *Comosandalon*. Fuchse l'appelle *Lilium croceum*: Lobel *Lilium cruentum*, & d'autres *Syluestre Lilium*. C'est *l'Hemerocallis*, ou pour le moins c'en est vne espec Toutefois Dodon dit, que ce ne l'est pas, pource que Dioscoride dit, que *l'Hemerocallis* porte tro ou quatre fleurs de couleur fort iaune par chascune branche; & ce *Lys* icy n'a point de branche mais porte ses fleurs par la tige, non pas trois ou quatre; mais bien souuent dixhuict ou vingt, q ne sont pas iaunes, mais de pourpre iaunastre. Tellement que ce ne peut estre *l'Hemerocallis* mai plustost le *Lys* que Dioscoride appelle πόρφυρον; & Pline *Rubens*, c'est à dire, *Rouge*. Toutefois Pe dit, que ceste raison touchant les branches & le nombre des fleurs n'est pas de grand poids: ca qui aura veu que le *Lys blanc* fait quelquefois de telles branches, qui sont quelquefois garnies d beaucoup de fleurs, & quelquefois d'vne seule, ne s'arrestera pas beaucoup à cela. *L'autre Lys purpurée* de Dodon est plus petit: & a la tige beaucoup plus courte, & de la longueur d'vne coudée seulement, & encor moins. Il a aussi les fueilles brunes: mais moindres & plus estroites. Ses fleur sortent à la cime de la tige, chacune desquelles est attachée par vne queuë, qui est quelquefoi courte, & par fois longue, de couleur de pourpre iaunastre, & marquettées semblablement de fo petites taches noires. Elles sont aussi de la figure de celles des *Lys* toutefois elle sont plus petites Ses racines sont aussi Bulbeuses, auec des cheuelures tant dessus que dessous. Il fleurit à la fin d May deuant que les autres *Lys*. Dodon estime que c'est *l'Hyacinthus d'Ouide*. Or il n'y a differenc entre ces deux, si ce n'est pour raison du cultiuage: car le cultiué est plus grand, & l'autre est plu petit: & ny l'vn ny l'autre n'a la fleur purpurine: mais de la couleur d'vne escorce d'orange. Lobe a mi

Au traitté des fleurs. ch. 33 & 35.

is le pourtrait de quelques autres belles sortes de *Lys*, dont il appelle le premier *Lilium cruen-* *Bulbos gerens*, lequel fait des branches à la cime de la tige, sur lesquelles viennent les fleurs. racines ont beaucoup de costes. L'autre *Lys sanglant* est plus petit que le *Lys purpurin grand*; & fleur semblable à celle du *Lys sauuage*, & la tige de la hauteur d'vne coudée & demie, chargée etits Bulbes dés le milieu iusques à la cime. Le troisiesme est appellé le *Lys Persique* : & en en *Pennacchi Persiano*, qui est rare en Allemagne, en France, & en Angleterre. Il s'en voit tou- is à l'Isle en Flandres, comme il dit, dans le beau Iardin de Iean Dilsius, personnage notable,

sanglant ayant des Bulbes, de Lobel.

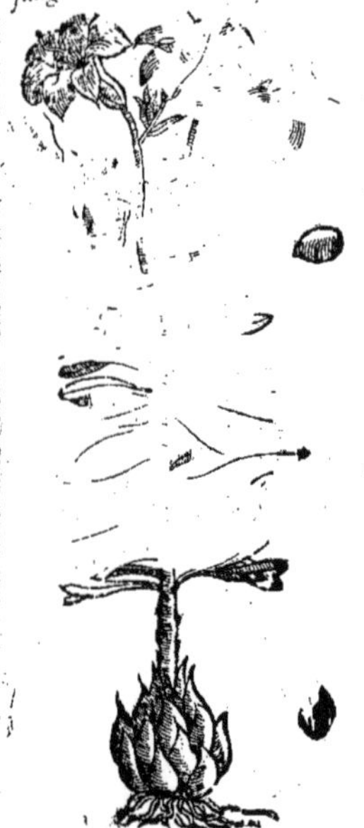

utre Lys sanglant, de Lobel.

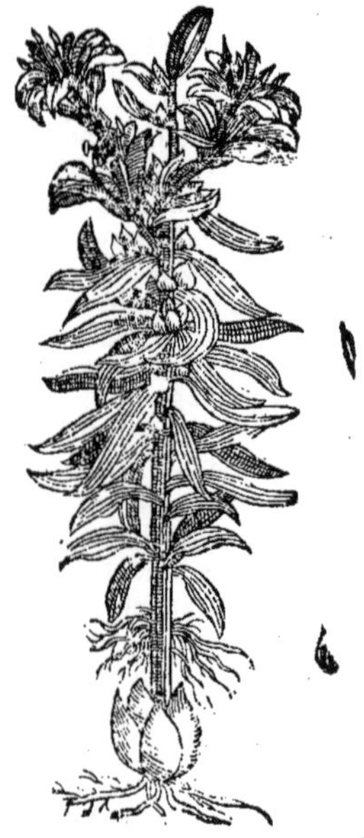

Lys de Perse, de Lobel.

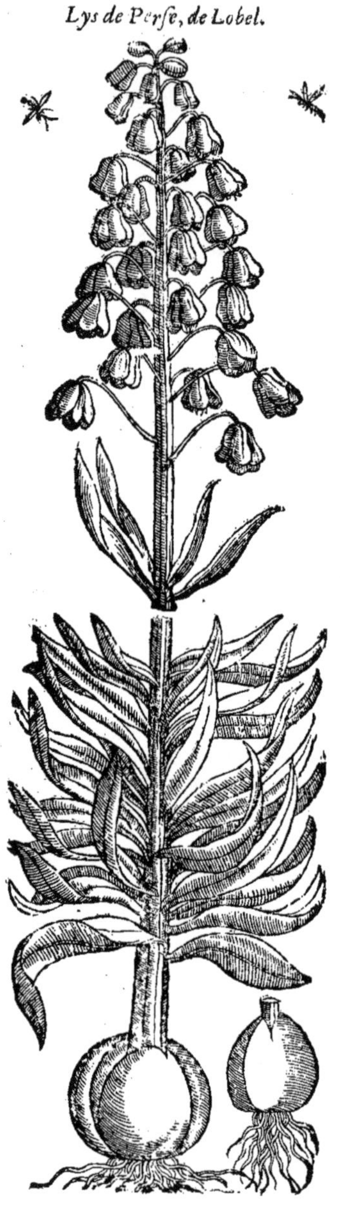

où

Coronne Imperiale, de Dodon.

où il y a vne infinité d'autres plantes estrangeres. Il a la ti de trois coudées de haut, garnie de beaucoup de fueill vertes tirant sur le bleu, aiguës au bout, de la grandeu celles des *Lys sanglans*. Ses fleurs sont pendantes, faite mode d'vne cloche, & de couleur de pourpre blaffard o scur. Sa racine est bulbeuse & fendue, & n'a point d'esca les. Au demeurant elle est blanche, & platte par desso & vnie, auec des cheuelures iaunastres. Il y a vne aut plante qui resemble bien aux *Lys*, laquelle croist au sus Iardin en Flandres, & est appellée *Chalcedonicum Lale*. El a la tige d'vn pied & demy de haut; les fueilles plus lo gues que celles du *Lys de montagne*. Ses fleurs sont rouge pendants à mode de celles du *Lys Persique*, & en forme cloche, comme la peinture le monstre: toutefois il dit, qu' ne les peut pas voir, pource qu'encor que la plante pr duisist sa tige, neantmoins elle ne poursuiuit pas, pource q la tige se flestrit à la cime. Sa racine est à mode d'oigno comme celle de la Chiennée, sentant mal, comme au toute la plante. Ceste plante fut enuoyée en Flandres so le nom de *Lale, Turfan*, ou *Coronne Imperiale*. Myconus no a enuoyé d'Espagne vne autre plante, qu'il appelle *Lilir Polyrrhizon*, pource que sa fleur est de la figure, de la co leur, & du mesme goust doux & visqueux, que celle d *Lys blancs*: & pource qu'elle a beaucoup de racines. Au rest il en laisse le iugement libre aux plus doctes Simplicistes, ce nom est propre ou non. Ceste plante retire du tout au Affrodilles, soit que l'on considere ses fueilles, qui leur re tirent si fort que deuant qu'elle face sa fleur on diroit que ce sont vrayement Affrodilles. Elle beaucoup de racines qui ne sont pas fort grosses, blanches, esparses çà & là, & qui n'entrent p fort auant en terre; douces & visqueuses; desquelles sort la tige, qui a le plus souuent deux co dées de haut; & est creuse, & sans moëlle, chargée de fleurs blanches semblables à celle des *Ly blancs*, & odorantes: toutefois elles sont beaucoup plus petites, & ont des filaments iaunes par de dans. Sa graine vient en vne gousse faite à triangle; & est noire & triangulaire. Elle croist és mon

Lys Polyrrhizon de Myconus: Phalangion d'aucuns.

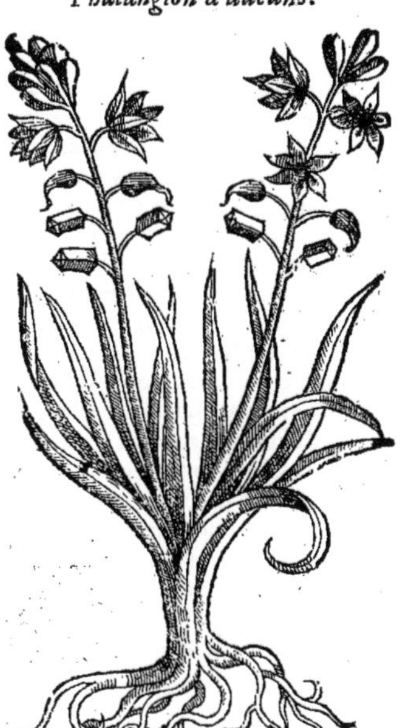

Lys blanc de Syrie, de Rauuolf.

es, pourueu qu'il y ait de l'humidité, & quelquefois le long des ruisseaux. Aucuns estiment c'est le *Phalangion*, ou vne espece d'iceluy; toutefois differente du *Phalangion*, dont Matthiol s le pourtrait. Rauuolf met le pourtrait d'vne espece de *Lys blanc*, qui est rare, laquelle, me il a entendu par les Apothicaires d'Halep de Syrie, croist en lieu aquatique. Elle a la tige e, de la grosseur & couleur de nos *Lys*; toutefois elle est plus large, principalement à la cime, lle a plus de trois doigts de largeur, de laquelle il sort des fueilles tout du long, menuës, lon-tes, & tendres, qui tombent aisément. A la cime il y a quelques fleurs blanches, semblables à s de nos *Lys*. Aucuns prennent ceste plante pour le *Lys* dont Theophraste fait mention. Mais ophraste parle là du *Stratiotes aquatique*, duquel Athenée parle aussi, & Pline de mesme. Au Dioscoride dit, que de la *fleur de Lys* il se fait vn onguent, qu'aucuns appellent *Lirinum*, & utres *Susinum*, qui est propre pour amollir les nerfs, & particulierement les durtez de la rice. Les fueilles de la plante sont bonnes aux morsures des serpens estans apliquées des-Estans bouïllies elles sont propres aux brusleures : confites en vinaigre elles sont propres les playes. Le *suc d'icelles* cuit auec vinaigre & miel en vn pot d'airain est vn souuerain re-e pour les vieux vlceres, & pour les playes fresches. Sa racine rostie, ou broyée auec huile guerit les brusleures, amollit la matrice, prouoque les mois, & guerit les vlceres. Incorporée iel elle sert aux nerfs coupez, & aux dislocations. Elle guerit le mal S. Main, les eschaques eau morte, & la galle. Elle mondifie les vlceres de la tigne, & nettoye la peau du visage, & en passer les rides. Broyée en vinaigre, ou auec des fueilles de Iusquiame, & de farine de fro-t, elle appaise les inflammations des genitoires. Sa graine est bonne à prendre en breuuage re la morsure des serpens. Icelle broyée en vin auec les fueilles de la plante sert pour appli-sur le feu S. Antoine. Pline traitte aussi du mesme *vsage des Lys* en medecine fort ample-t, disant, que les *oignons des Lys* ont rendu leur fleur admirable par leurs grandes proprietez: ils sont singuliers estans prins en vin contre les morsures des serpens, & contre le venin des pignons. Cuits en vin & appliquez à mode de cataplasme, ils resoluent les gallons & duri-des pieds, à la charge de ne les oster de dessus de trois iours. Cuits en graisse ou huile, ils font nir le poil mesme sur les brusleures. Prins en breuuage auec du vin miellé ils euacuent par le le mauuais sang, & sont propres aux spasmes, & aux rompures, & conuulsions, & pour les es qui ne peuuent auoir leurs mois. Cuits en vin & appliquez auec miel ils guerissent les s coupez. Ils sont bons contre les dertres, grattelles & feux volages, & pour faire passer les aques, & pour derider la peau. Les *fueilles de Lys* cuites en vinaigre sont propres pour appli-sur les playes. Incorporées en miel, auec du Iusquiame & farine elles sont propres aux in-mations, ou defluxions vehementes des genitoires. Sa graine appliquée en liniment est fort ne au feu S. Antoine. Ses fueilles & ses fleurs sont bonnes pour appliquer sur les vlceres in-rez. *Le ius tiré des fleurs*, qu'aucuns appellent miel, ou *Syrium*, est fort bon pour mollifier la rice, pour prouoquer la sueur, & pour meurir toutes apostumes. Dalechamp dit, qu'au lieu *yrium* il faut lire *Seiræum*, comme qui diroit *du vin cuit*. Cornarius dit, qu'il y a mal, *Mel voca-*, & qu'il y faut lire *Phaselinum vocatur, ab aliis Syrium*, suyuant le mesme Pline, qui allegue ce me passage en vn autre lieu, disant: *Lirinum, quod & Phaselinum, & Syrium vocauimus*, c'est à di-*l'Onguent Lirinum, que nous auons dit estre aussi appellé Phaselinum & Syrium, est fort propre pour ens pour prouoquer la sueur, & mollifier la matrice, & pour meurir les apostumes.* Toutefois Dale-mp estime qu'il faut lire en ce méme passage *Lirinũ, quod & Melinum, & Seiræum vocamus*. Mé-Pline dit au passage cy dessus allegué, que les meilleurs *Lys* viennent en Laodicée de Syrie, & en Phaselis. Or Galien declare bien plus distinctement ces mesmes choses: *La fleur de Lys*, dit-*vn temperamẽt meslé, en partie d'vne substance subtile, & en partie d'vne essence terrestre, d'où pro-l'amertume; & en partie aussi d'vne substãce aqueuse, & temperée.* Aussi l'huile qui s'en fait, est re-tif sans mordication, & est aussi remollitif; à raison dequoy il est fort propre pour mollifier la rice. Or la racine & les fueilles broyées seules sont deficcatiues & detersiues, & si resoluent me-rement: par ainsi elles sont bonnes aux brusleures. Il faut donc cuire la racine sous la braise, s la broyer auec huile rosat, & l'appliquer sur la brusleure iusqu'à tant qu'elle soit guerie. Et de c'est aussi vn bon remede pour toutes autres sortes d'vlceres. Mesme elle adoucit les nerfs, & uoque les menstrues. Ses fueilles aussi estans cuites & appliquées en cataplasme sont bonnes non lement aux brusleures, mais aussi à toutes playes. Aucuns les font confire en vinaigre pour s'en ir au besoin à guerir les playes. Toutefois la racine est plus detersiue que les fueilles; combien au reste elle ne l'est pas beaucoup : car elle l'est seulement au premier degré. Parquoy quand s nous en voulons seruir pour guerir le mal S. Main, les gratelles, la galle, ou la tigne, ou autres blables maladies, nous y meslons quelque medicament qui ait plus de force, comme est le miel c s'il est meslé mediocrement, & comme il faut, il sera bon pour les nerfs coupez, & autres tels idens qui ont besoin d'estre fort dessechez sans acrimonie. I'ay autrefois appliqué le suc des illes l'ayant fait cuire auec vinaigre & miel. Sur cinq parties de suc i'en mettois vne de vin-gre & vne de miel, qui estoit vn medicament fort souuerain à tout ce qui a besoin de dessecher

Lys blanc de Syrie.

Liu. 4. ch. 9.
Liu. 14.
Liu. 24. c. 15.

Le temperament & les vertus.

Liu. 3. c. 99.

Liu. 21. c. 19

Liu. 23. c. 4.

Liure 7. des simpl.

sans mordication, comme aux grandes playes, & principalement celles qui sont à la teste muscles, & à tous vlceres humides & inueterez qui sont malaisez à guerir. Matthiol dit que
Sur le chap. 99. du liu. 3. *racine des Lys* estant bouillie, & incorporée en vieil oint guerit les gallons des pieds, à la char qu'on la laisse dessus trois iours durant. Incorporée en graisse & huile elle fait reuenir le poil est tombé. Prinse en breuuage auec vin miellé elle euacuë par le bas le sang caillé dans le co estant hors des veines; fait venir les apostumes à maturité, & mollifie toutes sortes de dur L'eau distilée des fleurs est bonne pour donner à boire aux femmes qui sont en trauail d'enfa & pour faire sortir l'arrierefaix, y adioustant vn peu de Saffran & de fine Canelle. L'huile d *fleurs de Lys* est bon à toutes les maladies froides des nerfs, comme aux conuulsions & paralysi & pour amollir les durillons des iointures, & toutes enfleures dures & inueterées. Il est bon po oindre les nouuelles accouchées, qui endurent douleur en la matrice, y adioustant d'huile graine de Lin, sur tout si on applique dessus leur ventre de la laine sourge trempée dans les di huiles. On met dudit huile dans les clysteres, quand il est question d'amollir la matiere feca trop endurcie. Si on met tremper des *Lys* dans de l'huile par long espace de temps; puis qu'on l rechauffe, & qu'on les applique sur les apostumes chaudes; cela les fera meurir & resoudre sa douleur, principalement celles qui sont aux iointures.

Du Lys sauuage, CHAP. II.

Les noms. LA ἡμεροκαλλὶς ou ἡμεροκαλλὲς, s'appelle aussi en Latin *Hemerocallis*, & *Hemerocall* Gaza l'appelle *Elium*: les Italiens *Giglio saluatico*; les François *Lys sauuage*. Diosco
Liu. 3. c. 120. *La forme.* de dit que *l'Hemerocallis* a les fueilles & la tige semblables à celles des Lys, verd comme celles des pourreaux. A la cime de ses tiges il vient trois ou quatre fleurs, mode de celles des Lys, quand elles commencent à espannir, de couleur fort bla farde. (Au texte Grec il y a τὴν δὲ χρόαν ἰσχυρῶς ὠχρὰν c'est à dire, *retirant fort à la couleur de l'Och*
Liu 5. c. 68. Or l'Ochre, ainsi que dit Dioscoride, est iaune, & est d'autant meilleure qu'elle est plus haute e couleur. Il semble donc que Dioscoride entend, que la fleur de *l'Hemerocallis* est fort iaune, & n blaffarde.) Sa racine est bulbeuse & fort grande. Pline met *l'Hemerocalles* au nombre des plant
Liu. 21. c. 10 Liu. & c. 21. dont les fueilles seulement seruent en chapeaux. En vn autre endroit il dit, que *l'Hemerocallis* a fueille verte-blaffarde & molle; la racine odorante & bulbeuse. Ce qui doit estre entendu sa
Liure 6. de l'hist. ch. 1. doute de *l'Hemerocallis* de Dioscoride. Theophraste parlant des Plantes qu'il appelle Φρυγανικὰ les Latins *Suffrutices*, c'est à dire, *qui tiennent le milieu entre les arbres & les herbes*, met en ce no bre les Roses, les Violiers, la fleur de Iuppiter, la Mariolaine, *l'Hemerocallis*, & le Serpollet, le Sisy brion, l'Aunée, & l'Auronne, adioustant: *Toutes ces plant sont pleines de bois, & ont les fueilles menuës, parquoy ce sont ny arbres, ny herbes; mais vne espece à part.* En vn aut
Liu. & ch. 6. l'hist. passage il dit: *Toutes les autres dessusdites viennent de gra ne, comme les Violiers, la Fleur de Iuppiter, Iphium, Phlox, H merocalles: car elles sont pleines de bois comme aussi leurs r cines.* Suyuant quoy il appert, que *l'Hermerocallis* de The phraste, comme ayant la racine de bois, est vne plante di ferente d'auec celle de Dioscoride qui a la racine bulbeu
Liu. 15. des Dipnos. Athenée alleguāt Theophraste dit, que les fleurs de *l'Hem rocallis* sont du nōbre de celles dont on fait les chapeau disant: *La fleur de l'Hemerocallis se flestrit la nuict, & se r uerdit au leuer du Soleil.* C'est à dire, que ceste fleur se reti & se serre la nuict, & puis au matin retourne à s'ouu comme il en prend à la Soulcy & à l'Heliotropion. Ma
Sur le chap. 120. du 3. li. *Le lieu.* *Le temps.* *La forme.* thiol dit, qu'il y a force *Hemerocallis* par toute l'Italie; o elle croist parmi les bleds enuiron les moissons, & dans l prés, comme aussi aux montagnes & vallées: & que fleur est de couleur d'or, appellée communement *Lys sa uage*. Sa racine est bulbeuse, semblable à celles des *Lys d iardin*; mais d'autre couleur. Ses fleurs sortans en leur sa son sont de couleur d'or, laquelle il appelle mal à prop *fort pasle*; car mesme Dioscoride ne l'entend pas ainsi, com me il a esté dit cy deuant. Le mesme Matthiol met vne au tre *Hemerocallis*, qui est bien de mesme espece que la prece dente; mais sa racine est composée de beaucoup de petit bulbes; & ses fleurs sont autrement my-parties, comme l
Au trait des fleurs ch. 35. pourtrait le monstre. Nous auons dit au chapitre precedent que la *premiere Hemerocallis* estoit celle que Dodō appell *Lys*

Hemerocallis premiere, de Matthiol.

Autre Hemerocallis, de Matthiol.

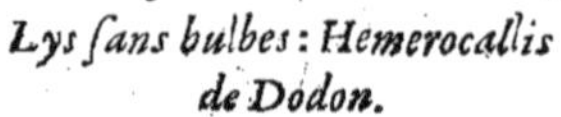

Lys sans bulbes : Hemerocallis de Dodon.

purpurin grand,apres lequel il met vne autre *Hemerocallis* ; assauoir *le Lys sans bulbes*, duquel on ue deux especes differentes pour la couleur de leurs fleurs : car l'vn fait les fleurs iaunes ; & les de l'autre sont de couleur rouge blaffarde purpurine. De ceux qui ont la fleur iaune il y en ui font la fleur petite,& les autres vn peu plus grande. L'vne & l'autre toutefois est plus petite e la purpurine,qui est la plus grande,quasi aussi grande que les *fleurs de Lys blanc*. Or le *Lys sans bes* a les fueilles longues & estroites, semblables à celle des Affrodilles, ou des Porreaux. Sa e a plus d'vne coudée de haut, & est ronde, lisse & sans fueilles, auec trois ou quatre branches cime, à chascune desquelles il y a trois ou quatre fleurs, de mesme figure que celles des *Lys*, myparties tout de mesme ; dont celles de l'vn sont de couleur d'Ochre iaune, & celles de l'au- font rouges purpurines ; toutefois le milieu de la fleur est iaune. Apres les fleurs il y vient des les gousses faites à triangle, dans lesquelles il y a vne graine noire, & reluisante comme celle la Pioine femelle ; toutefois elle est plus petite. Ses racines ne sont pas bulbeuses ; mais com- celles des Affrodilles iaunes, & en grand nombre, longues & attachées ensemble ; dont celles celuy qui a les fleurs plus grandes & purpurines, sont plus grosses, & plus pleines de nœuds : mais lles de l'autre qui a les fleurs petites, sont plus minces & plus longues, auec des filamens, des- cls il en sort d'autres plus grosses, par le moyen desquelles il se fait plusieurs plantes, ne plus ne ins qu'en l'Affrodille iaune. Ce *Lys* ne croist pas communement en Flandres, & fleurit de- nt que les *Lys blancs*. Aucuns l'appellent *Lys iaune* : mais Dodon estime qu'il est meilleur de le mmer *Lys sans bulbes* ; d'autres l'appellent *Liliago*, ou *Liliastrum*. Pena & Lobel l'appellent *Li- asphodelum luteum Liliorum*. Les anciens,dit Dodon,l'appelloient *Hemerocallis*, pource que ses ti- s portent trois ou quatre branches,chascune desquelles iette trois ou quatre fleurs ; dont il y en a e sorte qui sont iaunes comme l'Ochre. *L'Hemerocallis* aussi est appellée *Porphyrantes* ; toutefois ce m appartient au *Lys sans bulbes*, qui a la fleur purpurine. Par ce que dessus il appert clairement, ue le *Lys sans bulbes* est vrayement *l'Hemerocallis* : car là où Dioscoride dit, que *l'Hemerocallis* a racine bulbeuse,il est certain que le texte est corrompu, & que cela y est adiousté de trop contre verité,ou bien il descrit ensemble deux *sortes de Lys* : Voilà les raisons par lesquelles Dodon s'es- ye de preuuer que le *Lys sans bulbes* est *l'Hemerocallis*. Ce neantmoins les Simplicistes appreuuent ieux *l'Hemerocallis*.de Matthiol.Or il y a vne autre plãte fort sẽblable au *Lys sans bulbes*, laquel- est icy peinte, & doit estre nommée à bon droit *Lys sans bulbes rouge*. Elle n'est en rien differen- e d'auec la precedente,sinon quant à ses racines,qui sont fort cheueluës. Au demeurant nous auõs dioint icy le pourtrait d'vne *Hemerocallis* plus belle que les precedentes, laquelle Dalechamp a ait croistre dans vn Iardin de Lyon,en ayant receu la graine de Constantinople. Ceste plante est are & fort belle à voir ;& est nommée par luy *Hemerocalles de Constantinople*,rouge, n'ayant qu'vne

Lys rouge sans bulbes.

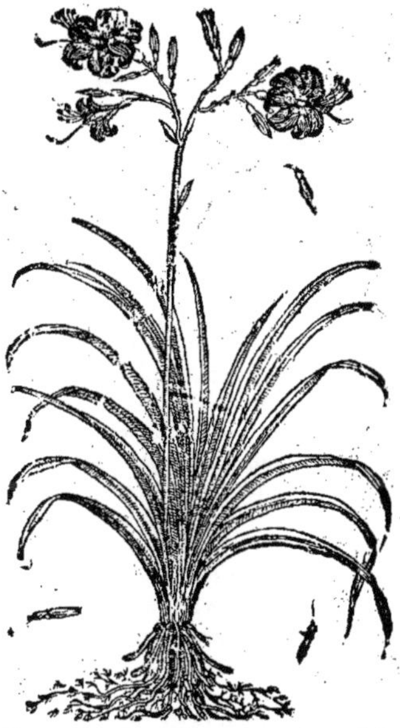

Hémerocallis de Constantinople rouge, n'ayant qu'vne fleur.

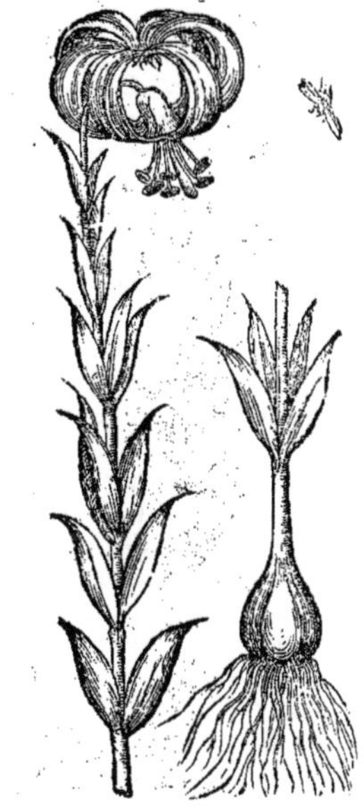

fleur ; dont le pourtrait qui en est icy mis a esté prins sur la plante viue. Elle a pour sa racine v bulbe du tout semblable au *Lys*, ou à *l'Hermerocallis* de Matthiol, auec beaucoup de cheueleures, laquelle il sort vne seule tige de la hauteur d'vne coudée, ronde, lisse, & verdastre ; compartie p neuds, à chascun desquels il sort deux ou quatre fueilles, & rarement trois, qui enuironnent tige, semblables aux fueilles de *Lys* ; toutefois elles sont moindres & plus aiguës. A la cime de tige il sort vne seule fleur composée de six fueilles, rayées, de la figure de celles des *fleurs de Lys*, non qu'elles sont plus petites, & de fort belle couleur rouge. Du milieu de la fleur il sort six point rouges, soustenues par des filaments pasles, auec vne masse au milieu qui est de mesme couleur. M la fleur n'est point si belle pour sa figure, ou couleur comme pour raison de sa structure, & dispo tion de ses fueilles : car elles ne sont pas simplement recourbées contre bas, comme celles des *fle*
Lin.3 c.120. *Les vertus.* *de Lys*, quand elles sont espannies ; mais sont si fort repliées, que le bout de toutes vient à se iond par dessous contre la cime de la tige dont elles sont premierement sorties ; tellement que les fi ments qui sortent du milieu de la fleur sont pendans contre bas ; au lieu que ceux des autres *fle de Lys* sont droicts. Au surplus Dioscoride dit, que la *racine de l'Hemerocallis* broyée & prinse breuuage, ou appliquée en pessaire auec du miel & de la laine, euacuë l'eau & le sang. *Les fueil* broyées & appliquées appaisent les inflammations des mammelles apres l'enfantement, & au
Liu & c.11. celles des yeux. *Sa racine* & ses fueilles sont bonnes pour appliquer sur les brusleures. Pline dit, q la *racine de l'Hemerocallis* appliquée auec du miel sur le ventre euacuë l'eau & le sang inutile. S fueilles sont propres pour appliquer sur les chaudes defluxions des yeux, comme aussi des mamme les apres l'enfantement. En quoy il s'accorde auec Dioscoride, si ce n'est qu'il ne faut pas appliqu la racine sur le ventre, comme Pline dit : mais en pessaire auec de la laine dans la nature de la femm comme Dioscoride dit, & comme il a esté allegué cy dessus. Galien dit, que *la racine de l'Hemer callis* est semblable à celles des *Lys*, tant à la figure, comme en vertus. Elle sert aussi bien aux brusle res : car elle resout legerement, & est repercussiue.

De Bulbes, *CHAP. III.*

Les noms. E que les Grecs appellent βολβὸς ; les Latins l'appellent *Bulbus* : les Arabes *Basa. Alzir.* Dioscoride ne fait mention que du *Bulbe* qui est bon à manger, & est appel
Liure 7. de l'hist.ch.13. en Grec βολβὸς ἐδώδιμος ; & du *Bulbe vomitif*, qu'il appelle βολβὸς ἐμετικός. The phraste en met bien plus d'especes, disant : τῶν δὲ βολβῶν ὅτι πλείω γένη φανερόν. καὶ γὰρ τῷ μεγέθει, καὶ τῇ χρόᾳ, καὶ τοῖς σχήμασι διαφέρουσι καὶ τοῖς χυλοῖς. ἐνιαχοῦ γὰρ οὕτω γλυκεῖς, ὥστε ὠμοὺς ἐσθίεσθαι, καθάπερ ἐν Χερρονήσῳ τῇ Ταυρικῇ, c'est à dire, *Il est certain qu'il y a plusieurs especes Bulbes*

lbes, qui sont differentes quant à la grandeur, couleur, figure & goust: car il y en a qui sont si doux qu'on mange crus, comme en Calzamita. Puis vn peu apres: *Il y a beaucoup de Plantes Bulbeuses; pour le oins il y en a bien autant que de celles-là, comme sont les Violiers blancs, la Bulbine, l'Opition,* (Gaza lit si; là où les autres lisent *Pition.*) *Le Coïx*: (car il faut qu'il y ait de cette sorte, & non *Cyix*, comme les exemplaires communs; dont Theophraste mesme fait foy, & Pollux aussi.) *& en quelque sorte Sisyrinchion. Or ces Plantes sont bulbeuses, d'autant qu'elles ont les racines rondes & blanches, qui ne t point écailleuses.* [Liure 1. de l'hist. ch 16.] Ce que Pline a ainsi traduit: *Il y a de la difference entre les Plantes bulbeuses,* [Liure 10.] *ant à la couleur, grandeur, & douceur: car il y a des Bulbes qui sont bons à manger crus comme en Gera.* [Liu. 19. c 5.] Et vn peu apres: *Les autheurs Grecs establissent pour especes de Bulbes, la Bulbina, Setanios, Pis, Acrocorion, & Sisyrinchion. Or c'est vne chose estrange en ce dernier, que le bas de sa racine croist hyuer, & au printemps quand il commence à ietter sa fleur, le bas de sa racine se retire & appetisse, son oignon deuient gros.* Ainsi en conferāt ces passages il appert qu'il y a de la faute au texte de l'vn l'autre de ces autheurs: car aux exemplaires de Theophraste il n'est point parlé du *Bulbe* appellé *tanion*, ny d'*Acrocorion*. Le mesme Pline dit, que Caton fait grand estat de ceux de Megare. Puis [Au mesme lieu.] es ayant dit, *que ceux de Gezara sont si doux que l'on les mange crus*, il adiouste qu'apres ceux-là on t estat de ceux de Barbarie, & puis de ceux de l'Apouïlle. Il faut aussi noter qu'il n'y a que les *Bul*s qui sont bons à manger, & *ceux qui font vomir*, qui doiuent vrayement estre appellez *Bulbes*. Toutesois on appelle *Bulbes* en general toutes les racines des herbes qui resemblent aux *Bulbes*. Ainsi lsus dit, qu'etre les herbes de jardin les plus nourrissables sont les Raues & les Naueaux, & toutes [Liu 1.c.18.] *especes de Bulbes*, sous lesquels ie cōprend les Aulx & les Oignons. Pour cette cause Theophraste passage cy dessus allegué ne les appelle pas *Bulbes*, mais *Bulbodi*, c'est à dire, *Bulbeuses*. Mais ce qu'il rit des *Bulbes qui portēt Laine* est bien plus émerueillable: car il dit: *La principale & plus remarqua sorte de Bulbes est de ceux qui portēt de la Laine: car il y en a des tels qui croissent le lōg des eaux. Ils* [Liu. 7. de l'hist. ch. 13] *de la Laine sous leur premiere peau, tellemēt qu'elle est entre deux de ce que l'on māge, & de l'écorce. cette Laine il se fait des robes longues.* (Gaza traduit ainsi le mot πόδηας, mais Baif le prēd pour des *retieres*) *& autres vestemens: car c'est vrayement Laine; au lieu qu'en ceux des Indes il n'y a que du l*, Pline traittant de cette matiere dit *Theophraste a laissé par escrit, qu'il y a vne espece de Bulbes* [Liu. 19 c. 2.] *issans les long des riuieres, qui ont certaine laine entre l'escorce ou la peau de dehors, & le dedans qui bon à māger, de laquelle on fait des logetes, & des vestemēs: mais il ne dit pas le païs où c'est, ny autre se plus particuliere, sinon que les autheurs appellent ces Bulbes là Eriophoron, au moins que i'aye veu.* si donc il est aisé à voir, qu'il y auoit anciennement beaucoup d'*Especes de Bulbes* cogneuz que us ne cognoissons pas maintenant, comme Dioscoride le tesmoigne parlant du *Bulbe* que l'on mālequel il ne descrit pas comme estant assez cogneu: d'autant qu'ainsi que dit Pena, la friandize des mmes a esté cause qu'on ne mange quasi plus de *Bulbes* non plus que d'Affrodilles, principale- [Aux Aduers.] nt en l'Europe, soit pour ce qu'ils n'ont pas si bon goust comme ont les Porreaux, les Oignons, & Aulx, & autres semblables; ou qu'ils ne sont pas sains, comme estans quasi tous visqueux, & ns pour la plus part vn goust fade; tellement qu'ils auroient besoin qu'on les apprestast en quelce saulce pour leur donner goust, comme les Vaciets, & l'Affrodille de Galien: tant s'en faut qu'ils ssent seruir pour donner goust aux autres viandes. Voilà pourquoy il faut deuiner plustost que curer pour certain, que c'est que Dioscoride entend par les *Bulbes qui sont bons à manger.* Les othicaires se seruent des Eschalottes, desquelles nous parlerons cy apres, au lieu d'iceluy, pource on tient communement qu'elles eschauffent la personne au ieu d'amour: ce que les anciens auurs ont escrit des *Bulbes*, suyuant quoy Martial dit en ces vers:

> *Cum sit Anus coniux & sint tibi mortua membra*
> *Nil aliud Bulbis quam satur esse potes.*

est à dire,

> *Puis que ta femme est vieille, & tes membres lassez,*
> *Tu ne te dois remplir le ventre que de Bulbes.*

iourd'huy on ne tient point de *Bulbes* dans les iardins, tellement que nous n'en auons plus de ltiuez. Quant aux *Sauuages* il y en a plusieurs especes; dont les vns sont bons à manger; toute- [*Bulbe bons à manger de plusieurs.*] s il y a peu de lieux où on en mange, si ce n'est en Grece & en l'Apouille, & sont d'autant plus sains, qu'ils ne sont point adoucis par le cultiuage. Ils croissent par tout, mesme parmy les [*Le lieu.*] ds, ayans la racine bulbeuse, couuerte, d'vne escorce roussastre (à raison dequoy aucuns les ap- [*La forme.*] llent *Pancration*) & fichée bien auant en terre: les fueilles semblables à celles des Porreaux, ngues, & larges: la tige ronde, & nuë: la fleur du commencement à mode de grappe de raisin rpurine, qui s'espannit petit à petit. Leur graine est petite & noire, en des petites gousses faites riangle. Les premieres peaux ou couuertes du *Bulbe* sont ameres, comme en la *Bulbine*, ou *Oignon-* [Sur le c. 58 du 4. liu. de Diosc.] *tte*; mais la chair du milieu est douce. Matthiol, Fuchse, & Tragus ont mis le pourtrait de cette rte de *Bulbe* pour *l'Hyacinthe*. Il fleurit au commencement d'Auril, lors que la *Bulbine* commen- [Chap. 323. de l'hist.] desia à deffleurir. Les païsans du Lyonnois meslent des fleurs de ce Bulbe parmy les bouquets [Liu. 2. ch. 79.] u'ils portent vendre au marché, à cause qu'elles sont belles, & purpurines. C'est *l'Allium Caninum*

Bulbe bon à manger grand de Dodon: Hyacinthe de Matthiol.

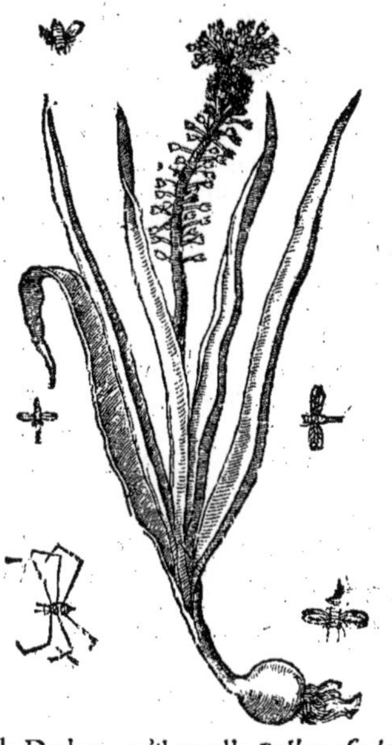

Bulbe petit bon à manger, de Dodon.

Liure 5. de l'hist. ch.76. & au traitté des fleurs chap. 52. de Dodon, qu'il appelle *Bulbus esculentus*, & *hortensis*, pource que combien qu'ailleurs il croi parmy les bois; si est ce qu'en Flandres il ne s'en voit sinon dans les iardins. Ce n'est pas pou tant dit-il, vne espece d'Ail; mais vne certaine espece de *Bulbe bonne à manger*, comme la Bulbi. à laquelle il resemble: car *l'Oignon ou Bulbe de la Bulbine* est rouge: ses fueilles resemblent à cell des Porreaux, ainsi que dit Pline. Or il semble que ce *Bulbe soit celuy d'Affrique*, qui est surnom *Afer* en Latin: car Dioscoride dit, qu'il a le *Bulbe* πυῤῥὸν, c'e à dire *roux*. Outre le precedent il adiouste vne *autre espece Bulbe bon à manger plus petit*, qui luy retire quant aux fue les, fleurs, & racine, sinon qu'il est plus petit. Tragus l'appel
Liu.2.c.79. *Hyacinthum exiguum vernum*: les Allemans *Hundiszwibe* ou bien *Hundtsknoblauch*, c'est à dire, *Oignon de chien* ou A *de chien*. Les sçauans Simplicistes tiennent que le premiere
Liu.25.c.10 le *Bulbe sauuage* que Pline appelle *Pericarpus*, pource q son fruict enuironne sa tige: l'autre est la *Bulbina*, de laquel
Liur.20.ch.9 Pline dit qu'elle a les fueilles comme les Porreaux, & *Bulbe* rougeastre. Nous auons mis encor le pourtrait d' *autre Bulbe* suiuant le mesme Dodon, qui a les fueilles co me les Aulx, ou comme les Porreaux, mais en petit no bre: car il n'en a qu'vne ou deux; & la tige ronde, creu de la hauteur d'vne paume, auec beaucoup de fleurs iaune & belles, composées de six petites fueilles qui font au co mencement comme vne hotte, puis s'ouurent à mode d' stoille: & ont au dedans des filets iaunes. Apres les fleu il y vient des testes ou gousses triangulaires, pleines de gr ne. Sa racine est ronde comme vn Oignon ou vn Ail, vi queuse, sans aucune odeur. Il en croist en plusieurs lieu d'Allemagne és lieux sablonneux & ombrageux, parmy l vallons & le long des ruisseaux, & quelquefois dans l hayes. Il bourgeonne au commencement du printemps e Mars & en Auril, puis s'esuanouït en peu de temps. On n sçait pas encor comment c'est que les anciens l'ont appell Aucuns l'appellēt *Bulbina*, ou *Bulbus esculentus*: toutefois n luy ny les doctes Simplicistes n'appreuuent pas cette opini ain

Bulbe sauuage de Fuchse, & de Dodon.

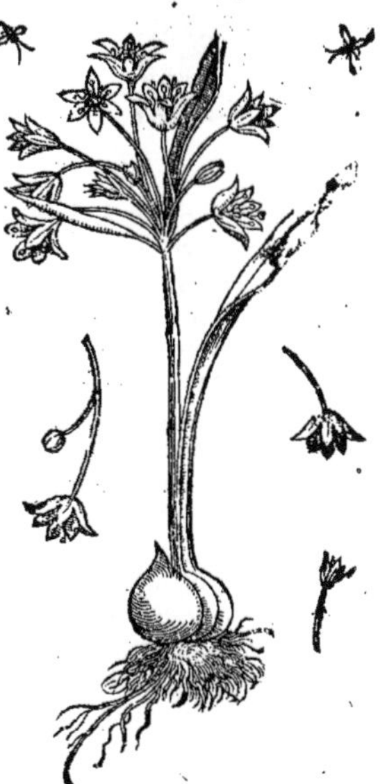

il l'appelle *bulbe sauuage*, comme aussi Fuschse: & les Allemans *Feldszuibel*, c'est à dire, *Oignon champs sauuage*. Ruel a esté le premier qui l'a nommé *Bulbe sauuage*; & les païsans de France pellent *Porrion*, pource qu'il a la racine & les fueilles comme le Porreau. Aucuns estiment que le *Perdicion* de Theophaste, pource qu'il a les racines grosses, & plus de racines que de fueil- qui sont entassées ensemble. Or il est appellé *Perdicion*, pource que les Perdrix se veautrent tre, & l'arrachent. Il y en a aussi qui estiment que c'est le *Bulbe vomitoire*, pource que l'on a ué par experience, que la decoction de sa racine prouoque à vomir, & lasche fort le ventre. t que la description de Dioscoride luy conuient assez bien en ce qu'il dit, que le *Bulbe vomi*- a les fueilles comme vue aiguillette, beaucoup plus larges & plus longes que celles du *Bulbe à manger*, & la racine comme celle du *Bulbe*, couuerte d'vn escorce noire. Que si on le mange seul, ou qu'on boiue sa decoction, elle sert aux maladies de la vessie, & prouoque à vomir. thiol a mis le pourtrait d'vn *autre Bulbe vomitoire*. ayant mis simplement le nom dessus sans en uster aucune description. D'autres tiennent que c'est vne espece *d'Hyacinthe*, duquel nous terons plus à plein au chapitre suyuant. Dodon dit, que c'est *vne espece de Bulbe bon à manger*,

En l'hist. des Plant. ch 60.

Liu 1. ch. 11.

Liu. 2. c 166. *Bulbe vomitoire.*

Au trait. des fleurs, c. 52.

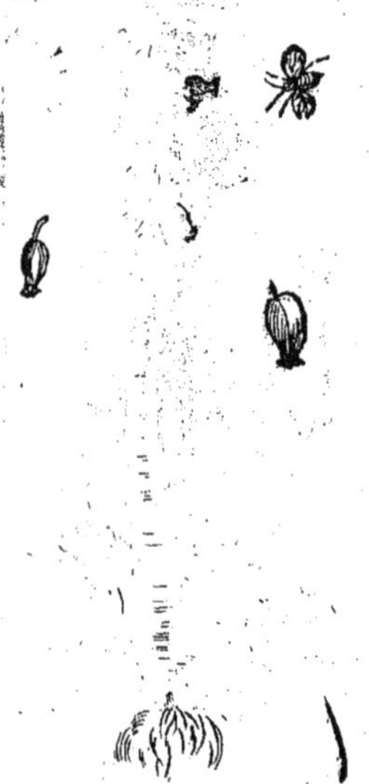

Bulbe vomitoire, de Matthiol.

Bulbe d'esté de Dalechamp: Tiphyon de Theophraste.

escrit vn *autre Bulbe vomitoire* bien different de cestuy-là, duquel nous parlerons parmy les cisses. Le mesme Dodon adiouste encor vn *autre Bulbe*, qu'il appelle *Leucanthemum*: mais pour- u'il tient que c'est le *vray Ornithogalon* de Dioscoride, nous en traitterons en lieu plus à pro- Nous auons mis icy vn *autre Bulbe* suyuant l'opinion de Dalechamp, lequel il apppelle à bon t *Bulbum æstiuum*. Il croist és lieux sablonneux & fort secs, & battus des vents: & a la racine e en façon d'vne pomme, cheueluë par dessous, à mode d'vn oignon; d'vn goust visqueux & eu acre apres qu'on l'a longuement maschée: & beaucoup de fueilles estroites, menuës, sem- les à celles du Saffran, de la longueur de trois doigts, & trois ou quatre tiges qui sortent d'v- ente qui est au dedans du *Bulbe*, comme en la Chiennée; de la hauteur de quatre doigts, gar- de fleurs rouges purpurines. Sa graine est anguleuse, petite, noire, & fort amere au goust, & peu acre, dans des gousses longues, & triangulaires. Cette plante iette la tige & la fleur à la fin uillet, & tout le long du mois d'Aoust & de Septembre, de mesme que de la Squille, deuant ietter les fueilles, lesquelles ne sortent point que la graine ne soit formée. Aucuns tiennent c'est *l'Hyacinthe*; mais il s'en faut beaucoup: car *l'Hyacinthe* fleurit au commencement du prin- ps sur la fin du mois de Feurier, & au commencement de Mars: au lieu que ce *Bulbe* fleurit en let, Aoust; & tout le long de Septembre. *L'Hyacinthe* aussi ne fait que deux ou trois fueilles au s, & ce *Bulbe* en fait plus de huict; plus gresles, plus estroites & plus courtes. La fleur de *l'Hyacin*- sort apres les fueilles; mais celle de ce *Bulbe* sort auec la tige, deuant que ses fueilles. Ioint que

Au trait. des fleurs, ch. 53. *Bulbe d'esté.* *Le lieu.* *La forme.*

Le temps.

l'Hyacinthe s'aime és forests ombrageuses, & parmy les hayes humides, & lieux semblables : &c contraire *ce Bulbe* s'aime és lieux qui sont fort secs, maigres, chauds, & battus des vents. En outre *l'Hyacinthe* ne fait qu'vne tige : ce *Bulbe* icy en fait trois ou quatre. La fleur de *l'Hyacinthe* dure pe de iours; celle de ce *Bulbe* dure vn mois entier & dauantage. Celle de *l'Hyacinthe* est du tout pu purine ; celle de ce *Bulbe* est rouge purpurine. Aucuns estiment que c'est le *Bulbe* de Theophrast pource qu'il fleurit deuant que porter les fueilles. Au reste suyuant ce qui a esté dit cy-deuant p l'authorité de Theophraste, qu'il y a des *Bulbes* qui sont ἐριοφόροι, c'est à dire, *qui portent de la lain* Dodon asseure d'en auoir veu en Flandres au Iardin de Iean Brancion. *Ces Bulbes* estoient co me des Oignons, composez de plusieurs pelures, parmy lesquelles il y auoit comme vne laine vi queuse. Il dit, que le pourtrait luy en fut enuoyé de Padouë par Cortusus, lequel nous auons m icy tout tel qu'il estoit sans y rien changer. Mais il appert que c'est vne chose feinte & contro

Liure 7. de l'hist. ch. 12.
Bulbe portant laine.
En l'append. du liure des purg. c. 31.

Bulbe eriophorus, ou porte-laine, de Dodon.

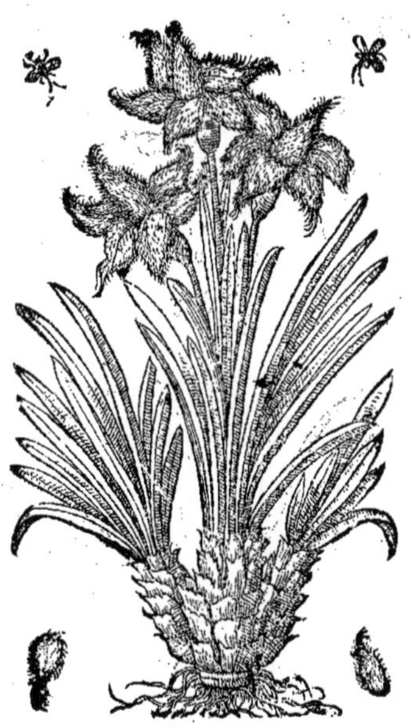

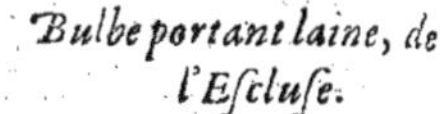

Bulbe portant laine, de l'Escluse.

uée par le pourtrait que l'Esclu se diligent Herboriste & qui escrit suiuant la verité, en a mis, d criuant ce *Bulbe* comme s'ensuit : Il a, dit-il beaucoup de fueilles longues, quasi semblables à cel des *Hyacinthes* ; toutefois elles ne sont pas si poulpues ny pleines de suc, & si sont plus dures, v tes, aiguës, de mauuais goust ; desquelles on peut tirer du fil delié comme ceux d'araignée, m me apres les auoir brisées bien menu. Du milieu d'icelles il sort vne tige d'vne coudée de haut dauantage, droite, comme celles des Squilles, lisse, nuë, & verte, tendant sur le bleu vers la me, en laquelle il y a comme vn espic long & serré, distingué par dix rangs, & dauantage, qui premierement vert : mais peu à peu, comme il commence à fleurir, il deuient bleu. Ses fleurs so composées de six petites fueilles espannies en estoille, auec vne bosse releuée au milieu, laquel est triangulaire, quasi semblables à celles de l'*Hyacinte d'Automne*, sans odeur ; de couleur ble comme aussi leurs queuës, & les filamens qui sont dedans : toutefois ils ont le bout purpurin commencement ; puis apres comme la fleur est du tout espannie, il semble qu'il soit couuert saupoudré d'vne farine blaffarde. Il commence à fleurir par le bas, comme fait la Squille, & plus part des *autres Bulbes*, qui ont les fleurs entassées en espic, ou en grappe de raisin. L'Esclu dit, qu'il voulut prendre garde à la graine : mais que les fleurs furent flestries en peu de temps, cheurent sans laisser en la tige sinon leurs queuës. Sa racine est grosse & bulbeuse, composée plusieurs peleures, ou couuertes, blanche & cottonnée, & enuironnée comme de toile d'araign ayant plusieurs *autres Bulbes* à costé ; & des grosses & longues cheueleures. Or il ne faut pas oubli de mettre icy vn *Bulbe* que Pena appelle *Bulbus unifolius*, ou *Bifolius batrachoides*, lequel a vne ti droite & graile, de la hauteur d'vne paume ou d'vne paume & demie, chargée d'vne fueille ou deux aux plus, qui y sont attachées par le milieu comme au centre, & sont decoupées à grand

En l'appéd. au liure des plãtes d'Es.

Bulbe d'vne fueille.

[B]ulbe petit d'vne fueille, de Pena.

descoupeures en estoile, à mode de celles de l'Aconit: au milieu desquelles il y vient au mois d'Auril vne seule fleur verdastre & pasle, semblable à celle de l'Ellebore puis apres des gousses aussi arrangées en estoile, comme celles de l'Ellebore, & pleines de graine. *Le Bulbe* de la racine est petit, de la grandeur de celuy de la Fumaria de Pline, d'vn goust fort acre. Pena dit, qu'il a cueilly ce *Bulbe* sur les collines qui sont pres de Padouë, là où l'on prend les viperes. Nous mettrons encor icy vn autre *Bulbe*, qui n'est pas cottonné, mais cheuelu, duquel il fait mention au liure des nauigations qui est en Italien; où il est dit, qu'il y a si grande abondance de cette belle plante entre certaines Isles, qu'elle arreste quelquefois les nauires qui sont contraints de passer par là. Elle croist au fond de la mer, & a quelquefois quatorze ou quinze brasses de long, & passe par dessus l'eau de trois ou quatre, de couleur de cire iaune. Elle a la tige assez grosse, de laquelle il sort par certains interualles des *Bulbes*, desquels il sort vne cheuelure. Sa racine est gresse, bulbeuse, auec beaucoup de cheuelures. Au reste Dioscoride dit, que *le Bulbe qui est bon à manger*, est bon pour l'estomac, & pour le ventre; à sçauoir celuy qui est roux, & qu'on apporte d'Afrique: mais celuy qui est amer, & qui ressemble à la Squille, est meilleur pour l'estomac, & aide à la digestion. Tous *Bulbes* sont acres, & chauds, & prouoquent à luxure. Ils font la langue aspre, & le gosier aussi. Ils sont fort nutritifs & engendrent de la chair: mais ils engendrent aussi des ventositez. Appliquez en liniment ils sont bons aux dislocations, aux rompures, & aux douleurs des iointures, & pour attirer les eschardes de dedans la chair. Appliquez seuls ou auec miel ils sont bons aux gangrenes. Auec miel & Poyure pilé ils sont bons pour appliquer sur les enfleures, des hydropiques, & sur la morsure des chiens. Ils appaisent la sueur desmesurée, & les douleurs de l'estomac. Incorporez en Nitre rosty, ils guerissent les eschaques ou peau morte, & la tigne ou vlceres de la teste. Seuls ou auec vn iaune d'œuf ils guerissent les meurtrisseures, & les boutons du visage, qui sont comme verruës. Auec miel & vinaigre ils ostent les lentilles du visage. Ils sont bons pour la rompure des doigts & des ongles estans appliquez auec griotte seche. Rostis sous les cendres chaudes ils guerissent les fics, ou boutons qui viennent au fondement; autant en font ils estans incorporez auec les cendres des testes des Mendoles. Bruslez & meslez auec de l'Alcyonion ils ostent les taches du visage, & les cicatric[e]s noires, à la charge que l'on s'en frotte au soleil. Ils sont bons aux rompures, si on les mange cuits auec du vinaigre: toutefois il se faut bien garder d'en trop manger, d'autant qu'ils nuisent aux nerfs.

Bulbe marin

Liu.2.ch.65.

Les vertus.

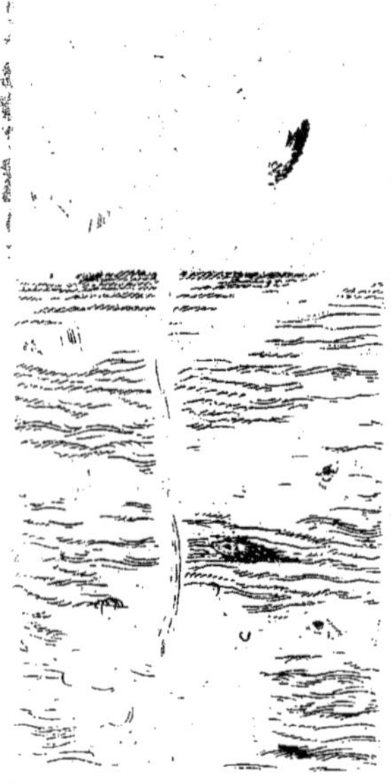

Bulbe marin cheuelu.

[Gali]ne en traicte bien plus au long disant; que les *Bulbes* appliquez en liniment auec vinaigre & [sou]ffre, guerissent les playes du visage. Pilez seuls & appliquez ils sont bons au retirement des [ner]fs. En y adioustant du vin ils mondifient les eschaques & peau morte. Auec miel ils guerissent [les m]orsures des chiens. Toutefois Erasistrate ordonne de les appliquer auec de la poix. Il dit aussi [qu']estans appliquez auec miel ils reserrent le sang: mais si le sang coule par le nez aucuns y adiou[ste]nt du Coriandre & de farine. Theodorus s'en sert à guerir les dertres, les appliquant auec du [vin]aigre; & pour les vlceres de la teste auec du vin brusc, ou vn œuf. Il les applique aussi en lini[me]nt sur les chaudes defluxions des yeux, & pour guerir les yeux chassieux. Semblablement ils [ost]ent toutes les taches du visage, principalement ceux qui ont l'escorce rouge, estans incorporez [avec] miel & Nitre, si on s'en frotte au soleil. Auec vin, ou decoction de Cumin ils effacent les [len]tilles, (Dioscoride dit, auec miel ou vinaigre.) Ils sont aussi souuerains pour les playes, appli[qu]ez tous seuls, ou bien, selon Damion, auec du vin miellé, pourueu qu'on les laisse cinq iours [san]s les bouger. Il dit aussi qu'ils sont bons aux fractures des oreilles, & aux defluxions phlegma[tiq]ues des genitoires. Les autres les appliquent auec farine aux gouttes. Cuits en vin & appliquez [en] liniment sur le ventre ils mollifient les durtez des parties interieures. Prins en vin auec eau de [pl]uye ils sont bons contre la dysenterie. Prins à la grosseur d'vne feue auec Laserpition ils seruent [gr]andement aux retiremens des nerfs qui aduiennent dans le corps. Pour empescher de suer il les

Liu.10.ch.9.

les faut broyer,& les appliquer en liniment.Ils sont bons pour les nerfs,à raison dequoy on les,ordon ne aux paralytiques. (Dioscoride au contraire dit, qu'il se faut garder d'en manger par trop, pour qu'ils sont contraires aux nerfs.) Les *Bulbes roux* appliquez auec miel & sel guerissent fort souda les dislocations qui aduiennent és pieds.Les *Bulbes* & specialement ceux de Megare, eschauffent personne à l'amour. Les *Sauuages* reduits en pillules auec du Laserpition sont bons pour guerir l playes interieures. Les *Bulbes de Iardin* sont bons pour appliquer sur la morsure des serpens. La *gra ne des Bulbes de Iardin* prinse en vin est bonne aux piqueures des araignes phalanges. Les ancie ordonnoient cette graine en breuuage pour ceux qui estoient hors du sens. La *fleur des Bulbes* pil & enduite oste les vaches que le feu fait aux iambes & aux cuisses,quand on se chauffe de trop pre Liure 6. des simpl. Diocles a opinion que les *Bulbes* affoiblissent la veuë.Il dit aussi qu'estans rostis ils sont meilleurs q bouillis; toutefois ils sont de difficile digestion tant en vne façon qu'en l'autre. Quant à la *Bulbi* on dit qu'elle est singuliere pour les playes freches. Galien dit, que *le Bulbe qui est bon à manger* e Chap. 12. froid & grossier,& engendre vn suc visqueux : car il est de difficile digestion, & flatueux,& eschau fe la personne au ieu d'amour. Toutefois estant appliqué en liniment, d'autant qu'il est amer astringeant, il est detersif,& si consolide & desseche. Mais le *Bulbe vomitif* est beaucoup plus chau Marcel Empirique dit, que le *Bulbe*, qui est vne espece d'Oignon, estant cuit en vinaigre, raffermi les dents qui branlent,si on tient ledit vinaigre en la bouche.

Du Hyacinthe, CHAP. IV.

Les noms. Liu 4.ch. 58. Liure 6. de l'hist. c.7. *Les especes.* Au mes.lieu. *La forme.* ΥΆΚΙΝΘΟΣ des Grecs, s'appelle en Latin *Hyacinthus*. Dioscoride ne met qu'vn sorte *d'Hyacinthe*. Theophraste met *l'Hyacinthe* entre les fleurs printannieres; & establir deux especes, à sçauoir *le cultiué & le sauuage*. Mais les modernes Herbo stes en ont bien remarqué plus d'especes. Dioscoride dit, que *l'Hyacinthe* a les fuei les semblables aux Bulbes; la tige de la hauteur d'vne paume, lisse, plus menuë que le pe doigt, verte, le bout de laquelle est pendant, & recourbé chargé de fleurs purpurines. Sa raci Liu.3.c.104. Liure 2. de l'hist.ch.4. retire aussi à celle des Bulbes. Or il est bien mal-aisé de sçauoir au vray, quel est cest *Hyacinth* Ruel dit, qu'il y en a beaucoup en France, & que les païsans appellent sa fleur *Vaciet*, retenan Au trait. des fleurs ch 51. quelque marque du mot Latin *Vaccinium*, qui est le nom Latin de *l'Hyacinthe*, ainsi qu'il appe aux denominations faussement attribuées à Dioscoride. Seruius aussi asseure, que Virgile p *Vaccinium* entend *l'Hyacinthe*. Dodon aussi dit que *l'Hyacinthe* est appellé en François *Vaciet*, dit, qu'il a les fueilles longues, estroites, lisses, & reluisantes, comme celles des Porreaux, (mo

Hyacinthe, de Dodon.

Hyacinthe de Dioscoride: non es de Dodon.

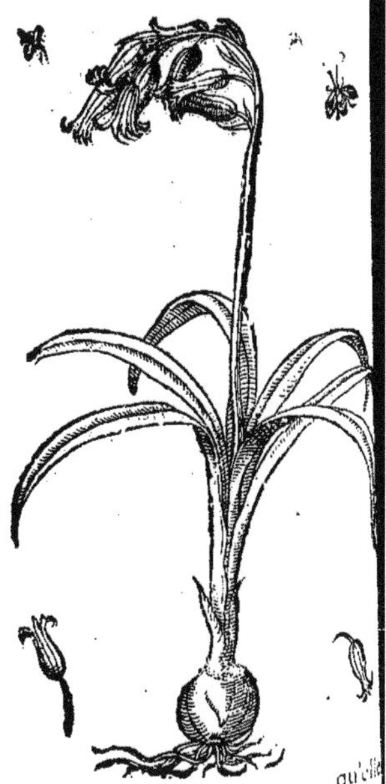

qu'elle

n'elles sont moindres ; & la tige lisse & ronde ; le bout de laquelle est recourbé & pendant, à use de la pesanteur des fleurs, lors qu'elles commencent à espannir. Ses fleurs sont longues, ndes & creuses, qui vont en s'eslargissant, & sont recourbées par les bords, & bleuës pour la us part : quelquefois elles sont blancheastres, ou du tout blanches comme nege, ou bien purpu-es. Sa graine vient en des gousses triangulaires, & est petite, ronde & noire. Sa racine est ronde lbeuse & blanche, pleine d'vn suc visqueux, comme aussi toute la plante. Cordus dit qu'il s'en uue en Allemagne en certaines collines qui sont à l'abry. Dodon dit, qu'il en croist en Flandres esme parmy les champs, & le long des possessions, là où il y a des arbres, & buissons ; & principa-ient aupres de Malines, où il croist en grande abondance, & fleurit en Auril & en May. Il asseu-que c'est sans doute *l'Hyacinthe* de Dioscoride, & celuy aussi de Columelle, duquel il a comprins diuersité qui est en la couleur de la fleur par ce vers:

Liure 1. des Plant. c. 101.

Liu. 10.

Nec non vel niueos, vel purpureos Hyacinthos.

est à dire,

Et l'Hyacinthe blanc, ou bien le purpurin.

quant à luy il l'appelle *Hyacinthum non scriptum*, pour le distinguer d'auec l'autre qui est escrit, a certaines marques de dueil. Pena & Lobel l'appellent *Hyacinthus Anglicus, & Belgicus*, d'autant il n'y a lieu où il croisse en si grande abondance comme il fait en Angleterre & en Flandres. atthiol a prins pour *l'Hyacinthe* la planté que nous auons dit estre vne espece de *Bulbe*. Il en a ssi mis vn autre qu'il appelle *Oriental*, dont il en met de deux sortes, & l'appelle ainsi, pource

Sur le ch. 54 du 4. liure.

Hyacinthe Oriental I. de Matthiol.

Hyacinthe Oriental II. de Matthiol.

il fut enuoyé de Leuant à Cortusus. D'autres l'appellent *Hyacinthus* Grec. Dodon ne met point differéce entre le *premier Oriental* qui est le vray, auec le *Vaciet* des François, ou *Hyacinthe* des mans, sinon que le *Vaciet* est plus petit & plus tardif ; & l'autre est plus grand & fleurit de lleure heure. Et de fait ces *deux Hyacinthes Orientaux* sont fort semblables entre eux, & ne sont fort differens de celuy que Dodon appelle *Hyacinthe non escrit*, ou *Vaciet*, mesme suyuant le oignage de Pena, qui dit les auoir veu premierement à Padouë. Toutefois il y a de la diffe-ce quant aux fleurs, aux fueilles, & à leurs Bulbes. Mais Lobel en a mis le pourtrait bien plus dement & plus au naturel. Quant au premier qu'il appelle *Hyacinthe Oriental Grec*, il y en a il, de trois sortes, qui sont differens quant aux fueilles, & à la fleur ; lesquels il nomme *Hya-thus angustifolius, Hyacinthus latifolius, & Hyacinthus Polyãthes alter: Hyacinthe aux fueilles estroi-aux fueilles larges, & ayant beaucoup de fleurs.* Apres qu'il est deffleuri, sa tige est marquetée cõ-les viperes. Le printannier a la fleur plus blaffarde, & celle du tardif est plus haute en couleur, n fort beau & plaisant bleu. *L'Hyacinthe Oriental Polyanthes grand*, dont Matthiol a mis le pour-it mal fait, & qui n'est pas naturel, ainsi que dit Lobel, a la tige de la hauteur d'vne coudé, garnie

Hyacinthe Oriental Grec, de Lobel.

Hyacinthe Oriental Palyanthes grand, de Lobel.

dés le milieu iusques à la cime de belles fleurs bleuës, qui penchent toutes d'vn costé, & sont fo grandes, à mode de petites hottes. Ses fueilles sont larges; son Bulbe est de la grosseur de celuy d Narcisse. Le mesme Lobel, en son addition, met vn autre *Hyacinthe Oriental d'hyuer,* blanc, qu'il eu de Corneille Gemma Medecin, la description duquel est telle: Il semble que *ceste espece d'Hya cinthe* soit rare & estrangere: car combien que ses fueilles & ses fleurs soient de mesme figure qu celles de plusieurs autres, il a toutesfois cecy de particu lier, qu'incontinent apres le solstice d'hyuer il commenc à sortir, poussant sa tige mesme à trauers de la nege que quefois, & fait vne fort belle fleur enuiron le commence ment de Ianuier, ou dés la fin de Decembre iusques à l my-Mars. Ses fueilles ne sont pas flacques & molles, co me celles des autres; mais pleines de suc & espesses quasi tousiours droites, comme en certaines especes d Ioubarbe. Elles ne sont aussi point nerueuses qu'on puis voir: mais il y a seulement des canneleures, & comme de cheuelures menuës; & se maintiennent vertes iusques la fin de Ianuier, beaucoup plus longuement que celle des autres. Sa tige est vnie, de laquelle il sort des fleurs la cime, où il y a certaines cauitez à l'endroit de chasqu queuë des fleurs, qui sont blanches: toutefois elles ont i ne sçay quoy de bleu par le bas & par les bords d'enhau qui s'esuanouït peu à peu: tellement qu'enuiron le moi de Feurier elles sont du tout blanches comme laict, de fo bonne odeur, & se maintiennent ainsi plus d'vn mois en tier. Sa racine est bulbeuse, blanche par dedans, & rous par dehors, & fait au commencement des fueilles auec telles taches que celles que l'on voit en la tige de la gran de Serpentaire, qui sont noires auec vn peu de purpur entremeslé; principalement au commencement du prin temps, ou quand il a esté nouuellement replanté. Voilà qu'en a escrit Lobel suyuant Gemma. Touchant *l'Hyacin the*, dit Pline, il y a deux fictions poëtiques dessus. Car le vns tiennent *qu'Hyacinthus*, lequel estoit fort chery d'A pollo

Hyacinthe Oriental d'hyuer, de Gemma, selon Lobel.

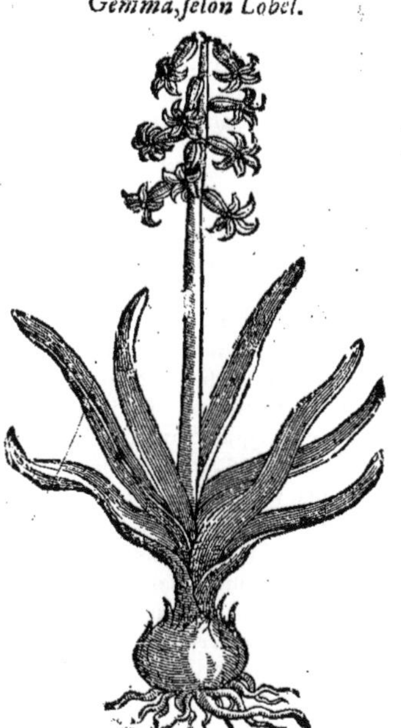

llon, fut conuerty en ceste fleur; les autres disent qu'elle est venuë du sang d'Aiax; & que mes-son nom est empraint en ladite fleur: d'autant que les veines de la fleur sont tellement disposées que l'on y voit ces deux lettres A I. Toutefois Ouide a reduit ces deux fables en vne, & dit que ces deux lettres A I, ne signifient pas le nom d'Aiax; mais le dueil d'Appollon, le chantant par ces vers qui sont tels en substance: Liure 10. des Metamorph.

Voilà le sang en bas, qui auoit teint l'herbage
N'est plus sang, & sortant sur vn beau vert fueillage
Il est pourprine fleur plus rouge de beaucoup
Qu'on ne voit l'Escarlate, & reuest tout à coup
La semblance du Lys sinon son chef qui panche
Et pourprin en couleur, le Lys à la fleur blanche.
Appollon non contant (car de luy cest honneur
Est donné pour memoire à ceste belle fleur.)
Exprime ses regrets en ses fueilles pendantes,
Et ces mots de douleur Ai, Ai, aux fleurs sanglantes
Sont escrits: & dessus le charactere est peint
Lugubre & funeral accompagnant son teint.

utefois le mesme Ouide introduit le mesme Apollon prophetisant ainsi sur ceste fleur:

Nouuelle fleur escrite aux marques de douleurs,
Tu iras imitant mes souspirs, & mes pleurs.
Le temps apres viendra qu'vn Heros tres-illustre
Changé en ceste fleur releuera son lustre,
Et en la mesme fueille on y lira son nom.

ocrite fait aussi mention de cest *Hyacinthe*, disant:

Νῦν ὑάκινθε λαλεῖ τὰ σὰ γράμματα, καὶ πλέον αἴ, αἴ,
λάμβανε τοῖς πετάλοισι.

st à dire, *Fais parler Hyacinthe, tes fueilles, & aj, aj,*
S'y voye derechef.

don estime que cest *Hyacinthe* des poëtes est le Lys purpurin, ou rouge petit, comme il a esté dit, Liure 2. de l'hist. ch. 39. rce que sa fleur est rouge comme ayant esté faite du sang du ieune Hyacinthe, à raison dequoy Au trait des fleurs. ch. 33 oëtes Latins le surnomment *Hyacinthus ferrugineus*, comme Virgile, disant: Liure 4. des Georg.

Et pinguem tædam, & ferrugineos Hyacinthos.

olumelle en ce vers. Liure 10.

Syrpiculum ferrugineis cumulare Hyacinthis.

il est ainsi surnommé, pource qu'il est rouge comme la rouïlleure du fer. Aucuns estiment qu'il urnommé de ce nom qui vaut autant à dire comme: *triste & malheureux*: car la couleur de la lleure du fer est brune & obscure, parquoy quand Virgile luy baille ce surnom, il denote taci-ent la fable dessusdite, par laquelle il est dit, que cette fleur est creuë du sang du ieune Hyacin-Mesme il appelle aussi la nacelle de Charoon *ferruginea cymba*, comme estant malheureuse, & ne de dueil. Toutefois il semble que Virgile mesme contredit à cela, quand il dit, que *l'Hyacin-ubens suauiter*, c'est à dire, *qu'il n'est pas fort rouge*, en ces vers: Eclog. 3.

Et me Phœbus amat, Phœbo sua semper apud me Au traitte dss fleurs, chap. 33.
Munera sunt lauri, & suaue rubens Hyacinthus.

lesme Dodon tient qu'Ouide au passage cy dessus allegué l'appelle *Purpureum* en la mesme si-cation, pource que la couleur des fleurs qui sont rouges, est le plus souuent appellée *purpu-* Liu. 21. ch. 6. Toutefois Pline appelle les *Violettes de Mars, purpureas*, au lieu que Virgile les appelle *Violas* Au mes. liu. chap. 8. *as*; & dit que les Grecs les appellent particulierement Ia, & l'escarlatte *Violette Ianthine*; & uleur des Violettes aussi *Ianthine*, là où il dit, que la superfluité des hommes en est venuë là yant surmonté nature par leurs parfums & senteurs, ils se sont aussi essayez de parangonner s draps à la couleur des fleurs que l'on tient pour estre de plus viue coule ur. Or ie treuue dit- qu'il y a eu trois principales teintures, dont la premiere est faite en graine, qui combat auec la cité de la coul eur qui est és roses. Aussi n'y a il chose plus belle à l'œil, que de voir vne Escar- ou pourpre Tyrienne, ou vn pourpre à deux teintures, ou bien vn pourpre de Misistrat. L'au-iche couleur est en l'Escarlatte violette, qui tire sur la couleur d'Amatiste, ou de Violette de rs; & qui tient aussi du pourpre, que nous auons appellé *Ianthine*, &c. Or Pline vse là du mot *ureus*, par lequel il entend *la couleur des Violettes de Mars*, qui ne tiennent rien du rouge. Ainsi e toute couleur purpurine des fleurs n'est pas rouge, comme Dodon a escrit. Or que la cou- de *l'Hyacinthe* soit semblable à *l'Ianthine*, c'est à dire *à celle des Violettes*, il appert par ce que Liu. 9. ch. 38 e dit, que la plus estimée est celle qui retire au sang caillé tirant sur le brun, & resplendissante. a dit, que ceste mesme couleur de Violette se voit au pourpre, la couleur duquel est Violette Aux Aquers. t vn peu sur le rouge; à raison dequoy Virgile dit, *Suaue rubens Hyacinthus.* Mais les fleurs du

Lys rouge ne sont pas telles, ains de couleur de feu , ou de iaune obscur, comme il a esté dit. Et quand Virgile dit,

——*Ferrugine tinctus Ibera,*

Il entend la couleur que les heaumes estans polys & rougis au feu prennent en se reffroidissant qui est vn Violet rougeastre. Nous appellons cela en François *Brunissure*, ou *Couleur d'eau.* Aussi Claudian appelle les *Violettes ferrugineas*, pour la mesme raison, & non pas tristes & mal-heureuses, comme aucuns ont voulu. Car le vers de Virgile où il dit:

Pictus acu chlamydem & ferrugine clarus Ibera.

monstre le contraire. Parquoy Pena & Lobel prennent vn autre plante que Lys rouge, pour *l'Hyacinte poëtique*, laquelle retire fort au Lys, à la Flamme, & au Glayeul. Car elle a la fleur, la tige, les gousses & la graine du tout semblables à la Flamme. Mais elle a vn Bulbe, & les fueilles comme celles du Porteau, & la fleur Violette comme l'*Hyacinthe*. Quant à la figure des fueilles elle retire au Glayeul: & disent qu'elle croist par tout dans les iardins d'Angleterre & de Flandres. L'Escluse dit auoir receu ceste plante de Lobel, & la prend pour *vne espece de Flamme bulbeuse*: toutefois il dit qu'elle a les fueilles grosses quasi comme celles des Oignons; mais plus verdes, blanches & creuses, comme couuertes de vessies argentines: la tige grosse, ferme, enuironnée de quatre ou cinq fueilles, comme celles des autres especes de Flambe bulbeuse; de laquelle sort comme de certaines guaines deux fleurs l'vne apres l'autre, plus grandes & plus larges que celles des autres especes de Flambe, bulbeuses, de couleur de violet fort belle; toutefois elles ne sentent rien, & ont pour leur bord vne tache iaune comme les autres. Apres il y vient de gousses grandes & larges, pleines d'vne graine plus grosses que celles des autres de la grosseur d'vn Ers, pasle, ronde & froncie, laquelle estant meure sonne dans les gousses, quand on le secouë. Sa racine est plus grande que celle de autres, & couuerte de beaucoup de membranes noirastres, qui y tiennent ferme. Elle est aussi separée par noyaux ou doublets mais non pas en si grand nombre comme celle de la Flambe, qui est de diuerses couleurs; ou comme celle de la ..ne, lesquelles font tous les ans cinq ou six de ces doublets au costes. Elle fleurit au mesme temps que les autres. Il est vray semblable qu'elle a esté premierement apportée premier en Angleterre d'Espagne ou de Portugal. Le mesme Lobel a mis le pourtrait d'vn *autre Hyacinthe des Poëtes*, qui est iaune, & n'est en rien different du precedent, sinon quant à la couleur de la fleur, qui est iaune; au lieu que celle du precedent est violette. Au reste comme desia nous auons dit, les Herboristes establissent *diuerses especes d'Hyacinthe*, lesquelles Dodon appelle *bastardes*, dont la premiere a les fueilles estroites, quasi rondes, bien verdes, la plus part couchés par terre entre lesquelles il sort des petites tiges, rondes, & lisses, de la longueur de plus d'vne paume, à la cime desquelles il y a des petites fleurs rondes, creuses, & espanies, de couleur bleuë, quelquefois blaffarde, & quelquefois obscure: apres il y vient des gousses membraneuses pleines d'vne graine petite & noire. Ce Bulbe, dit Dodon ne croist pas naturellement en Flandres; mais y a esté apporté de dehors: toutefois estant planté dans les iardins, y reprend aisément, & fait beaucoup de Bulbes en peu temps. Ses fueilles sortent deuant l'hyuer. Ses tiges sortent au commencement du printemps; & les fleurs au mois de Mars. Lobel & Pena l'appellent *Hyacinthus comosus minor*; disent qu'il approche fort du *vray Hyacinthe* de Dioscoride.

Hyacinthe des Poëtes de Pena & Lobel.

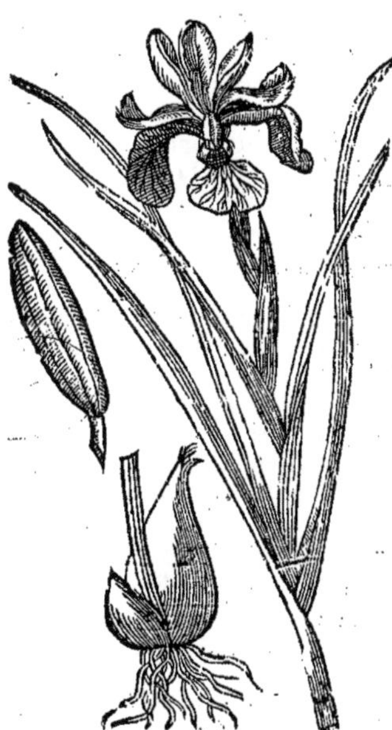

Hyacinthus comosus minor: Bulbine de Pline.

Au trait. des fleurs ch. 52

qu'il y en a bien plus grande abondance és païs meridionaux, qu'aux Septentrionaux, où il ne croist sinon dans les Iardins. Au printemps les costeaux & les bords des champs sont garnis de ses belles fleurs, qui sont disposées par certains rangs à la cime de la tige en grand nombre, faites à mode de petites bouteilles entassées & serrées, à raison dequoy on les appelle communement en Prouence *des Barrelets*. Ses tiges sont de la hauteur d'vne paume & demie. Ses fueilles sont à mode de Ioncs, tendres, esparses, & cannelées. Dodon tient que c'est *vne espece de Bulbe bon à manger*. Cordus l'appelle *Hyacinthe sauuage*: Tragus, *Hyacinthe petit*: les Herboristes *Hyacinthe botryoides*. Fuchse l'appelle aussi *Hyacinthe*, & dit qu'il y en a vne autre espece de laquelle nous traitterõs cy apres; toutefois il ne dit pas, qu'il ait les fueilles comme des Ioncs, & quasi rondes, mais vn peu larges & cannelées; & l'appelle *Hyacinthe bleu grãd*. Quand au *second Hyacinthe des modernes*, qui est semblable au precedent il a este descrit au precedent chapitre sous le nom de *Bulbe vomitif de Matthiol*. Touchant *la troisiesme espece d'Hyacinthe bastard*, c'est celle que Fuchse, Matthiol, & Tragus mettent pour la premiere espece *d'Hyacinthe*, & que Dodon appelle, comme nous auons dit, *Bulce bon à manger, ou de Iardin*, & qui est appellé cõmunemẽt *Ail de chiẽ*. Aucũs tiennẽt que c'est vne espece de Squille, ou de Pancration; toutefois Dodon n'appreuue pas ceste opinion, pource que les Bulbes de la Squille & du Pancrantion sont grands; au lieu que ceux de cest *Hyacinthe* sont petits, au prix de ceux là. Pena & Lobel tiennẽt que cest *Hyacinthe des modernes*, que Dodõ met pour la *troisiesme espece d'Hyacinthe bastard*, est le *vray Hyacinthe* de Dioscoride, ou pour le moins qu'il en approche fort. Car il a les fueilles cõme celles des Porreaux, plus larges que celles du Bulbe vomitif recourbé cõtre terre; la tige blãcheastre, lisse, tendre & verdastre, garnie, dés le milieu iusques à la cime d'vne infinité de petites fleurs, entassées d'vn costé & d'autre; lõgues, & pupurines, attachées à des petites queuës, lesquelles sont à la cime cõme vne ombelle large, laquelle pẽche & est recourbée cõtre bas, & est de couleur de pourpre violette auec vn peu de rougeur entremeslé. Sa racine

Chap. 323.

Chap. des Bulb.

Liure 5 de l'hist ch. 7. 6

Hyacinthe bleu grand, de Fuchse.

Hyacinthe grand, ou Vaciet, Bulbe sauuage.

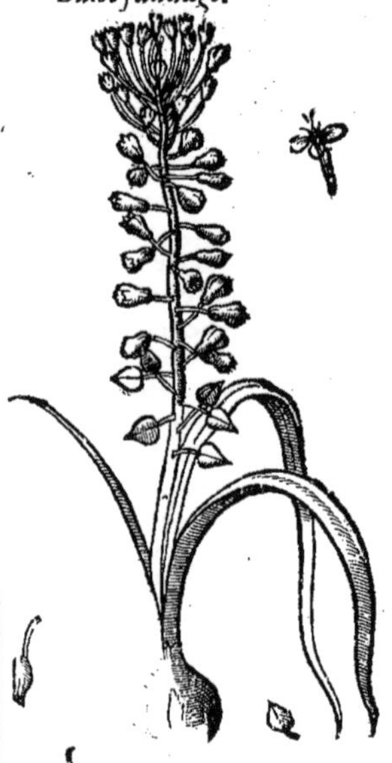

Vray pourtrait du grand Hyacinthus comosus, de Lobel.

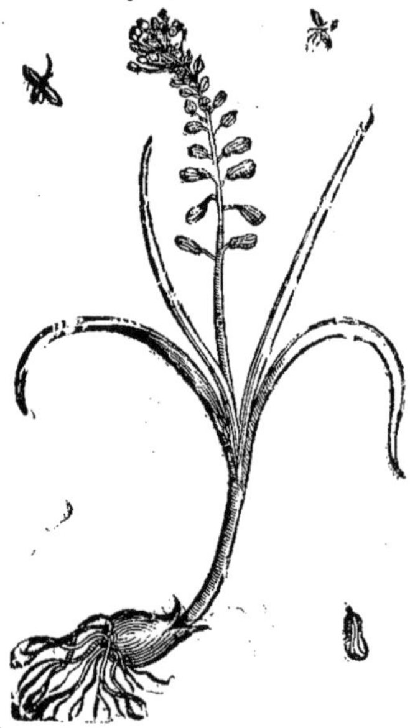

est en forme d'Oignon, quasi de la grosseur de celle du Narcisse, couuerte par dehors d'vne escorce qui est de couleur de roses, de pourpre blaffarde, à raison dequoy plusieurs estiment que c'est la *Bulbine de Pline*. Il croist le plus souuent de soy-mesme és païs Septentrionaux. Les Allemãs l'appellent *Brunlingt*: & les Espagnols *Maios flores*. Cordus l'appelle *Hyacinthe sauuage*: les Frãçois *Vaciet*. Lobel en son addition a mis le vray pourtrait de *l'Hyacinthus comosus grand*; & vn autre de mesme espece, qu'il appelle *Hyacinthus comosus blanc*, lequel croist dans les iardins en Flandres, ayant les fueilles semblables à l'autre: mais sa fleur est blanche, enrichie par dedans de petits filets bleus. La couuerte de sa racine n'est pas rouge. Au reste il faut mettre au rang de *l'Hyacinthus comosus* vne autre plante qui merite qu'on ne l'oublie pas, tant pour la beauté de sa figure,

Le Vaciet.

Dipcadi.

Hyacinthus comosus blanc, de Lobel.

Dipcadi Chalcedonicum: Bulbe vomitif de Matthiol, Muscari.

que pour sa souëfue odeur. L'Escluse en a mis le pourtrait & la description telle que s'ensuit. Elle a, dit-il, cinq ou six fueilles longues, recourbées, esparses par terre deçà & delà, aiguës au bout, creuses, assez grosses & pleines de suc, lesquelles sont comme violettes, quand elles commencent à sortir. Du milieu d'icelles il sort au printemps vne tige assez grosse, ronde & nuë: mais bien foible eu esgard à sa grosseur. Icelle est garnie dés le milieu iusques à la cime de fleurs agencées à mode de grappe de raisin, & faites en façon d'vne petite cruche, qui sont du commencement quelquefois purpurines, ou vertes; puis apres elles sont vertes purpurines, ou vertes blancheastres, ou vertes brunes; & puis apres pasles, lesquelles commenceans à flestrir sentent fort quasi comme le musc. Apres il y vient des grands boutons à triangle, pleins d'vne graine noire, ronde, & de la grosseur d'vn Ers. Sa racine est grosse, blancheastre, couuerte de plusieurs peleures à mode des Oignons, auec beaucoup de gros filaments par dessous qui sont de bois & durent longuement. Il dit qu'il en a eu cognoissance par le moyen de Cortusus, qui l'enuoya en Flandres sous le nom de *Dipcadi*. Toutes les fois qu'on l'a enuoyé de Constantinople, ç'a esté tousiours sous le nom de *Muscari*, à raison de sa bonne odeur, qui approche de celle du Musc, ou plustost de celle des trochisques, qui sont composez de Benioin & autres drogues odorantes. Lobel l'appelle *Dipcadi Chalcedonicum* Matthiol le prend pour *le Bulbe vomitif*. Le mesme Lobel met le pourtrait d'vn autre *Dipcadi aux fleurs blanches*, dont il y en a de deux sortes: car il s'en voit qui a les fleurs blanches comme nege, & en d'autres lieux elles sont de couleur de pourpre blaffarde. Ses fueilles sont larges à la cime. Il s'en voit aussi dans les Iardins en Flandres qui a les fleurs bleuës tirant sur le verd. Au reste il est semblable aux precedens. Quãt à la *quatriesme espece d'Hyacinthe bastard*, c'est celle que Matthiol appelle *Hyacinthe Oriental second*. Il a les fueilles longues & larges: la tige assez longue, garnie quasi dés le bas iusques à la cime de petites fleurs. Sa racine est bulbeuse. Matthiol en

Dipcadi aux fleurs blanches, de Lobel.

Hyacinthe d'Automne, de Dodon.

mis simplement le pourtrait. Quant à la *cinquiesme espece* c'est *l'Hyacinthe tardif.* Il a les fueil- stroites, petites, & moindres que celles de la premiere espece ; les tiges courtes, de trois ou tre doigts de haut, auec quelque peu de fleurs bleuës à la cime, qui ont des petits filets au de- s par le milieu. Sa graine est petite, & vient en des petites gousses triangulaires. Sa racine est te & bulbeuse. Il croist en quelques prouinces de la France, comme aupres de Paris. Il fleurit à la fin de l'esté, en Aoust, ou en Septembre, à raison de- quoy il est appellé *Hyacinthe d'Automne, & tardif.* Il semble que ce soit le Tiphyon de Theophraste, qui a esté descrit au precedent chapitre. Pena dit, qu'il fut le premier qui enuoya c'est *Hyacinthe* de Veronne à Anuers sous le nom *d'Hyacinthe d'Automne* : mais que despuis il en a veu quantité à Paris, & en Languedoc à l'entour d'Aigues-mortes, & a Selleneuue pres de Montpelier, en lieux aspres & pleins de grauier, où il fleurit au commencement d'Automne, & non pas au printemps, comme les precedents ; & ne fait pas ses fleurs à mode de bouteilles ; mais en estoile, composées de cinq ou six petites fueilles bleuës, moindres que celles de *l'Ornithogalon.* Quant au reste il est tout semblable aux autres, sinon qu'il est plus petit. L'Escluse a remarqué qu'il y a vne autre espece de cest *Hyacinthe*, qui est plus grand, & a le bulbe plus gros ; les fueilles plus larges & les fleurs en plus grand nombre. Il fleurit aussi vn peu plus tost que le precedent, tellement qu'il semble approcher fort du *Thiphyon* de Theophraste, duquel nous auons traitté au chapitre des Bulbes. Lobel met aussi vn *autre Hyacinthe tardif*, qu'il appelle, *Hyacinthus stellaris albicans*, qui a les fueilles petites ; la fleur belle & blancheastre. Il fleurit fort tard. Il a esté apporté de Biscaye en Flandres. Il y en a encor vn autre appellé *Hyacinthus stellaris lilifolius floridus* par Muton, duquel Lobel a mis le pourtrait. Et vn autre appellé, *Hyacinthus liliaceus*, ou *stellaris*, *Hyacinthus liriophyllus*, qui a aussi esté apporté des montagnes de Biscaye, & est fort beau & rare, & est à bon droit appellé *Liliaceus*: car il a la racine comme les oignons

Hyacinthe d'Automne

Hyacinthe d'Automne grand ; Tiphyon de Theophraste.

Hyacinthe estoilé.

Hyacinthe blanc estoilé, de Lobel.

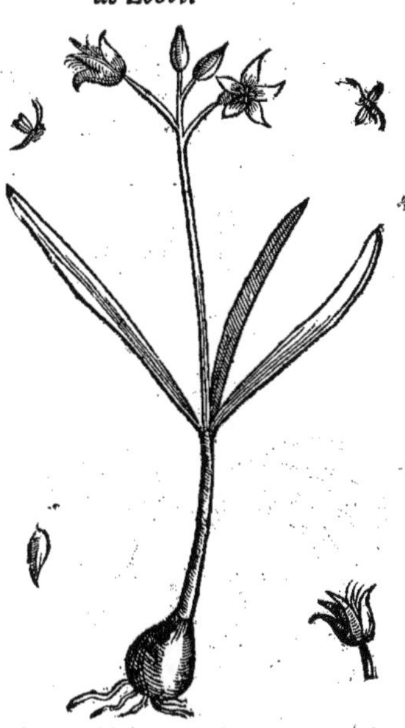

Autre Hyacinthe estoilé, ayant les fueilles comme les Lys.

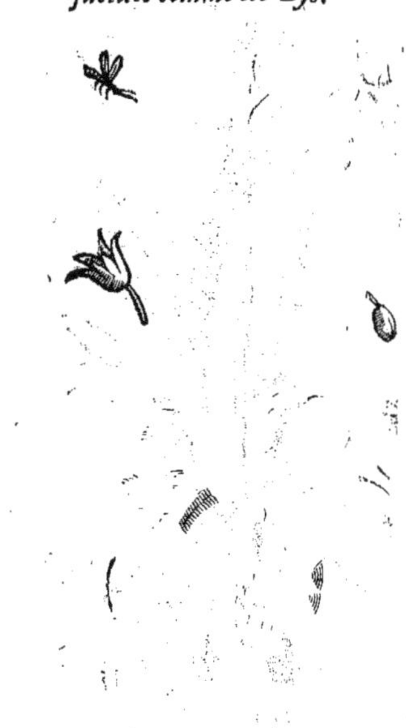

oignons des Lys, sinon qu'elle est plus petite, longue & jaunastre, ou blonde: & a six ou sep fueilles du tout semblables à celles des Lys blancs, du milieu desquelles il sort vne tige sans fuei Chap. 323. les, de la hauteur d'vne paume, garnie à la cime de fleurs semblables à celles de *l'Hyacinthe estoil* bleuës, tirans sur le pourpre. Outre ceux-cy Fuchse a mis le pourtrait de *deux autres Hyacinthe* dont l'vn ne fait que deux fueilles, & l'autre en fait trois, qui sont assez larges, moindres que cell

Hyacinthe aux fueilles des Lys, de Lobel.

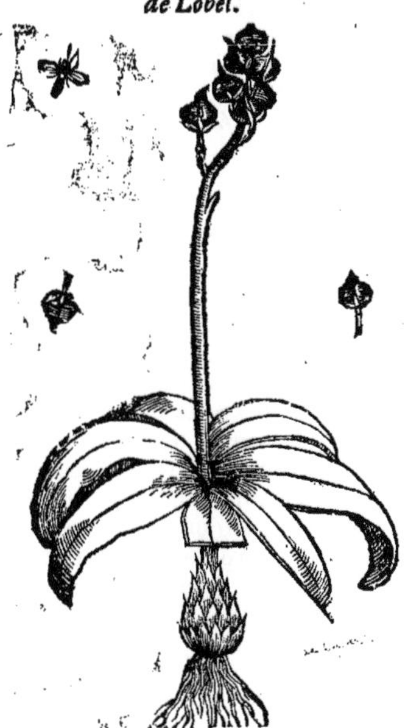

Hyacinthe bleu masle petit, de Fuchse.

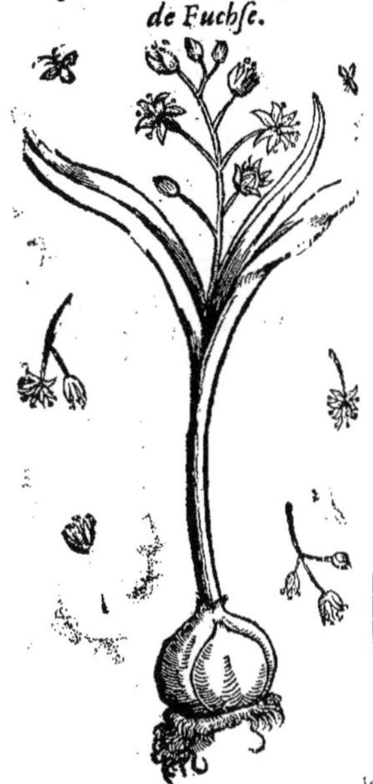

de

Porreaux. Ses fleurs sont esparpillées à la cime de la tige, fort espannies quasi à mode des yons d'vne estoile, dont celuy de trois fueilles a les fleurs bleuës, & celles de l'autre sont blanastres; apres lesquelles il y vient des boutons ronds, pleins d'vne graine comme de Millet. racine est ronde & bulbeuse. Fuchse appelle celuy aux trois fueilles, *Hyacinthe bleu masle pe*; & l'autre *Hyacinthe blanc ou femelle*. Plusieurs l'appellent *Hyacinthe estoilé*, pour raison de la re de ses fleurs. Pena & Lobel l'appellent *Hyacinthũ Germanicum liliflorũ stellarẽ*. Dodõ a au- Liu. 2. de l'hist. ch. 48.

Hyacinthe blanc, ou femelle, de Fuchse.

Hyacinthe large-fueille, de Dalechamp.

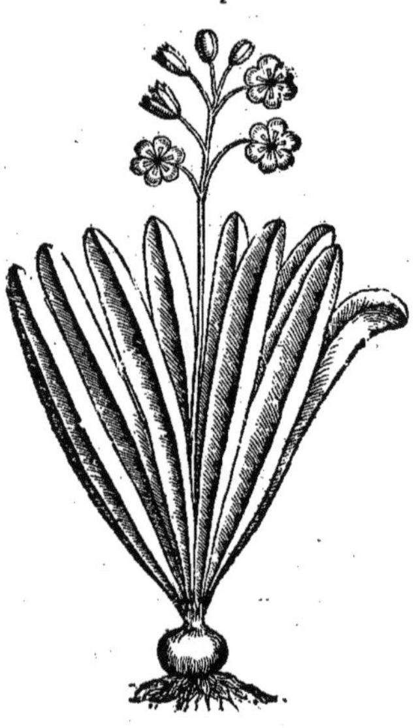

ois pésé que ce fussent *especes de Satyrion*; toutefois il changea puis apres d'opinion, pource le *Satyrion* a la tige d'vne coudée, les fueilles semblables aux Lys, le bulbe gros comme vne me; au lieu que ce Bulbe a les fueilles petites, & estroites le bulbe petit, & la tige courte. n & l'autre est assez commun en plusieurs lieux d'Allemagne, en lieu où il y ait bonne terre, rueu qu'il ne soit pas cultiué. Il fleurit en Mars, & quelquefois en Feurier. Nous auons mis le rtrait d'vn *autre Hyacinthe* suyuant Dalechamp, qui le surnõme *Large-fueille*. Il croist de soyme sur la montagne d'Or en Auuergne. Il a la racine pleine d'escorces, semblable à celle des ; & six ou huict fueilles noirastres grosses & larges, quasi comme celles des Lys; les fleurs purines fort belles, qui s'espannissent peu à peu. Sa graine vient en des boutons ronds, & vertes. Au reste Dioscoride escrit, que la racine du *Hyacinthe* appliquée auec vin blãc sur le pedes petits enfans empesche qu'ils n'y ayent iamais du poil, cõme l'on dit. Estãt prinse en breue elle resserre le ventre, & prouoque l'vrine. Elle sert contre la morsure des phalanges. Mais sa ine est plus astringeante, & bonne pour mettre dans la Theriaque. Beuë en vin elle guerit la nisse. Ce que Pline a declaré cõme s'ensuit: *La racine de l'Hyacinthe* est bulbeuse. Elle est assez neuë des maquignons des Esclaues: car en frottant le penil, ou la mote auec vin doux, elle de de venir le poil. Elle est fort bonne aux tranchées du ventre, & contre les morsures des ignes. Elle fait vriner. *Sa graine* prinse auec Auronne est bonne contre les morsures des sers, & piqueures des scorpions. *La racine de l'Hyacinthe*, dit Galien, est bulbeuse. Elle desseche premier degré, & refroidit à la fin du second, ou au commencement du troisiesme: à raison de-oy on tient qu'elle sert à maintenir longuement les enfans sans auoir du poil, estant appliquée liniment. Sa graine est aucunement detersiue & astringeante. Ainsi on ordonne de la prendre vin contre la iaunisse, d'autant qu'elle desseche au troisiesme degré: toutefois elle tient le lieu entre le chaud & le froid.

Au trait. des fleursch. 52. — Liu. 4. c. 158. Les vertus. — Liu. 21. c. 26 — Liure 8. des simpl.

Du Narcisse, om Iannette. CHAP. V.

Les noms.

LE Νάρκισσος des Grecs, qui est appellé en Latin *Narcissus*: en Arabe *Narces*, ou *Na gies*: en François *Narcisse*, ou *Iannette*: en Italien & en Espagnol, *Narcisso*, est du n turel des Hyacinthes. Il n'a pas esté ainsi nommé du nom du ieune Narcisse, q s'aima trop, comme les Poëtes ont voulu faire accroire; mais à cause de la facu stupefactiue qu'il a, laquelle est appellée par les Grecs Νάρκωσις & νάρκη, qui est aussi le nom d' poisson, qui rend stupide la main de celuy qui le veut prendre auec la ligne. Et de fait, Pline tribuë ceste vertu stupefactiue au *Narcisse*, comme aussi Plutarque, disant: *On l'a appellé Narci pource qu'il debilite les nerfs, & les rend comme estourdis, à cause dequoy Sophocle l'appelle com la couronne des grands dieux de dessous terre, pource qu'ils sont stupides comme estans morts.* The phraste, & Dioscoride disent, quil est aussi appellé λείριον: Apulée l'appelle ἄνυδρον βολβὸν ἐμετ αὐτοφυὲς ἄνυδρον, c'est à dire *de montagne*, pource qu'il n'aime pas l'eau; βολβὸν ἐμετικόν, à cause qu prouoque à vomir. Toutesfois il y a vn autre Bulbe qui est proprement appellé de ce nom là, co me il a esté dit cy deuant: αὐτοφυὲς c'est à dire, *engendré de soy mesme*, pource qu'il croist de so mesme. Il est aussi appellé λείριον, c'est à dire *Lys*. Or Iulius Pollux asseure qu'Homere entẽd pa mot de λείριον, toute sorte de fleurs. Dioscoride a remarqué *deux especes de Narcisse*, qui ont to tes deux la fleur blanche; mais l'vne est iaune par dedans, & l'autre est purpurine. Pline trai du *Narcisse* auec les Lys, les distinguant ainsi l'vn d'auec l'autre: Il y a, dit-il, vne autre sorte Lys purpurins, qui iettent quelquesfois double tige, & n'y a autre difference qu'en ce qu'ils on racine plus poulpue, & l'oignon plus gros que les Lys; aussi n'en sont ils qu'vn. Les Latins les a pellent *Narcissus*, dont il y en a qui ont la fleur d'alentour blanche, & le vase du milieu purpuri La principale difference qui est entre les *Narcisses* & les Lys, est que les tiges des *Narcisses* ne so point fueillues: car toutes leurs fueilles viennent dés la racine, dont les meilleurs viennent a montagnes de Lycie. *La troisiesme espece de Narcisse* est du tout semblable aux precedentes, non que sa fleur est fauue. Tous Lys sont tardifs à fleurir; car ils fleurissent apres la retraitte d'A cturus, & vers l'equinoxe d'autõne. Vn peu apres il traitte plus clairement *des Narcisses*: Les M decins, dit-il, establissent *deux especes de Narcisses*, dont l'vn a la fleur purpurine & celle de l'au est verdastre: & disent que ce dernier est contraire à l'estomac, & qu'il fait vomir, lasche le ventr & est contraire aux nerfs, & fait mal à la teste. Aussi a il esté appellé *Narcisse* du mot Grec Nar qui signifie *assoupissemẽt*; & non du nom de l'enfant Narcisse, comme recitent les fables. Icy Pli appelle le *Narcisse purpurin*, au lieu qu'auparauant il auoit dit, qu'il a la fleur blanche, & sa cou pe, à sçauoir le milieu, purpurine: à raison dequoy Virgile l'appelle aussi *purpurée*, disant:

Liu.21.c.19. Aux sympo-siaq.liu.3. Liu.4.c.155. Les especes. Liu.21.c.5. Eclog.5.

Pro molli viola, & pro purpureo Narcisso.

Et quant *à l'autre espece de Narcisse*. Pline est discordãt auec Dioscoride, en ce qu'il l'appelle *He baceum*, c'est à dire, *qu'il a le milieu fauue*, au lieu que Dioscoride dit, qu'il est iaune au milieu. les modernes ont biẽ remarqué plus *d'especes de Narcisses*. Dioscorid. dit, que le *Narcisse* a les fuei les comme les Porreaux; toutefois elles sont plus menues, & de beaucoup plus petites & estroite la tige creuse; & sans fueilles, qui a plus d'vne paume de hauteur, chargée d'vne fleur blanche, q est iaune au dedans, & en d'autres purpurine. Sa racine est blanche au dedans, ronde & bulbeu Sa graine est enclose cõme en vne mẽbrane, & est noire & longue. Le meilleur *Narcisse* est celu qui croist aux montagnes & qui est odorant. Les autres resẽblent aux Porreaux, & ont vne od d'herbe. Theophraste le descrit ainsi: *Le Narcisse, ou Lys; (car on l'appelle de tous ces deux nõs) a l fueilles contre terre, semblables à celles des Affrodilles, mais beaucoup plus larges, comme le Lys. S tige est sans fueilles, & verdastre, au dessus de laquelle vient la fleur, & puis apres la graine encl en vne membrane, comme en vn vase, laquelle est fort grosse, noire, & longuette, laquelle tombant cro de soy mesme. Toutefois ceux qui l'amassent la plãtẽt aussi en terre, & la racine aussi, laquelle est pou pue, ronde & grosse. Le Narcisse est fort tardif. Car il fleurit apres la retraite d'Arcturus, & enuir l'equinoxe.* Pline a traduit cette derniere clausule, & l'accommode à toutes les especes de *Lys*. au lieu que Theophraste compare les fueilles de *Narcisse* à celles des Affrodilles, Dioscoride compare à celles des Porreaux; toutefois il n'y a point de difference en cela, d'autant que Di scoride mesme compare les fueilles des Affrodilles aux grandes fueilles des Porreaux. Au res nous auons mis icy le pourtrait du *Narcisse, qui est purpurin au milieu*, suyuãt Dodon. Il a les fuei les vertes, lõgues, sẽblables à celles des Porreaux; la tige anguleuse & sãs fueilles, ayãt plus d'vn paume, ou d'vn pied de hauteur, auec vne fleur à la cime, laquelle sort de dedãs vne mẽbran & est pour la plus part seule, quelquefois double, mediocrement grande, odorante, & compose de six petites fueilles blanches; au milieu desquelles y a vn vase ou coupette courte, ronde de cou leur purpurine par les bords, dans laquelle il y a des filets courts, qui ont la teste iaunastre. Apr il y viẽt des boutõs faits à angles, pleins de graine noire. Sa racine est bulbeuse, sẽblable à celle d Oignõs, laquelle fait beaucoup de costes, & par ainsi se multiplie aisément. Pena & Lobel en on aussi mis le pourtrait de mesme, sous le nom de *Narcissus Poëticus medio purpureus*. Or il s'en trou

Liu.4.c.155 st La forme. Liu.& ch. 6. de l'hist. Au traitté des fleurs chap.55.

Narcisse purpurin au milieu, de Dodon.

de trois sortes de ceste mesme espece, qui ne sont pas differens pour raison de la figure, couleur, ou odeur, ains seulement pource qu'ils fleurissent en diuers temps. Il y a aussi de la difference quant à la grandeur, mais bien peu. Les moyens sont les plus grands; mais les printanniers & les tardifs sont les plus petits. Or combien que Dioscoride ait escrit, que les meilleurs & odorans croissent aux montagnes: toutefois il se treuue de ceux qui sont purpurins au milieu, tant au Duché comme au Comté de Bourgogne dans les prés. Pena dit aussi, que les prés de Languedoc & de Prouence sont garniz de ces fleurs estoilées, blanches comme Lys, au mois de Feurier & de Mars, lesquelles sentent bon, & sont vrayement stupefactiues, sentans aucunement comme le Nenufar. Theocrite aussi dit, que le *Narcisse* croist dans les prés: car il dit, qu'Europe estant entrée auec la suite de ses Damoiselles dans les prés, elle cueillit du *Narcisse*, qui sentoit bon. Dodon dit, que les *Narcisses printanniers de la premiere espece* fleurissẽt dans les Iardins de Flandres au commencement d'Auril; & les moyens à la fin; & les plus tardifs en May. Quant aux *Narcisses qui ont la fleur iaune au milieu*, ils ont les fueilles plus longues, plus larges, & vn peu plus blaffardes; les tiges plus hautes & plus grosses, chascune desquelles porte trois ou quatre fleurs semblables aux precedentes, sinon qu'elles sont iaunes au milieu. Leur graine, & leur racine qui est bulbeuse, sont aussi semblables. Dodon en descrit *vn troisiesme de ceste mesme espece*, qui a les fueilles plus larges non seulement que le premier, mais aussi que les Afilles, & plus longues, & a par chasque tige quatre fleurs ou dauantage, qui sont blanches, & petites que les autres, iaunes au milieu, auec leur coupette releuée: toutefois elle est plus te de beaucoup, que celles du *Narcisse sauuage iaune*. Au demeurant sa racine est bulbeuse cõles autres. Il fleurit aussi parmy les prés & dans les Iardins en Flandres, sur la fin d'Auril.

Aux Aduers.

Eidil. 20.

Au trait. des fleurs, c. 55.

arcisse à la fleur iaune au milieu, de Dodon.

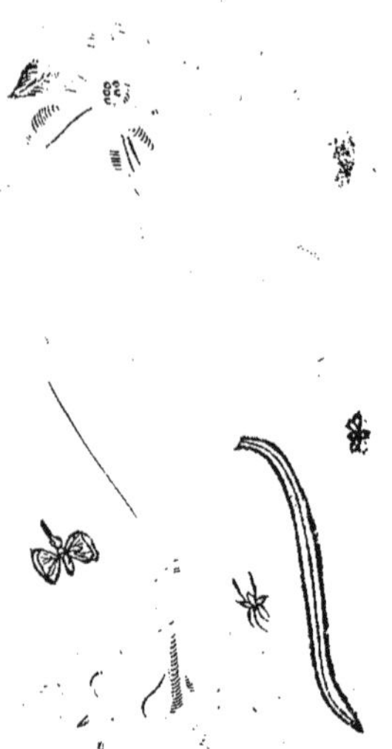

Autre Narcisse à la fleur iaune au milieu, de Dodon.

Dodon

Au mesme lieu. Dodon tient que Theophraste parle de la *premiere espece de ces Narcisses*, à sçauoir de ceux qui sont purpurins au milieu, là où il dit, que le *Narcisse* fleurit trois fois l'an comme la Squille, & par ainsi qu'il monstre aussi les trois saisons de labourer la terre. Ce qui se verra mieux par les mots de Liure 7. de l'hist. ch. 12. Theophraste, qui sont tels suyuant la traduction de Gaza: *C'est vne chose esmerueillable de ce qui se voit au Narcisse & en la Squille : car toutes les autres plantes tant celles qui sont plantées nouuellement, que celles qui rebourgeonnent, poussent premierement la fueille en leurs temps, puis apres la tige. Mais en celles-cy la tige sort la premiere; méme le Narcisse ne pousse que la tige qui porte la fleur, pource qu'elle est fort hastiue à sortir. Quant à la Squille elle fait premierement sa tige seule, & puis la fleur en sort, & fleurit trois fois l'an; dont la premiere semble monstrer le temps qu'il faut labourer la premiere fois; & l'autre monstre la seconde, & consequutiuement la troisiéme: car autant de fois qu'elle fleurit, il faut labourer la terre. Mais apres que la fleur a duré quelque tẽps, alors les fueilles commencent à sortir. Autant en prend il du Narcisse, sinon qu'il ne fait point de tige, que celle qui porte la fleur, comme nous auons dit, & ne fait pas son fruict apparent : mais la fleur & la tige cessent ensemble, & apres* Liu. 21. c. 17. *qu'elle est sechée, alors les fueilles sortent.* En quoy, dit Dodon, Theophraste monstre que la tige de la Squille fleurit par trois diuerses fois : & que le *Narcisse* n'a point d'autre tige que celle qui porte la fleur. Or ne peut il pas estre, qu'il fleurisse trois fois par vne mesme tige. Il s'ensuit donc qu'il faut qu'il y ait trois bulbes differens, qui fleurissent par trois diuerses fois, comme nous auons desia dit, que faisoit le *Narcisse purpurin au milieu* : car à voir comme il fleurit en vn mesme lieu, on pourroit iuger qu'il fleurit trois fois, quand on en prendroit pas garde qu'il y a trois bulbes. Mais par tout là où il y a en Theophraste νάρκισσος, Pline a leu κρόκος. Le naturel, dit-il, de la Squille & du Saffran est singulier : car au lieu que toutes les autres herbes produisent premierement leurs fueilles, & en suite leurs tiges, on voit sortir la tige de ces deux deuant qu'il y ait aucune apparence de fueilles. Quant au Saffran, la tige pousse la fleur dehors : mais la Squille iette sa tige hors terre premier que sa fleur. Mesme elle fleurit trois fois l'an comme desia nous l'auons touché, remarquant par là les trois saisons de semer. (Theophraste dit, *de labourer.*) Or Ouide fait mention *du second Narcisse*, & principalement du troisiesme, là où il descrit comment c'est que le beau Narcisse fut conuerty en sa fleur qui porte son nom, disant:

Son corps n'y estoit plus & treuuent vne fleur,
Dont le milieu est iaune enclos de fueilles blanches.

Chap. 12. Quant au troisiesme, Dodon estime que Theophraste en parle au passage que nous venons d'alleguer, & qu'il est different de celuy dont il fait mention au liure septiesme : car il dit, que cestuy-cy a la fueille estroite, comme *le premier Narcisse*; mais il dit, que cest autre là a la fueille comme les Affrodilles, & beaucoup plus large, à mode de celle des Lys; en quoy il appert clairement, que Theophraste a traitté de diuers *Narcisses*, comme il en a traitté en diuers passages. Or au mesme passage de Theophraste qui a esté allegué cy deuant, au lieu qu'il a μέλανα τῇ χροιᾷ, Dodon estime qu'il faut lire μήλινα c'est à dire, *Iaune*, pour dire que la fleur du *Narcisse* est iaune, & non pas noire. Toutefois nous auons desia monstré cy deuant, comme il falloit corriger autrement ce passage, & que ces mots là doiuent estre entendus de la graine, & non pas de la fleur du *Narcisse*, Outre ceux que 4. Narcisse. dessus Dodon met vne *quatriesme espece de Narcisse*, qui ressemble aux precedens, si ce n'est que toute sa fleur est blanche, mesme par le milieu, duquel l'Escluse a aussi mis le Liure 2. des Plant. d'Esp. chap. 1. pourtrait, disant qu'il a les fueilles longues, & vertes, en nombre de trois ou quatre, du milieu desquelles il sort vne tige assez large; toutefois elle est faite à angles & creuse, chargée de six ou sept, & quelquefois de dix fleurs longuettes, & du tout blanches: car leur coupette mesme est blanche, au lieu qu'aux autres elle est iaune, & odorante. Sa racine est comme celle des autres. Il y a aussi, dit Dodon, des *Ioannettes*, ou *Narcisses*, qui ont la fleur double, tant 5. Narcisse. de la premiere espece que des autres, combien qu'au demeurant ils ayent les fueilles & les Bulbes semblables. En quoy il appert comme nature se plait à diuersifier les choses, & à les changer, principalement si on l'aide par quelque artifice, ou que l'on transplante les plantes d'vn lieu en l'autre : car cela aide beaucoup à les faire changer de figure. Pena asseure aussi, que par le moyen du cultiuage on Aux Aduers. peut faire changer de figure aux *Narcisses*, tant pour le regard des fueilles que des fleurs, & des bulbes; & qu'il a obserué

Narcisse aux fleurs du tout blanches, de Dodon.

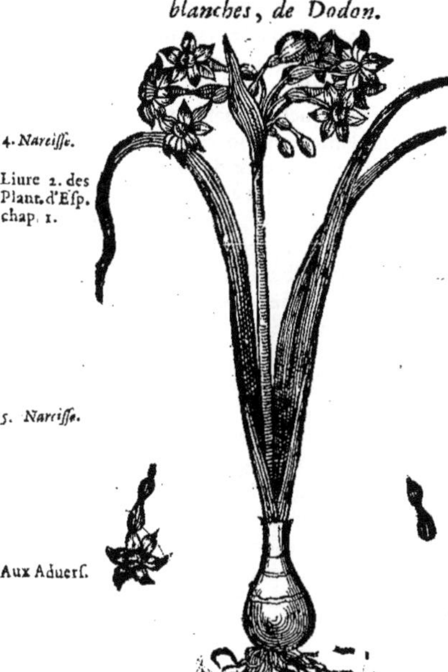

,qu'il y a deſia long tẽps qu'aucuns ont fait venir diuerſes ſortes de *Narciſſes* à Venize & ce par ce, & par le moyen de certaine graine,ou en entant les bourgeons qui ne faiſoient que ſortir. cluſe a auſſi mis le pourtrait d'vn *Narciſſe aux fleurs doubles*, qui a les fueilles larges, & faites me le fond d'vn nauire.Ses fleurs ſon doubles,pource que le vaſe iaune du milieu ſepare telle- t les ſix fueilles blanches, qu'il n'y a plus apparence de vaſe ; mais ſemble que ce ſoit vne ſur- Au meſ. liu.

Narciſſe à la fleur double, de l'Eſcluſe.

Narciſſe ayant les fueilles de Ionc, de Dodon.

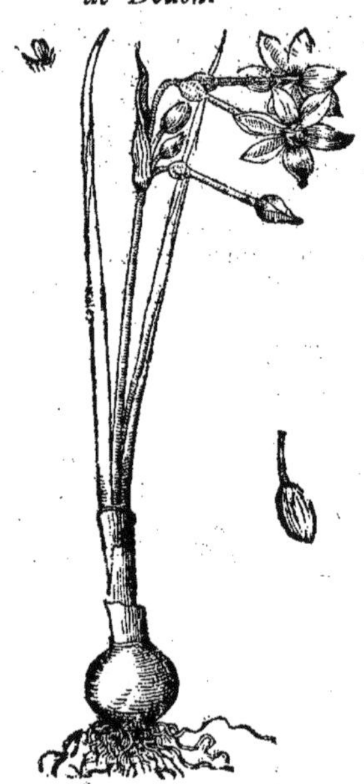

arciſſe premier aux fueilles de Ionc, de l'Eſcluſe.

croiſſance iaune,qui ſoit venuë à chaſque fueille. Ceſte fleur 6. *Narciſſe.*
eſt fort odorante, & appeſantit aucunement le cerueau. Au reſte Dodon met auſſi au nõbre *des Narciſſes* vne plante que les Eſpagnols appellent *Ionquillos*,à raiſon dequoy auſſi Dodon l'appelle *Narciſſus iuncifolius*.Elle a les fueilles longues, eſtroites & groſſes, qui ſont quelquefois quaſi du tout rondes,fort liſſes & ſouples, ſemblables aux iones:car elles ſont liſſes, ſouples, & rondes, tout de meſme, & de meſme couleur ; entre leſquelles ſort la tige, chargée à la cime de trois ou quatre fleurs,& quelquefois dauantage, qui ſont odorantes,de la méme figure *des Narciſſes*:toutefois elles ſont moindres,& toutes iaunes.Sa racine eſt bulbeuſe & blanche, couuerte d'vne membrane noire & menuë. Elle croiſt de ſoymeſme en pluſieurs endroits d'Eſpagne,& en Flandres. Elle fleurit au mois d'Auril. Dodon eſtime que c'eſt le *Bulbe vomitif* de Dioſcoride, pource que la deſcription qu'il en fait Au trait. des fleurs,ch. 56
conuient bien à ceſte plante : car de fait elle a les fueilles beaucoup plus ſouples que celles des autres Bulbes, entant qu'elles ſont comme de Ioncs, & fort longues de beaucoup plus que celles du Bulbe bon à manger. Sa racine auſſi eſt couuerte d'vne peau menuë & noire. Il ſemble que ce ſoit la meſme plante que l'Eſcluſe a deſcrit ſous le nom de *Narciſſus alter Iuncifolius puſillus* : car il en met vn premier qui a Liure 2. des Plant.d'Eſp. chap. 1.
les fueilles de Ionc, & eſt quelque peu different de ceſtuy-là. Il fait, dit il, deux ou trois fueilles longues, eſtroites & poulpues, quaſi rondes, reſemblent aucunement aux Ionces verds & pleins de moëlle,eſtans ainſi liſſes & ſouples, & de

& de meſme couleur ; entre leſquelles il ſort vne tige ronde, creuſe & ſans fueilles, à la cime de l quelle il ſort dedans vne petite peau, quatre, ou cinq, ou ſix fleurs longues, quelquefois à doubl ſemblables aux *Narciſſes*: toutefois elles ſont plus odorantes & du tout iaunes tant au milieu cō à l'entour, ayans les fueilles quelquefois aiguës, & quelquefois rondes. Apres il y vient des gou ſes à triangle, toutefois leurs angles ſont obtus, pleines d'vne graine noire & anguleuſe, ſembl ble à celle des *Narciſſes*, ſinon qu'elle eſt moindre. Sa racine eſt petite, bulbeuſe & blanche, co uerte de beaucoup de pelures noiraſtres. L'Eſcluſe dit qu'il croiſt de ſoy meſme parmy les pr des montagnes aupres de Tolede, & à l'entour de Guadalupe : & que le precedent que nous auo deſcrit ſuyuant Dodon, croiſt en certains lieux mareſcageux, entre Seuille & Gilbatal, où il en cueilly la fleur au mois de Ianuier. Toutefois ny l'vn ny l'autre ne fleurit en Flandres ſinon a mois d'Auril, & quelquefois au milieu de l'hyuer. A raiſon dequoy Lobel appelle celuy de Dodo qui eſt appellé *Narciſſus alter puſillus Iuncifolius* par l'Eſcluſe, *Narciſſus Iuncifolius luteus præcox*. le premier de l'Eſcluſe *Narciſſus Iuncifolius ſerotinus*, qui n'eſt en rien different d'auec l'autre, ſic n'eſt qu'il a moins de fueilles & de fleurs, combiē qu'il y en ait dauantage au pourtrait. Lobel en ſo

7. Narciſſe. addition met encor vn autre *Narciſſe de montagne*, ayant les fueilles comme les ioncs : lequel, dit-i eſt de la hauteur d'vne paume, & a certaines fueilles menuës, beaucoup plus deliées que celle des Ioncs, quelquefois droites, & quelquefois couchées contre terre, entre leſquelles il ſort vn petite tige de la hauteur d'vne paume, à la cime de laquelle il ſort de dedans vne peau, comm

Narciſſe de montagne aux fueilles de Ionc plus petit, de Lobel.

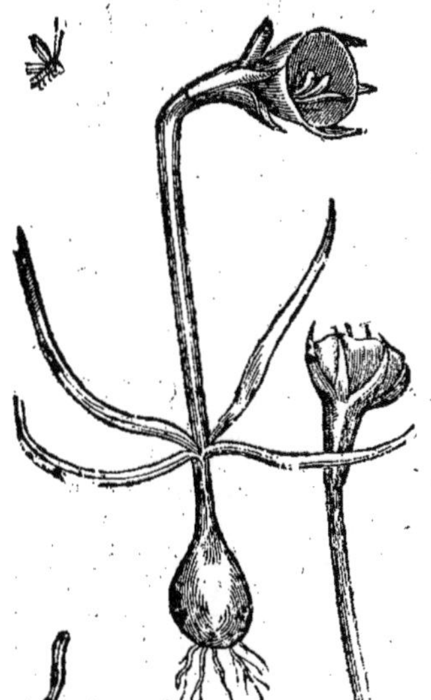

Narciſſe de montagne.

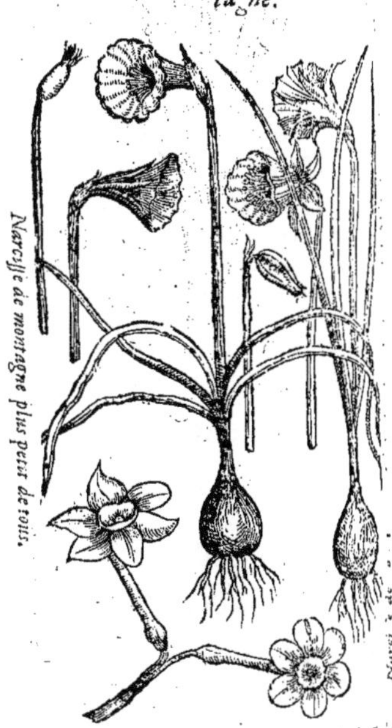

Narciſſe de montagne plus petit de tous.

Narciſſe aux fueilles de Ionc, ayant la fleur ronde, de Lobel.

aux autres *Narciſſes*, vne ſeule fleur iaune, ſemblable à celle du *Narciſſe de montagne cōmun*, & qu eſgale, & de belle monſtre, & bonne grace. Apres il vient vne gouſſe comme aux *Narciſſes*. L Bulbe de ſa racine eſt auſſi gros comme le noyau d'vne noiſette. On l'entretient volontiers dan des pots de terre. Le meſme Lobel met encor trois autres *Narciſſes*. En premier lieu vn *ſecond Nar ciſſe de montagne aux fueilles de Iōc petit*, lequel a la fleur iaune, les fueilles de laquelle ſont fronc & pliſſées, & croiſt aux montagnes de Biſcaye. Quant au reſte il reſemble au precedent. Le ſe cond eſt le *Narciſſe de montagne le plus petit de tous*, qui croiſt en Eſpagne, & a la fleur cōme le *Nar ciſſe iaune*: toutefois elle eſt blanche. Le troiſieſme eſt le *Narciſſe aux fueilles de Ionc*, qui a la fleu ronde cōme les Roſes. Dodon & l'Eſcluſe adiouſtent encor vn autre *Narciſſe*, qu'ils appellent *Au tumnalis minor*. C'eſt, dit l'Eſcluſe, vne plante de la hauteur d'vn doigt, qui ne fait qu'vne ſeul tige graile & creuſe, à la cime de laquelle il y a vne fleur blanche, ſemblable à celles des *Narciſſes* odorans, composée de ſix petites fueilles auec vn petit vaſe iaune au milieu ; & puis apres vn gouſſe à triangle, pleine d'vne petite graine noire & anguleuſe. Sa racine eſt cōme celle du *Narciſſe*

AA

arcisse d'Automne petit, de Dodon & de l'Esclufe.

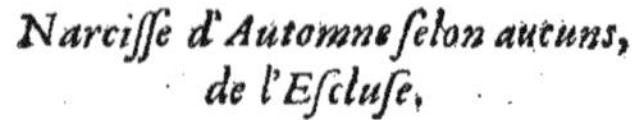

Narcisse d'Automne selon aucuns, de l'Esclufe.

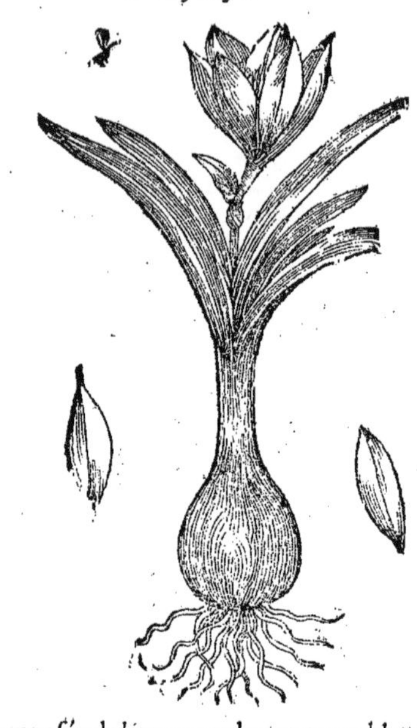

fueilles de Ionc; toutefois elle est moindre, bulbeuse, composée de beaucoup de couuertes blan-s, pleines d'vn suc visqueux, & d'vne peau noire par dessus. Toute la plante est amere. Elle ist en grande abondance le long de la riuiere de Guadiana en l'Andalousie, & fleurit sans por-aucunes fueilles, sur la fin du mois d'Octobre. Ceux du païs l'appellent *Tonnonda*. On peut 8. *Narcisse* Au me:. lic u.
n aussi, dit l'Esclufe, mettre en ce rang cette autre Plante, qu'aucuns appellent *Narcisse*, combien elle n'ait pas la fleur comme celle des Narcisses. Elle fait cinq ou six fueilles, longues, larges ıme le pouce, si vertes qu'elles en sont brunes & reluisantes, couchées par terre; entre lesquel-il sort vne queuë courte plustost qu'vne tige, à la cime de laquelle il vient vne fleur jaune, à de de celle de la Chiennée, composée de six fueilles, dont les trois qui sont les plus grandes, enuironnent les autres trois qui sont en dedans & plus petites, laquelle sort d'vne membrane comme de dedans vn vase, au milieu duquel il y a six filets auec leurs cimes, & vn pilon au milieu. Sa racine est grosse, ronde, blanche par dedans, & noire par dehors, comme celle des autres Narcisses. Elle commence de bourgeonner à la fin du mois d'Aoust, & en Septembre: & fleurit bien souuent au mesme temps. Elle s'aime en certains prés d'Espagne, qui sont aux montagnes. Nous en traitterons plus à plein *au chapitre du Satyrion*. On appelle aussi *Narcisse tout iaune*, ou *Narcisse de*
mõtague de Theophraste, ou *Narcisse sauuage*, ou bien *Narcisse* 9. *Narcisse.*
bastard, la plante qui est appellée en François *Coquelourde*: en Espagnol *Campanilla*: en Allemand *Geelttornungs blumen*: en Flamand *Geel Tydeloosen*. Elle a les fueilles semblables à celles des Porreaux, ou des *Narcisses*: toutefois elles sont plus courtes & plus petites. Ses tiges sont de la hauteur d'vne paume, sur chacune desquelles il y a vne fleur semblable à celle des Narcisses; toutefois le vase qui est au milieu de la fleur est long en façon d'vne hotte longue, du tout iaune, & sans odeur. Apres il y vient des boutons longs & ronds. Les prés ombrageux d'Angleterre & de Flandres en sont tous pleins au mois de Fevrier, & de Mars; ainsi
que dit Pena. Mais aux païs qui sont plus Meridionaux, Aux Aducrs.
comme en Languedoc, Gascongne, & en Espagne, elle ne croist

arcisse iaune sauuage, de Dodon.

croist sinon à la cime des plus hautes montagnes, où elle fleurit en May & en Iuin, comme en l
montagne de Vigan, & de Mende, & sur les Monts Pyrenées pres de Tholose, & n'a point d'
deur, & par consequent peu de vertu; moins stupefactiue que celle des autres. Aucuns estimen
que c'est le *Codion* de Theophraste; au lieu duquel mot il y a *Codiaminon* dans les communs exen
plaires, comme nous l'auons remarqué desia, *au liure des Plantes qui ont belle fleur.* D'autres la pre
nent pour le Bulbe vomitif. Au demeurant le *Narcisse aux fleurs doubles* de Dodon, qui est icy pein
est aussi vne *espece de Narcisse*, & n'est en rien different auec le precedent, si ce n'est qu'il fait sa fleu

Narcisse jaune double, de Dodon.

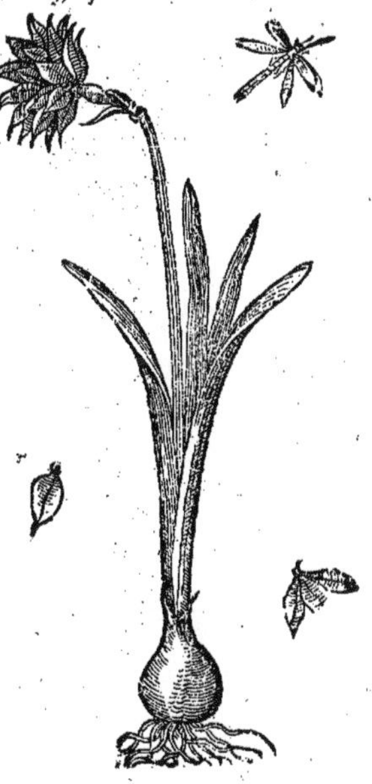

Narcisse de Constantinople, I. de Matth.

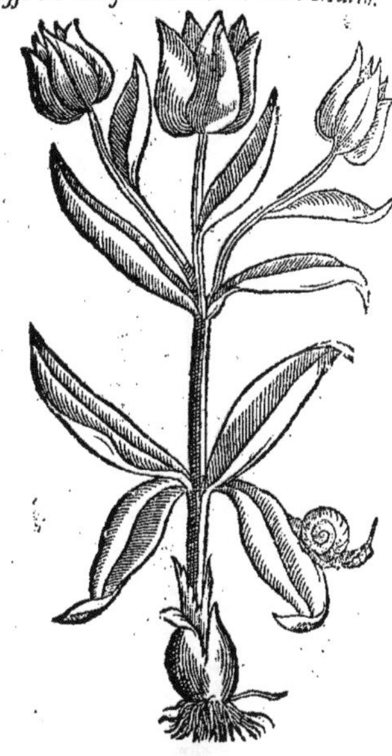

Narcisse II. de Matthiol.

Narcisse III. de Constantinople, de Matth.

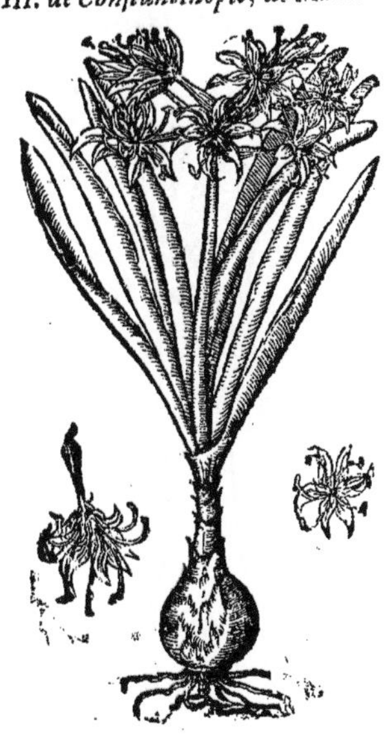

double

double : car il est tout jaune. Il a aussi les fueilles & les bulbes tous semblables. Or il est different auec le *Narcisse double de l'Escluse*, duquel nous auons mis le pourtrait cy-deuant. Matthiol aussi a mis plusieurs *especes de Narcisses* sans en adjouster la description. Toutesfois Dodon tient qu'il n'y a que le premier qui doiue estre tenu pour *espece de Narcisse*; & que ce sont fleurs d'autre espece : car celuy qu'il met pour *le second, troisiéme, & huictiéme*, semblent estre plustost especes de Squille ou des Bulbes qui croissent au riuage de la mer, comme il en croist en plusieurs lieux en Languedoc, ailleurs. Le *quatriéme* resemble au Bulbe, que Marcellus en ses Commentaires au chapitre *du*

Au trait. des fleurs. ch. 55.

Narcisse IV. de Matthiol.

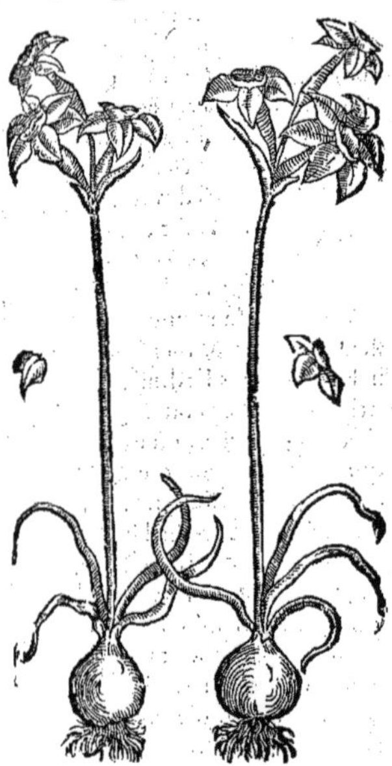

Narcisse V. de Matthiol.

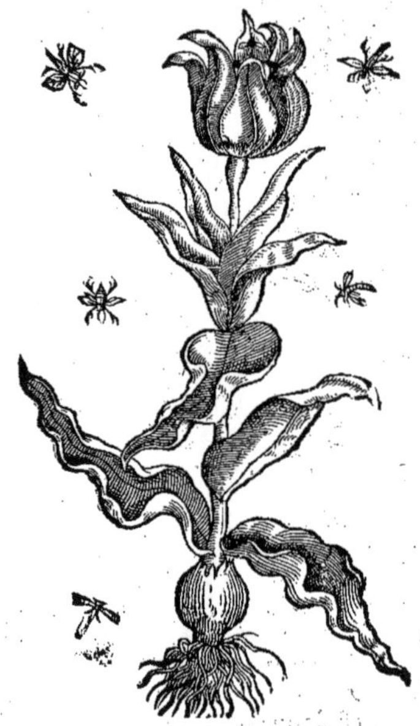

Narcisse VI. de Matthiol.

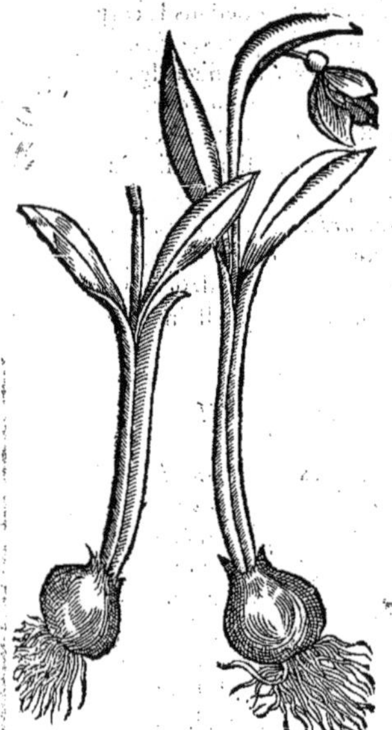

Narcisse VII. de Matthiol.

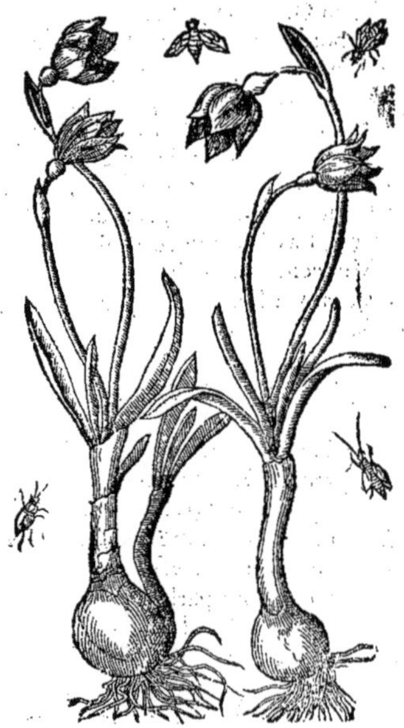

Narcisse VIII. de Matthiol.

Narcisse, descrit comme s'ensuit : Nous en auons veu, dit-il, en grande abondance sur nostre Apennin, qui fleurissoit en Aoust, & en Septembre, de la figure des Lys, de la hauteur d'vne paume, ayant les fueilles comme celles du *Narcisse*, & vne seule tige ; & du tout semblable quant au reste, si ce n'est quant à la couleur, qui n'est ny blanche ny purpurine, comme Pline dit ; mais de couleur entre blanc & iaune, n'ayant du tout point, ou pour le moins fort peu d'odeur. Nous en auons aussi veu sur les collines plus basses ; toutefois il n'estoit pas si beau ; mesme il estoit plus blancheastre. Mais c'est assez parlé pour ce coup de ce *quatriesme Narcisse* : car nous en traitterons plus auant *au chapitre de l'Ornithogalon*. Quant au *cinquiesme* tous tiennent que c'est vne espece de Toulipan, de laquelle il sera parlé cy apres. Le *sixiesme & septiesme* sont *Violiers bulbeux*, & sont les fleurs bien differentes de celles des *Narcisses*, comme il se verra *au chapitre suyuant*. Pena dit, que *le troisiesme Narcisse* de Matthiol qu'il surnomme *de Constantinople*,

Aux Aduers. n'est autre chose que le *Pancration marin*, duquel il sera parlé en son lieu. Quant à celuy qui a la racine escailleuse, & garnie de costes, & les fleurs doubles & bien espesses, il estime qu'il a esté fait tel par l'artifice des Iardiniers & non naturellement. Aussi Matthiol ne dit pas où, ny quand, ny comment il croist ; s'il est tel par artifice, ou naturellement, aussi peu que de l'autre qui a le bulbe comme *les Narcisses* ; mais les fueilles de ses fleurs sont plus longues, & estroites, & ont aussi des filets plus longs. Au surplus Dioscoride dit,

Liu.4.c.155. *Les vertus.* que la *racine du Narcisse* prinse en viande, ou en breuuage prouoque à vomir. Broyée en miel elle sert contre les brusleures du feu. Appliquée sur les nerfs coupez elle les consolide. Broyée & incorporée en miel & appliquée elle est fort bonne aux dislocations de la cheuille du pied, & aux douleurs inueterées des gouttes. Auec graine d'Ortie & vinaigre elle nettoye les taches du visage & le mal Saint Main. Auec farine d'Ers & miel elle mondifie les vlceres sales. Elle fait creuer les apostumes qui sont mal-aisées à meurir. Appliquée auec miel & farine d'Yuroye elle attire

Liu 21.c.19. dehors les eschardes de dedans le corps. Pline en dit quasi tout de mesme. La *racine de l'vn & de l'autre* est douce comme miel. Appliquée auec vn peu de miel elle est singuliere aux brusleures, aux playes, & aux dislocations. Auec farine d'auoine & miel elle sert aux apostumes plattes, qu'on appelle en Grec *Pani*, & à tirer les eschardes & espines qui sont fichées dedans le corps. Broyée & incorporée en griotte seche & huile, elle est singuliere aux meurtrisseures, aux contusions, & aux coups de pierre. Incorporée en farine elle mondifie les vlceres, & efface les taches noires qui sont empreintes en la peau. De la *fleur des Narcisses* on fait de l'huile, qui est singulier à mol-

Liure 8. des simpl. lifier toutes duretez, & à eschauffer les parties gelées. Il est fort bon aussi aux oreilles ; neantmoins il cause douleur de teste. Galien dit, que la *racine du Narcisse* est si desiccatiue, qu'elle consolide les grandes playes, quand mesme les tendons seroient coupez. Elle est aussi detersiue & attractiue. Voilà ce qu'en dit Galien. La *decoction des racines du Narcisse iaune sauuage* euacuë par le bas les humeurs phlegmatiques & visqueuses, comme il a esté espreuué par quelques Medecins de nostre temps ; & sert à ceux qui sont chargez d'abondance d'humeurs vitieuses, en y adioustant vn peu de graine d'Anis & de Zinzembre, à fin qu'elle ne nuise pas tant à l'estomac.

Du Violier bulbeux. CHAP. VI.

Liure 6. de l'hist.c.7. Liure 7. de l'hist.c.13. THEOPHRASTE a escrit parlant des fleurs printannieres : *Le Violier sort le premier entre les fleurs printannieres, & là où l'air est doux il sort mesme en hyuer ; mais là où il fait froid il sort plus tard.* Ce que les doctes estiment deuoir estre entendu du *Violier*, que le mesme Theophraste met au nombre des Bulbes, pource qu'il est des premiers qui fleurissent. Il s'ensuit donc qu'il y a *deux sortes de Violier*, à sçauoir celuy de Dioscoride, qui n'est pas Bulbeux, duquel il a desia esté parlé cy-deuant, & l'autre est celuy de Theophraste, qui est bulbeux, & du tout different de celuy de Dioscoride. Fuchse suiuant le nom Grec appelle ce *Violier* (que nous

Les noms. *Les especes.* Au trait. des fleurs.ch 58. appellons *Leucoion bulbosum*,) *Viola alba* : Et à bon droit : dit-il, d'autant que la fleur de ce *Violier* est blanche comme les *Violiers blancs*, & a la mesme odeur. Les Allemans l'appellent *Vueiss Hornungs blumen*. A Lyon on l'appelle *Campanes blanches*. Dodon establit *trois especes de Violier bulbeux*, dont il appelle

pelle l'vn *Leucoion Triphyllon* ; l'autre *Hexaphyllon* ; & l'autre *Polyanthemon*. Le premier est appellé *iphyllon*, pource que sa fleur n'a que trois petites fueilles. Il fait par chasque Bulbe deux fueil-s longues, estroites, vertes-blaffardes, approchans de la couleur du Narcisse bastard iaune, entre squelles il sort vne petite tige de la hauteur d'vne paume, à la cime de laquelle il vient vne fleur vne petite guaine longue, attachée à vne petite queuë, & pendante contre bas, composées de is grandes fueilles blanches, entre lesquelles il y en a trois autres plus courtes & plus petites, *La forme.*

iolier à trois fueilles, de Matthiol.

Violier blanc bulbeux, de Fuchse.

ertes-blaffardes, & vn peu cannelées. Au milieu de la fleur il y a des filets garnis de leur cime une. Sa racine est bulbeuse, de la couleur d'vne chastaigne par dehors, & se multiplie en peu de mps, faisant beaucoup de costes. Il n'est pas naturel en Flandres ; mais bien en Italie & autres ïs. Il pousse de fort bonne heure, au mois de Feurier, deuant toutes autres fleurs. Matthiol l'a is pour la *sixiesme espece de Narcisse*. Lobel & Pena l'appellent *Leuconarcissolirion minimum:* & di-nt qu'il a la tige de la hauteur d'vne paume, & peu de fueilles, enuiron trois ou quatre, & vne ule fleur petite, verdastre, & blanche. Il y en a bien aussi és païs Septentrionnaux, comme en uers, & en Normandie. Il semble que ce soit le *Leucoion bulbosum* de Theophraste, dont il a esté ait mention *au liure des belles Fleurs*. Quant au *second*, que Dodon appelle *Hexaphyllon*, à cause que a fleur est composée de six fueilles ; il a aussi les fueilles estroites, semblables à celles des Por-eaux, ou du Narcisse bastard : toutesfois elles sont plus courtes, plus vertes, plus lisses, & plus re-usantes, vn peu recoubées contre terre. Ses tiges sont menuës, de la hauteur d'vne paume, à hascune desquelles il vient vne fleur, & rarement deux, pendantes aussi contre bas, blanches, omposées de six petites fueilles, vn peu rayées, ayans des filets au milieu, qui ont les testes iaunes. a graine vient en des boutons ronds, & est petite, ronde, lisse, de couleur faune. Sa racine est blanche & bulbeuse, & fait beaucoup d'autres Bulbes. Il s'en treuue en plusieurs lieux de la haute llemagne parmy les Forests ombrageuses & humides. En Flandres on le tient dans les Iardins. l fleurit au mesme temps que le precedent, ou bien tost apres. Matthiol en a mis le pourtrait our la *septiesme espece de Narcisse*. Lobel & Pena l'appellent *Leuconarcissolirion paucioribus floribus* ; disent qu'il a les fleurs comme le precedent, dont il n'y en a qu'vne par tige, auec des filets iau-nes au milieu. Sa graine est brune. Quant au troisiesme qui est surnommé *Leucoion bulbosum Polyanthemon*, à cause qu'il fait beaucoup de fleurs attachées à vne mesme tige ; il est semblable au second quant à la tige & aux fueilles : toutesfois il est plus grand & plus haut. A chascune tige il porte cinq ou six fleurs qui fleurissent l'vne apres l'autre, semblables aux precedentes quant à la figure, & à la grandeur. Il ne s'en voit en Flandres sinon dans les iardins ; & ne fleurit pas au commencement du printemps, comme les deux precedens ; mais long temps apres, à sçauoir en Auril, auec les Narcisses. Lobel & Pena l'appellent *Leuconarcissolirion pratense*. Cestuy-cy, dit Pena : comme il est plus grand que les autres, aussi fait-il les fleurs de beaucoup plus belles : car elles sont

Le lieu. *Le temps.*

sont blanches comme laict, tout ainsi que celles de *l'Ornithogalon*, & de la figure d'vne petite fleur de Lys, qui sortent sept ou huict ensemble par vn mesme neud à la cime de la tige. Sa graine est ronde & noire, & semblable à celle de la Piuoine, & vient en vne gousse membraneuse. Quant aux fueilles & aux racines, il les a comme celles du *Narcisse qui est iaune au milieu*. Il s'en voit force parmy les prés & par les costaux herbeus, & aux fossez où l'eau croupit, assez pres de Montpelier & de Maguelonne, en tirant vers le chasteau de Lateran. Sa graine est meure du temps des fenailles. Aucuns estiment que c'est le *second Narcisse de Matthiol*. Dodon en vn autre liure a mis le pourtrait d'vn *autre Violier bulbeux plus petit*, different des autres en ce qu'il ne fleurit pas au Printemps, mais en Automne. A raison dequoy il l'appelle *Leucoion bulbosum minus Automnale*. Or l'Esclușe le descrit ainsi : il a la tige de la hauteur d'vne paume, graile, sur laquelle il vient vne fleur, & quelquefois deux ou trois, toutes blanches comme le laict, pendantes, & composées de six petites fueilles en forme de hotte, ou de clochette, sans odeur & de mauuais goust. Dans la fleur il y a des filets pasles. Apres que la fleur est espannie il fait quatre ou cinq fueilles cheuelues, & verdes. Sa racine est bulbeuse, assez grande à proportion de la plante, blanche, & composée de beaucoup d'escorces visqueuses, & amere, couuerte d'vne pelure blanche. Elle croist le long de la riuiere de Guadiana, & fleurit sur la fin d'Octobre, & au commencement de Nouembre. L'Esclușe dit, qu'il n'a point veu autre part cette plante, laquelle il a nommée. *Leucoion Automnale*, pource qu'il ne l'a veu en fleur qu'en Automne. Au reste les anciens n'ont rien laissé par escrit touchant l'vsage de ces *Violiers* en Medecine; & les modernes n'en ont aussi rien remarqué. Neantmoins Fuchse considerant que leurs fueilles n'ont quasi aucune qualité apparente, & que la racine est douce & visqueuse, il conclud qu'ils doiuent estre, mediocrement resolutifs, & vn peu astringeans, comme sont aussi les autres Bulbes.

Liure des Purg.

Liure 2 des Plante d'Esp. chap. 8.

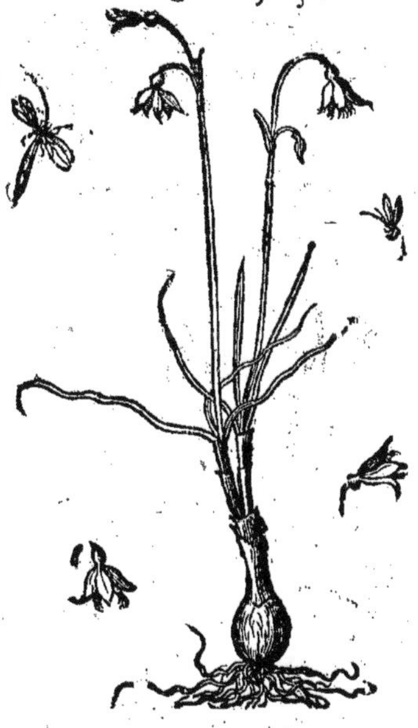

Violier bulbeux petit d'Automne, de Dodon, & de l'Esclușe.

Le lieu. *Le temps.*

Du Tulipan. *CHAP. VII.*

Les noms.

LEs autheurs modernes ont appellé cette fleur, qui est estrangere, d'vn nom qui est aussi estranger, à sçauoir *Tulipan*, qui est vn nom Turc. Car les Sclauons & les Turcs appellent ainsi ce qu'ils ont accoustumé de porter en la teste : & pource que ces fleurs estans renuersées retirent à cette sorte là de Chapeau, ils luy ont imposé ce nom. Le *Tulipan* est vne plante bulbeuse, de laquelle il y a plusieurs & diuerses especes differentes quant à la grandeur, & couleur des fleurs desquelles l'Esclușe a traitté diligemment & fort exactement. Or il en a remarqué deux principales especes, qui ne sont pas differentes quant à la figure ; mais pource que l'vne fleurit de bonne heure, & l'autre fleurit bien tard. Cette-cy est appellée en langue Turquesque *Canala lale* ; & l'autre *Cafe lale*, du nom du lieu d'où ces plantes furent premierement apportées en Constantinople. Car ils appellent vne fleur *Lale*. L'vne & l'autre porte vne tige de la hauteur d'vn pied ; & quelquefois d'vne coudée, ou dauantage, ronde, verte & couuerte d'vne bourre blanche & courte. Elle n'est pas creuse, mais pleine d'vne moëlle ferme. A l'entour d'icelle il y a le plus souuent trois fueilles, & quelquefois quatre & cinq, dont celles d'embas sont larges à mode de celles des Lys, longues & grosses, couchées par terre, & entortillées ; mais celles d'enhaut sont plus petites, & plus estroites, pendantes ou toutes droittes. Toutes en general sont de couleur bleu vert, ou de gris enfumé, comme si elles estoient couuertes de farine, & ont quelquefois les bords si repliez, qu'il semble qu'elles sont creuses : quelquefois aussi elles ne sont pas ainsi. A la cime de la tige il y a vne grande fleur releuée contremont, composée pour la plus part de six petites fueilles, & quelquefois de sept ou huict, en façon d'vne hotte, ou d'vne tasse large au fonds, duquel il sort six filets, ou autant comme il y a de fueilles, qui sont iaunes, ou palles ou noirastres ; mesme les queuës qui soustiennent lesdits filets, sont de diuerses couleurs. Apres que la fleur est cheute, il y vient vn bouton membraneux fait à triangle, assez gros, & quelquefois longuet, quelquefois court, auec vn gros ventre, lequel se venant à ouurir au bout en trois parties, on y voit six rangs de graine vnie, & cartilagineuse, quasi comme celles des Lys, & quasi

Les especes.

La forme.

di

tout ronde ; de couleur pasle, fauue, ou rousfastre. Sa racine est bulbeuse, & est quelquefois urte, quelquefois longue, grosse & vn peu large par le bas, comme celle de la Chiennée, auec elques cheuelures menuës. Quelquefois elle est couuerte par dehors d'vne membrane fauues is le plus souuent elle est noire, & garnie de bourre par dedans comme la peau des Chastaies ; & quelquefois si bien farcie de laine, que la racine est tendrement dessus comme sur vn ssin. Icelle est massiue, & ferme, & blanche comme vn blanc d'œuf quand il est cuit ; d'vn ust doux & qui n'est pas mal plaisant. Or il y a autant de varieté au *Calef lale*, ou *Tulipan prinnier*, qu'en aucune autre fleur que l'on sceust dire. Car sa fleur est du tout iaune, ou rouge, ou nche, ou purpurine, quelquefois vne mesme fleur sera de deux couleurs ou dauantage messensemble. Mesme il y a de la difference en chacune couleur, entant qu'elle est ou plus uerte, ou plus blaffarde, ou plus viue, ou bien plus ternie. En somme la diuersité est si granau meslange de ces couleurs, qu'il seroit mal-aisé de la bien deschifrer. Quant au *Tulipan dif*, l'Escluse dit, qu'il n'y a pas veu si grande varieté de couleurs, & qu'il n'en a veu que de *nes & de rouges*. Or comme il y en a qui entretiennent fort soigneusement dans leurs Iars diuerses sortes de *Tulipan*, à cause de l'excellence & beauté de leur fleur, nous en metns icy quelques vnes. Et en premier lieu celle qu'on appelle *Tulipa maior*, *Tulipan grand*, que

Tulipan grand, de l'Escluse.

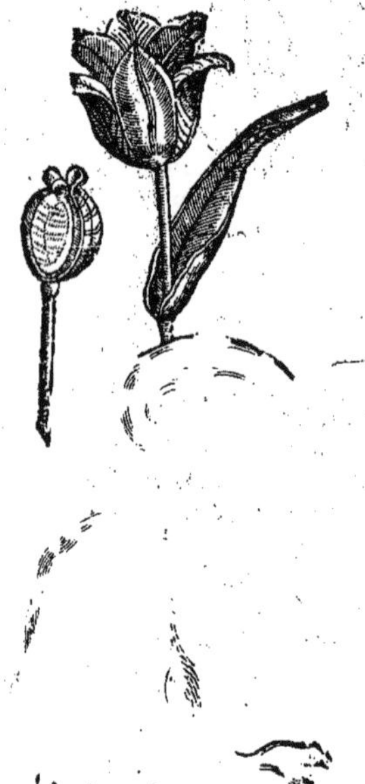

Tulipan petit, de Dodon.

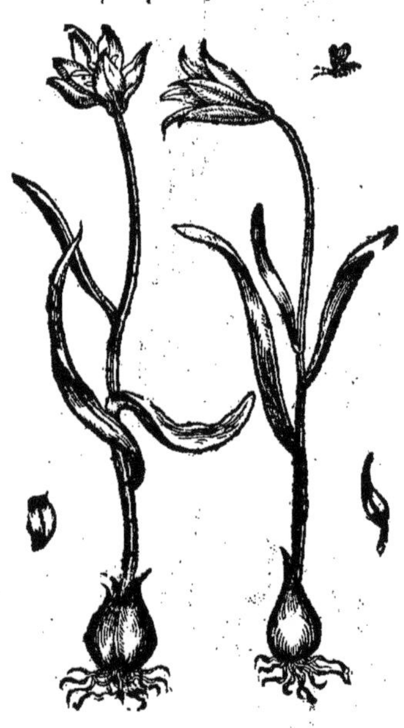

atthiol a mis pour la *cinquiesme espece de Narcisse*. Lobel l'appelle *Lilionarcissus purpureus*, auec uel il en a mis vn autre, qu'il appelle *Lilionarcissus Chalcedonicus*, semblable au rouge & de sme grandeur. Dodon l'appelle *Tulipa maior*, & en met le pourtrait & la description sous ce m là. Quant aux *petits Tulipans*, ils ont les fueilles plus estroites, & quasi comme celles des rreaux ; les tiges plus menuës & plus courtes ; les fleurs plus petites, & moins espannies, & les lbes aussi moindres. Les *Tulipans* croissent en Thrace, & en Capadoce, d'où ils ont esté apportez Italie, en France, & en Flandres : tellement qu'il ne s'en voit que dedans les Iardins en ces is là. Ils fleurissent en Flandres au mois d'Auril. Quant à celuy que Lobel appelle *Narbonensis ilionarcissus luteus montanus*, Pena l'appelle *Narcissolilium luteum*, & dit qu'il y a desia plusieurs anes, qu'il le cueillit sur la montagne appellée *Paradis* en Languedoc, d'où il l'enuoya à ses amis Anuers, lesquels furent les premiers qui le nommerent *Tulipan* Lobel en adiouste apres cestuy-vn autre qu'il appelle *Lilionarcissus luteus Bononiensis*, ou *Tulipan*, lequel ressemble à celuy de Lanuedoc, quant aux fueilles, à la tige, & à la fleur : toutefois il est mieux nourry, & plus grand en utes ses parties ; & fait quelquefois la tige fourchue, chargée de deux ou trois fleurs à mode estoile, de fort bonne odeur, comme celles des Violiers iaunes. Apres le mesme Lobel met encor le pourtrait de deux autres, dont il appelle le premier *Lilionarcissus luteus latifolius obtusis phœniceis rubentibus oris*, la fleur duquel est composée de six fueilles obtuses de couleur de pourpre sanguine,

Tulipan jaune de Bologne, de Lobel.

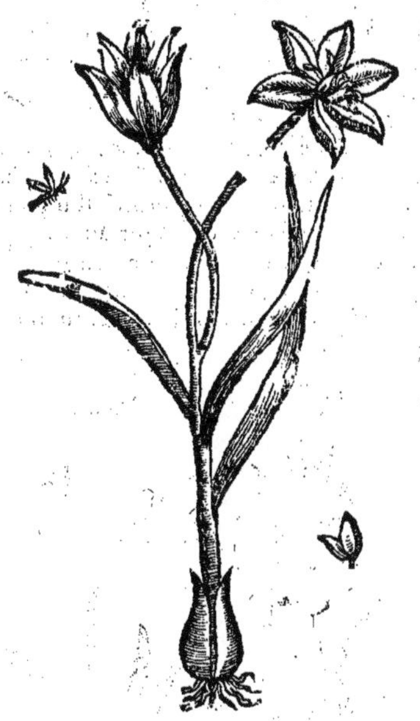

Tulipan jaune aux fueilles larges, de Lobel.

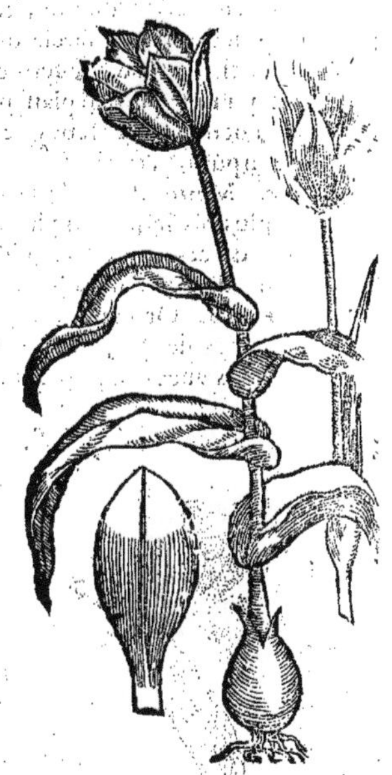

guine, comme celle du *grand Tulipan*, auquel il resemble quant à la racine & à la tige, laquelle garnie quelquefois de quatre fueilles, ou bien de dauantage, semblables en partie à celles d Lys, & en partie à celles des Porreaux. Mesme Lobel a prins garde, qu'il estoit creu vn Bul sur vne des fueilles. Le *second* a la fleur espannie, & fort belle : car les fueilles d'icelle par les bord & aussi au fonds de la fleur sont iaunes-pasles ; mais au milieu elles sont de couleur sanguine-b ne, & le bord des coupettes & le milieu ou fonds d'icelles est jaune par dehors. Tout le reste

Melagris fleur, de Dodon.

de couleur sanguine-brune, auec des filets noirs au dedan couuerts de crestes iaunes. Sa graine est platte comme cell des eutres, en vne gousse membraneuse, mipartie en tro & faite à angles. Et combien qu'on seme cette graine el ne fera pas toutefois les fleurs de mesme couleur : car plus souuent elle change. Cestuy-cy est appellé *Lilionarciss luteis oris, flore patulo.* Il faudra encor mettre en ce nombr vne plante qui fait vne fort belle fleur, que Lobel appel *Lilionarcissus purpureus variegatus*: les autres l'appellent *Fr tillaria.* Dodon estime qu'il est meilleur de l'appeller *Mele gris* ; d'autant que sa fleur est ainsi bigarrée de diuerses co leurs comme les plumes de l'oiseau appelé *Meleagris* iaço que ce ne soit pas de desmes couleurs. Ceste plante est di ferente des Narcisses, & approche plus des *Tulipans*, si n'estoit qu'elle est plus petite. Sa fleur, qui est fort belle, pendante contre bas, composée de six petites fueilles, d couleur de pourpre violet, auec certaines taches de pou pre blaffard, & quasi blancheastre, entremeslées par v bel ordre, & de fort bonne grace, & ce par dehors ; ma par dedans il y a des lignes noirastres semées par toute fleur ; dont celles qui sont au fonds sont plus grandes, mesme elles y sont plus frequentes. De ce fonds il se six filets, auec leur piston au milieu de couleur fauue. S tige est menuë, garnie à l'entour de cinq fueilles longu & estroites, comme celles du Saffran, & vertes-blaffar des. Sa racine est bulbeuse, ronde, & blanche. Sa grain est blancheastre, platte, dans des gousses moindres qu celle

Ouloudia : ou Tulipan iaune.

celles du Lys iaune, & de la grosseur de celles du *Tulipan de Bologne*. Il semble que cette plante retire aucunement au *Colchicon* Oriental de Matthiol. Il y en a aussi qui prennent pour vne espece de *Tulipan* la plante que l'on appelle en vulgaire Grec *Ouloudian*, & que l'on tient communement en Grece dans les Iardins. Nous en auons eu les bulbes par le moyen des Moines & Hermites qui demeurent à Monteclaro, qui sont si respectez par leur solitude & saincteté de vie, que l'on appelle communement cette montagne là, *Saincte montagne*, à l'occasion d'eux. Cette plante a la racine bulbeuse, de la grosseur d'vn Oignon moyen. Sa tige est ronde, de la hauteur d'vne coudée, grosse comme le petit doigt, garnie pour la plus part de trois fueilles semblables à celles du Lys, ou de la Chiennée, larges, pleines de veines, vertes-brunes, qui ne sont pas du tout estenduës ; mais vn peu repliées à mode de canal, & qui enuironnent la tige. Sa fleur est iaune, semblable à celle des Lys, ce qui a esté cause qu'on l'a appellée *Tulipan iaune*. Elle est composée de six fueilles rayées par dehors, qui sont estroites au bas, & puis vont en s'eslargissant à mode d'vne hotte, auec les bords renuersez en dehors, & autant de filets pasles au milieu, comme il y a de fueilles en la fleur. En effect c'est vne fort belle plante & digne d'admiration.

Du Saffran CHAP. VIII.

E *Saffran* a quelque affinité auec les *Narcisses*, non seulement pour sa figure, & pour le lieu de sa naissance ; mais aussi à cause de ses proprietez : car l'vne & l'autre de ces plantes sont attractiues, & en outre elles ont vne odeur aucunement stupefactiue. Les Grecs appellent le *Saffran* κρόκος : les Latins, & les Apothicaires *Crocus* : les Arabes *Zahafaram*, & *Zafaran* : les Italiens *Zafarano* : les François, & Allemans *Saffran*. Il est appellé *Crocus*, à cause du ieune Crocus, lequel pour la grande amitié qu'il portoit à la pucelle Smilax fut changé en cette herbe, i despuis a porté son nom, comme le tesmoigne Ouide par ce vers ; *Les noms.*

Et Crocus & Smilax en fleurettes changez. *Liu. 4. des Metam.*

ais Galien en escrit bien autrement ; c'est que le ieune Crocus ioüant au palet auec Mercure, prennant pas garde à ce qu'il faisoit ; receut vn coup de palet sur la teste, dont il tomba roide ort sur la place ; & que de son sang qui coula en terre en nasquit *l'herbe du Saffran*, appellée *Cro*- pour cette raison là. Toutefois le mot Grec κρόκη signifie *du filet*, ou *de la filace*, ou *laine*, com- e sont les filets iaunes du Saffran, qui sont aussi appellez κροκίδες. Or il y a du *Saffran cultiué*, & *du* *uage*. *Le cultiué* est assez cogneu par tout, non seulement des Medecins ou Apothicaires ; mais ssi par les cuisines ; pource que l'on s'en sert à donner couleur aux viandes. Et toutefois il ne fait s seulement cest effect ; mais il leur donne aussi bon goust, & bonne odeur : & d'ailleurs il aide la digestion. Il fait les fueilles longues, fort estroites, à mode de celles du Grame, couchées par rre en grand nombre, & molles ; & des tiges nuës, chargées de fleurs bleuës composées de six eilles ; & en chascune fleur trois ou quatre filets, qui ont le bout assez gros, de couleur de feu, squels estans secs ont vne odeur vehemente, qui remplit le cerueau & assopit. On les amasse di- emment pour les garder & les vend on sous le nom de *Saffran*. Ses racines sont bulbeuses, gros- s, & en grand nombre, & durent longuement. Theophraste en a escrit ce qui s'ensuit : *Le Saffran vne herbe comme les autres : mais il a la fueille estroite, & deliée quasi à mode de cheueux. Il fleu- t bien tard, ou bien il fleurit bien tost, selon qu'on voudra prendre le temps. Car il fleurit à retraite de la poussiniere, & par peu de iours : car il pousse sa fleur tout ensemble auec la fueil- , ou pour mieux dire, il fleurit deuant que faire les fueilles. Il a beaucoup de racines poul- es, qui durent longuement. Il s'aime d'estre foulé aux pieds, & en deuient plus beau, quand sa racine est ien pressée contre terre ; tellement qu'il croist fort bien le long des sentiers, & des fontaines. Il faut plãter racine.* Ce que Pline a declaré cõme s'ensuit : *On ne se sert point des fleurs du Saffran à faire des cha- eaux. Cette herbe a les fueilles estroites quasi à mode de cheueux. Elle fleurit à la retraite de la Poussi- iere, & ne demeure guiere en fleur. Sa fueille pousse la fleur dehors. Au commencement de l'hyuer il est n sa vigueur, & à temps de cueillir. Il le faut secher à l'ombre, & tant plus elle sera froide, tant meilleur ra. Sa racine est charnue, & dure plus sans mourir que pas vne autre. Le Saffran se treuue bien d'estre*

Liu. des medic. lec. *Les especes.* *La forme.* *Liu. & ch. 6. de l'hist.* *Liu 21. ch. 6.*

foulé

Saffran cultiué de Matthiol.

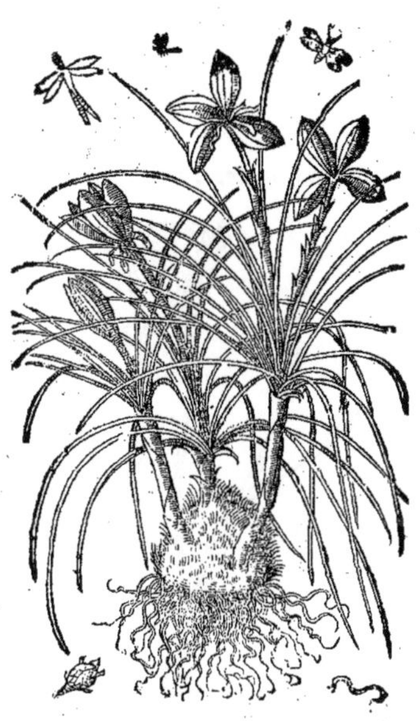

Saffran sans fleur, de Matthiol.

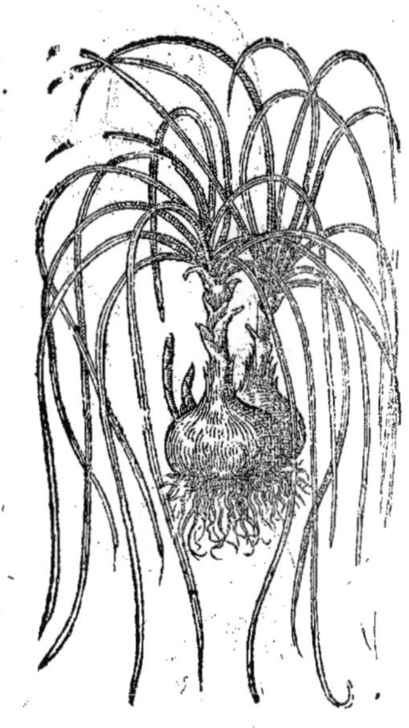

Le lieu. *foulé aux pieds. Il s'aime bien aupres des sentiers, & des fontaines.* Selon Dioscoride le le meilleur *Saffran* est celuy qui croist en Coricus montagne de Cilicie; apres est celuy qui vient sur la mesme mõtagne deuers la Lycie. Le troisiesme en bonté est celuy qui croist sur le mont Olympe en Lycie: Au mesme lieu. mais celuy de Corene, & de Cantorby en Sicile est le moindre; & le plus pauure *Saffran* qui croisse en Sicile. Pline aussi dit, que le meilleur *Saffran* vient en Corene, & specialement celuy qui vient au mont Corycus; apres lequel est celuy qui vient au mont Olympe de Lycie. Et le troisiesme est celuy qui vient de Cantorby en Sicile. Aucuns tiennent que le *Saffran*, qui vient en la plaine de Phlegra, tient le second rang en bonté. Mais aujourd'huy il n croist pas seulement du *Saffran* és païs Meridionnaux, comme en Affrique, Corene, Sicile, & en France: mais aussi aux païs Septentrionaux; comme en Angleterre & en Hibernie, où il est excellent, & s'en sert on en Flandres, & en Allemagne, & aux autres contrées voisines, à donner goust aux viandes, & en Medecine aussi. Matthiol dit, que le meilleur *Saffran* d'Italie est celuy qui croist en Aquilla ville de l'Abbruzze; toutesfois que celuy de Vienne en Autriche est encor meilleur. Dioscoride dit, que le bon *Saffran* doit estre frais, de bonne couleur, ayant vn peu de blanc à l'entour, long, entier & qui n'est point rompu, lequel estant mouillé teint les mains, qui ne sentent point le chancy, ny le moisy, de plaisante odeur & acre. Celuy qui n'est tel est vieil, ou a esté mouillé. Theophraste dit, que tant le *Saffran de montagne*, qui ne sent rien, que le *cultiué*, fleurissent en Automne aux premieres pluyes apres l'esté. Il fait les fleurs auant que les fueilles quasi vn mois durant; & apres que l'on a amassé les fleurs, alors les fueilles sortent, & sont vertes tout le long de l'hyuer, & ne craignent point le froid. Apres quand ce vient au printemps elles flestrissent, tellement qu'il ne s'en voit plus en esté. Quant au *Saffran sauuage vray.* (car les Apothicaires appellent aussi la *Chiennée, Saffran sauuage*, pource qu'elle a les fleurs comme le *Saffran*) il est different d'auec le precedent pour raison du cultiuage. Dalechamp en a remarqué trois especes; dont *le premier* est le plus petit, & a la racine bulbeuse, petite, ronde, couuerte de plusieurs escorces, & cheuelue par dessous, à mode des Oignons; la tige de la hauteur d'vne paume,

Saffran sauuage I. de Dalech.

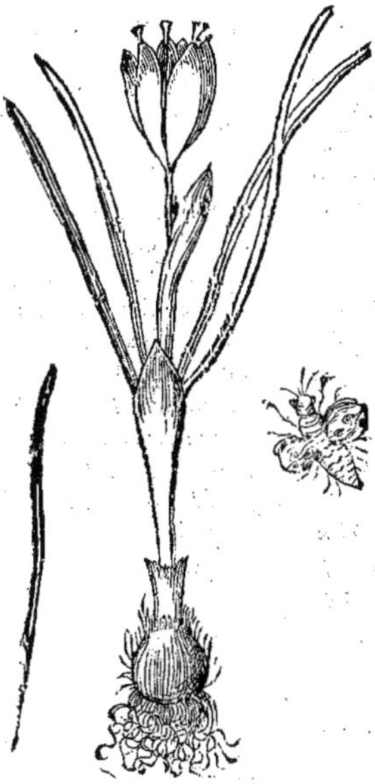

Sur le ch. 25. du 1. liu. de Diosc.

Liu. 6. de l'hist. ch. 7. *Le temps.*

Saffran sauuage.

enuelo

enuelopée de deux fueilles assez larges, qui montent quasi iusqu'à l'endroit par où sort la fleur, quatre ou cinq autres fueilles qui sortent d'vn costé & d'autre par les costez ; & sont longues, & estroites, auec vne ligne blanche par le milieu tout du long. Sa fleur est semblable à celle du *Saffran cultiué* ; & est petite, purpurine par la cime, & iaunastre par le bas, auec des filets iaunes au milieu. Quant au *second* il approche du premier en plusieurs choses, & en d'autres non. Car il a la racine plus grande, & plus cheuelüe ; la tige plus haute, plus grande, & plus grosse, & moins de fueil-

Saffran sauuage II. de Dalechamp.

Saffran sauuage III. de Dalechamp

Saffran printannier I. & III. de l'Escluse.

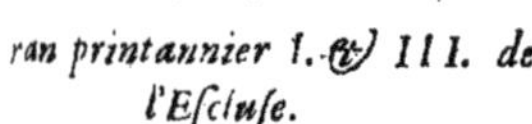

les ; la fleur plus grande & plus large. Touchant *le troisiesme* il a la racine double de mesme que le Glayeul ; toutefois elle est plus lisse & plus entiere, & couuerte d'vne peau qui n'est pas tant deschirée, vn peu cheuelüe ; & quatre ou cinq fueilles fort longues, & fort estroites, auec vne ligne blanche par le milieu ; la tige droite & sans fueilles. La moitié de sa fleur est de couleur de pourpre, & blanche à la cime & au bas ; quelquefois aussi elle est du tout blanche. Le *Saffran sauuage* croist en plusieurs lieux de France ; mais principalement en Dauphiné, & specialement le premier & le troisiesme, sur les montagnes pleines de neige, en terre noire & grasse, apres que la nege est fondue, comme sur la fin de May, iettant la fleur, & quant & quant les fueilles. A raison dequoy, comme i'estime, l'Escluse a appellé cette sorte de *Saffran*, *Crocum Vernum*, *Saffran du printemps*, pource qu'il a la fleur comme le *Saffran*, & fleurit au printemps. Or il en establit deux especes, dont il apppelle la premiere *Crocum Vernum minus* ; & l'autre *Crocum Vernum maius*. Quant au premier qui a les fueilles estroites, & est le plus petit, il a deux ou trois fueilles longues, beaucoup plus deliées que celles du *Saffran*, plus grailes, rondes, quasi comme des cheueux, & verdes ; entre lesquelles il sort vne tige d'vne poucée de long, qui porte vne seule fleur quasi semblable à celle du *Saffran* ; toutefois elle est plus petite, composée de six fueilles iaunastres en dehors par le bas, & vn peu blancheastres par dedans. Tout le reste est bleu, ou violet ; mesme il s'en treuue de blanches. Ses fleurs sont odorantes, & ont quelques petits

Le lieu.

Liure 2. des Plante d'Esp. chap. 4.

tits filets. Apres il y vient vne gousse triangulaire, pleine d'vne graine menuë & fauue. Sa racine est petite, de la grosseur d'vne noisette, couuerte d'vne escorce dure & forte, blanche par dedans & ferme, d'vn goust vn peu astringeant. Il sort le plus souuent deux fleurs d'vne mesme escorce, dans laquelle il y aura autant de bulbes. Il s'en treuue force en l'Isle de Caliz & entre Medina Sidonia & la ville de Gilbratar en lieux pierreux & à l'abry. L'autre espece est fort semblable à la precedente tant aux fueilles comme aux racines, ainsi que l'Esclufe l'a remarqué en certaines collines pres de Portugal. Toutefois elle a la fleur vn peu plus petite, blanche purpurine, qui ne sort pas quasi de terre, laquelle est composé de huict fueilles, dont les quatre qui sont en dehors, sont vn peu plus grandes que les autres. Sa racine est blanche & double, dont l'vne est sur l'autre; & la dessus est ferme, douce & bonne à manger: l'autre est toute flaque. Quant à la troisiesme, elle a les fueilles plus grosses & plus grandes, lesquelles sont quelquefois toutes droites, au lieu que celles des autres sont tousiours couchées par terre. Sa fleur est beaucoup plus petite que celle des precedentes, & toute bleuë, excepté les trois fueilles qui sont en dehors, qui sont vertes-blaffardes par dehors. Sa racine est comme celle des dessusdites; toutefois elle est vn peu plus grosse, comme aussi sa graine. L'Esclufe dit, qu'il n'a point veu de ce *Saffran* sinon à Caliz aupres de celuy de la premiere espece. Ils fleurissent tous en Ianuier & en Feurier.

Le temps.

Le *Saffran printannier grãd* a les fueilles du tout semblables à celles du *Saffran cultiué*, si ce n'est qu'elles sont plus courtes. Icelles sortent deuant que la fleur, puis apres il y vient deux ou trois fleurs semblables à celles du *Saffran* composées de six fueilles, dont les trois qui sont en dehors, sont pasles, & ont certaines lignes de pourpre obscur, quasi noirastre, qui vont dés le bas de la fueille iusques à l[a] cime tout du long, au moyen dequoy ces fueilles sont bi[garrées]; mais par dedans tant celles cy que les trois autre[s] sont blancheastres, & ont des filamens au milieu, comm[e] le *Saffran de montagne*. Apres les fleurs il y vient des pe[tites] gousses longues, & faites à angles, pleines d'vne grai[ne] à demy ronde & fauue. Lobel adiouste encor deux au[tres] especes de *Saffran printannier*, dont il appelle la premie[re] *Crocus vernus serotinus*, qui a la fleur de couleur de pour[pre] rougeastre, rayée de lignes violettes. L'autre est le *Cr[o]cus vernus serotinus*, ayãt le bord des fueilles bleu, & les fuei[l]les esparses deçà & delà. En outre l'Esclufe a mis le pou[rtrait] d'vn *Saffran de montagne d'Automne*, qui a la fleur com[me] le *Saffran cultiué*; toutefois elle est plus blaffarde, au[ec] trois filaments de couleur de *Saffran* au dedans, entre le[s]quels il sort comme vn pinceau iaune. Elle fait quatre fuei[l]les semblables à celles du *Saffran*, qui ont par dedans com[me] vne ligne blancheastre tout du long, & deux par d[e]hors tout de mesme, qui semblent comme des canneleure[s]. Sa racine est comme celle du cultiué, & est blanche, ple[i]ne, & comme compartie par neuds, d'vn goust doux [au] commencement; mais apres il est fort mauuais. Elle e[st] couuerte d'vne certaine escorce espesse, qui semble e[stre] composée de plusieurs filaments. Il croist sur certain[s ro]chers de Portugal, specialement aupres de la mer. Et fleurit tout le long du mois de Nouembre. En May il fa[it] des gousses grosses, & anguleuses, pleines de graine sem[]blable à celle du *Saffran printãnier*. Il se treuue aussi sur v[ne] haute montagne du Languedoc, appellée communeme[nt] la *Montagne de l'esperon*, vne sorte de *Saffrã de mõtagne*, [qui] a la fleur blanche. Theophraste l'appelle κρόκος ὀρεινός [en] Latin *Crocus montanus Autumnalis syluestris*: en Portu[gais] *Pie de Borro*, c'est à dire, *Pied d'Asne*. Acosta met aussi l[e] pourtrait du *Saffran d'Indie*: & dit, qu'il a les fueilles pl[us] grandes, & plus larges que l'Orchis surnommée *Sera[pias]*

Saffran printannier grand, de l'Esclufe.

Saffran tardif ayant fleur de Lobel.

Saffran d'Indie.

Saffran de montagne, de l'Escluse.

Saffran d'Indie de A Costa,

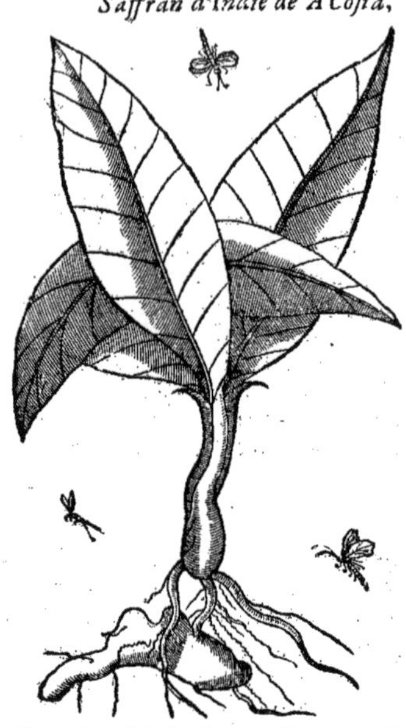

i sont de la couleur de celles de la Squille ; toutefois elles sont plus blaffardes & plus menuës
tige est composée de fueilles enueloppées ensemble, & qui se couurent l'vne l'autre. Sa racine
r dehors est semblable à celle du Zinzembre, & de couleur de *Saffran* par dedans. Outres les
ms qu'Orta luy donne, les Arabes l'appellent *Curcum*; & les Turcs *Saroth*. Au reste Dioscoride dit, Liu. 1. ch. 25.
e le *Saffran cultiué* a vertu de meurir & amollir, & qu'il est quelque peu astringeant. Il prouoque *Le temperament & les vertus.*
rine, & fait auoir bonne couleur. Prins en breuuage auec vin cuit il empesche d'enyurer. Incorporé en laict de femme il arreste les defluxions de dessus les yeux. Il est bon d'en mesler aux breuuages qu'on ordonne pour les parties interieures. & aux onguents & pessaires que l'on fait pour matrice, & pour le fondement. Il prouoque à luxure. Appliqué en liniment il appaise les inflammations & le feu S. Antoine. C'est vn souuerain remede pour les oreilles. On dit que le *Saffran* sert poison, si on le boit au pois de trois dragmes auec d'eau, & qu'il fait mourir. Sa racine prinse en
cuit prouoque l'vrine. Pline en dit de mesme, & quelque chose dauantage. *Le Saffran* est propre Liu. 21. c. 20.
ur resoudre toutes inflammations, principalement celles des yeux, estant appliqué dessus auec vn f. Il est aussi singulier aux suffocations de l'amarry, aux vlceres de l'estomac, de la poitrine, & s reins, du foye, des poulmons, & de la vessie, & particulierement à l'inflammation desdittes par-s, comme aussi à la toux, & au pleuresies. Il guerit la demangeaison, & prouoque l'vrine. Pour se rder d'enyurer il faut boire du *Saffran*: car on dit, qu'il est fort propre à cela. Mesme vn chapeau *Saffran* mitigue les fumées du vin qui troublent le cerueau. *Le Saffran* prouoque à dormir : mais esmeut quelque peu le cerueau. Il eschauffe la personne au ieu d'amour. Sa fleur reduite en liment auec de terre à lauer, est bonne au feu S. Antoine. On met du *Saffran* en plusieurs composi-
ns medecinales. Galien dit, que le *Saffran* a quelque peu d'astriction, qui est terrestre & froide; tou- Liure 7. des simpl.
ois la chaleur surmonte en luy; tellement qu'en toute sa substance il est chaud au second degré, & au premier ; parquoy il est propre pour faire meurir, comme estant aidé de ce peu d'astriction il a. Auicenne dit, que le *Saffran* fait auoir mal à la teste, & est cõtraire au cerueau. Toutefois c'est cas que l'on en vsast par trop: car si on en vse en petite quantité il ne fait rien de tout cela. De fait l'on en vse par trop, il empesche de dormir; tellement que par le trop veiller le cerueau & les sentiens en sont offencez. Au contraire l'vsage mediocre du *Saffran* est bon peur le cerueau. Il rend s sens plus prompts & gaillards: il guerit la faitardise, & trop grande enuie de dormir : il rend personne allegre, & fortifie le cœur. Il aide à cuire les humeurs crues de la poitrine ; il ouure les
ulmons, & les desopile ; à quoy il est si singulier, qu'il rend le souffle, & prolonge la vie pour Liu 2. c. 129
elques iours aux phthisiques, qui sont en grand danger de leur vie, & prests de passer le pas, si leur en donne demy scrupule, ou au plus vn scrupule entier auec du vin cuit, ou du vin doux. n a veu mesme des grandes difficultez d'haleine, qui estoient suruenues tout à vn coup, sans ure, estre gueries en vn instant par ce seul remede. On tient qu'il est fort bon pour l'opilation foye, & de la ratte, & pour la iaunisse. Les *filets de Saffran* broyez & appliquez sur les poulx: au-

pres de la main, ou dessous les mammelles, ou bien reduit en liniment, se font sentir en vn instan
Chap.173. des simpl. au cœur & au cerueau:tellement qu'ils causent comme vn tournement de teste, & obscurcissent l
veuë, & la debilitent. Serapion suiuant l'authorité de Rhasis, escrit que le *Saffran* prins au poids d
deux dragmes fait deliurer soudain les femmes qui sont au trauail d'enfant. Il enyure fort, si on l
mesle parmy du vin, & rend la personne si ioyeuse, que par trop grande ioye elle perd le sens. C
qu'Amatus Portugais asseure auoir veu par experience, disant qu'il a veu vn marchand, lequel ayā
mis beaucoup de Saffran dans vn pot parmy de la chair qui cuisoit, apres auoir mãgé de ladite chai
seprint si fort à rire, que peu s'en fallut qu'à force de trop rire il n'en mourust. Simeon Sethi dit, qu
le *Saffran* est bon à l'estomac, & aide à digerer la viande. Il guerit les opilations. Il guerit les acci
dents phlegmatiques & la faitardise; mesme il est resolutif. Il est propre pour les vlceres, & pour l
difficulté d'haleine. Si on en vse mediocrement il fait auoir bonne couleur; toutefois si on passe me
sure, il rend la personne pasle, & cause douleur de teste: faisãt en outre perdre l'appetit. Il est singulie
pour la douleur des gouttes, estant appliqué dessus auec de l'Opium, du laict, & de l'huile rosat
en mettant des fueilles de Poerée par dessus. Quant au grand *Saffran sauuage printannier* de l'E
cluse, Pena estime qu'il n'est pas bon d'en vser sinon par dehors. Appliqué en liniment sur le peni
il prouoque fort l'vrine & fait sortir l'vrine grosse, & en grande quantité. Il resout les enfleures de
hydropiques, & fait sortir les eschardes fichées dans le corps.

De l'Oignon. CHAP. IX.

Les noms. L'OIGNON est appellé en Grec *κρόμμυον*: en Latin *Cæpa*, & aussi *Cæpe* au genre neutre: e
Arabe *Basil*, ou *Bassal*: en Italien *Cipolla*: en Allemand *Zunibel*: en Espagnol *Cepolha*. Il est a
pellée *Crommyon*, ainsi que dit Aristote en ses Problemes, παρὰ τὸ κόρας μύειν τ. ἐσθιόντων, c'est à dire
pource que par l'acrimonie de sa vapeur il irrite les membranes & la prunelle de l'œil: tellement qu'
en fait sortir les larmes: à raison dequoy on l'appelle aussi en Latin *Cæpa lacrymosa*, Il est appellé *Cæ*
Les especes. *pa*, pource que sa teste est grosse. Or comme du temps de Theophraste & de Dioscoride il y auo
grande diuersité *d'Oignons*, tãt pour raison des lieux où ils croissent, que pour leur couleur, grandeu
acrimonie, & tendreur, selon qu'on les fait changer en les cultiuant; aussi en est-il de mesme à pr
Liu.7 de l'hist c.4. sent. Theophraste en a escrit ce qui s'ensuit: *Il y a plusieurs especes d'Oignons, qui sont surnommez se*
lon les lieux où ils croissent, comme les Gardiens, Cnidiens, & ceux de Samothrace: (car Gaza lit ains
Pline au lieu de *Gardiens* dit *Sardiens*, & pour *Cnidiens*, *Alsidéens*. Peut estre faudroit il lire *Ca*
diens, au lieu de *Gardiens*, de Cardia ville de Thrace, prennant le mot du plan du lieu, selon Plin
qui dit qu'elle estoit faite en forme de cœur.) *& ceux qui se fendent, qui sont appellez Ascalonite*
D'entre ceux-cy les Setaniens sont les plus petits & fort doux. Ceux qui se fendent & les Ascaloni
sont differens quant au cultiuage, & au naturel aussi: car on laisse hyuerner les Oignons fendus en te
sans les effueiller; puis au printemps on les effueille, & alors il en sort d'autres fueilles, & l'Oignon se fen
aussi par le bas; dont il a esté appellé fendu. Aucuns estiment qu'il faut effueiller toutes sortes d'Oignon
Liu.19 c 6. *à fin que la teste en soit plus grosse, & pour les garder de grener.* Sur quoy Pline a emprunté ce q
s'ensuit; *il y a plusieurs sortes d'Oignons entre les Grecs: car il y a ceux de Sardis, de Samothrace, d'Al*
de, les Setaniens, ceux qui sont appellez Schista, & les Ascalonites, qui portent le nom de la cité d'As
lon, qui est en Iudée: tous oignons font venir la larme à l'œil, quand on les sent, & principalement ceu
de Cypre, & toutefois ceux de Cnidos ne font pas pleurer. (Ce qui s'ensuit est fort incorrect: car il y
ainsi aux communs exemplaires: *Omnibus corpus totum pinguedinis earum cartilagine*, en quoy il n
a aucun sens, parquoy Dalechamp le corrige ainsi: *Omnibus radicum corpus tectum pingui cartilagi*
c'est à dire, *Tous ont leur racine couuerte d'vne cartilage grasse.*) *Quant aux Setaniens ils sont les pl*
petits de tous, excepté ceux de Tuscule, & neantmoins ils sont fort doux, Quant à ceux qu'on appe
Schista, & les Ascalonites, ils sont bons à faire des sausses. Aucuns laissent hyuerner ceux qu'on appel
Schista, auec leurs fueilles, puis les effueillent au printemps, & alors il y en reuient d'autres qui sont
dues comme les precedentes, dont aussi c'est Oignon est appellé fendu. Semblablement il y en a qui ord
nent d'effueiller les autres sortes d'Oignons, pour les garder de grener, & pour faire que leur Oignon s
Au mesme lieu *plus gros.* Apres ce Theophraste poursuit à declarer les autres differences qui sont entre les *Oignō*
Au mesme lieu *y a aussi de la difference en la couleur des Oignons: car en Iso* (Gaza lit en ceste sorte, & non, *en Nisc*,
me les communs exẽplaires. Pline lit, *En Samos.*) *Il viennent excellemment blanc, combien qu'au re*
ils soient semblables aux autres blancs. On dit aussi que les Sardiens sont tels. Quant aux Oignons
Candie ils sont d'vn naturel à part; toutefois ils retirent aux Ascalonites, si ce n'est la mesme chose:
il y en a d'vne sorte en Candie, lesquels estans semez font vn Oignon gros: mais si on les replante i
iettent des fueilles & la graine; & si n'on point d'Oignon; combien qu'au reste ils ont vn suc doux;
qui est contre le naturel des autres, lesquels estans replantez croissent mieux & plus viste. Ce que Pl
ne a ainsi descrit: *Il y a aussi de la difference en la couleur des Oignons: car en l'Isle de Samos, & en Sa*
Liu.19 ch.6 *des il y sont fort blanc. Ceux de Candie sont aussi fort estimez, & est on en doute si c'est vne espece d*
Ascalonites, pour ce quand on les seme il font l'Oignon gros mais estans replantez ils se iettent e
fueill

ueilles & en graine. Quant au goust il n'y a point de difference, sinon qu'ils sont fort doux, Nos Latins ont bien aussi diuersité d'Oignons,&principalemēt de deux sortes, dit le mesme Pline, assauoir ceux dont on se sert à faire sausses, que les Grecs appellent *Gethyon*,& les Latins *Pallacana*. On les seme au mois de Mars, en Auril, & en May. L'autre sorte est appellée *capitata*, c'est à dire, *qui a l'Oignon ros*: & faut semer ceste sorte apres l'Equinoxe d'automne, ou lors que le vent fueillu commence de tirer. De ceux-cy il y en a diuerses especes, selon qu'ils sont plus doux les vns que les autres. Par ainsi on met au premier rang ceux *de Barbarie*, & puis ceux *de Romagne*, en apres ceux *de Tusculo*,& finalement ceux *d'Amiterno*. Et neantmoins tant plus vn *Oignon* est rond, il en est d'autant meilleur. Item, les *Oignons rouges* sont plus forts que les *blancs*,& les secs plus que les vers; les cruz plus que les cuits; & les secs plus que ceux qui sont meslez parmy quelque sausse. Nous auons semblablement auiourd'huy *deux sortes d'Oignons*, dont il faut semer les vns,&planter les autres. Quant à *l'Oignon pommé*, il a les fueilles quasi comme les Porreaux, lisses,& creuses par dedans; la tige ronde,& creuse, au sommet de laquelle, il vient des fleurs en vn bouton, ou coupette membraneuse, blanche ou pupurine, & puis force graine noire, à mode de celle du Gith, ou Nielle. Sa racine est bulbeuse & cheuelue, quelquefois grosse,& quelquefois petite; longuette, ronde, & par fois en toupie; mais pour la plus part elle est platte, s'eslargissant par les costez, ayant au dessous par le milieu grand nombre de cheuelures, à mode de celles de l'Ellebore blanc. Elle est composée de beaucoup

Au mesf.lieu.

La forme.

Oignon cultiué, de Matthiol.

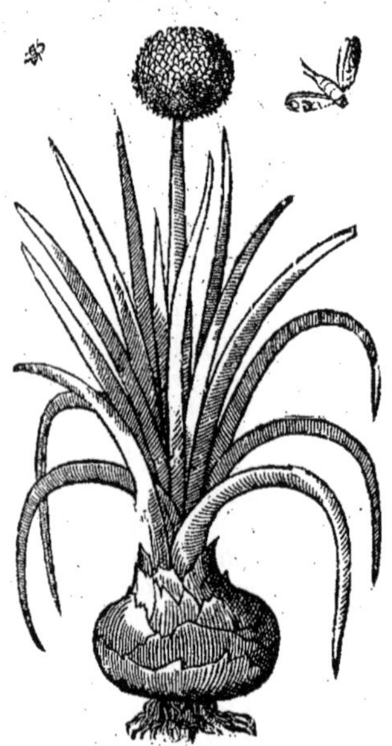

Oignon fendu II. de Matthiol. Cepula de Columelle. Siboule.

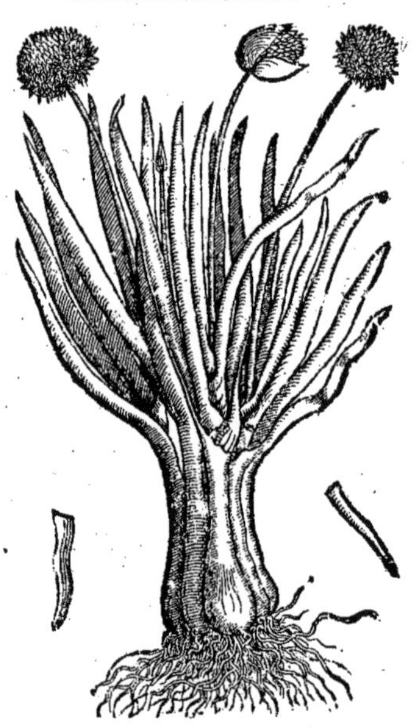

d'escorces, comme aussi sont toutes sortes *d'Oignons*,& couuerte de certaines membranes fort minces, qui son fort souuent rouges, quelquefois rousses, & par fois blanches, & aussi vertes; combien que c'est peu souuent. Ces *Oignons* ne multiplient pas par la racine: mais font vne seule teste à raison dequoy Columelle dit, que les païsans les ont appellez *Uniones*; & les François retenans ce mot les appellent *Oignons*, cōme qui diroit *Vnions*. Quant à *l'Oignon fendu*, qui se iette tout en fueilles,&se fait tōdre souuēt cōme les Porreaux, les Grecs l'appellēt γήθυον; les Frāçois *Ceboule*, ou *Siboule*,& d'autres *Ciues*, ou *Ciuots*. Theophraste les descrit ainsi: *L'on appelle Githyon vne certaine plante qui n'a point de teste,& qui a comme vn grand col. D'où vient qu'elle se iette fort en long, & qu'on le tōd souuent cōme le Porreau. Et partant on le seme,&on ne le plante pas.* Ce que Pline a ainsi traduit. *Quant aux Ciuots ils n'on comme point de teste, ains seulement vn col long, & partant ils se iettent quasi tous en fueille, aussi les tond on souuent comme on fait les Porreaux. Et par ainsi on ne les replante point, ains on les seme de graine.* Quāt aux *Oignōs* que les Grecs appellent σχιςαὶ les Latins *Fessiles*: en Toscane *Cipolle maligie*, nous en auons desia traitté suyuant Theophraste, lequel escrit des *Ascalonites* ce qui s'ensuit: *Or les Ascalonites ont vn naturel particulier; car eux seuls se fendent,& sont comme steriles dés la racine: & ne peuuent croistre, ny venir par c'est endroit; c'est pourquoy on ne les plante* pas

Liu.12.c.10.

Liure 7. de l'hist.ch.4.

Liu.19.ch.6

Au mesf.lieu

pas; mais on les seme de semence: & quand ils sont creus on les transplante. Ils croissent si soudain au
les autres, qu'il les faut arracher deuant: & si on les laisse plus de temps en terre ils se pourrissent. Esta
Liu 9. ch 6. *plantez ils font vne tige, & produisent seulement la semence; puis ils se perdent, & dessechent.* Ce qu
Pline a ainsi traduit: *Quāt aux Eschalottes elles ont vn naturel à part. Car il sēble qu'elles soiēt sterile*
depuis la racine. Aussi les Grecs ordonnēt de les semer en graine sans les planter. Et en outre qu'on les re
plante au plus tard enuiron le printemps, quand elles cōmencent à se ietter en fueilles, disans que pa
ce moyen elles deuiendront grosses, & se hasteront pour recōpenser la faute du temps passé. Toutefois il
faut auancer de les cueillir: car si on les laisse meurir en terre, elles pourrissent incontinent: mais si on le
plante en oignon elles monteront & greneront, & l'Oignon se perdra. Or les plus doctes de nostre tēp
tiennent, que ces *Oignons Ascalonites* sont ceux que les François retenans quelque trace du no
ancien appellent *Eschalottes*, d'autant qu'elles sont d'vn naturel meslé entre les Oignons, les Aulx
& les Porreaux, à raison dequoy Theophraste dit, qu'elles ont vn naturel à part. Toutefois elles reti
rent mieux aux *Oignons*, si ce n'est qu'elles sōt beaucoup plus petites; mesme on les tient pour estr
Pena aux Aduers. plus delicates; à raison dequoy on les mange mesme crues à desjeuner. Aussi on les appelle *Appetit*
en François, pource qu'elles ouurent l'appetit. Il pourroit bien estre aussi que ce fut le *Bulbe Setani*
que Theophraste, & Pline disent estre vne espece *d'Oignon*. Or le pourtrait que Matthiol met pou
les *Eschalottes* est selon aucuns le *Schœnoprason* de Dodon, duquel il sera parlé au chapitre suyuan
Au reste les plus gros *Oignons* que l'on treuue, sont ceux que l'on porte de Gayette à Rome; & com
bien qu'ils soient fort rouges, & composez de grosses escorces, ce neantmoins ils ont fort peu d'acri
Sur le chap. 14. du 2 liu. de Dioscor. monie, & sont fort tendres à manger. Aussi sont ils les plus delicats de tous. Matthiol dit, qu'en Tos
cane les plus rouges sont les plus doux; & au contraire les blancs sont les plus forts, combien qu

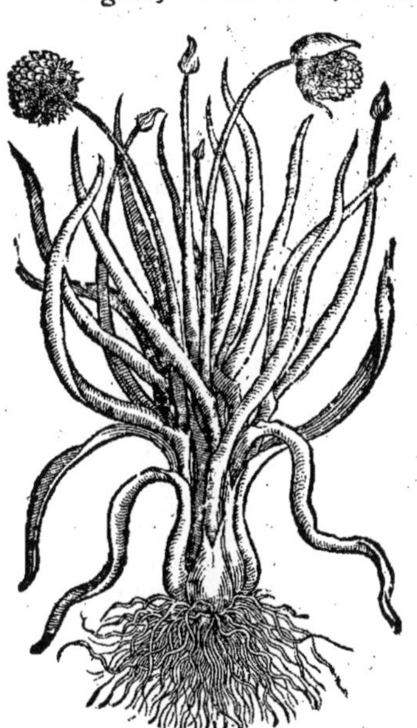
Oignon fendu, ou Ciuots, de Matth.

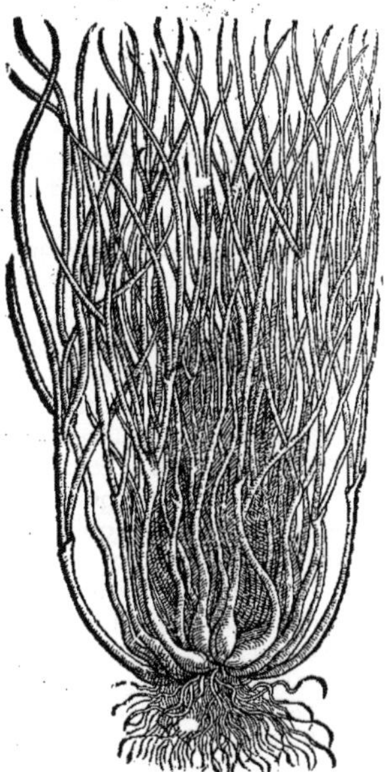
Eschalottes, de Matthiol.

Aux Aduers. Dioscoride escriue, *que les roux sont plus forts que les blancs,* Pena dit, que les plus gros & les meil
leurs *Oignons*, & plus doux sont ceux de Barbarie ; car ils sont plus gros que ceux d'Italie, & de
France. Semblablement aussi ceux d'Espagne sont fort gros : toutefois il en croist de beaucoup
plus beaux à S. Audenar en Flandres, où ils ont la teste grosse, platte, & ronde, de la grosseur d'vne
bonne raue, & sont couuerts d'vne peau escailleuse, & de certaines escorces de couleur de rouge
sanguin. Aussi en fait on grand cas en Flandres, & en Angleterre, & aux autre pais Septentrio
naux. Et toutefois on en porte force en ces pais là de ceux d'Espagne, desquels il y en a de blancs
& de rouges, qui sont vn peu plus forts que ceux là ; au demeurant ils sont aussi tendres, & plus
p ropres pour manger, & faire des sausses, que pour seruir en medecine. Quant aux autres il en
croist assez en Italie, en France, en Allemagne, en Angleterre, & en Gascongne, dont les Iardiniers
tirent bon reuenu : & d'autant plus qu'vn *Oignon* approche de ceux là en bonté, aussi doit il estre
Le lieu. tenu pour le meilleur. Tous *Oignons* aiment la terre grasse bien labourée, & arrousée. Ils fleurissent
au

mois de Iuillet, puis apres portent la graine, laquelle il ne faut point cueillir qu'elle ne soit ire: car alors c'est signe qu'elle est meure. Tous *Oignons* en general sont incisifs, & font venir s larmes aux yeux. Ils n'ont pas mauuaise odeur; mais bien vne vapeur, & vn goust ou vehement ou doux. Dioscoride dit, que tous *Oignons* sont mordicatifs, qu'ils engendrent des ventoez, reueillent l'appetit. Ils attenuent & alterent, ils causent vn desgoutement, & purgent. Ils nt bon ventre. Estans pelez & mis en huile, puis appliquez en chandellette ou suppositoire, ils urent les hemorrhoides, & font sortir les autres excrements. Leur *suc* reduit en liniment auec miel sert pour esclarcir la veuë, & pour oster les mailles & nuées de deuant les yeux, & les caractes qui commencent; & mesme à la squinancie. Il prouoque les mois supprimez. Il purge cerueau estant attiré par le nez. Appliqué auec sel, Rue, & miel il sert contre la morsure des iens. Enduit auec vinaigre au soleil il guerit les taches blanches qui sont appellées en Grec *phi.* Auec du Spodion par esgales parties il guerit les yeux chassieux. Auec miel il reprime les os boutons du visage qui semblent des verrues. Auec graisse de poule il est bon pour appliquer talon escorché par le soulier. Il sert aux flux de ventre. Il est propre à l'ouye dure, & aux oreils qui cornent, & pour faire sortir la fange, ou l'eau enclose dans les oreilles. *Le suc des Oignons* est n pour guerir la pelade; car il fait reuenir le poil en moins de temps que l'Alcyonion. Les *Oions* mangez en trop grande quantité font mal à la teste. Estans cuits ils prouoque mieux l'vne. Si vn malade en mange trop, combien qu'ils soient cuits, cela le fera tomber en lethargie. ppliquez en liniment auec des raisins secs, & auec des figues ils font meurir & creuer les foroncs, & autres telles apostumes. Pline en escrit de mesme, adioustant encor quelque chose. Les *ignons*, dit-il, esclarcissent la veuë en faisant venir la larme à l'œil à les sentir seulement; & us encor si on se frotte les yeux de leur suc. On dit aussi, que les *Oignons* font dormir, & qu'en s masch nt auec du pain ils guerissent les vlceres de la bouche. Les *Oignons* verts appliquez auec inaigre sur vne morsure de chien y sont bons, comme aussi estans secs, & appliquez auec miel & 'n, à la charge de ne les bouger de trois iours de dessus. Ils guerissent aussi les escacheures estans pliquez en la mesme sorte. Cuits sous la cendre, & appliquez à mode de cataplasme auec farine 'Orge, ils seruent aux chaudes defluxions des yeux, & aux vlceres des parties honteuses. *Le ius Oignon* est bon aux tayes, & mailles, & aux cicatrices des yeux. Incorporé auec miel il sert contre s morsures des serpens, & à tous vlceres, & mesmes à ceux des oreilles estant distilé dedans auec u laict de femme. Auec graisse d'oye ou miel est bon contre l'ouye dure, & contre le tintement s oreilles. Prins auec eau il est singulier à ceux qui ont perdu la parole tout en vn coup pour la ur faire recouurer. On se sert aussi de ce ius pour se lauer les dents, afin d'en oster la douleur. esme on l'applique sur toutes piqueures & morsure de bestes venimeuses, & particulierement r celles des scorpions. Dauantage on se sert des *Oignons* pilez aux gratelles & au mal S. Main, & ur faire reuenir le poil tombé par la pelade. Estans cuits ils sont bons à manger contre la dynterie, & contre la douleur des reins. Mesme la *cendre* de leurs pelures appliquée en liniment uec vinaigre sert grandement aux morsures des serpens. Les *Oignons* appliquez auec vinaigre nt bons aux morsures des chenilles, que les Latins appellent. *Multipedæ.* Quant à ce qui reste à ire sur le fait des *Oignons*, ceux qui en ont escrit son fort contraires les vns aux autres. Car s plus modernes tiennent que les *Oignons* sont contraires aux parties nobles, & qu'ils empeschent la digestion; mesme qu'ils alterent, & engendrent des ventositez. Asclepiades & ceux de suite au contraire tiennent qu'en mangeant des *Oignons* ils font auoir bonne couleur à la perne: & que si vn homme sain mange tous les iours vn *Oignon* à ieun, cela le maintient en santé, que l'*Oignon* est bon à l'estomac par les ventositez qu'il y cause, qu'il lasche le ventre, & qu'appliquant des *Oignons* pour suppositoire ils font sortir les hemorroides; & que le *ius des Oignons* prins uec ius de Fenouïl est singulier à ceux qui commencent à deuenir hydropiques. Ce ius incororé en miel auec de la Rue est souuerain à la squinancie. Et en outre que les *Oignons* seruent à ueiller les faitards. Galien dit, que les *Oignons* sont chauds au quatriesme degré. Il sont composez de grosses parties, dont aussi estans appliquez ou enduits auec du vinaigre, ils font ouurir s hemorroides. Enduits au soleil ils ostent les taches blanches emprainctes dans la peau. Si on en rotte le lieu d'où le poil est cheu par la pelade, ils l'y font reuenir mieux, & plus soudain que l'Alyonion. Apres que l'on en a tiré le suc, ce qui reste est d'vne substance fort terrestre, & chaude: ais le suc est d'vne substance aqueuse, aërée & chaude. Il est donc propre pour les cataractes, pour ceux qui ont la veuë obscurcie par des grosses humeurs, si on en frotte les yeux. Par le emperament de ce suc les *Oignons* estans mangez entiers engendrent des ventositez. Parquoy eux qui sont les plus secs en engendrent moins. *L'Oignons* bouilli ou cuit sous la braise, dit Mathiol, & prins auec du succre, est bon à ceux qui ont l'haleine courte, aux asthmatiques, & à la oux, en y adioustant vn peu de beurre. Vn *Oignon* creusé du costé de la racine, & remply de bone theriaque detrempée auec suc de Citron, puis ayant bouché l'ouuerture, si on le fait cuire à perfection sous les cendres chaudes, puis qu'on le presse, le suc qui en sortira est singulier pour ceux qui sont attains de peste, à la charge qu'on les face suer tout incontinent. Estant creusé, & rem-

Le temps. *Le temperament & les vertus.* Liu. 2. c. 145

Liu. 29. ch. 5

Liure 7. des simpl.

ply de poudre de Cumin, puis apres cuit & pressé comme dessus, le ius qui en sortira est singulier pour distiler dans les oreilles de ceux qui ont l'ouye dure. La *plus grosse escaille d'vn Oignon* cuite sous la cendre chaude guerit la douleur inueterée de la teste, si on met vn petit morceau tout chaud dans l'oreille du costé malade, puis que l'on verse par dessus d'huile rosat, & d'huile Laurin, & puis qu'on couure toute l'oreille auec de la laine sourge. Le *suc d'Oignon* incorporée en vinaigre fort, & mis dans les narines estanche le sang qui en coule.

Du Porreau. CHAP. X.

Les noms. CE Bulbe icy n'a pas seulement de l'affinité auec les Oignons, mais encor aussi le cœur de sa teste apres qu'on la esmondé & descouuert, resemble à vn Oignon. Mesme il n'y a pas grande difference quant aux fueilles, aux fleurs, à la tige, ou à la graine. Les Grecs l'appellent *πράσον*: les Latins *Porrum* les Arabes *Curat*, ou *Kurat*: les Italiens *Porro*: les Espagnols *Puerro*: les Allemans *Lauch*. Il est appellé *Prason*, comme si on disoit *Prasion*, ou *Prasinon*, c'est à dire *vert*. Ou au contraire il est dit quasi comme qui diroit *Prasinus*, *ἀπὸ τοῦ πράσου*, d'autant que la couleur qui est composée du fauue & du noir confus ensemble, retire à la couleur du *Porreau* lors qu'il est en sa parfaite verdeur. La Prasine faction entre les ioüeurs de Comedies est assez cognuë par tout. Il est dit *Porrum* en Latin, *quod porro cat*, pource qu'ainsi que dit Ruel, il croist fort long. Pena estime qu'il ait esté ainsi appellé de ce que sa teste retire à ceste surcroissance & callosité qui vient sur les os, quand il se reünissent apres auoir esté rompus. *Liu.1.ch.20. Aux Aduers.* Or l'industrie des Iardiniers a fait, qu'il y a *deux sortes de Porreaux* assauoir de ceux qui font grosse teste, & d'autres qui sont fendus. *Les especes.* Les Grecs appellent le premier *κεφαλωτὸν*: les Latins *Capitatum*, pource qu'il fait grosse teste; & l'autre est appellé en Latin *Sectiuum*; les fueilles duquel on tond rés terre. *Liu.11.ch.3.* Pour faire, dit Columelle, que les *Porreaux* deuiennent tels, nos peres on dit, qu'il les falloit semer bien espez, & les tondres quand il sont grands: mais l'experience nous a appris qu'ils se font beaucoup mieux, si l'on attend de les couper. & qu'on les replante assez loing l'vn de l'autre comme les gros *Porreaux*, laissant tousiours quatre doigts de place de l'vn à l'autre, & apres qu'ils sont grands que l'on les tondes. Mais quand on veut que le *Porreau* ait grosse teste, il faut deuant que le replanter, luy oster toutes ses petites racines, & tondre le bout de ses cheuelures; & puis faut mettre quelque test, ou coquille d'huistre dessous chascun, à fin que par ce moyen la teste s'eslargisse. Ce que Pline a aussi remarqué, disant: Il faut semer le *Porreau* apres l'equinoxe d'automne, & si nous le voulons faire pour tondre, il le faudra semer espez. *Liu.19.ch 6* Ceste *Porrette* se tond tousiours pendant que la racine peut porter, & la faut tenir tousiours bien fumée. Mais si nous voulons que le *Porreau* se iette en teste, il ne le faudra point tondre, & quand il sera assez gros le replanter en vn autre quarreau, coupant seulement le bout des fueilles, sans toucher à la teste, & luy oster les premieres pelures. Les anciens mettoient vn caillou, ou vn morceau de tuile dessous la teste du *Porreau* pour la faire deuenir grosse. Maintenant on les esbarbe legerement auec le sarcloir, à fin que l'humeur du *Porreau* ne se consume apres ces racines, & barbes.

Porrettes de Fuchse.

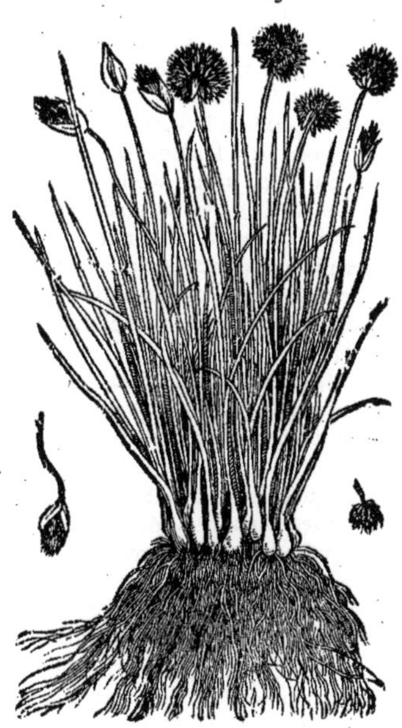

La forme. Au reste le *Porreau* a les fueilles semblables à celles des Aulx; toutefois elles sont plus larges & plus longues, encauées & aiguës au bout. Il a le col long, bulbeux, & blanc; & le bout gros, auec beaucoup de racines cheueluës, & composé de plusieurs membranes. Quand il a deux ans il fait la tige, comme celle de l'Oignon, longue & creuse, garnie à la cime de fleurs entassées en rond. Sa graine est noire, assez semblable à celle des Oignons. *Le lieu.* Il est assez commun par tous les Iardins. Il s'aime en terre grasse, & ne veut point estre arrousé. *Le temps.* Il fleurit en May & en Iuin vn an apres qu'il a esté semé. *Liu.2.c.164. Les vertus.* Dioscoride dit, que le gros *Porreau* engendre des ventositez, & vn mauuais sang, & fait auoir des songes fascheux. Il prouoque l'vrine, fait bon ventre. Il attenuë, & debilite la veuë. Il prouoque les menstrues, & est contraire aux vlceres de la vessie & des reins. Cuit auec Orge mondé, & prins en viande il fait sortir les excrements qui sont en la poitrine. Ses fueilles cuites en eau marine & vinaigre, sont fort bonnes pour faire des bains & estuues contre l'opilation & durtez de l'amarry. Cuit en vne ou deux eaux, ou bien

Porrette, & Porreau à teste, de Matthiol.

Porreau commun, de Matthiol.

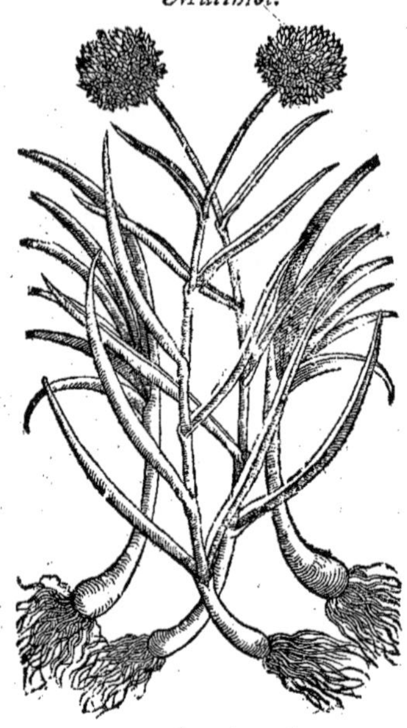

en ayant trempé quelque temps dans l'eau, il deuient doux, & n'engendre pas tant de ventosi-
z. Sa graine a encor plus d'acrimonie ; & d'ailleurs est aucunement astringeante. Tellement
ie le *suc d'icelle* incorporé en vinaigre en y adioustant de l'encens ou de la manne, estanche le
ng qui coule par le nez. Il eschauffe la personne à luxure. Reduit en looch il est fort souuerain
ntre les accidens de la poitrine. Il est bon aussi pour mesler parmy les viandes des phthisiques.
purge aussi l'artere. Mais si on continue d'en manger, il obscurcit la veuë. Il est contraire à l'e-
mac. Le *suc du Porreau* prins auec du miel est bon contre la morsure des bestes, & mesme estant
pliqué dessus en liniment. Auec vinaigre, encens, & laict, ou bien auec huile rosat, il sert à la
uleur des oreilles & au tintement d'icelles, si on le distile dedans. Ses fueilles incorporées auec
Rhus des sauces font perdre ces boutons du visage qui semblent des verrues, & les boutons
uges qui suruiennent la nuict. Appliquées auec sel elles font tomber les croustes des vlceres.
eux dragmes de sa graine prinses auec autant de grains de Myrte guerissent le crachement de
g inueteré. Voilà ce que Dioscoride escrit touchant le gros *Porreau* tant seulement. Pline a Liu.20. c.6.
tremeslé ce qu'il en a recueilly de diuers autheurs : La *Porrette*, dit il, est propre à estancher le
ng du nez, si on s'en estoupe le nez apres l'auoir pilée, y mettant de la noix de Galle, ou de Men-
parmy. Elle sert aussi à estancher les fluxions des femmes, qui auroient posé l'enfant deuant le
rme, beuuant son ius auec laict de femme. Elle sert aussi à guerir la toux, encor qu'elle soit in-
eterée, & contre les accidens de la poitrine & des poulmons. Ses *fueilles* appliquées en liniment
erissent les brusleures, & les boutons rouges qui viennent de nuict. Broyées auec miel elles sont
opres pour guerir tous autres vlceres. Auec vinaigre elles sont propres pour appliquer sur les
orsures des bestes, & mesme sur celles des serpens. Pour les accidens des oreilles il faut incor-
rer leur suc auec fiel de cheure, ou auec du vin miellé, par esgales portions. Contre le tintement
icelles il le faut incorporer en laict de femme. Mesme il est fort souuerain au mal de teste, le tint par le nez, ou bien distilant dans les oreilles deux cueillerées de ce ius meslées auec vne
eillerée de miel, quand on se va coucher. Ce *suc* est aussi fort singulier contre les morsures des
rpens & aux piqueues des scorpions, estant prins en breuuage auec vin pur. Mais pour le mal
s reins il le faut prendre auec vne hemine de vin. Qui plus est ce ius tout seul ou meslé parmy
s viandes est bon à ceux qui crachent le sang, aux phthisiques, & aux distilations inueterées;
mesme contre la iaunisse, & à l'hydropisie. Prins auec purée d'orge mondé au poids de deux
nces il sert aux douleurs des reins. Prins au mesme poids auec du miel il mondifie la matrice.
angeant de la *Porrette* elle est fort bonne à ceux qui ont mangé des Champignons venimeux.
lle est bonne aussi pour appliquer sur les playes. Elle prouoque à luxure. Elle desaltere, & fait
asser les fumées qui viennent apres auoir trop beu. Toutefois on dit qu'elle affoiblit la veuë, &

qu'elle engendre des ventositez, qui neantmoins ne sont pas fascheuses à l'estomac. Elle est aussi bonne pour lascher le ventre, & pour faire auoir bonne voix. Mais le *Porreau testu* a encor plus d'efficace à tout ce que dessus. Son *suc* incorporé auec de la galle, ou auec poudre d'encens, ou bien auec de l'Acacia, sert à ceux qui crachent le sang. Hippocrate l'ordonne mesme tout seul sans autre mixtion pour desopiler la matrice des femmes. Mesme aucuns tiennent, que le *Porreau* est bon à manger pour les femmes qui desirent auoir d'enfans. Broyé & incorporé en miel il mondifie les vlceres. Prins en bouillon d'Orge mondé il est bon à la toux, aux distilations de la poitrine, des poulmons & aux accidens de l'artere ; mesme estant mangé tout cru & sans pain : toutefois il en faut oster la teste, & faut continuer cela de deux iours l'vn. Ce qui sert mesme à ceux qui crachent pourry. Estant ainsi prins il sert à faire bonne voix, & prouoque à luxure, & mesme il fait aussi dormir. (Dioscoride n'a rien dit touchant la voix ; quant au dormir, il dit, que le *Porreau* est δυσόνειρον c'est à dire, *qu'il fait auoir vn dormir fascheux.*) Les testes des *Porreaux* cuites en deux eaux reserrent le ventre, & les defluxions inueterées (Dioscoride dit, que le *Porreau* cuit en deux eaux, ou ayant esté trempé en eau, s'adoucit & engendre moins de ventositez.) La *pelure de Porreaux* cuits & enduite noircit les cheueux blancs. Voilà ce qu'en dit Pline, lequel vn peu au parauant auoit dit, que l'Empereur Neron auoit donné credit à la *Porrette*, pource qu'il en mangeoit ordinairement tous les mois à certains iours, pour auoir meilleure voix, & ne mangeoit ny pain ny autre viande auec, sinon les *Porrettes* auec de l'huile. Car de fait, le *Porreau* par sa viscosité adoucit l'aspreté du gousier, & par mesme moyen il adoucit la voix. Mesme si nous voulons croire Aristote, les Perdrix mangent des *Porreaux* pour s'esclarcir la voix. Galien traitant des *Porreaux des Aulx*, & *des Oignons*, dit que l'on mange communement les racines de ces plantes ; mais peu souuent la tige, ny les fueilles, lesquelles ont aussi vne grande acrimonie à porportion des racines. Elles eschauffent la personne, & attenuent les grosses humeurs qui sont dans le corps, & incisent les visqueuses. Toutefois si on les fait cuire en deux ou trois eaux, elles perdent bien leur acrimonie, & si ne laissent pas pour cela d'attenuer : & d'ailleurs elles sont de fort peu de nourriture : mais deuant qu'estre cuites elles ne nourrissent rien du tout. Au reste il y a vne *autre espece de Porreau* à sçauoir le *sauuage*, qui est appellé par les Grecs ἀμπελόπρασον, c'est à dire, *Porreau de vigne* : en Arabe *Nghati* : en Italien *Porro saluatico*, & *Porrandello* : en Allemād *Vuildlauch*, en François *Porreau de chien*. Il fait la tige de deux coudées de haut ; les fueilles semblables à celles des *Porreaux*, sinon qu'elles sont plus estroites. Sa fleur est blanche, & sa racine est bulbeuse. Il croist parmy les vignes & le long des possessiōs, & méme sur les collines en lieu plaisant. Nous en auons mis icy le pourtrait

Liu. 19. c. 6.

Liure 2. des alim.

La forme.
Le lieu.

Porreau de chien, de Matthiol.

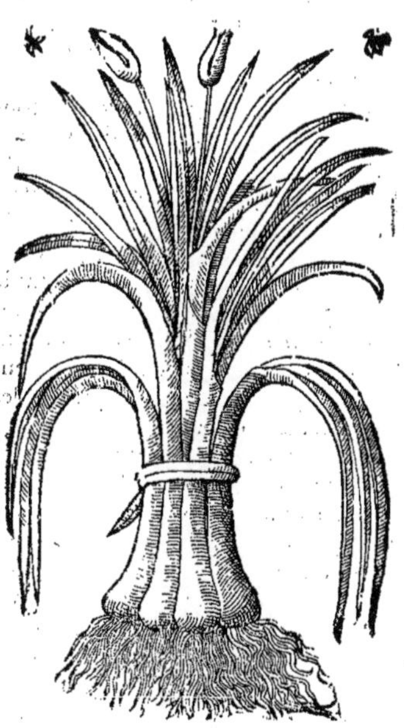

Porreau de chien, de Lobel.

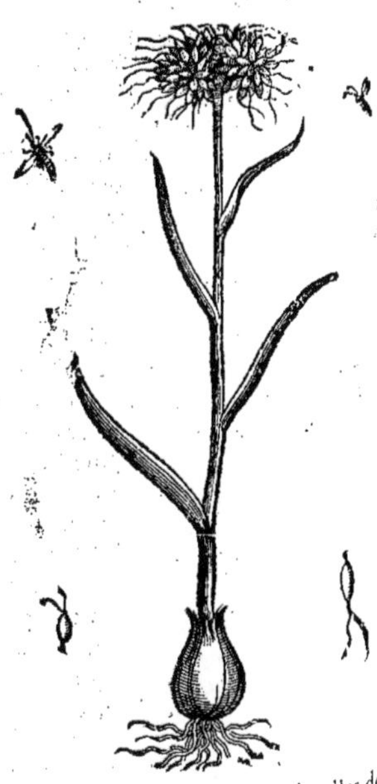

prins de Matthiol, lequel est different de celuy de Lobel, qui a les fueilles semblables à celles des Aulx sauuages, qui ont les fueilles menues ; toutefois elles sont plus grandes, & ont plus d'acrimonie

onie. Sa tige est de deux coudées de haut. Sa racine est bulbeuse, n'ayant qu'vne seule teste sans ostes; moindre que celle des *Porreaux*; mais plus dure, & plus acre, laquelle en fait quelques au-es, par le moyen desquelles ceste plante se multiplie. Elle porte sa fleur, & des noyaux en lieu e graine, de la grosseur d'vn grain de Froment, en des testes rondes, semblables à celles des Aulx auuages aux menuës fueilles. Il croist parmy les vignobles, & le long des possessions, des sentiers, des buissons, tant en France, comme en Flandres. Dioscoride dit, que ce *Porreau* est plus con-raire à l'estomac que celuy de Iardin. Il est aussi plus chaud, & prouoque mieux l'vrine & les ois. Estant mangé il sert contre les morsures des serpens. Or voicy ce que Pline en dit: Le *Por-eau de chien* croist parmy les vignes. Il a les fueilles comme le *Porreau*: mais il fait rotter puant, uand on en mange. Et toutefois il est fort souuerian contre la morsure des serpens. Il prouoque 'vrine & les mois. Prins en breuuage & appliqué il empesche le flux de sang qui sort par le mem-re viril. On l'ordonne mesme aux nouuelles accouchées pour les purger, & contre la morsure es chiens. Galien dit, qu'il y a autant de difference entre les *Pourreau de chien*, & ceux des Iardins, mme il y en a entre toutes les plantes sauuages auec les domestiques. Toutefois il y en a qui les ettent en composte en vinaigre, comme les Oignons, pour les garder tout l'an, & par ainsi les endent meilleurs à manger, & de moins mauuaise nourriture. Item *l'Ampeloprason* est le *Porreau auuage*; aussi a il plus d'acrimonie que l'autre, & est plus sec, comme toutes les herbes sauuages ont plus acres, & plus seches que celles de Iardin, & par mesme moyen plus contraires à l'esto-ac: mais aussi il est bien plus propre pour inciser les humeurs grosses & visqueuses, & pour des-piler tous les vases du corps. Et que pour ceste raison il s'en est souuentefois serui pour prouo-uer l'vrine, qui estoit retenuë par des humeurs grosses & visqueuses. Or il est si chaud, qu'estant ppliqué à mode de cataplasme il vlcere la peau. Au reste Dodon met vn autre *Porreau petit*, qui st appellé en Allemand *Vintzeulauch*: en Flamand *Bieslook*, c'est à dire, *Ail de ione*, à raison dequoy l'appelle d'vn nom Grec σχοινόπρασον. Il fait des petites tiges graisles, tendres, & creuses, comme es petits ioncs, entasées en vne touffe au lieu de fueilles, qui ont quasi le goust du *Porreau*. En-tre lesquelles il en sort quelquefois des autres qui portent des testes rondes comme les Oignons; outefois elles sont beaucoup plus petites, & pleines de fleurs purpurines. Ses racines sont des petits ulbes à mode de petits Oignons, ou *Porreaux*, longuets, attachez & entrelassez ensemble, auec eaucoup de cheuelures. Il en croist quasi par tous les Iardins & retire si bien au Porreau; qu'aucuns e prennent & s'en seruent au lieu de Porreau. Ses fueilles crues meslées parmy les salades y donnēt ort bon goust. Fuchse prend ceste plante pour le *Porreau* qu'on tond, appellé en Latin *Porrum se-ivum*. Matthiol en a mis le pourtrait pour *l'Oignon Ascalonite* de Theophraste, comme il a esté it cy dessus suiuant le tesmoignage de Lobel & autres. Toutefois Pena dit, que ce ne l'est pas.

Liu. 2. c. 144
Les vertus.
Liu. 24 c. 15
Liure. 2. des alim.
Schœnoprason de Dodon.
Le lieu.
Chap. 243.

Des Aulx, CHAP. XI

E que les Grecs appellent σκόροδον, les Latins, *Allium*: les Arabes *Chaum*, *Chairin*, & *Thū*; les Italiens *Aglio*: les Espagnols *Ayos*: les Allemans *Knobloch*, ou *Knoblouch*, est aussi *vne espece d'Oignon*. On l'appelle en François *Ail*, & *Aux*. Le Commentateur d'Aristophane dit, que *l'Ail* est appellé *Scorodon*, comme qui diroit σκαιὸν ῥόδον c'est à dire, *vne mau-aise rose*, pource qu'il sent fort outre mesure, & offence le nez de ceux qui le sentent. Ruel estime ui est appellé en Latin *Allium*, du mot Grec ἄλλεσ, pour ce qu'il croist en poussant. Theophraste aitte des diuersitez de *l'Ail* comme il s'ensuit: *On plante l'Ail vn peu deuant les solstices, & aussi pres ayant separé ses costes. Or il y a difference entre les Aulx, en ce que l'vn est tardif, & l'autre croist lus viste. Car ils, en treuue d'vne sorte qui a toute sa perfection en soixante iours. Il y a aussi de la dif-ference pour raison de la grosseur. Les Aulx de Cypre sont fort gros, lesquels on ne fait pas boüillir, mais n les broye pour en faire les sausses qui sont appellées Myttota par les Grecs. En les broyant c'est vne cho-e estrange, de voir comme ils s'enflent. En outre il y a des Aulx qui ne sont point de costes. Or la dou-eur, odeur, & mesme la grosseur des Aulx procede du terroir, & cultiuage, comme il en prend des utres plantes cultiuées.* Surquoy Pline a prins ce qu'il en escrit disant: *Quant aux Aulx, on tient u'ils sont bons à plusieurs medecines, principalement pour les païsans. L'Ail a plusieurs pellicules inces & subtiles, lesquelles sont toutes separées l'vne de l'autre, & aussi plusieurs costes, chascune esquelles a aussi sa pellicule. Tant plus vn Ail a de costes, tant plus il est fort. Il fait mauuaise ha-leine à ceux qui en mangent, aussi bien que les Oignons: toutefois il ne cause point de puanteur estant uit. Au reste il y a difference entre les Aulx, en ce que les vns sont plustost meurs que les autres. Car les Aulx d'Hastiueau ne demeurent que soixante iours à meurir. Il y en a aussi de plus gros les vns que les autres, comme entre autres ceux que les Grecs appellent Aulx de Cypre, & d'autres Antiscorodon: es Latins Vlpicum, lesquels sont plus gros que nos Aulx communs, & sont fort estimez en Barbarie, our faire les sausses des païsans. Au reste broyant des Aulx en huile ou vinaigre, c'est vne chose estrange que de voir la grande quantité d'escume qu'ils iettent.* Par ce que dessus il appert que les ros Aulx sont appellez en Latin *Vlpicum*, au lieu que Theophraste les appelle *Aulx de Cypre*. Il y a

Les noms.
Liu. 1. ch. 20
Liure 7. de l'hist. ch. 5.
Liu. 19. ch. 6

y a aussi de l'erreur au texte de Pline ; là où il est dit, que ces *Aulx* sont appellez *Antiscorodon* : car faut qu'il y ait *Aphroscorodon*, suiuant Columelle, lequel n'appelle pas ces *Aulx*, *Vlpicum* seulement, mais *Punicum*. Voicy ce qu'il en dit ; *Les Aulx que nous appellons Vlpicum, & d'autres Punicum, & les Grecs Aphroscorodon, sont beaucoup plus grands que les Aulx communs.* Mais on pourroit demander icy, si le mot *Aphroscorodon* vient du mot ἀφρὸς, qui signifie *l'escume*, pource que ces *Aulx* font beaucoup d'escume, suyuant le tesmoignage de Pline & de Theophraste ; ou bien du nom de la region d'Afrique ; veu que Columelle les appelle *Punicum*, comme Pline le veut quasi monstrer, quand il dit, *que les Aulx appellez Vlpicum sont fort estimez en Affrique*. Au demeurant ce que Theophraste dit, *qu'il y a des Aulx qui ne font point de costes*, Dioscoride dit, *qu'il en vient de tels en Egypte*. Matthiol dit, qu'il en croist aussi en Toscane, & en plusieurs autres lieux d'Italie, où l'on les appelle *masles*. Dioscoride establit *deux especes d'Ail*, à sçauoir *celuy des Iardins*, ou cultiué ; & *le sauuage*, qu'il appelle *Ophioscorodon*, c'est à dire, *Ail serpentin*, & *Elophoscorodon*, c'est à dire, *Ail de cerf*. Les modernes mettent *deux especes d'Ail sauuage*, *qui ont les fueilles menues* ; & vne autre *qui a les fueilles larges*, qui est tacheté à mode d'vn serpent, qui est *l'Ophioscorodon* : & encor vne autre, *qui a aussi les fueilles larges*, qu'ils appellent *Allium vrsinum*. Quant au *cultiué* il a les fueilles verdes comme les Oignons ; toutefois elles ne sont pas creuses ; la tige ronde & creuse, à la cime de laquelle il vient des fleurs en rond, & puis apres la graine. Le bulbe de sa racine est couuert de pellicules minces, & composé de plusieurs costes, chascune desquelles à sa pellicule à part, auec beaucoup de cheuelures au bout, de mauuaise odeur, & d'vn goust acre : & tant plus qu'il a de costes, tant plus il a l'odeur forte. *L'Ail sauuage* fait peu de fueilles, longues, rondes, creuses par dedans, & faites à mode de ionc. Sa tige est haute, lisse, & chargée de fleurs purpurines, auec vne teste belle, tant pour raison de sa couleur que de sa figure.

Liu. 11. ch. 3.

Liu. 2. c. 146

Les especes.

Ruel. liu. 2. chap. 85.

La forme.

Ail cultiué, & sauuage, de Matthiol.

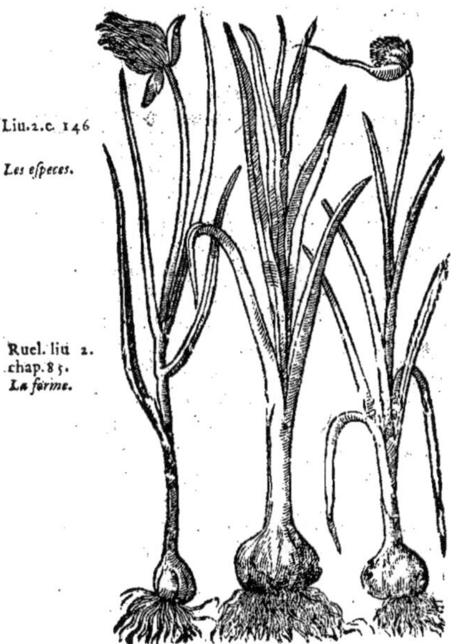

Ail d'Ours à large fueille, de Fuchse, & de Dodon.

Ail d'Ours, de Matthiol.

cine est vn petit Bulbe long, sans costes, ne faisant qu'vne simple teste, aupres de laquelle il en ient quelquefois d'autres, par le moyen desquelles elle se multiplie. Il y en a encor vn autre plus etit que cestui-cy; toutefois il a les fueilles, la tige, la graine, & la racine semblables; & croist plus souuent parmy les prés. Quant à *l'Ail d'Ours*, qui resemble plus aux *Aulx* à raison de son eur, que de sa figure, il fait le plus souuent deux fueilles, grandes à mode de celles du Muguet rtes, flacques, & lisses, & vne ou deux tiges tendres, chargées de beaucoup de fleurs blanches, oilées. Son Bulbe est composé de quelque peu de petites costes longues, & esparpillées, blancastres, de mesme odeur que les *Aulx*, qui ont vne acrimonie, laquelle n'est pas mal plaisante i goust. Quant à *l'Ail serpentin*, ou *Ophioscorodon*, il n'est pas beaucoup different du precedent. Il a esté ainsi appellé, à cause que sa tige, & ses fueilles sont tachetées comme celles de la Serpentaire; toutefois elles resemblent à celles de *l'Ail d'Ours*, quant à la figure & à l'odeur. Sa racine a le col long, couuerte d'vne peau toute creuassée. Pena aux Aduers.

Ail serpentin de Matthiol.

L'Ail de Iardin croist par tout parmy les Iardins, quand on l'y plante: le *sauuage* croist de soy-mesme parmy les champs & possessions, où il est quelquefois bien fascheux, pource qu'il fait sentir mal le bled parmy lequel il croist, dont la farine, & mesme le pain s'en resentent puis apres. *L'Ail d'Ours* croist sur les hautes montagnes ombrageuses, ou parmy les prés humides. Le *serpentin* croist aussi aux montagnes. *Celuy de Iardin & le sauuage* fleurissent en esté; & *l'Ail d'Ours* au printemps, à sçauoir en Auril & en May. Dioscoride dit, que *l'Ail* est d'vne faculté acre; il eschauffe & resout les ventositez: (car il faut lire ainsi ce passage, non pas comme il y a aux communs exemplaires, *Il lasche le ventre & engendre des ventositez*.) Il esmeut le ventre, & desseche l'estomac. Il altere, il chasse les ventositez ou les resout. (Ruel a interpreté, *qu'il esmeut les ventositez*, pource qui est dit au Grec ἐμπνευματώσεως ἀλλοιωτικήν. *Il a vertu de changer les ventositez, ou de les resoudre & dissiper.* Il vlcere la peau quand on l'applique dessus. Il chasse les vers du ventre, quand on en mange, & prouoque l'vrine. Il est bon contre la morsure des viperes, & des serpens appellez *Hemorrhoides*. (Au texe Grec il y a ἐχιοδήκτοις τε, καὶ αἱμοῤῥοοῦσιν ἁρμόζει. Or il appelle αἱμοῤῥοοῦντες, *ceux qui rendent le sang par tout le corps pour auoir esté mordus par ceste sorte de serpens qu'on appelle Hemorrhois*,) à la charge qu'on boiue du vin incontinent apres, ou bien qu'on le enne auec vin. Il est bon pour appliquer sur la morsure du chien enragé. Il sert contre le changement des eaux. Il esclarcit la voix. Prins en viande ou cru, ou cuit, il est bon contre la toux interée. Prins en breuuage auec de la decoction de l'Origan il fait mourir les poux & les lendes. cendre incorporée en miel guerit les meurtrisseures, & la pelade. Auec onguent nardin il guet les boutons de la petite verolle, en y adioustant du sel & de l'huile, & mesme les taches blances empreintes en la peau, les dertres, les lentilles, la tigne, les gratelles ou mal S. Main, & la peau orte. Cuit auec encens & tede il appaise la douleur des dents, si on tient ladite decoction en la uche. Appliqué en liniment auec des fueilles de Figuier, & du Cumin il sert contre la morsure es musaraignes. Vne estuue faite de la *decoction de ses fueilles* prouoque les mois, & fait sortir l'arere faix. Le *parfum des Aulx* fait le mesme effet. Les Grecs appellent *Myttoton* vne viande faite Aux, & d'Oliues noires broyées ensemble, laquelle prouoque l'vrine, & est apéritiue. Elle est aussi onne aux hydropiques. Or Hippocrate fait mention quelquefois de ce *Myttoton*, comme au liure e la veuë, traictant d'vne certaine medecine pour les yeux, disant, καὶ ὀλίγον ἀνατρίβειν, ἕως ἂν πάχος ηται ὡς μυττωτός. *Le broyer vn peu, tāt qu'il soit espez cōme vn Myttoton*, Galien aussi parle de ce mot ses Commentaires sur Hippocate, alleguant Dioscoride, μυττωτὸν ὑπότριμμα Διοσκορίδης εἶναί φησι σκόρδου ἢ κρομμύου, *Dioscoride dit, que Myttoton est vne viande faite d'Ail, ou d'Oignons*. Ce qui peut être entendu de ce passage. Mesme Theophraste, vse aussi de ce mot au passage qui a esté allegué y dessus. Pline traitte bien plus au long de l'vsage de *l'Ail*. Quant à *l'Ail*, dit-il, il est singulier à eux qui changent d'eau. Son odeur chasse les serpens, & les scorpions. Mesme aucuns ont escrit, u'estant mangé, prins en breuuage, ou appliqué en liniment, il sert contre la morsure de toutes estes, & particulierement contre les morsures du serpent nommé *Hemorrois*, si on le prend auec du vin, puis qu'on le reuomisse. Il est aussi souuerain contre la morsure des musets ou musaraignes, dequoy il ne se faut pas estonner, veu qu'il amortit mesme le venin de l'aconit surnommé *estrangle Liepard*, & celuy du Iusquiame. Item il est bon contre la morsure du chien enragé, estant

Le lieu.

Le temps.

Liu. 2. c. 146

Le temperament & les vertus.

Liu. 20. ch. 6.

estant appliqué dessus auec miel. Prins en breuuage il est singulier aux morsures des serpens; mais cependant il en faut aussi appliquer auec toutes ses peleures & du miel dessus la playe. Il sert aussi aux parties du corps qui sont meurtries, quand mesme il y auroit des vessies. Hippocrate dit,

Liu. des malad. des fem.

que le parfum des *Aux* fait sortir l'arrierefaix, & que la cendre des *Aux* reduite en liniment auec huile guerit la tigne, & vlceres coulants de la teste. Item, que *l'Ail* cuit est bon à ceux qui ont courte haleine; toutefois aucuns l'ordonnent cru pour cest effect. Diocles ordonne aux hydropiques de prendre de *l'Ail* auec du Centaurion, ou auec deux figues pour lascher le ventre: toutefois estant prins vert en vin pur auec de Coriandre il fait plus d'operation. Aucuns l'ordonnent broyé en laict à ceux qui ont courte haleine. Praxagoras ordonnoit de le prendre en vin contre la iaunisse, & contre l'iliaque passion auec d'huile & de bouillie: mesme il ordonnoit de l'appliquer en la mesme façon sur les escrouëlles. Les anciens faisoient manger des *Aulx* crus à ceux qui auoient le cerueau troublé. Diocles veut que les phrenetiques les mangent bouillis; & que les *Aulx* broyez & appliquez ou gargarizez, sont bons à la squinancie. *Trois testes d'Aulx* broyées en vinaigre allegent merueilleusement la douleur des dents: ce qu'aussi fait la decoction des *Aulx* bouillis en eau, si on s'en laue la bouche, & qu'on mette les *Aulx* dans le creux de la dent. *Le suc des Aulx* incorporé en graisse d'Oye est bon pour distiler dans les oreilles. Prins en breuuage il sert aux demangeaisons, & fait mourir les poux: ce que fait aussi *l'Ail* pilé & appliqué auec vinaigre & nitre. Cuit auec laict, ou broyé & meslé parmy du fromage frais, il est bon pour reprimer les catharres & distilations, & pour ceux qui sont enrouëz. Prins en bouillon de Feue il est bon aux phthisiques. En somme *l'Ail* est tousiours meilleur cuit que cru, & estant bouilly que rosty: & neantmoins il esclarcit la voix en toutes ces façons. Cuit en vinaigre miellé il chasse les vers & toute autre vermine du ventre. Prins auec de la bouillie il sert à ceux qui ne font qu'aller à selle à tous coups sans y rien faire. Bouilly & appliqué sur les ioues à mode de liniment il sert à en oster la douleur. Auec miel il est bon pour appliquer sur la petite verolle en le broyant tout cuit. Cuit en vieil oint, ou auec du laict il est singulier à la toux. Cuit sous la cendre chaude, & prins auec du miel par esgales portions il sert à ceux qui crachent pourry, ou le sang. Auec sel & huile il sert aux conuulsions & aux rompus. Appliqué auec graisse il guerit toutes apostumes suspectes & dangereuses. Auec souffre & resine il attire toutes les meschantes humeurs des fistules. Emplastré auec poix il tire les eschardes des roseaux qui sont demeurées dans le corps. Appliqué auec Origan il guerit les dertres, gratelles, & le feu volage; mesme il escorche les lentilles qui sont sur le visage & par le corps. Autant en fait la cendre des *Aulx* bruslez enduite auec huile & saumure de poisson. Mesme elle est bonne en ceste façon au feu S. Antoine. Reduite en linement auec du miel & appliquée elle rend la couleur viue aux meurtrisseures, & aux places ternies. On dit que continuant de boire & manger des *Aulx* ils guerissent du haut mal. Item, que prennant vne teste *d'Ail* en vin vert auec trois oboles de Benioin, cela guerit de la fieure quarte. Cuit auec des Feues concassées, & prins en viande, il n'y a si mauuaise toux, ny si mauuaise pourriture en l'estomac, que cela ne face sortir: mais il faut continuer iusques à ce que le patient soit guery. Mesme il prouoque à dormir, & rend la couleur viue aux personnes. Dauantage, *l'Ail* pilé auec du Coriandre vert & prins en breuuage en vin pur eschauffe la personne au ieu d'amour. Toutefois les *Aulx* ont cela de mauuais, qu'ils affoiblissent la veuë, engendrent des ventositez, & sont contraires à l'estomac, si on en prend par trop, & alterent la personne. Ce neantmoins ils sont bons pour garder les poules d'auoir la pepie, si on en mesle parmy la graine qu'on leur donne à manger. Finalement frottant d'vn *Ail* broyé la nature des bestes cheualines, cela les fait vriner aisément & sans trauail. Voilà ce que Pline en a escrit. Or quand il dit, que *l'Ail* est bon contre les hemorrhoides, il n'entend pas de celles qui viennent au fondement: mais d'vne

Liu. 13. c. 23.

sorte de serpés dont le masle est appellé *Hemorrhus*, & la femelle *Hemorrhois*, ainsi comme dit Aëce: & comme il a esté aussi traduit cy dessus, la morsure desquels fait sortir le sang par tous les en-

Liure 8. des simpl.

droicts du corps, dont est venu leur nom. Galien dit, que *l'Ail* est chaud & sec au quatriesme degré; & que le sauuage est plus fort que celuy de iardin, comme il en prend des autres herbes sau-

Liure 2. des alim.

uages. En vn autre endroit il dit, qu'on ne mange pas *l'Ail* comme vne pittance; mais comme pour medecine, qui est propre pour resoudre, & desopiler. Que si on le fait bouillir pour luy faire perdre son acrimonie, vray est qu'il n'aura pas tant de force; mais aussi il perd par mesme moyen

Liure 12. Metho.

cela de mauuais qui peut estre en son suc. En vn autre passage il dit, que *l'Ail* est du nombre des viandes qui resoluent les ventositez, & si n'alterent pas. Aucuns n'ayans pas bien cogneu son naturel tiennent que *l'Ail* altere plus que l'Oignon: mais ils se trompent, car tant s'en faut qu'il altere plus que l'Oignon, que mesme il n'altere rien du tout. Mesme il n'y a viande au monde plus propre à resoudre les ventositez; aussi ie l'appelle *la Theriaque des païsans*. En quoy il appert que Galien reprend Dioscoride, de ce qu'il a escrit que *l'Ail* est δίψους ποιητικὴν c'est à dire, *qu'il altere*. Simeon Sethi dit, que *l'Ail* par vne certaine proprieté appaise la soif causée par des humeurs salées, & qu'il est propre non seulement pour resoudre les ventositez; mais aussi pour empescher qu'il ne s'en engendre; qu'il est fort souuerain contre la colique causée par des ventositez, &

contre

contre la sciatique inueterée procedât des humeurs phlegmatiques. Or apres auoir traitté de *l'Ail*, du *Porreau*, il ne sera pas hors de propos de mettre icy *l'Ail-Porreau*, qui est appellé en Grec ἀμπελόπρασον, & en Latin *Aliporrum*, attendu qu'il ne retire pas seulement à *l'Ail* & au *Porreau* quant à la figure, comme dit Dioscoride; mais aussi quant aux qualitez. Il est de la grosseur du *Porreau*, & les fueilles semblables, lesquelles sentent *l'Ail* & le *Porreau* quand on les broye entre les doigts. Matthiol dit, qu'il croist de soy-mesme en plusieurs endroits de l'Italie, d'où on le replante dans les Iardins. Lobel a mis vn autre *Ail-porreau*, qui a les fueilles plus larges que les *Porreaux*, Liu. 2. c. 147.

Ail-porreau, de Matthiol.

Deux autres sortes d'Ail-porreau, de Lobel.

fait vne tige de quatre ou cinq coudées, laquelle sort d'vn bulbe gros, composé de cinq ou six costes couuertes de pellicules écailleuses, de mauuaise odeur, comme celles d'vn *Ail* bien fort. Outre ce il en met vn autre qui fait les costes plus grosses & longuettes. Son bulbe est couuert de pellicules membraneuses, fauues-brunes. Sa fleur & ses fueilles sont plus petites que celles de *l'Ail*. Au demeurant il a le goust & l'odeur de *l'Ail-porreau*. Pena dit, qu'il approche mieux des *Aulx* quant à l'odeur; mais il a mieux la figure de *Porreau*; & qu'il croist parmy les vignobles pendans, & parmy les bruyeres qui ne sont pas cultiuées, le long de la coste de Genes, & de Nice en Prouence. Ainsi donc Marcellus Virgilius s'est trompé, pensant que pource que Pline, ny les autres autheurs qui ont escrit de l'agriculture, n'ont point escrit de cette herbe, que ce fut vn monstre de nature, & qu'on eust fait par industrie croistre ensemble deux plantes qui sont aucunement semblables, comme cela s'est fait en quelques autres plantes par des gens qui auoient bon loisir. Au surplus Dioscoride dit, que *l'Ail-porreau* participe de la vertu de *l'Ail* & du *Porreau*, & fait les mesmes effects, combien que ce soit auec moins d'efficace. Estant cuit il deuient doux comme le *Porreau*, & bon à manger. Galien en dit de mesme. Tout ainsi que *l'Ail-porreau* participe du goust & de l'odeur des *Aulx*, & des *Porreaux*, aussi fait il les effets de mesme. Au mesme lieu. Liure 8. des simpl.

Du Coüillon de Chien, *CHAP. XII.*

IL faut mettre parmy les Bulbes, Hyacinthes, & Oignon, & autres semblables, les *Coüillons*, & *Satyrions*. Entre lesquels celuy qui est appellé en Grec ὄρχις, & κυνὸς ὄρχις, est aussi appellé en Latin *Orchis*, & *Cynosorchis*, & par les Apothicaires *Testiculus Canis*: en Arabe *Chasi alkes*: en Italien *Testicolo di cane*: en Espagnol *Coyon di Perro*: en Allemand *Knabenkraut*: en François *Couillon de chien*, & *Satyrion*, suyuant les Apothicaires qui appellent *Satyrion* les *Couillons*, & se seruẽt de leurs Bulbes au lieu du vray *Satyriõ*; dequoy Apulée sẽble Les noms.

auoir esté cause; d'autant qu'il ne met point de differēce entre les *Couillons*, & les *Satyrions*, mais co fond l'vn & l'autre *Satyrion* auec le *Couillon* appellé *de Chien*; & l'autre appellé *Serapias*. Les Grecs dit-il, appellent *Satyrion*, ou *Cynosorchis*, ou *Entaticos*, *Panion*, *Serapion*, & les autres *Orchis*, ce que le Gaulois appellent *Vram*; les Italiens *Priapiscus*, ou *Orminalis*, ou *Couillon de Lieure*. Cette herbe a est dite *Orchis*, pource que ses racines s'entretiennent à mode de deux testicules; & *Cynosorchis*, pource

Les especes. que sa racine est faite à mode de *Couillon de chiē*. Dioscoride, Pline, & Galiē ont estably *deux especes d'Orchis*, ou *Couillon*: à sçauoir le *Couillon de chien*, & *l'Orchis Serapias*. Mais les modernes en ont bi remarqué dauantage: toutes lesquelles ils ont nommées de mesme, à cause de la figure de leur racine. Fuchse met *deux especes de Couillon*, à sçauoir le *masle* & la *femelle*. Quant au *masle* il y en a au

Sur le c. 124. & 125. du 3. liu. de Diosc. Liure. 2. de l'hist. ch. 46. deux sortes, dont l'vn a les fueilles larges, & l'autre les a estroites. Quant à la *femelle* il y en a sem blablement deux sortes, vne grande & l'autre moindre. Matthiol a mis le pourtrait de *cinq especes de Couillon*, qui sont differentes quant aux fueilles & à la fleur, adioustant en outre vne *Palma Christi grande*, & *vne autre petite*, desquelles nous parlerons au chapitre du *Satyrion*. Dodon a diuisé le *Couillons* en quatre genres: & quant au premier, qui est *l'Orchis*, ou *Couillon de chien*, il en met cin especes, dont il appelle les deux premieres *masles*, & les trois autres *femelles*. Quant au second l'appelle *Tragorchis*, c'est à dire, *Couillon de bouc*. Quant au troisiesme, il en fait aussi deux especes

Au liu. des fleurs. c. 61. à sçauoir le *masle* & la *femelle*. Comme aussi du quatriesme, l'vne grande & l'autre petite. En vn a tre liure il comprend tous les *Couillons* sous cinq genres, dont il appelle le premier *Cynosorchis*, o *Couillon de chien*: & en met cinq especes. Quant au second il l'appelle *Testiculus morionis*: le troisies

Liu. 3. c. 124. La forme. me *Tragorchis*: le quatriesme *Couillon Serapias*: le cinquiesme *Couillō odorant*, ou *Couillon petit*. Or l *Couillon de chien*, suyuant ce que Dioscoride en a escrit, a les fueilles d'alentour de la tige, & celle d'embas, qui sont couchées par terre, semblables à celles de l'Oliuier, plus estroites, lisses & pl longues; la tige de la hauteur d'vne paume, garnie de fleurs purpurines; la racine bulbeuse, lon

Liu. 27. ch. 8. gue, double, estroite à mode d'vne oliue, dont l'vne est dessus l'autre: & celle de dessous est moll & ridée; au lieu que l'autre est pleine. Quant au *Cynosorchis*, ou *Orchis*, dit Pline, il iette trois fue les faites à mode de celles d'Oliuier, lesquelles sont molles, de la longueur d'vn demy pied, cou chées par terre. Sa racine est bulbeuse, longuette, & sort tousiours à double: mais le Bulbe, qui e

Au liure des fleurs. c. 61. le plus haut, est tousiours plus dur que celuy d'embas. Dodon estime que cette description s'ac corde bien auec le premier ou auec le second *Couillon*, ou bien à tous deux, & qu'il y a mal e Dioscoride, ἐλαία μαλακῇ ὅμοια, au lieu de σκίλλῃ μαλακῇ, c'est à dire, *à celles de la Squille molle*, vo lant denoter la *Scille* appellée *Epimenidie*, qui a les fueilles moins aspres & plus estroites laquell

Liure 9. de l'hist. ch. 19. Pline appelle icy *molle*; & confirme cette correction par l'authorité de Theophraste, lequel pa

Couillon de Chien. I. de Dodon; V. de Matthiol.

Couillon de Chien II. de Dodon, de Matthiol.

lant du *Couillon*, dit, ἔχει ℨ φύλλον σκιλλῶδες, c'est à dire, *Il a les fueilles comme la Squille*. Mais nous raitterons cette question cy apres. Neantmoins Pline a leu en Dioscoride suyuant la commune çon au passage cy dessus allegué, disant, que le *Couillon* a les fueilles comme l'oliuier, *molles*. Mes-e il semble que Theophraste ne parle pas là du *Couillon de Chien*: mais du *Couillon Serapias*. Or odon dit, que la *premiere espece de Couillon* a les fueilles larges, grasses, quasi semblables à celles es Lys; la tige de la hauteur d'vn pied ou dauantage, & anguleuse, garnie de beaucoup de fleurs isposées à mode d'espic, de couleur de pourpre rouge blaffard, semblables à vn capuchon, ou à vn ourion ouuert, desquelles il sort par le bas ie ne sçay quoy de frangé, qui semble de peau de hien, ou de quelque autre beste à quatre pieds, qui est aussi de couleur de pourpre blaffard: mais est marqueté de certains points plus purpurins. Pour ses racines outre les cheuelures qui sont u dessus, il y a deux bulbes comme deux Couillons, qui sont vn peu longuets, dont l'vn est plein bien nourry, & l'autre est tout ridé. Quant à celuy de la seconde espece, il a semblablement s fueilles lisses, longues & larges: toutefois elles sont moindres que celles du precedent, & plus stroites, en nombre de cinq ou six, dont les vnes enuironnent la tige, qui est de la hauteur d'vne aume, auec vn espic touffu, & court, garni de baaucoup de fleurs blanches, purpurines, auec eaucoup de points purpurins, & vne infinité de petites lignes brunes par dedans, faites à mode 'vn capuchon ouuert, ou d'vn mourion, à chascune desquelles il y a cõme vn corps d'vne be-e à quatre pieds, ou d'vn petit hõme, qui auroit les bras estendus, & les iambes eslargies, sans teste, ui est pendant. Il a deux racines rondes, de la grosseur d'vne noix muscade, auec quelques che-elures grosses par l'endroit où elles sont attachées ensemble. Touchant le *Couillon de Chien* de la oisiesme espece, il fait les fueilles estroites, cannelées, qui resemblent aucunement à celles du lantain aux fueilles estroites, & la tige de la hauteur d'vne paume, chargée d'vn espic court & spez, garni de beaucoup de fleurs, qui sont rouges par dehors, & comme de couleur de pourpre

Liure 2. de l'hist. ch. 46. & au trait. des fleurs c. LI

Dodon au mes. lieu.

Couillon de Chien III de Dodon.

Couillon III. de Matthiol.

obscur, & blanches par dedans, de mesme figure que les precedentes: toutefois elles sont moin-dres, & ont aussi ie ne sçay quoy de pendant, qui resemble au corps d'vne beste à quatre pieds, qui ne fait que commencer à se former. Ses racines sont semblables à celles des autres *Couillons*. Matthiol a mis pour la *troisiesme espece de Couillon*, celuy qui est icy peint sans en adiouster la des-cription. Il s'en treuue vn autre du tout semblable; excepté qu'il a les fueilles plus larges, qui reti-rent à celles du second. Et encor vn cinquiesme qui a les fueilles comme le *Couillon second*: la tige de la hauteur d'vn pied, & vn espic long, garny de fleurs de couleur verdastre, desquelles ce qui en depend à mode de frange, est long, & comme quarré. Voilà quant *aux especes du premier genre de Couillon de Chien*. Quant au *second* que Dodon appelle *Testiculus morionis*, il y en a deux especes, à sçauoir le *masle*, & la *femelle*. Le *masle* a cinq ou six fueilles larges, lisses, qui resemblent bien à celles

Dodon au mes. lieu.

Dodon au mes. lieu.

2. Genre de Couillon de Chien.

Au trait. des fleurs. c. 61.

Couillon IV. & V. de Dodon. premier de Matthiol.

Couillon de sol masle de Dodon.

celles des Lys toutefois elles sont plus petites, & marquetées pour la plus part par dessus de quelques taches brunes, dont il y en a vne ou deux qui embrassent la tige, qui est de la hauteur d'vn paume. Ses fleurs sont entassées en vn espic, purpurines, & blancheastres vers le nombril, odorantes & de bonne grace, qui ont comme vne petite corne pendante par derriere, quasi semblable à la corne de la fleur Royale: mais par deuant elles retirent au capuchon cresté d'vn badin, auec les oreilles. Car la fleur est ouuerte à mode d'vn capuchon ou d'vn morion ouuert, & a des fueilles estroites par les costez, qui representent les oreilles, & ce qui est releué par le milieu, resemble à la creste. Pour ses racines il a deux petites boules, sẽblables à vne noix muscade, au dessus desquelles il sort des cheuelures. Dodon *en son histoire des Plantes* le met pour la *seconde espece de Couillõ*: Matthiol le met pour la quatriesme. Quant à la *femelle*, elle a semblablement les fueilles lisses; mais elles sõt plus estroites, auec quelque peu de veines ou canneleures, aucunement semblables à celles du Plantain aux fueilles estroites. Ses fleurs sont aussi ouuertes à mode de capuchõ, ayans chascune vne corne pendante par derriere; mais les petites fueilles qui sortent de la creste à mode d'oreilles, ne sont pas droites; mais si couchées contre le capuchon de la fleur, qu'il est mal-aisé de les apperceuoir. Elle a aussi deux pelottes à mode de Couillõs, auec quelques cheuelures au dessus. Et y en a de cette mesme sorte qui ont les fleurs purpurines, quasi de la couleur des violettes, blãches au milieu, & marquetées de quelques taches, qui sont entassées & bien serrées en vn espic, & mesme la tige plus longue. Les autres ont les fleurs de couleur de rouge blafard, la tige plus courte, & les fueilles vn peu moindres. Et encor d'autres qui ont les fleurs de couleur de pourpre entierement rouge, & de couleur de vermillon; Ceux-cy ont l'espic biẽ court & espez, & les fleurs plus petites, les fueilles vn peu cannelées, dont la plus part sont droites, & enuirõnent la tige. Il y en a mesme qui ont les Couillõs plus petits, & la tige courte, & cinq ou six fueilles petites, dont il y

Couillon de sol femelle, de Dodon.

Il y en a vne ou deux qui embrassent la tige: & vn espic court garni de peu de fleurs, qui sont bleues, ou de couleur de pourpre blaffard, ou bien blanches, & quelquefois rouges, mais de couleur blafarde, & de mauuaise odeur. Le *Couillon du troisiesme genre* est appellé *Tragorchis*, c'est à dire, *Couillon de Bouc*, ou *Couillon de Lieure*; toutefois il merite mieux le nom de *Couillon de Bouc*, pource qu'il sent le bouquin, quand il est en fleur. Il a semblablement les fueilles lisses, larges, & longues, approchantes de celles des Lys, & plus grandes que celles des autres *Couillons*. Sa tige est de la hauteur d'vne coudée, enuelopée le plus souuent de quelques fueilles par le bas, & de beaucoup de fleurs entassées comme en vn espic long, puantes & sentãs le bouc, lesquelles resemblent à vn morion ouuert: toutefois ce qui en pend n'est pas comme vne peau, mais comme vne longue queuë de lezard, auec la moitié du corps vn peu entortillée, de mesme couleur que celle de la tige, auec quelques taches purpurines comme points. Sa graine vient en des petites gousses longues, & cãnelées, & est fort petite. Il a les Couïllons fort gros, & quelques cheuelures au dessus. Nous en auons mis icy le pourtrait. Quant au *Couillon du quatriesme genre* qui est appellé *Serapias* par les anciens, selon Dioscoride, pource que sa racine est bonne à plusieurs choses. Liu. 3. c. 115. Toutefois aucuns tiennent qu'il a esté ainsi nommé de Serapis, qui estoit le nom du Dieu des Alexandrins, ainsi que dit Fuchse, à cause qu'il estoit serui fort impudiquement au tẽple qui luy auoit esté dressé en Canope, ou Bochir, où il y auoit grande deuotion, comme Strabõ le recite. (Ch. 210. de l'hist.) Paulus l'appelle *Triochis*, pour ce qu'il a trois racines comme trois Couillons, lesquelles Fuchse a fait adiouster au pourtrait de l'vn & de l'autre *Serapias*. (Liure 17. de la Geogr. Liu. 6. & 7.) Neantmoins Theophraste & Pline ne luy en donnent que deux; mesme Dodon dit, qu'il n'en treuua iamais plus de deux, non plus en cestuy cy qu'aux autres. (Des fleurs chep. 61.) Fuchse a mis *deux especes de ce Couillon Serapias*, à sçauoir le *masle* & la *femelle*. (Chap. 210.) Dodon en met trois; dont la fleur de l'vn resẽble à vn papillon; l'autre à vn bourdon, & l'autre à vne mouche. Dioscoride dit que le *Couillon Serapias* a les fueilles semblables à celles des Porreaux, longues, grasses & plus larges, recourbées au creux des ailerons; & des tiges de la hauteur d'vne paume, auec des fleurs demy purpurines. (Liu. 3. c. 115.) Il a la racine à mode de Coüillons.

Couillon Saurodes, ou Scincophora de Gemma. Couillon de Bouc vulgaire.

Il semble que ce soit de cestuy-cy duquel Theophraste parle disant, selon la traduction de Gaza: *Comme ce qu'on appelle. Couillon. Car comme ainsi soit qu'il est double, dont l'vn est grand & l'autre petit, on dit que le grand estant prins en laict, il est fort singulier pour reueiller l'appetit de luxure; mais que tout au rebours le petit y est contraire. Il a la fueille comme le Laser: toutefois elle est plus lisse & plus petite: & la tige du tout semblable à l'espine qu'on appelle Poirier.* (Liure 9. de l'hist. ch. 19.) Mais il appert par le tesmoignage de Pline, que ce passage est corrompu, ainsi que Hermolaus l'a bien remarqué: car *l'Orchis Serapias* n'a pas la fueille comme le Silphion, ou le Laser, comme Gaza l'a traduit, ayant leu ἀλφώδης, au lieu de σκιλλώδης: car le Silphion a les fueilles comme le Persil, & non comme la Scille, ou les Porreaux, telles que sont celles du *Couillon Serapias*. (Aux corol. ch. 143. liu.) D'auantage le Silphion a la tige espineuse, semblable à l'Apium, c'est à dire au Raiffort sauuage, comme dit Hermolaus; & non pas au Poirier, comme Gaza a leu. Or Pline a ainsi traduit ce passage de Theophraste: *La plante* dit-il, *qui est appellée Orchis*, *ou Serapias*, *est admirable. Elle a les fueilles comme le Porreau; la tige de la hauteur d'vne paume; la fleur purpurine; & deux racines, comme deux Couillons, dont la plus grosse, ou comme aucuns veulent, la plus dure estant prinse en breuuage auec de l'eau eschauffe la personne au ieu d'amour, & l'autre qui est plus molle estãt prinse en laict refroidit la personne. Aucuns disent qu'elle a la fueille comme la Squille, combien qu'elle soit plus petite & plus lisse; & la tige espineuse.* (Liu. 26. c. 10.) Il faudra donc lire au passage de Theophraste comme s'ensuit: *La fueille à mode de la Squille, plus lisse & plus petite; la tige espineuse & le Couillon semblable à vne Poire.* Au reste Dodon dit, que le *Couillon Serapias* a deux ou trois fueilles larges, lisses, & beaucoup plus petites que celle des Lys; la tige de la hauteur d'vne paume, ou dauantage, garnie de peu de fleurs blanches, qui resemblent aucunement à vn papillon, ayant les ailes estendues, composées de trois petites fueilles, donc l'vne est au dessus & les deux autres sont comme les ailes; & vne longue queuë pendante, qui represente comme le corps d'vn papillon, laquelle est pleine d'vn suc doux comme miel. (Des Fleurs, chap. 61.) Elles sont attachées à la tige auec vne queuë qui est vn peu entorse. Au bas de la plante il y a deux pelottes blanches & rondes, & quelques cheuelures par dessus qui seruent de racine.

Couillon Serapias I. de Dodon.

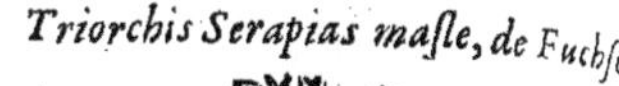

Triorchis Serapias masle, de Fuchse

racine. Quant à la *seconde espece de Couillon Serapias*, il a cinq ou six fueilles pleines de veines, assez larges, qui retirent aucunement à celles du Plantain aux fueilles estroites: toutefois elles sont plus petites, dont les vnes sont recourbées contre terre, & les autres embrassent la tige, qui est de la hauteur d'vne paume, chargée à la cime de cinq ou six fleurs, composées de quelque peu de fueilles, dont celle d'embas resemble assez bien à vn bourdon, ayant la mesme figure & la couleur brune: Il a aussi deux Couillons, comme les autres. De cestui-cy on en treuue deux especes, dont l'vn

Triorchis Serapias II. de Dodon: Couillon II. de Matthiol.

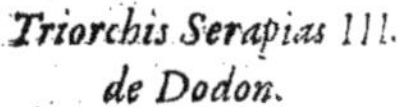

Triorchis Serapias III. de Dodon.

a les fueilles de ses fleurs plus grandes & plus blanches, qui tirent aucunement sur la couleur purpurine : celles de l'autre sont plus petites & verdastres. Cestuy-cy a la tige plus courte, & l'autre l'a plus grande. Fuchse l'appelle *Triorchis femelle*. Quant au *Couillon Serapias troisiesme*, il a les fueilles plus petites, & en a aussi moins ; la tige plus courte & plus menuë que le second, auquel il retire assez bien quant au reste. Il fait trois ou quatre fleurs, qui ont trois petites fueilles au dessus, vne quatriesme au dessous qui est longuette, de couleur de pourpre brun, vn peu tachetée, representans aucunement le corps d'vne mouche. Ses Couïllons sont comme deux petites pelottes. Dodon dit, que le second de ces Coüillons, principalement le grand, s'accorde fort bien auec la description de Dioscoride. Car il a la fueille plus longue que celle du Marrube, & plus large, & lisse, laquelle se replie ; la tige de la hauteur d'vne paume. Quant aux fleurs leurs fueilles d'enhaut ont de couleur de pourpre rouge blaffard. Ses Coüillons sont petits. Ainsi Dodon a leu ἐοικότα πρασίῳ, *semblables au Marrube* ; au lieu de dire *semblables* πράσῳ c'est à dire au *Porreau* ; & dit, que Pline a fait faillir tous ceux qui ont traduit Dioscoride, pource qu'il a fait les fueilles semblables au Porreau. Quant au *cinquiesme genre de Couillon*, qui est le *Coüillon odorant*, ou *petit* ; Il a les fueilles plus petites que tous les autres : car elles sont du tout petites, pleines de veines, retirants aucunement à celles du Plantain ; toutefois elles sont encor moindres que les plus petites fueilles de Plantain, & vertes. Sa tige est menuë, de la hauteur d'vne paume, chargée de petites fleurs blanches qui sentent bon, disposées par ordre, & enuironnants la tige à mode d'espic. Il a deux Coüillons petits & longuets. Il faudra adiouster auec les precedents le *Coüillon* qui est appellé communement *Testiculus Vulpis*, ou *Testiculus sacerdotis Couillon de Renard*, ou *de prestre* : en Allemand *Stendeluurtz*, duquel Fuchse a mis le pourtrait, & la description sous le nom de *Satyrion trifolium*. Il n'a le plus souuent que trois fueilles semblables à celles des fleurs de Lys blanches ; toutefois elles sont moindres & plus rouges ; la tige de la hauteur d'vn pied, garnie de belles fleurs assez semblables à celles de la racine creuse, qui sont quelquefois blanches comme nege ; & d'autrefois de couleur de pourpre obscure. Ses racines sont comme deux petites noix, ou oliues, attachées ensemble, rougeastres par dehors, & blanches par dedans, dont l'vne est plus pleine, & plus grande ; l'autre est plus petite, spon-

Liure des Fleurs. c. 61.

5. Genre de Couillon. Dodon au liure des Fleurs. c. 61.

Chap 169. de l'hist. Dodon liu. 2. chap 46.

ouillon odorant de Dodon

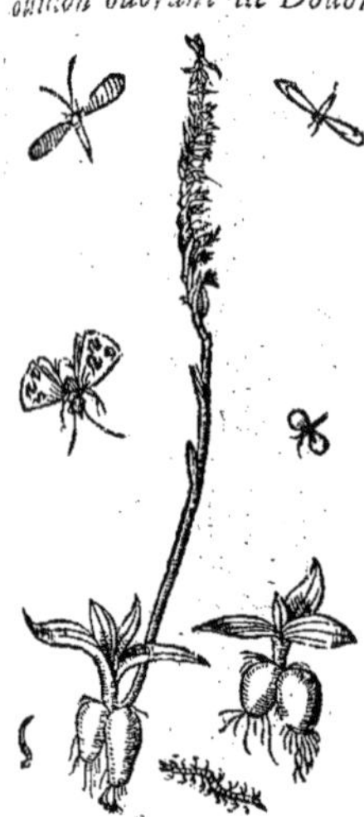

uillon de Renard, de Dodon.

Couillon rond, de Dalechamp.

 gieuse

gieuse & flacque, d'vn goust doux & plaisant. Il a vn autre *Couillon*, qui est surnommé *Rond* par Dalechamp, lequel a deux racines à mode de deux Couillons, poulpues, & cheuelues par dessus; & vne seule tige de la hauteur d'vne coudée, ronde, auec trois ou quatre fueilles au plus, larges; pleines de veines, & pasles, qui enuironnent la tige, comme celles des roseaux. Sa fleur est rouge, entassée en vn bouton rond, & vn peu raplatty, & non pas en espic comme celle des autres; & est attachée à la cime du bouton comme si on l'y auoit mise exprés. En outre Dalechamp a remarqué sur les hautes montagnes vne autre sorte de *Couillon petit*, qui est rare, ayant la fleur jaune, composée de trois ou quatre petites fueilles: quant au reste il est semblable aux autres *Couillons vulgaires.* Il en croist pres d'vne ville proche de Montpelier appellée *Vigan*. Or Lobel a autrement distingué *les especes de Couillons*, suiuant l'aduis de Corneille Gemma; & en met le pourtrait de beaucoup plus grand nombre; tellement que par le moyen de l'vn & de l'autre de ces deux autheurs nous auons la connoissance de beaucoup de plantes de cette sorte, & leur en deuons sçauoir gré. Or il en met le pourtrait en l'ordre que s'ensuit. *Cynosorchis morio : Couillon masle aux fueilles estroites de Fuchse; Satyrion d'Apulée : Orchis delphinia palustris de Gemma : Couillon de fol, masle de Dodon: seconde espece de Couillon de Chien grand : second Couillon de Chien de Dodon: Couillon de Chien fol, femelle de Dodon: Orchis delphinia de montagne de Gemma : Couillon de bouc. Couillon de Renard premier : Couillon Serapias premier de Dodon: Couillon de Renard second: Couillon Serapias second de Dodon.* Tous ceux-là ont esté décrits cy-dessus. Quant au *Couillon de Chien grand* de Lobel, qui est le *Serapias de Dioscoride*, selon Gemma, qui l'appelle aussi *Basilica* ou *Erythrea*, il a la fleur du tout purpurine, & est le plus beau de tous les autres. *Le second Couillon de chien grand*

Ordre des Couillons selon Lobel.

Couillon de Chien grand de Lobel: Serapias de Dioscoride, selon Gemma.

Serapias II. de Dioscoride de Gemma Couillon de Chien grand II. *de Lobel.*

de Lobel, qui est le *Serapias second* de Dioscoride selon Gemma; ou *Couillon Royal second Syderite* il a la fleur plus blanche, l'espic plus plat, les fueilles plus larges, qui sont toutes recourbées; mesme celles d'enhaut, & sont blanches comme argent aupres de la tige. Gemma a mis ces deux *sortes de Couillons* comme les Princes ou Rois des autres, pource qu'ils retirent à vn sceptre Royal. Le plus grand, qui est le premier, & le second aussi ont les fueilles vertes comme celles des Porreaux, longues, grasses, vn peu plus larges, & quelquefois aucunement recourbées: les Couillons sont du tout ronds, sa tige est petite, de la hauteur d'vne paume, & souuent dauantage. Leur fleur est fort belle, & entierement purpurine, quelquefois aussi elle ne l'est qu'vn peu, & est disposée en forme d'ombelle relargie, sans aucune odeur. L'autre a la fleur moins purpurine, & plus esparpillée. L'vn & l'autre fleurit dés le commencement de Iuin, bien souuent iusques à la my Iuillet, & leurs fleurs gardent merueilleusement bien leur lustre & beauté, qui est singuliere. Leurs fueilles commencent à sortir enuiron le solstice d'hyuer. Ils s'ayment en lieux ombrageux & aspres, en terre humide.

Le temps.

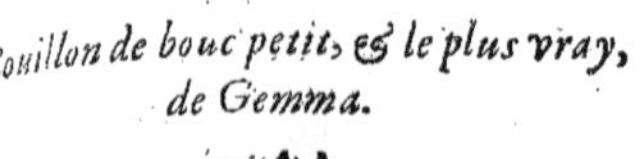

Couillon de bouc petit, & le plus vray, de Gemma.

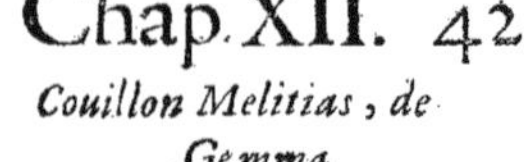

Couillon Melitias, de Gemma.

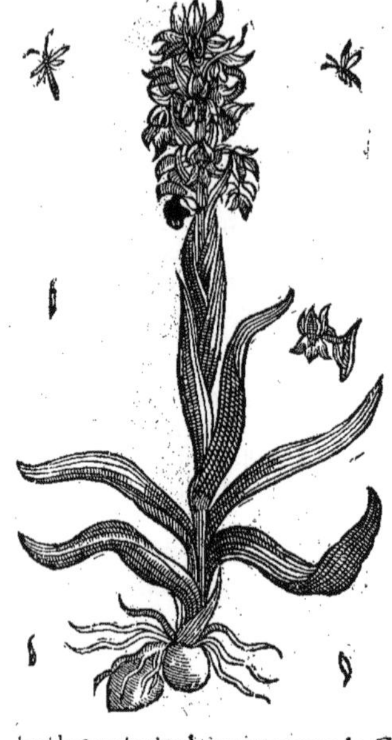

humide & principalement parmy le Grame. Le *Couillon de bouc commun*, ou *Tragorchis*, & nostre *Couillon de Lieure*, qui a esté descrit cy deuant, est appellé par Gẽma *Orchis Saurodes*, ou *Scincophora*, à cause qu'il retire à vn lezard, ou bien *Tragorchis second*. Quant au *petit Tragorchis*, Gẽma le tient pour le plus legitime, & l'appelle aussi *Coriosmites*, ou *Coriophora*. Il a la fleur faite à mode d'vne punaise. Le *Couillõ Melitias* a la fleur faite à mode d'vne petite abeille. Le *Couillon Myodes premier* de Gemma a les fleurs faites à mode d'vne mouche. Il semble que ces deux derniers approchent du

Couillon Myodes premier, de Gemma.

Couillon Sphecodes, de Gemma.

Couillon

Couillon Myodes II. de Gemma

Couillon Ornitophora à la fueille lisse, de Gemma.

Couillon Serapias masle & femelle de Dodon, qu'il descrit en son histoire des Plantes. Le *Couillon de Renard*, ou *Couillon Myodes iaune de Narbonne* est de mesme espece que le *petit Couillon de Renard.* Ses fleurs retirent à vn bourdon quant à la figure ou couleur. C'est le *Couillon Serapias troisiéme de* Dodon, qui a esté décrit cy-deuãt. *L'Orchis Sphecodes* de Gẽma peut estre appellé en François *Mouche guespe*, & en Flamand *Vuespen.* Il s'en treuue de deux sortes qui sont differentes pour raison de

Couillon Ornithophora aux fueilles tachées, de Gemma.

Couillon Strateumatica grand: Basilica III. de Gemma.

la cou

la couleur de la fleur, qui est ou plus obscure, ou plus blaffarde. Le *Couillon Myodes second* de Gemma a la fueille lisse, & la fleur assez grande. Le *Couillon Ornithophora*, ou *Ornithes ayant les fueilles lisses* de Gemma, est le *Couillon de Renard* selon Lobel, ayant les fleurs comme les aisles estenduës d'vn papillon. Le *Couillon Ornithophora aux fueilles tachées* de Gemma, duquel il y a beaucoup d'especes differentes en ce que leurs fleurs sont purpurines, ou blaffardes, ou blanches ; & que leurs fueilles

Couillon Strateumatica petit, de Gemma.

Couillon Batrachoides, de Gemma.

Orchis Hermaphroditica de Gemma: ou Orchis Psycoides diphylla

sont fort grandes, ou petites, ou en figure d'ouale, aiguës au commencement & larges au bout, ou bien rondes ; il fleurit le plus souuent à la my Auril, & quelquefois sur le commencement ou sur la fin du mois de Mars. *L'Orchis*, ou *Couillon Strateumatica*, ou *Stratiottes grand*, ou *Militaris* de Gemma, peut estre à bon droit appellé *Royal troisiéme*. Le *Couillon Strateumatica petit* de Gemma. Le *Couillon Batrachites*, ou *Batrachoides* de Gemma, est appellé en Flamand *Vorskens*, c'est à dire, *Grenouille*, pour raison de la figure de ses fleurs. Le *Couillon Hermaphroditica second* de Gemma, ou *Couillon Psychoides diphylla*. Le *Couillō odorant*, duquel nous auons mis le pourtrait & la description cy-dessus, est appellé par Gemma *Orchis Spiralis*. Apres lequel vient le *Tetrorchis*, ou *Triorchis blanc*, surnommé *Spiralis*, ou *Autumnalis* par Gēma. Il y en a, dit-il, vn autre qui est petit, & a la fleur blanche & odorante ; & se peut appeller à bon droit *Satyrion spirale*, ou *Autumnale*. Il a le plus souuent trois ou quatre Couillons longs à mode d'vne oliue platte. Ses fueilles sont en lozange, vertes-brunes. Ses fleurs sont disposées en espic en forme de Diademe, comme celles du *Couillon odorant*. Ses fueilles sortent au mois de Septembre, lors que la fleur commence à flestrir, & durent iusques au mois de May ; alors elles se perdent pour tout l'Esté, & quand ce vient au mois d'Aoust, il sort vne petite tige, laquelle demeure en fleur iusques en Septembre. *Le Couillon des riuages de Frise* de Gemma a les deux fueilles d'embas comme le *Couillon à deux fueilles*, plus estroites que celles du Plantain aux larges fueilles

Tetrorchis, ou Triorchis blanc, de Gemma.

Orchis littoralis Frisia, de Gemma.

fueilles ; & vne tige verdastre, de la hauteur d'vne paume, ou bien iaune, chargée de fleurs verdes. Il croist au jardin du Seigneur Brancion. Il y a vn autre Couillon, qui est peut estre le mesme, ou de mesme espece, qui est appellé par Gemma *Triorchis iaune second*, qui a la fueille plus ronde & plus large, & plus verte que celle de la *Triorchis blanche* ; & ne fait que trois fueilles, qui sont vn peu veluës. Il en met encor vn troisiéme qui est icy pourtrait : mais ses bulbes sont longuets à mode d'vne oliue. Apres vient le *petit Couillon du Liege*, qui est le *Triorchis jaune ayant la fleur jaune*, ou

Triorchis jaune de Gemma, & Lobel.

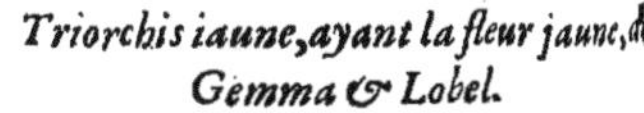

Triorchis iaune, ayant la fleur jaune, de Gemma & Lobel.

Basilica petite de Gemma, Serapias, & Triorchis selon aucuns. Il a trois fueilles estroites, semblables à celles du Plantain à cinq nerfs, lisses & verdes à mode de celles de l'Oreille d'Ours. Sa fleur sort comme celle du precedent en vne petite tige de la grandeur de celle du *Couillon odorant*, Sa racine trois ou quatre petits Couillons pendants, par le moyen desquels elle se multiplie. Il en croist ur les collines des enuirons du Liege. Gemma l'appelle *Basilica minor & Pumilio*. Il a la fleur jaune, n peu verdastre, à mode d'vn Diademe Royal, d'vne odeur fort vehemente ; & est singulier entre tous pour échauffer la personne à l'amour ; à raison dequoy les Espagnols l'appellent *Amor de Donna*, & à bon droit. Ses Couillons sont petits, ronds & solides, couuerts d'vne escorce rousse. Ses fueilles sortent premierement au mois de May, ou à la fin d'Avril. Il fleurit dés le mois de Iuillet jusques au mois d'Aoust, & se multiplie fort dessous terre. Il s'aime aux montagnes. Quant aux deux autres qu'il met apres, le pourtrait & la description en est mise *au chapitre du Satyrion*: à sçauoir le *Serapias masle* qui a les fueilles lisses, & les fleurs purpurines blaffardes, auec des petites taches semées par dessus, qui est le *Satyrion Basilicon premier* de Dodon, le *Palma Christi* des Simplicistes; & le *Serapias femelle des prés*, qui a les fueilles tachetées, qui est le *Satyriō Basilicō second grand* de Dodon, & le *Palma Christi*. Le *Serapias de montagne à la fleur blanche*, ayāt les fueilles marquetées, est appellé *Cynosorchis de montagne aux fueilles tachetées* par Gēma. Il s'en voit assez parmy les prés, là où il a la fleur blāche cōme neige; au reste il ne resēble pas mal au *Satyriō basilicon second* de Dodon. Le *Serapias petit rouge* a la fleur reluisante & les fueilles estroites sans aucunes taches. Le *Serapias de Marais aux fueilles larges* est appellé par Gemma *Cynosorchis palustris Platiphylla*, ayant les fueilles lisses & jaunes, & la fleur blanche, qui tire sur le pourpre. Il est plus hastif que le *Cynosorchis violet*. Apres viēt le *Serapias de Marais secōd* surnōmé *leptophylla*. Item vn *Serapias de Marais troisiéme*, que Gēma appelle *Cynosorchis altera*, qui fleurit tard, & a la fleur violete, & les fueilles quelquefois lisses, & quel-

Serapias à la fleur blanche de Lobel.

Serapias petite rouge, de Gemma.

Cynosorchis palustris platiphylla, de Gemma.

Autre Serapias de marais leptophylla de Gemma.

Serapias de Marais III. de Gemma.

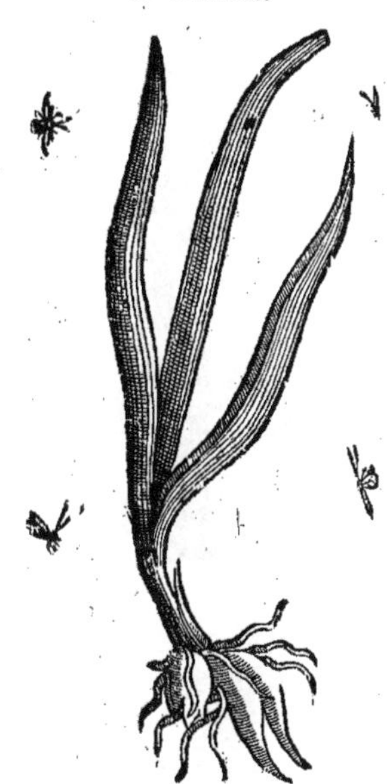

quefois tachetées. Le *Serapias de montagne aux fueilles lisses*, surnommé *Cynosorchis de mõtagne a fueilles lisses*, par Gemma. Item le *Cynosorchis draconitas*, qui a les fueilles & les fleurs fort rouges. fleurit enuiron la fin du mois d'Avril, ou au commencement de May. Il croist en lieux humid & marescageux, principalement en terre noire. Le *Cynosorchis Macrocaulos*, ou *Conopsea* ou *Galericulata* de Gemma, fleurit enuiron la my May, ou sur la fin, quasi iusques à la my Iuin. Il croist souue

Serapias de montagne aux fueilles lisses, de Gemma.

Cynosorchis Dracontias de Gemma.

de la

Cynoſorchis Conopſea.

Satyrion chaſtré, de Gemma.

la hauteur de deux coudées. Ses fleurs ſont purpurines, fort belles & odorantes, comme celles *Serapias baſilique premier & ſecond*; excepté qu'elles ſont plus blaffardes, comme ſi le *Conopſea* oit maſle & l'autre femelle. Il s'aime dans les prés ; toutefois il ne veut pas le lieu ſi humide e les precedens ; mais qui ſoit comme temperé & mediocre entre ſec & humide. Gemma met ſſi au nõbre des *Couillõs* le *Satyrion chaſtré*. Item vn *autre Couillon de marais ayant la fueille liſſe eſtroite*, qui eſt le plus vil de tous. Et encor vn autre *Couillõ*, qu'il appelle *Nephelodes*, ou *Lophodes*.

Cynoſorchis leptophylla, de Gemma.

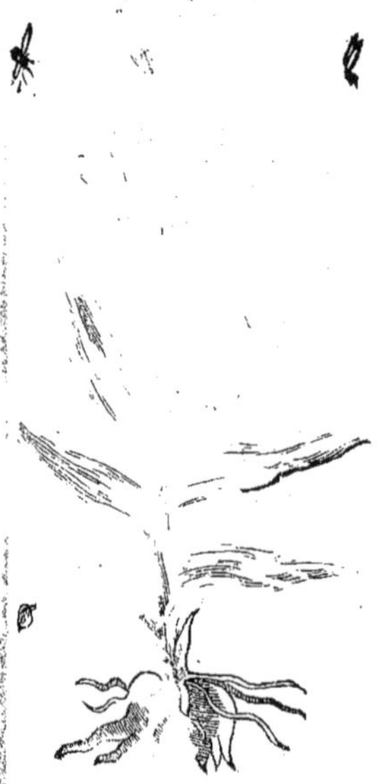

Autre Cynoſorchis de marais, ſurnommé Lephodes, par Gemma.

Il a les fleurs quasi de mesme que celles des autres Couillons tachetez ; aussi est il peint icy à mo
Le lieu. de du *Satyrion desfleurissant*, auec ses gousses, dans lesquelles il y a vne graine, qui n'a du tout poin
de corps. Voilà ce que nous auons prins de Lobel & de Gemma. Au reste le *Coüillon de chien* croi
és lieux pierreux & sablonneux. Il y en a aussi qui croissent és lieux marescageux & humides
parmy les bois & dans les prés. Le *Coüillon de Bouc* croist en terroir gras & argilleux : le *Coüillon d*
Renard, ou *odorant* croist és lieux hauts, qui ne sont pas cultiuez, & principalement en lieu sec. L
Le temps. *Liu.3.c.124.* *Couillon rond* croist és prés pendans des montagnes hautes & froides. Tous fleurissent au mois d
Le temperament & les vertus. May & de Iuin, si ce n'est celuy qui est odorant, lequel fleurit en Aoust ou en Septembre. Diosc
ride dit, que *la racine du Couillon de Chien* est bonne à manger estant cuite comme les Bulbes. O
dit, que si vn homme mange la grosse racine du *Couillon de Chien*, qu'il engendrera vn masle ; si vn
femme mange de la petite, elle conceura vne fille. Mesme on dit que les femmes de Thessalie don
nent à boire à leurs hommes celle qui est molle auec du laict de cheure, pour les rendre plus habi
Liu.27.ch.8. les compagnons ; & la seche pour les refroidir & mortifier. Et que prennant l'vne apres l'autre el
le s'empeschent leur operation l'vne l'autre. On mange, dit Pline, ces Bulbes comme les autre
apres les auoir fait cuire, & en treuue on ordinairement dans les vignes. On dit que si vn homm
mange la plus grosse de ces deux racines, il engendrera vn masle ; & au contraire, si vne femm
mange la plus petite, elle conceura vne fille. Les hommes de Thessalie boiuent la plus molle d
ces racines en laict de cheure, pour se rendre gentils compagnons apres & dessus les femmes
mais voulans se refroidir ils vsent de la plus dure. Or elles s'entr'empeschent en leurs operations
Liu.3.c.125. Quant au *Serapias*, Dioscoride dit, que sa racine appliquée en liniment fait resoudre les enfleure
& mondifient les vlceres. Elle guerit les dertres, & les fistules. Elle mitigue les inflammations
Estát seche elle empesche les vlceres corrosifs de s'aduancer, & guerit les vlceres pourris & mali
de la bouche. Prinse en breuuage auec du vin elle reserre le ventre. On dit autant de *sa racine* co
Liu.26.c.10. me de celle du *Couillon de Chien*. Pline ne dit sinon partie de ces choses. *Ses racines*, dit-il guerissen
les vlceres de la bouche, & le phlegme de la poitrine: prinses en vin elles reserrent le ventre. Galie
dit, que la *racine du Couillon de Chien* qui est double & bulbeuse, est chaude & humide, & sembl
Liure 8. des simpl. vn peu dure à ceux qui la tastent: mais la plus grosse semble estre remplie de beaucoup d'excrem
humide & flatueux: à raison dequoy estant prinse en breuuage elle prouoque à luxure. Et au contra
re, la plus petite est plus cuite, & est chaude & seche: tellement que tant s'en faut qu'elle prouoqu
à luxure, que mesme elle y est du tout contraire, & refroidit la personne. Mais le *Couillon Serapias* e
plus sec qu'au premier degré ; aussi n'est il pas si propre pour inciter à luxure. Estant appliqué en l
niment il resout les enfleures phlegmatiques: il mondifie les vlceres sales, & guerit les dertres. Est
sec il en est plus desiccatif: car alors il guerit les vlceres pourris & malins ; d'autant qu'il est aus
quelque peu astringeant, à raison dequoy estant prins en vin il reserre le ventre. Dodon dit, que l
Apothicaires d'auiourd'huy meslent indifferemment les *Bulbes de tous les Couillons*, dans leurs com
Au liu. des fleurs c.61. positions qui seruent pour prouoquer à luxure: toutefois les *Bulbes du Couillon de bouc* sont les mei
leurs pour cest effect. Or les faut il pas prendre tous deux ; ains seulement le plus dur, & plus plei
de suc ; & ietter là celuy qui est flacque & mollet. Celuy qui est le plus plein n'est pas to
siours le plus gros: mais le plus petit pour la plus part, si l'on amasse le bulbe deuant que la pla
te soit desfleurie, ou bien lors que la tige commence à sortir. Car celuy qui est le plus plein
suc n'est pas plus gros que l'autre, iusqu'à tant que leur graine soit meure. Car attendu que ces bu
bes changent alternatiuement de grosseur tous les ans, & que l'vn s'engrossit & l'autre se perd, il
peut estre que le plus dur, & le plus plein de suc soit tousiours le plus gros. Car quand les fueill
commencent à sortir, alors ou vn peu deuant le plus plein commence à croistre, & quant & qua
l'autre deuient flaque, & ridé, iusqu'à tant que la graine estant meure, il meurt ensemble auec l
fueilles & la tige ; & celuy qui est creu ce temps pendant demeure ferme & plein de suc.

Du Satyrion, CHAP. XIII.

Les noms.

LA plante que les Grecs appellent σατύριον, est aussi bien vne espece
Bulbe comme les Couillons. Elle est appellée en Latin *Satyrion* : en Ara
Gasi alchaleb, *Chasi attraleb*, ou *Tartarichi* : en Italien *Satyrio* & *Satyri*
ne: en François *Satyrion*. Elle a prins ce nom à cause des Satyres, qui estoie
Dieux des bois, lesquels se ioüans auec les Nymphes parmy les bois
dans les grottes, furent les premiers qui mirent en vsage cette herbe po
se rendre plus gentils compagnons. Dioscoride met *deux Satyrion*
Les especes. Liu. 4. & ch. 126. & 127. dont il appelle l'vn *Triphyllon*, c'est à dire, *à trois fueille* ; & l'aut
Erythronion, ou *Erythraicon*, c'est à dire, *rouge*. Outre lesquels les modern
ont treuué le *Satyrion*, qu'ils appellent *Basilicon*, c'est à dire *Royal*, & aussi *Palma Christi*, à caus
que sa racine est faite comme la Palme de la main d'vn homme. Les Allemans l'appellent *Creut*
blumen: en François *Satyrion Royal*. Or à fin que personne ne soit abusé par l'affinité des noms, il
faut

faut noter qu'il y a grande difference entre cette plante icy, & vne autre qui est aussi appellée *Palma Christi*, laquelle est purgatiue. Au reste il y a *deux sortes de Satyrion Royal*, vn grand, & vn autre petit. Vn qui a les fueilles tachetées, & l'autre qui les a sans taches. Dioscoride dit que le *Satyrion à trois fueilles* a les fueilles semblables à celles des Lappais, ou des Lys; toutefois elles sont plus petites, & rougeastres, la tige nuë, longue, de la hauteur d'vne coudée; la fleur semblable à celle des Lys, blanche; la racine aussi comme celle des Lys, grosse comme vne pomme, rousse par dehors, & blanche par dedans, comme le blanc d'vn œuf; douce & de bon goust. Le *Satyrion Erythronion*, ou *soit rouge*, a la graine semblable à celle du Lin; toutefois elle est plus grande, dure, lisse & reluisante, laquelle on dit estre propre pour prouoquer à luxure autant que les Scinques. Sa racine est couuerte d'vne escorce graile, lisse, & reluisante. Elle est blanche par dedans, douce & d'assez bon goust. Il croist és lieux montueux qui sont à l'abril. Pline en parle comme s'ensuit: *Le Satyrion sert particulierement à eschauffer au ieu d'amour. On en treuue de deux especes: car les fueilles de l'vn sont plus longues que celles de l'Oliuier. Il fait vne tige de quatre doigts, & vne fleur purpurine. Il a deux racines faites à mode des couillons d'vn homme, qui deuiennent plus grosses l'vne que l'autre alternatiuement d'an en an. L'autre Satyrion est appellé par les Grecs Orchis, & est tenu pour femelle. Il est different du precedent en ce qu'il est comparty par neuds, & plus touffu en branches. Sa racine est propre pour les charmes. On le treuue le plus souuent pres de la mer.* Cornarius lit en ce passage, *radice fascini*, entendant par le mot *fascinum* le *membre viril*, comme aussi Horace l'a ainsi appellé en ce vers:

Au mesme lieu. *La forme.*

Liu. 26. c. 10.

Minúsue languet fascinum.

Ode 8. des Epod.

Or il semble que Pline ait entremeslé icy le *Satyrion* auec *l'Orchis*, ou *Couillon*, & qu'il a prins ce qu'il en dit de quelque auteur Latin. Car il adiouste puis apres: *Les Grecs disēt, que le Satyriō a les fueilles comme le Lys rouge, si ce n'est qu'elles en sont moindres, & qu'il n'en fait iamais plus de trois; & vne tige lisse, & nuë de la hauteur d'vne coudée, auec deux racines, dont celle d'embas qui est la plus grosse, sert à faire engendrer des masles, & la dessus & plus petite des filles.* Il y a encor *vne autre espece de Satyrion*, qui est appellé *Erythraicon*, lequel produit vne graine plus grosse que celle de l'Agnus castus, & lisse; & a vne racine dure, blanche par dedans, couuerte d'vne escorce rouge, & est bonne à manger. Il croist ordinairement és montagnes. Or les *vrais Satyrions* de Dioscoride ne sont pas encor bien cogneuz par les Herboristes: toutefois nous en mettrons icy le pourtrait, suyuant l'opinion de Dalechamp qui prend ces plantes pour les *vrais Satyrions* plustost par coniecture, que pour en vouloir rien asseurer.

Satyrion rouge, de Dalechamp.

L'Erythroniō, ou *Erythraicō*, c'est à dire, *le rouge* croist és lieux montueux, & a l'abry: & a la racine bulbeuse, cheuelue par dessous, & longuette, retirant assez bien à vn Porreau, rousse par dehors, & blanche par dedans, sans aucune mauuaise odeur, comme celle des Couillons, tendre, & douce, quand on commence à la mascher, comme vne chastaigne: mais puis apres elle a vne telle acrimonie que les Eschalotes; & dit on, qu'apres que la graine est meure, cette racine se fait ronde comme vne pomme; & au contraire elle s'allonge & s'appetisse, quand la tige croist, comme si elle nourrissoit la tige de sa propre nourriture. Quelquefois il n'y en a qu'vne, & quelquefois il y en a comme deux qui sont iointes ensemble, aupres desquelles il en croist tousiours deux ou trois autres, qui sont aussi iointes ensemble, lesquelles succedent à la grosse, quand elle vient à mourir. Sa tige à prendre sa mesure dés la racine est longue, ronde, & rougeastre vers la cime. Ses fueilles resemblent à celles des Lappais, ou des Lys, sinon qu'elles sont moindres, & n'y en a que deux, ou bien trois, & quelquefois cinq, repliées contre terre, vertes; mais toutes couuertes de taches rouges, si espesses qu'il semble que la fueille soit toute rouge plustost que verte. Sa fleur est purpurine, semblable à celle du Lys rouge, qui est appellé *Martagon*, & longue deuant que d'estre espannie; mais estant espannie elle est composée de six fueilles, qui sont blanches par le bas, mais au reste elles sont de couleur de violet de pourpre, auec autant des filets blancs comme il y a de fueilles, qui ont comme vn bouton noir à la cime. Quant à l'autre, qui est appellé *Trifolium*, c'est à dire, *à trois fueilles*, il est plus rare que le precedent, & luy retire du tout, si ce n'est que ses fueilles sont marquetées de taches blanches comme laict. Sa fleur est blanche. L'vn & l'autre fait la graine longue, dans des gousses qui sont quelquefois à triangle, & quelquefois quarrées, dans lesquelles il y en a grande abondance. Il s'en treuue d'vne sorte qui ne fait qu'vne fueille large, sans fleur ny fruict. Les Herboristes l'appellent

Satyrion à trois fueilles, ou blanc, de Dalechamp.

Satyrion de Dalechamp. Pseudohermodactylus, de Matthiol.

maste. Tous deux fleurissent en Auril & en May. Ils s'accordent entierement à la description de Dioscoride, si ce n'est que leur racine n'est pas ronde. Toutefois si ce ne sont *Satyrions*, si ne failloit il pour cela laisser de les descrire, pour raison de leur forme qui est belle & remarquable, & ce sous le nom que les Herboristes leur ont donné, iusques à tant qu'on leur en donne vn autre meilleur, ou qui soit prins des anciens autheurs. Or leur substance qui est humide & chaude, coniointe auec vn peu d'acrimonie, monstre qu'ils sont fort propres pour eschauffer la personne à luxure. Pena dit que les Herboristes ont cogneu cette mesme plante sous le nom de *Satyrion Erythronion*, il n'y a pas fort long temps, & qu'elle a toutes les marques du *Satyrion*, sinon quant à la couleur, laquelle est fort sujette à changement selon la diuersité des lieux, comme l'on voit aux Squilles, aux Oignons, & autres plantes bulbeuses. Il dit qu'il en croist sur le mont Iura, & sur les collines d'aupres de Turin, à vne lieuë & demie loin du Pau. Lobel prend pour le *Satyrion*, & *Dent de Chien des Flamans*, *l'Hermodactylus*, ou *Pseudohermodactylus* de Matthiol, & des Italiens. Or nous auons mis icy le pourtrait de la racine du *vray Satyrion* prins de Matthiol, laquelle il dit luy auoir esté enuoyée par Cecchin Martinello fort bõ Apothicaire, & Simpliciste. Elle est faite à mode d'vne pomme, & est couuerte d'vne escorce menuë, & roussastre, pleine d'vne poulpe blãche, qui est douce & d'assez plaisant goust. Pena dit, qu'il a veu de ces racines là à Venize, en la boutique d'Albert Martinel qui les tenoit pour racines du *Satyriõ Erythronion*. Elles sont à demy rondes, grosses, couuertes d'vne escorce frõcie, & mal vnie, de couleur de rouge-brun, de la figure & grãdeur de celles du Pain de Porceau, ou plustost de la Sarrasine ronde des plus grandes, auec vne chair blanche au dedans, douce, & bonne à manger. Le mesme Matthiol en la derniere Edition de ses Commẽtaires a mis vn autre pourtrait du *premier Satyriõ*, sans en adiouster la description. Au reste Dioscoride dit, que la *racine du Satyriõ* à trois fueilles, prinse en vin noir & brusc, est bonne contre le spasme qui fait

Pena aux Aduers.

Satyrion Erythronion, de Matthiol.

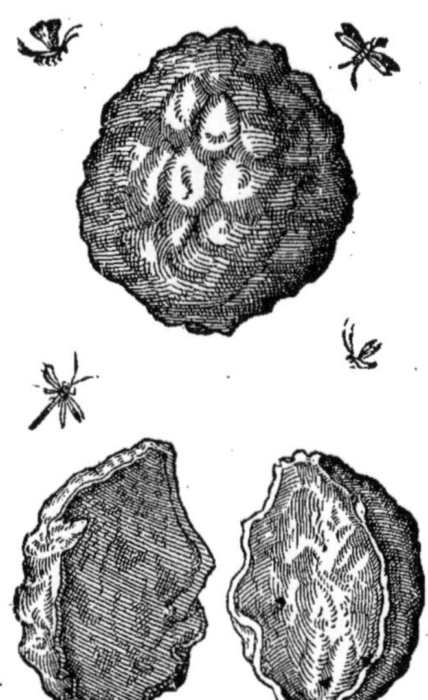

Liu. 3. c. 126. Les ve tus.

Satyrion premier, de Matthiol.

fait retirer le corps en derriere. On dit aussi qu'elle incite à luxure. Quant à la racine du *Satyrion Erythronion*, on dit que seulement à la tenir en la main elle eschauffe la personne à l'amour, & encor plus si on la prend auec du vin. Pline dit de mesme touchant le *Satyrion Erythronion*, adjoustant que l'on en donne aux beliers & aux boucs qui ne sont pas assez hardis pour monter sur les brebis & sur les chevres. Mesme les Tartares en baillent à leurs estallons, quand ils sont trop harassez pour auoir trop trauaillé, à fin de les rendre plus hardis à couurir les juments. Les Grecs appellent ce deffaut là *prosedamon*. Galien dit, que l'vn & l'autre *Satyrion* est chaud & humide, mesme il est doux au goust. Ce neantmoins il est plein d'vn excrement humide flatueux ; à raison dequoy il prouoque à luxure, comme fait aussi sa racine. Dauantage aucuns disent, que la prenant en vin noir & brusc, elle sert à guerir le spasme qui fait recourber la personne en derriere. Voilà quant au *Satyrion* des anciens. Or le *Satyrion Basilicon* des modernes, qui est appellé *masle*, a les fueilles longues, larges, & lisses; moindres que celles des Lys, sans aucunes taches, au moins qu'on puisse voir. Il fait la tige de la hauteur d'vn pied ou dauantage, garnie de fueilles tout du long, & de fleurs entassées à la cime à mode d'espie, de couleur de pourpre blaffard, semées de taches de pourpre obscur, &

Liure 8. des

Liure 8. des simpl.

Le temperament.

Satyrion basilicon.

Dodon liu. des Fleurs chap 62.

Satyrion basilicon grand, de Dodon.

Serapias femelle des prés; ou Palma Christi. Satyrion basilicon II. de Dodon.

de la figure de celles du Couillon de fol masle, si ce n'est qu'elles n'ont pas la creste, au dessous de chacune desquelles il y vient vne fueille aiguë. Ses racines sont comme deux paumes de main, dont chacune a quatre doigts ; & mesme l'vne des deux est flaque & comme spongieuse: mais l'autre est ferme & bien nourrie, auec quelque peu de cheuelures qui sortent par dessus. *L'autre grand*, qui est appellé *femelle*; est moindre que le precedent, & a les fueilles de mesme façon, sinon qu'elles sont moindres & semées de plusieurs taches noires. Ses fleurs sont à mode de capuchon, crestées & ouuertes, comme celles du Couillon de fol masle, & quelquefois blanches, quelquefois de couleur de pourpre rouge, ou blaffard tirant sur le bleu, tachetées de marques

Palma Christi petite de Matthiol.
Satyrion Basilicon petit, de Dodon.

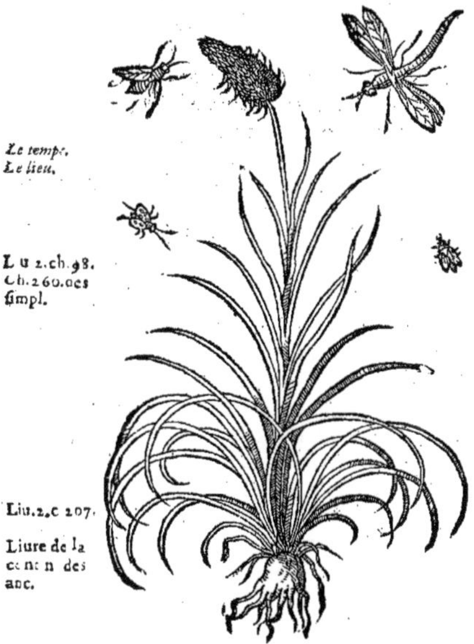

plus purpurines. Ses racines sont semblables à celles precedent. Quant au *petit*, il a les fueilles estroites, & co me celles du Saffran, ainsi que dit Matthiol, la tige de hauteur d'vne paume, à mode de ionc & lisse, garnie à cime de fleurs purpurines, semblables à celles du Passeu lours, de fort bonne odeur, quand elles sont fraiches. Ses r cines sont comme celles des precedents; si ce n'est qu'ell ne sont pas si grandes. Ceux cy croissent és lieux fort hu des & marescageux, parmy les prés & les bois. Ils fleur sent en May & en Iuin. Matthiol dit, qu'il s'en treuue de especes aux montagnes du val d'Ananie. Aucuns tienne que c'est la *Buzeis* ou *Buzis* des Arabes. Toutesfois Auice ne dit, que *Buzeis* est vne medecine du bois des Indes, q a vne vertu semblable à celle du Been. Serapion dit, q *Buzeis* est vne espece de Satyrion. Item, que *Buzeis* sont d racines dures & blanches, semblables au Behen blanc. C' vne medecine d'Indie de laquelle nous vsons fort peu. les racines de ce Satyrion ne sont rien moins que de bo & si ne viennent pas des Indes. Matthiol estime que le Sat rion Basilicon, ou ceste *Palma Christi*, est ce qu'Auicen appelle *les Doigts citrins* desquels il parle ainsi: *Asabasafr ou Doigts citrins, qu'est-ce? Ils sont faits comme la Paulme la main, de couleur entre iaune & blanc, & sont durs, auec peu de douceur.* Il y en a aussi de iaunes poudreux qui ne so point blancs. Rhazis appelle aussi ces *Doigts ensaffranne* comme il y a aux exemplaires, & dit, que c'est vne gom ou veine, bonne pour les teinturiers. Mais les racines du S *tyrion Basilicon* ne sont pas dures, ny ensaffrannées, ny bo nes pour teindre, pourquoy c'est vne Plante differente d'auec les *Doigts citrins* d'Auicenne & Rhasis. Au reste les racines du *Satyrion Basilicon* ont le mesme goust que celles des Couillons: tell ment que l'on tient qu'elles ont les mesmes proprietez. Nicolas Nicole Florentin *au chapitre des r medes contre la fieure quarte*, dit que ces racines purgent par dessus & par dessous & sont propr pour guerir la fieure quarte inueterée; & qu'vne partie de ceste racine de la longueur du pouce, br yée en vin, & prinse vn peu deuant l'accés, y est fort souueraine: Toutesfois il faut auoir esté pur auparauant; & qu'vn certain Biliot, ayant eu quarante quatre ou quarante cinq accés de fieu quarte, en fut guery ayant vsé trois fois de ce remede. Matthiol reprend Fuchse de ce qu'il a m le *Palma Christi* au nombre des *Satyrions*; au lieu qu'il le deuoit plustost mettre au nombre d *Couillons*. Toutesfois Dodon, & plusieurs autres Simplicistes ont suiuy Fuchse, & l'ont appellé S *tyrion basilicon*, comme nous auons desia dit. Pena dit, qu'il a pensé autresfois que le *Palma Chri* fut le *Triorchis Serapias* d'Ægineta, tant pource qu'il est plus sec & a peu de suc, & qu'il est deterſ & mondifie les vlceres estant appliqué tant par dedans que par dehors; qu'aussi pource qu'il est fo souuerain aux melancholiques, aux fieures quartes, contre le haut mal, & à l'oppilation des ne remplis d'excrements phlegmatiques, & qu'il sert contre la dysenterie. Toutes lesquelles facu tez luy sont attribuées par les modernes: en quoy il merite vrayement le nom de *Serapias*, q estoit vne Deesse des Egyptiens; car autrement il n'eust de rien serui de le distinguer d'auec les au tres, & luy donner ce nom de *Serapias*. Ioint qu'il luy sembloit, qu'au lieu de ce qu'il y a en Dio coride πολύχρηστον τ̃ ῥίζης c'est à dire, *racine de grand vsage*; il faudroit peut estre lire πολύχιστον, c'e à dire *la racine bien fourchue*. Et mesme que tous les deux y pouuoient estre entendus, à sçauoir, *la r cine fourchue, & bonne à plusieurs choses*. Et vn peu plus bas là où Dioscoride dit, *que la racine est sem blable à des petits Couillons*; Pena lisoit *fourchue*, en quoy il ne faisoit si grand changemnnt, comm il a esté dit de Dodon *au chapitre precedent*, lequel veut lire au lieu *des fueilles comme l'Oliuier*: le *fueilles comme celles de la Squille tendre appellée Pancration.*

Le temps.
Le lieu.

Liu.2.ch.98.
Ch.260.des simpl.

Liu.2.c 207.
Liure de la ... des ...

Les vertus.

Aux Aduers.

Du Tue-Chien, CHAP. XIV.

Liu.4 ch.79.
Les noms.

DIOSCORIDE dit, que le κολχικὸν des Grecs, est aussi appellé ἐφήμερον, & βολβὸς ἄγριον; en Latin *Colchicon*, *Ephemeron*, & *Bulbus agrestis*, & *Strangulatorius*. Il est ap pellé *Colchicon*, à cause de la region de Colchide fort abondante en venins, ou i en croist à force: *Ephemeron*, pource qu'il fait mourir dans vn iour ceux qui en ont prins En François *Tue-Chien*, & *Mort aux Chiens*: en Allemand *Teitlosen*: en Italien *Zaffarano salua tico*. Il y a aussi vn autre ἐφήμερον, ou ἶρις ἀγρία: en Latin *Ephemeron*, ou *Iris syluestris*, qui n'e pas

pas poison ; & est ainsi appellé, pource que sa fleur ne dure comme rien ; mais se perd en vn ou eux iours. Comme aussi Galien dit, *l'Ephemeron, non pas le venimeux & mortel : mais celuy qu'on pelle Iris sauuage.* Ægineta aussi traittant des venins, dit ainsi : *l'Ephemeron, qu'aucuns appellent olchicon, pource qu'il croist en Colchide, & les autres Bulbe sauuage.* Et en vn autre passage: *Epheme- n*, dit-il, *non pas celuy qui est poison ; mais l'autre qu'on appelle Iris sauuage.* Aëce aussi dit: *Epheme- n qu'aucũs appellent Colchicon, ou Bulbe sauuage, &c.* Il y a donc deux sortes *d'Ephemeron*, à sçauoir mortel, qui est appellé *Colchicon* ; & l'autre qui est surnommé *Ephemeron non lethale*. Dioscoride aitte premierement du *Colchicon*, & puis de l'autre au chapitre suyuant. Or il dit, que le *Colchicon*, *Tue-Chien* fait vne fleur blanche sur la fin de l'Automne, semblable à celle du Saffran. Apres la ur il fait des fueilles semblables à celles des Bulbes, sinon qu'elles sont plus grasses. Sa tige est de hauteur d'vne paume, & porte vn fruict roux. Sa racine est couuerte d'vne escorce noire tirant le roux ; mais le dedans d'icelle est blanc, tendre, plein de suc, & doux. Son bulbe a vne fente milieu, par laquelle sort la fleur. Il en croist force en Mesenie, & en Colchide. Quant à l'autre *hemeron* qui n'est pas venimeux, il a la tige & les fueilles semblables à celles des Lys, sinon 'elles sont plus menuës. Ses fleurs sont blanches & ameres, & porte vn fruict mol. Il a vne ra- ne grosse comme le doigt, longue, astringeante, & odorante. Il croist parmy les bois & lieux ıbrageux. Pline dit, que *l'Ephemerum* a les fueilles comme le Lys, sinon qu'elles sont moindres. tige retire aussi à celle du Lys, & porte des fleurs bleuës. Sa graine ne sert à rien. Il ne iette vne racine de la grosseur d'vn doigt, laquelle est singuli re pour le mal des dents, la faisant uillir en vinaigre apres l'auoir coupée en rouëlles, si on se laue la bouche de ceste decoction de. La racine sert aussi à raffermir les dents qui branlent, & pour mettre dans les dents creuses pourries. Voilà ce qu'en dit Pline. Or *l'Ephemeron Colchicon* n'est autre chose, selon l'opinion des erboristes, que l'herbe qui est appellé communément *Saffran des prés ou sauuage* : car elle fleurit Automne comme le Saffran, auquel elle retire fort quant à la fleur, qui est aussi de mesme cou- ur, si ce n'est qu'elle est plus blaffarde, & a des filets iaunastres. Elle perd ses fueilles en Esté, les- elles sont plus larges que celles des Porreaux, de la grandeur de celles de la Squille, ou des Bul- s ; toutefois elles sont plus grasses, en nombre de trois ou quatre, vertes, qui sortent immediate- ent dés la racine. Sa tige est de la hauteur d'vne paume & demie. Sa racine est bulbeuse, à demy nde, platte d'vn costé à mode d'vne chastagne, ou d'vn anacarde, couuerte par dehors d'vne es- rce rousse-brune, ayant vne cauité dés le bas iusques à la cime, par laquelle sort la tige : mais dedans elle est toute blanche, spongieuse, moisie & de mauuaise odeur : & toutefois elle n'est s de mauuais goust. Aucuns tiennent que c'est le *Narcisse pururin* de Pline & de Virgile, duquel

Livre 6. des simpl.
Liure 5.
Liure 7.
Les especes.
Au mesme lieu.
La forme.
Chap. 80.
Dioscor. au mesme lieu.
Liu. 25. c. 13

Tue-Chien Oriental, de Matthiol.

Autre Tue-Chien Oriental, de Matthiol.

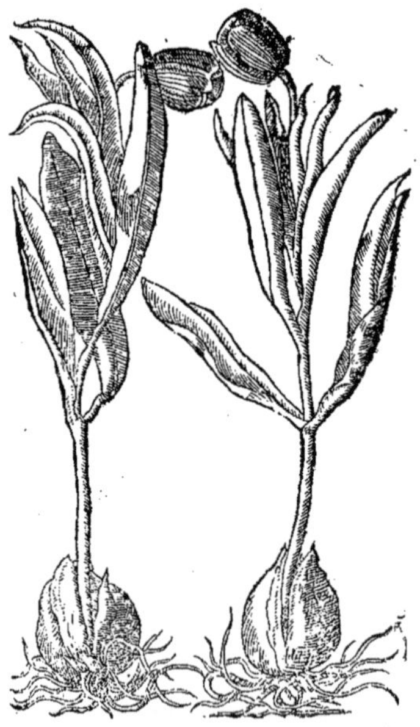

Theo

Liu.2 ch.76. Theophraste dit, qu'il fleurit en automne apres la retraitte d'Arcturus enuiron l'Equinoxe. Tragus l'appelle faussement *Moly* : car sa fleur n'est pas blanche comme laict. Il y a aussi vn *Tue-Chien de Syrie*, ou *d'Alexandrie*, qui a la racine bulbeuse suyuant la description de Pena. Il est fort different du nostre, combien que Dioscoride ne le descrit pas bien. Car sa tige ne sort pas à costé par la fente de la racine ; mais par le milieu du Bulbe ; qu'elle fend en sorte que l'on diroit que ce sont deux Bulbes ioints ensemble, qui enuironnent la tige tout à l'entour ; & est plus noire que celle du nostre. Au reste elle est comme vn Oignon, & spongieuse, tant en sa substance comme en sa figure. Pena & Lobel en adioustent vn autre, dont les Herboristes n'ont point fait de mention ; & pource qu'il en croist force en Angleterre, & qu'il ne s'en treuue guiere ailleurs, ils l'ont appellé *Colchicum Anglicum flore albo*. C'est vne belle plante, qui a les fleurs blanches comme l'Ornithogalon, ou les Affrodilles, sinon qu'elles sont plus grandes, de mesme grandeur que celles du Safran de montagne sauuage, au dessus de la tige qui est de la hauteur d'vne paume & demie. Au reste sa racine & ses fueilles retirent à celles du *Tue-Chien commun*. Sa racine est noire par dehors,

Tue-Chien d'Angleterre, de Lobel.

Tue-Chien de montagne auec la fleur, de l'Escluse.

blanche par dedans. Ces racines estans plantées à Londres dans les Iardins s'y maintiennent tout l'hyuer, & bourgeonnent au printemps, comme aussi sur les collines & montagnes d'aupres de Bristoye, & aux enuirons de Sommerset. L'Escluse a mis le pourtrait *d'vn autre Tue-Chien de montagne*, qui fait trois ou quatre fueilles longues comme le doigt, couchées par terre, quasi semblables à celles de l'Hyacinte qui n'est pas escrit, si ce n'est qu'elles sont plus vertes, brunes, & reluisantes, d'vn goust aigre, & deuiennent rougeastres, quand elles commencent à flestrir. Sa fleur sort premier que les fueilles, & est composée de six fueilles longues & purpurines, auec autant de petits filaments au milieu. Incontinent apres les fueilles sortent (contre ce qui se voit aux autres *Tue-Chiens*) comme si elles poussoient la fleur, & durent tout l'hyuer iusques au mois de May & de Iuin. Il ne fait qu'vne seule racine bulbeuse, qui n'est pas fort grosse, couuerte de beaucoup de membranes roussastres & brunes, ferme par dedans, blanche, & douce auec vn peu d'astriction, & vn peu longuette, à costé de laquelle il en vient d'autres par le moyen desquelles elle se multiplie. L'Escluse dit, qu'il croist sur certaines collines, pres de Salamanque, qui sont fort pierreuses & qu'il a cueilly sa tige en May, qui estoit de la hauteur d'vne paume, & ferme, ayant à la cime vne gousse faite à triangle, pleine d'vne graine rousse-brune, lisse, petite, à demy ronde, & vn peu amere. On l'appelle communement en ce pais là *Merenderas*. Luy mesme dit, qu'il a veu parmy les prés d'alentour de Salamanque, du *Tue-Chien* semblable au nostre commun, excepté qu'il est plus petit, dont il y en a certaines plantes qui font la fleur du tout blanche comme laict : mais que les fueilles de cette sorte là ne sortent point deuant le printemps, non plus que celles

Liu.2. des Plant. d'Esp. chap 6.

Tue-chien de montagne petit, de l'Escluse.

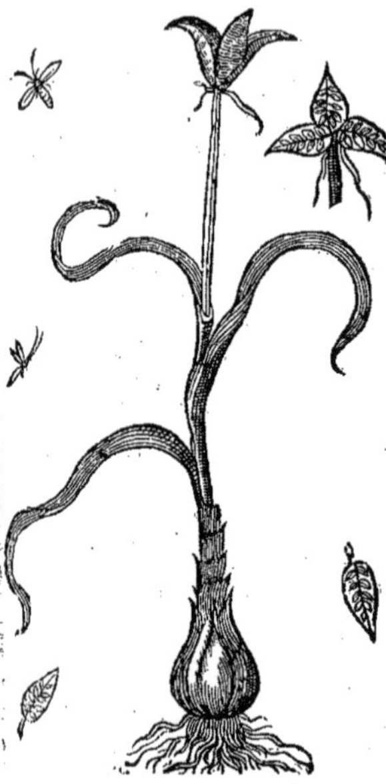

Hermodatte vray, de Matthiol.

celles de celuy d'Angleterre. Nous en auons mis icy le pourtrait prins de l'Escluse. Au reste il y a des Apothicaires qui prennent la racine du *Tue-Chien* en quelque temps qu'elle soit arrachée, pour celle de *l'Hermodactylus*, combien qu'estant seche elle soit flacque & ridée, & apparoisse comme vuide & spongieuse au toucher. Ce que Matthiol reprend bien aigrement, & dit que Serapion est cause de cest erreur, d'autant qu'il descrit le *Surungen*, qui est *l'Hermodactylus*, ainsi comme luy mesme l'interprete, par les mesmes mots & en la mesme maniere que Dioscoride a descrit le *Tue-chien*. En quoy il a fait vne faute bien dangereuse, comme il appert par Paul Ægineta, qui traitte separément de *l'Ephemeron*, & des *Hermodattes*, comme estans plantes differentes. Et premierement parlant des *Hermodattes*, il dit, que leur racine tant prinse seule, comme aussi leur decoction est purgatiue, & est particulierement propre aux gouttes, lors que les humeurs coulent encor. Vn peu apres il dit, que *l'Ephemeron*, non pas le venimeux, mais celuy qu'on appelle *Flambe sauuage*, est d'vne faculté composée, à sçauoir repercussiue & resolutiue par transpiration. Dont il appert que *l'Hermodatte* est bien different de *l'Ephemeron*, & que Serapion a grandement failly en cela, & tous les Arabes, & autres Medecins qui l'ont suiuy, meslans le *Tue-chien* aux potions & pillules, au lieu des *Hermodattes*. Or il tient pour *vray Hermodatte* la plante qui luy a esté enuoyée de Constantinople par Augier de Busbeke, sur laquelle il a prins le pourtrait qu'il en met : car on l'appelle aussi *Hermodatte* à Constantinople, & ses racines sont faites à mode de doigt ; tellement que mesme on y voit la forme des ongles. Cette plante fait les fueilles fort longues, enuiron de deux paumes, ou dauantage, semblables à celles des Porreaux, ou de *l'Hastula regia* ; mais celles qui sont aupres de la racine, sont beaucoup plus estroites, & plus courtes. Elle a quatre racines, qui sortent par vn mesme endroit, faites en forme de doigts, de couleur rousse-blaffarde, auec des ongles blanches au bout, sans aucunes cheuelures. Car celles qui sont en cette plante sortent au dessus des racines. Sa tige est menuë, couuerte d'vne membrane verdastre, ayant vn gros bouton au bout (car quant à la fleur, il dit, qu'il ne l'a pas veuë) comme vne poire, quasi comme le *Tue-Chien*, sinon qu'il est moindre. Il y a vne autre plante differente de la precedente, laquelle on tient en Italie pour le *vray Hermodatte* ; mais Matthiol l'appelle *faux Hermodatte* ; Toutefois plusieurs ne reçoiuent pas pour le *vray Hermodatte* celuy de Matthiol, disans que c'est *vne espece d'Iris*, & l'appellent *Iris Tuberosa*, de laquelle nous auons parlé *au chapitre de l'Iris*. Dauantage la racine de nostre *Tue-Chien* estant meslée parmy les medicamens, n'est pas dangereuse : & combien que Dioscoride die, qu'il en croissoit à force en Colchide, si ne faut il pas dire pourtant, qu'il soit different du nostre : car il veut dire, qu'il estoit plus dangereux en ce païs là, comme ayant son suc mieux cuit, & acquerant aussi cette qualité là du terroir & du climat ; comme aussi il se voit des Champignons, qui sont venimeux en certains lieux, & font mourir les personnes, si on n'vse des mesmes remedes que contre le *Tue-chien*, & aux autres lieux on les mange sans aucun danger. Ainsi aussi l'ombre mesme de l'If est dangereuse en Languedoc & en Espagne, & non pas en Angleterre ny ailleurs ; comme aussi il en prend de mesme de la Ciguë, & autres plantes. Or combien qu'aucun vsent des racines de *nostre Tue-Chien*, au lieu d'*Hermodattes*, si est ce qu'elles sont bien differentes des *Hermodattes*, que l'on tiét aux boutiques des Apothicaires. Car ceux cy sont estrangers, & ne sont pas dangereux, comme l'on a esprouué desia dés long temps.

Chap. 194. des simpl.

Liu. 7.

Pseudohermodactylus, de Matthiol.

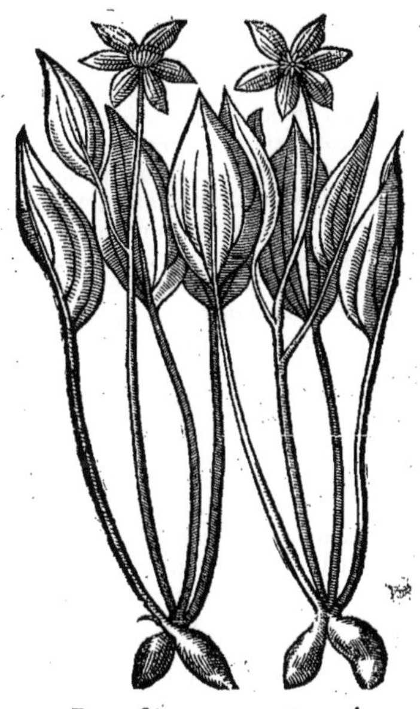

Colchicon Illyricum, ou Græcum non venenatum, de Lobel.

temps. Pena estime que ces *Hermodattes des Apothicaires* sont le *Colchicon* & *Ephemeron qui n'est pa venimeux*, de Traillan & de Paul ; & qu'il n'y a difference que pour quelque legere marque ; noi pas quant à l'espece: pour le moins que si ce n'est vne mesme chose, il n'y a pas grande difference. Lobel aussi est de la mesme opinion. Or il met vn autre *Colchicon de Sclauonie ou de Grece* de l'Anguillara, duquel nous auons mis icy le pourtrait, & l'appelle *Hermodattes non venimeux* des Apothicaires, & dit qu'il a eu la plante à Venise par le moyen d'Alber Martinel, qui l'auoit receuë d'Alep de Syrie par le moyen d son frere Cequin, qui l'auoit arrachée en Colchis mesme, qu'elle a les tiges garnies à l'entour de sept, ou dix ou douz fueilles semblables à celles de nostre *Tue-Chien*, rayées, & re courbées, qui vont en aiguisant au bout, d'entre lesquelles i sort trois ou quatre fleurs jaunes pasles, attachées à des petite queuës, moindres que celles du *petit Tue-Chien*, auec des filet de mesme couleur. Sa racine par dehors estoit à mode d'vi Oignon, molle & flacque par dedans, pource que toute s substance s'estoit consumée à produire la tige, les fueilles, le fleurs & la graine. Or il dit, qu'il faut suiure l'opinion d'Anguillara & de Cequin touchant cette plante, par le moyen de quels il l'a euë. Lobel met aussi pour *espece de Colchicon*, la plante qui a esté descritte suyuant l'Escluse *au chapitre du Narcisse* sous le nom de *Narcisse d'Automne selon aucuns*, laquelle il appel le *Colchicon luteum*, qui est peut estre de mesme espece auec *l'Ephemeron non venimeux* de Dioscoride. Marcellus Vergilius selon l'opinion de Mutonus, l'appelle *Narcissus Autumnalis*, *la fleur iaune pasle*, duquel nous auons fait mention en parlan de *la quatriesme espece de Narcisse*. Et de fait, il approche fort d' *Colchicon*, quant à la racine, comme aussi en la tige, aux fueilles & aux fleurs, & en somme en toute sa figure. Matthiol a mi le pourtrait d'vn *autre Ephemeron non venimeux* bien differen de cestuy-là, lequel croist en grande abondance és montagne d'Ananie, tant parmy les prés que parmy les bois ; & est appellé communement en ce pays là *Giglio matto*, c'est à dire *Lys fol*. Lobel l'appelle *Ephemeron spurium*. Il a les fueilles moyenne entr-

Ephemeron non lethale, de Matthiol.

Chap. 58. de l'Hist.

entre celles de la Lysimachia, & du Pastel, ou bien de le Luteola, qui sortent en grand nombre par des tiges de la hauteur d'vne coudée & demie, auec plusieurs aislerons, & cauitez. Ses fleurs sont blancheastres, à mode de celles du Boüillon noir, composées de cinq fueilles. Sa graine est petite, dans des gousses à mode de celles du Lin. Sa racine a beaucoup de cheuelures, comme celle du Pastel. Voilà ce qu'en dit Lobel. Fuchse asseure, que la plante qu'on appelle communement *Lilium conuallium*, en François *Muguet*, est *l'Ephemeron non lethale*. Au reste Dioscoride dit, que la *racine du Tue-chien* estant mangée estouffe la personne, comme si on l'estrangloit, ainsi que les Champignons: & que tout ce qui sert contre le venin des Champignons sert aussi contre cette racine; & entre autres choses le laict de vache; tellement que quand on en pourra auoir, il ne faut point chercher d'autre remede. La *racine de l'Ephemeron non venimeux* guerit le mal des dents, si on les laue de sa decoction. Ses *fueilles* cuites en vin & appliquées en liniment, resoluent les enfleures phlegmatiques & les foroncles qui ne sont pas encor meurs. Car Fuchse estime qu'au lieu de ἤπω ὐχὸν ἔχοντα, il faut lire μήπω πύον ἔχοντα, comme il appert par Galien, qui dit, que la racine de l'*Ephemeron* qui *n'est pas venimeux*, est astringeante & de bonne odeur. Dont il appert, qu'elle a vn temperament meslé, & qu'elle est repercussiue & resolutiue, comme il se voit par ses operations. Car la *decoction de sa racine* est fort propre contre la douleur des dents, si on les en laue. Ses fueilles sont aussi bonnes aux foroncles qui commencent à venir, & qui sont desia auancez. Or il les faut faire cuire en vin & les appliquer dessus deuant que la fange y soit. Pline dit simplement, que le laict de vache sert particulierement à ceux qui ont mangé du *Tue-Chien*. Et, que les fueilles de *l'Ephemeron* sont propres pour appliquer sur les foroncles, & enfleures qui sont encor en terme de pouuoir estre resolues. On dit que les Turcs vsent des *fleurs du Tue-Chien*, quand ils se veulent enyurer; car ils les mettent tremper dans du vin, duquel ayants beu ils sont si estourdis, qu'ils sont hors d'eux-mesmes. Quant à *l'Hermodatte*, Mesuë dit qu'il est chaud & sec au commencement du second degré; toutefois qu'il a de l'humidité superfluë, flatueuse, & qui fait enuie de vomir, par laquelle il nuit à l'estomac, principalement quand il reçoit les excremens de quelque autre partie. Il euacuë le phlegme gros, principalement des iointures; à raison dequoy il est propre aux gouttes, tant des pieds que des autres parties, non seulement en le prennant par dedans; mais aussi en l'appliquant par dehors en cataplasme auec des iaunes d'œufs & de farine d'orge, ou de mie de pain. Il engraisse, il augmente la semence genitale; il sert aux vlceres, pource qu'il les mondifie, & consume la chair pourrie qui y est. Pour empescher que les *Hermodattes* par leur humidité & ventosité n'offencent l'estomac, & qu'ils n'y causent des ventositez qui prouoquent à vomir, ou qu'ils n'y amassent des excremens; il y faut adiouster du Cumin, du Zinzembre, du Poyure long, de la Liuesche, ou du Pentastre. Estans reduits en trochisques auec vn peu de Zinzembre, de suc de Raiffort, & de Squille rostie; ou bien auec du suc de Squille & de Zinzembre, & vn peu de Spica nardi, ils en purgent mieux & plus viste: (car estans prins seuls ils purgent peu & tardiuement.) Les Myrobolans aussi en fortifiant l'estomac sont cause de faire sortir vistement les *Hermodattes*, & empeschent qu'il ne se fasse vn amas d'humeurs dedans l'estomac. La vraye doze est de quatre scrupules iusques à deux dragmes & deux scrupules. On les peut garder trois ans.

Liu. 3. ch. 79. *Les vertus.*

Liure 6. des simpl.

Liu. 28. ch. 9. Liu. 26. c. 12.

de l'Oignon marin, ou Squille. *CHAP. XV.*

LA Plante que les Grecs appellent σκίλλα, retire si fort aux Oignons, que plusieurs l'appellent *Cæpa marina*. Varro l'appelle *Squilla*, comme aussi les Apothicaires: les Arabes *Haspel*, *Hausel*, *Aschil*, ou *Alachil*: les Italiens *Silla*: les Espagnols *Cebolla Albatrana*: les Allemans *Meertzuuibel*: les François *Stipoule*, *Oignon marin*. Pena dit, qu'il estime que la *Squille* a esté ainsi appellée, pource qu'elle resemble fort à vn poisson marin à escaille, qui est appellé Squille, pource qu'il est couuert d'escailles ageancées l'vne sur l'autre. Il peut bien estre aussi que le nom vienne ἀπὸ τῦ σκιλλήματ@ς, c'est à dire *à cause de la secheresse*, pource qu'elle croist és lieux maritimes & sablonneux, qui sont bruslez par le Soleil, comme en Espagne & en Portugal. Pline dit, que les Medecins appellent la *Squille blanche*, *masle*, & la *noire*, *femelle*; & tant plus vne *Squille* est blãche, tant meilleure elle est. Item entre les plãtes bulbeuses la *Squille* tiẽt le premier lieu, cõbien qu'elle ne serue qu'en medecine, & pour faire bõ vinaigre. Il n'y a plãte qui ait l'Oignõ si gros ne si vehemẽt, que cette-cy. On en treuue de deux sortes, dont on se sert en medecine: car le *masle* a les fueilles blãches, la *femelle* les fait noires. Il y en a encor *vne tierce espece*, qui est bõne à mãger, laquelle est appellée des Grecs *Epimenidia*, qui a les fueilles plus estroites & moins aspres que les precedẽtes. Ce que Pline a prins de Theophraste qui en escrit ainsi: *On mãge non seulemẽt les Bulbes & autres sẽblables, mais aussi la racine des Affrodilles & la Squille, non pas de toutes sortes; mais celle qui est appellée Epimenidia, à cause de son vsage: elle a les fueilles plus estroites & plus lisses que les autres.* Pena dit, qu'entre tãt de Squilles qui croissẽt en Espagne, il n'en a remarqué que de deux sortes, dont l'vne a l'escorce ou la peau de dehors rouge, cõme les Oignõs lõgs; l'autre l'a blãche. Au reste elles sont de mesme grosseur; l'vne

Les noms.

Aux Aduers.

Liu 20. ch. 9. *Les especes.* Liu. 19. ch. 5.

Liu. 7. de l'hist. ch 11.

Oignon marin, ou Squille de Matthiol.

La forme.

& l'autre n'eſt point plus groſſe qu'vn Citron, & eſt cor poſée de beaucoup de membranes comme vn Oigno Toute la fueille peut auoir vne paume de largeur, & v pied de grandeur, & vn peu moins d'eſpeſſeur que cell de l'Aloë; & en ſort à force du bulbe, qui ſont comme e taſſées par eſcailles. Sa tige eſt de la hauteur d'vne coudé & demie, graile, & chargée de fleurs eſtoilées à mode d celles de l'Ornithogalon; toutefois elles ſont moindres; aboutit à mode d'eſpic. Matthiol dit, qu'il fut vn tem qu'il croyoit, que les *Squilles* dont vſent communémei les Apothicaires en Italie, fuſſent les *vrayes Squilles*: tout fois qu'il changea deſpuis d'opinion: & tient que ces *Squi les* là ſont le *Pancration*. Mais que les *vrayes Squille* ſont celles qui viennent en Eſpagne le long de la marin qui ſont deux fois plus groſſes, & ont les fueilles quaſi co me l'Aloë; toutefois elles ne ſont pas ſi groſſes; au lie que les autres ont les fueilles ſemblables à celles des Lys & qu'il y a grande difference entre ces plantes. Toutefo Pena dit, que Matthiol ſe trompe, & que la *Squille* dont o vſe communement, eſt *la vraye Squille*: mais qu'il ne l'a uoit veuë que fleſtrie, ou des ieunes, comme on les voit Venize. Et combien qu'elle ait les fueilles grailes, cel n'empeſche pas que ce ne ſoit la *Squille*: car elles ſont plu groſſes ou plus grailes ſelon le climat, le terroir, & le cul tiuage, comme il en prend aux Oignons, encor qu'il n'y a ra pas grande diſtance d'vn lieu à autre. Ce qui ſe voit au en l'Aloë, & en pluſieurs autres plantes. Or ces Bulbes on les fueilles & les fleurs du tout ſemblables aux autres, ſi c n'eſt qu'elles ſont vn peu plus grailes, comme il en prend à beaucoup de ſortes de Bulbes, qui ſon venus trop toſt, & qui ont eſté replantez. Eſtans penduës au plancher, ou gardées dans du ſabl elles ſont les fueilles plus menuës, comme n'ayans pas leur nourriture accouſtumée. Il en pren de meſme aux *Squilles*, que Matthiol prend pour le *Pancration*. Mais nous auons mis icy le vra pourtrait de la *Squille* prins de l'Eſcluſe, qui dit en auoir cueilly en diuers endroits d'Eſpagne de Portugal, tant de celles qui ne faiſoient que commencer à venir, que d'autres qui eſtoient e fleur ou chargées de graine. Or il dit, que la tige de la *Squill* eſt le plus ſouuent de la hauteur d'vne coudée ou dauanta ge, droitte, nuë, & ſans fueilles, chargée de beaucoup d fleurs blanches à mode d'eſtoile, moindres que celles de Affrodilles, & ſemblables à celles du grand Ornithoga lon, leſquelles commencent à fleurir par le bas comme l'A frodille, ainſi que Theophraſte l'a bien remarqué. Apres i y vient des gouſſes à triangle & comme plattes, pleine d'vne graine noire, vnie, & pailleuſe. Finalement il ſort cin ou ſix fueilles larges, grandes, & fort verdes, ſerrées, & cou chées par terre, & faites aucunement comme le fonds d'v nauire. La racine eſt groſſe, blanche, compoſée de beau coup de membranes, & pleine d'vne humeur viſqueuſ auec beaucoup de groſſes cheuelures. Il en croiſt à forc au deſſus de Liſbonne, & en pluſieurs autres lieux de Por tugal & d'Eſpagne. Elle fleurit en Aouſt & en Septembr Sa graine eſt meure en Octobre & en Nouembre. Apre que la graine eſt meure & que la tige eſt ſeche, les fueille ſortent au mois de Nouembre & de Decembre. Or Dio

Squille d'Eſpagne ſans fleurs, de l'Eſcluſe.

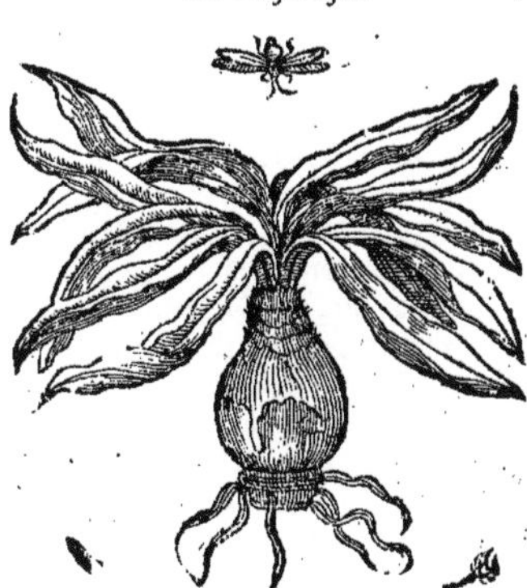

Sur le c. 168. du 2. liu. de Dioſc.

Liu. 2. c. 167. Le tempera-ment & les vertus.

ſcoride traitte aſſez amplement des proprietez de la *Squille*, & comment c'eſt qu'il la faut prepare Elle eſt, dit il, acre & bruſlante, Mais eſtant roſtie on s'en ſert à pluſieurs choſes. Il la faut cou urir de paſte ou de terre graſſe, & puis la mettre dans vn four chaud, ou deſſous les charbons juſ qu'à tant que la paſte qui eſt à l'entour ſoit aſſez cuite: & alors il faut oſter ladite paſte: & ſi la *Squil le* n'eſt encor retendrie, il y en faut remettre d'autre, & recommencer comme deuant. Car cell qui n'eſt pas ainſi roſtie eſt plus dangereuſe, principalement en la prenant par la bouche. On l fait bien auſſi roſtir dans vn pot de terre bien couuert le mettant dans le four. Apres on oſte tou ce qui eſt à l'entour & ne prend on que le milieu, lequel on coupe par morceaux, & le fait on boüillir

quille d'Espagne auec la fleur, de l'Escluse.

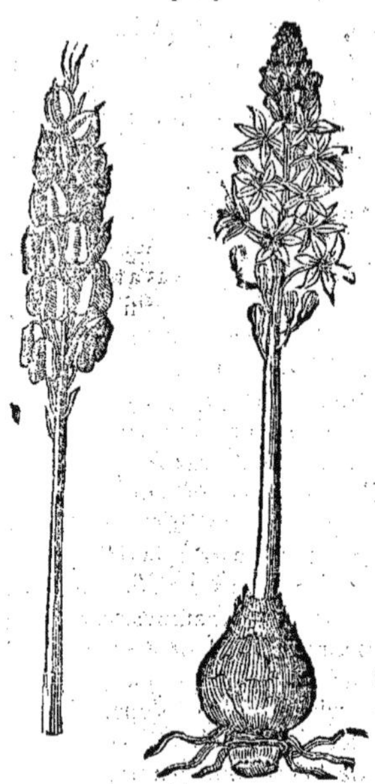

boüillir en deux eaux iusqu'à tant que l'eau n'ait plus d'amertume ny d'acrimonie ; puis apres on la met secher à l'ombre l'ayant enfilée en sorte que les rouëlles ne se touchent pas l'vne l'autre. Finalement on s'en sert à faire le *vin, l'huile & le vinaigre Squillitic.* Contre les creuasses des pieds il faut prendre le dedans d'vne *Squille* crue, & la faire boüillir en huile, ou bien l'incorporer auec de la resine, & l'appliquer dessus. Estant cuite en vinaigre elle est propre pour appliquer en cataplasme sur les morsures des serpens. Incorporée apres auoir esté rostie auec huict fois autant de sel rosti, & prinse à ieun à la quantité d'vne ou deux cueillerées, elle est bonne pour lascher le ventre. On en met dans les breuuages & medicamens qui seruent à prouoquer l'vrine, & pour les hydropiques, & pour ceux qui ont l'estomac mal en poinct, ausquels la viande nage dedans ; pour la iaunisse, pour les tranchées du ventre ; contre la toux inueterée, aux asthmatiques, & à ceux qui crachent le sang. Dioscoride vse du mot ἀναφορικῶν, par lequel les Medecins entendent ceux ausquels le sang vient à la gorge des parties inferieures, & qui le crachent. Or il suffit d'en prendre le poids de trois oboles auec du miel, en forme de looch. Cuite en miel & mangée elle sert aux mesme choses que dessus, & aide principalement à la digestion. Elle euacuë les matieres visqueuses par le bas. Estant cuite & prinse en viande elle fait les mesmes effects. Il faut que ceux-là se gardent d'vser de la *Squille*, qui ont quelque vlcere aux intestins. Rostie & appliquée elle est bonne pour faire passer les verrues & les mules. Sa graine broyée auec s Figues, ou auec du miel, & puis mangée lasche le ventre. Estant penduë à la porte d'vne aison elle empesche que les charmes n'y puissent nuire. Pline traitte assez confusement de la Liu.20.c.10. *uille*, disant: Apres qu'on a osté toutes les pelures qui sont seches de la *Squille*, on coupe par moraux ce qui reste de vif, & enfile on lesdits morceaux assez loin l'vn de l'autre ; & apres qu'ils sont s, on les pend auec le fil où ils sont enfilez en vn baril de bon vinaigre, en sorte qu'ils ne touent point les douues du tonneau, & faut que cela ce fasse quarante huict iours deuant le solstice Esté. Cela fait il faut bien enduire le baril de plastre, & le mettre sur les tuiles pour auoir le So l tout le iour. Au bout de quarante huict iours on l'oste de là, & apres qu'on a osté la *Squille*, on rse ce vinaigre en vn autre vaisseau. Ce vinaigre esclaircit la veuë de ceux qui en vsent. Il est n au mal d'estomac, & aux douleurs de costé, si on en prend vn peu deux iours durant. Toute is il est si violent, que qui en prendroit par trop, il fait perdre le souffle par vn espace de temps, rend la personne comme morte. La *Squille* maschée seule est bonne aux gencives & aux dents. rinse auec miel & vinaigre elle chasse les vers & toute autre vermine du ventre. Tenuë sous la ngue estant fraische elle desaltere les hydropiques. On la fait cuire en diuerses manieres. Car les s la mettent cuire en vn pot de terre dans vn four, ayants au prealable bien luté ou engraissé la *uille.* Les autres la coupent par pieces & la font cuire entre deux plats. Il y en a aussi qui la sechent ute crue, & apres quelle est sechée ils la coupent & la mettent cuire en vinaigre, pour l'appliuer sur les morsures des serpens. Les autres la font rostir, & puis ayants osté la pelure font cuire qui reste du milieu dans l'eau ; & s'en seruent ainsi pour les hydropiques. Prinse en breuage n miel & vinaigre au poids de trois oboles, elle prouoque l'vrine. Elle sert aussi à ceus qui sont biets au mal de ratte, & à ceux qui ont l'estomac debile, ausquels la viande nage dedans, urueu qu'ils n'ayent point d'vlcere dans le corps. Pareillement aux tranchées du ventre, à la unisse, à la toux inueterée conioincte auec difficulté d'haleine. Ses fueilles emplastrées resolent les escrouëlles ; mais il les y faut laisser quatre iours sans les bouger. Cuite en huile & appliquée en liniment, elle mondifie la peau morte de la teste ; & les tignes, & vlceres coulans ui y sont. On la confit aussi en miel pour en manger, a fin d'aider à la digestion, & pour mondifier es parties interieures du corps. Cuite en huile & incorporée en resine elle guerit les creuasses des ieds. Sa graine emplastrée auec miel sur les reins en oste la douleur. Pythagoras tient, que la *quille* penduë à l'huis d'vne maison sert de contrecharme contre toute sorcellerie. Voilà ce qu'en lit Pline. Surquoy Marcellus Virgilius & Cornarius l'accusent d'auoir failly, en ce qu'il a dit, u'il falloit couurir de graisse ou de plastre la *Squille* ; au lieu qu'il y a en Dioscoride σταιτι ἢ πηλῷ περιπλάσεται, c'est à dire, *de farine destrempée en eau, ou de la terre grasse.* Car σταὶς ou σταρ ne se prēd as icy ny en plusieurs autres lieux pour *la graisse*, mais pour *de la paste en leuain*, cōme Dioscoride Liure 5.

parlant de l'Antimoine dit ἀπλᾶται στέατι περιπλασθὲν, c'est à dire, *On le rostit apres l'auoir couuert* *paste* ; là où Pline a aussi failly disant ; *Aucuns n'vsent pas du fumier pour le cuire* ; *mais de graisse* ; l mesme Dioscoride parlant de l'*Erisimum* dit : ἐνδεθὲν εἰς ὀθόνιον, καὶ ὀπτηθὲν στέατι ἢ περιπλασθέντι, c'e
Liu.3.ch.38 à dire, *Enuelopé dans vn linge & rosty apres l'auoir couuert de leuain*. Outre plus parlant *du suc des* *gues* ; καὶ μυρμηκίαν αἴρει στέατι περιπλασθείσης τῆς ἐν κύκλῳ σαρκὸς, c'est à dire, *Apres auoir couuert la cha* *de paste ou de leuain*. Paulus aussi dit ὠὰ ἐν στεατίῳ ὀπτηθὲν τὴν λέκυθον, c'est à dire, *Le iaune d'vn œuf ro* *dans du leuain*. Toutefois cõme στέαρ en ce passage & en d'autres aussi se prend pour *de la paste*, ou l
Liure 7. de l'hist.ch.12. *uain* ; aussi se prend il en d'autres *pour de la graisse*. Au reste ce que Pline escrit de Pythagora
Liure 8. des simpl. Theophraste en dit tout autant : *On dit que la Squille estant plantée deuant l'huis d'vne maison, se*
Liu.19.ch.5. *de remede contre les sorceleries*. Galien dit, que la *Squille* est fort incisiue, combien qu'au reste elle n soit pas fort chaude : car elle l'est seulement au second degré. Or vaut il mieux vser de celle qui e
Liu.21.c.17. rostie ou bouillie ; car ainsi elle perd de sa vehemence. Pline dit, que Pythagoras a fait vn liure en tier touchant la *Squille*, & de ses proprietez en medecine. Le mesme Pline dit aussi, que la *Squil* fleurit trois fois, monstrant par ce moyen les trois saisons de labourer la terre. Ce qu'il a prins d Theophraste, comme il a esté dit *au chapitre du Saffran*, là où Theophraste ne dit pas, que la *Squil* τρὶς ἀνθεῖν, c'est à dire, *qu'elle fleurit trois fois*, comme Pline dit ; mais ποιεῖσθαι τρεῖς ἀνθήσεις : en quoy ne veut pas dire, que la *Squille fleurit en trois diuerses saisons* comme en Automne, au Printemps, en Esté mais *qu'entre toutes les plantes bulbeuses, la Squille & les affrodilles sont long-temps en fleu* *à cause qu'elles ont beaucoup de suc* ; ce que Theophraste appelle τὴν ἄνθησιν μέλλα μέρος ποιεῖν, c'est dire, *qu'elle fleurit peu à peu, commençant par le bas*, (combien qu'aux communs exemplaires il y τὴν αὔανσιν ; au lieu de τὴν ἄνθησιν.) Parquoy nous auons mis le pourtrait à part de la tige de la *Squill* laquelle sort au commencement du mois d'Aoust, de la hauteur d'vne coudée ou dauantage, garni d'vne infinité de fleurs bien serrées: & cependant que celles d'embas sont espannies, celles du milie croissent, & celles d'enhaut ne font que boutonner ; ce que les Grecs appellent πρώτη ἄνθησις, c'e à dire *Le premier commencement de fleurir*. Apres quelques iours les fleurs qui ont esté espannies les premieres tombent, & celles du milieu s'espannissent, & celles d'enhaut s'engrossissent, qu est la seconde ἄνθησις. Finalement apres que celles du milieu sont tombées, celles d'enhau s'espannissent, qui est la troisiesme ἄνθησις. Cette maniere de fleurir ainsi par trois fois, mon stre qu'il faut labourer la terre trois fois deuant que de semer. Apres que la tige est sechée & mort les fueilles sortent enuiron le milieu ou la fin de Ianuier. C'est pourquoy nous auons mis le pourtrai du Bulbe auec les fueilles seules, lesquelles se sechent en Esté. Or ce que ces autheurs là ont e de la *Squille*, Virgile l'escrit du *Lentisque*, suyuant ce qu'Aratus en auoit escrit deuant luy.

Du Pancration, *CHAP. XVI.*

Les noms. L me semble que cette herbe soit appellée *Pancration*, & en Grec παγκράτιον, comme chassant & surmontant toutes maladies. C'est *vne espe* *de Squille* : aussi Dioscoride dit, qu'elle est appellée *Squille*. Pline l'ap
Liu.2.c.168. pelle *Scilla pusilla*. Or Dioscoride dit, que *Pancration* est vne racin
La forme. comme vn gros Oignon, de couleur roussastre, ou à demy purpurine d'vn goust amer & bruslant. Il a les fueilles comme celles des Lys tou tefois elles sont plus longues. Touchant le *Pancration*, dit Pline, au
Liu.27.c.12. cuns aiment mieux le nommer *Squille petite*. Il a les fueilles comme le Lys blancs, sinon qu'elles sont plus longues, & plus grosses. Sa racine e comme vn gros Bulbe, & de couleur tirant sur le roux. Dalechamp a fait faire le pourtrait & la description telle que s'ensuit: Il croist, dit-il, par tout au riuage de la mer a la racine comme vn gros Bulbe, couuerte d'vne escorce roussastre, cheuelue par dessous comme le Oignons. Ses fueilles retirent à celles des Lys blancs; toutefois elles sont plus longues, & plus gros ses, comme Pline l'a escrit. Sa tige est de la hauteur d'vn pied, ou bien dauantage, faite à angles; fait à la cime cinq petites fueilles blãcheastres, rayées, & aigues, du milieu desquelles il sort des gous ses faites à angles courtes, & comme plattes attachees à vne queue ; au bout desquelles il y a vn fleur blanche, longue, estroite par dessous, & large par dessus, descoupée par les bords d'enhaut mode de rayons en point, auec des filets pasles au dedans. Apres que la fleur est tombée, la grain se fait grande dans des gousses. Il fleurit au mois de Iuin. Parce que dit est, il appert, que le *Pan*
Le temps. *cration* n'est pas la Squille, mais bien vne espece d'icelle, differente principalement à raison de l fleur. Or l'Escluse appelle ce *Pancration de Montpelier, Hemerocallis Valentina*, & en a mis le pour trait sous ce nom là. Mais il prend pour le *Pancration* vne autre plante bien differente de la pre cedente laquelle est icy peinte : car apres auoir parlé de la *Squille*, il adiouste : touchant le *Pan*cra*tion*, il est plus grand, & a les pelures de dessus rouges, & les fueilles plus grandes & plus longues. Il en croist à force en Espagne, où c'est vn poison bien dangereux. Il bourgeonne au mesme temps que la *Squille*. Or le *Pancration* a les mesmes proprietez que la *Squille*, & veut estre preparé tout de
Les vertus. mesme, comme Dioscoride l'enseigne, & sert aux mesmes maladies estant prins à la mesme quan tité.

Pancration, de Dalechamp.

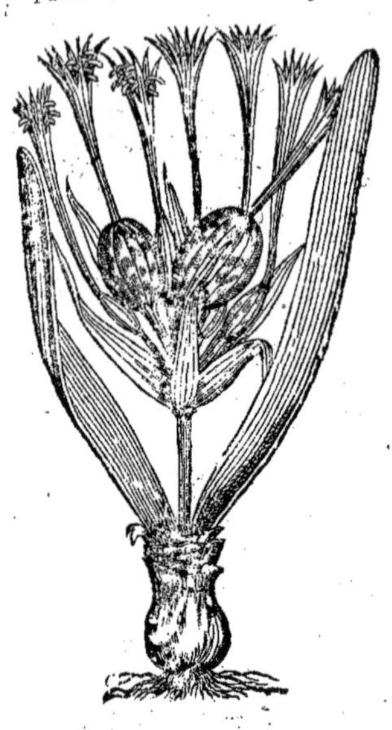

Pancration, de l'Escluse.

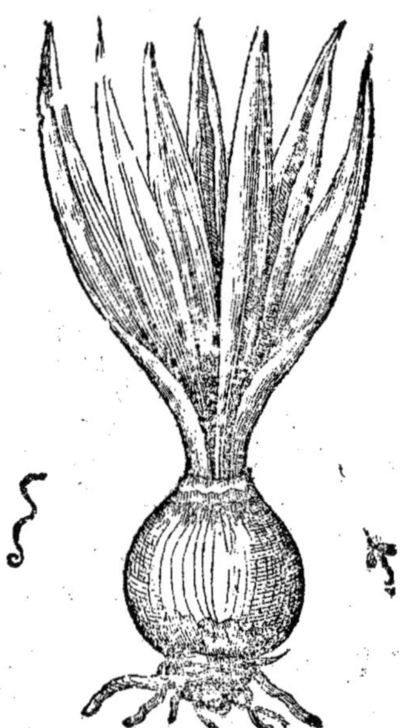

ité. Il n'est pas si violent que la Squille. *Le suc de sa racine* reduit en trochisques auec farine d'Ers st bon contre l'oppilation de la ratelle, & à l'hydropisie estant prins auec de l'Hydromel. Pline a ubiié partie de ces choses, & en adiouste d'autres. Son suc, dit-il, prins auec farine d'Ers lasche e ventre, & mondifie les vlceres. Auec miel il est bon aux hydropiques, & à l'oppilation de la ratelle. Il y en a qui le font cuire en eau iusqu'à tant qu'il deuienne doux, & ayans versé cette eau royent la racine, & la reduisent en trochisques, lesquels ils font secher au soleil; puis s'en seruent our guerir les vlceres de la teste, & pour mondifier tous autres vlceres, comme aussi à la toux, rdonnans d'en prendre auec du vin autant qu'on en peut prendre auec trois pointes de doigts: ais pour la douleur de costé, ou pour l'inflammation des poulmons, ils les reduisent en looch. ontre la sciatique il les faut prendre auec du vin, comme aussi contre les tranchées, & pour proquer les mois. Galien dit, que la *racine du Pancration* a le mesme goust & proprietez que la Squille; parquoy aucuns s'en seruent à faute de Squille. Et de fait elle fait les mesmes effects; mais auec oins d'operation. Liu. 17. c. 13.

Du Sisyrinchion de Dodon, *CHAP. XVII.*

THEOPHRASTE entre plusieurs especes de Bulbes met le σισυρίγχιον, ou σισυρίχιον, disant: *Le Sisyrinchion a cela de particulier, qu'il iette vne racine premierement en hyuer; que puis apres le Printemps venant, ce qui estoit creu en bas, se retire, & le dessus croist, qui se mange.* Ce que Pline a ainsi traduit: *Touchant le Sisyrinchion, il a cela de particulier, que es racines croissent en hyuer; & au printemps, quand les violettes commencent à sortir, elle se diminue & se retire, & son bulbe deuient gros.* Or Dodon prend pour le *Sisyrinchion* la plante qui est icy inte, & est appellée en Espagnol *Nozelhas*, c'est à dire *petites Noix*. C'est *vne espece de Bulbe bon à manger*, qui a la racine double, laquelle on mange communement en Espagne: tout ainsi que les anciens ont escrit du *Sisyrinchion*. Lobel l'appelle *Hyacinthon poëticum Hispanicum gemino gladioli reticulato Bulbo.* Il a les fueilles comme celles du Grame, en nombre de deux ou trois, qui sont longues estroites. Sa tige est ronde, de la hauteur d'vne paume, chargée de trois ou quatre petites fleurs, elles & bleuës. toutefois elles ne sont pas de durée; mais finissent en peu d'heures, sortans l'vne pres l'autre, retirans aucunement à celles de la Flambe, & composées de neuf petites fueilles, dont il y en a trois qui sont pendantes contre bas, & ont au bord vne tache qui est pour la plus part rouges les autres trois sont vn peu releuées contremont; & les autres trois qui respondent à celles de la Flambe; qui couurent le bord de sa fleur, sont plus grandes en cette fleur & plus menuës à proportion de la plante, & sont droites au milieu de la fleur, & descoupées au bout. Apres il y vient des boutons longs, pleins d'vne graine ronde, & petite comme celle des Raues. Sa racine est bul-

Liu. 7. de l'hist. ch 13.

Liu. 19. ch 5.

Au liure des fleurs. ch. 48.

La forme.

Sisyrinchion, de Dodon.

Sisyrinchion petit, de l'Escluse.

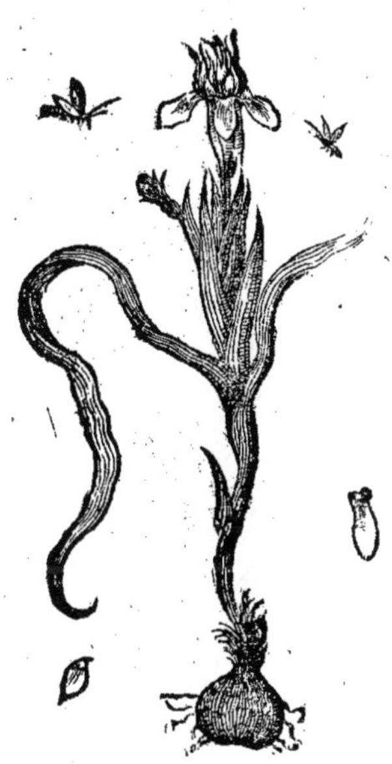

beuse, & a deux Bulbes l'vn sur l'autre, comme celle du Glayeul, & est douce & bonne à manger couuerte d'vne certaine peau à mode de ret, laquelle est plus espesse aux Bulbes qui sont gro qu'aux petits : car il semble qu'il y en a deux especes, qui toutefois ne sont differentes que pour ra
Liure 2. des Plãtes d'Esp. chap.10. son de la grosseur. Il en croist en Portugal & autres lieux d'Espagne. L'Escluse a mis le pourtrait d la *seconde espece de Sisyrinchion*, qui est semblable au precedent ; toutefois il est plus petit en tout par tout, & a les fueilles plus grailes, & la fleur beaucoup plus odorante. Les Espagnols l'appellen *Lirio*, & d'autres *Macucas*. L'Escluse estime aussi que c'est le *Sisyrinchion* de Theophraste. Il se treuue au Royaume de Valence, & encor plus en l'Andalousie.

De l'Ornithogalon, *CHAP. XVIII.*

Les noms. Liu.1 ch.10. COMME les Grecs appellent cette plante ὀρνιθόγαλον, aussi les Latins l'appellent *Ornithogalon* ; & Pline *Ornithogale*. Il semble, dit Ruel, qu'elle esté ainsi nommée de la blancheur des poules, pource que ses fleurs sont blanches comme laict par dedans ; ou bien à cause que sa racine est faite comme vn œuf blanc : car elle retire aux œufs des oiseaux, estant fort
Liu.2.c.138. *La forme.* blanche au dedans. C'est, ainsi que dit Dioscoride, vne tige tendre, menuë, & blancheastre ; de la hauteur de deux paumes, ayant trois ou quatre branches tendres à la cime, garnies de fleurs verdastres par dehors, & blanches comme laict par dedans, entre lesquelles sort vn chatton tout dechi
Li.9.c.17. quetté, lequel on fait cuire auec le pain comme la Nielle. Sa racine est bulbeuse, bonne à manger tant cruë que cuite. Pline le descrit aussi, disant : *L'Ornithogale a la tige tendre, blanche, d la longueur de demy pied ; la racine bulbeuse, & molle, auec trois ou quatre qui sortent à costé d'i celle. On en fait cuire parmy de la boüillie.* Ruel prend pour *l'Ornithogalon*, la plante que les païsans d'autour de Soissons amassent, laquelle a la racine ronde, qui semble estre bulbeuse, du milieu de laquelle il sort vne petite tige, auec trois ou quatre branchettes à la cime. Ses fueilles sont menuës comme des cheueux. Ses fleurs sont petites, verdastres par dehors & blanches comme laict par dedans, lesquelles sont entassées ensemble comme des espics, qui semblent estre composez d'escailes, & retirent à vne pomme de Pin. Ceux de Soissons l'appellent *Churles* : les enfans mesme connoissent cette plante en ce païs-là, & se tiennent aupres de la charrue quand on laboure la terre, ou que l'on fait les seillons, pour amasser ses racines, lesquelles sont beaucoup plus plaisantes à manger que des chastaignes. Les païsans les mangent tant crues que cuites sous les cendres chaudes, & ont vne fort souëue odeur, qui fait auoir merueilleusement bonne haleine.

Ces

este racine est quasi toute ronde, couuerte d'vne escorce brune, ayant au dedans vne poulpe rt blanche & odorante. Elle verdoye au Printemps ou en Esté. On l'arrache en Hyuer ou en utonne, en labourant les terres. Ses racines se gardent long temps : tellement que les païsans temps de cherté mangent de cela comme on feroit de chastagnes. Et n'y a viande qui soit creuë ns terre, de laquelle l'on mange plus volontiers en temps de disette. Les porceaux en sont mer- *Le temps.*

Ornithogalon I. de Matthiol.

Ornithogalon II. de Matthiol.

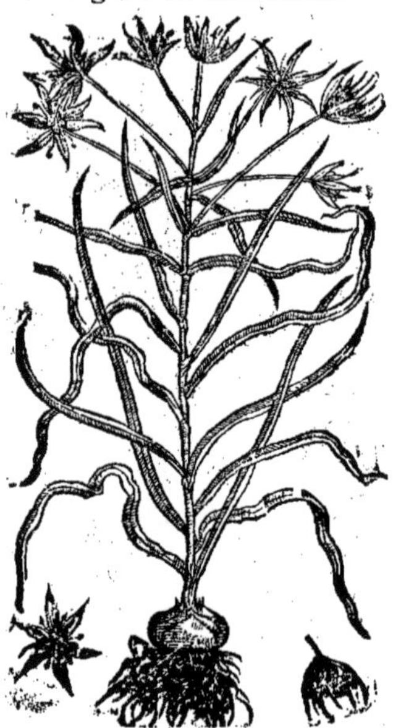

rnithogalon Leucanthemon, de Dodon.

ueilleusement friands ; tellement qu'ils fouïssent la terre, auec le groin, & s'assemblent par troupes pour en chercher. Les païsans ne trouuent point chose meilleure ny plus plaisante à manger de toutes les plantes qui viennent d'elles mesmes. Mesme on en sert és bonnes tables. Or Dodon estime que ceste plante n'est pas *l'Ornithogalon*, mais *vne espece de Bolbocastanum*. Car sa racine est à mode de Bulbe, & a le goust des chastagnes, comme le nom de *Bolbocastanum* le porte. Nous auons mis icy le pourtrait de deux plantes, lesquelles Matthiol pred pour les *deux especes d'Ornithogalon*, dont l'vne & l'autre comme ayant la tige garnie de fueilles, est differente de *l'Ornithogalon*, duquel Dodon a mis le pourtrait, le prennant pour celuy de Dioscoride. Il l'appelle aussi *Bulbum leucanthemon*. Il a beaucoup de fueilles estroites, moindres que celles du Grame, entre lesquelles sort la tige de la hauteur d'vne paume au plus, ronde, lisse, & sans fueilles ; à la cime de laquelle il y a des fleurs esparpillées en nombre de six ou sept, verdastres par dehors, & blanches par dedans, composées de six petites fueilles comme des petites fleurs de Lys, specialement auant qu'estre espannies. Icelles s'ouurent quand le soleil luit ; mais la nuit, ou quand le temps est couuert, elles se ferment. Apres il y vient des boutons triangulaires, semblables à la graine de Cachrys, dans lesquels il y a vne graine menuë. Sa racine est bulbeuse, pleine d'vn suc visqueux, d'vn goust fade & aqueux pour la plus part, auec vn bien peu d'acrimonie. Il s'en treuue parmy les terres à froment en plusieurs endroits du païs de Brabant. Il fleurit en May. Le

Liure des fleurs, ch. 53

Sur le chap. 138. du 2. liu.

Pp 4 mesme

Liu. des purgat. app. c. 6.

meſme Dodon en vn autre lieu met vn autre *Ornithogalon*, quil ſurnomme *Narbonenſe*, qui n'eſt pas fort different des precedents. Il a les fueilles longues, & menuës, plus eſtroites que celles des autres ; la tige tendre, de la hauteur d'vne coudée ou dauantage ; ſans fueilles, garnie de beaucoup de fleurs dés le milieu iuſques à la cime, leſquelles ſont verdaſtres par dehors ; mais par dedans elles ſont blanches comme laict, à mode des fleurs du Phalangion. Son fruict eſt vne gouſſe à triangle pleine de graine : pour ſa racine il a vn petit bulbe longuet. Il croiſt parmy les terres à froment

Ornithogalon de Narbonne, de Dodon.

Ornithogalon grand, de Myconus.

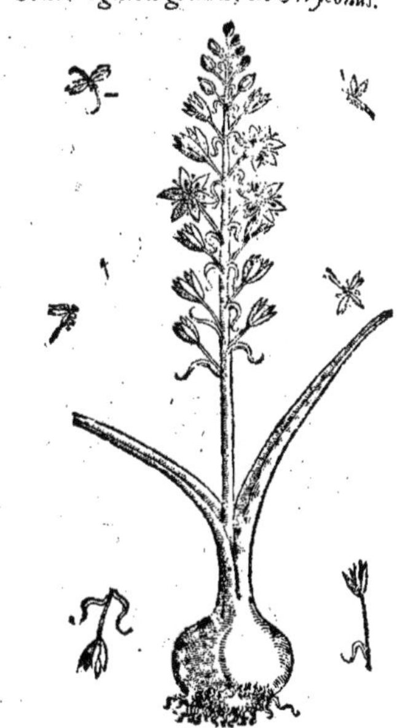

Ornithogalon iaune de Lobel : Bulbe ſauuage, de Dodon.

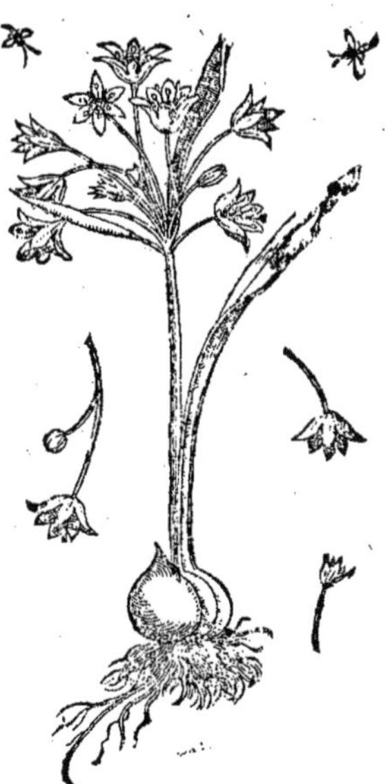

en Languedoc, & aupres de Montpelier. Aucuns eſtimen
que c'eſt le *vray Ornithogalon* de Dioſcoride. Mais quan
aux precedens, Dodon ne les reçoit pas pour *vrais Ornith
galons*. Myconus nous a enuoyé le pourtrait d'vn *Ornith
galon* ſéblable à celuy de Languedoc de Dodon. ſinon qu'
à la grandeur. Il croiſt, dit-il, parmy les bleds, de la hautet
d'vne coudée & quelquefois dauantage. Sa tige eſt liſſe, rõ
de & maſſiue à mode de celles des Affrodilles, garnie d
fleurs qui ſont blanches au dedãs, compoſées de ſix petit
fueilles, vertes par dehors, & attachées à vne petite queu
aupres de laquelle il ſort de la tige vne petite fueille q
embraſſe la queuë. Au milieu de la fleur il y a beaucou
de filets comme és Roſes. Sa racine eſt groſſe, bulbeuſ
blanche & ſolide, ſans eſcailles, douce, iettant des cheu
lures par deſſous en rond, à mode de la coronne d'vn Moi
ne. Or d'autant que ceſte plante a le meſme gouſt de *l'Or
nithogalon commun*, & la meſme figure quant aux fueilles
aux fleurs ; Myconus conclud par là, que c'eſt *vne ſpe
d'Ornithogalon*, nonobſtant qu'il ait les fueilles deux foi
plus grandes & plus larges ; à raiſon dequoy il l'a appell
Ornithogalon grand. Il dit, que c'eſt vne plante rare, & qu
n'en a treuué qu'en deux endroits, vne fois à Tolede, & l'a
trefois à Barcelonne. Aucuns, dit Pena, prennent pour eſp
ce *d'Ornithogalon* vne plante qu'ils appellent *Ornithogal
luteum*. Car combien que *l'Ornithogalon* ſoit nommé, pou
ce que ſes fleurs ſont blanches comme les œufs, ou les pl
mes de quelques poules, & non pas comme leur laict, atte
d

Narcisse IV. de Matthiol.

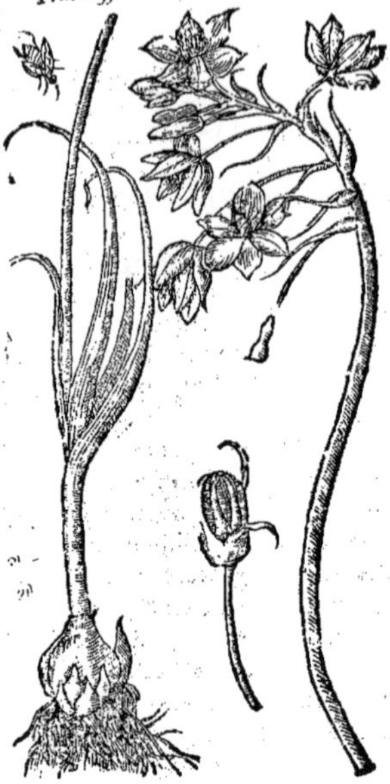

du qu'elles n'en ont pas, si est-ce que pour raison de sa figure il la faudra appeller *Ornithogalon.* Elle a la fleur iaune, fort belle, & n'est pas fort frequente en Italie, en Langue doc, & aux autres païs chauds: mais il dit, qu'il en a cueilli en Auuergne, & aupres des murailles de Lyon, & mesme au faubourg de la Cuillotiere, en certaines terres pleines de grauier; & aussi au Bourbonnois sur le grand chemin qui va à Paris, & en plusieurs endroits de Flandres; & en Angleterre en certains bois aupres de Sommerset. Toute la plante est beaucoup plus petite que *l'Ornithogalon blanc*; mais au demeurant elle luy retire du tout. Elle fleurit au mois de Mars Elle n'a pour la plus part qu'vn bulbe semblable à celuy de l'Ail porreau, vn peu plus long & sans odeur, & a moins de fueilles que *l'Ornithogalon*: mais elles sont plus larges. Ses fleurs sont entierement semblables à celles de *l'Ornithogalon*, esparpillées, & verdastres par dehors: mais iaunes par dedans. Fuchse & Tragus l'appellent *Bulbe sauuage.* Cordus la nomme *Sisyrinchion:* Lacuna l'appelle *Bulbus esculentus.* Il ne sera pas hors de propos de mettre icy vne belle plante moyenne entre *l'Ornithogalon, & les Narcisses:* car elle a la racine comme *l'Ornithogalon*; les fueilles longues comme les *Narcisse*; vne seule tige, lisse par le bas, de la hauteur d'vn pied ou d'vne coudée, fourchue à la cime, & chargée de fleurs blanches comme laict, faites à mode d'vne coupette, composées de six petites fueilles à mode de rayons, moindres que celles du Tulipan, & obtuses; au milieu desquelles il y a vn petit bouton noir releué auec des filets iaunes tout à l'entour. Sa aine est enclose en vne gousse ronde semblable à celle de *l'Ornithogalon.* Toute la plante a vne nne odeur, & aromatique. En Flandres on la tient dans les Iardins. Or comme elle est rare, aussi en sçait on pas encor l'vsage. Matthiol la met pour la *quatriesme espece de Narcisse.* Lobel l'aplle *Lilionarcissus pulyanthes*: les modernes *Lilium Alexandrinum*; les Italiens *Hyacintho del par nostro,* à cause des boutons de sa fleur. Voilà ce qu'en dit Lobel.

Du Trasi, *CHAP. XIX.*

Este plante est rare; car les Herboristes disent, qu'il n'en croist point ailleurs de soye mesme, qu'au beau païs d'alentour de Veronne assez pres de la ville, où on la cultiue aussi, en terre grasse & arrousée. Alexandre Benoist dit, qu'on la plante aussi en certains lieux sablonneux aupres de la riuiere de l'Adice. En ce païs là on appelle ses raes *Trasi*, & *Trasi dolce*, & *Dolzolini.* Guilandin & Dodon appellent la plante *Dulchinum*: Pena ppelle *Cyperus esculentus*, pource que ceste plante est vrayement *vne espece de Souchet*, soit pour regard de sa racine, ou du reste de toute la plante, & du lieu où elle croist, & semble qu'il n'y aura erence que pour raison du goust des racines, qui sont bonnes à manger & profitables. Or Matiol dit, qu'elles sont bulbeuses, de la grosseur d'vne feue, longuettes, & ridées quand elles sont hes. La plante a la fueille longue, à mode des roseaux; auec vn dos releué, faite à triangle, semble à celle du Souchet. Elle fait des tiges de la hauteur d'vne coudée, anguleuses, à la cime deselles il y a des petites fueilles disposées en estoile, entre lesquelles il sort des fleurs en espic, ou ode de crins iaunastres. Elle a beaucoup de racines menuës, ausquelles il y a des petits Bulbes nds, & longuets attachez, de la grosseur d'vne feue, de couleur rougeastre, pleins au dedans vne mouëlle blanche, & douce, du goust des chastagnes. On amasse ces petits Bulbes en autom-, & puis on les plante au printemps pour les faire multiplier. Aucuns estiment que ceste plante le κύπειρον ἐδώδιμον de Theophraste, c'est à dire, *Le Souchet qui est bon à manger*; au lieu que les ines des autres sont ameres, & ne valent rien pour manger. *Les racines desquelles,* dit Theophra-, *sont douces: mais celles qui sont sur terre ne le sont pas, comme celles du Grame, du Souchet, de l'Ache, & de l'Alexandre, & des autres qui sont bonnes à manger, & qui croissent dans les marais riuieres.* Aucuns estiment que c'est ce que les Medecins Arabes appellent *Halalzelin*; mais ils trompent: car *Alzelin* est mis par les Arabes au nombre des fruicts ou graines, non pas entre les cines. Car Serapion en escrit ainsi; *Halalzelin,* c'est à dire, *Le grain Zelin, est vne graine qui est asse, de la grosseur d'vn Pois ciche, citrine par dehors, & blanche par dedans, de bon goust. On l'apte de Barbarie.* Ce qu'Auicenne confirme aussi, disant: *La graine Alzelin est de bon goust, & croist quartiers de Herzuz.* Dont il appert, que ceste graine est bien differẽte du Trasi. Or Matthiol dit, que

Les noms.

La forme.

Chap. 317. des simpl.

Chap. 304.

De temperament & les vertus.

Trasi auec la fleur, de Matthiol.

que la purée, ou bouïllon espez de ces racines guerit les accidents de la poitrine & des costez, à raison dequoy elle est fort bonne à la toux. On les broye, puis apres il les faut mettre tremper dans du bouïllon de chair; apres on en tire la purée les pressant dans vn linge, laquelle aucuns modernes ordonnent parmy les breuuages qui seruent pour eschauffer la personne à l'amour. Elle est aussi bonne contre l'ardeur de l'vrine, & à la dysenterie; d'autant qu'elle rabbat l'acrimonie des humeurs, principalement estant prinse en eau dans laquelle on ait trempé vn fer chaud. On en sert au dessert de table à Veronne. Ces racines, autant qu'on peut iuger par l'experience, & par leur douceur, sont mediocrement chaudes & humides, mais elles engendrent quelques ventositez. Lobel dit, que ces racines estans plantées en terroir humide en Flandres ont produit vne infinité de racines à mode de cheueux; & qu'elles prouoquent à luxure, & sont mediocrement detersiues & humides; à raison dequoy elles aident à cracher les mauuaises humeurs de dedans la poitrine. Quelques vns veulent que le Trasi soit la *Malinathalla* descrite par Theophraste, qui croist aux sablons d'autour du Nil; ronde, de la grosseur d'vne Nesfle, ayant la fueille comme le Souchet, fort douce, laquelle ceux du païs mangēt au dessert cuite auec brouët d'orge.

Liure 4. de l'hist. ch 10.

Des Truffes, Champignons, & Potirons, CHAP. XX.

Les noms.

GALIEN dit, qu'il faut mettre au nombre des Racines ou Bulbes ce que les Grecs appellent ὕδνα, & οἴδνα: les Latins *Tubera*: les Arabes *Ramech, Alchamech, Tumer & Roma*: les Italiens *Tartuffi*: les Allemans *Hirthzbrunst*: les Espagnols *Turmas di tierra*: les François *Truffes*. On les appelle ὕδνα, à cause des pluyes; & οἴδνα, à cause de leur grosseur. Or à fin que personne ne soit abusé par l'ambiguité de ce mot de *Tuber*, il faut noter qu'il y a certain fruict d'arbre qu'on appelle en Latin *Tuberes*, duquel Pline a traitté. Aussi le *Pain de Porceau* s'appelle *Tuber terra*. Au reste

Liu. 15. c. 14
Liu. 2. c. 159

Truffes, de Matthiol.

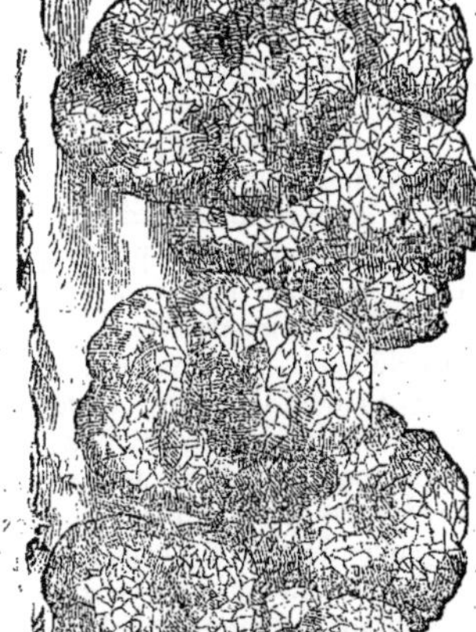

Dioscoride dit, que les *Truffes* sont racines rondes, sans fueilles & sans tige, iaunastres. On les amasse au printemps pour les manger tant crues que cuites. Pline les descrit bien plus clairement disant:

Liu. 29. c. 11 & 12.
La forme.

Puis que nous sommes entrez sur les miracles de nature, il faut les poursuiure. Or elle est bien esmerueillable en ce qu'elle fait viure certaines choses sans racine ny filaments, comme sont les Truffes, lesquelles croissent en terre sans racines ny filamens, & sans que le lieu où elles croissent en soit bossu pour cela, ny qu'il y ait aucune fente ou creuasse; mesme elles ne tiennent point à la terre. Toutefois elles ont vne escorce faite de telle sorte, qu'on ne scauroit dire que ce fut terre, ny autre chose qu'vne pelotte de terre. Elles viennent le plus souuent és lieux sablonneux parmy les boccages & buissons. On en treuue quelquefois de plus grosses qu'vne pomme de coing, mesme qui pesent vne liure. Il y en a de deux especes: car il y en a de sablonneuses, qui gastent les dents, & des autres qui sont pures & nettes. Il y en a aussi de rousses, de noires, & de blanches: mais les plus estimées de toutes viennent de Barbarie. Or on ne scauroit determiner si elles croissent, ou bien si ceste imperfection de terre (ainsi les faut-il appeller) prend tout en vn coup son creu; ny si elles ont vie ou non: car elles sont suiettes à putrefaction comme le bois. Au reste il n'y a pas long temps, que Lartius Licinius iadis Preteur à Rome, & pour lors Iuge à Carthagena en Espagne, mordant en vne Truffe rencontra auec la dent vn denier Romain, de sorte qu'il se pensa gaster les dents de deuant. En quoy on peut voir que les Truffes son

Especes.

ut faites d'vn certain amas de terre, comme aussi sont toutes les choses qui croissent naturellement & se peuuent ny semer, ny planter. Vn peu apres il adiouste: *Pour parler particulierement des Truffes, tient pour certain que quand l'automne est fort pluuieux, & qu'il tonne souuent, qu'alors il sera bonne ison de Truffes: mais principalement quand il tonne fort. On dit aussi qu'elles ne durent qu'vn an, & elles sont plus tendres au printemps qu'en tout le reste de l'année. En certains lieux les Truffes s'engendrent dans les ruisseaux, & cours des eaux, comme à Mytilene, où il n'y auroit point de Truffes, si ce estoit l'inondation de eaux, qui en ameinent la semence de Tiara, qui est vn lieu fort peuplé de Truffes. uant aux Truffes d'Asie les meilleures s'apportent d'aupres de Cirse, & d'Alopeconnesus. Quant à celles de Grece, les meilleures viennent au territoire de Belueder en la Morée.* Voilà ce qu'en dit Pline. u reste Matthiol dit, qu'on en treuue de deux sortes au territoire de Rome, dont les vnes ont la air blanche: les autres l'ont brune. Toutes ont vne escorce creuassée & noire. Il y en a encor vne *oisiesme espece*, qui croist au Val d'Ananie & au territoire de Trente, qui sont rousses, beaucoup us petites que les autres, d'vn goust fade & mal plaisant. Or Galië dit, que les *Truffes* n'ont aucune qualité remarquable; tellement que pour raison de cela on les apreste tousiours en quelque usse, comme on fait les autres viandes qui sont fades, & sans aucun goust; lesquelles sont toutes telle nature, que la nourriture qu'elles donnent n'a aucune qualité remarquable, si ce n'est qu'elle est aucunement froide: mais elle est grossiere à proportion de la viande: car les *Truffes* engendrêt sang grossier; au lieu que les courges font vn sang humide & subtil; & les autres viandes de esme, à proportion. Toutefois Auicenne en traitte bien autrement. Les *Truffes* sont composées vne substance qui est plustost terrestre qu'aqueuse, Elles participent aussi d'vne substance aërée subtile; mais bien peu, & n'ont point de goust particulier. Elles engendrent des humeurs grosses melancholiques plus que quelque autre viande que ce soit; tellement que si on continue d'en manger souuent, il est à craindre qu'elles ne causent vne apoplexie ou paralysie. En outre elles sont difficile digestion, & chargent l'estomac. Mais les *Potirons*, ou *Champignons* sont encor plus dangereux que les *Truffes*: Les Grecs les appellent μύκητες: les Arabes *Hatar*, ou *Father*: les Italiens *Funno*: les Espagnols *Hongos, Cogomelos*, & *Cylherquas*: les Allemans *Pfifferling*, & *Reysken*. Dioscoride en establit deux especes, à sçauoir de ceux qui sont bons à manger, & des autres qui sont dangereux. Or il y a plusieurs choses qui les font estre dangereux, comme s'ils croissent aupres de quelque fer enrouillé, ou de quelque piece de vieil drap, ou aupres du creux de quelque serpent, ou de quelque arbre venimeux. Ceux qui sont tels sont pleins de ie ne sçay quelle ordure, & d'vn phlegme congelé, & se pourrissent peu de temps pres qu'ils sont cueillis. Mais ceux qui sont bons à manger, donnent bon goust au bouillon où s sont cuits: toutefois si on en vse trop souuent, ils font mal, & ne pouuans estre digerez, ils ndent la personne en danger d'estre estouffée; ou engendrent la colerique passion pour à quoy buier il faut boire du Nitre, (Oribaze dit *de l'huile*) ou bien de la lexiue auec de la saumure igre; ou la decoction de la Sariette ou de l'Origan. Il est bon aussi de boire du fient de poules uec du vinaigre, ou d'en vser apres l'auoir reduit en looch auec du miel. Ils donnent quelque ourriture au corps; mais ils sont de difficile digestion: car le plus souuent ils s'en vont auec les xcremens sans estre aucunement changez ny alterez. Voilà ce qu'en dit Dioscoride. Matthiol it qu'il y a plusieurs sortes de *Potirons qui sont bons à manger*, principalement en Toscane, où il n croist plus qu'en autre quartier quel qu'il soit de toute l'Italie. Car en premier lieu il y a ceux ui sont appellez *Prignoli*, qui sortent tous les ans aux premieres pluyes du mois d'Auril, lesquels entent bon, & sont de fort bon goust, & si ne font aucun mal. En second lieu il y a ceux qu'on ppelle *Porcins*, c'est à dire *Champignons à porceaux*, lesquels estans premierement bouillis, uis apres enfarinez & fricassez au beurre, ou à l'huile, sont merueilleusement bons, & plaisans manger. Mais il s'en treuue plus de daugereux de ceste sorte que des autres, lesquels neantmoins ont bien aisez à cognoistre, quand on vient à les peler & nettoyer, & à les descouper pour es cuire. Car, comme dit Pline, aussi tost qu'ils sont coupez, ils deuiennent rouges blaffards, & puis d'vne couleur pasle & ternie, comme aussi ils ont le bord de mesme, & finalement ils deuiennent noirs, & se pourrissent ainsi en peu de temps, Auicenne aussi a eu raison de dire, que les

Champignons.

Liure 2. des alim.

Liu. 2. c. 698.

Les especes.

les noirs, ou les verds sont les plus dangereux, ou bien ceux qui sont rouges purpurins ou violets Mais le plus souuent les *Champignons* font mourir, ou pour le moins mettent en grand dange ceux qui les font cuire sur vne grille de fer, ou bien sous les cendres chaudes. Car par ce moyen n les descoupant pas, on ne peut pas recognoistre aisément les mauuais d'auec les bons. Dauantag les *Champignons* ne font pas tousiours mal, pour estre dangereux de leur costé; mais pource qu l'on en mange plus qu'il ne faut. Car attendu qu'ils ont vn suc fort gros & visqueux, ils estoupen si bien les conduits des arteres, que les esprits estans suffoquez, la personne par consequent de meure estouffée. Ce que sçachans bien les païsanes de Toscane elles ne mangēt guieres de *Champignons* sans y mesler des Aulx & du Poyure. Matthiol dit, que l'on sale les *Champignons* appelle en Toscane *Porcini*, pour les garder: car par ce moyen il ne sont pas si dangereux, d'autant qu'il perdent leur viscosité. Il met aussi beaucoup d'autres especes de *Champignons*, lesquels il nomm *Prataioli*, *Turini*, *Boleti*, *Orceiie*, *Cardarelle*, *Ordinoli*, *Parigioli*, *Vescie di Lupo*. Il en croist au non seulement en terre; mais aussi aux troncs des arbres, lesquels Matthiol dit n'estre comme rie dangereux; pourueu que les arbres ne soient pas venimeux, & qu'ils sortent de l'escorce de l'ar bre; & qu'aussi il n'y ait point de fer aupres, ny de vieil drap, ny de cauerne de serpens. Entre autre il dit qu'il en croist sur la Meleze, outre l'Agaric, & ce aux montagnes d'Ananie, lesquels pesen quelquefois trente liures la piece, & sont iaunes comme l'or, descoupez à l'entour, de fort bon goust & sans aucune amertume; combien que l'Agaric, qui croist sur le mesme arbre, soit amer. Or Ga lien a dit mieux que tous les autres, que le *Champignon*, ou *Potiron* est vne plante fort froide & hu mide, & qu'elle approche du naturel du poison; & du nombre de celles qui font mourir la per sonne, specialement ceux qui ont vne certaine qualité pourrie meslée. Et au liure des Alimens Entre tous les *Champagnions*, dit-il, ceux qu'on appelle en Latin *Boleti*, pourueu qu'ils soient bie bouillis en l'eau, approchent du naturel des viandes insipides; & toutefois on ne les mange pa volontiers tous seuls, mais on les apreste diuersement, comme les autres telles viandes fades. O ils engendrent vn sang phlegmatique & froid, & mauuais si on en mange en quantité. Cependant ils sont les moin dangereux de tous, & apres eux ceux que l'ont appelle *Amanites*. Quant aux autres il est beaucoup meilleur de n'e manger point du tout. Car on a veu mourir beaucoup d gens pour en auoir mangé. I'ay cogneu vn certain, lequ pour auoir mangé des *Potirons*, qui n'auoient pas esté asse cuits, eust l'orifice de l'estomac reserré & chargé en tell sorte, qu'il tomba en vne difficulté d'haleine, & en vn de faut de cœur: tellement qu'il fut surpris d'vne sueur froide & finalement on eust beaucoup de peine à le sauuer, en lu faisant vser des medicamens qui incisent les grosses hu meurs, comme est l'Oxymel tant seul qu'estant cuit auec d l'Hissope & de l'Origan. Car il vsa de ces choses auec v peu d'escume de nitre par dessus, apres laquelle medeci il vomit les *Potirons* qu'il auoit mangez, lesquels estoien desia aucunement conuertis en vn suc phlegmatique merueilleusement froid, & grossier. Au reste il ne faut pa oublier de mettre icy vne sorte de *Champignon* remarqua ble, lequel est appellé par Dalechamp *Fungus spongiosus*. I croist en lieux aspres & pierreux, & bien souuent au pie des Chastagners, & est iaunastre, ayant vn corps spongieux & fait à mode de toupie, de fort bon goust; tellement qu'o en fait grand cas, & l'appreste on diuersement, selon l diuersité des appetits des personnes. On l'appelle en Françoi *Morilles*, pource, peut estre, qu'il est fait quasi comme vn Meure.

Champignon spongieux, de Dalechamp.

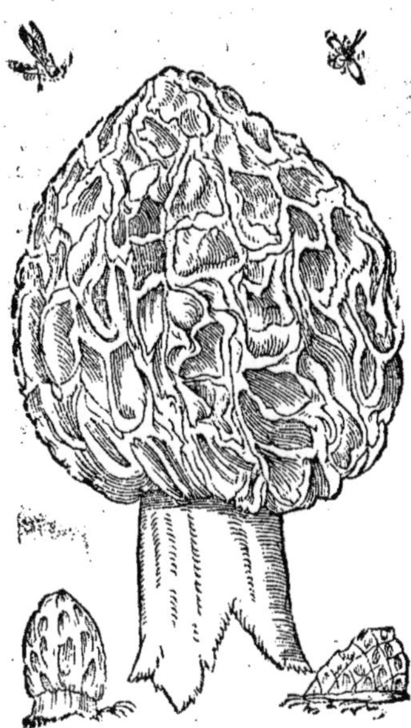

Des Affrodilles, CHAP. XXI.

Les noms. E que les Grecs appellent ἀσφόδελος, est appellé en Latin *Asphodelus*, & *Hastula regi* pource que ses fleurs sont entassées à mode d'vn sceptre Royal. On l'appelle aussi *Albi cum*, ou *Albucus*. Les Apothicaires l'appellent *Afrodilus*: les Arabes *Cheunce*, *Bhunte*, *B ruach*, *Abg*, ou *Axeras*: les Italiens *Asphodelo*: les Espagnols *Gamones*, *Gamonites*: les Al mans *Goldwurtz*: les François *Affrodille*, & *Hache Royale*. Dioscoride dit, que la fleur est appellée ἀνθέρικον, ce que Gaza ayant suiuy Pline, a traduit *Albucū*. Theophraste appelle aussi la tige ἀνθέρ

Liu. 22. c. 17. & li. 22. ch. 21. Liure 7. de l'hist. ch. 12.

Plin

line appelle la tige *Anthericum*, & la racine,ou les bulbes *Affrodilles*. Or Dioscoride ne fait mention que *d'vne espece d'Affrodille*. Pline dit, que Dionysius en a estably *deux especes* à sçauoir le *masle* la *femelle*. Mais les modernes ont remarqué *trois especes*. Au reste *l'Affrodille*, ainsi que dit Dioscoride, a les fueilles semblables aux Porreaux grands; la tige lisse, chargée de fleurs à la cime, lesquelles on appelle *Antherion*; les racines fort longues, rondes, semblables à des glands, d'vn goust acre. Les Herboristes appellent cette *Affrodille* de Dioscoride, *Affrodille blanche*: les autres l'appellent *masle*. Elle fait beaucoup de fueilles longues, estroites, semblables à celles des Porreaux, & aiguës au bout. Sa tige est rõde, lisse, de plus d'vne coudée de long, garnie dés le milieu en dessus de beaucoup de fleurs espannies, composées de cinq petites fueilles, blanches, ou rouges tirans sur le purpurin; mais fort blaffardes, auec des filets au milieu, apres lesquelles il vient des petits boutons ronds, pleins d'vne graine dure, triangulaire, & noire. Il fait beaucoup de racines qui sortent d'vne mesme origine, & sont longuettes & rondes, moindres que celles de la Piuoine, quasi de mesme couleur, acres, qui retirent aucunement à des gros glands; & sont pleines de suc. Il en croist force aux riuages secs de Languedoc, comme aussi en des montagnes bien loin de la mer, où les porceaux mangent volontiers ses racines, lesquelles ils vont cerchant par dedans terre auec le groin, quelque acrimonie qu'elles ayent. En Allemagne, & en Flandres il n'y en vient pas, sinon qu'on les y plante. Elles fleurissent en May, & en Iuin, & peu à peu, commençant à fleurir par le bas de la tige. Pline dit, que *l'Affrodille* a les fueilles longues & estroites. Vn peu apres il dit, qu'Homere a fait mention des *Affrodilles*. Sa racine est comme de nauets mediocres, & n'y a guieres plante qui en fasse en si grand nombre: car il y aura telle fois quatre vingts bulbes entassez ensemble. Theophraste & quasi tous les Grecs, & principalement Pythagoras, disent que sa tige est d'vne, & souuent de deux coudées de haut. Ses fueilles retirent à celles de Porreaux sauuages. On l'appelle *Anthericon*; & sa racine ou ses Bulbes *Asphodelus*. Nos Latins appellent la tige *Albucus*; & les Bulbes *Hastula Regia*. Or voicy ce que Theophraste en a escrit: *l'Affrodille a la fueille longue, & estroite, & aucunement visqueuse.* Item, *La tige de l'Affrodille est des plus grandes; car ce qu'on appelle Anthericus, est fort grand.* Et vn peu apres: *L'Affrodille porte beaucoup de graine, laquelle est comme de bois, & triangulaire & noire. Elle croist en vne chose ronde, qui est dessous la fleur, laquelle venant à s'ouurir en esté la graine en tombe. Il fleurit peu à peu, comme la Squille, cõmençant par le bas. Dedans l'Anthericus il croist vn vermisseau, lequel se change en vn autre petit animal qui vole, lequel ronge l'Anthericus, quand il est sec, & puis s'enuole. Or il semble qu'il ait cela de particulier de plus que les autres plantes qui sõt la tige lisse, que cõbien que sa tige soit menuë, ce nonobstant elle se iette en branches à la cime.* Voila ce qu'en dit Theophraste. Au reste ceste autre plante qui est icy peinte, approche assez bien de *l'Affrodille* de Dioscoride quant à la tige, aux fueilles, & aux fleurs: mais ses racines ne sont pas bulbeuses; ains grosses, cheuelues, & en grand nombre, sortans d'vne mesme souche. Ses fueilles sont beaucoup moindres & plus estroites que celles des *Affrodilles*, plus courtes & plus blaffardes; entre lesquelles il sort d'vne mesme racine six tiges ou dauantage, de la hauteur d'vne coudée, branchues, & garnies de fleurs qui sortent sans aucun ordre, & sont semblables à celles du precedent, sinon qu'elles sont moindres, apres lesquelles il y vient des gousses faites à triangle, qui sont premierement vertes, puis

Liu. 2 c 164. Les especes. Au mesme lieu. La forme. Le lieu. Le temps. Liure 7. de l'hist. ch. 13.

Hache Royale, ou Affrodille, de Matthiol.

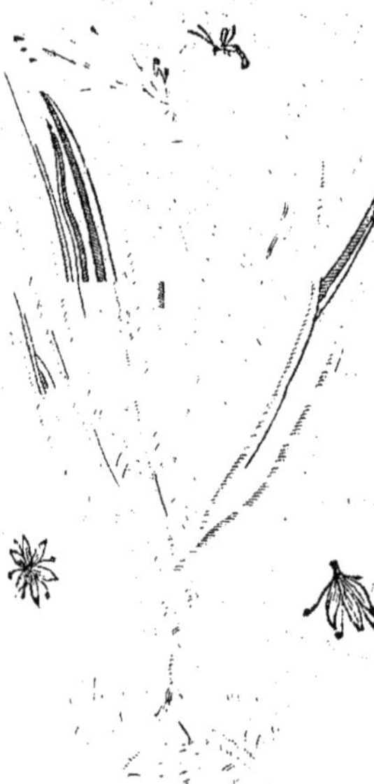

Affrodille petite de Dodon, & de l'Escluse.

puis blancheastres, pleines d'vne graine ridée au dedans, faite à triangle, moindre que celle de precedente. Dodon & l'Escluse ont nommé ceste plante *petite Affrodille*: mesme l'Escluse dit, qu'il ne croist quasi point d'autre Affrodille en tout le Royaume de Valence, ny en Calis, & en diuers lieux du Royaume de Grenade; & qu'il en croist aussi en la campagne pierreuse qui est aupres d'Arles le long des chemins. Nous en auons parlé cy-dessus *au liure des belles Fleurs*, en traitant du *Phalangion*. Quant à *l'Affrodille*, que Dodon appelle *femelle*, ou *bulbeuse*, ou *Hyacinthinus*, elle a les fueilles comme les Porreaux; toutefois elles sont plus estroites & plus menues que celles de la *premiere Affrodille*. Sa tige est droite, ronde, garnie semblablement de beaucoup de fleurs; toutefois elles sont plus rares, assez semblables à celles de la *premiere Affrodille*, composées de six petites fueilles aiguës, & de quelques filets au milieu. Ses boutons sont aussi à triangle; toutefois ils sont plus longs, & pleins de graine. Sa racine est bulbeuse, grosse comme celle du Bulbe qui est bon à manger, & encor plus. On l'entretient dans les iardins en Flandres. Elle fleurit au mesme temps que la premiere, ou vn peu plus tard. Sa tige qui est semblable à *l'Anthericus*, monstre que c'est vne espece *d'Affrodille*. Tellement qu'il peut bien estre que c'est celuy dont Galien fait mention *au liure des facultez des viandes*, comme il se verra cy apres. Lobel & Pena sont aussi de cette opinion, appellans cette plante *Asphodelus fortè Galeni*, & *Hyacinthinus*, pource qu'elle semble participer de la nature de *l'Affrodille*, en ce qu'elle a les fleurs de mesmes; & de *l'Hyacinthe*, auquel elle retire quant à la racine. Il y a encor *vne autre Affrodille iaune*, qui est ainsi nommée pource qu'elle fait les fleurs iaunes. Ses fueilles sont longues, estroites & cannelées, vertes, tirant quasi sur le bleu; plus longues & plus estroites que celles du premier. Sa tige est ronde, de la hauteur d'vne coudée, garnie de beaucoup de fleurs dés le milieu jusques à la cime, qui sont assez semblables à celles des autres, si ce n'est qu'elles sont iaunes, & ont des filets au milieu. Apres il y vient des boutons ronds, pleins de graine. Il a aussi beaucoup de racines, beaucoup plus longues & plus menuës que celles du premier, jaunastres, auec quelques cheueleures qui sortent au dessus d'icelles, par le moyen desquelles cette plante se multiplie aisément. Il en croist dans les Iardins en France, & en Flandres. Il fleurit semblablement en May & en Iuin. Il y a encor vn

Liu. 5. c. 80. des Plant. & des fleurs, chap 39.

Affrodille bulbeuse, de Galien.

Affrodille iaune de Dodon

Affrodille iaune petite, de Lobel.

Aust

iriasphodelus rouge, de Lobel.

autre *Affrodille iaune de marais*, de laquelle il a esté parlé *au liure des Plantes marescageuses*. Lobel en adiouste encor vne autre, qu'il appelle *Lirasphodelus liliflorus*, dont il a esté traitté *au chapitre de l'Hemerocallis*. Et encor *vne autre rouge*, qui a les fleurs iaunes rouges, & les fueilles cõme celles des Porreaux, mieux nourries & plus larges que celles de *l'Affrodille blanche*, recourbées au bout. Sa tige est ronde & dure, quelquefois de plus de deux ou trois coudées de hauteur, garnie à la cime de fleurs semblables à celles de Lys, qui sont aussi cannelées, de la grandeur de celles des petits Lys rouges. Ses racines sont grosses & rondes, moindres que celles des *Affrodilles iaunes petites*. Au demeurant, Dioscoride dit, que la *racine de l'Affrodille* est chaude. Prinse en breuuage elle prouoque les mois & l'vrine : beuë en vin au poids d'vne dragme elle est bonne aux douleurs de costé, à la toux, aux conuulsions, & aux rompures. Prinse parmy la viande à la grosseur d'vn dez à iouër, elle aide à vomir. Prinse au poids d'vne dragme elle est fort bonne à ceux qui ont esté mordus par les serpens. Il faut aussi reduire en liniment ses fueilles, ses fleurs & sa racine, & l'appliquer sur la morsure ; comme aussi sur les vlceres sales & corrosifs. Sa racine cuite en lie de vin est bonne pour appliquer sur les inflammations des mammelles & des genitoires, & sur les foroncles & autres telles apostumes. Auec griotte seche elle sert aux inflammations recentes. Le *suc de sa racine* cuit auec du vin vieil doux, de Myrrhe & de Saffran, est fort bon pour les yeux. Ce suc tout seul, ou auec de l'encens, du iel, du vin & de la myrrhe, est bon pour les oreilles estant tiede. Mis tout seul dans l'oreille de utre costé de la dent malade il en appaise la douleur. Sa racine reduite en cendre fait reuenir le il qui est tombé par la pelade. L'huile cuit dans ses racines creusées appliqué sur les mules, sur s vlceres, & sur les brusleures du feu, y est fort bon. Distilé dans les oreilles il en oste la douleur. a *racine de l'Affrodille* appliquée en liniment guerit la morphée blanche : mais il faut la frotter prealable auec vn linge au soleil. Sa graine & ses fleurs prinses en vin sont fort soueraines ntre le venin des scolopendres, & des scorpions. Elles laschent aussi le ventre. Galien dit, que la *cine des Affrodilles* sert aux mesmes choses que celles de l'Aron, de l'Arisaron, & du Dracon-on, à sçauoir qu'elle est detersiue. Mais la *cendre* d'icelles est plus chaude, & plus desiccatiue, & e plus subtiles parties, & plus propre pour resoudre ; tellement qu'elle guerit mesme la pelade. esiode fait aussi mention *des Affrodilles*, disant :

Le temperament & les vertus.

Liure 6. des simpl.

Νήπιοι ὐδ' ἴσασι ὅσῳ πλέον ἥμισυ παντὸς,
Οὐδ' ὅσον ἐν μαλάχῃ τε, καὶ ἀσφοδέλῳ μέγ' ὄνειαρ.

'est à dire :

Les fols ne sçauent pas combien la moitié vaut
Beaucoup plus que le tout, & quel profit on tire
Des Mauues, & aussi des Affrodilles.

lais attendu que Dioscoride dit, que la *racine de l'Affrodille* est acre & de mauuais goust, si bien u'elle n'est pas bonne à manger, il est vray semblable qu'Hesiode a parlé de quelque autre *Affrodille* : peut estre de celle de Galien, qui n'est pas si acre ne si chaude a beaucoup pres, encor qu'elle ne soit pas bouillie : car Galien en parle ainsi : *La racine de l'Affrodille* est aucunement semblable en grandeur, en figure & amertume, à celle de la Squille. Toutefois estant preparée comme les Lupins elle perd beaucoup de son amertume. En quoy elle est differente de la Squille, laquelle ne perd pas aisément sa qualité. Et de fait, Hesiode estime fort *l'Affrodille*. I'ay bien cogneu des païsans, lesquels en temps de cherté l'ont à grand peine rendue douce & bonne à manger apres l'auoir fait cuire fort longuement en eau douce. Or ceste racine est attenuatiue & aperitiue, comme celle du Dracontion : à raison dequoy on ordonne ses tendrons pour vn souuerain remede contre la iaunisse. Theophraste a aussi traitté de *ceste Aphrodille bonne à manger*, disant : *L'Aphrodille a beaucoup de choses bonnes à manger : car on mange l'Albucus estant rosti sous la cendre, comme aussi on se sert de sa graine estant rostie : mais principalement sa racine estant broyée auec des figues ; & sert à beaucoup de chose, ainsi que dit Hesiode.* Ce que Pline a emprunté de Theophraste : *On mange, dit-il, la graine des Affrodilles estant cuite ; comme aussi son Bulbe estant cuit sous la cendre chaude, auec de l'huile & du sel, ou bien auec des figues. Et de fait, il est fort bon, ainsi que dit Hesiode.* On dit aussi, qu'estant plantée deuant la porte des metairies, elle sert de remede cõtre tous charmes & sorcelleries.

Liure 1. des alim.

Liure 7. de l'hist. c. 12.

Liu. 21. c. 17.

celleries. Ce que Theophraste ny Dioscoride n'ont pas escrit des *Affrodilles*; mais de la Squill comme nous l'auons desia dit. Le mesme Pline traitte bien au long des proprietez des *Affrodille* tant du *masle* que de la *femelle*.

Du Moly. *CHAP. XXII.*

COMBIEN qu'Homere a esté le premier qui a fait mention de ce *Moly*; que Mercure donna à Vlysse pour s'en seruir contre les charmes & sorceleries de Circé disant;

Odyss. 10.
Argiphonte ayant dit, il me donne vn herbage
Qu'il arrache de terre, & m'en monstre l'vsage,
La nature & vertu: Sa racine s'estend
Grande profond en terre; & sa fleur qui s'espend
Sort blanche comme laict: Les Dieux Moly l'appellent.

Liu. 14. des Metamorph. Ouide aussi en a fait mention apres Homere, disant:

Le porte-paix Mercure vne fleur luy donna
Blanche, laquelle vient d'vne noire racine,
Moly des dieux nommée.

Si est-ce que des braues autheurs tant Grecs que Latins ont appellé particulierement *Moly* vne certaine herbe bulbeuse, specifians les lieux où elle croist, de laquelle il nous faut traitter maintenant. Aucuns estiment qu'elle est appellée μῶλυ en Grec, ἀπὸ τοῦ μωλύειν τὰς νόσους, c'est à dire, *pource qu'ell appaise les maladies.* Or pource que ce nom a esté donné à plusieurs plantes qui ont l'odeur, la figure, & les proprietez semblables, comme à la *Rue sauuage*, suiuant le tesmoignage de Dioscoride & de Galien, nous entendons de traitter icy du *Moly bulbeux* de Dioscoride, qui a comme il dit, les fueilles semblables à celles du Grame, vn peu plus larges, trainans par terre, & les fleur à mode des Violiers blancs, blanches comme laict: toutefois elles sont moindres, semblables au violettes: la tige blanche, de la hauteur de quatre coudées, à la cime de laquelle il vient ie ne sçay quoy qui est fait à mode d'vn Ail. Sa racine est petite & bulbeuse. Pline parle d'vn autre *Moly*, quand il dit; Il faut mettre au rang des herbes plus renommées celle qu'Homere dit estre nommé *Moly* par les Dieux, & que Mercure en a esté l'inuenteur, disant aussi qu'elle est fort souueraine contre les charmes & enchantemens. On dit qu'il en croist auiourd'huy au mont Phenée, & en Cyllene d'Arcadie; & qu'elle est comme Homere la descrit; & a la racine ronde & noire, grosse comme vn Oignon, & les fueilles comme la Squille; mais qu'elle est mal-aisée à arracher. Les autheurs Grecs disent, que sa fleur est iaune; & toutefois Homere dit, qu'elle est blanche. I'ay mesme cogneu vn Medecin bien entendu au fait des Simples, qui affermoit, qu'il en croissoit en Italie. Et de fait i'en ay veu qui auoit esté cueilli en la terre de Labeur parmy des rochers aspres, qui auoit la racine longue de trente pieds, encor n'estoit elle pas entiere, mais rompue. Ce que Pline a quasi tout prins de Theophraste, qui en escrit ainsi, suyuant la traduction de Gaza: *Le Moly croist au mont Phenée. On dit aussi qu'il en croist en Cyllene, comme Homere l'asseure, & qu'il a la racine ronde, assez semblable à vn Oignon, & les fueilles comme la Squille; & que c'est vne herbe fort souueraine contre les sorcelleries; toutefois qu'elle n'est pas malaisée à arracher, comme Homere dit.* Voilà ce que Theophraste en dit. Or nous parlerons premierement du *Moly* de Dioscoride. Les doctes Herboristes estiment que c'est vne plante qui croist-il y a desia long temps aux Iardins de Padouë, de Boulongne, & aussi en Flandres; & fait vn petit Bulbe longuet, quasi comme vn porreau, blanc, ayant les fueilles comme le Froment, ou le Grame. Sa fleur vient sur des petites tiges de la hauteur d'vne coudée, & est blanche, semblable à celle de l'Ornithogalon, ou de l'Ail d'Ours. Sa graine vient en des gousses. Matthiol en a mis le pourtrait, qu'il dit luy auoir esté enuoyé de Padouë par Cortusus. C'est aussi, à mon iugement, le mesme que l'Escluse dit auoir veu hors des murailles de Calis, estant en fleur au mois de Feurier, lequel il descrit ainsi: Ceste plante, dit-il, a deux ou trois fueilles semblables à celle du Grame, vn peu cottonnée par dehors, molles & recourbées contre terre, entre lesquelles il sort vne tige de la hauteur d'vne paume, lisse ronde

Liu 3 ch. 47
Liure 7. des simpl.
Liu. 25. c. 4.
Liure 9. de l'hist. c. 15.
La forme.

Moly, de Matthiol.

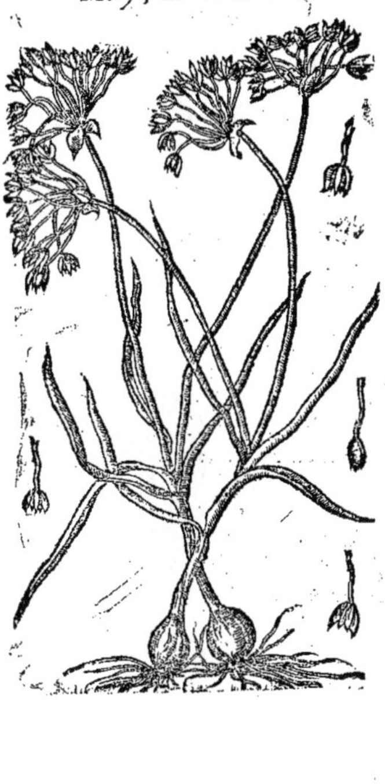

nde, & creuse, au sommet de laquelle il sort d'vne certaine membrane beaucoup de petites fleurs anches, composées de six petites fueilles. Sa racine est bulbeuse, de la grosseur d'vn Ail ou d'vne oisette, couuerte de membranes noirastres, blanche par dedans, & pleine de suc, vn peu chaude de mauuaise odeur. L'Escluse estime, que cette plante approche fort du *Moly* de Dioscoride, gulierement si au lieu de πηχέων τεσσάρων, on lit δακτύλων τεσσάρων en Dioscoride, c'est à dire, *de atre doigts de long*; l'opinion duquel est aussi suiuie par Lobel & Pena. Le mesme Lobel a mis le pourtrait d'vn autre *beau Moly*, qu'il appelle *Serpentin*, lequel croist comme celuy de Dioscoride : & a les fueilles recourbées contre terre, & la mesme odeur, & aussi vn bulbe tout semblable; mais sa fleur est blanche rougeastre, au dessous de laquelle il y a des petits Bulbes, comme *au Moly d'Jndie*. Sa racine est couuerte d'vne peau comme celle des Oignons. Sa tige est de la hauteur d'vn pied ou d'vn pied & demy. Il en croist dans les Jardins en Flandres. Outre plus il en met vn autre, *qui a les fueilles semblables à celles du Narcisse*, & la tige aussi semblable & de la mesme grandeur; mais ses fleurs sont bleuës. Ses fueilles aussi sont plattes, à mode de celles du Narcisse, quasi de mesme grandeur. En sa racine il y a des Bulbes longs & blancs comme Porreaux, attachez ensemble en grand nombre, qui sentent cõme l'Ail. Or le *Moly* que Theophraste & Pline ont descrit suiuant Homere, comme il a esté dit cy-dessus, est bien different des precedens : car il a trois ou quatre fueilles longues, comme celles de la Squille; la tige d'vne coudée de haut, grosse, creuse, & ronde, sans fueilles, chargée de beaucoup de fleurs blanches à la cime, faites en façon d'estoile, attachées à des longues queuës. Sa graine vient en des petits boutons noirs, & quasi semblable à celle des Oignons. Sa racine est grosse & blanche, couuerte d'vne membrane noire. Parmy les fueilles il sort le plus souuët vne autre tige aupres de la premiere, qui est vnie, & comme vne fueille; & porte à la cime comme vne coste d'Ail, qui est blanche du commence-

Moly serpentin, de Lobel.

Moly aux fueilles de Narcisse, de Lobel.

Moly de Theophraste & de Pline.

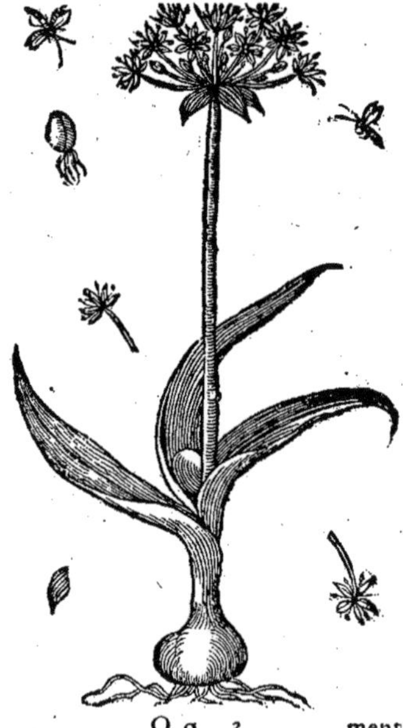

ment, puis apres pasle ; laquelle estant mise en terre bourgeonne & produit la mesme plante. Lobel l'appelle *Moly Liliflorum*. Il fleurit au mois de May dans les Iardins. Voilà comment l'Escluse l'a descrit. Dodon *en son histoire des Plantes purgatiues* en a mis le pourtrait & la description & encor d'vn autre, qu'il surnomme *Moly Indicum*, & d'autres *Caucason*, lequel fut apporté premierement d'Indes en Espagne. Il est semblable au precedent, dit l'Escluse, tant aux fueilles comme au demeurant : mais il ne fleurit iamais ; ains au lieu de la fleur sa tige, qui est pour la plus part de la haute

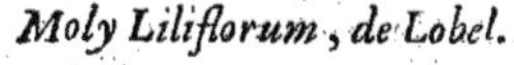
Moly Liliflorum, de Lobel.

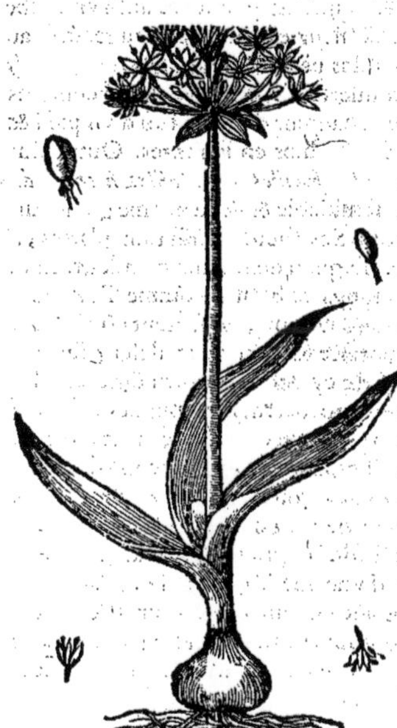

Moly d'Indie, de Dodon.

d'vn pied, vnie, & qui ne se peut tenir droite sans appuy, est chargée à la cime, d'vne teste ronde composée comme de plusieurs costes d'Aulx, & de la grosseur d'vne Nefsle, lesquelles sont premierement vertes, puis apres iaunastres ou pasles, & bourgeonnent mesme sans estre plantées en terre, mais quand on les plante, elles font de gros Bulbes ; & portent des fueilles & des tiges. Sa racine est à mode d'Oignon comme celles des autres, ronde, blanche, & couuerte de pelures, laquelle se mipartit auec le temps, & fait beaucoup d'autres Bulbes. Dodon en son *Histoire des Plantes* met vn

Liu. 4. ch. 50. autre *Moly de Pline*, lequel toutesfois n'est pas receu par les autres Herboristes, ny pour celuy de Dioscoride, ny de Pline, aussi ; mais plustost pour le *Phalangion*, comme il a esté dit en son lieu. Le mesme Dodon appelle *Pseudomoly* vne espece de Grame, qui vient le long de la marine, & est fort tendre, petit, ayant les fueilles estroites, courtes, la plus part couchées par terre, & des petites tiges tendrettes, courtes & grailes chargées à la cime de fleurs blanches ou purpurines ageancées à mode d'esmouchettes. Ses racines sont tendres, grailes, & longues.

Au liure des belles Fleurs.
Au mesme lieu.

Moly bastard, de Dodon.

Les vertus
Liu. 3 ch. 47.

Liure 7. des sim. p.

Au reste Dioscoride dit, que la *racine du Moly* est fort propre pour l'ouuerture de la matrice, si on la broye auec de l'onguent Irin, & l'applique en forme de pessaire. Or il appert, que Galien appelle μύλη ce *Moly* icy, par les proprietez qu'il luy attribue, alleguant mesme Dioscoride. Car il en traitte ainsi : *La racine de Mylis est comme vn petit Bulbe, & de vertu astringeante.* Aussi Dioscoride dit bien clairement, qu'icelle estant appliquée auec farine d'Yuroye guerit les accidẽs de la matrice. Toutefois en nos exẽplaires communs il y a μετὰ ἰρίνου μύρου, & non μετὰ αἰρίνου ἀλεύρου. Or ce que Dioscoride dit que cette racine est fort singuliere πρὸς ὑστέρας ἀναστομώσεις, il n'entend pas l'oppilation de la matrice comme peut estre quelqu'vn le pourroit interpreter mal : *mais qu'elle est propre pour reserrer la matrice qui est trop lasche* ; suyuant ce que Galien en dit ; à quoy aussi la farine de l'Yuroye est bonne, comme estant chaude & desiccatiue au troisies-degré ; comme au contraire l'onguent Irin n'y est nullement propre ; comme estant remollitif, on pour desopiler la matrice, & ouurir les Hemorroides. Il appert donc par là, qu'il faut corriger exte de Dioscoride suyuant Galien, & lire μετὰ αἰρίνου ἀλεύρου, *auec farine d'Yuroye* ; au lieu de ἀιρίνου μύρου, *auec onguent Irin*, comme aussi Lacuna l'a remarqué suyuant vn vieil exemplaire.

De l'Apio, CHAP. XXIII.

Les Grecs appellent cette plante ἄπιος, & ἰσχὰς, & ῥάφανος ἀγρία : les Latins semblablement *Apios*, & *Ischas*, & *Raphanus syluestris*. En Candie on l'appelle auiourd'huy *Pyraria*. Gaza l'appelle *Carica*, ou *Pyrus*. Les Grecs l'ont nommée *Apios*, pource que sa racine est faite comme vne Poire : comme aussi elle est appellée *Ischas*, c'est à dire *Figue*, pour la mesme raison. Dioscoride descrit ainsi *l'Apios* : *Elle fait*, dit-il, *deux ou trois branches minces, à mode de ionc, & rouges, qui n'abandonnent guieres terre. Ses fueilles sont semblables à celles de la Rue ; toutefois elles sont plus longues & verdes. Sa graine est menuë. Sa racine est semblable à celle des Affrodilles, de la fi- e d'vne Poire ; toutefois elle est plus ronde ; & pleine d'vne certaine liqueur blanche par dedans couuerte d'vne escorce noire.* Pline la descrit quasi en mesmes termes : *Apios, qu'on appelle aussi* [...]*as & Raiffort sauuage, fait deux ou trois branches à mode de ionc, rouges, couchées par terre ; &* [...]*s fueilles comme celles de la Rue. Sa racine est comme celle des Oignons, si ce n'est qu'elle est plus* [...]*nde ; à raison dequoy aucuns l'appellent Raiffort sauuage. Elle a la racine noire par dehors : mais* [...]*ce qui est dedans il est blanc. Elle croist aux montagnes aspres ; & quelquefois en lieux garnis* [...]*erbe. On l'arrache au printemps.* Theophraste en parle ainsi : *L'Apios a les fueilles comme la Rue,* [...]*ourtes : & trois ou quatre tiges couchées par terre. Sa racine est comme celle des Affrodilles : tou-*[...]*ois elle est escailleuse. Elle s'aime aux lieux montueux, & pierreux. On la cueillit au printemps.* [No]us auons mis icy le pourtrait de la vray plante de *l'Apios*, qui a esté apporté de Candie. Elle a les fueilles petites, approchans de celles de la Rue, ou du Millepertuis, qui sortent dés le commencement du Printemps ; toutefois elles sont plus brunes, auec vne ligne blanche tout du long. Ses tiges sont petites à mode de ioncs & rougeastres, pleines d'vn suc blanc comme laict. Sa racine est noire par dehors & blanche par dedans, faite à mode d'vne Poire, d'où est venu son nom. Icelle a des merueilleuses proprietez. Car le dessus d'icelle ainsi que dit Dioscoride, estant prins fait vomir les humeurs bilieuses & phlegmatiques, & le bas d'icelle euacuë par le bas lesdites humeurs. Prinse entiere elle euacuë par dessus & par dessous. Son suc prins au poids d'vn obole & demy purge aussi par dessus & par dessous. Pour le tirer, il faut piler les racines ; puis les mettre dans vn bassin plein d'eau & les bien demesler, puis apres il faut amasser la liqueur qui nage par dessus, & la faire secher. Pline traitte aussi de l'vsage de ladite racine, disant : Il faut broyer cette racine, & la mettre en vn pot de terre plein d'eau, puis ietter là ce qui nage par dessus. Ce qui demeure qui est le suc, purge par dessus & par dessous estant prins en eau miellée au poids d'vn obole & demy. Prins au poids d'vne once & six dragmes il est bon aux hydropiques. La *poudre de la racine* sechée sert aussi aux medecines purgatiues ; & dit on que la poudre du dessus de la racine fait vomir les humeurs bilieuses ; & celle du bas de sa racine les euacuë par le bas. En quoy Pline n'est en rien discordāt de Dioscoride, sinon quant à la maniere d'amasser le suc. Theophraste escrit de cette racine ce qui s'ensuit : *Il n'est pas impertinēt de di-* [...]*que toutes les parties d'vne mesme herbe ne sont pas propres à vne mesme chose : mais il est encor plus* [estr]*ange de dire, qu'vne partie d'vne racine purge par dessus, & l'autre purge par dessous comme celle* [de] *la Thapsie, & de l'Ischas, qui est aussi appellée Apios, & de la Libanotis.* Or la plante que Fuchse [p]rins pour *l'Apios*, est bien differente de celle-cy, tant pour raison de la figure que des proprietez [...]don l'appelle χαμαιβάλανον, c'est à dire, *gland de terre* : les Allemans *Erdnusz*, *Erdfeighen*. [...]e fait trois ou quatre petites tiges, ou surjeons tendres, vn peu rougeastres aupres de terre & [...]nies de veillons, auec lesquels elle s'aggraffe aux hayes prochaines, & à tout ce qui se rencon-[tre] aupres. Ses fueilles sont petites & estroites ; & ses fleurs belles, rouges, & d'assez bonne odeur. [...]e fait des petites gousses, dans lesquelles il y a vne graine menuë. Ses racines sont longues &

Apios, de Matthiol.

Les noms.

Liu. 4. c. 170.

Liu. 26. ch. 8.

Liure. 9. de l'hist. ch. 10.

La forme.

Liu 4. c. 170.

Liu. 26. ch. 8.

Liure 9. de l'hist. ch. 10.

Chap. 46. de l'hist.

Liu 4. ch. 33.

Apios, de Fuchse.

grailes, auec des petits bulbes attachez à mode de peti nauets, & de la figure d'vn gland, noires par dehors blanches par dedans, quasi du mesme goust que les Ch staignes. Il en croist à force en Hollande parmy les terr à Froment, & principalement parmy l'Orge, & dans l hayes. Il y a de doctes Simplicistes, qui estiment que c' *l'Astragalus.* Matthiol l'appelle *Pseudoapion*: Elle a dit-i beaucoup de tiges de la longueur d'vne coudée, & que quefois dauantage, couchées par terre; & des fueilles co me celles des Vesses, vn peu longues & aspres. Ses fleu sont rouges, semblables à celles des Pois, odorantes, att chées ensemble à mode de grappe; apres lesquelles il vient des gousses, dans lesquelles est la graine. Ses racin sont faites à mode d'vne figue ou d'vne Poire, en nomb de trois ou quatre attachées à des filaments, couuert d'vne escorce noire: mais la poulpe qui est au dedans, e blanche, & n'est aucunement purgatiue. Elle fleurit en Iui Il en croist par toute la Boheme, & principalement dans l vignes.

Du Pied de Veau, CHAP. XXIV.

Les noms. LEs Grecs appellent ceste plante ἄρον: Les Lati *Arum*: les Syriens *Lupha*: les Arabes & l Aphothicaires *Iarrus*, & *Sara*. Aucuns l'appe lent *Pes vituli*, pource que ses fueilles sont fai comme la trace d'vn pied de bœuf. Les Barbares l'appellent *Aron*, & *Barba Aron*, *Dracontea min* & *Serpentaria minor*, pource qu'elle retire à la Serpentaire, & qu'il n'y a autre difference, que po raison de la grandeur. Le commun populaire l'appelle *Penis sacerdotis*, pource qu'elle fait vne ti quasi à mode du membre d'vn homme. Les Allemans l'appellent *Pfaffen pint*: les Italie *Aro*, & *Gigaro*: les François *Pied de Veau*, & *Vit de Prestre*. Dioscoride dit, que le *Pied de Ve*

Liu. 2. c. 162. *La forme.* a les fueilles comme la grande Serpentaire; toutefois elles sont plus longues & moins chée. Sa tige est de la hauteur d'vne paume, purpurine à mode d'vn pillon, de laquelle il sort fruict de couleur de Saffran. Sa racine est blanche com celle de la grande Serpentaire. Pline traittant des Bulb a confondu le *Pied de Veau*, auec la *grande Serpent re*; Il faut, dit-il, mettre au rang des Bulbes ce qu' appelle en Egypte *Aron*, qui approche de la Squille qua à la grandeur; & a les fueilles comme le Lapais; la ti droite, de deux coudées de long; la racine tendre, qui peut manger crue. Il a aussi descrit la *Serpentaire* quasi mesmes termes.

Pied de Veau, de Matthiol.

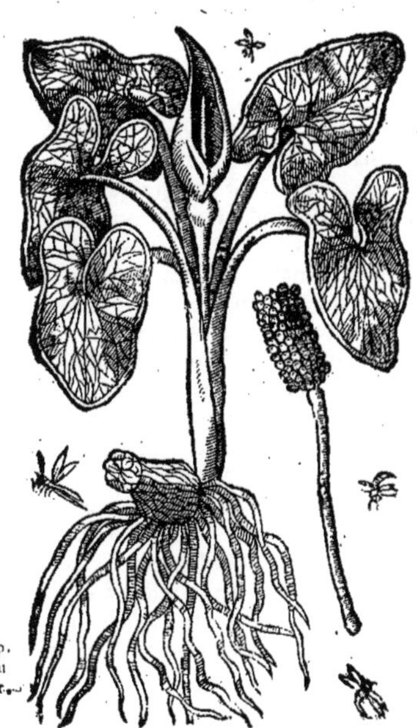

Le lieu. Le *Pied de Veau* croist és forests, & li ombrageux, humides & froids.

Les especes. Or est il assez cogneu Apothicaires, qui en ont remarqué de deux sortes: car fait les fueilles comme le Lierre, de la figure d'vn cœur, peu plus longues que celles de la Serpentaire, qui ne so point descoupées, & ont quelque peu de taches blanch par dessus. Sa tige est de la hauteur d'vne paume, blanc tirant vn peu sur le purpurin, à la cime de laquelle il vi vne membrane serrée en rond, comme vne graine, da laquelle il y a comme vn pilon. Mais comme le fruict gros, & que la graine vient à s'ouurir, le pilon commenc sortir tout massif & de couleur de pourpre blaffarde. nalement apres qu'elle est du tout ouuerte, on descou la graine qui est premierement verte, puis apres iaune, e tassée tout à l'entour en rond de fort bonne grace. Sa cine est blanche, bulbeuse, longue, auec beaucoup de c uelures, quasi comme l'Ellebore, d'vn goust fort ac

Sur le chap. 162. du 2. liu de Dioscor. Matthiol dit, qu'il en croit force en certaines montagnes Boheme; mais qu'il est beaucoup plus petit que cel d'Italie; & a les fueilles plus menuës, & la racine mo c ; à raison dequoy il l'appelle *Aron minus*. Nous auons aussi mis icy le pourtrait d'vne autre pece de *Pied de Veau*, qui a les fueilles faites à la façon d'vn fer de fleche, lequel fut enuoyé à atthiol du mont Balde par François Calzolaire. Sa tige est fort transparante, ayant à la cime mme vne grappe de grains rouges, serrez, & qui aboutit en pointe. Il a vne infinité de racines nuës, qui vont s'espandant çà & là, ausquelles il y a certains bulbes ronds attachez, de la grosr d'vne Feue, qui ont vne chair blanche au dedans, d'vn goust fort acre. Le mesme Matthiol

Autre Pied de Veau petit, de Matthiol.

Pied de Veau d'Egypte auec la fleur, de Myconius.

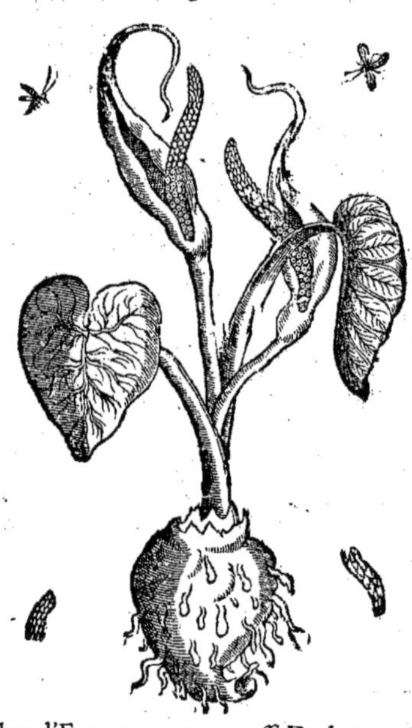

s en vn autre endroit vn *autre Pied de Veau* ; à sçauoir celuy d'Egypte ; comme aussi Dodon, qui iuy, au moins à mon aduis. Il vient, dit-il, vn *Pied de veau* en Egypte ; toutefois il est diffe- de celuy qui croist en Europe, comme estant plus grand & ayant les fueilles plus larges. Plu- rs le prennent pour la *Colocasia*. Toutefois ils se trompent ; l'opinion desquels l'Escluse a suiuy, me il a esté dit *au traitté de la Feue d'Egypte* : comme aussi l'Anguillara. Myconus a suiuy l'o- on de Matthiol & de Dodon, & pour plus grande confirmation il dit, que ladite plante a esme goust du *Pied de Veau* : & encor pour plus grande preuue, qu'elle fait vne graine comme e du *Pied de Veau*, sur vne grosse queuë, laquelle sort du milieu de la plante. Or on voit des rs au dedans de cette gaine du commencement, puis apres hors d'icelle, & finalement la ne entassée en grappe de raisin en vne queuë longue, qui sort de dedans la gaine. Ses fueilles racine retirent du tout au pourtrait que Matthiol en a mis : tellement qu'il n'y a rien de plus ette-cy que la gaine, les fleurs, & la graine entassée en grappe de raisin. Myconus dit, qu'il u cette plante fleurie à Barcelonne dans le Iardin de Pierre Guillaume Apothicaire du Roy adite ville. Au reste Dioscoride dit, que la racine du *Pied de Veau* est bonne à manger estant e : car par ce moyen elle perd beaucoup de son acrimonie. On met ses fueilles en composte t les manger. On les fait aussi cuire apres qu'elles sont seches au mesme vsage. Sa racine, sa ne, & ses fueilles ont les mesmes proprietez que la Serpentaire. Mais la racine sert particulie- ent aux goutteux, estant appliquée en liniment auec du fient de beuf. On la garde aussi com- celle de la Serpentaire. En somme elle est bonne à manger, pource qu'elle a peu d'acrimo- Pline dit, que les Grecs ont escrit merueilles du *Pied de Veau*, & qu'ils ont fait plus d'estat de melle, que du masle ; d'autant qu'il est plus dur, & plus long à cuire : & qu'au reste le *Pied de u* purifie la poitrine, & estant sec & saupoudré sur les breuuages, ou bien prins en looch, il pro- ue les mois & l'vrine. Prins en breuuage auec de l'Oxymel il est bon à l'estomac. Auec laict rebis il sert aux vlceres des intestins. Aucuns ordonnent de faire cuire la racine sous la cen- , & d'en vser auec de l'huile, asseurans que cela est fort bon contre la toux. Les autres ordon- t pour le mesme effect de boire du laict dans lequel elle aura esté cuite. Elle est fort bonne

Sur le chap. 99. du 2. liu. 1. des Purg. 1. chap 5. Liu. 2. des Plãtes d'Esp. chap. 19. Liu 2. c. 162.

Liu. 2. c. 161. *Le tempera- ment & les vertus.*

Liu. 24. c. 16

aux

aux chaudes defluxions des yeux, estant boüillie & appliquée dessus ; comme aussi aux meurtrisseu res & ternisseures; & aux inflammations des glandes du gosier. Clysterisée auec de l'huile ell est singuliere pour les Hemorroides. Appliquée en liniment auec du miel elle efface les lentilles Cleophantus dit, qu'elle sert de contrepoison contre tous venins, l'ordonnant contre les pleuresies & à l'inflammation des poulmons, en la façon qu'il a esté dit cy-dessus pour la toux. Sa grain broyée auec huile simple, ou auec huile rosat, est fort bonne contre la douleur des oreilles. Dieu ches mesloit parmy la farine, de la racine du *Pied de Veau*, & en faisoit du pain, dont il faisoit man ger à ceux qui auoient la toux, ou haleine courte, ou qui ne pouuoient auoir le souffle sans tenir l col droit; ou à ceux qui crachoient pourry. Diothimus la reduisoit en looch auec du miel pour le maladies des poulmons, l'appliquant aussi sur les os rompus. En frottant la nature de tous animau auec cette racine, on leur fait sortir le fruit du ventre. Son suc incorporé auec bon miel est fort pro pre pour resoudre les crasses qui viennent sur les yeux, & pour les accidens de l'estomac. *La deco ction de ladite racine* est fort bonne à la toux y adioustant du miel. *Le suc d'icelle* est fort souuerai pour guerir toutes sortes d'vlceres, soient chancres, soient vlceres corrosifs ; & mesme au *noli me tan gere*, qui vient au nez. Ses fueilles cuites en vin & huile sont bonnes pour appliquer sur les bruslu res. Prinses auec sel & vinaigre elles laschent le ventre. Cuites auec miel elles sont bonnes aux dis cations. Appliquées freches ou seches auec du sel elles sont fort propres aux gouttes. Hippocrates le appliquoit auec sel sur toutes apostumes. Pour prouoquer les mois il suffit de prendre deux dragm de la graine ou de la racine. Ce qui sert aussi aux nouuelles accouchées qui ne sont pas bien purgée & pour faire sortir l'arrierefaix. Hippocrate applique aussi la racine en pessaire pour cest effect. O dit qu'il est bon de manger de cette racine en temps de peste. Mesme elle desenyure ceux qui o trop beu. Son parfum fait fuir les serpens, & particulierement les Aspics, & les enyure telleme qu'on les treuue comme endormies, ou amortis. Les serpens n'approchent point aussi de ceux q seront frottez de cette racine & d'huile laurin. A raison de quoy on dit qu'estant prinse en breuua auec du gros vin elle est bonne contre la morsure des serpens. On tient que le fromage se garde fo bien és fueilles du *Pied de Veau*. Galien aussi dit, que l'on mange la racine du *Pied de Veau* comme l

Liure 2. des alim.

Raues. Toutefois il y a des contrées où elle est plus forte, approchant quasi du naturel de la Se pentaire. Pour la cuire il la faut faire boüillir, & puis ietter la premiere eau, & y en remettre d'autre q soit chaude. En Corene cette Plante est differente de celle qui croist en nos quartiers : car là ell n'y est point acre ny ne sent point sa medecine ; ains est mesme de plus d'vtilité que les Raues : & p consequent il est bien certain qu'elle est meilleure à manger que la nostre. Toutefois quand on s'e veut seruir pour faire cracher les humeurs grosses ou visqueuses qui sont amassées en la poitrine dans les poulmons, il faut vser de celle qui a plus d'acrimonie. Il est bien certain aussi que le san qui procede de cette nourriture, & qui est dispersé par le foye, & par le reste du corps, est aucun ment grossier, tout ainsi qu'il a esté dit des Raues : principalement quand ces racines n'ont aucu qualité medecinale, comme sont celles de Corene. Car celles qui croissent en nos quartiers en As

Liure 6. des simpl.

ont plus d'acrimonie pour la plus part, & sont medecinales. En vn autre passage il dit, que le *Pied Veau* est composé d'vne essence terrestre, qui est toutefois chaude ; à raison dequoy il est deters mais non pas tant que la Serpentaire. Ainsi il est chaud & sec au premier degré. Or on se sert pri cipalement de ses racines : car estans prinses en viandes elles incisent mediocrement les humeu grosses : tellement qu'elles sont propres pour faire sortir les humeurs de la poitrine en crachant. quoy Galien parle du *Pied de Veau* qui n'a comme point d'acrimonie : car il s'en treuue qui est cha & sec au troisiesme degré, à cause de sa grande acrimonie.

De l'Arisaron, *CHAP. XXV.*

Les noms. Liu. de l'Art.

CE que les Grecs appellent ἀρίσαρον, & ἄρις, est aussi appellé en Latin *Ari rum*, & *Aris* par Pline. Toutefois Hippocrate parlant de l'Ἄρις, entend *certain instrument de Chirurgien*, non pas *vne herbe*. Mais Galien en en Commentaires dit, que ἄρις οὐ μόνον ὄργανον, ἀλλὰ καὶ βοτάνη τις οὕτως ὀνομάζετ C'est à dire, *Le mot Aris signifie non seulement vn instrument : mais aussi v herbe.*

Liu. 2. c. 163.

Dioscoride dit, *qu'Arisaron* est vne petite herbe ayant la raci

La forme. Liu. 24. c. 16.

grosse comme vne Oliue, plus acre que celle du Pied de Veau. Pline fait mention apres auoir traitté du Pied de Veau, & de la Serpentaire : y a aussi, dit-il, vne autre herbe qui est appellée *Aris*, laquelle croist Egypte. Elle est semblable au Pied de Veau, sinon qu'elle est moindre, & a les fueilles pl petites, comme aussi la racine : & toutefois elle est de la grosseur d'vne grosse Oliue. Celle qu

Les especes. Sur le c. 163. de Dioscor. liu 2.

la racine blanche iette ordinairement deux tiges ; mais l'autre n'en produit qu'vne. Voilà qu'en escrit Pline. Or les Herboristes establissent *deux especes* de ceste plante. Quant à la p miere, qui a les fueilles comme le pied de Veau, Matthiol dit l'auoir euë de Lucas Ghini, l'autre est celle de l'Anguillara, que Matthiol ne tient pas pour espece *d'Arisaron*. L'Escluse estab

risaron premier, de Matthiol.

Autre Arisaron, de Matthiol.

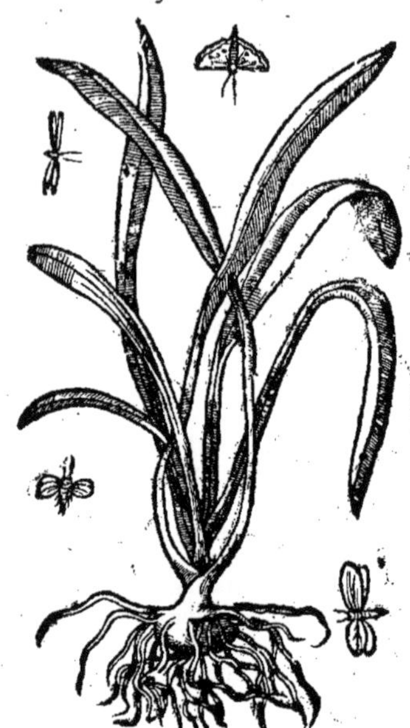

blit aussi tout autant d'especes, dont la premiere a les fueilles larges, & celles de l'autre sont oites. Celle qui a les fueilles larges les fait quasi semblables à celles du Lierre, ou du Liset, nombre de trois ou quatre, assez poulpues, molles, verdes, & acres, attachées à vne queuë gue, auec deux pointes aupres d'icelle d'vn costé & d'autre, comme celles du Pied de Veau tefois elles sont plus obtuses de beaucoup, Entre lesquelles sort vne petite queuë de deux, ou is doigts de lon, marquetée de beaucoup de taches rouges, au bout de laquelle il y a vne fleur guette, faite à mode d'vn Capuchon de Moine, ou de la fleur de la Sarrasine : toutefois elle plus grande, auec des lignes noires au bout, qui sont disposées en rayons d'estoile, contre bas. demeurant elle est blanche ; & a vne odeur de chien. Dans icelle il y a vn pilon obtuz & re- rbé, qui est comme caché dans le capuchon. Sa racine est grosse & ronde, moindre que celle Pied de Veau, noire par dehors & blanche par dedans. Quelquefois elle est à mode de Truf- & longuette, douce au commencement, puis apres acre, non toutefois tant que la racine du d de Veau, (combien que les anciens ayent escrit du contraire) auec quelques cheuelures par us. Cette espece *d'Arisaron* est aucunement differente du pourtrait du *premier Arisaron* de tthiol. Quant au *second Arisaron* de l'Escluse, il est du tout different en figure du precedent, t il a cinq ou six fueilles longues & estroites, quasi comme celles du Plantain aux fueilles estroi- vertes & reluisantes, apres lesquelles vient la fleur comme vn capuchon long & aigu, recour- en derriere & blanche, par la fente duquel il sort comme vn ver long, quelquefois de la lõgueur ne paume, & recourbé, qui est quelquefois purpurin, & quelquefois de couleur de pourpre dastre, & n'est pas obtuz au bout, mais aigu. Son fruit est fait à mode de grappe de raisin, & est ne, non pas noir, comme aucuns ont escrit sans l'auoir veu, & à grand peine sort il hors de terre. ant au *premier*, qui a les fueilles larges, il s'en treuue assez parmy les collines de Portugal, en ux pierreux, & parmy les hayes le long des chemins, où il flerit en Nouembre, & en Decembre. *Le lieu.* *Le temps.* mesme en certains lieux de l'Andalousie, en terre grasse & fertile, le long des sentiers & des mot- où il fleurit en Ianuier & en Feurier. Les Portugais l'appellent *iaro*, qui est aussi le nom du Pied Veau. Les Espagnols *Frailillos*, c'est à dire *petits Freres*, peut estre pource que sa fleur est faite à de de capuchon de Moine. Quant au *second*, il croist en lieux ombrageux, au pied des Oli- s à l'entour de Lisbonne. Myconus nous l'a enuoyé d'Espagne auec la fleur. Au demeurant e le descrit pas du tout comme l'Escluse. Par ce pourtrait, dit-il, chascun pourra cognoistre, que st *vne espece de Pied de Veau*, ou *d'Arisaron*. Car il fait vne graine longue, rousse par dedans, unement puante ; de mesme couleur que celle de la Serpentaire, dans laquelle est la graine achée à mode de grappe à vne queuë longue, qui est lisse par dessus, & aspre par le bas vers la ine, La graine est rouge apres qu'elle est meure. Il dit, qu'il en a cueilly à Guadalupe aupres *Les vertus.* Portugail. Au reste *la racine de l'Arisaron*, ainsi qu'escrit Dioscoride, estant appliquée en linimẽt Liu. 2. c. 163. reprime

Arisaron auec la fleur, aux fueilles estroites, de Myconus.

Liu 24.chap. reprime les vlceres malins & corrosifs. On en fait aussi collyres pour mettre dans les fistules. Mise dans la natu de quelque animal que ce soit elle la fait pourrir. Ce q Pline a traduit comme s'ensuit; *L'vn & l'autre sont prop aux vlceres coulants, & aux brusleures & fistules. Cuits eau & puis broyez & mis en collyre, ils arrestent les vlce corrosifs. Mais c'est vne chose estrange qu'en touchant nature de quelque animal femelle que ce soit, de l'vne de plantes, cela le fera mourir.* En quoy il y a de la fau comme il appert par Dioscoride: tellement que Cornar corrige ainsi ce passage: *Mis à mode de collyre dans les fi les.* Ses fueilles cuites en eau & puis incorporées en hu

Liure 6. des simpl. rosat, arrestent les vlceres corrosifs. Galien dit, que l'A *saron* est beaucoup plus petit que le Pied de Veau, & q a la racine de la grosseur d'vne Oliue; mais elle est be coup plus acre.

De la Serpentaire, CHAP. XXVI.

Les noms. LES Grecs appellent cette plante δρακόντιον, δρακοντία: les Latins *Dracunculus*, *Serpentar* & *Colubrina*: les Arabes *Luf*, *Alluf*: les I liens *Dragontea*: les François *Serpenta* & *Serpentine*: les Allemans *Schlangrenkraut*. Ell esté ainsi nommée à cause de sa figure; d'autant q sa tige est lisse, & marquetée de taches purpurin & ainsi est bigarrée comme vn serpent, & de mes longueur. Mesme sa cime, qui est ouuerte & cre comme vne geule, de laquelle il sort vne langue rouge, represente la teste d'vn serpent. Aux vi exemplaires Grecs de Dioscoride il y a deux chapitres de la *Serpentaire*, l'vn pour la grand l'autre pour la petite, suyuant le tesmoignage de Marcel Virgile. Toutefois Galien, ny aussi P Ægineta, l'vn des plus diligens entre tous les autheurs Grecs, & qui a fidelement allegué tout les passages de Dioscoride, n'ont point fait de mention de la *premiere Serpentaire*, ny mes les autheurs Latins, comme Apulée, Serapion. Et qui plus est en tous les anciens exemplai Latins il ne s'y treuue qu'vn chapitre de la *Serpentaire*, sans qu'il soit point fait de mention l'autre. En outre, ce qui est dit de l'vne & de l'autre, est vne mesme chose, combien que ce soit pas en mesmes termes; tellement qu'il semble que ce chapitre là y ait esté adiousté de q que autre autheur. A raison dequoy les doctes tiennent pour suppositif le chapitre de la *gra Serpentaire*; & ainsi l'ont osté de cest endroit là, & mis parmy les chapitres supposez. Toute

Liu.24.c.16. Pline confondant le Pied de Veau auec la *Serpentaire* en establit plusieurs especes disant: La pla qui est appellée *Aron*, est bien differente du *Dracontion*, combien qu'aucuns estiment que ce mesmes plantes. Glaucias n'y met autre difference, sinon que l'vn est *sauuage* & l'autre *cultiué*. cuns appellent l'Oignon de cette plante *Aron* & la tige *Dracontion*. En somme si la plante que n appellons *Dracunculus* doit estre prinse pour *Aron*, il est tout autre que la description des Gr ne porte: car *l'Aron* a la racine noire, platte & ronde, & beaucoup plus grosse que celle du *Drac culus*: car c'est tant qu'on peut tenir en la main. Au contraire la racine du *Dracunculus* est rougea & retortillée comme vn serpent, d'où est venu le nom de *Dracunculus*. Et de fait, les Grecs mis grande difference entre ces plantes, disans que la graine du *Dracunculus* est fort mordante bruslante, & qu'elle a vne si mauuaise odeur, qu'elle feroit auorter vne femme à la sentir se ment. Vn peu apres il dit, Le vray temps de cueillir le *Dracunculus*, dont i'ay parlé cy deuant, est Lune croissant, quand l'Orge commence à meurir. On tient que les serpens n'approcheront po de celuy qui portera de cette herbe sur soy, à raison dequoy aussi l'on dit, que la *grande Serp taire* prinse en breuuage est bonne contre la morsure des serpens, & que si elle n'a point tou de ferrements, elle arreste les mois des femmes qui la portent. Son suc est aussi fort propre c tre la douleur des oreilles. Mais quant à ce que les Grecs appellent *Dracontion*, on m'en a mon de trois sortes, dont l'vne auoit les fueilles semblables à la Poerée, & auoit sa tige, & la fleur p purine. Cette-cy retire fort à *l'Aron*. L'autre a vne racine longue, & comme marquetée, & co partie par neuds, & ne produit au plus que trois petites tiges. On dit que ses fueilles cuites vinaigre sont bonnes aux morsures des serpens. La troisiesme, que l'on me fit voir, auoit la fu le plus grande que le Cornouiller; la racine semblable à celle des roseaux, laquelle a ordinairem autant de neuds, qu'elle a d'années, & porte aussi tout autant de fueilles. Ceux qui me la m stroie oient, disoient que ses fueilles prinses en vin ou en eau sont propres cõtre les morsures des serpens. heophraste aussi dit, qu'il y a *vne espece d'Aron* qui est appellée *Dracontion* par ces mots : *La racine du Dracontion ne vaut rien à manger, (car il y a vne espece d'Aron qui est appellée Dracontion, pource que sa tige est marquetée.)* Or nous traittons icy du *Dracunculus* de Dioscoride, qui est different de ron, & lequel a, comme il dit, les fueilles semblables à celles du Lierre, grandes, & marquees de taches blanches ; la tige droite, de la hauteur de deux coudées, & bigarée comme vn Sernt, semée de taches purpurines ; grosse comme vn bon baston, à la cime de laquelle est son fruict tassé en grappe de raisin, qui est premierement verdastre, & puis apres iaune quand il est meur, vn goust piquant. Sa racine est aucunement ronde à mode de bulbe, semblablable à celle de l'An, couuerte d'vne escorce menuë. Il croist és lieux ombrageux à l'entour des hayes. Les doctes erboristes, comme Fuchse, Dodon, & Pena tiennent que ce *Dracunculus* de Dioscoride est la nte qui est appellée communement *Serpentaire grande*, laquelle a les fueilles comme celles du erre, marquetées de taches blanches ; la tige droite, lisse, & vnie, laquelle est toute semée de ches blanches, brunes, rousses, grises, rouges, en trauers, de biais, & sans aucun ordre ; si en que de premiere abordée il n'y a celuy qui ne fremisse, pensant que ce soit vn Serpent, & a e coudée & demie, ou deux coudées de hauteur, à la cime de laquelle il sort d'vne petite gaine e grappe entassée à mode d'vne pomme de Pin, du tout semblable à celle du Pied de Veau, auel sa racine retire aussi ; toutefois elle est vn peu plus grosse & ronde, & se multiplie par les coz. Ceux qui ne veulent pas aduouër que cette plante soit le *Dracontion* de Dioscoride, alleguent ur leur raison, qu'elle n'a pas les fueilles comme le Lierre. Mais dit Pena, ils ne disent rien qui

Liure 7. de l'hist. ch. 11.

La forme. Liu. 2. ch. 16.

Le lieu. Chap. 86. de l'hist. Li. 3. ch. 6. Pena aux Aduers.

Serpentaire grande, de Dodon.

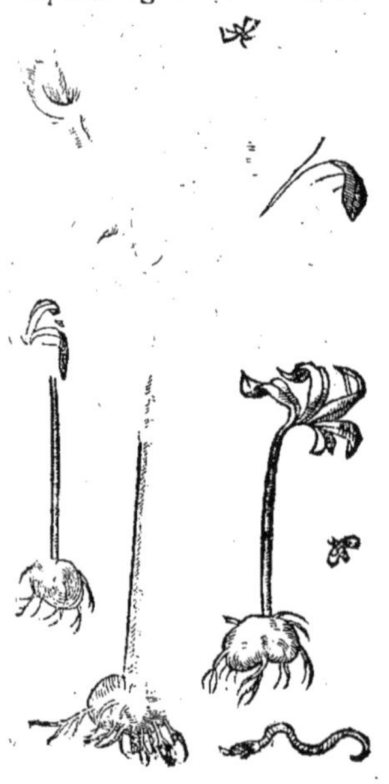

Serpentaire petite, de Matthiol.

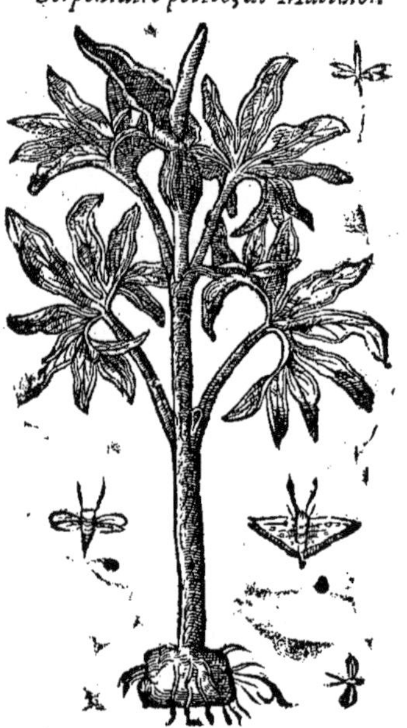

ait esté dit : car les fueilles du *Dracontion*, à cause de la suite & affinité sont comparées à celles du ierre, au lieu qu'il falloit plustost y comparer celles de l'Aron, pource que puis apres celles de Aron sont comparées auec celles du *Dracontion*, comme aussi sa racine. Enquoy Dioscoride a eu gard à la monstre de la plante, conferant ces fueilles ensemble ; d'autant qu'elles sont lisses, vertes, & d'vn mesme lustre, & que ces plantes ont grande affinité ensemble, comme il a fait aussi en comparant leurs racines par deux fois sans exprimer le grand ou le petit. Mesme ledit Pena asseure, que ceux qui ont recherché toute la Grece, n'y ont point treuué d'autre *Serpentaire*, que cette-cy, laquelle croist aussi aupres de Montpelier parmy les bleds, Glayeux, & Vaciets, & en d'autres lieux en terre grasse, où elle ne change point de figure sinon pour raison de l'aage, d'autant que souuent la graine estant abbatue par les passans, il en sort à tous propos de nouuelles plantes. Ce qui a peu faire croire à Pline, qu'il y en auoit diuerses especes, confondant tout ensemble l'Aron & l'Arisaron, comme il a fait aussi au Pas d'Asne, & en d'autres endroits. Il semble aussi que ce n'est qu'vne mesme plante qui est descrite deux fois en Dioscoride, par quelque autre Autheur que Dioscoride, combien qu'il y ait quelque peu de difference en la descriptio comme il aduient le plus souuent en tel cas. Matthiol prend cette *Serpentaire* pour le *Dracuncul petit.* Mais pour le *grand* il en prend vne autre bien differente, laquelle a la racine en forme Raue ; toutefois il n'en adiouste point de description, & dit auoir veu l'vne & l'autre à Trente & Venize. Toutefois Pena asseure qu'il s'en est bien soigneusement enquis esdits lieux ; mais que c esté en vain ; & que plusieurs tant Apothicaires, qu'autres personnages fort doctes de Padou

Serpentaire grande de Matthiol.

Serpentaire aquatique.

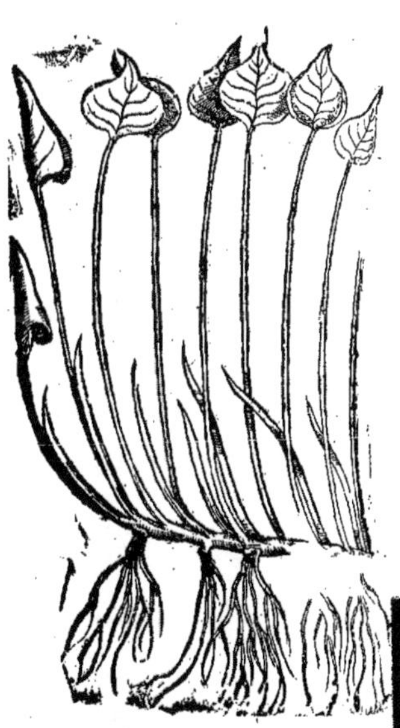

Venize, & Veronne luy ont asseuré qu'ils ne l'auoient iamais veuë, comme aussi Cortusus & Anguillara, desquels il s'en est soigneusement enquis. Or les Herboristes adioustent vne *Serpentaire d marais*, qui est appellée par aucuns *Dracunculus palustris*, & par d'autres *Aron palustre* : en François *Serpentaire d'eau*, ou *aquatique*, laquelle fait les fueilles semblables à celles du Lierre ; toutefois el les sont plus grandes, aiguës au bout, sortans d'vne tige ronde & basse, qui n'a pas à grand peine vne paume de hauteur, chargée d'vne fleur rougeastre & odorante, semblable à celle de la Serpentaire. Sa racine est cheueluë, compartie par neuds, qui s'espand au long & au large, & iette beaucoup de cheuelures en terre, sans qu'il y ait aucun bulbe attaché, ny ioint aupres, d'vn goust bruslant qui fait vessier la peau. Elle croist le long des petits ruisseaux & eaux courantes des païs tant chauds que froids, comme en Normandie, en Flandres, en l'Apoüille, & en Grenade en Espagne, d'où les autres l'ont prinse pour la replanter dans leurs Iardins. Au surplus Dioscoride dit, que *le suc* de la graine de la *Serpentaire* distillé dans les oreilles auec de l'huile en oste la douleur. Il consume le *Noli me tangere*, qui vient dans le nez, si on trempe de la laine dedans ledit suc, puis qu'on la mette dans le nez. Appliqué en liniment il reprime les chancres. Trente grains d'icelle prins auec eau & vinaigre font auorter vne femme enceinte. On dit, que l'odeur des fleurs apres qu'elles sont flestries, fait mourir les enfans qui ont esté conceuz nouuellement. Mais sa racine est chaude. Elle est bonne à ceux qui ne peuuent respirer sans tenir le col droit, aux rompures, aux conuulsions, & aux catharres qui causent la toux. Cuite ou rostie & mangée auec miel, ou toute seule elle fait cracher aisément les humeurs qui sont dans la poitrine. On en vse aussi en looch apres l'auoir sechée, & puluerizée. Prinse en breuuage auec du vin, elle prouoque l'vrine & eschauffe la personne au ieu d'amour. Broyée & incorporée en miel en y adioustant de la Coleuurée blanche, elle mondifie les vlceres malins & corrosifs ; & les consolide. On la reduit aussi en collyres pour mettre dans les fistules & pour faire sortir l'enfant du ventre de la mere. On dit que si vne personne s'est frotté les mains de cette racine, il ne sera point mordu par les viperes. Enduite auec liniment elle mondifie les taches qui sont empraintes en la peau. Ses fueilles broyées sont bonnes pour mettre dans les playes freches au lieu de charpie. Elles sont aussi bonnes pour appliquer sur les mules estans cuites en vin. Item elles gardent de pourrir les fromages qui en sont enuelopez. (Pline attribuë cecy aux fueilles du Pied de Veau, com

Lacuna. Lib. 2. c. 161.

il a desia esté dit.) *Le suc de sa racine* est bon pour guerir les mailles, crasses & taches des yeux. acine est bonne à manger pour ceux qui sont sains tant crue que cuite. Nous mangeons quelfois, dit Galien, la racine du *Dracunculus*, comme aussi celle du Pied de Veau, apres l'auoir fait illir en deux ou trois eaux, iusqu'à tant qu'elle ait perdu toute sa qualité medicinale; sur tout nd il est question d'vser de puissans remedes pour faire sortir les humeurs grosses & visqueuses sont en la poitrine, & dans les poulmons. En vn autre passage il dit, que la *Serpentaire* est auement semblable au Pied de Veau, quant aux fueilles, & à la racine: toutefois elle est plus acre plus amere, & par mesme moyen plus chaude & de plus subtiles parties. Elle est aussi vn peu astrinnte, outre les susdites deux qualitez; à raison dequoy c'est vn medicament de fort grande efficacar sa racine purge toutes les parties interieures: mais elle est specialement propre pour attenuër umeurs grosses & visqueuses, & est vn souuerain remede pour les vlceres qui sont de difficile rison. Mesme elle est propre pour purger & mondifier par tout ailleurs là où il en est besoin; & cipalement les taches blanches ou noires de la peau, estant appliquée auec vinaigre. Ses fueilles , comme ayans la mesme faculté, sont propres pour les playes freches, & pour les vlceres, & plus verdes elles sont, elles sont aussi plus propres à consolider: car estans seches elles ont plus rimonie qu'il n'est de besoin pour les playes. On tient mesme qu'elles gardent de pourrir vn age frais qui en sera enueloppé, à cause de leur temperament qui est sec. Le fruict est encor lus grande efficace, non seulement que les fueilles, mais aussi que la racine: tellement que l'on t qu'il est propre pour faire fondre les chancres, & le *Noli me tangere* du nez. Son suc aussi est pour nettoyer tout ce qui trouble la veuë.

Liure 2. des alim.

Liure 6. des simpl.

Du Pain de Porceau, CHAP. XXVII.

Les noms.

ESTE plante est appellée en Grec κυκλάμινος ou ἰχθυόθηρον: en Latin *Cyclaminus*, *Rapum*, *Tuber*, & *Vmbilicus terræ*; & par les Apothicaires *Cyclamen*, *Panis porcinus*, *Panis terræ*; & *Arthanita* par les Herboristes modernes. En Arabe *Buchormarien*, *Buthermarien*, ou *Bothormarie*: en Italien *Cyclamino*, & *Pan porcino*: en François *Pain de Porceau*: en Allemand *Erduurtz* & *Schuuenbrot*. Les Grecs l'ont appellée κυκλάμινος, ἀπὸ τῦ κύκλυ, à cause de la rondeur, pource que ses fueilles sont rondes, & sa racine aussi. *Icthioteron*, pource qu'elle fait mourir les Poissons. Les Romains l'ont appellée *Rapum terræ*, pource que sa racine grossit dedans terre comme vne ue, à raison dequoy elle est aussi appellée *Tuber terræ*: & *Vmbilicus terræ*, pource que sa racine est ronde & faite à mode d'vn nombril. Quant au nom de *Pain de Porceau*, il n'y a point de doute que les porchers ne le luy ayent donné, ayant cogneu que les porceaux mangeoient fort volontiers de cette racine. D'autres disent qu'elle est nommée *Panis terræ*, pource que sa racine n'est pas du tout ronde, mais vn peu large & platte à la façon des pains. Dioscoride establit *deux especes de Pain de Porceau*; le premier fait les fueilles semblables à celles du Lierre, purpurines, & bigarrées, marquetées de taches blanches tant dessus que dessous. Sa tige est longue de quatre doigts, nuë, chargée de fleurs à mode de Roses, & purpurines. Sa racine est noire, semblable à vne Raue, & vn peu large. Il croist aux lieux ombrageux, principalement sous les arbres. Quant à l'autre qui est aussi appellé *Cissanthemon*, ou *Cissophyllon*, il a les fueilles comme le Lierre: toutefois elles sont plus petites; les tiges grosses, comparties par neuds, lesquelles s'entortillent aux arbres voisins à mode de veillons; les fleurs blanches & odorantes. Son fruict est semblable à vn grain de Raisin, ou de Lierre, mol, & d'vn goust vn peu acre & visqueux. Sa racine ne sert à rien. Il croist és lieux aspres. Pline en descrit semblablement *deux especes*, ensuyuant quasi Dioscoride, car il dit, que le *Pain de Porceau* a les fueilles moindres que celles du Lierre, plus noires & plus menuës, sans angles, auec des taches blanches; la tige petite & creuse; les fleurs purpurines; la racine large, qui resemble à vne Raue, couuerte d'vne escorce noire. Il croist és lieux ombrageux. Nos Latins l'appellent *Tuber terræ*. Vn peu apres parlant de l'autre, il dit:

Les especes & forme.

Le lieu.

Liu. 25. ch. 9.

Au mesme lieu.

Pain de Porceau commun, de Lobel.

Il y a encor vn autre *Cyclaminus*, qui est surnommé *Cyssanthemos*, qui a les tiges comparties neuds, qui ne seruent à rien, differentes du precedent & qui s'entortillent aux arbres. Il po des grains comme le Lierre ; toutefois ils sont tendres. Sa fleur est blanche & belle ; sa racine sert à rien. En outre on m'a mõstré vne *troisiéme espece de Cyclaminus*, qui est surnõmé *Chamæci* & ne fait qu'vne seule fueille, & la racine branchue, laquelle fait mourir les poissons. Voilà qu'en dit Pline. Quant à la *premiere espece de Pain de Porceau*, elle est assez cognuë par tous les A thicaires & Simplicistes sans aucune doute ; mais il n'en prend pas ainsi de la seconde. Matt dit, qu'il s'en treuue de deux sortes de la premiere espece, suiuant l'authorité de Mesuë ; assau *le grand* & *le petit*. Quant au *petit* il dit en auoir veu seulement aux enuirons de Trente aux m tagnes d'Ananie, où il en croist à force. Toutefois il n'en a mis le pourtrait, ny la descripti ains dit simplement, qu'il a la racine petite, de la grosseur d'vne noisette ou d'vn Pois cic

Liu.2.ch 75. Quant à la *seconde espece de Pain de Porceau*, il cõfesse libremẽt qu'il ne l'a point veuë. Tragus qu'au pays de Suisse assez pres d'vne ville appellée *Curi*, & mesme aupres de Valcour, il croist vne certaine plaine parmy des arbrisseaux touffus, & en lieux marescageux, vne certaine fort be plante, qui a les fueilles rondes, & retire du tout au Pied de Veau ; tellement que du prem abord il croyoit que c'en fut ; mais l'ayant arraché il treuua qu'elle auoit la racine ronde, rou

Pain de Porceau premier, de Matthiol.

Seconde espece de Pain de Porceau à fueilles de Lierre, de Lobel.

grosse comme celle du Saffran, vn peu amere. Ses fleurs sont fort odorantes, de la couleur du B sil, retirans aux Violettes de Mars, quant à l'odeur & à la figure. Il appelle cette plante en All

Tr. 2g. liu 2. mand *Valdtzeitlosen*. Or du commencement il se trompoit, estimant que ce fut l'Hermodatte; m

c. 1. 13. puis apres il iugea que c'estoit *vne espece du Cyclaminus second*, pource qu'elle approche du tout

Li. 3. ch 11. premier, excepté qu'elle n'est pas si acre ny chaude. Elle croist aussi aux forests ombrageuses. Dod

& 48. prend pour la *seconde espece du Cyclaminus*, la plante qui est appellée communement *Vitalba*, & François *Viorne*. Cordus prend la *Dulcamara*: les autres estiment que c'est la *Coleuurée noire*, & a tres le *Periclymenon second* : d'autres prennent d'autres plantes. Pena dit, que la *seconde espece de clamimus* est assez frequente aux montagnes des Grisons, par où l'on va en Italie, en certains lie humides, & par des chemins pierreux, & qu'elle n'a pas la fueille ronde ; mais plustost à trois a gles, comme l'herbe de la Trinité, ou du Lierre petit. Et qu'elle est aussi fort commune és mo tagnes humides de Languedoc, & parmy les Iardins. Ses racines estans vieilles sont aussi gross que celles de l'autre ; mais estans nouuelles elles ne sont pas plus grosses qu'vne noisette. Les gra des font vne tige mince & tendre, couchée contre terre, de laquelle il sort des fueilles esleuées ce tremont attachées à des grandes queuës auec des fleurs purpurines à la cime, du tout semblabl à celles du *Pain de Porceau commun*. Il dit aussi, qu'il se souuient d'en auoir veu quelquefois de ...

s au printemps, qui sortoient deuant que les fueilles : car ces plantes fleurissent au printemps en automne, & sont par fois odorantes, & par fois non. Lobel a mis le pourtrait de la *seconde ece de Cyclaminus*, qui est vne plante ayant les fueilles comme le Lierre, & croist en certaines lines d'Italie, laquelle il dit auoir les fueilles vuidées, semblables à celles du Lierre, & de sme grandeur, qui sortent par des petites tiges molles & souples, qui ont plus d'vne coudée longueur. Les fleurs sont longues, à mode de petits chapeaux, de couleur de pourpre blaf- Dodon dit, qu'outre la *seconde espece de Cyclaminus* de Dioscoride, les Herboristes moder- ont remarqué quelques especes du premier, qui a la racine ronde, lesquelles sont differentes nt aux fueilles. La premiere fait les fueilles larges, & à angles, semblables à celles du Lierre, peu dentelées à l'entour, vertes-brunes par dessus, & marquetées de taches blanches. Le mi- de la fueille est blancheastre : mais par dessous elles sont purpurines, quelquefois de couleur cure & d'autrefois blaffarde. Ses fleurs sont petites, attachées à des queuës tendres pendantes tre bas, & ont les fueilles recourbées contremont, de la couleur des Violettes ; non pas tou- is obscure, & n'ont comme point d'odeur. Apres il y vient des boutons pleins de graine sur queuës entortillées à mode d'espic. Sa racine est ronde, comme vn Bulbe, ou comme vne e, & vn peu large & platte, noire par dehors & blanche par dedans, laquelle se froncit en se- nt. Lobel en a aussi mis le pourtrait sous le nom de *Cyclaminus folio hederæ*. Quant à la seconde espece, elle fait bien les fueilles larges ; mais elles ne sont pas anguleuses, ains quasi rondes, sans aucunes taches par dessus, au moins elles sont fort obscures, de couleur de vert-brun : mais par dessous elles sont de couleur de pourpre rouge. Ses fleurs sont semblables à celles de la precedente ; toutefois elles sont plus odorantes. Sa racine est vn peu plus petite. La troisiesme espece a aussi les fueilles qui ne sont pas anguleuses ; mais vn peu dentelées à l'entour, & tachetées : toutefois elles sont noires au milieu. Ses fleurs sont de couleur de pourpre plus obscur, & de fort bonne odeur. Sa racine est moindre que celle des autres. Voilà tout ce qu'en dit Dodon. Au reste Dioscoride descrit les proprietez du *Pain de Porceau*, qui ne sont pas petites, comme s'ensuit : *Sa racine*, dit-il, prinse en breuuage auec eau miellée euacuë le phlegme & les aquositez par le bas. Elle prouoque les mois, tant prinse en breuuage comme appliqué en pessaire. On dit, que si vne femme enceinte foule sur la racine, cela la fera auorter. Estant liée sur vne femme qui est en trauail d'enfant, elle la fait soudain deliurer. On la boit aussi auec du vin pour contrepoison contre tous venins, specialement contre celuy du Lieure marin. Appliquée en liniment elle est fort bonne contre les morsures des serpens. Estant meslée parmy du vin elle fait enyurer. Prinse au poids de trois dragmes auec vin cuit ou eau miellée bien detrempée, elle guerit la iaunisse : mais il faut que celuy qui boit ce breuuage soit couché en vne chambre chaude, & bien couuert pour le faire suer. Car l'eau qui sort par la sueur est a couleur du fiel. Son suc est bon à tirer par le nez pour purger le cerueau. On l'applique en suppositoire auec de la laine pour faire aller à selle. Appliqué en liniment sur le nombril, e bas du ventre, & sur les cuisses il lasche le ventre (au vieil exemplaire au lieu de κοιλίαν μα- , il y a κοιλίαν ταράττει, c'est à dire, *esmeut le ventre* ; ce qui est plus à propos, d'autant que le *de Porceau* tant prins en breuuage qu'appliqué purge fort violentement & auec grand trauail :) efois il fait auorter. Son suc enduit auec miel est bon aux cataractes & à l'esblouïssement de e. On le mesle parmy les medicamens qui font auorter. Enduit auec vinaigre il arreste le fon- ent qui tombe. Pour en tirer le suc il faut broyer la racine, puis apres le faire cuire tant qu'il espez comme miel. *Sa racine* est detersiue. Elle reprime les boutons de la petite verolle. Ap- uée auec vinaigre, ou miel elle guerit les playes. Appliquée en liniment elle consume la ratte. efface les taches du visage causées par le soleil, & mesme la pelade. *Sa decoction* est bonne pour enter les dislocations, les gouttes, les tignons de la teste, & aussi les mules. Si on le fait cuire vieil huile, il seruira pour consolider toutes les playes qui en seront engraissées. *La racine* creu- & remplie d'huile, puis cuite sur la cendre chaude auec vn peu de cire, tant que le tout soit z espez en forme d'onguent, est vn souuerain remede pour les mules, si on les frotte dudit on- ent. On garde cette racine apres l'auoir descoupée par rouëlles à mode de la Squile. On dit

Liu. des Purgat. ga. c. 13.

Liu. 2. c. 158.
Le temperament & les vertus.

conde espece de Pain de Porceau rond, de Dodon.

qu'estant broyée & reduite en trochisques elle sert aux breuuages amoureux. (Au vieil exemplaire au lieu de κοπεῖσαι, c'est à dire *broyée*, il y a καεῖσαι, c'est à dire *bruslée*.) *Le fruict de la seconde espece de Pain de Pourceau* prins au poids d'vne dragme auec deux cyathes de vin blanc, par l'espace de quarante iours, consume la ratte & la fait sortir auec l'vrine & les excremens. Il est aussi bon à prendre en breuuage à ceux qui ne peuuent respirer sans tenir la teste droite ; & pour purger les nouuelles accouchées.

Liu.25.ch.9. Pline a descrit ces mesmes proprietez en diuers endroits : *La racine*, dit-il, *du Pain de Porceau* prinse en breuuage est bonne contre la morsure de quelque sorte de serpent que ce soit. Et de fait, on la deuroit bien planter en toutes les maisons, s'il est vray, comme l'on dit, que les sorceleries ny venins ne peuuent aucunement nuire en la maison où elle est plantée. On dit aussi qu'elle enyure, si on en met dans le vin. Pour garder sa racine il la faut descouper comme la Squille, & la faire secher. On la peut bien aussi faire cuire tant que la decoction soit espesse comme miel. Toutefois cette plante porte aussi son venin : car on dit, que si vne femme enceinte passe par dessus, cela la fera auorter. Et neantmoins elle resiste au venin du Lieure marin. Mise dans les narines auec du miel elle purge le cerueau. Appliquée en liniment elle guerit les vlceres de la teste. On en fait des trochisques qui sont bons contre les cataractes des yeux, & à la veuë trouble. Prinse en breuuage auec eau, ou bien appliquée en suppositoire elle lasche le ventre. Sa racine enduite auec vinaigre guerit le fondement qui tombe. La decoction de ses racines sert pour les mules aux talons. Auec miel elle guerit les boutons de la petite verolle. Prinse au poids de trois dragmes en vn lieu chaud & bien garny contre le froid, elle fait suer vne eau de la couleur du fiel. Le *Pain de Porceau* estanche le flux de sang, soit qu'on le crache, ou qu'il coule du nez, ou par le bas, ou bien de la matrice. Sa racine seule, ou bien auec du vinaigre ou du miel, guerit les rignons de la teste. Elle est aussi souueraine aux apostumes qui rendent vne fange comme suif. Les racines appliquées auec miel font sortir toutes sortes d'eschardes ou aiguillons fichez dans le corps.

Liu. 9. de l'hist. ch.10. Elles effacent toutes les taches de la peau. Theophraste a escrit ce qui s'ensuit touchant les proprietez de la premiere espece de *Pain de Porceau* : *La racine du Pain de Porceau est bonne contre les inflammations flatueuses, & mesme pour prouoquer les mois estant appliquée en pessaire : & pour les vlceres estant incorporée en miel. Son suc purge le cerueau, estant tiré par les narines auec du miel. Il fait aussi enyurer, si on en mesle parmy du vin. La racine attachée sur vne femme sert à la faire accoucher aisément, & pour les breuuages amoureux. Aucuns apres l'auoir arrachée la bruslent, puis l'ayant broyé en vin en font des trochisques comme on feroit de la lie du vin, desquels ils se seruent pour oster les taches du visage.* Mesuë dit, que l'vn & l'autre *Pain de Porceau* est chaud & sec au troisiesme degré.

Liure 7. des simpl. Galien ne specifie pas les degrez ; mais il dit, qu'il est detersif & incisif, & qu'il ouure les entrées des veines ; qu'il est attractif & resolutif. Ce qui se voit en ses particulieres operations. Car son suc fait ouurir les hemorroides, & appliqué en suppositoire auec de la laine il lasche fort violentement le ventre. On le mesle aussi parmy les medicamens propres pour resoudre les foroncles, les escroüelles, & autres durtez. Mesme il est bon aux cataractes estant enduit auec miel : il sert aussi à purger le cerueau, si on le tire par le nez. Il est si violent, que si on en frotte le ventre par dessus il fait aller à selle, & tue l'enfant au ventre de la mere. Car aussi estant mis en pessaire il en fait tout autant. La racine fait moins d'operation que le suc ; & toutefois elle est bien violente : car elle prouoque les mois estant prinse en breuuage, ou appliquée en passaire, & sert à la iaunisse, non seulement pour ce qu'elle purge le foye ; mais aussi pource qu'elle fait sortir auec la sueur les humeurs bilieuses qui sont par tout le corps ; par ainsi apres en auoir beu, il se faut efforcer de suer. La vraye dose est de trois dragmes auec du vinaigre miellé, ou du vin cuit. Elle mondifie la peau, & mesme guerit la pelade, & les boutons de la petite verolle. Appliquée à mode d'emplastre tant freche que seche, elle sert contre la durté de la ratte. Aucuns ordonnent cette racine seche aux asthmatiques. Quant à l'autre espece de *Pain de Porceau*, sa racine ne sert à rien ; mais son fruict est de grande operation. Car estant prins auec du vin par plusieurs iours il guerit les accidens de la ratte, prouoquant l'vrine & laschant le ventre ; mesme il fait sortir l'arrierefaix, & sert aux Asthmatiques. Il est acre & vn peu visqueux au goust. Voilà ce qu'en dit Galien. Pena dit, que la seconde espece de *Pain de Porceau* a les mesmes vertus que la premiere, & qu'on s'en sert communement en Espagne contre la grosse verolle.

Du Leontopetalon, *CHAP. XXVIII.*

Les noms. Liu.3.ch.49. La forme.

LEs Grecs appellent cette plante λεοντοπέταλον; les Latins *Leontopetalon*, c'est à dire *Fueilles de Lion*. Elle fait, cōme dit Dioscoride, la tige de la hauteur d'vne paume ou dauantage, auec plusieurs ailerons, & branches, à la cime desquelles il vient des gousses comme celles des Pois ciches, dans lesquelles il y a deux ou trois petits grains. Ses fleurs sont rouges, semblables à celles de l'Anemone. Ses fueilles retirent à celles des Choux, & sont descoupées cōme celles des Pauots. Ses racines sōt noires, sēblables à celles des Raues, auec certaines bossettes cōme de neud Ell

Leontopetalon.

Elle croiſt emmy les champs & parmy les bleds. Pline la deſcrit auſſi tout de meſme: Le *Leontopetalon* eſt appellé par aucuns *Rapheion*. Il a les fueilles comme les Choux; la tige de demy pied auec pluſieurs ailerons. Sa graine vient en des gouſſes ſemblables à celles des Pois ciches. Sa racine reſemble à vne Raue, & eſt grande & noire. Il croiſt parmy les champs. Matthiol dit qu'il a veu ceſte plante auec ſa groſſe racine comme vne Raue, & noire, non ſeulement à Venize & à Padouë en certains Iardins; mais auſſi parmy les champs en Toſcane, & autres lieux d'Italie; & qu'il en croiſt à force en l'Apouille. Or Dioſcoride dit, que ſa racine prinſe en vin ſert contre la morſure des ſerpens, appaiſant toute la douleur en vn inſtant. On en met auſſi dans la decoction des clyſteres que l'on ordonne contre la ſciatique. Pline auſſi dit, que ceſte racine reſiſte au venin de toutes ſortes de ſerpens eſtant prinſe en vin; & ne ſcauroit on treuuer vn remede plus prompt. Elle eſt auſſi bonne contre la ſciatique. Galien dit, que le principal ſeruice que l'on tire du *Leontopetalon* conſiſte en ſa racine, laquelle eſt reſolutiue, deſiccatiue & chaude au troiſieſme degré.

Le liur. Liu. 27.c.1. — *Au meſme lieu.* — *Le temperament & les vertus.* — *Liure 7. des ſimpl.*

Chryſogonon de Dioſcoride, de Rauuolf.

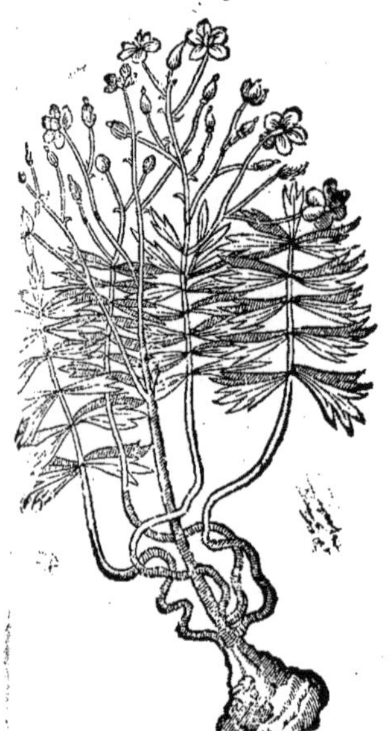

Du Chryſogonon de Dioſcoride, *CHAP. XXIX.*

AVVOLF dit, qu'en Syrie le *Chryſogonon*, qui eſt vne plante rare, croiſt parmy les bleds, de la hauteur d'vne coudée, & reſemble bien fort au Leontopetalon, quant aux fleurs, & aux tiges, & meſme quant à la racine, qui eſt à mode de Truffes, & rouge par dedans. Toutefois il y a de la difference, en ce que la tige du *Chryſogonon* eſt plus mince & plus deliée, & comme mipartie en pluſieurs branches ſeparées l'vne d'auec l'autre, à la cime deſquelles il y a des fleurs iaunes dorées, propres à mettre aux bouquets & chapeaux, ſemblables à celles du Bouillon, plus grandes, plus belles & en plus grand nombre que celles du Leontopetalon. Par le bout de la racine qui auance hors de terre, il ſort le plus ſouuent quatre tiges: car ie ne me ſouuiens point d'y en auoir veu trois ſeules, leſquelles ſont minces comme vn filet, garnies de fueilles diſpoſées deux à deux d'vn coſté & d'autres, vertes brunes, couchées par terre, & deſcoupées au bout, où elles ſont auſſi plus larges, à mode de celles des Cheſnes.

De l'Vmbilicus Veneris, ou Eſcuelles. *CHAP. XXX.*

CETTE herbe s'appelle en Grec *κοτυληδὼν*: en Latin *Cotyledon, Acetabulum,* & *Vmbilicus Veneris*: en Italien *Ombilico di Venere*. En Toſcane pource que ſes fueilles ſont faites comme les couuercles des pots de terre, ils l'appellent *Copertoiuole*: en Eſpagnol *Scudetes*: en François *Eſcuelles*. Elle eſt appellée *Cotyledon*, pource que ſa fueille eſt creuſe à mode d'vn gobelet, ou d'vn nombril. Car elle eſt ronde, ſuyuant Dioſcoride, à mode d'vn gobelet, & aucunement creuſe, & iette vne tige courte, chargée de graine. Sa racine eſt ronde à mode d'vn Oliue. Pline la deſcrit ainſi: *Cotyledon* eſt vne petite herbe, qui a vne petit tige tendre, & vne fueille graſſe & creuſe, comme la cauité de la hanche. Elle croiſt aux lieux maritimes & pierreux, & eſt de couleur de verd, ayant la racine ronde comme vne Oliue. Voilà ce qu'en dit Pline. Au reſte ceſte herbe eſt aſſez cogneuë d'vn chaſcun, & eſt

Liu.4.ch.87. — *La forme.* — *Liu.25.c.13.* — *Le liur.*

Vmbilicus Veneris, ou Escuelles, de Matthiol.

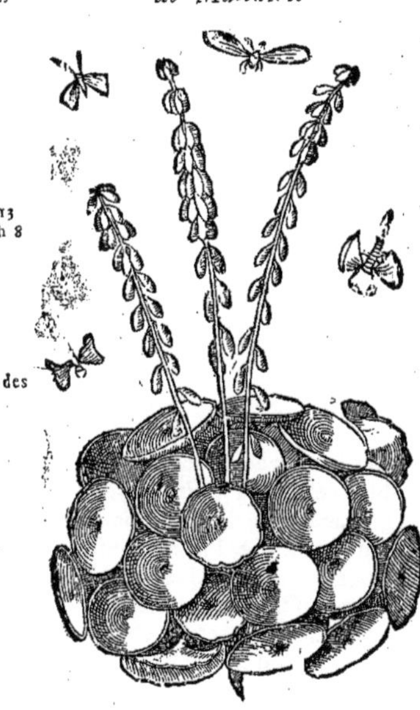

celle de laquelle Matthiol a mis le pourtrait au vray. *Le temperament & les vertus.* Le suc de sa racine & de ses fueilles, ainsi que dit Dioscoride, appliqué en liniment ou syringué, fait descouurir le membre honteux, qui autrement ne se pourroit descouurir. Il est bon aux inflammations, aux erisipeles, aux mules des talons, aux escroüelles, & à l'ardeur de l'estomac. Ses fueilles mangées auec la racine, rompent la pierre, prouoquent l'vrine. Prinses en vin elles seruent aux hydropiques. On se sert de l'herbe aux breuuages amoureux. *Liu.25 c 13 Liu.26.ch 8* Pline dit, que le suc de ceste herbe est bon pour les yeux. Item, que tant l'herbe que sa racine guerit de la grauelle, & l'inflammation des genitoires, si l'on incorpore par esgales portions sa tige, & sa graine auec de la myrrhe. Elle est aussi fort souueraine pour guerir les boutons du fondement & les hemorroides; & pour les mules des talons estant incorporée en oingt. *Liure 7. des simpl.* Galien dit, que ceste herbe est d'vne faculté meslée, à sçauoir humide & vn peu froide, auec vn peu d'astriction & d'amertume; à raison dequoy elle est refrigeratiue, repercussiue, detersiue & resolutiue. Ainsi elle est propre aux inflammations coniointes auec erisipele, & aux erisipeles auec inflammation. Mais sur tout elle est fort propre contre la trop grande ardeur de l'estomac, estant appliquée en cataplasme. On tient que ses fueilles mangées auec sa racine rompent la pierre & prouoquent l'vrine.

De la Flambe, CHAP. XXXI.

Les noms. IPIΣ en Grec s'appelle aussi en Latin *Iris*. En quelques exemplaires de Theophraste & d'Athenée il y a ἱερὶς: à cause dequoy Gaza l'appelle en Latin *Consecratrix*. Elle est appellée *Iris*, à cause que ses fleurs retirent à l'Arc-en ciel; comme aussi elle est appellée pour la mesme raison ἱερὶς, ὀρανια, & θαυμαςὸς, c'est à dire, *Sacrée*, *Celeste*, *& Admirable*. Les Arabes l'appellent *Asmeni iuni*, ou *Aiersa*: les Italens *Iride*, *Giglio azurro*, ou *Giglio celeste*: les Allemans *Blauugilgen*, *Blauuschuuertel*, & *Veieluurtz*: les François *Flambe*. *Liu.1 ch.1. Les especes.* Dioscoride ne fait mention que *d'vne espece de Flambe*, mettant seulement la difference quant à la bonté, selon les lieux où elle croist. Nos Herboristes en establissent *vne cultiuée*, & *l'autre sauuage*, dont il se treuue de diuerses sortes. *La forme.* Or Dioscoride dit, que la *Flambe* fait les fueilles semblables à celles du Glaieul; toutefois elles sont plus grandes, plus larges, & plus grasses. Ses fleurs sont disposées en la tige par interualles esgaux, & sont de diuerses couleurs: car il s'en treuue de blanches, de blaffardes, de iaunes, de purpurines, & de bleuës; à cause de laquelle diuersité elle est comparée à l'Arc-en ciel. Ses racines sont comparties par neuds, massiues, & odorantes, lesquelles on enfile apres les auoir cueillies, & les fait on secher à l'ombre. La meilleure est celle de Sclauonie & de Macedoine; & de celles-cy la meilleure est celle qui a la racine espesse, & comme rebouchée, malaisée à rompre, iaunastre, fort odorante, d'vn goust amer, (au Grec il a γεῦσιν πυρωτέραν, c'est à dire, *d'vn goust fort chaud*, tel qu'on l'apperçoit en la *Flambe*, combien qu'elle est bien aussi amere. Aussi Ruel a leu πικροτέραν,) d'vne odeur pure, qui ne sent point le moisi, & qui fait esternuër quand on la pile. La seconde en bonté est celle de Barbarie, qui est blanche & amere. Ses racines estans vieilles deuiennent vermoulues; toutefois elles sont plus odorantes. *Liu.21. c.7.* Pline dit, qu'on ne se sert sinon de la racine de la *Flambe*, laquelle est bonne pour les parfums & pour la medecine. La meilleure de toutes est celle qui croist en Sclauonie, & non pres de la marine; mais parmy les forests de Drilo & Narone. Apres celle là on tient celle de Macedoine pour la meilleure. Ceste cy a la racine fort longue & mince, & si est blancheastre. La troisiesme en bonté est celle de Barbarie, qui est la plus grosse, & la plus amere de toutes. Quant à celle de Sclauonie il y en a de deux sortes, dont la premiere qui est apellée *Raphanitis*, à cause qu'elle retire à vn Raiffort, est la meilleure: & l'autre qui est roussastre est appellée *Rhizotomos*. La meilleure de toutes est celle qui fait esternuër en la touchant. (Cornarius dit, qu'il faut lire *en la maniant*, suyuant vn vieil exemplaire, comme aussi Pline le dit puis apres.) Ceste plante iette sa tige droite, de la hauteur d'vne coudée. Sa fleur est de diuerses couleurs, comme l'Arc-en-ciel, d'où est venu son nom. *La Flambe de Pisidie* est tenuë aussi pour assez bonne. Ceste racine est chaude & bruslante de son naturel, de sorte qu'à la manier seulement

ent elle fait venir des ampoules aux mains, comme si on s'estoit bruslé. Elle est fort suiette à stre vermoluë, non seulement estant seche, mais aussi sur la plante. Galien asseure que la *Flambe* e *Sclauonie* est la meilleure de toutes, disant, *Tous les Herboristes d'vn commun accord ont escrit, que Flambe de Sclauonie est la meilleure de toutes. Pour le Persil ils font estat de celuy de Macedoine; & Bitume de Iudée, cõme aussi du suc du Baulme. Ils en ont fait de méme aux autres drogues, desquelles us n'oublierons pas de mettre la vertu que le païs où elles croissent leur donne, quand ce viendra à en rler particulieremẽt.* Ce que Theophraste auoit descrit deuant Galien, disant: *On ne treuue rien en urope que la Flambe; laquelle croist fort bonne en Sclauonie, nõ pas toutefois le lõg de la marine; mais en auant en terre en tirant contre le Septentrion.* Galien fait mention de celle de Macedoine en e certaine medecine d'Asclepiades, & de celle de Carthage en vne certaine composition de heriaque; combien qu'il die, que celle qu'on apportoit de son temps de Barbarie, estoit autant differente de celle de Sclauonie, comme il y a difference d'vn corps vif à vn mort. Au reste la *Flambe* oist par tout dans les Iardins, & a les fueilles plus aiguës, plus fermes & plus larges que celles de l'*Acorus*, ou *Glayeul*, ainsi que dit Pena. Ses fleurs sont composées de six principales fueilles, dont il y en a trois qui sont recourbées contre bas à mode d'vn arc; les autres vont contremont, & penchent l'vne contre l'autre, couurans certains filamens qui sont au dedans. Icelles estans flestries, ce qui aduient principalement au milieu de l'Esté, il y vient vne gousse semblable à celle de la *Xyris*, ou du *Glayeul de marais* auec vne graine faite à angle comme vn Ers, excepté qu'elle est moindre: ce que Pline a oublié. Sa racine dure fort long temps, & entetient la plante verte en toute saison, & si est pleine, massiue & blancheastre, mipartie en plusieurs autres, à fleur de terre, d'vn goust amer, fort acre, & caustique, quand elle est freche; comme aussi elle est purgatiue en ce temps là: & toutefois ceste qualité se perd, comme elle vient à secher, & aussi beaucoup de sa chaleur & de son mauuais goust: mais elle est plus odorante estant seche; & par mesme moyen plus plaisante, principalement celle de Toscane, ou de Florence, qui est estimée la meilleure auiourd'huy: ainsi que dit Pena. Car il s'en amasse force aupres des montagnes de Florence, où le naturel du terroir & le climat approche fort de celuy de Sclauonie. Mesme elle est tenuë pour meilleure que celle de Sclauonie, laquelle est aucunement roussastre, & si n'est pas bien nette; au lieu que celle de Florence est blanche, plus belle, & de meilleure odeur. Toutefois ny l'vne ny l'autre de ces deux là ne deuient point flaque, ridée, ny rancie ou noire, ou moisie, quand on la met au soleil, comme fait celle de nos quar-rs, principalement aux païs Septentrionaux. Or combien que Galien ait donné le premier deé en bonté à celle de Sclauonie; neantmoins veu que luy mesme dit, que d'autant plus qu'vn ple sera odorant, il le faut aussi tenir pour le meilleur en son espece, il faudra par ceste raison re, que la *Flambe de Florence* est meilleure que celle de Sclauonie, entre laquelle & celle de rbarie Galien dit qu'il y a autant à dire comme d'vn corps vif à vn corps mort, comme il a desté dit cy dessus. Ainsi donc il semble que la Flambe s'aime en lieux qui ne soient pas si chauds, mme en Barbarie, ny aussi si froids, comme aux païs Septentrionaux; mais sur les montagnes mperées & arrousées, comme on en apporte auiourd'huy d'Espagne, qui est fort bonne & bien orante. Car aussi Nicander escrit, que celle de Sclauonie ne croist pas le long de la marine; ais le long des riuieres de Drilo & de Narone, par ce vers :

Flambe cultiuée, de Matthiol.

Liure 1. des antidot. — Liure 9. de l'hist. ch. 7. — Liure 7. des medic. gener. — Liure 1. des antidot. — Au mesme lieu.

Ἶριν θ᾽ ἣν ἔθρεψε Δρίλων, καὶ Νάρωνος ὄχθη.

'est à dire,

L'Iris creu sur le bord de Drilo & Narone. — En la Theriaq.

ar lesquels mots celuy qui a commenté Nicander dit qu'il faut entendre la *Flambe de Sclauonie*, ource que Drilo est vne riuiere qui separe la Sclauonie d'auec la Croatie, là où Cadmus & Haronia, qui furent changez en serpens, ont iadis habité, Ptolomée aussi dit que Drilo & Narone nt deux riuieres de Dalmatie, sur les confins de Sclauonie. Ce ne sont pas donc diuerses especes de *Flambe*, combien qu'elles soient ainsi diuerses non seulement quant aux proprietez, comme il a esté dit; mais aussi quant à la grandeur & à l'odeur, & principalement quant à la couleur e la fleur, laquelle est admirable pour la varieté des couleurs qui se voyent non seulement aux

fleurs

fleurs de diuerses plantes ; mais aussi en vne mesme fleur. Car ceux qui s'estudient d'auoir de beaux Iardins y entretiennent non seulement celle qui fait les fleurs purpurines, de laquelle il s'en treuue quasi par tous les villages de l'Europe ; mais aussi d'autres qui font les fleurs blanches, comme les Lys, non pas iaunes, comme Dodon a pensé, prennant le *Glayeul commun*, qui a les fleurs iaunes, & croist par les prés, pour vne espece de *Flambe* ; les racines duquel sont du tout contraires en facultez à celles de la *Flambe*, & sont si astringeantes, qu'elles peuuent estancher quelque flux de sang que ce soit à les porter seulement pendues au col. Or ceste difference des fleurs purpurines aux blanches a fait que les communs Herboristes ont mis difference entre *Iris*, & *Ireos*, suyuant ce vers,

Flambe commune aux fleurs blanches. Liure 2. des l'hist. ch. 4. 35 & des Fleurs, c. 40. & 45.

Iris purpureum florem gerit, Ireos album.
L'Iris a la fleur rouge ; & l'Ireos l'a blanche.

Laquelle distinction est si sotte, qu'il n'est point besoin de s'amuser à la refuter. Quant à la *Flambe sauuage*. Matthiol en establit *deux especes* ; dont l'vne croist pour la plus part sur les rochers ; & est

Flambe sauuage de Matthiol.

Autre Flambe sauuage de Matthiol.

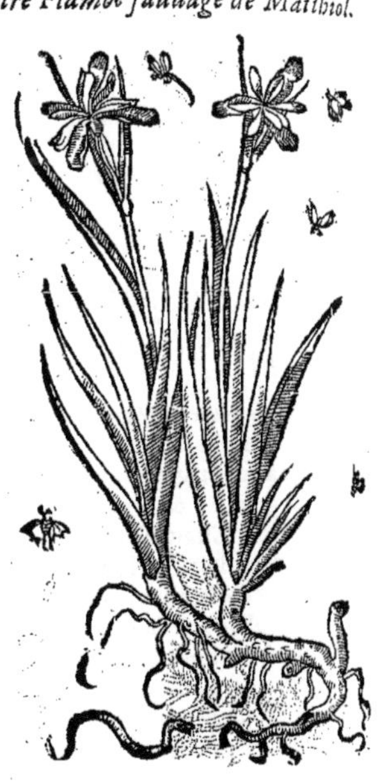

du tout semblable à la cultiuée : toutefois elle a ses fueilles moindres, les fleurs, les tiges & les racines plus grailes. L'autre a les fueilles comme le *Glayeul* ; mais plus longues ; la racine mince, plein de bois, compartie par neuds, roussastre, & sans aucune odeur ; la tige courte, la fleur plus petit que les autres, sentant comme les abricots, composée de neuf fueilles purpurines, qui ont des lignes de couleur d'or seulement par dehors. L'vne & l'autre croist en grande quantité en Goritie au mont Saluatin, & au Val d'Ananie, parmy les rochers & sentent assez bon. Pena recognoi aussi les *deux especes de Flambe*, que les modernes appellent *Sauuage*, lesquelles ne sentent rien, assez rares, & si ne sont aucunement aromatiques. L'vne est quasi toute semblable à celles de Iardins, si ce n'est qu'elle est en tout & par tout plus petite, & croist pour la plus part sur les bord des rochers de soy-mesme, & ne change point de forme, encor qu'elle soit cultiuée : mesme elle mauuais goust, & ne sent rien. Il s'en treuue par tout au bas des Alpes de Genes & de Turin Quant à l'autre qui est assez belle, il dit l'auoir premierement cueillie en la marine de Montpelier, en lieu sablonneux & herbu, assez pres de Frontignan, où il y en auoit grande quantité : mai qu'il n'en a point veu ailleurs, ny en France ny en Italie, si ce n'est le long de la marine. Or il dit qu'il n'a iamais treuué que ses racines estans freschement tirées sentissent l'Abricot, comme Matthiol a escrit. Elle a les racines, la tige, les fueilles, les gousses & la graine comme la *Flambe* ; toutefois elle est moindre, & moins aromatique, au moins celle qu'il a veuë en lieux humides & non cultiuez. Toutefois ses fleurs qui sortent en Iuin, retirent mieux à la *Xyris* en couleur & figure, ayans leurs fueilles ainsi peu recourbées. Elle a vn goust chaud, & amer, auec vne grande subtilit de parties, comme il dit l'auoir espreuué en medecine. Le mesme Pena adiouste vne *autre Flambe*

Flambe fort petite, croissant parmy les rochers.

Chamæiris, ou Iris fort petite aux fueilles larges, de Lobel.

lus *petite de toutes*, & *la plus rare*, croissant sur les rochers en Languedoc, laquelle a la racine te-
e, massiue, & de la mesme couleur de celle de Sclauonie, mais elle ne fait point de tige. Elle
s fueilles assez largettes, fermes, & aiguës; de la hauteur d'vne paume, comme celles du Glayeul:
eur, la graine, & les gousses comme la *Xyris*. Ceste plante en sortant de terre demeure pe-
à mode du Chamæleon blanc; à raison dequoy aucuns l'ont appellée *Chamæiris*. Il en croist Dodon liure des Fleurs ch. 412.
ce en Languedoc, en lieux secs, & sur les rochers, aupres de ceste grotte qui est à vne lieuë &
ie de Montpelier sur le chemin de Frontignan, où elle sort par les creuasses des rochers, au-
s de la Ferule. Lobel a mis vne autre *Chamæiris*, ou *petite Flambe*, auec les fueilles larges, laquel-
ayant esté transportée de Montpelier en Flandres & en Angleterre, & estant plantée en terre
de & humide, s'est beaucoup changée, comme aussi il en prend de mesme des plantes estran-
es, qui croissent aux païs chauds, changeant de clymat & de terroir. Sa tige est de la hauteur
ne paume, & quelquefois d'vn pied. Ses fleurs sont blanches ou iaunes, ou violettes. En d'au-
s lieux elles n'ont point de tige, & s'en treuue de rouges blaffardes, de violettes, de rayées,
e iaunes pasles. Le mesme autheur dit, que l'Escluse enuoya de Vienne en Austriche en Flan-
s des *petites Flambes*, qui auoient de belles fleurs rouges, & violettes, odorantes, auec la *Cha-
iris*, qui fait la fleur purpurine & odorante. Dodon a mis le pourtrait & la description d'vne
re *espece de Flambe*, qu'il appelle *Chamæiris*; & Lobel *Iris perpusilla siluestris angustifolia*. Elle a
fueilles moindres que le *Glayeul*, plus estroites & plus grasses; la tige de la hauteur d'vne pau-
plus courte que les fueilles, à la cime de laquelle sortent les fleurs attachées chacune à sa queuë,
rantes, de couleur de bleu violet, quelquefois de violet purpurin, cõposées de neuf petites fueil-
Sa racine est graile, deux fois plus petite que le petit doigt, tortue, rousse par dehors, & blanche
dedans, acre, & du goust de la *Xyris*. Il y en a force en Allemagne & en Flandres, où elle fleu-
en May. Ses fleurs meurent en hyuer, puis il en sort d'autres au Printemps. Le mesme Dodon Li. des Purg.
is le pourtrait d'vne *autre Flambe* bien differente des precedentes, laquelle il appelle *Iris tube-*
. Elle a les fueilles quasi comme celles de la *Chamæiris*, longues & estroites; & vne petite tige
nuë, chargée à la cime d'vne fleur de la figure de celles de la *Flambe*; toutefois elle est moin-
; & a les fueilles plus estroites, vertes-brunes, auec le bord noir comme les autres. Apres elle
vn bouton assez grand, & pendant, lequel apres que la graine est meure s'ouure en trois par-
. Sa graine est ronde, moindre que celle de l'Ers & blanche du commencement. Ses racines ne
t pas toutes d'vne façon. Deuant que la fleur sort il y a comme deux ou trois petits bulbes at-
hez ensemble: mais apres la fleur ils se multiplient, & font beaucoup de racines, dont il y en
ui sont faites en forme de doigt, à raison dequoy aucuns ont appellé ceste plante *Hermodatte*.
don estime que ce peut estre *vne espece de Flambe sauuage*, & non pas d'*Ephemeron*. Aucuns
tiennent

Iris Tuberosa, de Dodon.

Iris biflora, de l'Escluse & Dodon.

Liure des Purgat. Liure 2. des Plant. d'Esp. chap. 11.

tiennent que c'est ceste plante dont Matthiol a mis faussement le pourtrait pour le *vray Hermodatte*: toutefois les pourtraits ne s'accordent pas ensemble. D'autres estiment que c'est la premi espece de *Lonchitis* de Dioscoride. Dodon met encor le pourtrait d'vne *autre Flambe*, qu'il appe *Biflora*. L'Escluse l'appelle *Lusitanica*, ou *Biflora*, & en met aussi le pourtrait & la description. I fait, dit-il, les fueilles plus courtes & plus estroites que la *Flambe commune*; autrement elles s assez semblables. Sa tige est de la hauteur d'vn pied, & porte à la cime vne fleur sortant de cer nes gaines purpurines, composée de six petites fueilles, comme celle de la *Flambe commune*: tefois elle est vn peu moindre, & entierement violette, ou de couleur de pourpre brun, a trois fueilles recourbées contre bas; & ce bord velu qui est iaune en la *Flambe commune*, es tout blanc en ceste-cy. Or elle ne porte pour la plus part qu'vne fleur par chascune tige, quelq fois elle en porte deux; mais c'est rarement, & encor plus rarement en voit on trois, chascune quelles est enclose en vne gaine, & de fort bonne odeur, comme celle du Muguet. L'Escluse auoit veu de ces fleurs où il y auoit quatre fueilles pendantes; & autant de petites langues fe chues, qui couuroient le bord, & les filamens, & en outre quatre autres droites, s'embrassans ne l'autre, comme quelquefois nature se plait à diuersifier les fleurs. Sa graine est faite à an & froncie, en vne gousse triangulaire, & assez grosse; toutefois elle ne vient quasi iamais à ma rité. Sa racine est bossue, & comme compartie par neuds, massiue, de la grosseur du pouce recourbée, blanche au dedans, & de mauuais goust, qui est vn peu apres comme bruslant, & attachée à fleur de terre auec beaucoup de cheuelures, de laquelle il en sort beaucoup d'au par les costez. Elle croist par tout en Portugal au dessus du Tayo, quelquefois en terre grasse quelquefois en lieu du tout pierreux. Et fleurit deux fois, au printemps comme les autres, & vne autrefois en automne; à raison dequoy il l'a appellée *Biflora*. Or il dit, qu'Alfonse Pan Medecin Ferrarois en enuoya en Flandres vne qui estoit quasi semblable, sous le nom de *Iris D matica minor*, si ce n'est, qu'elle semble auoir les fueilles vn peu plus estroites; les fleurs de coul de pourpre plus blaffard, dont il en vient trois ou quatre par chascune tige attachées à vne l que queuë. Il en enuoya aussi vne autre, qu'il nommoit *Iris Dalmatica maior*, laquelle estoit s blable en figure & grandeur à la *Flambe commune*: mais elle est fort belle à voir. Car ses fueil comme dit Lobel, sortent de bonne grace à mode de rayons, & comme les aisles estendues d paon. Sa tige a beaucoup d'ailerons creux, de bonne grandeur, & porte plusieurs fleurs viole composées de six petites fueilles, qui sont aussi recourbées alternatiuement. On en fait gra estime dans les Iardins en Flandres. Lobel met encor vne autre sorte de *Flambe*, qu'il appelle *Polyanthes à la fleur bleue* blaffarde, ou de couleur grise. Or l'Escluse a remarqué quelques au Plantes en Espagne, lesquelles font leur fleur comme la *Flambe*, ou la *Xyris*; & neantmoins c ont les racines bulbeuses; à raison dequoy il les appelle *Flambes bulbeuses*. La premiere fait fuei

Iris Dalmatica maior.

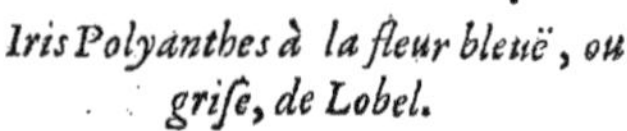

Iris Polyanthes à la fleur bleuë, ou grise, de Lobel.

lles assez longues & larges, qui s'embrassent l'vne l'autre alternatiuement, molles, & recour- s contre terre, vertes blaffardes, par dessus, & blancheastres par le bas, d'entre lesquelles il sort seule fleur odorante, bleuë & quelquefois blanche, composée de neuf petites fueilles, de la re de celles de la *Flambe*, ou plustost de la *Xyris*, laquelle venant à flestrir; il en sort d'autres de que costé, vne à vne. Elle ne fait point de tige; mais sa fleur est attachée à vne longue queuë comme celle du Saffran. Sa racine est bulbeuse, blanche, & douce comme vne noisette, couuerte de beaucoup d'escorces noires, de laquelle il sort, sur tout quand elle est en fleur, quelques autres racines grosses & longues, outre les cheuelures, comme il aduient quelquefois aux Vaciets. Il en croist en Portugal & en des collines de l'Andalousie, qui sont le long de la riuiere d'Arna: mesme il y en a grande abondance aux enuirons d'Antequera & Cordoa, où elle fleurit en Ianuier, & en Feurier. Lobel l'appelle *Hyacinthus latifolius poëtarum*. La *seconde* a cinq ou six fueilles menuës, de la longueur d'vne coudée, cannelées par dedans & blancheastres, & rayées par dehors; de couleur entremeslée de bleu & de vert, embrassans la tige, qui a vne coudée & demie de hauteur; quelquefois dauantage, & peu souuent moins: & est compartie par neuds, laquelle porte vne seule fleur qui sort de certaines petites gaines, comme celle de la *Flambe sauuage*, ou de la *Xyris*, dont les bords qui sont recourbez contre terre sont plus larges par dehors, & blancheastres, auec vne tache iaune, à l'endroit où les autres ont vn bord velu. Mais les autres fueilles qui s'appuyent sur celles-cy sont blanches tirans sur le bleu, fourchues au bout & recourbées, & cachent vne petite langue, comme aux autres especes de *Flambe*. Les autres trois sont droites & longues, de couleur de pourpre blaffard, tirans sur le bleu. Toute la fleur sent bon, quasi comme le Coriandre quand on le masche. Apres la fleur il y vient vne gousse longue, graile, triangulaire, dans laquelle il y a vne graine roussastre, & anguleuse. Sa

[Flam]be bulbeuse aux fueilles larges, I. de l'Escluse.

Flambe bulbeuse aux fueilles estroites de l'Escluse, & de Dodon.

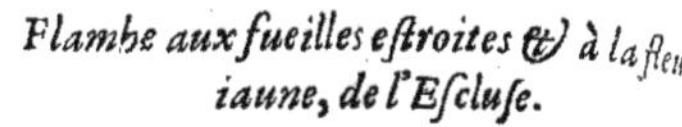

Flambe aux fueilles estroites & à la fleur iaune, de l'Escluse.

racine est bulbeuse, blanche, douceastre, couuerte de quelques membranes rousseastres, & se se pare par costes, quasi comme les Aux, lesquelles on peut planter. Lobel l'appelle *Hyacinthum hispa nicum poëtarum*. La *troisiesme* est du tout semblable à la precedente, si ce n'est qu'elle a la tige plu courte & les fueilles plus grailes, & vertes blaffardes, & fait deux fleurs plus retirées, & plus lar ges, iaunes & sans aucune odeur. Sa gousse est aussi plus grosse & plus courte. Sa graine est comm celle de la precedente, & sa racine aussi, qui se separe par costes. Elle croist en terre grasse, & au sur les collines pierreuses le lõg du Tayo au dessus de Lisbo ne. Et fleurit au mesme temps que la precedente. Lobel l'appel le *Hyacinthus luteus poëtarum*. L'Escluse appelle la premier *Latifolia*, & *purpurea*, ou *cærulea*, à cause de la couleur d sa fleur. Les Espagnols l'appellent quelquefois simpleme *Lirio*, & quelquefois *Lirio espadanal*, & *Lirios azules*, c'est dire, *Lirio à forme d'espée*, ou *bleu*. Mais les Portugais appe lent la *troisiesme Flambe bulbeuse iaune*, *Reylla buey*. On n sçait on pas encor leurs proprietez. Il y a vne autre plant qui approche fort des precedentes, laquelle Dodon appell *Lirium maius*. Elle a les fueilles semblables à celles des Po reaux ou des Affrodilles, la tige d'vne coudée de haut; l fleur comme la *Flambe*, ou le *Sisyrinchion*, toute iaune, o bleuë purpurine, auec des lignes iaunes qui sont au lieu d bord aux fueilles d'embas. Sa racine est longue & bulbeus semblable aux oignons. Il semble que ce soit le λείριον d Theophraste, qui sort au printemps apres les Lys, & e different des Lys & des Narcisses. Elle croist de soy-mesm en diuers lieux d'Espagne, & de l'Andalousie, & de Portugal Nous adiousterons encor *deux autres Flambes*, desquelle Lobel fait mention, dont la *premiere* est fort rare, & fai les fleurs comme la *Chamæiris* de Montpelier, ayans tro fueilles recourbées, & rayées de fort bonne grace, de cou leur de violet obscur. Elle croist dans les Iardins en Flan dres. Quant à l'autre, il en a veu la fleur qui auoit esté appor tée de Bruxelles, laquelle estoit fort grande, & auoit de taches semées pesle mesle, de trauers, de biais, de roux, d gris,

Lirium grand ou vray, de Dodon.

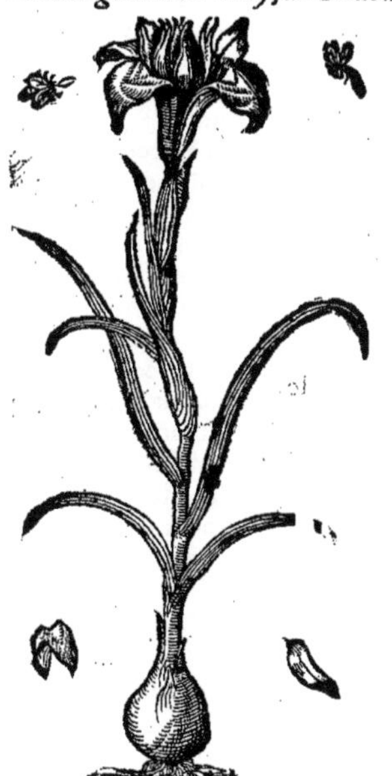

Flambe iaune bigarrée.

gris, & de rouge, & les fueilles vn peu ondoyantes. Quant au reste elle retiroit du tout à la *Flambe commune*, ou à l'*Iris Dalmatica*. Or les *autres Flambes* sont chaudes & attenuatiues. Elles sont bonnes à la toux, & pour attenuër les humeurs, & les faire sortir en crachant. Prinses au poids de sept dragmes auec eau miellée, elles euacuënt les bon bilieuses. Elles font dormir, & font sortir les larmes des yeux. Elles guerissent les tranchées du ventre. Prinses auec vinaigre elles sont bonnes contre les morsures des bestes venimeuses, aux accidens de la ratte, aux conuulsions, à ceux qui sont gelez & morfondus, & à ceux qui perdent leur semence genitale. Prinses en vin elles prouoquent les mois. Leur decoction est bonne pour les fomentations des femmes, d'autant qu'elle ouure & amollit les lieux naturels d'icelles. Clysterizée elle est bonne aux sciatiques. Elles seruent à remplir de chair les fistules, & vlceres cauerneux. Mesme estans appliquées en pessaire auec miel elles font sortir l'enfant du ventre de la mere. Cuites & appliquées en liniment elles amollissent les escrouëlles & durtez inueterées. Estans seches elles consolident les vlceres. Incorporées en miel elles les mondifient. Elles sont propres pour recouurir les os desnuez de chair. Enduites auec vinaigre & huile rosat elles seruent contre la douleur de teste. Appliquées en liniment auec de l'Ellebore blanc & deux fois autant de miel, elles ostent les lentilles & autres taches de la peau du visage. On en vse en pessaires, aux emplastres, & aux medicamens pour delasser: En somme les seruent à plusieurs choses. La *Flambe*, dit Pline, est bonne pour pendre au col des petits en[...]ns, principalement quand ils ont la toux, ou qu'ils iettent les dents: mais s'ils ont des vers il la [...]ur faut distiler. Quant à ses autres proprietez, elle les a quasi semblables, au miel. Elle mondifie [...]s vlceres, specialement ceux de la teste & toutes apostumes inueterées. Prinse au poids de deux [d]ragmes auec du miel elle lasche le ventre & est bonne à la toux, aux tranchées, & aux ventositez. [A]uec vinaigre elle sert aux accidens de la ratte. En eau & vinaigre elle sert contre la morsure des [s]erpens & araignes. Prinse au poids de deux dragmes auec du pain & de l'eau elle sert contre les [s]corpions. Appliquée auec huile elle guerit les morsures des chiens, & eschauffe les parties amor[t]ies de froid, & sert aux douleurs des nerfs. Reduite en onguent auec resine elle est singuliere aux [d]ouleurs des reins, & à la sciatique. Ceste racine est chaude. Appliquée au nez elle fait esternuer, [&] purge le cerueau. Reduite en liniment auec des Pommes-coing, ou Poires-coing, elle sert à la [d]ouleur de teste. Elle resout les fumées causées au cerueau par trop boire: elle est fort propre à [c]eux qui ne peuuent auoir leur haleine sans tenir la teste droite. Prinse au poids de deux oboles [e]lle prouoque à vomir. Appliquée auec miel elle attire les fragmens des os rompus. Reduite en [p]oudre elle est bonne aux apostumes qui viennent aux racines des ongles. Incorporée en vin elle fait tomber les verrues, & les galons des pieds: mais il l'y faut laisser trois iours dessus sans la bouger. Estant maschée elle guerit la puanteur de l'haleine, & le bouquin des aisselles, Son suc est propre pour amollir toutes durtez. Il prouoque à dormir, toutefois il consume la semence genitale. Il guerit les fentes & creuasses du fondement, & generalement toutes les excroissances de chair qui pourroient suruenir par tout le corps. Matthiol dit, que la *Flambe* estant maschée fait auoir bonne haleine. Elle appaise la douleur des dents, si on les laue de sa decoction. Elle est maturatiue, detersiue, digestiue, & resolutiue. Elle adoucit, elle desopile, elle purge & euacuë par le bas. La meslant parmy les onguens propres pour les playes elle sert à faire reuenir la chair. Le *suc de sa racine* euacuë les humeurs bilieuses, le phlegme, & les aquositez. Sa fomentation fait ouurir les hemorroïdes. On fait vn electuaire composé du suc de ceste racine au poids de trois dragmes, de Galange, & Zedoaria, de chacun deux dragmes; Canelle, Cloux de girofle, de chacun vne dragme & demie; de Chou marin demie once, & de miel tant qu'il en faut pour incorporer le tout. Ceste composition est fort singuliere pour les hydropiques, s'ils en prennent tous les iours demie once. La *poudre de ceste racine* au poids de quatre dragmes auec de Canelle & d'Aneth, de chascun deux dragmes; de Saffran vn scrupule, guerit fort bien les douleurs & enfleures des genitoires, si on estend tout cela, apres l'auoir reduit en poudre, sur vne petite piece d'escarlate trempée en bon vin blanc & pur, puis qu'on l'applique chaudement dessus. Ceste racine meslée parmy les vestemens les empesche d'estre rongez par les teignes, & les fait sentir bon. Broyée & prinse en vinaigre elle sert contre tous venins. Son suc tiré par le nez purge le phlegme du cerueau

Le tempérament & les vertus. Dioscor. liu. 1. chap. 1.

Liu. 21. c. 19.

Sur Dioscor. liu. 1. c. 1.

ueau ; toutefois il est contraire à l'estomac ; parquoy il n'en faudra pas vser sans y mesler du Nard d'Indie, & eau miellée. La decoction de la racine prinse en breuuage desopile, principalemen quand l'opilation est causée par humeurs grosses. Elle fait sortir les vers du ventre, prouoque l'vrine, & fait sortir la pierre des reins. Elle e fort bone contre la iaunisse ; car elle fait suer, & par mesme moyen la couleur iaune s'en va. Elle purge les poulmons & la poitrine, & sert aux inflammations du foye. Les racines freches de la *Flambe* confites en sucre ou en miel prinses au poids d'vne once, sont bonnes aux graueleux, à ceux qui ont courte haleine, aux hydropiques & aux paralytiques. Cuites en vin cuit puis apres broyées & incorporées auec farine d'orge, & appliquées en liniment, elles sont propres pour faire resoudre les oreillõs. Vne dragme & demie de la *Flambe de Sclauonie* reduite en poudre & prinse au poids d'vne once & demie auec du vin cuit tout chaud, est singuliere contre l'Iliaque passion. L'huile qui est fait des fleurs, auec le suc de la racine est resolutif remollitif, & maturatif; il appaise les douleurs causées par humeurs froides. Il attenuë, & est fort singulier aux douleurs du foye & de la ratte. Il est bon à la goutte; car il amollit les durtez des ioinctures & autres parties du corps. Il est bon aussi pour les douleurs froides de la matrice, aux conuulsions, & aux douleurs des oreilles. Les anciens n'vsoient que des racines tant seulement mais à present on vse aussi des fleurs en medecine. Voilà ce qu'en dit Matthiol.

De l'Acorus, CHAP. XXXII.

Les noms. LEs Grecs appellent cette plante ἄκορον, & ἄκορος, suyuant Pline: les Latins *Acorum*, & *Acorus*, comme aussi les Apothicaires : les Arabes *Vage*, ou *Vgi*: les Grecs, ainsi que dit Apulée, l'ont appellée ἀφροδισία c'est à dire, *Venerique* : & *Piper apum*, pour ce que si on en attache au couuercle des ruches, les abeilles ne s'en iront iamais.

Pena aux Aduers. Les Grecs l'ont appellée ἄκορον, pource qu'elle guerit ταῖς κόραις, c'est à dire, *la prunelle de l'œil*

Liu. I. ch. 2. *La forme.* & qu'elle sert à esclarcir la veuë. Dioscoride dit, que l'*Acorus* a les fueilles comme la Flambe ; toutefois elles sont plus estroites : leurs racines sont quasi semblables, entortillées, & non pas droites, mais tortues, à fleur de terre, comparties par neuds, blancheastres, d'vn goust acre, & d'assez bonne odeur. Le meilleur est celuy qui est massif & blanc, qui n'est point

Liu. 25. c. 13. vermolu, mais entier & odorant ; comme il en croist en Colchis & en Galatie. *L'Acoros*, dit Pline a les fueilles semblables à celles de la Flambe : toutefois elles sont plus estroites, & ont la queuë plus longue. Ses racines sont noires, auec peu de veines ; au reste elles retirent à celles de la Flambe, & ont vn goust acre & vne odeur assez bonne, & sont aisées à rompre. Le meilleur vient en Ponte, apres on fait cas de celuy de Galatie, & puis de celuy de Candie. Toutefois le principa

Acorus vray, de Matthiol.

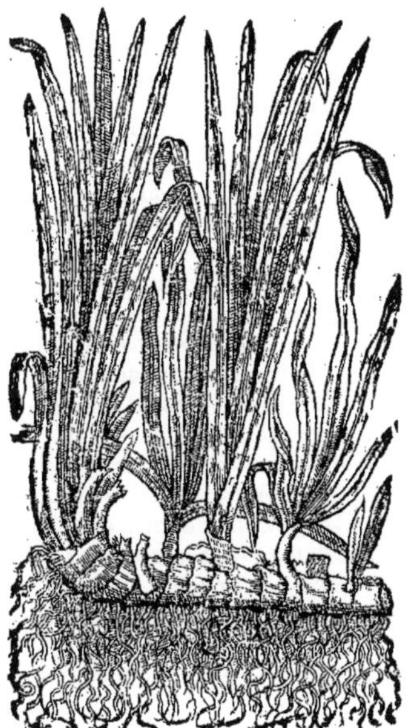

Acorus auec la fleur de Maistre Robin, Herboriste du Roy de France.

vient

nt en la region de Colchis le long du fleuue Phasis : & celuy qui croist en lieux aquatiques, en elque part que ce soit estant frais il ne sent pas si bon qu'estant sec, (aucuns lisent ainsi, *Estant is, il a plus de vertu qu'estant sec.*) Les racines de *l'Acorus de Candie* sont ordinairement plus blanes que celles de *l'Acorus de Ponte*. En quoy Pline seroit du tout conforme à Dioscoride, s'il ne oit, *que l'Acorus a les racines noires noires, & moins pleines de veines*, adioustant *qu'elles sont aisées à pre*, combien qu'en certains exemplaires au lieu de *ruptu*, il y a *raptu*, ou *erutu*, c'est à dire, *qu'elsont aisées à arracher*. Matthiol a mis le vray pourtrait de *l'Acorus*, qui a les fueilles comme la mbe, plus estroites & plus longues, odorantes, & d'vn goust bruslant: les racines semblables à les de la Flambe, auec beaucoup de neuds, fermes, blancheastres, auec vne infinité de cheuelures dessous, odorantes, d'vn goust acre, & vn peu amer, entrelassées, & tortuës, qui s'espandent à ur de terre. Sa tige est lisse, de laquelle il sort des petites branches, au bout desquelles il vient me des chattons, (ainsi que Quacelbenus Medecin l'a asseuré à Matthiol, lequel dit ne les oir veus) semblables à ceux des Noisettiers, ou au Poyure long. Telle est la plante du *vray Acorus*, uelle fut enuoyée à Matthiol de Constantinople par Auger de Busbeke, ambassadeur de l'Emeur Ferdinand vers le grand Turc, & Quacelbenus Medecin, & auoit esté cueillie en vn lac de comedie merueilleusement grand, où il croist force *Acorus*. Or Nicomedie est vne ville de Binie voisine des Galates & de Colchis, là où Dioscoride dit, que croist le bon *Acorus*. Lobel t aussi la description du mesme *Acorus vray*, fort exactement, comme ayant veu la plante verte; ant qu'il a les fueilles comme la Xyris, ou le Glayeul puant; toutefois elles sont plus estroites, plus longues, ayans plus d'vne coudée & demie de longueur, nettes, vertes-brunes, sentans fort n, tout de mesme comme luer racine, lesquelles meurent en hyuer, comme celles de la Flambe uage, & bourgeonnent au printemps. Ses racines sont comme celles que les Apothicaires vennt pour *Calamus aromatique*, entortillées, qui n'entrent pas droit en terre, mais s'espandent de is à fleur de terre, comme Dioscoride l'a escrit, auec beaucoup de cheuelures par dessous, blancastres par dehors, & blanches au dedans, d'vn goust acre & amer, & comparties par neuds, par quels il sort des bourgeons alternatiuement, à mode d'ailes. Il dit n'y auoir point veu ny de tige de fleur. L'Escluse en escrit tout autant d'vne plante qu'il en a euë, mesme que suyuant le rapt d'Auger de Busbeke Ambassadeur vers le grand Turc, & de Quacelbenus Medecin, *l'Acorus* où il croist de soy-mesme, ne porte ny fleur, ny graine; ains seulement certains chattons: comme x des Noisettiers, attachez à des petites branches sortans d'vne tige lisse. Or il croist en vn cern grand lac au pied d'vne haute montagne pres la ville de Prussie, qui est en Sithynie. Ce que us auons ainsi expressement repeté, à fin que tout le monde cognoisse le *vray Acorus*, & sçache e c'est, au iugement de tous les plus doctes Herboristes de nostre temps, ce que les Apothicaires appellent communement *Calamus aromaticus*, & non la *Galanga maior*, comme aucuns ont pensé; & encor moins *nostre Acorus*, appellé en François *Glayeul de marais*; & en Allemand *Geelschuuertel*, & *Drachenuurts*: en Flamãd *Geellisch*; que les Apothicaires ont faussement nommé *Acorus* & ont encor failly plus lourdement vsans de ses racines au lieu du *vray Acorus*: car elles sont differentes en figure, & principalement en vertus de celles du *vray Acorus*, à raison dequoy plusieurs l'appellent *Pseudoacoron*. Dodon l'appelle *Flambe iaune sauuage*, ou plustost *Pseudoiris*: d'autant qu'il retire mieux à la Flambe qu'à *l'Acorus*: & au lieu qu'au contraire il retire mieux à *l'Acorus*, ou *Galanga*, à cause de la vertu astringeante de sa racine. Aucuns estiment que c'est le *Butomus* de Theophraste, & à bon droit, à mon iugement: d'autant que Theophraste dit, que le *Butomus* a la tige lisse & vnie, comme le Souchet. Et vn peu plus auant il dit, qu'il a la fueille comme les Roseaux, ou comme le Souchet: comme si elle estoit composée de deux, & à mode du fonds d'vn nauire, anguleuse, & comme encauée au milieu: & vn fruict grand, ou selon d'autres, noir, approchant de la grandeur de la Sida. Ce qui conuient bien au *Glayeul de marais*. Or est il appellé *Butomus*, pource que les beufs en broutent & mangent volontiers. Le *faux Acorus* est vne plante qui a les fueilles comme la Flambe, plus longues & plus estroites, auec vn dos vn peu releué de chasque costé, à mode d'vne espée. Ses tiges sont lisses, rondes & creuses, quelquefois de la longueur de deux coudées, à la cime desquelles il vient beaucoup de fleurs iaunes, qui ont trois fueilles

Liure 2. de l'hist c. 35. & des fleurs, chap 45.

Liu 1. ch 8. Au mes. liu. chap. 17.

orus iaune faux, ou Glayeul de marais, de Matthiol.

fueilles renuersées contre bas, & trois autres droites qui sont beaucoup plus petites. Apres il y vient trois grosses gousses triangulaires, dans lesquelles il y a beaucoup de graine platte arrangée par ordre, polie & cartilagineuse, plus grosse qu'vne lentille. Ses racines sont tortues, longues, comparties par neuds, miparties en plusieurs autres, rouges blaffardes, & d'vn goust astringeant. Il croist és lieux marescageux, humides & arrousez, en Italie, en France, en Allemagne, & en Flandres : & fleurit en May & en Iuin. Tragus met apres le *faux Acorus*, *vn certain Glayeul bleu, petit*, qu'il deuoit plustost appeller *Pseudoacorus bleu*. Or il dit auoir treuué ceste plante e certains prés & terres humides le long du Rhin, aupres de villes de Vuormes & Oppenheim, & que ses fleurs sont quasi de couleur d'eau, auec vn peu de bleu meslé parmy, chascun desquelles a trois fueilles rempliées contre terre. Quan aux fueilles, à la tige, & aux racines, elles approchent d celles de la Flambe, si ce n'est qu'elle est en tout & par tout plus petite; & a les fueilles plus estroites & plus aiguës. Sa graine vient en des gousses longues & triangulaires, comm celle du *Pseudoacorus*. Il reste maintenant à parler des proprietez de chascune de ces plantes. Dioscoride dit, que la racin de *l'Acorus* est chaude. Sa decoction prouoque l'vrine. Elle e propre pour la douleur de costé, de la poitrine, & du foye, au tranchées du ventre, aux rompures, & aux conuulsions. Ell diminue la ratte. Elle est bonne à ceux qui ne peuuent vrine que goutte à goutte. Elle est propre pour faire les estuues pou les femmes, ne plus ne moins que la Flambe. *Le suc de sa racin* sert à resoudre les crasses des yeux. Sa racine est bonne pou mesler parmy les antidotes. *L'Acorus*, dit Pline, est chaud, attenuatif. Son suc prins en breuuage est fort propre a troublemens de veuë, crasses des yeux, & mesme contr les morsures des Serpens. En d'autres endroits il dit, que l'*Acorus* est bon pour les accidens de la poitrine; à raison dequo, on le mesle parmy les antidotes. Il est aussi propre pour guerir les accidens du foye, de la poitrine, & des autres parties interieures. *Sa decoction* prouoque l'vrine, & guerit tous les accidens de la poitrine. Sa racine cuite en vin est souueraine pour resoudre l'enfleure des genitoires, en la broyant & appliquant dessus. Elle guerit toutes durtez & apostumes, si on les estuue d sa decoction. Prinse en breuuage au poids de deux oboles, auec trois cyathes de vin miellé, el est fort propre à ceux qui sont froissez & tous moulus pour estre cheuz de quelque lieu hau *L'Acorus* est aussi bon pour les maladies interieures des femmes. Galien escrit, que la *racine de l'Acorus* est d'vn goust acre, & mediocrement amer, & d'assez bonne odeur; à raison dequoy il e chaud, & d'vne essence subtile. Suiuant quoy il doit estre propre pour prouoquer l'vrine, & pou la durté de la ratte, & mesme pour subtilier la membrane de l'œil que l'on appelle *Cornée*, quan elle s'engrossit trop. Toutefois son suc est le plus propre pour cét effect. Il est certain qu'il e fort desiccatif. Car il est chaud & sec au troisiesme degré. Quant au *faux Acorus*, ses proprietez sont bien differentes de celles-là : car il desseche sans eschauffer. Sa racine est astringeante; à raison dequoy elle espaissit & reserre. Ainsi donc elle ne prouoque pas l'vrine ny les mois mais plustost elle les supprime. Elle estanche le sang de quelque part qu'il coule : tellement qu l'Autheur des Pandectes a eu raison d'escrire, que celuy qui portera la racine de *l'Acorus* su soy, ne sera iamais surprins d'aucun flux de sang. Or quelques vns d'entre les modernes on espreuué que le *faux Acorus* auoit cette proprieté : tellement qu'ils ont laissé par escrit, que so suc tiré par le feu est bon pour reserrer la trop grande abondance des mois. Il est propre pou la dysenterie.

Liu. 1. c. 50.

Faux Acorus bleu, de Tragus.

Liu. 1. ch. 2. *Le temperament, & les vertus.*

Liu. 25. c. 13.

Liure 6. des simpl.

Les vertus, & le temperament du faux Acorus.

Du Glayeul. CHAP. XXXIII.

Les noms.

Ette plante est appellée en Grec ξίφιον, φάσγανον, & μαχαιρώνιον : en Latin *Gladiolus*, *Ensis*, ou *Ensiculus* : les Romains l'ont appellée *Segetalis* : les Arabes *Kasisten* : les Italien *Gladiolo*; & ses fleurs *Monacuccie* : les Allemans *Schuuertel* : les François *Glayeul*, *Glai* & *Glaitel*. Elle est appellée *Xiphion*, *Gladiolus*, ou *Ensiculus*, pour la figure de sa fueille car combien qu'il y a beaucoup de plantes qui ont les fueilles d'vne mesme façon comme la Flambe le *Glayeul puant*, & *l'Acorus*, si est-ce que cette cy s'est retenuë ce nom par dessus les autres, pour ce que sa fueille retire mieux à vne espece aiguë, & a des nerfs & des rayes qui la rendent aspre & ferme,

Glayeul, de Matthiol.

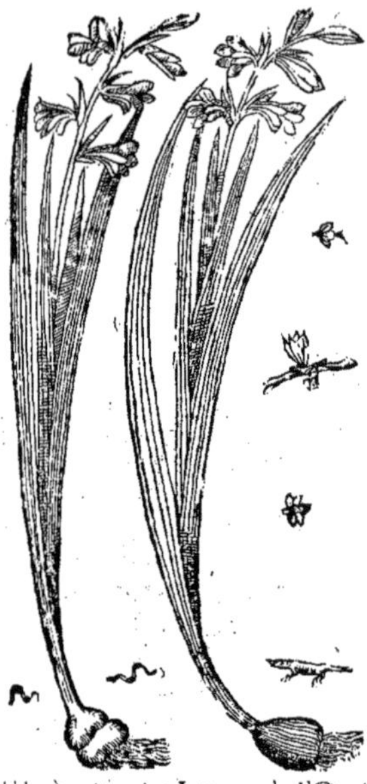

ferme. Et pource qu'elle croist volontiers dans les bleds, elle a esté aussi appellée *Segetalis*. Dioscoride dit, que le *Glayeul* est semblable à la Flambe: toutefois il est plus petit & plus estroit, pointu comme vne espée, & nerueux. Il fait la tige d'vne coudée de haut, chargée de fleurs purpurines, qui son esloignées l'vne de l'autre par certain ordre. Sa graine est ronde. Il a deux racines comme deux petits bulbes, qui sont l'vne sur l'autre, dont celle de dessous est graile, & l'autre est plus grosse. Il croist principalement parmy les champs. Pline voulant discerner la *Lonchitis* d'auec le *Glayeul*, apres auoir dit que celle là croist és lieux secs, adiouste puis apres, que le *Glais*, qui est appellé *Xiphion* & *Phasganion*, croist és lieux humides; & fait les fueilles en forme d'espée, la tige de deux coudées de haut, & la racine faite à mode d'vne noisette & cheueluë, laquelle il faut cueillir deuant moissons, & la faire secher à l'ombre. En quoy Pline est discordant de Dioscoride, lequel dit que le *Glayeul* croist parmy les champs, & non aux lieux humides. Or nous auons mis icy le vray pourtrait du *Glayeul*, qui est assez frequent parmy les champs & dans les bleds, & quelquefois aussi parmy les prés. Il fait, ainsi que dit Pena, la tige droite, ronde, rayée & polie, qui sort comme de dedans les fueilles, & porte des fleurs par certains interualles, qui sont quelquefois toutes d'vn costé, cõme en celuy qui croist en Languedoc; & quelquefois d'vn costé & d'autre, comme celuy d'Italie. Ses fleurs sont d'vne belle couleur de pourpre obscur, & sont composées de six ou sept fueilles semblables à celles des Lys, ou de l'Ornithogalon; toutefois elles ne sont pas si fort espannies, ny remplies. Sa graine vient en vne gousse, & est rouge, de la grosseur de celle de la Roquette. Sa racine a deux bulbes l'vn dessus l'autre, dont celuy d'en haut est quelquefois le plus gros & mieux nourry quelquefois aussi celuy de dessous est le plus gros. Apres le printemps comme elle commence a enuieillir elle fait beaucoup de petits Bulbes, par lesquels elle se multiplie comme l'Ornithogalon. Ces Bulbes ont des racines cheueluës par dessous, & sont visqueux & couuerts d'vne membrane veluë & brune, d'assez bon goust, & acres Dioscoride dit, que la haute partie de cette racine appliquée auec vin & encens, attire hors les eschardes & aiguillons fichez dans le corps. Auec farine d'Yuroye & eau miellée, elle resout ces apostumes larges & plattes qu'on appelle en Latin *Pani*; à raison dequoy on la mesle aux emplastres propres à cest effect. Appliquée en pessaire elle prouoque les mois. On dit aussi que cette mesme racine d'enhaut prinse en breuuage auec du vin eschauffe la personne à l'amour; & qu'au contraire celle de dessous rend la personne sterile. Mesme que celle d'enhaut est bonne aux rompures & descente du boyau des petits enfans, si on la leur fait prendre auec de l'eau Pline en dit quasi de mesme: La partie de dessus de la racine pilée auec mesme poids d'encens, & incorporée en autant de vin, sert à tirer les os rompus de la teste; & à toutes apostumes percées en quelque partie du corps que ce soit; & mesme si on a foulé sur quelque os dont l'escharde en soit demeurée dans le pied. Elle est aussi bonne contre les morsures & venin des serpens. En vn autre endroit il dit, que la racine de dessus du *Xiphion* sert à prouoquer l'vrine aux petits enfans. Pour les rompures & descente du boyau on ordonne de la prendre auec de l'eau. Appliquée en liniment elle sert aux accidens de la vessie. Outre il dit, que la partie de dessus de la racine du *Xiphion* prinse en vin eschauffe à l'amour. Galien dit que la racine du *Glais* specialement celle de dessus, est attractiue, resolutiue, & desiccatiue.

Liu. 4. ch. 20. *La forme.* *Les vertus.* *Liu. 25. c. 11* *Liu. 26. c. 8.* *Liu. 26. c. 10* *Liu. 8. des simpl.*

Du Glayeul puant, CHAP. XXXIV.

LA plante appellée par les Grecs ξυρὶς, & par Theophraste ἶρις ἀγρία, c'est à dire, *Flambe sauuage*, s'appelle aussi en Latin *Xyris*: en Arabe *Casoras*. Les Apothicaires l'appellent communement *Spatula fœtida*: les Allemans *Vuandtleuskraut*, pource qu'elle fait mourir les punaises: en François *Glayeul puant*. Elle a esté appellée bien à propos par les anciens *Xyris*, qui signifie vn rasoir, pour raison de la figure de ses fueilles: car elles retirent mieux à vn rasoir tranchant de deux costez, & ont la pointe plus aiguë & plus ferme, que la Flambe, ny le Glayeul. Comme aussi le nom de *Spatula fœtida* est prins de la figure de sa fueille, (car *Spata* signifie *vn glaiue*: & aussi pource qu'elle sent mal. Dioscoride descrit le *Glayeul puant* com-

Les noms. *Pena aux Aduers.* *Liu. 4. ch. 22.*

La forme. me s'ensuit. *Il a*, dit-il, *les fueilles semblables à celles de la Flambe; toutefois elles sont plus larges, & aigues au bout, d'entre lesquelles sort la tige qui est assez grosse, chargée de gousses à triangle, & d'vne fleur purpurine au dessus, le milieu de laquelle est rouge. Sa graine vient en des gousses semblables à des Feues, ronde, rouge, & acre. Sa racine est longue & roussastre, compartie par beaucoup de neuds.* Il croi de soy-mesme, ainsi que dit Pena, en Prouence. Mais sur tout il vient en grande quantité en Angle

Glayeul puant, de Lobel.

Xyris, de Matthiol.

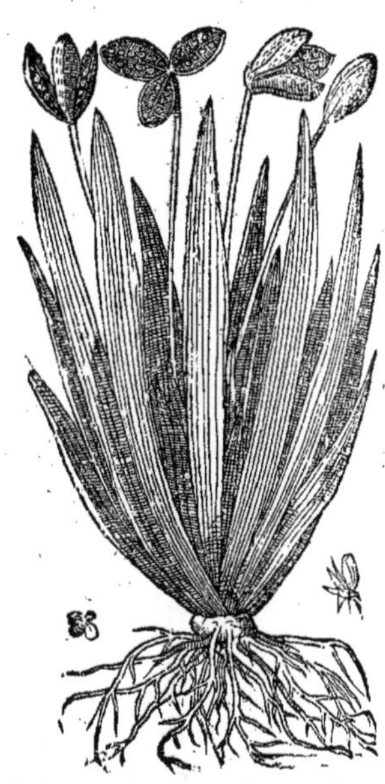

terre, aupres des prés humides, des chaussées aupres le riuage de la mer. Aux autres lieux on l'entre tient dans les Iardins. Les doctes Herboristes tiennent, que la *Xyris* des anciens est la plante appel lée communement *Spatula fœtida*. Car quant à ce qu'aucuns disent, que la racine de *Xyris* est

Pena aux Aduerſ. longue, roussastre, & compartie par neuds; au lieu que celle de la *Spatula* est mipartie en plu sieurs, graile & cheuelue; & qu'il y a difference en la couleur des fleurs, il est bien aisé de respon dre à tout cela: car la grandeur & couleur de la racine se change aisément, & pour peu de cho se: car s'il se treuue si grande varieté aux racines, & aux fleurs de la Flambe, quant à la couleur grandeur, solidité, bonté, & odeur, qu'en comparant celle de Florence auec la nostre, il sembl qu'elles soient bien differentes quant à la couleur & odeur, ne peut-il pas bien aduenir autant d changement en la *Xyris*? La racine de la Flambe de Sclauonie est roussastre; & celle de la nostre e grise & cendrée; celle de Florence est blanche, & de fort bonne odeur; au lieu que la nostre sen quasi mauuais. En outre quand Dioscoride a dit, que les fueilles estoient πλατύτερα, & aiguës a bout, il entend que le milieu de la fueille est large; mais que le bout d'icelle est beaucoup plu estroit, comme est la fueille de la *Spatula* qui croist de soy-mesme. Ses tiges ont aussi plus d'vn coudée de haut, & en a plusieurs, lisses, rondes, & de moyenne grosseur, qui sortent du milieu de fueilles, toutes droites, chargées à la cime de fleurs semblables à celles de la Flambe sauuage, com posées de trois fueilles droites, qui ne sont point renuersées, de couleur de pourpre obscure, com me les Violettes de Mars, auec certaines veines rouges, & iaunes au milieu. Ses gousses retirét aus si à celles de la Flambe estant à triangle, & s'ouurent en trois parties apres que la graine est meur laquelle est rouge, & polie, arrangée à double tout du long de la gousse, qui est membraneuse, com me celle de la Piuoine, de la grosseur d'vn Ers, comme aucuns lisent suiuant Oribaze, ou bien d'vn Feue, non pas des nostres communes; mais de celles de Dioscoride, qui estoient beaucoup plus pe tites, & plus rondes que les nostres, suiuant le tesmoignage des plus doctes. Sa racine est petit (car il peut bien estre qu'il y a de la faute au texte de Dioscoride, qui a esté bié aisée à faire en met tant μακρὰ au lieu de μικρὰ) compartie par neuds, auec beaucoup de cheuelures, de la couleur, & figure de celle de la Flambe, ou bien brune. Finalement ceste racine a vne telle acrimonie, com bien qu'elle sente comme la Cotula, ou les Punaises, que plusieurs Medecins de nostre temps o escrit, & treuué par experience, qu'elle fait les mesmes effects que Dioscoride a escrit de la *Xyris*

Qu'

ui plus est, elle ne resemble pas seulement à la Flambe quant à la figure ; mais aussi elle la surpasse en vertu, tant pour faire tomber les croustes des vlceres, que pour tirer hors les os effleurez. Sa decoction aussi ou son suc prins en breuuage prouoque plus fort l'vrine, & fait suer : mais il brusle uasi le gosier. Si on boit beaucoup de ceste decoction, elle fait vomir, & donne des tranchées, comme fait la Flambe. Voilà les raisons par lesquelles Pena s'efforce de preuuer que la *Spatula fœtida* est la *Xyris* des anciens, de laquelle Dioscoride dit, *que sa racine est bonne pour les playes & fractures de la teste.* Elle fait sortir les eschardes & toutes sortes d'aiguillons de dedans le corps, sans aucune douleur, l'incorporant auec vne tierce partie de rouïlleure d'airain, & vne cinquiesme partie de racine de Centaurée, auec du miel. Appliquée auec du vinaigre elle guerit toutes sortes d'enfleures & inflammations. Sa racine broyée & prinse en breuuage auec du vin cuit est bonne aux conuulsions, aux rompures, aux douleurs de la sciatique, à ceux qui ne peuuent vriner que goutte à goutte & u flux de ventre. Sa graine est fort souueraine pour faire vriner, estant prinse en vin au poids de trois boles. Prinse en vinaigre elle fait fondre la ratte. Galien dit, que la *Xyris* est attractiue, resolutiue, & esiccatiue ; à sçauoir sa racine, & principalement sa graine, laquelle prouoque aussi l'vrine, & est ropre pour guerir la durté de la ratte.

Lib. 4. c. 22. *Le temperament & les vertus.* *Liure 8. des simpl.*

Du Signet de Salomon, *CHAP. XXXV.*

E πολυγόνατον des Grecs s'appelle aussi en Latin *Polygonaton* : par les Apothicaires & Herboristes, & communement *Sigillum Salomonis* : en Italien *Frassinella*, & *Ginocchietto* ; en Allemand *Vueiszuurtz*, c'est à dire *Racine blanche* : en François *Signet de Salomon.* On l'appelle *Polygonaton*, d'autant que sa racine est toute pleine de neuds eleuez. Fuchse, Dodon, & les autres Herboristes modernes, en establissent *deux especes*, dont vn est le *vray Polygonaton* de Dioscoride, qui a les fueilles larges ; & l'autre les a beaucoup plus stroites. Dioscoride dit, que le *Polygonaton* est vne plante ayant plus d'vne coudée de haut ; les eilles semblables à celles du Laurier, plus larges & plus lisses, lesquelles ont vn certain goust omme les Coings, ou les Grenades, auec vn peu d'astriction. Aupres de chascune fueille il sort es fleurs blanches & en plus grand nombre que ne sont pas les fueilles, à conter dés la racine, quelle est blanche, molle, longue, pleine de neuds, espesse, de mauuaise odeur, & grosse comme doigt. Il croist aux montagnes. Or si nous voulons esplucher par le menu toutes les marques u *Signet de Salomon*, nous treuuerons qu'il ne luy en manque pas vne des dessusdites ; car il croist ux montagnes, & a plus d'vne coudée de haut. Ses fueilles retirent à celles du Laurier ; toute-

Les noms. *Les especes.* *La forme.* *Le lieu.*

Signet de Salomon grand, de Matthiol.

Signet de Salomon aux fueilles estroites, de Fuchse.

fois elles sont plus larges & plus lisses, & ont le goust d'vne Pomme de Coing, ou d'vne Grenade auec vn peu d'astriction. Aupres de chacune fueille il sort des fleurs blanches en plus grand nombre que les fueilles:car il sort deux ou trois fleurs & dauantage par chacũ aileron des fueilles. Sa racine est blanche, molle, longue, auec beaucoup de neuds, espesse, sentant mal & de la grosseur du doigt. Apres les fleurs il y vient des bayes, quasi grosses comme vn Pois, qui sont premierement vertes, puis apres noirastre. Quant au *petit Poligonaton*, ou *Signet de Salomon*, il est different du precedent quant aux fueilles. Car il a la racine, la tige, & la figure toute semblable, & croist aussi en mesme endroit. Toutefois ses fueilles sont beaucoup plus estroites, & sont disposées à mode d'estoile, comme celles de la Garance, ou de l'Asperula, quatre à quatre, ou cinq à cinq. Ses fleurs sont aussi moindres, sortans parmy les fueilles, de couleur verdastre, & moindres que n'est vn petit grain de Poyure. Il en vient force aux collines de Riuole, & de Turin en Piedmont parmy les bois, & en Languedoc sur le haut mont du Vigan. Mais en Flandres on le tient bien cherement dans les Iardins. Et le *grand* croist de soy-mesme voire parmy les prés, dedans les bois, comme aussi il en croist fort parmy les champs en France & Allemagne. Au reste Dioscoride dit, que la racine du *Signet de Salomon* est fort propre pour appliquer en liniment sur les playes. Mesme elle efface les taches du visage. Galien dit, que le *Polygonaton* a vne faculté meslée, comme aussi la qualité; car il est vn peu astringeant, & a semblablement vn peu d'acrimonie, & vne certaine amertume fascheuse, qui ne se peut bonnement exprimer. Par ainsi on ne s'en sert guieres. Aucuns se seruent seulement de sa racine pour appliquer en liniment sur les playes, d'autres s'en seruent pour oster les taches du visage, qui sont comme verrues. Voilà ce qu'en dit Galien. Aujourd'huy les femmes tirent de l'eau par l'alembic des racines du *Signet de Salomon*, de laquelle elles se seruent en lieu de fard pour se lauer, & nettoyer le visage.

Pena aux Aduers.

Le temperament, & les vertus.

Liure 8. des simpl.

Fleur de Tygre, de Dodon.

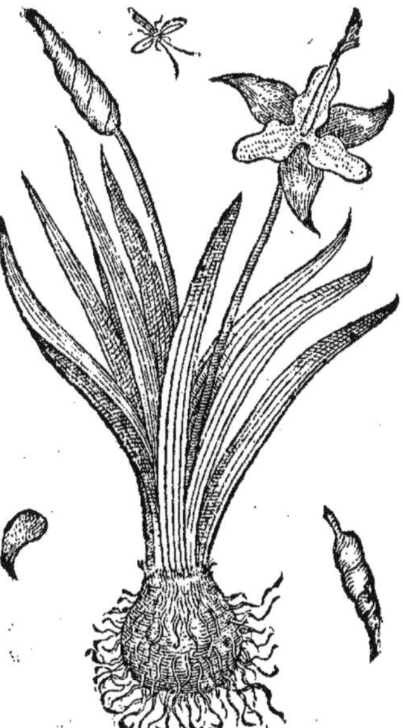

Liure des Purg.

De la Fleur de Tygre. CHAP. XXXVI.

DODON & Lobel ont mis le pourtrait d'vne fleur fort rare, qui est appellée *Flos Tygridis*, laquelle ils confessent n'auoir iamais veu, mais seulement le pourtrait naturel d'icelle, auec les couleurs, qui leur a esté monstré & communiqué par le seigneur Iean Branci, ayant les fueilles vertes, longues, estroites & aiguës, sortans d'vn bulbe gris, qui leur sert de racine. Sa fleur est jaune semée d'vne infinité de petites taches rouges, sans aucun ordre, du milieu de laquelle il sort comme vn pinceau, qui est d'vne couleur rouge fort belle. Ceste plante a esté incogneuë iusques à present à tous les Herboristes. On dit, que son bulbe est bon à manger.

Du Coïx. CHAP. XXXVII.

Le lieu.

NOus auons mis icy le pourtrait d'vne plante qui nous a esté enuoyé par Myconus auec la description telle que s'ensuit: Elle croist par tout parmy les prés, de la hauteur d'vne paume; & ne fait qu'vne tige, ronde, compartie de neuds comme le tuyau du Froment, auec des fueilles du tout semblables à celles du Grame; à la cime de laquelle il y a vne grappe comme celle de l'Auoine. Pour sa racine elle a deux bulbes, desquels celuy de dessous est le plus gros, & sont tous deux blancs, & doux comme le Grame: tellement qu'on peut conclure que c'est *vne espece de Grame*. Toutefois si cette plante a esté descrite par les anciens, Myconus estime que c'est celle qui est appellée κόϊξ par Theophraste: il met la *Coix* au nombre des plantes qu'il appelle καλαμόφυλλα, & γωνόφυλλα, c'est à dire, *qui ont fueilles comme les roseaux*, & faites à angles. Puis apres il adjouste, que ces fueilles sont comme composées de deux, & sont creuses au milieu, laissans comme la place large par où les autres puissent passer. Or ceste figure de fueilles conuient bien aux Grames: combien qu'ils ayent les fueilles plus estroites que les Roseaux. En outre le mesme Theophraste met la *Coïx* au nombre des Plantes bulbeuses qui ont la racine ronde, & non escailleuse; ce qui conuient bien à cette plante, Toutefois Th[...]

Liure 1. de hist. ch. 16.

phraste ne dit pas, que la *Coix* ait la racine double ; de fait, on ne le sçauroit aussi bonnement dire de cette plante, comme il appert par le pourtrait : car le dessus n'est pas vrayement Bulbe ; mais vn commencement de Bulbe tant seulement. Myconus escrit, qu'il ne sçait pas comment c'est qu'on appelle communement cette plante ; mais qu'il a seulement ouy dire que les lievres la mangent volontiers, & en arrachent les racines de nuict. Aucuns estiment que c'est *vne espece de Glayeul*, differente du nostre que nous auons descrit cy-deuant. D'autres la prennent pour le *Sisyrinchion*, en la description duquel il semble que Theophraste ait vrayement exprimé cette racine ; combien que nous auons desia mis vn autre *Sisyrinchion*, suyuant Dodon. On la pourroit bien aussi prendre pour *l'Ægilops* de Pline, qu'il met au nombre des Bulbes.

Liure 7. de l'hist. ch. 13.

Li. 19. c. 5.

Fin du Liure XV. de l'Histoire Generale des Plantes.

LIVRE

LIVRE SEIZIESME DE L'HISTOIR Generale des Plantes.

Contenant la Description & les pourtraits naturels des Plantes Purgatiues.

De la Mercuriale, CHAP. I.

OVTRE la difference qui se treuue entre les Plantes pour raison du li de leur naissance, ou de quelque partie signalée d'icelles dont il a parlé cy-deuant: il y en a encor d'autres pour raison de leur proprieté vertu, desquelles il nous faut maintenant discourir. Entre lesquelles n'y en a point de plus admirable, ny de plus profitable à l'homme q est exposé tous les iours à vne infinité de maladies, que celle que l Grecs nomment καθαρτική, c'est à dire, *Purgatiue*, pour raison de quelle aucunes Plantes sont appellées καθαρτικά, c'est à dire, *Purgatiues.* Car sçauroit on treuuer ou dire vne chose plus admirable, q de dire, qu'en ayant aualé vne petite portion d'vne plante, ou ayant b son suc, ou sa decoction, vne ou plusieurs humeurs du corps viennent à estre separées, tirées, euacuées par le vomissement, ou par le bas? Y a il chose plus proffitable pour les malades, que de voir dechargé de telles humeurs qui nous molestent ou par leur trop grande quantité, ou mauuai qualité, comme si quelque Dieu les venoit soulager de sa propre main, & deliurer de leur malad' Or Dieu par sa grãde & infinie largesse en a fait beaucoup de telles pour le proffit des hommes, d quelles nous n'auons pas la cognoissance de toutes, & mesmes nostre dessein n'est pas de traitter de toutes celles desquelles tant les autheurs anciens, que les modernes ont eu cognoissance & ont fait mention. Car il y en a plusieurs desquelles il a desia esté parlé cy deuant, quand il en est v nu à propos, comme le *Rosage*, les *Roses*, les *Roses de Damas*, le *Sené*, la *Casse*: le *Tripolion*, *Hippopha Hippophaæston*, *Apios*, la *Coleuurée*, le *Saffran bastard*, les *Narcisses*, le *Chou marin*, le *Chou sauua* la *Laictue sauuage*, la *Gratiola*, le *Rhamne purgatif*, le *Sureau*, la *Flambe*, la *Thapsie*, le *Polypode* quelques autres. Ainsi nous traitterons seulement icy de celles qui sont notoirement *Purgatiues* assez cogneuës. commenceans par la *Mercuriale*, que les femmes mesme cognoissent, laquelle
Les noms. nommée en Grec λινόζωσις & παρθένιον, & ἑρμοῦ βοτάνιον, ou bien ἑρμοῦ πόα, c'est à dire, *l'Herbe de Mer cure*, en Latin *Mercurialis*, pource que Mercure en a esté l'inuenteur: en François *Mercuriale*
Les especes. *gnoble*, ou *Vignette*: en Italien *Mercorella*: en Allemand *Ringelkraut*. Les Herboristes en ont estab deux especes, assauoir le *masle* & la *femelle*, qui se recognoissent par la graine: mesme le *masle* a l
Liu.4.c.183 *La forme.* fueilles plus brunes que la *femelle*. Dioscoride dit, que la *Mercuriale* a les fueilles comme le Basili approchans de celles de la Parietaire: toutefois elles sont plus petites: & des petites branches, garni de neuds, qui sont doubles, auec plusieurs ailerons creux. La *femelle* porte beaucoup de graine, mode d'vne grappe de raisin, dont celle du *masle* sort du sein des fueilles, & est petite & ron comme si c'estoient deux couillons conioints ensemble. Toute la plante n'a qu'vne paume
Liu.25.c.5. hauteur & encor pas. Pline en parle vn peu diuersement: L'Herbe, dit-il. qui est appellée Grec *Linozostis*, ou *Parthenion*, est de l'inuention de Mercure: aussi il y en a plusieurs d'entre l Grecs qui l'appellent *Hermupoa*: nos Latins la nomment Mercurialis. On en treuue de *deux esp ces*: a sçauoir le *masle* & la *femelle*, laquelle fait plus d'operation, & fait la tige d'vne coudée d haut, qui est quelquefois branchuë, à la cime, ayant les fueilles comme le Basilic, si ce n'est que les sont vn peu plus estroites, & beaucoup de neuds & ailerons creux. Sa graine sort par les neu en grande abondance en la femelle: mais celle du *masle* est attachée aupres des neuds, & est rar courte, & tourtue; au lieu que celle de la *femelle* est plus esparpillée & blanche. Les fueilles d *masle* sont plus brunes, & celles de la *femelle* sont plus blanches. Leur racine est fort menuë, & n
Le lieu. sert à rien. L'vne & l'autre croist parmy les champs & lieux cultiuez. Voila ce qu'en dit Plin Or nostre *Mercuriale* croist principalement aux Vignobles quelquefois en si grande abondance, d'vn

Mercuriale masle, de Matthiol.

Mercuriale femelle de Matthiol.

ne telle vertu, qu'elle participe son goust au vin, & le rend mal plaisant. Sa graine est meure au *Le temps.*
is d'Aoust. L'vne & l'autre est assez cogneuë de tous les Medecins & Apothicaires, & mes-
des femmes : & a vn goust nitreux, & vn suc qui sent aucunement mal, & est purgatif, & bon
lusieurs choses. Car l'vne & l'autre suyuant l'authorité de Dioscoride, lasche le ventre, si on les *Les vertus.*
nge comme les autres herbes. La decoction d'icelles cuites en eau euacuë les humeurs bilieu-
, & les aquositez par le bas. On tient qu'apres qu'vne femme a eu ses fleurs, si on broye des
illes de la *Mercuriale femelle*, & qu'on les luy mette dans la nature, que cela fera qu'elle conce-
vne fille ; & pour auoir des enfans masles, il faut vser de la *Mercuriale masle* en la méme manie-
Pline parle vn peu autrement que Dioscoride touchant l'vsage de la *Mercuriale* en Medecine, *Au mesme lieu.*
quel il traitte bien au long, suyuant ce qu'il en a prins d'Hippocrate, comme il se voit encor au-
rd'huy dans ses œuures, principalement au liure qui est inscrit, *Des personnes steriles*, & aux deux
res *des maladies des femmes*. Or les mots de Pline sont tels : C'est vne chose estrange que ce que
n dit de toutes les deux sortes de la *Mercuriale*, c'est que le *masle* fait auoir des enfans masles, &
femelle des filles ; si incontinent apres qu'vne femme a conceu on luy donne à boire du suc de
te herbe auec du vin cuit, & qu'elle en mange les fueilles auec de l'huile & du sel, ou bien tou-
cruës auec du vinaigre. Il y en a qui les font bouillir en vn pot de terre tout neuf, auec de l'He-
tropion, & deux ou trois costes d'Ail, iusqu'à tant qu'elles soient bien cuites : puis apres il font
ire ceste decoction & manger l'herbe le second iour apres la purgation de la femme ; & faut
elle continue cela par trois iours ; & au quatriesme, qu'elle entre dans le bain ; puis au sortir
elle ait affaire auec l'homme. Hippocrate fait grand estat de ces herbes pour le regard des
mes. Toutefois les Medecins n'en sçauent pas l'vsage. Premierement il dit, qu'estans appli-
ées à la matrice auec du miel rosat, ou d'huile des racines de Flambe, elles y sont fort propres
tous les accidens d'icelle ; mesme pour prouoquer les mois & faire sortir l'arrierefaix. Ce
elles font aussi en les prennant en breuuage, ou bien les appliquant en fomentation. Il se ser-
it aussi du ius de ceste herbe aux oreilles puantes l'appliquant auec du vin viel, ou le distilant
dans. Il dit aussi, que les fueilles de la *Mercuriale* sont bonnes pour appliquer sur le ventre, &
aux chaudes defluxions des yeux. Sa decoction prinse auec Myrrhe & Encens est bonne à la
difficulté d'vrine, & aux accidens de la vessie. Pour lascher le ventre encor qu'on soit en fieure,
ne faut que prendre vne poignée de ceste herbe, & la faire cuire en deux sextiers d'eau iusqu'à
consomption de la moitié, auec vn pied de porceau, ou bien auec vn poulet ; & boire ceste de-
ction auec miel & sel. Toutefois il y en a qui estiment, qu'il soit meilleur pour se purger d'vser
ces herbes simplement, ou bien cuites auec des Mauues. Elles sont bonnes pour nettoyer la
itrine, & font euacuër les humeurs bilieuses ; toutefois elles sont contraires à l'estomac.
ous vsent indifferement de la *Mercuriale*, dit Galien, pour lascher le ventre seulement ; neant-

moins qui l'appliqueroit en cataplasme treuueroit qu'elle est fort resolutiue. Voilà ce qu'en dit Galien. Auiourd'huy on en vse fort pour les clysteres. Et en plusiurs lieux les Apothicaires vsent communement du miel qu'ils appellent *Mercuriatum*, lequel se fait en ceste maniere : Il faut prendre trois liures du suc de ceste herbe & les faire cuire dans vne liure & demie de bon miel, ou
Sur le c. 183 du 4. liure de Diosc. bien deux liures. Ce miel est bon pour mettre dans les clysteres. Matthiol dit, qu'on a veu par experience, que les fueilles de l'vne & l'autre Mercuriale font passer toute sorte de verrues, comme aussi leur suc. La graine tant de l'vne que de l'autre cuite auec de l'Absynthe, est singulierement propre pour la iaunisse. Leur suc incorporé en vinaigre guerit les maladies qui vont croissant & s'aduanceant. Ce que Ruel auoit desia escrit deuant que Matthiol.

Du Chou de Chien, ou Mercuriale sauuage, CHAP. II.

Les noms. CETTE herbe est appellée en Grec *κυνοκράμβη*, ou *κυνία*, ou *λινόζωσις ἀγρία ἄρρεν*: en Latin *Brassica Canina*, *Cynia*, *Mercurialis syluestris mas* : en Italien *Mercorella bastarda* : en François *Chou de Chien*, & *Mercuriale sauuage* : en Allemand *Vuildkingelkraut*.
Liu. 4. c. 184. *La forme.* Dioscoride dit, que la *Mercuriale sauuage* fait vne tige de deux paumes de hauteur, tendre, & blancheastre ; les fueilles semblables à celles de la *Mercuriale*, ou du Lierre,
Le lieu. qui sortent par certains interualles, & sont blaffardes. Sa graine est petite, ronde, & attachée aux
Le temps. fueilles. Il en croist force parmy les bois. Sa graine commence à sortir en Auril, & est meure en May. Fuchse &
Chap. 167. Liu. 1. ch. 51. Dodon ont prins l'herbe qui est icy peinte pour la *Cynocrambe*, comme fait aussi Pena, disant qu'il en croist asse par toute l'Europe le long des chemins ombrageux, & dan les bois & lieux humides, principalement aux regions Septentrionales qui ne sont pas chaudes, où elle est appellée *Mercuriale sauuage*, & qu'elle resemble fort à la *Mercuriale masle*, ayant les fueilles deux à deux par certain interualles, qui sortent des neuds ; & la graine à mode d couillons, à double, attachées à des longues queuës. Ses tiges sont quarrées & tendres : tellement qu'il ne faut poin douter que ce ne soit vrayement la *Cynocrambe*. Elle fai deux ou trois, & quelquefois quatre petites tiges droite sans aucunes branches. Ses fueilles sont blaffardes, plus longues que celles de la *Mercuriale*. Elle a le goust & odeu des Choux, & sent vn peu mal. Sa racine est large & bie esparse par dedans terre. En somme toute sa figure mon stre que c'est *vne espece de Mercuriale*. Elle n'est point e vsage, combien qu'elle seroit bien propre pour euacuë les aquositez & les humeurs melancholiques. Matthio
Sur Diosc. liu. 4. c. 184. a mis le mesme pourtrait pour la *Cynocrambe* ; & dit qu ceste plante a toutes les marques que Dioscoride de mande en la *Cynocrambe* ; sinon que sa graine n'est pa attachée aux fueilles, à raison dequoy il n'ose asseurer qu ce soit la vraye *Cynocrambe*. Et de fait Dioscoride dit, qu son fruict est petit & rond, attaché auec les fueilles. C qui se treuuera aussi estre vray en ceste plante ; pourue que nous prennions ce mot *de fruict* non seulement pour le deux grains qui sont comme deux Couillons ; mais aussi pour la queuë qui les soustient. Au rest

Chou de Chien, ou Mercuriale sauuage, de Matthiol.

Liu. 4. c. 184. *Les vertus.* Dioscoride dit, que la tige & les fueilles de la *Cynocrambe* prinses en breuuage, ou mangées à guise d'herbes potageres, laschent le ventre. Sa decoction purge les humeurs bilieuses, & les aquositez. Theophraste, Galien, Paul, ny Aëce n'ont point fait mention de ceste *Cynocrambe*. Combien que
Liu. 4 ch. 76. Galien, Paul, & les autres, & mesme Dioscoride ont parlé d'vne *Cynocrambe* sous le nom *d'Apocynon* ; mais elle est bien differente de la precedente.

Du Staphisagre, CHAP. III.

Les noms. LES Grecs ont nommé ceste herbe *σταφὶς ἀγρία*, & *ἀσταφὶς ἀγρία* les Latins *Herba pedicularis*, & *pituitaria* : les Apothicaires & Italiens l'appellent *Staphisagria* : les Espagnols *Fabaras paparaz* : les Arabes *Alberas, Habebras, Muibazagi, Miubezygi* : les Allemans *Bismiintz* : les Frãçois *Staphisagre*, & *Herbe aux pouilleux*. Elle a esté appellée *Staphisagria*, c'est c'est à dire, *Vigne sauuage*, pource que ses fueilles sont descoupées comme celles de la Lambrusque; *Pedicularis*, & *Pituitaria* pour sa proprieté; d'autant qu'elle fait mourir les poux; & en la maschant elle est si chaude, qu'elle fait sortir beaucoup de phlegmes. Elle a les fueilles comme la Lambrusque, & descoupées de mesme; & des petites tiges droites, tendres, & noires. *La forme.* Sa fleur retire au Pastel. Sa graine vient en des gousses vertes, comme celles des Pois ciches, & est triangulaire, aspre, de couleur de iaune-brun, blanche au dedans, & d'vn goust acre. Voilà comment c'est que Dioscoride l'a descrite. *Liu.4.c.150.* *Liu.23. c.1.* Pline en parle fort breuement disant: Quant à *la Staphis*, ou *Staphis agria*, qu'aucuns ont prins mal à propos pour *l'Vua Taminia*, d'autant que c'est vne herbe à part; elle fait des petites tiges noires, & droites; les fueilles comme la Lambrusque, & des gousses plustost que des grains, verdes, comme celles des Ciches, dans lesquelles il y a vn noyau fait à triangle, lequel est meur par Vendanges, & est noir; au lieu que le fruict de la Coleuurée noire est rouge; mesme la *Staphis* croist aux lieux qui sont à l'abry; & la Coleuurée noire ne croist sinon aux lieux ombrageux. *Le Lieu.* Voilà ce qu'en dit Pline. Auiourd'huy on plante ceste herbe dans les Iardins. Matthiol dit, qu'il en croist force en Istrie, & Dalmatie, comme aussi en l'Apouille, & en Calabre. *Sur le c.150. du 4. liu. de Dioscor.* Elle fleurit en Esté. *Le temps.* A Montpelier elle croist par tout. Tous les Medecins & Apothicaires d'vn commun accord prennent ceste plante qui est icy peinte pour la *Staphis agria*, & s'en sert-on auiourd'huy pour le mesme effet auquel elle estoit anciennement employée. Toutesfois Dioscoride dit, qu'elle a les fleurs comme le Pastel. Or le Pastel a les fleurs iaunes, & celles de la *Staphisagre* sont bleuës, belles & estoilées, composées de cinq ou six fueilles. Ainsi donc il faudra entendre que ses fleurs sont de la couleur du Pastel, non pas de ses fleurs; mais de son suc, qui tire sur le bleu. *Liu. 4.c.158.* *Les vertus.* Au reste Dioscoride dit, que dix, ou quinze des grains de ceste herbe broyez & prins en eau miellée font vomir des humeurs grosses: mais il faut que ceux qui en ont prins se promenent. Et cependant il ne faut pas oublier de leur faire boire à tous propos de l'eau miellée; d'autant qu'autrement ils seroient en danger d'estre estouffez, & que ceste graine ne leur bruslast le gosier: L'herbe broyée & appliquée en liniment auec de l'huile est propre pour faire mourir les poux, & contre la demangeaison & la galle. (Au vieil exemplaire il y a, τριφθεῖσα καθ' ἑαυτὴν. ἢ μετὰ σανδαράχης, ἢ ἐλαίῳ συγχρισθεῖσα, c'est à dire, *Broyée toute seule, ou bien auec de l'Arsenic, & appliquée en liniment auec de l'huile.*) Estant maschée elle fait cracher beaucoup de phlegme. Cuite en vinaigre elle est bonne contre la douleur des dents, si on s'en laue la bouche. Elle arreste les defluxions qui tombent sur les genciues. Incorporée en miel elle guerit les vlceres de la bouche que les Grecs appellent *Aphthai*. On en mesle aux emplastres caustiques. *Liu.23.ch.1.* Pline dit, qu'il ne conseille pas d'vser des grains de la *Staphisagre* pour purger, pour le danger qu'il y a qu'ils n'estouffent ceux qui en vsent, ny mesme de les mascher pour dessecher le phlegme qui tombe en la bouche; d'autant qu'ils escorchent le gosier. Ces grains broyez & appliquez font mourir les poux de la teste, & du reste du corps, & sont fort propres aux gratelles & aux demangeaisons; principalement si on y adiouste de l'Arsenic. Cuits en vinaigre ils sont fort bons à la douleur des dents, aux accidens des oreilles, & aux defluxions qui tombent sur les cicatrices, & aux vlceres qui coulent. Sa fleur pilée & prinse en vin est bonne contre la morsure des serpens. Car quant à sa graine ie n'en voudroy pas vser, pource qu'elle est trop chaude. Aucuns appellent ceste herbe *Pituitaria*, & s'en seruent l'appliquans en liniment sur les morsures des serpens. Voilà ce qu'en dit Pline, lequel a lourdement failly là où il dit, *les defluxions des cicatrices*: ou bien les exemplaires de Dioscoride sont incorrects: car il ne deuoit pas dire, *les defluxions des cicatrices*; mais bien *des genciues*, suyuant Dioscoride; & *les vlceres corrosifs de la bouche*. Galien dit, que *la Staphisagria* a vne grande acrimonie: tellement qu'elle sert à purger le cerueau; ce que les Grecs appellent ἀποφλεγματίζειν: & est fort detersiue; par ainsi elle est propre à la gratelle. Mesme elle est aussi caustique. *Liure 6. des simpl.*

Staphisagre.

De la Paume de Christ. CHAP. IV.

Les noms. KIKI ou κρότων en Grec s'appelle en Latin *Ricinus* : en Arabe *Kerua*. Aucuns Apothicaires l'appellent *Cataputia maior* ; d'autres *Pentadactylon*, & *Palma Christi*. Mesue l'appelle *Granum Regium* ; les Italiens *Girasole* : les Allemans *Vnderbaum*, ou *Creatzbaum* : en François *Paume de Christ* : en Espagnol *Figuera de l'inferno*. Elle est appellée *Croton*, & *Ricinus*, pource que sa graine retire à vn certain animal qui est ainsi appellé. Car *Croton*, ou *Ricinus*, dit Pline est
Liu. 11. c. 34. vn animal sale, qui a tousiours la teste plongée dãs le sang, & s'engrossit ainsi. Cest animal entre tous les autres n'a point d'issue pour la viande ; tellement qu'il creue quand il est trop saoul ; & ainsi la viande méme le fait mourir. Les cheuaux ne sont point suiets d'auoir de ces bestes ; mais bien souuent les beufs, & les chiens aussi qui en ont de toutes sortes : quant aux brebis & aux cheures, il n'y a que cest animal qui les tourmentes. Et en vn autre pas-
Liu. 30. c. 10 sage : Cela, dit-il semblera plus estrange à ceux qui sçauront quel estat fõt les Magiciens du Tiquet combien que ce soit vn des plus vilains animaux du monde : car il n'a point de conduit pour se vuider : tellement qu'il creue quand il est saoul, & ne peut viure sinon en endurant la mort : car il ne cesse de manger iusques à ce qu'il soit mort. On dit que faisant diete il peut viure sept iours : mais s'il mange son saoul, il ne dure pas tant. On l'appelle communement *Palma Christi*, pource que sa fueille est descoupée de telle façon qu'elle retire à la Paume de la main d'vn homme auec les
Liu. 4. c. 158. doigts estendus. Or Dioscoride dit, que c'est vn arbre grand comme vn petit Figuier, ayant la fueil-
La forme. le cõme le Plane & plus grande ; plus lisse & plus noire. Ses branches & son tronc sont creusez comme les cannes. Sa graine vient en des boutons aspres, & est semblable à vn Tiquet, apres qu'elle est desnuée de son
Liu. 15. ch. 7 escorce. Pline parlant des huiles artificiels dit, qu'on en fait aussi de graine de *Palma Christi*, aucuns l'appellent *Croton*, les autres *Cicis*, ou *Sesame sauuage*. Elle croist en grande abondance en Egypte, & n'y a pas long temps qu'on a commencé à y faire de cest huile. En Espagne ceste plante croist en peu de temps de la hauteur d'vn Oliuier ; & a la tige ferulacée. Ses fueilles sont semblables à celles de la vigne. Sa graine retire à vn grain de raisin petit & est de couleur fauue. Nos Latins l'appellent *Ricinus*, pource que sa graine retire aux Tiquets. Pour en tirer l'huile on fait bouillir ceste graine, & faut cueillir l'huile qui nage sur l'eau. Mais en Egypte où il y en a abondance, on en tire l'huile sans feu, apres auoir trempé ladite graine en eau & sel. Cest huile ne vaut rien à manger ; toutefois il est bon pour la lampe. Toutes ces marques conuiennent du tout bien à nostre *Paume de Christ*. Car elle a la tige grosse, ronde, creuse ; de cinq ou six coudées de hauteur, & compartie par neuds. Ses fueilles sont grandes, disposées alternatiuement, attachées à vne queuë, comme celles des fueilles de Figuier, auec sept ou neuf grandes descoupeures, comme on voit en celles du Figuier, du Plane, de la Staphisagria, & de l'Ellebore noir ; & sont brunes ou violettes & grasses. Ses fleurs sont à la cime de la plante, entassées à mode de grappe de raisin ; entre lesquelles celles d'embas sont iaunes, & perissent sans produire aucun fruict : mais

Paume de Christ, de Matthiol.

celles d'enhaut sont rouges, & produisent des gousses faites à triangle, dans lesquelles il y a trois grains cendrez, plus petits que les Phasiols, pleins de moëlle, qui rendent beaucoup d'huile quand
Le lieu. on les presse. Elle ne croist point sinon estant semée dans les Iardins. On l'amasse en Automne,
Le temps. lors qu'elle est chargée de graine. L'Escluse en ses Annotations sur l'histoire des Simples de l'Indie Occidentale de Nicolas Monard, dit, qu'il a veu à Malaga aupres du destroit de Gilbatar, & en d'autres lieux de l'Andalousie, des plantes de *Palma Christi*, qui estoient aussi grosses qu'vn homme, & de la hauteur de trois hommes, auec de fort grandes branches, comme les autres arbres, lesquelles on esbranche de trois ou de quatre en quatre ans, & asseure que ces plantes là
Liure 1. des Obser. c. 15. s'accordent fort bien auec la description de Dioscoride. Bellon dit aussi, qu'il en a veu en Candie
Liure 1. de l'hist. ch. 16. qui estoient grandes comme des arbres. Theophraste dit, que les fueilles des autres arbres se ressemblent l'vne à l'autre : mais que celles du Peuplier, du Lierre, & de l'arbre appellé *Croton*, sont differẽtes en figure : car estans nouuelles elles sont rondes, puis auec le tẽps elles deuiennent anguleuses. Ce qu'il redit en vn autre passage : *Il y a bien d'autres plantes dont les fueilles changent de*

figure

figure : car le Croton en fait qui sont rondes du commencement, puis apres elles deuiennent anguleuses, comme si elles auoient des doigts. Ce que Pline a aussi remarqué disant, que les fueilles de tous les arbres retiennent tousiours vne mesme figure, excepté celles du Peuplier, du Lierre, & du Croton, que nous auons dit estre aussi appellé Cici. Au reste Dioscoride dit, que l'on fait de l'huile de la graine de la *Palma Christi*, qui est appellé *Cicinum*, ou *Ricininum*, qui ne vaut rien à manger: toutefois il est bon pour les lampes & pour les emplastres. Trente de ces grains bien mondez, broyez & prins en breuuage purgent le phlegme, les humeurs bilieuses, & les aquositez par le bas, & font aussi vomir. Mais ceste purgation est facheuse & mal plaisante; d'autant qu'elle desuoye merueilleusement l'estomac. Ces grains broyez & appliquez guerissent les boutons & taches du visage causées par le Soleil. Les fueilles broyées auec griotte seche appaisent les inflammations & enfleures des yeux estans appliquées dessus, & mesme empeschent de croistre les mammelles. Appliquées seules ou auec du vinaigre elles appaisent les erisipelles. Pline dit, que l'huile de *Palma Christi* prins auec d'eau chaude par esgales portions est bon pour purger le ventre. On dit, qu'il purge particulierement les parties qui sont pres du cœur. Il est bon aussi aux gouttes, à toutes durtez, & à la matrice, aux oreilles & aux brusleures : auec de cendre des Chausses-trappes il est bon aux inflammations du fondement, & mesme pour la gratelle. Il fait auoir bonne couleur : & a cela de propre qu'il fait croistre le poil. Il n'y a animal qui mange la graine dont on fait cest huile. On fait des meches fort singulieres des grappes du *Palma Christi*, qui rendent vne grande clarté; & neantmoins l'huile de sa graine fait vn feu obscur, pource qu'il est trop gras. Ses fueilles appliquées auec vinaigre sont fort bonnes au feu S. Antoine. Appliquées seules & freches elles sont propres aux mammelles & aux defluxions chaudes. Cuites en vin & appliquées auec Saffran & griotte seche elles seruent à toutes inflammations. Appliquées seules elles nettoyent le visage en trois iours. Mesue parle plus clairement de la faculté purgatiue de la graine de *Palma Christi*, disant, qu'elle est chaude & seche au second degré. Hamech dit, qu'elle est chaude au commencement du troisiesme. Elle euacuë fort bien le phlegme & quelquefois les humeurs bilieuses, tant par le bas que par vomissemẽt. Mesme elle attire les matieres & aquositez qui s'amassent aux iointures. Il faut broyer ceste graine & la faire cuire au bouillon d'vn vieil coq, pour en vser. Elle est bonne contre la colique, & à la douleur des gouttes & de la sciatique. On les peut bien aussi faire cuire dans l'eau qui sort des fromages frais. Si l'on les met tremper dans du laict de cheure en le tirant, puis qu'on passe ce laict, il est bon pour les hydropiques. L'huile de ceste graine est fort bon à la colique causée par le phlegme, & par des ventositez. Or pource qu'elle est contraire à l'estomac, il la faut faire rostir, ou bien adiouster de graine d'Anis & de Fenouïl en la cuisant. Galien dit, que tout ainsi que la graine de la *Palma Christi* est purgatiue, detersiue, & resolutiue; aussi est la fueille : toutefois elle ne fait pas si grande operation. L'huile fait de ceste graine est plus chaud & de plus subtiles parties que l'huile commun; aussi est il plus resolutif.

Liu. 16. c. 24. — *Liu. 4. c. 158.* — *Les vertus.* — *Liu. 23. ch. 4.* — *Liu. des Purgat. c. 28.* — *Le temperament.* — *Liure 7. des simpl.*

De l'Ellebore blanc, *CHAP. V.*

L'ELLEBORE *blanc*, ou *Veretre*, s'appelle en Grec ἐλλέβορος λευκός : en Latin *Elleborus albus, & Veratrum album*: en Arabe *Cherbachem*, ou *Charbech Abaid*: en Italien *Elleboro bianco*: en Espagnol *Ierua de Baleste*: en Allemand *Vueisnieswurtz*. On tient qu'il est appellé *Elleborus*, pource qu'il oste la viande du corps: *Veratrum*, pource qu'il trouble l'entendement : on l'appelle *blanc*, pource que sa racine à comparaison de celle du *noir*, est blanche. Dioscoride ne parle que de *l'Ellebore blanc*, & du *noir*. Pline aussi dit, qu'il y en a *deux especes*, à sçauoir le *blanc* & le *noir*. Ce que la plus part des autheurs disent deuoir estre entendu des racines. Dioscoride dit, que *l'Ellebore blanc* a les fueilles semblables à celles du Plantain, ou des Betes sauuages: toutefois elles sont plus courtes, plus noires, & rougeastres. Ce qui s'entend de leurs costes. Sa tige est de la hauteur d'vne paume, & creuse, couuerte de beaucoup d'escorces ou membranes, quand elle commence à secher, à la cime de laquelle il sort des espics de fleurs, comme en la Botrys, attachez à des queuës qui sortent alternatiuement, & sont chargez de fleurs blancheastres, & quelquefois purpurines, ce que Dioscoride a obmis. Il fait vn grand nombre de racines menuës, sortans d'vne petite teste longue comme aux Oignons. Pline dit que *l'Ellebore blanc* a les fueilles comme celles de la Poerée, qui ne font que commencer à venir : toutefois elles sont plus noires, & ont les costes rougeastres. L'vn & l'autre fait la tige d'vne paume de hauteur, ferulacée, couuerte de peaux comme celles des Bulbes. Leur racine est cheueluë comme celle des Oignons. Au vieil exemplaire de Pline il y a *Fimbriata*, au lieu de *Fibrata* : tellement que Cornarius n'entend pas, que la racine soit cheueluë, mais seulement qu'il a beaucoup de racines, comme Theophraste dit, qu'il est πολύῤῥιζον ἢ δὲ μάλα ταῖς λεπταῖς καὶ χρησίμοις, c'est à dire *qu'il a plusieurs racines menuës, & qui sont en vsage*. Or ce que Pline dit, que ses fueilles sõt noires & ont les costes rougeastres, fait penser qu'il faut lire en Dioscoride μελάντερα καὶ ἐρυθρὰ τὴν ῥάχιν, au lieu qu'l y a aux cõmuns exem-

Les noms. — *Les especes. Liu. 4. c. 145. Liu. 25. c. 5.* — *La forme.* — *Liu. 25. c. 5.*

Ellebore blanc, de Matthiol.

Le lieu. *Le temps.* Au mes-lieu. plaire ἐρυθρὰν τὴν χρόαν, c'est à dire *de couleur rouge*. *L'Ellebore blanc* croist aux montagnes & lieux aspres. Il faut amasser ses racines au temps de moissons. Le meilleur *Ellebore blanc*, dit Pline, est celuy qui vient au Mont Oeta, apres lequel on fait estat de celuy de Pont; le troisiesme en bonté est celuy d'Elea, qui croist, comme on dit, dessus les vignes. Celuy du mont Parnasse tient le quatriesme rang. Or on le sophistique auec celuy d'Aetolie. Il y a deux mots adioustez aux communs exemplaires; à sçauoir *ex vicino*, qui ne sont pas dans les vieux exemplaires. Or il appert que le pourtrait qui est icy mis, est vrayement celuy de *l'Ellebore blanc*, tant par le consentement de tous les Simplicistes, que par plusieurs experiences bien certaines. On tient pour le meilleur, celuy qui est mediocrement long, blanc, fraile, poulpu; qui n'est pas toutefois aigu comme vn ionc, ou qui ne rend pas de la poussiere quand on le rompt, ayant vne petite moëlle au dedans, d'vn goust mediocrement chaud, & qui ne fait pas venir soudainement l'eau en la bouche: car autrement il estouffe la personne. Celuy de Corene est tenu pour le meilleur: mais celuy de Galatie & de Cappadoce est plus blanc, & plein d'vne certaine poussiere, & estouffe plus soudain la personne. Dioscoride dit, que *l'Ellebore blanc* euacuë diuerses humeurs par le vomissement. On en mesle dans les collyres qui seruent à esclarcir la veuë. Appliqué en la matrice il prouoque les mois & tue l'enfant dans le ventre de la mere. Il fait esternuër. Incorporé en miel & griotte seche il fait mourir les rats & les souris. Cuit auec la chair il la rend tendre. On le prend tout seul à ieun, & aussi auec du Sesame, ou de l'Orge mondé & passé. Aux exemplaires Grecs il y a θαψίας χυλῷ, c'est à dire *du suc de Thapsie*, comme aussi il y a en Actuaire, au lieu de πτισάνης χυλῷ, ou auec de l'eau miellée, ou de la bouillie, ou parmy le bouillon de Lentilles ou autre semblable. On le pestrit aussi auec le pain, puis le fait on cuire. Aucuns ordonnent de le prendre auec beaucoup de bouillon, ou bien ils le font prendre incontinent apres auoir mangé quelque peu, principalement à ceux que l'on craint qu'ils ne soient estouffez, ou qu'ils ne soient debiles: car par ce moyen la purgation en est plus seure, pource que le corps est rendu plus fort ayant prins de la viande auparauant: mesme vn suppositoire fait de racines *d'Ellebore* auec du vinaigre fait vomir. Galien & Pline ont traitté tout ensemble de l'vn & l'autre *Ellebore*, comme il se verra au chapitre suiuant. Mesuë dit, que *l'Ellebore blanc* est dangereux, pource qu'il estouffe la personne en vn instant; & par ainsi qu'il n'en faut point vser. Toutefois Matthiol dit, que les anciens Medecins ordonnoient *l'Ellebore blanc* en poudre, contre le haut mal, à la melancholie, au tournement de teste, aux enragez, & à ceux qui estoient hors du sens, aux conuulsions, aux goutteux, aux hydropiques & aux ladres: mais maintenant on n'vse plus de sa poudre, d'autant qu'il ne seroit pas seur d'en prendre; combien que plusieurs vsent de son infusion sans aucun dommage. Sa racine cuite dans de la lexiue tue les poux & les lendes. Cuite en laict elle tue les mouches: car elles meurent bien tost apres qu'elles ont gousté de ce laict. Elle fait aussi mourir les rats & les poules. Du suc de ses racines on en fait vn venin ou poison, dans lequel les chasseurs trempent leurs fleches en certains lieux. Matthiol asseure d'en auoir souuent fait l'essay sur des bestes & des poules, & que tout aussi tost que ce venin touche le sang par la playe que la fleche fait, la beste meurt bien tost apres. Mais c'est merueille, que ce venin n'est comme rien dangereux, si on le mange, sinon qu'on en print par trop; mesme les chasseurs d'Espagne en mangent quand ils se veulent purger. Par ainsi ce n'est pas de merueille si la chair des bestes qui meurent par ce poison n'est pas dangereuse à manger. Mais despuis que ce poison s'est meslé parmy le sang en la playe faite par la fleche empoisonnée, il n'y a point d'autre remede pour empescher que la beste n'en meure, sinon de luy faire manger des Coings. Ce qu'il dit auoir premierement apprins de l'Empereur Ferdinand. Surquoy vn certain Espagnol grād chasseur estant interrogé, respondit que les habitans du Royaume d'Arragon ou de Nauarre gardent le suc de *l'Ellebore blanc* dans des vases de corne, ou des pots de terre vernissez, iusqu'à ce qu'il soit suffisamment fermenté. Ce qu'on cognoit en trempant vn fil dedans, puis l'enfilant en vne aiguille, si vne grenouille meurt ayant esté enfilée auec ce fil: car les autres bestes estants blessées par les fleches empoisonnées de ce venin meurent encor plus soudain: & que les chasseurs trempent des estouppes dans ce venin, puis en garnissent le fer, & vn peu du bois de leurs fleches, de peur que venant à secher il ne perde sa force. Et en outre que ce suc se maintient long temps en sa

Liu. 4. c. 145. *Les vertus.*

Liu. 5. meth.

n sa vigueur, pourueu qu'il n'y ait point de Coings là où on le garde : car les Coings luy font perle sa vertu. Et pour le remettre en vigueur il faut y mesler des grains de raisin bien meurs & broyez,
u du Poyure puluerizé. Et combien que ce venin fasse mourir les bestes qui en sont atteintes, si
st-ce que leur chair en est plus tendre & plus delicate, specialement celle qui est à l'entour de la
laye. Lobel dit, qu'il y a dedans le Iardin de Mutonus vne sorte *d'Ellebore blanc*, qui fait la fleur
lanche, & d'autre qui a la fleur verdastre, & blanche rougeastre. Et que ce dernier est le premier
bourgeonner : & a les fueilles plus grandes, plus larges, & plus longues. Entre lesquelles il sort
ne tige de la hauteur de trois coudées, ou dauantage, chargée de fleur qui ne sont pas blanches :
ais rouges-brunes, & à mode d'estoile, apres lesquelles il y vient vne graine fueillue comme celde l'autre. Sa racine a moins de cheuelures que celle des autres. Or il n'a pas esté besoin d'en
ettre vn pourtrait exprés, veu qu'il n'y a point de difference que pour raison de la couleur de la
eur.

De l'Ellebore noir, CHAP. VI.

Les Grecs appellent *l'Ellebore noir* ἐλλέβορος μέλας, μελαμπόδιον, ἔκτομον, πολύῤῥιζον, & μελανόῤῥιζον : les Latins *Elleborus niger*, *Veratrum nigrum*, ou *Luparia* : les Arabes *Cherbachem*, ou *Charbech Asued* : les Italiens *Elleboro nero*. Il est appel- *Les noms.*
lé *Melampodion*, ainsi que dit Dioscoride, pource que Melampus qui estoit vn *Liu. 4. c. 146.*
cheurier, guerit, comme l'on dit, les filles de Prœtus, qui estoient enragées par le moyen de *l'Ellebore*. Les modernes establissent quelques *especes d'Elle-*
bore noir, comme il se verra cy apres. Or Dioscoride dit, que *l'Ellebore noir* a les *Liu. 6. c. 146.*
eilles vertes, semblables à celles du Plane ; toutefois elles sont plus petites, approchants de celles *La forme.*
u *Spondylion*, auec beaucoup de descoupeures, vn peu brunes & aspres, comme aussi sa tige est as-
re. Ses fleurs sont blanches purpurines, entassées en grappe de raisin. Sa graine retire à celle du
ffran bastard, & est appellée *Sesamoides* en l'Isle d'Anticyre, de laquelle on se sert pour purger.
s racines sont menuës, noires, sortans d'vne certaine teste comme d'vn Oignon, desquelles on
e. Il croist aux lieux aspres, esleuez & secs ; tellement que le meilleur est celuy qui vient en sem- *Le lieu.*
ables lieux, comme en Anticyre, où il croist de fort bon *Ellebore noir*. Il faut choisir celuy qui est
plus poulpu, plein de moëlle menuë, d'vn goust acre & bruslant. Pline en traitte ainsi : *Melam-*
u, dit-il, a esté fort renommé ; d'autant qu'il estoit vn grand deuin. Il y a vne sorte *d'Ellebore* qui *Liu. 25. ch. 5.*
te son nom : d'autres disent que c'est le nom d'vn Cheurier qui en fut l'inuenteur, ayant prins
rde que ses cheures se purgeoient auec cette herbe : tellement qu'il guerit les filles de Prœtus
ur en faisant vser auec du laict. Il y a deux *principales especes d'Ellebore*, à sçauoir le *blanc* & le *Les especes.*
ir, ce qui s'entend seulement des racines, selon l'opinion de plusieurs. Le second a les fueilles noi-
s, semblables à celles du Plane ; toutefois elles sont plus petites & plus brunes, auec beaucoup de
scoupeures. L'vn & l'autre a la tige de la hauteur d'vne paume, ferulacée, couuerte de pellicules
mme celles des Bulbes, & la racine cheuluë, comme les Oignons. Vn peu apres il dit, qu'aucuns
pellent *l'Ellebore noir, Entomon*, (Dioscoride dit *Ecstomon* :) les autres *Polyrrhizon*. Or tout ainsi que
line s'accorde auec Dioscoride en cecy, ainsi Theophraste leur est contraire, comme il semble ; car
en a escrit ainsi : *L'Ellebore blanc & le noir ont vn mesme nom. Quant à la figure on en parle diuerse-* *Liu. 9. de l'hist. ch. 11.*
ment : car aucuns disent qu'ils sont semblables, & qu'il n'y a difference qu'en la couleur ; d'autant que
racine de l'vn est blanche, & l'autre est noire. Les autres disent que le noir a les fueilles comme le Lau-
ri & celles du blanc sont semblables à celles des Porreaux ; mais que leurs racines sont semblables, ex-
pté quant à la couleur. Ceux qui les font semblables, disent qu'ils ont la tige comme l'Anthericus : tou-
fois qu'elle est fort courte ; & la fueille bien fendue, semblable à celle de la Ferule ; fort longue, sortant
mediatement de la racine, & couchée par terre ; & qu'ils ont beaucoup de racines menuës, desquelles on
sert. Vn peu auparauant il auoit dit, que *l'Ellebore auoit vn fruit comme le Sesame.* Ce qui ne s'ac- *Chap. 10.*
rde pas auec la description de Dioscoride, qui dit que *l'Ellebore noir* a les fueilles comme le Plane,
u le Spondylion. Et Theophraste les compare à celles du Laurier. Toutefois si on veut diligem-
ent examiner ce passage de Theophraste, on trouuera qu'il descrit le mesme *Ellebore* que fait Dio-
oride. Car quãd il dit, que le *noir* a la fueille *Daphnodes*, & le *blãc*, *prasodes*, il faut suppleer τὴν χρόαν,
c'est à dire *quant à la couleur*. Car autrement ce seroit vne chose indigne d'vn si graue autheur com-
e a esté Theophraste, de dire qu'il eust dit, qu'il y a vne sorte *d'Ellebore*, qui a les fueilles semblables
x Porreaux. Et quand il dit, que tous deux ont la fueille comme la Ferule, vne si sotte comparaison
onstre bien que ce passage est corrompu : car il n'y a pas vn autheur ancien qui ait comparé les
eilles de *l'Ellebore* à celles de la Ferule. Il semble donc que ce passage doiue estre ainsi corrigé,
υλὸν δὲ ἀνθερικώδη ἢ ὅμοιον τῷ τοῦ νάρθηκος, βραχὺν σφόδρα, φύλλον δὲ πολύσχιστον ; ou comme il y a en Dio-
coride πολυσχιδέστερον μῆκος ἔχον, &c. C'est à dire, *La tige semblable à l'Affrodille, ou à la Ferule ; mais*
est courte ; & la fueille fort descoupée. Ce qui est confirmé par Pline disant : *que l'vn & l'autre a la*
tige de la hauteur d'vne paume, semblable à celle de la Ferule, &c. Au reste Matthiol dit, qu'il a

Sur le c. 146. du 4. liu. de Diosc.

remarqué *trois especes d'Ellebore noir*, dont celuy de la premiere espece fait les fleurs purpurines, l'autre les fait blanches ; & celles du troisiesme sont verdastres. Celuy qui fait la fleur purpurine, a beaucoup de fueilles fortes, vertes-brunes, dont il y en a sept attachées ensemble à la cime d'vne

Ellebore noir à la fleur purpurine.

Ellebore noir premier aux fleurs purpurines, heptaphyllos, de Matthiol.

Ellebore noir III. Enneaphyllos à la fleur verdastre, de Matthiol.

queuë, cannelées, desquelles il y en a six, à sçauoir trois d'vn costé & trois de l'autre, qui sont conioincte ensemble au commencement : mais celle du milieu est seule, & sa compagnie. Sa tige n'a pas du tout vne coudée de hauteur, & est ronde, lisse & massiue. Ses fleurs sont faites à mode de Roses, de couleur de pourpre blaffard, du milieu desquelles il sort parmy certains filamens blancs, huit petites gousses conioinctes ensemble, à mode de petites cornes, pleines d'vne graine longue. Il y a vne infinité de racines, menuës & longues, qui sont du tout noires, auec vn nerf menu au dedans, & sortent d'vne teste bulbeuse, d'vn goust amer & acre, qui desuoye aisément l'estomac, de mauuaise odeur, & mal plaisante, principalement quand on leur a osté le cœur, & qu'elles commencent à secher. Quant à celuy qui a les fleurs blanches, il n'est en rien different du precedent quant à la figure ; ains seulement quant à la couleur des fleurs. Lobel & Pena recognoissent ceste mesme plante pour le *vray Ellebore* de Dioscoride. Il y a desia long-temps, dit Pena, que l'on a prins *l'Ellebore noir* sur les monts Pyrenées, & sur les Alpes, & qu'on l'a replanté dans les Iardins, où il fleurit au commencement du Printemps, ou bien tost apres Noel ; & fait des fleurs blanches & incarnates, & quelquefois du tout blanches & quelquefois purpurines ; sur des queuës qui sortent immediatement de la racine, comme celles du Pain de Porceau. Ses fueilles sont chascune sur sa queuë, grandes, courtes, rondes, rebouchées au bout, où elles sont vn peu dentelées, vertes-brunes, & ne sont pas fort grosses ny fermes. Sa racine est composée d'vne infinité de cheuelures noires, qui sont quasi toutes iointes ensemble au dessus, fort ameres & mal plaisantes. Or Dioscoride adiouste vne marque qui n'est pas en ses fleurs, à sçauoir qu'elles sont βοτρυώδεις, c'est à dire, *entassées en grappe de raisin*. Et au contraire les fleurs du *vray Ellebore* sont faites premierement à mode de boutons de Roses, qui ne sont pas encor espanis, puis apres comme les Roses espannies ; tant s'en faut qu'elles soient en grappe de raisin. Tellement qu'il y a de doctes Personnages qui estiment, qu'il ne faut pas lire en Dioscoride βοτρυώδη ; mais βοστρυχώδη ; d'autant qu'il a esté bien aisé de prendre vn de ces mots pour l'autre, c'est à dire, *en forme de cheueux*. Car βόστρυχες, ou βόστρυχοι, sont *les tortis & cheueux des femmes*, ausquels ces filamens qui sont dans les fleurs de *l'Ellebore*, comme dans les Roses retirent fort bien, & sont blancs. Apres il y vient huict petites gousses iointes ensemble. En outre Dioscoride appelle la tige de *l'Ellebore noir* τραχὺν, c'est à dire, *aspre*, au lieu que celle du nostre est lisse & vnie ; toutefois Pena dit que τραχὺν se peut bien entendre pour *ferme & roide*, non pas *aspre*. Quant à la *troisiesme espece d'Ellebore*, que Matthiol appelle *Ellebore femelle*, ou *Ellebore bastard*, il a les fueilles descoupées iusques à la queuë en forme de neuf doigts, quasi comme celles de l'Aconit Tue-chien : mais ses descoupeures sont plus longues. Elles sont brunes, dentelées tout à l'entour & attachées à vne queuë longue & vnie qui a vne ligne creuse par le milieu tout du long. Sa tige est grosse & vn peu aspre. Ses fleurs retirent à celles des autres ; mais elles sont verdastres, du milieu desquelles il sort cinq ou six petites cornes aiguës, plattes d'vn costé &

Ellebore noir à la fleur blanche.

Le temps.

d'autre

tre, & pleines de graine. Il y a vne infinité de racines menuës iointes ensemble, de la longueur e paume & dauantage, noires, sortans comme celles des autres d'vne teste qui est comme vn non, & sentans aussi mauuais, d'vn goust amer & aigu, qui fait sousleuer le cœur. Il croist aux tagnes & aux vallées. Tous ces *Ellebores* bourgeonnent en Ianuier & en Feurier, & bien souspoussent leurs bourgeons à trauers la nege. Ils fleurissent au mois de Mars. Dodon comd trois plantes sous le nom *d'Ellebore noir*, la premiere est la *Sanicula femelle*, de laquelle nous s mis le pourtrait au liure 11. chapitre 30. laquelle il asseure estre le *vray Ellebore noir* de Dioide. Elle a les fueilles aspres & noirastres, auec quatre ou cinq grandes descoupeures, comme s de la Vigne, ou bien comme celles du Plane, ainsi que dit Dioscoride: toutefois elles sont idres. Ses tiges sont lisses, à la cime desquelles il sort des fleurs entassées par petites ombelles me en la Scabieuse, purpurines-blaffardes. Apres il y vient vne graine semblable à vn grain oment. Elle a vne infinité de cheuelures menuës, longues & noires, qui sortent toutes d'vne . Le mesme Dodon en vn autre endroit asseure que c'est le *vray Ellebore* de Dioscoride, non eluy de Theophraste; & dit que la description de Dioscoride luy conuient fort bien; & en qu'il a la tige aspre; au lieu qu'il auoit dit auparauant, qu'elle estoit lisse. Et outre ce qu'il e la correspondance quant à la figure, elle y est aussi, dit-il, quant aux proprietez. Mais il est ine de ce que Dioscoride dit, *que la graine de l'Ellebore est appellée Sesamoides en Anticyre, & on s'en sert pour purger*; & partant il estime qu'il y a de la faute en ce passage. Car si elle est apc *Sesamoides*, comme retirant au Sesame, la graine de *l'Ellebore noir* ne se peut appeller proent ainsi, veu qu'elle retire plustost à celle du Saffran bastard qu'à celle du Sesame: par ainsi il lud, que ces mots ne sont pas de Dioscoride, & qu'ils y ont esté adioustez & prins de Theoe, lequel en parle ainsi: *La racine & le fruict aussi de l'Ellebore seruent aux mesmes choses: car t, qu'on se sert de son fruict en Anticyre pour purger, lequel resemble au Sesame.* Vn peu apres il dit: *d'Anticyre font boire l'Ellebore Sesamoides qui a le fruict semblable au Sesame.* Toutefois ces n'ont point esté rapportez en Dioscoride, comme Dodon estime: mais Dioscoride luy-mesme prins de Theophraste, quand il dit: *Et en iceluy le fruict semblable au Saffran bastard, lequel ceux ticyre appellent Sesamoides, & se seruent d'iceluy pour purger.* Ce que Ruel a traduit de cette sorgraine du Saffran bastard, qu'on appelle Sesamoides en Anticyre, de laquelle on se sert pour purger.* ots estans bien entendus se treuueront estre veritables, par lesquels le fruict du *vray Ellebore* en cotté. Car quand ces autheurs là disent, *que son fruict est semblable au Sesame*, ils n'entendent graine; mais les gousses entieres, dans lesquelles il y a vne graine semblable à celle du Saffran rd, comme sont celles de *l'Ellebore* duquel Matthiol a mis le pourtrait, & non en celuy que Doprend pour le *vray Ellebore noir*, lequel n'ayãt pas ces gousses, ioint qu'il y a d'autres marques qui manquent, il ne peut estre tenu pour *l'Ellebore noir*. Aussi Fuchse l'appelle *Sanicula fœmina*. Gesnerus le prend pour *l'Astrantia noire*. Dodon a mis vne autre plãte, qui a quasi les mesmes vertus de *l'Ellebore noir*, laquelle on appelle en Flandres *Heylichkerstcruyt*, c'est à dire *Herbe de Iesus-Christ*, ou *de Noel*, pource que quand l'Hyuer est doux elle fleurit enuiron Noel. Aucuns l'appellent *planta Leonis*. Cette plante a les fueilles larges, espesses, mi-parties en sept ou huict pars, chascune desquelles est lõgue & aiguë, & dentelée d'vn costé & d'autre dés le milieu iusques au bout. Elle ne fait point de tige. Ses fleurs viennent sur des queuës qui sortent immediatement de la racine, & ont enuiron vne paume de hauteur, & sont grandes, premierement blanches & belles, puis apres purpurines, finalement elles deuiennent verdastres, apres que les gousses commencent à sortir du milieu de certains filamens iaunes qui y sont. Ces gousses sont en nombre de quatre ou cinq iointes ensemble, & pleines de graine. Pour ses racines elle a vne infinité de grosses cheuelures noires, dans le milieu desquelles il y a vn nerf delié. Pour la *troisiesme espece d'Ellebore*, Dodon prend la plante que Fuchse appelle *Elleborus adulterinus*, (qui est *l'Ellebore noir* de Matthiol *à la fleur verdastre*,) laquelle est appellée en Allemand *Christuurtz*; en Flamand *Viercruyt*, c'est à dire, *herbe de feu*, pource qu'elle guerit vne maladie de brebis que les païsans appellent *feu*. Elle a les fueilles aucunement semblables à celles de la precedente: toutefois elles sont moindres, & sont semblablement descoupées & mi-parties en neuf, lesquelles sont vn peu plus estroites, & dentelées tout à l'entour. Sa tige est

Ellebore noir II. de Dodon.

Le lieu. Le temps.

Ellebore noir de Dodon. Liure 3. de l'hist. ch. 26.

Liure des Purg.

Liu. 9. de l'hist. ch. 10.

Chap. 141.

Ellebore noir II. de Dodon.

Ellebore noir III. de Dodon. Chap 105.

Ellebore noir III. de Dodon.

Faux Ellebore noir sauuage, de Fuchse.

est de la hauteur d'vn pied ou dauantage, produisant quelques petites branches, à la cime de quelles il sort des petites fleurs pendantes contre bas, de couleur verdastre-blaffarde, apres le quelles il y vient pareillement quatre ou cinq petites gousses pleines d'vne graine qui est noire ronde. Les cheuelures de sa racine sont plus menuës que celles de la precedente, noirastre, & e-
Liu. 27. ch. 9. trelassées ensemble. Il y a des gens doctes qui estiment que c'est *l'Enneaphyllon* de Pline, qui di que *l'Enneaphyllon* fait ses fueilles longues, dont il y en a tousiours neuf ensemble ; & est d'vn na turel caustique. Fuchse ne descrit pas le *vray Ellebore* de Dioscoride ; ains seulement *deux espec de faux Ellebore* ; dont la premiere est le *faux Ellebore noir de Iardin* : que nous venons de dire, qu
Ellebore noir faux de Fuchse. c'estoit la *troisiesme espece d'Ellebore* selon Dodon. Quant à l'autre, il l'appelle *faux Ellebore noir sau uage*. Les Allemands le nomment *Leuszkraut*, c'est à dire *l'herbe aux poux*, pource qu'il fait mouri
Liure 3. de l'hist. ch. 78. Liure des Purg. lés poux. Or il met ce mesme *Ellebore* pour vne espece d'Aconit, & l'appelle *Lycoctonum primum*. E vn autre liure il le met pour la *troisiesme espece d'Ellebore noir*, disant qu'il n'est pas beaucoup diffe rent du precedent. Toutefois il fait la tige plus grande & plus grosse ; les fueilles moindres & plu estroites, descoupées en six ou sept parties, qui sont dentelées tout à l'entour. Ses fleurs sont d la grandeur de celles du precedent, & blaffardes. Ses gousses sont petites, semblables à celle de la Iugioline, pleines de graine. Sa racine est pleine de bois & courte, auec beaucoup d cheuelures noirastres. Il croist aux montagnes aspres & pierreuses, & parmy les hayes. Il fleuri
Liu. 1. c. 135. en hyuer, ou sur la fin d'iceluy. Ceux du Dauphiné l'appellent *Massitre*. Tragus a mis pou le *faux Ellebore noir*, la mesme plante que Fuchse a mis pour le *premier faux Ellebore*. Mais pour l *vray Ellebore* il prend vne autre plante bien differente, qui a les fueilles fort tendres, ainsi que celle du petit Cyprés, comme il se verra cy apres. Au surplus les plantes appellées *Elleborastrum*, & *Consiligo*, ont quelque affinité auec *l'Ellebore* : & ont esté ainsi appellées par les païsans, pource qu'elle croissent volontiers emmy les champs parmy le Segle ; ou pource, peut estre, qu'elles laschent l ventre. Matthiol estime, que la plante qui est icy peinte, est la *Consiligo* ; toutefois il ne l'ose asseu rer ; pource qu'il n'y a personne ny des anciens ny des modernes, qui ait specifié les marques de l *Consiligo*. Neantmoins pource que les racines de cette plante mises dans les oreilles des brebi apres les leur auoir percées, les guerissent du mal des poulmons, & autres maladies, comme fai
Liu. 6. ch. 5. *l'Ellebore noir*, il est vray-semblable que c'est la *Consiligo* de Columelle & de Pline. Or Columell en escrit ainsi : Nous auons cogneu que la racine de la plante que les pasteurs appellent *Consiligo*, sert de souuerain remede. Elle croist en grande abondance sur les montagnes de la contrée de Marses, & est fort souueraine pour toute sorte de bestail. Il la faut arracher deuant que le Solei leue auec la main gauche : car on tient qu'estant cueillie en cette façon elle en fait plus d'opera tion. Quant à l'vsage : il faut esgratigner l'oreille de la beste à l'endroit où elle est la plus large

aue-

uec vne alesne d'airain en sorte que le sang en coule, & qu'il face vn cercle rond, comme la lettre
. Cela estant fait tant au dedans qu'au dehors de l'oreille, il faut percer l'oreille auec ladite alesne
u beau milieu du susdit cercle, & passer la susdite racine par ledit trou : car la playe se vient à reser-
r de sorte que ladite racine ne sçauroit tomber. Par ce moyen tout le mal court sur cette oreille,
la partie d'icelle qui a esté cernée tombe morte. Ainsi l'on recouure la santé à la beste par la perte
e cette petite partie. De nostre temps, dit Pline, on a premierement decouuert la *Consiligo* en la Liu.25.ch.8.
ntrée des Marses, comme aussi à l'entour de la bourgade de Neruesia au territoire des Equicoles
la campagne de Rome. Outre plus: La *racine de la Consiligo*, que nous auons dit auoir esté treuuée
e nostre temps, est vn souuerain remede pour les porceaux, & toute autre sorte de bestail, qui a les
oulmons interessez, en la leur mettant seulement à trauers l'oreille. Il la faut aussi boire auec de
au, & la tenir assiduellement en la bouche sous la langue. Au reste la plante qui est icy peinte, soit
ue ce soit la *Consiligo*, ou le *faux Ellebore*, croist de la hauteur de deux paumes, & fait des petites ti-
es deliées & molles, & des fueilles longuettes & menuës, qui retirent aucunement à celles du Cy-

Faux Ellebore, ou Consiligo, de Matthiol.

Elleborastre à la grand fleur chargé de graine.

prés. Ses fleurs retirent à celles de l'Oeil de beuf; toutefois elles sont vn peu plus grandes, apres lesquelles il vient des boutons semblables aux Meures qui viennent sur les ronces. Ses racines sont noires, semblables à celles de *l'Ellebore noir* : toutefois elles sont vn peu plus menuës & plus noires. Elle croist en grande abondance en Boheme, principalement aux enuirons de Prague, là où tous les Medecins & Apothicaires s'en seruent au lieu de *l'Ellebore noir* : mais elle est particulierement propre pour les maladies du bestail. Tragus a faussement pensé que c'estoit le *vray Ellebore noir.* Liu.1.c.135.
D'autres la prennent pour *l'Ellebore ferulacée* de Theophraste. Toutefois nous auons monstré cy dessus que *l'Ellebore* de Dioscoride & de Theophraste estoit vne mesme chose. Gesnerus appelle cette plante *Sesamoides minus.* Dodon & Anguillara l'appellent *Buphtalmon.* Pena & Lobel establissent *deux especes d'Elleborastre*, ou *Consiligo*, à sçauoir la grande qui croist à tous propos parmy les bleds aux enuirons de Bourges en Berry, & en plusieurs endroits de la Beausse, comme aussi le long de la riuiere de Lade aupres de Montpelier, où elle fait force fueilles & fleurs. Elle fait des tiges d'vne coudée & demie de long comparties par neuds, couuertes d'vne escorce escailleuse, verte-brune ou noire, lesquelles produisent beaucoup de branches chargées de fueilles touffues, à chacune desquelles il y en a sept, qui sont à mode de doigts & dentelées, descoupées & de la mesme figure comme celles des Lupins, du Plane, ou de l'Agnus castus; toutefois elles sont plus longues, grosses & roides, quasi du mesme goust & odeur de la Laureole. Apres il sort plusieurs queuës qui portent des fleurs verdastres ou de couleur de Bouïs, blaffardes, & froncies du commencement, puis il y vient des petites cornes membraneuses & pasles, qui retirent aucunement à celles

celles de l'Aquilegia, dans lesquelles il y a vne graine ronde, noire, & longuette, plus petite qu' grain de Froment, & ce au mois de Mars. Cette plante se maintient fort bien tout le long l'hyuer quelque froid qu'il face; mesme aux païs Septentrionnaux: & fleurit enuiron Noel. Qua à l'autre *Consiligo*, elle est en tout & par tout plus petite, & a moins de tiges & de fueilles; tout fois elles sont plus grandes, plus larges, & plus dentelées. Ce n'est autre chose que la plante q Matthiol appelle *Ellebore noir à la fleur verdastre*, *Consiligo* de Ruel, *Sesamoides* de Cordus, *Elle raster Belgarum* de Lobel. Or Pena a remarqué que de nostre temps les Apothicaires ont vsé de l'v & de l'autre *Consiligo*, au lieu *d'Ellebore noir*, à faute d'en auoir ou de le cognoistre: car mesme a cuns se faisoient accroire, que c'estoit vrayment *l'Ellebore noir*: & combien que leurs racines se semblent, si est-ce qu'il n'est pas seur d'en vser au lieu *d'Ellebore* au fait de la medecine. Il re maintenant à parler des proprietez de *l'Ellebore noir*. Dioscoride dit, qu'il euacuë par le bas le phle me & les humeurs bilieuses, estans prins tout seul, ou bien auec de la Scammonée, & trois oboles vne dragme de sel. On le fait aussi cuire auec des lentilles ou autre potage pour le rendre purga Il est bon contre le haut mal, aux melancholiques, à ceux qui sont hors du sens, aux goutteux, & p ralytiques. Mis dans la nature d'vne femme il prouoque les mois, & fait mourir l'enfant au ventr Il mondifie les fistules; mais il l'y faut laisser trois iours sans l'oster. Mis dans les oreilles il sert ceux qui ont l'ouye dure; mais il l'y faut tenir deux ou trois iours. Appliqué en liniment auec l'Encens, ou de la Cire & de la Poix, & huile Cedrin il guerit la rongne. Auec vinaigre il gue les taches blanches de la peau, les dertes, & la gratelle. Cuit en vinaigre il appaise la do leur des dents, si on s'en laue la bouche. On le mesle parmy les medicamens corrosifs. Reduit cataplasme auec farine d'orge & du vin il est bon pour les hydropiques. Estant planté aupr d'vn ceps de vigne il rend le vin purgatif. On s'en sert à benir les maisons, comme ayant ver d'en chasser tous malencontres. A raison dequoy ceux qui le cueillent, prient Appollon & Escula de leur vouloir assister; & en outre se prennent garde qu'ils ne soient veus de quelque Aigle: car o tient que si cest oiseau voyoit arracher cette herbe, il se mettroit en deuoir de faire mourir ceu qui l'arracheroient. Or il se faut depescher en l'arrachant: car autrement sa puanteur offence l cerueau, pour à quoy obuier il faut manger des Aulx & boire du vin, par ainsi il ne pourra pl nuire. On oste sa moëlle comme celle de *l'Ellebore blanc*. Pline traitte bien au long des propriet de l'vn & l'autre *Ellebore* au fait de la medecine: *L'Ellebore noir*, dit-il, est propre pour purger la pe sonne par le bas. Mais le *blanc* purge par la bouche, & euacuë par vomissemens les humeurs q causent les maladies. Anciennement on craignoit d'vn vser, mais maintenant il est si commu que plusieurs gens de lettre en vsent pour auoir le iugement plus prompt à composer leurs liure Mesme on dit, que Carneades voulant escrire contre les liures de Zeno, se purgea au preallab auec de *l'Ellebore*. Il est bien certain aussi que Drusus, qui fut vn des renommez Tribuns du pe ple, qui ait esté à Rome, & qui fut loüé publiquement en plein conseil du peuple Romain, enc que la Noblesse luy imputast d'auoir esté promoteur de la guerre contre les Marses fut entier ment guery du mal caduc en l'Isle d'Anticyre par le moyen de *l'Ellebore*. Car on en peu vser se rement en ce lieu là, où ils le meslent auec du Sesamoi[illegible]. *La poudre de l'Ellebore* tirée par le ne seule, ou auec de la poudre de l'Herbe aux Foulons, fait esternuer, & toutes deux ostent l'enuie d dormir. Quant à *l'Ellebore noir*, il est singulier aux paralytiques, à ceux qui sont hors du sens, aux hy dropiques, pourueu qu'ils ne soient en fieure; aux gouttes inueterées, tant des pieds que des mains. I euacuë par le bas les humeurs phlegmatiques & bilieuses. Prins en eau il lasche mediocrement l ventre: toutefois la plus grande prinse ne doit passer vne dragme, & la moyenne quatre obole Aucuns adioustent de la Scammomée auec; mais il est plus seur d'y adiouster simplement du sel *L'Ellebore* prins en quantité auec quelque liqueur douce est dangereux; & neantmoins sa fomen tation sert à esclarcir la veuë: mesme il y en a qui le puluerizent, & l'appliquent sur les yeux pou cest effect. Il est bon aussi à meurir & mondifier les escroüelles, duttez, & apostumes percées & mesmes les fistules, pourueu qu'on l'y laisse iusqu'à trois iours. Incorporé en paille de bronze, Arsenic rouge, il fait tomber toutes sortes de verrues. Reduit en cataplasme auec farine d'Org & vin, il est singulier aux hydropiques. Il guerit les rheumes & catharres des bestes cheuallines & de l'autre menu bestail, si on leur perce l'oreille, & qu'on y mette vn brin *d'Ellebore noir*, à la char ge de l'oster le lendemain à l'heure qu'on l'a mis. Incorporé en Encens ou Cire, auec de Poix, il e bon à la rongne des bestes à quatre pieds. Touchant *l'Ellebore blanc* le bon se cognoist, quand i fait esternuër soudain. Mais il est bien plus terrible que le *noir* principalement si on s'amuse au ceremonies dont vsoient les anciens deuant que d'en prendre. Neantmoins ils en vsoient contr les frissons & tremblemens, & contre la suffocation de l'amarry. Ils l'ordonnoient aussi à ceux qui estoient trop endormis, quand on estoit trop pressé du hoquet ou d'esternuemens excessifs, aux desuoyemens de l'estomac, quand les vomissemens demeuroient trop à venir, ou qu'ils estoient trop continuels, ou trop grands, ou trop petits. Mais ils auoient de coustume d'ordonner auec *l'Ellebore* d'autres drogues propres à faire vomir, à fin de faire passer soudain *l'Ellebore*, ou par cly steres, & quelquefois par la saignée. Et encores qu'on en voye de grandes experiences, si est-ce tou tefois

Consiligo de Flandres.

Liu. 4. c. 146. Les vertus.

Liu. 25. c. 5.

efois qu'on a horreur d'en prendre pour les ceremonies qu'ils obseruent à regarder à la couleur de a matiere qu'on a vomie, & puis de celle qu'on a fait par le bas. Mesme ils permettoient d'aller à 'estuue ou de se baigner pour les preparer à la prinse de *l'Ellebore* ; & neantmoins ceux qui l'ordonoient estoient tousiours en danger de perdre leur renommée. Car on tient que *l'Ellebore* consume chair, le mettant cuire auec elle. Mais les anciens failloient, en ce que par crainte ils faisoient les rinses de *l'Ellebore* fort petites,& neãtmoins tant plus on en prend, tant moins il demeure au corps. hemison n'en bailloit que deux dragmes pour le plus ; toutefois ceux qui vindrent apres se hazarcrent d'en donner quatre, ayans esgard au dire d'Herophilus, qui disoit que *l'Ellebore* resembloit à n vaillant Capitaine, par ce qu'apres qu'il a esmeu les humeurs dans le corps, il sort tousiours le remier. Dauantage l'inuention fut bonne de couper les racines de *l'Elletore* en petites pieces auec e ciseaux, & les passer au tamis pour en faire sortir le nerf qui est dedans, & retenir la seule escorce ans le crible. Cependant on se sert de ce nerf, quand on veut reprimer les vomissemens desordonez causez par la trop grande violence de la medecine. Or faut il soigneusement prendre garde de 'vser point *d'Ellebore*, quand le temps est trouble : car il causeroit des douleurs insupportables. Mese il vaut mieux en vser en Esté qu'en Hyuer. Ce qu'il faut tenir pour tout asseuré. Neantmoins uant qu'en prendre il se faut preparer sept iours auparauant, & ne manger durant ledit temps, que es viandes, acres, sans vser de vin : & se faut faire vomir le troisiesme & le quatriesme iour auant u'en prendre, & ne souper point le iour deuant. Quant à *l'Ellebore blanc* on le peut prendre en vin oux : mais il est meilleur de le prendre en laict ou en boüillie. Il n'y a pas long-temps qu'on a treué l'inuention de prendre *l'Ellebore* dans du Raiffort, le lardant des racines *d'Ellebore*, puis expriant le Raiffort ; par ce moyen on diminue sa force. Cette medecine ne demeure que quatre heures plus à commencer son operation, & la parfait en sept heures. Ainsi elle est bonne au haut mal, mme desia nous auons dit, au tournement de teste, aux melancholiques, aux insensez, aux fols, aux ragez, aux ladres blancs, aux rongnes & grateles, & aux spasmes qui rendent les personnes roides, mme s'ils estoient d'vne piece, à ceux qui tremblent, aux goutteux, aux hydropiques, & à ceux qui mmencent à auoir le ventre gros & tendant comme vn tabourin ; à ceux qui ont l'estomac deoyé, aux spasmatiques, & qui ont la bouche torse par retirement de nerfs ; aux sciatiques, aux fieres quartes qu'on n'a peu chasser par autre medecine, aux toux inueterées, aux ventositez & aux anchées de ventre qui retournent par interualle. Et neantmoins il se faut bien garder d'en donner gens vieux, ny aux petits enfans, ny à ceux qui sont delicats ou feminins, & qui ont petit cœur ; & oins aux femmes qu'aux hommes. Il est aussi deffendu d'en donner à ceux qui sont foibles de cœur qui tombent incontinent en vne sueur froide ; ny à ceux qui ont les parties interieures vlcerées ou flées, ny moins à ceux qui crachent le sang, ny à ceux qui sont subjets à quelque maladie ordinai, ny quand on a mal au costé ou au gosier. Appliqué par dehors auec oingt salé il est bon aux ostumes phlegmatiques, & à celles qui coulent de longue main. Meslé auec griotte seche il fait ourir les rats. Les Gaulois frottent *d'Ellebore* le fer de leurs fleches, quand ils vont à la chasse, & ont inion que la venaison qu'ils prennent en est plus tendre : toutefois ils ostent toute la chair qui est 'entour de la playe. Mesme *l'Ellebore blanc* pilé & meslé auec du laict fait mourir toutes les moues qui se prendront audit laict, lequel à cest effet il faudra verser au lieu où il y a des mouches. Ce ict aussi fait mourir les poux & les lendes. Voilà ce qu'en dit Pline. L'vn & l'autre *Ellebore*, à sçair le *blanc* & le *noir* ; selon Galien, est chaud & deterſif, à raison dequoy ils seruent aux dertes, à rongne, & à la gratelle. Mesme si on met de *l'Ellebore noir* dans vne fistule qui a les bords endurcis, en fait tomber la crouste en deux ou trois iours. Il est bon de se lauer les dents auec du vinaigre ns lequel il aura cuit. L'vn & l'autre est chaud & sec au troisiesme degré : mais le *noir* est d'vn ust plus chaud, au lieu que le *blanc* est amer. Actuaire dit, que *l'Ellebore* euacuë diuerses humeurs r le vomissement. Il le faut prendre à ieun tout seul ou auec du Sesamoides, du suc de Thapsie, Espeaute mondée, d'eau miellée, du boüillon de lentilles ou autre semblable. Aucuns ordonnent e prendre vn peu de viande auparauant, principalement à ceux que l'on craint qu'ils ne soient estouf-z, ou qui ont le corps debile : par ce moyen la purgation n'est point dangereuse, pource que la medecine n'est pas seule dedans le corps. Appliqué en suppositoire il fait aussi vomir. Quant à *l'Ellebore oir* ; il attire l'vne & l'autre bile de toutes les parties du corps, & la fait sortir par le bas, sans grande ifficulté toutefois ; parquoy nous en vsons aux fieures longues, qui retournent par certains periodes : omme aussi aux enragez, à ceux qui endurent douleur de teste en quelque partie d'icelle seulement, à la douleur de teste grande & inueterée. Mais sur tout il est propre pour purger les intestins, la matice, & la vessie. Il a cette proprieté qu'il purge le sang, & en oste tout ce qui le peut gaster & corompre. Ainsi est il bon à la iaunisse inueterée, & aux aspretez qui viennent au dessus de la peau, omme aux gratelles, aux dertes, & autres tels accidens, Mesme il est bon pour guerir les ladres. La raye dose est de trois scrupules peu plus ou moins ; & faut vser des cheuelures menuës qui sont en a racine, lesquelles il faut premierement tremper vn peu dans l'eau, puis separer l'escorce & la faire echer à l'ombre apres en auoir osté la moëlle menuë qui est dessous. On le peut donner dans du vin uit ou du vinaigre miellée. Mais pour le rendre plus plaisant il y faut adiouster quelque graine odorante

Liure 6. des simpl.

Le temperament.

Liure 5. Meth.

rante. Que si on veut faire qu'il purge plus gaillardement, il y faut adiouster vn brin de Scammonée. Mesue a aussi traitté de l'vsage de l'vn & l'autre *Ellebore* bien distinctement, disant : il y a *deux sorte d'Ellebore*, le *blanc*, & le *noir*, qui est le moins dangereux. Car le *blanc* cause des terribles accidens au lieu que le *noir* contregarde le corps & le conserue en sa fleur. Il est chaud & sec au troisiesme de gré, il est attenuatif, detersif, & resolutif : il consume l'excroissance de la chair qui vient aux vlceres. Estant planté aupres des racines de quelque arbre, il rend le fruict purgatif. Le *blanc* est chaud sec au milieu du troisiesme degré. Il est semblablement detersif, & mordicatif ; mais il prouoque fo à vomir, & est propre pour faire bien esternuer. Toutefois il se faut bien garder d'en vser ; d'autan qu'il y a du danger qu'il n'estouffe la personne. Mais il faut vser du *noir*, principalement apres l'a uoir corrigé naturellement & par artifice ; & neantmoins il ne le faut ordonner qu'à gens robuste & au Printemps. Or estant ordonné à temps & à propos, il rend le temperament meilleur, & pa consequent corrige aussi les meurs, & maintient le corps en vigueur, comme s'il le faisoit rajeunir. Ca il a vne telle proprieté. Et de fait, il purge le corps de tous les excremens corrompus qui y sont, euacuë doucement & sans donner fascherie l'vne & l'autre bile, & aussi le phlegme. Par ainsi il purifi le sang attirant les excremens qui sont dedans les veines, non seulement des parties interieures, mai aussi de tout le corps, & des parties les plus esloignées, mesmes de la peau. Il est aussi de grande ef ficace pour purger le cerueau & toute la teste, & les instrumens des sens, les nerfs, les parties nobles la vessie, & la matrice. Ainsi il est propre aux accidens du cerueau, comme à la douleur de teste, à l migraine, aux enragez & melancholiques, au tourment du cerueau, contre le haut mal, à la paraly sie, & aux yeux qui ne font que larmoyer, aux maladies des iointures, comme aux durillons, & en fieures scirrheuses, & mesme aux escroüelles. En somme c'est comme vne Theriaque, & vne vray medecine contre le chancre, la ladrerie, les dertres, les erisipeles, & contre les vlceres corrosifs. Me me *l'Ellebore noir* bien pulucrizé fortifie la veuë. Le vinaigre dans lequel on aura fait boüillir de l'*El lebore* estant distilé dans les oreilles guerit le tintement d'icelles & fait auoir bonne ouye. Le mesm vinaigre sert à la douleur des dents, si on s'en laue la bouche. Il est bon aussi aux accidens de la ratte aux fieures longues, aux fieures quartes bilieuses, & autres accidens melancholiques qui sont de dif ficile guerison. Il prouoque l'vrine & les mois, & fait auoir bonne couleur, & mesme bonne odeur tout le corps. Il fait aussi auoir auoir bonne haleine. En quelque façon qu'on en vse il guerit les ac cidens de la peau, comme la morphée. Si on s'en frotte la peau auec du vinaigre, il la rend belle, & c oste les taches. Quant au *blanc*, il cause des vomissemens violens & desordonnez ; & par ainsi fait auoi d'estrāges accidens. Mais si on s'en frotte par dehors, il est singulier pour guerir les accidēs de la peau comme la rongne, les dertres, les lentilles. L'vn & l'autre guerit les fistules & vlceres pourris & m lins. Or pource que le *blanc* cause d'estranges accidens aux hommes de ce temps ; pour cette caus on le fuit comme vn venin mortel, d'autant mesme qu'il estouffe la personne. Toutefois on vse en cor du *noir*, combien qu'il soit aussi bien facheux. Hippocrate dit, que *l'Ellebore* est fascheux, mesme ceux qui sont sains : toutefois estant corrigé à nostre mode & donné en temps & à propos, il fait d bons effets. Le fils de Zezar prend vne certaine quantité de Manne, qui est comme miel, & l'ayan renduë tiede, il y met en infusion par l'espace de huit heures vne quantité suffisante de petites raci nes *d'Ellebore* ; apres il passe cette infusion & l'ordonne en breuuage : par ce moyen elle a attiré l vertu de *l'Ellebore*. On en peut faire autant au miel fait de raisins secs, ou au boüillon de la chair, o d'vne poule, ou dans de l'oxymel, ou du vin doux, ou quelque syrop, ou vin cuit, en y adjoustant d griotte seche, ou du Rys, ou de la boüillie. Aucuns percent vn Raiffort, & le lardent de racines *d'El lebore*, & le laissent ainsi par l'espace d'vn jour entier : le lendemain ils ostent les racines, & font ma ger le Raiffort qui a attiré à soy la vertu de *l'Ellebore*. En y adjoustant du Daucus, du Poyure long de l'Anis, du Persil, de l'Hyssope, du suc de Calament, de l'Origan, du suc Cyrenaïque, on le ren de plus grande efficace ; comme aussi en y adjoustant de l'Epithym, du Polypode, du sel Inde, & au tres drogues semblables : car ces choses se fortifient l'vne l'autre. Haly a fait vne prinse de pillule *d'Ellebore*, qui sont propres pour les accidens melancholiques, à la ladrerie & à la morphée noir malaisée à guerir, ausquelles il entre *de Hiera picra douze dragmes, d'Ellebore noir, de Polypode, de cha cun cinq dragmes ; d'Epithym, de Stœchas de chacun sept dragmes ; d'Agaric, de l'Azur, du sel d'Inde de Coloquinthe, de chacun trois dragmes*. De ces pillules on en peut donner librement d'vne dragm jusqu'à huict scrupules. Or pour faire sortir *l'Ellebore* dedans le corps & empescher son operation, i faut prendre de l'eau miellée, de la decoction de raisins secs, ou de l'Orge mondé, ou bien du boüillo d'vn poulet ou d'vne poule, auec huile de Noix, ou d'Amandes douces, ou autres telles choses. A reste il n'est pas seur de prendre de la poudre de *l'Ellebore* ; toutefois sa vraye dose est de six siliques iusques au tiers d'vne dragme, ou jusqu'à vne dragme entiere.

Liure des Purg. ch. 30.

Du Tithymale, *CHAP. VII.*

ESTE herbe est appellée en Grec πιθύμαλος, & πιθύμαλον: en Latin *Lactaria herba*, *Lactuca marina*, & *Lactuca caprina*: en Arabe *Xanxer*, & *Ethulia*: en Italien *Tithimalo*: en Allemand *Vuolffzmilch*: en François *Tithymale*, & *Herbe au Laict*. Elle a esté nommée *Tithymalos*, pource que toutes les especes de *Tithymale* rendent du laict: ou plustost *Tithoima*-'est à dire, *mammelle dangereuse*. Car τιθὸς signifié *la mammelle*, & μαλὸς, *dangereuse*. Elle a aussi appellée *Lactaria*, pour la mesme raison, comme aussi *Lectuca*; d'autant qu'elle rend du tout ainsi que les Laictues estant coupée; *Caprina*, pource que les cheures mangent volondes *Tithymales*. Dioscoride & les autres Autheurs anciens ont estably *sept especes de Tithymale*: s les modernes en ont bien remarqué dauãtage. Le *premier Tithymale* de Dioscoride est le *masle*, est surnommé *Characias*, pource qu'il pourroit seruir de cloison. Aucuns l'appellent *Cometes*, ou *gdaloides*, ou *Cobius*. Le *second* est la *femelle*, qui est surnommé *Myrtites*, *ou Myrsinites*, c'est à *ayant les fueilles comme le Myrte*; pour raison de la figure de ses fueilles: ou bien *Caryites*, pource l porte vn fruit comme des Noix. Le *troisiesme* est appellé *Paralius*; d'autant qu'il croist aux x maritimes. Aucuns l'ont appellé *Tithymalida*, & *Mecona*; c'est à dire *Pauot*. Le *quatriesme* est mé *Helioscopius*, c'est à dire, *regardant le Soleil*; pource que sa cime se tourne de mesme que le il. Le *cinquiesme Cyparissias*, pource que ses fueilles retirent à celles du Cyprés. Le *sixiesme Dendes*, pource qu'il croist aussi haut qu'vn arbre. Le *septiesme*, *Platyphyllos*, à cause qu'il a les fueilles es. Pline met les mesmes especes, & le mesme nombre. Theophraste n'en met que *trois especes*; uoir le *Paralius*, le *masle*, & le *Myrtites*, comme nous dirons tantost. Or Dioscoride dit que le *ymale Characias* a les tiges de plus d'vne coudée de haut, rouges, acres & pleines d'vn suc blanc. branches sont garnies de fueilles semblables à celles de l'Oliuier; toutefois elles sont plus lons & plus estroites. Sa racine est grosse & pleine de bois. Au bout de ses tiges il y a vne cime

Les noms. *Les especes.* *Liu. 26. ch. 8.* *Liure 9. de l'hist. ch. 12.* *La forme.* *Liu. 4. c. 159.*

imale Characias de Matthio; second de Dodon.

Tithymale Myrsinites, ou femelle, de Matthiol.

me celle des Ioncs auec des petits vases comme bassins, dans lesquels est la graine. Il croist lieux aspres & montueux. Quant au *Myrsinites* il est de mesme nature que la Laureole, & a fueilles semblables à celles du Myrte; toutefois elles sont plus grandes, & plus roides, aiguës piquantes au bout. Ses branches sortent dés la racine, de la hauteur d'vne paume. Il porte fruict deux ans l'vn, qui est fait comme vne noix, d'vn goust mordicatif. Il croist semblablement és ux aspres. Touchant le *Tithymale Paralius* il croist és lieux maritimes. Ses branches ont vne paude hauteur, rougeastres, en nombre de cinq ou six sortans de la racine; garnies de fueilles

Tithymale Myrsinites plus naturel.

Tithymale Paralius, de Matthiol.

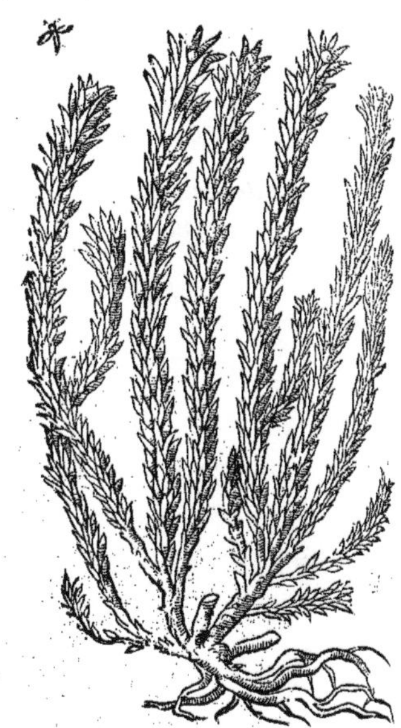

disposées par rang, qui son petites, estroites & longuettes, semblables aux fueilles de Lin. A la cime elles ont vn bouton rond, dans lequel est la graine comme vn Ers, de diuerses couleurs. Ses fleurs sont blanches. Toute la plante & mesme la racine est pleine d'vn suc blanc comme laict. Quant à *l'Helioscopius*, il a les fueilles semblables à celles du Pourpier ; toutefois elles sont plus menuës & plus rondes. Il iette immediatement dés la racine quatre ou cinq branches de la hauteur d'vne paume, menuës & rouges, pleines de laict. Sa cime est comme celle de l'Aneth, chargée de graine qui est comme dans des boutons. Cette cime se va tournant de mesme que le Soleil

Tithymale Helioscopius, de Matthiol.

Tithimale Cyparissias, de Matthiol.

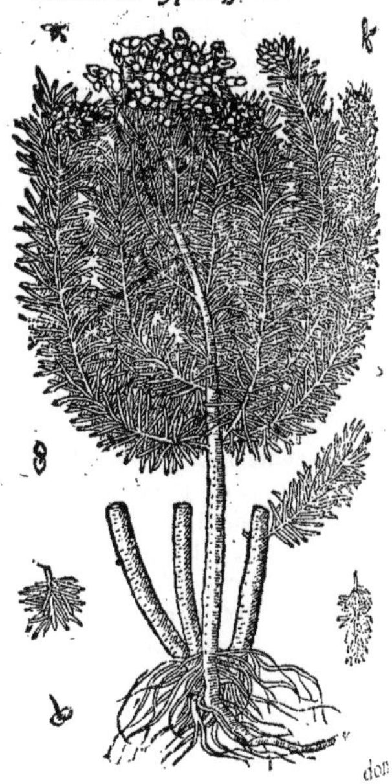

don

dont il a prins le nom *d'Helioscopius*. Il croist principalement parmy les mazures à l'entour des villes. n amasse son suc & sa graine comme celle des autres. Le *Cyparissias* fait vne tige de la hauteur d'vne paume ou dauantage, rougeastre, de laquelle il sort des fueilles semblables à celles de la esse; toutefois elles sont plus tendres, & plus rondes, retirans du tout à vne Pesse qui commence venir, d'où est venu son nom. Il croist parmy les rochers. Quant au *Tithymale dendroides*, il a ne cime grande, large, & esparpillée : & a des branches pleines de suc, rougeastres, & garnies de Le lieu.

Tithymale dendroides, de Matthiol.

Tithymale dendroides de Dodon, suyuant l'exemplaire de l'Empereur.

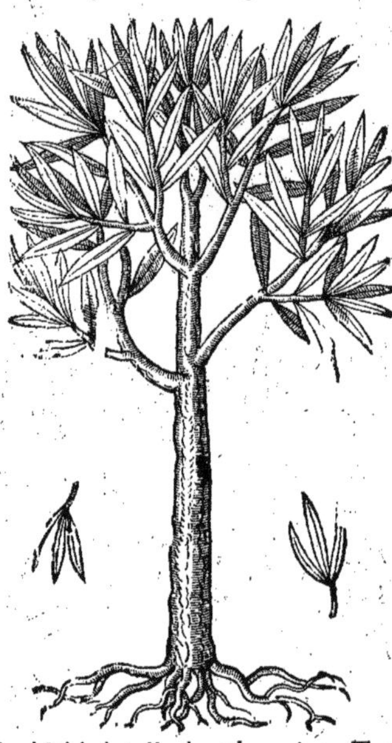

eilles semblables à celles du petit Meurte. Sa graine est semblable à celle du *Characias*. Touhant le *Platyphyllos*, il est semblable au Boüillon. Pline a descrit les mesmes especes que dessus uasi en mesmes termes : Nos Latins, dit-il, appellent le *Tithymale*, *Herba lactaria*, ou *Lactuca capri*, & dit-on que si on escrit du suc de cette herbe sur le corps d'vne personne, & qu'apres que le suc ra sec, on saupoudre des cendres par dessus, que les lettres paroistront. Et de fait ceux qui font mour aux Dames mariées aiment mieux leur faire entendre leur dessein par ce moyen, que r lettres missiues. Il s'en trouue *plusieurs especes*: le premier est surnommé *Characias*: & est aussi tenu ur le *masle*. Il a les branches grosses comme le doigt, rouges & froncies, (il faut lire au lieu de dernier mot, *pleines de suc*, suyuant vn viel exemplaire) en nombre de cinq ou six, de la loneur d'vne coudée, sortans de la racine, garnies de fueilles pendantes contre terre, & faites à la me comme le Ionc. Il croist és lieux aspres & maritimes. La *seconde espece de Tithymale* est surommée *Myrsines*, ou *Caryites*. Il a les fueilles semblables à celles du Meurte, aiguës & piquans; toutefois elles sont plus molles, au vieil exemplaire il y a *plus grandes*.) Il croist semblableent és lieux aspres. Le *troisiesme* est surnommé *Paralius*, ou *Tithymalis*. Il a la fueille ronde; la ge de la hauteur d'vne paume, les branches rougeastres, & la graine blanche. Le *quatriesme* t surnommé *Helioscopius*. Il a les fueilles comme le Pourpier, & quatre ou cinq branches roites sortans de la racine, de la hauteur de demy pied, pleines de suc. Il croist à l'entour es villes, & fait la graine blanche, laquelle on amasse par vendanges, de laquelle les pigeons nt fort frians. Il a prins ce nom de ce que sa cime se tourne de mesme que le Soleil. Le *inquiesme* est appellé *Cyparissias*, pour la resemblance de ses fueilles. Il fait deux ou trois tiges croist és lieux champestres. Le *sixiesme* est appellé *Platyphyllos*, ou *Corymbites*, ou *Amygdaides*, pour sa resemblance. Il a les fueilles plus larges que tous les autres. Le *septiesme* est appellé *Dendroides*, ou *Cobion*, ou *Leptophyllon*. Il croist parmy les rochers, & est le plus commun de ous, ayant les tiges fort grandes & rougeastres, & beaucoup de graine. Voilà ce qu'en dit Pline. ioscoride dit, que le *Characias* est appellé *Cobion*; au lieu que Pline dit, que c'est le *Dendroides*. ioscoride dit aussi, que le *Characias* est appellé *Amygdaloides*; & Pline dit, que c'est le *Platyphyllos*, Liu. 26 ch. 8.

Theophraste a escrit de *trois especes* comme s'ensuit: *Entre les Tithymales il y a le Paralius, qui est surnommé Coccos: & a les fueilles rondes, & la tige d'vne paume de hauteur au plus. Son fruict est blanc. Celuy qui est appellé masle, a la fueille côme l'Oliuier, & a deux coudées de hauteur. Quant au Myrtites qui est appellé Tithymale blanc, il a les fueilles comme le Meurte, sinon qu'elles sont piquantes au bout. Il produit des petites branches couchées par terre, de la longueur d'vne paume, lesquelles ne portët pas le fruict tout en vn coup; mais l'vne en vn an, & l'autre en l'autre: toutefois elles sortent toutes d'vne mesme racine. On appelle son fruir Noix.* Matthiol a mis le pourtrait du *Tithymale Characias, Myrsitines, Paralius, Helioscopius, Cyparissias, Dendroides;* mais il a oublié le *Platyphyllos*, qui est cogneu de tous: & en a mis vn autre duquel Dioscoride ne fait point de mëtion, à sçauoir le *Leptophyllos*. Et toutefois Pline attribu le nom de *Leptophyllos* au *Dëdroides*. Pena asseure que le *Characias* de Matthiol, est le *Tithymale Platyphyllos;* Car il a les fueilles plus longues & plus larges que les autres, & les branches d'vne coudé demie, ou de deux coudées de hauteur. Quant au reste il retire au *Dendroides*. Il n'y a rien de plu frequent en Languedoc, en Prouence & par tout le Lyonnois, comme aussi parmy les bois de France & d'Allemagne, & le long des riuieres. Il fleurit en May & en Iuin, & ne fait le plus sou uent qu'vne tige; en quoy il approche plus du *Dendroides*. Quant au *Characias*, il retire de bie pres à ce *Platyphyllos;* toutefois il a la tige & les fueilles moindres. Pena dit, qu'il est plus frequen

Liu. 9. de l'hist. ch. 14.

Chap. 159. liu. 4.

Le temps.

Tithymale Leptophyllos, de Matthiol.

Tithymale Characias, I. de Dodon.

en Allemagne, & parmy les bois aupres d'Orleans, qu'aux païs chauds & encor plus en Angleterre, qu'en point d'autre endroit. Et qu'il fleurit au commencement du Printemps, & produi plusieurs tiges d'vne mesme racine, qui est pleine de bois, & brune lesquelles sont rouges, garnie de fueilles beaucoup moindres, purpurines, semblables à celles des Amandiers, plus grandes qu celles du *Paralius*. Ses fleurs sont iaunes, desquelles il sort par moissons des gousses faites à triangle, dans lesquelles il y a trois grains vn peu au dessus des fueilles creuses, par lesquelles passent trauers les petites branches qui portent les ombelles. Dodon en son traitté des Plantes purgatiue met *cinq especes de Characias;* dont la *premiere* fait les tiges de la hauteur d'vne coudée, rondes rougeastres; les fueilles menues, longuettes & estroites plus longues & plus grandes que celle des Oliuiers, & plus estroittes que celles des Amandiers: & porte au dessus vne cime large, qua esparpillées comme celles des Ioncs, de laquelle il sort certaines choses creuses tendans contre mont, semblables à des vases, ou gobelets, chargées de fleurs iaunastres, apres lesquelles il y vien des boutons à triangle, petits, & pleins de graine. Sa racine est dure & forr cheuelüe. Ceux d Montpellier l'appellent *Amygdaloides*. Il en croist aux enuirons de Montpelier le long des bord de la riuiere de Lade au deçà du Pont de Chasteauneuf: & aussi à Lyon aupres de l'Abbaye d'Es nay, qui est entre la Saone & le Rosne: à Orleans, à Bourges, & en plusieurs autres lieux de France. Il a les fueilles semblables à celles du *Characias d'Angleterre;* toutefois elles sont plus lon gue

ues & plus molles ; & a la cime beaucoup plus grande, plus large & esparpillée, & faite à mode
bouclier. Sa racine est cheuelue. L'Escluse dit, que c'est le *vray Characias* de Dioscoride, auel il attribue la fleur noire, & non iaunastre, ou blaffard. Quant au *second Characias* de Dodon,
a les fueilles semblables au precedent, excepté qu'elles sont plus dures. Ses tiges aussi sont bien
elque peu rouges, mais non pas tant. Sa cime est plus haute, & la tige qui la porte n'est point desgarnie de fueilles, comme celle du precedent. Quant à ses vases, fleur, graine & racine, il retire assez bien au precedent. C'est cestuy-cy que Matthiol prend pour le *Characias*. Il semble qu'on pourroit bien mettre sous ceste mesme espece vne autre sorte *de Tithymale*, qui n'a pas les tiges rouges, mais plustost blanches, lesquelles sont rondes, branchues, bien souuent plus hautes d'vne coudée. Ses fueilles aussi sont longues, estroites, blancheastres, couuertes d'vn cotton menu. Son ombelle est vn peu plus serrée. Ses fleurs sont petites & iaunes. Sa graine est enclose dans des gobelets comme celle des autres. Quant au *Tithymale Characias quatriesme* de Dodon, il a semblablement les fueilles longues, & estroites, vn peu plus petites que celles du premier ou du second, & blancheastres ; mais elles ne sont comme rien cottonnées. Son ombelle est verte iaunastre, & est longe deuant qu'elle espanisse, quasi comme vne Amande qui commence à venir: toutefois elle est de la mesme couleur des autres fueilles. Ses fleurs & sa graine sont comme celles des autres. Sa racine entre fort auant en terre. C'est vne *seconde espece de Myrsinites*. Aucuns le prennent pour le *Turbit d'Alexandrie*. Toutefois Lobel dit, que l'on tient en Flandres qu'il approche plus du *Characias*, que du *Myrsinites*, combien que deuant que ses ombelles s'ouurent, les fueilles de la cime sont serrées, & retirent aucunement à vne Amande, comme il a esté dit : car de fait, ses fueilles sont vertes-blaffardes, semblables à celles du *Characias*, si ce n'est qu'elles sont moindres & plus estroites. Son fruict & ses fleurs sont iaunes-verdastres, comme aux *autres Tithymales*. On l'a apporté de Prouence & de Languedoc en Flandres, où on l'entretient dans les Iardins. Le *cinquiesme Characias* de Dodon est nostre *Tithymale Myrsinites dentelé*, duquel nous parlerons tantost. Quant au *Myrsinites* de Matthiol, il a toute sa tige garnie de fueilles grosses & aiguës, semblables à celles du Meurte. Luy mesme dit, que le *Paralius* ne croist sinon és lieu maritimes de Sienne, & au mont Argentin, & tout le long de ceste coste-là, comme aussi par tous les enuirons d'Aquilée. Mais Pena dit, que les pourtraits que Matthiol a mis pour le *Paralius* & *Myrsinites*, sont faits à plaisir, & n'ont pas esté tirez dessus la vraye plante. Et en outre, que le *Paralius* ne croist point ailleurs que le long des riuages sablonneux & steriles de la Mer Mediterranée, deuers le Soleil couchant, & le long de la Mer d'Allemagne, où il y en a force: & produit immediatement dés la racine des branches droites, vn peu rouges, visqueuses au toucher, chargées de fueilles touffues, noirastes & plus larges que celles du Lin. Ses fleurs sont petites, iaunes-vertes, au bout de certaines queuës, qui passent à trauers par le milieu de certaines fueilles rondes : & ainsi font vne ombelle, & produisent vne graine triangulaire semblable à celle de la Chamælea, ou du Lathyris : toutefois elle est plus petite & plus serrée, ayant au dedans trois grains pleins de moëlle. Il ne fait qu'vne racine longue, & pleine de bois. Dodon en son histoire des plantes a descrit ceste mesme plante pour le *Paralius*. Quant au *Myrsinites* de Dioscoride, c'est à dire *ayant les fueilles come le Meurte*, ou soit le *Tithymale* Liu. 3. ch. 29.

Tithymale Characias IV. de Dodon.

Tithymale Paralius, de Dodon & Pena.

Tithymale Helioscopius, de Dodon.

femelle, ou *rampant*, Pena dit, qu'il retire au *Paralius*: mai qu'il produit des branches couchées par terre, plus cou tes, n'ayans qu'vn pied de long, & plus grosses, garnies d fueilles du tout semblables à celles de la Chamælea, plu larges que celles du Meurte ou du Brusc, aiguës, & e grand nombre, comme au *Paralius*, vertes-blaffardes, plus esparpillées à la cime de mesme qu'en la grande Io barbe, ou en la Laureole, de laquelle il sort à trauers d certianes fueilles creuses à mode de nombril, cinq ou si queuës, qui se changent en Iuin & en Iuillet, des fleurs ia nes-verdastres, petites & moussues ; & puis apres d'vn graine triangulaire comme celle du *Paralius*, qui est meur en Aoust ; toutefois elle est plus grande, & s'ouure en tro parties, dans chascune desquelles il y a vn grain rond, lo guet & brun, plein d'vne moëlle blanche, & acre ; tout fois elle n'est pas mal-plaisante. Or il dit, qu'il n'en a poi veu ailleurs que dedans les Iardins en France, en Angl terre, & en Flandres. Mais Dodon en a mis le pourtra bien plus naturel, auec les fleurs & les boutons fort bie exprimez. Luy mesme *en son traitté des Plantes purgatiu* met le pourtrait d'vn *Paralius* different de celuy de Ma thiol, & de celuy qu'il a mis *en l'Histoire des Plantes*, q nous auons mis cy dessus: car il a cinq ou six tiges de la hau teur d'vne coudée, menuës, rouges-blaffardes, garnies beaucoup de petites fueilles estroites & longues, comm celles du Lin: toutefois elles sont plus blanches & plus tou fues, auec des ombelles rondes, & petites à la cime, chargé de fleurs & de graine comme celle des autres. Touchant le *Tithymale Helioscopius*, Matthiol d qu'il est assez cogneu d'vn chascun : car il croist par tout à l'entour des murailles des bourgad & des villes, tant en lieu cultiué que non cultiué, dans les Iardins & sur les collines. Dodon Pena ont mis pour *l'Helioscopius* la plante que les Allemands appellent *Sonnevuendevuolszmelk*: l Flamens *Croonkens cruyt*: les François *Reueille matin*, laquelle est assez cogneuë de tous, & a l fueilles comme celles du Pourpier ; toutefois elles ne sont pas si grosses, & sont vn peu dentelées

Tithymale Paralius de Dodoa, en son traitté des Plantes purgatiues.

Tithymale Helioscopius. de Dodon.

l'ento

l'entour. Ses tiges sont petites, de la hauteur d'vn pied, rondes, & recourbées contre terre, en nombre de quatre ou cinq. Ses fleurs sont iaunes-blaffardes, entassées par ombelle. Sa graine est semblable à celle des autres. Mais en Languedoc apres qu'elle est meure, elle est si pleine de vapeur ou de vent, qu'estant mise à terre elle se bouge, & tressaute d'elle mesme, & se creue par le milieu, donnant par ce moyen du plaisir aux petits enfans; tout ainsi que la graine du Tamarisc. Voilà ce qu'en dit Pena. Quant au *Tithymale Cyparissias*, c'est, dit Matthiol, la plante que les Italiens appellent mal à propos, *Esula minor*, de laquelle on se sert communement pour toute sorte de *Tithymale*. Mais celuy que Dodon met *en son traitté des Plantes purgatiues*, est bien autre; mesme il est bien different de celuy que luy mesme a mis en son *Histoire des Plantes*. Car il a bien les fueilles longues; mais fort estroites, mesme plus estroites que celles de la *petite Esula*, retirans assez bien aux fueilles de la Pesse, sinon qu'elles sont plus molles & plus menuës. Sa tige est petite & vn peu rouge, & a plus d'vne paume de hauteur, produisant plusieurs petites branches, au milieu desquelle il y a vne ombelle auec des gobelets purpurins. Ses fleurs & sa graine sont fort petites.

Tithymale Cyparissias, de Dodon.

Tithymale large-fueille, de l'Escluse & de Dodon.

a racine est cheueluë. Il semble que ce soit celuy que Matthiol appelle *Leptophyllos*: toutefois il a de la difference quant à la cime. Il s'en treuue vn autre de ceste mesme espece, qui est plus etit, ainsi que dit aussi Dodon, & n'a pas plus d'vne paume de hauteur. Ses tiges sont fort meuës; ses fueilles longuettes & fort estroites, son ombelle est petite, chargée de petites fleurs iau-es, & d'vne graine fort menuë. Matthiol dit qu'il a veu le *Tithymale Dendroides* hors de la ville de ertacine en la campagne de Rome, parmy les rochers d'vne fort ancienne grotte, qui estoit grand omme vn arbre: comme aussi au riuage de Trieste, assez pres de la fontaine de Timauo, sur cerains rochers. L'Anguillara dit en auoir veu en Toscane en la coste de Genes, & aupres de Marseille. ellon dit, qu'il croist en Candie de la hauteur de deux hommes, & a le tronc gros comme vn omme. Quant au *Platyphyllos*, c'est à dire *Largefueille*, l'Escluse dit, qu'il a treuué le vray, lequel ette immediatement dés la racine quelques branches de la longueur d'vn pied, ou dauantage. uelquefois il ne fait qu'vne seule tige, garnie de grandes fueilles, qui sont aucunement rondes u bout, approchans de la figure des fueilles du Pastel, qui sont nouuelles, vertes & aucunement oulpues, pleines d'vn suc blaffard & acre. Sa fleur est iaune-purpurine, attachée au bout des ranches, & comme enclose dans des gobelets. Sa racine est grosse & blanche. Il dit qu'il n'en point veu ailleurs qu'au Royaume de Valence entre Biar, & Huentimente, en vn chemin raotteux, parmy des arbrisseaux: & qu'il y fleurit au mois de Mars. Dodon en a aussi mis le pourtrait n traitté des Plantes purgatiues. Nous adiousterons encor deux *autres especes de Tithymale*, suiuāt l'opinion de Dalechamp; dont le *premier* est le *Tithmale dentelé*, qui croist par tout au territoire de

Montpe

Tithymale dentelé, de Dalechamp.

Tithymale à verrues, de Dalechamp.

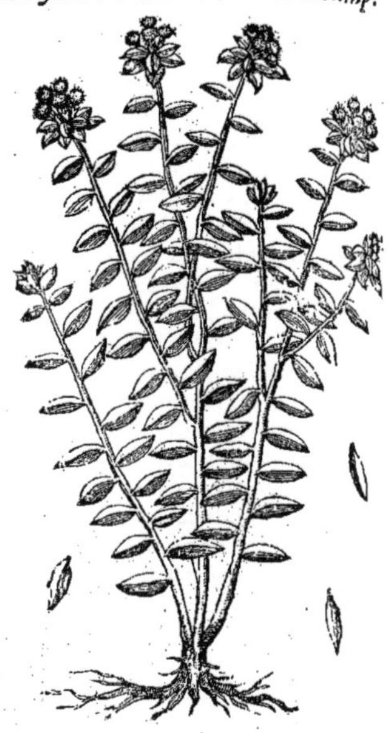

Montpelier ; & a beaucoup de racines blanches, & plusieurs tiges rondes, qui ont plus d'vn pied de hauteur. Ses fueilles d'embas sont longues & estroites ; mais celles d'enhaut sont plus larges, dentelées à l'entour, d'où est venu son nom. Sa fleur est iaunastre, & son fruict fait à angles. Toute la plante rend vn suc blanc comme laict, acre, & corrosif. Au bout des tiges, tout ainsi comme au *Tithymale Characias*, il y a deux fueilles iointes ensemble, qui font comme vn bassin, creux, duquel sortent les queuës qui soustiennent la fleur & le fruict. L'autre est le *Tithymale aux verrues*, qui croist és lieux secs & sablonneux aupres de Lyon le long du Rhosne. Sa racine est courte ; toutefois elle est branchue. Il fait plusieurs tiges de la hauteur d'vne coudée. Ses fueilles sont semblables à celles du Meurte, disposées par interualles inesgaux, blancheastres, & sans aucune descoupeure. Ses fleurs sont iaunes verdastres : son fruict est rond fait à mode de petites verrues, à raison dequoy il a esté surnommé *verrucosus*. Toute la plante iette du laict, comme les autres *Tithymales*. Il est temps maintenant de traitter de leurs proprietez. Dioscoride dit, que le laict du *Tithymale Characias* purge le ventre par le bas. Il euacuë le phlegme & les humeurs bilieuses, prins en eau & vinaigre au poids de deux oboles. Prins en breuuage auec vinaigre miellé il prouoque à vomir. On amasse ce laict au temps des vendanges. Iceluy estant frais fait tomber les cheueux, si on s'en frotte au Soleil auec de l'huile : & fait que le poil qui viẽt apres est blond & menu ; mais auec le temps il le fait perdre du tout. Mis dans les dents creuses il en oste la douleur ; mais il faut couurir les dents de cire, de peur que s'il en sortoit il ne feit vlcerer le gosier & la langue. Appliqué en liniment il fait passer les verrues longues, & les dertes. Il est aussi propre à l'excroissance de la chair qui vient aux ongles, aux charbons, aux vlceres corrosifs, aux gangrenes, & aux fistules. Sa graine & ses fueilles font les mesmes effects que le suc, estans prinses au poids d'vn demy acetabule. Sa racine puluerisée, & prinse au poids d'vne dragme auec eau miellée purge par le bas. Cuite en vinaigre elle appaise la douleur des dents, si on s'en laue la bouche. Le suc du *Myrsinites* a les mesmes proprietez, comme aussi sa racine, sa graine, & ses fueilles : toutefois il n'est pas propre pour faire vomir. Semblablement le *Paralius* fait les mesmes effects ; comme aussi *l'Helioscopius* ; excepté qu'il n'est pas de si grande efficace. Autant en fait le *Cyparssias* ; comme aussi le *Dendroides*. Quant au *Large-fueille*, sa racine, son suc, & ses fueilles euacuent l'eau par le bas. Broyé & desmeslé en eau il fait mourir les poissons. Pline traitte des proprietez de ces mesmes *Tithymale* suyuant en partie Dioscoride, & en partie Theophraste, & d'autres disant : On dit qu'vne figue purgera autant de fois vn hydropique, qu'elle aura receu de gouttes de laict de *Tithymale*. On se sert aussi de sa graine cuite en miel & reduite en pillules pour lascher le ventre. La graine aussi est bonne pour mettre dans les dents creuses, à la charge de les boucher puis apres de cire. En outre : *La decoction de sa racine* cuite en vin ou en huile est propre au mal des dents, si on s'en laue la bouche. *Son suc* appliqué en liniment guerit les dertres. Prins en breuuage il purge par dessus & par dessous

Les vertus. Liu 4. c. 159.

Liu. 26. c. 8.

touteſ[illegible]

toutefois il est contraire à l'estomac. Prins en breuuage auec du sel il euacuë le phlegme : mais y meslant du salpestre il purge les humeurs bilieuses. Pour faire qu'il purge par le bas, il le faut prendre en eau & vinaigre. Et en eau miellée ou vin cuit pour faire vomir. La moyenne dose est de trois oboles. Quant aux figures preparées auec *laict de Tithymale*, le plus expedient est de les prenre apres le repas : car elles bruslent aucunement la bouche. Et de fait, le *ius de Tithymale* est si ruslant, qu'estant appliqué sur la peau il la fait vessier, comme feroit le feu. Aussi s'en sert on en ieu de cautere. *La graine du Myrsinites* est meure par moissons. Il la faut premierement lauer & puis a faire secher. Sa vraye dose est d'vn tiers auec les deux tiers de graine de Pauot noir, de sorte que oute la prinse reuienne à vn acetabule. Ce *Tithymale*, n'est pas si propre pour faire vomir que le recedent, non plus que les autres. Aucuns ordonnent les fueilles de ce *Tithymale* auec du Pauot oir : mais quant à son fruict ils l'ordonnent en vin miellé, ou en vin cuit, ou auec du Sisame. Il uacuë les humeurs bilieuses & le phlegme par le bas ; & guerit les vlceres de la bouche. Ses ueilles maschées auec miel sont singulieres aux vlceres corrosifs de la bouche. Quant au *Tithyale* surnommé *Paralius*, on amasse sa graine quand les raisins commencent à meurir, & apres l'aoir fait secher, il la faut pulueriser & en prendre au poids d'vn acetabule pour se purger. Prinse u poids de demy acetabule auec de l'oxymel, elle euacuë les humeurs bilieuses par le bas. Au ste on en vse comme du *Characias*. Le *Cyparissias* a les mesmes proprietez que *l'Helioscopius* ou le *haracias*. Quant au *Platyphyllos*, il est bon pour faire mourir les poissons. Sa racine, ses fueilles, ou n suc, prins au poids de quatre dragmes en vin miellé, ou en eau miellée, lasche le ventre : mais est particulierement propre pour euacuër les aquositez. Quant au *Dendroides*, il fait les mesmes ects que le *Characias*. Or Galien descrit ces proprietez beaucoup plus clairement : Tous les *Tiymales*, dit-il, ont vne qualité acre & forte qui domine en eux ; mesmes ils sont aussi amers. Le c des *Tithymales* est fort violent : mais la graine & le suc ne le sont pas tant. Sa racine aussi a bien s mesmes qualitez ; toutefois c'est auec moins d'efficace. Ce neantmoins estant cuite en vinaie elle guerit la douleur des dents, principalement quand elles sont creuses. Mais quant au suc le met dedans les dents creuses, comme ayant plus de force. Et de fait s'il touche quelque aue partie du corps, il la brusle & vlcere tout à l'instant ; à raison dequoy il faut couurir les dents cire apres que l'on y a mis de ce suc. Il fait aussi tomber le poil si on s'en frotte. Or d'autant 'il est trop violent, on l'incorpore auec huile. Que si on reitere souuent à s'en frotter, il bruslera fin toutes les racines du poil, & rendra la partie desnuée de poil. Par mesme moyen il fait passer les petites verrues, & les longues, l'excroissance de la chair sur les ongles ; & guerit les ders & les gratelles, d'autant qu'il est detersif par le moyen de son amertume. Dauantage les *Tithymales* pourront seruir aux vlceres corrosifs, & chancreux, & aux gangrenes, pourueu que l'on en vse à temps & mediocrement ; d'autant qu'ils sont fort chauds & detersifs. Par mesme raison aussi ils sont propres pour consumer les croustes des vlceres. Or tous en general font bien ces effects là ; toutefois les fueilles & la graine font moins d'operation. Neantmoins on s'en sert pour prendre les poissons dans les eaux dormantes : car aussi tost, qu'ils en ont tasté ils sont estourdis & demy morts, & nagent à fleur d'eau. Or comme ainsi soit qu'il y en a sept especes, celuy qui est surnommé *Characias* fait plus d'operation que tous, comme aussi le *Myrsinites*, qui croist sur les rochers à mode d'vn arbre : puis apres celuy qui resemble au Bouillō ; & le *Cyparissias* : & finalemēt le *Paralius*, & l'*Helioscopius*. Mesme la cēdre & lexiue d'iceux aura les mémes facultez à proportion de la plante.

Liure 8. des simpl.

thymale à Oignon, ou Apios, de Dodon au traitté des Plantes purgatiues.

Tithymale à Oignon.

Nous adioindrons encor icy vn autre *Tithymale*, qui fait des petites tiges aucunement rougeastres, menuës, & rondes ; garnies de petites fueilles semblables en figure à celles du Millepertuis, ou de la Rue sauuage : toutefois elles sont plus petites & approchent de celles de la Chamæsyce. A la cime il produit des ombelles rares auec leurs gobelets, chargées de petites fleurs iaunes. Sa graine est vn peu aspre, faite à triangle, comme celle des autres *Tithymales*, sinon qu'elle est plus petite. Sa racine est enflée, & faite à mode d'vne poire, estroite au dessous, noire par dessus, & blanche par dedans. Il iette aussi vn suc blanc comme laict en quelque endroit que l'on l'entame. Il croist en l'Apouille, qui est vne prouince d'Italie, comme aussi en Grece & aux Isles adjacentes, comme en Candie, en Stalimene & autres, & ce aux montagnes.

gnes. En certains lieux il fait les tiges longues ; en d'autres il les fait tendres, & plus courtes : dont cestuy-cy a quelquefois la racine plus grande, & celle de l'autre est plus petite. Car il me souuient que Iaques Antoine Cortusus Gentil-homme Padouan m'enuoya vn iour deux de ces Plantes dont l'vne auoit la racine grande & grosse ; mais ses fueilles & ses branches estoient petites : l'autre auoit la racine petite ; mais ses branches estoient longues, & ses fueilles vn peu plus grande que de l'autre. Les Grecs appellent ce *Tithymale* ἄπιον, pource qu'il a la racine comme vne Poire. Ils l'appellent aussi ἰσχάς. Gaza l'appelle en Latin *Carica*, pource que sa racine retire à vne figue seche qui s'appelle en Grec ἰσχάς, & aussi χαμαιβάλανος, c'est à dire, *Gland de terre* ; toutesfois il y a d'autres *Chamæbalani*, qui sont plus communs en Allemagne, & bons à manger, desquels nous auons parlé *au traitté des Bleds*. Belon escrit que l'*Apios* est maintenant appellé χαμαιπύδια en Grece. Au reste ce *Tithymale*, ou soit *Apios* est fort chaud & sec, comme les autres *Tithymales*, & par mesme moyen dangereux au corps humain. Dioscoride dit que le haut de sa racine estant prins fait vomir le phlegme & les humeurs bilieuses ; & le bas d'icelle purge par le bas. Tant l'vne que l'autre partie tout ensemble purge par dessus & par dessous, comme aussi son suc estant prins au poids d'vn obole & demi. Pline dit, qu'il est bon pour les hydropiques estant prins au poids d'vn acetable.

Les noms.

Plante laictée, ou Tanaguth, de Rhasis.

Plante laictée, ou Tanaguth, de Rhasis, *CHAP. VIII.*

La forme.

APRES d'vn certain Iardin de Syrie ie treuuay, dit Rauuolf, vne certaine plante incogneuë, pleine de laict, de laquelle les fueilles & les fleurs estoient tombées. Elle auoit enuiron deux coudées de hauteur, & estoit raboteuse par dehors dés la cime iusqu'à la racine, non pas esgalement par tout, mais d'vn costé & d'autre, comme la peinture le monstre, estant au reste seche, & creuse à mode de Sureau, de couleur de iaune vert. Elle auoit plusieurs petites branches toutes releuées contremont, faites à mode des canons de cannes, comparties non par neuds : mais par vne certaine descoupeure apparente en la partie interieure, qui semble auoir esté faite expres auec le cousteau ; dont celles qui sortent des grandes branches sont les moindres, & separées l'vne de l'autre, pleines au dedans d'vn suc blanc comme laict, lequel est plus acre & piquant que celuy du Tithymale, ou bien de l'Esula. Or combien que i'ay demandé souuentefois le nom de ceste herbe à ceux de ce païs là, si ne l'ay-ie peu onques sçauoir. En fin à ce que i'ay peu cognoistre par plusieurs marques & coniectures, i'ay iugé que ceste plante est la *Xabra*, & *Camarrhonon* de Rhasis, que les Arabes appellent *Tanaguth*, & *Scabea*, de laquelle Rhasis fait mention en plusieurs lieux.

De la Pityusa, *CHAP. IX.*

Les noms.

LES Grecs appellent ceste plante πιτύουσα : les Latins *Pityusa* : les Arabes *Albram*, ou *Scebran*, & *Scobran*, comme il appert par Serapion, qui a transcrit tout le chapitre auquel Dioscoride traitte de la *Pityusa*, sous le mot de *Scobran*, soit *Esula*, comme il l'interprete luy mesme. Les Apothicaires l'appellent *Ezula*, oú *Esula*. Elle est appellée *Pityusa*, du mot Grec πίτυς, c'est à dire *Pesse*, pource que ses fuilles retirent à celles de la Pesse. Dioscoride l'a mise pour vne espece de *Tithymale* ; toutesfois pource qu'elle retire fort au *Tithymale Cyparissias*, quant aux proprietez, au lieu de sa naissance, & principalement quant aux fueilles, de peur que quelqu'vn ne fut trompé par ceste resemblance, Dioscoride a voulu aduertir de la difference qui est entre elles : & dit, que la *Pityusa* fait la tige de plus d'vne coudée de haut, auec beaucoup de neuds ; & les fueilles aiguës & menuës, semblables à celles de la Pesse. Ses fleurs sont petites & comme purpurines. Sa graine est large à mode d'vne Lentille. Sa racine est blanche, grosse, pleine de suc. Ceste plante est fort grande en certains lieux. Pline traittant ensemble des herbes qui ont quelque affinité auec le Pin, & la Pesse, quant au nom, parle plus breuement de *Pityusa*

Liu. 4. c. 160

Liu. 14. ch. 6

ityusa, disant: La *Pityusa* merite bien aussi d'estre mise en ce rang, laquelle aucuns mettent pour pece de *Tithymale.* Ceste herbe retire à la Pesse, & fait vne fleur petite & purpurine. Or au texte e Pline il y a deux mots qui sont superflus, assauoir *cum honore*, & n'y seruent du tout rien, paruoy il faudra lire ainsi suiuant vn vieil exemplaire: *& Pityusa simili de causa dicetur*, c'est à dire, *nous lerons semblablement de la Pityusa pour la mesme raison, &c.* Matthiol estime que *l'Ascebram*, ou *Scebram petit* est cette plante que les Apothicaires appellent *Esula minor*, & Dioscoride *Tithymalus Cyparissias*: & que *l'Alscebram grand*, ou *Mehe selengi* d'Auicenne est la plante appellée par les Grecs *Pityusa*, & par les Apothicaires *Esula maior*, laquelle croist quasi par tout en Italie; & resemble à la petite Esula, si ce n'est qu'elle est de beaucoup plus grande en tout & par tout: tellement qu'en certains endroits comme en Apoüille, elle resemble à vn petit arbre. Il en croist force au territoire de Veronne, en ceste plaine qui est pres du Lac de Garde: mais pource que le terroir y est fort sec, elle n'y est pas fort grande. Dodon, Pena & Lobel, tiennent que la *petite Esula* est la *Pityusa*, pource que Dioscoride ne compare pas toute la Plante de la *Pityusa* auec la Pesse; ains seulement les fueilles: & que celles de la *petite Esula* retirent fort à celles de la Pesse, & sont plus grandes & plus larges que celles du Tithymale Cyparissias. Dauantage il semble que le mot *Esula* soit tiré de *Pityusa*: car en ostant les deux premieres Syllabes *pity*, il reste *vsa*, d'où il semble que soit venu le diminutif *vsula*, & en changeant la premiere lettre *Esula.* Mesme Dioscoride apres auoir descrit la *Pityusa*, ou soit *Esula petite*, il dit, qu'il y en a vne espece plus grande, disant que cette plante est en certains lieux σφόδρα εὐμεγέθη, c'est à dire *fort grande*, qui est la *grande Esula*, n'y ayant à dire sinon pour vne chose, c'est que Dioscoride dit, *que le fruict de la Pityusa est* πλατὺ ὡς φακὸν, c'est à dire *large comme vne lentille* au lieu que *l'Esula* a les fleurs & le fruict comme les *Tithymales*, & non comme les lentilles; à sçauoir des boutons à triangle, dans lesquelles est la graine. Toutefois ces doctes personnages tiennent que ce lieu est incorrect, comme l'experience mesme le monstre, quant à leurs proprietez. Nous auons mis le pourtrait de l'vne & l'autre *Esula* prins de Dodon *au traitté des Plantes Purgatiues*, lequel semble estre different de celuy de Matthiol, qui est semblablement ioinct icy, & mesme auec celuy de Dodon qu'il met *en son Histoire des Plantes*, en laquelle il prend pour *l'Esula grande*, la plante que Fuchse a prins pour le *Tithymale platyphyllos*, & pour la *petite*, celle que Fuchse prend pour le *Tithymale Cyparissias.* Or la grande *Esula*, suiuant la description de Dodon, est vne plante branchuë, laquelle fait plusieurs tiges rondes, de plus d'vne coudée de hauteur, garnies de fueilles longues, & estroites, moindres que celle du Tithymale Characias. Ses ombelles aussi sont plus estroites; les fleurs & sa graine sont semblables à celles des Tithymales. Sa racine est grande & fourchue, couuerte d'vne grosse escorce, & pleine d'vn suc blanc comme laict, comme aussi toute la plante. Il s'en treuue en certaines collines d'Allemagne aupres de Schaffuse & de Basle. La *petite* est semblable à la precedente; toutefois ses tiges sont plus courtes & plus tendres: ses fueilles aussi sont plus petites, encor qu'elles soient longuettes, estroites, & aiguës. Quant aux fleurs & au fruict ils sont semblables. Sa racine est plus tendre, plus pleine de bois, & couuerte d'vne escorce plus menuë. Elle est semblablement toute pleine d'vn suc blanc comme laict. C'est le *Turbith noir* d'Actuarius, combien que Dioscoride dit, que la racine de la *Pityusa* est blanche; car il entend

Sur le c. 170. du 4. liu.

Pityusa de Matthiol, ou Esula grande.

[Esu]la grande de Dodon, au traitté des Plantes purgatiues.

Esula petite de Dodon, au mesme traitté.

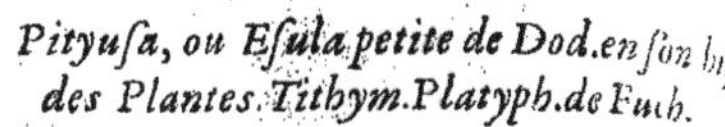

Pityusa, ou Esula petite de Dod. en son hist. des Plantes: Tithym. Platyph. de Fuch.

entend de la poulpe, & non de l'Escorce de l'Erieure, qui est verte-rousseastre, estant seche de uient noire. Lobel adjouste vne autre *Pityusa*, ou *Esula petite*, qui a les fleurs rouges, laquelle croi en Flandres dans les Iardins des Simplicistes, & peut auoir vne paume, ou vn pied de hauteu ayant les fueilles comme la *petite Esula*, & des petites fleurs rouges, & la graine comme celle d Reueille-matin des vignes, laquelle passe à trauers de certaines fueilles à mode de bouclier, comm

Pityusa, ou Esula petite de Dodon, en l'hist. des Pla tes: Tithym. Cypar. de Fuch.

Pityusa, ou Esula petite seconde au fleurs rouges, de Lobel.

Esula grande d'Allemagne, de Pena.

aux Tithymales. Quant à l'*Esula grande*, que Dodon met *en son traitté des Plantes purgatiues*, il semble que ce soit la *grande Esula d'Allemagne*, de laquelle Pena met le pourtrait, & de laquelle les Flamans & Allemans vsent communement : & la *plus grande Pityusa* de Dioscoride, laquelle Pena descrit bien clairement, disant, qu'elle fait vne grosse racine bien forchuë, & entortillée, couuerte d'vne escorce grosse, espesse, & brune, de laquelle il sort vne infinité de branchettes, de la grosseur du petit doigt, & de deux coudées de haut, vertes, & garnies de beaucoup de fueilles semblables à celles du Lathyris, ou du Tithymale Dendroides : comme aussi sa graine retire à celle-là : toutefois elle vient en partie par l'entredeux des fueilles le long de la tige, & partie en vne ombelle, qui n'est pas si large, ne si entassée en rond. Quant au reste elle retire aux autres Tithymales. Or cette plante est rare en France & en Italie : mais elle est plus commune en la haute & basse Allemagne le long du Rhin. Au reste les Herboristes ont remarqué d'autres especes d'*Esula*. Pena & Lobel en mettent vne rare, qui croist en l'Isle de Lio, aupres de Venize, laquelle fait des tiges d'vne coudée & demie, ou de deux coudées de long spongieuses, ridées, & brunes, grosses comme le petit doigt, chargées de beaucoup de petites branches de la longueur d'vn pied, & garnies de fueilles deux à deux par certains interualles, plus grandes que celles de l'Alypon, visqueuses, & grasses comme celles de la Thimelea. Ses fleurs sont pendantes & purpurines. Sa racine est noire par dehors, de la longueur d'vne coudée & demie, grosse

Esula rare de Pena & Lobel.

Autre Esula rare de Pena de l'Isle de Lio prés de Venize.

comme le petit doigt, & pleine de suc. Toute la plante est pleine de laict. Il n'en croist point ailleurs qu'aux riuages de la mer, non plus que du Tithymale Paralius : & aux Isles de la mer Adriatique, comme à Lio, qui est vne petite Isle. Les Medecins & Apothicaires Venitiens prennent cette plante pour vne espece de *Pityusa*, & en vsent au lieu de l'*Esula commune* en la composi-

 tion

Esula sauuage, de Tragus.

tion de la *Benedicta*, & aux pillules purgatiues ; car elle purge autant que la *petite Esula*. Aucuns estiment que c'est *l'Alypon* de Dioscoride: les autres la prennent mal à propos pour le *Turbith noir*, qu'Actuarius a prins pour la *Pityusa*, comme nous auons dit. Toutefois ce n'est pas la *Pytiusa*, combien qu'elle luy retire fort, à raison dequoy elle a esté nommée *Esula rare*. Tragus met *trois autres especes d'Esula*; dont l'vne est *sauuage*, & croist parmy les bois sablonneux, faisant la tige haute quasi d'vne coudée, auec des belles ombelles plus rouges que les autres. L'autre est douce & croist aux montagnes & vallées ombrageuses & humides du païs de Suisse: & a la tige, la fleur, les fueilles, la racine, & le suc blanc, comme laict, si semblables aux Tithymales, qu'il est mal-aisé de la bien discerner. Toutefois son laict & sa racine sont doux. Sa graine est ronde, iaune, retirant au millet: & a accoustumé de sortir de ses gousses quand elle est meure. Le mesme Tragus met encor *vne autre espece de petite Esula*, laquelle on treuue en Automne en certaines terres apres moissons. Cette plante a vne paume de hauteur, & est branchuë, & fait les fueilles fort menuës, semblables à celles du Thym. Sa graine est enclose en des gousses miparties en trois. Au surplus Dioscoride dit, que la *racine de la Pityusa* prinse au poids de deux dragmes auec d'eau miellée purge par le bas. Quant à sa graine il n'en faut prendre qu'vne dragme ; & du suc vne cueillerée. Il le faut incorporer en farine, & le reduire en pillules. Quant au fueilles, la vraye dose est de trois dragmes. Pline

Liu. 1. c. 160.

Liu. 1. c. 160. Ses vertus.

Esula douce, de Tragus.

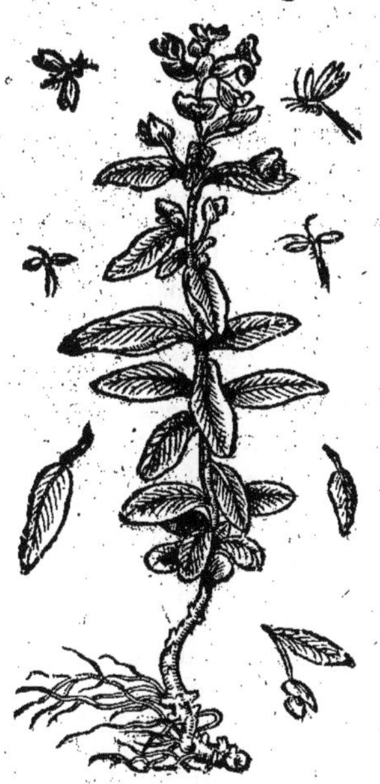

Esula petite, de Tragus.

Liu. 24. c. 6. en dit bien dauantage ; *La decoction de sa racine*, dit-il, prinse au poids d'vne hemine purge par le bas les humeurs phlegmatiques, & les bilieuses. Autant en fait vne cueillerée de sa graine appliquée en suppositoire. La decoction de ses fueilles cuites en vinaigre mondifie les eschaques de la teste. En y adioustant de la decoction de Rue elle est singuliere aux mammelles, & pour appaiser les tranchées du ventre ; mesme contre les morsures des serpens, & à toutes apostumes qui commencent à venir. Aucuns, dit Galien, estiment que la *Pityusa* est vne espece de Tithymale, pource

Liu. 8. des simpl.

pource qu'elle a vn suc tout semblable, & qu'elle purge aussi de mesme; & luy retire en tout le reste. Mesuë a escrit beaucoup de choses bien remarquables touchant cette plante: *L'Esula*, dit il, qui est vne espece des plantes qui rendent du laict, sert pour purger les paisans. Il y en a vne grande & l'autre petite. La grande vlcere les intestins, parquoy elle est dangereuse. Mais la petite est la meilleure, principalement celle qui a l'escorce de sa racine menuë, lisse, fraile, & rougeastre à mode de la Casse, & qui a desia esté gardée six mois: car elle est dangereuse n'ayant pas encor esté gardé vn mois, comme aussi celle qui croist aupres des estuues. Il la faut amasser au commencement du Printemps; & son suc à la fin d'iceluy, d'autant qu'alors il est plus chaud, plus acre, & plus violent. Elle est chaude & seche au commencement du troisiesme degré. Et est composée d'vne essence subtile, ignée, aërée, incisiue, attenuatiue, desiccatiue, & aperitiue; & d'vne terrestre, astringeante, qui desseche les humeurs qui sont bien profond dans le corps. Elle a grand force pour euacuër le phlegme, les aquositez, & mesme les humeurs melancholiques des iointures: par ainsi elle est propre aux douleurs d'icelles, & fort souueraine pour les hydropiques. Toutefois elle est contraire au cœur, à l'estomac, & au foye. Elle vlcere les parties interieures, & rompt les embouchеures des veines. Elle desseche par trop le corps, consume la semence genitale, & cause inflammation & fieure, principalement son laict. A raison dequoy il y faut adiouster des choses cordiales, & d'autres qui renforcent l'estomac, & le foye, comme aussi des choses visqueuses & astringeantes, comme de la Gomme, Gomme dregante, du Bdellium, l'infusion de l'Herbe aux puces, du suc de Pourpier; & finalement des choses refrigeratiues. Il la faudra donc mettre en infusion dans du vinaigre, & principalement s'il y auoit trempé des Coings auparauant; & dans du suc d'Endiue, ou de Laitteron, ou de Pourpier, ou de Morelle, & y adiouster des Myrobolans, de l'Absynthe, & de l'Aloë. On a accoustumé, dit Lobel, apres auoir preparé la racine de la *grande Esula* dans du vinaigre & du laict, de la reduire en poudre; de laquelle on met de douze iusques à seze grains dans les clysteres; & aux medecines qui seruent à purger les humeurs bilieuses, on y en peut mettre de six à huict grains sans aucun danger. Mais elle est vn peu fascheuse aux phlegmatiques; d'autant que le phlegme est fascheux à euacuër.

Liure des Purg. c. 23.

Le temperament.

De l'Espurge, CHAP. X.

Les noms.

Les Grecs appellent cette plante λαθυρὶς: & les Latins *Lathyris*, & aucuns *Tithymalus*. car Dioscoride dit, *qu'elle est du nombre des Tithymales*: les Apothicaires l'appellent *Cataputia minor*, pource qu'elle porte sa graine en certaines pillules: ou plustost, comme dit Dioscoride, pource que ses grains purgent estans prins en pillules. Les Arabes l'appellent *Mensana*, ou *Mehendane*: les Italiens *Cataputia minore*: en Lombardie *Cacapuzza*: les François *Espurge*: les Allemans *Sprinkraut*. Elle fait vne tige creuse, ainsi que dit Dioscoride, de la hauteur d'vne coudée, grosse comme le doigt, à la cime de laquelle il y a des ailerons. Ses tiges sont garnies de fueilles longues, semblables à celles des Amandiers; toutefois elles sont plus larges & plus lisses; mais celles qui sont au bout des branchettes sont moindres, de la figure de celles de la Sarrazine, ou du Lierre. Elle porte son fruict au plus haut de ses branches, qui est separé en trois, rond comme vne Cappe, dans lequel il y a trois grains separez par membranes, ronds, & plus gros qu'vn Ers, lesquels estans escorcez sont blancs & doux. Sa racine est menuë & ne sert à rien. Toute la plante est remplie de suc blanc comme laict, ainsi que les Tithymales. Pline est vn peu discordant de Dioscoride, en ce qu'il dit, que *l'Espurge* fait beaucoup de fueilles semblables à celles des Laictues, si ce n'est qu'elles sont plus menuës, & plusieurs bourgeons chargez de graine, qui est couuerte de petites membranes comme les Cappes, lesquelles venans à secher il en sort des grains gros comme ceux du Poyure, blancs, doux, & qui purgent aisément. Cette plante qui est la derniere de tous les Tithymales, est fort cogneuë & en vsage à tous; & est celle qu'on appelle communement *Cataputia minor*: car de fait toutes les marques s'y accordent bien. Elle croist dans les Iardins & au bord des possessions. On l'amasse en Automne lors qu'elle est chargée de fruict, & prend on sa graine apres que les gousses dans lesquelles elle est enclose, sont

La forme. Liu. 4. c. 161.

Liu. 27. c. 11.

Le Lieu. Le temps.

Espurge, de Matthiol.

Liu. 4. c 161.
Les vertus.

Esurge petite, de Dalechamp.

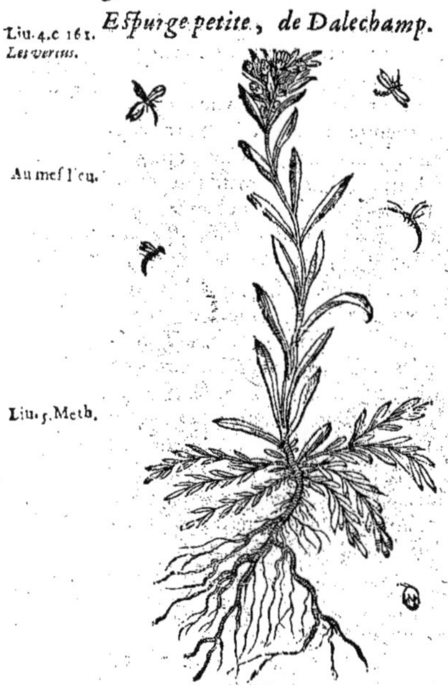

sont sechées. Or Dioscoride dit, que six ou sept grains *d'Espurge* prins en pillules auec des figues, ou des Dattres, laschent l ventre : toutesfois il faut boire de l'eau quant & quant apre Ils euacuent le phlegme, les humeurs bilieuses, & les aquosi tez. Le *suc de l'Espurge* cueilly à mode de celuy des Tithyma les fait le mesme effect; comme aussi les fueilles cuites au boüil lon d'vn poulet, ou auec des choux. Pline dit, que *vingt grain d'Espurge* prins en eau pure, ou en eau miellée guerissent le hydropiques. Mesme ils euacuent les humeurs bilieuses. Ceu qui ont enuie d'estre mieux purgez les prennent auec leu gousses: car ils sont contraires à l'estomac; parquoy on a treuu moyen de les prendre au boüillon du poisson ou d'vn poulet Aucuns disent ainsi que dit Galien, que *l'Espurge* est vne e pece de Tithymale, tant pource qu'elle a vn suc tout sem blable, & mesme qu'elle purge tout de mesme, & len retire du tout quant aux facultez, excepté que sa grai ne semble estre douce au goust, laquelle est aussi bie purgatiue. Actuarius en traitte aussi comme s'ensuit : *L'Espurge* euacue fort le phlegme. Il faut prendre quinz de ses grains quand ils sont gros, & vingt des petits & faut que ceux qui ont enuie de se bien purger le maschent; mais ceux qui n'ont pas besoin de grande purga tion, n'ont que faire de les mascher ; mais les doiuent aualle entiers, principalement s'ils ont l'estomac interessé. *La petit Espurge* croist aux terres grasses, & fait beaucoup de racine assez grosses, auec beaucoup de cheuelures menues esparse çà & là, & plusieurs branches sortans de la racine couchées par terre, garnies de petites fueille comme celles de Renoüée. Sa tige est de la hauteur d'vne paume, ou vn peu dauantage, de la quelle il sort des fueilles par inesgales distances d'vn costé & d'autre, longues, quasi comme cel les de l'Hyssope : & à la cime d'icelle il y a des fleurs entassées en rond. Toute la plante est plein de laict.

Au mesme lieu.

Liu. 5. Meth.

Du Peplus, ou Reueille-matin des Vignes, & Peplis,

CHAP. XI.

Les noms.

CESTE plante est appellée en Grec πέπλος, συκὴ & μήκων ἀφρώδης : en Latin *Peplus*; & par le Apothicaires *Esula rotunda*: en Allemand *Teufelszmilch*: en François *Reueille-matin des Vignes*. On l'appelle *Peplus*, ainsi que dit Pena, pource que ses branches sont ageancées t rõd à mode d'vn voile: car πεπλὸν signifie *vn voile*, ou *vn parement de lict*; ou plustost pource que s fueilles, tant de celuy qui croist aux vignes, que de l'autre qui croist aux lieux maritimes, ont superficie purpurine. Car il appert par plusieurs histoires que les voiles estoient purpurins ou ro ges. Quant à πέπλις on l'appelle aussi ἀνδράχνη ἀγρία, c'est à dire, *Pourpier sauuage*. Hipocrate l'a pelle πέπλιον en Latin *Peplus*, & *Peplium*; d'autant qu'il retire à vn voile, aussi bien en la figur comme au nom. Dioscoride l'appelle aussi θάμνος ἀμφιλαφὴς, c'est à dire, *Arbrisseau fructifiant d tous costez*. Or il dit, que le *Peplus*, ou *Reueille-matin des Vignes* est vne petite plante pleine d'v suc blanc, qui fait des fueilles petites comme celles de la Rue; toutesfois elles sont plus large Toute la plante est de la hauteur d'vne paume, ronde, & couchée par terre. Sa graine vie au dessous des fueilles, & est petite, & ronde; moindre que celle du Pauot blanc. Il n'a qu'v ne seule racine qui produit toute la plante. Il croist aux Iardins & aux vignes. On l'amass par moissons, & le fait on secher à l'ombre en le remuant à tous coups. Le *Peplus*, dit Plin qu'aucuns appellent, *Syce*, ou *Meconinm aphrodes*, (au vieil exemplaire il y a *Meconium*, ou *Mecona, Aphrode*) sort d'vne racine menue, & a les fueilles semblables à celles de la Rue, excepté qu'el les sont vn peu plus larges. Sa graine vient dessous les fueilles, & est ronde, moindre que celle d Pauot blanc, (cecy s'accorde auec Dioscoride; toutesfois en quelques exemplaires il y a, *qui n'est pas si blanche que celle du Pauot blanc.*) On l'amasse au temps de moissons parmy les vigne, & la fa on secher auec son fruict, & met on des vases pleins d'eau dessous pour la faire tomber dedan Cecy est tout notoirement faux : car à quel propos la feroit ont secher, s'il la faloit faire tombe dans l'eau ? Il faut donc lire suyuant les vieux exemplaires, *subiectis in qua excidat*, c'est à dire, *ayā mis quelque vase, ou linge dessous pour la recueillir*. Quant à *Peplis*, c'est, dit Dioscoride, vne plant grande d'vn costé & d'autre, & pleine de suc blanc ayant les fueilles comme le Pourpier blanc rondes, qui ont au bas ie ne sçay quoy de rouge. Sa graine vient au dessous des fueilles, & est rond comm

Liu. 4. c 162.
La forme.

Le lieu.
Le temps.
Liu. 27 c. 12.

plus, ou Reueille-matin des Vignes, de Matthiol.

Peplis, de Matthiol.

mme celle du *Reueille-matin des Vignes*, d'vn goust bruslant. Elle n'a qu'vne racine menuë, qui sert à rien. Nous auons mis le pourtrait icy tant du *Peplus*, que du *Peplis*: & en outre celuy du *plion*, & du *Peplis petit* de Dalechamp. Quant au *Peplion* il vient aux riuages sablonneux, & n'a vne racine menuë, de la longueur de six doigts, vn peu cheueluë, rouge au dessus, & blanche r le bas: & plusieurs tiges couchées par terre, laquelle elles courent tout à l'entour. Icelles nt rouges, & iettent, du laict. Sa graine est ronde, & quasi tousiours à double, attachée aux *Peplion de Dalechamp.*

Peplion, de Dalechamp.

Pep'is petite, de Dalechamp.

Pe lis petite de Dalechãp, fueilles comme celle de la Chamæsyce, & du *Reueille-matin*, d'vn goust bruslant. La *Peplis* petit croist parmy les vignes ; & a la racine assez grosse, tortue, auec quelque peu de cheuelures, & plu sieurs tiges de la hauteur d'vne paume, branchues : les fueilles qui sont au bas des tiges retiren à celles du Lin ; mais par là où les tiges se fourchent en branches, elles sont plus grandes, & larg aupres de la tige, & aigues au bout. Ses fleurs sont iaunastres, & menuës. Son fruict est à doubl

Liu.4.c.162. Les vertus. comme deux couillons, caché en des coupettes creuses. Toute la plante est pleine d'vn suc blan comme laict, qui purge le corps auec grande violence. Or Dioscoride traittant des propriete du *Peplus* dit, que son herbe est bonne à plusieurs choses ; mais sa racine ne sert à rien. On broy

Liu.27.c.12. sa graine, & la trempe on en eau bouillante. Icelle prinse au poids d'vn acetabule en vn cyath d'eau miellée, purge le phlegme & les humeurs bilieuses. L'herbe meslée parmy les viandes tro ble le ventre. On la met en composte. Pline en dit de mesme : *La graine de Peplis* prinse en bre

Liu.4.c.163. uage lasche le ventre, & euacuë la bile & le phlegme. La moyenne dose est d'vn acetabule en tro hemines d'eau miellée. On en saupoudre les viandes pour faire bon ventre. Quant à la *Peplis*, Di scoride dit, qu'il la faut amasser & garder tout ainsi que le *Peplus*, & en vser tout de mesme : on l met aussi en composte. En somme elle a les mesmes vertus que le *Peplus*. Pline apres auoir dit, qu le *Peplion* est aussi appellé *Portulaca*, descrie bien au long les proprietez du Pourpier, differentes d celles du *Peplion*. Galien dit, que *Peplos* est vne plante qui a le suc comme les Tithymales, lequ est aussi purgatif tout de mesme. Quant au *Peplion*, c'est vne petite plante qui a le suc comme l Tithymales. Il croist le plus souuent le long de la marine. Sa racine ne sert à rien, non plus qu celle du *Peplus*. Mais son suc est de grand force ; combien qu'au reste il ne soit guieres proffitabl toutefois sa graine est bonne, & neantmoins elle est flatueuse, & purge de mesme que celle d *Peplus*. En ce passage il y a mal au texte Grec φυσῶδες, ce que les traducteurs ont interpreté, *fl tueuse*; au lieu de ce que Dioscoride & Paul disent πυρῶδες τῇ γεύσει, c'est à dire, *d'vn goust bruslan* Ainsi donc il faudra aussi lire en Galien πυρῶδες, au lieu de φυσῶδες. Dauantage Aëce dit, apres Hi pocrate, que le *Peplion* est φυσῶν καταῤῥηκτικόν, c'est à dire, *qu'il resoult les ventositez*: tellement qu ne sçauroit estre flatueux.

De la Chamæsyce, CHAP. XII.

Les noms. Liu.4.c.164. La forme. LES Grecs appellent cette χαμαισύκη, & συκῆ ; & les Latins aussi, *Chamæsyce*. Diosc ride dit, qu'elle fait des branches de quatre doigts de long, couchées par terr rondes & pleines de suc. Ses fueilles sont semblables à celles du Peplus, de la figu de celles des Lentilles, petites, menuës, couchées par terre. Sa graine vient dessous l fueilles, comme celle du Peplus, & est aussi ronde ; mais elle ne fleurit, ny ne fait point tige. Sa racine est menuë, & ne sert à rien. Elle croist és lieux pierreux & maigres. Suyuant quoy il a pert bien, que la *Chamæsyce* a grande affinité auec le Peplus, ou que c'en est vne espece. Nous auo mis icy le pourtrait de la *Chamæsyce*, suyuant Dalechamp, laquelle croist au territoire de Montpeli

Chamæsyce, de Dalechamp.

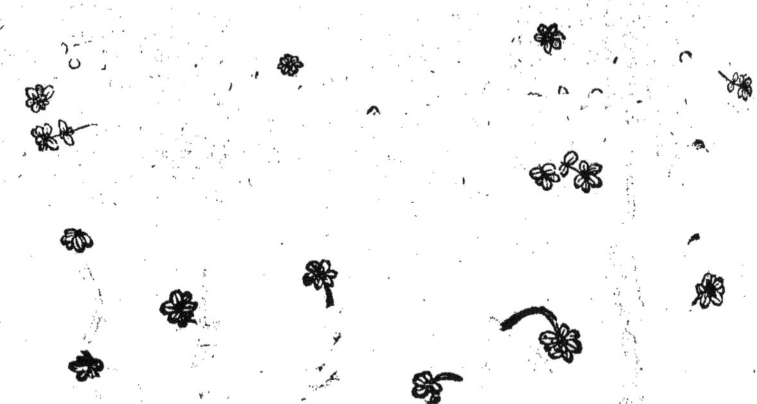

& a la racine fort petite, longuette, blanche, dure, & vnique ; & plusieurs branchettes de quat doigts de long, couchées par terre en rond, pleines de suc comme laict. Ses fueilles sont arra gées par les branches, comme celles des Lentilles, & sont pour la plus part rougeastres quand plan

te est grande, d'vn goust acre & bruslant. Sa graine est ronde & petite, cachée sous les fueilles, a mis le pourtrait d'vne *autre Chamæsyce* qui est beaucoup plus rare que le Peplus, ny le Pe-, & ne s'en treuue point en Allemagne, ny en Italie: mais seulement parmy les vignes & oli-de Languedoc, où il y en a force, principalement és lieux secs & sablonneux assez pres de tpelier en tirant vers le g bet, & le long de la marine. Toute la plante est belle, & tendre, & eaucoup de petites branches & des fueilles couchées par terre, vertes-blaffardes, assez sem-les à celles de l'Herniaria; mais elle est pleine de laict comme les precedentes. Sa graine est de mesme, comme aussi ses gousses & ses fleurs, excepté que le tout est plus petit. Au reste coride dit, que les branches de la *Chamæsyce* broyée en vin, & appliquées en pessaire appaisent ouleurs de la matrice. Elles guerissent les enfleures; & font tomber les verrus tant longues lattes, estans appliquées dessus. Cuites & mangées elles laschent le ventre. Ce que fait aussi suc, lequel estant appliqué en liniment sert contre la piqueure des scorpions. Il est aussi bon ceux qui ont la veuë trouble, & pour oster les cataractes qui commencent, & les cicatrices ées, estant appliqué en liniment auec du miel. Pline n'en parle pas du tout en la mesme : La *Chamæsyce*, dit-il, a les fueilles comme les Lentilles, qui trainent par terre. Elle croist és secs & pierreux. Cuite en vin & appliquée en liniment elle est singuliere à esclaircir la veuë, taux suffusions, aux cataractes & cicatrices des yeux, & pour resoudre les crasses & pelli-qui troublent la veuë. Appliquée en vn linge elle appaise les douleurs de l'amarry. Elle t aussi toutes sortes de verrues, si on les en frotte. Et est propre d'ailleurs pour ceux qui ne ent respirer sans auoir la teste droite. Pline a dit, *en vn linge*; au lieu de dire *en pessaire*; & a sté ce qu'il dit touchant ceux qui ne peuuent respirer sans tenir la teste droite, de plus que coride. La *Chamæsyce*, dit Galien, a vne vertu detersiue & acre, à raison dequoy ses tiges en-ppliquées à mode de cataplasme font tomber toutes sortes de verrues. Ce que fait aussi leur lais estans incorporées en miel elles nettoient les grosses cicatrices des yeux; mesme elles t les crasses qui troublent la veuë, comme aussi les suffusions & cataractes qui commencent ir.

Liu 4.c.164. *Les vertus.*

Liu. 24 c. 15.

Liure 6. des simpl.

De la Scammonée, *CHAP. XIII.*

Este plante est appelle en Grec σκαμμωνία; & en Latin aussi *Scammonia*: en Arabe *Scammonea*, & *Sachmonia*: en Italien *Scammonea*: en François *Scammonée*. Le suc de sa racine est appellé en Latin *Scammonium*: en Grec σκαμμώνιον. Les modernes Grecs l'appellent δακρύδιον, c'est à dire, *Larme*: & les Apothicaires *Diagridion*, Dioscoride dit, que la *Scammonée* a beaucoup de branches qui sortent d'vne seule racine. (Oribaze adiouste τρεῖς ἢ τέσσαρας, c'est à dire, *trois ou quatre*) de trois coudées de long. (Oribaze adiouste ἢ τετραπήχεις, c'est à dire, *ou de quatre coudées*) grasses, ἐμφαινόντας τι καὶ δασύτητος, c'est à dire, *& vn peu velues*. (Ruel a leu παχύτητος: car il a traduit, *qui sont vn peu grosses*; toutefois la premiere leçon s'accorde mieux aux branchettes de la *Scammonée*. Et mesme Serapion l'a suiuie, lequel a tout prins de Dioscoride: La *Scammonée*, dit-il, *est vne plante ayant des branchettes qui sortent de la racine, longues de trois ou quatre coudées, & ont vne viscosité qui s'attache à la main, & si sont couuertes de bourre. Ses fueilles aussi sont velues.*) Mesme ses fueilles sont aussi velues, ressemblās à celles de la Parietaire, ou du Lierre; toutefois elles sont plus molles & triangulaires. Ses fleurs sont blanches, rondes, creuses à mode d'vne hotte & sentent mal. Sa racine est fort longue de la grosseur d'vne coudée, (aux communs exemplaires il y a παχεῖα ὅσον πῆχυς, mais au vieil exemplaire il y a, παχεῖα ὅσον βραχίων, c'est à dire, *grosse comme le bras*. Ce qui est mieux dit: car pour parler proprement on ne dit pas *qu'vne chose soit grosse d'vne coudée*; mais bien longue d'vne coudée, principalement en cest autheur. Serapion a sottement traduit, *Elle a la racine grosse comme le pouce*) blanche, sentant mal, & pleine de suc. Pline la descrit en peu de mots: *Le Scammonium*, dit-il, *est le suc d'vne herbe qui est branchue dés la racine, & a les fueilles grasses a triangles, & blanches: la racine grosse, & humide, qui fait enuie de vomir. Elle croist en terre grasse & blanche.* Dioscoride dit, que les branches sont grasses: & Pline dit, que ce sont les fueilles. Il dit aussi, que les

Les noms.

Liu. 4. c. 165. *La forme.*

Chap. 303. des simpl.

Liu. 26. c. 8.

Scammonée, de Matthiol.

les fleurs & la racine sont blanches : Pline dit, que les fueilles sont blanches. Et ce que Dio
ride a dit; ὀποῦ μεστὴν, καὶ βαρύοσμον, c'est à dire, *pleine de suc, & puante.* : Pline dit, *humide, & qui*
Sur le c.165. du 4. liure de Dioscor. *enuie de vomir.* Matthiol dit, que la plante de la *Scammonée*, de laquelle nous auons mis icy le p
trait, luy fut enuoyée de Constantinople par Ogis de Busbeke Ambassadeur vers le grand T
laquelle il fit replanter à Vienne à Bon Baldin parfumeur. Icelle s'estant remise par l'humidité
la terre produisit peu apres de branchettes, des fueilles, & des fleurs : toutefois il en met sim
ment le pourtrait sans adiouster la description. Pena dit, que Sequin Martinel Apothicaire
Venize en l'an mil cinq cents soixante vn enuoya d'Alep de Syrie plus de cent liures de suc
Scammonée d'Antioche en masse, lequel il auoit veu tirer : & aussi beaucoup de coquilles pleine
ce suc auec de la graine faites à angles, comme celle du Liset. Ceste graine ayant esté semée au
mencement du Printemps, tant à Venize qu'à Padouë, produisit vne plante comme le Liset,
les fueilles à triangle si semblables au Smilax ou Liset, & les fleurs aussi, qu'il sembloit que ce
vrayement nostre Liset commun. Mais elle fit vne racine fort grosse, autant comme celle d
Coleuurée, & ainsi tendre, noire par dehors ou cendrée, & blanche par dedans, laquelle a au
lieu vn cœur du tout semblable à la racine du vray Turbith commun des Apothicaires : toute
elle se rompt vn peu plus aisément ; combien qu'au reste elle soit pleine de gomme, & de suc bl
comme laict, ainsi que le Turbith. Les Herboristes appellent aussi *Scammonia*, le *Liset* qui est
peint, lequel croist au riuage de la mer Mediterranée
par toute la coste de Montpelier parmy les Squilles, le
plus, & le Pancration ; pource qu'il a les fueilles comm
Scammonée, & iette du laict qui est aussi purgatif que c
de la *Scammonée*, ou des Tithymales, & autres plantes s
blables. Sa racine est blanche, grosse comme le po
pleine de suc, fichée bien auant dans le sable ; & pro
beaucoup de tiges de la hauteur de deux pieds, droites
branchues. Ses fueilles retirent à celles du Lierre, & l
lisses, molles & pasles. Sa fleur est aussi blanche. Tout
plante est pleine d'vn suc blanc comme laict. Au r
Liu.4.c.165. Dioscoride enseigne la maniere comme l'on doit cue
le *suc de la Scamonée*, & cognoistre le bon d'auec celuy
est sophistiqué : On amasse, dit il, *son suc* apres auoir co
le dessus de la racine, & l'auoir creusée en voute ; ca
suc s'amasse dans ce creux, puis apres on le met dans
coquille. Ou bien on fait vne fosse tout à l'entour &
Liure 12. on des fueilles de Noyer sur lesquelles le suc coule
apres qu'il est sec on l'oste de là. Ce qu'Oribaze dec
ainsi : Les autres, dit il, font vne fosse en terre à mode
mortier (ainsi il a leu θυιοειδῶς & non θολοειδῶς,) c'est à
comme vne voute) dans laquelle on estent des fueilles
Noyer ; sur lesquelles coule le suc apres que la racin
entamée, & puis apres on l'oste de là quand il est sec.
meilleur est celuy qui est clair (le mot Grec est διαυγής.
suiuant Pline l'a traduit *nitidus* ; c'est à dire, *net*,) lisse
la couleur de la colle forte ; spongieux, & plein de p
trous, comme celuy qu'on apporte de Mysie qui e

Scammonée maritime, de Montpelier.

Asie. Or il ne faut pas seulement prendre garde, s'il blanchit en le touchant du bout de la lan
car c'est signe qu'il y a du suc de Tithymale meslé parmy ; mais il faut principalement s'ar
aux marques susdites ; & s'il ne brusle pas fort la langue : ce qu'il fait quand il y a du Tithy
Liu.16.c 8. meslé. Celuy qui se fait en Syrie & en Iudée est le pire de tous ; & est pesant & espez estant fal
auec du Tithymale, & farine d'Ers. Pline discourt vn peu diuersement touchant la *Scamm*
Enuiron le commencement, dit-il, des iours caniculaires on fait vn creux dans la racine, dan
quel s'amasse le suc, lequel on fait secher au Soleil ; puis on en fait des trochisques. On fait aus
cher la racine mesme ou son escorce. On tient pour le meilleur de tous celuy de Colophon
Mysie, ou de Priene, qui est net, & retire fort à la colle forte ; qui est spongieux, & tout garn
petits trous, lequel est aisé à resoudre, & sent mal ; & en outre celuy qui est gommeux, & deu
blanc comme laict en le touchant auec la langue ; celuy qui est fort leger, & qui tient du bl
quand on le destrempe. Toutefois celuy qu'on sophistique en Iudée auec de farine d'Ers, &
suc de Tithymale marin, deuient aussi blanc quand on le resout : mais il estouffe ceux qui en p
nent. Or on le cognoist au goust ; car le Tithymale brusle la langue. Dioscoride dit que la *Sc*
monée est spongieuse : & Pline l'appelle *Fungosum*. Dauantage Dioscoride ne dit pas, que celu
soit le meilleur qui est aisé à fondre, qui sent mal, qui est gommeux, & blanchit comme laict e
touch

chant de la langue ; mesme il dit, qu'on le falsifie auec de farine d'Ers, & du suc de quelque ıymale que ce soit ; au lieu que Pline dit, que c'est seulement auec le suc du Tithymale ma- & que celuy qui est sophistiqué estouffe ceux qui en prennent. Ce que Dioscoride n'a pas re- qué. Il reste maintenant à declarer les proprietez de la *Scammonée*, & premierement selon Dio- ide. *Son suc* prins au poids d'vne dragme ou de quatre oboles, auec eau simple, ou bien auec miellée, purge le phlegme & la bile par le bas. Pour lascher simplement le ventre il suffit d'en dre deux oboles auec du Sesame, ou bien quelque autre graine. Pour purger plus gaillarde- on ordonne de prendre trois oboles de ce suc, deux oboles d'Ellebore noir, & vne dragme oë. On fait aussi du sel qui est purgatif en meslant vingt dragmes de *suc de Scammonée* auec six hes de sel, dont la dose est à proportion de la force de ceux qui en veulent prendre ; car la de est de trois cueillerées ; la moyenne de deux : & la plus petite d'vne. Mesme la *racine* est purgatiue estant prinse au poids d'vne dragme ou de deux auec les choses dessusdites. Au- s vsent de sa decoction en breuuage. Cuite en vinaigre, broyée & reduite en cataplasme auec e d'orge, elle est propre pour la sciatique. *Son suc* appliqué en pessaire auec de la laine, tue ant au ventre de la mere. Enduit auec miel ou huile il resout les foroncles. Cuict en vinaigre pliqué en liniment il guerit le mal S. Main. Incorporé en vinaigre & huile rosat il sert aux eurs inueterées de la teste, si on l'en arrouse. Pline dit, que la *Scammonée* desuoye l'estomac, uë la bile, & lasche le ventre, sinon que l'on meslé deux dragmes d'Aloë sur deux oboles de *monée*. Dauantage, elle n'est bonne ny deuant ny apres, non plus que le Bulbe. (En vn vieil plaire il y a *Vsus bimo, nec ante nec postea vtile* : & en vn autre, *Bimatu nec ante nec post vtile*, à dire, *on se sert de la Scamonée quand elle a deux ans: car elle n'est bonne ny deuant ny apres.* Ce e peut estre rapporté au Bulbe, ny le Bulbe au Tithymale, duquel il a dit vn peu au parauant, eschauffoit la langue.) Aucuns l'ordonnent toute seule auec eau miellée & sel, au poids de re oboles. Mais le plus seur est de la prendre auec de l'Aloë & de boire du vin miellé quand ommencera à faire son operation. De sa racine cuite en vinaigre iusqu'à tant que la deco- soit espesse comme miel, on en fait vn liniment qui est bon pour la gratelle, & pour la eur de teste, en y adioustant de l'huile. Dioscoride declare bien plus clairement la dose de *mmonée*, que ne fait Pline. Qui plus est Pline ordonne contre la douleur inueterée de la teste indre auec de *Scammonée* destrempée auec huile rosat & vinaigre ; au lieu que Dioscoride qu'il l'en faut arrouser. Et si ne dit pas, qu'il faille qu'elle ait deux ans, & qu'elle n'est bonne uant ny apres. Et de fait Mesue dit qu'elle se garde vingt ans. Galien traittant des Simples rle point de la *Scammonée*. Mais Paulus dit, qu'elle eschauffe, resout, & euacue les humeurs ses, & principalement son suc qui resout les foroncles : & tue l'enfant au ventre de la mere s mis dans la matrice. Il guerit les gratelles, & est bon contre la douleur inueterée de la teste, l'en arrouse auec huile & vinaigre. Sa racine prinse en breuuage, comme aussi sa decoction urgatiue. Cuite auec vinaigre & farine d'orge elle est bonne pour appliquer en cataplasme e la douleur de la sciatique. En vn autre endroit il dit que la *Scammonée* purge comme l'Elle- principalement les humeurs bilieuses. Mais entre toutes les medecines purgatiues, il n'y en a qui soit si contraire à l'estomac. On l'ordonne à ceux qui sont sans fieure, & qui ont bon esto- au poids de quatre oboles auec du sel ou du Poiure, ou du Zinzembre, ou autre chose qui onne pour l'estomac, & qui passe viste par le corps, ou bien auec du miel. On la reduit aussi llules auec de la Gomme. Theophraste en parle ainsi: *Il n'y a que le suc de la Scammonée qui soit rien d'autre.* Or sur ce que les anciens ont escrit *du suc de la Scammonée*, il y a deux choses qui tent d'estre bien pesées ; à sçauoir la maniere de cognoistre le bon ; & la vraye dose d'iceluy purger. Ils font estat de celuy qui est leger, reluisant, & de la couleur de la colle forte. Et fois le nostre commun est pasle, de couleur cendrée, & de mauuaise grace à voir ; pource ne nous apporte pas le suc ou la Larme qui coule de la *Scammonée* ; mais le suc tiré par ex- on. Et de fait Pena dit, que la *larme de la Scammonée*, qu'il a veu chez Albert Martinel à Ve- qui auoit esté apportée dans des coquilles de Syrie, estoit de la couleur de la Colophonia, bleu tirant sur le brun. Ce qui n'est pas en la nostre commune. Ainsi aussi le *Meconium*, est dif- t de *l'Opion*, qui est la Larme qui coule du Pauot, & est iaune & claire. Or pource qu'on ne oit pas fournir assez de la *Larme de Scammonée* pure & nette, il a bien falu en tirer le suc pour l'apporter, auquel il faut bien tenir l'œil de pres pour le bien choisir : car on ne nous en ap- point qui ne soit sophistiqué en plusieurs sortes: car on voit souuent qu'en vn mesme corps, vne mesme maladie, si on en prend quelques grains ils euacueront aisément, & sans donner n tourment le phlegme & les humeurs bilieuses: & quelquefois encor que ce soit d'vne mesme c, il en faudra plus de grains; & neantmoins ils ne purgeront pas tant, & si donneront beaucoup urment & de fascherie. Ce qui prouient de la composition; d'autant qu'il y a plus en vn endroit n l'autre de suc de Tithymale, ou de Lathyris, ou de quelque autre herbe qui a le suc violent; on dequoy les purgations sont aussi differentes. Or quand les anciens ordonnent d'en prendre ragme ou quatre oboles, ou quelque plus grande dose, ils entendent du suc qui est pur & net.

Liu. 4. c. 165.

Les vertus.

Liu. 26. ch. 8.

Liu. 7. ch. 2.

Liu. 7 ch. 4.

Liure 2. de l'hist. ch. 12.

De la Chamelæa, CHAP. XIV.

Les noms. CESTE plante est nommée en Grec χαμελαία, & Χαμελαία τελκκκ: en l tin *Chamelæa, Oleago,* ou *Oleastellus* Arabe *Mezeron,* & *Almezerion*: en P uence on l'appelle *Garouppe*. Or elle est appellée *Chamelæa*, c'est à dire pe *Oliuier*, ou *Oleago*, ou *Oliuella*, pource qu'elle retire à vn Oliuier. C'est ai que dit Dioscoride, vne plante branchue, ayant les branches de la longue d'vne paume: les fueilles cōme vn Oliuier: toutefois elles sont plus menu La forme. Liu.4.c.166 touffues, & ameres, d'vn goust piquant, qui racle le gosier. Pline dit, qu' fait de l'huile artificiel de la *Chamelæa*: laquelle il descrit ainsi: *L'huile de* Liu. 5.c 7. *Chamelæa, luy retire fort. Ceste herbe croist parmy les rochers, & n'a pas pl d'vne paume de hauteur: & porte les fueilles & le fruict cōme l'Oliuier sauuage.* En ce passage icy pe estre qu'il faudroit lire *surculoso*, ou *sarmentoso*, au lieu de *saxoso*, c'est à dire, *qui a plusieurs tiges*: au li de dire, *qu'elle croist sur les rochers*. Et de fait Dioscoride dit, que c'est vne plante φρυγανώδης, c'e dire; *branchue*. Quant au reste Pline s'accorde auec Dioscoride: mais il adiouste le fruict de l'huile Liu.14.c.15. plus. Or il dit les mesmes choses en vn autre passage. La *Chamelæa* a les fueilles comme l'Oliuier, q

Chamelæa, de Matthiol.

Chamelæa de Dodon, selon Dalech. la vraye de Montpelier.

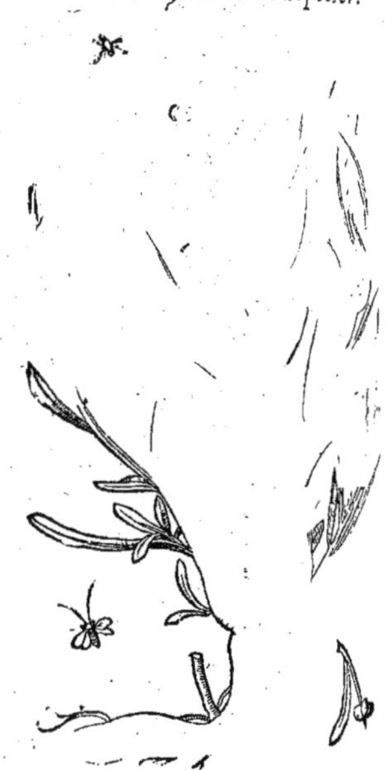

sont ameres & odorātes. Elle croist aux lieux pierreux, & n'a pas plus d'vne paume de haut. Matth dit, qu'il croist force *Chamelæa*, & Thimelæa aux montagnes du Val d'Ananie, & aux enuirons Trente: & que l'vne & l'autre porte vn fruict semblable aux bayes de Meurte; toutefois celuy de Liure 1. de l'hist.ch. 37. *Chamelæa* est plus long, & fait à la façon d'vne Oliue. L'vn & l'autre est verd du commenceme puis apres estant meur il est rouge: finalement estant sec il deuient noir. L'on treuue, dit Dodon, la *Chamelæa* aux lieux non cultiuez, aspres & deserts, tant en Italie comme en Languedoc. C vne petite plante branchue, de la hauteur d'vn pied ou dauantage, qui produit beaucoup de v ges minces, & fait les fueilles longues, semblables à celles de l'Oliuier, si ce n'est qu'elles so moindres & plus brunes. Ses fleurs sortent par les ailerons des fueilles, & sont petites & iaunast apres lesquelles il y vient vn fruict miparty en trois, comme celuy du Tithymale, & du Lathyri lequel est premierement vert, & en apres rouge quand il est meur; & estant cueilly il deuient n & huileux comme les Oliues: & a vn goust acre & mordicatif, & qui brusle le gosier, comm font aussi ses fueilles & son escorce, auec des petits noyaux au dedans durs comme bois, sembl bles à vn grain de Poyure. Sa racine est de bois. Pena adiouste encor vne autre *Chamelæa*, laque le il nomme *Chamelæa Alpina incana*. Icelle retire fort à la precedente, tant en la figure comme a goust & aux vertus: & fait les fueilles & branchettes de bois, grailes, & de mesme couleur, co uert

Chamelæa des Alpes chenuës, de Pena.

uertes d'vne escorce ridée : toutefois elle est aisée à recognoistre auec celle-là; d'autant que son fruict est semblable à celuy du Mesereon d'Allemagne, ou de l'Oliuier sauuage, ou bien de la Philyrea, & n'est pas miparty en trois. Ses plus hautes fueilles aussi ne sõt pas vertes-brunes; mais couuertes d'vn cotton delié, mollet, & gris; comme aussi ses fleurs qui sont pasles, sortans comme de certaines petites bouteilles de couleur d'argent, semblables à celles de la Strammonia, si ce n'est qu'elles sont moindres. Ses grains estans maschez bruslent le gosier, ne plus ne moins que ceux du Mezeron d'Alemagne: à raison dequoy on l'appelle communement *Poiure de village*. Quand on masche ses fueilles, elles rendent vne viscosité comme celles de la Soldanella, Thymelæa, & Chamelæa de Languedoc. Il dit qu'il n'en a point veu ailleurs, qu'aux montagnes d'auptes du Lac de Geneue, & du Dauphiné. Au reste Dioscoride dit, que les fueilles de la *Chamelæa* purgent le phlegme & la bile par le bas, specialement estans reduites en pillules, & y meslant deux tiers d'Absinthe, auec vn tiers d'icelles, & incorporant le tout auec eau ou miel. Icelles ne se dissoluent point dans le ventre; mais sortent toutes entieres comme on les a auallées. Lesdites fueilles broyées & incorporées en miel seruent à mondifier les vlceres sales, & qui sont couuerts de crouste. La *Chamelæa*, dit Pline, euacuë par le ventre le phlegme & les humeurs bilieuses. Si on fait cuire deux tiers des fueilles d'Absinthe auec vn tiers d'icelle, & qu'on prenne ladite decoction en breuuage auec du miel. Ses fueilles mondifient les vlceres estans appliquées dessus: Galien en traitte succinctement, disant; que la *Chamelæa* a vne qualité amere qui surmonte en elle; à raison dequoy elle est fort propre pour mondifier les vlceres sales, & specialement ceux qui sont couuerts de crouste. Liu.4.c.166. *Les vertus.* Liu.24.c.15.

De la Thymelæa, *CHAP. XV.*

LES Grecs appellent cette plante θυμέλαια; & les Latins aussi *Thymelæa*, d'vn nom qui represente aucunement la figure & naturel de la plante : car il semble qu'elle soit ainsi appellée, comme qui diroit *Tithymelæa*; pource qu'elle resemble au Tithymale & à l'Oliuier. Les Arabes la confondent auec la Chamelæa, l'appellans aussi *Mezereon*. Sa graine est appellée en Grec κόκκος κνίδιος : en Latin *Granum Cnidium*. Ceux d'Eubœe l'appellent *Apolinum* : les autres *Linum*, pource que cette plante resemble au lin cultiué. Or ceux-là se trompent qui estiment que le *Granum Cnidium* soit le fruict de la Chamelæa, se laissans abuser par la resemblance des fueilles. Dioscoride dit, que la *Thymelæa* produit beaucoup de verges, longues de deux coudées. Ses fueilles retirent à celles de la Chamelæa: toutefois elles sont plus estroites & plus grasses, & sont visqueuses & gluantes quand on les masche. Ses fleurs sont blanches, desquelles il sort vn fruict comme vne baye de Meurte, petit, rond, vert du commencement, & puis apres rouge, ayant vne peau au dessus qui est dure & noire, & est blanc au dedans. Elle croist és lieux aspres & montueux. Pline n'en dit que deux mots; Et la plante, dit-il qui porte le *Granum Cnidium*, qu'aucuns appellent *Linum*, & la plante *Thymelæa*, ou *Chamelæa*, ou *Pyros achne*, ou bien *Enestrum*. Cette plante retire à l'Oliuier sauuage, si ce n'est qu'elle fait les fueilles plus estroites, & gommeuses à la dent : & est de la hauteur d'vn meurte. Sa graine est semblable au froment en couleur & en figure & ne sert sinon en medecine. Or ce passage est incorrect, & doit estre corrigé suyuant Dioscoride, comme s'ensuit : *Myrti magnitudine, semine, colore & specie foris*, c'est à dire, *grosse comme celle du Meurte, & de la mesme couleur & figure par dehors.*) Matthiol dit, qu'il croist force *Thymelæa* parmy la Chamelæa aux montagnes d'Ananie, & aux enuirons de Trente, comme nous l'auons desia dit cy dessus. Nous en auons mis icy le pourtrait, qu'il baille, qui est plustost le *Mezereon d'Allemagne*, la graine duquel on appelle *Poiure de village*, ou *de montagne*, que la vraye *Thymelæa*, & sa graine qui s'appelle *Granum Cnidium*, Mais Dodon en son histoire des Plantes a descrit la vraye *Thymelæa*, & en a mis le naturel pourtrait en son traitté *des Plantes purgatiues*, lequel nous auons mis icy : comme a fait aussi l'Escluse, qui en a fait vne description bien exacte, disant, que c'est vne plante grosse comme le pouce, de la hauteur d'vne coudée ou dauantage, de laquelle il sort

Les noms. Liu.4.c.167. *La forme.* *Le lieu.* Liu.13.c.21.

Thymelæa de Matthiol.

Thymelæa, de Dodon.

Thymelæa vraye de l'Escluse, & de Dodon en son histoire des Plantes purgatiues.

sort plusieurs verges d'vne coudée de long, belles, menu & droites qui sont garnies en tout temps de fueilles ve tes, semblables à celles du Lin : toutefois elles sont pl grandes, plus larges, & aigues : & non obtuses au bo comme celles de la Chamelæa, ne si frailes: mais plus vi queuses, & vn peu gommeuses à la dent. Ses fleurs sorte au bout de ses branches, & sont blanches, quasi semblabl à celles de l'Oliuier, composées de quatre petites fueill & entassées à mode de grappe de raisin en grand nombr apres lesquelles vient le fruict, qui est par fois gros com vn grain de Meurte : mais il est vn peu plus long, vert commencement, & puis apres rouge comme Coral, quai il est meur, ayant vne chair pleine de suc & aqueuse, co me les cerises, auec vn seul grain au dedans, couuert d'v petite peau noire & fraile, & plein d'vne moëlle blancl & d'vn goust bruslant. Sa racine est pleine de bois & dur faite à mode d'vn Raiffort, quand la plante est tendre, couuerte d'vne grosse escorce, fort visqueuse & gluant comme aussi toute la plante. Elle fleurit en Iuillet, & qu tout le long de l'Automne : puis apres elle porte sa grain Elle croist és lieux aspres quasi par toute l'Espagne, & plusieurs endroits du Languedoc. Or quand Dioscori parle de la peau du fruict, il n'entend pas de celle qui cou ure tout le fruict qui est rouge : mais simplement de cell qui couure le grain qui est enclos dans le fruict, au dedan de laquelle il y a vne moëlle blanche, qui a le goust bru lant, comme doit auoir le *Granum Cnidium*. Cette moëll ainsi que dit Dioscoride, euacuë par le bas les humeu bilieuses, le phlegme, & les aquositez, prenant en bre

Lin.4 c.167. *Les vertus.*

uagetoute celle qui peut estre dedans vingt grains. Toutefois elle brusle le gosier : parquoy la faut incorporer en farine ou griotte seche, ou dans vn grain de raisin, ou bien la couurir d miel cuit & l'engloutir ainsi. Icelle broyée auec Nitre & vinaigre est propre pour frotter ceu qui suent mal aisément. Ses fueilles sont particulierement appellées *Cneoron*. Il les faut cueillir en uiron moissons, & les faire secher à l'ombre pour les garder. Ceux qui en veulent vser doiuen le piler, & en oster les nerfs. Icelles purgent estans prinses à la mesure d'vn acetabule dans du vin mpé (car il faut lire ἐπιπαστόμφρον, & non ὀπιπλαστόμφρον comme il y a en plusieurs exemplaires, quels Ruel a suiuy :) mais elles purgeront plus doucement estans meslées auec des Lentilles cui- ou auec des herbes bonnes à manger & broyées. On garde aussi lesdites fueilles, apres les auoir oyées & reduit en trochisques auec du verjus d'aigret. Ceste herbe est contraire à l'estomac, & tue nfant au ventre de la mere estant apliquée en pessaire. Le *Coccus Gnidius*, dit Pline, c'est à dire, *graine de la Thymelæa*, est de la couleur des Cormes, & grosse comme vn grain de Poyure: elle est ustique & bruslante. Aussi quand on en veut vser on la couure dans du pain, de peur qu'elle ne usle le gosier en l'auallant. C'est vn remede fort prompt & soudain pour ceux qui auroient esté poisonnez auec de la Cigue, & si est propre à reserrer le ventre. Ce qu'il a prins de Theophraste, uel en escrit ainsi : *Le Granum Cnidium est rond, & rouge, plus gros qu'vn grain de Poyure, & beau- p plus chaud. Tellement que quand on en veut vser*, (*d'autant qu'on s'en sert pour lascher le ventre*) *le couure de pain, ou de paste ; autrement il brusleroit le gosier*. Or au lieu de ce qui est dit icy, qu'il t à lascher le ventre, il semble que Pline ait dit mal à propos, qu'il reserre le ventre. Car de fait, tte graine est laxatiue, mesme au tesmoignage de Galien, qui dit que le *Granum Cnidium* est purga- , mais qu'il a vne qualité acre & caustique. Tellement que plusieurs Autheurs des plus diligens li- nt en ce passage là de Pline : *Ciet aluum*, c'est à dire *elle lasche le ventre*. Myconus fort excellent erboriste, nous a enuoyé d'Espagne vne plante auec son pourtrait, laquelle il prend pour vne espece de *Thymelæa*.

Liu. 27 ch. 9.

Liure 9. de l'hist. ch. 22.

Liure 7. des simpl.

Espece de Thymelæa, de Myconus.

Cette plante, dit-il, croist par tout aux lieux secs & parmy les bois, principalement parmy les Chesnes, de la hauteur d'vne coudée, iettant ses branches de tous costez. Ses fueilles sont petites, semblables à celles du Meurte; toutefois elles sont moindres. Sa fleur est iaune & fort petite, sortant de la fueille par l'endroit où elle touche à la tige, comme en la Chamæpitys. Ses racines sont pleines de bois, principalement au dessus, couuertes d'vne escorce rousse-brune, grosses comme le pouce, & n'entrent pas fort auant en terre ; mais se vont espandant à fleur de terre, & sont souples, & de fort mauuais goust, qui est amer auec vne acrimonie, & brusle le gosier comme la *Thymelæa* de Dioscoride. Toute la plante a vne mauuaise odeur, & vn goust mal-plaisant. Elle est aussi toute de bois, & à mode d'Osier ; & si est fort purgatiue, plus que la Chamelæa : car estant prinse au poids de demie dragme elle lasche bien fort le ventre, & euacue principalement les aquositez, non sans beaucoup de tranchées & douleurs. On la prend dans du bouillon ou bien dans du vin. Les païsans d'Espagne en vsent pour se purger, & l'appellent *Herbe de Montferrat*, pource qu'il en croist beaucoup en ce lieu là & aux enuirons. Mais les Catalans qui sont voisins d'Arragon, l'appellent *Brucfalaga*, & *Ciegegato*. Myconus estime que cette plante doit estre tenuë pour vne *espece de Thymelæa*, eu esgard à son goust, & odeur & à ses facultez. Il semble que ce soit celle dont l'Escluse met le pourtrait *en son traitté des plantes d'Espagne*, sous le nom de *Sanamunda premiere* : car la figure & la description s'accordent bien. Elle fait, dit l'Escluse, des ranches de la longueur d'vne coudée, qui sortent d'vne mesme racine, & sont souples, couuertes ar dehors d'vne escorce brune, au dessous de laquelle il y en a vne autre visqueuse, laquelle se resout oute en filaments deliez. Ses fueilles sont semblables à celles de la Chamelæa, toutefois elles sont eaucoup plus petites, plus courtes, & poulpues, approchans de celles du Tithymale Paralius, ou du leurte ; toutefois elles sont quelque peu veluës, distribuées à l'entour des branches par vn certain ordre, comme celles du Meurte, gommeuses à la dent, & d'vn goust amer, puis fort acre & caustique. Ses fleurs sortent parmy les fueilles, & retirent à celles de l'Oliuier, & sont longues & miparties au bout en quatre petites fueilles, de couleur iaune. Son fruict est quasi semblable à celuy de la *Thymelæa* ; toutefois il est brun. Sa racine est grosse & pleine de bois. Il y en a force au Royaume de Valence, & de Grenade. Elle fleurit en Mars & en Auril. Les Herboristes de ce païs là l'appellent *Sanamunda* ; mais les païsans la nomment *Mierda-cruz* pource qu'elle est purgatiue : à raison dequoy ils en vsent fort pour cest effect. Voilà ce qu'en dit l'Escluse.

Du Sesamoides, CHAP. XVI.

Les noms. ΣΗΣΑΜΟΕΙΔΕΣ μέγα, & σησαμοειδὲς μικρὸν. en Grec, s'appelle en Latin *Sesamoides magnum,* & *Sesamoides paruum,* à cause de la similitude de la graine. Le *grand Sesamoides*, qu'on appelle *Ellebore* en Anticyre: ou bien comme dit Theophraste, *Elleborine*, d'autãt qu'õ en mesle parmy l'Ellebore blanc aux purgations, & suyuant Dioscoride, vne herbe qui *La forme.* *Liu 4.c.147.* retire au Seneçon, ou à la Rue ayant les fueilles longues: la fleur blanche la racine gaile, qui ne sert à rien. Sa graine retire à celle de la Iugioline, & est amere au goust. *Le petit Sesamoides*, que Galien appelle *blanc*, a des petites tiges de la hauteur d'vne paume, garnies de fueilles semblables à celles de la Corne de Cerf: toutefois elles sõt plus veluës & moindres. A la cime de ses tiges il y a des boutons de fleurs à demy purpurines, qui sont blanches au milieu, dans lesquels est la graine, semblable *Le lieu.* à la Iugioline, amere, & iaunastre. Sa racine est menuë. Il croist aux lieux aspres. *Liu.22 c.15.* Pline dit, que le Sesamoides a prins ce nom à cause qu'il retire au Sesame: toutefois sa fueille est moindre, & sa graine *Au mesme lieu.* amere. Il croist parmy le grauier. Puis apres parlant de l'autre. Il y a aussi, dit-il, vn autre *Sesamoides*, qui croist en Anticyre, à raison dequoy aucũs l'appellent *Anticyricon*. Quant au reste, il retire du tout *Liu.4.c.147.* *Les vertus.* au Seneçon. Dioscoride dit que la graine du *grand Sesamoides* euacuë par en haut le phlegme & les humeurs bilieuses, si on en mesle autant qu'on en peut prẽdre auec trois doigts apres l'auoir broyé, auec vn obole & demy d'Ellebore blanc: & qu'on prenne le tout auec de l'eau miellée. Semblablement la graine du petit euacuë par le bas les humeurs bilieuses & le phlegme, estant prins à la mesure d'vn acetabule auec eau miellée. Appliqué auec eau il resout les foroncles & enfleures. Pline *Liu.2.c.125.* en dit quasi de mesme: La *graine*, dit il, *du Sesamoides* prins en vin doux autant qu'on en pourroit prendre auec trois doigts, en y adioustant vn obole & demy d'Ellebore blanc, est purgatiue. Cette medecine est specialement propre pour ceux qui sont enragez, contre la melancholie, pour le haut mal, & aux gouttes. Mesme estant prinse seule au poids d'vne dragme elle purge. Dauantage, le *petit Sesamoides* prins en eau euacuë les humeurs bilieuses. Sa graine est bonne au feu S. Anthoine, estant appliquee en liniment, & pour resoudre les apostumes larges qui viennent aux haisnes. Ga- *Liure 8. des simpl.* lien dit, que le *Sesamoides grand* est aussi appellé *Elleborus Anticyricus*, pource que sa graine purge comme feroit l'Ellebore, auquel il resemble quant aux autres facultez: car il est semblablement detersif, chaud, & sec. Quant au *Sesamoides blanc*, sa graine est fort amere de sorte qu'elle eschauffe, rompt, & mondifie. Or les Herboristes confessent que ces herbes purgatiues leur sont incogneuës. Toutefois Pena estime que l'Herbe de laquelle nous auons mis le pourtrait *entre les Plantes odorantes* sous le nom *d'Hormala Syriaca de Lobel*, est le *grand Sesamoides*. *Sur le c.147. du 4 liu. de Diosc.* Matthiol a mis le pourtrait du *petit Sesamoides*, qu'il dit auoir receu de Cortusus. Plusieurs prennent pour le *grand Sesamoides* vne herbe qui croist par toute la coste de Marseille, & de Gennes, comme aussi en Corsegue & en Sardaigne, où on l'appelle en commun langage *Tartouraire*. C'est vne plante qui n'a pas plus d'vn pied de hauteur, & fait des petites racines iaunastres, graisles, & menuës au prix de toute la plante, & qui ne seruent à rien; & plusieurs branches rondes, couuertes d'vne bourre espesse, & fourchues. Ses fueilles retirent bien fort à celles de la Rue, & sont fort touffues, blanches & velues. Ses branches sont chargées à la cime de beaucoup de fleurs, petites, blanches, & bien serrées, cachées dans la bourre. Sa graine est petite & noire, d'vn goust si chaud, que seulement à mascher l'Herbe il semble que l'on ait le feu à la gorge pour vn long temps; si bien que pour lauer que l'on face, on ne peut oster cette ardeur & cuisson. Et de fait, il s'en faut beaucoup que la Chamelæa, Thymelæa & la Laureole ayent tant d'acrimonie que cette herbe. Auiourd'huy les charlatans & certains autres qui ne sçauent pas combien cette plante est pernicieuse & domageable à nos corps, en font prendre vne ou deux dragmes à ceux qui sont robustes & gaillards parmy du vin blanc, ou du bouillon de Pois Ciches, ou du bouillon de chair, laquelle fait si grande operation, que souuent elle fait sortir le sang par trop purger. Or estant ainsi prinse elle euacuë les humeurs bilieuses, le phlegme, & les aquositez, comme Dioscoride l'a escrit: tellement que ce n'est pas de merueille, si on l'appelloit anciennement *Ellebore* en Anticyre, & si on le mesloit parmy les medecines composées d'Ellebore blanc, pour le faire descendre plus promptement

Sesamoides grand de plusieurs selon Dalechamp.

ptement & aisément par dessous; pource que l'Ellebore esmeut plustost à vomir qu'à vuider par dessous. C'est aussi, peut estre cest Ellebore, que Theophraste dit qu'il a vn fruit semblable à la Iugioline, duquel on se seruoit pour se purger en Anticyre: combien qu'il ne die pas que sa graine seule soit en vsage, mais aussi sa racine. Ce que Dioscoride nie toutefois appellant sa racine ἀπρακλον, c'est à dire, *de peu d'operations* & disant que sa graine est purgatiue, comme sont aussi ses fueilles & ses branchettes, ainsi que l'experience l'a monstré. L'Escluse a mis cette plante pour vne *troisiesme espece de Sanamunda*. Cortusus l'appelle *Eruca Alexandrina*. Alfonce Paucius la prend pour le *Cneoron*. L'Escluse estime que c'est vne *espece de Thymelea*, & qu'elle a les mesmes facultez. Aucuns nomment aussi *Sesamoides petit* la plante qui est icy peinte, non pas qu'elle s'accorde auec la description de Dioscoride, mais pource qu'elle croist aux mesmes lieux que la precedente, & a le mesme goust faculté purgatiue. Aucuns tiennent que cest le Phacoides d'Oribaze, pource que ses fueilles retirent aux Lentilles. Elle croist és lieux maritimes comme la precedente, specialement en Corse, que, plus qu'en la coste de Prouence, ny de Genes, & fait la tige de la hauteur d'vn pied, de laquelle il sort beaucoup de branchettes grailes, couuertes d'vn cotton mollet ainsi que la precedente, & garnies d'vne infinité de fueilles fort menuës, & bien vertes, semblables à celles des Lentilles, & si touffues que la branche est entierement cachée dessous, de mesme que la Ioubarbe, qui est acre,

Sesamoides petit, de Dalechamp.

Sesamoides petit, de Matthiol.

auec beaucoup de fleurs menuës & blanches, entremeslées parmy les fueilles tout le long des branches, de fort bonne odeur, sentans quasi comme le musc, d'vne odeur qui surpasse celle de toutes autres plantes acres. Elle purge & euacuë les mesmes humeurs que le *grand Sesamoides*, mais auec plus de tourment & plus grand danger de trop purger. Dalechamp en fit prendre vne dragme pilée & tamisée, auec de l'Orge mondé à vn certain malade en l'hospital de Lyon, qui enduroit de conuulsion de nerfs, lequel fut aussi bien purgé que s'il eust prins de la Coloquinte, & en fut gueri. Quant au *petit Sesamoides* de Matthiol, Pena tient que c'est le vray, & dit qu'il peut à bonne raison estre accomparé aux Blauets; d'autant que ses fueilles retirent entierement à celles du petit Blauet, & sont decoupées comme celles de la Corne de Cerf: toutefois elles sont plus velues & plus grãdes (peut estre aussi qu'il faudroit lire en Dioscoride μακρότερα au lieu de μικρότερα, comme souuent il s'y trouue de semblables fautes.) Ses fleurs sont en estoile, resemblans du tout en figure & en couleur par dessus à celles des Cichorées, auec des boutons au dessous, composez de petites escailles, comme ceux du Blauet, ou de la Iacea; dans lesquels il y a vne graine semblable à la Iugioline. Sa racine retire à celle de la Barbe de Bouc, sinon qu'elle est plus menuë. Il croist sur les collines seches du Languedoc, & mesmes és lieux herbuz le long de Lade, en grande abondance, comme aussi en Lombardie. Matthiol dit mal à propos que cette plante a les fleurs & les boutons comme la Phalaris. Voilà ce qu'en dit Pena. Aucuns estiment que c'est la premiere espece de Catanance.

De l'Empetron, CHAP. XVII.

Les noms. Liu.4.c.174. Le lieu. Les vertus. Liu 27. c. 9. LEs Grecs appellent cette plante ἔμπετρον, & φακοειδὲς, les Latins *Empetrum*, & *Phacoides*. Pline l'appelle *Calcifraga*. Dioscoride n'en a point mis de description, ains s'est contenté de dire simplement qu'il croist és lieux maritimes & aux montagnes, & a vn goust salé; & que celuy qui croist plus auant en terre ferme est plus amer. Il euacuë le phlegme, les humeurs bilieuses & les aquositez, estant prins en quelque bouillon, ou en eau miellée. Pline en dit tout de mesme, *l'Empetron* que nos Latins appellent *Calcifraga*, croist aux montagnes maritimes, pour la plus part sur les rochers, & d'autant qu'il croist plus pres de la mer il est moins salé (il y a de la faute en ce texte, aux communs exemplaires: car il faut lire ainsi, *& tant plus il croist pres de la mer, tant plus est-il salé*. Estant prins en breuuage il Liure 8. des simpl. euacuë le phlegme & les humeurs bilieuses, or faut il le prendre en quelque bouillon, ou dans de l'eau miellée. Galien dit, que *l'Empetron* ne sert à autre chose que pour purger, & qu'il euacuë la bile & le phlegme, & a vn goust salé, ainsi on s'en peut seruir là où la qualité salée est propre: & en outre qu'on l'appelle aussi *Prasoides*. Aëce & Paulus en ont escrit de mesme, ayans suiuy Galien, tellement qu'il est à craindre que le mot *Phacoides* ne soit corrompu en Dioscoride, ou bien le mot *Prasoides* en ces autres autheurs. Paulus adiouste que pource que *l'Empetron* est salé, qu'il en est aussi detersif. Ainsi donc attendu que Dioscoride, Galien, & les autres Medecins Grecs, ont escrit que *l'Empetron* ne vaut à rien sinon pour purger. Et au contraire Pline ayant dit, ce qui a esté recité cy dessus, adiouste, que *l'Empetron* estant vieux perd sa vigueur, mais qu'estant frais, il prouoque l'vrine estant cuit ou broyé en eau, & rompt la pierre, mesmes qu'aucuns pour preuue de cela, disent que si on le faict bouillir auec des pierres cela les fait briser, il appert par là, qu'il a a confondu ensẽble *l'Empetron* qui est surnõmé *Saxifragum*, auec *l'Empetron maritim* duquel *Empetron Saxifragum* il y a vn chapitre en beaucoup d'exemplaires imprimez de Dioscoride, où il est dit qu'il est propre pour faire vriner & rompre la pierre, combien que ce chapitre là est tenu au nombre des supposez par les plus doctes Simplicistes. Dauantage on peut bien recueillir suyuãt les mesmes autheurs Grecs, que le *Fenouïl marin*, ou *Herbe S. Pierre*, n'est pas *l'Empetron* qui est icy descrit, comme aucuns ont pensé d'autant qu'il ne purge aucunement ny la bile ny le phlegme. Tellement qu'il faut plustost deuiner, que asseurer pour certain quelle plante c'est qui peut estre le vray *Empetron* des anciens. Et s'il est permis d'en parler par coniecture, Dalechamp voudroit inferer que *l'Empetron* est la plante qui est appellée communement *Herba terribilis*; de laquelle nous parlerons au chapitre *de Alypum*, à cause qu'elle purge fort violentement. Icelle croist par fois au riuage de la mer, tellement que sa racine estant nourrie d'vne humeur salée la plante aussi a vn goust salé, comme ont les autres plantes, desquelles la racine tire l'eau de la mer, par fois aussi elle croist aux montagnes pres de la mer, comme au Cap de Ceste, aupres d'Agathe, où elle n'attire aucunement l'eau marine, mais seulement l'air de la marine, & alors elle n'est point salée; mais fort amere au goust. Elle à vne coudée de hauteur & dauantage, & est couuerte d'vne escorce purpurine auec beaucoup de branches. Ses fueilles sont semblables à celles des Lentilles; toutefois elles ne sont pas disposées esgalement par les branches, ains en sortent sans aucun ordre, & sont vertes par dessus, & blancheastres par dessous, auec des boutons ronds & purpurins à la cime des branches, approchans assez bien de ceux de *l'Aphyllantum*. Elle purge aussi bien que l'vn & l'autre *Sesamoides*; & euacuë la bile, le phlegme, & les aquositez de mesme que le *Tithymale*.

Empetron Phacoides appellé Herba terribilis en Languedoc.

Du Cocombre sauuage, CHAP. XVIII.

Les noms. LE *Cocombre sauuage* est appellé en Grec σίκυος ἄγριος: en Latin *Cucumis siluestris* & *Anguinus*, & *Erraticus*. Les Apothicaires l'appellent *Cucumis asininus*: les Arabes *Chete alhimar, Katealhener*, ou *Cheta alhamar*: les Italiens *Cocomero saluatico*: les Espagnols *Cogombrillos amaragos*; les Allemans *Vvilder cucumern*, & *Esele cucumern*. Dioscoride dit, qu'il n'y a Liu.4.c.149. aucune

aucune difference entre le *Cocombre sauuage* & le *cultiué*, si ce n'est quant au fruict: car celuy du *sauuage* est beaucoup plus petit, & retire assez bien à des glands longuets, quant aux fueilles & aux branches elles sont semblables à celles du cultiué. Sa racine est grande & blanche. Suyuant cette description il n'y a personne qui ne voye clairement qu'il est icy parlé de nostre *Cocombre sauuage*, lequel iette ses fleaux par dessus terre, de la longueur de deux coudées, gros comme le petit doigt, rondes, aspres & garnies de petis aiguillons massifs, & entortillés à mode d'vn serpent. Ses fueilles sont attachées à des queuës longues grosses & piquantes, ayants la pointe obtuse, vertes par dessus & blaffardes par dessous, ridées & aspres d'vn costé & d'autre, auec beaucoup de veines entrelassées. Ses fleurs sortent tout le long de l'Esté par les ailerons de ses fueilles, & sont composées de cinq petites fueilles larges, aigues, & iaunes dont les vnes produisent fruit & les autres non. Celles qui sont steriles ont au dedans trois filamens mypartis en trois, qui sont comme entrelassez ensemble, & iaunes tout à l'entour, & ne sont point herissez, & si n'ont point de bouton au dessous; qui est le commencement du fruict à venir. Les fertiles ont trois petites fourchettes velues & iaunes au lieu de filaments, & au dessous vn gros bout velu & longuet, lequel ainsi que la fleur commence à flestrir, croist petit à petit auec sa queuë, iusqu'à tant qu'il soit aussi gros qu'vn gros gland, & est garny tout à l'entour d'aiguillons courts: comme il est meur lors qu'il commence à reluire & blanchir, ou deuenir pasle, il abandonne sa queuë de soy-mesme, ou pour peu que l'on le touche, & darde auec vne impetuosité des grains longs, noirs par dehors, & blancs par dedans, auec vn suc aqueux. Sa racine est grosse, ronde, & poulpue, ressemblant à vne Raue longue, & iette çà & là beaucoup de petites racines. Toute la plante est fort amere, mais sur tout son fruict, lequel est extremement amer, & n'a rien de doux que la seule moëlle qui est dans sa graine, laquelle est si douce, ainsi que dit Cordus, que les rats mesmes en sont friands, tellement qu'il s'estonne de ce que Galien dit que cette graine est amere, d'autant que peut estre n'auoit il tasté sinon l'escorce de la graine, laquelle est vrayement amere, & non pas le noyau, qui est proprement entendu par le mot de semence. Toutefois Matthiol dit, que Cordus a eu tort de reprendre Galien: car il ne dit pas que la raine du *Cocombre sauuage* est amere; mais qu'il se treuue de la graine de *Cocombre* qui est amere, omme aussi des Amandes. Mesmes il ne specifie pas si c'est du *Cocombre cultiué* ou *sauuage* dont il arle, toutefois qu'il est aisé à comprendre par la suite du texte, qu'il parle de la graine du ocombre cultiué, en quoy il a voulu aduertir les Lecteurs, que le noyau de cette graine ui est naturellement doux, deuient quelquefois amer, à cause du terroir. Or le *Cocombre sauage* croist és lieux sablonneux, & parmy les masures, & est fort commun en Languedoc & en Tosane; mais aux païs froids: les Herboristes le sement dans les Iardins. Il fleurit au mois d'Aoust, & ait son fruict en Automne. Le suc de ses fueilles, ainsi que dit Dioscoride, est bon contre la douleur es oreilles estant distilé dedans. Sa racine appliquée en cataplasme auec griotte seche est propre our resoudre toutes tumeurs inueterées. Appliquée auec Therebentine elle fait creuer les foronles. Cuite en vinaigre & appliquée en liniment elle fait resoudre les gouttes. Sa decoction est bone pour guerir la douleur des dents, si on les en laue. Icelle seche & pulberizée, nettoye les dertres, a gratelle & la morphée, rend la couleur viue aux cicatrices noires, & oste les taches du visage. Le uc de sa racine prins au poids d'vn obole & demy; & son escorce prinse au poids de la quarte partie vn acetabule, euacuent la bile & le phlegme, principalement aux hydropiques. Or il purge sans nuire à l'estomac. Il faut prendre demy liure de la racine & la mettre en infusion dans vne hemine de vin, specialement de celuy de Barbarie, & en donner à boire trois cyathes, trois iours durant, iusqu'à ce qu'on s'apperçoiue clairement que le ventre soit bien desenflé. Cette derniere clausule est mise au Grec en cette sorte: *Il faut pulueriser demy liure de cette racine, dans deux sextiers de vin doux, principalement de celuy d'Egypte, & en faire boire trois cyathes à ieun trois iours durant, iusques à ce que l'enfleure soit suffisamment abbaissée.* Pline dit tout de mesme comme Dioscoride touchant l'vsage en medecine tant des fueilles que de la racine. *Sa racine*, dit-il, *cuite en vinaigre est bonne pour appliquer en liniment sur les gouttes, son suc guerit la douleur des dents.* Estant seche & incorporée auec de la poix resine, elle guerit la gratelle & les dertres, comme aussi les orillons, & les apostumes plattes des aynes, & rend la couleur viue aux cicatrices. Le suc de ses fueilles, est bon à ceux qui ont l'ouye

Cocombre sauuage, de Matthiol.

La forme.

Le lieu.
Le temps.
Lib. 4. c. 14[illegible].
Le temperament & les vertus.

Lib. 20. ch. x

l'ouye dure, à le distiler dedans auec du vinaigre. Mais là où il parle de *l'Elaterium* il est discordan auec Dioscoride : Nous auons dit cy-dessus, dit-il, que le *Cocombre sauuage* est beaucoup plus peti que le cultiué. Il s'en fait vn medicament qu'on appelle *Elaterium*, du suc que l'on tire de la grain par expression. En quoy Pline a suiuy Theophraste, lequel en parle ainsi : καὶ τοῦ σικυοῦ δὲ τοῦ ἀγρίου ἡ μὲν ῥίζα ἀλφοὺς καὶ ψώρας βοσκήμασι, (il faut lire ἀλφοῖς καὶ ψώραις βοηθεῖ, τὸ δὲ σπέρμα, &c. suyuant ce qu a esté dit cy-deuant selon Dioscoride, ξηρὰ δὲ λεία ῥίζα ἀλφοὺς, λέπρας καὶ λειχῆνας σμήχει, sans parle aucunement des brebis.) C'est à dire, *La racine du Cocombre sauuage, guerit la morphée & la gratelle En tirant le suc de sa graine, on en fait l'Elaterium, on l'amasse en Automne, car il est meilleur alors, qu'e point d'autre saison.* Mais Dioscoride dit que *l'Elaterium* se fait du fruit du *Cocombre*, en pressant l chair. Or ce qu'il adiouste qu'aucuns pour auoir en peu de temps grande quantité de ce suc, espan dent par terre des cendres criblées, puis font passer *l'Elaterium* par vn linge à trois doubles, pour con sumer son humidité, & apres qu'il est seché ils le pilent en vn mortier. Pline ne l'a pas bien exprimé Aucuns, dit-il, saupoudrent sa graine de cendres, pour retenir le suc qui en sort trop abondamment & apres qu'il est espraint, on le met en eau de pluye, où on le laisse rasseoir, puis apres on le reduit e trochisques, lesquels on fait secher au soleil, & sont singuliers à beaucoup de choses. Vn peu apre parlant de *l'Elaterium.* Il n'y a, dit-il, point de drogue qui dure plus que cette-cy. Il commence estre bon, quand il a trois ans. Toutefois qui voudroit vser de celuy qui est frais, il faudroit corrige les trochisques *d'Elaterium*, auec du vinaigre, les detrempant à petit feu en vn pot de terre qui n'a point serui. Neantmoins tant plus il est vieil, il en est meilleur. Mesmes il s'en est veu qui auoit deu cents ans, ainsi que dit Theophraste, iusques à cinquante ans il fait mourir la chandelle : car o cognoist qu'il est bon quand estant mis aupres de la lumiere il la fait estinceler deuant que l'estein dre. Or le passage de Theophraste que Pline allegue est tel ; *De toutes les drogues il n'y en a point qu dure tant que l'Elaterium, lequel est meilleur quand plus il est vieil. Mesmes il y a eu vn Medecin qu n'estoit ny vanteur ny menteur, lequel asseuroit d'auoir d'Elaterium qui auoit esté gardé deux cents ans qu'il auoit eu en don, & que toutefois il estoit encor fort excellent. Or il se maintient ainsi longuement cause de son humidité, pour raison de laquelle apres l'auoir broyé, on le met dans des cendres, & neant moins encor ne se peut-il secher: mais se maintient si humide, que iusqu'à cinquante ans il esteint la chan delle quand on l'en approche. Au reste on dit, qu'il n'y a point de medicament qui soit si dangereux d trop purger par dessus, que cestuy-cy.* Voilà quant à la proprieté de ce medicament. Sur quoy Gaza oublié ces mots de Theophraste : *On dit qu'il n'y a point de medicament qui soit si dangereux de tro purger par dessus, que cestuy-cy.* Or le mot ὑπερέμετος, ainsi que dit Galien en ses Commentaires su Hippocrate, signifie *celuy qui se purge par trop.* Dioscoride dit, que *l'Elaterium* est bon de deux an iusques à dix pour purger. Theophraste dit qu'il s'en est veu qui auoit esté gardé deux cents ans, neantmoins estoit fort bon. Le mesme Theophraste dit, suyuant Pline, *qu'il esteint les chandelles si o l'en approche.* Au contraire, Dioscoride dit, *qu'estant approché du feu de la chandelle il s'allume aisé ment.* Toutefois l'opinion de Theophraste semble estre la meilleure, à sçauoir, *que l'Elaterium à caus de sa grande humidité esteint la chandelle, & la fait estinceler contremont & contre bas,* ainsi que di Pline. Car toute chose humide, qui n'est pas grasse esteint soudain la flamme du feu. Ainsi don *l'Elaterium* qui est rempli de beaucoup d'humidité, esteindra plustost la flamme de la chandelle qu de brusler, d'autant que la chaleur causera des ventositez dans l'humidité, comme il se peut voi par experience : tellement que les hommes doctes tiennent ce passage de Dioscoride pour suspect, mesmes Cornarius estime que au lieu de ἐκκαίει, il faut lire οὐ καίεται, c'est à dire, *ne brusle pas.* Au sur plus Dioscoride dit, que *l'Elaterium euacuë par dessus & par dessous les humeurs bilieuses & phlegma tiques.* Cette purgation est fort bonne pour ceux qui ont courte haleine. Que si on veut faire qu'il purge par le bas, il y faut adiouster du sel au double, & de l'Antimoine autant qu'il en faut pour don ner couleur, & en former des pillules auec de l'eau de la grosseur d'vn Ers, puis apres boire vn cya the d'eau tiede. Toutefois pour faire vomir il faut dissoudre *l'Elaterium* en eau, & en oindre auec vne plume bien auant les parties de dessous la langue. Que si quelqu'vn a trop de peine à vomir il faut dissoudre *l'Elaterium* en huile ou onguent Irin, & que celuy qui en vsera se garde de dormir : mais s'il euacuë par trop, il faut donner à tous propos au patient de l'huile & du vin ; car cela l'em peschera de vomir. Que si pour cela le vomissement ne s'arreste, il luy faudra donner de l'eau froi de, des griottes seches, de l'eau & vinaigre tout ensemble, des Pommes & autres choses qui fortifient l'estomac en le reserrant. *L'Elaterium* prouoque les mois. Il tue l'enfant au ventre de la mere, estant appliqué en pessaire. Il guerit la iaunisse. Estant distilé dans les narines auec du laict, il guerit les douleurs inueterées de la teste. Il est fort souuerain pour la squinancie, si on l'applique en liniment auec du vieil huile & du miel ou fiel de Taureau. Pline en dit de mesme & quelque chose dauan tage. Il guerit, dit-il, la veuë trouble, & les autres accidens des yeux. Il est aussi bon pour les vlceres des paupieres des yeux. On dit, que si on frotte tant soit peu les racines d'vne vigne auec ce ius, les oiseaux ne mangeront point des raisins qui y viendront. Il est bon d'en boire à ceux qui sont mangez des poux, & y sont sujets, & aux hydropiques. Enduit auec miel & huile il est bon à la squinancie, & à la rache. Vn peu apres il adiouste, qu'aucuns le font cuire en vinaigre, & disent que c'est vn souuerain

Liure 9. de l'hist. ch 10.

Liure 9. de l'hist. ch. 14

Au mesme lieu. *Le temperament & les vertus.*

Liu. 20. ch. 1.

souuerain remede pour les gouttes, estant appliqué en liniment ; mais pour la douleur des flancs, il faut faire secher la graine puis la piler & en donner au poids de trente deniers, en vne hemine d'eau. Enduite auec laict de femme elle guerit les enfleures qui viennent en vn moment. Il sert aussi à purger les femmes ; toutefois il fait auorter celles qui sont enceintes. Il est bon à ceux qui ont courte haleine, & aussi à la iaunisse, estant mis dans le nez. Enduit au soleil il oste les lentilles & autres taches du visage. Il en adiouste aussi la dose suyuant Dioscoride. La dose, dit-il, est selon que le malade est robuste, de demy obole iusques à vn obole entier : mais si on en prenoit dauantage il feroit mourir la personne. La plus grande dose, dit Dioscoride, est d'vn obole, la petite de demy obole ; & pour les enfans le poids de deux deniers : mais il est dangereux d'en prendre dauantage. Galien dit, que le fruict du *Cocombre sauuage*, & le suc d'iceluy, qu'on appelle *Elaterium*, comme aussi celuy de la racine & des fueilles, est fort profitable en medecine. *L'Elaterium* prouoque les mois, & tue l'enfant au ventre de la mere, estant appliqué en pessaire, comme toutes autres choses ameres & de parties subtiles, principalement celles qui ont de la chaleur, comme *l'Elaterium* : car il est extremement amer, & legerement chaud, comme au second degré. Or est il aussi par mesme moyen resolutif. A raison dequoy on l'applique en liniment contre la squinancie, auec du miel & d'huile vieux. Il est aussi bon à la iaunisse estans mis dans le nez auec du laict. Mesmes il guerit toutes douleurs de teste par ce moyen. Voylà quant à *l'Elaterium*. Mais quant au suc de la racine, comme aussi celuy des fueilles, iaçoit qu'il ait les mesmes vertus que *l'Elaterium*, si ne fait-il pas si grande operation. La racine aussi a les mesmes facultez. Car elle est detersiue, resolutiue, & remollitiue ; mais son escorce est plus desiccatiue. Mesue discourt bien au long des facultez & vertus du *Cocombre sauuage*, de la nuisance, & du moyen de le corriger. On fait, dit il, principalement estat du suc du fruict du *Cocombre sauuage*, & en apres de celuy de la racine. Le fruict estant du tout meur & desia passe, sans aucune verdeur & excellemment amer : il rend aussi vn suc blanc & vn peu gras, s'il est chaud. Mais n'estant pas encor meur, il est si dangereux qu'il fait sortir le sang en purgeant, On amasse son suc sur la fin de l'Esté, & sa racine à la fin du Printemps. On s'en sert en des medicamens de grande efficace & bien renommez. Le suc est chaud & sec au troisiesme degré, & composé d'vne substance ignée & terrestre. Il euacuë tres-fort le phlegme par vomissement & par le bas, & quelquesfois aussi la bile, si elle est preste à sortir. Il euacuë aussi les aquositez & les tire merueilleusement bien, mesmes des iointures, à quoy le suc & la racine sont singulierement propres ; à raison dequoy il guerit la douleur des iointures. Mesmes il sert bien notoirement contre la sciatique, estant appliqué en cataplasme, ou mis en clystere. Ses racines cuites en eau & huile auec de l'Absinthe guerissent la migraine qui est mal-aisée à guerir, si on frotte les ioües du malade de ladite decoction, & si on applique dessus lesdites racines broyées auec ladite herbe, & reduites en cataplasme. Son suc aussi tiré par les narines auec vn peu de laict fait le mesme effet, Car il euacuë les excremens du cerueau, & guerit la puanteur du nez qui procede de la putrefaction desdits excremens comme aussi les douleurs de teste inueterées, & le haut mal. Le mesme cataplasme resoult les enflures grosses & dures, & les escroüelles, principalement si on y adiouste des crottes de cheure tant le suc, que la decoction du fruict, ou de la racine, prinse en breuuage guerit l'hydropisie (d'autant qu'elle euacuë singulierement bien les aquositez) comme aussi la iaunisse, & les opilations de la ratte & du foye. La racine puluerisée & incorporée en miel, guerit les cicatrices difformes, & resoult le sang des meurtrisseures. Le suc de la racine incorporé auec farine de feues, & appliqué en liniment nettoye les ordures & mondifie la peau du visage. La racine guerit la morphée & les lentilles si on les en frotte auec du vinaigre fort, d'autant qu'elle est resolutiue, attenuatiue, detersiue, & desiccatiue. Elle lasche auec grand tourment & longueur. Elle desopile, mesmes les emboucheures des veines. Or de peur que le suc ne les ouure du tout, & qu'il n'vlcere, & qu'il ne donne de grands tourmens & trenchées en purgeant, il y faut mesler du Bdellium, ou de gomme dragant, ou du laict doux fraichement tiré, ou du vin miellé & du sel, mais il purgera plus proprement si lon y adiouste du sel gemme, & des choses aromatiques. On tire le suc du fruict lors qu'il est meur & passe, en le pressant doucement, & le fait on secher comme celuy de Scammonée ou de l'Aloë. Aucuns y mettent des choses aromatiques enueloppées en vn linge, cependant qu'il se seche, lesquelles ils ostent lors qu'il commence à se prendre & secher, les autres mettent d'autres choses, selon les diuers desseins d'vn chacun. Il se garde trois ans. Il s'en faut seruir apres qu'il a esté gardé six mois: Or pour guerir le mal qu'il a fait au corps, il faut prendre de la decoction d'orge, d'eau miellée, du vin ou de l'huile. La dose du suc est de dix grains iusqu'à la tierce partie d'vne dragme. Quant à la poudre de la racine on en peut prendre de quinze grains iusqu'à demie dragme, & de la decoction d'icelle de deux iusques à quatre onces.

Liure 8. des simpl.

Liure 2. de la med. purg. chap. 9.

De la Coloquinte, CHAP. XIX.

Les noms. LEs Grecs appellent cette plante κολοκυνθὶς, qui est le diminutif de κολόκυνθα, comme qui diroit petite Courge ; car son fruict estant comparé auec celuy de la Courge priuée est beaucoup plus petit, les Latins l'appellent aussi *Colocynthis Cucurbita syluestris*: les Arbes *Chandel, Handel*, ou *Handal*: les Apothicaires Italiens & Espagnols l'appellent *Coloquintida*: les Allemans *Coloquint*, & *Vuilde kurbsz*: les François *Coloquinte*, & *Courge sauuage*. Aucuns l'appellent *fel terræ* les Arabes *mort des Plantes* ; d'autant qu'elle fait mourir les plantes qui sont aupres d'elle, & leur sert comme de poison : tellement que la terre mesme d'alentour semble estre bruslée. Hippocrate appelle souuent la *Coloquinte* σικύωνlω, & σικύlω, & σικυώνης σπόγγον, κολοκυνθίδος τὸ ἔντον, c'est à dire, *l'esponge*, ou *le dedans de la Coloquinte* ; & σικύlω ἄτμητον, κολοκυνθίδα ἄσχιστον, c'est à dire, *la Coloquinte qui ne se peut mipartir*, comme Galien l'expose en ses Commentaires.

La forme. O la *Coloquinte* produit ses veillons & ses fueilles couchées par terre, semblables au Cocombre, que les Apothicaires appellent *Citrulus*, aiguës au bout, & decoupées d'vn costé & d'autre, tellement que le plus souuent elles sont miparties en trois parties, lesquelles ont aussi leurs descoupeures à part. Ses fleurs sortent aupres des fueilles & sont iaunes ou pasles. Son fruict est rond à mode de pelote, & est du commencement verd, puis apres iaune, couuert d'vne escorce qui n'est ny espesse ne dure, laquelle estant seche est fort lisse, & pleine d'vne chair blanche spongieuse, dans laquelle il y a des cauitez, auec des grains au dedans, faite à mode d'vne poire, couuerts d'vne escorce dure, & pleine d'vn noyau blanc. Sa racine est longue, cheuelue, & blanche. Ce fruict est fort amer. On le fait secher pour s'en seruir en medecine. C'est icy la *Coloquinte* de Dioscoride.

Coloquinte, de Matthiol.

Liu. 4. c. 171. Car de fait voicy comment il la descrit: la *Coloquinte* a les branches & les fueilles semblables à celles du Cocombre cultiué, couchées par terre, & descoupées. Son fruict est rond à mode d'vne pelotte, de moyenne grosseur, & est fort amer. Il le faut cueillir, lors qu'il commence à deuenir pasle.

Liu. 2. c. 130. Liu. 1. ch. 4. Les especes. Auicenne & Mesue establissent deux especes de *Coloquinte* à sçauoir le masle & la femelle. Le masle est cottonné par dehors, noirastre, vn peu aspre, pesant & dur. La femelle meilleure, principalement si elle est grosse, parfaitement meure, blanche, vnie, spongieuse & legere. Comme aussi sa moelle doit estre blanche, spongieuse & legere : car d'autant plus qu'elle est legere, elle en est aussi meilleure. En outre il faut qu'elle soit creuë en vn terroir menu, sablonneux, & où il n'y ait rien d'autre de semé, & la faut cueillir en Automne, lors qu'elle commence à perdre sa couleur verde, & deuenir iaune. Car celle qui n'est point changée, n'a pas les marques dessusdites, ne vaut rien, & est dangereuse ; d'autant qu'elle cause des ventositez, qui donnent puis apres des trenchées insupportables. Elle purge par trop, iusqu'à faire sortir le sang, & bien souuent cause la mort. Celle-là aussi est dangereuse & venimeuse qui est seule en toute vne plante. Que si il n'y a qu'vne plante seule en quelque endroit, son fruict sera encore plus dangereux de beaucoup, principalement si le lieu est bourbeux, ou poudreux, ou aupres de quelques estuues, ou bien abondant en serpens.

Liu. 3. c. 41. Dodon dit, qu'il se trouue vne autre espece de *Coloquinte* assez semblable à la precedente, laquelle grimpe contremont par le moyen de ses veillons, qui sont longs, & s'attache auec ses fleaux à tout ce qui se rencontre aupres d'elle, tout ainsi que fait la Courge domestique. Ses fueilles retirent à celles du Cocombre sauuage. Son fruict tire du tout à vne Courge, toutefois il est beaucoup plus petit, de la grosseur d'vne poire, & de mesme figure, couuert d'vne escorce dure, verte, & comme de bois, & plein au dedans d'vne chair tres-amer. Lobel en a mis le pourtrait.

Liure 1. des Plant. ch. 98. Cordus establit six especes de *Coloquinte*, à sçauoir vne grande & longue, qui iette ses veillons par terre, compartis par neuds par certains interualles, aupres desquels il sort des fleaux, & vne seule fueille de la longueur d'vn pied, & autant de largeur, departies en trois, comme celles de l'Houblon, aspre, & garnie d'aiguillons courts, attachées à vne queuë de la longueur d'vn pied, ou d'vne coudée, ronde, aspre, & creuse. Par les mesmes neuds sort des racines menuës qui se fichent en terre, par le moyen desquelles elle nourrit son fruict. Les fleurs sortent aupres des fueilles ; apres lesquelles il vient vn fruict grand, & couché par terre, qui bi

Coloquinthe en forme de poire, de Lobel.

bien souuent vne paume de longueur, & est si gros, qu'à
grand peine le peut on empoigner auec les deux mains.
Iceluy est premierement verd, puis apres semé de taches
blanches, en fin estant meur il est du tout iaune-pasle, &
comparty par des angles releuez aupres de la queuë. En le
descoupant on void premierement son escorce, qui est dure, & comme de bois, puis apres sa chair iaune, & cartilagineuse, au milieu de laquelle il y a six rangs de graine,
blanche, longue & aiguë, large, & platte, pleine d'vn
noyau blanc. Sa racine est courte, de laquelle il en sort
beaucoup d'autres blanches de tous costez, de la longueur
d'vne coudée & menuës. Ceste plante estant aupres des
treilles, s'y attache, & fait de belles logettes & ombrages.
Son fruict est extremement amer, & de mauuaise odeur.
Le noyau de sa graine est doux. On la plante pour plaisir
& pour monstre aux Iardins spacieux. La *seconde Coloquinthe* II.
de Cordus est grande & ronde, semblable à la precedente
quant aux veillons, fleaux, fleurs: & quant à la grandeur
des fueilles, & à leur aspreté, aux racines, & en somme en
toutes ses autres parties, excepté en deux choses: car ses
fueilles sont mipartiés en cinq, & son fruict est plus petit,
rond comme vne boule, ou vn peu plat, verd du commencement, & puis apres pasle quand il est meur. Au reste il a la
chair de mesme, & les grains arrengez & de mesme figure.
La *troisiesme* est faite à mode de toupie. Elle produit ses III.
veillons, fleaux, fueilles, & fleurs, comme la premiere, &
rampe semblablement par terre: mais elle est plus menuë
en toutes ses parties. Son fruict est pointu à mode d'vne
ire, plus gros qu'vn œuf, & est iaune quand il est meur, comparti par certaines lignes blanches
ut du long, dur par dehors, & comme de bois, plein d'vne chair spongieuse; dans laquelle il y a
atre rengs de grains, longs, petits, pleins & blancs. Ses racines sont semblables aux prece-
ntes, toutefois elles sont moindres. Elle est amere comme les autres, & se cultiue de mesme.
quatriesme est longue & lisse; & retire à la premiere quant aux veillons, fleaux, fueilles, fleurs IV.
racine; & est de mesme grandeur: toutefois ses fueilles n'ont pas plus d'vne paume de largeur
tous costez, & ont aupres de leur pointe deux petites descoupeures, & par ainsi sont mipar-
s en trois. Son fruict est long, semblable à celuy de la premiere: toutefois il est plus petit & lis-
; du commencement il est vert, mais estant meur il est de couleur de iaune obscur, tirant sur le
affard. Quant à ses grains il sont arrangez en mesme nombre comme aux autres; mesme il a la
air de mesme, comme aussi la couleur & le goust, & se cultiue aussi de mesme. La *cinquiesme Co-* V.
inthe est longue, blanche, & grande. Elle a les veillons, les fueilles, & les fleaux, les fleurs, la
osseur du fruict, la graine & les racines semblables à la premiere, & est pareillement aspre &
ere. Et n'y a quasi autre difference que pour raison de la couleur du fruict de l'vne & de l'autre.
r cestuy-cy est vert du commencement, puis apres il est couuert de taches blanches, dispo-
es inesgalement, qui sont comme nuées: finalement il deuient tout blanc apres qu'il est meur.
n la cultiue dans les Iardins, comme les dessusdites. Pour la *sixiesme* il met la *Coloquinthe* com- VI.
une, spongieuse & lisse, qui a esté descrite cy dessus. Ceste-cy croist en quelque Iardin de Sim- *Le lieu.*
iciste, mais bien rarement. Au contraire elle croist de soy-mesme en Italie & en Espagne, & aux
ys chauds, en lieu aspre. Et fleurit en esté ou à la fin d'iceluy. Son fruict est meur en Automne,
sur la fin; & se maintient en vigueur iusqu'à cinq ans. La *Coloquinthe*, dit Galien, est amere au Liure 7. des simpl.
ust, toutefois elle ne peut pas operer à proportion de l'amertume que l'on sent en la beuuant, *Le tempera-*
autant qu'elle est excellemment purgatiue, & pource qu'elle se haste de sortir la premiere, de- *ment & les*
nt ce qu'elle euacuë. Le suc d'icelle estant verte, sert à la sciatique. Mais Dioscoride declare *vertus.* Liu 4. c. 171.
us à plein ses effects. La moëlle, dit-il, du fruict de la *Coloquinthe* est purgatiue, si l'on incorpo-
quatre oboles d'icelle auec de l'eau miellée, du miel cuit, de la myrrhe & du nitre, & qu'on
face des pillules. Ses Pommes seches, puluerizées, & mises dans les clysteres, seruent à la reso-
tion des nerfs, aux douleurs des auches, & aux accidens du boyau appellé colon, d'autant qu'el-
s euacuent les humeurs bilieuses, le phlegme, & les racleures des boyaux; & quelquefois font
rtir le sang. Appliquées en pessaire elles font mourir l'enfant au ventre de la mere. Pour guerir
douleur des dents, il en faut cauer vne, & l'enduire de terre grasse; puis apres y faire cuire de-
ans, du vinaigre & du Nitre, puis lauer les dents de ceste decoction. Si l'on y fait cuire de l'eau
miellée, ou du vin cuit, & puis qu'on le laisse refroidir à l'air, il euacue les humeurs grosses &
les

les racleures du ventre, en le prennant en breuuage. Elle est estrangement contraire à l'estom Mise en suppositoire elle lasche le ventre. Le suc d'icelle estant verte est singulier pour frotter l ancho, contre la sciatique. Pline declare aussi bien clairement ses vertus. Il y a, dit il, vne aut sorte de *Courge*, appellée *Colocinthis*, qui est massiue: toutefois elle est moindre que celle des Iar dins. *Les Coloquinthes* blaffardes sont meilleures pour la medecine, que les verdes. La verde sech toute seule euacuë le ventre. Peut estre seroit-il meilleur de lire ainsi: La moelle du fruict tou te seule lasche le ventre. Icelle seche & mise dans les clysteres guerit tous les accidens des inte stins, des reins, des flancs, & la paralysie. Aucuns apres en auoir osté la graine les emplissent d'ea miellée, laquelle ils font bouillir dedans iusques à la consomption de la moitié; & font boire d ceste decoction au poids de quatre oboles à ceux qui ont la toux. La poudre de la *Coloquinthe* se che, incorporée en miel cuit, & reduite en pilulles est fort bonne à l'estomac. Sa graine est bonn contre la iaunisse, pourueu qu'on boiue d'eau miellée incontinent apres. La poulpe de la *Coloquin the* meslée auec sel & Absinthe guerit la douleur des dents. Son suc eschauffé auec du vinaigre ra fermit les dents qui branslent. Comme aussi il guerit la douleur de l'eschine, des flancs, & des an ches, si on les en frotte auec de l'huile. En outre c'est merueille, qu'on dit que portant lié sur l personne des grains de *Coloquinthe* en nombre pair ils guerissent toutes sortes de fieures qui ne son pas continues. Voila ce qu'en dit Pline. Sur quoy Cornarius a remarqué que ce passage en esclar cit quelques autres de Dioscoride, que les interpretes n'ont pas bien entendu, comme il dit, ius ques à present. En premier lieu il y a deux manieres d'vser de *poulpe de la Coloquinthe* lesquelles o a reduit en vne, en oubliant quelque peu de mots, comme au lieu de lire: *Le poulpe du fruict est pur gatiue, si on en prend quatre oboles, auec d'eau miellée, reduite en pillules auec du nitre, de myrrhe du miel cuit*, comme il y a aux communs exemplaires que les traducteurs ont suiuy, il faudra lir ainsi, *La poulpe du fruict est purgatiue, si on en prend quatre oboles auec d'eau miellée, comme aussi l'on la reduit en pillules auec du nitre, de mirrhe, & du miel cuit*. Et de fait Aëce parle ouuertemen de la premiere mode, quand il dit: Il faut prendre deux scrupules d'icelle en deux cyathes d'ea miellée. Quant à la seconde, Pline la monstre bien, quand il dit: Que la poulpe seche, puluerisée reduite en pillules auec vin cuit, est bonne à l'estomac. Toutefois aucuns aiment mieux lire comm en Dioscoride. Elle est contraire à l'estomac. On la peut reduire en pillules auec du miel cuit, apr l'auoir sechée & puluerizée pour en vser. En apres Pline a fort bien dit, qu'apres en auoir osté l graine, on y peut faire cuire de l'eau miellée iusqu'à la consomption de la moitié. Ce qu'aucuns o entendu bien autrement en Dioscoride, à sçauoir qu'il falloit cuire la poulpe en eau miellée. Ce q est faux, suyuant l'authorité d'Aëce, qui en escrit ainsi: Que si tu ne veux pas tant purger, il te fa prendre vne *Coloquinthe* assez grosse, & l'ouurir par dessus, puis en oster toute la graine. Apres il faudra remettre toute la poulpe qui est comme bourre, sans la graine; & l'ayant remplie de vi cuit, ou de vin doux, la laisser en infusion vn iour & vne nuict; puis faire boire le vin tiede, apr l'auoir passé à trauers d'vn linge. Mais il y a cela de difference, que Dioscoride ordonne de fai bouillir l'eau miellée, ou le vin cuit, & puis le mettre à l'air; au lieu que Aëce veut qu'on mette d vin cuit, ou du vin doux vieux, & qu'on l'y laisse en infusion seulement vn iour & vne nuic Paulus aussi en parle en ceste façon. Il faut oster la graine de dedans vne *Coloquinthe*, & y laiss la poulpe; puis apres la remplir de vin cuit, & le laisser en infusion toute vne nuict, & le lend main l'oster, & le faire boire. Ce qui est encor auiourd'huy fort vsité entre les Medecins, de me tre en infusion la *Coloquinthe* ou autres drogues en quelque liqueur. Mais sur tout il faut que l Medecins sachent ce que les Arabes, & entres autres Mesuë, ont escrit touchant le temperame de la *Coloquinthe*, de ses vertus & proprietez contre diuerses maladies, de sa mauuaise qualité, de l maniere de la corriger & preparer, de sa dose, & de la maniere d'en vser, au second liure des med camens purgatifs: La *Coloquinthe*, dit-il, est chaude & seche au troisiesme degré, & composée d'vn substance ignée, & d'vne terrestre, qui est subtiliée par le moyen de la brusleure, laquelle est extr mement amere. Elle euacue le phlegme, & les autres humeurs grosses & visqueuses, principaleme des parties profondes du corps, & des plus esloignées du centre, comme du cerueau, des nerfs, d muscles, des iointures, des poulmons, de la poitrine, plustost que des veines comme veut Dioscorid (Dioscoride n'en parle pas ainsi, mais dit simplement qu'elle purge le phlegme, la bile & les racleu res. Paulus dit que la *Coloquinthe* purge principalement la bile, & les viscositez, non seulement d parmy le sang, comme l'Ellebore & la Scammonée: mais aussi des nerfs, & des parties nerueuses, mesme la bile iaune, ou l'humeur cholerique, suyuant l'authorité d'Humain. Par ainsi elle est fo propre aux maladies de ces parties là, comme aux douleurs inueterées de la teste, à la migraine inue terée, contre le haut mal, l'apoplexie, les vertiginositez, les defluxions aqueuses qui tombent sur le yeux, aux gouttes froides, & principalement à la sciatique, & autres accidens des nerfs & des iointu res. Item aux asthmatiques, à la toux inueterée, à la difficulté d'haleine, qui prouient de ce que la poi trine est reserrée, pour estre trop remplie. Dauantage elle est singulierement propre contre l douleur de la colique, soit qu'elle soit causée par le phlegme, ou par des ventositez; comme au à l'hydropisie. Or elle fait tous ces effects soit qu'on la prenne par la bouche, ou qu'on en vse e clyster

Liu. 20. ch. 3. Liu. 3. ch. 55. Chap. 4.

lystere, ou en suppositoire : mais estant appliquée dans la matrice elle fait mourir l'enfant dans le entre de la mere. Elle guerit aussi la morphée, la gratelle, la rogne, & la ladrerie, si on s'en frote auec de bon vinaigre. Finalement l'huile cuit dans son escorce noircit les cheueux, si on les en rotte, & empesche qu'ils ne tombent, & qu'ils ne deuiennent gris. Distilé dans les oreilles il en ste la douleur, & le tintement. Ce mesme huile incorporé auec du fiel de bœuf tue les vers du orps, si on les fait eschaufer, & que l'on en engraisse l'estomac. Semblablement le vinaigre cuit en mesme maniere guerit le mal des dents, si on les en laue ; car il est incisif, attenuatif, detersif, & solutif. Or de peur qu'elle ne nuise au cœur, à l'estomac, au foye, & autres parties nobles, en s esmouuant, renuersant, & tirant trop violentement il y faut adiouster des choses qui puissent rtifier lesdites parties, comme du Mastich, & de la Gallia, & mesme des choses visqueuses, qui facent sortir plus legerement en adoucissant les conduits, & rabatant son acrimonie, comme la gomme, gomme dragant, du Bdellium, & choses semblables ; de peur qu'elle n'vlcere les rties par où elle passe, & qu'elle n'ouure trop les embouscheurs des veines, tellement que le gen sorte. Serapion mettoit la *Coloquinthe* en infusion dans de l'eau miellée, dans laquelle auoit é bouillie de la Rue ; puis la faisoit secher & pulverizer bien menu, & la faisoit ainsi prendre ec de l'eau miellée. Vn certain Grec frottoit la *Coloquinthe* auec d'huile rosat, & en faisoit des lules auec du Ladanum par esgales portions. Ces pilules sont propres, disoit-il, aux susdits acens. Mesuë veut qu'on la descoupe bien menu auec des ciseaux, & qu'on la frotte auec de l'insion de la gomme dragant, ou auec du Bdellium, apres il la fait secher & bien pulverizer, puis reduit en trochisques auec du Ladanum, ou d'eau miellée, ou du Mastich detrempé en huile at. Ces trochisques purgent sans aucune fascherie. Que si elle apporte quelque nuisance au rps, il la faut corriger auec d'eau miellée, ou de la decoction des Raisins secs, auec d'huile d'Andes, ou huile de Noix. Elle endure d'estre longuement cuite. Or il la faut pulverizer bien nu, afin que sa qualité maligne soit par ce moyen mieux rabatue, quand il y en aura vne autre isera bien entremeslée auec elle. Et afin qu'elle passe legerement par le corps, & qu'elle ne s'y este, comme elle pourroit faire estant pulverizée grossierement, & ainsi vlcerer les parties interes, principalement si elle estoit pulverizée si grossierement que l'on en peust discerner les rceaux. La vraye dose est d'vn scrupule iusqu'à vn scrupule & demy.

De l'Alypon, CHAP. XX.

Les noms. LEs Grecs appellent ceste plante ἄλυπον & les Latins *Alypum* & *Alypia*, comme qui diroit *remede sans douleur*, par vne antiphrase, sinon qu'on aime mieux dire qu'elle est appellée *Alypon* ; comme qui diroit ἅλυκον, c'est à dire *salée*, ou *maritime* ; pource qu'elle croist le long de la marine, ainsi que dit Dioscoride.

Alypon, de Matthiol.

La forme. C'est, dit-il, vne herbe rougeastre, qui fait des petites branches gresles, & des fueilles menuës, & beaucoup de fleurs molles & lisses. Sa racine est comme celle de la Poirée & menuë, (Oribaze ne dit point que la racine resemble à la Poirée, ny qu'elle soit menuë.) Sa graine resemble à celle de l'Epithim. (Actuarius dit à celle du Thim.) Elle croist és lieux maritimes ; mais principalement il y en a abondance en Lybie, comme aussi en d'autres lieux. *Alypon*, dit Pline, est vne petite tige, chargée d'vne teste molle, resemblant à la Poirée, d'vn goust acre & visqueux, qui pique & brusle tres-fort. Selon Actuarius *Alypon* est le *Turbith blanc* des Apothicaires & Arabes. Car en la composition de la petite Trifera il dit : Si tu veux que ceste medecine euacuë le phlegme, il y faut adiouster de *l'Alypon*, c'est à dire *du Turbith blanc*. Et en autre passage ; Le *Turbith* qui est la racine de la Pityusa : & le *Turbith blanc*, qui est la racine *d'Alypia*, euacuët le phlegme visqueux. Or pource que Actuarius d'escrit *l'Alypon* quasi par les mesmes mots de Dioscoride, adioustant que sa graine euacuë l'humeur que les Medecins appellent Bilis atra, par le bas ; aucuns ont pensé qu'il y auoit de la difference entre *Alypon* & *Alypia*, laquelle ne purge pas la Bilis atra ; mais le phlegme. Mais Actuarius a voulu inferer que les racines de ceste plāte lesquelles il appelle *Turbith*, auoient vne proprieté, & la graine *d'Alypon* ou *Alypia* vne autre : combien qu'en effect ce soit vne mesme plante. Ce que Paulus confirme par ces mots : Nous auons desia dit, que la graine *d'Alypon* euacuë la

Liu. 3. c. 173. — Liu. 5. de la meth. — Liu. 27. ch. 4. — Liu. 5. de la meth. — Liu. 7. c. 4.

Bilis atra par le bas, estant prinse au mesme poids que l'Epithym, auec du sel & du vinaigre: toutfois si nous deuons adiouster foy à Dioscoride, elle vlcere aucunement les intestins. Or c'est à mo
Liure 3. des purg. ch. 2. iugement ce qu'on appelle maintenant *Alypias*. Mesuë dit, que le *Turbith* est la racine d'vne herb qui rend du laict, & a les fueilles comme la Ferule. Serapion appelle *Turbith*, le *Tripolium* de Dio
Chap 330. des simpl. scoride. Si bien qu'il est bien mal-aisé auiourd'huy de sçauoir iuger quelle plante doit estre prinse
Sur le c. 173. liu. 4. pour *l'Alypon*. Matthiol dit que Lucas Ghini luy enuoya de Pise, la plante qui est icy peinte pour *l'Alypon*; mais Pena dit que le pourtrait n'en est pas naturel, qu'il ne sçait point de plante qui approche mieux de *l'Alypo* (apres les Ferules) tant en la description, comme en la proprieté de purger, que fait la plante maritime qui est icy pei te laquelle on appelle communement en Languedoc *Her terrible*, de laquelle il a esté parlé cy-dessus au chapitre l'Empetrum. L'Escluse en a mis le pourtrait sous le no *d'Hippoglossum* de Valence, & dit qu'il l'a veuë en fleur mois de Feurier & de Mars, parmy les lieux deserts de l'A dalousie, & au Royaume de Murcia, & par tout celuy de V lence. Ceux d'Andalousie l'appellent *Coronilla de froyles, Siempre enxuta*, pource qu'elle semble estre tousiours sec & sans suc: mais ceux de Murcia & de Valence l'appellent S *gullada*; quelques professeurs de Valence l'appelloient *Hip glossum*, iaçoit qu'elle n'ait rien de commun auec les Hip glosses de Dioscoride; sinon qu'on vueille dire qu'elle esta si appellée pource que ses fueilles resemblent à celles Brusc: & neantmoins les fueilles de cette plante sont p longues & plus estroites vers la queuë, ioint qu'il y a de la ference quant aux proprietez. L'Escluse ne tient pas aussi ce soit *l'Alypon*, d'autant que c'est vne plante du tout seche sans suc. Au reste il dit que les charlatans de l'Andalou ordonnent contre la grosse verole la decoction de cette pl te auec heureux succez. Aucuns l'appellent *Ptarmica* & *nyza tertia*. Au surplus Dioscoride dit que la graine *d'Aly*
Liu. 4. c. 173. *Les vertus.* purge la melancholie aduste, si on en prend au poids de l' thym, auec du sel & du vinaigre; toutefois il vlcere aucu ment les intestins. Pline dit qu'elle lasche le ventre es
Liu. 27. ch. 4. prinse en eau miellée, auec vn peu de sel. La moindre est de deux dragmes, la moyenne de quatre, & la plus grande de six. Or il la faut prendre auec bouillon d'vne poule.

Alypon de Pena, Herbe terrible en Languedoc.

Du Pycnocomon, CHAP. XXI.

Les noms. *Liu. 4 c. 169* *La forme.* CESTE plante est appellée en Grec πυκνόκομον: & en Latin *Pycnocomum*. Dioscorid que ses fueilles resemblent à celles de la Roquette: mais elles sont aspres, grosses, & acres. Sa tige est quarrée; sa fleur resemble à celle du Basilic. Sa graine est sembla celle du Marrube. (Aux communs exemplaires Grecs il y a πεάσιυ; mais aux autres πεάσυ, c'est à dire *du Porreau*; comme aussi Oribaze a leu.) Sa racine est noire, ronde, pasle, faite à
Le lieu. d'vne petite Pomme; & sent la terre. Il croist parmy les rochers. Pline en dit de mesme en peu de Le *Pycnocomon* lasche aussi le ventre, Il a les fueilles cõme la Roquette; toutefois elles sont plus ses, & plus rares, (ces mots plus rares contrarient à la signification du nom de *Pycnocomon*; car il ble qu'il ait esté ainsi appellé pour auoir les fueilles touffues. Il faut donc mettre au lieu de *rari*
Liu. 26. ch. 8. *acrioribus*, c'est à dire, *plus acres*, suyuant le viel exemplaire, & l'authorité mesme de Dioscorid racine est ronde, iaune, & sent la terre. Sa tige est mediocre, quarrée, & mince. Sa fleur est co celle du Basilic. Il croist sur les rochers. Or il n'y a aucun Herboriste, du moins que i'aye ouy parler, qui se vante de cognoistre le vray *Pycnocomon*. Que si quelqu'vn estoit si curieux ligent qu'il le peust treuuer, il se peust asseurer, qu'il a de singulieres proprietez, suyuant Pli
Les vertus. Dioscoride. Car Dioscoride dit que sa graine prinse au poids d'vne dragme, fait songer des ges fascheux & terribles. Appliquée auec griotte seche, elle resout les enfleures, & fai les eschardes & aiguillons fichez dans le corps. Mesme ses fueilles appliquées font re les foroncles & autres petites apostumes. Sa racine lasche le ventre, & euacue les hu bilieuses, estant prinse au poids de deux dragmes en eau miellée. Ce qu'il semble qu
Liu. 26. ch. 8. ne ait prins de Dioscoride. Sa racine, dit-il, prinse en eau miellée au poids de d.

ceniers, lasche le ventre, & euacuë la bile, & le phlegme. Sa graine fait auoir des songes fascheux, e prenant en vin au poids d'vne dragme, En outre, les foroncles viennent par tous les endroits u corps; mesme quelquefois ils font mourir, quand ils viennent à quelqu'vn qui a le corps de-ile. Pour y remedier il faut prendre des fueilles de *Pycnocomos*, & les broyer auec de la griotte se-he, puis les appliquer dessus, pourueu qu'ils ne soient trop auancez. En vn autre endroit il dit que a graine du *Pycnocomon* fait sortir le bout des flesches qui est fiché dans le corps.

De l'Epithym, ou Teigne de Thym. *CHAP. XXII.*

CE que les Grecs appellent ἐπίθυμον, est aussi appellé en Latin *Epithymum*: en Arabe *Epitimo*: en François *Teigne de Thym*. Dioscoride dit que c'est la fleur du *Thym dur*, qui resemble à la *Thymbra*. Elle a des petits boutons lisses, auec des petites queuës comme de cheueux. Pline s'accorde quasi entierement auec Dioscoride. *L'Epithym*, dit-il, lasche e ventre. C'est la *fleur du Thym* qui resemble à la Sarriette: ceste-cy est verte, & cell de l'autre *Thym* st blanche. Aucuns l'appellent *Hippopheon*. Il est contraire à l'estomac, & prouoque à vomir: neant-oins il resout les trenchées & les ventositez. Il est bon contre les maladies de la poitrine estant rins en looch auec du miel, en y adioustant quelquefois de la Flambe. Il lasche le ventre, si on n prend de quatre à six dragmes auec vn peu de miel, de sel, & de vinaigre. Vn peu apres il ad-uste vne autre opinion touchant *l'Epithym*: Aucuns, dit il, tiennent qu'il croist sans racine, & est enu à mode d'vn poil, & rouge, & qu'il le faut faire secher à l'ombre, & qu'ainsi il euacuë la bile le phlegme, si on en prend au poids d'vn demy acetabule, auec de l'eau. Mesuë dit que l'*Epithym* roist dessus le *Thym* & la Sarriette, & sur certaine espece d'Origan, à mode de la Cassuta. Et qu'il 'en treuue de deux sortes; à sçauoir celuy de Candie, qui est le meilleur, principalement quand il

Les noms.

Liu. 4. c. 172.

La forme.

Liu. 26. c. 8.

Liure de la med. purg. chap. 16.

Epithym, de Matthiol. *Epithym des Grecs & des Arabes, de Lobel.*

des petits boutons fleuris & qu'il est acre, rousseastre, odorant & pesant: l'autre qui est celuy e Syrie, est le plus petit, roux, & de moindre estime; aussi bien que le pasle, & le iaunastre. Voilà e qu'en dit Mesuë, Or l'*Epithym* des Arabes, ou soit celuy dont nous vsons aujourd'huy, n'est au-e chose qu'vne certaine cheuelure entortillée qui croist sur le *Thym*, sans aucune racine, & s'y en-rtille. A raison de quoy aucuns on esté en doute; à sçauoir mon si celuy des Grecs, & celuy des rabes; ou bien le nostre, estoit vne mesme chose: pource que Dioscoride dit, que c'est la fleur u *Thym* dur. Mais en effect *l'Epithym* des Arabes, ou le nostre, est le mesme que celuy de Diosco-de. Toutefois il est à noter, comme Pena l'enseigne bien expressement, qu'il y a deux especes de *hym*; dont l'vn est le plus grand, & a les fueilles comme la Sarriette, ou l'Hyssope, & fait au bout de ses branches des petits boutons en espic, à mode de la Stœchas, & a les fleurs blaffardes, tirans sur le purputin, auec vne infinité de cheuelures: lequel est aussi le meilleur, & s'apporte de Syrie à Venize. L'autre est le commun, & le noir de Pline, que Dioscoride appelle *Serpillum zygis*, lequel vient par les collines le long de la marine du Languedoc, & est fort petit, & fait les fueilles & la fleur comme le Serpolet, & est plus roide, & couuert des cheuelures deliées de *l'Epithym*. Dioscoride ne parle que du premier, qui fait *l'Epithym*, & n'est autre que des boutons de fleurs doubles garnis de petites queuës, à mode de cheueux, de couleur brune ou rougeastre. Ses fleurs sont quelquefois blanches, & par fois verdastres: mais celles de l'vn & l'autre *Thym* sont purpurines. Or nous vsons de l'autre *Epithym*, qui croist sur le *Thym commun*; d'autant que l'on ne treuue guieres de celuy de Syrie.

Le temperament & les vertus. *Diosc. liu. 4. chap. 142.* *Liure 6. des simpl.* *Liu. 7. ch. 4.*

Iceluy prins en breuuage auec du miel euacuë par le bas le phlegme, & la melancholie aduste. Il sert particulierement aux melancholiques, & à ceux qui sont pleins de ventositez estant pris au poids de quatre dragmes, auec du miel, du sel & vn brin de vinaigre. Galien dit que *l'Epithym* a les mesmes proprietez que le *Thym*; toutefois qu'il a plus d'efficace en tout & par tout: qu'il eschauffe & desseche au troisiesme degré. Paulus dit que *l'Epithym* est vn des plus souuerains remedes pour euacuër la melancholie aduste, & qu'il faut prendre cinq dragmes de sa poudre en vne hemine de laict.

De la Goutte de Lin, CHAP. XXIII.

Les noms.

LEs modernes Grecs appellent cette plante κασύθα: & les Latins *Cassytha*, ou bien *Cassutha*, en changeant le y en u: les Simplicistes & Apothicaires retenans l'ombre de ce nom l'appellent *Cuscuta*: les Arabes *Chassuth*, ou *Cuscuth*. Aucuns l'appellent *Podagra Lini*, pource qu'elle s'entortille au Lin: & *Angina Lini*, pource qu'elle lie estroitemẽt ce qu'elle embrasse; tellement qu'il n'est pas aisé de l'en demesler: en François on l'appelle *Goutte* ou *Agourre de Lin*: en Allemand *Filtzkraut*, ou *Flachszeiden*. Les anciens Grecs n'ont rien escrit touchant cette plante, au moins que ie sache. Toutefois Pline parlant des plantes qui se nourrissent sur les autres, comme le Guy, dit qu'en Syrie il y a vne herbe qui est appellée *Cassytas*, laquelle s'entortille non seulement aux arbres, mais aussi aux espines.

Liu. 16. c. 44.

Or aux communs exemplaires le mot *Cassyta* est escrit sans aspiration, peut estre par la faute des Libraires. En d'autres il y a *Cadytas* au lieu d *Cassythas*: comme aussi en Theophraste, duquel Pline a prins ce qu'il en dit. Car il y a ainsi: *Et cell petite herbe de Syrie, qui est appellée Cadytas, croist sur les arbres & espines, & quelques autres plãtes*

Liu. 2. des caus. ch. 23.

Liu. 2. c. 131. *La forme.*

Au reste la *Cuscuta*, suyuant la description de Ruel, croist sur les plantes herbuës, s'appuyant à icelles, & n'a aucune racine; mais est comme vne cheuelure, de merueilleuse longueur qui sort d creux des ailerons des branches, & s'entortille à icelles quan & quant. Et puis, comme si elle estoit attachée auec des veillons, elle va rampant iusqu'au haut des plantes, lesquelles ell embrasse par plusieurs tours, si fort elle aime à s'entortiller Elle n'a point de fueilles: mais bien des fleurs blanches & vn graine menuë. Sa cheuelure est de couleur de pourpre: blaffarde, & quelque fois rouge, tirant sur le roux, de la grosseur d'vne corde de lut.

Goutte de Lin, de Matthiol.

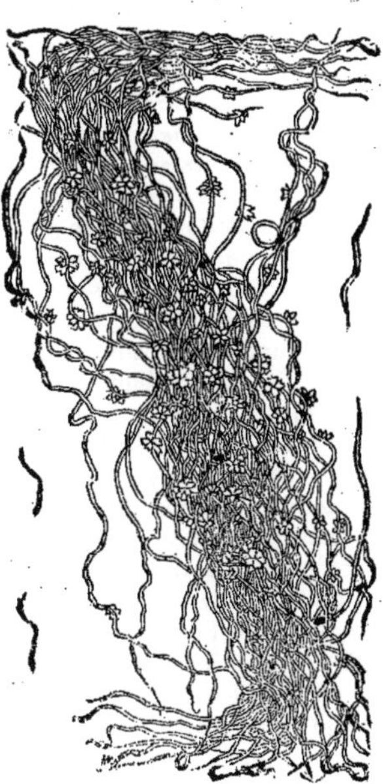

Le lieu.

Or elle ne croist pas en terre; mais par tou sur les herbes, à la cime desquelles elles s'entortille en tant d façons, & si espez, qu'elle tient tout le dessous à l'ombre comme si c'estoit vn pauillon. Quelquefois aussi à force de charge la cime elle fait coucher les plantes contre terre, & ainsi estouse auec ses lacs sa propre mere, ou bien en luy succant continuellemẽt sa nourriture, la fait secher. Voila ce qu'en dit Rue Mais, dit Pena, plusieurs doutent aussi bien comme de *l'Epithym & Epithymbra*, de la *Cassutha*, assauoir mon si ell croist du commencement par le moyen de sa racine; & pui estant creüe s'aggraffe aux plantes voisines, sur lesquelles treuuant assez de nourriture, ses petites racines viennent à seche Sur quoy il respond, que *l'Epithym, l'Epithymbra*, & la *Cassutha*, naissent & rampent d'vne mesme maniere. Car la *Cassuth* commançant à croistre, & embrassant les ceps de Vigne c Languedoc consume tellement leur nourriture, par vne infinité de petites bouches, que ses racines, comme ne luy seruai plus de rien, & ayant oublié leur charge, se sechent par la ch leur, & se rompent, tout ainsi que le nombril des enfans se s che apres qu'ils sont nez; d'autãt que la viande prend vn autr chemi chemin ; & neantmoins ses filamens & boutons demeurent attachez auec les ceps de Vignes, ou autres plantes; tellement qu'il semble qu'ils y soient creux. Et de fait il dit, qu'il a remarqué cela parmy les Vignes ; & mesme en ayant cueilly, & semé de la graine de la *Cassutha*. Or faut il croire qu'elle est chaude au premier degré, & seche au second : car elle a quelque peu d'amertume. Ruel declare aussi ses proprietez suyuant les Arabes, comme s'ensuit : Elle est detersiue, & si est propre pour fortifier, en tant qu'elle est aucunement astringeante. Elle desopile le foye, & guerit l'opilation de la ratte. Elle euacuë des veines les humeurs bilieuses & phlegmatiques, & prouoque l'vrine. Elle guerit la iaunisse procedant de l'opilation du foye. Elle est bonne aux fieures des petits enfans : toutefois si on en vse par trop, elle charge l'estomac par le moyen de son astriction ; ce qui se pourra euiter en y adioustant vn peu d'Anis. Elle purge naturellement l'humeur cholerique; mais elle fera plus d'operation si on y adiouste de l'Absinthe. Voila les proprietez que les Arabes attribuent à la *Cassutha*, disans qu'elle fera encor plus d'operation si elle est aidée par le naturel de la Plante qui la nourrit. Voila peut estre, pourquoy les anciens Grecs n'en ont point fait de mention, pource qu'il est vray semblable qu'elle a les mesmes vertus que l'herbe qui la soustient, comme estant nourrie d'vne mesme nourriture. Car comme les Medecins Arabes ont escrit, si elle croist sur vne herbe chaude, ou sur vn arbre chaud, elle sera aussi chaude : & croissant sur vne Plante froide, elle sera froide. Voila ce qu'en dit Ruel. Lobel aussi dit que la *Cassutha* retire aucunement à la Plante que la nourrit quant aux facultez. Et que pourtant les Practiciens & Apothicaires font plus d'estat de celle qui croist sur le Lin, pource qu'elle est moins chaude & astringeante, & qu'elle est plus remollitiue, lenitiue & detersiue ; & plus propre pour preparer deuant que de purger ou resoudre, & qu'elle guerit l'opilation du foye & de la ratte, procedans des humeurs bilieuses ou phlegmatiques : à raison de quoy elle guerit, ainsi que dit Mesuë, les fieures tant tierces, quartes, que phlegmatiques; & euacuë la bile par le bas, principalement en y adioustant de l'Absinthe. Lobel dit qu'il a veu aux enuirons de Sommerset en Angleterre de la *Cassutha* qui estoit creuë sur des Orties : laquelle estoit beaucoup plus propre pour prouoquer l'vrine, & pour desopiler, que les autres.

Le temperament & les vertus. Liu.1.c.131.

Du Ben, *CHAP. XXIV.*

Les noms.

LEs Grecs appellent ce fruict βάλανος μυρεψική : Theophraste l'appelle simplement βάλανος : les Latins *Glans vnguentaria* : Pline l'appelle *Myrobolanos*, qui signifie la mesme chose : les Arabes *Habben*, ou *Ben* : les Italiens *Ghianda vnguentaria* : les Espagnols *Auellana de la India*. Ce fruict, ainsi que dit Pena, est fait à triangle, à mode d'vn gland, principalement de fouteau, d'où est venu son nom : mais à cause de l'huile qu'il rend, on l'a appellé *Myrepsica*, ou *Vnguentaria*, pource que les parfumeurs vsent fort de cét huile. Or Dioscoride le descrit ainsi : Le *Ben*, dit-il, est le fruict d'vn arbre semblable au Tamarisc, gros comme vne Noisette, le dedans duquel estant pressé rend vne humeur comme les Amandes ameres, de laquelle on vse au lieu d'huile pour faire les onguents precieux. Il en croist en Ethiopie, Egypte, & Arabie, & en Petra de Iudée. On en fait plus d'estat quand il est frais, blanc, & plein, & aisé à peler. Theophraste en a escrit comme s'ensuit: *L'arbre qui est nommé Balanus, a prins ce nom à cause de son fruict. Ses fueilles resemblent à celles du Meurte ; toutefois elles sont plus longues. C'est vn arbre grand & large, qui n'est pas droit, mais tortu. Les parfumeurs se seruent des escailles de son fruict pilées : car elles retiennent bien la bonne senteur ; mais le fruict ne vaut rien à cela. Or est il de la grosseur & figure d'vne Capre. Le bois de l'arbre est fort, & bon à plusieurs choses, principalement à faire des nauires.* Par ces mots Theophraste declare, que les parfumeurs auoient accoustumé d'vser en leurs compositions de l'escorce pilée du *Ben*, pour en faire le corps des onguents & pour les espessir, afin qu'ils retinssent mieux leur bonne senteur, à quoy le noyau n'est pas propre. Pline en traitte aussi en cette maniere : Le *Ben*, dit-il croist en la region des Troglodytes, & en la haute Egypte, qui diuise la Iudée d'auec la basse Egypte. Il a esté produit de nature pour seruir aux parfumeurs, comme aussi son nom & sa forme le monstrent: car c'est vne noix croissant en vn arbre qui a les fueilles semblables à l'herbe de Heliotropium, dont nous parlerons cy-apres entre les herbes. Cette noix est grosse comme vne Noisette. Le *Ben* qui croist en Arabie est blanc, & est appellé *Ben de Syrie*. Au contraire celuy qui vient en la haute Egypte est noir. L'huile du *Ben* blanc est tenu pour le meilleur; mais le noir en rend dauantage. Celuy des Troglodytes est le moindre de tous; aucuns preferent celuy d'Ethiopie à tous les autres, qui a la noix grasse & noire, & le noyau petit: toutefois l'huyle qu'elle rend est plus propre pour faire les parfums ; ce *Ben* croist en la Plaine. Quant au *Ben* d'Egypte, on dit qu'il est plus gras, & a l'escorce rouge plus espesse que les autres. Et combien qu'il croisse és marais, neantmoins il est plus court, plus sec, & plus petit. Au contraire le *Ben* d'Arabie est plus verd & plus subtil : & pource qu'il croist aux montagnes, il en est plus serré. Mais le *Ben* qu'on apporte de Petra emporte le bruit par dessus tous. Il a l'escaille noire, & le noyau blanc. Les parfumeurs se seruent seule-

Liu.4.c.154. *La forme.* *Le lieu.* Liu.12.c.21.

ment des escailles pilées : mais les Medecins seruent des noyaux, les arrousans peu à peu d'eau chaude quand ils les pilent. Voila comment les anciens ne s'accordent pas en la description d'vn mesme arbre & fruict. Car Dioscoride dit que cest arbre a les fueilles comme le Tamarisc ; Theophraste les compare à celles du Meurte ; & Pline à celles de l'Heliotropium. Or veu qu'il y a grande diuersité entre ces fueilles, il faut bien qu'il y ait de la faute en quelqu'vn de ces autheurs. Dioscoride compare le fruict à vne Noisette. Pline dit qu'il est de la grosseur d'vne Noisette. Theophraste dit qu'il resemble à vne Cappre en grandeur & figure. Dioscoride dit que l'on pile le noyau, & qu'il rend vne humeur comme les Amandes ameres ; auec lequel Galien s'accorde, disant que les parfumeurs vsent du suc de son noyau. Theophraste dit qu'ils se seruent des escailles pilées du mesme fruict, & que le noyau ne sert à rien. Pline dit bien aussi que les parfumeurs ne pressent que les escailles ; mais il adiouste que les Medecins pilent les noyaux. Mesuë dit qu'il y a *deux sortes de Ben* à sçauoir vn *grand*, & vn *petit*. Le *grand*, dit-il, est gros comme vne Noisette & est fait à triangle. Le *petit* resemble à vn Pois ciche, & ne vaut rien ; toutefois l'vn & l'autre a le noyau doux & huileux : le *grand* est le meilleur principalement celuy de Syrie. Il a l'escaille blanche, lisse & mince, auec vne chair au dedans qui est grasse, Le *petit* est moins dengereux, quand il est noir blancheastre, & a le dedans blanc, gras, & frais. Mais il n'y a personne qui ait plus naturellement pourtrait ce fruict que Pena ; lequel en a fait aussi la description, disant que c'est vne gousse fort belle, de la longueur d'vne paume, composée de deux pieces, longue, ronde, & graile, ayant deux cauitez au dedans, à sçauoir au deux bouts, où elle est plus grosse ; dans lesquelles il y a vne noix en chascune : mais au bout elle a vne pointe faite à mode de bec. Elle est rousseastre par dedans, & par dehors elle est grise ou cendrée, & a des canneleures & rides tout du long, comme si elle estoit toute de cuir, soupple & escailleuse. Elle est fade, vn peu astringeante & seche. Voila ce qu'en dit Pena.

Liu. 6. des simpl. Liure de la med. purg. chap. 12.

Gousse du Ben auec son fruict de Pena.

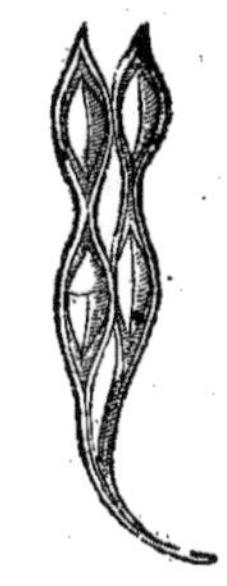

Les vertus. Liu. 4 c. 154.

Au reste la *noix de Ben* suyuant Dioscoride, broyée & prinse auec eau & vinaigre au poid d'vne dragme, consume la ratte. On la peut bien aussi appliquer dessus, auec de farine d'Yuroye & eau miellée ; & mesme sur les gouttes. Cuite auec du vinaigre elle guerit la rongne & la gratelle. Auec du Nitre elle guerit la morphée, & les cicatrices noires. Auec vrine elle efface les lentilles, boutons, & autres taches causées par le Soleil, & les vessies du visage. Elle prouoque à vomir ; prinse en eau miellée, elle lasche le ventre. Elle est fort contraire à l'estomac. L'huile qu'on en tire lasche le ventre. Son escaille est astringeante τὸ δ᾽ ἐκκοπείσης καὶ ἐκθλιβείσης αὐτῆς ἐκπίεσμα, &c. c'est à dire, suyuant la traduction de Cornarius : *Mais le marc qui reste apres auoir pilée la noix & pressée, est bon pour mesler parmy les pastes que l'on fait contre l'aspreté de la peau & la demangeaison.* D'autres disent que ἐκπίεσμα signifie *le suc*. Toutefois Galien authorise la premiere traduction : car ayant parlé du suc du noyau, il adiouste ἀπόθλιμμα ὑπόλοιπον, c'est à dire, *le marc qui reste apres l'auoir pressé*, au lieu de ce que Dioscoride appelle ἐκπίεσμα. Or voicy tout ce qu'il en dit : On apporte, dit-il, les *noix de Ben* de Barbarie. Les parfumeurs se seruent du suc du noyau, qui est d'vn naturel chaud : mais le marc qui reste apres qu'on en a tiré le suc, est terrestre, dur, & amer, auec vn peu d'astriction meslée parmy. Parquoy il est detersif, incisif, & astringeant tout ensemble. Ainsi il est propre pour guerir les boutons, lentilles, & vessies du visage, & la demangeaison ; comme aussi la rongne & la gratelle. Mesme il consume la ratte, & la dureté du foye. Que si quelqu'vn prend de ces *noyaux* au poid d'vne dragme auec de l'Hydromel, cela le prouoquera à vomir : mesme souuent cela fait lascher le ventre. Parquoy quand il est question d'en vser pour purger les parties interieures, principalement le foye & la ratte, il les faut prendre auec eau & vinaigre : car le vinaigre y est fort propre pour aider leurs operations dans le corps. Et de faict ce medicament est de telle efficace, qu'il nettoye la rongne & la gratelle, & plus encor les accidens qui sont moindres, comme les lentilles, la morphée, les boutons du visage, & les vessies ; comme aussi la rache & les vlceres, & tous autres accidens causez par de grosses humeurs. Or quand on les veut appliquer sur la ratte, il sera bon d'y adiouster quelque farine desiccatiue comme de farine d'Ers ou d'Yuroye. Voila ce qu'en dit Galien.

Liure 6. des simpl.

Le temperament & les vertus.

Mesuë dit que le *Ben grand* eschauffe au commencement du troisiesme degré, & desseche au second. Il a vne humidité excrementitie & acre, par laquelle il desuoye l'estomac, prouoque à vomir, & trouble les parties interieures. Il euacuë le phlegme gros & visqueux tant par le haut que par le bas ; ainsi il est propre contre la colique, tant phlegmatique que venteuse, tant pris par la bouche, que appliqué en suppositoire ou en clystere. Appliqué en cataplasme auec farine d'Orge, & du miel, il sert par le moyen de sa chaleur, aux maladies froides des nerfs, aux spasmes & retirement des nerfs, & aux conuulsions qui font tenir la personne roide comme vn pau. Il est propre aussi à resoudre les enfleures dures, les escrouëlles, & les durillons des iointures, estant appliqué auec miel. Mais auec de farine de Lupin upins & de Spica nardi il sert à l'opilation du foye & de la ratte, & à la durté desdites parties. outefois le *petit Ben*, comme aussi son huile, sont plus propres pour cest effect. Ce mesme huile istilé dans les oreilles, guerit le tintement d'icelles, & sert contre l'ouye dure. Il efface les cicatrices laides, les lentilles, la morphée, & autres accidens de la peau: car il est incisif, attenuatif, tersif, purgatif, & aperitif. Le *Le petit Ben* a plus d'efficace en tout & par tout, il purge auec grand urment, & debilité la personne; causant en outre des sueurs froides. Parquoy il n'en faut pas er, ny de son huile aussi; sinon en emplastre, onguent, & cataplasme. Pour empescher que la *oix de Ben* ne nuise à l'estomac il la faut rostir: car par ce moyen son humidité excrementitie & re, qui cause tels accidens, vient à se cuire & resoudre; & alors elle purge seulement par le bas. y faut aussi adiouster, principalement en la cuisant, de la graine d'Anis & de Fenouïl. Aujourd'huy les Apothicaires & les parfumeurs, tirent l'huile des *noix de Ben* tant pour seruir en medecine, que pour la volupté; d'autant que comme il n'a aucune odeur, aussi ne deuient il iamais rance, ny puant, quelque vieil qu'il soit. Parquoy c'est le plus propre de tous les huiles pour maintenir ng temps la bonne senteur & vertu, de quelque chose qu'on y mesle, comme du musc, de la ciuette, de l'ambre: mesme il ne tache, ny ne salit point les gans, ny les accoustremens.

Des Myrobolans, CHAP. XXV.

Les anciens autheurs tant Grecs que Latins n'ont pas eu la cognoissance des fruicts purgatifs desquels nous traittons icy; mais seulement les plus modernes Grecs, comme Actuarius: car ils ont esté treuuez par les Arabes, qui en ont souuentefois vsé aux purgations legeres. Auicenne les appelle tous generalement *Delegi*, ou *Dilegi*, & Serapion *Hatilig*; combien que Garcie, qui a fait l'histoire des drogues des Indes, estime qu'il y a eu de la faute aux Libraires, qui ont escrit *Hatilig*, au lieu de *Delegi*; pource que tous les autres Medecins Arabes disent que les *Myrobolans* sont appellez *Delegi*. Or les traducteurs voyans que ces fruicts estoient aussi faits à mode de gland, les ont appellez mal à propos *Myrobolani*: car ils eussent mieux fait les appeller *Prunes*; veu que ces fruicts resemblent mieux aux *Prunes*. Dauantage veu que le ot *Myrobalanus* signifie *vne noix propre pour les onguens*, il ne conuient aucunement à ces fruicts, i ne valent rien pour faire les onguens. Or il y a en tout *six especes de Mirobolans*; à sçauoir les *onds*, ou *iaunes*, ou soit *Citrins*, que les Arabes appellent *Azfar*: & les Indes ou Noirs *Asuar*: les ebules *Quebulgi*: les Bellerics *Belleregi*: & les Embliques *Embelgi*. Auicenne appelle les Embliques *Senitiques*, qui sont les plus petits, & les plus legers. Comme Serapion le monstre, disant: es *Myrobolans de Seni*, sont espece de *Myrobolans*, ils ont l'escorce deliée, qui est la propre marque es Embliques. Mesuë dit qu'il y en a qui estiment que les *Myrobolans Citrins noirs*, & *Cepules*, croissent tous sur vn mesme arbre; & que les *Citrins* sont ceux qui ne sont pas meurs, & les *noirs* sont ux qui sont meurs: & pource que cest arbre, suyuant lesdits autheurs, porte deux fois, les *Myrobolans Citrins* & les *noirs*, sont de la premiere portée, & les *Cepules* de la seconde. D'autres tiennent ue ce sont fruicts de diuers arbres; ce qui est plus croyable, d'autant qu'ils sont differens en urs operations. Ce qui est confermé par le susdit Garsie. Ceux-là, dit-il, se trompent, qui pensent que tous les *Myrobolans* croissent sur vn mesme arbre; aussi bien que ceux qui prennent pour re d'vn mesme arbre seulement les *Citrins* & les *Cepules*: car il y a cinq diuerses sortes d'arbres; (ce qui est plus esmerueillable) qui croissent en des quartiers esloignez de plus de soixante ou nt lieuës l'vn de l'autre. Les vns croissent en Goa & Batecala, les autres en Malanor & Dabul. n tout le Royaume de Cambaye il s'en treuue quatre especes. Mais les *Cebules* viennent en Bisager, Decam, Guzarate, & Bengala. Quant à ceux qu'on apporte en Portugal, ils ont esté cueillis ur la plus part entre Dabul, & Cambaye. Car nous voyons par experience, que les fruicts qui oissent aux regions qui approchent plus du Septentrion, sont les moins subiects à pourriture. r ie treuue, dit Garsie, les sortes de *Myrobolans* qui s'ensuyuent, desquels ils vsent quand il est uestion de purger legerement & sans fascherie. En premier lieu ils ont les *Myrobolans ronds*, qui uacuent la bile, & sont appellez au langage du païs où ils croissent *Arare*: & par les Medecins *ritiqui*: ce sont ceux que nous appellons *Citrins*. En second lieu sont ceux qu'ils appellent *Rezenua*, qui sont nos Indes ou Noirs. Ceux de la *troisiesme sorte* sont appellez *Gotim*, lesquels sont ronds, ous les appellons *Belleriques*. Quant à nos *Cepules* qui euacuent le phlegme ils les appellent *Areca*. oila les *quatre sortes de Myrobolans* dont ils se seruent en medecine. Car quant à la *cinquiesme espece*, que nous appellons *Embliques*, & eux *Annale*, combien qu'il en croisse en ce païs-là, si est ce qu'ils en vsent pas, sinon pour tanner les cuirs au lieu du Rumach, & pour faire l'encre. Aucuns toutefois en mangent tandis qu'ils sont verts, pour se faire venir l'appetit. Or les *Citrins* sont ronds & nguets; l'arbre qui les porte a les fueilles comme le Sorbier. Mais l'arbre qui porte les *Embeliques* les fueilles descoupées fort menu, & est grand comme vn Palmier. Les *Myrobolans* Indes sont à uict angles, leur arbre a les fueilles semblables à celles des Saules. L'arbre sur lequel croissent

Liu. 1. c. 45. Le. noms. Liu 1 c. 7.

Les especes.

Chap. 107. des simpl.

Liu. 1. c. 27.

La forme.

Myrobolans.

Myr. india. Myr. flaua. Myr. bellérica. Myr. emblica. Myr. chepula.

MYROBOLANI EMBLICAE.

les *Belleriques* a les fueilles comme le Laurier; toutefois elles sont plus blaffardes & grisastres. Les *Cebules* sont grands & longs; toutefois ils sont vn peu longuets quand ils sont du tout meurs, & faits à angles: les fueilles de leur arbre sont comme celles du Peschier. Au reste tous ces arbres sont grands comme Pruniers; & si ne sont pas cultiuez, mais sauuages; & croissent d'eux mesmes. Et d'autant qu'ils ont vn goust astringeant & aigre, comme les Sorbes mal meures, il me semble qu'ils doiuent estre froids & desiccatifs. Les Indiens ne sçauent pas la maniere de les preparer; d'autant qu'ils n'en vsent pas pour purger, ains seulement pour reserrer. Car pour se purger ils vsent de leur decoction, font la dose plus grande que nous ne faisons pas en Europe. Ils ont aussi accoustumé d'vser fort heureusement de ceux qui sont confits au sucre, entre lesquels les *Cepule* tiennent le premier rang; & en fait on plus d'estat. On confit en Bisnager, Bengala, & Cambaye les *Citrins*; & les *Inde* en Batecala & Bengala. D'iceux deuant qu'ils soient meurs on tire de l'eau par certains instrumens, de laquelle ils on donnent souuent, la faisant boire apres que l'on a prins que que conserue astringeante; & en mesle parmy les syro quand il est besoin. Pour ceux qui ont le flux de ventre, o l'estomac desuoyé, i'ordonne de prendre des *Myrobolans* C*trins* & *Belleriques* à l'entrée de table: car ceste viande le est propre pour estre astringeante auec vn peu d'aigreu En outre i'ay treuué par experience que le suc des *Myrobola* qui ne sont pas meurs, est fort souuerain contre le flux de ventre. Voila ce qu'en dit Garsie en so traitté des drogues d'Indie. Au reste Actuarius traitte des *Myrobolans* comme s'ensuit: Entre l medicamens qui purgent legerement, il y a certains fruicts pleins de bois qui sont assez cogneu lesquels on apporte de Syrie & d'Egypte; dont les vns sont appellez *iaunes*, les autres *Cepules*, & l autres *noirs*. Et tous en general sont appellez *Myrobolans*. Deux ou trois dragmes puluerizées d ceux purgent, & euacuent particulierement les humeurs superflues de la teste. Mais les *iaunes* eu cuent la bile; le *Cepules* le phlegme; les *noirs* la melancholie: & qui plus est, ils fortifient l'estoma & les intestins par leur astriction. Les *Myrobolans* rostis & lauez perdent beaucoup de leur facul purgatiue: toutefois ils se font de parties plus subtiles, & en sont plus desiccatifs. Parquoy no en vsons quand il suruient quelque defluxion qui tombe sur quelque partie dessus la teste, & q nous craignons que les intestins n'en soient vlcerez: car ils euacuent mediocrement l'humeur q fait la defluxion, & fortifient merueilleusement bien les intestins. Ceux qui sont appellez *Emp liliz* & *Emplitzi* d'vn nom Barbare, ont les mesmes facultez. Voila ce qu'en dit Actuarius. Au su plus on nous apporte principalement deux sortes de *Myrobolans* confits; à sçauoir les *Kepules Cepules* dont on fait plus d'estat, qui sont les plus gros de tous, longuets, & faits à mode d'vn limo ou d'vne pesche; ayans vne poulpe massiue, dure, & noire, du goust d'vne noix confite. Les autr sont les *Belleriques*, qui sont plus petits, plus ronds, & plus tendres à manger. Les *Citrins* sont fo semblables aux *Belleriques*, quant à leur figure & escorce, au noyau long, & à la chair: toutef elle est iaune; dont aussi ils en ont prins leur nom. Les *Indes* sont noirs & bien cogneus, à cau de leur couleur; ils n'ont point de noyau, ce nonobstant ils sont durs quasi comme pierre. On tie qu'ils sont les plus propres pour euacuer la melancholie, qui est de la mesme couleur. Finaleme il y a les *Embliques*, qui sont plustost fragmens que fruict entiers; & sont quasi faits à triangl moindres que les *Belleriques*. Les *Myrobolans*, dit Mesuë, sont medicamens benins: car tant s faut qu'ils debilitent la personne en purgeant, qu'au contraire ils fortifient le cœur, l'estomac, foye, & le demeurant du corps, en le reserrant; ce qui est seulement de mauuais en eux, pour que par ce moyen ils causent des opilations. Dauantage il est fort bon d'en mesler parmy les m dicamens acres qui debilitent la personne en purgeant; comme la Scammonée, pour les corrige mais principalement les *Citrins* sont propres pour mesler auec la Scammonée. Car ils luy so contraires tant par leur substance, que par leur qualité, & diminuent sa vertu, aidans à la pur tion. Voila ce que Mesuë dit des *Myrobolans* & encor beaucoup d'autres choses. Or Lobel a l le pourtrait de toutes les especes de *Myrobolans*, comme il se voit icy, lequel a escrit des *Embliqu* & *Belleriques* ce qui s'ensuit: Les *Embliques* sont peu refrigeratifs & dessechent au premier deg Ils euacuent de l'estomac le phlegme pourri, & le fortifient en le reserrant, comme aussi le c ueau, les nerfs, le foye, & les autres parties lasches, à raison de quoy ils sont bons au battement cœur. Ils font auoir bon appetit. Ils appaisent les vomissemens, la furie & l'esmotion de la bi

Le temperament.

Les vertus, & comment il en faut vser.

Liure 5. de la meth.

ifient la partie de l'ame raisonnable, esteignent la trop grande chaleur des parties interieures, stanchent la soif qui en prouient. Les meilleurs sont les plus grands, qui ont beaucoup de chair, ont massifs & pesans, ayans les noyaux petits. Ils purgeront mieux, & ne nuiront pas tant aux de l'estomac, si on les met tremper dans de l'eau au Soleil, iusqu'à ce qu'ils commencent à fler. Apres il les faut espreindre, & les mettre en infusion dans de l'eau miellée par l'espace deux iours ; puis apres les faire cuire à petit feu. Apres qu'ils sont cuits & refroidis, il les faut ttre dans la quarte partie de miel bien blanc. Aucuns y adjoustent des drogues, comme de la ielle, du Lignum Aloës, du Cardamome, du Saffran, de la Gallia, & autres semblables. Les *leriques* aussi sont venins, & fortifient. Ils sont froids au premier degré, & secs au second. Quant demeurant ils retirent fort aux *Embliques* quant à la vertu. Les meilleurs sont ceux qui sont s, qui ont beaucoup de chair, & qui sont pesans & massifs. Voila ce qu'en dit Lobel.

Des Tamarindes, *CHAP. XXVI.*

Ce fruict que les Arabes ont nommé *Tamarindi*, c'est à dire *Dattes d'Inde*: car *Tamar* en langue Arabque signifie *une Datte*, n'a esté non plus cogneu par les anciens Grecs que les Myrobolans. Et tout ainsi que les Arabes ont donné vn nom aux Myrobolans qui leur est mal propre, aussi en ont ils fait de mesme aux *Tamarindes* : car l'arbre qui les porte ne resemble point au Palmier, & moins en est il vne espece, comme il sera dit cy apres, si ce n'est qu'ils ayent regardé à la figure du fruict, qui resemble à vne Datte, ou à vn doigt recourbé. Garcie en son traitté des drogues des Indes, dit que en Malauar on les appelle *Puli*: & en Guzarate *Ambili*: & qu'ils portét ce nõ par tes les autres Prouinces des Indes. L'Arbre, dit-il, qui les produit est de la longueur du Fresne, du Noyer, ou du Chastagnier, & est d'vn bois fort, qui n'est point spongieux. Ses branches sont garnies de beaucoup de fueilles, qui sont descoupées bien menu, & de la grandeur de celles des Palmiers: le fruict est reourbé en forme d'vn arc, ou d'vn doigt plié. Iceluy n'estant pas meur est couuert d'vne escorce verte, laquelle deuient grisastre quand il est meur, & s'oste aisément. Il a au dedans des noyaux gros comme des Lupins cultiuez, lesquels sont aucunement ronds ; toutefois ils sont plats, vnis, & noirs. On les iette là, & retient on simplemét la chair pour s'en seruir, laquelle est visqueuse & gluante. Or il dit vne chose esmerueillable & digne d'estre remarquée; c'est que ce fruict tandis qu'il est sur l'arbre, s'enueloppe des fueilles quãd ce vient la nuict pour euiter le froid, mais de iour il en sort & s'en deuoloppe. Il est aigre tandis qu'il est vert; toutefois ceste aigreur n'est pas mal plaisante. Il en croist en diuers lieux des Indes, dit Garcie: toutefois ceux qui croissent és lieux mõtueux qui sont tournez contre le Septentrion, sont tenus pour les meilleurs, & se gardent mieux, comme sont ceux qui viennent en Cambaiete & Guzarate. Le mesme Garcie reprend Mesuë, de ce qu'il a dit que les *Tamarindes* estoient le fruict du Palmier sauuage des Indes, veu qu'il n'y a point de Palmier en toute l'Indie; mais on y porte des Dattes d'Arabie en grande abondãnce, & les y mange-on seches, ou reduites en masse, apres en auoir osté les noyaux. Garcie dit qu'il a veu en Cambaya & Guzarate vne sorte de Palmier sauuage : toutefois il est sterile & bien different d'auec l'arbre qui porte les *Tamarindes*. Il reprend semblablement Serapion de ce qu'il escrit par l'authorité de Abohanifa que les *Tamarindes* oissent en Cesarée Aman : car en Cesarée Aman qui est la Syrie, il est certain, dit Garcie, qu'il n'y croist point, veu que les marchans les y apportent des Indes. Aucuns, dit-il, appellent les *Tamarindes, Oxiphœnices*, c'est à dire *Dattes aigres*, à raison de leur aigreur, l'opinion desquels ie n'appreuue pas, ny ne la condamne pas. Mais quant à ce que Lacuna en ses Cõmentaires sur Dioscoride, chap. 126. du premier liure, dit qu'ils ne sont point differens d'auec les Dattes de la haute Egypte, comme aussi ce qu'il dit que l'arbre des *Tamarindes* est vne espece de Palmier sauuage, qui a fueilles longues & aigues au bout, ie ne le luy accorderay pas. Au reste le pourtrait de l'arbre des *Tamarindes* que nous auons mis icy a esté prins de Lobel: parquoy il sera bõ d'adiouster aussi ce qu'il

Les noms.

Liu. 1. c. 28.

La forme.

Le lieu.

chap. 348. des simpl.

Les fueilles, le fruict, & la grain des Tamarindes, de Lobel.

qu'il en a escrit. La graine fresche, dit-il, des *Tamarindes*, est aucunement semblable à celle de la Casse; toutefois elle est plus grosse & anguleuse à mode d'vn Pois quarré, excepté qu'elle est vn peu plus platte, dans des gousses poulpues, qui ont plusieurs touffes de cheueleures à l'entour, & sont plus grandes que celles de nos Phasiols, comme il s'en voit aux boutiques bien fournies en Anuers, (qui ne sont point de Dattes ou autre fruict de telle sorte, comme plusieurs ont pensé.) Ceste graine ayant esté plantée dans le Iardin de G. Driesch, a souuent produit de beaux petit arbres de la hauteur d'vne paume & demie, lesquels sont morts par la rigueur du froid. Or le mesme autheur en a fait pourtraire vn, sur lequel nous auons prins le present pourtrait. Il a les fueilles disposées vis à vis l'vne de l'autre, par ordre tout du long d'vne queuë, à mode des fueilles de l'Osmunda, qui est vne espece de Feugiere, vertes, & d'vn goust aigre, lesquelles se retirent & se serrent quand il pleut, & mesme quand le Soleil se couche. Acosta aussi traittant des *Tamarindes*

La forme.

Tamarindes de Acosta.

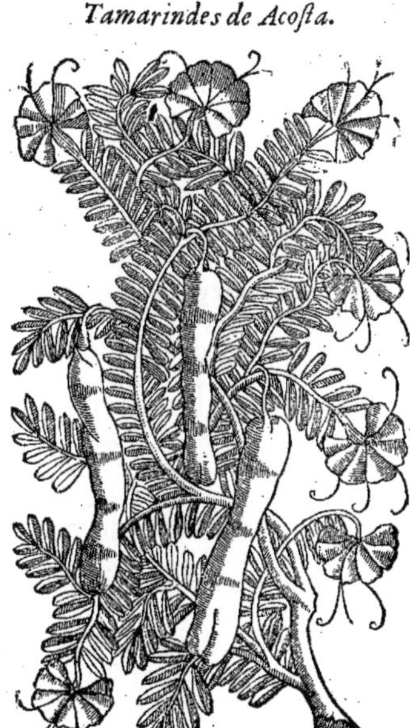

dit que c'est le fruict d'vn arbre beau & plaisant, qui est grand comme vn Chastagnier ou vn Carrubier, garny de plusieurs branches, & de fueilles qui donnent vn grand ombrage. Son bois est fort massif. Ses fueilles retirent à celles de la Feugiere femelle, que les Espagnols appellent *Helecho*: & les Biscains *Aristora*; & sont vertes-blaffardes fort belles, d'vn goust aigre & plaisant, desquelles on fait de la sausse, tout ainsi comme du Persil. Ses fleurs sont blanches, fort semblables à celles des Orengiers, quant à la figure exterieure & à l'odeur; toutefois elles sont composées de huict fueilles, dont les quatre de dedans sont blanches, & assez grosses, comme les fueilles des fleurs de Orengiers: mais les autres quatre qui sont en dehors sont plus menuës, dont il y en a deux qui sont rayées à trauers auec vn nerf de fort bonne grace. Du milieu de la fleur il sort quatre filamens recourbez comme de cornes, blancs & menus. Quant au fruict il retire fort aux Carrubes & est verd du commencement, ayant au dedans des petits noyaux ronds, à mode de ceux qui sont en la Casse, ou à mode de petits Lupins, fort durs, de couleur de terre, reluisans, & non pas iaunes, comme quelques vns ont escrit. Or nous n'vsons pas de ces grains là, ains seulement de la chair du fruict, qui est aucunement visqueuse & gluante toutefois elle a vne aigreur qui la rend plaisante. Neantmoins quelques vns de ce païs-là asseurent que ces grains là ou noyaux, estans rostis, puluerizez, & prins auec du laict aigre sont fort souuerains contre le flux de ventre. Ce fruict est aisé à arracher; mesme il tombe bien de soy-mesme. Les fueilles se retirent quand ce vient sur la nuict, & enueloppent le fruict; & à faute du fruict elles enueloppent les branches mais incontinent au poinct du iour elles commencent à se desplier d'vne fort bonne grace. Icelles broyées & appliquées sur les eresipeles, y sont fort singulieres, comme aussi aux inflammations pour empescher la defluxion d'aller plus auant. Ils s'en seruent aussi pour resoudre les inflammations sanguines, y adioustans du sel d'Ormus, & des cendres de Cambaya pour resoudre les enfleures phlegmatiques ou melancholiques. Ce fruict s'appelle en Canarin *Chincha*, & ses noyaux *Chincaro*: en Malabar *Puli*: en Guzarate *Ambili*: les Arabes, Perses & Turcs, l'appellent *Tamarindi* & les noyaux *Abes*, & l'arbre *Siger Tamarindi*. On fait plus d'estat de ceux qui croissent és lieux montueux, qui sont tournez deuers le Septentrion. Or il s'est veu par experience que l'ombre de cest arbre n'est pas moins dangereuse à ceux qui dorment dessous, que celle du Noyer. Voila ce qu'en dit Acosta. Au surplus Mesuë traittant des proprietez des *Tamarindes*, dit ainsi: Les *Tamarindes* qui sont Dattes d'Indie, sont vne excellente medecine, & qui n'est point dangereuse. Ils sont froids & secs au second degré. (Garcie estime qu'il y a de la faute en ce passage, & que les *Tamarindes* sont froids & secs au troisiesme degré) à raison de quoy ils repriment l'acrimonie des humeurs, euacuent la bile, & appaisent la trop grande chaleur & emotion d'icelle; comme aussi celle du sang; guerissent les fieures chaudes qui ont besoin de rafraischissement, comme aussi la iaunisse. Ils estranchent la soif, & appaisent toute l'ardeur de l'estomac, & du foye, & arrestent les vomissemens. Lobel dit aussi qu'ils sont froids & secs au commencement du troisiesme degré, qu'ils sont fort sains aux choleriques, leur infusion euacuë & dompte l'humeur bilieuse. Elle incise & attenuë le phegme, & estanche la soif. Garcie dit qu'il a accoustumé d'en vser souuent auec du sucre, apres les auoir bien nettoyez, & qu'il s'en treuue beaucoup mieux, que d'vser du syrop qu'on appelle *Acetosus*. Il vse aussi de leur infusion pour purger les malades, faisant tremper quatre onces

Le temperament & les vertus.

Au liure des purg. ch. 7.

onces de *Tamarindes*, dans de l'eau froide, ou d'eau d'Endiue, enuiron trois heures ; puis apres il les oste apres les auoir espreint & les couure auec vn peu de sucre. Ils euacuent les humeurs bilieuses, incisent & attenuent le phlegme. Les Indiens en vsent pour se purger sans aucun tourment, auec d'huile de Noix d'Indie. Mais les Medecins se seruent des fueilles broyées pour les appliquer sur les erisipelles.

De l'Euforbe, CHAP. XXVII.

ON appelle *l'Euforbe* en Grec εὐφόρβιον : & en Latin *Euphorbium*: en Arabe *Euforbium*, & *Forbium*: en Italien *Euforbio*: en Espagnol *Alforuian* : en François *Euforbe*. Pline a appellé l'herbe *Euphorbia*, & son suc *Euphorbium*. C'est, ainsi que dit Dioscoride, vn arbre de Lybie, à mode de la Ferule, qui croist au mont Atlas aupres de Barbarie, & est plein d'vn suc tres-acre, duquel ceux du païs ayans peur, pour raison de sa chaleur si grande, attachent des caillettes de mouton à l'arbre, & entament l'arbre de loin auec des perches, & incontinent il en sort grande quantité de suc, qui decoule dans ces caillettes ; mesme il en coule bien aussi en terre. Or il y a deux sortes de ce suc ; car l'vne est transparent comme la Sarcocolla, & gros comme vn Ers ; l'autre est dedans les caillettes, & est massif, & comme de verre. Le meilleur est celuy qui est transparent & acre. On le sophistique en y adioustant de la Sarcocolla, & de la colle. Mais il n'est pas mal-aisé de cognoistre la tromperie au goust : car dés qu'il a vne fois touché la langue, s'il est bon, la chaleur y demeure longuement empreinte ; tellement qu'il semble que tout ce que l'on taste soit *Euforbe*. Il fut treuué du temps que Iuba regnoit en Barbarie. De quoy Pline fait mention en quelques endroits. Iuba, dit-il, pere de Ptolomée, qui fut le premier qui regna sur toute la Barbarie, & fut plus renommé à cause de son sçauoir, que de son Royaume, a escrit de telles choses du mont Atlas, & en outre qu'il y croist vne herbe qui a esté nommée *Euforbia* du nom d'vn sien Medecin qui la treuua. Or il dit merueilles du suc d'icelle, qu'il est blanc comme laict, & qu'il est propre pour esclaircir la veuë, & contre les serpens, & toute autre sorte de poison. Mesme il en a fait vn traitté expres. Dauantage on apporte, dit-il, *l'Euforbe* du mont Atlas, qui est bien loin par delà le destroit de Gibraltar, & quasi au bout du monde. Et encor : Le Roy Iuba du temps de nos Peres treuua vne herbe qu'il nomma *Euforbia* du nom de son Medecin, qui estoit frere du Medecin Musa, lequel sauua la vie à l'Empereur Auguste, selon que nous auons dit cy-dessus. Mesmes il se treuue encor vn traitté expres dudit Roy Iuba, auquel il ne traitte que des vertus & proprietez de ladite herbe, affermant qu'il l'a treuuée au mont Atlas, & qu'elle a les fueilles semblables celles de la Branca vrsina (il faut lire suyuant vn vieil exemplaire, & mesme selon Dioscoride, qu'elle est à mode de la Ferule, & a les fueilles, &c.) Cette herbe e[st] si vehemente, qu'il est force de se tenir bien quand on e[n] veut tirer le suc. Et de fait apres l'auoir entamée on attache au bout d'vne perche vne caillette de cheureau, dans laquelle tombe le suc, qui est blanc comme laict au sortir ; mais estant sec il resemble à l'Encens. Ceux qui le cueillent en reçoiuent ce profit, que cela leur esclarcit la veuë. Ce suc est singulier aux morsures des serpens en quelque partie du corps que soit la playe, pourueu qu'on incise le dessus de la playe, & qu'on y applique de *l'Euforbe*. Voila ce qu'en dit Pline. En quoy il appert qu'il y a mal en Dioscoride ἐν τῷ τμώλῳ, veu que le mont Tmolus est en la Lydie, qui est en Asie la mineur, & que Ruel a fort bien leu le mont Atlas, suyuant Pline. Au reste il ne s'est encor treuué personne qui ait mis le pourtrait de la plante de *l'Euforbe*, excepté Dodon, duquel nous auons prins le present pourtrait. Il dit que cette plante creut à Bruxelles en l'an 1570. dans le Iardin de Iean Boisot, personnage genereux & tres-docte, lequel en ayant planté vne fueille, elle en produisit beaucoup d'autres, & ietta vne racine fourchue & bien branchue. Iean Leon en son histoire d'Afrique, dit que d'vn seul fruict (ainsi l'appelle il,) il en sortira quelquefois vingt-cinq, ou trente, lesquels estans meurs & incisez il en sort vn suc commme de laict, lequel deuenant visqueux se congele & s'amasse. Cest *Euforbe*, ainsi que dit Dodon, a les fueilles longues, grosses, & verdes, qui sont à demy rondes, longues, & anguleuses, & sembleroient vn Cocombre cultiué, si ce n'estoit

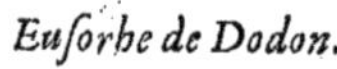

Euforbe de Dodon.

Les noms. — *Liu. 3. ch. 80.* — *La forme.* — *Liu. 5. ch. 1.* — *Liure 27. et la pref. Liu. 25. ch 7.* — *En l'hist. des purg.* — *Liure 9.* — *La forme.*

n'estoit qu'elles ont les angles plus eminens, & sont garnies de beaucoup d'espines blanches, arrangées à double rang. Icelles estans entamées rendent vn suc qui est merueilleusement acre & mordicatif, qui se prend aisément. Dioscoride dit que ce suc estant appliqué en liniment est propre pour resoudre les cataractes. Si on en prend en breuuage on se sent comme en feu tout le iour, à raison de quoy on l'incorpore en miel, & parmy les collyres, à proportion de son acrimonie. Il sert aux douleurs des anches, estans prins en quelque breuuage odorant. Il fait sortir les os effleurez en vn iour : mais il faut que ceux qui en veulent vser, garnissent la chair d'alentour des os auec de la charpie, ou du cerot. Aucuns asseurent que ceux qui auront esté mordus par quelque serpent ne s'en treuueront point mal, pourueu qu'ayans incisé la peau de dessus la playe iusqu'à l'os, ils mettent de *l'Euforbe* pulurizé dedans, & qu'ils recousent la playe par dessus. *L'Euforbe*, dit Galien, est caustique, & de parties subtiles, comme plusieurs autres sucs. En ces passages ny en d'autres aussi que i'aye leu, Dioscoride ne Galien ne font point mention que *l'Euforbe* soit purgatif, & si fait bien Pline, disant : La Veronica lasche le ventre, &c. & mesme *l'Euforbe*, ou *l'Agaric* prins au poids de deux dragmes, auec vn peu de sel, dans de l'eau, ou bien au poids de trois oboles, dans du vin miellé. Mais Aëce & Actuarius ont mieux declaré cette proprieté. *L'Euforbe*, disent-ils, euacuë le phlegme, ou plustost les aquositez. Or est-il fort subtil, & doüé d'vne faculté ignée tres-grande. Ainsi il est propre contre la colique, & à ceux qui ont le ventre froid : mais si on en donnoit à d'autres, il les esmeut horriblement, & les altere estrangement. Il y faut adiouster vn peu de quelque semence froide, & en donner au poids de trois oboles auec de l'eau miellée ; toutefois il est meilleur de le reduire en pillules auec du miel cuit. Mesuë traitte de cette proprieté de *l'Euforbe* & des autres aussi, disant : *L'Euforbe* est de la nature du feu, & est chaud & sec au quatriesme degré. C'est la plus chaude de toutes les larmes, & la plus subtile. Il brusle, & fait rougir la partie où l'on l'applique. Il vlcere, penetre, & nettoye. Son operation est si violente, qu'à force de grand tourment & destresse il fait faillir le cœur, & cause des sueurs froides. En outre il euacuë le phlegme gros & visqueux, pourueu qu'il soit fiché dans le corps ; mesme des nerfs & iointures bien esloignées, si on en prend apres l'auoir corrigé. Auec huile de Violier iaune il sert aux maladies froides des nerfs, à la paralysie, à ceux qui sont comme engourdis, aux tremblemens, aux spasmes qui font tordre les leures, aux durillons des iointures, si on le fait resoudre dans ledit huile, & qu'on l'applique en liniment ; mesme il sert aussi aux enfleures du foye & de la ratte, & aux douleurs prouenantes d'vne intemperie froide, ou de ventositez ; & pour resoudre les ventositez qui vont courant par les iointures & autres parties. Il guerit la morphée, si on le pulurize & qu'on l'en frotte auec du vinaigre. Cette poudre esmeut tres fort à esternuer. Appliqué en liniment sur le derrier de la teste auec de l'huile de Spica, il guerit les faitars ou lethargiques. Il euacuë aussi les aquositez. Mais il nuit à l'estomac & au foye par sa trop grande violence : parquoy il ne faut piler que grossierement, & y adiouster des choses qui rabatent son acrimonie, qui esteignent sa chaleur ignée, & qui adoucissent ; & ce en telle quantité qu'il en soit couuert tout à l'entour. Voilà ce qu'en dit Mesuë. Mais il est bien mal-aisé, dit Dodon, de couurir si bien *l'Euforbe*, ou le mesler auec d'autres choses, qu'il ne se face tousiours sentir. Car mesme estant dissout auec beaucoup d'huile & appliqué en liniment par dehors, il fait neantmoins vessier la peau, principalement des corps qui sont delicats. Il sera donc pour le meilleur & plus seur de n'en prendre iamais par la bouche. Mesme il est fascheux à piler, si on ne s'estoupe bien au preallable les narines. Car si vne fois son acrimonie penetre dans le nez, elle cause premierement vne demangeaison, & des esternuemens : puis apres elle fait sortir auec vne grande ardeur, grande abondance de phlegme & de morue, & finalemẽt le sang : & si fait auoir incessamment la larme à l'œil. Or pour se contregarder contre cette acrimonie, on dit que ceux de ce païs là vsent d'vne herbe qui est appellée *Anteuforbium* pour sa proprieté & vertu.

Les vertus. Liu. 3. ch. 80. — *Liure 6. des simpl.* — *Liu. 26. c. 8.* — *Liure des Purg. ch. 20.*

Anteuforbium, de Dodon.

La forme. Cette herbe fait beaucoup de petites fueilles rondes & vertes semblables à celles du Pourpier. Sa racine est mipartie en plusieurs autres. Elle est aussi pleine de suc ; toutefois il n'est point acre, mais visqueux, froid, & propre pour reprimer l'acrimonie de *l'Euforbe*. Dodon dit qu'elle est aussi creuë au Iardin du susdit Boissot, & en la mesme année que dessus, & qu'elle mourut quant & *l'Euforbe*.

Les vertus. On ne sçait pas encor si les anciens ont rien escrit touchant cette herbe. Toutefois Dodon estime qu'on la peut bien prendre pour vne espece de *Telephium*

De

De l'Aloë, CHAP. XXVIII.

L'Aloë, qui est le plus commun & le plus excellent de tous les medicamens, est appellé en Grec ἀλόη, comme aussi son suc: en Latin *Aloë*: les Apothicaires l'appellent *Aloës*: en François *Aloë*, & *l'Herbe du Perroquet*, pour raison de la verdure de ses fueilles. Or pource qu'on dit que *l'Aloë*: croist és lieux maritimes, il n'est pas hors de propos comme dit Pena, de dire qu'il a esté ainsi nommé, à cause du sel ou de la marine, l'air de laquelle il aime: & peut estre aussi qu'il est quelque peu salé par dehors, aussi bien que les autres Plantes maritimes. Aucuns l'appellent *Semperuiuum marinum*, pource que ses fueilles sont grosses & retirent à celles de la Ioubarbe. Dodon l'appelle *Semperuiuum amarum* de Columella. Mesme les Grecs d'aujourd'huy l'appellent *Aizoon*, pource qu'il est tousiours vert. Les Arabes, Persiens, & Turcs, le nomment *Cebar*, tesmoin Garcie en son traitté des drogues des Indes. Car ce qu'il est appellé en Serapion *Laber*, (en mon exemplaire il y a *Saber*) il estime que cela soit aduenu par la faute du traducteur, ou par la negligence des escriuains ou Imprimeurs: car en l'exemplaire Arabique, dit-il, il y a *Cebar*. Mais ceux de Guzarate & Decan l'appellent *Areaa*: les Canarins qui habitent la coste de cette mer l'appellent *Catecomer*: les Espagnols *Acibar*: les Portugais *Azeure*. *L'Aloë* ainsi qu'escrit Dioscoride, a les fueilles comme la Squille, grosses, grasses, & vn peu larges, rondes & recourbées: *D'vn costé & d'autre elles ont des petites espines qui vont en biaisant, & sont assez rares, & obtuses*. D'autres lisent ainsi, suyuant la traduction de Lacuna: *Les fueilles aboutissent d'vn costé & d'autre en certaines espines obtuses qui vont en biaisant, & sont disposées par interualles longs*. Ou bien suyuant la traduction de Fuchse: *Les fueilles font d'vn costé & d'autre des aiguillons courts & clair-semez qui vont en biaisant*. Ce que Ruel a traduit plus obscurement, ayant plustost

Les noms. *Liu. 3. ch. 22.* *La forme.*

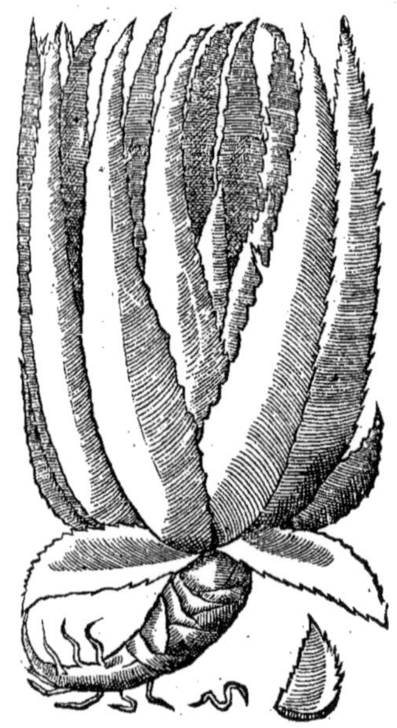

Aloë, de Matthiol.

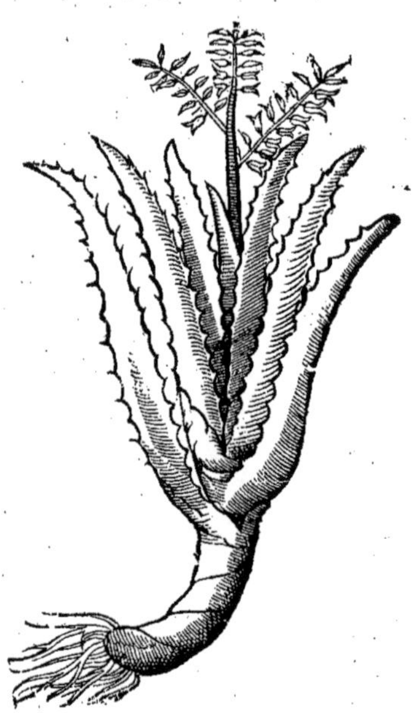

Aloë auec ses fleurs, de Matthiol.

suiuy Pline que le sens de Dioscoride: *Les fueilles*, dit-il, *sont cannelées de biais, d'vn costé & d'autre par longs interualles, & aboutissent en certains aiguillons obtus*. Or nous monstrerons tantost comment c'est que lon peut dire que les fueilles de *l'Aloë* sont cannelées. Sa tige est semblable à l'Anthericum: sa fleur est blanche: sa graine retire à celle des Afrodilles. Toute la plante a vne odeur fascheuse & est tres-amere. Elle n'a qu'vne racine qui est fichée en terre comme vn pau. Il en croist à force en Indie, où elle est fort grasse, & d'où on nous en apporte le suc. Il croist aussi en Arabie, en Asie, & en quelques lieux maritimes; & aussi en quelques Isles, comme en celle d'Andro: mais on n'en peut pas bonnement tirer du suc; toutefois il est bon pour consolider les playes, le broyant & appliquant dessus. Voila ce qu'en dit Dioscoride. Auiourd'huy il y a de *l'Aloë* qui croist fort bien en plusieurs lieux de l'Europe, & dans les Iardins mouuans, aussi bien comme il feroit en son propre lieu & en terre sablonneuse; mesme il y fleurit. Garcie en son traitté des Plantes

Le lieu. *Liu. 1. ch. 2.*

aromatiques des Indes, dit qu'il croist beaucoup *d'Aloë* en Cambaya, Bengala, & plusieurs autres lieux : mais que le meilleur est celuy de Socotora, lequel on porte en Arabie, Perse & Turquie, & finalement par toute l'Europe; & que pour cela on l'appelle *Aloë Socotorina*. Et que l'Isle de Socotora est distante de la mer rouge de 128. lieuës. Et partant qu'elle participe autant de l'Arabie que de l'Ethiopie; d'autant que ce goulphe de mer a d'vn costé l'Arabie, & de l'autre l'Ethiopie. Or on ne tire pas le suc de *l'Aloë* en vne seule ville de Socotora, comme André Lacuna l'a escrit; mais par toute l'Isle en laquelle il n'y a point de ville, ains seulement des villages, & beaucoup de bestail; mesme qu'on ne paue pas le terroir de brique pour recueillir le suc, comme il a aussi escrit. Or il dit que *l'Aloë* de Socotora est le meilleur non seulement par le commun bruit, mais aussi par le rapport de certains braues personnages. Il dit en outre, qu'il sçait fort bien qu'il croist de *l'Aloë* en plusieurs autres lieux de l'Indie, lequel on porte auec celuy de Socotora, à Ade & Gida, & de là par terre au Caire, puis en Alexandrie, ou bien on le porte à Ormus, puis à Basora, & de là au Caire & en Alexandrie : toutefois que celuy de Socotora est aisé à cognoistre auec celuy de Cambaya, Bengala & autres lieux; & qu'il se vend quatre fois autant que les autres des autres lieux. Or entre autres marques pour lesquelles on en fait cas, c'est qu'il est massif, & bien serré; mais l'autre n'est pas bien lié ensemble, d'autant qu'il est amassé de diuerses plantes. Quant à ce que Dioscoride & Pline disent que le meilleur *Aloë* vient de l'Indie, & les autres d'Alexandrie ou d'Arabie, cela ne se doit pas entendre simplement : mais de celuy qui a esté premierement porté de Socotora en Indie. Aucuns font estat de *l'Aloë* d'Alexandrie, pource que par cy deuant on auoit accoustumé de porter beaucoup de drogues à Ormus, puis à Basora, Adem, Geda, & de là à Suez sur le dos des chameaux. Or Suez est au bout de la mer rouge, d'où on les apportoit en Alexandrie, par l'emboucheure du Nil, où les Venitiens les achetoient, & en faisoient part à toute l'Europe : car il ne se fait point *d'Aloë* en Alexandrie. Au reste il ne croist pas seulement és lieux maritimes, mais aussi aux deserts de l'Indie : car il dit qu'il a voyagé par terre bien deux cents lieuës de chemin par les deserts, où il a treuué de *l'Aloë* par tout. Voila ce qu'en dit Garcie. Par où il appert que c'est qu *l'Aloë* qu'on appelle auiourd'huy *Sucotrin*, & pourquoy il a ce nom. Auquel Mesuë donne le premier rang en bonté, le second à *l'Hepatique* ou *Persique*, le troisiesme à *celuy d'Armenie*, & le quatriesme à *celuy d'Arabie*. Pline met aussi vne description de *l'Aloe*, mais assez brieuement, adioustant en outre quelques autres choses qui ne sont pas en Dioscoride. *L'Aloe*, dit-il, retire à la Squille toutefois il est plus gros & a les fueilles plus grosses, cannelées de biais. Sa tige est tendre, rouge par le milieu, retirant à l'Anthericum. Il n'a qu'vne racine, qui est fichée en terre comme vn pau. Il sent mal, & si est amer. Le meilleur vient des Indes; toutefois il en vient bien aussi en Asie mais on ne se sert sinon de ses fueilles vertes, pour consolider les playes, à quoy elles sont fort souueraines comme aussi leur suc, pour ceste cause aucuns le plantent en des barils, qui sont longs & pointus par le bas, ainsi qu'on fait la Ioubarbe. Plusieurs incisent la tige deuant que la graine soit meure pour en tirer le suc. D'autres en tirent aussi des fueilles. On treuue aussi en *l'Aloe* vne certaine gomme attachée à sa tige. Par ainsi plusieurs tiennent qu'il faut pauer tout à l'entour de plante *d'Aloe*, de peur que la terre ne boiue le suc qui en sort. Aucuns disent qu'on treuue *d'Aloe mineral* en Iudée, au dessus de Hierusalem; mais il ne vaut rien, & est le plus noir & le plus humide de tous. Pour cognoistre donc le bon *Aloes* il faut qu'il soit gras, net, roux, fraile, & amassé comme vn foye, fort aisé à resoudre : mais il ne vaut rien s'il est noir, dur, & graueleux; comme au il est aisé à cognoistre au goust. On le sophistique auec de la gomme & d'Acacia. Ce que Dioscoride dit que *l'Aloe* a la fueille semblable à la Squille, grosse, grasse, mediocrement large & ronde recourbée en dehors, garnie d'vn costé & d'autre, non pas par deuant ny par derriere, mais par les bords, de petites espines clair-semées, & obtuses. Pline ne l'explique pas si clairement, disant que *l'Aloe* retire à la Squille, excepté qu'il est plus grand, & a les fueilles plus grasses, qui sont cannelées de biais, c'est à dire qui sont descoupées de biais par les costez; tellement qu'elles semblent estre cannelées ayant leurs pointes releuées. Car autrement les fueilles de *l'Aloe* ne sont point cannelées ny par dessus ny par dessous, comme il se voit à l'œil. Pline dit qu'il se treuue vne gomme attachée à la tige de *l'Aloe*, qui en sort d'elle mesme : mais Garcie en son histoire susdite, dit que *l'Aloe* ne fait point de gomme; toutefois qu'il sort quelquefois vne certaine eau de ses fueilles, de laquelle on ne tient point de conte, & ne sert à rien. Il s'esmerueille aussi de ce que Pline dit qu'il se treuue de *l'Aloe mineral* au dessus de Ierusalem, & toutefois il s'est enquis soigneusement de cela non seulement des Medecins Iuifs, mais aussi des Apothicaires qui se disoient estre de Ierusalem, lesquels luy ont asseuré qu'il ne s'est iamais treuué de tel *Aloe* en toute la Palestine. Or Pline n'asseure pas cela, mais dit, qu'aucuns ont dit cela. De fait Dioscoride en la preface de toute son œuure, dit que ce que Niger à escrit, qu'il y auoit de *l'Aloe mineral* en Iudée, est faux. Dioscoride veut que le bon *Aloe* soit ὑπατίζουσα, c'est à dire, *à mode d'vn foye* & Pline dit, *amassé comme vn foye* & qu'on le sophistique auec de gomme & Acacia, ce qu'aussi Dioscoride a remarqué. On le sophistique, dit-il, auec de la gomme, ce qui se cognoist au goust, à l'amertume, & à l'odeur forte, auec ce qu'il ne se resout pas en menuës pieces en le froyant auec les doigts. Aucuns y adioustent aussi

Sur le ch. 23 du 21. li. 23. Dioscor.

Liu. 17. c. 4.

Liu. 1. ch. 2.

ussi de l'Acacia. A quoy Garcie dit qu'il ne faut pas adiouster foy ; d'autant qu'il y a peu de gomme & d'Acacia en ces quartiers là, ou plustost point du tout, comme il la sceu par gens dignes de foy. Dauantage ils n'ont que faire de le sophistiquer, puis qu'ils n'en ont que trop : mais pource que ceux qui l'amassent sont paresseux, & n'ostent pas toutes les ordures qui s'attachent à ce suc; cela fait qu'il s'en treuue de plus net l'vn que l'autre : mais il ne nie pas qu'il ne se puisse sophistiquer aux autres regions où on le porte. Dioscoride dit que l'herbe de *l'Aloe* est tres-amere au goust. Pline dit qu'elle est amere. Antoine Musa dit qu'elle n'est aucunement amere. Pena dit que l'herbe de nostre *Aloe* n'a pas beaucoup d'amertume ; mesme celle qu'on apporte fresche en Flandres & en Angleterre, de l'Espagne, où toutefois l'on dit qu'il s'y fait de *l'Aloë*. Et mesme son suc deuant qu'estre cuit par le Soleil, comme en hyuer, n'est comme rien amer; comme il en prend aux autres choses qui ont beaucoup d'humidité aqueuse entremeslée : car elles ont le goust fade du commencement ; puis estans bien parfaitement meures, elles ont vn goust plus parfait. Car, pour exemple, les Laictues n'ayans qu'vn mois sont douces ; mais à trois mois, lors qu'elles se chargent de fleur & de graine, elles sont ameres. Semblablement le Pourpier est fade du commencement, puis apres il deuient aigre. Toutefois Garcie s'estonne de ceux qui ne s'apperçoiuent pas de l'amertume qui est en l'herbe de *l'Aloë* au goust, asseurant qu'il en a souuent tasté, & qu'elle luy a tousiours semblé fort amere ; & tant plus il tastoit pres de la racine, plus il y treuuoit d'amertume ; mais le bout des fueilles sembloit n'auoir aucune amertume. Cette diuersité procede du terroir, & du climat : car aux lieux chauds tant l'herbe que son suc sont plus parfaitement cuits, & ainsi acquierent leur saueur, à sçauoir l'amertume: ce qui n'aduient qu'auec le temps tant à l'herbe comme au suc, qui viennent en d'autres païs plus froids. Dioscoride dit qu'il y a deux sortes de suc *d'Aloe* ; dont l'vn est sablonneux, qui semble estre la crasse de celuy qui est le plus pur. Et l'autre qui est fait à mode de foye. Et ne faut pas adiouster foy, dit Garcie, à ceux qui se font accroire que le suc qui coule du plus haut de la Plante est meilleur que celuy qui sort du milieu ou au bas d'icelle. Car il est tout bon, & n'est point sablonneux, si l'on veut prendre de la peine à l'amasser. A present les Apothicaires appellent le meilleur *Aloe, Succotrin*, la liure duquel couste vn ducat à Venize, pourueu qu'il soit clair, reluisant & iaune-rouge. Mais celuy que les Apothicaires appellent *Hepatique* est à bon marché par tout. Quant à celuy qui est sablonneux, & comme la fondraille de l'autre, ils l'appellent *Aloe Caballina*. Il reste maintenant à traitter des proprietez & vertus de *l'Aloe* suyuant ce que les autheurs tant anciens que modernes en ont escrit. Dioscoride dit que *l'Aloe*, c'est à dire le suc de l'herbe de *l'Aloe*, est astringeant, & prouoque à dormir, (en d'aucuns exemplaires Grecs ce dernier mot ὑπνωτικὴν n'y est pas) il est desiccatif, resserre les pors, & lasche le ventre. Prins à la mesure de deux cueillerées en eau froide ou tiede, il nettoye l'estomac. Il guerit le crachement de sang, & la iaunisse, estant prins en breuuage au poids de trois oboles, ou d'vne dragme auec de l'eau. Englouty auec de la Therebentine, ou de l'eau, ou bien incorporé en miel cuit il lasche le ventre. Mais estant prins au poids de trois dragmes il purge parfaitement. Si on le mesle parmy les autres medicamens purgatifs il empesche qu'ils ne nuisent pas à l'estomac tant comme ils feroient sans cela. Il consolide les playes, si estant sec on le puluerize & que l'on les en saupoudre : il cacatrize les vlceres, & les empesche de croistre. Mais il sert particulierement aux vlceres des genitoires, & soude le prepuce des enfans quand il est rompu, (il appelle le prepuce ἐπάγωγα παίδων, pource qu'il couure le bout de la verge.) Auec du vin cuit il guerit les enfleures & creuasses du fondement (en d'autres exemplaires il y a σὺν γλυκεῖ οἴνῳ, c'est à dire *auec du vin doux*.) Il estanche le sang qui sort des hemorroides, & guerit les apostumes qui viennent aux racines des ongles. Auec miel il oste & efface les meurtrisseures & ternisseures. Il guerit la rongne, & la demangaison de paupieres & du coin de l'œil. Enduit auec vinaigre & huile rosat sur le front & sur les ioues il appaise les douleurs de la teste. Incorporé en vin il empesche les cheueux de tomber. Auec vin & miel il sert aux inflammations des glandes de dessous, la langue, & des genciues, & à tous les accidens de la bouche. Pour le mesler parmy les medecines des yeux, il le faut brusler en vn pot de terre net, & le remuer incessamment auec vne spatule, afin de le brusler egalement par tout. On le laue aussi pour faire aller à fonds ce qu'il y a de sablonneux, & prendre ce qui est leger & plus gras. Pline en dit quasi de mesme. *L'Aloes* restreint, reserre, & eschauffe legerement. On s'en sert en beaucoup de choses, mais principalement à lascher le ventre, pource qu'il a cela de propre par dessus tous les autres medicamens laxatifs, qu'il conforte l'estomac, tant s'en faut qu'il l'affoiblisse par quelque autre qualité. Sa vraye prinse est d'vne dragme. Mais pour le desuoyement de l'estomac, on en peut prendre deux ou trois fois le iour, comme il semblera expedient, par certains interualles la quantité d'vne cueillerée, en deux ciathes d'eau tiede ou froide. Le plus qu'on en prenne pour se purger c'est trois dragmes. Il fait meilleure operation si on le prend à l'entrée du repas. Si on s'en frotte la teste à contrepoil au Soleil, auec du vin brusc, il retient les cheueux qui veulent tomber. Appliqué auec vinaigre & huile rosat sur le front & sur les ioues, ou le distilant sur la teste quand il est assez liquide il appaise la douleur de la teste. Il est fort propre à tous les accidens des yeux, & particulierement aux rongnes;

En l'Exam. des simpl.

Liu. 3. ch. 23.

Le temperament & les vertus.

Liu. 3. c. 22.

Liu. 27. ch. 4.

& demangeaisons des paupieres. Appliqué auec miel, princ ipalement si c'est miel pontique efface toutes contusions & meurtrisseures, & est fort propre aux inflammations des glandes dessous la langue, aux gencives, & à tous vlceres de la bouche. Prins en eau au poids d'v dragme, il restreint le crachement de sang qui n'est pas excessif; autrement il le faut prendre au vinaigre. Appliqué seul, ou auec vinaigre il estanche le sang des playes, & tout autre flux de sa Et d'ailleurs il est propre à souder les playes. On en saupoudre aussi les vlceres du membre vi On l'applique aussi aux fentes & creuasses du fondement, auec du vin, ou du vin cuit, ou bien l'applique tout seul, selon l'exigence du cas, & selon qu'il faut reprimer ou mitiguer lesdites m ladies. Il sert aussi à arrester doucement le sang qui coule des hemorroides en grande abonda ce, & à la dysenterie estant clysterizé. Prins en breuuage vn peu apres souper, il aide à la dig stion. Prins en eau au poids de trois oboles, il est propre à la iaunisse. Prins en pillules auec mi cuit, ou tourmentine, il sert à purger les intestins: il guerit les apostumes qui viennent aux ra nes de ongles. Pour l'employer és medicamens des yeux il le faut lauer pour faire aller à fou tout ce qui est sablonneux. Ou bien il le faut brusler en vn pot de terre, & le remuër incessa ment auec vne plume, afin qu'il se brusle esgalement. Or ce que Dioscoride a dit, que *l'Aloe* pri en breuuage à la mesure de deux cueillerées, μετὰ ὕδατος ψυχροῦ ἢ γαλακτώδους, c'est à dire, *auec l'eau froide ou tiede comme le laict quand on le tire*, purge l'estomac. Pline dit que pour le deuoy ment de l'estomac il le faut boire en deux cyathes *d'eau froide ou tiede, &c.* tellement qu'il a tr duit τὸ γαλακτῶδες ὕδωρ, *l'eau tiede comme le laict quand on le tire*. Galien escrit de *l'Aloë*, comm s'ensuit: L'herbe de *l'Aloë*, dit-il, n'est pas fort commune en nos quartiers. Celle qui croist en la gra de Syrie est plus pleine de bois & a moins de vertu; toutefois elle est si desiccatiue qu'elle consol de les playes: mais celle qui croist és païs plus chauds, comme en Cœlosyrie & en Arabie, est bea coup meilleure. Et toutefois celle d'Indie est la meilleure de toutes, le suc de laquelle on no apporte, & est ce qu'on appelle *Aloë*, qui est propre à plusieurs choses pource qu'il desseche sa acrimonie. Or n'est-il pas d'vn naturel simple, comme aussi il appert au goust, entant qu'il e astringeant & amer tout ensemble. Quant l'astriction elle y est mediocre; mais il est tres-ame Il lasche aussi le ventre & est du nombre des medicamens que les Grecs appellent ἐκκοπρωτικ. pource qu'ils euacuent la matiere fecale. Ainsi donc il est sec au troisiesme degré, & chaud à la fi du premier ou au commencement du second. Or ses operations particulieres monstrent bie son temperament meslé, d'autant qu'il est bon à l'estomac, autant q'autre medecament qui soi & consolide les fistules. Il guerit aussi les vlceres qui sont mal-aisez à guerir, principalemunt ceu du fondement & du membre viril. Il sert aussi aux inflammations desdites parties, estant disso en eau; & guerit les playes. Il est aussi propre contre les inflammations de la bouche, du nez, des yeux. En somme il est repercussif & resolutif tout ensemble, & quant & quant aucunemen detersif, si bien qu'il n'est point fascheux aux vlceres qui sont nets. Voila ce qu'en dit Galien. A surplus, Garcie en son histoire des drogues des Indes dit, que non seulement les Medecins Ara bes & Turcs; mais aussi les Indiens, vsent auiourd'huy de *l'Aloë* pour se purger, & aux collyres, mesme pour faire reuenir la chair aux playes. Et pour cest effect ils tiennent pour la plus part c leurs boutiques vne composition qu'ils appellent Mocebar, qui est faite *d'Aloë* & de Myrrhe, d laquelle ils se seruent mesme pour guerir les cheuaux, & pour tuer les vers qui viennent au playes il dit aussi qu'il a veu vn Medecin du grand Sultan Badur Roy de Cambaya, qui vsoit d l'herbe mesme de *l'Aloë*, pour vne medecine familiere, en la maniere qui s'ensuit. Il faisoit hache menu les fueilles de *l'Aloë* auec du sel, puis les faisoit cuire; & ordonnoit de prendre huict once de cette decoction, lesquelles sans donner aucun tourment ny fascherie faisoient faire quatre o cinq selles. En la ville de Goa ils ont de coustume de bien piler *l'Aloë*, & le donner à boire parm du laict, à ceux qui ont les reins ou la vessie vlcerée, ou bien qui font l'vrine fangeuse, & ce a grand succez & soulagement des malades qui en sont soudain gueris. Les chasseurs s'en sçauen bien aussi seruir pour guerir leurs oiseaux qui ont la iambe rompue. Semblablement on s'en ser en Indie pour faire meurir les apostumes. Au demeurant il y a eu des modernes, & des bien do ctes, qui ont taxé les Medecins Arabes, de ce qu'ils ont escrit que *l'Aloë* ouuroit si fort l'embou-cheure des veines que le sang en sort, & que pourtant il estoit contraire aux hemorroides. Mai il y a long temps qu'il leur a esté respondu, qu'on a treuué par longue experience, que *l'Aloë* estan appliqué par dehors estouppe les veines & estanche le sang: mais estant prins dans le corps, prin cipalement en ceux qui sont subjets aux hemorroides, il attenuë le sang, l'eschauffe, & le mein aux bouts des veines, lesquels il ouure: ce que font aussi plusieurs autres sucs, comme celuy d Porreau, de l'Ortie, la Myrrhe; combien qu'ils soient chauds, & secs. Syluius dit que *l'Aloë* ouur les veines tant du foye que des hemorroides par le moyen de sa chaleur & de sa substance grossier re. Car les choses chaudes, grossieres, acres & mordicatiues, sont aussi aperitiues; & sur tou celles qui sont chaudes & grossieres comme *l'Aloë*: mais qu'estant appliqué par dehors sur l veines desquelles le sang coule, il l'estanche par le moyen de son astriction, & aussi d'autant qu'i est fort propre à faire reuenir la chair. Or l'Escluse a esté le premier à mon aduis qui a mis l pourtrai

Liu. 6. des simpl.

Sur Mesue c. 1. du liure des pur.

Aloë d'Amerique, de l'Esclusé

pourtrait d'vne sorte *d'Aloe* bien different auec le commun; comme aussi nous luy deuons sçauoir gré de plusieurs autres plantes. Ceste plante, dit-il, a beaucoup de fueilles aussi longues qu'vn homme, vertes-brunes, lisses, qui sont espesses par le bas de trois ou quatre doigts en trauers, & fort larges, s'embrassans l'vne l'autre comme celles de *l'Aloe commun*, ou des Afrodylles, & qui vont peu à peu finissant en pointe, qui n'est autre chose qu'vne espine noire, & grosse, ayant par fois deux doigts en trauers de longueur, & qui est si roide que les Americains s'en seruent pour alesne, & l'attachent à leurs fleches au lieu d'autre pointe. Les bords des fueilles qui sont plus menus sont aussi garnis d'espines de mesme couleur; toutefois elles sont plus courtes & plus larges par le bas, & crochues à mode de celles de la troisiesme espece de Rhamnus; mais au dedans elles sont pleines de filamens. Ces fueilles sont pleines d'vn suc amer & acre: l'Esclusé a ouy dire (car il ne l'a pas veu) que du milieu de ces fueilles il en sortoit vne tige, grosse comme le bras, & de la hauteur d'vne lance courte. Sa racine est grosse, longue, recourbée, & comme compartie par neuds, par lesquels il sort d'autres plantes à costé. Or il dit que ceste plante luy fut premierement monstrée par maistre Iean Placa Medecin & Professeur à Valence, à vne lieu de là, en vn Conuent de nostre Dame surnommé de Iesus. Despuis il en a veu en d'autres lieux. Entre autres il en veit vne arrachée aux fauxbourgs de Pierre Aleman, qui auoit la racine extremement grande, quasi de deux coudées de ongueur, à costé de laquelle il estoit sorty pres de trente petites plantes, desquelles il en print eux, qu'il porta en Flandres; l'vne desquelles ayant esté plantée par Pierre Coldeberg Apothiaire, produisit *l'Aloe*, sur laquelle il fit faire le pourtrait qu'il en a mis, afin qu'on ne pense pas que e soit de *l'Aloe commun*. Cette plante est vigoureuse, & se maintient par plusieurs années, multiliant beaucoup ses racines, à raison de quoy, comme aussi à cause qu'elle est garnie d'espines roies & piquantes. Les Indiens ou Americains la plantent à l'entour de leurs possessions pour peur es larrons. Ceux de Valence l'appellent *Fil y aguilla*, c'est à dire, *Fil & aiguille*, pource que le bout es espines peut seruir d'aiguille, & les filamens de dedans, de fil. Les Indiens l'appellent *Magney Metl*: aucuns Espagnols l'appellent *Cardon*, à cause de ses espines. Cette plante est de grand serice en Indie, suyuant le tesmoignage de Gomara sur la fin de son histoire Mexicane. Et pource u'il descrit entierement cette plante, il nous faut adiouster icy ce qu'il en dit, comme l'Esclusé a allegué. *Metl* qu'aucuns appellent *Magney*; les autres *Cardon*; est vn arbre deux fois aussi haut u'vn homme, & dauantage; & gros comme la cuisse d'vn homme, par le bas il est plus gros & lus espais; mais vers le bout il va finissant en pointe, comme le Cyprés. Il a enuiron quarante ueilles larges & grandes, quasi comme des tuiles, & creusées en la mesme mode, grosses par le as, & pointues au bout; auquel il y a vne grosse espine, mais par les costez elles sont plus menuës. lle croist en aussi grande abondance à l'entour de Mexico, comme les Vignes en nos quartiers. lle porte espines, fleur & graine. Ils en font du feu, dont les cendres sont fort propres pour faire a lessiue. Son tronc leur sert de bois, & ses fueilles de tuiles. Ils ont accoustumé de la couper deant qu'elle soit fort grande: car ainsi sa racine deuient plus grosse, de laquelle apres l'auoir creucé il en sort vne liqueur qui s'espessit, comme de syrop. Icelle estant vn peu cuite sert de miel, ayant espurée on en fait du sucre, la detrempant on en fait du vinaigre. En y adioustant e l'Ocpatli (c'est vne racine qu'ils appellent medecine de vin pour son excellence) on en fait du in, duquel ils vsent, combien qu'il ne soit guieres sain. Car il fait mal à la teste, & enyure. Or il y a charogne ny esgout si puant comme est l'haleine de ceux qui sont enyurez de ce vin là. De es bourgeons & fueilles tendres on en fait de la conserue. Le suc des fueilles rosties sur les charons, mis dedans les playes fresches, ou dedans les vlceres, les guerit en peu de temps. Le suc es bourgeons & des racines, meslé auec du suc de l'Absynthe de ce païs-là, est singulier pour nettre dans les morsures des viperes. De ses fueilles on fait du papier qui sert pour les sacrifices pour les peintres. Icelles estans accommodées à mode de Lin, ou de Chanure, seruent à faire des Alpergates, qui est vne sorte de souliers faits de cordes dont les Espagnols vsent fort. On en fait aussi des nattes, des casaques, des ceintures & des cordes. En somme elles leur seruent au lieu de fil de Chanure. La pointe de ces fueilles là est si ferme & piquante qu'elle leur sert d'aiguille & d'alesne: car ils l'arrachent auec ses filamens. Les sacrificateurs de ce païs-là ont de coustume

Aloë d'Amerique.
La forme.

de se piquer en leurs sacrifices auec ces espines là : car elles ne se rompent pas, & entrent assez auant sans faire grande ouuerture. Voilà ce qu'en dit Gomara. Aucuns disent en outre que les Ameriquains guerissent auec cette plante la grosse verole : car ils en descoupent vn quartier bien menu, & le mettent en vn pot qui puisse tenir de l'eau à suffisance, puis le bouchent auec de l'Argille, & font boüillir le tout par l'espace de trois heures : apres il portent ledit pot aupres du malade, & l'ouurent, luy en faisant receuoir la fumée, laquelle fait suer estrangement. Ou bien ils rostissent les fueilles de cette plante sur les charbons, & en font receuoir la fumée au malade : mais elle fait suer si extraordinairement, que la personne en est si debile qu'à peine peut elle l'endurer & supporter, combien qu'il n'en faille vser que trois iours durant. On fait aussi des filets auec les filamens de ces fueilles, comme aussi des chemises. Voilà ce qu'en dit l'Escluse.

Plante espineuse, Albagi des Mores, CHAP. XXIX.

Les noms. Le lieu. IL se treuue en Syrie, ainsi que Rauuolf a escrit, vne plante qui est espineuse & rare, laquelle est appellée par les Mores *Alhagi*, *Agul*, & *Algul*, sur les fueilles de laquelle on amasse, sur tout au païs de Perse ; la Manne, comme l'on fait és montagnes du Dauphiné sur les fueilles de la Meleze, qui est appellée par les Perses *Trunschibin*, & par les Arabes *Terniabin* & *Trungibin*, laquelle est pleine de beaucoup de petites espines rouges, qui piquent la main de ceux qui la manient. *La forme.* Il vient plusieurs plantes de cette sorte à l'entour de la ville d'Halep, qui ont plus d'vne coudée de hauteur, & plusieurs petites branches longues & rondes, garnies deçà & delà de plusieurs espines menuës & molles, lesquelles sont de couleur tirant sur le cendré, comme aussi les fueilles qui retirent fort à celles de la Renoüée ; toutefois ces plantes portent de petites gousses rouges, pleines de grain de mesme couleur, dont ladite Manne est bien souuen garnie, & toute pleine. Ces gousses sont fort semblables à celles du Baguenaudier surnommé Scorpiodes, & sortent d'vne fleur purpurine, & de certains boutons rouges. L racine est mediocrement longue, & brune. Les fueille sont longuettes, semblables à celle du Grame, ou plustost de la Renoüée, de couleur cendrée, & sortent au pied de petites espines. Or comme la Cuscutá s'entortille & s'aggraffe à diuerses plantes ; aussi ay-ie treuué cette plante tout couuerte. *Le temperament.* Au demeurant cette plante est chaude & seche. Ceux du païs se voulant purger font cuire vne poignée de ses fueilles en peu d'eau de fontaine, & boiuent cette decoction Acosta au ch. 66. appelle la Manne qui tombe sur ces arbres Tirimiabim, & dit qu'elle tombe sur des Chardons.

Plante espineuse, Albagi des Mores.

De la Rhubarbe, CHAP. XXX.

IL y a deux racines qui sont appellées *Rha*, par les Arabes, & autres Autheurs modernes. Ce qui a esté cause, que plusieurs ont douté si elles estoient point d'vne mesme plante ; d'autant mesme qu'ils ne cognoissoient n'y l'vne ny l'autre de ces Plantes ; mais apres les auoir bien considerées, & diligemment conferées ensemble, toute occasion de dispute a esté ostée, d'autant qu'on s'est apperçeu que le *Rha Pontique*, est bien different auec la *Rhubarbe*. Or nous traitterons en premier lieu de la *Rhubarbe*, de laquelle les anciens n'ont pas eu notice. *Le lieu.* Elle croist aux montagnes qui sont à l'entour de Singui ville des Indes, laquelle est à quatre iournées de Quinsay, la plus peuplée & riche ville de toutes celles qui sont aujourd'huy en estre. L'vne & l'autre est en la grande region appellée Mangi, qui est diuisée en plusieurs Royaumes. *Singui* au langage de ce pays là, signifie *la ville de terre*, & *Quinsai la ville du Ciel*. La *Rhubarbe* qui viẽt de ce quartier là est appellée *Rhubarbe d'Indie* : toutefois il en vient fort peu : tant pource que ceux du païs mesme l'employent, cõme aussi pource qu'il y a peu de Marchans auec lesquels on traffique qui aillent iusques là : d'autãt qu'on en recouure auec moindres frais & dãgers, de la ville de Tauris, qui est en Armenie, qu'aucũs estimẽt auoir esté nõmée Terua par Ptolomée, ou Arsamote par Pline. Il en croist aussi en vne prouince de la Scythie Oriẽtale, qui est subjette au

Can des Tartares, laquelle est appellée Tanguth. aux montagnes qui sont à l'entour des villes de Campion & Succuir (aucuns estiment que Succuir est celle que Pline appelle Sarangas.) De Tauris, qui est ville capitale de la grande Armenie, iusques à ces villes là il y a cent quatre vingts iournées de chemin, en la maniere que s'ensuit: De Tauris iusques à Sultanie, qui a esté bastie des ruines de Tigranocerta, on y va en six iournées. De Sultanie à Casibin, (qu'aucuns prennent pour ceux qui sont appellez Cosiæi) quatre. De Casibi à Veremi six: de là iusqu'à Eri, qui est la ville capitale des Arians, selon aucuns, quinze. De Eri à Bachora (qui est vne ville en la prouince de Chorasa, qu'aucuns estiment auoir esté nommée Berdrigée, ou Bactriane par Pline) il y a vingt iournées. De Bachora à Sarmacand, qui est selon aucuns la ville capitale de Margiane, ou bien des Sogdians, cinq. De Sarmacand à Cascar (aucuns tiennent que Pline appelle ces peuples là Commani, ou bien Aracosij) il y a vingt cinq iournées, De Cascar iusqu'à Acsu (ce sont ceux que Pline appelle Atasini selon aucuns) il y a vingt cinq iournées par des grands deserts. D'Acsu à Cuchia, vingt. De Cuchia à la ville de Cialis, dix iournées. De Cialis à Turfon, (qu'aucuns tiennent peut estre auec assez de raison, pour ceux que Pline appelle Tagas) dix. De Turfon à Camul, qui est desia en la prouince de Tangut, treze. Iusques icy ils adorent Mahomet; à raison de quoy ils sont appellez Musulmans. De Camul à Succuir quinze. De Succuir à Ganta que Pline appelle Gandaros selon aucuns, il y a cinq iournées. De Ganta à Campion six. Les voyageurs & marchands de ce païs-là mesurent la distance des lieux par parasangues, retenans encor le mot ancien, combien qu'il soit corrompu: car ils les appellent farsing. En beau chemin où il n'y a point de montagnes, ny aussi de deserts, qui font mourir les hommes & les cheuaux de faim & de soif, on peut faire par iour huict parasanges, c'est à dire vingt quatre milles d'Italie: car la parasange fait enuiron trois milles d'Italie. Ceux de Campion & de Succuir, appellent la *Rhubarbe* en leur langage *Rauend Cini*: au lieu qu'aucuns l'appellent mal *Raued Seni*, ou *Raued Sceni*. Or la proprieté de ce nom assopira la question qui est entre les Medecins de nostre temps, à sçauoir mon pourquoy elle est ainsi appellée: car les vns disent que *Sinis* est le nom d'vne region qui est au bout de l'Indie: les autres l'appellent *Scenicum*, ou *Sceniticum*, du nom des Scenites, qui sont peuples d'Arabie: ou bien à cause des Scenites, qui est vne nation des Parthes, habitans les montagnes d'Aria & Margiane. Ceste derniere opinion a eu plus d'authorité que les autres deux, d'autant que les Argians, Margians, Aracosiens, & autres peuples de la prouince de Tanguth, & voisins de Campion, sont appellez d'vn nom commun Cini & Maucini encor pour le iourd'huy. Or est il aisé à iuger si la *Rhubarbe* a prins son nom des Troglodytes peuples de l'Ethiopie, qui semblent auoir esté nommez Barbares. Car les Portugais nous ont decouuert l'Ethiopie, & les Troglodytes, par leurs nauigations; & toutefois il est certain qu'il n'y croist point de *Rhubarbe*, & qu'il n'en vient point de là, quant à celle qu'on apporte en Egypte, auec des chameaux, d'Ormus, & de Balzera, villes qui sont assizes à l'embouchure de l'Eufrate, par le goulphe d'Arabie, & des autres villes maritimes de Caramanie, par dessus la riuiere d'Euphrate, ie croiroy bien plustost qu'elle soit appellée Barbare, à cause de la Barbarie de ces nations là, lesquelles l'amassent en leurs montagnes pour la nous enuoyer. Car il a esté vn temps que ceste contrée là à cause de ses grands deserts & solitudes, comme aussi de la longueur du chemin, ne nous estoit quasi pas cogneuë seulement de nom. Marc Paul Venitien a particulierement specifié le chemin par où on va de Caramanie à Tanguth: à sçauoir par Cobina, Timochain (qui s'appelloit anciennement Arberitis, là où Darius fut vaincu par Alexandre,) Sapurgan, Balac, Thaicam, Scassem, Balaxiam, Bascia; Chesmur, que Pline appelle Comaros; Vocham, que Pline appelle Ocanos, & Caschar. Mais Chagi Memet natif de la ville de Tabas en la contrée de Chilam, aupres de la mer Caspie, marchand de grande authorité, & d'vn esprit fort subtil, ayant demeuré quelque temps à Succair, & à Campion, pour acheter de la *Rhubarbe*, enseigna cest autre chemin comme nous l'auons cotté cy deuant, lequel est plus droit & plus court, par où ceux de Terua d'Armenie vont en ces quartiers là, de l'histoire duquel nous confessons librement d'auoir prins la plus grande partie de ce que nous auons desia dit touchant ce faict. Quant au *Rha de Turquie* de Mesuë il n'y a point de doute ce ne soit le *Rha pontiq* des Grecs, lequel croist, comme aussi l'Acorus, le long des riuieres de Rha, qu'on appelle maintenant Volga, Edel, Elatach, & de Boristhenes, qui est appellé à present Neper, & Tanais, à present Tana ou Don. Les Turcs qui habitoient autrefois par delà la Tana, aupres des Sarmates Zyges, qu'on appelle à present Circassiens, en ces grandes campagnes où les Tartares vont maintenant errans par troupes, enuoyoient le *Rha pontiq* aux autres nations, à cause de quoy il a esté appellé *Turcicum*. Pena dit qu'il y a desia plusieurs années qu'on a veu dans les Iardins en France & en Flandres, du *Rha Pontiq* venu de la graine de celuy de Turquie, lequel estant soigneusement cultiué est deuenu grand, ayant les fueilles comme le Glouteron, excepté qu'elles ne sont pas si larges; mais plus longues, comme celles de l'Aunée, ou du Bouillon, dentelées & frangées à l'entour, vertes par dessus, & cottonnées par dessous. La tige droite de la hauteur d'vn pied & demy, ou d'vne coudée, auec vne teste à la cime couuerte de petites escailles par dehors, & pleine au dedans quand elle est . cure de filamens purpurins, comme l'Artichaut, & les Chardons purpurins. Sa

Les noms.

Rha de Turquie, ou Rha pontiq.

Le lieu.

La forme.

Rha auec la teste ayant les fueilles comme l'Aunée.

Autre Rhapontiq. aux fueilles plus estroites, de Lobel.

graine qui fut meure enuiron le mois de Iuin ou de Iuillet, resembloit à celle du grand Centaurium, ou du Saffran bastard, sinon qu'elle estoit plus longue. Sa racine est plus grande, plus spongieuse, & retire mieux à la *Rhubarbe* que celle du grand Centaurium. Dodon & Lobel en ont mis le pourtrait. Il y en a, dit Lobel, vn autre fort semblable à cestuy-cy, lequel est creu en Flandre de la graine qui auoit esté apportée d'Italie: toutefois il a les fueilles beaucoup plus estroites, de la grandeur de celles de la Parelle, blanches par dessous. Sa tige est droite auec vne pomme au dessus, couuerte de petites escailles, & pleine de petits filamens, de la couleur de ceux de l'Artichaut, ou des Chardons. Sa graine retire à celle du Saffran bastard sauuage, & est platte: mais elle a peine de meurir en Flandres. Sa racine est comme celle du grand Centaurium: toutefois elle est plus spongieuse. Mais pour retourner au propos de la *Rhubarbe*, Succuir est vne grande ville bien peuplée, garnie de magnifiques & somptueux palais & maisons, basties de brique, auec de fort beaux temples bastis de pierre de roche & de marbre. Elle est assize en vne plaine, qui est arrousée par vne infinité de canaux sortans de la riuiere. A raison de quoy elle est fournie de tout ce qui est necessaire pour l'entretien de l'homme: mais sur tout il y a abondance de soye, dont les vers qui la font sont nourris pour la plus part des fueilles de Meurier noir. Quant aux Vignes il n'y en croist pas, pource que le lieu est trop froid. Au lieu de vin ils font vne sorte de breuuage auec du miel, qui est comme de la bierre. Au reste il y vient quantité de Pommes, Poires, Abricots, Pesches, Melons & Cocombres. Par toute ceste prouince on y treuue de la *Rhubarbe*: toutefois la meilleure vient en certaines montagnes hautes & pierreuses, pres de la ville de Succuir, garnies & ombragées de forests de diuerses sortes d'arbres, auec beaucoup de sources de fontaines. La terre y est rouge, & tousiours bourbeuse, à cause qu'il y pleut souuent, & qu'elle est tousiours arrousée de l'eau qui sort des fontaines. Or la *Rhubarbe* produit dés la racine vne tige verte, de la hauteur d'vne paume, garnie de beaucoup de fueilles, qui ont enuiron deux paumes de longueur: toutefois elles sont plus longues ou plus courtes, selon que la plante est vieille ou ieune au demeurant elles sont estroites par le bas, & plus larges au bout & arrondies, recourbées contre terre, & cottonnées tout à l'entour. Quand elles commencent à venir elles sont vertes: mais depuis qu'elles sont grandes elles deuiennent jaunastres, & se couchent contre terre. Du milieu de la touffe de ces fueilles il sort vne petite tige, ou surgeon, chargé de fleurs qui en sortent sans aucun ordre blanches-purpurines, semblables aux Violettes de Mars: toutefois elles sont plus grandes, d'vne odeur vehemente & forte, qui neantmoins est plaisante. Sa racine entre dans la terre enuiron deux ou trois paumes, & est couuerte d'vne escorce brune, mais elle n'est pas tousiours d'vne mesme grosseur: car ils s'en treuue de menuës, & d'autres qui sont plus grosses, quelquefois il y en a d'aussi grosses que la cuisse d'vn homme, desquelles il sort vne infinité de petites racines cheuelues qui

La forme.

Rhubarbe, de Matthiol.

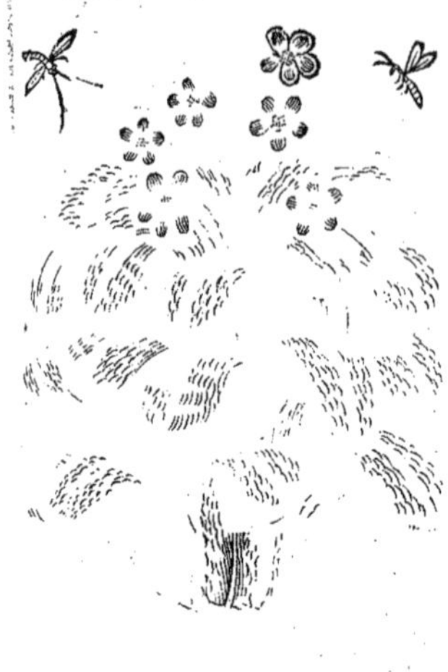

qui se iettent çà & là par dedans terre. Apres auoir arraché la racine de dedans terre, (ce qui se fait en hyuer, à sçauoir deuant la fin du mois de May, que le Printemps commence en ce païs là, pource qu'alors deuant qu'elle produise les fueilles, elle est plus pleine de suc & mieux nourrie, & par ainsi elle a aussi plus de force.) On oste premierement les petites racines, puis apres on coupe le tronc de la racine par morceaux tels que nous les voyons chez les Apothicaires. Or elle est iaune par dedans, & pleine de veines qui sont fort rouges, & d'vn suc iaune & rouge, qui tache les mains, & est si visqueux & gluant, qu'en le touchant il s'attache aisément aux doigts. Il est si amer qu'on n'en sçauroit aucunement gouster. Ces morceaux estant ainsi coupez, on ne les pend pas pour les faire secher; car par ce moyen le suc iaune en sortiroit tout, & ainsi la racine n'en seroit pas à beaucoup prés si bonne; mais on les estend sur des ais & des tables, & les faut remuer & renuerser c'en dessus dessous, trois ou quatre fois tous les iours: par ainsi le suc n'en sort pas, mais demeure comme caillé & prins dans la racine: autrement si on n'y vse de ceste diligence, la racine se brusle & deuient toute seche. Apres que l'on a continué ainsi par quatre ou cinq iours, on enfile ces morceaux à des petites cordes, & les estend on en lieu qui soit battu des vents, & bien exposé à l'air, sans toutefois que le Soleil y puisse donner dessus. Ainsi la *Rhubarbe* est parfaitement seche au bout de deux mois, & alors on la serre. De sept charretées de la racine verte, à grand peine reuient elle à e charge de cheual quand elle est seche. Si l'on tire la racine en Esté apres qu'elle a prod... les ıeilles, elle n'est point pleine de suc iaune, comme celle que l'on tire en hyuer; & est spongieu-, legere & seche; & s'en faut beaucoup qu'elle ne soit si bonne que l'autre. Ceux qui la vont heter aux montagnes, la prennent telle qu'elle est arrachée, auec, ou sans fueilles, & la chargent r des charrettes, & vendent seze sagges d'argent chascune charretée, quand ils sont en la plaine. r ils n'vsent point de monnoye battue; mais ils estendent l'or & l'argent par verges longues auec marteau, desquelles ils en font puis apres des petites pieces, qui pesent chascune vn sagge, qui ut valoir vingt sols d'argent de monnoye de Venize, (ce sont enuiron huict sols tournois monye de France,) mais le sagge d'or peut valoir vn escu & demy. Voila de quoy ils se seruent au u de monnoye. Les marchands apres l'auoir acheté la preparent comme il a desia esté dit. Or st grand cas que ceux du païs n'en tiennent point de conte, mesme ils ne prendroient pas la ine de l'arracher, si ce n'estoit pour la vendre aux marchands qui vont là pour en acheter, qui en sollicitent. Les marchands des Indes & de la Guinée en emportent quasi autant qu'ils en uuent treuuer de preparée. Ceux de Catay ne s'en seruent pas comme nous faisons, pour se pur-r; mais ils la pilent & la meslent parmy d'autres compositions fort odorantes, pour en parfumer rs idoles qu'ils adorent. En plusieurs lieux il se treuue si grande abondance de ceste racine, ils la font secher & la bruslent comme de bois. Aucuns en font si peu d'estime qu'ils en font nger à tous propos à leurs cheuaux quand ils sont malades, & pour vn ordinaire. Mais les Cans font bien plus d'estat d'vne petite racine qu'ils appellent *Mambroni Cini*, laquelle croist auec *Rhubarbe*, & est bonne à plusieurs maladies, & principalement pour les accidens des yeux. Car si la frotte sur vne pierre auec de l'eau rose, puis qu'on en distile sur les yeux, incontinent elle en e toute la douleur. Or on ne nous en apporte pas, pource qu'elle ne nous est cogneuë que du m seul. Au Catay, en la prouince de Chianfu, il croist aussi vne herbe, appellée *Chiai Catai*, qui en grande estime à tous ceux de ce païs-là. La decoction de ses fueilles ou vertes ou seches, nse tant chaud qu'on sçauroit boire, à la mesure d'vn verre ou de deux, guerit les fieures, la uleur de teste, du costé, & des gouttes, & plusieurs autres maladies. La mesme decoction aide fort à la digestion, que mesme elle guerit l'estomac quand il est chargé de cruditez, & fait qu'il gere la viande plus promptement. A raison de quoy il n'y a pas vn en ce païs-là, qui ne porte de ste herbe auec soy quand il veut voyager, pour s'en preualoir aux maladies qui pourroient surnir à l'improuiste. Aussi ceste plante est en telle estime & reputation, que ces gens-là changeront rt volontiers, vn plein sac de *Rhubarbe* contre vne once seule d'icelle. Mesme ils se vantent que les Persiens & François cognoissoient ceste herbe, ils ne demanderoient plus de *Rhubarbe* aux rchands. Au reste on dit, qu'il ne fait pas seur pour les estrangers d'aller sur les montagnes où

Racine de Mambroni.

Herbe de Chiai Catai.

où la *Rhubarbe* croist pour en cueillir, s'ils ne sont montez sur des cheuaux du païs; d'autant qu'il y croist vne certaine herbe venimeuse, de laquelle aussi tost que les cheuaux en ont mangé les ongles leur tombent : mais les cheuaux qui ont accoustumé ces pasquiers-là, cognoissent ceste herbe, & n'ont garde d'en toucher : au contraire ceux qui n'y sont pas accoustumez la mangent volontiers, combien qu'elle leur couste puis apres bien cher. Au demeurant la *Rhubarbe* est chaude & seche plustost au second qu'au premier degré, ainsi que dit Mesuë. Elle est composée de deux essences; dont l'vne est aqueuse, terrestre & astringeante, dont toute sa masse est composée : & d'vne autre aërée & ignée, qui est superficiaire & la rend rare, & bruslant sa substance terrestre la rend amere, purgatiue & propre pour desopiler : C'est vn medicament benin & fort singulier, qui a beaucoup de proprietez requises en vne medecine purgatiue. Or en la mettant en infusion ses qualitez se separent l'vne de l'autre : car la qualité chaude & purgatiue passe en l'infusion; mais la terrestre & astringeante demeure. Celle-là euacuë la bile & le phlegme, principalement de l'estomac & du foye, & par mesme moyen purifie le sang, & guerit l'opilation & les maladies qui en procedent, comme la iaunisse, l'hydropisie, l'enfleure de la ratte, les fieures causées de putrefaction d'humeurs, iaçoit qu'elles soient desia inueterées, & la douleur piquante des hypochondres. Ceste autre appaise le flux de sang des poulmons, ou des autres parties. Elle guerit aussi les parties rompues ou meurtries, soit par cheute, ou à force de coups, tant interieure qu'exterieure, si on en prend vne dragme, auec deux grains de Mumie, & vn grain & demy de Garence auec du vin brusc. (La dose de la Mumie & Garence est bien petite, veu que ce ne sont pas medicamens de fort grande efficace; tellement que, ainsi que dit Siluius, cela fait penser qu'il y a de la faute en ce passage, veu mesme qu'Auicenne ordonne vne dragme de Garence auec vne dragme de *Rhubarbe*.) L'huile aussi de la *Rhubarbe*, est bon aux contusions & meurtrisseures des muscles, si on les en frotte. Elle guerit le hoquet & la dysenterie, principalement estant rostie & prinse auec du suc de Plantain, ou du vin brusc. La *Rhubarbe* ne porte aucune nuisance à ceux qui en vsent. On en peut prendre en toute saison, & en peut on donner en tout aage; mesme aux enfans & aux femmes enceintes. Elle fait plus d'operation estant prinse auec du petit laict, principalement de laict de cheure; & aussi estant mise en infusion auec d'eau d'Endiue, de Persil, ou de Plantain, qui ait esté au preallable cuite & passée, en y adioustant de Spica nardi, d'autant qu'elle aide fort son operation, & puis exprimée. Que s'il est question d'en vser pour desopiler, il faut adiouster à l'infusion, vn peu de bon vin blanc pur, puis en prendre l'expression; mesme quand il est question de purger & nettoyer : mais si nous voulons fortifier les parties interieures en reserrant apres la purgation, il la faudra prendre en poudre, s'il y a de besoin de plus grande astriction, il la faudra rostir. Que si on la brusle, elle en sera encor plus astringeante.

Le temperament & les vertus. Liure des Purg.

De l'Agaric, *CHAP. XXXI.*

Les noms.

Es Grecs appellent *l'Agaric* ἀγαρικὸν, ou ἀγάρικον: les Latins *Agaricus* & *Agaricum*: les Arabes *Garichum*, ou *Garicum*: les Italiens & Espagnols *Agarico*: les Allemans *Dannenschuuam*, c'est à dire *boulet de Pin*, ou plustost *des Sapins*, ou *Melezes*. Il est ainsi appellé du nom d'Agarie, qui est vne region de Sarmatie, où il en croist, suyuant Dioscoride, ou bien du nom d'vne ville & d'vne riuiere de Sarmatie, qui s'appelle Agar selon Ptolomée. Appian Alexandrin dit, que l'on auoit accoustumé de se seruir des Agariens peuples de Scythie, pour guerir les morsures des serpens, à raison de quoy Mithridates en auoit tousiours aupres de soy. Or Dioscoride dit qu'on appelle *Agaric*, vne racine semblable à celle du Silphion; toutefois elle n'est pas si massiue, mais toute spongieuse. Il s'en treuue de *deux sortes*; à sçauoir le *masle*, & la *femelle*, qui est tenuë pour la meilleure, & a ses veines par dedans toutes droites. Le *masle* est rond & composé d'vne mesme substance par tout, (au Grec il y a πανταχόθεν συμφυὲς, ce qui seroit mieux traduit; *& d'vne mesme figure par tout*, suyuant l'opinion de Lacuna. Car d'autant que Dioscorid a dit, que *l'Agaric femelle* a certaines veines droites, il est vray-semblable qu'il a voulu aussi specifier la difference qui est au *masle*, disant qu'il est rond, & d'vne mesme figure par tout, ce que signifie particulierement le mot συμφυὲς. De faict Serapion appreuue cette interpretation, ayant traduit ainsi lesdits mots; *Toute sa substance est continuë*.) L'vn & l'autre ont vn mesme goust, qui e doux au commencement, puis apres on le sent amer. Il en croist en Agarie, qui est vne regio de Sarmatie. Aucuns disent que c'est la racine d'vne plante, d'autres qu'il croist sur les troncs de arbres & de leur pourriture, comme les Champignons. Il en croist aussi en Galatie d'Asie, & e Cilicie, sur les Cedres; mais il s'esmie aisément, & n'est pas de grande vertu. Les arbres de l France, dit Pline, qui portent gland, produisent aussi de *l'Agaric*. C'est comme vn boulet blanc qui est odorant, & propre en medecine. Il croist à la cime des arbres, & reluit de nuict, au on

Liu. 3. ch. 1. *La forme.* *Les especes.* *Le lieu.* *Liu. 16. ch. 8.*

on l'amasse de nuict à sa lueur. En vn autre passage : *L'Agaric*, dit-il croist comme vn boulet sur les arbres, à l'entour du destroit de Constantinople. Sa vraye dose est de quatre oboles de sa poudre, en deux cyathes de vinaigre miellé : mais celuy qui vient des Gaules n'est pas si bon. (En d'autres exemplaires, il y a, celuy de Galatie, & de fait Dioscoride dit qu'il en croist en Galatie ; toutefois il est bien certain qu'il en croist à present en France.) Dauantage le *masle* est plus massif & plus amer que la *femelle*, & qui plus est il cause des douleurs de teste. Mais la *femelle* est plus flacque, & a vn goust doux au commencement, qui se treuue puis apres amer sur la fin. Galien dit que *l'Agaric* est vne racine croissant sur les troncs des arbres. Mesuë dit que *l'Agaric* qui est vn medicament de grande efficace, croist sur les troncs des grands arbres vieux, & qui commencent desia à se pourrir & creuser, comme vne apostume, ou boulet : Or il y en a de *deux sortes* ; à sçauoir le *masle* & la *femelle*. Le *masle* est mauuais, principalement quand il est long, noir, dur, massif, & monstre comme des nerfs quand on le rompt : mais la *femelle* est meilleure, si elle est plus ronde, blanche, troüée, fort rare & fraile, legere & douce quand on la taste du commencement, puis apres amere & astringeante, principalement en sa superficie : car son tronc, pource qu'il retient quelque peu du naturel du bois pourry, est mauuais ; comme aussi *l'Agaric* qui est rongé. Or jaçoit qu'à present *l'Agaric* soit assez cogneu de tous les Apothicaires, & en grand vsage, ce neantmoins il est certain que Dioscoride ne l'a pas pas bien connû, veu qu'il dit que c'est vne racine semblable au Silphion, & puis estant en suspens, il adjouste qu'aucuns tiennent que c'est vn boulet qui croist sur les arbres de leur pourriture : d'autres que c'est la racine d'vne plante. C'est donc vne chose seure que *l'Agaric* est vn boulet lequel croist sur les arbres à gland, & principalement sur les Melezes ; sur lesquelles Matthiol dit en auoir cueilly de fort bon au val d'Ananie. Au reste Dioscoride dit, que *l'Agaric* est chaud & astringeant. Il est bon pour les trenchées, & cruditez, & à ceux qui sont moulus & tombez de quelque lieu haut. La dose est de deux oboles en vin miellé, quand il n'y a point de fievre ; mais en cas de fievre il le faut prendre auec eau miellée. Il est bon à ceux qui ont le foye gasté, aux asthmatiques, contre la iaunisse, à la dysenterie, à la douleur des reins, contre la difficulté d'vrine, à la suffocation de l'Amarry, & à ceux qui ont mauuaise couleur, estant prins au poids d'vne dragme. Quant aux phthysiques il faut qu'ils le prennent auec vin cuit ; & ceux qui ont la ratte oppilée, auec du vinaigre miellé. Contre la douleur de l'estomac il le faut prendre tout seul, sans aucune liqueur, comme aussi à ceux qui font des rots aigres. Prins au poids de trois oboles auec d'eau, il appaise le crachement de sang. Prins au mesme poids auec du vinaigre miellé, il est bon contre la sciatique, & toute autre sorte de goutte, & contre le haut mal. Il prouoque aussi les mois. Prins au poids que dessus il est bon contre les ventositez de l'amarry. Prins deuant l'accés de la fievre il empesche les frissons. Prins au poids d'vne dragme, ou de deux, auec eau miellée, il lasche le ventre. Il sert de contrepoison si on en boit vne dragme dans du vin & d'eau. Beu au poids de trois oboles auec du vin, il sert contre la morsure des serpens. En somme il est bon à toutes les maladies interieures, pourueu que l'on ait esgard à la force & à l'aage du patient, & que suiuant cela on le luy ordonne auec du vin, de l'eau ou du vinaigre miellé, ou de l'eau miellée. Galien traitant du naturel de *l'Agaric*, dit qu'il est premierement doux au goust ; mais vn peu apres il est amer, auec vn peu d'acrimonie & d'astriction, & qu'il a vne substance rare. Ainsi donc, il est composé d'vne substance aërée, & d'vne terrestre, attenuée par la chaleur, & si a vn peu d'essence aqueuse. A raison dequoy il est propre pour resoudre & inciser les grosses humeurs, & pour guerir les opilations des parties interieures. Par ainsi il guerit la jaunisse qui procede de l'opilation du foye. Par mesme moyen il est bon contre le haut mal. Il guerit aussi les frissons qui viennent par certains periodes, & qui sont causés par des humeurs grosses & visqueuses. Il est aussi bon contre la morsure, ou piqueure des bestes qui ont du venin froid, tant appliqué par dehors sur la playe, que prins par dedans au corps, au poids d'vne dragme, auec vin & eau. En outre il est purgatif. Voila ce qu'en dit Galien. Au reste nous vsons aujourd'huy de *l'Agaric*, ou tout simple ou bien reduit en trochisques, pour euacuër le phlegme. Car, selon Mesuë, il euacuë

Agaric de Matthiol.

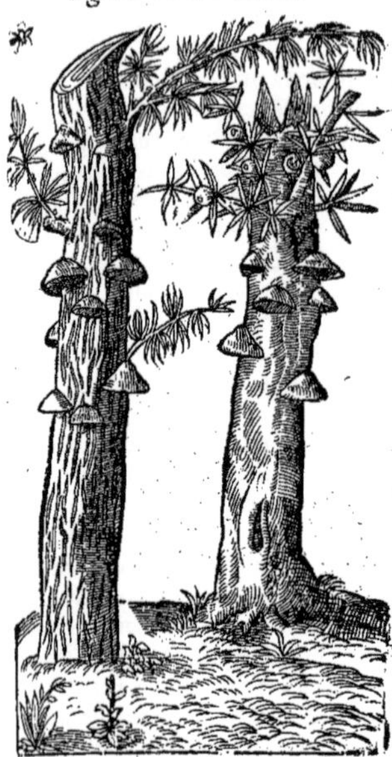

Liu. 25. c. 9.

Au liure des purg. ch. 5.

Le lieu.

Le temperament & les vertus.

Liu. 3. c. 1.

Liu. 6. des simpl.

Au liure des purg. ch. 1.

euacuë le phlegme gros, viſqueux, & pourry, & l'vne & l'autre melancholie, du cerueau, des nerfs, des muſcles, des inſtrumens des ſens, de l'eſchine, de la poitrine, des poulmons, de l'eſtomac, du foye, de la ratte, des reins, de la matrice, & des iointures. A raiſon dequoy Democrite l'appelloit medecine de la famille, pource qu'il eſt propre à tous les accidens des parties interieures; toutefois il debilite les parties nobles, parquoy il le faut meſler auec des choſes deterſiues, pour empeſcher qu'il ne puiſſe penetrer iuſques auſdites parties.

Fin du VXI. Liure de l'Hiſtoire Generale des Plantes.

LIVR

LIVRE DIXSEPTIESME E L'HISTOIRE Generale des Plantes.

Contenant la Description & Pourtrait naturel des Plantes Venimeuses.

Du Pauot. CHAP. I.

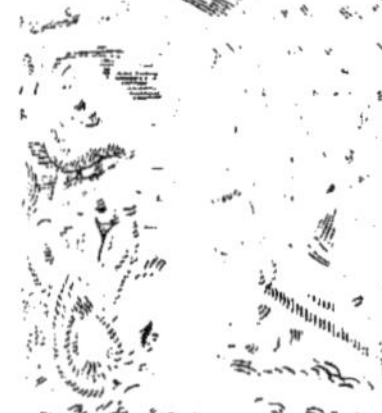

Ovs medicamens purgatifs, tant ceux que l'on tient pour dangereux, comme la Thymelæa, Lathyris, & l'Euphorbe, que ceux qu'on appelle Benins nuisent grandement au corps, par leur quantité & qualité maligne, si on ne prend garde d'en vser à propos, & auec les respects & conditions requises. Ainsi donc il ne sera pas hors de propos de taitter consecutiuement des Plantes venimeuses, lesquelles accablent tellement les principales & plus nobles parties de nostre corps, & les vertus & facultés par lesquelles il est regi & gouuerné, qu'il faut necessairement que la mort s'en ensuiue. Comme ainsi soit donc que nous auons traitté des Plantes purgatiues au liure precedent, nous traitterons à present des ve- imeuses, lesquelles il seroit meilleur qu'elles demeurassent incognuës aux meschans, & à ceux qui 1 voudroient abuser au detriment des hommes. Toutefois il faut necessairement que les bons, & ux qui recherchent les secrets de nature pour le profit & santé des hommes, les cognoissent nt pour aduertir les hommes de se prendre garde qu'ils n'y soient trompez sans y penser, & pour pescher qu'elles ne puissent nuire si d'auenture quelqu'vn en auoit pris par mesgarde, que pour medier à ceux qui s'en sentiroient desja interessez. Ioint qu'il y a des maladies ausquelles les poi- ns seruent de medecine, apres qu'on a rompu en tout & par tout, ou pour le moins tant qu'il possible, leur qualité maligne. Or nous ne traitterons pas icy de toutes les Plantes venimeuses ui sont cogneuës : car nous auons desia parlé de quelques vnes en d'autres endroits, comme de If, du Rosage, de la Cigue, & du Coriandre ; ains seulement d'vne bonne partie d'icelles, & des lus cognuës ; comme entre autres est le *Pauot*, que les Grecs appellent μήκων : les Latins *Papauer*: s Arabes *Thaxthax*, & *Chascas*: les Italiens *Papauero*: les Espagnols *Dormidera*: les Allemans *Maymen*. Les Apothicaires ont retenu le nom Latin. Il est appellé μήκων de μὴ κονεῖν ; c'est à dire *ne auailler pas* ; Car le *Pauot* lie tellement les sens, & engourdit les membres, qu'ils ne sçauroient en faire, ou bien παρὰ τὸ μῆκος, c'est à dire *à cause de sa grandeur*, ou *longueur*. Dioscoride establit *Les noms.* lusieurs especes de *Pauot*, à sçauoir le *Pauot* appellé *Rheas*, ou *Sauuage*, ou *Coquelicot*: dont il a esté *Les especes.* arlé entre les Plantes qui viennent emmy les champs. L'autre est le *Pauot cultiué* appellé en Grec ἥμερος, dont il y en a *vne espece* qui est *de iardin*, appellé en Grec μήκων κηπευτὴ θυλακῖτις, le- uel fait la graine blanche. L'autre est *sauuage*, & fait la graine noire. Le *troisiesme* est encor *plus uuage*, & est appellé en Arabe *Seil*. Celuy *de iardin* est ainsi appellé par Dioscoride, pource ue l'on les seme volontiers dans les iardins, & les autres deux *sauuages* ; non pas pour dire qu'on e les seme pas (car on les seme non seulement dans les iardins, mais aussi parmy les champs omme le Bled & les Legumes.) Mais pource qu'ils ont la tige, les testes, & les fueilles plus aspres, ne sont pas si priuez que ceux de iardin. En outre il y a vne autre sorte de *Pauot* appellé en Grec ήκων κερατῖτις : en Ltain *Papauer Cornutum*, ou *Corniculatum*, c'est à dire *Pauot Cornu*: en Arabe *Alacharan* : & μήκων ἀφρώδης: en Latin *Papauer spumeum*, *Pauot escumeux*. Pline en establit aussi plu- ieurs especes ; toutefois il ne les distingue pas si expressement. Il y a, dit-il, *trois sortes* de *Pauot de ardin* ; à sçauoir le *Pauot blanc*, la graine duquel seruoit de dessert aux anciens, qui la faisoient ro- ir & la mangeoient auec du miel. Les païsans aussi apres auoir mouillé leur pain d'vn œuf bat- u, iettoient de la graine de *Pauot* par dessus, & couuroient la crouste de dessous de graine de Per- il & de Gith, & faisoient ainsi cuire leur pain. Le *second Pauot* a la graine noire. Les testes de ce *auot* incisées rendent vn suc comme laict, que l'on amasse. La *tierce espece de Pauot* sont les *Coqu- elicocs* que les Grecs appellent *Rhœas*, &c. Quant aux autres especes de *Pauot* il en parle en vn au- tre endroit. Il y a, dit-il, *vne espece de Pauot sauuage* que les Grecs nõment κερατῖτις, c'est à dire, *cornu*, *Liu. 19. c. 4.* qui est de couleur de vert-obscur, & a vne coudée de haut. Sa racine est grosse & couuerte d'vne *Liu. 16. c. 15.*

escorce fort espesse, mais les testes où il porte sa graine sont recourbées comme vne corne. S fueilles sont moindres,& plus minces que celles des autres *Pauots sauuages*. Sa graine est fort men & meure au temps des moissons. Et vn peu apres : Quant au *second Pauot sauuage* aucuns l'app lent *Heraclien*, ou *Aphros*: c'est à dire *Escumeux*. Ses fueilles à les considerer de loin sont faites à m de de Passereaux. Sa racine est à fleur de terre. Sa graine est toute couuerte d'escume. On en bla chit les linges en Esté. La *troisiesme espe ce de Pauot* est le *Tithymal* surnommé *Paralius*, qui est appe *Mecon*, duquel nous auons desia parlé ailleurs. Theophraste a aussi remarqué les especes de *Pau sauuage*, duquel Pline a prins ce que nous en auons allegué cy dessus, car il en escrit ainsi ; *Il y a bea* Liure 9. de l'hist. ch. 13. *coup de sortes de Pauot sauuage. Car l'vn est appellé Ceratitis, c'est à dire Cornu. L'autre est noir, aya les fueilles comme le Bouillon noir ; toutefois elles ne sont pas si brunes. Sa tige est de la hauteur d'v coudée, sa racine est courte, esparse à fleur de terre. Son fruict est recourbé à mode de petites cornes. l'amasse enuiron moissons. Il lasche le ventre. Sa fueille sert à oster la taye des yeux des brebis. Il cro aupres de la mer en lieu pierreux. Il y en a vn autre appellé Rhœas, qui ressemble à la Cichorée sauuag & partant est bon à manger. Il croist emmy les champs, principalement parmy l'Orge, & fait la fleur ro ge, & la tige de la grandeur de l'ongle d'vn doigt. On l'amasse deuant que de moissonner l'Orge, & e cor plus vert. Il euacuë par le bas. Plus, il y a vne autre sorte de Pauot, appellé Heraclien, qui a la fuei comme l'Herbe aux Foulons, de laquelle on se sert à blanchir le linge. Sa racine est blanche, espars fleur de terre. Son fruict est blanc. Sa racine purge par le bas. Aucuns en vsent contre le haut mal en v miellé.* Ce *Pauot* que Theophraste appelle icy *Heraclien* est aussi appellé *Aphron* suyuant Pl ne, & *Aphrodes* par Dioscoride, qui dit qu'il a la fueille comme le *Strutium*. C'est cette her que les Latins appellent *Radicula*, ou *Herba lanaria*. Mais Pline a rapporté cecy aux Pass reaux, qui sont aussi appellez *Struthi* : combien que Theophraste ait quant & quant adioust Duquel *Struthium* il parle, à sçauoir de celuy auec lequel on blanchit les linges. Mais Pline n pas entendu cela de l'Herbe aux Foulons : mais du *Pauot Heraclien*, duquel il dit qu'il sert po blanchir les linges en Esté. Au reste le *Pauot blanc*, *cultiué* fait vne tige droite, lisse, & branchu *La forme.* de trois ou quatre coudées, garnies tout le long de fueilles longues, larges & blanches, semblabl à celles des Endiues de iardin, ou decoupées & frangées, comme celles du Iusquiame noir ; & te dres, qui rendent vn suc blanc comme laict ; mais au bout d'vn ou deux iours apres qu'il a esté tiré deuient iaune. Au haut de la tige il vient des fleurs blanches ou quelque peu purpurines, composé pour la pluspart de quatre fleurs larges : apres il y vient vne grosse teste ronde, & longuette, ple ne d'vne graine blanche. De cestuy-cy il y en a vne sorte que l'on seme dans les iardins, qui a l fleur plus belle, frangée par les bords ; & la coronne qui est sur la teste, est faite par rayons aigu & dentelée tout à l'entour. Lobel l'appelle *Papauer fimbriatum*, & *Cristatum album & nigru* Il en croist à force dans les iardins des païs chauds, principalement és terres qui sont prés de l

Pauot cultiué, de Matthiol.

Pauot cultiué rouge & frangé, de Dale

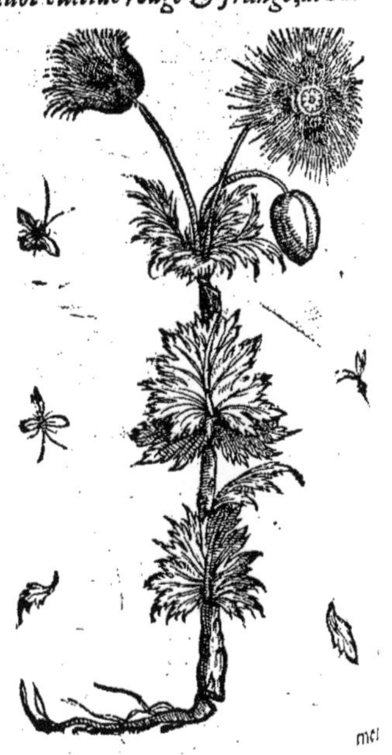

mer

ier ou bien qui sont exposées à l'air de la marine, auquel il se plaist fort. Il y en a vn autre qui a fleur blanche, deux fois plus grande, & d'autant plus belle, duquel on fait grand cas en Flandres pour faire des bouquets, toutefois il n'est en rien different d'auec le *Pauot frangé blanc* ou *noir*, sinon pour raison de ses fleurs, qui ont les descoupeures & franges plus grandes, & sont plus dou-

Pauot frangé & cresté, blanc & noir, de Lobel.

Pauot sauuage ou noir, de Dodon.

auot noir cultiué, ayant les fleurs omme les Mauues de iardin, ou de la Piuoine, de Pena & Lobel.

bles & espaisses, à mode des roses espannies, & de la figure des fleurs des Mauues doubles. Or elles sont blanches, ou de couleur d'escarlate, ou blanches & rouges tout ensemble; quelquefois leurs franges sont blanches purpurines. I'en ay eu de la graine de l'Illustre Charles de Croy, Prince de Chimai, qui donne grand espoir de soy, & est fort studieux & amateur des Simples. Quant au *Pauot noir cultiué*, il est semblable au *blanc* quant à la tige, & aux fueilles. Il fait les fleurs belles, rouges, ou de couleur de sang bien couuerte, comme celles de la Piuoine. Ses testes sont rondes, pleines d'vne graine noire, à raison dequoy il est appellé *noir*. Il en croist bien aussi dans les iardins, qui a les testes si semblables à celles du *blanc*, que les Apothicaires mesmes, combien qu'ils l'ayent semé, ne sçauroient les recognoistre, sinon en les ouurant pour veoir la graine noire. Nous en auons mis icy le pourtrait prins de Dodon en son Histoire des Plantes. Liu. 3. c. 80. Les Apothicaires l'appellent *Papauer nigrum magnum*: les ignorans *Papauer rubrum* pour raison de la couleur de ses fleurs. En l'Appēd Lobel l'appelle *Papauer spontaneum syluestre & hortense flore interdum albo interdum nigro*, c'est à dire, *Pauot qui croist sans semer par les champs & par les iardins*. Nous auons aussi mis icy le pourtrait d'vn *Pauot noir cultiué*, ayant la fleur comme les Mauues de iardin, ou de la Piuoine de Pena & Lobel, de la graine duquel il sera meilleur d'vser en la composition du Syrop de *Pauot*, que de celle du *Pauot noir*, qui vient sans semer, duquel nous parlerons tantost. Or il y en a aussi vne sorte de ce *noir*, ne plus ne moins que du *blanc*, qui a les fueilles de ses fleurs fort descoupées & rouges, & les

Les teſtes coronnées à mode de creſte, autrement il n'y a point de difference, ny en la couleur ny en la grandeur. En outre il y en a vne autre ſorte entre le precedent *blanc*, & celuy que les ignorans appellent *rouge*, qui leur reſemble en tout & par tout, ſinon qu'il y a certains petits trous au deſſus de ſes teſtes, par leſquels la ſemence s'en va. Pena & Lobel l'appellent *Papauer patulum.* Dodon le met pour vne *troiſieſme eſpece de Pauot cultiué*, qui a la tige, les fueilles, les fleurs, & la teſte plus petites. Sa fleur eſt de couleur de bleu ou de violet-blaffard. Il fait auſſi la teſte ronde: mais quand la graine eſt meure, il s'y fait quelques trous à la cime tout en rond, par où la graine peu aiſement ſortir; ce qui n'aduient pas aux autres deux ſortes qui ont les teſtes ſi bien cloſes que l

Au liure des purg. graine n'en ſçauroit ſortir. Voila ce qu'en dit Dodon. Quant au *Pauot* que Pena & Lobel appellen *Papauer ſpontaneum, hortenſe & ſylueſtre*, il croiſt auſſi dãs les iardins, & a les fueilles plus petites qu les autres, & les fleurs rouges-blaffardes. Ses teſtes ſont troi fois plus petites, & en grand nombre. Sa graine eſt quelque fois noire ou blanche; quelquefois ſes teſtes ſont ouuertes & quelquefois ſerrées; la graine deſquelles n'eſt ny bonne n plaiſante, principalement la noire. Parquoy il n'en faudr pas vſer, ains de celle du *premier Pauot cultiué*. Au ſurplus i ſort vne gomme tant du *Pauot noir* que du *blanc*, ou de ſo meſme, ou bien quand on les entame, qui eſt appellée par le Grecs ὀπὸν & ὄπιον. Or Dioſcoride enſeigne la maniere de l'a

Pauot qui croiſt ſans ſemer par les champs & par les iardins, de Pena & Lobel.

Liu. 4. ch. 60. maſſer, diſant: Apres que la roſée eſt paſſée de deſſus, il fau cerner tout l'eſtoile auec vn couteau, ſans toutefois pene trer iuſques au dedans, & entamer ſeulement la peau de l teſte à coſté tout le long, & recueillir la larme qui en ſorti auec vne coquille, puis y retourner vn peu apres: car il y e aura d'autre qui y ſera amaſſée & prinſe, & le iour ſuyuan elle ſera ſeche. Or il la faut broyer en vn mortier, & l'ayan reduite en trochiſques, la garder. En outre on amaſſe le ſu des teſtes & des fueilles broyées, & preſſées, lequel on broy auſſi dans le mortier, & le reduit-on en trochiſques. Ce ſu eſt appellé *Meconion*, & a moins de force que l'Opion. Ce qu

Le Meconion. Liu. 20. c. 18. Pline declare comme s'enſuit: Diagoras dit qu'inciſant la tig du *Pauot noir* quand elle commence à s'engroſſir il en ſort v ſuc dit Opion (il y a ainſi aux communs exemplaires; toute fois il ſemble qu'il faudroit lire, *inciſant la teſte*, & non *la tige* car il adiouſte puis apres: *On n'inciſe point la teſte des autre* meſme il y a ainſi en Dioſcoride.) Neantmoins Iollas dit, qu' faut faire l'inciſion incontinent que le *Pauot* eſt defleuri, que ce ſoit vn iour ſerain, & quand la fleur ſera ſechée: faut que l'inciſion ſoit faite ſous la teſte du *Pauot*. Et de fai on n'inciſe point la teſte des autres herbes. Or tant ce ius, que tout autre que l'on tire des herbe ſe reçoit auec de la laine, ou s'il y en a peu on le racle auec l'ongle du pouce, comme on fait de Laictuës (Hermolaus lit, *ou auec des Laictues*, toutefois il ſemble qu'il faille lire comme en Dioſcori de, *ou auec des coquilles*) comme auſſi celuy du iour ſuiuant qui ſera plus ſec. Quant au ius de *Pauo* il vient aſſez en abondance. On le broye, puis on le reduit en trochiſques, que l'on fait ſecher à l'om bre. Iceluy ne prouoque pas ſeulement à dormir, mais auſſi quand on en prend trop il fait mouri en dormant. On l'appelle Opion. Apres il adiouſte vne autre maniere de tirer le *Meconion*, faiſan cuire les teſtes & les fueilles de *Pauot* tout enſemble: mais ce ius n'eſt pas de ſi grande efficace qu

Le temperament & les vertus. Liu. 4. c. 60. l'Opion à beaucoup prés. Venons maintenant aux proprietez des *Pauots*. Les *Pauots cultiuez* ſon tous refrigeratifs, ſelon Dioſcoride, parquoy la fomentation de leurs fueilles & teſtes cuites en ea prouoque à dormir. On boit meſme cette decoction aux meſmes fins. Leurs teſtes broyées & appli quées en cataplaſme auec griotte ſeche ſont bonnes aux eriſipelles & inflammations. Il les fau auſſi piler tandis qu'elles ſont verdes, & les reduire en trochiſques pour les garder quand ils ſeron ſecs, & en vſer au beſoin. De ces teſtes cuites en eau iuſqu'à la conſumption de la moitié, faiſan cuire derechef ladite decoction auec du miel, iuſqu'à ce qu'elle ſoit eſpaiſſie, il s'en fait vn looch, qui eſt propre pour la toux & pour arreſter les defluxions qui tombent ſur l'artere, & les fluxions de l'eſtomac. Ce qui aura plus d'efficace ſi on y adiouſte du ſuc de l'Hypociſtis, & de l'Acacia. La graine du *Pauot noir* broyée & prinſe auec du vin eſt bonne contre le flux de ventre, & des femmes Enduite auec eau ſur le front & ſur les iouës elle fait dormir. Quant à l'Opion il eſt plus refrigeratif. Il eſpaiſſit & deſſeche; & prins en petite quantité il appaiſe la douleur, prouoque à dormir & meurit. Il eſt bon à la toux, & aux defluxions de l'eſtomac. Mais eſtant prins en trop grande quantité il eſt dangereux, d'autant qu'il cauſe la lethargie, & la mort. Il eſt bon contre la douleur de teſte, ſi on si on l'en arrouse auec huile rosat : Contre la douleur des oreilles, il le faut incorporer auec d'huile d'Amandes, de Myrrhe, & de Saffran. Pour les inflammations des yeux auec vn iaune d'œuf cuit, & auec du Saffran. Auec vinaigre il sert aux erisipeles & aux playes. Auec laict de femme & du Saffran il sert aux gouttes. Appliqué en suppositoire il fait dormir. Erasistrate escrit que Diagoras deffend l'vsage de l'Opion contre la douleur des oreilles, & l'inflammation des yeux, d'autant qu'il affoiblit la veuë, & rend la personne assopie. Mesme Andreas dit, que si l'Opion n'estoit falsifié, il rendroit aueugles ceux qui s'en frotteroient les yeux. Mnesidemus veut qu'on le tienne seulement prés du nez pour le sentir quand il est question de faire dormir. Ce qui est faux, comme l'experience le monstre : veu que les effects monstrent & font foy de la proprieté de ce medicament. Ce que Pline recite vn peu diuersement. Diagoras & Erasistrate, dit-il, deffendent absolument d'vser de l'Opion, mesme en clystere, disans qu'il est poison, & qu'il est fort contraire à la veuë. Mesme Andreas dit à ce propos que ce que l'Opion ne rend pas soudain aueugles ceux qui en vsent vient de ce qu'il est sophistiqué en Alexandrie. Toutefois on a despuis treuué moyen d'en vser sans danger, par le moyen de ceste composition fameuse qu'on appelle Diacodium. Aprés Pline traitte de l'vsage du *Pauot* en medecine, disant : La teste de *Pauot* broyée, & beuë en vin fait dormir. Sa graine est bonne aux Ladres. Dauantage la graine de *Pauot* broyée & reduite en trochisques, fait dormir si l'on en vse auec du laict. Ils sont bons aussi contre la douleur de teste estans appliquez auec huile rosat, comme aussi à la douleur des oreilles, estans distilés dedans. Auec laict de femme elle est bonne pour appliquer sur les gouttes. On vse semblablement de ses fueilles. Appliquées auec vinaigre elles sont bonnes aux playes & au feu sainct Antoine. Toutefois ie ne voudrois pas en mesler parmy les Collyres, ny aux medicamens ordonnés pour les fieures, ny aussi és maturatifs, & à ceux qu'on ordonne aux defluxions de l'estomac. Toutefois on ordonne le *Pauot noir* aux defluxions de l'estomac. Au reste tous *Pauots cultiuez* ont les testes du tout rondes. Et au contraire celles des *sauuages* sont petites & longuettes, & sont ordinairement de plus grande operation que ceux *de iardin*. La decoction du *Pauot sauuage* prinse en breuuage prouoque à dormir : comme aussi sa fomentation, si on s'en estuue le visage. Galien dit que la graine du *Pauot blanc cultiué*, prouoque mediocrement à dormir ; à raison dequoy on en saupoudre la crouste du pain, ou bien on en vse auec du miel. Quant au *Pauot noir* il est fort medecinal & fort refrigeratif. Il y en a vn autre noir le plus medecinal de tous, tant sa graine, que ses tiges & fueilles, comme aussi son suc. Car il est merueilleusemenr refrigeratif, tant qu'il assopit la personne, & cause la mort, estant froid au quatriesme & dernier degré. Au surplus le *μήκων κερατίτης* des Grecs ; en Latin *Papauer Corniculatum*, est appellé par Oribase & Aëce *Paralion*, & par d'autres *Pauot sauuage* ou *marin*. Il a suyuant la description de Dioscoride, les fueilles blanches veluës, semblables à celles du Bouillon, dentelées à l'entour comme celles du *Pauot sauuage*, & la tige de mesme, la fleur blaffarde, le fruict long & recourbé comme vne corne, semblable au fruict du Fenugrec, d'où est venu son non. Sa graine est petite & noire, semblable à celle des *Pauots*. Sa racine s'estend à fleur de terre, & est grosse & noire. Il croist és lieux maritimes & aspres. Matthiol dit qu'il en vient à force en la marine de Sienne, aux enuirons de Crasseta & Orbetello, & à l'entour de *Portehercole* sur le mont Argentier : cõme aussi le long de la mer Adriatique aupres de la fontaine de Timauo, & de Trieste, sur des rochers le long de la marine. L'Escluse aussi recognoit ce *Pauot* pour le *Pauot cornu*, comme aussi Dodon, qui le met pour le *Grand Pauot cornu*. Il resemble assez bien aux autres *Pauots* quant aux fueilles, qui sont descoupées & vuidées à l'entour ; toutefois elles ne sont pas lisses, mais vn peu cottonnées quasi à mode des fueilles du Bouillon. Mais ses tiges sont plus foibles & plus courtes, auec beaucoup d'ailerons. Ses fleurs sont iaunes de couleur d'ocre, apres lesquelles au lieu d'vne teste il y vient vne petite corne menuë, longue, & recourbée, ou soit vne gousse, dans laquelle il y a de la graine noire. Sa racine est longue & assez grosse. Outre ce *Pauot cornu* qui est commun, l'Escluse & Dodõ en ont obserué *deux autres especes*, dont *le premier* a les fueilles descoupées comme la Roquette, à grandes descoupeures, moindres & plus menuës que celles du precedent, qui ne sont pas si blanches, mais plustost veluës. Ses tiges sont quelquefois bien aussi grandes que celles du precedent ; toutefois elles sont plus tendres & plus grailes, & tombans contre terre. Ses fleurs sont aussi moindres & quelquefois sont fort rouges, quelquefois elles le sont moins, ou bien

Liu. 20. c. 18.

Au mesme lieu.

Liure 7. des simpl.

Liu. 4. ch. 61.

En l'hist. des purg.

Pauot Cornu, de Matthiol.

Eſpece de Pauot Cornu, de Dodon.

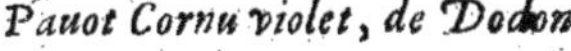

Autre Pauot Cornu, de l'Eſcluſe.

Pauot Cornu violet, de Dodon

blaffardes, principalement celles de celuy qui eſt le plus tendre & le plus petit : mais le milieu de la fueille eſt tirant ſur le rouge. Ses cornes ſont fort longues, au bout deſquelles il y a comme des couuercles larges. Icelles ſont pleines d'vne graine noire plus groſſe que celle du *Pauot*, ſa racine eſt longue & blanche. Il croiſt aux enuirons de Salamaque le long des chemins & poſſeſſions. Il fleurit en Iuin. Sa graine eſt meure en Iuillet : mais eſtant ſemé en Flandres il ne fleurit ſinon en Aouſt & en Septembre, & quelquefois plus tard. Or il n'a pas le ſuc iaune, comme quelques vns ont penſé. Celuy qui a la fleur blaffarde & rouge, croiſt de ſoy-meſme aux enuirons de Vienne parmy les Auoines, principalement en celles qui ſont le long des chemins. L'autre a les fueilles beaucoup plus grandes & plus tendres, deſcoupées fort menu, qui ne ſont pas blancheaſtres, mais verdes. Ses tiges ſont petites tendres & veluës. Sa fleur eſt auſſi grande que celle du precedent, de couleur bleuë bien couuerte, tirant ſur le rouge, comme les Violettes, & ne dure comme rien, ains tombe au moindre vent qui face, apres il y vient des petites cornes de la longueur du doigt & encor moins, petites, dures & heriſſées, dans leſquelles il y a vne fort petite graine, de couleur de bleu tirant ſur le brun. Sa racine eſt menuë & ne ſert à rien. Il s'en treuue en pluſieurs lieux de l'Eſpagne : mais c'eſt touſiours parmy les bleds, où il fleurit en May : Or en Flandres il y fleurit beaucoup plus tard, & eſt en tout & par tout plus petit & plus tendre. Voila ce qu'en dit l'Eſcluſe ; & en outre qu'il a cueilly cette *derniere eſpece de Pauot* en Languedoc parmy les Auoines, aupres de la ville de Latez, le long de la riuiere de Lez. Et que ceux de Caſtille l'appellent *Roſetta*, & d'autres *Amapolas moradas*, c'eſt à dire *Pauot à la fleur violette*, pource qu'elle eſt de la couleur du ſuc des Meures de Meurier. Lobel dit que Pena le prend mal à propos pour *l'Anemone grande cornuë*, la fleur duquel auſſi n'eſt pas bien exprimée en ſes Annotations. Au reſte la racine du *Pauot cornu*, ainſi que dit Dioſcoride, cuite en eau iuſqu'à la conſumption de la moitié, & prinſe en breuuage eſt propre pour guerir la ſciatique, & les accidens du foye. Elle eſt bonne à ceux qui font l'vrine craſſeuſe & ſablonneuſe. Sa graine priſe à la meſure d'vn acetabule auec eau miellée purge legerement le ventre. Ses fleurs & ſes

Le tempe-rament, & les vertus.

ses fueilles appliquées auec huile, font passer les croustes des vlceres. Elles ostent les tayes & tasses des yeux du menu bestail, si on les en frotte. Pour *le dernier Pauot* nous mettrons celuy que es Grecs appellent *Aphrodes*, c'est à dire *Escumeux*, ou bien *Eraclien*, comme il a desia esté dit. Iceuy n'est pas si cogneu que les precedens ; & fait, suiuant Dioscoride, la tige de la hauteur d'vne aume, les fueilles fort petites, semblables à celles de l'herbe aux foulons, auec vn fruict blanc l'entour d'icelles ; mesme toute l'herbe est blanche & escumeuse. Sa racine est blanche & s'estend fleur de terre. On amasse son fruict en Esté, lors qu'il est du tout meur, & qu'il veut tomber stant sec. Iceluy prins à la mesure d'vn acetabule auec eau miellée purge par vomissement, ce ui est particulierement propre pour le haut mal. Galien dit les mesmes choses en peu de mots ; e *Pauot cornu* est incisif & detersif, à raison de quoy sa racine cuite en eau iusqu'à la consomption e la moitié, est propre aux accidens du foye. Ses fueilles & ses fleurs sont bonnes aux vlceres sa- es, & difficiles à guerir ; mais il n'y en faut plus mettre dés que les vlceres sont mondifiez : car elles ont si detersiues, qu'elles consument la chair viue : par le moyen de ceste faculté, elles ne mon- ifient pas seulement les vlceres, ains aussi en ostent les croustes. La graine de *Pauot Heraclien* eua- ue le phlegme. Quand on a trop beu d'Opion ou de Meconion, on en demeure tout assopi, auec ne fort grande demangeaison & frottement ; tellement que bien souuent à mode que le venin 'auance, la demangeaison croist, tellement qu'elle reueille. Tout le corps sent ceste medecine. our remede il faut prendre de l'huile pour faire vomir, & puis des clysteres bien vehements. En outre l est bon de boire du vinaigre miellé auec du sel, ou du miel auec de l'huile rosat chaud. Item boire eaucoup de vin auec de l'Absinthe, ou de Cannelle, ou de vinaigre chaud tout seul. Dioscoride & uicenne mettent beaucoup d'autres remedes. Le *Pauot cornu*, prins en viande ou en breuuage, fait enir les mesmes accidens que l'Opion, aussi y faut-il vser des mesmes remedes.

Pauot escumeux.
Liu. 4. c. 62.
La forme.
Les vertus.
Liu. 7. des simpl.

De l'Hypecoon, CHAP. II.

E que les Grecs appellent ὑπήκοον, & ὑπόφεον, s'appelle aussi en Latin *Hipecoum*. Il croist, ainsi que dit Dioscoride, parmy les Bleds & champs labourez. Ses fueilles sont semblables à celles de la Ruë, & fait des petites branches. Il a les mesmes facultez que le suc de Pauot. Pline en dit tout de mesme : *L'Hypecoon*, dit-il, croist parmy es Bleds, & a les fueilles de la Ruë. Il a le mesme naturel que le suc de Pauot. Galien dit ue *l'Hypecoon* est refrigeratif au troisiesme degré, quasi autant que le Pauot. Or il y a peu d'Heroristes qui cognoissent cette herbe, ou peut estre point du tout. Toutefois Matthiol a mis la plante qui est icy peinte pour le vray Hypecoon ; disant qu'elle croist parmy les champs, & a les fueilles vn peu plus grandes que celles de la Ruë, les tiges petites, molles & velues, garnies de fleurs iaunes-blaffardes, combien qu'elles soyent purpurées aupres de la coupette, au milieu desquelles il sort vne petite houppe, de couleur d'or, & de bonne grace. Apres il y vient des petits boutons couuerts d'vne peau menue, dans lesquels il y a vne graine noire & aspre, semblable à celle de la Nielle bastarde. Mais on voit à l'œil que ses fueilles ne retirent pas à celles de la Ruë. Dauantage il appert au goust qu'elle n'a pas les mesmes facultez que l'Opion : car elle laisse vn goust fade en la langue quand on la taste, tant s'en faut qu'elle soit si amere que l'Opion. En somme qui l'aura tastée, iugera aisément qu'elle est chaude & humide au second degré. C'est peut estre la *seconde Argemone* de Tragus. Pena & Lobel la prennent pour *l'Alcea estrangere*, de laquelle nous auons traitté entre les Plantes du iardin, au chapitre de la Guimauue.

Hypecoon.

Du Iusquiame, CHAP. III.

E *Iusquiame* ou *Hannebanne* s'appelle en Grec ὑοσκύαμος : en Latin *Hioscyamus Apollinaris* : les Arabes, suyuant le tesmoignage de Pline, l'appellent *Altercum* ou *Altercangenum* : mais les Medecins Arabes le nomment *Bengi* : les Apothicaires *Iusquiamus* : les Italiens *Iusquiamo* : les Espagnols *Velenho* ; les Allemans *Bilsamkraut*, ou simplement *Bisen*. Il semble que les

Les noms.

Grecs l'appellent *Hyoscyamus*, c'est à dire *Feue de pourceau*, pource que, ainsi que dit Ælian, les pourceaux ou sangliers ayans mangé de ceste herbe endurent des conuulsions, au grand danger de leu vie, s'ils ne trouuent tout à l'instant de l'eau pour s'y baigner, & en boire tout leur saoul: aussi vont ils quant & quant chercher quelque riuiere, non seulement pour s'y baigner, mais aussi pour trouuer des escreuices: car dés aussi tost qu'ils en ont mangé ils sont gueris. Mais les Latins l'ont nommé *Apollinaris* du nom *d'Apollon* qui fut inuenteur de la Medecine, ou bien pource qu'il rempli le cerueau d'vne vapeur puante & facheuse, tellement que la personne est reduite en tel estre comme si elle estoit agitée de la fureur d'Apollon. Il est appellé *Altercum*, *ab Altercando*, ainsi que di Scribonius; pource que ceux qui sont hors du sens pour auoir mangé du *Iusquiame*, ne font qu parler en se tourmentant.

Liu.4.c.64. Les especes. Or Dioscoride establit *trois especes de Iusquiame*; dont *l'vn* fait les fleur purpurines, & les fueilles semblables au Liset, la graine noire, & les boutons durs & espineux *L'autre* fait les fleurs iaunes, les fueilles & les gousses plus simples, aux communs exemplaires il a ἀπλώτερα, c'est à dire *plus simples*; mais au vieux, & en Oribaze il y a ἁπαλώτερα, c'est à dire *plu tendres*. Sa graine est iaunastre comme celle de l'Irio. Le *troisiesme* est gras, tendre, cottonné, fait les fleurs & la graine blanche. Il croist és lieux maritimes & parmy les masures. Pline en esta

Liu.25.c.4. blit *quatre especes*; toutesfois *le second* & *le quatriesme* ne sont qu'vn. On dit aussi qu'Hercule a est inuenteur de l'herbe que nous appellons Apollinaris: & les Arabes *Altercum*, ou *Alterchangenum* & les Grecs *Hyoscyamus*. Or il y en a *plusieurs especes*. *L'vn* fait la graine noire & les fleurs quasi pur rines, & est espineux. Iceluy croist en Galatie. Mais le vulgaire est blanc & plus branchu, plu grand que les Pauots. *Le troisiesme* a la graine semblable à celle de l'Irio. Tous ceux-cy font sor tir la personne hors du sens, & causent des tourmens de teste. *Le quatriesme* est mol & cottonné

Liu.4.ch.64. plus gras que les autres, & a la graine blanche, & croist és lieux maritimes. Au surplus Dioscoride dit que le *Iusquiame* est vne plante qui fait les tiges grosses, les fueilles larges, longues, decou pées, noires & velues. Ses fleurs sortent le long de la tige & ressemblent à celles des Grenades, estans garnies comme de petits boucliers pleins de graine semblable à cel du Pauot. Ce qui est attribué icy aux fleurs semble deuoi estre attribué à la gousse: car elle est couuerte comme d'v petit bouclier, & est pleine de graine, non pas les fleurs. C qui appert par Serapion, lequel dit du fruict ce qui est ic dit de la graine. Ses branches, dit-il, sont garnies par l costez d'vn fruict semblable à vne fleur de Grenadier, su lesquelles il est arrengé par interualles esgaux; & dessus c fruict il y a vn couuercle fait à mode de bouclier, & c plein d'vne graine semblable à celle des Pauots. *Le noir* e fort commun tant aux pays chauds comme aux froids, croist par toute l'Europe le long des chemins és lieux sa blonneux qui ne sont pas cultiuez.

Iusquiame, de Matthiol.

La forme. Il a les fueilles gran des, longues, larges, cendrées, molles & flaques, cottonnée & decouppées à grandes decouppeures par les bords, gros ses & pleines de suc. Ses tiges sont grosses, de la hauteu d'vne coudée ou de deux, & branchues, garnies de fleur agencées par ordre, semblables à des hottes ou pannier ouuerts, iaunastres par les bords, auec quelques veines pur purines: mais au milieu elles sont de couleur de pourpr brune. Apres il y vient des coupettes rondes, longues, gros ses & ventrues, couuertes par dessus & garnies d'aiguillons pleines d'vne graine brune qui n'est pas fort grosse. Sa raci ne est grosse, longue & blanche, aisée à arracher, & for propre pour appaiser la douleur, qui ne sent pas si mal, ne se pourrit pas si aisément comme le reste de la Plant laquelle a vne mauuaise odeur, qui appesantit le cerueau & fait dormir. Dodon, Pena & Lobe l'appellent *Iusquiame noir*; mais Matthiol, de qui nous auons prins le pourtraict, l'appelle simple ment *Iusquiame*. Quant au *Iusquiame blanc* il est plus rare, tellement qu'on l'entretient dans les iar dins en France & en Flandres: toutefois il en croist parmy les masures pres de la marine, & és lieux aspres de Languedoc, principalement à l'emboucheure du Rosne dans la mer. Il est quasi de mes me figure & grandeur que *le noir*, toutesfois il a les fueilles plus larges, plus rondes plus molles & plus velues, vn peu rognées & vuidées à l'entour, mais non pas tant que celles de *l'autre*. Ses tiges sont plus courtes. Ses fleurs sortent le long des tiges & à la cime d'icelles, & sont blanches & plus petites que celles du *noir*. Ses racines sont vnies. Ses couppettes ne sont pas espineuses. Sa graine est blanche. Matthiol en a aussi mis le pourtraict naturel. Il met aussi vne certaine Plante nou uelle,

Iusquiame blanc, de Matthiol.

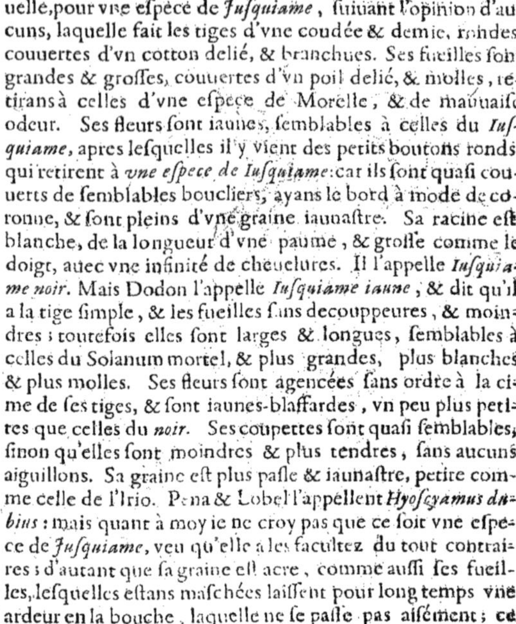

uelle, pour vne espece de *Iusquiame*, suiuant l'opinion d'aucuns, laquelle fait les tiges d'vne coudée & demie, rondes, couuertes d'vn cotton delié, & branchues. Ses fueilles sont grandes & grosses, couuertes d'vn poil delié, & molles, retirans à celles d'vne espece de Morelle, & de mauuaise odeur. Ses fleurs sont iaunes, semblables à celles du *Iusquiame*, apres lesquelles il y vient des petits boutons ronds, qui retirent à *vne espece de Iusquiame*: car ils sont quasi couuerts de semblables boucliers, ayans le bord à mode de coronne, & sont pleins d'vne graine iaunastre. Sa racine est blanche, de la longueur d'vne paume, & grosse comme le doigt, auec vne infinité de cheuelures. Il l'appelle *Iusquiame noir*. Mais Dodon l'appelle *Iusquiame iaune*, & dit qu'il a la tige simple, & les fueilles sans decouppeures, & moindres: toutefois elles sont larges & longues, semblables à celles du Solanum mortel, & plus grandes, plus blanches & plus molles. Ses fleurs sont agencées sans ordre à la cime de ses tiges, & sont iaunes-blaffardes, vn peu plus petites que celles du *noir*. Ses coupettes sont quasi semblables, sinon qu'elles sont moindres & plus tendres, sans aucuns aiguillons. Sa graine est plus pasle & iaunastre, petite comme celle de l'Irio. Pena & Lobel l'appellent *Hyoscyamus dubius*: mais quant à moy ie ne croy pas que ce soit vne espece de *Iusquiame*, veu qu'elle a les facultez du tout contraires; d'autant que sa graine est acre, comme aussi ses fueilles, lesquelles estans maschées laissent pour long temps vne ardeur en la bouche, laquelle ne se passe pas aisément; ce

Iusquiame noir, de Matthiol, iaune, de Dodon.

Iusquiame troisiesme, de Matthiol.

qui monstre qu'elle est extremement chaude. Elle approcheroit mieux de la Nicotiane, de laquelle nous traitterons entre les Plantes estrangeres. Ainsi donc i'estime que Dodon l'appelle mal à propos *Iusquiame du Peru*, & qu'il ne peut en estre vne espece, d'autant qu'on apperçoit vne grande acrimonie en ses fueilles, par le moyen de laquelle elles sont resolutiues, comme ie l'ay experimenté. Or cette action procede de la chaleur, & non pas d'vne nature tres-froide, comme celle du Iusquiame. Au reste il y a des Herboristes qui tiennent que cette autre Plante qui est icy peinte est vne En l'hist. des purg.

Iusquiame estranger, de Dalechamp.

vne espece de *Iusquiame*. D'autres la prennent pour vne espece de Morelle. C'est vne herbe rare & remarquable pour la figure tant de ses fueilles que de son fruict. Il s'en trouue en certaines forests ombrageuses, & espaisses de l'Apennin. Elle a les fueilles longues, encauées à l'entour & pleines de veines, qui sortent pour la plus part trois à trois de la tige par certains interualles. La tige est ronde, grosse comme le doigt, quasi de la longueur d'vne coudée. Son fruict vient à la cime des tiges, & est rond, semblable à vne petite pomme, & gros comme vne prune, & plein d'vne graine rougeastre. On ne sçait pas encor les facultez de cette Plante. Elle est peinte d'vne fort belle & riche peinture en vn vieux exemplaire de parchemin escrit à la main auquel il y a plusieurs autres plantes ainsi peintes : mais elle est assez mal pourtraite sous le nom *d'Apollinaris*. Or celuy qui l'a descrit dit qu'elle a esté ainsi nommée du nom d'Apollonius Philosophe, qui la monstra à Platon. Et qu'elle est appellée en Grec *Strygnion Malchion* (ou plustost *Strychnon Manicon*.) & *Dorygion* (*Dorycnion*.) Au demeurant l'*Iusquiame*, selon l'aduis de Dioscoride, tant celuy qui a la graine noire, que celuy qui l'a iaunastre, troublent le sens & appesantissent la teste, & sont dangereux. Le *blanc* est meilleur pour en vser en medecine : mais à faute d'en auoir il faudra vser du *iaunastre*. Quant au *noir* il n'en faut point vser, comme estant trop pernicieux. On tire du suc de sa graine quand elle est tendre (au vieux exemplaire il est adiousté τοῦ λευκοῦ, c'est à dire *du blanc*) comme aussi de ses fueilles & de ses tiges. A cest effect on broye tout ensemble, & apres l'auoir exprimé on le fait seche au soleil. Or il ne le faut pas garder plus d'vn an : car il se pourrit aisément. On tire aussi particulierement le suc de la graine seche apres l'auoir arrousée d'eau chaude, en la pilant & la pressant. Ce suc est meilleur que le precedent, & est plus propre pour appaiser les douleurs. L'herbe verte broyée, & incorporée auec de farine de Bled de trois mois se reduit en trochisques qui se peuuent garder (au vieux exemplaire il y a ainsi, ἡ δὲ χλωρὰ κοπεῖσα καὶ μιγεῖσα σησαμίνῳ ἀλεύρῳ ἢ πηγάνῳ, c'est à dire, *l'herbe verte broyée, & incorporée auec de farine de Sesame ou de Rue*. Tant le premier suc que celuy qui est tiré de la graine seche sont bons pour mesler parmy les collyres qui seruent à appaiser la douleur, & contre les defluxions chaudes & acres ; comme aussi aux douleurs des oreilles, & accidens de la matrice. Mais estans incorporez auec farine & griotte seche ils sont bons contre les inflammations des yeux, des pieds, & autres parties. Autant en fait la graine, prinse au poids d'vn obole, auec de graine de pauot & d'eau miellée. Elle est bonne contre la toux, aux catharres & aux defluxions des yeux, aux grandes douleurs, & contre le flux des femmes, & autres flux de sang. Broyée auec du vin & appliquée en liniment elle est bonne contre les gouttes, contre l'inflammation des genitoires, & aux mammelles enflées apres l'enfantement. Il est bon d'en mesler aux cataplasmes qui appaisent la douleur. Les fueilles aussi sont singulieres estant meslées en toutes sortes de medicamens qui seruent à appaiser la douleur ; comme aussi estans appliquées seules, ou auec de griotte seche. Appliquées fraiches elles appaisent toutes sortes de douleurs. Trois ou quatre d'icelles prinses en breuuage auec du vin guerissent les fieures que les Grecs appellent Epiales. Cuittes à mode des herbes bonnes à manger, si on en mange à la mesure d'vne Hemine, elles troublent mediocrement le sens. On dit qu'elles feront le mesme effect si quelqu'vn auoit vn vlcere en l'intestin nommé Colon, & qu'on vinst à luy faire vn clystere de ladite decoction. La decoction des racines est bonne contre la douleur des dents si on les en laue. Pline en dit quasi de mesme. Les Medecins, dit-il, vsent du *Iusquiame de la quatriesme espece*, comme aussi de celuy qui a la graine rousse. Quelquefois le *Iusquiame blanc* deuient *roux*, quand il n'est pas entierement meur, & alors il est dangereux. Et neantmoins il ne faut point cueillir de graine de *Iusquiame* qu'elle ne soit meure. Ceste graine a le naturel du vin (il y a faute icy, & faut lire tient du venin, comme il appert par ce qui est dit apres) aussi trouble-elle le cerueau, & cause douleur de teste à ceux qui en vsent. On se sert de la graine seule, & du suc qu'on en tire : car on en tire separement de la graine ; & aussi des fueilles, des tiges, & de la graine ensemble. On se sert aussi de la racine ; mais à mon aduis, c'est vne medecine dangereuse en quelque façon que ce soit : car il est certain que les fueilles mesmes troublent le sens, si on en mange plus de quatre. Et toutefois les anciens auoient opinion que les prenant en vin elles guerissent de la fieure. On fait aussi de l'huile de la graine, comme nous auons dit, lequel estant distilé dans les oreilles trouble le sens. En quelque autre endroit il dit

Le temperament & les vertus. Liu. 4. ch. 64.

Liu. 25. ch. 4.

dit que le *Iusquiame* est bon contre la morsure des chiens, & est bon pour appliquer sur les playe auec du miel. La graine & les fueilles broyées en vin seruent particulierement contre les morsures des Aspics, les prenant en breuuage. Son suc guerit le crachement de sang. Le parfum de ce suc bruslé sert contre la toux. Galien en traitte plus brieuement, disant: Le *Iusquiame qui a la graine noire* trouble le sens, & cause vn assopissement: *celuy qui a la graine quasi iaune* approche de ceste faculté là. Tellement qu'il se faut bien garder d'en vser, d'autant qu'ils sont dangereux & pernicieux : mais *celuy qui fait la fleur & la graine blanche*, est bon pour la medecine. Il est froid au troisiéme degré. Au reste Dioscoride dit que le remede quand on a beu du *Iusquiame*, c'est de prendre de l'eau miellée en grande quantité, & du laict, principalement de saume, à faute duquel il faudra prendre de celuy de cheure, ou de vache, ou de la decoction de figues seches. Les Pignons sont aussi propres à cest effect, comme aussi la graine d'Ortie, la Cichorée sauuage, la Moustarde, le Nasitort, les Aulx & les Oignons; & tout cela se doit prendre auec du vin. Puis apres il faut laisser reposer le patient, comme ceux qui sont yures, pour faire digestion.

Liure 8. des simpl.

Liu. 6. ch. 15.

Du Solane, CHAP. IV.

Les nom.

NOvs auons traitté cy deuant des *Solanes* qui croissent dans les Iardins, ou à l'entour d'iceux, au traitté des herbes de Iardin: il reste maintenant à parler de ceux qui sont venimeux. Et premierement du *Solane dormitif*, qu'aucuns nomment *Halicacabus* ainsi que dit Dioscoride, il produit plusieurs tiges branchues & touffues, mal-aisées à rompre, garnies, de fueilles grasses, semblables à celles des pommiers de coing, & des fleurs rouges, grandes. Son fruict & sa gousse sont de couleur de Saffran. Sa racine est grande, couuerte d'vne escorce rougeastre. Il croist sur les rochers pres de la marine. Or Matthiol estime que toutes ces marques, s'accordent fort biē auec la Plāte qui est icy peinte, & par-

La forme. Liu. 4 c. 61.

Solane dormitif, de Matthiol.

Autre Solane dormitif, de Matthiol.

tant il conclud, que c'est vrayement le *Solanum dormitif* de Dioscoride. Car elle produit, dit il, vne infinité de tiges brāchues & touffues, malaisées à rōpre, garnies de beaucoup de fueilles, assez grasses, sēblables à celles de pōmiers de coing. Ses fleurs sont rougeastres sortans de la tige en rond, par certains interualles. Son fruict est de couleur de Saffran, enclos en des gousses veluës. Sa racine est longue & bien nourrie, quelquefois aussi grosse que le bras, couuerte d'vne escorce rougeastre. Elle croist aupres de la marine, le plus souuēt sur les rochers. L'Escluse descrit aussi la méme Plante pour le *Solanum dormitif*; comme aussi Lobel en a mis le pourtraict sous le mesme nom. Toutefois Matthiol en met encor vne autre espece, de laquelle nous auons aussi mis icy le pourtraict, lequel fait les fueilles plus estroites, pleines de veines, pendantes contre terre: la tige anguleuse, les fleurs faites

à mode

à mode d'vne cloche, à demy purpurines, dentelées à l'entour, attachées à vne longue queuë, apres lesquelles il vient des boutons noirs, ou de couleur de pourpre brune, pleins d'vn suc comme de vin, & d'vne graine menue, comme les boutons des *autres especes de Solane*. Iceux sont couuerts quasi iusqu'au milieu d'vne coupette, le bord de laquelle est fait à mode d'vne couronne. Sa racine est grosse, & bossue, tendre & blancheastre. Elle fleurit au mois de May, & fait son fruict en Iuin. Il en croist aux enuirons de Goritie, sur le mont Saluatin, parmy les rochers. Theophraste est aucunement discordant auec Dioscoride, en la description du *Solane dormitif*; car il en parle en ceste maniere, selon que Gaza l'a traduit: *Il a vne espece de Solane dormitif, qui a la racine rouge cõme sang, mais en sechant elle deuient blanche. Son fruict est plus rouge qu'escarlate. Ses fueilles retirent à celles du Tithymale, & d'vn pommier doux; toutefois elles sont velues.* On pourroit lire κρόκυ c'est à dire *du Saffran*, au lieu de κόκκυ, *d'Escarlate*; & au lieu de μιλέᾳ τῇ γλυκεία, qui signifie *vn Pommier doux*, μίλῳ κιδωνίῳ, *vn Pommier de coing*. Car Dioscoride dit que le fruict de ce *Solane* ἐν λοβοῖς κροκίζοντα, c'est à dire, *qu'il est en des gousses qui semblent de Saffran*; & φύλλα ἐμφερῆ μήλῳ κυδωνίῳ c'est à dire, *que ses fueilles retirent à celles des Pommiers de Coing*. Parquoy il faudroit peut estre traduire ainsi le passage de Theophraste; *Le Solane dormitif a la racine rouge comme sang quand on la tire; mais estant seche elle est blanche. Son fruict est plus rouge, comme Saffran, ou bien plus rouge que Saffran. Ses fueilles retirent à celles des Tithymales, ou des Pommes de Coing; toutefois elles sont touffues: (& ont vne paume de grandeur.)* Ce que Gaza a obmis. Au surplus Fuchse, & quelques autres qui l'ont suiuy, prennent pour le *Solane dormitif* de Dioscoride la Plante que les Herboristes appellent cõmunement *Solatrum maius*: & les Apothicaires *Solatrum mortale*, ou *Solanum lethale*; en François *Solane mortel*; en Allemand *Dolkraut* & *Senkraut*: les Venitiens l'appellent *Herba bella donna*. Or voicy ce que Fuchse en dit: C'est que ceste plante est vrayement le *Solane dormitif*, qu'aucuns non sans grande erreur, prennent pour le *Solane de iardin*, qui est fort singulier aux porceaux, & les preserue de plusieurs maladies, de quoy il ne se faut pas donner grand peine, mais plustost rechercher ses effects à l'endroit des hommes; veu qu'il est certain qu'il y a plusieurs choses qui seruent de viade aux bestes, & toutefois elles sont venin aux hommes. Or il s'est veu par experience, que deux enfans ayans mangé de ses boutons en moururent quant & quant. Ce qui monstre que c'est le *Solane dormitif*; veu mesme que quasi toute la description luy conuient, excepté ce que sa graine n'est pas de couleur de Saffran en des gousses. Et au contraire il s'en faut beaucoup qu'il n'ait toutes les marques de celuy de iardin. Car ce n'est pas vne petite Plãte, ains quasi à mode d'vn arbre; & si ne fait pas la fleur blanche, mais baye. Quant au fruict & aux fleurs, il semble retirer à la description du *Solane furieux*, tellemẽt qu'il est bien à craindre que la description de ces deux Plantes ne soit confuse; veu méme que Theophraste est discordant auec Dioscoride en la description. Comment qu'il en soit, il est bien certain que c'est vne espece de *Solane*, cõme il appert par la figure de ses fueilles, & qu'il est fort refrigeratif, principalemẽt si on en prend en trop grãde abondance; tellemẽt que pour ceste cause on s'é peut seruir en medecine, pour le *Solane dormitif*. Que s'il y a quelqu'vn qui ne reçoiue ceste opiniõ, pour le moins il faut confesser, que c'est la *troisiéme espece de Mandragore*, de laquelle Theophraste fait mention. Voila ce qu'en dit Fuchse, l'opinion duquel Matthiol ne reçoit pas, ny ne tient pas que ce soit le *Solane Dormitif* de Dioscoride; pource que sõ fruict n'est pas de couleur de Saffran, dans des gousses, combien que ses bayes estans prinses en trop grande abondance facent mourir, & ayẽt les mémes vertus que le *Solane dormitif*: car ils sont bien differens en figure. En outre il dit qu'il n'est pas questiõ de le mettre pour *vne espece de Mandragore*, comme il est declaré plus amplement au chapitre de la Mandragore. Ainsi donc Matthiol estime que c'est *vne cinquiéme espece de Solane*, de laquelle les anciẽs n'ont pas eu cognoissance. Dodon aussi tient que ce n'est pas le *Solane furieux*, ny *dormitif* de Dioscoride, ny la *Mandragore Morion* d'iceluy; mais plustost la *Mandragore* de Theophraste. Gesnerus dit qu'il y a *vne espece de Solane sauuage*, qui est appellé en Allemand *Schaffbeere*, & *Doluurtz*: & en Italien *Belladonna*, qui croist de soy-méme en Allemagne à l'entour des bois, & ailleurs és lieux qui ne sõt pas cultiuez & porte des bayes, ou plustost des pommes à mode de Cerises, de couleur de bleu brun; & a la racine grosse, qui dureroit long tẽps si on le plãtoit dans les iardins: toutefois il faut bien prendre garde que les enfãs ne man

Salane dormitif, de Fuchse,

Liure 9. de l'hist. ch. 12.

Ch. 264. de l'hist.

L. 3. de l'hist. ch. 90.

e mangent de son fruict, pensant que ce soient Cerises, car ils seroient en grand danger de leur
ie. Aucuns, dit-il, l'appellent *Solane mortel*: d'autres tiennent que c'est le *Morion*, ou plustost la
landragore de Theophraste. Au reste il estime que ce *Solane sauuage* est le *Solane dormitif*. Finale-
ent que ce *Solane* peut seruir à faute du vray, comme aussi à faute de la *Mandragore*, en toutes ses
arties. Cordus tient que le *Solane dormitif* est incogneu pour le iourd'huy: toutefois qu'il est bien
sseuré, que la Plante qu'il appelle *Amere-douce*: & les Allemans *Ielenger ielieber*, luy approche fort;
ar elle retire au *Solane* quant aux fueilles, à la forme des fleurs, au fruict & aux vertus, comme il
it auoir esprouué en soy-mesme. Nous en auons traitté au liure des Plantes qui montent estans
ppuyées. Mais pour reuenir au propos du *Solane dormitif* de Fuchse, ou *à la cinquiesme espece de So-*
ane de Matthiol, il croist dans les forests des montagnes, & a les fueilles plus grandes que celles — *Forme de l'Herbe appellée Belladonna.*
u *Solane de iardin*, la tige de la hauteur de deux ou trois coudées, & quelquefois dauantage, de
ouleur vermeille, & vne infinité de branches auec leurs ailerons creux, par lesquelles sortent les
eurs longues, approchantes de celles du Doigtier iaune, attachées à des longues queuës, & creu-
s à mode d'vne clochette, de couleur rouge blaffarde, auec des filets au dedans comme des che-
eux, lesquelles venans à flestrir, il y vient des bayes, chascune desquelles est attachée à vne queuë,
sont encloses en vne coupette courte, & decoupées. Icelles estans meures sont noires, de la
rosseur d'vn grain de raisin, couuertes par dehors d'vne peau reluisante, & pleines d'vn suc, com-
e de vin, & de grande quantité de graine menuë. Sa racine est longue, grosse & blancheastre,
leine de suc. Quant au *Solane* surnommé *Manicum*, ou *furieux*, il a les fueilles semblables à celles — *Forme du Solane furieux. Diosc. liu. 4. chap. 69.*
e la Roquette, combien qu'elles soient vn peu plus grandes, & approchent à peu pres de celles de
Brancque vrsine. Elle iette immediatement dés la racine dix ou douze tiges, hautes, qui peuuent
uoir vne aulne de long, auec vne teste à la cime, de la figure d'vne Oliue; mais elle est veluë comme
s pelottes du Plane, combien qu'elle soit plus petite & plus large. Sa fleur est noire, laquelle venant
flestrir il y vient comme vne grappe de raisin, ronde & noire, en laquelle il y a enuiron dix ou douze
rains semblables aux grains de Lierre, & tendres comme les grains de raisin. Sa racine est blanche,
rosse & creuse, de la longueur d'vne coudée. Il croist aux montagnes battues des vents, & parmy — *Le lieu.*
s planes. Matthiol confesse qu'il n'a point veu cette espece de *Solane*, peut estre aussi qu'il n'y a point
'Herboriste qui le cognoisse. Or Theophraste en a ainsi escrit: *Le Solane furieux a la racine blanche,* — *Liure 9. de l'hist. ch. 12.*
e la longueur d'vne coudée, & creuse. Puis vn peu apres il adiouste; *Il a les fueilles comme la Roquette,*
non qu'elles sont plus grandes. Sa tige peut auoir enuiron quatre coudées de long. Sa teste est comme celle
'vn Oignon, toutefois elle est plus grande, & plus grosse, qui retire au fruict du Plane. Or si on veut
rendre la peine de conferer cette description auec celle de Dioscoride, on treuuera qu'elles sont
uasi semblables, excepté que Dioscoride dit qu'il a *vne teste à la cime, de la figure d'vne Oliue; mais*
eluës comme les pommes de Plane, plus grande & plus large. Suyuant quoy il appert qu'il faut lire
n Theophraste δασυτέρον, *plus veluë*, au lieu de παχυτέρον, *plus grosse*, comme aussi Gaza a leu, l'ayant
aduit *plus veluë*, ou bien πλατυτέρον, c'est à dire, *plus large*. Cordus dit qu'il croist à force *Solane fu-*
ieux en Egypte, d'où on nous en apporte le fruict, que les Apothicaires appellent *Cuculi de Leuante*,
oques de Leuant, c'est à dire, *Solane Oriental*. Car *Cuculus* vaut autant à dire que *Cucubalus*, c'est à dire,
lane, & *Leuante* en Italien signifie *l'Orient*. Or deuant qu'on les nous apporte, on les fait secher,
nt le noyau qui est au dedans, que la chair pleine de suc, qui est au dessous de l'escorce. Si tost
ue les poissons en ont mangé, ils sont estourdis, & nagent à l'enuers à fleur d'eau, tellement qu'on
s peut prendre auec la main. Toutefois aucuns tiennent que les *Coques de Leuant* ne s'accordent
as auec la description de ce *Solane*. Il reste maintenant à traitter des vertus de ces *Solanes*. En pre- — *Les vertus.*
nier lieu Dioscoride dit que l'escorce de la racine du *Solane dormitif* prinse en breuuage auec du vin — *Liu. 4. c. 68.*
u poids d'vne dragme fait endormir, toutefois moins que l'Opion. Sa graine est fort propre à
rouoquer l'vrine. Douze grains d'icelle sont bons aux hydropiques; mais si on passe ce nombre
s font perdre le sens: pour à quoy remedier il faut vser d'eau miellée en grande quantité. Son suc
ou bien, comme aucuns lisent φλοιὸς, c'est à dire, *son escorce*,) est bon pour mesler dans les trochis-
ues & autres medicamens qui seruent à appaiser la douleur. Sa decoction faite en vin appaise la
ouleur des dents, si on la tient en la bouche. Le suc de la racine appliqué en liniment auec du miel
ste ce qui esblouït la veuë. Galien en dit de mesme. L'escorce de la racine du *Solane dormitif* prin- — *Liure 8. des simpl.*
e en vin au poids d'vne dragme prouoque à dormir, mesme quant au reste elle retire fort au suc
e Pauot quant aux proprietés, sinon qu'elle est de moindre efficace, comme estant froide au troi-
iesme degré, au lieu que le suc de l'Opion est froid au quatriesme. Sa graine prouoque l'vrine;
ais si on en prend plus de douze grains elle fait perdre le sens. Pline luy attribue bien plus grande — *Liu. 21. c. 31.*
ertu refrigeratiue, quand il dit: Mesme la *seconde espece* qu'aucuns appellent *Halicacabus*, est dormiti-
e, & feroit plustost mourir que l'Opion. Neantmoins Dioscoride dit qu'il a moins d'efficace à faire
ormir que l'Opion. Diocles & Euenor en disent merueilles, mesme Timarchides a descrit sa loüan-
e en carmes, disant qu'il fait perdre la memoire sans danger (au texte vulgaire il y a, *mira obliuione in-*
nocentia, par vne oubliance merueilleuse d'innocence: au lieu de quoy il faut lire, *mira obliuionis inno-*
centia, nempe quã adfert citra perniciem, par vne innocẽce merueilleuse d'oubliance, laquelle elle cause

mesme sans aucun danger: Et en outre que c'est vn fort souuerain remede pour r'affermir les dent qui branslent, si on les en laue. Dioscoride dit simplement qu'il est bon contre la douleur des dent Bien disent-ils qu'il ne faudroit pas continuer cela auec *l'Halicacabon*, d'autant qu'il pourroit fair troubler le sens. Mais on n'a que faire d'enseigner des remedes qui apportent auec eux plus de da ger que de profit. Vn peu apres il adiouste: Ceux qui se meslent de deuiner boiuent la racine d *l'Halicacabon*, afin de sembler furieux & insensés, pour donner plus de credit à leur superstitio Le remede à cela (que ie mets bien volontiers en auant) est de boire force eau miellée tiede. Dio coride ne dit pas cela du *Solane furieux*, comme il se verra cy apres. Theophraste dit aussi que l'esco ce de la racine de ce *Solane* broyée & detrempée en vin, & prinse en breuuage, fait dormir. Les baye du *Solane dormitif* de Fuchse, que Matthiol met pour *vne cinquiesme espece de Solane*, mangées fo endormir la personne comme si elle estoit morte; & en outre la font sortir hors du sens. Il y a de Empiriques qui asseurent que l'eau distilée de toute la Plante, si on en prend deux ou trois cueill rées, amortit l'inflammation des parties interieures, sans porter aucun dommage au corps; toutefo il se faut bien garder d'en prendre dauantage. Elle est souueraine contre les erysipeles & autres m ladies chaudes. Ses fueilles broyées appaisent l'inflammation des yeux & des paupieres. Matthi fait grand estat de sa racine seche: car il dit que si on en prend vne dragme pilée grossierement, qu'on la mette en infusion dans du vin par l'espace de sept heures, puis si ayant escoulé ce vin on l fait boire à quelqu'vn à ieun, il ne sçauroit manger aucune viande, sinon qu'on luy fasse boire du vi aigre; qui est le seul remede à ce mal. Dioscoride dit que la racine du *Solane furieux* prinse en vi au poids d'vne dragme, fait voir des illusions plaisantes: mais si on redouble la dose iusqu'à tro dragmes, elle trouble le sens: que si on en met quatre, elle fait mourir. Pour à quoy remedier faut boire force eau miellée, & puis la reuomir. Galien dit que le *Solane furieux* ne vaut rien po prendre dans le corps: car si on en prend quatre dragmes, elles feront mourir; & si on en pren moins, elles font perdre le sens; toutefois on en peut prendre vne dragme sans danger. Mais a reste elle n'apporte point de profit. Estant appliquée par dehors à mode d'emplastre, elle guerit l vlceres malins & corrosifs. Pour cest effect il faut vser de l'escorce de la racine, laquelle desseche la fin du second degré & au commencement du troisiesme, & est froide au commencement du se cond. Pline dit que le *Solane de la troisiesme espece* a les fueilles comme le Basilic (Dioscoride l compare à celles de la Roquette, comme il a desia esté dit:) mais ie suis content, dit-il, de trait legerement de cette herbe; car ie fais profession de discourir seulement des choses qui seruent remede aux hommes, & non pas des poisons: car pour peu que l'on prenne du suc de cette herb il trouble le sens (Dioscoride dit que c'est la racine qui fait cela;) toutefois les autheurs Grecs s'en font que rire: car ils disent que si on prend vne dragme de cette herbe, on perd toute hont & voit-on plusieurs visions & illusions, qui toutefois sont plaisantes; mais qui en prendroit a poids de deux dragmes, il deuiendroit du tout fol; & si on en prend d'auantage, il est mortel. C'e ce poison que les plus gens de bien de tous ceux qui ont escrit appellent *Dorycnion*, pource que l anciens en frottoient le fer de leurs flêches quand ils alloient à la guerre; & disent que cette her croist par tout: mais ceux qui n'auoient pas bien consideré cette Plante l'ont appellée *Manicu* Ceux qui en faisoient amas pour en empoisonner le monde l'appelloient *Erithron*, ou *Neuris*, bien *Perisson*: toutefois ie suis content de n'en traitter pas plus particulierement, encor que sa de cription puisse seruir pour se garder d'vn tel venin. Or Theophraste pourra seruir pour corriger texte de Pline, ainsi qu'il se lit aux communs exemplaires, & pour esclaircir les mots de Diosco de: car aussi l'vn & l'autre a emprunté de Theophraste ce qu'ils en ont escrit, disans; *Aucuns nommen le Solane furieux Thioron ou Perisson. Il a la racine blanche, de la longueur d'vne coudée, & creu Icelle prinse au poids d'vne dragme, fait que l'homme se plaist à soy-mesme, & luy est aduis qu'il e fort beau. Que si on double la dose, il fait perdre le sens dauantage, & auoir des vaines illusions. Ma si on en prend iusqu'à trois dragmes il fait du tout enrager. Pour faire mourir il en faut donner quat dragmes.* En quoy il appert qu'il ne faut pas lire en Pline *lusum pudoris*, c'est à dire, *ieu vergongneu* comme il y a aux communs exemplaires; mais simplement *lusum*, c'est à dire, *ieu*, pour le mot Gr τὸ παίζειν, qui n'est à dire autre chose que *ioüer & s'esbatre, comme font les enfans*. Il y en a d'autr qui disent que Pline n'a pas adiousté cela sans raison, d'autant que si vn homme en prend vne dra me, il songera qu'il a affaire auec des belles filles; & si c'est vne fille, elle songera qu'elle est accou plée auec de beaux garçons. Toutefois le mot *pudoris* ne se treuue point aux vieux exemplaires, su uant mesme le tesmoignage de Cornarius.

Les vertus du Solane furieux.

Liu.4 ch 69.

Liu.12.c.31.

Du Dorycnion, CHAP. V.

Les noms
Liu.21. c.31.

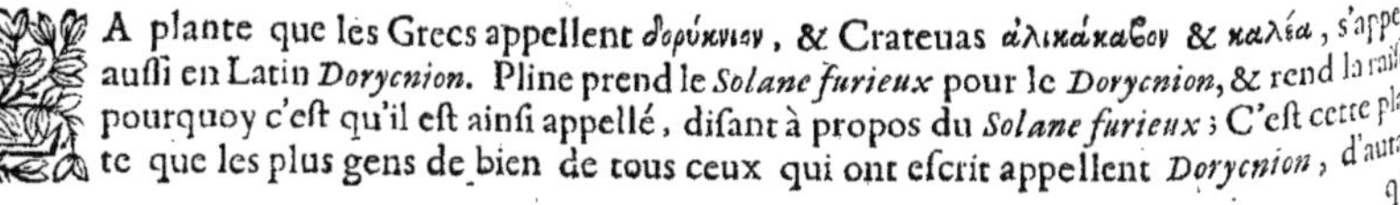

LA plante que les Grecs appellent δορύκνιον, & Crateuas ἀλικάκαβον & καλέα, s'appell aussi en Latin *Dorycnion*. Pline prend le *Solane furieux* pour le *Dorycnion*, & rend la raiso pourquoy c'est qu'il est ainsi appellé, disant à propos du *Solane furieux*; C'est cette pla te que les plus gens de bien de tous ceux qui ont escrit appellent *Dorycnion*, d'autan qu ıe les anciens allans à la guerre trempoient le fer de leurs fleches auec cette herbe-là, qui croist r tout. Mesme Dioscoride dit qu'aucuns appellent le *Solane furieux Dorycnion*. Et de faict ce nom mble estre commun à toutes les plantes desquelles on se seruoit pour empoisonner les flêches & ıtres traits afin qu'ils causassent la mort plus soudaine ; toutefois veu que ces plantes sont differentes en vertus, & mesme que Dioscoride, Galien & Paul les descriuent diuersement, il appert en par là qu'elles sont differentes. Or Dioscoride dit que le *Dorycnion* est vne plante qui ressem- Liu. 1. ch. 78. *La forme.* e à vn ieune Oliuier. Il croist sur les rochers pres de la mer, & fait des branches de plus d'vne udée de haut, garnies de fueilles de mesme couleur que celles des Oliuiers ; toutefois elles sont oindres, plus fermes, & fort aspres. Sa fleur est blanche. A la cime il y a force gousses comme cels des Pois ciches, dans chascune desquelles il y a cinq ou six grains ronds, de la grosseur d'vn tit Ers, lisses, durs & bigarrés. Sa racine est grosse comme le petit doigt, longue d'vne coudée. n tient qu'il fait dormir ; toutefois il est mortel si on en prend par trop. Aucuns tiennent que sa aine sert aux breuuages amoureux. Galien dit que le *Dorycnion* a le mesme temperament que le uot, la Mandragore, & autres tels medicamens froids ; d'autant qu'il a vne froideur aqueuse en y, laquelle est de grande efficace. Parquoy il assopit ou endort mediocrement ; mais si on en end par trop, il fait mourir. Or les Herboristes se sont faits à croire de plusieurs Plantes que stoit le *Dorycnion* : mais celle qui est icy peinte, laquelle est tenue pour le *Dorycnion* par les doctes

Dorycnion de Montpelier, de Dalechamp.

Plante de mesme espece que le Dorycnion, de l'Escluse.

rboristes de Montpelier, est bien differente d'auec celles-là. Elle croist en lieux aspres, sur les hers & aux lieux esleués pres de la mer ; & fait plusieurs tiges d'vne seule racine grosse, pleine bois & fourchuë, longues d'vne coudée, & quelquefois dauantage, soupples & aisées à plier mme celles du Genest. Ses fueilles sont petites, longues & estroites, & enuironnent la tige quatre uatre, par certains interualles comme celles de la Garence, ou du Gratteron. Ses fleurs viennent a cime des tiges, & sont disposées à mode d'ombelle quasi ronde, blaffardes, tirans sur le noir, ıssues & fort petites. On ne sçait pas encor les facultez de cette Plante, pour sçauoir si elle fait rmir ou non. Elle a vn goust fade, ainsi que dit Pena, & est froide & non humide. Ie croy que st la mesme Plante que celle que l'Escluse appelle *Dorycnion Hispanicum*, & dit qu'il a treuué au oyaume de Valence vne autre Plante quasi toute semblable, comme aussi en certains lieux de ndalousie, laquelle fait des verges d'vne coudée de long, soupples comme d'Osiers ; toutefois eles sont plus grailes que celles de la precedente. Ses fueilles aussi sont plus courtes & plus larges, nt il y en a trois ou cinq attachées ensemble à vne mesme queuë, lesquelles enuironnent leurs petes branches ; elles sont d'vn goust salé auec vn peu d'acrimonie. A chascune des branchettes lonıes il y a enuiron trois, quatre, ou cinq fleurs, plus grandes que celles du sainct Foin, de couleur rde ; autrement toute la Plante est du tout blanche & chenuë plus que la precedente.

De la Mandragore, *CHAP. VI.*

Les noms. Matthiol sur le liure 4. de Dioscor.

LEs Grecs appellent cette plante μανδραγόρας, & Κιρκαία : Pythagoras l'appelle ἀνθρωπόμορφος : d'autres ἀντίμαλον : les Latins l'appellent aussi *Mandragoras*, & *Canina*, ou *terrestri Malus* : les Arabes *Iaborose Yabrohac* : les Apothicaires & Italiens *Mandragora* : les Espagnols *Mandracola* : les François *Mandragore*. Elle est appellée *Circæa* du nom de Circé pource qu'on tient que sa racine est bonne pour les breuuages amoureux. Elle est aussi appellée *Atropomophos*, pource qu'elle a la figure de l'homme, d'autant que quasi toutes les racines de *Mandragore* dés le milieu en bas sont forchuës, & retirent aux cuisses d'vn homme ; tellement que si on les arrache au temps qu'elles sont chargées de fruict, elles retirent aucunement au corps d'vn homme sans bras. Or Dioscoride en establit *deux especes* ; à sçauoir *la Mandragore masle* ou soit *blanche* ; & *la femelle*, qui est aussi appellée *Tridacias*. Et en outre *vne troisiesme*, qu'il surnomme *Morion*. Quant à la *Mandragore masle* elle iette dés la cime de la racine des fueilles grandes semblables à celles de Noyer, ou des Laictues, qui ont les fueilles larges ; toutefois elles sont plus longuettes, molles & lisses, comme celles des Poirées vertes-blaffardes, & couchées par terre à l'entour du haut de la racine, aupres desquelles il sort des queuës courtes, chargées de fleurs blafardes & fueilluës, attachées à vne coupette assez large. Apres lesquelles il vient autant de Pommes rondes, de la grosseur de petits Limons, de la couleur de l'eau ensaffrannée, qui ont vne chair pleine de suc, dans laquelle il y a des grains pasles, ou de couleur perse, gros comme les pepins d'vne Poire ; toutefois il ne sont pas aigus : mais mediocrement vnis & vn peu recourbés, d'vn costé à la façon d'vn rognon. Sa racine est de longue durée, grande & longue, & a de

Liu 4 ch. 71. *Les especes.* *La forme.*

Mandragore masle.

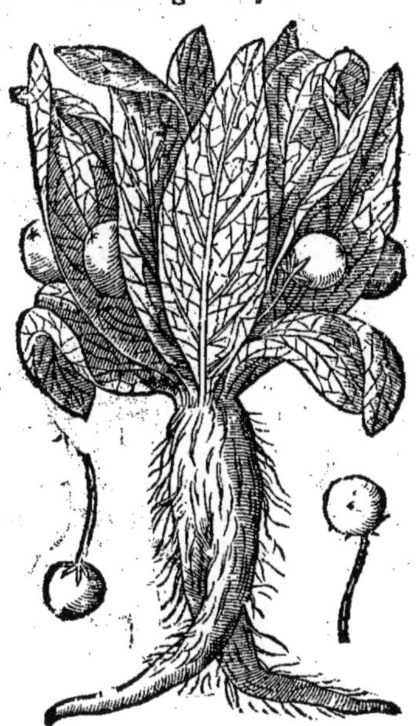

Mandragore femelle.

grosseur autant que l'on peut empoigner auec la main, & le plus souuent est my-partie en deux, blaffarde par dehors, ou blanche tirant sur le brun : mais par dedans elle est blanche, poulpuë, pleine de suc, & couuerte d'vne grosse escorce. Toute la plante a mauuaise odeur, & principalement ses Pommes, qui sont pleines d'vn suc vineux, vn peu amer, qui fait mal à la teste, tant par son odeur que par son goust. La racine est amere & douce tout ensemble. Quant à la *Mandragore noire*, ou soit *femelle*, elle a les fueilles couchées par terre comme le *masle* ; toutefois elles sont plus petites & plus estroites, semblables à celles des Laictues aux fueilles menuës, toutefois elles sont ecor plus petites, molles, de mauuaise odeur, & vertes-brunes, aupres desquelles il vient des petites queuës, des fleurs & des Pommes semblables à celles de la *Mandragore blanche*, semblablement poulpuës & pleines de grains ; toutesfois elles sont plus blaffardes, & deux fois plus petites, de la grosseur des Sorbes ou des Nesfles communes. Sa racine est de longue durée, semblable à la precedente quant à la substance & à la figure ; mais elle est moindre, my-partie e en deux ou en trois parties qui sont entortillez ensemble ; noire par dehors & blanche par edans, & a le mesme goust de l'autre. Voilà les *especes de Mandragore* lesquelles Dioscoride decrit, disant : La *Mandragore noire* que l'on tient pour la *femelle*, a les fueilles plus estroites & plus etites que la Laictue, de mauuaise odeur, couchées par terre, entre lesquelles elle produit des ommes semblables à des Sorbes, pasles & odorantes, dans lesquelles il y a des pepins comme eux des Poires. Ses racines sont fort grandes, my-parties en deux ou en trois, qui sont entortillées ensemble, noires par dehors & blanches par dedans, couuertes d'vne grosse escorce ; elle e fait point de tige. L'autre est blanche qui est appellée *masle*. Elle fait les fueilles grandes, blanhes, larges & lisses, comme celles de la Poirée. Ses Pommes sont deux fois plus grosses que elles de la *femelle*, tirans sur la couleur de Saffran, ayans vne odeur plaisante, combien qu'elle oit vehemente. Les bergers mangent de ces Pommes pour se faire endormir. Sa racine retire celle de la precedente ; toutesfois elle est plus grande & plus blanche. Elle ne porte aussi peu oint de tige. Aquoy s'accorde ce que Pline en a escrit, au moins pour la plus part. Aucuns, it-il, appellent la *Mandragore Circeion*. Il s'en treuue *deux especes* ; à sçauoir *la blanche*, qui est tenue pour le *masle*, & la *noire*, qui est la *femelle*. Elles ont les fueilles plus estroites que celles des Laiues, qui sont veluës, comme aussi les tiges (il faut lire veluës & vnies ; car ne l'vne ne l'autre *Mandragore* n'ont point de tiges : & cependant Pline a failly aussi, quand il dit que les fueilles ont veluës, comme s'il auoit leu δασεῖα : car il n'y a point de ces deux *Mandragores* qui ait les fueilles veluës, comme il appert par Dioscoride.) Elles ont deux ou trois racines roussastres, blanhes par dedans, poulpuës & tendres, quasi de la longueur d'vne coudée ; elles portent des Pommes grosses comme vne noisette, dans lesquelles il y a des pepins comme ceux des Poires. Auuns appellent *la blanche Arsen*, les autres *Morion*, ou *Hypophlomon*. Elle a les fueilles plus blanhes que l'autre, comme celles de la grande Ozeille. Or ce que Dioscoridie compare les Pommes de la *Mandragore* aux Sorbes. Oribaze les y compare aussi ; & en outre aux Poires sauuages : ellement que la comparaison des Sorbes s'entend quand à la grandeur & figure, & celle des Poires s'entend seulement de la figure. Marcellus Virgile a leu ὠοῖς ευφερῆ, c'est à dire suyuant son terpretation, *comme des iaunes d'œuf* ; mais il ne faut pas lire ὠοῖς, & mesme ce mot ne se prend pas implement pour vn iaune d'œuf. En outre és exemplaires les plus corrects ; & mesme en Oriaze il y a οὄοις, c'est à dire, *aux Sorbes*. Serapio l'interprete pour les Nefles, mais c'est la faute de eluy qui l'a traduit, & non pas la sienne. Pline compare ces Pommes aux Noisettes. Il dit aussi ue la *Mandragore femelle* a des tiges, au lieu que Dioscoride dit que l'vne & l'autre est ἀκαυλος, 'est à dire, *sans tige*, tellement que Cornarius voudroit quasi lire en Pline, *Hirsutis ex caulibus*, c'est dire, *velues & sans tiges* ; si ce n'estoit que Pline adiouste puis apres : On tire le suc des Pommes de la tige, monstrant par là qu'il entend qu'elles sont vne tige. Car de tout ce qu'il en dit, il l'a rins en partie de Dioscoride, & en partie de Theophraste, lequel dit aussi que la *Mandragore* fait ne tige : *Quant aux autres*, dit-il, *il y en a qui font la tige semblable à la Ferule, comme la Mandragore, & la Cigue*. Mais la *Mandragore* de Theophraste est bien differente d'auec celle de Dioscoride. e que Pline n'ayant pas remarqué, & ayant prins vn peu de l'vn, & de l'autre, les a confondues ensemble. Or il appert qu'il y a grande difference entre la *Mandragore* de l'vn & celle de l'autre ; d'auant que Dioscoride dit, que la *Mandragore noire* fait le fruict gros comme vne Sorbe & pasle, & ue les Pommes de la *blanche* sont deux fois plus grosses & quasi de couleur de Saffran, & que l'vne & l'autre ne fait point de tige. Au contraire Theophraste dit expressement que la *Mandragore* ait vne tige, comme il a esté dit. En outre que *son fruict a cela de particulier, qu'il est noir, & semblable à vn grain de raisin, & est plein d'vn suc comme de vin*. Ce que Gaza semble n'auoir pas bien interpreté quand il dit ; *Fructus Mandragoræ peculiaris, quod niger, racematus, vinosusque suo sapore sentiatur*, car *racematus* ou *racemosus* ne vaut pas autant à dire comme ῥαγώδης : car ῥάξ, ῥαγὸς, comme il esté dit ailleurs, signifie particulierement *vn grain de raisin*, qui est composé du suc, de la poulpe, es pepins, & d'vne peau qui couure le tout ; & non pas toute la grappe ; tellement que les Grecs ar le mot ῥαγώδη entendent vne chose semblable à vn grain de raisin. Ruel est d'aduis qu'il faut ire en Theophraste, *semblable à vn œuf*, au lieu de *semblable à vne grappe de raisin*, comme Gaza l'a traduit : mais il se trompe grandement d'autant que le passage de Theophraste n'est aucunement incorrect. Il ne faut donc pas que personne s'estonne ou blasme l'vn ou l'autre de ces autheurs, pour estre si discordans en la description de la *Mandragore*. Or les Herboristes sont en dispute, touchant la *Mandragore* de Theophraste. Cordus estime que c'est celle que Dioscoride prend pour la *troisiesme espesse*, laquelle il surnomme *Morion*. Elle a, dit-il, vne racine grosse, & la tige haute. Ses fueilles retirent en partie à celles de la Morelle, & en partie à celles de la *Mandragore femelle*. Elle fait des fleurs noires, apres lesquelles il y vient des fruicts aussi gros qu'vn gros grain de raisin, lesquelles rendent vn suc comme de vin. Or il dit qu'il a veu cette Plante au païs de Hesse en Allemagne, en des vieilles forests ombrageuses, aupres de certaines grottes ; & que ceux de ce païs-là l'appellent *Dolkraut*, qui signifie autant comme le mot Grec *Morion* ; d'autres l'appellent *Schlaffbeer*, pource que son fruict fait endormir. Gesnerus appelle cette plante *Solanum Siluaticum* : les

Marginal notes: Liu.5.ch.71. — Liu.25.c.13. — Emblem.63. liure 4. de Diosc. — Liure 6. de l'hist.ch.2. — Au mesme lieu. — Au chap. du Solane. — Liu.3.c.11. — Sur le liu.4. de Dioscor. chap.76. — Aux iardins d'Allemag.

Au chap. du Sola. ch. 164. Liure 6. de l'hist. ch. 2. Au ch. du Solane. Sur le liu. 4. de Dioscor. chap. 69. Liu 4 ch. 71.

les Italiens *Belladonna*. Aucuns, dit-il, le prennent pour le *Solane mortel*, d'autres pour le *Mori*[on] ou plustost pour la *Mandragore* de Theophraste, comme il a desia esté dit cy-deuant. Fuchse la pre[nd] pour le *Solane mortel*, ou pour le moins pour la *troisiesme espece de Mandragore*, suyuant la descri[p]tion de Theophraste. Toutefois nous auons monstré cy deuant auec Matthiol que ce n'est pas le *Sol*[a]*ne dormitif*, & qu'elle ne peut bonnement estre prinse pour la *Mandragore Morion* (car Fuchse ra[p]porte à la *troisiesme espece de Mandragore* tout ce que Theophraste dit de sa *Mandragore*) pource q[ue] la *Mandragore Morion*, suyuāt Dioscoride, fait les fueilles semblables à celles de la *Mandragore* ma[le] de la longueur d'vne paume, couchées par terre, à l'entour de la cime de la racine, en quoy [il] monstre que cette espece n'a non plus de tige que les autres deux. Ce qui ne s'accorde pas au[ec] la plante appellée *Belladonna*, veu qu'elle fait les fueilles comme la Morelle, qui n'ont pas v[ne] paume de longueur, & ne sont pas blanches ny couchées par terre, mais sortent par les tiges, le[s]quelles produisent beaucoup de branches, de la longueur de deux coudées, & dures comme bois. Ainsi donc cette Plante ne peut estre prinse pour la *Mandragore Morion*. Dodon dit que c'e[st] bien la *Mandragore* de Theophraste; mais non pas celle que Dioscoride appelle *Morion*, sans l'auo[ir] veuë, comme il appert par ce qu'il en dit. On tient, dit-il, qu'il y a vne autre *espece de Mandrag*[ore] surnommée *Morion*, laquelle croist és lieux ombrageux pres des grottes, & a les fueilles com[me] la *Mandragore blanche*, toutefois elles sont plus petites, blanches enuironnans la racine, laquell[e] est tendre & blanche, ayant vn peu plus d'vne paume de longueur, & la grosseur d'vn pouce. A[u] reste la *Mandragore* croist és forests & lieux ombrageux. L'vne & l'autre est assez commune en pl[u]sieurs endroits de l'Italie, principalement en la Poüille sur le mont sainct Ange. Les Herboris[tes] l'entretiennent aussi dans leurs iardins. Ses Pommes sont meures au mois d'Aoust. Or Galien d[it] que la *Mandragore* est froide au troisiesme degré; ce nonobstant il y a aussi quelque peu de chale[ur] & d'humidité en ses pommes. Parquoy elle prouoque à dormir. L'escorce de la racine, comm[e] estant de tres-grande efficace, est non seulement refrigeratiue, mais aussi desiccatiue; mais ce q[ui] est au dedans a peu de vertu. Dioscoride fait seruir toutes les parties de la *Mandragore* en medecin[e]. On tire, dit-il, du suc de l'escorce de la racine fresche en la broyant & la mettant en la presse, lequ[el] il faut secher au Soleil, & apres qu'il est prins il le faut serrer en vn pot de terre. On en tire au[ssi] des pommes, mais il est de moindre efficace. On oste aussi l'escorce d'auec la racine, puis on l'e[n]file pour la faire secher & s'en seruir. Aucuns font cuire les racines dans du vin iusques à la co[n]sumption de la tierce partie, & apres auoir espuré cette decoction la gardent. Icelle prinse à l[a] mesure d'vn cyathe est bonne à ceux qui veillent trop sans dormir, & pour appaiser les douleur[s] mesme pour empescher qu'on ne sente la douleur quand il faut couper ou brusler quelque mem[]bre du corps. Le suc prins au poids de deux oboles auec du vin miellé (au texte Grec il y a ὀπὸν ποθεὶς σὺν μελικράτῳ, c'est à dire, *sa larme ou gomme prinse auec eau miellée*, car ὀπὸς, signifie *la larm*[e] *qui coule de soy-mesme*; mais χύλισμα est *le suc qui se tire par expression*,) euacuë la melancholie, & l[a] phlegme par vomissement, comme l'Ellebore; toutefois si on en prend par trop il fait mourir. O[n] en mesle parmy les medecines des yeux, & celles qui seruent pour appaiser les douleurs, & parm[y] les pessaires remollitifs. Mis en pessaire tout seul au poids de demy obole, il prouoque les moi[s] & fait sortir l'enfant hors du ventre de la mere. Mis en suppositoire il fait dormir. La racine ra[]mollit l'yuoire, si on les fait cuire ensemble six heures durant, & le rend si soupple qu'on luy pour[]ra donner telle figure que l'on voudra. Les fueilles fresches sont propres pour appliquer sur les in[]flammations des yeux, & aux enfleures qui sont causées par les vlceres. Estans appliquées auec griotte seche, elles resoluent toutes durtez, apostumes, escroüelles & foroncles; effacent les meur[]trisseures qui ne sont pas vlcerées, si on les en frotte tout bellement par l'espace de cinq ou si[x] iours. On les garde en saumure pour le mesme vsage. La racine broyée & appliquée auec du vin aigre sert aux erisipeles. Auec miel ou huile elle guerit les morsures des serpens. Auec eau ell[e] fait resoudre les escroüelles & foroncles. Auec griotte seche elle appaise la douleur des goutte[s]. On fait du vin de l'escorce de la racine sans la cuire en la maniere que s'ensuit: Il faut mettre 48 onces de cette escorce dans 108. liures de vin doux. De ce vin on en peut donner trois cyathes [à] ceux ausquels ont veut brusler ou couper quelque membre; car par ce moyen ils ne sentiront au[]cune douleur, pource qu'ils seront fort endormis. L'odeur des Pommes prouoque à dormir, o[u] bien si on les mange; ce que fait aussi leur suc: toutefois ceux qui les sentent par trop en deuien[]nent muets. La graine des Pommes euacuë la matrice. Estant appliquée en pessaire auec du sou[]phre vierge elle estanche le flux rouge des femmes. On sacrifie la racine en la piquant en diuer[s] endroits, puis on reçoit la larme qui en sort auec vn vase creux; mais son suc a plus d'efficace qu[e] cette larme, qui est blanche comme laict; toutefois il se voit par experience que les racines ne ren[]dent pas cette larme en tous lieux. Or comme il semble que Dioscoride n'a pas eu cognoissanc[e] de la *troisiesme espece de Mandragore*, aussi semble-il n'estre pas bien asseuré de ce qu'il escrit touchan[t] ses proprietez. On tient, dit-il, qu'estant mangée auec du pain dans du potage ou autre viande au poids d'vne dragme, elle fait perdre le sens: car la personne demeure endormie quasi au mesm[e] estat qu'elle estoit en la prenant, sans aucun sentiment trois ou quatre heures apres l'auoir prinse.

Le lieu. — *Liure 7. des simpl.* — *Le temperament & les vertus.* — *Liu 4. ch. 71.*

Les

es Medecins s'en seruent quant il est question de couper ou brusler quelque membre. On dit que e remede à cela c'est de boire de la racine auec du Solane furieux. Pline encor qu'il ait emprunté e qu'il en escrit de Theophraste & de Dioscoride, n'en dit pas toutefois de mesme qu'eux en tout par tout. On tire, dit-il, le suc des pommes & de la tige en couppant la cime d'icelle, comme aussi n scarifiant la racine, ou bien en la cuisant. Icelle est aussi bonne comme le suc (c'est ainsi que Cornarius corrige ce passage au lieu qu'aux communs exemplaires il y a, *Icelle est bonne, comme aussi les urgeons.*) On la couppe aussi par rouëlles pour la faire secher. Toutefois les *Mandragores* ne rendent as du suc par tout, mais aux lieux où on le peut tirer, il le faut tirer au temps de vendanges. Ce uc a vne odeur fascheuse, mais la racine & les pommes sont encor plus facheuses à sentir. Les ommes de la *Mandragore masle* se sechent à l'ombre apres qu'elles sont meures; mais leur suc veut stre seché au Soleil, comme aussi celuy que lon tire des racines pilées, ou cuites en gros vin noir usques à la consomption du tiers. Ses fueilles sont meilleures estans gardées en saumure; car estãs raisches, leur suc est poison: cependant en quelque façon qu'on les accoustre elles sont dangereu- es: car seulement à les sentir elles causent pesanteur de teste. Et combien qu'on mange les pom- nes de quelques vnes, si est-ce que ceux qui ne sçauẽt pas leur proprieté demeurent souuẽt muets les sentir par trop: mesme qui en voudroit prendre en breuuage trop largement il en mourroit. r elles font endormir les personnes selon leur complexion. La moyenne dose est d'vn ciathe. n en boit aussi contre la morsure des serpẽs, & quand on veut coupper, ou brusler quelque mem- re, pour garder de sentir la douleur. Mesme il y en a qui se contentent de les faire seulement ntir, pour faire dormir. On en vse quelquefois au lieu d'Ellebore auec du vin miellé au poids e deux oboles. Theophraste dit que les fueilles de la *Mandragore* incorporées auec de la farine nt propres pour les vlceres. Sa racine raclée & pestrie auec du vinaigre sert aux erysipeles, & our appaiser la douleur des gouttes, pour faire dormir, & pour l'amour. On la fait prendre en in & vinaigre. On decouppe sa racine par rouëlles, comme le Raifort, lesquelles on enfile & les end-on sur la fumée du moust. Ce que Pline a peut estre voulu exprimer, disant: On garde sa cine couppée par rouëlles dans du vin. Ce que toutefois il declare plus clairement en vn autre ndroit, combien qu'il soit bien corrompu aux communs exemplaires. La Ioubarbe, dit il, est onne au feu S. Antoine, comme aussi les fueilles de la Ciguë estans broyées, & la racine de la *Mandragore*, laquelle il faut secher à l'air comme les Cocombres, &c. Or Cornarius le corrige ainsi: La ubarbé sert au feu S. Antoine, comme aussi les fueilles de la Cigue broyées, & la racine de la *andragore*. On la couppe par rouëlles commes les Cocombres, puis on la prend à la fumée du oust, & finalement à la fumée du feu; apres on la broye en vin & vinaigre. Il semble que les arlatans & autres triacleurs & abuseurs du monde, qui vont monstrans au peuple ignorant des cines cõtrefaits en figure d'hõme pour celles de la *Mandragore*, ayant prins occasion de ce faire e ce que Pythagoras appelle la *Mandragore Antropomorphos*, c'est à dire, *qui a la figure d'vn hõme*, int le tesmoignage de Columelle, lequel, suiuant la superstition du commun peuple, dit ainsi:

Quamuis semihominis vesano gramine fœta
Mandragora pariat flores, mœstámque Cicutam.

r ils prennent les racines fraisches de la Coleuurée, des Guimauues, des Roseaux, & autres Plan- s, & leur donnent la figure d'homme ou de femme, mettans des grains d'Orge ou de Millet aux droits que nature à voulu garnirnir de poil, puis les couurent de sable menu dans vne petite fosse, n que ces grains là iettent les racines; ce qui aduient dans vingt iours au plus, & alors ils les ti- nt, & accoustrent tellement les racines qui sont ainsi creuës qu'elles representent les cheueux, la arbe, & le poil des autres parties du corps: puis font croire qu'elles sont creuës dessous les gibets les rouës, de l'vrine de ceux qui ont esté executez par iustice, leur attribuãs des proprietez mon- rueuses. En outre ils disent que ceux qui les arrachent sont en grand danger de leur vie, à raison e quoy il faut attacher vn chien à ladite racine pour la luy faire arracher, & que ceux qui ont üy à l'entour s'estouppent les oreilles auec de la poix, de peur d'oüyr le cry de la racine: car s'ils auoient oüy, il faudroit necessairement qu'ils en mourussent. Or il semble que l'origine de ceste urbe & mensonge soit procedée de la superstition des anciens: car Theophraste enseigne la ma- iere d'arracher la *Mandragore*, disant: *Il faut faire vn cerne tout à l'entour auec vn couteau par ois fois, & la coupper en telle sorte que l'on soit tousiours tourné deuers le soleil couchant; & faut en tre qu'il y ait quelqu'vn qui alle dansant à l'entours & parlãt du ieu d'amour.* Ce que Pline expri- e cõme s'ensuit: *Ceux qui la veulent arracher tournẽt le des au vent, & apres auoir fait trois cernes uec vn couteau à l'entour de ladite herbe, ils commencent à la dechausser, ayans tousiours le visage ourné contre le soleil couchant.* Matthiol estime que ceste fable du danger auquel sont ceux qui ar- chent ceste herbe a prins son origine de Iosephe: car combien qu'il parle d'vne autre racine, les af- ronteurs n'ont pas pourtant laissé de r'apporter ce qu'il en escrit aux racines de la *Mandragore*. Or oicy ce qu'il en dit: *En la vallée qui est à l'entour de la ville du costé de Septentrion, il y a vn lac qui st appellé Baaras, auquel il croist vne racine de mesme nom, laquelle est de couleur de la flamme du eu, mais sur le soir elle estincelle comme les rayons du soleil. Or il est malaisé de s'en approcher; & de*

Ch. 13. 25.

Liure 9. de l'hist. ch. 10.

Liu. 26. c. 13.

Embl. 151.

Liure 10.

Liure 9. de l'hist. ch. 9.

Liu. 25. ch. 13.

Sur le liu. 4. de Diosc. ch. 35.

Liu. 7. ch. 5. de la guerre Iud.

l'arracher: car elle fait tousiours, & ne s'arreste point iusqu'à tant qu'on ait ietté dessus de l'vrine d'vne femme, ou bien de ses fleurs : mesme apres cela si quelqu'vn la touche, il faut qu'il en meure, sinon qu'il emporte ladite racine pendue à sa main. On la prẽd aussi sans danger en vne autre façon. Ils la decouurent & fouïssent tout à l'entour, tellement qu'elle soit quasi du tout decouuerte, puis y attachẽt vn chiẽ, lequel voulant suiure son maistre, qui fait semblant de s'en aller, arrache aisément la racine: mais il en meurt tout à l'instant, comme au lieu de celuy qui la deuoit arracher : car lors il n'y a plus de danger de la manier. Or on se met en tel danger de l'arracher pour vne seule proprieté qu'elle a. C'est qu'elle chasse les esprits mauuais, qui sont les ames des meschantes personnes decedées de dedans le corps des viuant à l'approcher seulement aupres d'eux. Voila ce qu'en dit Iosephe. Mais ie ne crois pas qu'il y ait aucun personnage de sçauoir qui adiouste foy à ces fourbes & tromperies.

Des Pommes d'Ethiopie. *CHAP. VIII.*

IL y a grande difference entre les Pommes d'Amours, & celles qu'on appelle à present *Pommes d'Ethiopie*, lesquelles font la tige d'vne coudée de haut pour la plus part, auec deux ou trois ailerons, les fueilles larges, vertes-blaffardes, anguleuses & assez dures, lesquelles sont garnies par le nerf du milieu d'icelles, ou soit costé, de certaines petites espines courtes. Leurs fleurs sortent le long des tiges, & sont blanches, composées de cinq ou six petites fueilles, auec des filamens iaunastre au milieu. Leur fruict est rond & cannelé, moindre qu'vn Orange & plus dur, d'vne couleur rouge fort belle quand il est meur, auec vn petit bouton au bout, qui est comme le commencement d'vne autre *Pomme*, lequel est aussi rouge, mais plus blaffard. Ceste plante est estrangere en Flandres, la graine de laquelle fut apportée d'Espagne par vne honneste Dame nommée Chrestienne Bertolf, vefue de magnifique Seigneur Ioachim Hopper. Icelle estant semée à Cologne paruint fort tard à sa perfection, combien que ce fust au mesme an qu'elle auoit esté semée. On l'appelle *Pommes d'Ethiopie*, pource qu'on tient que la graine fut premierement apportée d'Ethiopie en Espagne. Il est bien mal-aisé de iuger si ceste plante a esté cogneue par les anciens ; pour le moins elle ne s'accorde pas auec la Malinathalla, de laquelle nous auons traitté selon l'aduis de Theophraste au chapitre precedent : car ses fueilles ne s'accordent pas auec celles du Souchet, comme celles de la Malinathalla. Or on dit que ces Pommes estans cuites au bouïllon de la chair grasse, auec sel & Poiure sont bonnes à manger, & ne sont pas de si mauuaise nourriture que les Pommes d'Amour, pource qu'estans plus dures elles se peuuent garder longuement, & ne sont pas si aisées à se gaster comme celles là ; toutefois si ne sont elles pas de bonne nourriture, mesme elles nourrissent fort peu.

Pommes d'Ethiopie de Dodon.

De l'Apocynon, *CHAP. IX.*

Les noms. LEs Grecs appellent ceste Plante ἀπόκυνον, & κυνομόρον, & κυνοκεάμβη ; les Latins *Apocynum, Cynomorum & Brassica canina.* Or elle est appelle *Apocynon* & *Cynomoron*, comme qui diroit *Tue-chien*, pource qu'elle fait mourir les chiens qui en mangent.

Li. 4 ch 76. *La forme.* Dioscoride la descrit ainsi : C'est, dit-il, vne Plante qui fait de verges longues, souples comme d'Osiers, & mal-aisées à rompre, qui sentent mal. Ses fueilles retirent à celles du Lierre, toutefois elles sont plus molles plus aiguës à la cime; & sentent mal; elles sont aussi visqueuses & pleines d'vn suc iaune. Son fruict retire aux gousses des feues, estant fait à mode de gousse, dans laquelle il a de la graine enueloppée dans de la bourre, dure, petite & noire.

Les vertus. Ses fueilles cuites par morceau auec de la graisse font mourir les chiens, les loups, les renards, & les pantheres qui en mangent car tout à vn coup elles viennent à estre perclūses des iambes. Au texte Grec il y a (selon que Cornarius l'a traduit,) *Ses fueilles petries auec de la farine, & reduites en pain*, &c. Et de fait il faut lire σταιτὶ, car σταὶς signifie *la farine pestrie auec d'eau, & reduite en paste deuãt qu'elle soit leuée*, ce qui est l vra ay sens. Aucuns, dit Galien, appellent *l'Apocynon* ou *Cynocrambe*, *Cynomoron*, pource qu'il fait sou- Liure 6. des in mourir les chiens, comme le Lycoctonum les loups. Or c'est aussi vn venin aux hommes. simpl.

Apocynon, de Matthiol.

Apocynon rampant, de Matthiol.

'est vne herbe qui sent fort mal, par ainsi il faut qu'elle soit assez chaude, toutefois elle ne des- Liu 24. c. 1
che pas à porportion de sa chaleur. Estant appliquée en liniment elle est fort resolutiue. Mais ine en parle autrement : La graine de *l'Apocynon*, dit il, prinse en eau guerit les pluresies & tou- s douleurs de costé. C'est vne Plante ayant les fueilles comme le Lierre, toutefois elles sont us molles ; ses verges aussi ne sont pas si longues. Sa graine est pointuë, mipartie, bourrue & d'o- ur fascheuse, laquelle fait mourir les chiens & toutes autres bestes à quatre pieds. Or veu que ioscoride ne dit aucun remede de *l'Apocynon*, qui serue à l'homme, & mesme que Galien dit qu'il poison aux hommes, & qu'il est seulement propre pour resoudre, estant appliqué par dehors, semble que c'est vne chose dangereuse d'en donner de la graine aux pleuresies : tellement qu'il ra meilleur de rapporter ceste clausule à l'herbe aux Foulons de laquelle Pline a parlé aupara- nt. Au reste Matthiol dit qu'il a eu de Lucas Chini deux Plantes, lesquelles estoient creuës de Sur le liu. 4. ch. 76.
ux sortes de gousses, qu'il auoit recouurées de Syrie, sur l'vne desquelles il y auoit en escrit *Peri- oca repens*, & sur l'autre *Periploca non repens*, pource que ces plantes sont ainsi appelles en Syrie. Et outre ces gousses retiroient fort à celles du Rosage : car celle de la *Periploca rampante* estoit bien ssi longue que celles du Rosage, toutefois elle estoit plus graile, mais celle de l'autre estoit plus urte. De la plus longue, ayant esté semée, il en estoit creu vne Plante, laquelle non seulement mpoit par terre, mais montoit aussi sur les arbres. Et de la courte il en vient vne autre Plante ii a toutes les marques de *l'Apocynon* : l'vne & l'autre de ces Plantes est pleine de suc, dont celuy la *rampante* est blanc, & celuy de l'autre est iaunastre. Il y a encor vne autre difference entre les usses : car combien que toutes les deux resemblent bien à celles du Rosage, si est-ce que celles la Plante *qui ne rampe pas* sont plus simples, plus aiguës, & sortent droites d'vne queuë ; mais cel- s de la *rampante* sont deux à deux, iointes au commencement & recourbées l'vne contre l'autre, ne sont pas si aiguës que celles de l'autre. Pena aussi ne nie pas, que les deux Plantes qu'il a veuës iardin public de Padoue & de Pise, qui estoient appellées toutes deux *Periploca*, estans aussi bel- s que rares, ne s'accordent fort bien auec la description de *l'Apocynon*. Celle *qui n'estoit pas ram- nte* auoit des vergettes souples, à mode d'Osiers, grailes, lisses, garnies d'vn costé & d'autre de ueuës longuettes & menuës, au bout desquels il y auoit des fueilles semblables à celles du Lier- toutefois elles estoient plus molles, vertes, lisses & reluisantes, plus rondes que celles du Vin- toxicon, & vn peu aiguës au bout. Ses fleurs estoient petites, blanches & moussues, à mode de lles de la Valeriane ou de la Draba, sortans parmy les fueilles, apres lesquelles il y venoit au ois d'Aoust des gousses à mode de cornes, aiguës, & droites, plus grandes que celles du Vince- xicon, dans lesquelles il y auoit vne graine noire, platte, & couuerte de papillottes bourrues.

Son

Son suc estoit iaunastre & sentoit mal, comme aussi toute la Plante. Que si ceste Plante fait mourir, dit-il, est bien vray-semblable que c'est *l'Apocynon*, & que le Vincetoxicon luy seruira de contrepoison. Toutefois il asseure d'auoir veu par experience, qu'elle a serui de contre-poison à des chiens qui auoient mangé d'autres poisons, comme l'Anthora sert contre le Thora, & l'herbe Paris sert contre l'Estrangle-liepard. Quant à l'autre *Periploca rampante* elle a les verges plus longues, & plus lisses à mode d'Osiers, & s'entortille en diuerses manieres aux Plantes prochaines, comme la Percefueille. Ses fueilles sont disposées deux à deux d'vn costé & d'autre, & retirent plustost à celles du Percefueille, que du Lierre; toutefois elles ont vne pointe comme celles du Vincetoxicon. Ses gousses estoient quasi iointes à la pointe comme deux becs, & sortoient par vn mesme endroit, comme aussi la fleur, qui estoit faite à mode d'vne hotte, estans toutes deux recourbées en dehors, & se touchans par les deux bouts, pointus quasi à mode de celles du Rosage. Dodon a mis le pourtraict & la description de ces mesmes Plantes, & estime qu'elles doiuent estre rapportées à *l'Apocynon* de Dioscoride, principalement la premiere. Lobel en a aussi mis le pourtraict, disant que la premiere approche de la figure & du naturel, du Scammonion de Mont-pellier, ayant le suc de mesme, & les verges & racines longues & rampantes. Toutefois il y a grande difference entre ceste Plante & le Scammonion de Mont-pellier.

En l'hist. des purg.

de l'Aconit. CHAP. IX.

Les noms. Liu. 27. c. 3.

L'ACONIT est nommé en Grec ἀκόνιτον, & en Latin *Aconitum*. Il croist, dit Pline, sur les rochers nuds que les Grecs appellent *Acona*; & de là vient le nom d'*Aconitum*, pource qu'il n'y a pas seulement vn peu de poudre qui luy peust donner nourriture. D'autres disent que ce nom a esté donné à ceste herbe de ce qu'elle fait mourir la personne aussi soudain, comme on voit à l'œil ronger vn couteau à vne pierre esguisoire. Les fables des Poëtes, comme Ouide le recite en sa Metamorphose, portent que ceste herbe creust de l'escume du chien Cerbere, lors que Hercule l'emmenoit hors des enfers; & que partant il en croist prés de la ville d'Heraclie, en la region de Pont, où est l'entrée des enfers, par laquelle Hercule en sortit. Le mesme Ouide dit que *l'Aconit* est ainsi appellé pource qu'il croist sur les rochers en ces vers,

Liure 7.

Quæ quia nascuntur dura viuacia cote,
Agrestes aconita vocant, c'est à dire,
Pource qu'ils viennent bien dessus les roches dures,
On les nomme Aconit.

Theophraste tient que *l'Aconit* est ainsi nommé du nom d'vn lieu nommé Acon, où il en vient à force; qui est vne bourgade aupres de la ville d'Heraclée, qui est en Pont. Pline en vn autre passage, dit ainsi: Le port d'Acona, qui est redoutable, pour raison de *l'Aconit*. Mais, dit Pena il seroit plus à propos de dire que ceste herbe a prins ce nom d'autant que les chasseurs frottoient auec le suc de ceste herbe, comme auec vne pierre esguisoire, les pointes des fleches, afin qu'elles fissent mourir plus soudainement la sauuagine: combien que l'on peut bien aussi dire que ce mot vient du verbe Grec ἀκονίζειν, aussi bien que le mot *toxicum*, vient de τοξεύειν, & non pas du mot *taxus*, comme Xenephon en sa Cyropedie a escrit, disant: *Car nous ne vous permettions de tirer, ni de viser contre les hômes.* Dioscoride met *deux principales especes d'Aconit*: l'vn qui est appellé *Pardalianches*, & l'autre *Cammaron* ou *Thelyphonon*, ou bien *Myoctonon*, ou *Therophonon*, ou soit *Therophonon*: l'autre est *l'Aconit* surnômé *Lycoctonô* & *Cynoctonô*, duquel il met *trois autres* especes; à sçauoir celuy duquel vsent les chasseurs, & les autres deux dont les Medecins se seruēt en medecine, desquels *le troisiesme* est appellé *Pontique*. Toutefois il ne faut point cacher icy, que ces mots, *l'vn duquel vsent les chasseurs*, &c. ne sont pas aux communs exemplaires Grecs; car il n'y a point de diuision des especes, ains seulement est specifié le lieu où ils croissent quant & quāt apres les noms, & puis s'ensuit la description, comme aussi ladite diuision n'est pas en Oribaze. Et de faict Marcellus la reiette, comme n'estant pas de Dioscoride. *Le premier* est appellé *Pardalianches*; pource qu'il *fait mourir les Pantheres*, & *Thelyphonon*, pource qu'il *fait mourir les animaux femelles*, si on leur en frotte la nature, & *Theriophonon*, c'est à dire, *qui fait mourir les bestes sauuages*, pource qu'il n'y a beste sauuage à laquelle il ne serue de poison. Et *Cammaron*, pource que sa racine est faite comme vne escreuice de mer, suiuant le tesmoignage de Pline. *Myoctonon*, pource qu'il fait mourir les rats mesmes de loing. *Le second* est apellée *Lycoctonon* & *Cynoctonon*, pource qu'il fait mourir particulierement les loups & les chiens. Pline a parlé du *premier Aconit* de Dioscoride, mais quant à l'autre il n'en dit rien du tout. Theophraste dit sous le mot de *Thelyphonon*, sans parler aucunement de *l'Aconit*, tout ce qui appartient à la *premiere espece d'Aconit* de Dioscoride, ce que Pline a prins de luy. Et de fait il en traitte separement d'auec *l'Aconit*, comme si c'estoient Plantes differentes. Or pour en parler vray, le nom d'*Aconit* a esté commū à plusieurs Plantes, lesquelles on auoit remarqué auoir le venin plus prompt & plus soudain à faire mourir, que toutes les autres Plantes venimeuses. Et pource que Theophraste & Dioscoride en ont traitté trop brieuement, & obscurement, ayans oublié les fleurs & autres choses en leurs descriptions, cela a esté cause que plusieurs ont prins diuerses plantes pour *l'Aconit*.

Liu. 7. ch. 1.

Liu. 4 ch 72. & 73. *Les especes.*

Aconit. Dioscoride dit que *l'Aconit Pardalianches* a trois ou quatre fueilles semblables à celles du ain de pourceau, ou de Cocombre (aux communs exemplaires il y a simplement Cocombre: mais ribaze dit du Cocombre sauuage) toutefois elles sont plus petites & vn peu aspres. Sa tige a vne aume de hauteur. Sa racine est faite comme la queuë d'vn Scorpion, reluisante comme d'Albare. Quant aux fleurs & au fruict il n'en fait point de mention. On dit que si on approche la racine de ceste sorte d'*Aconit* d'vn Scorpion, qu'il demeurera tout perclus: & au contraire si on luy met e l'Ellebore aupres, cela le remettra en son entier. On en mesle parmi les medicamens des yeux ui seruent à oster la douleur. Il fait mourir les leopards, les pourceaux, les loups, & toutes autres estes sauuages, si elles mangent de la chair qui en ait esté frottée. Theophraste dit quasi les mesmes hoses du *Thelyphonon*, suiuant la traduction de Gaza: *Le Thelyphonon, qu'aucuns appellent Scorpion, ource qu'il a la racine comme vn Scorpion, fait mourir, comme l'on dit, vn Scorpion, en le luy mettant upres; toutefois si on le frotte auec de l'Ellebore blanc, cela le fera resusciter. Il fait aussi mourir les œufs, la moutonnaille, & la cheualine, & en somme toutes bestes à quatre pieds en vn iour, en leur apliquant la fueille ou la racine sur leurs parties genitales. Prins en breuuage il sert contre la morsure es serpens. Au reste il a les fueilles comme le Pain de pourceau: & la racine comme il a esté dit, à ode d'vn Scorpion. Il croist comme le Grame, & est ainsi comparti par nœuds. Il aime les lieux ombraeux.* Ce que Pline a exprimé comme s'ensuit: *Thelyphonon est vne herbe appellée par aucuns* Scorio, *pour la ressemblance de sa racine, laquelle fait mourir les Scorpions à les en toucher seulement; ussi est elle bonne à boire contre la piqueure desdits Scorpions. Apres que le Scorpion est mort, l'on dit que on le frotte auec de l'Ellebore blanc il resuscitera. Le Thelyphonon fait mourir toutes sortes de bestes quatre pieds, en appliquant sa racine sur leurs parties genitales. Que si on y applique la fueille, elle la ra mourir dans le mesme iour. Icelle retire à celle du Pain de pourceau. Quant à la Plante elle est cōartie par nœuds, & croist és lieux ombrageux.* Or combien que ce sont là les mesmes choses que ioscoride escrit de *l'Aconit Pardalianches*, toutefois Pline repete le tout vne autre fois parlant de *Aconit*, combien qu'il y adiouste quelque chose d'auantage: Il n'y a, dit-il, poison qui soit plus souaine que ceste-cy; de sorte que si on en touche seulement la nature d'vne beste femelle, elle en ourra le mesme iour. Et neantmoins les anciens ont fait seruir ceste herbe à la santé de l'homme, yans trouué par experience qu'elle sert contre la picqueure des Scorpions, estant prinse en vin haud. Or *l'Aconit* a ce naturel de faire mourir en ceux qui vsent, sinon quād il trouue quelque aure poison dans le corps, contre laquelle il puisse combattre: car alors il s'amuse à la combatre, & par insi tandis qu'vne poison combat l'autre, celuy qui a esté empoisonné se sauue entre deux. Vn peu pres il adiouste: Les Scorpions demeurent amortis & assopis, comme estans vaincus à toucher seulement *l'Aconit*. Au contraire à les toucher seulement d'Ellebore ils se regaillardissent. Ainsi *l'Aconit* st contraint de ceder à deux choses fort pernicieuses à luy & à tout le monde. Au texte il y a, *cedit-ne Aconitum duobus malis, suo & omnium.* Ce qui est bien mal-aisé à entendre. A raison de quoy ornarius se fait accroire qu'il y a de la faute, & partant le corrige ainsi: *Ceditque Aconitum duobus alis, suo dominio*: toutefois ie n'approuue pas ceste correction. Aucuns lisent, *Ceditque duobus mois*, au lieu de *malis*; entendans par là, que *l'Aconit* ne fait point de mal en deux manieres: à sçauoir son naturel particulier, quand il trouue quelque venin dans le corps, & comme il en prend à outes poisons, la malignité desquelles est vaincue par les contre-poisons. Or Pline poursuiuant son ropos dit: Ceux d'Heraclée frottent *d'Aconit* des morceaux de chair pour faire mourir les Panheres: car sans cela le pays seroit tout plein de ces animaux là. A raison de quoy aucuns l'ont appelé *Aconit Pardalianches*. Dauantage les anciens ont trouué moyen de mesler *l'Aconit* és medicamēs ropres pour les yeux, monstrans bien ouuertement par ce moyen qu'il n'y a chose si meschante ui ne soit de quelque profit & vtilité. Par ainsi encor que i'eusse proposé de ne parler d'aucune oison, ce neantmoins ie me dispenseray de descrire *l'Aconit*; quand ce ne seroit que pour s'en rendre garde. Il a donc les fueilles comme le pain de Pourceau, ou comme les Cocombres, & n'en ette que quatre au plus, qui sont aucunement bourruës vers la racine, laquelle est petite, semblable vn escreuice de mer, que les anciens nommoient Cammarus, de là vient que plusieurs l'appellent *Cammarus*, & d'autres *Thelyphonon*, pour les raisons desia dites. Et d'autant que sa racine est vn peu recourbée à mode de celle d'vn Scorpion, on l'a aussi appellé *Scorpius*. D'autres aiment mieux l'appeller *Myoctonon*, pource qu'il fait mourir les rats à le sentir seulement de loin. Voila ce que Pline a escrit touchant le premier *Aconit* de Dioscoride. Or Theophraste a escrit de *l'Aconit* cōme estant vne Plante differēte d'auec le *Thelyphonon*, comme s'ensuit: *L'Aconit croist, comme l'on dit, en Candie & Zacinthe, mais sur tout il en croist du bon en Heraclée, & en grande quantité. Il a les fueilles cōme la Cichorée, la racine de la figure & couleur d'vne noix (Gaza a leu ainsi, suiuant les communs exemplaires où il y a* καρύα*: toutefois Dioscoride les compare* πλεκτάναις καρίδων*, c'est à dire, aux cheuelures des Squilles; Pline à vn escreuice de mer, dont aussi il dit qu'il est appellé Cammarus.) On dit que la racine est vne poison mortelle, mais que son fruict & ses fueilles ne sont point dangereuses. C'est le fruict d'vne herbe qui n'est pas de petite estoffe. La Plante est courte, & n'a rien de superflu, mais resemble au Froment: toutefois sa graine n'est pas en espy. Il en croist par tout, & non seulemēt en Acon d'où il a prins son nom,*

Liu. 4. ch. 72. *La forme.*

L. 9. de l'hist. ch. 19.

Liu. 25. c. 10

Liu. 27. c. 2. & 3.

Liure 9. de l'hist. ch. 16.

nom, qui est vn village d'aupres d'Heraclée ; toutefois il s'aime sur les rochers. Il n'y a ni moutons, ni au tre bestail qui en mange. On dit qu'il y a moyen de le preparer pour s'en seruir, mais que chascun ne l sçait pas. A raison de quoy les Medecins qui ne le sçauent pas, en vsent seulement pour putrefactif, o en quelque autre chose. Si on en boit, il ne se fait point sentir ni au vin, ni en eau miellée. Or on le pre pare en telle sorte qu'il fait mourir dans vn certain temps, cõme dans deux, ou trois, ou six mois, ou bie dans vn an, & quelquefois dans deux ans. Et que ceux-là endurent beaucoup en mourant, lesquel deuiennent phthisiques & attenuez peu à peu par le moyẽ de ce venin, & au contraire les autres meu rent sans grand tourment qui sont soudain depeschez. Or nous n'auons point sceu, ny ouy dire qu'il y eu aucune herbe qui seruist de contrepoison à l'Aconit ; toutefois on n'a pas laissé de trouuer quelque reme de pour ceux qui en auroiẽt prins: car ceux du pays en ont gueri quelques vns auec du miel & du vin, quelques autres choses semblables ; mais c'est peu souuent, & auec grande peine. Voila ce qu'en di Theophraste. Ce qui ne peut estre entendu ni de *l'Aconit* de Pline, ni du premier de Dioscoride, n du dernier aussi, sinon en vne chose: c'est que les racines de l'vn & de l'autre sont comparées à vn noix, pourueu qu'il n'y ait point de faute en Theophraste, où il a *καρίδι* au lieu de *καρύα*. Car Dio coride descrit l'autre *Aconit* en ceste maniere: Quant à l'autre Aconit qu'aucuns ont nommé *Cyno ctonon*, les autres *Lycoctonon*, il en croist à force en Italie, sur les monts Iustins, qui est plus excellen que le precedent. Ses fueilles sont semblables à celles du Plane, toutefois elles sont plus decoupées plus longues, & plus noirs ; sa tige est comme celle de la Feugiere, de la hauteur d'vne coudée, o d'auantage, & est nue. Sa graine vient en des gousses longuettes. Ses racines sont comme les iambe de la Squille marine, & noires ; desquelles on se sert pour prendre les loups. Car estans meslées par my de la chair, crue, si les loups en mangent ils en meurent. En quelques exemplaires de Diosco ride il n'y a simplement que cela. En d'autres il est dit qu'il y a *trois especes d'Aconit Lycoctonon* comme nous l'auons desia dit, dont *le troisiesme* est descrit, à sçauoir *le Pontique*. Tellement que le doctes ont raison de soupçonner qu'il ne s'en faille quelque chose en ce chapitre ; à sçauoir la de cription des autres deux *Aconites*, & la declaration comment c'est que les Chasseurs & les Mede cins en vsoient: comme il n'a rien oublié de tout cela en traittant du *Pontique*. Il reste maintenan à mettre en auãt diuerses *autres especes d'Aconit*, suiuant l'opinion des plus doctes Simplicistes. En premier lieu *l'Aconit Pardalianches* de Matthiol. C'est, dit-il, vne Plante qui croist à la cime de montagnes nues, & sur les roches, en lieux ombrageux seulement, dont les fueilles retirent à celle du Cocombre, & n'en a que quatre au plus, qui sont veluës. Sa tige est d'vne paume de hauteur velue, comme sont aussi les queuës des fueilles. Quant au fleurs il dit qu'il ne les a pas veuës, toutefois il estime qu'el les sont sẽblables à celles du Doronicum. Sa racine est re luisante cõme Albastre quãd elle est fraiche, grosse cõme l doigt, large au dessus, & aigue au bout, recourbée, cõparti par nœuds, & retirant du tout à la queuë d'vn Scorpion. O il dit auoir veu & cueilly ceste Plante seulement aux mon tagnes d'Ananie, au territoire de Trente, en lieux qua inaccessibles, & en de precipices. Et que c'est vne plant rare, que personne peut estre n'a veuë que ceux ausquels i l'a monstrée, qui sont en grand nombre, le tesmoignag desquels il met en auant pour preuue de ce qu'il dit. Or i y a eu grande dispute pour raison de ceste Plante entre ce doctes personnages, Matthiol & Gesner ; car Gesner di que ce pourtraict de Matthiol est vne chose faite à plaisir & au contraire Matthiol asseure qu'il est vray & naturel & en donne des tesmoins biẽ signalez, lesquels on ne sçau roit reprocher, comme il dit. Or pour oster & assoupir ce ste dispute, & verifier l'opinion de Matthiol, laquelle sem bloit estre en branle, ie diray que i'en ay eu vne Plant entiere par le moyen d'vn Apothicaire de Treuou, au iar din duquel il y a desia long temps qu'il y en a quelque Plantes ; & adiousteray ce que Matthiol auoit oublié pou enrichir la description de ce qui y manquoit. Ceste Plant croist en grande abondance sur la montagne de Iura en v endroit qu'on appelle les Faucilles, sur le grand chemin pa lequel on va à Mijou, qui est vn village au pied de la mon tagne en tirant dudit Mijou à Gez. Au premier temps doux qui fait au commencement du Prin-temps, elle produit vne tige, de la hauteur d'vne paume, couuerte d'vne bourre blanche, deuant que les fueilles sortent, cõ me il en prend au Pas d'Asne, & au Petasites des Apothicaires, & par ainsi la tige ne se voit iamais auec

Aconit Pardalianches premier, de Matthiol.

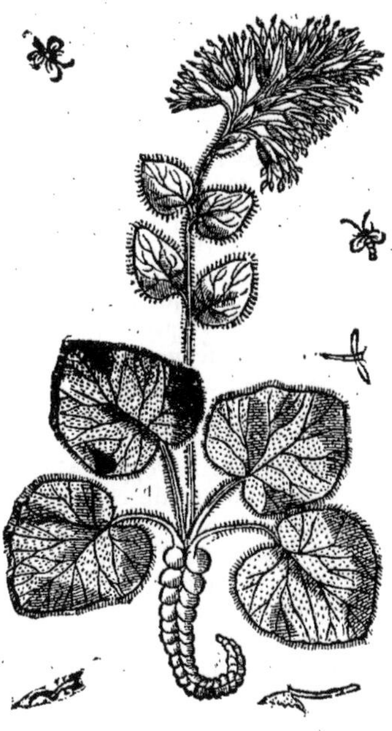

Liu. 4. ch. 73.
La forme.

uec les fueilles en vn mesme temps. Ses fleurs sont touffues, & comme entassées en rond, attachées à des queuës graisles, & enuironnent la cime de la tige. Au reste elles sont de couleur iaune-blafarde; & ont beaucoup de filamens iaunastres qui sortent du milieu d'icelles. Icelles estans estries il vient puis apres le plus souuent quatre fueilles pleines de veines, vertes par dessus, & lancheastres par dessous, cottonnées & marquetées de beaucoup de poincts, & pour la plus art rondes & attachées à vne queuë longue & graisle, auec des denteleures assez larges tout à 'entour. La racine est compartie par beaucoup de nœud, & est toute telle que Matthiol l'a decrit. Au reste ie ne sçaurois dire quel goust à cette Plante, d'autant que ie n'en ay osé gouster, omme estant trop venimeuse. Or le mesme Gesner, tient que la *Thora venimeuse*, qu'aucuns appellent *Lunaria*, pource, peut-estre, qu'elle a les fueilles rondes à mode d'vne pleine Lune, est le remier *Aconit* de Dioscoride, d'autant qu'elle produit immediatement dés la racine trois fueilles ont les deux des bords sont les moindres, & sans tige: mais celle du milieu est la plus grande.

hora des Vaudois, Aconit premier de Dioscoride selon Gesner.

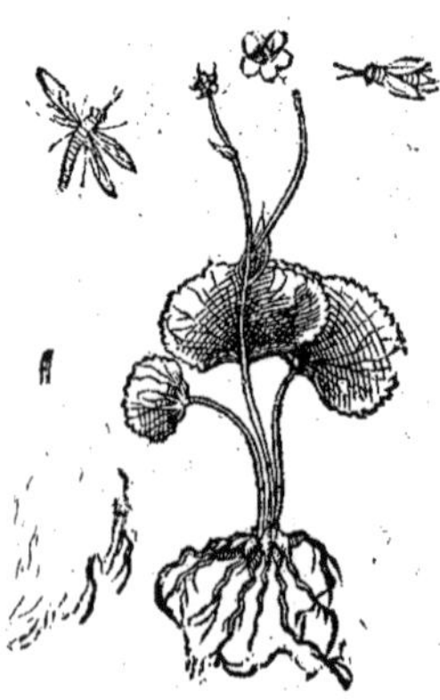

Icelles sont du tout rondes, & peuuent auoir deux poucées de largeur en diamettre, & si sont dentelées, fermes, & blancheastres, du commencement de celles du milieu il sort vne petite tige, & vne autre petite fueille pointuë. Pour sa racine elle a enuiron dix petites racines, qui sont comme des petits nauets, & sortent toutes d'vne mesme teste de la racine. Il dit qu'Anguillara, surintendant du iardin de Padouë, tient aussi que cette Plante est le *vray Aconit Pardalianches*, & qu'il s'en treuue au mont Balde, entre Padouë & Veronne, comme aussi au païs des Vaudois, sur les montagnes d'Vnderflumen, d'Engrogne. Le mesme Gesner poursuit aussi en cette mesme opinion en son Iardin d'Allemagne. Ie prens, dit-il, pour le *premier Aconit*, ou soit *Pardalianches*, non pas celuy duquel Fuchse a mis le pourtrait, ny le *Doronicon*, comme quelques vns ont fait; & moins la Plante que Matthiol a mis, de laquelle ie crains que ce ne soit vne chose controuuée, & qu'elle ne soit point en estre. Et encor posé le cas qu'il s'en treuue, i'estime qu'elle est mal peinte, attendu que la racine est sans aucune cheuelure: car ie tiens qu'il ne se peut treuuer aucune racine qui soit sans cela. Mais la Plante que les Vaudois appellent *Thora*, &, comme i'ay esté le premier qui ay mis cette opinion en auant, aussi y poursuis-ie, & m'y conferme de plus en plus. Or ie sçay bien, dit-il, qu'il y a aussi d'autres herbes qui sont pellées *Thora* en diuers lieux, comme entre autres le *Napellus* est ainsi appellé en quelques enroits de l'Italie: mais ie parle de celle que les Vaudois appellent *Thora* ou *Toxicon*, laquelle croist soy-mesme en quelques montagnes de Sauoye & du païs de Valeis, & fait des petites racis, qui sont du tout blanches quand elles sont fresches de la figure d'vn scorpion, principament quant à sa queuë, qui se voit bien formée en quelques vnes. Or il y a des Plantes qui ont qu'vne fueille, les autres en ont deux, trois, ou quatre, ou bien cinq, qui sortent d'vne esme racine. Quant au venin de cette Plante voicy ce qu'il en a escrit suyuant vne lettre qui y auoit esté enuoyée: On en fait vn venin mortel, duquel si on frotte vn glaiue, ou vne flece, ou autre dard, & qu'vn homme en soit blessé, c'est vne chose estrange, que si on ne couà l'instant toute la partie blessée, pour empescher que le venin ne puisse s'espancher par tout reste du corps, il corrompt tellement le sang & le fait cailler, que la personne en meurt tout udain, & n'y a aucun moyen, au moins qu'on sache, pour remedier à ce danger. Mais si ielque beste a esté ainsi blessé, comme vn Ours, ou autre, apres auoir fait deux ou trois sauts le tombe morte, & toutefois encor que lon mange la chair de cette beste là, elle ne fait aun mal. En quoy il appert que ce venin est seulement contraire au sang. Car à l'opposite le sang y est aussi tellement contraire, que s'il tombe du sang dans le vase où lon garde ce venin, il y fait tellement perdre sa vertu qu'il ne peut plus faire aucun mal. Il raconte aussi suyuant vne itre lettre missiue, que lon garde quelque temps la racine de cette herbe en vn lieu humide, res on la broye pour en tirer le suc dans lequel on trempe les fleches. Et pour esprouuer sa force, on trempe vne aiguille dedans ledit suc, de laquelle on pique vne grenouille, & si elle en eurt à l'instant, c'est signe que le venin est bien soudain. Or vn certain Herboriste bien expert m'a raconté qu'vn sien compagnon apres auoir arraché cette Plante sur vne haute montagne, l'ayant approchée du nez pour la sentir, tomba quant & quant comme mort, & y eut beaucoup de peine à le faire reuenir à force de le frotter, & luy mettre du vin dans la bouche. Cestui-à disoit aussi qu'il auoit prins garde qu'ayant broyé cette herbe auec sa racine, & appliquée sur vne playe, le sang s'arresta pour vn coup, & puis apres recourut contre la playe. Matthiol

Au liure des Lunaires.

appelle cette Plante *Pseudo-Aconitum Pardalianches* à tort, veu qu'elle est plus venimeuse qu'aucun autre *Aconit* quel qu'il soit. Aucuns la prennent pour vne espece de *Cyclaminus*. D'autres
Liu. 27. c. 11. estiment que c'est le *Limeum* de Pline, *Limeum*, dit-il, est le nom d'vne herbe ainsi appellée par les Gaulois, de laquelle ils se seruent pour tremper leurs fleches desquelles ils vsent à la chasse, & en font vn venin qu'ils appellent *Ceruarium*. Au surplus Pena tient aussi que *l'Aconit Pardalianches* de Matthiol est vne chose controuuée. Quant à la *Thora* il la met pour vne *espece de Soldanelle, de Grame de Parnasse*, ou *de Pain de pourceau*, & la descrit plus clairement que Gesner, disant: La *Thora* des Vaudois est vne petite herbe de laquelle les chasseurs des Alpes ont vsé dés long temps, comme aussi beaucoup d'autres, pour prendre les bestes sauuages; d'autant que si elles viennent à estre blessées auec des fleches teintes au suc de cette herbe, il faut necessairement qu'elles en meurent quant & quant. Car le venin penetre soudain par la playe, de laquelle les bords se corrompent incontinent, sinon qu'on la coupe entierement pour empescher qu'il ne passe auant, & se pourrissent; d'où est venu le nom de *Thora*, qui est prins sans doute du mot Grec φθορὰ, qui signifie *corruption*, *venin*, ou *mort*. Car ceux qui l'ont esprouué de longue main sçauent que le venin de toutes les autres especes *d'Aconit*, comme aussi de *l'Ellebore*, desquels on se sert à empoisonner les fleches, n'est rien au prix de celuy de cette Plante. Or on en tire le suc au commencement du Printemps: lequel on serre dans des vessies, ou plustost des ongles, ou cornes de bœuf, & les vend-on par les marchez voisins, où ceux qu'on appelle en Sauoye, Dauphiné, & Prouence, Bessiers, & Loubatiers, l'achettent pour s'en seruir tout le long de l'année à la chasse des bestes sauuages. Il en croist sur les montagnes d'aupres de Geneue où sa tige n'a pas guieres plus d'vne paume de hauteur, & est lisse à mode de Ionc, du milieu de laquelle, ou bien de la cime il sort le plus souuent vne fueille, & rarement deux, encor est-il plus rare d'en voir trois ou quatre en toute la tige, qui sont rondes, & vn peu dentelées à mode de creste, & si sont lisses, fermes, & non veluës, de couleur verte, approchantes aucunement de celles du Pain de porceau. Ses fleurs sont iaunes, comme celles de la Quintefueille, ou de l'Argentine. Elle fait plusieurs petites racines à mode de petites cordes longues, menuës par le bas, & aiguës; mais au dessus elles sont comme renouées, à mode des racines des Afrodylles, & semblablement blanches, embrassans le dessus de la terre, quasi comme les pinsettes d'vne escreuice. Voila ce que Pena escrit touchant la *Thora*. Fuchse a mis pour *l'Aconit Pardalianches* le pourtrait d'vne Plante, que les Herboristes appellent communement *Vua versa*, ou *Vulpina*: & d'autres *herba Paris*: les Allemans *Vuilffsbéer*, & *Doluurtz*: toutefois il appert par la description des *Aconits* que ce n'en est pas vne espece: & qui plus est, plusieurs asseurent que cette Plante n'est pas venimeuse. Et de fait on en mesle dans les contrepoisons. Dodon en son Histoire des Simples, à faute d'auoir peu treuuer vn autre *Aconit Pardalianches*, a prins le pourtrait de celuy de Matthiol, qui est tenu pour vne chose faite à plaisir par aucuns, comme nous auons dit. Et sur la fin il ensuit aussi l'opinion de ceux-là, & dit que l'herbe appellée *Doronicon Romanum* par les Apothicaires, est le *vray Aconit Pardalianches* des anciens. Et en son traitté des Plãtes purgatiues, il met pour *l'Aconit Pardalianches*, l'herbe que Pena, & Lobel, & plusieurs autres Simplicistes appellent *Doronicon*, les racines de laquelle on mesle ordinairement parmy les compositions medecinales pour celles du *Doronicon*. Et de faict Lobel asseure qu'vn certain Iean de Vrœde en a souuent mangé, sans que pour cela il s'en treuuat mal, combien que lon dit qu'elles font mourir les chiens. Cette Plante a les fueilles aucunement rondes, vertes-blaffardes, molles, & couuertes d'vne bourre menuë, semblables en figure à celles d'vne certaine espece de Lierre, ou de Pain de pourceau; toutefois elles sont plus grandes, & approchent plus de celles des Cocombres; neantmoins elles sont aussi plus petites & plus molles. Sa tige a plus d'vne paume de hauteur, & est aussi cottonnée & cannelée, comme si elle estoit à plusieurs angles, encor qu'elle soit ronde, & iette quelque peu de branches à la cime, au bout desquelles viennent les fleurs semblables à celles du Chrysanthemon, qui ont la bosse du milieu & les fueilles d'alentour iaunes, & se resoluent en papillottes blanches, & deliées, sous lesquelles il y a,

Chap. 30. de l'hist.

Liu. 3. ch. 77.

Doronicon Romanum Aconitum Pardalianches, de Dodon.

il y a vne petite graine noire. Ses racines ne sont pas fort grosses, & sont blanches tandis qu'elles sont fresches, & comparties par nœuds, & si n'entrent pas droit dans terre, mais vont s'estendant de biais, comme celles du Grame, & s'engrossissans à tous coups iettent des nouueaux surjeons, au moyen dequoy la Plante se multiplie ainsi. Au reste il sort de ces racines à l'endroit où elles sont bossues quelques cheueleures qui sont de mesme couleur que la racine. Ces racines retirent à des scorpions morts : car le dessus d'icelles qui est aupres de la tige, represente le corps du scorpion auec les iambes, & le bout retire à la queuë, qui est pleine de iointures. Theophraste dit que la racine du *Teliphonon*, que nous prenons pour le *premier Aconit* de Dioscoride, est semblable à vn scorpion. Dioscoride dit, *semblable à la queuë d'vn scorpion.* Toutefois Dodon dit que peut-estre ce mot οὐρᾷ y est superflu, & qu'il faut liure comme en Theophraste ῥίζα ὁμοία σκορπίῳ, c'est à dire, *les racines semblables au scorpion.* Matthiol appelle ceste Plante qui est mal prinse pour le *Doronion*, par aucuns, *Pardalianches minus.* Or il y a, dit Dodon, vne *autre espece de cest Aconit*, qui est vn peu plus grande que le precedent, plus verte & plus haute, ayant la racine plus longue, & qui va moins rampant, auec d'autres racines deçà & delà, par le moyen desquelles elle retire plustost à vn escreuice, qu'à vn scorpion. Matthiol en a mis le pourtrait, pour *l'Aconit Pardalianches* de Pline, & en adiouste vn autre qu'il prend pour le *Teliphonō* de Theophraste, & *l'Aconitum Pardalianches*, lequel a non seulement la racine semblable à vn scorpion, mais aussi les fueilles comme le Pain de pourceau, & ses petites racines comparties par nœuds, comme celles du Grame, qui se vont multiplians tout de mesme, & retirent puis apres à d'autres scorpions, desquelles il sort des bourgeons & des fueilles. Quant aux tiges & aux fueilles il semble qu'elles ne sont aucunement differentes d'auec celles du precedent, car les fleurs sont du tout iaunes dorées cōme celles du Chrysanthemon. Or Pena, Lobel & plusieurs

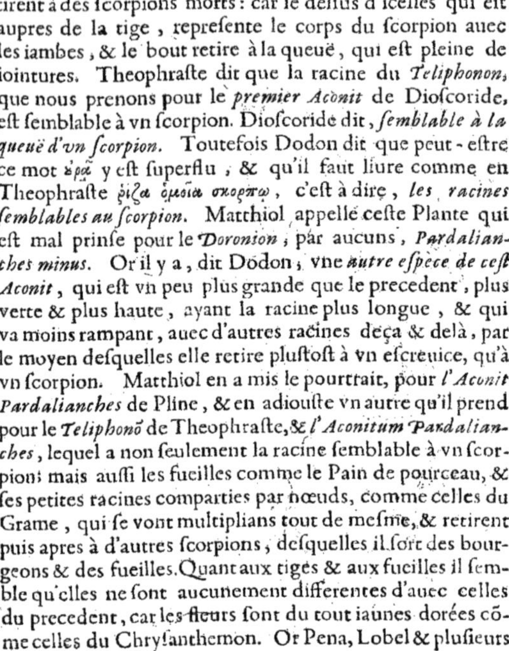

Aconit Pardalianches petit, de Matthiol.

Aconit Pardalianches, de Pline.

Aconit Pardalianches, de Theophraste, suyuant Matthiol.

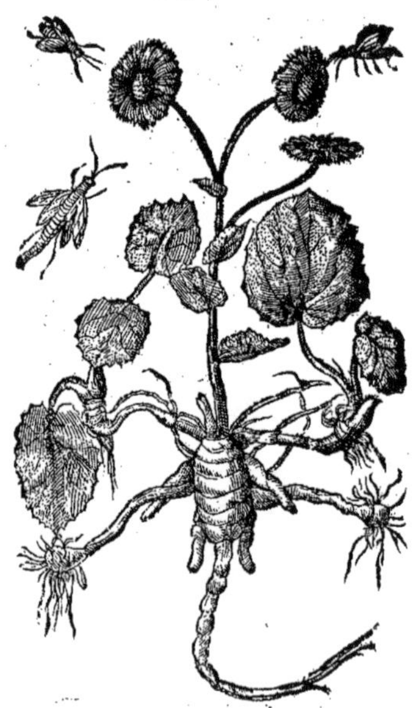

autres Herboristes prennent ces *trois especes d'Aconit* lesquelles nous venons de descrire, pour autant d'especes de *Doronicon*, duquel nous auons discouru plus à plein au liure des Plantes qui viennent és lieux aspres. Au reste aucuns prennent cette Plante venimeuse qui n'a qu'vne fueille, pour la *troisiéme espece de Cyclaminus* de Pline, la racine de laquelle fait mourir les poissons. Elle croist sur les montagnes couuertes de neige en Dauphiné, aupres d'vne petite ville appellée la

Limeum espece de Pardalianches n'ayant qu'vne fueille, de Dalech.

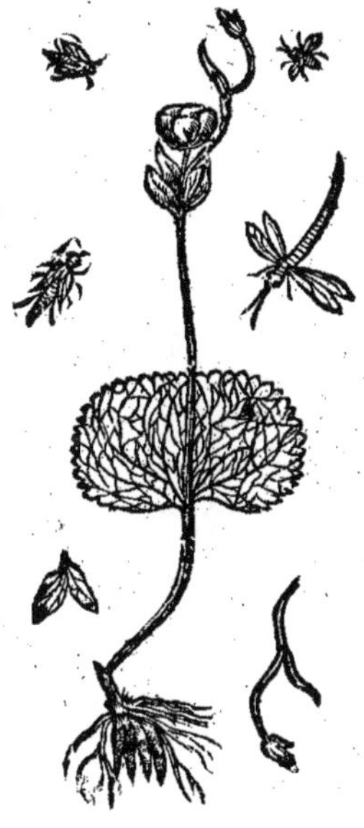

Autre Limeum à deux fueilles.

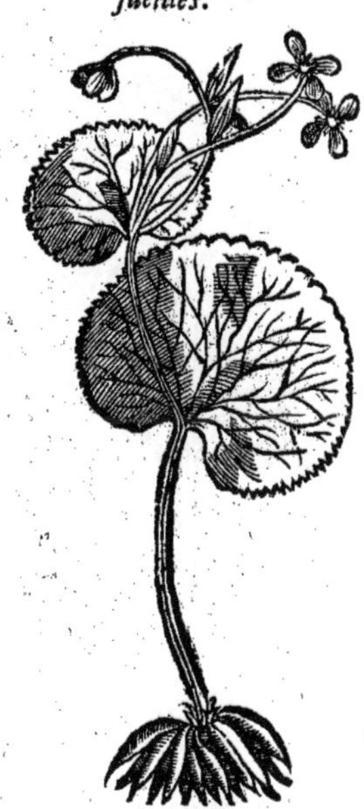

Aconit Lycoctonon II. de Matthiol.

Mure, & sur le haut du mont Iura, & bourgeonne quelquefois à trauers de la neige, où incontinent apres qu'elle est fondue, fleurissant au mois de May, ou au commencement de Iuin. Sa racine est diuisée en plusieurs parties, semblables à des Raiponces, (qui est peut-estre ce que Pline a entendu quand il l'a appellé *Ramosum*) d'vn goust fort acre. Tout aupres de terre elle fait vne seule fueille grosse, poulpuë, verte-blaffarde, pleine de veines, dentelée par les bords, semblable à celles du Pain de pourceau, sinon qu'elle est vn peu plus ronde. Sa tige est menuë, de la hauteur d'vne paume. Sa fleur est iaune, semblable à celle des Violiers, sous laquelle il vient vne autre petite fueille, qui n'est pas ronde comme la premiere, mais longue, & à angles. Ceste Plante est si venimeuse, qu'vn mien compagnon trop curieux pour l'auoir souuent flairée lors qu'elle estoit fresche, quant & quant apres l'auoir arrachée, se laissa cheoir comme s'il eust esté mort, tellement que ie me fais accroire de cela, qu'elle feroit bien mourir les poissons. Il est bien certain que les habitans des Alpes, en la Val-pute, empoisonnent le fer de leurs flesches auec le suc de ceste herbe, pour chasser aux bestes sauuages : car si tost qu'elles en sont blessées, quand mesme il ne sortiroit qu'vne goutte de sang de la playe, il faut qu'elles en meurent. Et de faict ayans voulu faire preuue de ceste faculté si dangereuse, & ayans piqué vn pigeon bien legerement auec vne espingle trempée en ce suc, nous vismes qu'il en mourut bien tost apres. Aucuns estiment que c'est le *Limeum* duquel Pline fait mention au liure 27. chap. 11. Disant que les Gaulois s'en

seruent

Aconit Lycoctonon III. de Matthiol.

Aconit Lycoctonon IV. de Matthiol.

ervent à empoisonner le fer de leurs fleches pour aller à la chasse, à raison de quoy ils appellent ce venin *Ceruarium*. Voila quant à *l'Aconit Padalianches*. Il reste maintenant à traitter du *Lycoctonon* ou *Cynoctonon*, qui est vne autre *premiere espece d'Aconit*, duquel les Herboristes ont remarqué beaucoup plus de sortes que Dioscoride n'en a pas mis, combien qu'il y en a quelques vnes, qui semblent participer aucunement des Grenouillettes, de l'Ellebore, ou du Napellus, comme Pena l'a fort bien escrit. De ces *especes* les vnes font la fleur *jaune*, les autres la font *bleuë*, ou *violette*. Matthiol a mis le pourtrait de quelques *especes d'Aconit Lycoctonon* sans en adiouster la description, pource

Aconit V. de Matthiol.

Aconit VI de Matthiol.

Aconit VII. de Matthiol.

Aconit VIII. de Matthiol.

qu'elles sont bien peintes au vif. Et remarque seulement que les fleurs de la *quatrième* & *neufuiéme espece* sont de couleur d'or, & que celles des autres sont purpurines. Dodon en son Histoire des Plantes a mis pour le *Lycoctonon premier*, le *faux Ellèbore noir sauuage* de Fuchse. Et en son traitté des Plantes purgatiues il met vn autre *Lycoctonon* plus grand, iaune, qui a les fueilles grandes comme il dit, auec beaucoup de decoupeures, à mode de fueilles du Plane, toutefois leurs decoupeures sont plus grandes, (il ne faut pas lire *μακρότερα plus grandes*; comme il y a en quelques exemplaires de Dioscoride; mais *μικρότερα*, c'est à dire, *plus petites*) reluisantes, & pour la plus part plus brunes,

Aconit IX. de Matthiol.

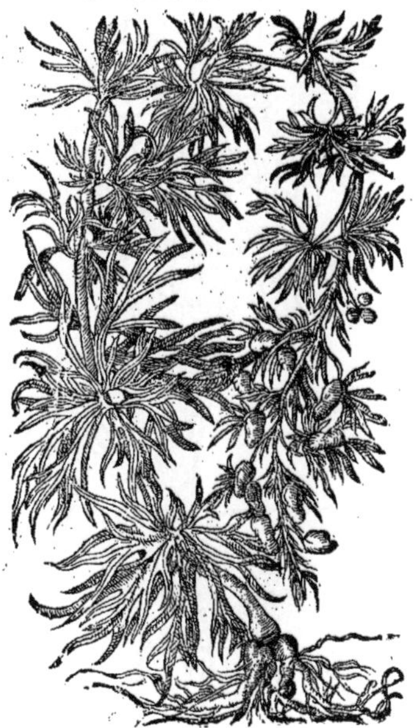

Aconit Tue-loup iaune grand, de Dodon.

à sçauoir

sçauoir au dessus; mais elles sont blancheastres par dessous. Sa tige a deux pieds de hauteur, & quelquefois d'auantage; & est ronde, lisse, vn peu pendante, & non pas du tout droite, & branchuë. Ses fleurs sont ageancées l'vne sur l'autre par ordre, & sont jaunes-blaffardes. Sa racine vient des gousses comme de petites cornes, & est noire. Ses racines sont pour la plus part noires, & ont beaucoup de grosses cheuelures entrelassées ensemble. Il croist és montagnes & aux forests & bois ombrageux. En Flandres & en France on l'entretient dans les Iardins. Dodon tient que c'est la troisiéme espece de ces trois dont il est fait mention en quelques exemplaires de Dioscoride, à sçauoir celuy qui est appellé *Pontique*, Matthiol le prend pour le *premier Aconit Lycoctonon*: les Arabes l'appellent *Estrangle-loup*: Aucuns Apothicaires le nomment *Napellus luteus*: d'autres *Luparia*: les Allemans *Vuolurtz*: les Espagnols *Yerua matta louo*: les François *Tue-loup*. Les chasseurs tiennent que son venin est plus dangereux que celuy de tous les autres, & s'en seruent à faire mourir les loups: non pas que les *autres especes d'Aconit* n'ayent cette vertu, mais pource que cestui-cy est plus asseuré & plus soudain. Mesme, ainsi que dit Pena, en certains lieux, seulement à mascher ses fleurs espannies, elles font incontinent enfler toute la bouche auec vne grande ardeur, & causent vn tournoyement de teste. Au surplus Dodon met le pourtrait d'vn autre *Aconit Tue-loup*, qui est surnommé petit, lequel il décrit comme s'ensuit: C'est vne petite herbe, qui n'a point de tiges, horsmis les queuës de ses fleurs, lesquelles sont courtes, & n'ont pas à grand peine vne paume de hauteur, & si sont grailes, sur chacune desquelles il y a vne seule fueille qui a bien l'enceinte ronde: toutefois elle est decoupée comme celle du Napellus, à grandes decoupeures à mode de rayons, au milieu desquels il y a vne petite fleur iaune, semblable à celle des Grenouillettes, apres laquelle il ne vient pas vn bouton: mais trois ou quatre petites gousses droites, comme celles du *Lycoctonon*. Sa racine est grosse & bossue, semblable à celle de la premiere espece d'Anemone, & comme compartie par quelques nœuds, d'vn goust fort acre, de la-

Aconit Tue-loup, de Dodon suiuant l'exemplaire de l'Empereur.

Aconit Tue-loup jaune, petit de Dodon.

Autre Aconit de Dalechamp.

quelle sortent les queuës des fueilles. Elle fleurit dans les Iardins de Flandres, bien souuent a mois de Ianuier quand l'Hyuer est doux, à raison dequoy on a commencé en ce pays-là de l'appeller *Aconitum hyemale* ou *hybernum*. Or il appert par la figure de ses fueilles & de ses gousses, par la faculté pernicieuse de ceste herbe, que c'est *vne espece d'Aconit*. Aussi Matthiol l'a mis pour l seconde *espece d'Aconit Lycoctonon*, ou soit *Tue-loup*. Au demeurant tout ainsi qu'il y a plusieurs especes de *Tue-loup iaune*, aussi s'en trouue-il quelques especes de *bleu* ou de *purpurin*. Dont la premiere fait des tiges hautes comme le Napellus, & a semblablement les fueilles fo decoupées. Ses fleurs sont arrangées le long de la tige à l cime, à mode d'vn espy long, & sont rouges, tirans sur l couleur de pourpre, de la figure de celles de la Fleur royale que plusieurs prennent pour le Delfinion, ayans comm vne petite corne par derriere. Ses gousses & sa graine son semblables à celles du grand *Tue-loup* iaune. Elle a trois o quatre racines longues & grosses, auec quelque peu de cheuelures. L'autre retire du tout au Napellus quant à la figure exterieure, à sçauoir quant aux tiges, & aux fueilles de coupées & brunes, à la fleur bleuë & ouuerte, composé d'autant de parties & en mesme ordre. Ses gousses aussi sa graine sont du tout semblables: mais il y a de la difference quant à la racine qui est faite en toupie, & bulbeuse, d milieu de laquelle par le bas il sort plusieurs cheuelures en tortillées ensemble. Le troisiéme fait les tiges plus menuë & plus courtes, qui ont plus d'vne paume de hauteur. Se fueilles sont decoupées comme celles de la Grenoüillett ou du *Tue-loup* iaune, toutefois elles sont moindres. Se fleurs sont petites & bleuës, vn peu moindres que celles d Napellus. Ses gousses & sa graine sont semblables aux autres. Sa racine est cheueluë & noirastre, & se multiplie pa le moyen des petits bulbes qui croissent à l'entour. O treuue ces especes aux montagnes, d'où on les a prinse pour replanter dans les Iardins en Flandres. Le *premier le troisiéme* fleurissent le plus souuent au mesme temps qu le Napellus, ou bien-tost apres: mais le *second* fleurit beau

Dodon en l'histoire des purg.

Tue-loup bleu premier, de Dodon, ayãt les fleurs comme le Delphinion.

Tue-loup bleu petit, de Dodon.

Aconit blanc sans tige, de Dalechamp.

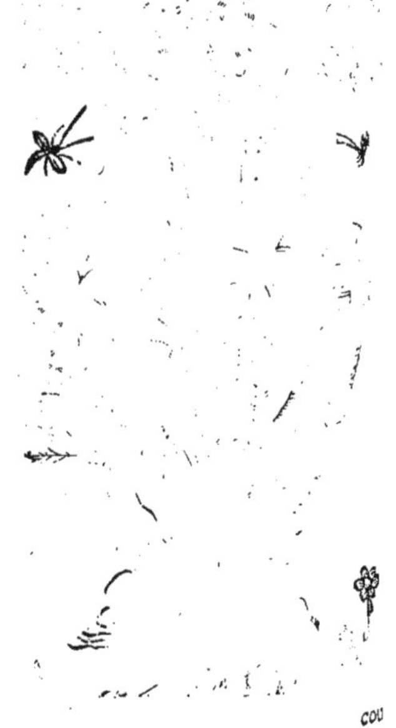

cou

up plus tard. Il appert par leur figure, & par leur qualité maligne, que ce sont especes de *Tue-p*. Nous auons aussi mis icy le pourtraict d'vn *autre Aconit* suiuant l'opinion de Dalechamp, qui blanc, & peut estre surnommé ἄκαυλον, c'est à dire, *sans tige*. Il croist à la cime des hautes monnes, & a pour sa racine beaucoup de cheuelures menuës & noirastres, & fait plusieurs fueilles nblables à celles du Geranion, ou de *l'Aconit iaune*, attachées à vne queuë longue & velue, sans une tige, à raison de quoy il la surnomme ἄκαυλον. Ses fleurs du commencement sont vn peu ugeastres, mais auec le temps elles deuiennent blanches, sortans deux ou trois au dessus d'vne ille, chascune desquelles a sa queuë à part, & est composée de six petites fueilles. Quant à la grail ne l'a pas peu voir. Or comme Dalechamp pensoit que ce fust vne espece de Geranion blanc, Herboristes ausquels il auoit donné charge de s'informer du naturel & facultez de cette Plante, asseurerent qu'elle estoit venimeuse, & que c'estoit vne *espece d'Aconit*. Dodon en son traitté des ntes purgatiues l'appelle *Ranunculus flore albo, Grenouillette à la fleur blanche*. En outre nous en us mis vn autre du mesme Dalechamp, qui croist aux montagnes froides & pleines de bois, & les costeaux pierreux qui sont tournez deuers le Soleil leuant, la racine duquel va rampant par terre, & est blanche, poulpuë & acre, compartie par beaucoup de nœuds, tellement qu'elle en est toute rabotteuse. Sa tige peut auoir vn pied & demi de hauteur, & est ferulacée. Ses fueilles retirent à celles de l'Hyeble, & sont fort dentelées & plus grandes, dont il en a pour la plus part sept qui sont attachées à vne queuë. Ses fleurs retirét à celles des Violiers, & sont rouges-blancheastres. Sa graine est petite, & vient en des gousses assez larges. Au reste puis que toutes les *especes d'Aconit* sont mortelles, il nous faut declarer quels accidés ils causent & le moyen d'y remedier, suyuát ce que Dioscoride & les autres anciés autheurs en ont laissé par escrit. *L'Aconit* aussi tost qu'on la beu réd la langue douce auec vn peu d'astriction, apres il cause des tournoyemens de teste, principalement quand on tasche à se leuer, apres il fait larmoyer le yeux, & fait sentir vne pesanteur en la poictrine, & aux Hypochondres, & quant & quant fait sortir beaucoup de ventositez. Pour à quoy remedier il faut faire sortir le venin par vomissemés & clysteres. Il faudra boire de la decoctió de l'Origá, ou de la Rue, ou du Marrube, ou d'Absinthe, auec du vin d'Absinthe ou bié de Roquette, (il est meilleur de lire εὐζώμου, *de Roquette*, comme aussi Paulus & Aëce ont leu, que non pas ἀειζώου, c'est à dire, *de Ioubarbe*, comme il y a aux communs exemplaires) ou de l'Auronne, ou bien de la Chamelæa ou Chamæpytis. Il sera aussi bon de prendre vne dragme de suc de Baume auec du miel, ou bien de boire du Castorion, du Poiure & de la Rue, par esgales portions auec in. Item la presure de cheureau, ou de lieure, ou d'vn fan de biche, auec du vinaigre; ou bien du chefer. Ou bien boire du vin dans lequel on aura esteint du fer, de l'or ou de l'argent tout rouge eu. Item le bouillon d'vne poule cuite en vin & lessiue, ou bien la decoction des cornes de bœuf du vin. On dit aussi que la Chamæpitys y est particulierement propre. A quoy Aëce adiouste que qui ont beu ce poison sentent apres la douceur & astriction vne amertume, & que leurs maeres se reserrent. Ils sentent des mordications & rongemens d'estomac, leur veüe se trouble, & 'eux deuienne rougeastres. Finalement tout le corps tremble, & deuient enflé. Or Aëce ni Auie n'adioustent rien à ce que Dioscoride dit touchant les remedes: mais Pierre d'Ebano en son té des Venins louë fort contre *l'Aconit* de boire deux dragmes de terre seellée en eau chaude, de faire vomir, & apres auoir vomi de prendre deux dragmes de Theriaque auec du vin, dás lelaura esté cuite la Gentiane. Il tient aussi qu'vn des plus souuerains remedes contre *l'Aconit* est arrazine longue. Galien dit que *l'Aconit Pardalianches* a vne faculté putrefactiue & venimeuse, artant qu'il se faut bien garder d'en boire ni d'en manger: toutefois que l'on s'en peut seruir faire pourrir quelque partie, hors de la bouche, ou du fondement; à quoy la racine de l'herbe ropre. En outre que *l'Aconit Tue-loup* a les mesmes facultez: mais il fait particulierement mous loups, comme le precedent tue les leopards.

tre espece d'Aconit Tue-loup de Dalechamp.

Liu. 6. ch. 7.

Accidéts causez par l'Aconit & les remedes.

Liu. 13. c. 59.

Chap. 13.

Liu. 6. des simpl.

Du Napellus, ou Chapperon de Moine, CHAP. X.

Les noms.

LA Plante que les Barbares & modernes appellent *Napellus*, d'autant que sa ra cine est faite à mode d'vn Naueau, est aussi *vne espece d'Aconit Lycoctonon*: l Allemands l'appellent *Blouuolnurtz*, & *Rappenblumen*, c'est à dire, *fleur de Rau* les Flamans *Blauuvuolz vuortele*, & par d'autres *Muncks cappen*: en Franço *Chapperon ou coqueluchon de Moine*: elle est aussi appellée *Thora*. Or elle fait la tige de hauteur de deux ou trois coudées, & des fueilles attachées à des queuës graisles, plus grand que celles des Grenouillettes, & plus vertes brunes, vn peu blancheastres par dessus, auec plus

La forme.

decoupeures & plus grandes. Ses fleurs sortent par ordre dés le milieu iusques à la cime de la tig de belle couleur de bleu, retirans du tout à vn froc ouuer ou à vn morion: car elles sont composées de cinq partie dont la plus grande & la plus haute resemble au cre d'vn froc, ou d'vn morion, qui couure le sommet la teste. Les autres deux qui sont mediocres seruent à co urir la teste par les costez. Et les autres qui sont moi dres, les plus basses & plus estroites. Or elles ont au lieu des filamens deliez à mode de poil, au bout desqu il y a des taches vertes & blaffardes. Il sort aussi du lieu d'icelles deux pointes vn peu recourbées, qui ne s tent point deuant que le froc se releue. Apres il y vie des gousses, pleines d'vne graine noire, faite à angles, menue, comme celle du Tue-loup iaune. Sa racine est gr se & longue, faite à mode d'vn naueau, noirastre par hors & blanche par dedans. Elle croist de soy-mesme a montagnes d'Ananie & des Grisons, & en plusieurs autr

Napellus, de Dodon.

Le lieu. Le temps. Le temperament & les vertus. Liu.ch.684. & 685. Liu.2.c.499.

Il s'en trouue aussi dans les iardins en Flandres. Elle fleu au mois de May & de Iuin, & quelquefois plus tard lieux qui sont froids. Sa graine est meure au mois d'Ao Auicenne a traitté à part de l'Estrangle-loup, & de l'Estr gle-leopard, & du *Napellus*, duquel il parle ainsi: c'est venin pernicieux extremement chaud & sec. Appliqué liniment il efface les taches de la Morphée, semblablem la composition qui s'en fait, qu'on appelle *Alberzach* prinse en breuuage efface lesdites taches, & sert contr ladrerie. C'est vn venin qui fait mourir celuy qui en b dont la plus grande dose est la moitié d'vne dragme, mon aduis encor moins que cela feroit mourir. Or contre poison est la *Souris du Napellus*, qui se nourrit d luy. Mais les *Seman*, c'est à dire, *les cailles*, en mangent sans en receuoir aucun dommage. Or tre toutes les compositions il n'y en a point qui luy resiste mieux que celle qu'on appelle Diam

Liu.4.fen.6. tr.1.ch.1.

chon. Et en vn autre endroit: Le *Napellus* est des plus pernicieux venins qui se trouue. Il fait fler les leures à ceux qui en boiuent & la langue aussi, & fait sortir les yeux de la teste, causant tournoyemens de teste, & defauts de cœur. Item on ne peut mouuoir les iambes, en somm est fort dangereux. Et ceux qui en eschappent tombent pour la plus part en fieures hectiques, deuiennent phthisiques; mesme il fait quelquefois venir le haut mal à le sentir seulement. Les ches trempées dans son suc font mourir tout à l'instant celuy qui en est blessé. Pour y reme il faut essayer au plustost de faire vomir celuy qui en a beu auec la decoction de la graine de Nau & de Raue, & luy donner à boire du vin & du beurre de vache cuit, & le faire boire coup sur co En outre la decoction des escailles de noix auec du vin. En apres le principal remede est le Bezal & la composition faite de Musc, & d'Algeduar, c'est à dire, la *Zedoaria*, & *Duba*, ou *Bis mus ha*, (c'est à dire, *l'herbe qui croist auec le Napellus*, & le *Napellus Moysi*, qui est, comme il l'interpr vne beste qui demeure sous la racine du *Napellus*, comme vne souris) mesme la grande Theriaqu

Liu.2 c.500.

est quelquefois bonne iusqu'à vn certain temps. Mais l'vn des plus souuerains remedes est de do à boire du Musc auec de poudre de Bezahar, ou bien vne dragme de composition faite de Musc, a quatre grains de Musc. Aucuns estiment aussi que les racines des Cappiers seruent de contre son au *Napellus*. Et toutefois les Albezahar y sont bons, & principalement celuy qui resemble à blanc dœuf, & a des filaments comme la Litharge. Item l'animal qui est appellé *Mus Napelli*, c à dire, *Souris du Napellus*, est contraire au *Napellus*, & resiste, à son venin quand on en man Voilà ce qu'en dit Auicenne. Or les Herboristes se sont fait à croire que la Plante que nous au descrite cy dessus est le *Napellus* d'Auicenne pour raison des estranges symptomes & accidés qu ca aufe à ceux qui en boiuent : car en effect elle est fort dangereuse en tout & par tout, mais sa racine l'est encor plus : tellement que, ainsi que dit Matthiol, elle feroit mourir celuy qui la tiendroit la main iusqu'à tant qu'elle fust eschauffée. Mesme il dit qu'il y a eu des bergers qui sont morts our s'estre serui de la tige du *Napellus* au lieu de broche pour rostir des petits oiseaux. Il raconte ussi quelques exemples de la grande proprieté qu'il a à faire mourir les hommes. Dodon aussi it que l'on le vid par effect en Anuers, combien que ce fust vn cas pitoyable. Car comme quelues vns eussent meslé de ces racines sans les recognoistre parmy vne salade, tous ceux qui en mãrent moururent bien tost apres, ayans enduré d'estranges accidents. Or entre les remedes & ntre-poisons qui peuuent seruir à vne si mortelle poison, Auicenne met la *Souris nourrie de la race du Napellus*, laquelle est entierement contraire au venin de ceste Plante, & deliure de tout dancelluy qui en prend. Matthiol dit qu'il a souuent trouué des *Souris qui viuoient de la racine du apellis*, & dit qu'Auicenne l'appelle *Napellus Moysi*. Pierre d'Ebano escrit aussi que le *Bezoar du apellus*, est *la souris qui croist à la racine du Napellus*, & qu'il la faut secher, & en donner en breuge au poids de deux dragmes. Toutefois Antoine Guainier Medecin de Pauie fort renommé en n temps, en son traitté qu'il a fait des venins, dit que ce n'est pas vne *souris*, mais que ce sont *des uches*. Il raconte aussi qu'vn certain philosophe curieux auoit souuent recherché ceste *souris*, mais e iamais il ne l'auoit peu trouuer, & méme ne s'estoit iamais peu apperceuoir que la racine du *Napellus* fust rongée: mais bien dit il auoir trouué beaucoup de mouches, qui en mangeoient les fueil, lesquelles ce Philosophe ayant prins au lieu de la *souris*, en fit vn contre-poison, qui fut propre ntre toute sorte de venin, & particulierement contre celuy du *Napellus*. En ceste composition il tre de terre seellée, de bayes de Laurier, du Mithridat, de chascun deux onces, & vingtquatre de s mouches là prinses sur le *Napellus*, de miel & d'huile à suffisance. Pena & Lobel sont aussi de la sme opinion, disans, qu'il y a force *Napellus* és montagnes des Grisons au mois de Iuin & de Iuil-, où le bestail n'y touche point, encor que toutes les autres herbes soient rongées, & n'y a point utre animal qui y touche que certaines mouches qui volent dessus à grandes trouppes, & se pot dessus, & peut estre naissent de ses fleurs : car de fait elles sont quasi de la mesme couleur, & us grandes que les mouches communes, & ont la teste & les aisles vertes blaffardes, ou vertes ans sur le pers, quasi comme les cantharides ou les mouches luisantes. Ainsi donc ils disent qu'ils t souuent prins garde que ces mouches-là, sucçoient les fleurs du *Napellus* incessamment : mais e quant à la souris ils l'ont longuement cherchée en vain, en ayant arraché plusieurs plantes: mesqu'ils s'en sont enquis des bergers s'ils en auoient point veu, lesquels ont tous respõdu que non. i leur a fait croire que les Arabes ont changé le mot μυῖα en μῦν, c'est à dire, qu'ils ont prins vne uris pour vne mouche: car μυῖα signifie *vne mouche*, & μῦς *vne souris* : car il n'y a point de contreson composée de souris, & au contraire il s'en fait vne fort souueraine contre la morsure des rantes, & le haut mal, dans laquelle il entre des mouches; comme entre autre ceste-cy : Prenez mouches qui se nourrissent sur le *Napellus* en nombre de vingt, de Sarrasine, de Bol d'Armenie de chacun vne dragme. Il n'y a point aussi d'autre Plante de ceste espece sur laquelle ces mouches perses se nourrissent. Ce qui fait mieux accroire que ceste Plante est le *Napellus* des Arabes, & vn des Aconits de Dioscoride. Il est aussi vray semblable, qu'il n'y a point de souris qui viue du *Napellus*: mais bien des mouches, qui se nourrissent à le succer. Car l'Aconit, duquel le *Napellus* est vne espece, tue les souris, à raison dequoy les Grecs l'appellent μυοκτόνον & μυοφόνον, comme qui diroit *Tue-souris*, ou *qui fait mourir les souris*. Au reste les Herboristes appellent aussi *Napellus* ceste autre plante qui est icy peinte, à cause de sa faculté venimeuse, la surnommãs *Leucanthenus, à la fleur blãche*, ou *racemosus, branchu*. Il croist sur les rochers & montagnes couuertes de glace & de neige, parmi les pierres & les rochers: & fait la racine longue & large, auec vne infinité de cheuelures noires, qui sont quelquefois si bié entrelassées que l'on diroit que ce sont des rets entassez dessous ces cheuelures comme sous vne voute, entre les rochers d'où la racine sort il y a vne espace vuide, où l'on trouue souuent des souris cachées. Il fait plusieurs tiges de la hauteur d'vn pied & demi, lisses à mode de celles de la Feugiere pleines de nœuds, & nues aupres de la racine. Ses fueilles retirent à celles de l'Angelique, & ont vn goust tresamer & du tout abominable, auec vne odeur fascheuse. Ses fleurs viennét à la cime des tiges & sont blanches. Son fruict retire aux boutons de Lierre, & est composé de neuf ou dix grains

apellus racemosus, de Dodon.

Sur le c. 73. du liu. 4.

En l'hist. des pu. g.

Lin. 2. c. 500. au liure des venins.

grains tendres,& noirs.Ceux qui habitent és montagnes où cette Plante est frequente,disent qu' le fait mourir tout soudain quiconque en mange, soit loup ou homme. Toutefois aucuns dise qu'elle n'est pas venimeuse, & que c'est *l'Actæa* de Pline. *L'Actæa*, dit-il, a les fueilles puantes, tiges aspres, & comparties par nœuds, la graine noire comme celle du Lierre, & des boutons te dres. Elle croist és lieux ombrageux, aspres & aquatiques. On en donne à la mesure d'vn acet bule plein pour les maladies interieures des femmes. Mais Pline dit que *l'Actæa* a les tiges aspre au lieu que nous auons dit que celles de cette Plante estoient lisses. En quelques exemplaires d Pline, il y a mal, *Caulibus Anisi*, c'est à dire, *qui a les tiges semblables à celles de l'Anis*. Cornariu lit, *Caulibus angulosis, ayant les tiges recourbées par les nœuds*; & dit qu'il semble que Pline appell l'Hieble Actæa, mesme en vn passage de Paulus Ægineta où il y a ἀκταίας ῥίζαν, il l'interprete *racine de Sureau*. Dodon la descrit sous le nom de *Herba Christophoriana*, & la met au nombre d Aconits,à cause qu'on tient qu'elle a vne faculté pernicieuse,comme celle de l'Aconit: car de fai on dit qu'elle est bien aussi dangereuse & mortelle.

Liu. 27. c. 7. — Liu. 3. c. 48. aux hist. des purg.

De l'Anthora, CHAP. XI.

Les noms. POVRCE que ce seroit mal pourueu aux hommes, si on traittoit des Pla tes venimeuses sans en adjouster les remedes,nous adjousterons pour la fi de ce liure des Plantes venimeuses cette Plante qui est fort souuerai contre toutes sortes de poison, & principalement contre le Napellus. on l'appelle cõmunement *Anthora* cõme qui diroit *Antithora*, ou plusto *Antiphora*, pource qu'elle resiste à la *Thora*, & luy sert de contre-poiso Elle croist, au rapport des Herboristes auec le Napellus, ou aupres d'ic luy, sur les montagnes des Grisons & de Sauoye,& aussi ailleurs. Ceux d' lentour de Turin,comme aussi ceux qui habitent à l'entour du lac de G ueue, estiment que Dieu l'a fait naistre exprés pour seruir de contrepoison contre le venin de

La forme. Thora,& mandent grande quantité de ses racines à Venize. Elle fait la tige de la hauteur d'v paume & demie, & quelquefois d'vne coudée, ronde & ferme, de laquelle il sort par interuall

Napellus premier, de Matthiol.

Anthora ou Anthithora, Napelus Mosis, de Matthiol.

inégaux des fueilles menuës,qui ont beaucoup de grandes decoupeures esparses d'vn costé & d' tre. Ses fleurs retirent à celles du *Napellus*, toutefois elles sont jaunes blaffardes, & plus petit Quant à ses gousses & à sa graine elles sont semblables. Elle a deux racines,massiues & longuett e la grosseur d'vne oliue, & quelquefois plus grosses, couuertes d'vne escorce brune, auec vne chair lanche au dedans, mal-aisées à rompre quand elles sont seches, & toutefois elle se peuuent broyer. uicenne dit que le *Napellus Moysi buha*, est vne herbe qui croist auec le *Napellus*, & estant prés de uy empesche qu'il ne croisse ny fructifie, & qu'il n'y a point de meilleure contrepoison contre le *Napellus*. Et en outre qu'elle sert à tout ce à quoy le *Napellus* est bon, comme contre l'Albaras, la Lepre. Elle sert aussi de Theriaque contre la morsure des viperes & autres bestes venimeuses. n vn autre passage il dit que la *Zedoaria* qui croist auec le *Napellus* est la meilleure, qu'elle l'affoilit estant aupres de luy. Dont il appert que *l'Anthora* est le *Napellus Moysi*, & la *Zedoaria* d'Aicenne. Toutefois il se treuue vne autre *Zedoaria* aux boutiques des Apothicaires, de laquelle ous traitterons au liure des Plantes estrangeres. Au reste la racine de *l'Anthora* est fort amere, & esiste non seulement au *Napellus*, mais aussi à toute autre sorte de venin, mesme elle est bonne ux purgations: car elle euacue les aquositez & les humeurs visqueuses par le bas, & tu les vers u ventre, suyuant ce que Pena & Lobel en ont escrit. Hugues Solier a laissé par escrit, que ceste acine puluerizée & prinse en vin la grosseur d'vne Fue, est bonne pour faire bien purger par dessus & par dessous ceux qui ont le corps ferme & robuste. Antoine Guainier en son traitté de peste, dit que *l'Anthora* est fort souueraine contre la peste: & quant à l'experience, dit il, i'ay sprouué, que la racine de *l'Anthora* a les mesmes vertus que le Dictam. C'est vne herbe qui croist upres de la Thora, de laquelle Thora on fait vne poison, auec laquelle on prent les cheures sauages aux montagnes de Saluce & de Pinerol. Ceste racine de *l'Anthora* ressemble aux noyaux 'Oliues, & est le Bezoard contre ladite Thora, laquelle est si dangereuse, que son venin fait mourir toutes sortes d'animaux. Voilà ce qu'il en dit, Or il croist à force *Anthora* aux montagnes d'aupres de Die en Dauphiné. Ceux dudit païs l'appellent *l'Herbe du maclou*, c'est à dire *bonne à la colique*. De ces deux racines l'vne fleurit tous les ans, comme aux Couillons de chien; & l'autre s'engrossit. Les communs Herboristes de ces quartiers-là ont opinion que la racine qui est flaque cause des douleurs de colique, & au contraire que la grande & mieux nourrie les guerit.

Fin du XVII. Liure de l'Histoire Generale des Plantes.

LIVRE DIXHVICTIESME DE L'HISTOIRE Generale des Plantes.

Contenant la Description & Pourtraits des Plantes Estrangeres.

De l'Agallochon, ou bois d'Aloës, CHAP. I.

IL y a plusieurs Plantes qui croissent en des quartiers du monde du tout esloignez de nous, lesquelles toutefois, pour estre douées d'excellentes proprietés, nous desirons d'auoir, & ne nous en pouuons bonnement passer. Et d'autant qu'elles sont plus rares, elles en sont aussi plus admirables, & de plus grand prix. Ce qui a tellement aiguillonné les anciens autheurs Grecs, Latins, & Arabes, que pour en auoir la cognoissance ils n'ōt point craint de passer la mer, visiter les nations barbares, monter sur les plus hautes montagnes, voyager par les bois, & par des lieux sans chemin ne voye, & rechercher tous les lieux du monde, sans espargner aucune peine ny trauail. Par ainsi il y en a eu plusieurs qui ont escrit beaucoup de choses singulieres; toutefois tous n'ont pas traitté simplement de ce qu'ils auoit veu, mais aussi de ce qu'ils auoient ouy dire, tellement qu'ils ont dit beaucoup de choses incertaines & du tout fabuleuses. Mais à present que l'on a decouuert beaucoup de regions qui leur estoient du tout incogneües, & comme vn nouueau monde, il s'est treuué des hommes de bon esprit & diligens, lesquels poussez d'vne méme affection & desir d'apprendre plus que les dessusdits on remarqué beaucoup plus de choses qu'eux, & esclaircy & verifié plus certainemēt celles desquelles ils auoiēt escrit, des escrits desquels nous auons rapporté en ce present liure ce que nous a semblé pouuoir suffire au Lecteur studieux, ayans desia aux liures precedens traitté de quelques Plantes estrangeres, comme de *l'Aloë*, de la Rhubarbe, & quelques autres, selon que la suite de nostre histoire le portoit. Ainsi donc nous entrerons sur le discours des Arbres, Arbrisseaux & Herbes estrangeres, du fruict desquelles, comme aussi de leur escorce, bois, racines, graine, suc, resine & gommes nous nous seruons tous les iours, & à tous propos; commencans par les Plantes qui croissent és Indes, cōme fait le *Bois*
Les noms. *d'Aloës*, que les anciens Grecs appelloient ἀγάλλοχον & les modernes aussi ἀγάλλοχον & ξυλοαλόη: les Latins *Agallochum*, & *Lignū Aloës*: les Arabes *Haud*, *Agalugin*, ou *Agalugen*: les habitans de Guzarate, & Decan, ainsi que dit Garsie, le nomment *Vd*, qui semble estre tiré du nō Arabe: en Malaca on l'ap-
Liu. 1 des Arom. des Ind. ch. 16. pelle *Garbo*, & le plus exquis *Calambac*. Or voicy ce que Dioscoride en dit: *l'Agallochon*, dit-il, est vn bois, qui s'apporte de l'Indie & Arabie, & resemble au bois de Thuya, estant tacheté, odorāt, & d'vn
Liu. 1. ch. 21. goust astringent, auec vne certaine amertume, & couuert d'vne peau bigarrée plustost que d'vne
La forme. escorce. Auicenne traitte du *Bois d'Aloë* en deux diuers chapitres: car au premier il en parle sous le
Liu 2. c. 4.
Li. 21. c. 733. nom *d'Agalugen*, ou *Agalugin*: & en l'autre sous le nō de *Xyloaloes*. Or au premier il dit que *Agalugin* est vn bois d'Indie, ou d'Arabie, lequel est odorant, ayant la peau aspre, & tachetée de diuerses couleurs. Iceluy est astringent auec vn peu d'amertume. Ce qui est tout prins de Dioscoride, dans lequel il a leu εὐστιγμὸν δ' εὐῶδες, comme aussi il y a de mesme aux communs exemplaires, c'est à dire, *tacheté & odorant*, au lieu qu'Oribaze a leu ἐςὶ μὲν οὖν δ' εὐῶδες, c'est à dire, *il est donc odorant*, puis apres il adiouste les mesmes proprietez que Dioscoride. Serapion descriuant les mots de Dioscoride, ne fait aucune mention des taches, aussi peu que Paulus. Au second lieu Auicenne met les noms, &
Le lieu. les païs d'où on appportoit le *Bois d'Aloë*; toutefois le vray & naturel ne croist pas par tous lesdits lieux: car celuy qui croist au Cap de Comorin que les anciens appelloient *Cori*, & en Zeilan c'est vn bois odorant que l'on a appellé *Bois d'Aloes sauuage*: combien que ce n'en soit pas. Le bon croist en Malaca & Sumatra, où ceux de la Chine auoient accoustumé de le prendre. Serapion a escrit de mot à mot tout ce que Dioscoride & Galien en ont dit, & outre cela il en met plusieurs autres especes, suyuant les autheurs Arabes. Garsie estime que le vray *Bois d'Aloes* ne croist sinon en Indie. Et qu'il peut bien estre qu'il s'en apportoit d'Arabie; mais il auoit esté prins aux Indes, comme il en prend de plusieurs autres marchandises: car il ne croit pas qu'il en croisse en Arabie,

Et en

Et en outre il n'eſt pas couuert de peau, mais d'eſcorce, comme ſont tous les autres bois. Dauantage, dit-il, il n'eſt pas vray-ſemblable, qu'on s'en ſeruit aux parfums, au lieu d'Encens : car au contraire on ſe ſeruiroit pluſtoſt de l'Encens à faute de l'autre, pource qu'il s'en treuue en plus grande abondance. Et de faict on n'a pas accouſtumé de ſubſtituer des choſes rares aux plus communes : mais au contraire on ſubſtitue les communes à faute des rares. Or ce *Bois*, ainſi qu'il dit, eſt d'vn Arbre grand comme vn Oliuier, & quelquefois plus petit. Quant à la fleur & au fruict il ne l'a pas veu, pource qu'il fait dangereux ſeiourner là où il croiſt, d'autant qu'il y a à force Tigres : mais il en a veu des branches qui auoient eſté apportées de Malaca. On dit qu'eſtant frais coupé, il ne ſent point bon, & qu'il n'a aucune odeur iuſqu'à tant qu'il ſoit ſec ; & meſme que l'odeur n'eſt pas eſpandue par tout le *Bois*, ains ſeulement au cœur : car il a vne groſſe eſcorce, & ſon *Bois* n'a aucune odeur. Neantmoins Garſie ne nie pas, que le *Bois* & eſcorce venans à ſe pourrir, l'humidité huileuſe & graſſe ne ſe fourre dans le cœur & le rende plus odorant ; toutefois il n'eſt pas beſoin qu'il pourriſſe pour le rendre odorant : car auec le temps il deuient odorant l'vn plus & l'autre moins, comme pluſieurs ont veu par experience, tellement qu'en le voyant tout frais coupé, ils ſçauront fort bien cognoiſtre s'il deuiendra odorant ou non. Car en toute eſpece de *Bois* il s'en treuue de meilleur l'vn que l'autre. Or les habitans de Malaca ont accouſtumé de le nettoyer deuant que de le vendre aux marchans. On tient pour le meilleur celuy qui eſt fort brun, ayant des veines griſes, qui eſt peſant, & bien plein d'humeur graſſe. Pour ſçauoir s'il eſt bon, il faut qu'eſtant allumé il rende beaucoup de graiſſe, & qu'eſtant plongé en l'eau il n'aille pas à fonds : car pour maſſif qu'il ſoit il nage par deſſus. Outre les ſuſdites marques les habitans de Guzarate & Decan cherchent qu'il ſoit par gros billons : comme ils eſtiment auſſi les groſſes perles plus que les autres : car ils ſe font à croire que tant plus groſſes les pieces en ſont, elles en ont tant plus de vertu. Au reſte c'eſt vne choſe fabuleuſe ce qu'aucuns ont eſcrit, que perſonne ne vit iamais *l'Abre du bois d'Aloë*, d'autant qu'il ne croiſt ſinon au Paradis terreſtre : & que ſon *Bois* en eſt apporté par les riuieres qui en ſortent. Mais ce qu'eſcrit l'Autheur des Pandectes eſt encor plus abſurde, c'eſt que l'on falſifie le *Bois d'Aloës* auec la Chamelæa, attendu qu'ainſi qu'eſcrit Garſie ; il ne croiſt point de Chamelæa en tout ce païs-là. Serapion dit bien, ſuyuant l'authorité de quelques vns, que quelquefois il ſe rompt des branches de ce *Bois*, leſquelles tombans dans les riuieres ſont emportées par le cours de l'eau aux païs par où paſſent leſdites riuieres. Et en outre que l'on a accouſtumé apres auoir coupé le *Bois d'Aloës* de l'enterrer par l'eſpace d'vn an entier, là où il ſe ronge, tellement qu'il n'y demeure que ce qui eſt de pur, qui ne ſe ronge aucunement. Simeon Sethi en deſcrit auſſi de meſme, diſant qu'il n'auoit aucune odeur, ſi premierement il n'eſtoit aucunement pourry & rongé. Quant à ce que Garſie dit qu'Auicenne ſe trompe quand il dit que ceux du païs font bouïllir ledit *Bois* pour en tirer toute l'odeur, cela ne ſe treuue pas eſcrit dans les exemplaires d'Auicenne que nous auons. Au demeurant le *vray Bois d'Aloës* a demeuré longuement incogneu aux Apothicaires, & meſme encor auiourd'huy il y en a pluſieurs qui ne le cognoiſſent pas, & prent on diuerſes ſortes de bois au lieu d'iceluy, combien que les Portugais en ayent apporté du *vray* des Indes à Liſbonne, & en Eſpagne ; mais qui eſt fort cher. On en fait quelquefois des Patenoſtres, deſquelles on fait cas, pource qu'elles ſentent bon, & ſont de grand prix. Toutefois le plus ſouuent elles ſont faites du *Bois d'Aloës ſauuage*, duquel il a eſté parlé cy deuant, & d'vne *autre ſorte de Bois* qui retire fort au *Bois d'Aloës* ; combien qu'il ne ſent rien. Il s'en treuue, dit Pena, chez les marchans à Veniſe, qui eſt fort cher, & bien eſprouué, eſtant aſtringent au gouſt, fort ſec, auec peu d'amertume, qui rend vne fort ſouëue odeur quand on le met en parfum ; & vn ſuc ou vne liqueur graſſe, ayant vne telle odeur que l'Ebene ou Guaiac, comme auſſi il eſt de meſme couleur, & peut-eſtre de meſme eſpece. Au demeurant Dioſcoride dit que ſi on ſe laue la bouche auec la decoction du *Bois d'Aloës*, ou bien qu'on le maſche, il fait auoir bonne haleine. Si on s'en ſaupoudre le corps il empeſche de ſuer. On s'en ſert aux parfums au lieu d'Encens. Sa racine prinſe en breuuage au poids d'vne dragme guerit l'humidité & debilité de l'eſtomec, & appaiſe ſon ardeur. Il eſt bon d'en boire auec eau, contre la douleur de coſté ou du foye, contre la dyſenterie & les trenchées du ventre. Auicenne dit que le *Bois d'Aloës* eſchauffe & deſſeche au ſecond degré, il ſert pour les accidens du cœur, auſſi le met-il entre les medecines cordiales.

La forme.

Comment il le faut choiſir.

Chap. 30.

Ch. 197. des ſimpl.

Le temperament.

Les vertus.

Liu. 1 c. 16.

Liu. 2. c. 73.

Agallochon au Bois d'Aloës.

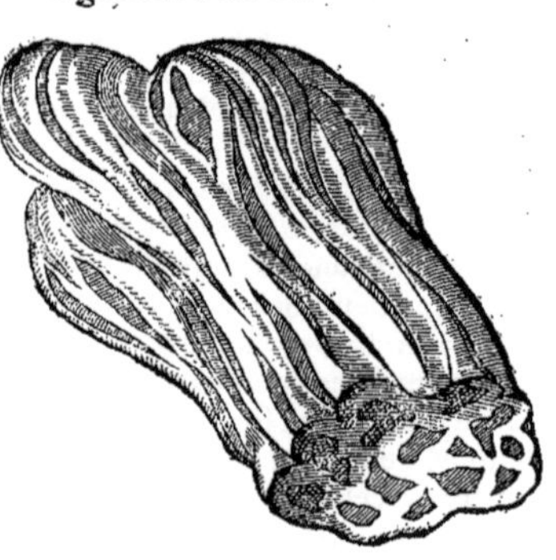

Tome ſecond. Eee 2 L'Amb[re]

L'Ambare, CHAP. II.

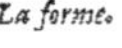

La forme.

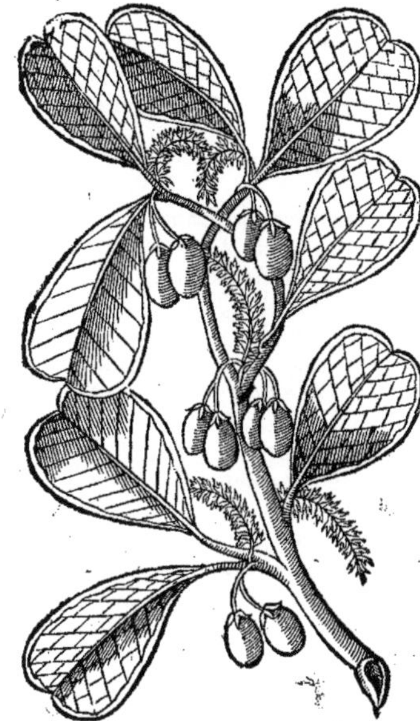

C'Est *Arbre* est fort gros & grand, & a les fueilles de la grandeur de celles des Noyers, combien qu'elles ayent vne autre figure, & soient plus vertes blaffardes, auec beaucoup de veines qui les rendent de bonne grace. Ses fleurs sont petites & blanches. Son fruict est de la grosseur d'vne noix, de couleur verte-blaffarde, couuert d'vne escorce plus lisse que celle de noix, sentant mal, & ayant vn goust aspre tandis qu'il est encor vert, mais estant meur il est iaune, & sent meilleur; mesme il a vn goust plaisant, à cause de son aigreur, & est plein d'vne mouëlle cartilagineuse & dure, composée de nerfs durs, entrelassez ensemble de biais.

Les noms. Ceux de Canarie appellent c'est *Arbre Ambare*, & son fruict *Ambares*: les Perses *Ambereth*: les Turcs *Harb*: les Portugais *Ambares*, comme les Canarins. Or pource que son fruict a vne aigreur plaisante, ils en meslent parmy les viandes au lieu de verjus, & apres qu'il est meur ils les mangent auec sel & vinaigre, pource qu'il reueille l'appetit. Les Indiens disent qu'il est bon contre les humeurs bilieuses. Estant mis en composte auec sel & vinaigre il se peut garder fort long temps.

De l'Ananas, CHAP. III.

Le lieu. La forme.

C'Est *Arbre*, qui est appellé *Ananas sauuage*, croist plus haut que l'Arbre de Nana, duquel il sera parlé entre les fruicts de l'Amerique: car il a le tronc de la hauteur d'vne halebarde, fort lisse, gros comme vn Orenger, & garny d'espines. Ses fueilles sont aussi garnies de pointes espineuses, & d'espines molles tout à l'entour. Chascun *Arbre* produit vne grosse touffe de fueilles tout aupres de terre, plus grandes que celles qui sont au dessus de *l'Arbre*, lesquelles à les voir de loin retirent à celles de l'Aloë, toutefois elles sont plus menuës, & plus garnies d'espines. Il se multiplie par reiettons, tellement qu'vne Plante en produit plusieurs autres principalement aux hayes des iardins, aux cloisons desquels ils sont fort propres. Les branches produisent des testes de fueilles entortillées ensemble qui sont fort blondes, tendres & de bonne odeur, & ne sont autre chose que la fleur, de chascune desquelles il sort vn espy, retirant assez bien à celuy qui vient sur les roseaux; toutefois il est plus gros, plus serré & plus beau, de l'odeur du Cedre.

Ananas sauuage, de Acosta.

Les noms. Le fruict est attaché aux branches, & est appellé *Ananas sauuage*, pource qu'il retire aucunement au *domestique*. Il est de la grosseur d'vn Melon, de fort belle couleur rouge, qui resiouit la veuë, tout separé par parties, comme les pommes de Cypres, ou comme les noix sechées, mais il est plein de durillons par dehors, tellement qu'à voir ces fruicts de loing on diroit que ce sont des grosses pommes de Pin.

Comment il en faut vser. On mange les plus tẽdres fueilles des testes, ou soit les fleurs cruës, qui ont le goust des Cardons, toutefois elles sont de fort peu de nourriture. Le fruict, (combien que peu de gens en mangent) a vn goust assez plaisant, toutefois il est astringent auec vne aspreté mal-plaisante.

Les vertus. Toute la Plante auec ses racines est pleine suc, lequel estant prins au poids de six ou huict onces, de grand matin, on tient estre vn fort souuerain remede contre la chaleur du foye & des reins, comme aussi aux vlceres des reins, à ceux qui pissent de l'apostume,

postume, & contre l'escorcheure du membre viril: car il les guerit pour la plus part dans trois iours. On dit aussi qu'il est bon contre la maladie appellée diabetes quand on rend continuellement grande quantité d'vrine; toutefois ie ne l'ay pas esprouué. Les Arabes aussi disent qu'il est bon aux maladies dessusdites, & aux erisipeles, & l'appellent *Queura*, comme aussi ceux de Decan; les Perses *Ananasa*, & la fleur (qui est ceste touffe de fueilles odorantes) *Angali*: mais les Arabes l'appellent *Chuxtaid*: & les Perses *Pixcoxbuith*. Il est incogneu aux Turcs. L'Escluse remarque que ceste Plante a quelque similitude auec l'Aloë d'Amerique.

De l'Arbre portant farine, CHAP. IV.

CHASCVN pour auoir ouy parler de ce beau voyage de François Drake Anglois, auquel il circuit à l'entour de la terre par mer. Iceluy estant ces annés passées retourné heureusemẽt dudit voyage en Angleterre, au grand estonnement & allegresse d'vn chascun, Charles l'Escluse, qui pour lors se treuua d'auenture en Angleterre, ayant aussi enuie d'apprendre quelque chose de nouueau, tascha de s'accoster de quelques vns qui auoient accompagné le susdit Drake audit voyage, & mesme fit tant qu'il s'accosta de Drake mesmes, lequel le receut fort courtoisement, & luy declara de sa propre bouche tout ce qu'il auoit enuie de sçauoir, & plusieurs autres choses remarquables, s'accordant du tout auec les rapports que luy en auoient desia fait les autres compagnons dudit Drake, estans au demeurant gens de marque & dignes d'estre creus. Or dit l'Escluse, i'ay bien voulu, pour faire plaisir à ceux qui sont curieux des Simples, mettre par escrit lesdits rapports, & ensemble la description de quelques autres fruicts auec les pourtraits d'aucuns d'iceux, m'asseurant qu'ils prendront ceste mienne œuure autant en gré, comme ils ont fait celles que i'ay desia mises en lumiere. Voila que dit l'Escluse touchant son histoire de quelques Plantes nouuelles, duquel nous auons suyuant nostre dessein mis icy quelques descriptions, comme elles se treuuent aux Annotations que luy mesme a faites sur l'histoire des drogues d'Indie, composée par Garsie, là où il descrit *l'Arbre* qu'il appelle *Arbor farinifera*, & plusieurs autres diuers fruicts estrangers; disant qu'en l'Isle de Tarena, qui est prés de l'Equateur tirant vers le Pole Arctique, il y a vne certaine Plante à mode d'Arbre, le tronc de laquelle est aussi gros que la cuisse d'vn homme, & de la hauteur de dix pieds, aboutissant à la cime en vne teste ronde à mode d'vne teste de Chou capu, au cœur de laquelle nature fait croistre vne certaine *farine blanche*, qui sert à nourrir les habitans de ceste Isle là qui sont les plus pauures: car ils l'amassent soigneusement, & l'ayans arrousée auec vn peu d'eau ils la pestrissent, puis mettent la paste dans certaines formes de brique, lesquelles ils couurent par dessus & tout à l'entour de charbons allumés. Or ces *pains* ou *gasteaux* peuuent auoir vne paume de longueur, & sont gros comme le pouce, lesquels les habitans de ceste Isle-là mangent tous chauds incontinent qu'ils sont cuits: mais quand ils sont endurcis ils les mettent tremper en d'eau tiede, & les mangent à mode de Bouillie. Ce *pain* quand i'en tastay me sembloit auoir vn goust fade; toutefois en y adioustant vn peu de Poiure ou Canelle auec du Sucre, il pourroit seruir de friandize à quelques vns. Nous auons mis icy le pourtrait de deux morceaux dudit *pain*, que nous auons recouuert par le moyen de Morgan nostre amy.

Deux morceaux du pain de l'Arbre portant farine.

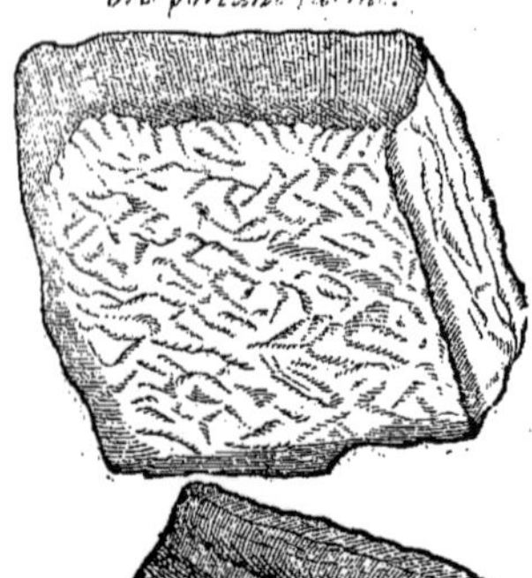

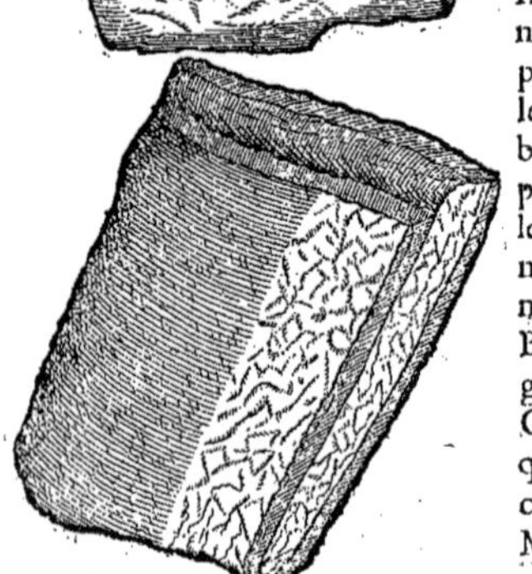

De l'Abre triste, CHAP. V.

POVR discourir des medicamens & Plantes d'Indie, qui nous sont incogneues, il ne sera pas hors de raison, dit Garsie au liure second de son histoire des Plantes Aromatiques de commencer par vn *certain Arbre*, qui ne fleurit point de iour, ains seulement dés le Soleil couchant iusques au Soleil leuant. C'est *Arbre* est grand comme vn Oliuier, & a les fueilles semblables à celles des Pruniers. Sa fleur est fort odorante de nuict, lors qu'elle est espannie, & ne sert à rien, que ie sçache, pource qu'elle est trop tendre sinon que les habitans de ce païs-là se seruent des queuës de ses fleurs pour donner cou-

Description de la forme selon Garsie.

leur aux viandes, pource qu'elles taignent à mode de Saffran. Aucuns aussi disent que l'eau distilée des fleurs est bonne pour les yeux, en appliquant sur iceux vn linge trempé dans icelle. Cest *Arbre* croist particulierement en Goa, où l'on dit qu'il a esté apporté de Malaca. De faict ie n'en ay point veu ailleurs en toute l'Indie. Ceux de Goa l'appllent *Parizataco*: à Malayo on l'appelle *Singadi*. Or on l'a appellé *Arbre triste*, pource qu'il ne fleurit que de nuict. Ceux du païs en racontent vne fable: C'est qu'vn certain Satrape, nommé Parizataco auoit iadis vne fort belle fille, laquelle estant deuenue amoureuse du Soleil, elle fut engrossée par luy: mais comme puis apres il l'eut laissée à cause qu'il en aimoit vne autre, la fille de Parizataco se tua elle mesme de grand despit qu'elle en eust, des cendres de laquelle, apres qu'elle eust esté bruslée, (comme encor auiourd'huy l'on brusle les corps morts en ce païs-là) il en nasquit cest arbre, les fleurs duquel haïssent si fort le Soleil, qu'elles ne le peuuent voir. Voila ce qu'en dit Garsie. Or il sera bon aussi de mettre icy ce que Christofle Acosta Medecin de Barbarie a escrit touchant ceste mesme Plante. Car en son liure des Plantes aromatiques & medicamens qui croissent en l'Indie Orientale, il met le pourtrait de *l'Arbre triste*, comme nous l'auons mis icy, & descrit ses qualitez comme s'ensuit:

Les noms.

Description de Acosta.

Arbre triste, de Acosta.

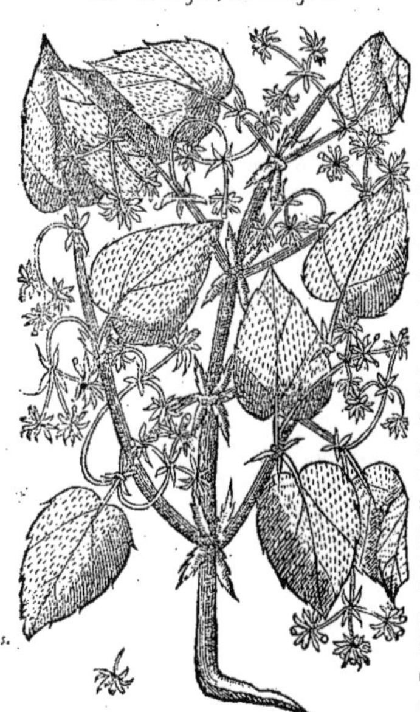

En certains lieux d'Indie, dit-il, & principalement en Malabar, il y a vn *Arbre* fort commun, quasi de la grandeur & figure d'vn Prunier, qui fait beaucoup de branches menuës, comparties par vn petit neud par certains interualles, duquel il sort d'vn costé & d'autre vne fueille grande comme les fueilles de Prunier, molles & cottonnées par dessous, quasi comme les fueilles de la Sauge, vertes & vn peu aspres par dessus; mais elles ne sont pas si dentelées à l'entour comme les fueilles de Prunier, & si n'ont pas tant de veines. Au pied de chascune fueille il sort vne queuë, ayant cinq boutons au bout, composez de quatre petites fueilles à demy rondes, du milieu desquelles il sort cinq fleurs blanches & belles, de mesme grandeur & figure que celles des Orengiers, toutefois elles sont plus menuës, plus belles & plus odorantes; & ont vne queuë qui tire plus sur le rouge que sur le iaune, auec laquelle on donne couleur aux viandes en ce païs-là, comme nous vsons du Saffran en nos quartiers. Son fruict est gros comme vn Lupin, verdastre, & fait à mode d'vn cœur, fendu par le milieu tout du long, ayant d'vn costé & d'autre vne cauité, dans laquelle est la graine, grosse comme les grains des Carrobes, de la figure d'vn cœur, blanche, tendre, & couuerte d'vne membrane verdastre & vn peu amere. Cest arbre est appellé en Canarin *Parizataco*: & en Malayo *Singadi*: en Deran *Pul*: les Arabes l'appellent *Guart*: les Perses & les Turcs *Gul*: C'est vne chose bien digne d'estre remarquée, de voir cest *Arbre* chargé durant la nuict de belles fleurs qui sentent fort bon, & aussi tost que les rayons du Soleil battent dessus non seulement toutes ses fleurs tombent en terre, mais mesme tout *l'Arbre* auec ses fueilles semble estre sec. Et pour vray entre toutes les fleurs que i'ay iamais flairé, ie n'en sçache point à mon aduis qui puisse estre comparée auec celle-cy quant à l'odeur, principalement à l'instant qu'on arriue au lieu où ces *Arbres* sont plantez: car depuis qu'on l'a tenue en la main elle perd son odeur. Ceux du païs disent que ces fleurs fortifient le cœur; toutefois elles sont quelque peu ameres: car i'en ay tasté que i'auois cueilly sur *l'Arbre*, & aussi parmy les viandes, & ay tousiours senty vn peu d'amertume. Les Medecins aussi de ce pays-là mettent sa graine entre les medecines cordiales. Plusieurs Lieutenans du Roy, Capitaines & autres particuliers, ont tasché de faire croistre cest *Arbre* en Portugal: mais ç'a esté en vain. I'ay cogneu des gens lesquels ont cueilly sa graine meure & en bonne saison, qu'ils ont emportée en Portugal dans des vases vernissez & bien bouchez, & mesme en des boëttes d'argent & de bois, & puis apres l'ont plantée bien soigneusement, & toutefois il n'a iamais esté possible de l'y faire croistre. Neantmoins en Malabar, Goa, & autres lieux voisins, il y croist si aisément, que si on en plante vne branche elle reprend. Voila ce qu'il en dit, au moins suyuant ce que l'Escluse a traduit en son histoire, qui est escrite en Espagnol. Le mesme l'Escluse fort curieux de ces choses, a publié ce qu'il auoit entendu sur ce faict de l'excellent Seigneur Fabrice Mordent de Salerne, homme qui a fait beaucoup de voyages, & a seiourné quelques années en Goa & autres lieux voisins, ce que nous auons aussi voulu mettre icy, pource qu'en conferant le pourtrait qu'il a mis d'vne branche auec les fleurs, auec la description de Acosta, l'histoire de c'est *Arbre* en sera beaucoup plus esclaircie. C'est *Arbre*, dit-il, est quelquefois de la hauteur de trois hommes, & de

Diuers noms.

La vertu des fleurs.

Branche de l'Arbre triste, auec la fleur & le fruict, de l'Escluse.

de bonne grosseur. Il fait des branches qui ont beaucoup d'aîlerons creux, chargées de fueilles qui retirent entierement à celles du Meurtre. Aux plus tendres branches, il y vient beaucoup de fleurs attachées à des queuës, qui sortent du mesme creux que les fueilles, estans entassées ensemble trois à trois, quatre à quatre, ou bien dauantage; blanches, de mesme figure & grandeur que les fleurs de Iasemin, & ayans les fueilles aigues tout de mesme, de fort bonne odeur, qui approche fort de celle des fleurs du Iassemin; icelles ont accoustumé de s'espannir de nuict, & au leuer du Soleil, aussi tost qu'il bat dessus elles tombent, soit que cela procede d'vne antipathie, ou bien de ce que leur suc, comme estant trop subtil, est aisément consumé par les rayons du Soleil: car elles que le Soleil ne descouure pas, demeurent plus longuement sur *l'Arbre*. Or on amasse fort soigneusement lesdites fleurs à cause de leur bonne odeur, & en tire on de l'eau par des alembics de verre, qui est fort odorante; laquelle, ainsi que dit ledit Fabrice, est appellée *Eau de Mogli*, pource que ceux de Malabar appellent ledit arbre *Mogli*, & les fleurs aussi. Quant au fruict il dit ne l'auoir pas veu. Mais celuy duquel nous auons mis icy le pourtraict, fut enuoyé à vn certain marchand de Vienne sur la fin de l'année 1579. pour le fruict d'vn arbre duquel les fleurs sont fort odorantes, & s'espannissent au Soleil couchant puis apres tombent quand le Soleil se leue. Ce qui approche fort de la description de *l'Arbre triste*.

Description de l'Escluse. — *Mogli.*

Du Baume, CHAP. VI.

Le Baume est appellé en Grec βάλσαμον: & en Latin *Balsamum*: en Arabe *Balsem, Balesma, Belsan*: en Italien *Balsamo*. Dioscoride dit que le *Baume* est de la grandeur des violiers, ou, comme il y a aux communs exemplaires, de la Pyracantha, ayant les fueilles quasi comme celles de la Rue, mais beaucoup plus blanches, qui sont tousiours vertes; & qu'il croist seulement en vn certain vallon de Iudée: & en Egypte; & qu'il y a difference de l'vn à l'autre, pour raison de l'aspreté, de la grandeur & grosseur. Ainsi celuy qui a les fueilles menues à mode de cheueux est appellé *Theriston*, c'est à dire, *aisé à moissonner*, peut estre pource qu'il seroit aisé à moissonner, comme estant ainsi graisle. On entame l'Arbre en Esté, au commencement des iours caniculaires, auec des instrumens de fer, & de la playe il sort vn suc ou liqueur qu'on appelle *Opobalsamum*; mais il en decoule si peu, que l'on n'en peut cueillir par chacun an que cinquate quatre, ou soixante trois liures; & le vend-on sur le lieu mesme au double poids d'argent. Theophraste le descrit vn peu autrement, disant: *Le Baume croist en vne vallée de Syrie, seulement en deux iardins, comme l'on dit; dont l'vn ne contient que vingt iournaux de terre, & l'autre est beaucoup moindre. C'est vn arbre haut comme vn grand Grenadier, & a beaucoup de branches, & les fueilles semblables à celles de la Rue, excepté qu'elles sont plus blaffardes, & vertes en tout temps. Son fruict est semblable à celuy du Therebinthe en grandeur, figure & couleur; & est fort odorant, mesme plus que la Gomme dudit arbre. On dit que pour amasser cette Gomme il faut entamer l'arbre auec des instrumens de fer à la cime du tronc, durant les plus grandes chaleurs de l'Esté, puis on continue à le cueillir, tout du long de l'Esté; toutefois il n'en coule pas beaucoup, car on n'en sçauroit amasser vne pleine coquille par iour. Elle a vne tres-grande odeur & fort souëfue, tellement qu'vn petit brin d'icelle se sent de bien loin. Toutefois on ne nous apporte point de vray Baume; mais seulement de celuy qui est sophistiqué apres qu'on l'a cueilly; mesme celuy qu'on vend en Grece est le plus souuent falsifié. Les branches de cest arbre sont aussi fort odorantes: on les couppe tous les ans, en partie à fin de mieux conseruer la Plante en sa vigueur, & mesme pour en tirer du profit: car on en peut tirer de grands deniers à les vendre,*) suiuant ladite traduction de Gaza il faudra lire aux communs exemplaires Grecs qui sont incorrects en cette sorte: *Car on en couppe les branches tous les ans, tant pour beaucoup d'autres choses que pour maintenir la Plante plus forte, comme aussi pour en tirer plus de profit: car on dit qu'il s'en vend plus cher.*) *Et dit-on que la pluye est cause de ce que l'on cultiue ainsi ces arbres* il faut lire au texte Grec, καὶ τῆς ἐργασίας περὶ τὰ δένδρα σχεδὸν τὴν αἰτίαν,) *d'autant qu'il y pleut continuellement; & qu'aussi ce qu'on couppe les branches fait que ces arbres ne deuiennent pas grands. Car pource qu'on les tond souuent, ils ne produisent que des verges seulement, & ne nourrissent*

Les noms. Liu. 1. ch. 18. — *La forme.* — *Le lieu.* — *Le temps.* — *L'Opobalsamum.* — Liure 9. de l'hist. ch. 6.

pas vn gros tronc. Or nous n'auons point ouy parler qu'il y eust du Baume sauuage en aucun lieu. Du grand iardin on remplit douze vases, qui peuuent peser quatre liures & demy; & de l'autre on en remplit seulement deux vases. Le pur se vend au double poids de l'argent: mais le sophistiqué se vend selon qu'il est Liu.12.c.25. *plus ou moins falsifié. De fait l'odeur du Baume semble exceder toutes les autres.* Pline en escrit quelque autre chose, ayant aussi prins quelque choses des susdits Autheurs. Le *Baume*, dit-il, est le plus odorant de toutes les senteurs, & croist seulement en Iudée. Anciennement on n'en trouuoit qu'en deux iardins, qui appartenoient tous deux aux Roys de Iudée; dont l'vn ne contenoit que vingt arpens, & l'autre estoit beaucoup moindre. Les Empereurs Vespasiens firent voir cest arbre à Rome. Aussi Pompée le Grand se tenoit bien fier d'auoir mené des arbres mesmes en Triomphe: maintenant cest arbre est tributaire auec toute sa nation, & est tout autre que les Latins, ny mesmes les Grecs n'ont escrit: car il retire plus à la Vigne qu'au Meurte. On le plante par chappons comme on fait la vigne, & le lie-on comme vn ieune cep. On en remplit les costaux, comme si c'estoient vignes, qui se soustiennent sans aucuns eschalas. On le taille aussi semblablement quand il iette trop de branches. Il veut estre cultiué comme la vigne, & deuient incontinent grand, commençant à fructifier à trois ans. Sa fueille retire à celle de la Rue, & est verde tout l'an. Les Iuifs tascherent de ruiner les arbres du *Baume*, ensemble auec leurs personnes; & au contraire les Romains les defendoient; de sorte qu'il y eut bataille donnée pour ces arbres là. A present ils appartiennent à l'Empereur, & n'y eut iamais tant & de si beaux arbres: toutefois les plus hauts ne passent pas deux coudées. Au reste il y en a de *trois sortes*; dont celuy qui est appellé *Eutheristus*, iette des branches fort minces quasi comme des cheueux: l'autre, qui est nommé *Trachy*, est rude & aspre à manier, courbe, & fort branchu, & est le plus odorant. *Le troisiesme* est appellé *Eumeces*, pource qu'il est plus haut que les autres, & a l'escorce polie; il est le meilleur apres le *Trachy*, mais *l'Eutheristus* est le moindre de tous. Sa graine a quasi le goust du vin, rousse & aucunement grasse. Tant plus la graine est legere & verde, elle est moins estimée. Les branches du *Baume* sont plus grosses que celles du Meurte. Pour tirer le *Baume* il faut inciser l'arbre auec du verre, ou auec vne pierre, ou auec vn os: car il ne veut endurer qu'on le touche iusqu'au vif auec le fer. (Theophraste & Dioscoride disent que l'incision se fait auec des graffes de fer) & de faict il meurt soudain si on l'en touche au vif; & neantmoins il endure bien qu'on l'esmonde, & qu'on oste les superfluitez auec la sarpe. Or il faut que ceux qui incisent cest arbre mesurent tellement l'incision qu'elle ne passe point l'escorce. L'incision faite le suc en sort, qui est appellé en Grec *Opobalsamon*. Il a vne senteur merueilleuse, toutesfois il sort à petites gouttes, qui tombent sur de la laine, laquelle puis apres on espreint dans des cornes. Apres on l'oste de là, & le serre-on dans vn pot de terre tout neuf. Au commencement il est blanc & espais comme d'huile à demy prins; mais auec le temps il deuient rouge, dur & transparent. Lors qu'Alexandre le Grand menoit guerre en Iudée, tout le *Baume* qu'on pouuoit cueillir au plus grand iour d'Esté n'eust sceu monter plus d'vne cueillerée, ou soit vne escaille d'huistre, mesme en la meilleure saison de *Baume* qu'on sçauroit choisir, le grand iardin ne rendoit que six conges de *Baume*, ou soit cinquante quatre liures; & l'autre vn conge, ou soit neuf liures; & encor se vendoit il à double poids d'argent. A present on incise trois fois l'Esté les Arbres qui le peuuent porter, & qui ont le bois large pour porter l'incision; apres cela on les tond. Or on vend aussi les Sarments qu'on a tondus huict cents deniers; & se fait la tondue de cinq en cinq ans, & appelle-on ces Sarments *Xylobalsamon*, & les fait-on cuire parmy les compositions odorantes. Les Apothicaires aussi s'en seruent Liu.16. de la Geogr. à faute de *Baume*. L'escorce sert mesme en medecine: toutefois le suc est le plus estimé, apres la graine, & puis l'escorce; & ainsi le bois est le moindre de tous. Strabon aussi a traitté du *Baume* comme s'ensuit: Hierico est vne campagne toute enuironnée de montagnes à mode d'vn Theatre. En ce lieu il y a vn bois de Palmiers contenant enuiron cent stades, qui est tout arrousé & plein d'habitations, là aussi il y a vn palais Royal, & iardin, ou verger dans lequel croist le *Baume*. C'est vn arbre odorant & branchu, semblable au Citise, ou au Therebinthe, l'escorce duquel on entame, & reçoit-on auec des vases le suc qui en sort, lequel retire fort à du laict prins. Il monstre aussi qu'il Au mesme lieu. croist du *Baume* ailleurs, quand il dit: L'Encens, la Myrrhe, & la Canelle croissent en Saba: au mesme lieu aussi croist le *Baume*, & certaine autre Plante odorante. Auicenne dit que le *Baume* croist en Liu 2 ch 81. tom.1. liu.2. chap.3. Egypte, & en dit quasi tout ce que Dioscoride en a escrit. Theuet dit qu'il a veu le iardin assez pres du Caire en Egypte, lequel est fort renommé pour raison de cette liqueur rare & pretieuse du *Baume* qui y croist, sortant d'vn arbre que le Gouuerneur de la Prouince fait garder bien soigneusement, pour amasser cette liqueur laquelle il enuoye tous les ans à l'Empereur des Turcs. Il dit aussi que le Patriarche & les plus anciens de ladite ville luy ont raconté, que le *Baume* que l'on amasse auiourd'guy n'est pas si huileux, ne si propre pour guerir les playes & vlceres, que celuy qu'on cueilloit du temps du dernier Roy d'Egypte. Qu'il se trouue bien plusieurs qui vendent du suc de ce *Baume*: mais il est sophistiqué. En outre que les Arabes ont laissé par escrit que Cleopatra Royne d'Egypte fut la premiere qui transporta le *Baume* de Iudée en Egypte: toutefois Theuet dit qu'il n'adioustе pas foy à cette Histoire, pource qu'estant en Iudée il a leu vne autre Histoire escrite en langage Grec vulgaire, que du temps de Trajan il croissoit du *Baume* sur les montagnes

d'Engaddi,

d'Engaddi, & en quelques autres endroits d'Asie la mineur, combien qu'en voyageant par lesdits lieux, il n'ait peu treuuer pas vne plante de *Baume*. Dauantage les habitans de la montagne du Liban racontoient suiuant leurs Histoires, qu'en vn certain endroit de ladite montagne deuers le soleil leuant, lors qu'Alexis estoit Empereur des Grecs, on auoit de coustume d'y cueillir autant de *Baume* comme en Egypte. Mais les Turcs s'estans rendus maistres du pays, & en ayans chassé les Chrestiens, la memoire du *Baume* se perdit en ce lieu là ensemble auec la Plante. Or les Roys d'Egypte n'auoient rien de plus precieux quand ils vouloient enuoyer quelque present aux Roys des Perses, du Catai, d'Ethiopie, de Grece & autres, soit pour faire alliance auec eux, ou bien pour la confermer, que de leur enuoyer du *Baume*. Celuy qui a descrit l'Afrique, en la huictiesme partie de ladite description dit que hors la ville de Milsfuetich, qui fut la premiere bastie par les Mahumetans en Egypte aupres du Nil, il y a de superbes & magnifiques sepulchres des Roys d'Egypte, qui sont appellez en leur langue *Soldans*, aupres desquels à quinze cens pas de là il y a vn endroit appellé *Almathria*, où il y a vn iardin dans lequel il n'y a qu'vn seul arbre qui porte le *Baume*, & n'y a en tout le monde qu'vn seul arbre, qui est au milieu d'vne fontaine à mode d'vn puits: c'est vn arbre fort haut. Ses fueilles retirent à celles des vignes, & sont petites. Il dit qu'il a oüy dire à quelques vns que si l'eau de la fontaine diminuoit, que cest arbre secheroit. Ce iardin est clos de bonnes murailles, & n'y entre personne si ce n'est par faueur, ou en donnant quelque chose aux gardes. Voilà comment les dessusdits autheurs ont escrit au long touchant le *Baume*; & toutefois n'y a pas vn d'eux qui en ait specifié toutes les marques: tellement qu'il est vray semblable qu'ils n'auoient iamais veu cest arbre, principalement les Anciens. Or Pena le descrit ainsi sur le rapport d'vn sien amy: C'est, dit-il, vn petit arbrisseau, qui n'est point beau, de couleur cendrée, & fait de petites fleurs comme celles du Iasemin iaune; toutesfois elles sont plus petites, & est tousiours verdoyant. Ses fueilles apres qu'elles ont vn an tombent au mois de Decembre, & n'y en reuient point de nouuelles iusques au mois de May. Il croist au Caire & en Babylone, où il a esté planté. Au mois de Decembre on couppe ses branchettes, & y attache-on des pots enduits de cire pour receuoir cette pretieuse liqueur qui a le goust du Musc. Il reste maintenant de parler des trois parties de cette Plante, pour sçauoir cognoistre les bonnes d'auec les falsifiées, comme aussi leurs proprietez. Quant au suc, Dioscoride dit qu'il faut qu'il soit frais, d'vne odeur vehemente, ... & qu'il ne soit point aigre, qu'il soit aisé à dissoudre, vni, astringeant, & qu'il pique vn peu la langue. Mais on le sophistique diuersement en y meslant de l'onguent de Therebinthe, Cyprin de Lentisque, du Balanin, ou bien du Susin, Metopien, du Miel, ou du Cerot de Meurte, ou Cyprin liquide. Mais la fraude est aisée à cognoistre: car s'il est pur, & qu'on en laisse degoutter sur vn drap de laine; & puis qu'on le laue, il n'y laisse point de tache; comme il fait quand il est sophistiqué: mesme celuy qui est pur fait cailler le laict, si on en distille dedans, & l'autre non. Dauantage celuy qui est pur se dissout aisément en l'eau, ou au laict, & deuient blanc comme laict; mais s'il est sophistiqué il nage sur l'eau à mode d'huile, & s'espaissit, s'estendant à mode d'estoille, le bon fait espais par succession de temps. & perd sa vertu. Quant au *bois du Baume* il faut qu'il soit frais, que les branches en soyent menuës, qu'il soit roux, odorant, & sentant aucunement le *Baume*. La graine doit estre iaune, pleine, grande & pesante, d'vn goust picquant, qui sent mediocrement le *Baume*. On la falsifie auec vne graine semblable à celle du Millepertuis, qu'on apporte de la ville de Petra: toutefois on la cognoist à la grandeur, & en ce qu'elle est vuide, & n'a aucune vertu, & mesme elle a le goust du Poiure. Le suc a le plus de proprietez: car il est fort chaud, & nettoye ce qui est dans les yeux, qui offusque la veuë. Appliqué auec Cerot rosat il sert aux refrigerations de la matrice. Il prouoque aussi les mois, & fait sortir l'arrierefaix, & l'enfant du ventre de la mere. Appliqué en liniment il empesche les frissons qui viennent deuant les fieures. Il mondifie les vlceres sales, meurit & digere les cruditez. Prins en breuuage il prouoque l'vrine, il sert à ceux qui ont difficulté d'haleine. Prins en laict il sert à ceux qui ont beu de l'Aconit, & contre la morsure des serpens. On en mesle aux medecines qui seruent pour delasser, aux emplastres & contrepoisons. En somme le suc a plus d'efficace que les autres parties. La graine va apres; mais le bois est moindre. La graine prinse en breuuage est bonne aux pleuresies, aux inflammations du poulmon, à la toux, à la sciatique, à l'haut mal, aux vertiginositez, à ceux qui ne peuuent respirer sans tenir la teste droite, à la difficulté d'vrine, aux trenchées & morsures des serpens, elle est bonne pour les estuues des femmes. Elle est bonne pour desopiler la matrice, si l'on fait asseoir les femmes dans sa decoction, & pour euacuer l'humidité. Le bois a les mesmes proprietez; toutefois il est de moindre efficace. Prins en eau il sert contre les cruditez & trenchées, & les morsures des bestes venimeuses. Il sert aux conuulsions, prouoque l'vrine, & est bon aux playes de la teste, estant incorporé auec de la Flambe seche. Il est bon à faire sortir les pieces des os effleurez, & pour donner corps aux onguents. Galien dit que le *Baume* desseche & eschauffe au second degré. Il est aussi de parties si subtiles qu'il en est odorant. Mais sa liqueur est de parties plus subtiles que la Plante; toutefois elle n'est pas si chaude, comme aucuns estiment; estans trompez par la subtilité des parties. Au reste sa graine est fort semblable quant aux facultez: mais elle n'est pas de parties si subtiles.

Comment il faut choisir le suc.

Comment il faut choisir le Bois du Baume.

Pour cognoistre sa graine.

Le temperament & les vertus.

Liure 6. des simpl.

Or d'autant

Or d'autant que ces trois parties du Baume sont fort rares, & mesme que les Apothicaires n'en ont du tout point, ils ont inuenté trois choses qui puissent seruir au lieu d'icelles. Pour la liqueur ils se seruent de leurs *Baumes* artificiels, lesquels ils disent estre fort excellents pour guerir les playes, comme il se voit par experience, ainsi qu'ils disent. Au lieu du *bois du Baume*, ils prennent des branches de Lentisque, peut estre auec bonne raison, pourueu qu'elles ne soient vermoulues, & qu'elles soyent fresches, retenans encor leur odeur. Car de faict elles ont le mesme temperament, estant mediocrement chaudes, desiccatiues, astringeantes & aromatiques ; tellement que la poudre d'icelles doit estre bonne à l'estomac : à raison desquelles qualitez on en fait des cure-dents qui seruent à nettoyer & fortifier tant les dents que les genciues. Il en croist à force en Languedoc & en Italie. Quant à *la graine*, que les Apothicaires tiennent pour le *Carpobalsamon*, il la faut du tout reietter : car ce n'est pas *graine de Baume*, mais d'vne Plante incogneuë ; mesme elle est vieille, & sans aucune odeur ny vertu. Parquoy à faute de la bonne il faudra prende la graine du Therebinthe, ou du Lentisque qui ne soit pas meure, suiuant l'opinion de Pena ; pource qu'il semble qu'elle ait les mesmes vertus. Mesme il sort, dit-il, vne certaine liqueur fort claire du Therebinthe, quand il bourgeonne au Prin-temps, laquelle est fort odorante, assez visqueuse, & qui peut faire les mesmes effects que le *Baume* quant à resoudre, consolider & appaiser la douleur ; l'opinion duquel est suiuie d'vn commun consentement de tous : car il n'y a personne qui ne mette de la Therebinthe commune en composant quelque *Baume artificiel*. Ainsi donc Pena estime qu'il n'y a chose plus propre pour luy substituer, & de laquelle les parties respondent plus à propos à celles du *Baume*, que le Therebinthe vray. Au surplus on apporte auiourd'huy d'vne certaine prouince de terre ferme, qui est entre Cathage & le nom de Dieu, appellé par les Indiens Tolu vne certaine *liqueur de Baume* qui est de grande vertu, & le plus souuerain medicament de tous ceux que l'on a apporté iusqu'à present de tout ce pays là. Les arbres sur lesquels on l'amasse ressemblent à des petits Pins & iettent beaucoup de branches tout à l'entour, ayant les fueilles semblables à celles des Carrouges, qui sont tousiours vertes. On fait plus d'estat de ces arbres quand ils sont domestiques & cultiuez. Or les Indiens amassent cette liqueur apres auoir entamé l'escorce de ces arbres, laquelle est deliée & tendrette, attachant aux arbres comme des cueillieres faites de la Cire noire de ce pays là, pour receuoir ladite liqueur, sortant de ladite incision des arbres, laquelle ils versent puis apres dedans d'autres vases preparez pour cest affect : mais il faut que cela se face durant les grandes chaleurs, afin que la liqueur coule mieux. Car il n'en coule point de nuict, pource qu'il fait froid. Il sort aussi par fois vn peu de cette liqueur par les nœuds desdits arbres : mais pource que c'est peu & qu'elle tombe en terre elle se pert. Au reste les abeilles qui font ladite cire sont noires, & la font dans des cauernes & fentes dedans terre. I'ay veu, dit Acosta, beaucoup de cette cire qui auoit esté apportée en Espagne, de laquelle on faisoit des torches ; mais il fut defendu d'en faire plus d'autant que leur fumée estoit fort puante, ce nonobstant on s'en est serui depuis en medecine. Car elle est fort propre à faire des Cerots pour appaiser la douleur causée par quelque humeur froide, d'autant qu'elle resout les enfleures, & a beaucoup d'autres proprietez. Or les Indiens font grand estat de cette liqueur de *Baume*, à cause de ses grandes proprietez : à l'imitation desquels les Espagnols ayans apprins d'eux, & prins garde à ses merueilleux effects, en apporterent en Espagne comme vne chose bien precieuse, l'achetant là bien cherement, & non sans cause : d'autant que ce *Baume* me semble estre meilleur & doüé de plus grandes proprietez, que celuy que l'on apporte de la nouuelle Espagne. Il est de couleur rouge, tirant sur la couleur d'or ; n'est ny du tout liquide ny du tout espais ; neantmoins il est fort visqueux ; & à s'attache à tout ce où on le met. Il est doux & plaisant au goust, & ne fait point souleuer le cœur comme les autres *Baumes*. Il a aussi vne fort souësue odeur, qui retire aucunement à l'odeur des Limons ; tellement qu'on ne le sçauroit cacher en aucun lieu, d'autant qu'il se descouure & remplit le lieu où il est de sa bonne odeur. Mesme si l'on en frotte tant soit peu sur la paume de la main il sent merueilleusement bon, quasi comme le Iasemin. Il a d'excellentes proprietez, & d'autant qu'on le tire par incision, comme l'on faisoit autrefois le *Baume* d'Egypte, il est bon à tout ce à quoy celuy d'Egypte estoit employé. Il consolide toutes sortes de playes fraisches, & reünit les bords d'icelles, empeschant qu'il ne s'y engendre de l'apostume ; & qui plus est, apres que la playe est guerie, il n'y demeure aucune marque ny cicatrice, pourueu que l'on ait bien reüni les bords de la playe dés le commencement. Ainsi il est fort singulier pour les playes du visage : car il les guerit sans y laisser venir aucune pourriture ; & en outre il n'y laisse aucune marque ny cicatrice. Or faut-il premierement bien nettoyer la playe, & la lauer auec du vin, puis apres vnir ensemble les bords de la playe, & appliquer en liniment par dessus ce *Baume* tiede, & mettre par dessus vn linge double, trempé dans ledit *Baume*, & le lier en sorte que les bords de la playe ne se puissent pas ouurir : car à cela il faut manger peu, & mesme saigner la personne si on voit qu'il soit de besoin. Au bout de quatre iours faudra delier la playe, sinon qu'il suruinst quelque accident qui contraignist de la delier auant ledit temps : car autrement la playe se trouuera soudée. Que si on est contraint de panser la playe tous les iours, il faudra seulement y remettre tousiours dessus vn linge trempé dans ledit *Baume* : car il a cette proprieté d'empesch

Baume de Tolu.

pefcher qu'il ne s'amaffe aucune matiere dans la playe : mais fur tout il eft propre pour les playes où il y a des os rompus, pourueu que l'on ait premierement ofté les pieces qui font feparées, fans toucher aux autres : car la force du *Baume* les fera bien fortir, & confolidera peu à peu la playe. Il eft auffi merueilleufement fingulier auxplayes des iointures, & aux nerfs couppez, à toutes piqueures : car il les guerit empefchant que les parties ne fe retirent, & qu'elles ne perdent leur mouuement. Pour les playes profondes & fiftuleufes il faut mefler de ce *Baume* auec du vin blanc, & faire entrer le tout dans la playe auec vne fyringue, puis l'en fortir au bout de trois heures. Autant en faut il faire aux playes faites auec quelque chofe pointuë, y en mettant vne fois le iour le plus chaud qu'on peut endurer. Il eft auffi propre pour les meurtriffeures & autres accidens qui ont befoin de l'aide des Chirurgiens, moyennant qu'il n'y ait point de l'inflammation grande : car alors il faut tafcher premierement de l'ofter par les moyens ordinaires, puis apres fe feruir du *Baume*. Il fert bien auffi aux maladies qui ne font point du fait des Chirurgiens, comme aux afthmatiques, fi on leur en fait boire quelques gouttes auec du vin blanc. Il appaife la douleur de tefte procedant de quelque caufe froide, en trempant vn linge auec ledit *Baume*, & le liant au tour de la tefte. Que fi on l'applique fur les iouës, il arrefte toute forte de defluxion, principalement celles qui tombent fur les yeux, & appaife la douleur d'iceux. Mis tout chaud fur le cerueau il en ofte la douleur, le fortifie, guerit la paralyfie. Aucuns phtifiques en mettant fur leur main quelques gouttes, puis le leschant peu à peu au matin, s'en font fort bien trouuez, d'autant qu'il purge merueilleufement bien la poictrine. Il eft bon d'en prendre quelques gouttes auec de l'eau de vie au commencement de l'accés és fieures quartes, comme auffi aux fieures tierces, longues & facheufes. Mefme il eft bon deuant que le friffon furprenne, d'incorporer dudit *Baume* auec de l'huile de Ruë tout bouillant, en frotter le chignon du col. Si on en oint depuis le creux de l'eftomac iufqu'au nombril, il fortifie l'eftomac, & en ofte la douleur, tend l'appetit à ceux qui font degouftez, aide à la digeftion, refout les ventofitez. Mais il aura plus d'efficace, & mefme fera plus aisé à enduire fi on le mefle auec de l'huile nardin fimple, ou composé, par efgales parties. Il s'eft veu par longue experience aux Indie, que fi on incorpore ce *Baume* auec quelque onguent aperitif par efgales portions, puis l'on en frotte ceux qui ont le ventre gros comme s'ils eftoient hydropiques, principalement au droit de la ratte, cela les foulage beaucoup. Il refout toutes tumeurs & enfleures phlegmatiques en quelque partie du corps que ce foit. Il appaife toutes douleurs procedées de quelque caufe froide, mefme inueterées fi on l'applique deffus à mode d'emplaftre, & qu'on continue de le porter iufques à ce qu'il tombe de foy mefme. Il refout les ventofitez tant du ventre que de quelque autre partie du corps, fi on l'applique en liniment tout chaud, puis apres qu'on mette vn linge deffus trempé en bonne eau de vie toute chaude. Il eft auffi de grande efficace contre la douleur des reins, estant appliqué en liniment auec d'autres huiles propre à ladite maladie. Il appaife la douleur des nerfs retirez, & fi on s'en oint durant les grandes chaleurs il les relâche. Il guerit les orillons, & les efcroüelles tant interieures qu'exterieures. Or cette admirable liqueur a beaucoup d'autres proprietez qui me font incogneuës : mais i'ay voulu manifefter à tout le monde celles que i'ay peu apprendre, afin qu'vn chacun puiffe vfer d'vn fi excellent medicament qui a tant de proprietez, ioint que le temps en pourra defcouurir beaucoup plus, & de plus excellentes. L'Efclufe dit qu'vn fien amy nommé Morgan, luy donna vn peu de ce Baume lors qu'il partit de Londres, qui fut en l'an 1581. Outre plus on apporte auffi en Efpagne de l'Indie occidentale vne liqueur fort fouueraine, laquelle a efté appellé *Baume*, pour fes grandes & admirables proprietez à l'imitation du vray *Baume*, qui croiffoit iadis en Iudée & en Egypte. Ainfi donc on le pourra nommer *Baume* d'Indie ou d'Occident. Il croift, ainfi que dit Monard, vn arbre en l'Efpagne nouuelle, appellé par les Indiens *Xilo*, qui eft plus gros qu'vn Coignier, & a les fueilles femblables aux Orties dentelées & menues. De cet arbre, on tire de la liqueur en deux manieres : l'vne en entamant en diuers lieux l'efcorce de l'arbre qui eft menuë. Cette liqueur qui en fort eft vifqueufe, blancheaftre, & la plus excellente : mais il en fort fi peu, que ceux du pays la gardent toute pour eux, & ne nous en enuoyent point. L'autre maniere eft fort commune aux Indiens pour tirer le fuc de quelque arbre que ce foit. C'eft qu'ils prennent les branches & mefmes le tronc de l'arbre, & le mettent par couppeaux & efclats dans vn grand chauderon, auec beaucoup d'eau : & font bouillir le tout à fuffifance ; apres ils l'oftent de deffus le feu & le laiffent refroidir, puis auec des coquilles d'huitres ils amaffent l'huile qui nage par deffus. C'eft de ce *Baume* que l'on apporte en Efpagne, duquel auffi on fe fert aux Indes, qui eft de couleur de rouge-brun, & de fort fouëfue odeur. On le garde dans des vafes d'argent, de verre, d'eftain, ou bien dans des pots de terre verniffez, car il perceroit toute autre matiere. Il a vn gouft piquant & quelque peu amer, dont il appert qu'il eft aucunement aftringeant, & chaud & ce au fecond degré. Or on s'en fert en medecine en trois fortes : car on le prend par dedans, on l'applique en liniment, & d'auantage on en mefle parmy les remedes des Chirurgiens. Eftant prins dans le corps le matin à ieun, il fert aux afthmatiques, & aux douleurs de la vefcie, il prouoque les mois, comme il fait auffi eftant reduit en peffaire. Cinq ou fix gouttes d'iceluy prinfes en vin ou eau rofe à l'aube du iour auec vne cueilliere petit à petit, en forte qu'il ne touche point la langue (car autrement fi le gouft le goust dudit *Baume* demeuroit long-temps en la bouche, il pourroit faire souleuer le cœur) appaisent les douleurs inueterées de l'estomac, & le fortifient : font auoir bonne couleur & bonne haleine. Il est bon pour le foye, il desopile, & conserue la ieunesse. Il sert aux phthisiques, appliqué en pessaire il purge la matrice des femmes steriles. Appliqué tout chaud par dehors en liniment auec vne plume il appaise toutes sortes de douleurs causées par des humeurs froides, principalement si on applique dessus vn linge infus dans ledit *Baume.* Il resout & fait passer les enfleures phlegmatiques, & fortifie toutes les parties du corps. Enduit sur la teste il resiouït le cerueau & le fortifie, & consumant toutes les mauuaises humeurs il appaise les douleurs. Il est bon pour les paralytiques, si on en frotte le cerueau, le chinon du col, l'eschine du dos, & le membre paralytique. Par mesme moyen il est bon à toutes les maladies & retiremens des nerfs. Enduit sur l'estomac il le fortifie, aide à la digestion, resout les ventositez, & le desopile, comme il fait aussi la ratte, & la r'amollit. Il guerit la douleur des reins & de l'estomac causée par des humeurs froides & ventositez, si on l'applique tout chaud sur la partie offensée. Autant en fera-il estant mis dans vn pain tout chaud & appliqué dessus. Il prouoque & fait sortir l'vrine estant appliqué en liniment. On tient qu'il est fort souuerain à la douleur des gouttes, specialement à la sciatique, d'autant qu'il resout & guerit toute la dureté & enfleure qui y est. C'est vn cas estrange des effects qu'il fait estant meslé auec les medicamens des Chirurgiens. On s'en sert communement aux playes fresches : car il les consolide en vn instant, sans qu'il s'y engendre de l'apostume. Il est bon aussi aux playes qui ne se peuuent reünir pour estre meurtries, d'autant qu'il resout promptement, & fait les autres effects requis pour consolider vne playe, tant qu'à bon droit il pourroit estre appellée le Chirurgien des pauures. Mais il est souuerain sur tous autres medicamens pour guerir les playes des nerfs & des iointures, & empescher qu'ils ne se retirent. Il guerit les playes de la teste, pourueu que le test ne soit offensé. En somme il mondifie toutes les playes recentes en quelque partie du corps que ce soit, comme aussi les inueterées, estant appliqué tout seul, ou auec quelque autre medicament propre, & les consolide. Pour faire passer les frissons des fieures longues, il en faut oindre chaudement l'eschine demie heure auant l'accés, & en prendre quant & quant cinq ou six gouttes auec du vin en la maniere dessusdite, & reïterer cela trois ou quatre fois. Or les Espagnols commencent à se seruir de ce *Baume*, aussi tost qu'ils eurent apprins à le cognoistre par le moyen des Indiens, qui en guerissoient leurs playes. Tellemẽt qu'en ayãs apporté en Espagne, il y coustoit fort cher à cause de ses admirables proprietez. Car vne once coustoit dix ou vingt ducats : mais maintenant la liure ne vaut pas plus de trois ou quatre ducats, du commencemẽt aussi qu'on en porta à Rome il s'y vẽdoit si cher qu'vne once coustoit cent ducats ; depuis pource qu'on en a apporté en grande abõdance il est venu à bon marché. Le mesme Monard dit que l'on cõmencé d'apporter de l'Amerique, ou soit du nouueau monde, vn *autre Baume*, que l'on tire par incision de certains arbres semblables à ceux qui croissent en la nouuelle Espagne, où l'on fait le *Baume* à force de boüillir le bois. Or ces arbres sont fort grands, & branchus iusques aupres de la racine, couuerts de deux escorces, dont l'vne est grosse cõme celle du Liege & l'autre qui est dessous & enuironne le bois de l'arbre est mince. De l'entredeux qui est entre ces deux escorces, quand on vient à entamer la premiere, il en coule le *Baume*, qui est vne larme blanche & fort claire, de fort souëfue odeur, par laquelle il appert aisément de ses grandes proprietez. Ce mesme autheur dit, qu'vne petite goutte de ce *Baume* est meilleure qu'vne liure de celuy qui est tiré à force de cuire, qu'il a du fruict de cest arbre, lequel est petit à proportion de l'arbre : car il n'est pas plus gros qu'vn pois ciche, ou vn autre pois, & est vn peu amer au goust, enclos en vne gousse estroite, blanche & menue, & longue comme le doigt. Les Indiẽs font des parfums de ce fruict quand ils ont mal à la teste. L'Escluse dit qu'estant à Londres il luy fut dõné par ses amis l'an 1581. diuers fruicts estrangers ; le plus grand desquels, dit-il, est de la sorte de ceux que i'ay descrit en second lieu en mes Annotations sur le chap. 26. du premier liure de l'Histoire des Plantes aromatiques, toutefois il est beaucoup plus grand : car il a plus de trois poucées de long, & vne de grosseur, & qui de

Escorce double du Bois du Baume de Peru, suiuant Monard.

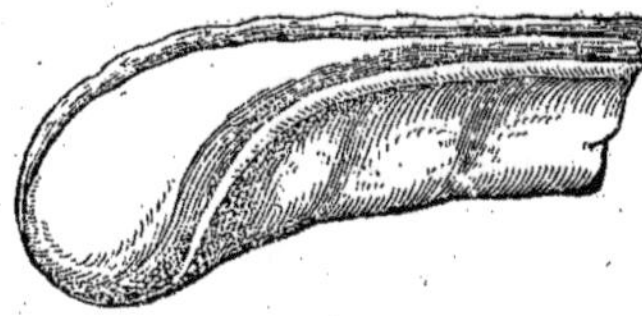

Fruict du Baume de Peru, de l'Escluse.

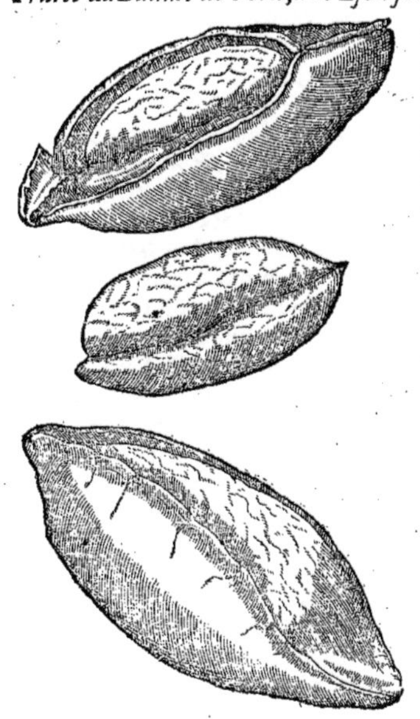

deux de largeur, quant à la figure & couleur il luy retire du tout. Ayant vne grosse escorce ou escaille, platte par dessous, froncie, aspre, & de couleur cendrée; mais au dessus où elle est releuée, elle est lisse, roussatre, ou plustost baye, tellement qu'il semble que ce soit vne beste couuerte de cuir dur. Au dedans il y a vn noyau de deux poucées de long, & d'vne poucée de largeur, qui est double, combien qu'il soit collé ensemble par dehors, & couuert d'vne peau menuë & cendrée. Il a vne chair ferme comme les Amandes ou Castagnes fraiches, brune, grasse, & huileuse, qui sent assez bon, & est d'assez bon goust. Ce fruict fut enuoyé par vn Vice-Roy du Peru, à vn marchant de Portugal, nommé Pierre de Frias, pour le fruict de cest arbre qui croist au nouueau monde, duquel on tire le *Baume*, auec de l'huile de *Baume*. Toutefois Monard (comme il a esté dit cy dessus) dit que le fruict du *Baume* est beaucoup plus petit. Au reste celuy qui a escrit l'histoire generale des Indes, dit qu'en Indie, & en l'Isle Espagnole, il y croist de soy mesme vne certaine Plante grande comme vn arbre, car elle est quelquefois de la hauteur de deux hommes. Elle produit des tiges cendrées, & des fueilles qui sont plus vertes par dessus que par dessous, grandes & larges, auec vne grosse coste releuée par le milieu, les queuës des fueilles sont rouges & non pas vertes. Son fruict est à mode de grappe de raisin, long à mode d'vne main auec les doigts. Ses grains sont rares, verts & quelquefois rouges, & deuiennent tousiours plus rouges quand ils sont meurs. On en tire le suc en ceste maniere. On prend les cimes & tendrons de cest *Arbre*, d'autres y adioustent les grappes, & tirent le suc de tout cela, lequel ils font cuire auec d'eau iusqu'à la consumption de la moitié: & puis iusqu'à ce qu'il soit espais comme de la raisinée, ou du miel: apres ils le laissent rasseoir, & ainsi le serrent. Or ils l'appliquent sur les vlceres & sur les playes, d'autant qu'il estanche le sang, mondifie & guerit lesdites playes & vlceres miraculeusement, mesme auec plus d'efficace que le *vray Baume*. Nous auons mis icy le pourtrait naturel d'vne de ses fueilles, qui est aigre aux deux bouts, de la longueur de six doigts, & de la largeur de quatre doigts & demy. Il s'en treuue en plusieurs quartiers de l'Isle Espagnole, où on l'appelle *Baume nouueau*. De ses tendrons on tire de l'eau plus excellente que l'eau de vie, fort propre pour les playes, & à toutes maladies qui procedent de froid, comme aussi à la douleur de l'estomac ou de quelque autre partie si on continue d'en boire par quelques iours.

Liu. 11. c. 7. Comment il en faut vser.

Fueille du Baume.

Du Bdellion, CHAP. VII.

Ce que les Grecs appellent, βδέλλιον, μάλδακον, & βόλχον: les Latins *Bdellion*, est, suyuant Dioscoride, *la larme d'vn arbre Sarrazinesque*, ou *d'Arabie*. La meilleure est celle qui est amere au goust, trăsparăte cŏme la colle forte, grasse par dedans, qui se fond aisément sans aucun bois ny ordure, & qui sent bon quăd on la brusle, cŏme l'Ongle odorante. Il y a aussi vne sorte de *Bdellion*, qui est sale & noir, & entassé par gros morceaux, sĕtant comme l'Aspalathe, que l'on apporte d'Indie. On en apporte aussi de la ville de Petra qui est sec, resineux, & blaffard, mais il n'est pas si bŏ que l'autre. On le sophistique auec de la gŏme, mais alors il n'est pas si amer, & si ne sent pas bon en parfũ. Ainsi Dioscoride ne parle que de la gŏme: toutefois Pline fait aussi mention de *l'Arbre*, disant: Le païs de Bactriane où croist le bon *Bdellion*, confine au Royaume de Turquestan. *L'Arbre* qui le porte est noir, de la grandeur d'vn Oliuier, ayant les fueilles semblables à celles du Rouure. Son fruict est semblable aux Figues sauuages, & quasi de mesme nature. Quant à sa gŏme aucuns l'appellĕt *Brochos*, ou *Malachra*, ou *Maldacon*. Touchant le *Bdellion noir*, qui est redigé en masses, il est appellé *Hadrobolon*. Or le bon *Bdellion* doit estre clair, iaune comme cire, & odorant. Il est gras quand on le frotte entre les doigts, & est amer au goust sans aucune aigreur. On l'arrouse de vin és sacrifices pour le rendre plus odorăt. Il s'en treuue en Arabie, Indie, en Mede, & en Babylone. Aucuns appellent *Peraticon* celuy qu'on apporte du païs de Medes: cestui-cy est plus maniable, plus croustu, & plus amer: mais celuy des Indes est plus gommeux & humide. On le sophistique auec d'Amandes. Es communs exemplaires d'Auicenne la description du *Bdellion* y est fort confuse, & sotte. Serapion traitte du *Bdellion* en deux chapitres differĕs. Au premier il escrit que *Molechil de Machi*, c'est à dire, *le Bdellion de Mecha*, est vn

Liu. 12. c. 9.

Liu. 2. c. 11.

Ch. 127. des simpl.

arbre de ionc, qui meurit en Mecha, & est doux & bon à manger, ayant le cœur comme les petits Palmiers, & de faict c'est vne espece de Palme. En l'autre chapitre il traitte du *Molochil* qui est le *Bdellion* de Dioscoride. L'Escluse pour gratifier ceux qui se plaisent en la cognoissance des Simples, a mis le pourtrait du fruict du *Bdellion* qui luy auoit esté enuoyé par Cortusus, lequel nous auons icy mis. Il est gros comme vne noix, ou dauantage, de figure triangulaire, vn peu longuet, retirant aucunement à vne figue, odorant, de couleur cendrée: Il a vne escaille fort dure, au dedans de laquelle il semble qu'il y ait vn noyau. Au reste le *Bdellion* ainsi qu'escrit Dioscoride eschauffe & amollit les duretez. Detrempé auec de la saliue à ieun il resout les gros gouëtres, & les hernies aqueuses. Appliqué en pessaire ou en parfum, il desopile la matrice, & en fait sortir l'enfant, & toutes humidités. Prins en breuuage il romp la pierre. Il prouoque l'vrine. Il est propre pour la toux, aux morsures des serpens. Il est bon aux rompures, conuulsions, douleurs de costé & aux ventosité qui courent çà & là par dedans le corps. On en mesle aux emplastres ordonnez contre les durete & neuds des nerfs. Pour le dissoudre il le faut piler auec du vin ou d'eau chaude. Galien en declar plus clairement les facultez. Le *Bdellion*, dit-il, qui est appellé *Scithicum*, est le plus acre & resineux & fort remollitif. Celuy d'Arabie, qui est le plus clair, est plus desiccatif, que ne sont communemen les choses remollitiues. Or estant frais il est humide, & s'amollit aisément estant pilé, mesme il e propre à tout ce à quoy l'on fait seruir le Scithique: mais estant vieux il est fort amer, acre, sec, bien desché du naturel des choses remollitiues. On se sert de tous les deux, & principalement d celuy d'Arabie, pour guerir le gouëtre, & les hernies aqueuses, le detrempant auec de la saliue ieun, & le reduisant à mode d'emplastre. Or il se voit par effect que celuy d'Arabie estant prins e breuuage rompt la grauelle, prouoque l'vrine & guerit les ventositez qui courent par le corps, l douleur de costé, & les rompures.

Ch. 194. des simpl.

Le temperament & les vertus. Liu. 1 ch. 69.

Liure 6. des simpl.

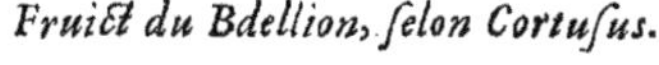
Fruict du Bdellion, selon Cortusus.

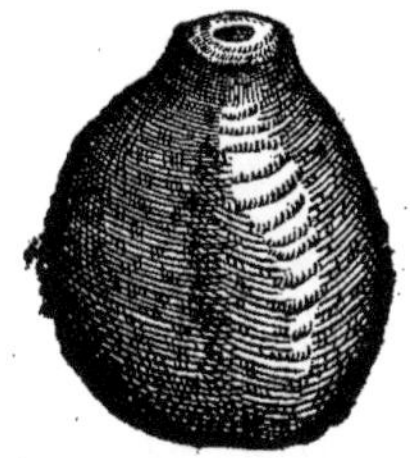

Du Benzoin, CHAP. VIII.

Les noms. Liu. 1. des Arom. des Ind. ch 55. Coll. 5. c. 56

Garcie appelle *Beniui* ou *Benzuin*, ce qui est communement appellé *Belzoe*, ou *Bezoin*, ou *Belzuin*. Or il dit que les anciens n'en ont pas eu cognoissance, à cause qu' ne s'en treuue point de description és liures tant Grecs qu'Arabes. Auerrhois escr bien que le *Belenizan*, ou *Belanzan*, ou *Petrosa* a vne faculté desiccatiue & chaude au second degré, qu'il desseche & fortifie l'estomac humide & langoureux, qu'il fait auo bonne haleine, qu'il raffermit les parties du corps, & prouoque à luxure, ce qu'aucuns veulen entendre comme s'il parloit du *Benzoin*, toutefois Garcie n'approuue pas leur opinion. Il se fa aussi à croire que les anciens Iuifs n'ont sceu que c'estoit, d'autant que Dauid, ny Salomon n'e ont point fait de mention, combien qu'ils ayent bien specifié les senteurs & parfums. Au rest Garsie met *plusieurs especes de Beniui*: L'vne que les marchans recherchent fort, & l'appellent *Amydaloides*, c'est à dire, *Amandré*, pource qu'il a des ongles ou taches blanches à mode d'Amande meslées parmy, & tant plus il en a, il en est aussi meilleur. Amatus Portugais estime que cestuy est la *Myrrhe Troglodytique* de Dioscoride, qui est la meilleure de toutes. Il croist principalement en Sian & aux enuirons de Martaban. La *seconde espece*, qui est plus noire, vient de Iaoa & Sumatra, & est la moins estimée. Il en vient encor vne autre sorte de noir en Sumatra, qui sort d bourgeons des arbres, lequel à cause de sa bonne odeur est appellé *Beniui* de *Boninas*, cestui-cy e dix fois plus cher que le precedent. Or Garcie dit que *l'Amandré* qui sort des ieunes Plantes est plus odorant, pource que ceste gomme venant à enuieillir, perd beaucoup de sa bonne odeur, co me il en prend aux autres choses de ceste sorte. Mais pource que le *blanc* est le plus beau, & le no & nouueau est plus odorant, on a accoustumé de les mesler ensemble pour faire qu'il soit beau & od rant tout ensemble. Ceux de China appellent le *Beniui Cominham*: les Arabes *Louaniaoy*, comme q diroit Encens de *Iaoa*, pource que ç'a esté la premiere contrée qui a esté cogneuë par les Arabes: c les Arabes appellét l'Encens *Louan*: les habitans de Guzarate & Decan l'appellent *Udo*. Au reste *l'A bre* qui porte le *Beniui* est gros, grand, beau, & faisant beaucoup d'ombre, pour l'abondance d branches qu'il a, lesquelles sont disposées par vn bel ordre, & releuées contremont. Son tronc e gros & a le bois beau & ferme. Ses fueilles sont vn peu plus petites que celles du Citronier ou d Limonie

Des especes.

Sur le c. 71. du l. ure de Diosc.

Le lieu.

La forme.

imonier, toutefois elles ne sont pas si verdes, mais blancheastres par dessous. Celles qui croissent aux plus grãdes branches retirent aucunemẽt aux fueilles des Saules, excepté qu'elles sont vn eu plus larges & plus courtes. Il en croist par fois dans les forests de Malaca. On incise quelqueois les arbres afin qu'il en coule du *Beniui* en plus grande abondance, des ieunes arbres il en sort e *Beniui de Boninas*. Plusieurs ont creu que la gomme du Laserpition, ou Asa odorante estoit le *enzuin*, mais Garsie condamne cette opinion. Car, dit-il, il est bien certain que iamais personne n'vsa de *Benioin* en viande : mais quant à l'Asa les Indiens s'en seruent à tous coups pour apprester eurs viandes. En outre la plus part du Lazer vient de l'Indie qui est par delà le fleuue Ganges, ue les Indiens appellent Ganga; mais le *Benioin* qu'on porte en Indie, qui est surnommé *Amandré*, roist en Sumatra & Sian (non pas en Armenie, Syrie, ou Corene,) & en transporte-on la plus rande partie en Indie, & de là en Arabie, Perse, & Asie la mineur, & mesme en la Palestine, Syrie, rmenie & Barbarie.

De la Canelle, Casse & Cinamome, CHAP. IX.

E que les Grecs appellent κασσία & ξυλοκασσία, est appellé en Latin *Cassia* & *Cassia lignea*: en Arabe *Selicha*, *Seliche*, ou *Selihacha*: en Italien *Canella*: en Espagnol *Canela*: en François *Canelle*: en Allemãd *Zimmet*, ou *Zimmet roezlin*. Mais ce que les Grecs appellẽt κιννάμωμον, est appellé aussi en Latin *Cinnamomũ*, & par Pline *Cinnamomũ*: en Arabe *Darseni*. ioscoride a traitté de l'vn & de l'autre à part. Il y a, dit-il, *plusieurs especes de Cassia* qui croissent en rabie, en laquelle il croist beaucoup de Plãtes aromatiques. Elle produit des verges ou brãches qui nt couuertes d'vne grosse escorce, ayant les fueilles sẽblables au Poiure, (d'autres lisent ἴρεως, c'est dire *à la flambe*, comme a fait aussi Serapion) il faut choisi celle qui tire sur le iaune, qui est de belle ouleur retirant au Coral, fort estroite, grosse, longue & creuse, d'vn goust piquant & astringẽt, auec ne grande chaleur (& non auec vn peu de chaleur comme Ruel a traduit : car il y a au texte Grec ετὰ πολλῆς πυρώσεως; ce que Pline conferme disãt, *à gustu quàm maxime mordẽs*, c'est à dire, *d'vn goust rt ardent*,) aromatique sentant le vin, telle qu'est celle que ceux du païs appellent *Achi*, & le marhans d'Alexandrie *Daphnitis*. Toutefois on fait plus d'estat de celle qui est grosse, purpurine, & oire, surnommée *Zigir*, laquelle a l'odeur cõme les Roses, & sert principalement en medecine. Mais dessusdite tient le second lieu, la *troisiesme* en bonté est surnommée *Mosylitique blasto*, c'est à dire *ourgeonnée*. Quãt aux autres on n'en fait pas grand conte comme celle qui est appellée, *Asyphemum* ui est noire, mal-plaisante, & a l'escorce menuë & creuassée, & celle qu'on appelle au langage des arbares *Darca* & *Citto*. Il y a vne *Casse bastarde* si sẽblable à celle-cy, qu'elle est mal-aisée à reconoistre, toutefois le goust en fait la raison, d'autant qu'elle n'est ny forte, ny odorante, méme son escorce tient ferme à la mouëlle. Il s'en treuue aussi qui a le tuyau large, mol, & leger, & qui est branuë, laquelle est meilleure que la precedente. Celle-là ne vaut rien qui est blancheastre, aspre, & qui nt le bouquin, qui n'a pas le tuyau gros, mais mince & aspre. Apres il parle du *Cinamome*, disant; y a *plusieurs especes de Cinamome* qui portent le nom du lieu où il croist. Toutefois on tient pour le eilleur le *Mosylitique*, pource qu'il retire aucunement à la *Casse*, qui est surnommée *Mosylitique*, & cestuy-cy il faut choisir qu'il soit frais, noir, de couleur de vin, tirant sur le cendré, lisse, ayant les rãches menuës, & cõparties par beaucoup de neuds, & de bonne odeur. Et de fait le vray moyen de gnoistre le meilleur *Cinamome* consiste en l'odeur : car il s'en treuue qui sent bon, & d'autre qui proche de l'odeur de la Rue, ou du Cardame. En outre il faut qu'il soit acre, & piquant, & aucune estalé, auec quelque chaleur, qu'en le frottãt ne se face pas sentir aspre du premier coup, & ne renpas de la poussiere en le puluerisant, & qui est poli entre les neuds. Or pour en auoir cognoissãce taine il en faut arracher vne verge dés la racine. Car alors l'essay en sera bien aisé, à cause que nt de pieces sont ramassées de diuerses sortes, dont celles qui sont les plus odorantes quand on s flaire, remplissent si fort le nez, qu'elles empeschent de cognoistre les pires. Il y a aussi du *Cinamome de montagne*, qui est gros, court, & fort roux. *Le troisieme* apres le *Mosylitique* sent fort bon, & noir, branchu, auec peu de neuds. *Le quatriéme* est spongieux, blãcheastre & sẽble plein de bosses, e vil prix, & aisé à rompre, & a vne grande racine qui retire à la *Casse* ou soit *Canelle*. *Le cinquiéme*, ffece les nez par son odeur, & est roux, ayant l'escorce comme la *Canelle rousse*, ferme au manier, & oins nerueux, & ayãt la racine grosse. Ceux qui sentẽt l'Encens, la *Canelle*, le Meurte ou l'Amome nt les moins plaisans. Le meilleur de tous est celuy qui est aspre, blanc & ridé, mais il faut reiettter eluy qui est lisse & plein de bois vers la racine. Il se treuue vn autre *Cinamome bastard* qui est de eu de prix, n'ayãt comme point d'odeur & vertu. On l'appelle aussi *Zinziber*, combien que ce soit *ois de Cinamome*, retirãt aucunemẽt au *Cinamome*. Or c'est vn *Cinamome* qui est plein de bois, & a les ranches longues, fortes & beaucoup moins d'odeur que le *Cinamome*. Aucuns tiennent que le bois e *Cinamome* est different de genre d'auec le *Cinamome*, pource qu'il est de diuerse nature. Quant Pline, apres auoir raconté les fables des anciens touchãt le *Cinamome* & la *Canelle*, il adiouste puis pres que le *Cinamome*, qui est aussi appellé *Ciname*, croist en Ethiopie, qui est voisine des Abyssins. Et

Les noms.

Liu. 1. ch. 12. & 13. ch. 91. des simpl.

Liu 12. c. 19.

Et de faict les Ethiopiens achetans tout le *Cinamome* qu'ils peuuent de leurs voisins, le conduisent par mer sur des radeaux és nations estranges. Et n'ont leurs radeaux ny gouuernail, ny auirons, ny voiles, ny autre moyen de nauiger, & pour tout equipage il n'y a qu'vn seul homme, qui a la hardiesse de se mettre à l'hazard de la mer, & qui plus est ils cherchent de se mettre sur mer en Hiuer lors que le vent appellé par nos mariniers Siroch ou Suc tire; toutefois ils vont de goulphe en goulphe. Et ayans circui la pointe du Cap de la Garde, ils vont au port de Gebana, qui est appellé Ocyla, (ou Hara.) Et combien que le voyage soit dangereux, (car il faut demeurer cinq ans à le faire, & mesme il y en a peu qui en eschappent) cé nonobstant ils sont bien aises de l'entreprendre. Et sur leur retour ils chargent des verres, des vaisseaux de cuiure, des draps, des agraffes, des collaues, des bracelets, tellement qu'il semble que ce voyage soit entreprins expres pour les femmes. Quant à la Plãte du *Cinamome*, la plus grãde ne passe pas deux coudées de hauteur, & la plus petite vne paume & demy tout de grosseur, & commence à se brancher à demy pied pres de terre, produisant des iettons qui semblent estre secs à voir. Estant vert il n'a point d'odeur, & a la fueille sembla ble à l'Origan. Il aime la secheresse: car en temps de pluye il ne fructifie point, & neantmoins il aime à estre coupé comme les tailliz. Il croist bien en la plaine: mais il cherche tousiours de se loger parmy les buissons les plus espais & fascheux, pour se rendre plus difficile à cueillir. Aussi faut-il demander congé aux dieux pour le cueillir. Aucuns disent que c'est à Iupiter, toutefois les Ethiopiens appellent ce dieu là Assabinus. Et pour impetrer licence de le tailler il faut sacrifier quarantequatre fressures de beuf, de cheures, & de beliers. Neantmoins il n'est point permis d'en tailler auant le Soleil leué, ny depuis le Soleil couché.. Apres qu'il est taillé, le Sacrificateur fait le partage auec vne perche, & prent la part de Dieu, laissant le reste aux marchans, lesquels serrent en certains paniers ce qui leur est demeuré. Aucuns disent que les partages se font en trois, & que le Soleil y a sa part, & pour cest effect on iette le lot sur chasque monceau de *Cinamome*; & dit-on que la part qui eschet au Soleil demeurant là se brusle de soy-mesme. Le meilleur *Cinamome* est au bout des verges à vn paume pres. Le meilleur d'apres est plus bas, toutefois cette partie n'est pas du tout si longue: mais le moindre de tous est celuy d'aupres de la racine, car en cest endroit-là il n'y a comme point d'escorce qui est la principale chose du *Cinamome*. Et par ainsi on fait plus d'estat de la cime du *Cinamome* pource qu'il y a beaucoup d'escorce. Quant à son *bois* qu'on appelle *Xilocinnamomum*, on n'e fait point de conte, pource qu'il a vne acrimonie semblable a l'Origan. Aucuns en establissent deux especes de *Cinamome*, à sçauoir du *blanc* & du *noir*. Anciennement le *blanc* estoit en credit, au contraire, on tiẽt le *noir* maintenãt pour le meilleur, méme on estime plus celuy qui est de diuerses couleurs que le *blanc*. La vraye marque du bon, est qu'il ne soit point aspre, & qu'il soit mal-aisé à s'efmier en le frottant l'vn contre l'autre. Celuy qui est mol & qui a l'escorce blanche ne vaut rien Au reste le Roy de Gebanites met le taux au *Cinamome*, & le faut acheter à son taux. Anciennement la liure coustoit mille derniers: mais le prix est creu de la moitié, pour raison des forests d *Cinamome* que les Abyssins ont bruslées, comme l'on dit, par despit des Ethiopiens. Toutefois o ne sçait si la cherté vient des riches marchans, qui retirent toute cette marchandise à eux pour l vendre à leur plaisir, ou si c'est par cas fortuit. Bien est vray qu'on dit, que les vents meridionau sont si chauds en Ethiopie, que quelquefois en Esté ils bruslent les forests. Vn peu apres il dit, qu la *Canelle* est vn Arbrisseau qui croist pres de la cãpagne où vient le *Cinamome*, toutefois elle croi aux montagnes, & a le bois plus gros que le *Cinamome*, & est reuestue d'vne peau mince, qui reti re plustost à vne pelure qu'à vne escorce, de sorte que le principal est d'en pouuoir auoir l'escorce & la sçauoir oster de dessus le bois, au contraire du *Cinamome*. *L'arbrisseau* de la *Canelle* peut auoi trois coudées de haut, & est de trois couleurs. Car quand il commence à sortir, & qu'il n'a qu'v pied de haut, il est blanc, vn demy pied plus haut il est rouge, & delà en à mont il est noir. Le *noi* est tenu pour le meilleur, & puis le *rouge*; mais on ne tient conte du *blanc*. On coupe les ietton de deux coudées de long, & apres les auoir coupez, on les coust dans des peaux de bestes à qua tre pieds, qu'ils tuent expres pour cela, à ce que venans à se pourrir, les vers qui s'y engendre ront, rongent tout le bois de dedans, car ils n'ont garde de toucher à l'escorce pour raison de so amertume. Au reste la plus fresche *Canelle* est la meilleure, & celle qui a vne odeur delicate, vn goust ardent, & qui eschauffe incontinent la langue, il faut aussi qu'elle soit purpurine, & l gere, & qu'elle ait ses tuyaux courts, & assez mal-aisez à rompre. Les Barbares appellent cett *Canelle choisie Lacta*, L'autre *Canelle* qu'on appelle *Balsamodes*, pour raison de son odeur qui retire celle du Baume, est amere, aussi s'en sert on en medecine, au lieu qu'on employe la *noire* és senteu & parfums. Voila ce qu'en dit Pline, il a prins la plus parr de Theophraste, lequel parlant du *Cinamome*, & de la *Canelle* dit, que l'on dit, que l'vn & l'autre est vn petit arbrisseau de la grandeur d *l'Agnus Castus*, qui est plein de bois, & iette beaucoup de branches. Apres que l'on a coupé l *Cinamome*, on en fait cinq parties, la meilleure desquelles est celle qui est pres du bout des branches, à vne paume pres, ou vn peu plus. La *seconde* est celle qui vient apres, que l'on fait plus courtes; puis la *troisiesme* & la *quatriesme*: mais la moindre de toutes est celle qui est pres de la racine pource qu'elle a fort peu d'escorce, qui est ce qu'on cherche & non pas le bois. Voila comme au cun

Liure 9. de l'hist. c. 5.

cuns en ont escrit. Les autres disent que le *Cinamome* est vn arbrisseau fort branchu; & qu'il y en a de *deux sortes*, à sçauoir *le noir* & *le blanc*. Et en racontent vne fable, c'est qu'il croist en des vallées où il y a beaucoup de serpens, qui font mourir ceux qu'elles mordent, tellement que pour s'en garentir, il faut auoir les mains & les pieds couuerts en cueillant le *Cinamome*, & apres l'auoir emporté de là on en fait trois parts, sur lesquelles on iette le lot, & laisse-on là la part qui eschet au Soleil, laquelle s'allume quant & quant qu'ils l'ont laissée: mais ce sont autant de sornettes. Quant à la *Casse* ou *Canelle*, ont dit qu'elle a les branches plus grosses (Gaza a bien leu παχυτέρας au lieu de πλατυτέρας, qui est à dire, *plus larges*,) fort nerueuses, & qui sont mal-aisées à despouiller de leur escorce, qui est ce dont on se sert. Quand on coupe ses branches on les coupe de deux doigts de long (Pline dit de deux coudées de long) ou vn peu plus, & les coust on en vn cuir frais de bœuf, afin qu'iceluy venant à pourrir, & le bois aussi, il s'y engendre des vers, qui rongent le bois car quant à l'escorce ils n'ont garde d'y toucher, pour raison de son amertume, & de l'acrimonie de son odeur. Galien au premier liure des Antidotes, suyuant Dioscoride met *plusieurs especes de Canelle*, & dit que la meilleure est celle qu'on appelle *Zizir*, laquelle il dit resembler si fort au *Cinamome*, que de son temps aucuns la vendoient pour *Cinamome*. Il dit aussi au mesme passage, que la *Canelle* se change souuent en *Cinamome*, & qu'il a veu des bouts de bonne *Canelle*, qui tiroient du tout au *Cinamome*: tellement qu'il asseure qu'en la composition des medicamens on peut bien prendre pour chascune partie de *Cinamome* deux parties de fine *Canelle*. Luy mesme dit qu'il y a vne sorte de *Canelle* de peu de valeur, que le ieune Andromachus appelle *Cassia fistula*, pource qu'elle est creuse, & vuide à mode d'vne fleute, & a l'escorce grosse, comme il s'en voit assez parmy le *Cinamome commun*. Or il poursuit sa description, disant: Quant au *Cinamome* i'en treuue tout le contraire que ce que i'ay dit de l'Opobalsamon: car je me fais à croire qu'il est bien aisé à cognoistre à ceux qui ont souuent veu du bon. Or on ne peut auoir du bon si l'on ne recouure de celuy qui est gardé pour l'Empereur, lequel est diuisé comme en six especes. Car il en prend comme de la *Canelle*, c'est qu'il y a si grand differẽce du bon au mauuais, que la *bonne Canelle* & le *mauuais Cinamome* sont quasi semblables. Au reste le *Cinamome* ne se maintient pas longuement en vigueur: car il ne se garde pas trente ans en son entier. Ainsi dõc ceux-là s'abusent qui disent que le *Cinamome* est du nombre des medicamẽs qui n'enuiellissent point. Car en beaucoup moins de tẽps que de cent ou deux cents ans, i'ay prins garde qu'il y auoit du changement au *vieux Cinamome*. Car lors que ie dressay la Theriaque pour l'Empereur Antonin, ie trouuay plusieurs tonneaux de bois, dans lesquels il y auoit de *Cinamome* d'vne mesme espece, dont les vns estoient là despuis le temps de Traian, les autres du temps d'Adrian, & quelques vns du temps d'Antonin qui succeda à Adrian à l'Empire, & y auoit difference entre tous ces *Cinamomes* quant au goust & odeur, selon qu'ils estoiẽt plus gardez les vns que les autres. Et de faict il fut vn iour apporté de Barbarie à Rome, vne caisse de la longueur de quatre coudées & demie, dans laquelle il y auoit vn arbre entier du *Cinamome de la premiere espece*. Or il aduint que i'en fis vne composition pour l'Empereur Marc Antonin, laquelle ie trouuay par experience plus gaillarde que les autres ordinaires, tellement que l'Empereur l'ayant goustée ne voulut pas attendre qu'elle eust esté gardée & fermentée, comme l'on fait ordinairement: mais en vsa deuant que les deux mois fussent expirés. Or Cõmodus luy succeda à l'Empire, lequel ne se soucia aucunement ny de la Theriaque ny du *Cinamome*, tellement que non seulement ce peu de l'arbre qui estoit demeuré de reste, mais aussi tout le *Cinamome* qui auoit esté apporté depuis le tẽps d'Adrian, fut dissipé. Si bien que l'Empereur Seuerus, m'ayant cõmandé de luy dresser vn Antidote, tel que celuy que i'auois dressé pour l'Empereur Antonin, ie fus contraint d'vser du *Cinamome* qui auoit esté apporté du temps de Traian & Adrian Empereurs, lequel me sembla beaucoup plus debile, & toutefois il n'y auoit pas trente ans qu'il estoit là. Si faut-il que nous adioustions icy quelques marques du bon *Cinamome*, c'est qu'il sent merueilleusement bon, & a vne odeur par dessus les autres, qui ne se peut bonnement declarer, mesme on sent qu'il est chaud au goust, sans toutefois qu'il y aye aucune acrimonie pour raison de sa chaleur: finalement il est de telle couleur, cõme si on mesloit de la couleur noire parmy du laict, & qu'on y adioustast vn peu de pers. Ayant donc prins de cestuy-cy autant que ie voulus i'en reseruay quelques branches que ie mis dãs le cabinet auquel ie gardois ce que i'auois de plus precieux: mais iceluy ayant esté bruslé lors que le temple de la paix fut bruslé, ie perdis ce *Cinamome* là, & les *autres cinq especes* que i'auois mis à part. A present donc que i'ay voulu preparer la Theriaque pour l'Empereur Seuerus, i'ay choisi du *Cinamome* qui auoit esté serré du tẽps d'Adrian celuy qui m'a semblé le meilleur. Il y a bien encor de reste plusieurs caisses de bois dans lesquelles il y a diuerses sortes de racines, ou de branches, ou soit de *Cinamomes*, toutefois il n'y en a point qui soit comme vn trõc separé en branches, mais resẽblent aux racines de l'vn & l'autre Ellebore, ou plustost du Damasoniõ que l'on apporte de Cãdie. Or toutes les *especes de Cinamome* sortẽt d'vne racine cõme vn petit arbrisseau, & iettẽt six ou sept verges, ou plus ou moins, lesquelles toutefois ne sont pas d'vne méme longueur, mais la plus grãde n'a pas plus de demy pied Romain de longueur. En somme le *Cinamome* retire aucunement à la bonne *Canelle*. Voila ce qu'en dit Galien. Strabon suyuant Theophraste, Dioscoride, & Pline, dit, que

que le *Cinamome* croist en Arabie, comme aussi en Indie, du costé de Midy. Car d'autant qu'elle a le Soleil de mesme que l'Arabie & l'Ethiopie, toutes ces drogues, dit-il, y croissent, à sçauoir le *Cinamome*, la *Canelle*, & autres, tout ainsi comme esdits lieux. Aristote en son histoire des animaux en escrit de mesme. En Arabie dit-il, il y a vn oiseau appellé *Cinamomus*, duquel on dit qu'il emporte des branches de *Cinamome*, & en fait son nid, sur les branches des grands arbres. Mais les habitans de ce païs-là abbatent les nids auec des garrots plombez, & ainsi amassent le *Cinamome* qui en tombe. Ce que Pline a prins de luy, disant: Il y a vn oiseau appellé en Arabie *Cinnamologus*, lequel fait son nid de *Cinamome*; mais ceux du païs l'abbatent auec des garrots plombez pour le vendre. Aristote n'appelle pas cest oiseau *Cinnamologos*, mais *Cinamomos*, du nom de l'arbre. Mais Iulius Solinus traittant de ce mesme faict, appelle l'oiseau *Cinamologus*, & non *Cinamomus*, adioustant que ce *Cinamone* se vend plus cher que l'autre que les marchans portent. Auicenne & Serapion n'ont rien escrit de la *Canelle* & du *Cinamome* de plus que Dioscoride & Galien. Ainsi il appert par ce que dessus comme les anciens autheurs Grecs & Latins, ont escrit des choses fabuleuses & incertaines touchant la *Canelle* & le *Cinamome*. Et de faict ces drogues s'amenoient de si loin par mer, & de contrées qui estoient si peu cogneues pour lors, qu'ils n'ont pas peu en auoir cognoissance certaine. En premier lieu Dioscoride dit en peu de mots, que la *Canelle* a des branches qui ont grosse escorce, & les fueilles comme le Poiure. Quant au *Cinamome* il ne le descrit point. Theophraste dit que la *Canelle* & le *Cinamome* sont de la grandeur de l'Agnus Castus, & ont beaucoup de branches pleines de bois. Pline dit que le *Cinamome* est vn arbrisseau dont le plus grand a deux coudées de haut au plus, & le moindre vne paume. Et ce qui a esté dit cy dessus que la *Canelle* est vn arbrisseau de la hauteur de trois coudées, &c. Galien dit que de son temps on apporta de Barbarie à Rome vne caisse de la longueur de quatre coudées & demie, dans laquelle il y auoit vn arbre entier de *Cinamome*, en quoy il declare que le *Cinamome* est vn arbre. Luy mesme dit que toutes les *especes de Cinamome* en general sortent d'vne racine comme vn petit arbrisseau, tellement que leurs plus grandes branches n'ont pas plus d'vn pied Romain. En quoy il semble declarer que le *Cinamome* est vne *espece de petit arbrisseau*. Mais qu'est ce qu'il entend quand il dit qu'il n'y a point de *Cinamome* qui face comme vn tronc branchu: mais qu'ils retirent aux deux especes d'Ellebore, ou plustost du Damasonion. Dauantage ce qu'il dit que la *Canelle* & le *Cinamome* sont arbres differens. Cela est aussi estrange qu'il dit que la *Canelle* se change souuent en *Cinamome*, & qu'il a veu des petites branches de bonne *Canelle* qui retiroient du tout au *Cinamome*, & au contraire des branches de *Cinamome* qui retiroient du tout à la *Canelle*. Galien n'met aussi les mesmes *espece de Canelle* que Dioscoride, comme aussi les *six especes de Cinamome* mises par Dioscoride. Theophraste n'establit que *cinq especes de Cinamome*, comme il a esté dit cy deuant. Le mesme autheur, & Pline aussi, mettent *deux especes de Cinamome*, à sçauoir le *blanc* & le *noir*. En outre ces anciens ne specifient pas ouuertement les lieux où c'est que croist le *Cinamome*. Dioscoride dit qu'il croist aupres de l'Arabie odoriferante. Pline dit que c'est en Ethyopie, & puis apres il adiouste que les Ethiopiens l'achettent de leurs voisins. Or s'il croist en leur païs qu'ont ils affaire de l'achetter. Mais ce qui s'ensuit est encor plus absurde, c'est que les Ethiopiens portent cette marchandise fort loin par mer. Car si ceux qui la vendent sont leurs voisins, qu'ont ils affaire de faire de si grands voyages par mer. Et de faict anciennement, comme encor à present, on menoit le *Cinamome* des Molucs en la haute Indie par le moyen de certaines gens d'Ethiopie qui sont pres de la mer rouge, que nous appellons Abyssins, ce qui leur est commode pour estre pres de l'Ocean. Et c'est ce qui a trompé Pline, comme Dalechamp a bien remarqué. Au reste non seulement Herodote, mais aussi Theophraste & Pline, ont adiousté des fables & mensonges. Car il n'est pas vray que l'on coust les branches de *Canelle* apres les auoir coupées dans des cuirs frais de bœuf, afin qu'iceux venans à pourrir il s'y engendre des vers, qui rongent le bois de dedans, sans toucher à l'escorce, à cause de son amertume. Or il reste maintenant à voir si nous auons auiourd'huy la *vraye Cassia*, & si c'est nostre *Canelle*. En outre si elle est differente auec le *Cinamome*, & si nous n'auons point de *vray Cinamome*. Pour le premier poinct tous les plus doctes autheurs modernes estiment que ce que les Apothicaires appellent *Cinamomum*, & communement *Canella*, est la *vraye Cassia* des anciés, les especes de laquelle selon qu'elles sont declarées par Dioscoride & Galien, on pourra remarquer si l'on veut visiter & la chercher és boutiques des marchans, là où il y en a grande quantité. Il faut donc reietter au loin de toutes les boutiques d'Apothicaire certains morceaux & fragmens qui n'ont ny odeur ny goust, ny vertu, lesquels ont esté prins par cy deuant pour la *Cassia lignea*, ou *odorata*, par les Medecins & Apothicaires. Et pource qu'entre ces fragmens il y en a qui outre ce qu'ils n'ont aucune odeur ny saueur, retirent fort à la *Cassia* de Dioscoride, on pourroit dire auec bonne raison que c'est la *Pseudocassia*. Et pour les cōpositions où il entre de la *Cassia lignea*, ou *odorata*, il y faudra mettre de la *Canelle*. Et d'autant que cette *Canelle* ou *Cassia* est aussi appellée *Cassia fistula*, pource que le bois en estant osté elle reste cōme vn festu ou fleute, & que les Arabes appellēt aussi *Cassia fistula*, la *Casse noire* ou *purgatiue*, qui est autrement appellée *Siliqua Ægyptia*, soit que cela procede par la faute des Arabes, ou de ceux qui ont traduit leurs liures, il se faudra bien donner garde que la similitude

Liu. 9. c. 13.

Liu. 10. c. 33.

Liu. 2. c. 151. & 124.

Les especes.

militude des noms ne nous trompe, principalement és compositions qui sont de l'inuention des Arabes. Car là il faut entendre la *Casse noire* ou *purgatine*, & non pas *l'odorante* qui est la *Canelle*. Quant au *Cinamome*, aucuns estiment, que ceux qui le sçauroient choisir, en pourroient trouuer dans les caisses qui sont pleines de *Canelle*. Pena escrit qu'il a veu de la *Canelle* qui ressembloit fort au *Cinamome* en la boutique de Guillaume Driesch Apothicaire d'Anuers. Et de faict, dit-il, vn chacun prenoit ce baston là pour *Cinamome*, d'autant qu'il estoit solide, aisé à rompre, & couuert de l'escorce du *Cinamome*, sur laquelle il y auoit aussi vne petite peau brune. L'Escluse en ses Annotations sur l'Histoire des Plantes aromatiques des Indes, de Garsie, asseure qu'il a veu trois branches de *Cinamome*. Icelles estoient droites, & comparties par certains neuds à vn pied l'vn de l'autre, sans qu'il y eust aucune apparence de branche. Leur escorce estoit mince, de couleur quasi cendrée, de bonne odeur, & de plaisant goust encor qu'elle ait vn peu d'acrimonie qui pique la langue. Quant à son bois il ne sent rien, & n'a aucun goust, non plus qu'vne branche de Saule, à laquelle il retire fort. Or ceste escorce retient ceste souësue odeur & le goust plaisant, combien qu'il y ait plus de quarante ans qu'il a esté osté de dessus son tronc, mesme elle sent meilleur, & a meilleur goust que la *Canelle*. Quant à ce qu'on appelle auiourd'huy *Cinamome*, dit Pena, il n'est pas tout vn auec la *Canelle*, & si n'est pas beaucoup different. Car qui voudra bien esplucher les marques que Dioscoride donne à l'vn & à l'autre; il trouuera qu'ils ont quasi les mesmes proprietez, & mesme vsage. Que si nous voulons adiouster foy aux modernes, il faudra croire que ce sont diuerses parties d'vn mesme arbre. Ce que Galien denote quand il dit que la *Canelle* se change souuent en *Cinamome*, & qu'il a veu des bouts de *Canelle fine*, qui ressembloient du tout au *Cinamome*. En quoy il monstre qu'il y a si grande affinité, qu'aucuns se fondans sur cette authorité de Galien, estiment que la *Canelle* & le *Cinamome*, procedent d'vn mesme arbre, mais que ce sont diuerses parties d'iceluy; & que le *Cinamome* est des bouts & tendrons, & la *Canelle* des autres endroits. D'autres asseurent que nous n'auons point de vray *Cinamome*, & que ce que les Apothicaires appellent *Cinamome* est la *Cassia lignea* ou *odorata*, qu'on appelle communement *Canelle*; l'opinion desquels Matthiol a suyuy, & contre l'opinion de tous les autheurs tant anciens que modernes, qui ont escrit du *Cinamome* & de la *Canelle*, il asseure que le *Cinamome* est bois non pas escorce. Or entre les modernes Garcie a fort bien traitté de cette matiere, disant qu'à cause de la distance de lieux, & que les marchāds ne hantoient gueres en ces quartiers là, les anciens n'ont pas eu la vraye cognoissance de *Canelle*: car ceux qui la portoient à Ormus, & en Arabie, estoient de China. D'Ormus il y auoit d'autres marchands qui la portoient en Alep, qui est la ville la plus marchande de toute la Syrie. Mais ceux qui la portoient d'Alep iusques en Grece, disoient qu'elle croissoit en leur pays, ou en Ethiopie, qu'il falloit que les Sacrificateurs la coupassent auec de grandes ceremonies, comme il a esté dit cy dessus, suyuant Theophraste & Pline. Et toutefois ny la *Canelle*, ny le *Cinamome*, ne croissent pas en Ethiopie, comme on a sceu par les voyages que les Portugais ont fait par mer, ayant costoyé tout ce païs-là, & mesme couru quasi tout par terre, sans qu'ils ayent veu ny *Canelle* ny *Cinamome*. Or quelqu'vn pourra dire qu'il peut bien estre vray qu'il n'y croist point de *Canelle*, & que pourtāt ils la vont querir en Indie, mais qu'ils ont bien de la *Cassia* & du *Cinamome*; & toutefois ils ne les cognoissent pas, tant ils sont barbares & ignorans. A quoy Garsie respond, qu'il y a des Medecins Arabes, Turcs, & Coraçons, qui luy sont amis & familiers, lesquels appellent tous la *grosse Canelle Cassia lignea*. Dauantage qu'il y a eu des Portugais, qui ont couru par toute l'Ethiopie qui est au dessous de l'Egypte, qu'on appelle auiourd'huy Guinée, non seulement le long de la coste par mer, mais aussi tout à trauers par terre, les vns depuis l'Isle de S. Thomas iusques à Sofala, & Mosambique, & de là passans iusques à Goa. Les autres depuis le Cap de bonne esperance, (leur vaisseau estant allé à fonds,) iusques à Mosambique & Melinde: tellement que par ce moyen ils ont trauersé toute l'Ethiopie tant au dessus qu'au dessous d'Egypte, & toutefois il n'y virēt iamais ny *Canelle* ny *Cassia*. Or n'est-il pas croyable que ceux du pays ne cogneussent de si excellentes drogues, ny qu'ils ne les voulussent descouurir. Car tout ainsi que ceux qui habitent en l'Isle S. Laurens, combien qu'ils soyent du tout barbares, monstrent aux marchands qui arriuent quelquefois là, vn certain fruict gros come vne noisette, pource qu'il sent comme les cloux de Giroffle, aussi est il croyable que les Ethiopiens eussent monstré aux Portugais le *Cinamome* & la *Canelle*; attendu que ce sont drogues si aromatiques. Au reste les Arabes, Perses & Indiens, appellent la *Cassia lignea Saliacha*: mais les Indiens l'appellent communement du nom de la *Canelle*, sans mettre aucune difference entre la *Canelle* & la *Cassia*. Et de faict il n'y a personne qui ait veu de la *Cassia* qui fut differente d'auec la *Canelle*. Et quāt à ce qu'ō à dōnediuers nōs à la *Cannelle*, & qu'on l'a appellée *Cinamome* ou *Cassia*, cela est procedé, suyuant l'opinion de Garsie, des marchands de Chine (car les annales de la Ville d'Ormuz font foy que pour vn coup il est arriué en ceste ville là, tout en vn coup, quatre cents nauires de China) lesquels ayans chargé en leur pays de l'or, de la soye, du musq, des perles, du cuyure, & autres marchandises, ils en debitoient les vnes en Malaca, & chargoient en contre-eschange, du Sandal, des noix Muscades, du Macis, des Cloux de Giroffle, du Bois d'Aloës, qu'ils vendoient puis apres en Zeilan, & Malauar, où ils prenoient de la *Canelle*, à sçauoir de la fine de Zeilā, & de

Liu. 1. c. 15.

Liu. des Aro. d'Indie, c. 15

Les noms.

& de la groſſiere en Malauar, comme auſſi à Iaoa, où ils prenoient auſſi du Poyure, & du *Cardamome*, & rapportoient puis apres toutes ces drogues à Ormus, ou en quelque autre quartier d'Arabie le long de la mer. Or comme lon demandoit à ces marchands de Chine, comme s'appelloient ces drogues, & d'où ils les apportoient, ils racontoiẽt les fables qu'Herodote recite, pour vendre mieux par ce moyen leurs denrées. Et voyans qu'il y auoit de la difference entre la *Canelle* qu'ils auoient chargée à Zeilan, & celle de Iaoa, & Malauar, ils luy impoſerent diuers noms, encor que ce fuſt vne méme eſpece d'eſcorce, n'y ayant autre difference, que pour la diuerſité du lieu où elles croiſſent, comme on voit ſouuent qu'vn fruict de méme eſpece amendera ou empirera ſelon la diuerſité du terroir où il croiſt. Ainſi donc ceux d'Ormus qui achetoient cette *Canelle* de ceux de Chine, l'appellerent *Darchini*, c'eſt à dire en langue Perſique, bois de Chine, puis la portans en Alexandrie pour la mieux vendre aux Grecs qui abordoient là, l'appellerent *Cinamome*, c'eſt à dire, *Bois odorant*, ou comme qui diroit *Amomum apporté de Chine*. Et quant à la *Canelle groſſiere*, qu'ils auoient chargé à Iaoa & Malauar, ils luy laiſſerent le nom qu'elle auoit en Iaoa, à ſçauoir *Cais manis*, c'eſt à dire en langage de Malaya *Bois doux*, donnans par ce moyen deux diuers noms à vne meſme choſe : mais les Grecs corrompans ce dernier nom l'appellerent *Caſſia*. Auicenne, Rhaſis, & les autres Arabes l'appellent du nom Perſique *d'Archini*, comme il vſe de beaucoup d'autres noms Perſiques. Car toute ſorte de *Canelle* s'appelle en Arabe *Querfaa* & *Querfe* : mais les Arabes ont corrompu les autres noms, comme *Darſihahen* & ſemblables. En Zeilan on l'appelle *Cuurdo*, en Malaya *Cais manis*, comme il a eſté dit, en Malauar *Camraha*. Car ce que Serapion interprete le mot d'Archini, arbre de Chine, cela eſt adiouſté par le traducteur. Ainſi donc Garcie eſtime que *Caſſia*, *Cinamomum* & noſtre *Canelle* ſont vne meſme choſe, & la deſcrit comme s'enſuit: C'eſt dit-il, vn arbre grand comme vn Oliuier, & quelquefois moindre, chargé de beaucoup de branches, qui ne ſont point tortues, mais pour la plus part droites, auec des fueilles de meſme couleur que celles des Lauriers, mais de la figure de celles des Citroniers, (non pas de celles de la Flambe, comme aucuns ont fabuleuſement eſcrit.) Ses fleurs ſont blanches, ſon fruict eſt noir & rond, quaſi de la groſſeur d'vne

La forme.

Fueille & Baſton de la Canelle.

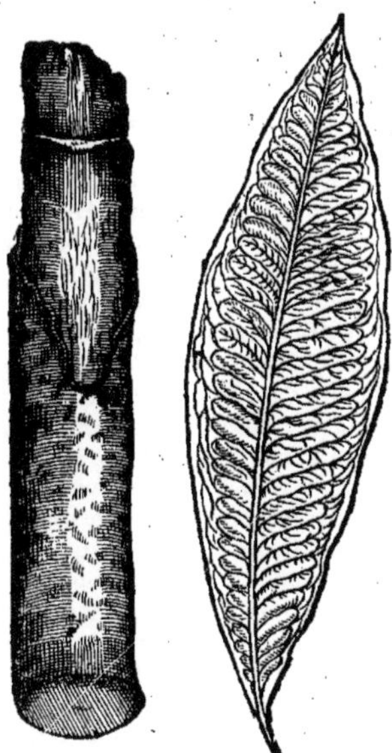

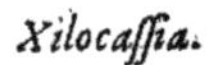

Xilocaſſia.

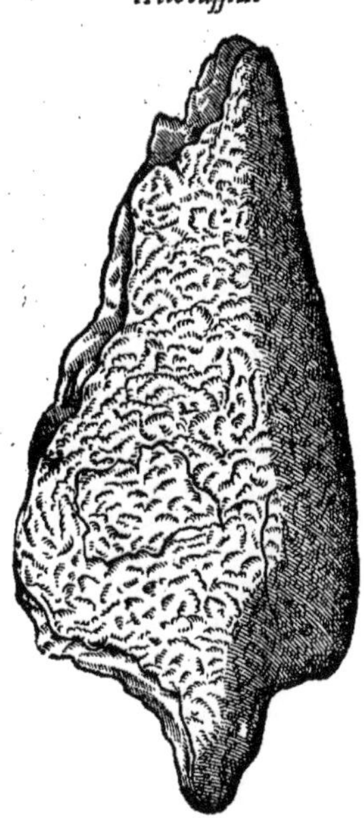

noiſette, ou ſemblable à vne petite oliue. Quant à la *Canelle*, ce n'eſt autre choſe que la ſeconde eſcorce de l'Arbre qui eſt deſſous la premiere. Car ceſt arbre eſt couuert de deux eſcorces, comme le Liege : toutefois elles ne ſont pas ſi groſſes, ne ſi bien ſeparées. Ce que Pena confirme auſſi, diſant, que les marchands Venitiens ont fait voir à Londres de l'eſcorce qui auoit vne poucée d'eſpaiſſeur, aſpre, & pleine de durillons, ayant par dehors la couleur de l'Ieuſe, ou de l'Oliuier, recourbée en dedans, & tendre, ayant la ſuperficie, l'odeur, le gouſt & la couleur quaſi comme la *Canelle commune*. A raiſon de quoy les plus doctes Medecins iugerent que c'eſtoit la groſſe eſcorce exterieure de la *Canelle*. L'Eſcluſe a ſemblablement remarqué en ſes Annotations ſur l'hiſtoire de Garcie, ce, qu'il se treuue quelquefois des fragmens, qui ne retirent point à l'escorce interieure; mais bien celle de dehors, qui est aucunement couuerte d'vne petite peau cendrée. Ainsi donc apres auoir osté l'escorce de l'arbre, on la separe d'auec celle grosse qui est par dehors, puis apres l'auoir couppée par petites pieces quarrées, on la laisse sur terre, où elle se roule ainsi de soy-mesme, en sorte qu'il semble que ce soit l'escorce entiere d'vne branche, combien que ce sont seulement des pieces de l'escorce qui sont ainsi roulées à mode de tuyau de la grosseur du doigt: car le tronc est quelquefois gros comme la cuisse d'vn homme. Or elle acquiert celle couleur de Roses par la chaleur du Soleil: car celle qui n'a pas esté bien preparée est blanche, ou de couleur cendrée: mais celle qui est bruslée par trop grande ardeur du Soleil, est noire. Au reste apres que l'on a osté l'escorce d'vn arbre, on ne le touche point de trois ans. Il y a beaucoup de ces arbres en Zeilan: tellement qu'on auoit accoustumé d'y auoir la *Canelle* à bon marché: mais depuis trente ans en ça il n'y a personne qui en ose acheter si ce n'est le facteur du Roy. Quant aux arbres qui portent la *Canelle* grossiere en Malauar, & en Iaoa, ou Iaua, ils sont plus petits que ceux de Zeilan: toutefois ils ne sont pas si petits que Pline & Galien ont escrit; au demeurant ils sont tous sauuages, & croissent d'eux mesmes. Or il n'en croist point ailleurs, ainsi que dit Garsie, combien que François de Tamara escrit, qu'à l'entrée de la mer rouge, on trouue quelquefois des arbres de *Canelle*, & des Lauriers que les flots de la mer y ameinent; mesme les Portugais qui passent tous les iours par la mer rouge, disent qu'ils n'ont iamais veu de tels arbres. D'auantage l'autheur de l'Histoire de l'Indie Occidentale dit, qu'il croist de la *Canelle* en ce pays-là. Ce que Garsie dit n'estre pas vray-semblable: car cest autheur dit qu'elle y produit des coupettes & glands à mode du liege; au lieu que la vraye *Canelle* porte seulement comme de petites Oliues, tellement qu'il faut que ce soit quelque autre espece d'arbre à part. Ce neantmoins tous ceux qui ont escrit de l'Histoire du Peru font mention de ceste *Canelle*, disans qu'elle croist en la prouince de Sumac. Or suiuant ce qu'ils en escriuent, c'est vn arbre fort grand, qui a les fueilles comme le Laurier, & le fruict entassé à mode de grappe de raisin, qui est toutefois enclos en vne coupette comme celle du Liege, combien qu'au reste elle est plus grande & plus creuse, de couleur noirastre; & fait-on plus d'estat de ces coupettes que du fruict, fueilles, escorce, ou racines de cest arbre (combien qu'elles ont le goust & odeur de la *Canelle*) toutefois on ne se sert sinon de la poudre. Car si on en mettoit cuire parmy les viandes, comme l'on fait la *Canelle*, tant s'en faut qu'elle donnast goust aux viandes, que plustost leur faculté & bon goust se perd en cuisant, Or on se sert de la poudre de ces coupettes contre diuerses maladies; & specialement contre la colique, le mal de ventre, & d'estomac, la faisant prendre en breuuage. Et bien qu'il y ait beaucoup de tels arbres sauuages, si est-ce qu'on les cultiue soigneusement dans les possessions (& de faict ils deuiennent meilleurs estans cultiuez) & en portent vendre aux pays voisins, pour les trocquer auec d'autres marchandises necessaires à la vie de l'homme. Voila ce qu'escrit François Gomara en son Histoire generale. Au reste ce qui est dit en ladite Histoire des Indes Occidentales, que la *Canelle* croist en China, n'est pas vray, car on la porte de Malaca en China auec d'autres marchandises. Or Garsie a aussi ouy dire, qu'il croist à force *Canelle* en l'Isle de Mindanao & autres Isles adiacentes; toutefois elles sont bien esloignées de China. Aucuns aussi ont pensé qu'il croissoit de la *Canelle* en Alep, pource qu'il y a des autheurs qui parlent de la *Canelle* d'Alep: neantmoins il n'y en croist non plus qu'en Espagne. Mais pource qu'on la portoit en Ormuz, & de là en Alep; de là est venu qu'on a surnommé la bonne *Canelle* qui venoit en Europe, du nom de la ville d'Alep. Et combien que celle de Zeilan soit la plus estimée de toutes; si est-ce qu'il s'y en trouue bien de la pietre quelquefois, comme celle qui a l'escorce grosse, & ne se roule pas du tout comme l'autre, pource qu'elle n'est pas d'vn an: car tant plus l'escorce est vieille, tant pire elle est: mais celle qui croist en Malauar est quasi toute grossiere, & est si differente d'auec celle de Zeilan, que cent liures de celle de Zeilan se vendent dix escus, au lieu que quatre cents liures de celle de Malauar ne se vendent qu'vn escu. Louys de Barthena en la description de son voyage par mer, dit que *l'arbre de la Canelle* croist en l'Isle de Zeilan qui est en Indie, & qu'il retire fort au Laurier, specialement quant aux fueilles; mesme qu'il porte des bayes comme le Laurier, excepté qu'elles sont plus petites & plus blanches. Or la *Canelle* ou *Cinamome* (car il ne fait point de difference entre l'vn & l'autre) est l'escorce de cét arbre, les branches duquel on coupe tous les trois ans pour en oster l'escorce; mais on ne touche point au tronc. Semblablement Odoard Barbosa a escrit, qu'il croist de *Canelle fine* en l'Isle de Zeilan és lieux montueux, & que c'est vn arbre qui retire au Laurier. Arrian en son voyage de la mer rouge, dit qu'à vne iournée d'vne ville marchande, nommé Mordo, il y a vn lieu appellé Mosillo, où il croist à force *Canelle*. Il dit aussi qu'il y a vne ville marchande en tirant contre l'Orient, appellée *Aromata*, où il croist de la *Canelle*, du *Zigir* & *Asiphi*, & autres drogues. Or celuy qui a commenté ladite Histoire, dit qu'il faut bien remarquer ce que ledit Arrian dit touchant la *Cassia* & *Zigir*, qui sont *especes de Canelle*, à sçauoir qu'elles croissent en cette contrée des Abyssins, comme en Aromata & Moscillo, où les marchands l'achettent pour la debiter ailleurs. Comme aussi ce que Pline dit, que le *Cinamome* croist en l'Ethiopie qui est pres des Abyssins, laquelle pour ceste cause a esté appellée, ainsi que dit Strabon, *Cinnamomifera*, ce que

Le lieu.

Liu. 12. c. 19. Liure 1. des Antid.

Chap. 143.

ce que Ptolemée asseure aussi. Et toutefois à present que tout le pays des Abyssins & l'Ethiopie est assez cogneuë, il est certain qu'il n'y croist point de *Canelle*, ny autre drogue, excepté du Zinzembre, qui vient en vn certain Royaume appellé Damute. Theuet s'accorde en partie auec Garsie, & en partie est bien discordant auec luy. Or il dit que les principales villes de l'Isle appellée Monorique sont Cauit & Subanin, aupres desquelles il croist de fort bonne *Canelle*, que les Malvariquains appellent *Cais-mani*, c'est à dire *Bois doux*, dont ledit Theuet estime que soit venu le mot Grec *Cassia*. Et de fait, dit-il, plusieurs d'entre les anciens ont estimé que l'arbre qui portoit la *Cassia*, estoit le mesme que celuy qui porte le *Cinamome* & la *Canelle*; ce qui est faux, combien que Garsie asseure le contraire. Car il y a autant à dire de l'vn à l'autre comme d'vn Chesne à vn Chastaignier. Au reste les Arabes appellent la *Canelle Querfaa*, ou *Querfe*: ceux de Zeilan *Cuurde*: ceux de l'Isle de Iauan *Cameaa*: ceux d'Ormuz *d'Archini*, c'est à dire *Bois de Chine*. C'est arbre croist aux montagnes, & resemble à nos Lauriers, les branches duquel seulement on couppe en certain temps de l'année par le commendement du Roy, & les vend-on. Il est fort branchu, & au bout de ses branches il y vient des petites fleurs, lesquelles flestrissent en peu de temps par l'ardeur du Soleil; apres il y vient vn fruict quasi rond, gros comme vne noisette, du noyau duquel on tire de l'huile qui ne sent rien, s'il n'est cuit sur le feu, duquel ceux du pays s'engraissent quand ils ont les nerfs ou quelque autre partie offensée. Ainsi donc la *Canelle* que l'on nous apporte est simplement la seconde escorce de l'arbre, laquelle estant coupée se roule ainsi & change de couleur. Sa racine est bonne

Arbre de la Canelle de Theuet.

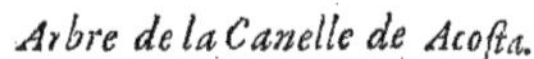

Arbre de la Canelle de Acosta.

comme aussi le suc qui coule de l'arbre & est specialement propre à ceux qui sont subiects à saigner du nez, & en outre fait auoir bonne haleyne. Or est-il à noter qu'il ne croist point *d'arbre de Canelle*, ny en Barbarie, ny en l'Asie mineur, ny au Peru, ny en l'Europe, quoy que sçachent dire Herodote & Pline. Au surplus Acosta descrit ainsi *l'arbre de la Canelle*: C'est, dit-il, vn arbre grand comme vn Orengier, quelques fois plus ou moins, ayant force branches, dont les plus tendres sont toutes droites. Ses fueilles sont semblables à celles des Lauriers, toutefois elles sont plus larges, de couleur blaffarde, & moins seches auec trois costes tout du long. Ses fleurs sont blanches, & ne sentent quasi rien. Son fruict ressemble à vne Oliue sauuage, & est verd du commencement, puis apres roussastre; & comme il est du tout meur il est noir & reluisant, & alors il le faut amasser; au dedans il a vn noyau comme les Oliues sauuages, & la chair toute semblable, de laquelle il sort vne certaine liqueur huileuse, qui est verdastre, sentant comme les bayes de Laurier, d'vn goust acre auec vn peu d'amertume. Or ce fruict du costé de la queuë a vne coupette plus lisse & moins ridée que celles des Yeuses. Il y a grande abondance de ces arbres aux forests en la prouince de Malabar toutefois ils ne sont pas si bons, & n'ont pas si bonne odeur que ceux de l'Isle de Zeilan. Il reste maintenant à declarer les vertus de la *Canelle* & *Cinamome* suiuant ce que les anciens & modernes en ont

Tom. 1. de la Cosmog. liu. 12. chap. 7.

La forme.

Le temperament & les vertus.

n ont escrit. Dioscoride dit que la *Canelle* est chaude, qu'elle prouoque l'vrine, desseche, & est legerement astringente. Elle est propre pour les medecines des yeux, qui seruent à esclaircir la veuë, pour les emplastres remollitifs. Enduite auec miel elle oste les lentilles du visage, prouoque les ois; & sert contre la morsure des viperes estant prise en breuuage, cõme aussi à toutes les inflamations interieures, & aux accidens des reins. Elle ouure & desopile la matrice, si l'on en fait des ains ou parfums aux femmes. Meslée au double poids parmy les compositions sert au lieu de *Cinamome*; car elle fait les mesmes effects, & est bonne à plusieurs autres choses. Le mesme autheur it que le *Cinamome* eschauffe, digere, & prouoque l'vrine. Prins en breuuage ou appliqué en pessaire auec de la Myrrhe, il prouoque les mois, & fait sortir l'enfant du ventre de la mere, il sert contre s morsures des bestes venimeuses, & contre les poisons, il attenuë, & oste les lentilles & autres taches du visage estant appliqué auec du miel. Il est singulier contre la toux, aux defluxions, à l'hydropisie, au mal des reins, & à la difficulté d'vrine. On a accoustumé d'en mettre dans les onguents precieux. En somme il est de grand vsage en toutes choses. Garcie, contre l'authorité de Dioscoride & de Galien admoneste & exhorte tous les Medecins & Apothicaires de ne mesler pas de la *Canelle* au double à faute de *Cinamome*, & qu'ils n'ordonnent plus de la *Canelle grossiere* au lieu de *Cassia*; mais de la *plus fine*, puis qu'il s'en trouue en si grande abondance. Galien dit que la *Canelle* desseche & eschauffe quasi au troisiesme degré, & qu'elle est de parties subtiles, & qu'on y cognoist vne grande acrimonie au goust, mesme qu'elle est vn peu astringente. A raison desquelles qualitez elle est incisiue, & digere les excremens qui sont dans le corps, & en outre qu'elle fortifie les parties nobles, & est propre pour prouoquer les mois supprimez, quand l'abondance & grosseur des excremens empesche qu'il ne puisse euacuer ce qui seroit de besoin. Quant au *Cinamome* il est de parties fort subtiles; toutefois il n'est pas extremement chaud; ains au troisiesme degré. Or il n'y a chose qui soit plus desiccatiue, entre toutes celles qui sont chaudes en pareil degré, pour la subtilité de son essence. Garcie escrit qu'il sort vne liqueur de la racine de l'arbre de la *Canelle*, qui sent la camphre. Toutefois il y a vn edict du Roy, par lequel il est defendu d'entamer les arbres, de peur que cela ne les fist mourir. Dauantage il dit que l'on tire l'eau par des alembicqs de verre, des fleurs de la *Canelle*: mais elle n'a pas si bonne odeur, que celle qu'on tire de l'escorce, auant qu'elle soit seichée. Cette eau est bonne à plusieurs choses: car elle fortifie l'estomac qui est debile, appaise en vn instant la douleur de la colique prouenante de quelque cause froide. Elle fait auoir bonne couleur au visage, & bonne haleine. En outre elle est fort propre pour donner bon goust aux viandes. Du fruict de la *Canelle* l'on tire de l'huile comme des Oliues, qui semble du suif, ou du sauon; & ne sent rien sinon quand on l'eschauffe, sinon vn peu la *Canelle*. On s'en sert contre l'intemperie froide de l'estomac & des nerfs. Semblablement Acosta dit que l'eau tirée de l'escorce verte, principalement des racines, apres l'auoir coupée en petites pieces, par vn alembicq de verre est la plus estimée: car non seulement elle fortifie l'estomac debile, & appaise les douleurs de la colique prouenantes de quelque cause froide; mais aussi elle prouoque l'vrine, & fait auoir bonne haleine. Elle est aussi propre aux maladies du foye, de la ratte, du cerueau & des nerfs. Elle sert aux syncopes, & autres accidents du cœur. Elle est singuliere contre les poisons, & morsures des bestes venimeuses. Elle prouoque les mois, & sert aux accidens de la matrice. Elle appaise les vomissemens desordonnez, & resueille l'appetit. Elle est aussi singuliere aux conuulsions, au haut mal. En somme elle est aperitiue, incisiue, & resolutiue; & qui plus est, elle eschauffe & fortifie. On tire bien aussi de l'eau des fleurs de *Canelle*, mais en beaucoup moindre quantité, & si elle n'est pas si souueraine que la precedente.

Liu. 1. ch. 13.

Liure 1. de l'hist. des Arom. d'Ind. ch. 15.

Liure 7. des simpl.

Du Carcapuli, CHAP. X.

La forme.

Carcopal est vne prouince d'Indie, en laquelle il croist vn arbre de la grandeur d'vn Coignier, ayant aussi les fueilles de mesme. Il porte vn fort gros fruict, fait à la mode de Melon, & cannelé de mesme, dans lequel il y a trois ou quatre grains, semblables à vn grain de Raisin aigres comme vne Cerise. Ce fruict est bon à manger & en medecine. Au mesme lieu il y croist des Nesfles blanches grosses comme vne pomme. Louys Bolognois au discours de son voyage en dit tout de mesme. Theuet dit qu'au Cap de Comar, qui est tres-fertile, il y croist vn arbre grand comme vn Coignier, qui a les fueilles de mesme, le fruict duquel on appelle *Carcopal*, qui est fort bon à manger, & de bon goust, duquel les malades mesmes vsent, pource qu'il euacue les mauuaises humeurs par le bas. Semblablement Acosta dit que ce que ceux de Malabar appellent *Carcapuli*, & les Canariens *Garcapuli*, est vn fort grand arbre qui porte vn fruict de la grandeur & figure d'vne Orenge, quand l'on en auroit osté l'escore, composé par dernes (combien qu'elles ne se separent pas l'vne de l'autre, comme celles des Orenges) & couuert d'vne escorce mince, lisse & reluisante, qui n'est pas fort seche, & est de couleur blaffarde; toutefois estant meure elle est de couleur d'or, d'vn goust fort aspre, qui est toutefois plaisant auec vn peu d'astriction. On mange de ce fruict, & mesme ceux de ce pays-là en

Le temperament & les vertus.

font

Carcapuli, de Acoſta.

font eſtat pour guerir les maladies. Mais ſur toutes les au tres proprietez dont l'on a veu l'experience, il eſt fort ſin gulier à reſerrer toute ſorte de flux de ventre, principale ment quand il procede de s'eſtre trop eſchauffé apres le femmes. Or il faut manger le fruict meur, ou bien prendr ſon ſuc auec du laict aigre, ou bien la poudre d'icelu quand il eſt ſec. Eſtant meſlé auec du laict aigre, & cui auec du Ris, c'eſt vne choſe eſtrange comme il fait auoi bon appetit. Le ſuc, & méme la poudre de ce fruict eſtan ſec, ſont propres aux cataractes & esblouïſſemens des yeux Les Sages femmes vſent couſtumierement de la poudre d ce fruict, & l'ordonnnent aux nouuelles accouchées, pou faire ſortir l'arriere-faix, & les faire purger: & pour leur fai re venir à force laict. Méme elles tiennent que cette poudr eſt fort ſouueraine pour faire deliurer aiſément vne femm qui eſt en trauail d'enfant. On meſle de ſon ſuc auec de autres Plantes, & le met-on ſur l'ongle du gros arteuil, d coſté où il y a commencement de taye ou cataracte en l'œil & dit-on que cela y ſert grandement. On porte ce fruict ſe de Malabar aux autres Prouinces.

Du Carambobas, CHAP. XI.

LE fruict qui eſt appellé par ceux de Malabar & par les Portugais *Carambolas*: en Decan *Camrix*: en Camara *Camarix* & *Carabeli*: en Malayo *Bolimba*: & par les Perſes *Chamaroch*, croiſt ſur vn arbre grand comme vn Coignier, ayant les fueille comme vn Pommier, vn peu plus longues, de couleur d vertbrun, & d'vn gouſt amer. Ses fleurs ſont petites, com poſées de cinq fueilles blanches-rouſſaſtres, ſans aucune odeur: combien qu'elles ſoient belles, & d'vn gouſt aigre comme l'Ozeille. Quant au fruict il eſt gros comme vn gros œuf de poule, long, iaunaſtre, & comme diuiſé en qua tre parties auec des canneleures profondes de fort bonne grace, au milieu duquel il y a des grains tendres, qui on bon gouſt à cauſe de leur aigreur. Il eſt en grand vſage tan en viande qu'en medecine: car quand il eſt meur on le donne contre les fieures cauſées par les humeurs bilieuſes; & meſme on le confit auec du ſucre, & s'en ſert-on au lieu du ſyrop aigre. Ceux de Canarie font des collyres auec ſon ſuc, & autres medicamens qui croiſſent en ce lieu-là, pour guerir les tayes des yeux. Iay veu vne Sage femme (qu'ils appelleut *Daya*) qui vſoit de ce fruict ſec reduit en poudre, & des fueilles de Betele, pour faire ſortir l'arriere-faix aux nouuelles accouchées, & l'enfant mort au ventre de la mere. On en vſe auſſi communement en compoſte; d'autant qu'il eſt de fort bon gouſt, & réueille l'appetit.

Carambolas de Acoſta.

Des

Des Cloux de Giroffle. CHAP. XII.

Les noms.

Es Anciens Grecs n'ont pas eu cognoissance du fruict qui est appellé en Grec καρυόφυλλον, ou καρυόφυλλος : en Latin *Caryophyllum*, & *Caryophyllus* : c'est à dire de mot à mot, *Noix fueilles* ; & toutefois on appelle de ce nom vn fruict, ou commencement de fruict qui n'a rien de semblable auec les fueilles de Noyer : les François l'appellent *Clou de Giroffle*, pource qu'il a vne teste comme vn clou ; & aussi *Giroffle* : les Arabes *Carhumfel*, *Charumfel* : es Italiens *Garofano*: les Espagnols *Clauo de especia*. les Allemans *Negel*. Pline en fait mention, disant: l vient aussi en Indie vne chose semblable à vn grain de Poiure, qu'on appelle *Caryophyllum* : toutesois elle est plus grande & plus fraile. On dit qu'elle croist en vn bois d'Indie. On la nous apporte our seruir aux parfums. Serapion traittant des *Giroffles* allegue faussement Galien, ayant prins ce u'il en dit de Paulus, ou de quelque autheur plus moderne que Galien. Or voicy ce que Paulus en it : le *Giroffle* n'est pas de la qualité que son nom Grec porte : car ce sont comme des fleurs d'vn ertain arbre qui croist en Indie, lesquelles sont longues & noires, quasi de la longueur d'vn doigt, dorantes, acres & vn peu ameres, chaudes & seches quasi au troisiesme degré, qui seruent en diuerses façons aux viandes, & à plusieurs autres medecines. Mais les modernes autheurs en ont parlé lus asseurement & veritablement. Le *Giroffle*, ainsi que dit Garsie, est appellé par les Arabes, Perses, urcs, & quasi par tous les Indiens *Calafur*, & aux Molus *Chanque*. Quant aux noms que l'autheur es Pandectes a mis, à sçauoir *Arumfel*, & *Charumfel*, Garsie estime qu'ils sont corrompus. Le *Giroffle* croist seulement aux Maluques qui sont cinq Isles ; en lieux qui ne sont pas fort loin de la ner, ny fort pres aussi. Il en croist aussi en Zeilan & en quelques autres lieux : toutefois cest *Arbre* e porte point de fruict, si ce n'est aux Isles Maluques. Or est-il de la figure & grandeur d'vn Laurier, mesme il a les fueilles semblables à celles du Laurier, sinon qu'elles sont plus estroites, fort semblables à celles des Saules ou des Peschiers, ainsi que dit l'Escluse. Il a beaucoup de branches & de fleurs, qui sont premierement blanches, puis verdastres, & finalement roussastres ; lesquelles estans endurcies font les *Giroffles*, qui ont comme vne teste au bout auec quatre petites dents estendues en estoile. Cette fleur croist au bout des petites branches, comme le fruict du Meurte. Icelle estant verte est si odorante, qu'il n'y a fleur au monde qui sente si bon. L'Escluse estime que les *Cloux de Giroffle* ne sont pas la fleur endurcie: mais plustost le commencement du fruict, comme on voit aux fleurs des Pommes, Poires, Grenades & autres fruicts: car la fleur, qui est composée de quatre petites fueilles, est au bout de ce commencement de fruict, pleine de beaucoup de filamens, quasi comme la fleur du Meurte: les queuës lõgues, ausquelles sont attachées les fleurs qui s'appellent *Fusts*. Les fueilles ne sont pas si odorantes que les *Cloux*, ny mesme les branches, sinon apres qu'elles sont vn peu seches. On amasse les *Giroffles* dés le quinziesme de Septembre iusques au mois de Ianuier, ou de Feurier, non pas auec la main, comme aucuns disent; ains à force de battre l'arbre. Car ceux qui les cueillẽt, apres auoir ballié tout à l'entour de l'arbre, battent les plus hautes branches ; car il ne croist point d'herbe sous cest arbre, d'autant qu'il attire à soy tout le suc & humidité de la terre. Apres qu'ils sont abbatus, on les laisse secher trois ou quatre iours durant, puis apres on les amasse, & les enuoye-on en Malaca, & autres Prouinces. eux qui demeurent sur l'arbre deuiennent plus gros ; toutefois ils ne sont point differens d'auec les utres, sinon d'autant qu'ils sont plus vieux. Ainsi donc Auicenne a eu tort de dire que ceux-cy oient les masles. *L'Arbre* croist de soy-mesme des *Giroffles* qui tombent : car comme ainsi soit qu'il e manque iamais de la pluye, pour nourrir ce fruict quand il est cheu en terre, il en sort des pets arbres, qui sont grands dans huict ans, & durent iusques à cent ans, ainsi qu'asseurent ceux u païs. Au reste ceux-la se trompent, dit Garsie, qui croyent que *l'Arbre des Cloux de Giroffle*, des Noix Muscades est tout vn. Car la Noix Muscade a les fueilles quasi rondes, semblables aux fueilles de Pin. Mais le *Girofflier* a les fueilles comme le Laurier, & plus estroites. En utre on porte les *Cloux de Giroffle* en l'Isle de Bande, qui est bien loin de là, & en laquelle il roist des Noix Muscades. Auicenne dit que la *Gomme du Girofflier* est semblable en faculté à la herebentine ; toutefois ceux qui apportent les *Cloux de Giroffles* des Maluques ont dit à Garsie qu'ils n'auoient

Cloux de Giroffle, de Matthiol.

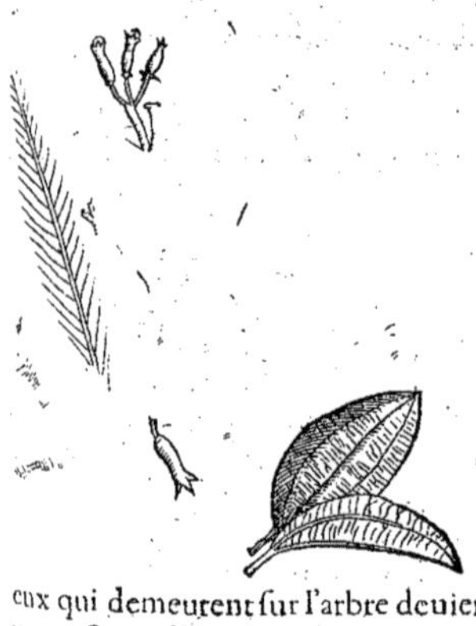

Marginal notes: Liu. 12. ch. 7. — Liu. 7. — L'hist. des Arom. d'Ind. ch. 21. — Le lieu. — La forme. — Le temps. — Liu. 2. c. 311.

Girofflier, de Acosta.

n'auoient point veu cette *Gomme*. Neantmoins l'Escluse dit que parmy les *Cloux de Giroffle* que l'on porte à Anuers, il s'y treuue quelquefois de la *Gomme rousse-brune*, qui est assez odorante, laquelle estant mise sur les charbons allumez sent les *Cloux de Giroffle*, & que c'est peut-estre cette *Gomme* de laquelle Auicenne parle ; toutefois il ne l'ose pas asseurer. En l'Isle de Iaua, on fait plus d'estat de ces *gros Cloux de Giroffle* qui ont vn an, & au contraire nous aimons mieux les plus petits, lesquels ceux des Moluques mettent en composte auec sel & vinaigre tandis qu'ils sont verts ; mesme on y en confit des plus tendres au sucre, qui ont merueilleusement bon goust. Les femmes Portugaises qui demeurent en ces quartiers-là, tirent de l'eau des *Cloux de Giroffle frais*, laquelle sent diuinement bon, & est bonne aux accidens du cœur. Aucuns font suer ceux qui ont la grosse verolle, auec des *Cloux de Giroffle*, des noix Muscades, du Poiure long & noir. Les autres appliquent la *poudre des Cloux de Giroffle* sur la teste, contre la douleur d'icelle procedante de quelque cause froide. Les femmes Indiennes & les Portugaises aussi, en maschent pour auoir bonne haleine. Iceux sont bons, ainsi que dit Serapion, pour le foye, l'estomac, & le cœur, & fortifient lesdites parties. Ils aident à la digestion, & resserrent le ventre. La *Poudre* d'iceux prinse au poids de quatre dragmes auec du laict eschauffe à l'amour. Dauantage Auicenne dit, que les *Giroffles* aiguisent la veuë, & consument les tayes & mailles des yeux. Acosta descrit l'*Arbre* qui porte les *Cloux de Giroffles*, disant que c'est vn *Arbre* de la figure & grandeur du Laurier, mais qu'il est plus branchu à la cime, & a les fueilles plus estroites. Il porte beaucoup de fleurs, qui sont blanches du commencement ; puis apres vertes, lors qu'elles sont formées à mode de fruict ; mais estant meures elles sont rouges, & apres qu'elles sont cueillies & sechées elles deuiennent noires. Icelles croissent à mode des figues, çà & là par les branches au pied des fueilles, & sont deux à deux, trois à trois, ou quatre à quatre ensemble, & quelquefois vne seule. Les Arabes, Perses, & Turcs, les appellent *Caramful* : l'Arbre, *Siger* : & la fueille, *Varagua*. Paulus Æginèta dit que ces fleurs sont acres, chaudes & seches au troisiesme degré. Les autres le mettent seulement au second. Elles fortifient l'estomac, le foye, & le cœur, prouoquent l'vrine & resserrent le ventre. Mises dans les yeux elles aiguisent la veuë, & nettoyent les mailles. Prinses au poids de quatre dragmes auec du laict elles eschauffent la personne à l'amour.

Les vertus.

Liure 3. des simpl. c. 319

La forme.

Les noms. Le temperament & les vertus.

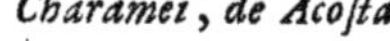

Charamei, de Acosta.

Du Charamei, CHAP. XIII.

IL se treuue *deux especes de cet Arbre. L'vn* est grand comme vn Nefflier, & a les fueilles semblables aux fueilles des Poiriers, vertes-blaffardes, & porte vn fruict semblable à vne Noisette, fort iaune, fait à beaucoup d'angles & de fort bonne grace, du goust des aigrets, auec vne aigreur plaisante, lequel on mange meur ou non meur, ou bien en composte. *L'autre* est de mesme grandeur, & a les fueilles moindres que celles des Pommiers, & le fruict plus gros que le precedent : de la decoction duquel, auec du Sandal, les Medecins de Canarie vsent contre les fieures. Il croist aux forests & montagnes esloignées de la mer. Les Decanins & Canarins choisissent de la *premiere sorte*, qui croist le long des eaux, celuy qui croist plus loin de la mer. Et prennent la longueur de quatre doigts de sa racine, qui est pleine de laict, puis la pilent auec vne dragme de Moustarde, & la donnent aux Asthmatiques : car elle euacuë fort par dessus & par dessous. Que si la

Les noms.

Le lieu.

Les vertus.

a purgation est trop grande, ils mangent vn fruict vert de Carambolas, ou bien boiuent vn traict de inaigre Canarin, (ce n'est autre chose que le decoction du Ris gardée vn iour ou deux, iusqu'à tant u'elle aigrisse, de laquelle les Canarins vsent au lieu de vinaigre & s'en seruent en medecine) que si a purgation ne cesse pour cela, ils lauent la teste du patient auec de l'eau froide. On vse fort de ces *harameis* en ces prouinces-là, ou on les mange pour donner appetit meurs & non meurs, salés, ou en omposte, ainsi qu'il a desia esté dit, & parmy les autres viandes qu'ils veulent rendre aigres. On les ppelle en Decan, en Canara, & communement *Charameis*: les Arabes, Perses, & Turcs, les nomment *Ambela*. *Comme il en faut vser.*

Des Durions, CHAP. XIV.

IL y a vn fruict en Malaca de si plaisant goust & odeur, qu'il semble tenir le premier rang entre tous les fruicts qui croissent en cette Prouince-là, iaçoit qu'il y en ait de fort bons, & en grand nombre, & pour raison de son excellence, & mesme pource que le Docteur de Orta en fait aussi mention au chapitre *De Datura*, combien qu'il ne l'eust pas veu: i'ay bien oulu en traitter comme l'ayant veu, encor qu'il ne serue de rien en medecine. Ce fruict s'appelle n Malayo. là où il croist, *Duriaon*, sa fleur, *Buaa*, & l'Arbre *Batan*. C'est *Arbre* est fort grand, & 'vn bois fort & massif, couuert d'vne grosse escorce cendrée, auec beaucoup de branches, & qui orte beaucoup de fruict. Ses fleurs sont blanches, & vn peu iaunastres. Ses fueilles ont demy pale de longueur, & sont vn peu dentelées à l'entour, vertes-blaffardes par dedans, & vertes-brunes par dehors, tirans vn peu sur le roux. Son fruict est gros comme vn Melon; couuert d'vne escorce espaisse, garnie de beaucoup d'aiguillons, courts, gros & piquans, verte par dehors, & cannelée en long comme vn Melon: mais par dedans il y a comme quatre chambres en long, en chascune desquelles il y a trois ou quatre creux, en chascun desquels il y a vn fruict blanc comme cresme de laict, gros comme vn œuf de poule, qui est de meilleur goust & odeur que la viande que les Espagnols appellent *Maniar blanco*: toutefois il n'est pas si tendre & visqueux. Car ceux qui n'ont pas cette blancheur, mais sont iaunastres, sont pourris ou gastez par l'iniure de l'air, ou par la pluye. On tient pour les meilleurs ceux qui n'ont que trois fruicts par chasque chambre, & puis ceux qui n'en ont que quatre: car on ne tient conte que de ceux qui en ont cinq, comme aussi de ceux qui sont creuassez. Or il n'a pas accoustumé d'y auoir plus de vingt fruicts par chasque pomme, chascun desquels a vn noyau enclos au dedans, semblable à vn noyau de Pesche, non pas rond, mais longuet, d'vn goust fade, qui rend la langue aspre, comme font les Nesfles vertes, à raison dequoy on ne les mange pas: Ce fruict est chaud & humide, & quand on le veut manger il le faut presser legerement auec le pied, de peur des espines, pour l'ouurir. Il semble à ceux qui n'ont iamais goutté de cette viande, du commencement qu'ils le flairent, qu'ils flairent des oignons pourris: mais apres qu'ils en ont tasté, ils les treuuent de meilleur goust & odeur que les autres viandes. Or les friands font si grand cas de ce fruict, qu'ils estiment que on ne s'en sçauroit saouler; à raison dequoy ils luy donnent diuers epithetes. Ie me souuiens d'auoir eu des epigrammes faits à la loüange de ce fruict, par vn certain Poëte, lesquels i'eusse volontiers nis icy, si le lieu eust esté commode, & m'asseure qu'ils eussent pleu au lecteur. Et toutefois il y a si grande abondance de ce fruict en Malaca, qu'on ne le vend pas plus de quatre Marauedis la piece, rincipalement aux mois de Iuin, Iuillet & Aoust. Car aux autres mois on les vend comme l'on veut. Au reste il y a vne Antipathie, ou contrarieté estrange, & admirable entre ce fruict icy, & la Betele: car si l'on met quelques fueilles de Betele, dans vn nauire chargé de *Durions*, ou dans vne maison, ou voute, où l'on les garde, ils se gasteront & pourriront tous. Et d'autant que si on mange trop de *Durions* cela charge l'estomac & y cause inflammation, il ne faut qu'appliquer vne fueille de Betele sur l'estomac, & l'inflammation & enfleure passera soudain: mesme si apres auoir mangé des *Durions*, on mange quelques fueilles de Betele, on ne sentira point mal, iaçoit que l'on en mange grande quantité. De là vient que l'on dit, que personne ne se sçauroit saouler d'en manger, ioint le bon goust qu'ils ont.

Durions de Acosta.

Les noms. La forme.

Maniere de cognoistre le fruict.

Le temperament & les vertus.

Le prix.

De l'Ebene, *CHAP. XV.*

Les noms. Liu. 1. c. 111. La forme.

EBENOΣ en Grec, s'appelle en Latin *Ebenus*: en Arabe *Abanus* & *Abenus*: en Italien *Ebeno*: en François *Ebene*. On tient, dit Dioscoride, pour le meilleur *Ebene* celuy d'Ethiopie qui est noir, n'ayant aucunes veines, & poli comme corne polie, massif quand il se rompt, d'vn goust piquant & vn peu astringeant. Estant mis sur les charbons il rend vne bonne odeur sans fumée Estant frais si on l'approche du feu il s'allume, à cause qu'il est gras, & si on le frotte sur vne pierre aiguisoire il deuient roux. Il en croist aussi en Indie, qui a des lignes blanches & iaunes, & beaucoup de taches: mais le premier est meilleur. Theophraste dit que *l'Ebene* ne croist sinon en Indie, disant; *l'Ebene* croist particulierement en Indie, dont il y en a de *deux sortes*, desquels *l'vn* est en prix, & quant à *l'autre* on n'en tient pas conte. Le meilleur est rare, mais on treuue assez de l'autre. Il n'aquiert pas le lustre de sa couleur pour estre gardé: car il l'a naturellement: C'est vn arbrisseau fait à mode de Cytise. Virgile dit aussi:

Liure 4. de l'hist. ch. 5. — Liure 6. des Georg.

Il n'y a que l'Indie qui porte de l'Ebene.

Liu. 12. c. 14. Pline ayant suiuy les dessusdits Autheurs dit que Virgile a celebré *l'Ebene* comme croissant particulierement en Indie, & non ailleurs. Neantmoins Herodote dit qu'il vient d'Ethiopie, & que de trois en trois ans les Ethiopiens par forme de tribut rendoient aux Roys de Perse cent phalanges de *l'Ebene*, de l'or, & de l'yuoire qu'ils tiroient de leurs païs. Peu apres il adiouste: la charte de l'Ethiopie qui fut n'a pas long-temps apportée à l'Empereur Neron, monstre assez que depuis Syene, qui est és confins des terres de l'Empire, iusques à Meroë, où il y a neuf cents nonante six milles, on treuue fort peu *d'Ebene*, & que quasi en tout ce païs on ne voit point d'autres arbres que de Palmiers. Fabianus dit que *l'Ebene* ne brusle point, & toutefois il rend vn fort bon parfum quand on le brusle. Il y a *deux especes d'Ebene*, dont le meilleur, qui est le plus rare, est gros comme vn arbre, & n'a point de neuds au tronc. Il est fort noir & luisant, encor qu'il ne soit point poli, & a le bois fort beau. L'autre *Ebene* est fait à mode d'arbrisseau, & iette plusieurs rejettons, comme le Cytisus. Ce dernier se treuue par toutes les Indes. Theuet dit que le bon *Ebene* qui est si prisé croist en Indie, & principalement en l'Isle appellée Palmoborre. Au reste il y a bien occasion de douter si *l'Ebene* qu'on nous apporte est vrayement *Ebene*, pource qu'il ne rend point de bonne odeur quand on le brusle: toutefois il pourroit estre qu'il perdist de son odeur par succession de temps, en demeurant longuement sur la mer. Les Apothicaires le prennent pour le bois d'Aloës, & pourroit-on bien, ainsi que dit Pena, dire que *l'Ebene* des Apothicaires est *vne espece de Guaiac*. Car les pieces fort dures que l'on en voit és boutiques, qui vont à fonds estans mises en l'eau, & la graisse qui en sort au feu comme du *Guaiac*, & mesme la monstre, les proprietez, & le goust, semblent s'accorder à cela. Que si quelqu'vn, suyuant le Poëte, dit que *l'Ebene* ne croist qu'en Indie, il respond qu'il en peut bien prendre autant à *l'Ebene* comme au *Guaiac*, qui croist non seulement pres de la Taprobane vers l'Orient & le Midy: mais aussi en l'Indie Occidentale, qui est bien esloignée de là. Au reste Dioscoride descrit ainsi les proprietez de *l'Ebene*. Il esclaircit la veuë, ostant ce qui la trouble, il est fort souuerain pour les vieux rheumes, & pour les pustules des yeux. Or il seruira mieux si on en vse au lieu d'vne pierre aiguisoire pour faire les collyres. Il aura plus d'efficace pour les medecines des yeux, si on en met trempeṙ des pieces ou copeaux dans du vin de Chio, l'espace d'vn iour & d'vne nuict, puis apres qu'on le reduise en collyres. Aucuns les passent apres les auoir moulus, d'autres vsent d'eau au lieu de vin. On le brusle aussi en vn pot de terre neuf, iusqu'à ce qu'il soit reduit en charbons. On le laue comme le plomb bruslé, & alors il est bon aux inflammations seches des yeux. Pline traitte diuersement cette mesme matiere. On dit que la *poudre de l'Ebene* est fort souueraine pour les yeux, & que son *bois* estant moulu contre vne pierre aiguisoire auec du vin cuit, esclaircit la veuë. (Dioscoride dit qu'il sera meilleur d'vser de ce *bois* au lieu de pierre pour faire les collyres.) Sa racine appliqué auec eau guerit les tayes & les mailles des yeux. Prinse en miel auec de racine de Serpentaire par esgales portions, elle guerit la toux. En somme les Medecins mettent *l'Ebene* entre les medicamens corrosifs. Ces derniers mots, *Sa racine auec eau*, ne sont pas en Dioscoride ny aussi en Galien, lequel dit que *l'Ebene* est du nombre des bois qui se dissoluent en les broyant auec d'eau; comme font quelques pierres. Il est chaud, detersif, & de parties subtiles: tellement qu'on tient qu'il nettoye ce qui offusque la prunelle de l'œil. On le mesle parmy les autres medicamens des yeux, qui sont propres pour les vieux vlceres, defluxions & pustules.

Tom. 1. liure 21. ch. 21. — Les vertus. Liu. 1. c. 111. — Liu. 24. c. 11. — Liure 6. des simpl.

De l'Encens

De l'Encens, CHAP. XVI.

Les noms. Li.1.2.c 132. L. des simpl. chap.175. Li.10.1. ch.70. Le lieu. Comment il le faut choisir.

Es Grecs appellent *l'Encens* λίβανος, & λιβανωτός: les Latins *Thus*: Auicenne l'appelle *Conder*: Serapion *Ronder*, mais faussement. Les Italiens *Incenso*: les Espagnols *Encienso*: les Allemans *Vueirauch*. *L'Encens*, selon Dioscoride croist en Arabie, laquelle pour ceste cause est appellée *Encensiere*. Le meilleur de tous est le *masle*, qui est surnommé *Stagonias*, qui est rond naturellement, & gras au dedans quand on le rompt, qui brusle aussi tost qu'il est au feu. Mais celuy d'Indie est roussastre, & de couleur blaffarde, & est fait rond artificiellement: car l'ayans oupé par morceaux quarrez, ils les saboulent dans des pots, iusques à ce qu'ils soient ronds. Mais estuy-cy deuient iaune: on l'appelle *Atomon* ou *Syagron*. Le *second* en bonté est l'Arabique, qui ient en *Smilo*, qu'aucuns appellent *Copiscum*, qui est beaucoup plus petit, & plus roux. Il y en a ncor *vne sorte* que l'on appelle *Amonite*, lequel est blanc, & se brise quand on le serre entre les oigts, à mode de Mastich. On falsifie *l'Encens* en l'apportant auec de resine de Pin, & de la omme; ce qui est aisé à cognoistre, pource que quand on le met au feu, s'il y a de la gomme il e rend pas de la flamme, & la resine s'en va en fumée: mais *l'Encens* s'enflamme aussi tost, mes- e l'odeur descouure ladite tromperie. Voila ce que Dioscoride dit touchant *l'Encens*; l'histoi- duquel il ne sera pas hors de propos de poursuiure plus au long suyuant Theophraste & Pline.

L.9. de l'hist. chap.4. Liu.12. c.14.

'Encens ne croist en aucune autre region qu'en Arabie, encor ne croist-il pas par toute l'Arabie; ais seulement quasi au milieu dudit païs, aupres des Aramites, qui est vne bourgade des Saeens. Ce lieu est tourné deuers le Leuant de l'Esté, & est tout garny à l'entour de rochers inccessibles, & à droite il est fermé des rochers qui battent dans la mer. Les forests où croist 'Encens, ont cent mille pas de longueur, & la moitié d'autant de largeur. Ces forests confient aux Mineens, qui est vn peuple à part, pour la contrée desquels il faut necessairement u'on passe *l'Encens* par certains chemins fort estroits, de sorte qu'on l'appelle encor *l'Encens Mineen*; d'autant qu'ils furent les premiers qui firent train *d'Encens*, comme encores ils font aujourd'huy. Au reste les autres Arabes n'ont pas le credit de voir les arbres qui portent *l'Encens*; mesme il n'est pas permis à tous les Nineens de les voir: car on dit qu'il n'y a pas plus de trois cents aisons audit païs, qui par droit de succession s'attribuent ce droit de cueillir *l'Encens*; aussi les appelle-on *Race sacrée*, pource que quand ils veulent tailler ou esmonder les arbres qui portent *l'Encens*, ils ne s'approchent d'aucune femme, ny d'aucun mort, & par cette ceremonie ils endent *l'Encens* plus cher. Aucuns disent que tout *l'Encens* est commun à ceux de cette naion, d'autres afferment qu'ils le cueillent tour par tour. Au reste combien que les Romains ayent mené guerre en Arabie, si est-ce, dit Pline, qu'il n'y a aucun Autheur Latin, que ie sçache, qui ait descrit la figure de *l'Arbre* qui porte *l'Encens*. Mesmes les Grecs en parlent diuersement. Car les vns, comme dit Theophraste, disent qu'il a les fueilles semblables au Poirier, sinon qu'elles sont plus petites & de couleur verdastre. Les autres comparent sa fueille à celle du Lentisque, & disent qu'elle est rougeastre. Le Roy Iuba escrit que *l'Arbre* de *l'Encens* auoit le tronc tortu, & que sa branchure retiroit à celle des Esrables de Ponte. Et en outre qu'il iette vne gomme comme font les Amandriers, & que ceux qu'on voit au Royaume de Rasigut sont tels, comme aussi ceux qui ont esté plantez en Egypte, durant le regne des Ptolomées: toutefois on tient pour certain qu'ils ont l'escorce semblable au Laurier: mesme aucuns disent que leur fueillage est semblable. Et de faict les arbres que l'on a veus à Sardes ville de Lydie estoient tels, lesquels y furent apportez par le moyen des Roys de Natolie. Cependant, dit Pline, tous les Gouuerneurs qui de mon temps sont venus d'Arabie, ont rendu ce que l'on dit de *l'Encens* plus incertain qu'au parauant. Ce qui est fort esmerueillable, veu mesme qu'on nous en apporte des branches, par lesquelles on peut iuger que *l'Arbre* de *l'Encens* est rond, & sans auoir aucun neud. Anciennement on ne cueilloit *l'Encens* qu'vne fois l'an, pource qu'il s'en vendoit peu. Mais depuis, pource qu'il est deuenu cher, on a commencé à le cueillir deux fois. La premiere cueillette, qui est la plus naturelle, se fait au cœur de l'Esté, au commencement des iours Caniculaires, & taschoit-on d'entamer l'Escorce de *l'Arbre* à l'endroit où on la voyoit plus tendre, & plus menuë; & toutefois il ne falloit que simplement ouurir sans oster la piece. De cette incision il en sortoit vne escume grasse, qui se congeloit sur des clayes de Palmiers, là où l'on en pouuoit fournir, autrement on pauoit la terre à l'entour de *l'Arbre*. Or celuy qui tombe sur les clayes est plus net, mais l'autre est plus pesant. *L'Encens* qui demeure attaché à *l'Arbre*, se racle auec des instrumens de fer, aussi est-il plein d'escorce d'arbre. On amasse en Automne celuy qui est sorty en Esté, qui est le plus net & blanc. La seconde cueillette se fait au Printemps apres auoir fait au preallable l'incision en Hyuer. C'est *Encens* est roux & n'est point à comparer à l'autre. On dit aussi que celuy qui sort des ieunes *Arbres* est blanc; mais que celuy des vieux *Arbres* est odorant. Aucuns disent que le meilleur *Encens* vient aux Isles: toutefois le Roy Iuba dit qu'il n'y en croist point. Voila ce que les anciens

ciens ont escrit touchant *l'Encens*, auec lesquels les modernes ne sont pas d'accord en tout & par tout : car en premier lieu Garsie dit qu'il est bien certain qu'en toute l'Indie il ne croist point *d'Encens*, & que tout celuy qu'on y despend, & que l'on apporte en Portugal, vient d'Arabie, tellement qu'il s'estonne comme Dioscoride & Auicenne qui l'a suiuy ont escrit que *l'Encens*, croissoit en Indie : toutefois il se faut moins esbaïr des Arabes : car ils pourroient aussi bien appeller Inde, *l'Encens*, que Dioscoride appelle *noir*, comme ils appellent les Mirobolans noirs, Indes. Au reste les Arabes appellent *l'Encens*, *Louan* : selon que dit Garsie, du nom tiré du Grec, & quasi tous vsent de ce nom là, & y en a peu qui l'appellent *Conder*. Ils appellent aussi l'arbre qui produit *l'Encens Louan*, dont il s'en treuue de *deux sortes* : car les vns croissent en la montagne, & les autres en la plaine. Ceux des montagnes viennent sur des montagnes aspres, & portent le meilleur *Encens* : mais les arbres qui croissent en la plaine portent *l'Encens, noir*, & le pire, duquel on se sert à poisser les nauires, en le meslant auec d'autres resines, comme nous faisons de la Poix. Tous ces arbres appartiennent au Roy, tellement que personne n'ose cueillir *l'Encens* sans sa permission. Or les Marchans d'Aden, Xael, & autres lieux d'Arabie s'assemblent là, & s'accordent auec le Roy de la quantité de *l'Encens* qu'ils doiuent emporter, & du prix d'iceluy, pourueu que ce soit du bon que nous appellons *Masle* & eux *Melato*. Quant à *l'Arbre de l'Encens*, il est petit, & a les fueilles comme le Lentisque, & vient particulierement en Arabie : toutefois les Espagnols disent qu'il se treuue aussi de *l'Encens* au nouueau monde : mais ie m'en rapporte à ce qui en est. Or d'autant que le bon *Encens* est assez à bon marché, & que le pire qui est quelquefois meslé parmy le bon, & qui a des pieces d'escorce attachées ensemble, est encor à plus vil prix. Garsie estime que celuy que l'on nous apporte n'est point falsifié ; car à quelle raison, dit-il, sophistiqueroit-on ce qui est à si bon marché : mais Theuet n'est pas d'accord auec Garsie : car il dit que *l'Arbre de l'Encens* retire aux Pins, qui portent la resine, & qu'il iette vn suc lequel s'endurcit auec le temps, & est appellé *Encens*, parmy lequel on treuue des grains comme de sable ou d'arene, que l'on appelle *Manne d'encens*. Et qu'au reste il y a plusieurs Isles & contrées esquelles cest *Arbre* croist, non pas en Arabie seulement : mesmes qu'il est aussi commun en d'aucuns lieux, comme sont les Orengiers en Prouence : toutefois que *l'Encens* qui croist en Arabie, & à Pecher & Fartach, qui sont villes du Royaume d'Aden est le meilleur, comme il estoit aussi anciennement, lequel il cueilloient auec de grandes ceremonies & superstitions. Or il y en a de *deux sortes*. Car on amasse l'vn en Esté, durant les iours Caniculaires, lequel est blanc, pur, net, & reluisant : L'autre s'amasse au Printemps & n'est pas si pesant, si bon, ne si exquis à beaucoup pres que le precedent, pource que cestuy-là est comme plus meur, & mieux cuit dessous l'escorce de son arbre par la chaleur du Soleil. Au reste les Arabes incisent les arbres auec des couteaux, afin qu'il en coule plus de liqueur, qu'ils appellent *Alboucor*. Et de fait il y a tel arbre qui iettera soixante liures *d'Encens*, & encor dauantage. Nous auons mis icy le pourtrait de *l'Arbre* suyuant Theuet, & la maniere de le tirer. Au surplus Pena escrit qu'il a eu de *l'Encens*, clair & reluisant, qui estoit aussi net & pur que l'Ambre, lequel auoit les marques de celuy de Dioscoride. Car estant mis en parfum il sentoit merueilleusement bon, & estoit merueilleusement propre pour resoudre estant appliqué sur les playes & enfleures, ayant vn peu d'astriction, par le moyen de laquelle il fortifioit la partie, & que Maistre Launan Medecin de la Rochelle, hommme tres-docte luy en fit present ; toutefois il n'en disoit rien pour certain : mais simplement que les mariniers luy auoient rapporté que l'vn & l'autre estoit sorti d'vn tronc d'arbre semblable à vn Pin. Or il a mis le pourtrait de la fueille, pource qu'elle est fort rare, & que personne ne l'a encor fait pourtraire, plustost pour demander si c'est

Liu. 1. des Arom. d'Ind. chap. 6.

Les noms.

Les especes.

La forme.

Tom 1. du 4. liure de sa Cosmogr.

Arbre de l'Encens, de Theuet.

Fueille de l'Encens pur & net, de Pena.

c'est la fueille d'vn arbre portant resine, que pour le vouloir asseurer: car elle est composée de deux peaux minces : ce qui se voit rarement dés le pied de la queuë iusques au fin bout qui est redoublé, & fait vne graine d'vne paume & demie de long, à mode d'vn entonnoir large, & crestée au bout, comme les autheurs escriuent des fleurs du Napellus, & de la Lonchitis : mais non d'aucune autre fueille. Il reste maintenant à declarer les proprietez de *l'Encens*, qui sont grandes & bien certaines cõtre diuerses maladies tãt interieures qu'exterieures. Dioscoride dit que *l'Encens* est chaud, il esclaircit la veuë trouble, remplit les vlceres cauerneux, & les cicatrices. Il consolide les playes sanglantes, & estanche tout flux de sang, iaçoit qu'il coulast des membranes du cerueau. Reduit en liniment auec du laict, il appaise les vlceres malins & chancreux, comme aussi les vlceres du fondement, & autres parties du corps. Enduit auec vinaigre & poix il fait passer les verrues qui demangent quand elles commencent à venir, & les dertres. Auec graisse de pourceau ou d'oye il guerit les brusleures du feu, & les mules aux talons ; comme aussi les tignons & vlceres de la teste si on les en frotte auec du nitre. Auec miel il guerit les apostumes des racines des ongles. Auec de la poix il soude les oreilles rompues, mais pour les autres douleurs des oreilles il en faut verser dedans auec du vin. Il est bon à l'inflammation des mammelles des nouuelles accouchées si on l'applique dessus auec huile rosat & terre à lauer. On en mesle parmy les medicamens de l'artere aspre, & des parties nobles. Prins en breuuage il sert au crachement de sang ; toutefois si on en boit estant en santé, il fait sortir la personne hors du sens ; mesme si on en beuuoit en quantité auec du vin il feroit mourir. *L'escorce de l'Encens* a les mémes proprietez que *l'Encens* : toutefois elle a plus d'efficace, & est plus astringente. A raison de quoy estant prinse en breuuage, elle sert au crachement du sang ; mise en pessaire elle sert aux flux des femmes. Elle est singuliere pour les cicatrices des yeux, & pour les vlceres sales & cauerneux. Estant rostie elle sert aux defluxions seches des yeux. La *Manne de l'Encens* (nous appellons ainsi, dit Pline, les petites pieces de *l'Encens* qui sont tõbées en secoüant l'arbre) a les mesmes proprietez que *l'Encens*, toutefois elle a vn peu moins de force. La *Suye de l'Encens* appaise l'inflammation des yeux, arreste les defluxions, mondifie les vlceres, emplit ceux qui sont cauerneux, & empesche les chancres de s'augmenter. Or Galien declare ces mesmes choses plus distinctement : *L'Encens*, dit-il, eschauffe au second degré, & desseche au premier ; mesme il a vn peu d'astriction, toutefois on ne s'en apperçoit comme point au blanc : mais [l]'*escorce* est notoirement astringente. Ainsi donc elle est fort desiccatiue, tellement qu'elle desseche au second degré complet. Or est-elle de parties plus grossieres que *l'Encens*, & a peu d'acrimonie. A raison desquelles qualitez & proprietez, les Medecins en vsent fort pour ceux qui crachent le sang, pour la debilité de l'estomac, & aux defluxions d'iceluy ; comme aussi à la dysenterie, la meslans non seulement parmy les medicamens exterieurs, mais aussi parmy ceux que l'on prend au dedans. Quant à la *Suye de l'Encens* elle est plus seche & plus chaude que *l'Encens*, tellemẽt qu'elle arriue au troisiesme degré. Mesme elle est quelque peu detersiue. A raison de quoy elle mondifie & remplit les vlceres des yeux, cõme aussi celle de la Myrrhe & du Styrax. Voila ce qu'en dit Galien. Quant à ce Dioscoride dit, que *l'Encens* prins par vne personne estant en santé, la fait sortir hors du sens : il n'y a point d'autre autheur Grec qui l'ait escrit, au moins que ie sçache. Au contraire Auicenne dit que *l'Encens* aide au cerueau, & le fortifie, & que l'on ordonne à aucuns de s'accoustumer à boire de son infusion à ieun ; toutefois que quand on en vse il cause douleur de teste. Mais ce que Dioscoride dit, qu'estant prins en grande quantité il fait mourir ; Auicenne dit aussi que si on en prend beaucoup auec du vin il tue la personne ; comme aussi auec du vinaigre. Serapion traduit ainsi ce passage de Dioscoride : Et si ceux qui sont en santé en boiuent vn peu, il leur est bon ; mais s'ils en boiuent trop auec du vin, il fait perdre le sens ; mesme si on en boit assez en quantité, il fait mourir.

Les vertus. Liu. 1. ch. 70.

Liure 7. des simpl.

Liu. 2. c. 53.

Li. des simp. ch. 178.

Du Fausel. CHAP. XVII.

FAVFEL en langage Arabique, ainsi que dit Serapion, signifie la *Noisette d'Indie* : Auicenne l'appelle *Filfel* & *Fufel* ; toutefois ces noms sont corrompus, ainsi que dit Garsie : en Malauar le commun peuple l'appelle *Pao* : mais les plus nobles l'appellent *Areca*, comme font aussi les Portugais qui habitent aux Indes : en Guzarate & Decan on l'appelle *Cupari* : en Zeilan *Poas* : en Malaca *Pinam* : en Couchin *Chacani*. L'arbre qui porte ce fruict est droict, d'vn bois spongieux, ayant les fueilles comme le Palmier. Son fruict est comme vne Noix muscade, excepté qu'il est plus petit, ou bien il retire à des petites noix ; dur au dedans, & marqueté de veines blanches & rouges ; & si n'est pas du tout rond, mais plat d'vn costé, combien que toutes ces marques ne conuiennent pas à toutes les *espece de Areca*. Il est couuert d'vne peau fort cottonnée, chastre par dehors, ressemblant fort aux Dattes apres qu'il est meur, & deuant qu'il soit sec. Mattheu Siluaticus a bien eu cognoissance de ceste *Noisette* : car il en parle ainsi : *Fausel*, ou la *Noisette d'Indie* est fort semblable à vne Noix muscade, si ce n'est qu'elle est platte d'vn costé, & releuée de l'autre

Les noms. Liure 1. des Arom. d'Ind. ch. 15.

La forme.

Fausel, ou Areca, de l'Escluse.

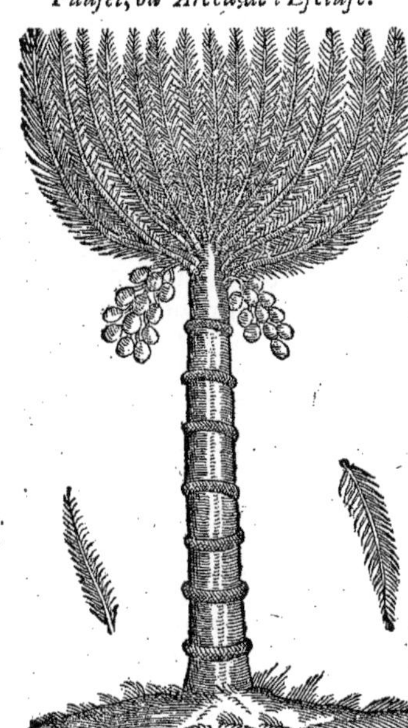

l'autre, si bien qu'elle se peut tenir debout, comme vne quille à iouer. Quant au reste elle retire à la Noix muscade, tant au dedans qu'au dehors, excepté qu'elle n'a ny odeur, ny goust. Elle est enclose dans vne gousse bourrue, qui semble de soye. On en porte souuent en Calicut parmy les autres espices. Et de faict i'en ay veu vne dans sa gousse. Voila ce qu'il en dit. Au reste il y a abondance de *Fausel* en Malauar: mais il y en a peu en Buzarate & Decan, & ce seulement és lieux maritimes, toutefois c'est bien le meilleur, specialement celuy de Chaul, que l'on porte en Ormuz. Mais le meilleure de tous croist en la contrée de Bacain, duquel on porte à Decan, auec celuy qui vient en Gauchin, qui est noir, petit, & fort dur quand il est sec. Il en vient aussi en Malaca; toutefois c'est en si petite quantité, qu'il ne suffit pas pour les habitans du lieu: mais il y en a à force en Zeilan, toutefois il est tout blanc. On le transporte en la contrée de Decan qui est subiette au Catamaluque, & aussi en Bisnaga. On en transporte aussi de Zeilan en Ormuz, Cambaya, & aux Isles Maldines. Serapion escrit suiuant Haboanifa, que cest arbre ne croist pas en Arabie, ce que Garsie estime deuoir estre entendu des lieux mediterranées, & pour la plus part. Car il en croist de bon en Dofal & Xaër, qui sont ports d'Arabie; toutefois c'est en petite quantité, d'autant que cest arbre s'aime és lieux maritimes, & ne s'aime aucunemēt és lieux mediterranées: car autrement on y en planteroit fort curieusement, pource que les Arabes en mangent tous les iours, comme aussi les Moalis (c'est vne sorte de gens qui suiuent la secte d'Hali, gendre de Mahomet) mesme aux iours qu'ils ieunent, & lors qu'ils ne mangent pas du Betre: car ils mangent *l'Areca* auec du Cardamome, pour purger l'estomac & le cerueau. Serapion suiuant l'authorité d'Isaac, escrit que le *Fausel* eschauffe peu, & a peu d'amertume: neantmoins Garsie dit qu'il en a gousté, & qu'il ne luy a point semblé chaud, mais plustost fade & astringeant. A quoy s'accorde ce que Serapion adiouste suiuant d'autres autheurs, à sçauoir qu'il est froid, sec & astringeant; & que partant il est bon aux maladies chaudes: qu'il sert contre la douleur des dents, & r'affermit les genciues & les dents esbranlées. Ioint aussi l'authorité d'Auicenne, qui dit que le *Fausel* est froid & astringeant. Au demeurant Garsie dit, que le *Fausel* n'estant pas meur estourdit & enyure; à raison de quoy aucuns en mangent, à celle fin qu'estans comme yures, ils sentent moins les douleurs. On mesle auec le *Fausel* ou *Areca* les mesmes choses que nous auons dit que l'on mesloit auec le Betre, combien que le Betre soit chaud, & *l'Areca* soit froid & sec: toutefois on y adiouste encor du Lycion, pource que l'vn & l'autre conferme les genciues, raffermit les dents, fortifie l'estomac, & est bon au crachement du sang, aux vomissemens & aux flux de ventre. Or on le prepare ainsi: On mange la noix de *Fausel* apres l'auoir pilé fort menu auec du Lycion & des fueilles de Betre, desquelles on ait osté la coste, comme il sera dit en parlant du Betre, puis ils crachent la premiere saliue qui est sanglante, par ce moyen ils purgent l'estomac & le cerueau, & raffermissent les genciues. Les plus riches composent des trochisques du *Fausel*, du *Lycion*, de la Camphre, du bois d'Aloës, & vn peu d'Ambre, lesquels ils maschēt. Garsie auoit accoustumé de tirer de l'eau du *Fausel vert* par des alembics de verre, de laquelle il se seruoit heureusement contre le flux de ventre causé par les humeurs bilieuses. Scaliger traittant de ce mesme arbre, dit que c'est vne espece de Palmier graile, lequel est fort haut, & a les fueilles bien lisses, entre lesquelles sort le fruict à mode de grappe de Raisin, gros comme vne noix, & blāc. Les plus riches mangent de ce fruict à leur dessert. On le nomme *Areca*, mesme on en porte au marché, où il se vend bien quand il est frais. On le fait aussi secher pour le garder tout ainsi que les Dattes. Vuartomanus appelle l'arbre *Areca*, & le fruict *Coffol*. Louys Romain au liure 5. de sa nauigation, chap. 7 l'appelle *Choffolo*: mais Garsie l'appelle *Fausel* & *Areca*, comme il a esté dit cy deuant. Il se trouue aussi, ainsi que dit Scaliger, des petits Palmiers qui ont les fueilles si polies, qu'on s'en sert au lieu de papier pour escrire dessus. Il y a aussi en la prouince de Mangi, vn arbre appellé Tal, qui a les fueilles fort grandes, desquelles on se sert au lieu de papier par toute l'Indie, il porte vn fruict semblable aux gros naueaux: ce qui est dessous l'escorce est tendre, doux & bon à manger; toutefois l'escorce est meilleure & de meilleur goust, & est appellée par aucuns Vgueral. Or puis que nous sommes sur le propos des fueilles grandes des arbres, il ne faut pas oublier ce que dit Nicolas de la Coste, c'est qu'aupres de la ville de Cael il se trouue des perles, & que là mesme il y a vn arbre qui ne porte point de fruict, les fueilles duquel ont six brasses de longueur, & autan

Le lieu.

Chap. 335. des simpl.

Au mesme lieu. Le temperament & les vertus.

Liu. 2. c. 256.

Palmier pour escrire.

Tal, arbre aux fueilles tres-grandes.

tant de largeur, & sont si deliées, qu'estans serrées, on les pourra enclorre d'vne main, desquelles on se sert au lieu de papier pour escrire, & pour se couurir & garder de la pluye. Car en estendant vne de ces fueilles deux ou trois hommes peuuent estre si bien couuerts en voyageant, qu'ils ne seront point mouillez encor qu'il pleuue à bon escient. Au surplus Acosta descriuant les *Noisettes d'Indie*, dit que c'est vn fort grand arbre, droit, mince, rond, & qui a le bois spongieux. Il a les fueilles plus longues & plus larges que le Palmier qui porte les *Noix d'Indie*, lesquelles sortent à la cime d'iceluy, entre lesquelles il sort des verges menuës, chargées de fleurs blanches, qui ne sentent comme rien, apres lesquelles vient le fruict, qui est appellé *Areca*, gros comme vne noix; toutefois il n'est pas rōd, mais longuet comme vn petit œuf de poule, ayant vne escorce par dehors qui est fort verte tandis qu'elle est fraische, & fort iaune quand il est meur; tellement qu'à le voir de loin, on diroit que ce sont Dattes meures. Ceste escorce est composée d'vne matiere molle & bourrue, couurant vn fruict gros comme vne bonne Chastagne, plat d'vn costé, blanc, dur, & plein de veines rouges, lequel ceux du pays mangēt. Or ils ont accoustumé de le couurir dans du sable, tandis qu'il est encor frais, afin qu'il soit meilleur & plus plaisant à manger: mais ils le mangent communement auec les fueilles de Betele. En outre ils le concassent & le font secher au Soleil, & alors ils l'appellent *Checani*, & en vsent fort, tant en viande comme aux bains astringeans, & se nettoyent les dents auec son escorce. Or pource que le bois de cest arbre est fort spongieux, il est mal-aisé à rompre; tellement qu'vn baston de ce bois de la grosseur de deux doigts peut aisément retenir vn Crocodile, soit en eau, ou en terre, si on luy fait passer par le gosier, comme l'on a accoustumé de faire quand on les veut prendre, ainsi que i'ay veu. Nous auons mis icy la *Noix de Faufel* auec sa couuerte, suiuant l'Escluse ui dit qu'il a veu vne autre *Noix* longue, grosse comme celle de *Faufel* auec sa couuerte, qui estoit ort dure & noire par dehors, laquelle estant ouuerte retiroit fort biē à vne *Noix muscade*, peut estre stoit-ce vne *espece de Faufel*, ou quelque chose de semblable. Nous en auons semblablement mis

Noisetier d'Indie, de Acosta.

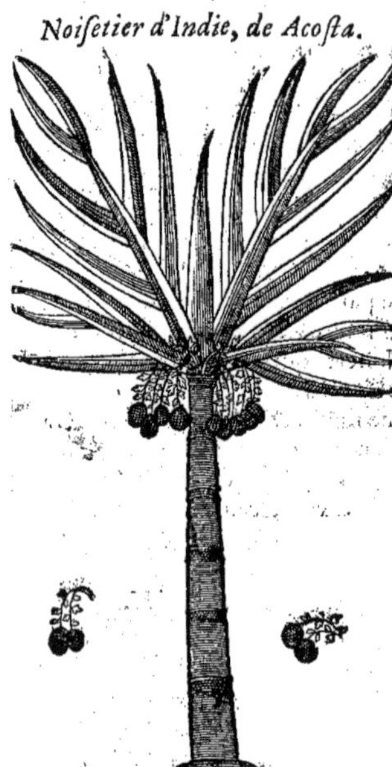

Noisettes d'Indie, de l'Escluse.

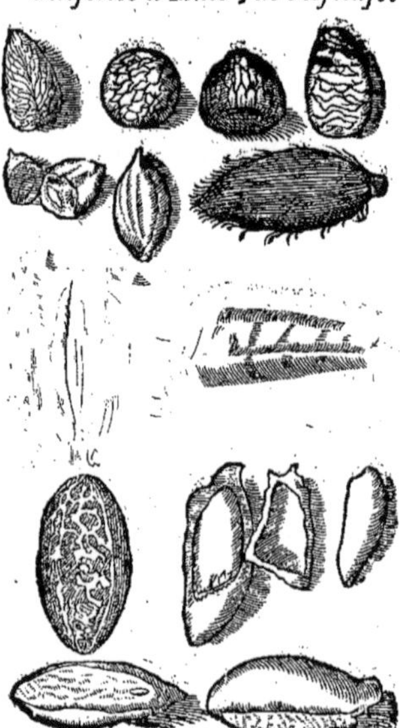

Noisettes d'Indie, de Matthiol.

icy

icy le pourtraict. Le mesme autheur en ses Commentaires sur l'Histoire des Plantes aromatiques de Garsie, met le pourtraict de quelques *Noisettes d'Indie* auec leur description: la premiere est petite ayant trois costez releuez, & trois marques de trous, de la maniere du Coccus, & est couuerte d'vne escaille veluë quasi comme celle du *Faufel*: l'autre peut auoir vne poucée de longueur, & quasi deux de grosseur, platte par le bas, aspre & ridée, de couleur cendrée: mais par dessus où elle est releuée, elle est vnie, & de couleur roussastre tellement qu'il semble que ce soit vne beste couuerte de cuir dur. Icelle est pleine, & en a vne autre au dedans. Il s'en trouue vne sorte quasi semblable à celle-cy qui est noirastre, laquelle Matthiol met sous la *premiere espece des Noisettes d'Indie*: *la troisiesme* fut enuoyée à l'Escluse sous le nom de *Mehembethene*: elle a vne poucée en trauers de longueur, & est faite à triangle, couuerte d'vne escaille dure & de bois; estant rompue elle a trois chambres, dans lesquelles il y a vn noyau long, blanc & doux. Or ie ne voy pas comment c'est qu'elle peut estre nommée *Mehembethene*, veu qu'Auicenne traittant du *Mehembethene*, ne descrit autre chose que le *Lathyris* des Grecs. Matthiol a aussi mis le pourtraict d'autres *Noisettes d'Indie* qu'il auoit eu de Cortusus, lesquelles il descrit comme s'ensuit: La premiere est differente auec le *Faufel* tant en figure comme en grandeur: Elle est couuerte par dehors d'vne escaille semblable à celle du grand Cardamome: toutefois elle est plus dure, plus serrée, & plus brune, de la grosseur d'vne Noix auec sõ escorce verte, dãs laquelle est enclose la Noisette qui est aiguë aux deux bouts, & a le dos vouté: elle est large & platte par le bas, & couuerte d'vn os dur & lisse, de la couleur des Chastagnes, dans lequel il y a vn noyau massif quasi de la mesme figure, & couuert d'vne peau mince & blanche. L'autre est beaucoup plus petite que la precedente, estant enclose dans vne couuerte lisse & tendre, de couleur blaffarde, qui n'est point plus grosse qu'vne fueille de Palmier, & est faite à mode d'vn Gland pointu, ou d'vn Mirobolan Citrin, auec vne escaille dure, dans laquelle il y a vn noyau long, qui retire à vne petite Amande.

Du Figuier d'Indie, ou Opuntia, CHAP. XVIII.

Les noms. Le lieu. La forme.

LA Plante qui est icy peinte, a esté apportée de l'Indie Occidentale, où elle est appellée *Tune*, comme aussi son fruict, & *Tunas*. Ceste admirable fueille espineuse croist de soy-mesme aux Isles du Peru, à sçauoir en l'Espagnole, & autres parmy les champs. Car pourueu qu'vne de ses fueilles soit à demy enterrée, elle iette des racines, & puis apres il en sort d'autres fueilles par le bout, & de celles cy des autres iusqu'à ce qu'il s'en fait vn arbre sans escorce ny branches. Ces fueilles sont fort espesses, quelquefois de l'espesseur d'vn pouce, desquelles il sort des espines blanches, menuës, longuettes & piquantes, & aussi le fruict, qui est semblable aux *Figues communes*; sinon qu'il est plus gros; & est fait à bout à mode d'vne couronne, de couleur verte-purpurine. Le dedans est aussi de mesme comme aux *Figues*; toutefois il est si plein de suc rouge, qu'il teint les mains tout ainsi comme les meures; & mesme rend l'vrine rouge comme sang, quand on en mange beaucoup. Ce qui a mis en grande crainte beaucoup de ceux qui pour n'auoir pas accoustumé d'en manger, ne sçauoient pas cest effect là. Or Pena tesmoigne comme ces fueilles ayant esté apportées d'Indie & replantées tant en Espagne, comme en France, & Italie ont porté fleurs & fruict, comme il en a veu, cueilly & mangé des meurs, lesquels sont du commencement comme le boutton d'vne Grenade, vn peu plus gros, & iaunes mais estans meurs, ils sont de la grosseur d'vne grosse Figue garnis d'espines à l'entour, ayans la peau purpurine, & vn suc au dedans rouge cõme sang, & la poulpe & les grains comme les *Figues cõmunes*: toutefois elle a vn goust plus fade. On pourroit à bon droict soupçonner que c'est *l'Opuntia* de Theophraste & de Pline; car Theophraste en parle ainsi: *La sẽblable seroit, ou plustost encor plus admirable, si quelque arbre prenoit racine par les fueilles, comme l'on dit qu'il y a vne herbe aupres de la ville d'Opus laquelle méme est bonne à manger.* Mais Pline dit, qu'à l'entour de la ville d'Opus il croist vne herbe nõmée *Opuntia*, de laquelle les hõmes mémes mangent. Et est vne chose estrange, que ses fueilles prennent racine, & que l'herbe croist ainsi. Aux mesmes Isles dessus dites, comme aussi en terre ferme, il croist de soy-mesme vn arbrisseau

Figuier d'Indie, ou Opuntia, de Pline.

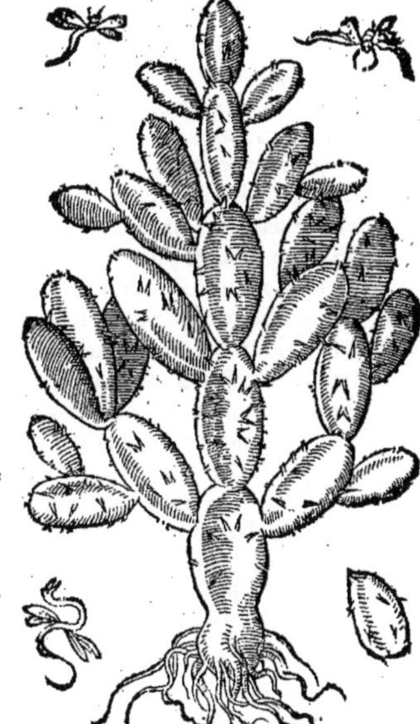

Liure 1. de l'hist. ch. 12.

Liu. 21. c. 17.

rbrisseau qui retire fort au precedent, lequel est appellé par les Indiens *Soudeure*. Nous le pourrons ommer *Opuntia Ostocollos*, pource qu'il est fort souuerain aux rompures & dislocations des memres. Il produit des branches garnies de fueilles laides à voir, fort espaisses & espineuses, semblables aux fueilles du *Figuier* dessusdit, suiuant ce qu'en a escrit l'autheur de l'Histoire generale des ndes. Ses branches ont premierement esté fueilles, de chacune desquelles il en sort vne, & de cel-é-cy des autres, lesquelles s'endurcissent auec le temps, & venans à se multiplier l'vne apres l'autre orment des branches, & en fin deuiennent en arbre, lequel est tousiours verdoyant, & a le tronc ar le bas, & les branches aussi cendrées & aspres. Il porte vn fruict plus petit que celuy du precedent, & plus espineux, de couleur purpurine, visqueux & plein de suc, duquel on fait de fort bonne teinture pour les draps, qui est de longue durée. Ses fueilles broyées apres en auoir osté les espines, & appliquées en forme de cataplasme sur les rompures consolident merueilleusement bien s os rompus. Toutefois il les faut premierement remettre bien en leur place : car le cataplasme yant commencé à faire son operation s'attache si fort à la partie, qu'il est mal-aisé de l'en arracher: nais aussi tost que la partie est guerie il tombe de soy-mesme.

Ostocollos. *Liu. 10. ch. 4.* *La forme.*

Du Figuier d'Indie, CHAP. XIX.

C'EST vne chose admirable, que ce que l'Escluse dit luy auoir esté rapporté par le Seigneur Fabrice Mordent de Salerne touchant cest arbre qu'il appelle *Figuier d'Indie*, duquel nous auons fait faire le pourtraict suiuant sa description. Puis donc, dit-il, que nous sommes venus sur le propos des arbres des Indes, il me semble qu'il ne faut pas oublier st arbre vrayement miraculeux, duquel ledit Seigneur Fabrice m'a parlé. Il a de coustume de deuenir fort haut, & de faire vn tronc bien gros: puis apres il iette ses branches d'vn costé & d'autre, squelles il sort certains filamens, semblables à la goutte de lin, qui sont iaunes tandis qu'ils sont frais. Iceux estans paruenus iusques en terre, prennent racine, & font comme vn arbre nouueau. Car petit à petit ils se font gros, & deuiennent comme de nouueaux pieds d'arbres, produisans aussi par la cime des branches, lesquelles reiettent aussi d'autres cheuelures contre terre, & se multiplient tout de mesme, consecutiuement iusques à vn nombre infini ; tellement qu'vn seul arbre par ce moyen couurira la largeur d'vn mille d'Italie en rond; & mesme il est malaisé de cognoistre le pere & le principal tronc de tout l'arbre, si ce n'est à la grosseur: car le premier pied deuient quelquesfois si gros que trois hommes ne le peuuent embrasser qu'à grand peine. Or ce ne sont pas seulement les branches basses qui iettent ces cheuelures ou filamens: mais aussi mesme les plus hautes ; tellement qu'vn seul arbre fait vne forest bien espaisse. Au reste les habitans de ce pays là pour auoir libre entrée sous lesdits arbres, couppent les filamens qui sont desia conuertis en arbres, à sçauoir les moindres, & par ce moyen font comme des voutes & des ombrages pour se garder de la chaleur du Soleil: Car les autres grosses branches en iettent tant de petites, que les rayons du Soleil ne sçauroient passer à trauers : ains au contraire ces diuerses voutes & destours entrecouppent tellement l'air, qu'il s'y fait souuent vn Echo, qui redouble trois fois & plus la parole. Celuy qui me rapportoit ces choses, disoit auoir veu huict cents ou mille hommes, du nombre desquels il estoit, lesquels estoient tous à couuert sous l'ombre de c'est arbre: & asseuroit qu'il y pourroit cheuir trois mille hommes. Or les petites branches portēt des fueilles semblables aux fueilles de Coignier, vertes par dessus, & blancheastres par dessus, & couuertes de bourre tout de mesme que celles des Coigniers, desquelles les Elephans sont rt friands ; au moyen de quoy on les en nourrit. Le fruict de c'est arbre est gros comme le bout gros orteil, semblable à des *petites Figues*, de couleur sanguine dehors & dedans, & plein de ains comme les *Figues communes*, doux & bon à manger : toutesfois il n'a pas si bon goust que les gues. Il croist tout de mesme parmy les fueilles, aupres de la queuë d'icelles sur les branches noulles. C'est arbre croist en l'Isle de Goa, & lieux voisins. Or il nous faut vn peu rechercher si les ciens ont eu cognoissance de c'est arbre ou non ; & s'ils en ont escrit quelque chose ; puis qu'Axandre le Grand estendit ses conquestes iusques à c'est endroit là de l'Indie ; & la fit voir par ce moyen

Figuier d'Indie d'vne estrange forme.

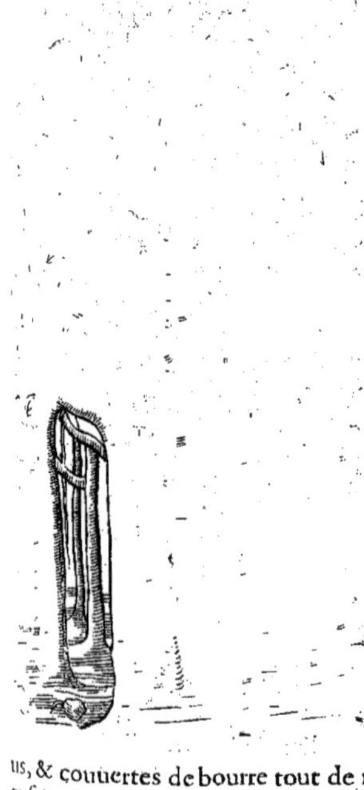

La forme. *Admirable estendue de c'est arbre.* *Le fruict.* *Le lieu.* *A sçauoir si c'est arbre a esté cogneu anciennement.*

moyen aux hommes de l'Europe. Q. Curse 9. liure de son Histoire des faicts d'Alexandre, raconte qu'Alexandre apres auoir vaincu Porus Roy des Indes, & passé le fleuue Hidaspes, entra plus auant en Indie, où il treuua des forests d'vne estendue quasi infinie, fournies d'arbres qui estoient grands & hauts à merueilles; & qui auoient plusieurs branches aussi grosses que de gros arbres fichées en terre, lesquelles estoient si bien reprises que l'on n'eust pas dit que ce fussent branches; mais plustost arbres qui eussent leur racine à part. Mais Pline traittant des arbres de l'Indie en parle en ceste maniere: Il y a, dit-il, vne sorte de *Figuiers* qui portent des *Figues* fort petites. Ces arbres se plantent d'eux mesmes, & neantmoins iettent de fort grandes branches, dont les plus basses se recourbent contre terre, & y prennent racine dans vn an: de sorte qu'on voit des ieunes arbres en rond, à l'entour du gros tronc, comme si on les y auoit fait venir exprés pour parure. Les pasteurs se tiennent à l'ombre en Esté en ceste grotte qui est fort ombrageuse, & remparée d'arbres tout à l'entour, qui est vne chose fort delectable à voir tant dedans que dehors: car tout ce bastiment est fait comme à voutes. Les branches de dessus vont droit contre-mont, où elles font comme vne touffe de bois, ou vne forest. Aussi le principal tronc de ces arbres est si gros, qu'il y en a tel qui a soixante pieds en rond: & l'ombre de l'arbre tient quelque fois deus stades. Les fueilles sont larges comme vne targue Turquesque, & sont faites de mesme (Xenophon les compare aux fueilles de Lierre.) A raison de quoy le fruict demeure petit; pource qu'elles le tiennent à l'ombre. Mesme il y en vient peu, & ne sont pas plus gros qu'vne feue. Toutefois ils sont si cuits par le Soleil à trauers les fueilles, qu'ils sont fort doux, & dignes de l'arbre prodigieux qui les porte. On treuue ces *Figuiers* principalement le long du fleuue Acesines. Il en parle aussi en vn autre lieu: Cela, dit-il, procede de la bonté du terroir, du temperament de l'air, & de l'abondance des eaux, si c'est vne chose croyable, qu'vne troupe de Caualerie se puisse loger sous vn *Figuier*. Strabon descrit aussi vn semblable arbre, sans toutefois en specifier le nom, disant; Il y a des arbres monstrueux en Indie, entre lesquels est celuy, les branches duquel pendent contre terre; & a les fueilles grandes comme vne targue. Onesicritus discourant fort curieusement des choses qui sont en la contrée Musicane, qui est fort auancée contre le Midy, dit; Qu'il y croist certains arbres fort grands, les branches desquels, lors qu'elles ont douze coudées de long, commencent à s'estendre contre terre, & s'estans fichées dedans font des racines comme des prouins: tellement que puis apres elles font vn tronc, duquel les branches estans creuës font le semblable, continuans ainsi de l'vne à l'autre: tellement qu'il se fait vne grotte, qui resemble vne sale soustenue de plusieurs colomnes. Par lesquels discours il est aisé à voir à vn chacun, que lesdits Autheurs ont voulu parler de l'arbre dont est question. Mais Theophraste en traitte plus exactement, lequel estoit du temps d'Alexandre, & sans doute il a recueilly diligemment les rapports de ceux qui auoient suyuy Alexandre audit voyage: car il descrit le *Figuier d'Indie* quasi du tout tel, excepté en quelque peu de marques, qu'est l'arbre lequel nous auons descrit cy deuant suiuant le rapport dudit Fabrice, disant: *En Indie il croist vn arbre, qu'on appelle Figuier, les branches duquel se iettent tous les ans en racines, comme nous auons dit au premier liure. Or ce ne sont pas les nouuelles branches qui font cela, mais celles qui ont vn an ou dauantage. Icelles se fichans en terre font cõme vne haye à l'entour de l'arbre: tellement qu'il s'y fait comme vn Tabernacle, dans lequel les hommes mesmes se retirent. Or on cognoit fort bien les racines d'auec les branches: car elles sont plus blanches, aspres & tortues, & produisent deux fueilles. Mesme l'arbre produit beaucoup de branches à la racine, & se couure brauement tout en rond en façon de voute, estant merueilleusement grand: car on tient que son ombre couure bien deux stades de place; & qu'il s'en treuue qui ont le tronc si gros, qu'il ont plus de soixante pieds en rond: & pour la plus part, au moins quarante. Ses fueilles sont aussi grandes qu'vne targue* (ceste comparaison doit plustost estre entendue de la figure que de la grandeur.) *Son fruict est fort petit, de la grosseur d'vn pois ciche, & resemble à vne Figue; à cause de quoy les Grecs appelloient cest arbre Figuier. Au reste il porte fort peu de fruicts, non seulement à proportion de la grandeur de l'arbre: mais aussi en quelque façon que l'on le prenne. C'est arbre croist aupres du fleuue Acesines.* Voilà ce qu'en dit Theophraste. Or pource que le *Figuier d'Indie*, qui a esté si soigneusement descrit par les anciens, s'accorde auec la description de cest arbre des Indes si admirable, (le nom duquel Fabrice disoit auoir oublié dont il estoit bien fasché) cela a esté cause, que ie l'ay nommé plus hardiment *Figuier d'Indie*: d'autant que ie me fais accroire que c'est le mesme arbre. Et suis merueilleusement estonné de ce que Garsie en son traitté des Plantes aromatiques, ayant fait mention de tant de sortes d'arbres estrangers qui croissent à l'entour de l'Isle de Goa, ne dit mot de cestuy-cy. Au reste pour faire plaisir à ceux qui s'estudient en la cognoissance des Simples, nous auons fait peindre c'est arbre au plus pres du naturel qu'il nous a esté possible sur le rapport & iugement dudit Fabrice. Or il semble que l'arbre qui est descrit par Ouiedo au liure neufiesme de son Histoire ait quelque affinité auec le precedent. *Manglé*, dit-il, est vn des principaux arbres qui croissent communement en l'Indie Occidentale, tant pour bastir, que pour faire des meubles & autres vtensiles de maison. Il croist és lieux marescageux, au riuage de la mer, & le long des riuieres & torrens qui entrent en la mer. Ses fueilles sont semblables aux grandes fueilles de Poirier: toutefois elles sont vn peu plus espaisses

Liu. 12. c. 5. de l'hist. nat. *Figuier de Indie de Pline.*

Liu. 7. ch. 2. *Liu. 5. de sa Geogr.* *Arbre des Indes admirable.*

Figuier d'Indie de Theophraste.

Description du Manglé.

La forme.

aiſſes, & vn peu plus longues. Il porte des gouſſes qui ont deux paumes ou dauantage de lonueur. & groſſes comme celles de la Caſſe purgatiue, brunes, au dedans deſquelles il y a vne poule ſemblable à la moëlle des os, laquelle les Indiens mangent à faute d'autre viande ; car elle eſt ſſez amere: toutefois ils diſent que c'eſt vne viande ſaine. Neantmoins ie fus malade pour en auoir angé, combien que ie ne ſois pas fort delicat, & que i'aye bien accouſtumé de manger des viandes, dont les autres mangent en temps de neceſſité : meſme i'en taſte ordinairement ſans aucune eceſſité, afin d'en pouuoir diſcourir plus à propos ; qui fut la cauſe pourquoy ie taſtay de ce fruict: ais il me ſemble que ceſt vne viande de beſtes, ou d'hommes ſauuages. Or le naturel de ſt arbre eſt eſmerueillable; car il en croiſt pluſieurs enſemble, & ſemble que pluſieurs de ſes branhes ſe recourbent contre terre, & y prennent racine ; car outre pluſieurs branches qu'il a comme s autres arbres, droites, chargées de fueilles, & eſloignées l'vne de l'autre, il en a beaucoup 'autres groſſes ou menues, & ſans fueilles, qui ſe recourbent contre l'eau, & prennent cine dans la terre ou dans l'arene, & puis apres iettent d'autres branches contremont, & ſe tienent auſſi fermes en terre que le gros tronc de l'arbre ; tellement qu'il ſemble que l'arbre ait pluurs troncs attachez enſemble ; ce qu'il fait bon voir ; & en quoy on peut remarquer le naturel articulier de ceſt arbre, qui eſt different d'auec les autres.

Du Gehuph, CHAP. XX.

N l'Iſle de Taprobane, qui eſt auiourd'huy appellée Sumatra, il croiſt vn arbre qui a vne merueilleuſe proprieté, ainſi que Theuet le raconte, lequel eſt appellé en ce lieu la *Gehuph* & en Indie *Colbam*. Ses fueilles ſont petites comme auſſi celles de la Caſſe purgatiue: ſes branches ſont courtes, couuertes d'vne eſcorce iaunaſtre ou de coüleur de Saffran : ſon fruict eſt aſſez gros & rond à mode d'vn eſteuf, dans lequel il y a vne Noix de la groſſeur d'vne Noiſette, ayant vn noyau au dedans qui eſt fort amer, & a le gouſt de la racine de l'Angelique quand on le taſte. Ce fruict eſt fort propre pour eſtancher la ſoif : toutefois ſon noyau encor qu'il ſoit amer eſt beaucoup plus ſingulier : car ceux du païs en tirent de l'huile qu'ils gardent ſoigneuſement, pource qu'il eſt fort ſouuerain contre la douleur du foye, & de la ratelle : car quand ils ſont affligez de ces douleurs là, ils mangent fort peu quelques iours durant, puis prennent de ceſt huile par l'eſpace de huict iours, durant leſquels le mal ſe diminue peu à peu, & puis ſe guerit du tout. Que ſi quelqu'vn ne veut prendre ledit huile comme les enfans ou les femmes, on luy en frotte l'eſtomac, l'eſchine, & les coſtez : c'eſt auſſi vn ſingulier remede contre les gouttes, auſquelles ils ſont fort ſubiects en ce païs-là. Il coule auſſi de la gomme de ceſt arbre, laquelle eſt fort vtile : car l'ayans fait diſſoudre auec du ſuſdit huile, ils en font des cataplaſmes qu'ils eſtendent, ſur des peaux, & les appliquent ſur les parties malades. Ainſi ils cultiuent diligemment ceſt arbre, aupres de leurs maiſons & dans les Iardins.

Tom. 1 de ſa Coſmog. liu. 11, ch 1.

La forme.

L'Arbre de Gehuph.

Du Jaca, CHAP. XXI.

L y a vn arbre qui croiſt en quelques Iſles de l'Indie le long des eaux, lequel, iaçoit qu'il ne ſerue de rien en medecine, ne doit pas pourtant eſtre oublié, à cauſe de ſa grandeur, & de la beauté de ſon fruict. Ceux de Malabar le nomment *Iaca* ceux de Guzarate *Panaxi*: les Canarins *Panaſu*: les Arabes *Panax* & *Iaca*: les Perſes changeans le B, F, le nomment *Fanax*. C'eſt vn grand arbre qui a les fueilles de la grandeur d'vne paume, rtes-blaffardes auec vn gros nerf dur par le milieu tout du long. Son fruict ſort non par l'enoit des branches, ny au pied des fueilles ; mais du tronc meſme, & des groſſes branches, & long & gros, de couleur de vert-brun, couuert d'vne eſcorce groſſe & dure, & garny tout à l'en-

Les noms.

La forme.

Iaca, de Acosta.

Dux especes de fruict.

tout comme de pointes de diamant, au bout desquelles il y a vne espine courte & verte auec vn aiguillon noir fort semblable à l'espine des Durions: toutesfois il ne pique pas combien qu'à le voir il semble le contraire. Le moindre de ses fruicts est grand comme vne grosse Courge & dauantage, principalement en Malauar, où c'est que croissent les meilleurs: car ceux de Goa sont pires & plus petits, & d'vn goust plus fade. Quand ce fruict est meur, il sent bon. On en fait de *deux sortes*: dont les vns qui sont appellez *Barc.* sont les meilleurs, les autres s'appellent *Papa* ou *Girasal*, qui sont les pires. On cognoist ceux-cy en ce qu'ils sont tendres, & consentent quand on les presse auec les doigts: mais le meilleur de tous ces fruicts ne se vend pas plus de quarante Marauedis, qui est vn peu plus d'vn Real de Castill. Ces fruicts fendus en long sont blancs au dedans, & ont vne chair espaisse, & sont comme diuisez par dernes, ayans des creux qui sont pleins de Chastagnes plus longues & plus grosses, que des Dattes, couuertes d'vne peau cendré & blanches au dedans, comme les Chastagnes communes d'vn goust terrestre & aspre, quand on les mange vertes causent beaucoup de ventositez; toutesfois si on les cuit sous la cendre chaude comme les Marrons d'Espagne. Elles ont bon goust, & prouoquent à luxure, à raison de quoy le menu peuple en mange le plus souuent. Chascune de ces Chastagnes est enuironnée d'vne chair iaune, & vn peu visqueuse qui retire aucunement à celle des Durions, combien qu'il ait de la difference. Icelle est de bon goust, specialement celle qui est au Iaca, qu'on surnomme *Barca*, fort semblable à celle d'vn bon Melon: neantmoins elle est de dure digestion, & charge fort l'estomac, & mesme, comme disent les Medecins de ces quartiers là, si elle vient à se corrompre en l'estomac, elle y engendre des humeurs mauuaises & venimeuses & ceux qui mangent volontiers de ce fruict, sont subiects à ceste dangereuse maladie qu'ils appellent *Morxi*.

Iambos, de Acosta.

CHAP. XXII.

La forme.

IL y a vn autre fruict en Indie, lequel pour sa beauté, bon goust & odeur; ioint aussi qu'il sert bien en medecine, merite bien d'estre descrit icy. L'arbre qui porte ce fruict est fort grand, de la grandeur des plus grands Orengers qui soient en Espagne, ayant plusieurs branches estendues d'vn costé & d'autre, lesquelles rendent vn grand ombrage, & sont de bonne grace. Son tronc & ses plus grosses branches sont couuertes d'vne escorce cendrée. Ses fueilles sont fort belles, lisses, de la longueur d'vne paume & d'auantage, auec vn gros nerf ou coste tout le long, & beaucoup de veines à costé d'icelle, vertes-brunes par dessus, & vertes-blaffardes par dessous. Ses fleurs sont rouges purpurines, d'vne couleur bien viue, auec beaucoup de filamens au milieu, belles à voir, & du goust des tendrons de Vigne. Son fruict est gros comme vne Poire de Roy. Il s'en treuue de *deux sortes*: car il y en a qui sont si rouges-bruns qu'ils semblent estre noirs, & n'ont point de noyau pour la plus-part, & si sont les meilleurs: les autres sont rouges-blaffards, & ont vn os au dedans blanc & dur, qui n'est pas tout rond, de la grandeur d'vn os de Pesche, lisse, & couuert d'vne peau blanche & veluë. Et cõbien que ceux-cy ne soient pas si bons que les precedens, ils ne laissent pas pourtant d'estre bien delicats. L'vn & l'autre sont de mesme que les Roses, & est froid & humide, fort tendre, couuert d'vne escorce si tendre & deliée, qu'on ne la sçauroit oster auec vn cousteau. C'est arbre iette ses racines bien auãt en terre, & porte au bout de quatre a

Le fruict.

S

on fruict est meur pour la plus-part dans l'an; mesme on ne voit iamais l'arbre sans fleur & fruict: ar ses branches sont tousiours chargée en vn mesme temps de fleurs & de fruicts, verts & meurs. es fleurs tombent tous les iours, tellement qu'il semble quelquefois que le terroir de dessous 'arbre soit rouge, & quant & quant il en sort d'autres. Quant aux fruicts les vns sont verts, les utres à demy meurs, & d'autres du tout meurs, & prests à cueillir. Quand on secouë l'arbre eux qui sont meurs tombent aisément: mais si on veut tirer vne branche pour en cueillir le ruict, elle se separe aisément d'auec l'arbre. On a de coustume de manger ses fruicts à l'entrée e table, & sur iour entre deux repas. Ceux de Malabar & les Canarins appellent ce fruict *Iamoli*: les Portugais qui habitent là l'appellent *Iambos*: les Arabes *Tupha*: les Indiens & Persiens *Tuphat*: les Turcs *Alma*: les Portugais appellent l'arbre *Iambeiro*. On confit les fleurs & e fruict de cest arbre au sucre, & s'en sert-on communement aux fieures bilieuses, & pour estancher la soif. *Les noms.*

Du Macer, Coru, Pauate, *CHAP. XXIII.*

CE que les Grecs ont nommé μακερ, est semblablemẽt nommé en Latin *Macer* & *Macir*: Auicenne l'appelle *Talisafar*: Dioscoride en parle fort briefuemẽt. *Macer*, dit-il, est vne escorce iaunastre, & grosse, d'vn goust fort astringeant. On l'apporte de Barbarie: Pline n'en dit pas dauantage, on apporte, dit-il, le *Macer* d'Indie, c'est vne escorce rouge d'vne grosse racine, qui porte le nom de l'arbre où elle croist, toutefois ie ne sçay quel arbre c'est. Pline & Galien disent que le *Macer* vient de l'Indie: Dioscoride dit que c'est de Barbarie, qui est vne Isle du fleuue Inde, comme dit Ptolomée, ou bien vne ville: mais il y a bien plus à cõsiderer sur ce que Pline dit que c'est l'escorce d'vne cine; & d'autres, d'vne autre partie de l'arbre, du tronc ou des branches. Or nous ne sçauons à prent quelle escorce est ceste-cy; mesme on ne nous en apporte point. Neantmoins Pena dit que parmy s fragmens de l'escorce exterieure de la Canelle on y treuue vne autre escorce, laquelle estant arrahée du tronc de son arbre resemble fort par le bas à la susdite, toutefois elle n'est pas si grosse, & ne nt comme rien, ou bien comme les Noyers ou le Laurier, ayant vn peu de chaleur & viscosité au oust, meslée auec de l'astriction; tellement qu'il semble que ce soit du *Macer*, attendu que le *Macer*, yuant Dioscoride & Galien, est astringeant & eschauffe, & semble estre vne escorce d'arbre. Or on eut prouuer par plusieurs raisons que le Macis des Apothicaires, qui est la couuerte des Noix Musdes, n'est pas le *Macer*. Car Macis est vne escorce mince, acre, odorante, & vn peu amere. Et *Macer*, lon Pline, est vne escorce rouge d'vne grosse racine. En outre il y a bien de la difference quant aux cultés, d'autant que le *Macer*, suyuant Dioscoride, est fort astringeant. A raison de quoy l'on en prẽt breuuage contre le crachement de sang, la dysenterie, & autres flux de ventre. Pline aussi dit que ste escorce cuite en miel est fort souueraine contre la dysenterie. Galien dit que le *Macer* a vn goust rt aspre auec vn peu d'acrimonie odorante, sentant assez bon. Il semble donc estre composé d'vne ence meslée dont la plus grande partie est terrestre, froide auec vn peu de chaleur & subtilité de rties; par ainsi il est fort desiccatif & astringent, & partant propre aux defluxions de l'estomac, & aux senteries, estant sec au troisiesme degré, & ny trop chaud, ny trop froid. Mais le Macis n'est pas si ringeant, & n'a pas si peu d'acrimonie, mais pique fort la langue & le gosier, tellement qu'on peut re qu'il est chaud & sec à la fin du second degré, ou au cõmencement du troisiesme. Serapion aussi bien sceu la difference qu'il y auoit entre *Macer* & Macis. Car ayãt dit, apres Isaac, que Macis estoit couuerte de la Noix Muscade, il adiouste que Dioscoride parle d'vne autre chose, quand il dit que *acer* est l'escorce d'vn bois. Auicenne aussi a traitté en vn endroit du Macis, qui est la couuerte de Noix Muscade & en vn autre passage du *Macer* sous le nom de *Thalisafar*, cõme estant vne aue chose. Finalemẽt, Dioscoride & Galien ont escrit ce que nous venons de dire touchant le *Macer*; ais quant au Macis, ils n'en ont point parlé, comme ne sachans que c'estoit. Au reste il croist en rtaines Isles Orientales, & specialement en la prouince de Malabar, en l'Isle de saincte Croix, au oyaume de Cochin: tant le long du fleuue Mangate, & vers Cranganor, vn certain Arbre, ainsi que t Acosta, lequel est fort grand, & a beaucoup de branches, estant plus grand de beaucoup qu'vn rme, les fueilles duquel peuuent auoir six ou sept poucées de long, & deux de large, & sont vers-blaffardes par dehors, & vertes-brunes par dedans. On tient que cest arbre ne porte ne fleur ne uict, ains seulement vne graine grande comme vn denier, mince, & de la figure d'vn cœur, de counr iaune, & du goust des Amandes, ou des noyaux de Pesches, couuerte d'vne peau mince & blane, & enclose en vne certaine vessie, composée de deux membranes fort minces & transparentes, intes ensẽble. Ceste vessie vient au milieu d'vne fueille qui est bien aussi grãde que les autres, mais le est plus obtuse, & plus estroite vers la queuë, de couleur moyenne entre rouge & fauue, inegale, ec plusieurs filamens tirés en droite ligne dés la queuë iusques au bout: au demeurant la vessie froncie, & crespée, assez semblable à celles qui croissent sur les Ormes, toutefois elle est vn peu plus

Les noms. Liu. 1. ch. 94. La forme. Liu. 2. ch 8.

Le temperament & les vertus Liu. 12. ch 8. Liure 7. des simpl.

Chap. 2. des simpl.

Liu. 2. c. 448

Liu. 2. c. 687 Le lieu.

La forme.

Macer, de Acosta.

plus large & plus vnie. C'est *Arbre* a vn suc blanc comme laict, tout ainsi que le Meurier, & les racines fort semblables à celles de l'Ieuse, grandes, grosses, esparses au long & au large, & couuerte d'vne grosse escorce, aspre, rabotteuse & dure, de couleur cendrée par dehors, & pleine d'vn suc blanc comme laict, tandis qu'elle est fraische; mais estant seche elle est iaune, & fort astringeante: & combien que ce suc là soit astringeant auec vne acrimonie, si est-ce que ceste acrimonie s'esuanouït incontinent. Il s'aime és lieux sablonneux & humides, & fait mourir quasi toutes les Plantes qui naissent au tour de luy. Les Portugais appellent communement cest *Arbre Arbore de las Camaras*, & *Arbore Santo*, c'est à dire *Arbre de la dysenterie*, & *Arbre Sainct*. Les Chrestiens de ce païs-là le nomment *Arbore de santo Thome*, *Arbre de sainct Thomas* & *Macruyre*. Les Medecins Brachmanites le nomment *Macre*, lesquels font grand estat de son escorce. Icelle estant broyée verte & meslée auec du laict aigre, tous les Medecins tant Brachmanites, Canarins, que ceux de Malabar, s'en seruent auec merueilleux succés pour guerir toute sorte de dysenterie & flux de ventre. Aucuns font tremper vne demye once de ceste escorce seche & puluerizée par l'espace d'vne nuict entiere, en quatre onces de petit laict, & en font boire deux fois le iour, & apres que le malade a prins ce breuuage, ils luy font manger du Ris cuit sans sel ny beurre, & des poulets cuits, detrempez & broyez dans la decoction du Ris: quelquefois quand la necessité le requiert, ils y meslent de l'Opion pour renforcer la medecine: car de faict les Arabes ont accoustumé de guerir toute sorte de flux de ventre en meslant de l'Opion auec de Noix Muscade. On dit aussi que ceste racine est propre pour appaiser le vomissement desordonné, & pour fortifier l'estomac, estant prinse auec d'eau de Menthe & poudre de Mastic. Or ayant vn iour prié vn mien amy Medecin Frachmanite, homme de bien & de bon iugement & reputation enuers tous les habitans de la ville de saincte croix, au Royaume de Cochin, tant Indiens que Portugais, pource qu'ils s'estoient treuuez bien seruis de luy à leur besoin; qu'il luy pleust de me declarer en bonne foy les proprietez du *Macer*, il respondit en ceste maniere: Si vous autres Portugais cognoissiez bien ceste escorce, vous en feriez beaucoup plus d'estat que du Poiure; mais pource que vous ne sçauez que c'est, vous n'en tenez conte. Or la poudre que i'ay accoustumé de faire boire auec du laict aigre, contre toute sorte de flux de ventre est faite de ceste escorce. Et de faict ie vous en pourrois faire voir en ma maison vne bonne quantité que ie veux enuoyer à Bengala, & Iapan. Or vous qui en auez souuent veu les effects, pourriez iuger si c'est vn bon remede ou non. Ie monstray aussi ceste escorce vn iour à vn Ioque (ils appellent ainsi certaine sorte de charlatans qui disent qu'ils font penitence en allant en pelerinage) & luy demanday que c'estoit, combien que ie le sceusse bien, lequel me respondit que ie le suiuisse, & il me monstreroit l'arbre qui porte ceste racine: & de faict il me le monstra, comme ie le sçauois desia bien, & me dit que ceux de son païs l'appellent *Cura santea Macre nistusa garul*, c'est à dire, *Macre qui a esté monstré par les Anges pour le salut des hommes* adioustant qu'ils s'en seruent pour guerir les vomissemens, & flux de ventre; & qu'vn brin de ceste racine fait plus d'effect, qu'vne grande quantité d'escorce de Myrobolans, ou d'Areca, mesme qu'elle est meilleure que le Coru de Malabar, duquel nous parlerons à la fin de ce chapitre. En outre il me dit que le fruict du *Macre* fait mourir & sortir tous les vers du ventre, & rompt la pierre des reins. Et que ceux qui en vseroient tous les matins, seroient hors du danger de la grauelle, & de la colique, & si ne sçauroient estre enyurés. Au surplus il y a grand controuerse entre les autheurs modernes, à sçauoir mon si les Grecs ont cogneu le Macis, & les Arabes le *Macer*; car on ne sçauroit aucunement nier que nous n'ayons la cognoissance de beaucoup plus de medicamens que n'ont pas eu les anciens. Aussi ne pouuons-nous pas nier qu'ils n'en ayent cogneu beaucoup que nous ne cognoissons pas. Car il est certain que les Grecs ont eu cognoissance du *Macer*, touchant lequel nous sommes en doute, & mesme plusieurs ne sçauent que c'est. Et au contraire ils n'ont pas aucunement ouy du Macis & de la Noix Muscade, que nous cognoissons bien maintenant, comme il appert par leurs escrits. Galien dit qu'on apporte le *Macer* de l'Indie, & qu'il est composé d'vne essence terrestre & froide pour la plus-part, & sert par le moyen de son astriction à la dysenterie, & au crachement de sang. Le *Macer*, dit Dioscoride, que l'on apporte de Barbarie, est vne escorce iaune, grosse, & fort astringeante, au goust, laquelle

Les noms.

Le temperament & les vertus.

laquelle estant prinse en breuuage sert contre le crachement de sang, la dysenterie, & le flux de ventre: lesquelles proprietez sont en l'escorce de *l'Arbre* qui a esté descrit cy dessus, & non au Macis qui est la couuerte odorante de la Noix Muscade, & est chaud & sec à la fin du second degré, ou au commencement du troisiesme, & de parties subtiles auec vn bien peu d'amertume & d'astriction. Ainsi donc il est certain que ces autheurs-là, ont parlé de l'escorce de cest *Arbre*, & non du Macis qu'ils ne cognoissent pas. Dauantage vn certain Medecin du Roy de Cochin m'a dit qu'il ne falloit point douter que ce ne fust icy le *Macer* d'Auicenne, & que c'est à faire à des grands asnes de douter d'vne chose si claire & notoire: car les facultez de ce *Macer*, qui sont toutes telles que celles que les anciens ont attribué à leur *Macer*, le declarent ouuertement. Pline aussi dit, qu'on apporte le *Macer* de l'Indie, & que c'est vne escorce rouge d'vne grosse racine qui porte le nom de *l'Arbre*. Et ne faut asseoir fondement sur ce que Dioscoride dit que le *Macer* vient de Barbarie; & Pline & Galien, de l'Indie: car il luy en peut bien prendre de mesme qu'au Cinamome & à la Canelle, c'est que l'on n'a pas bien sceu au vray où c'est que croissoyent ces drogues, d'autant qu'elles venoient de fort lointains païs. Toutefois Ptolomée dit qu'il y a vne Isle ou ville dans le fleuue Inde, que l'on appelle Barbarie, de laquelle il peut estre que l'on apportoit le *Macer*, ou bien qu'on l'apportoit d'Arabie par ce Golfe de mer qui est appellé Barbarique, du nom de l'Isle de Barbarie. Aquoy s'accorde Strabon: Tout ce, dit-il, qui croist en Indie du costé qui tire contre le Midy, croist semblablement en Arabie. Auicenne a fort bien cogneu la difference qu'il y a entre Macis & *Macer*, comme il a esté dit cy deuant. Comme aussi il a esté dit de Serapion. Ainsi donc il apert, que le Macis & le *Macer* sont differens de qualité, de substance, de figure, & qu'ils croissent sur diuers arbres & en diuers païs; attendu que le *Macer*, qui est l'escorce des racines d'vn arbre, croist en Malabar; & Macis, qui est la couuerte des Muscades, croist en Banda, qui sont lieux bien esloignez l'vn de l'autre. Combien que les Moynes qui ont commenté Mesue ayent dit que c'estoit tout vn, monstrans par là leur ignorance monachale. On vse communement du *Macer* par tous les hospitaux des prouinces de China, Iapan, Malaca, & Bengala, contre les dysenteries, flux de ventre, & crachement de sang: à raison dequoy ils en vont querir iusques à Malabar. Aux mesmes prouinces de China, Iapan, Malaca & Bengala, ainsi que tesmoigne Acosta. Outre *l'Arbre* du *Macer* dont nous venons de parler, il y croist deux autres arbres bien differens l'vn d'auec l'autre: toutefois ils ont les mesmes facultez que le *Macer*, dont le premier est appellé en Malabar *Curodapala* & *Curo*: en Canarin *Coru*, & par les Brachmanites *Cura*. C'est *Arbre* resemble à vn petit Orengier: car il a les fueilles sēblables, toutefois elles ont la coste du milieu plus grosse, auec huict ou neuf autres nerfs qui en sortent à costé. Sa fleur est iaune, & ne sent quasi rien. *L'escorce de sa racine* est verte-blaffarde, lisse & menuë, laquelle estant rompue ou entamée rend beaucoup de laict plus visqueux & gluant que celuy du *Macer*, d'vn goust fade, auec quelque peu d'amertume. Iceluy est froid & sec, toutefois il participe plus de froideur que de secheresse, comme aussi disent les Medecins de ces prouinces-là. Or ceux du païs vsent souuent du suc de ceste *escorce*, encor qu'il soit bien mal-plaisant, à cause qu'il est merueilleusement propre contre toute sorte de flux de ventre, tant lienterie, diarrhée, que dysenterie: toutefois les Medecins Portugais en vsent par mesure. On se sert aussi de ceste *escorce seche*, comme de la precedente, combien qu'elle ne soit pas si bonne. Ils la distilent aussi, & en vsent comme s'ensuit: Ils prennent de *l'escorce de cest Arbre* pulueriséе huict onces, d'Ammeos, de Persil, de Coriandre sec, de Cumin noir, le tout quelque peu rosty & redigé en poudre, de chascun trois dragmes, d'escorce de Mirabolans Cepules sept dragmes, de beurre de vache frais deux onces, de laict aigre autant qu'il en faut pour incorporer lesdites poudres, & mettent le tout dans vn alambic de verre si c'est pour les riches, ou bien dans vn alambic commun pour les pauures, & en tirent l'eau, de laquelle ils donnent quatre ou cinq onces auec de l'eau d'Areca, ou d'eau des queuës de Roses, deux onces, à ceux qui ont le flux de ventre (y adioustans s'ils voyent qu'il soit de besoin, des trochisques de Charabe, ou de terre seellée) vne, ou mesme deux fois le iour; & quant & quant apres la prinse de ce breuuage ils ont accoustumé de faire prendre du Ris auec du laict aigre. Ils en font aussi des clysteres qu'ils font prendre à l'entrée de la nuict. Or combien que ceste eau soit souueraine, si est-ce que *l'escorce verte du Macer* est beaucoup meilleure, iaçoit qu'elle soit plus mal-plaisante à prendre; & de plus mauuais goust. La mesme *racine du Coru* est bonne aux hemorroides & creuasses du fondement, soit qu'on la prenne auec du bouillon de Ris, ou bien qu'on l'applique en liniment. La decoction de ses fueilles cuites auec des fueilles de Tamarindes est bonne pour estuuer les iambes qui sont enflées. Mesme il est bon d'appliquer des draps trempez dans icelle sur le ventre, contre l'hydropisie venteuse. Quant à l'autre de ces arbres, qui est le *troisiesme* de ceux qui sont propres au flux de ventre, on l'appelle communement en Malabar *Pauate*: les Brachmenites & Canarins l'appellent *Vasaueli*: les Portugais *Arbol contra las Erisipolas*, c'est à dire *Arbre qui guerit les Erisipeles*. C'est vn arbrisseau qui n'est pas fort branchu, ayant huict ou neuf pieds de hauteur, & peu de fueilles semblables aux petites fueilles des Orengers, excepté qu'elles n'ont pas ce petit commencement, qui est comme vne autre fueille és fueilles des Orenges, & sont bien vertes d'vn costé & d'autre, & de fort belle couleur. Sa fleur est pe-

Diosc. liu. c. 94.

Plin. liu. 12. ch. 8.

Le lieu.

Coru.

Les noms.

La forme.

Le temperament & les vertus.

Panatje.

Les noms.

La forme.

Pauate, de Acosta.

tite, blanche, composées de quatre petites fueilles, du milieu de laquelle il sort vn filament blanc, qui a la pointe verte. Ceste fleur sent comme celle de la Perce-fueille, à laquelle elle retire à la voir de loin. Sa graine est ronde, grosse comme celle du Lentisque, verte-brune, & noire quand elle est meure. Le tronc & les branches sont de couleur cendrée. Sa racine est blanche & fade, auec vn peu d'amertume, quasi sans aucune odeur. Au reste combien que cest *Arbre* soit propre contre le flux de ventre, comme les deux precedens, si n'est il pas à parangonner auec eux: car il est de moins d'efficace, tellement que qui cognoistra les deux precedents ne se seruira pas de cestui-cy au flux de ventre, ains seulement pour guerir les erisipeles de toutes sortes, specialement celles qui procedent simplement des humeurs bilieuses: car on s'est apperceu qu'il est fort singulier contre ceste maladie. On broye le tronc ou racine de cest *Arbre*, & le met on en infusion, dans la decoction du Ris (qu'ils appellent *Canie*) puis on le laisse ainsi en repos par quelques heures iusques à ce que ceste decoction aigrisse, puis on en bassine les erisipeles, & en fait-on boire en bonne quantité deux fois le iour, apres auoir au prealable purgé l'estomac. Ceste mesme infusion est bonne contre l'inflammation du foye, & contre l'ardeur des fieures. En y adioustant vn peu de suc des fueilles des Tamarindes, on en frotte les bords des playes tout à l'entour de peur qu'il n'y vienne de l'inflammation, & pour empescher la defluxion des humeurs. Or pource qu'en ces prouinces-là il y a plus grande abondance de ce dernier *Arbre*, que du *Coru*, les habitans d'icelles en vsent.

Le temperament & les vertus.

Du Mambu, CHAP. XXIV.

La grandeur.

Il se treuue quelquefois de ces arbres ou roseaux sur lesquels vient le *Tabaxir*, de telle grandeur & grosseur que l'on en fait des nacelles sur lesquelles il peut aller deux hommes, & ce sans les creuser: mais ils laissent seulement deux entreneuds en les coupant. Or les Indiens ont accoustumé d'entrer deux à deux dans lesdites nacelles tous nuds, comme c'est la coustume de ce païs-là, d'aller nud, & s'asseoir l'vn à l'vn des bouts, & l'autre à l'autre, à pieds ioints, ayans en chasque main vn auiron de trois ou quatre paumes de longueur, auec lesquels ils voguent de telle adresse & dexterité, que mesme ils remonteront contre le fil de l'eau merueilleusement viste, ainsi que i'ay veu moy-mesme au fleuue Cranganor, sur lequel on voit plusieurs telles nacelles de Cannes, pource qu'ils tiennent qu'allans ainsi sur ces nacelles ils sont plus asseurez contre les Crocodiles qu'ils appellent Caymanes, dont il y a grande abondance en ceste riuiere-là. Et comme ainsi soit qu'ils sont fort furieux, ils se ruent souuentefois sur les barquettes & petites & grandes pour deuorer ceux qui sont dedans. Mesme s'ils treuuent dans la riuiere ou sur le bord vn homme, vn bœuf, vn buffle, vn sanglier, vn pourceau, ou quelque autre beste, ils la deuorent tout à l'instant. Et toutefois ceux du païs disent qu'il ne s'est iamais veu qu'ils ayent assailly ceux qui estoient dans ces nacelles de Roseaux; mesme qu'on les a souuent veu nageans tout aupres sans leur faire aucun mal.

Le fleuue Cranganor. Les Crocodiles.

Mambu, ou Tabaxir.

Du Mamei. CHAP. XXV.

L'Arbre *Mamei* est tout semblable à vn Chastaigner en figure & grandeur, & a les fueilles semblables, excepté qu'elles sont plus grandes. Son fruict est plus gros non seulement qu'vne grosse pesche, mais aussi qu'vne pomme de coing. I'en ay, dit Scaliger, deux noyaux qui sont au dedans du fruict, l'vn desquels est quasi aussi gros qu'vne Pesche, mais l'autre est beaucoup plus gros tellement que de là on peut estimer la grosseur de tout le fruict, lequel a la chair rouge, la peau iaune-dorée, & le goust des pesches. Voicy ce qu'Ouiedo en escrit. L'arbre *Mamei*, dit-il, est fort beau, grand comme vn Noyer, & a les fueilles de méme, ou plus grandes, & plus grosses, vertes de l'vn des costez, de longueur d'vne paume, & larges à l'aduenant. Son fruict est le plus sauoureux de tous ceux qui viennent en l'isle Espagnole, & est quelquefois entierement rond, & quelquefois non gros comme les deux poings, & quelquefois moindre, couuert d'vne escorce iaune, mediocrement aspre, comme les Poires sauuages: toutefois il est plus dur & plus gros. Il y a par fois vn, deux, ou trois noyaux au milieu, separez l'vn d'auec l'autre à mode de grains, couuerts d'vne peau mince, de la couleur d'vne Chastagne, si ce n'est quant au goust: mais le noyau de dedans est amer comme fiel, couuert d'vne peau mince, entre laquelle & la dessusdite est la chair, qui est iaune, du goust des Pesches, ou encor meilleur: toutefois elle n'est pas si pleine de suc, ne si odorante. Cette chair est de l'espaisseur d'vn doigt aux gros fruicts, mais aux plus petits elle ne l'est pas tant.

La forme. *Exer. 181. 8.* *Liu. 8. ch. 20.*

Fueille de Mamei.

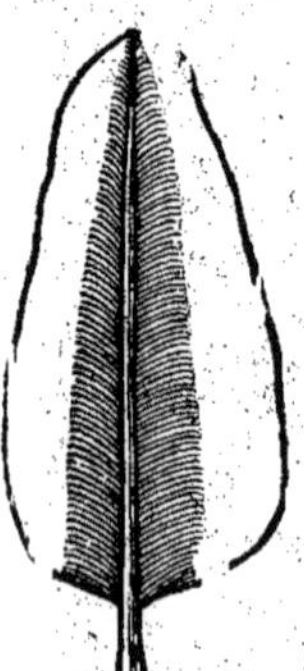

Du Mangas, CHAP. XXVI.

Cest arbre est fort grand, & iette beaucoup de branches. Il porte vn fruict qui est le plus souuent plus gros qu'vn œuf d'oye. En quelques endroits de l'Indie il pese quelquefois deux liures & plus. Il s'en voit souuent sur vn méme arbre qui sont differens en couleur: car les vns sont verds-blaffards, les autres iaunes, les autres rouges-verds, de fort bon goust & odeur; & quand il ne sont pas gastez ils sont meilleurs que les Pesches-coings. Il en croist en diuerses Prouinces, comme en Malabar, Goa, Guzarate, Balagate, Bengala, Pegu, Malaca, & autres prouinces de l'Indie, comme aussi en Ormuz, où il est le meilleur. On l'appelle *Mangas*: les Canarins *Ambo*: les Perses & les Turcs *Amba*. Il demeure sur l'arbre dés le mois d'Auril iusques au mois de Nouembre, selon la diuersité des lieux. On coupe ce fruict par dernes pour le manger, sans vin, ou bien trempé en vin. On le confit aussi au succre pour le mieux garder. On l'ouure aussi quelquefois auec vn couteau, & met on au dedans du Zinzembre frais, des aulx, de la moustarde, du sel, de l'huile & du vinaigre, pour le manger auec du Ris, ou auec des Oliues en composte. On le sale aussi & le fait-on bouillir pour le porter vendre au marché. Il est froid & humide, combien que la populace pour la plus part tient qu'il est chaud, disant qu'il cause des pointures dans l'estomac de ceux qui en mangent. Mesme les Medecins du païs disent qu'il est chaud, & le condamnent, disant qu'il engendre des dertres, erisipeles, des fieures bilieuses, des inflammations, & la rongne: ce qui aduient, peut estre quand il se corrompt en l'estomac: toutefois au temps que l'on mange ce fruict, à cause des grandes chaleurs, plusieurs tombent en de semblables maladies, sans auoir mangé de ce fruict. Deuant qu'il soit bien meur il est astringeant, & ce qui est le plus pres du noyau est le plus aspre: mais quand il est meur, il est doux & de bon goust. Le noyau est couuert d'vne escaille fort dure, auec de la laine tout à l'entour, ou des filamens qui sont entrelassez de trauers & de biais. Il est lõg & gros,

La forme. *Le lieu.* *Les noms.* *Le temperament & les vertus.*

Mangas de Acosta.

& gros comme vn gland d'Yeuse, blanc & couuert d'vne peau blanche, d'vn goust amer estant cru, à raison de quoy il est bon contre les vers, & le flux de ventre: mais estant rosty il a vn tel goust que les glands d'Yeuse. Il s'en trouue aussi d'vne sorte qui n'a point de noyau, est fort plaisant à manger. Il y en a encor vne autre sorte qui est sauuage, qu'ils appellent *Mangas brauas*, qui est vn poison si mortel, qu'ils s'en seruent à se faire mourir l'vn l'autre: car pour peu que l'on en mange on meurt tout incontinent. Quelquefois ils y adioustent de l'huile pour faire qu'il soit plus prompt: mais en quelque façon qu'il soit prins, il fait mourir si subitement, que l'on n'a point peu encor iusqu'à present y trouuer de remede ny contre-poison. Il est de couleur verte-blaffarde, & vn peu reluisant, plein de suc blanc comme laict, & a peu de chair; car il est seulement couuert d'vne grosse escorce, ayant vn noyau au dedans fort dur & cartilagineux: neantmoins il est gros comme vne Pomme de coing. Cest arbre croist en grande abondance par toute la prouince de Malabar, & est plus petit que le cultiué, & a les fueilles plus courtes & plus grosses. Les enfans s'en battent les vns les autres au lieu d'Orenges. Scaliger descrit le susdit *Mangas cultiué* comme s'ensuit: En Malauar il y a vn arbre nommé *Manga*, qui resemble à vn Poirier. Son fruict est gros comme vne Pesche, & dauantage; lequel n'estant pas meur a l'escorce verte, mais venant à meurir au mois d'Aoust il deuient iaune & reluisant. Sa chair est comme celle des Prunes, & a le goust de miel. Au dedans il y a vn noyau comme vne Amande. On le met en composte deuant qu'il soit meur, comme les Oliues, & l'appelle-on *Amba*. Loys Bolognois en son voyage dit que cest arbre croist en Calicut, & en dit les mesmes choses que cy deuant. Garsie en son Histoire des Plantes Aromatiques dit, que le meilleur fruict que les Indiens ayent est celuy qu'ils appellent *Mangas*, & qu'aux pays chauds on l'amasse au mois d'Auril, és autres en May & en Iuin, & quelquefois en Octobre & en Nouembre: & qu'il change selon la diuersité des regions, estant meilleur en vn endroit qu'en l'autre. Et qu'il a en sa metairie, qui est en Bombain, vn arbre de cette sorte, lequel porte deux fois l'an. Car au mois de May il porte du fruict qui a bien bon goust & odeur, mais celuy qui y vient sur la fin de l'Automne est encor meilleur. Iceluy est de couleur rouge-verdastre, & sent bon. On le mange apres l'auoir pelé, & le met-on tremper dans du meilleur vin que l'on ait, comme les Pesches; ou bien sans vin. On le confit aussi au sucre, & quelquefois auec huile, vinaigre, sel, & zinzembre. Quelquefois on le mange auec du sel, & quelquefois bouilly. Il est froid & humide comme les Pesches. Ses noyaux rostis seruent à faire mourir les vers de dedans le corps comme l'on dit. Et de fait cela est bien vray semblable, attendu leur amertume.

Autre espece de Mangas sauuage. Ses vertus.

De la Myrrhe. CHAP. XXVII.

Les noms. Liu. 1. ch. 67.

LA *Myrrhe* est appellée en Grec σμύρνα: en Latin *Myrrha*: en Arabe *Ler Mur*, ou *Mor*: en Italien *Myrra*: en Allemand *Myrrhen*. Dioscoride dit, que c'est la larme ou gomme d'vn arbre, qui croist en Arabie, assez semblable à l'Espine d'Egypte, lequel estant entamé iette cette larme qui tombe sur les clayes ou nattes que l'on met dessous, & d'autre qui demeure attaché au tronc. Apres il en descrit les especes. L'vne, dit-il s'appelle *Pediasimos*, qui est fort grasse, & de laquelle on fait sortir en la pressant la liqueur que l'on appelle *Stacte*. L'autre est appellée *Gabirea*, qui est la plus grasse, & croist en bonne terre, & si rend semblablemēt beaucoup de *Stacte*. Mais la meilleure de toutes est celle qui vient au Royaume de Melinde, duquel elle porte le nom, estant appellé *Troglodytique*, laquelle est reluisante, verdastre & acre. Il s'en amasse aussi vne sorte qui est menuë, laquelle est *la seconde* apres la *Troglodytique*. Elle est tendre comme le Bdellion; toutefois elle a l'odeur vn peu fascheuse, & croist és lieux qui sont à l'abry. L'autre est surnommée *Caucalis*; icelle est seche outre mesure, noire & bruslée. La pire de toutes est appellée *Ergasima*. Elle n'a aucune graisse, & est toute chancie, acre, retirant à la gomme, à laquelle elle retire aussi quant aux proprietez. Celle qui est appellée *Aminaa* est aussi tenue pour mauuaise. Il faut choisir celle qui est fraische, legere, & toute d'vne couleur, laquelle estant rompue, monstre des veines blanches & vnies à mode d'ongles, qui est par petits morceaux, amere, acre odorante & chaude: mais celle qui est pesante & de couleur de poix, ne vaut rien. Pline apres auoir traitté de l'Encens, parle de la *Myrrhe* comme s'ensuit: Aucuns, dit-il, ont dit que les arbres qui portent la *Mirrhe* croissent parmy les arbres de l'Encens; mais la plus-part afferme qu'ils croissent à part: car de faict il en croist en diuers lieux de l'Arabie, mesme l'on en apporte des Isles qui est fort bonne. Les Sabéens aussi passent la mer & en vont querir au pays des Abyssins. Il y a aussi des arbres de *Myrrhe* qui sont cultiuez, lesquels iettent vne myrrhe qui est meilleure sans comparaison que celle des arbres sauuages. Ces arbres aiment à estre hoüez & deschaussez, afin de tenir leurs racines fraisches. *L'arbre de la Myrrhe* est de la hauteur de cinq coudées, & est espineux. Son tronc est entortillé, fort dur, & plus gros que celuy de l'arbre de l'Encens, & est plus gros au bas qu'en tout le reste. Il a l'escorce vnie, semblable à celle de l'Arbousier. D'autres disent qu'elle est aspre & espineuse. Ses fueilles retirent à celles des Oliuiers, toutefois elles sont crespées & piquantes. Iuba dit qu'elles retirent

La forme.

Les especes.

Maniere de la choisir.

Liu. 12. c. 15.

retirent à celles de la Liuesche. Aucuns disent que ces arbres sont semblables au Geneure, excepté qu'ils sont plus aspres & plus espineux, & qu'ils ont la fueille ronde, & neantmoins elle a le goust du Geneure. Mesme il y en a eu de si impudens qu'ils ont osé asseurer que l'encens & la *Myrrhe* sortoient d'vn mesme arbre. Au reste on incise ces arbres deux fois l'an, comme ceux de l'Encens, & en la méme saison : mais on incise ceux qui le peuuent porter dés la racine iusques à la fourchure: neantmoins ils iettent d'eux mesmes deuant que d'estre incisez la liqueur qu'on appelle *Stacte*, qui est le parangon de la *Myrrhe*, apres laquelle on fait estat de celle qui vient des arbres cultiuez: & puis de celle que les arbres sauuages rendent en esté. Au reste il y a plusieurs sortes de *Myrrhe*. Celle qui vient en la contrée des Abyssins est la meilleure *Myrrhe sauuage* qui soit. La *Minicenne* & celle d'Atramita viennent apres: comme aussi *l'Ausarite*, qui viennent toutes au Royaume des Gebanites. La *anite* est *la troisiesme*. *La quatriesme* est celle que l'on amasse en diuers lieux. *La cinquiesme* est celle de *Sembracé*, ville maritime de la region de Saba. *La sixiesme* est celle qu'on appelle *Dasarite*. On trouue aussi de la *Myrrhe blanche*, mais ce n'est qu'en vn seul lieu, laquelle se vend ordinairement en la cité de Messala. *La Myrrhe des Troglodytes* ou *Abyssins*, est estimée, pource qu'elle est grasse, & qu'elle semble estre seche, sale & laide à voir: toutefois elle est plus acre que les autres. Celle *de Sembracé* n'a point ces imperfectiõs-là, & est fort belle: toutefois elle fait peu d'operatiõ. Et pour en parler en general, la bõne *Myrrhe* doit estre par petits morceaux qui ne soiẽt pas ronds, & rendre vne liqueur blancheastre quand on l'assemble, qui aussi a des veines blanches faites à mode d'ongles quãd on la rõpt, & est vn peu amere. La meilleure d'apres est celle qui est de diuerses couleurs par dedãs. Mais la pire de toutes est noire dedans, & encor pis quand elle l'est en dehors. Voila ce qu'en dit Pline, lequel a pris la plus part de Theophraste, de ce qu'il en dit: *L'Encens*, dit Theophraste, *& la Myrrhe viennent au cœur de l'Arabie, à l'entour de Saba, Atramita, Citibena, & Mamali. Or les arbres de la Myrrhe & de l'Encens croissent les vns en la montagne, les autres au pied d'icelle qui est cultiué. Ainsi donc les vns sont cultiuez, les autres non. On dit que ceste montagne est fort haute, & qu'il y nege souuent: à raison de quoy il en sort des riuieres qui coulent par la plaine. On dit aussi que l'Arbre de la Myrrhe est plus petit que celuy de l'Encens, & plus touffu vers le pied, où il a le tronc entortillé, & fort dur, plus gros que la iambe d'vn homme. En outre qu'il a l'escorce vnie, semblable à celle de l'Arousier. Les autres qui disent l'auoir veu ne sont pas d'acord quant à la grandeur, disans que l'vn & l'autre de ces deux arbres ne sont pas fort grands: toutefois que celuy de la Myrrhe est le plus petit, & qu'il a les fueilles piquantes & non lisses, semblables à celles de l'Orme* (aux communs exemplaires il a παραπλησιόφυλλα τῇ πτελέᾳ, mais Pline a leu τῇ ἐλαίᾳ, *semblables à celles des Oliuiers*) *toutefois elles sont crespées, & aigues au bout comme celles de l'Yeuse. D'autres ont dit que l'abre de la Myrrhe retire au Therebinthe, sinon qu'il est plus aspre & espineux, & a la fueille vn peu plus ronde, qui a le goust approchans de celuy du Therebinthe. Aucuns se sont trompez, pensans que l'Encens & la Myrrhe sortissent d'vn méme arbre.* Voila ce que les anciens ont escrit de la *Myrrhe*. Quant aux modernes, Garsie dit qu'on nous apporte beaucoup de *Myrrhe* d'Arabie, que les Indiens appellent *Bola*, & méme de la region des Abyssins, qui est en Ethiopie: mais il n'a iamais peu sçauoir quel arbre c'est qui la porte, ny moyen de la tirer. En outre il adiouste qu'il a ouy dire à vn certain marchand, lequel negotioit en Melinde & Mosambique, & mesme à vn certain Prestre d'Ethiopie, & à vn Euesque d'Armenie, qu'il y a vne certaine sorte de gens montagnards, & sauuages (ils appellent ces gens *Bodoins*, & dient qu'ils parlent la pure langue Arabique, qui approche aucunement de l'antique Chaldaïque, & Syriaque) lesquels apportent la Myrrhe en Bratta & Magadaxo par terre, disans qu'ils l'apportent d'vn pays qu'ils appellent Chaldée. Theuet dit que ce que Pline dit, que ceux de Saba passoient la mer, pour aller querir la Myrrhe, au pays des Abyssins, est faux, d'autant que suiuant le témoignage tant des anciens que des modernes, de là iusques en Arabie, il y a douze cents lieux ou enuiron: car ceux qui ont frequenté par ce païs-là sçauent bien que les Arabes n'entreprennent iamais de grands voyages. Dauantage il est bien certain qu'il n'y a homme si riche en Arabie, qui peust equipper vn nauire suffisant pour aller iusqu'au goulphe de Melinde, qui est situé entre le Royaume de Cefala, & les deserts de Paucal, de la hauteur du Cap de bonne esperance, qui est vne region froide & quasi inaccessible, pour la barbarie de ceux qui y habitent. En outre il taxe ceux qui pensent que la *Myrrhe* croisse en lieux froids & humides, & que les arbres qui portent l'Encens & la *Myrrhe* ne croissent iamais en mesme lieu, & qu'il y a force neige aux montagnes où ils croissent: car il a veu bien enuiron deux mille de ces arbres meslez ensemble en vne mesme forest. Semblablement il dit qu'il n'est pas vray que la *Myrrhe* que les Arabes portent en Alexãdrie d'Egypte, sur les Chameaux, vienne d'Indie, veu que les Indiens mesmes, & ceux qui habitent és Isles de l'Asie, la vont querir en l'Arabie heureuse. Or pource que la *Myrrhe*, selon Dioscoride, doit estre aucunement verte, transparente, d'vn goust acre auec vn peu d'amertume. Il y en a plusieurs qui disent qu'on ne nous apporte point de *Myrrhe* qui soit naturelle, veu méme qu'à grand peine s'en trouue-il en Alexandrie qui ne soit sophistiquée, d'autant que ceux qui la vendent la sophistiquent en diuerses façons, se mocquans des Chrestiens qui l'achetent si curieusement: tellement que celle qui se vend communement, tant s'en faut qu'elle soit grasse & gommeuse, qu'elle est plustost seche & aduste,

Liure 9. de l'hist. ch. 4.

Liu. des Aro. d'Ind. ch. 8.

aduste, noire ou pasle, aisée à froisser, & a grand peine y sent-on ny acrimonie, ny amertume au goust. Mais si la *Myrrhe* que l'on treuue ordinairement chez les Apothicaires est telle, nous ne sommes pas pourtant despourueus de la bonne : car il s'en apporte quelquefois de fort bonne, naturelle, combien que ce soit rarement. Pena dit que ce qu'on prend pour le Bdellion a les mesmes proprietez que la *Myrrhe*, comme il dit qu'il le sçait bien certainement, & que Rondelet estoit en cette opinion, pour en auoir fait l'experience : tellement qu'il croid que c'est *vne espece de Myrrhe*, & en adiouste vne raison bien remarquable ; c'est qu'on apporta vn iour plusieurs marchandise estrangeres à Londres, entre lesquelles il chercha plusieurs telles pieces de bois qui estoit massif, & auoient l'escorce dure & noirastre, garnies de beaucoup d'espines asses grosses & piquantes, ausquelles il y auoit beaucoup de *Bdellion* attaché, qui estoit fort amer dedans & dehors, & s'accordoit bien quant au reste à la description que Dioscoride fait de la *Myrrhe*. Quant à ce que l'on dit de la couleur, il respond qu'il en a veu en la boutique de Guillaume Driesch Apothicaire d'Anuers, de la *rousse*, de la *blancheastre*, & méme de la *verte*. Au reste Dioscoride traitant des proprietez de la *Myrrhe*, dit qu'elle eschauffe, qu'elle fait dormir qu'elle cõsolide, & est desiccatiue & astringeãte. Elle amollit la matrice, & la desopile, fait sortir bien soudain les mois & l'enfant du ventre de la mere ; estant appliquée auec de l'Absynthe, de la decoction de Lupins, ou du suc de Ruë. Prinse de la grosseur d'vne Feue elle est bonne à la vieille toux, à ceux qui ne peuuent respirer sans tenir la teste droite, aux douleurs du costé, & de la poitrine, au flux de ventre & en la dysenterie. Beue auec Poiure & eau de la grosseur d'vne Feue, deux heures deuant l'accés de la fieure, elle empesche les frissons & tremblemens. Mise sous la langue iusqu'à tant qu'elle se fonde, elle guerit l'aspreté de l'artere, & esclaircit la voix. Elle tue les vers dãs le corps: estant maschée elle corrige la puanteur de l'haleine : appliquée en liniment auec Alum liquide, elle oste le bouquin des aisselles. Elle raffermit les dents & les gencіues, si on s'en laue la bouche auec du vin & de l'huile : elle consolide les playes de la teste si on les en enduit: elle guerit les oreilles rõpues, & couure les os desnuez de chair, estãt appliquée auec chair de Limaces. Auec du Myconium, du Castorium & du Glaucium, elle guerit les oreilles fangeuses, & l'inflammation d'icelles : appliquée auec Canelle & miel elle fait passer les boutons du visage : auec vinaigre elle nettoye les dertres : enduite auec du Ladanum & du vin de Meurte, elle raffermit les cheueux qui tombent : remplit les vlceres des yeux, oste les mailles, & esclaircit la veuë, ostant l'aspreté d'iceux. Galien dit que la *Myrrhe* est chaude & seche au second degré : à raison de quoy elle peut consolider les playes de la teste, estant appliquée en liniment: elle a aussi assez d'amertume, par le moyen de laquelle elle fait mourir les vers, & l'enfant au ventre de la mere, & les fait sortir: méme elle est detersiue, à raison de quoy on en met aux medicamens qui seruent pour guerir les vlceres, & oster les grosses cicatrices des yeux. Par méme moyen on en met aux medicamens qui seruent à la vieille toux, & aux asthmatiques : neantmoins elle ne rend pas l'artere aspre, comme font d'autres choses detersiues : car elle est detersiue de telle façon, qu'aucuns la meslent aux medicamens de l'artere, comme estant suffisamment chaude & desiccatiue, sans auoir peur de ce qu'elle est detersiue, à raison de son amertume.

Myrrhe ou Bdeelion attache à sa branche espineuse, de Pena.

Les vertus. Liu. 1. ch. 67.

Liure 8. des simpl.

Du Moringa, CHAP. XXVIII.

La forme. L'Arbre appellé *Moringa*, est de la grandeur du Lentisque, ayant mesme les fueilles semblables : il a peu de branches, à raison de quoy il fait peu d'ombre. Il est tout plein de neuds, & si fraile, que l'on peut rompre aisément tant son tronc, que ses branches. Ses fueilles sont vertes-brunes, de couleur fort viue, du goust des fueilles de Nauets. Son fruict est de la longueur d'vn pied, gros comme vn Raiffort, fait à huict angles, de couleur blafarde, entre vert & cendré, blanc par dedans, plein de mouëlle, & comparti par certains creux, dans lesquels est la graine qui est ronde, semblable à vn Ers, verte & fort tendre ; toutefois elle a le goust plus acre que les fueilles. On mange ce fruict cuit auec la chair, ou apresté en autre façon: la racine de cest arbre sert au lieu de la corne de Licorne, ou de la pierre de Bezoar, & est vne vraye

Theriaque,

Morynga de Acosta.

Theriaque, de laquelle vsent communement les habitans de ce païs-là, contre toutes sortes de poisons, & contre les morsures des serpens les plus venimeuses, qu'ils appellent *Culebras de Capillo*, & autres tels animaux venimeux, la prenans par dedans, & l'appliquans par dehors. I'ay trouué qu'elle estoit fort singuliere contre la cholerique passion. On la mesle parmy les medecines qui euacuent les humeurs melancholiques: elle est bien cogneuë des Ladres, & dit-on qu'il y en a eu plusieurs de gueris en ayant longuement vsé. Il en croist à force en diuers lieux de l'Indie, principalement en toute la prouince de Malabar, le long du fleuue Mangate, où il y en a grande abondance, qui portent beaucoup de fruicts, lesquels on vend au marché comme les Feues en Espagne. *Le lieu.* Les Arabes & les Turcs l'appellent *Morian*: les Perses *Tame*: ceux de Guzarate, *Turiaa*. *Les noms.*

Du Musa, arbre, CHAP. XXIX.

AVCVNS prennent pour vne *espece de Palmier* cest Arbre qui croist en Egypte, Cypre, & en Syrie, aupres de la ville d'Alep, lequel est appellé *Musa*, par ceux qui vont en ce pays-là: les Arabes, comme Serapion & Auicenne, l'appellent *Musa maum*, & *Amusa*: & en Syrie, *Mose*; les Grecs Chrestiens qui habitent en Syrie, & les Iuifs aussi disent que c'est l'arbre duquel Adam mangea le fruict. Ce que Garcie en son traitté des Plantes Aromatiques des Indes, dit estre ridicule: mais ce qu'vn certain Cordelier a escrit, l'est encor plus, c'est à sçauoir que ce fruict est appellé *Musa*, pource qu'il merite que les Muses en mangent, ou bien pource qu'elles en viuent. Il en croist en Cauara, Decan, Guzarate, & Bengola, où il est nommé *Quelli*: en Malauar où il en croist aussi, on le nomme *Palan*: en Malayo *Pican*: & en cest endroit de l'Afrique qu'on appelle Guinee, ils le nomment *Bananas*. C'est vn Arbre de la hauteur de cinq ou six coudées, qui se plante des rejettons des autres, & a les fueil- *Les noms. Liu. 2. c. 49. La forme.*

Musa Arbre.

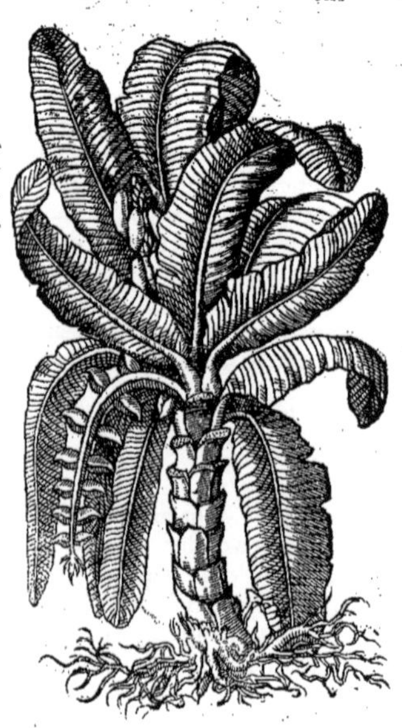

Musa auec le fruict.

les ſemblables à celles des Cannes, fort longues & larges, tellement qu'elles ont quelquefois plus de trois coudées de long, & vne coudée & demie de largeur, auec vne coſte large & groſſe par le milieu. Ses fueilles quand ce vient en Eſté, ſoit que leur naturel ſoit tel, ou que la chaleur du Soleil en ſoit cauſe, ſe ſechent, de ſorte qu'au mois de Septembre il n'y demeure que la ſimple coſte, le reſte de la fueille eſtant tombé, pource qu'il eſt fort mince. Il n'a qu'vn ſeul tronc ſans aucunes branches, couuert d'vne eſcorce eſcailleuſe comme les Palmiers ou les Cannes. A la cime il ſort vn bourgeon tendre, de la longueur d'vne coudée ou enuiron, duquel il en ſort d'autres à trois ou quatre doigts l'vn de l'autre, au bout deſquels on voit les fruicts gros comme vn petit Cocombre, qui ſont aucunement iaunes quand ils ſont meurs, & couuerts d'vne peau à mode de Figues, laquelle s'oſte de meſme que celle des Figues: leur chair eſt comme celle des Pompons, ſans aucun noyau ny graine au dedans. Ce fruict ſemble eſtre fade du commencement à ceux qui en taſtent, & d'vn gouſt mal-plaiſant: mais quand ils continuent d'en manger, ils y prennent petit à petit plus de gouſt, & en fin ils en ſont ſi friands, qu'il leur ſemble aduis qu'ils ne s'en ſçauroient ſaouler. Auicenne parle de *Muſa*, comme nous auons dit, & Serapion auſſi, diſant: *Muſa* eſt chaud au milieu du premier degré, & humide à la fin d'iceluy. Il donne peu de nourriture au corps: il ſert particulierement contre l'ardeur de la poitrine, des poulmons, & de la veſſie. Il laſche le ventre; toutefois ſi on en mange par trop, il nuit à l'eſtomac, & opile le foye. Parquoy ſi quelqu'vn en mange en abondance qui ſoit d'vn temperament froid, il faut qu'il boiue quant & quant apres de l'eau miellée, du vinaigre miellé, ou du Zinzembre confit. Au reſte il nourrit l'enfant au ventre de la mere, il ſert aux reins, prouoque l'vrine, & eſchauffe la perſonne au ieu d'amour. Voila ce que Serapion en dit. Or ſi ceſt arbre eſt vne *eſpece de Palmier*; il eſt bien difficile de iuger quelle eſpece c'eſt de toutes celles que nous auons mis ſuyuant Theophraſte, ſinon qu'on vueille dire que c'eſt celle de laquelle Theophraſte parle, diſant qu'elle croiſt en Cypre, & a les fueilles plus grandes que les autres & plus larges, & le fruict plus gros, de la groſſeur d'vne Pomme-coing, de figure longue. L'Eſcluſe eſtime que *Muſa* des Arabes eſt la Plante de laquelle Pline fait mention, diſant: Il y en a vne autre qui fait le fruict plus gros, & de meilleur gouſt, duquel les ſages Indiens viuent: ſes fueilles reſemblent à des aiſles d'oiſeaux, & ont trois coudées de long, & deux de large: ſon fruict ſort de ſon eſcorce, & eſt merueilleuſement doux, & ſi gros qu'il ſuffit pour ſaouler quatre perſonnes: l'Arbre eſt appellé *Pala*, & le fruict *Ariena*. Il en croiſt à force en Sydracé, qui eſt le bout des conqueſtes d'Alexandre: car, dit l'Eſcluſe, quaſi toutes ces marques s'accordent bien auec la deſcription de *Muſa* ioint qu'en la prouince de Malauar, qui eſt le long du fleuue Indus, ceſt Arbre retient encor le nom de *Palan*, d'où eſt venu le mot Latin *Pala*, comme il ſemble. Au reſte Louys Romain au liure de ſa nauigation a fait mention de ce fruict. Ouiedo l'appelle *Platanus*, d'vn nom mal propre. A Coſta dit que *Muſa* eſt vn Arbre ayant dixhuict ou vingt palmes de hauteur, & eſt beau, & de bonne grace. Son tronc eſt compoſé de pluſieurs eſcorces couchées l'vne ſur l'autre, & eſt gros comme la iambe d'vn homme, & a la racine ronde & groſſe, dont les Elephás ſon fort frians. Ses fueilles ont neuf paumes de longueur, & deux & demy de largeur, ayans vn groſſe coſte par le milieu tout du long, auec des filamens en trauers d'vn coſté & d'autre. Icelles ſont brunes par deſſus, & plus blaffardes deſſous. A la cime de ceſt arbre il ſort comme vne maſſe de fleurs entaſſées enſemble à mode de Pignons, de couleur rouſſe. Apres il iette vne ſeule branche groſſe comme le bras d'vn homme, compartie par beaucoup de neuds, à chacun deſquels il y a dix ou quatorze Figues; tellement que la branche eſt quelquefois chargée de cent ou deux cents Figues. Or les Portugais qui habitent en cette Prouince-là, en eſtabliſſent diuerſes eſpeces: car ils appellent *Cenorins* celles qui ſont fort jaunes, liſſes & longuettes, de bon gouſt, & les plus odorátes: & *Chincapanoes* celles qui ſont quelque peu vertes, & plus longues, qui ſont auſſi de bon gouſt. On fait auſſi eſtat de celles qui croiſſent en Coſula, que les Ethiopiens appellent *Inninga*; mais le vray nom de ce fruict, comme les Arabes & Perſes l'appellent (ainſi que i'ay entendu par vn excellent Medecin Perſien, qui eſtoit né en Ormus) eſt *Mous*, & non *Muſa*, ou *Amuſa*; mais ils appellent l'Arbre *Darachmous*. Quant aux autres noms, on les pourra voir en l'Hiſtoire de Garſie. Il ne faut planter cét Arbre qu'vne fois: car de ſa racine il en ſort puis apres des autres: mais chacun arbre, ainſi que i'ay deſia dit, ne porte qu'vne

Liu. 2. c. 491. c. 84.

Le temperament & les vertus.

Liure 2. de l'hiſt. ch. 8.

En l'hiſt. des Arom. d'Ind. ch. 10. liu. 2. liu 12. c. 6.

Liu. 5 ch. 15.

Liu. 8. ch. 1. chap. 33. des ſing. de l'Amer.

La forme.

Le lieu.

Les noms.

Muſa ou Figuier d'Indie, d'Acoſta.

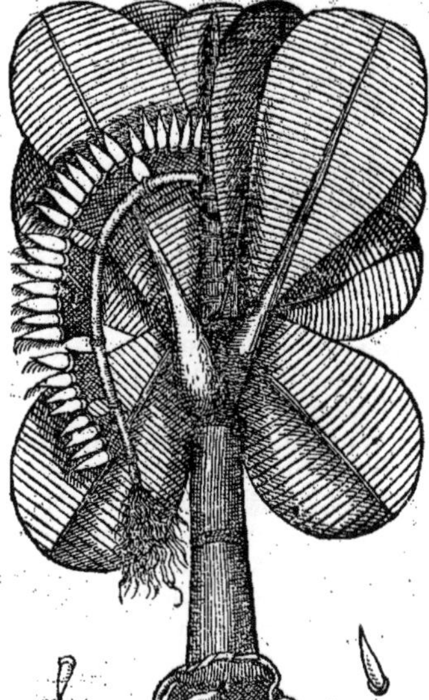

qu'vne branche chargée de fruict, laquelle on coupe quand le fruict est meur, puis laisse-on secher la Plante de soy-mesme, comme ne seruant plus à rien, ou bien on la coupe pour nourrir les Elephans priuez. Aucuns prennent les fueilles du milieu les plus tendres, deuant qu'elles soient encor du tout ouuertes, & les meslent en composte, ensemble la branche qui porte les fleurs, auec du Poiure, du Zinzembre frais, des Aulx, du sel, & du vinaigre, & les mangent à guise de Cappres. Et quant aux fueilles, pource qu'elles sont fort grandes, molles & froides, ils se couchent dessus quand il fait chaud, mesmes ils les appliquent sur les brusleures. Ruel a fait mention de ce fruict suyuant l'authorité de Strabon. *Comment il en faut vser.* Theuet dit que cest arbre est appellé *Paquouere* en l'Amerique, & son fruict *Pacoua*. Il descrit aussi vn arbre qui est appellé *Mause* en Egypte, qui n'est point plus grand qu'vn Figuier mediocre. *Theu. en sa Cosm. To. 1. liu. 5. ch. 2. Mause.* Il a les fueilles de cinq ou six pieds de long, & de deux pieds de largeur. Son fruict est entassé au tronc, comme les Dattes sur les Palmiers, & est gros & long, comme vn Cocombre mediocre, fort delicat & de bon goust, lequel on pend dans les maisons, comme nous faisons icy les raisins, & en mangent-on souuent sans autre viande, comme estant vn tres-bon manger. L'arbre est tendre & fraisle, tellement que si le plus grand n'auoit le tronc aussi gros que la cuisse d'vn homme, & le plus petit comme la iambe, il le faudroit mettre au nombre des arbrisseaux & non des arbres. En l'Amerique il ne porte fruict qu'vne fois, ou au plus deux fois : en Ethiope & Arabie, & aux Isles adjacentes il porte bien trois fois. Le mesme Theuet dit qu'en la region du Catay, il y vient vn arbre qui est appellé *Photel*. *Tom. 1. de sa Cosm. liu. 12. ch. 19. Photel.* Iceluy fait le fruict aussi gros que la *Musa* d'Egypte, excepté qu'il est vn peu plus court, à raison de quoy aucuns l'appellent *Figue de Pharao*. Or outre les autres proprietez de ce fruict, il est fort singulier pour estancher la soif, & appaiser la chaleur des fieures ardentes. Ses fueilles retirent à celles du Plantain, excepté qu'elles sont vn peu plus grosses. L'arbre n'a pas plus de huict coudées de hauteur. Le fruict sort d'vn costé & d'autre de ses branches, & est attaché au bois mesme, & caché sous les fueilles, qui sont fort souueraines pour la goutte.

Musa Pacouera, de Theuet.

Du Negundo. CHAP. XXX.

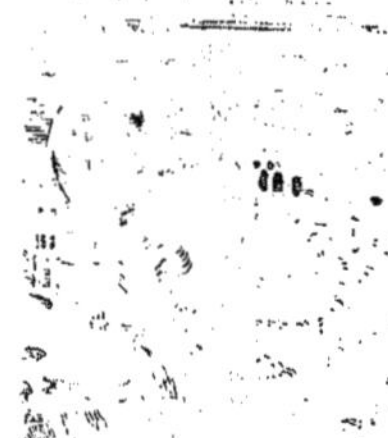

Il y a deux arbres qui croissent en diuers lieux de l'Indie, & singulierement en la prouince de Malabar, qui seruent bien en medecine, & contre diuerses maladies. Le *premier* desquels on tient pour le *masle*, & est appellé par les Canarins *Varalo Nigunda*, lequel est grand comme vn Amandier, & a ses fueilles vertes par dessus, & veluës par dessous, à mode des fueilles de Sauge, & dentelées à l'entour, lesquelles à voir de loin resemblent du tout aux fueilles de Sureau. *Negundo masle.* *L'autre* est appellée *Negũdo femelle*, ou *Norchila* par les Portugais, & cõmunement en Canarin *Nyergundi* : en Balagate *Sambali* : en Malabar *Noche*: L'vn & l'autre, tant *masle* que *femelle*, est appellé par les Arabes, Perses, & habitans de Dean, *Bache*: & par les Turcs *Ait*. *Negundo femelle.* La *femelle* croist aussi grande comme le *masle*: mais elle a les fueilles plus grandes, plus rondes, & qui ne sont point dentelées à l'entour, fort semblables à celles du [P]eplier blãc. Au reste les fueilles tant de l'vn que de l'autre ont l'odeur & le goust de la Sauge, excepté qu'elles sont plus ameres & plus acres. *La forme.* En plusieurs d'icelles on treuue de grand matin à l'enuers de la fueille, certaine escume blanche, qui en sort la nuict. L'vn & l'autre a la fleur de couleur cendrée, approchant fort de celle du Romarin. Tous deux ont le fruict fort sẽblable au Poiure noir, vn goust acre: toutefois il ne brusle pas cõme le Poiure: mais est quasi comme le Zinzembre. On tient que cest arbre est mediocrement chaud, mais que sa graine est vn peu plus chaude. *Le temperament & les vertus.* Ses fueilles, les fleurs, & son fruict broyez, ou cuits en l'eau, ou biẽ fricassées en l'huile, sont fort souueraines pour appliquer sur quelque sorte de douleur que ce soit, principalemẽt aux douleurs des gouttes froides, aux enfleures & meurtrisseures: car elles y font merueilleuse operatiõ. Les fueilles broyées & appliquées sur les vlceres, mesmes qui soiẽt vieux, y sont singulieres: car elles resoluent la matiere qui les entretient, les mondifient & les consolident, pourueu que le corps ne soit plein de mauuaises humeurs.

Negundo masle, de Acosta.

Negundo femelle, de Acosta.

humeurs. Et de faict on les a treuuées de si grande efficace, aux playes, apostumes, & meurtrisseures, que l'on ne demande plus de Chirurgien pour les guerir. Les femmes se lauent en tout temps tout le corps, auec la decoction de ces fueilles, ayant ceste opinion que les fueilles de *Negundo*, ses fleurs, & son fruict, aident à la conception, tellement que qui leur voudroit dire au contraire, elles le lapideroient. Les sages femmes qu'ils appellent *Dayas*, cognoissent bien aussi cest arbre. En somme on vse si communement de cest arbre en ce païs-là, pour medecine, qu'il y a long temps qu'il ne s'en treuueroit plus, si pour vne branche que l'on en coupe il n'en reuenoit beaucoup d'autres, pour le moins il seroit bien cher: mais tant plus on en coupe de branches, tant plus il y en vient, & sont verdes en tout temps.

Nimbo, de Acosta.

Du Nimbo, *CHAP. XXXI.*

Il y a vn autre arbre qui est en fort grand vsage en medecine, tant par les Chrestiens que Payens, & autres habitans de ces prouinces de l'Indie; toutesfois il s'en treuue peu. *Les noms.* Ceux qui le cognoissent l'appellent *Nimbo*, & ceux de Malabar *Bepole*. *La forme.* Il est grand comme vn Fresne, auquel il retire à le voir de loin. Ses fueilles sont vertes d'vn & d'autre costé, dentelées à l'entour, & aiguës au bout. Ses Branches sont chargées de beaucoup de fueilles, & de beaucoup de petites fleurs blanches composées de cinq petites fueilles, auec de filets iaunes au milieu, sentans comme le Lotus sauuage, ou le Treffle odorant. Son fruict retire à des petites Oliues, & est iaunastre, couuert d'vne peau fort deliée, & sort par les ailerons des branches. *Le temperament & les vertus.* Les fueilles de cest arbre sont quelque peu ameres, & sont fort singulieres estans broyées & appliquées auec du suc de limon, sur les playes ordes, fistuleuses, & qui ont des callositez, tant aux hommes qu'à la cheualline, d'autant qu'elles resoluent, mondifient, font venir la chair & consolident. Le suc des fueilles prins tout

out seul, ou auec du vin ou d'eau, ou du bouïllon de poule, ou bien appliqué tout seul sur le nombril, ou auec vn peu de fiel de bœuf, ou de vinaigre, ou d'Aloë est souuerain pour faire mourir & sortir du corps toute sorte de vers, tellement que c'est vne medecine bien commune à tous ceux de ce païs-là, principalement en la prouince de Malabar, d'autant qu'ils sont fort subjects aux vers. Ils vsent aussi fort de ses fleurs & de son fruict, contre la douleur des gouttes, aux enfleures, aux apostumes, & pour la debilité des membres. L'huile tiré de son fruict est en fort grand vsage contre la douleur des nerfs. Ceux de Malabar s'en seruent pour guerir les playes, les picqueures des nerfs, & les nerfs retirez.

De la Noix Muscade, & du Macis. CHAP. XXXII.

LA *Noix Muscade* est appellée en Grec μοσχοκάρυον & μοσχοκαρύδιον, & κάρυον μυρεψικόν, ou κάρυον ἀρωματικόν: en Latin *Nux Moschata*, *Nux Myristica*: en Arabe *Ieusbane*, *Iusbagua*, ou *Gianziban*: en Italien *Noce Moscata*: en Allemand *Moschat Nuss*: en Espagnol *Nuex de especie*: au païs-là où elle croist on l'appelle *Palla*, & le *Macis Bunapalla*; en Decan la *Noix* s'appelle *Iapatri*, & le *Macis Iaifol*: Auicenne l'appelle *Iausiband*, c'est à dire, *Noix de Banda*, & le *Macis Bes base*. Garsie descrit l'vn & l'autre comme s'ensuit: L'arbre qui porte la *Noix Muscade* & le *Macis* retire à vn Peschier, toutefois il a les fueilles plus courtes & plus estroites. Le *Macis* enuironne le fruict auant qu'il soit meur, comme la fleur à mode d'vne Rose ouuerte, puis l'enuelope quand il est meur, & outre cela il y a encor vne autre escorce grosse & espaisse, laquelle apres que le fruict est meur se vient à ouurir, & descouure l'autre plus petite escorce qui est le *Macis*, laquelle est rouge comme d'escarlate, & plaisante à voir, principalement quand les arbres en sont chargez. La *Noix* estant seche le *Macis* s'ouure aussi, & perdant sa rougeur deuient comme iaune-doré, au dessous d'iceluy est la *Noix* auec sa coquille dure comme bois. On nous apporte des *Noix Muscades* confites esquelles nous cognoissons toutes ces choses, lesquelles sont bonnes à manger: à sçauoir la couuerte exterieure qui est à mode de celle des Noix communes, & est bien estimée, pource qu'elle est odorante, de bon goust, & propre aux maladies du cerueau, des nerfs, & de la matrice. Le *Macis* qui est dessous lequel est assez cogneu des Apothicaires, & se vend trois fois plus cher que la *Noix* mesme. Et en troisiesme lieu la *Noix* entre laquelle est le *Macis* a vne escaille de bois, mais la *Noix* est comme de bois, odorante, & fort grasse, quand elle est fraische & bien meure. Cest arbre croist en l'Isle de Ban-

Les noms.

Liu. 2 c. 195. Liu. 1 des Aro. d'Ind ch. 20.

La forme.

Noix Muscade, de Matthiol.

Noix Muscade, de Acosta.

dan. On dit qu'il s'en treuue aussi aux Moluques, mais qu'il ne porte acuun fruict, aussi peu que celuy qui croist en Zeilan. Les anciens Grecs, n'ont pas eu cognoissance de ceste *Noix*, au peu que du *Macis*, combien que Serapion descriuant le *Macis* allegue des autheurs Grecs. Le habitans de ceste Isle-là, amassent ces *Noix* au mois de Septembre à l'enuy l'vn de l'autre, chascun autant qu'il peut : car là toutes choses sont communes. Les meilleures sont les fraisches, qui ne sont point vermoulues, mais pesantes, pleines & grasses, tellement qu'en fourrant vn espingle dedans, l'huile en sorte. Il s'en treuue quelquefois des longues, qu'on appelle *masles* que les femmes tiennent pour les meilleures. Acosta aussi descrit l'arbre qui porte la *Noix Muscade* comme s'ensuit. L'arbre qui porte la *Noix Muscade*, croist en l'Isle de Banda, d'où on la porte aux autres nations. On dit qu'il y a bien aussi de ceste sorte d'arbres aux Isles Moluques & de Zeilan, mais qu'ils sont petits, & portent le fruict si petit, & en si petite quantité, qu'on n'en tient conte. Ceux de Banda l'appellent *Pala*, & le *Macis*, (qui est autre chose que le *Macer*) *Bunapalla* : ceux de Decan appellent la *Noix Iapatri*, & le *Macis Iayfol* : les Arabes *Seygar*, & *Iauziband*, c'est à dire, *Noix de Banda*, & le *Macis Thalisphar bisbese*, ou *Besbaça*, c'est à dire, *escorce de Noix* : Les Persiens appellent l'arbre *Drach* : les Turcs *Agache*. Quant à l'huile du *Macis* les Arabes l'appellent *Geusimani* : les Turcs *Geuziat* : les Persiens *Geuzierugaant*. C'est arbre est grand comme vn Poirier, ou vn Peschier ; mais il a la fueille plus ronde que le Poirier, & aiguë au bout. Son fruict retire à vne Poire, encor qu'il soit vn peu plus rond. Il a l'escorce de dehors charnuë, assez ferme, de laquelle ceux de Banda ne tiennent conte, combien qu'aucuns en mangent, pource qu'elle a vn goust astringeant qui est plaisant, apres l'auoir mis en composte, auec sel & vinaigre. Mais les Portugais confisent auec du succre la *Noix* entiere, deuant qu'elle soit meure. Or apres que la *Noix* est meure, ladite *escorce exterieure* & charnuë s'ouure en plusieurs parties, & alors se voit le *Macis* qui est au dessous, de couleur rouge fort belle, & a l'odeur & vn goust aigu : ceste membrane est entrelassée à mode de filé ou de rets, enuironnant l'escaille qui couure la *Noix*, contre laquelle elle est si bien serrée, que les marques des bossettes de l'escaille y demeurent empraintes. Apres que ce *Macis* est osté de dessus la *Noix*, il perd sa rougeur. Sous le *Macis* il y a l'escaille qui couure la *Noix* ; car icelle estant rompue, on descouure la *Noix*, qui est quelquefois grande, & quelquefois petite ; & si on l'ouure tandis qu'elle est fraische, il y a vne mouëlle blanche au dedans, qui n'a pas tant d'acrimonie que le reste de la *Noix* : mais auec le temps ceste mouëlle se change & deuient comme la *Noix*. Les Indiens font bien plus d'estat des *grosses Noix Muscades* que nous, & les achettent plus cher. On tire de l'huile de ceste *Noix Muscade*, duquel les Brachmanes & Medecins des Indiens font grand estat, contre les maladies froides de la matrice & des nerfs, comme aussi du *Macis*. Quant aux *Noix Muscades* les meilleures sont les faisches, pesantes, grasses, pleines de suc, & non vermoluës. Au reste la *Noix Muscade* guerit la puanteur de l'haleine, elle aiguise la veuë, fortifie l'estomac, & le foye, aide à la digestion, dissipe les ventositez, & reserre le ventre, prouoque l'vrine, efface les taches du visage. Sert aux maladies de la matrice, amollit la durté de la ratelle & du foye, & guerit les dertres. Semblablement les Arabes disent que les *Noix Muscades* sont chaudes & seches au second degré complet. Elles sont astringeantes, & font auoir bonne haleine, corrigeant la puanteur d'icelle. Elles effacent les lentilles du visage, aiguisent la veuë, fortifient l'estomac & le foye, consument la ratte, prouoquent l'vrine, reserrent le ventre, dissipent les ventositez, & sont merueilleusement propres pour les accidens de la matrice. On prent les *Noix Muscades fraisches*, & apres les auoir concassées, & eschauffées en vn chauderon, on les presse pour en tirer l'huile, lequel estant froid, se prend comme de cire neufue. Il sent merueilleusement bon, & est fort propre aux douleurs inueterées des nerfs, & des iointures, procedans de froid ; mesme il prouoque à luxure. *La Noix Muscade* appaise merueilleusement bien les douleurs de l'estomac, si apres l'auoir pilée on la fait cuire en six onces de miel rosat, & deux onces d'eau de vie, iusqu'à ce que l'eau soit consumée : car si apres auoir passé ceste decoction on en donne trois cueillerées à ieun tous les matins, si la douleur procede à cause des excremens froids, ou des ventositez, sans doute les malades s'en sentiront grandement soulagez. On dit aussi qu'elles sont fort souueraines aux douleurs de la matrice, procedant de ventositez, si on en vse en ceste maniere. C'est qu'apres l'auoir moulue grossierement, on la face cuire auec des racines de Matricaire, en six onces de bon vin blanc, iusques à la consumption de la tierce partie, puis qu'on coule ladite decoction, & qu'on la face boire, en y adioustant deux dragmes de succre.

Chap. 2. des simpl.

Cõment il le faut choisir.

Le lieu.

Les noms.

Le tempera-ment & les vertus.

De la Noix d'Indie, ou Palmier d'Indie, ou soit Elephantis.

CHAP. XXXIII.

LA *Palme* qui porte les *Noix d'Indie* emporte le prix non seulement sur les *Palmiers*, mais aussi sur tous les arbres, d'autant qu'elle fournit beaucoup de choses necessaires à la vie humaine.

Et de

Et de faict les Arabes mesmes n'ont pas assez celebré ses louanges : car quant aux anciens, on est en doute s'ils en ont eu cognoissance, comme entre les autres Garsie, combien qu'il semble que Strabon en ait fait mention. Lin.16 de sa Geograph. Or nous en mettrons icy la description suyuant ledit Garsie, & autres autheurs. Lin.1.des A 10.d'Ind.ch. 26. Il dit donc que Serapion & Rhases appellent cest arbre *Iaralnare*, c'est à dire, *Arbre portant Noix*, & qu'Auicenne appelle la *Noix Iausia lindi*, lesquels noms toutesfois ne sont pas aux communs exemplaires, L.u.2 c.498. ains seulement le mot de *Neregit* c'est à dire, *la Noix d'Indie*. Les noms. Communement l'arbre s'appelle *Maro*, & son fruict *Narel*, mesme les Perses & Arabes retiennent ce nom de *Narel* : en Malauar l'arbre s'appelle *Tengamaran*, & le fruict meur *Tenga* : mais estant vert ils l'appellent *Eleri* : & en Goa *Lanha* : en Malayo l'arbre est appellé *Triccan*, & la *Noix Nihor* : mais les Portugais l'appellent *Coccho*, à cause des trois marques de trous qu'elle a, par lesquelles elle retire à la teste d'vn marmot, ou quelque autre semblable beste. La forme. C'est arbre est merueilleusement grand, & a les fueilles semblables à celle des Palmiers, ou des Roseaux, vn peu plus larges. Ses fleurs retirent à celles des Chastagniers. Son bois est spongieux comme celuy de la Ferule. Il porte vn fruict gros comme la teste d'vn homme, & plus ; voire comme des gros Melons. L'escorce exterieure duquel est premierement verte, puis rousse-brune assez dure, grosse, & composée d'vne matiere velue. Au dessous d'icelle il y en a vne autre dure, comme de corne, quasi faite à triangle, dans lequel il y a vn noyau, ou mouelle blanche, grosse comme le doigt, douce & creuse, ayant dans ledit creux vne eau claire, douce, & de fort bon goust. Or tant plus la *Noix* est tendre, tant plus ceste eau est meilleure, & y en a aussi dauantage : mais apres qu'elle est meure, il y a bien tousiours de l'eau, toutefois elle n'est pas si soueue, quelquefois elle aigrit, & auec le temps elle se prend. Le lieu. C'est arbre s'aime és lieux sablonneux, & pres de la mer ; tellement qu'à grand peine s'en peut-il treuuer és lieux qui sont esloignez de la marine. On plante les *Noix*, desquelles sort l'arbre, lequel on replante puis apres. En peu de temps il se fait grand & porte fruict, sur tout s'il est bien cultiué : car il les faut couurir de cendres ou de fumier en Hyuer, & les arrouser en Esté. Toutefois ils croissent mieux quand ils sont plantez aupres des maisons ; car il semble qu'ils aiment la boue & l'ordure. On en establit *deux especes* : ainsi que dit Les especes. Garsie : car ils en gardent l'vne pour en planter le fruict, & l'autre pour en tirer la *Sure*, qui est le vin : mais la decoction s'appelle *Otraqua*. Or on amasse la *Sure* en ceste maniere : Apres auoir coupé les branches, on y attache des vases pour receuoir la liqueur qui en sort, qui est appellée

Noix d'Indie, de Matthiol.

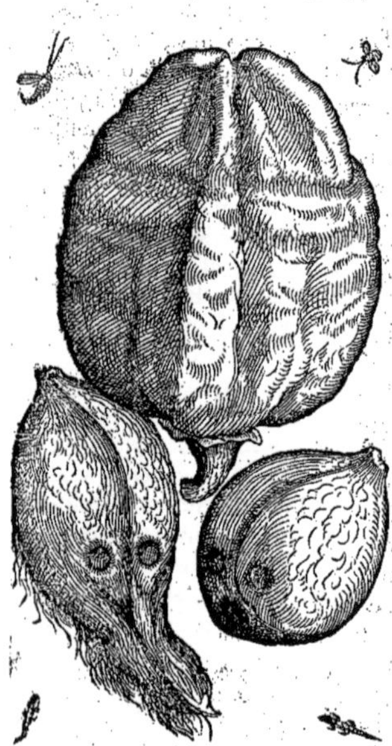

Sura : mais il faut que ce soit des plus hautes branches de l'arbre, sur lequel ils montent auec des cordes, ou bien ils font des trous au tronc pour monter plus aisément. Ceste *Sura* se peut distiler comme l'eau de vie, & en tire-on de l'eau semblable à l'eau de vie en tout & par tout ; tellement que si on y trempe vn linge, il bruslera comme si c'estoit eau ardent. Ceste eau distilée s'appelle *Fula*, c'est à dire, *Fleur*, & l'autre *Otraqua*, auec laquelle on mesle vn peu de l'eau distilée. De la *Sura* deuant qu'elle soit distilée, en la mettant au Soleil il s'en fait du vinaigre qui est quelquefois assez fort. Apres que l'on a osté le premier vase, s'il coule encor quelque chose par la playe, on garde ce qui en sort, qui se prend au Soleil, ou au feu, comme le succre, & s'appelle *Iagra*. On tient pour la meilleure celle qui vient de l'Isle Naledine, d'autant qu'elle n'est pas noire, comme celle des autres lieux. Comment il en faut vser. Le bois de cest arbre d'autant qu'il est haut, sert à plusieurs choses, mesme en l'Isle Naledine on en fait des nauires, equipées de gouuernail, de mast, de voiles, & cordages. Des branches qui sont appellées *Olla* en Malauar, ainsi que dit Garsie, on en fait les couuerts des maisons & des nauires ; toutefois Fernand Lopés en l'histoire d'Indie, dit que ce mot ne signi- Liure 3. fie pas les branches de cest arbre, mais les fueilles, sur lesquelles ils ont de coustume d'escrire leurs memoires & actes publiques : mesme il dit que la lettre que le Roy de Calicut enuoya au Roy Emanuel de Portugal, lors que les Portugais arriuerent premierement là, estoit escrite sur vne semblable fueille, en lettres Arabiques. Les Indiens se nourrissent des bourgeons de ces *Palmiers* ; car ils sont plus plaisans que les Chastagnes, ny que les petits *Palmiers* que les Espagnols appellent *Palmitos*, & les Italiens *Cefaglioni*. Et tant plus que l'arbre est vieux, d'autant plus fait-il son bourgeon tendre & odorant : mais aussi tost qu'il est osté, l'arbre meurt, tellement qu'en le mangeant, on peut dire qu'on mange le *Palmier*. Voila quant à l'arbre. Il reste maintenant à parler du fruict, de l'escorce exterieure duquel, qui est composée d'vne matiere veluë, on en fait des cordages pour les nauires, lesquels ne se pourrissent point en l'eau marine. On s'en sert aussi au lieu d'estoupes, pour calfeutrer les nauires, mesme elle est meilleure que les estoupes, d'autant qu'elle n'est point subiecte à se pourrir, & estant remplie d'eau marine elle s'enfle & se bouffit. L'Escluse en dit aussi de mesme, asseurant que tous les cordages des nauires Royaux de Lisbonne, estoient faits de la bourre de ces *Noix*, principalement des nauires qui font le voyage des Indes; mesme on en fait des ceintures pleines de neuds, qui sont de grand vsage aux pauures femmes de Lisbonne. Toutefois Garsie asseure qu'il ne s'en fait point de tapisserie, combien que Lacuna ait voulu faire accroire le contraire. De la *seconde escorce* qui est dure on en fait des vases au tour pour l'vsage des pauures gens, comme l'Escluse dit en auoir veu à Lisbonne & autre lieux, qui estoient faits des *Noix de Maldina*, lesquels sont longs pour la plus-part, plus que ceux que l'on fait des *Noix communes*, plus noirs & plus polis: toutefois ils ne seruent de rien aux paralytiques, comme les Portugais se font accroire: car il n'y a rien en ce fruict qui serue pour les nerfs, si ce n'est l'huile, duquel nous parlerons cy apres. Et de faict les Indiens n'attribuent pas ceste faculté à ces vases, ny aucun autheur de marque. Quant à la mouëlle ou noyau, ils en mangent estant fraische, auec la chair, ou du poisson, comme nous faisons du pain. Et de faict elle a le goust des Amandes. Ils la broyent aussi & en tirent du laict, auec lequel on fait cuire du Ris, qui est aussi bon comme s'il estoit cuit au laict de cheure. Ou bien ils l'apprestent auec de la chair des oiseaux, ou bestes à quatre pieds, & en font vn manger qu'ils appellent *Caril*. Mesme ils la font secher, & en font du pain. Ces *Noix* estant nouuellement sechées, & despouïllées de leur premiere escorce, & concassées s'appellent *Copra* par ceux du lieu, & en porte-on en Ormuz, Balaghate, & autres païs, où il n'y en a pas si grande abondance, qu'on les y puisse secher, ou bien aux prouinces là où il n'y en a point du tout. Elles sont de bon goust, & de faict ils en mangent comme des Chastagnes seches, & sont beaucoup meilleures que celles que l'on porte entiers en Portugal. On tire aussi des ces *Noix* deux sortes d'huile: l'vn est des *Noix fraisches*, concassées, en versant de l'eau chaude par dessus: car comme on vient à les presser, l'huile nage par dessus l'eau. De cest huile ils s'en seruent, dit Garsie, pour euacuer les excremens de l'estomac; car il purge doucement & sans nuisance. Plusieurs y adioustent l'expression des Tamarindes; ce qu'il dit auoir esprouué, & que c'est vne bonne medecine. Si c'est de cest huile qu'Auicenne & Serapion ont entendu, quand ils disent qu'il est meilleur que le beurre, Garsie dit qu'ils ont bien raison, mais ils se trompent disans qu'il lasche moins le ventre que le beurre. L'autre sorte d'huile est celuy que l'on tire des *Noix* nouuellement sechées, mondées & concassées, que nous auons dit estre appellé *Copra*, lequel est fort clair, & en tire-on grande quantité par le pressoir. Cest huile est non seulement propre pour les nerfs, mais aussi pour cuire le Ris. Or Garsie asseure d'auoir expimenté qu'il est propre pour les nerfs, & au retirement d'iceux, si apres en auoir oint le patient, on le met en vne grande cuue, & que l'on le laisse là reposer chaudement: toutefois il n'a pas esprouué, comme il dit, s'il fait mourir les vers, ainsi qu'Auicenne & Serapion disent: Mais quant à ce qu'ils disent que la *Noix* a la mesme proprieté, cela est du tout hors de raison: car on voit tous les iours par experience, qu'elle engendre des vers à ceux qui en mangent. Au contraire ce que Serapion dit suyuant l'authorité de Mesatugie, est bien vray, c'est qu'elle reserre le ventre quand on en mange. Car il n'est pas hors de raison que la *Noix*, qui est composée de parties terrestres reserre le ventre, & l'huile qui est de parties subtiles & aërées le lasche. Au reste on ne tire aucun huile de l'arbre, ains seulement de la *Noix*. Combien que Lacuna escrit qu'aucuns sont de ceste opinion, que l'huile doux qui coule de ceste *Palme* est le *Eleomeli* de Dioscoride. Quant à la *Noix* qu'on appelle *de Maldina*, elle a l'escorce noire & plus polie que la commune, mesme elle n'est pas du tout si ronde. Sa mouëlle interieure estant sechée est fort dure & blanche, tirant vn peu sur le blaffard, & creuassée par dessus, fort spongieuse, & sans aucun goust. On fait estat, dit Garsie, de ceste *Noix*, principalement de sa mouëlle, contre tous venins: car ceux de ce païs-là tiennent qu'elle y est fort propre. Il dit en outre, qu'il a entendu par gens dignes de foy, qu'elle est souueraine contre la colique, la paralysie, le haut mal, & autres accidens des nerfs. Quant à la colique elle la guerit, pource qu'elle fait vomir: mais quant aux autres maladies elle en guerit si le patient boit de l'eau qui ait esté gardée quelque temps en vne de ces *Noix*, en y adioustant vn peu de la mouëlle. A quoy il dit qu'il n'adiouste pas foy, d'autant que cela n'est pas esprouué, & qu'il ne se sert que des medicamens, desquels on cognoit les facultés dés long temps, & qui ont esté esprouuées, vne infinité de fois. Auicenne dit que la *Noix d'Indie* est chaude au commencement du second degré, & seche au premier, toutefois qu'elle a de l'humidité superflue, tellement qu'estant fraische elle est humide au premier degré, & charge l'estomac: & neantmoins elle n'est pas de mauuaise nourriture. Item que l'huile tiré de *la Noix* vieille est propre pour les douleurs de l'eschine & des genoux. Au demeurant Acosta traittant du mesme arbre que dessus, dit que c'est vn arbre merueilleusement haut & droit, qui n'est pas fort gros, principalement à la cime; car il va en appetissant peu à peu dés le bas iusques au haut, & est de couleur cendrée. On enuironne son tronc dés le bas iusques à la cime comme

Caril.

Copra.

Les huiles.

Le temperament & les vertus.

Liu. 2. c. 498. Chap. 218. des simpl.

Liu. 2. c. 498. Chap. 218. des simpl.

Sur le c. 29. du 1. liu. de Diosc.

Liu. 2. c. 498.

de

de petits degrez, qui seruent d'eschelle pour monter dessus. Sa fleur est semblable à celle du Chastagnier, son fruict entier est plus gros que la teste d'vn homme, & est long, fait à triangle, de couleur de vert bien blaffard. Or combien que les Persiens & Arabes appellent communement ce fruict *Narel*, si est-ce que les Persiens disent qu'il ne faut pas dire *Narel*, mais *Nargel*. Quant à l'arbre, les Persiens l'appellent *Darach*: les Arabes *Siger Indi*: mais les Turcs appellent l'arbre *Agach*, & le fruict *Cox Indi*: les Brachmanes appellent l'arbre *Maro*, & sa noix *Naralu*. Es Isles de Nalediua on fait des nauires du bois de cet arbre, fournies de gouuernail, de mast, de voiles, de cordages, & autre equipage necessaire; & apres qu'ils sont ainsi equippez, on les charge de marchandise, qui est tirée de ce mesme arbre, à sçauoir d'huile, de vin, de vinaigre, de sucre noir, de fruicts, d'eau & d'eau ardent. De ce mesme arbre on fait des maisons auec les planchers, qui sont assez fortes, & de ses branches qu'ils appellent *Ola*, on en fait le couuert des maisons, au lieu de tuiles: car elles se defendent bien contre la pluye. On en fait aussi des couuerts pour couurir les nauires en Hyuer, apres qu'on les a tirez en terre. Au reste il y a deux sortes de cest arbre. Car les vns seruent pour en tirer la *Sura*, qui est comme du moust, lequel estant cuit sur le feu deuient comme de vin. & est appellé *Orraca*: les autres seruent à porter fruict. Or on tire la *Sura* en cette maniere: On coupe la branche la plus prochaine de la cime; toutefois on luy laisse enuiron deux pieds de longueur, à laquelle on attache des grands vases, qui ayent la bouche estroite, lesquels ils appellent *Caloins*, dans lesquels decoule la *Sura*, qui sort de la branche coupée, de laquelle ils tirent auec l'alembic, à force de feu, de l'eau ardent, dont ils appellent celle qui est la plus pure *Fula*, c'est à dire *Fleur*; cette-cy s'allume plus viste au feu, que nostre eau de vie. Quant à l'autre qu'ils appellent *Orraca*, elle ne brusle pas si bien; mais ils ont de coustume d'y mesler vn peu de la pure. Deuant que cuire la *Sura* sur le feu, en la mettant au Soleil, il s'en fait quelquefois du vinaigre qui est assez fort, combien que l'on n'y mette point de Menthe, ny d'escorce d'arbre de Mirabolans, comme l'on a accoustumé d'en mettre pour rendre le vinaigre fort. Apres que le premier vaisseau est plein de *Sura*, il en sort d'autre, laquelle estant appaisé au feu, ou au Soleil, il s'en fait du Sucre, que ceux du pays appellent *Iagra*, & tient-on pour le meilleur celuy qui est cueilly en Nalediua, que celuy de Malauar. Au demeurant le fruict dessous sa grosse couuerte verte a vne autre escorce noire, qui couure la mouëlle, laquelle deuant qu'elle soit noire, & tandis qu'elle est nouuelle, elle est blanche & tendre, & se mange auec du sel ou sans sel, ou bien auec du vin-aigre & du Poiure. Elle a le goust de l'Artichaut: mais apres qu'elle commence à s'endurcir, elle a le goust des testes de Chardon. La mouëlle qui est ioignante à l'escorce est tendre & douce; & contient beaucoup d'eau claire, & de bon goust, laquelle ne fait point mal au cœur combien qu'elle soit douce, on la boit volontiers durant les grandes chaleurs. On en vse fort apres l'auoir tenuë la nuict au serain pour la rafraichir, comme aussi la *Iagra*, contre la trop grande chaleur du foye, & des reins, & pour faire sortir la matiere

Les noms. *A quoy elle sert.* *Les especes.* *Le lieu.* *Le temperament & les vertus.*

Palme Elephantis, de Acosta.

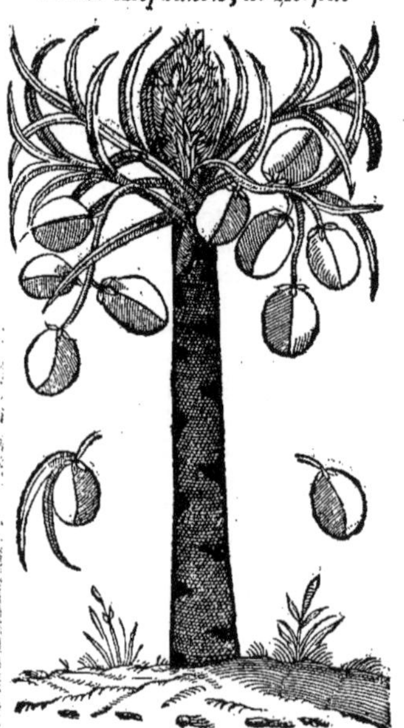

Cuciophera, de Matthiol.

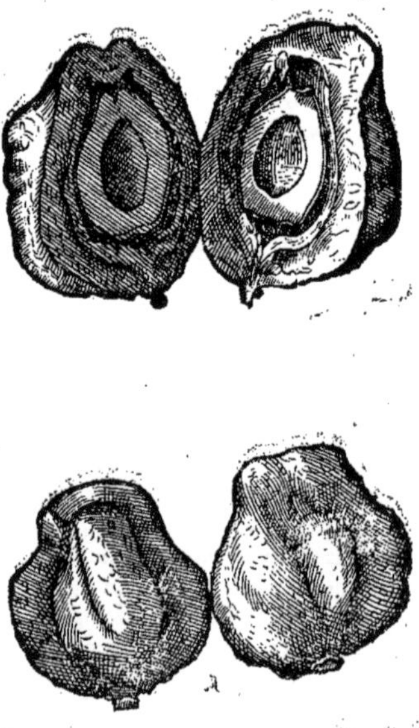

fangeuse par la verge. Or on la rafraischit dans sa *Noix* verte qui est appellée *Launa*. Elle se garde long-temps, car on trouue de ces *Noix* verdes tout le long de l'année; & y en a telle qui aura dedans trois ou quatre liures d'eau. Apres que cette *Noix* est endurcie, & que sa moüelle est raffermie, il y demeure bien au dedans de l'eau claire, mais elle n'est pas si douce que la premiere. Ceux de Malauar appellent la *Noix* ainsi seche *Eleni*. Quand ces *Noix* ont vn an, cette eau se change en vne substance ronde, à mode d'vne Pomme, blanche, spongieuse & legere, qui est douce au goust. Ceux du pays ne mangent que la moüelle de la *Noix* fresche, qui est blanche & douce, auec du *Iagre*, c'est à dire *du sucre fait de Sura*, ou bien auec du *Auela*, qui est vne sorte de boüillie faite de Ris cuit en l'eau, puis broyé & bien seché au Soleil. On la mange aussi auec vne sorte de poisson seché que l'on apporte des Isles de Naledina, qui resemble quasi à la chair de beuf salée, & sechée à la fumée, ils l'appellent *Comalamasa*: c'est vn bon esperon à vin. Et de faict non seulement ceux du païs sont friands de cette viande: mais aussi les Portugais. De la mesme moüelle il s'en faict du laict, que l'on diroit estre laict d'Amandes, & est propre pour apprester les viandes. Cette moüelle sechée au Soleil s'appelle *Copra*, & est de bon goust, aussi en vsent ils comme l'on fait des Chastagnes en l'Europe. On tient communement, comme aussi il se voit par experience, que si on continue de manger de ces *Noix*, elles engendrent des vers, aussi tous ceux de la prouince du Malabar y sont fort subiects. Au reste de celle premier & exterieure escorce, qui est grosse, lisse par dehors, & bourrue par dedans apres qu'elle est sechée, on en fait des chables, & autres cordages de nauire, comme l'on fait du Genest en Espagne. Ceux de Malabar appellent cette bourre *Cayro*, & s'en seruent à plusieurs choses. Car pource qu'elle ne se gaste point en l'eau marine, on en calfeutre toutes sortes de batteaux. Et ainsi elle leur sert de laine, de cotton, d'estoupes, de lin, & de Genest. Quant à la *seconde escorce* qui est noire & dure, & que les Portugais appellent *Cocco*, & ceux du pays *Xareta*, il s'en fait des escuelles & gobelets pour boire; desquels les pauures gens se seruent. On en fait aussi des charbons propres pour les Orfeures, dont il se trouue de bons maistres en ce pays là, & cependant ils n'apportent pas grande despense: car ils vont crians parmy les rues si on a affaire d'eux, & portent quant & eux vn creuset, vn marteau, deux burins, & vn tuyau de canne de la longueur d'vne paume, qui leur sert pour allumer le feu. Et si on les met en œuure, ils feront des vases d'or & d'argent à l'appetit de ceux qui les mettent en besongne. Des fueilles de cest arbre on fait des chapeaux grands & petits pour garder du Soleil & de la pluye; on en fait aussi des nattes & beaucoup d'autres choses. Or *l'Escorce noire* que l'on appelle *Cocco de Naledina*, est en grand credit enuers ceux dudit lieu, & de Malabar aussi, non seulement enuers les petits, mais aussi enuers les Roys & Princes: tellement que quasi en toutes leurs maladies ils en vsent comme d'vn remede bien asseuré. Pour ce fait ils en font faire des gobelets enchassez en or ou argent, à mode de Nauires ou de galeres, pour boire de l'eau, dans laquelle ils laissent tremper de la moüelle de ce fruict, attachée à vne petite chaine; & se font accroire que pour certain il n'y a poison qui puisse nuire à ceux qui ont beu de l'eau dans ces gobelets: & mesme que cela les preserue de plusieues maladies, ausquelles toutefois i'ay bien veu tomber de ceux qui auoient de coustume de boire dans ces gobelets. Mesme quelque diligence que i'y aye vsé, ie ne me suis iamais peu apperceuoir que ces gobelets eussent guery aucune des maladies contre lesquelles on dit qu'ils sont bons; tellement que ie croy que ce n'est qu'vne commune opinion sans aucune certitude. Au contraire quelques vns qui auoient de coustume de boire en de tels gobelets, m'ont asseuré d'auoir trouué par experience que cela eschauffe le foye, preiudicie aux reins, & engendre la grauelle. Et toutefois on les vend bien cher, mesme ils coustent beaucoup plus cher és lieux là où *les Noix* mesmes croissent, qu'en ceux qui sont bien esloignez de là. Car quelquefois vne de ces *Noix* toute nue, & sans estre garnie ny d'or ny d'argent, coustera cinquante escus d'or, & d'auantage. Au reste ces *Noix* sont plus noires, plus polies, plus longues & plus grosses, que les autres *Noix* communes de la mesme sorte.

De la Persea, *CHAP. XXXIV.*

Les noms.

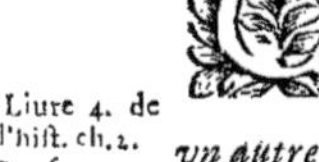

C'EST vn arbre appellé en Grec περσέα: & en Latin *Persea*: aucuns l'appellent aussi *Persion*. Ceux-là se trompent lesquels estiment que cest arbre & le Peschier est vne mesme chose, comme il apperra par les tesmoignages de Theophraste, Dioscoride, Galien & Pline. Or Theophraste descrit le vray Persea comme s'ensuit: *En Egypte*, dit-il, *il y a vn autre arbre appellée Persea, qui est grand & beau, retirant fort au Poirier quant aux fueilles, fleurs, & branches; & en somme en toutes ses parties, sinon que cestuy-cy garde ses fueilles en toute saison, & celles du Poirier tombent. Il porte beaucoup de fruict lequel meurit en tout temps: car il y a tousiours des fruicts nouueaux & vieux ensemble: toutefois ils sont meurs principalement durant les iours Caniculaires; quāt à ceux qui ne sont pas meurs on les amasse pour les serrer, & garder. Ce fruict est gros cōme vne Poire, long à mode d'vne Amande, & de couleur verdastre. Il a vn noyau au dedans comme les Prunes: toutefois il est beaucoup plus petit & plus tendre. Sa chair est douce, de bon goust, & de bonne digestion*

Liure 4. de l'hist. ch. 2.
La forme.

gestion ; car elle ne fait point de mal encor que l'on en mange beaucoup. Cest arbre a beaucoup de racines extremement longues & grosses. Il a le bois dur & beau, noir comme celuy du Lotus, duquel on fait les images des dieux, des licts, des tables, & autres choses semblables. Dioscoride dit (Liu. 1. c. 146.) que *Persea* est vn arbre d'Egypte, qui porte vn fruict bon à manger, & profitable à l'estomac, dans lequel on trouue des animaux appellez Phalanges Cranacolapta, principalement en la haute Egypte. Ses fueilles sechées reduites en poudre estanchent le sang, estant appliquées en liniment. Aucuns ont voulu dire que cest arbre estoit mortel en Perse : mais qu'estant transplanté en Egypte il changeoit de nature, tellement que son fruict est bon à manger. Voilà ce qu'en dit Dioscoride, apres auoir traité des Pesches en vn autre chapitre à part. Galien aussi traitte separément du Peschier, & de l'arbre *Persea*. I'ay, dit-il, (Liure 2. des alim.) veu le *Persea* en Alexandrie, qui est vn grand arbre. Or l'on dit que son fruict est si dangereux en Perse, qu'il fait mourir ceux qui en mangent, & neantmoins estant transplanté en Egypte il est bon à manger, comme les Poires, ou les Pommes, ausquelles il retire quant à la grosseur. Le mesme Galien (Liure 7. des simpl.) ayant dit que les fueilles du Peschier estoient fort ameres, & beaucoup d'autres choses, adiouste long-temps apres, (Liure 8. des simpl.) que les fueilles de l'arbre *Persea* sont mediocrement astringeantes, tellement qu'elles peuuent seruir pour estancher le sang, en les appliquant sur la partie offensée. Il dit aussi (Liu. 1. ch. 1.) qu'il n'a veu l'arbre nommé *Persea* ailleurs qu'en Egypte, en tout le pays de l'obeyssance des Romains. Aucuns l'appellent aussi *Persion*, & disent que son fruict est mortel au pays de Perse, & toutefois qu'il n'est point dangereux en Egypte. Ainsi donc ; puis que la description du *Persea* ne conuient point au Peschier en aucune façon, & que Dioscoride & Galien en ont traitté en diuers lieux ; mesme que Galien dit, qu'il n'a veu le *Persea* ailleurs qu'en Egypte ; & au contraire les Pesches sont bien cogneues en Asie, Grece, & Italie ; il appert par là, que l'arbre *Persea* est different d'auec le Peschier. Dauantage Pline (Liu. 15. c. 13.) monstre clairement qu'il y a de la difference entre ces arbres, disant : Les Peschiers ont demeuré long-temps à s'appriuoiser en ces quartiers ; mesme ils ne portent aucun fruict en l'Isle de Rhodos, où ils furent premierement apportez d'Egypte. Quant à ce qu'on dit que les Pesches sont venimeuses en Perse, & que les Roys de Perse les firent anciennement transplanter en Egypte par maniere de vengeance, mais qu'elles ont changé de nature par la bonté du terroir d'Egypte, cela est faux ; car les plus fameux Autheurs attribuent cela à l'arbre *Persea*, qui est tout autre que le Peschier. Car le fruict du *Persea* retire aux Sebestes, & ne peut croistre ailleurs qu'aux pays Orientaux. Mesme les plus sçauans nient que cest arbre ait iamais esté apporté en Egypte par vengeance : mais que Perseus fut le premier qui en peupla Babylone. A raison de quoy Alexandre voulut que les victorieux fussent coronnez des fueilles de cet arbre (ou bien en voulut estre coronné apres sa victoire, comme il y a en vn exemplaire escrit à la main) à l'honneur de son pere grand Perseus. Quant à ce que Pline ne dit pas que cest arbre fust apporté de Perse : mais bien planté en Babylone par Perseus. Nicander dit que Perseus le planta en la Morée, & non en Babylone, par ces vers :

Persea d'Amerique, de Matthiol.

On peut de l'arbre aussi Persea, les noyaux
En huile incorporer, pour guerir de ces maux.
Cet arbre fut iadis en la Grece apporté
Par Persée, depuis qu'il eust la teste osté
A Meduse, au retour qu'il fit d'Ethiopie.

Or Nicander enseignant icy les remedes contre le poison de la Ceruse, semble prendre les noyaux (Liu. 6. Liu. 5. c. 55.) de *Persea*, au lieu de ceux des Peschiers : car Dioscoride ordonne les noyaux de Pesches contre la Ceruse : toutefois Paulus a leu comme Nicander περσείης κάρυα, c'est à dire, *les noyaux de Persea*, tellement que Nicander ne met point de difference entre *Persea*, & les Peschiers : en sorte qu'il est vray-semblable que c'est contre luy que Pline parle en ce que nous auons allegué cy-dessus. Dauantage le mesme Nicander (En la Ther.) dit que la huictiesme espece de Phalanges est semblable aux mouches surnommées Phalenes, qui volent la nuict à l'entour de la lumiere, & *qu'elle se nourrit aux fueilles de Persea*, disant, τῷ ἴκελος περσεῖος ὑποτρέφεται πετάλοισι. Or celuy qui a commenté Nicander dit que cette espece de Phalange qui n'est pas nommée, est la Cranacolapta, laquelle il dit estre aussi appellée κεφαλοκρύστη, pource qu'elle retire tousiours contre la teste. Et de fait Dioscoride dit aussi que les

Phalanges

Phalanges surnommées Cranacolapta viennent en l'arbre *Persea*. Le mesme commentateur allegue sur ce passage Sostratus, lequel dit que *Persea*, s'appelle aussi *Rhodacenea*; & qu'il a esté apporté d'Ethiopie en Egypte: toutefois nous auons monstré cy deuant que *Rhodacenea* estoit le Pesch̄ier, & *Rhodacena* les Pesches. Gorreus aussi lequel a traduit Nicander, adiouste apres les vers cy-dessus alleguez, que le noyaux de *Persea*, ou des Pesches sont notoirement amers. Par ainsi ils sont chauds & detersifs. Or l'arbre *Persea* a prins son nom de Perseus, &c. Suiuant quoy il appert que les traducteurs de Nicander, & Sostratus aussi, ont prins faussement le *Persea*, & le Peschier pour vne mesme chose. Au reste nous auons mis icy la figure du fruict de *Persea*, lequel Dalechamp a recouuert d'Egypte, qui s'accorde fort bien à la description de Theophraste: car il retire à vne Poire assez grosse (entant qu'il pesoit quatre onces & demie) & est tout plein de bossettes tout aupres de sa queuë, & aboutit peu à peu en vne pointe obtuse. Apres qu'il est sec, comme estoit celuy que nous auons eu. Il est fort roux par dehors, & a la chair de demy doigt d'espaisseur, douce, & de bon goust, auec vn noyau au dedans, de la figure du fruict entier, ou d'vne Poire, roussastre par dehors, mais par dedans il est de la couleur d'vne corne transparente, & dur tout de mesme apres qu'il est sec, dans le creux duquel nous n'auons point veu de noyau. Et de faict nous estimons qu'il y a de l'eau, laquelle se consume auec le temps. Ce fruict ayant trempé quelque temps en l'eau, y rendit vn suc visqueux de fort bon goust. Nous auions desia escrit ces choses quelques années auparauant que le liure de l'Escluse, auquel il traitte des Plantes d'Espagne, fust imprimé, suiuant lequel nous mettons icy vn arbre *Persea* different, comme il semble d'auec le precedent, duquel il dit qu'il n'en a veu qu'vn seul au Royaume de Valence, au Monastere de nostre Dame de Iesu, à vn mille pres de Valence. On dit qu'il y a esté apporté de l'Amerique. Cest arbre retire à vn Poirier, & est grand & verdoyant en toute saison. Ses branches sont vertes-blaffardes. Ses fueilles retirent à celles du Laurier aux larges-fueilles; & sont vertes par dessus & cendrées par dessous, fermes, auec quelques nerfs trauersans de biais, de bon goust & odeur, picquans la langue auec vn peu d'astriction. Ses fleurs sont quasi semblables à celles du Laurier, & en grande abondance; entassées en grappe de Raisin, blaffardes, & composées de six petites fueilles. Son fruict est tout semblable à vne Prune, puis auec le temps il deuient long comme vne Poire, & est noir & de bon goust. Son noyau est fait à mode de cœur, & a le goust comme les Chastagnes, ou les Amandes douces. L'Escluse dit qu'il a veu cest arbre fleury au Printemps; & qu'on luy a dit que son fruict est meur en Automne. Voilà tout ce qu'il en dit.

Persea de l'Amerique, de l'Escluse, auec le fruict, de Dalechamp.

Liu. 1. ch. 2.

La forme.

Du Poiure. *CHAP. XXXV.*

Liu. 2. c. 153. LEs Grecs appellent le *Poiure* πέπερι: les Latins *Piper*: les Arabes *Fulfel* & *Fulful*: les Italiens *Pepe*: les Espagnols *Pimienta*: les Allemands *Pfeffer*. On tient, dit Dioscoride, que l'arbre du *Poiure* croist en Indie, & est petit, & qu'il porte au commencement vn fruict long comme vne gousse, qui est le *Poiure long*, ayant au dedans ie ne sçay quoy qui retire au Millet, & à la fin deuient *vray Poiure*; lequel venant à s'ouurir en son temps, produit des grappes chargées de grains tels que nous les voyons. Iceux estans verts font le *Poiure blanc*, lequel est propre pour les medecines des yeux, pour les antidotes & Theriaques. Mais le *Poiure long* est plus piquant & vn peu amer, pource qu'on l'amasse deuant qu'il soit meur; il est aussi fort propre aux antidotes & Theriaques. Quant au *noir* il est plus plaisant que le *blanc*, plus acre & meilleur à la bouche, pource que l'on ne l'amasse point deuant qu'il soit meur; il est aussi plus odorant, & propre dans les sausses. le *blanc*, qui est vn peu aspre, a moins de force que les dessusdits. La *racine du Poiure* est semblable au Costus. Le meilleur *Poiure* est celuy qui est plus pesant, qui est plein, noir, & peu ridé, frais & non vermoulu. Il s'en trouue aussi du *noir* qui n'est point nourry, ains est creux & leger, qui est
Liu. 12. c. 7. appellé *Brasma*. Les *Poiuriers*, dit Pline, sont par tout semblables à nos Geneuriers; combien que plusieurs disent qu'ils viennent seulement au mont Caucasus, du costé qu'il est battu du Soleil. Mais ils sont differens d'auec les Geneuriers en ce qu'ils portent leur graine en des petites gousses, comm-

comme les fasiols. Or si on prend ces gousses deuant qu'elles commence à s'ouurir, & qu'on les ette secher au Soleil, on en fait le *Poiure long*. Mais si on les laisse peu à peu ouurir d'elles-mesmes on verra dedans le *Poiure blanc*, lequel se noircit & se ride puis apres au Soleil. Dioscoride n'a oint descrit le *Poiurier*, ny ne le compare point à aucun arbre. Pline le compara au Geneurier, quant u reste ils ne sont pas fort discordans. Theophraste dit seulement que *le Poiure est vn fruict, dont il y n a de deux sortes: l'vn est rond à mode d'vn Ers, composé de peau & de chair, comme les grains de Lau-ier, & rousseastre, l'autre est long & noir* (au contraire il semble qu'il deuroit dire que *le rond est noir, le long rougeastre*) *ayant vne graine au dedans semblable à celle des Pauots. Cestuy cy est beaucoup lus fort que l'autre.* Quant à Auicenne & Serapion ils ont prins des Grecs tout ce qu'ils escriuent du oiure. Mais Dioscoride & Theophraste, aussi bien que Pline qui les a suiuy, n'eurent iamais cognoissance de la figure du *Poiurier*, ainsi que dit Garsie, & si n'ont pas bien specifié le lieu où il croist, de uoy il ne se faut pas esbahir; d'autant qu'ils descriuoient vne Plante, d'vn pays bien esloigné, & qui 'estoit pas encor bien cogneu pour lors, suiuant ce qu'ils en auoient ouy dire à d'autres, se fians à leur apport, sans l'auoir veu à l'œil. Mais c'est bien vne chose plus estrange, que les Arabes & autres utheurs plus modernes sont tombez en mesme erreur. Ainsi donc il nous faudra en mettre la vraye escription, suiuant les autres autheurs. En premier lieu donc, Garsie dit qu'il croist à force *Poiure* n Malauar, & le long de toute la marine qui est depuis le Cap de Comorin iusques à Cananor. Il n croist aussi en la marine de Malaca: mais il n'est pas si bon que le precedent, & est creux pour la lus part. Semblablement il en croist aux Isles voisines de Iaua, en Sunda, Cuda, & autres lieux: nais on le porte tout en China, & se consume tout au pays où il croist, sinon celuy que l'on porte en egu & Martaban: mesme la plus grande partie de celuy qui croist en Malauar, sert pour l'vsage e ceux du pays, combien qu'il ne soit pas de grande estendue. Ceux-là aussi qui habitent le long e ladite marine en consument vne partie: on en porte aussi vne partie en Belagate, dans des cuirs e bœuf. Les Arabes aussi (combien qu'il soit defendu par edict du Roy) en emportent grande uantité par dessus la mer rouge, de celuy que les habitans mesmes du pays desrobent. On trouue ussi du *Poiure* au dessus de Cananor, du costé de Septentrion: mais c'est si peu, qu'il ne suffit pas à eux du pays, mais ont besoin qu'il leur en vienne de dehors: car le *Poiure* ne s'aime pas és lieux eserts, ny loin de la mer. Or il appert par les Geographes, combien ces contrées sont eslognées du mōt Caucase. Au reste le *Poiure* est appellé en Malauar *Molanga*: en Malaca *Loda*: en Guzarate & Decan *Meriche*: en Bengala *Morois*: & le *Poiure long* qui ne croist qu'en ce lieu là *Pimpilim*: & par les Medecins Arabes, & vulgairement *Filfel*. Toutefois Auicenne l'appelle *Fulful*, & *Fulfel*, comme aussi Serapion qui l'a suiuy. On plante la Plante du *Poiure* au pied de quelque autre arbre (Garsie dit qu'il l'a eu quasi tousiours planter au pied du *Faufel*, ou des Palmiers) le long duquel il va s'entortillant usques à la cime, & fait peu de fueilles, semblables à celles du Citron, excepté qu'elles sont moindres, aigues au bout, verdes, d'vn goust assez chaud, & semblable à celuy des fueilles de Betre Son ruict est entassé à mode de grappes de raisin: toutefois ses grappes sōt plus petites, & ses grains moindres, & tousiours verts iusqu'à tant qu'on les face secher, & qu'ils soient du tout meurs, ce qui adient enuiron la my-Ianuier. Sa racine est petite, & ne resemble pas au Costus, comme dit Dioscoride: car Costus n'est pas racine, mais du bois. Or il y a si peu de difference entre la Plante qui porte le *Poiure blanc*, & celle du *noir*, qu'il n'y a que ceux du pays qui les sçachent recognoistre; tout ainsi que nous ne cognoissons pas les ceps qui portent les raisins rouges, auec ceux qui les portent blancs, sinon lors qu'ils sont meurs. Mais la plante qui porte le *Poiure long*, est bien differente: car elles ne se resemblent non plus qu'vne feue resemble à vn œuf. Dauantage le *Poiure long* croist en Bengala, qui est à cinq cens lieuës loin de Malauar, où c'est que croist le *noir* & le *blanc*. Ainsi donc Galien s'est trompé, ayant creu, apres Dioscoride, que le *Poiure long blanc* & *noir*, venoient d'vne mesme Plante. Quant au *blanc* il s'en treuue peu de Plantes, & n'y en a sinon en certains endroits de Malauar & Malaca. On met en composte auec sel & vinaigre les grappes vertes du *Poiure noir* deuant quil soit meur, & les garde-on ainsi comme l'Escluse asseure qu'il s'en trouue quelquefois en Anuers parmi les racines salées de Zinzembre, qui sont longues & grailes, & non si touffues de grains comme sont les grappes de raisin, sur lesquelles nous auons prins le pourtraict qui est icy mis. Les Medecins Arabes & Persiens disent que le *Poiure* est chaud au troisiesme degré. Mais les Empiriques comme sont les Medecins Indiens pour la plus part, disent que le *Poiure* est froid, comme aussi plusieurs autres drogues qui sont vrayement chaudes. Les riches ont de coustume d'vser du *Poiure blanc*, comme nous vsons du sel: & tiennent qu'il resiste aux poisons, & est bon aux medecines pour les yeux: ce que Dioscoride a aussi remarqué: Toutes les sortes de *Poiure*, dit-il, eschauffent, prouoquent l'vrine, aident à la concoction, attirent, resoluent, & nettoyent ce qui offusque la veuë. Le *Poiure* prins en breuuage, ou appliqué en liniment sert pour faire passer les frissons des fieures qui retournent par certains interualles. Il est bon contre la morsure des serpens: il fait sortir le fruict du ventre de la mere. On tient qu'il empesche de conceuoir, si l'on en met dans la matrice incontinent apres que la femme a eu affaire à l'homme. Il sert à la toux, & à tous les accidens de la poitrine, en le prenant en looch, ou en breuuage. Reduit en liniment auec du miel, il sert à la squinancie. Prins en breuuage

Marginal notes: Liure 9. de l'hist. ch. 22. — Liu. 2. c. 148. cha 357. des simpl. — Liure 1. des Arom. d'Ind. chap. 22. — Le lieu. — Les noms. — Liure 8. des simpl. — Le temperament & les vertus.

auec

Arbre du Poiure, de Theuet.

Poiure noir & blanc.

auec des fueilles fraisches de Laurier, il guerit les tranchées du ventre. Masché auec des raisin secs il euacue le phlegme du cerueau. Il appaise les douleurs, resueille l'appetit, & aide à la digestion, estant meslé dans les sausses. Incorporé auec de la poix il resout les escroüelles. Auec nitr il nettoye les taches blanches de la peau. Sa racine eschauffe la bouche de ceux qui en tastent, fai venir la saliue en la bouche. Enduite auec vinaigre, ou prinse en breuuage, elle diminue la rat Estant maschée auec de la graine de Staphisagria elle purge aussi le cerueau. Garsie conseill aux Medecins de n'ordonner pas du *Poiure noir*, au lieu du *blanc*, qui est plus chaud & plus odorant, sinon à faute du *blanc*, semblablement de n'ordonne pas le *Poiure long* au lieu du *blanc* ou du *noir*, puis que ce son Plantes du tout differentes, & que le blanc & le noir s'accordent encor mieux. Il fait aussi mention d'vne autre sorte de *Poiure*, qu'on appelle en Malauar *Poiure de Canara*, d nom de Canara. Ce *Poiure* est creux & vuide, & s'en sert o pour euacuer le phlegme du cerueau, pour la douleur de dents, & contre la cholerique passion. L'Escluse qui a commenté l'histoire dudit Garsie, dit que l'on apporte communement en Anuers vne autre sorte de *Poiure* que les Portugais appellēt *Pimiēta del rabo*, c'est à dire *Poiure à queuë*. Mai le Roy de Portugal craignant que le *vray Poiure* ne deuin trop à bon marché, si on apportoit de cest autre, defendi expres que l'on n'en apportast plus. Ce *Poiure* resēbloit qu si aux Cubebes, estant attaché à vne petite queuë, rond, plei & quelque peu ridé, noirastre, ayant la mesme acrimoni que le *Poiure*, aromatique, & entassé en grappe. Aucuns on estimé, mais à tort, que c'estoit de l'Amomon. Encor y a-i vne autre sorte de *Poiure* qu'on appelle *Ethiopique*: Serapio l'appelle *Grain de Zelim*, & *Poiure* des Mores, & le descrit ainsi; *Habzeli*, dit-il, c'est à dire *le grain de Zelim*, est vne graine grasse, de la grosseur d'vn Pois ciche, iaune par dehor & blanche par dedans, de bon goust. On l'apporte de Barbarie, où l'on l'appelle *Croni*, & *Poiure des Mores*, cōbien qu selon la verité le *Poiure* des Mores soit autre chose. Il ressemble aux Faziols, toutesfois il a les grains & les escorces plu petites: au demeurant il est noir, & a vne telle acrimoni qu

Poiure Ethiopique, de Matthiol.

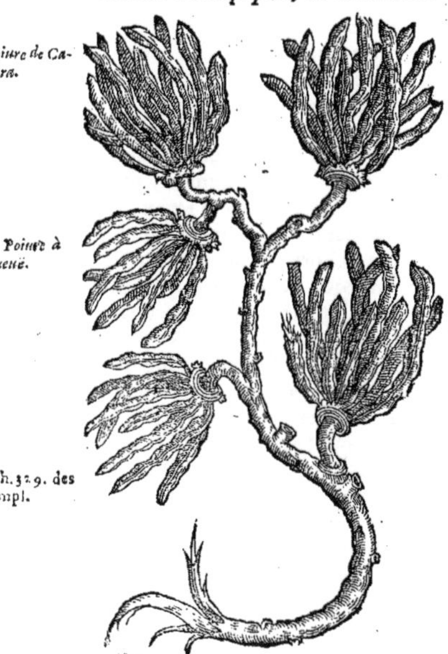

Poiure de Canara.

Poiure à queuë.

Ch. 329. des simpl.

Poiure, de Matthiol.

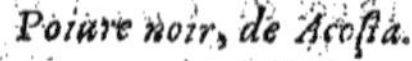

Poiure noir, de Acosta.

Poiure long.

que le *Poiure*. On l'apporte de la contrée des Mores, & est bon contre la douleur des dents. Voilà ce qu'en dit Serapion. Nous en auons mis icy le pourtrait prins de Matthiol. Aucuns estiment que c'est le Carpesion, mais ils se trompent, Nicolas Monard a mis le pourtrait d'vn autre *Poiure long* de l'Amerique, duquel on vse fort en tout ce quartier, où sont assises les villes de Nata & de Carthage, & mesme au nouueau Regne. Iceluy est long & a plus d'acrimonie que l'Oriental, & est aussi plus aromatique, & de meilleure odeur que le *Poiure* de Guinée, mesme il a meilleur goust & est plus plaisant que le *Poiure noir*. C'est le fruict d'vne Plante qui est haute, lequel est long, de la grosseur d'vne petite corde, & de demy pied de long, estant comme composé de plusieurs petits grains, à l'entour d'vne queuë longue, entassez par ordre, & s'entretouchans l'vn l'autre, à mode d'vn espic de Plantain, lesquels estans ostez la queuë demeure toute nue. Estant frais il est vert, mais le Soleil le fait meurir & noircir tout ensemble. Il est chaud au troisiesme degré. Au demeurent voicy comme Acosta escrit touchant le *Poiure noir*. Il y a, dit-il, *deux sortes de Poiure*, dont l'vn est *domestique*, duquel on vse, l'autre est *sauuage*, duquel on ne tient conte pour raison de son amertume. La Plante du *domestique* est fournie de sarmens, & grimpe comme le Lierre, sur les arbres aupres desquels elle se rencontre, s'entortillant à iceux. Elle est compartie de neuds par certaines interualles, par lesquels sortent les fueilles semblables aux fueilles de Betele, vertes-brunes par dedans, & blaffardes par dehors, ayans le bout aigu, & qui piquent la langue. De ces fueilles les vnes sont plus brunes que les autres, lesquelles sont plus blaffardes, & ont leurs filamens egaux, lesquelles on prend pour les *femelles* (car en vne mesme Plante ils mettent la difference de *masle*, à *femelle* quant aux fueilles) mais les plus brunes qui ont les fibres inegales sont les *masles*. A chasque entre-neud d'où sortent les fueilles & par le mesme endroit, il y sort aussi des grappes, dont les plus grosses peuuent auoir enuiron cinquante grains, & les moindres trente. Sa racine est petite, & iette ses cheuelures à fleur de terre. Or les plantes qui portent le *Poiure blanc*, & celles du *noir*, ont grande similitude ensemble; toutefois les fueilles du *blanc* semblent plus menuës & plus molles, mesme son fruict est plus aromatique, & de meilleur goust que le *noir*. Quant aux fueilles du *blanc* on ne s'en sert point en ce païs-là, mais celles du *noir* seruent contre la colique, & toutes autres maladies du ventre, procedées de cause froide. Icelles estans engraissées d'huile de noix d'Inde, puis appliquées toutes chaudes sur le ventre y seruent grandement. Au reste on Plante le *Poiure* en cette maniere: On plante vne de ses branches aupres de quelque gros arbre, ou d'vn pau, & y met-on par dessus de fiente de beuf, des cendres & de l'eau; cela faict, deuant que l'année soit outre, cette

Les especes.

La forme.

Le temperament & les vertus.

branche porte fruict, tant plus la Plante est vieille, tant plus elle porte : car elle grimpe iusqu'à la cime de l'arbre contre lequel elle a esté plantée.

Pommes d'Indie, de Acosta, CHAP. XXXVI.

La forme.

Est arbre est grand, chargé de beaucoup de fueilles, fleurs, & fruit. Ses fueilles ne sont pas du tout si rondes que celles des Pommiers, combien qu'elles leur retirent. Elles sont vertes-brunes par dessus ; mais par dessous elles sont blancheastres & chenuës, à mode des fueilles de la Sauge, d'vn goust astringeant. Ses fleurs sont petites, blanches, composées de cinq petites fueilles, & sans aucune odeur. *Le fruict.* Son fruict retire aux Iuiubes, dont il y en a de plus gros, & de meilleurs les vns que les autres ; mais ils ne meurissent iamais en sorte qu'on les puisse garder, & en porter en païs estrange, comme on fait les Iuiubes ; ains ils sont tousiours quelque peu astringeans, dont il appert qu'ils ne sont pas propres à la poictrine comme les Iuiubes. *Les noms.* Cet arbre est appellé en Canara *Bor* : en Decan *Ber* : en Malayo *Vidaras* : les Portugais l'appellent *Mançanas de la India*, c'est à dire, *Pommes d'Indie*. On fait plus d'estat de ceux de Malaca, que de ceux de Malauar ; mais ceux de Balagate sont les meilleurs de tous. Cet arbre est tousiours chargé en Esté de formies aislées, qui font la Lacca sur ses branches.

Pignons des Maluques, de Acosta. CHAP. XXXVII.

La forme.

N entretient en certains Iardins de Malabar, & mesme en quelques forests vn certain arbre lequel est grand comme vn Poirier, & a les fueilles vertes-blafardes par dessous, & vertes-brunes par dessus, fort tendres & qui ont vne grande acrimonie laquelle pique la langue fort long-temps. Son fruict est fait à mode de triangle de la grosseur d'vne Noisette, tout mi-party par chambres au dedans, dans lesquelles il y a vne graine blanche, solide & ronde, de la grosseur d'vn Pignon mondé. *Les vertus.* Les Indiens vsent fort souuent de ce fruict, tant pour guerir certaines maladies, que pour en faire du mal. En premier lieu ils broyent deux de ces noyaux mondez & les meslent parmy les clysteres communs, contre la sciatique, & la difficulté d'vrine, ou bien ils en ordonnent en breuuage auec du boüillon d'vne poule, pour euacuër les humeurs pourries, visqueuses, grosses & froides, & pour guerir les astmatiques, ausquels ils disent qu'ils sont fort profitables. Ils guerissent en peu de temps les dertres, si on les broye en l'eau, puis que l'on les applique en liniment : mais il faut au preallable auoir bien frotté lesdites dertres ; toutefois ils font bien cuire, comme ie l'ay veu par experience. Les meschantes femmes de ce païs là se voulans despecher de leurs maris, leur en font prendre quatre noyaux pour les faire mourir. Au reste on appelle

commu

communnement ce fruict *Pinones de Maluco*, c'est à dire, *Pignons de Maluque*, pource qu'il y a là force arbres produisans ce fruict, & qu'ils s'en seruent à tous propos pour se purger : les Canarins l'appellent *Gepalu*. *Les noms du fruict.*

Du Tamalapatra, ou Malabathron, ou Betre, CHAP. XXXVIII.

Les Grecs appellent μαλάβαθρον, & φύλλον, ce que les Latins appellent aussi *Malabathrum* & *Folium*, simplement ; ou bien *Folium Indicum*. *Les noms.* Or voicy que Dioscoride en dit : *Liu. 1. c. 11.* Aucuns, dit-il, tiennent que le *Malabathron* ; est la fueille du Nard d'Indie, s'abusans par la ressemblance de l'odeur : car il y a beaucoup d'autres choses qui sentent le Nard ; comme la Valeriane, le Cabaret, la Niris ; mais la chose ne va pas ainsi ; *La forme.* Car *Malabathron* est vne fueille d'vne Plante particuliere laquelle croist aux marais d'Indie, & nage sur l'eau sans racine comme la Lentille de marais. On dit que quand ils viennent à estre à sec en Esté on brusle la terre auec les Plantes sechées, & que sans cela il n'y en reuiendroit plus. Les meilleures de ces fueilles sont celles qui sont fraisches, brunes-blancheastres, qui ne sont point frailes ; mais entieres, l'odeur desquelles fait mal au cerueau, & celles qui retiennent longuement leur odeur en leur entier, ayans vn tel goust que le Nard ; sans aucune saueur de sel : mais celles-là ne valent rien qui sont aisées à rompre, & en pieces, & qui sentent mal. La Syrie, dit Pline, *Liu. 12. c. 18.* produit le *Malabathron*, qui est vn arbre iettant vne fueille remplissée, qui a vne couleur seche, de laquelle on fait de l'huile propre pour les onguens des parfumiers. Or le *Malabathron* est encor plus commun en Egypte, qu'en Syrie ; toutefois le meilleur vient des Indes. On dit qu'il y croist par les marais à mode de Lentilles de marais, & qu'il est plus odorant que le Saffran noirastre & aspre, & quelque peu salé au goust. Le blanc est le moins estimé. Or il se moisit en peu de temps quand on le garde. Il faut que le bon ait le goust du Nard à la langue. L'odeur & parfum du *Malabathron* boüilly en vin, surpasse toutes autres odeurs. Voila comment Pline met *diuerses especes de Malabathron*, au lieu que Dioscoride n'en met *qu'vne* : dont le meilleur vient en Indie, où il croist dans les marais à mode de Lentilles de marais, au lieu que Dioscoride dit qu'il nage sur l'eau comme les Lentilles de marais. Pline dit aussi qu'il sent le sel au goust, au contraire Dioscoride dit μὴ ἁλμυρίζον, c'est à dire, *qui n'a point esté arrousé de l'eau marine dans la nauire*. Pline dit que le blanc est le moindre, & Dioscoride dit que le bon est blancheastre, tirant sur le brun. Auicenne & Serapion ont prins des Grecs tout ce qu'ils ont escrit du *Malabathron* : *Liu. 2. c. 153. Ch. 53. des simpl.* mais comme ainsi soit que les Grecs n'en ont pas eu cognoissance, ils ne pouuoient pas le donner à cognoistre aux autres. *Liure 1. des Arom. d'Ind. chap. 19.* Ainsi donc nous mettrons icy la vraye description d'iceluy suyuant Garsie. *Les noms.* Les Indiens, dit-il, appellent le *Malabathron Tamalapatra*, d'où les Grecs & Latins ont tiré leur mot de *Malabathron* ; les Arabes l'appellent *Ladegi Indi*, c'est à dire, *fueille d'Indie*. Actuarius a faussement escrit que les Arabes l'appelloient *Tembul*. *La forme.* Or la fueille d'Indie resemble aux fueilles du Citronnier ; toutefois elle est plus estroite au bout, de couleur verte, auec trois costes tout du long, à quoy elle est aisée à cognoistre. Elle est aussi odorante sentant aucunement les Cloux de Giroffle ; mais elle n'a pas l'odeur si vehemente que le Nard, ou le Macis, ne si subtile & aiguë que la Canelle. Cette fueille donc ne nage pas sur l'eau à mode de la Lentille de marais, comme Dioscoride & Pline le disent ; mais croist sur vn grand arbre, bien loin de l'eau, tant en Cambaya, qu'en plusieurs autres lieux, mesme elle n'a pas l'odeur si vehemente que la Spica Nardi ; mais bien plus plaisante. Aussi l'on ne les amasse pas en la maniere que dit Dioscoride ; mais on les lie par poignées, & les vend-on ainsi. Elles sont vertes blafardes, & non blanches-brunes, & tient-on qu'estans entieres elles sont meilleures, comme se conseruans mieux en leur vigueur. Au reste leur odeur n'offence pas le cerueau, comme font les autres drogues odorantes. Pline dit qu'il en croist en Syrie, en Egypte, & en Indie ; & toutefois Garsie dit qu'il s'en est enquis des Medecins du Caire, de Damas, & d'Alep, lesquels tous vnanimement l'ont

Le Tamalapatra auec sa branchette.

l'ont asseuré qui n'en croissoit point en Syrie, ny en Egypte; mesme il dit qu'il n'est pas si odorant que le Saffran, & qu'il n'a pas le goust du Nard. Quant à ce qu'il dit que l'odeur du *Malabathron* boüilli en vin surpasse toutes les autres, cela pouuoit bien estre vray en son temps, lors que le Benzoin, l'Ambre, le Musc, & le bon bois d'Aloës n'estoient pas encor cogneus. Or celuy qui a commenté l'histoire dudit Garsie, dit que l'on nous apporte cette fueille aujourd'huy, telle que Garsie la descrit, qui est encor attachée à ses branches, comme le present pourtrait le monstre, & qu'elle a quasi le goust des fueilles de Laurier. En outre il met le pourtrait d'vn certain petit fruict fait quasi à mode de gland, qui luy auoit esté enuoyé par Cortusus auec cette inscription, *fruict de Canelle selon aucuns*, ou bien suyuant l'opinion des autres, *fruict de Betre*, qui est vne espece de Liseron croissant en Indie. Et d'autant qu'il auoit entendu dire qu'on le nous apportoit auec la fueille d'Indie, & qu'il coniecture suyuant la description de Garsie que c'est la vraye fueille d'Indie; (car *Tembul* est vn fruict bien different, comme il sera dit cy-dessous en parlant du *Betre*) il en a fait faire le pourtrait aussi grand comme il luy auoit esté enuoyé, comme il se voit icy aupres de la fueille de *Tamalapatra*. Ceux-là se trompent, dit Garsie, lesquels estiment que le *Malabathron* est la fueille de l'arbre qui porte les Cloux de Giroffle: car il y a quasi à cheminer pour deux ans pour aller de là où viennent les Cloux de Giroffle, iusques là où croist le *Malabathron*: & nous n'aurions point de besoin de chercher son substitué, si les Medecins & Apothicaires de Portugal estoient plus diligens qu'ils ne sont: car on en pourroit apporter assez pour fournir toute l'Europe: mais à faute d'en auoir il conseille d'vser des fueilles de Canelle, s'il s'en treuue, ou bien du Spica Nardi, & non pas du Macis, comme aucuns veulent; Auicenne prend du Thalisafar, ou
Liu. 2. c. 453. du Spica. Or André de Bellune dit que Thalisfar, Thalisafard, ou Thalaffir, ou bien Thalesfir sont les fueilles des Oliuiers d'Indie: D'autres, dit-il, tiennent que c'est la Lingua auis; mais l'Escluse a meilleure raison, à mon aduis, de dire que Thalisafard d'Auicenne, est le Macer des
Liu. 2. c. 687. Grecs, duquel Auicenne a escrit sous le nom de Thalisafar, comme il a esté dit. Au reste Dio-
Liu. 1. ch. 11. scoride dit que le *Malabathron* a les mesmes proprietez que le Nard: toutefois qu'il fait plus d'o-
Le temperament & les vertus. peration, qu'il prouoque mieux l'vrine, & est meilleur pour l'estomac. Iceluy estant broyé & cuit en vin sert à l'inflammation des yeux: si on l'applique dessus, le tenant dessous la langue, il fait auoir bonne haleine. Mis parmy les vestemens il les fait sentir bon, & garde que les vers
Liu. 13. c. 4. ne les rongent. Nous auons, dit Pline, desia descrit le naturel & les *especes du Malabathron*. Il prouoque l'vrine: estant boüilly en vin il est bon pour appliquer sur l'inflammation des yeux. Pour faire dormir il le faudra appliquer sur le front; toutefois il aura plus d'efficace, si on en frotte le nez ou que l'on en boiue auec de l'eau. Si on tient vne fueille sous la langue, il fait auoir bonne haleine, comme aussi il fait sentir les vestemens bon si on en mesle parmy. Au demeurant le
Betre. Sur le ch. 11. du liure 1. de Diosc. Au liure des nauig. *Betre* ou *Betle* est si semblable au *Malabathron*, que plusieurs estiment que c'est vne mesme chose, mesmes de ceux qui ont voyagé en Indie. Amatus Portugais n'y fait point de difference, ny mesme Odoad Barbosa, disant qu'il y a vne riuiere qui est appellée Betelle, le long de laquelle il y a quelques villages, & des iardins plaisans, qu'il semble quand on y est qu'on soit en Paradis, dans lesquels on amasse si grande quantité de *Betelle* (qui est vne fueille bonne à manger) que l'on en charge les petites barques & nacelles, pour porter vendre aux autres regions & ports
La forme. de mer. Nous appellons, dit-il, cette fueille, *fueille d'Indie*, laquelle est quasi aussi grande que celle du Laurier, & quasi de mesme figure. La Plante grimpe contre les arbres à mode de Lierre, & le long des paux & des perches. Elle ne produit ne fruict ne graine: cette fueille fortifie
Les vertus. la personne, en la tenant en la bouche. A raison de quoy tous les Indiens tant hommes que femmes, de iour & de nuict, tant dedans la maison que parmy les champs en mangent quasi continuellement, l'ayant preparée comme s'ensuit. Ils font de la chaux auec des coquilles d'Huistres, laquelle ils detrempent auec d'eau, en laquelle ils mettent ces fueilles en infusion y adioustans certains petits fruicts qu'ils appellent *Areca*, & ainsi maschent cette composition, & la tiennent en la bouche, sans rien en aualler si ce n'est le suc, qui prouient de trois choses dessusdites, qui leur fait auoir tousiours la bouche teinte en roux, & les dents noires. Par ce moyen ils disent que l'estomac se purge des humeurs superflues & se desseche, que le cerueau & le cœur en sont fortifiez merueilleusement, que cela resout les ventositez, & estanche la soif; tellement qu'il n'y a rien de plus cher en Indie. Or il n'en croist pas seulement au lieu dessusdit; mais aussi
Liu. 1 des Aro. d'Ind ch. 48. par toute l'Indie en grande abondance. Les Persiens & Arabes l'appellent *Tambur*. Voilà ce qu'en dit Odoard Barbosa: Mais Garsie dit que ceux-là se trompent qui disent que le *Betre* est le *Malabathron*, & que luy mesme a esté en cet erreur. Or comme il luy eust esté fait commandement de faire vne composition pour fortifier l'estomac, pour le Roy Nizamoxa, & qu'il eust fait le denombrement des drogues qu'il y falloit, & dit au Roy que la fueille qu'il maschoit estoit le *Malabathron*, il se print à rire, & luy monstra vn Auicenne escrit en langue Arabique, où il estoit traitté du *Malabathron* & du *Betre* en diuers chapitres. Quant au *Malabathron* il en traittoit au passage
Liu. 2. c. 699. cy-deuant allegué: mais quant au *Betre* il en estoit fait mention long-temps apres, où il l'appelle
Les noms. mal, *Tembul*, selon l'opinion de Garsie, d'autant que tous l'appellent *Tambul*, & non *Tembul*. En

Malauar,

Malauar, suyuant ledit Garsie on l'appelle *Betre* : en Decan, Guzarate & Canam, *Pam* : en Malayo, *Siri*. Il en croist en tous les quartiers maritimes de l'Indie, ou les Portugais trafiquent : mais il ne s'en treuue pas loin de là mer, sinon qu'on l'y ait porté. Bien est vray qu'il s'en treuue en Dultabado, qui est vne ville riche, comme aussi en Decan & Bisnaga ; mais c'est si peu qu'ils n'en sçauroient enuoyer, ny en Perse, ny en Arabie. Au dessus de Calaiate qui est à quatre vingts lieuës d'Ormuz, il seroit mal-aisé d'en treuuer : car il ne s'aime pas en païs froid, comme en China, ny en païs trop chaud, comme en Mosambique & Sofala. Or *Betre*, dit-il, est vne fueille qui est quasi semblable aux fueilles du Citronnier ; toutefois elle est plus longue, & plus estroite au bout, ayant des veines ou costes qui vont tout du long. On tient pour les meilleures celles qui sont bien meures, & iaunastres, combien que quelques femmes font plus d'estat de celles qui ne sont pas meures, pource qu'elles font plus de bruit en la bouche en les maschant. Elles se gastent si on les manie auec les mains quand on vient de les cueillir. La *Betre* porte vn fruict aux Isles Maluques, lequel est tortu, semblable à vne queuë de lezart, duquel ils mangent en ce païs-là, d'autant qu'ils le treuuent bon. Cette graine ayant esté apportée en Malaca fut treuuée de bon goust par ceux qui en mangerent. Au reste on plante la *Betre* comme la Vigne, & l'appuye-on auec des eschalats par lesquels elle monte, comme le Lierre. Aucuns pour en tirer plus grand profit la mettent aupres des arbres du Poiure, & de l'Areca, & ainsi en font de fort beaux ombrages. Or elle demande d'estre souuent cultiuée & arrousée. Sa fueille est amere au goust, quant on la masche, à raison de quoy ils la meslent auec de l'Areca, de la chaux & autres choses, Aucuns y adioustent du Lycium, & les plus riches du Camphre de Burneo, d'autres du bois d'Aloës, ou du Musc, ou de l'Ambre. Estant ainsi preparée, elle est de si bon goust & fait si bonne haleine, que les plus riches en ont quasi ordinairement en la bouche, & les autres aussi selon leurs moyens ; mais aux deserts & lieux esloignez de la mer elle est bien chere ; tellement que l'on dit que le Roy Nizamoxa y despend tous les ans trente mille escus de Portugal. Cela leur sert de dragée, ils en font aussi present à ceux qui s'en vont. Mesme le Roy en donne aux plus grands de sa propre main, & aux autres par les mains de ses seruiteurs. Et pource que la *Betre* a des costes tout du long, ils les ostent premierement auec l'ongle du pouce, laquelle à cet effet il coupent en pointe, & non en rond comme nous faisons ; puis apres ils y adioustent vn brin de chaux, (laquelle ne sçauroit nuire pour la petite quantité qu'ils y en mettent ; & pource qu'elle est faite des escailles d'huistres.) & de l'Areca moulue ou concassée, enueloppans le tout auec la fueille de *Betre*, puis la mettans ainsi en la bouche pour la mascher ; alors les vns crachent le suc qui sort le premier, pource qu'il semble de sang, les autres non. Et ainsi les mangent les vnes apres les autres preparées en ladite maniere. Au reste quand ils veulent se licentier de quelqu'vn, ils ont accoustumé de donner à celuy qui s'en va de ces fueilles ainsi preparées pleine vne petite bourse de soye, mesme vne personne n'oseroit s'en aller qu'on ne luy aye donné de *Betre* ; car c'est le signe du congé. Qui plus est quand ils veulent aller parler à quelque grand, ils mangent de ces fueilles ; pour auoir bonne haleine : car c'est vn grand opprobre en ces quartiers-là, de n'auoir pas l'haleine odorante ; si bien que s'il aduient qu'vn pauure parle à vn riche, il se met la main deuant la bouche, de peur qu'il ne sente quelque mauuaise odeur. En outre les femmes deuant qu'auoir affaire aux hommes mangent de *Betre*, deuant que de parler auec eux, estimans que cela prouoque fort à luxure. Tous les habitans de ces quartiers-là ont de coustume d'en manger apres le repas, & disent qu'autrement la viande feroit souleuer le cœur, & que si ceux qui ont accoustumé d'en manger discontinuent, cela leur rend l'haleine puante. Toutefois ceux à qui il est mort quelque parent s'abstiennent d'en manger par quelques iours, & en certains iours de ieusnes. Les Arabes aussi & Moalis, c'est à dire, *ceux de la secte de Ali*, s'en abstiennent durant les dix iours de leur ieusne. Au demeurant Auicenne dit que la *Betre* renforce les gencives, à raison de quoy les Indiens en maschent tousiours. Vn peu apres il adiouste qu'elle fortifie l'estomac, & que pour cela les Indiens en font grand estat. Quant à ce qu'il dit qu'elle est

Le lieu.

Forme du Betre.

Ses vertus & comment il en faut vser.

A quoy elle sert.

Liu. 2. c. 599.

La Betre suyuant Garsie du Iardin.

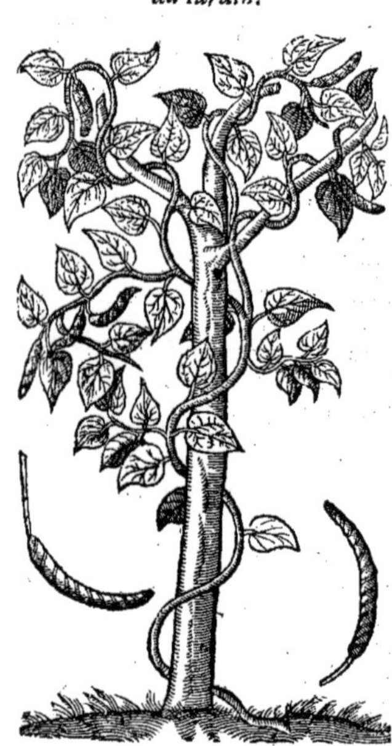

froide au premier degré & seche au second, Garsie estime que le texte est incorrect, ou bien (comme les plus doctes d'entre les Arabes estiment) qu'Auicenne a esté mal informé touchant le temperament : car il aduient souuent que le commun peuple, dit que les choses sont froides au lieu qu'elles sont chaudes, comme le Poiure, le Cardamone, & les Oignons. Car de faict Garsie a experimenté que la *Betre* est chaude & seche à la fin du second degré, comme aussi il la iuge estre à son goust & odeur.

De l'Arbre qui sert à limiter les possessions, CHAP. XXXIX.

Li. des Exer. est. exerc. 181

Exerc. 83.3.

IL nous a semblé bon de mettre icy quelques Plantes desquelles Scaliger fait mention, lesquelles croissent en Ethiopie, & Arabie, & aux païs des Abyssins, en Indie, Sarmatie, & en Scythie, & desquelles ceux qui ont escrit l'histoire de l'Indie traittent. Pour cet effet nous commencerons par cet arbre, le nom duquel Iean Balada, qui a voyagé plusieurs années par l'Indie, disoit auoir oublié. Au reste il dit que c'est vn petit arbre, auec beaucoup de branches, à mode d'vn Grenadier. Ses fueilles retirent à celles des Pruniers. Son fruict est à mode d'vne Chastagne auec sa couuerte herissée, dans lequel il y a du vermillon duquel ils se seruent pour teindre & pour peindre. Car ceux de Mexico, où cest arbre croist, n'vsent pas de characteres, non plus que les Egyptiens deuant le temps de Teuth. Mais ils gardent leurs possessions peintes sur des tableaux, auec leurs confins. A raison dequoy Scaliger a nommé cet arbre en Latin *Arbor finium regundorum*, c'est à dire, *Arbre qui sert à limiter les possessions*. iusqu'à ce que l'on ait treuué vn nom plus propre.

De l'Arbre qui a la mouëlle de fer, CHAP. XL.

Exer. 181.27.

LE nom Grec, dit Scaliger, à sçauoir *μητροσίδηρος*, que i'ay donné à cet arbre, conuiendra peut-estre mieux à sa description, qu'auec mon naturel ; car il approche si fort d'vne fausseté, comme ie suis du tout ennemy de dire vne mensonge à mon escient ; si ne lairray-ie pour cela d'en traitter icy, pour plaisir. On dit qu'en la grande Iaua il y a vn arbre, la mouëlle duquel est de fer, icelle est petite, toutefois elle va dés le pied iusques à la cime de l'arbre. On dit aussi que celuy qui en portera vne piece sur soy ne sçauroit estre blessé auec du fer. Nicolas Costin au discours de son voyage, raconte cette mesme chose.

De l'Arbre aux fueilles qui cheminent, CHAP. XLI.

Pigaf. en son voyage. *La forme.*

Sa vertu admirable.

AV PRES de l'Isle Cimbubon il y en a vne autre en laquelle il croist vn arbre, les fueilles duquel estans tombées en terre marchent comme si elles auoient vie. Icelles sont fort semblables à celles des Meuriers, & ont de chaque costé deux pieds courts & aigus, lesquels estans arrachez il ne sort point de sang. Aussi tost qu'on touche vne de ces fueilles, elle se bouge & s'en va. Marc Antoine Pigafetta en tint vne huict iours durant sur vne tuyle, laquelle marchoit à l'entour de la tuyle, toutes les fois qu'il la touchoit, & estimoit que cette fueille ne viuoit d'autre chose que de l'air.

De l'Arbre qui sert à teindre, CHAP. XLII.

La forme. Theuet au li. des singu. chap. 12

Les vertus.

ENTRE les arbres du Royaume de Senega, il y en a vn lequel est grand comme l'vn de nos Chesnes, & porte vn fruict semblable aux Dattes, du noyau duquel on tire de l'huile qui a des merueilleuses proprietez. Car estant mis dans de l'eau il la rend de couleur de Saffran, & s'en sert-on à teindre les gobelets, & certains bonnets faits de paille de Ionc, ou de Ris. Dauantage cet huile sent comme les violettes de Mars, & a le goust de mesme que l'huile commun, tellement que plusieurs en vsent parmy le poisson, le Ris, & autres viandes pour les apprester.

Du Brusathaer, CHAP. XLIII.

Scalig. exerc. 181.10.

AV Goulphe de China, le long de la marine, il y a des Arbres merueilleusement grands, tellement qu'il y a des oiseaux estrangement gros qui nichent dessus : car ces arbres sont de telle grandeur qu'ils soustiendroient des bestes encor plus pesantes. Ceux du païs appellent ces arbres *Brusathaer*. Ils portent des fruicts aussi gros que des Citroüilles. Marc Antoine Pigafetta asseure aussi cette mesme chose.

Du

Du Cachi, CHAP. XLIV.

IL y a vn arbre espineux en Malauar, les fueilles duquel on ne descrit pas, l'arbre s'appelle *Cachi*, & son fruict *Ciccara*, qui a vn pied de long, & est gros comme la cuisse d'vn homme, & pesant plus qu'on ne sçauroit croire. Exerc. 181. 12 La forme. Son escorce est premierement verte, mais apres qu'il est meur elle est iaune-brune. Elle est assez ferme, toutefois elle se rompt quand on la presse. Il n'est pas aussi de garde, car bien tost apres qu'il a esté cueilly il se ride. Au reste ce fruict est faict à mode d'vne pomme de Pin. Au dedans il y a comme des chambrettes separées l'vne d'auec l'autre auec certaines membranes, comme aux Grenades. Sa chair a vne fort bonne odeur. Elle a vn goust qui participe comme du Melon muscat, d'vne Pesche, d'vne Orenge douce, & de miel. Au dedans il y a deux cents cinquante, voire iusqu'à trois cents Pommes, qui retirent aux Figues en figure & en douceur, & n'ont point de peau comme l'on dit. Toutefois il faut bien qu'il y ait quelque membrane pour les separer l'vne d'auec l'autre, comme il y a en vn iaune d'œuf. En ces Pommes il y a vn autre petit fruict de la figure d'vne Chastagne, qui pette au feu ne plus ne moins qu'vne Chastagne, & est bon à manger. Mesme on en donne à manger aux bœufs. Le fruict sort du tronc, comme au Sycomore, entre les espines & les fueilles; &, ce qui est plus estrange, il en sort quelquefois de la racine de dedans terre, lequel on donne aux grands Seigneurs, comme estant le meilleur. Le temps. On l'amasse au mois de Decembre. Louys Bolognois en dit tout autant au discours de son voyage, & en outre que cest arbre croist en Calicut. Nicolas de la Coste raconte aussi ces mesmes choses, sinon qu'il ne dit pas que l'on donne à manger ce fruict aux bœufs, ains son escorce. Et en outre que l'arbre ressemble à vn grand Figuier, & a les fueilles fendues comme celle des Palmiers. Et que son bois est dur comme le Bouis, & sert à plusieurs choses.

De la Camphre, CHAP. XLV.

LEs Arabes appellent la *Camphre Kaphor* ou *Chafur*: les modernes Grecs καφερα; comme aussi les Latins *Cafura*: les Apothicaires & Italiens *Camphora*: les Allemands *Campher*. Les noms. Ch. 344. des simp. Serapion dit que la *Camphre* de Panzor vient de la terre de Panzor, c'est à dire des isles proches de la contrée de Sarandin, & quand il se fait plusieurs esclairs, tonnerres & tremblemens de terre; que ceste année là il se trouue beaucoup de *Camphre*; & au cõtraire, on dit aussi qu'il y a des arbres qui portẽt le *Camphre* és montagnes de l'Indie & de Sim. Apres il escrit, suiuant Isaac, qu'on apporte la *Camphre* de Saffella, Calca, d'Habehac & Harigi. Itẽ que c'est la gõme d'vn arbre qui vient en ces quartiers-là, qui est de couleur tachée de rouge; & que son bois est blanc & tendre, tirant sur le noir; d'auantage que l'on trouue la *Champhre* au cœur du bois, & par les veines d'iceluy. Et que la meilleure *Camphre* est celle qui est appellée *Riach*, laquelle sort de l'arbre de soy-mesme, & est de couleur rouge tachettée. Icelle estant sublimée on en fait *la Champre blanche* appellée *Riachine*, du nom du Roy Riach, qui regna le premier en ce pays-là: mais le lieu est appellé Panzot. La *seconde* en bonté est la *Camphre* de Sauzen, laquelle est grosse, de couleur obscure, & non claire comme la *Riachine*; aussi est-elle à meilleur marché. La *troisiesme* est la *Camphre de Carsal*, qui est brune & moins estimée que la *Riachine*. Puis apres viẽt la *Camphre de Halonichi*, qui a des esclats de bois meslez parmy, & est grasse & gommeuse, bõne pour les parfũs des Eglises, la meslant auec du Costus, de la Myrrhe, & de l'Encens. Toutefois on clarifie toutes ces especes par le moyen de la sublimatiõ, par laquelle on en tire vne *Camphre blanche* par lames, à mode d'vn plat, & appelle-on ceste *Camphre artificielle*. Voila ce qu'en dit Serapion. Liu. 2. c. 133. Auicenne met pour *especes de Camphre*, la *Alkansuri*, & *Ariagie*, puis *Alzeid* & *Alesceck*, qui est blanche & meslée parmy son bois. Or quelques vns ont dit que c'est vn grand arbre, qui fait tant d'ombrage, qu'vne grande multitude d'animaux y pourroit estre à couuert, sous lequel ont de coustume de faire seiour les Aluemur ou Aluemer (de Bellune dit que Aluemer sont loups ceruiers) & de fait les hommes ne s'approchent de cest abre sinon en certain temps de l'année. Or il dit qu'il a veu souuent du bois de cest arbre, & qu'il est blanc, fraile, leger, dans les veines duquel on trouue aucunes fois quelque reste de *Camphre*. Voila ce qu'en dit Auicenne. Mais Garsie a bien traitté plus exactement, & selon la verité de ceste matiere. Liure 1. des Arom. d'Ind. ch. 9. Premierement donc il dit que la *Camphre* est nommée par tous les Arabes *Capur* ou *Cafur*, pource que ces deux lettres p, f, ont grande affinité en leur langage. Que s'il y a des autheurs qui luy donnent quelque autre nom, il faut que les exemplaires soient incorrects, ou bien que les autheurs se soient trompez eux mesmes. Dauantage que les noms des lieux, ausquels Auicenne & Serapion disent que croist la *Camphre*, sont pour la plus part falsifiez. Car celle qu'il appelle de Panzor, est de Pacen, en l'Isle de Sumatra. Et au lieu de dire qu'on l'apporte de Calca, il deuoit dire de Malaca: car elle vient en Bairros, qui est vn lieu pres de Malaca. Celle qu'Auicenne appelle de Alsuz, peut estre celle de Sonda, qui est vne isle proche de Malaca, ainsi que dit Garsie:

neantmoins en nos communs exemplaires d'Auicenne il n'appelle pas la *Camphre* de Alsuz, mais de Alkansuri, Ariogie, Alzeid, & Alesfchek, cõme il a desia esté dit. Au reste la *Camphre* est vne drogue bien signalée, dont les anciens Grecs n'ont pas eu cognoissance : tellement qu'il en faut sçauoir gré aux seuls Arabes, pour en auoir esté les inuenteurs. C'est, dis-ie, vne gomme qui s'amasse dans le cœur de l'arbre d'où on la tire, ou bien elle en sort par les creuasses ; ce que Garsie asseure d'auoir veu en quelques pieces de bois. Du commencement elle en sort fort blanche, sans aucune tache ny rouge ny noire, & n'est pas tirée artificiellement, ny cuitte pour la faire blanchir, comme Auicenne & Serapion ont escrit. Or il y *deux sortes de Camphre*, à sçauoir celle *de Burneo*, & celle que l'õ apporte *de China*. Quant à celle *de Bruneo*, il n'en vient iamais iusques en nos quartiers, ce qui n'est pas de merueille, d'autant qu'vne liure de ceste *Camphre* se vend autant que cent de celle *de China*, qui est la *seconde sorte*, laquelle on porte en Europe par gros morceaux, qui peuuẽt auoir cinq doigts de diametre ; & d'autant qu'elle a esté ainsi amoncelée, il semble que ce soit vn medicament composé, non pas simple. Touchant la *Champre* de Burneo, qui est à mode d'vn grain de Millet, ou vn peu plus grosse : ceux du pays en establissent *cinq especes*, comme aussi les Baneanes & Arabes qui l'achettent. Car ils la distinguent par *la teste, la poitrine, les cuisses & les pieds*. Celle qui est *de la teste* se vend quatre vingts Pardans, (le Pardan est vne monnoye d'or, de laquelle vsent les Indiens, qui vaut dix Reales de Castille) celle *de la poictrine* vingt escus ; celle *des cuisses* douze, & celle *des pieds* quatre ou cinq au plus. Quelques vns des plus curieux prennent quatre vaisseaux de cuiure, qui sont percez inegalement, par lesquels ils font passer la *Champhre*. Celle qui passe par l'instrumẽt qui a les trous plus grands a son prix à part, & celle des trous moyens vn autre, & ainsi consecutiuement. Il vient à force *Camphre* en Burneo, Samatra, & Pacen. Celle qui vient de Burneo a le plus souuent des fragmens de pierre parmy, ou vne certaine gomme qu'ils appellent *Chonidetros*, qui ressemble à l'ambre cru, ou de la poussiere de quelque bois : mais la tromperie se cognoist aisement. Garsie dit qu'il ne sçait pas qu'on en face point d'autre. Car si elle a quelquefois des taches rouges ou noires, cela procede de ceux qui l'ont maniée, lesquels auoient les mains sales, ou bien de ce qu'elle a esté mouïllée : mais les Baneanes corrigent aisément ceste faute ; car ils la lient dans vn linge, & la plongent dans l'eau chaude, auec du Sauon, & du suc de Limon, puis apres l'auoir bien lauée ils la font secher à l'ombre, ainsi elle deuient fort blanche, sans gueres caler du poids. Ce que Garsie dit auoir veu faire à vn sien amy Baneane qui luy en apprint la recette. Il dit en outre qu'il a sceu par gens dignes de foy, que l'arbre de la *Camphre* resemble à vn Noyer : toutefois il a les fueilles blancheastres, semblables à celles des Saulx. Quant aux fleurs & au fruict il n'en a pas veu, toutefois il peut estre qu'il porte l'vn & l'autre. Bien sçait il pour vray que le bois de cest arbre est de couleur cendrée, quasi semblable au Fouteau, & quelquefois plus noir ; & si n'est pas leger & spongieux, comme dit Auicenne, sinon qu'il l'ait veu pourry, ou mort ; mais mediocrement solide & ferme. Plusieurs adioustent que cest arbre est fort grand & haut, qu'il s'espand fort au large, & est beau a voir : mais cela est faux que les animaux cerchent son ombre pour eschapper des bestes plus cruelles : comme aussi ce que Serapion dit, que c'est vn signe qu'il y aura abondance de *Camphre* quant il fait force esclairs, ou qu'il tonne souuent. Car veu que l'Isle de Samatra, qu'aucuns appellent Taprobane, & les autres lieux d'alentour, sont pres de la ligne Equinoctiale, il faut necessairement qu'ils soyent subiects à beaucoup de tonnerres, à raison de quoy ils ont tous les iours quelque grosse broüée, ou pour le moins quelque pluye legere ; tellement que par ce moyẽ ils deuroient auoir abondance de *Camphre* tous les ans. Ainsi donc il appert que le tonnerre n'est pas cause d'auoir beaucoup de *Camphre* ; ny mesme que ce n'en est pas vn prognostiq. Aucuns estiment que la *Camphre de China*, est cõposée en partie de celle *de Burneo*. En outre on a asseuré à Garsie que ces pains que l'on apporte de China sont artificiels, pource que l'on porte le *Camphre de Burneo* en China, pour la mesler parmy l'autre qui est de moindre prix. Ce qu'asseurent aussi les Baneanes de Cambaya, qui disent pour vn grand secret, que quand il y a peu de *Camphre de Burneo*, ils en meslent vn peu auec beaucoup de celle *de China*, & disent puis apres qu'elle est toute *de Burneo* : disans en outre que la *Camphre de China* est vn medicament composé qui s'esuente auec le temps & se gaste, & non pas celle *de Burneo*. Toutefois Garsie n'estime pas qu'elle soit artificielle, sinon qu'on vueille dire qu'il y a de *deux sortes de Camphre*. Quant à ce que Ruel & Matthiol ayans suiuy Serapion, disent que la meilleure *Camphre* est *la Riachine*, qui est ainsi nommée du nom du Roy Riach, lequel trouua le premier l'inuention de la blanchir. Garsie ne peut croire cela, d'autant que les Rois de l'Indie sont trop riches pour s'amuser à vne telle chose. Au reste Rhasis dit que la *Camphre* est froide & humide : mais Auicenne & Serapion qui sont suiuis de beaucoup d'autres, disent qu'elle est froide & seche au troisiesme degré, & toutefois attendu qu'elle brusle dans l'eau, qu'elle est odorante & de parties subtiles ; il semble qu'elle soit chaude & incisiue. Laquelle opinion Garsie dit qu'il a autrefois suiuie : mais ayant veu par experience qu'elle guerit les inflammations des yeux, & qu'estant appliquée sur les brusleures elle refroidit comme de nege, il a esté contraint de chãger d'aduis. Ioint qu'aux lieux où elle croist tous tiennent qu'elle est froide. Et ne faut pas inferer qu'elle soit chaude pource qu'elle est odorante : d'autant que son odeur comme estant en la superficie

Les especes.

Le Lieu.

Forme de l'arbre de la Camphre.

Liu. 1. c. 26.

Le temperament & les vertus.

ficie, s'esuanouït aisément, à cause de la subtilité de ses parties. Il est bien vray que celle que l'on nous apporte, qui est artificielle, peut estre chaude, ayant acquis quelque chaleur par l'artifice: mais la naturelle esteint appliquée en liniment sur la teste en appaise la douleur, esteint les inflammations qui vont croissant, principalement celles du foye. On s'en sert pour donner lustre à la peau du visage, & pour empescher que les playes & vlceres ne s'enflamment. Elle amortit les erisipeles. Elle est singuliere contre la chaude-puisse, & le flux de sperme, & au flux blanc des femmes, estant prinse en breuuage auec de l'Ambre & de l'eau de Nenuphar. Elle fait ce mesme effect estant appliquée en liniment au dessus du penil, sur les couillons, & sur les reins; ayant au preallabe esté mise en infusion dans la gelée ou gomme de l'herbe aux puces, ou bien dans du verius, ou du suc de Morelle. Elle estanche le sang qui coule par le nez, si on en met dedans les narines auec de graine d'Ortie, ou en l'appliquant sur le front auec du suc de la grande Ioubarbe & du Plantain. Mise dans les collyres elle sert aux chaudes defluxions des yeux. Enduite sur les reins & sur les genitoires elle fait passer l'enuie d'auoir affaire aux femmes. Auiçenne dit, que la *Camphre* fait veiller: mais comment se peut faire cela, veu que luy-mesme dit qu'elle est froide, & les choses froides font dormir? Et de faict Garsie dit qu'elle fait dormir, prinse par dedans & par dehors en petite quantité. Que si on continue de la flairer souuent elle peut dessecher le cerueau & faire veiller. On s'en sert en beaucoup de choses au pays là où elle vient, & mesme en viande. Ruel dit que le moyen de cognoistre la bonne, c'est de la mettre en vn pain chaud, & si elle deuiet humide, c'est signe qu'elle est pure; comme au contraire si elle deuient seche, on est asseuré qu'elle est artificielle & sophistiquée. Or si elle n'est diligemment contregardée dans des boëttes bien couuertes, elle s'esuente quelque fois. Elle se garde bien en vne boëtte de marbre, ou d'albastre, estant cachée dans de graine de Lin, ou d'Herbe aux puces. On porte toute la *Camphre* à Venize toute telle qu'elle est naturellement, & là ils la distillent par des alembics de verre, pour la faire deuenir blanche, reluisante & transparente.

Des Iamboleins, CHAP. XLVI.

C'est arbre est couuert d'vne escorce, qui est quasi de mesme couleur que celle du Lentisque. Il a les fueilles semblables à celles de l'Arbousier, du goust des fueilles vertes du Meurte. Son fruict retire aux Oliues de Cordoa quand elles sont meures, & est d'vn goust astringeant qui reserre le gosier. On ne s'en sert point en medecine: toutefois on les mange auec du Ris cuit, pource qu'ils resueillent l'appetit. On les nomme communement *Iamboleins*.

Du Sandal, CHAP. XLVII.

Les anciens Grecs n'ont pas eu cognoissance de ce qu'on appelle en Latin *Santalum*: Auicenne, Serapion, & tous les Arabes l'appellent *Sandal*, qui est vn nom corrompu: en l'Isle de Timor, & en toutes les prouinces d'aupres de Malaca, on l'appelle *Chandama*: en Canara, Decan, & Guzaratte *Sercanda*, ainsi que dit Garsie. Or il y a *trois sortes de Santal*, à sçauoir le *rouge*, le *blanc*, & le *blaffard*, que les Apothicaires appellent *Citrin*. Le mesme Garsie dit que le *Santal* vient aussi haut qu'vn noyer; & a les fueilles fort verdes, semblables à celle du Lentisque. Sa fleur est de couleur de bleu-brun. Son fruict est gros comme vne cerise: il est premierement vert, puis apres noir, d'vn goust fade, & tombe aisément de dessus l'arbre. On dit que le bois de cest arbre ne sent rien sinon apres qu'on en a osté l'escorce de dessus, & qu'il est sec. Toutes les *trois sortes* ne viennent pas en vn mesme lieu, mais en des contrées bien eslongnées l'vne de l'autre. En Timor, qui est vne Isle en laquelle il y a plusieurs ports, il s'en trouue à force du *blanc* & du *Citrin*: & en Indie au delà de la riuiere de Sange, que les Indiens appellent Hanga, & en Verbali, qui est vn port de Iana, lequel est fort odorant: mais il enuieillit en peu de temps, tellement qu'au bout de l'an pour le faire sentir bon, il en faut oster beaucoup de bois par dessus pour faire sortir l'odeur qui est au milieu. On tient pour le meilleur celuy qui a peu de bois & beaucoup de cœur. Quant au *rouge* il vient en Indie, par deça la riuiere de Ganga, à sçauoir en Tanasarin, & le long de la marine de Charamandel. Cestui-cy est different d'auec le Bresil (iacoit que l'vn & l'autre n'ait aucune odeur) d'autant que, ainsi que dit Garsie, le *Sandal rouge* n'est aucunement doux, & ne sert point à teindre, comme au contraire cela se voit clairement au Bresil. Toutefois le *Scandal rouge* commun des Apothicaires teint bien souuent. Au reste on ne s'en sert gueres en la contrée où il croist, pource que les Indiens ne s'en seruent sinon contre les fieures, le reste se porte en Portugal, & en Occident. Ils en font aussi quelquefois leurs Idoles & Chapelles: tellement que les plus gros troncs sont les plus estimez, & se vendent plus cher. On tient pour le meilleur le *Citrin*, puis apres le *blanc*: toutefois leurs arbres sont si semblables, qu'il n'y a personne qui les sceust recognoistre, sinon ceux du pays qui les couppent pour les vendre aux marchands.

Les noms.

Les especes. Liure 1. des Arom. d'Ind. ch. 17.

La forme.

Le lieu.

Maniere de le choisir.

Il s'en

Il s'en consume vne grande quantité de l'vn & de l'autre, par toute l'Indie: d'autant que quasi tous les habitans de ce pays-là, soyent Mores ou naturels du pays, s'en oignent tout le corps, apres l'auoir concassé en vn mortier & trempé en eau, puis demeurent ainsi sans se torcher, ce qu'ils font pour appaiser la chaleur du corps, ou pour se faire sentir bon. Car ce pays-là est fort chaud, & les habitans se plaisent fort à estre parfumez. Garsie estime qu'à grand peine vient-il du vray *Santal citrin* en Portugal, d'autant qu'il se vend beaucoup plus en Indie qu'il ne fait pas en Portugal. Tellement qu'il y a occasion de douter si le *Santal citrin* que nous auons est du vray, ou bien si c'est point quelque autre bois odorant au lieu de *Santal*. Et toutefois Garsie n'est pas d'aduis de prendre du *blanc* & du *rouge* par egales portions, à faute du *citrin*, mais du *blanc* tout seul, d'autant qu'il a plus d'affinité auec le *citrin* que le *rouge*. Au reste Auicenne traittant du *Santal*, allegue faussement Galien, qui ne sceut iamais que c'estoit, & dit que le *Santal* est froid à la fin du second degré iusques au troisiesme, & sec au second. Semblablement Serapion, suiuant l'authorité de plusieurs Arabes, dit qu'il est froid au troisiesme degré, & sec au second: neantmoins que le rouge est plus froid que le blanc, ny le citrin. Et qu'il sert sur tous les autres pour empescher les defluxions des humeurs. Appliqué en liniment auec du suc de Morelle, de la Ioubarbe, ou du Pourpier, il sert aux erisipeles, aux inflammations, & à la goutte, causée par des humeurs bilieuse. Le *blanc* & le *citrin*, appliquez auec eau rose sur le front, appaisent la douleur de teste prouenante de chaleur & desdites humeurs. Tous en general sont bons contre les fieures chaudes, prins en breuuage, & contre les ardeurs de l'estomac. On en fait des Epithemes auec de l'eau rose, lesquels estans appliquez sur l'estomac durant les fieures ardentes appaisent la chaleur d'iceluy. Dauantage Auicenne traittant particulierement du cœur, dit que le *Santal* est cordial, d'autant qu'il resiouït & fortifie le cœur à raison de quoy on en met dans les medecines cordiales, & contre le battement de cœur. Mais puis que le *Santal blanc* & *citrin* sont odorans, l'opinion des Arabes n'est pas receuable en ce qu'ils dient que le *Santal*, est froid au troisiesme degré.

Liu 2. c. 649 — *Le temperament & les vertus.* — *Ch. 336. des simpl.*

De l'Aspalathus. CHAP. XLVIII.

Les noms. Liu. 1. ch. 29. Le lieu. La forme. Maniere de le choisir.

Ἀσπάλαθος en Grec, & ἐρυσίσκηπτρον, est appellée en Latin *Aspalathus*, & *Erysisceptum*: en Arabe *Darsihichahan*. Dioscoride dit que *Aspalathus* est vne Plante de bois, garnie de beaucoup d'espines. Il en croist en Istre, Nisyre, Syrie & Rhodes, duquel les parfumeurs se seruent à faire leurs onguents. Le meilleur est celuy qui est pesant, qui est rougeastre apres que l'on en a osté l'escorce, ou bien purpurin, massif odorant, & d'vn goust amer. Il y en a vne autre sorte, qui est blanc, plein de bois, & sans odeur, qui est reputé pour le pire. Pline n'en traitte pas du tout en la mesme sorte. En la mesme contrée, dit-il, croist *l'Aspalathus*: qui est vne Plante espineuse (Dioscoride adiouste, & pleine de bois) grande comme vn moyen arbre (Dioscoride dit que c'est vn arbrisseau.) Sa fleur resemble aux Roses, (Dioscoride a obmis cela) sa racine sert aux parfumeurs, (Dioscoride dit que c'est son bois.) On dit que sur quelque Plante que l'arc en ciel se posera, elle aura la mesme odeur que *l'Aspalathus*; toutefois s'il se pose sur *l'Aspalathus*, il le rend incomparablement odorant: aucuns l'appellent *Erisisceptrum* ou *Sceptrum*. Le bon *Aspalathus* est roux, ou de couleur de feu, il est massif, & a l'odeur du Castorium. Dioscoride dit εὐώδης, c'est à dire, il sent bon. Le mesme Pline sans prendre garde à ce qu'il auoit dit, establit en vn autre passage, vn *Aspalathus Oriental*, different auec celuy de Rhodes, disant: Les parfumeurs Espagnols se seruent ordinairement d'vne autre Espine qu'ils appellent *Aspalathus*; & neantmoins il y a vne Espine blanche és regions de Leuant, qui est sauuage, comme nous l'auons desia dit, qui est grande comme vn arbre: mesme il y a vne sorte d'arbrisseau, qui porte le nom *d'Aspalathus*, lequel est fort espineux: il vient en Nysirus, & à Rhodes (il faut lire selon Dioscoride en Istre, Nysirus, & en l'Isle de Rhodes) aucuns l'appellent *Erisisceptron*: les autres *Adypsatheos*, *Dipsacos*, ou *Diachetos* (peut-estre seroit il meilleur de lire *Adipsacon*, pource qu'il s'aime és lieux secs, & *Diareton*, c'est à dire, *ayant des grandes proprietez*) Le meilleur *Aspalathus* est celuy qui ne resemble rien à la ferule, ou qui a peu de moüelle au dedans (Dioscoride dit celuy qui est le plus pesant & massif) qui est rouge quand il est escorcé, & tirant sur la couleur purpurine. On en trouue en plusieurs contrées: toutefois il n'est pas odorãt par tout. Auicenne aussi n'est pas d'accord auec Dioscoride, quand il dit que *Aspalathus* est vn grand arbre, qui a de grandes Espines, duquel les parfumeurs se seruent pour donner corps à leurs onguents. Aucuns ont prins le Santal rouge pour *l'Aspalathus*: mais il appert qu'ils se trompẽt, tant par ce qui a esté dit du Santal, que par les escrits de plusieurs qui ont escrit des Indes Orientales, & autres contrées du nouueau monde, tous lesquels d'vn commun consentement asseurent d'auoir veu des forests entieres d'arbres de Santal, qui estoient hauts & droits, & au contraire *l'Aspalathus* est vn petit arbrisseau, sentãt bon, & amer au goust. Lesquelles marques ne conuiennẽt pas au Santal, car il n'est pas odorant, sinon qu'il attire à soy l'odeur du blanc & du citrin, & des autres drogues parmy lesquelles il ait esté meslé, laquelle se perd en peu de temps, ioint aussi qu'il n'est pas amer

Liu. 2. ch 24 — *Liu. 24. c. 13.*

amer. D'autres prennent pour le vray *Aspalathus*, ce qu'on appelle *Oleastrum Rhodium*, duquel les Apothicaires se seruoient vn temps fut pour les bois d'Aloës : mais d'autant que cest arbre a le bois qui est en partie noir, & en partie plein de veines noires & iaunastres, & n'est ny rouge ny rougeastre ; ioint que c'est vne *espece d'Oliuier*, qui est frequent en l'Isle de Rhodes ; mesme qui porte des *oliues*, & en outre qu'il n'a point d'espines, & n'est pas rouge apres qu'il est escorcé, on ne le sçauroit aucunement prendre pour *l'Aspalathus*. Et pour en dire ce qui en est, il a esté vn temps que tous les Apothicaires ne sçauoient que c'estoit que le vray *Aspalathus*, comme il y en a encor à present plusieurs qui ne sçauent que c'est: toutefois la diligence d'aucuns de nostre temps, ainsi que dit Pena, nous a fait cognoistre *trois sortes de bois*, qui peuuent estre prises pour *l'Aspalathus*. Et de faict, il dit qu'il en a veu la *premiere sorte* à Veronne, luy en ayant esté fait present par deux sçauans Apothicaires, à sçauoir François Catzolaire, & Andre Bellicoc, qui s'en seruent à la composition de la Theriaque, par l'aduis & conseil des plus sçauans Medecins de Veronne. Or la piece qu'il en eut estoit d'vn bois massif, & serré, & cõme couppée au pied de quelque arbrisseau, auec des filamens à mode de rayons, pesant, de la couleur du Bouïs, excepté qu'il est plus brun, de fort bonne odeur, laquelle il maintient longuement, & d'vn goust qui n'estoit pas fort amer, ny mal plaisant. Quant à la *seconde sorte*, elle fut apportée de Rhodes à Venise, & auoit esté enuoyée à Nicolas de Come, Medecin sçauant, chez lequel il en vit en ce temps là vne fort grosse piece, laquelle estoit rouge apres auoit esté escorcée, de la couleur de l'If, & si odorante qu'elle remplissoit toute la chambre de son odeur. La *troisiesme* estoit blancheastre par dehors, auec vn rond iaunastre ou citrin au dedans, retirant fort au Santal blanc & citrin, qui n'auoit aucune qualité manifeste au goust, sinon vn peu de chaleur qui ne se cognoissoit qu'à grande peine. Les vns tiennent que c'est vne *espece d'Aspalathus*, les autres que c'est vne piece de l'Oliuier sauuage de Rhodes, ou bien du Sandal. Au reste voici ce que dit Dioscoride touchant les proprietez de *l'Aspalathus*. Il est chaud & astringeant. A raison de quoy sa decoction faite en vin est bonne pour lauer les vlceres malins de la bouche, pour les vlceres cauerneux des genitoires, & pour les vlceres sales du nez la mettant dans les narines. Mis en pessaire il fait sortir l'enfant du ventre de la mere. Sa decoction reserre le ventre. Prinse en breuuage elle guerit le crachement de sang, & la difficulté d'vrine, & resout les ventositez. Pline en dit quasi de mesme. *L'Aspalathus* guerit les vlceres malins de la bouche, & du nez, cõme aussi ceux des genitoires, l'inflammation d'iceux, & les creuasses du fondement. Estant prins en breuuage il resout les ventositez. Son escorce guerit ceux qui ne peuuent vriner que goute à goute. Sa decoction est singuliere à ceux qui vomissent le sang. Son escorce reserre le ventre. Mais Galien declare plus clairement ces choses : *L'Aspalathus*, dit-il, est vn peu acre & astringeant au goust, & est composé de diuerses qualitez : car par son acrimonie il eschauffe, & par le moyen de son aspreté il est froid. A raison desquelles qualitez il desseche, & par ainsi est propre aux putrefactions & defluxions. Auicenne dit qu'il est chaud au premier degré, & sec à la fin du second, ou au commencement du troisiesme : quant au surplus de ce qu'il en dit, il l'a prins de Galien, & de Dioscoride.

Especes d'Aspalathus.

Liure 1 c. 19. Le temperament & les vertus.

Liure 6. des simpl.

Du bois des Moluques. CHAP. XLIX.

La forme.

L se trouue vn certain arbre domestique aux Moluques, lequel est grãd comme vn Cognier, & a les fueilles semblables à celles des Mauues. Son fruict retire aux Noisettes, sinon qu'il est plus petit, & a l'escaille plus tendre & plus noire. On l'entretient bien sognensement dans les iardins, & ne s'en trouue gueres ailleurs. Car les habitans de ce pays-là en font si grand cas, qu'ils ne le laissent pas seulement voir aux estrangers. Ils l'appellent *Panaua*. Or du temps que le Seigneur Louys de Tayde, personnage prudent & courageux, estoit vice-Roy en ce lieu là, on nomma cest arbre de son nom, pource qu'il fut le premier qui nous fit auoir cognoissance de ses excellentes proprietez. Car vn certain Gentil-homme Portugais nommé Henry de Lima, ayant prins garde auec quel soin on cultiuoit cest arbre, & quel cõte on en faisoit en ce pays-là, il luy print enuie d'en sçauoir la proprieté, tellement qu'à la fin il en sceut quelque chose. Ayant donc recouuert vne piece du tronc de cest arbre, il en fit present au vice-Roy, qui estoit curieux d'apprendre les secrets de nature, cõme d'vn medicamẽt tres necessaire & digne d'estre cogneu, duquel les Chrestiens n'auoient point encor ouy parler. Or aduint en l'an 1561. que le vice-Roy me vint à demander si i'auois appris quelque chose touchant cest arbre, ie luy en dis quelques proprietez comme i'en auois entendu, me plaignant que ie n'auois pas encor eu le credit de le voir ; il me fit present de la piece qu'il en auoit, & me commanda d'en faire l'espreuue, auec bon iugement & raison, sans hazarder la vie de personne, puis que ie luy fisse sçauoir comme il m'en auroit prins, ce que ie luy promis de faire. Ainsi donc ie fis l'essay de ce bois, tant sur quelques malades que i'auois aux hospitaux, qu'en diuerses maladies, comme il a accoustumé d'en venir diuerses durant vn long voyage de mer, m'en retournant en Portugal,

tugal, suiuant en parties les rapports que l'on m'en auoit fait, & la maniere d'en vser, comme aussi ce que le Gentil-homme susdit en auoit apprins aux Moluques. Or auois-ie desia veu de la graine ou fruict de cest arbre, de laquelle on m'auoit fait present pour prendre les oiseaux, comme ils s'en seruent non seulement en ceste contrée là : mais aussi en plusieurs prouinces de l'Indie, où l'on la porte vendre pour cest effect : car ils meslent vn peu de ceste graine auec du Ris cuit, & en mettent au deuant des oiseaux sauuages, lesquels incontinent apres en auoir gousté demeurent estourdis : mais s'ils en mangent goulument ils en meurent deuant qu'on les puisse secourir, qui seroit de leur arrouser la teste auec de l'eau froide. Et entre autres oiseaux les Geais sont plustost surpris. Venons maintenant au bois de cest arbre, duquel i'ay vne petite piece, de laquelle ie fais grand estat: car estant prins par la bouche, ou appliqué par dehors, il sert de contrepoison à toutes sortes de venins. Estant prins auec eau rose, ou bien de l'eau cōmune, ou auec du bouïllon de quelque volatile, apres l'auoir reduit en poudre, selon la necessité, ou nature du malade, pourueu que l'on n'en donne point plus de dix grains: il est fort souuerain contre les morsures des viperes, des basilics, & autres semblables aspics ou serpens: mais il faut aussi saupoudrer la playe de ladite poudre. On s'en sert en la mesme maniere contre les playes des fleches enuenimées, desquelles on vse fort en ce pays-là. Or pour reduire ce bois en poudre, ils vsent d'vne lime faite de la peau d'vn chien marin, ou de quelque lime de fer assez douce. Pour ceux qui sont les plus vigoureux il suffit d'en donner demy scrupule de grand matin, dans de l'eau claire & tiede, ou de l'eau rose, ou bien du bouïllon de poule ; mais il faut auoir souppé legerement le iour deuant : car cela euacue toutes sortes d'humeurs, specialement les grosses, visqueuses, & melancholique. Ceste poudre donc est propre contre les fieures quartes, & autres fieures longues, aux fieures continues, en l'iliaque passion, contre la colique, l'hydropisie, la grauelle, la pierre des reins, la difficulté d'vrine, la colerique passion, & autres maladies: comme aux douleurs inueterées des iointures & des iambes, aux scirrhes & escroüelles. Elle fait mourir toutes sortes de vers, & fait reuenir l'appetit aux degoutez. Que si la purgation estoit trop desmesurée, il faut que le malade boiue vn demy verre de boïllon de Ris, ou bien qu'il mange quelque petit oiseau, ou poulet ; car quant & quant elle cessera ; ce qui est vne merueilleusement singuliere proprietée, qui se trouue en peu de medicamens, à sçauoir qu'il soit en la puissance du Medecin de purger à son plaisir. Ioint qu'elle n'a aucune odeur fascheuse, ny n'est point mauuaise à prendre, & peut-on en donner sans tenir aucun regime au viure, méme à ceux qui font leurs negoces, comme i'ay esprouué en ceux qui estoient dans le nauire auec moy, lesquels ne se sont point trouuez mal, encor qu'ils en ayent prins sans vser d'aucun regime, & qu'ils vesquissent fort desordonnément. I'ay trouué comme elle est fort souueraine aux douleurs inueterées de la teste, en la migraine, l'apoplexie, le tintement des oreilles, les goutes, aux accidens de l'estomac, & de la matrice, & pour les asthmatiques : tellement que luy attribuant beaucoup, i'en ay vsé souuentefois en diuerses personnes, de diuers naturel, aage & pays, sans qu'elle ait iamais donné aucune fascherie, sinon qu'elle est quelque peu facheuse aux personnes choleriques : iusqu'à ce qu'ils prennent leur repas, & cause des vomissemens à quelques vns, à raison de quoy quand c'est pour telles gens, ie la leur fais prendre auec du sirop aigre, ou des Carambolas confits, ou bien reduits en pillules auec du sucre rosat. Il la faut prēdre de grād matin, & ne faut manger ne boire iusques à tant qu'on soit purgé autant qu'il fait de besoin, & alors il faut prendre vne escuellée d'vn bouïllon de poule tiede, & demie heure ou vne heure apres disner d'vn poulet, & boire vn peu de vin bien trempé, puis se garder de boire pour tout le iour, iusques au soupper, qui doit estre leger, & de viandes de bonne digestion. Le lendemain il faut prendre du sucre rosat, auec de l'eau de buglosse, ou de bourrache, ou bien d'eau commune, & prendre vn clystere pour lauer les intestins. Car quelquefois elle excite vne demangeaison au fondement, ou le fait escorcher ; mesme par fois elle esmeut les hemorrhoides. Voila ce que i'ay peu apprendre & que i'ay veu des proprietez de ce bois. A present l'on en vse fort en ce pays-là, où il a acquis telle reputation, qu'on en prend sans aucun respect contre les susdites maladies. Quant à moy i'en ay prins deux fois contre la colique, & contre la migraine, & m'en suis fort bien trouué. Or pource qu'il a de si grandes proprietez pour lesquelles ceux du lieu le prisent fort, & se gardent tant qu'ils peuuent de les nous apprendre, il est bien vraysemblable qu'il en a plus que celles qui ont esté dites ; mais qu'auec le temps, lequel decouure toutes choses, elles viendront à n'otice ; ce qu'aduenant nous n'oublierons pas de les declarer fidelement au liure apres lequel nous vaquons maintenant, pourueu que ce soit deuant que nous le mettions en lumiere.

A quoy il sert.

Les vertus.

Du bois de Coleuure, CHAP. L.

On trouue deux Plantes en Malabar, ainsi que dit Acosta, qui sont grandement differentes en figure & en la maniere de croistre, neantmoins on les appelle d'vn mesme nom, à sçauoir *Bois de Coleuure*, pource qu'elles sont toutes deux fort singulieres contre la morsure des Coleuures. La premiere croist à mode de Lierre, & est de la couleur de la grande Serpentaire

pentaire. Elle a les fueilles quasi semblables à la Coleuurée ; toutefois elles ne sont point decoupées du commencement, & si ont vne coste tout du long par le milieu, & cinq ou six filets ou veines qui vont de biais. Auec le temps il s'y fait des petits trous qui vont croissant peu à peu auec les fueilles iusques à tant qu'elles les fendent, & les rendent semblables a des fueilles de Vigne, si bien que par fois on verra en vne mesme Plante des fueilles entieres, & d'autres qui n'ont que de petits trous, & encor d'autres qui les ont vn peu plus grands, & ainsi sont si differentes, qu'elles ne semblent pas estre d'vne mesme Plante. Au reste ce *Bois* resemble si fort à vne Coleuure, que si on ne le cognoissoit, ou qu'on ne l'eust veu de iour, & qu'on vint à le decouurir à la Lune, on le prendroit entierement pour vne Coleuure viue. On tient que c'est vn souuerain remede contre les morsures des Coleuures & Viperes. De faict quand ils vont au champs en

Bois de Coleuure premier, de Acosta.

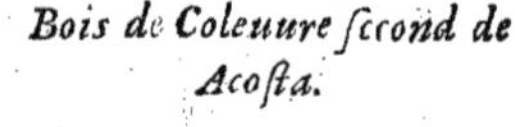

Bois de Coleuure second de Acosta.

ce païs là, ils ont de coustume pour la plus par de porter de ce *Bois* auec eux, (pource que ceste prouince-là est abondante en Viperes & Coleuures & diuerses sortes de serpens) tenans que sa seule odeur fait fuir les serpens. Et si en chassant aux Coleuures ils les peuuent seulement toucher de ce *Bois*, elles en creuent quant & quant, & en meurent. *L'autre* Plante est fort petite & courte, & a seulement trois fueilles molles, lisses & vertes brunes : car ie n'y ay veu, dit Acosta, ne fleur ne fruict, & si n'ay treuué personne qui m'aye dit qu'il en eust veu. Elle a la racine longue & menuë, grosse comme le doigt d'vn enfant, qui s'engrossit quelquefois d'vn costé & d'autre, & va rampant à fleur de terre. Elle est couuerte d'vne escorce exterieure, qui est fort mince & cendrée, & ne donne aucun goust apparent à la bouche, quand on la taste, toutefois elle y laisse vn goust plaisant, qui sent comme le Musc. Cette escorce est toute creuassée, & se separe de soy-mesme d'auec l'autre, qui est plus grosse & iaune, & sent comme le Lotus sauuage, ou le Treffle odorant, & est plus douce que la Riguelisse. Quand on masche elle a vne odeur fort plaisante, & vne acrimonie qui n'est pas fascheuse, & se passe tout soudain. Quant au corps de la racine il est de bois, blanc, dur, & insipide. Ses fueilles ont vn tel goust que les Naueaux. Cette racine produit vn bourgeon enuiron quatre poucées hors de terre, qui a vne teste au bout. Les Canarins appellent cette Plante *Dudasali*. Sa racine broyée auec eau rose, ou commune, ou bien auec du vin (car c'est tout vn) est vn soudain & asseuré remede contre la morsure de toutes sortes de serpens. On en vse aussi fort contre les fieures continues & tierces, aux defaillemens de cœur, à la debilité de l'estomac, & au battement du cœur. On l'ordonne aussi contre toutes sortes de venins. Plusieurs m'ont asseuré par grand serment, que pourueu qu'ils tinssent cette racine en la main, ils n'auoient point peur des serpens, ou autres telles bestes venimeuses, & qu'il est tres-certain que les serpens & Viperes ne peuuent supporter de la voir, mais s'enfuyent soudain

Bois de Coleuure, de Acosta.

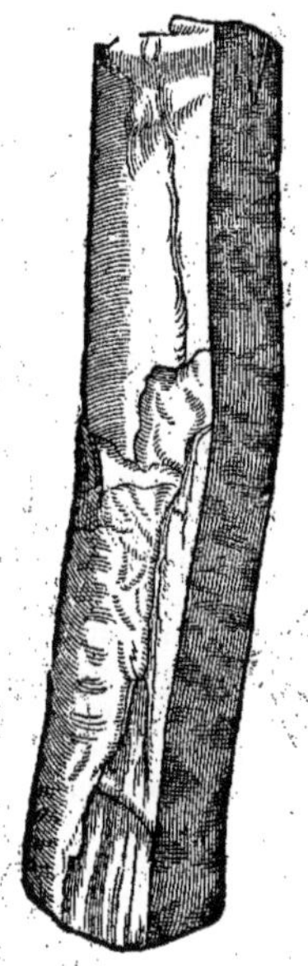

dain d'vn autre costé si on la leur iette au deuant. On tient aussi qu'elle est fort bonne à ceux qui ont mauuaise haleine, pour auoir la bouche ou les dents gastées, pourueu qu'ils en mangent continuellement, & qu'ils en portent dans la dent creuse. Elle croist en lieu humide & parmy les arbres, principalement parmy ceux qu'ils appellent Angelins, & pres de la marine. En la mesme contrée il se treuue aussi vne *troisiesme espece de Bois de Coleuure*, qui est d'vn fort grand arbre, duquel Acosta promet de traitter plus amplement en vn autre liure. Au reste l'Esclúse parlant des *deux Bois* precedens, dit que l'vn ne l'autre ne s'accordent aucunement auec le bois de Coleuure de Garsie, comme il se verra si on veut conferer leurs descriptions. Or comme i'estois à Londres, dit l'Esclúse, en l'an 1581. Hector Nunez Medecin de Portugal, me monstra vne piece, de la seconde sorte du bois de Coleuure de Garsie, laquelle auoit enuiron cinq doigts de longueur, & monstroit d'auoir eu deux doigts de grosseur, mesme il me fit present de la moitié d'icelle. Ce *Bois* est bien fort, blanc, & plein de veines, retirant assez bien au bois du Fresne, mais son escorce est blancheastre & comme cendrée. L'vn & l'autre est amer au goust. Nous auons mis icy le pourtrait de ladite piece.

Du Costus, CHAP. LI.

Les noms. Liu. 1. ch. 15

LE *Costus* est appellée des Grecs κόστος: en Latin *Costus*: en Arabe *Costos*, ou *Chost*. Dioscoride n'en fait point de description, ains seulement en declare les especes, & le moyen de le choisir. Le meilleur, dit-il, est *l'Arabique*, qui est blanc, leger, & qui sent merueilleusement bon. Le *second* en bonté est *celuy d'Indie*, qui est plein, noir, & leger comme la Ferule. Le *troisiesme* est *celuy de Syrie*, qui est pesant, de couleur de Bouys, & d'vne odeur vehemente. Pour sçauoir cognoistre le bon il faut qu'il soit frais, blanc, bien plein & massif, sec,

Liu. 12. c. 12. & qu'il ne soit point vermoulu, ny ne sente point mal, qu'il ait vn goust chaud & piquant. Pline en traitte en peu de mots. Les racines & fueilles du *Costus* sont fort cheres és Indes. La racine a vn goust chaud & bruslant, & vne odeur souueraine. Le reste de la Plante ne sert à rien. En l'Isle de Babul qui est à l'emboucheure du fleuue Indus en la mer, on treuue *deux sortes de Costus*,

Liu. 2. c. 161. dont l'vn est *noir*, & l'autre qui est le meilleur est *blanc*. Auicenne en establit *trois especes*: *L'Arabique*, dit-il, est *blanc*, leger, & aromatique. Le *second* est *l'Indien*, qui est encor plus leger. Le *troisiesme* est amer, d'vn odeur facheuse, & est appellé *Garyophillata*. En quoy il est discordant auec Dioscoride, qui met pour *le troisiesme celuy de Syrie*, lequel est pesant de couleur de Bouys, &

Ch. 308. des simpl. d'vne odeur forte. Serapion a tout prins de Dioscoride & Galien ce qu'il dit du *Costus*. Les Apothicaires suyuans les Arabes ont estably *deux especes de Costus*, à sçauoir *le doux* & *l'amer*: & toutefois Dioscoride ne Pline aussi ne parlent point d'vn *Costus doux*, ny d'vn *amer*: mesme Galien tient que tout *Costus* est *amer*, & ne se treuuera personne entre tous les Grecs qui die qu'il y a du *Costus doux*, si ce n'est des modernes, lesquels ont suiuy les Arabes en cela, comme en plusieurs autres choses: comme entre autres Actuarius, lequel met vn *Costus doux*: toutefois Pena les excuse, disant qu'il y a vn *Costus* qui est appellé *doux*, estant conferé auec l'autre, qui est plus acre, & plus amer, comme la racine d'vne mesme Plante sera beaucoup plus douce estant fraische, & au contraire estant vieille son amertume & acrimonie estant agmentée elle sera appellée amere ou mal-plaisante. Nous dirons aussi cy-apres vne autre occasion d'vne telle diuision suyuant Garsie. Comment qu'il en soit le *Costus* des Apothicaires n'est pas legitime: car il n'a aucune bonne odeur, ny vn goust chaud & piquant; mesme il n'a pas tant d'acrimonie qu'il vlcere, comme dit Galien, mais c'est vne racine brune & pesante, de telle nature que celle de l'Aunée, & ne sçait-on de quelle Plante elle est. A raison de quoy aucuns tiennent que la Zedoaria est le *vray Costus*: toutefois elle n'est pas assez odorante ny aromatique, & si elle a vn goust assez plaisant. D'autres disent que l'Angelique est le *Costus noir*, ou *d'Indie*: à raison de sa bonne odeur, & de ses proprietez si singulieres: mais

mais l'Angelique n'est pas vne Plante estangere, ains est fort commune en Europe. En outre elle n'est nullement astringeante & si n'vlcere point. Matthiol dit qu'il a des racines du *Costus Arabique* qui en ont toutes les marques, lesquelles il a eues par le moyen de François Calzolaire Apothicaire de Veronne; & vne piece du *Costus d'Indie* qu'il a eue de Cecchin Martinel, lequel l'auoit apporté d'Indie, & que ces deux sont differentes en figure & en substance, neantmoins il ne doute point que ce soient vrayement *especes de Costus*, veu que suyuant Dioscoride il y a grande difference entre celuy d'Arabie & celuy d'Indie, comme aussi cestuy-cy est different d'auec celuy de Syrie. Toutefois il tient pour le meilleur celuy d'Arabie. Au reste Garsie descrit vn peu autrement l'histoire du *Costus*. Les Arabes, dit-il, l'appellent *Cost*, ou *Cast*: ceux de Guzarate *Vplot*: en Malaca où il est fort en vsage, on l'appelle *Pacho*, & de là on le porte en China: les Grecs & les Latins ont emporté le nom des Arabes. Car ce que l'on treuue escrit en Serapion *Chost* & *Chast*, il y a de la faute, & y faut lire *Cost*, *Cast*, & *Casti*. Et combien que les anciens en ayent estably *trois especes*, comme il a esté dit, ce neantmoins Garsie dit qu'il n'y en a *qu'vne espece*, & qu'il s'est enquis des marchans Arabes, Persiens, & Turcs, où c'est qu'ils employoient tant de *Costus* qu'ils emportoient d'Indie, lesquels luy ont respondu que la plus part se despendoit en la Natolie, & en Syrie, comme aussi en Arabie & en Perse. Et leur ayant demandé s'il croissoit point d'autre *Costus* en leurs païs, ils ont respondu que non. Il s'enquit aussi sur ce mesme faict des Medecins de Nizamabuco, lesquels luy dirent qu'ils n'auoient iamais veu autre *Costus* que celuy qu'on leur apportoit de l'Indie. Quant à ce qu'il a tant de diuers noms, il estime que les marchans en sont cause; qui estoient de diuerses regions. Et ce que les Arabes en font *deux especes*, à sçauoir du *doux* & de *l'amer*, cela vient de ce que ceste drogue estant fraische & entiere n'a aucune amertume, & se maintient blanche, mais quand elle commence à enuieillir & gaster, elle deuient amere & noire. Au reste ceux qui ont veu le *Costus* disent qu'il retire au Sureau, & est grand comme vn Arbouzier ou Azimbri (ie ne sçay que veut dire cest Azimbri; l'Escluse se doute que c'est le Geneure, pource que les Portugais appellent le Geneure Zimbro) & porte vne fleur odorante. Le meilleur est celuy qui est blanc au dedans, & a l'escorce de couleur cendrée. Il s'en treuue aussi qui a la couleur de Bouys, & l'escorce blaffarde. Il est si odorant qu'il offence le cerueau à d'aucuns, & leur cause douleur de teste. Quant au goust il n'est ny amer ny doux, combien qu'auec le temps il se faict amer; car estant frais il a vn goust acre, comme les autres drogues aromatiques. Il en croist à l'entour de Guzarate, entre Bengala, Delli, & Cambaya, en Mardon & Chitor. De là on ameine des chariots chargez d'Vplot, de Spica, & de Chrysocolla, & d'autres denrées, en Amadabar, qui est la principale ville du Royaume, laquelle est assise dans les deserts; & en Cambayete qui est pres de la mer, d'où on les transporte en la plus part de l'Asie, en quelques endroits de l'Affrique, & par toute l'Europe. Les Medecins Indiens s'en seruent en plusieurs medecines. Et ne se faut esbahir si les Apothicaires qui sont loin de Portugal vsent du *faux Costus*; car il s'en apporte fort peu en Portugal: mais il faut prendre garde icy à ce que l'Escluse a remarqué que le *Costus* des anciens estoit vne racine, & non vn bois. Car Pline l'appelle expressément racine. Dioscoride a dit qu'on le sophistiquoit auec des racines de l'Aunée de Comagene, monstrant par là que c'est vne racine. Car le bois d'vne branche ou d'vn tronc, ne sçauroit resembler si fort à vne racine, que l'on puisse prendre l'vne pour l'autre. Au contraire le *Costus* de Garsie, comme il appert par sa description, n'est autre chose qu'vn bois couuert de son escorce; ou pour le moins qui en a fort peu. Et en traittant du Poiure il dit que le *Costus* n'est pas racine mais bien du bois. Ainsi donc il ne descrit pas le *vray Costus* des anciens, ou bien le *Costus* des Arabes, si c'est celuy qu'il descrit; est different auec celuy des anciens Grecs. On apporte auiourd'huy de Portugal en Anuers *vne espece de Costus*, ainsi comme l'Escluse asseure, qui est solide, & a vne escorce de couleur cendrée, il est blanc par dedans, & quelquefois gris. C'est vne racine fort odorante, sentant les Violettes, principalement quand on la masche. On y voit souuentefois attachée vne piece de sa tige qui sort hors de terre, qui retire aucunement à la Ferule, & à vne mouëlle spongieuse; tellement que par là il appert qu'il s'accorde fort bien auec le *Costus* de Garsie. Nous en auons mis icy le pourtraict prins de l'Escluse, au mieux qu'il a peu estre tiré sur vne racine seche. Depuis peu d'années en ça on a commencé à apporter

Sur le ch. 15. du liure 1.

Liure 1. des Arom. d'Ind. ch. 5.

Les noms.

Ch. 108. des simpl.

Il n'y a qu'vne espece de Costus.

La forme.

Liu. 1. ch. 2.

Costus d'Indie, de l'Escluse.

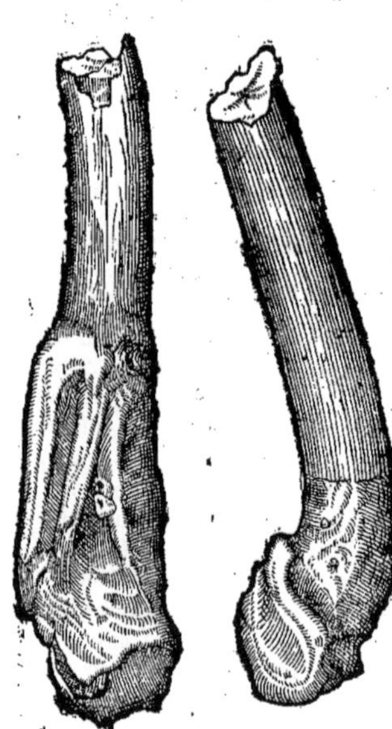

ter à Venise, de Syrie & d'Egypte vne racine qui retire à la Zedoaria ou au Zinzembre, laquelle Valerano Douure, homme bien expert en la matiere medecinale, a prins pour le *vray Costus*. Elle est, ainsi que dit Pena, blanche par dedans, lisse, & legere, de la grosseur du pouce, & d'vn doigt, ou d'vn doigt & demy de long, auec des bossettes longues d'vn costé & d'autre, d'vn goust acre, & d'odeur vehemente & plaisante, semblable à celle du Souchet, ou du Cedre de Liban. Quelquefois elle est de couleur de Bouys, de mesme odeur & goust que le *Costus* ordinaire. L'vne & l'autre sont ameres & semblables quant au reste. Du commencement on vendoit ces Racines pour Zinzembre sauuage. Que si ce n'est du *Costus*; toutefois pource que c'est vne Racine, & qu'elle a vne souueraine odeur & acrimonie plaisante, & aromatique, elle est aussi à priser comme le *Costus*. Nous en auons mis icy le pourtrait. Le mesme Pena met le pourtrait de *deux autres Racines*, qui retirent fort au *Costus*, qu'il dit luy auoir esté données par Monsieur de Launay Medecin de la Rochelle, lequel les auoit euës par le moyen des Mariniers qui retournoient des

Costus de Syrie & d'Arabie.

Costus des Molucs, plein d'escorce.

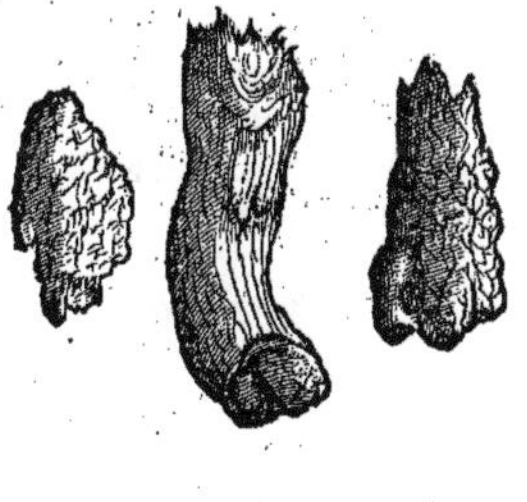

Molucs. L'vne desquelles, à sçauoir la plus grande, semble estre l'escorce de quelque arbre assez grand, & de mesme figure, d'vn grand Sureau, de couleur cendrée. Elle est pleine de rides & plisseures, d'vn goust & odeur vehemente. L'autre qui est la plus petite, retire fort à la racine de la Morelle sauuage, de couleur noire-blaffarde, d'vn goust bruslant; tellement que la langue ne le peut quasi supporter. Ces Mariniers là se faisoient accroire que c'estoit vne *espece de Costus*, iaçoit qu'elle ne fust pas odorante. Ce que Pena ne nie pas; toutefois il tient que la premiere est la meilleure. Ainsi donc il en a mis le pourtrait pour en laisser iuger aux plus curieux, entant qu'elles ne sont pas odorantes. Au reste le *Costus* est chaud suyuant Dioscoride: il prouoque l'vrine & les mois, & sert contre les maladies de la matrice, tant appliqué en pessaire, comme en fomentation & parfum. Prins au poids de deux onces, il sert contre la morsure des Vipereres, & contre la douleur de la poitrine, les conuulsions, & ventositez, estant prins en vin auec de l'Absinthe. Prins en vin miellé, il excite à luxure. Auec de l'eau il fait sortir les vers larges du ventre. Enduit auec huile deuant l'heure de l'accés de la fieure, il sert contre les frissons, & aussi contre la paralysie. Auec eau & miel il efface les taches du visage. On en mesle aux contrepoisons, & aux cataplasmes remollitifs. Galien dit que le *Costus* a vne qualité & faculté qui est amere, auec beaucoup d'acrimonie & chaleur; tellement que mesme il vlcere: à raison de quoy on le reduit en onguent auec huile pour en oindre le corps deuant l'accés des fieures, à celle fin d'empescher les frissons. On en fait autant aux paralytiques, contre la sciatique; & en somme là où il est question d'eschauffer quelque partie, ou d'attirer de dedans le corps quelque humeur au dehors. Par mesme moyen il prouoque l'vrine & les mois, & est propre aux rompures, conuulsions, & douleurs de costé: & d'autant qu'il est amer, il fait mourir les vers larges: par mesme raison aussi l'on s'en sert auec eau & miel pour oster les taches du visage causées par le Soleil. Il y a aussi vne certaine humidité flatueuse, par le moyen de laquelle estant prins en vin miellé, il prouoque à luxure.

Le temperament & les vertus. Liu. 1. ch. 15

Liure 7. des simpl.

De la Racine de Chine, CHAP. LII.

Liu. 1. des Aro. d'Ind. ch. 38.

CHINE, ainsi qu'escrit Nicolas Monard, est vne Prouince de l'Indie Orientale proche de la Scithie, & du Catay. Ce païs est tres-grand, ainsi que Garsie du Iardin le raconte, & tient-on qu'il arriue iusques en Moscouie. Outre-plus il adiouste que ceux de Chine sont les Scithiens Asiatiques. Et cõbien que ces peuples-là soient tenus pour Barbares, si sont ils bien

bien addonnés à la marchandise, & d'ailleurs ils sont fort industrieux pour tous ouurages de main, & mesme il y a autant de sçauans homme au faict des sciences, comme en aucune autre contrée du monde. Aussi ont-ils des loix escrites, semblables au droit ciuil de l'Empereur ; il y a aussi des des degrez & recompences pour les hommes doctes, ausquels est commise l'administration de tout le Royaume. En outre il dit que l'art de l'Imprimerie est si ancien en ce païs-là, que l'on ne sçauroit dire quand elle commença à estre en vogue ; mesme que de toute ancienneté elle y a esté. Voilà ce qu'en dit Garsie. Or la grosse verolle est fort commune en toute cette Prouince ; & mesmes en Iapan : pour obuier à laquelle, Dieu par sa bonté leur a donné l'vsage d'vne racine, laquelle croist en ce païs-là, dont nous l'appellons *Chine*, du nom du païs où elle croist, de laquelle ils se seruent tout ainsi que l'on fait du Guaiac en la nouuelle Espagne, où ce mesme mal est aussi frequent. Ledit Garsie escrit aussi que cette Plante est appellée *Lampata* par ceux du païs, & qu'elle a trois ou quatre coudées de hauteur, & les tiges minces, garnies de peu de fueilles, semblables aux ieunes fueilles d'vn Citronnier. Sa racine est de la longueur d'vne paume, quelquefois elle est grosse, & par fois mince. Icelle estant nouuelle est fort tendre, & se peut manger tant cruë que cuite : il n'en a veu, comme il dit, qu'vne seule Plante en Goa, laquelle estoit fort petite, & mourut pour la secheresse deuant qu'elle fut grande. Quant on veut planter cette racine, l'on dit qu'il faut que ce soit aupres de quelque arbre, d'autant qu'elle grimpe sur les arbres, & les embrasse comme le Lierre. Mais Nicolas Monard descrit autrement la *Chine*, disant quelle retire aux grandes racines des Cannes, & est compartie par neuds, blanche au dedans, & quelquefois roussastre, & rouge par dehors, & qu'elle est meilleure quand elle est fraische, pesante, massiue, grasse, non vermouluë, & insipide. Nous en auons fait faire le pourtrait sur vne qui estoit bien fraische, & auoit encor tous ses rejettons attachez, qui monstrent qu'elle va rampant par dessous terre, & qu'elle en produit des autres par diuers endroits qui sont rondes & pleines de bois, par le moyen desquelles il se fait d'autres nouuelles racines. Et en outre elle a plusieurs racines menuës & cheueluës, par le moyen desquelles elle tire sa nourriture. Or la racine estant grande, est toute pleine de neuds & bossettes, aspres, & inegales, & est couuerte d'vne escorce verte-brune, quasi comme la Galanga, quand elle est fraische elle est pleine de suc ; mais estant seche elle est spongieuse, & lasche au dedans, rouge-blaffarde, & estant gardée long temps elle se gaste aisément & deuient vermouluë. Alors les marchands estoupent les trous qui y sont auec du bol d'Armene detrempé en eau, à mode de ciment, & en couurent aussi toute la racine par dessus, ce qui approche de la couleur de ladite racine, & la rend pesante : car de faict on tient pour la meilleure la plus pesante, & la plus pleine de suc, entant que sa nature seche le peut porter, & celle qui n'est ny vermouluë, ny rongée, comme elle est sujette à l'estre quand elle est longuement gardée. Elle a vn goust fade, comme l'escorce du Liege, sans aucune astriction, ny aucune substance huileuse ou grasse. Sa decoction n'a du tout point de goust, non plus que celle de l'Orge entier ; & est rougeastre, ou de couleur de vin clairet. A raison dequoy aucuns ont appellé cette racine ἄποιον ; comme les Grecs appelloient iadis la bonne eau qui n'auoit aucun goust. Cette racine croist, comme il a esté dit, en Chine, qui est vne Prouince de l'Indie Orientale, és lieux maritimes, à mode des Cannes ou Roseaux. Nicolas Monard dit qu'il en croist bien aussi en l'Indie Occidentale, & qu'il a veu de ces racines tant petites que grosses, lesquelles auoient esté cueillies en l'Espagne nouuelle, & apportés fraisches par le Seigneur François de Mendosa. Au reste voicy la façon comment il faut prendre la decoction de la Chine : Apres auoir remarqué ce qui est à remarquer en toutes maladies, à sçauoir la nature de la maladie, la saison, le païs, le sexe, l'aage, & le temperament du malade, & apres auoir bien purgé le corps, il faut mettre vne once de cette racine decoupée par petites pieces en vn pot de terre neuf, & verser par dessus quatre liures & demie d'eau, & la laisser ainsi en infusion, en tenant cependant le pot bien couuert, par l'espace de vingt heures ; puis apres il faut faire bouillir le tout à petit feu de charbon, iusqu'à la consumption de la moitié, puis laisser refroidir cette decoction & la passer, & ainsi la garder en vn pot de terre neuf, ou en vne bouteille de verre. De cette decoction il faut que le malade en boiue dix onces, tant chaudement qu'il pourra, puis apres qu'il sue deux heures ou vn peu dauantage. Apres ce il se fera secher & prẽdra d'autres linceux & chemise nette & chaude, & se tiendra deux ou trois heures dans le lict, puis apres il se

Les noms.

Maniere de la choisir.

Racine de Chine.

Le lieu.

Comment il en faut vser. Decoction de la Chine.

il se pourra vestir, & se tenir ainsi en chambre bien chaudement. Il pourra disner enuiron les onze heures. Et pour l'entrée de table il prendra vn boüillon, puis apres mangera quelque poulet boüilly, ou vn quartier de poule, ou bien vn peu de chair de mouton, tantost boüillie, tantost rostie, auec vn peu de sel. Pour le dessert il pourra manger de Coings, ou quelque chose semblable. Il pourra bien aussi apres auoir prins le boüillon manger des raisins secs, ou des pruneaux cuits. Auec la viande il pourra manger des croustes de pain, ou du biscuit. Pour son boire il faudra qu'il vse de ladite decoction, ou d'vne autre qui soit vn peu plus legere. S'il aduient qu'il vueille boire entre deux repas, il luy faudra aussi donner de ladite decoction auec quelque conserue. Ainsi donc en prenant la decoction de cette racine, il ne faut pas tenir vn regime si estroit comme il est requis, en prenant celle du Guaiac. Neantmoins il ne faut point manger de chair de bœuf ny de pourceau, aussi peu que du poisson, & des fruitages cruds, combien qu'ils mangent bien du poisson en Chine, pour ce qu'ils sont de grands gourmans. Quelquefois ils prennent simplement la racine lors qu'elle est tendre, cuite auec la chair, comme nous mangeons les Raues & Naueaux. Elle est merueilleusement propre pour guerir la grosse verolle, & a plus d'efficace quand la maladie est inueterée, comme quand il y a des grosses enfleures, & des vlceres malins, plus que quand la maladie est plus nouuelle. Et n'est pas seulement propre aux maladies qui ont quelque affinité auec la grosse verolle; mais aussi contre les tremblemens, paralysies, douleurs de iointures, à la sciatique, aux gouttes, aux enfleures dures & scirrheuses; & aux phlegmatiques aussi. Elle guerit aussi les escroüelles, la debilité d'estomac, les douleurs de teste inueterées, la grauelle, & les vlceres de la vessie. Elle commença premierement à estre cogneuë l'an 1535. comme ceux de Chine qui estoient entachez de la verolle en eussent apporté en Indie pour se medeciner, en faisant leurs negoces. Depuis les Portugais l'ont distribuée par tout le monde. Au reste voicy ce qu'en dit Acosta: Ce souuerain medicament, dit-il, est appellé *Lampatan*, en la Prouince de Chine: & en Decan *Lampaos*: en Canarin *Bonti*: les Arabes, Persiens, & Turcs, l'appellent *Chophchina*. Il en vient grande quantité en la region de Chine, neantmoins il s'en treuue bien aussi en Malabar, Cochin, Cranganor, Coulan, Tanor, & autres lieux. Cette Plante a plusieurs branches menuës, à mode de sarmens, & espineuses, semblables à celles du Liset aspre, dont la plus grosse, ne l'est pas plus que le petit doigt de la main. Ses fueilles sont grandes comme celles du Plantain aux larges fueilles. Ses racines sont quelquefois grosses comme le poing, quelquefois moindres, massiues, pesantes & blanches, & par fois rougeastres, dont il y en a le plus souuent plusieurs ensemble.

Le temperament & les vertus. *Les noms.* *Le lieu.* *La forme.*

Racine de Chine, de Acosta.

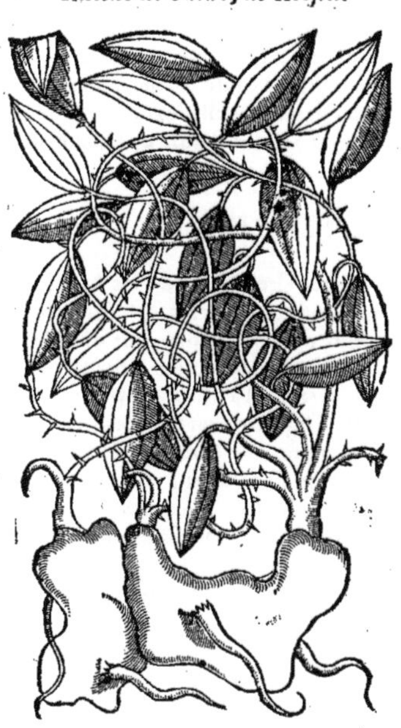

Le temperament & les vertus.

Cette racine est en fort grand vsage en toutes les Prouinces de l'Indie Orientale, contre diuerses maladies, mesme on tient qu'elle est si peu dangereuse, qu'elle ne fait aucun dommage à ceux qui en vsent, encor qu'ils n'obseruent aucun regime de viure, & qu'ils mangent indifferemment de chair & de poisson. Toutefois la commune maniere d'en vser en la Prouince de Chine, c'est de faire cuire vne once de cette racine, auec deux dragmes de racines de Persil, en seize liures d'eau à petit feu, & sans fumée, iusques à la consumption de six liures, puis ils gardent les dix qui restent, en pot de terre plombé, & prennent tous les iours la decoction fraische, d'autant qu'elle se gaste aisément & ne se garde pas plus d'vn iour. Ainsi donc le malade prend tous les matins vn plein verre de cette decoction tiede, apres il demeure deux heures dans le lict, puis apres il se leue, & quand ce vient à deux heures deuant que soupper il en boit tout autant comme au matin. Que si sur le iour il a soif, il en prend aussi & la boit froide. Mesme il y en a plusieurs lesquels en faisant leurs affaires, & estans sur mer, prennent tous les iours au matin & au soir deux dragmes de cette racine reduite en poudre, auec du vin, ou auec la decoction de ladite racine, & ce auec heureux succés. On distile de l'eau par l'alambic de cette racine fraische, de laquelle les plus delicats vsent fort volontiers; toutefois il y en a bien d'autres qui en prennent, pource qu'ils l'estiment fort souueraine, non seulement aux maladies designées par Orta, mais aussi contre la migraine, aux rompures procedantes d'humeurs, & de ventositez, aux durtez du col, de la vessie, & du nombril viril, & aux vlceres desdites parties, mesme on tient qu'elle prouoque fort à luxure: neantmoins la decoction est meilleure que l'eau distilée. Cette racine se garde fort bien dans du Poiure concassé.

Du Curcuma, ou Saffran d'Indie, CHAP. LIII.

AVCVNS tiennent que cette racine estrangere que les Apothicaires appellent *Curcuma* : en François *Terramerita*, est le *Cyperus Indicus* de Dioscoride : car voicy ce qu'il en dit : On dit qu'il croist vne autre espece de *Cyperus* en Indie qui retire au Zinzembre, & estant masché rend la couleur de Saffran, & est amer, & qu'estant appliqué en liniment il fait quant & quant tomber le poil. Toutes lesquelles marques conuiennent fort bien à la *Curcuma* des Apothicaires : car c'est vne racine à mode de Zinzembre, iaune comme Saffran au dedans, laquelle estant maschée rend la saliue iaune, & est amere ; mesme l'on s'en sert aux depilatoires. Mais veu que Dioscoride fait comparaison de cette racine auec celle du Zinzembre, & que de faict elle y retire mieux qu'au Souchet, c'est merueille pourquoy il la met pour vne *espece de Souchet*. Parquoy il est vraysemblable qu'il a ouy dire à d'autres ce qu'il escrit touchant le *Cyperus*, *ou Souchet d'Indie* ; & qu'il auoit leu en quelque autheur que c'estoit vne *espece de Souchet*, suyuant quoy il a aussi escrit, comme Pena l'a remarqué, que ses racines estoient semblables à celles du Zinzembre, petites, blancheastres, & odorantes comme celles du Souchet. Car de fait la *Curcuma* n'a gueres de similitude auec le Souchet, & au contraire elle retire bien au Zinzembre. En outre elle a quelque resemblance quant au proprietez auec le Zinzembre ; outre ce qu'elle rend la saliue iaune quand on la masche, combien qu'elle ne soit pas si forte, & qu'elle ait aussi plus mauuais goust ; elle est encor plus propre pour desopiler les parties interieures que n'est le Zinzembre : à raison dequoy, dit Pena, les charlatans & les femmes l'ordonnent auec du Zinzembre contre la iaunisse. Et quant à la vertu depilatoire, elle se perd par la longueur du temps & la distance des lieux d'où elle vient, ioint qu'elle est subiette à estre vermoulue, moins toutesfois que le Zinzembre. Auiourd'huy les Peintres & les Alchimistes en vsent plus que les Medecins, lesquels toutesfois en vsent en l'Electuaire appellé *Diacurcuma*, qui sert aux maladies inueterées, à l'hydropisie, & contre la mauuaise habitude du corps qu'on appelle Cachexie. Au reste il ne faut pas oublier ce que Matthiol a fort bien remarqué, c'est que la *Curcuma* de Serapion n'est pas celle dont il est icy question : car celle de Serapion n'est autre chose que la Chelidoine de Dioscoride : & cette ambiguité est procedée de l'erreur de Serapion mesme, ou de son traducteur. Car le mot *Curcuma* n'est ny Arabe, ny Grec, veu que les Arabes appellent la Chelidoine *Kauroch*, dont il appert qu'il y a mal *Curcuma* en Serapion, au lieu de *Kauroch*. A quoy les Medecins & Apothicaires n'ayans pas prins garde, & ne sçachans quelle racine estoit cette-cy, ont pensé que ce fust la racine de la grande Chelidoine, à cause du suc iaune que l'vne & l'autre a ; & ainsi suiuans l'exemplaire incorrect de Serapion, ils ont appellé les racines de la Chelidoine *Curcuma*. Voyez la description & pourtrait du *Curcuma* ou *Saffran d'Indie* cy-deuant au chapitre 8. du liure quinziesme sur la fin.

Les noms. Liu. 1. c. 4. La forme. Le temperament & les vertus. Sur le ch. 5. du liure 2. Ch. 196. des simpl.

De la Zedoaria, Zerumbet, CHAP. LIV.

CE que les Apothicaires appellent *Zedoaria*, & les modernes Grecs ζάδουρ : les Apothicaires l'appellent *Zurumbet* & *Zerumbet*. Ces deux racines estrangeres qui sont plus cogneuës par leurs proprietez que par aucune description de leur Plante, ont esté incogneuës aux anciens Grecs ; tellement qu'il faut en chercher la description ailleurs que vers eux. Serapion en escrit suyuant l'opinion d'Isaac, disant : *Zerumbet*, c'est à dire *Zedoaria* : sont des racines rondes, semblables aux racines de la Sarrasine ronde, tant en figure qu'en grandeur : mais celles retirent au Zinzembre quant au goust & à la couleur. On les apporte de la region de Chine. Elles eschauffent & dessechent au second degré. Elles resoluent les ventositez, & ont vne proprieté d'engraisser la personne. Si l'on en mange apres auoir mangé des Aulx, des Oignons, ou apres auoir beu du vin, elles corrigent la puanteur de l'haleine. Elles seruent contre les morsures des bestes venimeuses, reserrent le ventre, resoluent les apostumes de la matrice, appaisent les vomissemens desordonnez, & les douleurs de la colique, procedantes des ventositez. Auicenne dit que la *Zedoaria* sont certaines pieces, semblables à la Sarrasine, sinon qu'elles sont plus petites ; & que la meilleure est celle qui croist auec le Napellus, laquelle diminue fort la vertu du Napellus estant aupres de luy. Vn peu apres il prend le *Zeduar* ou *Algieduar* pour la *Zedoaria*. En vn autre chapitre il dit que *Zurumbet* est vn bois semblable au Souchet, mais qu'il est plus grande, & moins odorant ; & luy attribue les mesmes proprietez que Serapion attribue à son *Zurumbet* ou *Zedoaria*, suiuant l'opinion de diuers Autheurs, excepté qu'Auicenne dit que le *Zurumbet* est chaud & sec au troisiesme degré, & Aben Mesué, ainsi que dit Serapion, le dit estre chaud & sec seulement au second degré. Serapion dit qu'il est bon contre les morsures des bestes venimeuses, & Auicenne dit qu'il est bon contre les morsures des vers venimeux, tellement qu'il approche fort de la *Zedoaria*. En quoy il monstre qu'il y a quelque difference entre *Zerumbet* & *Zedoaria*. Serapion en vn autre chapitre descrit vn autre

Les noms. Chap. 2. des simpl. Le lieu. La forme. Le temperament & les vertus. Liu. 2. c. 734. Chap. 745. Chap. 736.

Zurumbet, disant : *Zurumbet* est vn nombre des drogues odorantes, à raison dequoy on en met dans les compositions aromatiques, il est chaud & sec pres du troisiesme degré, & a les mesmes proprietez que la Canelle & les Cubebes. Cassidonius aussi dit qu'à faute de Cinamome il faut prendre du *Zurumbet*, & dit qu'il a prins cela de Galien & de Paul, sans y adiouster ny diminuer vne seule lettre. En quoy il allegue faussement Galien, & traduit de mot à mot le texte de Paulus, là où il traitte de Arnabo, disant ainsi : Arnabo est entre les drogues aromatiques, à raison dequoy on les mesle parmy les senteurs, d'autant qu'il est chaud & sec au troisiesme degré, semblable à la Canelle, ou aux Cubebes. Aussi Possidonius (il y a mal Cassidonius en Serapion) à faute de Canelle, dit qu'il vse de l'Arnabo. Ainsi donc il appert clairement que l'intention de Serapion est telle, que *Zurumbet* & Arnabo de Paulus sont vne mesme chose. Apres il adiouste la description de *Zurumbet* prinse d'Isaac, disant : C'est vn grand arbre qui croist aux montagnes en Orient, & ne porte point de fruict. Ses fueilles sont longues de couleur de verd gay, semblables aux fueilles des Saules, ses branches sont aussi de mesme couleur. Il sent le Citron, & est chaud, sec, & astringeant. Il est resolutif, & reserre le ventre. En outre il est de parties subtiles. Suiuant quoy il appert que Serapion prend *Zurumbet* & Zedoaria pour vne mesme racine, sinon qu'il y ait de l'erreur en ses exemplaires ; & dauantage, qu'il y a vn arbre appellé *Zurumbet*. Mais Auicenne met de la difference entre ces Plantes, entant qu'il compare la *Zedoaria* aux racines de la Sarrazine, & *zerumbet* qui est bois au Souchet, sinon que ce soit la faute des traducteurs, qui eussent deu faire comparaison du *zurumbet* auec les racines de Sarrazine, & de la *zedoaria* auec le Souchet, veu mesme qu'il attribue les mesmes proprietez à celle qu'il compare au Souchet, que Serapion attribue à la Zedoaria. Ce que monstre bien aussi de Bellune, quand il dit qu'il y a des Arabes qui appellent la *zedoaria*, Souchet d'Indie, d'autant qu'elle croist en Indie, & ressemble au Souchet. Voilà ce que les Arabes ont escrit touchant la *zedoria* & *Zerumbet*. Sur quoy il faut examiner si les deux racines qui se vendent par les Apothicaires, sous le nom de *zedoaria*, & *Zerumbet*, sont celles mesmes desquelles les Arabes ont vsé. Ceux qui en doutent, alleguent en premier lieu que la description ne s'y accorde pas, d'autant que nostre *zedoaria* commune, est vne racine longue, lisse, blancheastre par dehors, & iaune rougeastre par dedans, aromatique, amere, de la figure du Zinzembre, & fort acre. Matthiol dit qu'il ne faut pas dire que ces racines ne soient la *zedoaria*, pource qu'elles sont longues : car il s'en trouue de longues, & d'autres qui sont rondes comme la Sarrazine, comme il en a eu par le moyen de François Calzolaire Apothicaire Veronnois : & toutefois tant les vnes que les autres sont tenues pour *Zedoaria*, comme ayans vn mesme goust, & vne couleur & odeur toute semblable, & n'y a autre difference que pour raison de la figure : tellement que tout ainsi qu'il y a deux especes de Sarrazine, aussi y a-il de mesme de la *zedoaria*, à sçauoir la *longue*, & la *ronde*. Or voicy l'opinion de Pena & de Lobel sur ce faict : c'est que comme les noms de *zedoaria* & *Zerumbet* sont semblables, aussi sont-ce parties d'vne mesme racine, & n'y a non plus de difference qu'entre le Souchet rond ou le long, auec ses autres racines tortues qui sont attachées à l'entour, comme il a peu voir en Anuers en vn riche magazin d'espiceries de François Penin. A raison de quoy Serapion a prins *zedoaria* & *zerumbet* pour vne mesme chose : & tout ainsi que les racines du Doronicon, des Sarrazines, & de l'Oenanthe, sont de diuerses figures, pource qu'elles sont quelquefois longues, quelquefois rondes, ou du tout rondes, & pleines de neuds : aussi en prent-il de mesme à la *zedoaria*, à laquelle le *zurumbet* resemble quant au naturel ; aussi bien comme au nom, estant semblablement amer, chaud & odorant, semblable en couleur, ayant vn goust mal plaisant, vne mesme figure, durté, & seruant à mesme vsage, à sçauoir contre la colique, & principalement contre les venins, d'où Pena coniecture qu'a esté tiré le nom de *zedoaria* ; mesme qu'il semble qu'Auicenne, Serapion, & quelques autres Arabes ont nommé de ce nom plusieurs autres contre-poisons, amplifians le nom de *zedoaria* : & comme ils appellent Bezoardica, d'vn nom general tout ce qui sert à conseruer la vie : aussi ont ils nommé vn certain arbre signalé qui a les fueilles comme les saulx, & l'odeur du Citron, du nom de *zedoaria* ou *Zerumbet*. Auicenne aussi en a vsé en cette signification, quand il a dit que la *Zedoaria* qui croist aupres du Napellus est la meilleure, voulant entendre la contre-poison qui croist aupres du Napellus, & sert de Theriaque contre son venin & des autres, comme il dit l'auoir esprouué, & en auoir aussi arraché grande quantité en diuerses montagnes : ce que toutefois Garsie dit estre faux. Ainsi donc Pena estime que les Arabes ont donné à entendre qu'il y auoit trois sortes de *zedoaria*, à sçauoir la longue, qui est la plus commune, & retire mieux au Souchet, & vne autre sorte de cette mesme espece, à sçauoir le *zurumbet*, qui est la plus rare, & que nous appellons ronde : & pour la troisiesme ce bel arbre qui est auiourd'huy incogneu. Aucuns tiennent que la *zedoaria* des Apothicaires, est le Costus Arabique, ou Syriaque de Dioscoride, pource qu'il semble que plusieurs des marques du Costus luy conuiennent assez bien. Au reste Garsie met vne autre *Zedoaria* toute autre que les precedentes, laquelle Auicenne appelle *Geiduar*, qui est de la grosseur d'vn Gland, & quasi de mesme figure, & de couleur claire. Elle croist aupres de la Prouince de Chine. Il dit qu'elle se vend bien cher, & qu'elle est malaisée à trouuer, sinon qu'on la recouure de quelques Charlatans, qui vont mendians en pelerins, desquels les Roys & les grands Seigneurs achetent

Marginal notes: Liu. 7. ch. 3. — Sur le chap. 154. du 1. liu. — Liu. 2. c. 734. — Liure 1. des Arom. d'Ind. chap. 43. — Liure 1. des Arom. d'Ind. ch. 42.

Zerumbet de Serapion & Zedoaria. parties d'vne mesme racine.

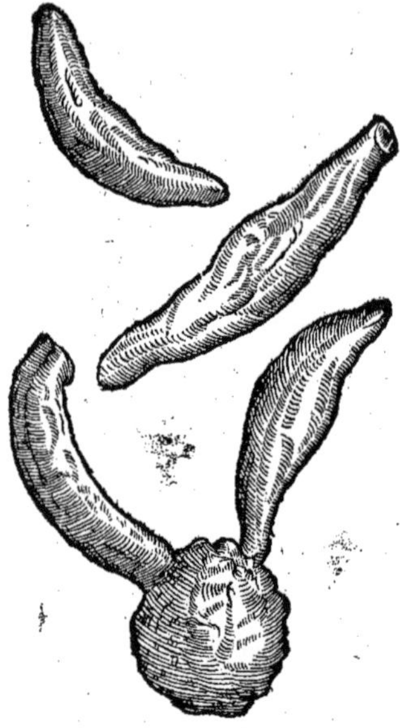

tent le *Geiduar* (ce qui doit sembler estrange) & que Dioscoride, ny Auicenne n'en ont pas eu la cognoissance. Et qu'au reste ce *Geiduar* sert à plusieurs choses, principalement contre les venins, & contre les morsures & piqueures des bestes venimeuses : mais on ne le cognoist pas aussi peu pour le iourd'huy en l'Europe, comme il appert par sa description ; mesme il est malaisé de le cognoistre, pour les raisons qu'il ameine: car nostre *zedoaria* n'a rien de commun auec ce *Geiduar*. Quant au *zerumbet*, voicy qu'il en dit: Les Arabes, Persiens & Turcs l'appellent *zeruba* : ceux de Guzarate, Decan, & Canara, *Cachoraa*: ceux de Malauar, *Cua*. Il s'en trouue à force en la Prouince de Malauar, à sçauoir en Calicut & Cananor, où il croist estant planté, & aussi de soy mesme parmy les bois de ce pays-là, à raison de quoy on l'appelle *zinzembre sauuage*, & à bon droit, pource que ses fueilles retirent à celles du Zinzembre : toutefois elles sont plus grandes & plus ouuertes, sa racine aussi est plus grosse que celle du Zinzembre. Il dit qu'apres que l'on a arraché cette racine, on la couppe, & la fait-on secher, puis on la porte en Arabie, & en Perse, & en Gida, & en Alexandrie, & de là à Venise, & autres contrées. On la confit aussi en sucre, & est meilleure que le Zinzembre blanc. Parquoy il conclud qu'Auicēne n'a sceu que c'estoit de la *zedoaria*, comme nous l'auons desia dit ; ains il a cogneu seulement le *zerumba*, ou *zerumbet* : car ayant veu certaines racines coupées par morceaux, les vns ronds, les autres longs, lesquels on portoit en Perse, il estimoit qu'elles fussent de diuerses especes, à sçauoir la *zerumba*, de laquelle il traitte en premier lieu sous le nom de *Zedoaria*, & *zerumbet*, duquel il traitte puis apres. Pourtant aussi ne dit-il mot des fueilles, comme ne les ayant pas veuës, ains parle simplement des racines, telles que l'on les portoit de l'Indie aux autres regions. En outre il dit qu'aux plus corrects exemplaires de Serapion cette exposition de *zerumbet*, c'est à dire *zedoaria*, n'y est pas : car elle a esté adioustée par le traducteur, qui ne sçauoit pas la difference qu'il y auoit entre *zerumbet*, *zedoaria*, & *Zerumban* ; laquelle est bien aisée à cognoistre en ce que Serapion dit qu'on apportoit la *Zedoaria* de la Prouince de Chine : car il est bien certain que la *zedoaria* croist en Chine, & qu'il s'en trouue peu en Indie ; & au contraire il y vient force *zerumba*. Quant à la *zedoaria* & *zerumbet*, & aussi la *zedoaria* de Garsie, nous en auons assez dit ce qui en est cy-deuant. Au reste Garsie reprend ceux qui estiment que l'Arnabo de Paulus est vne mesme chose que le *zerumbet*, attendu que l'Arnabo de Paulus est vn grand arbre, qui sent bon ; & au contraire *zerumba* est vne Plante comme le Grame. En quoy il est luy mesme à reprendre, veu que Paulus traittant de l'Arnabo, ne parle point d'arbre, ny mesme de Plante : mais dit simplement que c'est vne drogue aromatique, & que pour cette cause on en met dans les onguens odorans, & ce qui a desia esté dit. Or l'Escluse dit que l'on trouue chez certains Espiciers d'Anuers vne sorte de *zedoaria*, qu'ils appellent *Bloczeuuar*, c'est à dire *zedoaria bossue*, laquelle est ronde comme la Sarrasine ronde, noirastre par dehors, & quelquefois de couleur cendrée, mais par dedans elle est blanche, & a le goust de la *zedoaria commune*. Or pource qu'il estime qu'elle approche fort du *zerumbet* de Serapion, nous en auons mis icy le pourtraict.

Liure 1. des Arom. d'Ind. chap. 43.

Liu. 1. & 734. chap. 736.

Liu. 7. ch. 5.

Zerumbet de Serapion, suiuant l'Escluse.

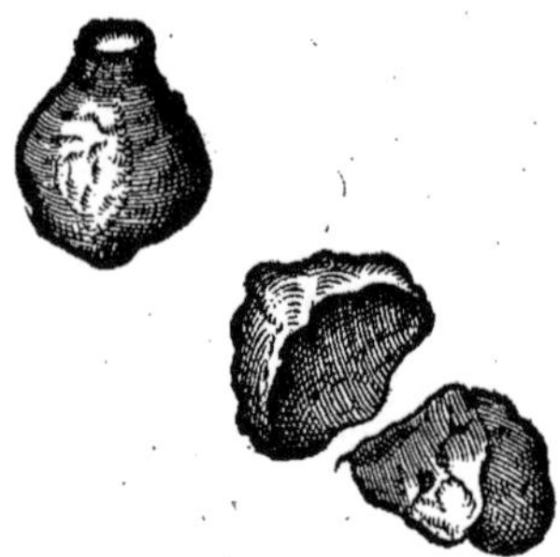

De

De L'Achanaca, CHAP. LV.

Theuet en sa Cosm. To 1. liu 3. ch. 2.

IVSQVES icy nous auons discouru des arbres, bois, & racines qui croissent en Indie, il faut maintenant venir aux herbes dudit pays. Theuet dit que d'vn costé & d'autre de la riuiere de Senga il y a plusieurs Royaumes, principalemẽt du costé de Midy, où est le Royaume de Mely, & deuers le Septentrion il y a le Royaume de Tombotu. En ces quartiers-là, il y a de fort doctes Medecins, lesquels y sont appellez *Bisfrains*. Or entre autres maladies qui regnent en ce pays-là, il y en a vne la plus commune, qu'ils appellent *Borozail*, ou bien *Zail*, en langue Ethiopique, laquelle prouient pour trop s'adonner aux femmes, comme ils y sont fort subiets. Cette maladie saisit premierement les genitoires qu'ils appellent Asab, & les parties naturelles des femmes Assabatas. Pour guerir donc ladite maladie, ils vsent de diuerses decoctions, & entre autres de celle d'vne herbe qu'ils appellent *Athanata*. Elle a les fueilles fourchues & aigues au bout, semblables à celles d'vn grand Chou: mais elles ne sont pas si grosses, & ont la coste plus menuë. Au milieu d'icelles il vient vn fruict gros comme vn œuf, & iaune, lequel ils appellent *Alfard* ou *Lefach*, du nom d'vn serpent qui est de mesme couleur. Ce fruict est fort estimé en ce pays-là. Toute la Plante est grosse comme la iambe d'vn homme. Ils s'en seruent pour guerir les maladies, comme nous faisons du Guaiac.

La forme.

De l'Amomon, CHAP. LVI.

Les noms. Liu. 1. c. 14. La forme.

LES Grecs appellent cette Plante ἄμωμον: les Latins *Amomon*: les Arabes *Hamenus*, ou *Hamana*: Dioscoride n'en dit que deux mots: *Amomon*, dit-il, est vne petite Plante, qui s'entortille à l'entour du bois à mode de grappe de raisin. Il a la fleur petite comme les Violiers blancs, Ses fueilles retirent à celles de la Coleuurée. Dioscoride donne bien à entendre qu'il croist en Armenie, en Mede, & en Pont, quand il dit que le meilleur est celuy d'Armenie, qui est de couleur d'or, & a le bois rousseastre, fort odorant. Et que celuy de Mede, d'autant qu'il croist en lieux champestres & aquatiques a moins de vertu. Au reste il est grand, & verdastre, tendre, & a la Plante pleine de vin, qui sent l'Origan, (l'ancien traducteur & Hermolaus ont traduit ainsi, comme s'il y auoit ὀριγανίζον: mais aux plus communs exemplaires il y a πηγανίζον, c'est à dire, *sentant la Rue*.) On le sophistique auec vne herbe qui luy ressemble, qui s'appelle *Amomis*, toutefois elle ne sent rien, & ne porte point de fruict. Elle croist en Armenie, & fait la fleur semblable à celle de l'Origan. Pline traitte aussi de *l'Amomon*, disant: On se sert de la grappe de *l'Amomon*, & tient-on qu'elle croist és Indes, de la vigne sauuage (ou plustost de la vigne d'Indie.) D'autres disent que c'est vn arbrisseau ressemblant au Meurte, de la hauteur d'vne paume, lequel on tire auec sa racine, & l'accoustre-on par poignées, tout doucement, de peur de le rompre. Le meilleur *Amomon* a les fueilles semblables au Grenadier, qui sont rousses sans estre ridées. Le *second* en bonté est pasle; mais celuy qui est *vert* est le moindre: toutefois le *blanc* est le pire de tous: car de faict il deuient blanc quand il est long-temps gardé. La liure de la grappe entiere se vend soixante deniers: mais quand il est froissé il ne vaut que quarante huict deniers la liure. Il en croist aussi en vne contrée d'Armenie, qui s'appelle Otené & en Ponte, & en la region des Medes. On le sophistique auec des fueilles de Grenadier, & de gomme liquide, pour faire qu'elles s'attachent & s'entortillent comme vne grappe. Il y a aussi vne autre Plante appellée *Amomis*, qui est plus dure, & a moins de veines que *l'Amomon*, & mesme elle n'est pas si odorante; à quoy il appert que c'est vne Plante differente d'auec *l'Amomon*, ou bien que c'est *l'Amomon* cueilli vert deuant qu'il soit meur. Il semble que Pline parle du mesme *Amomon* de Dioscoride, quand il dit que c'est vne vigne sauuage d'Indie, qui a les fueilles comme la Coleuurée, & dit qu'il croist és mesmes lieux. On tient, dit Theophraste que le *Cardamomon*, & *l'Amomon* vient de la region des Medes; d'autres dient qu'ils viennent d'Indie auec le Nard & plusieurs autres drogues. Au reste il y a grande dispute entre les autheurs touchant *l'Amomon*: car aucuns disent que nous n'en auons point, & vsent de l'Acorus en sa place: suiuant

Le lieu. Liu. 12. c. 13. Liure 9. de l'hist. ch. 7.

suiuant le conseil de Galien. D'autres tiennent que la Rose de Hiericho, est *l'Amomon*, mais ils se trompent grandement : car elle n'a pas les fueilles comme la Coleuurée, & n'est pas si odorante qu'elle en offense le cerueau, & si ne sent pas l'Origan comme fait *l'Amomon*. Matthiol dit qu'aucuns apportent vne certaine petite graine du mont S. Ange en Poüille, laquelle est noire, & sent comme le Gith ; elle est quelque peu aromatique, & d'vn goust acre ; & la vendent pour le vray *Amomon* : toutefois Dioscoride ne parle point de la graine de *l'Amomon*, mais dit que *l'Amomon* est fait à mode d'vne grappe de raisin. Ainsi donc les plus doctes tiennent que nous n'auons pas le vray *Amomon*. Garsie en son Histoire des drogues de l'Indie, traittant de *l'Amomon*, dit qu'il s'est enquis d'vn Apothicaire Espagnol, qui estoit Iuif, & demeuroit en Ierusalem, que c'estoit qu'*Amomon*, lequel luy respondit qu'on l'appelloit en langue Arabique *Hamama*, qui signifie *Pied de Pigeon*, & qu'il cognoissoit bien cette Plante, toutefois qu'il n'en auoit point veu en Indie. Depuis il fut appellé par Nizamoxa tres-puissant Roy de Decan, où il demanda à des Medecins sçauans tant Persiens que Turcs, lesquels tiroient grands gages, & estoient entretenus par ledit Roy, s'ils auoient point *d'Amomon*, lesquels luy respondirent qu'il n'en croissoit point en ce pays-là : toutefois qu'on leur en apportoit parmy les autres drogues que l'on apporte au Roy de l'Asie, Perse & Arabie, pour faire les confections medecinales, & mesme qu'ils luy en donnerent des branches, lesquelles ils auoient conferées auec la description de Dioscoride, & auoit trouué qu'elles s'y accordoient fort bien, & retiroient au *Pied de Pigeon*, combien qu'elles fussent seches : toutefois Garsie n'en poursuit pas la description, & n'en met pas le pourtraict. Mais celuy qui a commenté son Histoire en a mis le pourtraict telqu'il est icy mis, qui auoit esté enuoyé d'Ormuz, qui est vne ville fort marchande au goulphe d'Arabie, à Valerand Douure, diligent Apothicaire & bien expert, sous le nom de *Amomon* & *Amomis* : mais il ne luy semble pas, à ce qu'il dit, que ny l'vne ny l'autre de ces Plantes s'accordent auec *l'Amomon* de Pline & de Dioscoride, si ce n'est à celuy que Garsie dit luy auoir esté donné, & qu'il resembloit au *Pied de Pigeon* : car ce sont des petites branches, si chargées de fueilles qu'il semble que ce ne soit tout que fueilles (comme on voit au Tithymale surnommé Paralius) lesquelles sont tellement disposées au bout, qu'elles font comme vne fleur ou Rose. Ces branchettes estans ainsi iointes ensemble ne retirent pas mal à vn *Pied de Pigeon*, de ceux que l'on appelle pattus ; toutefois elles n'ont point d'odeur ny de saueur remarquable. Or quand il est parlé icy du *Pied de Pigeon*, il ne faut pas entendre de cette espece de Geranion que les Herboristes appellent *Pied de Pigeon*, mais bien *l'Amomon*, comme il appert par la description de Serapion. Parquoy ceux-là faillent trop lourdement, & ne suiuent pas Serapion, ny les autres Arabes, qui prennent le *Pied de Pigeon* des Herboristes au lieu de *l'Amomon*, duquel Dioscoride descrit les proprietez comme s'ensuit : Il est chaud, dit-il, astringeant & desiccatif. Il prouoque à dormir, & appliqué sur le front il en appaise la douleur. Il meurit & resout les inflammations, & les apostumes qui iettent vne fange comme miel. Enduit auec du Basilic, il sert contre la piqueure des scorpions. Il est bon contre la goutte. Prins auec des Raisins secs il appaise les inflammations des yeux, & des parties interieures. Appliqué en pessaire, ou si on en fait des estuues, il sert aux accidens de la matrice. Sa decoction prinse en breuuage est bonne à ceux qui ont le foye opilé, au mal des reins, & à la goutte. On en met aux contrepoisons, & aux onguents precieux. Galien dit que *l'Amomon* a quasi les mesmes facultez que l'Acorus, excepté que l'Acorus est plus sec, neantmoins *l'Amomon* est plus maturatif.

Liu. 1. ch. 13.

Ch. 163. des simpl.

Liu. 1. ch. 14.

Liure 6. des simpl.

Amomum, & Amomis.

Amomum.

Amomis.

Du Bangue, CHAP. LVII.

BANGVE est quasi semblable au Chanvre, duquel Dioscoride fait mention au liure troisiesme. Sa tige a cinq paumes de longueur, & est quarrée, de couleur verte-blaffarde, mais toutefois qui est mal-aisée à rompre : car elle n'est pas si creuse que celle du Chanvre ; toutefois son escorce se pourroit aussi bien filer que celle du Chanvre. Ses fueilles sont semblables à celles du Chanvre, vertes par dessus, & garnies de bourre blanche par dessous, d'vn goust fade & terrestre. Sa graine est moindre que celle du Chanvre, & n'est pas si blanche. Les Indiens mangent cette graine & les fueilles, tant pour se rendre plus gentils compagnons, apres les femmes,

Bangue.

femmes, que pour se faire auoir bon appetit. On fait vne composition de cette herbe, de laquelle ils vsent fort en ces quartiers-là, en diuerses choses. Car les grands Seigneurs & chefs des gens de guerre, pour oublier leurs trauaux & peines passées, & dormir plus fermement, prennent autant qu'il leur semble bon, de la poudre de la graine, & des fueilles de cette herbe, auec de l'Areca verte, & de l'Opion à leur discretion, & ayans incorporé tout cela en sucre le mangent: mais quand ils veulent auoir des visions en dormant, ils adioustent à tout ce que dessus de la plus fine Camphre, des Cloux de giroffle, de la Noix muscade, & du Macis. Que s'ils ont enuie d'estre ioyeux & alaigres, specialement d'estre en bon point pour contenter les femmes, ils meslent de l'Ambre & du Musc, & en font vn electuaire auec du sucre. Plusieurs m'ont asseuré que la graine & les fueilles de cette Plante sont merueilleusement propres pour prouoquer à luxure, dont on peut conclurre qu'elle n'a aucune affinité auec le Chanure, iaçoit qu'elle luy ressemble fort, attendu que suiuant Dioscoride au lieu cy-dessus allegué, le Chanure est chaud & sec, & consume la semence genitale. Au reste les Arabes l'appellent *Axis*: les Persians & ceux de Decan, & de plusieurs autres contrées, *Bangue*: les Turcs *Asarath*. Ce *Bangue*, ainsi que dit l'Escluse, semble auoir grande affinité auec la Plante que les Turcs habitans à Constantinople appellent Maslac, de laquelle ils vsent pour diuers effects: mesme aucuns en mangent pour se rendre gaillards au ieu d'amour.

Du Calamus Aromaticus, CHAP. LVIII.

Les noms. LE Κάλαμος ἀρωματικὸς des Grecs, doit estre appellé en Latin *Calamus aromaticus*, plustost que *odoratus*: Auicenne & tous les autres Arabes l'appellent *Cassab*: & *Aldirira*; car Cassab signifie *vn Roseau* ou *vne Cãne*, & *Aldirira* signifie *Aromatique*: car *dirire*, simplement signifie *vne drogue*. Serapion le nomme d'vn nom corrompu *Hassaber dirire*. Dioscoride en traitte brieuement disant; Le *Calamus aromatique* croist en Indie. Le meilleur est celuy qui est blond, comparti par beaucoup de neuds, qui se rompt en plusieurs esclats, ayant son tuyau plein d'aragnées, qui est blancheastre, & a de la viscosité quand on le masche, outre ce qu'il est astringeant auec vn peu d'acrimonie. Le *Calamus* dit Pline, croist en Arabie, és Indes, & en Syrie: toutefois celuy de Syrie est le meilleur de tous, & croist en vn endroit esloigné de nostre mer de cent cinquante stades. Et de fait le *Calamus aromatique* & le ionc odorant, croissent en certains marais qui tarissent en Esté, lesquels sont aupres d'vn lac, qui est entre le mont Liban, & vne autre montagne dont on ne fait pas grand cas (car ce n'est pas l'Antiliban, ainsi que plusieurs l'estiment) à trente stades pres du lac. Au reste tant l'vn que l'autre sont du tout semblables quant à la figure aux autres Ioncs & Roseaux. Toutefois pource que le *Calamus* est plus odorant, on le sent aussi de plus loin. Le meilleur est celuy qui est mol à toucher, qui est moins fraile, & qui se rompt plustost en esclats, que de se rompre net, comme feroit vn Raiffort. Dedans son tuyau il y a vne matiere aragneuse qu'on appelle la fleur. Et tient-on les Cannes pour meilleures, d'autant plus qu'elles ont de cette bourre. Au reste la vraye marque du bon *Calamus aromatique*, est qu'il soit noir (Dioscoride veut qu'il soit roux) & neantmoins en aucuns lieux on n'en tient conte quand il est noir, (ou bien on ne tient conte de celuy qui n'est pas noir.) Les plus courtes Cannes, & les plus massiues & souples quand on les veut rompre sont les meilleures

Liu. 1. c. 2. 57. Ch. 165. des simp. l. 1. c. 17

Lin. 12. c 21.

Calamus Aromaticus, de Matthiol.

meilleures. Ce que Pline a quasi tout prins de Theophraste, lequel en traitte comme s'ensuit ; Le *Calamus* & le Ionc odorant, croissent par de là le mont Liban, entre le Liban & vne autre petite montagne, en vne certaine petite vallée, & non comme quelques vns ont dit, entre le Liban & l'Antiliban. Car entre lesdites deux montagnes, il y a vne belle & grande campagne, qui est appellée Aulone. Or là où le *Calamus* & le Ionc odorant croissent, il y a vn grand lac aupres, duquel quand les marais viennent à secher, ils croissent & tiennent plus de trente stades de place. Iceux ne semblent point d'estre verds (c'est ainsi que Gaza a leu suiuant les vieux exemplaires, où il y a οὐ δοκοῦσι ἢ χλωροί : mais Guillandin dit qu'il faut lire οὐκ ὄζουσι ἢ χλωροί, c'est à dire, *ils ne sentent rien estans verts*,) mais estans secs ils resemblent du tout aux autres communs quant à la figure. Et entrant en ce lieu, on sent incontinent leur odeur, toutefois elle ne s'estend pas plus loin comme aucuns ont voulu dire. Apres cela il y a au texte Grec τὸ προσφερομένοις εἶναι πρὸς τὴν χώραν, ce que Gaza a obmis. Et de faict ces mots sont incorrects & faut ainsi lire : *Les nauires qui passent par là aupres le sentoient : car ce lieu est esloigné de la mer de cent cinquante stades. Bien est vray que l'air de l'Arabie est odorant.* Voilà les mots de Theophraste lequel en parle apres les autres, & pour auoir ouy dire. Or Guillandin dit que ladite campagne est en vne vallée, à trauers de laquelle le Iordain passe. Quant au lac c'est celuy de Genesareth, que sainct Matthieu appelle la mer de Galilée, & sainct Iean la mer de Tiberiade. Serapion & Auicenne ont prins des Grecs la plus part de ce qu'ils escriuent du *Calamus*. Et d'autant que tout cela ne specifie point bien les parties du *Calamus*, on a prins occasion de douter à sçauoir mon si les racines que l'on treuue par toutes les boutiques des Apothicaires sont le *vray Calamus*. Brasauola tient que c'est le *vray Calamus*. Fuchse aussi estime que ce sont vrayement les racines du *Calamus aromatique* : toutefois la plus part des plus doctes Simplicistes tiennent que ce sont racines du vray Acorus, & que les Apothicaires s'abusent de les prendre pour le *Calamus*, lequel est different d'auec l'Acorus non seulement quant à l'odeur & autres facultez, mais aussi quant au naturel & figure. Car en premier lieu, ces racines que l'on prend pour estre du *Calamus* resemblent du tout à celles de la Flambe, & sont comparties par neuds, recourbées, blancheastres, de bonne odeur ; & comme veut Galien, elles sont vn peu ameres. En apres les fueilles que l'on apporte quelquefois auec la racine, resemblent du tout à celles de la Flambe, qui sont entierement les vrayes marques de l'Acorus, suyuant Dioscoride. Mais le *vray Calamus*, ainsi qu'il dit, doit estre roux, & se rompt par esclats, & a vn tuyau comme les autres Cannes qui est plein d'aragnées. Il est visqueux au mascher, astringeant, & vn peu acre. Dauantage c'est vne *espece de Canne ou Roseau*, suyuant le tesmoignage de Theophraste & de Pline, comme son nom mesme le monstre. Et mesme l'on se doit seruir de sa tige ou tuyau en medecine, non pas de la racine. Mais la racine du *Calamus vulgaire*, ne se rompt pas par esclats, mais de trauers comme celle de la Flambe ; ou comme vn Raifort, & ne porte point de tuyau, ou de Canne, mais vne tige comme celle de la Flambe, excepté qu'elle est plus graisle, & plus longue, & si n'est aucunement astringeante, & n'est pas seulement vn peu acre, mais bien du tout, ayant mesme de l'amertume, laquelle ne se treuue pas au *vray Calamus*. Garsie dit que le *Calamus aromatique* duquel les Apothicaires vsent en Portugal, est tout vn auec celuy duquel on vse communement en Indie, tant pour les hommes & femmes, que pour la cheualline. Il dit aussi que ceux de Guzarate l'appellent *Vas* : ceux de Decan *Bache* : en Malabar *Vazabu* : en Malayo *Dirimgo* : en Perse *Heger*. On en seme, dit-il, par toute l'Indie, principalement en Guzarate, & Balagnate, ou il en vient à force. En Goa où il est en grand vsage, il croist quand on le seme dans les iardins ; toutefois il y en vient peu. Or Garsie s'est enquis de plusieurs habitans de Coracone, & Arabes s'il croissoit du *Calamus* en leur païs, & s'ils le cognoissent ; & mesme s'ils en vsoient : mais tous en general luy ont respondu qu'ils n'en auoient point, sinon de celuy qui venoit d'Indie, lequel ils cognoissent fort bien, d'autant qu'ils s'en seruent en diuerses choses ; toutefois il dit que ceux qui l'appellent *Arabique*, ne se trompent pas. Car on le porte d'Indie en Arabie, & de là aux autres regions, comme aussi ceux qui l'appellent *Alexandrin*, pource que de là on le porte en Alexandrie, puis à Baruth, & à Tripoli de Syrie : mais celuy duquel on se sert en Indie, n'est pas, comme il dit, vne racine (car sa racine est fort petite) mais les fragmens de la Canne ou tuyau auec vn peu de la racine. Suyuant quoy il appert que ce *Calamus* de Garsie est bien different auec celuy des Apothicaires, & qu'il semble estre le *vray Calamus* des anciens. A raison dequoy plusieurs continuent en cette opinion que le *Calamus vulgaire*, est le vray Acorus, & que nous n'auons point de *vray Calamus* ; toutefois s'il s'en pouuoit treuuer, voicy ses proprietez suiuant Dioscoride : estant prins en breuuage il fait vriner, ainsi donc estant cuit auec la graine de Grame ou de Persil, & prins en breuuage, il est bon aux hydropiques, au mal de reins, à ceux qui ne peuuent vriner que goutte à goutte, & aux rompures. Beu, ou appliqué en pessaire il prouoque les mois. Appliqué en parfum tout seul, ou bien auec de la Therebinthe, & que l'on reçoiue la fumée par vn canon, il guerit la toux. Sa decoction est bonne pour estuuer les femmes, & pour mettre en clystere. On en mesle parmy les parfums & emplastres pour les faire sentir bon. Galien dit que le *Calamus* est

Liure 9. de l'hist. ch. 7.

Liu. 1. ch. 17.

Liure 1. des Arom. d'Ind. chap. 12. *Calamus aromat. d'Indie de Garsie.*

Le temperament & les vertus. Liu. 1. ch. 17

Liure 8. des simpl.

est legerement astringeant, & a fort peu d'acrimonie. Son essence est pour la plus-part terrestre & acre, & temperée quant à la chaleur & froideur. Parquoy il prouoque mediocrement l'vrine, & le peut-on mesler parmy les medicamens qui seruent au foye & à l'estomac estans appliquez dessus, comme aussi pour les fomentations de la matrice, qui seruent contre l'inflammation d'icelle, ou pour prouoquer les mois. Il faut donc dire qu'il eschauffe & desseche au second degré; toutefois il desseche plus qu'il n'eschauffe; mesme il est aucunement de parties subtiles.

Faalim, de Theuet.

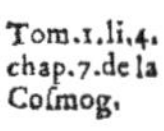
Tom.1.li.4. chap.7.de la Cosmog.

CHAP. LIX.

THEVET dit qu'il y a vne Herbe toute semblable à l'Aunée, principalement quant aux fueilles, laquelle est appellée *Faalim* en l'Isle de Mombaze, qui est abondante en fort bonnes herbes & simples de toutes sortes, principalement de ceux qui resistent au venin des serpens; dont ceste Isle est bien peuplée. Or il dit qu'il a veu l'experience de cette *Herbe* en deux personnes qui auoient esté mordus par vn serpent viuant en partie en l'eau, & en partie en terre, qu'ils appellent Alefach, la morsure duquel est si dangereuse, que si l'on n'applique quant & quant du suc de cette *Herbe*, il faut necessairement que la personne en meure.

De la Galanga, CHAP. LIX.

IL semble que les anciens Grecs n'ont pas eu cognoissance de ce que les modernes appellent *γαλάγγα*, & les Apothicaires *Galanga*, sinon que les Arabes ayent changé le nom de *l'Acorus Galatien*, que Dioscoride dit estre le meilleur de tous, l'appellans *Galanga*, ou *Galanga*, & estimans que la *Galanga* fut vne *espece d'Acorus*. Tous les Arabes l'appellent *Caluegia*; parquoy Serapion & les autres Autheurs Arabes ont tort de la nommer *Kalungen*, & *Galungen*. Or il y a *deux sortes de Galanga*. Dont l'vne qui est la *plus petite* est odorante, laquelle on porte de China en Indie, & de là en Portugal. Ceux de China l'appellent *Lauandon*: L'autre qui est *plus grande & plus grosse* que la precedente, combien qu'au reste elle soit de moindre efficace & vertu. Elle croist en Iaua, où elle est appellée *Lancuaz*; neantmoins les Indiens appellent l'vne & l'autre *Lancuaz*. Au demeurant Garsie dit que Serapion ny Auicenne n'ont pas eu entiere cognoissance de l'vne & l'autre *Galanga*; car Serapion ne dit point qu'il y en ait vne grande & vne petite, & la descrit assez sottement: C'est, dit-il, vne veine grosse comme la Canelle. Son escorce est rouge, le dedans de laquelle est poudreux. Auicenne traitte en diuers chapitres de la *Galanga*: en l'vn il l'appelle *Calungia*, & dit que ce sont des pieces entortillées rouges & noires, puis apres estant tout en doute il adiouste, Mesangue dit que c'est le *Casurundar* mesme, duquel *Casurundar* (ou *Caserhendar*, selon Garsie) il auoit parlé en vn autre chapitre, & le prent pour la *Galanga* suyuant Mensangue. Mais il ne declare pas comment c'est qu'il appelle la *petite Galanga*, ou soit celle de Chine qui est la meilleure, ny aussi la *plus grande* qui est de Iaua, laquelle est la moindre; & toutefois il y a difference entre l'vne & l'autre, tant pour raison des facultez que pour la figure, comme il se verra cy-apres. Car la *Galanga grande* croist de la hauteur de deux coudées ou enuiron, & a les fueilles aiguës, à mode d'vn fer de lance, ainsi que dit Garsie, ou bien ainsi que dit Pena, comme la Flambe ou la Xyris, noirastres: toutefois elles sont vn peu plus estroites. Sa fleur est blanche. Sa racine est grosse.

Les noms.

Les especes.

Liu. 1. des Arom. d'Ind. chap. 30. Ch. 332. des simpl.

Liu. 3. c. 192.

Galanga grande & petite, de Pena.

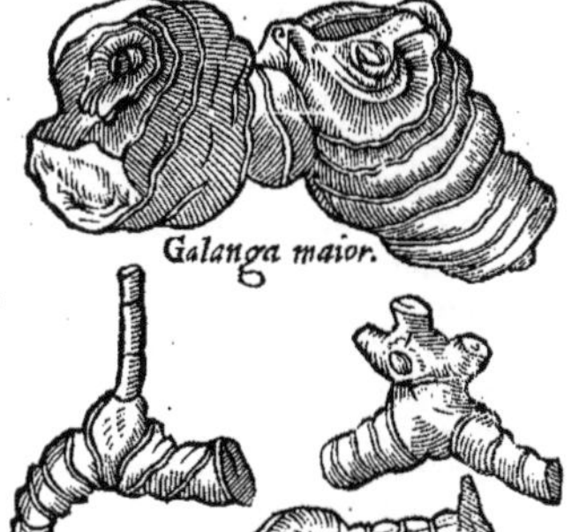

grosse, & toute garnie de neuds, comme celle des Roseaux, ou selon Pena, comme celle de l'Acorus de marais vulgaire, rouge-brune tant dedans que dehors. Quant à la *petite*, elle peut auoir deux paumes de hauteur. Elle a les fueilles semblables à celles du Meurte, ainsi que dit Garsie, par le moyen desquelles elle est bien differente d'auec la *Galanga grande*. Car quant au reste elle luy retire assez bien, ayant la racine semblablement compartie par neuds, & de mesme couleur, & les mesmes proprietez, goust & odeur, comme aussi le mesme nom : toutesfois elle est plus petite. Aucuns la prennent pour vne espece de Souchet, & d'autres pour l'Acorus : mais combien que les racines retirent quant à la figure, durté, odeur, & goust au Souchet long, si est-ce qu'il y a bien à dire quant aux fueilles, puis qu'elles sont semblables à celles du Meurte. Il y en a aussi qui ont voulu dire que la *Galanga* estoit l'Acorus de Dioscoride ; mais il sera bien aisé de renuerser leur opinion en conferant les racines ensemble, & les espluchant de pres : car la racine du vray Acorus, qui est celuy qui a esté dit cy-deuant, est blancheastre, odorante, & vn peu amere, suyuant mesme le tesmoignage de Galien, aisée à rompre, de mesme couleur & substance que celle de la Flambe. Au contraire la racine de la *Galanga* est rousse-brune dedans & dehors, & mal-aisée à rompre. Dauantage il y a difference quant aux proprietez : car la *petite* est odorante, d'vn goust fort acre ; tellement qu'elle pique la langue & le gosier quand on la masche, comme fait le Poiure ou le Zinzembre ; estant aromatique, & si n'a aucune amertume. La *grosse* est de moindre efficace & de couleur plus blaffarde, & est moins odorante ; outre-ce elle est aussi astringeante, ce qui ne se treuue pas en l'Acorus : parquoy on ne le sçauroit bonnement substituer au lieu de la Flambe contre les accidens de la matrice, ce que toutefois Dioscoride & Galien ont escrit. Ainsi donc la *Galanga* est chaude & seche au troisiesme degré. Elle fortifie l'estomac, appaise les douleurs d'iceluy causées par froid ou par des ventositez. Elle reschauffe le cerueau à la flairer souuent & en mettre dans le nez. Tenue en la bouche elle fait auoir bonne haleine. Elle est aussi propre contre le battement de cœur. Elle appaise les douleurs de la colique procedantes de ventositez. Elle rend l'homme gaillard apres les femmes ; & eschauffe les reins qui sont refroidis. En somme elle est bonne contre toutes maladies froides. Au reste l'opinion de ceux là est bien plus ridicule, lesquels tiennent que la *Galanga* est la racine du Ionc odorant : car la racine du Ionc odorant ne sert à rien, & au contraire la *Galanga* sert à ce qui a esté dit. En outre le Ionc odorant croist en Mascate, & Calaiate qui sont Prouinces de l'Arabie, & la *Galanga* croist en China & Iaua, qui sont bien esloignées de l'Arabie. Or puis que la *Galanga* est vn medicament si necessaire pour la vie de l'homme, & qui merite que tous les Apothicaires en ayent en leurs boutiques, il ne sera pas mal-fait d'en mettre icy vne nouvelle description suyuant Acosta, pour la conferer auec la precedente : car elle s'accorde en quelques poincts auec l'autre : mais il est discordant en d'autres choses qui sont bien plus remarquables, mesme il en dit des choses que les autres n'ont pas remarquées, lesquelles nous specifierons icy, & quant & quant en mettrons le pourtrait prins de luy. Il dit donc en son traitté des drogues qu'il y a *deux sortes de Galanga*, à sçauoir vne *petite* qui est odorante, laquelle on apporte auec la Rhubarbe de China en Indie, & de là en Portugal. Ceux du païs l'appellent *Lauandou* : L'autre est plus grande, de laquelle il en croist à force en Iaua, & Malabar, la description de laquelle nous mettrons icy, d'autant qu'elle est en plus grand vsage. Elle croist de la hauteur de deux coudées & quelquefois dauantage ; principalement quand elle est en bonne terre. Ses fueilles retirent à celles de l'Orchis que Dioscoride descrit au troisiesme liure : toutefois elles sont plus longues & plus larges, vertes-brunes par dessus, & blaffardes par dessous. Sa tige est composée de fueilles entassées l'vne sur l'autre comme celle des Orchis. Sa fleur est blanche sans aucune odeur. Sa graine est petite, & ne sert à rien. Sa racine est grosse & bulbeuse à la cime, & quant au reste elle retire au Zinzembre : toutefois elle est plus grosse, & porte quelquefois des petites testes comme les Affrodilles. On plante sa racine laquelle se multiplie merueilleusement. Les Canarins & Brachmanes qui en vsent fort, tant pour les maladies des hommes que de la cheualline, & qui en mangent ordinairement auec le Ris, ou le poisson, & mesme aux salades, l'appellent *Caccharu*: les Arabes *Caluegion*; ceux de Iaua *Lancuax*, & ceux de Malabar *Cua*. Or cette racine est si commune en Malabar, qu'ils s'en seruent non seulement pour guerir les maladies ; mais en font aussi de la farine, laquelle ils incorporent auec du laict de la Noix d'In-

Le temperament & les vertus.

Histoire du Galange de Acosta.

Les especes.

La forme.

Les noms.

Comment il en faut vser.

Galanga, de Acosta.

die, & quelquefois de Sura ou Iagrea, & en font certains petits pains à mode de gasteaux, qu'ils appellent *Apas.* On fait grand estat de ce pain, & en donne-on à ceux qui ont l'estomac debile & froid, contre la douleur du ventre, aux accidens de la matrice, & contre la difficulté d'vrine, contre laquelle ce pain est merueilleusement propre, soit qu'elle procede des humeurs grosse & phlegmatiques, ou des ventositez, ou de la grauelle amassée aux vreteres ou au col de la vessie, mesme quand il y auroit excroissance de chair qui fut suruenuë au col de la vessie, ou autres conduits de l'vrine. Or apres que l'on a mangé de ce pain, il faut boire vn traict de Nimpa (c'est comme d'eau de vie) & appliquer aux aines, & sur le penil & col de la vessie, des fueilles de Nenufar cuites en l'eau, en les sortant de la decoction toute chaude. Or l'Escluse qui a traduit en Latin les mots de Acosta que nous venons d'alleguer dit que ny Acosta, ny Garsie de Orta, ne se contentent pas en la description de la *Galanga grande*, principalement si celle que l'on treuue chez les Apothicaires de l'Europe, est la *vraye Galanga grande* : car ses racines semblent approcher plus de celles de la Flambe (Pena compare seulement ses fueilles auec celles de la Flambe comme il a esté dit cy-dessus) que non pas auec celles des Affrodilles ou du Zinzembre, & se fait accroire que nostre *Galanga grande* est vne *espece de Flambe*, semblable peut-estre à celle qu'il met la premiere en son traitté des Plantes d'Hongrie ; toutefois il n'en resout aucune chose.

De l'Herbe viue ou honteuse, & de l'Arbre honteux, CHAP. LXI.

Les noms. EN quelques endroits de l'Asie il se treuue vne certaine Plante appellée communement *Herbe viue*, & par les Charlatans de ce païs-là que l'on nomme Ioques, elle est appellée *Herbe d'amour* : les Arabes & Turcs l'appellent *Suluc*, & les Perses *Suluque*. *La forme.* Elle a vne petite racine laquelle iette par dessus terre huict petites branches de deux doigts de long, chargées de fueilles d'vn costé & d'autre, disposées vis à vis l'vne de l'autre, & qui retirent fort aux fueilles tendres des Ers, & des fueilles de la premiere sorte de Polypode, dont Lacuna met le pourtrait au liure quatriesme chapitre 187. toutefois elles sont beaucoup plus minces, & d'vne belle couleur verte, comme les fueilles des Tamarindes : du milieu de la cime de la racine il sort quatre petites queuës (car elle ne fait point de tige) chacune desquelles porte vne fleur iaune, belle à voir, qui resemble aux petits Oeillets ; toutefois elle ne sent rien. Elle croist en lieu chaud & humide. Cette petite Plante est d'vn si estrange naturel, qu'il n'y a entendement humain qui la sçeut comprendre : car lors qu'elle est plus verte, & qu'il la fait meilleur voir, si quelqu'vn la veut prendre, elle retire incontinent ses fueilles, & les cache sous ses menuës branches : que si on la prend, à l'instant elle est si flestrie qu'elle semble estre toute seche. Mais qui est plus esmerueillable, si on retire la main quant & quant elle se remet en vigueur, en somme elle flestrit & se reuerdit autant de fois qu'on la touche, & puis qu'on la laisse aller. Or il m'a esté dit, qu'vn certain Philosophe de Malabar voulant rechercher trop curieusement la nature de cette Plante, en deuint insensé. Quant à moy i'ay veu la Plante, & la fis arracher auec tout vn gason sans la toucher, pour la replanter en vn iardin ou elle est demeurée ; toutefois ie n'ay veu personne qui en soit deuenu fol. Comme ie m'enquerois de quelques Medecins du païs s'ils sçauoient quelques proprietez de cette *Herbe*, & si elle seruoit en medecine, ils m'ont asseuré qu'elle estoit propre pour rendre le pucelage à vne fille violée, & auoit vne singuliere proprieté pour faire aimer vne personne. Vn certain Medecin assez sçauant pour estre de ce païs là, voyant que i'auois si grande enuie de cognoistre les facultez de cette Plante, me dit que si ie voulois il m'en apprendroit vne si asseurée, qu'il gageroit sa teste en cas qu'il ne se treuuast ainsi : c'est que ie luy disse seulement le nom de telle femme que ie voudrois, de quelque qualité qu'elle fust, & qu'il feroit qu'elle m'accorderoit tout ce que ie luy sçaurois demander, pourueu que i'vsasse de *l'Herbe* comme il me diroit : mais ie n'en voulu rien faire, comme estant vne chose trop deshonneste. Ainsi donc apres m'en estre soigneu

Herbe viue, de Acosta.

soigneusement enquis, ie n'en ay rien pû treuuer, sinon que ceux du païs, & principalement les Brachmanes, Canarins & Ioques en faisoient grand estat. Or il aduint vn iour comme i'estois apres chercher des Simples, aupres de la riuiere de Mangate, que ie vis vn certain homme de ce païs-là assis à terre, lequel encor que ie luy parlasse ne me respondit rien ; mais fit signe auec la main seulement à mon Truchement que ie menois auec moy, lequel entendant ce qu'il vouloit dire, se retira soudain de là, & me dit que cest homme là estoit vn enchanteur d'vn certain Capitaine de ce quartier-là, qu'ils appellent Caymul, & qu'il iettoit le sort sur *l'Herbe viue* : ce qui se fait apres auoir nettoyé tout le terroir à l'entour de la longueur d'vn homme, puis il fait dire certains mots dessus, & attendre le premier oiseau, ou autre beste qui passe par dessus cette Plante cependant que le charme se fait, du sang de laquelle il la faut arrouser si on la peut prendre, sinon il en faut prendre vne autre de la mesme sorte, auec beaucoup d'autres ceremonies que ie laisse, pource qu'elles ne meritent pas d'estre escrites : peu de temps apres ie vis cette *Herbe* parmy les hardes d'vne putain. Au reste cette *Herbe* me fait souuenir d'vn arbre qui croist en la Prouince de Pudiferan, & a enuiron huict pieds de hauteur, lequel semble cognoistre quand il y a quelque chose qui l'approche : car si vn homme, ou vne beste s'en approche, il reserre ses branches, & puis apres quand on se recule, il s'eslargit. Ce qui est vray-semblable, d'autant qu'il est tout certain & bien aueré, que l'Esponge en fait tout autant, à raison de quoy le Philosophe appelle ces Plantes *Zoophyta* : mais cet arbre se recule mesme deuant qu'on le touche, parquoy il faut dire ou qu'il sent le vent, ou le mouuement & agitation du terroir quand on foule par dessus : pour cette cause ceux du païs l'appellent *Arbre honteux*. Il semble aussi que Garsie parle de ce mesme arbre en son traitté des Plantes aromatiques de l'Indie : car il dit qu'en Malauar il croist vn arbre d'vn merueilleux naturel, entant que quand on en approche la main, il se retire quant & quant, il a les fueilles comme le Polypode, & les fleurs iaunes. Il n'y a aucun des anciens que ie sçache qui en ait fait mention. Il semble aussi que ce soit de cet arbre que parle celuy qui a escrit l'histoire de l'Amerique, disant qu'il croist vne Plante au Peru, laquelle se seche aussi tost qu'on le touche. Aucuns estiment que Theophraste en parle, disant : *Il croist vn certain Arbre aupres du grand Caire, qui n'a rien de remarquable en ses fueilles, branches, ny mesme en sa figure : mais seulement vne chose qui luy suruient : car il est espineux, & a les fueilles comme la Feugiere* (suyuant Theophraste, ou à mode de plumes suyuant Pline,) *mais comme l'on viêt à toucher ses branches, on dit que ses fueilles se retirent cõme si elles estoiêt seches ou flestries, puis vn peu apres elles reuerdissent.* Ce que Pline a ainsi traduit : Il y a des forests aupres du grand Caire, où les arbres sont si gros que trois hommes ne les sçauroient embrasser : mais entre autres il y en a vn qui est admirable ; non pour raison de son fruict, ny pour quelque proprieté ; mais pource qu'on voit aduenir : car il est espineux, & a les fueilles à mode de plumes, lesquelles tombent incontinent qu'on touche ses branches, & neantmoins elles renaissent incontinent apres. Apollodorus disciple de Democrite fait mention d'vne Herbe qui estoit du naturel de cet arbre, laquelle il appelle *Aeschinomeni*, pource qu'elle retire ses fueilles, quand on approche la main pour les toucher.

Scal'g. Exer. 181 28.

La forme.

Liu. 1. ch. 27.

Liure 4. de l'hist. ch. 3.

Liu. 13. c. 19.

Herbe folle.

De l'Herbe fascheuse, ou folle, CHAP. LXII.

Le lieu.

La forme.

IL se treuue vne autre Plante en certains iardins, qui a cinq paumes de long, & s'accroche aux arbres ou murailles qui sont aupres. Elle a la tige mince, d'vne belle couleur verte, & n'est pas du tout ronde. Elle est garnie de petites espines piquantes. Ses fueilles retirent à celles de la precedente, & sont moindres que celles de la Feugiere. Elle s'aime és lieux humides & pierreux. On l'appelle *Herbe folle*, ou *fascheuse*, pource qu'elle flestrit quand on la touche auec la main, & puis quand on la laisse aller, elle reprend sa verdure, toutefois non pas si viste que la precedente. Au reste elle est d'vn naturel bien different d'auec l'Arbre triste ; car elle flestrit & deuient seche tous les soirs quand le Soleil couche, & puis retourne en sa vigueur quand le Soleil se leue, & tant plus que le Soleil est chaud, tant plus elle est verte ; mesme ses fueilles se vont tournant auec le Soleil. Elle a le goust & l'odeur de mesme que la Riguelisse. Et de fait ceux du païs maschent communement ses fueilles contre la toux, pour purger la poitrine,

Les noms.

poitrine, & rendre la voix claire. On dit aussi qu'elle est propre contre la douleur des reins, & qu'elle consolide les playes fraisches. L'Escluse remarque que cette Plante s'accorde en plusieurs façons auec le Fenugrec sauuage de Tragus, la Polygala de Cordus, & la Riguelisse sauuage de Gesner, les fueilles & racines de laquelle ont le goust de la Riguelisse ; car ses fueilles se retirent la nuict (comme il en prend de mesme à plusieurs legumes) toutesfois sa tige n'est point garnie d'espines, sinon que l'on vueille prendre pour espines ces appendices menuës & aiguës qui sortent par les ailerons des fueilles.

De l'Herbe des Maluques, CHAP. LXIII.

La forme. CESTE Plante a deux ou trois coudées de long, quelquefois quand elle est en terre grasse & humide elle passe cinq coudées, & est d'vne fort belle couleur verte. Elle a la tige mince, tendre & quelque peu creuse, si foible que on la soustient auec des treilles comme le Iasemin, elle traine par terre, comme le Lierre, & iette ses branches çà & là, lesquelles iettent des racines, comme font celles de la Menthe ou de la Melisse, & s'estendent si bien, qu'vne seule Plante, ou branche plantée, couure en peu de temps vne grande place. Elle a les fueilles menuës & tendres, dentelées à l'entour, semblables en grandeur & figure aux fueilles des Saules. Ses fleurs sont iaunes, semblables à celles de la Camomille ; toutesfois elles sont vn peu plus grandes. Elle verdoye & bourgeonne tout le long de l'année. *Les noms.* On l'appelle communement *Medecine des Pauures, & Ruine des Chirurgiens.* Ceux de Canara l'appellent *Brungara aradua*, c'est à dire, *qui a la fleur iaune.* On en vse fort en Maluco, (d'où l'on dit qu'elle fut premierement apportée, pource qu'il y en croist à force, & qu'ils la meslent communement parmy les remedes qui seruent aux Chirurgiens) & aussi en toutes les Prouinces de l'Indie, où l'on la cultiue diligemment, & se vend bien cher: car l'on fait cuire ses fueilles auec de l'huile, & puis apres on le reduit en onguent auec de la cire. Cet onguent est merueilleux pour guerir toutes sortes d'vlceres tant nouueaux qu'inueterez: combien qu'ils soient sanglans, sales, cauerneux, malins & pourris. I'ay esprouué, qu'il est fort souuerain pour guerir les playes des iambes tant inueterées que fraiches. On vse encor de cette Plante en vne autre maniere: c'est que l'on oste la premiere escorce de sa tige, & de ses branches, & prend-on cette petite membrane qui est entre deux de l'escorce exterieure, & de la tige, & qui s'oste aisément comme celle du Chanvre, puis l'ayant trempée dans de l'huile de Noix d'Indie, on l'enueloppe dans des fueilles de la Plante mesme, & la couure-on sous les cendres chaudes. Apres qu'elle est eschauffée & retendrie, on la broye, puis on l'applique sur les playes fraisches tant grandes que petites, lesquelles par ce moyen se consolident en peu de iours, sans qu'il y puisse suruenir aucune inflammation ny apostumes ar ce-la appaise la douleur, & estanche le flux de sang. En nme il n'y faut point d'autre remede pour les guerir entie rent. On dit aussi que c'est vn souuerain remede pour les p es & piqueures des nerfs. On l'applique aussi en la mesi orte sur vne apostume ouuerte pour la mondifier, pour y re-uenir la chair, & la cicatrizer, comme aussi sur les vlc cin-ueterez & cauerneux, sur lesquels on applique aussi q ue-fois cette escorce broyée toute seule. Or pource qu re-medes que l'on tire de cette Plante sont bien asseure 1en vse communement en ces Prouinces-là, & en fait-on grand cas : Mesme il y en a plusieurs uels se voulans mettre sur mer portent de l'onguent susdit auec eux, s'en tenans aussi asseurez, me s'ils auoient tous les Chirurgiens du monde auec eux, & à leur commandement. Tellem que quand il leur suruient quelque accident, où l'aide des Chirurgiens soit requise, ils ont reco cet onguent de *l'Herbe des Maluques*, comme à vn remede infaillible.

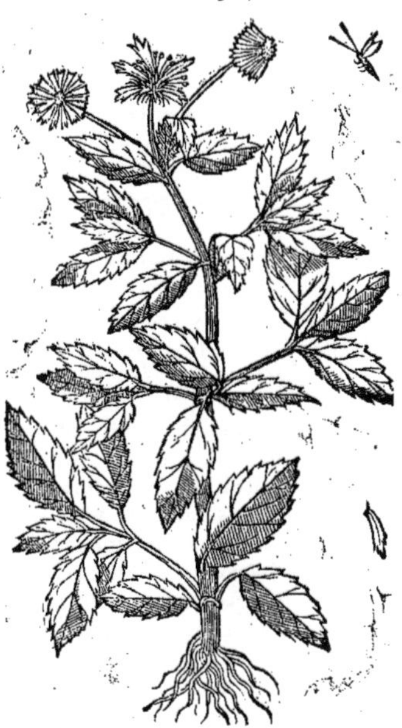

Herbe des Maluques, de Acosta.

Ione

Du Ionc odorant, CHAP. LXVI.

LE *Ionc odorant* est appellé en Grec σχοῖνος, & σχοῖνος ἀρωματικὸς; en Latin *Iuncus odoratus*: Celse l'appelle *Iuncus rotundus*, pour le distinguer d'auec le Ionc vulgaire, & le Souchet, qui est le Ionc à triangle: les apothicaires l'appellent *Squinanthum*, d'vn nom composé de σχοῖνος & ἄνθος, c'est à dire *fleur de Ionc*; comme aussi quelque vns l'appelloient desia du temps de Galien, à cause de sa bonne odeur. Serapion l'appelle *Adher*, & non *Adcher*, comme il y a aux communs exemplaires. Auicenne l'appelle aussi *Adhar*, & non *Adchaz*: les Espagnols l'appellent *Paya de la Megua*, ou *Paya de Camellos*, c'est à dire *Paille des Chameaux*. Dioscoride ne descrit pas entierement le *Ionc odorant*, ains specifie seulement le lieu où il croist, & la maniere de cognoistre le bon, disant: Le *Ionc odorant* croist en Afrique & Arabie. Le meilleur est celuy qui vient de Nabathée, apres lequel est celuy d'Arabie qu'aucuns nomment Babylonique, d'autres *Teuchitis*: le pire de tous c'est celuy d'Afrique. Pour cognoistre le bon il faut qu'il soit roux, frais, garni de fleurs, menu, tirant sur le purpurin, qui se fend aisément, lequel sent les Roses quand on le broye entre les mains, & qui a vne acrimonie qui brusle la langue comme feu. Pline en parle plus brieuement: A ce propos, dit-il, il sera bon de mettre icy les proprietez du *Squinanthon*, ou soit *Ionc odorant*, lequel croist en Syrie, en ces quartiers qu'on appellé Cœlesyrie, comme desia nous auons dit cy dessus. Toutefois le meilleur qui est surnommé *Teuchites* vient de Nabathée, apres lequel on fait cas de celuy de Babylone. Mais celuy que l'on apporte de Barbarie est le moindre de tous, & ne sent rien. Le *Squinanthon* est rond, & a vne mordacité qui pique la langue, & qui sent le vin. Quand il est bon il rend vne odeur de Rose en le frottant, & ses fragmens sont rouges. Or qui voudra conferer ces mots de Pline auec ceux de Dioscoride, il trouuera qu'il y a de l'erreur icy. Car Dioscoride ne dit pas que celuy de Nabathée soit surnommé *Teuchites*; mais bien le Babylonien. Ainsi donc il faudra ainsi remplir ce passage en Pline: *Laudatissimus ex Nabathæa, proximus Arabicus, quem aliqui Babylonium cognominant, alij Teuchitim, pessimus, &c.* suiuant ce qui a esté dit cy deuant par Dioscoride. Or τεῦχος signifie *vn vase*, d'où vient le mot τευχίτις, c'est à dire, *que l'on apporte dans des vases*. Aussi Dioscoride ne dit pas que ce Ionc icy ait vne mordacité qui sent le vin, mais qu'il pique la langue, μετὰ πολλῆς πυρώσεως, c'est à dire, *auec vne grande ardeur*. Il ne dit pas aussi que ses fragmens sont rouges, mais σχιζόμενος ὑπόπορφυρον, c'est à dire, *qui se fend aisément, & tire sur le purpurin*. Quant à ce que l'vn & l'autre de ces autheurs dit que le *Ionc odorant* sent la Rose; Garsie dit qu'il n'en est rien; car il confesse bien qu'il sent bon quand on le frotte, toutefois qu'il ne sent pas comme les Roses; adioustant que Dioscoride vse bien souuent de comparaisons bien incertaines, quand il parle des drogues aromatiques. Au demeurant Auicenne establit *deux especes de Ionc*; l'vn qui est *Arabique*, & sent bon; l'autre qui est creu en *Agiani*, c'est à dire *en Damas*, ainsi que dit Garsie. D'autres entendent par le *Ionc Agiami* le *Ionc commun*, duquel Dioscoride traite au liure quatriesme, estimans qu'Auicenne a mis en vn les deux chapitres de Dioscoride, en l'vn desquels il traitte du *Ionc odorant*, & en l'autre du *Ionc commun*, qui croist en lieu humide. Car de Bellune interprete ce mot *Agiami*, croissant en lieu humide & marescageux: mais ce qu'il adiouste par l'authorité de Dioscoride, est bien aussi absurde; à sçauoir qu'il y a *deux sortes de Ionc odorant*, dont l'vn ne porte point de fruict, & l'autre porte vn fruict noir; car Dioscoride ne fait pas ceste distinction, & ne parle aucunement du *Ionc odorant* qui porte fruict. Serapion suiuant Abohanifa, dit que le *Ionc odorant* a la racine semblable au Chule; toutefois qu'elle est plus large, & a les bosses plus petites, les branches minces, qui portent vne fleur semblable à celle des Roseaux, toutefois elle est plus petite, & plus plaisante. Or ie ne sçay que Serapion entend par le mot *Chule*, si ce n'est le Grame, ou vne herbe commune que les Grecs appellent πόα. L'autheur des Pandectes appelle *Chule*, vne herbe qui est du nombre des Capillaires: mais les Modernes ont bien descrit plus exactement le *Ionc odorant*. Matthiol dit qu'il a vn petit coffret plein des fleurs du Squinanthon, & qu'il a les fueilles comme le Sparganion ou l'Espeaute: toutefois qu'elles sont plus fermes & droites, desquelles il sort des chaumes ou tuyaux, compartis par nœuds, à la cime desquels il y vient des fleurs odorantes. Sa racine est cheuelue par le bas & odorante; mais elle perd ceste odeur par succession de temps. L'Escluse en ses Annotations sur l'Histoire de Garsie, dit qu'il a eu des Plantes de *Ionc odorant*, qui estoient venuës de la graine qu'on luy auoit mandée d'Italie. Iceluy produit plusieurs chaumes tendres, & les fueilles plus tendres que celles du Grame, ou de la πόα, à laquelle il retire fort, qui piquent la langue par vne plaisant eacrimonie, & estans frottées sentent bien bon; mais non comme les Roses: car elles sentent bien plustost les Roses en les maschant qu'en les frottant, principalement comme le Sucre rosat. Il ne porta point de fleur, pource qu'il fut trop tardif: sa racine estoit cheuelue, & non compartie par nœuds, comme dit Serapion, d'vn goust chaud & aromatique. En fin le froid le fit mourir; tellement qu'il semble que ce soit vne Plante qui se renouuelle tout les ans. Nous en auons mis icy le pourtrait suiuant. Et en outre le pourtrait des fleurs qui sortent de certaine balle, en façon d'espy, le long de la tige à mode de fleurs de Lis, lequel nous auons

Les noms. — Liu. 1. ch. 16. — Le lieu. — Quel est le meilleur. — Liu. 21. — Liu. 2. c. 591. — Chap. 41. — Chap. 158. — La forme. Sur le c. 16. du liu. 1. — Liu 1. ch 34.

Ionc odorant, de Matthiol.

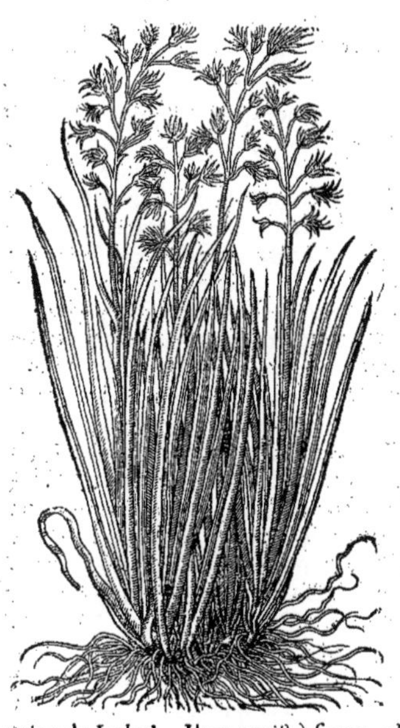

Fleurs du Squinanthon, de Lobel.

Liu. 1. ch. 34. prins de Lobel. Il en croist à force, ainsi que dit Garsie en Mazcate & Calaiate, prouinces de l'Arabie, tout ainsi que fait le Grame vulgaire en Espagne, duquel on nourrit les bestes. Ceux du pays l'appellent *Sachbar*, & d'autres *Haxis Cachule*, c'est à dire, *herbe à lauer*: les Arabes le nomment aussi d'autres diuers noms, comme Auicenne l'appelle *Adhar*, Serapion *Adher*, comme nous auons desia dit: comme font aussi tous les Medecins Arabes & Persiens. Quant à la fleur, ils l'appellent *Foca*, & les Perses qui confinent auec lesdites prouinces *Alaf*, c'est à dire *herbe*: les Indiens l'appellent *Herbe de Mazcata*, d'autres l'appellét *paille de Mequa*, ou *pasture*, ou soit *fourrage de Chameaux*, & à bon droict: toutefois il n'y a pas tant de chameaux en ce pays là, qu'ils puissent manger tout ce Grame auec ses fleurs. Car il y a des cheuaux, des asnes, des mulets, beufs, cheures & brebis, qui ne

Le lieu. *Les noms.*

Li. 2. des Ant. viuent d'autre chose que de ce *Ionc*: tellement que Galien a bien raison de dire qu'il ne sçait à quel propos on l'appelle *Squinanthon*, c'est à dire *fleur de Ionc*, veu qu'il ne porte pas beaucoup de fleurs: car combien que l'on apporte toute la Plante: toutefois le dessus d'icelle a esté le plus souuent brouté par les chameaux qui en mangent volontiers, & en sont fort friands. En quoy il ne veut pas dire qu'il y ait tant de chameaux qui mangent tellement la fleur, qu'on n'en apportast point: mais que l'on apportoit le plus souuent la plante rongée, à sçauoir la racine, les fueilles, & la tige, mais fort peu de fleurs, tant pource que le bestail les mange pour la plus part, qu'aussi pource que les fleurs, comme estans bourrues & menuës tombent aisément. Ioint la negligence des marchans qui ne se soucient pas d'en apporter, pource que les Medecins n'en demandent plus, comme n'estans quasi plus en vsage. On en porte bien en Indie pour seruir en medecine: toutefois les maquignons & corratiers de cheuaux en chargent grande quantité pour faire la littiere à leurs cheuaux de peur que la puanteur du fient & de l'vrine ne les offense, & si tost qu'il est mouillé ils le iettent en la mer, & en mettent d'autre frais: mesme les mattelots ont accoustumé d'en charger des faisseaux qu'ils vendent puis apres en Indie. Le mesme Garsie dit qu'il a acheté en l'Isle de Dio beaucoup de faisseaux de ce *Ionc* à bon marché, pour enuoyer en Portugal auec d'autres drogues; mais qu'il n'y a point veu de fleur: mesme ceux du pays n'en tiennent conte, & ne s'en seruent sinon aux lauemens: car ils se lauent de sa decoction, & leurs cheuaux aussi: mais les Medecins Arabes & Persiens ne s'en seruent sinon en medecine. Au reste le *Squinanthon* que nous auons vient d'Alexandrie d'Egypte, où l'on le porte des lieux dessusdits: mais il faut estre bien soigneux à le choisir; car on le sophistique auec des buches d'herbe & de paille. En outre il faut bien prendre garde qu'il ne soit trop vieux: car ces imperfections ont fait croire à plusieurs que le Squinanthon des Apothicaires n'estoit pas du vray: toutefois ils se trompent; car la description & les facultez contredisent ouuertement à leur opinion. Car quant à ce qu'ils disent que les racines ne seruent de rien en medecine, mais qu'elles sont menuës comme cheueux, & que sa paille n'a aucune acrimonie au goust, & finalement que le Squinanthon ne retire pas au *Ionc commun*; mais qu'il a des tuyaux compartis par

neuds

neuds comme le Froment ou l'Orge, ils se trompent grandement en cela. Car soit que les racines soient grosses ou menuës, cela n'y fait rien, pourueu qu'elles ayent les facultez que l'on leur attribue ; car mesme Dioscoride n'en parle point particulierement : & de dire que nostre Squinanthon n'ait aucune acrimonie, cela est faux : car s'il n'est trop vieux & esuenté il pique la langue par son acrimonie. Touchant ce qu'ils disent qu'il ne resemble pas au *Ionc*, mais porte des tuyaux qu'il ne deuroit pas porter, cela contredit tout notoirement à Dioscoride qui en parle en ceste maniere, χρῆσις ἢ τοῦ ἄνθους, ἢ τῶν καλάμων, ἢ τῆς ῥίζης, c'est à dire *on se sert des fleurs, des tuyaux, & de la racine*. Mais cela est du tout absurde de dire que la Galanga est la racine du *Ionc odorant*, attendu que, ainsi que dit Garsie, la Galanga croist en Chine, qui est à deux mille lieuës loin de l'Arabie, & est bien differente auec le *Ionc odorant*, tant en fueilles comme en la racine, & ne croist point sans estre plantée, au lieu que le *Ionc odorant* n'a point de besoin qu'on le plante, mais croist de soymesme. Il y en a qui alleguent encor d'autres raisons pour prouuer que nostre Squinanthon n'est pas legitime, disans qu'il n'a pas la tige comme le Souchet, comme Dioscoride dit en parlant du Souchet. En outre que ses racines ne retirent pas à celles de nostre Valeriane : & dauantage que les anciens se seruoient seulement des fleurs, de la tige, & des racines, & non pas des fueilles seules comme l'on fait à present, & qui plus est on n'apperçoit aucune chaleur ny en la tige, ny en la racine de nostre Squinanthon : mais seulement aux fueilles, lesquelles Dioscoride ne met pas en œuure. Ce qui est aisé à refuter : car Dioscoride dit que la tige du Souchet retire au *Ionc* simplement, entendant le *Ionc commun* : tellement que Ruel a traduit mal à propos, au *Ionc odorant*. Car puis que Dioscoride dit que le Squinanthon a vn tuyau ou chaume, & que la tige du Souchet n'est pas vn chaume, & si n'est pas ronde, ny compartie par neuds comme vn chaume, mais anguleuse, en sorte que pour les distinguer d'ensemble le *Ionc odorant* a esté appellé *rond* par les anciens ; pourquoy est-ce que Dioscoride eust dit que le Souchet estoit rond comme le *Ionc odorant*. Il ne se trouue point aussi que ce mesme autheur ait dit que la racine de la Valeriane retirast au Squinanthon. Car voicy ce qu'il dit au chapitre de la Valeriane : *La racine de la Valeriane est grosse à la cime comme le petit doigt, & a des fibres ou cheueleures à mode du Ionc, ou de l'Ellebore noir.* Aussi il compare les cheuelures de la Valeriane à celles du *Ionc* simplement, ou de l'Ellebore noir : tellement que Ruel a aussi failli en cest endroit ayant traduit le *Ionc odorant*. Et quant à ce que l'on ne se sert pas des tiges & racines de nostre Squinanthon mais des fueilles seulement, ce n'est pas à dire pourtant que ces parties là n'ayent aucun goust, odeur, ny vertu (car elles sont toutes odorantes.) mais c'est d'autant que depuis le temps de Dioscoride la negligence des Medecins a apporté ceste coustume, laquelle il faut laisser, & se seruir par cy apres de toute la plante, suiuant le tesmoignage de Galien qui en parle ainsi : Quant à moy ie puis asseurer que i'ay quelques Plantes de *Ionc odorant*, desquelles la racine & les chaumes sont aussi odorans, & ont autant d'acrimonie que les fueilles. Parquoy quiconque voudra rechercher de pres où c'est que croist nostre Squinanthon, & les proprietez qu'il a, il trouuera qu'il vient d'Arabie en Alexandrie, d'où on le nous apporte : & quant aux facultés, tous les Medecins feront foy qu'il a les mesmes facultez que le legitime, lesquelles Dioscoride declare comme s'ensuit : On se sert, dit-il, de la fleur, du chaume, & des racines du *Ionc odorant*. Il prouoque les mois & l'vrine, resout les ventositez, & appesantit la teste : il est mediocrement astringeant, il meurit & ouure les souspiraux des veines : sa fleur prinse en breuuage est bonne à ceux qui crachent le sang, aux douleurs de l'estomac, du poulmon, du foye & des reins. On en mesle parmi les contrepoisons. Sa racine est plus astringeante, à raison de quoy elle est propre au desuoyement d'estomac, aux hydropiques, aux conuulsions, estant prinse au poids d'vne dragme, auec autant de Poiure, par l'espace de quelques iours. Sa decoction est bonne pour faire des fomentations, contre l'inflammation de la matrice. Pline en parle vn peu diuersement : Il resout, dit-il, toutes ventositez : aussi est-il singulier pour l'estomac, & à ceux qui crachent le sang meslé auec des humeurs bilieuses. Il appaise le hoquet, & neantmoins fait rotter : il fait vriner, & guerit les accidens de la vessie. Sa decoction est bonne pour les maladies des femmes. Appliqué auec resine seche, il est singulier aux spasmes qui font retirer la teste en arriere. Dioscoride dit que la fleur seule est bonne à l'estomac, & à ceux qui crachent le sang : & ce que Pline dit, contre les maladies des femmes. Dioscoride dit que la decoction est bonne pour estuuer les femmes contre l'inflammation de la matrice : tous deux disent qu'il prouoque l'vrine : quant au surplus que Pline adiouste, Dioscoride n'en dit rien. Galien en traitte aussi comme s'ensuit : Le *Ionc odorant* est mediocrement chaud & astringeant, & est aucunement de parties subtiles. Parquoy il prouoque l'vrine & les mois, tant prins en breuuage comme en fomentation : il est aussi propre aux inflammations de l'estomac, du foye & du ventre. Sa racine est plus astringeante : sa fleur est chaude. Or toutes ses parties sont quelque peu astringeantes, les vnes plus, les autres moins : parquoy il est bon d'en mesler aux breuuages que l'on fait pour ceux qui crachent le sang. Voila ce qu'en dit Galien. Au reste combien que l'on trouue du vray Squinanthon chez les Apothicaires : toutefois son goust & son odeur est si esuanouye, & a tellement perdu sa force, que cela fait penser à plusieurs, ainsi que dit Pena, que ce n'est autre chose qu'vne certaine Plante, qui est fors commune le long du Goulphe de Venize, & en plusieurs riuages sablonneux

Liu. 1. c. 4.

Liu. 1. c. 10.

Liure 8. des simpl.

Liu. 1. c. 16. *Le temperament & les vertus.*

Liu. 21. c. 18.

Liure 8. des simpl.

Ionc marin aux fueilles du Squinanthon.

blonneux de la mer Mediterranée, laquelle retire du tout quant à la figure, grandeur & chaume au *Ionc odorant*, mesme Pena dit qu'il se souuient bien que les Apothicaires de Venize & de Montpellier la luy monstrerent, & luy vouloient faire accroire que c'estoit vne espece de vray Squinanthon. Toutefois il y a plus à dire de l'vn à l'autre, que des Cannes communes auec le Calamus aromatique, ioint qu'elle a les fueilles comme le Grame, & porte vne fleur bien differente. On pourroit presumer que c'est le *Ionc odorant* duquel Pline fait mention, disant qu'il s'en trouue en la campagne, ou terre de labeur.

Du Nardus, *CHAP. LXV.*

Les noms. LES Grecs appellent le *Nardus* νάρδος, & ναρδοστάχυς: Les Latins *Nardum*, ou *Nardus*, & *Nardispica*: Auicenne & les Arabes l'appellẽt *Cembul*, c'est à dire *Espy*, & *Cembul Indi*, c'est à dire *Espy d'Indie*: Matthieu Sauuage a corrompu ce mot disant *Simibel* & *Sumbel*: les Italiens *Spigonardo*: les Espagnols *Azumbar*, *Espigafil*: les François *Aspic d'outre mer*. *Les especes. Liu. 1. c. 18.* Dioscoride establit *deux especes de Nardus*, l'vne d'Indie, & l'autre de Syrie: de celuy d'Indie il y en a vne sorte qui est appellée *Gangitis*, du nom du fleuue Ganges, qui passe le long de la montagne: où il croist. Il s'en trouue encor vne autre sorte qui est appellé *Sampharitic*, à cause du lieu où il croist. Le *Nardus* de Syrie est ainsi nommé, non pas qu'il croisse en Syrie; mais pource que le costé de la montagne où il croist est tourné deuers la Syrie, & l'autre costé regarde deuers l'Indie. *La forme.* De ce *Nard* de Syrie le meilleur est celuy qui est frais, leger, garni de force poil blond, de fort bonne odeur, sentant comme le Souchet qui a l'espy petit, d'vn goust amer, qui desseche la langue, & qui retient assez long temps sa bonne odeur. Le *Nard* d'Indie, ou soit le Gangetique est de moindre vertu, d'autant qu'il croist en lieu humide, aussi est-il plus grand, & fait plus d'espics qui sortent d'vne mesme racine, & si sont cheuelus, entrelassez & de mauuaise odeur. Mais le *Nard* qui croist és montagnes d'Indie est plus odorant, & a les espics plus courts; il sent de mesme que le Souchet, & a les mesmes qualitez que celuy de Syrie. Le Sampharitic est fort court, & neantmoins il a les espics longs, & la tige qui sort par le milieu quelquefois blanche: il sent le bouquin outre mesure, & n'est point estimé. *Liu & c. 12.* Pline en traitte bien autrement: Quant aux fueilles du *Nard*, dit-il, il sera bon d'en parler amplement; attendu que c'est vne des principales drogues que l'on mette és senteurs & parfums. C'est vn arbrisseau qui a la racine pesante, grosse, courte, & noire, aisée à rompre; combien qu'elle soit grasse: il sent le chancy, & comme le Souchet, & a vn goust aspre: il a les fueilles petites & touffues; il iette ses espics à la cime: aussi se sert-on de ses fueilles & de ses espics. On trouue vne *autre sorte de Nardus* le long du fleuues Ganges, qu'on nomme *Ozænitis*, duquel on ne se sert point; aussi est-il puant. Vn peu apres il dit: en nos quartiers le *Nardus* de Syrie est le plus estimé, & apres luy le *Nard Callique*: le *Nard* de Candie, qu'aucuns appellent *sauuage*, est mis au tiers rang. Dioscoride n'a descrit que la racine du *Nard* de Syrie; & la figure & naturel de celuy d'Indie. Quant au Sampharitic il en descrit la Plante & la tige. Pline descrit la racine de l'arbrisseau, les fueilles, & les espics: luy mesme a pensé que le *Nard* de Syrie croissoit en Syrie, & non comme dit Dioscoride, en la partie d'vne montagne d'Indie, qui est tournée deuers la Syrie: car de faict il y a de l'absurdité en cela. Car veu que l'Indie est bien esloignée de la Syrie, & qu'il y a plusieurs regions entre deux, comme l'Arabie deserte, le pays de Perse, la Caromanie, la prouince de Gozarate, & la Darangie, & quelques autres comment se peut-il faire que ceste montagne, qui est située le long du fleuue Ganges, regarde si aisément deuers la Syrie, que l'on puisse nommer *Nard* de Syrie celuy qui y croist? *Sur le ch. 6. du liu. 2.* Pour ceste cause Matthiol estime qu'il a plustost esté ainsi nommé, à cause de la region Syrastene, qui est aupres du fleuue Indus, que du nom de la Syrie: car s'il faut adiouster foy à Ptolomée, il y a vne montagne en Indie laquelle s'estend depuis le fleuue Ganges iusqu'à Syrastene. *Liure 8. des simpl. Liure 9. c. 4. des med. loc. aux Aduers.* Galien ne fait pas simplement mention du *Nard* de Syrie, mais aussi de celuy de Candie. Pena asseure que l'on apporte en Europe du *vray Nardus* de plusieurs lieux d'Egypte & de Syrie: non seulement la racine telle que Galien la veut, mais aussi toutes les autres parties, à sçauoir la racine, & les espics; & mesme les pailles & les fueilles. Le bas de la racine du *Nardus* a des cheuelures menues & seches, qui sortent d'vne racine grossette, qui est chargée de plusieurs espics entassez en pelotte, à mode de tortis, & distinguez comme par costes composées de cheueulures, tout ainsi que l'on voit au Meum, entre deux desquelles il sort quelques fueilles à mode de Ionc, comme au Feulu de mer, combien qu'elles soient moindres de beaucoup. Pena dit qu'il en a veu de telles parmy des grands tas de *Nardus*, à Venize chez Abel Martinel Apothicaire à l'enseigne de l'Ange, & qu'il a eu des Escoliers qui en ont aussi trouué de semblables à Lyon. Au reste voicy ce que Garsie du Iardin escrit touchant le *Nardus* d'Indie: Ie peus bien, dit-il, asseurer d'vne chose, c'est que nous recouurons beaucoup plus de drogues, & en plus grande quantité, & moins sophistiquées, & mesmes à meilleur marché qu'on ne faisoit anciennement: d'autant que les Portugais par leurs nauigations ont descouuert toute l'Indie, & que les contrées où croissent les drogues sont mieux cul-

tiuées

Spica Nardi d'Indie, de Matthiol.

tiuees de beaucoup qu'elles n'estoient du temps passé. Entre lesquelles drogues ie mets le *Nardus* : car nous en recouurons du naturel, & qui n'est point sophistiqué ; combien que quelquefois il sente le chancy, à cause de l'humidité de la mer, & que par succession de temps il perde celle bonne odeur qu'il auoit du commencement. Or ceux du pays où il croist l'appellent *Cahzcara*. Auicenne au liure 2. chap. 646. & tout les Arabes de nostre temps l'appellent *Cembul*, c'est à dire, *Espy*, & *Cembul Indi*, c'est à dire, *Espy d'Indie*, comme l'on appelle en Latin *Spica Celtica*, ce qu'ils appellent *Cembul Rumin*. Or ce n'est pas de merueille si Matthieu sauuage a mal prononcé ces mots, à sçauoir, *Simibel*, & *Sumbel*; veu qu'il n'entendoit pas la langue Arabique, peut-estre aussi que ces mots s'estoient corrompus peu à peu par succession de temps. Au reste le *Nardus* croist en Mandou, & Chitor, qui sont Prouinces du Royaume de Delli, proches de Bengala & Decan, auprès du fleuue Ganges, que ceux du pays appellent Ganga, ayans opinion qu'il soit sacré : tellement que les habitans du Royaume de Bengala estans pres de mourir, demandent que l'on les plonge dans ce fleuue seulement les pieds. Il y a sur ce fleuue certaines Chappelles dediées aux Idoles, lesquelles les marchans de Guzarete, & du Royaume de Decan visitent à grands troupes par deuotion, & y font de grandes offrandes, & se font accroire qu'ils s'en retournent de là tous sanctifiez ; au lieu qu'ils sont plustost vrayement possedez par le diable. Or il n'y a pas diuerses especes de *Nardus* ; mais seulement vne que ie cognois, qui est celuy que i'ay dit que l'on apportoit desdits lieux. Il en croist bien en vne montagne qui regarde d'vn costé deuers l'Orient, & de l'autre deuers l'Occident : du costé de la Syrie, entre laquelle & l'Indie il y a plusieurs regions : mais il en croist bien aussi ailleurs en plusieurs quartiers de ce pays-là, quand on l'y plante : car autrement il ne vient pas volontiers de soy-mesme, & mesme l'vn n'est pas meilleur que l'autre, combien que l'vn aye l'espy beaucoup plus long que l'autre.

Les noms. *Le lieu.* *Les especes.*

Nard d'Indie, de Garsie du Iardin.

En effect c'est vne racine qui iette au dessus de terre vne verge ou tige courte, qui a enuiron trois paumes de longueur au plus ; & en outre des autres qui sont beaucoup plus courtes, du dessus de la racine il sort des espics, & encor d'autres par la tige. Car voilà comme l'on le vend en Cambayete, Asurate, & Gogua, & autres ports de mer, où les marchands Arabes & Persiens le vont querir : toutefois on dit que ceux du pays en consument vne bonne partie. Il s'en trouue quelquefois qui est sale & poudreux, ce qui prouient des cheuelures de la racine qui se froissent ; toutefois les susdits marchands ne laissent pas pour cela de l'acheter : car i'entens qu'ils se seruent de cette poudre pour lauer les mains. Or les Medecins Indiens, Turcs, Persiens & Arabes ne se seruent point d'autre *Nard* que de cestuy cy, lequel croist aupres du fleuue Ganges, & lequel on transporte en Occident. Car quant à ce qu'aucuns veulent inferer que veu que le *Nard* estoit si cher anciennement, suiuant le tesmoignage de Pline, celuy que nous auons ne peut estre legitime. Il me semble que i'ay assez respondu à cela, quand i'ay dit que l'Indie estoit mieux cogneuë & descouuerte qu'elle n'estoit du temps de Pline, & que l'on nous en apporte beaucoup plus de drogues. Au surplus ie tiens pour vne chose fabuleuse ce qu'André Lacuna escrit en ses Commentaires sur Dioscoride, que le *Nard* est dangereux en Indie, pource qu'on en fait vne certaine sorte de venin mortel qui fait mourir la personne tout à l'instant, non seulement à le prendre en breuuage, mais aussi en le saupoudrant sur vne personne qui sue, & qu'on appelle ce poison *Pisum*. Car encor que i'aye prattiqué la Medecine en Indie par plusieurs années, & que i'aye conuersé auec des Medecins Asiatiques de toutes sortes ; mesme que i'aye esté familier auec des Rois & des Princes, si n'ay-ie peu iamais voir de ce *Pisum*, ny en ouyr parler. Quant au *Nard* que Sepulueda appelle *Satiech* & *Satiach*, ie croy que c'est celuy qu'on apporte de Satigan, qui est vn port bien renommé & marchand du Royaume de Bengala, à l'emboucheure du fleuue Ganges. Or Pena met vne *autre espece de Nardus bastard* qui croist en Languedoc, & se peut à bon droict nommer

La forme. *Liu. 12. c. 12.* *Liure. 1. c. 6*

Gangitis ;

Gangitis : En Languedoc, dit-il, à ſept lieuës ou enuiron d'vn petit bourg nommé Gange, il y a vne montagne fort plaiſante & haute, ſur laquelle il croiſt grande quantité de fort bonnes herbes, à raiſon dequoy on l'appelle *Paradis de Dieu.* En la pente d'icelle du coſté de Midy, ou de la mer Mediterranée, il y a abondance de ce *Nard*, en certains lieux humides & pleins de Mouſſe. Sa racine d'embas eſt petite, & a des cheuelures menues, dures & rares, au deſſus deſquelles il y a des houppes cheueluës en façon d'eſpy, de la groſſeur du petit doigt, de couleur paſſe-brune; quaſi de la hauteur d'vne paume, qui ne ſont pas fort pointues, mais comme coupées par le bout. Il a beaucoup de fueilles vertes, & fermes à mode de ionc, qui n'ont à peine vn pied de longueur, leſquelles ſortans du bas de la racine paſſent à trauers l'eſpy cheuelu, qui embraſſe le bas de la tige : & combien qu'il y en ait pluſieurs Plantes enſemble, ſi eſt-ce que l'on diroit que ce n'en eſt qu'vne. Toute la Plante eſt ſans aucune odeur, excepté les eſpics cheuelus qui ont la cheuelure beaucoup plus groſſe que le *Nard* d'Indie, & ſentent comme la Mouſſe des Cheſnes ou de terre. Au reſte ſuiuãt ce qui a eſté dit du *Nard* cy-deſſus, ſelon ce qu'en eſcrit Garſie, il appert bien clairement que ce qu'on appelle *Nardus*, ou *Spicanardi*, eſt ſeulement la racine, & non les autres parties de la Plante, & qu'on appelle *Spica* les parties de la racine, leſquelles Dioſcoride nomme icy στάχυς, comme il appelle ῥᾶγας & ἀγλιθας les coſtes des Aux; & Theophraſte γέλγεις, Pline les appelle *Nucleos*, Columelle *Spicas*, & les Grecs ὄνυχας, & σκιλλίδας. Ce que Galien conferme, diſant que Andromachus ordonne de prendre du *Nard* d'Indie, c'eſt ce que l'on appelle *Spica*, c'eſt à dire, *Eſpy*, non pas que ce ſoit vn *Eſpy*, car c'eſt vne racine; mais pource qu'il retire à vn *Eſpy*. En outre il declare ainſi ces vers qui ſont en la compoſition du Philonion :

Nardus baſtard du Languedoc, de Pena.

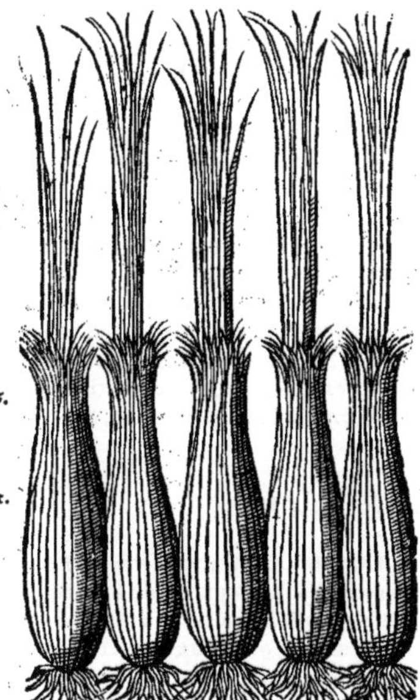

Liu.1.c.146.

Li.1.des Ant.

Et drachmam dicta falſo radicis, ab ipſa
Terra, Piſſæo qua Ioue clara manet.

Diſant, il odonne auſſi d'y mettre vne dragme de *Nardus* qu'il appelle racine, ayant vn faux nom; entant qu'on l'appelle *Spica Nardi, Eſpy du Nardus.* Or par le dernier vers il cotte le *Nard* de Candie : car les Poëtes diſent que Iupiter fut nourry au mont de Dicta en Candie, ayant eſté caché là par ſa mere Rhea, de peur que Saturne ſon pere ne le deuoraſt. Il attribue auſſi l'epithete de Piſſœus à Iupiter, comme pluſieurs ont accouſtumé, meſme ſans eſcrire en vers, de denoter quelqu'vn par ſon epithete : comme pour dire Eſculape, ils diſent le Pergamenien : pour dire Diane, ils diſent l'Epheſienne, & au lieu de nommer Apollon, ils nomment le Delphique. D'autres eſtiment qu'il n'eſt pas parlé là de la Candie; mais de l'Indie, d'où on apporte l'yuoire, duquel on fit la ſtatue de Iupiter en Piſſa. Qui plus eſt ledit Galien traittant du *Nardus* & de ſes proprietez l'appelle expreſſement racine : Le *Spica Nardi*, dit-il, eſt chaud au premier degré, & ſec à la fin du ſecond. Il eſt compoſé d'vne ſubſtance mediocrement aſtringeante, qui n'a pas beaucoup d'acrimonie & de chaleur, & ſi a quelque peu d'amertume. Ainſi donc cette racine eſtant compoſée de telles facultez doit eſtre propre pour le foye & pour l'eſtomac, tant prinſe en breuuage qu'appliquée par dehors. Elle prouoque l'vrine, & guerit les eroſions de l'eſtomac : elle deſſeche les defluxions du ventre & des inteſtins; & meſme celles de la teſte & de la poitrine. Celle d'Indie eſt la plus noire, & meilleure que celle de Syrie. Dioſcoride dit que le *Nardus* eſt chaud & ſec; & qu'il prouoque l'vrine. Parquoy eſtant prins en breuuage il reſerre le ventre, & eſtant appliqué il guerit les defluxions de la matrice, & les aquoſitez d'icelle. Il eſt auſſi bon pour ceux qui ont l'eſtomac deſuoyé, eſtant prins en breuuage auec de l'eau froide, comme auſſi aux corroſions de l'eſtomac, & aux ventoſitez, & au foye, à la iauniſſe, & au mal de reins. Sa decoction faite en eau eſt bonne pour fomenter la matrice quand il y a de l'inflammation, & pour l'eſtuuer. Elle eſt auſſi bonne à ceux auſquels le poil des paupieres tombe par trop grande abondance d'humidité : car elle les reſerre, & fait reuenir le poil plus eſpais. On en ſaupoudre ceux qui ſuent trop, ou qui ont le corps trop humide : on en met auſſi dans les contrepoiſons. Eſtant puluériſé & reduit en trochiſques auec du vin, il ſert pour les medecines des yeux, à la charge qu'il faut garder ces trochiſques dans vn pot de terre neuf, qui ne ſoit point poiſſé.

Liure 8. des ſimpl.

Le temperament & les vertus

De l'Hirculus, CHAP. LXVI.

DIOSCORIDE dit que l'on sophistique le Nard Celtique par le moyen d'vne herbe qui luy resemble, laquelle on arrache ensemble auec le Nard, & *Les noms.* *La forme.* qui est nommée τϱάγον, à cause de sa puanteur : mais cette fraude est bien aisée à cognoistre ; car cette herbe est sans tige & est plus blanche, elle n'a pas aussi les fueilles si longues, ny la racine amere, qui ait l'odeur aromatique comme le vray Nardus Celtique. Pline en parle tout en la mesme maniere. On treuue, dit-il, ordinairement aupres du Nard Gallique vne *Herbe* qui est appellée *Hirculus*, à raison de sa puanteur, & qu'elle sent comme *Li. & ch. 12.* le bouquin. Et de faict on s'en sert pour sophistiquer le Nardus : elle est differente toutefois auec le Nardus, d'autant qu'elle n'a point de tige, & a les fueilles moindres, & que sa racine n'est ny amere, ny odorante. Voilà ce qu'en dit Pline. Au reste il faut sçauoir gré à l'Escluse de ce que par son moyen nous auons eu la cognoissance de cette Plante si rare, & que personne n'auoit encore veuë, lequel en a mis la description & le pourtrait en la traduction qu'il a faite de l'Histoire des Plantes aromatiques d'Indie de Garsie, disant qu'il a treuué en Anuers parmy des faisseaux de Nard Celtique, certaines petites Plantes qui s'accordent entierement auec *l'Hirculus* de Dioscoride, lequel il descrit, & dit que l'on s'en sert pour sophistiquer le Nard Celtique. Car c'est *Liu. 1. ch. 7.* vne petite Plante du tout semblable au Nard Celtique, excepté qu'elle est plus blancheastre, & comme verte-cendrée, sans aucune tige, & qu'elle a les fueilles moindres, & plus courtes, & est fort veluë & noirastre aupres de la racine, & si n'a point bonne odeur. Ses fueilles maschées n'ont point de goust aromatique ; mais sont visqueuses & gluantes ; au contraire les fueilles du Nard Celtique sont chaudes auec vn peu d'astriction, & ont bon goust, & bonne odeur. Voilà ce qu'il en dit, & en outre met le pourtrait de *l'Hirculus*.

Du Papyrus. CHAP. LXVII.

LES Grecs appellent cette Plante πάπυϱ☉, & les Latins *Papyrus* : les Arabes *Burdi* ou *Berdi* : *Les noms.* Dioscoride n'en a point mis la description, d'autant qu'elle estoit assez cogneuë de son temps : *Liu. 1. ch. 93.* mais Theophraste declare aucunement le lieu où elle croist, comme aussi sa figure, & à quoy on s'en *Liure 4. de l'hist. ch. 9.* sert. Le *Papyrus*, dit-il, ne croist pas en eau profonde, mais aux lieux qui ont deux coudées de pro- *Le lieu.* fond, ou encor moins. Sa racine est grosse comme le bras d'vn puissant homme, aupres de la main, & a *La forme.* plus de dix coudées de long. Elle croist à fleur de terre, & produit d'autres racines à costé, qui entrent dans la terre, & sont menuës & en grand nombre. Il iette ses tiges contre-mont, qui sont faites à triangles, de la grandeur quasi de quatre coudées, lesquelles se my-partissent en plusieurs parties, & toutefois sa cime ne sert à rien, & est foible, & si ne porte aucun fruict. On se sert de ces racines au lieu de *Comment il en faut vser.* bois, non seulement à faire du feu, mais aussi toutes sortes de meubles & vtensilles : car elles ont beaucoup de bois, & qui est propre à faire des ouurages. Quant au *Papyrus* il est bon à plusieurs choses : car on en fait des batteaux, de sa teille on fait des voiles, & des nattes, & certaine sorte de robes, des couuertes, des cordages, & plusieurs autres choses. Quant aux *Chartres* elle sont assez cogneuës aux nations estranges (il appelle *βίβλια* les pelures de la tige desquelles ont fait la *Charte*, & la tige *πάπυϱος*, quelquefois il appelle toute la Plante *πάπυϱον*, & quelquefois la tige seule.) Il est aussi bon à manger : car les gens du païs maschent le *Papyrus* cru, comme aussi boüilli & rosti, sans aualler toutefois autre chose que le suc. Voilà donc quel est le *Papyrus*, & à quoy il sert. Il en croist aussi en Syrie, à l'entour d'vn lac, où croist le Calamus aromatique, duquel Antigonus faisoit faire les cordages de ses nauires. Pline en dit quasi de mesme suyuant ledit Theophraste. Ainsi donc, dit-il, le *Papyrus* croist en Egypte, *Liu. 13. c. 11.* dans les marais, & en certains fossez à l'entour du Nil, où l'eau croupit quand le Nil s'abbaisse, qui n'ont point plus de deux coudées de profond. Sa racine est tortue, & grosse comme le bras, & faite à triangle. Il y a dix coudées de haut pour le plus, & va en appointant au bout, où il iette vn bouquet à mode d'vne masse (Gaza a ainsi traduit le mot κόμην, duquel vse Theophraste, & ce que Strabon dit χαίτην ἔχοντες ἀχϱείαν, ἀσθενῆ, ce qui eust esté mieux traduit s'il eut dit ainsi : Il a la cime inutile & foible : car il y a difference entre thyrsus & coma.) Il ne porte point de graine. Sa fleur ne sert à autre chose qu'à faire des chapeaux aux dieux. Les gens du païs se seruent des racines du *Papyrus*, à faire du feu, au lieu d'autre bois, & pour faire des vases & autres vtensiles de maison. Du fust ils en font des petites barquerolles, & de l'escorce à faire des voiles, des nattes, des matteras, & des cordages. Theophraste dit que ces choses se font de sa teille, & non de l'escorce extexieure du *Papyrus* ; mais Pline a obmis la chose la plus necessaire, touchant l'vsage de cette Plante laquelle Theophraste a bien specifié, c'est que de son escorce on fait les *Chartes*, qui sont assez cogneuës des nations estrangeres, d'autant que les Grecs ont laissé beaucoup plus de choses par escrit, que les Egyptiens mesmes, encor que le *Papyrus* croisse en leur païs : car ils auoient de coustume d'engrauer la memoire des choses remarquables en des grosses pierres, obelisques, & pyramides & non de les

escrire en papier. Ils le maschent aussi crud & cuit, sans toutesfois en aualler rien que le suc (Dioscoride & ceux qui l'ont suiuy, comme Pierius aux Hieroglyphiques, se sont trompez pensans que la racine auoit quelque chose de bon à manger, & que les Egyptiens la maschoient, & en succoient le suc. Mais outre ce que Theophraste y contredit ouuertement, Herodote recite en termes bien expres, que les Egyptiens coupent tous les ans la cime du *Papyrus*, qui croist dans les marais, & s'en seruent à autre vsage que pour manger, mais qu'ils mangent bien ce qui est au dessous de la longueur d'vne coudée, qui est de fort bon goust, quand il est rosti en vn four chaud. Au reste, Orus a laissé par escrit, que deuant que l'vsage des bleds fut treuué, cette viande estoit fort commune aux anciens Egyptiens; tellement que pour monstrer que leur nation estoit tres-ancienne, & surpassoit toute memoire d'homme, ils auoient pour leur deuise vn faisseau de *Papyrus*, voulans denoter que du commencement ils viuoient de cela.) Il en croist aussi en Syrie à l'entour du lac où croist le *Papyrus*. Et de fait le Roy Antigonus n'vsoit d'autres cordages que de *Papyrius*, en son equipage de mer, d'autant que l'on ne sçauoit pas encor mettre en œuure les Genests. Il n'y a pas long-temps que l'on en a treuué le long du fleuue d'Euphrates, aupres de Babylone, duquel on se sert aussi à faire des *Chartes*. Apres Pline adiouste la diuersité des *Chartes*, & la maniere de les faire, assez confusément & obscurement pour vne chose si antique, & incogneuë en ce temps icy. Toutefois nous tascherons d'esclaircir son traitté, par le
Liu. 3 ch. 11. & 12. moyen des doctes obseruations que Dalechamp a fait dessus, & par les escrits de Guillandin. On en fait, dit Pline, parlant du tronc du *Papyrus*, des *Chartes*, en separant sa teille auec vne pointe d'aiguille, & en fait-on des fueilles fort minces, & si larges qu'on peut, (peut-estre vaudroit-il mieux lire si longues qu'on peut, toutefois Guillandin, aime mieux lire larges.) Les meilleures fueilles sont celles du milieu, & puis celles qui viennent apres. Anciennement on appelloit *Hieratiques*, c'est à dire, *les meilleures*, celles qui s'employoient aux liures sacrez, depuis on les a appellées *Auguste*, par maniere de flatterie, en faueur de l'Empereur Auguste (aux vieux exemplaires il y a *ablutione*, au lieu de *adulatione*; & mesme Isidore en parle en cette maniere, *Hieratica subcolorata, Augustea facta abluendo candidior*, c'est à dire, *les Chartes Hieratiques estoient aucunement brunes, mais depuis on treuua moyen de les blanchir en les lauant, & alors on les appella Augustes.*) Comme aussi les meilleures d'apres furent appellées *Liuiennes*, en faueur de l'Imperatrice Liuia, femme dudit Auguste. Tellement que les *Hieratiques* furent mises au troisiesme rang de bonté. Apres lesquelles les *Amphitheatriques* estoient tenues pour les meilleures, & les nommoit-on ainsi pour raison
Liu. 3 ch. 10. de l'Amphitheatre où on les faisoit (Guillandin lit *Arthribitica*, au lieu de *Amphitheatrica*, du nom d'vne Preuosté qui estoit appellée *Arthribica*, de laquelle Strabon, Ptolomée & Estienne font mention. Aucuns estiment que ces *Chartres* ont pû estre ainsi appellées de ce qu'on les faisoit dans les Amphitheatres d'Egypte, & singulierement d'Alexandrie, où il ne demeuroit personne, comme les artisans ont accoustumé de chercher les lieux escartez pour trauailler; peut-estre qu'il s'en faisoit mesme à Rome en quelque theatre, & que ce nom est venu de là.) Toutefois Fannius treuua moyen de si bien accoustrer & polir ces *Chartres Amphitheatriques*, qu'il les rendit les plus estimées de toutes, mais celles qui n'estoient pas accoustrées à la mode de Fannius, retindrent leur nom *d'Amphitheatriques*, apres lesquelles on faisoit cas des *Saitiques*, ainsi nommées du nom de la ville de Saie, qui est en Egypte, où l'on faisoit grande quantité de *Charte*, de la moindre teille du *Papyrus*. Quant à la *Tæniotique*, (Guillandin estime que au lieu de *Tæniotica*, il faut lire *Tanica*, du nom de la ville de Tanis, qui est auiourd'huy appellée Damiette) qui estoit ainsi appellée, pource qu'elle se faisoit aupres de Tænia ville d'Egypte, de la plus grosse teille d'aupres de l'escorce, elle se vendoit pour raison de son poids, & non pour sa bonté. Touchant *l'Emporethique*, elle ne vaut rien pour escrire, ains seulement pour enuelopper les autres *Chartes*, & marchandises (aucuns au lieu du mot *Segestrium*, lisent *Stegestrium* comme venant du mot Grec στέγειν, qui signifie *couurir*, toutefois Varron appelle *Segestria*, des couuertes de paille, desquelles on garnissoit les littieres à l'entour, de peur de la pluye, de la poussiere, & autres telles iniures. D'autres disent que ce mot se prent pour tout ce qui sert à enuelopper quelque chose, au moyen dequoy elle est comme segregée & separée d'auec le demeurant. Procopius aussi au second liure de la guerre Persique, & Suidas, prennent ce mot pour vne sorte de voiles tissues de poil de cheure ou de bouc. Comme aussi nous lisons en Suetone en la vie de l'Empereur Auguste, *Segestrio aut lodicula inuolutus* & non pas *Sesterio*, comme il y a aux cōmuns exemplaires, voyez sur cela 13. obseruation de Cuias.) aussi est elle nommée *Emporetique*, c'est à dire, *Marchande*. Apres les teilles dont se faisoit la *Charte marchande*, venoit ce qu'on appelle proprement *Papyrus*, qui a le dessus fait comme vn Ionc, & sert à faire des cordages, & toutefois les cordes que l'on en fait ne valent rien qu'en l'eau, (aux vieux exemplaires il y a *eximum*, au lieu de *extremum*, & de faict Dalechamp approuue mieux cette leçon, entendant par cela l'escorce premiere & exterieure. Or sur ce passage de Pline, Guillandin reprend aigrement Turnebus, pource qu'il met *trois sortes de Chartes*, à sçauoir les *Hieratiques*, les *Augustes*, & les *Liuiennes*, au lieu que ce n'estoit qu'vne seule sorte appellée par les Egyptiens *Hieratique*, pource qu'elle seruoit pour les liures sacrez, & les Romains l'appellerent puis apres *Auguste*, par maniere de flatterie, & puis *Liuienne*; tellement qu'en fin le

le nom de *Hieratique* demeura en derriere, & fut le moins cogneu. Mais qui voudra diligemment esplucher ce passage de Pline, il treuuera que Guillandin a eu tort de reprendre Turnebus & Ruel. Car quand Pline specifie la diuersité qui estoit entre les *Chartes* pour raison de leur largeur, il en establit expressement, *diuerses especes*: car il dit que la *Charte Marchande* a six doigts de largeur, le *Staitique* n'en a pas du tout neuf: l'*Amphitheatrique* en a neuf, la *Fannienne*, dix, la *Hieratique* onze, & les deux meilleures sortes, à sçauoir l'*Auguste* & *Liuienne* en ont treize. Dauantage il appert que l'*Auguste* & la *Liuienne* n'estoient pas vne mesme sorte, en ce que Pline dit, que l'*Auguste* estoit la plus estimée pour escrire des lettres missiues, & que la *Liuienne* demeura tousiours en son credit; & toutefois elle ne tenoit rien de la façon de la premiere, mais tout de la seconde. Voilà assez pour refuter l'opinion de Guillandin, & confermer celle de Turnebus & Ruel. Toutefois ce qui s'ensuit fait encor mieux à ce propos. Ou il y a quelques fautes & obscuritez qui seront corrigées & esclaircies suiuant l'opinion de Dalechamp. Voicy donc les mots de Pline: On les estend toutes sur vne table, mouïllées de l'eau du Nil, & l'eau trouble qui en sort leur sert de colle. Or on couche premierement vne teille à l'enuers sur vne table, aussi longue & large que l'on a peu la couper, en la rognant & l'esquarrant par les bords, puis apres on met vne autre teille par dessus en trauers, & ainsi on les presse pour les faire mieux ioindre, apres on les met secher au Soleil, mettant tousiours les meilleures au premier rang, & ainsi consequutiuement iusques aux moindres. Or il n'y a iamais plus de vingt teilles en vn tronc. Guillandin taxe icy Turnebus & Ruel comme gens ignorans, & dit qu'ils n'ont pas entendu ce passage, & n'ont pas prins garde que Pline appelle icy *Tabulas*, les teilles du *Papyrus*, que l'on colle l'vne contre l'autre, apres les auoir separées de dessus le tronc, & non pas des tables sur lesquelles on les estendoit pour les coller. Mais au contraire ils ont mieux entendu ce passage que luy. Car pour faire les *Chartes* il falloit necessairement qu'il y eust vne table dessous, pour estendre les teilles, tant de droit comme en trauers, & les coller auec de la colle, ou de l'eau trouble du Nil. Ce qui se voit clairement par ces mots de Pline: *Texuntur omnes tabulæ madente Nili aqua*, (car Dalechamp dit qu'il faut lire ainsi en ce passage, suyuant vn exemplaire escrit à la main) c'est à dire, *On les arrange toutes sur vne table moüillée de l'eau du Nil*. Et ce qu'il adiouste (*Cum primo supina tabula scheda adlinitur*) ce que Guillandin entend comme si Pline vouloit dire que l'on estend les teilles droit l'vne sur l'autre en long; tellement que ce mot *tabula* soit vn ablatif, & se prend pour la teille, ce qui contreuient à la proprieté de parler de Pline qui a vn langage court: car il eust bien peu dire plus briefuement & plus proprement (*Cum primo supina scheda adlinitur*) le mesme Guillandin prend ces mots *supina scheda*, comme si Pline vouloit dire, *la teille estendue de son long*, comme Tite Liue appelle *Supinas manus*, les mains iointes & leuées contre le ciel en priant Dieu. Mais Dalechamp dit que *Supina scheda* signifie la teille estendue sur vne table en telle sorte, que ce qui estoit en dedans sur la tige du *Papyrus*, soit à l'enuers, & non contre la table: car estant ainsi mise, d'autant qu'elle est plus molle, plus humide & plus tendre, elle se colle & se ioint bien plus aisément auec celle que l'on vient à mettre dessus. Le susdit Guillandin estime qu'il faut lire puis apres *Transuersa postea cute peragitur*, au lieu de *crate*; mais il ne faut point changer les mots du texte vulgaire, comme il appert en l'exemplaire escrit à la main: car cette tissure de teilles n'eust sceu estre plus proprement exprimée par le mot de *Cratis*, entant qu'elles sont entrauersées à mode de treillis. Or le mot *plagula* duquel Pline vse, signifie la piece de la *Charte* apres qu'elle est toute accoustrée, comme nous appellons la fueille de nostre *Papier* qui est fait de toile moulue. Au reste il ne sera pas hors de propos de s'enquerir si l'on sechoit la *Charte* au Soleil, ou bien à l'ombre, en lieu qui fust exposé aux vents: car cela seruira pour cognoistre si le texte de Pline est entier ou incorrect. Il est donc bien certain que ce qui est collé simplement auec d'eau se decolle si on le fait secher au Soleil, mais ce qui est collé auec de la colle grasse, ou de fleur de farine detrempée en eau, tient mieux, estant seché au Soleil ou aupres du feu. A raison de quoy ceux qui font les cartons pour couurir les liures, ou enueloper les marchandises, apres les auoir tenus assez long-temps en la presse, les font secher au Soleil. Et les Libraires font aussi secher le dos des liures apres qu'ils sont collez, au Soleil ou au feu. Ainsi donc il est vray-semblable que l'on faisoit anciennement secher les *Chartes* au Soleil. Or Pline poursuit puis apres à specifier la diuersité des *Chartes* selon la largeur qu'elles auoient, les declarant toutes par ordre. Il y a, dit-il, grande difference quant à la largeur. Car les meilleures ont treize doigts de largeur, les *Hieratiques* n'en ont qu'onze, les *Fanniennes* n'en ont que dix, & les *Amphitheatriques* neuf. Les *Staitiques* en ont encor moins, & si ne peuuent pas endurer le marteau. Quant à la *Charte Marchande* elle n'a que six doigts de largeur. Or pour cognoistre la bonté du *Papier*, on prend garde s'il est mince ou espais, s'il est blanc & lisse. L'Empereur Claudius Cesar osta le bruit du *Papier Auguste*, d'autant qu'il estoit si mince qu'il ne pouuoit endurer la plume, & qui plus est il fondoit, & ainsi quand on auoit escrit d'vn costé, on n'eust sceu lire ce qui s'escriuoit puis apres de l'autre; mesme cela faisoit mal aux yeux & estoit difforme. Par ainsi il fit coller deux fueilles en vne pour le faire plus espais, mesme il le fit faire plus large, tellement que l'ordinaire auoit vn pied de largeur, & le plus grand vne coudée, mais on y treuua

Liu. 13. c. 12.

Au mes. lieu.

Au mes. lieu.

Liu. 13. c. 12.

treuua encor à redire, à cause de la largeur, d'autant que s'il aduenoit qu'il s'y treuuast vne faute, il y auoit plusieurs pages qui s'en sentoient. Par ainsi le *Papier de Claudius* emporta le bruit par dessus tous les autres. Neantmoins celuy *d'Auguste* retint tousiours son estime pour escrire les lettres missiues. Quant au *Liuien* il est tousiours demeuré en credit, & neantmoins il ne tenoit rien de la façon du premier, mais du second. Or quand le *Papier* est rude on le polit auec vne dent, ou auec vne coquille de Porcelaine, mais les lettres ne durent pas tant, que quand le *Papier* n'est pas lissé; car le *Papier lissé* ne boit pas tant d'encre, comme l'autre, encor qu'il soit luisant. Au reste quand l'eau n'a pas esté donnée à propos au *Papier*, il ne peut endurer la polisseure, ce qui se cognoit au premier coup de marteau qu'on luy donne en le battant, & mesme à l'odeur, quand la faute est bien euidente. Quant aux taches, on le voit assez à l'œil; mais quant aux veines qui se treuuent au *Papier* qui est mal collé, on ne les peut quasi cognoistre, sinon quand l'encre est dessus, & qu'on voit que le *Papier* boit, tant il y a de tromperie. Tellement qu'on vse encor d'vne autre maniere de faire le *Papier*: car on le colle auec de la colle commune, faite de fleur de farine, detrempée en eau, auec vn filet de vinaigre. Car la colle forte, & celle qui est faite de gomme, ne sont pas de durée. Ceux qui veulent s'en acquitter plus soigneusement font boüillir du pain leué qui soit tendre, & coulent puis apres l'eau qui leur sert de colle, car par ce moyen le *Papier* en est plus subtil, & mesme cette eau est plus douce que celle du Nil. Au reste voicy les differences du *Papier* suyuant Pline. La *premiere sorte de Papier* auoit dix doigts de largeur, comme est *l'Auguste* & le *Liuien*: car il n'en peut pas auoir d'autres, puis qu'on auoit baillé ce nom par maniere de flatterie aux deux meilleures sortes; tellement que *l'Hieratique* tient seulement le troisiesme rang en bonté, & a onze doigts de largeur, & si est conté pour le second. Le *Fannien* qui est le troisiesme, a dix doigts. Le quatriesme, qui est *l'Amphitheatrique* en a neuf. Le cinquiesme, à sçauoir le *Saitique*, en a encor moins, à sçauoir huict, & si ne peut endurer le marteau, ou soit pource qu'il est trop estroit, & qu'il n'a pas assez de prinse, ou bien qu'il est si foible qu'il se rompt sous le coup. Le sixiesme, qui est le *Marchand*, a six doigts de long. Quant au *Tanitique* qui estoit fait de la teille la plus prochaine de l'escorce, & qui se vendoit à cause du poids, & non de la bonté; il ne l'a pas mis en ce nombre. Voila toutes les sortes de *Papier* qui estoient du temps de l'Empereur Auguste, lesquelles l'Empereur Claudius changea depuis: car le *Papier Auguste* estoit si mince qu'il ne pouuoit endurer la plume, & mesme les lettres passoient à trauers, tellement que l'on ne pouuoit bonnement escrire des deux costez qui fust lisable. (Car il faut lire *litura metum adferebat auersis*, suyuant les vieux exemplaires. Et de faict *aduersa charta*, signifie *la page sur laquelle nous escriuons*; & *auersa charta* signifie *le dos, ou plustost l'autre costé de la fueille*. Ainsi donc il veut dire que quand le *Papier* boit, l'encre passe tellement de l'autre costé de la fueille qu'il en est tout taché, & ne peut-on par ce moyen escrire dessus. Et pour cette cause, dit-il, on y mit vne autre trame de *Papier* par dessus pour le fortifier. Or les mots de Pline sont tels: *Igitur & secundo corio, statumina facta sunt è primo subtegmine*, au lieu de quoy il y a aux vieux exemplaires: *Igitur & secundo corio stamina facta sunt, vt primo subtegmina*: ce qui reuient tout à vn sens: car *stamen* signifie *l'œuure de Chanure, ou de Lin*, que les femmes lient à l'entour de leur quenoüille pour filer. C'est aussi la chainette ou ourdisseure de toiles à trauers de laquelle va la trame; & *statumen* signifie *les eschalats ou paux qui seruent à soustenir la Vigne*. Voicy donc ce que Pline veut dire: Tout ainsi comme sur la premiere teille, qui estoit de droit fil, on en auoit mis vne autre en façon de trame en trauers, l'Empereur Claudius en a fait mettre encor vne autre de droit fil comme la premiere pour la renforcer. Mesme il le fit faire plus large, tellement que le *Papier moyen* auoit vn pied de largeur, & le *plus grand* vne coudée; mais on s'apperceut encor d'vne faute en cete grandeur: car si on venoit à arracher vne teille qui fut mal collée, il y auoit plus de pages qui s'en sentoient. Or quant au mot *macrocolla*, duquel Pline vse, Guillandin estime qu'il vient ἀπὸ τῶν μακρῶν κώλων: mais Dalechamp aime mieux le dernier ἀπὸ τῶν μακρῶν κώλων, c'est à dire *des membres longs*. Quant à la mesure d'vn pied & d'vne coudée, c'est à dire d'vne coudée & demie, Pline ne declare pas expressement si c'est en longueur ou en largeur; toutefois Dalechamp croit que c'est en largeur, pource qu'il est icy question de la largeur, & que la longueur de la tige de laquelle on tiroit les teilles ou fueilles est assez cogneuë par ce qui a esté dit cy-dessus, c'est à sçauoir d'enuiron quatre pieds, tellement qu'elle ne se pouuoit pas retirer de tant qu'elle n'eust qu'vn pied ou vne coudée de longueur, encor que le mot *macrocolis*, selon sa propre signification, s'entend plustost de la longueur que de la largeur. Et quant à ce qu'il dit qu'en arrachant vne teille, il y auoit plusieurs pages qui s'en sentoient, il monstre par là que l'on plioit plusieurs fueilles ensemble apres qu'elles estoient acheuées, sechées, battues, & polies, comme l'on fait auiourd'huy du *Papier commun*: & par ainsi d'autant plus que la fueille se treuuera grande, tant plus y aura-il de pages gastées s'il se treuue quelque teille qui ait esté mal posée & accommodée. Au reste Martial monstre par ses escrits que la *Charte Auguste* estoit dediée pour les lettres, mesme il l'appelle *Charta salutatrix* par ces vers: Liure 9.

Marcus amat nostras Antonius Attice Musas
Charta salutatrix si modò vera refert.

Suyuant ce que dessus, & par la diuersité du prix & de la largeur des *Chartes*, & attendu qu'elles auoiét

toutes

toutes vne mesme longueur, nous pourrons bien en faire vn denombrement, selon leur ordre & valeur. En premier lieu donc du temps de l'Empereur Auguste, les meilleures *Chartes* estoient les *Augustes* & *Liuiennes*, qui auoient vn pied, ou vn pied & demy de largeur, ou bien treize doigts, & les *Hieratiques* ouze, les *Fanniennes* dix, les *Amphitheatriques*, neuf, les *Saitiques* & celles que Pline a obmis, à sçauoir les *Tanitiques* sept ou huict, & les *Marchandes* six. Toutefois la *Charte* qui fut faite du temps de l'Empereur Claudius estoit la meilleure de toutes; car elle estoit composée de deux fueilles estendues de droit fil, & d'vne par le milieu en trauers, collées ensemble, & au reste elle estoit plus large, comme il est vray-semblable, que *l'Auguste* ny que la *Liuienne*, ayant peut-estre quatorze ou quinze doigts de largeur. Ainsi donc il appert clairement que Guillandin a eu tort de dire que la *Charte Auguste*, *Liuienne*, & *Hieratique* n'estient qu'vne. Au demeurant il ne faut oublier les quatre imperfections du *Papier*, que Pline a remarquées, à sçauoir quand il est aspre, quand il n'endure pas le marteau, ou qu'il refuse la polisseure, quand il est tacheté, & quand il s'y rencontre des veines. Contre l'aspreté il le faut polir auec vne dent, ou auec vne coquille de porcelaine, toutefois il y faut tenir mesure, & se garder de le trop frotter: car iaçoit que pour le lisser il en deuienne plus luysant, toutefois il ne retient pas si bien l'encre, & mesmes les lettres que l'on escrit dessus ne sont pas de longue durée. La seconde imperfection est quand il refuse la pollisseure, ce qui aduient quand l'eau ne luy a pas esté donnée à propos; mais il en est demeuré plus en vn endroit qu'en l'autre, tellement que par ce moyen les fueilles ne sont pas vnies, & en ce cas c'est tout à recommencer quand on pense auoir tout fait. Or cette imperfection se cognoist au marteau; car ou le *Papier* se rompt en le battant; ou bien pource qu'il y a des bosses, & qu'il n'est pas esgal, il s'en monstre plus laid à la veuë. Cela se cognoist aussi à l'odeur, principalement quand le *Papier* n'a pas esté bien pressé ny seché, il sent le chancy, à cause de l'humidité qui y est demeurée. Quant aux lentilles on les voit à l'œil, &c. Pline appelle lentilles, les taches & maculatures du *Papier*, qui se faisoient en accoustrant & collant les teilles, s'il venoit à y tomber quelque ordure, ou s'il s'en rencontroit quelque chose ramassé qui rendit la fueille sale. Ces taches se cognoissoient à l'œil, si elles estoient en la superficie, ou bien à regarder la fueille contre le Soleil, si elles estoient par dedans. La quatriesme & derniere imperfection est quand il se treuue des veines que Pline appelle *Tænias*, ce qui ne signifie pas la fueille ou teille, comme Guillandin a voulu; mais des veines longues & estroites entre deux teilles, qui se rencontrent sans colle, car alors le *Papier* estant spongieux & rare, quand on vient à escrire dessus, l'encre s'espanche & fait le traict plus grand que la plume ne porte. Ce qui ne se peut pas cognoistre, ny au marteau, ny à veuë d'œil, mais seulement en escriuant, quand on voit la lettre qui s'eslargit & paroist autant d'vn costé que d'autre. Voilà ce qu'il nous a semblé bon de mettre icy touchant le *Papyrus* & les *Chartes* des anciens; suyuant ce que Pline en a laissé par escrit, & les obseruations de Dalechamp sur ce faict. Au reste Pena dit qu'il a veu vne Plante de *Papyrus* du Nil, qui auoit esté apportée d'Egypte, & estoit telle que Theophraste & Pline la descriuent, laquelle estoit en fleur lors qu'il la cueillit dans le iardin de Pise. & dit qu'elle retire fort au Souchet, toutefois qu'elle est beaucoup plus belle, & auoit les tiges à mode de Ionc, ou de Roseau, à triangle, pleines d'vne moëlle bourruë, droites, polies & lissées, de six ou de sept coudées de hauteur, au bas desquelles seulement il y a des fueilles larges, semblables à celles du Souchet, ou du Sparganion. Ses racines retirent à celles des Roseaux, & sont cheueluës. Ses fleurs sont fort belles representans vne touffe de beaux cheueux tout à l'entour, auec vne infinité de petites masses grailes & de filamens qui auancent en dehors, entassées comme celles de la Ferule, & non esparpillées comme celles du Souchet, à l'entour desquelles il y a des fueilles arrengées en estoille beaucoup plus petites que celles qui sont au bas de la Plante; comme au Souchet. Parquoy il est vray-semblable que c'est, dit Pena, le *vray Papyrus*, de Theophraste, duquel la description est aussi bien entiere en Pline, quoy que Pena sçache dire, & n'est point vne description de deux ramassée en vne, à sçauoir du *Papyrus* d'Egypte, & du Babylonien; mais toute semblable à celle de Theophraste, comme apperra aisément à qui voudra prendre la patience de conferer les passages qui ont esté alleguez cy-dessus. Dauantage quand Pena dit que Pline declare la maniere de faire tant les cordages que le *Papier* par ces mots, *Texuntur omnes tabula madente*: ce qui peut, dit il, estre entendu des cordages,

Papyrus d'Egypte, de Pena.

 & puis

& puis quand il dit, *Turbidus liquor vim glutinis præbet*, il monstre par là que l'on faisoit les *Chartes* de la moüelle du *Papyrus*. Et ce que ledit Pena auoit dit auparauant que de la moüelle bourruë du *Papyrus* estant pilée & detrempée à mode de colle on en faisoit anciennement les *Chartes* de *Papier*, lesquelles estans collées ensemble faisoient des grosses fueilles, bonne pour escrire dessus, comme l'on fait aujourd'huy des pieces de toile battue, & blanchie, il monstre bien par là qu'il ne sçauoit pas la maniere comme se faisoient les *Chartes* des anciens, ny mesme comme l'on le fait aujourd'hy. Car on n'estendoit pas la moüelle du *Papyrus* par lames pour en faire des fueilles, en les collant l'vne contre l'autre; mais on estendoit les teilles du tronc sur vne table, de droict & en trauers, & faisoit-on ainsi les fueilles, comme nous l'auons declaré au long cy dessus; mesme on ne fait pas de la colle des linges pour faire le *Papier* d'aujourd'huy; mais apres auoir bien moulu le linge & detrempé en eau, on en fait les fueilles de *Papier*, lesquelles on raffermit puis apres en leur donnant

Le temperament, & les vertus. la colle. Il reste maintenant de declarer les proprietez qu'auoit le *Papyrus* des anciens en medecine. Dioscoride dit qu'il est propre pour faire ouurir les fistules; car on les lie auec du filet apres

Liu. 1. ch. 98. l'auoir trempé, puis on le laisse ainsi secher; car estant mis ainsi sec & restraint dans la cauernosité de la fistule, il vient à se remplir d'humidité, & quant & quant s'enfle, & par mesme moyen ouure la fistule. La cendre du *Papyrus* sert à reserrer les vlcereres corrosifs, en quelque partie qu'ils soient, & principalement ceux de la bouche: mais la cendre de la *Charte* bruslée a encor plus d'efficace. Quant à ce qu'il adiouste que les Egyptiens mangeoient la racine du *Papyrus*, nous auons

Liure 8. des simpl. desia monstré que cela soit faux. Galien dit que l'on ne se sert pas du *Papyrus* tel qu'il est, en medecine; mais bien apres l'auoir detrempé ou bruslé: car estant detrempé en eau & vinaigre, ou en vin il consolide les playes fraisches, specialement celles qui sont rondes: mais estant bruslé il est desiccatif; comme est aussi la cendre de la *Charte* bruslée; toutefois elle fait moins d'operation que celle

Liu. 24. c. 11. du *Papyrus*. Le *Papyrus*, dit Pline, croist en Egypte, & retire aux Roseaux. Il est de grand vsage quand il est sec (Dioscoride veut qu'on le detrempe, puis qu'on le lie bien serré auec du filet, & que l'on le laisse ainsi secher) pour ouurir & dessecher les fistules, (Dioscoride dit simplement pour ouurir les fistules) & par mesme moyen faire qu'on y puisse mettre les medicamens qu'il y faut. La *Charte* qui se fait du *Papyrus* estant bruslée, est du nombre des medicamens caustiques. Sa cendre prinse en vin fait dormir (Dioscoride ne dit rien de cecy) La *Charte* mesme appliquée auec eau guerit les gallons & durillons.

Rose de Hiericho, de Lonicerus, CHAP. LXVIII.

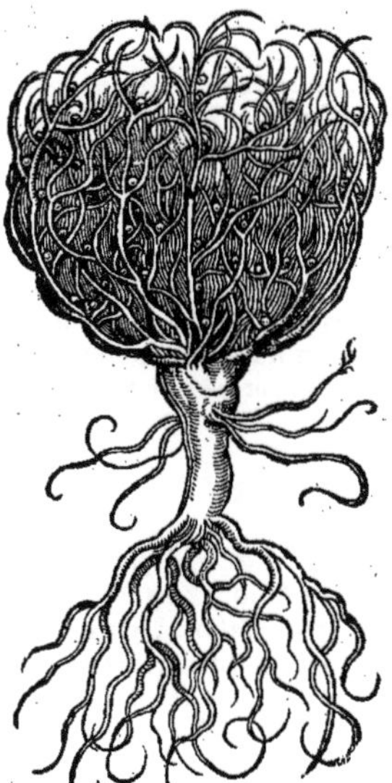

Les noms.

ON a appellée cette Plante *Rose de Hiericho*, du nom de Hiericho qui estoit vne ville de Iudée, Les Moines & les femmes l'aplent *Rose de Marie*. Lonicerus

La forme. dit que c'est vn arbrisseau semblable à la Vigne sauuage, excepté qu'il est plus petit, plein de veines, odorant, & qu'il a les branches assez dures, de couleur iaunastre, & porte des grains entassez ensemble à mode d'vn raisin. Sa fleur est blanche semblable à celle des Violiers. Lonicerus & quelques autres ont estimé que ce fut l'Amomon: mais il se sont trompez, comme il sera dit. Pena dit que cette Plante croist aisément estant semée de la graine qui soit nouuelle. Or sa graine est petite, entassée à mode de grappe, couuerte de balle, moindre que celle du Millet d'Indie, & enclose dans la cime de l'arbrisseau qui est entrelassée en rond à mode d'vne pelotte. Les femmes superstitieuses se seruent de cette *Rose*, pour cognoistre l'heure quand elles deuront accoucher: car estant mise dans l'eau, elle ne s'ouure point (à ce qu'elles disent) que l'heure de l'enfantement ne soit venuë.

De la Sargaço, CHAP. LXIX.

EN ce grand & perilleux voyage du *Sargaço* (ainsi appelle on toute cette perilleuse estendue de l'Occean, qui est depuis le dixhuictiesme iusques au trente-quatriesme degré, en tirant de l'Equinoxe en Septentrion, par lequel on passe en allant en Indie) il y a vne profonde & large campagne de mer qui est toute couuerte d'vne herbe que l'on appelle *del Sarguaço*, qui peut auoir vne paume de longueur; & a des menuës branches entortillées par pelottons. Ses fueilles sont estroites & menuës, & ont demie poucée de longueur, & sont fort dentelées tout à l'entour, de couleur rousseastre, d'vn goust fade, qui n'a aucune acrimonie, au moins que l'on puisse cognoistre, & semble estre plustost acquis & proceder de l'eau salée que d'estre du naturel de la Plãte. Aupres de chascune fueille & au pied d'icelle, il y a vn grain rõd attaché, de la façon d'vn grain de Poiure, creux & vuide, & comme si c'estoit du Coral blanc, ou quelquefois du Coral blanc & rouge, ainsi mis en œuure. Ce grain est fort tendre du commencement quand il sort de l'eau, mais puis apres il s'endurcit, si on le laisse secher: neantmoins pour estre trop delié & mince il en est fraile, & plein d'eau salée. On ne voit point de racine en cette Plante, mais seulement l'endroit par où elle s'est rompuë. Et est vray-semblable qu'elle croist au fonds de la mer en quelque lieux sablonneux, & qu'elle a les racines fort menuës, iaçoit que quelques vns ayent voulu dire que les fleuues rauissans, comme il y en a beaucoup qui coulent des Isles, & entrent dans l'Ocean, l'arrachent & l'emmeinent quant & eux par leur impetuosité; & de fait le Pilote du nauire dans lequel i'estois, soustenoit opiniastrement cette opinion. Et sur cette dispute, comme la mer fut calme & bonace, nous vismes la mer, autant que nostre veuë se pouuoit estendre toute couuerte de cette herbe, & ayans fait descendre en l'eau quelques ieunes mattelots, pour reculer cette herbe d'aupres du nauire, nous nous apperceusmes qu'il sortoit des pelotons de cette herbe entortillé du fonds de la mer; & toutefois ayans ietté la sonde nous n'y peusmes point trouuer de fonds. Cette herbe mise en composte & sel & vinaigre est de mesme goust que la Bassille, & en pourroit-on bien vser à faute de Bassille, & en manger sur mer au lieu de Cappres. Mesme quant & quant qu'on l'eust tirée de dedans la mer, i'en fis donner aux cheures que nous auions dans le nauire, qui en mangerent fort volontiers. Au reste ie n'ay point encor sceu ses facultez. Neantmoins vn de nos mattelots, qui auoit vne difficulté d'vrine, & faisoit du sable & des grosses humeurs par la verge, en ayant mangé par cas d'auanture de crue & de cuitte aussi, pource qu'il la trouuoit de bon goust, me dit peu de iours apres, qu'il s'estoit fort bien troué d'en auoir mangé, & en emporta quant & soy pour en vser quant il seroit en terre ferme. Sur quoy l'Escluse propose vne question, à sçauoir mon si ce seroit point la Lentille marine aux fueilles dentelées de Lobel, le pourtraict de laquelle il met entre les plantes maritimes, sur la fin de ses Obseruations.

Le lieu.

La forme.

Le temperament & les vertus.

Sargaço, de Acosta.

Du Gingembre, CHAP. LXX.

LEs Grecs appellent le *Gingembre* du mot barbare ζιγγίβερ, & ζιγγίβερι, & γιγγίβερι: les Latins *Zingiber* & *Gingiber*: les Arabes *Zingibel*: les Italiens *Gengeuo*: les Espagnols *Gingiure*: les Allemans *Ingher*. Dioscoride descrit plustost l'vsage de la Plante, que la Plante mesme, disant: Le *Gingembre* est vne Plante à part, qui croist en Arabie, en la region des Troglodytes ou Abissins, pour la plus part, de laquelle ils vsent en plusieurs choses tandis qu'elle est verte, comme nous vsons de la Rue, & la meslent parmy leurs viandes & breuuages. Ses racines sont petites à mode de celles du Souchet, blanches & odorantes; & ont le goust du Poiure. Les meilleures sont celles qui ne sont point vermoulues. Et de fait plusieurs les confisent à celle fin qu'elles se gardent plus longuement. Pline traittant du Poiure, dit que ce qu'on appelle *Zimpiberi* ou *Zingiberi*, n'est pas la racine du Poiure, comme aucuns ont voulu dire, combien qu'il soit de mesme goust. Car le *Zingiberi* croist en l'Arabie & aux pays des Abissins, par les metairies, & est

Les noms.

Liu.2.c.154.

Liu.12.ch.7.

vne petite herbe qui a la racine blanche, laquelle deuient vermoulüe en peu de temps, combien qu'elle soit amere. Dioscoride sans descrire la Plante, fait simplement mention des racines, qu'il compare à celles du Souchet, & toutefois elles ne sont pas fort semblables. Car elles sont plus grosses, & si ne sont pas pendantes comme celles du Souchet. Pline dit tant seulement que c'est vne petite herbe qui a la racine blanche. Parquoy il nous en faut chercher vne plus ample description, suiuant Garsie & autres. Il dit donc que les Arabes, Perses & Turcs appellent le *Gingembre, Gingibil*, & non *Lengibel*, comme il y a mal en Serapion. Quand il est encor frais & vert, ceux de Guzarate, Decan, & Bengala l'appellent *Adrac*; mais quand il est sec ils l'appellent *Sucte*: en Malabar *Mingi*, autant vert que sec, & en Malayo, *Aliaa*. Or le *Gingembre* a les fueilles semblables à celles de la Flambe aquatique, ou du Glayeul, (& non des Cannes) toutefois elles sont plus brunes. Sa tige auec les fueilles peut auoir deux ou trois paumes de hauteur: sa racine retire aussi à celle de la Flambe, & est beaucoup plus petite que celle du Souchet, & si ne va pas rempant, comme quelques vns ont dit, mesme elle n'est pas fort acre, principalement celle qui croist en Bacain, d'autant qu'elle est pleine d'humidité. Louys de Barthema escrit que l'on en tire telle racine qui pese quatre, huict, & quelquefois douze onces; car de faict elles ne sont pas toutes d'vne mesme grosseur. Sa tige est de trois ou quatre paumes de longueur. Quand on tire le *Gingembre*, on laisse dans la fosse que l'on fait en terre vn nœud de la racine qui sert comme de semence, pour en produire d'autres pour l'année suiuante. Antoine Pigafetta dit qu'il croist du *Gingembre* en l'Isle de Thidore, & qu'on le mange quand il est frais à mode de pain, pource qu'il n'est pas acre comme quand il est sec. Et qu'au reste ce n'est pas vn arbre, mais vne petite Plante, laquelle produit des tiges de la hauteur d'vne paume, semblables aux Cannes ou Roseaux, comme aussi les fueilles, excepté qu'elles sont plus estroites & plus courtes, desquelles on ne se sert point, mais seulement de la racine, qui est le *Gingembre*. Il en croist en toutes les Prouinces de l'Indie, qui ont esté descouuertes iusqu'à present, quand on plante sa graine ou sa racine: car celuy qui vient de soy-mesme ne vaut gueres. Le meilleur & le plus commun est celuy de Malauar, lequel est fort recherché par les Arabes & Persiens. Celuy de Bengala tient le second lieu en bonté. Le troisiesme est celuy de Dabul & Bacain, & celuy qui croist tout le long de cette marine là. Et de faict il s'en trouue peu és deserts, & lieux esloignez de la mer, aussi il n'en vient point de là. Il en croist aussi aux Isles de S. Laurens, & de Comar, qui confinent à l'Ethiopie, à raison de quoy aucuns ont dit qu'il en croissoit en Ethiopie, & en Arabie. Galien dit qu'on l'apporte de Barbarie. Or s'il entend par la Barbarie l'Indie, il a bien raison: mais s'il vouloit entendre ce quartier de l'Afrique qui est auiourd'huy appellé Barbarie, il se trompe. Dioscoride dit qu'il croist en la region Troglodytique, & de faict il y en croist bien, comme aussi en Ethiopie, toutefois si peu qu'il ne suffit pas pour la prouision du pays: mais il n'en croist point en Arabie; car on leur porte celuy qu'ils ont. Quant à ce qu'il dit qu'on en mesle parmy les viandes, Garsie dit que cela est veritable, & que les Indiens en vsent de mesme encor à present. On mange aussi cette racine hachée menu, & meslée parmy d'autres herbes en salade, auec d'huile, vinaigre, & sel, comme aussi parmy la chair & le poisson. Ainsi donc Dioscoride a eu raison de dire que le *Gingembre* estoit bon à manger, & pour faire des sausses, qu'il est chaud, qu'il lasche mediocrement le ventre, qu'il est bon pour l'estomac, & propre pour oster tout ce qui rend la veuë trouble, & que l'on en mesle és contrepoisons. Quant à ce qu'il dit qu'il lasche le ventre, il faut entendre cela, si on mange les racines lors qu'elles sont fresches, à cause qu'elles ont beaucoup d'humidité, de laquelle procede ce benefice de ventre: car dés qu'elles sont seches, & qu'elles n'ont plus d'humidité, tant s'en faut qu'elles laschent le ventre, qu'elles le reserrent plustost. Galien dit que la racine du *Gingembre* est profitable, & qu'on l'apporte de Barbarie. Elle est extremement chaude, toutefois elle n'eschauffe pas du premier coup comme le Poiure: tellement qu'il appert par là, qu'elle n'est pas de si subtiles parties que le Poiure: car autrement elle se reduiroit mieux en poudre, & monstreroit sa chaleur vistement. Elle est donc composée d'vne substance grossiere, qui n'est pas du tout cuite, & non seche ou terrestre, mais plustost humide & aqueuse; à raison de quoy il deuient bien tost vermoulu, comme ayant de l'humidité superflue. Voilà ce qu'en dit Galien. Or on apporte de diuers endroits de l'Indie des racines de *Gingembre*, qui ont esté confites sur le lieu, toutes fraisches & pleines de suc, lesquelles sont de beaucoup meilleures que celles qui sont desia seches, & ont perdu leur vertu remollitiue, que l'on confit en sucre à Venize, apres les auoir detrempées en lessiue. Au reste Acosta qui a voyagé par les Prouinces du nouueau monde, pour apprendre la cognoissance des simples, descrit vn peu diuersement le *Gingembre*, comme aussi il met le pourtrait & la description de plusieurs autres simples, en laquelle il ne s'accorde pas bien auec Garsie, ny auec les autres. Il dit donc que le *Gingembre* est de la hauteur de trois ou quatre coudées, & a les fueilles fort semblables à celles de l'Herbe aux Perles. Sa tige est grosse comme celle des Affrodilles. Toute la Plante est comme composée de fueilles entassées, & diroit-on que ce sont petits Roseaux verts. Ses racines sont quasi toutes semblables à celles de la Flambe. Il en vient à force par toute l'Indie Orientale, comme en Bengala, Dabul, Becain; & sur tout en toute la Prouince de Malabar. Le bon *Gingembre* est celuy qui croist de la semence, ou de la racine plantée, comme il semble

Liure 1. des Arom. d'Ind. ch. 41.

Les noms. Ch. 326. des simpl.

La forme.

Le lieu.

Commẽt il le faut choisir.

Liure 6. des simpl.

Liu. 1. c. 154.

Le temperament & les vertus.

Liure 6. des simpl.

Descriptiõ du Gingembre selon Acosta.

La forme.

Le lieu.

Gingembre, de Pena.

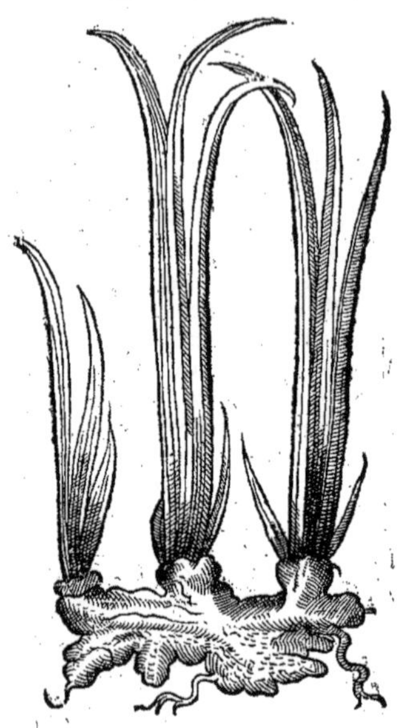

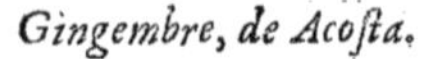

Gingembre, de Acosta.

ble bon à ceux qui le plantent. Car il en croist en plusieurs lieux de soy-mesme sans semer ; toutefois il s'en trouue peu és lieux qui sont esloignez de la mer, mais le long de la marine il s'en trouue dauantage. Il est verdoyant tout le long de l'année. Pour le pouuoir garder on l'amasse en Decembre & en Ianuier, & le fait-on secher, puis apres on le couure d'argile, afin que les trous ou pores dont il est tout plein estans bouchez, il soit moins sujet à estre vermoulu : car il se tient plus frais estant couuert de terre ; & conserue son humidité, & par ainsi est moins en danger d'estre rongé par les artes. Estant vert il a aussi vn goust bruslant ; toutefois moins que quand il est sec, & tant plus le lieu auquel il croist est humide, il en a moins d'acrimonie : comme au contraire il en a plus quand il croist en lieu sec. Quand il est frais on en mange à l'entrée de table, & parmy les salades. Et ne sert pas seulement pour donner appetit, mais aussi pour lascher le ventre ; & neantmoins il reserre le flux de ventre procedant des cruditez. On confit ses racines en sucre, apres les auoir bien battues & trempées en diuerses eaux, pour les rendre tant plus douces. Or celles qui sont cueillies en bonne saison, & bien nettoyées & preparées deuant que les cuire au sucre, sont les meilleures, & de meilleur goust & plus tendres ; comme au contraire celles qui laissent des filamens en la bouche & sont ameres, ne valent rien. Il taxe aussi Dioscoride & Galien, en ce qu'ils ont dit du pays où croist le *Gingembre*, comme il a esté dit cy-deuant par l'authorité de quelques autres autheurs. Mesme il dit que les racines du *Gingembre* ne sont pas petites comme celles du Souchet, mais de la grosseur de celles dont il met le pourtrait. Et ne faut pas, dit il, reietter le *Gingembre* puis qu'on le verra couuert de terre, comme si on l'auoit couuert expres pour cacher ses imperfections, ou pour le rendre plus pesant : car cela se fait pour la raison qui a esté dite cy-dessus. Voilà ce que dit Acosta touchant le *Gingembre*. Au reste il y a vne autre racine qui resemble au *Gingembre*, que les Apothicaires appellent *Gingembre noir*, & *Gingembre de la Meche*, lequel n'est pas different d'auec le *Gingembre*, pour estre seulement plus mal meur, ou pire, comme Pena le declare ; mais aussi de differente espèce & nature : car il n'a point de fibres ny de filamens : il est aussi plus brun, plus massif, & d'vn goust plus acre, & n'est pas sujet à estre vermoulu. On en confit aussi bien comme de l'autre. Nous auons aussi mis le pourtraict d'vne sorte de *Gingembre de Meche*, qui est rare, & que l'on a commencé à apporter depuis peu de temps. Elle retire au *Gingembre commun*, ou *de Meche* : toutefois elle est plus belle, de la couleur de celuy *de Meche*, & a l'escorce comme le *Gingembre* blanc : toutefois elle est comme escailleuse, & compartie par neuds, quasi comme le Doroni

Gingembre de Meche rare.

Gingembre de la Meche, de Pena.

Doronicon, d'vn fort beau lustre, & d'vn goust beaucoup plus acre & sec que le *Gingembre*, & si n'est point vermoulue.

De l'Anacardes Caious, CHAP. LXXI.

Les noms.

LEs anciens Grecs n'ont pas eu cognoissance du fruict que les modernes appellent ἀνακάρδιον, & les Latins aussi *Anacardium*, à cause de sa figure & couleur, suiuant les Arabes qui l'ont appellé *Balador*, les Indiens *Bybo*, les Portugais *Faua de Malaqua*, pource qu'estant

La forme.

vert, & pendant sur l'arbre, il ressemble à vne grosse Feue, combien qu'il soit plus gros. Auicenne dit que *l'Anacarde* est vn fruict qui retire au noyau des Tamarindes. Et son noyau retire à vne Amande douce, & n'est point dangereux. Son escorce est dure, pleine de trous, dans lesquels il y a du miel visqueux & odorant. Aucuns en mangent sans qu'il se trouuent mal pour cela, mesme auec son noyau. Serapion aussi le descrit

Liu. 346. des simpl.

en cette maniere: *Balador*, c'est à dire *l'Anacarde*, est vn fruict d'arbre qui retire à vn cœur d'oiseau, & est de couleur roussеastre, tirant vn peu sur le rouge, comme est la couleur d'vn cœur. Au dedans il a vne chose comme de sang, qui est ce de quoy on se sert. On l'apporte de Sini. Il croist aux montagnes de

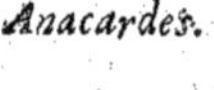

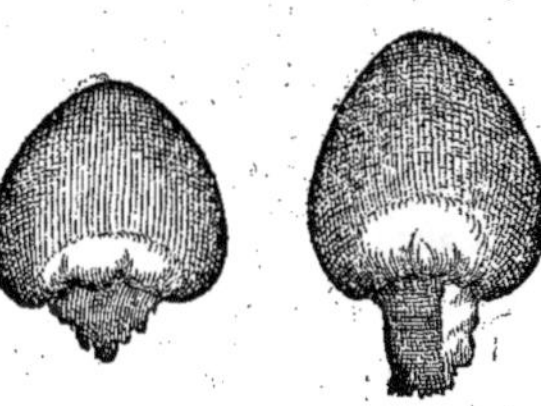

Anacardes.

Le lieu.

Sicile, qui sont tousiours en feu. Nous auons mis icy le pourtrait de ce fruict prins de l'Escluse. Garsie dit qu'il y en a grande

Liure 1. des Arom. d'Ind. ch. 30.

abondance en Cananor, & en Calicut, & autres Prouinces de l'Inde, comme en Cambaya, & Decan. Auicenne dit qu'il est

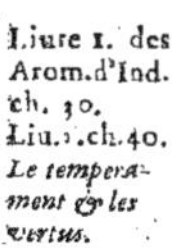

Liu. 2. ch. 40.

Le temperament & les vertus.

chaud & sec au quatriesme degré, qu'il vlcere & brusle le sang, & les humeurs, il fait tomber du tout les verrues, guerit la morphée, la gratelle, & la pelade, & esmeut les apostumes chaudes qui sont dans le corps. Il est bon contre les maladies des nerfs, procedées de cause froide, & contre la paralysie: il fait recouurer la memoire perdue, principalement si on vse de la confection des *Anacardes*, toutefois il trouble l'entendement, & fait sortir la personne hors du sens. Son parfum fait sortir les hemorroides. Il est aussi venimeux, car il brusle les humeurs, & fait mourir la personne. Son contrepoison est de laict de vache prins en breuuage, & de l'huile de

Liu. 346. des simpl.

Noix. Serapion en dit tout autant, & allegue Galien à ce propos, & toutefois Galien n'en ouyt iamais parler. En outre il dit que ce fruict est dangereux aux ieunes personnes & aux choleriques.

Liure 1. des Arom. d'Ind. ch. 30.

Or Garsie ne trouue pas bon ce qu'ils disent que ce fruict est chaud & sec au quatriesme degré, ou au troisiesme. Car, dit-il, il est bien certain que quand il est vert il n'est pas si chaud, ne si sec; mesme il ne semble pas qu'il soit raisonnable de le mettre au mesme degré que le Poiure, sinon que d'auanture celuy qui croist en Sicile ait cette faculté là. Car en ces quartiers, dit-il, on le met en infusion dans du petit laict pour les Asthmatiques, & contre les vers. Et qui plus est nous le mangeons vert & salé à mode des Oliues: mais quand il est sec on s'en sert de cautere aux escroüelles, & par toute l'Inde on le mesle parmy de la chaux pour marquer les draps. L'Escluse en ses Annotations qu'il a faites sur l'Histoire de Garsie adiouste la description & pourtrait d'vn certain fruict ou Noix que l'on apporte quelquefois à Lisbonne de la terre du Bresil, & l'appelle-on *Caious*. C'est vn grand arbre qui a les fueilles comme le Poirier (du commencement elles retirent mieux à celles du Laurier) il porte le fruict de la figure & grosseur d'vn gros œuf de poule, qui est plein de suc, à mode d'vn Limon; duquel ceux du pays de Bresil vsent, comme l'Escluse dit l'auoir sceu par

Chap. 61. en la descr. de l'Amer.

eux mesme (quoy que Theuet sçache dire au contraire.) Au bout du fruict il y a comme vne Noix, de la figure d'vn rognon de lieure, de couleur cendrée, quelquefois tirant sur le rouge. Cette Noix est couuerte de double escorce, entre-deux desquelles il y a vne matiere spongieuse, pleine d'vn huile tres-aspre & tres-chaud: mais au dedans il y a vn noyau bon à manger, d'aussi bon goust que les Pistaches, enuironné d'vne petite peau grisastre, laquelle il faut oster.

Caioux, de l'Escluse.

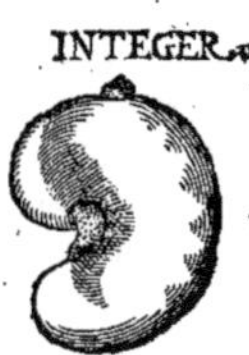

Ceux du pays le rostissent vn peu pour le manger, & disent qu'il en est plus plaisant, & qu'il prouoque la personne à luxure. On dit qu'il n'y a rien de plus propre contre les dertres que cet huile-là. Et de fait en ce pays-là on s'en sert contre la galle. Mais c'est vne chose estrange que le principal fruict ne porte point de semence, & que la Noix qui vient au bout produit les arbres. Aucuns estiment que c'est vne espece d'Anacardes, à cause de cette humeur acre qui est enclose entre les escorces. Voyez le pourtraict de l'arbre qui porte ce fruict cy-dessous au chap. 81.

Fruict semblable à Mungo, & Buna, CHAP. LXXII.

GARSIE dit que *Mungo* est vne graine verte, laquelle deuient noire apres qu'elle est meure, & est grosse comme le Coriandre sec, seruant de pasture aux cheuaux, & quelquefois aux hommes. (Liure 2. de l'hist. d'Ind. chap. 21.) Ceux de Decan & de Gusarate en vsent contre la fieure en cette maniere : Le malade se tiendra quelquefois dix ou quinze iours sans manger, apres lesquels on luy donne à boire de la decoction de ce fruict, auec vn peu de la poulpe d'iceluy, puis apres ils prennent de ce *Mungo* qui soit escorcé, & l'ayant fait cuire à mode de Ris en donnent à manger au malade, lequel ne mange de froment sinon bien longtemps apres : & toutefois ce n'est pas qu'ils ayent faute de froment en ces quartiers-là : car sans fumer ny cultiuer les terres, & les labourant seulement, par dessus, le terroir y est si bon & fertile, que quelquefois, mesme sans qu'il pleuue rien, le froment estant semé au mois de Nouembre, est meur & prest à cueillir en Ianuier. On dit qu'il croist aussi de ce *Mungo* en Iudée, & qu'Auicenne en fait mention, & l'appelle *Messe* : mais Bellune qui l'a traduit, l'appelle (Liu. 2. c. 488.) *Mens* : toutefois aux communs exemplaires il y a *Meisce*, (ce que les traducteurs prennnent pour le Pois) & en la marge il y a *Mes*. Au lieu de quoy Garsie dit qu'il faut dire *Mex*, comme il a entendu par des doctes Medecins Arabes. Il estime aussi qu'Auicenne en a fait mention en vn autre endroit, (Liu. 1. fen 3. chap. 7.) là où il defend de manger des petits oiseaux auec du *Mex* ; toutefois en nos exemplaires il n'y a pas *Mex*, mais *Mest*. Serapion aussi dit que *Mes* (Ch. 116. des simpl.) est vn petit grain de la grosseur d'vn Orobe, de couleur verte, &c. Au reste le fruict duquel l'Escluse met la description & le pourtrait comme il est icy mis, conuient fort bien auec le *Mungo* de Garsie, si ce n'estoit qu'il est chaud, & que le *Mungo* est froid, au moins à ce qu'on peut iuger par ses effects. Ce fruict fut enuoyé d'Ormuz à l'Escluse par Valerand Douure. Il est gros comme vn petit grain de Poiure, rond, canelé, & si semblable aux grains de Coriandre, que du premier coup on diroit que c'est Coriandre : toutefois il est plus gros & noir. Sous la premiere peau il y a vn grain noirastre, d'vn goust chaud. Nous auons aussi mis le pourtraict d'vn certain petit fruict qui fut enuoyé audit l'Escluse par Alfonce Pautio Medecin Ferrarois, qui dit qu'aucuns l'appellent *Buna* : les autres *Elicano*. Ce *Buna* est de la grosseur de la Fagara, ou vn peu plus gros & longuet, pour la plus part de couleur de gris brun. Il est couuert d'vne escorce menuë, qui a comme vne raye de chasque costé, par laquelle elle se separe aisément en deux parties, en chascune desquelles il y a vn grain long, qui est vni de l'vn des costez, iaunastre & d'vn goust aigre. On dit qu'en Alexandrie il s'en fait vn certain breuuage, qui est merueilleusement refrigeratif.

Fruict semblable à Mungo.

Buna.

Du Cardamome, ou graine de Paradis. CHAP. LXXIII.

LE *Cardamome* est appellé en Grec καρδάμωμον : en Latin *Cardamomum* : en Arabe *Cardumeni*. Dioscoride ne descrit point le *Cardamome* : mais dit seulement où c'est que croist le bon, & le moyen de le cognoistre. Le meilleur *Cardamome*, dit-il, vient de Camagene, Armenie & de Thrace. Il en croist aussi en Indie & Arabie. Il faut qu'il soit plein, malaisé à rompre, clos, & bien fourny au dedans (car s'il n'est tel, il est vieux, & n'a aucune vertu) d'vn goust acre, & vn peu amer, & qu'il offence le cerueau par son odeur. Pline en parle autrement : Le *Cardamomon*, dit-il, retire à l'Amomon & à l'Amomis, tant au nom comme en la figure. Sa graine est vn peu longuette. On l'amasse aussi comme l'Amomon en Arabie. Neantmoins il y en a de *quatre especes*, dont le *premier*, qui est le plus vert & gras, a les angles piquans, & est malaisé à froisser entre les doigts, aussi est-il le plus estimé de tous. *L'autre* apres est blancheastre tirant sur le roux. Le *troisiesme* est plus court & plus brun : mais le pire de tous est celuy qui est *de diuerses couleurs*, & qui se froisse aisément, & n'a comme point d'odeur. Le vray *Cardamome* doit estre semblable au Costus. Il vient en la region des Medes. Ce que Pline dit de la graine longue se doit entendre de la gousse ou couppette dans laquelle est la graine. Or ne sçay-ie pas suiuant quel autheur il en a estably *quatre especes*. Car Dioscoride, Galien & les autres Grecs ne font mention que d'vne. Ce qu'il dit, que le meilleur doit estre vert & gras, & auoir les angles aigus ; Dioscoride veut qu'il soit fermé, plein, & malaisé à rompre, au lieu que Pline dit, *Contumax fricanti*, tellement que peut-estre faudroit-il lire *Contumax frianti*. Auicenne traitte du *Cardamome* en deux diuers chapitres. Au pre-

mier

mier il traitte du *Cardamomon* ou *Sacola*, duquel nous parlerons cy-apres en l'autre du Cordumeni, qui est le vray *Cardamome*, auquel il attribue les mesmes proprietez que Dioscoride, dont il appert qu'il parle du *Cardamome* des Grecs. Serapion aussi redit sous le nom de *Cardamome* tout ce que Dioscoride & Galien en ont escrit. Mais il est question maintenant si le *Cardamomon* des Grecs est celuy que l'on trouue communement és boutiques des Apothicaires. Matthiol dit qu'on nous apporte *trois especes de Cardamome*, à sçauoir le *grand*, le *moyen*, & le *petit*. La gousse du *grand* est faite à mode d'vne Figue, composée d'vne matiere ferme, lisse & visqueuse, semblable à la couuerte de la Noix d'Indie, ou à l'escorce du fruict du Palmier, auec plusieurs filamens tout du long. Au dedans elle est pleine d'vne graine rougeastre, inegale, auec plusieurs membranes blancheastres en trauers, qui couurent la graine, qu'aucuns ont appellée *Melegettha*, pource qu'elle retire au Millet d'Indie, que les Italiens appellent *Melega*. Au demeurant elle à vn goust picquant, & l'odeur bonne & plaisante, à raison de quoy plusieurs l'appellent *Graine de Paradis*. Le *moyen* à la gousse longuette, faite à triangle, canelée, & obtuse au bout, dans laquelle est la graine, qui est aussi enuironnée de ses membranes, & est longuette & platte, & mipartie d'vn costé par vne canneleure, ou plusieurs lignes entrauersées de couleur blanche-roussastre. Le *petit* à la gousse courte faite à triangle, quasi de la figure d'vne Faine (qui est le fruict du Fouteau) toutefois ses angles sont plus obtus. Elle est aussi mi-partie par vne membrane, d'vn costé & d'autre de laquelle est la graine, qui a vne canneleure de l'vn des costez, & est ronde & aspre à toucher. Tous ont la graine aisée à rompre, acre, auec vn bon goust & odeur, & sans aucune amertume. Toutefois le grand est le plus acre, & tient plus de l'Aromatique. Le petit a plus d'acrimonie que le moyen, & est aussi plus odorant. Il semble, dit Matthiol, que le grand *Cardamomon* soit celuy duquel ont vsé les Grecs anciennement, pource que Zeno, suyuant le tesmoignage de Galien, ordonne d'oster les gousses du *Cardamome*, & en la recepte de la Theriaque qui est en vers, il est parlé des gousses du *Cardamome*. Mesme Galien alleguant en vn autre endroit la recepte de Pamphile parfumeur, fait mentiõ du *Cardamome* sans gousse. Toutefois le goust contredit à cette opinion, auquel il n'y a aucune amertume, & au contraire elle est si euidente en celuy de Galien, qu'il tuë les vers. Ioint aussi qu'il à bon goust, n'offense point le cerueau, & n'est pas mal-aisé à rompre, mais se froisse aisement sous les dents. Ainsi donc ce grand *Cardamome* de Matthiol, ne sera pas celuy des anciens, ny mesmes le moyen, & encor moins le petit, comme il aperra par ce qui sera dit cy-apres, en traittant du *Cardamome commun* des Apothicaires, suiuant l'opinion de Garsie, lequel dit que ce qu'on appelle *Cardamome* est vne drogue bien cogneuë en Indie, à cause qu'elle y est fort en vsage; & mesme on en transporte vne bonne partie en Asie, Afrique & Europe. Or il laisse à debatre à d'autres si ce nom de *Cardamome* luy est propre. Car Auicenne a fait vn chapitre à part de *Saccolaa*, dont il establit *deux especes*, l'vne desquelles il appelle *Saccolaa quebir*, c'est à dire *grand*; & l'autre *Saccolaa Ceguer*, c'est à dire *petit*; sous lesquels noms l'vn & l'autre *Cardamome* est cogneu tant des Medecins Arabes que des marchands. En Malauar on l'appelle *Etremelli*: en Zeilan *Encal*: en Bengala, Guzarate, & Decan, on l'appelle quelquefois *Hil*, & quelquefois *Elachi*, & ce entre les Arabes: car tous les naturels habitans desdites Prouinces l'appellent *Dore*: Laquelle diuersité de noms, en a fait faillir plusieurs; d'autant que les vns l'ont nommé d'vn nom Indien, & les autres du nom Arabique. Car quant à ce que Serapion appelle l'vn *Saccolaa*, & l'autre *Hilbane*, il y a de la faute en ce passage-là, & faut lire simplement *Hil*: que si on y veut adiouster ce nom de *Bane*, il faudroit, dit Garsie, plustost mettre *Bara*, qui signifie *grand*, au langage des Canarins: mais Serapion sous le nom de *Hilbane* a entendu le *petit Cardamome*. Le *Saccolaa* donc des Arabes ou *Saccule* d'Auicene, ou bien *Elachi*, n'est autre chose que ce que les Apothicaires appellent *Cardamomum*, dont les anciens tant

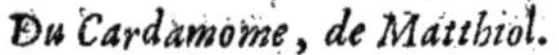

Du Cardamome, de Matthiol.

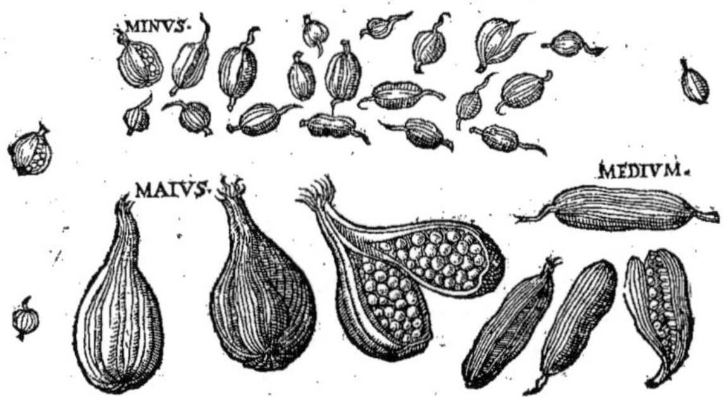

Liu. 2. c. 155. La forme. Grecs que Latins n'ont pas eu cognoissance, duquel Auicenne parle comme s'ensuit: *Saccolaa* qu'est-ce? il y en a vn *grand* comme vn Pois ciche noir, lequel a au dedans vn grain blanc, qui pique la langue comme les Cubebes, & est aromatique. L'autre est petit comme vne Lentille, & est aussi bien aromatique. Serapion aussi traitte de ces *deux especes de Cardamome*, suiuant l'authorité d'Isaac bien au long. Garsie dit qu'il croist & que l'on le seme à mode de legumes, & n'à pas plus d'vne coudée de haut au plus, & porte des gousses dans lesquelles il y a quelque fois iusques à vingt petits grains.

L'vn

L'vn & l'autre croist en Indie, & specialement depuis Calicut, iusques en Cananot, toutefois il en croist bien ailleurs, comme en Malauar & en Iaca; mais non si grande abondance, & mesme il n'a pas l'escorce si blanche. On tient pour le meilleur le petit, qui est plus odorant que l'autre, & peut estre appellé grand quant à la faculté. Cecy ne peut estre le *Cardamome* des anciens Grecs: car Galien dit que le *Cardamome* n'est pas si chaud que le Nasitort, mais qu'il est plus plaisant & plus odorant, auec vn peu d'amertume. Toutes lesquelles marques & specialement l'amertume ne conuiennent pas à nostre *Cardamome*, comme il se voit par experience. Dioscoride dit que le meilleur vient de Comagene, d'Armenie & de Thrace (combien qu'il dit bien aussi qu'il croist en Indie & en Arabie) & qu'il faut qu'il soit plein, mal-aisé à rompre, d'vn goust acre, & vn peu amer, & qu'il offence le cerueau par son odeur, & au cōtraire on porte nostre *Cardamome* en ces quartiers-là, d'où Dioscoride dit que le sien vient, mesme il n'est pas mal-aisé à rompre, & n'offence pas le cerueau, moins n'est-il pas amer, ne si acre que les Cloux de Giroffles. Il n'y a aussi pas vn des *Cardamomes* de Pline qui s'accorde auec le nostre; car il est fraile, & a la gousse blancheastre, pleine de graine noire. Il appert aussi par ce que dessus, que ceux-là ont failly qui ont prins le Poiure d'Indie pour le *Cardamome* des Arabes: comme aussi ceux qui prennent la Melegeta, pour le *Cardamome* de Dioscoride: car Dioscoride ne cogneut onc la Melegeta. Et ceux-là qui disent que le *grād Cardamome* est de couleur cendrée, & que c'est cette troisiesme espece de Nielle que l'on treuue chez les Apothicaires, d'autant qu'il ne croist point de Nielle en toutes ces prouinces-là. Or il appert assez que la Melegeta n'est pas le *Cardamome petit*, à voir seulemēt les *deux especes de Cardamome*, qui croissēt en Indie, dont l'vne est le *grand*, & l'autre le *petit Cardamome*; & toutefois il n'y a autre differēce que pour raison de la grandeur. Au reste ce *Cardamome* est en grand vsage és lieux où il croist; car on le masche, comme nous auons dit, auec le Betre, pour euacuer le phlegme du cerueau, & de la poitrine, on en mesle aussi aux Syrops. Voila ce qu'en dit Garsie. Auicenne dit que le Sacolla est chaud & sec au troisiesme degré, & qu'auec la chaleur il a de l'astriction, principalement en l'escorce, qu'il est bon contre les vomissemens desordonnez, & le desuoyement de l'estomac auec de Mastich, & du ius de Grenades. Serapion dit que le *Cardamome grand*, a moins d'acrimonie que le petit, & est plus astringeant, principalement ses escorces & ses gousses. Qu'il est chaud & sec au premier degré: il resout, il fortifie l'estomac, aide à la digestion, & est bonne contre les defaillances de cœur, & contre les vomissemens, principalement si l'on en vse auec son escorce & ses gousses, & du Mastich, du bois d'Aloës, du suc de la Menthe, & du vin de Grenade. Le *petit* est chaud au mesme degré, & a les mesmes vertus; mais il est de parties plus subtiles, à raison de quoy il aide mieux à la digestiō, & desseche mieux les humeurs superflues du gosier, de la poitrine & de l'estomac. Et quant au *Cardamome* des Grecs, Dioscoride dit qu'il est chaud. Prins en breuuage auec d'eau il est bon contre le haut mal, à la sciatique, à la toux & contre la paralysie. Item aux rompures & conuulsions. Il chasse du ventre les vers larges. Prins en vin il est bon pour les reins, contre la difficulté d'vrine, aux morsures des serpens, & de toutes autres bestes desquelles la morsure est venimeuse. Prins en breuuage au pois d'vne dragme, auec de l'escorce de la racine de Laurier, il brise la pierre. Son parfum fait mourir l'enfant au ventre de la mere, appliqué auec vinaigre il guerit la rongne. On en met dans les onguents pour donner corps. Le *Cardamome*, dit Galien, est fort chaud, toutefois non pas tant que le Nasitort, & d'autant qu'il est plus plaisant & plus odorant que le Nasitort, aussi est-il tant moins chaud; car il n'vlcere pas, mesme estant appliqué tout seul. Au reste il a vn peu d'amertume, au moyen de laquelle, il tue les vers; & auec du vinaigre il est fort propre pour nettoyer la rongne. Les Indiens le maschent tout seul ou auec de Betele, pour corriger la puanteur de l'haleine, euacuer le phlegme, & fortifier l'estomac, à quoy l'on tient qu'il est fort souuerain.

Le lieu. Maniere de la choisir.

Ruel. liu. 2. ch. 5.

Lacuna sur le ch. 1. du 5. liu. de Diosc.

Comment il en faut vser.

Le temperament & les vertus.

Liu. 1. c. 5.

Liure 7. des simpl.

Des Cubebes. *CHAP. LXXV.*

ACTVARIVS appelle κυμβίβας, ce que les Latins appellent *Cubebas*: les Medecins Arabes, *Cubebe*, *Quabebe*, & communement *Quabebechini*: en Iaca où il en croist à force, on l'appelle *Cumuc*: les autres Indiens excepté ceux de Malayo, l'appellent *Cubabchini*. Or ce nom n'a pas esté donné à ce fruict pour dire qu'il croist en China, car on l'y porte de Cunda & Iaca, mais pource que ceux de China qui traffiquoient sur la mer d'Indie ayans achetté ce fruict auec d'autres marchandises, le portoient aux autres ports & villes marchandes de l'Indie. C'est vne Plante sauuage qui croist de soy-mesme, & n'y en a pas *diuerses especes*, comme aucuns ont pensé, laquelle retire à vn Pommier, excepté qu'elle est plus petite, & a les fueilles semblables à celles du Poiure; toutefois elles sont plus estroittes, & monte contre-mont sur les arbres à mode du Lierre, ou plustost comme le Poiure, & ne resemble point au Meurte, & mesme n'a pas ses fueilles semblables. Son fruict est entassé comme vne grappe de Raisin, non pas serré comme sont les grains des Raisins, car à chacune queuë il n'y a qu'vn seul grain. Sa fleur est odorante. Ce n'est pas vne espece de Poiure; car on apporte beaucoup de Poiure de Cunda, qui n'est rien different auec celuy

Les noms.

La forme.

de Malabar, & au contraire il y a peu de ce fruict, qui est d'vne *autre espece* que le Poiure aussi bien

Comment il en faut vser.

que sa Plante. Au reste on vse rarement des *Cubebes* en Europe, si ce n'est aux compositions des medicamens: mais les Indiens en vsent fort souuent les faisant tremper en vin, pour prouoquer à luxure, & pour rechauffer l'estomac. Or l'on fait tant d'estat de ce fruict là où il croist, qu'ils le font cuire deuant qu'il sorte du païs, de peur que l'on ne seme ailleurs. Cela peut-estre est cause qu'il se gaste aisément en l'Europe. Ce que Garsie, dit auoir entendu par des Portugais dignes de foy, qui auoient longuement demeuré en Iaca. Plusieurs estans meus par l'authorité d'Auicenne, Serapion, & Actuarius ont prins les *Cubebes* pour le Carpesion de Galien. Et de faict Auicenne traittant des *Cubebes*, a prins quasi tout ce que Galien dit du Carpesion. Serapion descrit le Myrte sauuage ou Ruscus de Dioscoride, & le Carpesion de Galien, sous le nom des *Cubebes*, & en vn méme chapitre. Actuarius suyuant les noms des Arabes, ordonne en certains medicamens du Carpesion, que les Arabes, dit-il, appellent κομβέβας: mais leurs *Cubebes* sont bien differentes auec celles que l'on treuue aux boutiques de nos Apothicaires: car la description du Ruscus ne leur appartient en rien, & attendu que c'est vn fruict elles ne sçauroient estre le Carpesion de Galien, duquel il dit, *que ce sont sarmens menuës, semblables aux branchettes du Cinamome.* Et en vn autre passage il dit, que le Carpesion est semblable à la Valeriane, non seulement au goust, mais aussi quant aux facultez. Ceux là aussi n'ont pas moins failli, qui ont dit que les *Cubebes* estoient la graine de l'Agnus Castus, veu que la descriptiõ de l'vn & de l'autre son bien differentes. Car d'autant que nos *Cubebes* sont odorantes, & laissent outre la bonne odeur vn peu d'acrimonie & d'amertume au goust, nous pouuons dire qu'elles sont chaudes au commencement, & froides à la fin du troisiesme degré. Parquoy elles sont propres pour fortifier l'estomac plein de phlegmes, ou de ventositez. Elle purgent la poitrine des humeurs grosses & visqueuses, aident à la ratelle, resoluent les ventosités; & sont bonnes aux maladies froides de la matrice: estans machées longuement auec du Mastich, elles euacuent le phlegme du cerueau, & le fortifient.

Les Cubebes ne sont pas le Carpesion. Liu. 2. c. 134. Liure 7. des simpl.

Le temperament & les vertus.

Du Darian, Camalanga, CHAP. LXXVI.

Scalig. Exer. 181. 14. La forme. Comment il en faut vser.

IL croist en l'Isle Taprobane, qui est appellée à present Sumatra, vn fruict semblable au Melon Carcopali, duquel il a esté parlé cy deuant, & est appellé *Darian*. Il est gros comme vne Citrouïlle, & a l'escorce verte. Au dedans d'iceluy il y a cinq fruicts, de la figure & grosseur d'vne Orenge, excepté qu'ils sont longs, & ont vn fort bon goust de beurre. Nicolas de la Coste au discours de son voyage, en dit de mesme. En la mesme Isle on mange d'vne sorte de fruict qu'ils appellent *Camolaga*, qui a plus d'vn pied & demi de grandeur, & est de la couleur d'vne Courge. Il croist sur terre comme vn Melon, & a beaucoup de poulpe. On en fait des confitures qui sont meilleures que les Courges confites, que, les Espagnols appellent *Carabassadas*, & méme que les Citrons confits, & de meilleur goust. Louys Bolognois en escrit de mesme au traitté de son voyage.

Du Fagara d'Auicenne, CHAP. LXXVII.

L'Esclvse fait mention de Mahales en ses annotations sur le traitté des Plantes aromatiques de l'Indie, en traittant du *Fagara* d'Auicenne comme s'ensuit: *Fagara* est vn fruict de la grosseur d'vn Pois ciche, composé d'vne escorce menuë, grise tirant sur le brun, au dessous de laquelle il y a vne escaille qui cache vn noyau, couuert d'vne membrane noire & mince. Le fruict estant entier est si semblable en grandeur, figure & couleur, à celuy que les Apothicaires appellent *Coccum Indum*: en Frãçois *Coques de Leuant*, que du premier coup il n'y a personne qui ne le print pour tel. Auicenne en parle au ch. 260. disãt: *Fagara* qu'est-ce? c'est vn grain qui resemble à vn Pois ciche, qui a vn grain Mahaleb, dans lequel il y a vn noyau noir, comme Schehedenegi, que l'on apporte de Sofala. Or dit-il qu'elle est chaude & seche au troisiéme degré, & est propre contre la froideur de l'estomac, & du foye, qu'elle aide à la digestion, & reserre le ventre.

Fagara, d'Auicenne.

Du Iangomas, CHAP. LXXVIII.

IL y a vn autre fruict appellé *Iangomas*, qui resemble quasi aux Sorbes en couleur, & a le goust des Prunes mal-meures, & de faict son arbre retire aux Pruniers, comme aussi ses fueilles & ses fleurs, toutefois il est garny d'espines. Il croist de soy-mesme parmy les champs, on le cultiue bien aussi dans les iardins: encor que son fruict soit meur, si le faut-il amollir auec les doigts deuant que d'en pouuoir manger; & toutefois il ne laisse pas pour cela d'estre astringeant, à raison de quoy ils en vsent quand il est question de restraindre.

Des

Des diuerses sortes de Fruicts estrangers, CHAP. LXXIX.

L'Escluse, comme il a esté desia cy deuant au chapitre du Baume, dit que l'an 1581.
comme il estoit à Londres, il y eust de ses amis qui luy firent present de quelques
Fruicts estrangers, du *premier* desquels il a esté traitté au susdit chapitre. Quant au *se-* II.
cond il est quasi de la grosseur d'vne Noix, vn peu large en dehors, & tout fronci & ridé comme la coquille d'vne Noix, & noir : mais il est le
plus souuent couuert d'vne certaine crouste tres-dure &
cendrée. Il est fort leger, combien qu'il soit massif, &
dur comme vne pierre, & si va au fonds de l'eau tout ainsi
qu'vne pierre. Quand on vient à le rompre, on voit qu'il
est composé d'vne escaille grosse & tres-dure, & qu'il y
a au dedans vn noyau blanc, plein de suc, de bon goust &
soüeue odeur, qui sent quasi comme l'huile du Macis, &
est fendu en deux parties, & separé par vne membrane menuë & blanche: toutefois il y en a vne autre par dessus qui
est vn peu plus grosse & plus ferme. Ie me souuiens qu'il y a
desia plusieurs années qu'il s'en treuua de tels parmy des
drogues en Anuers. Quant au *troisiéme* il approche fort III.
de la premiere Noix que nous auons descrite en nos annotations sur le 26. chapitre du premier liure de l'histoire de
Garsie : toutefois il est vn peu plus petit, fait à angles, &
noir, couuert de certain poil gros & ferme qui est couché
dessus, & bien attaché tout contre, de l'vn des costez il y
a la trace de trois trous, dont le troisiesme est assez grand,
& est tourné contre bas. Il est composé d'vne escaille fort
dure, dans laquelle il y a quelque chose enserrée: car quand
on le secouë il fait du bruict. Le *quatriéme* est gros com- IV.
me vne Noisette, & de méme couleur : il a l'escaille dure,
& comme mi-partie en deux, auec vn noyau au dedans.
Il m'en fust donné vne fois de semblables en Espagne, par
l'Illustre seigneur Diego de Stuniga, qui auoient esté apportez nouuellement de Barbarie, d'vne forteresse que les
Espagnols auoient prinse, qui s'appelloit *Elpenon de Veles*,
dans lesquels il y auoit vn noyau blanc & doux : ie faisois
mon conte que ce fust quelque espece de Noix Muscade.
Quant au *cinquiéme* ce n'est qu'vn noyau hors de son es- V.
caille, qui neantmoins est ferme, & couuert d'vne petite
peau brune, tachettée de plusieurs veines, laquelle est bien
collée contre ledit noyau. Sa substance est ferme & blanche, semblable à la poulpe de la Noix d'Indie, sans aucune
odeur: toutefois elle est d'assez bon goust. I'estime qu'il
soit chaud au premier degré, ou au commencement du
second. Le *sixiéme* est quasi rond comme vne boule, & VI.
comme s'il auoit esté fait au tour, plus petit qu'vn œuf de
Passereau, & du tout blond, excepté qu'il a d'vn costé vne
tache brune : au demeurant il est massif, & dur comme
vne pierre, & ne nage pas sur l'eau : mais va au fonds. Les
cinq premiers me furent donnez par Iaques Garet le ieune
Apothicaire ; le *sixiéme* par le seigneur Iean Riz, Apothicaire de la Royne Elizabet d'Angleterre, lequel me fit
beaucoup de courtoisies durant mon sejour à Londres. Or
il me disoit qu'il l'auoit eu de Noble seigneur Nicolas Raf-
fius : depuis estant de retour à Vienne, i'ay treuué parmy
les *Fruicts estrangers* que ie garde, comme plusieurs autres
choses rares, certains autres *Fruicts*, lesquels ie croy n'a-
uoir encor esté descrit de personne, tellement que i'estime que ceux qui sont curieux de telles choses, ne seront
pas marris si i'en mets icy vne brieue description auec le
pourtrait. Le *premier* retire assez bien à celuy dont nous I.
venons de parler ; toutefois il est moindre : car il n'est pas

Diuers fruicts Estrangers, de l'Escluse.

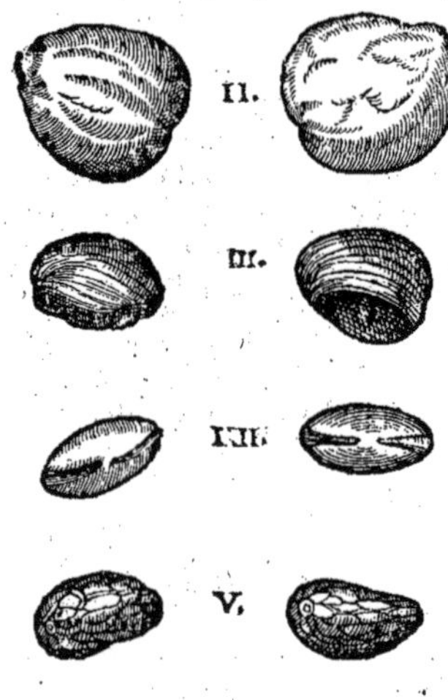

Autres fruicts estrangers, de l'Escluse.

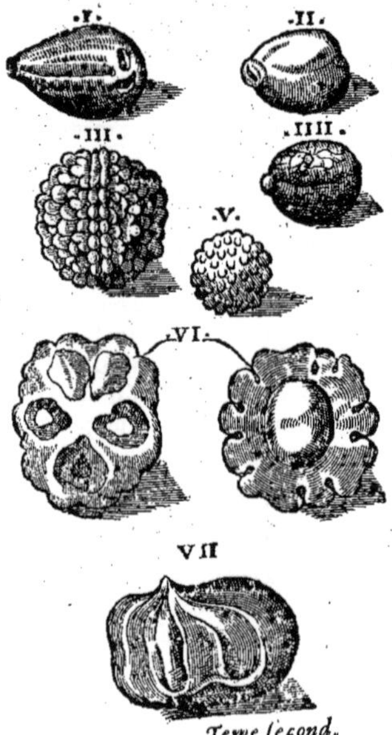

Autre fruicts estrangers.

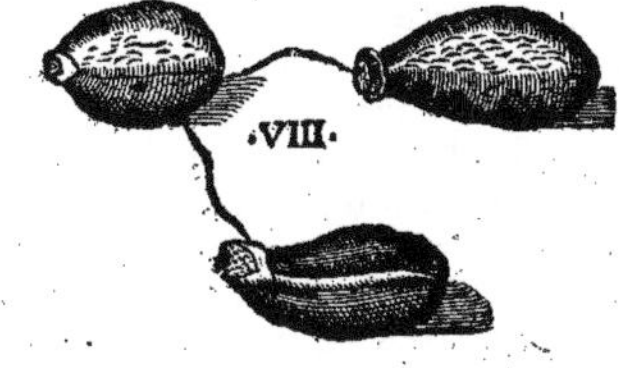

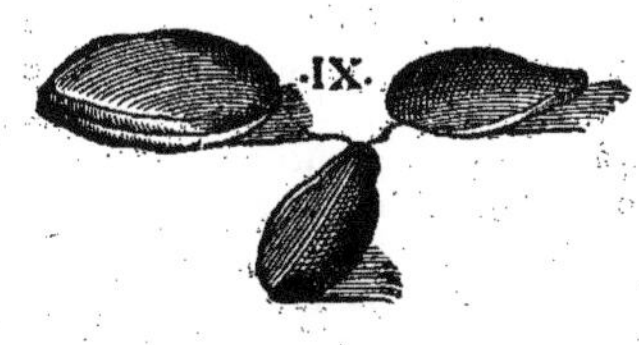

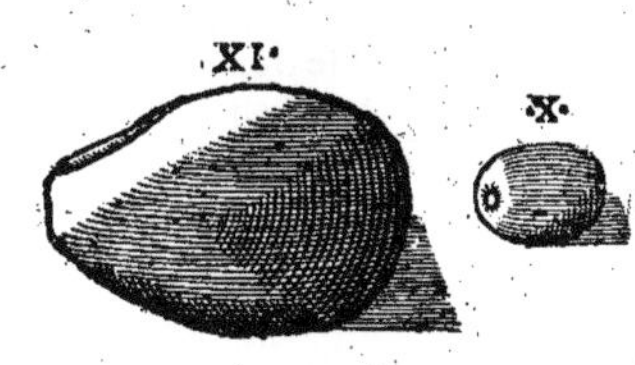

plus gros qu'vne Noisette, (neantmoins ie me souuiens d'en auoir veu qui estoient gros comme des Noix) il est lisse, reluisant, de couleur cendrée, & dur comme pierre; combien qu'estant mis dans l'eau il nage par dessus, il est aucunement
II. raboteux, & plat comme les Poix qui s'entretouchent en vne gousse. Le *second* est fait en oualle, de la grosseur d'vne pierre Iudaique, & de la méme figure, sinon quant aux canneleures, de couleur rousse tirant sur le brun, leger comme certaines grosses Gales, tellement qu'il nage sur l'eau.
III. Il a vne escaille dure & vn noyau au dedans. Le *troisiesme* est plus petit, & n'est pas plus gros qu'vne moyenne Noisette, & est quasi rond, sinon qu'il va en estrecissant au bout, & fait comme vne pointe à triangle. Quant à la couleur il est semblable au precedent, & combien qu'il soit leger, si est-ce qu'il ne nage pas sur l'eau, mais va au fonds, il a vne escaille grosse & dure, auec vn noyau blanc au dedans, couuert d'vne membrane mince & brune. I'ay recouuert l'vn & l'autre à Londres, l'an 1579. de Morgan, mon singulier amy, lequel m'asseura qu'il auoient esté apportez cette année-là, de ce quartier d'Aphrique que l'on appelle la Guinée, qui est esloigné enuiron de cinq degrez de l'Equateur, tellement que l'année apres i'en voulus planter vn grand & deux petits, dont l'vn auoit l'escaille rompue & ostée dans vn pot plein
IV. de terre, toutefois il n'en reprint pas vn, aussi peu que des suyuans que i'ay plantez tant icy, comme en Flandres. Le *quatriesme* est quasi du tout rond & gros comme le pouce. Il a vne escaille fort grosse & dure: toute couuerte de petites bossettes ou durillons, de couleur iaunastre, auec vne ligne releuée tout en trauers, laquelle est
V. comme ie croy, l'endroit de la iointure de l'escaille, comme l'on voit aux Noix. Le *cinquiesme* est entierement rond, de la grosseur d'vne balle d'harquebuse, son escaille est de mesme couleur que celle du precedent, & semblablement toute couuerte de bossettes, ou boutons, sinon qu'ils ne
VI. sont pas si gros, & n'a point de ligne à l'entour. Le *sixiesme* est plus gros que la Noix que les Apothicaires appellent *Nux Vomica*, plat & de mesme couleur à sçauoir de couleur cendrée, vn peu releué par dessus, & aucunement vuidé par les costez; mais par le bas il a comme cinq grains separez l'vn d'auec l'autre, & comme engrauez dessus, lesquels retirent assez bien aux noyaux qui sont dans les Nesfles, & quand on vient a les oster ils laissent des trous assez profonds. Au reste il
VII. est dur comme bois. Le *septiesme* est aussi plat, toutefois il est different en figure d'auec le precedent d'autant qu'il est fronci & bossu en certains endroits, de couleur cendrée tirant sur le noir, comme en certains fruicts nommez *Caious*, desquels nous auons mis le pourtrait au chapitre des Anacardes. Ce *Fruict* estant fendu par le milieu, n'a point de grains au dedans, mais seulement vn suc noir reluisant, qui est prins, & endurci, tellement que ie tiens que c'est plustost vne imperfection de fruict que non pas vn fruict. Ie me souuiens que tous ces *Fruicts* ont esté treuuez auec des gousses de la vraye Acacia, & des petites coquilles, & autres brouilleries, en mondant & nettoyant le Poiure. Quant aux autres qui s'ensuiuent, nous les auons receus, dit l'Escluse, en Espa-
VIII. gne, où ils auoient esté apportez du nouueau monde. Or le *huictiesme* semble estre le noyau de quelque espece de Pin, tant il retire bien à nos Pignons, combien qu'il soit plus long & plus gros.
IX. Il a aussi semblablement vne escaille dure, & de mesme couleur. Quant au *neufuiesme* il s'en treuue de diuerses sortes: car les vns sont plus grands que les autres combien qu'au reste ils soient quasi de mesme couleur & figure. Il est plat & longuet, large d'vn costé, & estroit de l'autre, lisse & poly, tout brun, ou chastaigné, sinon qu'il a vne ligne blancheastre, à l'endroit par lequel il a esté attaché à son fruict (car de faict il semble auoir esté enclos dans vn autre) il y a quelque chose au dedans: car quand on le secouë il se fait sentir. Ces *deux* me furent enuoyez sous le nom de *Pepitas del Peru*
X. c'est à dire, *noyaux du Peru*. Le *dixiéme* est gros comme les grains de la Casse purgatiue, ou des Carrouges, ausquels il retire aussi quant à la figure, toutefois il est vn peu plus gros & d'autre couleur: car il est fort rouge à mode des grains de l'Espine vinette. Il est aussi massif & dur, & ne nage pas sur l'eau mais va à fonds. Ie croy qu'il soit creu dans vne gousse ou quelque autre fruict. Il m'a esté don-
XI. né sous le nom de *Mates*. Le *dernier* est vn Fasiol, semblable en couleur à *Macouna*, à sçauoir de chastagné-brun, ou de baye-brun: toutefois il est plus plat & plus brun, & n'a pas la marque fort grande, duquel i'ay fait mētion, sur la lettre missiue enuoyée par Pierre d'Osma à Nicolas Monard dernierement imprimée. Il fut enuoyé à l'heureuse memoire de l'Empereur Maximiliā, de l'Espagne, ous le nō de *Haba de Jndia muy larga*, c'est à dire, *Feue d'Indie fort large*. Iceluy estāt mis en l'eau va au fonds.

L'Acaiou

L'Acaiou.

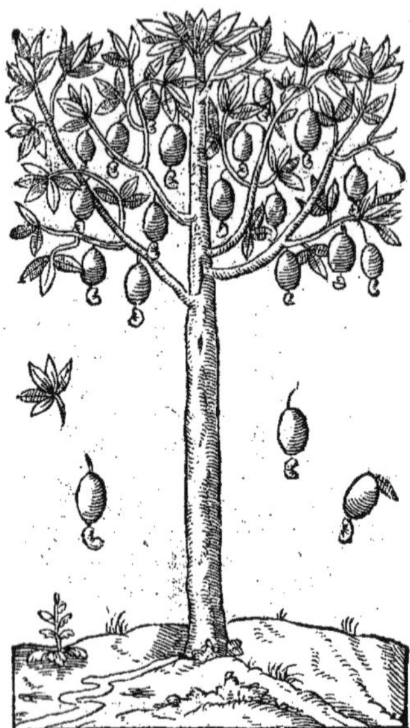

CHAP. LXXX.

Arbres de l'Amerique.

APRES auoir discouru des arbres, bois, racines, herbes & fruicts, qui croissent en Indie, il reste maintenant de traitter de ceux de l'Amerique, en laquelle, specialement en la contrée où habitent ceux qui viuent de chair humaine, qui sont appellez Cannibales, il y a grande abondance de fruicts, herbes, & racines, de fort bon goust, & entre autres d'vne sorte d'arbres qu'ils appellent *Acaiou.* Cest arbre a les fueilles semblables à nos Poiriers, vn peu plus aiguës, & rougeastres au bout. Il porte vn fruict de la grosseur du poing, faict à mode d'vn œuf d'vne oye, duquel aucuns font vne sorte de breuuage, combien qu'il ne soit pas bon à manger; car il a le goust tout semblable à vne Sorbe mal-meur. Au bout de ce fruict, il vient vne Noix de la grosseur d'vne grosse Chastagne, & de la figure d'vn rognon de lieure, le noyau de laquelle est de fort bon goust, pourueu qu'il ait vn peu senti le feu. Son escorce est toute pleine d'huile, d'vn goust tres-acre de laquelle on pourroit tirer beaucoup plus d'huile, qu'on ne fait pas de nos Noix. Il se treuue aussi en la méme contrée des arbres desquels le fruict est dangereux, comme ce luy qu'ils appellent *Hacunay,*

La forme. Theu.li.des sing. c.61.

De l'Haouai,

CHAP. LXXXI.

La forme. Theu.li des sing ch.36.

CEST arbre croist en l'Amerique quasi de la méme hauteur de nos Poiriers. Il a les fueilles de trois ou quatre doigts de longueur, & deux de largeur, qui sont verdoyantes tout le long de l'année. Il est couuert d'vne escorce blancheastre, qui rend vn suc blanc comme laict, quand on en coupe vne branche. Quand on coupe l'arbre, il rend vne odeur du tout mauuaise & fascheuse; tellement que les sauuages ne s'en seruent aucunement, non pas mesme pour faire du feu. Il porte vn fruict gros comme vne moyenne Chastagne, blanc, & faict à triangle comme le Δ des Grecs. Ce fruict & specialement son noyau est venimeux tellement que les sauuages pour la moindre occasion s'en seruent à faire mourir leurs femmes, & semblablement les femmes en font aussi mourir leurs maris. A raison de quoy les sauuages ne donneroient pas de ce fruict nouuellement cueilli, pour chose du monde à vn estranger, pour priere, ou payement qu'on leur face, non pas mesme à leurs enfans, iusques à tant qu'ils en ayent osté le noyau, & apres l'auoir osté ils en font des sonnettes qu'ils s'attachent aux iambes, & sonnent aussi bien que les nostres. L'Escluse bien expert en la matiere des Simples & grand rechercheur des Plantes estrangeres, apres auoir discouru touchant le Guanabane, & mis le pourtrait d'iceluy, adiouste puis apres ce qui s'ensuit: I'ay, dit-il, deux cordons enfilez de la graine de ce fruict, ou de quelque autre semblable, de laquelle on a osté le noyau: & deux autres d'vn certain fruict anguleux. Chascun de ces cordons est fait de deux ou trois rangs de fil de cotton, entrelassez ensemble à mode de rets, ausquels sont attachez ces fruicts vuides, en la maniere qu'ils sont icy peints. Les Cannibales se les lient aux iambes quand ils veulent danser, tout ainsi que les Mores & Espagnols vsent de sonnettes. Et de faict, ses fruicts s'entre-hurtans l'vn l'autre font vn merueilleux son. Theuet fait mention du dernier au chap. 36. des singularitez de l'Amerique: puis apres l'Escluse poursuit, & adiouste

Abouai, de Theuet.

Achouai de Theuet, selon l'Escluse.

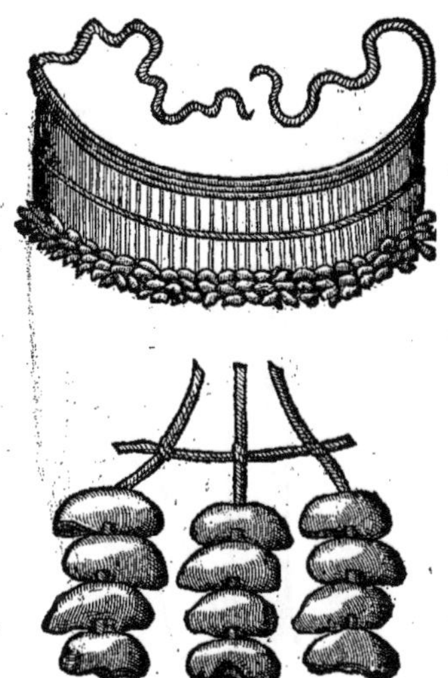

Fruict de l'Higuero, de l'Escluse.

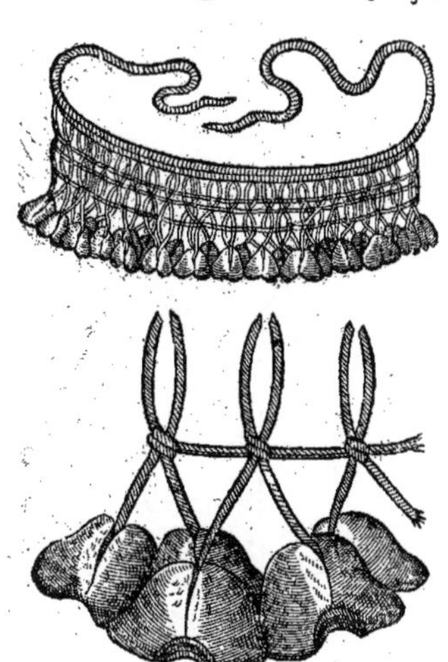

iouste tout ce qui a esté dit cy dessus de *l'Ahouai* : puis il met deux pourtraits dont le premier n'a point d'inscription ; mais le second est intitulé *Ahouai de Theuet*, toutefois Lobel a intitulé le premier ainsi *Fruict de Higuero*, suyuant l'Escluse.

L'Arbre du Bresil, de Theuet.

CHAP. LXXXII.

Les noms. La forme. Theuet ch. 59. des sing. & Tom. 2. de sa Cosmogr. liu. 2. ch. 116.

L'Arbre du *Bresil* est appellé par ceux de l'Amerique *Oroboutan*: en Latin *Arbor brasilia*. C'est vn arbre beau, grand & droit, & est aussi gros qu'autre arbre quel qu'il soit. Ses fueilles ressemblent à celles du Bouis, & sont ainsi petites, touffues, & tousiours verdoyantes. Son escorce est de couleur cendrée. Son bois est rouge, principalement au cœur, qui est le plus beau. Les marchans en achettent grande quantité, & d'vn tronc qui sera aussi gros que trois hommes pourroient embrasser, on n'en tirera pas la grosseur de la cuisse d'vn homme de cœur. Cest arbre ne porte ne fruict ne gomme. Il croist au pays des sauuages que l'on appelle *Canibales*, toutefois il en vient de plus beau en la prouince de Morpion, & au cap de Frie. Il ne sent rien, & ne sert à autre chose que pour la teinture. Au méme pays il croist des arbres qui ont le bois iaune, duquel on fait des espées : d'autres qui ont le bois violet, duquel on pourroit faire de fort belle teinture. Il y en a aussi d'autres desquels le bois est fort blanc & tendre, dont les Americains ne tiennent conte.

Du Dragon Arbre, CHAP. LXXXIII.

Tom. 1. de sa Cosmog. liu. 3. ch. 11.

En l'Isle de Madere qui a esté incogneuë aux anciens, il y croist vn arbre, ainsi que dit Theuet, appellé par les habitans du lieu, & par les Portugais, *Drago*, lequel iette en certain temps de l'année vne fort bonne gomme, que l'on appellée *Sang de Dragon* (si ce nom luy appartient ou non, il en doute) en perceant le tronc de l'arbre aupres de la racine, & faisant l'ouuerture assez large & profonde. En outre il porte vn fruict iaune, de la grosseur de nos Cerises, lequel est propre pour raffraichir le corps, estancher la soif, & en somme fort profitable quand on est en fieure, & en grande chaleur.

Dragon arbre.

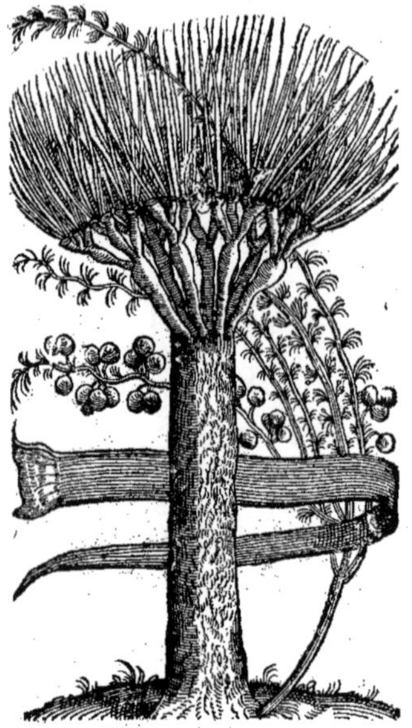

Fueille de l'Arbre du Sang de Dragon.

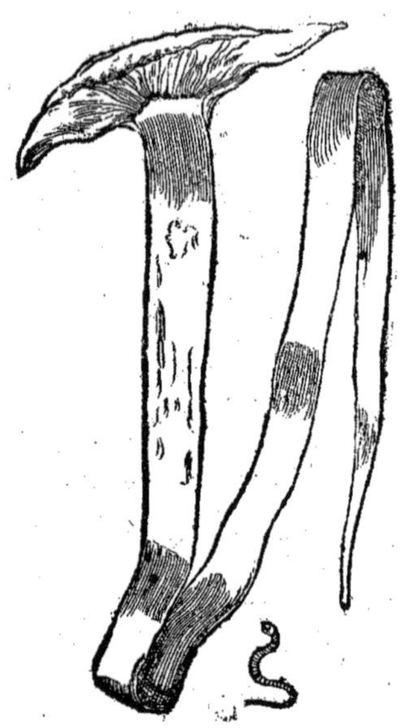

Ce *suc* ou *gomme*, dit-il, resemble au Cinabre, toutefois ils ne viennent pas tous deux d'vne mesme maniere : car ce suc est vne liqueur, & le Cinabre est mineral, & vient seulement de Barbarie, tellement qu'il se vend bien cher, pource qu'il s'en trouue peu qui puisse arriuer à la viue couleur que les peintres demandent. Toutefois il a beaucoup de peine à se resoudre sur ce faict, Car il ne dit pas que ceste gomme ne soit le *Sang de Dragon*, combien qu'il n'y a pas grand raison pour le prouuer, sinon que les Barbares Africains, du pays desquels on apportoit premierement ceste gomme, ont nommé l'arbre duquel elle sortoit, *Dragon*, en leur langage. Neantmoins il n'ose pas asseurer que la Plante qui iette ceste gomme soit la mesme que celle d'Afrique, attendu qu'elles sont differentes en figure. En fin il conclud que c'est vne mesme chose, pource que leurs facultez & proprietez sont du tout semblables, comme il a sceu par ceux desquels il s'en est soigneusement enquis. Mais il ne faut point douter que le, *Sang* ou *Gomme de l'arbre Dragon*, ne soit vray *Cinnabre*, que l'on apporte auiourd'huy des Isles Canaries, (qu'on appelloit anciennement Fortunées) du naturel, & sans estre sophistiqué, & que les Apothicaires appellent *Cinnabre en larmes*, pour le distinguer d'auec l'artificiel qui est reduit en gros morceaux à mode de pain. Il dit aussi qu'aucuns ont prins ce *Cinnabre en larmes* pour celuy de Dioscoride duquel Pline dit faussement ce qui s'ensuit: Les Grecs appellent le vermillon *Miltos*, & d'autres *Cinnabari*. Et de là est venue l'erreur de ceux qui l'appellent *Cinnabaris d'Indie*: car le *Cinnabre* n'est autre chose que le *Sang des Dragons* qui meurent estans accrasez par les Elephans, lesquels ils auoient fait mourir en succant tout leur sang; tellement que c'est le sang de ces deux animaux meslé ensemble. Mais le *Cinnabre* n'est pas Vermillon, mais la *Gomme de l'arbre* que nous auons dit. Ce n'est aussi le *Sang du Dragon & de l'Elephant*. Car desia du temps des anciens, Arrianus sçauoit bien que le Cinnabre estoit la *Gomme d'vn arbre*. Et Cadamosto au Discours de ses nauigations, dit qu'en l'Isle du Port sainct, qui est vne des Canaries, on amasse le *Sang de Dragon*, qui est la *gomme d'vn arbre*, lequel on entame en certain temps de l'année, & de ceste ouuerture l'année apres sort vne *Gomme*, laquelle estant cuite & espurée dans des chauderons, deuient sang, qu'on appelle *Sang de Dragon*. Cest arbre fait vn fruict semblable à vne Cerise, de bon goust, de couleur bleuë ou iaune. Les habitans de ceste Isle appellent les forests de cest arbre, *Forests de Dragon*, se ioüans ainsi auec les estrangers qui y arriuent pour leur faire peur. Pena a mis le pourtrait de la fueille tel qu'il est icy, laquelle auoit esté apportée des Indes Occidentales, & disoit-on qu'elle est de cuir; & de faict à grand peine sçauroit on trouuer vne autre fueille qui fust telle ny en largeur, ny en grosseur. Il semble qu'elle ait esté arrachée d'vn arbre de mesme espece que les Palmiers : car elle retire à vn ais large de deux coudée, & de quatre ou cinq coudées de long, & est voutée en façon d'vne tuile, auec vne coste par le milieu tout du long, de l'espaisseur de demi doigt, & semble comme si on l'auoit rognée au bout, auec vn bord gros comme le doigt, ou plus mince & dur. Toute la fueille dés le haut iusqu'au bas se peut desfaire & reduire en certains

Liu. 5. c. 109. Liu. 33. ch. 7. Chap. 4.

Fueille de l'arbre Dragon apportée d'Indie.

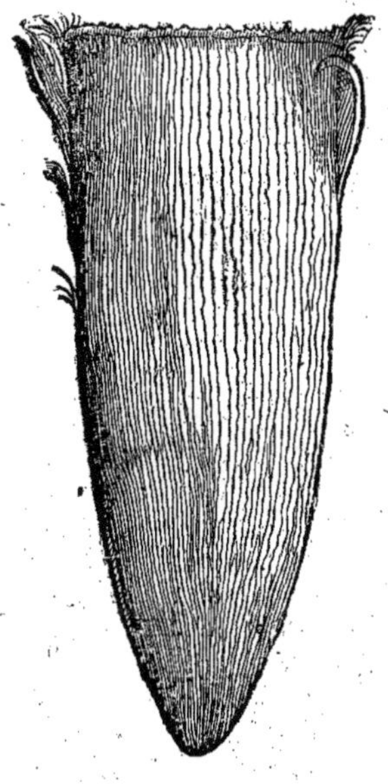

Fruict de l'arbre Dragon.

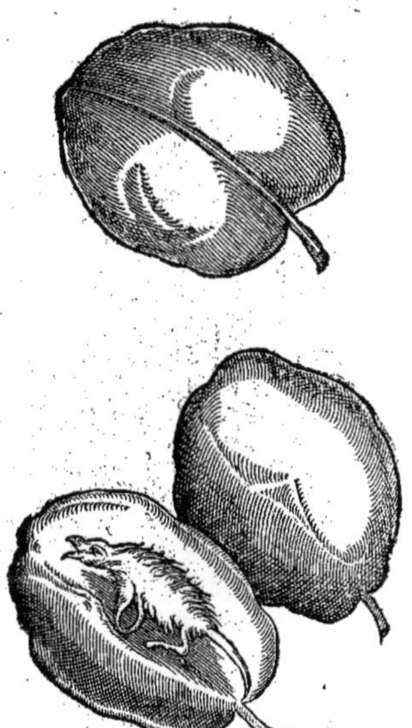

tains filamens, semblables à ceux dont la Noix d'Indie est couuerte, & vne certaine filace propre à faire des cordages, comme aussi toute la fueille peut seruir à couurir les maisons, & à faire des nattes. Au reste le *Sang de Dragon*, ainsi que dit Dioscoride, a les mesmes proprietez que la Sanguine rouge : il est bon pour les medecines des yeux, toutefois il a plus d'efficace que la Sanguine: car il est plus astringeant, & estanche mieux le sang ; incorporé en cerot il sert aux brusleures du feu, & à guerir la petite Verole. Voila ce que nous auions il y a desia long temps remarqué touchant cest arbre. A quoy il nous a semblé bon d'adiouster ce que l'Esclufe en a aussi escrit n'y a pas long temps. Il dit donc qu'il vid premierement cest arbre à Lisbonne l'an de grace 1564 au derrier du Conuent de Nostre-Dame de grace, dont les Moines ne tenoient conte, ne sçachans que c'estoit. C'est, dit-il, vn grand arbre, qui retire à vn Pin à le voir de loin, d'autant que ses branches sont bien egales & verdoyantes en tout temps. Son tronc est gros, fort aspre, & rabotteux, & iette huict ou neuf branches de deux coudées de long, egales, & nues, chascune desquelles en produit au bout trois ou quatre de la longueur d'vne coudée, ou vn peu dauantage, grosses comme le bras, qui sont aussi nues, du bout desquelles il sort des fueilles d'vne coudée de long, de la largeur d'vne bonne poucée, & plus espesses au milieu, auec vne coste releuée comme les fueilles de la flambe, minces & rougeastres par les bords, à mode d'vn bout d'espée, qui sont vertes en tout temps. Il porte vn fruict iaunastre, d'vn goust aigrelet, & gros comme vne petite cerise. Du tronc de cest arbre il sort durant les iours Caniculaires vne liqueur, laquelle estant espaissie comme vne gomme, est appellée *Sang de Dragon*, à cause que l'arbre s'appelle *Dragon*. Le bois du tronc est fort dur & malaisé à couper, pource que ses veines vont de droit, en trauers, & de biais. Mais ses branches, comme estans pleines de suc, se coupent aisément. Voila ce qu'en dit l'Esclufe, lequel descrit la fueille telle qu'il l'a veuë à Lisbonne : mais Pena l'a dit estre beaucoup plus grande, & plus espaisse, & qu'elle auoit esté apportée d'Indie. Sur quoy Nicolas Monard raconte vne chose fabuleuse, à mon aduis, disant que l'Euesque de Cartagena apporta du nouueau monde le fruict de l'arbre qui iette la gomme que l'on appelle *Sang de Dragon*, & qu'en leuant la peau de ce fruict on y voit vn petit Dragon, si bien pourtrait naturellement, qu'il semble auoir esté taillé en marbre par quelque excellent ouurier, ayant le col long, la gueule ouuerte, & l'eschine garnie d'aiguillons ; la queuë longue, & les pieds bien apparens. Toutefois l'Esclufe dit qu'il n'a rien veu de tout cela, encor qu'il ait veu ce fruict, lequel est rond, gros comme vne Cerise, lisse, & couuert d'vne peau mince, laquelle estant ostée, on descouuroit le noyau dur comme vn os, sans que l'on y vid aucune figure d'animal, & moins d'vn Dragon. Dauantage ledit Monard dit que cest arbre a l'escorce assez mince, & qui est aisée à inciser; ce qui est contraire à la description de l'Esclufe.

Les vertus. Liu. 5. c. 109.

Liu. 1. des Plant. d'Esp. ch. 1.

Du Figuier de l'Amerique, CHAP. LXXXIV.

THEVET dit qu'en l'Amerique, ou France Antarctique, au Royaume de Senega, il y a vn promontoire, qui fut appellé le Cap vert, par ceux qui descouurirent les premiers ce pays-là; mais ceux du pays l'appellent Ialont. Or on l'appella Cap vert, pource qu'il est fourni d'vne infinité d'arbres qui verdoyent toute l'année. Au droit de ce Cap il y a trois petites Isles qui ne sont pas fort eslongnées de terre ferme, esquelles il y a grande abondance de fort beaux arbres, encor qu'il n'y habite personne. En l'vne d'icelles il croist vn arbre qui a les fueilles semblablables à celles de nos Figuiers; son fruict a deux pieds de longueur ou enuiron, & approche de la longueur & grosseur des Courges de Cypre. Aucuns le mangent tout ainsi que nous mangeons nos Melons. Au dedans il y a vne graine semblable à vn rognon de lieure, de la grosseur d'vne feue. Les vns en nourrissent les singes, les autres la font secher apres qu'elle est meure, & en font de beaux colliers pour pendre au col. Ouiedo en son Histoire d'Indie descrit vn arbre quasi semblable, toutefois il a la fueille bien differente. Or il appelle cest arbre *Higuëro*, d'vn nom qui se prononce à quatre syllabes. C'est, dit-il, vn fort grand arbre, comme vn Meurier noir, qui porte vn fruict semblable à vne courge ronde, & quelquefois à vne longue, du rond l'on fait des tasses, & autres tels vases. Il a le bois fort propre à faire des bancs, escabelles, selles de cheuaux, & autres tels ouurages; car on diroit que c'est du bois d'vn Citronnier, ou d'vn Grenadier. On leue aisément son escorce. Sa fueille est longue & estroite, & large au bout, tellement qu'elle s'estressit peu à peu dés le bout iusques à la queuë. Les Indiens à faute d'autres fruicts mangent quelquefois de cestui-cy, qui a la poulpe semblable à celle d'vne courge verte, & mesme l'escorce, & la la figure d'vne Courge. Cest arbre est fort commun en l'Isle Espagnole, & autres Isles, & mesme en terre ferme en ce quartier là. Theuet fait mention d'vn semblable fruict que le premier, combien que ce n'est pas le mesme, lequel croist en l'Isle de Zipangu, & est de la grosseur d'vn gros Melon, on l'appelle *Chiuef*, c'est à dire *Figue* en langue Syriaque. Il est de fort bon goust, & se fond en la bouche quand on le mange, comme de Manne. Il y a des grains au dedans comme en nos Cocombres, quand il est meur il a l'escorce iaune, la fueille de l'arbre est bien verte, entierement ronde, & grande comme vn escu d'or au Soleil.

La forme. *Theu. c. 10. l. des singul. & Tom. 1. de sa Cos. l. 3. c. 4.* *Liu. 8. c. 4.* *En sa Cosm. Tom. 1. l. 12. ch. 10.*

Figuier de l'Amerique.

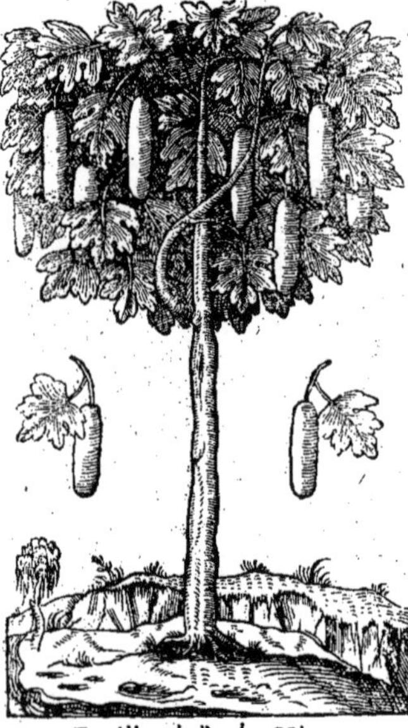

Fueilles de l'arbre Higuero.

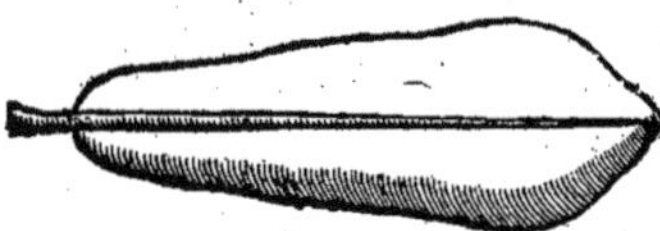

Du Guaiac, CHAP. LXXXV.

LES Indiens appellent cest arbre *Guayacan*: on l'appelle en Latin *Guayacum*, ou *Gaiacum*, ou *Lignum Indicum*. Aucuns ont voulu dire que c'estoit l'Ebene, ou vne espece de Bouis, d'autres l'appellent de diuers noms. Quoy que c'en soit c'est vn arbre nouueau, qui n'a point esté veu en ces quartiers, ny en tout ce qui estoit anciennement cogneu du monde: car il croist seulement au nouueau monde, qui n'agueres a esté descouuert. Nicolas Monard dit que c'est vn grand arbre de la grandeur de l'Ieuse, branchu, ayant le cœur de dedans fort gros & noirastre. Son bois est plus dur que l'Ebene, son escorce est grasse ou gommeuse, & se leue aisément quand le bois est sec. Ses fueilles sont petites & dures. Sa fleur est iaune, apres laquelle il vient vn fruict rond, massif, plein de grains comme les Nefles. Il en croist à force en l'Isle S. Dominique. Or il y en a vne autre sorte en l'Isle S. Iean du port riche; qui a esté trouuée depuis, & est quasi semblable au precedent, excepté qu'il est plus petit, & quasi sans cœur: mais il est plus odorant & plus amer que le precedent, duquel on a laissé l'vsage pour se seruir de ce dernier que l'on appelle *Bois sainct*, à raison de ses admirables vertus: car de faict l'experience a monstré qu'il estoit meilleur que l'autre; combien que tous deux sont merueilleusement propres pour guerir la grosse verolle: tellement que pour cest effect on vse de la decoction de tous deux ensem

Les noms. *La forme.* *Le lieu.*

ensemble, ou de l'vn d'iceux separément. Ceste seconde sorte semble estre celle que Pena appelle *Palma sancta*, ou *Palum sanctum*, de l'Indie Occidentale, & dit que c'est vne espece d'arbre different d'auec le *Guaiac*, combien qu'aucuns disent que c'est vne mesme espece. Car il n'est pas grand comme vn Fresne, mais plus petit, combien qu'il ait l'escorce de mesme couleur. Ses fueilles sont semblables à celles du Plantain, sinon qu'elles sont plus espaisses & plus grasse, & si sont moindres & plus courtes. Son fruict est de la grosseur d'vne Noix, propre pour lascher le ventre. Le mesme Pena dit qu'il a recouuert par le moyen des mattelots Anglois qui auoient fait le voyage d'Indie, des branches d'vn arbre semblable à la *Palme saincte*, desquelles il met le pourtrait & la description comme s'ensuit: Ce sont, dit-il, les branches d'vn grand arbre, qui sont droites, couuertes d'vne escorce semblable à celles du Guainier. Leurs fueilles retirent à celles des Citroniers, & sont poulpues & nues, plus larges que celles du Laurier, & plus courtes, & nerueuses. Au bout des branches il y a des gousses blaffardes, qui semblent estre de cuir, rondes, & fort plattes, quasi de la grandeur d'vn escu d'or de France, dans lesquelles il y a de la graine, de la figure & couleur d'vne Lentille; toutefois elle est plus platte & vn peu amere. Voila ce qu'en dit Pena. Au reste voici comme l'on dit que l'vsage du *Guaiac* vint à notice: C'est qu'vn certain Espagnol estant extremement tourmenté par les douleurs qu'il enduroit procedantes de la verolle, qu'il auoit prinse auec vne femme Indienne, son seruiteur, qui estoit Medecin en ce pays-là, luy fit boire la decoction du *Guaiac*, par le moyen de laquelle il se sentit non seulement deliuré de ces grandes douleurs qu'il enduroit, mais aussi du tout gueri, à l'imitation duquel tous les Espagnols qui se trouuerent entachez de ladite maladie, furent aussi gueris. Ainsi ceux qui retournerent de ceste Isle-là, publierent incontinent la maniere de guerir ceste maladie à Seuille, puis par toute l'Espagne, & en fin par tout le monde, comme ceste maladie y eust esté semée peu à peu. Et de fait il n'y a point de plus souuerain remede contre icelle, Dieu ayant permis que le remede soit venu du lieu mesme d'où le mal estoit procedé: car ceste maladie vint premierement de l'Indie Occidentale, & principalement de l'Isle S. Dominique, qui fut la premiere dont les Espagnols se saisirent au nouueau monde, en laquelle ceste maladie est aussi commune, comme la petite verolle est en nos quartiers. Or elle fut semée par tout le monde en ceste maniere: En la guerre que le Roy Charles huictiesme Roy de France mena au Royaume de Naples, Christophle Colomb estant de retour de son premier voyage qu'il auoit entreprins pour chercher vn nouueau monde, auquel il auoit descouuert l'Isle S. Dominique, & autres Isles, & ayant amené auec soy des hommes & femmes à Naples (où estoit le Roy d'Espagne pour lors, & auoit fait paix auec le Roy de France) comme les soldats des deux armées frequentassent les vns auec les autres, les Espagnols commencerent à se mesler auec les femmes Indiennes qui estoient entachées de ceste maladie, & les Indiens auec les Espagnolles, puis apres les Italiens & Allemans en voulurent auoir leur part, tant qu'à la fin les François en furent aussi poiurez; si bien que par ce moyen la maladie fut semée par tout le monde. Or pour la guerir entierement il n'y a point de plus souuerain remede que la decoction du *Guaiac*, quand elle est ordonnée à propos par vn bon Medecin, qui ait esgard aux forces du malade, & à son temperament: car c'est le vray contrepoison de ceste maladie; entant qu'il ne la guerit pas par ses qualitez manifestes, dautant que son goust, suiuant la doctrine de Galien en son liure des facultez des Simples, monstre qu'il est fort sec & chaud, pource que sa decoction est amere & acre, tellement qu'il semble estre chaud iusqu'au troisiesme degré, & auoir des parties subtilles, desquelles procede l'acrimonie; & des terrestres adustes, qui luy causent l'amertume. Parquoy il soustient d'estre longuement cuit, si bien que si on le cuisoit dix fois, la derniere decoction seroit quasi aussi amere, acre & espaisse que la premiere: tellement qu'on ne peut quasi espuiser sa vertu. Ayant donc les qualitez susdites, tant s'en faut qu'il deust guerir ladite maladie qui procede d'vne intemperie du foye chaude & seche, qu'il l'empireroit plustost. Ainsi il appert qu'il fait ceste operation par vne qualité occulte, & par vne forme specifique, comme il en prend à plusieurs autres medicamens. Ceste decoction est semblablement propre pour ceux qui commencent à estre hydropiques, aux asthmatiques, contre le haut mal, aux maladies de la vessie & des reins, aux gouttes, & à toutes sortes de maladies qui procedent d'humeurs froides & de ventositez, & aux maladies inueterées, ausquelles on a essayé

Arbre retirant à la Palme saincte.

Le temperament & les vertus.

sayé en vain toute autre sorte de remede, sur tout quand ces maladies viennent apres la verolle. Elle raffermit aussi les dents, & les blanchit si on s'en laue souuent la bouche. Au reste il n'est ia besoin de specifier icy par le menu la maniere de bien preparer ladite decoction, ny la façon d'en vser, & le regime de viure que doiuent tenir ceux qui en vsent, attendu que tout le monde le sçait assez.

De l'Hairi, CHAP. LXXXVI.

HAIRI est vn arbre de l'Amerique, qui a les fueilles comme les Palmiers, & le bois qui retire au marbre noir, à raison de quoy plusieurs l'ont prins pour l'Ebene, l'opinion desquels Theuet n'approuue pas, pource que le bois de l'Ebene a plus beau lustre, & qui plus est cest arbre est tout espineux, & l'Ebene ne l'est pas. Finalement l'Ebene croist en Ethiopie & en Calicut. Au reste le bois de cest arbre est si massif qu'il va à fonds quand on le met en l'eau, pour ceste cause les Sauuages en font des espées, & des carquans. Mesme il est si dur & roide, que les flesches qui en sont faites perceront vn corcelet de fer quel qu'il soit. Il porte vn fruict de la grosseur d'vn esteu, vn peu aigu à l'vn des bouts, au dedans duquel il y a vn noyau blanc comme nege. Ouiedo descrit vn fruict quasi semblable à cestui-cy, qu'il appelle Yayama, duquel il sera parlé en son lieu.

La forme. Theu. liu des sing. ch. 38.

Comment il en faut vser.

Liu. 8. c. 13.

Du Molle, CHAP. LXXXVII.

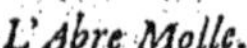

L'Abre Molle.

LESCLVSE dit qu'il a veu deux arbres qui croissent au Peru, qui sont appellez *Molle*, lesquels estoient creus de la graine qui auoit esté plantée à Malines, & les descrit ainsi: Ces arbrisseaux, dit-il, auoient le tronc de couleur de vert-brun, d'autant qu'ils estoient encor tendres, auec beaucoup de taches cendrées, leurs fueilles estoient à mode de plumes, comme celles de Fresne: toutefois elles estoient beaucoup plus petites, vertes-brunes, dentelées, & plus aigues au bout. Estant arrachées de l'arbre il en sortoit vn suc blanc comme laict, gluant, visqueux, & odorant: mesme les fueilles broyées, sentoient le Fenouïl, & sembloient estre vn peu astringeantes au goust. Le fruict que produiset ces arbres estoit quasi de la grosseur d'vn grain de Poiure, huileux, & couuert d'vne petite peau rougeastre, entassé à mode de grappe de raisin, cōme on peut voir par le pourtraict qui est mis icy. L'on ne sçait pas encor la figure de ses fleurs, sinon qu'aucuns disent qu'elle est semblable à la fleur de la vigne. Cest arbre croist en grande abōdance aux vallées & plaines du Peru, comme rapportent tous ceux qui ont escrit de l'Indie Occidentale, & principalement Pierre Cieca, qui le descrit ainsi en la premiere partie de sa Chronique: En tout ce quartier, dit-il, il y a de grands arbres, & de petits aussi, que ceux du pays appellent *Molle*, lesquels ont les fueilles menuës, qui sentent le Fenouïl, & vne escorce si singuliere que sa decoction est propre pour fomenter les iambes, quand elles meinent douleur, ou qu'il y a de l'inflammation. Des petites branches on en fait de fort bons curedens. De son fruict cuit en eau, lon en fait du vin, ou pour le moins vn fort bon breuuage, ou du vinaigre, ou du miel, selon ce qu'on le cuit. Aussi les Indiens font si grand estat de ces arbres, qu'en certains lieux, ils sont consacrez à leurs Idoles. Aucuns disent que la decoction des fueilles de cest arbre sert

La forme.

Le lieu.

contre

contre les douleurs procedées de froid, & que ſa gomme qui eſt blancho comme de la Mumie, eſtant deſtrempée en laict ſert à eſclaircir la veuë.

Du Palme-pin, *CHAP. LXXXVIII.*

ENA dit qu'il a ouy dire a des marchands Bretons, qui trafiquent quaſi tous les ans en la Guinée, qu'il y croiſt beaucoup de *Palmiers ſauuagés*, de meſme eſpece que les Palmiers cõmuns, leſquels ſont ſteriles, & ne ſont en rien differés d'auec les domeſtiques, ſinon pource qu'ils ſont plus petits. Entre autres il y a eu deux marchands Anglois qui luy ont aſſeuré que ceſte belle & merueilleuſe Plante qui eſt icy peinte y croiſt, meſme ils en ont apporté des brãches chargées de beau fruict; l'arbre deſquelles ſemble auoir eſté fait par vn ieu de Nature, qui ait prins plaiſir de meſler enſemble vn Palmier & vn Pin. Son bois eſt ſpongieux, ſemblable à celuy du Palmier, & ſe peut tout reduire en filamens, couuert d'vne eſcorce eſcailleuſe. Ses branches ſont pointues, & ont quarante ou cinquante aiguillettes branchues qui ſortent en rond, eſtans compoſées de vertebres & eſcailles enchaſſées de la lõgueur d'vn pied, rondes, & vn peu plattes, à chacune iointure deſquelles il y a beaucoup de Pommes fichées, en nombre de trente ou quarante, qui retirent à vne mediocre Pomme de Cedre, & ſont rayées en eſchiquier; tellement que l'eſcorce de la Pomme eſt releuée à mode d'vn couuert, & eſt brune, polie & reluiſante, de la groſſeur & ſubſtance de la Noix d'Indie, auec vn noyau de la longueur d'vn doigt & demy, ou de deux doigts, fort dur, & qui eſt malaiſé de reduire en farine, du gouſt des Glands, ou des Chaſtagnes, qui ſert au lieu de pain à ceux de ce pays-là.

Palme-pin ſauuage.

Palme-pin, de Pena.

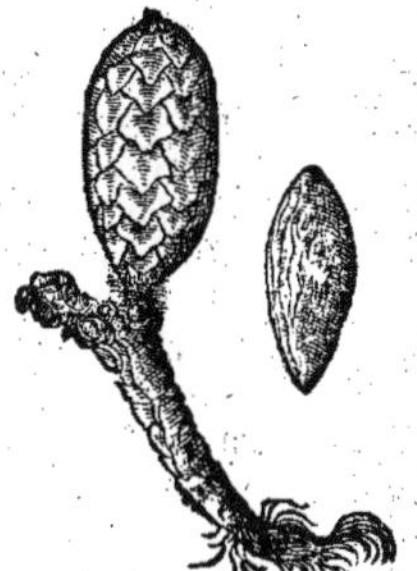

Peuplier de l'Amerique,

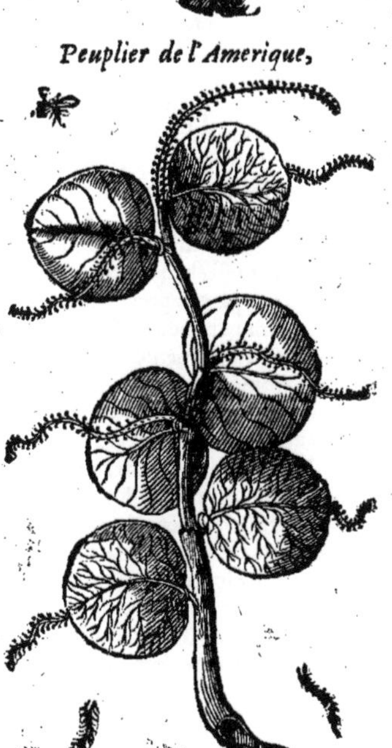

Du Peuplier de l'Amerique, *CHAP. LXXXIX.*

ENA aſſeure que les marchands Anglois retournans du nouueau monde, en ont rapporté de belles & fort grandes branches, du nombre deſquelles eſt celle qui eſt icy peinte, laquelle eſt quelque peu tortue & a force iointures ou neuds, à vne paume, ou vne paume & demy pres l'vn de l'autre, à chacun deſquels il ſort vne fueille auec ſa queuë, qui eſt entierement ronde, & ſans aucune decoupeure, ſinon à l'endroit de la queuë: au demeurant ſes fueilles ſont groſſes, roides, & plus larges que celles du Guainier. Ses fleurs ſortent alternatiuement par la queuë des fueilles, en des grandes queuës garnies de beaucoup de petits grains comme celles du *Peuplier*, à raiſon de quoy il appelle ceſt arbre *Peuplier* du Peru: il eſt fort aſtringeant au gouſt, vn peu chaud & ſalé.

Du Saſſaffras. CHAP. XC.

Es François eſtans en la Floride qui eſt vne prouince du nouueau monde, eſprouuerent les admirables proprietez d'vn certain bois, contre diuerſes maladies, ſuiuant ce qu'ils auoient appris par ceux du païs. Depuis les Eſpagnols ayans chaſſé les François de là, & eſtans attains de ſemblables maladies, à cauſe qu'ils mangeoient de mauuaiſes viandes, beuuoient des eaux mal-ſaine, & dormoient ſur la dure, apprindent ces mémes proprietez de quelques François qui eſtoient demeurez là tellement qu'ayant vsé de ce bois il reuindret en conualeſcence, à raiſon de quoy l'õ en apporte maintenant en Eſpagne. Or voicy ce que Nicolas Monard en eſcrit. Ceſt arbre, dir il, eſt appellé par le Indiens *Pauame*: & par les François, & les Eſpagnols qui les ont ſuiuis, *Saſſafras*: ie ne ſçay à quelle raiſon. Ceſt arbre eſt de la grandeur & figure d'vn Pin mediocre, combien qu'il s'en treuue de plus petits: il n'a qu'vn ſeul tronc, nud, garni de branches à la cime; comme vn Pin quand il eſt eſmondé. Son eſcorce eſt de couleur de gris-brun, couuerte d'vne certaine peau cendrée, d'vn gouſt vn peu acre, toutefois aromatique, approchant vn peu du gouſt du Fenouïl, & odorant, tellement qu'vn bien peu d'icelle ſe fera ſentir par toute vne chambre. Le bois du tronc & des branches eſt blanc, tirant ſur le cendré, il n'a pas l'odeur ny le gouſt ſi aromatique comme l'eſcorce: ſes fueilles retirent à celles des Figuiers, & ont trois pointes au bout; toutefois quand elles ſont nouuelles elles retirent à celles des Poiriers, combien que la marque des angles y ſoit deſia: au reſte elles ſont touſiours verdoyantes, c'eſt à dire qu'il y en vient touſiours de nouuelles au lieu de celles qui tombent, de couleur de vert brun, & odorantes; ſpecialement quand elles ſont ſeches. On ne ſçait pas encor s'il fleurit: ſes racines ſont groſſes ou menuës à proportion de l'arbre, liſſes, non tant toutefois comme le tronc, & s'eſpandent à fleur de terre, tellement qu'elles ſont aiſées à arracher, (ce qui eſt quaſi commun à tous les arbres d'Indie, meſme que les arbres que l'on y porte d'Eſpagne, y meurent s'ils ne ſont plantez à fleur de terre.) L'eſcorce de la racine eſt ferme, de couleur cendrée, & plus aromatique que celle de l'arbre, à raiſon de quoy ſa decoction eſt meilleure & plus odorante, auſſi les Eſpagnols qui ſont en ces quartiers-là en vſent. L'arbre croiſt és lieux maritimes & temperez, c'eſt à dire, qui ne ſont ne trop ſecs, ne trop humides, comme au Port de S. Heleine, & de S. Matthieu: car il n'eſt pas aiſé d'en treuuer en tout le reſte de la Floride: mais là il y en a des foreſts entieres: tellement qu'à raiſon de leur bonne odeur, les Eſpagnols à leur arriuée en ce quartier-là penſoient que ce fuſſent des arbres de Canelle, & à bonne raiſon, d'autant que l'eſcorce de ceſt arbre eſt auſſi odorante & acre, que celle de la Canelle; meſme ſa decoction fait les meſmes effects que celle de la Canelle. Or la racine eſt la meilleure, puis apres les branches, & le tronc qui va apres; & neantmoins l'eſcorce eſt encor meilleure que tout cela. L'arbre & ſes branches ſont chauds & ſecs au ſecond degré; mais l'eſcorce eſt vn peu plus chaude & ſeche: à ſçauoir pres du troiſiéme degré. Aucuns tiennent qu'elle eſt chaude à la fin du premier degré, & ſeche au troiſiéme. On dit que ſa decoction eſt bonne en toutes ſortes de maladies, principalement aux opilations, & pour fortifier les parties interieures contre les fieures tierces & inueterées. Priſe en breuuage auec du ſucre elle eſt bonne contre les catharres, aux aſthmatiques, aux accidens de la poitrine, procedez de froid, aux douleurs des reins & des lumbes: car elle fait ſortir la pierre des reins, & reſout les ventoſitez, à raiſon de quoy elle met la matrice en bon point pour conceuoir, & prouoque les mois. Elle appaiſe les vomiſſemens, aide à la digeſtion, & laſche le ventre. Or la maniere de faire la decoction eſt telle: Il faut prendre demie once de la racine taillée en pieces auec ſon eſcorce, & la mettre en infuſion en quatre ou cinq liures d'eau, dans vn pot de terre qui ſoit neuf par l'eſpace de douze heures, puis la faire bouillir à petit feu iuſques à la conſumption du tiers, apres il faut couler la decoction & la garder en vn pot de terre verniſſé. Apres cela il faut remettre derechef autant d'eau ſur les meſmes eſclats ou pieces, & la faire decroiſtre iuſques à la conſumption de la ſixieſme partie. Or eſt-il à noter qu'il faut mettre plus ou moins de bois en la decoction, ſelon la grandeur de la maladie, la force du malade, & ſelon ſon temperament: car il faut donner moins de decoction, & la

Les noms.
La forme.

Arbre du Saſſafras, de Monard.

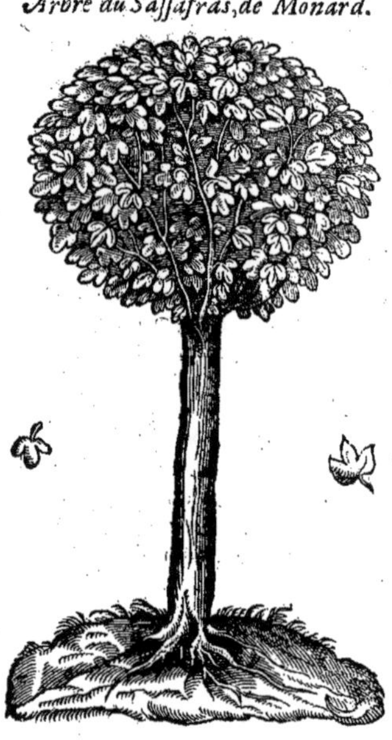

Comment il le faut choiſir.
Le temperament & les vertus.

& la faire aussi moins cuire, pour ceux qui sont bilieux, que pour les phlegmatiques. Mais l'ordinaire est de prendre neuf onces de la premiere decoction tiede de bon matin, puis apres il faut suer & changer d'accoustremens, sans estre contraint de tenir le lict pour cela. Au disner on pourra manger la moitié d'vne poule rostie, auec quelque peu de raisins secs & d'Amandes: au souper il faudra vser de conserues propres pour la maladie que l'on veut guerir, & boire de la seconde decoction. Nicolas Monard asseure qu'il à veu l'experience bien certaine, que ladite decoction ordonnée & prinse comme dessus, est fort souueraine pour ceux qui ont les pieds & les mains si tortus de la goutte, qu'ils ne s'en peuuent aider. Contre la verole elle y est aussi propre que celle du Guaiac, ou de la Chine. Ceux qui ne veulent pas vser d'vn si grand regime, font la decoction simple en cette maniere: Ils prennent demie once dudit *Bois* par coupeaux comme dessus, ou plus ou moins selon les particularitez qui ont esté remarquées, & la font cuire en quatre liures & demie d'eau, iusqu'à la consumption de la moitié, & vsent longuement de cette decoction, au disner & au souper, & sur le iour. Ceux qui ne peuuent se tenir de boire du vin, faudra qu'ils y meslent de ladite decoction; car elle donnera bon goust & odeur au vin. Il est bon de porter auec soy de ce *Bois*, & le flairer souuent en temps de peste, sans mespriser toutefois les autres remedes. En somme à cause de sa grande secheresse, & chaleur moderée, c'est vn souuerain remede contre toutes sortes de defluxions, d'autant qu'il les consume: toutefois il n'est pas bon pour ceux qui sont attenuez & debiles: vne piece de ce *Bois* maschée & tenuë sous la dent qui fait mal, en appaise la douleur. Au reste combien qu'on ne se sert que du susdit *Bois* & escorce en medecine, si est-ce pourtant que les Indiens appliquent sur les playes les fueilles vertes broyées; mesme ils les font secher pour s'en seruir en d'autres receptes & medecines.

Vhebebasou, CHAP. XCI.

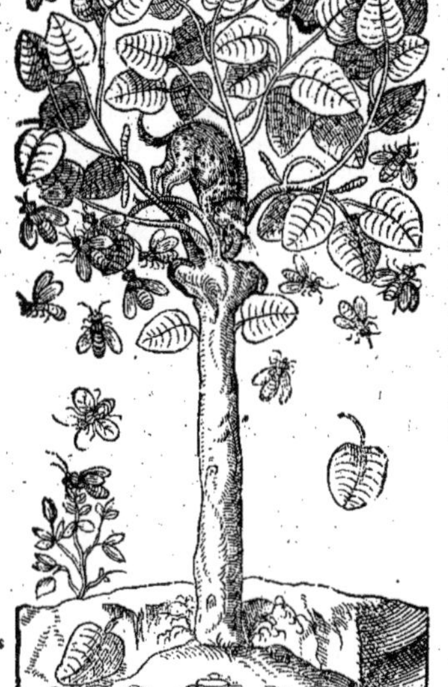

La forme. Theuet c. 51. des sing.

C'Est arbre est tres-haut, & a les branches entrauersées l'vne par dedans l'autre; tellement que cela semble estre fait artificiellement & non naturellement. Ses fueilles retirent à celles des Choux. Son fruict en quelques branches a vn pied de longueur, duquel les mouches à miel se nourrissent & se logeans dans le creux de l'arbre, y font le miel & la cire. Les Sauuages font grand estat de ce miel; pource qu'ils en nourrissent les malades, le meslans auec de la farine fraiche qu'ils font auec des racines sechées & moulues. Or il y a vne beste appellée Heirat, c'est à dire, Beste du miel, qui est noire, & grosse comme vn de nos Chats domestiques, laquelle cherche diligemment ces arbres, & est fort friande de ce miel, lequel elle tire du creux des arbres auec les ongles si dextrement, qu'elle ne fait aucun mal aux mouches, & n'est point aussi offencé d'elles.

Comment il en faut vser.

Des Arbres venimeux, CHAP. XCII.

Theu. liu. des sing. ch. 61.

ENTRE le Peru & les Cannibales il y a plusieurs Isles, lesquelles sont subiectes à vn Seigneur qu'ils appellent Cassique. En la plus grande desquelles, où le Roy sejourne la plus part du temps, il y a grande quantité d'arbres de Guaiac, & encor d'vne autre sorte d'arbres qui portent vn fruict gros comme vn esteu, & beau à voir; toutefois il est venimeux. Les sauuages se seruent de son suc pour empoisonner leurs flesches quand ils vont à la guerre. Il y a encor vn autre arbre lequel estant scarifié iette vn suc venimeux, & neantmoins ses racines sont bonnes à manger; car ils en font de la farine dont ils viuent. Nous auons prins cecy de Theuet, pour contenter ceux qui se plaisent à sçauoir les diuers effects de nature, & les choses nouuelles. Iceluy mesme escrit cecy de Baxama: de l'Isle d'Ormuz, dit-il, iusqu'en vne autre appellée Quecionne qui est vis à vis d'Ormuz, il y a dix lieuës. Cette Isle estoit iadis le lieu de plaisance des Princes, maintenant elle est deserte & abandonnée, tant pource qu'elle est la plus part ruinée par les grands tremblemens de terre, que pour la grande abondance des viperes, aspics, & coleuures, qui sont d'autre couleur que les nostres; & de toutes sortes de serpens qui y sont à l'occasion desquelles l'air y est si infect, qu'il fait non seulement mourir les hommes qui y sejournent tant soit peu; mais infecte aussi les Plantes, comme entre autres l'arbre appellé

Tom. 1. de sa Cosmog. liu. 10. ch. 3.

appellé *Buxama*, le fruict duquel fait mourir les personnes pour peu qu'elles en mangent, ce que fait aussi son ombre; si l'on y demeure seulement vn quart d'heure: & toutefois la racine de cest arbre croissant en d'autres regions, sert de contrepoison à toutes sortes de venins, au lieu qu'elle est venimeuse en ce lieu là; comme aussi ses fueilles & son fruict qu'on appelle *Rambuxit*.

Des Arbres croissans aupres du fleuue noir, & plusieurs autres, *CHAP. XCIII.*

IL croist fort peu d'arbres fruictiers le long du fleuue qu'on appelle Noir: entre autres il y en a *vne sorte*, qui porte vn fruict semblable à vne Chastaigne; toutefois il est amer, ceux du païs l'appellent *Gor.* Iean Leon au premier liure de la description d'Afrique, dit que ces arbres sont merueilleusement hauts, & croissent assez loin de la mer en terre ferme. En Zeilan qui est vne Isle d'Indie, il y a des Orenges qui ont l'escorce douce & de bon goust. Il y vient aussi vne sorte de Limons qui demeurent fort petits; & sont fort doux: en Syrie, Egypte, & Afrique, il y a force Limons sauuages, qui portent le fruict tres-petit & merueilleusement aigre: en l'Isle d'Aruchet il y a vn Arbre, de l'escorce duquel sort le fruict, qui est blanc comme s'il estoit couuert de succre, de la grosseur des Coriandres: on le nomme *Ambulon*.

Scalig. Exer. 181.20.

Exer. 181.14.

De l'Ettalch, *CHAP. XCIV.*

LEs Arabes appellent le grand Geneure qui retire au Cedre, *Harar*, les Africains *Ettalch*: au Royaume de Tunes il a la mouëlle blanche; en Ethiopie elle est noire en Lybie elle est purpurine, laquelle on dit que les medecins de Barbarie reduisent en poudre, & s'en seruent auec heureux succés contre la grosse verole. Cette maladie porte le nom de trois nations: car les François l'appellent *Mal de Naples*, pource qu'ils disent qu'ils l'ont prinse là. Au contraire les Italiens l'appellent *Mal François*, pource que ce sont esté les premiers qu'ils ont veu attains de cette maladie: & les Allemans l'appellent *Mal d'Espagne* pource que les Espagnols ont apporté cette belle mercerie de l'Indie. Quant à moy, dit Scaliger, il me semble qu'on la peut nommer à bon droit *Mal d'Indie*. En la description de la neufuiesme partie d'Afrique, il est dit que *Ettalch* est vn grand arbre espineux, qui a les fueilles comme le Geneure, & iette vne gomme semblable au Mastich, auec laquelle les Africains sophistiquent le Mastic, pource qu'elle retire aucunement au Mastich quant à la couleur & odeur, estant toute semblable quant au reste. Il semble que ce soit l'Oxicedre qui a esté descrit cy deuant. Theuet fait mention d'vn arbre qu'il appelle *Ethache*, lequel croist en l'Isle de Cuouc, & est fort espineux, semblable au Geneure.

Scalig. Exer. 181.19. *La forme.*

Les vertus.

Du Genipat, *CHAP. XCV.*

L'ON fait grand estat en l'Amerique de l'Arbre appellé *Genipat*, principalement à cause de son fruict qui porte le mesme nom; non pas qu'il soit bon à manger; mais pource que les Sauuages s'en seruent à d'autres choses. C'est arbre a les fueilles semblables à celles du Noyer. Son fruict vient quasi au bout des branches, & croist l'vn sur l'autre d'vne estrange façon. Il est semblable à nos Pesches quant à la grosseur & à la couleur: de son suc les Sauuages se taignent tout le corps en ceste maniere: Ces miserables & brutaux ne sçachans comme tirer autrement le suc de ce fruict; le maschent comme s'ils le vouloient manger, puis apres ils le iettent hors; & le pressent auec les mains comme esponge pour en faire sortir le suc; lequel est fort clair. Or comme ils sont en train d'aller faire quelque massacre, ou bien d'aller voir leurs amis, ou en quelque solennité, ils se mouïllent tout le corps de ceste liqueur; laquelle venant à se secher; tant plus elle se seche acquiert tant plus vne couleur naïfue, laquelle on ne sçauroit bonnement exprimer: car elle est mediocre entre le noir & le bleu, ou soit la couleur d'azur. Ces Sauuages estans ainsi accommodez, se prisent autant comme nous faisons estans vestus d'escarlate & de soye. Il y a aussi vn autre arbre appellé *Genipat*, qui porte le fruict plus gros que le precedent; & bon à manger.

La forme. Theuet liur. des sing. ch. 32.

Comment il en faut vser.

Du Guayaua, *CHAP. XCVI.*

GVAYAVA est vn arbre & vn fruict semblable à vn Pomier, toutefois le fruict est blanc, plein d'vne graine noire, menuë & ronde; en quoy il est different d'auec les Pomiers Or il faut descrire cest arbre vn peu plus au long suyuant Ouiedo. *Guayabo*, dit-il, est vn arbre assez cogneu par toute l'Indie, de la grandeur des Orengers, toutefois il a les

Scalig. Exer. 181.9. *La forme.* Liu. 8. ch. 19

branches plus rares, & les fueilles moins vertes, semblables à celles des Lauriers, sinon qu'elles sont vn peu plus larges, & plus grosses ; & si ont les veines plus eminentes. Il porte vn fruict long, ou rond, qui est quelquefois rouge-incarnat par dedans, de la couleur des Roses, ou bien blanc: mais par dehors il est tout vert, ou iaune quand il est meur du tout. Il s'en treuue d'aussi gros que les Passe-pommes, & des plus petits aussi. Leur chair est separée en quatre parties, en chacune desquelles il y a des grains fort durs, lesquels toutefois l'on aualle bien : leur escorce est comme celle d'vne Poire Muscade ; & se peut oster tout de méme: leur fleur retire aucunement à celle des Orengiers ou des Citronniers, & sent quelquefois comme le Gesemin, & encor meilleur. Il se treuue de ces arbres tant sauuages que cultiuez : leur fruict est bon à manger, de bonne digestion, & propre cõtre le flux de ventre: car il est astringeant, principalement si on le mange vn peu mal-meur & duret. Comme l'arbre s'appelle *Guyabo*, le fruict aussi s'appelle *Guyaba*. Acosta parlant de ce mesme arbre dit que l'arbre qui porte le fruict appellée *Guaiauas*, est bien renommé entre les Indiens Espagnols. Il est de moyenne grandeur, & a les branches esparses ; les fueilles semblables à celles du Laurier, les fleurs blanches, semblables à celles des Orengiers; toutefois elles sont vn peu plus grandes & odorantes. Il croist aisément en quelque lieu qu'on le Plante, & iette tant de rejettons que l'on le tient pour vne imperfection de la terre : car il occupe la place où il deuroit croistre de l'herbe pour nourrir beaucoup de bestail, tout ainsi que les Ronces. Son fruict est de la grosseur de nos Pommes, & particulierement de celles que les Espagnols appellent *Camuessas :* il est vert du commencement; mais quand il est meur, il est de couleur d'or, & a la chair blanche au dedans, & quelquefois de couleur de Roses. Quand on le fend on treuue qu'il a quatre chambrettes, dans lesquelles est la graine, semblable à celle des Nefles, fort dure, noire, & du tout semblable à vn os sans aucune mouëlle ny goust. On oste volontiers l'escorce pour manger le fruict, lequel est plaisant, sain, & de bonne digestion: estant vert il est bon au flux de ventre ; car il est fort astringeant : & au contraire quand il est bien meur il lasche le ventre. Mais quand il n'est ny trop mal-meur, ny aussi trop meur, si on le cuit au feu, il est bon tant aux sains comme aux malades; & méme estant ainsi appresté, il en est plus sain & de meilleur goust. Au reste il est aussi meilleur quand il croist sur les arbres cultiuez ; que quand il vient sur les sauuages. Les Indiens se seruent de la decoction de ses fueilles pour lauer les iambes qui sont enflées, & contre l'opilation de la ratelle. Quant au fruict il semble estre froid, & pour cette cause on en donne à ceux qui sont en fieure, apres l'auoir rosti. Il est commun par toute l'Indie.

De l'Hyuourahe, CHAP. XCVII.

La forme. Theu.c.30.

IL ne faut pas oublier cest arbre que les Sauuages appellent *Hyuourahe*, c'est à dire *chose rare*, à cause de ses rares proprietés. C'est vn arbre haut, qui a l'escorce de couleur d'argent, le bois rougeastre, & vn goust quasi salé ou comme le bois de la Riguelisse. Son escorce a vne admirable proprieté & vertu, aussi les Sauuages en font autant d'estat cõme nous faisons du Guaiac : méme aucuns ont pensé que c'estoit vray Guaiac, à l'opinion desquels *Les vertus.* Theuet ne s'accorde pas. Car tout ce qui a la mesme vertu que le Guaiac, ne doit pas pour cela estre appellé Guaiac : neantmoins les Chrestiens se seruent de cette escorce au lieu du Guaiac, pour guerir la verole. Ils prennent de cette escorce, laquelle rend vn suc blanc comme laict quand on l'arrache de l'arbre, autant qu'il fait de besoin, & la mettent en petites pieces, puis la font cuire dans l'eau trois ou quatre heures durant iusques à ce que la decoction prenne la couleur comme du vin clairet, & ainsi continuant par l'espace de quinze ou vingt iours d'vser de cette decoction, vsans cependant de diete en leur viure : par ce moyen i'entens que la verole se guerit fort bien, & méme toute autre maladie qui procede d'humeurs froides, & phlegmatiques, lesquelles sont attenuées & desséchées par le moyen de cette decoction. Ceux de l'amerique en vsent ainsi en leurs maladies, méme c'est vn plaisant breuuage pour ceux qui sont sains. Cest arbre a encor vne autre chose fort singuliere, à sçauoir son fruict qui est de la grosseur de nos Prunes moyennes, de la couleur de fin or, dans lequel il y a vn noyau fort plaisant & delicat pour les malades, & fort propre pour ceux qui ont perdu l'appetit. Dauantage cest arbre ne porte fruict que de quinze en quinze ans, ce qui pourroit sembler incroyable à plusieurs, & toutefois i'en peux rendre bon tesmoignage, pource que ie m'en suis enquis soigneusement, & l'ay sçeu par les plus anciens Ameriquains, l'vn desquels me monstra cest arbre, & m'asseura qu'en tout le temps de sa vie il n'auoit mangé que trois ou quatre fois de ce fruict.

Du Pacal, CHAP. XCVIII.

LE long d'vne certaine riuiere, qui est à vingtcinq lieuës de Lima, il croist vn arbre que les Indiens appellent *Pacal*, & se seruent des cendres de son bois meslées auec du Sauon, pour guerir les plus mauuaises dertres, tant de la teste que du reste du corps ; méme on dit qu'elles effacent les vieilles cicatrices, i'ay prins vn peu de ce *Bois* pour esp rouuer sa proprieté.

Du

Du Palmier portant vin, CHAP. XCIX.

E Promontoire d'Ethiopie que l'on appelle maintenant Cap vert, eſt garni d'vne infinité d'arbres & arbriſſeaux fruictiers, & meſme de *Palmiers*, tant à cauſe de la bonté de l'air, que de la fertilité de la terre. Or il y a vne *eſpece de Palmier*, qui eſt vn arbre fort beau, ſoit pour raiſon de ſa hauteur, ou qu'il eſt verdoyant en tout temps ; comme auſſi pour d'autres proprietez qu'il a. Car on inciſe ceſt arbre, & fait-on vne ouuerture ſi grande que l'on y puiſſe mettre le poing à vn pied, ou au plus à deux pieds pres de terre, dont il en ſort vn ſuc que l'on recueille en des pots de terre, qui arriuent iuſqu'à l'inciſion. On tire auſſi vn ſemblable ſuc du *Palmier Cichorin*, lequel eſt de fort bon gouſt : apres on le verſe dans d'autres vaſes, & s'en ſert on pour vn breuuage ordinaire, qu'ils appellent *Mignol*. Or pour le mieux conſeruer, on y met vn peu de ſel, comme nous faiſons en noſtre verius : car par ce moyen la crudité qui y peut eſtre eſtant conſumée ; il s'en garde mieux. Ce breuuage eſt de la couleur & de la ſorte de nos vins de Champagne, ou d'Aniou, de fort bon gouſt, & fort ſingulier pour raffraichir & eſtrancher la ſoif, à laquelle ils ſont fort ſubiets en ce païs-là, à cauſe des grandes chaleurs qui y ſont continuellement, & s'y vend auſſi cher comme les bons vins en France : toutefois les fruicts de ceſt arbre, qui ſont petites Dattes, ſont aſpres au gouſt, & ne ſont pas bons à manger.

La forme. Theu ch. 11. — *Les vertus.*

Du Penou abſou, CHAP. C.

L y a vn arbre en l'Amerique, qui eſt appellé *Penou abſou* ; l'eſcorce duquel a vne odeur du tout admirable. Il a les fueilles ſemblables à celles du Pourpier, fort eſpaiſſes, & qui ſont vertes en tout temps. Son fruict eſt de la groſſeur d'vne groſſe Pomme, rond à mode d'vn eſteu, & ne vaut rien à manger ; ains eſt venimeux. Chacun de ces fruicts a ſix noyaux au dedans, ſemblables à nos Amandes, ſinon qu'elles ſont vn peu plus larges, & plus plattes : en chaſcune d'icelles il y a vn noyau, qui eſt merueilleuſement propre pour guerir toutes ſortes de playes : auſſi les Barbares ayans eſté bleſſez auec les fleſches ou autrement, en combattant, broyent ces noyaux & en tirent vn huile roux, duquel ils oignent les playes.

La forme. Theu. ch. 38.

De l'Eſcorce d'Arbre propre aux Catharres, CHAP. CI.

I C O L A S Monard au troiſieſme liure de ſon traitté des Simples d'Indie, qui ſeruent en medecine, fait mention d'vne certaine eſcorce, dont il dit que les Indiens ſe ſeruent heureuſement contre les catharres. Entre autres choſes, dit-il, l'on m'a enuoyé du Peru vne *certaine eſcorce groſſe*, que l'on dit auoir eſté arrachée d'vn grand arbre, ſemblable à vn Orme, en grandeur & figure. Il croiſt le long d'vne certaine riuiere à vingt cinq lieuës pres de Lima : on n'en treuue point en tout le demeurant de l'Indie. Les Indiens ſe ſentans tourmentez de defluxions, rheumes, ou peſanteur de teſte, reduiſent l'eſcorce de ceſt arbre en poudre bien menuë, laquelle ils mettent dans le nez : ainſi il en ſort beaucoup d'humidité, & par ce moyen ils ſon gueris, & de faict nous auons eſprouué qu'il eſt vray. Il ſemble que cette *eſcorce* paſſe le ſecond degré en chaleur.

Le lieu.

Eſcorce, de Vuintherus,

De l'Eſcorce de Vuintherus, CHAP. CII.

V I L L A V M E Vuinterus qui accompagna ce braue Corſaire François Drake iuſques au deſtroit de Magella, d'où il s'en retourna, & ramena le nauire auquel il commandoit en Angleterre, l'an 1579. apporta de là vne *eſcorce* qui reſemble aſſez bien en couleur & ſubſtance à la Canelle groſſiere : toutefois elle eſt vn peu plus groſſe & cendrée, ou brune par dehors, & raboteuſe comme l'eſcorce de l'Orme, par dedans elle eſt quelquefois creuaſſée comme l'eſcorce du Tilier, quelquefois fort maſſiue & dure, d'aſſez bonne odeur, & d'vn gouſt fort acre, qui bruſle la langue & le goſier, auſſi bien que le Poiure. Or il ignoroit ſes facultez : toutefois ceux qui eſtoient dans le nauire, l'ayans confite en miel, fraiche, pour luy faire perdre ſon acrimonie, & en ayans auſſi ſeché & puluerizé, en ont vſé parmy les viandes au lieu de Cannelle & autres eſpices. Depuis i'ay entendu qu'elle eſtoit propre contre la maladie appellée

La forme.

appellée Stomacace, quand les dents tombent de la gorge, de laquelle aucuns du nauire auoient esté tourmentez. Il me semble qu'elle approche fort de l'escorce du Bois aromatique, dont Nicolas Monard fait mention en son traitté des Simples, combien qu'elle n'a pas vne si bonne odeur comme il dit que la sienne a, de laquelle il est parlé au chapitre suyuant.

De l'Escorce & Fruict contre la dysenterie, CHAP. CIII.

NICOLAS Monard dit qu'vn ieune Espagnol apporta de la Prouince de Quito, vn certain Fruict qui estoit de quelque grand arbre, à ce qu'on pouuoit iuger par les pieces d'iceluy, lesquelles estoient lisses & iaunes d'vn costé, & de l'autre costé elles estoient aspres & fort rouges, ou rouges-brunes. Ce *Fruict* est merueilleusement propre contre la dysenterie, comme il a veu par experience en vne fille qui en estoit miserablement tourmentée, à laquelle ce ieune homme ayant donné à boire sur le soir des fragmens de ce *Fruict* reduit en poudre bien menuë, auec de l'eau des queuës de roses, & autant le lendemain matin, le flux commença incontinent à cesser : tellement que la fille fut guerie en peu de temps. Or Nicolas Monard ne peut pas sçauoir quel *Fruict* estoit cestuy-cy, ny de quel arbre il estoit. Il dit aussi qu'au nouueau monde il y a vn grand arbre, les fueilles duquel sont faites à mode de cœur, & qu'il ne porte aucun fruict. Son escorce est grosse comme le doigt & dauantage, massiue, dure & pesante, couuerte d'vne petite peau blanche : elle retire fort à l'escorce du Guaiac, & est amere comme la Gentiane, auec vne astriction, & vn certain goust plaisant & aromatique. Les Indeins en font grand estat, d'autant qu'ils s'en seruent contre toutes sortes de flux de ventre, faisans prendre vne dragme de la poudre de ceste Escorce, en quelque eau propre à ce faict, ou auec du gros vin rouge : ce qu'il faut reiterer trois ou quatre fois, & garder le regime de viure qui est requis en ceste maladie. Or il asseure qu'il a fait desia par deux fois l'espreuue de ceste escorce contre des flux de ventre qui auoient duré long temps, & qu'il s'en est fort bien treuué.

Du Bois odorant, Bois propre contre la douleur des reins, CHAP. CIV.

LE susdit Nicolas Monard dit que Bernardin de Burgo Apothicaire luy a monstré vne piece d'vn *certain Bois*, quasi semblable au Guaiac, l'escorce duquel a vn goust & odeur si aromatique & excellente, qu'elle surpasse la Noix Muscade : mesme elle a meilleure odeur que la Canelle, & plus d'acrimonie que le Poiure. On auoit apporté grande quantité de ce *Bois* dans le nauire, que l'on auoit coupé sut vne montagne pour faire du feu : dont il est aisé à coniecturer combien d'Arbres & autres Plantes il se treuue en Indie, qui ont de grandes proprietez, puis qu'ils font le feu de Bois si odorant & aromatique, l'escorce duquel reduite en poudre est propre pour fortifier le cœur & l'estomac, & les autres parties du corps, & se seruir au lieu des drogues que l'on va querir és Isles des Molucs, & en Perse & Arabie. Il vient aussi de la nouuelle Espagne vn certain *Bois* gros & sans neuds, qui resemble au bois d'vn Poirier, duquel on se sert il y a long temps contre les accidens des reins, & la difficulté d'vrine. Depuis on a treuué par experience que l'eau de ce *Bois* est propre à l'opilation du foye & de la ratte. Or elle se fait en ceste maniere. On coupe ce *Bois* en petites pieces, & le met-on tremper en eau claire de fontaine, & l'y laisse-on iusqu'à tant que l'on ait acheué de boire ladite eau : demie heure apres que le *Bois* a trempé dans l'eau, il la rend de couleur bleuë-blaffarde, puis apres la couleur se va obscurcissant peu à peu comme il y demeure d'auantage ; combien que le *Bois* soit blanc. Or on le falsifie auec vn autre Bois qui luy resemble, lequel rend l'eau iaune. Ceux qui boiuent continuellement de ceste eau, & en meslent parmy le vin, en sentent de merueilleux effects, sans qu'elle esmeuue les humeurs dans le corps, & n'est point besoin d'vser d'autre diete, sinon de viure sobrement : car le goust de l'eau ne se change non plus, encor que le *Bois* ait trempé dedans, que si elle estoit toute pure, & qu'il n'y eust rien dedans. Ce *Bois* est chaud & sec au premier degré.

Des fueilles de Palmier espineux, & d'vn autre Arbre espineux. CHAP. CV.

LES branches de c'est *Arbre* sont fueilluës, & d'vn estrange façon : car elles sont comme celles du Sureau ou de la Ferule, fistuleuses, & pleines de mouëlle, droites, rondes de huict ou dix coudées de long, & ont trois cartilages en long, de la largeur d'vn doigt, auec des plumes ou aisles, à mode d'vne fleche, le long des bords les cartilages sont aucunement vuidées, & garnies d'estoiles espineuses, qui monstrent la

sagesse

Fueilles du Palmier, & Arbre espineux.

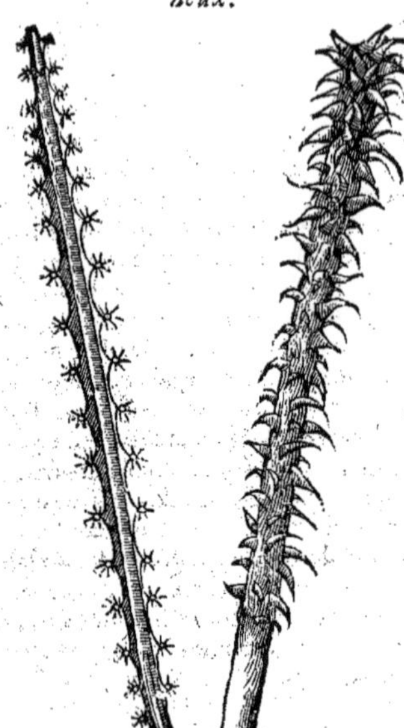

sagesse du grand Ouurier. Nous auons aussi mis icy le pourtrait d'vn tronc ou baston d'vn autre Arbre, que nous auons receu auec le precedent, lequel est gros comme le bras d'vn homme aupres du poing, & est long & couuert d'vne escorce noire & espaisse, garni de boutons gros & piquans en grand nombre, d'vn bois massif, pesant, & dur.

Des fueilles de Copey, & Guiabara,

CHAP. CVI.

Liu. 8. ch. 13. & 14. Les noms.

NOVS mettrons icy deux autres Arbres, lesquels, ainsi que dit Ouiedo, croissent en l'Isle Espagnole: le plus petit est appellé par les Sauuages *Guiabara*, & par les Espagnols *Fuero*, pource qu'il porte des Raisins. Son bois est rougeastre, rond, espais, & par mesme moyen fort bon, singulierement pour faire du charbon. Ses branches sont esparpillées, & portent des Raisins clair semez, & eslongnez l'vn de l'autre, de la couleur des Roses, ou des Meures, ausquels il y a peu à manger: car les grains sont de la grosseur d'vne Noisette, dans lesquels il y a vn noyau si gros, qu'il y reste fort peu de poulpe. Quant aux fueilles en voicy le pourtrait & figure qui est toute differente auec les fueilles des autres arbres, à raison de quoy elle est remarquable: la plus grande peut auoir la largeur de la paume de la main, excepté la queuë. Cette fueille seruoit d'encre & de papier aux Espagnols, tandis qu'ils menoient guerre en l'Isle Espagnole, & autres lieux d'alentour; car en tout ce païs-là il n'y a papier ny encre. Au demeurant elle est verte, & quelquefois rouge, grosse & aussi espaisse que deux fueilles de lierre iointes ensemble Or ils escriuoient sur cette fueille tant d'vn costé que d'autre auec vne espingle, ou poinçon pourueu qu'elle fust verte & fraiche & cueillie du mesme iour, & ainsi les lettres apparoissoient blanches, & de si differentes couleur auec le reste de la fueille que l'on les pouuoit aisément lire: car elles ne passoient pas à trauers la fueille: & combien que la

Fueille de Guiabara.

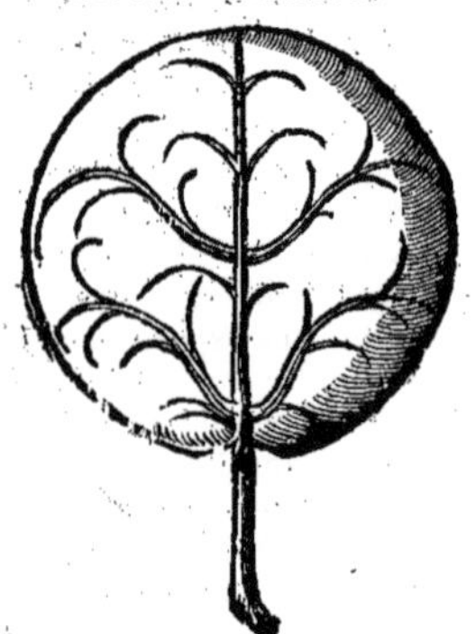

Fueille de Copey.

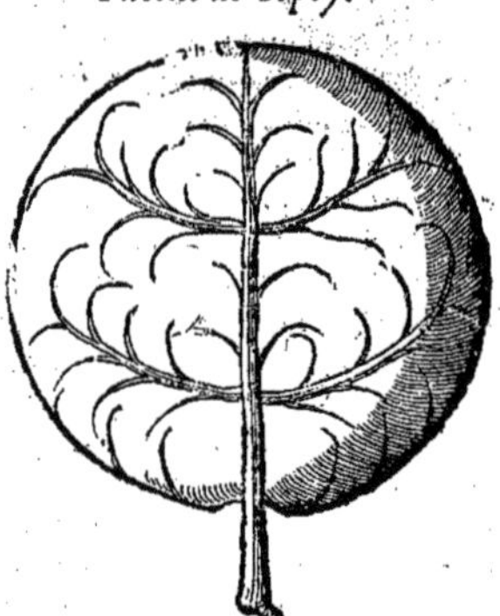

coste qui est au milieu soit assez grosse, si est-ce que les veines qui en sortent sont si petites, qu'elles donnent peu ou du tout point de destourbier à celuy qui escrit. L'autre arbre seruant de papier, est appellé *Copey*, & croist en ladite Isle, plus grand que le *Guiabara*. Sa fueille est bien semblable a celle de *Guiabara*; toutefois elle est deux fois plus grande & plus espaisse, & plus propre pour escrire auec vne espingle, ou vn poinçon, & a les veines encor plus petites, & qui empeschent moins en escriuant: tellement que les Espagnols estans à la conqueste dudit pays, en faisoient des chartes à iouër, pource qu'ils y pouuoient librement engrauer telle figure qu'ils vouloient, sans qu'elles fussent en danger de rompre.

De l'Anime Copal, CHAP. CVII.

APRES auoir traitté des arbres, bois, escorces, & fueilles, il reste à traitter des *Gommes* ou *Resines*. Entre autres Monard dit qu'il en vient *deux sortes* de l'Espagne nouuelle, lesquelles sont fort semblables, dõt l'vne est appellée *Copal*, & l'autre *Anime*. *Copal* est vne *Resine* fort blãche, reluisante, & trãsparente, en gros morceaux, semblables au citron confit, & clair, & assez douce. Les Ameriquains s'en seruoient en leurs sacrifices au lieu d'encens. Son parfum est propre contre les maladies froides de la teste. Elle est chaude au second degré, & humide au premier, elle resout & amollit. Gomara en son Histoire de Mexico, establit *deux sortes de Copal*: l'vne qui est froncie, & est appellée *Xolochcolpasi*, laquelle est tendre, & retire à l'Encens L'autre est appellée *Copalcahuiel*, & est beaucoup meilleure, mesme plusieurs l'ont prinse pour Myrrhe. Lon entame l'arbre, & ainsi il en sort goutte à goutte vne liqueur blanche, qui se prend tout à l'instant. Quant à *Anime*, c'est vne *Resine* blanche d'vn fort grand arbre, tirant vn peu sur la couleur de l'Encens, plus huileuse que le *Copal*, & a les grains ou gouttes semblables à l'Encens: mais elles sont plus grosses, lesquelles estant rompues sont iaunes au dedans comme la Resine, & sentent bon, & estant allumées se fondent & consument aisément. Il y a vne *autre Anime*, qui est vne *Resine* Orientale, ainsi que dit Garsie, laquelle les Portugais apportent de l'Ethiopie, qui confine l'Arabie. Elle est plus blanche & plus nette que l'Occidentale, & s'apporte par gros morceaux transparens tellement qu'aucuns ont pensé que ce fust vne espece d'Ambre, duquel on fait les patenostres: mais ils se trompent grandement. Garsie estime que cette Resine Orientale est le Cancamon des Grecs, en quoy il semble auoir suiui l'opinion d'Amatus Portugais, en ses Commentaires sur le chapitre du Cancamon de Dioscoride, là où il en parle en cette sorte: Donques le Cancamon est vne Gomme que les Portugais apportent de la Guinée, de Mina, & d'Afrique, & des Isles d'alentour, laquelle ils appellent *Anime*: car ils disent que cette Gomme decoule de certains grands arbres, qui ont les fueilles comme le Meurte, & qu'il s'en trouue de blanche, & d'autre qui est brune, retirant aucunement à la Myrrhe, & odorante, laquelle Dioscoride pour cette cause met pour vne espece de la Myrrhe, comme la pire, & l'appelle *Minæa* du nom du lieu où elle croist principalement, combien que Serapion l'appelle *Aminæa* dont les Portugais corrompans ce mot, l'appellent *Anime*, au lieu de *Minæa* ou *Aminæa*: les femmes s'en seruent principalement aux estuues, & les Medecins aussi contre les douleurs procedée de froid. Ce que Brisot, François de nation, auoit dit deuant luy: car estant allé en Portugal en intention d'aller en Indie, comme estant curieux de voir, & ayant veu de cette *Gomme*, il dit que c'estoit du Cancamum. Parquoy quand il sera de besoin d'vser de Cancamum, il nous faudra prendre de *l'Anime* des Portugais. Le méme Amatus sur le chapitre de la Myrrhe dit ainsi: Quant à la Myrrhe appellée *Minæa* ou *Aminæa*, il s'en trouue auiourd'huy en Portugal, & par toute l'Espagne, laquelle retient le mesme nom, sinon qu'il y a quelques lettres changées, comme nous auons dit au chapitre du Cancamum, car ils l'appellent *Anime*, dont il s'en trouue de *deux sortes*, à sçauoir la *blanche* & *la noire*. Quant à la *blanche* nous auons cogneu par le moyen de Brisot, que c'estoit du Cancamum: mais la *noire* est la Myrrhe que Dioscoride appelle *Minæa*, laquelle coule de certains grands, arbres sans aucun artifice, & sans entamer l'arbre. L'Escluse dit qu'il se trouue trois sortes de la Gomme que les Portugais nomment *Anime*, & qu'ils apportent en l'Europe. La *premiere* est iaunastre, ou blonde, transparente, & retire à l'Ambre cru. Amatus tient apres Brisot que c'est le Cancamum. La *seconde* est noirastre, & retire quasi à la colle forte, ou à la Resine que les Apothicaires appellent *Colophonia*. Amatus tiẽt que c'est la Myrrhe *Aminæa* de Dioscoride: la *troisiesme* est blaffarde, resineuse & seche. Toutes rendent vne bonne odeur quand on les met en parfum, & semblent auoir vn mesme temperament; toutefois les deux dernieres sont plus seches & ameres au goust. Voila ce qu'en dit l'Escluse. Aucuns estiment que *l'Anime* est le vray Bdellium, pource qu'elle a plusieurs marques du Bdellium, qui ont esté dites cy deuant, *L'Anime* de l'Amerique, ou soit de la nouuelle Espagne, sort, ainsi que dit Monard, de certains arbres de moyenne hauteur, apres les auoir entamez, tout ainsi que l'Encens & le Mastich. Elle est bonne pour parfumer la teste contre les douleurs froides, & contre les defluxions apres que l'on s'est purgé. Elle corrige le mauuais air, son parfum fortifie la teste. On en mesle aux emplastres & cerots qui seruent à resoudre les humeurs froides, & les ventositez. Elle est bonne pour appliquer sur la teste contre la debilité d'icelle, & du cerueau, & aussi sur les parties nerueuses. Elle est du mesme temperament que la *Copal*. Hermolaus estime que cette *Anime Occidentale* est la Myrrhe surnommée *Aminæa*.

La forme. Le temperament & les vertus. Les especes.

Liu. 1. des Aro. d'Ind. chap. 8.

Aux ann. du Liu. 1. des Arom. d'Ind.

De la Caragna, CHAP. CVIII.

NICOLAS Monard dit que l'on apporte de terre ferme bien auant, par Carthage, & Nom de Dieu, qui sont prouinces de l'Amerique, vne *Resine* qui est de la couleur de Tacamahaca, & a la mesme odeur, mais plus vehemente. Elle est aussi plus liquide, plus visqueuse & plus reluisante, & plus huileuse. Les Indiens l'appellent *Caragna*, comme font aussi les Espagnols : elle est bonne aux mesmes choses que la Tacamahaca, & si fait son operation plus promptement & asseurément ; aussi est-elle plus chaude. On entame l'arbre pour la cueillir comme les autres. Il dit que l'on apporte de la mesme prouince de Carthage vne sorte de *Caragna* plus nette, & claire à mode de Baume, beaucoup meilleure que la precedente, plus profitable & plus odorante.

La forme.

Le temperament & les vertus.

De la Gomme pour la goutte, Soulphre de Quito, CHAP. CIX.

LE susdit Nicolas Monard dit que l'Euesque de Carthage luy a fait present d'vne certaine *Gomme* (l'arbre de laquelle il ne sçauoit pas specifier) qui vient de terre ferme, du nouueau monde, laquelle sert aux goutteux pour se purger en cette maniere: Il mettent tremper vn morceau de cette *Gomme*, de la grosseur d'vne Noisette, dans de l'eau distillée par l'espace d'vne nuict, le lendemain ils la coulent & la pressent, & boiuent iusqu'à deux onces de cette eau là, & ne mangent rien deuant midy. Cette medecine euacue l'humeur qui cause la goutte, sans fascherie. Elle n'a aucun goust ny odeur, il semble qu'elle soit chaude au premier degré. En Quito, qui est vne prouince du Peru, il y vient d'excellent *Souffre vif*, transparent comme verre, de couleur de fin or, & si on en met vn brin au feu d'vne chandele, il rendra vne vehemente odeur de Souphre, auec vne fumée verte ; mais deuant que l'allumer il ne sent aucunement le Souphre. Iceluy estant reduit en poudre, & detrempé en vin guerit l'inflammation du visage, si l'on continue de s'en frotter au soir par quelques iours, apres auoir au preallable purgé le corps. Incorporé en huile Rosat il guerit la rongne. Prins au poids d'vne dragme auec vn iaune d'œuf, il est bon contre la colique, la douleur des reins, au retirement des nerfs, & à la iaunisse. Monard dit que ce *Souphre* est chaud & sec au plus haut degré, tellement que c'est merueille comme il guerit les inflammations. Luy méme dit que l'on apporte vne *autre sorte de Souphre* de Nicaragna, de couleur cendrée, massif, & qui n'est point transparent, lequel n'a rien de commun auec l'autre que l'odeur.

Les vertus.

Le temperament.

De la Lacca, CHAP. CX.

CE que les Apothicaires appellent *Lacca*, les Italiens l'appellent aussi *Lacca*, ou *Lacchetta*: Auicenne l'appelle *Luch*, & dit que c'est le Cancamon de Dioscoride & de Paulus. Car il dit apres Paulus que c'est vne Gomme semblable à la Myrrhe, de bonne odeur, & qu'il en faut vser auec respect. Apres il reprend ceux qui ont dit que le Carabe estoit la *Lacca*, combien qu'il ait quelques facultez semblables. Serapion suyuant l'authorité de Dioscoride, & Athabaris, qu'aucuns estiment estre Paulus, pource que ce sont ses propres mots, dit que la *Lacca* est la gomme d'vn arbre qui croist en Arabie, semblable à la Myrrhe. Puis apres suyuant l'opinion de Rhasis, il dit qu'elle tombe du ciel sur les branches de Gubera, c'est à dire du *Nefflier*. Finalement il dit apres Isaac que c'est vne chose rouge, laquelle est attachée à des petites branches, & est de bon goust. On la fait cuire, & en teint-on les draps en rouge, & appelle-on cette teinture *Kermes*. On l'apporte d'Armenie: mais les modernes parlent bien autrement de la *Lacca*, Amatus Portugais, dit que les Portugais apportent auiourd'huy de l'Indie la *Lacca*, qui est rouge & transparente, & de grand requeste pour les teinturiers, de laquelle aussi les Apothicaires font vne composition qu'ils appellent *Dialacca*. Il est bien certain que ce n'est pas vne gomme, ny la larme de quelque arbre ou Plante, mais plustost l'excrement ou la fiente des formies ailées comme la cire est des abeilles. Ainsi donc au Royaume de Pegu en Indie, quand la terre vient à estre trop mouïllée par la pluye, ou autrement les formies ailées montent sur des petites pieces de bois que ceux du païs agencent expres pour cest effect, sur lesquelles elles font la *Lacca*, qui est la cause que l'on trouue du bois en la *Lacca*, lequel n'est pas de l'arbre qui porte la *Lacca*. Garsie dit que les Arabes, Persiens & Turcs, appellent la *Lacca Loc sumutri*, comme qui diroit *Lacca de Sumatra*, non pas que Sumatra soit proche de la prouince de Pegu, où il croist à force *Lacca*, mais pource que les Arabes & autres pensoient qu'elle venoit en Sumatra. Et de fait les habitans des prouinces de Balagnate, Bengala, & Malauar, ont retenu le méme nom, l'ayant apprins des Arabes : & toutefois la vraye *Lacca* ne vient pas en ces prouinces là : mais en Pegu & Martaban où est la meilleure, ils l'appellent *Trée*, & dit-on qu'on l'y apporte de Iamay. Elle ne s'appelle pas aussi *Aec* ny *Aucusal*, comme l'autheur des Pandectes dit,

Ch. 181. des simpl.

Sur le ch. 15. du 1. liu. de Diosc.

Liure 1. des Arom. d'Ind. ch. 6.

Les noms.

ny

ny aussi *Sar*, comme il y a mal en Serapion. Or les habitans de Pegu & Martaban la portent à Samatra, d'où ils rapportoient du Poiure en leur païs. Il dit donc la maniere comment c'est qu'elle vient: C'est qu'il se trouue vn grand arbre en ce païs-là, qui a les fueilles quasi comme le Prunier, sur les

Lacca auec ses petits bastons.

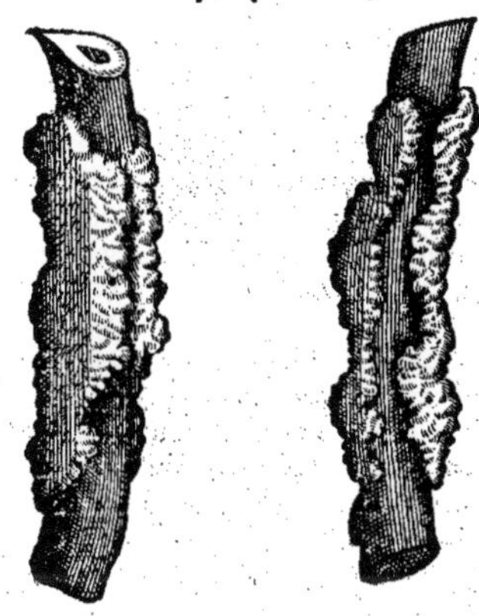

bourgeons & menues branches, duquel les grosses formies qui sont cruës dedans la terre & ailleurs font la *Lacca*, tout ainsi que les abeilles font le miel suççans la matiere de l'arbre méme; puis apres on arrache ces branchettes de dessus l'arbre, & les fait-on secher à l'ombre iusques à ce qu'icelles venans à flestrir, la *Lacca* demeure prinse à mode de tuyaux, quelquefois il y demeure des pieces de bois. Toutefois la meilleure est celle qui est pure & sans aucun bois: car celle où il y a du bois est la pire. Il s'en trouue aussi de massiue qui n'est pas pure, laquelle on dissout & la reduit-on en poudre. Cette-cy est de peu de prix d'autant qu'elle a beaucoup de terre meslée parmi. Au reste l'arbre sur lequel vient la Lacca, n'est pas semblable au Meurthe, comme quelques vns pensent: car il est quelquefois aussi grand qu'vn Noyer, & quefois moindre. Luy méme dit qu'il a veu en Balagnate vne branche arrachée d'vn arbre de Bouleau, sur laquelle il y auoit de la *Lacca*: mais pource qu'il y en a peu, l'air n'y estant pas propre, on n'en tient contes & toutefois plusieurs asseuroient d'en auoir veu sur lesdits arbres. Or il appert que les formies font la *Lacca*, parce que l'on y trouue beaucoup d'ailes de formies attachées. Au demeurant la bonne *Lacca*

Comme il la faut choisir.

se cognoist en ce que si on la masche elle teint la saliue d'vne belle couleur rouge. Celle aussi que l'on nous apporte, dit l'Escluse, est ageancée à l'entour de petites branches, & iaçoit qu'elle soit fort dure & seche, si est ce que quand on la masche elle fait la saliue rouge comme sang; en quoy il appert qu'elle est bonne. Par ce que dessus il appert que la *Lacca* est differente d'auec le Cancamon des Grecs d'autant que la *Lacca* n'est pas odorante, & au contraire le Cancamon sert aux parfums, qui est signe qu'il sent bon, & par ainsi qu'Auicenne & Serapion n'ont sceu que c'estoit puis qu'ils l'ont prinse pour le Cancamon des Grecs, qu'ils n'ont pas aussi peu cogneu. Or la *Lacca* n'est pas semblable à la Myrrhe: car elle se fait au bout des branchettes, & n'est pas odorante, au lieu que la Myrrhe coule du tronc méme de l'arbre, & est odorante. Auicenne aussi se trompe quand il dit, qu'elle a les mémes vertus que le Carabe: car le Carabe est astringeant, & la *Lacca* est aperitiue. En outre il n'est pas vray que la *Lacca* vienne en Arabie, veu qu'on la porte d'Indie en Arabie. Elle ne tombe pas aussi sur les branchettes du Sorbier ou du Nefflier, comme quelques vns ont mal traduit veu qu'il n'y a point de Sorbier ny de Nefflier en toute l'Indie, ainsi que dit Garsie. Mesme il n'en vient pas en Armenie, cõme aussi ce n'est pas le Kermes des Arabes, qui n'est autre chose que le Coccus baphica des Grecs. Au surplus la *Lacca* eschauffe au second degré elle fortifie l'estomac & le foye, & le desopile. Elle est bonne à la iaunisse, elle euacue les aquositez. Or il y a vne autre *Lacca* artificielle, que les teinturiers vendent, laquelle est faite de la lie du Bresil & Saffran, de laquelle les peintres vsent pour faire la couleur rouge-brune.

Le temperament & les vertus.

Du Laict Pinipinichi, CHAP. CXI.

EN tous les quartiers du nouueau monde en terre ferme, on tire (ainsi que dit Monard) vn certain suc comme laict, d'vn petit arbre, qui resemble à vn Pommier: les Indiens l'appellent *Pinipinichi*, & coupent ses branches desquelles sort à l'instant ce *Laict*, qui est assez espais & visqueux, duquel trois ou quatre gouttes prinses par la bouche euacuent estrangement les humeurs bilicuses & les aquositez par le bas. On le boit auec du vin, ou bien l'ayant fait secher on le reduit en poudre, de laquelle il en faut prendre fort peu, à cause de sa trop grande violence. Or a-il cette proprieté, que si apres en auoir prins on boit vn bouillon ou du vin, ou que l'on prenne quelque autre chose, sa violence est quant & quant rabatue, & cesse de purger, il est chaud & sec au second degré.

Le temperament & les vertus.

De la Liquidambar & de son huile, CHAP. CXII.

ICOLAS Monard, & celuy qui a escrit l'Histoire de Mexico, disent que l'on nous apporte de la nouuelle Espagne vne Resine odorante, appellée *Liquidambar*, laquelle coule de l'ouuerture d'vne arbre que les Americains appellent Ocoçol. Il a les fueilles semblables à celles du Lierre, & vne escorce grosse, & de couleur de gris-cendré, laquelle estant incisée ou percée la *Liquidambar* en sort. Ceux du pays y meslent des coppeaux de l'escorce, pource que par ce moyen elle sent meilleur quand on la brusle. Elle a l'odeur du Styrax, qui ne se peut celer, principalement là où il y a quantité de *Liquidambar*: car elle se fait sentir par les maisons prochaines, & & emmy les rues bien loin. De ceste resine estant fraische & grasse, si on la met en lieu humide, il en sort de soy-mesme vn huile fort precieux, à cause de sa souëue odeur. Aucuns le tirent artificiellement pour le vendre aux gantiers & parfumeurs. Mais il s'en faut beaucoup qu'il ne soit si bon ne si cher que l'autre. Et comme la malice des homme s'essaye de sophistiquer tousiours les choses les plus excellentes, aucuns sous esperance de profit, couppent les branches de ces arbres, & les font bouillir en l'eau, puis amassent la *Liquidambar* qui nage par dessus, laquelle est de beaucoup pire que l'autre. Au reste la *Liquidambar* est bonne à toutes maladies froides, comme aussi son huile, mais il est de plus subtiles parties. Il est chaud quasi au troisiesme degré.

La forme.

Le temperament & les vertus.

De la Resine de Sapin d'Indie, & de la Resine de Carthage, CHAP. CXIII.

On apporte, ainsi que dit Monard, de la terre ferme du nouueau monde vne liqueur ou Resine, qu'ils appellent *Resine de Sapin*, laquelle sort de certains arbres bastards, qui ne se peuuent appeller ne Pins ne Cypres: mais sont plus hauts que les Pins, & droits comme les Cypres. A la cime de ces arbres il vient certaines vessies, qui sont par fois grosses, & quelquefois petites, lesquelles estans creuées, il en sort goutte à goutte vne merueilleuse liqueur, que les Indiens recueillent auec des coquilles d'huistres, & ce auec si grand trauail & fascherie, que plusieurs n'en sçauroient recueillir en vn iour que bien peu. Or ils s'en seruent à tout ce en quoy on employe le Baume: car elle guerit fort bien les playes, elle appaise les douleurs procedantes de maniere froide & flatueuse. Elle est aussi bonne aux accidens de l'estomac, procedans d'humeurs froides ou de ventositez, estant prinse auec de vin blanc, comme il a esté dit du Baume. Le mesme Monard dit, que l'on apporte aussi à present de Carthage, qui est vne prouince du nouueau monde, vne certaine Resine fort nette & odorante, beaucoup plus excellente que la Therebentine de Venise, & qui a les mesme facultez que la plus exquise Therebentine que l'on sçauroit trouuer. Et de faict on a veu par experience qu'elle est fort propre pour mettre dans les playes des nerfs, des iointures & des pieds, & des vlceres inueterez. Les Dames aussi en sçauent bien faire leur profit: car apres l'auoir bien lauée & preparée, elles s'en frottent le visage, ce qui leur fait auoir fort beau teint.

Du Tacamahaca, CHAP. CXIV.

N apporte aussi de la nouuelle Espagne ainsi que dit Monard, vne autre sorte de Gomme, ou Resine, qui est appellée par les Indiens *Tacamahaca*, mesme les Espagnols ont retenu ce nom. C'est la Resine d'vn grand arbre, semblable à vn Peuplier, qui porte vn fruict comme les grains de la Piuoine. Pour la tirer il faut inciser l'arbre. Elle est de la couleur du Galbanon, (mesme il y en a qui disent que c'est Galbanon) toutefois il y des petits morceaux blancs comme en l'Ammoniac, & si est de mauuais goust & odeur. Son parfum fait reuenir à soy les femmes qui sont prestes à suffoquer par la marry. Appliquée sur le nombril elle contraint la matrice de retourner en sa place. Elle fortifie l'estomac: tellement que les femmes la consument quasi toute à cest vsage. Estant appliquée en liniment elles s'attachent tellement qu'il n'est possible de l'oster qu'elle n'ait fait son operation. Elle meurit & resout merueilleusement bien les maladis procedées des ventositez & humeurs froides. Elle arreste les defluxions, guerit les playes des nerfs. En somme il n'y a point de plus souuerain remede pour appaiser toutes sortes de douleurs pourueu qu'elles ne procedent de quelque inflammation extremement chaude. Mesmes elle est propre en ce cas quand l'inflammation commence à decliner, pour resoudre l'humeur qui est de reste. Elle est chaude au commencement du troisiesme degré, & seche au second, & qui plus est elle est assez honnestement astringeante.

La forme.

Le temperament & les vertus.

Du Guy de l'Indie, CHAP. CXV.

PENA dit que ce *Guy d'Indie* qui vient és Isles du Peru ne croist si non sur les branches & troncs des arbres, à mode du nostre, auquel il retire assez bien, ayant la teste de la racine platte, laquelle toutefois va s'estendant en trauers. Au reste il est tout comparti par neuds à mode de Grame, ou du Polypode: mais ses tuyaux sont blancheastres ou de couleur de vert-blafard, & vont en grossissant dés le milieu iusques à la cime, ils sont spongieux, cannelez, & de la longueur d'vn pied & demy, chargez de fueilles qui sont tousiours vertes à mode de celles du *Guy*; toutefois elles sont deux fois plus grandes, plus grosses, & spongieuses à l'endroit de la coste qui est par le milieu d'icelles, auec six cernes de chasque costé, qui semblent y auoir esté engrauez auec le ciseau, qui est vne chose remarquable.

D'vne autre plante du Peru croissant sur les arbres, CHAP. CXVI.

Plãte du Peru croissãt sur les arbres.

CETTE Plante vient au mesme pays que la precedente, d'où elle a esté enuoyée à Morgan. Elle a le bas de sa racine qui tient au tronc des arbres, large & plat, auec des petites cheuelures comme celles des Oignons, desquelles il sort immmediatement des fueilles entassées ensemble, membraneuses, qui ont quasi vne paume de largeur au dessous, & sont en grand nombre, referans aucunement à l'Aoë ou à la Squille, mais elles aboutissent en aiguillettes fort deliées & aigues. Apres il y vient vne tige purpurine, cannelée & creuse, garnie d'ailerons, à mode des Afrodilles, ou de l'Aloë, de deux ou trois coudées de hauteur, chargée de beaucoup de petites gousses pailleuses à mode de l'Auoine, mais elles retirent quant à la grandeur, & à leur bourre, qui est comme de soye blanche à l'Apocynon, ou Asclepias, & mesme quant à la graine; toutefois elle a le goust vn peu salé, comme la Conyza, mal-plaisant & nitreux, peut estre pource qu'elle est creuë à l'air de la marine, comme l'Aloës croist là és lieux sablonneux.

Du Cacao, CHAP. CXVII.

CEVX qui ont costoyé la mer du Peru, ont rapporté auec eux vn certain fruict qui est fort commun, & en grand vsage par toute l'Amerique, & & est appellé *Cacao*, leque Benzo a descrit bien exactement, ayant porté les armes par quelques années, & couru par les prouinces du noueau monde. Or voici ce qu'il en dit: En Nicaragua qui est vne prouince du nouueau monde, il y a vne certaine sorte de fruict, qui ne vient point en l'Isle Espagnole, ny en point d'autre quartier de l'Indie. Il resemble quasi à nos Poires quant à la figure, & a le bois de dedans rond, la moitié plus gros qu'vne Noix, de fort bont bon & plaisant goust, l'arbre est grand, & garni de petites fueilles. Lors que les Espagnols conquesterent premierement ceste prouince, ils l'appellerent *Paradis de Mahomet*, pource qu'ils y trouuerẽt abõdãce de toutes choses. Entres autres il y a deux choses qui ne viẽnent point és autres cõtrées de l'Indie, si ce n'est en Guatimala, & sur les confins de la prouince de Hondure, & Mexico, ny en toute la nouuelle Espagne: c'est qu'il y a *vne sorte de Paons* que l'on appelle

Pomme de Nicaragua.

Paradis de Mahomet.

appelle en Europe, *Poules d'Indie*. En outre ils ont ce qui s'appelle communement *Cacauate*, qui leur sert de monnoye: C'est le fruict d'vn arbre de moyenne grandeur qui ne croist sinon en lieu chaud & ombrageux: méme il seche aussi tost que le Soleil bat dessus: à raison de quoy on le plante le plus souuent dans les forests, en lieu ombrageux & humide. Encor n'est-ce pas assez: car ils le plantent aupres d'vn autre arbre qui soit grand, lequel ils accommodent en telle sorte qu'il couure & tient à l'ombre le *Cacauate*; tellement que le Soleil ne le sçauroit frapper. Son fruict retire aux Amandes, & est enclos en certaines gousses qui sont à mode de Courges, grosses & larges comme de Cocombres, & meurit en vn an. Or apres qu'ils ont cueillies ces gousses estans meures, ils en ostent le fruict, lequel ils mettent dessus des nattes au Soleil, iusqu'à ce qu'il soit sec: & quand ils veulent en faire leur breuuage, ils le font secher aupres du feu dans vn pot de terre, puis apres ils le meulent auec les pierres auec lesquelles ils meulent le pain, puis l'ayans mis dans leurs tasses (qui croissent sur certains arbres, à mode de Courges, par toute l'Indie) ils y versent de l'eau peu à peu, & quelque peu de Poiure, de celuy dont ils vsent communement; & boiuent de cela: qui est plustost vne lauaille pour les porceaux, qu'vn breuuage d'homme. Lors que ie voyageois par ceste prouince, ie fus plus d'vn an sans pouuoir boire de cette beuuette, mais à la fin n'ayant pas du vin, il m'y fallut accommoder comme les autres, de peur de boire tousiours de l'eau. Elle est vn peu amere; toutefois elle soule & rafraichit, & si n'enyure pas: c'est la principale & la plus chere marchandise de ce païs-là: car il n'y a rien de plus cher en Indie, au moins là où on en vse. Voila ce qu'en dit Benzo. Au reste ce fruict retire du tout à vne Amande escaillée, & est couuert d'vne petite membrane noire, le noyau est miparty en deux ou trois, de couleur brune, auec des veines cendrées, d'vn goust astringeant & malplaisant: parquoy il ne se faut pas estonner si ceux qui n'ont pas accoustumé vn tel breuuage, le treuuent estrange; car quant à moy i'aimerois mieux de l'eau claire: & neantmoins ils en donnent aux personnes de marque, comme nous faisons de l'hippocras, suyuant le rapport de ceux qui ont apporté de ces fruicts, dont i'en ay recouuert deux.

Histoire du Cacauate.

Cacao.

Du Cachos, CHAP. CXVIII.

MONARD dit qu'on luy a enuoyé la graine d'vne Plante qui est bien estimée en Indie; & est appellée *Cachos*. Elle croist à mode d'vn Arbousier, & si est bien verte; & a les fueilles rondes & menuës. Son fruict retire au Pommes d'Amours, & est plat d'vn costé, & rond en toupie de l'autre, de couleur cendrée, d'vn goust plaisant, sans aucune acrimonie; dans lequel il y a vne graine menuë. Il ne s'en treuue sinon és montagnes du Peru. Les Indiens, comme i'ay dit, en font grand estat à cause de ses belles proprietez: car il prouoque l'vrine, fait sortir la grauelle & la pierre des reins, & qui plus est, l'on dit que si on continue d'en vser, il fait briser la pierre de la vessie, si elle est encor tendre & qu'il soit possible de la briser; & de faict ils en donnent tant d'exemples que i'en suis tout esmerueillé. Car ie me fais accroire que l'on ne sçauroit faire sortir la pierre de la vessie, & qu'il n'y a autre secours que de tailler, d'autant qu'il n'y a medecine qui la puisse rompre: & toutefois l'on dit que la graine de ce fruict puluerizée, & prinse en quelque eau propre à cest effect, fait tellement resoudre la pierre en bouë, qu'apres qu'on l'a pissée, elle retourne à s'endurcir aussi dure qu'vne pierre. Et de faict i'ay veu cette experience en vn ieune homme, lequel auoit la pierre en la vessie, comme ceux qui taillent me rapporterent, apres l'auoir soudée; mesme que ie le cognoissois bien par les simptomes qu'il enduroit; ie le renuoyai donc à vne certaine fontaine surnommée de la Pierre, là où ayant demeuré deux mois, il s'en reuint gueri, & rapporta quant & soy dans vn papier, toute la bouë & crasse qu'il auoit ietté par la verge, laquelle s'estoit desia reünie en petites pieces dures comme pierre. Ainsi i'espere de semer ce peu que i'ay de la susdite graine, & d'en vser si elle reuient, pour voir si elle fera telle operation comme l'on dit.

La forme.

Les vertus.

Du Cobyne, CHAP. CXIX.

La forme. Theu.liu.des sing.ch. 54.

IL y a vne contrée en l'Amerique qui est appellée Morpion, laquelle est habitée aujourd'huy par les Portugais. En cette contrée il y croist plusieurs & bons fruicts, specialement de ceux qu'ils appellent Nana: comme aussi de ceux de l'arbre qu'ils appellent *Cobyne*, lequel a les fueilles comme le Laurier: Ces fruicts sont de la grosseur d'vne moyenne Citrouïlle, de la figure d'vn œuf d'Austruche, & ne valent rien à manger; toutefois ils sont beaux à voir, principalement quand on en voit les branches de l'arbre bien chargées. Les Sauuages en font des gobelets; & dauantage vn certain secret & mystere estrange : car ayant creusé ce fruict, ils le remplissent de Millet & autres graines, puis apres ils prennent vn baston, l'vn des bouts duquel ils fichent en terre, & l'autre dans ce fruict, lequel ils garnissent puis apres de belles plumes, & chacun garde deux ou trois de ces fruicts ainsi accommodez par chacune cabanne, ausquels ils portents grande reuerence, pource que ces miserables idolatres croyent qu'il a quelque diuinité, & n'adorent autre chose qui se puisse apperceuoir par les sens, que cest instrument, lequel rend vn bruit ou son, quand on le touche, ou qu'on le frappe; mesme ils sont si abestez, que quand ils oyent ce son, ils croyent que ce soit le grand Dieu, qu'ils appellent Toupan, qui parle auec eux, & leur prognostique, principalement à leurs prophetes, ce qui leur doit aduenir. L'Escluse raconte cette méme histoire en ses annotations sur le chapitre onziéme du liure second des Plantes aromatiques de l'Indie, où il dit que le fruict de cest arbre s'appelle *Maraka* & *Tamaraka*.

Comment il en faut vser.

Cobyne

Des Feues purgatiues, CHAP. CXX.

La forme.

AV Nom de Dieu, & Carthage qui sont prouinces de terre ferme en l'Amerique, il y croist, ainsi que dit Monard, des *Feues purgatiues*, semblables aux nostres, excepté qu'elles sont moindres; toutefois elles sont de méme figure & couleur, & ont vne petite peau mince semblable à celle qui couure les Oignons, laquelle les separe par le milieu, & laquelle il faut oster & l'escorce aussi: car autrement elles purgeroient si violentement & par dessus & par dessous, que celuy qui en auroit prins seroit en danger de sa vie. Or il les faut rostir pour corriger leur acrimonie, puis les reduire en poudre, de laquelle il faut prendre vne cueillerée dans du vin, ou incorporez en sucre, & boire vn verre de vin apres qu'on les a prinses. Cette medecine est fort commune en Indie, à cause qu'elle est aisée à prendre, & qu'elle euacuë les humeurs bilieuses, les phlegme, & les aquositez; mieux que pas vn autre medicament. On l'ordonne contre les longues fieures, la douleur de la colique, & la goutte; la vraye dose ou prinse de celles qui sont rosties, est de quatre iusqu'à six, plus ou moins selon les forces du malade. L'escluse dit qu'õ luy a enuoyé quelques fruicts estrangers sous le nom de *Feues purgatiues*; toutefois qu'il n'y en auoit point qui s'accordast auec la descriptoin de Monard, à raison de quoy il les a prins pour *especes de Phasiols*, lesquels il descrit ainsi: Le *premier*, dit-il, est quasi tout rond; toutefois il est vni d'vn costé & d'autre, & vn peu enflé, de la grosseur d'vn doigt, & de deux doigts de largeur, ou dauantage: en vn endroit il est vn peu creux, c'est à sçauoir à l'endroit du germe, par où le *Phasiol* est attaché à sa gousse, son escorce est dure, & comme de bois, lisse & de couleur de rouge-brun; le dedans de laquelle est blanc, ferme & naturellement fendu par le milieu,

Le temperament & les vertus.

Feues purgatiues, de Monard.

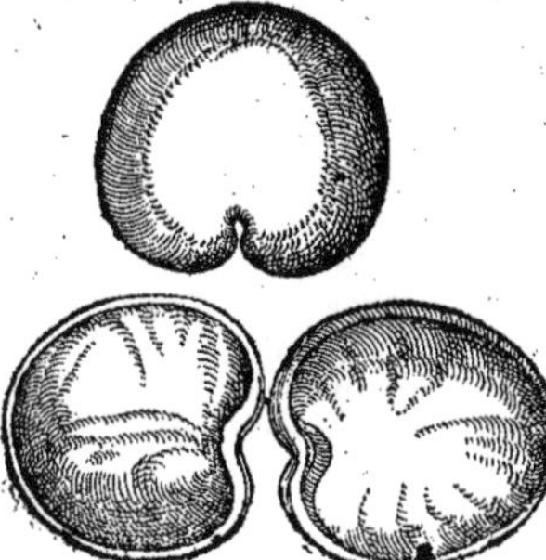

Phasiol d'Indie de l'Escluse.

lieu, comme sont tous les *Phasiols*, du commencement il a le mesme goust des autres Legumes: mais bien tost apres il pique la langue & est acre; tellement qu'il est bien vray-semblable qu'il soit purgatif. Il en croist en l'Isle S. Thomas, & est de la figure d'vn cœur, comme on le peint communement, à raison de quoy aucuns l'appellent *Cœur de S. Thoma*. Pierre Cieca en la premiere partie de sa Chronique en fait mention comme en passant. Le *second Phasiol* n'est pas different auec les Phasiols communs; mais il est plus petit, plus massif & noirastre, ayant le germe qui auance en Le lien.

Second Phasiol d'Indie, de l'Escluse.

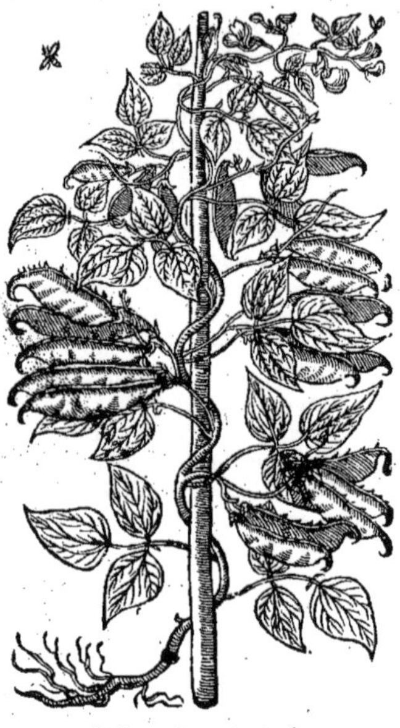

Phasiol du Bresil, de l'Escluse.

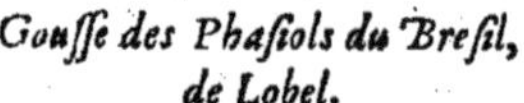

Gousse des Phasiols du Bresil, de Lobel.

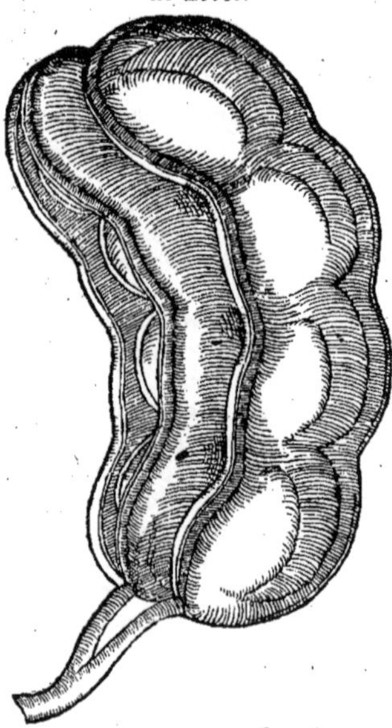

dehors, & ne retire point à vn rognon. Le mesme l'Escluse dit qu'estant à Lisbonne il luy fut donné vne *autre sorte de Phasiol*, venant de la terre de Bresil en l'Amerique, qui estoit bien frais, & auoit vne poucée de largeur, aussi estoit-il gros, de couleur roussastre, auec vn grand germe: mais il estoit comme plat au bout. Il en vient quatre ou cinq semblables en des grandes gousses, & dit-on que si on les pile quand ils sont frais & encor verts, & qu'on les applique sur les bubons ou poulains; ils les guerissent. On dit qu'ils ont la fleur rouge-blaffarde. L'Escluse n'en a veu que la plante ieune qui estoit venue de la semence, & auoit les fueilles quasi semblables aux Phasiols communs, sinon qu'elles estoit plus petites & velues par dessous, principalement les plus tendres, comme aussi le bout des tiges qui estoit couuert d'vn coton mollet & iaunastre. Ceux du Bresil l'appellent *Maconna*. Luy mesme dit qu'il en a veu de tous semblables: excepté quant à la couleur: car ils estoient de couleur de gris-blaffard, lesquels estoient venus du Royaume de Cunisi en Afrique. Lobel dit qu'il a veu & qu'il a eu des *Feues*, & des *Phasiols purgatifs*, tels que l'Escluse les descrit. Il met aussi le pourtrait d'vne *Gousse* qui a vne paume de longueur, fort belle. Elle a deux poucées de largeur, & a comme cinq ventres ou capacitez, & est poulpuë comme vne escorce, ou comme de cuir, de mesme couleur que les Gousses des Carrouges, auec vne infinité de rides, comme l'on voit au present pourtrait. Le susdit l'Escluse dit auoir veu en vn Monastere aupres de Lisbonne

Petit Phasiols, de l'Amerique.

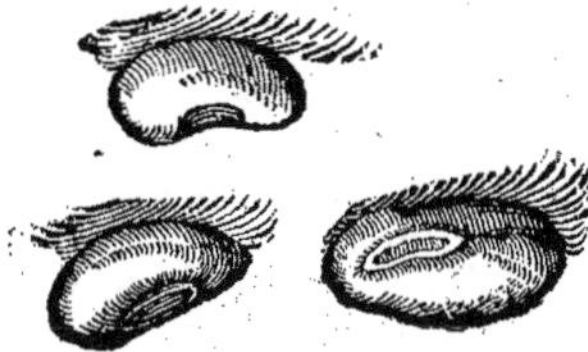

vn *sorte de Phasiols* si semblables aux nostres communs, que l'on les eust prins pour tels. Il y en auoit vne belle treille toute couuerte, & auoient les fleurs purpurines: mais leurs gousses sont raboteuses, plus courtes, & deux fois plus larges que celles des communs. Le fruict qui est dedans est de la grosseur d'vn Pois commun, noir, sinon par l'endroit où il tient à la *Gousse*, où il est blanc. On dit qu'il y en a à force au Bresil, & que les Portugais qui y sont, l'appellent *Faba braua*, c'est à dire, *Feue sauuage*. Lobel adiouste encor le pourtrait de *certains petits Phasiols* venus de l'Amerique, que nous auons mis icy.

Du fruict de l'Isle Beretine, CHAP. CXIX.

Forme du fruict de l'Isle de Beretine.

Ceux, dit l'Escluse, qui voyagerent auec Drake, au voyage dont il a esté fait mention cy deuant, treuuerent en l'Isle de Tarena des arbres tres-hauts, plus grands que des Chesnes, qui ont les fueilles semblables aux Lauriers, grosses, & reluisantes, & ne sont point dentelées à l'entour. Ils portent vn *fruict longuet*, semblable à des petits Glands d'Yeuse: toutefois il n'a point de coupete, & est couuert d'vne escorce menuë, de couleur cendrée & quelquefois noire sous laquelle il y a vn noyau lõguet & blanc, qui n'a aucun goust apres qu'il est endurci, & est couuert d'vne membrane mince. Il y a aussi de ces arbres-là en l'Isle Beretine qui est prochaine de la susdite, en laquelle ils prindrent terre puis apres: des habitans de laquelle ils apprindrent que ce *Fruict* estoit bon à manger: car auparauant ils n'en auoient pas tasté. Depuis ils le faisoient bouïllir à mode de Legumes, ou bien l'ayans moulu, ils en faisoient de la bouïllie, & à faute d'autre viãde, ils en vesquirent tant en ladite Isle que dedans le nauire. C'est arbre croist aussi en toutes les Isles des Molucs. Au reste i'ay eu ce *fruict* sur lequel a esté fait le present pourtrait, par la liberalité du Seigneur Richard Garth, premier Secretaire en la Chancellerie de Londres, homme de grande pieté & sçauoir, & fort courtois, duquel i'ay receu beaucoup de faueurs, & aussi par le moyen de mon singulier amy Morgan: comme aussi i'ay eu par leur moyen vne *Escorce d'Arbre*, qui est à mode d'vne membrane fort deliée, sur laquelle on peut escrire toute sorte de lettre, aussi bien que sur le papier commun, laquelle les compagnõs de Drake, auoiẽt troquée en l'Isle de Iaua contre d'autre marchãdise.

Comment il en faut vser.

Fruict de l'Isle Beretine.

Papier de Iaua.

De la Granadilla, CHAP. CXX.

Les noms.

On m'a apporté, dit l'Escluse, le fruict d'vne Herbe qui croist de soy-meme aux montagnes du Peru, lequel a esté nommé par les Espagnols *Granadilla*, pource qu'il retire aux Pommes Grenades: car il est quasi de la mesme grandeur; & couleur quand il est meur, sinon qu'il n'a point de coronne. A present qu'il est sec si on le secouë, la graine qui est dedans fait du bruit: elle est semblable aux pepins d'vne Poire; toutefois elle est vn peu plus grosse. Il a certaines bossettes de bonne grace: sa poulpe est blanche & insipide. La Plante qui porte ce *Fruict* resemble au Lierre, & va rampant & grimpant tout de mesme en quelque lieu qu'elle soit mise. Elle est belle quand elle est chargée de fruict, à cause de sa grandeur. Sa fleur retire du tout à vne Rose blanche, aux fueilles de laquelle on voit certaines figures de la Passion de Christ, que l'on diroit y auoir esté peintes expres, à raison de quoy c'est vne belle fleur. Quãt au *Fruict* ce sont les petites Grenades susdites, lesquelles estans meures ont beaucoup de suc aigrelet: & sont plaines de grains. On les ouure comme vn œuf: les Indiens & les Espagnols aussi prennent grand plaisir de boire le suc qui est dedans, & combien que l'on en vuide plusieurs, on ne se sent point l'estomac chargé pour cela; car il lasche plustost le ventre. C'est vne Herbe rare dont il ne s'en treuue qu'en vn seul lieu: quant au *Fruict* il semble estre temperé tirant vn peu sur l'humide.

La forme.

Du Guanabanus, CHAP. CXXII.

VANABANVS est vn arbre haut, qui a le tronc comme vn Pin, les fueilles grandes & longues,& vn fruict gros comme vn Melon. Il a l'escorce verte & reluisante comme celle d'vne Pomme de Coing, grosse comme le doigt. Sa chair est blanche & douce comme de laict caillé, au dedans il y a des grains semblables à des Phasiols. L'autheur de l'histoire generale des Indes dit que l'escorce de ce fruict estant vert, est menuë comme celle d'vne Poire, & est faite par dessus comme par petites escailles. Ce *Guanabanus* semble estre tout vn auec celuy d'Ouiedo, & different auec celuy dont Scaliger fait mention. Or Ouiedo descrit ainsi le sien. *Guanabanus*, dit-il, est vn grand arbre & beau, qui a les fueilles quasi comme vn Citronnier, vertes, & vn fort beau fruict, de la grosseur d'vn mediocre Melon; toutefois il y vient quelquefois aussi gros que la teste d'vn petit enfant. Ce fruict a l'escorce verte, qui semble estre compartie par escailles, comme vne pomme de Pin; toutefois elles sont plus lisses & moins releuées, d'autant que toute l'escorce est mince, & n'est pas plus espaisse que celle d'vne Poire. Sa poulpe est fort blanche, d'vn goust tres-delicat, laquelle se fond aisément en la bouche, comme si c'estoit du Cresme, & y a des grains noirs parmy, semblables aux graines des Courges, excepté qu'ils sont plus grands & noirastres, Ce fruict est froid & bon en Esté: car combien qu'on en mangeroit vn tout entier, on ne se treuue point mal pour cela. Le bois de cest arbre est tendre. Voila ce qu'en dit Ouiedo: mais celuy qui a commenté l'histoire des Plantes aromatiques d'Indie estime que le *Guanabanus* de Scaliger, est celuy qui fut apporté ces années passées de Mozambique en Ethiopie, qui est vn fruict gros, d'vn pied & demy de long, couuert d'vne escorce espaisse & dure, auec vne bourre ou cotton mollet comme aux Coings, sinon qu'il est vert. Il a quelques veines en long, ou plustost canneleures comme les Melons, & est pointu au bout; mais à l'autre bout il y a vne queuë ferme, dure, & cheueluë, par laquelle il est attaché aux branches.La poulpe de ce fruict est blanche,de laquelle les Ethiopiens vsent contre les fieures ardentes pour estancher la soif; car elle a vne aigreur fort plaisante: cette poulpe estant seche, se peut reduire en poudre en la broyant entre les doigts, & neantmoins elle retient tousiours son aigreur. Elle est garnie de grains semblables à des rognons, ou au fruict du vray Anagyris; toutefois ils sont noirs & reluisans, & attachez au milieu du fruict par certains filamens. Nous auons descrit cy dessus vn fruict tout semblable à cestui-cy, sous le nom de Figuier de l'Amerique, suyuant Theuet; toutefois il n'a pas les fueilles semblables.

Scalig.Exer. 181.6. *La forme.* Liu.8.ch.17. Liu.8.ch.17.

fruict du Guanabanus, d'Ouiedo.

Du Leucoma, CHAP. CXXIII.

ONARD dit qu'il a eu vn fruict qui est appellé par les Indiens *Leucoma.* Il ressemble à nos Chastagnes, tant à la couleur comme en grandeur; mesme il a cest endroit plat, qui est blanc comme les Chastagnes. Or il semble qu'il y ait vn autre fruict au dedans: mais, dit-il, pource que ie n'en ay eu que deux, ie ne les ay pas voulu rompre, d'autant que i'en ay planté l'vn qui n'est pas reuenu, & partant ie garde l'autre pour le planter quand il sera temps.L'arbre qui porte ce fruict est fort grand & a le bois fort & roide. Ses fueilles retirent à celles de l'Arbouzier. On dit que le fruict est bon à manger, & de bon goust, & qu'il guerit le flux de ventre, pource qu'il est astringeant, on tient qu'il est temperé.

Du Nana. CHAP. CXXIV.

IL croist vn arbrisseau en l'Amerique, qui a la fueille comme vn Ionc, large, & porte vn fruict que ceux du Bresil appellent *Nana*, qui est gros comme vne Citrouille, & a la figure à mode d'vne pôme de Pin,quand il est meur il est brun.Ce fruict a vn si excellent goust & douceur, qu'il n'y a sucre qui soit plus plaisant, & toutefois deuant qu'il soit meur il est si mal-plaisant qu'il vlcere la bouche.Il ne porte point de graine,mais il le faut planter en branche. On n'en sçauroit apporter en ce païs, s'il n'estoit confit,car dés qu'il est meur il ne se peut pas garder long tẽps. Les malades en mangent plus volontiers que de quelque autre viande que ce soit.

Theu.c.46. des sing.de l'Amer.

Liu.7 ch.13. *Yayama d'Indie.*

soit. Il semble que Ouiedo a descrit ce fruict sous le nom de *Yayama*, disant: Il croist en l'Isle Espagnole,& autres d'alentour, vn fruict que les Espagnols appellent *Pinas*, pource qu'il retire à vne pôme de Pin, non pas qu'il ait les escailles, si dures, mais pource que son escorce semble estre compartie par escailles, combien qu'elle se leue entiere auec le couteau, comme celle d'vn Melon. Or comme ce fruict surpasse en bonté & delicatesse tous les autres fruicts, aussi a-il la couleur fort belle, estant iaune-vert, toutefois sa verdeur se pert peu à peu comme il vient à meurir. Il sent fort bon, quasi comme les Pesches-coings ; & est gros comme vn Melon ordinaire. Chacun de ces fruicts croist sur vne sorte de chardon aspre & espineux, qui a les fueilles longues, du milieu desquelles sort vne tige ronde, chargée d'vn seul fruict, lequel demeure dix ou douze mois deuant que d'estre meur. Apres qu'on l'a osté il n'en reuient plus en cette Plante là, tellement qu'elle ne sert plus de rien. Au bout du fruict, & quelquefois au bout de la tige, au dessous du fruict ; il sort comme des germes & tendrons, lesquels donnent bonne grace à ce fruict, & luy seruent de graine ; car on les plante trois doigts dedans terre, tant que la moitié seulement soit hors de terre: ainsi ils font racine & apportent leur fruict en leur temps. Il s'en treuue de diuerses sortes qui ont aussi diuers noms,

Nana fruict, ou Yayama.

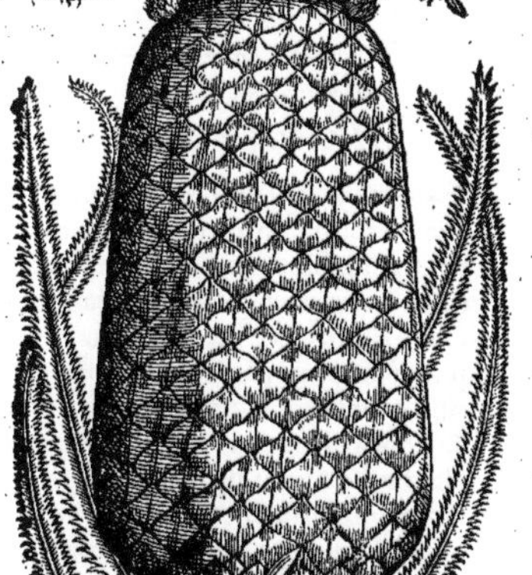

Ananas sauuage, de Acosta.

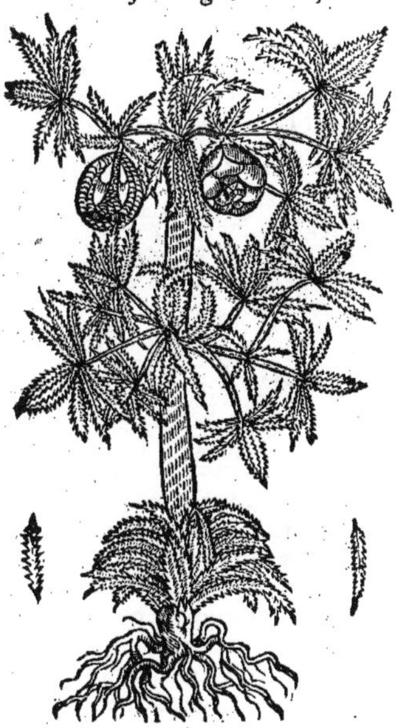

selon la diuersité des langages: mais il y en a *trois principales especes*, dont la *premiere* est appellée par ceux du païs *Yayama*; la *seconde Boniama*; & la *troisiéme Yayagua*. Ce *dernier* a la chair blanche,& vn goust de vin toutefois aigre & aspre. *Boniama* a la chair blanche, le goust doux & aucunement fade. *Yayama* est plus long que les autres; il est aussi meilleur & a la chair iaunastre, d'vn goust doux & plaisant. Tous ont toutefois des filamens parmy leur chair. Et iaçoit qu'en la maschant, ils n'offencent pas le palais, si est-ce qu'ils gastent les genciues si on continue d'en manger. En certains lieux ces fruicts croissent de leur bon gré, parmy les champs, toutefois ceux qui sont cultiuez sont de beaucoup meilleurs,& recompensent bien la peine que l'on a prins à les cultiuer. Et pource qu'il s'en treuue en abondance, cela fait qu'ils en sont moins estimez. Neantmoins ceux qui croissent en terre ferme sont meilleurs & plus gros que ceux des Isles. Le fruict estât meur ne se peut pas garder plus de quinze ou vingt iours. Voila ce qu'en dit Ouiedo. Theuet escrit aussi qu'en Necumere, qui est vne Isle en la mer d'Indie, il y a vne infinité de fruicts, entre lesquels il y en a vn que les habitans du lieu appellêt *Melenchen*: lequel est gros à mode d'vne pôme de Pin,& a l'escorce iaune, laquelle estant ostée, on couppe sa chair par morceaux,& qu'on la mange, il semble que l'on ait du succre en la bouche, auec vn brin de Noix muscade parmy. Les Sauuages en vsent principalement pour se desalterer. Il resemble assez bien au fruict *Nana*: excepté qu'il croist sur vn arbre qui est quasi de la hauteur d'vn Meurier & a l'escorce noire, la fueille vn peu rougeastre, de la largeur & longueur de celle de l'Angelique, au lieu que *Nana* est vne Plante ayât les fueilles comme vn Ionc, qui ne croist iamais si haute. Il semble aussi que Acosta traitte du susdit *Nana*, sous le nom *d'Ananas*. Ce fruict, dit-il, fut premierement apporté de la Prouince de S. Croix, qui est en la terre de Bresil, en l'Indie Occiden

Occidentale, & puis apres en l'Orientale, où il en croist maintenant à force. Il est de la grosseur d'vn petit Citron, fort iaune, & si odorant quand il est bien meur, que l'on peut cognoistre à passer par deuant vne maison s'il y en a dedans. Il est plein de suc, & de tres-plaisant goust, & resemble à vne pomme d'Artichaut à le voir de loin; toutefois il n'a point d'aiguillons piquans. La plante qui le porte est grande comme celle des Artichaus, & ne porte qu'vn fruict quasi au milieu de sa tige, & plusieurs reiettons à l'entour, dont les vns sont aussi chargez de fruict. Ceux donc qui cueillent ce fruict, ont accoustumé de planter quant & quant ces bourgeons, lesquels auec le temps portent leur fruict aussi bien que leur mere, qui est prest à cueillir dedās l'an. Sa racine retire fort à celle d'vn Cardon, comme font aussi ses fueilles, combien qu'elles approchent plus de celles de *l'Ananas sauuage*, aussi l'appelle-on communement *Ananas*, & les Canarins *Ananasa*. Du commencement que ce fruict fut apporté en Indie, il s'y vendoit dix ducats la piece, & d'auantage: mais à present, pource qu'il y en abonde, à grand peine se vend-il deux reales de Castille, combien qu'il ne doiue rien aux premiers quant à l'odeur & à la bonté. Iusqu'à present on ne s'en est pas encor serui en medecine, ains on en fait estat seulement pour le bon goust qu'il a. Il est chaud & humide. On le mange apres l'auoir trempé au vin comme les Pesches coings, il est de bonne digestion: toutefois si on en mange trop il cause des inflammations tout ainsi que les Durions de Malaca. Si on le coupe en trauers, puis que l'on reünisse les pieces, elles se resoudront comme font les Cocombres. Mais si on fourre vn couteau dedans, & qu'on l'y laisse vn iour & vne nuict, on treuuera toute la partie du couteau qui estoit dedans entierement consumée. *Quant à la seconde figure du present Chapitre que nous auons mise icy; c'est le pourtrait de l'Ananas sauuage de Acosta: & faut prendre en sa place celuy qui est en la page 604. Chap. III. cy dessus, pource qu'ils sont transposez l'vn en la place de l'autre.*

Des Noisettes & Fruicts purgatifs, & Pignons purgatifs. CHAP. CXXV.

ON apporte en Espagne vn certain *Fruict*, de la coste de Nicaragna & Nara, qui sont du nouueau monde en terre ferme, qui croist, ainsi qu'escrit Nicolas Monard, sur vn grand arbre semblable à vn Chastagnier: toutefois sa coupette est lisse, & non herissée comme celle des Chastagnes. Au dedans de laquelle il y a vn *Fruict* qui retire assez bien aux chastagnes; toutefois il est sans escorce, quasi quarré, miparti par le milieu par le moyen d'vne petite peau qui couure aussi tout. On le mange vert, ou broyé en vin, s'il est sec; l'on prend aussi sa poudre dans du vin, ou du bouillon de poule. On le fait aussi rostir pour le rendre moins purgatif. En quelque façon que l'on le prenne il purge sans donner fascherie, pourueu qu'au preallable on ait fait ce qui est requis quand on se veut purger, & que l'on ait preparé les humeurs. Or est il bien à noter qu'il faut oster la petite peau tant interieure qu'exterieure, dont nous auons parlé: car autrement elle causeroit d'estranges symptomes, comme des vomissemens desordonnez, des defaillances de cœur, & des flux de ventre dangereux. Il est chaud au premier degré. Le mesme Monard recite que du commencement que le nouuau monde fut decouuert, il y auoit en l'Isle S. Dominique *vne sorte de Noisettes*, auec lesquelles les Indiens auoiēt accoustumé de se purger à tous propos: depuis les Espagnols furent contrains d'en vser à faute d'autres medecines, qui ne fut sans se mettre en danger de leur vie. Ces *Noisettes* sont de la couleur & figure des nostres, & ont l'escaille mince, de couleur chastagnée, faites à triangle, & au dedans vn noyau blanc & doux, tellement que plusieurs affriandez par ceste douceur y furent deceus. Les Medecins les appellent *Ben magnum*, c'est à dire *Ben grand*. Et le petit qui est gros comme vn Pois ciche, est celuy dont les Italiens font vn huile odorant, qu'ils appellent *Huile de Ben*. Elles purgent estrangement le phlegme & les humeurs bilieuses. Toutefois aucuns les rostissent pour corriger leur violence. C'est vn souuerain remede contre les douleurs de la colique: elles resoluent les ventositez. Mises en clystere elles euacuent mediocrement. La vraye dose est de demie iusqu'à vne dragme; mais il les faut rostir. Elles sont chaudes au commencement du troisiesme degré, & seches au second. L'Esclusе dit qu'il a veu desdites *Noisettes*. Au reste celles qui sont icy peintes sont couuertes d'vne escorce molle & souple, qui est en partie grise-blancheastre, & en partie noirastre, apres il y a vne escaille qui n'est pas si forte que celle des Noisettes communes, dans laquelle est enclos vn noyau gros comme celuy d'vne *Noisette*, blanc & ferme, du goust des Noisettes communes, ou des glands d'Yeuse, couuert d'vne petite peau. Toute la *Noisette* est platte d'vn costé, & semble qu'elles viennent deux à deux, comme l'on voit aucunefois les Chastaignes. On apporte aussi de la nouuelle Espagne, comme dit le susdit Monard, *vne sorte de Pignons*, auec lesquels les Indiens ont de coustume de se purger, comme aussi les Espagnols les ont ensuiui. Ces *Pignons* resemblent aux nostres, & viennent en

Le temperament & les vertus.

Noisettes purgatiues.

Pignons purgatifs. La forme. Les vertus.

en des grosses Pommes, & ont l'escaille plus tendre & plus noire que les nostres, ils sont ronds, blancs au dedans, gras, & doux au goust. Ils purgent fort violentement les humeurs bilieuses, le phlegme, & les aquositez ; & iaçoit qu'ils soyent plus benins que les *Noisettes*, si est-ce qu'ils font vomir & laschent le ventre. Estans rostis ils ne purgent pas si violentement, ny auec tant de fascherie. Ils ont vne certaine proprieté par laquelle ils euacuent les grosses humeurs. La vraye dose est de cinq ou six broyez & detrempez au vin, selon les forces du patient, apres auoir preparé le corps auec des syrops conuenables à l'humeur que l'on pretend d'euacuer, & tenant bon regime de viure.

Le temperament, Ils sont chauds au troisiesme degré, & secs au second : toutefois ils ont vne certaine graisse, qui diminue leur vertu desiccatiue.

Gousses d'vn arbre qui retire au Rosage, CHAP. CXXVI.

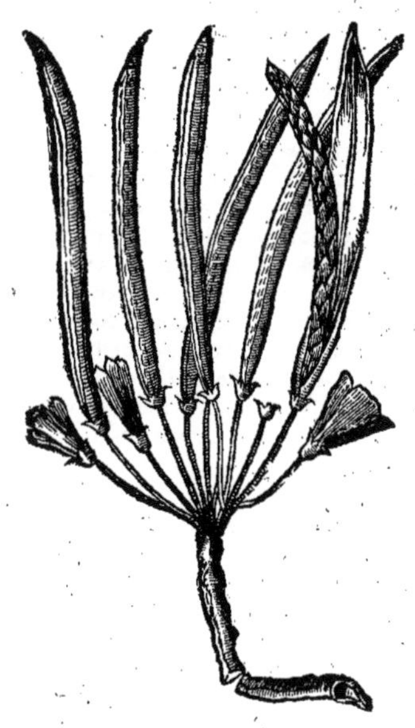

PENA met le pourtrait d'vne petite branche d'vn *arbre estranger, qui retire au Rosage*, & a de fort belles gousses, lequel il descrit brieuement. Ces gousses, dit-il, sont attachées à des branches & surgeons semblables à ceux du Sureau de marais, pleines de mouëlle, blaffardes, & pleines de neuds, & sont comme des gaines, d'vne paume ou d'vn pied de longueur, membraneuses, dont il y en a tousiours sept ou neuf attachées ensemble, chacune desquelles retire à vne petite lamproye. Au dedans elles sont farcies de petites pellicules, comme celles des Oignons, & bourrues, qui retirent si bien à la despouïlle d'vn serpent, & ont ie ne sçay quoy au dedans qui resemble au corps d'vn serpent, qu'elles font peur aux petits enfans. Les fleurs sortent de certaines coupettes longues à mode de celles de l'herbe Sainɛte, ou de la Strammonia.

Du Ricinus de l'Amerique, CHAP. CXXVII.

La forme. L'ESCLVSE a mis le pourtrait du *Ricinus de l'Amerique*, qui est vn peu plus gros que les nostres. Sa gousse est à triangle, dans laquelle sont les grains. Elle n'a point de boutons piquans, ains est lisse, de couleur cendrée. La graine resemble à la nostre ; toutefois elle est noire & non tachetée. Les Americains l'appellent *Curcas.* L'arbre qui la porte retire aussi au nostre, sinon qu'à cause de la bonté du terroir il deuient plus grand.

Les vertus, Celuy qui donna ceste graine à l'Escluse disoit qu'elle est si purgatiue, que la seule moitié d'vn grain, purge bien fort tant par haut que par le bas. Monard dit que l'on en tire de l'huile que les Espagnols appellent *Huile du Figuier d'enfer*, pource que la plante s'appelle en Espagnol *Figueira de l'inferno*, c'est à dire, *Figuier d'enfer.* On broye la graine, & la fait on bouïllir en eau, puis on amasse *l'huile* qui nage par dessus: car les Americains n'ont point d'autre façon de faire *l'huile.* Cest *huile* amollit & resout les enfleures. Il guerit les douleurs causées par les humeurs froides, & par des ventositez, principalement celles du ventre. A raison de quoy il guerit l'hydropisie qui occupe tout le corps, & celle qui procede de ventositez, si on en frotte le ventre, ou qu'on en prenne trois ou quatre gouttes dans du vin. Car il euacue les aquositez, resout les ventositez, & euacue les grosses humeurs phlegmatiques. Prins par la bouche, ou appliqué en liniment, ou bien mis en clystere, il guerit la douleur de la colique, & la maladie appellée Ileos. Il est bon contre la douleur des gouttes, pourueu qu'elle ne procede d'vne cause excessiuement chaude. Il allonge doucement les nerfs retirez. Sert contre la douleur des oreilles. Il lasche le ventre aux petits enfans si on leur en frotte le penil. Il tue & chasse les vers, principalement si on leur en fait boire vne ou deux gouttes auec du laict ou du boüillon. Il est singulier contre les tignons, & les vlceres de la teste qui pleurent tousiours.

Ricinus de l'Amerique.

Le temperament. Il est chaud au commencement du troisiesme degré, & humide au second.

Du fruict second seruant de Sauon, CHAP. CXXVIII.

MONARD dit que l'on luy a mandé du Peru, vne petite boëte faite de Liege, pleine de petites pelottes fort rondes, noires & reluisantes, tellement que l'on diroit qu'elles sont d'Ebene. C'est vn fruict croissant sur vn petit arbre, qui est plus courbé que droit, semblable au Ruscus: toutefois ses fueilles retirent à la Feugiere. Ces arbrisseaux portent vn fruict rond, gros comme vne Noix, & couuert d'vne certaine chair visqueuse, dessous laquelle il y a vne boule fort ronde, noire, & si dure qu'on ne la sçauroit rompre sinon auec vn marteau, ou quelque autre chose massiue & dure. Ce fruict sert de Sauon: car si on laue les draps auec deux ou trois de ces boules & de l'eau chaude, on les fera beaucoup plus nets que si on auoit employé vne liure de Sauon à les lauer. Et de faict elles font beaucoup d'escume, & font le méme effect que le Sauon, se fondans peu à peu, iusqu'à ce qu'il n'y reste que les pelottes, qui sont le noyau de ce fruict, lesquelles on perce puis apres, & en fait-on des patenostres, si belles qu'on diroit qu'elles sont d'Ebene, & durent fort longuement, pource qu'elles sont mal-mal-aisées à rompre. Ce fruict est si amer qu'il n'y a aucune beste qui en mange. I'en ay planté qui sont reuenus, & portent des fueilles fort belles & vertes. I'estime qu'elles porteront fruict en leur saison: car leur Plante est encor petite pour le present. Ouiedo en son Histoire d'Indie descrit aussi ce fruict, comme l'Escluse l'a remarqué en ses Annotations sur Monard. En ces Isles, dit-il, parlant de l'Espagnole, & méme en terre ferme il y a certains arbres qui ont prins leur nom des patenostres, & du Sauon. Leurs fueilles retirent aucunemẽt à celles de la Feugiere, combien qu'elles soient moindres. Ils sont grands & beaux, & portent vn fruict de la grosseur d'vne Noisette, ou d'vne Cerise, qui est enrichi d'vne coronne. Il n'est pas bon à manger. Estant seché au Soleil il retient sa couleur iaunastre. Au dedans il y a vn noyau de la grosseur d'vne balle d'harquebuse, rond, & noir: toutefois si on le regarde contre le Soleil, il est roussastre, & a dedans vne petite graine amere. De ces noyaux apres les auoir percez l'on en fait des patenostres, Aussi belles que si elles estoient d'Ebene, mesme elles en sont meilleures, d'autant qu'elles sont plus legeres, & ne se rompent pas si aisément. Le fruict entier auec de l'eau chaude, sert à lauer les draps ne plus ne moins que le Sauon. Toutefois si l'on continue d'en vser, il brusle & gaste les draps, il suffit de s'en seruir pour vne fois en vne necessité. La poulpe qui est à l'entour du noyau est celle qui sert de Sauon.

L'arbre. *Le fruict.*

Des Truffes de l'Amerique, CHAP. CXXIX.

LE méme Monard dit qu'on luy a enuoyé du Peru vn fruict qui croist dedans terre, fort beau à voir, & de bon goust, lequel n'a point de racine, mais croist seulement dans terre comme les Truffes. Il a enuiron demy doigt de grosseur, & est rond, & entortillé, de fort belle facon, de couleur baye. Il a vn noyau au dedans, qui mene du bruit quand il est sec. Il retire à vne Amande, & a l'escorce brune. Au reste il est blanc au dedans, & miparti en deux comme vne Amande, & si est de bon goust, car il approche aucunement du goust des Noisettes. Il s'en trouue pres du fleuue Maranon, & n'y en point autre part que la en toute l'Indie. On le mange frais & sec: toutefois il est meilleur estant rosti. On en sert au dessert de table, pource qu'il deseche fort & fortifie l'estomac: neantmoins si on en mange par trop il estourdit & appesantit le cerueau, Les Indiens & les Espagnols aussi en font grand estat, & non sans cause: car de fait i'ay tasté de ceux que l'on m'auoit enuoyez, & ay trouué qu'ils estoient de bon goust. Il semble que ce fruict soit tempéré

Du Batatas, CHAP. CXXX.

PENA dit que les racines qui croissent d'elles mesmes és Isles qui sont voisines du nouueau monde retirent fort au Cheruis. Ceux du pays & les Espagnols les appellent *Batades*, & les Anglois *Potades*, lesquelles ils mangent tant pour nourriture, qu e pour s'eschauffer & se rendre plus gaillards au ieu d'amour. Chacune d'icelles est ronde, de la grosseur d'vn naueau long, & obtus aux deux bouts. Elles sont brunes par dehors, & blancheastres par dedans, de bon goust & fort tendres, comme du Millet bien apresté, ou des Feues mouluës: toutefois elles sont fades, sinon que l'on les accoustre auec du sel, du vinaigre, & de l'huile, & vn peu de vin, ou bien cuites sous la braise. Celles que l'on apporte de l'Espagne, Ethiopie, & de la Guinée, sont aussi fort semblables à celles-cy, & de méme espece, lesquelles on appelle *Ignames*. Ont dit que tant les vnes que les autres ont les fueilles cõme le Lierre, ou les Mauues. Nous en auons parlé plus amplemẽt au liure des herbes de Iardin: toutefois il ne sera pas mal-fait d'en adiouster icy le pourtrait & la description suyuant l'Escluse. Les anciens, dit-il, n'ont

Batades. *La forme.* *Ignames.* *Chap. 6.*

n'ont pas eu cognoissance de cette Plante, aussi n'a-elle point de nom, ny en Grec, ny en Latin. Ceux du pays où elle croist, & les Espagnols l'appellent *Battades*, & *Camotes* ou *Amotes*, ou bien *Aies*: combien qu'il y a quelque difference entre ces noms là & que la racine appellée *Batatas* soit beaucoup plus tendre, & de meilleur goust. Or l'Escluse dit qu'il en a remarqué *trois especes* en l'Andalousie, qui sont differentes quant à la couleur exterieure, & mesmes quant au goust: car les vnes ont l'escorce purpurine dehors (qui sont tenuës pour les meilleures) ou bien blaffarde, ou blanche; mais elles sont toutes blanches par dedans: elles produisent des branches à mode du Cocombre cultiué, couchées par terre, assez grosses, pleines de suc, & lisses, garnies de fueilles qui sont assez poulpues, vertes blaffardes semblables aux fueilles de l'Aron, ou des Espinars: la racine est de la longueur d'vne paume, quelquefois aussi grosse qu'vn gros Raiffort, & obtuse aux deux bouts. Elle croist de soy-méme au nouueau monde, & aux Isles voisines, d'où elle fut premierement apportée en Espagne: maintenant on en plante en plusieurs lieux de l'Andalousie, les ayant coupées par quartiers; toutefois les meilleures sont celles qui viennent en Malaca, où l'on les mange cruës ou cuittes: les Espagnols mesme en font grand cas, à cause qu'elles sont tendres & de bon goust, principalement quand apres les auoir cuites sous la braise, & osté l'escorce exterieure, on les coupe par rouëlles, puis qu'on les mange auec vn peu de vin, d'eau rose & de succre.

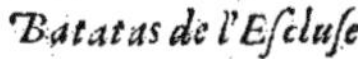
Batatas de l'Escluse

Du Borametz, CHAP. CXXXI.

Scali. Exerc. 181. 29.

La forme.

Ce qui a esté dit cy deuant du fruict de l'arbre appellé Dragon, n'est que ieu, au prix, de la nature admirable d'vn arbrisseau qui croist en Tartarie, le plus gras quartier de laquelle, & le plus renommé de tout temps, est appellé Zauolha. En ce lieu-là on seme vne graine, semblable à celle des Melons; toutefois elle n'est pas si longue, de laquelle il sort vne Plante qui est appellée *Borametz*, c'est à dire *Agneau*: dauantage elle a la figure d'vn *Agneau*, ayant les pieds, les ongles, les oreilles, & toute la teste de méme, excepté les cornes, au lieu desquelles elle a du poil à mode d'vne corne, & est enuiron de la hauteur de trois pieds. Elle est couuerte d'vn cuir fort delié, qui sert de couuerture de teste à ceux du pays. On dit que sa chair retire à la chair des Escreuices, & quand on l'entame, il en sort du sang, en outre qu'elle est merueilleusement douce. La racine sort de terre iusqu'à la hauteur du nombril, mais il y a encor vn point le plus admirable, c'est que cette Plante se maintient en vigueur, tandis qu'il y a de petites herbes aupres d'elle, comme si c'estoit vn *Agneau* en vn bon pasquier: mais elle seche & se meurt aussi tost qu'il n'y en a plus. Ce qui n'aduient pas seulement par cas d'auanture, & par succession de temps: mais mesme quand on arrache ces herbes expressement pour en voir l'effect. Et qui plus est, les loups en sont friands & la mangent; & toutefois les autres animaux qui viuent de chair ne la mangent pas. Ce qui fait pour donner la sausse & enrichir le conte de *l'Agneau*. Car ie voudrois bien sçauoir, dit Scaliger, comment c'est que d'vn tronc, il peut sortir quatre iambes auec leurs pieds separées l'vne de l'autre. Au reste Sigismond en son Histoire des Moschouites, recite aussi cette mesme chose.

Du Carlo sancto, Racine contre les venins, Racine saincte Heleine, CHAP. CXXXII.

On apporte, ainsi que dit Monard, de Charcis, qui est vne prouince du Peru certaines *Racines* fort semblables à celles de la Flambe: toutefois elles sont moindres, & sentent comme les fueilles de Figuier, les Espagnols qui habitent en Indie les appellent *Contrayerua*, comme qui diroit contre-poison, pource que la poudre de cette *Racine* prinse en vin blanc est vn souuerain remede contre toute sorte de venin (excepté le pté le Sublimé qui ne veut autre remede que de boire du laict) le faisant vomir ou euacuer par la sueur : mesme on dit qu'elle fait vomir les breuuages amoureux. Elle fait aussi sortir les vers du ventre ; elle a vn certain goust aromatique, ioint auec de l'acrimonie, parquoy il semble qu'elle soit chaude au second degré. Voyez sa plus ample description au chapitre suiuant. Le mesme autheur dit que depuis quelque temps on a apporté de la prouince de Mechioacan, vne certaine *Racine* appellée *Carlo sancto*, de laquelle on dit merueilles : elle retire à nos Houblons, & s'entortille de mesme aux perches; autrement elle va rempant par terre. Ses fueilles sont aussi semblables à celles des Houblons, de couleur verte-brune, & ont vne odeur fascheuse : elle ne porte ne fleur ne fruict : la racine a la teste grosse, de laquelle il sort d'autres racines grosses comme le doigt, & blancheastres : le nerf de dedans la racine est composé comme de plusieurs fibres, ou fueilles fort menuës, qui se peuuent separer l'vne de l'autre. Elle croist és lieux les plus temperez de la prouince de Mechioacan, en terre qui ne soit ne trop seche ne trop humide : elle est chaude & seche au commencement du second degré : l'escorce de la *Racine* estant machée au matin par quelque espace de temps euacue le phlegme & autres humeurs du cerueau, & par ainsi guerit les catharres, douleurs de teste, & defluxions : quelquefois elle fait vomir, & sortir de lestomac beaucoup d'humeurs bilieuses, & phlegmatiques, & principalement sa decoction, laquelle purge par ce moyen l'estomac des mauuaises humeurs, & le fortifie ; toutefois il faut auoir esté purgé auparauant. Ladite escorce estant maschée guerit les dents decharnées, & les raffermit, & empesche qu'elles ne se gastent, & si fait auoir bonne haleine ; toutefois il faut puis apres se lauer la bouche auec du vin, pour en oster l'amertume : vn peu de sa poudre prinse en vin blanc, ou decoction de Capilli veneris, ou de Canelle, desopile la matrice, prouoque les mois, resout les ventositez, pourueu qu'au preallable le corps ait esté purgé, & que l'on s'engraisse le ventre auec de Liquidambar & d'onguent de Dialthea par esgales portions, cependant que l'on vsera de ce remede : ladite poudre prinse comme dessus sert aux accidens du cœur qui procedent de la matrice, ou mesme sa decoction preparée comme s'ensuit : Il faut decouper deux dragmes de ceste racine, & les faire cuire dans deux liures & vn quart d'eau, iusqu'à la consomption de la moitié, puis ietter dedans quatre dragmes d'escorce de Citron puluerisée, deux dragmes de poudre de Canelle, puis faire bouïllir derechef le tout ensemble & les passer. De ceste decoction il faut prendre tous les matins six onces auec vn peu de succre : toutefois il faut au preallable auoir bien purgé le corps. Aucuns ordonne aussi ceste poudre contre la grosse verolle & le haut mal ; Le susdit Monard dit qu'on apporte du port S. Heleine qui est en la Floride, certaines *Racines* fort longues, lesquelles sont toutes pleines de neuds, de la grosseur du pouce, noires par dehors, & blanches par dedans, d'vn goust aromatique, quasi semblable à celuy de la Galanga. Or on coupe ces neuds, & en fait-on des Patenostres que les soldats Espagnols & Indiens portent pendues au col, & en font grand cas. En se sechant elles deuiennent ridées, & dure comme de corne : la Plante de ceste *Racine* iette ses branches par dessus terre, & porte des fueilles grandes & bien vertes : elle croist en lieu humide : elle est seche au commencement, & chaude à la fin du second degré. Les Indiens broyent ces *Racines* auec des pierres, & s'en frottent tout le corps quand ils vont aux estuues, d'autant qu'elles reserrent la peau, & fortifient les membres, comme ils disent, par leur bonne odeur : l'on tient que la poudre de cette *Racine* prinse en vin sert contre la douleur de l'estomac, la difficulté d'vrine, & le mal de reins. L'Escluse dit que suiuant la description & les proprietez de cette Plante, elle peut estre tenuë pour vne *espece de Souchet*.

Racine Carlo sancto, de Monard.

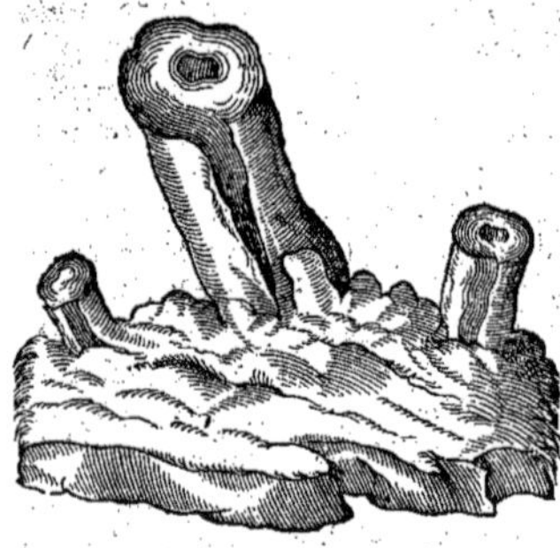

Patenostres, ou racine S. Heleine, de Monard.

De la Cabalhau, ou Contrayerua, de Leon, CHAP. CXXXIII.

NOvs auons receu par le moyen de Augustin Leon medecin Espagnol le pourtrait, & la description de cette Plante, en la maniere que s'ensuit : I'estime, dit-il, que cette Plante a esté inconnuë aux autheurs tant anciens que modernes, laquelle est appellée par ceux de Iucatan & Mexico en l'Indie Occidentale *Cabalhau* : les Espagnols qui habitent en Charcas qui est au Peru, l'appellent *Contrayerua* : car les Espagnols appellent *Yerua* l'Ellebore blanc, du suc duquel les chasseurs empoisonnent leurs flesches ; tellement que

que *Contrayerua* vaut autant à dire comme contre-poison : mais en langage Indien *Cabal* signifie *profond, & haut, vne racine*, comme qui diroit *Racine profonde*. Et de fait ce nom luy conuient bien. Car ceste herbe ne fait point de tige, mais vne chose qui luy sert de tige de la longueur d'vne paume, massiue & grosse cõme le doigt, & pleine de bossettes de la figure d'vne pyramide, fort dure, & ferme, rouge par dehors ou iaune, & blanche par dedans de laquelle sortent les fueilles qui sont velues d'vn costé & d'autre, semblables à celles du Bon Henry, excepté qu'elles sont vn peu moindres. Elle ne porte ny fleurs ny graine. Au dessous elle a vne longue racine, menuë, fourchue, rouge par dehors, & blanche par dedans. A l'endroit par où sortent les fueilles, il sort aussi des racines menuës, lesquelles vont s'espandant par dessous terre, & produisent d'autres Plantes, comme il en prend au Serpollet, & à l'herbe aux Fraises. Au reste ceste Plante ne meurt point, & a les fueilles vertes en toute saison. Du commencement quand on la taste elle semble estre fade, mais bien tost apres par sa subtilité, & acrimonie, elle picque & vlcere la langue, comme ie l'ay experimenté. Elle a l'odeur du Figuier, si bien qu'en la maschant il semble que l'on masche de l'escorce de Figuier. Elle deuient vermouluë auec le temps, iaçoit qu'elle se garde plusieurs années. I'ay entendu par gens dignes de foy qu'elle se vend au double poids de l'or à Rome : car les Italiens ayans obtenu congé du Roy d'Espagne nauigent iusques en Charcas du Peru pour rapporter ceste admirable Plante, comme i'ay sceu par le moyen de frere Hierosme de Leon de l'Ordre de S. François mon frere, lequel reside en Indie, en la Prouince de Iucatane, qui m'enuoya l'an 1584. ceste Plante auec la declaration de ses vertus & facultez. La decoction de demie dragme de ceste racine, & de ce qui luy sert de tige, reduite en poudre bien menuë, prise par la bouche, resiste à toutes sortes de venins, & rompt leur violence. Et ne se trouue point de si souueraine contre-poison contre tous venins, suiuant ce qu'en disent tant les Indiens naturels, que les Espagnols habituez en Indie. Et de fait les Indiens menans guerre contre l'Espagnol ont de coustume d'empoisonner les eaux auec vne certaine herbe venimeuse & mortelle, à quoy les Espagnols n'vsent que de ce seul remede, & ainsi boiuent desdites eaux sans danger. Elle est bonne contre la suppression des mois, à la dysenterie, & tout autre flux de ventre, & contre la grosse verole. Car la decoction de toute la Plante prinse chaude & à ieun, fait suer, euacuë la cause de la maladie, consume les humeurs superflues, & par ce moyen guerit ceste miserable maladie. Il s'en est trouué plusieurs en Indie qui en ont esté gueris par ce seul remede. Toutefois nous n'auons pas peu en faire l'essay iusques à present, pour n'auoir eu ceste Plante à commandement.

Cabalhau, ou Contrayerua, de Leon.

Cierge espineux.

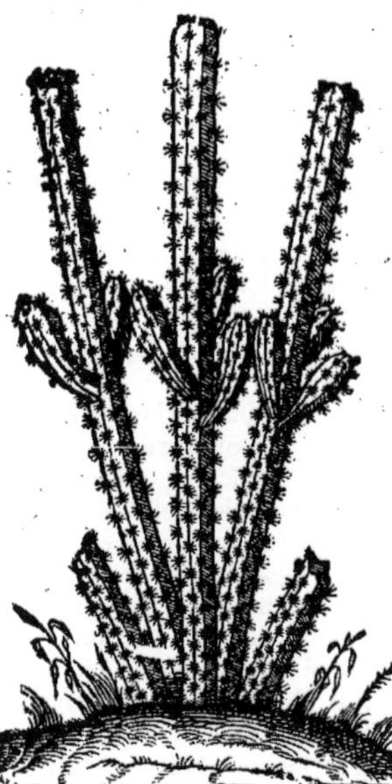

Du Cierge espineux, CHAP. CXXXIV.

NATVRE par la quasi monstrueuse beauté de ceste Plante, a surmonté tout ce qui pouuoit estre admirable en celles qui croissent en nos quartiers : car elle remplit d'admiration l'esprit & les yeux de ceux qui la contemplent, pour la rare beauté qui est en elle On l'appelle communement *Cierge* à cause de sa figure : car elle iette quatre ou cinq branches, de dixneuf ou vingt coudées de long, auec des cannelures tirées à la ligne tout du long, aux angles exterieures desquelles (qui sont obtus) il sort des petites estoiles qui ont les pointes dures comme corne, & sont esparpillées de tous costez dés le centre, sinon l'vne qui en vn peu releuée en dehors, & qui est plus longue que les autres. Toute la Plante en sa figure & couleur superficielle, retire au Melon espineux : toutefois elle est grosse comme le bras egalement tout du long,

long, à mode d'vne petite colomne, ou d'vne torche longue: du milieu d'icelle, & sur le dos d'entre les canneleures, il sort trois branches, à mode d'anses, estroites au commencement, & puis grosses comme vn Cocombre, comme si c'estoit des grosses fueilles rondes, qui ont la mesme proportion & figure que leur tronc. Au dedans il y a vn neud gros cõme le bras aupres du poinct, couuert d'vne callosité charnuë, & d'vn suc comme d'Aloës: car il est plein d'vne liqueur gommeuse fort amere. Elle porte ses fleurs au fin bout, au rapport de celuy qui l'a apportée. Son fruict est gros comme le doigt de couleur d'escarlate, quasi de la figure d'vne Figue, d'vn goust qui n'est pas du tout fade.

De la Coca, CHAP. CXXXV.

MONARD dit qu'ayant eu souuent grande enuie de voir la plante si renõmée entre les Indiens appellée *Coca*, laquelle ils cultiuent si soigneusement, pource qu'ils s'en seruent cõmunemẽt, & mesme pour leur plaisir, en fin elle luy fut apportée. Or il dit qu'elle est grãde cõme le bras, & a les fueilles sẽblables à celles du Meurte, vn peu plus grandes, (lesquelles ont vne autre fueille peinte au milieu, de la mesme figure) tendres, & vertes-blaffardes. Son fruict est entassé en grappe de raisin, & est rougeastre quand il commence à meurir comme le fruict du Meurte & de mesme grosseur: mais quãd il est meur il est noirastre, & alors c'est le vray temps de cueillir ceste *Herbe*, laquelle ont met puis apres dãs des paniers, pour la faire secher, afin qu'elle se garde mieux, & qu'on la puisse transporter. Car on la porte d'vne montagne à l'autre à mode de marchandise, & la troque-on pour d'autre marchandise, comme robes, bestail, sel & autres choses, & par ainsi elle leur sert au lieu d'argent. On serre sa graine parmy du Mastich, puis apres on l'en oste pour la semer, & faut que la terre soit bien cultiuée. On la seme par rang, comme nous faisons des Pois & des Feues. Les Indiens s'en seruent à plusieurs choses, tant pour porter en voyage, que pour plaisir dans leurs maisons, la preparans en ceste maniere. Ils bruslent des coquilles d'huistres, & les brisent à mode de chaulx, puis rompent les fueilles de la *Coca*, auec les dents, & y meslent parmy de la poudre de ces coquilles bruslées, & les incorporent ensemble, en telle sorte qu'il y ait moindre quantité de chaulx que de fueilles. Apres il reduisent cela en trochisques ou pelottes qu'ils font secher. Et quand ils en veulent vser, ils en prennent vne en la bouche, & la succẽt, la remuans parmy la bouche, & la faisans durer, tant qu'ils peuuent, apres qu'elle est consumée ils y en mettent vne autre, cõtinuans ainsi tãdis qu'ils sont en voyage, quand ils en ont besoin, principalemẽt quand ils ont à cheminer par des lieux où il ne se treuue point de viures n'y d'eau: car ils disent qu'en succçans ainsi ces trochisques, ils n'ont ne faim ne soif, & qu'ils sont plus dispos. Mais en voulant vser seulement pour plaisir, ils maschent la *Coca* toute seule, la tenans en la bouche tant qu'elle n'ait plus de vigueur, & puis en prennent d'autre. Mais s'ils se veulent enyurer, & estre comme hors de sens, ils meslent parmy la *Coca* des fueilles de Tabacum, & les maschent ensemble, & ainsi se rendent comme yures, & y prennent grand plaisir. Et de faict on s'esmerueille, de voir ces gens prendre plaisir d'estre hors du sens, prenans de la *Coca* auec du Tabacum, ou bien le Tabacum tout seul, comme nous auons dit au chap. du Tabacum, au liure 2. Voila ce qu'en dit Monard. Benzo aussi au liure 3. chap. 20. fait mention de la *Coca*. Car il dit, en parlant de ceux du Peru: Quand ils se veulent mettre en voyage, ils s'enduisent le visage auec vn certain bitume rouge, & portent de l'herbe en leur bouche qu'ils appellent *Coca*, laquelle leur sert de medecine à beaucoup de choses: car par le moyen d'icelle ils chemineront vn iour entier, sans auoir enuie ny de boire ny de manger. Et de faict ceste *Herbe* est l'vn de leurs plus grands trafficqs.

La forme.

Comment il en faut vser.

Racine de Drake.

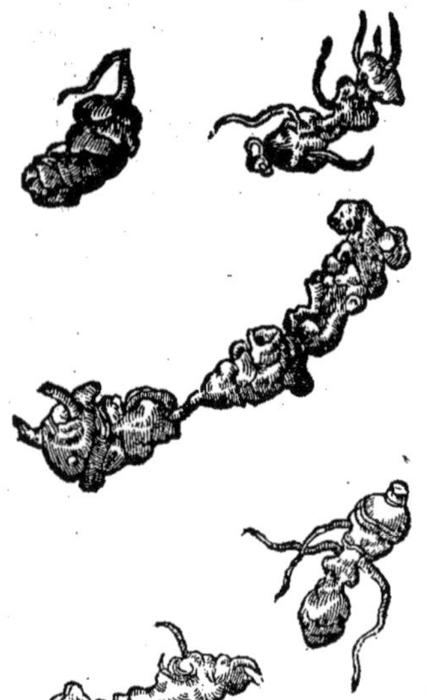

De la Racine de Drake, CHAP. CXXXVI.

CESTE *Racine* est le plus souuẽt de la grosseur de demy doigt, & fort longue, ayant force neuds & bosses releuées, & est come composée de grosses escailles au bout à mode de la Dẽtaria à neuf fueilles, qui est descrite au liure des Plantes d'Hongrie, noirastre par dehors, ridée & dure quand elle est seche, & blanche par dedans, auec force cheuelures qui en sortẽt de tous costez, lesquelles sont quelquefois grosses & mal aisées à rompre, & ont aussi d'autres bosses ou neuds. Ie n'ay point treuué qu'elle eust d'odeur manifeste, mais seulement vn goust astringeant qui desseche la langue du commencement, & apres qu'on l'a longuement maschée, elle laisse vn peu d'acrimonie plaisante à la bouche. Il semble qu'elle approche fort de la racine saincte Heleine, de

La forme.

de laquelle Monard fait mention au liure des Simples du nouueau monde. Mais pource que maiſtre Eliot, qui a accompagné Drake en ſon voyage, dit que les Eſpagnols du Peru l'ont en grande eſtime, & qu'il ne s'en treuue pas pour argent; meſme qu'il a entendu par eux meſmes que ſes fueilles ſont vn venin mortel, & au contraire que la *Racine* ſert de contrepoiſon non ſeulement à ſes fueilles, mais auſſi à tous autres venins, & fortifient le cœur & les facultez vitales, ſi on la pulverize & que l'on en prenne auec vn peu de vin blanc au matin, & qu'eſtant prinſe en eaü elle appaiſe la chaleur des fieures. A raiſon di-je de ces facultez, elle s'accorde mieux auec les racines qui ſeruent de contrepoiſon, deſquelles Monard fait mention au meſme liure: toutefois ces *Racines* icy n'ont pas le gouſt aromatique, & ne ſont pas ſi chaudes comme celles qu'il dit: neantmoins Drake luy meſme quand il me donna celles que i'ay fait icy pourtraire, auec de la Pierre Bezar du Peru, m'aſſeura qu'elles eſtoient en grande eſtime au Peru.

De la Fleur ſanguine. CHAP. CXXXVII.

ONARD dit qu'il planta de la graine qui luy auoit eſté apportée d'Indie, pluſtoſt pour voir la beauté de la Plante, que pour aucune vertu qu'elle euſt en medecine. Ceſte Plãte croiſt de la hauteur de deux paumes, & a les branches droites, garnie de fueilles rondes & menuës, excellemment vertes. Ses fleurs ſortent au bout des branches, & ſont de couleur de fin or compoſées de cinq fueilles, chacune deſquelles a vne tache rouge comme ſang, & vn long capuchon bien auancé au bout de la fleur, laquelle eſt fort belle & propre pour planter aux Iardins des Feneſtres; car elle croiſt aiſément tant de graine, que en plantant ſes branches. Elle a le meſme gouſt & odeur que le Naſitort, & eſt fort chaude.

De la Guacatane, Herbe de Iean l'enfant, & petit Orge, CHAP. CXXXVIII.

CEVX qui conqueſterent les premiers la nouuelle Eſpagne, ſe ſeruoient, comme Monard raconte, pour guerir leurs playes, d'vne *certaine Herbe* qui leur fut monſtrée par vn Indien ſeruiteur d'vn Eſpagnol, lequel on appelloit *Iean l'enfant*, à raiſon de quoy on appella ceſte *Herbe* de ſon nom.

Guacatane, de Monard.

La forme. C'eſt vne petite Plante qui a les fueilles comme l'Ozeille, vn peu veluës. *Les vertus.* Icelle maſchée ou broyée verte, & appliquée ſur les playes, eſtanche le ſang & les conſolide. Elle mondifie les playes des nerfs & autres parties, & en fin les cicatrize: eſtãt ſeche & reduite en poudre, elle fait le meſme effect. Le meſme Monard dit qu'on luy a enuoyé de la nouuelle Eſpagne vne petite Plante ſans racine, qui eſt appellée par les Indiens *Guacatane*, laquelle retire aſſez bien à noſtre Polion de montagne, excepté qu'elle n'eſt pas odorante. *La forme.* Or ne ſçait-il pas ſi elle porte point de fleur ny de fruict. *Les vertus.* Elle eſt fort pro pre aux hemorroides, l'appliquant en ceſte maniere: c'eſt qu'il faut fomenter les hemorroides auec la decoction d'icelle faite en vin, quand il n'y a pas grande chaleur: car autremẽt il la faudroit faire en eau: & les en lauer, puis apres les eſſuyer tout doucement, & les ſaupoudrer de la poudre de ceſte *Herbe*. Elle appaiſe les douleurs de toutes les parties du corps, procedantes de froid & de ventoſitez, ſi on en frotte premierement la partie auec du Bijon, & que l'on la ſaupoudre de la poudre de ceſte *Herbe* biẽ puluerizée, & puis qu'on applique vn linge par deſſus: car il s'attachera quant & quant à mode de Cerot: & ne ſe bougera point que la douleur ne ſoit guerie. Ceſte poudre appliquée ſur les playes legeres, principalement aux aynes, les mondifie & les conſolide. En outre le ſuſdit autheur dit qu'on luy a apporté de l'Eſpagne nouuelle auec quelques autres Plantes la graine d'vne certaine Plante que les Eſpagnols appellent *Ceuadilla*, c'eſt à dire *petit Orge*, pource qu'elle retire à noſtre Orge, tant à l'eſpic comme en la balle, dans laquelle eſt encloſe ſa graine, laquelle toutefois eſt plus petite, & n'eſt point plus groſſe que la graine de Lin: mais elle eſt bien differente quant aux proprietez: car on n'ouyt iamais parler d'vne autre Plante, qui fut ſi cauſtique comme ceſte-cy, d'antant que quand il eſt queſtion d'vſer de cautere, comme aux gangrenes & aux vlceres ſales & pourris, elle fait autant d'operation non ſeulement que le ſublimé, mais que le feu meſme; car elle tuë les vers des vlceres. Sa poudre ſaupoudrée petit à petit, mondifie les vlceres pourris, en y en mettant plus

Petit Orge, de Monard.

plus ou moins selon la grandeur de l'vlcere,& appliquant les preseruatifs dont on a accoustumé d'vser en tel cas. Or pour moderer sa violence, il faut incorporer ladite poudre dans de l'eau rose, ou eau de Plantain,& tremper vn linge,ou vne tente dans ladite eau, puis l'appliquer sur les vlceres & gangrenes : quoy fait il y faudra appliquer des medicamens qui font reuenir la chair, tels que le Chirurgien verra estre necessaire. On la peut aussi appliquer en la mesme maniere aux vlceres malins du bestail. Il dit aussi qu'on luy enuoya quelques autres Plantes sans nom, entre lesquelles il y en a *vne*,de laquelle la decoction faite en eau est bône aux accidens de la poitrine:*l'autre*,fait sortir l'enfant mort au ventre de la mere,& l'arriere-faix qui tarde trop à sortir.La *troisiesme* est de telle nature,que si quelqu'vn la touche seulemẽt pour la cueillir, elle tombe & flestrit tout à l'instant. La *quatriéme* est esparse par terre,& neantmoins si quelqu'vn la touche elle se retire soudain, comme les Choux de Morcia. Il y a aussi de l'Ellebore noir semblable à celuy d'Espagne,& ayant les mémes facultez.Il se treuue aussi plusieurs autres medicamens en Indie qui ont des excellentes proprietez,lesquelles se découuriront auec le temps, Dieu aidant, moyennant la diligence & industrie de ceux,qui font estat de n'estre pas nais seulement pour soy-méme:mais aussi pour seruir au public.

De l'Herbe qui prognostique la vie ou la mort aux malades, CHAP. CXXXIX.

L'AN 1562. lors que le Comte de Nieua estoit au Peru, vne sienne chambriere auoit son mari qui estoit extremem ent malade, dont elle estoit merueilleusement faschée, quoy voyant vn des principaux d'entre les Indiens, luy demanda si elle voudroit bien sçauoir si son mari mourroit de cette maladie, ou non : car si elle vouloit il luy enuoyeroit la branche d'vne *Herbe*, laquelle il falloit mettre en la main gauche du malade, & la luy tenir long temps serrée, & s'il deuoit rechapper de cette maladie, tandis qu'il auroit cette *Herbe* en main, il seroit ioyeux & allegre:mais s'il en deuoit mourir, il deuiendroit tout chagrin & fasché. Et de faict comme il eut enuoyé cette branche, & que la femme l'eust mise en la main de son mary, la luy faisant serrer, il fut surprins à l'instant d'vne si grande tristesse, que la pauure femme craignant qu'il ne mourut sur le champ, luy osta la branche de la main, & la ietta là, & le malade mourut peu de iours apres. Or comme i'auois grande enuie, dit Monard, de sçauoir si cela estoit vray, vn certain Gentilhomme qui auoit long temps sejourné au Peru,m'asseura qu'il estoit bien vray,& que cela est coustumier entre les Indiens, quand ils ont quelqu'vn de malade ; ce qui m'a fait mettre en vne grande admiration.

De l'Herbe bonne pour les maladies des reins, CHAP. CXL.

L y a aussi vne autre Plante au Peru, qui est fort propre aux *accidens des reins*,prouenans de chaleur, si on enduit la partie malade de son suc meslé auec onguent rosat, & qu'on mette des fueilles de la Plante par dessus. Son suc est singulier aux erisipeles & inflammations:car il oste l'inflammation & appaise la douleur. Or ses fueilles sont semblables à celles des ieunes Laictues tendres, & de mesme couleur. Elles on vn goust fade tellement que par là on peut iuger que *l'Herbe* est froide.

De l'Herbe peur la rompure, CHAP. CXLI.

NICOLAS Monard dit qu'on luy a mandé vn peu d'vne *certaine Plante*, de laquelle il n'a pas peu remarquer la figure,d'autant qu'elle estoit toute seche & froissée. On escrit, dit-il, qu'elle est merueilleusement singuliere aux rompures tant des enfans que des grandes personnes, & que c'est chose bien bien asseurée : & de faict il y a vn Indien qui s'en sert l'appliquant sur la rompure apres l'auoir broyée, puis apres il vse d'vn certaine ligature par dessus qui est estrange:car ceux qui sont ainsi liez marchent aussi librement que s'ils auoiẽt des brayers,comme i'ay entendu par vn qui auoit esté gueri par le moyen de telle Plante & ligature. Quant à moy i'estime qu'vne telle ligature, si elle est si ferme comme il disoit, est assez bastante pour guerir la rompure, sans qu'il y faille vser d'aucune herbe : car i'ay cogneu icy vn quidam de Cordouë qui guerissoit toutes les rompures, par la seule ligature, sans vser de brayers, ce qui est bien vray-semblable ; méme il y en a de ceux qui ont esté gueris qui sont encor viuans.

Du Hetich de l'Amerique, CHAP. CXLII.

IL ne sera pas mal-fait de mesler icy quelques Plantes de Iardin estrangeres, comme entre autres celle qui est appellée *Hetich*, qui est vne racine semblable à ces grosses Raues que l'on treuue au Limosin ; dont il s'en treuue de *deux sortes* de méme grandeur:*l'vne* deuiẽt iaune en cuisant,& *l'autre* deuient blanche,*l'vne* & *l'autre* a les fueilles cõme celles de la Maue,& *Les noms. Les especes. La forme.*

Hetich de l'Amerique.

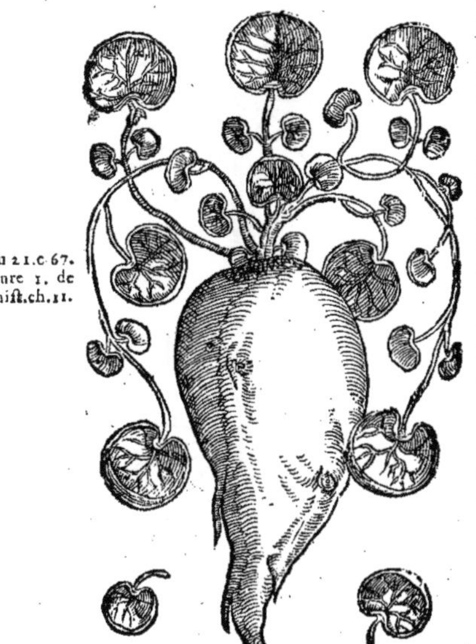

ne porte point de graine : à raison de quoy les Sauuages la coupent par rouëlles pour la planter, & ainsi elle fructifie fort bien. Or ils disent qu'ils l'ont euë par le moyen d'vn certain grand prophete (qu'ils appellent Chariabe) lequel rencontrant vne fille la luy donna, & luy apprint la maniere de la planter & d'en vser. Ce qui succeda si bien, qu'ayans continué de pere à fils, ils ne mangent à present quasi point d'autre viande, laquelle leur est aussi commune que nous est le pain, au lieu qu'auparauant (comme ils disent) ils mangeoiẽt les herbes & racines sauuages à mode des bestes. Au reste Dalechãp estime que cest *Hetich*, est le Oetõ de Pline, au lieu duquel mot il y a en Theophraste *Vingum* : car voici ce qu'en dit Pline ; Ils mangent aussi l'Oeton, qui est vne herbe ayant peu & de petites fueilles, & la racine grosse : mais Theophraste en escrit ainsi : *Semblablement ce qu'on appelle Octon en Egypte : il a les fueilles grandes, & vn germe court* (non pas comme Gaza qui dit, petit) *Sa racine est longue, & de fort bon goust, & bonne à manger, laquelle on amasse au lieu de fruict apres, que le Nil estabaissé, & en offre-on sur les autels des dieux.* Or ce que Theophraste dit les fueilles grandes, Pline dit peu de fueilles & petites.

Liu 21. c. 67. Liure 1. de l'hist. ch. 11.

De l'Igname, Batat, Agis, CHAP. CXLIII.

EN la Terre du Bresil, & en l'Isle Espagnole, on appelle *Batat* ce qui est appellé en Themistitã, *Agis*, & en l'Isle S. Thomas *Igname*. Cest vne racine à mode d'vn Naueau, ou d'vne Raue, qui a l'escorce noire, & est mi-partie en bas cõme par branches : elle a le goust d'vne Chastagne : toutefois elle est meilleure & plus tendre. On la mange cuite sous la braise & bouïllie. Toutes ne sont pas d'vne méme couleur au dedãs, à raison de quoy on en a estably *plusieurs especes* : dont la *premiere* est nommée par les Espagnols *Igname Cicorero* : il n'y a que cette-cy qui se puisse garder vn an sans se gaster ; tellement que l'on en fait prouision dãs les nauires pour en viure. Outre celle-cy, il y en a *trois autres especes*, qui ne veulent point estre gardées, dont celle qui vient en Benin, est de fort bon goust ; mais celle de Manicongo n'est pas si bonne : la *moindre* est iaune, de la couleur des Carottes. Or la maniere de la planter est estrange : car on ne plante pas la racine, mais les iettons, cõme aux Oliuiers ; ils fendent les branches en plusieurs pieces, pourueu qu'en chascune il y ait vn peu d'escorce, & plantent ces pieces, puis mettent vn eschalas aupres : car cette Plante grimpe comme l'Houblon. Elle a les fueilles comme le Citronnier, & aussi polies toutefois elles sont moindres & plus minces, au bout de cinq mois il la faut cueillir : ce qui se cognoist à voir les fueilles qui se sechent. Sa racine est comme celle des Roseaux ou de l'Aron, iette quatre ou cinq fruicts, ils la font secher pour la garder. Voila ce qu'en dit Scaliger. Celuy qui a mis par escrit le voyage quand on descouurit l'Isle S. Thomas, en dit tout de méme. Le premier qui apprint de manger cette racine au lieu de pain, pourueut à ce que l'on ne replantast pas la racine pour en auoir nouueau fruict ; mais que l'on la gardast plustost pour prouision, & qu'on se contentast d'en planter les branches pour en recueillir le fruict puis apres.

La forme. *Les especes.* *Exer. 181. 17. Au mesme lieu.*

Du Manihot. CHAP. CXLIV.

CESTE autre racine est grosse comme le bras, d'vn pied & demy ou de deux pieds de long, le plus souuent tortuë & courbe ; elle produit vne petite Plante qui peut auoir quatre pieds de hauteur ou enuiron. Ses fueilles resemblent à celles de l'Herbe que les Heroristes appellent *Pata leonis*, & y en a six ou sept au bout de chacune branche, chacune desquelles a demy pied de long, & trois doigts de largeur. De sa racine qui est appellée *Manihot*, les Sauuages en font de la farine en cette maniere. Ils pilent les racines seches ou fraiches, ou bien ils les ratissent auec vne large escorce d'arbre, garnies de plusieurs petites pierres fort dures, puis les ayant passées par le crible, ils brassent cette farine parmy de l'eau sur le feu, iusqu'à tant qu'elle se prenne par petits morceaux, tels que ceux de la Manne grenée, lesquels estans frais sont fort bons, & sont de grande nourriture. Or le femmes ont la charge de tout cela : car les hommes se dedaigneroient de s'en mesler. Au reste en tout le Peru, & aux Isles de Canada, & de la Floride, & par toute l'Amerique, & le païs des Cannibales, qui sont enuiron quatre mille lieuës d'estendue, il n'y a point de viande plus commune que cette-cy laquelle ils mangent auec la chair & le poisson comme nous faisons du pain, d'vne façon estrange :

La forme. *Comment il en faut vser.*

Manihot. *Yuca.*

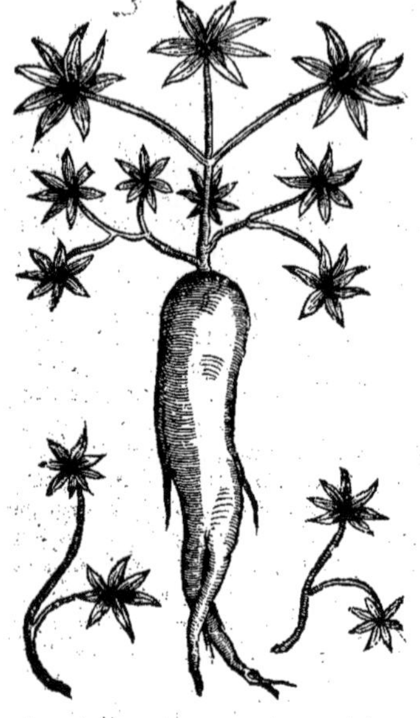

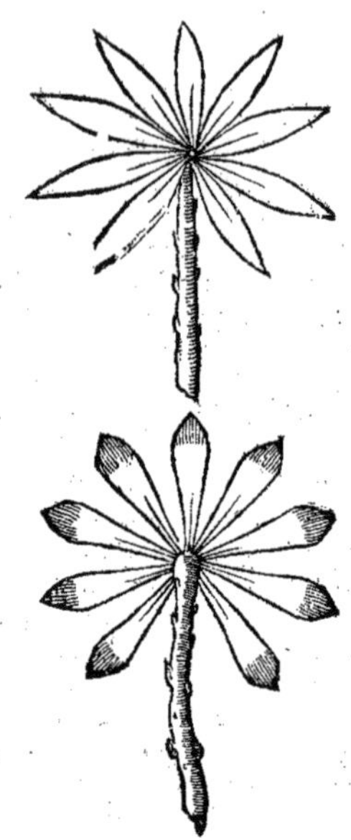

estrange : car ils ne portent iamais la main à la bouche ; mais iettent les morceaux dedans, de plus d'vn pied de loin par vne singuliere dexterité, se moquans des Chrestiens qui mangent autrement. Aucuns estiment que ce *Manihot* soit l'Arachidua de Theophraste, & que l'Igname dont il a esté parlé au precedent chapitre soit ce que Theophraste appelle τὸ ἀραχοειδὲς ou ἀράκῳ ὅμοιον, non pas *Aracidna* ou *Aracon*, comme il y a en Pline. Or voicy ce que Theophraste en dit; *Comme la racine d'Arachidna, & de ce qui resemble à l'Aracus : car l'vne & l'autre porte vn fruict aussi gros que celuy qui est au dessus de la Plante, à sçauoir vne racine grosse & poulpue, laquelle entre profond dans terre, & les autres ausquelles est le fruict plus menuës & esparses tout à l'entour à fleur de terre. Elle s'aime és lieux sablonneux : l'vne & l'autre n'a point de fueille, ny chose qui retire aux fueilles, ains il semble qu'elles portent vn fruict dedans & hors de terre, ce qui semble estrange.* Pline aussi en parle ainsi: *L'Aracidna* & *l'Aracos*, ont les racines fourchuës & en grand nombre : mais elles n'ont ne fueilles, ne branches, ny autre chose hors de terre. Ainsi donc ces racines s'accordent bien ensemble, sinon ce que Theophraste dit que l'vne ny l'autre n'a point de fueilles ny autre chose semblable : car toutes deux ont vne racine grosse & poulpuë, qui entre droit en terre, & d'autres plus menuës à fleur de terre, bien esparses, ausquelles le fruict, c'est à dire les nouuelles Plantes sont attachées, comme en l'Herbe que Dodon appelle Chamaibalanon. Or ceux qui sont de cette opinion disent que Theophraste escriuant de cette Plante estrangere, s'est fondé sur les rapports qu'on luy en auoit fait, lesquels toutefois estoient faux.

Livre 1. de l'hist. ch. 11.

Liu. 5. ch. 33.

Du Mechioachan, CHAP. CXLV.

EN l'Indie de la mer Oceane, il y a vne prouince à quarante lieuës au dessus de Mexico, laquelle est appellée *Mechioachan*, en laquelle il y a vn quartier, qui est le meilleur & le plus fertile, appellé par les Indiens Chincicila : mais les Espagnols l'appellent *Mechioachan*, du nom de toute la prouince. Ce quartier est plus abondant en or ; & principalement en argent, que tout le reste de l'Indie. En outre l'air y est fort sain & temperé, il y croist aussi à force bonnes Plantes ; tellement que les Indiens des païs voisins estans malades se font porter là, pour treuuer remede à leur maladie & recouurer leur santé. En outre il y a abondance de Froment & autres fruicts, & de bestes sauuages, beaucoup de sources de fontaines viues, en vne partie desquelles il y a de fort bons poissons. A raison de quoy ceux de ce païs là sont plus gaillards & dispos, & ont meilleure couleur que les autres Indiens. Or Fernand Courtois conquesta cette prouince l'an 1524. & quant & quant il y vint des Cordeliers qui y dresserent vn Monastere, le Gardien duquel estant tourmenté d'vne longue & dangereuse maladie, le Gazoucin Cacique, c'est à dire, le Seigneur de tout le païs, qui estoit desia entré en amitié auec ce Cordelier, recommanda à son Medecin qu'il le pensat. Le Medecin donc ayant consideré sa maladie promit qu'il le gueriroit, pourueu qu'il voulut prendre la poudre d'vne racine qu'il luy donneroit : & de fait ce maistre Moyne qui enrageoit d'estre gueri, la print tres-volontiers auec du vin, par le moyen de laquelle il fut si bien purgé sans aucune douleur ny facherie, que du mesme iour il commença à se porter mieux, & en fin se treuua aussi sain que iamais. A l'imitation duquel tant les autres Cordeliers, que quelques Espagnols estans malades vserent souuentefois de ce remede auec si heureux succés qui furent d'aduis de communiquer ce souuerain remede aux autres Freres qui estoient en Mexico, & de là le bruit en courut par la nouuelle Espagne & par toute l'Indie ; tellement qu'on laissa la Rhubarbe & autres medecines accoustumées, & ne se seruit-on plus d'autre remede que de cette *Racine* pour guerir les malades, & de là on en apporta en Espagne, & puis en France, Allemagne

Les noms. Italie. Or on l'appelle *Mechiachan* du nom de toute la prouince où elle croist : les Indiens l'appellent communement *Rhubarbe d'Indie*. Nicolas Monard dit qu'il en a veu vne Plante à Seuille, au Conuent des Cordeliers, qui auoit esté apportée de la prouince de Mechioachan, & auoit plusieurs

La forme. branches esparses par dessus la terre, de couleur cendrée, qui grimpent le long des perches, & par dessus les treilles, s'entortillans à l'entour. Ses fueilles, sont rondes, aiguës au bout, & larges aupres de la queuë, pleines de filamens & si deliées qu'elles semblent estre seches. Son fruict est de la grosseur du Coriandre sec, entassé en grappe, & meurit en Septembre. Sa racine est grosse comme celle de la Coleuurée; tellement qu'aucuns l'ont prins pour la Coleuurée mesme, ou pour vne espece d'icelle; toutefois il y a bien de la difference. Car la racine de la Coleuurée est bien acre, tant verte que seche, au lieu que celle du *Mechioachan* est fade, & sans aucune acrimonie. Aussi Pena dit que ceux qui sont en cette opinion, sont aussi trompez, comme ceux qui estiment que le Laurier soit vne espece de Canelle, & le Liset aspre vne espece de la Zarzeparille ; & semblablement de plusieurs autres Plantes estrangeres. Or ayant recouuert d'Espagne vne de ces *Racines* il en a fait faire le pourtrait, tel qu'il est icy mis. Au reste on n'en apporte guieres d'entiere en ces quartiers, mais decoupée par grandes rouelles, par lesquelles on peut coniecturer que c'est vne *grande Racine*, mas-

Mechioachan, de Pena.

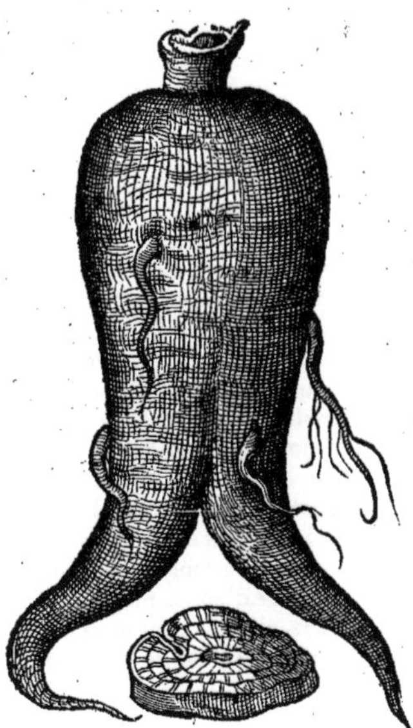

Mechioachan, de Dodon.

siue, & sans cœur. Qui ne l'aura veuë, dit Pena. qu'il se propose au deuant la racine de la Coleuurée : car elles sont toutes deux de mesme couleur, & quasi de mesme grosseur, & semblablement ridées : mais les rouëlles du *Mechioachan* ; qui ont esté ainsi coupées pour les faire secher, ont plu-

Maniere de la choisir. sieurs cercles au dedans esgalement distans l'vn de l'autre, dés le centre iusques au bord. Quand

Le temperament & les vertus. on les masche elles ont vn goust de farine sans acrimonie, & si n'ont pas mauuaise odeur, au reste elle est blanche & aisée à froisser comme celle de la Coleuurée. La meilleure est celle qui est fraiche, & qui n'est point vermouluë, & blanche par dedans : car auec le temps elle deuient noire, trouëe, vermouluë & legere. On la garde couuerte dans du Millet, ou enuelopée dans du Lin

poissé

poiſſé. Il ſemble qu'elle ſoit chaude au premier degré, & ſeche au ſecond, & qu'elle eſt compoſée de parties ſubtiles & aërées, auec vn peu d'aſtriction. Elle euacue principalement le phlegme, & les aquoſitez, guerit les douleurs inueterées de la teſte, les eſcrouëlles, & le haut mal : elle arreſte les defluxions inueterées, & eſt ſinguliere à la douleur des goutes, à la colique, & au mal des reins: comme auſſi aux douleurs de la matrice, aux aſthmatiques, à la toux inueterée, & à la groſſe verolle. Il en fait bon vſer és fieures longues, compoſées, phlegmatiques, quotidiennes, & errantes, quand elles procedent de l'opilation des parties interieures;mais non pas aux fieures ardentes. Pena s'accorde à ce que deſſus, & aſſeure qu'auec la poudre de ceſte racine prinſe au poids d'vne dragme en vin blanc, ou du bouïllon, à quelque iour & heure, & en toute ſorte d'aage, il a veu faire cinq, ſix, ou ſept ſelles, par leſquelles l'aquoſité des hydropiques eſtoit euacuée, & toute ſorte de phlegme, ſans aucun danger ny faſcherie. Auſſi ceſte racine n'eſt pas malaiſée à prendre, pource qu'elle n'a point de mauuais gouſt, & pour ceſte cauſe eſt-elle propre pour les enfans, & pour les vieilles perſonnes, & autres qui font difficulté d'vſer d'autres medecines. Or voicy le moyen de la prendre: Apres auoir preparé les humeurs que l'on veut euacuer, & vſé des clyſteres & de la ſaignée, s'il eſt beſoin, il faut concaſſer legerement ceſte racine, & la mettre en infuſion en vin blanc, ou dans de l'eau d'Anis, de Fenouïl, ou de Canelle, ſi on craint le vin, & prendre cela de bon matin : pour les petits enfans, il n'en faut que demie dragme: pour les ieunes qui ſont plus aagez vne dragme : & pour les hommes & femmes deux dragmes. Il eſt bon auſſi d'en prendre auec du ſyrop roſat laxatif. Apres auoir prins la medecine, il eſt permis de dormir vn peu, principalement à ceux qui ſont aiſez à vomir ; & quand la purgation eſt acheuée, il faut prendre vn bouïllon & diner bien toſt apres, comme l'on a accouſtumé de faire apres les autres medecines. On fait auſſi des pillules de la meſme poudre, laquelle on incorpore auec quelque ſyrop, ou electuaire. Nicolas Monard dit qu'il eſt en la puiſſance du Medecin, ou de celuy qui a prins du *Mechioacan* d'euacuer autant d'humeur qu'il voudra:car en prenant du bouïllon, ou quelque autre viande,on fait quant & quant ceſſer la purgation : toutefois il y en a d'autres qui nient que cela ſoit vray,attendu,diſent-ils, que l'on en voit l'experience au contraire tous les iours. Au reſte ont pporte maintenant vne autre racine de *Mechioacan*, qui croiſt à l'entour de Nicaragua, & de Quito, où l'on la cultiue ſoigneuſement, & eſt en grand vſage, à cauſe de ſes admirables vertus : & de faict elle eſt de beaucoup meilleure que celle qui vient de la nouuelle Eſpagne. Or on en apporte meſme la graine, la fleur & les branches. *Les eſpeces.*

Fleur de Mechioacan, de Monard.

Ceſte fleur eſtoit comme celle d'vn Coignier, compoſée de cinq grandes fueilles, auec vne coupette ou veſſie releuée, de la groſſeur d'vne Noiſette, couuerte d'vne peau mince, & blancheaſtre, dans laquelle il y a deux chambres ſeparées par le moyen d'vne peau fort deliée, en chaſcune deſquelles il y a deux grains, de la groſſeur d'vn Pois ciche, qui ſont noirs apres qu'ils ſont meurs, & d'vn gouſt fade, leſquels eſtans plantez en bonne terre legere reuiennent aiſément. Il croiſt auſſi au Cap de ſaincte Heleine, qui eſt en la meſme contrée de Nicaragua vne autre ſorte de *Mechioacan* plus ſauuage, lequel cauſe d'eſtranges ſymptomes, comme des vomiſſemens deſordonnez, des tranchées, & des flux de ventre, à raiſon de quoy on l'appelle *Scammonée* : mais qui en aura vne fois eſſayé, n'a garde d'y retourner. Il a les fueilles & les branches ſemblables à l'autre : toutefois elles ſont moindres en tout & par tout, meſme ſa racine a quelque peu d'acrimonie. Pierre Cieca en la premiere partie de ſon Hiſtoire du Peru dit qu'en la prouince de Quimbaya, dont Charthage la grande eſt la ville metropolitaine, il y croiſt certaines racines menuës, de la groſſeur du doigt, parmy les arbres, deſquelles ſi on prend vn bout de la longeur du bras, & qu'on le mette en infuſion par l'eſpace d'vne nuict dans vne liure & demie d'eau, la pluſ-part de ceſte eau ſe conſume. Et quant à celle qui reſte, ſi on en prend trois onces, elles purgent auſſi doucement que la Rhubarbe, & dit qu'il en a ſouuent fait l'eſpreuue, au grand profit de ceux qui eſtoient purgez. *Racine de Quimbaya.*

De la Payco & Laittue ſauuage, *CHAP. CXLVI.*

MONARD dit qu'on luy a mandé du Peru vne certaine Herbe qu'ils appellent en ce pays là *Payco*, laquelle a les fueilles fort ſemblables à celles du Plantain tant en couleur, comme en figure, leſquelles eſtans ſechées ſont fort menuës, & d'vn gouſt fort acre & chaud. La poudre de ces fueilles prinſe en vin guerit la douleur des reins, qui procede de quelque cauſe froide & de ventoſitez. La Plante auſſi cuite & appliquée à mode d'emplaſtre ſur la partie dolente, fait le meſme effect, ce qu'il aſſeure d'auoir veu par experience. On luy apporta encor vne autre Herbe, *Le temperament & les vertus.*

 appellée

appellée *Laictue sauuage*, les fueilles de laquelle retirent à celles des *Laittues*, & sont vertes-brunes. La decoction, dit-il, des fueilles de ceste Herbe appaise la douleur des dents, si on la tient longuement en la bouche, du costé que les dents font mal. Autant en fait le suc des fueilles distillé dans le creux de la dent, & l'Herbe broyée & appliquée par dessus. Elle est fort amere: i'estime qu'elle soit plus chaude qu'au premier degré.

De la Perebecenunc, CHAP. CXLVII.

La forme.

AV troisiesme volume, liure onziesme de l'Histoire generale des Indes, il est fait mention d'vne herbe qui croist en grande quantité en diuers lieux de l'Isle Espagnole, & est appellée *Perebecenunc*, laquelle est de merueilleuse efficace pour guerir les vlceres. Elle porte beaucoup de fueilles aigues au bout, de la figure d'vn fer de iaueline; tellement qu'il semble que nature nous ait voulu par ce moyen apprendre à cognoistre les Herbes qui seruent à guerir les playes faites auec le fer. Ces fueilles sont assez menues, vertes, & perses au bout comme aussi leur queue. Il y a bien aussi quelques fueilles qui ne sont pas aigues, mais rondes; toutefois les vnes & les autres sont de couleur de gris tirant sur le pers. Ses fleurs sont rouges & longues, en vne ombelle semblable à celle du Fenouïl, toutefois elles sont plus esparpillées, & menues. Toute la Plante croist de la hauteur d'vn homme; & est admirable en ses effects: car elle guerit aisément & sans douleur toutes sortes d'vlceres, encor qu'ils soient chancreux & malins. Pour cest effect il faut cuire vne poignée de ceste Herbe en vne liure & demie d'eau, iusqu'à la consomption de la troisiesme partie. Et comme la decoction est quasi froide, il faut tremper vn linge dedans, & en lauer l'vlcere, puis apres l'auoir essuyé, on met dedans du suc de l'herbe crue, ou bien on y met de la charpie trempée dans ledit suc. Continuant à faire ainsi deux fois le iour, on guerit aisément tous vlceres, quelques malins qu'ils soient, & non les playes fraisches faites de coup de main.

Perebecenunc.

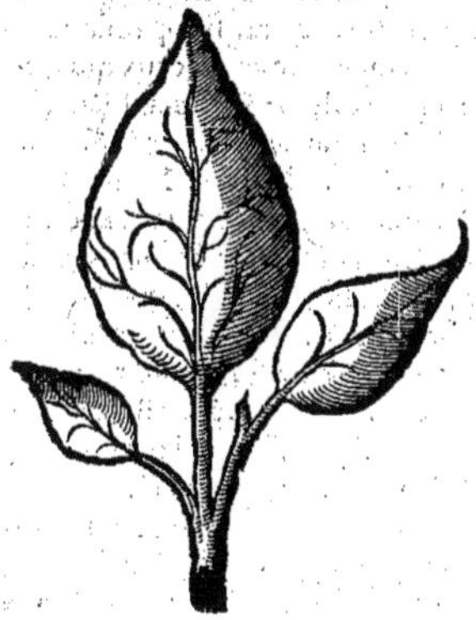

Du Petum ou Herbe à la Royne, CHAP. CXLVIII.

Les noms.

COMME ceste Herbe enrichit bien les Iardins, aussi a elle des facultez excellentes. Theuet dit que les Indiens l'appellent *Petum*. Nicolas Monard dit qu'ils l'appellent *Picielt*. Ouiedo dit qu'en l'Isle Espagnole on la nomme *Petebecenuc*. Les Espagnols l'appellent *Tabaco*: les François, pource que Iean Nicotius iadis Ambassadeur de France vers le Roy de Portugal fut le premier qui en apporta la graine à la Royne Mere, & luy en apprint les proprietez, l'ont appellée *Nicotiane*, & *Herbe de la Royne*: les autres l'appellent *Herbe saincte*, à cause de ses admirables proprietez: d'autres *Buglosse Antarctique*.

La forme.

Ceste Herbe deuient fort haute, de la hauteur d'vn Limonnier. En France, Angleterre & Flandres, elle peut auoir trois coudées de haut, & bien souuent quatre ou cinq, quand on la seme à bonne heure, principalement és lieux chauds, comme en la Gascongne, & en Languedoc. Elle a la tige droite, grosse, auec beaucoup de branches grandes, & si grasse, sur tout quand elle est desia grande, qu'il semble qu'on l'ait frottée auec du miel. Elle a beaucoup de fueilles longues & larges, plus larges & plus rondes que celles de la grande Consolide, retirans assez bien à celles du Glouteron, ou de la Patience cultiuée, poulpues, grasses, & vn peu velues, de couleur verte-blaffarde, de bonne odeur, d'vn goust fort acre, auec vn peu de viscosité. Elle porte beaucoup de fleurs au bout de ses branches, qui sont longues, & creuses à mode d'vne trompette, & larges au bout, & à cinq angles, de couleur rouge-blaffarde: apres lesquelles il y vient des coupettes ou bouttons longs, petits, pleins de graine rousse-noirastre, & beaucoup plus petite que celle des Pauots. Sa racine est assez grosse, & fourchue, pleine de bois, iaune par dedans & amere, laquelle se separe aisément d'auec l'escorce. Lobel a mis le pourtrait d'vn autre *Tabacum* plus petit, qui a les fueilles semblables à celles du Iusquiame iaune, aigues, & plus estroites, attachées à vne queue. Ses fleurs sont vn peu plus petites, combien qu'au rest elles sont assez semblables, plus rouges-brunes. Et encor vn autre plus petit, qui est de la hauteur d'vne paume, de mesme figure, & aussi d'vn goust chaud, & bruslant. Ses fleurs sont beaucoup plus petites que celles du Iusquiame iaune, iaunes-verdastres. Ses fueilles retirent à celles du Doronicon, ou du Plantain

Nicotiane, ou Tabacum.

Sana sancta, ou Tabacum petit, de Lobel.

tain aux fueilles estroites & sont plus petites & plus estroites que celles de l'Herbe aux poulmons Sa racine est petite & cheuelue. Au reste la *Nicotiane* croist en plusieurs lieux de l'Indie, en lieux ombrageux, & froid, en terre menuë & cultiuée. Depuis quelques ans en çà il en croist aussi en Portugal, France, Angleterre, & en Flandres, y ayant esté apportée de l'Indie Occidentale, où on la seme en toute saison: mais aux pays froids, il la faut semer au mois d'Aoust & en Septembre, pource que sa graine estant petite, demeure long temps cachée en terre deuant que bourgeonner, mesme l'herbe craint le froid quand elle est tendre; mais dés qu'elle est vne fois semée, & qu'elle a porté de la graine, il n'est plus besoin de la semer, car elle se seme assez de soy-mesme. Aux pays chauds elle fleurit au mois de Iuin & de Iuillet, sa graine est meure au mois de Septembre. Or on ne se sert que de ses fueilles, lesquelles si on les veut garder, il faut enfiler, & les pendre à l'ombre, pour les faire secher, puis apres on les met en œuure ou entieres, ou reduites en poudre. Le susdit Monard dit qu'elle est chaude & seche au second degré, & pourtant qu'elle eschauffe, & est resolutiue & detersiue, & aucunement astringeante, comme il appert par les facultez qu'elle a. Car, dit-il, ses fueilles chauffées & appliquées sur la teste, sont souueraines contre la douleur inueterée de la teste, & contre la migraine, quand ces maladies procedent de quelque cause froide, ou de ventositez, à la charge que l'on reitere & continue ce remede iusqu'à tant que l'on soit entierement gueri. Aucuns deuant que d'vser de ce remede engraissent toute la teste, d'huile de fleurs d'Orangier. Ce mesme remede serr contre les conuulsions qui font tenir la personne roide comme vn pau, & à toutes les douleurs du corps procedantes de la susdite cause. Si l'on frotte les dents qui font mal auec vn linge trempé dans le suc de ceste Herbe, & que puis apres l'on mette vne pillule faite de sa fueille dans le creux de la dent, cela non seulement en oste toute la douleur, mais aussi empesche que la dent ne se pourrisse denantage. La decoction de ses fueilles cuites en eau est bonne aux accidens de la poitrine, comme à la toux inueterée, aux asthmatiques & semblables, causez par des humeurs froides, comme aussi vn looch fait de ladite decoction. La mesme decoction reduite en syrop auec du succre, prinse en petite quantité, fait sortir les humeurs pourries de la poitrine. La fumée des fueilles tirée par la bouche, sert quelquefois aux asthmatiques, toutefois il faut auoir esté purgé auparauant, pourueu que la maladie donne tant de relasche. Les fueilles eschauffées sous les cendres, & appliquées toutes chaudes sans les secouër sur l'estomac, pourueu qu'on reitere souuent ce remede, guerissent la douleur d'iceluy, procedant de cause froide, ou de ventositez qui sont engendrées dedans iceluy. D'autres s'engraissent les mains auec de l'huile, & puis broyent les fueilles, & les appliquent pour le mesme effect. Les fueilles broyées auec vn peu de vinaigre sont bonnes contre l'opilation de l'estomac & de la ratte, si on continue long temps à les en frotter; mais il faut puis apres appliquer dessus des fueilles chaudes, ou bien vn linge trempé dans le suc desdites fueilles tout chaud. A faute de fueilles on pourra incorporer la poudre d'icelles auec quelque onguent

Les vertus.

aperitif,

aperitif, & en oindre longuement la partie opilée, ou enflée. Les femmes Indiennes en vsent fort contre la crudité de l'estomac des enfans, & mesme des grandes persones. Car elles frottent premierement l'estomac auec de l'huile de la lampe, & appliquent des fueilles cuites sous les cendres dessus l'estomac, & dessus le dos au droit de l'estomac, pour cuire par ce moyen les cruditez, & lascher le ventre, à la charge de reiterer souuent. Le suc des fueilles cuit auec du succre, espuré, & prins en petite quantité fait sortir les vers tant longs que larges du ventre : toutefois il faut appliquer des fueilles sur le nombril, & lauer le ventre auec vn clystere. Les fueilles chauffées comme dessus est dit, & appliquées sur les reins tant chaudes que faire se pourra, appaisent grandement la douleur d'icelles, pourueu qu'on reitere quand il sera besoin. Il sera bon aussi d'en mettre dans les clysteres, & aux fomentations & emplastres que l'on ordonne à c'est effect. Les fueilles appliquées bien chaudes sur le nombril, & au droit de la matrice, seruent de souuerain remede contre la suffocation d'icelle. Que si la femme s'esuanouït, en luy faisant entrer dans le nez la fumée desdites fueilles elle reuiendra quant & quant à soy. Et de fait ce remede est fort commun entre les femmes Indiennes, lesquelles gardent soigneusement les fueilles de ceste Plante pour cest effect. Les mesmes fueilles appliquées chaudes, ou bien en linge trempé dans leur suc, sont souueraines contre la douleur des gouttes, qui procedent d'humeurs froides, ou pour le moins qui ne soient pas fort chaudes. Car elles consument & resoluent les humeurs : aussi sont elles propres pour appliquer sur les enfleures phlegmatiques, apres les auoir lauée auec le suc chaud de ceste herbe. On a troué par experience que pour guerir les mules aux talons il les faut frotter trois ou quatre fois auec les fueilles de ceste Plāte, puis apres se lauer les pieds auec d'eau chaude & de sel. Les Espagnols ont apprins de remedier en la maniere que s'ensuit au venin, & poison dangereux, auec lequel les Cannibales empoisonnent leurs flesches (car auparauant ils saupoudroient leurs playes auec du sublimé.) Lors que les Cannibales nauigerent iusqu'en l'Isle de S. Iean du port riche, ils faisoient mourir beaucoup d'Indiens & des Espagnols qui estoient là, auec leurs flesches empoisonnées, les autres demeuroient naurez, & n'ayans point de sublimé pour mettre sur leurs playes ; il y eut vn Indiē qui leur apprint d'y mettre du suc de la *Nicotiane*, & puis d'appliquer dessus les fueilles broyées; ce qu'ayans fait, les douleurs cesserent tout soudain, & les autres symptomes que ceste poison a accoustumé d'amener, & en fin la malice du venin estant surmontée, les playes furent gueries. Par mesme raison aussi estant appliquées sur les charbons malins & pestilentiels, elles y font venir la crouste, & puis apres les guerissent. Elles sont aussi propres contre les picqueures & morsures des bestes venimeuses. Appliquées sur les playes fraiches, elles estanchent le sang, & les consolident. Que si les playes sont grandes, il les faut premierement lauer auec du vin, & reioindre les bords de la playe, puis l'arrouser du suc de ces fueilles, & lier sur la playe des fueilles broyées, & continuer en la mesme maniere le lendemain & iours ensuiuans, & tenir cependant vn bon regime de viure. Le suc distillé dans les vieux vlceres, & gangrenes, & les fueilles broyées & appliquées dessus, les mondifient & les guerissent, pourueu qu'au preallable on ait purgé le corps, & administré la saignée si elle y est necessaire, en gardant aussi le regime de viure tel qu'il faut. Et qui plus est l'experience a monstré qu'elles ne faisoient pas ceste operation seulement aux vlceres des hommes, mais aussi aux bestes. Car les bœufs, vaches, & autres animaux de l'Indie sont fort subiets aux vlceres, lesquelles se pourrissent aisément, pource que le pays est merueilleusement humide, & quant & quāt il s'y engendre des vers. Or auoient-ils de coustume d'y remedier auec du sublimé, à faute de meilleur remede : mais pource qu'il y couste cher, le plus souuent ce qu'on en mettoit sur la playe coustoit plus que la beste malade ne pouuoit valoir. A ceste cause ayant experimenté les facultez du *Petum* à l'endroit des hommes, ils commencerent à s'en seruir aussi aux vlceres des bestes, qui estoient pourris, puans & pleins de vers; & ainsi trouuerent par experience que son suc estant distillé dans les vlceres, non seulement faisoit mourir les vers, mais aussi mondifioit les vlceres, & finalement les guerissoit du tout. Il est aussi bon aux escorcheures des bestes cheuallines, à raison de quoy les Indiens ne vont iamais sans auoir des fueilles du *Petum* quant & eux. Nicolas Monard escrit qu'il a cogneu vn personnage lequel auoit vn vlcere dans le nez, duquel il decouloit de la fange. Or il luy conseilla d'y mettre du suc du *Petum*, & dés la seconde fois qu'il y en eut mis, il en sortit grande quantité de vers, & puis apres moins, en fin l'vlcere fut gueri dans peu de iours: mais la chair qui auoit esté rongée ne reuint pas. Ces fueilles aussi guerissent les dertres & la galle de la teste. Les Prestres Indiens faisoient grand profit de ceste Herbe, s'en seruans pour donner responce à ceux qui leur venoient demander conseil : car les Indiens auoient accoustumé de s'enquerir de leurs Prestres, pour sçauoir quel succés auroit la guerre qu'ils vouloient entreprendre, ou touchant d'autres affaires d'importance. Alors le Prestre auquel on demandoit conseil, brusloit des fueilles seches de ceste Plante, & auec vn certain tuyau en tiroit la fumée par la bouche, quoy fait il se laissoit cheoir, comme s'il eust esté raui en extase, & sans se remuer aucunement demeuroit ainsi quelque temps. Apres que l'operation de la fumée estoit passée, il reuenoit à soy, & disoit qu'il auoit communiqué de cest affaire auec le diable, & là dessus donnoit quelque responce ambigue, tellement qu'en quelque façon que l'affaire succedast, il leur faisoit aisément entendre qu'il l'auoit ainsi predit:

predit; & par ce moyen trompoit ces miserables sauuages. Les particuliers ont bien aussi de coustume de receuoir cette fumée par le nez & par la bouche pour leur plaisir, quand ils veulent voir de plaisans songes, & estre comme rauis en extase, & hors d'eux mesmes; mesme ils se resoluent de l'euenement de leurs affaires par les songes qui leur aduiennent estans en cest estat. En outre quand ils sont lassez de porter quelque pesante charge, ou de quelque autre trauail, ils humen la susdite fumée, & quant & quant tombent comme s'ils estoient sans sentiment, & apres qu'ils sont reuenus à eux, ils se sentent rafraischis, & plus gaillards, que deuant par le moyen de ce sommeil. Ils se seruent aussi de cette mesme herbe contre la soif & la faim en cette maniere: Ils bruslent les coquilles de certaines huistres, & les pulverisent à mode de chaulx, & prennent de cette chaulx & des fueilles autant de l'vn comme de l'autre, & en font vne masse, de laquelle ils font des pilules vn peu plus grosses qu'vn pois, lesquelles ils sechent à l'ombre, & les gardent pour leur vsage. Or comme ils doiuent voyager par les deserts, où ils se doutent qu'ils ne trouueront ny à boire ny à manger, ils portent de ces pillules auec eux, & en mettent vne entre la leure de dessous, & les dents, laquelle ils vont suçant; apres que cette-là est passée ils en mettent vne autre, & continuent ainsi tout le long du voyage, qui sera quelquefois de trois ou quatre iours, durant lequel temps ils disent qu'ils n'ont ne faim ne soif. A l'imitation desquels les matelots s'en retournans de ces quartiers là, portent de petis entonnoirs faits de fueilles de Palmier, ou de nattes, à l'vn des bouts desquels ils entortillent des fueilles seches de cette Plante, pulverisées, lesquelles ils allument au feu, & attirent par l'autre bout à gorge ouuerte, tant qu'ils peuuent la fumée qui en sort, & disent que cela leur fait passer la faim & la soif, les renforce & remet en vigueur, & que cela assopit le cerueau d'vne plaisante yurongnerie, & bien souuent euacue vne estrange quantité de phlegme. Aucuns ordonnent de mascher des fueilles de cette herbe tous les matins à ieun, pour estre exempts de la goutte, pource qu'elles attirent beaucoup de phlegme de la bouche, & par ce moyen empeschent qu'ils ne coulent aux parties inferieures. Charles Estienne en sa Maison rustique dit que c'est vne chose asseurée que ces fueilles sont bonnes pour appliquer sur les escrouëlles, & que leur eau tirée par l'alembic est souueraine pour les astmatiques. En somme c'est comme vn Theriaque à toutes maladies. Au reste aucuns prennent pour *vne espece de Nicotiane*, la Plante qui est appellée Iusquiame iaune, pource qu'on a veu plusieurs estre enyurez pour auoir humé sa fumée: mais ils se trompent: car comme dit Pena, asseurant de l'auoir experimenté, la fumée de la *Nicotiane* n'enyure pas tout soudain, & si ne rend pas les personnes folles par sa froidure, comme fait le Iusquiame, ains remplit les chambrettes du cerueau d'vne certaine vapeur aromatique. On apporte aussi de la nouuelle Espagne, ainsi que dit Monard, certains tuyaux de Canne, enduits par dedans & par dehors d'vne certaine gomme, qui est à mon aduis du suc de la *Nicotiane*, qui offence le cerueau; & crois ie qu'ils en frottent la Canne, & comme il est visqueux, il s'y attache & y tient ferme, & est noir: toutefois estant sec il n'est plus visqueux. Ainsi donc quand on en veut vser, on allume le tuyau au bout qui est gommé, & met-on l'autre bout en la bouche pour en receuoir la fumée, laquelle fait euacuer tout le phlegme, & les humeurs pourries de la poitrine. Or vsent ils de ce remede quand ils sont si pressez de la difficulté d'haleine, que peu s'en faut qu'ils ne soient estouffez. Et de faict i'ay veu vn certain Prelat lequel estoit souuent surprins d'vne difficulté d'haleine, & se trouua fort bien d'auoir vsé de ce remede, & toutefois auparauant il se trouuoit aussi bien de tirer la fumée de la *Nicotiane*, qui me fait dire qu'il faut qu'il y ait du suc de la *Nicotiane*. Or l'experience monstre qu'il n'y a point de danger d'vser tant de l'vn comme de l'autre. I'ay veu des asthmatiques lesquels retournans de l'Indie, maschoient des fueilles vertes de la *Nicotiane*, & en succoient le suc, pour euacuer les humeurs pourries: & combien que cela les enyurast, on voyoit toutefois à l'œil que cela leur auoit fait grand bien, tant pour faire sortir l'apostume, que le phlegme qui estoit en la poitrine. En somme c'est vne chose merueilleuse de voir combien on découure de iour à autre de grandes proprietés de la *Nicotiane*: car outre celles qui ont esté dites cy dessus, i'en pourrois dire encor autant d'autres, lesquelles i'ay apprinses depuis par le rapport de quelques vns & en ay aussi remarqué vne partie de moy-mesme.

De la Verueine du Peru, CHAP. CXLIX.

VN Gentilhomme du Peru m'a escrit, dit Monard, qu'il croist à force *Verueine* le long des riuieres qui sortent des montagnes de ce pays-là, laquelle est toute semblable à celle qui croist en Espagne; toutefois elle est verte en toute saison, & que les Indiens s'en seruent contre plusieurs maladies, & specialement contre toute sorte de venins, & pour ceux qui ont esté empoisonnez parmy les viandes. Vne Gentil-femme retournant du Peru, m'a asseuré qu'elle auoit esté malade par plusieurs années, & apres auoir esté entre les mains de beaucoup de Medecins, en fin elle s'accosta d'vn Indien, qui auoit le renom d'estre grand Herboriste, & faisoit du Medecin entre les Indiens, lequel luy fit boire du suc de *Verueine* espuré, duquel ayant vsé par l'espace de quelques iours, elle rendit vn ver (elle disoit que c'estoit vne couleuure)

Le lieu. *La forme.* *Les vertus.*

coleuure) tout velu, qui auoit plus d'vn pied de longueur, & estoit gros, & dauantage auoit la queuë fourchue, quoy fait elle fut guerie. Ainsi donc elle conseilla à vn certain Gentil-homme du Peru, qui estoit continuellement malade, de prendre tous les matins de ce suc auec du succre (comme aussi elle en auoit vsé de méme, à cause de son amertume) ce qu'ayant fait il fit beaucoup de vers longs & menus, & entre autres vn qui estoit fort long à mode d'vne ceinture blanche, & alors il fut entierement gueri, Tellement que depuis elle en fit vser à plusieurs autres malades, desquels on se doutoit qu'ils n'eussent des vers, lesquels apres auoir prins de ce suc, en firent plusieurs, & ainsi furent gueris. Parquoy elle tenoit ce remede si asseuré, qu'elle en fit vser à vn sien seruiteur, auquel on auoit donné des breuuages amoureux, pour le moins on s'en doutoit, le voyant si grieuement malade. Et quant & quant qu'il en eust prins, il vomit beaucoup de choses de diuerses couleurs, que l'on estima que ce fussent lesdits breuuages; car puis apres il guerit. Or puis que nous sommes tombez sur le propos des enchâtemens, & breuuages amoureux, ie veux bien dire icy ce que i'en ay veu. C'est que le seruiteur de Iean de Quintana-Duenas, notable bourgeois de ville, rendit par la bouche en ma presence vn gros pelotton de cheueux deliez & roux, & en auoit d'autres pliez en vn papier, lesquels il auoit vomi deux heures deuant, apres ce il ne se sentit plus mal, sinon de ce qu'il auoit enduré par la violence du vomissement. Iean Langius Medecin Allemand personnage tres-docte, dit auoir veu vne femme, laquelle se plaignit longuement d'auoir mal en l'estomac: en fin apres auoir vomi beaucoup de tests de verre, & de Porcelaine, & des espines de poisson, elle fut guerie. Bien-venu en son liure des maladies estranges, raconte quasi vne semblable histoire: mais qui me met en plus grande admiration; c'est qu'vn certain laboureur estant tourmenté d'vne extreme douleur de ventre, laquelle ne luy donnoit point de relasche, & ne s'appaisoit point, quelque remede qu'on y fist, se coupa luy mesme la gorge auec vn couteau. Depuis son corps fut ouuert, & fut trouué qu'il auoit dans le ventre vne grande quantité de cheueux, comme ceux que la femme dessusdite rendit par la gorge, & en outre des feremendes. Ce dequoy i'attribue la cause au diable: car il n'est pas possible d'en rendre vne raison naturelle. Toutefois l'Escluse raconte deux assez semblables, & non moins estranges Histoires, qui seruent à verifier celles de Monard. Quant à la premiere il dit qu'il l'a entendue par le moyen de François Zinnig Apothicaire du Serenissime Prince Matthias, Archiduc d'Austriche, bien experimenté & diligent en sont art. Et quant à l'autre il en est tesmoin luy-mesme. Lucas Farel, dit-il, cuisinier dudit Prince, qui auoit desia serui de cuisinier à la Royne Marie d'Hongrie, & puis à Marguerite Duchesse de Parme, auoit de coustume quelquefois d'an en an, ou de six en six mois, ou de trois en trois mois de rendre par dessous vne certaine matiere mince & soupple, longue à mode d'vne ceinture, estroite, blanche & crespée. Or elle ne sortoit pas toute entiere, mais la falloit arracher par pieces, qui auoient quelquefois six, douze ou quinze aunes de long. Or deuant que cela luy aduinst, il sentoit le plus souuent vne grande douleur en la poitrine sous la mammelle droite, & pour y remedier il se purgeoit auec des pillules aggregatiues, lesquelles faisoient sortir ladite matiere, & alors il estoit gueri. Or pource qu'il auoit le plus souuent la teste si pesante qu'il n'osoit sortir de la maison, ny aller en aucun lieu, on luy conseilla de porter de la racine de *Verueine* pendue au col, ce qu'il fit. Vn peu apres, parlant de ceux qui auoient vomi des touffes de cheueux: Il y a desia plusieurs années, dit-il, que i'ay veu vn semblable fait. Car N. Vlierden aduocat fameux en Anuers auoit accoustumé en certain temps de l'année de rendre par dessous vne certaine matiere entassée à mode d'vne touffe de cheueux de femme, & cela fait il se portoit mieux: car comme il estoit tousiours maigre & passe de sa nature, il tomboit le plus souuent malade deuant que cela luy deust aduenir.

De la Zarzeparille, *CHAP. CL.*

LA *Zarzeparille* vient aussi des prouinces de l'Amerique, & a esté mise en vsage au lieu de la Chine, & si est plus estimée, d'autant que la Chine deuant qu'elle vienne en nos quartiers, à cause de la longueur du voyage, est toute vermoulue, sans vigueur, & comme euentée: & au contraire les Espagnols, qui les premiers ont apporté la *Zarze-parille* du Peru en Europe, font leur voyage plus court & par consequent elle doit aussi auoir plus de force. Or c'est vn souuerain remede contre diuerses maladies. Ceux qui la virent premierement en ce pays-là, l'appellerent *Zarza-parilla*, pource qu'elle retire fort à la *Zarza-parilla* qui vient en Espagne, qui est le Liset ou Smilax aspre, comme qui diroit *Ronce-vigne*: car *Parra* en Espagnol signifie *Vigne*, & *Parilla* *vne petite vigne*, & *Zarza* c'est à dire *vne Ronce*. Lopez Portugais dit que le nom dont ceux du pays la nomment signifie vne *Vigne espineuse*. C'est vne Plante, ainsi que dit Monard, qui a beaucoup de racines, de deux coudées de long & dauantage, de couleur de gris blaffard, qui entrent quelquefois si auant en terre, que pour les auoir toutes entieres, faudroit fouïr bien profond. Ses branches sont pleines de bois, toutes comparties par nœuds, & se sechent aisément. Or ne sçait-il pas

L i forme.

Zarze-parille, de Matthiol. *Zarze-parille, de l'Amerique.*

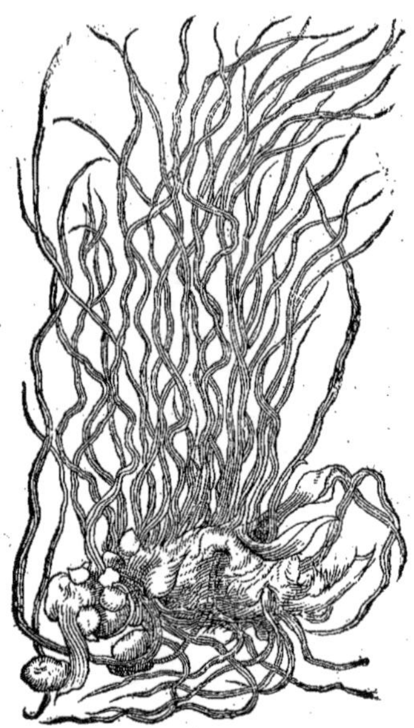

pas si elle porte ni fleurs, ne fruict. Il en croist en la prouince de Honduras, qui est beaucoup meilleure, & de plus grande efficace, que celle de la nouuelle Espagne, & est differente d'auec elle, d'autant que celle de la nouuelle Espagne est plus blanche & blaffarde, & plus menuë, au lieu que cette-cy est de couleur de gris-brun, & plus grosse. Il faut choisir celle qui est brune, fraische, & non vermolue, malaisée à rompre, qui s'esclate en rompant, & est pesante. Car celle qui est vermolue & qui rend de la poussiere quand on la rompt, ne vaut rien. Il dit, qu'elle a vn goust fade, & sans acrimonie, & que sa decoction n'a pas plus de goust que celle de l'Orge. Plusieurs estiment que ce n'est autre chose que la Smilax aspre de Dioscoride, l'opinion desquels Matthiol approuue, allegant le tesmoignage de Lucas Chini, qui asseure d'auoir veu en la maison du Duc de Florence, vne Plante de *Zarze-parille* toute entiere, qui auoit esté apportée d'Espagne, laquelle estoit semblable en toutes ses parties à la Smilax aspre, sans qu'il y eust aucune difference. Mesme il dit, que c'est vrayement la Smilax aspre, sans qu'il cogneut par experience peu de temps apres, pource qu'auec la decoction des racines de la Smilax aspre il guerit plusieurs verolez, comme firent aussi plusieurs autres principalement à Rome. D'autres soustiennent que ce sont Plantes differentes comme entre autres Pena, disant que les racines de la Smilax sont comparties par neuds, blanches & polies par dehors, à mode de celles du Grame, ou des grandes Cannes. Mais la racine de la *Zarze-parille* a vn tronc gros & fort dur, tout garni de bossettes duquel il sort d'vn costé & d'autre, comme aux Asperges, ou au Brusc, vne infinité de fleaux de mesme couleur, vnis, & sans iointures ou neuds, droicts, soupples, couuerts d'vne escorce assez dure, brune, & froncie en long, quelque fois de la longueur de vingt pieds, auec vne moüelle au dedans qui est comme de farine, qui n'est point mal plaisante, mais visqueuse, vn peu emplastique & amere, sans toutefois descouurir sa chaleur. Ainsi donc il appert clairement que ce ne sont non plus les racines de la Smilax, des Ronces, ny de la Viorne, que de la Canelle, aussi peu que quelques arbres de l'Indie, tant Orientale qu'Occidentale, ne peuuent pas estre prins pour nostre Laurier, iaçoit qu'il ayt les mesmes proprietez qu'eux. Et ne s'ensuit pas que pource que le Baguenaudier retire fort au Sené, on doiue dire pourtant que c'est vne mesme Plante. Ainsi en prend-il de la *Zarza* & des Rõces. Car les tiges de la *Zarze-parille* sortent de la teste de la racine qui est grande & pleine de bois, iaunastre par dedans, de la grosseur & couleur de celles de la Sarrazine ronde, & sont plus grosses que le pouce, ou que la plus grosse Ronce; & si sont fort dures & pleines de bois garnies de beaucoup de neuds releuez au droict des iointures, à vn doigt pres l'vn de l'autre, & ont des aiguillons courbez contre bas, aucunement plats, & bien fermes, & retirent plus au Roncier qu'à la Smilax; toutefois ne sont pas astringeantes au goust, mais quasi fades, & de moindre efficace que les racines. Quant aux fueilles il a entendu dire à ses amis qui en auoient veu, qu'elles retiroient assez bien à celles de la Smilax. Voila la difference qui est entre la *Zarze-parille*, & les autres Plantes qui croissent en nos quartiers

& qui luy retirent aucunement. Au reste Nicolas Monard dit qu'elle est chaude & seche au second degré. Il y a enuiron vingt ans, dit-il, que l'on commença à la cognoistre : maintenant on s'en sert communement en plusieurs sortes de maladies. A sçauoir aux defluxions, aux ventositez, aux maladies froides de la matrice, & plusieurs autres, pourueu que ce ne soyent pas maladies aiguës, & qu'il n'y ait point de fieure. Neantmoins il est bien certain qu'elle n'est pas propre à ceux qui ont vne intemperie chaude de foye. Car elle eschauffe trop, mais elle est bonne à l'estomac froid, & resout merueilleusement bien les ventositez. Matthiol dit qu'elle est chaude & attenuatiue, & qu'elle est singuliere pour faire suer. Elle est propre non seulement pour guerir la verole ; mais aussi toutes sortes de gouttes, tous les accidens de la peau, les vlceres malins, & les dertres. Elle est bonne à ceux qui ont le corps enflé, & particulierement aux maladies froides de la teste & du cerueau. Monard dit que les Indiens en vsent en cette maniere. C'est qu'ils mettent demie liure de *Zarze-parille* bien decoupée par le menu en infusion dans de l'eau, puis la pilent en vn mortier, iusqu'à tant qu'elle se resolue comme en cresme, puis apres ils la coulent & la pressent. De cette expression ils en font prendre au matin vn assez grand gobelet plein, toute chaude, puis apres ils se font bien couurir, & suent par l'espace de deux heures. Et s'il aduient, que durant ce temps là ils ayent soif, ils boiuent de la mesme expression. Sur la nuict ils en boiuent vn autre traict semblable à celuy du matin, tout chaud, & suent aussi longuement, comme ils ont fait au matin, & continuent ce train trois iours durant, pendant lesquels ils ne mangent, ny boiuent autre chose que de la susdite expression. Or ledit Monard dit que du commencement, il l'ordonnoit le plus souuent en cette façon, & qu'il en guerissoit beaucoup mieux les maladies que l'on ne fait pas à present, que pour la delicatesse des hommes, on la prepare à la mesme mode que le Guaiac. Car on prend deux onces de *Zarze-parille* lauee, concassée, & decoupée par menuës pieces, & les met-on en vn pot de terre neuf auec quatre liures & demie d'eau ; puis on les y laisse en infusion par l'espace de vingt quatre heures, & faut que le pot soit bien couuert ; apres on les fait cuire à petit feu sur les charbons, iusqu'à la consumption des deux tiers ; quoy fait on laisse refroidir ladite decoction, & l'ayant coulée on la serre en vn pot de verre, ou de terre vernissée. Apres on tourne remplir d'eau ledit pot sur la méme *Zarze-parille*, laquelle on laisse en infusion, puis on la fait vn peu bouillir, & apres que la decoction est refroidie on la passe, & la garde-on comme l'autre. Ainsi apres auoir purgé le malade comme il est expedient on luy fait boire au matin dix onces de la premiere decoction, puis faut qu'il sue deux heures durant, & qu'il face tout ce qu'on a accoustumé de faire en prenant la decoction du Guaiac, ou de la Chine. Il faut aussi viure de diete selon la portée du malade. Car apres auoir sué il pourra manger des raisins secs, des Pruneaux cuits, des Amandes & du Biscuit : mais s'il est debile, il pourra manger d'vn poulet rosty, ou quelque oiseau de montagne, & pour son boire il vsera de la seconde decoction. Or faut-il continuer ce train par l'espace de quinze, vingt, trente & quelquefois quarante iours, selon la grandeur de la maladie, & la force du malade. Matthiol ordonne d'en prendre quatre onces, & les mettre en infusion dans quinze liures d'eau, par l'espace de vingt quatre heures, puis les faire bouillir iusques à la consomption de la moitié. Pena dit qu'il ne faut iamais ordonner la decoction de moins que de dix liures d'eau, sur deux, ou trois ou quatre onces de racine ; car autrement, dit-il, l'eau sera toute consumée (sinon que la decoction se fist au bain de Marie) deuant que la decoction aye tiré à soy la vertu des racines, d'autant que le cœur de la racine, qui est dur comme de cuir, ne laisse pas aisément aller sa vertu. Au reste quand Nicolas Monard ordonne de faire la decoction de deux onces en quatre liures & demie, ou cinq liures d'eau, ie crois qu'il entend de la racine fraische, laquelle estant encor pleine de suc, & tendre, departit aisément sa vertu à l'eau plustost que celle que nous auons, laquelle demeurant plus long temps en chemin, & par mesme raison estant plus seche, veut demeurer plus long temps à cuire, & par consequent aussi plus d'eau : car s'il y auoit peu d'eau on ne la sçauroit faire bouillir longuement qu'elle ne fust toute consumée.

Fin du XVIII. Liure de l'Histoire generale des Plantes.

TABLES DE L'HISTOIRE GENERALE DES PLANTES:

Tant Françoise, Latine, Grecque, Arabique, Italienne, Espagnole, Allemande, Flamande, Bohemienne, qu'Angloise,

Esquelles sont contenus par ordre alphabetique tous les noms, non seulement des arbres, graines, herbes, racines & escorces ; mais aussi des fruicts, sucs, resines, huiles & choses semblables chacun en son ordre, auec le nombre de la page, pour trouuer aisément & sans peine tout ce dequoy il est traitté en ce second Tome.

A

Table de l'Histoire genenerale des Plantes.

Bangue

Table de l'Histoire generale des Plantes.

Table de l'Histoire generale des Plantes.

Chritmon

Table de l'Histoire generale des Plantes.

Table de l'Histoire genenerale des Plantes.

Glayeul

Table de l'Histoire generale des Plantes.

Iacmin

Table de l'Histoire generale des Plantes.

Martagon

Orchis

Table de l'Histoire generale des Plantes.

Plantago

Q

R

S

Table de l'Histoire generale des Plantes.

T

Thlaspi

Table de l'Histoire generale des Plantes.

TABLE LATINE.

Cheli

Table de l'Hiſtoire generale des Plantes.

Table de l'Histoire generale des Plantes.

Radix

Table de l'Histoire generale des Plantes.

TABLE GRECQVE.

Θυμ

Table de l'Histoire generale des Plantes.

ποτήριον.

FIN DE LA TABLE GRECQVE.

TABLE

TABLE ARABIQVE.

Lec

Table de l'Histoire generale des Plantes.

FIN DE LA TABLE ARABIQVE.

guyon de sardiere

www.ingramcontent.com/pod-product-compliance
Ingram Content Group UK Ltd.
Pitfield, Milton Keynes, MK11 3LW, UK
UKHW020258200726
13857UKWH00001B/19